Christian Petersen

Statik und Stabilität der Baukonstruktionen

Statik und Stabilität der Baukonstruktionen

Elasto- und plasto-statische Berechnungsverfahren druckbeanspruchter Tragwerke: Nachweisformen gegen Knicken, Kippen, Beulen

2., durchgesehene Auflage

Dr.-Ing. Christian Petersen
Professor an der
Universität der Bundeswehr
München

vieweg

CIP-Kurztitelaufnahme der Deutschen Bibliothek

Petersen, Christian:
Statik und Stabilität der Baukonstruktionen: elasto- u. plasto-stat. Berechnungsverfahren druckbeanspruchter Tragwerke; Nachweisformen gegen Knicken, Kippen, Beulen / Christian Petersen. – 2., durchges. Aufl. – Braunschweig; Wiesbaden: Vieweg 1982.

ISBN 978-3-528-18663-0

1. Auflage 1980
2., durchgesehene Auflage 1982
Nachdruck 1992

Der Verlag Vieweg ist ein Unternehmen der Bertelsmann Fachinformation GmbH.

ISBN 978-3-528-18663-0

Vorwort zur 1. Auflage

Baukonstruktionen sind so auszubilden und zu bemessen, daß zwischen den Beanspruchungen in den Traggliedern und Verbindungsmitteln einerseits und deren Grenztragfähigkeiten andererseits die in den Baubestimmungen vorgeschriebenen Sicherheitsspannen eingehalten werden. Die Berechnung der Grenztragfähigkeiten gelingt bei gedrückten Tragwerken und deren Teilen nur, wenn der Einfluß der Verformungen auf das Gleichgewicht berücksichtigt wird; man nennt diesen Teil der Statik Stabilitätstheorie, hiervon handelt dieses Buch. - In der ingenieurwissenschaftlichen Forschung wurden große Anstrengungen unternommen, um die Tragwerksstatik und -stabilitätstheorie zu entwickeln, zu vertiefen und für eine baupraktikable Anwendung aufzubereiten. Diese Anstrengungen haben sich in einer großen Zahl von Monographien und Zeitschriftenaufsätzen -mit zum Teil sehr speziellen Problemstellungen- niedergeschlagen. Es ist schwierig, die weltweite Entwicklung zu verfolgen.

Das Buch ist aus Vorlesungen entstanden, die der Verfasser in den zurückliegenden Jahren im Rahmen des Vertiefungsstudiums in der Fachrichtung Konstruktiver Ingenieurbau innerhalb des Bauingenieurstudiums an der Technischen Universität München und an der Hochschule der Bundeswehr München gehalten hat bzw. hält. Das Buch wendet sich demgemäß in erster Linie an Studierende dieser Fachrichtung an den Technischen Universitäten und Fachhochschulen sowie an solche, die sich die Materie im Selbststudium erarbeiten wollen. Das Buch ist indes nicht leicht zu lesen: Text, Theorie und die in größerer Zahl eingebundenen Beispiele sind straff gehalten; auf eine ausführliche Wiedergabe der Zwischenschritte bei den theoretischen Ableitungen und bei den Zahlenrechnungen wurde verzichtet. Hier sei dem Lernenden empfohlen, die Schritte nachzuvollziehen, gemäß dem didaktischen (insbesondere autodidaktischen) Prinzip, wonach sich Selbständigkeit nur durch Selbsttätigkeit erreichen läßt.

In zweiter Linie wendet sich das Buch an die Konstrukteure und Statiker der Baupraxis; sie finden viele aufbereitete Berechnungsverfahren und -formeln, Diagramme und Zahlentafeln für den statischen Stabilitätsnachweis der unterschiedlichen Baukonstruktionen des Stahl-, Holz- und Massivbaues. Auch können sie sich über die Nachweisformen in den Bauvorschriften informieren. Das Buch versteht sich allerdings nicht als Kommentar der einschlägigen DIN-Normen. Anhand des Literaturverzeichnisses können ergänzende Informationen aufgefunden und zu Rate gezogen werden.

Nach Darlegung der Grundlagen und Methoden der elasto- und plasto-statischen Verzweigungs- und Verformungstheorie II.Ordnung (Schlagworte: Knicken, Kippen, Beulen), werden die Berechnungsverfahren für den Stabilitätsnachweis der wichtigsten Tragsysteme des Konstruktiven Ingenieurbaues wie Türme, Pfeiler, Hochhäuser, Rahmen, Fachwerke, Verbände, Gerüste, verspannte Maste, Bogen, Träger, Platten und Schalen behandelt. Gründliche Kenntnisse in der Tragwerksstatik Theorie I.Ordnung und in der Festigkeitslehre werden vorausgesetzt. Trotz des Umfanges darf der Leser keine erschöpfende Behandlung erwarten; beispielsweise wird auf die Darlegung der für Computeranalysen entwickelten Finite-Element-Methoden verzichtet, auch bleibt die kinetische Stabilitätstheorie und die Stabwerkstheorie endlicher (großer) Verformungen weitgehend ausgeklammert. In der Theorie des Biegedrillknickens und Kippens werden nur Stäbe mit einfach-symmetrischem Querschnitt behandelt. Die Theorie des Schalenbeulens wird nicht in der Tensor-Notation, sondern -bei Beschränkung auf dünnwandige, flache Schalen- in der Hauptkrümmungskoordinaten-Notation dargestellt.

Dem Vieweg-Verlag dankt der Verfasser für die Bereitwilligkeit, das Werk in der vorliegenden Skriptenform aufzulegen, nur so ließ sich ein -auch für Studenten- tragbarer Preis erreichen. - Dank schuldet der Verfasser auch mehreren Studierenden, die ihm im Rahmen von Studien- und Diplomarbeiten zugearbeitet haben und schließlich Frau Christl Kramperts für die Beschriftung der Bilder und Tafeln und Frau Hiltrud Riedel für die Reinschrift des Manuskripts. - Gern benutzt der Verfasser die Gelegenheit, seiner Frau und seinen Töchtern für Geduld und Verständnis zu danken.

Neubiberg bei München, im März 1980 Christian Petersen

Vorwort zur 2. Auflage

Die vorliegende 2. Auflage wurde von Schreib- und Zeichenfehlern bereinigt; bei zwei Zahlenbeispielen waren Korrekturen erforderlich. Eine durchgreifende Oberarbeitung war dem Verfasser aus zeitlichen Gründen nicht möglich. Für die an ihn gerichteten Zuschriften und Hinweise dankt er auf diesem Wege nochmals sehr herzlich.

Neubiberg bei München, im Juni 1982 Christian Petersen

Baubestimmungen - Einheiten - Zeichen

Den Tragsicherheitsnachweisen für Baukonstruktionen, insbesondere den Stabilitätsnachweisen, sind derzeit (1980) in der Bundesrepublik Deutschland u.a. folgende bauaufsichtlich eingeführte Normen und Richtlinien zugrunde zu legen:
Stahlbau: DIN 4114 (Stabilitätsfälle), DIN 4115 (Stahlleichtbau und Stahlrohrbau), DIN 4119 (Oberirdische zylindrische Flachboden-Tankbauwerke), DIN 4131 (Antennentragwerke), DIN 4132 (Kranbahnen), DIN 4133 (Schornsteine aus Stahl), DIN 4420 (Arbeits- und Schutzgerüste), DIN 4421 (Traggerüste), DIN 11622 (Gärfutterbehälter), DIN 15018 (Krane); DASt-Ri 008 (Traglastverfahren), DASt-Ri 011 (Hochfeste, schweißgeeignete Feinkornbaustähle);
Aluminiumbau: DIN 4113 (Aluminium im Hochbau);
Holzbau: DIN 1052 (Holzbauwerke);
Massivbau: DIN 1045 (Beton- und Stahlbetonbau), DIN 1056 (Schornsteine in Massivbauart), DIN 1075 (Massive Brücken), DIN 4227 (Spannbeton; Richtlinien);
Grundbau: DIN 1054 (Baugrund; zulässige Belastung des Baugrundes);
Auf die AD-Merkblätter des Druckbehälterbaues wird ergänzend hingewiesen.

Während bei den aufgelisteten Vorschriften des Holzbaues und Beton- und Spannbetonbaues mit einer längerfristigen Geltungsdauer gerechnet werden kann, ist im Stahlbau im Laufe der 80er Jahre ein neues Normenwerk zu erwarten, bestehend aus Grund- und Fachnormen. Insbesondere wird DIN 4114 (1952/53) durch eine neue Grundnorm abgelöst; letztere findet in diesem Buch in dem Umfang Berücksichtigung, wie sie durch Veröffentlichungen seitens der Obmänner der Unterausschüsse: Knicken / Biegedrillknicken / Kippen (U. VOGEL), Plattenbeulen (J. SCHEER) und Schalenbeulen (F.W. BORNSCHEUER) bekannt geworden ist. Obmann des Hauptausschusses ist O. JUNGBLUTH. Die neue Stabilitätsgrundnorm wird voraussichtlich dreigeteilt mit den DIN-Nummern DIN 18800, Teil 2, 3 und 4 erscheinen; im vorliegenden Buch wird das Normenwerk mit DIN 4114N (im Gegensatz zu DIN 4114A (N = neu, A = alt); Knicken, Biegedrillknicken, Kippen), DASt-Ri 012 (Plattenbeulen) und DASt-Ri 013 (Schalenbeulen) zitiert.

Die im Buch enthaltenen Zahlenangaben und Berechnungsbeispiele basieren auf den seit 1. Januar 1978 gesetzlich eingeführten SI-Einheiten, die Krafteinheit ist Newton. Die Baustoffgüten werden gemäß internationaler Obereinkunft (Edinburger Vereinbarung 1970 und ETB-Beschluß 1974) an der Festigkeit in N/mm^2 orientiert und benannt; das bedeutet zum Beispiel:

Stahl:	St 370	statt	St 37
	St E 470	statt	St E 47
Aluminium:	Al Zn Mg1 F360	statt	Al Zn Mg1 F36
Stahlbeton:	B 25	statt	Bn 250.

Die für statische Berechnungen empfohlenen Spannungseinheiten in N/mm^2 oder MN/m^2 erweisen sich im zweitgenannten Falle für Massivbauberechnungen mit gewissen Einschränkungen als zweckmäßig, sie sind indes für Berechnungen im Holzbau und insbesondere im Stahlbau wenig praktikabel und darüberhinaus fehlerträchtig; die stahlbaulichen Spannungsnachweise werden daher in diesem Buch in den Einheiten kN/cm^2 geführt.

Der in einer Oberarbeitung befindlichen DIN 1080 (Zeichen im Bauingenieurwesen) wird nur zum Teil gefolgt. Die im Buch verwendeten Zeichen sind überwiegend an den derzeit noch geltenden Baubestimmungen orientiert. Die neuen Zeichen brechen zum Teil ohne Not mit guten und vertrauten Traditionen des einschlägigen Normen-, Buch- und Fachzeitschriftentums. - Wegen der Vielzahl der verwendeten Begriffe war es unvermeidlich, eine Reihe lateinischer und griechischer Buchstaben in mehrfacher Bedeutung zu verwenden; sie werden im Text jeweils bei ihrem Auftreten erklärt. Eine Reihe wichtiger Abkürzungen und Symbole ist in der folgenden Tabelle zusammengefaßt.

Aus Gründen einer Straffung werden Kürzel mit folgender Bedeutung verwendet:

G.2.3 : Gleichung 3 im Abschnitt 2 (Gleichung im weitesten Sinne);

B.2.3 : Bild 3 im Abschnitt 2;

T.2.3 : Tafel 3 im Abschnitt 2;

[2.3] : Literaturhinweis 3 im Abschnitt 2; auf eine Namensnennung wird überwiegend verzichtet;

→ : "hieraus folgt", "das ergibt", "die Rechnung liefert" usf.

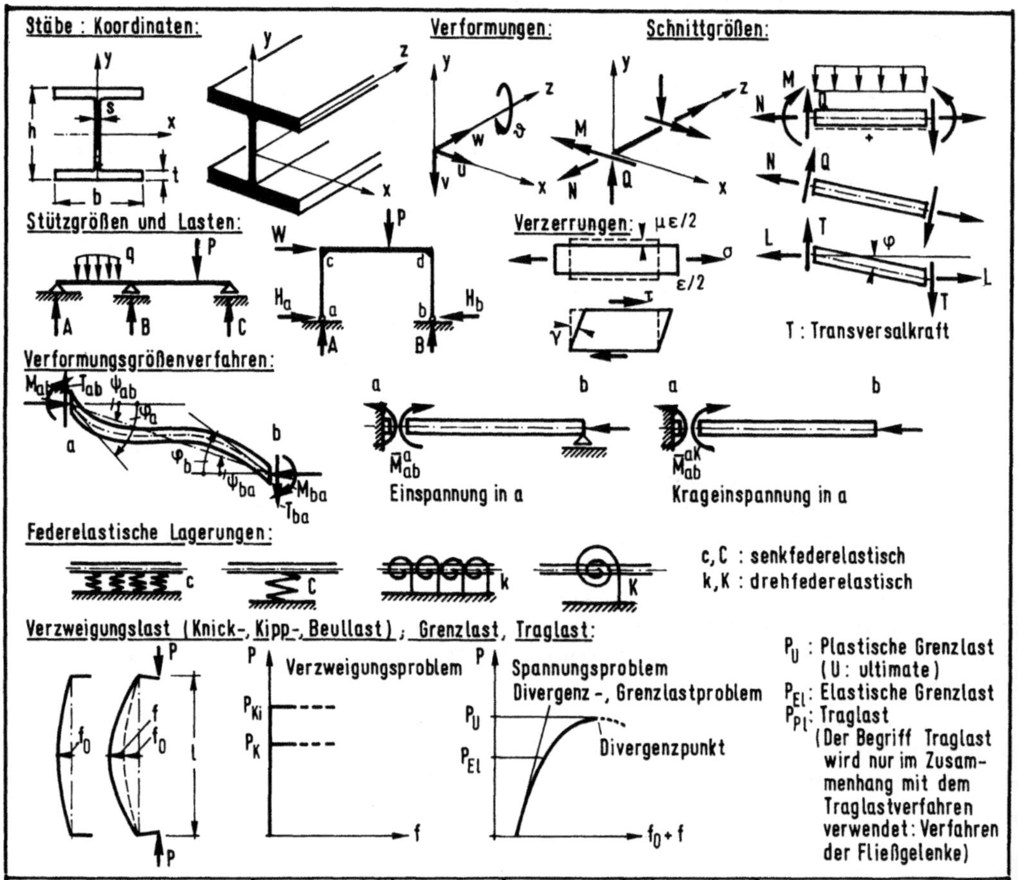

Zeichen		Zeichen		Zeichen		Indizierungen	
N	Normalkraft	β_S	Rechenwert d. Streckgr.	E	Elastizitätsmodul	d	Druck
Q	Querkraft	$\beta_{0,2}$	Rechenwert d. 0,2-Gr.	G	Schubmodul	z	Zug
D	Druckkraft	β_R	Rechenfestigk. v. Beton	μ	Querkontraktionszahl	b	Biegung
Z	Zugkraft	β_P	Prismenfestigkeit	α_t	Temperaturausdehn.-K.	bd	Biegedruck
L	Längskraft	β_W	Würfelfestigkeit	T	Tangentenmodul	bz	Biegezug
T	Transversalkraft	σ_b	Betonspannung	T_K	Knickmodul	e	Stahleinlage : Biegezug
M	Biegungsmoment	ε_b	Betonstauchung			e'	" Biegedruck
V	Vertikalkraft	E_b	E-Modul von Beton	F	Fläche	a, b	Knotenmarkierungen
H	Horizontalkraft	E_0	Ursprungsmodul	J	Trägheitsmoment	ab	a: anliegend, b: abliegend
F	Festhaltekraft, Federk.			W	Widerstandsmoment	0	Vorverformung
S	Stabkraft	α	Verformungsfaktor	W_{Pl}	plastisches Widerst.	0	Grundzustand
P	Kraft (allgemein)	α	W_{Pl}/W_{El} : Formfaktor	C	Wölbwiderstand	I	Nachbarzustand
P_{Ki}	Knick-, Kipp-, Beullast	β	Knicklängenfaktor	F_G, F_Q	Querkraftfläche	I, II	Theorie I. bzw. II. Ordn.
P_D	Durchschlagslast	λ	Schlankheit	K	Stabsteifigkeit	E	Eigenspannungseinfluß
σ	Spannung	ε	Dehnung			El	elastisch
τ	Schubspannung	$\varkappa$	(Stab-) Krümmung	ν	Sicherheitszahl	Pl	plastisch
β	Festigkeit	γ	Schubgleitung	ε	Stabkennzahl	U	ultimate, Grenz-

Inhaltsverzeichnis

1 GRUNDLAGEN DER ELASTO-STATISCHEN STABILITÄTSTHEORIE 1
1.1 Grundbegriffe: Spannungsproblem - Verzweigungsproblem 1
1.2 Elasto-statische Spannungsprobleme Theorie II. Ordnung und Verzweigungsprobleme gedrückter Stäbe 5
1.2.1 Elastizitätsgesetz 5
1.2.2 Grundgleichung der Biegetheorie II. Ordnung 5
1.2.2.1 Anmerkungen zur statischen und energetischen Herleitung 5
1.2.2.2 Knickbiegung Theorie II. Ordnung - Grundgleichung 7
1.2.2.2.1 Statische Herleitung 7
1.2.2.2.2 Energetische Herleitung - EULERsche Gleichungen 8
1.2.2.2.3 Energetische Herleitung - Direkte Variation - Randbedingungen 11
1.2.2.2.4 Ergänzungen zur Ableitung der potentiellen Energie 12
1.2.3 Anmerkungen zur Lösung von Spannungsproblemen Theorie II. Ordnung 13
1.2.4 Verzweigungsprobleme 16
1.2.4.1 Statisches Stabilitätskriterium 16
1.2.4.2 Energetisches Stabilitätskriterium 16
1.2.4.3 GALERKINsches Verfahren 17
1.2.4.4 RAYLEIGH/RITZ-Verfahren 20
1.2.4.5 Ergänzende Anmerkungen zu den direkten Variationsverfahren 22
1.2.5 Näherungslösungen von Spannungs- und Verzweigungsproblemen 22
1.2.6 Druckstäbe mit Vorverformungen - Grundgleichung 29
1.2.6.1 Statische Herleitung 30
1.2.6.2 Energetische Herleitung 31
1.2.7 Richtungstreue und nichtrichtungstreue Kräfte 32
1.2.8 Kinetisches Stabilitätskriterium zur Lösung nichtkonservativer Knickprobleme 35
1.2.8.1 Interaktion Knickung / Eigenschwingung 35
1.2.8.2 Kennung nichtkonservativer Kräfte 39
1.2.8.3 Anmerkungen zur Lösung nichtkonservativer Knickprobleme 40
1.2.9 Kinetische Instabilität infolge pulsierender Längskräfte 43
1.2.10 Verzweigung von Spannungsproblemen Theorie II. Ordnung 44
1.2.11 Überkritischer Bereich 50
1.2.12 Einfluß der Schubsteifigkeit auf die Stabilität von Druckstäben 51
1.2.12.1 Schubweiche Druckstäbe 51
1.2.12.2 Grundgleichungen 52
1.2.12.2.1 Statische Herleitung 52
1.2.12.2.2 Energetische Herleitung 54
1.2.12.3 Reduzierte Biegesteifigkeit 54
1.2.12.4 Gitterstäbe 56
1.2.12.5 Rahmenstäbe 59
1.2.12.6 Bemessungsquerkraft für Vergitterung und Verrahmung mehrteiliger Stützen 60
1.2.13 Einfluß der Dehnsteifigkeit auf die Stabilität gedrückter Stäbe und Stabwerke 62
1.2.13.1 Primärdehnung der Stabachse 62
1.2.13.2 Verschiebliche Rahmen 63
1.2.14 Lastfall Temperatur 64
1.2.14.1 Temperaturgradient 64
1.2.14.2 Temperaturänderung 64
1.2.14.3 Stabknicken bei behinderter Temperaturdehnung 65
1.2.14.4 Verwerfungsproblem 65
1.3 Durchschlagprobleme 66
1.3.1 Grundaufgabe: Spreizwerk 66
1.3.2 Erste Erweiterung der Grundaufgabe 68
1.3.3 Zweite Erweiterung der Grundaufgabe 69
1.4 Starrkörperstabilität 71
1.4.1 Lagesicherheitsnachweis 71
1.4.2 Federelastische Lagerung starrer Baukörper 73
1.4.3 Stabilität von Schwimmkörpern 75
1.4.3.1 Grundaufgabe: Rechteckponton 75
1.4.3.2 Metazentrum 77

2 GRUNDLAGEN DER PLASTO-STATISCHEN STABILITÄTSTHEORIE 79
2.1 Einführung 79
2.1.1 Anmerkungen zur Idealisierung der Stoffeigenschaften 79
2.1.2 Querschnittsfestigkeit 83
2.1.3 Plasto-statische Grenztragfähigkeit gedrückter Stäbe 86
2.2 Festigkeits- und Formänderungseigenschaften der Baustoffe 88

2.2.1 Baustähle St 370 und St 520 88
2.2.2 Feinkornbaustähle St E 470 und St E 700 90
2.2.3 Nichtrostende Chrom-Nickel-Stähle 91
2.2.4 Aluminium (Leichtmetall) 91
2.2.5 Gußeisen 92
2.2.6 Betonstahl - Spannstahl 92
2.2.7 Stahlbeton B 15, B 25, B 35, B 45, B 55 93
2.2.8 Holz 95
2.2.9 Kunststoffe 96
2.3 Imperfektionen 97
2.3.1 Äußere und innere Imperfektionen 97
2.3.2 Eigenspannungen 98
2.4 Knicktragfähigkeit zentrisch gedrückter Stäbe 100
2.4.1 Elasto-statische Knickspannungen 100
2.4.2 Plasto-statische Knickspannungen 100
2.4.2.1 Knickspannungen nach ENGESSER-KÁRMÁN 100
2.4.2.2 Beispiele 104
2.4.2.3 Knickspannungen nach ENGESSER-SHANLEY 104
2.4.2.4 Einfluß der Randbedingungen auf die Knickspannungen 106
2.4.2.5 Einfluß der Eigenspannungen auf die Knickspannungen 106
2.4.3 Knickspannungslinie in bezogener Darstellung 109
2.4.4 Plastizierungsmoduli für Verzweigungsprobleme 111
2.5 Anmerkungen zur Entwicklung der Knickvorschriften 117
2.5.1 Kurzer geschichtlicher Abriß 117
2.5.2 Stahlbau Aluminiumbau 118
2.5.3 Stahlbetonbau 119
2.5.4 Holzbau 120
2.6 Grenztragfähigkeit exzentrisch gedrückter Stäbe 120
2.6.1 Anweisungen für strenge Grenzlastberechnungen 120
2.6.1.1 Momentenkrümmungsfunktion 120
2.6.1.2 Grenzspannungsdiagramm 122
2.6.1.3 Wirksame Biegesteifigkeit 124
2.6.1.4 Berechnungsanweisung nach THIERAUF-SHEN 125
2.6.1.5 Berechnungsanweisung nach MARINČEK 127
2.6.2 Elasto-statische Grenzlast exzentrisch gedrückter Stäbe aus Stahl 128
2.6.3 Plasto-statische Grenzlast exzentrisch gedrückter Stäbe aus Stahl 132
2.6.3.1 Vorbemerkungen 132
2.6.3.2 Lösung nach JEZEK 133
2.6.3.3 Nachweisform der DIN 4114A 137
2.6.3.4 Knickspannungskurven der EKS - DIN 4114N 138
2.6.3.5 Sicherheitstheoretische Anmerkungen 141
2.6.4 Grenztragfähigkeit exzentrisch gedrückter Stützen aus Stahlbeton 145
2.6.4.1 Momenten-Krümmungsfunktion 145
2.6.4.2 Grenzlast gedrückter Stahlbetonstützen 147
2.6.4.3 Nachweisform nach KORDINA-QUAST 148
2.6.4.4 Vorschreibungen der DIN 1045 150
2.7 Sonderfragen 150
2.7.1 Querschnittsprofilierung gedrückter Stäbe (Stützen) 150
2.7.2 Kriechen - Kriechstabilität 153
2.7.3 Mechanische Eigenschaften metallischer Baustoffe bei höherer Temperatur 153

3 ELASTO-STATISCHE BERECHNUNG VON STAB- UND RAHMENTRAGWERKEN 157
3.1 Verfahren iterativer Annäherung 157
3.1.1 Vorbemerkungen 157
3.1.2 Gesamtschrittiteration 158
3.1.3 Teilschrittiteration 158
3.1.4 Vergrößerungsfaktoren 160
3.1.5 Beispiele 160
3.1.5.1 Kragstütze 160
3.1.5.2 Portalrahmen 162
3.1.5.3 Zweigelenkrahmen 165
3.1.6 Vergrößerungsfaktoren nach DISCHINGER 166
3.1.7 Verfahren nach ENGESSER-VIANELLO 168
3.1.7.1 Berechnungsanweisungen 168
3.1.7.2 Beispiele 171
3.1.8 Bezug zur Integralgleichungsmethode 173
3.2 Verfahren approximativer Verformungsaffinität 174
3.2.1 Vorbemerkungen 174
3.2.2 Durchbiegungsverfahren von PUWEIN-SAHMEL 174
3.2.3 Durchbiegungsverfahren von SATTLER 177
3.2.3.1 Berechnungsanweisungen zur Knickberechnung 177
3.2.3.2 Beispiele 178
3.2.3.3 Berechnungsanweisungen zur Spannungsberechnung Theorie II. Ordnung 182
3.2.3.4 Beispiele 183
3.3 Differentialgleichung Theorie II. Ordnung für prismatische Stäbe 187
3.3.1 Differentialgleichung und Lösungssystem 187
3.3.2 Lösung von Spannungsproblemen Theorie II. Ordnung und Verzweigungsproblemen 189
3.3.3 EULER-Fälle 192
3.3.4 Knicklängen und ihre geometrische Deutung 192

3.4 Berechnungsverfahren Theorie II. Ordnung für Tragwerke mit prismatischen Stäben 195
3.4.1 Differentialgleichungsverfahren 195
3.4.2 Beispiele 195
3.4.2.1 Kragstütze mit angekoppelter Pendelstütze 195
3.4.2.2 Abgestrebte Stütze 198
3.4.3 Verfahren der Übertragungsmatrizen 200
3.4.3.1 Feldmatrizen 200
3.4.3.2 Verfahrensweise 201
3.4.3.3 Beispiele 205
3.4.4 Formänderungen und Schnittgrößen des einfachen Balkens nach Theorie II. Ordnung 208
3.4.5 Formänderungen und Schnittgrößen des Kragträgers nach Theorie II. Ordnung 212
3.4.6 Baustatische Berechnungsverfahren (Überblick) 215
3.4.7 Kraftgrößenverfahren 218
3.4.7.1 Berechnungsanweisungen 218
3.4.7.2 Beispiele 220
3.4.8 Verformungsgrößenverfahren 224
3.4.8.1 Grundformeln 224
3.4.8.2 Einspannungsmomente 230
3.4.8.3 Kragmomente 231
3.4.8.4 Drehwinkelverfahren für Tragwerke mit lotrechten Stielen 235
3.4.8.4.1 Verfahrensweise 235
3.4.8.4.2 Beispiele 237
3.4.8.5 Netzgleichungen - Verallgemeinertes Drehwinkelverfahren 244
3.4.8.5.1 Verfahrensweise 244
3.4.8.5.2 Beispiel: Polygonalrahmen 247
3.4.8.6 Stabsteifigkeitszahl K 249
3.4.8.7 Berechnung der Verzweigungslast aus der "Bedingung vom Verlust der Dreh- bzw. Verschiebungssteifigkeit" 249
3.4.8.8 Momentenausgleichsverfahren von CROSS und KANI 252
3.4.8.8.1 Ein- und zweistufige Verfahrensweise 252
3.4.8.8.2 CROSS-Verfahren 252
3.4.8.8.3 KANI-Verfahren 254
3.4.8.8.4 Aufhebung der Verschiebungsfesselung 255
3.4.8.8.5 Beispiele 259
3.4.8.9 Verfahren der Steifigkeitsmatrizen 264
3.4.8.9.1 Vorbemerkungen 264
3.4.8.9.2 Elementmatrix im lokalen System 265
3.4.8.9.3 Elementmatrix im globalen System 267
3.4.8.9.4 Verträglichkeits- und Gleichgewichtsgleichungen 268
3.4.8.9.5 Randbedingungen 270
3.4.8.9.6 Beispiel 275
3.4.8.9.7 Näherungsansatz für die Elementmatrix 279
3.4.8.10 Einfluß der Schubverzerrung 284
3.4.8.11 Näherungsverfahren für verschiebliche Tragwerke 285
3.5 Berechnungsverfahren Theorie II. Ordnung für Tragwerke mit konischen Stäben 286
3.5.1 Baupraktische Näherungsansätze 286
3.5.2 Konische Stäbe mit Zweipunktquerschnitt 286
3.5.3 Beispiel: Trapezrahmen mit konischen Stielen 290

4 PLASTO-STATISCHE BERECHNUNG VON STAB- UND RAHMENTRAGWERKEN 295
4.1 Plasto-statische Knicklast 295
4.1.1 Berechnungsanweisungen 295
4.1.2 Beispiele 296
4.2 Plasto-statische Grenzlast 298
4.3 Querschnittsfestigkeit 300
4.3.1 Plastische Momente M_{Pl} 300
4.3.2 M/N-Interaktion 302
4.3.3 M/Q- und M/Q/N-Interaktion 303
4.3.4 HENNINGsche Gelenke 305
4.4 Traglastverfahren Theorie II. Ordnung 310
4.4.1 Näherungsweise Erfassung des Verformungseinflusses 310
4.4.2 Grundformeln des Verformungsgrößenverfahrens Theorie II. Ordnung 313
4.4.3 Beispiel 314
4.4.4 Traglasten verschieblicher Rahmen nach Theorie II. Ordnung 317
4.5 Baupraktische Nachweisverfahren für stählerne Druckstäbe mit planmäßiger Biegung 319
4.5.1 Interaktionsformeln auf elasto-statischer Grundlage 319
4.5.1.1 Unverschiebliche Druckstäbe mit Randmomenten 319
4.5.1.2 Druckstäbe in verschieblichen Systemen - Querbelastung 321
4.5.2 Interaktionsformeln auf plasto-statischer Grundlage 323
4.5.3 Nachweisform der DIN 4114A 325
4.5.4 Nachweisform der DASt-Ri 008 (Traglastrichtlinie) 327
4.5.5 Anmerkungen zum Sicherheitskonzept 328
4.5.6 Nachweisform der DIN 4114N 331
4.6 Baupraktische Nachweisformen für hölzerne Druckstäbe mit planmäßiger Biegung 331
4.7 Baupraktische Nachweisformen für Druckglieder aus Stahlbeton mit planmäßiger Biegung 331

4.7.1 Allgemeine Hinweise 331
4.7.2 Abschätzung des Kriecheinflusses 332

5 AUSGEWÄHLTE STAB- UND RAHMENSYSTEME 335
5.1 Anmerkungen zu den Rechenbehelfen 335
5.2 Grundstäbe mit federelastischer Stützung der Stabenden 337
5.2.1 Elasto-statische Lösung 337
5.2.2 Kragstütze mit Fußeinspannung 343
5.2.3 Einhüftige Rahmensysteme 347
5.2.4 Einstöckige, regelmäßige Rahmensysteme 347
5.2.5 Einstöckige, unregelmäßige Rahmensysteme 347
5.2.6 Regelmäßige Stockwerkrahmen 349
5.2.6.1 Vorbemerkungen 349
5.2.6.2 Knicklängen für globales Systemknicken 349
5.2.6.3 Knicklängen für lokales Systemknicken 352
5.2.6.4 Zusammenfassung - Empfehlungen 355
5.3 Einstöckige Rechteckrahmen mit ungleichen Stiellängen 355
5.4 Trapezrahmen 361
5.5 Rahmenbinder 368
5.6 Zweistöckige Rahmen 374
5.7 Zweiteilige Stützen und Rahmenstiele 377
5.8 Zweiteilige Stützen mit federelastischer Querstützung 389
5.9 Rahmenartige Systeme mit zweiteiligen Stützen und Riegelverband 395
5.10 Gegenseitig gestützte Druckstiele - Kehlbalkendach 397
5.11 Dreieckrahmen - Shedrahmen - Zweifeldträger 401
5.12 Gekoppelte Druckstiele 406
5.13 Stiele und Rahmen mit angekoppelten Pendelstützen 409
5.13.1 Elasto-statische Lösung 409
5.13.2 Näherungsformeln 415
5.13.3 Beispiele 416
5.14 Zweistöckige Stabilisierungsstütze mit angekoppelten Pendelstützen 422
5.15 Mehrstöckige Stabilisierungsstütze mit angekoppelten Pendelstützen 425
5.16 Stützen und Rahmen mit Richtungsänderung im Lastangriff 429
5.17 Stäbe mit sprunghaft veränderlicher Druckkraft 439
5.18 Stäbe mit kontinuierlich veränderlicher Druckkraft 442
5.19 Druckstäbe mit konischer Erstreckung 446
5.20 Druckstäbe mit bereichsweise konstanter, konischer und parabelförmiger Erstreckung 450
5.21 Druckstäbe mit kontinuierlicher drehfederelastischer Bettung 459
5.22 Druckstäbe mit kontinuierlicher senkfederelastischer Bettung 463
5.22.1 Differentialgleichung und elasto-statische Lösung 463
5.22.2 Verfahren der Übertragungsmatrizen 466
5.22.3 Verzweigungsprobleme elastisch gebetteter Druckstäbe 466
5.23 Druckstäbe mit diskreter federelastischer Stützung 472
5.24 Verbandsstäbe (Knicken quer zur Verbandsebene) 475
5.24.1 Kreuzverbände 475
5.24.2 Portalrahmen-Verbände 477
5.25 Strebenbock (Knicken quer zur Bockebene) 480
5.26 Sonderprobleme 483
5.26.1 Knickstäbe mit schiefen Schneidenlagern 483
5.26.2 Knickstäbe mit verwundener Stabachse 483
5.26.3 Knickstäbe unter hydrostatischer Belastung 486
5.26.3.1 Elasto-statische Lösung 486
5.26.3.2 Beispiel 487

6 AUSGEWÄHLTE BAUKONSTRUKTIONEN 489
6.1 Turmartige Baukonstruktionen 489
6.1.1 Systeme - Allgemeine Berechnungshinweise 489
6.1.2 Stabschaft mit konischer Erstreckung 489
6.1.2.1 Knicken infolge Eigengewicht 489
6.1.2.2 Knicken infolge vertikaler Auflast 496
6.1.2.3 Kombinierte Belastung aus g und P 496
6.1.2.4 Beispiele 496
6.1.3 Stabschaft mit konstanter Dicke und konischer Erstreckung der Wanddicke 501
6.1.3.1 Knicken infolge Eigengewicht 501
6.1.3.2 Beispiel: Stahlkamin 502
6.1.4 Brückenpfeiler 504
6.1.4.1 Vorbemerkungen 504
6.1.4.2 Beispiel 505
6.1.4.3 Einfluß der Lagerkinematik auf die Stabilität von Brückenpfeilern 506
6.2 Hochhäuser 509
6.2.1 Aussteifende Systeme 509
6.2.2 Allgemeine Berechnungshinweise 510
6.2.3 Stabilität des ebenen Problems 513
6.2.3.1 Diskontinuierliche Systeme 513
6.2.3.2 Kontinuierliche Systeme 514
6.2.3.3 Beispiel 515
6.2.4 Grundlösung für das räumliche Stabilitätsproblem 518
6.3 Zweistielige Hochbaukonstruktionen mit Gitter- und Rahmenstabilisierung 519
6.3.1 Systeme - Problemstellung 519

6.3.2 Drehfederkonstante k 520
6.3.3 Einfluß nachgiebiger Knotenanschlüsse auf die Drehfederkonstante und Schubsteifigkeit 521
6.3.4 Elasto-statische Lösung für den Druckstab mit kontinuierlicher drehfederelastischer Bettung und linear veränderlicher Druckkraft 524
6.3.5 Einfluß der Dehnsteifigkeit auf die Knicklast zweistieliger Rahmen 526
6.3.6 Beispiel: Zweistieliger Rahmen 527
6.4 Gerüste 533
6.4.1 Arbeits- und Schutzgerüste 533
6.4.2 Traggerüste 534
6.4.2.1 Knicklast schubweicher Gerüste 534
6.4.2.2 Schubsteifigkeit S_{id} verstrebter Gerüstgefache 537
6.4.2.3 Grundsätze für den baupraktischen Stabilitätsnachweis von Traggerüsten 539
6.4.2.4 Bemessungsquerkraft für Traggerüstverbände 540
6.5 Stabilisierende Verbände und Scheiben 541
6.5.1 Verbände für Hallenbinder 541
6.5.2 Stabilisierungskräfte nach Berechnungsvorschlag A (GEROLD) 543
6.5.3 Stabilisierungskräfte nach Berechnungsvorschlag B 544
6.5.4 Stabilisierungskräfte nach Berechnungsvorschlag C (PETERSEN) 544
6.5.5 Beispiele 546
6.5.5.1 Dachverband 546
6.5.5.2 Dachscheibe mit Trapezblechdeckung 548
6.5.6 Stabilisierung durch Schubfelder 549
6.5.7 Stabilisierung durch Bretterschalungen 550
6.5.8 Stabilisierung von Rüstbindern durch Rohrkupplungsverbände 552
6.5.8.1 Berechnungshinweise 552
6.5.8.2 Bemessungsquerkraft 553
6.6 Fachwerke 556
6.6.1 Knicklängen in ebenen und räumlichen Fachwerken 556
6.6.2 Knicklänge freier Fachwerkträgergurte 560
6.6.2.1 System und elasto-statische Lösung 560
6.6.2.2 Beispiel 563
6.6.3 Nebenspannungen in Verbänden und Vergitterungen 565
6.6.3.1 Systeme - Problemstellung 565
6.6.3.2 Berechnungsformeln für ebene Fachwerke 566
6.6.3.3 Berechnungsformeln für drei- und vierstielige Maste 570
6.7 Elastisch gestützte Druckgurte 570
6.7.1 Systeme - Problemstellung 570
6.7.2 Stabilitätsnachweis auf der Grundlage elastisch gebetteter Stäbe 573
6.7.3 Berechnungsverfahren für Druckgurte mit diskreter Federstützung 575
6.8 Verspannte und abgespannte Konstruktionen 579
6.8.1 Zentrisch vorgespannte Druckstäbe 579
6.8.2 Erweiterung der Problemstellung - Systeme 580
6.8.3 Einfach abgespannte Druckstäbe 582
6.8.3.1 Lastfall: Vorspannung 582
6.8.3.2 Lastfall: Vertikallast 585
6.8.3.3 Lastfall: Vertikallast und Horizontallast 586
6.8.3.4 Beispiel 587
6.8.4 Mehrfach abgespannte Druckstäbe 589
6.8.5 Approximative Knickberechnung abgespannter Druckstäbe 591
6.8.6 Knickfestigkeit verspannter Stäbe 592
6.8.7 Abgespannte Maste und Schornsteine 593
6.8.7.1 Seilgleichung für das Einzelseil im Gravitations- und Windfeld 593
6.8.7.2 Ersatz-Elastizitätsmodul für das Einzelseil 595
6.8.7.3 Berechnungshinweise und Sicherheitsfragen 596
6.9 Bogentragwerke 598
6.9.1 Systeme 598
6.9.2 Spannungstheorie II. Ordnung - Verzweigungstheorie 601
6.9.3 Zur Richtungstreue der äußeren Belastung 603
6.9.4 Verformungstheorie II. Ordnung 604
6.9.4.1 Anmerkungen zu den Berechnungsansätzen 604
6.9.4.2 Verformungsgrößenverfahren für polygonale Bogenformen 606
6.9.4.3 Analytische Verfahren für Bogenträger mit stetiger Krümmung 609
6.9.4.3.1 Differentialgleichung in Polarkoordinaten 609
6.9.4.3.2 Differentialgleichung in kartesischen Koordinaten 612
6.9.4.3.3 Anweisungen zur analytischen Lösung 615
6.9.4.3.4 Anweisungen zur numerischen Lösung 616
6.9.4.3.5 Approximative Berechnung der Verformungsmomente nach Theorie II. Ordnung 617
6.9.5 Stützlinienknicken in der Bogenebene 622
6.9.5.1 Kreisbogen - Kreisring 622
6.9.5.2 Parabelbogen 626
6.9.5.3 Katenoidbogen 629
6.9.5.4 Allgemeine Stützlinienbogen 629
6.9.5.5 Einleitung der Lasten über Ständer und Hänger bei Brückenbogen 630
6.9.5.6 Versteifte Gelenkstabbogen 632
6.9.5.7 Bogenbrücken mit aufgeständerten Versteifungsträgern 633
6.9.5.8 Trapezrahmen mit Randfeldern 637
6.9.5.9 Sprengwerke 638

6.9.5.10 Versteifte Stabbogen (LANGERsche Balken) 640
6.9.6 Elastisch gebettete Kreisbogen und Kreisringe 644
6.9.6.1 Differentialgleichungen und elasto-statische Lösungen 644
6.9.6.2 Schacht-, Stollen- und Tunnelauskleidungen 650
6.9.6.2.1 Berechnungsgrundlagen 650
6.9.6.2.2 Verzweigungslösungen bei Bettungsausfall 651
6.9.6.2.3 Verformungsgrößenverfahren Theorie II. Ordnung 652
6.9.7 Knicken quer zur Bogenebene (Bogenkippen) 656
6.9.7.1 Systeme 656
6.9.7.2 Kreisbogen 659
6.9.7.2.1 Differentialgleichungen 659
6.9.7.2.2 Verzweigungslösungen für den Kreisring 661
6.9.7.2.3 Verzweigungslösungen für eingespannte Kreisbogenträger 662

7 BIEGEDRILLKNICKEN UND KIPPEN - KIPPBIEGUNG THEORIE II. ORDNUNG 665
7.1 Einführung 665
7.2 Grundgleichungssystem für Stäbe mit freier Drillachse und einfachsymmetrischem Querschnitt 667
7.2.1 Elastizitätsgesetze 667
7.2.2 Statische Herleitung der Grundgleichungen 669
7.2.3 Energetische Herleitung der Grundgleichungen 674
7.2.4 Randbedingungen 677
7.3 Erweiterung der Grundgleichungen für elastische Bettung 677
7.4 Erweiterung der Grundgleichungen für Stäbe mit gebundener Drillachse und elastischer Bettung 678
7.5 Anmerkungen zur Lösung von Verzweigungsproblemen 679
7.6 Biegedrillknicken zentrisch und exzentrisch gedrückter Stäbe mit freier Drillachse 680
7.6.1 Berechnungsformeln 680
7.6.2 Wölbfederung 684
7.6.3 Beispiele 684
7.6.4 Knickdiagramme für zentrisch und exzentrisch gedrückte Stäbe 688
7.6.5 Beispiele 704
7.7 Biegedrillknicken zentrisch und exzentrisch gedrückter Stäbe mit freier Drillachse und elastischer Bettung 706
7.8 Biegedrillknicken zentrisch und exzentrisch gedrückter Stäbe mit gebundener Drillachse und elastischer Bettung 707
7.9 Kippen von Biegeträgern mit freier Drillachse 709
7.9.1 Näherungsnachweis 709
7.9.2 Berechnungsformeln für die Kipplast von Biegeträgern 713
7.9.3 Kippdiagramme für Biegeträger mit doppeltsymmetrischem Querschnitt unter Gleichlast 714
7.9.4 Kippwerte für veränderliche Streckenlasten 721
7.9.5 Kippdiagramme für Biegeträger mit doppeltsymmetrischem Querschnitt unter Randmomentenbelastung 725
7.9.6 Kippdiagramme für Biegeträger mit einfachsymmetrischem Querschnitt unter Gleichlast 725
7.9.7 Beispiele 731
7.9.8 Kippen von Trägern mit veränderlicher Höhe und Steifigkeit 734
7.10 Kippen von Biegeträgern mit freier Drillachse und elastischer Bettung 737
7.11 Kippen von Biegeträgern mit gebundener Drillachse und elastischer Bettung 738
7.12 Auswirkung baupraktisch realisierter Lasteintragungen und Stützbedingungen 740
7.12.1 Problemstellung 740
7.12.2 Drillelastische Bettung bei freier Drillachse 742
7.12.3 Sonderprobleme 744
7.13 Kippen von Biegeträgern mit freier Drillachse unter gleichzeitiger Wirkung einer zentrischen Druckkraft 745
7.13.1 Berechnungsformel für den Lastfall M=konstant und zentrischer Druckkraft 745
7.13.2 Berechnungsformel für querbelastete Träger mit Randmomenten und zentrischer Druckkraft nach CHWALLA/WITTE 746
7.14 Wölbfederung 747
7.15 Baupraktische Nachweisformen 748
7.15.1 Vorbemerkungen 748
7.15.2 Nachweisform der DIN 4114A 748
7.15.3 Nachweisform der DIN 4114N 749
7.15.4 Nachweisformen für Stahlbeton- und Holzträger 752
7.16 Kippbiegung freier Träger nach Theorie II. Ordnung 752
7.16.1 Problemstellung - Berechnungsformeln 752
7.16.2 Beispiele 755
7.16.2.1 Einfeldträger unter Gleichlast 755
7.16.2.2 Einfeldträger unter Gleichlast und exzentrischer Einzellast 757
7.16.2.3 Kranbahnträger 758
7.16.3 Gesamtschrittiteration 759
7.17 Kippbiegung elastisch gebetteter Träger nach Theorie II. Ordnung 761
7.17.1 Berechnungsformeln 761
7.17.2 Federkonstante - Verbandssteifigkeit 762
7.12.3 Beispiel: Verbandsberechnung 763

8 BEULEN UND BEULBIEGUNG THEORIE II. ORDNUNG EBENER UND GEKRÜMMTER FLÄCHENTRAGWERKE 765

8.1 Einführung 765
8.2 Nichtlineare Grundgleichungen für doppelt gekrümmte Flächentragwerke (Schalen und Platten) 766
8.2.1 Geometrie - Definitionen 766
8.2.2 Verzerrungs-Verschiebungsbeziehungen 767
8.2.3 Schnittgrößen 770
8.2.4 Elastizitätsgesetz 771
8.2.5 Gekoppeltes Grundgleichungssystem 771
8.2.5.1 Statische Herleitung 771
8.2.5.2 Energetische Herleitung 775
8.2.6 Beulgleichungen 778
8.2.7 Grundgleichungssystem für Schalen und Platten mit Vorverformungen 779
8.3 Beulen rechteckiger Platten und Plattenelemente 782
8.3.1 Grundgleichung der linearen Theorie 782
8.3.1.1 Statische Herleitung 782
8.3.1.2 Energetische Herleitung 784
8.3.2 Berechnung der Beulwerte für Einzelfelder unter (abschnittsweise) konstanten Druckspannungen mittels der linearen Beulgleichung 784
8.3.2.1 Einzelfelder mit freien Längsrändern 785
8.3.2.2 Einzelfelder mit frei drehbar gelagerten Rändern 785
8.3.2.3 Einzelfelder mit beliebiger Lagerung der Längsränder 786
8.3.2.4 Verfahren der Übertragungsmatrizen 789
8.3.2.5 Beuldiagramm für Einzelfelder mit drillfederelastischer Einspannung der Längsränder 792
8.3.2.6 Beuldiagramme für Einzelfelder mit linear veränderlichen Randspannungen und unterschiedlicher Lagerung der Längsränder 793
8.3.2.7 Beuldiagramme für Rechteckplatten mit veränderlicher Dicke 793
8.3.3 Berechnung der Beulwerte für Einzelfelder unter veränderlichen Normal- und Schubspannungen mittels der direkten Variationsverfahren 793
8.3.3.1 Stabilitätskriterien 793
8.3.3.2 Lösungen nach dem GALERKINschen Verfahren 802
8.3.3.3 Lösungen nach dem RITZschen Verfahren 802
8.3.3.4 Anmerkungen zur Lösung der Doppelintegrale der direkten Variationsverfahren 804
8.3.3.5 Einzelfelder mit frei drehbar gelagerten Rändern unter Biegespannungen 804
8.3.3.6 Einzelfelder unter Schubspannungen 805
8.3.4 Kombinierte Spannungszustände in Einzelfeldern - Beulvergleichsspannungen 806
8.3.4.1 Problemstellung 806
8.3.4.2 Interaktion σ_x und τ 808
8.3.4.3 Interaktion σ_x, σ_y und τ 810
8.3.5 Stegbleche mit quergerichteten Randdruckkräften 811
8.3.5.1 Spannungen in Stegblechen infolge Radlasten 811
8.3.5.2 Beulwerte für quergerichtete Randdruckspannungen 815
8.3.5.3 Beispiel: Stegblech eines Kranbahnträgers 815
8.3.6 Rahmeneckbleche 817
8.3.6.1 Spannungsverteilung in Rahmeneckblechen 817
8.3.6.2 Beulnachweis 819
8.3.7 Ausgesteifte Beulfelder 820
8.3.7.1 Gliederung der Felder - Beulsteifen 820
8.3.7.2 Hinweise zur Berechnung der Beulwerte ausgesteifter Beulfelder 821
8.3.7.3 Beulfelder mit mittiger Längssteife; Lösung mittels Beulgleichung 822
8.3.7.4 Beulfelder mit mittiger Längssteife; Lösung mittels RITZschen Verfahrens 824
8.3.7.5 Mindeststeifigkeit 826
8.3.7.6 Beulwerttafeln von KLÖPPEL - SCHEER - MÖLLER 827
8.3.8 Nichtlineare Beultheorie 829
8.3.8.1 Vorbemerkungen 829
8.3.8.2 Überkritisches Tragverhalten eines perfekten Beulfeldes - Lösung nach MARGUERRE 830
8.3.8.3 Wirksame Breite ($\alpha \geq 1$) 834
8.3.8.4 Beispiel 837
8.3.8.5 Überkritisches Tragverhalten eines imperfekten Beulfeldes - Lösung nach WOLMIR 837
8.3.9 Baupraktische Nachweisformen für unausgesteifte und ausgesteifte Rechteckplatten 839
8.3.9.1 Beulspannungskurve nach DIN 4114A 839
8.3.9.2 Beulspannungskurve in bezogener Form 840
8.3.9.3 Beulspannungskurve nach DASt-Ri 012 842
8.3.9.4 Knickstabähnliches Verhalten 843
8.3.9.5 Wirksame Breite von Steifen 844
8.3.10 Beulnachweis dünnwandiger Teile von Druck- und Biegegliedern 845
8.3.10.1 Problemstellung 845
8.3.10.2 Formeln zur Schlankheitsbegrenzung 846
8.3.10.3 Berechnungskonzept nach BLEICH - DIN 4114A 849
8.3.10.4 Berechnungskonzept nach WINTER 852
8.3.11 Grenztragfähigkeit vollwandiger Träger 855
8.3.11.1 Anmerkungen zum unter- und überkritischen Tragverhalten 855
8.3.11.2 Grenztragfähigkeit steifenloser Vollwandträger 856
8.3.11.2.1 Experimenteller Befund 856

8.3.11.2.2 Biegetragfähigkeit 858
8.3.11.2.3 Schubtragfähigkeit 860
8.3.11.3 Grenztragfähigkeit ausgesteifter Vollwandträger 861
8.4 Beulen zylinder-, kugel- und torusförmiger Schalen 863
8.4.1 Anmerkungen zu baupraktischen Aufgabenstellungen 863
8.4.2 Lineare Beultheorie kreiszylindrischer Schalen 864
8.4.2.1 Beulgleichungen w , Φ 865
8.4.2.2 Beulgleichungen u,v,w 865
8.4.2.3 Lösung für Achsialdruck 867
8.4.2.4 Lösung für Radial- (Mantel-) und Behälterdruck 871
8.4.2.5 Lösung für Schub 874
8.4.3 Lineare Beultheorie kugelförmiger Schalen 875
8.4.4 Lineare Beultheorie torusförmiger Schalen 876
8.4.5 Diskrepanzen zwischen Theorie und Experiment 878
8.4.6 Baupraktische Nachweisformen 880
8.4.6.1 Vorbemerkungen 880
8.4.6.2 Kreiszylinderschalen unter Achsialdruck und Biegedruck 882
8.4.6.3 Kreiszylinderschalen unter Mantel- und Behälterdruck 884
8.4.6.4 Kreiszylinderschalen unter Torsions- und Schubbelastung 885
8.4.6.5 Kreiszylinderschalen unter kombinierter Beanspruchung 885
8.4.6.6 Nichtkreisförmige Zylinderschalen und Kegelschalen 885
8.4.6.7 Kugelschalen 885
8.4.6.8 Schalen mit positivem und negativem Krümmungsmaß 885
8.4.6.9 Hyperbolische Kühlturmschalen 885

ANHANG 887
Anhang I Einführung in die Variationsrechnung 887
Anhang II.1 Querschnittswerte der elasto-statischen Biegetheorie (Flächenmomente) 889
Anhang II.2 Querschnittswerte der elasto-statischen Torsionstheorie 897
Anhang II.2.1 Anmerkungen zur Torsionstheorie 897
Anhang II.2.2 Beispiele 903
Anhang III.1 Drehfederkonstante für symmetrische und antimetrische Riegelverformungen 905
Anhang III.2 Drehfederkonstante K bodenelastischer Fundamenteinspannungen 910
Anhang IV.1 Grundfunktionen A', B' und C' des Verfahrens Theorie II. Ordnung 913
Anhang IV.2 Verformungen und Schnittgrößen druckbeanspruchter Biegestäbe 913
Anhang IV.2.1 Funktionen f_1 bis f_{12} 913
Anhang IV.2.2 Beispiel 914

LITERATURVERZEICHNIS 923

NAMENREGISTER 956

SACHREGISTER 958

1 Grundlagen der elasto-statischen Stabilitätstheorie

1.1 Grundbegriffe: Spannungsproblem - Verzweigungsproblem

Als Einführung wird die im B.1.1a gezeigte, frei auskragende Stütze auf Stabilität untersucht. Die Stütze wird durch eine Vertikallast P auf Druck und durch eine Horizontallast H auf Biegung beansprucht. In der klassischen Baustatik Th.I.Ordn. werden beide Lastfälle getrennt berechnet und anschließend überlagert. Diese Vorgehensweise erfaßt die reale Beanspruchung nur genähert und liegt bei Druckbeanspruchung auf der unsicheren Seite, denn infolge der H-Kraft biegt der Stab seitlich aus, die Auflast P folgt dieser Auslenkung und ruft dadurch das Verformungsmoment P[f-v(z)] hervor. [f-v(z)] ist der "elastische Hebelarm" zwischen der Wirkungslinie von P und der verformten Stabachse (vgl. B.1.1b). Eine Berechnung, die diesen Verformungseinfluß erfaßt -bei welcher also die Gleichgewichtsgleichungen am verformten Tragwerk erfüllt werden- nennt man Th.II.Ordn., womit eine höhere Strenge angedeutet werden soll. Gebräuchlich ist auch der Begriff Verformungstheorie.

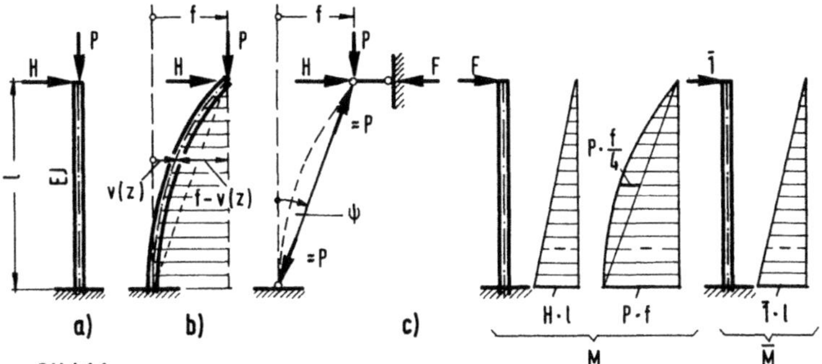

Bild 1.1

Steht das Tragwerk unter Druckkräften, wächst die Beanspruchung, z.B. der Spannungszustand im Einspannquerschnitt, infolge der auftretenden Verformungen nicht proportional mit der Belastung, wie in Th.I.Ordn., sondern überproportional (progressiv). Das Superpositionsgesetz ist nicht mehr allgemein gültig. Wird ein Stabilitätsnachweis als Spannungsproblem Th.II.Ordn. geführt, sind die Gebrauchslasten in ungünstigster Kombination um den Sicherheitsfaktor ν zu erhöhen; ggf. ist eine Splittung der Einzeleinwirkungen mit Teilsicherheitsfaktoren vorzusehen. Wenn nachgewiesen werden kann, daß die zur ν-fachen Belastung (Bemessungslast) gehörende Beanspruchung unter der zugeordneten Grenztragfähigkeit liegt oder sie gerade erreicht, ist das Tragwerk mindestens ν-fach tragsicher bemessen. Nun ist es indes außerordentlich schwierig, die reale Systemtraglast nach Th.II.Ordn. zu berechnen, weil der Versagenszustand, also die erreichbare Grenzbeanspruchung, nach der strengen Plastizitätstheorie ermittelt werden müßte. Mittels Computereinsatz ist diese Aufgabe -wenn auch unter Einführung gewisser Idealisierungen- lösbar geworden. Der Aufwand ist allerdings erheblich und die Erstellung eines für die Aufgabe geeigneten Rechenprogrammes, wegen der verwickelten Zusammenhänge beim Durchlaufen aller Plastizierungszustände, schwierig. In praxi begnügt man sich daher mit Ersatz-Grenzlastnachweisen, z.B. mit dem Nachweis der elasto-statischen oder plasto-statischen Grenzlast nach Th.II.Ordn.

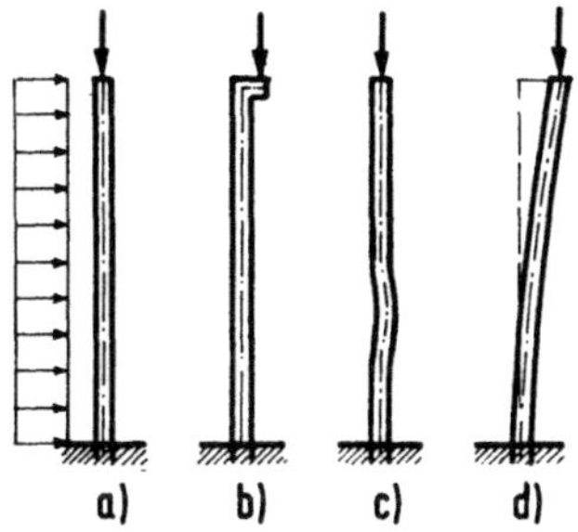

Bild 1.2

Neben der planmäßigen Gebrauchslast (z.B. gemäß B.1.2a)

sind bei Stabilitätsnachweisen auch unplanmäßige Einflüsse zu berücksichtigen. Die Bilder 1.2b bis d stehen stellvertretend für ausmittige (exzentrische) Lasteintragungen (b), lokale Vorverformungen (c) und Schrägstellungen (d), die durch baupraktisch nicht zu vermeidende Ausführungsungenauigkeiten bedingt sind. Wenn Druckkräfte an derartigen Hebelarmen wirken, entstehen Zusatzbeanspruchungen, die beim Stabilitätsnachweis berücksichtigt werden müssen. Man spricht von äußeren (oder geometrischen) Imperfektionen, im Gegensatz zu den inneren (oder strukturellen) Imperfektionen, wie z.B. Eigenspannungen. Auch deren, die Tragfähigkeit mindernde Einflüsse müssen in angemessener Form beim Stabilitätsnachweis erfaßt werden. Das gebietet die Sicherheit. Auf Einzelheiten wird an späterer Stelle eingegangen. Die Imperfektionen können als selbständige Lastfälle begriffen und behandelt werden.

Den Verformungseffekt Th.II.Ordn. kann man anhand von B.1.1 wie folgt veranschaulichen: Nach Einführung eines Fußgelenkes wird die um den Stabsehnendrehwinkel ψ schräg stehende Stütze durch eine fiktive Festhaltekraft F gestützt (vgl. B.1.1c). F berechnet sich zu $F=H+Pf/l$. f ist die Auslenkung am freien Ende. Wird die Festhalterung beseitigt, ist die Festhaltekraft F in entgegengesetzter Richtung auf die Kragstütze anzusetzen (B.1.1c). Das liefert die in B.1.1 rechtsseitig skizzierten Momentenflächen, wobei die durch die Abtriebskraft Pf/l hervorgerufene Momentenfläche durch eine parabelförmige ergänzt wird, um die Verbiegung der Stabachse gegenüber der Stabsehne zu erfassen. Um den Biegepfeil f zu berechnen, wird am freien Ende der Hilfsangriff $\bar{1}$ angesetzt; die Arbeitsgleichung liefert (elastisches Verhalten):

$$\bar{1}f=\int_0^l M\bar{M}\frac{dz}{EJ}=\left(\frac{1}{3}Hl\cdot\bar{1}l+\frac{1}{3}Pf\cdot\bar{1}l+\frac{1}{3}\frac{Pf}{4}\cdot\bar{1}f\right)\frac{l}{EJ}=\frac{Hl^3}{3EJ}+\frac{5Pfl^2}{12EJ} \tag{1.1}$$

Auflösung nach f:

$$f=\frac{1}{1-\frac{5Pl^2}{12EJ}}\cdot\frac{Hl^3}{3EJ} \tag{1.2}$$

Mit der Kenntnis von f ist der Spannungszustand -hier näherungsweise nach Th.II.Ordn. ermittelt- bekannt, z.B. Einspannungsmoment: $M=Hl+Pf$. Der Verformungseffekt kommt bei verschieblichen Tragwerken immer durch eine Abtriebswirkung infolge der sich schräg stellenden Druckstiele zustande und kann als Zusatzlastfall gedeutet werden.

In jenen Fällen, in denen die Druckkräfte exakt zentrisch in den Stäben wirken und keine Schübe im Tragwerk auftreten, die Struktur also im Grundzustand biegungsmomentenfrei ist, liegt kein Spannungs- sondern ein Verzweigungsproblem vor: Knicken, Kippen, Beulen. Im Falle des im B.1.1 dargestellten Beispieles "entartet" das Spannungsproblem zu einem Verzweigungsproblem, wenn H gegen Null geht und die Stabachse voraussetzungsgemäß exakt gerade ist. Unter einer ganz bestimmten kritischen Lastintensität existiert dann -neben der geraden- eine infinitesimal benachbarte (ausgeknickte) Gleichgewichtslage. Im Lastverformungsdiagramm (B.1.3) verzweigt das Gleichgewicht, wenn P die Marke P_{Ki} erreicht, sofern die Mittelspannung $\sigma_{Ki}=P_{Ki}/F$ im elastischen Bereich bzw. bei der Marke P_K, wenn $\sigma_K=P_K/F$ oberhalb der Elastizitätsgrenze liegt.

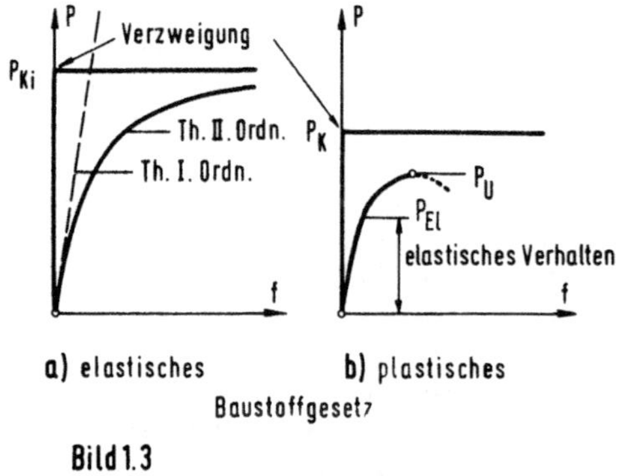

Bild 1.3

Um P_{Ki} für die Kragstütze zunächst näherungsweise zu berechnen, wird in G.1.1 H Null gesetzt:

$$\bar{1}f=\frac{5}{12}\frac{Pf\cdot l^2}{EJ} \quad \text{bzw.} \quad f\left(1-\frac{5}{12}\frac{Pl^2}{EJ}\right)=0 \tag{1.3}$$

Diese Gleichung läßt sich auf zweifache Weise erfüllen: 1) f=0, dieser Fall steht für den unverformten Grundzustand und stellt die Triviallösung dar; 2) $f\neq0$: Knickfall:

$$1-\frac{5}{12}\cdot\frac{P_{Ki}l^2}{EJ}=0 \longrightarrow P_{Ki}=\frac{12}{5}\cdot\frac{EJ}{l^2}=2{,}400\frac{EJ}{l^2} \tag{1.4}$$

Die strenge Lösung ergibt die Vorzahl $\pi^2/4=2{,}467$. Wird G.1.4 mit G.1.2 verknüpft, ergibt sich für den Biegepfeil des Spannungsproblems nach Th.II.Ordn.:

$$f^{II}=\frac{1}{1-\frac{P}{P_{Ki}}}\cdot f^{I} \quad \text{mit} \quad f^{I}=\frac{Hl^3}{3EJ} \tag{1.5}$$

f^I ist die Ausbiegung der Kragstütze infolge H nach Th.I.Ordn. Der Faktor

$$\alpha=\frac{1}{1-\frac{P}{P_{Ki}}} \tag{1.6}$$

kennzeichnet die Erhöhung durch den Verformungseffekt Th.II.Ordn. Bei Annäherung von P an P_{Ki} geht der Nenner von G.1.6 gegen Null, die Durchbiegung wächst über alle Grenzen (vgl. B.1.3a); dasselbe gilt z.B. auch für das Einspannungsmoment:

$$M^{II}=Hl+Pf=Hl+\frac{P}{1-\frac{5}{12}\cdot\frac{Pl^2}{EJ}}\cdot\frac{Hl^3}{3EJ}\approx Hl[1+\frac{1}{1-\frac{P}{P_{Ki}}}\cdot\frac{P}{P_{Ki}}]=\frac{1}{1-\frac{P}{P_{Ki}}}\cdot Hl=\alpha\cdot Hl=\alpha\cdot M^I \tag{1.7}$$

Geht man von einem real-plastischen Baustoffgesetz aus, läßt sich die plastische Knicklast P_K ableiten. Der Index i entfällt, weil auf die idealisierte Voraussetzung eines unbegrenzt elastischen Verhaltens verzichtet wird. Die plasto-statische Traglast P_U der imperfekten Druckstütze liegt unterhalb P_K; vgl. B.1.3b.

Die idealen Knick-, Kipp- und Beulprobleme lassen sich vergleichsweise einfach lösen. Die Berechnung der Knick-, Kipp- und Beulbiegebeanspruchungen nach Th.II.Ordn. ist dagegen wesentlich schwieriger, insbesondere dann, wenn -wie angedeutet- die Grenzbeanspruchungen für das reale Baustoffverhalten bestimmt werden sollen. Auf diesem Gebiet konnten durch den Einsatz des Computers große Fortschritte erzielt werden, weitere sind zu erwarten, wodurch die in der Praxis gebräuchlichen Ersatznachweise, die sich der zugeordneten idealen Knick-, Kipp- und Beullösungen bedienen, zunehmend entbehrlicher werden; Stichworte: Knicklänge, Vergleichsträgheitsmoment, Vergleichsschlankheit, "abgeminderte" Kipp- und Beulspannungen. Diese Entwicklung ist zu begrüßen, da jeder Stabilitätsnachweis, der als Grenztragfähigkeitsnachweis Th.II.Ordn. am imperfekten Stab bzw. Tragwerk geführt wird, realistischer und damit auch sicherer und wirtschaftlicher ist als ein Nachweis, der von Verzweigungslösungen ausgeht. Für die Praxis werden die Nachweisverfahren allerdings z.T. schwieriger. Das Gebot einer höheren (und vergleichmäßigten) Sicherheit und Wirtschaftlichkeit fordert seinen Preis.

Die idealen Knick-, Kipp- und Beullasten sind die oberen Schranken der zugeordneten elasto-statischen Spannungsprobleme Th.II.Ordn. (vgl. B.1.3a), insofern ist ihre Kenntnis wichtig. Zudem läßt sich über den Vergrößerungsfaktor α gemäß G.1.6 innerhalb des elastischen Bereiches eine einfache und i.a. außerordentlich zutreffende Abschätzung der Beanspruchung (bei verschieblichen Systemen) nach Th.II.Ordn. gewinnen. α wird in diesem Buch generell als Verformungs- oder Vergrößerungsfaktor bezeichnet. Hierdurch soll die Erhöhung der nach Th.I.Ordn. -also ohne Berücksichtigung der Verformungen- berechneten statischen Größen durch den Verformungseinfluß nach Th.II.Ordn. gekennzeichnet werden. Eine Zuschärfung von α ist möglich:

$$\alpha=\frac{1+\delta\frac{P}{P_{Ki}}}{1-\frac{P}{P_{Ki}}} \tag{1.8}$$

δ ist ein last- und systemabhängiger Korrekturfaktor ($\pm 0{,}2$). Da P/P_{Ki} i.a. die Größenordnung 0,2 bis 0,3 aufweist, ist der Produktterm im Zähler von G.1.8 eine kleine Größe und bei verschieblichen Systemen zudem immer negativ. Geht man von G.1.6 aus, liegt die Rechnung demnach auf der sicheren Seite. Vorstehende Bemerkungen gelten in modifizierter

Form auch für Kipp- und Beulbiegungsprobleme Th.II.Ordn. - Bei Zugbeanspruchung steht im Nenner von G.1.6 das Pluszeichen.

Historische Anmerkung:
Das Rechnen mit dem α-Faktor ist im angelsächsischen Bereich seit Jahrzehnten üblich. Man nennt α dort "amplification factor" nach PERRY-ROBERTSON. Hierzulande spricht man vom Erhöhungsfaktor nach DISCHINGER; tatsächlich geht das δ-Korrekturglied in G.1.8 auf DISCHINGER zurück. Der α-Faktor ist indes wesentlich älter und dürfte erstmals von YOUNG [1.1] 1807 bestimmt worden sein.
Es verdient Beachtung, daß BAUSCHINGER [1.2] 1886 für die Zunahme der Mittenausbiegung f eines mit der Exzentrizität e und der Vorverformung f_0 behafteten Druckstabes die Formel

$$f = \frac{1}{1-\frac{P}{P_{Ki}}}\left(f_0 + e\cdot\frac{P}{P_{Ki}}\right) \tag{1.9}$$

angab und auf den zufälligen Charakter der Werte von e und f_0 hinwies. FÖPPL [1.3] schlug 1897 die Bemessungsformel

$$\sigma = \frac{P}{F} + \frac{1}{1-\frac{P}{P_{Ki}}}\cdot\frac{Pf_0}{W} \leq \sigma_P \tag{1.10}$$

für Druckstützen vor. Er bemerkt indes einschränkend, "daß der unmittelbaren Anwendung die Schwierigkeit entgegenstehe, daß man in der Regel im Ungewissen sei, welcher Wert von f_0 im gegebenen Falle als der wahrscheinlichste anzusehen sei. Außerdem sei auf die unvermeidliche Exzentrizität e des Kraftangriffes Rücksicht zu nehmen". - KAYSER [1.4] empfahl 1910 die Bemessungsformel

$$\sigma = \frac{P}{F} + \frac{1}{1-\frac{P}{P_{Ki}}}\cdot\frac{Pe}{W} \leq 0{,}75\sigma_P \qquad \text{mit } e = \frac{l}{50} \div \frac{l}{200} \tag{1.11}$$

e sollte abhängig von Material und Zweckbestimmung der Stütze gewählt werden. - MÜLLER-BRESLAU [1.5] forderte 1911:

$$\sigma = \frac{P}{F} + \frac{1}{1-\frac{P}{P_{Ki}}}\cdot\frac{Pe}{W} \leq \sigma_P \qquad \text{mit } e = \frac{l}{200} \text{ und } P = 2\text{-fache Gebrauchslast} \tag{1.12}$$

Die Notwendigkeit eines Stabilitätsnachweises als Spannungsnachweis nach Th.II.Ordn. am imperfektionsbehafteten Druckstab wurde offensichtlich früh erkannt. An der Schwierigkeit, für e bzw. f_0 zutreffende Werte anzusetzen und hieran orientiert, die Sicherheitszahl festzulegen, hat sich bis heute nicht viel geändert; hier liegt eine der vordringlichen Aufgaben der Sicherheitsforschung [1.6/7].

Nachweisformen, die sich des α-Faktors bedienen (Spannungsnachweise gegen die elastostatische Grenzlast = Fließlast P_{El}), sind nur möglich, wenn für das zu untersuchende System die ideale Knicklast P_{Ki} bekannt ist:

$$P_{Ki} = \varepsilon_{Ki}^2\frac{EJ}{l^2} = \frac{\pi^2 EJ}{\beta^2 l^2} = \frac{\pi^2 EJ}{s_K^2} \tag{1.13}$$

Hierin ist β der Knicklängenfaktor. Für die Bestimmung von β werden in diesem Buch Formeln und Diagramme in größerer Zahl bereitgestellt. Sie dienen einerseits für Stabilitätsnachweise, die auf der Knicklänge (Ersatzstablänge) basieren und andererseits -und das vor allem- für die Berechnung des Verformungsfaktors α . Die Abschätzung nach DISCHINGER aus dem Jahre 1937 [1.8], G.1.8, kann mit Hilfe von β wie folgt

$$\alpha = \frac{1+\delta\cdot\frac{\beta^2}{\pi^2}\cdot\frac{Pl^2}{EJ}}{1-\frac{\beta^2}{\pi^2}\cdot\frac{Pl^2}{EJ}} \approx \frac{1}{1-\frac{\beta^2}{\pi^2}\cdot\frac{Pl^2}{EJ}} \tag{1.14}$$

angeschrieben werden. P gehört zum ν-fachen Gebrauchszustand. - Auf die universelle Verwendung des Vergrößerungsfaktors wurde in jüngeren Veröffentlichungen erneut hingewiesen, vgl. z.B. [1.9/10].

1.2 Elasto-statische Spannungsprobleme Theorie II. Ordnung und Verzweigungsprobleme gedrückter Stäbe

1.2.1 Elastizitätsgesetz

Zu unterscheiden ist zwischen den geometrischen (kinematischen) und physikalischen (stofflichen) Formänderungsbeziehungen. Erstere verknüpfen die Verformungen mit den Verzerrungen, zweite die Verzerrungen mit den Spannungen.
Bei Biegungsbeanspruchung wird die BERNOULLI-Hypothese vom Ebenbleiben der Querschnitte zugrunde gelegt, d.h., die Verwölbungen der Querschnitte infolge der Schubgleitungen bleiben unberücksichtigt oder werden linear-unabhängig den geradlinigen Biegedehnungen überlagert (Abschnitt 1.2.12). - Die bei der Torsion von Stäben entstehenden Querschnittsverwölbungen werden nur bei Stäben mit dünnwandigen offenen Querschnitten erfaßt; dabei wird von ebenen Verwölbungen ausgegangen, die auf der Wirkung der primären Schubspannungen beruhen; Verwölbungen infolge der sekundären Torsionsschubspannungen werden -wie bei den Biegeschubverzerrungen- vernachlässigt oder auch nur linear-unabhängig überlagert. Eine Kopplung der Verzerrungen aus den Primär- und Sekundäreinflüssen ist bei den Schlankheitsverhältnissen stabilitätsgefährdeter Stäbe und Stabwerke des Ingenieurbaues i.allg. nicht notwendig, die Theorie ist gleichwohl entwickelt, vgl. das Schrifttum im Abschnitt II.2. Besteht Proportionalität zwischen Verzerrungen und Spannungen (HOOKEsches Gesetz), spricht man von (linear-)elastischem Verhalten, anderenfalls von (real)-plastischem.

Für Stababmessungen und -schlankheiten wie sie in Baukonstruktionen auftreten, genügt die Voraussetzung "kleiner" Verformungen. Das Elastizitätsgesetz für Biegung lautet für diesen Fall [0.6]:

$$\varkappa = v''(z) = -\frac{M(z)}{EJ(z)} \tag{1.15}$$

$\varkappa$ ist die Stabkrümmung, M das lokale Biegungsmoment und EJ die Biegesteifigkeit. Mit $(\;)'$ wird die Ableitung nach der Stablängskoordinate z abgekürzt. Die Untersuchung von Biegezuständen mit "großen" Verformungen, z.B. die Verfolgung von Verformungszuständen oberhalb der Verzweigungslasten (überkritischer Bereich), verlangt die Einführung eines strengeren Elastizitätsgesetzes:

$$\varkappa = \frac{v''}{[1+v'^2]^{3/2}} = -\frac{M}{EJ} \tag{1.16}$$

Soll außerdem die Normalkraftdehnung berücksichtigt werden, ist das Elastizitätsgesetz weiter zuzuschärfen:

$$\varepsilon = [(1+u'^2)+v'^2]^{1/2} - 1 = \frac{N}{EF}; \quad \varkappa = \frac{(1+u')v'' - u''v'}{[(1+u'^2)+v'^2]^{3/2}} = -\frac{\frac{M}{EJ}}{1-\frac{N}{EF}} \tag{1.17}$$

Linearelastisches Verhalten liegt auch diesen Gesetzen zugrunde; der nichtlineare Charakter der Differentialbeziehungen ist allein durch die nichtlineare Kinematik zwischen den "großen" Verformungen und den Verzerrungen bedingt.

1.2.2 Grundgleichung der Biegetheorie II. Ordnung

1.2.2.1 Anmerkungen zur statischen und energetischen Herleitung [1.11/23 u.0.6/7]

Alle stabilitätstheoretischen Untersuchungen bestehen in der Aufgabe, den Einfluß von Druckkräften auf das Gleichgewicht zu erfassen; aus mathematisch-mechanischer Sicht führen sie auf Differentialgleichungen, die das Elastizitätsgesetz mit den Gleichgewichtsgleichungen am verformten System verknüpfen. - Die Herleitung dieser Grundgleichungen gelingt entweder statisch oder -elastisches Verhalten vorausgesetzt- energetisch.

Beim statischen Vorgehen werden die Gleichgewichtsgleichungen am verformten Tragwerk -und zwar stellvertretend an irgendeinem Element- aufgestellt und mit dem Elastizitätsgesetz zur gesuchten Grundgleichung verbunden.
Beim energetischen Vorgehen wird das Tragwerk einer virtuellen Verrückung unterworfen, d.h., dem im Gleichgewicht befindlichen Verformungszustand wird eine (bis auf die Einhaltung der Rand- und Zwischenbedingungen willkürliche) infinitesimale Verrückung eingeprägt und die Änderung der potentiellen Energie aller Kräfte beim Übergang vom Grundzustand 0 auf den Nachbarzustand I (virtuell verrückter Vergleichszustand) betrachtet. Unter der potentiellen Energie einer Kraft versteht man ihr Arbeitsvermögen. Π_0 sei die potentielle Energie aller Kräfte im Grundzustand und Π_I im Nachbarzustand, sie unterscheiden sich durch $\Delta\Pi$:

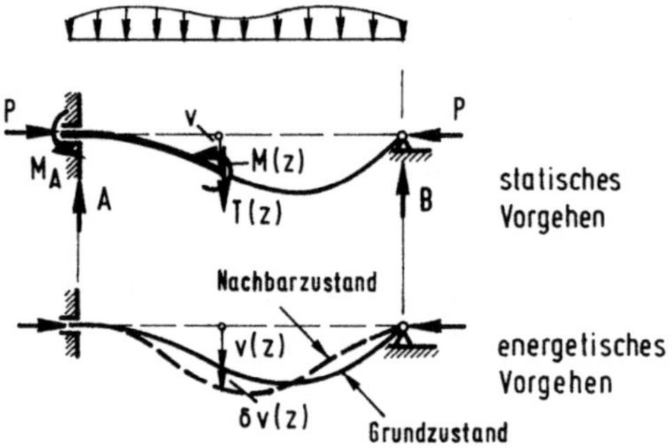

δv(z) ist von v(z) unabhängig und bis auf die geometrischen Zwangsbedingungen willkürlich

Bild 1.4

$$\Pi_I = \Pi_0 + \Delta\Pi = \Pi_0 + \delta\Pi_0 + \frac{1}{2}\delta^2\Pi_0 + \cdots \tag{1.18}$$

$\Delta\Pi$ wird im Sinne einer TAYLOR-Reihe entwickelt. $\delta\Pi_0$ ist die erste und $\delta^2\Pi_0$ die zweite Variation von Π_0, usf. (vgl. Anhang I). - Befindet sich der untersuchte Grundzustand im Gleichgewicht, ist er gegenüber allen anderen Lagen dadurch ausgezeichnet, daß Π_0 hierfür ein Minimum ist, was gleichbedeutend mit $\delta\Pi_0 = 0$ ist. Die Art des Gleichgewichts wird durch die quadratisch kleinen Änderungen der potentiellen Energie beim Übergang vom Grund- zum infinitesimal benachbarten Vergleichszustand charakterisiert:

$$\delta^2\Pi_0 \begin{matrix} > \\ = \\ < \end{matrix} 0 \quad \begin{matrix} \text{stabil} \\ \text{indifferent} \\ \text{labil} \end{matrix} \tag{1.19}$$

$\delta^2\Pi_0 > 0$ bedeutet, daß bei der virtuellen Verrückung Arbeit aufgewendet werden muß. Der Energiezuwachs sorgt dafür, daß das System nach Wegnahme der die virtuelle Verrückung verursachenden Störungen in den Grundzustand zurückkehrt; ein solcher Gleichgewichtszustand ist stabil. Im Labilitätsfalle wird Energie frei, im Falle der Indifferenz kann eine Nachbarlage eingenommen werden, ohne daß hierfür Arbeit aufgewendet werden muß. Dem mechanischen Begriff der virtuellen Verrückung entspricht der mathematische Begriff der Variation. Die Minimum-Integralbedingung

$$\Pi_0 = \text{Min} \quad \text{bzw.} \quad \delta\Pi_0 = 0 \tag{1.20}$$

für die Existenz eines Gleichgewichtszustandes führt über die EULERschen Gleichungen der Variationsrechnung zur gesuchten Grundgleichung. Von dieser Herleitungsweise wird im folgenden noch häufig Gebrauch gemacht.

Die statische und energetische Vorgehensweise setzen die Kenntnis des Elastizitätsgesetzes des jeweils anstehenden Problems voraus. Im übrigen sind sie völlig unabhängig voneinander und erlauben insofern eine wünschenswerte Verprobung der auf zweierlei Weise gewonnenen Grundgleichung bzw. Grundgleichungen. Wird vom linearisierten Elastizitätsgesetz (z.B. bei Stabbiegeproblemen von G.1.15) ausgegangen, ist die Differentialgleichung linear. Bei veränderlicher Steifigkeit oder/und variablem Druck sind die Koeffizienten der Differentialgleichungen Funktionen der Ortskoordinate z; sie sind dann nur in Sonderfällen streng lösbar. Bei konstanten Koeffizienten gelingt die Lösung immer. Wird ein nichtlineares Elastizitätsgesetz eingeführt, z.B. G.1.16 oder G.1.17, ist die Differentialgleichung nichtlinear, eine analytisch strenge Lösung ist dann schwieriger.

Wenn zur Beschreibung des Verformungszustandes zwei oder mehrere unabhängige Größen erforderlich sind, ergibt sich ein simultanes (gekoppeltes) Differentialgleichungssystem in diesen Bezugsunbekannten (z.B. Kippen: seitliche Ausbiegung und Verdrillung). Sind die Bezugsunbekannten Funktionen von einer unabhängigen Ortskoordinate (z.B. von z), handelt es sich um gewöhnliche, in allen anderen Fällen um partielle Differentialgleichungen.

1.2.2.2 Knickbiegung Theorie II. Ordnung - Grundgleichung

Bei der Untersuchung von Biegungsproblemen Th.II.Ordn. erweist es sich als zweckmäßig, die Längskraft L (Longitudinalkraft) und die Transversalkraft T einzuführen. Die Richtung dieser Schnittgrößen bezieht sich auf die ursprüngliche (unverformte) Stabachse. Normalkraft N und Querkraft Q sind dagegen auf die verformte Stabachse orientiert. Mit v wird die Durchbiegung abgekürzt. Ist $\varphi = v'$ der örtliche Biegedrehwinkel, bestehen zwischen L, T und N, Q folgende Beziehungen, vgl. B.1.5b:

$$N = L + Tv' \qquad L = N - Qv' \tag{1.21}$$

$$Q = T - Lv' \qquad T = Q + Nv' \tag{1.22}$$

Die Biegesteifigkeit EJ des Druckstabes sei veränderlich. Außer einer Druckkraft P wirken in Richtung und quer zur ursprünglichen Stabachse die richtungstreuen Lasten je Längeneinheit g(z) bzw. q(z), wie in B.1.5a dargestellt.

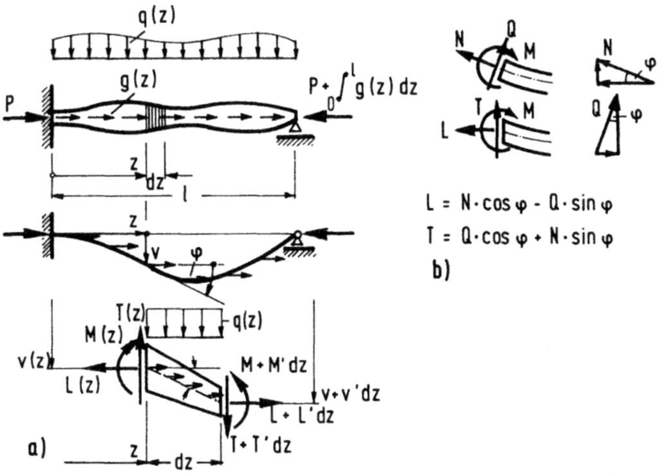

Bild 1.5

1.2.2.2.1 Statische Herleitung

Beim statischen Vorgehen wird aus dem verbogenen Druckstab ein Element dz herausgetrennt. Die Schnittebenen stehen normal zur ursprünglichen Achse! An den Rändern der so vereinbarten Schnitte stehen die Schnittgrößen L, T, M bzw. L + L'dz, T + T'dz, M + M'dz stellvertretend für die Resultanten der inneren Spannungen (σ,τ). L, T und M sind Funktionen von z. Bei Fortschreiten um dz werden sie an der Stelle z + dz nach TAYLOR entwickelt; von dieser Entwicklung wird nur die lineare Änderung berücksichtigt, z.B.:

$$M(z+dz) = M(z) + M'(z)\,dz + \frac{1}{2!}M''dz^2 + \dots \approx M(z) + M'(z)\,dz \tag{1.23}$$

Am Stabelement dz werden die Gleichgewichtsgleichungen formuliert (B.1.5a):

$$\Sigma L = 0: \quad L - (L + L'dz) - g\,dz = 0 \longrightarrow L' = -g \longrightarrow L = -\int_0^z g\,dz + C_1 \tag{1.24}$$

Randbedingung:

$$z = 0: \quad L = -P: C_1 = -P: \; L = -(P + \int_0^z g\,dz) = -D(z) \tag{1.25}$$

D(z) ist die Druckkraft an der Stelle z: $D(z) = P + \int_0^z g\,dz$ (1.26)

$$\Sigma T = 0: \quad T - (T + T'dz) - q\,dz = 0 \longrightarrow T' = -q \longrightarrow T = -\int_0^z q\,dz + C_2 \tag{1.27}$$

Die Normalkraft N folgt aus G.1.21:

$$N = L + Tv' = -D + \left(-\int_0^z q\,dz + C_2\right)v'$$

Das zweite Glied ist eine Ordnung kleiner als das erste, genähert gilt daher $N \approx -D(z)$. (L und N wurden im Sinne von Zugkräften positiv eingeführt!)
Für die Querkraft Q ergibt sich mit G.1.22:

$$Q = T - Lv' = -\int_0^z q\,dz + C_2 + Dv' \tag{1.28}$$

Differentiation nach z:

$$Q' = -q + Dv'' + D'v' = -q + Dv'' + gv' \tag{1.29}$$

$$\Sigma M = 0: \quad M - (M + M'dz) + T\,dz - Lv'dz = 0 \longrightarrow M' = T - Lv' = Q \tag{1.30}$$

Differentiation nach z:

$$M'' = Q' = -q + Dv'' + gv' = -q + (Dv')' \tag{1.31}$$

Wird G.1.31 über G.1.29 mit dem Elastizitätsgesetz G.1.15 verknüpft, folgt:

$$(EJ\,v'')'' + D(z)\cdot v'' + gv' = q \tag{1.32}$$

Mit G.1.32 ist die gesuchte Grundgleichung gefunden, die die Gleichgewichtsgleichungen am verformten Stabelement mit den kinematischen und stofflichen Formänderungsaussagen verbindet. Das zweite und dritte Glied kann zu $[D(z)\cdot v']'$ zusammengezogen werden. Wäre der Biegestab zusätzlich elastisch gebettet (Federkonstante je Längeneinheit: c), würde in der zweiten Gleichgewichtsgleichung (G.1.27) das Glied $c\cdot v\,dz$ und damit in der Grundgleichung das Glied cv linkerseits hinzutreten. Würde der Stab außerdem schwingen, wären alle Verformungen und Schnittgrößen Funktionen der Zeit t, z.B.: $v=v(z,t)$. In der zweiten Gleichgewichtsgleichung wäre noch die d'ALEMBERTsche Massenträgheitskraft $\mu\ddot{v}dz$ aufzunehmen. Hierin ist μ die Massebelegung je Längeneinheit, $(\dot{\ })$ steht für die Ableitung nach t. Die Trägheitskraft wirkt der Bewegung entgegen. - Einschließlich der genannten Beiträge nimmt die Grundgleichung folgende Form an:

$$(EJ\,v'')'' + D(z)\,v'' + gv' + cv + \mu\ddot{v} = q \tag{1.33}$$

1.2.2.2.2 Energetische Herleitung - EULERsche Gleichungen

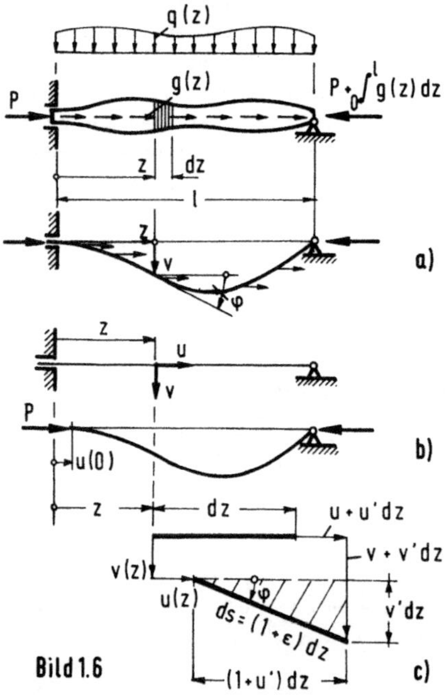

Bild 1.6

Wie beim statischen wird auch beim energetischen Vorgehen ein Stabelement dz aus dem im Gleichgewicht befindlichen, verformten Biegestab herausgetrennt (B.1.6). Bezogen auf den kraftfreien Grundzustand ist den äußeren und inneren Kräften im verformten Lastzustand eine bestimmte potentielle Energie zugeordnet:

$$\Pi = \int_0^l \int N\varepsilon\,dz + \int_0^l \int -M\varkappa\,dz - \int P\cdot u(0) - \int_0^l \int gu\,dz - \int_0^l \int qv\,dz \tag{1.34}$$

Auf die Indizierung mit 0 zur Charakterisierung des Grundzustandes gemäß G.1.20 wird im folgenden verzichtet. Das Symbol $\int$ kennzeichnet die Integration über die durchlaufenen Verformungen. ε ist die Dehnung und $\varkappa$ die Krümmung der Stabachse. $\varepsilon\,dz$ ist dann die infinitesimale Längenänderung und $\varkappa dz$ die infinitesimale Verbiegung des Stabelementes dz; vgl. B.1.7. Die ersten beiden Glieder in G.1.34 sind positiv, weil das Arbeitsvermögen der zugeordneten inneren Schnittgrößen N und (-M) in Form gespeicherter Formänderungsenergie angewachsen ist. - Der Querkrafteinfluß

$$\int_0^l \mathcal{S}\, Q\gamma\, dz \qquad (1.35)$$

ist in G.1.34 unterdrückt. Die letzten drei Glieder in G.1.34 geben die Verluste an potentieller Energie an, die die äußeren Kräfte auf ihren Verschiebungswegen erleiden. u steht für die Längsverschiebung. Die Kräfte werden sich i.allg. auf ihren Verschiebungswegen ändern. Eine diesbezügliche, verschiebungsabhängige Funktion wird vorerst nicht vereinbart. Da das Produkt "Kraft mal Weg" unter dem Verschiebungssymbol $\mathcal{S}$ steht, gilt G.1.34 allgemein.

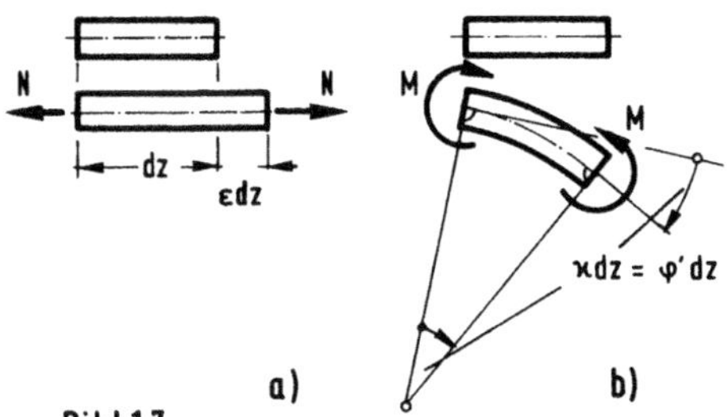

Bild 1.7

Werden kleine Verformungen vorausgesetzt, bestehen zwischen den Verzerrungen $\varepsilon, \varkappa$ und den Verformungen u, v die Zusammenhänge:

$$\varepsilon = u' + \frac{1}{2} v'^2; \quad \varkappa = \varphi' = v'' \qquad (1.36)$$

Die erste (kinematische) Beziehung folgt aus dem in B.1.6c schraffierten Dreieck, wenn der pythagoräische Satz angeschrieben wird:

$$[(1+\varepsilon)\,dz]^2 = [(1+u')\,dz]^2 + [v'\,dz]^2 \qquad (1.37)$$

Werden die Glieder dieser Gleichung ausquadriert und Glieder höherer Kleinheitsordnung gestrichen, folgt G.1.36a. Mit G.1.36b ist die im Abschnitt 1.2.1 begründete Linearisierung eingeführt.

Die Gleichungen 1.36 werden in G.1.34 eingesetzt:

$$\Pi = \int_0^l \mathcal{S}\, N u' dz - \mathcal{S}\, P u(0) - \int_0^l \mathcal{S}\, g u dz + \int_0^l \mathcal{S}\, \frac{1}{2} N v'^2 dz - \int_0^l \mathcal{S}\, M v'' dz - \int_0^l \mathcal{S}\, q v dz \qquad (1.38)$$

Die kinematischen Verzerrungs-Verformungsbeziehungen G.1.36 gelten für reale wie für virtuelle Verrückungen. Letztere werden durch deren Verrückungsdifferential gekennzeichnet, z.B. δu statt u.

Wie bereits im Abschnitt 1.2.2.1 erwähnt, versteht man unter einer virtuellen Verrückung -deren Vorstellung auf LAGRANGE zurückgeht- eine geometrisch mögliche, im übrigen willkürliche, infinitesimale Verformung. Im vorliegenden Fall wird der Verformungszustand durch die Verschiebungen u und v vollständig beschrieben. Es sind daher zwei unabhängige virtuelle Verrückungen möglich: δu und δv. Der verformte Gleichgewichtszustand wird diesen Verrückungen unterworfen. Hierbei geht man von der -physikalisch nicht realisierbaren- Fiktion aus, daß sich die äußeren Kräfte auf den infinitesimalen Wegen nicht ändern. Wie unten noch näher erläutert wird, erfährt die Normalkraft im vorliegenden Fall auch keine Änderung. Die Variation der potentiellen Energie lautet damit:

$$\delta\Pi = \int_0^l N(\delta u)' dz - P \cdot \delta u(0) - \int_0^l g \cdot \delta u\, dz + \int_0^l \frac{1}{2} N (\delta v)'\, dz - \delta\Big(\int_0^l \mathcal{S}\, M v'' dz\Big) - \int_0^l q \cdot \delta v\, dz \qquad (1.39)$$

Das erste Glied wird partiell integriert:

$$\int_0^l N \cdot \delta u' dz = N \cdot \delta u \Big|_0^l - \int_0^l N' \cdot \delta u\, dz = N(l) \cdot \delta u(l) - N(0) \cdot \delta u(0) - \int_0^l N' \cdot \delta u\, dz = P \cdot \delta u(0) + \int_0^l g \cdot \delta u\, dz \qquad (1.40)$$

Hierbei wird berücksichtigt:

$$\delta u(l) = 0, \quad N(0) = -P, \quad N' = -g \qquad (1.41)$$

Wird G.1.40 beachtet, heben sich die ersten drei Glieder in G.1.39 gegenseitig auf. Wird nunmehr die Allgemeingültigkeit aufgegeben und elastisches Verhalten angenommen (B.1.8), folgt für den Beitrag des Biegungsmomentes:

$$-\delta\Big(\int_0^l \mathcal{S}\, M v'' dz\Big) = -\int_0^l \mathcal{S}\, \delta M \cdot (\delta v)'' dz = +\int_0^l \frac{1}{2} EJ (\delta v)'' \cdot (\delta v)'' dz = \int_0^l \frac{1}{2} EJ (\delta v)''^2 dz \qquad (1.42)$$

Wie erwähnt, ist das Analogon zur virtuellen Verrückung die mathematische Variation (Anhang I).
In diesem Sinne ist $\delta\Pi$ die erste Variation der potentiellen Energie des verformten Systems. In der Variationsrechnung wird gezeigt, daß

$$(\delta f)' = \frac{d}{dz}(\delta f) = \delta(\frac{df}{dz}) = \delta f'; \qquad (\delta f)'' = \delta f''; \quad \text{usf.} \tag{1.43}$$

gilt. Damit ergibt sich schließlich für den Biegungsbeitrag:

$$+\int_0^l \frac{1}{2} EJ \cdot \delta v''^2 dz \tag{1.44}$$

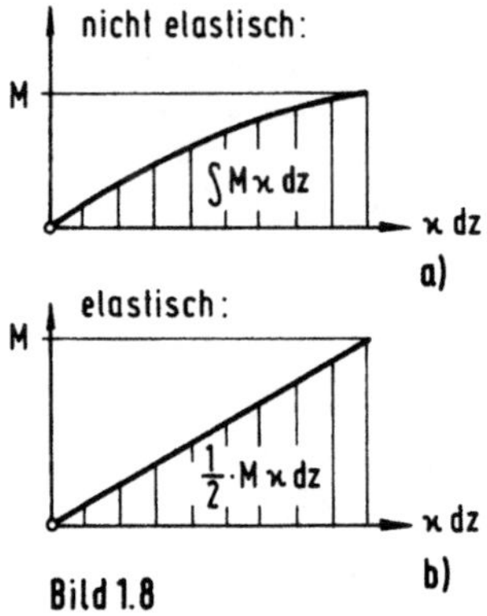

Bild 1.8

Bei Beachtung der vorangegangenen Ableitungen folgt für $\delta\Pi$:

$$\delta\Pi = \delta\int_0^l [\frac{1}{2} EJ \cdot v''^2 - \frac{1}{2} D(z) \cdot v'^2 - qv\,]dz \quad \text{mit} \quad D(z) = P + \int_0^z g\,dz \tag{1.45}$$

Das Variationssymbol ist vor das Integral gezogen. Der Gleichgewichtszustand ist durch $\delta\Pi = 0$ in der Gesamtheit aller möglichen virtuellen Verrückungen (= Variationen) ausgezeichnet, vgl. Abschnitt 1.2.2.1. Dieser Bedingung adäquat ist die EULERsche Gleichung:

$$\frac{\partial F}{\partial v} - (\frac{\partial F}{\partial v'})' + (\frac{\partial F}{\partial v''})'' = 0 \tag{1.46}$$

Hierin bedeutet F der Integrand von G.1.45. Das Funktional F enthält die Bezugsunbekannte v und deren erste und zweite Ableitung nach z. Werden die Differentiationsvorschriften der EULERschen Gleichung 1.46 auf G.1.45 angewandt, ergibt sich:

$$-q + [\frac{1}{2} D(z) \cdot 2v']' + [\frac{1}{2} EJ \cdot 2v'']'' = 0 \tag{1.47}$$

$$(EJ\,v'')'' + D(z)v'' + gv' = q \tag{1.48}$$

Das ist die gesuchte Grundgleichung, sie stimmt mit G.1.32 überein.

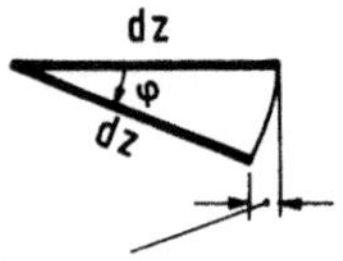

$$(1-\cos\varphi)\cdot dz = \sin\varphi \cdot \tan\frac{\varphi}{2} \cdot dz \approx \frac{1}{2}\varphi^2 \cdot dz \approx \frac{1}{2} v'^2\, dz$$

Bild 1.9

Die oben eingeführte Annahme, daß die Normalkraft -im Gegensatz zum Biegungsmoment- bei der virtuellen Verrückung konstant bleibt, ist mit der Annahme einer dehnstarren Stabachse identisch, d.h., die Längsverschiebung wird allein durch die geometrische Verkürzung der Projektion des verformten Stabelementes gegenüber der ursprünglichen Länge verursacht, vgl. Bild 1.9. Der Absolutwert dieser Verkürzung beträgt:

$$|\frac{1}{2} v'^2 dz| \tag{1.49}$$

Wegen der Herleitung wird auf B.1.9 verwiesen.

Wäre die linksseitige Lagerung des in B.1.6a dargestellten Stabes (wie die rechtsseitige) unverschieblich, so wäre die Normalkraft innerlich statisch unbestimmt. In G.1.38 entfällt das zweite Glied, damit auch in G.1.39. Das erste Glied in G.1.39 wird -analog zu G.1.42- wie folgt umgeformt:

$$+\delta(\int_0^l \int N u' dz) = \int_0^l \int \delta N (\delta u)' dz = \int_0^l \frac{1}{2} EF\,\delta\varepsilon(\delta u)' dz = \int_0^l \frac{1}{2} EF[(\delta u)' + \frac{1}{2}(\delta v')^2] \cdot (\delta u)' dz =$$

$$= \int_0^l \frac{1}{2} EF(\delta u)'^2 dz + \int_0^l \frac{1}{2} EF \cdot \frac{1}{2}(\delta v')^2 \cdot (\delta u)' dz \approx \int_0^l \frac{1}{2} EF\,\delta u'^2 dz \tag{1.50}$$

Anstelle von G.1.45 lautet nunmehr $\delta\Pi$:

$$\delta\Pi = \delta\int_0^l [\frac{1}{2} EF u'^2 - gu + \frac{1}{2} EJ v''^2 - \frac{1}{2} D(z) v'^2 - qv] dz \qquad (1.51)$$

Ergänzend zu G.1.46 tritt die EULERsche Gleichung für u hinzu:

$$\frac{\partial F}{\partial u} - (\frac{\partial F}{\partial u'})' = 0 \qquad (1.52)$$

Wird diese Differentiationsvorschrift ausgeführt, findet man die Grundgleichung für $u=u(z)$:

$$(EFu')' = -g \qquad (1.53)$$

Beim statischen Vorgehen ist, von G.1.24 ausgehend, $L' = -g$ bzw. $N' = -g$ mit dem Elastizitätsgesetz der Längsverschiebung zu verknüpfen:

$$\varepsilon = \frac{N}{EF} \longrightarrow N = EF\varepsilon = EF(u' + \frac{1}{2} v'^2) \approx EFu' \longrightarrow (EFu')' = -g \qquad (1.54)$$

Die Übereinstimmung mit G.1.53 ist wieder vorhanden.

Im Fall einer elastischen Bettung ist in $\delta\Pi$ das Glied

$$\delta(\int_0^l \int cv \cdot v dz) = \int_0^l \frac{1}{2} c \cdot \delta v^2 dz \qquad (1.55)$$

aufzunehmen. c ist wieder die kontinuierliche Federkonstante.
Die Erweiterung auf dynamische Probleme (Stabschwingungen) erfordert (für konservative Systeme) die Einführung des HAMILTONschen Variationsprinzips. Dieses führt, gemeinsam mit G.1.55, auf die vollständige Grundgleichung 1.33.

1.2.2.2.3 Energetische Herleitung - Direkte Variation - Randbedingungen

Ausgehend von G.1.45 wird die Grundgleichung nochmals durch direkte Variation hergeleitet: vgl. Anhang I:

$$\delta\Pi = \delta\int_0^l F\, dz = \int_0^l \delta F dz = \int_0^l [\frac{\partial F}{\partial v}\delta v + \frac{\partial F}{\partial v'}\delta v' + \frac{\partial F}{\partial v''}\delta v''] dz \qquad (1.56)$$

Nachdem das totale Variationsdifferential gebildet ist, wird die rechte Seite mehrfach partiell integriert, bis nur noch mit δv behaftete Glieder verbleiben:

$$\delta\Pi = \int_0^l [\frac{1}{2} EJ \frac{\partial(v''^2)}{\partial v''}\delta v'' - \frac{1}{2} D(z) \frac{\partial(v'^2)}{\partial v'}\delta v' - q\frac{\partial v}{\partial v}\delta v] dz$$

$$= \int_0^l [EJ v'' \cdot \delta v'' - D(z) v' \cdot \delta v' - q\delta v] dz$$

$$= EJ v'' \delta v' \Big|_0^l - \int_0^l (EJv'')' \delta v' dz - D(z) v' \delta v \Big|_0^l + \int_0^l D(z) v'' \delta v\, dz + \int_0^l g v' \delta v\, dz - \int_0^l q \delta v\, dz$$

$$= EJ v'' \delta v' \Big|_0^l - (EJv'')' \delta v \Big|_0^l + \int_0^l (EJv'')'' \delta v\, dz - D(z) v' \delta v \Big|_0^l + \int_0^l D(z) v'' \delta v\, dz + \int_0^l g v' \delta v\, dz - \int_0^l q \delta v\, dz$$

$$= \int_0^l [(EJv'')'' + D(z) v'' + gv' - q] \cdot \delta v\, dz + [EJ v'' \delta v' - D(z) v' \delta v - (EJv'')' \delta v] \Big|_0^l = 0 \qquad (1.57)$$

Wegen $\delta v = 0$ muß die eckige Klammer unter dem Integral Null sein, das ergibt die gesuchte Grundgleichung 1.32 bzw. 1.48. Darüberhinaus muß der Randterm verschwinden. Die Glieder lassen sich wie folgt umformen; vgl. G.1.22:

$$EJ\,v''\,\delta v' \equiv -M\,\delta v'$$
$$-[(EJ\,v'')' + D(z)\,v']\,\delta v \equiv -[-Q - L v']\,\delta v = T\,\delta v \qquad (1.58)$$

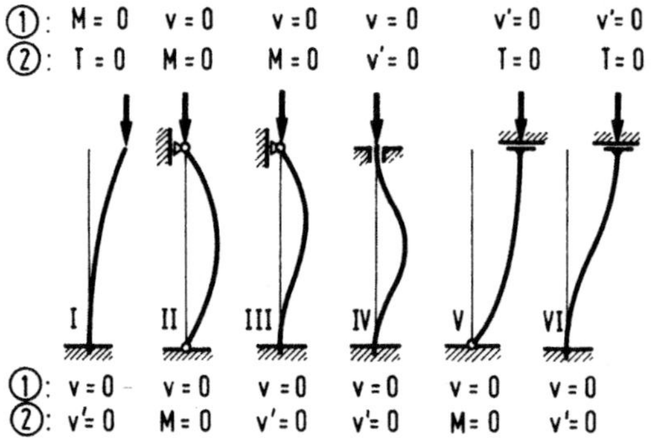

Bild 1.10

Der Randterm in G.1.57 lautet damit:

$$-M\,\delta v'\Big|_0^l + T\delta v\Big|_0^l = 0 \qquad (1.59)$$

Wie man sich anhand von B.1.10 überzeugt, genügt der Term allen denkbaren Lagerungen. Dieses Ergebnis verdeutlicht, daß das energetische Vorgehen dem statischen Überlegen ist, weil nicht nur die Grundgleichung des Problems sondern auch alle notwendigen Randbedingungen explizit anfallen.

1.2.2.2.4 Ergänzungen zur Ableitung der potentiellen Energie

Die im Abschnitt 1.2.2.2.2 gezeigte Ableitung der potentiellen Energie läßt sich auf andere Weise bestätigen: Bei Beschränkung auf die Voraussetzung einer dehnstarren Stabachse ist die innere potentielle Energie gleich der Formänderungsarbeit der eingeprägten Biegekrümmung:

$$\Pi_i = \int_0^l \frac{1}{2} EJ\,v''^2 dz \qquad (1.60)$$

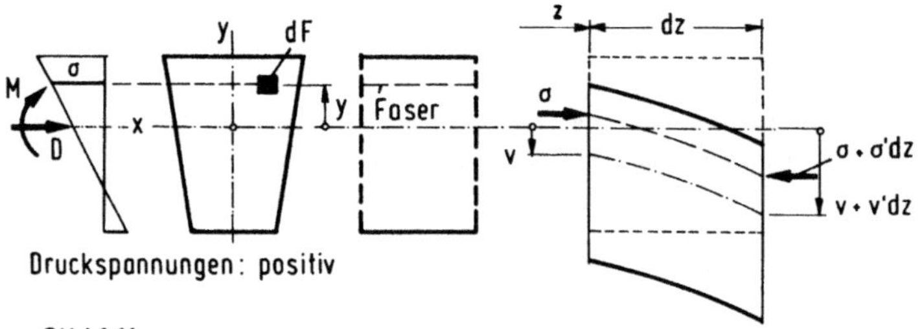

Bild 1.11

Die äußeren Kräfte bilden mit den aus den inneren Spannungen gebildeten Resultanten einen Gleichgewichtszustand. Anstelle der Berechnung der äußeren potentiellen Energie aus den Verschiebungen der äußeren Kräfte ist es daher zulässig, die Berechnung von Π_a unter Bezug auf die Verschiebungen der inneren Spannungsresultanten vorzunehmen.

wie in B.1.11 dargestellt, wird eine transversale Verschiebung des Stabelementes dz betrachtet und unterstellt, daß der Abstand dz der Schnittufer unverändert bleibt. Sämtliche Fasern des Elementes erleiden dann eine affine Streckung. Gegenüber deren ursprüngliche Länge dz beträgt die Länge jeder Faser nach der Verschiebung (in erster Näherung):

$$ds = \sqrt{(dz)^2 + (v'dz)^2} \qquad (1.61)$$

Die bezogene Längenänderung folgt damit zu:

$$\frac{ds-dz}{dz} = \sqrt{1 - v'^2} - 1 \approx \frac{1}{2} v'^2 \qquad (1.62)$$

Bei <u>dehnstarrer</u> Achse verringert sich der Abstand zwischen den transversalen Schnitten z und z+dz um diesen Betrag.

Die Spannungsresultante des Faserelementes dF ist $\sigma \cdot dF$, wobei die Spannung σ in Richtung der ursprünglichen Stabachse, also normal zu den transversalen Schnittebenen wirkt, vgl. B.1.11:

$$\sigma = \frac{D(z)}{F} + \frac{M(z)}{J} y; \qquad D(z) = P + \int_0^l g\,dz \tag{1.63}$$

D(z) ist die Druckkraft im Schnitt z gemäß G.1.26. Druckspannungen werden bei dieser Betrachtung positiv definiert. $\Pi_a^{(1)}$ kann nunmehr angeschrieben werden:

$$\Pi_a^{(1)} = -\int_0^l \int_F \sigma \cdot \frac{1}{2} v'^2 dF\,dz = -\int_0^l \int_F \left(\frac{D}{F} + \frac{M}{J} y\right) \cdot \frac{1}{2} v'^2 dF\,dz \tag{1.64}$$

$\Pi_a^{(1)}$ ist der Anteil von Π_a in Richtung z. Orthogonal hierzu tritt $\Pi_a^{(2)}$ hinzu:

$$\Pi_a^{(2)} = -\int_0^l q v\,dz \tag{1.65}$$

Wird das Flächenintegral in G.1.64 gebildet, verbleibt

$$\Pi_a^{(1)} = -\frac{1}{2} \int_0^l D(z) v'^2 dz \tag{1.64a}$$

Die Zusammenfassung

$$\Pi = \Pi_i + \Pi_a^{(1)} + \Pi_a^{(2)} \tag{1.66}$$

ergibt G.1.45, wenn v variiert wird.
Der Vorteil der vorstehenden Herleitung der potentiellen Energie wird bei komplizierten Problemen, z.B. bei der Bildung von Π_a für Kipp- und Biegedrillknickprobleme deutlich. Sie ist widerspruchsfrei. Es kann von einer dehnungslosen Variation der Biegeverformungen ausgegangen werden, weil der innere Grundspannungszustand statisch bestimmt ist, vgl. Abschnitt 1.2.2.2.2.

Eine zweite Ergänzung ist diese: Ist die Lagerung beidseitig in Stablängsrichtung unverschieblich, lautet Π unter der Voraussetzung elastischen Verhaltens (vgl. B.1.7):

$$\Pi = \int_0^l \left[\frac{1}{2} N\varepsilon + \frac{1}{2}(-M)\varkappa - gu - qv\right] dz \tag{1.67}$$

Unter der Annahme größerer Verformungen gilt wegen G.1.36:

$$\varepsilon = u' + \frac{v'^2}{2} \longrightarrow N = EF\varepsilon = EF\left(u' + \frac{v'^2}{2}\right); \qquad \varkappa = v'' \longrightarrow M = -EJv'' \tag{1.68}$$

Für die variierte potentielle Energie folgt:

$$\delta\Pi = \delta \int_0^l \left[\frac{EF}{2}\left(u' + \frac{v'^2}{2}\right)^2 + \frac{EJ}{2} v''^2 - gu - qv\right] dz = 0 \tag{1.69}$$

Die EULERschen Gleichungen liefern das in u und v gekoppelte, nichtlineare Differentialgleichungssystem:

$$EF\left(u' + \frac{v'^2}{2}\right)]' = -g \tag{1.70}$$

$$(EJv'')'' - \left[EF\left(u' + \frac{v'^2}{2}\right) v'\right]' = q \tag{1.71}$$

Wird in G.1.70 das zweite Summenglied gegen das erste unterdrückt, folgt die linearisierte Grundgleichung 1.53; G.1.71 ist wieder mit G.1.32 identisch. Für große Verformungen wäre es notwendig gewesen, anstelle von G.1.68b mit G.1.16 oder gar G.1.17 zu rechnen. - Die in den Gleichungen 1.70 und 1.71 zum Ausdruck kommende Schärfe wird für baupraktische Stabilitätsprobleme des Knickens und Kippens nicht benötigt, wohl für Beulprobleme mit endlichen Verformungen.

1.2.3 Anmerkungen zur Lösung von Spannungsproblemen Theorie II. Ordnung

Aus mathematischer Sicht handelt es sich bei der Lösung der Grundgleichung G.1.32 für Biegungsprobleme Th.II.Ordn. um die Lösung eines Randwertproblems der Differentialgleichungstheorie. Da die Ordnung vier ist, besteht die Lösung aus vier linear unabhängigen Teillösungen, sowie einer partikularen Lösung, die von der Belastungsfunktion abhängig ist.

Für konstante Druckkraft D(Z)=D=P=konst. vereinfacht sich G.1.32 zu:

$$[EJ(z)\,v'']'' + Dv'' = q(z) \qquad (1.72)$$

Wird die dimensionsfreie Längskoordinate $\zeta = Z/l$ eingeführt, gilt:

$$[EJ(\zeta)\,v^{\bullet\bullet}]^{\bullet\bullet} + Dl^2 v^{\bullet\bullet} = q(\zeta)\cdot l^4 \qquad (1.73)$$

Hierein bedeutet $(\ )^{\bullet} = d(\ )/d\zeta$ die Ableitung nach ζ. - Im Sonderfall EJ=konst. lauten Differentialgleichung und Lösung:

$$EJ\,v^{\bullet\bullet\bullet\bullet} + Dl^2 v^{\bullet\bullet} = q\,l^4 \longrightarrow v^{\bullet\bullet\bullet\bullet} + \varepsilon^2 v^{\bullet\bullet} = \frac{q\,l^4}{EJ} \qquad (1.74a)$$

$$v = C_1 \sin\varepsilon\zeta + C_2 \cos\varepsilon\zeta + C_3\zeta + C_4 + v_{part} \qquad (1.74b)$$

ε ist die Stabkennzahl:

$$\varepsilon = l\sqrt{\frac{D}{EJ}} \qquad (1.75)$$

Wegen des vergleichsweise einfachen Lösungscharakters der Differentialgleichung 1.74 lassen sich alle baustatischen Verfahren, die aus der klassischen Baustatik Th.I.Ordn. bekannt sind, auch für Th.II.Ordn. aufbereiten, z.B.: Kraftgrößenverfahren, Verformungsgrößenverfahren; hierauf wird noch ausführlich eingegangen. Die Kennzahlen dieser Verfahren sind Funktionen von ε. Der Einfluß einer Druckkraft kann als Minderung der Biegesteifigkeit gedeutet werden. Für $\varepsilon = 0$ gehen die Lösungen und Verfahren der Biegetheorie II.Ordn. in den Sonderfall Th.I.Ordn. über. Dieser Grenzübergang erfordert i.allg. die Anwendung der Regel von L'HOSPITAL.
In dem Zusammenhang sei vermerkt, daß der elementare Charakter der Stabstatik Th.I.Ordn. dem Umstand zu verdanken ist, daß die Stabbiegung im Falle EJ=konst. von der einfachen Differentialgleichung

$$EJ\,v'''' = q(z) \qquad (1.76a)$$

beherrscht wird, deren Lösung

$$v = C_1 z^3 + C_2 z^2 + C_3 z + C_4 + v_{part} \qquad (1.76b)$$

lautet. Die Lösung läßt erkennen, daß Verformungen und Schnittgrößen algebraische Funktionen sind. Für alle Rechnungen gelten daher die Regeln der linearen Algebra. - Das Lösungssystem G.1.74 baut sich dagegen aus transzendenten Funktionen auf, das gilt für alle Probleme der Verformungstheorie II.Ordn.

Sind Biegesteifigkeit oder / und Druckbeanspruchung mit z variabel, wie in G.1.32, gelingt eine in analytischem Sinne strenge Lösung nur in Sonderfällen, z.B. mittels BESSELscher Funktionen. - Näherungslösungen lassen sich immer, insbesondere nach computergerechter Aufbereitung, angeben. Das kann z.B. dadurch geschehen, daß der veränderliche Verlauf von EJ(z) oder / und D(z) durch eine intervallweise konstante Stufenfunktion ersetzt wird. Je enger die Intervallierung, umso besser fällt die Näherungslösung aus. Eine weitere approximative Lösungsmethode besteht im Ersatz der Differentialgleichung durch eine Differenzengleichung. Über die strenge und genäherte Lösung der verschiedenen Differentialgleichungen mit variablen Koeffizienten findet man in [0.7] ausführliche Angaben; auf deren mathematische Behandlung kann daher hier verzichtet werden. - Große baupraktische Bedeutung haben jene Näherungslösungen, die mit Hilfe der direkten Variationsverfahren von GALERKIN und RAYLEIGH/RITZ gewonnen werden. Hierbei wird für die gesuchte Lösung v=v(z) eine Funktionensumme gewählt:

$$v(z) = \eta(z) = a_1\eta_1(z) + a_2\eta_2(z) + \cdots \qquad (1.77)$$

Beim GALERKINschen Verfahren müssen alle, beim RAYLEIGH/RITZ-Verfahren brauchen nur die geometrischen Randbedingungen erfüllt zu sein. Die zur Annäherung der Biegelinie gewählten Funktionen $\eta_i(z)$ nennt man auch Koordinatenfunktionen. Über die Koeffizienten a_i

kann verfügt werden. Die Energiebedingung $\delta\Pi_0=0$ dient als Minimumbedingung zu ihrer Bestimmung. Die Koeffizienten a_i haben die Bedeutung von Gewichten; sie bestimmen die Zusammensetzung der Näherungslösung aus den Koordinatenfunktionen. (Die Verfahren von GALERKIN und RAYLEIGH/RITZ wurden bei der Berechnung einer großen Zahl der in diesem Buch aufbereiteten Diagramme verwertet.)

Abschließend sei erwähnt, daß eine Berechnung nach Th.II.Ordn. i.allg. iterativ verläuft. Wie an der Stabkennzahl ε, G.1.75, deutlich wird, kann eine Lösung nur angegeben werden, wenn die Druckkraft D im Stabelement oder in den Stabelementen des Tragwerkes bekannt ist. Das ist nur in Sonderfällen von vornherein der Fall. Daher werden die Druckkräfte zunächst geschätzt oder, genauer, nach Th.I.Ordn. berechnet. Nunmehr kann eine Berechnung nach Th.II.Ordn. durchgeführt werden. Infolge der Systemverformungen erfahren die Längskräfte gegenüber den Ausgangswerten eine mehr oder minder große Änderung, damit ändern sich auch die Stabkennzahlen und die Rechnung ist mit den neuen Werten zu wiederholen. Die Iteration wird abgebrochen, wenn die Änderung eines kennzeichnenden Ergebniswertes, z.B. die max. Durchbiegung oder die größte ε-Zahl, kleiner als eine vereinbarte Schranke ist. Solange die Druckbeanspruchung vom zugeordneten Verzweigungsfall weit genug entfernt ist -dafür sorgt bei baupraktischen Berechnungen die Einhaltung der vorgeschriebenen Sicherheitsmargen-, kann die Iteration in den meisten Fällen nach dem ersten Schritt abgebrochen werden.

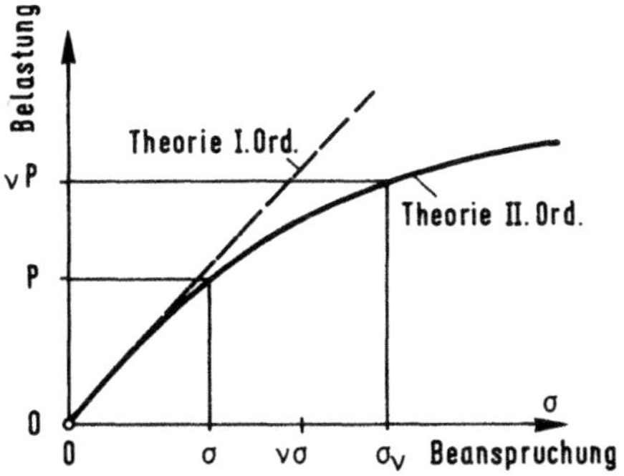

Bild 1.12

Unter dem Einfluß einer Druckbelastung wachsen die Spannungen progressiv; vgl. Bild 1.12. Bei baupraktischen Nachweisen sind daher die Gebrauchslasten vorab um die geforderte Sicherheitszahl ν zu erhöhen, denn

$$\sigma_V(\text{zu } \nu P \text{ gehörig}) > \nu\sigma \ (\sigma \text{ zu } P \text{ gehörig}) \tag{1.78}$$

Bei baupraktisch vernünftiger Dimensionierung wirkt sich der Verformungseinfluß Th.II.Ordn. in einer Erhöhung der Verformungen und Schnittgrößen gegenüber den nach Th.I.Ordn. berechneten Werten um ca. 5 bis 15% aus. Höhere Werte sind selten. Die in B.1.12 dargestellten Verhältnisse geben ein extrem ungünstiges Tragverhalten wieder. Vom sicherheitstheoretischen Standpunkt wäre es folgerichtig, die Größe der Sicherheitszahl am Tragverhalten, z.B. am Gradienten der P-σ-Kurve zu orientieren, denn im Falle des in B.1.12 skizzierten Beispieles würde eine geringfügige Steigerung der Belastung über νP hinaus ein überproportionales Ansteigen der Spannungen zur Folge haben. Dieser Sicherheitsaspekt kann hier nicht weiter verfolgt werden.

Der Nachweis der Stabilität von Stahlbaukonstruktionen als Spannungsproblem Th.II.Ordn. ist in der Bundesrepublik Deutschland durch die einschlägigen Vorschriften seit Jahrzehnten zugelassen, DIN 4114A (alt). Hiernach wird verlangt, daß unter ν-fachen Lasten die Fließgrenze an keiner Stelle überschritten wird (Fließsicherheitsnachweis; Nachweis gegen die elasto-statische Grenzlast). Die künftige Stabilitätsnorm wird diesen Grundsatz noch stärker betonen, wobei Imperfektionen einzurechnen sind. - Für den Bereich des Stahlbetonbaues schreibt DIN 1045 bei verschieblichen Tragwerken großer Schlankheit ebenfalls einen Tragsicherheitsnachweis nach Th.II.Ordn. vor, wobei das reale Verformungsverfahren von Stahlbetonquerschnitten zu berücksichtigen ist. - Für den Holzbau sieht DIN 1052 eine solche Möglichkeit derzeit noch nicht vor. Stabilitätsnachweise als Spannungsproblem Th.II.Ordn. wird man im Holzbau dann zulassen können, wenn es gelingt, die relativ großen Nachgiebigkeiten der verschiedenen Verbindungsmittel bei der Verformungsberechnung zu erfassen und die Sicherheit auf die Dauerstand-Stauchgrenze zu beziehen.

1.2.4 Verzweigungsprobleme

1.2.4.1 Statisches Stabilitätskriterium

Unterhalb der Verzweigungslast (Knicklast, Kipplast, Beullast, vgl. B.1.3a) -man spricht auch vom unterkritischen Zustand- steht das System unter reiner Druckbeanspruchung. Mit Erreichen der Verzweigungslast weicht das System aus. Für diesen Nachbarzustand werden die Gleichgewichtsgleichungen formuliert und mit dem Elastizitätsgesetz verknüpft. Ergebnis dieser Berechnung ist eine homogene Differentialgleichung, die mit der Grundgleichung des Spannungsproblems Th.II.Ordn. übereinstimmt. Da das System querbelastungsfrei ist, tritt ein partikuläres Glied nicht auf. Für das Stabbiegeknickproblem verkürzt sich die Grundgleichung G.1.32 im Falle D=konst. zu:

$$[EJ(z)\cdot v'']'' + D v'' = 0 \qquad (1.79)$$

Im Gegensatz zu G.1.32 bedeutet v hierin die infinitesimale Knickauslenkung, beim Spannungsproblem Th.II.Ordn. steht v für die endliche Biegeverformung. Die Lösung von G.1.79 ist mit der homogenen Lösung von G.1.71 identisch. Pro Stabelement liegen vier Freiwerte vor. Indem allen Randbedingungen (und ggf. Übergangsbedingungen) genügt wird, ergibt sich ein lineares, homogenes Gleichungssystem für die Freiwerte C_i. Eine "rechte" Spalte (Belastungsspalte) existiert nicht. Für ein derartiges Gleichungssystem läßt sich eine "bestimmte" Lösung nicht angeben, weil alle Zählerdeterminanten, Det_i, Null sind. Daraus ist zunächst zu folgern, daß alle Freiwerte und damit auch die Verformungen Null sind. Diese (triviale) Nullösung kennzeichnet den unverformten Grundzustand. Ist neben den Zählerdeterminanten auch die (Nenner-)Determinante des Gleichungssystems Null, so existieren dem Betrage nach "unbestimmte" Lösungen:

$$C_i = \frac{\text{Zählerdeterminante (i)}}{\text{(Nenner-) Determinante}} = \frac{Det_i}{Det} = \frac{0}{0} \neq 0 \qquad (1.80)$$

Die Determinante baut sich aus den Elementen des Gleichungssystems auf und ist insofern eine Funktion der Druckbeanspruchung, z.B. eine Funktion von ε, G.1.75. Jene Lastintensität, für die Det=0 wird, ist die kritische. Das zunächst unverformte System weicht aus (knickt, kippt, beult), das Gleichgewicht verzweigt. In der Mathematik spricht man von einer Eigenlösung, Det=0 ist die charakteristische Gleichung des Eigenwertproblems. Bei den hier anstehenden Problemen haben die charakteristischen Gleichungen (Knick-, Kipp-, Beulgleichungen) unendlich viele Eigenlösungen (Eigenwerte). Vom technischen Standpunkt interessiert nur die niedrigste, weil unter der zugeordneten Verzweigungslast das Gleichgewicht indifferent wird. Für darüberliegende Lastintensitäten ist das Gleichgewicht labil. - Die zum niedrigsten Eigenwert gehörende Eigenfunktion ist die Verzweigungsfigur (Knick-, Kipp-, Beulfigur). Sie läßt sich nur in unbestimmter (bezogener) Form berechnen.

Im Falle des beidseitig gelenkig gelagerten Druckstabes (EULER-Fall II), der die Länge l und Biegesteifigkeit EJ=konst. aufweist, folgt aus Det(ε)=0 die Knicklast zu:

$$P_{Ki} = \pi^2 \frac{EJ}{l^2} \qquad (1.81)$$

Verzweigungslasten werden im Verlaufe dieser Abhandlung noch in vielen Kapiteln berechnet.

1.2.4.2 Energetisches Stabilitätskriterium

Das Prinzip der virtuellen Verrückung, $\delta\Pi=0$, vermag die statischen Gleichgewichtsgleichungen identisch zu ersetzen. Im Verzweigungspunkt sind zwei Gleichgewichtslagen möglich, erstens der unverformte Grundzustand 0, für den $\delta\Pi_0=0$ sowie $\delta^2\Pi_0=0$ gilt (siehe Abschnitt 1.2.2.1) und zweitens der ausgeknickte (ausgekippte, ausgebeulte) Nachbarzustand I. In Bild 1.13 ist der Charakter des stabilen, indifferenten und labilen Gleichgewichtsfalles anhand des Kugelgleichnisses verdeutlicht: Mit steigender Belastung ändert sich die Potentialfläche Π von einer Mulde über eine Ebene in eine Kuppe.

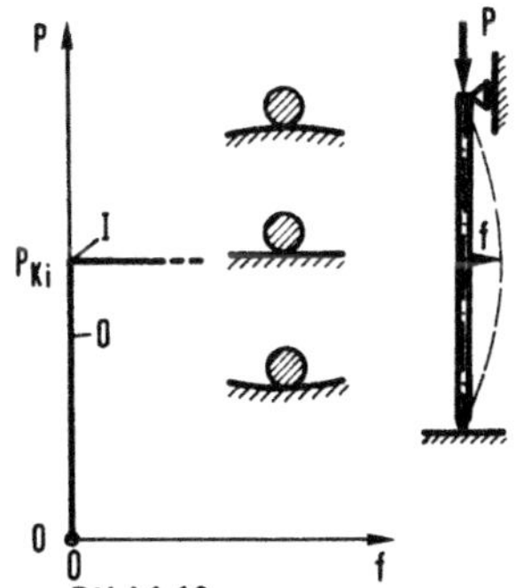

Bild 1.13

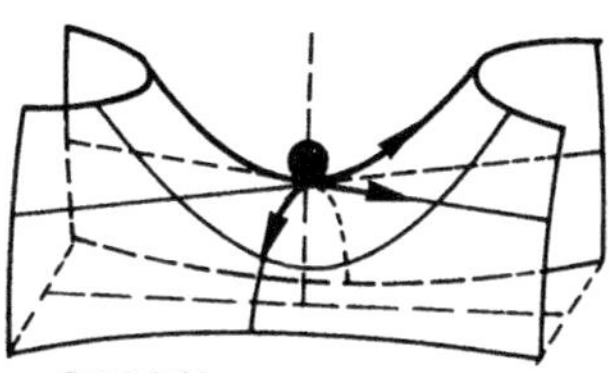

Bild 1.14

Der Nachbarzustand I im Verzweigungspunkt ist ein Gleichgewichtszustand, es gilt daher $\delta\Pi_I=0$. Um zum Ausdruck zu bringen, daß dieser infinitesimal benachbarte Gleichgewichtszustand gegenüber allen anderen möglichen Variationen des Grundzustandes ein ganz bestimmter, mit der Eigenschaft $\delta\Pi_I=0$ ausgezeichneter ist, wird ein Querstrich gesetzt: $\bar{\delta}\Pi_I=0$. Für jede andere virtuelle Verrückung (Variation) kann $\delta\Pi_I>0$ sein, d.h. für diese sind Belastungen zugelassen, die größer als die zur speziellen Variation gehörende sind. Man denke etwa an einen Knickstab mit einfach-symmetrischem Querschnitt: Bei virtuellen Verrückungen in allen von der minimalen Steifigkeitsachse abweichenden Richtungen ist $\delta\Pi_I$ unter der Last $P_{Ki}=\pi^2\cdot\min EJ/l^2$ größer Null, bei der speziellen virtuellen Verrückung in Richtung der minimalen Steifigkeitsachse dagegen Null. B.1.14 möge diesen Sachverhalt verdeutlichen.

Wird das Prinzip der virtuellen Verrückung auf den speziellen Nachbarzustand angewandt, folgt:

$$\delta(\bar{\Pi}_I) = \delta(\Pi_0+\bar{\Delta}\Pi_0) = \delta(\Pi_0+\bar{\delta}\Pi_0+\frac{1}{2}\cdot\bar{\delta}^2\Pi_0+\dots) = 0 \qquad (1.82)$$

Wegen $\delta\Pi_0=0$, worin $\bar{\delta}\Pi_0=0$ enthalten ist, verbleibt

$$\delta(\bar{\delta}^2\Pi_0)=0 \qquad (1.83)$$

Dieses Stabilitätskriterium hat fundamentale Bedeutung, es bildet die Grundlage für die direkten Verfahren der Variationsrechnung nach GALERKIN und RAYLEIGH/RITZ und ist das Analogon zu $\delta\Pi_0=0$ für Spannungsprobleme, vgl. T.1.1. Das wird durch folgende Oberlegung deutlich: Bei einem Verzweigungsproblem ist die Grundverformung Null, d.h. beispielsweise: $v_I=v_0+\bar{\delta}v_0=\bar{\delta}v_0$. Die potentielle Energie im Nachbarzustand wird durch $\bar{\delta}v_0$ charakterisiert: $\Pi_I=\Pi(\bar{\delta}^2v_0)\equiv\bar{\delta}^2\Pi_0$. Hierüber wird variiert, das ergibt G.1.83.

1.2.4.3 GALERKINsches Verfahren

Das GALERKINsche Verfahren dient in seiner ursprünglichen Version zur näherungsweisen Berechnung von Verzweigungslasten. Es ist dann angebracht, wenn eine strenge Lösung der Grundgleichung schwierig oder unmöglich ist.

Im Falle des Knickstabes wird die Grundgleichung, z.B. G.1.79, durch $L[v]=0$ abgekürzt. Wie die Herleitung im Abschnitt 1.2.2.2 verdeutlicht hat, ist $L[v]=0$ mit der Gleichgewichtsgleichung $\Sigma T=0$, also mit der Gleichgewichtsbedingung in Richtung der kennzeichnenden Verformung v identisch. Bild 1.15 dient der Anschaulichmachung dieses Sachverhaltes: Durch die Krümmung des Stabelementes dz um $d\varphi=\varphi'dz$ wird eine Abtriebskomponente geweckt:

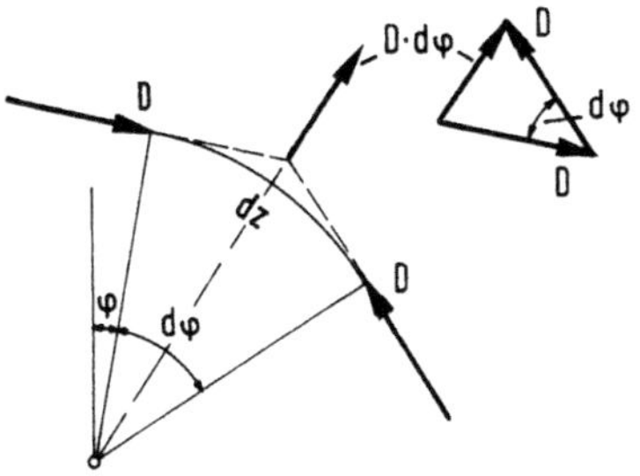

Bild 1.15

$$D\varphi'dz = D\,v''dz \qquad (1.84)$$

Hierin ist D=konst. angenommen. Wird diese Abtriebsbelastung als äußere Belastung begriffen

$$q(z) = -D\,v'' \qquad (1.85)$$

und in die Grundgleichung Th.I.Ordn. eingesetzt, folgt

$$[EJ(z)v'']'' = -D\,v'' \qquad (1.86)$$

Diese Gleichung ist mit G.1.79 identisch.

Während bei Knickproblemen nur eine Grundgleichung maßgebend ist, treten bei Kipp- und Biegedrillknickproblemen zwei Grundgleichungen auf:

$$L_u[u,\vartheta] = 0, \quad L_\vartheta[u,\vartheta] = 0 \tag{1.87}$$

Diese Gleichungen sind in der seitlichen Verschiebung u und im Drillwinkel ϑ gekoppelt. Die erste dieser Gleichungen ist die Komponentengleichgewichtsgleichung in Richtung u, die zweite ist die Drillmomentengleichgewichtsgleichung in Richtung ϑ. Die Deutung der Grundgleichungen als Gleichgewichtsgleichungen in Richtung der Verzweigungsformen (also in Richtung der Bezugsunbekannten v bzw. u und ϑ), ist für die Begründung des GALERKINschen Verfahrens hilfreich. Um das zu zeigen, wird zunächst im Sinne von Abschnitt 1.2.4.2 daran erinnert, daß im Verzweigungsfalle die Ausweichverformung mit der speziellen Verrückung identisch ist, also beispielsweise bei der Biegeknickung mit $\bar{\delta} v_0$. Bei dieser Betrachtungsweise ist G.1.86 formal umzuschreiben:

$$(EJ\bar{\delta}v_0'')'' + D\bar{\delta}v_0'' = 0 \tag{1.88}$$

oder, wenn δv_0 aus Gründen der Übersichtlichkeit durch $\bar{v}$ abgekürzt wird:

$$L[\bar{v}] = (EJ\bar{v}'')'' + D\bar{v}'' = 0 \tag{1.89}$$

Wird nunmehr $L[\bar{v}]$ -also, wie oben dargetan, das Kräftesystem in Richtung von $\bar{v}$- frei variiert, beträgt die virtuelle Arbeit für das Stabelement dz: $L[\bar{v}]\delta v\cdot dz$. Damit der spezielle Nachbarzustand (Verzweigungszustand) ein Gleichgewichtszustand ist, d.h. G.1.83 erfüllt ist, muß gelten:

$$\int_0^l L[\bar{v}]\cdot\delta v\, dz = 0 \tag{1.90}$$

Das ist die Grundaussage des GALERKINschen Verfahrens.
Natürlich ist auch eine direkte (energetische) Herleitung über das Stabilitätskriterium G.1.83 möglich. Hierbei wäre z.B. im Falle des Knickstabes mit D=konst. die spezielle Variation

$$\bar{\delta}^2\Pi_0 = \int_0^l \left(\frac{1}{2}EJ\bar{v}''^2 - \frac{1}{2}D\bar{v}'^2\right)dz \tag{1.91}$$

in Übereinstimmung mit G.1.45 zu bilden und analog G.1.57 partiell zu integrieren; das ergibt:

$$[-\bar{M}\delta v' + \bar{T}\delta v] + \int_0^l [(EJ\bar{v}'')'' + D\bar{v}'']\,\delta v\, dz = 0 \tag{1.92}$$

Die Randterme sind Null, vgl. B.1.10, es verbleibt G.1.90.

Bei der methodischen Realisierung des Verfahrens werden, wie im Abschn. 1.2.3 bereits angedeutet, für $\bar{\delta}v_0$ und δv Summenansätze aus Koeffizientenfunktionen gemäß G.1.77 gewählt, die einzeln alle Randbedingungen erfüllen. Anderenfalls treten von Null verschiedene Randterme auf, was mit G.1.92 im Widerspruch stehen würde!

$$\bar{\delta}v \equiv \bar{v} = \bar{\eta} = \sum_{i=1}^n \delta a_i \eta_i(z), \quad \delta v = \delta\eta = \sum_{i=1}^n \delta a_i \eta_i(z) \tag{1.93}$$

Die Ansätze werden in G.1.90 eingesetzt:

$$\int_0^l L[\bar{\eta}]\cdot(\eta_1\delta a_1 + \eta_2\delta a_2 + \cdots \quad)dz = 0 \tag{1.94}$$

Da die Summenglieder linear unabhängig voneinander sind, d.h., $\bar{\eta}$ n-mal einer virtuellen Verrückung linear unabhängig gemäß $\delta(a_i\cdot\eta_i) = \delta a_i\cdot\eta_i$ unterworfen werden kann, muß gelten:

$$\delta a_i\cdot\int_0^l L[\bar{\eta}]\eta_i dz = 0 \qquad (i = 1,2,\cdots n) \tag{1.95}$$

Wegen $\delta a_i \neq 0$ verbleibt

$$\int_0^l L[\bar{\eta}]\eta_i dz = 0 \qquad (i = 1,2,\cdots n) \tag{1.96}$$

Diese Bedingung ergibt ein homogenes Gleichungssystem in den Koeffizienten a_i. Die Nennerdeterminante wird Null gesetzt und hieraus der kleinste Eigenwert und die zugehörige Eigenfunktion bestimmt. Abschnitt 1.2.5 enthält Beispiele.

Tafel 1.1

Herleitung der Grundgleichungen für Spannungsprobleme Theorie II. Ordnung und Verzweigungsprobleme

Spannungsprobleme Th. II. Ordnung

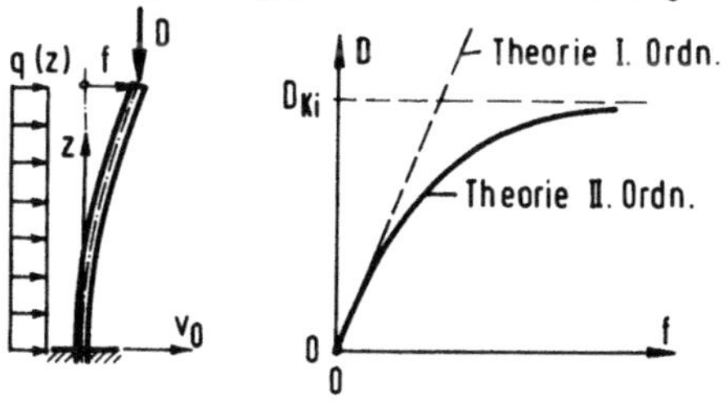

Verzweigungsprobleme

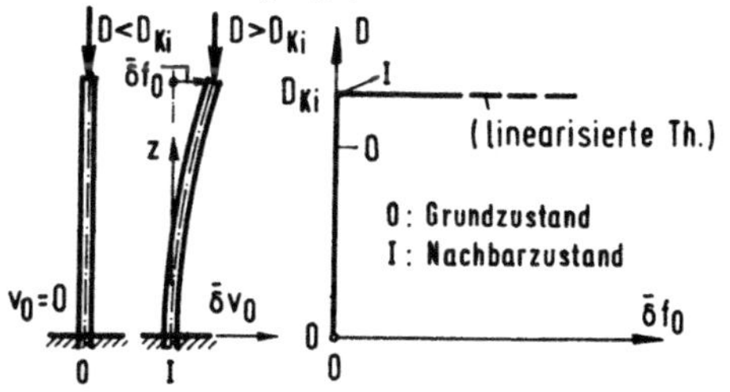

Statisches Vorgehen

Aufstellung der Gleichgewichtsgleichungen am verformten Tragwerk. Zu den Lastmomenten treten Verformungsmomente;
Bezugsunbekannte: $v_0 = v_0(z)$; vereinfachte Schreibweise: $v = v(z)$

Aufstellung der Gleichgewichtsgleichungen am infinitesimal ausgeknickten Tragwerk. Es treten nur Verformungsmomente auf.
Bezugsunbekannte: $\bar{\delta}v_0 = \bar{\delta}v_0(z)$; vereinfachte Schreibweise: $v = v(z)$

Die Verknüpfung der Gleichgewichtsgleichungen mit dem Baustoffgesetz (z.B. Elastizitätsgesetz) liefert die gesuchte Grundgleichung.

Energetisches Vorgehen

Formulierung der potentiellen Energie des verformten Gleichgewichtszustandes unter Bezug auf den lastfreien Ausgangszustand: Π_0.
Virtuelle Verrückung dieses Zustandes: δv_0.

$$\delta(\Pi_0) = \delta\int_0^l \left(\frac{1}{2} EJ v_0''^2 - \frac{1}{2} D v_0'^2 - q v_0\right) dz = 0$$

Formulierung der potentiellen Energie für den Nachbarzustand I unter Bezug auf den unverformten Grundzustand 0: $\bar{\delta}^2\Pi_0$. Virtuelle Verrückung des Nachbarzustandes: $\delta(\bar{\delta}v_0)$.

$$\delta(\bar{\delta}^2\Pi_0) = \delta\int_0^l \left(\frac{1}{2} EJ \bar{\delta}v_0''^2 - \frac{1}{2} D\bar{\delta}v_0'^2\right) dz = 0$$

liefert die gesuchte Grundgleichung (entweder durch Ausführung der virtuellen Verrückung und Umformung mittels partieller Integration oder gemäß den Differentiationsvorschriften der EULERschen Gleichungen: Variationsrechnung).

Art der Differentialgleichung und des Lösungssystems der Dfgl.

inhomogen

homogen

Mittels der Freiwerte des Lösungssystems wird den Randbedingungen genügt. Das ergibt:

ein inhomogenes Gleichungssystem in den Freiwerten. Auflösung in bestimmter Form.

ein homogenes Gleichungssystem in den Freiwerten. Indifferenzkriterium: Nennerdeterminante = Null.

Scheitert eine strenge Lösung an den mathematischen Schwierigkeiten, kann eine Näherungslösung nach GALERKIN oder RAYLEIGH/RITZ ermittelt werden. An die Stelle der exakten Lösung tritt eine Summe aus randbedingungs-konformen Koordinatenfunktionen:

$$v \approx \eta = \sum_n a_i \cdot \eta_i(z)$$

$\delta\Pi_0 = 0;\ v_0 \approx \eta$ $\qquad$ $\delta(\bar{\delta}^2\Pi_0) = 0;\ \bar{\delta}v_0 \approx \eta$

GALERKINsches-Verfahren

Diff. Gl.: $L[v_0] = (EJv_0'')'' + Dv_0'' - q = 0$

$$\int_0^l L[v_0]\,\delta v_0\, dz = 0: \quad \delta a_i \int_0^l L[\eta]\,\eta_i\, dz = 0 \quad (i = 1,2 \ldots n)$$

Diff. Gl.: $L[\bar{\delta}v_0] = (EJ\bar{\delta}v_0'')'' + D\bar{\delta}v_0'' = 0$

$$\int_0^l L[\bar{\delta}v_0]\,\delta(\bar{\delta}v_0)\, dz = 0: \delta a_i \int_0^l L[\eta]\,\eta_i\, dz = 0 \quad (i = 1,2 \ldots n)$$

RAYLEIGH/RITZ-Verfahren

$$\Pi_0 = \int_0^l \left(\frac{1}{2} EJ v_0''^2 - \frac{1}{2} D v_0'^2 - q v_0\right) dz$$

$$\delta(\Pi_0) = 0: \quad \frac{\partial[\Pi_0(\eta)]}{\partial a_i} = 0 \quad (i = 1,2 \ldots n)$$

Auflösung in bestimmter Form nach den Koeffizienten a_i.

$$\bar{\delta}^2\Pi_0 = \int_0^l \left(\frac{1}{2} EJ\, \bar{\delta}v_0''^2 - \frac{1}{2} D\, \bar{\delta}v_0'^2\right) dz$$

$$\delta(\bar{\delta}^2\Pi_0) = 0: \quad \frac{\partial[\bar{\delta}^2\Pi_0(\eta)]}{\partial a_i} = 0 \quad (i = 1,2 \ldots n)$$

Indifferenzkriterium: Nennerdeterminante = 0; unbestimmte Auflösung.

Wie im Abschnitt 1.2.3 erwähnt, lassen sich auch Spannungsprobleme Th.II.Ordn. nach der GALERKINschen Methode lösen. Es ist sofort einsichtig, daß die Einbeziehung einer realen äußeren Belastung in G.1.86 die entsprechend erweiterte inhomogene Gleichgewichtsgleichung

$$L[v] = [EJv'']'' + Dv'' - q = 0 \tag{1.97}$$

liefert. Die virtuelle Verrückung ergibt

$$\int_0^l L[v]\cdot\delta v\,dz = \int_0^l [(EJv'')'' + Dv'' - q]\cdot\delta v\,dz = 0 \tag{1.98}$$

was mit $\delta\Pi_0 = 0$ identisch ist. Wird v bzw. δv durch einen Ansatz gemäß G.1.77 ersetzt, folgt eine zu G.1.96 analoge Bedingung. Diese stellt nunmehr ein inhomogenes lineares Gleichungssystem dar, das nach den Koeffizienten a_i explizit aufgelöst werden kann, damit sind v=v(z) und alle höheren Ableitungen hiervon bekannt, woraus z.B. $\varphi = v'$, $M=-EJv''$, $Q=-EJv'''$ berechnet werden können, vgl. Gl.1.15 und Gl.1.31.
T.1.1 faßt das Ergebnis dieses Abschnittes zusammen.

1.2.4.4 RAYLEIGH/RITZ-Verfahren

In der Energiebedingung G.1.83 wird wieder für $\bar{\delta}v_0 = \bar{v}_0$ ein Lösungsansatz gemäß G.1.93 gewählt, der die gesuchte strenge Lösung möglichst umfassend anzunähern in der Lage ist. Die natürlichen Randbedingungen müssen, die künstlichen sollten von den Koordinatenfunktionen η_i einzeln erfüllt sein. Da über η_i verfügt ist, geht $\delta(\bar{\delta}^2\Pi_0) = 0$ in die Minimumbedingung

$$\frac{\partial(\bar{\delta}^2\Pi_0)}{\partial a_i} = 0 \quad (i = 1, 2, \cdots n) \tag{1.99}$$

über. $\bar{\delta}^2\Pi_0$ ist ein Integral über das Funktional $F[\bar{v}]$, vgl. G.1.45 und die anschließende Erläuterung.
Die Ausführung der Vorschrift G.1.99 liefert wieder ein homogenes lineares Gleichungssystem für die Koeffizienten a_i und aus Det=0 folgen Eigenwert und Eigenfunktion.

Wird die Rechnung nur mit einem Ansatz durchgeführt, spricht man vom Verfahren nach RAYLEIGH, bei mehrgliedrigen Ansätzen vom RITZschen Verfahren.

Wie im vorangegangenen Abschnitt sei auch hier erwähnt, daß das Verfahren von RAYLEIGH/RITZ für Spannungsprobleme Th.II.Ordn. gleichfalls geeignet ist. Die Energiebedingung lautet

$$\delta\Pi_0 = 0 \longrightarrow \frac{\partial\Pi_0}{\partial a_i} = 0 \quad (i = 1, 2, \cdots n) \tag{1.100}$$

Das Gleichungssystem ist inhomogen, denn in $\Pi_0 = \int_0^l F[v]\,dz$ ist die potentielle Energie der quergerichteten Kräfte enthalten. Es gelten die Anweisungen am Ende des vorangegangenen Abschnittes ohne Einschränkung. T.1.1 enthält eine Zusammenfassung. (Aus Gründen der Übersichtlichkeit wurde die Tafel für EJ=konst. und D=konst. entworfen; eine Erweiterung für EJ und D variabel bereitet keine Schwierigkeiten.)

Spannungsprobleme Theorie II. Ordnung und Verzweigungsprobleme
Näherungsberechnung nach GALERKIN und RAYLEIGH / RITZ

<u>Grundlage</u>: Spannungsprobleme Th. II. Ordn.: $\delta \Pi_0 = 0;\quad v_0 \Rightarrow v$
Verzweigungsprobleme: $\delta(\bar{\delta}^2 \Pi_0) = 0;\quad \bar{\delta} v_0 \Rightarrow v$ $\Big\}\quad v \approx \eta = \sum_{i=1}^{n} a_i \cdot \eta_i(z)$

GALERKIN: $\int_0^1 L[v] \cdot \delta v \, d\zeta = 0 : \quad \int_0^1 L[\eta] \cdot \eta_i \, d\zeta = 0 \quad (i = 1, 2, \dots n)$

RAYLEIGH / RITZ: $\delta \Pi = \delta \int_0^1 F[v] \, d\zeta = 0 : \quad \frac{\partial}{\partial a_i} [\int_0^1 F[\eta] \, d\zeta] = 0 \quad (i = 1, 2, \dots n)$ $\qquad \zeta = \frac{z}{l}$

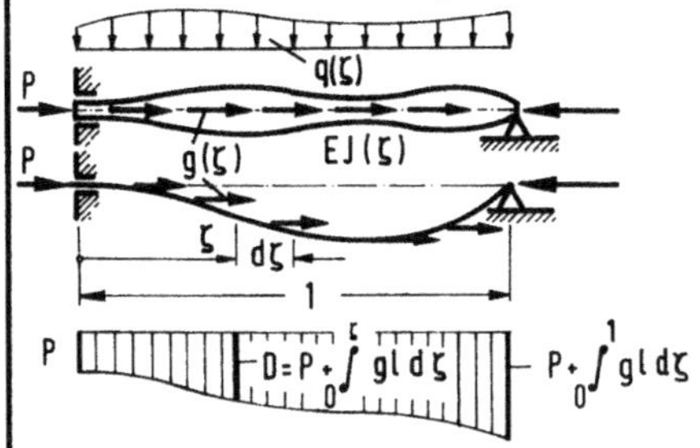

$L[v] = (EJv^{\bullet\bullet})^{\bullet\bullet} + Dl^2 \cdot v^{\bullet\bullet} + gl^3 v^{\bullet} - ql^4;$

$F[v] = \frac{1}{2} \cdot EJ v^{\bullet\bullet 2} - \frac{1}{2} \cdot D l^2 \cdot v^{\bullet 2} - q l^4 \cdot v.$ $\qquad \frac{d(\;)}{d\zeta} = (\;)^{\bullet}$

Abgeleitete Größen: $\varphi = \frac{1}{l} \cdot v^{\bullet}$; $M = -\frac{1}{l^2} \cdot EJ v^{\bullet\bullet}$;

$Q = -\frac{1}{l^3} \cdot (EJv^{\bullet\bullet})^{\bullet}$; $\quad T = -\frac{1}{l^3} \cdot [(EJv^{\bullet\bullet})^{\bullet} + Dl^2 \cdot v^{\bullet}]$.

Spannungsprobleme: Bestimmte Auflösung des Gleichungssystems nach a_i;
Verzweigungsprobleme: Indifferenzkriterium: Nennerdeterminante = 0 → Eigenwert,
Unbestimmte Auflösung nach a_i.

<u>Erzeugung von Ansatzfunktionen η_i</u>

a) Biegelinien nach Th. I. Ordn. für EJ = konst., z. B. für Gleichlast, Dreieckslast
b) Knickbiegelinien für EJ = konst.;
c) Eigenschwingungsbiegelinien für EJ = konst.;

	EULERfall I	EULERfall II	EULERfall III	EULERfall IV
	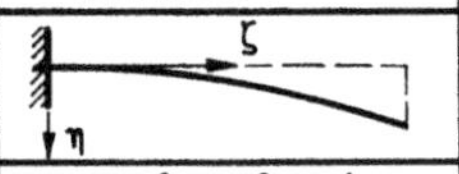	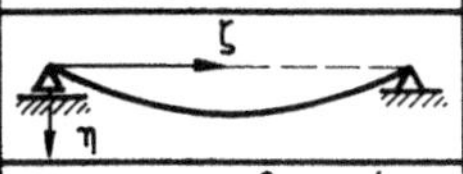	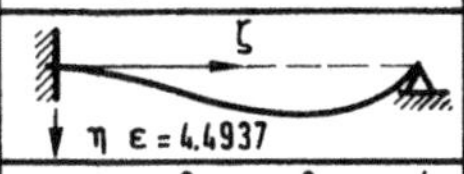	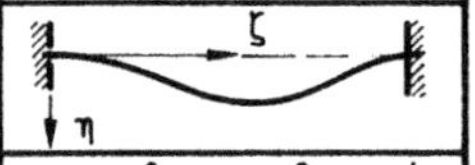
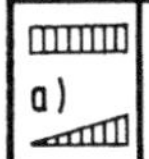 a)	$\eta = 6\zeta^2 - 4\zeta^3 + \zeta^4$ $\eta = 20\zeta^2 - 10\zeta^3 + \zeta^5$	$\eta = \zeta - 2\zeta^3 + \zeta^4$ $\eta = 7\zeta - 10\zeta^3 + 3\zeta^5$	$\eta = 3\zeta^2 - 5\zeta^3 + 2\zeta^4$ $\eta = 7\zeta^2 - 9\zeta^3 + 2\zeta^5$	$\eta = \zeta^2 - 2\zeta^3 + \zeta^4$ $\eta = 2\zeta^2 - 3\zeta^3 + \zeta^5$
b)	$\eta = 1 - \cos\frac{\pi}{2}\zeta$	$\eta = \sin\pi\zeta$	$\eta = (1 - \cos\varepsilon\zeta)\varepsilon + \sin\varepsilon\zeta - \varepsilon\zeta$	$\eta = 1 - \cos 2\pi\zeta$
c)	$\eta_i = \sin k_i\zeta - \sinh k_i\zeta + A_i(\cosh k_i\zeta - \cos k_i\zeta)$ $A_i = \frac{\sinh k_i + \sin k_i}{\cosh k_i + \cos k_i}$	$\eta_i = \sin k_i\zeta$ — Bestimmungsgleichungen für k_i:	$\eta_i = \sin k_i\zeta - \sinh k_i\zeta + A_i(\cosh k_i\zeta - \cos k_i\zeta)$ $A_i = \tanh k_i$	$\eta_i = \sin k_i\zeta - \sinh k_i\zeta + A_i(\cosh k_i\zeta - \cos k_i\zeta)$ $A_i = \frac{\sinh k_i - \sin k_i}{\cosh k_i - \cos k_i}$
	$\cosh k_i \cdot \cos k_i + 1 = 0$	$\sin k_i = 0$	$\tanh k_i - \tan k_i = 0$	$\cosh k_i \cdot \cos k_i - 1 = 0$
	k_i | A_i 1.875 104 | 1.362 220 4.694 091 | 0.981 868 7.854 757 | 1.000 776	k_i | A_i π | 2π | — 3π |	k_i | A_i 3.926 602 | 0.999 223 7.068 582 | 0.999 999 10.210 18 | ≈ 1	k_i | A_i 4.730 041 | 1.017 809 7.853 205 | 0.999 223 10.995 61 | ≈ 1

a) und b): eingliedrige Ansätze; c): mehrgliedrige Ansätze, k_i und A_i für i = 1, 2, 3.

d) Erzeugung von **GREEN** schen Funktionen: **z. B.** Linien nach Th. I. Ordn. und EJ = konst. für Einheitskräfte P = 1:

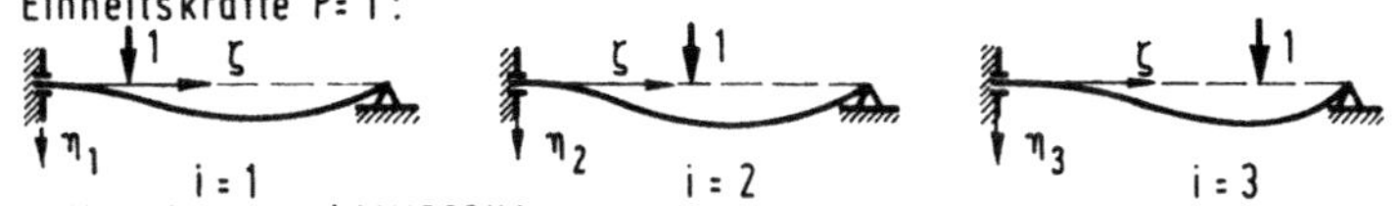

Integrationsformeln (SIMPSON):

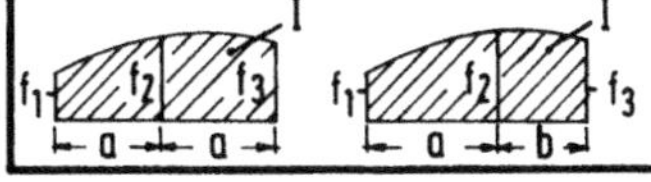

$\Delta z = \text{konst.};\ \Delta z = a:\ I = \frac{a}{3} \cdot (f_1 + 4f_2 + f_3)$

$\Delta z \neq \text{konst.}:\ \Delta z_1 = a;\ \Delta z_2 = b:\ I = \frac{a+b}{6ab} \cdot [(2a-b)b \cdot f_1 + (a+b)^2 \cdot f_2 + (2b-a)af_3]$

1.2.4.5 Ergänzende Anmerkungen zu den direkten Variationsverfahren

Auf T.1.2 sind die Rechenvorschriften der Verfahren von GALERKIN und RAYLEIGH/RITZ für den Druckstab mit EJ und D variabel zusammengestellt, vgl. z.B. G.1.32 und G.1.45. L[v] und F[v] sind in bezogener Form für $z=\zeta\cdot l$ angeschrieben. - Die Tafel enthält ferner Hinweise zur Gewinnung von Ansatzfunktionen (Koordinatenfunktionen). Diese wählt man zweckmäßig so, daß unter Berücksichtigung der Biegesteifigkeit und Druckkraftverteilung eine weitgehende Annäherung der approximativen Lösung an die exakte erwartet werden kann. Die Verfahren eignen sich sehr gut für eine Programmierung, die notwendigen Integrationen werden numerisch bewerkstellig (z.B. mittels der SIMPSONschen Formel, vgl. T.1.2 unten).

Die Konvergenz der Verfahren ist gesichert. Die Güte der Näherungen steigt mit der Anzahl der Koordinatenfunktionen. Bei Verzweigungsproblemen (Eigenwertproblemen) liegt die Eigen-Lösung immer über dem exakten Wert, bestenfalls fallen sie zusammen, dann stimmt der Ansatz mit der exakten Eigenfunktion überein. Die Abweichung zwischen der angenäherten und strengen Lösung, z.B. $\bar{\eta}(z)-\bar{v}(z)$, kann als Störung der strengen Knickbiegelinie gedeutet werden. Diese Störung wirkt sich im Sinne einer Stützung in einer Anhebung der kritischen Intensität aus, d.h., die Verzweigungslast wird zu hoch gefunden. Bei Spannungsproblemen Th.II.Ordn. wirkt sich der Stützeffekt als Verminderung der Biegungsbeanspruchung aus. Die Näherungsverfahren liegen somit grundsätzlich auf der unsicheren Seite.

Das Verfahren von RAYLEIGH/RITZ setzt die Existenz einer potentiellen Energie der äußeren und inneren Kräfte voraus, das ist i.allg. bei praktischen Aufgabenstellungen der Fall. Man spricht in diesen Fällen von konservativen Kraftsystemen. Deren typische Eigenschaft besteht darin, daß die potentielle Energie sämtlicher Kräfte von den durchlaufenen Wegen unabhängig ist, was auch dadurch zum Ausdruck kommt, daß die Ableitungen der potentiellen Energie nach den Verformungen bzw. Verzerrungen die zugeordneten äußeren bzw. inneren Kräfte liefert. Wird z.B. $-\frac{1}{2}EJv''^2$, nach v" differenziert, ergibt sich -EJv", also das Biegungsmoment.
Bei inelastischem Verhalten liegt kein konservatives Problem vor, weil ein Teil der eingeprägten Energie durch die Gleitvorgänge im Stoffgefüge als Wärmeenergie dissipiert wird. Diese Energieumsetzung ist irreversibel. - Weiterhin lassen sich äußere mitgehende, nichtrichtungstreue Kräfte angeben, die sich nicht aus Potentialen ableiten lassen, sie zählen auch zu den nichtkonservativen Kräften, vgl. Abschn. 1.2.8.2. Hierfür gelten spezielle Stabilitätskriterien. Da das GALERKINsche Verfahren von der Differentialgleichung $L[\bar{v}]=0$ also vom statischen Gleichgewichtsprinzip ausgeht und somit an die Existenz einer potentiellen Energie nicht gebunden ist, lassen sich hiernach auch nichtkonservative Verzweigungsprobleme lösen. Insofern ist es dem Verfahren von RAYLEIGH/RITZ überlegen.
Ausführlicher wird die Theorie in [0.6/7, 0.10, 0.20/21, 1.19/22] behandelt; auf die Orthogonalitätseigenschaften der Eigenfunktionen wird ergänzend hingewiesen.

1.2.5 Näherungslösungen von Spannungs- und Verzweigungsproblemen

Die Verfahren von GALERKIN und RAYLEIGH/RITZ lassen sich am Biegestab besonders gut verdeutlichen, ihre größere Bedeutung liegt indes in der Theorie des Biegedrillknickens, Kippens und Beulens.
1. Beispiel: Beidseitig gelenkig gelagerter Druckstab unter Gleichlast; EJ=konst. (B.1.16).
B e r e c h n u n g   n a c h   G A L E R K I N :
Eingliedriger Ansatz: $v=\eta=a\cdot\sin\pi\frac{z}{l}$.
Sämtliche Randbedingungen werden von η erfüllt; G.1.97/8:

$$\int_0^l L[v]\cdot\delta v\,dz=0 \qquad (1.101)$$

$$L[v] = EJv'''' + Dv'' - q \tag{1.102}$$

Der Ansatz wird differenziert, in G.1.102 bzw. G.1.1ol eingesetzt und anschließend integriert; $q=q_0$ =konst.:

$$\int_0^l [EJ\cdot a(\frac{\pi}{l})^4 \sin\pi\frac{z}{l} - Da(\frac{\pi}{l})^2 \sin\pi\frac{z}{l} -$$

$$- q_0]\cdot\delta a \sin\pi\frac{z}{l}\,dz = 0; \quad \delta a \neq 0 \longrightarrow \tag{1.103}$$

$$a[(\frac{\pi}{l})^2 EJ - D](\frac{\pi}{l})^2 \frac{\pi}{2} - 2q_0 = 0 \tag{1.104}$$

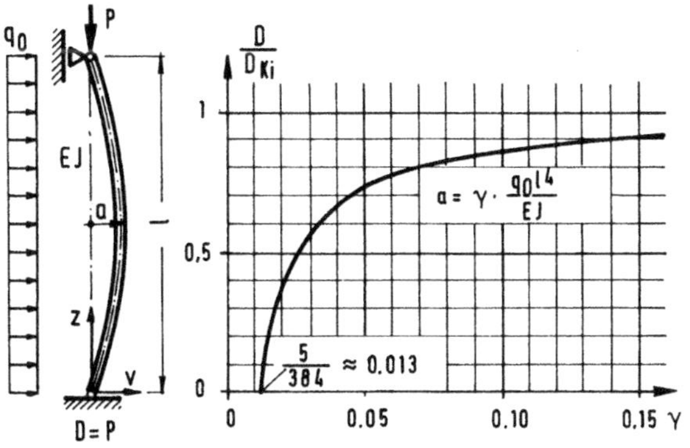

Bild 1.16

a kann aus G.1.104 explizit berechnet werden, damit ist auch v=v(z) bekannt. Im Falle q_0 =0 entartet das Spannungsproblem in ein Verzweigungsproblem, d.h., das zweite Glied in G.1.104 existiert nicht und die Gleichung läßt sich nur erfüllen, wenn die eckige Klammer Null wird, das ergibt:

$$D_{Ki} = \frac{\pi^2 EJ}{l^2}; \quad \pi^2 = 9{,}8696 \tag{1.105}$$

D_{Ki} ist die ideale Knicklast des EULER-Falles II. Die Lösung ist streng, weil der Sinusansatz mit der strengen Lösung für die Knickbiegelänge übereinstimmt.
Wird, zurückkommend auf das Spannungsproblem Th.II.Ordn., der Koeffizient a aus G.1.104 freigestellt und auf D_{Ki} bezogen, folgt:

$$a = \frac{4}{\pi^5} \cdot \frac{1}{1-\frac{D}{D_{Ki}}} \cdot \frac{q_0 l^4}{EJ} \tag{1.106}$$

Im Falle D=0 (Th.I.Ordn.) lautet die Vorzahl: $4/\pi^5$=0,01307, der strenge Wert beträgt bekanntlich 5/384=0,01302. Nähert sich die Druckkraft dem kritischen Wert D_{Ki} an, wächst die mittige Ausbiegung a über alle Grenzen. Der Verformungseinfluß Th.II.Ordn. wird durch den Vergrößerungsfaktor

$$\alpha = \frac{1}{1-\frac{D}{D_{Ki}}} \tag{1.107}$$

erfaßt, vgl. Abschn.1.1. Die Güte der Näherung, G.1.106, zeigt B.1.16: Näherungslösung und strenge Lösung fallen innerhalb der Strichstärke zusammen.

Als zweiter Ansatz wird die quadratische Parabel geprüft:

$$v \approx \eta = a(1-\frac{z}{l})\frac{z}{l} \tag{1.108}$$

Bildet man v'''' gemäß G.1.102, ergibt sich Null. Die Integrationsvorschrift, G.1.101, kann somit nicht ausgeführt werden. Der Ansatz ist für das GALERKINsche Verfahren nicht brauchbar.
Der Ansatz

$$v \approx \eta = a[\frac{z}{l} - 2(\frac{z}{l})^3 + (\frac{z}{l})^4] \tag{1.109}$$

beschreibt die Biegelinienform für eine Gleichlast q_0 =konst. nach Th.I.Ordn. Die Randbedingungen werden voll erfüllt, die Rechnung ergibt:

$$D_{Ki}=9{,}88\,\frac{EJ}{l^2},\qquad a=\frac{1}{24}\,\frac{1}{1-\frac{D}{D_{Ki}}}\,\frac{q_0 l^4}{EJ}\tag{1.110}$$

Im Falle D=0 folgt die Durchbiegung in Stabmitte zu:

$$v\left(\frac{l}{2}\right)=\frac{1}{24}\left[\frac{1}{2}-2\left(\frac{1}{2}\right)^3+\left(\frac{1}{2}\right)^4\right]\frac{q_0 l^4}{EJ}=\frac{5}{384}\,\frac{q_0 l^4}{EJ}\tag{1.111}$$

Als vierter Ansatz wird G.1.112 geprüft, das Ergebnis gibt G.1.113 wieder:

$$v\approx\eta=a\left[3\,\frac{z}{l}-5\left(\frac{z}{l}\right)^3+3\left(\frac{z}{l}\right)^5-\left(\frac{z}{l}\right)^6\right]\tag{1.112}$$

$$D_{Ki}=9{,}86\,\frac{EJ}{l^2},\qquad a=0{,}01371\,\frac{1}{1-\frac{D}{D_{Ki}}}\,\frac{q_0 l^4}{EJ}\tag{1.113}$$

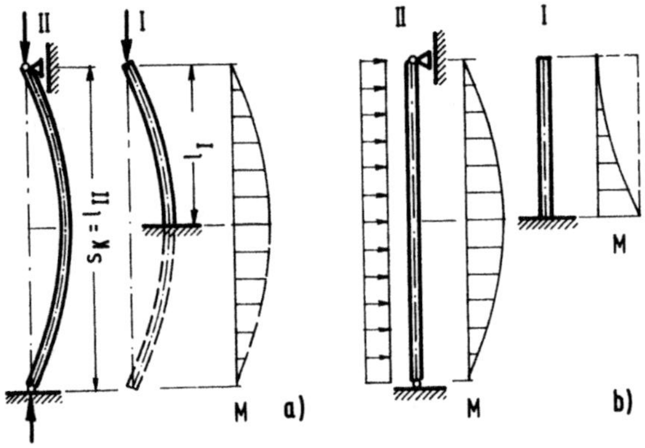

Bild 1.17

Die Lösung des Verzweigungsproblems für EULER-Fall II läßt sich auf den EULER-Fall I umrechnen, weil hierfür die Verläufe von Biegelinie und Biegungsmoment übereinstimmen. In G.1.105 wird $l\rightarrow l/2$ gesetzt, vgl. B.1.17a:

$$D_{Ki}=\frac{1}{4}\,\frac{\pi^2 EJ}{l^2}\tag{1.114}$$

Die Knicklänge für EULER-Fall I kann sofort zu $s_K=2l$ angegeben werden. Eine Umrechnung der Lösung für das Spannungsproblem Th.II.Ordn. auf die Kragstütze ist nicht möglich, weil die Biegungsmomente nicht korrespondieren; siehe B.1.17b.

Berechnung nach RAYLEIGH/RITZ:

Es wird zunächst wieder der Sinusansatz gewählt, in Π_0 eingesetzt und Π_0 variiert:

$$\Pi_0=\int_0^l\left(\frac{1}{2}EJ\,v''^2-\frac{1}{2}D\,v'^2-q\,v\right)dz\tag{1.115}$$

$$\delta\Pi_0=\frac{\partial\Pi_0}{\partial a}=\frac{\partial}{\partial a}\int_0^l\left[\frac{1}{2}EJ\cdot a^2\left(\frac{\pi}{l}\right)^4\sin^2\pi\frac{z}{l}-\frac{1}{2}D\cdot a^2\left(\frac{\pi}{l}\right)^2\cos^2\pi\frac{z}{l}-q_0\cdot a\,\sin\pi\frac{z}{l}\right]dz=0\tag{1.116}$$

Nach Integration und Differentiation nach a findet man dieselben Ergebnisse wie nach dem GALERKINschen Verfahren, G.1.105 und 1.106. Für die Ansätze G.1.109 und G.1.112 ergeben sich ebenfalls die identischen Resultate, das gilt indes nicht in jedem Falle. So konnte gezeigt werden, daß der Ansatz in Form einer quadratischen Parabel, G.1.108, nach GALERKIN nicht verwertbar ist, nach RAYLEIGH/RITZ findet man:

$$D_{Ki}=12\,\frac{EJ}{l^2}\tag{1.117}$$

Dieses Ergebnis ist allerdings als unbrauchbar zu bewerten, weil der Wert um 22% von dem richtigen Ergebnis, G.1.105, abweicht.

2. Beispiel: Kragstütze unter Gleichlast; EJ=konst. (B.1.18)

Wählt man den Ansatz

$$v=\eta=a\left(1-\cos\frac{\pi}{2}\frac{z}{l}\right)\tag{1.118}$$

der die Knickbiegelinie des EULER-Falles I beschreibt, so findet man nach dem Verfahren

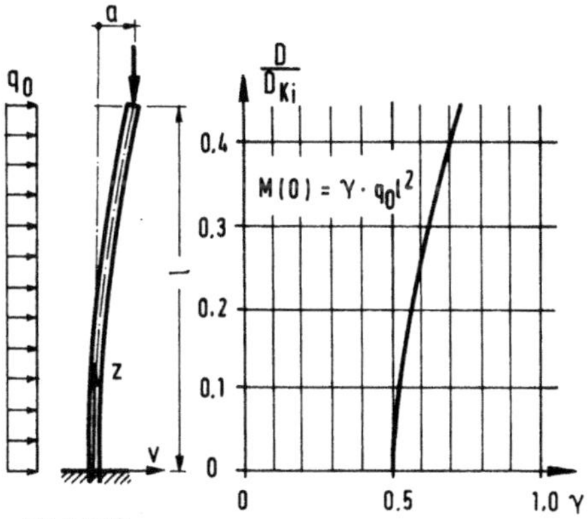

Bild 1.18

von GALERKIN zwar das richtige Ergebnis für D_{Ki}, G.1.114, doch scheitert die Lösung des Spannungsproblems Th.II.Ordn. Der sich für die Auslenkung am freien Ende ergebende Wert a ist falsch. Der Grund für dieses Scheitern liegt in der Verletzung einer Randbedingung; die Transversalkraft T ergibt sich nämlich am freien Ende für obigen Ansatz zu (G.1.22):

$$T(l) = Q(l) - D\cdot v'(l) = a\cdot(\frac{\pi}{2l})\cdot\sin\frac{\pi}{2}\cdot[EJ(\frac{\pi}{2l})^2 - D] \neq 0 \qquad (1.119)$$

Nur im Falle $D=D_{Ki}$ ergibt sich $T(l)=0$. - Für andere Ansätze, z.B. polynomische nach Th.I.Ordn. scheitert sogar die Berechnung von D_{Ki}, weil hierfür auch im Verzweigungsfalle die Randbedingung $T(l)=0$ verletzt wird. Das Verfahren von RAYLEIGH/RITZ liefert dagegen brauchbare Lösungen. Der Ansatz G.1.118 ergibt:

$$\delta\Pi_0 = \frac{\partial\Pi_0}{\partial a} = \frac{\partial}{\partial a_0}\int^l [\frac{1}{2}EJ\,a^2(\frac{\pi}{2l})^4\cos^2\frac{\pi}{2}\frac{z}{l} - \frac{1}{2}D\,a^2(\frac{\pi}{2l})^2\sin^2\frac{\pi}{2}\frac{z}{l} - q_0 a(1-\cos\frac{\pi}{2}\frac{z}{l})]dz = 0 \qquad (1.120)$$

Nach Integration und Differentiation folgt:

$$a[(\frac{\pi}{2l})^2 EJ - D](\frac{\pi}{2l})\frac{\pi}{4} = q_0(1-\frac{2}{\pi})l \qquad (1.121)$$

Der Grenzübergang $q_0=0$ liefert die ideale Knicklast, G.1.114. Wird hierauf bezogen, findet man für a:

$$a = \frac{32(\pi-2)}{\pi^5}\cdot\frac{1}{1-\frac{D}{D_{Ki}}}\cdot\frac{q_0 l^4}{EJ} \qquad (1.122)$$

Für D=0 beträgt die Vorzahl von a: $32(\pi-2)/\pi^5=0{,}1193$. Der genaue Wert ist 1/8=0,1250. In B.1.18 ist die Zunahme des Einspannungsmomentes innerhalb des Bereiches $0 \leq D/D_{Ki} \leq 0{,}4$ ausgewiesen, d.h., es wird mindestens eine 1/0,4=2,5-fache Sicherheit gegenüber der idealen Knicklast eingehalten. Bei $D/D_{Ki}=0{,}4$ ist das Einspannungsmoment infolge des Verformungseinflusses von $0{,}5\cdot q_0 l^2$ auf ca. $0{,}7\cdot q_0 l^2$, also das 1,4-fache, angewachsen.

3. Beispiel: Keilstab konstanter Breite unter Eigengewicht (B.1.19)
Gesucht ist die Knicklast

$$g_{B\,Ki} = \gamma_{Ki}\frac{EJ_B}{l^3} \qquad (1.123)$$

g(z), D(z) und EJ(z) sind Funktionen von z:

$$g(z) = g_B(1-\frac{z}{l});\; D(z) = \frac{g_B l}{2}[1-(2-\frac{z}{l})\frac{z}{l}];\; EJ(z) = EJ_B(1-\frac{z}{l})^3 \qquad (1.124)$$

Es ist von den allgemeinen Versionen für $L[\bar{\delta}v_0]$ und $F[\bar{\delta}v_0]$ auszugehen, vgl. auch T.1.2. Wählt man den Ansatz

$$\delta v_0 \approx \eta = a(1-\cos\frac{\pi}{2}\frac{z}{l}) \qquad (1.125)$$

ergeben sich Integrale, die einer geschlossenen Lösung nicht zugänglich sind. Die Integrationen werden daher numerisch durchgeführt. Bei einer 8er-Teilung liefern die Verfahren von GALERKIN und RAYLEIGH/RITZ das identische Ergebnis:

$$\gamma_{Ki} = 16{,}26 \qquad (1.126)$$

Dieser Wert liegt um 23% über dem exakten Ergebnis (13,24) und ist somit unbrauchbar.

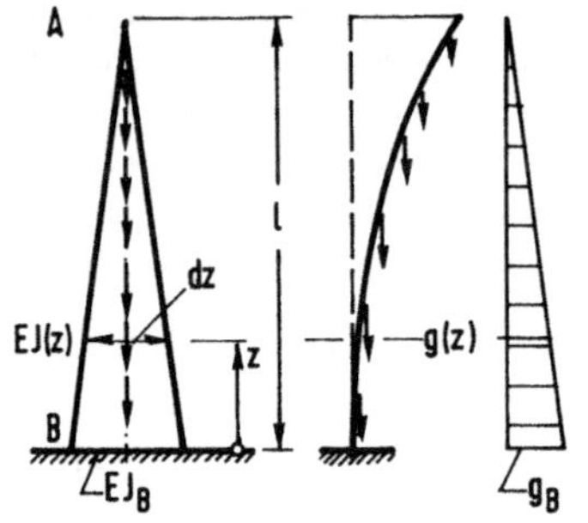

Bild 1.19

Ausreichend genaue Werte lassen sich nur mittels mehrgliedriger Ansätze gewinnen; hierauf wird noch ausführlich eingegangen. - Bei der praktischen Rechnung erweist es sich als zweckmäßig, von den in T.1.2 angegebenen methodischen Versionen in bezogener Form auszugehen, d.h. mit

$$g(\zeta) = g_B(1-\zeta)\,;\quad D(\zeta) = \frac{g_B l}{2}[1-(2-\zeta)\zeta]\,;$$
$$EJ(\zeta) = EJ_B(1-\zeta)^3\,,\qquad \zeta = \frac{z}{l} \qquad (1.127)$$

zu rechnen. - Schließlich sei erwähnt, daß der Ansatz G.1.125 beim GALERKINschen Verfahren hier deshalb zum Erfolg führt, weil am freien Ende $z=l$ wegen $EJ=0$ und $D=0$ auch die Transversalkraft $T=Q-Dv'=-EJv'''-Dv'$ Null ist.

4. Beispiel: Beidseitig gelenkig gelagerte Druckstäbe mit variabler Biegesteifigkeit. Das Verfahren von RAYLEIGH/RITZ läßt sich für die Berechnung idealer Knicklasten wie folgt formelmäßig aufbereiten: In G.1.83 wird die Näherung $\bar{\delta}v_0 = a\eta$ eingesetzt, anschliessend wird die Gleichung nach D_{Ki} aufgelöst:

$$\delta(\bar{\delta}^2\Pi_0) = \delta\int_0^l (EJ\cdot a\,\eta''^2 - D_{Ki}\cdot a\,\eta'^2)\,dz = 0 \longrightarrow D_{Ki} = \frac{\int_0^l EJ(z)\cdot\eta(z)''^2\,dz}{\int_0^l \eta(z)'^2\,dz} \qquad (1.128)$$

Wird der Nenner partiell integriert, läßt sich für die EULER-Fälle II, III und IV (siehe B.1.10) eine weitere Formel für D_{Ki} ableiten, da der Randterm für die genannten Fälle Null ist:

$$\int_0^l \eta'\eta'\,dz = \eta'\eta\Big|_0^l - \int_0^l \eta''\eta\,dz = -\int_0^l \eta''\eta\,dz \longrightarrow \qquad D_{Ki} = \frac{\int_0^l EJ(z)\cdot\eta(z)''^2\,dz}{-\int_0^l \eta(z)\cdot\eta(z)''\,dz} \qquad (1.129)$$

Setzt man noch

$$\eta'' = -M_\eta/EJ \qquad (1.130)$$

ergibt sich:

$$D_{Ki} = \frac{\int_0^l [M_\eta^2(z)/EJ(z)]\,dz}{-\int_0^l \eta(z)\cdot\eta(z)''\,dz} \qquad (1.131)$$

M_η ist das zur Ansatzfunktion $\eta(z)$ gehörende Biegungsmoment. Im EULER-Fall II ist $M_\eta = D\cdot\eta$, hiermit folgt für G.1.131:

$$D_{Ki} = \frac{\int_0^l D_{Ki}^2\cdot\frac{\eta^2(z)}{EJ(z)}\,dz}{-\int_0^l \eta(z)\cdot\eta(z)''\,dz} \longrightarrow \quad D_{Ki} = \frac{-\int_0^l \eta(z)\cdot\eta(z)''\,dz}{\int_0^l \frac{\eta^2(z)}{EJ(z)}\,dz} \qquad (1.132)$$

Dimensionsfreie Integranden im Zähler und Nenner ergeben sich, wenn $z=\zeta l$ eingeführt wird:

$$D_{Ki} = \frac{EJ_c}{l^2}\cdot\frac{-\int_0^1 \eta(\zeta)\cdot\eta(\zeta)^{\bullet\bullet}\,d\zeta}{\int_0^1 \frac{J_c}{J(\zeta)}\cdot\eta(\zeta)^2\,d\zeta}\,;\qquad \frac{d(\;)}{d\zeta} = (\;)^\bullet \qquad (1.133)$$

Das Bezugsträgheitsmoment J_c wird zweckmäßig zu J_{max} gewählt.
Im Gegensatz zu G.1.128 bis G.1.131 liefert G.1.132/3 wegen der vorangegangenen Umstellung zu kleine, d.h. auf der sicheren Seite liegende Knicklasten.

Für den EULER-Fall II mit sprunghaft veränderlicher Biegesteifigkeit (B.1.20) führt z.B. Formel G.1.333 mit dem Ansatz

$$v \approx \eta = a\cdot\sin\pi\zeta \qquad (1.134)$$

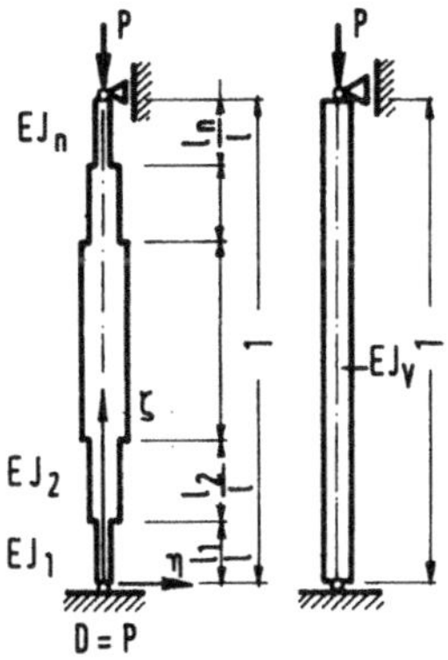

Bild 1.20

auf den Ausdruck:

$$D_{Ki} = \frac{1}{2\int_0^1 \frac{J_{max}}{J(\zeta)}\sin^2\pi\zeta\, d\zeta}\cdot\frac{\pi^2 E J_{max}}{l^2} = c\cdot\frac{\pi^2 E J_{max}}{l^2} \qquad (1.135)$$

Für den praktischen Stabilitätsnachweis berechnet man sich zweckmäßig ein konstantes Vergleichsträgheitsmoment J_V eines EULER II-Ersatzstabes mit derselben Länge l wie der gegebene Stab aus der Gleichsetzung:

$$\frac{\pi^2 E J_V}{l^2} = c\cdot\frac{\pi^2 E J_{max}}{l^2} \longrightarrow J_V = c\cdot J_{max} = c\cdot J_0 \qquad (1.136)$$

Hierin ist c die durch G.1.135 definierte Vorzahl. B.1.21 zeigt die Auswertung dieser Vorzahl für drei unterschiedliche Stabformen [1.24]. Das Vergleichsträgheitsmoment J_V kann damit in einfacher Weise bestimmt werden.

$$c_1 = \frac{1}{1 + \left(\frac{J_0}{J_1} - 1\right)\cdot\left(\frac{l_1}{l} - \frac{\sin 2\pi l_1/l}{2\pi}\right)}$$

$$c_2 = \frac{1}{1 + 2\left(\frac{l_1}{l} - \frac{\sin 2\pi l_1/l}{2\pi}\right)\cdot\left(\frac{J_0}{J_1} - 1\right)}$$

$$c_3 = \frac{1}{\frac{J_0}{J_1} - 2\left(\frac{l_1}{l} - \frac{\sin 2\pi l_1/l}{2\pi}\right)\left(\frac{J_0}{J_1} - 1\right)}$$

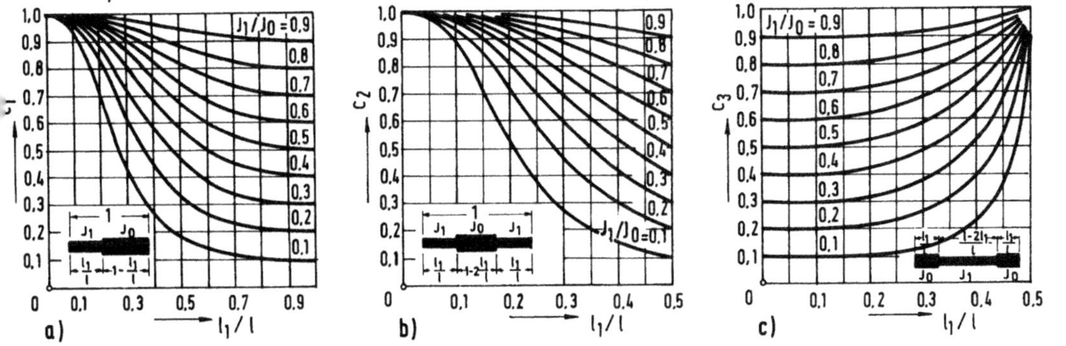

Bild 1.21 (nach DIMITROV)

5. Beispiel: Beidseitig gelenkig gelagerte Druckstäbe mit variabler Druckkraft. Gesucht ist die Knicklast. Die Druckkraft D(z) ist linear-veränderlich, sie beträgt am oberen Ende P und am unteren P+gl, vgl. B.1.21. g ist z.B. das Eigengewicht je Längeneinheit; vgl. B.1.22.

Differentialgleichung und Variation der potentiellen Energie lauten:

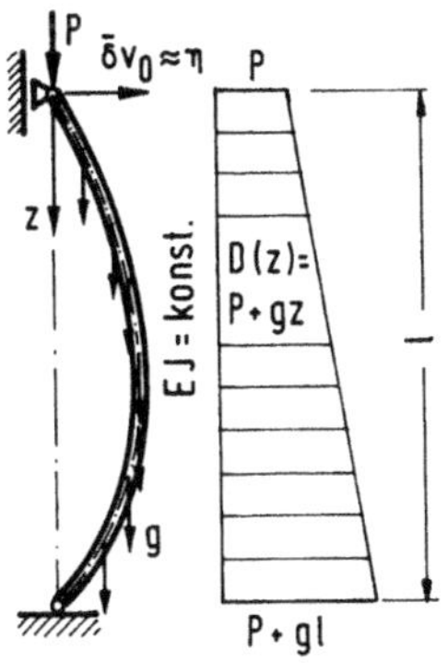

Bild 1.22

$$L[\bar{\delta}v_0] = EJ\,\bar{\delta}v_0'''' + (P + gz)\bar{\delta}v_0'' + g\,\bar{\delta}v_0' = 0 \qquad (1.137)$$

$$\delta(\bar{\delta}^2\Pi_0) = \delta\int_0^l [EJ\cdot\bar{\delta}v_0''^2 - (P+gz)\bar{\delta}v_0'^2]\,dz = 0 \qquad (1.138)$$

Für $\bar{\delta}v_0$ und δv wird ein zweigliedriger Ansatz gewählt (vgl. B.1.23a):

$$\eta = a_1\eta_1 + a_2\eta_2 = a_1\sin\frac{\pi}{l}z + a_2\sin\frac{2\pi}{l}z \qquad (1.139)$$

Wie man sich sofort überzeugt, genügt dieser Ansatz sämtlichen Randbedingungen. - Mit den Abkürzungen

$$\rho = \frac{gl}{EJ}\;;\quad \varkappa = \frac{gl}{P+gl} \quad (P=0:\ \varkappa=1;\ g=0:\ \varkappa=0) \qquad (1.140)$$

werden die Ausgangsgleichungen G.1.137/8 umgeformt:

$$L[\eta] = \varkappa\,\eta'''' + \rho\left(1-\varkappa+\varkappa\frac{z}{l}\right)\cdot\eta'' + \rho\,\varkappa\frac{1}{l}\cdot\eta' = 0 \qquad (1.141)$$

$$\delta\Pi = \delta\int_0^l [\varkappa\,\eta''^2 - \rho\left(1-\varkappa+\varkappa\frac{z}{l}\right)\eta'^2]\,dz = 0 \qquad (1.142)$$

Berechnung nach GALERKIN:

$$\delta a_1 \int_0^l \Big\{ \varkappa [a_1 (\tfrac{\pi}{l})^4 \cdot \sin \tfrac{\pi}{l} z + a_2 (\tfrac{2\pi}{l})^4 \cdot \sin \tfrac{2\pi}{l} z] + \rho (1 - \varkappa + \varkappa \tfrac{z}{l}) [a_1 (\tfrac{\pi}{l})^2 \cdot \sin \tfrac{\pi}{l} z + a_2 (\tfrac{2\pi}{l})^2 \cdot \sin \tfrac{2\pi}{l} z] + \frac{\rho \varkappa}{l} [a_1 \tfrac{\pi}{l} \cdot \cos \tfrac{\pi}{l} z + a_2 \tfrac{2\pi}{l} \cdot \cos \tfrac{2\pi}{l} z] \Big\} \cdot \sin \tfrac{\pi}{l} z \, dz = 0 \qquad (1.143)$$

$$\delta a_2 \int_0^l \Big\{ \varkappa [a_1 (\tfrac{\pi}{l})^4 \cdot \sin \tfrac{\pi}{l} z + a_2 (\tfrac{2\pi}{l})^4 \cdot \sin \tfrac{2\pi}{l} z] + \rho (1 - \varkappa + \varkappa \tfrac{z}{l}) [a_1 (\tfrac{\pi}{l})^2 \cdot \sin \tfrac{\pi}{l} z + a_2 (\tfrac{2\pi}{l})^2 \cdot \sin \tfrac{2\pi}{l} z] + \frac{\rho \varkappa}{l} [a_1 \tfrac{\pi}{l} \cdot \cos \tfrac{\pi}{l} z + a_2 \tfrac{2\pi}{l} \cdot \cos \tfrac{2\pi}{l} z] \Big\} \cdot \sin \tfrac{2\pi}{l} z \, dz = 0 \qquad (1.144)$$

Nach gliedweiser Integration und einigen Umformungen erhält man nachstehendes Gleichungssystem ($\delta a_1 \neq 0$, $\delta a_2 \neq 0$):

a_1	a_2	
$(\frac{\pi}{l})^2 - \Lambda \cdot (1 - \frac{\varkappa}{2})$	$\Lambda \cdot \varkappa \cdot \frac{80}{9\pi^2}$	$=0$
$\Lambda \cdot \varkappa \cdot \frac{20}{9\pi^2}$	$16 (\frac{\pi}{l})^2 - \Lambda \cdot (4 - 2\varkappa)$	$=0$

(1.145)

Hierin wurde als weitere Abkürzung eingeführt:

$$\Lambda = \frac{\rho}{\varkappa} = \frac{P + gl}{EJ} \qquad (1.146)$$

Berechnung nach RAYLEIGH/RITZ:

$$\delta \int_0^l \Big\{ \varkappa [a_1^2 \cdot (\tfrac{\pi}{l})^4 \cdot \sin^2 \tfrac{\pi}{l} z + 2 a_1 a_2 4 (\tfrac{\pi}{l})^4 \sin \tfrac{\pi}{l} z \cdot \sin \tfrac{2\pi}{l} z + 16 a_2^2 \cdot (\tfrac{\pi}{l})^4 \cdot \sin^2 \tfrac{2\pi}{l} z] - \rho (1 - \varkappa + \varkappa \tfrac{z}{l}) [a_1^2 \cdot (\tfrac{\pi}{l})^2 \cdot \cos^2 \tfrac{\pi}{l} z + 2 a_1 a_2 \cdot 2 (\tfrac{\pi}{l})^2 \cos \tfrac{\pi}{l} z \cdot \cos \tfrac{2\pi}{l} z + 4 a_2^2 \cdot (\tfrac{\pi}{l})^2 \cdot \cos^2 \tfrac{2\pi}{l} z] \Big\} dz = 0 \qquad (1.147)$$

Wird wieder gliedweise integriert, erhält man:

$$\delta \Big\{ a_1^2 \cdot [\tfrac{1}{2} (\tfrac{\pi}{l})^2 - \Lambda (\tfrac{1}{2} - \tfrac{\varkappa}{4})] + a_2^2 [8 (\tfrac{\pi}{l})^2 - \Lambda (2 - \varkappa)] + a_1 a_2 \Lambda \varkappa \tfrac{40}{9\pi^2} \Big\} = 0 \qquad (1.148)$$

Diese Gleichung wird partiell einmal nach a_1 und einmal nach a_2 differentiert, wie es G.1.99 vorschreibt. Die Ableitungen werden jeweils Null gesetzt. Das Ergebnis dieser Rechnung stimmt mit G.1.145 überein, mit einer geringen Ausnahme: Die Nebendiagonalglieder weisen die Zahl 40 aus, während in G.1.145 80 und 20 stehen. Bildet man in beiden Fällen die Nennerdeterminante, ergibt sich das identische Ergebnis:

$$[(\tfrac{\pi}{2})^2 - \Lambda (1 - \tfrac{\varkappa}{2})][16 (\tfrac{\pi}{l})^2 - \Lambda (4 - 2\varkappa)] - \frac{1600}{9\pi^2} \Lambda^2 \varkappa^2 = 0 \qquad (1.149)$$

Die allgemeine Lösung liegt zwischen den Sonderfällen: g=0, P=0.

1. Sonderfall: $g=0: \varkappa=0, \Lambda=P/EJ$. G.1.149 vereinfacht sich zu:

$$4 (\frac{\pi^2}{l^2} - \Lambda) \cdot (4 \frac{\pi^2}{l^2} - \Lambda) = 0 \qquad (1.150)$$

Lösungen: $\Lambda_1 = \pi^2/l^2$, $\Lambda_2 = 4\pi^2/l^2$; hieraus folgt:

$$P_{Ki,1} = \frac{\pi^2 EJ}{l^2}; \quad P_{Ki,2} = \frac{4\pi^2 EJ}{l^2} \qquad (1.151)$$

Die Knicklast $P_{Ki,2}$ ist viermal so groß wie $P_{Ki,1}$ und hat daher keine technische Bedeutung, denn die zu $P > P_{Ki,1}$ gehörenden Gleichgewichtslagen mit gerader Stabachse sind labil.

2. Sonderfall: $P=0: \varkappa=1, \Lambda=gl/EJ$. G.1.149 läßt sich für diesen Sonderfall in die quadratische Gleichung

$$\Lambda^2 (1 - \frac{1600}{81 \cdot \pi^4}) - \Lambda \cdot 10 (\frac{\pi}{l})^2 + 16 (\frac{\pi}{l})^4 = 0 \qquad (1.152)$$

umformen. Lösungen: $\Lambda_1 = 1{,}88\pi^2/l^2;\ \Lambda_2 = 10{,}68\pi^2/l^2$ (1.153)

$$g_{Ki,1} = 1{,}88\frac{\pi^2 EJ}{l^3} = 18{,}58\frac{EJ}{l^3}\ (\text{streng: } 18{,}5685);\ g_{Ki,2} = 10{,}68\frac{\pi^2 EJ}{l^3} \quad (1.154)$$

Das Verhältnis der Amplituden a_1/a_2 bestimmt die Eigenformen (Knickbiegelinien)der Eigenwerte, G.1.153, bzw. Verzweigungslasten, G.1.154:

$$\frac{\eta}{a_2} = \frac{a_1}{a_2}\sin\frac{\pi}{l}z + \sin\frac{2\pi}{l}z \quad (1.155)$$

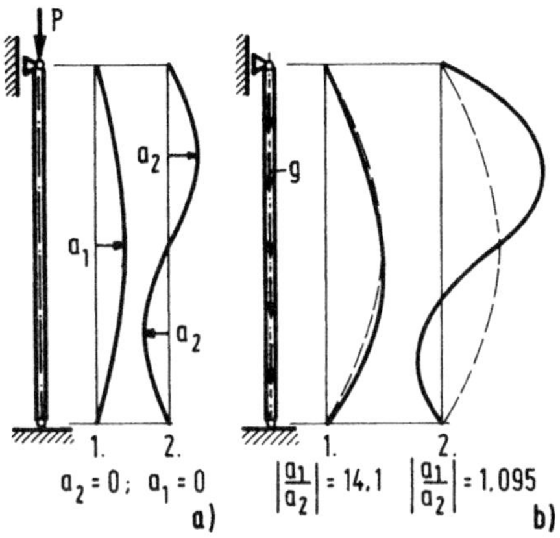

Bild 1.23

Der Quotient a_1/a_2 läßt sich dadurch berechnen, daß der jeweilige Eigenwert in das Gleichungssystem G.1.145 eingesetzt und nach a_1/a_2 aufgelöst wird:

$$\frac{a_1}{a_2} = -\frac{\Lambda_1\cdot\frac{40}{9\pi^2}}{\left(\frac{\pi}{l}\right)^2 - \frac{\Lambda_1}{2}} = -14{,}1$$

$$\frac{a_1}{a_2} = -\frac{\Lambda_2\cdot\frac{40}{9\pi^2}}{\left(\frac{\pi}{l}\right)^2 - \frac{\Lambda_2}{2}} = +1{,}095 \quad (1.156)$$

B.1.23b zeigt die Eigenformen. Hieraus wird deutlich, daß dem zweiten Eigenwert nur theoretische Bedeutung zukommt.

Belastungsfälle, die zwischen den vorbehandelten Sonderfällen liegen, lassen sich mittels G.1.149 lösen.

Für den 2. Sonderfall, P=0, führt auch ein eingliedriger Ansatz zum Erfolg. Wählt man

$$v \approx \eta = a\left[7\cdot\frac{z}{l} - 10\left(\frac{z}{l}\right)^3 + 3\left(\frac{z}{l}\right)^5\right] \quad (1.157),$$

das ist die Biegelinie nach Th.I.Ordn. für eine Dreieckslast, ergeben die Verfahren nach GALERKIN und RAYLEIGH/RITZ die Verzweigungslast:

$$g_{Ki,1} = \frac{3840}{203}\cdot\frac{EJ}{l^3} = 18{,}916\frac{EJ}{l^3} \quad (1.158)$$

Der Näherungswert stimmt mit dem strengen Lösungswert gut überein, weil die stärkere Durchbiegung im unteren Bereich die reale Verformung des Knickproblems richtig einfängt. - Wegen weiterer Anwendungsbeispiele wird auf [1.25-1.28] und die aufgelistete Buchliteratur zur Stabilitätstheorie verwiesen.

1.2.6 Druckstäbe mit Vorverformungen - Grundgleichung

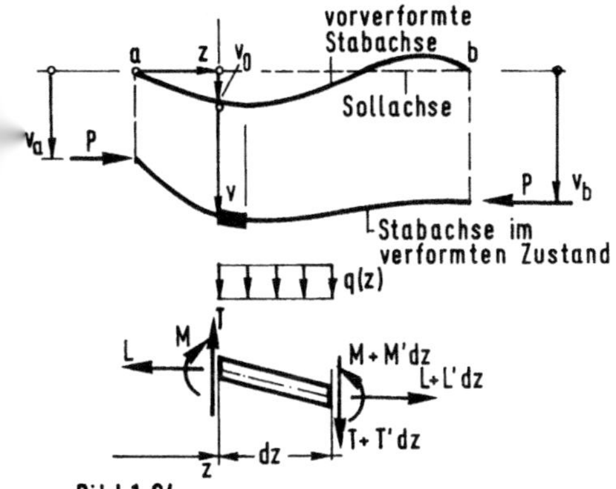

Bild 1.24

Wie eingangs erwähnt, sind Vorverformungen in Form von Vorbiegungen und Ausmitten baupraktisch unvermeidbar. Derartige Vorverformungen führen bei Druckstäben zu zusätzlichen Beanspruchungen. Sie sind daher in angemessener Weise bei den Stabilitätsnachweisen zu berücksichtigen.

Im folgenden wird mit $v_0(z)$ die Vorverformung abgekürzt, sie wird von der geraden Sollachse aus gemessen, vgl. B.1.24.

Die Grundgleichung des Biegungsproblems Th.II. Ordn. kann wieder statisch und energetisch hergeleitet werden.

1.2.6.1 Statische Herleitung

Analog zu Abschn. 1.2.2.2.1 liefern die Gleichgewichtsgleichungen:

$$\Sigma L = 0: \; L' = -g; \; L = -D(z) \qquad (1.159)$$

$$\Sigma T = 0: \; T' = -q \qquad (1.160)$$

Im belasteten Zustand beträgt die Durchbiegung von der Sollachse an der Stelle z: $v_0 + v$ und an der Stelle $z + dz$:

$$v_0 + v_0' dz + v + v'dz$$

Die gegenseitige Versetzung der Stabachse ist: $(v_0' + v')dz$.

$$\Sigma M = 0: \; M' = T - L(v_0' + v') \qquad (1.161)$$

Differentiation nach z und Einsetzen von G.1.159 und G.1.160 ergibt:

$$M'' = [D(z) \cdot (v_0' + v')]' - q(z) \qquad (1.162)$$

Da nur die zusätzlichen Krümmungen, die sich von der vorverformten Stabachse aus entwickeln, Biegungsmomente verursachen, gilt das Elastizitätsgesetz, G.1.15, unverändert:

$$EJv'' = -M(z) \qquad (1.163)$$

Die Verknüpfung der Gleichgewichtsaussagen, in G.1.162 vereinigt, mit dem Elastizitätsgesetz, G.1.163, liefert wieder die gesuchte Grundgleichung:

$$(EJ\,v'')'' + [D(z) \cdot (v_0' + v')]' = q(z) \qquad (1.164)$$

Im Sonderfall EJ=konst. und D=P=konst. gilt:

$$EJv'''' + P(v_0'' + v'') = q(z) \qquad (1.165)$$

oder

$$EJv'''' + Pv'' = q(z) - P \cdot v_0'' \qquad (1.166)$$

Hieraus wird ersichtlich, daß die Vorverformung als isolierter Lastfall betrachtet werden kann. Die im Abschn. 1.2.3 angeschriebene Lösung, G.1.74, kann voll übernommen werden; $-Pv_0''$ ist lediglich als ein zusätzliches, zu q(z) hinzutretendes Belastungsglied zu begreifen und durch die partikuläre Lösung zu erfassen:

$$v = C_1 \sin\varepsilon \frac{z}{l} + C_2 \cos\varepsilon \frac{z}{l} + C_3 \frac{z}{l} + C_4 + v_{part}\,; \quad \varepsilon = l \cdot \sqrt{\frac{P}{EJ}} \qquad (1.167)$$

Für die abgeleiteten Größen gilt:

$$\varphi = v' \qquad (1.168)$$

$$M = -EJv'' \qquad (1.169)$$

$$Q \doteq M' = -EJv''' \qquad (1.170)$$

G.1.161: $$T = (M' - Pv') - Pv_0' \qquad (1.171)$$

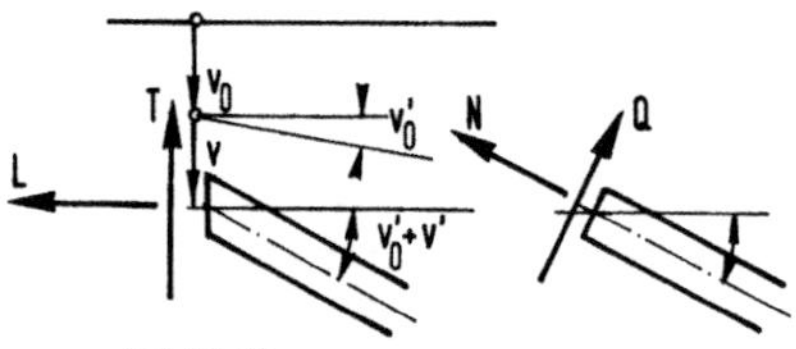

Bild 1.25

Offensichtlich weicht nur T von dem entsprechenden Ausdruck für den nicht vorverformten Stab ab, vgl. G.1.22.

Aus B.1.25 liest man ab:

$$Q = T - L(v_0' + v') = (M' - Pv') - Pv_0' + P(v_0' + v') = M' \longrightarrow \text{G.1.170} \qquad (1.172)$$

$$N = L + T(v_0' + v') \approx -P \qquad (1.173)$$

Liegt die Vorverformung beispielsweise aufgrund einer FOURIER-Analyse in der Form

$$v_0 = \sum_1^{\infty} f_{sn} \cdot \sin n\pi \frac{z}{l} + \sum_1^{\infty} f_{cn} \cdot \cos n\pi \frac{z}{l} + f_l \frac{z}{l} \qquad (1.174)$$

vor, liefert der partikuläre Lösungsansatz

$$v_{part} = \sum_1^\infty a_n \sin n\pi\frac{z}{l} + \sum_1^\infty b_n \cos n\pi\frac{z}{l} \qquad (1.175)$$

die Koeffizienten

$$a_n = \frac{P}{P_{Ki,n} - P}\cdot f_{sn} = -\frac{1}{1 - P/P_{Ki,n}}\cdot f_{sn}$$

$$b_n = \frac{P}{P_{Ki,n} - P}\cdot f_{cn} = -\frac{1}{1 - P/P_{Ki,n}}\cdot f_{cn} \qquad P_{Ki,n} = n^2\cdot\frac{\pi^2 EJ}{l^2} \qquad (1.176)$$

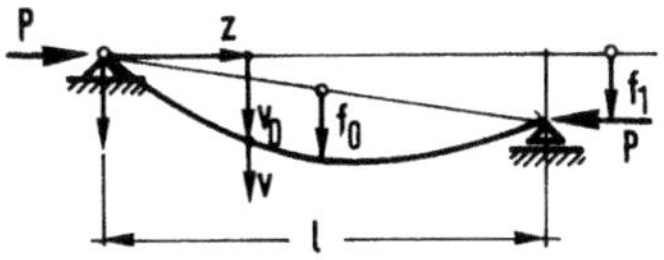

Bild 1.26

Für den in B.1.26 dargestellten Vorverformungsfall

$$v_0 = f_0\cdot\sin\pi\frac{z}{l} + f_1\cdot\frac{z}{l} \qquad (1.177)$$

lautet die vollständige Lösung, überlagert aus G.1.167 und G.1.175 mit $f_{sn} = f_0$ und $f_{cn} = 0$ (n=1):

$$v = C_1 \sin\varepsilon\frac{z}{l} + C_2\cos\varepsilon\frac{z}{l} + C_3\frac{z}{l} + C_4 + \frac{P/P_{Ki}}{1 - P/P_{Ki}}\cdot f_0 \sin\pi\frac{z}{l} \qquad (1.178)$$

Die Randbedingungen für den beidseitig gelenkig gelagerten Stab lauten:

$$z = 0:\ v = 0,\ M = 0$$
$$z = l:\ v = 0,\ M = 0 \qquad (1.179)$$

Die Freiwerte C_1 bis C_4 ergeben sich zu Null, es folgt somit:

$$v(z) = +\frac{P/P_{Ki}}{1 - P/P_{Ki}}\cdot f_0 \sin\pi\frac{z}{l} \quad = +\frac{f_0}{(\frac{\pi}{\varepsilon})^2 - 1}\cdot\sin\pi\frac{z}{l} \qquad (1.180)$$

Hieraus erkennt man, daß infolge der Schrägstellung f_1 keine Momente und Querkräfte ausgelöst werden, wohl entsteht eine Transversalkraft (transversale Abtriebskraft), vgl. G.1.171:

$$T = -P\cdot\frac{f_1}{l} \qquad (1.181)$$

1.2.6.2 Energetische Herleitung

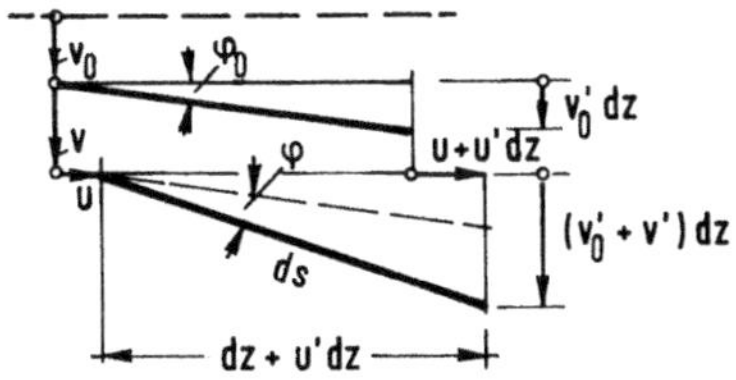

Bild 1.27

Die inneren und äußeren Kräfte leisten nur von der vorverformten Biegelinie aus Arbeit, demnach gilt, vgl. Abschn. 1.2.2.2.2:

$$\Pi_i = -A_i = \frac{1}{2}\int_0^l EJ\, v''^2 dz \qquad (1.182)$$

$$\Pi_a = -\int_0^l D\frac{1}{2}(v_0' + v')^2 dz - \int_0^l q v\, dz; \quad D = D(z) \qquad (1.183)$$

Der Ausdruck für Π_a läßt sich mit Hilfe von B.1.27 herleiten, hierin ist ein Stabelement dz vor und nach der Verformung dargestellt; vgl. auch G.1.36 und 1.37:

$$ds^2 = (1 + u')^2 dz^2 + (v_0' + v')^2 dz^2 \longrightarrow \varepsilon = u' + \frac{1}{2}(v_0' + v')^2 \qquad (1.184)$$

Die weitere Herleitung geschieht in Analogie zu G.1.45 u.ff. G.1.182 und G.1.183 werden zusammengefaßt

$$\Pi = \Pi_i + \Pi_a = \int_0^l [\frac{1}{2}EJv''^2 - \frac{1}{2}D(v_0' + v')^2 - qv]\, dz = \int_0^l F\, dz \qquad (1.185)$$

und gemäß der EULERschen Gleichung ausdifferenziert.

$$(\frac{\partial F}{\partial v}) - (\frac{\partial F}{\partial v'})' + (\frac{\partial F}{\partial v''})'' = 0 \longrightarrow (EJv'')'' + [D(v_0 + v)']' = q(z) \qquad (1.186)$$

Die Grundgleichung ist mit G.1.164 identisch.
Führt man die direkte Variation aus, vgl. Abschn. 1.2.2.2.3, ergibt sich nach kurzer Rechnung:

$$\delta\Pi = \int_0^l [(EJv'')'' + [D(v_0' + v')]' - q]\,\delta v\,dz \;+ [\,EJv''\delta v' - D(v_0' + v')\delta v - (EJv'')'\delta v\,]\Big|_0^l = 0 \qquad (1.187)$$

Der Integrand stimmt wieder mit G.1.186 überein. Der Randterm läßt sich unter Beachtung von G.1.169 bis G.1.171 in

$$T\cdot\delta v\Big|_0^l = 0\,,\quad M\cdot\delta v'\Big|_0^l = 0 \qquad (1.188)$$

aufspitten; vgl. Kommentar zu B.1.10.

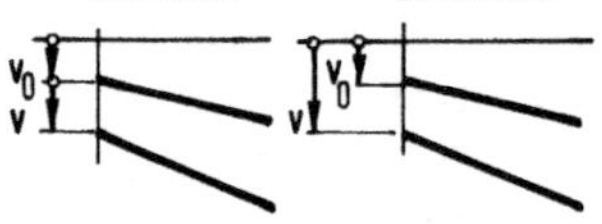

Bild 1.28

1.2.6.3 Anmerkung zur Wahl der Bezugslinie

Neben der vorangegangenen Version, die Verformungen von der vorverformten Stabachse aus zu messen, in B.1.28 mit 1. Version bezeichnet, gibt es eine zweite, bei welcher die Verformungen auf die Sollinie bezogen werden. Die eigentliche Verbiegung beträgt dann $v - v_0$. Die Gleichgewichtsgleichungen können aus Abschn. 1.2.2.2.1 übernommen werden (vgl. G.1.31):

$$M'' = -q + (Dv')' \qquad (1.189)$$

Das Elastizitätsgesetz ist zu

$$EJ(v'' - v_0'') + M(z) = 0 \qquad (1.190)$$

anzusetzen; Biegungsmomente werden nur durch die Krümmungsdifferenzen $v'' - v_0''$ geweckt. Die Verknüpfung von G.1.189 und G.1.190 ergibt:

$$(EJv'')'' + (Dv')' = +(EJv_0'')'' + q(z) \qquad (1.191)$$

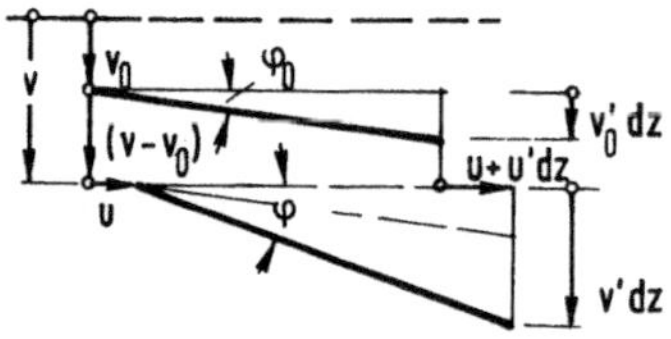

Bild 1.29

Abgeleitete Größen:

$$\varphi = v'\,;\; M = -EJ(v'' - v_0'')\,;\; Q = M' = -EJ(v''' - v_0''')\,;\; T = M - Dv' \qquad (1.192)$$

Die potentielle Energie lautet mit $\varepsilon = u' + v'^2/2$ (vgl. B.1.29):

$$\Pi = \int_0^l [\tfrac{1}{2} EJ(v'' - v_0'')^2 - \tfrac{1}{2} Dv'^2 - q(v - v_0)]\,dz \qquad (1.193)$$

Die 1. Version ist für Stabprobleme unbedingt vorzuziehen; die 2. Version bietet bei der Untersuchung vorverformter Flächentragwerke (Platten, Schalen) Vorteile, weil sich die Grundgleichungen und Potentiale in diesen Fällen übersichtlicher formulieren lassen.

1.2.7 Richtungstreue und nichtrichtungstreue Kräfte

Spannungsprobleme Th.II.Ordn. und Verzweigungsprobleme werden i.allg. unter der Voraussetzung richtungstreuer äußerer Lasten untersucht. Richtungstreue Kräfte sind solche, die ihre Wirkungsrichtung während der Tragwerksverformungen beibehalten. Hierzu zählen alle Gravitationskräfte, wie Eigengewichte und Nutzlasten, insofern treten sie am häufigsten auf.
Der Einfluß der Nichtrichtungstreue läßt sich anhand der Lösungen von Verzweigungsproblemen besonders anschaulich zeigen: Im Vergleich zur Richtungstreue ergeben sich geringere oder höhere Werte. Im ersterwähnten Falle würde es sich um ein "bösartiges", im zweiterwähnten um ein "gutartiges" Problem handeln. Entsprechendes gilt für Spannungsprobleme Th.II.Ordn. - Die Richtungseigenschaften sind von der Art der Krafteinleitung und der Herkunft der Kräfte abhängig.

Es lassen sich zwei Problemgruppen unterscheiden: Problemgruppe I umfaßt jene Fälle, bei denen infolge der besonderen Art der Stabanordnungen und -bindungen Umlenkkräfte durch die Tragwerksverformungen geweckt werden. Das ist z.B. immer dann der Fall, wenn im Tragsystem druckbeanspruchte Gelenkstäbe (Pendelstäbe) vorhanden sind. Am EULER-Fall I läßt sich der Einfluß der Nichtrichtungstreue gut verdeutlichen. Im B.1.30 sind für fünf Fälle (a bis e) jene Faktoren $\varkappa$ zusammengestellt, die die Verringerung bzw. Erhöhung der Knicklast im Vergleich zum richtungstreuen Fall b kennzeichnen: 0,38; 1; 1,66; 4; 8,10. Im Falle a würde die Nichtbeachtung der Nichtrichtungstreue auf der unsicheren Seite liegen, in den Fällen c bis e auf der sicheren. Im Falle c verläuft die Resultierende P in Richtung der Winkelhalbierenden zwischen den Seilkräften (=P/2). Fall d (Sehnentreue) steht stellvertretend für die auskragenden Pylone einer Schrägseilbrücke oder für die Portalrahmen einer Fachwerkbrücke. Fall e nennt man tangententreu, da die äußere Kraft stets die Richtung der lokalen Tangente an die Stabachse im Kraftangriffspunkt aufweist. Dieser Fall läßt sich konstruktiv nicht realisieren, er gehört zur Problemgruppe II. Zu dieser Gruppe werden im folgenden jene Fälle gerechnet, bei denen die äußeren Kräfte (diskret oder stetig verteilt) bei den Verformungen so "mitgehen", daß ihre Richtungen immer mit den örtlichen Tangenten übereinstimmen. Das ist auch bei dem mit g bezeichneten Stab im B.1.30 der Fall, die Knickintensität beträgt das 5,19-fache im Vergleich zum richtungstreuen Lastfall f.

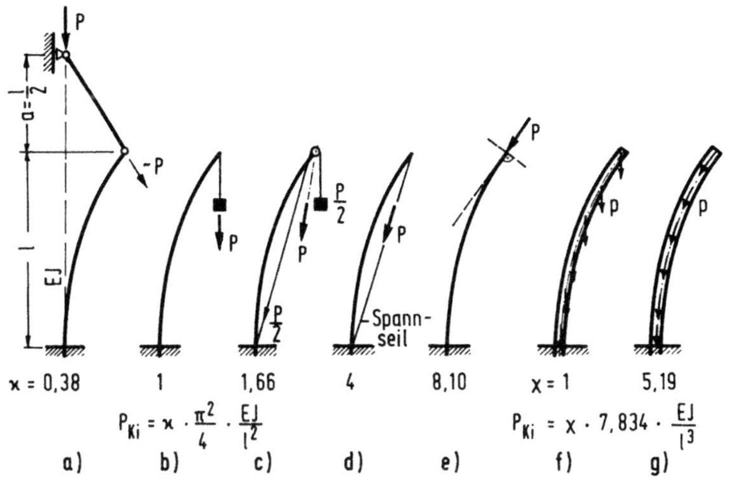

Bild 1.30

Bei der Berechnung von Verzweigungsproblemen stellt sich nun die Frage, nach welchen Kriterien die Probleme der Gruppen I und II zu analysieren sind. Aufgrund der Arbeiten von ZIEGLER [1.29-1.31] läßt sich die Frage wie folgt beantworten: Systeme mit konservativen Kräften können hinreichend mittels der klassischen Kriterien der Elastostatik untersucht werden, also nach dem statischen oder energetischen Kriterium (Abschn.1.2.2.1). Konservativ nennt man Kräfte, für die sich eine potentielle Energie, unabhängig vom durchlaufenen Weg, angeben läßt. Da bei elastischen Systemen für die inneren Kräfte immer eine potentielle Energie existiert, muß von einem konservativen Problem verlangt werden, daß eine potentielle Energie der äußeren Kräfte angegeben werden kann. Das ist bei richtungstreuen Kräften, z.B. bei Gravitationskräften, immer der Fall.

Richtungstreue Kräfte	Nichtrichtungstreue Kräfte	
	I Geführte Kräfte	Mitgehende Kräfte II
Konservative Kräfte: (Π vorhanden) Statisches oder energetisches Kriterium		Nichtkonserv. Kr.: (Π nicht vorh.) Kinetisches Kriterium

Bild 1.31

Nichtrichtungstreue Kräfte können konservativ oder nichtkonservativ sein. Probleme bzw. Kräfte der Gruppe I sind konservativ, die der Gruppe II nichtkonservativ. Im zweiten Fall ist das sog. kinetische Stabilitätskriterium maßgebend, d.h., es sind die Eigenbiegeschwingungen des gedrückten Stabes zu untersuchen. Dieser Gegenstand wird im folgenden Abschnitt vertieft. B.1.31 vermittelt einen Oberblick über die Problemgruppen.

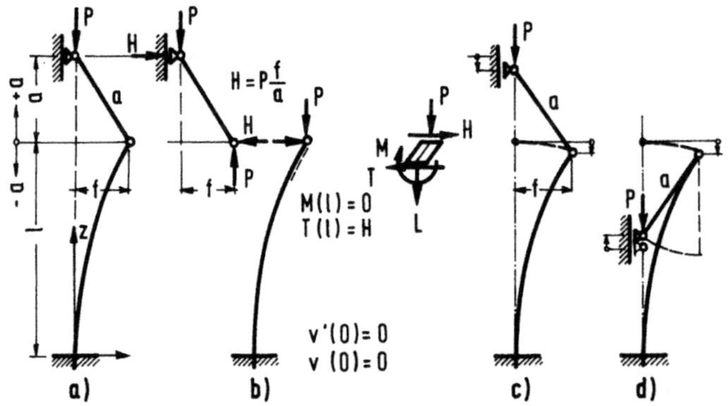

Bild 1.32

Am Beispiel des in B.1.32 dargestellten Systems soll gezeigt werden, daß Knickprobleme der Gruppe I konservativ sind. Die Knickbedingung lautet:

$$\sin\varepsilon - \left(1 + \frac{a}{l}\right)\cdot\varepsilon\cos\varepsilon = 0 \tag{1.194}$$

Hierin bedeuten l die Länge und EJ die Biegesteifigkeit des Knickstabes. a ist die Länge des aufgestelzten Gelenkstabes. ε ist der gesuchte Knickwert (Eigenwert) ε_{Ki}:

$$\varepsilon = l\sqrt{\frac{P}{EJ}} \tag{1.195}$$

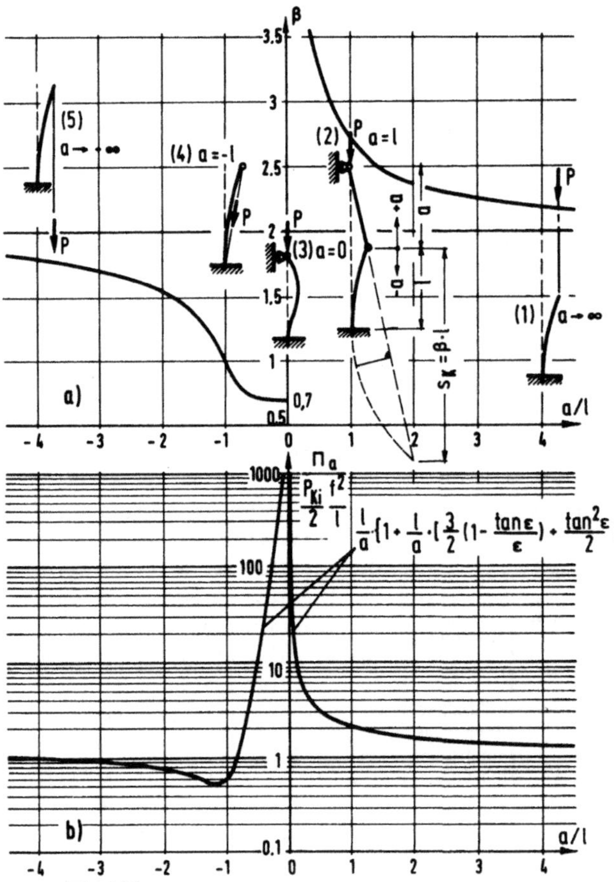

Bild 1.33

In B.1.33a ist die Auswertung der Knickgleichung eingezeichnet und zwar ist der Knicklängenfaktor $\beta = \pi/\varepsilon_{Ki}$ aufgetragen. Für große Werte von $|a| \to \infty$ verläuft die Kraftrichtung parallel zur ursprünglichen Stabachse (Stellung (1) und (5)), dem entspricht EULER-Fall I mit β=2. Im Falle a=0 wird das gelenkige Stielende festgehalten, Stellung (3), es liegt EULER-Fall III vor: $\beta \approx 0{,}7$. Ist a geringfügig größer Null, Stellung (2), ergibt sich $\beta \to \infty$ d.h. $P_{Ki}=0$. In diesem Fall geht die Abtriebskomponente H=Pf/a beim Ausknicken gegen unendlich, das liefert $P_{Ki}=0$.

Das vorstehend kommentierte Problem hat nicht nur theoretische Bedeutung: Aufgestelzte Pendelstützen oder -stutzen, wie gelegentlich bei Traggerüsten anzutreffen, bedeuten eine beträchtliche Instabilitätsgefährdung.

Im Falle einer sehnentreuen Last, Stellung (4), ergibt sich β=1: EULER-Fall II. Geringfügige Abweichungen $a/l<-1$ lassen β schnell anwachsen!

Die Knickbedingung G.1.194 ist das Ergebnis einer mittels der statisch-energetischen Stabilitätskriterien durchgeführten Rechnung. Wie dargetan, wird hierbei jene Lastintensität bestimmt, unter der sich erstmals eine (nichttriviale) ausgeknickte Gleichgewichtslage einstellt. Wegen des nicht-

richtungstreuen Charakters ist es fraglich, ob das Ergebnis der Untersuchung hinreichend sicher ist. Um diese Frage zu beantworten, wird die potentielle Energie im ausgeknickten Zustand hergeleitet. Der aufgestelzte Pendelstab sei biege- und dehnstarr.
Die äußere potentielle Energie Π_a setzt sich aus zwei Anteilen zusammen:
Sie wird zum einen durch die Längsverschiebung des oberen Endes des Knickstabes und zum anderen durch die Schrägstellung des Gelenkstabes und die hierdurch verursachte Längsverschiebung der äußeren Kraft P bestimmt, vgl. B.1.32c. Ist f die seitliche Auslenkung des oberen Stabendes, folgt:

$$\Pi_a = -P\left(\int_0^l \frac{1}{2} v'^2 dz + \frac{1}{2}\frac{f^2}{a}\right) \qquad (v \equiv \bar{\delta} v_0;\ \Pi \equiv \bar{\delta}^2 \Pi_0) \tag{1.196}$$

Bezüglich des ersten Anteiles wird auf G.1.49 verwiesen, der zweite folgt aus der Anwendung dieser Gleichung auf den Pendelstab mit v' =f/a=konst.:

$$\int_0^a \frac{1}{2}\left(\frac{f}{a}\right)^2 dz = \frac{1}{2}\left(\frac{f}{a}\right)^2 a = \frac{1}{2}\frac{f^2}{a} \tag{1.197}$$

Solange a>0 ist, ist der Klammerinhalt von G.1.196 Null. Ist dagegen a<0, kann vermutet werden, daß der Klammerinhalt, zumindestens für kleine Werte von a, negativ werden kann. Dann müßte Π_a für ein bestimmtes Verhältnis $-a/l$ Null werden. B.1.32d soll diese Vermutung vom kinematischen Standpunkt verdeutlichen.
Die Eigenfunktion (Knickbiegelinie) des hier behandelten Problems findet man zu:

$$\frac{v}{f} = \frac{l}{a}\left[\frac{\tan\varepsilon}{\varepsilon}(1-\cos\varepsilon\zeta) + \frac{1}{\varepsilon}\sin\varepsilon\zeta - \zeta\right] \tag{1.198}$$

$\zeta = z/l$ ist die bezogene Längskoordinate. Wertet man nun G.1.196 mit G.1.198 aus, findet man für Π_a :

$$\Pi_a = -\frac{P_{Ki}}{2}\frac{f^2}{l}\frac{l}{a}\left\{1 + \frac{l}{a}\left[\frac{3}{2}\left(1-\frac{\tan\varepsilon}{\varepsilon}\right) + \frac{\tan^2\varepsilon}{2}\right]\right\} \tag{1.199}$$

In Bild 1.33b ist die Auswertung dieser Gleichung über $\pm a/l$ aufgetragen. Hieraus wird ersichtlich, daß Π_a nie Null wird, obige Vermutung trifft somit nicht zu!
Bildet man $\Pi = \Pi_i + \Pi_a$, folgt:

$$\Pi = \frac{1}{2}\frac{EJ}{l^2}\frac{f^2}{a}\varepsilon\left\{\frac{l}{a}\left[(1+\tan^2\varepsilon)\frac{\sin\varepsilon\cos\varepsilon}{\varepsilon} - 1\right] - 1\right\} \qquad (\Pi \equiv \bar{\delta}^2\Pi_0) \tag{1.200}$$

Die Bedingung $\delta(\bar{\delta}^2\Pi_0) = 0$ liefert wieder die Knickgleichung G.1.194.

Für das vorstehende Problem konnte die Gültigkeit der statisch-energetischen Stabilitätskriterien bestätigt werden. Diese Aussage darf auf alle Probleme der Gruppe I verallgemeinert werden, denn bei den nichtrichtungstreuen Kräften dieser Gruppe handelt es sich um "geführte" Kräfte. Sie lassen sich, über einen geeigneten Mechanismus, immer durch richtungstreue Gravitationskräfte realisieren, für diese läßt sich eine potentielle Energie angeben. Diese Schlußfolgerung gilt ohne Einschränkung auch für Spannungsprobleme Th.II.Ordn. - Auf Knickprobleme mit mitgehenden Kräften wird im Abschn. 1.2.8.2 eingegangen und in dem Zusammenhang die Herleitung der Knickgleichungen gezeigt.

1.2.8 Kinetisches Stabilitätskriterium zur Lösung nichtkonservativer Knickprobleme

1.2.8.1 Interaktion Knickung / Eigenschwingung

Bevor die Lösungsmöglichkeiten nichtkonservativer Knickprobleme kommentiert werden, wird das kombinierte Problem Knickung/Eigenschwingung für konservative Kräfte behandelt.
Am einfachen Stab mit richtungstreuer Einzellast wird das Problem demonstriert. G.1.33 lautet für den Sonderfall EJ=konst., D=konst. (g=0), c=0 und q=0:

$$EJv'''' + Dv'' + \mu\ddot{v} = 0 \tag{1.201}$$

Diese partielle Differentialgleichung für v(z,t), t ist die Zeit, geht mit dem Produktansatz

$$v(z,t) = v(z)\cdot e^{i\omega t} \quad \text{oder} \quad v(z,t) = v(z)\cdot \sin\omega t \tag{1.202}$$

in

$$(EJ\, v'''' + D\, v'' - \mu\omega^2 v)\, e^{i\omega t} = 0 \tag{1.203}$$

über. ω ist die Kreiseigenfrequenz einer harmonischen Eigenschwingung. G.1.203 ist für jeden Wert von ω erfüllt, das ergibt:

$$EJ\, v'''' + D\, v'' - \mu\omega^2 v = 0\,; \quad v = v(z) \tag{1.204}$$

Für diese gewöhnliche Differentialgleichung lautet das vollständige Lösungssystem mit $\zeta = z/l$:

$$\begin{aligned}
v &= C_1 \cosh\lambda_1\zeta + C_2 \sinh\lambda_1\zeta + C_3 \cos\lambda_2\zeta + C_4 \sin\lambda_2\zeta \\
\varphi = v' &= C_1 \frac{\lambda_1}{l} \sinh\lambda_1\zeta + C_2 \frac{\lambda_1}{l} \cosh\lambda_1\zeta - C_3 \frac{\lambda_2}{l} \sin\lambda_2\zeta + C_4 \frac{\lambda_2}{l} \cos\lambda_2\zeta \\
-\frac{M}{EJ} = v'' &= C_1 \left(\frac{\lambda_1}{l}\right)^2 \cosh\lambda_1\zeta + C_2 \left(\frac{\lambda_1}{l}\right)^2 \sinh\lambda_1\zeta - C_3 \left(\frac{\lambda_2}{l}\right)^2 \cos\lambda_2\zeta - C_4 \left(\frac{\lambda_2}{l}\right)^2 \sin\lambda_2\zeta \\
-\frac{Q}{EJ} = v''' &= C_1 \left(\frac{\lambda_1}{l}\right)^3 \sinh\lambda_1\zeta + C_2 \left(\frac{\lambda_1}{l}\right)^3 \cosh\lambda_1\zeta + C_3 \left(\frac{\lambda_2}{l}\right)^3 \sin\lambda_2\zeta - C_4 \left(\frac{\lambda_2}{l}\right)^3 \cos\lambda_2\zeta \\
-\frac{T}{EJ} = -\frac{Q}{EJ} + \frac{D}{EJ} v' &= C_1 \frac{\lambda_1 \lambda_2^2}{l^3} \sinh\lambda_1\zeta + C_2 \frac{\lambda_1 \lambda_2^2}{l^3} \cosh\lambda_1\zeta + C_3 \frac{\lambda_1^2 \lambda_2}{l^3} \sin\lambda_2\zeta - C_4 \frac{\lambda_1^2 \lambda_2}{l^3} \cos\lambda_2\zeta
\end{aligned} \tag{1.205}$$

Es bedeuten:

$$\lambda_1 = l\cdot\sqrt{-\frac{D}{2EJ} + \sqrt{\left(\frac{D}{2EJ}\right)^2 + \frac{\mu\omega^2}{EJ}}}\,, \qquad \lambda_2 = l\cdot\sqrt{+\frac{D}{2EJ} + \sqrt{\left(\frac{D}{2EJ}\right)^2 + \frac{\mu\omega^2}{EJ}}} \tag{1.206}$$

Bei der Herleitung der fünften Zeile des Lösungssystems G.1.205 wird von der Relation

$$\frac{D}{EJ} = \left(\frac{\lambda_1}{l}\right)^2 + \left(\frac{\lambda_2}{l}\right)^2 \tag{1.207}$$

Gebrauch gemacht. (Wegen Einzelheiten wird z.B. auf [1.32] verwiesen.)
Die Formulierung der Randbedingungen führt auf ein homogenes, lineares Gleichungssystem für die vier Freiwerte C_i. Deren Determinante wird Null gesetzt. Hiermit gewinnt man die Eigenwertgleichung für das Eigenwertpaar $D_{Ki,j}$, ω_j^2, d.h. für das kombinierte Knickung-Eigenschwingungsproblem. Für die EULER-Fälle I bis IV lauten die Eigenwertgleichungen [1.32]:

$$\begin{aligned}
&\text{I:} && (\lambda_1^4 + \lambda_2^4)\cosh\lambda_1\cdot\cos\lambda_2 + (\lambda_1^2 - \lambda_2^2)\lambda_1\lambda_2 \sinh\lambda_1 \sin\lambda_2 + 2\lambda_1^2\lambda_2^2 = 0 \\
&\text{II:} && \sinh\lambda_1\cdot\sin\lambda_2 = 0 \\
&\text{III:} && \lambda_1 \cosh\lambda_1 \sin\lambda_2 - \lambda_2 \sinh\lambda_1 \cos\lambda_2 = 0 \\
&\text{IV:} && (\lambda_1^2 - \lambda_2^2)\sinh\lambda_1 \sin\lambda_2 + 2\lambda_1\lambda_2(1 - \cosh\lambda_1 \cos\lambda_2) = 0
\end{aligned} \tag{1.208}$$

Im Falle $\omega = 0$ lauten λ_1 und λ_2:

$$\lambda_1 = 0\,; \quad \lambda_2 = l\sqrt{\frac{D}{EJ}} \tag{1.209}$$

λ_2 ist in diesem Falle mit der Stabkennzahl ε identisch, vgl. G.1.75. Die Eigenwertgleichungen gehen in die Knickgleichungen der EULER-Fälle über.

Im Falle D=0 gehen die Gleichungen G.1.208 in die Frequenzgleichungen des längskraftfreien Stabes über:

$$\begin{aligned} &I: \cosh\lambda \cdot \cos\lambda + 1 = 0 \\ &II: \sin\lambda = 0 \\ &III: \tanh\lambda - \tan\lambda = 0 \\ &IV: \cosh\lambda \cdot \cos\lambda - 1 = 0 \end{aligned} \qquad \lambda = l\sqrt{\frac{\mu\omega^2}{EJ}} \tag{1.210}$$

Die zugehörigen Eigenformen eignen sich als Koordinatenfunktionen für das GALERKINsche Verfahren, vgl. T.1.2.

Um die Interaktion Knickung/Eigenschwingung aufzuzeigen, wird zunächst EULER-Fall II betrachtet. Da in der Eigenwertgleichung G.1.208b $\sinh\lambda_1$ stets größer Null ist, mit Ausnahme für den trivialen Fall $\lambda_1=0$, verbleibt $\sin\lambda_2=0$ als Eigenwertgleichung. Deren Lösungen sind $\lambda_2=j\cdot\pi$. Daraus folgt, nach zweimaliger Quadrierung von G.1.206b:

$$D\cdot\frac{j^2\pi^2}{EJ\cdot l^2} = \frac{j^4\pi^4}{l^4} - \frac{\mu\omega^2}{EJ} \tag{1.211}$$

Für $\omega=0$ erhält man die idealen EULERschen Verzweigungslasten

$$D_{Ki,j} = j^2\cdot\frac{\pi^2 EJ}{l^2} = j^2\cdot D_{Ki,1} \tag{1.212}$$

und für D=0 die Kreiseigenfrequenzen des unbelasteten Stabes (Index:0):

$$\omega_{0,j}^2 = j^4\cdot\frac{\pi^4 EJ}{l^4\mu} = j^4\cdot\omega_{0,1}^2 \tag{1.213}$$

Hiermit kann G.1.211 in folgende Beziehung überführt werden:

$$\frac{D}{D_{Ki,j}} = 1 - \frac{\omega^2}{\omega_{0,j}^2} \tag{1.214}$$

Bzw.:

$$\frac{D}{D_{Ki,j}} + \left(\frac{\omega}{\omega_{0,j}}\right)^2 = 1 \tag{1.215}$$

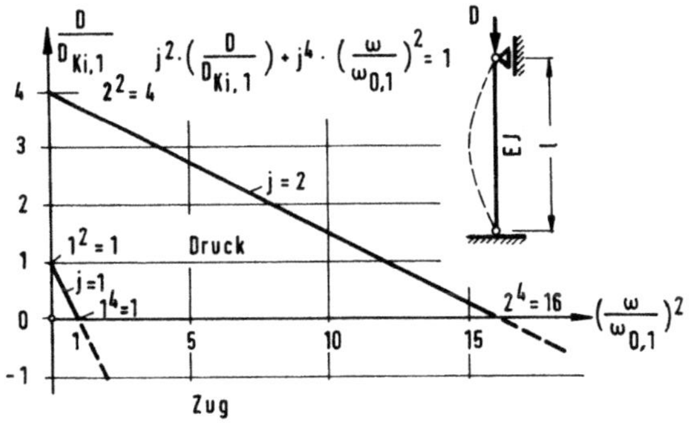

Bild 1.34

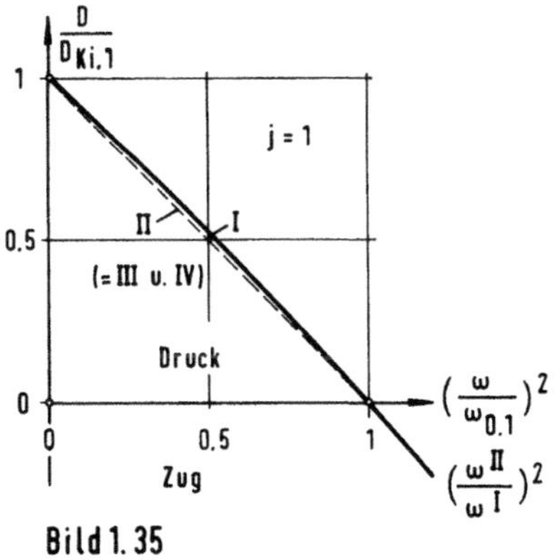

Bild 1.35

Wird G.1.215 im $D/D_{Ki,1}$ – $(\omega/\omega_{0,1})^2$ – Diagramm aufgetragen, ergibt sich für jeden Wert von j = 1, 2 ... eine Gerade, vgl. B.1.34. Mit wachsendem D nimmt ω linear ab, vice versa. (Wird die Interaktion zwischen D und ω dargestellt, ergeben sich ellipsenförmige Kurven. Eine solche Darstellung ist verfehlt, weil ω^2 der maßgebende Eigenwert ist und nicht ω.)

Bei den EULER-Fällen I, III und IV besteht keine geradlinige Abhängigkeit zwischen den Eigenwerten, wohl in guter Näherung. Werden die zugehörigen Eigenwertgleichungen, G.1.208, ausgewertet, ergeben sich die in Bild 1.35 dargestellten Interaktionskurven für j=1.

Die Kurven der Fälle III und IV fallen innerhalb der Zeichengenauigkeit mit der Geraden für Fall II überein.

Um den Einfluß der Druckkraft auf die Grundfrequenz zu kennzeichnen, kann in B.1.35 der Abszissenparameter auch zu $(\omega^{II}/\omega^{I})^2$ angeschrieben werden. Die Indizes stehen für Th.II. und I.Ordn. Würde man im praktischen Falle eine ideale Knicksicherheit ν_{Ki} =2,5 einhalten, hätte das eine prozentuale Abnahme der Grundfrequenz auf 60% (gegenüber dem druckkraftfreien Fall) zur Folge (und der zweiten Eigenfrequenz auf ca. 90%). Aus G.1.215 folgt unmittelbar:

$$\omega^{II} = \sqrt{1 - \frac{1}{\nu_{Ki}}} \cdot \omega^{I}, \quad \nu_{Ki} = \frac{D_{Ki}}{D} \tag{1.216}$$

Die Knickung-Eigenschwingungs-Interaktion wird immer dann von einem linearen Überlagerungsgesetz beherrscht, wenn die Eigenfunktionen (Eigenformen) der Teilprobleme affin zueinander sind. Die Interaktion stellt sich dann als sog. DUNKERLEYsche Gerade dar. Da im EULER-Fall II Knickbiegelinie und Eigenschwingungsform Sinuslinien sind, ist die Interaktion zwischen den Eigenwerten D und ω^2 streng linear. In den Fällen I, III und IV besteht eine derartige Affinität nicht, folglich treten Abweichungen von der Geraden auf, die immer durch

$$\frac{D}{D_{Ki,j}} + \left(\frac{\omega}{\omega_{0,j}}\right)^2 > 1 \tag{1.217}$$

gekennzeichnet sind. Die Abweichungen können als gegenseitige Stützung der Eigenformen gedeutet werden, folglich muß der kombinierte Eigenwert ansteigen. Die vorstehenden Ergebnisse, die an den EULER-Fällen I bis IV gewonnen wurden, sind auf alle Tragwerke übertragbar, das möge B.1.36 verdeutlichen. In diesem Bild sind zwei Stabsysteme dargestellt: I: Zweistöckiger Rahmen, II: Vierfach abgespannter Funkmast. Im ersten Falle ist die Interaktion zwischen der Grundfrequenz und dem (ersten) Knickwert eingezeichnet [1.33]. Wegen der weitgehenden Affinität der zugeordneten Grundformen ist die Interaktionskurve in Annäherung eine Gerade. Das ist im

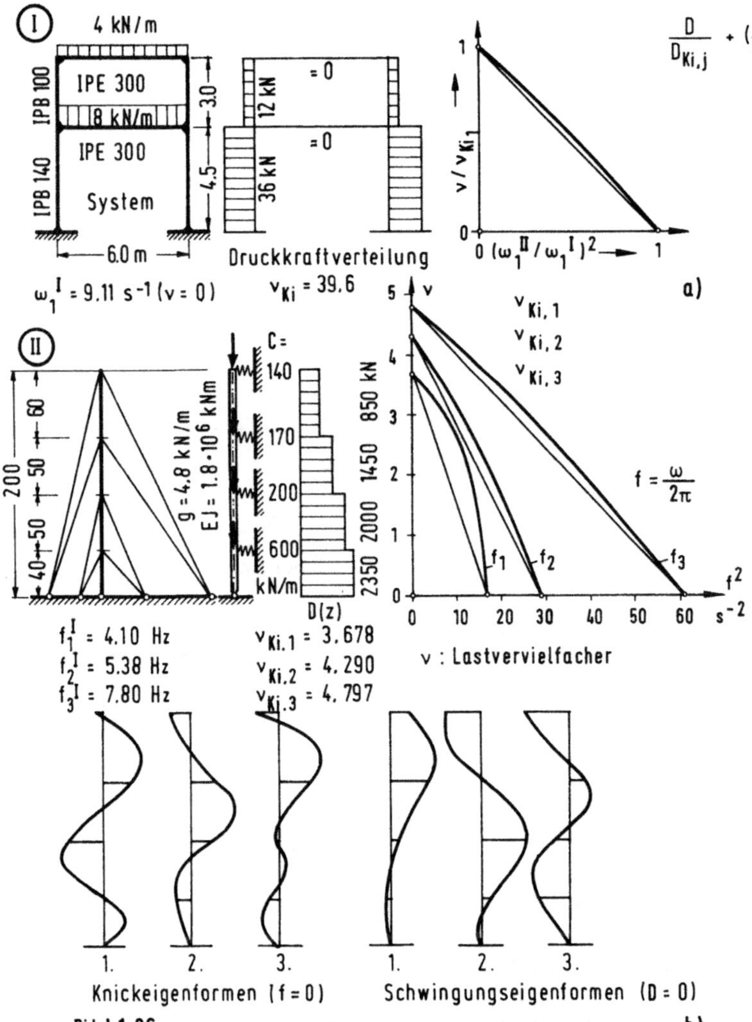

Bild 1.36

Falle des abgespannten Mastes, der als Durchlaufträger auf elastischen Zwischenstützen berechnet werden kann, nicht der Fall [1.34]. Der Grund hierfür liegt in den großen Abweichungen zwischen den Knick- und Schwingungseigenformen, die im B.1.36b eingezeichnet sind. Auf der Abszisse des zum System II gehörenden Interaktionsdiagramms ist das Frequenzquadrat und auf der Ordinate der Lastvervielfacher ν gegenüber der Druckkraft im Gebrauchszustand angetragen.

Abschließend sei erwähnt, daß sich, aufbauend auf dem Lösungssystem G.1.205, die aus der Baustatik bekannten Verfahren, z.B. das Verfahren der Übertragungsmatrizen [1.34], das Verformungsgrößenverfahren [1.35] für Eigenfrequenzberechnungen druckbeanspruchter Stabwerke erweitern lassen. Die Eigenschwingungsformen lassen sich in bezogener Form berechnen. G.1.205 kann als Eigenschwingungstheorie II.Ordn. gedeutet werden. - Auch lassen sich die erwähnten Berechnungsverfahren für harmonisch fremderregte Stabschwingungen bei Einbeziehung einer hysteretischen Dämpfung für Th.I. und II.Ordn. erweitern [1.32/33]. Auf diese Probleme kann hier nicht näher eingegangen werden.

Die Interaktion Knickung/Eigenschwingung kann dazu verwendet werden, um Verzweigungslasten im Experiment zu bestimmen. Die Grundfrequenz wird mit steigender Belastung gemessen und in ein Interaktionsdiagramm eingetragen. Ohne daß die Verzweigungslast erreicht wird (womit ggf. eine Zerstörung des Prüflings verbunden wäre), kann durch Extrapolation der punktweise gewonnenen Eigenwertkurve der kritische Eigenwert bestimmt werden. Diese Bemerkung gilt auch für Kipp- und Beulprobleme.

1.2.8.2 Kennung nichtkonservativer Kräfte [0.6]

In B.1.37 sind zwei unterscheidliche Lastarten dargestellt. Im Falle I liegt eine richtungstreue, im Falle II eine tangententreue Belastung je Längeneinheit vor: g bzw. p. Im ersten Falle ist das Problem konservativ, im zweiten nichtkonservativ, das soll im folgenden gezeigt werden.
Unterstellt man, daß die in B.1.37 gezeigten Biegelinien einem momentanen Bewegungszustand (z.B. Schwingungszustand) angehören, lauten die Differentialgleichungen der beiden Fälle:

$$\text{Fall I:}\quad (EJv'')'' + \left(P + \int_0^l g\,v\,dz\right)v'' + gv' + \mu\ddot{v} - q = 0 \qquad (1.218)$$

$$(v = v(x,t))$$

$$\text{Fall II:}\quad (EJv'')'' + \left(P + \int_0^l p\,v\,dz\right)v'' + \mu\ddot{v} - q = 0 \qquad (1.219)$$

G.1.218 wurde im Abschn. 1.2.2.2.1 hergeleitet, vgl. G.1.33. In G.1.219 fehlt gegenüber G.1.218 das Glied pv'. Das beruht auf dem Umstand, daß bei tangententreuer Belastung die quergerichtete Komponente

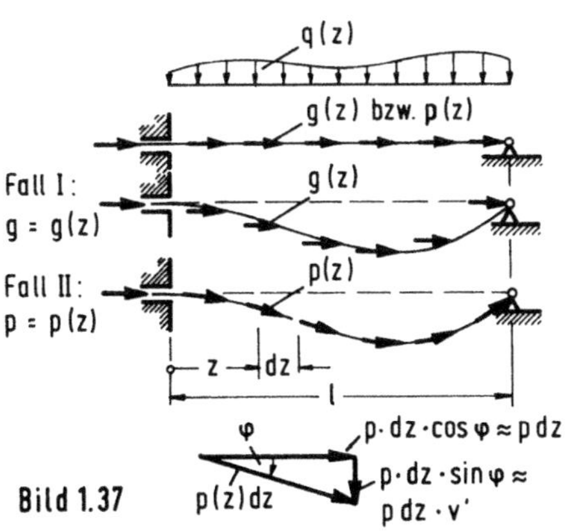

Bild 1.37

$$p\,dz\cdot\sin\varphi \approx pv'dz \qquad (1.220)$$

geweckt wird und dadurch das Glied +pv'·dz aufgehoben wird, vgl. B.1.37 unten, denn pv' hat die Richtung von q.
Im Falle I beträgt die Energievariation der inneren und äußeren Kräfte gemäß G.1.45, erweitert um die kinetische Energie $\mu\dot{v}^2/2$:

$$\text{Fall I:}\quad \delta\Pi = \delta\int_0^l \left[\frac{1}{2}EJv''^2 - \frac{1}{2}\left(P + \int_0^z g\,dz\right)v'^2 + \mu\frac{\dot{v}^2}{2} - qv\right]dz = 0 \qquad (1.221)$$

Im Falle II führt die Herleitung der Energievariation auf einen Widerspruch. Um das zu zeigen, wird G.1.221 um das Glied

$$-\int_0^l p v' \cdot \delta v \, dz \qquad (1.222)$$

erweitert. Hierbei wird die Kraftkomponente $+pv' \cdot dz$ gemäß G.1.220 mit der virtuellen Verrückung δv multipliziert, um deren potentielle Energie zu erhalten. Das Minuszeichen bringt die Minderung des Arbeitsvermögens gegenüber dem Referenzniveau zum Ausdruck. Unter Berücksichtigung von G.1.222 ergibt sich:

$$\delta\Pi = \delta \int_0^l [\frac{1}{2} EJ v''^2 - \frac{1}{2}(P + \int_0^z p\, dz) v'^2 - p v' v + \mu \frac{\dot{v}^2}{2} - qv]\, dz \qquad (1.223)$$

Wird hierauf die Differentiationsvorschrift der EULERschen Gleichung, G.1.46, angewendet, findet man nicht G.1.219, vielmehr tritt ein zusätzliches Glied auf: $(pv)'$. Wo liegt die Unstimmigkeit? Die Erklärung liegt in dem zur tangententreuen Belastung gehörenden Ausdruck G.1.222. Setzt man z.B. p=konst., liefert die partielle Integration des dritten Gliedes in G.1.223:

$$\int_0^l v' v \, dz = v^2 \Big|_0^l - \int_0^l v' v \, dz \qquad (1.224)$$

Ist v an den Integrationsgrenzen Null, ergibt sich der Widerspruch:

$$\int_0^l v' v \, dz = -\int_0^l v' v \, dz \qquad (1.225)$$

Offensichtlich läßt sich für eine tangententreue Belastung keine eindeutige potentielle Energie angeben. Das gilt auch für diskreten Kraftangriff, z.B. für den Fall e in B.1.30. Da tangententreue Kräfte immer die lokale Richtung der verformten Stabachse per Definition aufweisen, spricht man von "mitgehenden" Kräften. Eine zur Variation nicht geeignete potentielle Energie ist das typische Kennzeichen nichtkonservativer Probleme des hier behandelten Typs. Das energetische Stabilitätskriterium scheidet aus. Begreift man den Instabilitätsfall, also den Übergang zum ausgeknickten Nachbarzustand, als Bewegung, kommt man zu einer kinetischen Betrachtungsweise. Dieser Gedanke wurde 1950 erstmals von ZIEGLER [1.29] ausgesprochen. Von ihm wurden mehrere Knickprobleme tordierter Stäbe gelöst [1.30]. Derartige Probleme haben für (schlanke) Antriebswellen praktische Bedeutung. Von ZIEGLER wurden dabei semi-, quasi- und pseudotangentiale sowie tangentiale und achsiale Endmomente unterschieden, erstgenannte sind im Gegensatz zu den zweitgenannten konservativ. Die ersten Lösungen nichtkonservativer Knickbiegeprobleme gehen auf ZIEGLER [1.31], BECK [1.36], PFLÜGER [1.37] und KÖNIG [1.38] zurück.
LEIPHOLZ hat dem Biegeknicken nichtkonservativer Stäbe eine große Zahl wichtiger Arbeiten gewidmet [1.39-1.47], vgl. auch: [0.10, 0.20, 0.21, 1.49-1.54] u.a. Hierbei konnte der Nachweis erbracht werden, daß in gewissen Fällen das statische Stabilitätskriterium und damit das GALERKINsche Verfahren für nichtkonservative Verzweigungsprobleme anwendbar bleibt [1.42]. Das ist recht bedeutsam, weil eine strenge Lösung der Grundgleichung G.1.219 bei Vorhandensein einer Lastfunktion p(z) i.allg. ausscheidet. In [1.55-1.58] wurden diverse Lösungen nach GALERKIN berechnet, auch für elastisch gestützte Träger. Für den durch eine Tangentialkraft am freien Ende belasteten EULER-Fall I (BECKsches Problem, Fall e in B.1.30) existiert eine strenge Lösung [1.36]. An dieser Lösung konnte die Güte der nach dem GALERKINschen Verfahren berechneten Näherungslösungen beurteilt werden, vgl. auch [1.59].

1.2.8.3 Anmerkungen zur Lösung nichtkonservativer Knickprobleme

Bei der Untersuchung von nichtkonservativen Verzweigungsproblemen werden, im oben angedeuteten ZIEGLERschen Sinne, die Gleichgewichtsgleichungen für einen Schwingungszustand unter Einschluß der hierbei geweckten Massenkräfte aufgestellt, wie in G.1.218 und G.1.219 geschehen. Es handelt sich jetzt um partielle Differentialgleichungen in z und t. Diesen Gleichungen genügt der komplexe Produktansatz G.1.202, vgl. Abschn.1.2.8.1:

$$v(z,t) = v(z) \cdot e^{i\omega t} \qquad (1.226)$$

Dieser Ansatz beinhaltet die Existenz einer stationären Schwingung, wenn ω reell ist (es handelt sich dann um eine harmonische Eigenschwingung) und die Existenz einer instationären Schwingung, wenn ω konjugiert-komplex ist. Im letztgenannten Falle läßt sich der Zeitanteil von G.1.226 wie folgt umformen:

$$e^{\mp\beta t}(\cos\alpha t \pm i\sin\alpha t) \tag{1.227}$$

Die Lösung repräsentiert jetzt einen gedämpften bzw. angefachten Schwingungszustand.

Mit dem Ansatz G.1.226 gehen die partiellen Differentialgleichungen G.1.201/2 in gewöhnliche über, für diese ist das Eigenwertproblem zu lösen. Die Befriedigung der Randbedingungen mittels der Freiwerte des strengen Lösungssystems bzw. die Bedingung G.1.90 bei näherungsweiser Lösung mittels des GALERKINschen Verfahrens liefert die Eigenwertgleichung Det$(\lambda,\gamma)=0$ für den Eigenfrequenzwert λ und den Knickwert γ:

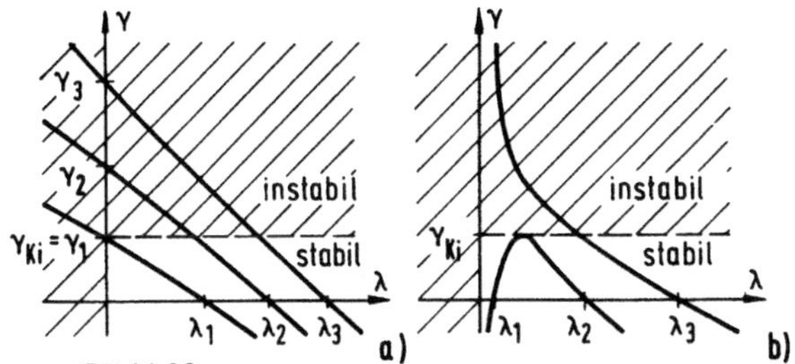

Bild 1.38

$$\gamma = \frac{Pl^2}{EJ} \text{ (Einzellast)} \tag{1.228}$$

$$\gamma = \frac{gl^3}{EJ} \text{ bzw. } = \frac{pl^3}{EJ} \text{ (verteilte Last)} \tag{1.229}$$

$$\lambda = \frac{\mu\omega^2 l^4}{EJ} \tag{1.230}$$

In der λ-γ-Ebene stellt Det(λ,γ) eine Kurvenschar dar, wie in B.1.38 skizziert; diese Darstellungsform nennt man auch Stabilitätskarte.

Bei konservativen Problemen ist den Knickeigenwerten γ_j der Frequenzwert $\lambda=0$ zugeordnet und zwar mündet die j-te Eigenwertkurve, von λ_j aus monoton steigend, bei dem j-ten Knickeigenwert. Praktisch interessiert nur der niedrigste Knickeigenwert $\gamma_{Ki}=\gamma_1$, vgl. B.1.38a. Hat die Last die kritische Intensität γ_{Ki} erreicht, ist die Tragfähigkeit im Sinne der linearisierten Theorie erschöpft, die Grundfrequenz (1. Eigenfrequenz) ist unter dieser Last Null. Diese Interaktion wurde im vorangegangenen Abschnitt ausführlich erörtert.

Bei nichtkonservativen Problemen kann der Fall eintreten, daß Schnittpunkte der Eigenwertkurven mit der positiven Lastachse (γ-Hochachse) nicht vorhanden sind (B.1.38b), d.h., es existiert kein Knickeigenwert. Hieraus könnte man den Schluß ziehen, daß das Problem über alle Grenzen stabil ist. Ein solcher Schluß ist indes nach ZIEGLER/LEIPHOLZ falsch (und hat früher zu einigen unrichtigen Folgerungen geführt). Das System verbleibt bei einer kleinen Störung vielmehr solange in der nächsten Umgebung des Grundzustandes in einer stabilen stationären Schwingungsbewegung, wie die Intensität γ der Druckbelastung geringer als die dem Maximum der Eigenwertkurve zugeordnete Intensität γ_{Ki} ist,

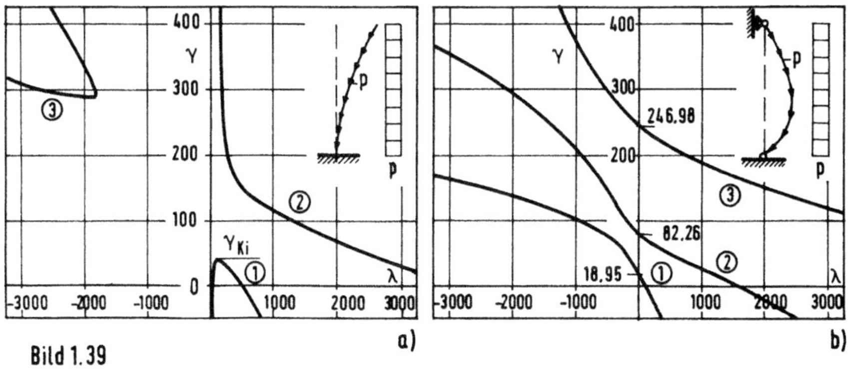

Bild 1.39

vgl. B.1.38b. Oberhalb γ_{Ki} hat die Eigenwertgleichung komplexe Wurzeln, dann ist ω konjugiert-komplex und der Bewegungsansatz D.1.226 beschreibt einen instationären (angefachten) Schwingungszustand, dieser kennzeichnet Instabilität.

In B.1.39 sind die Eigenwertkurven für die EULER-Fälle I und II mit tangententreuer verteilter Gleichlast aufgenommen [1.57]. Aus diesen Stabilitätskarten geht hervor, daß EULER-Fall II vom konservativen Typ und EULER-Fall I vom nichtkonservativen Typ ist.

Die mittels kinetischer Stabilitätsbetrachtungen gewonnenen Ergebnisse stehen z.T. mit der mechanischen Vorstellung im Widerspruch. Hierzu wird z.B. auf die vom Verfasser berechneten Lösungen für elastisch gelagerte Druckstäbe mit tangententreuer Belastung [1.57] und jüngere Untersuchungen in [1.59] verwiesen. Wenngleich an der formal-mathematischen Behandlung keine Zweifel bestehen, so müssen solche doch hinsichtlich der Realisierbarkeit nichtkonservativer Kräfte vom hier behandelten Typ angemeldet werden. Es lassen sich zwar tangententreue Kräfte "konstruieren", wie in B.1.40 geschehen, doch stellt sich die Frage nach der Zulässigkeit einer solchen Vorgehensweise. In B.1.40 sind Stäbe aus membranartigen Strukturen herausgelöst: a) Gurt, losgelöst vom Trägersteg, b) Randstiel, losgelöst von einer Wandscheibe, c) bogenförmiger Randträger, losgelöst von einer Zylinderschale. Verformen sich die Stabstrukturen, folgen die Membrane (Steg, Scheibe, Schale) diesen Verformungen, die Schubkräfte werden tangential eingetragen. Ist eine isolierte Betrachtung in dieser Form zulässig? Um die Frage zu beantworten, muß man sich zunächst klar darüber sein, daß die tangententreuen Schubkräfte in allen Fällen ihre Ursache in äußeren Kräften haben, die auf die Gesamtstruktur einwirken. Diese lassen sich aus konservativen Gravitationslasten herleiten. Zudem ist anzumerken, daß bei den Membranverformungen entlang der Berandung zum Druckglied Umlenkkräfte aufgrund der, wenn auch geringen, Biegesteifigkeit der "Membran" entstehen. Die tangententreue Richtungseigenschaft geht damit verloren. Aus alledem dürfte es zulässig sein, die Frage, ob Kräfte des hier behandelten nichtkonservativen Typs bei statischen Problemen in technischen Konstruktionen auftreten, zu verneinen. Sie hätten dann keine (bau-)praktische Bedeutung, vgl. hierzu auch die Anmerkungen von RAMM [1.60] und ROSEMEIER [1.61-1.62].

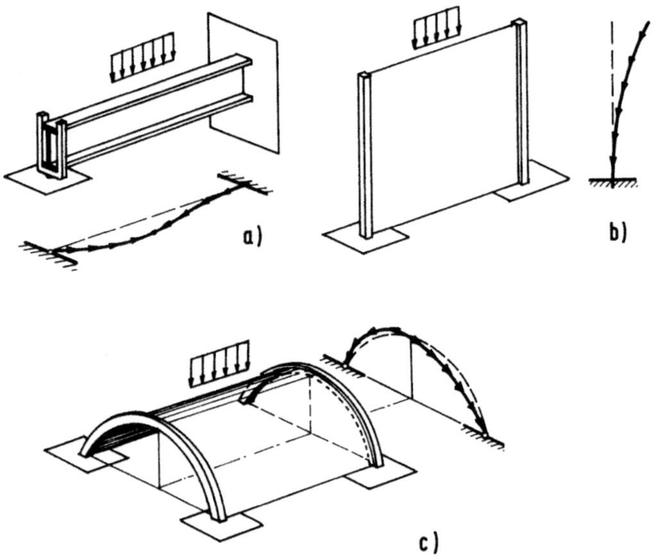

Bild 1.40

Anders liegen natürlich die Verhältnisse bei a priori dynamischen Problemen, z.B. bei fluidisch ausgelösten Schwingungen oder besonderen Flugzuständen sich frei bewegender Körper oder Partikel. Hier findet eine Energietransmission statt und können dynamische Instabilitäten (auch nichtkonservativen Typs) auftreten. Diese Fragen fallen in die "Stabilitätstheorie der Bewegung", eine in der Mechanik weit entwickelte Disziplin; sie hat für den Bauingenieur nur am Rande Bedeutung.

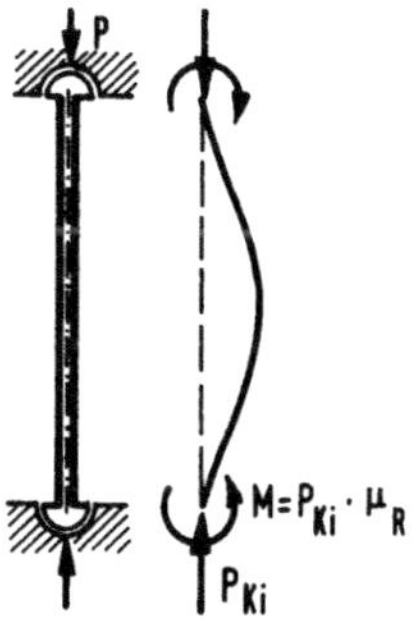

Bild 1.41

Nichtkonservative Knickprobleme liegen mit Sicherheit dann vor, wenn bei der Knickung Energie dissipiert wird, so z.B. bei nichtelastischen Baustoffgesetzen oder bei einem elastischen Knickstab, der in Gelenken mit trockener Reibung gelagert ist, vgl. Bild 1.41. Ob dieses Problem bereits gelöst wurde, ist dem Verfasser nicht bekannt; vgl. auch die Anmerkungen im Abschn. 6.1.4.3.

1.2.9 Kinetische Instabilität infolge pulsierender Längskräfte

Kinetische Instabilität kann in Tragwerken dann auftreten, wenn die achsiale Druck-Zug-Beanspruchung periodisch wirkt, z.B. in Form einer sinusförmig pulsierenden Längskraft (siehe Bild 1.42a):

$$P(t) = P_0 + P_1 \sin \omega t \qquad (1.231)$$

P_0 ist die mittlere (statische) Vorbelastung und P_1 die Amplitude des mit der Kreisfrequenz ω pulsierenden dynamischen Kraftanteiles. Die linearisierte Grundgleichung des Problems folgt für EJ=konst. und μ=konst. aus G.1.33 zu:

$$EJ\,v'''' + (P_0 + P_1 \sin \omega t)\,v'' + \mu \ddot{v} = 0 \qquad (1.232)$$

Für den beidseitig gelenkig gelagerten Stab (EULER-Fall II) überführt der

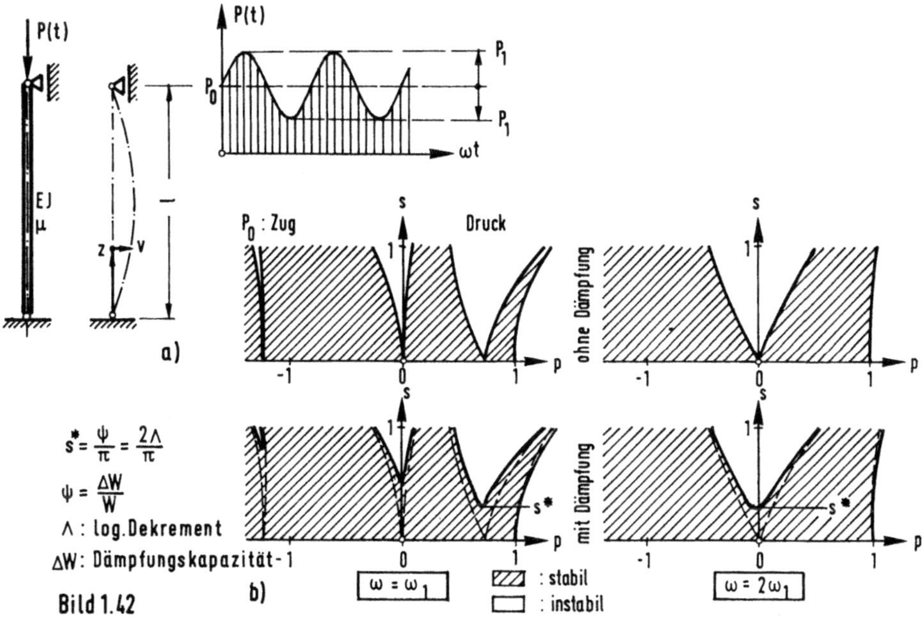

Bild 1.42

Produktansatz
$$v(z,t) = v(z)\cdot T(t) = a_j \cdot \sin j\pi \frac{z}{l} \cdot T(t) \qquad (1.233)$$

die partielle Differentialgleichung G.1.232 in eine gewöhnliche:

$$\ddot{T} + T\cdot(\lambda + \gamma \cdot \sin \omega t) = 0 \qquad (1.234)$$

Hierin bedeuten:

$$\lambda = \left(\frac{\omega_j}{\omega}\right)^2 \cdot (1-p),\quad \gamma = -\left(\frac{\omega_j}{\omega}\right)^2 \cdot s \qquad (1.235a)$$

mit

$$p = \frac{P_0}{P_{Ki,j}}, \quad s = \frac{P_1}{P_{Ki,j}}; \quad P_{Ki,j} = j^2 \frac{\pi^2 EJ}{l^2}, \quad \omega_j^2 = j^4 \pi^4 \frac{EJ}{\mu l^4} \tag{1.235b}$$

$P_{Ki,j}$ ist die zur j-ten Knickbiegeform gehörende ideale statische Knicklast und ω_j die zur j-ten Eigenschwingungsform gehörende Kreiseigenfrequenz des längskraftfreien Stabes. Die Differentialgleichung G.1.234 ist vom MATHIEUschen Typ. Lösungen lassen sich z.B. mit Hilfe der sog. STRUTTschen Karte angeben. In der Schwingungstheorie spricht man auch von reolinearen oder Parameterschwingungen.
Für vorgegebene Wertepaare λ, ω liefert die Differentialgleichung G.1.234 stabile oder instabile Zustände. Im zweitgenannten Falle stellen sich Schwingungen ein, die über alle Grenzen anwachsen und das unter resultierenden Lasten $\max P = P_0 + P_1$, die unterhalb der statischen EULER-Last $P_{Ki,1}$ liegen!
Aus der Lösungsvielfalt kommt zwei Fällen besondere Bedeutung zu und zwar den Anregungszuständen

$$\omega = \omega_1 \text{ und } \omega = 2\omega_1 \quad \text{mit} \quad \omega_1^2 = \pi^4 \frac{EJ}{\mu l^4} \tag{1.236}$$

ω_1 ist die Kreisgrundfrequenz des Stabes. B.1.42 zeigt die zugehörigen Stabilitätsdiagramme. $\omega = \omega_1$ bedeutet, daß der dynamische Belastungsanteil in der Grundfrequenz und $\omega = 2 \cdot \omega_1$, daß er in der zweifachen Grundfrequenz pulsiert. Die Kraft wirkt achsial, der Stab schwingt transversal!
Fällt ein Parameterpaar p, s in den schraffierten Bereich des Stabilitätsdiagramms, ist dieser Fall stabil, im anderen Falle instabil. Wird die Dämpfung berücksichtigt, was in G.1.232 nicht geschehen ist, vergrößert sich der Stabilitätsbereich. Instabilität läßt sich dann nur erzeugen, wenn s oberhalb eines Schwellwertes s^* liegt, vgl. B.1.42b unten. Das hier nur andeutungsweise kommentierte Stabilitätsproblem wurde von METTLER, KLOTTER, WEIDENHAMMER, BOLOTIN, SIMON, GRUNDMANN und vielen anderen behandelt, gelöst und auf nichtharmonische, periodische und stochastische Kräfte erweitert. Auch wurde der Einfluß von Vorkrümmungen untersucht und wurden kinetische Kipp- und Beulprobleme behandelt; vgl. [1.64-1.73] und die umfassenden Monographien von BOLOTIN [1.68] und SCHMIDT [1.74]. Für Baukonstruktionen ist die praktische Bedeutung gering. Steifigkeit und Dämpfung sind i.allg. groß genug, um die kinetische Stabilität von Baukonstruktionen sicherzustellen. (Dem Verf. ist kein Fall bekannt, in dem kinetische Instabilität bei Konstruktionen des Bauwesens beobachtet oder dokumentiert wurde.) Ein baupraktisch interessierender Fall könnten abgespannte Maste, die z.B. durch KÁRMÁNsche Wirbelstraßen zu Querschwingungen angeregt werden, sein. Derartige Schwingungen können dann auftreten, wenn die Ablösefrequenz der Wirbel mit einer Eigenfrequenz des Mastes, insbesondere mit der Grundfrequenz, übereinstimmt und die Systemdämpfung gering ist, vgl. z.B. [1.34]. Die von den Abspannbündeln abgesetzten Druckkräfte haben pulsierenden Charakter und zwar pulsieren sie immer mit einer Frequenz, die doppelt so groß ist wie die Schwingfrequenz des Mastes. In [1.75] wurde dieses Problem für abgestagte Schiffsmaste untersucht und hierbei, wegen der die Auslenkungen begrenzenden Seilverspannungen, stets ein stabiles Verhalten erkannt.

1.2.10 Verzweigung von Spannungsproblemen Theorie II. Ordnung

Solange bei einem Spannungsproblem Th.II.Ordn. die Druckbeanspruchung unter der kritischen Intensität des zugeordneten Verzweigungsproblems liegt, ist jeder Laststufe eine eindeutige Gleichgewichtslage zugeordnet, vgl. z.B. B.1.16. Bei Annäherung an die Verzweigungslast wachsen die Verformungen und Schnittgrößen über alle Grenzen (idealelastisches Verhalten vorausgesetzt). Für den in B.1.43a skizzierten Lastfall ist dieser Sachverhalt zweifelsfrei, doch wie steht es mit den Fällen b und c, in denen die äußere Querbelastung in der Weise verteilt ist, daß die hierdurch ausgelösten Biegelinien ihrem Verlauf nach höheren Verzweigungsformen entsprechen? Die Rechnung liefert in diesen Fällen auch dann noch endliche Gleichgewichtszustände, wenn die Druckbeanspruchung die zum

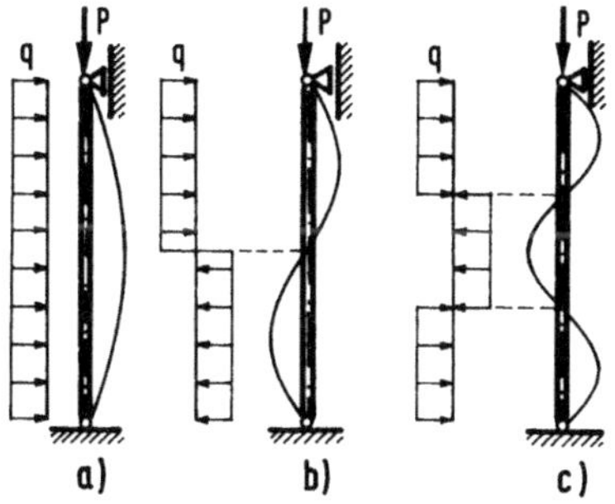

Bild 1.43

niedrigsten Eigenwert gehörende Intensität übersteigt, d.h. in den Fällen b und c des B.1.43, wenn $P > P_{Ki,1} = \pi^2 EJ/l^2$ ist. Erst bei Erreichen der den höheren Eigenformen zugeordneten Verzweigungslasten, also in den Beispielen b und c bei Annäherung an den 2^2=4-fachen bzw. 3^2=9-fachen Wert von $P_{Ki,1}$ wachsen die Verformungen gegen unendlich, siehe B.1.44a. Führt man die Berechnung indes für eine geringfügig abweichende Querbelastung durch, wie im B.1.44b dargestellt, gehen die Verformungen bereits bei Annäherung von $P \to P_{Ki,1}$ gegen unendlich. Der zunächst in einer niedrigen Laststufe annähernd antimetrische Verformungszustand geht zunehmend in einen einseitig gekrümmten über; vgl. B.1.44b.

Wie anschließend bewiesen wird, ist der exakt antimetrische Fall des Bildes 1.44a für $P \geqslant P_{Ki,1}$ instabil! Das gilt entsprechend für alle anderen analog erweiterten Lastfälle (B.1.43c). Es genügt eine kleine Störung, um die Knickung oberhalb $P_{Ki,1}$ auszulösen. Für $P = P_{Ki,1}$ verzweigt in jedem Falle das Spannungsproblem Th.II.Ordn.! Man spricht in solchen Fällen auch von Antimetrie-Symmetrie-Knicken. Die Verzweigungskurven für den antimetrisch belasteten Knickstab sind in B.1.44a eingezeichnet.

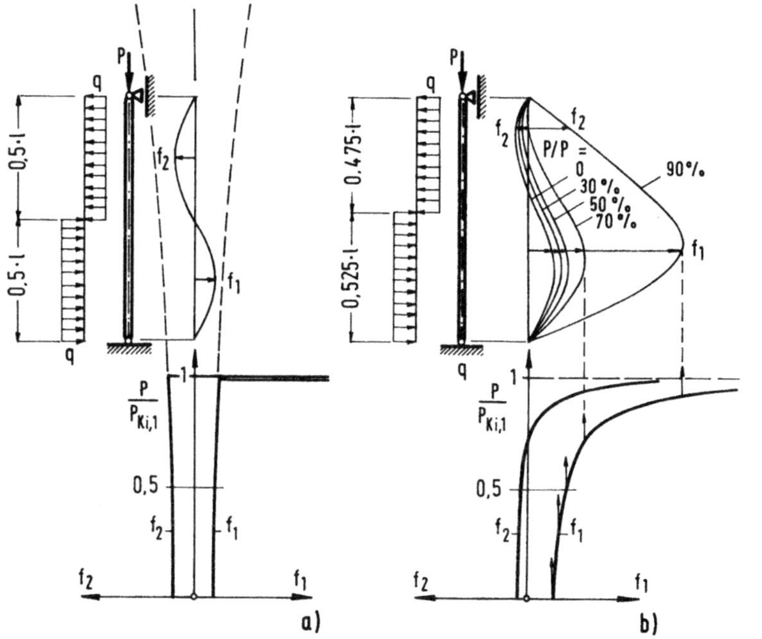

Bild 1.44

Das hier aufgezeigte Problem wurde erstmals von ZIMMERMANN [1.76] am Knickstab mit gegengleichen Hebelarmen studiert, siehe B.1.45. Es ist daher angängig, vom ZIMMERMANN-Problem zu sprechen, vgl. auch [1.77-1.80].

KLÖPPEL und LIE haben das Stabilitätskriterium für diese Problemklasse angegeben [1.81], es lautet: Das Gleichgewicht eines druckbeanspruchten Tragsystems, das infolge einer gegebenen Querbelastung Biegungsmomente Th.II.Ordn. a priori aufweist, wird dann instabil, wenn bei einer Variation des Gleichgewichtszustandes nach Art der zum niedrigsten Eigenwert gehörenden Eigenform $\delta\Pi_i = \delta\Pi_a = 0$ gilt. $\delta\Pi_i = 0$ ist bei einem Stabbiegeproblem mit

$$\int_0^l \frac{M\,\delta M}{EJ}\,dz = 0 \qquad (1.237)$$

identisch. Hierin ist M das Biegungsmoment Th.II.Ordn. und δM das zur Knickbiegelinie

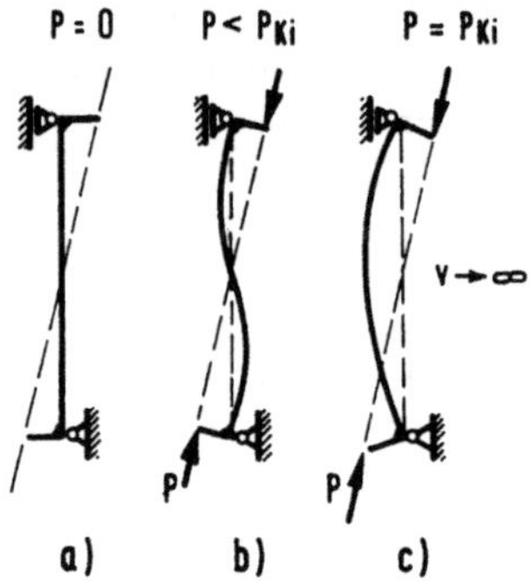

Bild 1.45

(erste Eigenform) gehörende Biegungsmoment. Für den in B.1.43b gezeigten Fall ist das Kriterium plausibel, denn M ist antimetrisch und δM symmetrisch, das Produkt daher wieder antimetrisch. Das Integral über diese Funktion ist Null und G.1.237 erfüllt. Wendet man das Kriterium auf den in B.1.43c dargestellten Fall an, ergibt das Integral der G.1.237 nicht Null, obwohl für $P \geq P_{Ki,1}$ Instabilität vorherrscht. Offensichtlich ist das Kriterium nicht hinreichend. Es wird daher hier eine andere Beweisführung vorgeschlagen und aus Gründen der Übersichtlichkeit am Biegestab mit D=P=konst. erläutert: Der gegebene Gleichgewichtszustand Th.II.Ordn., gekennzeichnet durch die potentielle Energie

$$\Pi_0 = \int_0^l [\frac{1}{2} EJ\, v_0''^2 - \frac{1}{2} D\, v_0'^2 - q \cdot v_0]\, dz \tag{1.238}$$

wird variiert, vgl. G.1.45. Π_0 gelte für die in B.1.43 b und c dargestellten bzw. entsprechend erweiterten Zustände. Bei der Variation δv_0 ändert sich Π_0 um $\Delta\Pi_0$. Für den Zuwachs findet man:

$$\Delta\Pi_0 = \delta\Pi_0 + \frac{1}{2}\delta^2\Pi_0 + \cdots = \int_0^l [(EJ v_0'')'' + D v_0'' - q v_0]\delta v_0\, dz + \text{Randterme} + \int_0^l [\frac{1}{2} EJ \cdot \delta v_0''^2 - \frac{1}{2} D \cdot \delta v_0'^2]\, dz + \cdots \tag{1.239}$$

Um G.1.239 zu beweisen, wird

$$\Pi_I = \Pi_0 + \Delta\Pi_0 = \Pi_0 + \delta\Pi_0 + \frac{1}{2}\delta^2\Pi_0 = \int_0^l [\frac{1}{2} EJ (v_0'' + \delta v_0'')^2 - \frac{1}{2} D (v_0' + \delta v_0')^2 - q(v_0 + \delta v_0)]\, dz \tag{1.240}$$

gebildet, der erste und zweite Klammerterm ausmultipliziert und partiell integriert. Die ersten beiden Summenglieder in G.1.239 sind Null, denn der Biegungszustand genügt voraussetzungsgemäß der inhomogenen Grundgleichung

$$(EJ v_0'')'' + D v_0'' - q v_0 = 0 \tag{1.241}$$

sowie den Randbedingungen. Das dritte Glied kennzeichnet $\delta^2\Pi_0$, es ist homogen, die Querbelastung q tritt nicht auf! Wenn bei Erreichen von $D = D_{Ki}$ ($D_{Ki,1}$) dem primären Biegungszustand eine virtuelle Verrückung nach Art der (ersten) Knickbiegelinie δv_0 ($\bar{\delta} v_0$) erteilt wird, ist $\delta^2\Pi_0 = 0$, das ist das Kriterium für indifferentes Gleichgewicht. Somit verzweigt jeder Grundbiegezustand, bei dem die Druckkraft die ideale Verzweigungslast erreicht. Diese Aussage hat indes nur für Grundbiegezustände Bedeutung, wie sie in B.1.43b und c dargestellt sind, weil in allen anderen Fällen die Spannungsprobleme Th.II.Ordn. bei Annäherung $D \to D_{Ki}$ in monotoner Weise unendlich große Verformungen annehmen.

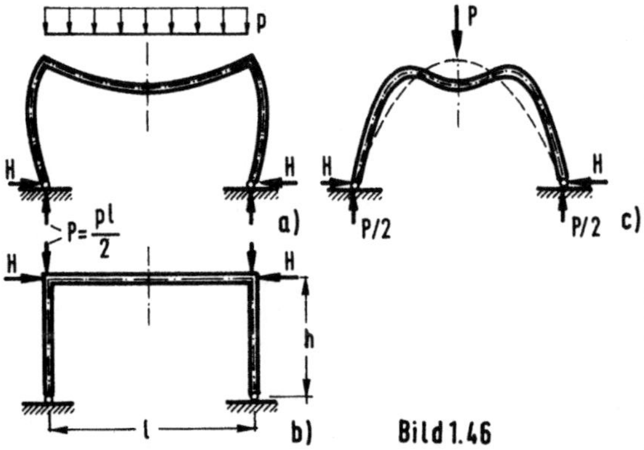

Bild 1.46

Die zuvor behandelte Problematik soll im folgenden an zwei Stabilitätsaufgaben vertieft werden und zwar wird die Stabilität der in B.1.46 skizzierten Systeme untersucht. In beiden Fällen handelt es sich um symmetrische Systeme unter symmetrischer Belastung: Rechteckrahmen (B.1.46a) und Bogen (B.1.46c). Es stellt sich die Frage, ob die symmetrischen Primärzustände Th.II.Ordn. stabil sind oder nicht. Bei einem Rechteckrahmen mit vertikaler

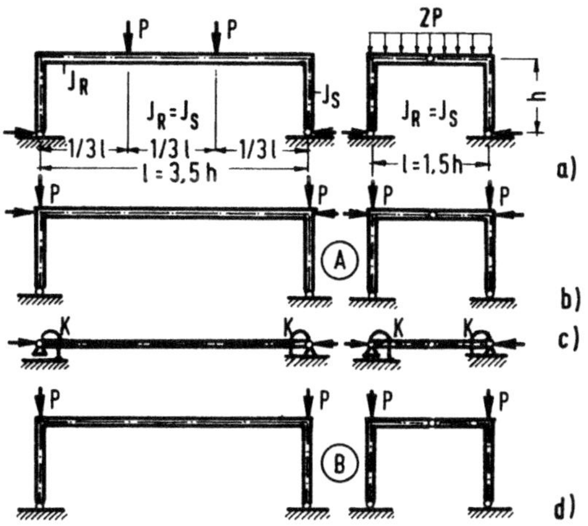

Bild 1.47

Riegelbelastung werden neben Biegungsmomenten Druckkräfte in den Stielen geweckt, doch darf nicht übersehen werden, daß sich der Horizontalschub über den Riegel als Druckkraft ausgleicht.

1) R a h m e n . Für zwei rechteckige Rahmensysteme ist bislang die Lösung des Symmetrieknickproblems gelungen: CHWALLA untersuchte den Zweigelenkrahmen für ein in den Drittelspunkten des Riegels angreifendes Einzellastpaar [1.82] und SCHINEIS den Dreigelenkrahmen für Gleichlast [1.83]. Die Systeme sind im B.1.47a dargestellt.

Aufgrund des mechanischen Verhaltens kann folgendes von vornherein vermutet werden: Bei breiten Rahmen, bei denen l/h groß ist, bestimmt der druckbeanspruchte Riegel wegen seiner großen Länge die Grenztragfähigkeit, der Rahmen versagt symmetrisch. Der Riegel kann als in den Stielen elastisch eingespannt betrachtet werden, wobei der Einspanngrad von der Druckkraft in den Stielen abhängig ist, vgl. B.1.47c.

Bei schmalen Rahmen ist der knickauslösende Einfluß im Riegel gering, der Rahmen weicht seitlich aus dem symmetrischen Primärzustand aus: Der symmetrischen Primärverformung überlagert sich eine antimetrische Knickverformung. Diese Vermutung wird durch die strengen Lösungen von CHWALLA und SCHINEIS bestätigt. Hierbei ergab sich, daß beim Zweigelenkrahmen für $l/h < 3{,}5$ und beim Dreigelenkrahmen für $l/h < 1{,}5$ antimetrisches Knicken eintritt, gleiches J bei Riegel und Stielen vorausgesetzt. (Das Gelenk im Riegel des Dreigelenkrahmens bildet eine Schwachstelle, hierdurch erklärt sich der kleinere Grenzwert.) Für größere Werte l/h knicken die Rahmen nicht aus, die symmetrischen Biegeverformungen wachsen über alle Grenzen (nach Art eines Durchschlagproblems.)

Baupraktisch relevant ist darüberhinaus folgendes Ergebnis: Es konnte gezeigt werden, daß das antimetrische Knicken des symmetrischen Biegezustandes unter einer Lastintensität eintritt, die mit der Verzweigungslast des zugehörigen momentenfreien Ersatzlastfalles (A) übereinstimmt, siehe Bild 1.47b. Bei über den oben angeschriebenen Grenzwerten liegenden l/h-Werten knickt der Ersatzfall (A) symmetrisch aus, folglich wachsen die Verformungen des Biegezustandes bei Annäherung an die Verzweigungslast des symmetrischen Knickfalles über alle Grenzen. Das Ergebnis der Untersuchungen mußte so ausfallen, anderenfalls wäre das in G.1.239 erkannte Kriterium nicht erfüllt gewesen. Die Frage nach dem Symmetrie-Antimetrie-Knicken läßt sich somit grundsätzlich, losgelöst vom Biegungsproblem Th.II.Ordn., durch Lösung des zugeordneten Verzweigungsproblems nach Art des Ersatzfalles (A) beantworten! Es ist daher durchaus sinnvoll, bei gewissen Spannungsproblemen Th.II.Ordn., den Nachweis einer ausreichenden Sicherheit gegen die Verzweigungslast zu verlangen, was in DIN 4114A im Prinzip der Fall ist, siehe hierzu [1.85] und eine Anmerkung in [1.34].

Die Untersuchungen von CHWALLA und SCHINEIS lieferten noch ein weiteres wichtiges Resul-

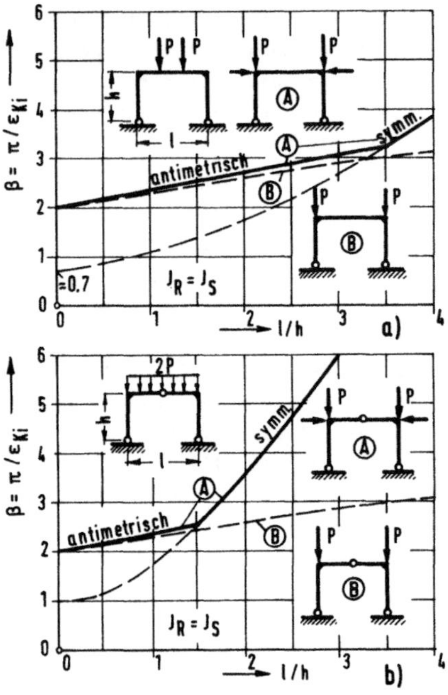

Bild 1.48

tat: Vergleicht man die Knicklasten des Ersatzfalles (A), die -wie dargetan- mit den Knicklasten der symmetrischen Biegezustände identisch sind, mit den Knicklasten eines Ersatzfalles (B) (siehe B.1.47d), bei welchem die Stiele druckbeansprucht und die Riegel druckkraftfrei sind, so stimmen die Verzweigungslasten bis zu den Grenzwerten 3,5 bzw. 1.5 näherungsweise überein. Im B.1.48 sind die Knicklängenbeiwerte der Stiele $\beta = \pi/\varepsilon_{Ki}$ der Fälle (A) und (B) einander gegenübergestellt. Für den Ersatzfall (A) liegt β etwas höher, das ist der Beitrag des druckbeanspruchten Riegels. Für Werte l/h größer 3,5 bzw. 1,5 weichen die Knicklängen mit wachsendem l/h immer stärker voneinander ab, weil symmetrisches Knicken maßgebend ist. Unter der Annahme (B) werden üblicherweise die Knicklängen druckbeanspruchter Rahmen bestimmt und dem praktischen Stabilitätsnachweis zugrunde gelegt. Das ist für schlanke Rahmen offensichtlich zulässig, für breite Rahmen, insbesondere Dreigelenkrahmen, ist es indessen ratsam, die Möglichkeit einer symmetrischen Knickung zu untersuchen und stabilitätstheoretisch nachzuweisen.

2) B o g e n . Wie bekannt, gehört zu jeder Lastart eine bestimmte Stützlinienform, so z.B. zu einer Gleichlast eine parabelförmige Stützlinie usf. Bogentragwerke werden i.allg. nach der Stützlinie geformt. In diesem Falle steht der Bogen unter reiner Druckbeanspruchung, es liegt ein ideales Verzweigungsproblem vor. Die zugehörigen Verzweigungslasten sind bekannt. Es interessiert nun die Frage, in wie weit diese idealen Knicklasten auf jene Fälle übertragen werden können, in denen von der Stützlinienlast abweichende symmetrische Beanspruchungszustände vorliegen oder bei denen sich die Bogenachse infolge elastischer und plastischer Stauchungen aus der Stützlinie heraus bewegt. Die Frage soll anhand der Lösung für das Symmetrie-Knickproblem des Kreisbogens mit mittiger Einzellast beantwortet werden. Die Lösung des Knickproblems stammt von DaDEPPO und SCHMIDT [1.86]. Die Stützlinienbelastung des Kreisbogens ist eine konstante Radiallast. Insofern stellt eine Einzellast die denkbar größte Abweichung hiervon dar.
Im B.1.49a ist ein kreisförmiger Zweigelenkbogen im ausgeknickten Zustand skizziert. x und y sind die Koordinaten eines Bogenpunktes im verformten Zustand. Das Biegungsmoment beträgt:

$$M = Hy - Vx \qquad (1.242)$$

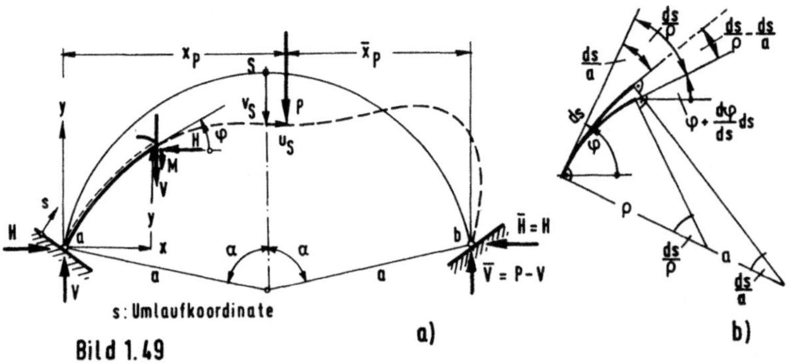

α°	$\frac{Pa^2}{EJ}$	$\frac{v_S}{a}$
90	5.86	0.195
85	6.72	0.196
80	7.62	0.192
75	8.53	0.184
70	9.46	0.171
65	10.42	0.154
60	11.44	0.135
55	12.55	0.115
50	13.82	0.095
45	15.32	0.077

c)

Bild 1.49

V ist die vertikale und H die horizontale Stützkraft im linken Auflagerpunkt. Da der Bogen querlastfrei ist, sind die vertikale und horizontale Schnittkraftkomponente im linken Bogenast konstant, sie stimmen mit V und H überein. Die Momenten-Krümmungsbeziehung lautet für die im B.1.49 vereinbarten Definitionen:

$$\varkappa = \frac{1}{\rho} - \frac{1}{a} = +\frac{M}{EJ} \longrightarrow M = +EJ\varkappa \tag{1.243}$$

a ist der Kreisradius vor und ρ der Krümmungsradius nach der Verformung, vgl. B.1.49b. Die Krümmung 1/ρ ist gleich der Winkeländerung der verformten Bogenachse je Längeneinheit; aus B.1.49b folgt:

$$\varphi = \varphi + \frac{d\varphi}{ds}ds + \frac{ds}{\rho} \longrightarrow \frac{1}{\rho} = -\frac{d\varphi}{ds} \tag{1.244}$$

Mit G.1.244 lautet das Elastizitätsgesetz für den dehnstarren Bogen:

$$M = +EJ\left(-\frac{d\varphi}{ds} - \frac{1}{a}\right) = -EJ\left(\frac{d\varphi}{ds} + \frac{1}{a}\right) \tag{1.245}$$

Die Verknüpfung dieses Gesetzes mit der Gleichgewichtsgleichung G.1.242 ergibt:

$$-M + Hy - Vx = 0 \longrightarrow EJ\left(\frac{d\varphi}{ds} + \frac{1}{a}\right) + Hy - Vx = 0 \tag{1.246}$$

Wäre der Bogen eingespannt, so würde in der Gleichgewichtsgleichung noch das Einspannmoment M_a auftreten, damit auch in G.1.246. Um M_a zu entfernen, muß die Ordnung der Differentialgleichung erhöht werden, d.h. G.1.246 wird nach s differenziert (H und V sind konst.; $dy/ds = \sin\varphi$; $dx/ds = \cos\varphi$):

$$EJ\frac{d^2\varphi}{ds^2} + H\sin\varphi - V\cos\varphi = 0 \tag{1.247}$$

Mit den Substitutionen

$$\tan\mu = \frac{V}{H}; \quad 2\psi = \varphi - \mu; \quad k^2 = \frac{H}{EJ\cos\mu} \tag{1.248}$$

lautet schließlich die Differentialgleichung für die linke Bogenhälfte:

$$\frac{d^2\psi}{ds^2} + \frac{k^2}{2}\sin 2\psi = 0 \tag{1.249}$$

Für die rechte Bogenhälfte läßt sich eine entsprechende Gleichung ableiten. Die Lösung dieser Differentialgleichungen gelingt mittels Elliptischer Integrale, mit denen die Rand- und Übergangsbedingungen erfüllt werden können. Die Knickwerte für das Ausknicken des symmetrischen Biegezustandes folgen aus der Bedingung: $dP/dx_p = 0$ (siehe B.1.49a). Für unterschiedliche Öffnungswinkel α enthält die Tabelle im B.1.49c das Ergebnis der Rechnung [1.86].

Der Vergleich mit den Knickwerten eines kreisförmigen Zweigelenkbogens unter Radiallast ergibt unter der Voraussetzung einer gleichgroßen resultierenden vertikalen Auflast, vgl. B.1.150b, $P/2 = pa\cdot\sin\alpha$, z.B. für $\alpha = 45^\circ$:

$$\text{Einzellast:} \quad p_{Ki} = \frac{P_{Ki}}{2a\sin\alpha} = \frac{15{,}32}{\sqrt{2}}\cdot\frac{EJ}{a^3} = 10{,}83\cdot EJ/a^3 \tag{1.250}$$

$$\text{Radiallast:} \quad p_{Ki} = \gamma_{Ki}\cdot\frac{EJ}{a^3} = (k^2-1)\frac{EJ}{a^3} = 11{,}96\cdot EJ/a^3 \tag{1.251}$$

(Der Knickwert γ_{Ki} für den radial belasteten Kreisbogen wird an späterer Stelle mitgeteilt.) Aus der guten Übereinstimmung der Knicklösungen kann der Schluß gezogen werden, daß sich bei geringeren Abweichungen der realen Belastung von der Stützlinienbelastung als im vorliegenden Fall die Unterschiede in den Knickwerten noch geringfügiger einstellen. Dieses Resultat ist bedeutsam für die Absicherung der üblichen Vorgehensweise beim Stabilitätsnachweis von Bogentragwerken: Gegen eine Verwertung der Verzweigungslösungen des Stützlinienknickens bestehen keine Bedenken, auch wenn größere symmetrische Primärbeanspruchungen auftreten.

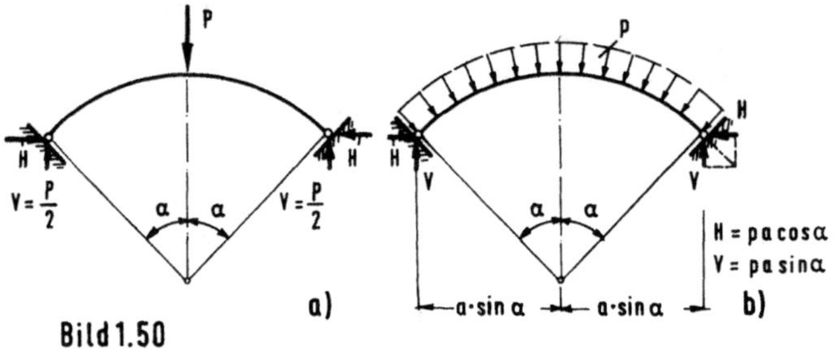

Bild 1.50

1.2.11 Überkritischer Bereich

In der Verzweigungs- und Spannungstheorie II.Ordn. der Stäbe, Stabwerke und Biegeträger können die Verformungen im Vergleich zu den Dickenabmessungen als sehr klein angesehen werden. Diese Annahme erlaubt im Falle des Biegestabes die Verwendung des linearisierten Momenten-Krümmungsgesetzes G.1.15. Hiermit ist eine wesentliche Vereinfachung der Theorie verbunden, was allerdings durch die Beschränkung auf den Gültigkeitsbereich "kleiner" Verformungen erkauft wird. So ist eine Untersuchung eines ausgeknickten Stabes oder Systems oberhalb der Verzweigungslast auf der Grundlage der linearisierten Theorie nicht möglich. Man spricht bei Verformungszuständen oberhalb der Verzweigungsmarke auch vom überkritischen Bereich. Untersuchungen in diesem Bereich erfordern eine Zuschärfung der Theorie, z.B. unter Ansatz des nichtlinearen Elastizitätsgesetzes G.1.16. Beim Knickstab aus HOOKEschem Idealwerkstoff gelingt eine Lösung mittels Elliptischer Integrale, für mittelgroße Verformungen lassen sich Näherungslösungen angeben; vgl. [1.87-1.90] und weiteres Buchschrifttum zur Stabilitätstheorie.

Für eine geringe Überschreitung der Knicklast gilt die Abschätzung:

$$P = P_{Ki}\cdot\left[1+\frac{\pi^2}{8}\cdot\left(\frac{f}{s_K}\right)^2\right] \longrightarrow f=\sqrt{\frac{P}{P_{Ki}}-1}\cdot\frac{\sqrt{8}}{\pi}\,s_K \qquad (P\geq P_{Ki}) \tag{1.252}$$

P_{Ki}: EULERsche Knicklast, s_K: Knicklänge, f: max Ausbiegung.

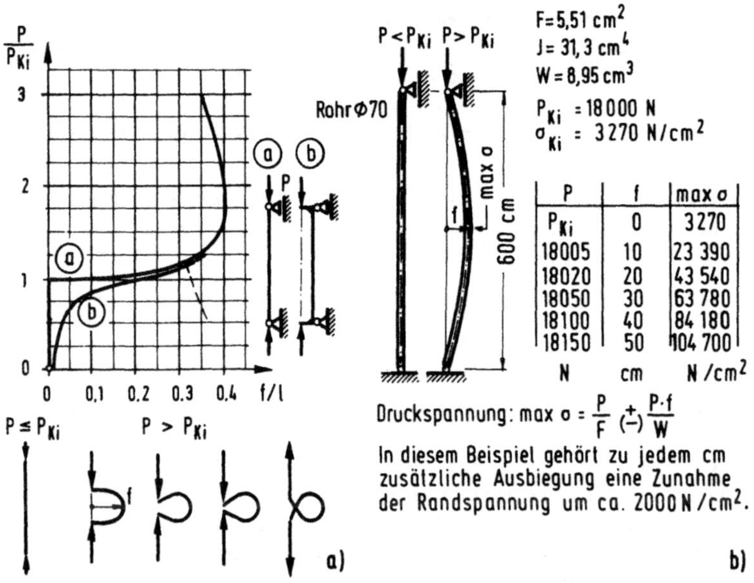

Bild 1.51

In B.1.51a ist die Kraftverschiebungskurve für den EULER-Fall II gezeichnet, (a) für das Verzweigungs- und (b) für das Spannungsproblem Th.II.Ordn. bei exzentrischer Krafteinleitung. Die Biegelinie im überkritischen Bereich nennt man Elastika, zu Ehren EULERs, der die Linien erstmals berechnete [1.87, 1.91].

Nach Überschreiten der Knickgrenze beginnt ein rasches Anwachsen der Ausbiegung f und des

Biegungsmomentes M in Stabmitte: M=Pf. Die Biegespannungen steigen sprunghaft an, der Einsturz ist die alsbaldige Folge. B.1.51b enthält ein praktisches Beispiel. Mit G.1.252 findet man:

$$\sigma = \frac{P}{F} \pm \frac{M}{J}(h/2) = \frac{P}{F}\left(1 + \frac{f}{s_K}\cdot\lambda\cdot\frac{h/2}{i}\right);\quad \lambda = \frac{s_K}{i} \tag{1.253}$$

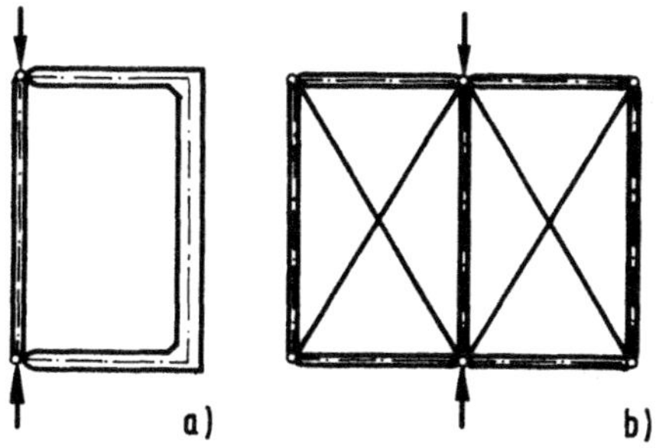

Bild 1.52

Aus dem Beispiel im B.1.51b wird ersichtlich, daß der Berechnung der überkritischen Gleichgewichtslagen bei Stäben und Stabwerken keine unmittelbare praktische Bedeutung zukommt, wohl spielt sie gelegentlich bei Sicherheitsfragen eine Rolle, z.B. in solchen Fällen, in denen nach Überschreitung der kritischen Last eines Einzelstabes innerhalb eines Tragsystems eine Kräfteumlagerung möglich ist und weitere Beanspruchungen aufgenommen werden können: Systeme veränderlicher Gliederung mit überkritischer Tragreserve. Die in B.1.52 dargestellten Systeme stehen stellvertretend für solche Fälle [1.92]. Eine derartige Reserve wird man bei der planmäßigen Auslegung von Stabtragwerken des Konstruktiven Ingenieurbaues nicht nutzen. Anders verhält es sich mit Flächentragwerken und den dabei auftretenden Beulproblemen. Hier sind z.T. erhebliche überkritische Tragreserven vorhanden, deren Berücksichtigung auch baupraktisch sinnvoll sein kann, zumindest beim Ansatz der Sicherheitszahl, vgl. Abschnitt 8.

1.2.12 Einfluß der Schubsteifigkeit auf die Stabilität von Druckstäben

1.2.12.1 Schubweiche Druckstäbe

Die durch die Biegekrümmung der Stäbe entstehenden Durchbiegungen erfahren bei schubweichen Stäben infolge der Schubverzerrungen eine i.allg. nicht zu vernachlässigende Erhöhung. Dadurch vergrößern sich bei gedrückten Stäben auch die elastischen Hebelarme und bei verschieblichen Tragwerken die Antriebskräfte. Dieser Effekt wirkt sich in einer Reduzierung der Verzweigungs- und Grenzlasten im Vergleich zu schubstarren Stäben aus. Der Einfluß der Schubgleitung kann als Minderung der Biegesteifigkeit gedeutet werden. Bei vollwandigen Stabquerschnitten ist die Minderung gering und liegt bei wenigen Prozenten, bei Stäben mit aufgelösten Wandungen (Stegen) kann der Beitrag an der Durchbiegung 10 bis 15% und mehr ausmachen und ist daher aus Sicherheitsgründen zu berücksichtigen.

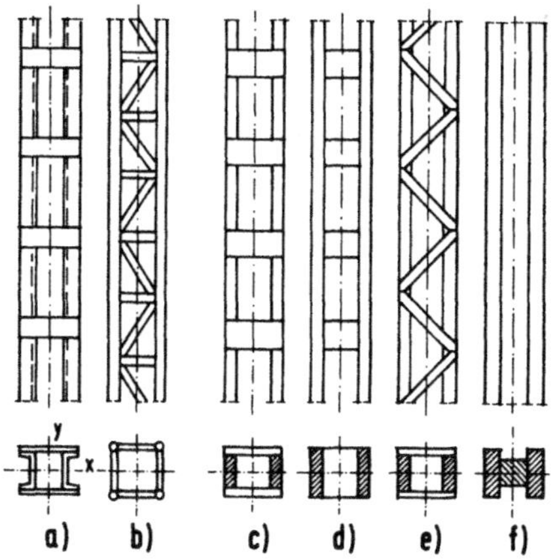

Bild 1.53

B.1.53 zeigt Ausführungsformen des Metall- und Holzbaues. Es werden Rahmenstäbe (a, c, d) und Gitterstäbe (b, e) unterschieden. Im Holzbau bewirken Nagelung und Dübelung keinen starren sondern nur einen elastischen Verbund. Deren Nachgiebigkeitsbeitrag dominiert i.allg. gegenüber der Weichheit der Bindehölzer. Die Faserrichtung der Bindehölzer muß immer senkrecht zur Stabachse liegen. Im Falle f des B.1.53 kommt die Schubweichheit vorrangig durch die Nachgiebigkeit der Nagelung zustande.

Im Stahl- und Aluminiumbau werden Rahmen- und Gitterstäbe aus Gründen der Materialersparnis sowie zur Minimierung des Gewichts (Gerüste, mobiles Gerät) und der Windangriffsfläche (Maste und Türme) gewählt; im Holzbau zwingen zudem die Grenzen des natürlichen Wuchses zu zusammengesetzten Querschnitten. In der Verformungstheorie II.Ordn. kann die Schubnachgiebigkeit durch die Einführung einer reduzierten Biegesteifigkeit EJ_{red} mit einer für baupraktische Zwecke ausreichenden Genauigkeit erfaßt werden. Bei Knickproblemen hat sich die Einführung einer gegenüber dem alleinigen Biegungseinfluß erhöhten Vergleichsschlankheit als nützlich erwiesen; dieses Vorgehen geht auf ENGESSER zurück [1.93], vgl. auch [1.94, 1.95 u. 0.7]. Der Schubverzerrungseinfluß wird im Schrifttum nicht einheitlich behandelt. Wie noch zu zeigen sein wird, ist die additive Überlagerung der Biege- und Schubverformungen nicht widerspruchsfrei.

1.2.12.2 Grundgleichungen

Die im Abschnitt 1.2.2 abgeleitete Grundgleichung Th.II.Ordn. wird im folgenden um den Schubverzerrungseinfluß erweitert. Dabei wird wieder die statische und energetische Herleitung gezeigt. Aus Gründen der Übersichtlichkeit wird EJ=konst. und D=P=konst. gesetzt sowie auf die Einrechnung von q(z) verzichtet.

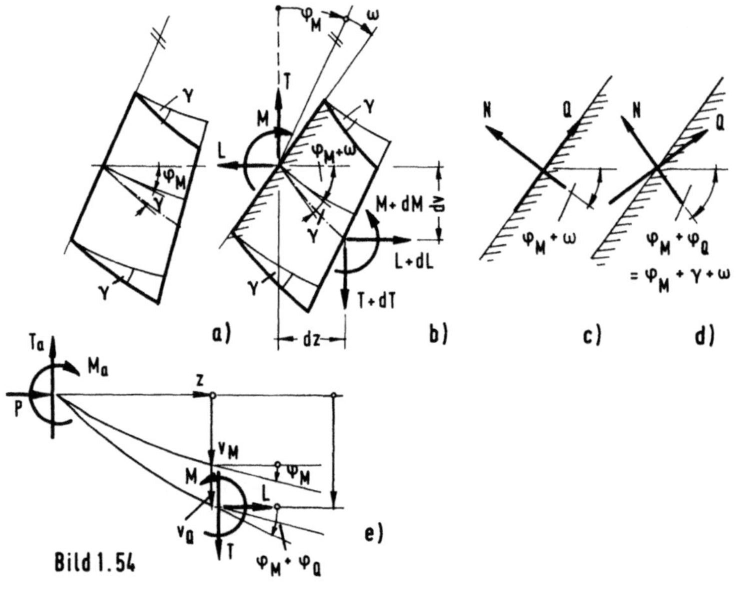

Bild 1.54

Wie in B.1.54a dargestellt, überlagert sich der Biegekrümmung eine Gleitung

$$\gamma = \frac{\tau}{G} = \frac{Q}{GF_G} \qquad (1.254)$$

τ ist die mittlere Schubspannung infolge der örtlichen Querkraft Q, G ist der Schubmodul und F_G die Schubfläche:

$$F_G = \chi F \qquad (1.255)$$

mit χ=0,85-0,95 für vollwandige, z.B. rechteckige Querschnitte. Bei Walzprofilen ist $F_G = F_{Steg}$ zu setzen. (Wegen Einzelheiten wird auf die Fachbücher der Elastizitätslehre verwiesen, siehe auch [1.96]. G.1.254 gilt für homogene Stabquerschnitte.)

Neben der Schubgleitung erleidet das Element dz die Starrkörperdrehung ω (B.1.54b). Zusammengefaßt beträgt damit die Drehung der Stabmittellinie infolge Q:

$$\varphi_Q = \gamma + \omega \qquad (1.256)$$

1.2.12.2.1 Statische Herleitung

Am Stabelement dz werden die Gleichgewichtsgleichungen formuliert, vgl. B.1.54b:

$$\Sigma T = 0: \quad dT = 0 \longrightarrow T = \text{konst}, \qquad (1.257)$$

$$\Sigma L = 0: \quad dL = 0 \longrightarrow L = \text{konst} = -D = -P\,(\text{Druckkraft}), \qquad (1.258)$$

$$\Sigma M = 0: \quad M - (M + dM) + T dz - L\, dv = 0 \longrightarrow M' = T - Lv' = T + Pv' \qquad (1.259)$$

Die Durchbiegung wird zu $v = v_M + v_Q$, also aus dem Biegungsmomenten- und Querkraftbeitrag zusammengesetzt, vgl. B.1.54c. Die Neigung der Stabachse beträgt:

$$v' = v_M' + v_Q' \approx \varphi_M + \varphi_Q = v_M' + (\gamma + \omega) \qquad (1.260)$$

Aus G.1.259 folgt für die Transversalkraft T mit G.1.254:

$$T = M' + L v' = M' - P(v_M' + \frac{Q}{GF_G} + \omega) \tag{1.261a}$$

Gemäß B.1.54c setzt sich die Querkraft Q wie folgt aus T und L zusammen:

$$\begin{aligned} Q &= T\cos(\varphi_M + \omega) - L\sin(\varphi_M + \omega) = T + P(\varphi_M + \omega) = \\ &= M' - P(v_M' + \frac{Q}{GF_G} + \omega) + P(v_M' + \omega) = M' - P\frac{Q}{GF_G} \end{aligned} \tag{1.261b}$$

Auflösung nach Q:

$$Q = \frac{M'}{1 + \frac{P}{GF_G}} \tag{1.262}$$

Für die Krümmung gilt:

$$v'' = v_M'' + v_Q'' \approx \varphi_M' + \varphi_Q' = -\frac{M}{EJ} + \frac{Q'}{GF_G} = -\frac{M}{EJ} + \frac{1}{GF_G}\cdot\frac{M''}{1 + \frac{P}{GF_G}} \tag{1.263}$$

Hierin ist GF_G=konst. angesetzt.

Das Biegungsmoment an der Stelle z beträgt (siehe B.1.54e):

$$M = M_a + T_a z + P v \tag{1.264}$$

M_a und T_a sind die Stützgrößen am linken Rand. Zweimalige Differentiation der Gleichungen 1.264 und G.1.263 und Verknüpfung dieser Ableitungen ergibt:

$$v'''' = -\frac{P\cdot v''}{EJ} + \frac{1}{GF_G}\cdot\frac{P\cdot v''''}{1 + \frac{P}{GF_G}} \tag{1.265}$$

Nach Umformung folgt:

$$v'''' + \frac{P}{EJ}(1 + \frac{P}{GF_G})v'' = 0 \tag{1.266}$$

Mit

$$\varepsilon^2 = l^2\frac{P}{EJ}(1 + \frac{P}{GF_G}) \tag{1.267}$$

erhält man dieselbe Differentialgleichung wie beim schubstarren Druckstab, vgl. Abschn. 1.2.3:

$$v'''' + \frac{\varepsilon^2}{l^2}\cdot v'' = 0 \tag{1.268}$$

Für den EULER-Fall II folgt damit aus G.1.267 für $\varepsilon_{Ki}=\pi$ nach kurzer Rechnung:

$$P_{Ki} = \frac{\sqrt{1 + 4\frac{P_E}{GF_G}} - 1}{\frac{2}{GF_G}}; \quad P_E = \frac{\pi^2 EJ}{l^2} \tag{1.269}$$

Wird anstelle von G.1.261b die Querkraft Q unter Bezug auf die Stabachse definiert, wie im B.1.54d dargestellt, ergibt sich:

$$\begin{aligned} Q &= T\cos(\varphi_M + \gamma + \omega) - L\sin(\varphi_M + \gamma + \omega) + \\ &= T + P(\varphi_M + \gamma + \omega) = T + Pv' \longrightarrow T = Q - Pv' \end{aligned} \tag{1.270}$$

Wird T in G.1.259 eingesetzt, folgt anstelle von G.1.262:

$$M' = T + Pv' = Q \tag{1.271}$$

In G.1.263 wird M' durch diese Beziehung ersetzt:

$$v'' = -\frac{M}{EJ} + \frac{Q'}{GF_G} = -\frac{M}{EJ} + \frac{M''}{GF_G} \tag{1.272}$$

G.1.264 wird wieder zweimal differenziert

$$M = M_a + T_a z + Pv \longrightarrow M'' = Pv'' \tag{1.273}$$

und mit G.1.272 verknüpft; das ergibt eine modifizierte Differentialgleichung des

Problems:

$$v'''' + \frac{P}{EJ(1-\frac{P}{GF_G})} v'' = 0 \qquad (1.274)$$

Die Stabkennzahl ε lautet jetzt:

$$\varepsilon^2 = l^2 \frac{P}{EJ(1-\frac{P}{GF_G})} \qquad (1.275)$$

und für den EULER-Fall II folgt hieraus für $\varepsilon_{Ki} = \pi$:

$$P_{Ki} = \frac{P_E}{1+\frac{P_E}{GF_G}}; \quad P_E = \frac{\pi^2 EJ}{l^2} \qquad (1.276)$$

Der Faktor $\frac{1}{1+\frac{P_E}{GF_G}}$ kennzeichnet die Verringerung der EULER-Last P_E des schubstarren Druckstabes durch die Schubverzerrungseinfluß. Die Lösung G.1.276 geht auf ENGESSER [1.93] zurück.
Mit den Gleichungen 1.266 und 1.274 bzw. mit den Knicklasten G.1.269 und G.1.276 stehen sich zwei Lösungspaare gegenüber. Welche sind "richtig"? Die Diskrepanz beruht auf der unterschiedlichen Definition der Querkraftrichtung. Bei der zweiten Version ist Q normal zur Stabachse aus beiden Verformungsanteilen orientiert, was als zutreffender anzusehen ist. Die numerischen Unterschiede sind für baupraktische Abmessungen ohne Bedeutung.

1.2.12.2.2 Energetische Herleitung

Äußere und innere potentielle Energie betragen (vgl. Abschn.1.2.2.2.2):

$$\Pi_a = -P\int_0^l \frac{1}{2}(v_M + v_Q)'^2 dz; \qquad \Pi_i = \int_0^l [\frac{1}{2} EJ v_M''^2 + \frac{1}{2} GF_G \gamma^2] dz \qquad (1.277)$$

Mit $\gamma = v_Q' - \omega$ ergibt sich die gesamte potentielle Energie zu:

$$\Pi = \int_0^l [\frac{1}{2} EJ v_M''^2 + \frac{1}{2} GF_G (v_Q' - \omega)^2 - \frac{P}{2}(v_M' + v_Q')^2] dz = \int_0^l F dz \qquad (1.278)$$

Das Prinzip der virtuellen Verrückung verlangt die Erfüllung der EULERschen Gleichungen:

$$\delta\Pi = 0 \longrightarrow \frac{\partial F}{\partial v_M} - \frac{\partial}{\partial z}(\frac{\partial F}{\partial v_M'}) + \frac{\partial^2}{\partial z^2}(\frac{\partial F}{\partial v_M''}) = 0; \quad \frac{\partial F}{\partial v_Q} - \frac{\partial}{\partial z}(\frac{\partial F}{\partial v_Q'}) + \frac{\partial^2}{\partial z^2}(\frac{\partial F}{\partial v_Q''}) = 0 \qquad (1.279)$$

Die Anwendung dieser Differentiationsvorschriften auf G.1.278 ergibt die Gleichungen:

$$-P(v_M'' + v_Q'') + EJ \cdot v_M'''' = 0; \quad -GF_G \cdot v_Q'' + P(v_M'' + v_Q'') = 0 \qquad (1.280)$$

Hieraus folgt die Grundgleichung G.1.274, also die zweite Lösungsversion. Will man die erste Version erhalten, müßte das Glied Pv_a'' in der zweiten Gleichung von G.1.280 gestrichen werden, das müßte dann auch konsequenterweise in der ersten Gleichung geschehen. Hierdurch würde eine Entkoppelung eintreten.
Im folgenden wird mit der zweiten, klassischen Version weiter gerechnet.

1.2.12.3 Reduzierte Biegesteifigkeit

Für die Berechnung der Stabtragwerke auf Knicken und Knickbiegung Th.II.Ordn. stehen eine Reihe unterschiedlicher Berechnungsverfahren zur Verfügung, die alle auf der Grundgleichung

$$v'''' + \frac{\varepsilon^2}{l^2} v'' = \frac{q(z)}{EJ} \quad \text{mit} \quad \varepsilon = l\sqrt{\frac{D}{EJ}} \qquad (1.281)$$

basieren. D ist die Druckkraft, l die Länge und EJ die Biegesteifigkeit der Stabelemente. Im Abschnitt 3 werden die Verfahren behandelt. Der Vergleich mit G.1.275 macht deutlich, daß alle Verfahren auch für schubweiche Stabwerke verwendet werden können, wenn anstelle von EJ mit der reduzierten Biegesteifigkeit

$$EJ_{red} = EJ\left(1 - \frac{D}{GF_G}\right) \tag{1.282}$$

gerechnet wird. Bei Spannungsproblemen ist D die Druckkraft im ν-fachen Gebrauchszustand. Der Quotient ist i.allg. klein gegen eins, sodaß die Reduktion gering ist. Bei Verzweigungsproblemen ist $D = D_{Ki}$ die gesuchte Knicklast. Hat man ε_{Ki} aus dem Indifferenzkriterium Det(ε)=0 (Knickgleichung) gefunden, ergibt sich D_{Ki} aus G.1.275 zu

$$D_{Ki} = \frac{\varepsilon_{Ki}^2 \cdot EJ}{l^2} \cdot \frac{1}{1 + \frac{\varepsilon_{Ki}^2}{l^2} \cdot \frac{EJ}{GF_G}} \tag{1.283}$$

Aus der Gleichsetzung dieser Knicklast mit der Knicklast eines (schubstarren) EULER-II-Ersatzstabes folgt der Knicklängenfaktor für den Vergleichsstab zu:

$$\beta = \frac{\pi}{\varepsilon_{Ki}} \cdot \sqrt{1 + \frac{\varepsilon_{Ki}^2}{l^2} \cdot \frac{EJ}{GF_G}} \tag{1.284}$$

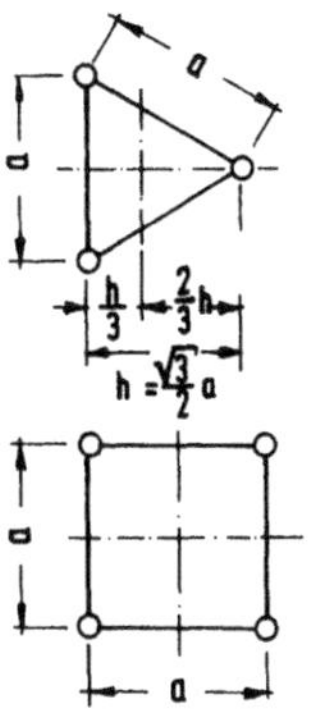

Bild 1.55

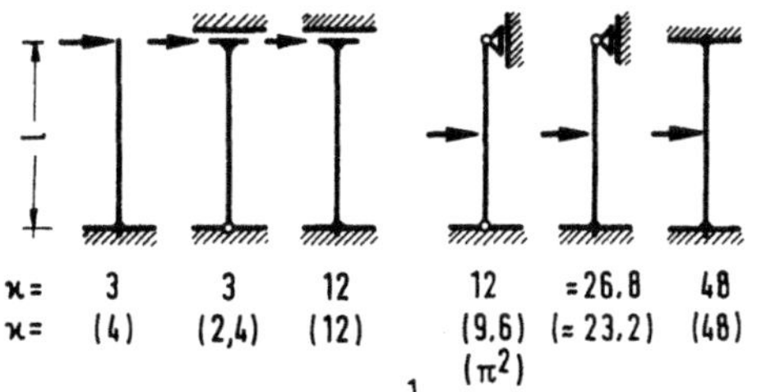

$$EJ_{red} = EJ \cdot \frac{1}{1 + \frac{\kappa EJ}{l^2 GF_G}}$$

Klammerwerte gelten für q = konstant

Bild 1.56

EJ ist die Biegesteifigkeit des Stoffquerschnittes. Beispielsweise gilt im Falle eines gleichseitig dreiwandigen bzw. vierwandigen Querschnittes (B.1.55):

Dreiwandiger Querschnitt:

$F = 3F_1;$

$$J = 3J_1 + F_1\cdot\left(\frac{2}{3}h\right)^2 + 2F_1\cdot\left(\frac{1}{3}h\right)^2 = 3J_1 + \frac{2}{3}F_1h^2 = 3J_1 + \frac{1}{2}F_1a^2 \tag{1.285}$$

Vierwandiger Querschnitt:

$$F = 4F_1; \quad J = 4J_1 + F_1a^2 \tag{1.286}$$

Hierin sind F_1 und J_1 Querschnittsfläche bzw. Trägheitsmoment der Einzelstäbe, a ist deren gegenseitiger Abstand. Die Formeln gelten wegen der drei- bzw. zweifachen Symmetrie für jede Biegungsrichtung (Trägheitsellipse = Kreis).

Eine von G.1.282 abweichende Abschätzung der reduzierten Biegesteifigkeit für Spannungsprobleme Th.II.Ordn. gewinnt man dadurch, daß die kennzeichnende Durchbiegung, d.h. die Durchbiegung am Ort der größten Verschieblichkeit, aus den Biege- u n d Schubverzerrungsbeiträgen berechnet und anschließend unter der Annahme eines schubstarren Querschnittes umgerechnet wird. Beispielsweise biegt sich ein Kragträger am freien Ende infolge einer Einzellast um

$$f = \frac{Pl^3}{3EJ} + \frac{Pl}{GF_G} = \frac{Pl^3}{3EJ\left(\frac{1}{1 + \frac{3EJ}{l^2 GF_G}}\right)} = \frac{Pl^3}{3EJ_{red}} \tag{1.287}$$

aus. Hieraus folgt sofort:

$$EJ_{red} = EJ \cdot \frac{1}{1 + \frac{3EJ}{l^2 GF_G}} \tag{1.288}$$

Wird die gleiche Rechnung für eine Gleichlast durchgeführt, steht im Nenner von G.1.288 die Zahl 4 statt 3. Diese Zahl hat die Bedeutung eines last- und systemabhängigen Beiwertes, der bei von B.1.56 abweichenden Verhältnissen zu schätzen ist. Je starrer die Biege-Randbedingungen sind, umso größer ist der Schubverzerrungsbeitrag und damit die in B.1.56 eingeführte Zahl $\varkappa$.

Die Größen EJ, EF, GF_G usf. werden Biege-, Dehn-, Schubsteifigkeit genannt. Die hierzu reziproken Werte heißen demgemäß Biege-, Dehn-, Schubweichheit. Die in G.1.282 und 1.288 auftretende Schubweichheit $1/GF_G$ ist von der Art der Verrahmung und Vergitterung (Gerüste!) abhängig; sie ist gemäß G.1.254 identisch mit der Gleitung γ je Längeneinheit für Q=1:

$$\frac{1}{GF_G} = \gamma \qquad (1.289)$$

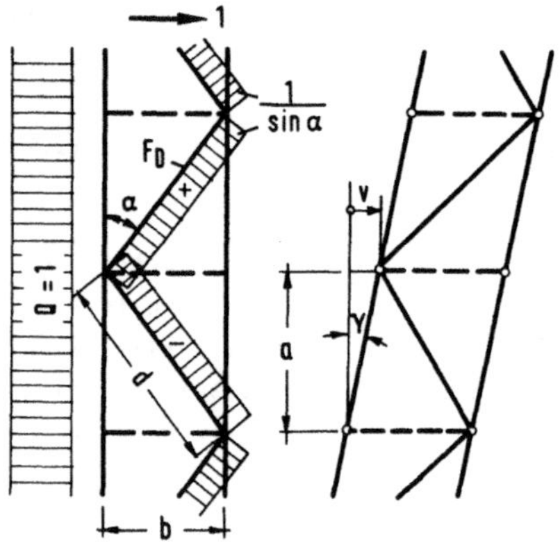

Bild 1.57

Die beiden folgenden Abschnitte enthalten Hinweise zur Berechnung von $1/GF_G$. In DIN 4114N wird GF_G mit S^* abgekürzt.

1.2.12.4 Gitterstäbe

Um für Ausfachungen die Schubweichheit zu bestimmen, wird die Querverschiebung v eines Fachwerkschusses für Q=1 berechnet und anschließend durch die Schußhöhe a dividiert, vgl. B.1.57. Für ein Strebenfachwerk erhält man z.B.:

$$v = \Sigma S\bar{S}\frac{ds}{EF} = \frac{1}{EF_D}\cdot\frac{1}{\sin^2\alpha}\cdot\frac{a}{\cos\alpha} = \frac{d^3}{EF_D b^2} \qquad (1.290)$$

Der virtuelle Hilfsangriff ist mit Q=1 identisch. In die Arbeitsgleichung wird nur der Beitrag der Füllstäbe aufgenommen. Die Horizontalstreben liefern bei der vorliegenden Ausfachungsart keinen

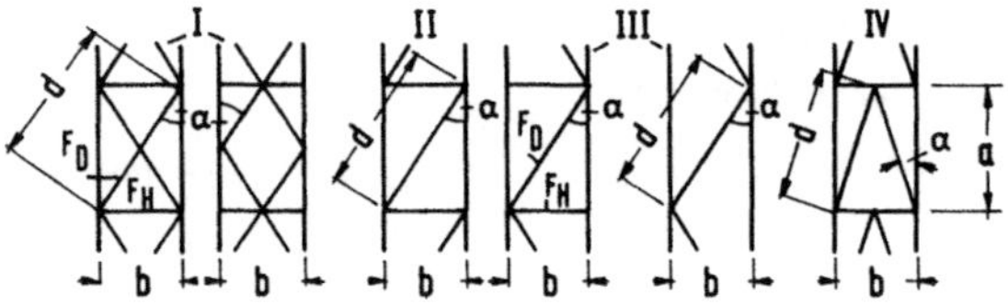

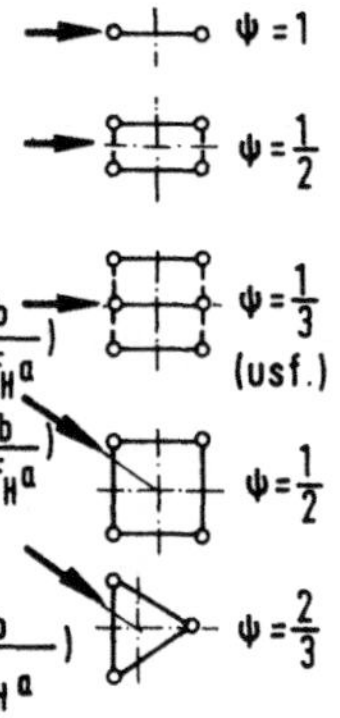

$$\text{I}: \quad \frac{1}{GF_G} = \psi\cdot\left(\frac{1}{2\cdot EF_D\cdot\sin^2\alpha\cdot\cos\alpha} + \frac{1}{EF_H\cot\alpha}\right) = \psi\left(\frac{d^3}{2\,EF_D\,ab^2} + \frac{b}{EF_H a}\right)$$

$$\text{II}: \quad \frac{1}{GF_G} = \psi\cdot\left(\frac{1}{EF_D\cdot\sin^2\alpha\cdot\cos\alpha} + \frac{1}{EF_H\cot\alpha}\right) = \psi\left(\frac{d^3}{EF_D\,a\,b^2} + \frac{b}{EF_H a}\right)$$

$$\text{III}: \quad \frac{1}{GF_G} = \psi\cdot\frac{1}{EF_D\cdot\sin^2\alpha\cdot\cos\alpha} = \psi\cdot\frac{d^3}{EF_D\,ab^2}$$

$$\text{IV}: \quad \frac{1}{GF_G} = \psi\cdot\left(\frac{1}{2\cdot EF_D\cdot\sin^2\alpha\cdot\cos\alpha} + \frac{1}{2\cdot EF_H\cdot\cot\alpha}\right) = \psi\left(\frac{2d^3}{EF_D\,ab^2} + \frac{b}{4\,EF_H a}\right)$$

F_D: Querschnittsfläche einer Diagonalstrebe,

F_H: Querschnittsfläche einer Horizontalstrebe, jeweils einer Wandebene;

α : Strebenneigungswinkel in der Wandebene.

Bild 1.58

Beitrag, wohl verkürzen sie die Knicklänge der Gurtstäbe auf die Hälfte. EF_D ist in G.1.290 die Dehnsteifigkeit einer Diagonale (Strebe), wobei hier ein einwandiges Fachwerk unterstellt wird.

In B.1.58 sind die Werte

$$\frac{1}{GF_G} = \frac{1}{\gamma} = \frac{v}{a} \qquad (1.291)$$

für verschiedene Vergitterungsformen zusammengestellt. Die Faktoren ψ erfassen Anzahl und Lage der schubweichen Wandungen. Die ψ-Faktoren für Querschnitte in Form gleichseitiger Dreiecke und Quadrate gelten allgemein, unabhängig von der Beanspruchungsrichtung!

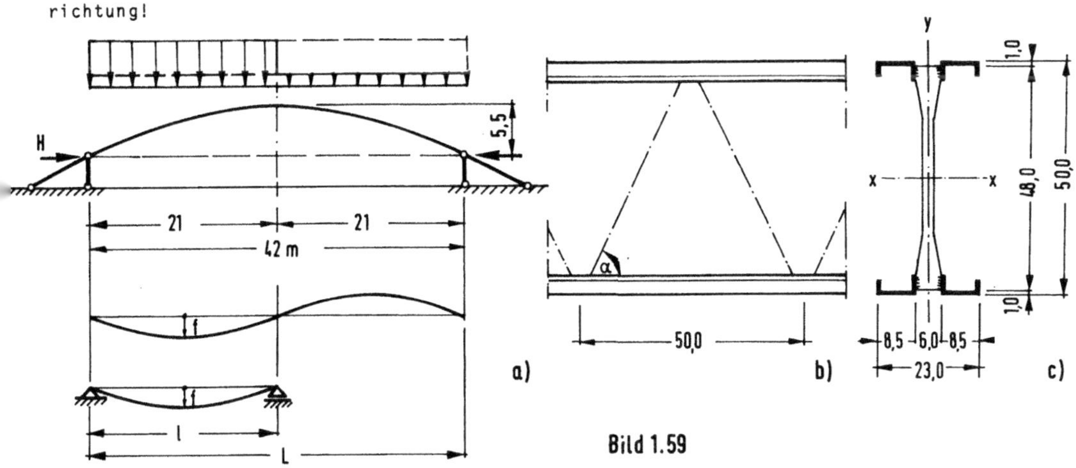

Bild 1.59

Um die Verwertung der Berechnungsformeln in B.1.58 zu zeigen, wird für den im B.1.59 gezeigten, parabelförmigen Dachträger in Form eines X-Binders, Binderabstand 4,0 m, die Schubweichheit abgeschätzt.

Maßgebend für den Stabilitätsnachweis ist eine antimetrische Verformung entweder beim Stützlinienknicken unter Vollast oder beim Spannungsnachweis Th.II.Ordn. unter halbseitiger Schneelast, wobei nach dem Belastungsumordnungsverfahren eine symmetrische und antimetrische Belastung gebildet werden kann, vgl. Abschnitt 6.9.4.

Schubweichheit: $\alpha = 62{,}49^0$, $\sin\alpha = 0{,}8869$, $\cos\alpha = 0{,}4619$.

$F_D = 2{,}36\ cm^2$, $\psi = 1$; Fall III nach B.1.58:

$$\frac{1}{GF_G} = 1 \cdot \frac{1}{2{,}10 \cdot 10^4 \cdot 2{,}36 \cdot 0{,}8869^2 \cdot 0{,}4619} = \frac{1}{18006}\ \left[\frac{1}{kN}\right]$$

Die kennzeichnende Verformung der antimetrischen Biegelinie ist die Durchbiegung im Viertelspunkt, vgl. B.1.59a; sie entspricht der Durchbiegung eines einfachen Balkens $l = L/2$ unter Gleichlast. Analog zu G.1.287 wird gerechnet:

$$f = \frac{5q \cdot l^4}{384 \cdot EJ} + \frac{ql^2}{8\,GF_G} = \frac{5ql^4}{384\,EJ}\left(1 + \frac{48}{5} \cdot \frac{EJ}{l^2 GF_G}\right) \longrightarrow EJ_{red} = EJ \frac{1}{1 + 9{,}6 \dfrac{EJ}{l^2 GF_G}}$$

Mit dem Trägheitsmoment $J = 12837\ cm^4$ des X-Querschnittes ergibt sich:

$$EJ_{red} = EJ \frac{1}{1 + 9{,}6 \dfrac{2{,}1 \cdot 10^4 \cdot 12837}{2100^2 \cdot 18006}} = 0{,}968 \cdot EJ$$

Für die Berechnung von abgespannten Gittermasten nach Th.II.Ordn. wird $EJ_{red} = 0{,}95 \cdot EJ$ als Mittelwert empfohlen [1.34]. Bei frei stehenden Gitterkonstruktionen (Türme, Freileitungsmaste) ist der Schubverzerrungseinfluß gering ($\varkappa = 3$ bis 4, vgl. B.1.56). Bei Gerüsten treten zum Dehnungsbeitrag der Füllstäbe der Einfluß der Verbindungselemente (Kupplungen) und der Verformungsbeitrag aus den unvermeidlichen Anschlußexzentrizitäten als nicht zu vernachlässigende Nachgiebigkeiten hinzu (Abschnitt 6.4).

Planmäßig mittig gedrückte Stäbe und Stützen mit mehrteiligen Querschnitten werden in den Stabilitätsvorschriften durch die Berechnung von Vergleichsschlankheiten (ideelle Schlankheiten) nachgewiesen; unter der Schlankheit versteht man den Quotienten aus der Knicklänge s_K und dem Trägheitsradius i des Stoffquerschnittes für die betrachtete Ausknickrichtung.

Beispielsweise erhält man für die Ausfachungsform III des Bildes 1.58 im Falle einer beidseitig gelenkigen Lagerung (EULER-Fall II), ausgehend von G.1.284 für den Knicklängenfaktor β bzw. für die Vergleichsschlankheit:

$$\lambda_V = \frac{s_K}{i} = \frac{\beta l}{i} = \frac{l}{i}\sqrt{1+\frac{\pi^2 EJ}{l^2}\cdot\frac{d^3}{EF_D\, ab^2}} = \sqrt{\lambda^2+\pi^2\frac{F}{F_D}\cdot\frac{d^3}{ab^2}} = \sqrt{\lambda^2+\lambda_1^2} \qquad (1.292)$$

Hierin ist abgekürzt:

$$\lambda_1^2 = \pi^2\frac{F}{F_D}\cdot\frac{d^3}{ab^2} \qquad (1.293)$$

Bei mehrwandiger Ausfachung ist ψ in G.1.292 vor λ_1^2 zu setzen.
Die in Formel G.1.292 zum Ausdruck kommende Nachweisform

$$\lambda_V = \sqrt{\lambda^2+\lambda_1^2}\ ;\ \lambda_1^2 = \pi^2\frac{EF}{GF_G} \qquad (1.294)$$

für Knicken von Druckstäben um deren stoffreie Achse bildet die Grundlage für den Stabilitätsnachweis vieler Vorschriften im Stahl- und Holzbau. Anstelle von λ_V wird auch λ_{Vi} oder λ_i abgekürzt. Die Nachweisform wurde für stählerne Gitterstäbe durch Versuche als auf der sicheren Seite liegend bestätigt [1.97, 1.98]. Nach DIN 4114N wird für mehrteilige Druckstützen ein Spannungsnachweis nach Th.II.Ordn. wie bei vollwandigen Stützen verlangt und zwar ist eine sinusförmige Vorverformung $f_0 = l/500$ einzurechnen:

$$v_0 = f_0 \sin\pi\frac{z}{l} \longrightarrow \max v_0 = v_0(l/2) = f_0 \longrightarrow \max M = \alpha\cdot Pf_0 \qquad (1.295)$$

$$\varphi_0 = v_0' = f_0\frac{\pi}{l}\cos\pi\frac{z}{l} \longrightarrow \max\varphi_0 = \varphi_0(0) = \frac{\pi}{l}f_0 \longrightarrow \max Q = \alpha\cdot\frac{\pi}{l}Pf_0 \qquad (1.296)$$

α ist der Verformungsfaktor gemäß G.1.6, er beträgt mit G.1.276 (EULER-Fall II):

$$\alpha = \frac{1}{1-\frac{P}{P_{Ki}}} = \frac{1}{1-\frac{P}{P_E/(1+P_E/GF_G)}} = \frac{1}{1-P\left(\frac{1}{P_E}+\frac{1}{GF_G}\right)} \qquad (1.297)$$

Bei verstrebten Holzstützen wird die Nachgiebigkeit der Verstrebung vor allem durch die Nachgiebigkeit der Nagelung bestimmt, die Dehnung der Streben selbst tritt dagegen zurück. Für die Ausfachungsform III ergibt sich z.B. bei zweiwandiger Ausführung:

$$\frac{1}{GF_G} = \gamma = \frac{v}{a} = \left(\frac{1}{2}\cdot\frac{1}{\sin^2\alpha}\cdot\frac{a}{\cos\alpha\, EF_D} + \frac{1}{2}\cdot\frac{1}{\sin^2\alpha}\cdot\frac{2}{1/2\, n_n\cdot C}\right)\cdot\frac{1}{a} \qquad (1.298)$$

Hierin ist C der Verschiebungsmodul eines einschnittigen Nagels und n_n die Gesamtzahl der Nägel, mit denen jede Einzelstrebe insgesamt beidseitig angeschlossen wird. Der Faktor 1/2 steht vor den Summanden für $\psi = 1/2$; mit dem Faktor 2 im zweiten Summanden werden die Nachgiebigkeiten zu beiden Seiten der Strebe aufaddiert, die Einheitsnachgiebigkeit jeder Anschlußseite ist:

$$\frac{1}{1/2\cdot n_n C}$$

Mit $a = b/\tan\alpha$ und $\sin\alpha\cdot\cos\alpha = \sin 2\alpha/2$ folgt:

$$\frac{1}{GF_G} = \frac{1}{2\sin^2\alpha\cos\alpha EF_D} + \frac{4}{bn_n C\cdot\sin 2\alpha} \qquad (1.299)$$

Wird der Streben-Dehnungseinfluß unterdrückt, ergibt sich für λ_1^2 in G.1.294:

$$\lambda_1^2 = \frac{4\pi^2 EF_1}{b_1\cdot n_n C\cdot\sin 2\alpha} \qquad (1.300)$$

Hierin bedeuten: F_1 Querschnittsfläche eines Gurtstabes und $b_1 = b/2$. Wegen weiterer Einzelheiten wird auf [1.99] und das dort angegebene spezielle Schrifttum verwiesen.

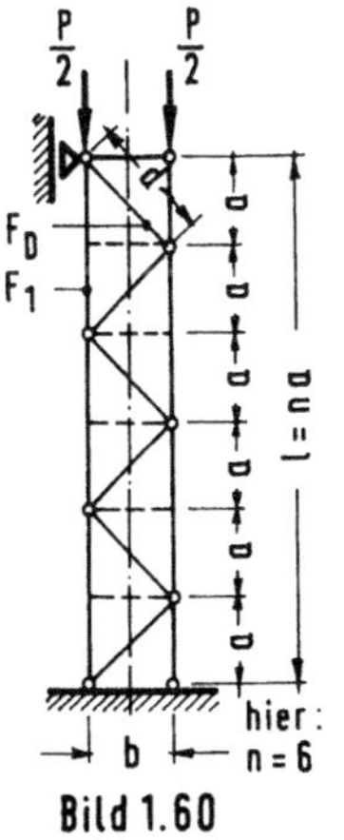

Bild 1.60

Abschließend sei erwähnt, daß die Theorie dieses Abschnittes insofern durchgehend eine Näherung darstellt, als die Vergitterung im Sinne einer Verschmierung behandelt wurde. Je geringer die Zahl der Ausfachungsschüsse ist, umso stärker tritt der Fachwerkcharakter hervor und der Stabcharakter zurück. Wird die Zahl der Diagonalen mit n abgekürzt, folgt die ideale Knicklast der im B.1.60 dargestellten Stütze (Ausfachungsform III) aus G.1.276 mit dem im B.1.58 angegebenen $1/GF_G$-Wert zu:

$$P_{Ki} = \frac{\pi^2 EJ}{l^2}\cdot\frac{1}{1+\frac{\pi^2}{2n^2}\cdot\frac{F_1}{F_D}\left(\frac{d}{a}\right)^3} \qquad (1.301)$$

Die strenge Lösung lautet [1.100], vgl. auch [1.101]:

$$P_{Ki} = \frac{\pi^2 EJ}{l^2}\cdot\frac{1}{\left(\frac{\pi/2n}{\sin\pi/2n}\right)^2+\frac{\pi^2}{2n^2}\cdot\frac{F_1}{F_D}\left(\frac{d}{a}\right)^3} \qquad (1.302)$$

Die Formeln unterscheiden sich im ersten Nennerglied. Im Grenzfall $n\rightarrow\infty$ wird dieser Term Eins und der zweite Term Null, d.h. G.1.302 geht in die EULER-Lösung des vollwandigen Stabes über, $P_{Ki}=P_E$. Für n=2, 4, 6, 8 lautet der erste Nennerterm in G.1.302: 1,111; 1,026; 1,012; 1,006. Die ausreichende Genauigkeit der "verschmierten" Rechnung ist damit gezeigt. Da die Gurtstäbe zudem biegesteif durchlaufen, liegt die Rechnung auf der sicheren Seite. (Es bedarf an sich nicht der Erwähnung, daß die Stabilität der Gurtstäbe je für sich mit der maßgebenden Knicklänge nachzuweisen ist (Abschnitt 6.6.1)).

1.2.12.5 Rahmenstäbe

B.1.61 zeigt einen gedrückten Rahmenstab in ausgebogenem (ausgeknicktem) Zustand. Die Verbiegung der Gurtstäbe ist nicht eingezeichnet. Die Verformungsfigur macht deutlich, daß das in Feldmitte liegende Bindeblech (bzw. Bindeholz) wirkungslos ist. Die an den Enden liegenden Querriegel werden am stärksten verformt, folglich geht von hier die höchste Aussteifungswirkung aus. Die Schubweichheit $1/GF_G$ folgt wieder aus der Querverschiebung v je Längeneinheit für die Einheitsquerkraft Q=1 (vgl.B.1.62):

$$v = 4\cdot\frac{1}{3}\cdot\left(\frac{a}{4}\right)^2\frac{a}{2EJ_1}+2\cdot\frac{1}{3}\cdot\left(\frac{a}{2}\right)^2\frac{b}{2EJ_R}$$

$$= \frac{a^3}{24\,EJ_1}+\frac{a^2b}{12\,EJ_R} \rightarrow$$

$$\frac{1}{GF_G} = \frac{v}{a} = \frac{a^2}{24EJ_1}+\frac{ab}{12\,EJ_R} \qquad (1.303)$$

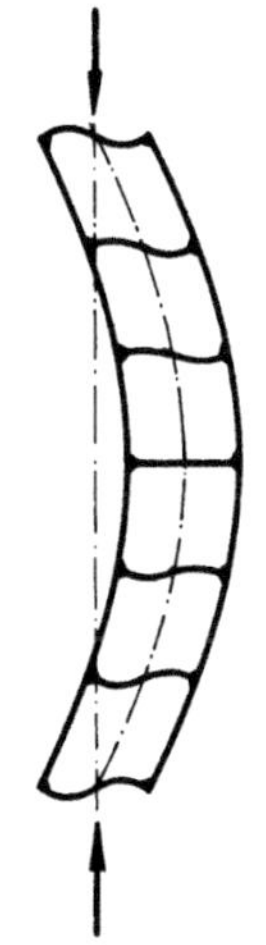
Bild 1.61

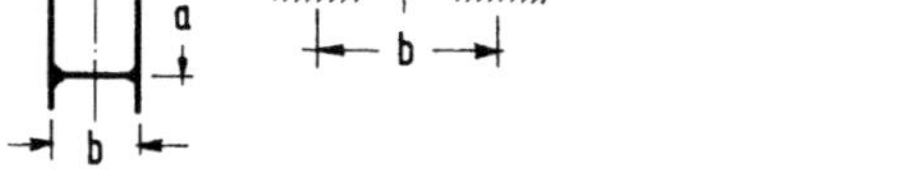

Bild 1.62

Hierin ist J_1 das Trägheitsmoment eines Gurtstabes und J_R das Riegelträgheitsmoment.

Für die Vergleichsschlankheit ergibt sich bei Vernachlässigung der Riegelverformung gemäß G.1.294:

$$\lambda_V = \sqrt{\lambda^2+\frac{\pi^2}{i^2}\cdot\frac{EJ}{GF_G}} = \sqrt{\lambda^2+\pi^2\frac{EF}{GF_G}} = \sqrt{\lambda^2+\pi^2\frac{2F_1a^2}{24\,J_1}} \qquad (1.304)$$

Mit

$$\frac{\pi^2}{12}\approx 1 \text{ und } \frac{F_1}{J_1}a^2 = \left(\frac{a}{i_1}\right)^2 = \lambda_1^2 \qquad (1.305)$$

folgt schließlich:

$$\lambda_{Vi} = \sqrt{\lambda^2 + \lambda_1^2} \qquad (1.306)$$

Diese Rechnung setzt wieder eine starre Verbindung zwischen den Bindeblechen und Gurtstäben voraus, wovon im Metallbau ausgegangen werden kann. Im Holzbau werden die Nachgiebigkeiten der Anschlüsse zwischen den Binde- bzw. Zwischenhölzern einerseits und den Gurtstäben andererseits durch Korrekturfaktoren c erfaßt, die in Versuchen bestimmt wurden [1.99]: "Wirksame" Schlankheit:

$$\lambda_w = \sqrt{\lambda^2 + c \cdot \lambda_1^2} \qquad (1.307)$$

Die Erweiterung der Theorie auf drei und mehr Gurtstäbe ist unschwer möglich. Die Nachweisformen in DIN 4114A, DIN 4113 und DIN 1052 basieren auf diesen Ansätzen.

1.2.12.6 Bemessungsquerkraft für Vergitterung und Verrahmung mehrteiliger Stützen

Eine gesamtheitliche Wirkung als mehrteilige Stütze kommt nur zustande, wenn die Gitterstäbe und Bindebleche und deren Anschlußmittel ausreichend bemessen sind. Hierzu bedarf es einer Bemessungsquerkraft. Diese läßt sich nur durch Vorgabe einer Vorauslenkung im Sinne einer baupraktisch unvermeidlichen Imperfektion ableiten. Hierfür wird eine sinusförmige Vorverformung

$$v_0(z) = f_0 \cdot \sin\pi\frac{z}{l} \qquad (1.308)$$

unterstellt. f_0 ist der Biegepfeil im unbelasteten (vorverformten) Ausgangszustand. Im ausgelenkten Zustand beträgt das Biegungsmoment für den beidseitig gelenkig gelagerten Stab (EULER-Fall II):

$$M = P(f_0 \cdot \sin\pi\frac{z}{l} + v) \qquad (1.309)$$

Wird dieser Ausdruck in G.1.273:

$$v'' = -\frac{M}{EJ} + \frac{M''}{GF_G}$$

eingesetzt, ergibt sich die Differentialgleichung

$$v'' + \left(\frac{\varepsilon}{l}\right)^2 v = -\left(\frac{\varepsilon}{l}\right)^2 \cdot \left(1 + \frac{\pi^2 EJ}{l^2 GF_G}\right) \cdot f_0 \sin\pi\frac{z}{l} \qquad (1.310)$$

mit:

$$\varepsilon = l\sqrt{\frac{P}{EJ(1-P/GF_G)}} \qquad (1.311)$$

Die Lösung lautet:

$$v = \frac{1 - \frac{\pi^2 EJ}{l^2 GF_G}}{\left(\frac{\pi}{\varepsilon}\right)^2 - 1} \cdot f_0 \sin\pi\frac{z}{l} = \frac{\frac{P}{P_{Ki}}}{1 - \frac{P}{P_{Ki}}} \cdot f_0 \sin\pi\frac{z}{l} \qquad (1.312)$$

Um G.1.312 zu finden, wird zunächst für die allgemeine Lösung von G.1.310

$$v = C_1 \sin\varepsilon\frac{z}{l} + C_2 \cos\varepsilon\frac{z}{l} + v_{part} \qquad (1.313)$$

die partikuläre Lösung mit dem Ansatz

$$v_{part} = a \cdot \sin\pi\frac{z}{l} \qquad (1.314)$$

durch Koeffizientenvergleich bestimmt und anschließend C_1 und C_2 aus den Randbedingungen $v(0)=v(l)=0$ berechnet; letztere ergeben sich zu Null.

Die Ableitung von v lautet:

$$\varphi = v' = \frac{P/P_{Ki}}{1 - P/P_{Ki}} \pi \frac{f_0}{l} \cos\pi\frac{z}{l} \qquad (1.315)$$

An den Stabenden ist φ am größten. Die Querkraft beträgt an beliebiger Stelle z:

$$Q = P(\varphi_0 + \varphi) = P[\pi \frac{f_0}{l} + \frac{P/P_{Ki}}{1 - P/P_{Ki}} \pi \frac{f_0}{l}] \cos\pi \frac{z}{l} \tag{1.316}$$

An den Stabenden ist:

$$\max Q = P \frac{f_0}{l} \pi \frac{1}{1 - P/P_{Ki}} \tag{1.317}$$

Diese Bemessungsquerkraft ist nach DIN 4114N für die Vergitterungs- und Verrahmungsnachweise anzuwenden, dabei ist $f_0/l = 1/500$ anzusetzen, vgl. G.1.295 bis 1.297, siehe auch [1.102].

Ausgehend von G.1.317 kann für den in DIN 4114A angegebenen Bemessungswert

$$Q_i = \frac{\omega_{yi} P}{80} \tag{1.318}$$

für Hochbaukonstruktionen rückgeschlossen werden, welche Vorbiegung diesem Ansatz zugrunde liegt. Hierzu wird von

$$\text{zul}\, P = \frac{\text{zul}\sigma \cdot F}{\omega_{yi}} \tag{1.319}$$

ausgegangen. Damit lautet G.1.318:

$$\max Q = \frac{\omega_{yi} \cdot \text{zul}P}{80} = \frac{\text{zul}\sigma \cdot F}{80} \tag{1.320}$$

Nach Gleichsetzung von G.1.320 mit G.1.317 findet man nach kurzer Zwischenrechnung:

$$\frac{f_0}{l} = \frac{\omega_{yi}}{80\,\pi}\left(1 - \frac{\frac{\text{zul}\sigma}{\omega_{yi}}}{\frac{\pi^2 E}{\lambda_{yi}^2}}\right) \tag{1.321}$$

Die numerische Auswertung liefert: $\lambda_{yi} = 60$: $l/f_0 = 240$
120: 115
180: 51
240: 29

Demnach liegen DIN 4114A relativ große Vorverformungen zugrunde.

Neben dem vorstehenden Konzept läßt sich ein weiteres entwickeln, um die Bemessungsquerkraft abzuleiten: Das maximale Biegungsmoment in Feldmitte beträgt bei Vorgabe der Vorverformung f_0, vgl. G.1.312:

$$\max M = P(f_0 + \max v) = P f_0 \frac{1}{1 - P/P_{Ki}} \tag{1.322}$$

Die Biegerandspannungen ergeben sich damit in Stabmitte zu:

$$\sigma = \frac{P}{F} + \frac{P f_0}{J} c \cdot \frac{1}{1 - P/P_{Ki}} \tag{1.323}$$

Hierin ist c der Abstand von der Stabachse zum Biegedruckrand. f_0 wird als Bruchteil der Knicklänge angesetzt:

$$f_0 = \frac{s_K}{n} = \frac{\beta \cdot l}{n} = \frac{\lambda_y}{n} i \tag{1.324}$$

Die Bemessungsquerkraft wird so festgelegt, daß sie der elastischen Grenzlast P_{El} entspricht. P_{El} ist jene Druckkraft unter der am Biegedruckrand die Fließgrenze σ_F erreicht wird. Die zugehörige mittlere Spannung wird mit σ_{El} abgekürzt. Die Bestimmungsgleichung für σ_{El} folgt aus G.1.323, wenn für f_0 G.1.324 und $\sigma = \sigma_F$ gesetzt wird:

$$\frac{P_{El}}{F}\left(1 + \frac{\lambda_y}{n} \frac{c}{i} \cdot \frac{1}{1 - P_{El}/P_{Ki}}\right) = \sigma_F \longrightarrow \sigma_{El}\left(1 + \frac{\lambda_y}{n} \cdot \frac{c}{i} \cdot \frac{1}{1 - \sigma_{El}/\sigma_{Ki}}\right) = \sigma_F \tag{1.325}$$

Gemäß G.1.276 ist:

$$\sigma_{Ki} = \frac{P_{Ki}}{F} \longrightarrow \sigma_{Ki} = \frac{\pi^2 E}{\lambda^2} \frac{1}{1 + \frac{\pi^2}{\lambda^2} \frac{EF}{GF_G}} \tag{1.326}$$

Hierin ist $\lambda = l/i$. Gleichwertig ist auch:

$$\sigma_{Ki} = \frac{\pi^2 E}{\lambda_V^2} = \frac{\pi^2 E}{\lambda^2 + \lambda_1^2} \tag{1.327}$$

Wenn σ_{El} aus G.1.325 bestimmt ist, folgt die Bemessungsquerkraft aus

$$\max Q = \sigma_{El} F \cdot \frac{\pi}{n} \cdot \frac{1}{1 - \sigma_{El}/\sigma_{Ki}} \qquad (1.328)$$

Da dieses Konzept auf die Fließlast Bezug nimmt, ist in max Q die Sicherheit enthalten. Werden Vergitterung bzw. Verrahmung für Gebrauchsspannungen (mit zul Spannungen) nachgewiesen, ist max Q gemäß G.1.328 durch die Sicherheitszahl gegenüber der elastischen Grenzlast zu dividieren.

Für einen Zweipunktquerschnitt beträgt beispielsweise der Quotient c/i in G.1.325:

$$J = 2 \cdot Fc^2 \longrightarrow i = \sqrt{2}\,c \longrightarrow c/i = 1/\sqrt{2} \qquad (1.329)$$

Bezüglich Einzelheiten zur Begründung der Bemessungsquerkraft in DIN 4114A und der hierin geforderten Grenzbedingungen für die Schlankheit der Einzelstäbe und der zulässigen Spreizungen kann auf die ausführlichen Darlegungen in [0.7] verwiesen werden.

Ist die Bemessungsquerkraft vorgegeben, können die Nachweise für Vergitterung und Verrahmung in einfacher Weise geführt werden:

Vergitterung : Diagonalstabkraft $D = \max Q/\sin\alpha$ (1.330)

Verrahmung : Schubkraft im Bindeblech bei zweigurtigen Stützen: $T = \max Q \cdot a/b$ (1.331)

Bei mehrwandigen Stützen, d.h. bei mehreren parallel nebeneinander liegenden Vergitterungen bzw. Verrahmungen sind D bzw. T mit dem ψ-Faktor nach B.1.58 zu multiplizieren. Bei mehrstieligen Stützen folgt T aus einfachen Gleichgewichtsgleichungen, siehe DIN 4114A und DIN 4114N.

1.2.13 Einfluß der Dehnsteifigkeit auf die Stabilität gedrückter Stäbe und Stabwerke

1.2.13.1 Primärdehnung der Stabachse

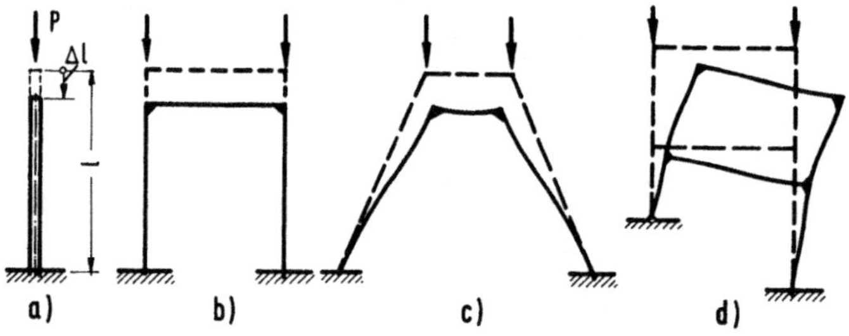

Bild 1.63

Um die Auswirkung der Primärstauchung auf die Knicklast aufzuzeigen, werden die in B.1.63 dargestellten Systeme a bis d betrachtet. Die Fälle a und b stehen stellvertretend für Tragsysteme, bei denen der Grundzustand bis zum Erreichen der Verzweigungslast trotz der Stabverkürzungen momentenfrei bleibt. Anders liegen die Verhältnisse im Falle des Trapezrahmens (Fall c), hier treten unter symmetrischer Belastung infolge der Stauchung der Stiele und des Riegels symmetrische Primärmomente auf. Wie in Abschnitt 1.2.10 gezeigt, knickt der Rahmen, trotz primärer Biegebeanspruchung, unter der Verzweigungslast des momentenfreien Rahmens aus. Fall d steht für Stabwerke, die sich infolge ungleicher Stabkürzungen (oder Setzungen) schräg stellen. Hier liegt ein Spannungsproblem Th.II.Ordn. vor, das sich z.B. mittels des verallgemeinerten Verformungsgrößenverfahrens lösen läßt (Abschnitt 3.4.8.5 und 3.4.8.9).

Die unbedeutende Größenordnung des Dehnungseinflusses in den Fällen a und b läßt sich wie folgt abschätzen: Es wird gesetzt:

$$P_{Ki} = \frac{\pi^2 EJ}{\beta^2 (l - \Delta l)^2} \approx \frac{\pi^2 EJ}{\beta^2 l^2 (1 - 2\varepsilon)} = P_E \frac{1}{1 - 2\varepsilon} \qquad (1.332)$$

Hierin ist P_E die EULER-Last des dehnstarren Knickstabes. Im Moment des Knickens beträgt die Stauchung $\varepsilon = P_{Ki}/EF$. G.1.332 wird hiermit umgeformt:

$$P_{Ki} = \frac{P_E}{1 - 2\frac{P_{Ki}}{EF}} \longrightarrow P_{Ki}^2 - \frac{EF}{2} P_{Ki} + \frac{EF}{2} P_E = 0 \qquad (1.333)$$

Lösung:

$$P_{Ki} = \frac{EF}{4} [1 - \sqrt{1 - 8\frac{P_E}{EF}}\,] \approx \frac{EF}{4} [1 - 1 + 4\frac{P_E}{EF} - 8\frac{P_E^2}{(EF)^2} + \cdots]$$

$$\approx P_E \cdot (1 - 2 \cdot \frac{P_E}{EF}) = P_E \cdot (1 - 2\frac{\pi^2}{\beta^2 l^2} \cdot \frac{J}{F}) = P\,(1 - 2\frac{\pi^2}{\lambda^2}) \qquad (1.334)$$

Merkformel:

$$P_{Ki} \approx (1 - 20/\lambda^2) \cdot P_E \qquad (1.335)$$

Die Gültigkeit dieser Formel ist an den elastischen Bereich gebunden.
Beispiel: $\lambda = 100$: $P_{Ki} = (1 - 0{,}0002) \cdot P_E$. - In Fällen, wie im B.1.63c, wirkt sich die Primärdehnung ebenfalls nur in Promille aus.

1.2.13.2 Verschiebliche Rahmen

Um die Auswirkung der Stiellängenänderungen auf die Knicklast bzw. Knicklänge verschieblicher Rahmen sichtbar zu machen, wird der einfache Fall eines Zweigelenkrahmens unter symmetrischer Belastung betrachtet (siehe B.1.64a). Das Knickproblem des Rahmens kann durch das Knickproblem eines unten gelenkig gelagerten und oben frei verschieblichen, in eine Drehfeder eingespannten Stabes ersetzt werden (B.1.64b). Im Falle $K = \infty$ ergibt sich die Knicklänge $s_K = 2l$, bei endlichem K ist $s_K > 2l$. Die Drehfederkonstante K ist als jenes Moment definiert, das eine Drehung von der Einheit Eins bewirkt. Um die

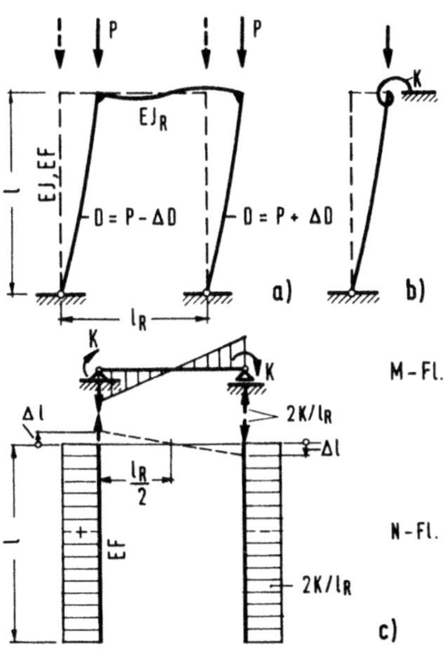

Bild 1.64

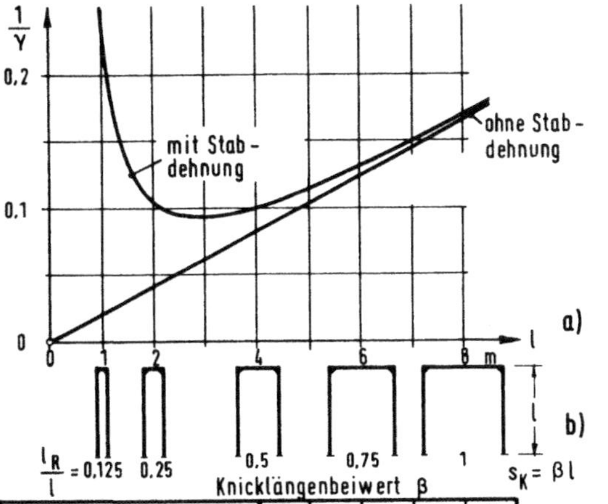

Fall: l_R =	1	2	4	6	8 m
ohne Stieldehnung	2,04	2,08	2,17	2,23	2,30
mit Stieldehnung	2,45	2,20	2,19	2,24	2,30
Abweichung in %	17	5	1	0	0
ohne Stieldehnung	1,02	1,04	1,08	1,12	1,15
mit Stieldehnung	1,22	1,10	1,09	1,12	1,15
Abweichung in %	20	6	1	0	0

Bild 1.65

Drehfederkonstante für das Ersatzproblem abzuleiten, wird an den Enden des isolierten Rahmenriegels ein antimetrisches Momentenpaar K angesetzt. Die Drehung φ ergibt sich mittels des Arbeitssatzes aus der antimetrischen Verbiegung des Riegels und der Längenänderung der Stiele zu (siehe B.1.64c):

$$\varphi = \frac{K \cdot l_R}{6EJ_R} + \frac{\Delta l}{l_R/2} \text{ und } \Delta l = \frac{2K}{l_R} \cdot \frac{l}{EF} \qquad (1.336)$$

Nach Umformung gilt:

$$\varphi = \frac{K l_R}{6EJ_R} + \frac{2K}{l_R} \frac{l}{EF} \frac{2}{l_R} = K \cdot \frac{l_R}{6EJ_R} (1 + 24\frac{EJ}{EF \cdot l_R^2} \cdot \frac{l}{l_R}) \qquad (1.337)$$

Es wird $\varphi=1$ gesetzt und nach K aufgelöst:

$$K = 6\,\frac{EJ_R}{l_R}\cdot\frac{1}{1+24\frac{EJ_R}{EF l_R^2}\frac{l}{l_R}} \qquad (1.338)$$

Das zweite Glied im Nenner kennzeichnet den Dehnungseinfluß, es ist i.allg. ≪ Eins. Bei engem Abstand der Stiele, also schlanken Rahmen, gewinnt der Dehnungseinfluß zunehmend an Bedeutung. B.1.65 zeigt ein Beispiel für $EJ=EJ_R$. Im Bildteil a ist der die Riegeleinspannung kennzeichnende Parameter

$$\frac{1}{\gamma} = \frac{EJ}{Kl} \qquad (1.339)$$

in Abhängigkeit von der Rahmenschlankheit dargestellt. Das Diagramm gilt für ein Stiel- und Riegelprofil IPBl 600 und $l=8{,}0$ m.
Im Bildteil b ist der Knicklängenfaktor β für den Zweigelenkrahmen und den Rechteckrahmen mit eingespannten Stielfüßen für verschiedene Rahmenschlankheiten angegeben. Hieraus wird deutlich, daß bei Schlankheiten $l/l_R = 4$ die Abweichung gegenüber der Annahme dehnstarrer Stiele 5 bis 6 Prozent beträgt. Mit größer werdender Schlankheit wachsen die Abweichungen stark an. Für $l/l_R = 8$ betragen sie 17 bis 20 Prozent. Das Ergebnis dieser Abschätzung kann für baupraktische Rechnungen verwertet werden.

1.2.14 Lastfall Temperatur

1.2.14.1 Temperaturgradient

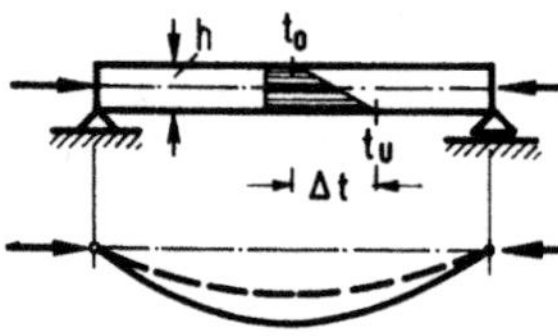

Bild 1.66

Das Auftreten eines Temperaturgradienten $\Delta t = t_u - t_o$ stellt einen planmäßigen Lastfall der Biegetheorie II.Ordn. dar. Das erweiterte (linearisierte) Elastizitätsgesetz lautet:

$$v'' + \alpha_t\frac{\Delta t}{h} + \frac{M(z)}{EJ} = 0 \qquad (1.340)$$

h ist die Dicke des Stabes in Richtung des Gradienten, vgl. B.1.66. α_t ist der Temperaturausdehnungskoeffizient. Wirken auf Stäbe, die durch einen Temperaturgradienten eine Vorverformung erleiden, Druckkräfte, so wirkt sich das in einem Verformungseffekt Th.II.Ordn. aus, vgl. Abschnitt 3.4.4/5.

1.2.14.2 Temperaturänderung

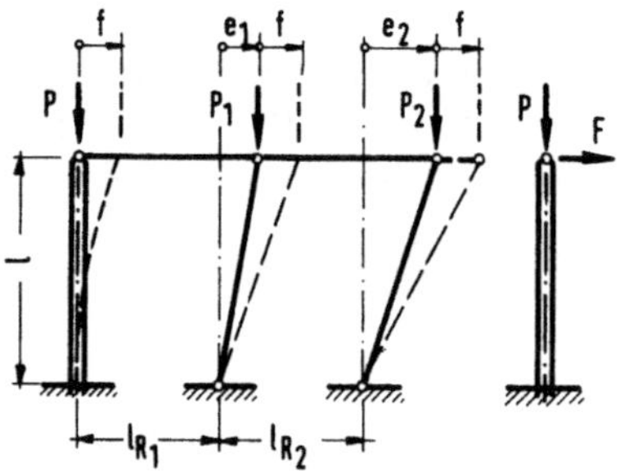

Bild 1.67

Bei einer Temperaturänderung t verlängert oder verkürzt sich ein Stab der Länge l um den Betrag:

$$\Delta l_t = \alpha_t \cdot t \cdot l \qquad (1.341)$$

In einem statisch bestimmt gelagerten Tragwerk können sich die Temperaturverformungen frei einstellen, bei statisch unbestimmten Systemen treten Zwängungen auf. Wirken Druckkräfte in einem temperatur-verformten System, entstehen i.allg. Zusatzbeanspruchungen Th.II.Ordn., auch bei statisch bestimmten Systemen In den Berechnungsmethoden wird der Temperatureinfluß über die Netzfiguren erfaßt.
Als Beispiel für die Auswirkung von Temperaturlängenänderungen wird das im B.1.67 dargestellte Tragsystem betrachtet. Es besteht aus einer Stabilisierungsstütze mit angekoppelten Pendelstützen. Die Längenzunahme eines Riegels beträgt $e_t = \alpha_t t \cdot l_R$. Die Längenzunahmen wirken sich in immer stärkeren Schrägstellungen der Pendelstützen aus, wie im B.1.67 abgebildet. Infolge der auf die Pendelstützen einwirkenden Druckkräfte entstehen Abtriebskräfte, die durch die sich einstellende Ausbiegung f der Kragstütze weiter vergrößert werden. Auf letztere wirkt die Abtriebskraft F:

$$F = \sum_1^n P \cdot \frac{e_i + f}{l} = \frac{1}{l} \cdot \sum_1^n P \cdot \sum_1^i (\alpha_t t \cdot l_{Ri} + f) \qquad (1.342)$$

n ist die Anzahl der Pendelstützen. F kann mit der in G.1.2 angesetzten Horizontalkraft H identifiziert werden. Wird so verfahren, erhält man eine Bestimmungsgleichung für f. Nach Auflösung nach f können die Schnittgrößen in der Kragstütze nach Th.II.Ordn. berechnet werden. Möglich ist auch die Berechnung der Abtriebskraft nach Th.I.Ordn., dazu ist in G.1.342 f zu streichen. Die Schnittgrößen nach Th.I.Ordn. werden dann um den Verformungsfaktor α erhöht. P_{Ki} ist unter Berücksichtigung der angependelten Druckstützen zu berechnen, vgl. Abschn.5.13.

1.2.14.3 Stabknicken bei behinderter Temperaturdehnung

Wird die Ausdehnung eines Stabes infolge Temperaturerhöhung durch starre Lagerung an den Stabenden verhindert, liegt ein Knickproblem vor. Aus der Gleichsetzung der Stabdehnung im Verzweigungsmoment mit der Temperaturdehnung läßt sich auf einfache Weise die kritische Temperaturerhöhung bestimmen:

$$\varepsilon_{Ki} = \frac{\sigma_{Ki}}{E} = \frac{\pi^2 EJ}{\beta^2 l^2 EF} = \frac{\pi^2 i^2}{(\beta l)^2} = \frac{\pi^2}{\lambda^2} \overset{!}{=} \alpha_t t_{Ki} \longrightarrow t_{Ki} = \frac{\pi^2}{\alpha_t \cdot \lambda^2} \qquad (1.343)$$

λ ist die auf die Knicklänge $s_K = \beta l$ bezogene Schlankheit. In der Tabelle des B.1.68 ist G.1.343 ausgewertet. Ggf. ist die Temperaturabhängigkeit des E-Moduls zu berücksichtigen. Steigt die Temperatur t über t_{Ki} weiter an, biegt der Stab aus. Für kleine Verformungen kann gesetzt werden, vgl. G.1.49 bzw. G.1.62:

$$\varepsilon_t = \alpha_t t = \varepsilon_{Ki} + \frac{1}{l}\int_0^l \frac{1}{2} v'^2 dz = \frac{\pi^2}{\lambda^2} + \frac{1}{2l}\int_0^l v'^2 dz = \frac{\pi^2}{\lambda^2} + \frac{\pi^2 \cdot f^2}{4 \cdot l^2} \qquad (1.344)$$

Hierin ist f die Mittenausbiegung. Der zweite Term in G.1.344 gilt gleichermaßen für EULER-Fall II und IV:

$$\frac{1}{2}\int_0^l v'^2 dz = \frac{1}{2} \cdot \int_0^l \left(f \sin\frac{\pi z}{l}\right)'^2 dz = \frac{f^2}{2}\int_0^l \left(\frac{\pi}{l}\cos\frac{\pi z}{l}\right)^2 dz = \frac{f^2 \pi^2}{4 l} \qquad (1.345)$$

Bei Berücksichtigung von G.1.343 folgt aus G.1.344:

$$\frac{f}{l} = \frac{2}{\pi}\sqrt{\alpha_t t - \frac{\pi^2}{\lambda^2}} = \frac{2\sqrt{\alpha_t \cdot t_{Ki}}}{\pi} \cdot \sqrt{\frac{t}{t_{Ki}} - 1} \qquad \left(\frac{t}{t_{Ki}} \geq 1\right) \qquad (1.346)$$

λ =	50	100	150	200	250	
t_{Ki} =	329	82	36.6	20.6	13.2	°C
t/t_{Ki}	f/l =					
1	0	0	0	0	0	
1.5	28.1	14.1	9.4	7.0	5.6	
2	39.8	19.9	13.3	10.0	8.0	
2.5	48.7	24.4	16.3	12.2	9.7	
3	56.3	28.1	18.8	14.1	11.3	
4	68.9	34.5	23.1	17.2	13.8	
5	79.6	39.8	26.6	19.9	15.9	

$\times 10^{-3}$

Bild 1.68

B.1.68 enthält auch eine Auswertung dieser Formel und zwar ist f/l als Funktion von ausgezeichneten Werten für t/t_{Ki} und λ angeschrieben. Die Tabellenwerte gelten für Stahl mit $\alpha_t = 12 \cdot 10^{-6}/K$. Aus der Tabelle kann entnommen werden, daß schlanke Stäbe bei relativ geringer Temperatur ausknicken. Bezogen auf die Länge ist die Ausbiegung bei Überschreiten der kritischen Temperatur indes kleiner als bei gedrungenen Stäben.

1.2.14.4 Verwerfungsproblem

Bei lückenlos verschweißten Schienen kennt man das Verwerfungsproblem bei starker sommerlicher Hitze. Geht man von einer Normaltemperatur (Verlegetemperatur) von +15°C aus und legt Erwärmungen auf +60°C und Abkühlungen auf -30°C zugrunde, treten in der Schiene Temperaturspannungen $\mp$ 0,000012·45·21000=$\mp$11,34 kN/cm² auf. In der Schiene S 49

F=61,7 cm^2) werden dann beispielsweise Achsialkräfte ∓ 700 kN geweckt, somit im Gleis ∓1400 kN.

Man unterscheidet lotrechte Gleisverwerfungen gegen das Eigengewicht des Gleises und waagerechte Verwerfungen gegen den Seitenverschiebewiderstand der Einschotterung. Das Gleis verhält sich dabei als Rahmenträger: Die Schienen sind die Rahmenstiele und die Schwellen die Rahmenriegel (Gleisrost). Im modernen Gleisbau kann eine Verwerfung durch planmäßige Gleislage, gute Einschotterung und hohe Rahmensteifigkeit mit Sicherheit verhindert werden. Bezüglich der klassischen Behandlung des Verwerfungsproblems wird auf [1.103] verwiesen, hierin werden Näherungslösungen angegeben. In moderner Behandlung wird die dynamische Zusatzbeanspruchung unter rollendem Verkehr berücksichtigt [1.104]. - Das Ausknicken von fugenlosen Massivplatten auf Straßen und Pisten zählt zur selben Problemklasse. In gleichem Sinne wirken sich Schwindverkürzungen im Mauerwerk auf Fliesenbeläge aus; hier kann es zum Ausknicken bzw. Abplatzen ausgedehnter Fliesenflächen kommen.

1.3 Durchschlagprobleme

1.3.1 Grundaufgabe: Spreizwerk

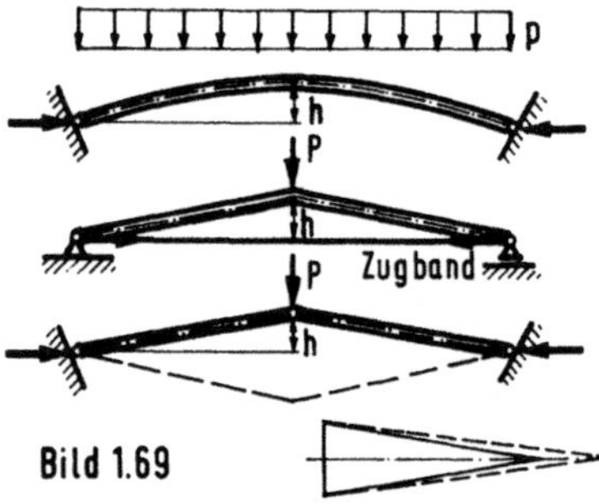

Bild 1.69

Durchschlagprobleme liegen bei Stützsystemen mit großer Spreizung vor, z.B. bei sehr flachen Bogen und Sprengwerken, wie im B.1.69 dargestellt. Durch die Stauchung der bogenförmigen oder polygonalen Stützstruktur und die Nachgiebigkeit der Widerlager tritt eine Durchsenkung ein. Horizontalschub und Druckkraft wachsen an. Bei einer ganz bestimmten Lastintensität, der sog. Durchschlaglast, schlägt das System in eine neue, stabile Gleichgewichtslage durch. Dabei wird vorausgesetzt, daß nicht schon vorher Instabilität infolge Knickens oder Kippens der Einzelelemente eintritt. Da das reale Formänderungsvermögen begrenzt ist, kann das Durchschlagen mit dem Einsturz gleichgesetzt werden.

Bei der Bestimmung der Durchschlaglast handelt es sich nicht um ein Verzweigungsproblem (Indifferenzproblem) sondern um ein Divergenzproblem: Die Durchschlaglast ist dann erreicht, wenn unter endlichen Verformungen das Tragsystem der Zunahme des Biegungsmomentes der äußeren Kräfte nicht durch eine gleichgroße Zunahme des Biegungsmomentes der inneren Kräfte entgegenzuwirken vermag. Da endliche Formänderungen verfolgt werden müssen, treten nichtlineare kinematische Verformungsbeziehungen auf, wodurch die Theorie schwieriger wird Im folgenden wird das Durchschlagphänomen an dem in B.1.70a skizzierten federelastisch gestützten Sprengwerk studiert. Das System wird Spreizwerk genannt. Für die Stäbe wird vorerst $EJ = \infty$ und $EF = \infty$ unterstellt.

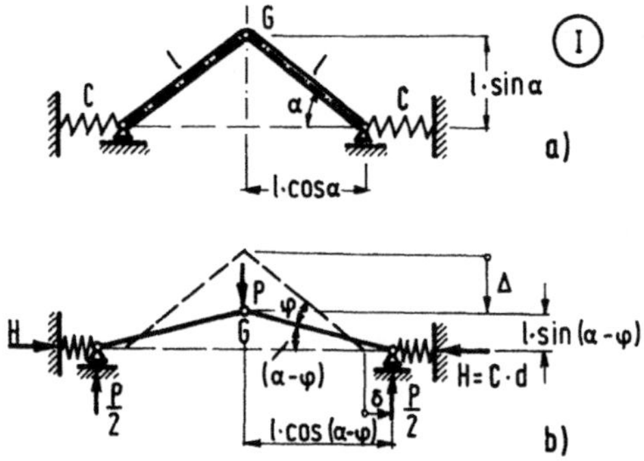

Bild 1.70

Die Verformungsfigur in B.1.70b liefert:

$$\Delta = l[\sin\alpha - \sin(\alpha-\varphi)] \qquad (1.351)$$

$$\delta = l[\cos(\alpha-\varphi) - \cos\alpha] \qquad (1.352)$$

l ist die Länge und α der Neigungswinkel der Streben im unbelasteten Zustand. Δ ist die Durchsenkung der mittigen Einzellast und δ die Verschiebung der Lager. δ ist somit gleich der Federwege. Mit C wird die Federkonstante abgekürzt.

Die Durchschlaglast läßt sich statisch und energetisch bestimmen.

S t a t i s c h e   H e r l e i t u n g : Die Gleichgewichtsbedingung $M_G=0$ für das Firstgelenk lautet am verformten System:

$$\frac{P}{2} l\cdot\cos(\alpha-\varphi) - Hl\cdot\sin(\alpha-\varphi) = 0 \tag{1.353}$$

H ist der Horizontalschub und ist mit der Federkraft identisch:

$$H = C\delta = Cl\cdot[\cos(\alpha-\varphi) - \cos\alpha] \tag{1.354}$$

Mit der Abkürzung

$$\gamma = \frac{P}{2Cl} \tag{1.355}$$

folgt durch Verknüpfung der Gleichungen G.1.353 und G.1.354 die Bestimmungsgleichung:

$$\gamma - [\cos(\alpha-\varphi) - \cos\alpha]\cdot\tan(\alpha-\varphi) = 0 \tag{1.356}$$

Jedem Lastwert γ ist ein bestimmter Verformungswinkel φ gegenüber der ursprünglichen Strebenneigung zugeordnet. Über die G.1.351/2 sind damit auch Δ und δ bekannt. Die funktionale Abhängigkeit $\gamma=\gamma(\varphi)$ zeigt B.1.71a für $\alpha=45^0$. Bis zum Erreichen von γ_D, d.h. $P_D=2Cl\cdot\gamma_D$, ist das Tragwerk stabil. Bei Erreichen dieser kritischen Intensität divergiert das Gleichgewicht, das Spreizwerk schlägt durch. In der neuen Lage werden die Stäbe auf Zug beansprucht, das Tragwerk ist nun über alle Grenzen stabil. Die in B.1.71a gestrichelt gezeichnete Kurve hat nur theoretische Bedeutung: Es sind zwar Gleichgewichtszustände, die der G.1.356 genügen, doch müßte P bei Erreichen von P_D wieder abnehmen, das Vorzeichen ändern und schließlich wieder zunehmen, um der Kraft-Verformungs-Kurve zu genügen. Real ist P i.allg. eine Schwergewichtslast und würde sich nach dem Durchschlagen wegen des Potentialunterschiedes eine dynamische Oberhöhung mit Schwingungen um die neue Gleichgewichtslage einstellen.

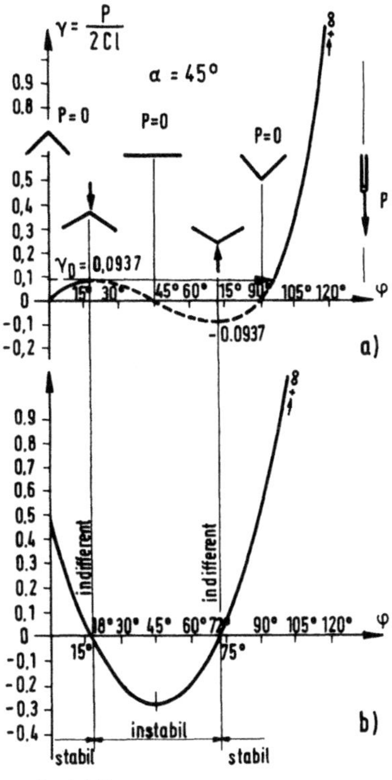

Bild 1.71

Das der Durchschlaglast zugeordnete Maximum der $\gamma(\varphi)$-Kurve folgt aus $d\gamma/d\varphi=0$:

$$\cos^3(\alpha-\varphi_D) - \cos\alpha = 0 \longrightarrow \varphi_D \tag{1.357}$$

Die Lösung dieser transzendenten Bestimmungsgleichung für γ_D gelingt nur iterativ. Stellt man in G.1.357 $\cos\alpha$ frei und setzt die rechte Seite in G.1.356 ein, findet man:

$$\gamma_D = \frac{P_D}{2Cl} = \sin^3(\alpha-\varphi_D) \tag{1.358}$$

E n e r g e t i s c h e   H e r l e i t u n g : Im verformten Zustand ist in den Federn die potentielle Energie

$$\Pi_i = 2\cdot\frac{1}{2}H\delta = H\delta = C\delta^2 \tag{1.359}$$

gespeichert. Die potentielle Energie der äußeren Kraft beträgt:

$$\Pi_a = -P\Delta \tag{1.360}$$

(Das Arbeitsvermögen von P hat um $P\cdot\Delta$ abgenommen.) Die gesamte potentielle Energie folgt als Summe aus Π_i und Π_a. Einschließlich G.1.351/2 gilt:

$$\Pi = \Pi_i + \Pi_a = C\delta^2 - P\Delta \tag{1.361}$$
$$= Cl^2[\cos(\alpha-\varphi) - \cos\alpha]^2 - Pl\cdot[\sin\alpha - \sin(\alpha-\varphi)]$$

Gleichgewichtslagen sind nach dem Prinzip der virtuellen Verrückung durch $\delta\Pi = 0$ ausgezeichnet:

$$\delta\Pi = \frac{\partial\Pi}{\partial\varphi}\delta\varphi = 0 \tag{1.362}$$

Führt man die partielle Differentiation von G.1.361 nach φ aus, findet man, außer der Triviallösung $\delta\varphi = 0$, G.1.356, also die Zustandsgleichung für endlich verformte Gleichgewichtslagen.

Die zweite Variation gestattet eine Aussage über die Art des Gleichgewichts. Sie lautet hier:

$$\delta^2\Pi = \frac{\partial^2\Pi}{\partial\varphi^2}\delta^2\varphi = \Big\{ 2Cl^2\cdot[\sin^2(\alpha-\varphi) + (\cos\alpha - \cos(\alpha-\varphi))]\cos(\alpha-\varphi) - $$
$$- Pl\cdot\sin(\alpha-\varphi)\Big\}\,\delta^2\varphi \qquad (1.363)$$

Eine stabile Gleichgewichtslage ist durch $\delta^2\Pi > 0$, eine indifferente durch $\delta^2\Pi = 0$ und eine labile durch $\delta^2\Pi < 0$ gekennzeichnet, vgl. Abschnitt 1.2.2.1. Im B.1.71b ist G.1.363 als Funktion von φ eingezeichnet. Die stabilen und labilen Lagen gehen hieraus hervor. Bei der Deutung ist zu berücksichtigen, daß die Gleichgewichtslagen während des Durchschlagens eine Kraftintensität und -richtung erfordern, wie sie der Kraftverformungskurve entsprechen. Dieser Sachverhalt wurde bereits oben erörtert.

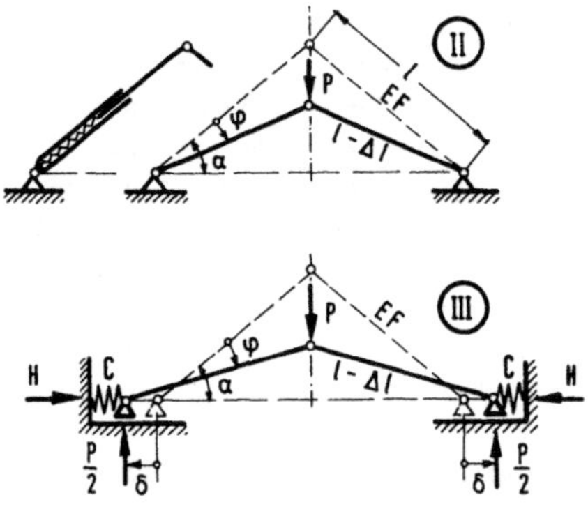

Bild 1.72

1.3.2 Erste Erweiterung der Grundaufgabe

Die in B.1.72 dargestellten Systeme lassen sich auf die im vorangegangenen Abschnitt gelöste Grundaufgabe zurückführen. Aufgrund der kinematischen Abhängigkeiten erhält man zusammengefaßt:

$$\text{System I:}\quad \gamma = \frac{P}{2Cl} \longrightarrow P_D = 2Cl\gamma_D \qquad (1.364)$$

$$\text{System II:}\quad \gamma = \frac{P}{2EF} \longrightarrow P_D = 2EF\gamma_D \qquad (1.365)$$

$$\text{System III:}\quad \gamma = \frac{P}{2Cl}\left(1+\frac{Cl}{EF}\right) \longrightarrow P_D = \frac{2Cl}{\left(1+\frac{Cl}{EF}\right)}\gamma_D \qquad (1.366)$$

C ist wieder die Federkonstante und EF die Dehnsteifigkeit der Stäbe. Die Bestimmungsgleichung für φ_D ist in allen Fällen mit G.1.357 identisch. Nachdem φ_D bekannt ist, wird γ_D aus G.1.358 bestimmt.

Daß die Rückführung des Systems III auf System I möglich ist, läßt sich mit

$$\Delta l = \frac{Nl}{EF} = \frac{Pl}{2EF\cdot\sin(\alpha-\varphi)} \qquad (1.367)$$

und

$$H = C\cdot\delta = [(l-\Delta l)\cdot\cos(\alpha-\varphi) - l\cdot\cos\alpha]C \qquad (1.368)$$

nach der statischen Herleitungsweise zeigen. Bei der energetischen Herleitung ist bei der Variation des Potentials

$$\Pi = C[(l-\Delta l)\cdot\cos(\alpha-\varphi) - l\cdot\cos\alpha]^2 + \frac{EF}{l}(\Delta l)^2 - P[l\cdot\sin\alpha - (l-\Delta l)\cdot\sin(\alpha-\varphi)] \qquad (1.369)$$

zu beachten, daß zwei unabhängige Variationen (virtuelle Verrückungen), nämlich $\delta\varphi$ und $\delta(\Delta l)$ möglich sind. Es ist demgemäß

$$\delta\Pi = \delta\Pi(\varphi, \Delta l) = \frac{\partial\Pi}{\partial\varphi}\delta\varphi + \frac{\partial\Pi}{\partial(\Delta l)}\delta(\Delta l) = 0 \qquad (1.370)$$

zu bilden. Wegen der Unabhängigkeit von φ und Δl liefert diese Bedingung zwei Gleichungen, aus denen nach einigen Zwischenrechnungen die Bestimmungsgleichung für endlich verformte Gleichgewichtslagen folgt:

$$\frac{P}{2Cl}\left(1+\frac{Cl}{EF}\right)\cos(\alpha-\varphi) - [\cos(\alpha-\varphi) - \cos\alpha]\cdot\sin(\alpha-\varphi) = 0 \qquad (1.371)$$

Diese Gleichung ist mit G.1.365 identisch, wenn man noch durch $\cos(\alpha-\varphi)$ dividiert und G.1.366 beachtet.

Aus B.1.73 kann γ_D für alle Systeme in Abhängigkeit von α abgegriffen werden. Der insbesondere interessierende Bereich kleiner Winkel, $\alpha = 0$ bis 10^0, ist im Bild gesondert ausgewiesen. Für $\alpha = 5^0$ findet man z.B.: $\gamma_D = 1{,}3\cdot 10^{-5}$. Über die Gleichungen 1.364 bis 1.366

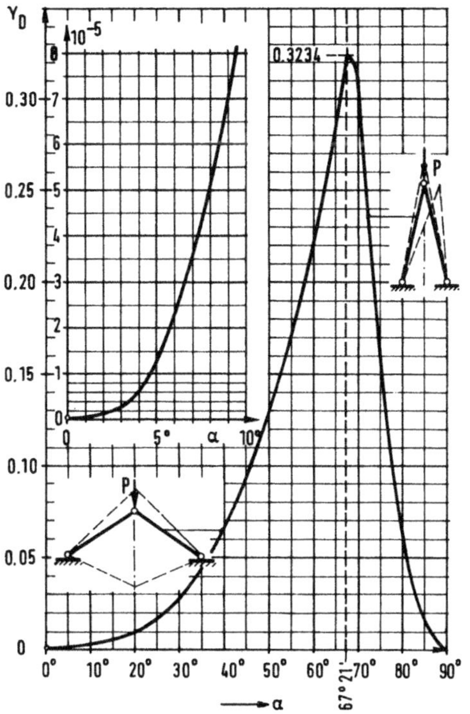

Bild 1.73

ist damit auch P_D bekannt.

Wie eingangs erwähnt, ist die Gefahr des Durchschlagens bei sehr flachen Spreizneigungen gegeben. Bei steileren Neigungen versagt die Struktur durch Ausknicken. Solange die Bedingung

$$N_D = P_D \,/\, 2\sin(\alpha - \varphi) \geq \pi^2 EJ/l^2 \qquad (1.372)$$

erfüllt ist, tritt Durchschlagen ein.

Wird die Theorie auf die Möglichkeit eines seitlichen Ausknickens des Strebenbockes erweitert, was selbstverständlich nur bei extrem steilen Stellungen der Streben zu erwarten ist, zeigt sich, daß die Grenze zwischen den beiden Versagensformen durch den Winkel

$$\alpha = \arccos \frac{2}{3\sqrt{3}} = 1{,}176 \mathrel{\hat=} 67°21' \qquad (1.373)$$

gegeben ist. (Auf die Wiedergabe der Theorie wird verzichtet; man nennt die Aufgabe: v. MISES-Problem [1.12].) In B.1.73 sind die kritischen Lastwerte auch für diesen Instabilitätsfall eingetragen. Relevante Auswirkung hat das Problem allenfalls für α= 87 bis 90°. Systeme mit solchen Winkeln sind baupraktisch unbrauchbar.

1.3.3 Zweite Erweiterung der Grundaufgabe

Eine interessante Erweiterung der Grundaufgabe entsteht dadurch, daß zuzüglich zu den Verschiebungsfedern bzw. zur Dehnsteifigkeit EF/l, eine Drehfeder im Firstgelenk mit der Drehfederkonstanten K angesetzt wird, vgl. B.1.74.

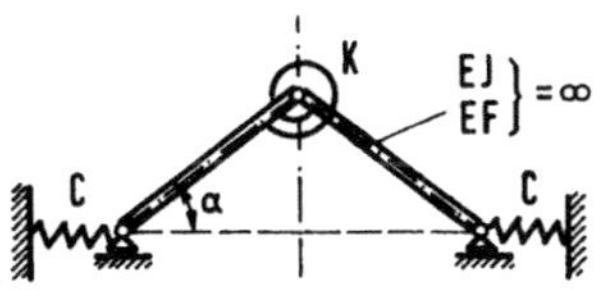

Bild 1.74

Mit den Parametern

$$\gamma = \frac{P}{2Cl} \qquad \delta = \frac{2K}{Cl^2} \qquad (1.374)$$

findet man nach der statischen und energetischen Herleitungsmethode in analoger Erweiterung der in den vorangegangenen Abschnitten dargelegten Theorie die Gleichgewichtsgleichung zu:

$$\gamma \cdot \cos(\alpha - \varphi) - [\cos(\alpha - \varphi) - \cos\alpha] \cdot \sin(\alpha - \varphi) - \delta \cdot \varphi = 0 \qquad (1.375)$$

Die Bestimmungsgleichung für φ_D lautet:

$$\cos^3(\alpha - \varphi) - \cos\alpha - \delta \cdot [\cos(\alpha - \varphi) - \varphi \sin(\alpha - \varphi)] = 0 \longrightarrow \varphi_D \qquad (1.376)$$

B.1.75 zeigt eine beispielhafte Auswertung für $\alpha = 10^0$ und verschiedene δ-Werte. Aus der Abbildung kann abgelesen werden, daß für kleine δ-Werte, d.h. für eine geringe Steifigkeit der Mittelfeder ein Durchschlagproblem vorliegt und zwar solange

$$\delta < 0{,}0151922 \qquad (1.377)$$

ist.

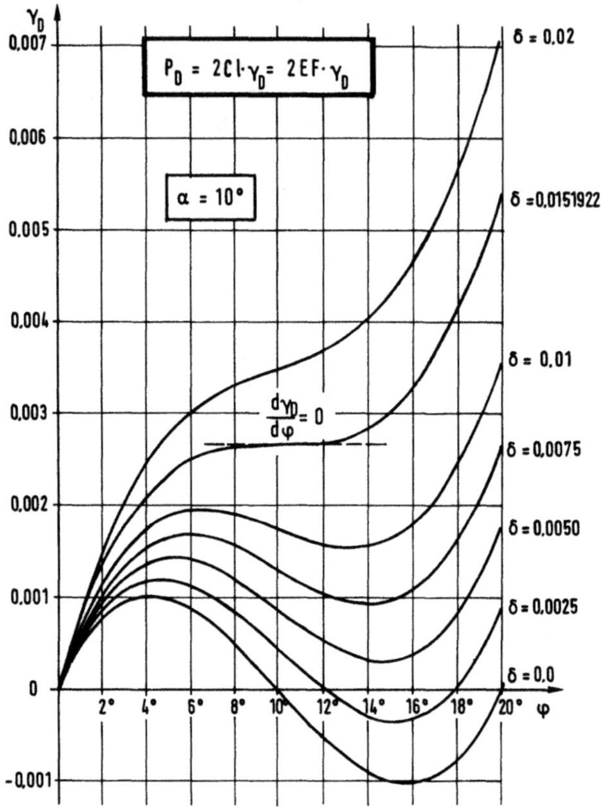

Bild 1.75

Ist δ größer als dieser Grenzwert, kommt es zu keiner Gleichgewichtsdivergenz mehr, das System ist stets stabil, allerdings zeigt die Struktur nach Erreichen gewisser φ-Werte eine größere Nachgiebigkeit um sich dann aber wieder zu versteifen. Für große δ-Werte liegt zunehmend ein Biegeproblem vor.
Schalenbeulprobleme zeigen das im B.1.75 dargestellte Verhalten. Das beruht auf der Eigenschaft von Schalen, beim Ausbeulen rautenförmige Netzstrukturen mit endlichen Verformungen aufzubauen, deren Systemeigenschaften mit der in B.1.75 gezeigten Struktur prinzipiell übereinstimmen.

Durch die Klärung des Durchschlagphänomens, vgl. auch [1.105], konnte das Stabilitätsverhalten einer größeren Problemklasse geklärt werden.

Neben dem erwähnten Schalenbeulproblem gehört hierzu das Durchschlagen schwach gekrümmter Stabnetzwerke, Kugelkalotten [1.106] z.B. bei Tankdächern [1.107] und das Auswölben von Panzerungen. Auch das Durchschlagen von Tellerfedern gehört dazu. Schließlich konnte das Auskippen sehr dünner Stäbe im überkritischen Bereich [1.108] und das Umstülpen tordierter Kreisringe [1.109] und ähnliche Ausnahmeprobleme geklärt werden.

Es hat sich in den letzten Jahrzehnten eine Stabilitätstheorie höheren Schärfegrades entwickelt, die solchen Problemen gewidmet ist. Die von KOITER [1.110] angegebenen Stabilitätskriterien haben sich dabei als überaus fruchtbar erwiesen. Hierzu kann auf die ausführlichen Darstellungen in [0.22-0.24] verwiesen werden, vgl. auch [1.111-1.113] u.a. Darüberhinaus verdient eine andere Richtung in der Stabilitätstheorie Beachtung und hier sind es insbesondere die Arbeiten von VIELSACK [1.114-1.118], in denen die Verformungen des Grundspannungszustandes einschließlich spannungsloser Vorverformungen auf die Stabilität von Stäben und Trägern berücksichtigt werden.
Auf die Verfolgung der erwähnten Zuschärfungen muß und kann in diesem Buch, das sich den Problemen der Baupraxis widmet, verzichtet werden, zumal die Zuschärfungen für die im konstruktiven Ingenieurbau üblichen Schlankheitsverhältnisse ohne Belang sind. Die wissenschaftliche Bedeutung der strengeren Theorien ist indes unbestritten, für dünnwandige Flächentragwerke haben sie darüberhinaus auch praktische Bedeutung.

Auf ein Problem wird schließlich noch hingewiesen, das aus dem Traglufthallenbau stammt [1.119] und im B.1.76 dargestellt ist. Werden derartige Strukturen, die unter einem konstanten Innendruck stehen, durch äußere Umfangskräfte belastet, kommt es bei Erreichen bestimmter Intensitäten zu einem durchschlagähnlichen Versagen. B.1.76 zeigt eine zylindrische Traglufthalle mit einer Linien- und Schneelast im Firstbereich und die zugehörige Last-Verformungskurve.

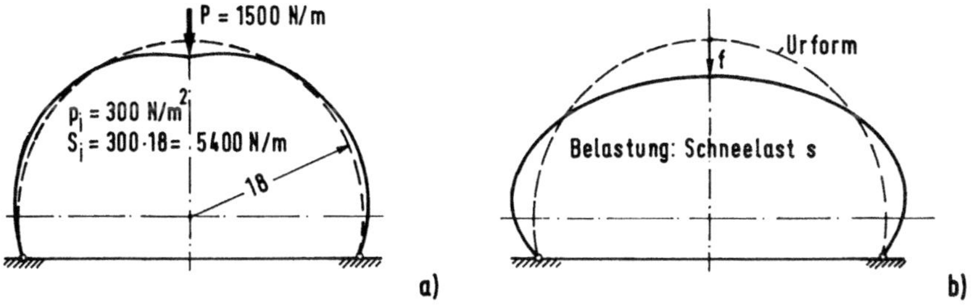

S : Membrankraft

s N/m²	max S N/m	min S N/m	f m	Iteration Schritte
0	5 290	5 070	0,134	4
50	4 900	4 190	0,759	6
100	4 490	3 300	1,614	7
150	4 050	2 720	2,810	10
175	3 880	2 260	3,788	12
≈200	instabil			

c)

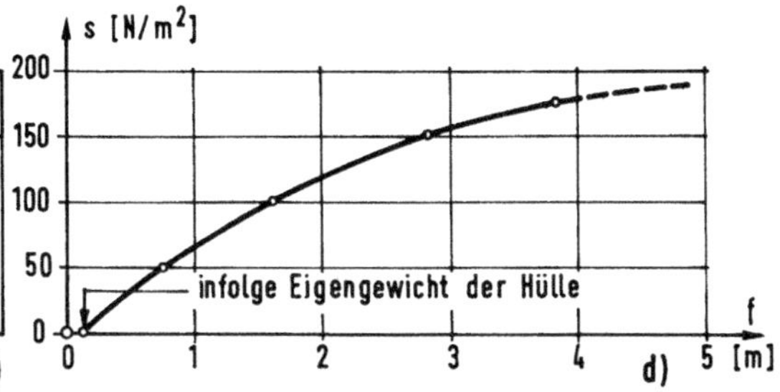

Bild 1.76

1.4 Starrkörperstabilität

1.4.1 Lagesicherheitsnachweis

Bei jeder Stabilitätsuntersuchung ist nachzuweisen, daß das Gleichgewicht zwischen den inneren und äußeren Kräften stabil ist. Dabei wird im Zuge einer baupraktischen Berechnung gezeigt, daß das Tragsystem gegenüber den äußeren Kräften mindestens ν-fach stabil ist. Bei Starrkörperproblemen fallen die Nachweise gegen Abheben, Gleiten, Kippen unter den Oberbegriff: Lagesicherheitsnachweis (gebräuchlich ist auch Lageänderungsnachweis oder Standfestigkeitsnachweis). Dabei kann es sich um den Lagesicherheitsnachweis des Bauwerkes als in sich starrer Baukörper oder um den Nachweis einzelner Bauwerksteile handeln, z.B. um die Rückhaltefundamente seilabgespannter Konstruktionen. In der klassischen Betrachtungsweise wird angenommen, daß der Körper auf einer starren Unterlage ruht. Er wird durch sein Eigengewicht (ggf. vermindert um den Auftrieb), durch die Reibung in der Sohlfuge, fallweise einschließlich Kohäsion, und ggf. durch die Aktivierung eines passiven Erddruckes stabilisiert. Die Lagerung ist äußerlich statisch bestimmt. Das gilt auch, wenn eine Verankerung über Zuganker oder zug-druck-feste Pfähle erfolgt und der Rückhaltebodenkegel in das Tragsystem einbezogen wird. Es wird ein mechanisch plausibler Gleichgewichtsfall für den Versagens- (Bruch-)zustand definiert. Die äußeren Kräfte und Momente werden zweckmäßig zu einer resultierenden Kraft zusammengefaßt und um die bauaufsichtlich vorgeschriebene Sicherheitszahl erhöht (evtl. werden die äußeren Einwirkungen in Abhängigkeit von ihrer Herkunft und Streuung gesplittet). Die widerstehenden (stabilisierenden) Kräfte werden nicht erhöht. Es kann sogar angebracht sein, sie zu reduzieren, wenn die volle Aktivierung der Rückstellwirkung nicht gesichert ist (z.B. beim Eigengewicht oder passiven Erddruck).

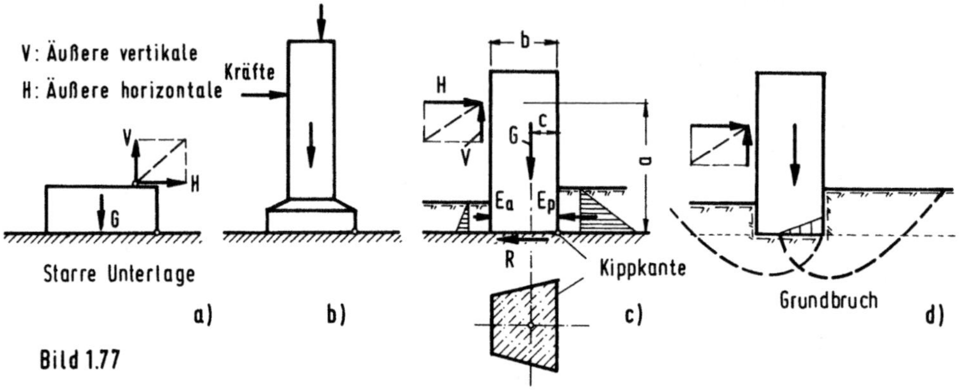

Bild 1.77

Die folgenden Formeln gelten für starre Körper auf horizontaler Unterlage (B.1.77). Sie sind bei Auftreten zusätzlicher Rückstellwirkungen entsprechend zu erweitern.

Lagesicherheitsnachweis gegen Abheben (ν_A), vgl. z.B. B.1.77c:

$$\nu_A \cdot V - G = 0 \longrightarrow \nu_A = \frac{G}{V} \qquad (1.377)$$

Lagesicherheitsnachweis gegen Verschieben (Gleiten, ν_G):

$$\nu_G H - \mu(G - V) - (E_p - E_a) = 0 \longrightarrow \nu_G = \frac{\mu(G - V) + (E_p - E_a)}{H} \qquad (1.378)$$

Der passive Erdwiderstand darf nur dann angesetzt werden, wenn seine Aktivierung während aller Bauphasen und der gesamten Nutzungsdauer sichergestellt ist und wenn geringfügige Verschiebungen unbedenklich sind; diese sind notwendig um E_p zu aktivieren. - Es erscheint angebracht, in G.1.378 für die Reibungskraft $\mu \cdot \nu_G \cdot V$ anzusetzen, dann gilt anstelle von G.1.378:

$$\nu_G H - \mu(G - \nu_G V) - (E_p - E_a) = 0$$
$$\nu_G \cdot (H + \mu \cdot V) - \mu \cdot G - (E_p - E_a) = 0 \longrightarrow \nu_G = \frac{\mu G + (E_p - E_a)}{H + \mu V} \qquad (1.379)$$

Lagesicherheitsnachweis gegen Kippen (ν_K):

$$\nu_K \cdot (H \cdot a + V \cdot b) - G \cdot c = 0 \longrightarrow \nu_K = \frac{Gc}{Ha + Vb} \qquad (1.380)$$

In G.1.380 ist der passive Erddruck nicht berücksichtigt. Hiervon sollte man bei Kippnachweisen grundsätzlich ausgehen, denn zur Aktivierung von E_p bedarf es beim Kippen eines größeren Verkantungswinkels, was i.allg. nicht unbedenklich ist. - Neben dem Kippnachweis wird verlangt, daß sich eine klaffende Bodenfuge höchstens bis zum Schwerpunkt der Sohldruckfläche einstellt. Bei rechteckiger Aufstandsfläche ist diese Bedingung mit der Einhaltung einer 1,5-fachen Kippsicherheit identisch, sofern G und V mittig wirken. Bei häufigem Auftreten von H mit wechselnden Richtungseigenschaften kann es zweckmäßig sein, das Auftreten klaffender Fugen auszuschließen, um ein "Reiten" des Fundamentes zu verhindern.

Ein Kippnachweis gemäß G.1.380 ist wegen der idealisierenden Vorstellung einer punkt- bzw. linienförmigen Kippkante durch einen Nachweis auf Grundbruchsicherheit zu ergänzen, das gilt auch bei Ansatz eines passiven Erddrucks. Hierzu wird auf die Fachliteratur zur Bodenmechanik verwiesen [1.120]. Bei sehr schlanken Konstruktionen ist darüberhinaus die Verlagerung des Körperschwerpunktes infolge der Verkantung in der Bodenfuge zu berücksichtigen, ggf. auch infolge der Baukörperverformungen (Kippsicherheitsnachweis Th.II.Ordn.). - Maßgebend ist für alle Nachweise insbesondere DIN 1054.

1.4.2 Federelastische Lagerung starrer Baukörper

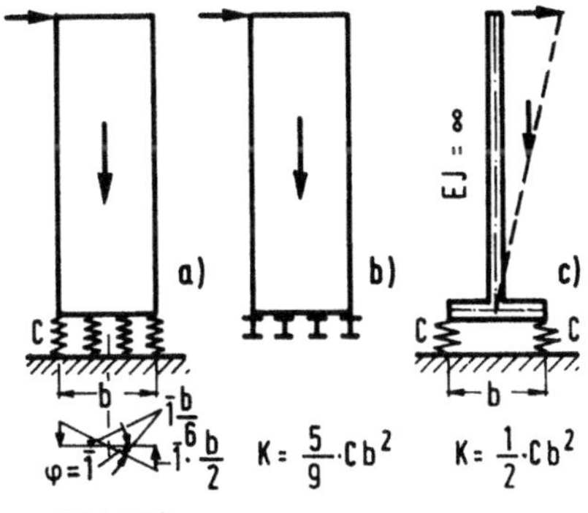

Bild 1.78

Wird ein starrer Baukörper elastisch gelagert, liegt bei zentrischer Belastung ein Verzweigungsproblem vor. Unter anwachsender Belastung wird die elastische Unterlage zunächst eingedrückt, bei Erreichen der kritischen Verzweigungsintensität kippt der Körper aus seiner Lotlage infinitesimal aus. Das Problem kann auf das Knicken eines starren Stabes ($EJ=\infty$) mit drehfederelastischer Einspannung im Fußpunkt zurückgeführt werden (B.1.79). Als Drehfederkonstante K ist jenes Moment definiert, das eine Verdrehung um das Bogenmaß 1 bewirkt. Für den im B.1.78 links dargestellten Lagerungsfall findet man die zugehörige Drehfederkonstante aus der Momentengleichung:

$$K\cdot\bar{1} = 2\left(\bar{1}\frac{b}{2}C\frac{b}{2} + \bar{1}\frac{b}{6}C\frac{b}{6}\right) = 2b^2C\left(\frac{1}{4}+\frac{1}{36}\right) = \frac{20}{36}\cdot b^2C = \frac{5}{9}b^2C \qquad (1.381)$$

C ist die Federkonstante der Einzelfedern. Für den im B.1.78b skizzierten Fall sind die C-Zahlen vorab aus der Trägersteifigkeit zu berechnen. Es werden druck- und zugsteife Federn vorausgesetzt. Diese Voraussetzung ist in jedem Einzelfall zu prüfen.
Wirkt auf den Körper zusätzlich zur Vertikalkraft eine Horizontalkraft ein, liegt ein Problem der Verformungstheorie II.Ordn. vor. Hierbei ist, insbesondere bei größeren Verkantungen, die Möglichkeit versagender oder ausfallender Zugfedern zu berücksichtigen, dann liegt ein System veränderlicher Gliederung vor.

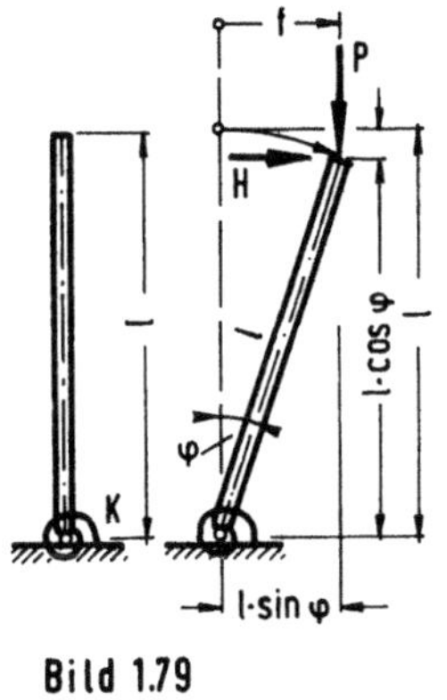

Bild 1.79

Für die im B.1.79 skizzierte Grundaufgabe wird das Verformungsproblem Th.II.Ordn. gelöst, wobei die Gleichgewichtslage statisch und energetisch hergeleitet wird.

S t a t i s c h e   H e r l e i t u n g :

Für den verformten Stab wird die Gleichgewichtsgleichung $\Sigma M=0$ unter der Voraussetzung kleiner Formänderungen angeschrieben (B.1.79):

$$M = Hl + Pf \qquad (1.382)$$

M ist das Einspannungsmoment; es ist gleich dem Drehfedermoment. Formänderungsbeziehung und Stoffgesetz lauten:

$$f \approx \varphi l; \quad M = K\varphi \qquad (1.383)$$

Die Verknüpfung dieser Beziehungen mit der Gleichgewichtsgleichung G.1.382 liefert die Bestimmungsgleichung für φ :

$$K\cdot\varphi - Pl\cdot\varphi - Hl = 0 \qquad (1.384)$$

Hieraus folgt:

$$\varphi = \frac{Hl}{K-Pl} \qquad (1.385)$$

Im Sonderfall H=0 geht das Verformungsproblem Th.II.Ordn. in ein Verzweigungsproblem über. Knickbedingung:

$$K - Pl = 0 \longrightarrow P_{Ki} = \frac{K}{l} \qquad (1.386)$$

Bezogen auf die Knicklast P_{Ki} lautet G.1.385:

$$\varphi = \frac{Hl}{K}\cdot\frac{1}{\left(1-\frac{P}{P_{Ki}}\right)} \qquad (1.387)$$

Somit erhöhen sich die Verformungen und Schnittgrößen nach Th.II.Ordn. gegenüber

Th.I.Ordn. gemäß:

$$\varphi^{II} = \alpha \cdot \varphi^{I}; \quad M^{II} = \alpha \cdot M^{I}; \qquad \alpha = \frac{1}{1-P/P_{Ki}} \tag{1.388}$$

E n e r g e t i s c h e   H e r l e i t u n g :
Bei einer Verformung stellt sich nur in der Drehfeder eine potentielle Energieänderung ein. Der Stab ist voraussetzungsgemäß starr. Bezogen auf die unverformte Lage beträgt Π (vgl. B.1.79):

$$\Pi = \Pi_i + \Pi_a = \frac{1}{2}K\varphi^2 - Pl\cdot(1-\cos\varphi) - Hl\sin\varphi$$
$$\approx \frac{1}{2}K\varphi^2 - Pl\cdot\frac{\varphi^2}{2} - Hl\cdot\varphi \tag{1.389}$$

Bei einer Variation $\varphi \rightarrow \varphi + \delta\varphi$ lautet die Änderung der potentiellen Energie:

$$\Delta\Pi = \delta\Pi + \delta^2\Pi = \left(\frac{1}{2}K\cdot 2\varphi\,\delta\varphi - \frac{1}{2}Pl\cdot 2\varphi\,\delta\varphi - Hl\delta\varphi\right) + \left(\frac{1}{2}K\cdot\delta^2\varphi - \frac{1}{2}Pl\cdot\delta^2\varphi\right) \tag{1.390}$$

$$\delta\Pi = 0: \qquad (K\varphi - Pl\,\varphi - Hl)\delta\varphi = 0 \qquad \delta\varphi \neq 0 \tag{1.391}$$

$$\delta^2\Pi = 0: \qquad \frac{1}{2}(K - Pl)\delta^2\varphi = 0 \tag{1.392}$$

Aus G.1.390 folgt G.1.385 und aus G.1.392 ergibt sich G.1.387 (Indifferenzkriterium).

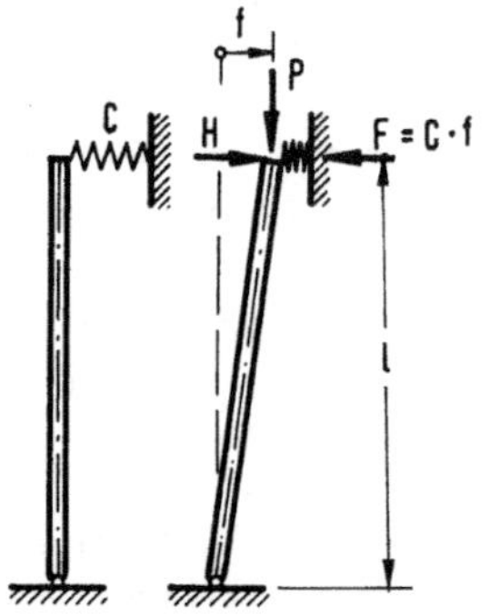

Bild 1.80

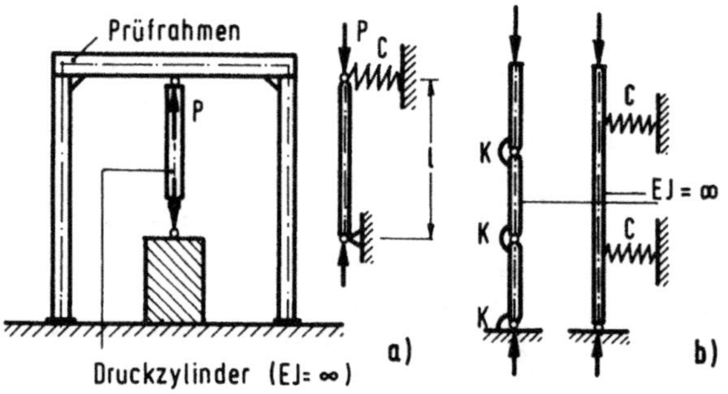

Bild 1.81

Für das im B.1.80 dargestellte System lautet die Bestimmungsgleichung:

$$Hl + Pf - Cf\cdot l = 0 \longrightarrow f = \frac{Hl}{Cl - P} \tag{1.393}$$

Sonderfall: H = 0 (Verzweigungsfall):

$$H = 0 \longrightarrow P_{Ki} = Cl \tag{1.394}$$

Wird G.1.393 auf P_{Ki} bezogen, ergibt sich:

$$f = \frac{H}{C}\cdot\frac{1}{1-P/P_{Ki}} \tag{1.395}$$

Federkraft (vgl. G.1.388):

$$F^{II} = \alpha\cdot F^{I} \tag{1.396}$$

B.1.81a zeigt ein praktisches Beispiel und zwar einen Druckzylinder in einem Prüfrahmen, der gegen einen Prüfling drückt. Der Zylinder kann als biegestarr angesehen werden. Die Federkonstante des Ersatzproblems folgt aus einer Verformungsberechnung des Rahmens: Es wird jene Seitenkraft bestimmt, die eine Verschiebung der Einheit Eins (z.B. 1 cm) bewirkt; das ist die Federkonstante (z.B. kN/cm). Eine Zuschärfung besteht darin, daß die Zugkräfte P/2 in den Rahmenstielen (nach Th.II.Ordn.) bei der Verformungsberechnung berücksichtigt werden. In B.1.81b sind zwei weitere Beispiele der hier behandelten Problemklasse dargestellt. Sie lassen sich beliebig erweitern. Für jedes Starrelement sind im verformten Zustand die Gleichgewichtsgleichungen anzuschreiben, deren Lösung bereitet keine Schwierigkeiten. Bei Verzweigungsproblemen folgen die Verzweigungslasten aus der gleich Null gesetzten Determinante des homogenen Gleichungssystems. Werden große Verformungen unterstellt, ergeben sich nichtlineare Bestimmungsgleichungen.

1.4.3 Stabilität von Schwimmkörpern

1.4.3.1 Grundaufgabe: Rechteckponton

Bei der Untersuchung von Pontonbrücken, selbstschwimmenden Plattformen, Halbtauchern, Montagepontons zum Einschwimmen von Brücken oder selbstschwimmenden Baukörpern (z.B. Brückenkörpern) ist die Frage nach der Schwimmfähigkeit und Stabilität zu beantworten, vgl. B.1.82. Derartige Aufgaben fallen in das Gebiet der Hydrostatik. Für die aufgeworfene Frage nach der Schwimmstabilität stehen besondere Berechnungsverfahren zur Verfügung. Sie spielen verständlicher Weise im Schiffbau eine große Rolle.

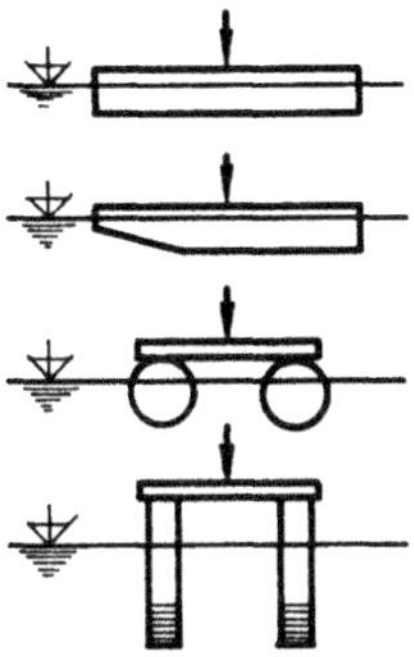

Bild 1.82

Im folgenden wird das Stabilitätsverhalten eines Rechteckpontons studiert. Das Problem wird als "Knickaufgabe" begriffen. Grundlage ist das archimedische Prinzip, wonach der Auftrieb gleich dem Gewicht der verdrängten Fluidmenge ist und dessen lotrechte Resultierende im Schwerpunkt des verdrängten Volumens angreift. Bild 1.83a zeigt den prismatischen Schwimmkörper. Die Seitenborde seien unbeschränkt hoch. Die äußere Kraft greift zentrisch in der Höhe h über dem Boden an und sei richtungstreu. Vor der Verfolgung der einzelnen Gleichgewichtslagen, werden die beiden möglichen Verdrängungszustände mit dreieckförmiger und trapezförmiger Verdrängung untersucht (siehe B.1.83b und c), und zwar werden die Berechnungsformeln für die Eintauchtiefe t und den Krängungswinkel α zusammengestellt.

D r e i e c k f ö r m i g e   V e r d r ä n g u n g :
Die Verdrängungsfläche ist durch t und α vollständig bestimmt. Zur Berechnung dienen die Gleichgewichtsgleichungen $\Sigma V = 0$ und $\Sigma M = 0$.

$$\Sigma V = 0: \qquad P = \frac{t^2 \cdot b}{2\tan\alpha} \tag{1.397}$$

Die Wichte wird zu Eins angesetzt (Wasser). Bezogen auf einen frei zu wählenden Pol wird die Bedingung $\Sigma M = 0$ formuliert. Die Rechnung führt nach einigen kurzen Umformungen auf die Beziehung:

$$a \cdot \sin\alpha \cdot \cos\alpha - h \cdot \sin^2\alpha - t(\cos^2\alpha - \sin^2\alpha)/3 = 0 \tag{1.398}$$

T r a p e z f ö r m i g e   V e r d r ä n g u n g :
Mit t wird jetzt die mittlere Eintauchtiefe und mit α wieder der Krängungswinkel bezeichnet. Es ergibt sich:

$$\Sigma V = 0: \qquad P = 2abt \tag{1.399}$$

$$\Sigma M = 0: \qquad (2h - t)t \cdot \cos^2\alpha - a^2(\cos^2\alpha + 1)/3 = 0 \tag{1.400}$$

Gesucht ist die (Knick-)Last P_{Ki}, unter der der Ponton zu kippen beginnt, d.h. die rechteckförmige Verdrängungsfläche in eine (infinitesimal benachbarte) trapezförmige übergeht. Zum Zwecke der Berechnung wird aus G.1.399 t frei gestellt und in G.1.400 eingesetzt. Das ergibt eine quadratische Gleichung für P. Die Lösung lautet:

$$P = 2ab[h \pm \sqrt{h^2 - \frac{a^2}{3}(1 + \frac{1}{\cos^2\alpha})}] \tag{1.401}$$

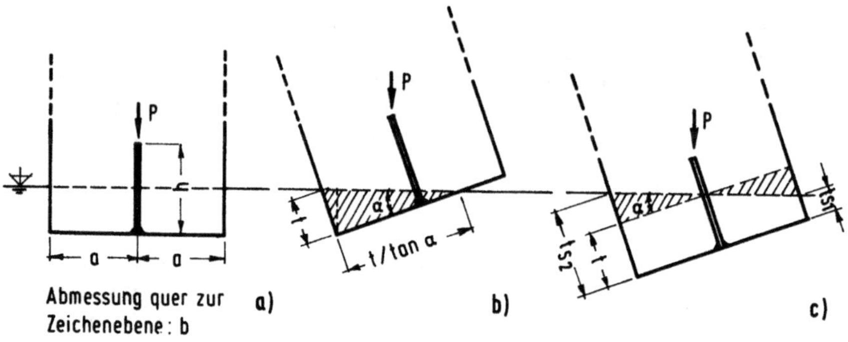

Bild 1.83

Für $\alpha \to 0$ ergibt sich die gesuchte Kipplast zu:

$$P = P_{Ki\,1,2} = 2ab[h \overset{(+)}{-} \sqrt{h^2 - \frac{2}{3}a^3}\,] \tag{1.402}$$

α hat in G.1.401 die Bedeutung einer infinitesimalen Störung des rechteckigen Grundzustandes, daher kann $\sin\alpha = \alpha$ und $\cos\alpha = 1$ gesetzt werden, womit der Grenzübergang von G.1.401 auf G.1.402 sofort vollzogen ist.

Nach Überschreiten von P_{Ki} nimmt der Krängungswinkel zu. Für diese endlichen Verdrängungszustände gelten die G.1.399 und G.1.400. Mit steigender Last wächst die Quer-

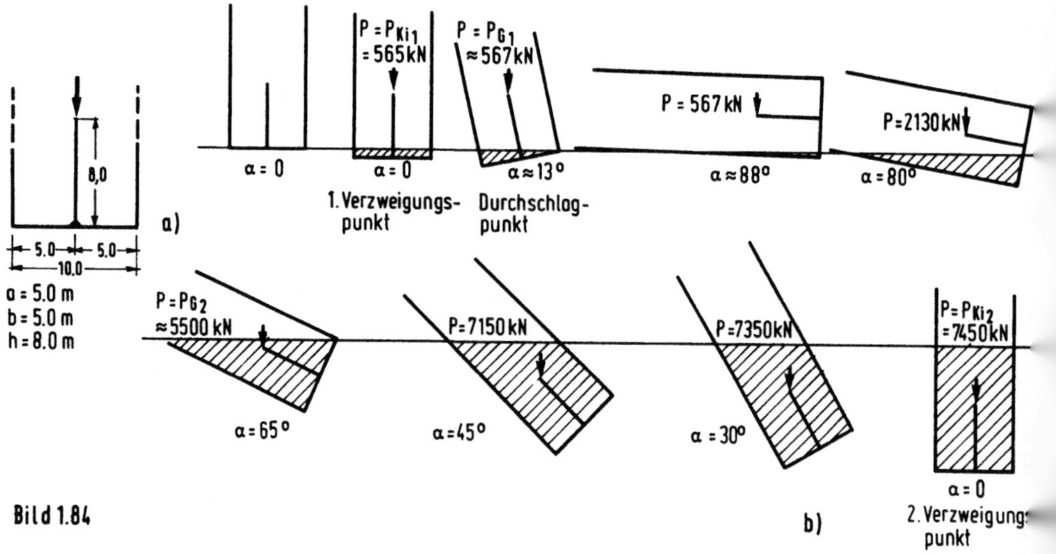

Bild 1.84

neigung an, die geringere Freibordtiefe (t_{S1} im B.1.83c) nimmt ab. Wenn $t_{S1} = 0$ ist, d.h., wenn die trapezförmige Verdrängungsfläche in eine dreieckförmige übergeht, schlägt der Ponton um und legt sich (unbeschränkte Seitbordhöhe vorausgesetzt) auf die Seite. In B.1.84b ist diese Phase an einem Beispiel dargestellt. Den zugehörigen Grenzwinkel $\alpha_{G\,1,2}$ berechnet man aus:

$$h \overset{(+)}{-} \sqrt{h^2 - \frac{a^2}{3}\left(1 + \frac{1}{\cos^2\alpha_{G\,1,2}}\right)} - a \cdot \tan\alpha_{G\,1,2} = 0 \tag{1.403}$$

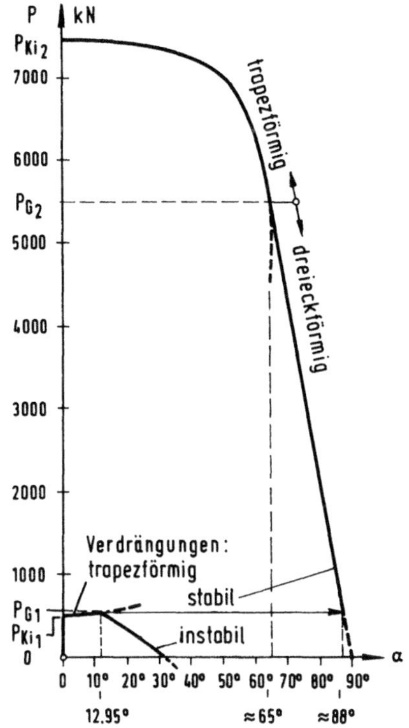

Bild 1.85

Diese Gleichung folgt aus der Gleichsetzung von G.1.401 und G.1.397. Die zugehörige Durchschlaglast P_{G1} läßt sich aus einer dieser beiden Gleichungen bestimmen. In der neuen Lage ist die Verdrängungsfläche dreieckförmig, hierfür gelten die Formeln G.1.397/8. Aus G.1.397 läßt sich t als Funktion von α freistellen, über G.1.398 ist damit auch $P(\alpha)$ bekannt. Mit weiter ansteigender Last $P>P_{G1}$ verringert sich α, d.h., der Ponton beginnt sich wieder aufzurichten, bis bei einem bestimmten Grenzwinkel α_{G2} die dreieckförmige Verdrängungsfläche wieder in eine trapezförmige übergeht. Hierzu gehört die Last P_{G2}. Mit weiter anwachsender Last geht α zurück und nimmt schließlich den Wert Null an: Zweiter Verzweigungspunkt. P_{Ki2} ist die zweite Wurzel von G.1.401.
B.1.85 gibt die Last-Krängungswinkel-Kurve des im B.1.84 dargestellten Beispiels wieder.

Das vorbehandelte Schwimmverhalten hat oberhalb P_{Ki1} nur theoretische Bedeutung, denn die Freibordhöhe ist i.allg. so gering, sodaß bei Erreichen von P_{Ki1} die Tragfähigkeit als erschöpft betrachtet werden kann, P_{G1} liegt dicht darüber! Gegenüber P_{Ki} ist daher eine ausreichende Sicherheit einzuhalten. Praktische Bedeutung kommt obiger Berechnung bei der Untersuchung gefluteter offener oder geschlossener Schwimmkörper zu. Im Detail ist die Berechnung nach einem modifizierten, leicht zu überblickenden Muster durchzuführen, das gilt auch für solche Fälle, wo zusätzlich zu den lotrechten Kräften horizontale wirksam sind.

1.4.3.2 Metazentrum

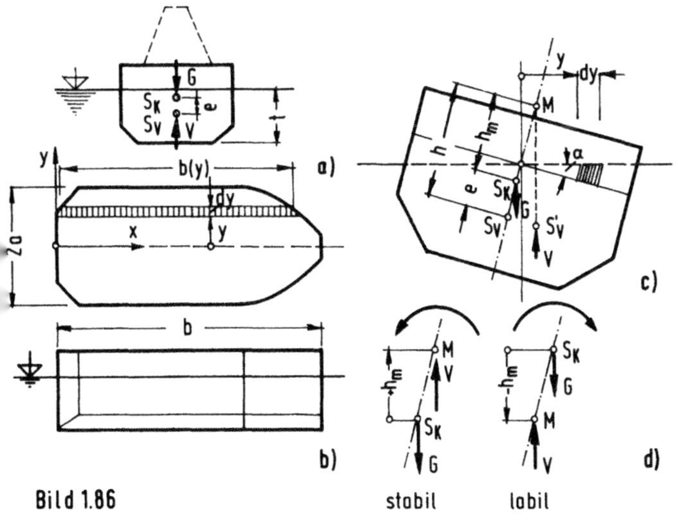

Bild 1.86

Die Schwimmstabilität wird i.allg. mit Hilfe des Metazentrums nachgewiesen. Zur Erläuterung wird für den in B.1.86 skizzierten, im Auf- und Grundriß symmetrischen Schwimmkörper der Stabilitätsnachweis geführt. Zunächst sind Gewicht G und Schwerpunkt S_K des Körpergewichts zu berechnen. Aus $\Sigma V = 0$ wird die Eintauchtiefe t und der Schwerpunkt S_V des verdrängten Volumens V bestimmt; V=G.
Dem Schwimmkörper wird die infinitesimale Krängung im Sinne einer virtuellen Verrückung erteilt. Dadurch ändert sich die Form des Verdrängungskörpers. Der

neue Auftriebsschwerpunkt sei S'_V. Der Schnittpunkt des Lotes durch S'_V mit der Symmetrieachse des Schwimmkörpers wird mit M abgekürzt und heißt Metazentrum. Der Abstand zwischen S_V und M wird mit h und der Abstand zwischen S_K und M mit h_m bezeichnet, vgl. B.1.86c. Bezogen auf S_V gilt die Momentengleichung:

$$V \cdot h\alpha = \int_{-a}^{+a} y\alpha \cdot b(y) dy\, y = \alpha \int_{-a}^{+a} b(y)\, y^2 dy = \alpha \cdot J \tag{1.404}$$

$h \cdot \alpha$ ist der (infinitesimale) Abstand zwischen S_V und S'_V, in letzterem wirkt der Auftrieb V. Das Volumen V bleibt bei der virtuellen Krängung unverändert, ebenfalls die Schwimmfläche, das ist die Fläche innerhalb der Wasserlinie. $y \cdot b(y) \cdot dy$ ist das infinitesimale Krängungsvolumen eines Streifens $b(y) \cdot dy$, vgl. B.1.86. Wird dieses noch mit y multipliziert, ergibt sich dessen infinitesimaler Momentenbeitrag. Durch Integration über die ganze Breite folgt schließlich die rechte Seite von G.1.404. Hieraus findet man:

$$h = \frac{J}{V}; \quad h_m = h - e = \frac{J}{V} - e \tag{1.405}$$

J ist das Flächenträgheitsmoment der Verdrängungsfläche um die Längsachse x und V das Volumen. Aus G.1.405 lassen sich demnach h und h_m in einfacher Weise berechnen. e ist der Abstand zwischen S_K und S_V. h_m heißt metazentrische Höhe. Wie gezeigt, handelt es sich hierbei um eine geometrische Größe, die bei Kenntnis der Eintauchtiefe bestimmt werden kann.

Die Gleichgewichtsbedingung ist nunmehr sofort formuliert: Der Schwimmzustand ist stabil, wenn $h_m > 0$ ist, d.h. M oberhalb von S_V liegt und labil, wenn $h_m < 0$, also M unterhalb von S_V liegt. Im ersten Falle entsteht bei einer Krängung ein rücktreibendes, im zweiten Fall ein abtreibendes Moment, vgl. B.1.86d. Im Falle $h_m = 0$ ist das Gleichgewicht indifferent. Die Schwierigkeit der Zahlenrechnungen liegt im allgemeinen in den Schwerpunktbestimmungen von S_K und S_V.

2 Grundlagen der plasto-statischen Stabilitätstheorie

2.1 Einführung

2.1.1 Anmerkungen zur Idealisierung der Stoffeigenschaften

Die Berechnung realer Grenzlasten druckbeanspruchter Bauteile setzt die Kenntnis des naturgetreuen Baustoffverhaltens voraus. Außerdem ist es erforderlich, baustoff- und bauteiltypische Einflüsse wie Eigenspannungen in Metallkonstruktionen und Kriechumlagerungen in Massivbaukonstruktionen zu berücksichtigen.
Bemessungen, die nicht an der elasto-statischen sondern an der plasto-statischen Grenzlast orientiert sind, streben eine hohe und optimale Ausnutzung der Baustoffe an. Es ist daher ein Gebot der Sicherheit, die mechanischen Eigenschaften möglichst streng zu erfassen, gewisse Idealisierungen der Rechensätze sind dennoch unumgänglich. Die Strenge der Ansätze bestimmt u.a. den Sicherheitskoeffizienten.

Stahl und Aluminium besitzen Zähigkeit (Duktilität), d.h. eine mehr oder minder große Dehnfähigkeit, Holz nur begrenzt. Beton und Mauerwerk sind spröde Baustoffe. Beton wird erst durch Stahlbewehrung für konstruktive Zwecke geeignet. Stahlbeton vereinigt als Verbundbauart die Eigenschaften von Stahl und Beton in sich: Versagt bei hohem Bewehrungsgehalt die Biegedruckzone, ist das Bruchverhalten eher spröde, geringer Bewehrungsgehalt führt zu stärkerer Dehnung der Stahleinlagen und Rißbildung in der Betonzugzone.

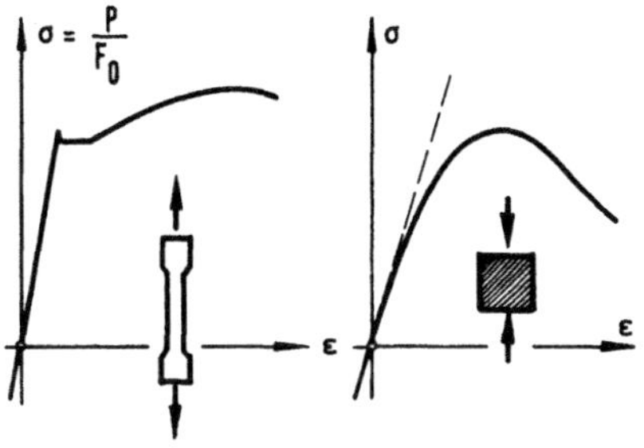

Bild 2.1

In der Baumechanik werden i.allg. homogene Festkörper unterstellt. Homogenität existiert indes nur bei makroskopischer Betrachtung im Sinne einer Mittelung über einen größeren Körperbereich. Dieser muß bei Metallen ausgedehnte Kornbereiche, bei Beton sämtliche Zuschlagstoffe und bei Holz einen Querschnitt durch viele Fasern einschließlich Ästungen im statistischen Mittel erfassen. Fehl- und Schwachstellen müssen (in dem durch die Güteklassen tolerierten Umfang) im Mittel enthalten sein.
Die Querschnittsabmessungen der Baukonstruktionen sind i.allg. so groß, daß die genannten Homogenitätsvoraussetzungen erfüllt sind. Die in den genormten Festigkeitsversuchen gefundenen Werte für die mechanischen Eigenschaften können für die Großausführungen übernommen werden, doch gibt es Einschränkungen: Bei metallischen Konstruktionen sind ggf. die beim Schweißen sich einstellenden Eigenspannungen und Entfestigungen (Aluminium) zu berücksichtigen. Bei Beton hat die Prüfkörperform (Würfel, Prisma) Einfluß auf das Prüfergebnis; auch sind bei Stahlbetonkonstruktionen Prüfkörper- und Bauteilfestigkeit schwächer korreliert als bei Stahl-, Leichtmetall- und Holzkonstruktionen, das beruht auf Entmischungsvorgängen beim Betonieren vor Ort.

Von isotropen Eigenschaften spricht man dann, wenn das mechanische Verhalten nach allen Richtungen gleich ist, im anderen Falle nennt man die Eigenschaften anisotrop. Dieser Gesichtspunkt hat für die Festigkeitsnachweise große Bedeutung, weil hierbei die örtlichen Anstrengungen bestimmt werden. Selbst Stahl und Aluminium haben bezüglich Walz- und Preßrichtung unterschiedliche Festigkeiten. Für Stahlbeton als Verbundbaustoff sowie für Holz und faserverstärkte Kunststoffe gilt das natürlich in ganz besonderem Maße. Im Rahmen der baumechanischen Berechnungsverfahren muß und kann i.allg. wegen der globalen Ausmittelung

Isotropie unterstellt werden.

Bei technisch gefertigten, metallischen oder steinernen Baustoffen verursachen die Streuungen in der Zusammensetzung der Ausgangsstoffe (z.B. Legierungsbestandteile, Zuschlagstoffe) und die in der Verarbeitung und Nachbehandlung liegenden Umstände (z.B. Wärmebehandlungen, Verdichtungen) Streuungen der Zähigkeits- und Festigkeitseigenschaften. Bei Holz sind die Streuungen in erster Linie durch den natürlichen Wuchs bedingt. - Die Gütekontrolle sorgt durch ihre Prüfverfahren dafür, daß die Eigenschaften innerhalb vorgegebener Grenzen liegen; insbesondere wird die Einhaltung der sogen. "Mindestwerte" überwacht. Die Kontrolle kann indes nur stichprobenartig erfolgen. Die in statistischen Erhebungen gewonnenen Merkmale werden in Histogrammen dargestellt (B.2.2a). Hierbei wird die relative Auftretenshäufigkeit h, mit der die Merkmalswerte in die einzelnen Klassen fallen, ausgezählt. Aus einer solchen Stichprobe wird auf die Grundgesamtheit geschlossen und die Merkmalseigenschaft durch eine stetige Dichtefunktion charakterisiert (B.2.2b). Die normale und log-normale Dichtefunktion sind die wichtigsten Verteilungstypen für mechanische Eigenschaften; bei letzterer sind die Logarithmen der Merkmalswerte normal verteilt (GAUSS-verteilt). Die Dichtefunktion der log-normalen Verteilung ist schief, wenn sie über dem Merkmal aufgetragen wird.

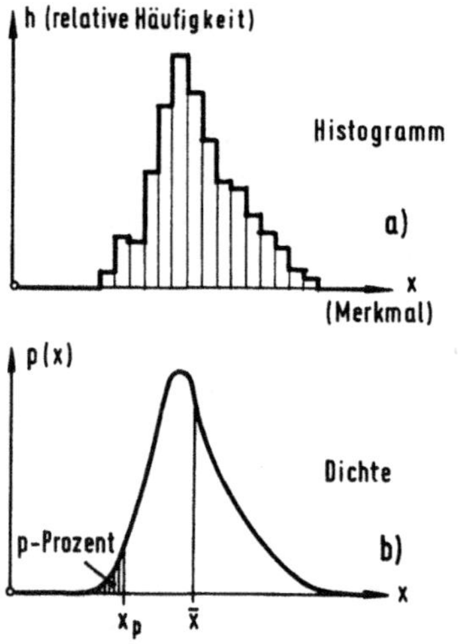

Bild 2.2

Wichtigste Parameter jeder statistischen Erhebung sind empirischer Mittelwert $\bar{x}$ und empirische Streuung s:

$$\bar{x} = \frac{1}{n}\Sigma x_i \;;\quad s = \sqrt{\frac{1}{n-1}\Sigma(x_i - \bar{x})^2} \qquad (2.1)$$

x_i ist der einzelne Merkmalswert und n der Umfang der Stichprobe. n bestimmt die Güte (den Vertrauensbereich) der statistischen Aussage. Der Quotient $r=s/\bar{x}$ heißt Variationskoeffizient. Die Fraktile x_p gibt jenen Merkmalswert an, der mit p Prozent Wahrscheinlichkeit nicht unterschritten wird. Vom Sicherheitsstandpunkt interessieren in erster Linie diese "Mindestwerte".

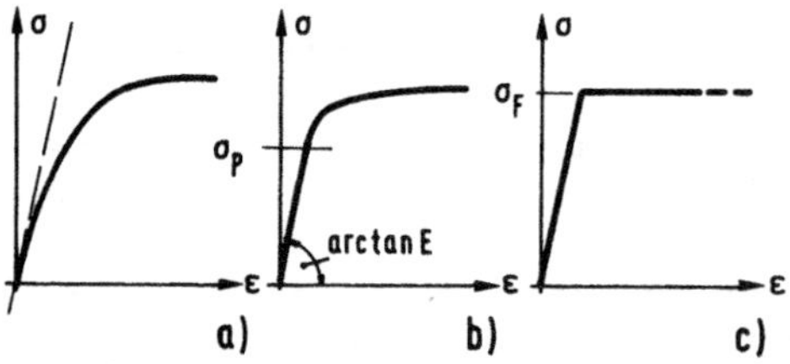

Bild 2.3

Die wichtisten Charakteristika der mechanischen Eigenschaften werden den in Zug/Druck-Versuchen ermittelten σ-ε-Arbeitslinien entnommen (technische Spannungsdehnungsdiagramme des einachsigen Zug/Druck-Versuches, B.2.1). Die Prüfspannung

$$\sigma = \frac{P}{F_0} \qquad (2.2)$$

wird über der Dehnung

$$\varepsilon = \frac{\Delta l}{l_0} \qquad (2.3)$$

aufgetragen. F_0 ist der Ursprungsquerschnitt und l_0 die Meßlänge. Je länger l_0 ist, umso mehr hat das Prüfergebnis die Bedeutung einer Mittelung (Verschmierung). Für baustatische Berechnungstheorien werden unterschieden (B.2.3):

a) Verformungsverhalten (durchgehend und stetig) verfestigend;
b) Verformungsverhalten linear-elastisch (σ wächst proportional mit ε gemäß $\sigma=E\cdot\varepsilon$), oberhalb der Proportionalitätsgrenze σ_P ist das Verhalten mehr oder weniger verfestigend, evtl. in einen ausgeprägten Fließbereich übergehend;
c) Verformungsverhalten linear-elastisch bis zur Fließgrenze σ_F, anschließend plastisch.

Im Gegensatz zu a) und b) ist c) ein idealisierendes Rechenmodell. Die Unterscheidungen a) und b) gelten im technischen Sinne, real sind wesentlich subtilere Unterschiede vorhanden.
Verhalten a) zeigen Schwer- und Leichtbeton, auch Kunststoffe, diese dann aber mit negativer Verfestigung. Verhalten b) ist typisch für alle Metalle, auch für Holz unter Druck. Bei unlegierten Stählen (Baustahl) liegt die Proportionalitätsgrenze σ_P relativ hoch; sie haben ausgeprägtes Fließvermögen, sodaß eine Annäherung gemäß c) möglich ist. Legierten und kaltverfestigten Stählen fehlt i.allg. dieser Fließbereich, auch Leichtmetallen.
Es gibt viele Faktoren, die das Spannungs-Dehnungsverhalten beeinflussen; z.B. bei Metallen: Verzerrungsgrad, Wärmebehandlung, Temperatur im Gebrauchszustand; bei steinernen Baustoffen: Erhärtungsgrad, Beanspruchungsgeschwindigkeit, u.a. Für baustatische Berechnungen bedarf es gewisser Idealisierungen und genormter Vereinbarungen, um zu praktikablen Rechenanweisungen und vergleichbaren Sicherheitsvorschriften zu kommen. Im Hinblick auf die mannigfachen Streuungen sind allzu verfeinerte Ansätze verfehlt. Je größer die Streuungen und Unsicherheiten in den Ansätzen, umso größer ist die Sicherheitsspanne zu wählen. Diese Aufgabe fällt in das Gebiet der Sicherheitstheorie.

Für Materialien mit stetiger Verfestigung gemäß B.2.3a wurden verschiedene (phänomenologische) Gesetze vorgeschlagen, z.B.:

$$\text{Logarithmische Form:} \quad \sigma = m \cdot \varepsilon^n \tag{2.4}$$

$$\text{LUDWIK-Form:} \quad \sigma = \sigma_0 + m \cdot \sigma^n \tag{2.5}$$

$$\text{RAMBERG-OSGOOD-Form:} \quad \varepsilon = \frac{\sigma}{E} + m\left(\frac{\sigma}{E}\right)^n \tag{2.6}$$

m, n, σ_0 sind Parameter, die an die Versuchsergebnisse angepaßt werden. Für Aluminium läßt sich eine modifizierte RAMBERG-OSGOOD-Form angeben, die auf KLÖPPEL-BÄRSCH zurückgeht (vgl. Abschnitt 2.2.4):

$$\varepsilon = \frac{\sigma}{E} + 0{,}002\left(\frac{\sigma}{\sigma_{0,2}}\right)^n; \quad T = \frac{d\sigma}{d\varepsilon} = E\frac{1}{1 + 0{,}002\, n \frac{E}{\sigma_{0,2}}\left(\frac{\sigma}{\sigma_{0,2}}\right)^{n-1}} \tag{2.7}$$

T nennt man Tangentenmodul. Dieses Gesetz ist auch für solche Feinkornbaustähle (legierte Edelstähle) anwendbar, die keine ausgeprägte Fließgrenze aufweisen. $\sigma_{0,2}$ ist jene Spannung, bei der nach vollständiger Entlastung eine Dehnung von 0,2% verbleibt. $\sigma_{0,2}$ ist als technische Streckgrenze vereinbart und als solche der Fließgrenze σ_F äquivalent.

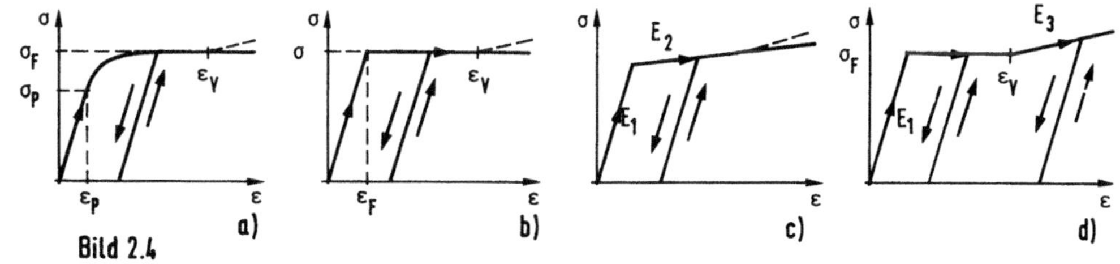

Bild 2.4

B.2.4a zeigt eine modellmäßige Beschreibung für ein linear-elastisches Verhalten bis σ_P mit anschließender Verfestigung und Fließen unter der Spannung σ_F:

$$\begin{aligned} 0 \leqslant \varepsilon \leqslant \varepsilon_P: &\quad \sigma = E\varepsilon\,; \; d\sigma/d\varepsilon = E \\ \varepsilon_P \leqslant \varepsilon \leqslant \varepsilon_F: &\quad \sigma = M(\varepsilon)\,; \; d\sigma/d\varepsilon = T(\varepsilon) \end{aligned} \tag{2.8}$$

Der Modul M kann unterschiedlich vereinbart werden. Große Vorteile bietet das von CHWALLA eingeführte tanh-Gesetz:

$$\sigma = \sigma_p + (\sigma_F - \sigma_p)\tanh\frac{\varepsilon E - \sigma_p}{\sigma_F - \sigma_p} \tag{2.9}$$

$$T = E[1 - \tanh^2(\frac{\varepsilon E - \sigma_p}{\sigma_F - \sigma_p})] = E[1 - (\frac{\sigma - \sigma_p}{\sigma_F - \sigma_p})^2] \tag{2.10}$$

Den Übergangsbedingungen $T(\sigma_p) = E$ und $T(\sigma_F) = 0$ wird genügt.

Die Annäherung des realen σ-ε-Gesetzes durch ein ideal-elastisches / ideal-plastisches ist dann möglich, wenn endliche Verzerrungen auftreten, was in der Plastizitätstheorie i.allg. unterstellt wird:

$$\begin{aligned} 0 \leq \varepsilon \leq \varepsilon_F &: \quad \sigma = E\varepsilon \; ; \; d\sigma/d\varepsilon = E \\ \varepsilon_F \leq \varepsilon &: \quad \sigma = \sigma_F \; ; \; d\sigma/d\varepsilon = 0 \end{aligned} \tag{2.11}$$

Der Vorteil dieser Annäherung liegt darin, daß sich über den Querschnitten Spannungskörper mit ebenen Flächen ergeben. Nachteilig ist indes, daß Dehnung und Spannung einander nicht mehr eindeutig zugeordnet sind, wenn die Marke ε_F überschritten wird. Diesem Umstand kann durch Einführung einer bilinearen σ-ε-Linie begegnet werden (B.2.4c). Auch ist es möglich, den Verfestigungsbereich außerhalb ε_V auf diese Weise zu erfassen (B.2.4d).

Werden im Rahmen wissenschaftlicher Untersuchungen besondere Einflüsse, wie Eigenspannun-

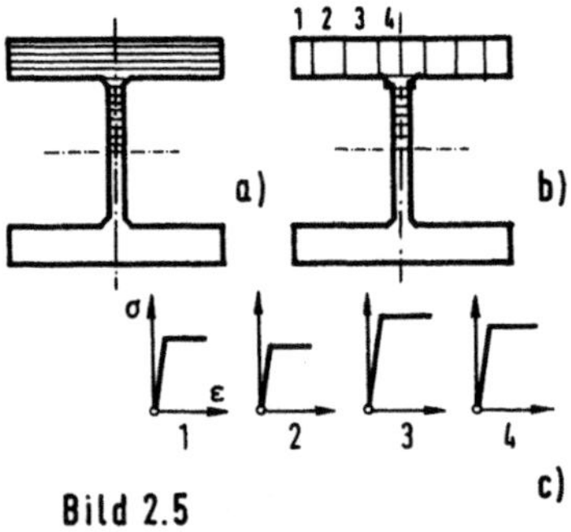

Bild 2.5

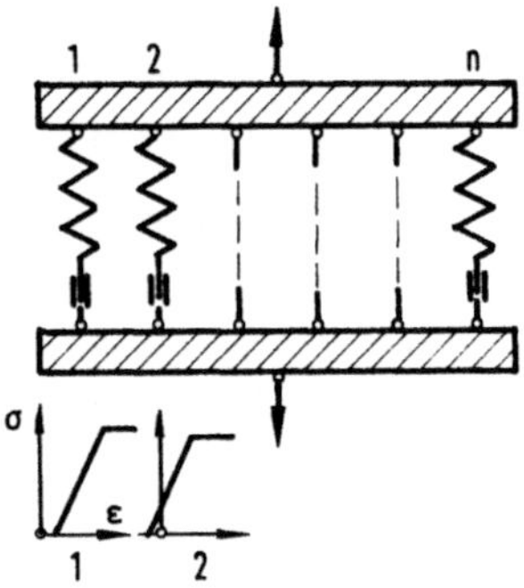

Bild 2.6

gen, Fließgrenzenstreuungen, Entlastung der Struktur vor Erreichen der Grenzlast und anschließende Wiederbelastung analysiert, ist es notwendig, das unterschiedliche Plastizierungsgeschehen in den einzelnen Querschnittsfasern zu verfolgen. Analytische Lösungen scheiden aus. Derartige Studien lassen sich nur nach computergerechter Aufbereitung numerisch bewerkstelligen. Hierzu ist eine Diskretisierung erforderlich, wobei innerhalb der Punktquerschnitte definierte Eigenschaften angenommen werden (B.2.5). Die Fasern innerhalb jedes Punktquerschnittes werden zu einer Makrofaser vereinigt. Jede Makrofaser kann als Feder mit bestimmter Federkonstante (E-Modul), Vorverformung (Eigenspannung) und Gleiteigenschaft (Fließgrenze) begriffen werden (B.2.6). Mit ansteigender Last gleiten zuerst die Schwachfasern. Die Kraft-Verschiebungskurve des Gesamtquerschnittes ist das Resultat aus dem Verhalten sämtlicher "Fasern".
Von Festigkeitsversuchen an metallischen Prüfkörpern ist bekannt, daß die σ-ε-Linie umso ausgeprägter einen ideal-elastischen / ideal-plastischen Verlauf aufweist, je punktförmiger die Messung erfolgt. Der krummlinige Verlauf der globalen σ-ε-Linie eines ganzen Querschnittes kommt vorrangig durch die unterschiedlichen Festigkeiten und Eigenspannungen der "Einzelfasern" zustande. Der Ansatz einer ideal-elastischen / ideal-plastischen Spannungsdehnungslinie für jede Faser (ggf. mit unterschiedlichen Merkmalen) ist bei Untersuchungen im Sinne der Bilder 2.5/6 berechtigt, weil nur so über den Querschnitt variabel verteilte Eigenschaften erfaßt werden können. Wird dagegen die globale Spannungsdehnungslinie in dieser Weise angesetzt, so ist das eine Näherung, die umso zutreffender

ist, je größer (endlicher) die Verzerrungen im Vergleich zu den geringfügigen Abweichungen der realen(krummlinigen) σ-ε-Linie oberhalb σ_F von der ideal-elastischen Geraden sind; diese Voraussetzung wird in der Plastizitätstheorie unterstellt. - Für die meisten Baustoffe ist die Trennung in lokale (wahre) und globale (idealisierte) σ-ε-Modelle schwierig und keinesfalls abgeklärt.

2.1.2 Querschnittsfestigkeit

Die Biegung der Stäbe stellt, wenn man den Schubeinfluß unberücksichtigt läßt, eine einachsige Beanspruchung in Stablängsrichtung dar. Aus diesem Grunde läßt sich die plastostatische Grenzlast (Traglast) von Druckstäben ohne vertiefte Kenntnisse in der Plastizitätstheorie bestimmen. Die aus Zug/Druck-Versuchen ermittelten (und ggf. vom Prüfkörpereinfluß bereinigten) σ-ε-Linien werden unmittelbar, ohne die Heranziehung von Fließhypothesen verwertet. Bei Problemen mit zwei- oder mehrachsiger Beanspruchung ist das nicht möglich.

Die Gültigkeit der BERNOULLI-Hypothese kann auch im plastischen Bereich unterstellt werden. Es gibt allerdings Ausnahmen, insbesondere bei dünnwandigen offenen und geschlossenen Querschnitten, die bei Plastizierungen Profilverformungen (z.B. bei Rohren Ovalisierungen) erleiden.

Kann bei Biegung von ebenen Querschnitten ausgegangen werden, stellt sich über den Stabquerschnitten eine Spannungsverteilung ein, die der σ-ε-Linie (bereichsweise) affin ist. B.2.7 zeigt beispielhafte Biegezustände, den Dehnungszuständen sind bestimmte lokale Stabkrümmungen zugeordnet:

$$|\varkappa| = \frac{|\varepsilon_d| + |\varepsilon_z|}{d} \tag{2.12}$$

Den Spannungen ist andererseits ein bestimmtes lokales (inneres) Biegungsmoment M zugeordnet; dieses wird durch Integration über die Spannungskörper gewonnen. Die Bestimmung dieser Momenten-Krümmungs-Funktion (unter gleichzeitiger Wirkung von Normalkräften) ist

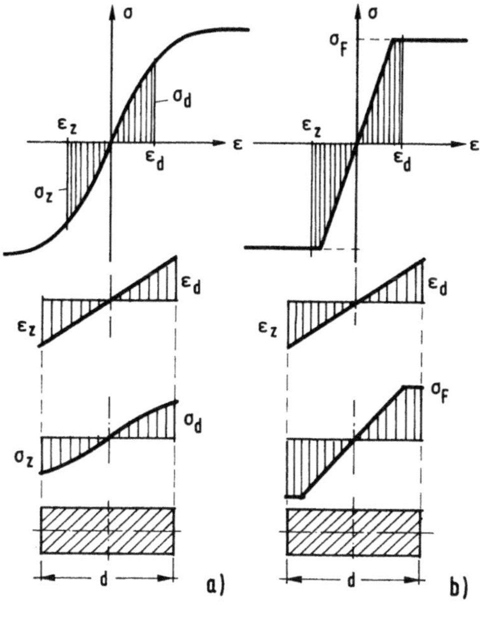

Bild 2.7

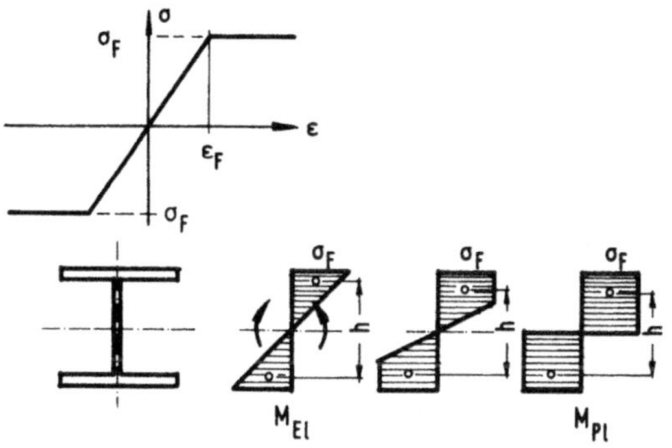

Bild 2.8

die Grundaufgabe jeder plasto-statischen Grenzlastberechnung.

Als Querschnittsfestigkeit definiert man jene Momenten-Normalkraft-Kombination, die ein gegebener Querschnitt aufnehmen kann. Unterschieden werden elastische und plastische Grenztragfähigkeit. Die elastische Grenztragfähigkeit ist dann erreicht, wenn erstmals an irgendeiner Stelle des Querschnittes der elastische Bereich verlassen wird, bei ideal-elastischem / ideal-plastischem Verhalten ist das dann der Fall, wenn die Fließgrenze σ_F erreicht wird; im Falle des im B.2.8 dargestellten, doppelt-symmetrischen Querschnittes beträgt demgemäß das elasto-statische Grenzmoment:

$$M_{El} = W \cdot \sigma_F \qquad (2.13)$$

W ist das Widerstandsmoment. Wird das äußere Moment über M_{El} hinaus gesteigert, plastiziert der Querschnitt von den Rändern in das Innere. Die Spannungsvolumina wachsen an, der innere Hebelarm h nimmt dagegen ab, vgl. B.2.8. Im Grenzfall einer vollen Plastizierung beträgt das aufnehmbare Moment:

$$M_{Pl} = W_{Pl}\,\sigma_F = \alpha\, W\, \sigma_F \qquad (2.14)$$

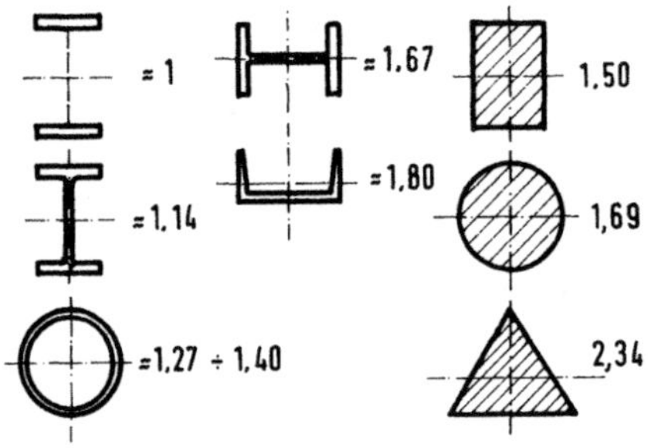

Bild 2.9

M_{Pl} ist das vollplastische Moment, auch plasto-statisches Grenzmoment genannt. W_{Pl} ist das plastische Widerstandsmoment, das sich als Summe der Flächenmomente ersten Grades der Zug- und Druckzone berechnet. Der Formbeiwert α liegt für Walzprofile zwischen 1,10 bis 1,20, im Mittel bei 1,14; letzteres bedeutet, daß die plastische Querschnittsreserve gegenüber der elastischen Tragfähigkeit 14% beträgt. In B.2.9 sind weitere Formbeiwerte eingetragen.

Im Falle einer biegungsfreien Normalkraftbeanspruchung sind die elastische und plastische Grenztragfähigkeit gleich groß:

$$N_{El} = N_{Pl} = F\,\sigma_F \qquad (2.15)$$

Bei kombinierter Momenten-Normalkraft-Beanspruchung (M/N) folgt die elasto-statische Grenztragfähigkeit $(M/N)_{El}$ aus der Bedingung:

$$\frac{N}{F} \pm \frac{M}{W} = \sigma_F \qquad (2.16)$$

(Hierbei ist ein doppeltsymmetrischer Querschnitt unterstellt; außerdem ist angenommen, daß Fließ- und Stauchgrenze gleich hoch liegen. Druckspannungen und Stauchungen sind im folgenden positiv.)

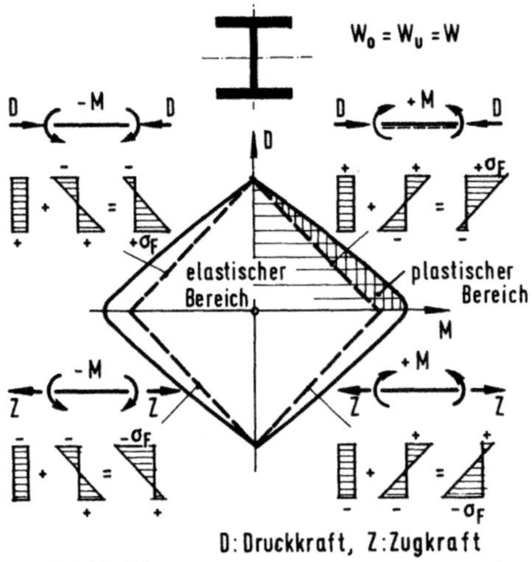

Bild 2.10

Ist die Normalkraft eine Druckkraft (N=D) und das Biegungsmoment positiv, wird die elasto-statische Tragfähigkeit durch die Gerade

$$\frac{D}{F} + \frac{M}{W} = \sigma_F \qquad (2.17)$$

begrenzt, vgl. den positiven Quadranten im M-N-Interaktionsdiagramm des Bildes 2.10. Gibt man D vor, folgt hieraus M, vice versa. Die plasto-statische Tragfähigkeit wird im Interaktionsdiagramm durch Kurven begrenzt; ihre Ausprägung ist von der Querschnittsform abhängig (vgl. Abschnitt 4.3).

Bei einfach-symmetrischen Querschnitten ergibt sich ein schiefes Interaktionsdiagramm, vgl. B.2.11. Um das zu zeigen, wird die elasto-statische Grenztragfähigkeit im ersten Interaktions-Quadranten für eine Druckkraft und ein positives Biegungsmoment berechnet. Bei

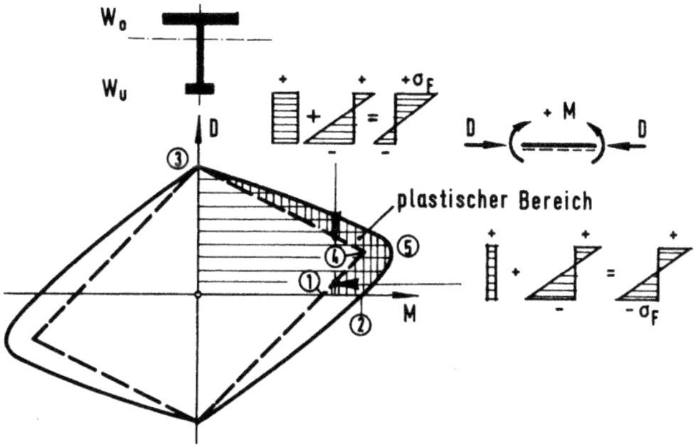

Bild 2.11

großer Druckkraft wird die Fließgrenze zuerst am Biegedruckrand erreicht:

$$\frac{D}{F} + \frac{M}{W_0} = \sigma_F \qquad (2.18)$$

Bei geringer Druckkraft ist Fließen am Biegezugrand maßgebend:

$$\frac{D}{F} - \frac{M}{W_u} = -\sigma_F \qquad (2.19)$$

In G.2.18/19 sind W_0 und W_u die Widerstandsmomente der oberen bzw. unteren Randfaser, vgl. B.2.11. Das Abbild der Gleichungen sind zwei Gerade. Im Falle D=0 folgt M_{El} zu $W_u \cdot \sigma_F$ (Punkt ①), Punkt ② kennzeichnet das zugeordnete vollplastische Moment M_{Pl}. Im Falle M=0 ist (Punkt ③):

$$D_{El} = D_{Pl} = F \cdot \sigma_F \qquad (2.20)$$

Der Schnittpunkt der elastischen Grenztragfähigkeitsgeraden folgt aus der Gleichsetzung der Gleichungen 2.18/19 zu:

$$M_{El} = \frac{2W_0}{W_0 + W_u} W \sigma_F; \quad D_{El} = \frac{W_0 - W_u}{W_0 + W_u} F \sigma_F \qquad (2.21)$$

Punkt ⑤ gibt die zugeordnete plastische Granztragfähigkeit an. - Wie dem Diagramm entnommen werden kann, wird das Grenzmoment unter kombinierter Beanspruchung gegenüber dem Grenzmoment für D=0 bei Wirksamwerden einer Druckkraft innerhalb eines gewissen Bereiches angehoben (④>① , ⑤>②).

Bei Stahlbetonquerschnitten ist das Erreichen der Grenztragfähigkeit unter geringer Druckkraft mit dem Aufreißen der Biegezugzone verbunden. Der Querschnitt ist damit von seiner Struktur her einfach-symmetrisch. Das Interaktionsdiagramm von Stahlbetonquerschnitten ist daher von dem im B.2.11 gezeigten Typ (im positiven Quadranten).

Zu jeder M/N-Kombination gehört über das σ-ε-Gesetz ein bestimmter Verzerrungszustand des Querschnittes und damit eine bestimmte Krümmung. Die Momenten-Krümmungs-Beziehung mit N als Parameter ist Indikator der wirksamen Biegesteifigkeit und als solche Grundlage jeder strengen Grenzlastberechnung.

Wirkt außer M und N noch eine Querkraft Q, ist das Interaktionsdiagramm dreidimensional. Um dieses abzuleiten, bedarf es gewisser Fließhypothesen, die angeben, unter welcher Spannungskombination Fließen eintritt.

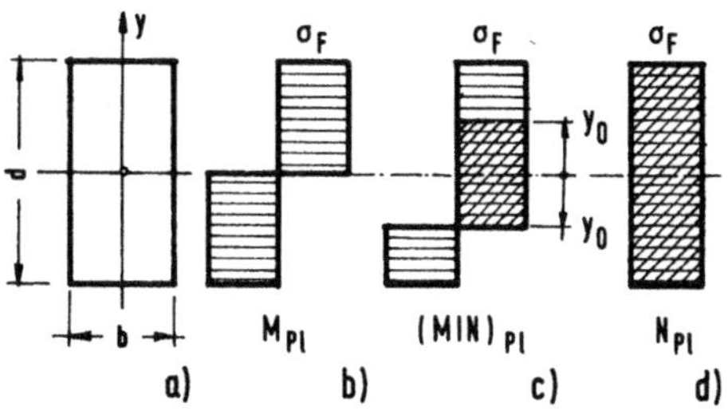

Bild 2.12

Für den Rechteckquerschnitt lassen sich M_{Pl} und N_{Pl} in einfacher Weise berechnen, vgl. B.2.12.

$$\text{Reine Biegung:} \quad M_{Pl} = 2S\sigma_F \qquad (2.22)$$

$$S = \int_0^{d/2} y\, b\, dy = \frac{bd^2}{8} \longrightarrow M_{Pl} = \sigma_F \frac{bd^2}{4} \qquad (2.23)$$

$$\text{Reiner Druck:} \quad N_{Pl} = \sigma_F bd \qquad (2.24)$$

Zu einer kombinierten M/N-Grenzbeanspruchung gehört das im B.2.12c gezeigte Spannungsdiagramm, hieraus werden

$$N = N_{Pl,M/N}; \; M = M_{Pl,M/N}$$

aufgebaut:

$$N = 2y_0 b\sigma_F \; ; \; M = 2\sigma_F \int_{y_0}^{d/2} y\,b\,dy = \sigma_F[(\frac{d}{2})^2 - (y_0)^2]\,b \tag{2.25}$$

Aus der ersten Gleichung wird y_0 freigestellt und in die zweite eingesetzt. Die Interaktionskurve der plastischen Grenztragfähigkeit folgt damit zu:

$$\frac{M}{M_{Pl}} + (\frac{N}{N_{Pl}})^2 = 1 \tag{2.26}$$

Das Abbild dieser Gleichung verläuft ähnlich wie die im B.2.10 dargestellte plastostatische Grenztragfähigkeitskurve, vgl. auch B.4.13 im Abschnitt 4.3.2.

2.1.3 Plasto-statische Grenztragfähigkeit gedrückter Stäbe

Eine wichtige Grundstruktur in der Stabilitätstheorie ist der beidseitig gelenkig gelagerte Druckstab mit gleich großer Exzentrizität e an beiden Stabenden (B.2.13a). Auf diesen Fall wurden und werden viele Nachweisformen in den Bauvorschriften zurückgeführt. - Wird die Druckkraft P stetig gesteigert und das Verformungsmoment P·f berücksichtigt (Th.II.Ordn.), stellt sich die im B.2.13c dargestellte Kraft-Verschiebungskurve ein. Die elasto-statische Grenzlast P_{El} ist im Falle eines stählernen Druckstabes mit doppelt-symmetrischem Querschnitt und ideal-elastischer / ideal-plastischer Arbeitslinie erreicht, wenn die Biegedruckspannungen die Fließgrenze erreichen. Bei Überschreiten von P_{El} plastiziert der Querschnitt ins Innere des Stabes hinein, außerdem weitet sich die Plastizierung in Stablängsrichtung aus (B.2.13a). Die Verformungen wachsen überproportional; unter einer ganz bestimmten Lastintensität P_U, der Grenzlast, wird die Zunahme des äußeren Momentes in Stabmitte durch die Zunahme des inneren Biegungsmomentes nicht mehr aufgefangen. B.2.13b zeigt die Spannungsdiagramme der Zustände P_{El} und P_U. Bei Steigerung der Druckkraft über P_{El} hinaus, steigt die mittlere Druckspannung; hierdurch wird das Vermögen reduziert, die Biegespannungsvolumina nennenswert zu vergrößern, auch verkleinert sich der Hebelarm h. Mit Erreichen von P_U verliert der Druckstab sein Gleichgewicht, er bricht zusammen, man spricht von Gleichgewichts-Divergenz. Der Querschnitt in Stabmitte ist dabei keinesfalls durchplastiziert. Die im vorangegangenen Abschnitt berechnete Querschnitts-Grenztragfähigkeit kann bei einem Druckstab nie erreicht werden. P_U liegt immer im plastischen Bereich des M/N-Interaktionsdiagrammes. Im B.2.14 sind die Linien der elastischen und plastischen Grenztragfähigkeit eines Stahlprofiles IPE 160 für Biegung um die starke Achse dargestellt. Außerdem sind die bezogenen M/N-Kurven für fünf Druckstäbe unterschiedlicher Schlankheit eingezeichnet. Bei deren (hier nicht wiedergegebener) Berechnung wurde eine Exzentrizität e=10mm, ein Vorbiegungsmaß f_0=1/1000 und eine Eigenspannungsverteilung gemäß B.2.14 oben erfaßt. Je geringer die Schlankheit ist, umso näher rückt P_U an die plasto-statische Querschnitts-Grenztragfähigkeit heran, vice versa.

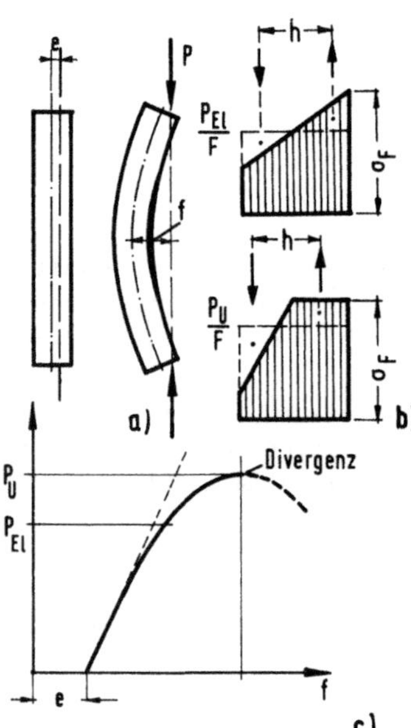

Bild 2.13

Die Lastverformungskurven von Stahlbetondruckgliedern weisen zwei Unstetigkeiten auf und zwar unter jenen Lasten, unter denen die Betonzugzone aufreißt und die Zug- oder Druckbewehrung die Fließ- bzw. Stauchgrenze erreicht. Wird bei hohem Bewehrungsgehalt die Be-

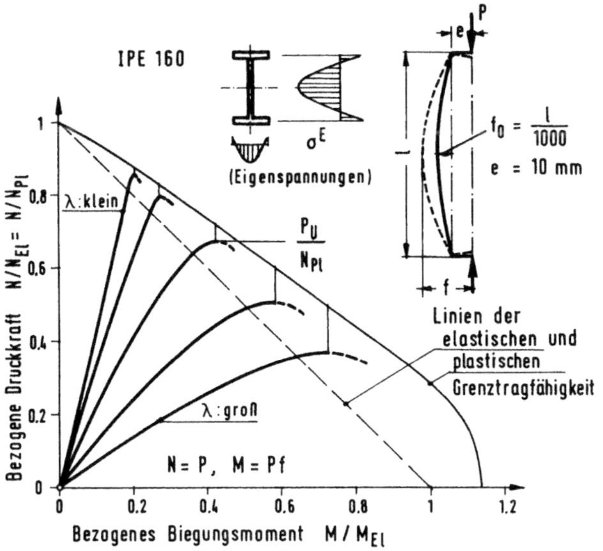

Bild 2.14

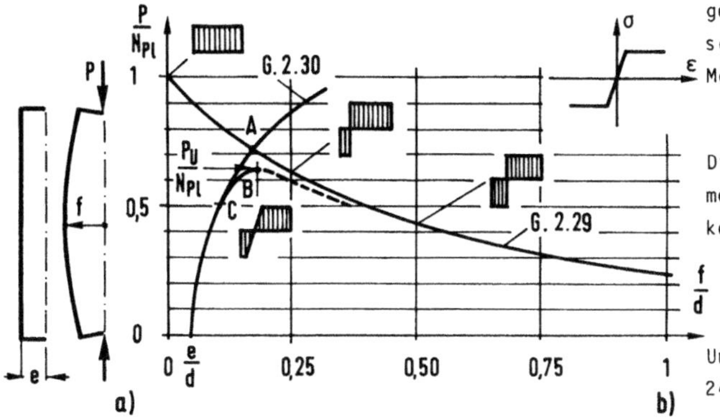

Bild 2.15

tonbruchstauchung vor Aufreißen der Zugzone erreicht, tritt ein spröder Bruch ohne Vorankündigung ein. - Bei Holzstützen tritt Versagen durch Erreichen der Stauch- oder Reißgrenze ein. - Auf Druckglieder aus Stahlbeton und Holz sind die für Stahlstützen mit ausgeprägtem Fließvermögen entwickelten Traglasttheorien nicht ohne Einschränkungen wegen deren beschränkten Dehnungs- bzw. Stauchungsvermögens übertragbar.-

Die Berechnung der elasto- und plasto-statischen M/N-Querschnittstragfähigkeiten ist eine vergleichweise einfache Aufgabe. Offenbar ist mit Hilfe der im B. 2.14 dargestellten Anhalte eine grobe Abschätzung der Grenzlasten möglich. Eine zweite Möglichkeit soll anhand von B.2.15 erläutert werden; hierzu wird ein exzentrisch gedrückter Stab mit Rechteckquerschnitt betrachtet. Normalkraft und Moment in Stabmitte betragen:

$$N = P; \quad M = Pf \tag{2.27}$$

Diese Ausdrücke werden in die Formel der plastischen Grenztragfähigkeit eingesetzt (vgl. G.2.26):

$$M = (M_{Pl,M/N}) = M_{Pl}\left[1 - \left(\frac{N}{N_{Pl}}\right)^2\right] \tag{2.28}$$

Unter Berücksichtigung von G.2.23/24 ergibt die Auflösung nach f:

$$\frac{f}{d} = \frac{1}{4}\cdot\frac{N_{Pl}}{P}\left[1 - \left(\frac{P}{N_{Pl}}\right)^2\right] \tag{2.29}$$

B.2.15 zeigt das Abbild dieser Gleichung.
Innerhalb des elastischen Bereiches läßt sich die Durchbiegung f zu

$$f = \frac{e}{1 - \frac{P}{P_{Ki}(\lambda)}} \longrightarrow \qquad \frac{f}{d} = \frac{e}{d}\cdot\frac{1}{1 - \frac{P}{P_{Ki}(\lambda)}} \tag{2.30}$$

abschätzen.
Unterstellt man, daß diese Abschätzung auch noch in den plastischen Bereich hinein gilt, liefert die Gleichsetzung von G.2.29 mit 2.30 die Beziehung:

$$\left(\frac{P}{N_{Pl}}\right)^3 - \frac{P_{Ki}}{N_{Pl}}\left(\frac{P}{N_{Pl}}\right)^2 - \left(1 + 4\,\frac{P_{Ki}}{N_{Pl}}\cdot\frac{e}{d}\right)\left(\frac{P}{N_{Pl}}\right) + \frac{P_{Ki}}{N_{Pl}} = 0 \tag{2.31}$$

Das ist die Bestimmungsgleichung für den Schnittpunkt A der Lastverschiebungskurve G.2.30 mit G.2.29. Die zugehörige Lastintensität wird real nicht erreicht, der Divergenzpunkt B liegt unterhalb von A (vgl. B.2.15), aber oberhalb von C, das ist die elastische

Grenzlast. Die reale Höhe des Punktes B ist auch noch von den Eigenspannungen abhängig. Durch die vorstehende Einschrankung läßt sich die plasto-statische Grenzlast recht genau abschätzen.

Für I-Querschnitte lauten die analogen Formeln:

Querschnittsgrenztragfähigkeit (Abschnitt 4.3.2):

$$M_{Pl,M/N} = 1{,}11 \cdot M_{Pl}\left[1 - \frac{N}{N_{Pl}}\right] \qquad (N \geq 0{,}10\,N_{Pl}) \qquad (2.32)$$

$$M_{Pl,M/N} = M_{Pl} \qquad (N < 0{,}10\,N_{Pl}) \qquad (2.33)$$

Bestimmungsgleichung für Punkt A:

I-Querschnitt:

$$P^2 - \left[\left(1 + \frac{P_{Ki}\,e}{1{,}11\,M_{Pl}}\right)N_{Pl} + P_{Ki}\right]P + P_{Ki} \cdot N_{Pl} = 0 \qquad (P \geq 0{,}10\,N_{Pl}) \qquad (2.34)$$

$$P = \frac{P_{Ki}}{\left(1 + \frac{P_{Ki}\,e}{1{,}11\,M_{Pl}}\right)} \qquad (P < 0{,}10\,N_{Pl}) \qquad (2.35)$$

B.2.16 zeigt zwei Beispiele für je drei Schlankheiten:

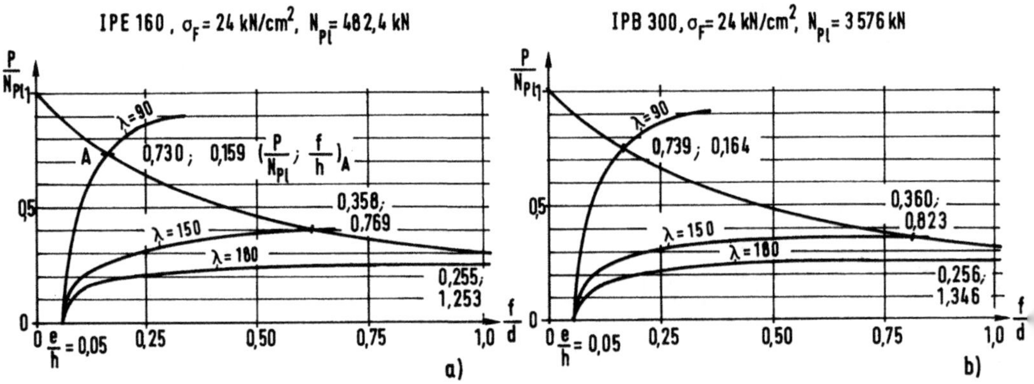

Bild 2.16

2.2 Festigkeits- und Formänderungseigenschaften der Baustoffe

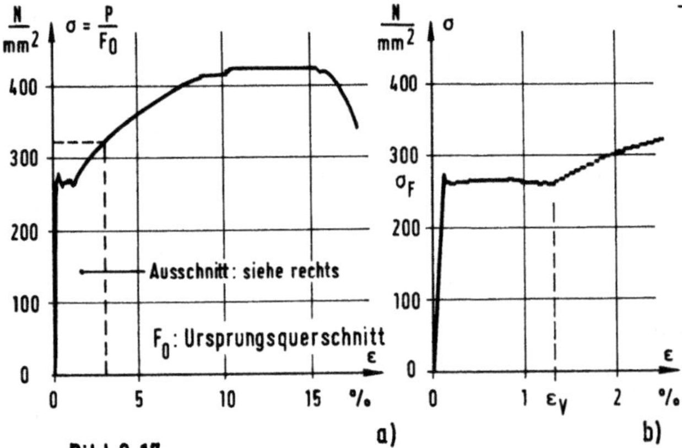

Bild 2.17

2.2.2 Baustähle St 370 und St 520

Die unlegierten, warmgewalzten Baustähle St 370 und St 520 sind naturharte Stähle mit ausgeprägtem Fließvermögen. Bei der Verfestigungsdehnung ε_V=1 bis 2% geht die Fließzone in den Verfestigungsbereich über. B.2.17 zeigt die Arbeitslinie eines Stahles St 370, aufgenommen an einem Flachstab mit einer Meßlänge von 40 mm. - Die Bruchdehnung streut zwischen 20 bis 40%. Die vom Walzwerk gewährleisteten Mindestwerte für die Fließgrenze σ_F (σ_S, β_S; DIN 17100) entsprechen etwa einer 2% Fraktile der Grundgesamtheit aller Walzerzeugnisse. B.2.18 zeigt die Histogramme für die Fließ- und Bruchgrenze und die Bruchdehnung der Stähle St 370 und St 520 einer zweijährigen Erhebung. Bei Profilen liegt die Fließgrenze im Mittel am niedrigsten, bei Blechen am höchsten. Mit zunehmender Wanddicke sinkt σ_F.

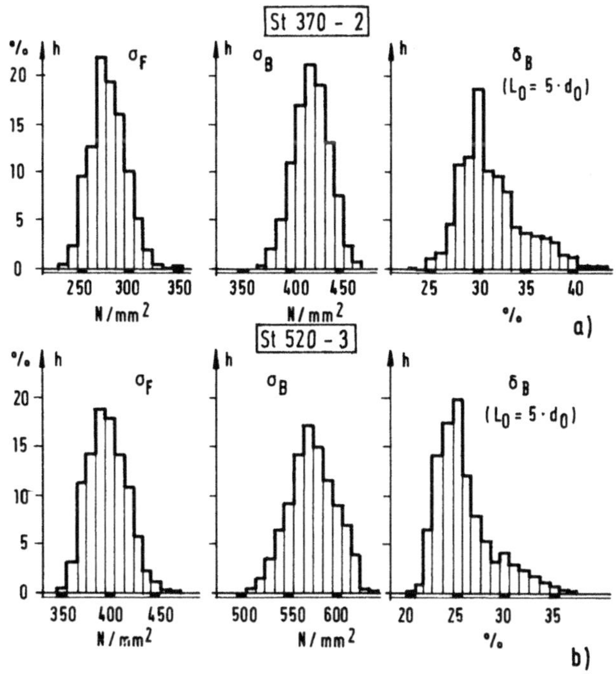

Bild 2.18

Nr.	1	2	3	4	5	6	7	8	9	10	11	
	Flansch				Steg			Flansch				
σ_F	363	325	300	333	364	371	384	325	325	330	314	N/mm²
ε_V	1.1	1.6	1.6	1.6	0.3	2.0	0.2	1.1	0.7	0.8	0.6	%

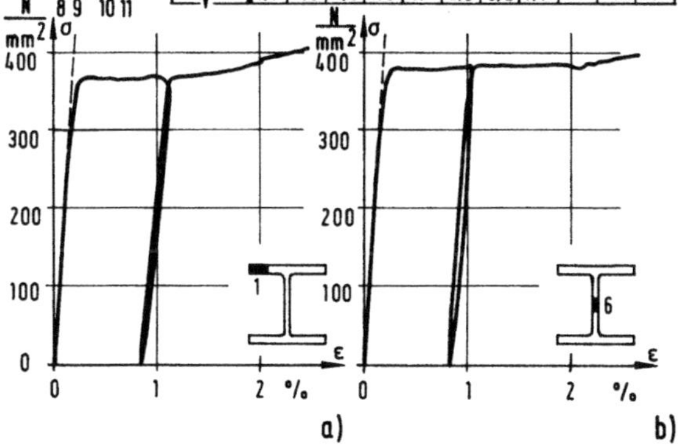

Bild 2.19

Bedingt durch die unterschiedliche Verfestigung und Entmischung beim Walzvorgang streuen die Fließgrenzenwerte innerhalb der Profilquerschnitte. Der Zugversuch am Proportionalitätsstab liefert nur einen Mittelwert. Im B.2.19 sind die in Zugversuchen ermittelten Verteilungen von σ_F und ε_V innerhalb eines IPB 100-Profiles wiedergegeben; außerdem sind die σ-ε-Linien einschließlich einer einmaligen Ent- und Wiederbelastung dargestellt. Die Werte wurden an Flachproben mit einer Meßlänge von 40 mm entnommen; es handelte sich um Proben aus einem unbehandelten Stahl.

Vorzeitig einsetzende Plastizierungen im kristallinen Körnerkonglomerat, unterschiedliche Fließgrenzen und Eigenspannungen sind dafür verantwortlich, daß das linearelastische Verhalten vor Erreichen der globalen Fließgrenze verloren geht. Bei unbehandelten Stählen liegt die Proportionlitätsgrenze in Höhe von 0,7 bis $0{,}8 \cdot \sigma_F$. Bei normalisierten Stählen (890°C bis 950°C; 2 bis 15 min) rückt σ_P näher an σ_F heran.

Für Rechenzwecke bedarf es gewisser Idealisierungen, dabei erweist sich für Untersuchungen mit Verzerrungen infinitesimaler Größe das tanh-Gesetz (G.2.10) als zweckmäßig; DIN 4114A setzt $\sigma_P = 0{,}8 \cdot \sigma_F$.

Sind die Verzerrungen von endlicher Größe (z.B. in plastizierten Bereichen gebogener Stäbe oder gar in Fließgelenken), kann das ideal-elastische / ideal-plastische Gesetz G.2.11 angesetzt werden.

Materialkonstanten:

$$\gamma = 7{,}85\ \mathrm{kg/dm^3};\quad E = 2{,}1 \cdot 10^5\ \mathrm{N/mm^2};\quad G = 0{,}81 \cdot 10^5\ \mathrm{N/mm^2};\quad \mu = 0{,}3;\quad \alpha_t = 12 \cdot 10^{-6}/{}^\circ\mathrm{C} \qquad (2.36)$$

Der E-Modul des Verfestigungsbereiches beträgt etwa $E_V = 0{,}02$ bis $0{,}03 \cdot E$.
Bezüglich der DIN-Normen und Werkstoffblätter wird auf [2.1/2] , insbesondere auf DIN 17100[2.3] verwiesen.

Die wetterfesten Baustähle WT St 370-2 und WT St 520-3 entsprechen in ihren mechanischen Eigenschaften den unlegierten [2.4].

2.2.2 Feinkornbaustähle St E 470 und St E 700

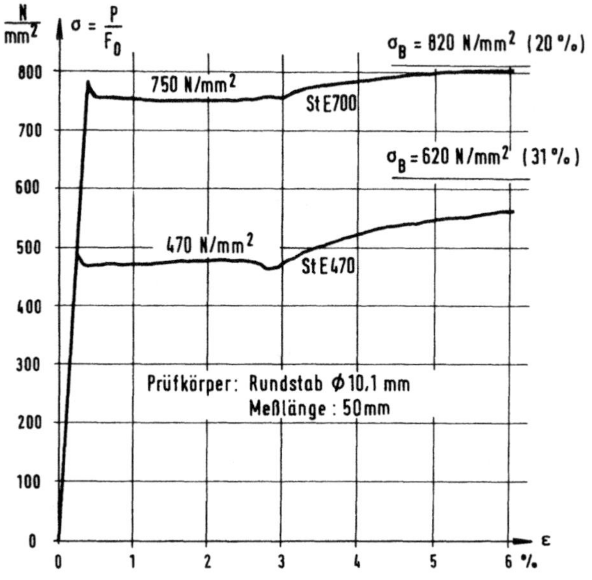

Bild 2.20

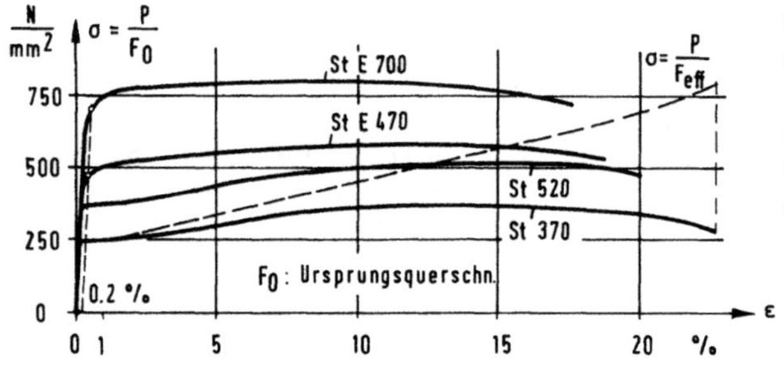

Bild 2.21

Feinkornbaustähle sind vollberuhigte, durch Zusatz von Si, Mn, Cr, Ni, V und andere Legierungselemente feinkörnig erschmolzene Stähle hoher Homogenität. St E 470 wird in normalgeglühtem (oder gleichwertigem), St E 700 in wasservergütetem Zustand geliefert. Die σ-ε-Linien der Feinkornbaustähle sind nicht von einheitlichem Typ. B.2.20 zeigt Versuchsergebnisse, die ausgeprägte Fließzonen bis ε_V=3% erkennen lassen. Auch die Unterschiede in der oberen und unteren Fließgrenze sind ausgeprägt und von gleicher Größenordnung wie bei unlegierten Stählen, vgl. B.2.17. Für die Idealisierung der σ-ε-Linien können dieselben Gesetze wie für unlegierte Stähle empfohlen werden, vgl. Abschnitt 2.2.1. Anders bei Feinkornbaustählen mit stetiger Verfestigung, hier dient die $\sigma_{0,2}$-Spannung als zur Streckgrenze eines Stahles mit Fließvermögen äquivalente Grenzmarke. Für die Annäherung der σ-ε-Linie ist das in G.2.7 eingeführte Potenzgesetz geeignet, wobei für n zu setzen ist:

$$\text{St E 470}: n = 47 \qquad \text{St E 700}: n = 70 \qquad (2.37)$$

Durch den Faktor 0,002 ist in G. 2.7 sichergestellt, daß sich für $\sigma = \sigma_{0,2}$ eine ε-Abweichung von 0,2% gegenüber dem linear-elastischen Verlauf ergibt.

B.2.21 zeigt σ-ε-Linien für Feinkornbaustähle mit verfestigendem Charakter und zum Vergleich die Arbeitslinien der Baustähle St 370 und St 520.

Die Materialkonstanten (E, G, μ, α_t) entsprechen den Baustählen (G.2.36); vgl. auch [2.5/7].

Durch die hohe Festigkeit der Feinkornbaustähle erreichen die Bauglieder große Schlankheiten. Dem Stabilitätsnachweis kommt daher besondere Bedeutung zu. Die Verzweigungslasten sind nur vom E-Modul abhängig, für schlanke Druckglieder ist die Verwendung hochfester Feinkornbaustähle daher i.a. unwirtschaftlich. Da für gedrungene bis mittelschlanke Stäbe die plasto-statische Grenzlast die Bemessung bestimmt, ergeben sich hierfür höhere bis hohe Tragfähigkeiten, sodaß für diesen Bereich der Einsatz von Feinkorn baustählen Vorteile bieten kann. - Bezüglich des Sicherheitsaspektes ist anzumerken, daß das Verhältnis Fließgrenze zu Bruchgrenze gegenüber den unlegierten Massenbaustählen ungünstiger ist:

$$\begin{aligned} &St\,370: \sigma_F/\sigma_B = 240/370 = 0{,}65;\ St\,520: \sigma_F/\sigma_B = 360/520 = 0{,}68 \\ &StE\,470: \sigma_F/\sigma_B = 470/570 = 0{,}82;\ StE\,700: \sigma_F/\sigma_B = 700/800 = 0{,}87 \end{aligned} \tag{2.37}$$

Dieser Aspekt hat nur Bedeutung, sofern im überkritischen Bereich verformungsarme, systemabhängige Tragreserven aktiviert werden sollen.

2.2.3 Nichtrostende Chrom-Nickel-Stähle

Der Einsatz nichtrostender Stähle für konstruktive, tragende Zwecke ist möglich und zulässig [2.8]; DIN 17400 regelt die Güteeigenschaften.
Es handelt sich um legierte Stähle mit verfestigenden σ-ε-Linien; bezüglich der Rechenansätze wird u.a. auf [2.8/9] verwiesen.

2.2.4 Aluminium (Leichtmetall)

Die im konstruktiven Ingenieurbau für tragende Teile zum Einsatz kommenden technischen Aluminium-Legierungen erreichen die Festigkeit des Baustahles St 370. Da der Elastizitätsmodul von Aluminium nur ein Drittel des Wertes von Stahl beträgt, hat der Stabilitätsnachweis große Bedeutung, vor allem bei Beanspruchungen im elastischen Bereich, also bei schlanken Druckgliedern.
Die hohen Festigkeiten der Aluminiumlegierungen werden durch Legierungszusätze, vorrangig Cu, Mg, Si, Zn, Mn und durch Kaltverfestigungen und Wärmebehandlungen erreicht: Es werden nichtaushärtbare und aushärtbare Legierungen unterschieden.
Nichtaushärtbare Legierungen werden überwiegend für Bleche verwendet, die vom Zustand weich durch Kaltwalzen eine Verfestigung zu Lasten der Zähigkeit erhalten. Beim Schweißen fallen Festigkeit und Härte wieder auf den Zustand weich ab. Dieser Festigkeitsabfall mindert die Traglast längsverschweißter Hohlprofile und Rohre und aus kaltgewalzten Blechen zusammengesetzter Profile, insbesondere dann, wenn die Wärmeeinflußzone (WEZ) an den Biegerändern liegt.
Aushärtbare Legierungen erhalten ihre Festigkeit durch eine besondere Wärmebehandlung. Das Halbzeug wird in knetwarmem Zustand durch eine Matrize gepreßt (Strangpressen), wodurch sich offene und hohe Profile großer Variabilität herstellen lassen. Auch bei diesen Legierungen werden die Festigkeiten durch Schweißen spürbar abgemindert.
Maßgebend für Konstruktion und Berechnung ist DIN 4113. Wegen des festigkeitsmindernden Einflusses des Schweißens besteht die Norm aus zwei Teilen, im zweiten Teil sind die Schweißkonstruktionen geregelt; vgl. auch [2.10-2.13].

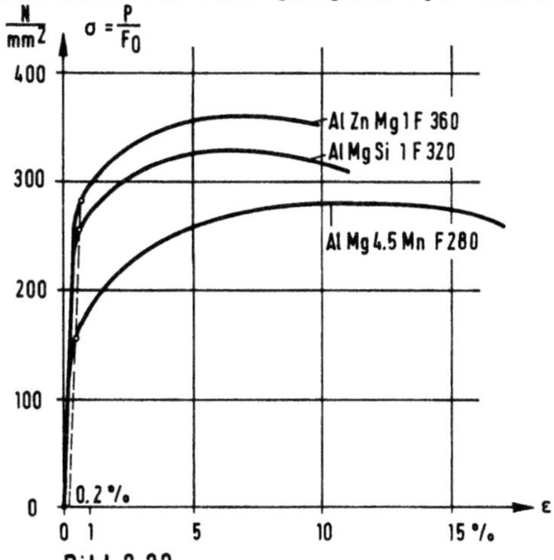

Bild 2.22

Die Arbeitslinien sind durch einen linear-elastischen (σ_P ca. $0{,}5 \cdot \sigma_{0,2}$) und einen sich stetig bis zur Bruchgrenze verfestigenden Verlauf gekennzeichnet (B.2.22). Eine Fließzone existiert nicht. Als Nennspannung für die Fließgrenze ist die 0,2-Dehngrenze vereinbart.

Eine gute Anpassung an die relativ stark gekrümmten Werkstofflinien gelingt mittels des Potenzgesetzes G.2.7. Für n ist $\sigma_{0,2}/10$ zu setzen, wenn $\sigma_{0,2}$ in N/mm^2 gemessen wird. Für die verschiedenen Legierungen liegt n zwischen 8 und 28. Dieses Gesetz liegt den Knickvorschriften der DIN 4113N zugrunde [2.14/16]; DIN 4113A hatte eine Exponentialfunktion als Basis [2.17/18]. - B.2.22 zeigt Arbeitslinien von drei Legierungen.

Der Elastizitätsmodul schwankt stärker als bei Stahl: $E=73500\ N/mm^2 \pm 4\%$; gerechnet wird sicherheitshalber mit $E=70000\ N/mm^2$. Weitere Materialkonstante sind:

$$\gamma = 2{,}8\ kg/dm^3;\quad G = 27000\ N/mm^2;\quad \mu = 0{,}34;\quad \alpha_t = 23{,}5\cdot 10^{-6}/°C \qquad (2.38)$$

Den Einsatz von Aluminium bezeichnet man als Leichtbau; hierzu zählt auch die Verwendung von Magnesium- und Titanlegierungen:

Mg: $\gamma = 1{,}80\ kg/dm^3$; $\sigma_{0,2} = 80 \div 250\ N/mm^2$; $\sigma_B = 160 \div 350\ N/mm^2$; δ_B bis 8%
$E = 0{,}45\cdot 10^5\ N/mm^2$ (DIN 1729, DIN 9715)

Ti: $\gamma = 4{,}51\ kg/dm^3$; $\sigma_{0,2} = 180 \div 1000\ N/mm^2$; $\sigma_B = 290 \div 1050\ N/mm^2$; δ_B bis 30%
$E = 1{,}12\cdot 10^5\ N/mm^2$ (DIN 17860, DIN 17862)

2.2.5 Gußeisen

Die Verwendung gußeiserner Säulen war früher sehr verbreitet. Die inzwischen zurückgezogene Norm DIN 1051 schrieb für Gußeisen die Werte $E=1{,}0\cdot 10^5\ N/mm^2$ und zulσ $=90 N/mm^2$ vor; die Schlankheit der Säulen war auf 100 begrenzt. Heute wird Gußeisen im konstruktiven Ingenieurbau vor allem für Tunnelringe (Tübbings) verwendet. - Es wird Gußeisen mit Lamellengraphit (GG) und Kugelgraphit (GGG) unterschieden, wobei letzterer durch nachträgliche Wärmebehandlung einer Vergütung zugänglich ist; hierbei werden Zugbruchdehnungen von 7% (GGG 700) bis 20% (GGG 400) erreicht; vgl. wegen Einzelheiten DIN 1691/3.

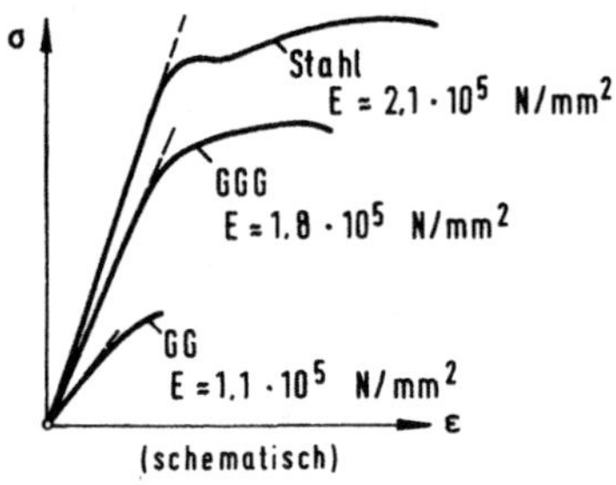

Bild 2.23

2.2.6 Betonstahl - Spannstahl

Die Betonstähle werden in unbehandelte (U-Stähle) und kaltverformte Stähle (K-Stähle) unterteilt. U-Stähle sind warmgewalzte, naturharte Stähle und besitzen eine ausgeprägte Fließzone (B.2.24). K-Stähle erfahren durch Recken, Ziehen oder Verdrillen eine Festigkeitssteigerung infolge der hiermit verbundenen Kaltverfestigung; die Kennlinie dieser

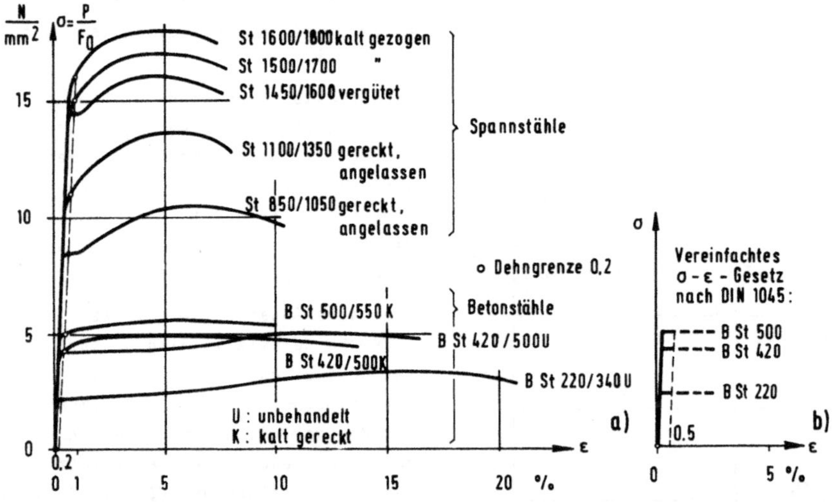

Bild 2.24

Stähle weist keinen Fließbereich auf, sondern eine stetige Verfestigung oberhalb σ_p bis zur Bruchgrenze σ_B; als Fließgrenze ist die $\sigma_{0,2}$-Grenze vereinbart. Als Mindestwert für Festigkeitswerte ist in DIN 1045 die 5% Fraktile festgelegt. - Spannstähle sind entweder kalt gezogen oder gereckt und vergütet; es werden sehr hohe Festigkeiten zu Lasten der Bruchzähigkeit erreicht; vgl. B.2.24. Der Elastizitätsmodul beträgt bei Betonstählen 210 000 N/mm^2 und bei den hochfesten Spannstählen 200 000 bis 205 000 N/mm^2.
Wird in einem Stahlbetonbauteil die Fließgrenze ($\sigma_{0,2}$-Dehngrenze) der Bewehrung überschritten, bilden sich Risse in zunehmender Zahl und Breite, die Gebrauchsfähigkeit geht alsbald verloren. Der Berechnung der Tragfähigkeit der Querschnitte darf daher nur eine geringfügig über der 0,2%-Dehnung liegende Grenzdehnung, nämlich 0,5%, zugrundegelegt und in die Bemessungsdiagramme eingearbeitet werden. Die Mitwirkung des Betons auf Zug ist real sehr gering, sie darf rechnerisch nicht angesetzt werden. - Wegen der Grenzdehnungsbeschränkung kommt der genauen Einhaltung des unterschiedlichen σ-ε-Verhaltens unbehandelter und kaltverformter Stähle keine nennenswerte Bedeutung zu; nach DIN 1045 ist daher ein ideal-elastisches / ideal-plastisches Spannungsdehnungsgesetz als Rechenansatz zugelassen (B.2.24b).

2.2.7 Stahlbeton B 15, B 25, B 35, B 45, B 55

Nach zunächst annähernd elastischem Verhalten, stellen sich im Beton mit ansteigender Druckbeanspruchung (im Bereich 0,3 bis 0,8 β_p) Verbundrisse zwischen Zuschlagkorn und Zementmörtel ein (β_p: Prismenfestigkeit). Die Risse pflanzen sich in der Matrix fort und

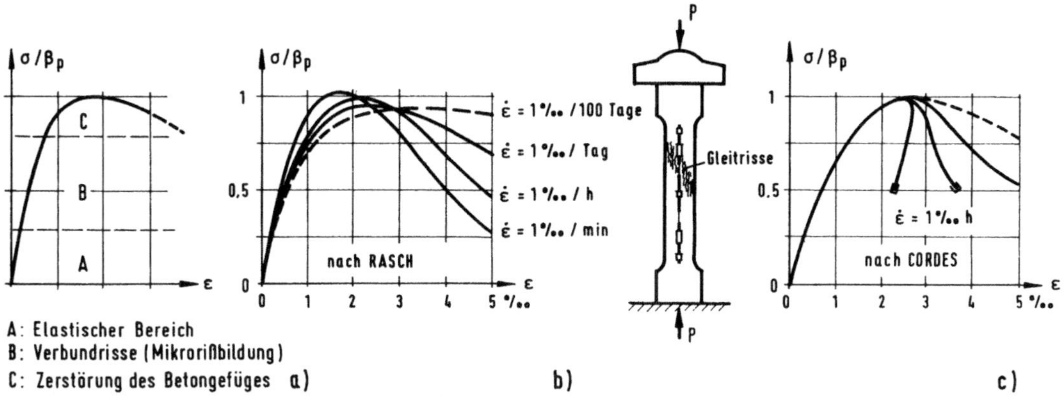

Bild 2.25

führen zur Zerstörung des Betongefüges; B.2.25a zeigt die erwähnten Bereiche im Druckspannungs-Stauchungs-Diagramm. Je höher die Geschwindigkeit der Lastaufbringung ist, umso geringer können sich viskoelastische Effekte auswirken, die Arbeitslinie verläuft steiler, vice versa(B.2.25b). Werden die Arbeitslinien innerhalb eines örtlich begrenzten Bruchbereiches aufgenommen, ergeben sich die in B.2.25c gezeigten Linien. - Aus diesen wenigen Hinweisen wird verständlich, daß es eine einheitliche σ-ε-Linie für Beton nicht gibt und geben kann: Abhängig von der Schnelle und Dauer der Lastaufbringung, von der Zusammensetzung, Güte und vom Alter des Betons, von Querschnittsform und Bewehrungsgrad sowie von der Lage der neutralen Achse stellt sich eine andere Verformungskennlinie bis zum Bruch ein [0.54-0.57]. Aus diesem Grund bedarf es im Vergleich zu metallischen Baustoffen in noch weit stärkerem Maße einer Idealisierung des für Tragfähigkeitsberechnungen anzusetzenden σ-ε-Diagramms. B.2.26a zeigt eine solche Idealisierung für zwei Betone unterschiedlicher Würfelfestigkeit β_W. Eine noch weitergehende Idealisierung ist das im Bild b dargestellte Parabel-Rechteckdiagramm der DIN 1045, das allen rechnerischen Nachweisen zugrundezulegen ist. Hiermit wird im wesentlichen in jedem einzelnen Anwendungsfall die für die Tragfähigkeit ungünstigste Art der Lastaufbringung berücksichtigt

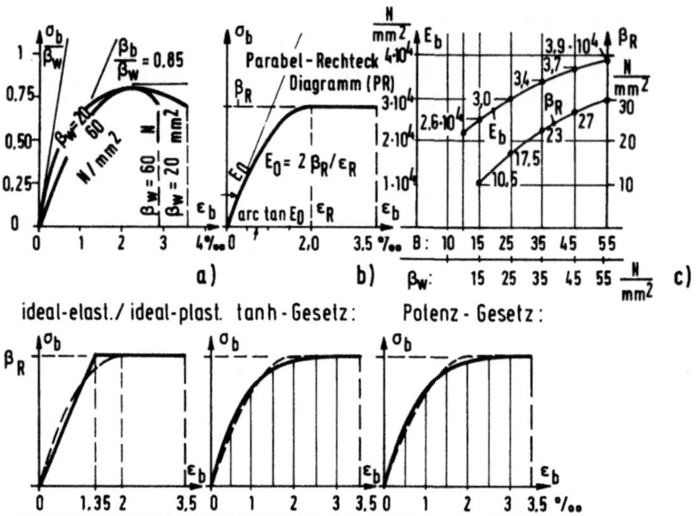

ε_b	0,5	1,0	1,5	2,0	2,5	3,0	3,5	F	‰
PR σ_b	0,437	0,750	0,937	1	1	1	1	2,833	β_R
tanh-Gesetz σ_b	0,462	0,761	0,905	0,964	0,987	0,995	0,998	2,808	β_R
Fehler in %	+5,7	+1,4	-3,4	-3,6	-1,3	-0,5	-0,2	-0,9	
Potenz-Ges. σ_b	0,481	0,761	0,907	0,973	0,995	0,997	1	2,833	β_R
Fehler in %	+10,0	+1,4	-3,2	-2,7	-0,5	-0,3	0	0	

d)

Bild 2.26

und werden alle oben erwähnten Einflüsse abgedeckt. Das Parabel-Rechteckdiagramm erfaßt die nichtlineare Spannungsverteilung im bruchnahen Bereich eines Biegebalkens in geometrisch einfacher Weise. Nach DIN 1045 darf es durch ein flächengleiches linear-elastisches / ideal-plastisches angenähert werden. Die rechnerischen Festigkeitswerte β_R und Elastizitätsmoduli E_b sind von der Betongüte abhängig, vgl. B.2.26c. β_W ist als 5%-Fraktile definiert. Die Rechenfestigkeit β_R geht hieraus über die Faktoren 0,85 (Reduktion Würfelfestigkeit zur Primen- gleich Bauwerksfestigkeit) und 0,85 (Dauerstandseinfluß) hervor. Für die höherfesten Betone ist noch der Faktor 0,8 (1,75/2,10 : Versagen ohne Vorankündigung) eingerechnet:

$$\text{B15, B25}: \beta_R = 0{,}85 \cdot 0{,}85 \cdot \beta_W \approx 0{,}7\beta_W; \qquad \text{B35, B45, B55}: \beta_R = 0{,}85 \cdot 0{,}85 \cdot 0{,}8 \cdot \beta_W \approx 0{,}6 \cdot \beta_W$$

Das Parabel-Rechteckdiagramm wird durch

$$0 \leq \varepsilon_b \leq \varepsilon_R = 2‰: \quad \sigma_b = \beta_R \frac{\varepsilon_b}{\varepsilon_R}\left(2 - \frac{\varepsilon_b}{\varepsilon_R}\right)$$
$$\varepsilon_R \leq \varepsilon_b \leq 3{,}5‰: \quad \sigma_b = \beta_R = \text{konst} \tag{2.39}$$

funktional beschrieben; nachteilig für Tragfähigkeitsanalysen ist die Unstetigkeitsstelle $\varepsilon_R = 2‰$, sowie der Umstand, daß für $\varepsilon_R < \varepsilon_b \leq 3{,}5\%$ der Tangentenmodul Null ist. Um diesen Nachteil zu umgehen, empfiehlt sich ggf. die Verwendung folgender Gesetze:

$$\text{tanh - Gesetz:} \quad 0 \leq \varepsilon_b \leq 3{,}5‰\,(\infty): \; \sigma_b = \beta_R \cdot \tanh 2\frac{\varepsilon_b}{\varepsilon_R} \tag{2.40}$$

$$\text{Potenz - Gesetz:} \quad 0 \leq \varepsilon_b \leq 3{,}5‰: \; \sigma_b = \beta_R\left[1 - \left(1 - \frac{\varepsilon_b}{3{,}5‰}\right)^{4{,}25}\right] \tag{2.41}$$

Der Vorteil des tanh-Gesetzes besteht neben der guten Anpassung darin, daß der Ursprungsmodul mit dem Modul des Parabel-Rechteckdiagrammes übereinstimmt:

$$E_0 = \left.\frac{d\sigma_b}{d\varepsilon_b}\right|_{\varepsilon_b=0} = \frac{2\beta_R}{\varepsilon_R} = 1000\,\beta_R \tag{2.42}$$

In der Tabelle des Bildes 2.26d sind die Spannungsordinaten der Gesetze G.2.39/41 gegenübergestellt und deren Abweichungen in Prozent ausgewiesen; auch sind die Flächeninhalte gegenübergestellt.

2.2.8 Holz

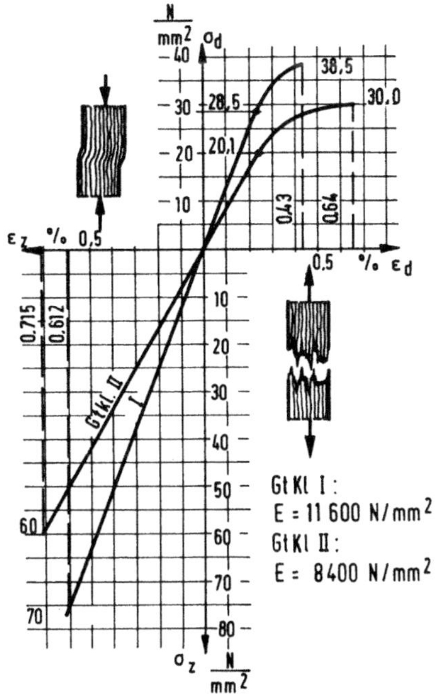

Bild 2.27

Neben Feuchtigkeitsgehalt und Dichte wird die Holzfestigkeit vorrangig von der Kraftrichtung zur Faserrichtung bestimmt. Weicht z.B. die Kraftrichtung von der Faserrichtung um 15% ab, werden i.M. nur 80% der Druck- und 50% der Zugfestigkeit in Faserrichtung erreicht. B.2.27 zeigt die Spannungsdehnungslinien für Holz der Güteklassen I und II nach DIN 1052 (Fichte, Feuchtigkeitsgehalt 13 bis 14%, Rohdichte ca. 0,44 kg/dm^3). Bei den im Bild eingetragenen Festigkeitswerten handelt es sich um Mittelwerte, bei den Dehnungen um Mindestwerte.

Unter Druck ist die σ-ε-Linie zunächst linear, sie geht (im Mittel) bei 70% der Druck-Bruchspannung in einen gekrümmten Verlauf über. Der Druck-Bruch wird durch ein örtliches Ausknicken des Fasergerüstes eingeleitet, das sich alsbald über größere Bereiche erstreckt.

Unter Zug ist Holz weitgehend elastisch; der Zug-Bruch geht mit einem dehnungslosen Reißen der Fasern einher.

Die Unterschiede im Elastizitätsmodul für Druck- und Zugbeanspruchung sind innerhalb der Gebrauchsspannungen gering, sodaß hierfür mit $E_d=E_z$ gerechnet werden kann.

Selbst bei ausgesuchtem Holz sind die Streuungen der Festigkeitswerte wegen der unterschiedlichen Bedingungen des natürlichen Wuchses beträchtlich. B.2.28 vermittelt einen Eindruck von den Streuungen der Druck-, Zug- und Biegebruchspannungen [2.18]; vgl. auch [2.19]. - Die Elastizitätsmoduli streuen ebenfalls relativ stark (Variationskoeffizient ca. 15%).

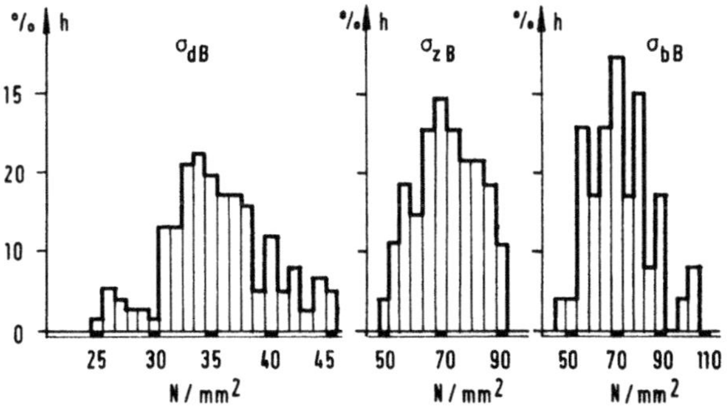

Bild 2.28

Holz ist ein organisch gewachsener Stoff; das mechanische Verhalten ist das eines anisotropen und porigen (inhomogenen) Festkörpers mit erheblichen Kriecheigenschaften, insbesondere unter Druckbeanspruchung. Der Abfall der Kurzzeitfestigkeit zur Dauerstandsfestigkeit wird zu 60% abgeschätzt, vgl. die Kriechkurve in B.2.29. Dieser Gesichtspunkt ist bei der Interpretation der Versuchswerte und für die Sicherheitsfrage von großer Bedeutung; die für metallische Bauteile entwickelten Tragfähigkeitstheorien sind auf Holzbauteile (hölzerne Druckstützen) nicht ohne weiteres übertragbar. Auch ist zu berücksichtigen, daß die an kleinen (ausgesuchten) Holzproben ermittelten Versuchswerte auf Bauhölzer mit großen Abmessungen nicht direkt übernommen werden können. Wegen der Ästigkeit und veränderlichen Faserrichtungen können Festigkeit

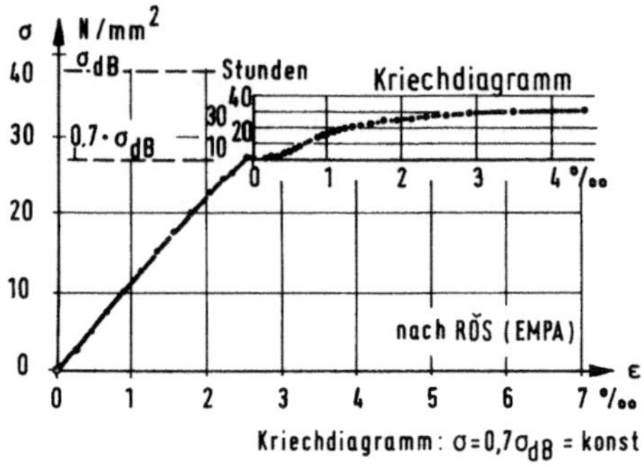

Bild 2.29

und Steife beträchtlich gegenüber den Kleinprobenwerten abfallen.

Mehr als in anderen Fällen sind die Normenwerte der DIN 1052 Rechenwerte. Die großen Streuungen erfordern einen höheren Sicherheitsbeiwert als bei metallischen Werkstoffen. Bei druckbeanspruchten Bauteilen wird diese Notwendigkeit durch das erwähnte verminderte Dauerstandsvermögen gegenüber der Kurzzeitfestigkeit und bei druckbeanspruchten Konstruktionen durch den mit der Nachgiebigkeit der Verbindungsmittel einhergehenden Steifigkeitsabfall unterstrichen.

Holzart u. -güte	E	σ_p	ε_p	σ_{dB}	ε_{dB}
Nadelholz Gt Kl I	10 000	16.5	1.650	33.0	6
" Gt Kl II	10 000	12.75	1.275	25.5	4.5
Brettschichtholz I	11 000	16.5	1.500	33.0	6
" II	11 000	12.75	≈ 1.160	25.5	4.5
Laubholz	12 500	15.0	1.200	30.0	6
	N/mm²	N/mm²	°/oo	N/mm²	°/oo

Bild 2.30

Für den Druckbereich oberhalb der Proportionalitätsgrenze, die zu $\sigma_p = 0{,}5 \cdot \sigma_{dB}$ angesetzt werden kann, wird zur Beschreibung der σ-ε-Linie ein modifiziertes tanh-Gesetzes vorgeschlagen:

$$\sigma = \sigma_p + (\sigma_{dB} - \sigma_p)\tanh\frac{\varepsilon E - \sigma_p}{\sigma_{dB} - \sigma_p}; \quad T = E[1 - (\frac{\sigma - \sigma_p}{\sigma_{dB} - \sigma_p})^2] \tag{2.43}$$

Aufgrund einer Sichtung von Versuchsergebnissen werden die im B.2.30 eingetragenen Rechenwerte empfohlen; außerdem können für statische Nachweise angesetzt werden:

Nadelholz: E / G = 18,5; $\alpha_t = 6 \cdot 10^{-6}/^oC$ (in Faserrichtung)
$\alpha_t = 34 \cdot 10^{-6}/^oC$ (quer zur Faserrichtung)
Laubholz: E / G = 12,5: $\alpha_t = 7 \cdot 10^{-6}/^oC$ (in Faserrichtung)
$\alpha_t = 54 \cdot 10^{-6}/^oC$ (quer zur Faserrichtung).

2.2.9 Kunststoffe

Unverstärkte Kunststoffe bestehen aus Polymerketten ungerichteter Verkettung und Verknäulung. In dieser Form sind sie von makro-isotropem Materialtyp. Abhängig von der chemischen Struktur existieren verschiedenartige Kunststoffe, ihr gemeinsames Merkmal ist die relativ geringe innere Bindung der Molekularketten, weswegen der bauingenieurliche Einsatz unverstärkter Kunststoffe für tragende Bauteile begrenzt bzw. nicht möglich ist:

a) Festigkeit und Steife sind sehr gering; beispielsweise gelten für PVC-hart folgende Mittelwerte: Zugfestigkeit ca. 60 N/mm² (370 N/mm²)
E_0-Modul ca. 3000 N/mm² (210 000 N/mm²)
Bruchdehnung ca. 40 % (25 %)
Klammerwerte: Stahl St 370. Für die Mehrzahl der Kunststoffe liegen die Werte wesentlich niedriger;
b) Kunststoffe haben ausgeprägte Kriech- und Relaxationseigenschaften;
c) Die Wärmebeständigkeit ist gering; je nach Art gehen ab 60 bis 200°C die mechanischen Eigenschaften alsbald verloren, auch ändert sich bei höheren Temperaturen die chemische Struktur;
d) Die Alterungsbeständigkeit ist gering.

Faserverstärkte Kunststoffe, insbesondere glasfaserverstärkte (GFK), sind für den technischen Einsatz für tragende Teile gut geeignet; deren Technologie ist weit entwickelt:

Behälter, Rohre, Kamine, selbsttragende Eisschutzzylinder für Sendeantennen auf Funktürmen und -masten. Als Verbundmittel dient Epoxidharz oder Polyester, das Gerüst besteht aus Kurzglasfasern (Thermoplaste) oder aus Glasmatten (Duromere). Die Eigenschaften sind nunmehr orthotrop und in starkem Maße vom Glasfaseranteil abhängig, dieser beträgt im Mittel 30 bis 50%. Für einen Glasfasergehalt von ca. 40% lassen sich folgende Mittelwerte für die mechanischen Eigenschaften angeben:

Zugfestigkeit	ca. 150 bis 190 N/mm^2
E_0-Modul	ca. 11000 bis 15000 N/mm^2
Bruchdehnung	ca. 1% (10^5h).

Ausführliche Unterlagen sind in [2.20/22] zusammengefaßt. - Wegen der mannigfachen, sehr spezifischen unterschiedlichen Eigenschaften, insbesondere der viskoelastischen, muß auf eine Darstellung der Stabilitätstheorie gedrückter Bauteile aus Kunststoffen verzichtet werden, das gilt auch für deren Einsatz als Verbundkonstruktion in Form von Sandwich-Elementen, vgl. [2.23-2.25] und das dort angegebene Schrifttum.

2.3 Imperfektionen

2.3.1 Äußere und innere Imperfektionen

Schon geringe Außermittigkeiten führen bei gedrückten Stützen zu erheblichen Verformungsmomenten. Das zeigen sowohl Versuche wie Rechnungen. Es ist daher folgerichtig, gewisse baupraktisch unvermeidbare Exzentrizitäten in die Berechnungsvorschriften aufzunehmen, die die (bei üblicher Sorgfalt tolerierten) Abweichungen von der planmäßigen Ausführung abdecken. Dieser Gesichtspunkt ist besonders wichtig für Druckglieder, die nach Plan ausschließlich zentrisch beansprucht werden. Bei planmäßiger Druck- <u>und</u> Momentenbelastung tritt das Gewicht von Imperfektionen umso mehr zurück, je relativ größer die Biegungsbeanspruchung ist.
Mit übergroßen Sicherheitszahlen (wie in den Anfängen des konstruktiven Ingenieurbaues üblich) ist eine dem Außermittigkeitsproblem adäquate Regelung nicht zu erreichen. Imperfektionen sind Streugrößen mit einer gewissen Wahrscheinlichkeitsverteilung. Sie lassen sich nur durch statistische Erhebungen bestimmen. Die meßtechnische Analyse erweist sich indes als schwierig und langwierig. Eine systematische Klärung steht noch aus. - Bei der Bewertung der unterschiedlichen Imperfektionseinflüsse kann davon ausgegangen werden, daß die Überlagerung sämtlicher Anteile zur unsicheren Seite hin unwahrscheinlich ist. Die Beurteilung ihres gesamtheitlichen Auftretens gelingt nur auf der Grundlage der probabilistischen Sicherheitstheorie; vgl. Abschnitt 2.6.3.5.

Die Imperfektionen lassen sich in äußere (konstruktionsbedingte, geometrische) und innere (werkstoffbedingte, strukturelle) einteilen. - Zu den äußeren Imperfektionen zählen:
a) Abweichungen von den Sollabmessungen der Querschnitte, Profiltoleranzen einschließlich Verlagerung der Schwerpunkte;
b) örtliche Knicke, Achsversetzungen, Vorbeulen, Unrundungen;
c) Achs- und Lotabweichungen (Schrägstellungen) gegenüber der plangerechten Lage, Vorkrümmungen, seitliche Vorausbiegungen (bei Druckgurten), schräge Krafteinleitungen, Exzentrizitäten infolge ungleichförmiger Unterfüllung von Stützen-Fußplatten u.a.;
d) Verbiegungen bei Auftreten von Temperaturgradienten, Eigengewichtsdurchbiegungen.
Es handelt sich überwiegend um Imperfektionen, die bereits mit dem Bau in die Konstruktion eingebracht werden; davon zu unterscheiden sind solche, die sich erst im Laufe der Zeit durch Beschädigungen, Korrosion, Setzungen, Kriecherscheinungen einstellen.
Erwähnt seien auch die Nebenspannungen in Fachwerken infolge der starren Stabanschlüsse, ausmittiger Fehlerhebel oder Abweichungen der Stabachsen von den Netzlinien. - Zu den inneren Imperfektionen zählen:
<u>Stahl (Aluminium)</u>: Walz-, Schweiß- und Brennschnitteigenspannungen infolge ungleichförmiger Abkühlung, Eigenspannungen infolge Kaltwalz- und Richtprozessen, ungleichförmige Verteilung der Fließspannungen über dem Querschnitt, Entfestigungen in Schweißnahbereichen.

Stahlbeton: Ungenaue Lage der Bewehrung bzw. des Bewehrungskorbes, Kiesnester, Entmischungsbereiche.
Holz: Äste und Wuchsfehler, von Natur aus vorhandene Außermittigkeiten bezüglich Dehnungs- und Festigkeitsverhalten, hervorgerufen durch unterschiedliches Alter des Fasergerüstes und wechselnde Richtung des Faserverlaufes, inhomogene Porosität, Dichte und Feuchtigkeit.

Grobe Ausführungsmängel wie Verwechslungen von Stahlgüten (z.B. St 370 statt St 520) oder Bewehrungseisen, versehentlich übersehener Einbau von Steifen, Verbänden u.a. fallen nicht unter den Begriff Imperfektion!

Um die unterschiedlichen Imperfektionen in ihrer Auswirkung auf die Tragfähigkeit druckbeanspruchter Stäbe und Tragwerke angemessen zu erfassen, sind in den bauaufsichtlichen Berechnungsvorschriften globale Ausmitten vorgeschrieben. Im Ausland ist der Ansatz $e=s_K/1000$ verbreitet, s_K ist die "freie Knicklänge". Im Stahlbau ist in DIN 4114A $e=s_K/500 + i/20$ für Druckstäbe angesetzt, für Tragwerke "sind auf Grund besonderer Erwägungen geeignete Außermittigkeiten des Kraftangriffes oder Vorkrümmungen der Stabachse oder Querlasten zur Erzeugung dieser Verformungen anzunehmen". In DIN 4114N sind detailliertere Vorschreibungen in Form geometrischer Ersatzimperfektionen für Vorkrümmungen und Stabverdrehungen angesetzt; deren Größe ist vorrangig von der Höhe der zu erwartenden Eigenspannungen abhängig.
Im Aluminiumumbau wird in DIN 4113N $s_K/500$ angenommen und im Stahlbetonbau $s_K/300$ (DIN 1045).

2.3.2 Eigenspannungen

Von den diversen Imperfektionen sind die Eigenspannungen am gründlichsten analysiert, ihr Einfluß auf die Tragfähigkeit stählerner Druckglieder ist bedeutend. Es werden Abkühl- und Umformungseigenspannungen unterschieden. Eigenspannungen befinden sich in einem inneren Gleichgewicht und sind hinsichtlich Größe und Verteilung von den technologischen Herstellungsbedingungen abhängig.
Eine theoretische Berechnung von Eigenspannungszuständen ist schwierig [2.26/28], experimentell werden Eigenspannungen mit Hilfe des Zerlege- oder Biegepfeilverfahrens bestimmt [2.29-2.31]; weiteres Schrifttum siehe später.

Walzeigenspannungen
Bei I-Walzprofilen kühlen sich der dünne Steg und die Flanschenden schneller als die noch rotwarmen Flanschzentren ab, diese werden warm gestaucht. Mit weiterer Abkühlung

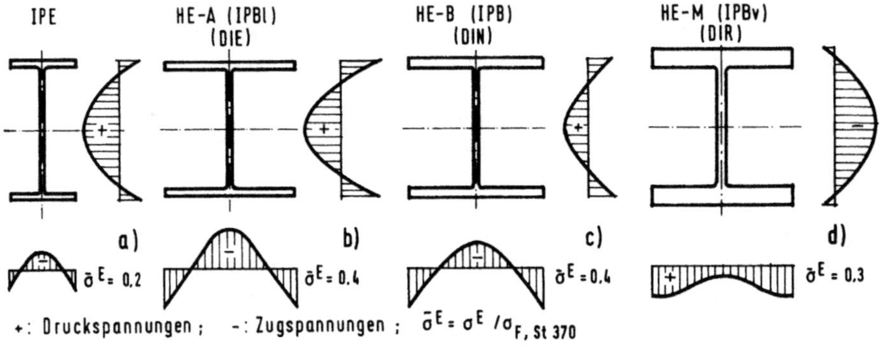

Bild 2.31

verkürzen sich die Flanschzentren gegen die bereits erkaltete Umgebung, die dabei eine plastische Kaltstauchung erfährt: An den Flanschenden und im Steg werden Druck- und in den Flanschzentren Zugeigenspannungen aufgebaut (B.2.31a/c). Die größte Temperaturdifferenz tritt während des Abkühlens zwischen 550 bis 650°C auf. Die Warmfließgrenze ist in diesem Bereich raltiv gering und für alle Stähle etwa gleich groß. Dieser Umstand und die Unabhängigkeit von E und α_t von der Stahlgüte sind die Gründe dafür, daß sich die Eigenspannungen σ^E für alle Stahlgüten etwa gleich hoch und gleich verteilt einstellen. Sie können daher für alle Stahlgüten z. B. unter Bezug auf die Streckgrenze des Stahles St 370 angegeben werden:

$$\bar{\sigma}^E = \frac{\sigma^E}{\sigma_{F,St\,370}} \tag{2.44}$$

(Diese Bemerkung gilt entsprechend für Schweißeigenspannungen.) Die Eigenspannungsverteilung über den Profilen wird vorrangig vom Verhältnis der Steg- und Flanschdicken zur Profilhöhe und -breite bestimmt. Je dicker ein Teil ist, umso stärker wird die Abkühlung verzögert. Zonen die zuletzt erkalten, stehen immer unter Zugeigenspannungen. B.2.31 zeigt typische Verteilungen; die Spannungen können durchaus noch höher ausfallen, als im Bild eingetragen. Von Einfluß ist auch die Art der Abkühlung, ob im Stapel oder einzeln [2.29].

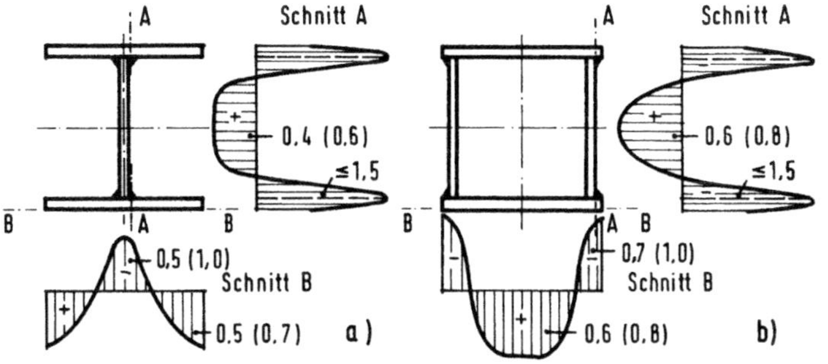

Bild 2.32

Schweißeigenspannungen

Schweißen stellt wegen der örtlich konzentrierten Wärmezufuhr eine äußerst inhomogene Wärmebehandlung dar. Die punktuell über die Rekristallisationstemperatur erwärmte, rotwarme Schweißzone wird durch die starre Umgebung an der Ausdehnung behindert und dadurch plastisch gestaucht. Beim Erkalten sind die Fasern um diese Stauchung zu kurz, d.h., sie erfahren eine Streckung und damit örtlich Zug, dem aus Gleichgewichtsgründen außerhalb der Schweißnaht Druckeigenspannungen gegenüberstehen. Da die Streckgrenze des Schweißwerkstoffes i.allg. (z.T. erheblich) über der des Grundwerkstoffes liegt, können im Nahtbereich Zugeigenspannungen auftreten, die über σ_F des Grundwerkstoffes liegen, dann ist $\bar{\sigma}^E>1$. - Der Querschnittsdickeneinfluß ist gering, maßgebender ist die Steifigkeit des Gesamtprofils, daher sind die Schweißeigenspannungen in Kastenprofilen höher als in I- und T-Profilen. Schweißverfahren, -nahtfolge und -nahtdicken sind außerdem von Einfluß. Im Gegensatz zu den Walzeigenspannungen gibt es nicht soviele Zustandsvarianten. In doppeltsymmetrischen Profilen treten (wie beim Walzen) doppeltsymmetrische Eigenspannungszustände auf; vgl. B.2.32.

Brennschneidspannungen

Entlang der brenngeschnittenen Kanten ist mit $\bar{\sigma}^E=0{,}4$ zu rechnen.

Richteigenspannungen

Der Richtprozeß wird bei Raumtemperatur durchgeführt. Gewisse Zonen des Querschnittes werden plastisch verformt. Die Eigenspannungsverteilung ist unsymmetrisch. Ein gerichteter Stab hat i.allg. eine größere Tragfähigkeit als ein ungerichteter, weil die Druckeigenspannungen in den Randzonen beim Richten abgebaut werden. Bei den Grenzlastberechnungen kann daher auf die Verfolgung dieses Einflusses verzichtet werden.

In Sonderfällen überlagern sich Eigenspannungen aus Walzen, Brennschneiden, Schweißen und Richten.

2.4 Knicktragfähigkeit zentrisch gedrückter Stäbe

2.4.1 Elasto-statische Knickspannungen

Die bei Erreichen der idealen Knickkraft P_{Ki} über den Stabquerschnitt gleichförmig verteilte Spannung $\sigma_{Ki}=P_{Ki}/F$ nennt man EULERsche Knickspannung. Voraussetzungen der EULERschen Knicktheorie sind exakt zentrische Drückung eines exakt geraden Stabes (ohne Imperfektionen) und ideal-elastisches Verhalten (daher der Index i). Für den Stab mit der Knicklänge s_K beträgt die Knickspannung:

$$\sigma_{Ki} = \frac{\pi^2 EJ}{s_K^2 F} \tag{2.45}$$

Mit dem Trägheitsradius i und der Schlankheit λ (auch Schlankheitsgrad)

$$i = \sqrt{\frac{J}{F}}, \quad \lambda = \frac{s_K}{i} \tag{2.46}$$

lautet σ_{Ki}:

$$\sigma_{Ki} = \frac{\pi^2 E}{\lambda^2} \qquad (0 \leq \sigma_{Ki} \leq \sigma_P) \tag{2.47}$$

Die Knickspannung ist real durch die Proportionalitätsspannung σ_P begrenzt, vgl. B.2.33a. Das Abbild der Funktion G.2.47 nennt man EULER-Hyperbel (B.2.33b). - Setzt man $\sigma_{Ki}=\sigma_P$, findet man die Grenzschlankheit:

$$\lambda_P = \pi\sqrt{\frac{E}{\sigma_P}} \tag{2.48}$$

Baustahl: St 370 $\sigma_P = 192\ N/mm^2$: $\lambda_P = 103{,}9$

St520 $\sigma_P = 288 N/mm$: $\lambda_P = 84{,}8$

Je höher die Festigkeit und damit i.allg. die σ_P-Grenze liegt, umso weiter verschiebt sich λ_P zu kleineren Werten, d.h., umso größer ist der elastische Bereich. Die EULERsche Knickspannung ist dem Elastizitätsmodul proportional; sie sinkt mit dem Quadrat der Schlankheit und ist im übrigen von der Querschnittsform unabhängig.

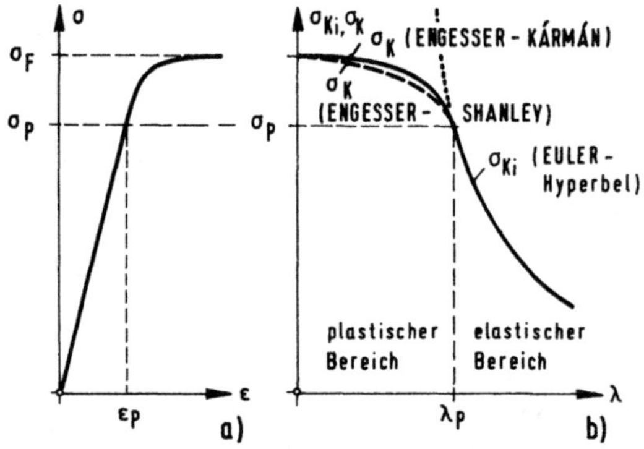

Bild 2.33

2.4.2 Plasto-statische Knickspannungen

2.4.2.1 Knickspannungen nach ENGESSER-KÁRMÁN

Für Druckstäbe mit einer Schlankheit $\lambda < \lambda_P$ ist G.2.47 nicht mehr gültig. Eine Knickspannung oberhalb der Stauchgrenze σ_F ist (bei Ausschluß des Verfestigungseinflusses) physikalisch nicht möglich. Demnach muß die Knickspannung für gedrungene Stäbe ($\lambda<\lambda_P$), d.h. im plastischen Bereich, zwischen σ_P und σ_F liegen; die plastische Knickspannungskurve verläuft zwischen den Eckpunkten:

$$\sigma_P(\lambda = \lambda_P) \quad \text{und} \quad \sigma_F(\lambda = 0) \tag{2.49}$$

Basierend auf den von TETMAJER um die Jahrhundertwende durchgeführten Knickversuchen an gedrungenen Stützen aus Eisen und Holz wurde ehemals in den Knickvorschriften für den plastischen Bereich eine schräge Gerade zwischen den Eckpunkten gewählt. Über Jahrzehnte dienten in dieser Weise vereinbarte Knickspannungsgeraden (und hieran orientierte, modifizierte Versionen) als Bemessungsgrundlage (Abschnitt 2.5.1).

Die theoretische Lösung des plasto-statischen Knickproblems geht auf ENGESSER [2.32/33] zurück; zunächst wurde von ENGESSER vorgeschlagen (1890), den E-Modul in G.2.47 durch den Tangentenmodul T

$$T = \frac{d\sigma}{d\varepsilon} \qquad (2.50)$$

zu ersetzen. Dieser Vorschlag wurde angefochten (Einwand von JASINSKI) und zwar mit dem Argument, daß sich im Augenblick des Knickens auf der Biegedruck- und Biegezugseite unterschiedliche Spannungsumlagerungen einstellen würden. Wie sich später zeigte, war dieser Einwand nur bedingt berechtigt; immerhin fühlte sich ENGESSER veranlaßt, seinen ersten Vorschlag zu modifizieren (1895) und zwar bestimmte er die Knickspannung zu:

$$\sigma_K = \frac{\pi^2 T_K}{\lambda^2} \qquad (\sigma_P \leq \sigma_K \leq \sigma_F) \qquad (2.51)$$

T_K ist der Knickmodul. T_K ist von der erreichten Knickspannung (und von der Querschnittsform) abhängig:

$$T_K = T_K(\sigma_K)$$

Da σ_K nicht mehr an die Voraussetzung ideal-elastischen Verhaltens gebunden ist, entfällt die Indizierung mit i. - Durch sehr sorgfältige Versuche konnte KÁRMÁN (1910) die ENGESSERsche Theorie im wesentlichen bestätigen; man spricht daher im Falle der G.2.51 von der Knickspannung nach ENGESSER-KÁRMÁN [2.32-2.35].

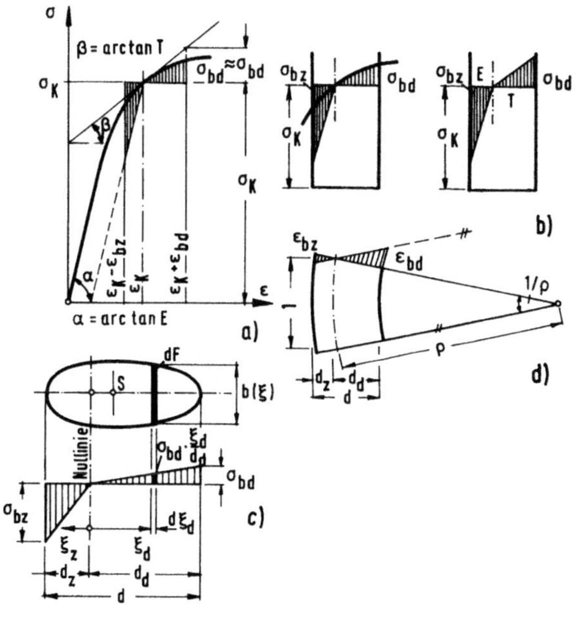

Bild 2.34

Knickt ein Druckstab im plastischen Bereich aus ($\sigma_K > \sigma_P$) und wird angenommen, daß mit der infinitesimalen Knickausbiegung keine weitere Zunahme der äußeren Kraft P_K einhergeht, überlagert sich der mittleren Knickspannung σ_K ein Biegeselbstspannungszustand. Der Verlauf der Biegedruckspannungen zwischen der Nullinie dieses Spannungszustandes und dem Biegedruckrand ist unter der Voraussetzung einer geradlinigen Verzerrung (BERNOULLI-Hypothese) der σ-ε-Linie affin, d.h. krummlinig, vgl. B.2.34a/b. Die Biegezugspannungen folgen dagegen der (elastischen) Entlastungsgeraden, d.h., sie sind geradlinig begrenzt. - Anstelle des krummlinigen Verlaufes auf der Biegedruckseite wird wegen der infinitesimalen Größe ein geradliniger Verlauf angesetzt, dessen Steigung gleich dem Tangentenmodul T in Höhe der Spannung σ_K ist. Damit lauten die Biegedruck- und Biegezugspannungen (B.2.34c):

$$\sigma_{bd} = T \cdot \varepsilon_{bd} \; ; \quad \sigma_{bz} = E \cdot \varepsilon_{bz} \qquad (2.52)$$

Wegen der unterschiedlichen Neigung der Biegespannungskörper fällt die Biegenullinie nicht mit der Schwerlinie des Querschnittes zusammen. Die Nullinie folgt aus der Bedingung, daß die Resultierenden der Biegedruck- und Biegezugspannungen im Gleichgewicht stehen, denn voraussetzungsgemäß handelt es sich um einen Selbstspannungszustand. Die Bedingung lautet (siehe B.2.34c):

$$\int_0^{d_d} \sigma_{bd} \frac{\xi_d}{d_d} dF_d = \int_0^{d_z} \sigma_{bz} \frac{\xi_z}{d_z} dF_z \tag{2.53}$$

Hierin ist:

$$dF = b(\xi) \cdot d\xi \tag{2.54}$$

(Die spezifischen Dehnungen und Spannungen sind als positive Größe gemäß ihrem Auftreten definiert.)
Bezogen auf die Nullinie werden die statischen Momente S_d und S_z für die gedrückte bzw. gezogene Teilfläche eingeführt, damit folgt für G.2.53:

$$\frac{\sigma_{bd}}{d_d} S_d = \frac{\sigma_{bz}}{d_z} S_z \tag{2.55}$$

Aus B.2.34d folgt die kinematische Verknüpfung der Randdehnungen mit der Stabkrümmung:

$$\frac{1}{\rho} = \frac{\varepsilon_{bd}}{d_d} \qquad \frac{1}{\rho} = \frac{\varepsilon_{bz}}{d_z} \tag{2.56}$$

Für die Biegerandspannungen (gemäß G.2.52) findet man damit:

$$\sigma_{bd} = \frac{T}{\rho} d_d \; ; \; \sigma_{bz} = \frac{E}{\rho} d_z \tag{2.57}$$

Werden diese Beziehungen in G.2.55 eingesetzt, erhält man die Bestimmungsgleichung für die Nullinie:

$$T \cdot S_d = E \cdot S_z \tag{2.58}$$

Das Biegungsmoment wird aus den (inneren) Biegespannungen aufgebaut:

$$M = \int_0^{d_d} \sigma_{bd} \frac{\xi_d}{d_d} b \cdot d\xi_d \cdot \xi_d + \int_0^{d_z} \sigma_{bz} \frac{\xi_z}{d_z} b \cdot d\xi_z \cdot \xi_z = \frac{\sigma_{bd}}{d_d} J_d + \frac{\sigma_{bz}}{d_z} J_z \tag{2.59}$$

J_d und J_z sind die Trägheitsmomente der gedrückten bzw. gezogenen Teilfläche, bezogen auf die Nullinie. Wird G.2.57 eingesetzt, folgt:

$$M = \frac{1}{\rho} (T J_d + E J_z) = \frac{1}{\rho} (T \frac{J_d}{J} + E \frac{J_z}{J}) J = \frac{T_K J}{\rho} \tag{2.60}$$

J ist das Trägheitsmoment des Querschnittes. Der von der Klammer eingeschlossene Ausdruck wird Knickmodul genannt:

$$T_K = T \frac{J_d}{J} + E \frac{J_z}{J} \tag{2.61}$$

T_K ist über T von der Knick-Mittelspannung σ_K abhängig.
Das Momentenkrümmungsgesetz

$$M = \frac{T_K J}{\rho} \tag{2.62}$$

stimmt mit dem elasto-statischen Gesetz

$$M = \frac{EJ}{\rho} \tag{2.63}$$

überein, wenn der spannungsunabhängige E-Modul durch den spannungsabhängigen T_K-Modul ersetzt wird. Die Knickspannung im plastischen Bereich folgt damit durch Analogieschluß zu:

$$\sigma_K = \frac{\pi^2 T_K}{\lambda^2} = \varkappa \frac{\pi^2 E}{\lambda^2} \; ; \; \varkappa = \frac{T_K}{E} \tag{2.64}$$

An der Proportionalitätsgrenze ist T=E und damit T_K=E; die Nullinie des Biegespannungs-

Knickspannungen im plastischen Bereich nach ENGESSER - KÁRMÁN

Knickmodul $T_K = \varkappa\, E$; Abgeminderte Knickspannungen $\sigma_K = \varkappa \cdot \sigma_{Ki}$

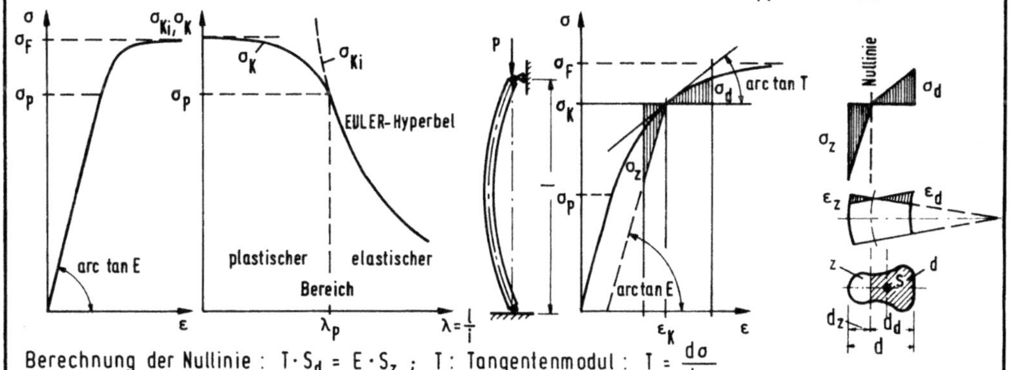

Berechnung der Nullinie: $T \cdot S_d = E \cdot S_z$; T: Tangentenmodul: $T = \frac{d\sigma}{d\varepsilon}$
E: Elastizitätsmodul

Berechnung des Knickmoduls: $T_K = T \cdot \frac{J_d}{J} + E\,\frac{J_z}{J}$; $S_{d;z}$ und $J_{d;z}$ bedeuten Statisches Moment bzw. Trägheitsmoment, bezogen auf die Biege-Nullinie. J ist das Trägheitsmonent, bezogen auf die Schwerachse.

EULERsche Knickspannung: $\sigma_{Ki} = \frac{\pi^2 E}{\lambda^2}$; ENGESSERsche Knickspannung: $\sigma_K = \frac{\pi^2 T_K}{\lambda^2} = \varkappa \cdot \frac{\pi^2 E}{\lambda^2}$

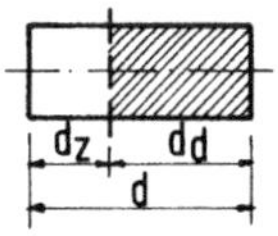

Rechteckquerschnitt:

$$d_d = \frac{d}{1 + \sqrt{\frac{T}{E}}} \qquad T_K = \frac{4 \cdot \frac{T}{E}}{\left(1 + \sqrt{\frac{T}{E}}\right)^2} \cdot E$$

$$d_z = d - d_d$$

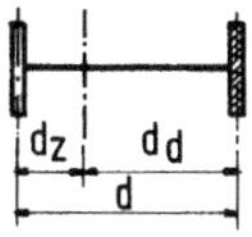

Symmetrischer Zweipunktquerschnitt:

$$d_d = \frac{d}{1 + \frac{T}{E}} \qquad T_K = \frac{2 \cdot \frac{T}{E}}{1 + \frac{T}{E}} \cdot E$$

$$d_z = d - d_d$$

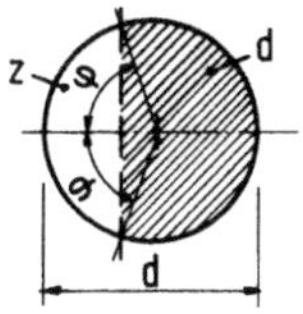

Kreisquerschnitt:

Bestimmungsgleichung für φ: $\left(\frac{\frac{T}{E}}{1 - \frac{T}{E}} \cdot \pi + \varphi\right) \cdot \cos\varphi - \frac{1}{3}\sin\varphi\,(2 + \cos^2\varphi) = 0$

Knickmodul: $T_K = \left\{\left(1 - \frac{T}{E}\right)\frac{1}{\pi}\left[\varphi\,(1 + 4\cos^2\varphi) - \sin\varphi\cos\varphi\left(5 - \frac{2}{3}\sin^2\varphi\right)\right] + \frac{T}{E}\,(1 + 4\cos^2\varphi)\right\} E$

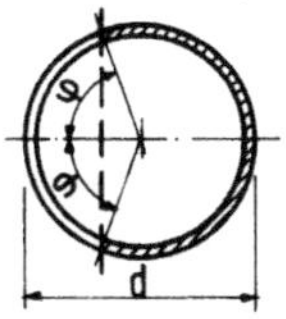

Kreisringquerschnitt (dünnwandig):

Bestimmungsgleichung für φ: $\left(\frac{\frac{T}{E}}{1 - \frac{T}{E}} \cdot \pi + \varphi\right) \cdot \cos\varphi - \sin\varphi = 0$

Knickmodul: $T_K = \left[\left(1 - \frac{T}{E}\right)\frac{1}{\pi}\left(\varphi - 3\sin\varphi\cos\varphi + 2\varphi\cos^2\varphi\right) + \frac{T}{E}\,(1 + 2\cos^2\varphi)\right] \cdot E$

Druckspannungsstauchungsgesetz im plastischen Bereich (DIN 4114 A)

$$\frac{\sigma - \sigma_P}{\sigma_F - \sigma_P} = \tanh\left(\frac{\varepsilon E - \sigma_P}{\sigma_F - \sigma_P}\right)$$

Tangentenmodul:

$$T = \left[1 - \left(\frac{\sigma - \sigma_P}{\sigma_F - \sigma_P}\right)^2\right] \cdot E$$

Auswertung im Bild rechts für St 370:

$\sigma_F = 240\ \mathrm{N/mm^2}$

$\sigma_P = 192\ \mathrm{N/mm^2}$ $(0{,}8 \cdot \sigma_F)$

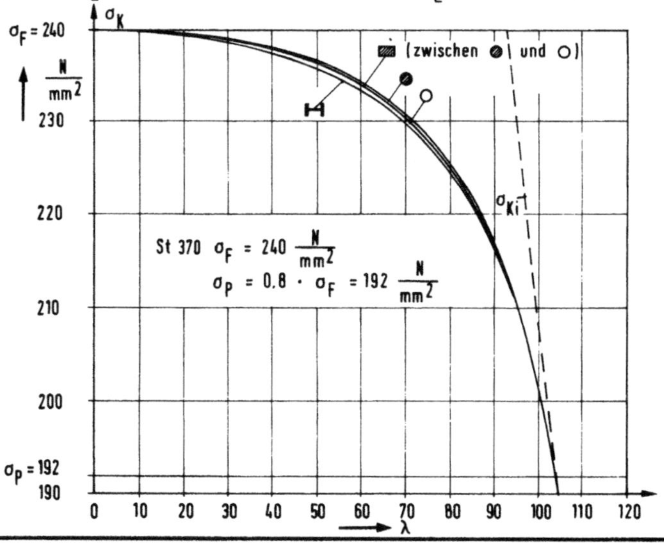

zustandes fällt in diesem Falle mit der Schwerlinie zusammen. Erreicht die Knickspannung die Fließgrenze ($\lambda \to 0$), ist T=0; die Nullinie rückt an den Rand.

2.4.2.2 Beispiele

Die Knickspannungslinie wird in folgenden Schritten ermittelt:

a) Für den vorgegebenen Querschnitt werden G.2.58 und 2.61 ausgewertet, d.h., T_K wird formelmäßig abgeleitet;

b) für frei gewählte Werte σ_K wird T gemäß G.2.50 bestimmt und T_K als Funktion von σ_K ausgewertet;

c) nunmehr wird

$$\lambda = \lambda_K = \pi\sqrt{\frac{T_K}{\sigma_K}} \tag{2.65}$$

berechnet und über σ_K aufgetragen.

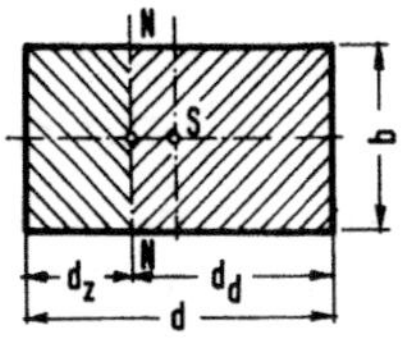

Bild 2.35

Am Rechteckquerschnitt (B.2.35) wird der Rechnungsgang erläutert: Für die Querschnittswerte, bezogen auf die Nullinie N-N, gilt:

$$J_d = \frac{b\,d_d^3}{3};\quad J_z = \frac{b\,d_z^3}{3};\quad J = \frac{b\,d^3}{12}\ \text{(Gesamtquerschnitt)} \tag{2.66}$$

$$\frac{J_d}{J} = 4\left(\frac{d_d}{d}\right)^3;\quad \frac{J_z}{J} = 4\left(\frac{d_z}{d}\right)^3;\quad S_d = \frac{b\,d_d^2}{2};\quad S_z = \frac{b\,d_z^2}{2}$$

Die Gleichungen G.2.58 und 2.61 werden ausgewertet; eine kurze Zwischenrechnung ergibt:

$$d_d = \frac{d\sqrt{E}}{\sqrt{T}+\sqrt{E}};\quad T_K = \frac{4TE}{(\sqrt{T}+\sqrt{E})^2} = \frac{4\cdot\frac{T}{E}}{\left(1+\sqrt{\frac{T}{E}}\right)^2}E \tag{2.67}$$

Auf T.2.1 sind Formeln für weitere Querschnittsformen zusammengestellt und deren Knickspannungslinien im plastischen Bereich gemäß Pkt. b/c bildlich dargestellt. Eine schwache Abhängigkeit von der Querschnittsform wird hieraus deutlich.

2.4.2.3 Knickspannungen nach ENGESSER-SHANLEY

Wie erläutert, liegt der Knicktheorie von ENGESSER-KÁRMÁN die Annahme zugrunde, daß die (sich der mittleren Knickspannung überlagernden) Knickbiegespannungen einen Selbstspannungszustand aufbauen. Diese Annahme hält einer strengen Prüfung nicht stand, denn zur Realisierung der Knickausbiegung ist eine (wenn auch noch so geringe) Erhöhung der Druckkraft und damit des Grundspannungszustandes notwendig. Geht man von der Vorstellung aus, daß die Biegezugspannungen σ_{bz} vom Zuwachs $\Delta\sigma_K$ aufgezehrt werden, folgen die Spannungen auf der Biegezugseite nicht der Entlastungsgeraden sondern der gekrümmten σ-ε-Linie (wie auf der Biegedruckseite). Diese Hypothese (von SHANLEY aufgrund von Versuchen gefolgert, 1947 [2.36/37]) führt zu dem Schluß, daß der E-Modul im plastischen Bereich durch den Tangentenmodul ersetzt werden muß:

$$\sigma_K = \frac{\pi^2 T}{\lambda^2}\quad (\sigma_P \leqslant \sigma_K \leqslant \sigma_F) \tag{2.68}$$

Da diese Hypothese mit dem ersten Vorschlag von ENGESSER übereinstimmt, spricht man auch von der Knickspannung nach ENGESSER-SHANLEY.

In einer zugeschärften Analyse wurde von PFLÜGER [2.38] gezeigt, daß die Entlastung auf der Biegezugseite entlang des Stabes weder durchgehend dem E-Modul noch dem T-Modul folgt, sondern variabel ist. Der Abstand der Biegezugresultierenden des Entlastungsbereiches von der Wirkungsgeraden der äußeren Last ist daher in Längsrichtung des Druckstabes veränderlich. Es tritt bereits vor Erreichen der eigentlichen Knickung eine Ausbiegung ein. Die

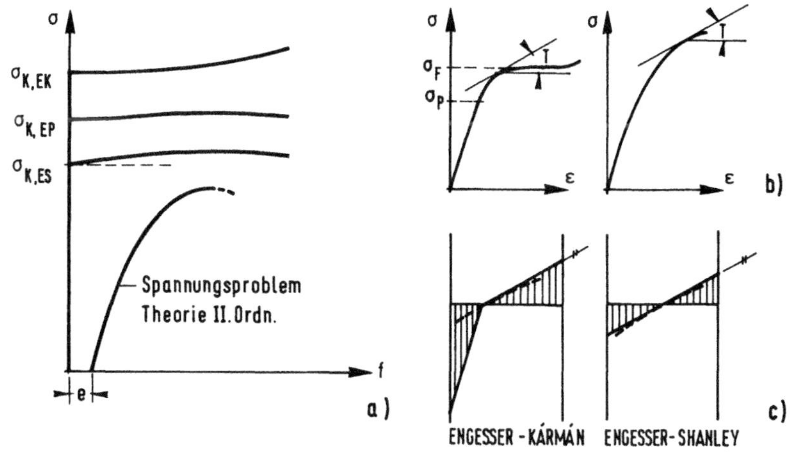

Bild 2.36

Knickspannung liegt zwischen den Werten von G. 2.51 und G.2.68; sie wird hier als Knickspannung nach ENGESSER-PFLÜGER bezeichnet. Dieser Wert kann allerdings bei Überschreiten von σ_K nach ENGESSER-SHANLEY nur erreicht werden, wenn der Stab während der Laststeigerung festgehalten wird.
B.2.36a zeigt (in schematischer Form) die Knickspannungslinien nach ENGESSER-SHANLEY (untere Schranke entspricht näherungsweise der oberen Schranke für die reale Grenzspannung des imperfekten Stabes), nach ENGESSER-KÁRMÁN (obere Schranke) und ENGESSER-PFLÜGER.

Für ein Material mit ausgeprägter Streckgrenze tritt bei Überschreiten von σ_P und Annäherung an σ_F eine starke Änderung des Spannungsgradienten T ein; das mit der Knickausbiegung einhergehende Biegungsmoment weckt Biegezugspannungen, die gegenüber $\Delta\sigma_K$ überwiegen, folglich stellt sich eher $\sigma_{K,EK}$ ein. Bei Material mit stetiger Verfestigung wird σ_{bz} von $\Delta\sigma_K$ nicht voll überdrückt, die Knickspannung liegt näher bei $\sigma_{K,ES}$. Mit der Knickspannung nach ENGESSER-SHANLEY liegt man immer auf der sicheren Seite.

Für Material mit ausgeprägter Fließgrenze (z.B. unlegierter Stahl) sind die Unterschiede zwischen $\sigma_{K,ES}$ und $\sigma_{K,EK}$ gering. Für Material mit stetiger Verfestigung (z.B. Aluminium) sind sie dagegen markant. B.2.37 möge das verdeutlichen. Im rechtsseitigen Bildteil sind die Knickspannungslinien für die Aluminiumlegierung Al Mg Si1 F320 nach beiden Hypothesen dargestellt; linkerseits ist das zugrundegelegte σ-ε-Gesetz eingezeichnet, vgl. Abschnitt 2.2.4.

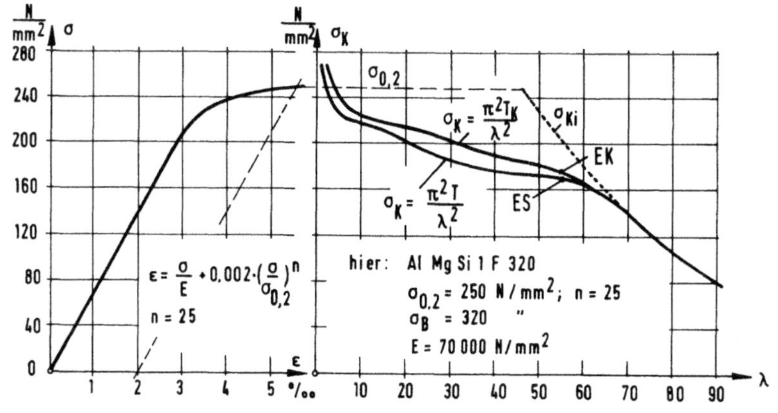

Bild 2.37

2.4.2.4 Einfluß der Randbedingungen auf die Knickspannungen

Bei einem Druckstab mit konstantem Querschnitt herrscht im Knickfalle an jeder Stelle dieselbe Druckspannung $\sigma_K = P_K/F$. Die überlagerten Knickbiegespannungen sind zwar entlang des Stabes (relativ zueinander) unterschiedlich hoch, denn das Biegungsmoment ist variabel, doch überlagern sie sich der Knickspannung in allen Fällen mit demselben T-Modul. Die Ergebnisse und Anmerkungen der vorangegangenen Abschnitte sind daher für jeden Momentenverlauf gültig und gelten demnach unabhängig von den Randbedingungen, also für alle EULER-Fälle:

$$\sigma_{Ki} = \varepsilon_{Ki}^2 \cdot \frac{E}{(\frac{l}{i})^2} \quad (\sigma_{Ki} \leq \sigma_P); \qquad \sigma_K = \varepsilon_{Ki}^2 \cdot \frac{T}{(\frac{l}{i})^2} \quad (\sigma_K \geq \sigma_P) \tag{2.69}$$

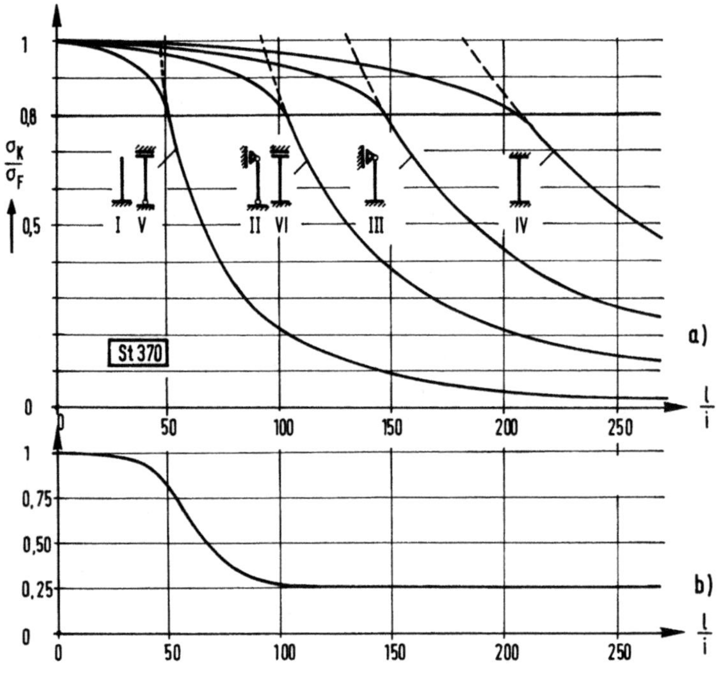

Bild 2.38

ε_{Ki} ist der zum betrachteten EULER-Fall gehörende Knickwert:

I, V : $\varepsilon_{Ki} = \pi/2$
II, VI: $\varepsilon_{Ki} = \pi$
III : $\varepsilon_{Ki} = 1{,}432\pi$
IV : $\varepsilon_{Ki} = 2\pi$

Wertet man die Gleichungen G.2.69 für die EULER-Fälle aus, erhält man das in B.2.38a dargestellte Ergebnis; $\sigma_P = 0{,}8 \cdot \sigma_F$. B.2.38b zeigt den Abfall der Knickspannungen des EULER-Stabes I im Vergleich zu einem EULER-Stab II mit gleicher Länge; oberhalb $l/i \geq 30$ ist der Abfall markant. Das Ergebnis verdeutlicht die Auswirkung einer falschen Einschätzung des Knickfalles. Für gedrungene Stäbe ist sie nicht so gravierend wie für schlanke. Auf diesem Umstand beruht die bislang in den Vorschriften geübte Regelung, wonach für den elastischen Bereich eine höhere Sicherheit gefordert wurde als im plastischen.

2.4.2.5 Einfluß der Eigenspannungen auf die Knickspannungen

Bevor der Einfluß von Walz- und Schweißeigenspannungen auf die Höhe der Knickspannungen untersucht wird, soll an einem druckbeanspruchten Kurzstab (der nicht knickgefährdet ist) gezeigt werden, wie Eigenspannungen unter einer äußeren Kraft herausplastizieren. Dazu wird der in B.2.39a dargestellte Querschnitt (unter Vernachlässigung des Steges) betrachtet (der Querschnitt besteht somit nur aus zwei Flanschen). Der Eigenspannungszustand ist durch ⓪ gekennzeichnet; an den Flanschrändern herrschen Druckeigenspannungen. Einheit der Spannungen: kN/cm^2.

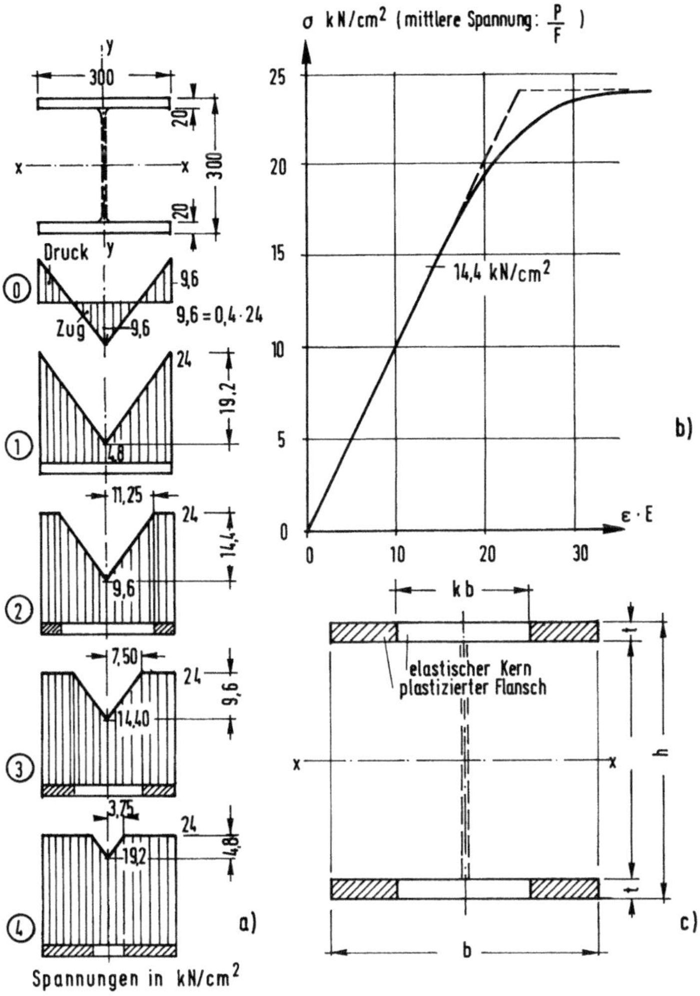

Bild 2.39

Die σ-ε-Linie jeder Materialfaser sei ideal-elastisch / ideal-plastisch und die Fließgrenze $\sigma_F=24$ kN/cm^2. Der Stab verhält sich elastisch, bis die Randspannungen die Fließgrenze erreichen, Zustand ①; hierzu gehört die mittlere Druckspannung $\sigma=14{,}4$ kN/cm^2 und damit die Druckkraft $P=14{,}4\cdot 120=1728$ kN; die Stauchung beträgt $\varepsilon=14{,}4/E$.

Bei einer Steigerung der Druckkraft plastiziert der Querschnitt von außen nach innen; zu den Spannungszuständen ① bis ④ in B.2.39a gehören folgende Kräfte und mittlere Spannungen $\sigma=P/F$:

$$1{:}\ 2(24\cdot 30 - 15{,}00\cdot 19{,}2)\cdot 2{,}0 = 1728\ \text{kN} \longrightarrow 14{,}40\ \text{kN/cm}^2$$
$$2{:}\ 2(24\cdot 30 - 11{,}25\cdot 14{,}4)\cdot 2{,}0 = 2232\ \text{kN} \longrightarrow 18\,60\ \text{kN/cm}^2$$
$$3{:}\ 2(24\cdot 30 - 7{,}50\cdot 9{,}6)\cdot 2{,}0 = 2592\ \text{kN} \longrightarrow 21{,}60\ \text{kN/cm}^2$$
$$4{:}\ 2(24\cdot 30 - 3{,}75\cdot 4{,}8)\cdot 2{,}0 = 2802\ \text{kN} \longrightarrow 23{,}40\ \text{kN/cm}^2$$

Die Stauchung wird allein vom elastischen Kern bestimmt; die Zunahme der elastischen Spannung im Kern beträgt zwischen den Zuständen jeweils 4,8 kN/cm^2 und damit die Stauchung 4,8/E. Die Gesamtstauchung ergibt sich additiv:

$$1{:}\ 14{,}4/E = 14{,}4/E$$
$$2{:}\ (14{,}4 + 4{,}8)/E = 19{,}2/E$$
$$3{:}\ (14{,}4 + 2\cdot 4{,}8)/E = 24{,}0/E$$
$$4{:}\ (14{,}4 + 3\cdot 4{,}8)/E = 28{,}0/E$$

Bei voller Druchplastizierung ist $\sigma=\sigma_F=24{,}0$ kN/cm^2 und $\varepsilon=\infty$.
Trägt man die mittlere Spannung über der Stauchung auf, ergibt sich die in B.2.39b dar-

gestellte σ-ε-Linie (für den Gesamtquerschnitt). Oberhalb 14,4 kN/cm^2 zeigt die Linie eine zunehmende Abkrümmung, offensichtlich wird der Querschnitt durch die Eigenspannungen "weicher". Die Höhe der Grenzlast wird beim Kurzstab durch die Eigenspannungen nicht beeinflußt.

Für denselben Querschnitt wird als nächstes das Knickproblem gelöst.
Erste Annahme: Der zentrisch gedrückte Stab habe eine solche Schlankheit, daß er gerade ausknickt, wenn sich ein Spannungszustand gemäß ① einstellt. Da der Querschnitt noch vollelastisch ist, wirkt die volle elasto-statische Biegesteifigkeit EJ der Knickung entgegen:

$$\sigma_{Ki} = \frac{\pi^2 E}{\lambda^2} \tag{2.70}$$

Aus der Gleichsetzung mit der Mittelspannung 14,40 kN/cm^2, läßt sich die zugehörige Grenzschlankheit berechnen:

$$\frac{\pi^2 E}{\lambda_E^2} = 14{,}4 \longrightarrow \lambda_E = \pi\sqrt{\frac{21000}{14{,}4}} = 120 \tag{2.71}$$

Zweite Annahme: Der zentrisch gedrückte Stab habe eine Schlankheit $\lambda < \lambda_E$, dann knickt er unter Spannungen mit teilplastischen Flanschrändern. Nur der elastische Kernbereich vermag einen inneren Biegewiderstand zu aktivieren, um dem Knickmoment das Gleichgewicht zu halten:

$$P_{Ki}^E = \frac{\pi^2 E J_{red}}{l^2} = \frac{\pi^2 E J}{l^2} \cdot \frac{J^E}{J} \tag{2.72}$$

Der hochgestellte Index kennzeichnet den Eigenspannungseinfluß. Für den hier behandelten Querschnitt gilt:
Ohne Eigenspannungen:

$$J_x = bt(h-t)^2/2; \quad J_y = 2tb^3/12 \tag{2.73}$$

Mit Eigenspannungen (k·b: Breite des elastischen Kernbereiches):

$$J_x^E = kbt(h-t)^2/2 = kJ_x; \quad J_y^E = 2t(kb)^3/12 = k^3 \cdot J_y \tag{2.74}$$

Knickung um die x-Achse:

$$P_{Ki,x}^E = k \cdot P_{Ki,x} \tag{2.75}$$

Knickung um die y-Achse:

$$P_{Ki,y}^E = k^3 \cdot P_{Ki,y} \tag{2.76}$$

In allgemeiner Formulierung gilt

$$\sigma_{Ki}^E = \frac{\pi^2 T^E}{\lambda^2} \tag{2.77}$$

mit:

$$T^E = kE \quad \text{bzw.} \quad T^E = k^3 \cdot E \tag{2.78}$$

Wertet man die Ergebnisse zahlenmäßig für den Querschnitt in B.2.39a aus, findet man zu den Mittelspannungen der Zustände ① bis ④ folgende Schlankheiten:

1: $k = 15{,}00/15 = 1$; $k^3 = 1$; $\lambda_x = 120$, $\lambda_y = 120$
2: $k = 11{,}25/15 = 0{,}75$ $k^3 = 0{,}422$; $\lambda_x = 91{,}4$, $\lambda_y = 68{,}6$
3: $k = 7{,}50/15 = 0{,}50$ $k^3 = 0{,}125$; $\lambda_x = 69{,}3$, $\lambda_y = 34{,}6$
4: $k = 3{,}75/15 = 0{,}25$ $k^3 = 0{,}017$; $\lambda_x = 47{,}1$, $\lambda_y = 11{,}8$

In B.2.40 ist das Ergebnis in bezogener Form

$$\frac{\sigma_K^E}{\sigma_F}$$

aufgetragen. Hieraus wird ersichtlich, daß die Knickspannungen für Knicken um die schwache Achse durch die Druckeigenspannungen (an den Flanschrändern) stärker reduziert werden als für Knicken um die starke Achse. Die in B.2.39 gewählten Eigenspannungsparameter entsprechen bezüglich Höhe und Verteilung realen Verhältnissen, wie sie beim Abkühlen nach dem Warmwalzen in I-Profilen vorliegen. Schweißeigenspannungen sind i.allg. ausgeprägter (Abschnitt 2.3.2); demgemäß ist auch der Abfall der Knickspannungen gegenüber eigenspannungsfreien Stäben stärker [2.39-2.40]. Eigenspannungen zählen zu den inneren (strukturellen) Imperfektionen; ihre reale Höhe und Verteilung bleibt im Einzelfall unbekannt. Es gibt zwei Möglichkeiten, ihren Einfluß auf die Knicktragfähigkeit zu erfassen:

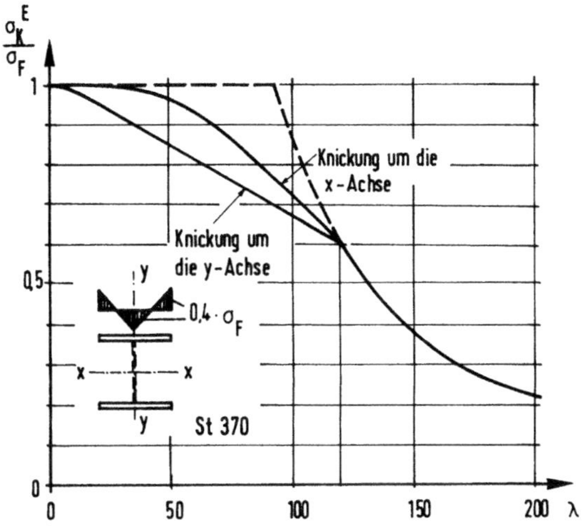

Bild 2.40

a) A priori werden für den plastischen Bereich krummlinige σ-ε-Linien zugrundegelegt, vgl. z.B. B.2.33a und hierfür die Knickspannungen nach der Theorie von ENGESSER berechnet. Über die Krummlinigkeit der σ-ε-Linie (vgl. B.2.39b) werden die Eigenspannungen indirekt erfaßt.
b) Ausgehend von einem ideal-elastischen / ideal-plastischen σ-ε-Gesetz werden die Eigenspannungen (wie im vorliegenden Abschnitt gezeigt) direkt eingerechnet.

Handelt es sich um metallische Werkstoffe, deren σ-ε-Gesetze keine ausgeprägten Streckgrenzen aufweisen (legierte Stähle, Leichtmetalle) und bei denen außerdem, wie bei Aluminium, entfestigte Bereiche im Umfeld der Schweißnähte entstehen, erfordert die Berechnung von T^E verfeinerte Analysen. Abhängig davon, wie umfassend der innere Imperfektionseinfluß in den Tragfähigkeitskurven berücksichtigt ist, ist die Sicherheitszahl festzulegen.

2.4.3 Knickspannungslinie in bezogener Darstellung

Aus Gründen eines vereinheitlichten Sicherheitskonzeptes ist es zweckmäßig, die Knickspannungslinien (und die Grenzspannungslinien, vgl. Abschnitt 2.6.3.4) auf die (Norm-) Fließgrenze zu beziehen, also auf σ_F oder $\sigma_{0,2}$, je nachdem, ob es sich um ein Material mit ausgeprägter Fließgrenze oder mit stetiger Verfestigung handelt.
Die Schlankheit λ wird auf

$$\lambda_F = \pi\sqrt{\frac{E}{\sigma_F}}\,; \qquad \lambda_{0,2} = \pi\sqrt{\frac{E}{\sigma_{0,2}}} \qquad (2.79)$$

normiert und als bezogene Schlankheit bezeichnet:

$$\bar{\lambda} = \frac{\lambda}{\lambda_F}\,; \qquad \bar{\lambda} = \frac{\lambda}{\lambda_{0,2}} \qquad (2.80)$$

Die bezogene elasto-statische Knickspannung lautet damit (vgl. G.2.47):

$$\bar{\sigma}_{Ki} = \frac{\sigma_{Ki}}{\sigma_F} = \frac{\pi^2 E}{\sigma_F \cdot \lambda^2} = \left(\frac{\lambda_F}{\lambda}\right)^2 \longrightarrow \bar{\sigma}_{Ki} = \frac{1}{\bar{\lambda}^2} \qquad (2.81)$$

Für die bezogene plasto-statische Knickspannung gilt (gemäß G.2.51/2.68):

$$\bar{\sigma}_K = \frac{\sigma_K}{\sigma_F} = \frac{\pi^2 T}{\sigma_F \lambda^2} = \frac{\pi^2 E}{\sigma_F \cdot \lambda^2} \cdot \frac{T}{E} \longrightarrow \bar{\sigma}_K = \frac{\varkappa}{\bar{\lambda}^2} \qquad (2.82)$$

Hier steht $\varkappa$ für:

$$\text{ENGESSER-KÁRMÁN}: \varkappa = \varkappa_{EK} = \frac{T_K}{E}; \quad \text{ENGESSER-SHANLEY}: \varkappa = \varkappa_{ES} = \frac{T}{E} \qquad (2.83)$$

Durch die bezogene Darstellung ist es nunmehr möglich, die Knickspannungslinien unterschiedlicher Materialien in einem Diagramm in vergleichbarer Form unterzubringen. Als Beispiel sind in B.2.41 die bezogenen Knickspannungslinien für den Stahl St 370 (tanh-Gesetz) und Aluminium Al 80 (Potenzgesetz) eingezeichnet. Verzichtet man im zweitgenannten Falle auf die Einrechnung des Verfestigungseinflusses (für kleine $\bar{\lambda}$-Werte), ergibt sich für die Knickspannungen eine, sich über einen großen Schlankheitsbereich erstreckende Gerade, was mit Versuchen gut übereinstimmt (vgl. B.2.41).
Als zweites Beispiel für die bezogene Darstellung von Knickspannungen wird auf die ehemals über Jahre gültige Knickspannungskurve der amerikanischen Stahlbauvorschriften (AISC-Code) hingewiesen; dieser Linie lag im elastischen Bereich die EULER-Hyperbel (unterhalb $\bar{\sigma}_K$=0,5) und im plastischen Bereich eine Parabel zugrunde (B.2.42):

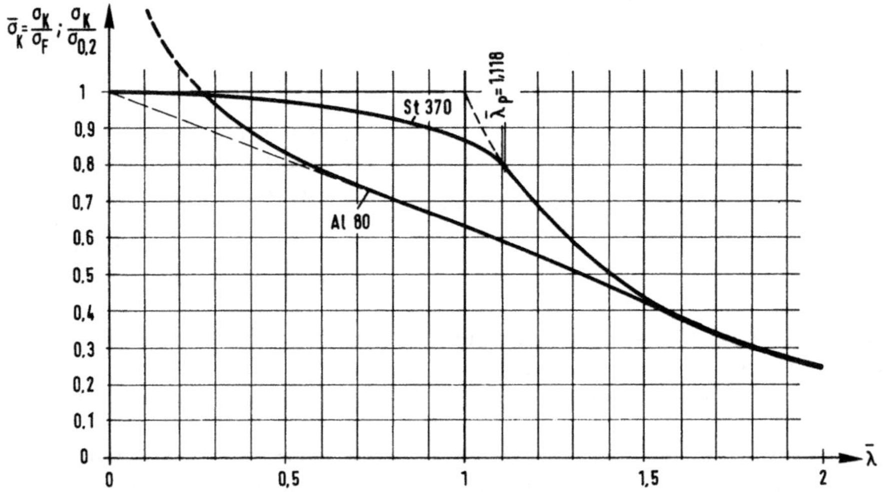

Bild 2.41

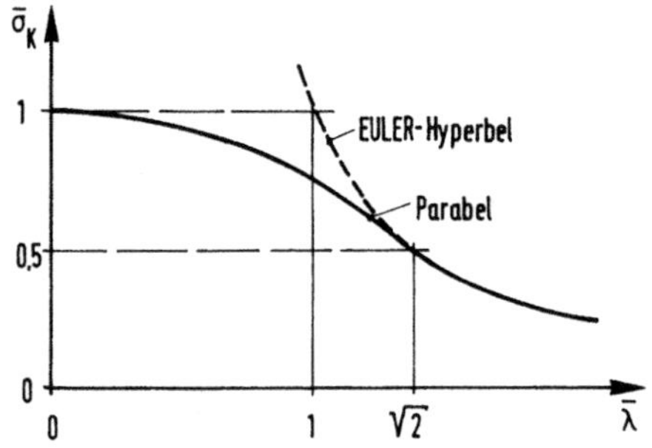

Bild 2.42

$$\text{elastostatisch}: \sigma_{Ki} = \frac{\pi^2 E}{\lambda^2}$$

$$\longrightarrow \bar{\sigma}_{Ki} = \frac{1}{\bar{\lambda}^2} \qquad (2.84)$$

$$\text{plastostatisch}: \sigma_K = \sigma_F \cdot \left(1 - \frac{\sigma_F}{4\pi^2 E}\lambda^2\right)$$

$$\longrightarrow \bar{\sigma}_K = 1 - \frac{1}{4}\bar{\lambda}^2 \qquad (2.85)$$

Für die bezogene Grenzschlankheit $\bar{\lambda}_P$ ergibt sich: $\sqrt{2}$.
Der AISC-Code beruhte und beruht vorrangig auf Empfehlungen des Column Research Council (CRC), deren Hauptträger die Leheigh-University ist. B.2.43a zeigt die Knickspannungslinie des AISC-Code in vergrößertem Maßstab, außerdem sind Versuchsergebnisse des CRC eingetragen; die Versuchswerte für Druckstützen mit geschweißten Querschnitten und Biegung um die

Stegachse liegen z.T. deutlich unter der AISC-Spannungslinie. Wie im vorangegangenen Abschnitt erläutert, sind hierfür die Druckeigenspannungen an den Flansch- bzw. Gurträndern verantwortlich. - Der Sicherheitskoeffizient v wurde schlankheitsabhängig zu

$$\nu_K = \frac{5}{3} + \frac{3}{8\sqrt{2}}\bar{\lambda} - \frac{1}{16\sqrt{2}}\bar{\lambda}^3 = 1{,}667 + 0{,}265\bar{\lambda} - 0{,}0442\bar{\lambda}^2 \tag{2.86}$$

festgelegt. B.2.43b zeigt den kurvenmäßigen Verlauf dieses Ansatzes.

Wie noch zu behandeln sein wird, wurde in Deutschland bereits in den vierziger Jahren der Tragfähigkeitsnachweis planmäßig zentrisch gedrückter Stäbe auf den mit einer Ausmitte behafteten Druckstab abgestellt. Mit dieser "baupraktisch unvermeidbaren" Außermittigkeit sollten stellvertretend Imperfektionen unterschiedlichen Ursprungs erfaßt werden.

2.4.4 Plastizierungsmoduli für Verzweigungsprobleme

Es gibt bis dato immer noch eine Reihe relevanter Stabilitätsprobleme, deren Lösung nur unter der Annahme eines unbeschränkt gültigen HOOKEschen Gesetzes gelingt; das betrifft

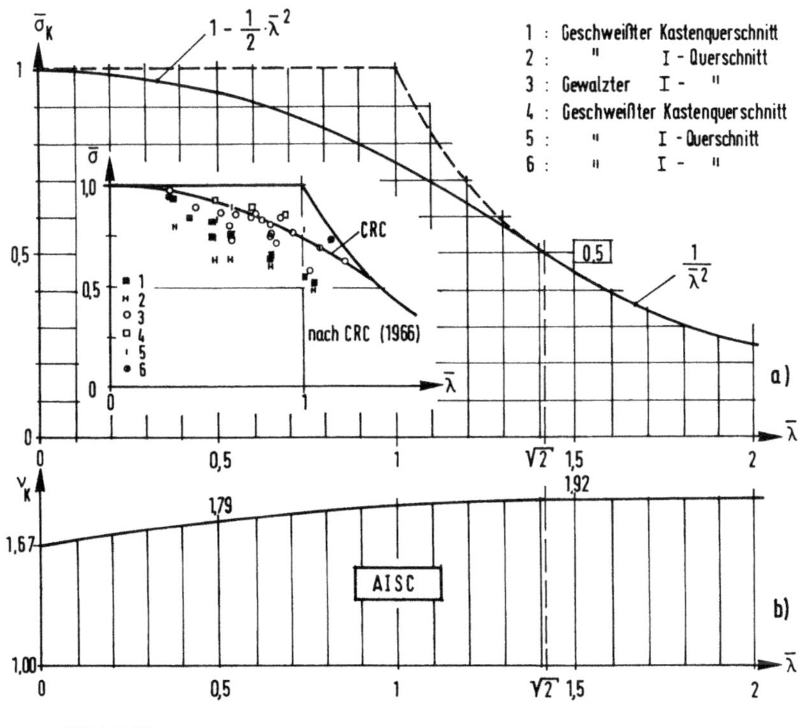

Bild 2.43

insbesondere auch deren Aufbereitung für baupraktische Nachweise. Von diesen wird eine gewisse Einfachheit und Übersichtlichkeit verlangt. Hierzu gehören Probleme aus der Theorie des Biegedrillknickens, Kippens und Beulens. Die unter der Annahme linear-elastischen Verhaltens berechneten Verzweigungsspannungen σ_{Ki} (bei mehrachsiger Beanspruchung: σ_{VKi}) haben allenfalls reale Bedeutung, solange sie unterhalb der Proportionalitätsgrenze liegen; dieser Fall liegt bei schlanken Baugliedern vor. Häufiger sind gedrungene und mittelschlanke Bauglieder. Um die Lösungen und Verfahren der elastostatischen Stabilitätstheorie auch hierfür verwerten zu können, sind die elastostatischen Verzweigungslösungen in sinnvoller Weise "abzumindern" und zwar im Verhältnis eines geeigneten Plastizierungsmoduls zum Elastizitätsmodul. Eine Möglichkeit der Abminderung besteht darin, den Quotienten der plastischen und elastischen Knickspannungen für

Plastizierungsmoduli bei Verzweigungsproblemen

$\varkappa_{ES} = \frac{T}{E}$; $\varkappa_{EK} = 4 \cdot \frac{T}{E} / (1 + \sqrt{\frac{T}{E}})^2$; T : Tangentenmodul ; T_K : Knickmodul

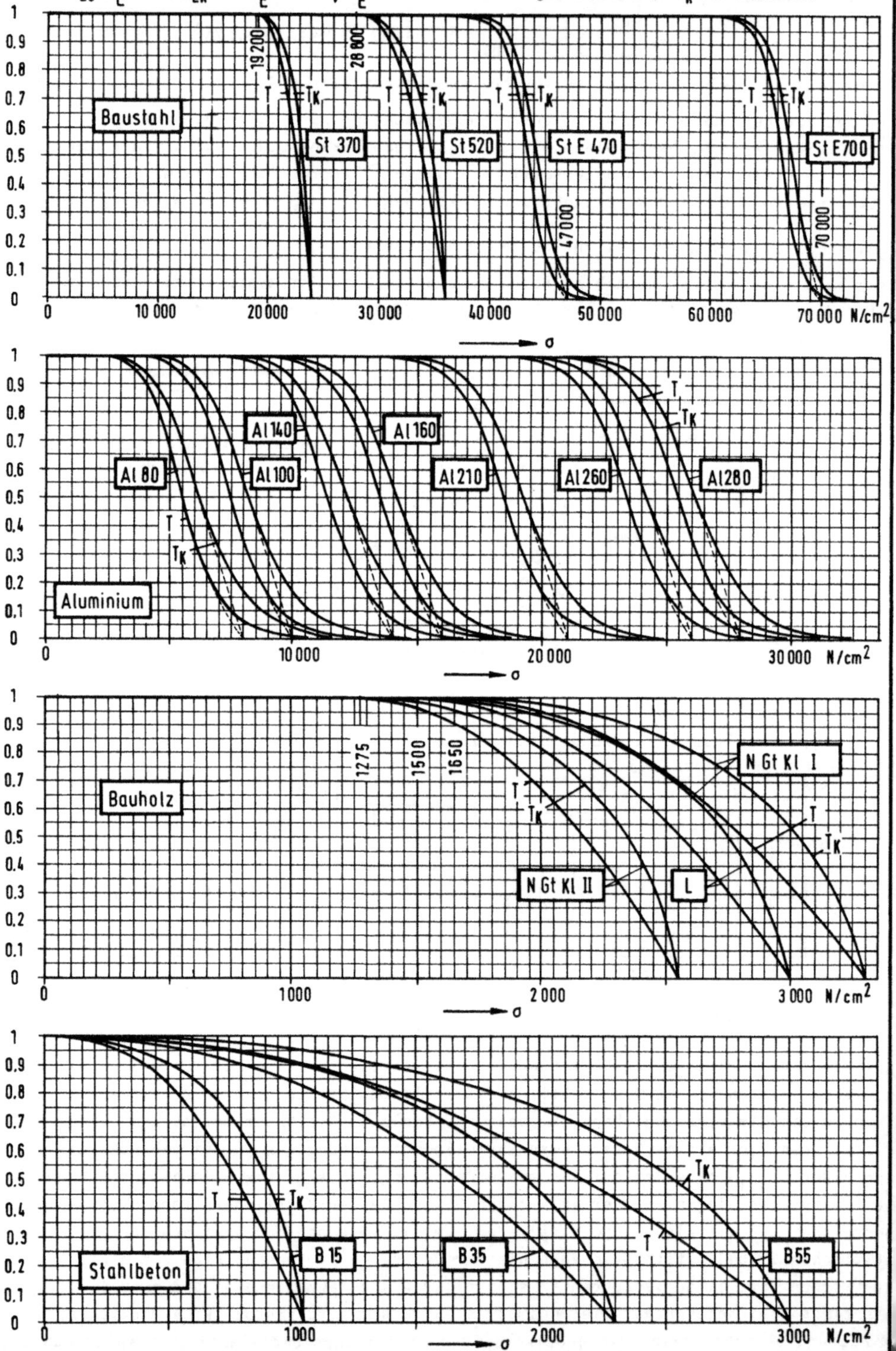

den Druckstab zu bilden und diesen Quotienten auch für andere Probleme, z.B. Beulprobleme, als gültig anzusehen. Diese Vorgehensweise ist zwar hypothetisch aber plausibel und sehr praktikabel.

Wird der Abminderungsfaktor mit $\varkappa$ abgekürzt, ergibt sich gemäß der Knicktheorie von ENGESSER-SHANLEY (ES):

$$\varkappa_{ES} = \frac{\sigma_{K,ES}}{\sigma_{Ki}} = \frac{\pi^2 T}{\lambda^2} \cdot \frac{\lambda^2}{\pi^2 E} = \frac{T}{E} \qquad (2.87)$$

und gemäß der Knicktheorie von ENGESSER-KÁRMÁN (bei Bezug auf einen Rechteckquerschnitt):

$$\varkappa_{EK} = \frac{\sigma_{K,EK}}{\sigma_{Ki}} = \frac{\pi^2 T_K}{\lambda^2} \cdot \frac{\lambda^2}{\pi^2 E} = \frac{T_K}{E} = 4 \frac{\frac{T}{E}}{\left(1 + \sqrt{\frac{T}{E}}\right)^2} \qquad (2.88)$$

Da der Tangentenmodul T eine Funktion der im Verzweigungsfall erreichten Knick-, Kipp- bzw. Beulspannung ist, sind auch die $\varkappa$-Faktoren spannungsabhängig.
Auf T.2.2 sind die $\varkappa$-Faktoren für verschiedene Baustoffe zusammengestellt:

Baustahl St 370 und St 520: Der Tangentenmodul T des tanh-Spannungs-Dehnungs-Gesetzes (G.2.9/10) wird in G.2.87 bzw. G.2.88 eingesetzt; das ergibt:

$$\varkappa_{ES} = 1 - \left(\frac{\sigma - \sigma_P}{\sigma_F - \sigma_P}\right)^2; \quad \varkappa_{EK} = 4 \frac{1 - \left(\frac{\sigma - \sigma_P}{\sigma_F - \sigma_P}\right)^2}{\left[1 + \sqrt{1 - \left(\frac{\sigma - \sigma_P}{\sigma_F - \sigma_P}\right)^2}\right]^2} \qquad (2.89)$$

Diese Funktionen gelten nur im Bereich σ_P bis σ_F. Für $\sigma = \sigma_K = \sigma_P$ ist $\varkappa = 1$ und für $\sigma = \sigma_K = \sigma_F$ ist $\varkappa = 0$. Auf T.2.2 wurde $\sigma_P = 0{,}8 \cdot \sigma_F$ angesetzt, was mit DIN 4114A übereinstimmt (daselbst wird von $\varkappa_{EK}$ ausgegangen).

Feinkornbaustahl StE 470 und StE 700: Den $\varkappa$-Kurven der T.2.2 liegt das Potenzgesetz G.2.7 zugrunde. (Die DASt Ri 011 geht vom tanh-Gesetz aus [2.5]).

Aluminium-Legierungen Al 80, Al 100, Al 140, Al 160, Al 210, Al 260, Al 280: Für die Berechnung der $\varkappa$-Kurven wurde das Potenzgesetz G.2.7 angesetzt. DIN 4113N unterstellt für den $\varkappa$-Wert das tanh-Gesetz.

Bauholz N Gt Kl I/II, L: In DIN 1052 sind keine Plastizierungsmoduli für die Umrechnung von Verzweigungsspannungen angegeben. T.2.2 hat das tanh-Gesetz G.2.43 zur Grundlage. Da Holz infolge Kriechens eine gegenüber Kurzzeitbeanspruchung verminderte Dauerstandsfestigkeit besitzt, ist (im Vergleich zu metallischen Werkstoffen) eine höhere Sicherheitszahl ν_K anzusetzen; Vorschlag $\nu_K = 3{,}0$ (H).

Beton B15, B35, B55: DIN 1045 kennt gleichfalls keine Plastizierungsmoduli für die Abminderung von elasto-statischen Knick-, Kipp- oder Beulspannungen. T.2.2 geht vom tanh-Gesetz G.2.40 aus. Da die Bewehrung wegen der Voraussetzungen a) Zentrisches Verzweigungsknicken, b) Ausschluß einer gerissenen Zugzone, in das Ergebnis nicht eingeht, kann das Rechnen mit Plastizierungsmoduli T oder T_K nicht empfohlen werden. Soll bei Kipp- oder Beulnachweisen dennoch hierauf Bezug genommen werden, ist ein ausreichender Bewehrungsgehalt vorzusehen.
In B.2.44 sind die Grundwerte für Baustahl, Feinkornbaustahl, Aluminium und Bauholz zusammengefaßt.

Aus B.2.45 kann der Abminderungsfaktor $\varkappa = \varkappa_{ES}$ in bezogener Form entnommen werden. Hierzu wird zunächst

$$\bar{\lambda} = \frac{\pi}{\lambda_F} \cdot \sqrt{\frac{E}{\sigma_{Ki}}} \quad \text{bzw.} \quad \bar{\lambda} = \frac{\pi}{\lambda_{0,2}} \cdot \sqrt{\frac{E}{\sigma_{Ki}}} \qquad (2.90)$$

berechnet und $\varkappa$ abgegriffen. Für geringe bezogene Schlankheiten, etwa für den Bereich $0 < \bar{\lambda} < 0{,}20$, kann in guter Näherung für alle Baustoffe

$$\varkappa = \bar{\lambda}^2 = \frac{\sigma_F}{\sigma_{Ki}} \longrightarrow \sigma_K = \varkappa \cdot \sigma_{Ki} = \sigma_F \qquad (2.91)$$

gesetzt werden, vgl. auch B.2.41. σ_F bzw. $\sigma_{0,2}$ sind in B.2.44 ausgewiesen.

σ-ε-Gesetze:

① tanh-Gesetz: $\sigma = \sigma_p + (\sigma_F - \sigma_p) \tanh \frac{\varepsilon E - \sigma_p}{\sigma_F - \sigma_p}$; $T = E \cdot \left[1 - \left(\frac{\sigma - \sigma_p}{\sigma_F - \sigma_p}\right)^2\right]$

② Potenz-Gesetz: $\varepsilon = \frac{\sigma}{E} + 0{,}002\left(\frac{\sigma}{\sigma_{0,2}}\right)^n$; $T = E \frac{1}{1 + 0{,}002 \cdot \frac{E}{\sigma_{0,2}} \cdot \left(\frac{\sigma}{\sigma_{0,2}}\right)^{n-1}}$

Grundwerte:

Baustoff:		σ-ε	n	σ	σ_F ; $\sigma_{0,2}$	E	λ_F ; $\lambda_{0,2}$
Baustahl	St 370	1	-	192 (0,8 · σ_F)	240	210 000	92,930
	St 520	1	-	288 "	360	"	75,877
Feinkornbaustahl	StE 470	1	-	376 "	470	"	66,407
	StE 470	2	47		470	"	"
	StE 700	1	-	560 "	700	"	54,414
	StE 700	2	70		700	"	"
Aluminium	Al 80	2	8		80	70 000	92,930
(Beachte: Die Benennung	Al 100	2	10		100	"	83,119
ist an der $\sigma_{0,2}$-Dehngren-	Al 140	2	14		140	"	70,248
ze orientiert)	Al 160	2	16		160	"	65,711
	Al 210	2	21		210	"	57,357
	Al 260	2	26		260	"	51,548
	Al 280	2	28		280	"	49,673
Bauholz, Nadelholz	Gt Kl I	1	-	16,50 (0,5 · σ_{dB})	33 (σ_{dB})	10 000	54,688
	Gt Kl II	1	-	12,75 "	25,5 "	"	62,213
Laubholz		1	-	15 "	30 "	12 500	64,128
				N/mm²	N/mm²	N/mm²	

Bild 2.44

Abminderungsfaktoren für plasto-statische Verzweigungsprobleme

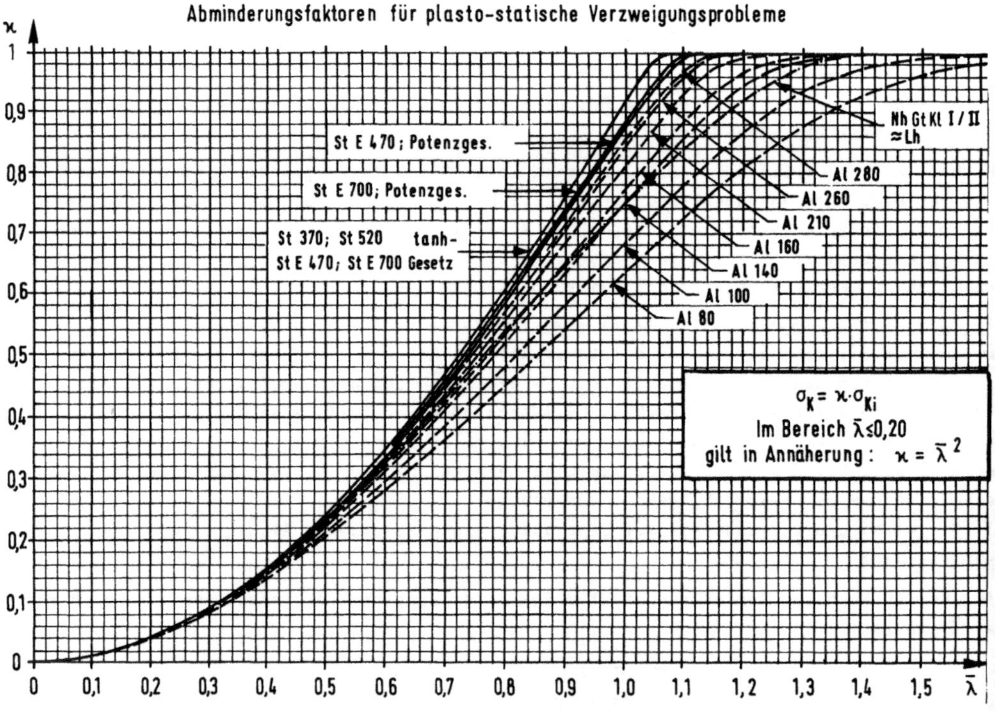

Bild 2.45

Die in diesem Abschnitt zusammengestellten Rechenbehelfe lassen sich in zweifacher Weise verwerten, vgl. auch Abschnitt 4.1:

a) Bei der Berechnung der plastischen Knicksicherheit von Stab- und Rahmentragwerken wird E durch $T=\varkappa\cdot E$ ersetzt, d.h., es wird mit der Stabkennzahl

$$\varepsilon = l\sqrt{\frac{D}{\varkappa\cdot EJ}} \tag{2.92}$$

gerechnet. D ist die Druckkraft des ν-fachen Grundzustandes, l ist die Länge und EJ die elasto-statische Biegesteifigkeit der einzelnen Stabelemente. Bei der praktischen Berechnung nach einem der aufbereiteten Verfahren (Abschnitt 3) werden für jede Laststufe die Spannungen in den Stabelementen bestimmt und aus T.2.2 die zugehörigen $\varkappa$-Faktoren abgegriffen (oder ggf. berechnet). Die äußeren Lasten werden inkrementell solange gesteigert, bis das kennzeichnende Indifferenzkriterium erfüllt ist. Damit ist die plastische Knicksicherheit bekannt, die plastischen Knickkräfte können berechnet werden.

b) Die elasto-statische Verzweigungsspannung σ_{Ki} wird berechnet und mittels G.2.90 und B.2.44/45 der Abminderungsfaktor $\varkappa$ bestimmt. Die plastische Knickspannung beträgt dann:

$$\sigma_K = \varkappa\cdot\sigma_{Ki} \tag{2.93}$$

Wird bei einem Knick-, Kipp- oder Beulproblem die höchste Verzweigungsspannung (bei Beulnachweisen die höchste Vergleichsspannung) für die Bestimmung von $\varkappa$ zugrundegelegt, liegt die Rechnung auf der sicheren Seite, weil hierbei für die gesamte Struktur dieselbe, auf die höchstbeanspruchte Zone orientierte, Steifeminderung angesetzt wird.

Beispiel: Für einen hölzernen Träger betrage die elasto-statische Kippspannung (Biegerandspannung im Querschnitt in Feldmitte): σ_{Ki} = 5 kN/cm^2=50 N/mm^2. Die Güteklasse des Holzes sei II. Gemäß B.2.44 gilt: σ_F ($=\sigma_{dB}$)=62,2. G.2.90 lautet:

$$\bar{\lambda} = \frac{\pi}{62{,}2}\cdot\sqrt{\frac{10\,000}{50}} = 0{,}71 \longrightarrow \varkappa = 0{,}445 \longrightarrow \sigma_K = 0{,}445\cdot 50 = 22{,}25\ \mathrm{N/mm^2}$$

Gegenüber diesem Wert ist eine ausreichende Sicherheit, z.B. ν_K=3,0, einzuhalten.

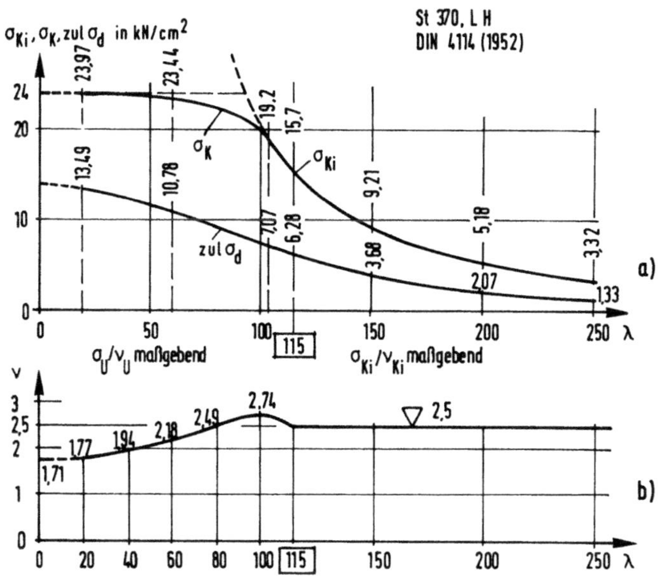

Bild 2.46

Die Bezugnahme baupraktischer Stabilitätsnachweise auf die Knickspannungen hat den Nachteil, daß die bei Bauausführungen unvermeidlichen Abweichungen von der planmäßigen Konstruktion nicht ausreichend erfaßt werden. Ein Bezug auf die EULER-ENGESSER-Theorie kann dennoch dann empfohlen werden, wenn die Sicherheitsregelung auf die Imperfektionen Rücksicht nimmt. DIN 4114A hat auch in dieser Beziehung frühzeitig den richtigen Weg aufgezeigt, indem die Sicherheit für die Knickspannungen an die Grenztragfähigkeit des imperfektionsbehafteten Druckstabes angepaßt wurde und zwar in folgender Form: Die zulässige Druckspannungslinie

$$\text{zul}\,\sigma_d(\lambda)$$

genügt einer Doppelforderung,

a) einer 1,5-fachen Sicherheit gegenüber der Grenztragfähigkeit des imperfekten Druckstabes und

b) einer 2,5-fachen Sicherheit gegenüber der elasto-statischen Knickspannung (Lastfall H; vgl. Abschnitt 2.6.3.3).

In B.2.46a ist die zulσ_d-Linie über λ aufgetragen, außerdem ist die Knickspannungslinie nach EULER-ENGESSER eingezeichnet. B.2.46b weist die Sicherheit der zulσ_d-Linie gegen diese Linie auf, sie ist offensichtlich schlankheitsabhängig. Wird bei Verwertung der EULER-ENGESSERschen Knickspannungen mit der so abgeleiteten Sicherheitszahl operiert, sind die Imperfektionen in angemessener Weise erfaßt!

Dieses Konzept legt nun den Schluß nahe, von vornherein einen Plastizierungsmodul T (bzw. einen Abminderungsfaktor $\varkappa$) zu deklarieren, der an den Grenzlastkurven der Vorschriften orientiert ist. Das läßt sich in folgender Weise bewerkstelligen: Die Grenzlastspannung wird mit σ_U abgekürzt; der Index U steht für "ultimate". Imperfektionen sind hierin enthalten. Es wird vereinbart:

$$\sigma_U = \varkappa \cdot \sigma_{Ki} \qquad (2.94)$$

Gesucht ist $\varkappa$. G.2.94 wird umgestellt (vgl. Abschnitt 2.4.3):

$$\varkappa = \frac{\sigma_U}{\sigma_{Ki}} = \frac{\sigma_U}{\sigma_F}\cdot\frac{\sigma_F}{\sigma_{Ki}} = \bar{\sigma}_U \cdot \bar{\lambda}^2 \quad \text{mit} \quad \bar{\lambda} = \frac{\lambda}{\lambda_F} = \frac{\lambda}{\pi\sqrt{\frac{E}{\sigma_F}}} \qquad (2.95)$$

DIN 1050/DIN 4114A: σ_U ist der ν_U-fache Wert von zul σ_d, somit gilt für $\bar{\sigma}_U$ und $\varkappa$:

$$\bar{\sigma}_U = \frac{\sigma_U}{\sigma_F} = \frac{\nu_U \cdot \text{zul}\sigma_d}{\sigma_F} = \frac{\nu_U}{\sigma_F}\cdot\frac{\text{zul}\sigma}{\omega} = \frac{\nu_U}{\nu}\cdot\frac{1}{\omega} \longrightarrow \varkappa = \frac{\nu_U}{\nu}\cdot\frac{1}{\omega}\cdot\frac{\lambda^2}{\pi^2\frac{E}{\sigma_F}} \qquad (2.96)$$

Im baupraktischen Anwendungsfall wird für die als bekannt vorausgesetzte elasto-statische Verzweigungsspannung σ_{Ki}

$$\lambda = \pi\sqrt{\frac{E}{\sigma_{Ki}}} \longrightarrow \omega(\lambda) \qquad (2.97)$$

gerechnet bzw. bestimmt und gemäß G.2.96 $\varkappa$ ermittelt. Im Falle der DIN 1050/DIN 4114A gilt:

$$\left.\begin{array}{ll} \text{DIN 1050:} \ \nu = 1{,}71\ (\text{H}), & \nu = 1{,}50\ (\text{HZ}) \\ \text{DIN 4114A:} \ \nu_U = 1{,}50\ (\text{H}) & \nu_U = 1{,}33\ (\text{HZ}) \end{array}\right\} \longrightarrow \frac{\nu_U}{\nu} = 0{,}89 \qquad (2.98)$$

Beispiel: $\sigma_{Ki} = 129{,}5\ \text{kN/cm}^2 \gg \sigma_F;\quad \lambda = 40 \longrightarrow \omega = 1{,}14$ (St 370)

$$\varkappa = 0{,}89 \cdot \frac{1}{1{,}14}\cdot\frac{40^2}{\pi^2 \cdot \frac{21\,000}{24}} = 0{,}145 \longrightarrow \sigma_U = 0{,}145 \cdot 129{,}5 = 18{,}74\ \text{kN/cm}^2$$

$$\text{Lastfall H:}\quad \text{zul}\sigma_U = \frac{18{,}74}{1{,}5} = 12{,}49\ \text{kN/cm}^2 = \text{zul}\sigma_d(\lambda)$$

(Für Bauholz gilt G.2.96 ebenfalls, in diesem Falle ist $\sigma_F = \sigma_{dB}$; wegen der Sicherheitszahlen vgl. DIN 1052, bzw. die Erläuterungen hierzu.)

DIN 4114N: Für $\bar{\sigma}_U$ gilt (vgl. Abschnitt 2.6.3.4):

$$\bar{\lambda} \leq 0{,}2 \qquad \bar{\sigma}_U = 1 \longrightarrow \varkappa = \bar{\lambda}^2 \qquad (2.99)$$

$$0{,}2 \leq \bar{\lambda} \leq 3: \quad \bar{\sigma}_U = \left(\frac{1}{1+\bar{\lambda}^{2n}}\right)^{\frac{1}{n}} \longrightarrow \varkappa = \bar{\lambda}^2 \cdot \left(\frac{1}{1+\bar{\lambda}^{2n}}\right)^{\frac{1}{n}} \qquad (2.100)$$

Im baupraktischen Anwendungsfalle wird für die berechnete σ_{Ki}-Spannung die bezogene Schlankheit

$$\bar{\lambda} = \sqrt{\frac{\sigma_F}{\sigma_{Ki}}} \qquad (2.101)$$

ermittelt und hierfür $\varkappa$ gemäß G.2.99/100 berechnet. σ_U folgt aus G.2.94. Wegen der einzuhaltenden Sicherheitszahl vgl. DIN 4114N; vgl. auch Abschnitt 2.6.3.4 und B.2.74.

2.5 Anmerkungen zur Entwicklung der Knickvorschriften

2.5.1 Kurzer geschichtlicher Abriß

Schon frühzeitig wurden Knickversuche an Druckstützen durchgeführt, zunächst mit dem Ziel, die Theorie von EULER (1744) zu überprüfen, zunehmend aber in der Absicht, die Knickfrage im plastischen Bereich zu klären. DULEAU (1820), LAMARLE (1846), HODGKINSON (1840 bis 1857), BAUSCHINGER (1886) stellten als erste systematische Versuche an Druckstäben aus Holz und Gußeisen an; HODGKINSON und BAUSCHINGER auch an Prüfkörpern aus gewalztem Schweißeisen. Von MAYER [0.3] sind die Versuche zusammengestellt und die Ergebnisse ausführlich kommentiert worden. Die umfangreichen Versuche von TETMAJER [2.42] lieferten erstmals zuverlässige Formeln für Druckstützen aus Bauholz, Gußeisen, Schweiß- und Flußeisen. Beispielsweise wurde für Flußeisen mit Stahlcharakter ($E=2{,}24\cdot10^5$ N/mm^2, $\sigma_P=244$ N/mm^2, $\sigma_B>450$ N/mm^2) die in B.2.47 dargestellte Knickspannungslinie unter Einschluß einer 4-fachen Sicherheit als Berechnungsgrundlage empfohlen. Für alle Baustoffe wählte TETMAJER für den plastischen Bereich eine Gerade als Knickspannungskurve:

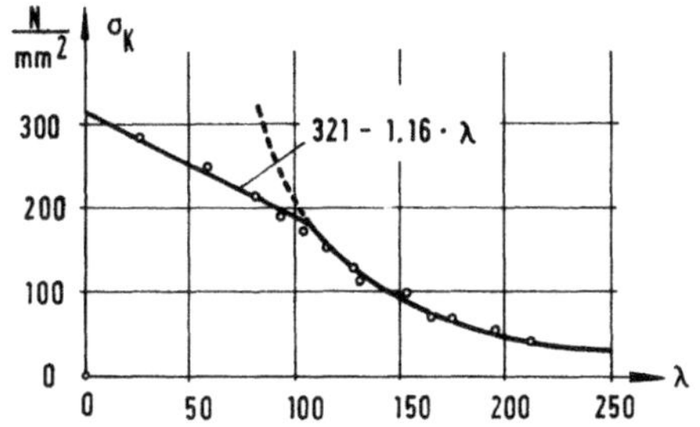

Bild 2.47

$$\sigma_K = \alpha - \beta\lambda\,;\ \lambda = l/i \qquad (2.102)$$

α und β wurden in Versuchen bestimmt. Eine breite Anwendung fand außerdem die von JOHNSON (1894) eingeführte Parabelgleichung für den plastischen Bereich, insbesondere für den Leichtbau:

$$\sigma_K = \alpha - \beta\cdot\lambda^2 \qquad (2.103)$$

KÁRMÁN [2.35] führte 1910 Versuche an 25 Stahlstäben durch, sie lieferten eine gute Übereinstimmung mit den Knicktheorien von EULER und ENGESSER (B.2.48) und stärkten das Vertrauen in die Richtigkeit der Ansätze. Hierin ist wohl vorrangig der Grund zu sehen, daß die Knicktheorie des mittig gedrückten Stabes noch für Jahrzehnte die Grundlage der Knickvorschriften bleiben sollte. Offensichtlich war man in jener Zeit noch nicht bereit und in der Lage, den von KÁRMÁN erkannten Imperfektionseinfluß in den Vorschriften zu verarbeiten, obwohl er aufgedeckt hatte, daß die "Höchstlast schon durch geringe Exzentrizitäten erheblich vermindert werde"; auch wurde von KÁRMÁN für den exzentrisch gedrückten Stab die erste strenge Grenzlastberechnung durchgeführt, im B.2.48 ist die von ihm berechnete Grenzlastlinie für eine Exzentrizität a/d=1/200 eingetragen. Die Berechnungsmethode wurde zwanzig Jahre später von CHWALLA (1928) wieder aufgegriffen, womit die so außerordentlich fruchtbare Grenzlastforschung des exzentrisch gedrückten Stabes einsetzte. Mit dem Hinweis von KÁRMÁN auf den Einfluß der Exzentrizität fanden nicht nur die starken Streuungen der Knickversuche eine Erklärung, es war auch zur Lösung des Sicherheitsproblems der entscheidende Schritt getan, da sich nunmehr der Grundgedanke durchzusetzen begann, daß der Nachweis auf zentrische Knickung durch einen Grenzlastnachweis für den mit einem baupraktisch unvermeidbaren Fehlerhebel behafteten Druckstab zu ergänzen sei. Im Abschnitt 1.1 wurde bereits erwähnt, daß schon vor

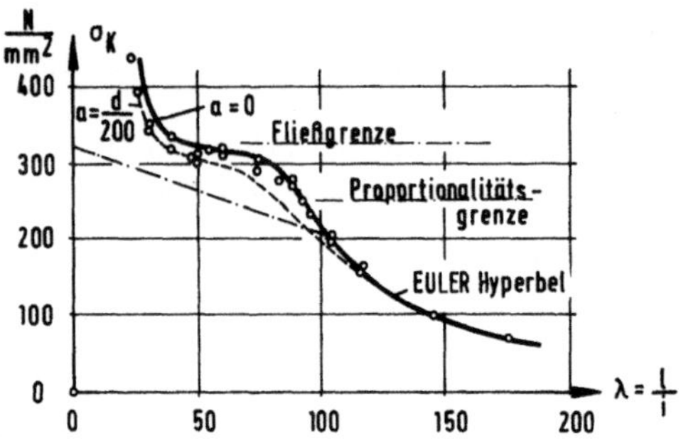

Bild 2.48

KÁRMÁN von BAUSCHINGER, FÖPPL, KAYSER, MÜLLER-BRESLAU auf den Exzentrizitätseinfluß hingewiesen worden war; die vorgeschlagenen Nachweisformen waren noch an der elastostatischen Grenzlast orientiert.

Die preußischen ministeriellen Bestimmungen von 1910 (die man als die ersten Baubestimmungen mit hoheitlichem Erlaßcharakter ansehen kann) kannten für Stahlstützen nur den Nachweis nach der EULER-Formel; es war eine 4- bis 5-fache Sicherheit und die Einhaltung der zulässigen Spannung 14 kN/cm^2 vorgeschrieben. Trotz unzähliger Abhandlungen und Einsprüche, z.B. [2.43/47], insbesondere unter Hinweis auf den Einsturz eines Gasbehälters in Hamburg, wurde an der Vorschrift festgehalten, sogar noch in der Folgeausgabe der preußischen Bestimmungen von 1919 [2.48]. In dieser Vorschrift wurde zwar die Anwendung anderer Berechnungsarten für den plastischen Bereich zugelassen, doch mit der Auflage verknüpft, "daß es daneben des Nachweises der Knicksicherheit nach der E-Formel bedürfe". Erst die Herausgabe der neuen Vorschriften für Eisenbauwerke der Deutschen Reichsbahn im Jahre 1922 brachte eine (aus heutiger Sicht) zutreffende Regelung des Knicknachweises. In dieser Vorschrift wurde für den plastischen Bereich ein geknickter σ_K-λ-Geradenzug angesetzt, der dann auch in den preußischen Bestimmungen von 1925 Aufnahme fand. 1934 ging diese Regelung dann auch in die neuen Berechnungsgrundlagen für Stahl (DIN 1050) ein, wobei der bis dato zulässige Schlankheitsbereich von 150 auf 250 angehoben wurde.

Der Forderung, einen unvermeidbaren Fehlerhebel in die Vorschriften aufzunehmen, wurde für den Bereich des Stahlbaues erst 30 Jahre nach deren erster Anmeldung durch KAYSER und MÜLLER-BRESLAU mit der Herausgabe der DIN E4114 (1939) und für den Bereich des Stahlbetonbaues erst 60 Jahre danach gefolgt. Das konnte erst geschehen, als auch die analytische Lösung des Grenzlastproblems für den exzentrisch gedrückten Stab unter Berücksichtigung der Plastizierung und deren Aufbereitung zu einer baupraktikablen Nachweisform gelungen war.

2.5.2 Stahlbau - Aluminiumbau

Vor der bauaufsichtlichen Einführung der DIN 4114 im Jahre 1952/53 war der Knicknachweis in DIN 1050 geregelt (s.o.). Die Vorschrift galt nicht nur für den Hochbau sondern auch für den Brücken- und Kranbau; dem Knicknachweis lag eine Knickspannungslinie zugrunde, die sich für St 370 und St 520 im Bereich $\lambda>100$ aus der EULER-Hyperbel, im Bereich $60<\lambda<100$ aus einer schrägen und für $\lambda<60$ aus einer horizontalen Geraden ($\sigma_K=\sigma_F$) zusammensetzte (B.2.49a). Die σ_K-Linie im plastischen Bereich entsprach demnach der TETMAJER-Empfehlung. An dieser Knickspannungslinie wurde jahrzehntelang festgehalten und auf die Einführung der von ENGESSER hergeleiteten Knickspannungslinie verzichtet, weil umfangreiche Versuche des Deutschen Stahlbau-Verbandes [2.49] die gewählte Knickspannungslinie gut bestätigten.

In der Nachweisformel

$$\sigma = \frac{P}{F} \leq \text{zul}\,\sigma_d(\lambda) \tag{2.104}$$

wurde zulσ als ν_K-ter Teil der Knickspannung σ_K festgelegt:

$$\text{zul}\,\sigma_d = \frac{\sigma_K}{\nu_K} \tag{2.105}$$

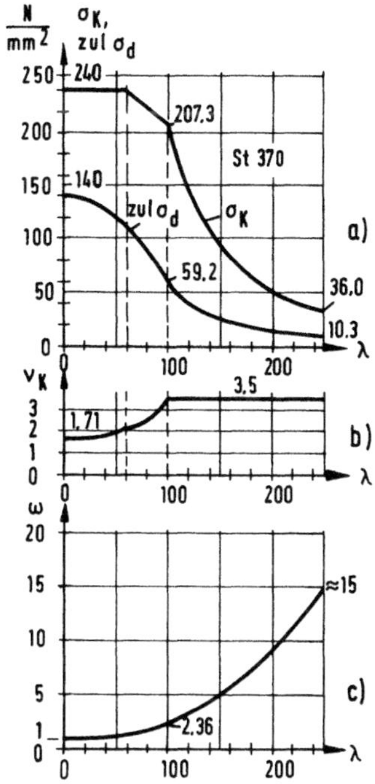

Bild 2.49

ν_K war keine Konstante. Das Versagen schlanker Stäbe wurde kritischer beurteilt als das gedrungener, weil "bei schlanken Stäben eher mit einer Vorkrümmung zu rechnen sei und eine Überschreitung der idealen Knicklast den sofortigen Einsturz ohne Vorwarnung auslösen würde". Für $\lambda=0$ bestand das Bedürfnis, die zul σ_d-Linie an die zulässige Stauchspannung anzubinden, im Lastfall H beispielsweise an $\sigma_F/1{,}71$. In B.2.49b ist der variable Verlauf der Knicksicherheitszahl als Funktion von λ dargestellt. Im EULER-Bereich wurde $\nu_K=3{,}5$ gefordert.
Mit der Definition der ω-Zahl gemäß

$$\omega = \omega(\lambda) = \frac{\text{zul}\,\sigma}{\text{zul}\,\sigma_d} \geq 1 \tag{2.106}$$

gestaltete sich der "Knicknachweis" in der bekannten Form:

$$\sigma = \frac{P}{F} \leq \text{zul}\,\sigma_d = \frac{\text{zul}\,\sigma}{\omega} \longrightarrow \sigma_\omega = \omega \cdot \frac{P}{F} \leq \text{zul}\,\sigma \tag{2.107}$$

Die Schlankheit war in DIN 1050 auf 250 beschränkt.

Die Vorschriften für gußeiserne Stützen lehnten sich an die Regelungen des Stahlbaues an (DIN 1051, 1937); das galt auch für den Aluminiumbau (DIN 4113A, 1958). - Der Neufassung der DIN 4113 liegen Grenzlastkurven außermittig gedrückter Stäbe zugrunde, die mittels Computer unter Berücksichtigung der krummlinigen σ-ε-Linie (G.2.7) für insgesamt 9 technische Aluminiumlegierungen berechnet wurden [2.12/16]; im Teil 2 dieser Norm sind die Nachweise für geschweißte Aluminiumstäbe geregelt, vgl. Abschnitt 2.2.4. DIN 4113N basiert vorrangig auf Forschungsarbeiten von STEINHARDT, KLÖPPEL und Mitarbeitern.

2.5.3 Stahlbetonbau

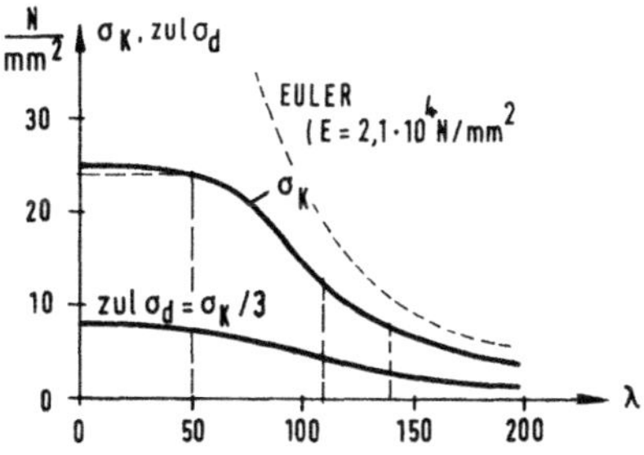

Bild 2.50

In der ersten Stahlbetonbestimmung (1916) wurde eine Art EULER-Formel als Grundlage des Knicknachweises verwendet und eine 10-fache Knicksicherheit verlangt. Die erste Ausgabe der DIN 1045 (1939, gültig bis 1972) kannte als Knicknachweis schlanker Stützen (im Bereich $50<\lambda<140$) ebenfalls das ω-Verfahren:

$$\text{zul}\,P = \frac{1}{3} \cdot \frac{P_{Bruch}}{\omega} \tag{2.108}$$

Die ω-Zahlen waren für Knickversagen bei zentrischer Druckbeanspruchung ermittelt worden [2.51/52]. B.2.50 zeigt als Beispiel das Knickspannungsdiagramm für B300 (B30).

1965 wurde der den Knicknachweis beinhaltende § 27d der DIN 1045A durch eine vorläufige Neufassung ersetzt (seinerzeit bekannt als Δm-Verfahren). Hierbei wurde ein Zusatzmoment eingeführt, das einen unplanmäßigen Fehlerhebel und den Kriecheinfluß erfassen sollte. Diese Regelung war notwendig, weil im Stahlbetonbau immer häufiger Druckglieder mit zunehmend größerer Schlankheit sowie verschiebliche Rahmensysteme ausgeführt wurden.

Beim Knicknachweis massiver Bogenbrücken war nach DIN 1075A der ENGESSERsche Knickmodul zugrundezulegen. (DIN 1075N stützt sich auf DIN 1045N ab.)

2.5.4 Holzbau

Im Holzbau war der Knicknachweis in DIN 1052A (1922, gültig bis 1969) in Anlehnung an den Stahlbau geregelt. Aufgrund der Versuche von TETMAJER wurde die EULER-Hyperbel für Schlankheiten $\lambda \geq 100$ als anwendbar angesehen, unterhalb dieser Marke wurde die Knickspannungskurve als Gerade angenähert. B.2.51 zeigt die Berechnungsgrundlagen des ω-Verfahrens der DIN 1052A. Für sämtliche Güteklassen (Nadelholz und Laubholz) wurden dieselben ω-Zahlen angesetzt, "da die Annahme berechtigt erschien, daß sich Knickfestigkeit und Elastizitätsmodul aller Güteklassen wie die zulässigen Druckspannungen zueinander verhalten würden", vgl. [2.58/54]. Vor der Einführung der DIN 1052A waren die Preußischen Hochbaubestimmungen von 1910 bzw. 1919 anzuwenden, die die EULER-Formel vorschrieben und eine 6- bis 10-fache Knicksicherheit forderten.

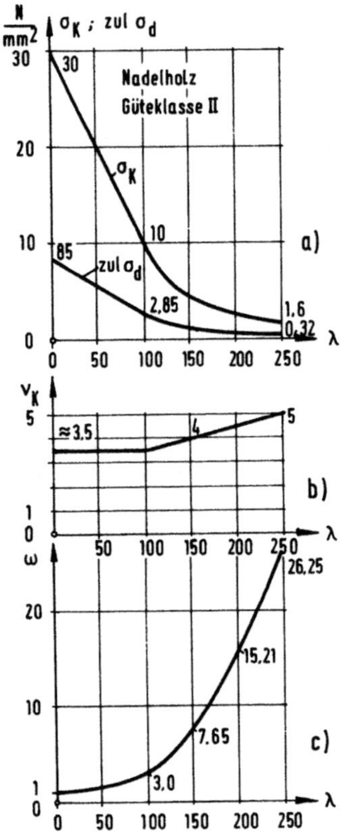

Bild 2.51

In DIN 1052N basiert (wie bei den metallischen und massiven Baustoffen) der Knicknachweis mittig gedrückter Stäbe aus Holz auf der Grenzlast des mit einer baupraktisch unvermeidbaren Außermittigkeit behafteten Druckstabes, "weil durch die natürliche Ungleichmäßigkeit des Holzes von vornherein gewisse Abweichungen von der gewollten, gleichmäßigen Verteilung der Belastung über den Querschnitt und damit von der zentrischen Belastung unvermeidlich sind". Die Grenzlastkurven basieren primär auf Versuchen und zwar auf den eingehenden Forschungen von MÖHLER und Mitarbeitern [2.55]. Der ω-Nachweis wurde beibehalten. Die Vereinbarung einer einheitlichen Knicksicherheit $\nu_K=3{,}5$ im elastischen Bereich führte gegenüber DIN 1052A für $\lambda>100$ zu höheren zulässigen Spannungen. Ergänzend wird auf [2.18, 2.56/57] hingewiesen.

2.6 Grenztragfähigkeit exzentrisch gedrückter Stäbe

2.6.1 Anweisungen für strenge Grenzlastberechnungen

2.6.1.1 Momenten-Krümmungsfunktion

Die plasto-statische Grenzlast druck- und biegebeanspruchter Stäbe erfordert zwei Berechnungsstufen:

a) Bestimmung der Momenten-Krümmungsfunktion $\varkappa=\varkappa(M,N)$ für den vorgegebenen Querschnitt und die vorgelegte σ-ε-Linie des Baustoffes (oder der Baustoffe, bei Verbundquerschnitten);
b) Ermittlung der Biegelinie (und Schnittgrößen) nach

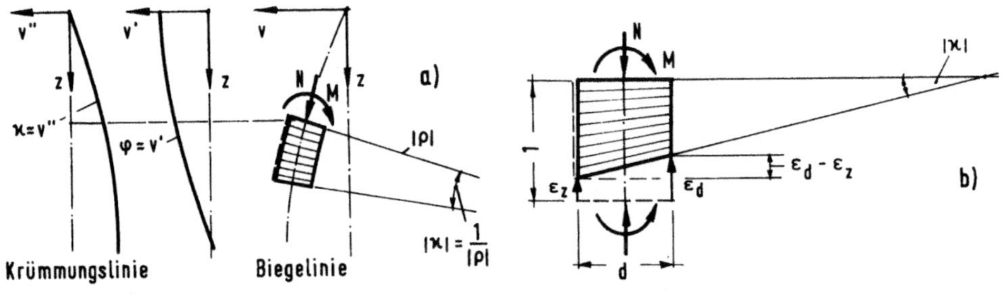

Bild 2.52

Th.II.Ordn. unter Verwendung der Momenten-Krümmungsfunktion für inkrementell gesteigerte Laststufen bis zum Erreichen der Divergenz (vgl. B.2.13).

Innerhalb des elastischen Bereiches sind Krümmung $\varkappa$ und Biegungsmoment M proportional:

$$v'' \approx \varkappa = \frac{1}{\rho} = -\frac{M}{EJ} \tag{2.109}$$

Diese Momenten-Krümmungsfunktion ist unabhängig von der wirksamen Druckkraft. Wird die Proportionalitätsgrenze überschritten (oder ist die σ-ε-Linie a priori inelastisch), tritt an die Stelle von G.2.109 ein nicht-lineares plasto-statisches Momenten-Krümmungsgesetz. Dieses läßt sich nur numerisch-iterativ berechnen.

Sind ε_d und ε_z die Randstauchungen der Biegedruck- bzw. Biegezugseite (B.2.52b), beträgt die Krümmung unter der Voraussetzung kleiner Verformungen und eben bleibender Querschnitte:

$$-v'' \approx -\varkappa = -\frac{1}{\rho} = \frac{\varepsilon_d - \varepsilon_z}{d} \tag{2.110}$$

(Druckstauchung, Druckspannung und Druckkraft werden positiv vereinbart.) Über die vorgelegte σ-ε-Linie sind den Stauchungen bestimmte Spannungen zugeordnet. Die Spannungsverteilung über dem Querschnitt verläuft affin zum Spannungsdehnungsgesetz innerhalb der Marken ε_d und ε_z, vorausgesetzt, der Querschnitt ist eigenspannungsfrei. B.2.53a/b zeigt eine frei gewählte Spannungsverteilung; dieser liegt das in Bild c dargestellte Spannungs-

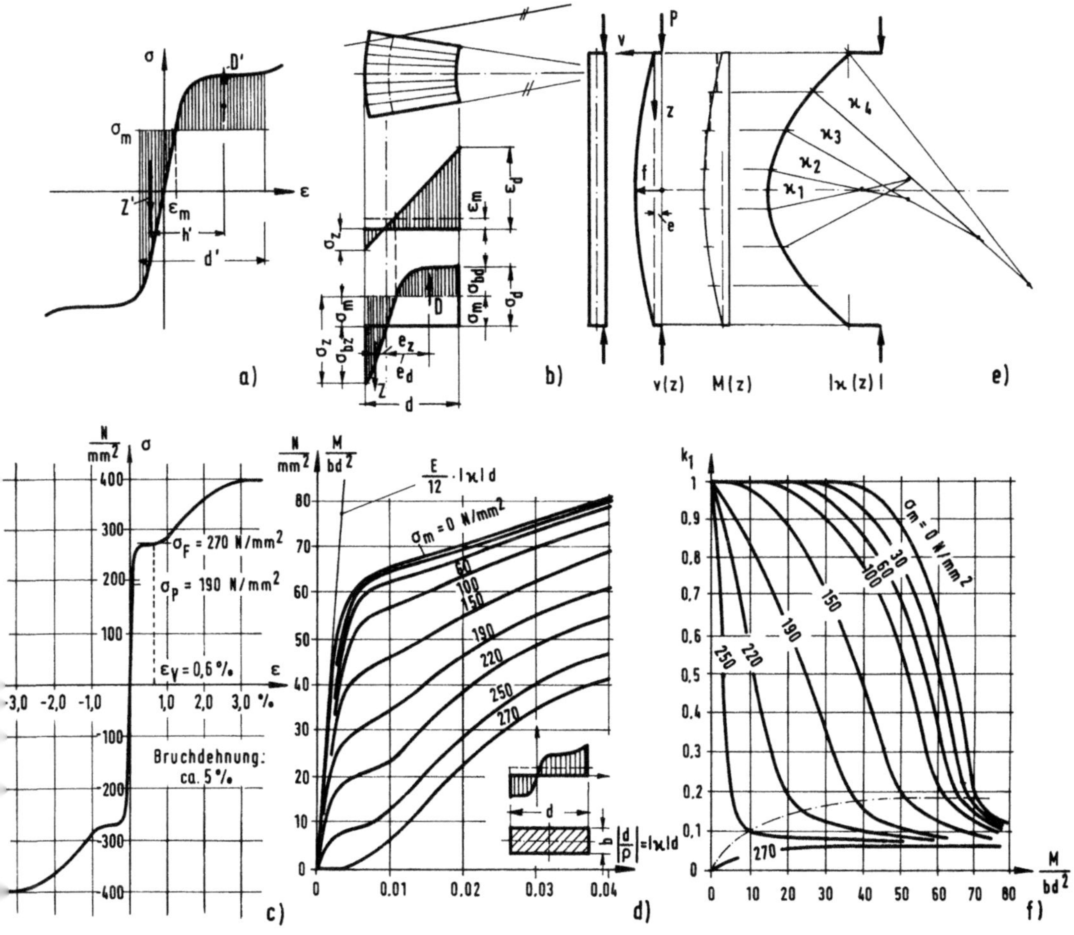

Bild 2.53

dehnungsgesetz zugrunde. (B.2.53 wurde nach der von CHWALLA 1934 veröffentlichten Arbeit "Die Theorie des außermittig gedrückten Stabes aus Baustahl" zusammengestellt, in der (nach vorangegangenen Beiträgen von KÁRMÁN, KROHN, RŐS/BRUNNER) Prinzip und Vorgehensweise einer strengen Grenzlastberechnung umfassend aufgezeigt wurde; gefolgt von JEZEK, FRITSCHE u.a. [2.35,2.58-2.75].)

Die Momenten-Krümmungsfunktion wird in folgenden Schritten berechnet:

a) Für einen frei gewählten Verzerrungs-Spannungszustand wird die Mittelspannung σ_m bestimmt und zwar so, daß die sich aus dem Spannungskörper durch (numerische) Integration über dem Querschnitt ergebenden Biegedruck- und Biegezugresultierenden D und Z gleich groß sind, vgl. die schraffierten Spannungsflächen in B.2.53a/b.

b) Die Lage der Resultierenden D und Z wird bestimmt, damit ist der innere Hebelarm und das zugeordnete Biegungsmoment bekannt: M=D·h=Z·h. Die zugeordnete (mittige) Druckkraft beträgt: $N=\sigma_m \cdot F$. F ist die Querschnittsfläche.

Mit dem Rechenschritt b ist eine von zweimal unendlich vielen $\varkappa$-M-N-Zuordnungen für die vorgelegte Querschnittsform und das vorgelegte σ-ε-Gesetz gefunden. Durch Wiederholung der Rechnung:

$$\varepsilon_d, \varepsilon_z \rightarrow \varkappa \rightarrow \sigma_d, \sigma_z \rightarrow \sigma_m \rightarrow D, Z \rightarrow h \rightarrow M, N \qquad (2.111)$$

findet man die Gesamtheit der Zuordnungen, das ist die gesuchte Momenten-Krümmungsfunktion; sie läßt sich nur in graphischer Form darstellen. B.2.53 zeigt die $\varkappa$(M,N)-Linien für einen Rechteckquerschnitt in bezogener Form und zwar ist

$$\frac{M}{bd^2} \text{ über } |\varkappa| \cdot d$$

mit dem Kurvenparameter σ_m=N/bd aufgetragen. Der Verfestigungsbereich ist berücksichtigt (ε_V=0,6%, B.2.53c). Je näher die mittlere Druckspannung σ_m an die Fließgrenze (hier 270 N/mm^2) heranrückt, umso größer ist für ein bestimmtes Biegemoment die Krümmung, weil dann zusätzliche Biegespannungen nur durch Inanspruchnahme einer ausgeprägten Plastizierung (hier einschließlich der Verfestigung) aufgebaut werden können; damit sind große Dehnungen und gemäß G.2.110 entsprechend große Krümmungen verbunden. Die Gerade (E/12)·$\varkappa$·d in Bild d entspricht dem elasto-statischen Gesetz G.2.109.

2.6.1.2 Grenzspannungsdiagramm

Mit der Kenntnis der Momenten-Krümmungsfunktion kann die Biegelinie stückweise zusammengesetzt werden, wobei die örtliche Krümmung (stückweise konstant) über das $\varkappa$-M/N-Gesetz dem örtlichen Biegungsmoment anzupassen ist: Krümmungskreisverfahren. Diese Rechnung läßt sich wiederum nur iterativ durchführen. Während in [2.62] ein analytisch-numerischer Algorithmus vorgeschlagen wurde, der für eine Handberechnung zugeschnitten war, wird man heute ein Computerprogramm entwickeln und eine enge Intervallierung des Druckstabes anstreben, um die Plastizierung in Staberstreckung möglichst genau annähern zu können. Für die Durchbiegungsberechnung eignet sich das W-Gewichtsverfahren, zweckmäßiger ist das Verfahren der Übertragungsmatrizen (Abschnitt 3.4.3).

Wie eingangs erwähnt, werden für vorgegebene Exzentrizitäten die Gleichgewichtszustände unter Berücksichtigung der Verformungen für steigende Laststufen berechnet und die Kraft-Verschiebungskurven, z.B. in der Form

$$\sigma_m = \sigma_m(f)$$

dargestellt, worin f die kennzeichnende Verformungsgröße (zweckmäßig die Mittenausbiegung) ist. Das Maximum dieser Kurven liefert die Grenzlast (bzw. Grenzlastspannung σ_U).

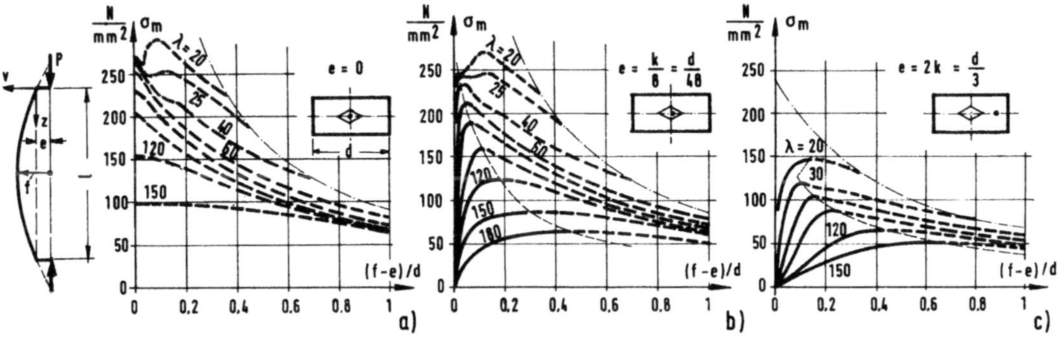

Bild 2.54

B.2.54 zeigt die σ_m-f-Kurven für exzentrisch gedrückte Stahlstäbe mit Rechteckquerschnitt für das in B.2.53 dargestellte σ-ε-Gesetz. Die Exzentrizität e ist auf die Kernweite k bezogen, sie beträgt beim Rechteckquerschnitt k=d/6. B.2.54a gilt für e/k=0, d.h. für zentrische Belastung. Bild b zeigt die Last-Verformungskurven für e/k=1/8, dem entspricht e/d=1/48 und Bild c für e/k=2 bzw. e/d=1/3. Aus den Bildern wird der relativ starke Abfall der Grenztragfähigkeit deutlich, der durch Exzentrizitäten, auch wenn sie dem Betrage nach gering sind, verursacht wird. Dieses Resultat war seinerzeit der Grund dafür, daß aus Sicherheitsgründen in die Knickvorschriften ein baupraktisch unvermeidbarer Hebelarm eingearbeitet wurde; an diesem Grundsatz wird bis heute festgehalten. Die σ_m-f-Kurven können als Kraftanzeige einer verformungsgesteuerten Prüfmaschine gedeutet werden. Die in den Diagrammen des Bildes 2.54 gestrichelt gezeichneten Gleichgewichtskurven (rechts vom Divergenzpunkt) gehören zu labilen Gleichgewichtszuständen. Kurvenparameter ist in allen Fällen die Schlankheit $\lambda = l/i = \sqrt{12} \cdot l/d$ (Rechteckquerschnitt). Indem die maximal erreichbaren Mittelspannungen (=Grenzspannungen)

$$\sigma_U = \max \sigma_m(\lambda)$$

über der Schlankheit aufgetragen werden, ergibt sich das in B.2.55 dargestellte Grenzspannungsdiagramm für vorgegebene Exzentrizitäten e/k. Der Exzentrizitätseinfluß wird hieraus besonders deutlich. - Im Falle gedrungener Stäbe (sehr geringe Schlankheit) wird die Grenzlast unter einer Mittelspannung erreicht, die über der Fließgrenze σ_F liegt (durch Aktivierung der Verfestigung). Das diesbezügliche Ergebnis ist indes auf Stähle heutiger Produktion nicht übertragbar, da deren Fließvermögen wesentlich ausgeprägter ist und sich der Verfestigungsbereich demgemäß unterhalb sehr viel geringerer Schlankheiten bemerkbar macht, sodaß i.allg. $\sigma_U = \sigma_F$ für λ=0 gesetzt wird.

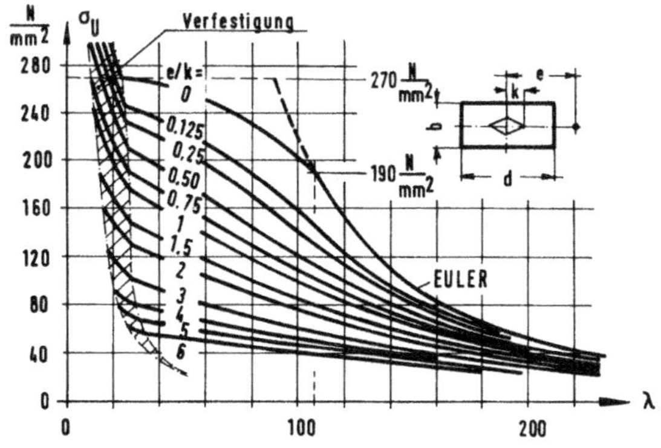

Bild 2.55

Das von CHWALLA aufgezeigte Berechnungsverfahren hatte in zweifacher Hinsicht große Bedeutung:

a) Die prinzipielle Vorgehensweise war damit bekannt. Auch ohne die inzwischen verfügbaren Rechenhilfsmittel war eine strenge Traglastberechnung möglich, sie wurde von CHWALLA u.a. für stahlbau-typische Profilformen erweitert [2.64].
b) Die in der Folgezeit entwickelten Näherungsverfahren für die Grenzspannungsberechnung konnten in ihrer Güte an den exakten Grenzspannungslinien kalibriert werden.

In den USA wurde die Grenzspannungsberechnung im Rahmen eines umfangreichen Forschungsprogramms in den fünfziger und sechziger Jahren in Angriff genommen (Lehigh-Conference [2.77]). Dabei wurden mit Hilfe des Krümmungskreis-Verfahrens Grundkurven berechnet und aus diesen die Grenzlasten für Druckstäbe mit unterschiedlichen Randmomenten und Randeinspannungen hergeleitet, vgl. B.2.56.

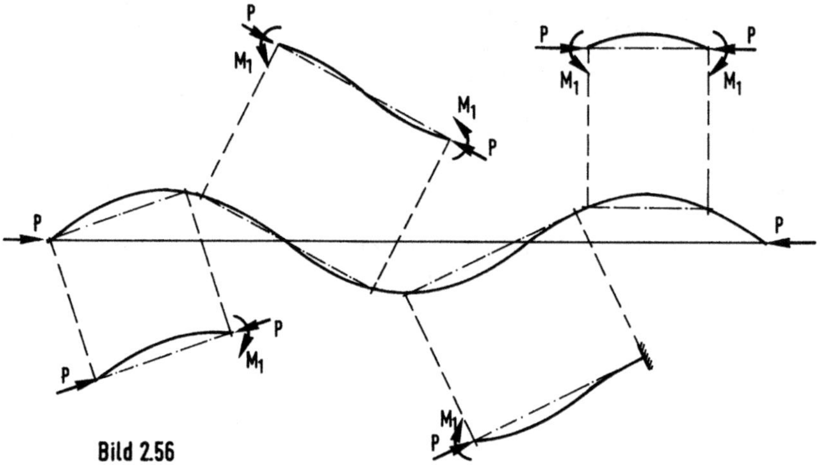

Bild 2.56

2.6.1.3 Wirksame Biegesteifigkeit

Liegen die Spannungen in einem druck- und biegebeanspruchten Stabquerschnitt oberhalb der Proportionalitätsgrenze, kann die Wirkung einer Druckkraft als Minderung der Biegesteifigkeit (wegen der überproportional anwachsenden Krümmungen) gedeutet werden. Bei Bezug auf die elasto-statische Biegesteifigkeit läßt sich die Minderung durch Korrekturfaktoren ausdrücken:

$$\varkappa = -\frac{M}{k_1 EJ} \quad \text{oder} \quad \varkappa = -k_2\frac{M}{EJ} \qquad (2.112)$$

Es gilt $k_1 \cdot k_2 = 1$. k_1 liegt zwischen 1 und 0 und k_2 zwischen 1 und ∞, wenn eine unbegrenzte Dehnfähigkeit unterstellt wird. Tatsächlich sind beide Faktoren durch die Bruchdehnung begrenzt. B.2.53f zeigt den Verlauf von k_1 als Funktion des wirksamen Biegungsmomentes und der Mittelspannung σ_m; der Faktor folgt durch Umrechnung aus der Momenten-Krümmungsfunktion des Bildes d.

k_1EJ wird auch wirksame Biegesteifigkeit genannt und u.a. mit $(EJ)_w$ oder B abgekürzt:

$$k_1EJ\cdot\varkappa = -M,\ (EJ)_w\cdot\varkappa = -M,\ B\varkappa = -M \qquad (2.113)$$

($EJ\varkappa = -M$ gilt im elastischen Bereich.) Für den Fall einer Computerberechnung ist der k_1-Faktor vorab zu berechnen und abzuspeichern. Dabei sind ggf. Eigenspannungen und andere Einflüsse einzurechnen. - Für Stahlbetonquerschnitte ist analog zu verfahren.

In B.2.57 ist die weitere Vorgehensweise schematisch aufgezeigt, wobei ein Druckstab mit der Exzentrizität e und der Vorausbiegung

$$v_0(z) = f_0 \sin\pi\frac{z}{l} \qquad (2.114)$$

dargestellt ist; außerdem wird der Stab zusätzlich durch eine Querbelastung q beansprucht. Im verformten Zustand beträgt das Biegungsmoment (B.2.57b und d):

$$M^{II}(z) = P[e + v_0(z) + v(z)] + M_q(z) \qquad (2.115)$$

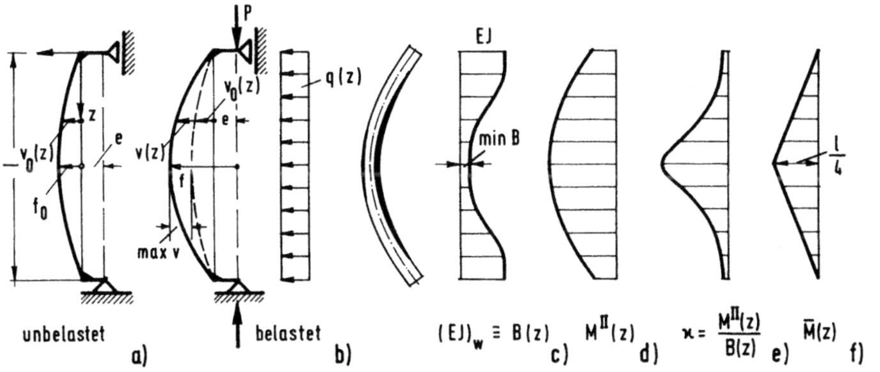

Bild 2.57

v(z) ist die Durchbiegung und $M_q(z)$ das Balkenbiegungsmoment infolge q. Da M(z) variabel ist, ist auch die Plastizierung über die Stablänge variabel; in Bild c ist die zugeordnete wirksame Biegesteifigkeit angegeben.
In die Differentialgleichung der Stabbiegelinie für den plastischen Bereich

$$B(z)\cdot\varkappa(z) \approx B(z)\cdot v''(z) = -M(z) \tag{2.116}$$

wird G.2.115 eingesetzt:

$$B(z)\cdot v''(z) + P\cdot v(z) = -P[e + v_0(z)] - M_q(z) \tag{2.117}$$

Eine analytische Lösung scheidet aus, weil B(z) eine Funktion von v(z) bzw. M(z) und N=P ist:

$$B(z) = B[v(z)] = B[\varkappa(M,N)] \tag{2.118}$$

Wollte man nur die mittige Auslenkung max v berechnen, wäre der Hilfsangriff $\bar{1}$ in Stabmitte anzubringen. Die zugehörige virtuelle Momentenfläche ist dreieckförmig (B.2.57f), durch Überlagerung folgt:

$$\bar{1}\cdot \max v = \int_0^l \varkappa(z)\cdot\bar{M}(z)\,dz = \int_0^l \frac{M^{II}(z)}{B(z)}\cdot\bar{M}(z)\,dz \tag{2.119}$$

Der Krümmungsverlauf $\varkappa(z)$ ist in Bild e schematisch dargestellt. Das Integral ist numerisch zu berechnen. Wie oben bereits erwähnt, wird die Biegelinie zweckmäßig mit Hilfe des Verfahrens der Übertragungsmatrizen berechnet und hierzu der Verlauf der wirksamen Biegesteife durch eine Stufenfunktion angenähert. Hierbei ist ggf. die Zahl der finiten Elemente mit steigender Lastintensität zu erhöhen, um den Steifigkeitsverlauf möglichst genau annähern zu können. Nach Berechnung von v und M ist die wirksame Biegesteifigkeit an die Beanspruchung neu anzupassen und diese Berechnung solange zu wiederholen, bis Biegungsmoment und Biegesteifigkeit korrespondieren. Dieser Algorithmus läßt sich nur im Computer realisieren und ist auch auf andere Randbedingungen und Tragwerksformen erweiterbar. (Auf die umfassende Behandlung dieses Problemkreises von CHEN/ABUSITA [2.78] wird hingewiesen, vgl. auch Abschnitt 4.2 und das dort zitierte Schrifttum.)

2.6.1.4 Berechnungsanweisung von THIERAUF/SHEN [2.79]

Es wird ein einfach-symmetrischer Querschnitt betrachtet und dieser in n Streifen i zerlegt (B.2.58), jeder habe die Teilfläche F_i. Auf das Stabelement der Länge 1 wirken die Schnittgrößen M und N; Achsstauchung und Krümmung betragen:

$$\varepsilon \text{ und } \varkappa = -\frac{\varepsilon_d - \varepsilon_z}{d} \tag{2.120}$$

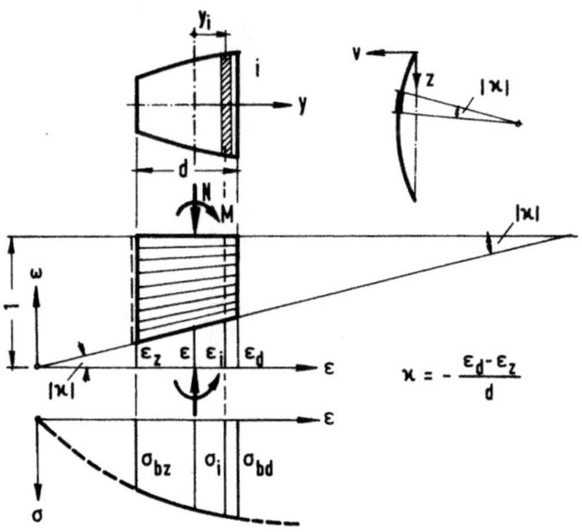

Bild 2.58

Die Dehnung ε_i des Elementes i, welches von der Schwerachse den Abstand y_i hat, beträgt unter der Voraussetzung eben bleibender Querschnitte:

$$\varepsilon_i = \varepsilon + y_i(-\varkappa) = \varepsilon - y_i\varkappa \tag{2.121}$$

Dem Verzerrungszustand sind vermittelst des vorgegebenen σ-ε-Gesetzes die Schnittgrößen

$$N = \sum_{i=1}^{n}\sigma_i F_i \; ; \quad M = \sum_{i=1}^{n}\sigma_i y_i F_i \tag{2.122}$$

zugeordnet. (Es wäre durchaus möglich, für die einzelnen Fasern i unterschiedliche σ-ε-Linien zu berücksichtigen, z.B. um Entfestigungsbereiche zu erfassen: Aluminiumquerschnitte im Bereich der WEZ.)
Bei einer Änderung des Verzerrungszustandes

$$\Delta\varepsilon_i = \Delta\varepsilon - y_i \cdot \Delta\varkappa \tag{2.123}$$

erfahren die Schnittgrößen die Änderungen:

$$\Delta N = \sum_{i=1}^{n}\Delta\sigma_i F_i \; ; \quad \Delta M = \sum_{i=1}^{n}\Delta\sigma_i y_i F_i \tag{2.124}$$

Mit dem finiten Tangentenmodul

$$T_i = \frac{\Delta\sigma_i}{\Delta\varepsilon_i} \qquad \left(\lim_{\Delta\varepsilon \to d\varepsilon_i} T_i = T : \text{Tangentenmodul} \right) \tag{2.125}$$

lauten die Gleichungen G.2.122:

$$\Delta N = \Sigma T_i \Delta\varepsilon_i F_i = \Sigma T_i(\Delta\varepsilon - y_i \Delta\varkappa) F_i = \Delta\varepsilon \Sigma T_i F_i - \Delta\varkappa \Sigma T_i y_i F_i \tag{2.126}$$

$$\Delta M = \Sigma T_i \Delta\varepsilon_i y_i F_i = \Sigma T_i(\Delta\varepsilon - y_i \Delta\varkappa) y_i F_i = \Delta\varepsilon \Sigma T_i y_i F_i - \Delta\varkappa \Sigma T_i y_i^2 F_i \tag{2.127}$$

Bei der Berechnung wird zweckmäßig vom elastischen Bereich ausgegangen:

$$N = EF\varepsilon \; ; \quad M = -EJ\varkappa \tag{2.128}$$

Durch sukzessive Steigerung einer N/M-Kombination werden die zu ΔN und ΔM gehörenden Unbekannten $\Delta\varepsilon$ und $\Delta\varkappa$ aus G.2.126/127 bestimmt, wobei mittels Unteriteration der T_i-Modul jedes Elementes dem lokalen σ-ε-Zustand angepaßt wird. Die Iteration wird mit Erreichen einer vorgegebenen Genauigkeitsschranke abgebrochen; damit ist dem vorgegebenen N/M-Paar ein $\varepsilon/\varkappa$-Paar zugeordnet und die wirksame Biegesteifigkeit bekannt:

$$B = EJ \cdot \frac{\varkappa_{elast}}{\varkappa_{plast}} = -\frac{M}{\varkappa_{plast}} \tag{2.129}$$

In die Rechenvorschrift lassen sich Entlastungen einbauen, z.B. der Fall, daß die Druckkraft konstant gehalten und nur das Biegungsmoment variiert wird; dann handelt es sich um eine nichtproportionale Belastung, wodurch die Problemstellung wesentlich komplexer wird. (In den vorangegangenen Abschnitten wurde eine proportionale Belastung unterstellt, nur unter dieser Voraussetzung läßt sich z.B. eine k_1-Funktion im Sinne von B.2.53f angeben!). Im Algorithmus lassen sich auch Restriktionen (Aufreißen der Betonzugzone) und Kriechgesetze berücksichtigen und -wie oben erwähnt- unterschiedliche σ-ε-Gesetze bei Verbundquerschnitten erfassen.
Im Schrifttum wurden verschiedene Berechnungsvarianten behandelt, die prinzipiell mit

den vorstehenden Anweisungen übereinstimmen, dabei ist es gleichgültig, ob mit den Verzerrungen der Stabachse oder den Randverzerrungen als Bezuggrößen gerechnet wird:

$$\begin{aligned}\Delta N &= f_1(\Delta\varepsilon, \Delta\varkappa) \\ \Delta M &= f_2(\Delta\varepsilon, \Delta\varkappa)\end{aligned} \quad \text{oder} \quad \begin{aligned}\Delta N &= g_1(\Delta\varepsilon_d, \Delta\varepsilon_z) \\ \Delta M &= g_2(\Delta\varepsilon_d, \Delta\varepsilon_z)\end{aligned} \tag{2.130}$$

Die Güte des Algorithmus wird im wesentlichen von der Minimierung des Rechenzeit- und Speicherbedarfes und damit von der Konvergenz des programmierten Verfahrens bestimmt.

2.6.1.5 Berechnungsanweisung nach MARINČEK [2.80]

Wie im vorangegangenen Abschnitt wird ein Stabelement der Länge dz=1 betrachtet; in der Symmetrieebene wirken die Schnittgrößen N und M. Das Spannungs-Dehnungsgesetz sei ideal-elastisch / ideal-plastisch.
Innerhalb des elastischen Bereiches gilt:

$$\sigma = \frac{N}{F}, \quad \sigma_{bd} = \frac{M}{W_d}, \quad \sigma_{bz} = -\frac{M}{W_z}; \quad \varepsilon = \frac{\sigma}{E} \text{ und } \varkappa = -\frac{M}{EJ} \tag{2.131}$$

ε und $\varkappa$ beziehen sich auf die Stabachse. W_d und W_z sind die Widerstandsmomente, bezogen auf die Biegedruck- und Biegezugseite.
Oberhalb des elastischen Bereiches treten Plastizierungen ein; die zugehörigen Verzerrungen ε_{pl} und $\varkappa_{pl}$ werden im folgenden mit ε' und $\varkappa'$ abgekürzt. Diesen Verzerrungen lassen sich fiktive elastische Spannungen σ', σ'_{bd} und σ'_{bz} sowie fiktive Schnittgrößen

$$N' = \sigma' \cdot F, \quad M' = \sigma'_{bd} W_d \quad \text{bzw} \quad M' = -\sigma'_{bz} W_z \tag{2.132}$$

zuordnen. N' und M' sind real um ΔN bzw. ΔM zu groß, d.h., zu dem Verzerrungszustand ε' und $\varkappa'$ gehören real die Schnittgrößen:

$$N = N' - \Delta N; \quad M = M' - \Delta M = M' - \Delta N \cdot r \tag{2.133}$$

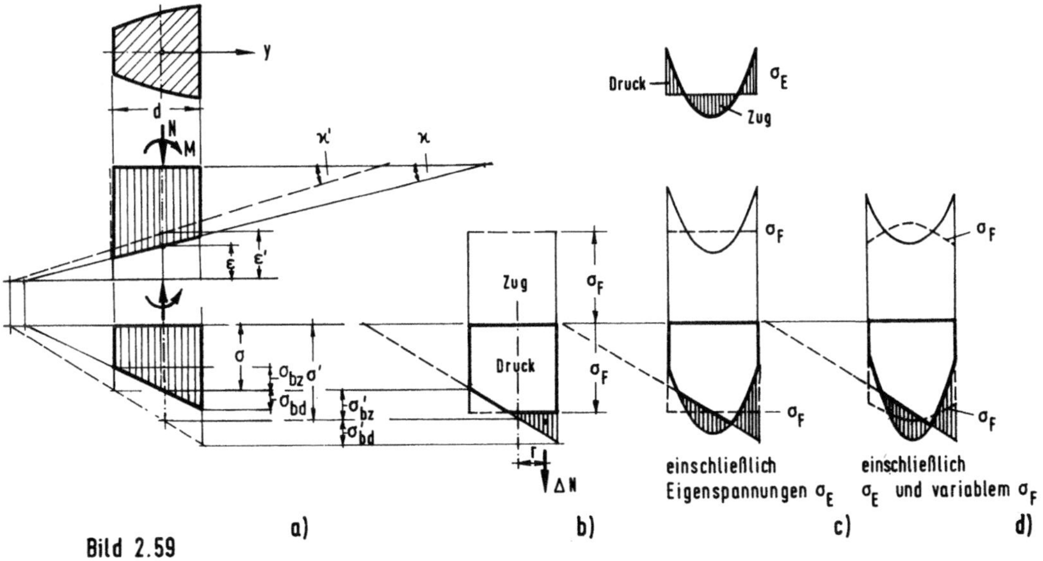

Bild 2.59

In G.2.133 ist ΔN das über σ_F hinausreichende Spannungsvolumen und r dessen Schwerpunktsabstand, vgl. B.2.59b.
Die Rechnung wird in folgenden Schritten durchgeführt: Ein Wertepaar N' und M' wird vorgegeben und hierfür

$$\sigma', \ \sigma'_{bd}, \ \sigma'_{bz} \text{ sowie } \varepsilon' = \sigma'/E \text{ und } \varkappa' = -M'/EJ \tag{2.134}$$

bestimmt. Der Spannungskeil über σ_F ist damit auch bekannt, sodaß sich N und M gemäß G.2.133 berechnen lassen. Damit ist für das Wertepaar ε', $\varkappa'$ das zugehörige Wertepaar N, M bestimmt und k_1 oder k_2 lassen sich angeben (Abschnitt 2.6.1.3). Werden N und M vorgegeben, bedarf es einer Unteriteration.

Eine auf

$$N_F = F\sigma_F \text{ und } M_F = W_d\sigma_F \tag{2.135}$$

normierte Rechnung erweist sich als zweckmäßig:

$$\bar{N} = N/N_F = \sigma/\sigma_F;\quad \bar{N}' = N'/N_F = \sigma'/\sigma_F \tag{2.136}$$

$$\bar{M} = M/M_F = \sigma_{bd}/\sigma_F;\quad \bar{M}' = M'/M_F = \sigma'_{bd}/\sigma_F \tag{2.137}$$

$$\Delta\bar{N} = \Delta N/N_F;\quad \Delta\bar{M} = \Delta M/M_F \tag{2.138}$$

$$\bar{r} = r/d,\quad \bar{k} = k/d \quad \text{mit} \quad k = W_d/F \tag{2.139}$$

Damit gilt

$$k_1 = \frac{\varkappa_{elast}}{\varkappa_{plast}} = \frac{\varkappa}{\varkappa'} = \frac{\bar{M}}{\bar{M}'};\quad k_2 = \frac{1}{k_1} \tag{2.140}$$

mit:

$$\bar{M} = \bar{M}' - \frac{\Delta\bar{N}\cdot\bar{r}}{\bar{k}} \tag{2.141}$$

Sind Eigenspannungen σ^E vorhanden, lassen sich diese durch eine Änderung der Fließgrenze berücksichtigen: Eine Zugeigenspannung wirkt sich als fiktive Erhöhung der Stauchgrenze und als Verminderung der Zugfließgrenze aus. Das zu ΔN gehörige Spannungsvolumen ist krummlinig begrenzt, vgl. B.2.59c. In analoger Erweiterung läßt sich auch eine ungleichförmige Höhe der Fließgrenze innerhalb des Querschnittes erfassen (B.2.59d).

2.6.2 Elasto-statische Grenzlast exzentrisch gedrückter Stäbe aus Stahl

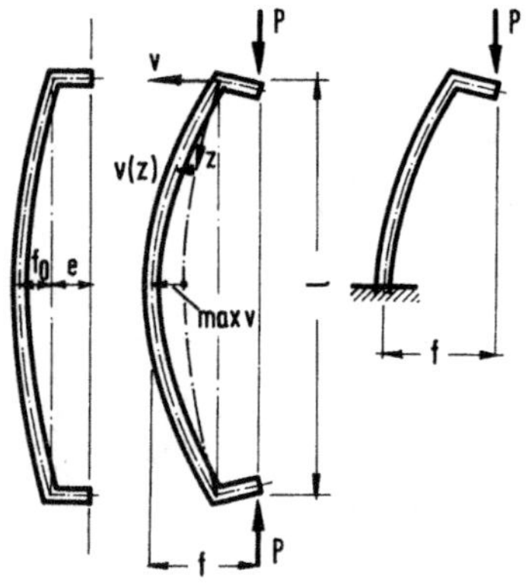

Bild 2.60

Ein Druckstab mit sinusförmiger Vorverformung

$$f_0 \sin\pi\frac{z}{l} \tag{2.142}$$

wird am Hebelarm e exzentrisch belastet (B.2.60). Unter Berücksichtigung der elastischen Ausbiegung v beträgt das Biegungsmoment:

$$M(z) = P(e + f_0\sin\pi\frac{z}{l} + v) \tag{2.143}$$

Mit

$$\varepsilon = l\sqrt{\frac{P}{EJ}}$$

lauten Differentialgleichung und Lösung:

$$v'' + \left(\frac{\varepsilon}{l}\right)^2 v = -\left(\frac{\varepsilon}{l}\right)^2 (e + f_0\sin\pi\frac{z}{l}) \tag{2.144}$$

$$v = C_1\sin\varepsilon\frac{z}{l} + C_2\cos\varepsilon\frac{z}{l} - e + \frac{f_0}{(\frac{\pi}{\varepsilon})^2 - 1}\sin\pi\frac{z}{l} \tag{2.145}$$

Die partikuläre Lösung findet man mittels des Ansatzes

$$v_{part} = a_0 + a_1 z + a_2 z^2 + a_3\sin\pi\frac{z}{l} \tag{2.146}$$

und Koeffizientenvergleich.

$$\text{Randbedingungen: } z=0:\ v=0;\quad z=l:\ v=0 \longrightarrow C_1 = e\cdot\tan\frac{\varepsilon}{2};\quad C_2 = 0 \tag{2.147}$$

Für die Durchbiegung in Stabmitte (z=l/2) ergibt sich:

$$\max v = \frac{e}{\cos\frac{\varepsilon}{2}} - e + \frac{f_0}{(\frac{\pi}{\varepsilon})^2 - 1} \tag{2.148}$$

Das erste Glied wird entwickelt:

$$\frac{e}{\cos\frac{l}{2}\sqrt{\frac{P}{EJ}}} = \frac{e}{\cos\frac{\pi}{2}\sqrt{\frac{P}{P_{Ki}}}} \approx \frac{e}{1 - \frac{1}{2!}(\frac{\pi}{2})^2 \cdot \frac{P}{P_{Ki}} + \frac{1}{4!}(\frac{\pi}{2})^4 \cdot (\frac{P}{P_{Ki}})^2} \approx \frac{e}{1 - \frac{P}{P_{Ki}}} \tag{2.149}$$

Hierin ist P_{Ki} die EULERsche Knicklast. - Bezogen auf die Kraftwirkungslinie beträgt die max Auslenkung f (vgl. B.2.60):

$$f = \max v + e + f_0 \approx \frac{e}{1 - \frac{P}{P_{Ki}}} - e + \frac{f_0}{\frac{P_{Ki}}{P} - 1} + e + f_0 = \frac{e + f_0}{1 - \frac{P}{P_{Ki}}} \tag{2.150}$$

Das Biegungsmoment folgt aus:

$$M(z) = -EJ\,v''$$

M ist in Stabmitte am größten:

$$\max M = P \cdot f = P \cdot [\frac{e}{\cos\frac{\varepsilon}{2}} + \frac{f_0}{1 - (\frac{\varepsilon}{\pi})^2}] \approx \frac{P(e + f_0)}{1 - \frac{P}{P_{Ki}}} \tag{2.151}$$

Als elasto-statische Grenzlast (auch Fließlast genannt) wird jene Druckkraft definiert, unter der erstmals die Fließgrenze am Biegedruck- oder Biegezugrand erreicht wird; hierbei wird eine ideal-elastische /ideal-plastische Arbeitslinie unterstellt. Die Bestimmungsgleichung lautet:

$$\frac{P_{El}}{F} + \frac{P_{El}}{W_d} \cdot \left[\frac{e}{\cos\frac{l}{2}\sqrt{\frac{P_{El}}{EJ}}} + \frac{f_0}{1 - \frac{P_{El}}{P_{Ki}}}\right] = \sigma_F \tag{2.152}$$

In dieser Gleichung ist unterstellt, daß die Fließgrenze erstmals am Biegedruckrand erreicht wird. W_d ist das Widerstandsmoment der Biegedruckseite. Aus der Gleichung läßt sich P_{El} explizit nicht freistellen.
Wird die weitere Rechnung auf eine alleinige Lastexzentrizität e abgestellt und der Schlankheitsgrad

$$\lambda = \frac{l}{i}, \quad i = \sqrt{\frac{J}{F}} \tag{2.153}$$

eingeführt, folgt aus G.2.152:

$$P_{El}(1 + \frac{e}{k} \cdot \frac{1}{\cos\frac{\lambda}{2}\sqrt{\frac{P_{El}}{EJ}}}) = N_F \tag{2.154}$$

k ist die Kernweite und N_F die Querschnittsfestigkeit für reine Normalkraftbeanspruchung (Stauchlast):

$$k = \frac{W_d}{F}; \qquad N_F = \sigma_F \cdot F \tag{2.155}$$

Setzt man den Hebelarm e als Bruchteil n der Stablänge (= "Knicklänge") an

$$l = s_K = \lambda i; \qquad e = \frac{l}{n} = \frac{\lambda i}{n}, \tag{2.156}$$

und werden beide Seiten von G.2.154 durch F dividiert, folgt mit

$$\sigma_{El} = \frac{P_{El}}{F} \tag{2.157}$$

die Bestimmungsgleichung für σ_{El}:

$$\sigma_{El}(1 + \frac{\lambda}{n} \cdot \frac{i}{k} \cdot \frac{1}{\cos\frac{\lambda}{2}\sqrt{\frac{\sigma_{El}}{E}}}) = \sigma_F \tag{2.158}$$

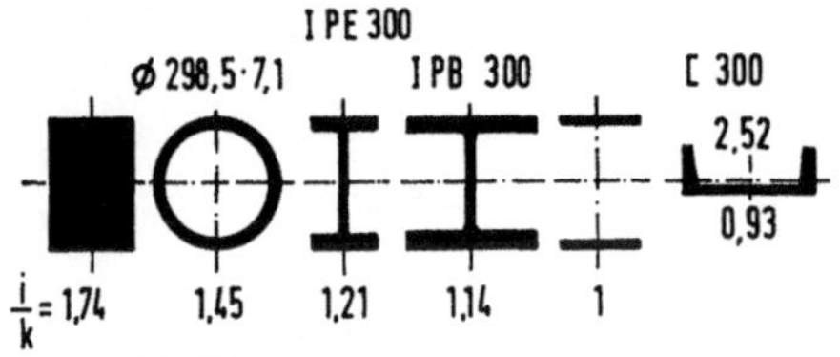

Bild 2.61

Für vorgegebene Werte n, i/k, E und σ_F kann aus dieser Gleichung die elasto-statische Grenzspannung als Funktion von λ berechnet werden. In B.2.61 ist der i/k-Quotient für verschiedene Querschnittsformen eingetragen. - Um G.2.158 für baupraktische Bemessungszwecke verwerten zu können, ist erstens über die Imperfektion e zu verfügen und zweitens ein Sicherheitsfaktor gegenüber der elastischen Grenzspannungskurve $\sigma_{El}(\lambda)$ zu vereinbaren. Hierbei kann berücksichtigt werden, daß gegenüber der realen, plastischen Grenztragfähigkeit noch eine Reserve vorhanden ist. - Wird anstelle der Exzentrizität e eine sichelförmige Vorbiegung f_0 unterstellt, lautet die analoge Bestimmungsgleichung:

$$\sigma_{El}\left(1+\frac{\lambda}{n}\cdot\frac{i}{k}\cdot\frac{1}{1-\frac{\sigma_{El}}{\frac{\pi^2 E}{\lambda^2}}}\right)=\sigma_F\,;\quad f_0=\frac{l}{n} \tag{2.159}$$

MECKLENBECK [2.43] hat bereits 1910 empfohlen, die Knicknachweise auf der Basis der elasto-statischen Grenzlast zu führen und in zutreffender Weise bei unsymmetrischen Querschnitten zwischen Versagen infolge Bruchstauchung auf der Biegedruckseite oder Bruchdehnung auf der Biegezugseite unterschieden.

Wird die Rechnung von G.2.151 her entwickelt, lautet die Bestimmungsgleichung für die elasto-statische Grenzlast:

$$\frac{P_{El}}{F}+\frac{P_{El}}{W_d}\cdot\frac{e+f_0}{1-\frac{P_{El}}{P_{Ki}}}=\frac{N_F}{F}\,;\quad N_F=\sigma_F\cdot F,\quad P_{Ki}=\frac{\pi^2 EJ}{l^2} \tag{2.160}$$

Aus dieser Gleichung läßt sich P_{El} explizit herleiten

$$P_{El}=\frac{N_F}{2}\left\{1+\frac{P_{Ki}}{N_F}\left(1+\frac{e+f_0}{k}\right)-\sqrt{\left[1+\frac{P_{Ki}}{N_F}\left(1+\frac{e+f_0}{k}\right)\right]^2-4\frac{P_{Ki}}{N_F}}\right\} \tag{2.161}$$

oder gleichwertig:

$$P_{El}=\frac{P_{Ki}}{2}\left\{1+\frac{e+f_0}{k}+\frac{N_F}{P_{Ki}}-\sqrt{\left[1+\frac{e+f_0}{k}+\frac{N_F}{P_{Ki}}\right]^2-4\frac{N_F}{P_{Ki}}}\right\} \tag{2.162}$$

Wird die Außermittigkeit auf die Kernweite k bezogen und

$$m=\frac{e+f_0}{k} \tag{2.163}$$

vereinbart, folgt aus G.2.161 nach Division durch N_F:

$$\frac{\sigma_{El}}{\sigma_F}=\frac{1}{2}\left\{1+(1+m)\frac{\sigma_{Ki}}{\sigma_F}-\sqrt{\left[1+(1+m)\frac{\sigma_{Ki}}{\sigma_F}\right]^2-4\frac{\sigma_{Ki}}{\sigma_F}}\right\} \tag{2.164}$$

In bezogener Form lautet die Gleichung (vgl. Abschnitt 2.4.3):

$$\bar{\sigma}_{El}=\frac{1}{2}\left\{1+(1+m)\bar{\sigma}_{Ki}-\sqrt{[1+(1+m)\bar{\sigma}_{Ki}]^2-4\bar{\sigma}_{Ki}}\right\} \tag{2.165}$$

Hierin bedeutet:

$$\bar{\sigma}_{Ki}=\frac{\pi^2 E}{\lambda^2\sigma_F}=\frac{\lambda_F^2}{\lambda^2}=\frac{1}{\bar{\lambda}^2} \tag{2.166}$$

Auch auf dieser Basis könnte eine Bemessungsvorschrift entwickelt werden.

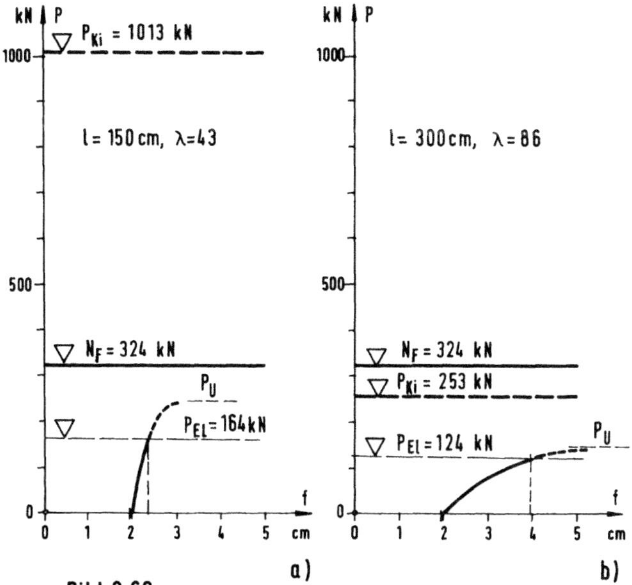

Bild 2.62

(Die Gleichungsformen G.2.161/2 werden im angelsächsischen Schrifttum als Formeln von PERRY/ROBERTSON bezeichnet.)

Es ist von der Stabschlankheit abhängig, ob $N_F<P_{Ki}$ oder $N_F>P_{Ki}$ ist. Die reale (plasto-statische) Grenzlast P_U liegt immer mehr oder weniger über P_{El}. Bei gedrungenen und mittelschlanken Stäben liegt P_U zwischen P_{El} und N_F, bei schlanken Stäben zwischen P_{El} und P_{Ki}. Um das zu zeigen, wird ein frei gewähltes Beispiel berechnet und zwar eine Druckstütze mit Rohrquerschnitt:

Ø 101,6·2,9 : $F=8{,}99\ cm^2$; $J=110\ cm^4$; $W=21{,}6\ cm^3$ $k=2{,}40$ cm; $i=3{,}49$ cm.

Als resultierende Exzentrizität wird $e+f_0=1{,}95$ cm vorgegeben.

Stauchlast: $N_F=36\cdot 8{,}99=324$ kN. Die Knicklasten P_{Ki} für l=150 cm und l=300 cm sind in B.2.62 eingetragen. Die elasto-statischen Grenzlasten berechnen sich aus den Formeln G.2.161/2:

$$l=150\,cm:\ P_{El}=164\,kN;\quad l=300\,cm:\ P_{El}=124\,kN$$

Die zugehörigen Ausbiegungen ergeben sich nach G.2.150 zu: 2,38 cm bzw. 3,90 cm; vgl. B.2.62.

Um P_U abzuschätzen, kann von der Interaktionsformel

$$\frac{1}{P_U}=\frac{1}{N_F}+\frac{1}{P_{Ki}} \tag{2.167}$$

ausgegangen werden; Auflösung nach P_U:

$$P_U=\frac{N_F}{1+\dfrac{N_F}{P_{Ki}}}=\frac{P_{Ki}}{1+\dfrac{P_{Ki}}{N_F}} \tag{2.168}$$

Diese Abschätzung ist eine modifizierte Version der von RANKINE 1866 angegebenen empirischen Formel, die von HORNE und MERCHANT [2.81] auch zur Abschätzung plastostatischer Systemtraglasten vorgeschlagen worden ist. Für das Beispiel ergibt sich:

$$l=150\,cm:\ P_U=246\,kN;\quad l=300\,cm:\ P_U=142\,kN$$

Um diese Lösung zu prüfen, wurde mit Hilfe der von JEZEK entwickelten Theorie die plastostatische Grenztragfähigkeit (Abschnitt 2.6.3.2) P_U berechnet:

$$l=150\,cm:\ P_U=183\,kN;\quad l=300\,cm:\ P_U=125\,kN$$

Offensichtlich liefert die RANKINE-Formel in diesem Fall zu hohe, auf der unsicheren Seite liegende Grenzlasten.

Ein schwieriges Problem bei der Ausarbeitung von Knickvorschriften ist die Festlegung des Exzentrizitätsmaßes, mit dem der "baupraktisch unvermeidbare Fehlerhebel" und andere Imperfektionen ersatzweise eingefangen werden sollen. Es handelt sich hierbei um eine streuende Imperfektionsgröße, die nur durch systematische Messungen und

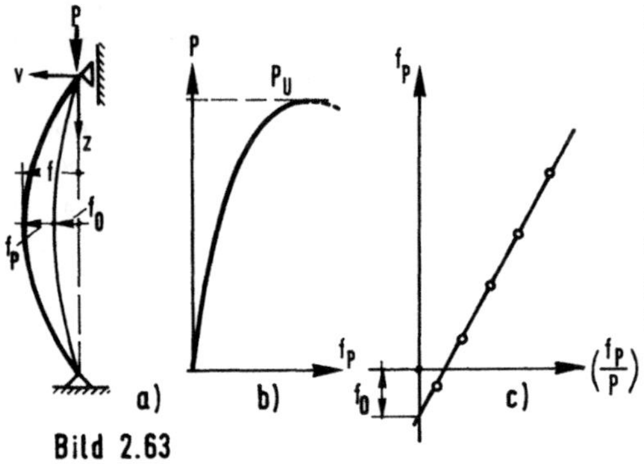

Bild 2.63

statistische Auswertungen bestimmt und gewichtet werden kann.

Wird ein Druckstab mit der Vorverformung f_0 belastet (B.2.63a), und P über der gemessenen Ausbiegung f_P aufgetragen, ergibt sich die in Bild b dargestellte Last-Verschiebungskurve; f_0 ist hieraus nicht erkennbar. Das gelingt durch Umstellung von G.2.150: Für die Gesamtausbiegung gilt hiernach innerhalb des elastischen Bereiches:

$$f = f_0 + f_P = \frac{1}{1 - \frac{P}{P_{Ki}}} f_0 \qquad (2.169)$$

Wird diese Gleichung nach f_0 aufgelöst, folgt:

$$f_0 = P_{Ki}\left(\frac{f_P}{P}\right) - f_P \qquad (2.170)$$

Trägt man nunmehr bei einem Druckversuch f_P gegen zugehörige Werte (f_P/P) auf, stellt sich gemäß dieser Gleichung eine Gerade ein (B.2.63c). f_0 kann hieraus gewonnen werden, wobei mit diesem Wert alle Imperfektionen (z.B. auch Eigenspannungen) erfaßt sind.

2.6.3 Plasto-statische Grenzlast exzentrisch gedrückter Stäbe aus Stahl

2.6.3.1 Vorbemerkungen

Wie im Abschnitt 2.6.1 erwähnt, wurde die erste strenge Berechnung der plasto-statischen Grenzlast von KÁRMÁN angestellt und später von CHWALLA für den Rechteckquerschnitt und Walzprofile fortgeführt. Erste Versuche einer näherungsweisen Lösung des Grenzlastproblems stammten von KROHN (1923); es folgten RŎS / BRUNNER, HARTMANN, EGGENSCHWYLER, JEZEK, FRITSCHE u.a. Die Näherungen betrafen das σ-ε-Gesetz und die Form der Biegelinie. RŎS/ BRUNNER legten das reale Spannungs-Dehnungs-Gesetz zugrunde und wählten für die Biegelinie einen sinusförmigen Verlauf. JEZEK führte unter Vorgabe der ideal-elastischen/ ideal-plastischen Arbeitslinie eine strenge Grenzlastberechnung für Druckstäbe mit Rechteckquerschnitt durch [2.69]. Dabei waren die in B.2.64 gezeigten Verzerrungszustände zu berücksichtigen, die sich durch unterschiedliche Erstreckungen der plastizierten Zonen unterscheiden; die Lösungen für die Biegelinien setzen sich aus elliptischen Funktionen zusammen. (BILEK [2.76] hat die Theorie für das nichtlineare Krümmungsgesetz erweitert und dabei festgestellt, daß sich die Nichtlinearität erst bei Schlankheiten größer 1000 auswirkt; es kann daher bei Grenzlastberechnungen stabförmiger Strukturen stets vom linearisierten Krümmungsgesetz ausgegangen werden.)

JEZEK konnte zeigen, daß die mit der ideal-elastischen / ideal-plastischen σ-ε-Linie berechneten Grenzlasten gut mit der CHWALLAschen Lösung übereinstimmen; das galt auch für

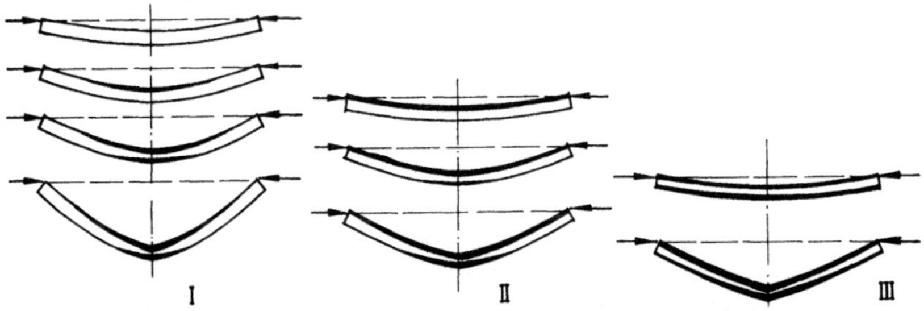

Bild 2.64

die von RŎS / BRUNNER angegebenen Grenzlasten. Damit lag es nahe, die Näherung noch weiter zu treiben und zwar

a) einen sinusförmigen Verlauf der Biegelinie im Grenzzustand und

b) das ideal-elastische / ideal-plastische Spannungs-Dehnungs-Gesetz zugrunde zu legen.

JEZEK entwickelte auch hierfür eine analytisch geschlossene Theorie, zunächst für den Druckstab mit Rechteckquerschnitt und außermittigem Kraftangriff und Querbelastung, anschließend für die im Stahlbau typischen Querschnittsformen [2.66-2.69]; diese Theorie wurde die Grundlage für den Knicknachweis in DIN 4114A (Abschnitt 2.6.3.2/3).

2.6.3.2 Lösung nach JEZEK

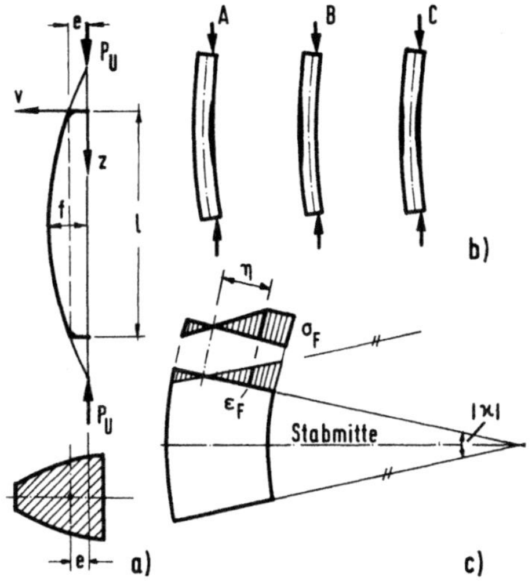

Bild 2.65

Für die Biegelinie des exzentrisch beanspruchten Druckstabes wird ein sinusförmiger Verlauf angesetzt:

$$v = (f-e)\sin\frac{\pi z}{l} + e \qquad (2.171)$$

f ist die mittige Ausbiegung, bezogen auf die Wirkungslinie der Druckkraft; vgl. B.2.65a. Durch die Vorgabe der Biegelinie liegt die Krümmung fest:

$$\varkappa = v'' = -\frac{\pi^2}{l^2}(f-e)\sin\frac{\pi z}{l} \qquad (2.172)$$

In Stabmitte ist die Krümmung am größten:

$$\max\varkappa = -\frac{\pi^2}{l^2}(f-e) \qquad (2.173)$$

Es sind drei Verzerrungszustände zu unterscheiden (A, B und C), je nachdem, ob im Grenzzustand nur die Biegedruckseite, nur die Biegezugseite oder beide plastiziert sind (B.2.65b), das hängt von der Querschnittsform ab.

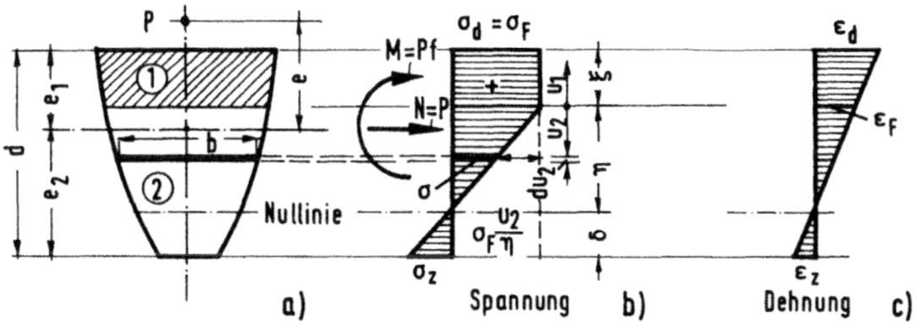

Bild 2.66

Im folgenden wird der in B.2.66 dargestellte, einfach-symmetrische Querschnitt betrachtet und Verzerrungszustand A unterstellt. Es werden die plastizierte Zone ① und der elastische Restquerschnitt ② unterschieden; das σ-ε-Gesetz ist ideal-elastisch / ideal-plastisch.

ξ gibt die Tiefe der plastizierten Zone an und η den Abstand zwischen der inneren Fließbegrenzung bis zur Spannungsnullinie. δ ergänzt ξ und η zu d; d ist die Dicke des Querschnittes in der Biegungsebene. Die Querschnittswerte F, J, $W_1 = J/e_1$ beziehen sich auf den Gesamtquerschnitt.

In Stabmitte betragen Normalkraft und Biegungsmoment:

$$N = P, \quad M = Pf \qquad (2.174)$$

Als Bestimmungsgleichungen für ξ und η, die den Spannungs-Dehnungszustand vollständig kennzeichnen, werden die Gleichgewichtsgleichungen ΣN=0 und ΣM=0 in Stabmitte formuliert:

$$\Sigma N = 0: \quad P - F\sigma_F + \int_{u_2=0}^{u_2=d-\xi} \sigma_F \cdot \frac{u_2}{\eta}\, b\, du_2 = 0 \qquad (2.175)$$

$$\Sigma M=0:\ (Pf+Pe_2) - F\sigma_F \cdot e_2 + \int_{u_2=0}^{u_2=d-\xi} \sigma_F \frac{u_2}{\eta}(d-\xi-u_2)\,b\,du_2 = 0 \tag{2.176}$$

u_2 ist eine auf die innere Fließgrenze orientierte Integrationsvariable, $b=b(u_2)$ ist die Breite des Querschnittselementes du_2, vgl. B.2.66a/b. - Es werden neu vereinbart:

$$S_{2\xi} = \int_{u_2=0}^{u_2=d-\xi} u_2 b \cdot du_2\ , \qquad J_{2\xi} = \int_{u_2=0}^{u_2=d-\xi} u_2^2 b\, du_2 \tag{2.177}$$

S_2 ist das Statische Moment und J_2 das Trägheitsmoment des elastischen Teilquerschnittes, jeweils bezogen auf die innere Fließgrenze. Weiter wird die mittlere Spannung

$$\sigma_m = \frac{P}{F} \tag{2.178}$$

eingeführt. Damit lassen sich die Gleichungen G.2.175/6 wie folgt zusammenfassen:

$$\sigma_m - \sigma_F\left(1 - \frac{S_{2\xi}}{\eta \cdot F}\right) = 0 \tag{2.179}$$

$$F\sigma_m(f+e_2) - F\sigma_F e_2 + \frac{\sigma_F}{\eta}[(d-\xi)S_{2\xi} - J_{2\xi}] = 0 \tag{2.180}$$

Es erweist sich als zweckmäßig, S_2 und J_2 auf den plastizierten Bereich umzurechnen (B.2.66b):

$$S_{1\xi} = \int_{u_1=0}^{u_1=\xi} u_1 b\, du_1\ ; \quad J_{1\xi} = \int_{u_1=0}^{u_1=\xi} u_1^2 b\, du_1 \tag{2.181}$$

$$S_{2\xi} = S_{1\xi} + F(e_1-\xi),\quad J_{2\xi} = J + F(e_1-\xi)^2 - J_{1\xi} \tag{2.182}$$

Unter Beachtung dieser Beziehungen werden η und f aus G.2.179/80 freigestellt:

$$\eta = \frac{S_{1\xi} + F(e_1-\xi)}{F(\sigma_F - \sigma_m)}\sigma_F \tag{2.183}$$

$$f = \frac{\sigma_F}{F\sigma_m \eta}[J - J_{1\xi} - (e_1-\xi)S_{1\xi}] \tag{2.184}$$

ξ und η charakterisieren den Spannungszustand, f den Verformungszustand. Zwei von diesen drei Unbekannten, nämlich η und f, werden durch diese Gleichungen in Abhängigkeit von der dritten (ξ) ausgedrückt. Als dritte Bestimmungsgleichung wird die Verzerrungsbedingung

$$-\varkappa = \frac{\varepsilon_F}{\eta} = \frac{\sigma_F}{E\eta} \tag{2.185}$$

formuliert, vgl. B.2.65. Die Gültigkeit der BERNOULLI-Hypothese ist hierin vorausgesetzt. Das Minuszeichen beruht auf der Definition der Krümmung, vgl. B.2.52a. Wird G.2.173 und G.2.185 gleichgesetzt, erhält man nach kurzer Umformung:

$$l^2 = \frac{E\pi^2}{\sigma_F}\eta(f-e) \tag{2.186}$$

In diese Gleichung werden schließlich G.2.183/4 eingeführt:

$$l^2 = E\pi^2\left\{\frac{1}{F\sigma_m}[J - J_{1\xi} - (e_1-\xi)S_{1\xi}] - \frac{S_{1\xi} + F(e_1-\xi)}{F(\sigma_F - \sigma_m)}e\right\} \tag{2.187}$$

Nunmehr sind die Gleichgewichtsgleichungen mit der Verzerrungsgleichung verknüpft; ξ fungiert als Bezugsunbekannte. Wäre ξ bekannt, wäre damit auch η und f, d.h. der vollständige Spannungs- und Verformungszustand bestimmt.

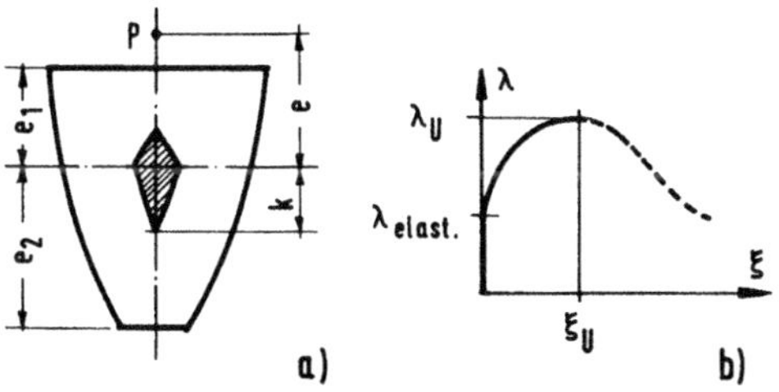

Bild 2.67

Vereinbarungen (B.2.67):

a) Definition der Schlankheit:

$$\lambda = \frac{l}{i} = l\sqrt{\frac{F}{J}} \longrightarrow l^2 = \lambda^2 \frac{J}{F} \qquad (2.188)$$

b) Bezug der Exzentrizität auf die der Exzentrizität gegenüberliegende Kernweite:

$$k = \frac{W_1}{F} \qquad (2.189)$$

c) Einführung des bezogenen Exzentrizitätsmaßes m:

$$m = \frac{e}{k} \longrightarrow e = m \cdot k = m\frac{W_1}{F} \qquad (2.190)$$

Hiermit folgt für G.2.187:

$$\lambda^2 = \frac{E\pi^2}{J\sigma_m}\left\{J - J_{1\xi} - S_{1\xi}\left[e_1 - \xi + \frac{m\,\sigma_m}{(\sigma_F - \sigma_m)}\frac{W_1}{F}\right] - \frac{m \cdot \sigma_m W_1}{(\sigma_F - \sigma_m)}(e_1 - \xi)\right\} \qquad (2.191)$$

Mit dieser Gleichung ist die Mittelspannung σ_m als Funktion von λ (implizit) dargestellt. Um max$\sigma_m = \sigma_U$, also die plasto-statische Grenzlast zu berechnen, wäre $d\sigma_m/df = 0$ zu bilden; das läßt sich in geschlossener Form nicht bewerkstelligen. Es wird daher σ_m und m festgehalten und die Schlankheit variiert. Mit Erreichen einer bestimmten Schlankheit ($\lambda_{elast.}$) beginnt die Plastizierung, siehe B.2.67b. Wächst die Schlankheit weiter, nimmt die plastizierte Tiefe zu. Aus der Bedingung

$$\frac{d\lambda}{d\xi} = 0 \quad \text{bzw.} \quad \frac{d(\lambda^2)}{d\xi} = 0 \qquad (2.192)$$

findet man jene kritische Fließtiefe ξ_U, für welche gerade noch ein stabiler Gleichgewichtszustand möglich ist. Diesem Divergenzpunkt ist die plasto-statische Grenzlastspannung σ_U zugeordnet. Setzt man ξ_U in G.2.191 ein, ist σ_U in Abhängigkeit von λ und m bekannt.

Die Differentiation von G.2.191 und deren Nullsetzung liefert:

$$-\frac{dJ_{1\xi}}{d\xi} + S_{1\xi} - \left[e_1 - \xi_U + \frac{m\sigma_U W_1}{F(\sigma_F - \sigma_U)}\right]\frac{dS_{1\xi}}{d\xi} + \frac{m\sigma_U W_1}{(\sigma_F - \sigma_U)} = 0 \qquad (2.193)$$

Die weitere Rechnung kann nur querschnittsbezogen durchgeführt werden. Hierbei sind $S_{1\xi}$ und $J_{1\xi}$ zunächst als Funktionen von ξ zu formulieren. Aus der vorstehenden Gleichung ergibt sich dann die kritische Fließtiefe und zwar in der allgemeinen Fassung:

$$\xi_U = \Psi\left(\frac{m\sigma_U}{\sigma_F - \sigma_U}\right) \qquad (2.194)$$

Wird ξ_U anschließend in G.2.191 eingesetzt, findet man die gesuchte Abhängigkeit (in impliziter Form) zu

$$\lambda^2 = \frac{E\pi^2}{\sigma_U}\left[1 - \frac{m\sigma_U}{\sigma_F - \sigma_U} + \Psi_1(\xi_U)\right] \qquad (2.195)$$

oder, wenn Ψ_1 in eine Reihe entwickelt wird:

$$\lambda^2 = \frac{E\pi^2}{\sigma_U}\left[1 - \frac{m\sigma_U}{\sigma_F - \sigma_U} + C_1\left(\frac{m\sigma_U}{\sigma_F - \sigma_U}\right)^2 + C_2\left(\frac{m\sigma_U}{\sigma_F - \sigma_U}\right)^3 + \cdots\right] \qquad (2.196)$$

Ist m=0, folgt hieraus unmittelbar die EULERsche Knickspannung.

Für die Verzerrungszustände B und C lassen sich die Berechnungsformeln in analoger Weise herleiten. Wegen Einzelheiten und Anwendung der Formeln auf die im Stahlbau gängigen Profilformen wird auf die Originalarbeit von JEZEK verwiesen [2.69].

Bei der querschnitts-orientierten Auswertung interessieren die Gültigkeitsbereiche der einzelnen Verzerrungszustände, d.h. die Grenzbedingungen für die Zustände A/C und B/C. Auch hierfür lassen sich explizite Formeln herleiten.

Für den Rechteckquerschnitt läßt sich die Theorie relativ einfach aufbereiten. In B.2.68 sind die beiden möglichen Verzerrungszustände dargestellt.

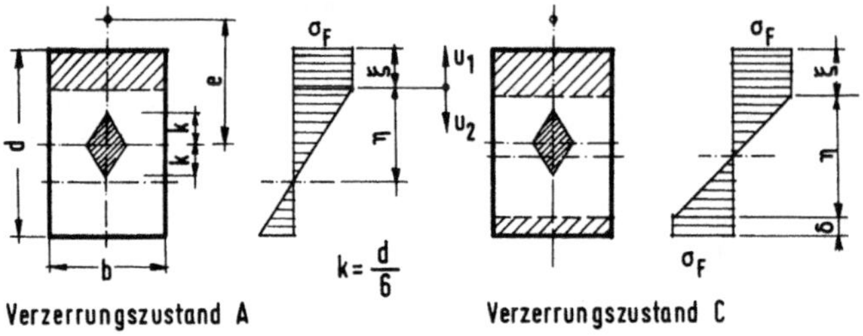

Bild 2.68

Verzerrungszustand A:

$$S_{1\xi} = \int_0^\xi u_1 b\, du_1 = \frac{b\xi^2}{2};\quad \frac{dS_{1\xi}}{d\xi} = b\xi;\quad J_{1\xi} = \int_0^\xi u_1^2 b\, du_1 = \frac{b\xi^3}{3};\quad \frac{dJ_{1\xi}}{d\xi} = b\xi^2 \tag{2.197}$$

$$F = b\cdot d;\ W_1 = bd^2/6;\ e_1 = d/2$$

Die Bestimmungsgleichung G.2.193 für ξ_U lautet:

$$-b\xi^2 + \frac{b\xi^2}{2} - [\frac{d}{2} - \xi + \frac{m\,\sigma_U\cdot bd^2}{(\sigma_F - \sigma_U)6bd}]\cdot b\xi + \frac{m\,\sigma_U\cdot bd^2}{(\sigma_F - \sigma_U)\,6} = 0 \tag{2.198}$$

Hieraus folgt:

$$\xi_U = \frac{m\,\sigma_U}{3(\sigma_F - \sigma_U)}\,d \tag{2.199}$$

Wird dieser Wert in G.2.191 eingesetzt, ergibt sich nach längerer Rechnung:

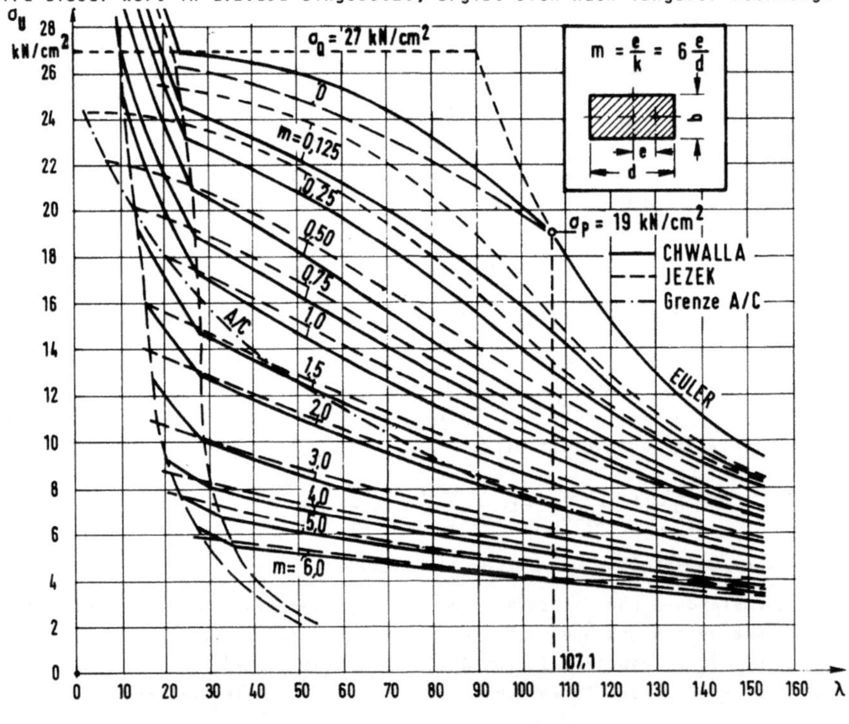

Bild 2.69

$$\lambda_U^2 = \frac{\pi^2 E}{\sigma_U}\left[1 - \frac{m\sigma_U}{3(\sigma_F - \sigma_U)}\right]^3 \qquad (2.200)$$

Für die Begrenzung zum Verzerrungszustand C gilt die Funktion:

$$\lambda_{Grenze}^2 = \frac{\pi^2 E}{\sigma_U}\left(1 - \frac{\sigma_U}{\sigma_F}\right)^3 \quad (\text{Grenze: A/C}) \qquad (2.201)$$

Für den Verzerrungszustand C ist die Rechnung langwieriger; das Ergebnis lautet:

$$\lambda_U^2 = \frac{\pi^2 E}{\sigma_U}\left[\sqrt{\frac{\sigma_U}{\sigma_F}\left(\frac{\sigma_F}{\sigma_U} - \frac{\sigma_U}{\sigma_F} - \frac{2}{3}m\right)}\right]^3 \qquad (2.202)$$

In B.2.69 sind die σ_U-λ-Kurven nach der Theorie von JEZEK den Kurven nach der strengen Theorie von CHWALLA gegenübergestellt, vgl. Abschnitt 2.6.1/2; sie gelten für:

$$\sigma_F = 270\ \text{N/mm}^2 \quad \text{und} \quad E = 2{,}21 \cdot 10^7\ \text{N/mm}^2$$

Aus der Gegenüberstellung geht hervor, daß die Grenzlastspannungen nach JEZEK bis zu 10% über den strengen Werten liegen, was u.a. auf dem Ansatz des ideal-elastischen / ideal-plastischen σ-ε-Gesetzes anstelle des realen, krummlinigen Verlaufes beruht. Für die im Stahlbau typischen Profile erweist sich die Auswertung der JEZEK-Theorie als schwierig [2.69], für dünn- und dickwandige Rohrprofile lassen sich geschlossene Berechnungsformeln herleiten [2.82].

2.6.3.3 Nachweisform der DIN 4114A

Die Untersuchungen von CHWALLA, JEZEK und anderer hatten in den dreißiger Jahren die wichtige Erkenntnis aufgedeckt, daß das Tragvermögen gedrückter Stäbe durch geringfügige Außermittigkeiten in starkem Maße abgemindert wird, wobei sich der Abfall für mittelschlanke Stäbe ($\lambda \approx 100$) als besonders ausgeprägt erwies. Es war daher folgerichtig, die Stahlbau-Stabilitätsvorschrift DIN 4114 auf die Grenzlast des imperfekten Druckstabes abzustellen. Da sich die Grenzlast als von der Querschnittsform abhängig erwies, war man gezwungen, die σ_U-λ-Linie jenes Profils zugrundezulegen, das von allen Profilen die niedrigsten Werte ergab, anderenfalls wäre für jeden Profiltyp eine eigene Bemessungslinie erforderlich gewesen. Die Entscheidung fiel auf den Doppelwinkelquerschnitt (B.2.70). Als Fehlerhebel wurde

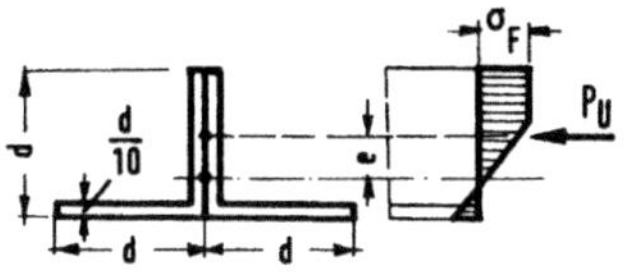

Bild 2.70

$$e = \frac{i}{20} + \frac{s_K}{500} \qquad (2.203)$$

eingeführt, außerdem wurden geringfügig reduzierte Fließgrenzen vereinbart:

$$\text{St 370}: \ \sigma_F = 230\ \text{N/mm}^2; \quad \text{St 520}: \ \sigma_F = 340\ \text{N/mm}^2 \qquad (2.204)$$

Die Grenzlastformel nach JEZEK lautet für diese Vorgaben (vgl. G.2.196):

$$\lambda^2 = \frac{\pi^2 E}{\sigma_U}\left[1 - \frac{m\sigma_U}{\sigma_F - \sigma_U} + 0{,}25\left(\frac{m\sigma_U}{\sigma_F - \sigma_U}\right)^2 - 0{,}005\left(\frac{m\sigma_U}{\sigma_F - \sigma_U}\right)^3 \cdots\right] \qquad (2.205)$$

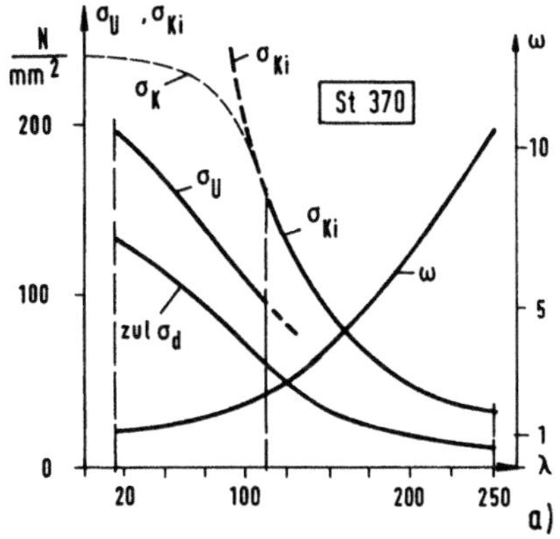

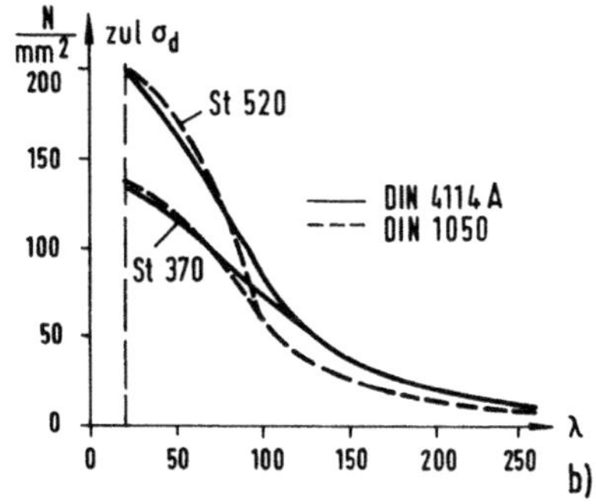

Bild 2.71

Hierin ist:

$$m = 2,317(0,05 + \lambda/500) \qquad (2.206)$$

B.2.71a zeigt die Grenzspannungslinie für St 370. - Die für den Knicknachweis des planmäßig mittig gedrückten Stabes

$$\sigma = \frac{P}{F} \leq zul\sigma_d \qquad (2.207)$$

anzusetzende zulässige Druckspannung wurde durch die Doppelforderung

$$zul\sigma_d \leq \frac{\sigma_U}{\nu_U} \leq \frac{\sigma_{Ki}}{\nu_{Ki}} \qquad (2.208)$$

festgelegt; als Sicherheitszahlen im Lastfall H (Hauptlasten) wurde

$$\nu_U = 1,5 \;;\; \nu_{Ki} = 2,5 \qquad (2.209)$$

festgesetzt. Praktisch wirkte sich diese Vorgabe so aus, daß für gedrungene und mittelschlanke Druckstäbe die Grenzlastspannung σ_U und für schlanke Stäbe die EULERsche Knickspannung σ_{Ki} maßgebend wurde, vgl. B.2.71a. In B.2.71b sind die $zul\sigma_d$-Linien der Vorgängervorschrift DIN 1050 denen der DIN 4114A gegenübergestellt. Da die Sicherheit für schlanke Stäbe von 3,5 auf 2,5 herabgesetzt wurde (vgl. B.2.49c), bedeutete das für diesen Bereich eine Anhebung der zulässigen Tragkräfte um den Faktor 1,4 [2.83].
Mit der ω-Zahl

$$\omega = \omega(\lambda) = \frac{zul\sigma}{zul\sigma_d(\lambda)} \geq 1 \;; \qquad zul\sigma = zul\sigma_d(\lambda = 0) \qquad (2.100)$$

nahm der Stabilitätsnachweis für den planmäßig mittig gedrückten Stab die bekannte Form an:

$$\sigma = \frac{P}{F} \leq zul\sigma_d = \frac{zul\sigma}{\omega} \quad \longrightarrow \quad \sigma_\omega = \omega\frac{P}{F} \leq zul\sigma \qquad (2.111)$$

Für Druckstäbe aus einteiligen Rohrquerschnitten und Wanddicken $t \leq d/6$ wurden später gesonderte ω-Tafeln eingeführt [2.82], um einen wirtschaftlicheren Einsatz von Rohrstützen zu ermöglichen. Die Gültigkeit dieser ω-Zahlen wurde 1973 auf Rechteck-Hohlprofile ausgedehnt. - Für I-Walzprofile wurden die ω-Zahlen von KLÖPPEL/UHLMANN [2.84] berechnet und zwar für die Vorgaben gemäß G.2.203/4. Deren Verwertung wurde indes nur innerhalb des Geltungsbereiches der Traglastrichtlinie DASt Ri 009 zugelassen.

2.6.3.4 Knickspannungskurven der EKS - DIN 4114N

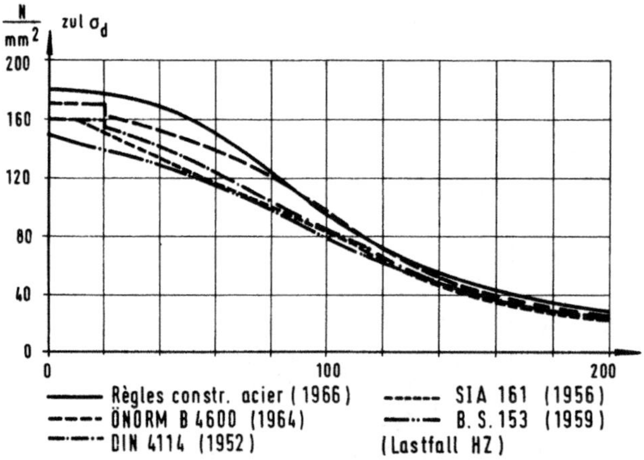

Bild 2.72

Die Entwicklung der nationalen Knickvorschriften verlief keinesfalls einheitlich [2.85-2.86]. B.2.72 zeigt zulässige Druckspannungslinien verschiedener Regelwerke. - Durch die Möglichkeiten des Computereinsatzes wurde die Grenzlastforschung in den fünfziger und sechziger Jahren stark gefördert; die Eigenspannungen wurden als gewichtiger Imperfektionseinfluß erkannt [2.88-2.95].
In den Jahren 1955 bis 1970 wurde ein umfangreiches Forschungsprogramm durch die EKS (Europäische Konvention der Stahlbauverbände) durchgeführt, um die

Grenzlast gedrückter Stahlstützen zu bestimmen. Zuständig war die Kommission 8 der EKS (BEER, SFINTESCO). Die Versuche und deren Auswertung sind in [2.96] dokumentiert, vgl. auch [2.97/8] und die Beiträge auf dem "International IVBH-Colloquium on Column Strength" in Paris 1972 [2.99]. Insgesamt wurden 1067 Knickversuche durchgeführt, gleichermaßen an Stützen mit Walzprofilen und geschweißten Profilen:

I: 516; I und ⊢⊣: 54; ○: 139; □: 188; T: 94; ⌑: 76

Unter Einbeziehung der theoretischen und numerischen Berechnungen von SCHULZ [2.100] für ein Exzentrizitätsmaß l/1000 wurden zunächst drei Knickspannungskurven, abhängig von Profilform und Herstellungsart (gewalzt, geschweißt) für die nationalen Normungen innerhalb der EG empfohlen. Hierbei wurden (nach statistischer Auswertung der Versuchsergebnisse) die

m - 2s - Linien

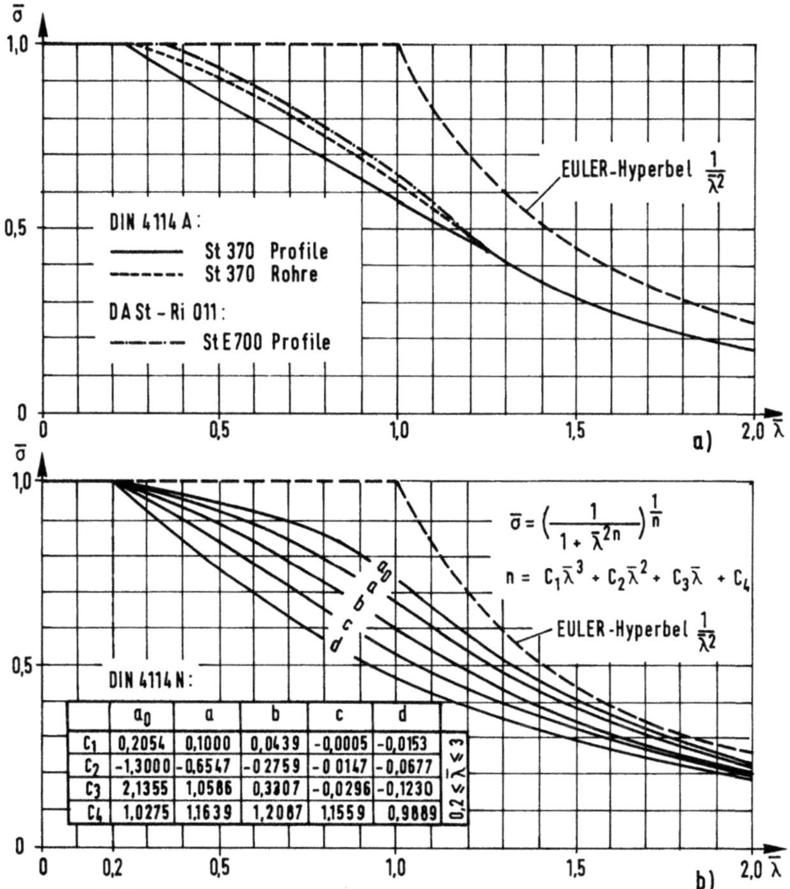

	a_0	a	b	c	d
C_1	0,2054	0,1000	0,0439	-0,0005	-0,0153
C_2	-1,3000	-0,6547	-0,2759	-0,0147	-0,0677
C_3	2,1355	1,0586	0,3307	-0,0296	-0,1230
C_4	1,0275	1,1639	1,2087	1,1559	0,9889

Bil 2.73

als Bemessungskurven angesetzt. m ist der Mittelwert und 2s die zweifache Standardabweichung der Versuchswerte. Die Kurven wurden 1976 modifiziert [2.101]

$$\bar{\lambda} \leq 0{,}2: \quad \bar{\sigma} = 1 \tag{2.112}$$

und um zwei weitere Kurven erweitert: Kurve a_0 für Profile aus hochfestem Stahl (Druckfestigkeiten größer 430 N/mm^2), Kurve d für Walzprofile mit Wanddicken t>40 mm und ebensolche in geschweißter Ausführung für Biegung um die schwache Achse, um das Absinken der Fließgrenze bei größeren Wanddicken zu erfassen. In dieser Form wurden die Knickspannungs-

linien in DIN 4114N übernommen.
Die Grenzspannung ist zu

$$\sigma_U = \bar{\sigma} \cdot \sigma_F \tag{2.113}$$

vereinbart. (In DIN 4114N steht $\varkappa$ anstelle von $\bar{\sigma}$.) $\bar{\sigma}$ hat die Bedeutung eines Abminderungsfaktors als Funktion der Schlankheit. $\bar{\sigma}$ ist die, auf die Fließgrenze bezogene Grenzspannung ("Knickspannung"). Durch den Bezug auf σ_F und die Einführung der bezogenen Schlankheit $\bar{\lambda}$ gelingt eine fließgrenzenunabhängige Darstellung (vgl. Abschnitt 2.4.3):

$$\bar{\sigma} = \frac{\sigma_U}{\sigma_F} \text{ als Funktion von } \bar{\lambda} = \frac{\lambda}{\lambda_F} \tag{2.114}$$

In B.2.73b sind die bezogenen Knickspannungskurven dargestellt. Um die als Zahlenwerte vorliegenden Kurven besser verarbeiten zu können, enthält DIN 4114N eine parametrige Darstellung der Kurven; die Parameter wurden durch Ausgleichsrechnungen gefunden [2.102]; vgl. auch B.2.73b:

$$\bar{\sigma} = \left(\frac{1}{1+\bar{\lambda}^{2n}}\right)^{\frac{1}{n}} \text{ mit } n = C_1\bar{\lambda}^3 + C_2\bar{\lambda}^2 + C_3\bar{\lambda} + C_4 \tag{2.115}$$

Eine alternative Kennung, die nur mit einem einzigen Parameter pro Kurve auskommt, ist [2.103]:

$$\bar{\sigma} = \frac{1+\alpha\sqrt{\bar{\lambda}^2-0{,}04} + \bar{\lambda}^2}{2\bar{\lambda}^2} - \frac{1}{2\bar{\lambda}^2}\sqrt{[1+\alpha\sqrt{\bar{\lambda}^2-0{,}04}+\bar{\lambda}^2]^2 - 4\bar{\lambda}^2} \tag{2.116}$$

$$a_0\text{: } \alpha = 0{,}093;\quad a\text{: } \alpha = 0{,}158;\quad b\text{: } \alpha = 0{,}281;\quad c\text{: } \alpha = 0{,}384;\quad d\text{: } \alpha = 0{,}587 \tag{2.117}$$

Um den Bezug zur DIN 4114A herzustellen, wird die Grenzspannungsformel G.2.205 in die bezogene Form umgeschrieben:

$$\bar{\lambda}^2 = \frac{1}{\bar{\sigma}}[1 - m\frac{\bar{\sigma}}{1-\bar{\sigma}} + 0{,}25(m\frac{\bar{\sigma}}{1-\bar{\sigma}})^2 - 0{,}005(m\frac{\bar{\sigma}}{1-\bar{\sigma}})^3 \ldots] \tag{2.118}$$

$$\begin{aligned} m &= 2{,}317(0{,}05 + 0{,}1859\cdot\lambda) \quad \text{für St 370} \\ m &= 2{,}317(0{,}05 + 0{,}1518\cdot\lambda) \quad \text{für St 520} \end{aligned} \tag{2.119}$$

Für die EULERsche Knickspannung gilt:

$$\bar{\lambda}^2 = \frac{1}{\bar{\sigma}} \tag{2.120}$$

Wie im Abschnitt 2.6.3.3 erläutert, wurden in DIN 4114A für die Grenzspannung (gemäß G.2.118) und für die Knickspannung (gemäß G.2.120) unterschiedliche Sicherheiten für zul σ_d angesetzt. - Umrechnung auf die Normfließgrenze (z.B. für St 370, Lastfall H):

$$\text{zul}\sigma_d = \frac{\text{zul}\sigma}{\omega} = \frac{\sigma_F}{\omega}\cdot\frac{\text{zul}\sigma}{\sigma_F} = \frac{\sigma_F}{\omega}\cdot\frac{140}{240} = \frac{\sigma_F}{\omega}\cdot\frac{1}{1{,}71} = \frac{\sigma_F}{\omega}\cdot\frac{1}{\nu} \longrightarrow \nu\cdot\text{zul}\sigma_d = \frac{\sigma_F}{\omega} \longrightarrow \bar{\sigma} = \frac{\nu\cdot\text{zul}\sigma_d}{\sigma_F} = \frac{1}{\omega} \tag{2.121}$$

Demnach ist $\bar{\sigma}$ identisch mit dem Kehrwert von ω. B.2.73a zeigt für St 370 die bezogenen Linien für Profile und Rohre sowie die Profillinie für den hochfesten Baustahl St E 700 nach DASt-Ri 011. - Um die zulässigen Tragfähigkeiten der DIN 4114A und N zu vergleichen, sind die unterschiedlichen Sicherheitskonzepte der beiden Normen gegenüberzustellen. Danach sind die $\bar{\sigma}$-Kurven (gemäß B.2.73) um folgende Sicherheitszahlen zu reduzieren:

$$\begin{aligned} &\text{DIN 4114 A: } \nu_H = 1{,}71,\ \nu_{HZ} = 1{,}50 \\ &\text{DIN 4114 N: } \nu_H = 1{,}50,\ \nu_{HZ} = 1{,}33 \end{aligned}$$

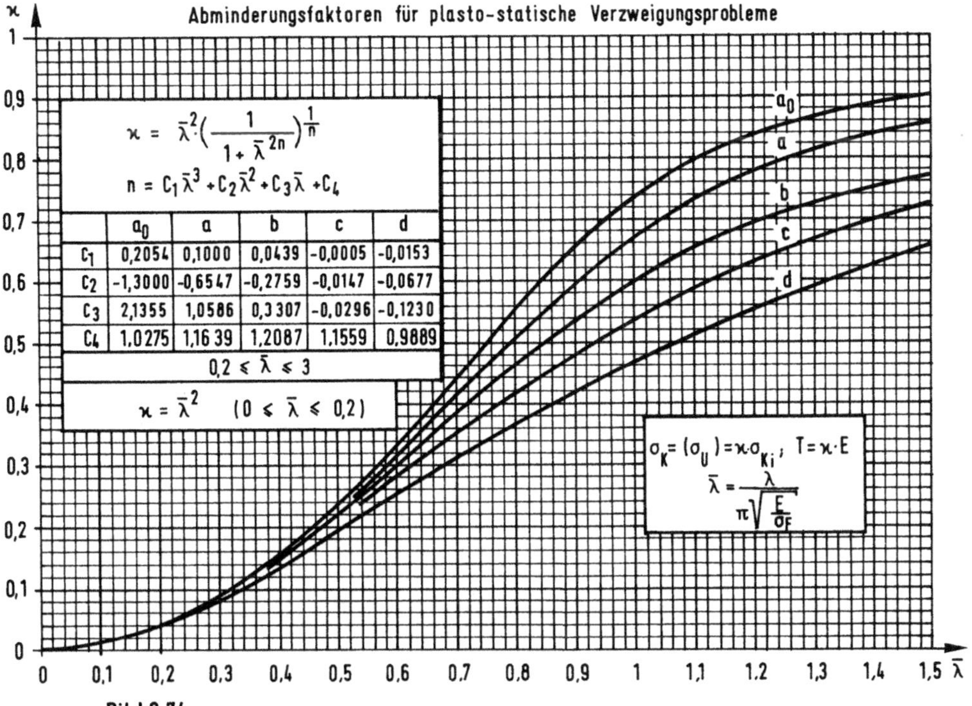

Bild 2.74

(Die angeschriebenen Werte für DIN 4114N gelten für die Normvorlage; ob sie in dieser Höhe bauaufsichtlich eingeführt werden, steht noch nicht fest.)
In Ergänzung zu Abschnitt 2.4.4 sind in B.2.74 die Plastizierungsmoduli gemäß G.2.94/2.95 für die Knickspannungslinien der DIN 4114N ausgewertet.

2.6.3.5 Sicherheitstheoretische Anmerkungen

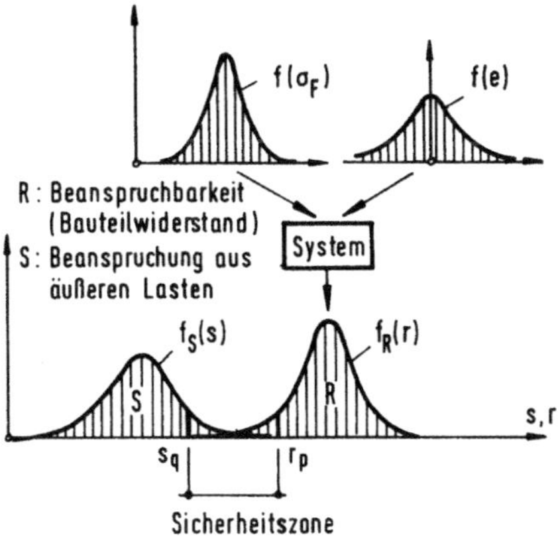

Bild 2.75

Die auf Baukonstruktionen einwirkenden Lasten haben bezüglich Intensität und zeitlichem Auftreten Zufallscharakter. Für die Festigkeiten und Imperfektionen gilt dasselbe. Zutreffende Sicherheitsaussagen lassen sich daher nur auf wahrscheinlichkeitstheoretischer Grundlage gewinnen.
B.2.75 zeigt schematisch, wie durch die Faltung (Überlagerung) der Dichten der Festigkeits- und Imperfektionsmerkmale die Dichteverteilung des Bauteilwiderstandes R (Beanspruchbarkeit ≙ resistance) gewonnen wird. R steht z.B. für die Grenzspannung σ_U von Stahlstützen eines bestimmten Profiltyps, einer bestimmten Stahlgüte und einer bestimmten Schlankheit; σ_U schwankt bei baupraktischen Realisationen innerhalb des durch die zugehörige Dichte ausgewiesenen Bereiches.
Die durch die äußeren Einwirkungen ausgelösten Beanspruchungen werden mit S abgekürzt (Spannungen ≙ stress), sie streuen ihrerseits. B.2.75 zeigt eine mögliche Dichteverteilung. Im Laufe der Zeit verschieben sich die Dich-

ten aufeinander zu: Durch Alterung (z.B. Korrosion) nimmt die Beanspruchbarkeit ab; die Wahrscheinlichkeit, daß innerhalb eines immer größeren Zeitraumes T höhere Beanspruchungen auftreten, wächst (vgl. z.B. [2.104] und das dort angegebene Schrifttum).
Um eine bestimmte Sicherheit einzuhalten, sind die Bauteile so zu bemessen, daß zwischen der s_q-Fraktile der Beanspruchung und der r_p-Fraktile der Beanspruchbarkeit eine ausreichende Sicherheitszone liegt. Diese Bedingung kann auch durch die Einhaltung eines bestimmten Nennsicherheitsfaktors

$$v_n = \frac{r_p}{s_q} \tag{2.122}$$

erfüllt werden. Der Faktor muß mindestens Eins betragen, i.allg. wird 1,5 bis 1,7 angesetzt. Bislang wurden die Sicherheitszahlen nach Erfahrung und ingenieurmäßiger Intuition festgelegt. Hierbei wurde dem vernünftigen Grundsatz gefolgt, die Sicherheitszahlen umso höher anzusetzen, je größer die verbliebenen Unsicherheiten des anstehenden Bemessungsproblems bezüglich Lastannahmen und Tragvermögen sind. Der Tragfähigkeitsnachweis gedrückter Stützen ist hierfür ein Beispiel: Vergleicht man die zulässigen Tragkräfte planmäßig gedrückter Stäbe, beginnend mit der ehemaligen DIN 1050, über DIN 4114A bis DIN 4114N, so stellt man eine fortschreitende Anhebung (bei prinzipiell gleichbleibenden Lastannahmen und Stahlgüten) fest, wenn auch in Abhängigkeit von der Schlankheit graduell unterschiedlich. Als Begründung für diese Anhebung kann auf eine zunehmend schärfere Bestimmung der realen Grenztragfähigkeit verwiesen werden, insbesondere auf eine sehr subtile, profil- und herstellungabhängige Erfassung der Imperfektionen.

Eine Quantifizierung der Sicherheitszahlen gelingt, wenn für die zu bemessenden Bauteile eine gewisse (wenn auch nur formale) Versagenswahrscheinlichkeit P_f toleriert wird; sie läßt sich aus den Dichten von S und R zu

$$P_f = P(R \leq s) = \int_{-\infty}^{+\infty} f_S(s) \left\{ \int_{-\infty}^{s} f_R(r)\,dr \right\} ds \tag{2.123}$$

berechnen. Ein mit P_f verknüpftes Sicherheitsmaß ist der Zuverlässigkeitsindex β

$$P_f = 2500 \cdot 10^{-2\beta} \quad (3 \leq \beta \leq 6) \tag{2.124}$$

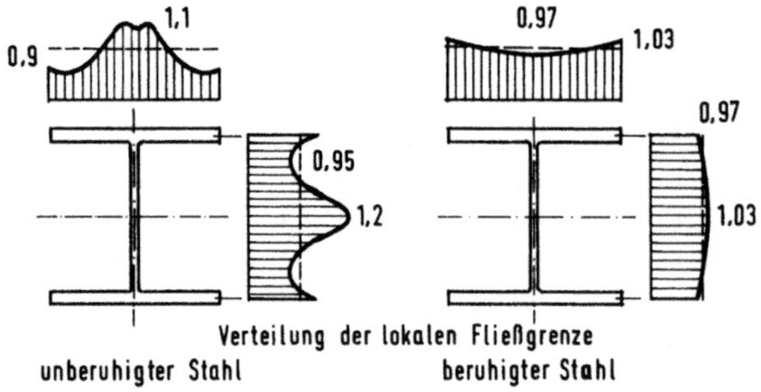

Bild 2.76

Um die Versagenswahrscheinlichkeit für einen vorgegebenen Sicherheitsfaktor berechnen zu können, vice versa, müssen die Dichtefunktionen der Beanspruchung S und der Beanspruchbarkeit (Festigkeit) R bekannt sein. $f_S(s)$ gewinnt man aus statistischen Erhebungen der äußeren Einwirkungen und $f_R(r)$ entweder aus Versuchen (wobei eine große Zahl vorausgesetzt werden muß) oder aus Simulationsrechnungen. Solche wurden in [2.105] für Druckstützen durchgeführt, wobei die Grenztragfähigkeit unter strenger Verfolgung der Plastizierungen, einschließlich Berücksichtigung der Eigenspannungen, berechnet wurde. Eine ungleichförmige Verteilung der Fließgrenze über dem Querschnitt wurde gleichfalls erfaßt (B.2.76). Die Rechnungen zeigten, daß die Grenztragfähigkeit vorrangig von der Streuung der (globalen) Fließgrenze abhängig ist, außerdem vom Mittelwert und der Streuung des E-Moduls, der Eigenspannungen (und deren Verteilung über den Querschnitt), der Profiltoleranzen, der Ausmitten und Vorkrümmungen.
In B.2.77 sind die Eingangsgrößen der Simulationsrechnungen am IPE 160-Profil dargestellt. $\bar{x}$ ist der Mittelwert, s ist die Standardabweichung und v der Variationskoeffizient. Bei den Rechnungen wurde ein zufälliger Parametersatz aus den statistischen Einzel-

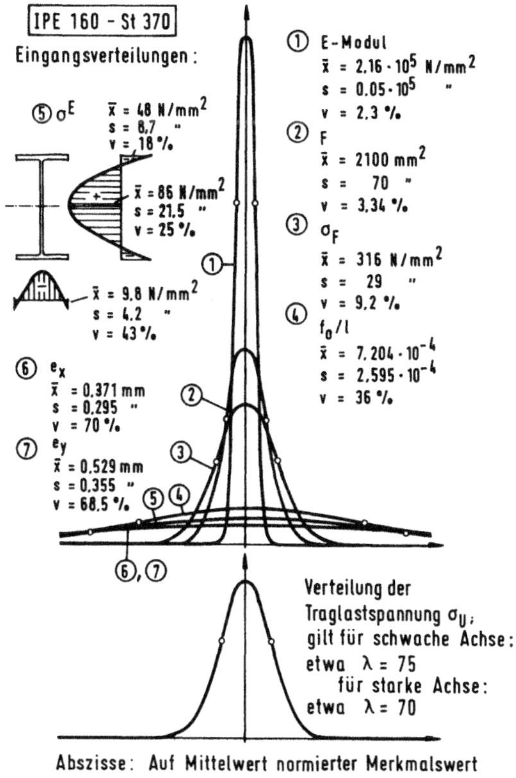

Bild 2.77

verteilungen gegriffen und hierfür die Grenzlast für eine vorgegebene Stabschlankheit berechnet. Die Durchrechnung einer großen Zahl solcher Realisationen lieferte schließlich die gesuchte Dichtefunktion für die Tragfähigkeit (Monte Carlo Methode). Mit Hilfe statistischer Tests ließ sich prüfen, ob für die Anpassung der Realisationen z.B. eine normale oder lognormale Verteilung passender war.
B.2.78 zeigt das Ergebnis dieser Rechnung. Es sind die $(\bar{x}\pm2s)$-Streubreiten der Simulationsrechnung dargestellt und außerdem die Streubreiten der EKS-Versuche mit dem Profil IPE 160 eingetragen.
Für $f_S(s)$ kann eine Verteilung angenommen und dann beispielsweise für $P_f=10^{-6}$ der zugehörige Nennsicherheitsfaktor mittels G.2.122 bestimmt werden [2.105].
Eine umfassende sicherheitstheoretische Lösung in der vorstehend angedeuteten Strenge (Level-III-Methode) scheidet auf absehbare Zeit aus. Zum einen wird der Rechenaufwand der erforderlichen Simulationsrechnungen zu hoch, insbesondere dann, wenn derartige Rechnungen für alle denkbaren Bemessungssituationen, also nicht nur für den leicht zu überblickenden Fall planmäßig zentrisch gedrückter Stäbe, ausgedehnt werden soll, zum anderen sind die Eingangsgrößen mit ihren statistischen Verteilungen noch keinesfalls ausreichend bekannt. Hierzu stehen noch wichtige Forschungsaufgaben an. Die Schwierigkeiten sind indes enorm; man denke beispielsweise an eine statistisch gesicherte Erhebung der Imperfektionen aller Art in baupraktisch realisierten Druckgliedern.

Eine vereinfachte Sicherheitsrechnung läßt sich nach den Level-II-Methoden durchführen. Hierbei wird von der Versagensgleichung für das anstehende Bemessungsproblem

$$g = g(X_i) = 0 \qquad (2.125)$$

als Funktion der sogen. Basisvariablen X_i ausgegangen. Basisvariable sind all jene Größen, die sich auf die Sicherheit auswirken, z.B. Fließgrenze, Eigenspannungen usf. Von diesen müssen die Verteilungen, insbesondere die ersten beiden Momente (Mittelwert und Standardabweichung), bekannt sein. Mit dieser Methode lassen sich insbesondere Kalibrierungen, also vergleichende Wertungen verschiedener Nachweisformate, durchführen.

Von HAWRANEK [2.106] wurde eine solche Studie angestellt und das Sicherheitsniveau der DIN 4114A mit den EKS-Empfehlungen verglichen; die statistischen Kennwerte der Basisvariablen (insbesondere bezüglich Fließgrenzenhöhe und Verteilung über dem Querschnitt, E-Modul, Eigenspannungen, Vorkrümmungen, Profiltoleranzen) wurden zunächst aufgrund einer eingehenden Literaturrecherche dokumentiert. B.2.79 zeigt das Ergebnis der Untersuchung; dargestellt ist der β-Wert über der Schlankheit. Aus der Gegenüberstellung wird deutlich, daß mit der Einführung der EKS-Knickkurven eine Verringerung des Sicherheitsniveaus verbunden ist; das war zu erwarten. (Die DIN 4114A-Kurven sind um den Sicherheitsfaktor bereinigt, die β-Werte gelten (hinsichtlich ihres Absolutwertes) für einheitlich um den Faktor 1,7 reduzierte Bemessungswerte. In der Gegenüberstellung sind alle Profilformen

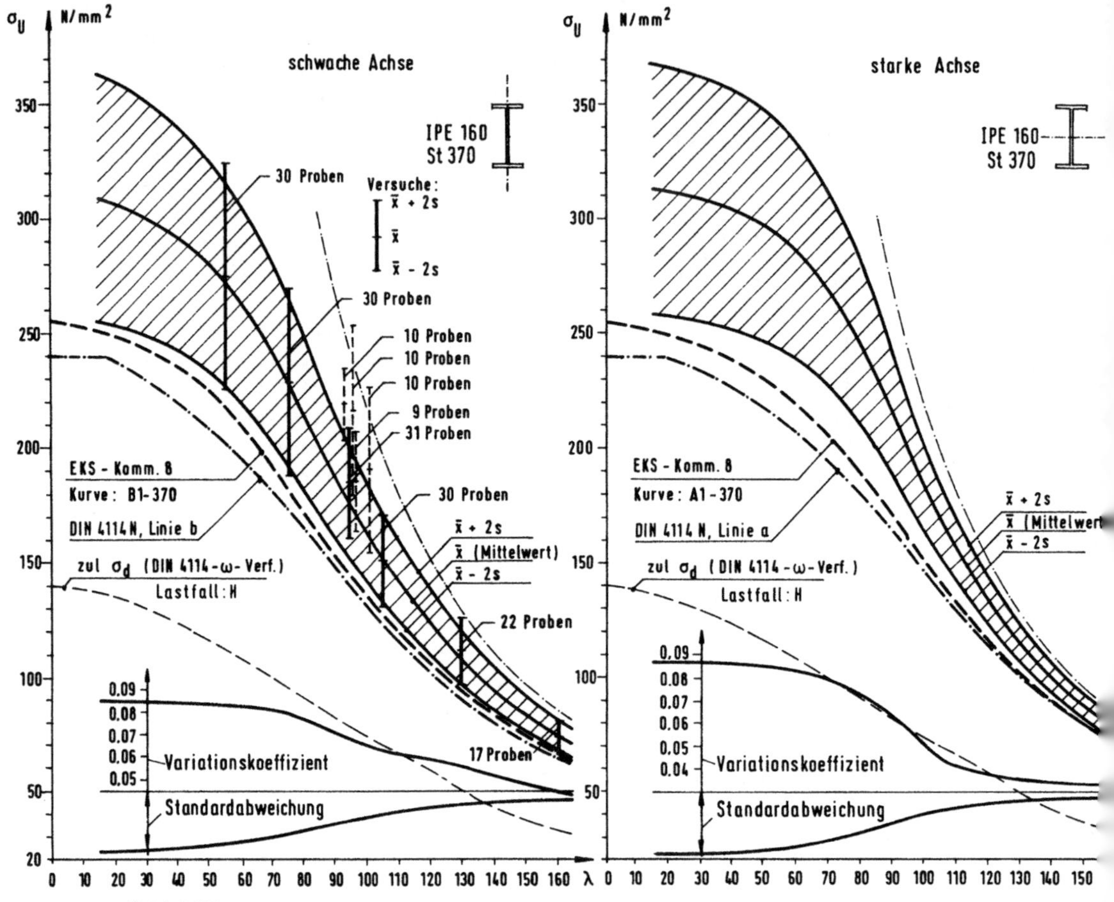

Bild 2.78 (nach HAWRANEK / PETERSEN)

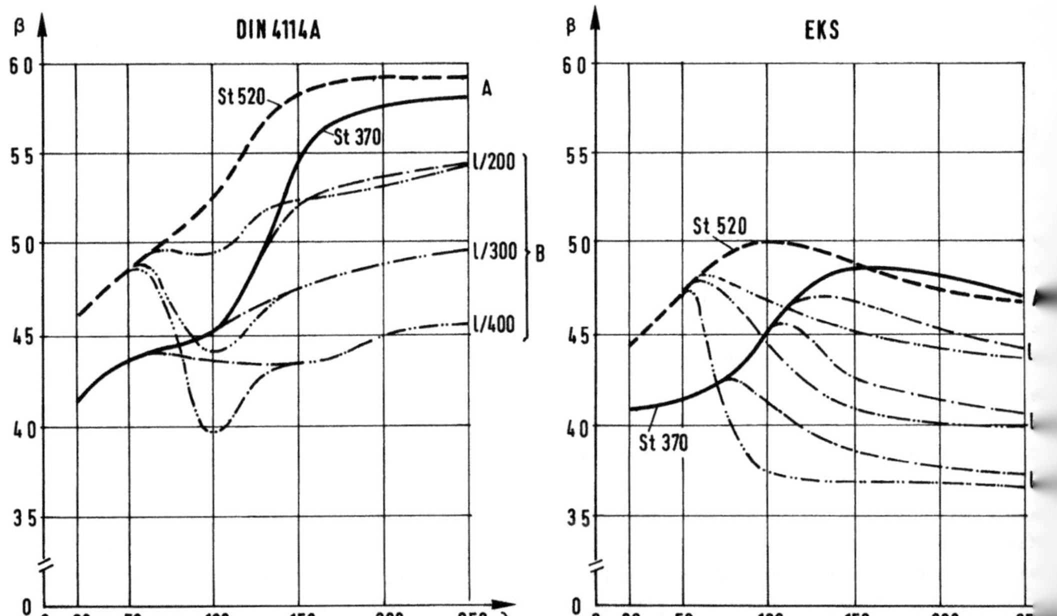

Bild 2.79 (nach HAWRANEK) A: Grenzzustand der Tragfähigkeit B: Grenzzustand der Verformung

und deren Auftretenshäufigkeit berücksichtigt.)
Inwieweit das reduzierte Sicherheitsniveau akzeptiert werden kann, bleibt künftigen Beratungen vorbehalten; ggf. wird es notwendig sein, den relativ starken Abfall für schlanke Stäbe durch einen gleitenden Sicherheitsfaktor zu mildern, um den bisherigen Erfahrungsbereich nicht zu weit zu verlassen, etwa nach dem Vorschlag:

$$\text{Lastfall H:}\quad \nu = 1{,}5 \;\; (\lambda \leq 125)\,; \qquad \nu = 1{,}3 + 0{,}2\frac{\lambda}{125} \;\; (125 < \lambda \leq 250) \tag{2.126}$$

2.6.4 Grenztragfähigkeit exzentrisch gedrückter Stützen aus Stahlbeton

2.6.4.1 Momenten-Krümmungsfunktion

Die ersten Grenztragfähigkeitsanalysen zentrisch und exzentrisch gedrückter Stahlbetonstützen wurden von HABEL (1939/40) und JÄGER (JEZEK) vorgelegt; das σ-ε-Gesetz wurde von JÄGER durch eine Parabel angenähert [2.107-2.111]. Mit Beginn der sechziger Jahre setzte eine verstärkte Forschungstätigkeit ein, die mit der Einführung des Computers in der Baumechanik einherging [2.112-2.132]. Die zweite Ausgabe der DIN 1045 (1972) basierte vorrangig auf den Arbeiten von KORDINA und Mitarbeitern; hierbei wurden die in den Abschnitten 2.2.7 und 2.2.6 zusammengestellten idealisierten Baustoffgesetze für Beton und Stahl zugrundegelegt.

Grundlage jeder Grenzlastberechnung ist die Momenten-Krümmungsfunktion $\varkappa = \varkappa(M,N)$; vgl. Abschnitt 2.6.1.1.
Bei Stahlbetonquerschnitten sind zwei Verzerrungszustände zu unterscheiden. Zustand I: Der gesamte Querschnitt ist gedrückt, Zustand II: Der Querschnitt ist auf der Biegezugseite gerissen. In B.2.80a ist ein exzentrisch gedrückter Stab mit Rechteckquerschnitt und in Bild b ein Verzerrungszustand I dargestellt. Krümmung und Dehnungen sind unter der Voraussetzung eben bleibender Querschnitte durch die Beziehung

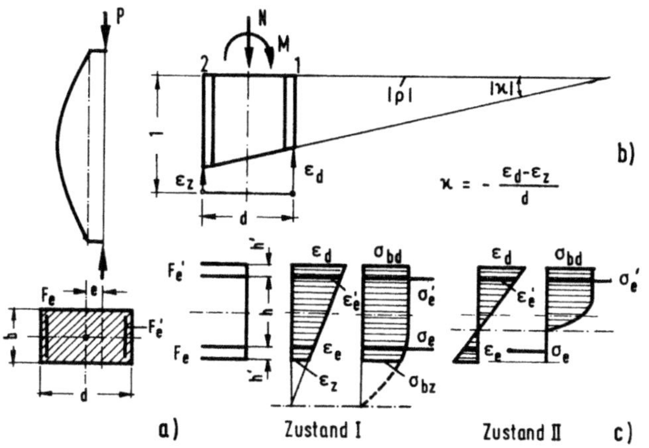

Bild 2.80

$$\varkappa = \frac{1}{\rho} = -\frac{\varepsilon_d - \varepsilon_z}{d} = -\frac{\varepsilon_e' - \varepsilon_e}{h} \tag{2.127}$$

miteinander verknüpft. Wie in B.2.80 vereinbart, bedeuten d die Dicke und h der Abstand zwischen der Zugbewehrung F_e und der Druckbewehrung F_e'; ε_e und ε_e' sind die zugeordneten Dehnungen (Stauchungen) der Stahleinlagen. ε_d und ε_z sind die Randdehnungen auf der Biegedruck- und Biegezugseite und σ_{bd} und σ_{bz} die zugehörigen Betonrandspannungen. σ_e und σ_e' sind die Stahlspannungen. Die Arbeitslinien sind für Beton und Stahl verschieden; Betonzugspannungen sind zwar in geringer Höhe vorhanden, sie werden aber bei der rechnerischen Grenzlastanalyse unterdrückt.

Wird ein frei gewählter Verzerrungszustand $\varepsilon \rightarrow \varkappa$ vorgegeben, läßt sich hierfür über die Arbeitslinien ein eindeutiger Spannungszustand angeben. Aus den Spannungsvolumina wird das Schnittgrößenpaar N/M aufgebaut, was im allgemeinen Fall eine numerische Integration erfordert. N und M werden auf die Schwerachse des (ungerissenen) Querschnittes bezogen.

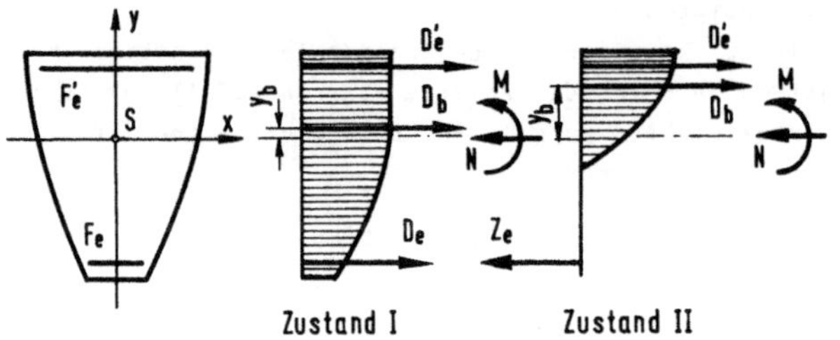

Bild 2.81

Wird mit $\sigma = \sigma_b$ die örtliche Betonspannung abgekürzt, kann aus B.2.81 abgelesen werden:

$$D_b = \int_F \sigma \, dF = \int_F \sigma \cdot b \, dF \; ; \quad y_b = \frac{\int_F \sigma \cdot y \, dF}{\int_F \sigma \, dF} \; ; \quad D'_e = F'_e \cdot \sigma'_e \tag{2.128}$$

$$\text{Zustand I:} \quad D_e = F_e \cdot \sigma_e \, , \quad \text{Zustand II:} \quad Z_e = F_e \cdot \sigma_e \tag{2.129}$$

y_b ist der Abstand der Betondruckresultierenden D_b vom Schwerpunkt S. Die von der Bewehrung verdrängte Querschnittsfläche bleibt unberücksichtigt. Die Schnittgrößen folgen zu:

$$\begin{aligned} &\text{Zustand I:} \quad N = D_b + D'_e + D_e \; ; \; M = D_b y_b + D'_e y'_e - D_e y_e \\ &\text{Zustand II:} \quad N = D_b + D'_e - Z_e \; ; \; M = D_b y_b + D'_e y'_e + Z_e y_e \end{aligned} \tag{2.130}$$

(Wird

$$Z_e = F_e \cdot (-\sigma_e) \tag{2.131}$$

eingeführt, bedarf es der Splittung in den Formeln nicht.)
Mit der Kenntnis von N und M für den vorgegebenen Dehnungs-Krümmungs-Zustand ist die gesuchte Zuordnung

$$\varkappa = \varkappa(M, N)$$

bekannt. Vielmalige Wiederholung der Rechnung ergibt eine Schar von Momenten-Krümmungslinien. B.2.82 zeigt derartige Linien in bezogener Form und zwar für die bezogenen Normalkräfte n=0; 0,2; 0,4 und 0,6. Die Darstellung entspricht dem B.2.53d für Stahlstäbe.

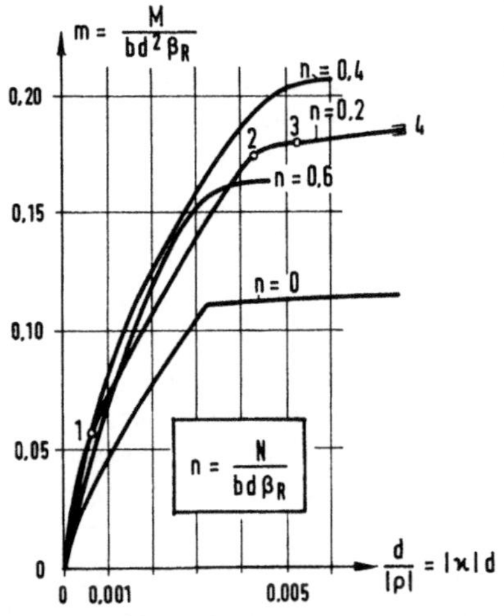

Bild 2.82

Das Momenten-Krümmungsdiagramm gilt für Rechteckquerschnitte, d und b sind Höhe und Breite, β_R ist die Rechenfestigkeit des Betons, vgl. Abschnitt 2.2.7.

Die Momenten-Krümmungslinien sind von der Querschnittsform, Beton- und Stahlgüte, Bewehrungsgrad und Anordnung der Bewehrung innerhalb des Querschnittes abhängig. Die Kurven zeigen knickartige Unstetigkeiten, vgl. beispielsweise die Kurve n=0,2 in B.2.82:

1 An der Biegezugseite wird die Betonspannung mit anwachsendem Biegemoment Null, der Querschnitt beginnt bei weiterer Steigerung des Momentes aufzureißen;
2 Auf der Zugseite wird die Fließdehnung der Bewehrung erreicht, z.B.

$$\varepsilon_e = \beta_S / E_e = 2‰ \tag{2.132}$$

3 Die Druckbewehrung beginnt zu fließen;
4 Der Grenzzustand ist erreicht, d.h. Tragfähigkeit und Krümmungsfähigkeit sind erschöpft.

Der reale Bruchzustand läßt sich nur unscharf berechnen; er wird i.allg. dann als eingetreten betrachtet, wenn eines der folgenden Kriterien erfüllt ist (DIN 1045): a) Die Betondruckstauchung erreicht einen zwischen 2 bis 3,5 ‰ liegenden Grenzwert, abhängig vom Exzentrizitätsgrad des Verzerrungszustandes, b) die Stahldehnung erreicht den Grenzwert 5 ‰. — Mit der Einhaltung des letztgenannten Grenzwertes wird die Breite der Betonrisse in vertretbarer Größe beschränkt. Die Grenztragfähigkeit ist offensichtlich ein rechnerischer Wert; real ist mit den Grenzwerten der Bruchzustand und die Grenze der Krümmungsfähigkeit noch nicht erreicht. Der Rechenwert ist an der Brauchbarkeit orientiert. Die Punkte (1), (2/3) und (4) nennt man Riß-, Fließ- bzw. Bruchpunkte. Unter großer Druckkraft (n>0,4) erfährt der Querschnitt eine gewisse Versteifung, die Tragfähigkeit wird ohne Aufreißen der Biegezugseite erreicht.

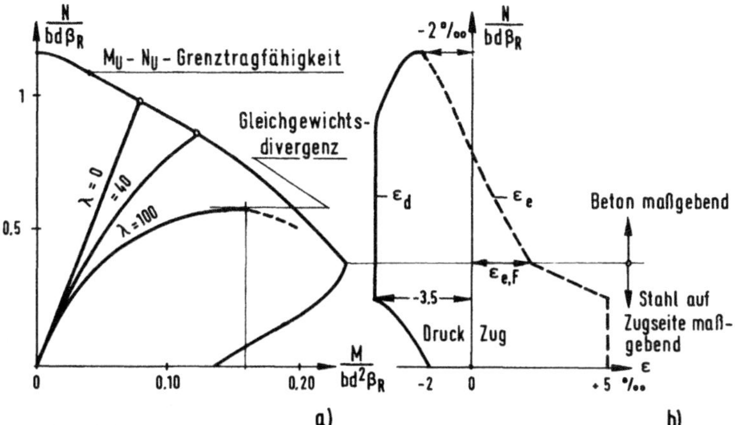

Bild 2.83

Wie aus B.2.82 ersichtlich, können die M-$\varkappa$-Kurven abschnittsweise durch Polygonzüge ersetzt werden; eine Annäherung durch einen trilinearen oder bilinearen Verlauf ist vertretbar. Die Dehnungsgrenzwerte liefern die Eckpunkte der Geradenzüge. Auf dieser Basis lassen sich vereinfachte Nachweisformen entwickeln (Abschnitt 2.6.4.3).

Werden die Bruchschnittgrößen, also die M/N-Paare der Bruchpunkte (4) in einem M-N-Interaktionsdiagramm aufgetragen, erhält man die Kurve der Grenztragfähigkeit. B.2.83a zeigt ein Beispiel, rechterseits sind die zugeordneten Dehnungsgrenzwerte aufgetragen.

2.6.4.2 Grenzlast gedrückter Stahlbetonstützen

Nach Kenntnis der Momenten-Krümmungsfunktion, also der Gesamtheit aller M-$\varkappa$-Kurven (oder eines geeigneten Algorithmus) läßt sich die Grenzlast einer imperfekten Druckstütze, wie im Abschnitt 2.6.1.2 erläutert, in Analogie zum stählernen Druckstab, in folgenden Schritten berechnen: Die Druckkraft wird stetig gesteigert. Innerhalb jeder Laststufe wird für jeden Querschnitt die von N und M(z) (bzw. n und m) abhängige Krümmung $\varkappa(z)$ bestimmt. Das setzt eine finite Intervallierung mit Mittelwertbildung entlang des Stabes voraus. Bezogen auf den höchstbeanspruchten Querschnitt in Stabmitte werden die wirksamen Biegesteifigkeiten B(z) bestimmt

$$B(z) = \frac{M(z)}{\varkappa(z)} = \frac{M(z)}{\varkappa(M,N;z)} \qquad (2.133)$$

und hiermit die Biegelinie nach Th.II.Ordn. (zweckmäßig nach dem Verfahren der Übertragungsmatrizen, Abschnitt 3.4.3) berechnet. Das mehrmalige Durchlaufen einer Berechnungsschleife führt auf den gesuchten Gleichgewichtszustand, in welchem die örtliche Krümmung bzw. wirksame Biegesteife mit dem örtlichen M-N-Beanspruchungszustand verträglich ist. Innerhalb der nächsthöheren Laststufe wird entsprechend verfahren. Je schlanker der Druckstab ist, umso größere Durchbiegungen und umso geringere Grenzlasten werden erreicht. Im Falle λ=0 wächst M proportional mit N, sodaß die Grenztragfähigkeit mit Erreichen der M_U-N_U-Interaktionskurve gegeben ist, vgl. B.2.83a (λ=0, e=M/N=konstant).

Im Falle einer endlichen Schlankheit ergeben sich im Grenztragfähigkeitsdiagramm gekrümmte Linien, die durch den Verformungseinfluß bedingt sind. Bei mittleren Schlankheiten liefern deren Schnittpunkte mit der Interaktionskurve die Grenzlasten. Es handelt sich dabei dann um Rechenwerte, in Abhängigkeit von den vereinbarten Dehnungsgrenzmarken. Bei höheren Schlankheiten (etwa ab λ=100) wird die M_U-N_U-Interaktionskurve nicht erreicht, bereits unterhalb tritt Gleichgewichtsdivergenz ein. Die zugehörige Grenzlast läßt sich im Zuge der sukzessiven Laststeigerung nur nach langwieriger Iteration einschachteln. Stählerne Stützen versagen immer durch Gleichgewichtsdivergenz, weil eine unbegrenzte Dehn- und Krümmungsfähigkeit unterstellt werden kann. Bei Stahlbetonstützen ist die Grenzlast entweder durch Erreichen der rechnerischen Querschnittstragfähigkeit (gedrungene Druckglieder) oder durch Stabilitätsverlust (schlanke Druckglieder) gegeben.

2.6.4.3 Nachweisform nach KORDINA/QUAST

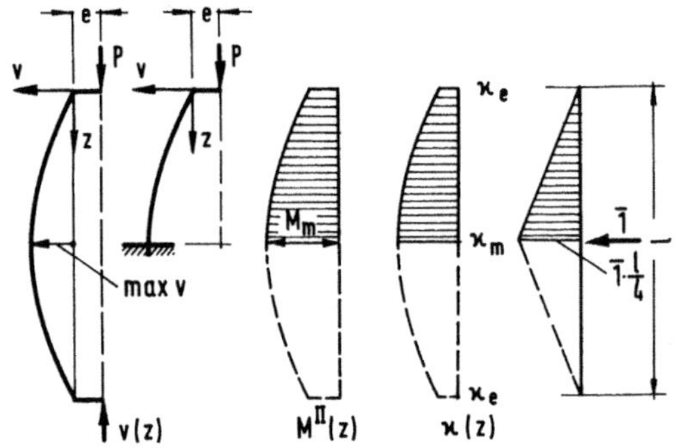

Bild 2.84

Die in den beiden vorangegangenen Abschnitten erläuterte direkte und strenge Grenzlastberechnung setzt die Verfügbarkeit eines Computers voraus. Ein baupraktischer Näherungsnachweis wurde von KORDINA und QUAST [2.121/3] entwickelt; die Nachweisformen wurden in [2.131/2] aufbereitet.

Für den Druckstab der Länge l mit den gleich großen Ausmitten e wird ein Krümmungsverlauf in Form einer quadratischen Parabel angesetzt (B.2.84):

$$v''(z) = \varkappa(z) = -[\varkappa_e + 4(\varkappa_m - \varkappa_e)(1 - \frac{z}{l})\frac{z}{l}] \qquad (2.134)$$

$\varkappa_e$ ist die Krümmung an den Stabenden und $\varkappa_m$ in Stabmitte. Durch die Vorgabe von $\varkappa$ ist auch über $M^{II}(z)$ und die beanspruchungsabhängige Momenten-Krümmungsfunktion verfügt. (Im Prinzip entspricht diese Vorschreibung der Grenzlasttheorie von JEZEK, wo eine sinusförmige Ausbiegung im Grenzzustand angenommen wurde, vgl. Abschnitt 2.6.3.2). Die Biegelinie folgt nach zweimaliger Integration für den beidseitig gelenkig gelagerten Stab aus G.2.134 zu:

$$v(z) = \iint v''(z)\,dz\,dz = \varkappa_e \frac{l^2}{2}(1 - \frac{z}{l})\frac{z}{l} + (\varkappa_m - \varkappa_e)\frac{l^2}{3}[1 - 2(\frac{z}{l})^2 + (\frac{z}{l})^3]\frac{z}{l} \qquad (2.135)$$

Die Biegeform ist eine biquadratische Parabel, mit der Mittenausbiegung

$$\max v(\frac{z}{l} = \frac{1}{2}) = \frac{l^2}{48}(5\varkappa_m + \varkappa_e) \approx \frac{l^2}{10}(\varkappa_m + \varkappa_e/4) \qquad (2.136)$$

Dieser Wert läßt sich auch mittels eines virtuellen Hilfsangriffes ableiten (vgl. B.2.84, rechterseits).

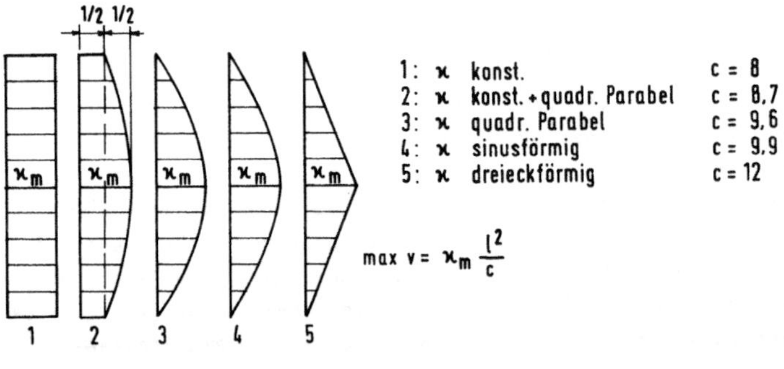

Bild 2.85

In B.2.85 sind alternative Krümmungsansätze zusammengestellt und die zugehörigen Biegepfeile eingetragen. Aufgrund systematischer Vergleiche mit strengen Lösungen konnte QUAST [2.122] zeigen, daß z.B. ein Krümmungsverlauf in Form einer Sinuslinie oder eines Ausschnittes daraus Abweichungen der Grenzlast zwischen -16% und +12% zur Folge hat; mit dem Ansatz gemäß G.2.134 bleiben die Abweichungen in sehr geringen Grenzen, sodaß dieser Ansatz als Basis eines Näherungsverfahrens als gerechtfertigt anzusehen ist.

Für die Druckkraft N=P beträgt das Verformungsmoment in Stabmitte:

$$\max M^{II} = M_m = N(e + \max v) = N[e + \frac{l^2}{10}\cdot(\varkappa_m + \varkappa_e/4)] \qquad (2.137)$$

Die zweite approximative Annahme des KORDINA-QUAST-Verfahrens besteht im Ansatz eines linearen bzw. bilinearen Verlaufes der Momenten-Krümmungsfunktion. Die durch die Riß-, Fließ- und Bruchpunkte definierten trilinearen M-$\varkappa$-Kurven erfahren demnach eine weitere Annäherung. B.2.86 zeigt Ansätze für die Bewehrungsstahlgüten BSt 420/500 und BSt 500/550 bzw. BSt 220/340: Die vereinfachten M-$\varkappa$-Funktionen werden durch "Ersatzfließpunkte" a/b bzw. a/b/c festgelegt. Bei Bewehrungen aus BSt 420/500 und BSt 500/550 liegt b in Höhe des Grenzmomentes M_U und zwar in Verlängerung der M-$\varkappa$-Kurve über den realen Fließpunkt (2) hinaus; a wird auf der M-$\varkappa$-Kurve in Höhe von 0,5 M_U vereinbart (B.2.86a). Eine modifizierte Vereinbarung führt auf das in B.2.86b dargestellte Gesetz für BSt 220/340.

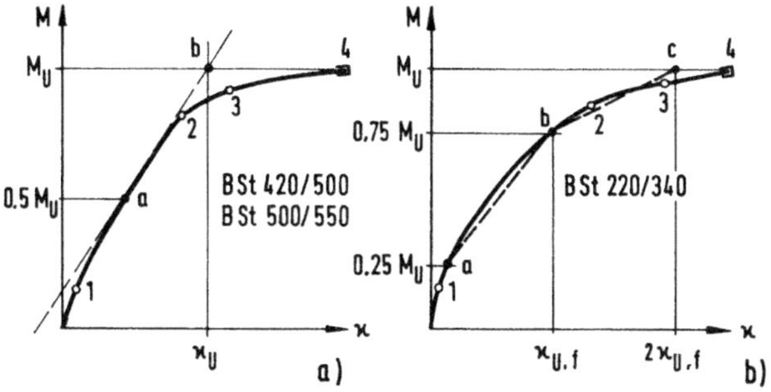

Bild 2.86

Die Steigung der Ersatzgeraden hat die Bedeutung einer Biegesteifigkeit, sie wird mit B_U abgekürzt. Aufgrund systematischer Rechnungen haben KORDINA und QUAST für ausgewählte Querschnitte, Bewehrungsgrade und -verteilungen Tafeln und Diagramme berechnet, die ein direktes Ablesen von M_U, $\varkappa_U$ und B_U in Abhängigkeit von N erlauben [2.131/2]. Damit lassen sich die Momenten-Krümmungsfunktionen in ihrer vereinfachten Ausprägung auftragen.

Im Falle des in B.2.86a schematisch dargestellten Gesetzes lautet die Gleichung der Momenten-Krümmungsgeraden:

$$\varkappa = \varkappa_U + \frac{M_U - M}{B_U} \qquad (2.138)$$

Für den (am höchsten beanspruchten) Mittelquerschnitt (der exzentrisch gedrückten Stütze) und für die Endquerschnitte gilt (Indizes m und e):

$$\varkappa_m = \varkappa_U + \frac{M_U - M_m}{B_U}\ ; \qquad \varkappa_e = \varkappa_U + \frac{M_U - M_e}{B_U} \qquad (2.139)$$

Die Ausdrücke werden in G.2.137 eingesetzt:

$$M_m = N[e + \frac{l^2}{10}(\varkappa_U + \frac{M_U - M_m}{B_U} + \frac{\varkappa_U}{4} + \frac{M_U - M_e}{4B_U})] \qquad (2.140)$$

Diese Gleichung läßt sich explizit nach M_m auflösen. l wird mit der Knicklänge (Ersatzstablänge) identifiziert und für e gemäß DIN 1045

$$e = s_K/300 \qquad (2.141)$$

eingesetzt. Die Momente an den Stabenden und in Stabmitte betragen damit:

$$M_e = N\cdot e = N\cdot s_K/300 \qquad (2.142)$$

$$M_m = \frac{Ne + N\frac{s_K^2}{10}(5\varkappa_U + \frac{5M_U - M_e}{B_U})}{4(1 + N\cdot\frac{s_K^2}{10\cdot B_U})} \qquad (2.143)$$

Ausgehend von diesen Gleichungen (lediglich erweitert für ungleiche Randmomente) haben KORDINA und QUAST unter Einschluß der in DIN 1045 vorgeschriebenen Sicherheitsbeiwerte Bemessungsnomogramme entwickelt, mit deren Hilfe die erforderliche Bewehrung unmittelbar bestimmt werden kann. In analoger Weise wurden Nomogramme für BSt 22/34 aufbereitet. Durch die eingeführten Vereinfachungen der M-$\varkappa$-Funktionen wird das Grenzlastproblem stets auf ein Festigkeitsproblem reduziert, als Divergenzproblem tritt es nicht mehr in Erscheinung.

2.6.4.4 Vorschreibungen der DIN 1045

DIN 1045 regelt im einzelnen, wie der "Knicknachweis" von Druckgliedern in unverschieblichen und verschieblichen Tragwerken zu führen ist; dabei sind in Abhängigkeit von der Stabschlankheit $\lambda = s_K/i$ Nachweisformen unterschiedlicher Strenge vorgeschrieben:

a) Gedrungene Druckglieder sind, bei Einhaltung verschiedener Kriterien, bezüglich der Stabilität nachweisfrei.

b) Mittelschlanke Druckglieder ($\lambda \leq 70$) sind für den Gebrauchszustand unter Einschluß einer baupraktisch unvermeidbaren Exzentrizität nachzuweisen. Der Verformungseinfluß wird dabei durch Einführung eines Rechenwertes für die Ausmitte im Sinne einer Vorverformung erfaßt. In Abhängigkeit von der Exzentrizität des gegebenen Schnittgrößenpaares, $e = M/N$, sind folgende Vorverformungen anzusetzen:

$$0 \leq \frac{e}{d} < 0{,}3: \quad f = d\,\frac{\lambda - 20}{100}\sqrt{0{,}10 + e/d} \geq 0 \qquad (2.144)$$

$$0{,}3 < \frac{e}{d} \leq 2{,}5: \quad f = d\,\frac{\lambda - 20}{160} \geq 0 \qquad (2.145)$$

$$2{,}5 < \frac{e}{d} \leq 3{,}5: \quad f = d\,\frac{\lambda - 20}{160}\,(3{,}5 - e/d) \geq 0 \qquad (2.146)$$

Für

$$N \text{ und } M^{II} = M^{I} + N \cdot f$$

ist die Regelbemessung durchzuführen, wobei M^I das größte Moment im "mittleren Drittel der Knicklänge" ist.

c) Schlanke Druckglieder ($70 < \lambda \leq 200$) sind entweder mittels direkter Berechnung über die Momenten-Krümmungsfunktion zu bemessen (was außerordentlich rechenintensiv ist) oder mittels der Nomogramme nach KORDINA/QUAST (Abschnitt 2.6.4.3) oder anderer Hilfsmittel nachzuweisen.

In der Vorschrift ist insofern eine Diskrepanz vorhanden, als die zur Schlankheitsbestimmung benötigten "Knicklängen" s_K nach der E-Theorie (entweder über die Verzweigungslösung des Gesamtsystems oder über die Verzweigungslösung der isoliert herausgetrennten Druckstäbe mit drehfederelastischen Bindungen an den Stabenden) berechnet werden (Ersatzstabverfahren), während der Nachweis selbst von den realistischen Stoffgesetzen der Verbundbaustoffe Beton und Stahl ausgeht. (Bezüglich des Kriecheinflusses vergleiche Abschnitt 2.7.2).

2.7 Sonderfragen

2.7.1 Querschnittsprofilierung gedrückter Stäbe (Stützen)

Als Optimierungskriterium für Druckglieder dient die EULER-Formel:

$$P_{Ki} = \pi^2 \frac{EJ}{s_K^2}; \quad \sigma_{Ki} = \pi^2 E \cdot \frac{i^2}{s_K^2} \qquad (2.147)$$

Die Optimierungsaufgabe besteht darin, ein im Verhältnis zur Querschnittsfläche möglichst großes Trägheitsmoment zu realisieren. Dieser Grundsatz gilt unverändert auch dann, wenn (bei gedrungenen Stäben) die Grenzlast mit Beanspruchungen im plastischen Bereich die Dimensionierung bestimmt.

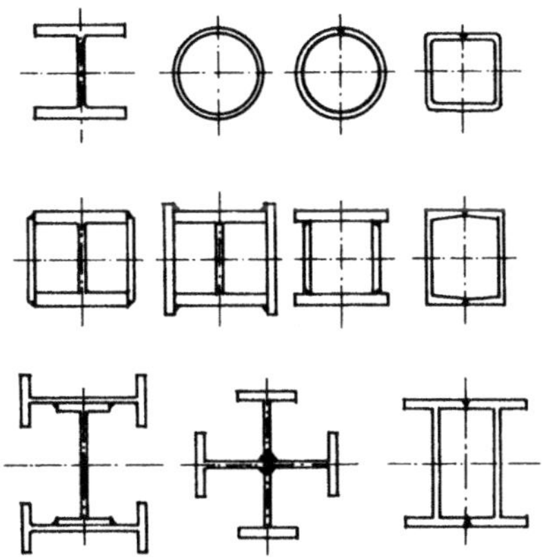

Bild 2.87

Stahlbau: Offene Walzprofile haben eine ausgeprägt starke und schwache Achse; bei zentrischer Beanspruchung und allseitig gleich großer Knicklänge ist eine materialgünstige Dimensionierung nicht möglich. Hohlprofile sind zweckmäßiger; am günstigsten ist das Rundrohrprofil, gefolgt vom Quadratrohrprofil. Quadrat- und Rechteckhohlprofile werden durch Kalt- oder Warmumformung aus Rundrohren gefertigt. Geschweißte Querschnitte werden zweckmäßig als Hohlprofile ausgebildet, um ein großes Trägheitsmoment nach allen Richtungen zu erreichen; durch die hohen Schweißeigenspannungen wird die Tragfähigkeit indes reduziert, was nach DIN 4114N künftig zu berücksichtigen ist. B.2.87 zeigt Querschnitte für gedrückte Stäbe und Stützen. Ein Nachteil von Hohlquerschnitten gegenüber offenen ist darin zu sehen, daß (einseitige) Trägeranschlüsse nicht zentriert werden können.

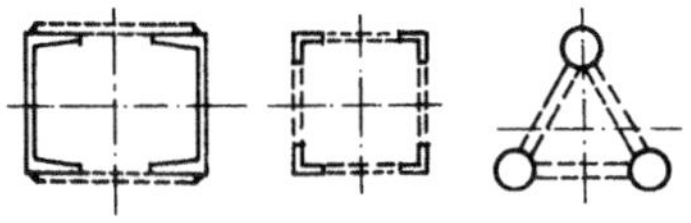

Bild 2.88

Die Beurteilung der Tragfähigkeit darf sich indes nicht allein auf die Biegesteifigkeit des Gesamtquerschnittes erstrecken, vielmehr sind die Versagensformen

a) lokales Beulen dünnwandiger Teile, insbesondere freier Kanten oder ebener Wandungen in Kastenstützen sowie
b) Biegedrillknicken (bei offenen Querschnitten)
zu berücksichtigen.

Hierzu wird auf die diesbezüglichen Angaben in diesem Buch und in den Vorschriften verwiesen (DIN 4114, DIN 4113).

Um den Raumbedarf möglichst gering zu halten, wurden im Hochbau auch schon stählerne Vollstützen ausgeführt.-Durch Vergitterung und Verrahmung lassen sich die mannigfaltigsten Querschnittsformen ausbilden, vgl. B.2.88 und Abschnitt 1.2.12.

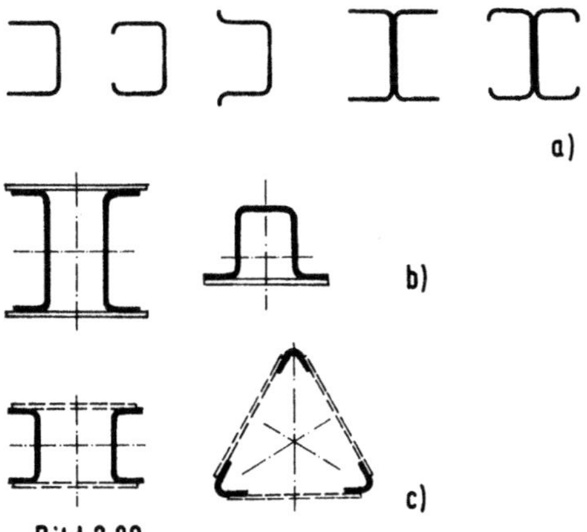

Bild 2.89

Aus Bandstahl, der mittels Abkanten oder Walzen profiliert wird, lassen sich die verschiedenartigsten Profilformen herstellen (Stahlleichtbau). Durch Verbindung der Enden in kaltschlüssiger Weise durch Schweißen (oder Falzen) entstehen geschlossene Querschnitte, auch sind Vergitterungen und Verrahmungen möglich (B.2.89). Da die Kaltprofile dünnwandig und i.allg. offen sind, ist den Instabilitätsformen: Beulen der dünnwandigen Teile und Biegedrillknicken, besondere Beachtung zu schenken; freie Kanten werden vielfach durch Bördelungen versteift. Der Einsatz solcher Profile ist durch DIN 4114N und DIN 4115 nicht in vollem Umfang abgedeckt. Um die Tragfähigkeit auszuschöpfen, sind eingehende theoretische Untersuchungen [0.45/6, 2.134] und Eignungsversuche zweckdienlich, insbesondere, um die mit der Kaltverformung einhergehende Festigkeitssteigerung entlang der Profilkanten zu nutzen. B.2.90 zeigt die Steigerung der Streckgrenze bei drei Kaltprofilen [2.135].

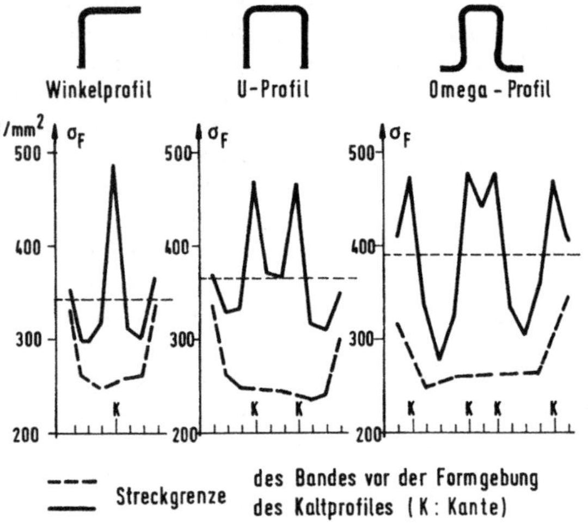

Bild 2.90

Aluminiumbau: Für Druckglieder aus Aluminium gelten im Grundsatz dieselben Hinweise wie für stählerne Druckstäbe, allerdings mit zwei wichtigen Ergänzungen.

a) Wie im Abschnitt 2.2.4 ausgeführt, tritt in der Wärmeeinflußzone (WEZ) geschweißter Aluminiumbauteile eine Entfestigung ein; diesem Umstand wurde durch eine Zweiteilung der DIN 4113 Rechnung getragen. Bedingt durch die im geschweißten Profil eingelagerten WEZ entsteht ein inhomogener Querschnitt.

b) Da die Festigkeiten der Aluminiumlegierungen die Festigkeiten unlegierter Stähle erreichen, andererseits der Elastizitätsmodul aber nur ein Drittel des E-Moduls von Stahl beträgt, kommt einer ausreichenden Sicherheit der dünnwandigen Teile gegenüber örtlichem Beulen eine noch größere Bedeutung als bei Stahl zu. Alu-Profile werden daher zweckmäßig mit Wülsten und Längssteifen an freien Kanten und in dünnwandigen Stegen und Gurten ausgestattet, was sich strangpreßtechnisch ohne besonderen Aufwand realisieren läßt; B.2.91 zeigt Beispiele.

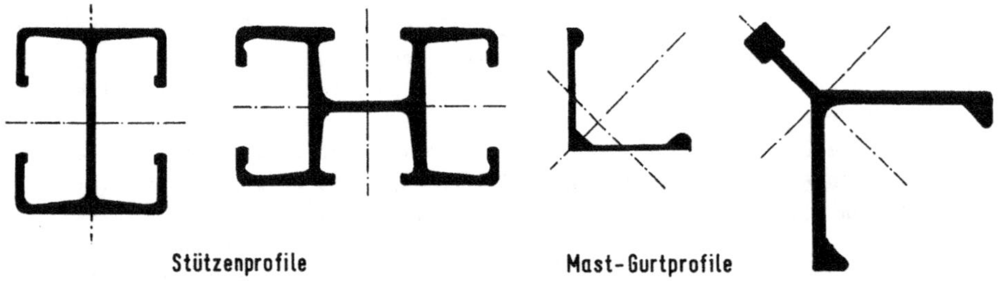

Bild 2.91

Holzbau: Durch den natürlichen Wuchs sind die Bauhölzer in ihren Abmessungen beschränkt; es kommen daher neben vollwandigen Rund- und Kanthölzern vielfach zusammengesetzte Stabquerschnitte zum Einsatz.

Massivbau: Gängige Querschnittsformen sind das Rechteck und der Kreis, im erstgenannten Falle mit Bügelbewehrung, im zweitgenannten Falle mit Spiralbewehrung.

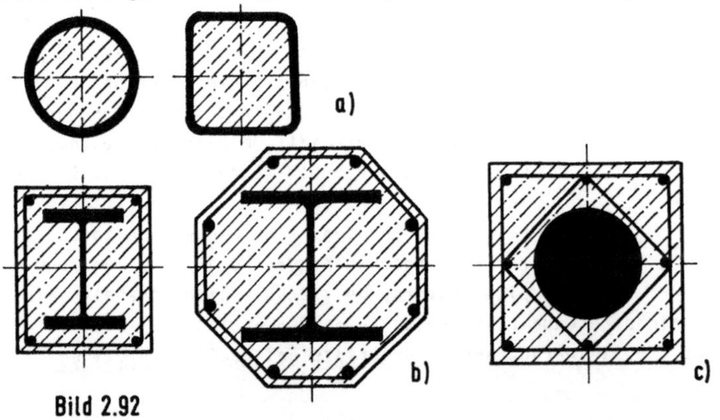

Bild 2.92

Stahlverbundbau: Die mit Beton gefüllte Stahlstütze ist seit langem bekannt und eingehend untersucht [2.136/138]; eine neuere Entwicklung stellt die mit Beton ummantelte und bewehrte Verbundstütze mit Stahlprofil dar [2.139/140] sowie die Stahlkern-Verbundstütze [2.141/142], vgl. B.2.92. Die Grenzlasttheorie der Verbundstützen ist von ROIK, BODE, BERGMANN und WAGENKNECHT umfassend dokumentiert und weiterentwickelt worden, wobei die Grenzlasten unter Zugrundelegung des Parabelrechteckdiagramms für Beton und der ideal-elastischen / ideal-plastischen Arbeitslinie für Stahl bestimmt wurden.

2.7.2 Kriechen - Kriechstabilität

Unter Kriechen versteht man die zeitabhängige Zunahme einer Dehnung oder Stauchung unter einer eingeprägten Spannung; die Änderung erfolgt zunächst zügig, dann immer langsamer. Mit der Verzerrungszunahme ist eine Verformungszunahme verbunden, ihr entspricht eine Steifeminderung gegenüber dem Erstbelastungszustand zum Zeitpunkt t=0. Diese Steifeminderung wirkt sich in einer Abnahme der Grenztragfähigkeit gedrückter Bauglieder aus und muß daher, wo sich stärkeres Kriechen einstellt, berücksichtigt werden.

a) Stähle kriechen unter hohen Temperaturen, bei Baustählen stellen sich unter dauernd wirkenden Temperaturen im Bereich zwischen 300°C bis 400°C zunehmend höhere Kriechverformungen ein; ab 300°C sollten daher warmfeste Stähle eingesetzt werden. - Zur Berücksichtigung des Hochtemperaturkriechens (z.B. auf das Beulen von Behältern) wird auf das Schrifttum verwiesen [2.143/144].
b) Aluminium zeigt bereits bei Raumtemperatur unter Dauerlast und hoher Auslastung geringe Kriecherscheinungen; in DIN 4113 wird dieser Umstand durch eine Abminderung der zulässigen Spannungen in Abhängigkeit vom Dauerlastanteil erfaßt.
c) Holz kriecht ebenfalls; die Dauerstandsfestigkeit liegt deutlich niedriger als die Kurzzeitfestigkeit. Es ist daher notwendig, einen größeren Sicherheitsabstand gegenüber der experimentell oder theoretisch bestimmten Grenzlast einzuhalten als bei Stahl. Die Berücksichtigung des Kriechens bei theoretischen Grenzlastberechnungen ist angezeigt; bezüglich quantitativer Angaben bedarf es noch weiterer Versuche.
d) Kunststoffe zeigen sehr ausgeprägte Kriecheigenschaften. Die Dimensionierung druckbeanspruchter Bauteile aus Kunststoff muß hierauf Rücksicht nehmen; hierfür wurde eine spezielle Stabilitätstheorie entwickelt, gelegentlich wird der Begriff Kriechstabilität verwendet [2.23/24u.2.145-2.152].
e) Beton kriecht unter Dauerlast; das Phänomen wurde in [2.153] umfassend abgehandelt, vgl. auch [2.154]. Der elastischen Stauchung überlagern sich (aus zwei Anteilen bestehende) Kriechverzerrungen; sie setzen sich aus der rasch verlaufenden, verzögerten elastischen Verzerrung und der langsamer ablaufenden, plastischen Verzerrung zusammen. Diese Zweiteiligkeit wird aus dem Verhalten bei Entlastung geschlossen. Die Anteile sind in ihrem Verhältnis zueinander und in ihrer Größe von vielen Einflüssen abhängig, z.B. Zeitpunkt der Erstbelastung, Feuchtigkeit und Temperatur des Umfeldes, Dauerlastanteil. Für den baupraktischen Nachweis stabilitätsgefährdeter Stahlbetonkonstruktionen (Stützen, Rahmen, aussteifende Stabilisierungskerne) wird i.allg. mit der Annahme eines fortwährenden, last- und temperaturkonstanten Dauereinflusses (also unabhängig von den vorausgegangenen Bauphasen) gerechnet und der Dauerlastanteil z.B. zu 70% angesetzt.
   Mit dem Anwachsen der Verformungen wird der Verformungseinfluß Th.II.Ordn. verstärkt. Bei schlanken Stahlbetongliedern führt der Kriecheinfluß zu nicht unerheblichen Zusatzbeanspruchungen; auf die Vorschreibungen der DIN 1045 wird verwiesen, vgl. auch Abschnitt 4.7.2. Der Einfluß des Kriechens auf gedrückte Stützen wurde u.a. in [2.155/157] behandelt; die meisten Untersuchungen gehen auf die erste Analyse des Kriechknickens von DISCHINGER [1.8] zurück.

2.7.3 Mechanische Eigenschaften metallischer Baustoffe bei höherer Temperatur

Die Festigkeits- und Stabilitätsnachweise werden im Regelfall unter der Voraussetzung geführt, daß die Konstruktionen unter normal-klimatischen Bedingungen, also bei Temperaturen im Bereich -20°C bis +50°C, eingesetzt werden. In diesem Bereich treten nur unwesentliche Änderungen der Steifigkeits- und Festigkeitsmerkmale auf (E, G, μ, α_t, σ_B, σ_F). Höhere

Temperaturen können durch besondere Betriebsbedingungen planmäßig auftreten (Kessel, Behälter, Schornsteine u.ä.) oder aber sich unplanmäßig im Brandfalle einstellen. Bei planmäßigen höheren Temperaturen im Gebrauchszustand sind die hiermit verbundenen Minderungen der Steife und Festigkeit bei den statischen Nachweisen zu berücksichtigen.

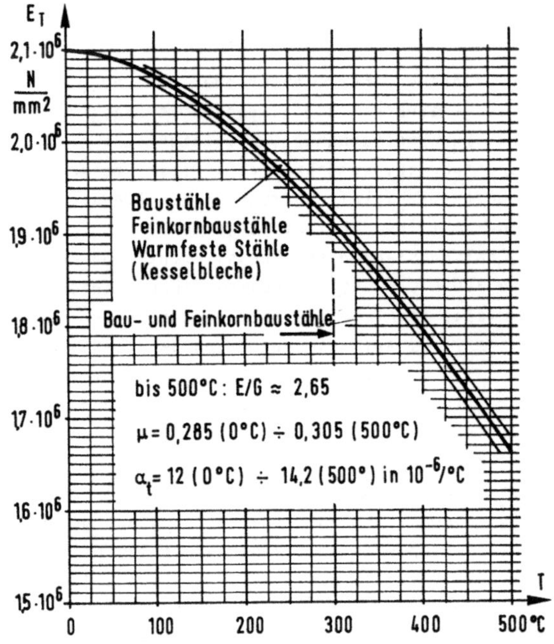

Bild 2.93

Stahl: Baustahl und Feinkornbaustahl können bis zu Betriebstemperaturen von ca. 300°C eingesetzt werden. Die Abnahme des E-Moduls und der Festigkeit ist zu berücksichtigen. In B.2.93 ist die Minderung des E-Moduls für Stähle eingezeichnet. B.2.94a weist das Verhältnis Warmstreckgrenze zu Kaltstreckgrenze aus. Ggf. kann es bei Feinkornbaustählen ratsam sein, Stähle der warmfesten Reihe zu verwenden (etwa bis 400°C). - Bei Materialtemperaturen über 300°C empfiehlt sich der Einsatz warmfester Stähle nach DIN 17155 (Kesselbleche), vgl. B.2.94b; Oberhalb ca. 350°C ist bei hoher Dauerstandbelastung der Streckgrenzenabfall zu berücksichtigen; hierfür empfiehlt der Verfasser die in B.2.95 aufgenommenen Anhalte.

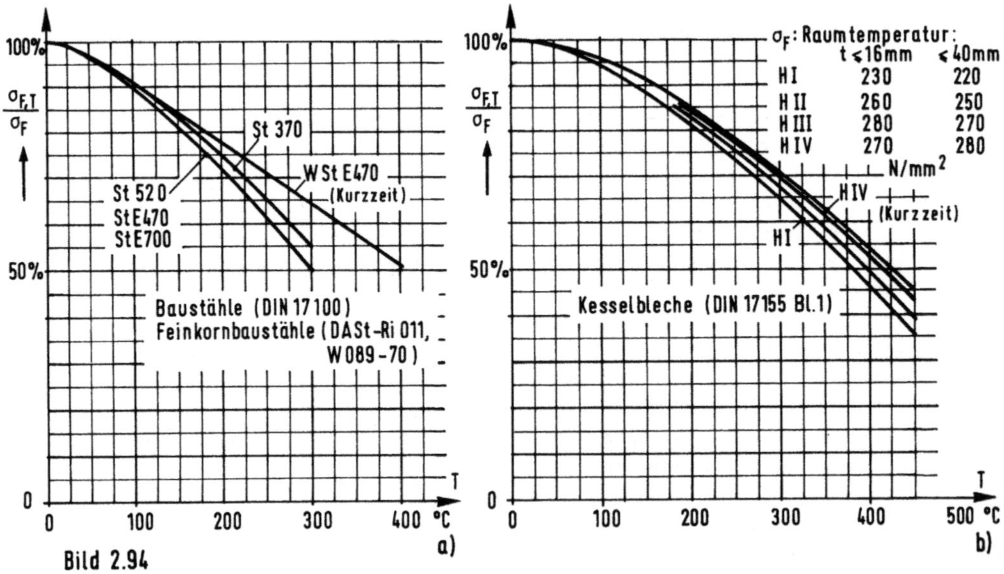

Bild 2.94

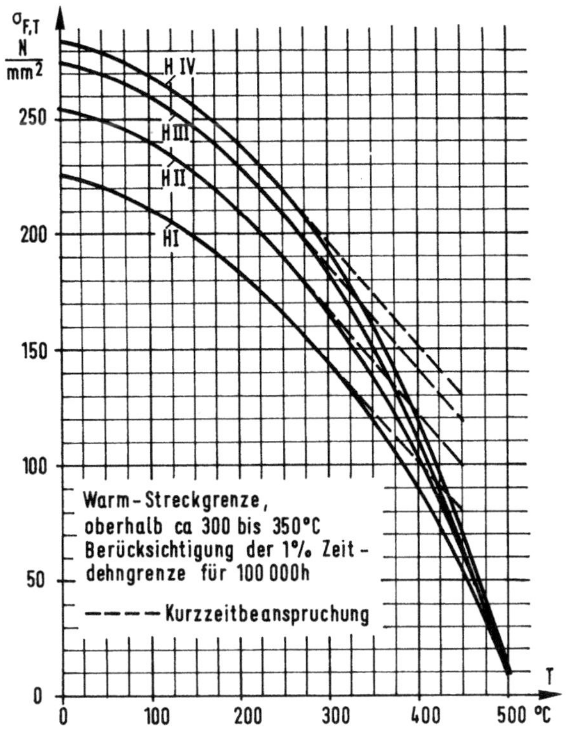

Bild 2.95

Aluminium: Bis zu 80°C tritt keine nennenswerte Minderung des E-Moduls und der $\sigma_{0,2}$-Grenze ein. Höhere Betriebstemperaturen sollten vermieden werden, anderenfalls ist die Minderung der mechanischen Festigkeit und Steife - abhängig von der Legierung - zu berücksichtigen.
Der Schmelzpunkt der Aluminium-Legierungen schwankt zwischen 500 bis 650°C; bei Stahl liegt er bei ca. 1350°C.

Gemäß den Bauordnungen ist sicherzustellen, daß tragende Bauteile während der (zur vorgeschriebenen Feuerwiderstandklasse gehörenden) Branddauer unter der rechnerischen Nutzlast nicht einstürzen, insbesondere ist die Standfestigkeit der Stützen zu gewährleisten. Dieser Nachweis wird im Regelfall durch konstruktive Schutzmaßnahmen gemäß DIN 4102 erfüllt. Es ist indes (zumindest theoretisch) auch möglich, die Feuerwiderstandsdauer zu berechnen. Ausgehend von der Brandbelastung im Einzelfall wird die äquivalente Branddauer aufgrund der Normbrandkurve bestimmt und nachgewiesen, daß die Zeit bis zum Erreichen der kritischen Versagenstemperatur größer / gleich der geforderten Feuerwiderstandsdauer ist. Die kritische Temperatur ist u.a. von der Stahlgüte, Profilform (Oberfläche zu Profilquerschnitt), Aufwärmgeschwindigkeit und vom statischen Ausnutzungsgrad (Gebrauchslast zu Grenzlast) abhängig [2.158/160].

3 Elasto-statische Berechnung von Stab- und Rahmentragwerken

3.1 Verfahren iterativer Annäherung

3.1.1 Vorbemerkungen

Die Berechnung der Schnittgrößen nach Th.II.Ordn. wird in Schritten durchgeführt, der gesuchte Zustand wird iterativ angenähert. Im ersten Berechnungsschritt werden die Schnittgrößen S^I nach Th.I.Ordn., also am unverformten System ermittelt und die zugehörigen Verformungen v^I berechnet. Infolge dieser Verformungen entstehen Zusatzmomente. Diese werden entweder den Ausgangsmomenten überlagert und hierfür ein neuerlicher Berechnungsschritt durchgeführt (Gesamtschrittiteration), oder es werden die Zusatzmomente nur für die neuerlich ausgelösten Verformungen bestimmt und hierfür im nächsten Schritt die zusätzlich geweckten Verformungsmomente berechnet (Teilschrittiteration). Sofern die Druckkräfte unter der Verzweigungslast liegen, wovon bei praktischen Berechnungen immer ausgegangen werden kann, konvergiert das Verfahren und nähert mit steigender Zahl der Berechnungsschritte die exakte Lösung asymptotisch an. - Nach jeder Stufe ist ggf. die Umlagerung der Druckkräfte (und Auflagerkräfte) infolge der Verformungen zu berechnen; das ist bei verschieblichen Systemen i.allg. immer erforderlich. Bei praktischen Berechnungen genügen vielfach wenige Iterationsstufen, manchmal nur eine. Zudem lassen sich aus dem Vergleich der Ergebnisse zweier aufeinander folgender Rechenschritte Multiplikatoren ableiten, die eine Extrapolation auf den Endzustand mit großer Genauigkeit ermöglichen.
Das Verfahren ist nicht auf biegesteife Stabtragwerke (Rahmen, Bogen) beschränkt, es ist vielmehr allgemein und auf jedes statische System anwendbar. Bei verschieblichen Rahmensystemen kann die Rechnung dadurch erleichtert werden, daß von den Verformungen der Stiele nur deren Schrägstellung berücksichtigt wird.
Insgesamt können die Rechnungen sehr aufwendig ausfallen, das gilt besonders für statisch unbestimmte Tragwerke, weil die Verformungen des gesamten Systems und hieraus die vollständigen Verformungsmomente bestimmt werden müssen und zwar in jeder Iterationsstufe neu. Da die Verformungslinien irgendwelchen höheren Funktionen gehorchen, kommt bei praktischen Berechnungen nur eine punktförmige Berechnung kennzeichnender Verschiebungsordinaten in Frage, hierzu dient der Arbeitssatz:

$$\bar{1}\delta = \int_l M\bar{M}\frac{ds}{EJ} + \int_l N\bar{N}\frac{ds}{EF} + \int_l Q\bar{Q}\frac{ds}{GF_G} \qquad (3.1)$$

M steht z.B. in G.3.1 für das Biegungsmoment unter Berücksichtigung der Verformungen und $\bar{M}$ für das Biegungsmoment des virtuellen Hilfsangriffs $\bar{1}$ nach Th.I.Ordn.
Bei statisch unbestimmten Tragwerken bietet die Anwendung des Reduktionssatzes bei den Verformungsberechnungen große Vorteile. Die Integrale in G.3.1 werden numerisch berechnet, vgl. beispielsweise T.1.2. Es ist auch möglich, den Verlauf von M, N, Q durch Trapez- oder Parabelflächen anzunähern und mittels der δ_{ik}-Tafeln zu integrieren. Die Güte der verschiedenen Berechnungsformen wird in Abschnitt 3.1.5 an Beispielen erläutert, daselbst wird auch die Berechnung der Verformungen mit Hilfe MOHRscher Ersatzlasten gezeigt. - Es läßt sich auch ein beanspruchungsabhängiger, veränderlicher Verformungsmodul, der elementweise konstant ist, einrechnen (Abschnitt 2.6.1.1 und 2.6.4.1).
Grundsätzlich gelten die Bemerkungen auch für Zugbiegung Th.II.Ordn. und Fragestellungen bei Kipp- und Beulbiegung Th.II.Ordn.

3.1.2 Gesamtschrittiteration

Schnittgrößen werden im folgenden mit S abgekürzt, es bedeuten S^I Schnittgrößen nach Th. I.Ordn. und S^{II} nach Th.II.Ordn. ΔS steht für einen Zuwachs (oder allgemeiner für eine Änderung) von S zwischen zwei Iterationsstufen.
S^I sei bekannt, die Berechnungsschritte sind:

$$\begin{array}{llll} \Delta S_1: & S \text{ infolge der Verformungen von } & S^I; \text{ es wird gebildet} & S_1 = S^I + \Delta S_1 \\ \Delta S_2: & S \quad '' & S_1 \quad '' & S_2 = S^I + \Delta S_2 \\ \text{----} & & & \\ \Delta S_n: & S \quad '' & S_{n-1} \quad '' & S_n = S^I + \Delta S_n \end{array} \tag{3.2}$$

Schließlich wird $S^{II} \approx S_n$ gesetzt. In jeder Rechenstufe werden also die Schnittgrößen berechnet, die infolge der gegebenen äußeren Belastung <u>und</u> der an den "elastischen Hebelarmen" v_{n-1} wirkenden Druckkräfte entstehen.
Da die Grundbelastung in jedem Schritt mit enthalten ist, bedarf es einer hohen numerischen Genauigkeit und einer strengen Erfassung der resultierenden Schnittkraftflächen, damit der Verformungseinfluß nicht verloren geht. Diese Bemerkung gilt insbesondere für statisch unbestimmte Tragwerke. Die Erfahrung lehrt, daß das Verfahren der Teilschrittiteration der Gesamtschrittiteration vorzuziehen ist; der Vorteil letzterer besteht indes darin, daß sich ein Rechenfehler in den folgenden Schritten aufhebt.

3.1.3 Teilschrittiteration

Die Berechnungsschritte sind:

$$\begin{array}{lll} \Delta S_1: & S \text{ infolge der Verformungen von} & S^I \\ \Delta S_2: & S \quad '' & \Delta S_1 \\ \text{----} & & \\ \Delta S_n: & S \quad '' & \Delta S_{n-1} \end{array} \tag{3.3}$$

Die gesuchte Schnittgröße ergibt sich durch Superposition:

$$S^{II} = S^I + \Delta S_1 + \Delta S_2 + \Delta S_3 + \cdots + \Delta S_n \tag{3.4}$$

In jeder Rechenstufe werden nur die Zusatzschnittgrößen bestimmt, die infolge alleiniger Wirkung der Druckkräfte an den zusätzlichen elastischen Hebelarmen entstehen. Dabei ist ggf. in jeder Stufe die Zwischensumme $S^I + \Sigma \Delta S_i$ zu bilden und die Änderung der Druckkräfte hierfür zu berechnen und in der folgenden Stufe zu berücksichtigen!
Bei den Berechnungen zeigt sich, daß die Zuwächse mit jeder Stufe kleiner werden. G.3.4 wird umgeformt:

$$\begin{aligned} S^{II} &= S^I + \Delta S_1 \left(1 + \frac{\Delta S_2}{\Delta S_1} + \frac{\Delta S_3}{\Delta S_1} + \cdots + \frac{\Delta S_n}{\Delta S_1}\right) \\ &= S^I + \Delta S_1 \left(1 + \frac{\Delta S_2}{\Delta S_1} + \frac{\Delta S_3}{\Delta S_2} \cdot \frac{\Delta S_2}{\Delta S_1} + \cdots + \frac{\Delta S_n}{\Delta S_{n-1}} \cdots \frac{\Delta S_2}{\Delta S_1}\right) \\ &= S^I + \Delta S_1 (1 + \gamma_1 + \gamma_2 \gamma_1 + \cdots \gamma_n \cdots \gamma_1) \end{aligned} \tag{3.5}$$

Abkürzung:

$$\gamma_i = \frac{\Delta S_{i+1}}{\Delta S_i} \tag{3.6}$$

γ_i kennzeichnet die Änderung der Zusatzschnittgrößen zweier aufeinander folgender Berechnungsstufen und fällt an jeder Schnittstelle z anders aus, denn S(z) ist eine Funktion von z und die Zuwächse $\Delta S(z)$ zweier Stufen sind i.allg. nicht deckungsgleich.
Für die folgenden Abschätzungen wählt man zweckmäßig zur Bestimmung von γ_i nicht irgendwelche, sondern besonders markante, kennzeichnende Größen, z.B. Größtwerte (größte seitliche Verschiebung, größtes Einspannungsmoment). Bei den Berechnungen erkennt man, daß sich die γ-Werte mit jedem Iterationsschritt, meist schon nach dem zweiten, einander annähern. Sie streben einem Grenzwert zu. Setzt man daher

$$\gamma_2 = \gamma_3 = \gamma_4 = \gamma_n = \gamma_1 \equiv \gamma = \Delta S_2 / \Delta S_1 \tag{3.7}$$

folgt für S^{II} gemäß G.3.5:

$$S^{II} = S^I + \Delta S_1 (1 + \gamma + \gamma^2 + \gamma^3 + \cdots \quad) = S^I + \Delta S_1 \cdot \frac{1}{1 - \gamma} \tag{3.8}$$

Stimmt außerdem der Verlauf der Zusatzschnittgrößen, insbesondere der Zusatzmomente, mit dem Verlauf der Schnittgrößen nach Th.I.Ordn. (näherungsweise) überein, kann also z.B. für jede Schnittstelle z ein annähernd konstanter Faktor

$$\gamma_0 = \frac{\Delta S^I}{S^I}$$

gebildet werden, ergibt eine Umformung von G.3.4:

$$\begin{aligned} S^{II} &= S^I (1 + \frac{\Delta S_1}{S^I} + \frac{\Delta S_2}{\Delta S_1} \cdot \frac{\Delta S_1}{S^I} + \cdots \quad \cdots + \frac{\Delta S_n}{\Delta S_{n-1}} \cdots \quad \cdot \frac{\Delta S_1}{S^I}) \\ &= S^I (1 + \gamma_0 + \gamma_0 \gamma_1 + \gamma_0 \gamma_1 \gamma_2 + \cdots \quad + \gamma_0 \gamma_1 \cdots \quad \gamma_n) \\ &= S^I [(1 + \gamma_0 (1 + \gamma_1 + \gamma_1 \gamma_2 + \cdots \quad + \gamma_1 \gamma_2 \cdots \gamma_n)] \end{aligned} \tag{3.9}$$

Unter der Voraussetzung

$$\gamma_1 = \gamma_2 = \cdots \quad = \gamma_n \tag{3.10}$$

folgt hieraus:

$$S^{II} = S^I \cdot [1 + \gamma_0 (1 + \gamma + \gamma^2 + \gamma^3 + \cdots \quad)] = S^I \cdot (1 + \frac{\gamma_0}{1 - \gamma_1}) \tag{3.11}$$

Gilt schließlich $\gamma_0 \approx \gamma_1 \approx \gamma$, folgt:

$$S^{II} = S^I \cdot (\frac{1}{1 - \gamma}) \tag{3.12}$$

Im folgenden Abschnitt werden die Abschätzungsformeln nochmals zusammengestellt, sie gelten sowohl für Schnitt- wie für Verformungsgrößen.

Bei Verzweigungsproblemen wird ein biegungsfreier Grundverformungszustand vorausgesetzt, das bedeutet im Falle eines Knickstabes: $v^I = 0$. Somit gilt gemäß G.3.12:

$$v^{II} = 0 (\frac{1}{1 - \gamma}) \tag{3.13}$$

v^{II} hat hierin die Bedeutung einer Zusatzverformung gegenüber dem Nullzustand und ist (wie G.3.13 zeigt) Null, es sei, γ ist gleich Eins, denn dann ergibt sich für v^{II} eine von Null verschiedene, unbestimmte Lösung:

$$v^{II} = \frac{0}{0} \tag{3.14}$$

Somit kann die Beziehung

$$\gamma = \lim_{n \to \infty} \gamma_n = \lim_{n \to \infty} \frac{\Delta v_n}{\Delta v_{n-1}} \equiv \lim_{n \to \infty} \frac{\Delta v_{n+1}}{\Delta v_n} = 1 \tag{3.15}$$

als Indifferenzkriterium (Knickbedingung) aufgefaßt werden. Δv hat die Bedeutung einer infinitesimalen Verformung im Verzweigungsfalle, die dem Betrage nach unbestimmt bleibt. Da eine Querbelastung nicht existiert, kann der Iterationsprozeß nur mit einer geschätzten Biegungsbeanspruchung beginnen, wobei diese Schätzung einsichtigerweise so zu wählen ist, daß der zu erwartenden Verzweigungsverformung (Knickbiegelinie) weitestgehend entsprochen wird.

Wählt man z.B. für den beidseitig gelenkig gelagerten Knickstab die Biegelinie

$$\Delta v_1 = 1 \cdot \sin \pi z / l \tag{3.16}$$

und berechnet hierfür das Verformungsmoment

$$\Delta M_1 = P\cdot\Delta v_1 = P\cdot\sin\pi z/l \qquad (3.17)$$

und bestimmt schließlich die Biegelinie v=v(z) aus der Differentialgleichung v"=-M/EJ mittels direkter Quadratur, folgt:

$$\Delta v_2 = \frac{P}{EJ}\frac{l^2}{\pi^2}\sin\pi z/l \qquad (3.18)$$

Die Bildung des Quotienten G.3.15 aus G.3.16 und G.3.18 liefert:

$$\frac{\Delta v_2}{\Delta v_1} = 1 \longrightarrow \gamma = \frac{P}{EJ}\cdot\frac{l^2}{\pi^2}\cdot\frac{\sin\pi z/l}{\sin\pi z/l} = 1 \longrightarrow P_{Ki} = \frac{\pi^2 EJ}{l^2} \qquad (3.19)$$

Offensichtlich hat γ die Bedeutung der reziproken Knicksicherheit:

$$\frac{P}{P_{Ki}} = \frac{1}{\nu_{Ki}}$$

3.1.4 Vergrößerungsfaktoren

Im vorangegangenen Abschnitt wurden verschiedene Faktoren abgeleitet, die bei der Berechnung von Spannungsproblemen Th.II.Ordn. mittels baustatischer Methoden einen Abbruch nach der zweiten bzw. ersten Rechenstufe und anschließende Extrapolation auf den Endwert ermöglichen, sie lauten:

$$1)\ S^{II} = S^{I} + \Delta S_1\frac{1}{1-\gamma} \quad \text{mit} \quad \gamma = \frac{\Delta S_2}{\Delta S_1} \qquad (3.8)$$

$$2)\ S^{II} = S^{I}\left(1 + \frac{\gamma_0}{1-\gamma_1}\right) \quad \text{mit} \quad \gamma_0 = \frac{\Delta S_1}{S^I} \quad \text{und} \quad \gamma_1 = \frac{\Delta S_2}{\Delta S_1} \qquad (3.9)$$

$$3)\ S^{II} = S^{I}\left(\frac{1}{1-\gamma}\right) \quad \text{mit} \quad \gamma_0 = \frac{\Delta S_1}{S^I}, \text{ besser } \gamma_1 = \frac{\Delta S_2}{\Delta S_1}, \ldots \qquad (3.12)$$

Wie gezeigt, kann γ als Kehrwert der Knicksicherheit gedeutet werden, denn im Falle

$$\gamma = \frac{D}{D_{Ki}} \Rightarrow 1 \quad (\gamma = \lim_{n\to\infty}\gamma_n) \qquad (3.20)$$

tritt eine Verzweigung ein und anstelle von G.3.12 gilt:

$$4)\ S^{II} = S^{I}\frac{1}{1 - D/D_{Ki}} = \alpha\cdot S^{I} \qquad (3.21)$$

Diese Abschätzung setzt voraus, daß die Verzweigungslast (D_{Ki}) bekannt ist. G.3.21 erlaubt eine umso bessere Abschätzung, je weitgehender der Verformungszustand des Spannungsproblems mit der Verformung des Verzweigungsproblems übereinstimmt. Werden beide Verformungen von derselben Funktion beherrscht, gilt G.3.21 streng.
Ergänzend zum Schrifttum [1.1-1.5, 1.8-1.10] wird auf [3.1-3.10] hingewiesen.

3.1.5 Beispiele

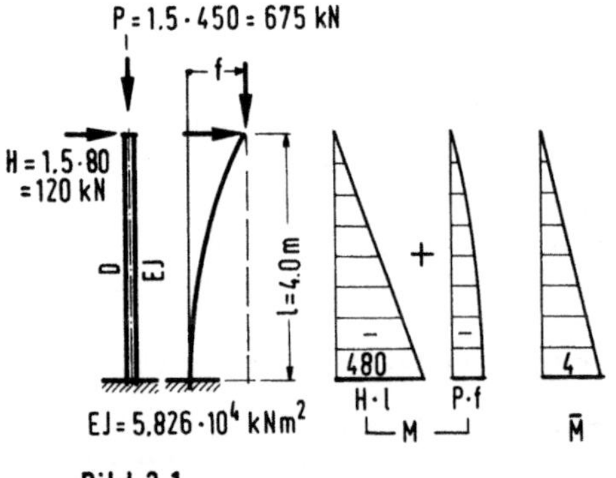

Bild 3.1

3.1.5.1 Kragstütze

Gesucht sind die Schnittgrößen nach Th.II.Ordn. infolge der Druckkraft D=P=675 kN und der Horizontalkraft H=120 kN, vgl. B.3.1.
Die strenge Lösung für das Einspannungsmoment (nach Th.II.Ordn.) lautet:

$$M = \frac{\tan\varepsilon}{\varepsilon}Hl \quad \text{mit} \quad \varepsilon = l\sqrt{\frac{P}{EJ}} \qquad (3.22)$$

Die Biegesteifigkeit der Stütze ist in B.3.1 ausgewiesen. Für ε findet man 0,4305 und hiermit

$$\frac{\tan\varepsilon}{\varepsilon} = 1{,}0667 \longrightarrow M^{II} = 1{,}0667 \cdot 120 \cdot 4 = 512{,}02 \text{ kNm}$$

Entwickelt man $\tan\varepsilon$, ergibt sich für die Vorzahl in G.3.22, die die Bedeutung eines Vergrößerungsfaktors hat:

$$\frac{\tan\varepsilon}{\varepsilon} = 1 + \frac{\varepsilon^2}{3} + \frac{2\varepsilon^4}{15} + \cdots \quad = 1 + 0{,}06178 + 0{,}00046 = \underline{1{,}0664} \qquad (3.23)$$

Das dritte Glied kann für $\varepsilon \leqslant 0{,}5$ unterdrückt werden, in diesem Falle ergibt sich für den Verformungsfaktor:

$$\alpha = \frac{\tan\varepsilon}{\varepsilon} \approx 1 + \frac{\varepsilon^2}{3} = 1 + \frac{\pi^2}{12}\frac{P}{P_{Ki}} \approx 1 + \frac{P}{P_{Ki}} \qquad (3.24)$$

Die Abschätzung gilt allgemein, sie läßt sich auch wie folgt herleiten:

$$\alpha = \frac{1}{1 - P/P_{Ki}} \cdot \frac{1 + P/P_{Ki}}{1 + P/P_{Ki}} = \frac{1 + P/P_{Ki}}{1 - (P/P_{Ki})^2} \approx 1 + \frac{P}{P_{Ki}} \qquad (3.25)$$

An der genauen Lösung, $\underline{M^{II} = 512{,}02 \text{ kNm}}$, kann das nach der Teilschrittiteration berechnete Ergebnis beurteilt werden. Als Annäherung wird die Verformungsmomentenfläche, innerhalb jeder Iterationsstufe, in Form einer quadratischen Parabel angesetzt, vgl. B.3.1. Die Momentenfläche $\bar{M}$ des virtuellen Hilfsangriffs ist bei allen Berechnungsschritten gleichgroß. Der Integralwert für die Überlagerung einer quadratischen Parabel mit einer Dreiecksfläche lautet:

$$\frac{5}{12} M \bar{M} \frac{l}{EJ} \quad \text{hier} \quad M = Pf \qquad (3.26)$$

Für das Einspannungsmoment M ergibt sich für das Beispiel:

$$M^I = Hl = 480 \text{ kNm} \longrightarrow f^I = 0{,}04394 \text{m}$$
$$\Delta M_1 = Pf^I = 675 \cdot 0{,}04394 = 29{,}66 \text{ kNm} \longrightarrow \Delta f_1 = 0{,}003394 \text{m}$$
$$\Delta M_2 = Pf_1 = 675 \cdot 0{,}003394 = 2{,}291 \text{ kNm} \longrightarrow \Delta f_2 = 0{,}0002621 \text{ m}$$
$$\Delta M_3 = Pf_2 = 0{,}1770 \text{ kNm}$$

Superposition der Teilschrittergebnisse:

$$M^{II} = 480 + 29{,}66 + 2{,}291 + 0{,}177 = 512{,}13 \text{ kNm}$$

Die γ-Quotienten ergeben sich zu:

$$\gamma_0 = \frac{\Delta M_1}{M^I} = 0{,}06179; \quad \gamma_1 = \frac{\Delta M_2}{\Delta M_1} = 0{,}07724; \quad \gamma_2 = \frac{\Delta M_3}{\Delta M_2} = 0{,}07726$$

Unter Verwendung von γ_2 liefert die Abschätzung G.3.12:

$$M^{II} = M^I \frac{1}{1 - \gamma_2} = 480 \frac{1}{1 - 0{,}07726} = 480 \cdot 1{,}0837 = \underline{520{,}2 \text{ kNm}}$$

Der Knickwert folgt aus:

$$\frac{D}{D_{Ki}} = \gamma \longrightarrow D_{Ki} = \frac{D}{\gamma} = \frac{675}{0{,}07726} = \underline{8\,737 \text{ kN}}$$

Der exakte Wert beträgt:

$$D_{Ki} = \frac{\pi^2 EJ}{4 \cdot l^2} = \underline{8984 \text{ kN}}$$

Die Näherungswerte für M^{II} und D_{Ki} liegen um 1,60 bzw. 2,75% auf der sicheren Seite. Wird γ_1 verwertet, erhält man praktisch dasselbe Ergebnis. Für γ_0 ergeben sich die Abweichungen -0,08 bzw. -21,6%, sie liegen auf der unsicheren Seite. Das Ergebnis für D_{Ki} ist unbrauchbar. Wird γ auf Δf bezogen, lauten die Quotienten $\gamma_0 = 0{,}07724$, $\gamma_1 = 0{,}07722$. In diesem Falle würde die Verwendung von γ_0 eine sehr gute Abschätzung ergeben. Dieses Ergebnis darf verallgemeinert werden!

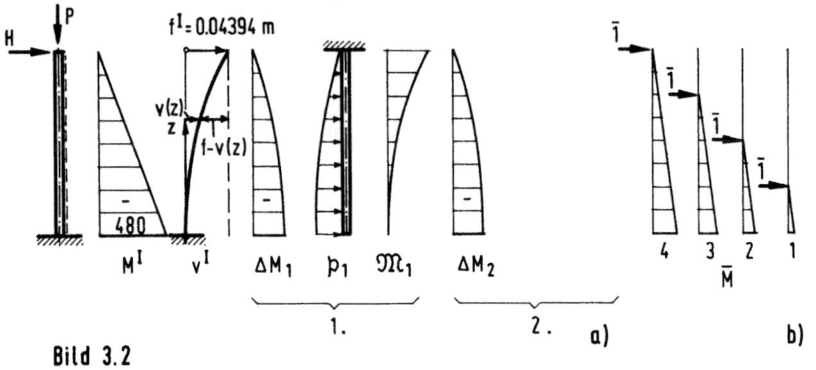

Bild 3.2

B.3.2 zeigt, wie die Verformungsberechnung mittels MOHRscher Ersatzbelastung durchzuführen ist: Die Zusatz-Verformungsmomentenfläche ΔM wird J_c/J-fach verzerrt:

$$\mathfrak{p} = \Delta M \frac{J_c}{J} \qquad (3.27)$$

Die kontinuierlich verteilte Belastung $\mathfrak{p}$ wird in äquivalente Einzelkräfte umgerechnet. B.3.3 enthält die hierfür erforderlichen Berechnungsformeln für eine äquidistante Intervallierung; f_i ist der Funktionswert, z.B. die Biegungsmomentenordinate, im Punkt i. Weist der Funktionsverlauf im Punkt i einen Sprung (oder Knick) auf, ist mit der Formel

$$P_i = \frac{\Delta z}{24}[7(f_{i,l} + f_{i,r}) + 6(f_{i-1} + f_{i+1}) - (f_{i-2} + f_{i+2})] \qquad (3.28)$$

zu rechnen, wenn die Funktion beidseitig von i parabelförmig angenähert werden soll. Mit den äquivalenten Einzelkräften wird am zugeordneten Ersatzträger die Momentenfläche $\mathfrak{M}$ punktweise berechnet, vgl. B.3.2a. $\mathfrak{M}$ ist wegen der Analogie der Differentialgleichungen

$$\mathfrak{M}'' = -\mathfrak{p} \longleftrightarrow EJv'' = -M \qquad (3.29)$$

mit der EJ_c-fachen Biegelinie für ΔM identisch, d.h.: $\Delta v = \mathfrak{M}/EJ_c$. Mit der Kenntnis von Δv kann das neuerliche Verformungsmoment bestimmt werden usf.
Es ist auch möglich, die Verformungen Δv punktförmig mittels virtueller Hilfsangriffe zu berechnen, wie in B.3.2b dargestellt.

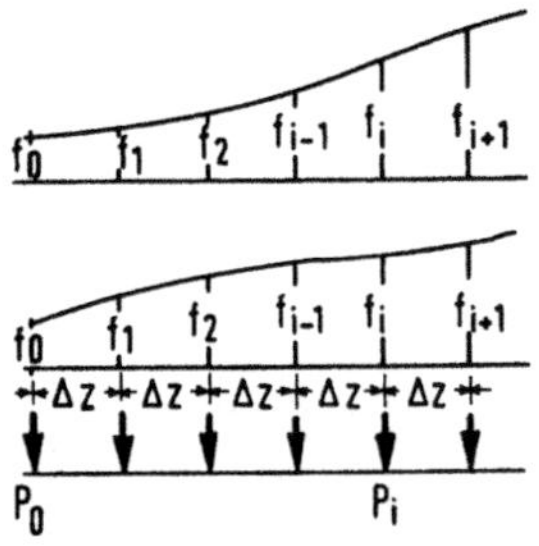

	Annäherung geradlinig - polygonal	Annäherung parabelförmig
P_0 =	$\frac{\Delta z}{6} \cdot (2f_0 + f_1)$	$\frac{\Delta z}{24} \cdot (7f_0 + 6f_1 - f_2)$
P_i =	$\frac{\Delta z}{6} \cdot (f_{i-1} + 4f_i + f_{i+1})$	$\frac{\Delta z}{12} \cdot (f_{i-1} + 10f_i + f_{i+1})$
P_n =	$\frac{\Delta z}{6} \cdot (f_{n-1} + 2f_n)$	$\frac{\Delta z}{24} \cdot (7f_n + 6f_{n-1} - f_{n-2})$

0 ≙ Anfangspunkt; n ≙ Endpunkt

Bild 3.3

3.1.5.2 Portalrahmen

Das im vorangegangenen Abschnitt behandelte Beispiel gestaltete sich deshalb so einfach, weil die Druckkraft in der Kragstütze von der Verformung nicht beeinflußt wird. Im allgemeinen trifft das nicht zu! Wie die Berechnung in solchen Fällen durchzuführen ist, soll am Beispiel des in B.3.4 dargestellten Portalrahmens gezeigt werden. In Th.I.Ordn. kann die Pendelstütze durch ein bewegliches Lager ersetzt werden, das ist in Th.II.Ordn. nicht zulässig. Infolge P und W betragen die Stützgrößen in Th.I.Ordn. (B.3.4b):

$$A^I = P/2 - W \cdot h/l, \quad B^I = P/2 + W \cdot h/l, \quad H_A^I = W \tag{3.30}$$

Nunmehr werden M^I und die seitliche Auslenkung f^I bestimmt.
Am verformten System beträgt die Abtriebskraft der Pendelstütze

$$H_{B_1} = B_1 \cdot \frac{f^I}{h} \tag{3.31}$$

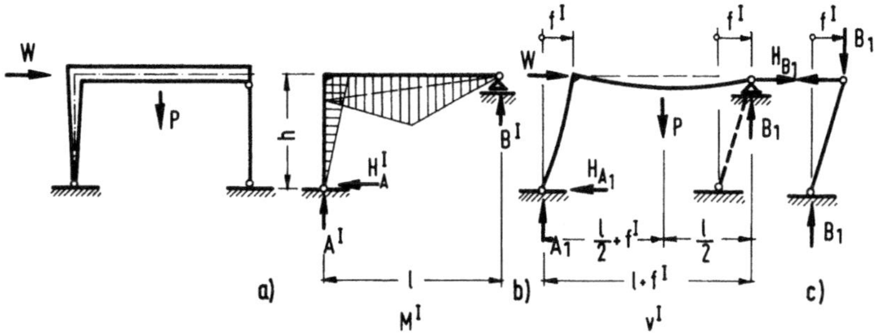

Bild 3.4

Die Gleichgewichtsgleichungen am verformten System lauten (B.3.4c):

$$\Sigma H = 0: \; W + H_{B_1} - H_{A_1} = 0; \quad \Sigma V = 0: \; P - A_1 - B_1 = 0$$
$$\Sigma M = 0: \; (W + H_{B_1})h + P(\frac{l}{2} + f^I) - B_1(l + f^I) = 0 \tag{3.32}$$

Wird in die letzte Gleichung G.3.31 eingesetzt, folgt:

$$B_1 = \frac{1}{l}[W h + P(\frac{l}{2} + f^I)] \tag{3.33}$$

A_1, H_{A_1} und H_{B_1} sowie M_1 und f_1 lassen sich nunmehr berechnen. Der erste Gesamtschritt ist damit abgeschlossen. Führt man die Rechnung in Teilschritten durch, ist nach jedem Schritt die Zwischensumme zu bilden und hierfür die Änderung der Stabkräfte zu bestimmen.

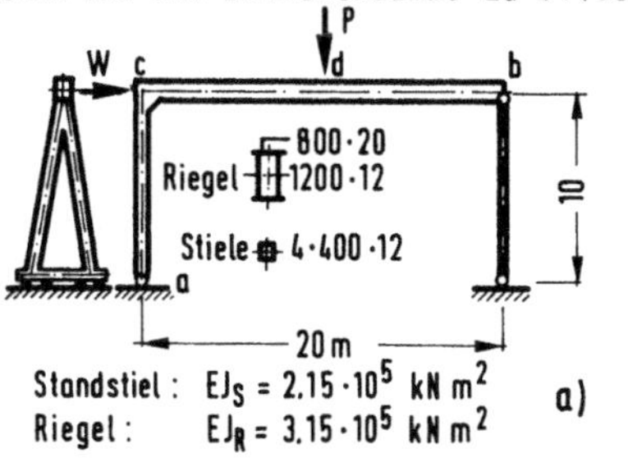

	f	M_c	M_d
Theorie I.Ordn.	0,276	1026	6498
1.Gesamtiter.	0,334	1356	6663
2. "	0,346	1426	6698
3. "	0,349	1440	6705
4. "	0,350	1444	6707
	m	kNm	

d)

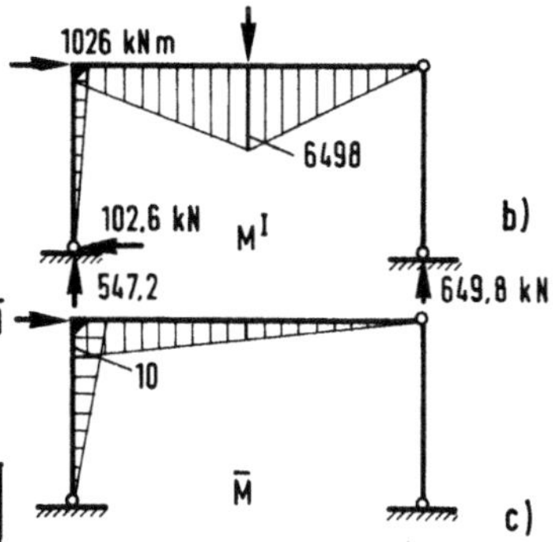

Bild 3.5

An einem Zahlenbeispiel soll die Berechnung weiter verdeutlicht werden. In B.3.5 ist das System eines Portalkranes dargestellt. Die ν-fachen Kräfte betragen:

$$P = 1197 \text{ kN}$$
$$W = 102{,}6 \text{ kN}$$

In Th.I.Ordn. ergibt sich hierfür die in B.3.5b abgebildete Momentenfläche M^I. Durch Überlagerung mit dem

virtuellen Hilfsangriff $\bar{I}$ ergibt sich die seitliche Verschiebung f^I=0,276 m. Die Gleichgewichtsgleichungen G.3.32 liefern: A_1=530,7 kN, H_{A1}=102,6 kN, B_1=666,3 kN, H_{B2}=18,4 kN. Es sind dieses die Stützgrößen des 1. Gesamtschrittes unter Berücksichtigung der seitlichen Verformung. Es wird unterstellt, daß die Momentenfläche M_1 wie M^I geradlinig begrenzt ist. Die Überlagerung mit $\bar{M}$ ergibt f_1=0,334 m. Die Tabelle in B.3.5d weist die weiteren Berechnungsschritte aus.
Aus den Verschiebungswerten werden die γ-Quotienten gebildet:

$$\Delta f_1 = f_1 - f^I = 0{,}334 - 0{,}276 = 0{,}058\,\text{m}: \quad \gamma_0 = \frac{\Delta f_1}{f^I} = \frac{0{,}058}{0{,}276} = 0{,}210$$

$$\Delta f_2 = f_2 - f_1 = 0{,}346 - 0{,}334 = 0{,}012\,\text{m}: \quad \gamma_1 = \frac{\Delta f_2}{\Delta f_1} = \frac{0{,}012}{0{,}058} = 0{,}207$$

Wollte man γ_2, γ_3 ... berechnen, wäre von Anfang an eine größere Stellenzahl notwendig gewesen. Die seitliche Auslenkung nach Th.II.Ordn. wird nach G.3.9 und G.3.12 abgeschätzt:

$$f^{II} = f^I\left(1 + \frac{\gamma_0}{1-\gamma_1}\right) = 0{,}276\left(1 + \frac{0{,}210}{1-0{,}207}\right) = 0{,}349\,\text{m}$$

$$f^{II} = f^I\left(\frac{1}{1-\gamma_1}\right) = 0{,}276\left(\frac{1}{1-0{,}207}\right) = 0{,}349\,\text{m}$$

Wendet man den Vergrößerungsfaktor der letzten Abschätzung auf die Biegungsmomente an, ergibt sich:

$$\alpha_f = \frac{1}{1-0{,}207} = 1{,}27 \longrightarrow \begin{array}{l} c:\; M_c^{II} = 1{,}27 \cdot 1026 = 1303 \neq 1444 \;\text{kNm} \\ d:\; M_d^{II} = 1{,}27 \cdot 6498 = 8255 \neq 6707 \;\text{kNm} \end{array}$$

Offensichtlich ergeben sich unbrauchbare Werte, was der Vergleich mit den Tabellenwerten des B.3.5d verdeutlicht. Die Abschätzung mißlingt hier deshalb, weil die Änderung der Momentenordinaten graduell eine andere ist als die der seitlichen Auslenkung f. Bildet man dagegen die γ-Quotienten unter Bezug auf die lokalen Momentenordinaten

$$M_c:\; \Delta M_{c1} = M_{c1} - M_c^I = 1356 - 1026 = 330\,\text{kN}: \; \gamma_0 = 0{,}322$$
$$M_d:\; \Delta M_{d1} = M_{d1} - M_d^I = 6663 - 6498 = 165\,\text{kN}: \; \gamma_0 = 0{,}025$$

und hieraus die den jeweiligen Momenten zugeordneten Verformungsfaktoren, ergibt sich:

$$M_c: 1/(1-\gamma_0) = 1/(1-0{,}322) = 1{,}47: \quad M_c^{II} = 1{,}47 \cdot 1026 = 1508 \;\text{kNm}$$

$$M_d: 1/(1-\gamma_0) = 1/(1-0{,}025) = 1{,}03: \quad M_d^{II} = 1{,}03 \cdot 6498 = 6667 \;\text{kNm}$$

Diese Abschätzung liegt für M_c um 4% auf der sicheren und für M_d um 0,6% auf der unsicheren Seite, sie ist somit völlig ausreichend. Offensichtlich ist es wichtig, daß die γ-Quotienten immer gesondert für jene Verformungs- bzw. Schnittgrößen bestimmt werden, deren Werte in Th.II.Ordn. gesucht sind!

Die Berechnung der Knicklast kann unter Bezug auf die aus den Verschiebungen bestimmten γ-Werten erfolgen, weil das Ausknicken mit einer seitlichen Auslenkung einhergeht:

$$D_{Ki} = \frac{D}{\gamma} \approx \frac{A^I}{\gamma_0} = \frac{547{,}2}{0{,}210} = 2605 \;\text{kN} \longrightarrow \beta = 2{,}85 \;(2{,}90)$$

Der in der Klammer angeschriebene Knicklängenbeiwert resultiert aus der Lösung des Eigenwertproblems, vgl. Abschnitt 5.13.3.

3.1.5.3 Zweigelenkrahmen

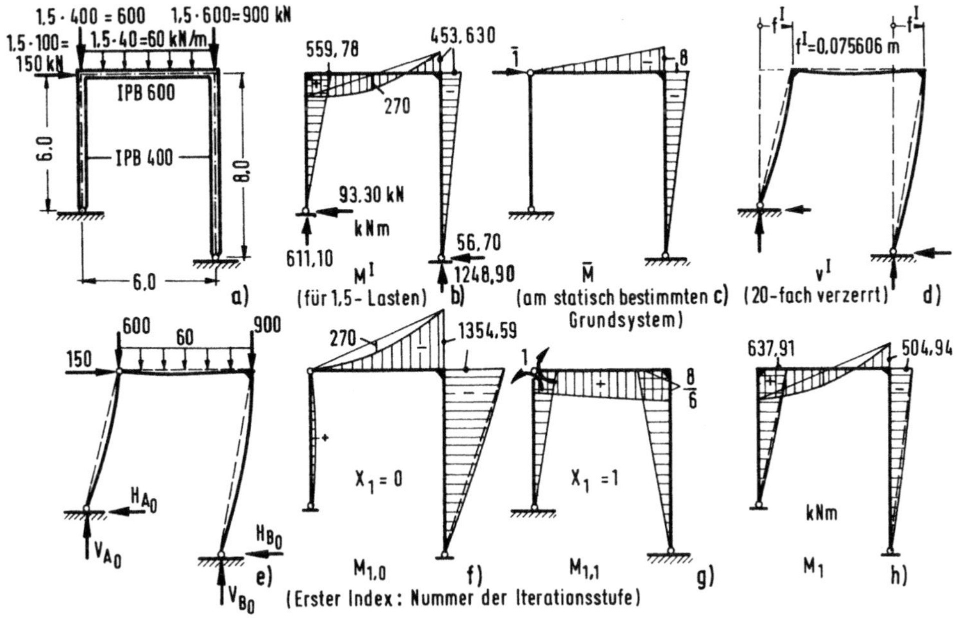

Bild 3.6

Der verschiebliche, einfach statisch unbestimmte Rahmen ist in B.3.6a dargestellt. Die Belastung besteht aus zwei lotrechten Einzellasten, einer Riegelgleichlast und einer Horizontallast. Die ν=1,5-fachen Lastwerte sind in B.3.6a angeschrieben, Bildteil b zeigt die Momentenfläche M^I. Um hierfür die seitliche Ausbiegung des Rahmens zu bestimmen, wird das in B.3.6c dargestellte statisch bestimmte Grundsystem für den Hilfsangriff gewählt (Reduktionssatz!). Bildteil d zeigt den Verformungszustand. Die Verbiegung der Stiele und Riegel gegenüber den Stabsehnen wird mittels MOHRscher Ersatzbelastung bestimmt; sie erweist sich als vergleichsweise gering. Um die Schnittgrößen im nachfolgenden Iterationsschritt berechnen zu können, bedarf es der Wahl eines statisch bestimmten Grundsystems, die Wahl ist im Bildteil e dargestellt. Sie stimmt mit Bildteil c überein, was nicht zwingend ist. An diesem Grundsystem werden mit den Ausgangsbelastungen und den Verformungen v^I gemäß Bildteil d die Schnittgrößen bestimmt. Die Gleichgewichtsgleichungen am verformten System lauten (Bild e):

$$H_{A0} + H_{B0} = 150; \quad V_{A0} + V_{B0} = 600 + 900 + 6{,}0 \cdot 60 = 1860 \text{ kN};$$

$$H_{A0} \cdot 6{,}0 + V_{A0} \cdot 0{,}07506 = 0; \quad V_{B0} \cdot (6{,}0 - 0{,}075606) - H_{B0} \cdot 8{,}0 - 900 \cdot 6{,}0 - 360 \cdot 3{,}0 = 0$$

Hieraus folgt:

$$V_{A0} = 554{,}23; \quad V_{B0} = 1305\ 76; \quad H_{A0} = -6{,}98; \quad H_{B0} = 156{,}98 \text{ kN}$$

Nun werden die Biegungsmomente $M_{1,0}$ berechnet, wobei die den Stabsehnen überlagerten Stabverformungen berücksichtigt werden. Das Ergebnis zeigt B.3.6f. Man stellt fest, daß der Verlauf der Biegungsmomente in den Stielen nur ganz geringfügig vom geradlinigen Verlauf abweicht. Der virtuelle Lastzustand X_1=1 wird am unverformten Grundzustand angesetzt. Bei der Überlagerung der Momentenflächen wird (näherungsweise) von den δ_{ik}-Tafeln Gebrauch gemacht. Nach Kenntnis von δ_{10} und δ_{11} wird X_1 bestimmt. Die Rechnung ergibt X_1=637,91 kNm und damit die im Bildteil h eingezeichnete Momentenfläche M_1 (des ersten Iterationsschrittes). Die Zunahme der Momente ist beträchtlich, vgl. Bildteil b. Für M_1 findet man die seitliche Verschiebung f_1=0,084832 m. Führt man die Berechnung strenger (unter Berücksichtigung der krummlinigen Momentenverläufe in den Stielen) durch (auch bei der Ermittlung von f_1), ergeben sich die Knotenmomente 646,47 kNm und 493,53 kNm sowie f_1=0,086259 m. Die Unterschiede sind gering (z.B. 0,086 m statt 0,085 m). Wird die Rechnung iterativ fortgesetzt, findet man für das linke Knotenmoment und die seitliche Verschiebung:

Grundzustand (Theorie I.Ordn.):	M = 559,78,	f = 0,0756
1. Iterationsschritt :	M = 637,91 (646,47),	f = 0,0848 (0,0863)
2. " :	M = 647,40 (658,30),	f = 0,0859 (0,0878)
3. " :	M = 648,54 (659,99),	f = 0,0861 m
4. " :	M = 648,69 kNm	

Die Klammerwerte gehören zur strengeren Rechnung, s.o. Da die der Stielsehnenverformung überlagerte Biegung bei der Näherungsrechnung unterdrückt wird, wird hierdurch die Biegesteifigkeit etwas zu hoch eingeschätzt, was sich in einer etwas geringeren Beanspruchung niederschlägt (ca. 1,5%).

Knicklastberechnung:

$$\Delta f_1 = 0{,}0848 - 0{,}0756 = 0{,}0092\,; \quad \gamma_0 = 0{,}0092/0{,}0756 = 0{,}1217$$
$$\Delta f_2 = 0{,}0859 - 0{,}0848 = 0{,}0011\,; \quad \gamma_1 = 0{,}0011/0{,}0092 = 0{,}1196$$
$$\approx 0{,}12 \longrightarrow \quad \alpha = \frac{1}{1-0{,}12} = 1{,}14$$

Linker Stiel: $D_{Ki} = 611{,}10/0{,}12 = 5093\,\text{kN} \longrightarrow \beta = 2{,}553\ (2{,}86)$

Rechter Stiel: $D_{Ki} = 1248{,}90/0{,}12 = 10407\,\text{kN} \longrightarrow \beta = 1{,}340\ (1{,}50)$

3.1.6 Vergrößerungsfaktoren nach DISCHINGER

Gegenüber den in Abschnitt 3.1.4 zusammengestellten Vergrößerungsfaktoren läßt sich noch eine Zuschärfung erreichen, wenn die anzunähernde Schnittgröße nach Th.II.Ordn. zu

$$S^{II} = S^{I}\left[1 + \frac{a_1}{\nu} + \frac{a_2}{\nu^2} + \dots + \frac{a_{n-1}}{\nu^{n-1}} + \frac{a_n}{\nu^n}\right] \tag{3.34}$$

angesetzt wird. Hierin bedeuten, vgl. G.3.9:

$$\frac{a_1}{\nu} = \frac{\Delta S_1}{S^I} = \gamma_0, \quad \frac{a_2}{\nu^2} = \frac{\Delta S_2}{S^I} = \frac{\Delta S_1}{S^I}\cdot\frac{\Delta S_2}{\Delta S_1} = \gamma_0 \cdot \gamma_1 \tag{3.35}$$

Mit jedem weiteren Iterationsschritt rückt der γ-Quotient näher an den Kehrwert der Knicksicherheit heran. Im Grenzfall $n \to \infty$ gilt:

$$\lim_{n\to\infty} \gamma_n = \lim_{n\to\infty} \frac{\Delta S_n}{\Delta S_{n-1}} = \lim_{n\to\infty} \frac{\Delta S_{n+1}}{\Delta S_n} = \frac{D}{D_{Ki}} \longrightarrow \nu_{Ki}\ (=\nu) \tag{3.36}$$

In diesem Grenzfall nähert sich a_n in G.3.34 einer Konstanten. G.3.34 wird umgeformt:

$$S^{II} = S^{I}\left\{\left[(1-a_n) + \frac{a_1-a_n}{\nu} + \frac{a_2-a_n}{\nu^2} + \dots\right] + a_n\left[1 + \frac{1}{\nu} + \frac{1}{\nu^2} + \dots\right]\right\}$$
$$= S^{I}\left\{\left[(1-a_n) + \frac{a_1-a_n}{\nu} + \frac{a_2-a_n}{\nu^2} + \dots\right] + a_n\frac{\nu}{\nu-1}\right\}; \quad (\nu \geq 1) \tag{3.37}$$

Je größer die Knicksicherheit ν ist, die bei einem Spannungsproblem Th.II.Ordn. vorhanden ist, umso schneller nähert sich a an a_n an. Ist $\nu \approx 2$ bis 3 oder größer, kann man die Reihe in der eckigen Klammer nach dem ersten Term abbrechen. Das ergibt:

$$S^{II} = S^{I}\cdot\left[(1-a_n) + a_n\frac{\nu}{\nu-1}\right] = S^{I}\cdot\left[\frac{\nu + (a_n - 1)}{\nu - 1}\right] = S^{I}\cdot\frac{\nu+\delta}{\nu-1} \tag{3.38}$$

Diese Beziehung geht auf DISCHINGER [1.8] zurück, vgl. auch [3.11]. δ hat in G.3.38 die Bedeutung eines Korrekturfaktors und ist von der Art des Systems und der Belastung abhängig. Je größer die Affinität des S^I-Zustandes mit dem Knickbiegezustand ist, umso kleiner ist δ.

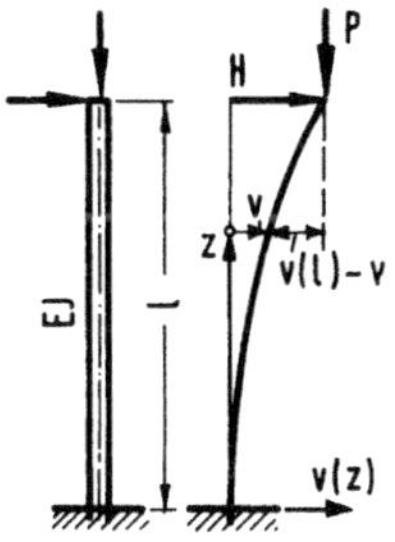

$\Delta M_1 = -Hl \cdot \frac{\varepsilon^2}{3!} \cdot (2 - 3\zeta^2 + \zeta^3)$	$\zeta = \frac{z}{l}$
$\Delta M_2 = -Hl \cdot \frac{\varepsilon^4}{5!} \cdot (16 - 20\zeta^2 + 5\zeta^4 - \zeta^5)$	
$\Delta M_3 = -Hl \cdot \frac{\varepsilon^6}{7!} \cdot (272 - 336\zeta^2 + 70\zeta^4 - 7\zeta^6 + \zeta^7)$	
$\Delta M_4 = -Hl \cdot \frac{\varepsilon^8}{9!} \cdot (7936 - 9792\zeta^2 + 2016\zeta^4 - 168\zeta^6 + 9\zeta^8 - \zeta^9)$	

Bild 3.7

Am Beispiel der Kragstütze wird die Berechnung von δ gezeigt, vgl. B.3.7. Die Belastung besteht aus einer Vertikal- und einer Horizontallast. In Th.I.Ordn. betragen Biegungsmoment und Durchbiegung:

$$M^I(z) = -Hl \cdot (1 - \zeta); \quad \zeta = z/l$$

$$v^I(z) = -l^2 \int_0^1 \left(\int_0^1 \frac{M^I(z)}{EJ} d\zeta \right) d\zeta = \frac{Hl^3}{6EJ}(3\zeta^2 - \zeta^3) \qquad (3.39)$$

Die Integrationskonstanten ergeben sich für v(0)=0 und v'(0)=0 zu Null. Aus der Durchbiegung $v^I(z)$ resultiert das Zusatzmoment $\Delta M_1(z)$ und hieraus eine neuerliche Durchbiegung $\Delta v_1(z)$ usf. Die Tabelle in B.3.7 weist die Zusatzmomente bis einschließlich ΔM_4 aus. Bei der Bildung des Gesamtmomentes

$$M^{II} = M^I + \Delta M_1 + \Delta M_2 + \cdots \qquad (3.40)$$

wird die Stabkennzahl

$$\varepsilon^2 = l^2 \cdot \frac{P}{EJ} \qquad (3.41)$$

eingeführt. Für das Einspannungsmoment an der Stelle ζ=0 ergibt sich:

$$\max M^{II} = M^{II}(0) = -Hl \cdot [1 + 2\frac{\varepsilon^2}{3!} + 16\frac{\varepsilon^4}{5!} + 272\frac{\varepsilon^6}{7!} + 7936\frac{\varepsilon^8}{9!} + \cdots] \qquad (3.42)$$

Mit

$$\nu = \frac{D_{Ki}}{D} = \frac{\pi^2 EJ}{4 l^2 P} = \frac{\pi^2}{4\varepsilon^2} \longrightarrow \varepsilon^2 = \frac{1}{\nu} \cdot \frac{\pi^2}{4} \qquad (3.43)$$

folgt:

$$\max M^{II} = -Hl \cdot [1 + \frac{0{,}822}{\nu} + \frac{0{,}812}{\nu^2} + \frac{0{,}811}{\nu^3} + \frac{0{,}811}{\nu^4}] \qquad (3.44)$$

Schließlich ergibt die Umformung gemäß G.3.36 mit $a_n \approx 0{,}811$:

$$\max M^{II} = -Hl \cdot [0{,}189 + \frac{0{,}011}{\nu} + \frac{0{,}001}{\nu^2} + 0{,}811 \cdot \frac{\nu}{\nu - 1}]$$

$$= -Hl \cdot [\frac{\nu - 0{,}189}{\nu - 1} + \frac{0{,}011}{\nu} + \frac{0{,}001}{\nu^2}] \qquad (3.45)$$

Wird der zweite und dritte Summand gestrichen, findet man G.3.37 mit δ=-0,189. In B.3.8 sind die von DISCHINGER [1.8] behandelten Fälle zusammengestellt. Hieraus wird deutlich, daß der δ-Wert positive oder negative Werte annehmen und für ein- und dasselbe Problem in verschiedenen Schnitten unterschiedlich ausfallen kann. Für den Fall verschieblicher Rahmenstiele liegt der δ-Wert, abhängig von der drehfederelastischen Bindung, zwischen 0 und -0,177 [3.11]. Bei baupraktischen Einspannver-

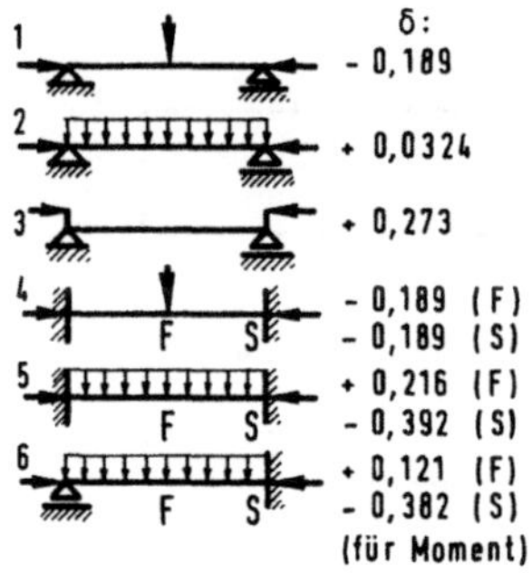

Bild 3.8

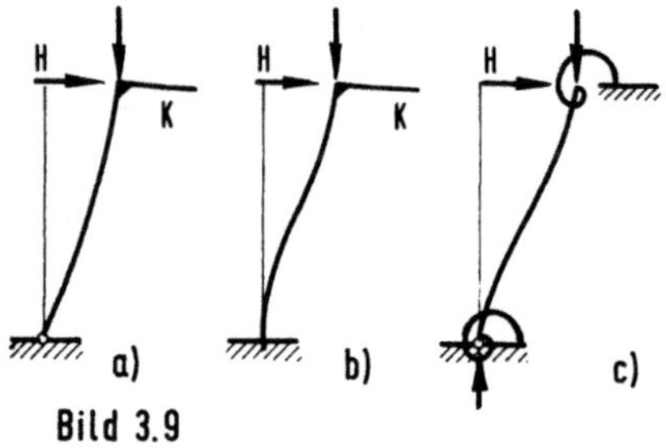

Bild 3.9

hältnissen liegt δ zwischen -0,05 und -0,10. B.3.9c symbolisiert die elastische Bindung. Wird G.3.38 umgestellt

$$S^{II} = S^{I} \cdot \frac{1}{\frac{\nu - 1}{\nu + \delta}} \tag{3.46}$$

und $\delta = -0,1$ sowie $\nu = 2,5$ angesetzt, ergibt sich:

$$S^{II} = S^{I} \cdot \frac{1}{\frac{2,5 - 1}{2,5 - 0,1}} = 1,60 \cdot S^{I}$$

Verzichtet man auf den δ-Wert, erhält man:

$$S^{II} = S^{I} \cdot \frac{1}{\frac{\nu - 1}{\nu}} = S^{I} \cdot \frac{1}{1 - \frac{1}{\nu}} = S^{I} \cdot \frac{1}{1 - \frac{D}{D_{Ki}}} = 1,67 \cdot S^{I}$$

Der Verformungseinfluß fällt hiernach somit 0,07/1,60=0,04=4% höher aus. Das bedeutet, daß die Berechnung verschieblicher Rahmentragwerke immer auf der sicheren Seite liegt, wenn von dem Vergrößerungsfaktor G.3.21 ausgegangen wird! Diese Anmerkung gilt für horizontal belastete, verschiebliche Rahmensysteme. Die Horizontalbelastung kann dabei auch in einer Schrägstellung der Stiele im Sinne einer Vorverformung bestehen. Vorstehende Schlußfolgerung kann man sich auch wie folgt verdeutlichen: Setzt man in G.3.46 $\nu = D_{Ki}/D$, folgt nach kurzer Umformung

$$S^{II} = S^{I} \cdot \frac{1 + \delta \frac{D}{D_{Ki}}}{1 - \frac{D}{D_{Ki}}} \tag{3.47}$$

Bei negativem δ führt die Vernachlässigung von δ immer zu einem zu hohen Zählerterm und damit einem zu hohen Vergrößerungsfaktor. Außerdem sei vermerkt, daß sowohl δ wie D/D_{Ki} kleine Werte sind und daher ihr Produkt gegenüber Eins sehr gering ist. Aus alledem folgt, daß bei verschieblichen Systemen die Berechnung der Verformungs- und Schnittgrößen nach Th.II.Ordn. mit einer für baustatische Berechnungen ausreichenden Genauigkeit mittels G.3.21 erfolgen kann.

3.1.7 Verfahren von ENGESSER/VIANELLO [3.1 u. 2]

3.1.7.1 Berechnungsanweisungen

Im Abschnitt 3.1.3/4 wurde bereits gezeigt, wie die Verzweigungslast durch Bildung des Quotienten $\Delta v_{n+1}/\Delta v_n$ (oder $\Delta M_{n+1}/\Delta M_n$) zweier aufeinander folgender Teilschnittiterationsstufen berechnet werden kann. Die Beweisführung gelang durch den Grenzübergang $S^{I} \to 0$, d.h. durch die Entartung des Verformungsproblems Th.II.Ordn. in ein Verzweigungsproblem. Die Grundbelastung kann bei dieser Deutung als infinitesimale (äußere) Störbelastung begriffen werden, die den unverformten Druckstab in Richtung der Knickausbiegungen beansprucht. Bei Erreichen der Verzweigungslast ist gemäß G.3.15:

$$\gamma = \lim_{n \to \infty} \frac{\Delta v_{n+1}}{\Delta v_n} = 1 \longrightarrow D_{Ki} \tag{3.48}$$

Da eine Grundbelastung mit Primärverformung real nicht existiert, kann auf das Δ-Zeichen verzichtet werden. $v_n = v_n(z)$ bedeutet damit die Biegelinie der n-ten Iterationsstufe. Wegen der großen Bedeutung des Verfahrens, das sich sehr gut programmieren läßt, werden nachfolgend verschiedene methodische Varianten behandelt, und an Beispielen erläutert.

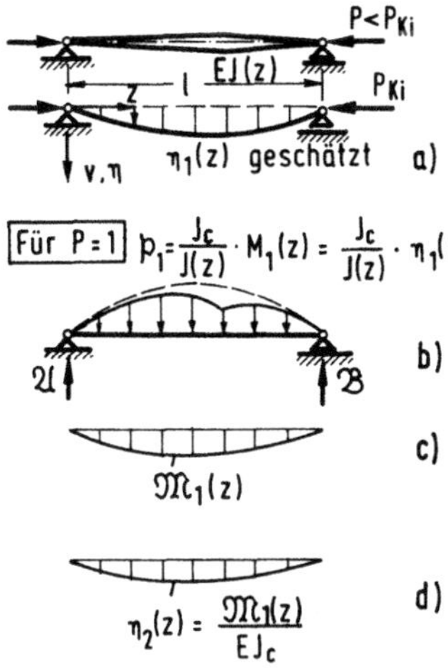

Bild 3.10

B.3.10 zeigt einen einfachen Druckstab mit variabler Biegesteifigkeit EJ(z). Für den Knickfall $P = P_{Ki}$ wird eine Biegelinie $\eta_1(z)$ geschätzt. Der Index 1 bedeutet 1. Iterationsstufe ≙ 1. Schätzung. Im Knickfall gilt streng: $M(z) = P_{Ki} \cdot v(z)$, wobei v(z) die exakte Knickbiegelinie ist. – Um die Richtigkeit der Schätzung η_1 zu prüfen, wird die zum Momentenverlauf $M_1 = P \cdot \eta_1$ gehörende Biegelinie $\eta_2(z)$ berechnet. Hierzu wird vom MOHRschen Verfahren ausgegangen, d.h., es wird für P=1 die J_c/J-fach verzerrte Momentenfläche $M_1(z)$ als fiktive Belastung aufgebracht (B.3.10b). Hierfür wird der Momentenverlauf $\mathfrak{M}_1$ rechnerisch oder zeichnerisch bestimmt und η_2 berechnet (vgl. B.3.10c/d):

$$\eta_2(z) = \frac{\mathfrak{M}_1(z)}{EJ_c} \qquad (3.49)$$

Wäre die Schätzung zutreffend gewählt worden, müßte im Knickfalle für jeden Wert von z die Gleichung

$$P_{Ki} \cdot \eta_2(z) = \eta_1(z) \qquad (3.50)$$

gelten. η_2 gehört zu P=1. Aus G.3.50 folgt:

$$P_{Ki} = \frac{\eta_1(z)}{\eta_2(z)} \qquad (3.51)$$

In der Regel werden die Quotienten der G.3.51 unterschiedliche Werte annehmen. Das ist dann ein Indiz dafür, daß die Schätzung die Knickbiegelinie nicht ausreichend genau annähert. Die Berechnung ist in diesem Falle, zweckmäßig mit $\eta_2(z)$ als zweiter Schätzung, zu wiederholen. Wenn nach mehreren Schritten die Quotienten zweier aufeinander folgender Rechnungen hinreichend übereinstimmen, ergibt sich die Knicklast wegen

$$\lim_{n\to\infty} \frac{P_{Ki} \cdot \eta_{n+1}}{\eta_n} = 1 \quad \text{aus:} \quad P_{Ki} = \frac{\eta_n}{\eta_{n+1}} \qquad (3.52)$$

(Der Quotient kann auch aus den Biegungsmomentenordinaten zweier aufeinander folgender Iterationsstufen gebildet werden.)

Sind die Abweichungen $\eta_n(z)/\eta_{n+1}(z)$ nicht groß, kann die Rechnung durch Mittelwertbildungen von der Art

$$P_{Ki,m} = \frac{\sum^{m} P_{Ki}}{m} \quad \text{oder} \quad P_{Ki,m} = \frac{\sum^{m} \eta_n}{\sum^{m} \eta_{n+1}} \qquad (3.53)$$

zugeschärft und ggf. gleichzeitig verkürzt werden. m ist in G.3.53 die Anzahl der Schnittstellen z, an denen die Quotienten G.3.52 gebildet werden. Es ist auch möglich, den Quotienten der Flächeninhalte unter den η-Linien als Mittelwert zu verwenden.

Die Konvergenz des Verfahrens ist gesichert [3.12]. Die erforderliche Anzahl der notwendigen Rechenschritte wird vorrangig von der Güte der ersten Schätzung bestimmt. Bei variabler Biegesteifigkeit wird man zweckmäßig im Falle eines symmetrischen Verlaufes eine Sinuslinie oder Parabel und bei asymmetrischem Verlauf eine kubische Parabel zugrundelegen. Auch kann eine sonstwie intuitiv geschätzte Biegelinie, die z.B. mit Hilfe eines Kurvenlineals entworfen wird, gewählt werden, vgl. B.3.11.

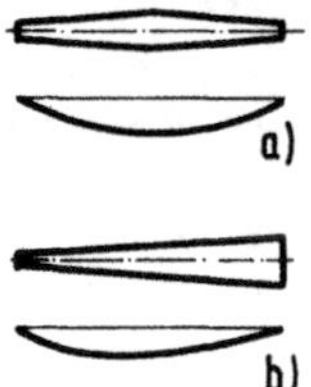

Bild 3.11

Bei sprunghaft veränderlicher Biegesteifigkeit oder / und Einzellastangriff im inneren Stabbereich verläuft die Rechnung entsprechend. In B.3.12a ist dieser Fall dargestellt. Wirken in Stablängsrichtung Einzellasten, so ist zu beachten, daß sich die Kräfte beim Ausknicken seitlich verschieben. Durch die exzentrisch wirkenden Lasten werden Auflagerkräfte geweckt. Im Falle des in B.3.12b dargestellten Beispieles mit richtungstreuen Kräften P_i liefert die Momentengleichgewichtsgleichung $\Sigma M=0$ nach vorausgegangener Normierung auf $\overset{n}{\Sigma} P_i$

$$Al - \overset{n}{\Sigma} \frac{P_i}{\Sigma P_i} \cdot \eta_i = 0 \longrightarrow A = \frac{\overset{n}{\Sigma} \frac{P_i \eta_i}{\Sigma P_i}}{l} = -B \tag{3.54}$$

Transversalkraft und Längskraft (als Druckkraft positiv) betragen im Stabbereich zwischen

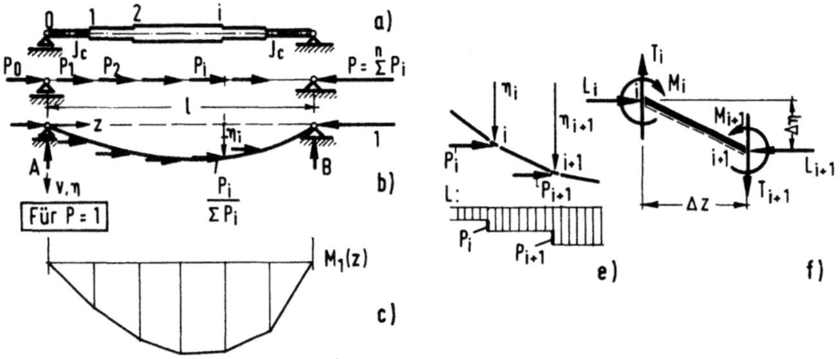

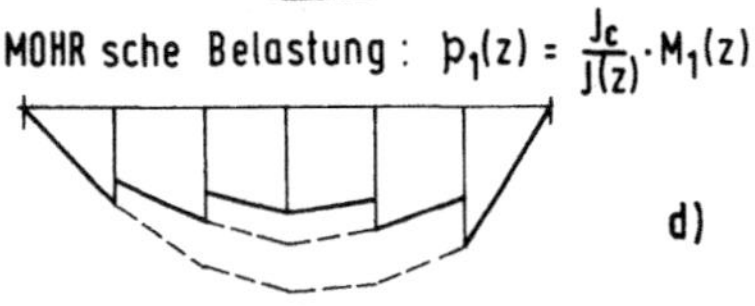

Bild 3.12

den Schnittstellen i und i+1:

$$T_i = A = \text{konst}; \quad L_i = \overset{i}{\Sigma} \frac{P_i}{\Sigma P_i} \tag{3.55}$$

Die Momentenbedingung am Stabelement Δz ergibt:

$$M_{i+1} = M_i + T_i \cdot \Delta z + L_i \cdot (\eta_{i+1} - \eta_i) \tag{3.56}$$

Diese Gleichung dient zur tabellarischen Bestimmung von $M(z)$, z.B. von $M_1(z)$ beim ersten Iterationsschritt (B.3.12c).
Werden beim Ausknicken infolge "mitgehender", d.h. nichtrichtungstreuer Kräfte, noch quergerichtete Kraftkomponenten geweckt, so sind diese in die Momentengleichung aufzunehmen. Für die gewählte $\eta(z)$-Verformung läßt sich immer eine eindeutige Momentenfläche angeben. Liegt ein von einer beidseitig gelenkigen Lagerung abweichender Fall vor, ist bei der Verformungsberechnung nach MOHR vom zugehörigen Ersatzträger auszugehen, vgl. z.B. B.3.15a, oder es ist durch Legen einer Schlußlinie den Randbedingungen zu genügen.

Liegt ein statisch unbestimmtes System vor, sind innerhalb jeder Iterationsstufe die zur geschätzten Biegelinie $\eta(z)$ gehörenden statisch Unbestimmten zu berechnen. Am Beispiel des in B.3.13 dargestellten Druckstabes wird das Vorgehen erläutert. Die Lagerung ist einfach statisch unbestimmt. Als statisch Unbestimmte wird das Einspannungsmoment gewählt.

Getrennt für die Momentenanteile $1 \cdot \eta_1(z)$ und $X_I \cdot z/l$ werden nach $J_c/J(z)$-facher Verzerrung die Biegelinien und Auflagerdrehwinkel als Momentenfläche bzw. Auflagerkräfte unter den MOHRschen Belastungen $\mathfrak{p}_0$ und $\mathfrak{p}_I$ bestimmt:

$$\text{Zustand } X_I = 0: \qquad \delta_0 = \mathfrak{B}_0 / EJ_c$$

$$\text{Zustand } X_I = 1: \qquad \delta_1 = \mathfrak{B}_1 / EJ_c \tag{3.57}$$

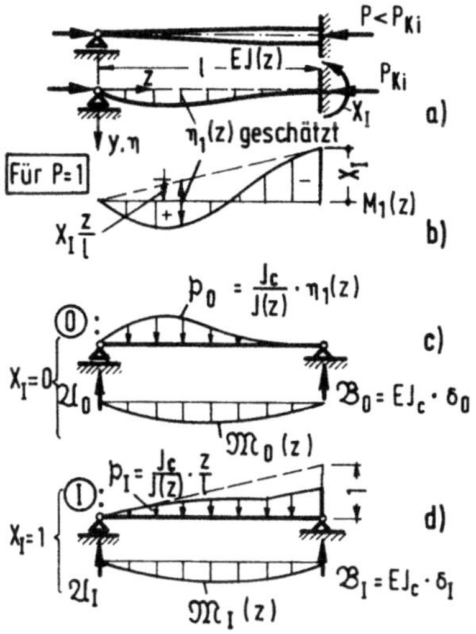

Bild 3.13

Verträglichkeitsgleichung:

$$\delta_0 + X_I\,\delta_I = 0 \quad\longrightarrow\quad X_I = -\frac{\delta_0}{\delta_I} = -\frac{\mathfrak{B}_0}{\mathfrak{B}_I} \tag{3.58}$$

Für P=1 ergibt sich das MOHRsche Moment zu

$$\mathfrak{M}(z) = \mathfrak{M}_0(z) + X_I\,\mathfrak{M}_I(z) \tag{3.59}$$

und hieraus nach Division durch EJ_c die gesuchte Biegelinie η_2, usf.

Es sei angemerkt, daß es auch möglich ist, mit der vorgegebenen Grundbelastung, also ohne Normierung auf Eins, die Rechnung durchzuführen. Dann lautet die Bestimmungsgleichung im Knickfalle: $\nu_{Ki}\cdot\eta_{n+1}=\eta_n$, woraus man die Knicksicherheit gegenüber der Grundbelastung erhält.

Schließlich sei darauf hingewiesen, daß durch Anpassung an die lokale Beanspruchung der Knickmodul T_K (bzw. T) innerhalb jeder Iterationsstufe eingeführt werden kann, womit die Berechnung der plastostatischen Knicklast gelingt; vgl. hierzu [3.10].

3.1.7.2 Beispiele

1. Beispiel: Kragstütze mit konischer Erstreckung. Der Querschnitt ist kastenförmig, die Blechdicke ist variabel. In B.3.14a sind die Einzelheiten ausgewiesen. Für zwei Fälle wird die Knicklast berechnet: ①: Richtungstreue, ②: sehnentreue Belastung.

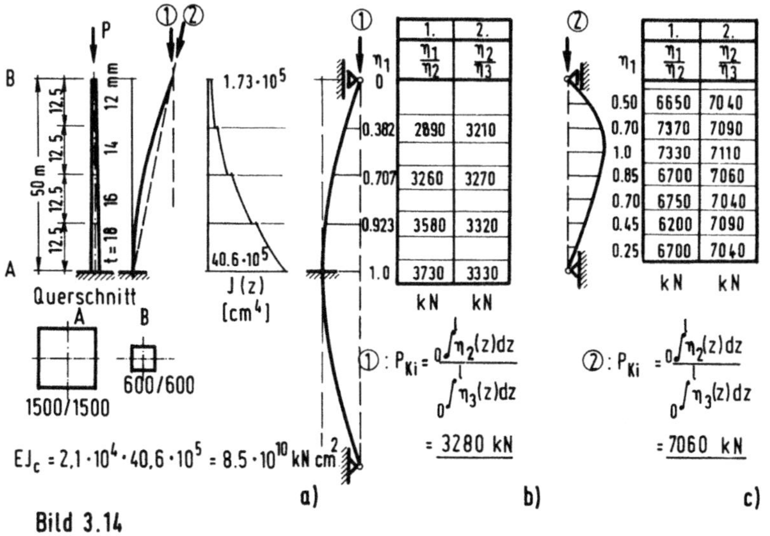

Bild 3.14

Im Falle ① kann die Kragstütze durch spiegelbildliche Ergänzung zu einem gleichwertigen, beidseitig gelenkig gelagerten Druckstab ergänzt werden, siehe B.3.14b. Die η_1-Linie wird sinusförmig angesetzt. Nach zwei Iterationsschritten findet man P_{Ki}=3280 kN als Quotient der unter den Linien η_2 und η_3 liegenden Flächen. Wird nach G.3.53a gerechnet, ergibt sich nach dem ersten Rechenschritt 3365 kN und nach dem zweiten 3283 kN; vgl. die Tabelle in B.14b.

Im Fall ② kann die Berechnung wegen der sehnentreuen Kraftrichtung auf einen beidseitig gelenkig gelagerten Stab der Länge l=50 m zurückgeführt werden. η_1 wird mit einer Ausbauchung im schwächeren Stabbereich geschätzt. In B.3.14c ist das Rechenergebnis ausgewiesen. Hier liefern die vorgenannten Mittelwertbildungen: 6814 kN bzw. 7067 kN.

2. Beispiel: Kragstütze mit veränderlicher Trägerdicke, ohne und mit aufgeständertem

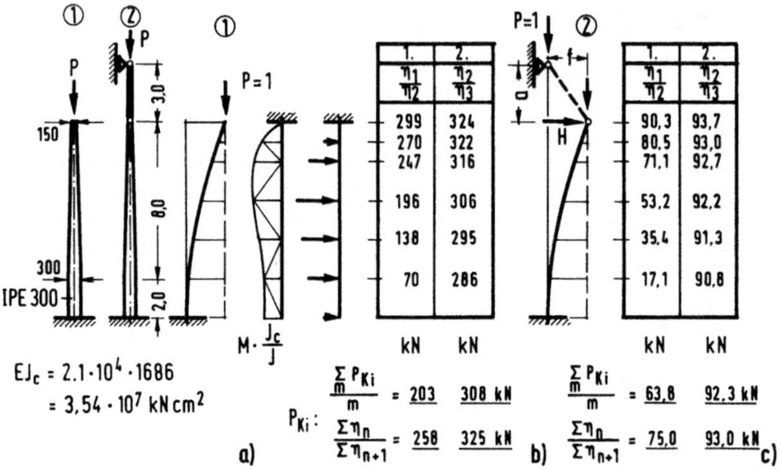

Bild 3.15

Druckstab; somit liegt einmal eine richtungstreue (Fall ①) und das andere Mal eine nichtrichtungstreue (Fall ②) Belastung vor, vgl. B.3.15.
Für beide Fälle wird von derselben η_1-Linie ausgegangen. Der Verlauf der $M \cdot J_c/J$-Fläche und die zugehörige MOHRsche Belastung, die gemäß B.3.3 in Einzellasten zerlegt wird, sind in B.3.15a angedeutet. Die Rechenergebnisse sind für beide Fälle einschließlich der Mittelwertbildungen gemäß G.3.53 ausgewiesen.
Im Fall ② ist für die gewählte Auslenkung f am freien Ende der Kragstütze die zugehörige Abtriebskraft $H=P \cdot f/a$ zu bestimmen und in das Moment mit einzurechnen, hierin besteht der einzige Unterschied zu Fall ①.

3. Beispiel: Obergurt eines Fachwerkträgers [3.6]. Der Obergurt ist senkrecht zur Fachwerkebene nicht gestützt. In der Untergurtebene und an den Seiten ist ein Verband vorhanden, vgl. B.3.16a. Der Fall: Knicken des Obergurtes aus der Fachwerkebene heraus ist für die Stabilität bestimmend. Die Biegesteifigkeit ist variabel. Es werden zwei Fälle unterschieden: Fall ① : Die äußeren Knotenlasten greifen im Untergurt an, Fall ② : Die Knotenlasten greifen am Obergurt an. Im Grundzustand ist die Obergurtbeanspruchung für beide Fälle identisch. Die Stabkräfte sind in B.3.16a eingetragen.

Fall ① : Es wird eine quadratische Parabel mit der mittigen Auslenkung 1 (z.B. 1 m) für $\eta_1(z)$ gewählt. Da sich die Ausfachung scharnierartig um die Untergurtachse dreht, weil hier der Verband eine seitliche Verschiebung verhindert, sind die in den Obergurtknoten abgesetzten Differenzkräfte richtungstreu. Die $M_1(z)$-Fläche kann gemäß G.3.56 berechnet und anschließend J_c/J-fach verzerrt werden. Bildteil c zeigt das Ergebnis der weiteren Rechnung. Da die Rechnung von der Grundbelastung ausgeht, liefert die Quotientenbildung die Knicksicherheit.
Fall ② : Die aus ihrer Ebene ausgelenkten Knotenlasten rufen in Richtung der Ausbiegung Umlenkkräfte $H=P \cdot \eta/h$ hervor. h ist die Höhe des Fachwerkes. Diese Kräfte sind in das zur $\eta_1(z)$-Linie gehörende Lastbild auszunehmen, wie in B.3.16d dargestellt. Das Ergebnis der weiteren Rechnung geht aus der Tabelle des Bildteiles d hervor.

Die Beispiele machen den großen Einfluß der Richtungseigenschaften der äußeren Kräfte auf die Knicklasten deutlich; diese dienen zur Bestimmung von Knicklängen (Ersatzstab-

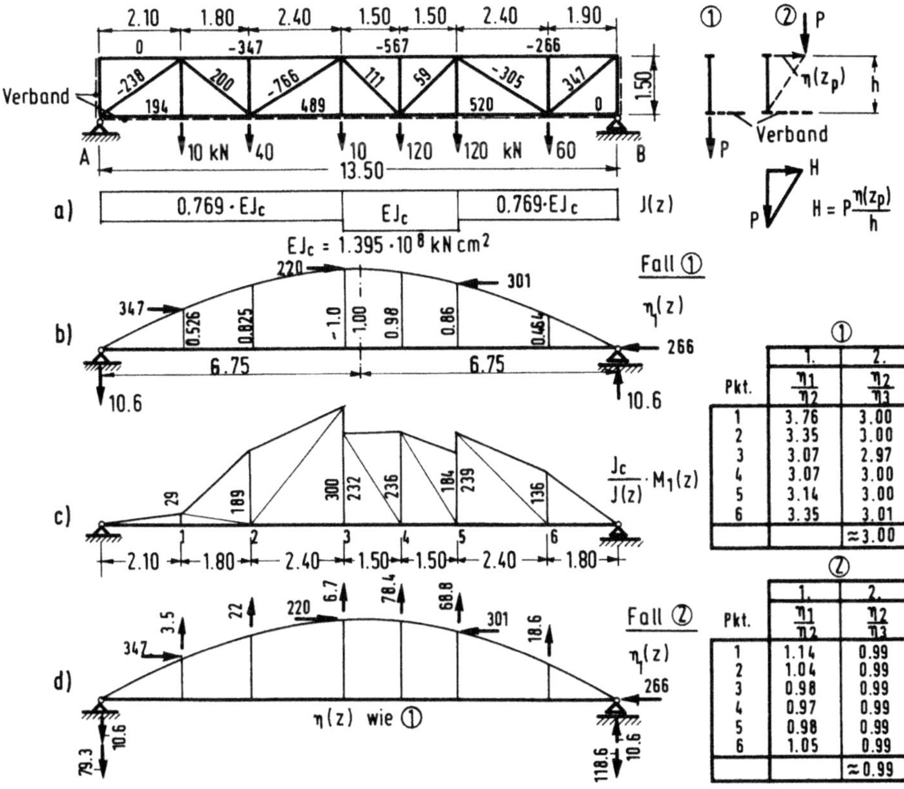

①

Pkt.	1. η_1/η_2	2. η_2/η_3
1	3.76	3.00
2	3.35	3.00
3	3.07	2.97
4	3.07	3.00
5	3.14	3.00
6	3.35	3.01
		≈3.00

②

Pkt.	1. η_1/η_2	2. η_2/η_3
1	1.14	0.99
2	1.04	0.99
3	0.98	0.99
4	0.97	0.99
5	0.98	0.99
6	1.05	0.99
		≈0.99

Bild 3.16

längen), Vergleichsträgheitsmomenten oder (am realistischsten) zur Berechnung der Vergrößerungsfaktoren α, G.3.21.

3.1.8 Bezug zur Integralgleichungsmethode

Die Einflußfunktionen $G(\zeta,z)$ und $\bar{G}(\zeta,z)$ für Durchbiegung und Biegungsmoment an der Stelle ζ sind durch die Gleichungen

$$v(\zeta) = \int_0^l G(\zeta,z)\cdot q(z)\,dz \tag{3.60}$$

$$M(\zeta) = \int_0^l \bar{G}(\zeta,z)\cdot q(z)\,dz; \quad \bar{G}(\zeta,z) = -EJ(\zeta)\cdot\frac{d^2G(\zeta,z)}{d\zeta^2} \tag{3.61}$$

in eindeutiger Weise definiert, sie sind randbedingungskonform. Im Falle eines Knickproblems ist der Stab im Grundzustand querbelastungsfrei ($q(z)=0$), im Moment des Ausknickens wirkt die transversale Umlenkkraft:

$$q(z) = -D_{Ki}(z)\cdot v''(z) \tag{3.62}$$

(Vgl. Abschnitt 1.2.4.3 und B.1.15). Mit $v''(z)=-M(z)/EJ(z)$ folgt damit:

$$v(\zeta) = \int_0^l G(\zeta,z)\cdot D_{Ki}(z)\frac{M(z)}{EJ(z)}dz; \quad M(\zeta) = \int_0^l \bar{G}(\zeta,z)\cdot D_{Ki}(z)\frac{M(z)}{EJ(z)}dz \tag{3.63}$$

Es ist jener Lastfaktor ν_{Ki} gesucht, um welchen die Druckkraft $D(z)$ gesteigert werden muß, damit diese Gleichungen erfüllt sind. Das führt mit $D_{Ki}(z)=\nu_{Ki}\cdot D(z)$ auf die

Formel:

$$\nu_{Ki} = \frac{v(\zeta)}{\int_0^l G(\zeta,z)\cdot D(z)\frac{M(z)}{EJ(z)}dz} = \frac{M(\zeta)}{\int_0^l \bar{G}(\zeta,z)\cdot D(z)\frac{M(z)}{EJ(z)}dz} \tag{3.64}$$

Indem $v(\zeta)$ oder $M(\zeta)$ geschätzt und hieraus neuerlich $v(\zeta)$ bzw. $M(\zeta)$ berechnet werden (das ist der Inhalt der im Nenner von G.3.64 stehenden Integrale), findet man für jede Schnittstelle ζ einen Wert $\nu_{Ki}(\zeta)$. Stimmen alle Werte überein, ist der Knickfaktor gefunden:

$$\nu_{Ki} = \frac{v_n(\zeta)}{v_{n+1}(\zeta)} = \frac{M_n(\zeta)}{M_{n+1}(\zeta)} = \text{konstant für jeden Wert von } \zeta \tag{3.65}$$

Die Integralgleichung für das Knickproblem folgt aus G.3.60, wenn G.3.62 eingesetzt und die Gleichung zweimal partiell integriert wird:

$$v(\zeta) = -\nu_{Ki}\int_0^l [G(\zeta,z)\cdot D(z)]''\, v(z)\,dz \tag{3.66}$$

Hierbei ist vorausgesetzt, daß die Durchbiegung an den Rändern Null ist. Ist D konstant, ergibt sich:

$$v(\zeta) = -D_{Ki}\int_0^l G''(\zeta,z)\cdot v(z)\,dz \tag{3.67}$$

Das ist eine FREDHOLMsche Integralgleichung 2. Art. - Zur Theorie der Integralgleichungsmethode wird auf [3.13-3.16] verwiesen, vgl. auch [3.17].

3.2. Verfahren approximativer Verformungsaffinität

3.2.1 Vorbemerkungen

Unter dem Titel "Verfahren approximativer Verformungsaffinität" werden im folgenden jene Methoden zusammengefaßt, die bei der Lösung von Verzweigungs- und Spannungsproblemen Th.II.Ordn. deren Affinität mit fiktiven Zwangs- oder realen Gebrauchsverformungszuständen ausnutzen, wobei diese mittels elementarer baustatischer Methoden berechnet oder aber nur abgeschätzt werden. Es handelt sich um echte Näherungsverfahren, im Gegensatz zu den Verfahren iterativer Annäherung, die die strenge Lösung asymptotisch annähern, wenn die Zahl der Rechenschritte nur groß genug ist. Die Näherungsverfahren werden den strengen Verfahren wegen ihrer Anschaulichkeit und Einfachheit gerne vorgezogen. Vielfach ist es völlig ausreichend, den Zuwachs der Schnittgrößen, der durch die Verformungen ausgelöst wird, näherungsweise abzuschätzen und in Form von Abtriebskräften den äußeren Horizontalkräften zuzuschlagen, wobei die Abschätzung von einem Vergleichszustand ausgeht. Als Nachteil aller Verfahrensvarianten ist der Umstand zu werten, daß die Güte der Näherungen unbekannt bleibt. Die Güte ist von dem Grad der Affinität der Vergleichszustände abhängig.

3.2.2 Durchbiegungsverfahren von PUWEIN/SAHMEL [3.18-3.21]

Die näherungsweise Berechnung der Verzweigungslast bzw. Knicklänge beruht auf der Gleichsetzung der äußeren Arbeit des gegebenen Knickproblems mit der Arbeit eines annähernd affinen Verformungszustandes. Der Vergleichszustand wird durch eine Hilfskraft H=1 in Form einer Seitenkraft erzeugt und zwar derart, daß

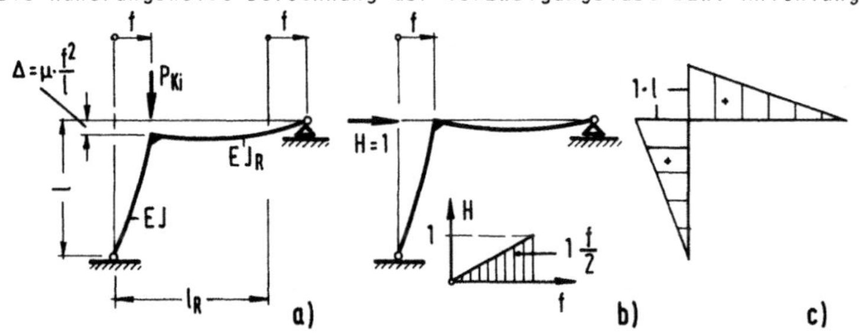

Bild 3.17

das System so verformt wird, wie es der zu erwartenden Knickfigur entspricht. Grundlage des Verfahrens ist somit eine Plausibilitätsüberlegung. Im Falle des in B.3.17 dargestellten einhüftigen Rahmens beträgt die äußere Arbeit infolge H=1:

$$A = 1 \cdot \frac{f}{2} \tag{3.68}$$

Die seitliche Auslenkung f berechnet sich zu:

$$f = \frac{1}{3}\left(\frac{l^3}{EJ} + \frac{l^2 \cdot l_R}{EJ_R}\right) \tag{3.69}$$

B.3.17b zeigt den Hilfszustand. Unterstellt man im Knickfall dieselbe seitliche Auslenkung f, so leistet die vertikale Kraft P die Arbeit:

$$A = P_{Ki} \cdot \mu \frac{f^2}{l} \tag{3.70}$$

μ ist ein vom System abhängiger Faktor. Die Verschiebung des Angriffspunktes von P berechnet sich aus der geometrischen Verkürzung des ausgebogenen Stabes gemäß Abschnitt 1.2.2.2.2 zu:

$$\Delta = \frac{1}{2}\int_0^l v'^2(z)\,dz \tag{3.71}$$

Für die in B.3.18 dargestellten Sonderfälle findet man beispielsweise:

a) gelenkig/eingespannt: $v(z) = f_E \cdot \sin\frac{\pi}{2}\frac{z}{l}$: $\Delta_E = \frac{\pi^2}{16}\cdot\frac{f^2}{l}$, d.h. $\mu = \frac{\pi^2}{16} = \underline{0{,}617}$ (3.72)

b) eingespannt/eingespannt: $v(z) = \frac{f_E}{2}(1-\cos\pi\frac{z}{l})$: $\Delta_E = \frac{\pi^2}{16}\frac{f^2}{l}$, d.h. $\mu = \frac{\pi^2}{16} = \underline{0{,}617}$ (3.73)

c) geradlinige Verformung: $v(z) = f\frac{z}{l}$: $\Delta_E = \frac{1}{2}\frac{f^2}{l}$, d.h. $\mu = \underline{0{,}500}$ (3.74)

Offensichtlich ist μ ein in Grenzen relativ gleichbleibender Wert. Dieser Umstand wird ausgenutzt. Für das reale Knickproblem, z.B. in B.3.18a linkerseits, werden die Arbeiten gemäß G.3.68 und G.3.70 gleichgesetzt:

$$P_{Ki} \cdot \mu \cdot \frac{f^2}{l} = \frac{1}{2} \cdot f \tag{3.75}$$

Als nächstes werden die Arbeiten für das äquivalente Knickproblem mit $EJ_R = \infty$ (B.18a rechterseits) gleichgesetzt:

$$P_E \cdot \mu_E \cdot \frac{f_E^2}{l} = \frac{1}{2} \cdot f_E \tag{3.76}$$

Der Index E steht für Ersatzproblem. Die Knicklasten der beiden Knickfälle betragen:

$$P_{Ki} = \frac{\pi^2 EJ}{s_K^2}; \qquad P_E = \frac{\pi^2 EJ}{s_{K,E}^2} \tag{3.77}$$

Werden diese Werte in G.3.75 bzw. G.3.76 eingesetzt und wird schließlich wegen der zu erwartenden weitgehenden Übereinstimmung der μ-Zahlen

$$\mu = \mu_E \tag{3.78}$$

gesetzt, ergibt sich nach einfacher Umformung:

$$s_K = s_{K,E}\sqrt{\frac{f}{f_E}} \tag{3.79}$$

Die Knicklänge s_K des zu lösenden Problems läßt sich somit mit Hilfe der (im allgemeinen in einfacher Weise zu bestimmenden) Verschiebungen f und f_E und der als bekannt vorausgesetzten Knicklänge des Ersatzproblems berechnen.

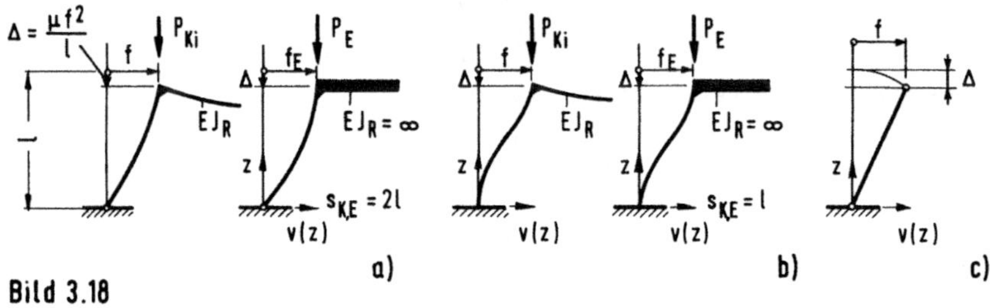

Bild 3.18

Im Falle des in B.3.17 dargestellten, einhüftigen Rahmens folgt mit f gemäß G.3.69 und

$$f_E = \frac{1}{3}\cdot\frac{l^3}{EJ} \tag{3.80}$$

die Knicklänge zu:

$$s_K = s_{K,E}\sqrt{1+\frac{EJ}{EJ_R}\cdot\frac{l_R}{l}} \tag{3.81}$$

Wird schließlich noch die Abkürzung

$$c = 2\frac{EJ}{EJ_R}\cdot\frac{l_R}{l} \quad \text{(Rahmenkonstante)} \tag{3.82}$$

sowie $s_{K,E}=2l$ und $s_K=\beta l$ eingeführt, ergibt sich:

$$\beta = 2\cdot\sqrt{1+0{,}5\cdot c} \tag{3.83}$$

Mittels einer Korrektur kann das Ergebnis noch zugeschärft werden, wenn berücksichtigt wird, daß μ eher 0,5 als 0,617 ist. Hierzu wird das zweite Glied unter der Wurzel um den Faktor 0,5/0,617=0,81 ≈ 0,80 reduziert, das liefert:

$$\beta = 2\cdot\sqrt{1+0{,}4\cdot c} \tag{3.84}$$

Der Vergleich mit der strengen Lösung

$$\beta = 2\cdot\sqrt{1+0{,}35\cdot c} \tag{3.85}$$

läßt eine gute Übereinstimmung erkennen. Die Formeln 3.83 und 3.84 liegen auf der sicheren Seite.

Auf der Basis des vorskizzierten Gedankenganges hat SAHMEL [3.19-21] für verschiedene Rahmen- und Stabsysteme Knicklängenbeiwerte β hergeleitet. Wie eingangs erwähnt, handelt es sich nicht um Eigenwertlösungen. - Für einfache (einstöckige) Strukturen sind die Lösungen brauchbar, das gilt mit gewissen Vorbehalten auch für die Formeln für mehrstöckige Rahmen mit eingespannten Stielen. Von der Anwendung der β-Zahlen für mehrstöckige Rahmen mit Fußgelenken muß indes abgeraten werden, weil sie z.T. auf der unsicheren Seite liegen. Das gilt auch für einen Teil der in [3.22] mitgeteilten Formeln! Insgesamt läßt sich die Güte der Formeln vom wissenschaftlichen Standpunkt her nur schwer beurteilen. Irgendwie sind sie sinnvoll, weil sie zu Verformungszuständen gehören, die mit den realen Lastzuständen korrespondieren. Vielleicht sind sie in diesem Sinne "vernünftiger" als jene β-Werte, die aus strengen Eigenwertberechnungen des elastischen Gesamtsystems folgen, weil hierbei, wie im Abschnitt 3.3.4 und 5.2.6 dargelegt, die plausibler Weise zu fordernde Affinität der Biegebeanspruchung des Verzweigungsproblems mit dem Spannungsproblem, insbesondere in den höheren Stockwerken, nicht existiert.
Abschließend sei erwähnt, daß G.3.79 nicht nur für Ersatzprobleme mit unendlich steifen Riegeln sondern auch für andere gilt. Voraussetzung ist nur, daß $s_{K,E}$ bekannt ist und

sich f_E (möglichst einfach) berechnen läßt. - So läßt sich z.B. mit G.3.79 auch der Einfluß der Normalkraft- und Querkraftformänderungsbeiträge auf die Knicklänge abschätzen. In dieser Möglichkeit sieht der Verf. die größte, wenn auch ursprünglich nicht ins Auge gefaßte Bedeutung. Zur Erläuterung wird ein Beispiel gerechnet. Gesucht ist der Dehnungseinfluß auf die Knicklänge des in B.3.19 dargestellten Trapezrahmens. Ersatzzustand ist der Rahmen mit dehnstarren Stäben. T.5.11/12 im Abschnitt 5.4 liefert hierfür $\beta=1{,}20$ ($\delta=J_R/J=2{,}468$; $\varkappa=l/l_R=2{,}539$; $\alpha=66{,}80^0$). Der Rahmen wird dem Hilfsangriff $\bar{1}$ ausgesetzt (B.3.19b) und hierfür die seitliche Verschiebung, einmal infolge alleinigem Biegungsmomenteneinfluß und einmal infolge alleinigem Normalkrafteinfluß berechnet:

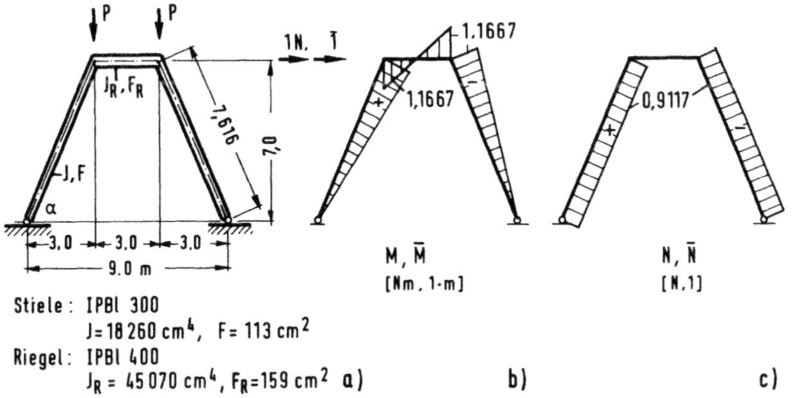

Bild 3.19

$$f^M = 2\frac{1}{3}116{,}6^2\cdot\frac{761{,}6}{EJ} + 2\frac{1}{6}116{,}67^2\cdot\frac{300}{EJ_R} \longrightarrow EJ\cdot f^M = 7{,}463\cdot 10^6\ Ncm^5$$

$$f^N = 2\cdot 0{,}9117^2\cdot\frac{761{,}6}{EF} \longrightarrow EJ\cdot f^N = 0{,}205\cdot 10^6\ Ncm^5$$

Nun werden f_E und f bestimmt und G.3.79 ausgewertet:

$$f_E = f^M;\ f = f^M + f^N = 7{,}667\cdot 10^6/EJ$$

$$\beta = \beta_E\sqrt{\frac{f}{f_E}} = 1{,}20\sqrt{\frac{7{,}667}{7{,}463}} = 1{,}215 \quad (\approx 1{,}4\%)$$

Der Einfluß der Stabdehnung ist erwartungsgemäß gering und liegt innerhalb der Tafelablesegenauigkeit von β_E. Für einen Trapezrahmen mit starrer Einspannung der Stiele ergibt sich: $\beta=0{,}757$ gegenüber $\beta=0{,}74$ ohne Dehnungseinfluß. - Bei flacherer Stielspreizung fällt der Dehnungsbeitrag größer aus.

3.2.3 Durchbiegungsverfahren von SATTLER

3.2.3.1 Berechnungsanweisungen zur Knickberechnung

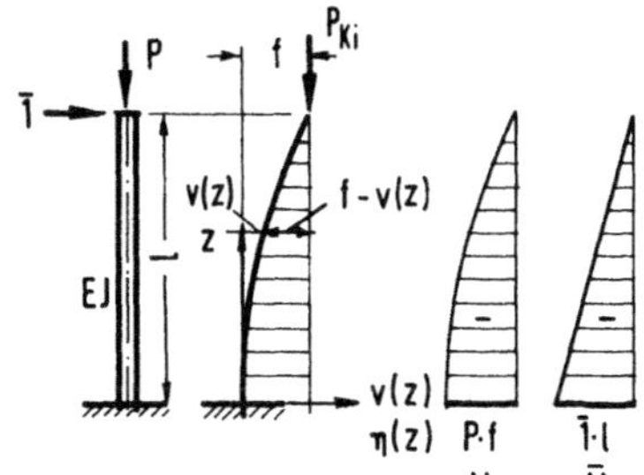

Bild 3.20

Der Grundgedanke des SATTLERschen Durchbiegungsverfahrens wird am EULER-Stab I erläutert, vgl. B.3.20. Durchbiegung v(z) und Biegungsmoment M(z) betragen im Knickfall:

$$v(z) = f\cdot\eta(z)\ ;\quad M(z) = -P_{Ki}\cdot[f - v(z)] = -P_{Ki}\cdot f[1-\eta(z)] \qquad (3.86)$$

Hierin ist $\eta(z)$ die auf die Auslenkung am freien Ende normierte Knickbiegelinie. Für $\eta(z)$ wird eine Biegefunktion frei gewählt, die ersatzweise an die Stelle der strengen Lösung tritt.

In Richtung der Bezugsverformung, hier in Richtung von f, wird der virtuelle Hilfsangriff $\bar{1}$ angesetzt und die

Arbeitsgleichung angeschrieben:

$$\bar{1}f = \int M\bar{M}\frac{dz}{EJ(z)} = \int_0^l P_{Ki}f[1-\eta(z)]\cdot\bar{1}(l-z)\frac{dz}{EJ} \longrightarrow \quad f = f\cdot\frac{P_{Ki}}{EJ}\cdot\int_0^l [1-\eta(z)]\cdot(l-z)\,dz \qquad (3.87)$$

Werden beide Seiten durch f dividiert und die bezogene Ordinate $\zeta=z/l$ eingeführt, gilt:

$$1 = P_{Ki}\frac{l^2}{EJ}\cdot\int_0^1 [1-\eta(\zeta)]\cdot(1-\zeta)d\zeta \qquad (3.88)$$

Läßt sich das Integral für eine die Knickverformung annähernd kennzeichnende Funktion $\eta(\zeta)$ lösen, kann P_{Ki} aus G.3.88 berechnet werden. Die Güte der Näherung wird für zwei Ansätze gezeigt:

a) Cosinuslinie:

$$\eta(\zeta) = 1-\cos\frac{\pi}{2}\zeta \longrightarrow P_{Ki} = \frac{\pi^2}{4}\frac{EJ}{l^2} = 2{,}467\frac{EJ}{l^2}; \quad \beta = 2 \qquad (3.89)$$

Da η die strenge Eigenfunktion darstellt, ergibt sich die exakte Lösung.

b) Biegelinie des Lastfalles: Einzellast am freien Ende (Normiert auf 1):

$$\eta(\zeta) = 3[\frac{1}{2}\zeta^2 - \frac{1}{6}\zeta^3] \longrightarrow P = 2{,}500\frac{EJ}{l^2}; \quad \beta = 1{,}987 \qquad (3.90)$$

Das Wesentliche ist hiermit schon gezeigt. Die Näherungslösungen lassen sich verbessern, wenn mit mehreren Bezugsverformungen f_1, f_2, ... gerechnet wird. Bei variabler Biegesteifigkeit bedarf es i.allg. numerischer Integrationen. In die Arbeitsgleichung G.3.87 können auch weitere Formänderungsbeiträge, z.B. infolge Q, N, aufgenommen werden. Anstelle eines funktionalen Verlaufes von $\eta(z)$ kann auch eine frei (mittels Kurvenlineal) entworfene Knickbiegeform verwendet werden. Schließlich läßt sich auch die plastostatische Knicklast berechnen, wenn der bereichsweise an die Beanspruchung angepaßte Knick- oder Tangentenmodul eingeführt wird.
Das Verfahren dient sowohl zur numerischen Berechnung von Knicklasten als auch zur Herleitung von "Knicklängen"-Formeln. Ist β bekannt, kann hiermit auch der Vergrößerungsfaktor α für Spannungsprobleme Th.II.Ordn. angegeben werden, vgl. G.1.14.
In [3.23 u. 0.36] ist die Verfahrensweise an Beispielen erläutert, im folgenden werden verschiedene Verfahrensvarianten vorgestellt.

3.2.3.2 Beispiele

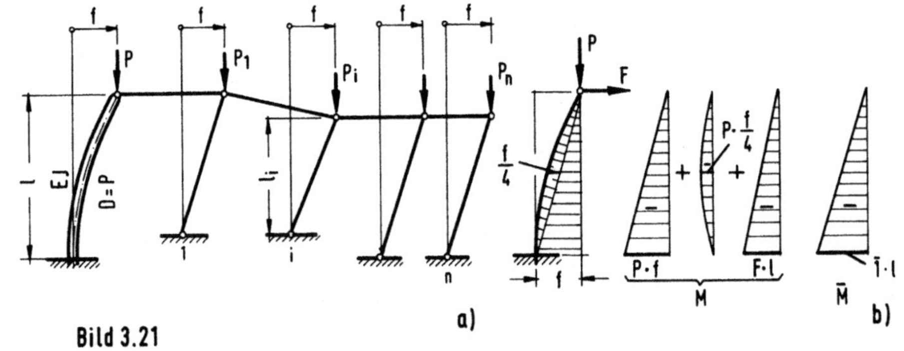

Bild 3.21

1. Beispiel: Stabilisierungsstütze mit angekoppelten Pendelstützen (B.3.21). Im ausgeknickten Zustand werden durch die Schrägstellung der belasteten Pendelstützen Abtriebskräfte geweckt. Die Stütze i liefert den Beitrag $P_i f/l_i$. f ist die Auslenkung der eingespannten Kragstütze. Die Abtriebskräfte summieren sich aus den n Pendelstützen zu:

$$F = \sum_{i=1}^{n} P_i\frac{f}{l_i} \qquad (3.91$$

Das Biegungsmoment der Kragstütze setzt sich aus drei Anteilen zusammen, siehe B.3.21b: Infolge ihrer Auslenkung und Verbiegung entsteht eine dreieckförmige Momentenfläche, der sich eine parabelähnliche Momentenfläche überlagert. Diese hat die Mittelordinate $P\cdot f/4$, wenn für die Durchbiegung eine quadratische Biegelinie unterstellt wird: Ergänzt auf $2\cdot l$ hat sie im Viertelspunkt die Ordinate $3/4\cdot f$. Wird hiervon $1/2\cdot f$ subtrahiert, verbleibt $1/4\cdot f$. Die Festhaltekraft F bewirkt eine dreieckförmige Momentenfläche mit dem Maximalwert $F\cdot l$. Die Arbeitsgleichung lautet:

$$\bar{1}\cdot f = \int_0^l M\bar{M}\frac{dz}{EJ} = \left(\frac{1}{3}Pf\cdot l + \frac{1}{3}P\frac{f}{4}\cdot l + \frac{1}{3}Fl\cdot l\right)\frac{1}{EJ} = \frac{Pf}{3}\frac{l^2}{EJ}\left(1+\frac{1}{4}+\sum_{i=1}^{n}\frac{P_i}{P}\frac{l}{l_i}\right) \qquad (3.92)$$

Hieraus folgt:

$$P_{Ki} = \frac{3EJ}{l^2}\cdot\frac{1}{(1{,}25+\varkappa)}\,;\quad \varkappa = \sum_{i=1}^{n}\frac{P_i}{P}\cdot\frac{l}{l_i} \qquad (3.93)$$

Wird G.3.93 mit $\pi^2 EJ/\beta^2 l^2$ gleichgesetzt, findet man den Knicklängenfaktor zu:

$$\beta = \pi\sqrt{\frac{5}{12}+\frac{1}{3}\varkappa} \qquad (3.94)$$

Die strenge Lösung wird im Abschnitt 5.13 mitgeteilt. Beispielsweise ergibt sich für $1/\gamma=0$ und $\varkappa=4$ der strenge Wert zu $\beta=4{,}16$. G.3.94 liefert denselben Wert; vgl. auch RABOLDT [3.24].

Im Abschnitt 5 werden weitere, nach dem Durchbiegungsverfahren hergeleitete Knicklängenformeln angegeben.

GÜNTHER berechnet in [3.25 u. 26] diverse β-Formeln unter der Annahme sinusförmiger Biegelinien. Für das zuvor behandelte Beispiel liefert die Rechnung:

$$\beta = \pi\sqrt{\frac{4}{\pi^2}+\frac{1}{3}\varkappa} \qquad (3.95)$$

Der Vergleich der Festwerte in den G.3.94 und 3.95 ergibt: $4/\pi^2=0{,}4053$, $5/12=0{,}4167$.

Die von CASSENS [3.27] berechneten β-Werte basieren auf einem etwas modifizierten Durchbiegungsverfahren. Hierbei wird für die Abtriebskraft $\Delta F=Pf^I/l$, worin f^I die Durchbiegung des verschieblichen Systems für das vorgelegte Spannungsproblem infolge einer Horizontalbelastung ist, der Durchbiegungszuwachs Δf unter Vorgabe einer sinusförmigen Biegelinie berechnet und zur Gesamtverformung $f^{II}=f^I+\Delta f$ aufaddiert: Wegen

$$f^{II} = f^I\frac{1}{1-\beta^2\dfrac{D}{D_{Ki,EULER\,II}}} \qquad (3.96)$$

ergibt sich hieraus β.

Auf [3.28/29] wird ergänzend hingewiesen.

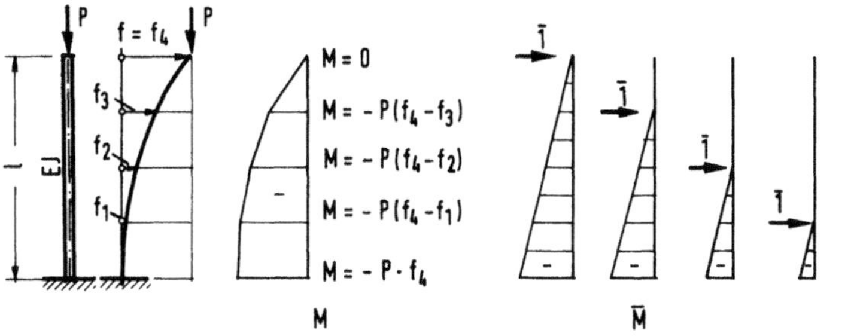

Bild 3.22

2. Beispiel: Kragstütze (EULER-Fall I). Es werden vier Bezugsverformungen in Form der Durchbiegungsordinaten f_1, f_2, f_3, f_4 eingeführt, vgl. B.3.22. Die Verformungsmomentenfläche wird polygonal berandet angesetzt und mit den Momentenflächen der vier virtuellen Hilfsangriffe in Höhe der Bezugsdurchbiegungen überlagert. Mit Hilfe der δ_{iK}-Tafeln findet man nach kurzer

Rechnung:

$$\bar{1}\cdot f_4 = \frac{Pl^2}{96\,EJ}(47\,f_4 - 6\,f_3 - 12\,f_2 - 18\,f_1)$$

$$\bar{1}\cdot f_3 = \frac{Pl^2}{96\,EJ}(27\,f_4 - f_3 - 6\,f_2 - 12\,f_1) \tag{3.97}$$

$$\bar{1}\cdot f_2 = \frac{Pl^2}{96\,EJ}(12\,f_4 \qquad - f_2 - 6\,f_1)$$

$$\bar{1}\cdot f_1 = \frac{Pl^2}{96\,EJ}(3\,f_4 \qquad\qquad - f_1)$$

Wird die Abkürzung

$$\gamma = 1 + \frac{96\,EJ}{P\,l^2} \tag{3.98}$$

eingeführt und das homogene Gleichungssystem, mit der letzten Gleichung beginnend, rekursiv aufgelöst, ergibt sich folgende Bestimmungsgleichung für γ:

$$\gamma^4 - 48\gamma^3 + 360\gamma^2 - 864\gamma + 648 = 0 \tag{3.99}$$

Die iterative Lösung dieser algebraischen Gleichung 4. Grades liefert die Lösung

$$\gamma_{Ki} = \min\gamma = 39{,}411 \longrightarrow P_{Ki} = \frac{96}{(\gamma - 1)}\cdot\frac{EJ}{l^2} = \frac{\pi^2}{3{,}949}\cdot\frac{EJ}{l^2} \tag{3.100}$$

Die strenge Lösung weist bekanntlich im Nenner die Zahl 4 auf.
Ist die Biegesteifigkeit variabel, sind die Integrale numerisch zu berechnen.

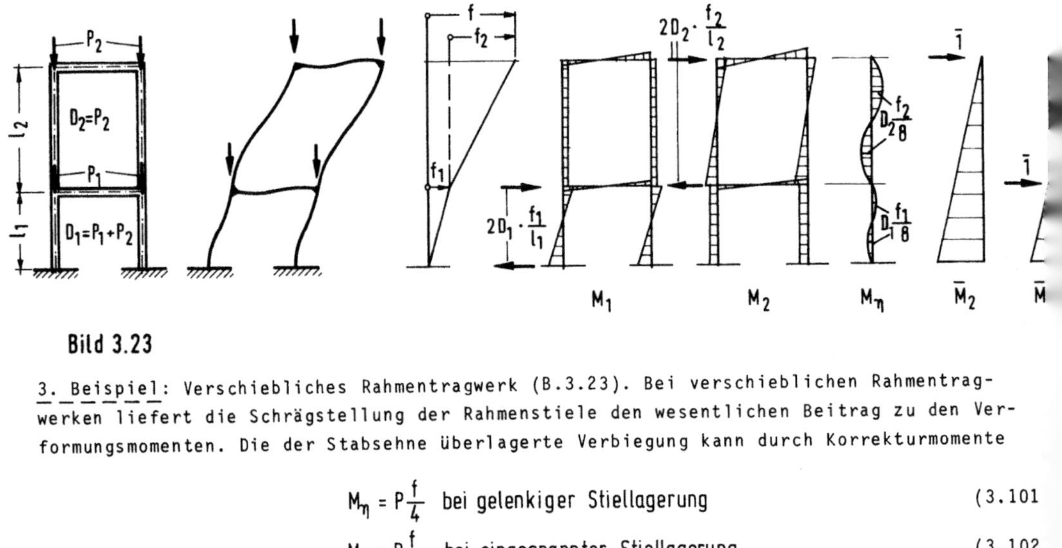

Bild 3.23

3. Beispiel: Verschiebliches Rahmentragwerk (B.3.23). Bei verschieblichen Rahmentragwerken liefert die Schrägstellung der Rahmenstiele den wesentlichen Beitrag zu den Verformungsmomenten. Die der Stabsehne überlagerte Verbiegung kann durch Korrekturmomente

$$M_\eta = P\frac{f}{4} \quad \text{bei gelenkiger Stiellagerung} \tag{3.101}$$

$$M_\eta = P\frac{f}{8} \quad \text{bei eingespannter Stiellagerung} \tag{3.102}$$

berücksichtigt werden, vgl. B.3.24. Hierbei werden wieder Verbiegungen in Form quadratischer Parabeln unterstellt. Durch die Schrägstellung jeweils eines Stockwerkes wird durch die Druckkräfte des Stockwerkes die resultierende Abtriebskraft

$$F_i = \sum_k D_{ik}\cdot\frac{f_i}{l_i} \tag{3.103}$$

geweckt. Die Summe erstreck

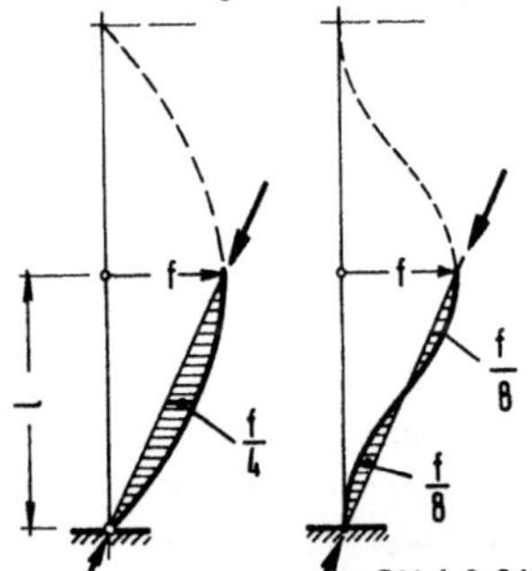

Bild 3.24

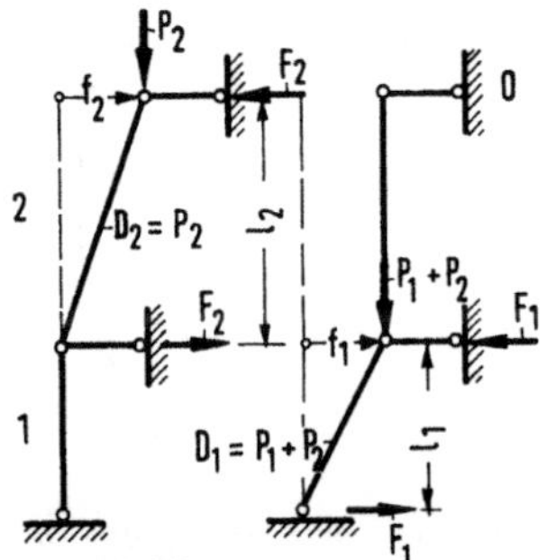

Bild 3.25

sich über die Stiele des Stockwerkes i. F_i wirkt transversal zur Lotrechten und ist identisch mit dem Festhalte-Kräftepaar des Stockwerkes i, wenn der Rahmen in ein Gelenksystem überführt wird, vgl. B.3.25. D_{ik} ist in G.3.103 die Druckkraft des Stieles k im Stockwerk i.
In getrennten Rechnungen werden die Biegungsmomente für die Stockwerks-Transversalkräfte F_i ermittelt, d.h. für i=1, 2, ... usf. Als Ergebnis dieser Rechnungen findet man die Momentenflächen M_1, M_2, ..., wie in B.3.23 angedeutet. Die Verschiebungen f_1, f_2, ... treten als Freiwerte auf, das gilt auch für die Momentenfläche M_η. Die virtuellen Hilfsangriffe werden unter Ausnützung des Reduktionssatzes an einem frei gewählten, statisch bestimmten Grundsystem angesetzt. Im Falle des in B.3.23 dargestellten Systems wird von einem auskragenden Stielstrang ausgegangen, die Arbeitsgleichungen lauten:

$$\begin{aligned} \bar{1}\cdot f_1 &= \int M_1\bar{M}_1\frac{ds}{EJ} + \int M_2\bar{M}_1\frac{ds}{EJ} + \int M_\eta\bar{M}_1\frac{ds}{EJ} \\ \bar{1}(f_1+f_2) &= \int M_1\bar{M}_2\frac{ds}{EJ} + \int M_2\bar{M}_2\frac{ds}{EJ} + \int M_\eta\bar{M}_2\frac{ds}{EJ} \end{aligned} \qquad (3.104)$$

Die Auswertung der Integrale ergibt zwei homogene Gleichungen in den Unbekannten f_1 und f_2. Die Determinante wird Null gesetzt und hieraus der Knickfaktor berechnet. Damit ist die Aufgabe gelöst. In [3.21] wurden mehrere Zahlenbeispiele durchgerechnet und mit strengen Lösungen verglichen. Bei symmetrischen Rahmen werden sehr gute Ergebnisse erzielt, bei unsymmetrischen ergeben sich größere Abweichungen; das wird am folgenden Zahlenbeispiel verdeutlicht. Es handelt sich um einen Zweigelenkrahmen mit ungleich langen Stielen (B.3.26a). Die transversale Festhaltekraft F berechnet sich unter ν_{Ki}-fachen Lasten zu (B.3.26b):

$$F = \nu_{Ki}\left(600\frac{f}{6{,}0} + 900\frac{f}{8{,}0}\right) = 212{,}5\, f\cdot\nu_{Ki}$$

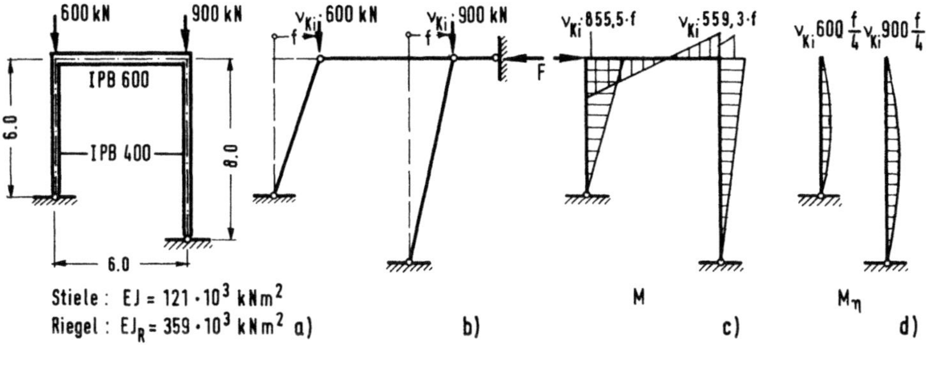

Bild 3.26

Da die Druckkräfte linear in F eingehen, ist F linear von ν_{Ki} abhängig. Mit F wird der Rahmen im Sinne einer Abtriebskraft belastet und hierfür nach Th.I.Ordn. berechnet. In B.3.26c ist das Ergebnis dargestellt. Die M_η-Flächen der Stiele berücksichtigen die der Stielschrägstellung überlagerten Verbiegungen (B.3.26d). Für den Hilfsangriff $\bar{1}$ wird $\bar{M}$ berechnet und die Arbeitsgleichung angeschrieben: $\bar{1}\cdot f = \int M\bar{M}\frac{ds}{EJ} + \int M_\eta\bar{M}\frac{ds}{EJ} =$

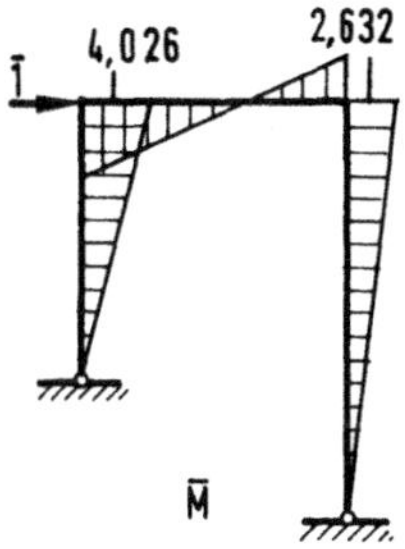

Bild 3.27

$$= \frac{1}{3}\nu_{Ki}855{,}5f\cdot 4{,}026\frac{6{,}0}{EJ} + \frac{1}{3}\nu_{Ki}559{,}3f\cdot 2{,}632\frac{8{,}0}{EJ} +$$

$$+ \frac{1}{6}(2\nu_{Ki}855{,}5f\cdot 4{,}026 - \nu_{Ki}855{,}5f\cdot 2{,}632 - \nu_{Ki}559{,}3f\cdot 4{,}026 + 2\nu_{Ki}559{,}3f\cdot 2{,}632)\frac{6{,}0}{EJ_R} +$$

$$+ \frac{1}{3}\nu_{Ki}600\frac{f}{4}\cdot 4{,}026\frac{6{,}0}{EJ} + \frac{1}{3}\nu_{Ki}\cdot 900\frac{f}{4}\cdot 2{,}632\frac{8{,}0}{EJ} =$$

$$= \frac{\nu_{Ki}f\cdot 15\,396}{EJ} \longrightarrow \nu_{Ki} = \frac{121\,000}{15\,396} = \underline{7{,}859}$$

Mit v_{Ki} sind auch die Knicklasten bekannt:

$$P_{1Ki} = 7{,}859 \cdot 600 = 4716 \text{ kN}, \quad P_{2Ki} = 7{,}859 \cdot 900 = 7073 \text{ kN}$$

Wird der Rahmen nach dem Verformungsgrößenverfahren berechnet, ergibt sich:

$$P_{1Ki} = 4957 \text{ kN}, \quad P_{2Ki} = 6861 \text{ kN}$$

Die Abweichungen betragen demnach -5% bzw. +3%. Bildet man die Summe, stimmen die Ergebnisse praktisch überein 11789 kN und 11818 kN.

3.2.3.3 Berechnungsanweisungen zur Spannungsberechnung Theorie II. Ordnung

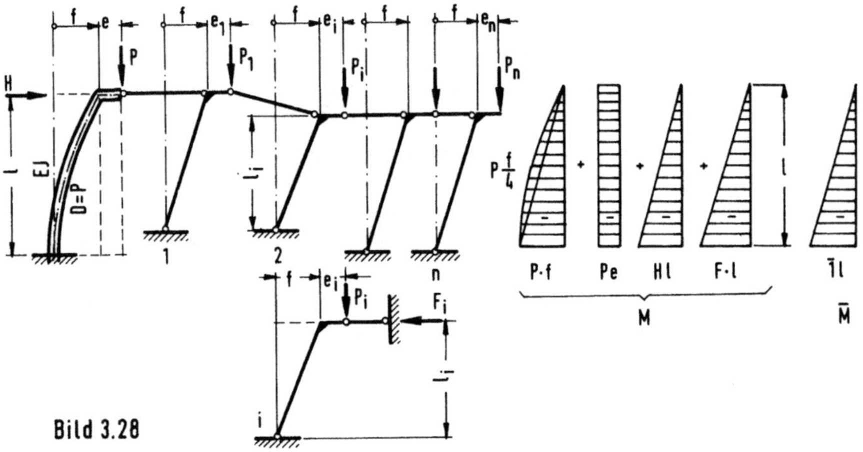

Bild 3.28

Das Durchbiegungsverfahren läßt sich auf Verformungsprobleme Th.II.Ordn. erweitern, indem die Biegungsmomente infolge der äußeren, eine seitliche Verschiebung a priori erzeugenden Kräfte in die Arbeitsgleichungen einbezogen werden. Am Beispiel des in B.3.28 dargestellten Systems wird das prinzipielle Vorgehen gezeigt. Neben einer Horizontalkraft H werden unterschiedliche Ausmitten e_i an allen Stützenköpfen unterstellt.

Die Abtriebskraft einer Pendelstütze beträgt:

$$F_i = P_i \cdot (e_i + f)/l_i \tag{3.105}$$

Wird über alle Pendelstützen von i=1 bis i=n summiert, ergibt sich die von der Kragstütze aufzunehmende Festhaltekraft zu:

$$F = \sum_{i=1}^{n} F_i = \sum_{i=1}^{n} \frac{P_i}{l_i}(e_i + f) \tag{3.106}$$

Die Ausmitten e_i sind unterschiedlich groß und positiv, wenn sie F vergrößern. Die Biegungsbeanspruchung der Stabilisierungsstütze besteht aus vier Anteilen (B.3.28). Die Arbeitsgleichung lautet:

$$\bar{1} f = \int M\bar{M}\frac{ds}{EJ} = \left(\frac{1}{3}Pf \cdot l + \frac{1}{3}P\frac{f}{4}l + \frac{1}{2}Pe \cdot l + \frac{1}{3}Hl \cdot l + \frac{1}{3}Fl \cdot l\right)\frac{l}{EJ} \tag{3.107}$$

Diese Gleichung wird nach $f = f^{II}$ aufgelöst und

$$\varkappa = \sum_{i=1}^{n} \frac{P_i}{P}\frac{l}{l_i}; \qquad X = \sum_{i=1}^{n} \frac{P_i}{P}\frac{l}{l_i}e_i \tag{3.108}$$

eingeführt:

$$f\left[1 - \frac{Pl^2}{3EJ}\left(\frac{5}{4} + \varkappa\right)\right] = \frac{1}{2}\frac{Pl^2}{EJ}e + \frac{1}{3}\frac{Hl^3}{EJ} + \frac{1}{3}\frac{Pl^2}{EJ}X \tag{3.109}$$

Wird auf die Knicklast P_{Ki} gemäß G.3.93 bezogen, ergibt sich:

$$f \equiv f^{II} = \frac{1}{1-P/P_{Ki}}\left[\frac{Hl^3}{3EJ} + \frac{Pl^2}{6EJ}(3e + 2\varkappa)\right] \qquad (3.110)$$

Im Sonderfall e_i=konst=e lautet der Klammerausdruck $(3+2\varkappa)e$. - Das Einspannungsmoment der Kragstütze beträgt:

$$M^{II} = P(f^{II} + e) + (H + F)l \qquad (3.111)$$

Berechnungen nach Th.II.Ordn. können bei verschieblichen Tragwerken offensichtlich auf eine Berechnung nach Th.I.Ordn. zurückgeführt werden, wenn die Angabe der Abtriebskräfte in Abhängigkeit von der kennzeichnenden Verformung gelingt und die Kräfte wie äußere Kräfte behandelt werden.

3.2.3.4 Beispiele

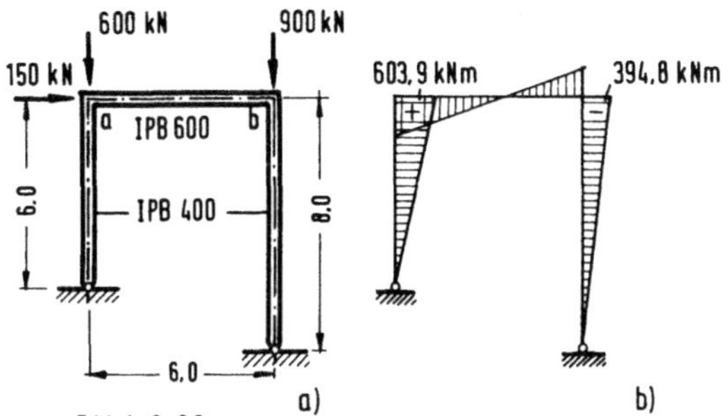

Bild 3.29

1. Beispiel: Zweigelenkrahmen mit ungleichen Stiellängen. B.3.29 zeigt den Rahmen. Die Kräfte sind ν-fach genommen. Infolge H=150 kN entstehen die im Bildteil b angeschriebenen Biegungsmomente nach Th.I.Ordn. Erleidet der Rahmen die Auslenkung f, entsteht die Abtriebskraft:

$$F = (600\frac{f}{6{,}0} + 900\frac{f}{8{,}0}) = 212{,}5 \cdot f$$

Der Rahmen wurde im Abschnitt 3.2.3.2 auf Knicken untersucht, vgl. B.3.26. Die Arbeitsgleichung kann übernommen werden, sie ist um den Beitrag aus H zu erweitern:

$$\bar{1} \cdot f = \frac{15396}{EJ} f + \frac{1}{3}\, 603{,}9 \cdot 4{,}026 \frac{6{,}0}{EJ} + \frac{1}{3}\, 394{,}8 \cdot 2{,}632 \frac{8{,}0}{EJ} +$$

$$+ \frac{1}{6}(2 \cdot 603{,}9 \cdot 4{,}026 - 603{,}9 \cdot 2{,}632 - 394{,}8 \cdot 4{,}026 + 2 \cdot 394{,}8 \cdot 2{,}632)\frac{6{,}0}{EJ_R} =$$

$$= \frac{15396}{EJ} f + \frac{8901{,}4}{EJ}$$

Die Gleichung wird nach $f=f^{II}$ aufgelöst:

$$f(EJ - 15396) = 8901{,}4 \longrightarrow f = \frac{8901{,}4}{121000 - 15396} = 0{,}0843\,\text{m} = \underline{8{,}43\,\text{cm}}$$

Die Abtriebskraft F und die hierdurch geweckten Rahmeneckmomente betragen:

$$F = 212{,}5 \cdot 0{,}0843 = 17{,}91;\quad M_a = 17{,}91 \cdot 4{,}026 = 72{,}1;\quad M_b = 17{,}91 \cdot 2{,}632 = 47{,}1 \quad [\text{kN, m}]$$

Einschließlich der Momente infolge der Horizontalkraft ergibt sich:

$$M_a = 676{,}0\,\text{kNm};\quad M_b = 441{,}9\,\text{kNm}$$

Für die im Abschnitt 3.2.3.2 berechnete Knicksicherheit ν_{Ki}=7,859 findet man den Vergrößerungsfaktor α zu:

$$\alpha = \frac{1}{1 - \frac{1}{\nu_{Ki}}} = \frac{1}{1 - \frac{1}{7{,}859}} = 1{,}145 \qquad (3.112)$$

Ausgehend von diesem Faktor lassen sich die Rahmeneckmomente wie folgt abschätzen:

$$M_a = 1{,}145 \cdot 603{,}9 = 691{,}9\,\text{kNm},\qquad M_b = 1{,}145 \cdot 394{,}8 = 452{,}0\,\text{kNm}$$

Die Abschätzung liegt auf der sicheren Seite.
Weist der Rahmen a priori eine Schrägstellung mit dem Vorverformungsmaß f_0 auf, ist hierfür F_0=212,5·f_0 zu berechnen und diese Kraft der Horizontallast zuzuschlagen.

2. Beispiel: Zweistöckiger Rahmen mit eingespannten Stielen.

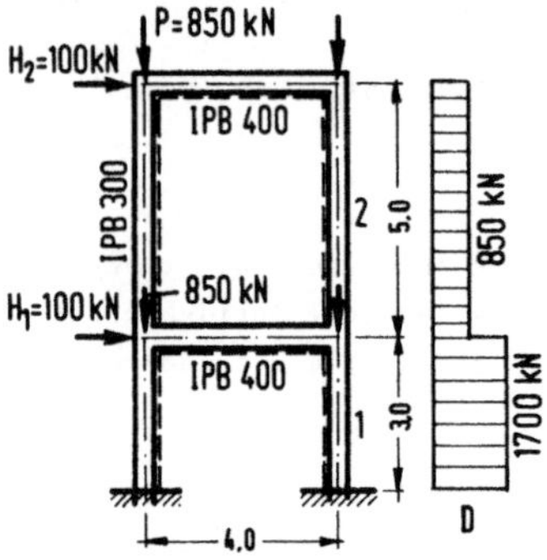

Bild 3.30

B.3.30 zeigt das zu untersuchende Rahmentragwerk, alle Abmessungen und Knotenlasten gehen aus der Abbildung hervor. Die Lasten werden um den Sicherheitsfaktor v=1,5 erhöht. Damit betragen die vertikalen und horizontalen Knotenlasten:

$$P = 1{,}5 \cdot 850 = 1275 \text{ kN}; \quad H = 1{,}5 \cdot 100 = 150 \text{ kN}$$

Als erstes werden die in B.3.31 dargestellten Verschiebungszustände Δ_1 =1 cm und Δ_2= 1 cm nach Th.I.Ordn., also ohne Berücksichtigung der Druckkräfte in den Stielen, berechnet. Diese Aufgabe wird nach irgendeinem baustatischen Verfahren, z.B. nach den Verfahren von CROSS oder KANI gelöst. Sind die Momente dieser gedachten Zwangsverformungszustände bestimmt, lassen sich die Festhaltekräfte berechnen (B.3.31):

$$1: \ \Delta_1 = 1\text{cm}: \ F_{1,1} = -409{,}2 \text{ kN}; \quad F_{2,1} = 27{,}2 \text{ kN}$$

$$2: \ \Delta_2 = 1\text{cm}: \ F_{2,2} = -77{,}6 \text{ kN}; \quad F_{1,2} = 105{,}1 \text{ kN}$$

Die weitere Berechnung wird nach zwei Berechnungsvarianten durchgeführt. Im ersten Fall werd nur die Abtriebskräfte aus den Schrägstellungen der Rahmenstiele, im zweiten Falle zusätzlich die überlagerten Verbiegungen berücksichtigt.

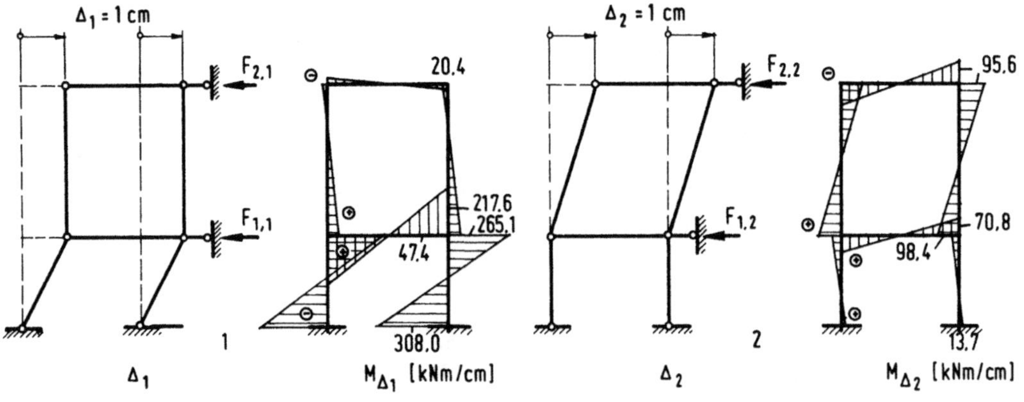

Bild 3.31

1. Variante: Die Abtriebskräfte aus der Schrägstellung betragen für die beiden im B.3.31 dargestellten Verschiebungszustände (v=1,5):

$$1: \ F_{1,1} = 2 \cdot 1{,}5 \cdot 1700/300 = 17{,}00 \text{ kN}; \ F_{2,1} = 0$$

$$2: \ F_{2,2} = -F_{1,2} = 2 \cdot 1{,}5 \cdot 850/500 = 5{,}10 \text{ kN}$$

Die Kräfte werden überlagert:

$$1: \ F_{1,1} = -409{,}2 + 17{,}00 = -392{,}20 \text{ kN}; \ F_{2,1} = 27{,}2 \text{ kN}$$

$$2: \ F_{2,2} = -77{,}6 + 5{,}10 = -72{,}50 \text{ kN}; \ F_{1,2} = 105{,}1 - 5{,}10 = 100{,}0 \text{ kN}$$

Die Loslösung der fiktiven Halterungen wird durch die Gleichungen

$$F_1 = F_{1,1}\Delta_1 + F_{1,2}\Delta_2 + H_1 = 0$$
$$F_2 = F_{2,1}\Delta_1 + F_{2,2}\Delta_2 + H_2 = 0 \qquad (3.113)$$

zum Ausdruck gebracht:

$$-392{,}2\,\Delta_1 + 100{,}0\,\Delta_2 + 150 = 0$$
$$27{,}2\,\Delta_1 - 72{,}50\,\Delta_2 + 150 = 0$$

Hieraus folgen die Verschiebungen:

$$f_1^{II} = \Delta_1 = 1{,}006\,\text{cm};\quad f_2^{II} = \Delta_2 = 2{,}446\,\text{cm};\qquad f_1^{II} + f_2^{II} = 3{,}452\,\text{cm}$$

(Hingewiesen wird in dem Zusammenhang auf B.3.23.)

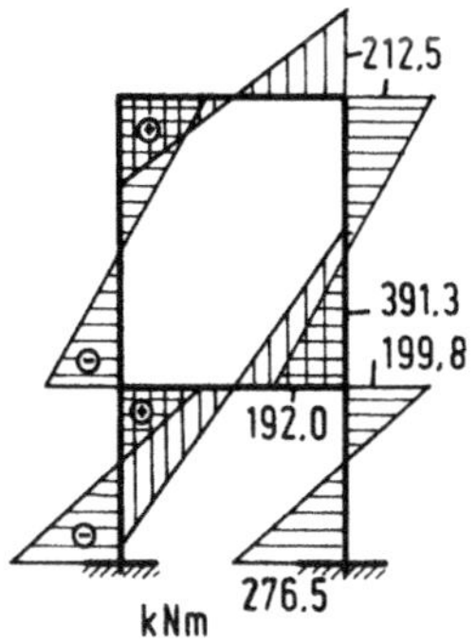

M^{II} (1. Variante)

Bild 3.32

In den Verschiebungen ist sowohl der Beitrag der ν-fachen Horizontallasten wie die Abtriebswirkung enthalten, es handelt sich demnach um Rahmenverschiebungen nach Th.II.Ordn.

Die Superposition der in B.3.31 angegebenen Biegungsmomente, gewichtet mit den Verschiebungsbeträgen Δ_1 und Δ_2, liefert die in B.3.32 dargestellte Momentenfläche:

$$M^{II} = M_{\Delta_1} \cdot \Delta_1 + M_{\Delta_2} \cdot \Delta_2 \tag{3.114}$$

Sind H_1 und H_2 Null, entartet das Spannungsproblem in ein Knickproblem. Die Druckkräfte sind solange proportional zu steigern, bis bei Erreichen von ν_{Ki} die Determinante des homogenen Gleichungssystems G.3.113 Null wird:

$$\text{Det} = F_{1,1}\,F_{2,2} - F_{1,2}\,F_{2,1} = 0 \tag{3.115}$$

Die Tabelle in B.3.33 weist die zahlenmäßige Rechnung aus. Mittels graphischer Interpolation findet man: $\nu_{Ki} = 21{,}0$. Die Knickkräfte betragen:

$$D_{1Ki} = \nu_{Ki} D_1 = 21{,}0 \cdot 1700 = 35\,700 \text{ kN}$$

$$D_{2Ki} = \nu_{Ki} D_2 = 21{,}0 \cdot 850 = 17\,850 \text{ kN}$$

ν		$F_{1,1}$	$F_{2,1}$	$F_{2,2}$	$F_{1,2}$	Det
0	F	-409,2	27,2	-77,6	105,1	28 893
1,5	ΔF	17,0	0	5,1	-5,1	
	F	-392,2	27,2	-72,5	100,0	25 736
10	ΔF	113,30	0	34,0	-34,0	
	F	-295,90	27,2	-43,6	71,1	10 967
20	ΔF	226,7	0	68,0	-68,0	
	F	-182,5	27,2	-9,60	37,1	743
25	ΔF	283,3	0	85,0	-85,0	
	F	-125,9	27,2	7,40	20,1	-1 478

Bild 3.33

Für die Knicklängenfaktoren findet man:

$$\beta_1 = 1{,}274, \quad \beta_2 = 1{,}081$$

2. Variante: Die vorangegangene Berechnungsvariante war insofern eine Näherung, als die den Stabsehnen überlagerten Verbiegungen unberücksichtigt blieben. Um sie zu erfassen, wird das Durchbiegungsverfahren in seiner vollständigen Form durchgeführt. Im Abschnitt 3.2.3.2 wurden die hierzu erforderlichen Berechnungsschritte erläutert, vgl. B.3.23 und die hierin ausgewiesenen Momentenflächen.

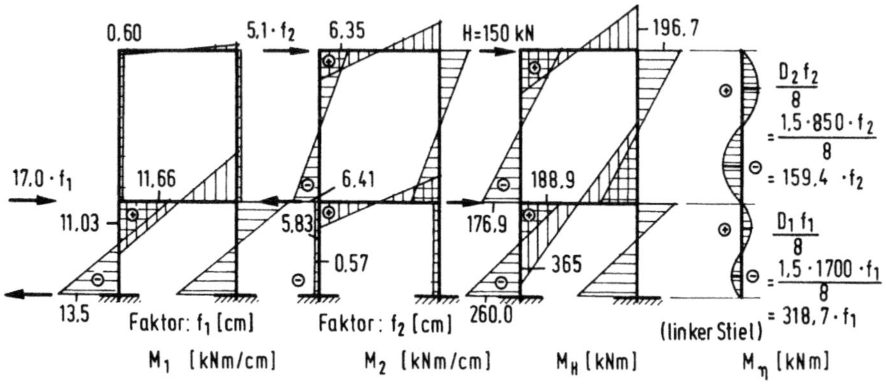

Bild 3.34

Zunächst werden die Abtriebskräftepaare der Verschiebungszustände 1 und 2 bestimmt:

$$\text{Zustand 1:}\quad 2D_1 \frac{f_1}{l_1} = 2(1{,}5 \cdot 1700)\frac{f_1}{300} = 17{,}0 \cdot f_1$$

$$\text{Zustand 2:}\quad 2D_2 \frac{f_2}{l_2} = 2(1{,}5 \cdot 850)\frac{f_2}{500} = 5{,}1 \cdot f_2$$

(Einheiten: kN und cm). Für diese Kräftepaare werden die Momente berechnet, sie sind in B.3.34 als M_1 und M_2 angegeben. Mit M_H ist die Momentenfläche für die äußeren Horizontallasten eingetragen. Die Momente werden zweckmäßig unter Verwendung der in B.3.31 angegebenen Einheitszustände berechnet und zwar nacheinander für:

Abtriebzustand 1: $17{,}0 \cdot f_1$:

$$\begin{aligned} -409{,}2\,\Delta_1 + 105{,}1\,\Delta_2 + 17{,}0 \cdot f_1 &= 0 \\ 27{,}2\,\Delta_1 - 77{,}6\,\Delta_2 &= 0 \end{aligned} \qquad \text{Lösung: } \Delta_1 = 0{,}0456\, f_1;\ \Delta_2 = 0{,}0160\, f_1$$

Abtriebzustand 2: $5{,}1 \cdot f_2$:

$$\begin{aligned} -409{,}2\,\Delta_1 + 105{,}1\,\Delta_2 - 5{,}1 \cdot f_2 &= 0 \\ 27{,}2\,\Delta_1 - 77{,}6\,\Delta_2 + 5{,}1 \cdot f_2 &= 0 \end{aligned} \qquad \text{Lösung: } \Delta_1 = 0{,}00484\, f_2;\ \Delta_2 = 0{,}0675\, f_2$$

Horizontalkräfte: $\nu H = 1{,}5 \cdot 100 = 150$ kN

$$\begin{aligned} -409{,}2\,\Delta_1 + 105{,}1\,\Delta_2 + 150 &= 0 \\ 27{,}2\,\Delta_1 - 77{,}6\,\Delta_2 + 150 &= 0 \end{aligned} \qquad \text{Lösung: } \Delta_1 = 0{,}945\,\text{cm};\ \Delta_2 = 2{,}260\,\text{cm}$$

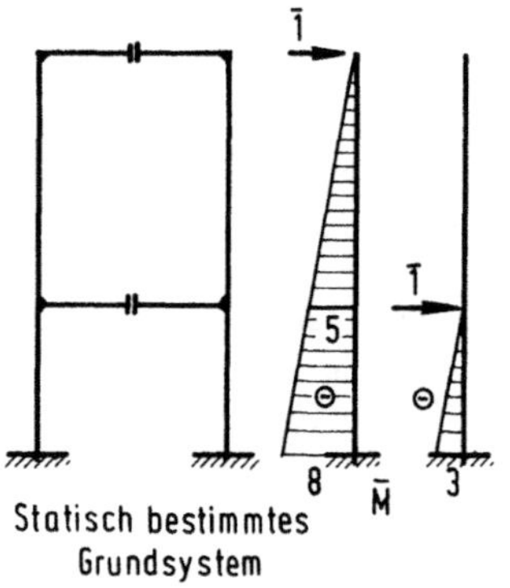

Bild 3.35

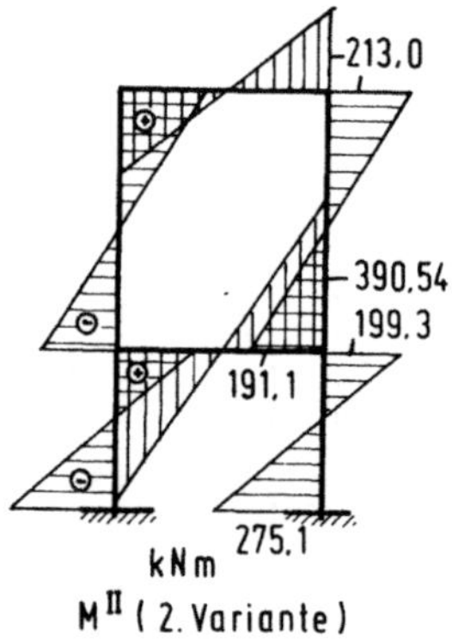

Bild 3.36

Die Biegungsmomente ergeben sich durch Überlagerung

$$M = M_{\Delta 1} \cdot \Delta_1 + M_{\Delta 2}\,\Delta_2$$

und sind in B.3.34 dargestellt, daselbst ist auch die M_η-Fläche eines Rahmenstieles angegeben. Die Momentenflächen für die virtuellen Hilfsangriffe in Stockwerkshöhe zeigt B.3.35. Um die Arbeitsgleichungen anschreiben zu können, werden zunächst die Formänderungsintegrale durch Überlagerung der M- und $\bar{M}$-Flächen bestimmt. Nach längerer Rechnung findet man die EJ_S-fachen Arbeitsintegrale zu:

$M_1\bar{M}_1$:	$28{,}30\, f_1[\text{cm}]$ kNm³·f[cm]/cm	$M_1\bar{M}_2$:	$23{,}01 \cdot f_1$
$M_2\bar{M}_1$:	$38{,}10\, f_2[\text{cm}]$	$M_2\bar{M}_2$:	$2{,}57 \cdot f_2$
$M_\eta\bar{M}_1$:	$(478\, f_1 + 632\, f_2) \cdot 10^{-2}$	$M_\eta\bar{M}_2$:	$477 \cdot f_1 \cdot 10^{-2}$
$M_H\bar{M}_1$:	1684 kNm³	$M_H\bar{M}_2$:	496,7

EJ_S ist die Biegesteifigkeit der Rahmenstiele: $EJ_S = 52\,500$ kNm². Die Arbeitsgleichungen lauten:

$$1{:}\ \bar{1} \cdot (f_1 + f_2) = (28{,}30 \cdot f_1 + 38{,}10 \cdot f_2 + 4{,}78 \cdot f_1 + 6{,}32 \cdot f_2 + 1684)/EJ_S$$
$$2{:}\ \bar{1} \cdot f_1 = (23{,}01 \cdot f_1 + 2{,}57 \cdot f_2 + 4{,}77 \cdot f_1 + 496{,}7)/EJ_S$$

Nach Zusammenfassung gilt:

$$\begin{aligned} 491{,}92 \cdot f_1 + 480{,}58 \cdot f_2 - 1684 &= 0 \\ 497{,}22 \cdot f_1 - 2{,}57 \cdot f_2 - 496{,}7 &= 0 \end{aligned}$$

Lösung:

$$f_1 = 1{,}011\,\text{cm};\quad f_2 = 2{,}469\,\text{cm}$$

Durch Überlagerung der Biegungsmomente $f_1 \cdot M_1 + f_2 \cdot M_2 + M_H$ findet man schließlich die Biegungsmomente nach Th.II.Ordn., vgl. B.3.36. Der Vergleich mit den Ergebnissen der ersten Berechnungsvariante zeigt, daß sich nach der zugeschärften Rechnung etwas höhere Biegungsmomente ergeben; man vergleiche die Zustandsflächen in B.3.32 und B.3.36. Die Durchbiegungen des Rahmens betragen:

$$\text{1. Variante: } f_1 = 1{,}006\ \text{cm};\ f_2 = 2{,}446\ \text{cm}$$
$$\text{2. Variante: } f_1 = 1{,}011\ \text{cm};\ f_2 = 2{,}469\ \text{cm}$$

Insgesamt sind die Unterschiede belanglos. Dieses Ergebnis kann verallgemeinert werden: Bei Spannungsproblemen Th.II.Ordn. genügt die Einrechnung der Abtriebskräfte aus der Schrägstellung der Tragwerke. Die den Stabsehnen überlagerten Verformungen können unberücksichtigt bleiben. Für Knickprobleme gilt diese Anmerkung nicht! Um das zu zeigen, wird die Knicksicherheit berechnet: Der Formänderungsbeitrag der äußeren Horizontalkräfte wird in den Arbeitsgleichungen gestrichen:

$$1{:}\quad \bar{1}\cdot(f_1 + f_2) = \frac{\nu_{Ki}}{1{,}5}(28{,}30\cdot f_1 + 38{,}10\cdot f_2 + 4{,}78\cdot f_1 + 6{,}32\cdot f_2)/EJ_S$$
$$2{:}\quad \bar{1}\cdot f_1 = \frac{\nu_{Ki}}{1{,}5}(23{,}01\cdot f_1 + 2{,}57\cdot f_2 + 4{,}77\cdot f_1)/EJ_S$$

Umformung:

$$(\nu_{Ki}\cdot 22{,}05 - 525)f_1 + (\nu_{Ki}\cdot 29{,}61 - 525)f_2 = 0$$
$$(\nu_{Ki}\cdot 18{,}52 - 525)f_1 + \nu_{Ki}\cdot 1{,}71 f_2 = 0$$

$\mathrm{Det}(\nu_{Ki}) = 0$ führt auf eine Gleichung zweiten Grades für ν_{Ki} :

$$\nu_{Ki}^2 - 47{,}721\nu_{Ki} + 539{,}7 = 0 \longrightarrow \text{Lösung: } \nu_{Ki} = 23{,}86 \pm 5{,}44 = \underline{18{,}42}\ (\min \nu)$$

Nach der 1. Berechnungsvariante hatte sich $\nu_{Ki} = 21{,}0$, also ein um 14% zu hoher Wert ergeben. Die Stabbiegung ist offensichtlich zu berücksichtigen, weil nur auf diese Weise die Minderung der Biegesteifigkeit durch die wirksamen Druckkräfte erfaßt wird. Bei Spannungsproblemen unter ν-facher Belastung ist dieser Einfluß untergeordnet.

3.3 Differentialgleichung Theorie II. Ordnung für prismatische Stäbe

3.3.1 Differentialgleichung und Lösungssystem

Wie in den vorangegangenen Abschnitten erläutert, werden in Th.II.Ordn. die Gleichgewichtsgleichungen am verformten Tragwerk erfüllt. Hierdurch wird der Einfluß der Längskräfte über die Verformungen auf die Schnittgrößen erfaßt. I.allg. begnügt man sich damit, die Biegeverformungen zu berücksichtigen. Die Verbiegungen werden als im Verhältnis zur Dicke der Stäbe klein vorausgesetzt. Bei Druckkräften führt der Verformungseinfluß zu einer Erhöhung, bei Zugkräften zu einer Verminderung der Biegungsmomente gegenüber Th.I.Ordn.

Grundlage aller strengen Verfahren für eine Tragwerksberechnung nach Th.II.Ordn. ist die Differentialgleichung:

$$v'''' + \left(\frac{\varepsilon}{l}\right)^2 \cdot v'' = \frac{q(z)}{EJ} \tag{3.116}$$

Sie wurde im Abschnitt 1.2.2 statisch und energetisch hergeleitet. ε ist die Stabkennzahl der einzelnen Stabelemente, in die das Stabwerk zerlegt wird (B.3.37). l ist die Länge, EJ die Biegesteifigkeit und D die Druckkraft ($L \approx N = -D$):

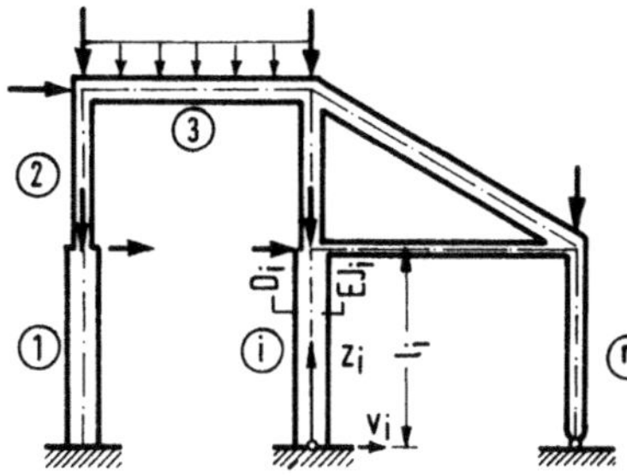

Bild 3.37

$$\varepsilon = l\sqrt{\frac{D}{EJ}} \tag{3.117}$$

$q(z)$ ist in G.3.116 die äußere Querbelastung je Längeneinheit. Das vollständige Lösungssystem für v, φ, M, T und Q ist auf T.3.1 zusammengestellt, vgl. auch Abschnitt 1.2.3. T.3.1 enthält auch das Lösungssystem für den Fall, daß die Längskraft L eine Zugkraft ist ($L \approx N = +Z$). In diesem Fall gilt:

$$\varepsilon = l\sqrt{\frac{Z}{EJ}} \tag{3.118}$$

Differentialgleichungsverfahren Theorie II. Ordnung

Definition der Verformungs - und Schnittgrößen am verformten, infinitesimalen Stabelement dz :

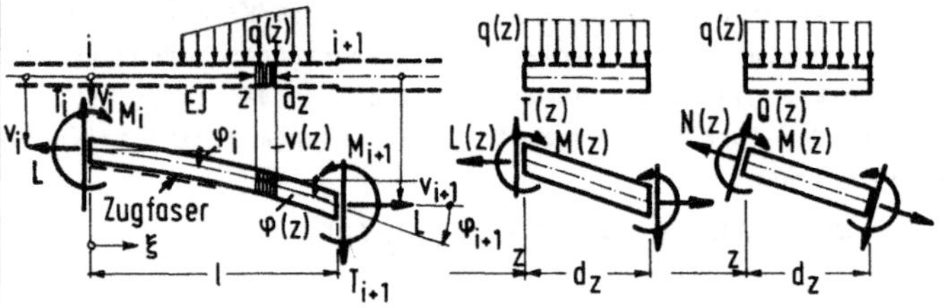

v(z) : Durchbiegung
φ(z) : Biegedrehwinkel
M(z) : Biegungsmoment
L(z) : Längskraft
T(z) : Transversalkraft
N(z) : Normalkraft
Q(z) : Querkraft

Beziehungen zwischen L(z), T(z) und N(z), Q(z) :

$$N(z) = L(z) + T(z)\cdot\varphi(z) = L(z) + T(z)\cdot v'(z)$$
$$Q(z) = T(z) - L(z)\cdot\varphi(z) = T(z) - L(z)\cdot v'(z)$$

Differentialgleichung (EJ = konst.) :

$$v''''(z) \pm \frac{\varepsilon^2}{l^2}\, v''(z) = \frac{q(z)}{EJ} = \frac{p_0}{EJ} + \frac{p_1}{EJ}\cdot\frac{z}{l}$$

Oberes Vorzeichen : |L| = D (Druckkraft), unteres Vorzeichen : |L| = Z (Zugkraft)

Stabkennzahl:

$$\boxed{\varepsilon = l\cdot\sqrt{\frac{|L|}{EJ}}}$$

Sonderfall: Streckenlast ist eine Gleichlast p_0 und / oder Dreieckslast p_1 :

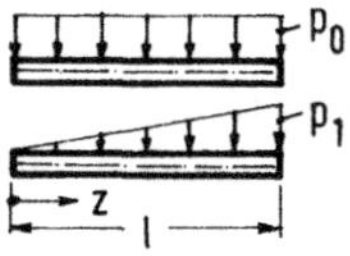

Lösungssystem : <u>|L| = D (Druckkraft)</u> : $\varepsilon = l\cdot\sqrt{\frac{D}{EJ}}$ — partikuläre Lösung :

$$v = +C_1\cdot\sin\varepsilon\frac{z}{l} + C_2\cdot\cos\varepsilon\frac{z}{l} + C_3\cdot\varepsilon\frac{z}{l} + C_4 + \frac{p_0}{2\varepsilon^2}\cdot\frac{l^4}{EJ}\cdot\left(\frac{z}{l}\right)^2 + \frac{p_1}{6\varepsilon^2}\cdot\frac{l^4}{EJ}\cdot\left(\frac{z}{l}\right)^3$$

$$\varphi = v' = +C_1\cdot\frac{\varepsilon}{l}\cdot\cos\varepsilon\frac{z}{l} - C_2\cdot\frac{\varepsilon}{l}\cdot\sin\varepsilon\frac{z}{l} + C_3\cdot\varepsilon\frac{1}{l} + \frac{p_0}{\varepsilon^2}\cdot\frac{l^3}{EJ}\cdot\frac{z}{l} + \frac{p_1}{2\varepsilon^2}\cdot\frac{l^3}{EJ}\cdot\left(\frac{z}{l}\right)^2$$

$$\frac{M}{EJ} + \alpha_t\frac{\Delta t}{h} = -v'' = +C_1\cdot\frac{\varepsilon^2}{l^2}\cdot\sin\varepsilon\frac{z}{l} + C_2\cdot\frac{\varepsilon^2}{l^2}\cdot\cos\varepsilon\frac{z}{l} - \frac{p_0}{\varepsilon^2}\cdot\frac{l^2}{EJ} - \frac{p_1}{\varepsilon^2}\cdot\frac{l^2}{EJ}\cdot\frac{z}{l}$$

$$\frac{Q}{EJ} = \frac{M'}{EJ} = -v''' = +C_1\cdot\frac{\varepsilon^3}{l^3}\cdot\cos\varepsilon\frac{z}{l} - C_2\cdot\frac{\varepsilon^3}{l^3}\sin\varepsilon\frac{z}{l} - \frac{p_1}{\varepsilon^2}\cdot\frac{l}{EJ}$$

$$\frac{T}{EJ} = \frac{Q}{EJ} - \frac{D}{EJ}\cdot v' = -C_3\cdot\frac{\varepsilon^3}{l^3} - p_0\frac{l}{EJ}\cdot\frac{z}{l} - p_1\frac{l}{EJ}\left[\frac{1}{\varepsilon^2} + \frac{1}{2}\left(\frac{z}{l}\right)^2\right]$$

$$L = -D$$

<u>|L| = Z (Zugkraft)</u> : $\varepsilon = l\cdot\sqrt{\frac{Z}{EJ}}$

$$v = +C_1\cdot\sinh\varepsilon\frac{z}{l} + C_2\cdot\cosh\varepsilon\frac{z}{l} + C_3\cdot\varepsilon\frac{z}{l} + C_4 - \frac{p_0}{2\varepsilon^2}\cdot\frac{l^4}{EJ}\cdot\left(\frac{z}{l}\right)^2 - \frac{p_1}{6\varepsilon^2}\cdot\frac{l^4}{EJ}\cdot\left(\frac{z}{l}\right)^3$$

$$\varphi = v' = +C_1\cdot\frac{\varepsilon}{l}\cdot\cosh\varepsilon\frac{z}{l} + C_2\cdot\frac{\varepsilon}{l}\cdot\sinh\varepsilon\frac{z}{l} + C_3\cdot\varepsilon\frac{1}{l} - \frac{p_0}{\varepsilon^2}\cdot\frac{l^3}{EJ}\cdot\frac{z}{l} - \frac{p_1}{2\varepsilon^2}\cdot\frac{l^3}{EJ}\cdot\left(\frac{z}{l}\right)^2$$

$$\frac{M}{EJ} + \alpha_t\frac{\Delta t}{h} = -v'' = -C_1\cdot\frac{\varepsilon^2}{l^2}\cdot\sinh\varepsilon\frac{z}{l} - C_2\cdot\frac{\varepsilon^2}{l^2}\cdot\cosh\varepsilon\frac{z}{l} + \frac{p_0}{\varepsilon^2}\cdot\frac{l^2}{EJ} + \frac{p_1}{\varepsilon^2}\cdot\frac{l^2}{EJ}\cdot\frac{z}{l}$$

$$\frac{Q}{EJ} = \frac{M'}{EJ} = -v''' = -C_1\cdot\frac{\varepsilon^3}{l^3}\cosh\varepsilon\frac{z}{l} - C_2\cdot\frac{\varepsilon^3}{l^3}\sinh\varepsilon\frac{z}{l} + \frac{p_1}{\varepsilon^2}\cdot\frac{l}{EJ}$$

$$\frac{T}{EJ} = \frac{Q}{EJ} + \frac{Z}{EJ}\, v' = +C_3\cdot\frac{\varepsilon^3}{l^3} - p_0\frac{l}{EJ}\cdot\frac{z}{l} + p_1\frac{l}{EJ}\left[\frac{1}{\varepsilon^2} - \frac{1}{2}\left(\frac{z}{l}\right)^2\right]$$

$$L = +Z$$

<u>L = 0 (Theorie I. Ordnung)</u> ; Differentialgleichung: $v''''(z) = \frac{p_0}{EJ} + \frac{p_1}{EJ}\cdot\frac{z}{l}$

$$v = +C_1\cdot z^3 + C_2\cdot z^2 + C_3\cdot z + C_4 + \frac{p_0}{24}\cdot\frac{l^4}{EJ}\cdot\left(\frac{z}{l}\right)^4 + \frac{p_1}{120}\cdot\frac{l^4}{EJ}\cdot\left(\frac{z}{l}\right)^5$$

$$\varphi = v' = +C_1\cdot 3z^2 + C_2\cdot 2z + C_3 + \frac{p_0}{6}\cdot\frac{l^3}{EJ}\cdot\left(\frac{z}{l}\right)^3 + \frac{p_1}{24}\cdot\frac{l^3}{EJ}\cdot\left(\frac{z}{l}\right)^4$$

$$\frac{M}{EJ} + \alpha_t\frac{\Delta t}{h} = -v'' = -C_1\cdot 6z - C_2\cdot 2 - \frac{p_0}{2}\cdot\frac{l^2}{EJ}\cdot\left(\frac{z}{l}\right)^2 - \frac{p_1}{6}\cdot\frac{l^2}{EJ}\cdot\left(\frac{z}{l}\right)^3$$

$$\frac{Q}{EJ} = \frac{M'}{EJ} = -v''' = -C_1\cdot 6 - p_0\cdot\frac{l}{EJ}\cdot\left(\frac{z}{l}\right) - \frac{p_1}{2}\cdot\frac{l}{EJ}\cdot\left(\frac{z}{l}\right)^2$$

Die Überführung der Lösungssysteme für L=|D| und L=|Z| ineinander läßt sich in einfacher Weise dadurch bewerkstelligen, daß ε_{Druck} durch $i\cdot\varepsilon_{Zug}$ ersetzt und außerdem die Relationen

$$(i\varepsilon)^2=-\varepsilon^2;\ \cos i\varepsilon=\cosh\varepsilon,\ \sin i\varepsilon=i\sinh\varepsilon \tag{3.119}$$

beachtet werden. In dieser Weise lassen sich alle in den folgenden Abschnitten zusammengestellten Verfahren Th.II.Ordn. für den Fall einer Zugbeanspruchung aufbereiten. Treten bei Stabilitätsproblemen biegesteifer Stabwerke Zugkräfte auf, wird man sie vielfach bei der Schnittgrößenberechnung als längskraftfrei einstufen, die Rechnung liegt dann auf der sicheren Seite.
Im Falle $L\approx N=0$ (Th.I.Ordn.) lautet die Differentialgleichung $v''''=q(z)/EJ$. T.3.1 enthält auch hierfür das Lösungssystem.
Für äußere Einwirkungen in Form von Gleich- oder Dreiecksstreckenlasten und Temperaturdifferenzen

$$\Delta t=t_{unten}-t_{oben} \tag{3.120}$$

sind die partikulären Lösungen auf T.3.1 angeschrieben. Für andere Lastarten stetiger Erstreckung findet man die Partikularlösung durch Wahl eines passenden Ansatzes, Einsetzen desselben in die Differentialgleichung G.3.116 und Koeffizientenvergleich.
Um die Formulierung der Rand- und Zwischenbedingungen des belasteten und vorverformten, in seine einzelnen Stabelemente zerlegten Tragwerkes möglichst übersichtlich vornehmen zu können, ist es zweckmäßig, in Th.II.Ordn. nicht mit der Normal- und Querkraft (N und Q) sondern mit der Längs- und Transversalkraft (L und T) zu rechnen. Erstere beziehen sich auf die verformte, letztere auf die ursprüngliche (unverformte) Stabachse. Ist $\varphi\approx v'$ der örtliche Biegewinkel, bestehen zwischen N, Q und L, T die Beziehungen (vgl. T.3.1 oben):

$$Q=T-Lv',\ N\approx L;\quad T=Q+Lv',\ L\approx N \tag{3.121}$$

Die Einführung von T bietet gegenüber der Verwendung von Q große methodische Vorteile; vgl. auch Abschnitt 1.2.2.2.

3.3.2 Lösung von Spannungsproblemen Th.II.Ordn. und Verzweigungsproblemen

Das Lösungssystem der elastostatischen Grundgleichung G.3.116 vereinigt alle möglichen und notwendigen kinematischen und physikalischen Formänderungsaussagen mit den Gleichgewichtsgleichungen am verformten System. Den vier Freiwerten C_1 bis C_4 der homogenen Lösung für jedes Stabelement stehen immer genau 2x2=4 Randbedingungen gegenüber, die i.allg. von gemischtem Typ sind, d.h. von geometrischem oder statischem Typ (siehe z.B. B.1.10). Wo EJ oder / und D innerhalb der Stäbe eine diskontinuierliche Änderung erfahren, sind Schnitte (Sprungstellen) zu legen. Das Tragwerk zerfällt damit in n Stabelemente, vgl. B.3.37. Die Gesamtzahl der Freiwerte steigt mit jedem Stablement um vier weitere an, dem stehen an jeder Sprungstelle vier Übergangsbedingungen gegenüber.

Bei Spannungsproblemen mit vorgegebener äußerer Einwirkung (Querlasten, Auflagersetzungen, Vorverformungen, Temperaturdifferenzen) führt die Formulierung der Rand- und Übergangsbedingungen bei n Stabelementen auf ein lineares, inhomogenes Gleichungssystem für die 4xn Freiwerte. Dieses läßt sich in eindeutiger Weise auflösen, damit lassen sich auch die Verformungs- und Schnittgrößen an jeder Stelle z in bestimmter Form berechnen.
Bei Verzweigungsproblemen steht das Tragwerk nur unter zentrischen Druckkräften, es ist in diesem Zustand biegeverformungsfrei. Die Bedingungsgleichungen für die Rand- und Übergangsbedingungen ergeben ein homogenes Gleichungssystem für die Freiwerte C_i.
Die Lösung eines linearen Gleichungssystems lautet in allgemeiner Form:

$$C_i=\frac{Det_i(\varepsilon)}{Det(\varepsilon)} \tag{3.122}$$

$Det_i(\varepsilon)$ ist die der Unbekannten C_i zugeordnete Zählerdeterminante, $Det(\varepsilon)$ ist die Nennerdeterminante des Gleichungssystems. Da bei einem Verzweigungsproblem die partikuläre (rechte) Seite des Gleichungssystems Null ist, sind alle Zählerdeterminanten Null, damit auch die Freiwerte C_i und alle statischen Größen. Diese triviale Null-Lösung kennzeichnet den unverformten Grundzustand. Ist neben $Det_i(\varepsilon)$ auch $Det(\varepsilon)$ Null, so liefert G.3.122: $C_i=0/0$. In diesem besonderen Falle existiert eine (unbestimmte) Lösung. Das bedeutet mechanisch, es existiert eine benachbarte Gleichgewichtslage unbestimmten Betrages, das ist die Verzweigungslösung. Man spricht bei $Det(\varepsilon)=0$ auch vom Indifferenzkriterium, weil das Gleichgewicht bei Erreichen der Verzweigungslast indifferent wird, vgl. hierzu Abschnitt 1.2.4.1.

Die Gleichung $Det(\varepsilon)=0$ ist i.allg. von transzendentem Typ, d.h., sie läßt sich explizit nicht nach jenem Eigenwert ε auflösen, der der Gleichung genügt. Die Gleichung hat unendlich viele Eigenlösungen. Baupraktisch interessiert nur der niedrigste Eigenwert:

$$\min\varepsilon = \varepsilon_{Ki} = l\sqrt{\frac{D_{Ki}}{EJ}} \longrightarrow \min D = D_{Ki} = \varepsilon_{Ki}^2\,\frac{EJ}{l^2} \qquad (3.123)$$

$\min\varepsilon = \varepsilon_{ki}$ wird iterativ bestimmt.

Wird ε_{Ki} in die Elemente des homogenen Gleichungssystems eingesetzt, nehmen diese Zahlenwerte an; das Gleichungssystem läßt sich damit in bezogener Form auflösen, womit die zum Verzweigungsfall gehörenden Verformungen (und Schnittgrößen) bekannt sind. Man spricht von der Knickfigur oder, mathematisch ausgedrückt, von der zum Eigenwert ε_{Ki} gehörenden Eigenfunktion.

Am Beispiel der Kragstütze (EULER-Fall I) soll das Typische eines Spannungsproblems Th.II.Ordn. und eines Verzweigungsproblems verdeutlicht werden.

Spannungsproblem: Die Kragstütze stehe unter der zentrischen Druckkraft P. Am freien Ende wirke die Horizontalkraft H, vgl. B.3.38. Der Druckkraft D=P ist die Stabkennzahl ε gemäß G.3.117 zugeordnet.

Für das verformte System lauten die Randbedingungen (vgl. B.3.38):

$$z=0:\ v(0)=\varphi(0)=0\,;\quad z=l:\ M(l)=0,\quad T(l)-H=0 \qquad (3.124)$$

Werden die vier Bedingungen mit Hilfe von T.3.1 durch das Lösungssystem der G.3.116 ausgefüllt, ergibt sich das Gleichungssystem:

	Bedingung:	C_1	C_2	C_3	C_4	part.	
1	$v(0)=0$	0	1	0	1	0	=0
2	$\varphi(0)=0$	ε/l	0	ε/l	0	0	=0
3	$M(0)=0$	$(\varepsilon/l)^2\sin\varepsilon$	$(\varepsilon/l)^2\cos\varepsilon$	0	0	0	=0
4	$T(l)-H=0$	0	0	$-EJ(\varepsilon/l)^3$	0	-H	=0

(3.125)

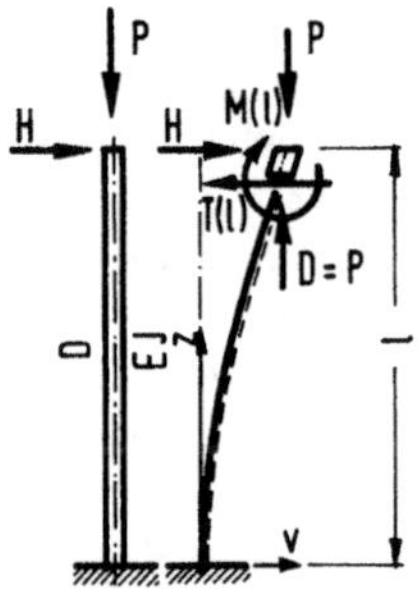

Bild 3.38

Das Gleichungssystem wird aufgelöst:

$$C_1 = -C_3 = \frac{Hl^3}{EJ}\cdot\frac{1}{\varepsilon^3}\,;\quad C_2 = -C_4 = -\frac{Hl^3}{EJ}\cdot\frac{\tan\varepsilon}{\varepsilon^3} \qquad (3.126)$$

Die Freiwerte werden in das Lösungssystem eingesetzt. Damit sind auch $v(z)$, $\varphi(z)$, $M(z)$, $T(z)$ und $Q(z)$ bekannt. Für die Durchbiegung und das Biegungsmoment ergibt sich:

$$v(z) = \frac{Hl^3}{EJ\varepsilon^3}\left[\tan\varepsilon\left(1-\cos\varepsilon\frac{z}{l}\right)+\sin\varepsilon\frac{z}{l}-\varepsilon\frac{z}{l}\right] \qquad (3.127)$$

$$M(z) = -Hl\frac{1}{\varepsilon}\left(\tan\varepsilon\cdot\cos\varepsilon\frac{z}{l}-\sin\varepsilon\frac{z}{l}\right) \qquad (3.128)$$

Das maximale Moment tritt im Einspannquerschnitt auf:

$$\begin{aligned}&\text{Theorie II. Ordnung:} \quad \max M = -Hl\cdot\frac{\tan\varepsilon}{\varepsilon}\\ &\text{Theorie I. Ordnung:} \quad \max M = -Hl\end{aligned} \quad \longrightarrow \quad \frac{\max M^{II}}{\max M^{I}} = \frac{\tan\varepsilon}{\varepsilon} \tag{3.129}$$

Für $\varepsilon = \pi/2$ wächst der Quotient über alle Grenzen, das ist, wie anschließend gezeigt wird, der Knickeigenwert:

$$\varepsilon_{Ki} = \frac{\pi}{2} \longrightarrow D_{Ki} = \left(\frac{\pi}{2}\right)^2 \frac{EJ}{l^2} \tag{3.130}$$

Verzweigungsproblem: Die Kragstütze steht unter der zentrischen Druckkraft D=P. Die Stabachse ist idealgerade. Gesucht ist jener Wert von D, für den der Druckstab instabil wird. (Bei einem Spannungsproblem ist D ein bestimmter Wert ε zugeordnet!) Die Randbedingungen stimmen mit G.3.124 überein, die letzte Gleichung lautet wegen H=0:T(l)=0. Das Gleichungssystem ist mit dem homogenen (linken) Teil des in G.3.125 angeschriebenen Systems identisch. Die (Nenner-)Determinante wird nach den Regeln der Determinantentheorie gebildet. Das geschieht durch gliedweise Zerlegung in Unterdeterminanten. Sind diese bis zur Ordnung drei gesplittet, wird deren Wert zweckmäßig nach der SARRUSschen Regel bestimmt (B.3.39). Im vorliegenden Fall ergibt sich:

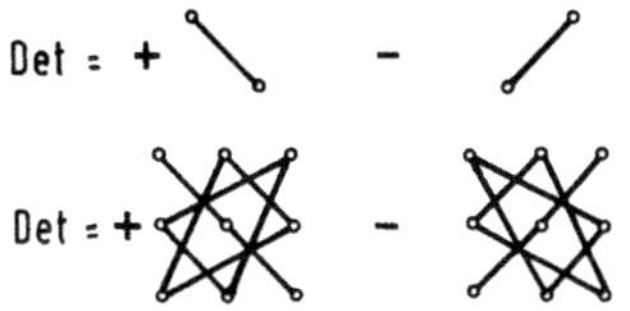

Bild 3.39

$$Det(\varepsilon) = +0 - 1\cdot 0 + 0 - 1\cdot\frac{\varepsilon}{l}\left(\frac{\varepsilon}{l}\right)^2\cos\varepsilon\cdot - EJ\left(\frac{\varepsilon}{l}\right)^3 = \left(\frac{\varepsilon}{l}\right)^5 EJ\cdot\cos\varepsilon = 0 \longrightarrow \varepsilon\cos\varepsilon = 0 \tag{3.131}$$

Neben der Triviallösung $\varepsilon = 0$ (unverformter Grundzustand) wird die Knickbedingung $\cos\varepsilon = 0$ von den Eigenwerten $\varepsilon = n\cdot\pi/2$ (n=1,3,5...) befriedigt. Der niedrigste Eigenwert lautet:

$$\min\varepsilon = \varepsilon_{Ki} = l\sqrt{\frac{D_{Ki}}{EJ}} = \frac{\pi}{2} \tag{3.132}$$

Hieraus folgt D_{Ki}, vgl. G.3.130. Um die zugehörige Knickbiegelinie zu bestimmen, wird der Eigenwert in den homogenen Teil des Gleichungssystems G.3.125 eingesetzt:

C_1	C_2	C_3	C_4	
0	1	0	1	=0
$\pi/2l$	0	$\pi/2l$	0	=0
$(\pi/2l)^2\sin\frac{\pi}{2}$	$(\pi/2l)^2\cos\frac{\pi}{2}$	0	0	=0
0	0	$-EJ(\frac{\pi}{2l})^3$	0	=0

(3.133)

Aus der ersten Zeile folgt $C_4 = -C_2$, aus der 2. und 4. Zeile $C_1 = C_3 = 0$. Damit ergibt sich für v(z):

$$v(z) = C_2\cos\frac{\pi}{2}\frac{z}{l} + C_4 = C_4\cdot\left(1 - \cos\frac{\pi}{2}\frac{z}{l}\right) = f\left(1 - \cos\frac{\pi}{2}\frac{z}{l}\right) \tag{3.134}$$

f ist die Auslenkung der Kragstütze am freien Ende, sie bleibt unbestimmt:

$$\frac{v(z)}{f} = 1 - \cos\frac{\pi}{2}\frac{z}{l} \tag{3.135}$$

3.3.3 EULER-Fälle

In B.3.40 sind die EULER-Fälle I bis VI dargestellt. Die Fälle V und VI sind dadurch ausgezeichnet, daß die Stäbe einseitig durch ein Transversalgelenk angeschlossen sind. Die Randbedingungen sind in B.1.10 angeschrieben. B.3.40 gibt die Knickgleichungen, Eigenwerte, Knickbiegelinien und Knicklängenfaktoren β der sechs Fälle an.

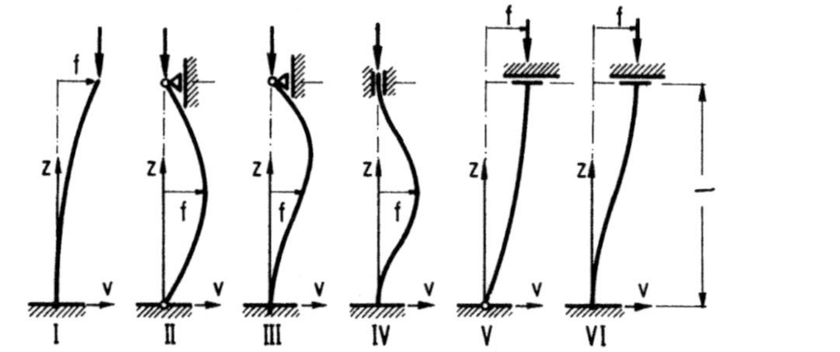

Fall	Knickgleichung	ε_{Ki}	Knickfigur; $\zeta = z/l$	β
I	$\varepsilon \cdot \cos\varepsilon = 0$	$\frac{\pi}{2}$	$v = f \cdot (1 - \cos\varepsilon_{Ki}\zeta)$	2
II	$\varepsilon \cdot \sin\varepsilon = 0$	π	$v = f \cdot \sin\varepsilon_{Ki}\zeta$	1
III	$\varepsilon \cdot (\tan\varepsilon - \varepsilon) = 0$	$1{,}431\pi = 4{,}4937$	v: vgl. Tafel 1.2	$\approx 0{,}7$
IV	$\varepsilon \cdot [2(1-\cos\varepsilon) - \varepsilon\sin\varepsilon] = 0$	2π	$v = \frac{f}{2} \cdot (1 - \cos\varepsilon_{Ki}\zeta)$	$\frac{1}{2}$
V	$\varepsilon \cdot \cos\varepsilon = 0$	$\frac{\pi}{2}$	$v = f \cdot \sin\varepsilon_{Ki}\zeta$	2
VI	$\varepsilon \cdot \sin\varepsilon = 0$	π	$v = \frac{f}{2} \cdot (1 - \cos\varepsilon_{Ki}\zeta)$	1

Bild 3.40

Die Lösung der transzendenten Knickgleichungen kann unter Verwendung graphischer Hilfsmittel oder numerisch erfolgen. Es erweist sich dabei als zweckmäßig, die Knickgleichungen so umzuformen, daß nur die Funktionen $\sin\varepsilon$ und $\cos\varepsilon$ als Zählergrößen auftreten; das ist immer möglich. Treten dagegen die Funktionen $\tan\varepsilon$ oder $\cot\varepsilon$ auf, können sich beim Aufsuchen der Knickwerte, z.B. mittels Regula falsi, wegen der singulären Pole dieser Funktionen numerische Schwierigkeiten ergeben.

3.3.4 Knicklängen und ihre geometrische Deutung

Bei einem Verzweigungsproblem wird jener Multiplikator ν_{Ki} bestimmt, für den der momentenfreie Gleichgewichtszustand des Gesamttragwerkes indifferent wird. Im Verzweigungsfall ist jedem Stabelement eine bestimmte kritische Druckkraft $D_{Ki} = \nu_{Ki} \cdot D$ und damit Stabkennzahl

$$\varepsilon_{Ki} = l\sqrt{\frac{D_{Ki}}{EJ}} = l\sqrt{\frac{\nu_{Ki} D}{EJ}} \tag{3.136}$$

zugeordnet. Die Auflösung dieser Gleichung nach D_{Ki} ergibt:

$$D_{Ki} = \left(\frac{\varepsilon_{Ki}}{l}\right)^2 EJ \tag{3.137}$$

Indem D_{Ki} mit der Knickkraft eines EULER-II-Ersatzstabes mit der Knicklänge $s_K = \beta l$ gleichgesetzt wird, findet man den Knicklängenfaktor β:

$$\left(\frac{\varepsilon_{Ki}}{l}\right)^2 \cdot EJ \stackrel{!}{=} \frac{\pi^2 EJ}{\beta^2 l^2} \longrightarrow \beta = \frac{\pi}{\varepsilon_{Ki}} \tag{3.138}$$

Hierbei wird angenommen, daß der Ersatzstab dieselbe Biegesteifigkeit wie der gegebene Stab mit der Länge l besitzt. In B.3.40 sind die β-Werte für die EULER-Fälle ausgewiesen. Die Knicklänge läßt sich wie folgt geometrisch deuten: Die charaktieristische Knickfigur des Stabwerkes setzt sich elementweise aus Funktionen folgenden Typs zusammen, vgl. T.3.1:

$$v = C_1 \sin\varepsilon_{Ki}\frac{z}{l} + C_2 \cos\varepsilon_{Ki}\frac{z}{l} + C_3 \varepsilon_{Ki}\frac{z}{l} + C_4 \tag{3.139}$$

Beim Ausknicken werden zugeordnete infinitesimale Transversalkräfte T_{Ki} und Biegungsmomente M_{Ki} geweckt. Über die Länge jedes Stablementes hat dabei die Transversalkraft eine konstante Größe (im Gegensatz zur Querkraft!), denn die Stäbe sind voraussetzungsgemäß querlastfrei. T_{Ki} ist, wie dem Lösungssystem auf T.3.1 entnommen werden kann, dem Freiwert C_3 direkt proportional:

$$C_3 = -\frac{T_{Ki}}{EJ}\left(\frac{l}{\varepsilon_{Ki}}\right)^3 \tag{3.140}$$

Damit lautet G.3.139:

$$v = C_1 \sin\varepsilon_{Ki}\frac{z}{l} + C_2\cos\varepsilon_{Ki}\frac{z}{l} - \frac{T_{Ki}}{D_{Ki}}z + C_4 \tag{3.141}$$

Die Knickverformung jedes Elementes setzt sich somit neben einer überlagerten sinusförmigen Verbiegung aus einer Parallelverschiebung (C_4) und einer Schrägstellung um $-T_{Ki}/D_{Ki}$ zusammen. Letzteres bedeutet: Die Resultierende aus D_{Ki} und T_{Ki} hat immer die Richtung der schräg liegenden Verbindungsgeraden durch die Wendepunkte der überlagerten Sinuslinie: Die Gerade ist mit der Sehne des EULER-II-Ersatzstabes identisch.

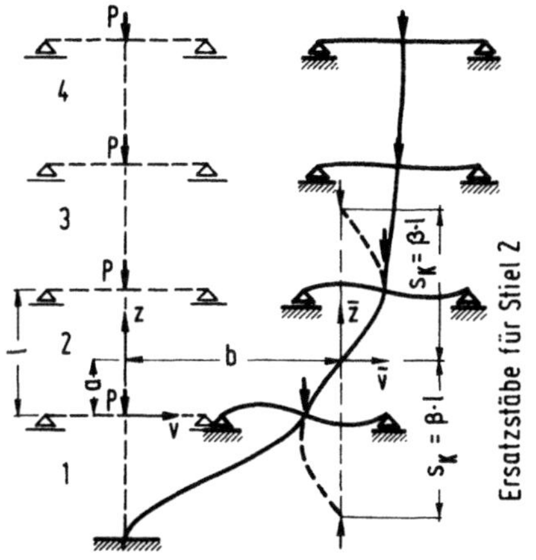

Bild 3.41

Zur Erläuterung wird ein lotrechter Druckstiel betrachtet, der nur durch seitenverschiebliche Riegel, die als Drehfedern gedeutet werden können, gestützt wird. Da jegliche seitliche Halterung fehlt, ist die Transversalkraft über die ganze Länge Null, d.h.: $T_{Ki}=C_3=0$. Die Biegelinie jedes Stieles lautet (Bild 3.41):

$$v = C_1\sin\alpha_{Ki}z + C_2\cos\alpha_{Ki}z + C_4 \tag{3.142}$$

Hierin bedeutet: $\alpha_{Ki}=\varepsilon_{Ki}/l$. In den Wendepunkten gilt $v''=M=0$. Diese Bedingung liefert die Bestimmungsgleichung dafür, wie das Koordinatensystem v, z zu verschieben ist, damit der Ursprung im nächsten Wendepunkt zu liegen kommt. Das hierin zu orientierende Koordinatensystem wird mit $\bar{v}$, $\bar{z}$ abgekürzt. Die Längsverschiebung sei a und die Querverschiebung b (vgl. B.3.41):

$$v''(a) = 0 \longrightarrow \quad C_1\alpha_{Ki}^2\cdot\sin\alpha_{Ki}a + C_2\alpha_{Ki}^2\cdot\cos\alpha_{Ki}a = 0 \tag{3.143}$$

Hieraus ergibt sich:

$$C_2 = -C_1\tan\alpha_{Ki}a \tag{3.144}$$

Wird diese Beziehung in G.3.142 mit der Nebenbedingung z=a:v=b eingesetzt, folgt sofort C_4=b. Nunmehr läßt sich nach einfacher Zwischenrechnung und Beachtung von G.3.144 die Knickbiegelinie $\bar{v}=\bar{v}(\bar{z})$ im neu vereinbarten Koordinatensystem angeben:

$$\bar{v} = C_1\sin\alpha_{Ki}(\bar{z}+a) + C_2\cos\alpha_{Ki}(\bar{z}+a) = \frac{C_1}{\sin\alpha_{Ki}a}\sin\alpha_{Ki}\bar{z} = \bar{C}_1\sin\alpha_{Ki}\bar{z} \tag{3.145}$$

Benachbarte Wendepunkte liegen im Abstand $\alpha_{Ki}\cdot s_K=\pi$, hieraus folgt G.3.138. Sofern beim Ausknicken eine Transversalkraft geweckt wird, lautet die transformierte Gleichung der Knickbiegelinie:

$$\bar{v} = \bar{C}_1\sin\alpha_{Ki}\bar{z} - \frac{T_{Ki}}{D_{Ki}}\bar{z} \tag{3.146}$$

Am Beispiel des in B.3.42a dargestellten Stockwerkrahmens soll der Begriff der Knicklänge weiter verdeutlicht werden. Die Symmetrie kann genutzt werden, damit erhält man das im Bildteil b gezeigte System, die Druckkraft ist sprungweise variabel. Der mittlere Stiel wird wegen der Unstetigkeit von EJ und D in zwei Stabelemente zerlegt. Das Indifferenz-

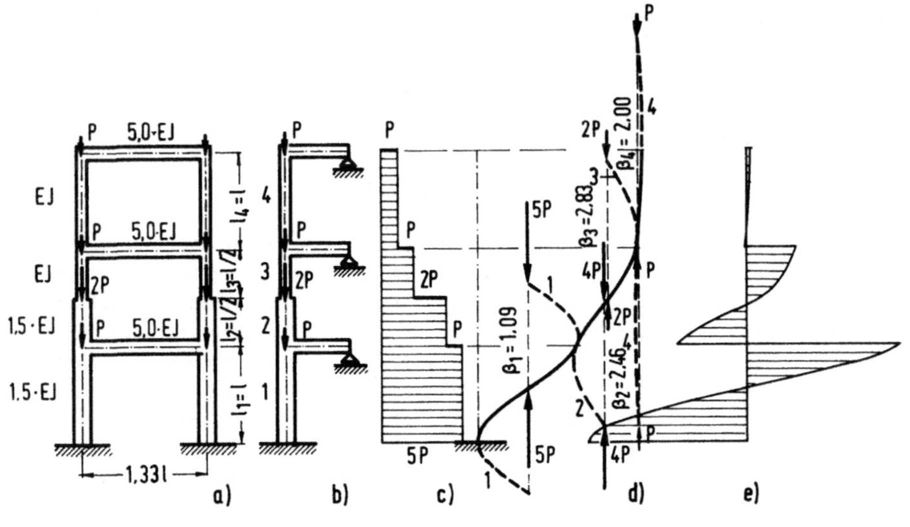

Bild 3.42

kriterium für das elastische Gesamtsystem liefert (in einer hier nicht wiedergegebenen Rechnung):

Stiel 1 : $\varepsilon_{Ki} = 2{,}88$; $\beta = 1{,}09 \longrightarrow s_K = 1{,}09\, l \quad = 1{,}09 l$

Stielteil 2 : $\varepsilon_{Ki} = 1{,}28$; $\beta = 2{,}46 \longrightarrow s_K = 2{,}46 \cdot 0{,}5 l \quad = 1{,}23 l$

Stielteil 3 : $\varepsilon_{Ki} = 1{,}11$; $\beta = 2{,}83 \longrightarrow s_K = 2{,}83 \cdot 0{,}5 l \quad = 1{,}43 l$

Stiel 4 : $\varepsilon_{Ki} = 1{,}57$; $\beta = 2{,}00 \longrightarrow s_K = 2{,}00\, l \quad = 2{,}00 l$

Die Lage der den Stielelementen 1 bis 4 zugeordneten Ersatzknickstäbe mit den Ersatzstablängen s_K ist in B.3.42d zu erkennen. Bildteil e gibt die zur Knickbiegelinie gehörende Momentenfläche wieder.

Das Ergebnis des Rechenbeispieles läßt folgende Schlüsse zu: Die Stäbe mit geringerer Druckbeanspruchung steifen die höher ausgelasteten Druckstäbe über den biegesteifen Stabverbund aus, hierdurch fallen die Knicklängen der erstgenannten größer aus. Ist ein Stab druckkraftfrei, ergibt sich für diesen wegen $\varepsilon_{Ki}=0$: $\beta = \infty$. Daraus wird die Problematik deutlich (die gelegentlich zu Auslegungsschwierigkeiten führt), wenn der Stabilitätsnachweis auf die Knicklänge des elastischen Gesamtsystems abgestellt wird. In Fällen $\varepsilon_{Ki} \approx 0$ gibt es keinen Sinn, eine Schlankheitsbegrenzung zu fordern. Die Problematik des Knicklängenkonzeptes wird auch bei Betrachtung von B.3.42e offenbar: M(z) korrespondiert nur näherungsweise mit der Biegemomentenverteilung, die z.B. infolge Windbelastung oder Schrägstellung der Stiele, auftritt. Es erhebt sich damit die Frage, ob die elasto-statische Knicklänge ein "vernünftiges Stabilitätsmaß" ist.

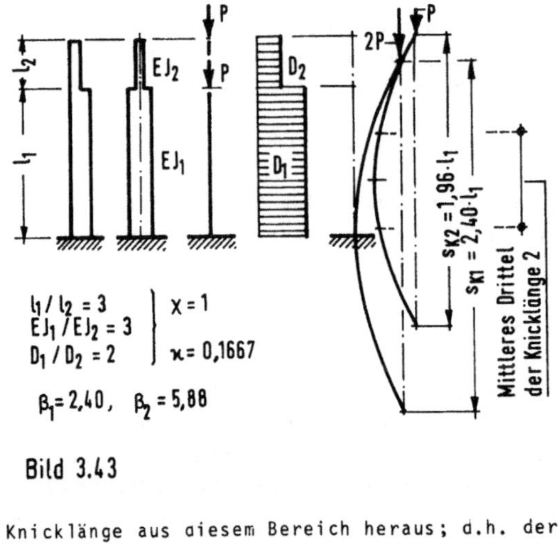

Bild 3.43

B.3.43 zeigt ein zweites Beispiel. Es handelt sich um eine Kranhallen-Kragstütze mit zwei Stabbereichen. Die Verzweigungstheorie (Tafel 5.21) liefert die im Bild eingetragenen Knicklängenfaktoren. Für den unteren Stielbereich ist das Ergebnis plausibel und im Rahmen eines baupraktischen Nachweises verwertbar. Für den oberen fällt das "mittlere Drittel" der Knicklänge aus diesem Bereich heraus; d.h. der Schnitt 1/2 liegt außerhalb davon.

Wegen weiterer Schlußfolgerungen wird auf Abschnitt 4.1 verwiesen.

3.4 Berechnungsverfahren Theorie II. Ordnung für Tragwerke mit prismatischen Stäben

3.4.1 Differentialgleichungsverfahren

Die Untersuchung von Spannungsproblemen Th.II.Ordn. und Verzweigungsproblemen ist nach dem Differentialgleichungsverfahren auf einfache Systeme beschränkt. Mit wachsender Zahl der Stäbe wird die Rechnung formal schwierig und unübersichtlich, in diesen Fällen sind die aufbereiteten Verfahren, die in den nachfolgenden Abschnitten behandelt werden, zweckmäßiger.

Zwei Verfahrensweisen sind möglich:

Verfahrensweise I: Das verformte, im Gleichgewicht befindliche System, wird in n Stabelemente zerlegt. Innerhalb jedes Elementes sind EJ und D konstant. An den Auflagerstellen werden die Stützreaktionen und an den Schnittufern die Schnittgrößen L, T und M angetragen. Für jedes Element werden die drei Gleichgewichtsgleichungen formuliert und damit die Randschnittgrößen miteinander verknüpft. Für jedes Stabelement wird ein Koordinatensystem v, z und eine Zugfaser vereinbart. Unter Berücksichtigung der Stabverformungen werden die Biegungsmomente M(z) stabelementweise angeschrieben und in das lineare Elastizitätsgesetz der Biegetheorie

$$EJv'' + M(z) = 0 \qquad (3.147a)$$

eingeführt. Die Lösungen dieser Differentialgleichung werden sodann an die geometrischen Rand- und Übergangsbedingungen angepaßt. Bei Spannungsproblemen wird das Gleichungssystem nach den unbekannten Freiwerten aufgelöst, bei Verzweigungsproblemen wird der Knickwert aus dem Indifferenzkriterium Det(ε)=0 bestimmt.

Verfahrensweise II: Für jedes Stabelement wird von der allgemeinen Grundgleichung G.1.72 ausgegangen:

$$EJv'''' + Dv'' - q(z) = 0 \qquad (3.147b)$$

Die Lösung dieser Gleichung gemäß T.3.1 wird allen Rand- und Übergangsbedingungen, den geometrischen wie den statischen, angepaßt. Im übrigen wird wie bei Variante I verfahren. Die Verfahrensweise II wurde bereits an der Kragstütze (B.3.38) im Abschnitt 3.3.2 demonstriert.

3.4.2 Beispiele

3.4.2.1 Kragstütze mit angekoppelter Pendelstütze

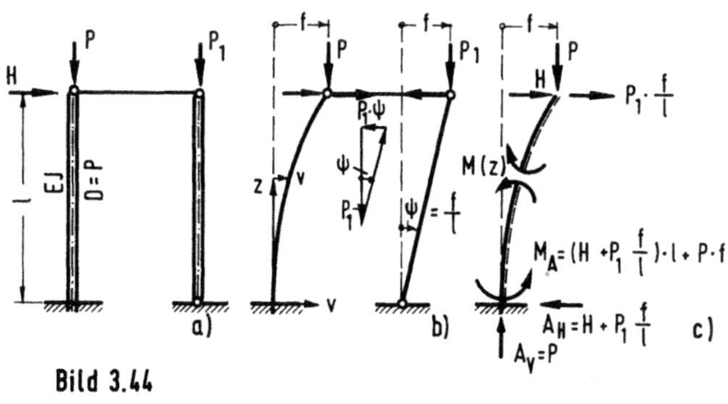

Bild 3.44

B.3.44 zeigt das System. Kragstütze und Pendelstütze sind durch P bzw. P_1 belastet; auf das System wirkt die Horizontallast H. Stellt sich die Pendelstütze schief, entsteht die Abtriebskraft

$$P_1 \cdot \psi = P_1 \frac{f}{l},$$

die sich der äußeren Horizontalkraft überlagert. Koordinatensystem und Stützgrößen sind in B.3.44 eingetragen. An der Stelle z wird ein Schnitt gelegt und M(z) angetragen. Für den unteren Stabbereich gilt die Momentengleichgewichtsgleichung:

$$M(z) + M_A - A_H \cdot z - A_V \cdot v = 0 \qquad (3.148)$$

Für M_A, A_H und A_V werden die Stützgrößen eingetragen und die Gleichung nach M(z) aufgelöst:

$$M(z) = -P(f-v) - (H + P_1 \cdot \frac{f}{l})(l-z) \tag{3.149}$$

M(z) wird in G.3.147 eingesetzt, das führt auf die Differentialgleichung:

$$v'' + (\frac{\varepsilon}{l})^2 v = (\frac{\varepsilon}{l})^2 f + (\frac{H}{EJ} + \frac{P_1}{EJ}\frac{f}{l})(l-z)\,; \quad \varepsilon = l\sqrt{\frac{D}{EJ}} \tag{3.150}$$

Lösung:

$$v = C_1 \sin\varepsilon\frac{z}{l} + C_2\cos\varepsilon\frac{z}{l} + f + (\frac{H}{P} + \frac{P_1}{P}\frac{f}{l})(l-z) \tag{3.151}$$

Die partikuläre Lösung ergibt sich mittels des Ansatzes $v_{part} = a_0 + a_1 z + a_2 z^2$ und Koeffizientenvergleich.
In G.3.151 sind C_1, C_2 und f unbekannt. Aus den Randbedingungen: z=0:v=0 und v'=0 folgt:

$$C_1 = \frac{1}{\varepsilon}(\frac{H}{P} + \frac{P_1}{P}\frac{f}{l})l\,; \quad C_2 = -f - (\frac{H}{P} + \frac{P_1}{P}\frac{f}{l})l \tag{3.152}$$

Hiermit lautet G.3.151:

$$v = f(1 - \cos\varepsilon\frac{z}{l}) + (\frac{H}{P}l + \frac{P_1}{P}f)(1 - \frac{z}{l} - \cos\varepsilon\frac{z}{l} + \frac{1}{\varepsilon}\sin\varepsilon\frac{z}{l}) \tag{3.153}$$

Um f zu bestimmen, wird die dritte (geometrische) Randbedingung: z=l:v=f eingeführt:

$$f = f(1-\cos\varepsilon) + (\frac{H}{P}l + \frac{P_1}{P}f)(-\cos\varepsilon + \frac{\sin\varepsilon}{\varepsilon}) \tag{3.154}$$

Die Gleichung läßt sich explizit nach f auflösen:

$$f = \frac{\frac{H}{P}l(\frac{\sin\varepsilon}{\varepsilon} - \cos\varepsilon)}{\cos\varepsilon - \frac{P_1}{P}(\frac{\sin\varepsilon}{\varepsilon} - \cos\varepsilon)} \tag{3.155}$$

Für vorgegebene Kräfte P, P_1 und H kann f hieraus berechnet werden. Wäre eine Vorverformung f_0 zu berücksichtigen gewesen, hätte diese durch Einrechnung in H in Form des Zuschlages $(P+P_1)\cdot f_0/l$ erfaßt werden können. Mit der Kenntnis von f gemäß G.3.155 sind auch v, φ, M und Q bekannt. Für das Einspannungsmoment der Kragstütze gilt:

$$M_A = (H + P_1\frac{f}{l})l + Pf \tag{3.156}$$

Mit dem Parameter

$$\eta = \frac{P_1}{P} \tag{3.157}$$

kann diese Gleichung wie folgt umgeformt werden:

$$\frac{M_A}{Hl} = 1 + \frac{(1+\eta)(\sin\varepsilon - \varepsilon\cos\varepsilon)}{\varepsilon\cos\varepsilon - \eta(\sin\varepsilon - \varepsilon\cos\varepsilon)} = \frac{M_A^{II}}{M_A^{I}} = \alpha \tag{3.158}$$

Hl ist das Biegungsmoment nach Th.I.Ordn. Das zweite Glied in G.3.158 kennzeichnet die Erhöhung des Einspannungsmomentes durch den Verformungseinfluß. In B.3.45 ist der Vergrößerungsfaktor, d.h. G.3.158, über ε für verschiedene η aufgetragen. Hieraus ist ersichtlich, daß der Verformungsfaktor α

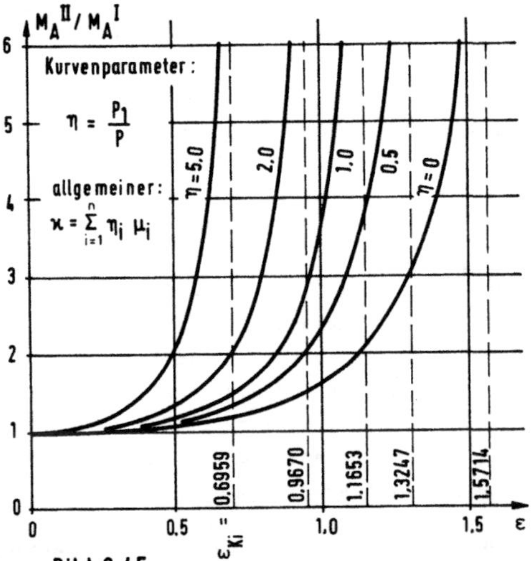

Bild 3.45

mit Erreichen bestimmter ε-Werte über alle Grenzen anwächst.
Die Knickbedingung des Problems folgt für H=0 aus G.3.154 zu:

$$f\cdot[\eta(\frac{\sin\varepsilon}{\varepsilon}-\cos\varepsilon)-\cos\varepsilon]=0 \qquad (3.159)$$

Die Triviallösung f=0 ist hierin enthalten. Die Knickeigenwerte ε_{Ki} berechnen sich als Funktion von η aus:

$$\eta(\frac{\sin\varepsilon}{\varepsilon}-\cos\varepsilon)-\cos\varepsilon=0 \quad \text{bzw.} \quad \frac{1+\eta}{\eta}\cdot\varepsilon\cos\varepsilon-\sin\varepsilon=0 \qquad (3.160)$$

Wie man nun zeigen kann, wird der das Spannungsproblem kennzeichnende Vergrößerungsfaktor gemäß G.3.158 unendlich, wenn $\varepsilon=\varepsilon_{Ki}$ wird. Die zu η=0; 0,5; 1; 2; 5 gehörenden Eigenwerte sind in B.3.45 eingetragen.
Sind im Falle des Verzweigungsproblems P und P_1 gleichgroß (η=1), folgt ε_{Ki} aus der verkürzten Knickbedingung

$$\tan\varepsilon-2\varepsilon=0 \qquad (3.161)$$

zu ε_{Ki}=1,1653. Hieraus ergibt sich $\beta=\pi/1{,}1653=2{,}69$ also größer 2! Die Knicklast beträgt:

$$D_{Ki}=1{,}36\frac{EJ}{l^2} \qquad (3.162)$$

Die Pendelstütze selbst ist als EULER-Fall II zu behandeln, denn die Druckkraft wirkt stets sehnentreu. Im hier betrachteten Fall tritt gleichzeitiges Knicken dann ein, wenn

$$\frac{EJ_{Kragstütze}}{EJ_{Pendelstütze}}=7{,}27 \qquad (3.163)$$

ist.
Die Rechnung hat deutlich gemacht, daß die Knicklänge der Kragstütze durch die angekoppelte Pendelstütze erhöht wird. Dieses Ergebnis gilt allgemein: Die beim Ausknicken geweckten Abtriebskräfte belasten die Stabilisierungsstütze und vergrößern dadurch deren Knickgefahr. Bei Spannungsproblemen Th.II.Ordn. führt die Überlagerung der Umlenkkräfte in Richtung der Ausbiegung mit den vorgegebenen äußeren Horizontalkräften ebenfalls zu einer Erhöhung der das Gesamtsystem stabilisierenden Tragwerksteile, im vorliegenden Fall, der Kragstütze. Dieser Effekt spielt im Skelett- und Fertigteilbau eine große Rolle.

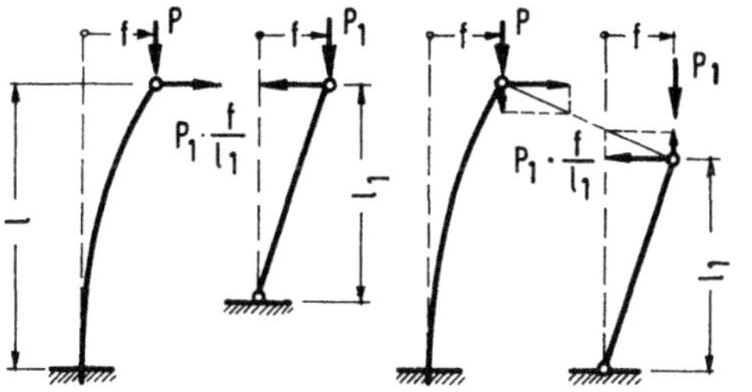

Bild 3.46

Weist im zuvor behandelten Beispiel die angekoppelte Stütze eine von l verschiedene Länge auf, beträgt die Umlenkkraft:

$$P_1\frac{f}{l_1}$$

Die Aussage läßt sich sofort mit Hilfe von B.3.46 bestätigen. Es wird dabei, wie zuvor, ein dehnstarrer Riegel und kein Gelenkschlupf unterstellt.
Sind mehrere Pendelstützen angekoppelt, wie in B.3.47 dargestellt, überlagern sich ihre Umlenkkräfte. In G.3.155 und G.3.158 ist η durch $\varkappa$

$$\varkappa=\sum_{i=1}^{n}\eta_i\,\mu_i \qquad (3.164)$$

zu ersetzen. Die Summe ist über alle Pendelstützen zu erstrecken, siehe B.3.47. In G.3.164 bedeuten:

$$\eta_i=\frac{P_i}{P}, \quad \mu_i=\frac{l}{l_i} \qquad (3.165)$$

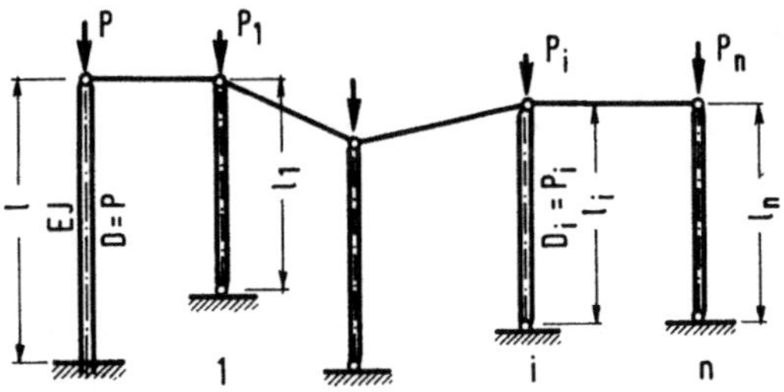

Bild 3.47

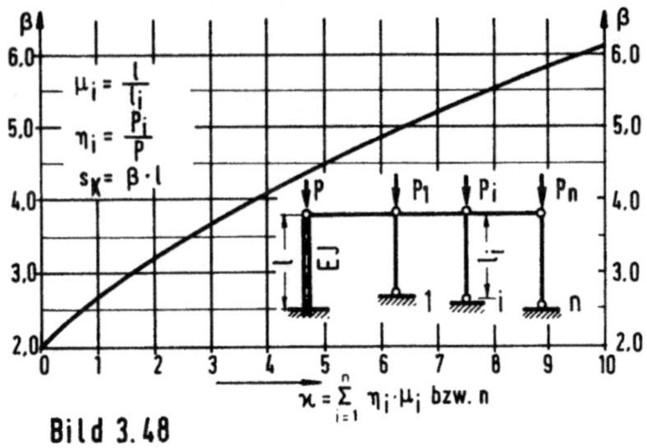

Bild 3.48

An die Stelle von G.3.160 tritt die Knickbedingung:

$$\frac{1+\varkappa}{\varkappa}\,\varepsilon\cos\varepsilon - \sin\varepsilon = 0 \qquad (3.166)$$

Im Sonderfall gleichgroßer Kräfte und Stützenlängen ($\eta_i = 1$, $\mu_i = 1$, $\varkappa = n$) gilt:

$$\frac{1+n}{n}\,\varepsilon\cos\varepsilon - \sin\varepsilon = 0 \qquad (3.167)$$

In B.3.48 ist die Auswertung von G.3.166 bzw. G.3.167 dargestellt. Aufgetragen ist

$$\beta = \pi/\varepsilon_{Ki}$$

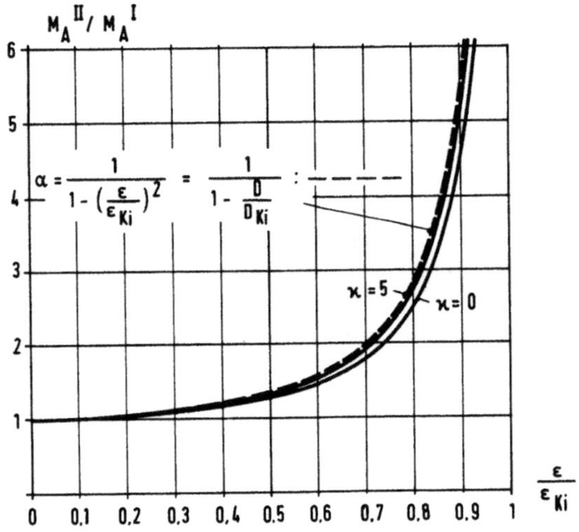

Bild 3.49

Wie bereits im Abschnitt 1.1 und nachfolgend erläutert wird, dienen die Knickeigenwerte einerseits dazu, die Ersatzstablänge s_K für den "Knicknachweis" zu bestimmen und andererseits, um den Verformungsfaktor α für das Spannungsproblem Th.II.Ordn. zu berechnen. So kann z.B. aus B.3.48 β in Abhängigkeit von $\varkappa$ abgegriffen und hierfür D_{Ki} bestimmt werden:

$$\varepsilon_{Ki} = \frac{\pi}{\beta} \longrightarrow D_{Ki} = \varepsilon_{Ki}^2 \cdot \frac{EJ}{l^2} = \frac{1}{\beta^2}\frac{\pi^2 EJ}{l^2} \qquad (3.168)$$

Um die Güte der α-Abschätzung auch hier zu zeigen, werden die in B.3.45 eingezeichneten Kurven M_A^{II}/M_A^{I} gemäß G.3.158 über dem bezogenen Quotienten $\varepsilon/\varepsilon_{Ki}$ aufgetragen; das Ergebnis zeigt B.3.49. Hierbei zeigt sich, daß die Kurven eng zusammenfallen. Sie werden durch

$$\alpha = \frac{1}{1-\frac{D}{D_{Ki}}} = \frac{1}{1-(\frac{\varepsilon}{\varepsilon_{Ki}})^2} \qquad (3.169)$$

auf der sicheren Seite liegend, in hervorragender Weise approximiert. Der Grund für die gute Annäherung beruht auf der weitgehenden Affinität der Knickbiegelinien mit den Biegelinien des Spannungsproblems Th.II.Ordn.

3.4.2.2 Abgestrebte Stütze

Ein Druckstiel wird durch eine biegesteif angeschlossene Schrägstrebe ausgesteift. Gesucht ist der Knicklängenfaktor β. Im Gegensatz zu dem im vorangegangenen Abschnitt behandelten Beispiel ist dieses System unverschieblich, dafür aber statisch unbestimmt. B.3.50 zeigt das Stabwerk im unverformten und ausgeknickten Zustand, die Koordinatensysteme v_1, z_1 und v_2, z_2 sind einschließlich der Zugfasern eingezeichnet.

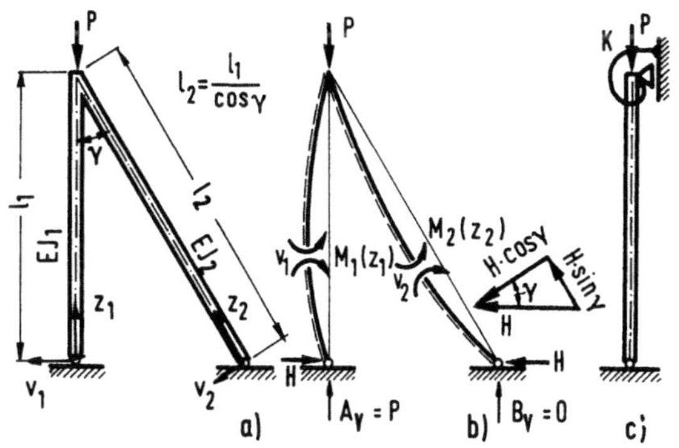

Bild 3.50

Beim Ausknicken wird der Horizontalschub $A_H = B_H = H$ geweckt; H ist unbekannt. Die Momentengleichgewichtsgleichungen lauten für Stiel und Strebe, vgl. B.3.50b:

$$M_1(z_1) = Pv_1 + Hz_1 \qquad (3.170)$$

$$M_2(z_2) = -H\cos\gamma \cdot z_2 \qquad (3.171)$$

Der Beitrag $H\cdot\sin\gamma\cdot v_2$ bleibt in G.3.171, da von höherer Kleinheitsordnung, unberücksichtigt. Die Biegungsmomente werden in die Elastizitätsgesetze der Stäbe eingesetzt und die Differentialgleichungen gelöst. Aus den Randbedingungen folgen die Freiwerte.

$$\text{Stiel: } EJ_1 v_1'' = -M_1 \longrightarrow v_1'' + \alpha_1^2 v_1 = -\alpha_1^2 \frac{H}{P} z_1, \quad \alpha_1 = \sqrt{\frac{P}{EJ_1}} \qquad (3.172)$$

$$v_1 = C_1 \sin\alpha_1 z_1 + C_2 \cos\alpha_1 z_1 - \frac{H}{P} z_1 \qquad (3.173)$$

$$\text{Strebe: } EJ_2 v_2'' = -M_2 \longrightarrow v_2'' = \alpha_2^2 \cos\gamma \frac{H}{P} z_2, \quad \alpha_2 = \sqrt{\frac{P}{EJ_2}} \qquad (3.174)$$

$$v_2 = \alpha_2^2 \cos\gamma \frac{H}{P} \frac{z_2^3}{6} + C_3 z_2 + C_4 \qquad (3.175)$$

$$\text{Randbedingungen: } z_1 = 0: v_1 = 0;\; z_1 = l_1: v_1 = 0; \quad z_2 = 0: v_2 = 0;\; z_2 = l_2: v_2 = 0 \longrightarrow \qquad (3.176)$$

$$C_1 = \frac{H}{P} \frac{l}{\sin\alpha_1 l};\; C_2 = 0;\; C_3 = -\alpha_2^2 \cos\gamma \cdot \frac{H}{P} \cdot \frac{l_2^2}{6},\; C_4 = 0 \qquad (3.177)$$

Der Horizontalschub ist unbekannt. Im Stabknoten wird die geometrische Übergangsbedingung formuliert, hier müssen die Stabenddrehwinkel übereinstimmen:

$$\text{Übergangsbedingung: } z_1 = l_1, z_2 = l_2:\; -\frac{dv_1}{dz_2} = -\frac{dv_2}{dz_2} \longrightarrow \frac{H}{P}\left(1 - \frac{\alpha_1 l_1}{\tan\alpha_1 l_1} + \frac{1}{3}\alpha_2^2 \cdot \frac{l_1^2}{\cos\gamma}\right) = 0 \qquad (3.178)$$

Die Triviallösung H=0 ist hierin enthalten (unverformter Grundzustand). Der Inhalt der runden Klammer von G.3.178 wird Null gesetzt:

$$\frac{\varepsilon}{1 + \frac{1}{3}\chi\varepsilon^2} - \tan\varepsilon = 0 \quad \text{mit } \varepsilon = l_1\sqrt{\frac{P}{EJ_1}} \quad \text{und } \chi = \frac{EJ_1}{EJ_2} \cdot \frac{1}{\cos\gamma} = \frac{EJ_1}{EJ_2} \cdot \frac{l_2}{l_1} \qquad (3.179)$$

Um die Eigenwerte aus der Knickbedingung zu bestimmen, wird $\tan\varepsilon$ auf die rechte Seite gebracht und beide Seiten der Gleichung über ε aufgetragen. Wo sich die Kurven schneiden, wird der Knickgleichung genügt und ε_{Ki} kann auf der Abszisse abgegriffen werden, vgl. B.3.51. Da alle Schnittpunkte innerhalb des Bereiches $\pi \leq \varepsilon \leq 1{,}431\pi$ liegen, liegt der Knicklängenbeiwert zwischen $\beta=1$ ($\chi=\infty$ im Falle $EJ_2=0$) und $\beta=0{,}699 \approx 0{,}7$ ($\chi=0$ im Falle $EJ_2=\infty$; EULER-Fall III: $\varepsilon - \tan\varepsilon = 0$).

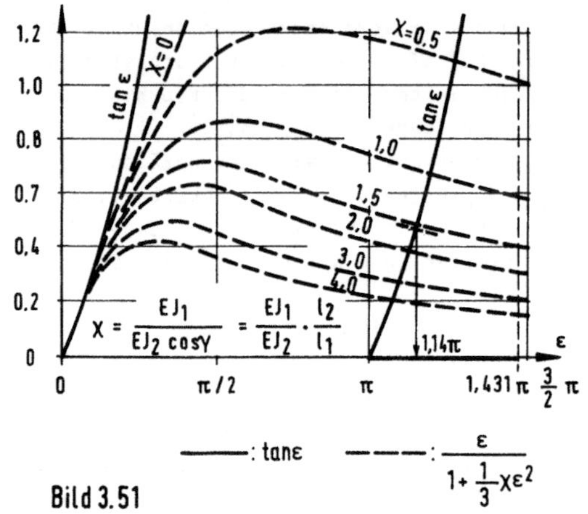

Bild 3.51

Das Knickproblem hätte auch durch Rückführung auf das in B.3.50c dargestellte Ersatzsystem, also einen unverschieblichen Stab mit drehfederelastischer Einspannung, gelöst werden können, wobei die Drehfederkonstante

$$K = \frac{3EJ_2}{l_2}$$

beträgt. Auf T.5.1 ist die Lösung dieses Falles enthalten. Um die Anwendung zu zeigen, wird ein Zahlenbeispiel gerechnet:

B.3.51: $l_2 = 1{,}15\,l_1;\ EJ_2 = 0{,}75\,EJ_1 \rightarrow \chi = 1{,}15/0{,}75 = 1{,}532 \rightarrow \varepsilon_{Ki} = 1{,}14\pi \rightarrow \underline{\beta = 0{,}877}$

T.5.1: $K = 3\cdot\frac{0{,}75\,EJ_1}{1{,}15\,l_1} = 1{,}96\cdot\frac{EJ_1}{l_1} \rightarrow \gamma_a = \frac{K\,l_1}{EJ_1} = 1{,}96 \rightarrow \frac{1}{\gamma_a} = 0{,}51,\ \gamma_b = 0 \rightarrow \underline{\beta = 0{,}877}$

Die Rückführung auf ein Ersatzsystem mit federelastischer Stützung ist nur möglich, wenn der Stab oder das Stabwerk, aus dem die Federsteifigkeit aufgebaut wird, druckkraftfrei ist. Anderenfalls wird deren Steifigkeit durch die Druckbeanspruchung beeinflußt (reduziert), das Problem läßt sich dann nicht entkoppeln.

3.4.3 Verfahren der Übertragungsmatrizen

3.4.3.1 Feldmatrizen

Das Verfahren der Übertragungsmatrizen besteht in der Lösung der das Problem kennzeichnenden Differentialgleichung G.3.116

$$v'''' + \left(\frac{\varepsilon}{l}\right)^2 v'' = \frac{q(z)}{EJ}; \qquad \varepsilon = l\sqrt{\frac{D}{EJ}} \tag{3.116}$$

nach der in der Mathematik und Mechanik seit langem bekannten "Methode vom Anfangsparameter". Die Verwendung des Matrizenkalküls, auf [3.30-3.34] zurückgehend, erlaubt eine besonders systematische Aufbereitung für die Programmierung.

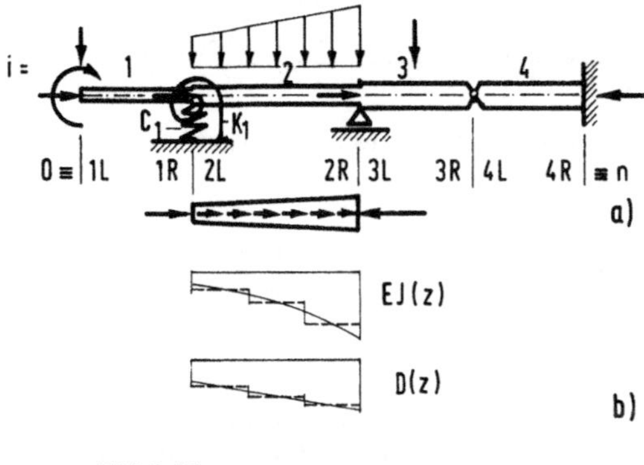

Bild 3.52

Das Stabwerk wird in Stabelemente zerlegt, die jeweils eine konstante Biegesteifigkeit EJ und Längskraft aufweisen. B.3.52 zeigt ein durchlaufendes Stabwerk. Bei variablem EJ und D (Druck) oder Z (Zug) wird der Stabbereich eng intervalliert und der stetige Verlauf von EJ(z) und D(z) bzw. Z(z) durch eine Stufenfunktion ersetzt, vgl. B.3.52b.

Die Formänderungen und Schnittgrößen der linken (L) und rechten (R) Schnittufer jedes Stabelementes i werden zu Vektoren zusammengefaßt:

$$[z]_{iL}=\begin{bmatrix} v_{iL} \\ \varphi_{iL} \\ M_{iL} \\ T_{iL} \end{bmatrix}; \quad [z]_{iR}=\begin{bmatrix} v_{iR} \\ \varphi_{iR} \\ M_{iR} \\ T_{iR} \end{bmatrix} \tag{3.180}$$

Für das Stabelement i, zwischen den Schnittufern iL und iR gelegen, läßt sich die Verknüpfung der in G.3.180 zusammengefaßten Zustandsvektoren zu

$$[z]_{iR}=[F]_i\cdot[z]_{iL}+[F]_i^q \tag{3.181}$$

angeben. $[F]_i$ ist die Feldmatrix (homogener Teil), und $[F]_i^q$ der Belastungsvektor (partikulärer Teil). Lineare Matrizengleichungen nach Art der G.3.181 lassen sich für alle Probleme angeben, die von linearen, gewöhnlichen Differentialgleichungen beherrscht werden, vgl. u.a. [3.35-3.37].

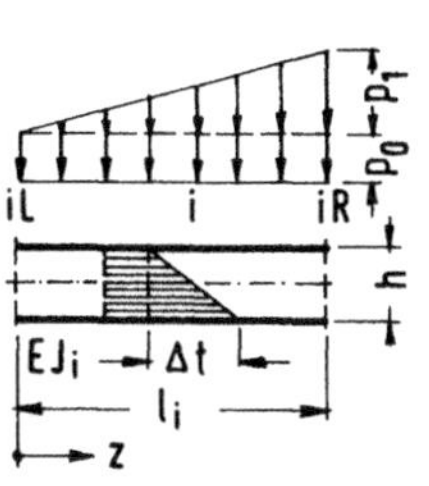

Bild 3.53

Die Elemente von $[F]_i$ und $[F]_i^q$ müssen ein für allemal berechnet werden, sie stehen dann für jede Aufgabenstellung zur Verfügung. Um die Elemente zu berechnen, wird der Zustandsvektor für den linken Rand $[z]_{iL}$ vorgegeben, d.h., die Zustandsgrößen v_{iL}, φ_{iL}, M_{iL} und T_{iL} werden als bekannt vorausgesetzt und hiervon abhängig die Freiwerte C_1 bis C_4 des Lösungssystems der T.3.1 bestimmt. Sind p_0 und p_1 die Belastungsintensitäten einer Gleich- bzw. Dreiecksstreckenlast und ist Δt der Temperaturgradient über die Stabdicke h, wie in B.3.53 angegeben, so liefert die Auflösung des Gleichungssystems nach den Freiwerten C_1 bis C_4:

$$\begin{aligned} C_1 &= \varphi_{iL}\cdot\frac{l}{\varepsilon}+\frac{T_{iL}}{EJ}\cdot\frac{l^3}{\varepsilon^3}+\frac{p_1}{EJ}\cdot\frac{l^4}{\varepsilon^5}; \quad C_2=\frac{M_{iL}}{EJ}\cdot\frac{l^2}{\varepsilon^2}+\frac{p_0}{EJ}\cdot\frac{l^4}{\varepsilon^4}+\alpha_t\frac{\Delta t}{h}\cdot\frac{l^2}{\varepsilon^2} \\ C_3 &= -\frac{T_{iL}}{EJ}\cdot\frac{l^3}{\varepsilon^3}-\frac{p_1}{EJ}\cdot\frac{l^4}{\varepsilon^5}; \quad C_4=v_{iL}-\frac{M_{iL}}{EJ}\cdot\frac{l^2}{\varepsilon^2}-\frac{p_0}{EJ}\cdot\frac{l^4}{\varepsilon^4}-\alpha_t\frac{\Delta t}{h}\cdot\frac{l^2}{\varepsilon^2} \end{aligned} \tag{3.182}$$

α_t ist der Temperaturausdehnungskoeffizient.
Die Freiwerte werden in das Lösungssystem (T.3.1) eingesetzt und anschließend die Zustandsgrößen v_{iR}, φ_{iR}, M_{iR} und T_{iR} am rechten Schnittufer iR ($z=l_i$) berechnet und so geordnet, wie es die Matrizengleichung G.3.181 vorschreibt. Das Ergebnis dieser Rechnung ist auf T.3.2 zusammengefaßt. Hierin sind $[F]_i$ und $[F]_i^q$ auch für Th.I.Ordn. angeschrieben. Sie lassen sich aus den Matrizen für Th.II.Ordn. durch den Grenzübergang $\varepsilon\to 0$ ableiten, wobei i.allg. eine mehrfache Anwendung der Regel von L'HOSPITAL erforderlich ist. Die Matrizen lassen sich unter Berücksichtigung von G.3.119 in einfacher Weise auf den Fall der Zugbiegung Th.II.Ordn. umformen.
Wird die Feldmatrix unter Bezug auf die Querkraft hergeleitet, ergeben sich modifizierte Elemente [3.34]. Die Einführung der Transversalkraft bietet bei der Formulierung der Rand- und Übergangsbedingungen große Vorteile!

3.4.3.2 Verfahrensweise

Der Grundgedanke des Verfahrens wird an den in B.3.54 dargestellten Stabwerken ① bis ③, die sich durch die Übergangsbedingung an der Sprungstelle 1 unterscheiden, erläutert.
An den äußeren Rändern sind je zwei Randbedingungen zu erfüllen; im hier betrachteten Fall ist zu fordern:

$$M_{1L}=0,\ T_{1L}=0;\ v_{2R}=0,\ \varphi_{2R}=0 \tag{3.183}$$

Tafel 3.2

Verfahren der Übertragungsmatrizen Theorie II. Ordnung

Definition der Verformungs- und Schnittgrößen:

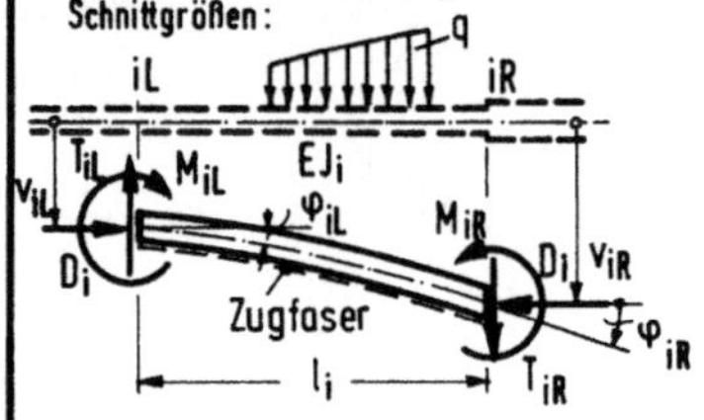

Stabkennzahl: $\varepsilon = l\sqrt{\frac{D}{EJ}}$ D (Druckkraft)

Übertragungsmatrix:

$$[F] = \begin{bmatrix} f_{11} & f_{12} & f_{13} & f_{14} \\ f_{21} & f_{22} & f_{23} & f_{24} \\ f_{31} & f_{32} & f_{33} & f_{34} \\ f_{41} & f_{42} & f_{43} & f_{44} \end{bmatrix} \qquad [F]^q = \begin{bmatrix} f_{1q} \\ f_{2q} \\ f_{3q} \\ f_{4q} \end{bmatrix}$$

Elemente der Feldmatrix F (EJ = konst.):

Theorie I. Ordnung:

$$[F] = \begin{bmatrix} 1 & l & -\frac{1}{2}\cdot\frac{l^2}{EJ} & -\frac{1}{6}\cdot\frac{l^3}{EJ} \\ 0 & 1 & -\frac{l}{EJ} & -\frac{1}{2}\cdot\frac{l^2}{EJ} \\ 0 & 0 & 1 & l \\ 0 & 0 & 0 & 1 \end{bmatrix}$$

Theorie II. Ordnung:

$$[F] = \begin{bmatrix} 1 & \frac{\sin\varepsilon}{\varepsilon}\cdot l & -\frac{1-\cos\varepsilon}{\varepsilon^2}\cdot\frac{l^2}{EJ} & -\frac{\varepsilon-\sin\varepsilon}{\varepsilon^3}\cdot\frac{l^3}{EJ} \\ 0 & \cos\varepsilon & -\frac{\sin\varepsilon}{\varepsilon}\cdot\frac{l}{EJ} & -\frac{1-\cos\varepsilon}{\varepsilon^2}\cdot\frac{l^2}{EJ} \\ 0 & \varepsilon\sin\varepsilon\cdot\frac{EJ}{l} & \cos\varepsilon & \frac{\sin\varepsilon}{\varepsilon}\cdot l \\ 0 & 0 & 0 & 1 \end{bmatrix}$$

Elemente der Lastvektoren F^q:

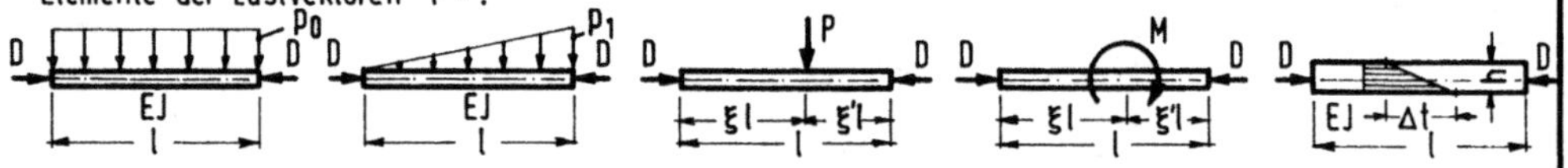

Theorie I. Ordnung:

$$p_0\cdot\begin{bmatrix} \frac{1}{24}\cdot\frac{l^4}{EJ} \\ \frac{1}{6}\cdot\frac{l^3}{EJ} \\ -\frac{1}{2}\cdot l^2 \\ -l \end{bmatrix} \quad p_1\cdot\begin{bmatrix} \frac{1}{120}\cdot\frac{l^4}{EJ} \\ \frac{1}{24}\cdot\frac{l^3}{EJ} \\ -\frac{1}{6}\cdot l^2 \\ -\frac{1}{2}\cdot l \end{bmatrix} \quad P\cdot\begin{bmatrix} \frac{\xi'^3}{b}\cdot\frac{l^3}{EJ} \\ \frac{\xi'^2}{2}\cdot\frac{l^2}{EJ} \\ -\xi'\cdot l \\ -1 \end{bmatrix} \quad M\cdot\begin{bmatrix} -\frac{\xi'^2}{2}\cdot\frac{l^2}{EJ} \\ -\xi'\cdot\frac{l}{EJ} \\ 1 \\ 0 \end{bmatrix} \quad \alpha_t\frac{\Delta t}{h}\cdot\begin{bmatrix} -\frac{l^2}{2} \\ -l \\ 0 \\ 0 \end{bmatrix}$$

Theorie II. Ordnung:

$$p_0\cdot\begin{bmatrix} \frac{\varepsilon^2-2(1-\cos\varepsilon)}{2\varepsilon^4}\cdot\frac{l^4}{EJ} \\ \frac{\varepsilon-\sin\varepsilon}{\varepsilon^3}\cdot\frac{l^3}{EJ} \\ -\frac{1-\cos\varepsilon}{\varepsilon^2}\cdot l^2 \\ -l \end{bmatrix} \quad p_1\cdot\begin{bmatrix} \frac{\varepsilon^3-6(\varepsilon-\sin\varepsilon)}{6\varepsilon^5}\cdot\frac{l^4}{EJ} \\ \frac{\varepsilon^2-2(1-\cos\varepsilon)}{2\varepsilon^4}\cdot\frac{l^3}{EJ} \\ -\frac{\varepsilon-\sin\varepsilon}{\varepsilon^3}\cdot l^2 \\ -\frac{1}{2} \end{bmatrix} \quad P\cdot\begin{bmatrix} \frac{\varepsilon\xi'-\sin\varepsilon\xi'}{\varepsilon^3}\cdot\frac{l^3}{EJ} \\ \frac{1-\cos\varepsilon\xi'}{\varepsilon^2}\cdot\frac{l^2}{EJ} \\ -\frac{\sin\varepsilon\xi'}{\varepsilon}\cdot l \\ -1 \end{bmatrix}$$

$$M\cdot\begin{bmatrix} -\frac{1-\cos\varepsilon\xi'}{\varepsilon^2}\cdot\frac{l^2}{EJ} \\ -\frac{\sin\varepsilon\xi'}{\varepsilon}\cdot\frac{l}{EJ} \\ \cos\varepsilon\xi' \\ 0 \end{bmatrix} \quad \alpha_t\frac{\Delta t}{h}\cdot\begin{bmatrix} -\frac{(1-\cos\varepsilon)}{\varepsilon^2}\cdot l^2 \\ -\frac{\sin\varepsilon}{\varepsilon}\cdot l \\ -EJ(1-\cos\varepsilon) \\ 0 \end{bmatrix}$$

Übertragungsschema von Schnittstelle iL zur Schnittstelle iR: $[z]_{iR} = [F]_i[z]_{iL} + [F]_i^q$. $[z]_i$ ist der Zustandsvektor, der die Formänderungsgrößen und Schnittgrößen an der Schnittstelle i zusammenfaßt:

$$[z]_i = \begin{bmatrix} v_i \\ \varphi_i \\ M_i \\ T_i \end{bmatrix} \begin{matrix} \text{Durchbiegung} \\ \text{Biegedrehwinkel} \\ \text{Biegungsmoment} \\ \text{Transversalkraft} \end{matrix}$$

Blockschema der Matrizenmultiplikation:

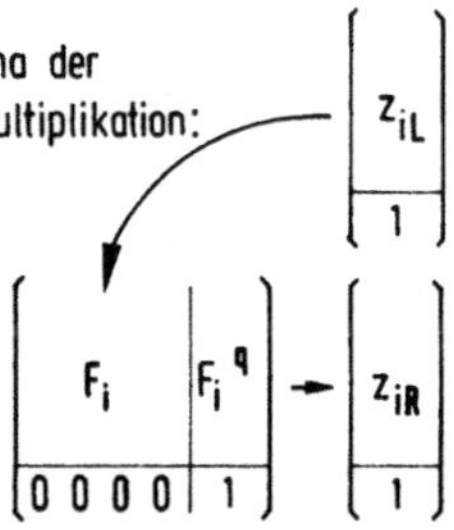

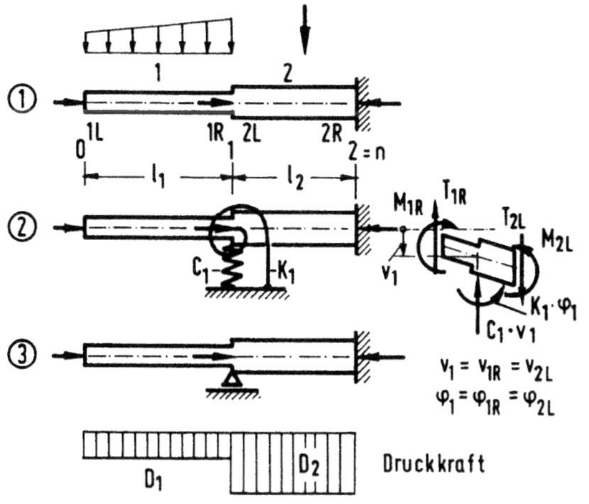

Bild 3.54

Durchbiegung v_{1L} und Verdrehung φ_{1L} des linken Randes können sich frei einstellen, sodaß der Anfangsvektor folgenden Aufbau hat:

$$[z]_0 \equiv [z]_{1L} = \begin{bmatrix} v_{1L} \\ \varphi_{1L} \\ 0 \\ 0 \end{bmatrix} \qquad (3.184)$$

Für andere Anfangsbedingungen ist der Vektor entsprechend aufzubauen, B.3.55 vermittelt eine Übersicht über die Freigrößen und Nullbedingungen der verschiedenen Lagerungsformen.
Die beiden unbekannten Zustandsgrößen des linken Randes werden als Freigrößen (math.: anfängliche Parameter) begriffen und durch wiederholte Anwendung der Übertragungsvorschrift G.3.181, von Stabelement zu Stabelement fortschreitend, zum rechten Rand übertragen, d.h., es wird der Vektor des rechten Randes $[z]_n \equiv [z]_{2R}$ berechnet, er ist bis auf die beiden Anfangsfreiwerte bestimmt. Nunmehr werden die Randbedingungen des rechten Randes formuliert, das ergibt zwei Gleichungen für die beiden Anfangsfreiwerte, sie lassen sich somit berechnen, damit ist der vollständige Verformungs- und Schnittgrößenzustand bekannt.

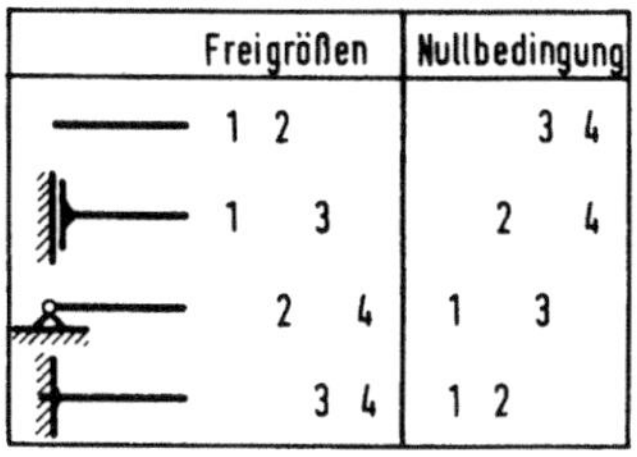

Bild 3.55

Für das methodische Vorgehen kann folgende Verfahrensweise empfohlen werden: Der Anfangsvektor G.3.184, der für die Trägerarten ① bis ③ gleich ist, wird gesplittet und um einen dritten Vektor erweitert:

$$[z]_0 \equiv [z]_{1L} = \begin{bmatrix} v_{1L} \\ \varphi_{1L} \\ 0 \\ 0 \end{bmatrix} = \begin{bmatrix} v_{1L} \\ 0 \\ 0 \\ 0 \end{bmatrix} + \begin{bmatrix} 0 \\ \varphi_{1L} \\ 0 \\ 0 \end{bmatrix} = \begin{bmatrix} 1 \\ 0 \\ 0 \\ 0 \\ 0 \end{bmatrix} A + \begin{bmatrix} 0 \\ 1 \\ 0 \\ 0 \\ 0 \end{bmatrix} B + \begin{bmatrix} 0 \\ 0 \\ 0 \\ 0 \\ 1 \end{bmatrix} \qquad (3.185)$$

In G.3.185 ist A mit v_{1L} und B mit φ_{1L} identisch. Der dritte Vektor und die Ergänzung um ein fünftes Element wird vereinbart, um die Belastungsvektoren in die Feldmatrix als fünfte Spalte aufnehmen zu können. Das Blockschema der Matrizenmultiplikation zeigt T.3.2. Der Zustandsvektor am rechten Rand des ersten Feldes folgt zu:

$$[z]_{1R} = [F]_1 \cdot [z]_{1L} + [F]_1^q \qquad (3.186)$$

Im Falle des Trägertyps ① gilt $[z]_{2L} = [z]_{1R}$, d.h., es ist keine irgendwie geartete zusätzliche Übergangsbedingung zu erfüllen, die Druckkräfte sind richtungstreu. Für den Vektor am rechten Rand des zweiten Feldes folgt demnach:

$$[z]_n \equiv [z]_{2R} = [F]_2 \cdot [z]_{2L} + [F]_2^q \qquad (3.187)$$

Wird $[z]_n$ ausführlich angeschrieben, gilt:

$$[z]_n \equiv [z]_{2R} = \begin{bmatrix} v_{2R} \\ \varphi_{2R} \\ M_{2R} \\ T_{2R} \\ 1 \end{bmatrix} = \begin{bmatrix} a_{1,2R} \\ a_{2,2R} \\ a_{3,2R} \\ a_{4,2R} \\ 0 \end{bmatrix} A + \begin{bmatrix} b_{1,2R} \\ b_{2,2R} \\ b_{3,2R} \\ b_{4,2R} \\ 0 \end{bmatrix} B + \begin{bmatrix} c_{1,2R} \\ c_{2,2R} \\ c_{3,2R} \\ c_{4,2R} \\ 1 \end{bmatrix} \begin{matrix} =0 \\ =0 \\ \\ \\ \\ \end{matrix} \tag{3.188}$$

Die Randbedingungen des rechten Randes werden gemäß B.3.55 bzw. G.3.188 explizit formuliert:

$$\begin{aligned} a_{1,2R}A + b_{1,2R}B + c_{1,2R} &= 0 \\ a_{2,2R}A + b_{2,2R}B + c_{2,2R} &= 0 \end{aligned} \tag{3.189}$$

Dieses Gleichungssystem läßt sich nach A und B in bestimmter Form auflösen, womit sämtliche Zustandsvektoren bekannt sind.
Im Falle des Trägertyps ② unterscheiden sich die Zustandsvektoren beidseitig der Sprungstelle zwischen Stab 1 und 2 um die Sprunggrößen:

$$\begin{aligned} M_{2L} &= M_{1R} - K_1\varphi_{1R} \\ T_{2L} &= T_{1R} + C_1 v_{1R} \end{aligned} \tag{3.190}$$

K_1 ist die Dreh- und C_1 die Senkfederkonstante an der Sprungstelle, vgl. B.3.54. Die Verformungen sind an dieser Stelle gleichgroß. Man spricht von einer Sprungstelle o h n e Zwischenbedingung. Die G.3.190 lassen sich auch als Sprungmatrix formulieren. Beim Trägertyp ③ liegt eine Sprungstelle m i t Zwischenbedingung vor, weil der Bedingung $v_{1R} = v_{2L} = 0$ an dieser Stelle zu genügen ist, das bedeutet:

$$[z]_{1R} = \begin{bmatrix} v_{1R} \\ \varphi_{1R} \\ M_{1R} \\ T_{1R} \\ 1 \end{bmatrix} = \begin{bmatrix} a_{1,1R} \\ a_{2,1R} \\ a_{3,1R} \\ a_{4,1R} \\ 0 \end{bmatrix} A[1] + \begin{bmatrix} b_{1,1R} \\ b_{2,1R} \\ b_{3,1R} \\ b_{4,1R} \\ 0 \end{bmatrix} B + \begin{bmatrix} c_{1,1R} \\ c_{2,1R} \\ c_{3,1R} \\ c_{4,1R} \\ 1 \end{bmatrix} \begin{matrix} =0 \\ \\ \\ \\ \\ \end{matrix} \tag{3.191}$$

Die Nullbedingung liefert:

$$a_{1,1R} \cdot A[1] + b_{1,1R}B + c_{1,1R} = 0 \longrightarrow A[1] = -\frac{b_{1,1R}}{a_{1,1R}} \cdot B - \frac{c_{1,1R}}{a_{1,1R}} \tag{3.192}$$

Die Elemente des ersten Teilvektors in G.3.191 werden der Reihe nach mit A[1] durchmultipliziert und ein neuer Vektor eingeführt:

$$[z]_{2L} = \begin{bmatrix} v_{2L} \\ \varphi_{2L} \\ M_{2L} \\ T_{2L} \\ 1 \end{bmatrix} = \begin{bmatrix} 0 \\ 0 \\ 0 \\ 1 \\ 0 \end{bmatrix} A[2] + \begin{bmatrix} 0 \\ b_{2,1R} - b_{1,1R} \cdot a_{2,1R} / a_{1,1R} \\ b_{3,1R} - b_{1,1R} \cdot a_{3,1R} / a_{1,1R} \\ b_{4,1R} - b_{1,1R} \cdot a_{4,1R} / a_{1,1R} \\ 0 \end{bmatrix} B + \begin{bmatrix} 0 \\ c_{2,1R} - c_{1,1R} \cdot a_{2,1R} / a_{1,1R} \\ c_{3,1R} - c_{1,1R} \cdot a_{3,1R} / a_{1,1R} \\ c_{4,1R} - c_{1,1R} \cdot a_{4,1R} / a_{1,1R} \\ 1 \end{bmatrix} \tag{3.193}$$

Während A[1] für die Unbekannte v_{1L} stand, steht nunmehr A[2] für die neue Unbekannte $T_{2L} - T_{1R}$, also für den Transversalkraftsprung über dem festen Auflager, dieser ist gleich der Stützkraft. Als nächstes wird G.3.187 ausgeführt und das Gleichungssystem G.3.189 nach A[2] und B aufgelöst, damit ist auch A[1] über G.3.192 bekannt. Neben der hier gezeigten Version, die Zwischenbedingungen durch Ablösen der Freiwerte A[i-1] durch die Freiwerte A[i] zu erfüllen, ist auch eine andere möglich, bei welcher bei jeder

Sprungstelle mit Zwischenbedingung ein neuer Freiwert eingeführt wird. Nach Abschluß der Übertragung ist dann ein Bedingungsgleichungssystem zu formulieren, das die Zwischen- und Randbedingungen des rechten Randes umfaßt. Wegen weiterer Modifikationen wird auf das spezielle Schrifttum verwiesen [3.35-3.37].

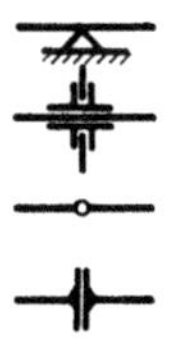

Neue Freigröße	Null-bedingung
4 (ΔT)	1
3 (ΔM)	2
2 (Δφ)	3
1 (Δv)	4

Bild 3.56

B.3.56 kennzeichnet die vier möglichen Sprungstellenarten mit Zwischenbedingung. Ist NB die Nummer der Nullbedingung, folgt die Stellungnummer der neu hinzutretenden Freigröße (NF) zu:

$$NF = 5 - NB \qquad (3.194)$$

Das Verfahren der Übertragungsmatrizen ist vorzugsweise für Stabstrukturen mit linearer Erstreckung geeignet, z.B. für Durchlaufträger auf festen und elastischen Stützen. Für vermaschte Systeme, also Rahmen aller Art, ist das Verfahren auch anwendbar; es sind dann Kopplungsbedingungen einzuführen. Empfehlenswert ist es indes, in solchen Fällen von dem Verformungsgrößenverfahren Th.II.Ordn. auszugehen, weil es für vermaschte Systeme numerisch stabiler ist.

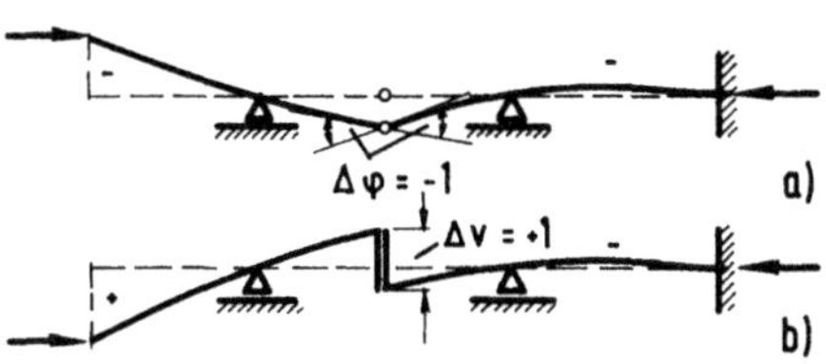

Bild 3.57

Durch Vorgabe der Sprunggrößen $\Delta\varphi = 1$ bzw. $\Delta v = 1$ am Ort eines eingeführten Momenten- bzw. Transversalkraftgelenkes lassen sich auch Einflußlinien berechnen (kinematische Methode), vgl. B.3.57. Voraussetzung für die Auswertung solcher Einflußlinien unter Wanderlasten ist die Unabhängigkeit der Längskraft von der Stellung der Wanderlast. Das ist i.allg. nicht der Fall, dann wird man ggf. mit einem (auf der sicheren Seite abgeschätzten) Mittelwert für die Längskraft die Einflußlinien bestimmen.

Für Rechnungen von Hand kann das Verfahren der Übertragungsmatrizen nur für wenige Felderzahlen empfohlen werden, für Computerberechnungen ist es dagegen sehr geeignet. Numerische Schwierigkeiten treten dann auf, wenn die Zahl der Sprungstellen mit Zwischenbedingung groß und die Mantisse klein ist. Auch kommt es, wenn bei elastischen Zwischenstützungen die Federzahlen sehr groß sind, zu numerischen Instabilitäten, weil sich dann kleine Abrundungsfehler, multipliziert mit den großen Federzahlen, bei den Schnittkräften in größeren Differenzen auswirken. Daher ist z.B. die Berechnung von durchlaufenden Riegeln auf Stielen als Durchlaufträger auf Senkfedern unzweckmäßig.

Bei Verzweigungsproblemen sind die Lastvektoren $[F]_i^q$ Null. Die Verzweigungslast ist dann erreicht, wenn die Determinante des zweireihigen Gleichungssystems G.3.189 Null wird: $\mathrm{Det}(\varepsilon)=0$. Ist ε_{Ki} (zweckmäßig nach sukzessiver Laststeigerung und Bestimmung des Nulldurchganges der Determinante) bestimmt, können die Knickeigenformen von v, φ, M und T anschließend in bezogener Form berechnet werden.

Das Verfahren der Übertragungsmatrizen wird auch Übertragungsverfahren oder Reduktionsverfahren genannt, letzteres deshalb, weil die Berechnung auf die Bestimmung der anfänglichen Parameter "reduziert" wird.

3.4.3.3 Beispiele

Zur weiteren Verdeutlichung werden für die in B.3.54 dargestellten Trägertypen je ein Zahlenbeispiel durchgerechnet. In B.3.58 sind die Abmessungen und Druckkräfte des (ν-fachen) Belastungszustandes eingetragen. Der Stabbereich 1 wird durch eine Gleichlast belastet. Zunächst werden die Stabkennzahlen berechnet:

Feld 1: IPB 200: $J = 5700\,\mathrm{cm}^4$: $\varepsilon_1 = 300\sqrt{90/2{,}1\cdot10^4\cdot5700} = 0{,}2601$

Feld 2: IPB 240: $J = 11200\,\mathrm{cm}^4$: $\varepsilon_2 = 400\sqrt{180/2{,}1\cdot10^4\cdot11200} = 0{,}3499$

In Bild 3.58 sind die Feldmatrizen und Belastungsvektoren eingetragen. Sie werden mit

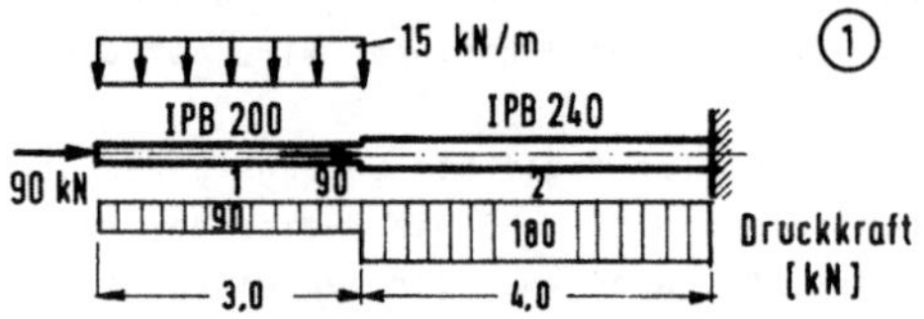

						A	B		
						1	0	0	
						0	1	0	
						0	0	0	$[z]_{1L}$
						0	0	0	
						0	0	1	
	1	2,966	-3,738'-4	-3,747'-4	4,219'-3	1	2,966	4,219'-3	
	0	9,664'-1	-2,478'-4	-3,738'-4	5,620'-3	0	9,664'-1	5,620'-3	
$[F]_1$:	0	2,669' 2	9,664'-1	2,996	6,712' 1	0	2,669 2	-6,712' 1	$[z]_{1R}=[z]_{2L}$
	0	0	0	1	-4,500' 1	0	0	-4,500' 1	
	0	0	0	0	1	0	0	1	
	1	3,912	-3,349'-4	-4,483'-4	0	1	6,664	6,890'-2	= 0
	0	9,397'-1	-1,657'-4	-3,349'-4	0	0	8,638'-1	3,148'-2	= 0
$[F]_2$:	0	7,055' 2	9,397'-1	3,912	0	0	9,326' 2	-2,355' 2	$[z]_{2R}$
	0	0	0	1	0	0	0	-4,500' 1	
	0	0	0	0	1	0	0	1	

Bild 3.58

Hilfe von T.3.2 berechnet. Die Rechnung wird in den Einheiten kN und m durchgeführt. Der hochgestellte Strich bei den Zahlenwerten in den Tabellen der Bilder B.3.58 bis 3.60 steht stellvertretend für die Zehnerexponentation. Die Matrizenmultiplikationen G.3.186/7 sind in B.3.58 ebenfalls angeschrieben, vgl. hierzu T.3.2. Die Nullbedingungen des rechten Randes, in B.3.58 schraffiert, lauten:

$$v_{2R} = 0: \quad 1 \cdot A + 6{,}664 \cdot B + 6{,}890'-2 = 0$$
$$\varphi_{2R} = 0: \quad 8{,}638'-1 \cdot B + 3{,}148'-2 = 0$$

Auflösung:

$$A \equiv v_{1L} = +0{,}1739 \text{ m}; \quad B \equiv \varphi_{1L} = -0{,}03644$$

Mit A und B werden die Elemente der gesplitteten Vektoren durchmultipliziert, anschließend werden sie aufaddiert:

$$[z]_{1L} = \begin{bmatrix} 1{,}739'-1 \\ -3{,}644'-2 \\ 0 \\ 0 \end{bmatrix}, \quad [z]_{1R} = [z]_{2L} = \begin{bmatrix} 7{,}007'-2 \\ -2{,}959'-2 \\ -7{,}685'1 \\ -4{,}500'1 \end{bmatrix}, \quad [z]_{2R} = \begin{bmatrix} 0 \\ 0 \\ -2{,}695'2 \\ -4{,}500'1 \end{bmatrix}$$

Nachdem die Zustandsgrößen an den Randfeldern bekannt sind, können die Verformungs- und Schnittgrößen innerhalb der Feldbereiche berechnet werden, hierzu wird auf den Anhang IV.2 verwiesen.

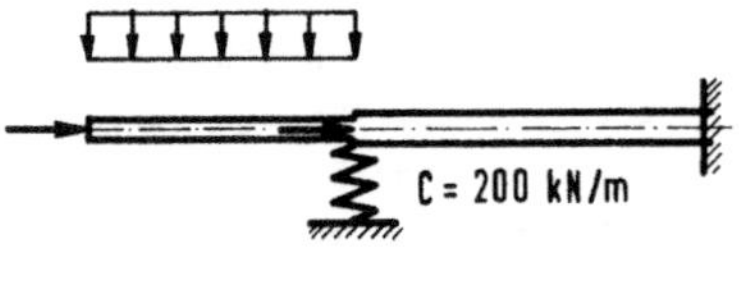

						A	B		
						1	0	0	
						0	1	0	
						0	0	0	$[z]_{1L}$
						0	0	0	
						0	0	1	
	1	2,966	-3,738'-4	-3,747'-4	4,219'-3	1	2,966	4,219'-3	
	0	9,664'-1	-2,478'-4	-3,738'-4	5,620'-3	0	9,664'-1	5,620'-3	
$[F]_1$:	0	2,669' 2	9,664'-1	2,996	-6,712'-1	0	2,669' 2	-6,712' 1	$[z]_{1R}$
	0	0	0	1	-4,500'-1	0	0	-4,500'1	
	0	0	0	0	1	0	0	1	
						1	2,966	4,219'-3	
						0	9,664'-1	5,620'-3	
		0				0	2,696' 2	-6,712' 1	$[z]_{2L}$
	2,000' 2					2,000' 2	5,933' 2	-4,416' 1	
						0	0	1	
	1	3,912	-3,349'-4	-4,483'-4	0	9,103'-1	6,398	6,852'-2	= 0
	0	9,397'-1	-1,657'-4	-3,349'-4	0	-6,698'-2	6,652'-1	3,119'-2	= 0
$[F]_2$:	0	7,055' 2	9,397'-1	3,912	0	7,839' 2	3,258' 3	-2,322' 2	$[z]_{2R}$
	0	0	0	1	0	2,000' 2	5,933' 2	-4,416' 1	
	0	0	0	0	1	0	0	1	

Bild 3.59

Für den Trägertyp ② gelten die Feldmatrizen und Belastungsvektoren unverändert, sie sind in B.3.59 eingetragen, auch ist der Vektor $[z]_{1R}$ gegenüber dem vorangegangenen Beispiel unverändert. Die Zustandsvektoren beidseitig der Sprungstelle unterscheiden sich nur um das Glied:

$$\Delta T = C \cdot v_{1R} = C \cdot v_{2L}$$

Es wird daher

$$T_{2R} = T_{1R} + C \cdot v_{1R}$$

gebildet. Für jeden einzelnen Vektor ergibt sich mit C=200 kN/m in der vierten T-Zeile:

$$\text{A-Vektor: } 0 + 200 \cdot 1 = 200$$
$$\text{B-Vektor: } 0 + 200 \cdot 2{,}966 = 593{,}3$$
$$\text{Last-Vektor: } -45{,}0 + 200 \cdot 0{,}004219 = -44{,}16$$

Aus B.3.59 ist zu erkennen, wie die Sprungmatrix aufgebaut ist (K=0, C=200 kN/m), um durch Matrizenmultiplikation mit $[z]_{1R}$ den Vektor $[z]_{2L}$ zu finden.
Mit dem Vektor $[z]_{2L}$ wird die Rechnung weitergeführt und aus der Randbedingung G.3.189 wieder A und B bestimmt. Die Rechnung liefert A=+0,1489 m, B=-0,03190. Hiermit folgen die Zustandsvektoren zu:

$$[z]_{1L} = \begin{bmatrix} 1{,}489'\text{-}1 \\ -3{,}190'\text{-}2 \\ 0 \\ 0 \end{bmatrix}, \quad [z]_{1R} = \begin{bmatrix} 5{,}853'\text{-}2 \\ -2{,}521'\text{-}2 \\ -7{,}564'1 \\ -4{,}500'1 \end{bmatrix}, \quad [z]_{2L} = \begin{bmatrix} 5{,}853'\text{-}2 \\ -2{,}521'\text{-}2 \\ -7{,}564'1 \\ -3{,}329'1 \end{bmatrix}, \quad [z]_{2R} = \begin{bmatrix} 0 \\ 0 \\ -2{,}194'2 \\ -3{,}329'1 \end{bmatrix}$$

$$\text{Federkraft: } F = -T_{1R} + T_{2L} = 4{,}500'1 - 3{,}329'1 = 1{,}171'1 = 11{,}71 \text{ kN}$$

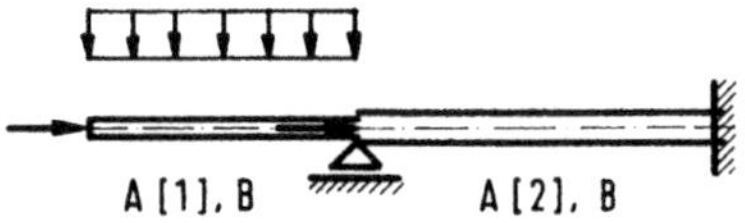

③

						A[1]	B		
						1	0	0	
						0	1	0	
						0	0	0	$[z]_{1L}$
						0	0	0	
						0	0	1	
	1	2.966	- 3.738'-4	-3.747'-4	4.219'-3	1	2.966	4.219'3	= 0
	0	9.664'-1	- 2.478'-4	-3.738'-4	5.620'-3	0	9.664'-1	5.620'-3	
$[F]_1$:	0	2.669' 2	9.664'-1	2.996	- 6.712' 1	0	2.669' 2	-6.712'1	$[z]_{1R}$
	0	0	0	1	- 4.500' 1	0	0	-4.500'1	
	0	0	0	0	1	0	0	1	

						A[2]	B		
						0	0	0	
						0	9.664'-1	5.620'-3	
						0	2.669' 2	- 6.712' 1	$[z]_{2L}$
						1	0	- 4.500' 1	
						0	0	1	
	1	3.912	- 3.349'-4	- 4.483' 4	0	- 4.484'-4	3.698	6.468'-2	= 0
	0	9.397'-1	-1.657'-4	- 3.349'-4	0	-3.349'-4	8.639'-1	3.148'-2	= 0
$[F]_2$:	0	7.055' 2	9.397'- 1	3.912	0	3.919	9.326' 2	- 2.355' 2	$[z]_{2R}$
	0	0	0	1	0	1	0	- 4.500' 1	
	0	0	0	0	1	0	0	1	

Bild 3.60

Auch im Falle des Trägertyps ③ stimmen die Feld- und Belastungselemente sowie $[z]_{1L}$ und $[z]_{1R}$ mit ① bzw. ② überein. An der Sprungstelle von Feld 1 zu Feld 2 ist jetzt die Nullbedingung $v_{1R} = v_{2L} = 0$ zu erfüllen, das liefert A[1]:

$$1 \cdot A[1] + 2{,}966\,B + 4{,}219'\text{-}3 = 0 \longrightarrow A[1] = -2{,}966\,B + 4\,219'\text{-}3$$

Der Vektor $[z]_{2L}$ wird neu gebildet und hierbei die Freigröße $A[2] = \Delta T_{1/2}$ eingeführt:

$$[z]_{2L} = \begin{bmatrix} 0 \\ 0 \\ 0 \\ 1 \\ 0 \end{bmatrix} A[2] + \begin{bmatrix} 2{,}966 & -2{,}966 \\ 9{,}664'-1 & 0 \\ 2{,}669'2 & 0 \\ 0 & 0 \\ 0 & 0 \end{bmatrix} B + \begin{bmatrix} 4{,}219'-3 & -4{,}219'-3 \\ 5{,}620'-3 & 0 \\ -6{,}712'1 & 0 \\ -4{,}500'1 & 0 \\ 1 & 0 \end{bmatrix}$$

Nach Multiplikation mit $[F]_2$ können die Randbedingungen wieder formuliert und A[2] und B berechnet werden:

$$\begin{aligned} v_{2R} &= -4{,}484'-4 \cdot A[2] + 3{,}698 \cdot B + 6{,}468'-2 = 0 \\ \varphi_{2R} &= -3{,}349'-4\, A[2] + 8{,}639'-1\, B + 3{,}148'-2 = 0 \end{aligned} \longrightarrow A[2] = 7{,}111 \cdot 10^{1};\ B = -8{,}869 \cdot 10^{-3}$$

Für A[1] ergibt sich hier Eins. Die Zustandsvektoren lassen sich nun vollständig berechnen:

$$[z]_{1L} = \begin{bmatrix} 2{,}209'-3 \\ -8{,}869'-3 \\ 0 \\ 0 \end{bmatrix},\quad [z]_{1R} = \begin{bmatrix} 0 \\ -2{,}951'-3 \\ -6{,}949'1 \\ -4{,}500'1 \end{bmatrix},\quad [z]_{2L} = \begin{bmatrix} 0 \\ -2{,}951'-3 \\ -6{,}949'1 \\ 2{,}611'1 \end{bmatrix},\quad [z]_{2R} = \begin{bmatrix} 0 \\ 0 \\ 3{,}496'1 \\ 2{,}611'1 \end{bmatrix}$$

Auflagerkraft: 4,500'1 - 2,611'1 = 1,889'1 = 18,89 kN

3.4.4 Formänderungen und Schnittgrößen des einfachen Trägers nach Th.II.Ordn.

Die Verformungen und Schnittgrößen des einfachen Balkens auf zwei Stützen können entweder mit Hilfe des in T.3.1 angeschriebenen Lösungssystems der Grundgleichung

$$v'''' + \left(\frac{\varepsilon}{l}\right)^2 v'' = \frac{q(z)}{EJ} \tag{3.195}$$

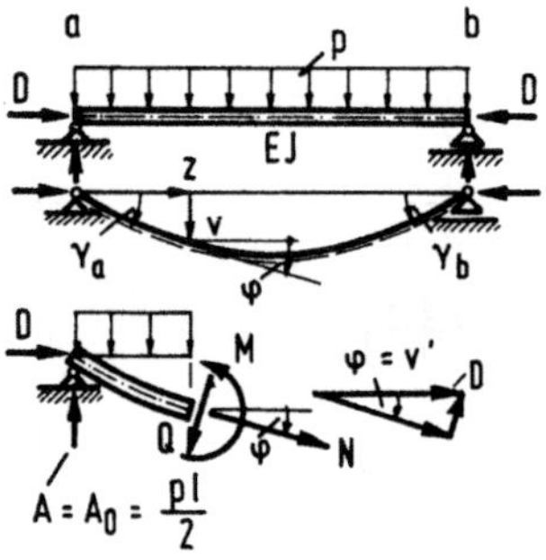

Bild 3.61

berechnet werden, wobei die Randbedingungen v=0 und M=0 an beiden Rändern zur Bestimmung der Freiwerte C_1 bis C_4 dienen (Verfahrensweise II gemäß Abschnitt 3.4.1) oder es wird das Biegungsmoment

$$M(z) = M^I(z) + D\,v(z) \tag{3.196}$$

bestimmt und in G.3.147a eingesetzt:

$$v'' + \left(\frac{\varepsilon}{l}\right)^2 v = -\frac{M^I(z)}{EJ} \tag{3.197}$$

Die Freiwerte C_1 und C_2 dieser Differentialgleichung werden aus v(0)=v(l)=0 berechnet (Verfahrensweise I). $M^I(z)$ ist in G.3.197 das Balkenmoment der äußeren Querbelastung nach Th.I.Ordn. Bei Punktwirkung sind zwei oder mehr Stabbereiche einzuführen und die Lösungen für jeden Stabbereich an den Sprungstellen über die Verformungsbedingungen $v_l = v_r$ und $\varphi_l = \varphi_r$ miteinander zu verknüpfen.

Als Beispiel wird der in B.3.61 dargestellte Lastfall p=konst. berechnet. Das Biegungsmoment nach Th.I.Ordn. beträgt:

$$M^I(z) = \frac{p}{2} z(l-z) \tag{3.198}$$

Um die partikuläre Lösung zu finden, wird der Potenzansatz

$$v = a_0 + a_1 z + a_2 z^2;\quad v' = a_1 + 2a_2 z;\quad v'' = 2a_2 \tag{3.199}$$

in G.3.197 eingesetzt. Der Koeffizientenvergleich liefert:

$$a_0 = -\frac{p}{EJ}\frac{l^4}{\varepsilon^4};\quad a_1 = -\frac{p}{2EJ}\frac{l^3}{\varepsilon^3};\quad a_2 = \frac{p}{2EJ}\frac{l^2}{\varepsilon^2} \tag{3.200}$$

Die vollständige Lösung lautet:

$$v = C_1 \sin\varepsilon\frac{z}{l} + C_2\cos\varepsilon\frac{z}{l} - \frac{pl^4}{2EJ}\frac{1}{\varepsilon^2}\left[\frac{2}{\varepsilon^2} + \frac{z}{l} - \left(\frac{z}{l}\right)^2\right] \tag{3.201}$$

$$v' = C_1\frac{\varepsilon}{l}\cos\varepsilon\frac{z}{l} - C_2\frac{\varepsilon}{l}\sin\varepsilon\frac{z}{l} - \frac{pl^3}{2EJ}\frac{1}{\varepsilon^2}\left(1 - 2\frac{z}{l}\right) \tag{3.202}$$

$$\text{Randbedingungen: } v(0) = 0,\ v(l) = 0 \longrightarrow C_1 = \frac{pl^4}{EJ}\frac{1}{\varepsilon^4}\left(\frac{1-\cos\varepsilon}{\sin\varepsilon}\right);\quad C_2 = \frac{pl^4}{EJ}\frac{1}{\varepsilon^4} \tag{3.203}$$

Damit ist die Aufgabe gelöst. Aus $v(z)$ folgen φ, M, Q und T über die Differentiationsvorschriften:

$$\varphi = v';\quad M = -EJv'';\quad Q = -EJv''';\quad T = Q - Dv' \tag{3.204}$$

Für den einfachen Träger lassen sich M, Q und T auch mittels der Formeln

$$M = M^I + Dv;\quad Q = Q^I + Dv';\quad T = Q^I;\quad A = A^I,\ B = B^I \tag{3.205}$$

berechnen.

Auf T.3.3 und 3.4 sind für eine Reihe baupraktisch wichtiger Lastfälle die Berechnungsformeln für die Verformungen und Schnittgrößen nach Th.II.Ordn. zusammengestellt. Hierin ist auch der Lastfall eines Temperaturgradienten Δt und einer sinusförmigen Vorverformung

$$v_0 = f_0 \sin\pi\frac{z}{l};\quad M(z) = D[v_0 + v(z)] \tag{3.206}$$

aufgenommen. f_0 ist der mittige Vorverformungspfeil, vgl. Abschnitt 1.2.6. Sämtliche Formeln lassen sich für eine Zugbeanspruchung mittels G.3.119 umformen.

Die Tangentenenddrehwinkel γ_a und γ_b sind auf den Tafeln T.3.3/4 für alle Lastfälle gesondert ausgewiesen. Die γ-Größen haben in zweifacher Weise Bedeutung:

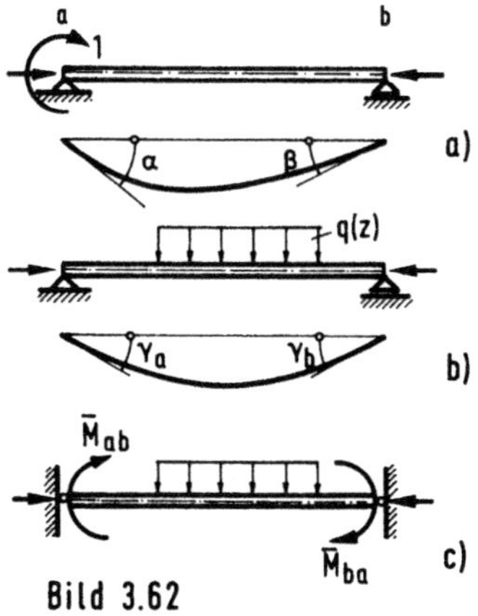

Bild 3.62

a) Kraftgrößenverfahren (Abschnitt 3.4.7): Wie noch zu begründen sein wird, empfehlen sich Berechnungen nach dem Kraftgrößenverfahren nur bei unverschieblichen Tragwerken. Als statisch bestimmte Grundsysteme werden unverschiebliche Gelenkwerke eingeführt. Als δ_{ik}-Werte der Kompatibilitätsgleichungen treten dann ausschließlich Stabenddrehwinkel einfacher Balken auf, entweder infolge der Stabendmomente $X_i = 1$ (die zugehörigen Endwinkel werden mit α und β abgekürzt (B.3.62a)) oder infolge der äußeren Stabbelastungen $q(z)$: γ_a und γ_b, siehe B.3.62b.

b) Verformungsgrößenverfahren (Abschnitt 3.4.8): Belastungsglieder dieses Verfahrens sind die Volleinspannmomente $\bar{M}$ des beidseitig oder einseitig eingespannten Balkens (B.3.62c); sie werden beispielsweise im Falle des beidseitig eingespannten Balkens aus den Gleichungen

$$\bar{M}_{ab}\cdot\alpha - \bar{M}_{ba}\cdot\beta + \gamma_a = 0,\quad -\bar{M}_{ab}\cdot\beta + \bar{M}_{ba}\cdot\alpha - \gamma_b = 0 \tag{3.207}$$

berechnet, vgl. Abschnitt 3.4.8.2. Somit werden auch hier die Stabenddrehwinkel benötigt.

Mit Hilfe der auf den Tafeln T.3.3 und 3.4 zusammengestellten Formeln können v, φ, M und Q berechnet werden, wenn die Randschnittgrößen nach irgendeinem Verfahren bestimmt sind. Der numerische Aufwand einer solchen Rechnung ist erheblich, denn die Formeln sind für

Formänderungen und Schnittgrößen des einfachen Trägers nach Theorie II. Ordnung

Stabkennzahl: $\varepsilon = l\sqrt{\frac{D}{EJ}}$ (D: Druckkraft)

Für den einfachen Träger gelten folgende Beziehungen:

$$M = M^I + D\cdot v = M^I + \frac{EJ}{l^2}\cdot\varepsilon^2\cdot v\ ; \quad T = Q^I\ ; \quad L = -D\ . \quad T = Q - D\cdot\varphi = Q - \frac{EJ}{l^2}\cdot\varepsilon^2\cdot\varphi$$

$$Q = Q^I + D\cdot\varphi = Q^I + \frac{EJ}{l^2}\cdot\varepsilon^2\cdot\varphi\ ; \quad N = -D$$

M^I: Biegemoment, Q^I : Querkraft nach Theorie I. Ordnung

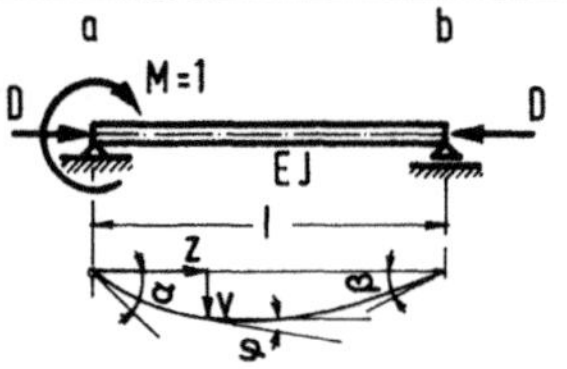

$$v = \frac{l^2}{EJ}\cdot\frac{1}{\varepsilon^2}\cdot[\cos\varepsilon\frac{z}{l} - \frac{\cos\varepsilon}{\sin\varepsilon}\cdot\sin\varepsilon\frac{z}{l} - 1 + \frac{z}{l}]$$

$$\varphi = \frac{l}{EJ}\cdot\frac{1}{\varepsilon}[-\sin\varepsilon\frac{z}{l} - \frac{\cos\varepsilon}{\sin\varepsilon}\cdot\cos\varepsilon\frac{z}{l} + \frac{1}{\varepsilon}]$$

$$\alpha = \frac{l}{EJ}\cdot\alpha' = \frac{l}{EJ}\cdot\frac{1}{\varepsilon^2}\cdot(1 - \varepsilon\frac{\cos\varepsilon}{\sin\varepsilon})\ ; \quad \beta = \frac{l}{EJ}\cdot\beta' = \frac{l}{EJ}\frac{1}{\varepsilon^2}(1 + \frac{\varepsilon}{\sin\varepsilon})$$

$$M = (\cos\varepsilon\frac{z}{l} - \frac{\cos\varepsilon}{\sin\varepsilon}\cdot\sin\varepsilon\frac{z}{l})$$

$$T = -\frac{1}{l}\ , \quad Q = -\frac{\varepsilon}{l}[\sin\varepsilon\frac{z}{l} + \frac{\cos\varepsilon}{\sin\varepsilon}\cdot\cos\varepsilon\frac{z}{l}]$$

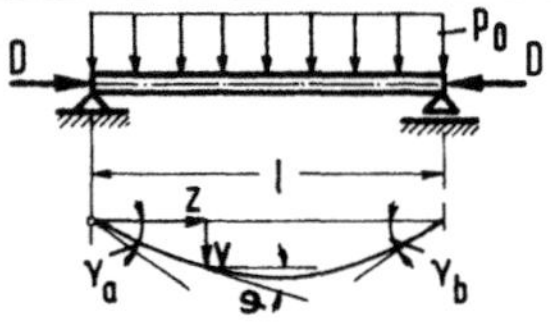

$$v = \frac{p_0 l^4}{EJ}\cdot\frac{1}{\varepsilon^4}\cdot[\cos\varepsilon\frac{z}{l} + \frac{1-\cos\varepsilon}{\sin\varepsilon}\cdot\sin\varepsilon\frac{z}{l} - 1 - \frac{\varepsilon^2}{2}(1 - \frac{z}{l})\frac{z}{l}]$$

$$\varphi = \frac{p_0 l^3}{EJ}\cdot\frac{1}{\varepsilon^3}\cdot[-\sin\varepsilon\frac{z}{l} + \frac{1-\cos\varepsilon}{\sin\varepsilon}\cdot\cos\varepsilon\frac{z}{l} - \frac{\varepsilon}{2}(1 - 2\frac{z}{l})]$$

$$\gamma_a = \gamma_b = \frac{p_0 l^3}{EJ}\cdot\frac{1}{\varepsilon^2}\cdot(\frac{1-\cos\varepsilon}{\varepsilon\cdot\sin\varepsilon} - \frac{1}{2})$$

$$M = p_0 l^2\frac{1}{\varepsilon^2}\cdot[\cos\varepsilon\frac{z}{l} + \frac{1-\cos\varepsilon}{\sin\varepsilon}\cdot\sin\varepsilon\frac{z}{l} - 1]$$

$$T = \frac{p_0 l}{2}\cdot(1 - 2\frac{z}{l})\ , \quad Q = p_0 l\cdot\frac{1}{\varepsilon}\cdot[-\sin\varepsilon\frac{z}{l} + \frac{1-\cos\varepsilon}{\sin\varepsilon}\cdot\cos\varepsilon\frac{z}{l}]$$

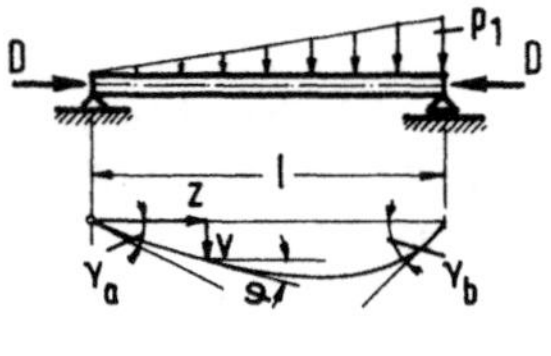

$$v = \frac{p_1 l^4}{EJ}\cdot\frac{1}{\varepsilon^4}\cdot[\frac{1}{\sin\varepsilon}\cdot\sin\varepsilon\frac{z}{l} - \frac{z}{l} - \frac{\varepsilon^2}{6}\cdot(1 - \frac{z^2}{l^2})\cdot\frac{z}{l}]$$

$$\varphi = \frac{p_1 l^3}{EJ}\cdot\frac{1}{\varepsilon^3}\cdot[\frac{1}{\sin\varepsilon}\cdot\cos\varepsilon\frac{z}{l} - \frac{1}{\varepsilon} - \frac{\varepsilon}{6}\cdot(1 - 3\frac{z^2}{l^2})]$$

$$\gamma_a = \frac{p_1 l^3}{EJ}\cdot\frac{1}{\varepsilon^3}\cdot[\frac{1}{\sin\varepsilon} - \frac{1}{\varepsilon} - \frac{\varepsilon}{6}]$$

$$\gamma_b = \frac{p_1 l^3}{EJ}\cdot\frac{1}{\varepsilon^3}\cdot[\frac{1}{\varepsilon} - \frac{\cos\varepsilon}{\sin\varepsilon} - \frac{\varepsilon}{3}]$$

$$M = p_1 l^2\cdot\frac{1}{\varepsilon^2}\cdot(\frac{1}{\sin\varepsilon}\cdot\sin\varepsilon\frac{z}{l} - \frac{z}{l})$$

$$T = \frac{p_1 l}{6}\cdot(1 - 3\frac{z^2}{l^2})\ ; \quad Q = p_1 l\cdot\frac{1}{\varepsilon}\cdot(\frac{1}{\sin\varepsilon}\cdot\cos\varepsilon\frac{z}{l} - \frac{1}{\varepsilon})$$

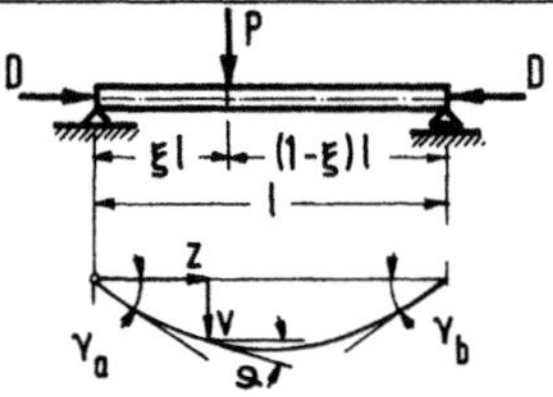

$0 < z \le \xi l$

$$v = \frac{Pl^3}{EJ}\cdot\frac{1}{\varepsilon^2}\cdot[\frac{\sin\varepsilon(1-\xi)}{\varepsilon\sin\varepsilon}\sin\varepsilon\frac{z}{l} - (1-\xi)\frac{z}{l}]$$

$$\varphi = \frac{Pl^2}{EJ}\cdot\frac{1}{\varepsilon^2}\cdot[\frac{\sin\varepsilon(1-\xi)}{\sin\varepsilon}\cos\varepsilon\frac{z}{l} - (1-\xi)]$$

$$\gamma_a = \frac{Pl^2}{EJ}\cdot\frac{1}{\varepsilon^2}\cdot[\frac{\sin\varepsilon(1-\xi)}{\sin\varepsilon} - (1-\xi)]$$

$$M = Pl\cdot\frac{1}{\varepsilon}\cdot\frac{\sin\varepsilon(1-\xi)}{\sin\varepsilon}\cdot\sin\varepsilon\frac{z}{l}$$

$$T = P\cdot(1-\xi)\ ; \quad Q = P\cdot\frac{\sin\varepsilon(1-\xi)}{\sin\varepsilon}\cdot\cos\varepsilon\frac{z}{l}$$

$\xi l < z < l$

$$v = \frac{Pl^3}{EJ}\cdot\frac{1}{\varepsilon^2}\cdot[\frac{\sin\varepsilon\xi}{\varepsilon\sin\varepsilon}\cdot\sin\varepsilon(1 - \frac{z}{l}) - \xi(1 - \frac{z}{l})]$$

$$\varphi = \frac{Pl^2}{EJ}\cdot\frac{1}{\varepsilon^2}\cdot[-\frac{\sin\varepsilon\xi}{\sin\varepsilon}\cdot\cos\varepsilon(1 - \frac{z}{l}) + \xi]$$

$$\gamma_b = \frac{Pl^2}{EJ}\cdot\frac{1}{\varepsilon^2}[\frac{\sin\varepsilon\xi}{\sin\varepsilon} - \xi]$$

$$M = Pl\cdot\frac{1}{\varepsilon}\cdot\frac{\sin\varepsilon\xi}{\sin\varepsilon}\cdot\sin\varepsilon(1 - \frac{z}{l})$$

$$T = -P\cdot\xi\ ; \quad Q = -P\frac{\sin\varepsilon\xi}{\sin\varepsilon}\cdot\cos\varepsilon(1 - \frac{z}{l})$$

Tafel 3.4

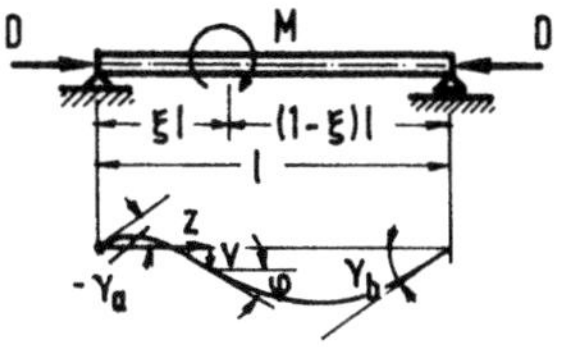	$v = \frac{Ml^2}{EJ}\cdot\frac{1}{\varepsilon^2}\left[-\frac{\cos\varepsilon(1-\xi)}{\sin\varepsilon}\cdot\sin\varepsilon\frac{z}{l}+\frac{z}{l}\right]$ $\varphi = \frac{Ml}{EJ}\cdot\frac{1}{\varepsilon}\left[-\frac{\cos\varepsilon(1-\xi)}{\sin\varepsilon}\cos\varepsilon\frac{z}{l}+\frac{1}{\varepsilon}\right]$ $\gamma_a = \frac{Ml}{EJ}\cdot\frac{1}{\varepsilon}\left[-\frac{\cos\varepsilon(1-\xi)}{\sin\varepsilon}+\frac{1}{\varepsilon}\right]$ $M = -M\cdot\frac{\cos\varepsilon(1-\xi)}{\sin\varepsilon}\cdot\sin\varepsilon\frac{z}{l}$ $T = -\frac{M}{l}$; $Q = -\frac{M}{l}\cdot\varepsilon\cdot\frac{\cos\varepsilon(1-\xi)}{\sin\varepsilon}\cdot\cos\varepsilon\frac{z}{l}$	$0 < z \leq \xi l$
	$v = \frac{Ml^2}{EJ}\cdot\frac{1}{\varepsilon^2}\cdot\left[\frac{\cos\varepsilon\xi}{\sin\varepsilon}\sin\varepsilon\left(1-\frac{z}{l}\right)-1+\frac{z}{l}\right]$ $\varphi = \frac{Ml}{EJ}\cdot\frac{1}{\varepsilon}\cdot\left[-\frac{\cos\varepsilon\xi}{\sin\varepsilon}\cos\varepsilon\left(1-\frac{z}{l}\right)+\frac{1}{\varepsilon}\right]$ $\gamma_b = \frac{Ml}{EJ}\cdot\frac{1}{\varepsilon}\cdot\left[\frac{\cos\varepsilon\xi}{\sin\varepsilon}-\frac{1}{\varepsilon}\right]$ $M = M\cdot\frac{\cos\varepsilon\xi}{\sin\varepsilon}\cdot\sin\varepsilon\left(1-\frac{z}{l}\right)$ $T = -\frac{M}{l}$; $Q = -\frac{M}{l}\cdot\varepsilon\cdot\frac{\cos\varepsilon\xi}{\sin\varepsilon}\cdot\cos\varepsilon\left(1-\frac{z}{l}\right)$	$\xi l < z < l$
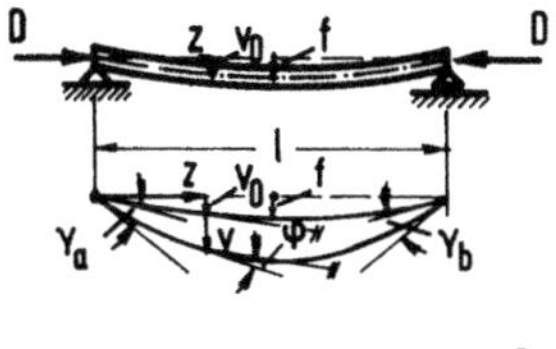 Vorverformung: $v_0 = f\cdot\sin\pi\frac{z}{l}$	$v = f\cdot\frac{\varepsilon^2}{\pi^2-\varepsilon^2}\cdot\sin\pi\frac{z}{l}$ $\varphi = \frac{f}{l}\cdot\pi\cdot\frac{\varepsilon^2}{\pi^2-\varepsilon^2}\cdot\cos\pi\frac{z}{l}$ $\gamma_a = \gamma_b = \frac{f}{l}\cdot\pi\cdot\frac{\varepsilon^2}{\pi^2-\varepsilon^2}$ $M = Df\cdot\frac{\pi^2}{\pi^2-\varepsilon^2}\cdot\sin\pi\frac{z}{l}$ $T = D\frac{f}{l}\cdot\pi\cdot\cos\pi\frac{z}{l}$; $Q = D\frac{f}{l}\cdot\pi\cdot\frac{\pi^2}{\pi^2-\varepsilon^2}\cdot\cos\pi\frac{z}{l}$	f : Mittiger Biegepfeil der sinusförmigen Vorverformung (f_0)
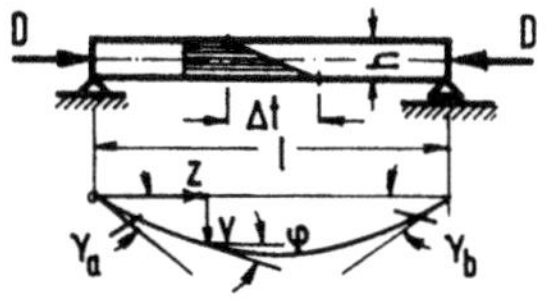	$v = \alpha_t\cdot\frac{\Delta t}{h}\cdot\frac{l^2}{\varepsilon^2}\left[\cos\varepsilon\frac{z}{l}+\frac{1-\cos\varepsilon}{\sin\varepsilon}\sin\varepsilon\frac{z}{l}-1\right]$ $\varphi = \alpha_t\cdot\frac{\Delta t}{h}\cdot\frac{l}{\varepsilon}\left[-\sin\varepsilon\frac{z}{l}+\frac{1-\cos\varepsilon}{\sin\varepsilon}\cdot\cos\varepsilon\frac{z}{l}\right]$ $\gamma_a = \gamma_b = \alpha_t\cdot\frac{\Delta t}{h}\cdot l\cdot\frac{1-\cos\varepsilon}{\varepsilon\cdot\sin\varepsilon}$ $M = EJ\,\alpha_t\frac{\Delta t}{h}\cdot\left[\cos\varepsilon\frac{z}{l}+\frac{1-\cos\varepsilon}{\sin\varepsilon}\cdot\sin\varepsilon\frac{z}{l}\right]$ $T = 0$, $Q = EJ\,\alpha_t\cdot\frac{\Delta t}{h}\cdot\frac{\varepsilon}{l}\cdot\left[-\sin\varepsilon\frac{z}{l}+\frac{1-\cos\varepsilon}{\sin\varepsilon}\cdot\cos\varepsilon\frac{z}{l}\right]$	

Anmerkungen:

Für die Lastfälle 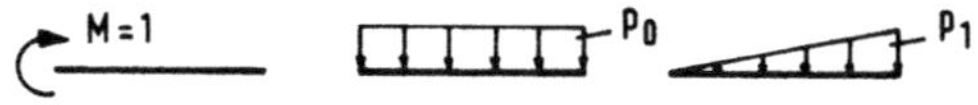 sind die

Verformungs- und Schnittgrößenfunktionen im Anhang IV tabuliert

Für kleine Werte von ε gilt (erste Näherung der Potenzreihenentwicklung):

$$\alpha' = \frac{1}{3}\cdot\frac{1-\varepsilon^2/10}{1-\varepsilon^2/6} \quad ; \quad \beta' = \frac{1}{6}\cdot\frac{1-\varepsilon^2/20}{1-\varepsilon^2/6}$$

für Gleichlast:

$$\gamma_a' = \gamma_b' = \frac{p_0 l^3}{24\,EJ}\cdot\frac{1+\varepsilon^2/40}{1+\varepsilon^2/8}$$

verschiedene Schnittstellen z auszuwerten. Teillastfälle können überlagert werden, vorausgesetzt, die ε-Zahlen sind für alle Lastfälle gleichgroß, denn in diesem Fall dürfen die Lösungen der linearen Differentialgleichung linear überlagert werden.
Um den Rechenaufwand zu mindern, sind im Anhang IV.2 die Funktionen für die Lastfälle: Randmoment, Gleich- und Dreieckslast vertafelt, die Handhabung wird dort an einem Beispiel erläutert.

Um die Bemessung für das maximale Moment durchführen zu können, ist zunächst die Schnittstelle $\bar{z}$, an der das Moment aus den überlagerten Lastfällen den Größtwert annimmt, zu berechnen. Allgemein formuliert ist $dM(z)/dz = 0$ zu bilden und hieraus $\bar{z}$ zu berechnen. Wie man sich anhand der Grundableitungen in den Abschnitten 1.2.2.2 und 1.2.6 sofort überzeugt, ist $M'=0$ mit $Q=0$ identisch, vgl. G.1.30 und G.1.170; letztere Gleichung gilt bei Vorverformungen, wenn die Bezugsverformung von der vorverformten Biegelinie aus gemessen wird. $\bar{z}$ kann somit (wie in Th.I.Ordn.) aus der Bedingungsgleichung $Q=0$ numerisch-iterativ bestimmt werden; zudem gelingt eine formelmäßige Herleitung, vgl. Abschnitt 4.5.1.1. Zu dem vorbehandelten Problemkreis wird auch auf [3.38-3.40, 0.14, 1.34 und 3.41] verwiesen.

3.4.5 Formänderungen und Schnittgrößen des Kragträgers nach Th.II.Ordn.

Bei baustatischen Berechnungen werden häufig die Schnittgrößen von Kragträgern benötigt. Auf T.3.5/6 sind die wichtigsten Lastfälle zusammengestellt. Hierin sind auch die Lastfälle Temperaturdifferenz Δt und Vorverformung berücksichtigt. Bezüglich der Vorverformung in Form einer Schrägstellung mit der Vorauslenkung f_0 am freien Ende werden zwei Fälle unterschieden:

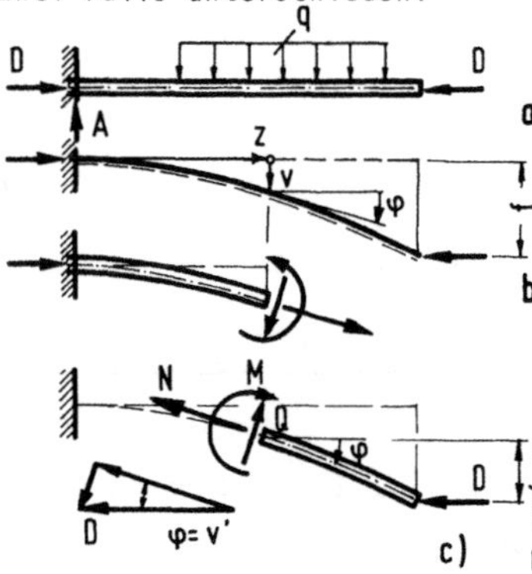

Bild 3.63

Geradlinige Vorverformung: $v_0 = f_0 \frac{z}{l}$ (3.208)

Cosinusförmige Vorverformung: $v_0 = f_0\left(1 - \cos\frac{\pi}{2}\frac{z}{l}\right)$ (3.209)

Sind v und φ bekannt, können M und Q auch mittels der Formeln

$$M = M^I - D(f - v),\quad Q = Q^I - Dv',\quad T = Q^I,\quad A = A^I \qquad (3.210)$$

berechnet werden, vgl. B.3.63. Die mit I indizierten Terme sind die Schnittgrößen nach Th.I.Ordn.
In B.3.64 sind die Verformungen und Schnittgrößen für Kragstäbe mit drehfederelastischer Einspannung für die Lastfälle Einzellast und Einzelmoment formelmäßig ausgewiesen.

Elastische Einspannung: Parameter: $\gamma = \frac{Kl}{EJ}$

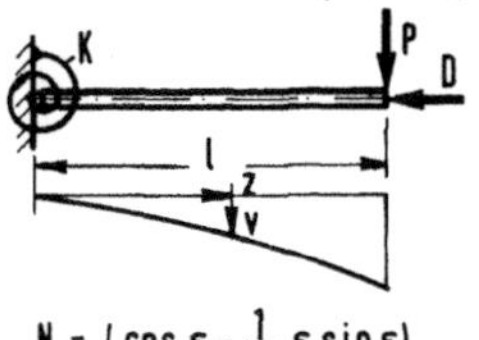

$$v = \frac{Pl^3}{EJ\varepsilon^3 N}\cdot\left[\sin\varepsilon\left(1-\cos\varepsilon\frac{z}{l}\right) + \cos\varepsilon\cdot\sin\varepsilon\frac{z}{l} - \left(\cos\varepsilon - \frac{1}{\gamma}\varepsilon\sin\varepsilon\right)\varepsilon\frac{z}{l}\right]$$

$$\varphi = \frac{Pl^2}{EJ\varepsilon^2 N}\cdot\left[\sin\varepsilon\cdot\sin\varepsilon\frac{z}{l} + \cos\varepsilon\cdot\cos\varepsilon\frac{z}{l} - \left(\cos\varepsilon - \frac{1}{\gamma}\varepsilon\sin\varepsilon\right)\right]$$

$$M = -\frac{Pl}{\varepsilon N}\cdot\left(\sin\varepsilon\cdot\cos\varepsilon\frac{z}{l} - \cos\varepsilon\cdot\sin\varepsilon\frac{z}{l}\right)$$

$$N = \left(\cos\varepsilon - \frac{1}{\gamma}\varepsilon\sin\varepsilon\right)$$

$$T = P;\quad Q = \frac{P}{N}\cdot\left(\sin\varepsilon\cdot\sin\varepsilon\frac{z}{l} + \cos\varepsilon\cdot\cos\varepsilon\frac{z}{l}\right)$$

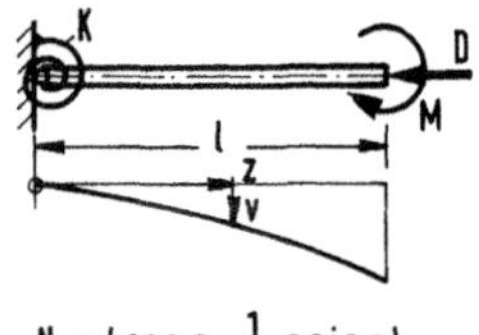

$$v = \frac{Ml^2}{EJ\varepsilon^2 N}\cdot\left(1 - \cos\varepsilon\frac{z}{l} + \frac{1}{\gamma}\varepsilon\sin\varepsilon\frac{z}{l}\right)$$

$$\varphi = \frac{Ml}{EJ\varepsilon N}\cdot\left(\sin\varepsilon\frac{z}{l} + \frac{1}{\gamma}\varepsilon\cos\varepsilon\frac{z}{l}\right)$$

$$M = -\frac{M}{N}\cdot\left(\cos\varepsilon\frac{z}{l} - \frac{1}{\gamma}\varepsilon\sin\varepsilon\frac{z}{l}\right)$$

$$N = \left(\cos\varepsilon - \frac{1}{\gamma}\varepsilon\sin\varepsilon\right)$$

$$T = 0;\quad Q = M\cdot\frac{\varepsilon}{lN}\cdot\left(\sin\varepsilon\frac{z}{l} + \frac{1}{\gamma}\varepsilon\cos\varepsilon\frac{z}{l}\right)$$

Bild 3.64

Formänderungen und Schnittgrößen des Kragträgers nach Theorie II. Ordnung

Stabkennzahl: $\varepsilon = l\cdot\sqrt{\frac{D}{EJ}}$; (D: Druckraft)

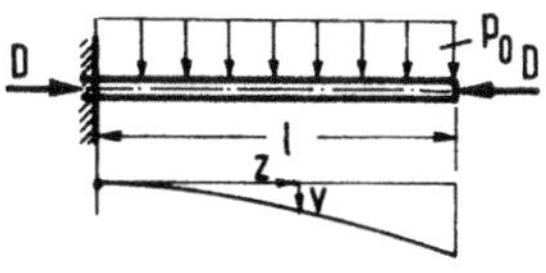

$$v = \frac{p_0 l^4}{EJ\varepsilon^4}\cdot\left[\varepsilon\sin\varepsilon\frac{z}{l} - \frac{1-\varepsilon\sin\varepsilon}{\cos\varepsilon}\left(1-\cos\varepsilon\frac{z}{l}\right) - \varepsilon^2\cdot\left(\frac{z}{l}-\frac{1}{2}\frac{z^2}{l^2}\right)\right]$$

$$\varphi = \frac{p_0 l^3}{EJ\varepsilon^3}\left[\varepsilon\cos\varepsilon\frac{z}{l} - \frac{1-\varepsilon\sin\varepsilon}{\cos\varepsilon}\cdot\sin\varepsilon\frac{z}{l} - \varepsilon\cdot\left(1-\frac{z}{l}\right)\right]$$

$$M = -\frac{p_0 l^2}{\varepsilon^2}\cdot\left[-\varepsilon\sin\varepsilon\frac{z}{l} - \frac{1-\varepsilon\sin\varepsilon}{\cos\varepsilon}\cdot\cos\varepsilon\frac{z}{l} + 1\right]$$

$$T = p_0 l\cdot\left(1-\frac{z}{l}\right);\quad Q = +\frac{p_0 l}{\varepsilon}\cdot\left[\varepsilon\cos\varepsilon\frac{z}{l} - \frac{1-\varepsilon\sin\varepsilon}{\cos\varepsilon}\cdot\sin\varepsilon\frac{z}{l}\right]$$

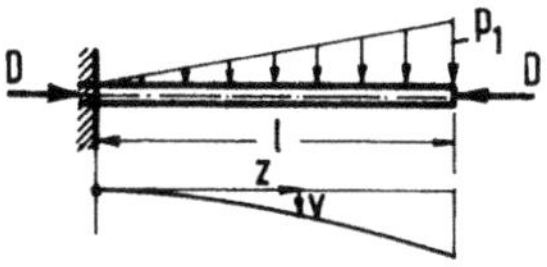

$$v = \frac{p_1 l^4}{EJ\varepsilon^4}\cdot\left\{\frac{(2+\varepsilon^2)\sin\varepsilon-2\varepsilon}{2\varepsilon\cos\varepsilon}\left(1-\cos\varepsilon\frac{z}{l}\right) + \frac{2+\varepsilon^2}{2\varepsilon}\sin\varepsilon\frac{z}{l} - \frac{1}{2}\left[(2+\varepsilon^2)\frac{z}{l} - \frac{\varepsilon^2}{3}\cdot\frac{z^3}{l^3}\right]\right\}$$

$$\varphi = \frac{p_1 l^3}{EJ\varepsilon^3}\cdot\left\{\frac{(2+\varepsilon^2)\sin\varepsilon-2\varepsilon}{2\varepsilon\cos\varepsilon}\cdot\sin\varepsilon\frac{z}{l} + \frac{2+\varepsilon^2}{2\varepsilon}\cdot\cos\varepsilon\frac{z}{l} - \frac{1}{2}\left[\frac{2+\varepsilon^2}{\varepsilon} - \varepsilon\cdot\frac{z^2}{l^2}\right]\right\}$$

$$M = -\frac{p_1 l^2}{\varepsilon^2}\left[\frac{(2+\varepsilon^2)\sin\varepsilon-2\varepsilon}{2\varepsilon\cos\varepsilon}\cdot\cos\varepsilon\frac{z}{l} - \frac{2+\varepsilon^2}{2\varepsilon}\cdot\sin\varepsilon\frac{z}{l} + \frac{z}{l}\right]$$

$$T = \frac{p_1 l}{2}\cdot\left(1-\frac{z^2}{l^2}\right);\quad Q = +\frac{p_1 l}{\varepsilon}\cdot\left[\frac{(2+\varepsilon^2)\sin\varepsilon-2\varepsilon}{2\varepsilon\cos\varepsilon}\cdot\sin\varepsilon\frac{z}{l} + \frac{2+\varepsilon^2}{2\varepsilon}\cos\varepsilon\frac{z}{l} - \frac{1}{\varepsilon}\right]$$

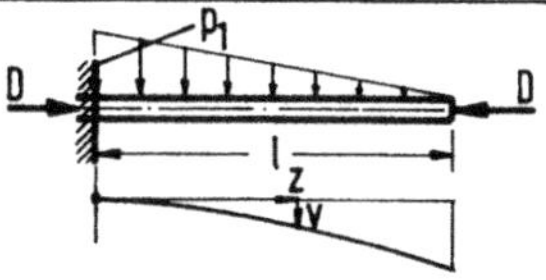

$$v = \frac{p_1 l^4}{EJ\varepsilon^4}\cdot\left\{-\frac{(2-\varepsilon^2)\sin\varepsilon}{2\varepsilon\cos\varepsilon}\cdot\left(1-\cos\varepsilon\frac{z}{l}\right) - \frac{2-\varepsilon^2}{2\varepsilon}\sin\varepsilon\frac{z}{l} + \frac{1}{2}\left[(2-\varepsilon^2)\frac{z}{l} + \varepsilon^2\frac{z^2}{l^2} - \frac{\varepsilon^2}{3}\cdot\frac{z^3}{l^3}\right]\right\}$$

$$\varphi = \frac{p_1 l^3}{EJ\varepsilon^3}\cdot\left\{-\frac{(2-\varepsilon^2)\sin\varepsilon}{2\varepsilon\cos\varepsilon}\cdot\sin\varepsilon\frac{z}{l} - \frac{2-\varepsilon^2}{2\varepsilon}\cdot\cos\varepsilon\frac{z}{l} + \frac{1}{2}\left[\frac{2-\varepsilon^2}{\varepsilon} + 2\varepsilon\frac{z}{l} - \varepsilon\frac{z^2}{l^2}\right]\right\}$$

$$M = -\frac{p_1 l^2}{\varepsilon^2}\cdot\left[-\frac{(2-\varepsilon^2)\sin\varepsilon}{2\varepsilon\cos\varepsilon}\cdot\cos\varepsilon\frac{z}{l} + \frac{2-\varepsilon^2}{2\varepsilon}\cdot\sin\varepsilon\frac{z}{l} + \left(1-\frac{z}{l}\right)\right]$$

$$T = \frac{p_1 l}{2}\cdot\left(1-\frac{z}{l}\right)^2;\quad Q = +\frac{p_1 l}{\varepsilon}\cdot\left[-\frac{(2-\varepsilon^2)\sin\varepsilon}{2\varepsilon\cos\varepsilon}\cdot\sin\varepsilon\frac{z}{l} - \frac{2-\varepsilon^2}{2\varepsilon}\cos\varepsilon\frac{z}{l} + \frac{1}{\varepsilon}\right]$$

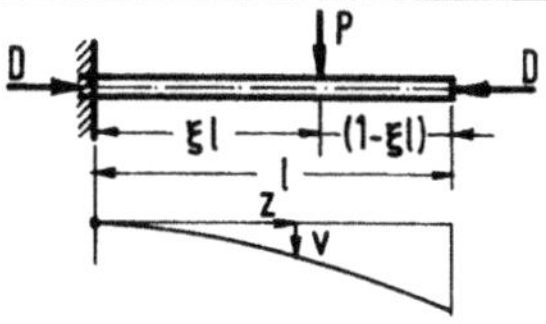

$0 < z \leq \xi l$:

$$v = \frac{P}{EJ}\cdot\frac{l^3}{\varepsilon^3}\cdot\left\{[\tan\varepsilon\cdot(1-\cos\varepsilon\xi)+\sin\varepsilon\xi]\cdot\left(1-\cos\varepsilon\frac{z}{l}\right) + \sin\varepsilon\frac{z}{l} - \varepsilon\frac{z}{l}\right\}$$

$$\varphi = \frac{P}{EJ}\cdot\frac{l^2}{\varepsilon^2}\cdot\left\{[\tan\varepsilon\cdot(1-\cos\varepsilon\xi)+\sin\varepsilon\xi]\cdot\sin\varepsilon\frac{z}{l} - 1 + \cos\varepsilon\frac{z}{l}\right\}$$

$$M = -Pl\,\frac{1}{\varepsilon}\cdot\left\{[\tan\varepsilon\cdot(1-\cos\varepsilon\xi)+\sin\varepsilon\xi]\cdot\cos\varepsilon\frac{z}{l} - \sin\varepsilon\frac{z}{l}\right\}$$

$$T = +P;\quad Q = +P\cdot\left\{[\tan\varepsilon(1-\cos\varepsilon\xi)+\sin\varepsilon\xi]\sin\varepsilon\frac{z}{l} + \cos\varepsilon\frac{z}{l}\right\}$$

$\xi l < z < l$:

$$v = \frac{P}{EJ}\cdot\frac{l^3}{\varepsilon^3}\left\{\tan\varepsilon(1-\cos\varepsilon\xi)\cdot\left(1-\cos\varepsilon\frac{z}{l}\right) + (1-\cos\varepsilon\xi)\sin\varepsilon\frac{z}{l} + \sin\varepsilon\xi - \varepsilon\xi\right\}$$

$$\varphi = \frac{P}{EJ}\cdot\frac{l^2}{\varepsilon^2}\left\{\tan\varepsilon(1-\cos\varepsilon\xi)\cdot\sin\varepsilon\frac{z}{l} + (1-\cos\varepsilon\xi)\cdot\cos\varepsilon\frac{z}{l}\right\}$$

$$M = -Pl\,\frac{1}{\varepsilon}\left\{\tan\varepsilon\cdot(1-\cos\varepsilon\xi)\cos\varepsilon\frac{z}{l} - (1-\cos\varepsilon\xi)\sin\varepsilon\frac{z}{l}\right\}$$

$$T = 0;\quad Q = +P\cdot\left\{\tan\varepsilon(1-\cos\varepsilon\xi)\sin\varepsilon\frac{z}{l} + (1-\cos\varepsilon\xi)\cos\varepsilon\frac{z}{l}\right\}$$

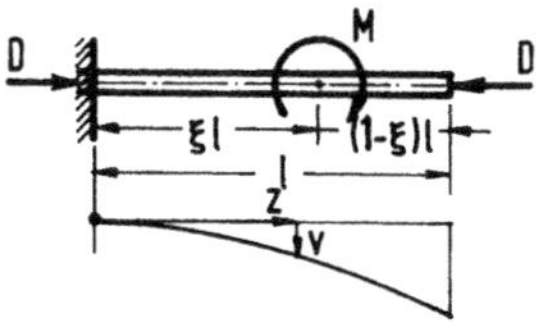

$0 < z \leq \xi l$:

$$v = \frac{M}{EJ}\cdot\frac{l^2}{\varepsilon^2}\cdot\left[(\tan\varepsilon\cdot\sin\varepsilon\xi + \cos\varepsilon\xi)\left(1-\cos\varepsilon\frac{z}{l}\right)\right]$$

$$\varphi = \frac{M}{EJ}\cdot\frac{l}{\varepsilon}\cdot\left[(\tan\varepsilon\cdot\sin\varepsilon\xi + \cos\varepsilon\xi)\cdot\sin\varepsilon\frac{z}{l}\right]$$

$$M = -M\cdot(\tan\varepsilon\cdot\sin\varepsilon\xi + \cos\varepsilon\xi)\cdot\cos\varepsilon\frac{z}{l}$$

$$T = 0;\quad Q = +M\,\frac{\varepsilon}{l}\cdot(\tan\varepsilon\,\sin\varepsilon\xi + \cos\varepsilon\xi)\cdot\sin\varepsilon\frac{z}{l}$$

$\xi l < z < l$:

$$v = \frac{M}{EJ}\cdot\frac{l^2}{\varepsilon^2}\cdot\left[\tan\varepsilon\cdot\sin\varepsilon\xi\cdot\left(1-\cos\varepsilon\frac{z}{l}\right) + \sin\varepsilon\xi\cdot\sin\varepsilon\frac{z}{l} - (1-\cos\varepsilon\xi)\right]$$

$$\varphi = \frac{M}{EJ}\cdot\frac{l}{\varepsilon}\cdot\left[\tan\varepsilon\cdot\sin\varepsilon\xi\cdot\sin\varepsilon\frac{z}{l} + \sin\varepsilon\xi\cdot\cos\varepsilon\frac{z}{l}\right]$$

$$M = -M\cdot\left(\tan\varepsilon\cdot\sin\varepsilon\xi\cdot\cos\varepsilon\frac{z}{l} - \sin\varepsilon\xi\cdot\sin\varepsilon\frac{z}{l}\right)$$

$$T = 0;\quad Q = M\cdot\frac{\varepsilon}{l}\cdot\left(\tan\varepsilon\cdot\sin\varepsilon\xi\cdot\sin\varepsilon\frac{z}{l} + \sin\varepsilon\xi\cdot\cos\varepsilon\frac{z}{l}\right)$$

Tafel 3.6

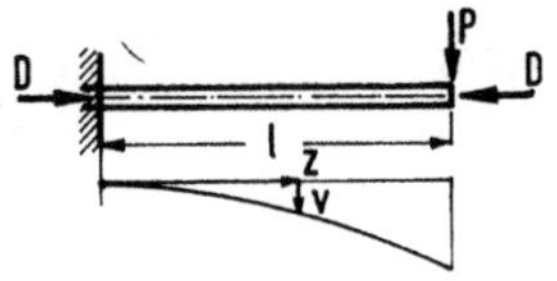

$$v = \frac{P}{EJ} \cdot \frac{l^3}{\varepsilon^3} \left[\tan\varepsilon \cdot \left(1 - \cos\varepsilon \frac{z}{l}\right) + \sin\varepsilon \frac{z}{l} - \varepsilon \frac{z}{l} \right]$$

$$\varphi = \frac{P}{EJ} \cdot \frac{l^2}{\varepsilon^2} \left(\tan\varepsilon \cdot \sin\varepsilon \frac{z}{l} - 1 + \cos\varepsilon \frac{z}{l} \right)$$

$$M = -Pl \cdot \frac{1}{\varepsilon} \left(\tan\varepsilon \cdot \cos\varepsilon \frac{z}{l} - \sin\varepsilon \frac{z}{l} \right)$$

$$T = +P \; ; \quad Q = P \cdot \left(\tan\varepsilon \cdot \sin\varepsilon \frac{z}{l} + \cos\varepsilon \frac{z}{l} \right)$$

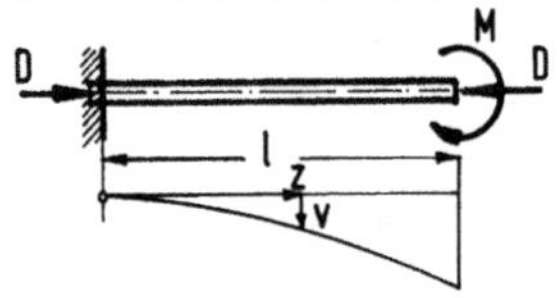

$$v = \frac{M}{EJ} \cdot \frac{l^2}{\varepsilon^2} \cdot \frac{1}{\cos\varepsilon} \cdot \left(1 - \cos\varepsilon \frac{z}{l}\right)$$

$$\varphi = \frac{M}{EJ} \cdot \frac{l}{\varepsilon} \cdot \frac{1}{\cos\varepsilon} \cdot \sin\varepsilon \frac{z}{l}$$

$$M = -M \frac{1}{\cos\varepsilon} \cdot \cos\varepsilon \frac{z}{l}$$

$$T = 0 \; ; \quad Q = +M \frac{\varepsilon}{l} \cdot \frac{1}{\cos\varepsilon} \cdot \sin\varepsilon \frac{z}{l}$$

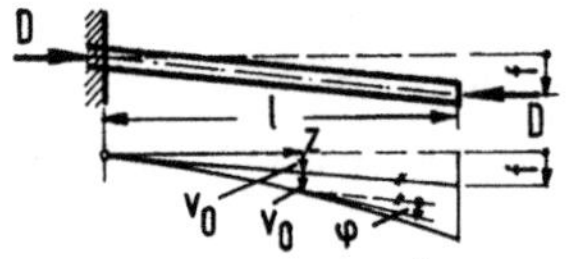

Vorverformung: $v_0 = f \cdot \frac{z}{l}$

$$v = f \left[\frac{\tan\varepsilon}{\varepsilon} \cdot \left(1 - \cos\varepsilon \frac{z}{l}\right) + \frac{1}{\varepsilon} \sin\varepsilon \frac{z}{l} - \frac{z}{l} \right]$$

$$\varphi = \frac{f}{l} \left(\tan\varepsilon \cdot \sin\varepsilon \frac{z}{l} + \cos\varepsilon \frac{z}{l} - 1 \right)$$

$$M = -D \cdot f \cdot \left(\frac{\tan\varepsilon}{\varepsilon} \cdot \cos\varepsilon \frac{z}{l} - \frac{1}{\varepsilon} \cdot \sin\varepsilon \frac{z}{l} \right)$$

$$T = \frac{D \cdot f}{l} \; ; \quad Q = D \frac{f}{l} \left(\tan\varepsilon \cdot \sin\varepsilon \frac{z}{l} + \cos\varepsilon \frac{z}{l} \right)$$

$f \equiv f_0$

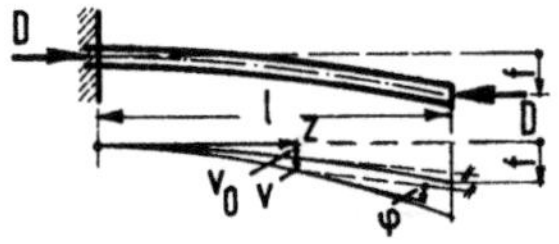

Vorverformung: $v_0 = f \cdot \left(1 - \cos \frac{\pi}{2} \cdot \frac{z}{l}\right)$

$$v = f \frac{\varepsilon^2}{\left(\frac{\pi}{2}\right)^2 - \varepsilon^2} \cdot \left(1 - \cos \frac{\pi}{2} \cdot \frac{z}{l}\right)$$

$$\varphi = \frac{f}{l} \cdot \frac{\pi}{2} \cdot \frac{\varepsilon^2}{\left(\frac{\pi}{2}\right)^2 - \varepsilon^2} \cdot \sin \frac{\pi}{2} \cdot \frac{z}{l}$$

$$M = -Df \cdot \frac{\left(\frac{\pi}{2}\right)^2}{\left(\frac{\pi}{2}\right)^2 - \varepsilon^2} \cdot \cos \frac{\pi}{2} \cdot \frac{z}{l}$$

$$T = D \frac{f}{l} \cdot \frac{\pi}{2} \cdot \sin \frac{\pi}{2} \cdot \frac{z}{l} \; ; \quad Q = D \cdot \frac{f}{l} \cdot \frac{\pi}{2} \cdot \frac{\left(\frac{\pi}{2}\right)^2}{\left(\frac{\pi}{2}\right)^2 - \varepsilon^2} \cdot \sin \frac{\pi}{2} \cdot \frac{z}{l}$$

$f \equiv f_0$

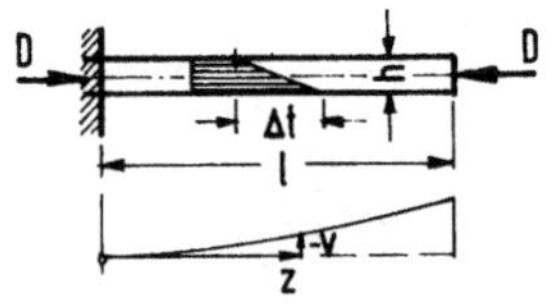

$$v = -\alpha_t \cdot \frac{\Delta t}{h} \cdot l^2 \cdot \frac{1}{\varepsilon^2 \cos\varepsilon} \cdot \left(1 - \cos\varepsilon \frac{z}{l}\right)$$

$$\varphi = -\alpha_t \cdot \frac{\Delta t}{h} \cdot l \cdot \frac{1}{\varepsilon \cos\varepsilon} \cdot \sin\varepsilon \frac{z}{l}$$

$$M = +EJ \cdot \alpha_t \frac{\Delta t}{h} \cdot \left(\frac{\cos\varepsilon \frac{z}{l}}{\cos\varepsilon} - 1 \right)$$

$$T = 0 \; ; \quad Q = -EJ \, \alpha_t \cdot \frac{\Delta t}{h} \cdot \frac{\varepsilon}{l} \cdot \frac{\sin\varepsilon \frac{z}{l}}{\cos\varepsilon}$$

3.4.6 Baustatische Berechnungsverfahren (Überblick)

Wie in der klassischen Baustatik Th.I.Ordn. wird auch in Th.II.Ordn. zwischen statisch bestimmten und statisch unbestimmten Systemen unterschieden. Bei einem statisch bestimmten System genügen die Gleichgewichtsgleichungen, um sämtliche Stütz- und Schnittgrößen zu ermitteln, wobei in Th.II.Ordn. die Gleichgewichtsgleichungen am (biege-)verformten Tragwerk erfüllt werden. Bei statisch unbestimmten Systemen bedarf es zur vollständigen Berechnung aller Größen zusätzlicher Kompatibilitätsgleichungen; deren Anzahl ist gleich der Zahl der Freiheitsgrade, die notwendig sind, um das statisch unbestimmte System in ein statisch bestimmtes (und kinematisch stabiles) Grundsystem zu überführen. Jedem Freiheitsgrad ist eine statisch Unbestimmte X_k zugeordnet. Die Kompatibilitätsgleichungen bringen zum Ausdruck, daß die gegenseitigen Verformungen an allen Stellen, wo Freiheitsgrade eingeführt wurden, infolge der gesamtheitlichen Einwirkung auf das Grundsystem, also einschließlich der Unbekannten X_k, Null sind:

$$\sum_{k=1}^{n} X_k \delta_{ik} + \delta_{i0} = 0 \qquad (i = 1,2,\cdots n) \qquad (3.211)$$

Die systemabhängigen δ_{ik}-Zahlen und die Belastungsglieder δ_{i0} werden i.allg. vermittelst des Prinzips der virtuellen Arbeiten, d.h. nach dem Arbeitssatz (unter Zuhilfenahme der sogen. δ_{ik}-Tafeln) berechnet, z.B.:

$$\delta_{ik} = \int M\bar{M}\frac{ds}{EJ} + \int N\bar{N}\frac{ds}{EF} + \int Q\bar{Q}\frac{ds}{GF_G} \qquad (3.212)$$

Diese Verfahrensweise wird als Kraftgrößenverfahren bezeichnet, weil die Berechnung auf die Bestimmung statisch unbestimmter Kraftgrößen zurückgeführt wird. Das Verfahren läßt sich prinzipiell auf Th.II.Ordn. übertragen; dabei ergeben sich indes insofern formale Schwierigkeiten, weil die Bestimmung der δ_{ik}- und δ_{i0}-Werte nicht mehr mittels der δ_{ik}-Tafeln möglich ist, sondern nur vermittelst der Grundgleichung Th.II.Ordn. gelingt: Die Schnittgrößen der virtuellen und wirklichen Teilzustände (X_k=1, X_k=0) sind von den wirksamen Längskräften, also den Stabkennzahlen ε, abhängig.

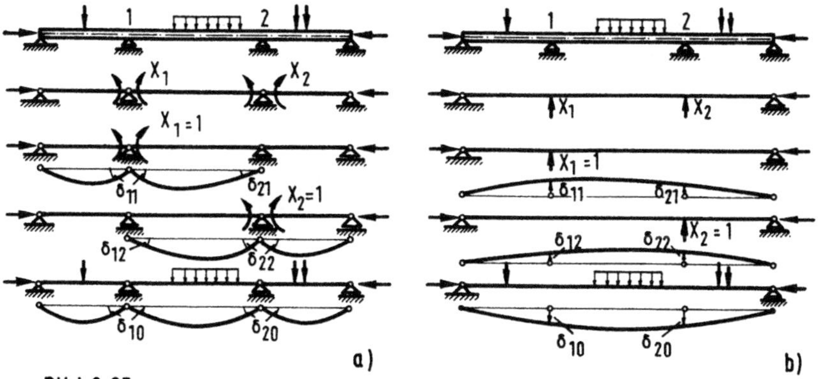

Bild 3.65

Um die Schwierigkeiten aufzuzeigen wird der in B.3.65 dargestellte Durchlaufträger über drei Felder betrachtet. Als statisch unbestimmte Kraftgrößen können z.B. die Stützmomente eingeführt werden (Bildteil a) oder die Stützkräfte (Bildteil b). Im ersten Fall sind als δ-Werte die Stabenddrehwinkel der unverschieblichen Gelenkstäbe zu ermitteln, aus denen das Grundsystem besteht. Die Aufgabe ist in einfacher Weise zu lösen, vgl. Abschnitt 3.4.4: Die Stabdrehwinkel liegen in Abhängigkeit von ε vertafelt vor. Wird das Grundsystem gemäß B.3.65b gewählt, so erstreckt sich der Einflußbereich aller Einwirkungen auf den gesamten Trägerbereich, die δ-Werte lassen sich nur durch Berechnung

Unverschiebliche und verschiebliche Stabtragwerke

Kinematische Verschieblichkeit unter der Voraussetzung: Stablängenänderungen: Null

Unverschiebliche Systeme: Alle Knotenpunkte sind fixiert ($\psi = 0$):
Beispiele:

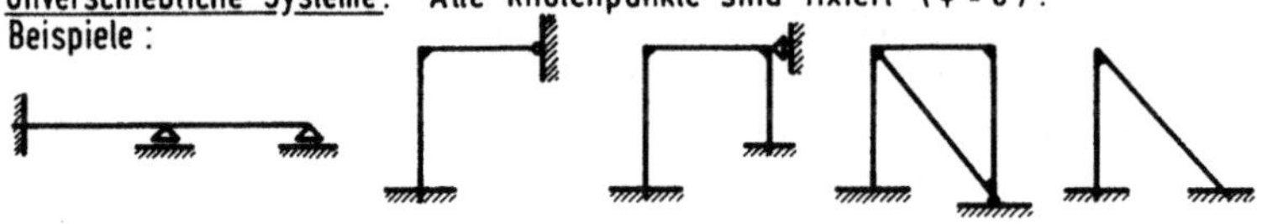

Verschiebliche Systeme:

Fall a: Vertikale Stiele und horizontale oder schräge Riegel ($\psi_{Riegel} = 0$):
Beispiele: 1-fache Verschieblichkeit:

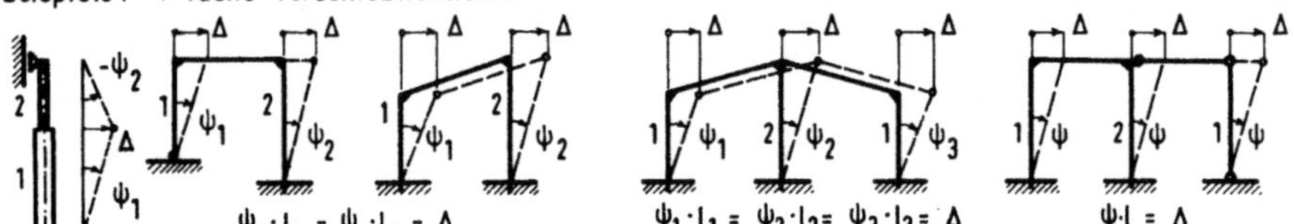

$\psi_1 \cdot l_1 = -\psi_2 \cdot l_2 = \Delta$ $\quad$ $\psi_1 \cdot l_1 = \psi_2 \cdot l_2 = \Delta$ $\quad$ $\psi_1 \cdot l_1 = \psi_2 \cdot l_2 = \psi_3 \cdot l_3 = \Delta$ $\quad$ $\psi \cdot l = \Delta$

2-fache $\quad$ 3-fache $\quad$ 2-fache $\quad$ 2-fache Verschieblichkeit:

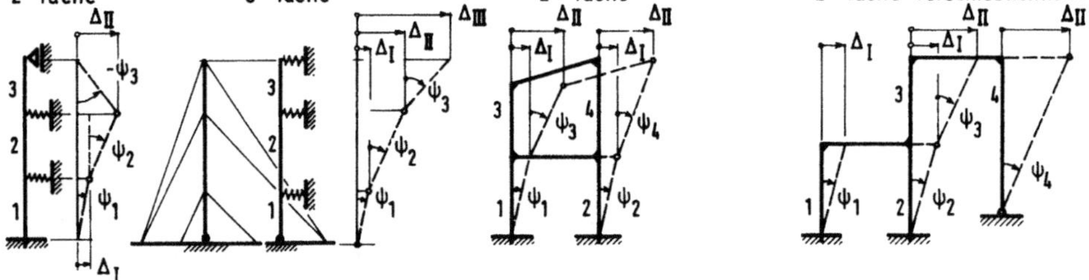

I: $\psi_1 \cdot l_1 = \Delta_I$
II: $\psi_1 \cdot l_1 + \psi_2 \cdot l_2 = -\psi_3 \cdot l_3 = \Delta_{II}$

I: $\psi_1 \cdot l_1 = \Delta_I$
II: $\psi_1 \cdot l_1 + \psi_2 \cdot l_2 = \Delta_{II}$
III: $\psi_1 \cdot l_1 + \psi_2 \cdot l_2 + \psi_3 \cdot l_3 = \Delta_{III}$

I: $\psi_1 \cdot l_1 = \psi_2 \cdot l_2 = \Delta_I$
II: $\psi_3 \cdot l_3 = \psi_4 \cdot l_4 = \Delta_{II} - \Delta_I$

I: $\psi_1 \cdot l_1 = \psi_2 \cdot l_2 = \Delta_I$
II: $\psi_2 \cdot l_2 + \psi_3 \cdot l_3 = \psi_4 \cdot l_4 = \Delta_{II}$

Fall b: Schräge Stiele und horizontale Riegel ($\psi_{Riegel} \neq 0$):
Beispiele: 1-fache Verschieblichkeit $\quad$ 2-fache Verschieblichkeit

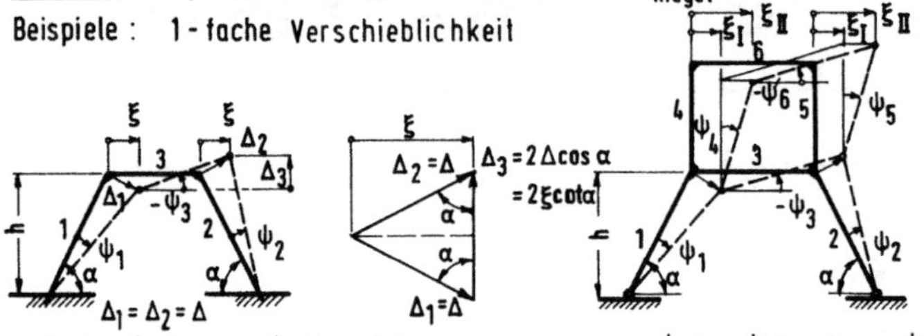

$\psi_1 \cdot l_1 = \psi_2 \cdot l_2 = \Delta, \; \psi_3 \cdot l_3 = -2\,\Delta \cos\alpha$;
oder: $\psi_1 \cdot h = \psi_2 \cdot h = \xi, \; \psi_3 \cdot l_3 = -2\,\xi \cot\alpha$.

I: $\psi_1 \cdot h = \psi_2 \cdot h = \xi_I, \; \psi_3 = -2\,\xi_I \cdot \cot\alpha$
II: $\psi_4 \cdot l_4 = \psi_5 \cdot l_5 = \xi_{II} - \xi_I, \; \psi_6 = \psi_3$

Fall c: Schräge Stiele und schräge Riegel; mehrfach geknickte Riegel:
Beispiele: 1-fache Verschieblichkeit $\quad$ 2-fache Verschieblichkeit

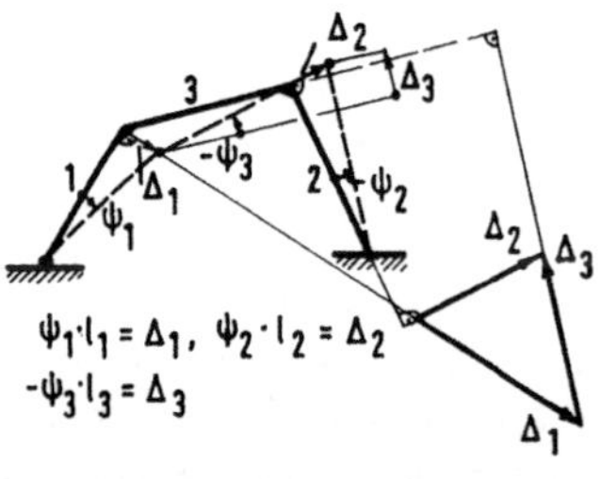

$\psi_1 \cdot l_1 = \Delta_1, \; \psi_2 \cdot l_2 = \Delta_2$
$-\psi_3 \cdot l_3 = \Delta_3$

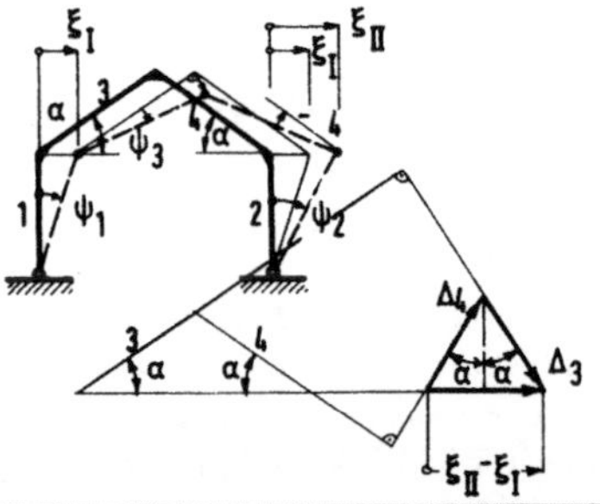

I: $\psi_1 \cdot l_1 = \xi_I$
II: $\psi_2 \cdot l_2 = \xi_{II}$
$\psi_3 \cdot l_3 = -\psi_4 \cdot l_4 = \dfrac{\xi_{II} - \xi_I}{2 \cdot \sin\alpha}$

der Teilzustände mit Hilfe des allgemeinen Lösungssystems Th.II.Ordn. bestimmen. (Im vorliegenden Fall führt die Wahl des Grundsystems zudem auf ein numerisch empfindliches Gleichungssystem.) Daraus folgt, daß eine Berechnung statisch unbestimmter Tragwerke nach dem Kraftgrößenverfahren nur dann empfohlen werden kann, wenn es sich um unverschiebliche Systeme handelt und diese in unverschiebliche Gelenkwerke als statisch bestimmte Grundsysteme (Hauptsysteme) überführt werden können.
Für verschiebliche Tragwerke ist das Kraftgrößenverfahren nicht geeignet. Für diese Tragwerke steht das Verformungsgrößenverfahren zur Verfügung. Geläufig sind auch die Namen Weggrößen-, Formänderungs- oder Deformationsverfahren. Wie die Namen zum Ausdruck bringen, dienen Verformungsgrößen (Drehwinkel, Verschiebungen) als Bezugsunbekannte, ihr Einfluß auf das Gleichgewicht wird a priori erfaßt. Der Vollständigkeit halber sei erwähnt, daß dieses Verfahren auch für statisch bestimmte Systeme geeignet ist. Von dieser Möglichkeit wird in Th.I.Ordn. kein Gebrauch gemacht, weil sich in diesem Falle statisch bestimmte Strukturen über die Gleichgewichtsgleichungen in direkter Form mittels algebraischer Verkettungen berechnen lassen.

Das Verformungsgrößenverfahren ist ein speziell aufbereitetes Differentialgleichungsverfahren, bei welchem an die Stelle der vier Freiwerte C_1 bis C_4 des allgemeinen Lösungssystems (T.3.1) die vier Bezugsunbekannten φ_a, φ_b, v_a und v_b treten, das sind die Stabenddrehwinkel und Stabendverschiebungen eines (stetigen) Stabelementes.
Die oben eingeführte Unterscheidung in unverschiebliche und verschiebliche Systeme bedarf einer Erläuterung. Streng genommen gibt es keine unverschieblichen Stabwerke. Wenn dennoch im folgenden von unverschieblichen Systemen gesprochen wird, so sind hiermit Stabwerke gemeint, die bei alleiniger Berücksichtigung der Biegeverformungen keine Stabend- und Knotenverschiebungen erleiden, d.h. die Stäbe werden einerseits als dehnstarr angenommen, andererseits treten keine Stabsehnendrehwinkel auf. Das Auftreten letzterer ist das typische Kennzeichen verschieblicher Tragwerke. Die durch Schrägstellungen der Stäbe geweckten Abtriebskräfte üben den entscheidenden Einfluß bei Stabilitätsproblemen aus. Auch bei verschieblichen Systemen werden i.allg. dehnstarre Stäbe unterstellt, doch ist es durchaus möglich, diese Voraussetzung aufzugeben und ein verallgemeinertes Verformungsgrößenverfahren zu entwickeln, vgl. Abschnitt 3.4.8.5 und 3.4.8.9.
T.3.7 vermittelt einen Überblick über unverschiebliche und verschiebliche Stabtragwerke im vorskizzierten Sinne; bei letzteren werden solche einfacher, zweifacher, ...n-facher Verschieblichkeit unterschieden. n ist der kinematische Freiheitsgrad.

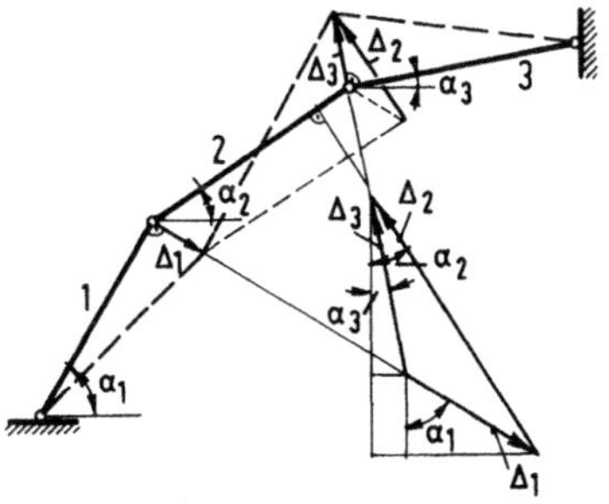

Δ_1 gegeben:

$$\Delta_2 = \Delta_1 \cdot \frac{\sin\alpha_1 \cdot \cos\alpha_3 - \cos\alpha_1 \cdot \sin\alpha_3}{\sin\alpha_2 \cdot \cos\alpha_3 - \cos\alpha_2 \cdot \sin\alpha_3}$$

$$\Delta_3 = \Delta_1 \cdot \frac{\sin\alpha_1 \cdot \cos\alpha_2 - \cos\alpha_1 \cdot \sin\alpha_2}{\sin\alpha_2 \cdot \cos\alpha_3 - \cos\alpha_2 \cdot \sin\alpha_3}$$

Bild 3.66

Um n zu bestimmen, wird das Stabsystem in eine Gelenkfigur überführt, d.h. in jedem Knoten wird ein Gelenk angeordnet. Die Gelenkfigur ist kinematisch labil. n ist gleich Eins, wenn bei Vorgabe der Verschiebung eines Gelenkes alle anderen Gelenke eine hiervon in eindeutiger Weise abhängige Verschiebung erleiden. Bei n=2 existieren zwei untereinander (linear) abhängige Verschiebungsformationen. Die gegenseitige Abhängigkeit der Verschiebungsgrößen (Δ oder ψ) wird mittels eines Verschiebungsplanes bestimmt. Da es sich um "kleine" Verformungen handelt, werden die kreisförmigen Verschiebungswege der Gelenke durch deren Tangenten an die Verschiebungskreise ersetzt. T.3.7 enthält für die dort gezeigten Beispiele die zugehörigen Verschiebungsgleichungen. Schräge Stiele bewirken Schrägstellungen der Riegel. B.3.66 gibt die Verknüpfung der Gelenkverschiebungen eines dreistäbigen Stabzuges an; dessen kinematischer Freiheitsgrad beträgt n=1. Die Verknüpfungen folgen aus dem Verschiebungsplan.

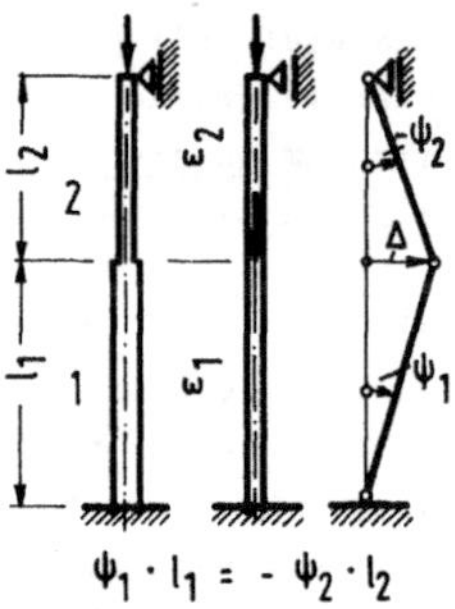

Bild 3.67

Bei Stäben mit sprunghafter Änderung der Biegesteifigkeit oder / und sprunghafter Änderung der Längskraft, wie in B.3.67 angegeben, wird an der Unstetigkeitsstelle ein Knoten und damit zwecks Aufstellung der kinematischen Verschiebungsgleichungen ein Gelenk eingeführt.

Das Verformungsgrößenverfahren existiert in drei Versionen:
Version a: Drehwinkelverfahren: Die Bestimmungsgleichungen für die Stabendverformungen werden entweder als Gleichgewichtsgleichungen oder als Netzgleichungen unter Verwendung des Prinzips der virtuellen Arbeiten formuliert.
Version b: Momentenausgleichsverfahren, entweder im Sinne von CROSS (Iteration in Einzelschritten) oder im Sinne von KANI (Iteration in Gesamtschritten).
Version c: Verfahren der Steifigkeitsmatrizen.
Bezüglich der Anwendung dieser Versionen können folgende Empfehlungen gegeben werden:
Version a ist für die Herleitung von Berechnungsformeln für Spannungsprobleme Th.II.Ordn. und von Knickbedingungen einfacher Stabwerke sowie für manuelle numerische Berechnungen von Systemen mit wenigen Unbekannten geeignet, auch kann sie als Grundlage für Computer-Stabwerksprogramme dienen.
Version b ist für manuelle numerische Berechnungen für größere Unbekanntenanzahlen geeignet.
Version c ist nur für Computerberechnungen geeignet; gegenüber a) hat diese Version den Vorteil einer größeren Systematisierbarkeit, dafür aber den Nachteil eines größeren Speicher- und Rechenzeitbedarfs.

Das Verformungsgrößenverfahren Th.II.Ordn. geht auf CHWALLA und JOKISCH zurück [3.42(1941)]. Zuvor war das Berechnungsverfahren von BLEICH / RATZERSDORFER verbreitet [3.43-3.46, 0.4, 1.101]. Das Verformungsgrößenverfahren Th.I.Ordn. wurde von OSTENFELD und MANN entwickelt [3.47/48].
Ergänzend wird auf das Verfahren der Einspanngrade [3.11] hingewiesen.

3.4.7 Kraftgrößenverfahren

3.4.7.1 Berechnungsanweisungen

Im vorangegangenen Abschnitt wurde begründet, warum sich nur unverschiebliche Tragwerke für eine Berechnung nach dem Kraftgrößenverfahren eignen. Als Grundsystem wird ein unverschiebliches Gelenkstabwerk gewählt. Die Berechnung der δ-Werte kann dann in einfacher Weise als Summe der Stabenddrehwinkel, zunächst für die Einheitszustände $X_k=1$ und dann für die äußeren Einwirkungen (Lasten, Temperatur, Vorverformungen) erfolgen. Aus T.3.3/4 können die Drehwinkel entnommen werden, sie sind im Anhang IV.2.1 vertafelt.
Die Reihenfolge der Berechnungsschritte ist auf T.3.8 zusammengefaßt, sie stimmt prinzipiell mit Th.I.Ordn. überein. Bei Spannungsproblemen Th.II.Ordn. müssen die Druckkräfte des Bemessungslastfalles vorab bestimmt oder geschätzt werden; ggf. ist eine Berechnung nach Th.I.Ordn. vorzuschalten.
Bei Knickproblemen wird der Knickwert aus der Bedingung

$$\mathrm{Det}(\varepsilon) = \left|\sum_{k=1}^{n} X_k \delta_{ik}(\varepsilon)\right| = \begin{vmatrix} \delta_{11} & \delta_{12} & \cdots & \delta_{1n} \\ \delta_{21} & \delta_{22} & \cdots & \delta_{2n} \\ \cdots\cdots \\ \delta_{n1} & \delta_{n2} & \cdots & \delta_{nn} \end{vmatrix} = 0 \qquad (3.213)$$

berechnet, denn $\delta_{i0} = 0$.

Bei der Bestimmung des Knickwertes wird die Rechnung zweckmäßig auf die größte aller vorhandenen ε-Zahlen bezogen. Wird diese Zahl mit ε_s abgekürzt, stehen die anderen Stabkennzahlen (ε_r) mit dieser in folgender Beziehung:

Kraftgrößenverfahren Theorie II. Ordnung

Eine Berechnung von Spannungsproblemen Theorie II. Ordnung und Knickproblemen ist nach dem Kraftgrößenverfahren nur zweckmäßig, wenn das Stabtragwerk unverschieblich ist. In diesem Falle wird das statisch bestimmte Grundsystem so gewählt, daß ein Gelenkwerk entsteht.

Beispiele:

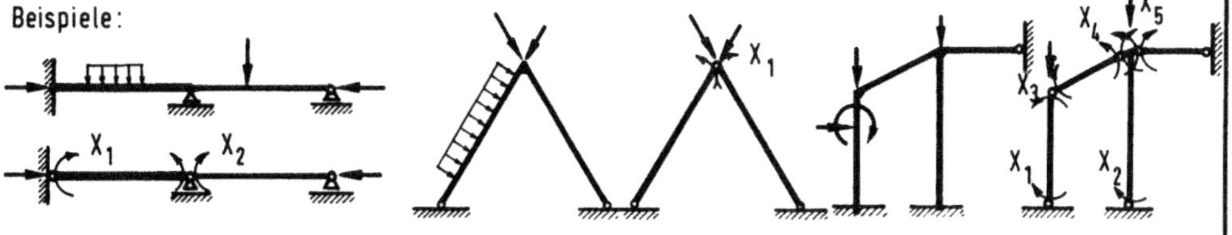

Berechnungsschritte:

1. Ermittlung der Stabkennzahlen $\varepsilon = l \cdot \sqrt{\frac{D}{EJ}}$ aller Stäbe. D: Druckkraft
2. Berechnung der Verschiebungsgrößen δ_{i0} für die vorgegebene äußere Belastung. Da bei Einhaltung obiger Empfehlung alle Stäbe im Grundsystem beidseitig gelenkig gelagert und unverschieblich sind, sind die Größen δ_{i0} die gegenseitigen Drehwinkel in den Gelenken i (Tafel 3.3/4)
3. Berechnung der Verschiebungsgrößen δ_{ik}. δ_{ik} ist der gegenseitige Drehwinkel im Gelenk i infolge des am Gelenk k angesetzten Einheitsmomentenpaares $X_k = 1$;

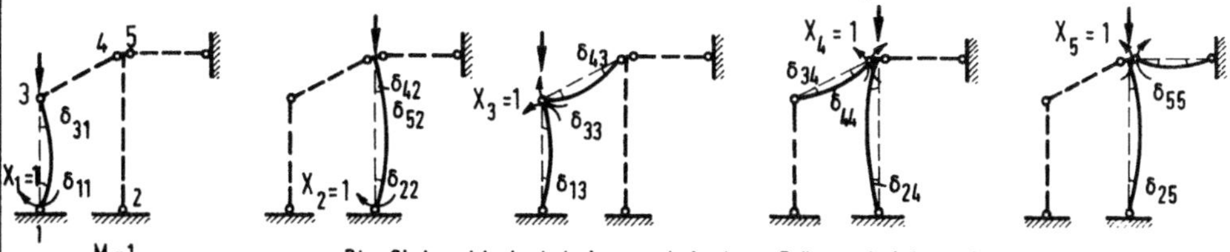

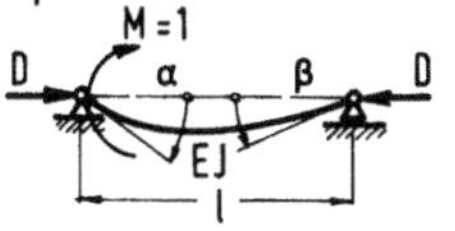

Die Stabenddrehwinkel am einfachen Träger infolge eines einseitigen Endmomentes M = 1 betragen:

$\alpha = \alpha' \cdot \frac{l}{EJ}$, $\beta = \beta' \cdot \frac{l}{EJ}$; α' und β' sind in Tafel IV.2/7 in Abhängigkeit von ε tabuliert; vgl. auch Tafel 3.4/5; in Theorie I. Ordnung: $\alpha' = \frac{1}{3}$, $\beta' = \frac{1}{6}$.

4. Aufstellung des Elastizitätsgleichungssystems und Auflösung nach den statisch Unbestimmten X_i; Anzahl der Unbestimmten: n.

   Gleichungssystem: $\sum_{k=1}^{n} X_k \cdot \delta_{ik} + \delta_{i0} = 0 \quad (i = 1, 2, \ldots n)$

5. Berechnung der Stütz-, Schnitt- und Verformungsgrößen nach dem Superpositionsgesetz:

$$S = S_0 + \sum_{i=1}^{n} X_i \cdot S_i$$

S steht stellvertretend für irgendeine Stütz–, Schnitt– oder Verformungsgröße. Die Größen S_0 und S_i werden mit Hilfe der Formeln der Tafel 3.4/5 berechnet; sie sind Funktionen von ε (vgl. Tafel IV.2/7).

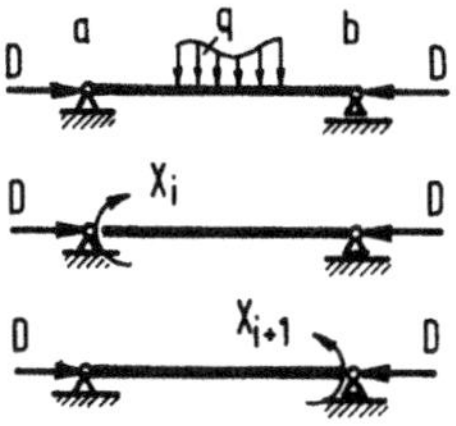

S_0 — Das Superpositionsgesetz ist nur gültig bei unveränderlicher Stabkraft. Lastfälle mit wechselnden Stabkräften und damit Stabkennzahlen ε dürfen nicht überlagert werden.

$X_i \cdot S_i$ — Bei Knickproblemen ist $\delta_{i0} = 0$, da das Tragwerk voraussetzungsgemäß querlastfrei ist. Der Knickfaktor folgt aus:

$X_{i+1} \cdot S_{i+1}$

$$\mathrm{Det}(\varepsilon) = \left| \sum_{k=1}^{n} X_k \cdot \delta_{ik}(\varepsilon) \right| = 0 \quad (i = 1, 2, \ldots n) \longrightarrow \varepsilon_{Ki}$$

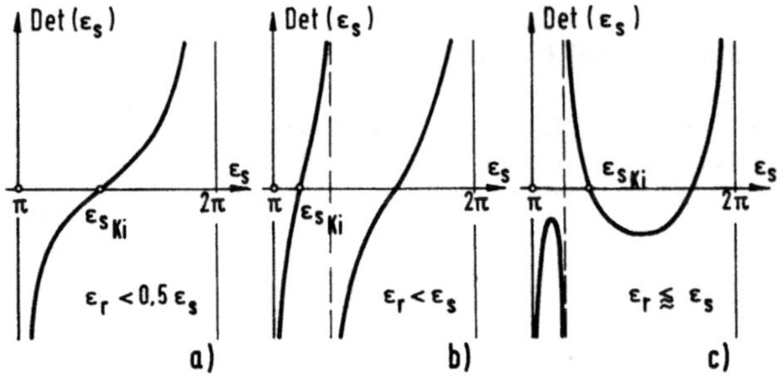

Bild 3.68

$$\varepsilon_r = \varepsilon_s \frac{l_r}{l_s} \sqrt{\frac{D_r}{D_s} \cdot \frac{EJ_s}{EJ_r}} \qquad (3.214)$$

Um G.3.214 abzuleiten, wird der Lastmultiplikator der Stäbe s und r gleichgesetzt. Wegen der vorausgesetzten Unverschieblichkeit liegt ε_s zwischen π (EULER-Fall II) und 2π (EULER-Fall IV): Durch die Vereinbarung gemäß Gleichung G.3.214 ist Det(ε) eine Funktion von ε_s. Das Verhältnis von ε_s zur nächst kleineren Stabkennzahl bestimmt den Verlauf der Knickdeterminante zwischen π und 2π, vgl. B.3.68 [3.49].

Da sich bei unverschieblichen Stabwerken der Verformungseinfluß aus der Stabdehnung (und Schubgleitung) im Vergleich zu verschieblichen Systemen relativ stärker auswirkt, kann es angezeigt sein, diesen Einfluß (näherungsweise) durch Berechnung des Normalkraftverformungsbeitrages aus

$$\int N\bar{N}\frac{ds}{EF}$$

zu erfassen.

Von ANDELFINGER [3.49] wurde das Kraftgrößenverfahren auch auf verschiebliche Tragwerke erweitert. Hierzu bedarf es zusätzlicher Gleichgewichtsgleichungen, um die Stabsehnendrehwinkel zu bestimmen. HEES [3.50] empfiehlt die Einführung von Fesselungen. Deren Anzahl ist gleich dem kinematischen Freiheitsgrad, entsprechend steigt die Anzahl der Unbestimmten.
Die Dreimomentengleichung für Durchlaufträger auf starren Stützen läßt sich auch in Th. II.Ordn. angeben (worauf hier verzichtet wird) [3.51]. - Eine der Fünfmomentengleichung in Th.I.Ordn. entsprechende Version für Durchlaufträger auf elastischen Stützen existiert in Th.II.Ordn. nicht, weil bei Wirksamwerden von Druckkräften der gesamte, federnd gelagerte Gelenkzug eine Verformung in den Teilzuständen X_k=1 und X_k=0 erleidet.

3.4.7.2 Beispiele

1. Beispiel: Unverschieblicher, einhüftiger Rahmen (B.3.69a)
Im Sinne des Kraftgrößenverfahrens ist der Rahmen einfach statisch unbestimmt. Als Unbestimmte X_1 wird das Rahmeneckmoment eingeführt. Die Kompatibilitätsgleichung (Verträglich-

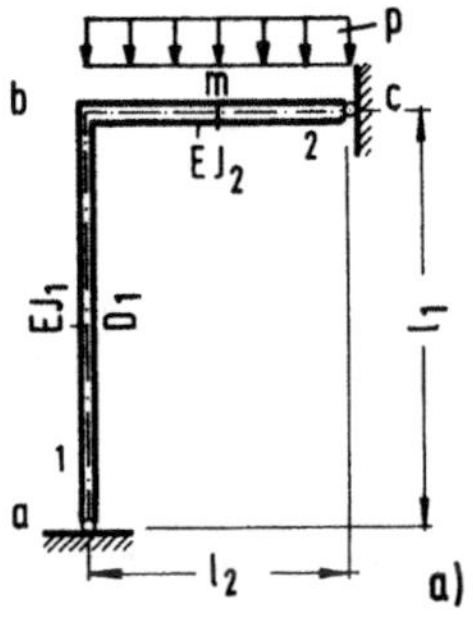

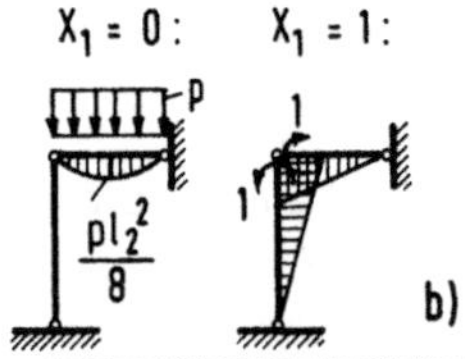

Theorie I.Ordnung	Theorie II.Ordnung
$\delta_{10} = \frac{pl_2^3}{24\,EJ_2}$	
$\delta_{11} = \frac{1}{3}\cdot\frac{l_1}{EJ_1} + \frac{1}{3}\cdot\frac{l_2}{EJ_2}$	$\delta_{11} = \frac{1}{\varepsilon^2}\left(1-\varepsilon\frac{\cos\varepsilon}{\sin\varepsilon}\right)\frac{l_1}{EJ_1} + \frac{1}{3}\cdot\frac{l_2}{EJ_2}$

c)

Bild 3.69

keitsgleichung, Elastizitätsgleichung) lautet:

$$X_1\delta_{11} + \delta_{10} = 0 \longrightarrow X_1 = -\delta_{10}/\delta_{11} \qquad (3.215)$$

Die Druckkraft im Riegel wird vernachlässigt, die Rechnung ist daher nur für hochstielige Rahmen gültig ($0 < l_2/l_1 < 1{,}5$). Am oberen Stielende b ist:

$$\delta_{11,Stiel} = \alpha(\varepsilon)$$

In B.3.69 sind die Teilzustände und δ-Werte eingetragen. Unter Einführung des Parameters

$$\chi = \frac{EJ_1}{EJ_2} \cdot \frac{l_2}{l_1} \qquad (3.216)$$

lassen für M_b und M_m (M_m ist das Biegungsmoment in Riegelmitte) folgende Formeln ableiten:

$$M_m = \frac{pl^2}{8} + \frac{X_1}{2}$$

$$\text{Th. I.Ordn.:} \quad X_1^I \equiv M_b^I = -\frac{\chi}{1+\chi} \cdot \frac{pl_2^2}{8}; \quad M_m^I = \frac{2+\chi}{2(1+\chi)} \cdot \frac{pl_2^2}{8} \qquad (3.217)$$

$$\text{Th. II.Ordn.:} \quad X_1^{II} \equiv M_b^{II} = -\frac{\chi}{3\alpha'+\chi} \cdot \frac{pl_2^2}{8}; \quad M_m^{II} = \frac{6\alpha'+\chi}{2(3\alpha'+\chi)} \cdot \frac{pl_2^2}{8} \qquad (3.218)$$

Hierin bedeutet, vgl. T.3.3:

$$\alpha' \equiv \alpha_1' = \frac{1}{\varepsilon^2}\left(1 - \varepsilon\frac{\cos\varepsilon}{\sin\varepsilon}\right) \qquad (3.219)$$

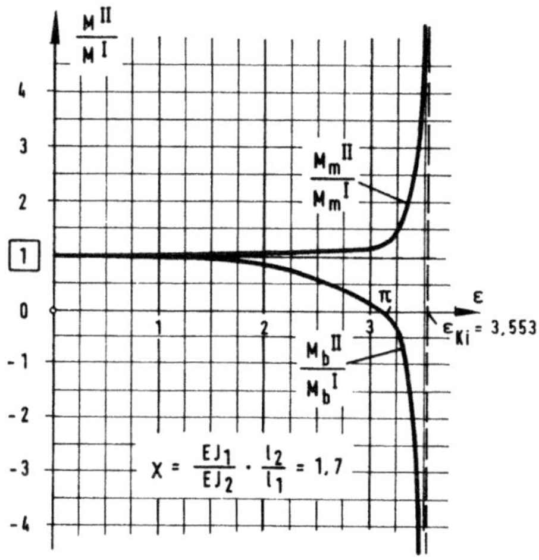

Bild 3.70

Die Biegungsmomente M^{II} wachsen über alle Grenzen, wenn der Nenner von G.3.218 gegen Null geht:

$$3\alpha' + \chi = \frac{3}{\varepsilon^2}\left(1 - \varepsilon\frac{\cos\varepsilon}{\sin\varepsilon}\right) + \chi = 0 \longrightarrow \varepsilon_{Ki} \qquad (3.220)$$

Trägt man den Quotienten M^{II}/M^I über ε auf, ergeben sich die in B.3.70 für $\chi = 1{,}7$ dargestellten Kurven. Während das Feldmoment einsinnig wächst, allerdings bedeutend langsamer und keineswegs nach dem Gesetz G.1.6 wie bei verschieblichen Systemen, vgl. z.B.B.3.45, wird das Rahmeneckmoment für $\varepsilon = \pi$ Null und ändert für $\varepsilon > \pi$ das Vorzeichen:

$$\frac{M_b^{II}}{M_b^I} = \frac{1+\chi}{3\alpha'+\chi}; \quad \frac{M_m^{II}}{M_m^I} = \frac{(6\alpha'+\chi)(1+\chi)}{(3\alpha'+\chi)(2+\chi)} \qquad (3.221)$$

Wird gegenüber der Knickkraft mindestens eine zweifache Sicherheit eingehalten, was dem bezogenen Quotienten

$$\frac{\varepsilon}{\varepsilon_{Ki}} = \frac{1}{\sqrt{\nu_{Ki}}} = \frac{1}{\sqrt{2}} = 0{,}707$$

entspricht, ergibt sich für das Feldmoment eine Zunahme von 14%. I.allg. ist bei unverschieblichen Systemen der Zuwachs der Schnittgrößen infolge des Verformungseffektes Th.II.Ordn. unbedeutend, wie auch das folgende Beispiel zeigen wird.

Der Verlauf des M_b^{II}/M_b^I-Quotienten in B.3.70 bedarf noch eines Kommentars: Mit ansteigender Riegelbelastung p steigt die Druckkraft im Stiel, dieser Anstieg kann als Minderung seiner Biegesteifigkeit gedeutet werden. Damit sinkt die Einspannwirkung, die der Stiel auf den Riegel ausübt, daher sinkt das Einspannungsmoment. Erreicht ε den Wert π, das ist der Knickwert des EULER-Falles II, so sinkt die Einspannwirkung auf Null. Theoretisch ist die elastostatische Grenzlast noch nicht erreicht, weil jetzt die Einspannwirkung vom Riegel her überwiegt, das Eckmoment muß seine Wirkungsrichtung ändern, die Beanspruchung im Riegel steigt von nun an rapide an.

2. Beispiel: Shedrahmen

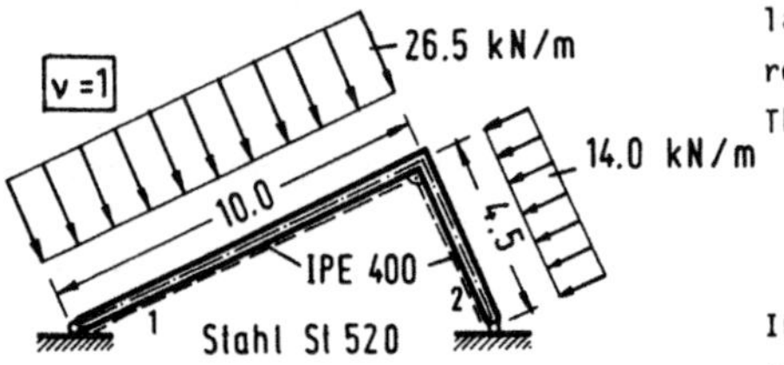

Bild 3.71

B.3.71 zeigt den Rahmen, einschließlich der Belastung im Gebrauchszustand (ν =1). Hierfür berechnet sich die statisch Unbestimmte X_1 nach Th.I.Ordn. zu:

Ohne Normalkrafteinfluß : $X_1 = -239{,}4$ kNm

Mit Normalkrafteinfluß : $X_1 = -237{,}2$ kNm

In B.3.72a ist die Momentenfläche dargestellt, außerdem sind die Stützgrößen eingetragen. Im folgenden werden zunächst die Schnittgrößen nach Th.II.Ordn. für die ν=1,71-fachen Lasten berechnet, anschließend werden die Knicklängen für die Stäbe bestimmt.

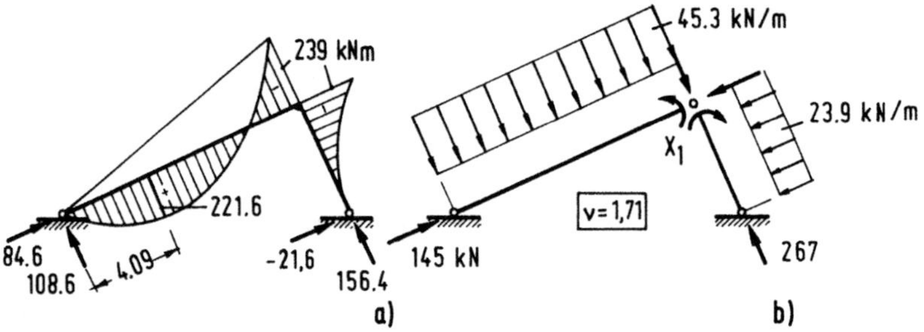

Bild 3.72

ν =1,71-facher Bemessungszustand:

$$p_1 = 1{,}71 \cdot 26{,}5 = 45{,}3 \text{ kN/m}\,;\; p_2 = 1{,}71 \cdot 14{,}0 = 23{,}3 \text{ kN/m}$$

$$\text{Riegel 1}: \varepsilon_1 = 0{,}546\,;\; \alpha_1' = 0{,}34016\,;\; \gamma_1' = 0{,}04295$$

$$\text{Riegel 2}: \varepsilon_2 = 0{,}334\,;\; \alpha_2' = 0{,}33585\,;\; \gamma_2' = 0{,}04213$$

Ohne Normalkrafteinfluß:

$$EJ\delta_{11}^{M} = EJ(\alpha_1 + \alpha_2) = EJ\left(\frac{l_1}{EJ_1}\alpha_1' + \frac{l_2}{EJ_2}\alpha_2'\right) = l_1\alpha_1' + l_2\alpha_2' = 4{,}9129 \text{ [m]}$$

$$EJ\delta_{10}^{M} = EJ(\gamma_1 + \gamma_2) = EJ\left(\frac{p_1 l_1^3}{EJ_1}\gamma_1' + \frac{p_2 l_2^3}{EJ_2}\gamma_2'\right) = p_1 l_1^3 \gamma_1' + p_2 l_2^3 \gamma_2' = 2037{,}4 \text{ [kNm}^2\text{]}$$

$$X_1 = -414{,}7 \text{ kNm}\,;\; X_1/1{,}71 = \underline{-242{,}5 \text{ kNm}}$$

Mit Normalkrafteinfluß:

$$EJ\delta_{11}^{M} + EJ\delta_{11}^{N} = 4{,}9129 + 0{,}01475 = 4{,}9277 \text{ [m]}\,;\quad EJ\delta_{10}^{M} + EJ\delta_{10}^{N} = 2037{,}4 - 12{,}109 = 2025{,}3 \text{ [kNm}^2\text{]}$$

$$X_1 = -411{,}0 \text{ kNm}\,;\; X_1/1{,}71 = \underline{-240{,}4 \text{ kNm}}$$

Die Beiträge aus der Normalkraftverformung werden wie in Th.I.Ordn. bestimmt:

$$EJ\delta_{11}^{N} = \left[\left(\frac{1}{4{,}5}\right)^2 \cdot 10 + \left(\frac{1}{10}\right)^2 \cdot 4{,}5\right]\frac{J}{F} = 0{,}01475 \text{ [m]}\,;\quad EJ\delta_{10}^{N} = \left[-145\,\frac{1}{4{,}5}\cdot 10 - 267\,\frac{1}{10}\cdot 4{,}5\right]\frac{J}{F} = -12{,}109 \text{ [kNm]}$$

Die Gegenüberstellung der Ergebnisse (Th.I.Ordn. / Th.II.Ordn.) macht deutlich, daß der Verformungseinfluß bei dem vorliegenden (unverschieblichen) System sehr gering ist, auch ist der Einfluß der Stabstauchung nicht sehr ausgeprägt.

Der Verlauf des Biegungsmomentes im Stabbereich 1 wird durch Superposition

$$S = S_0 + \sum_{i=1}^{n} X_i S_i \tag{3.222}$$

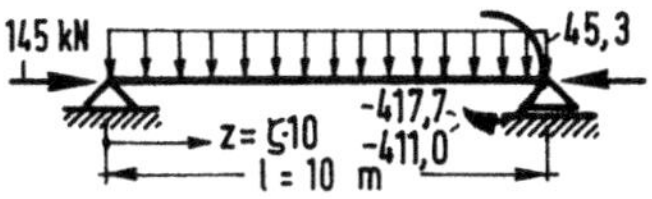

$\varepsilon = 0{,}546 \approx 0{,}55$

$$p = 45{,}3\ \text{kN/m}: \quad M = \frac{p\,l^2}{8} \cdot f_7 = 566{,}25 \cdot f_7$$

$X_1 = -417{,}7$ kNm (ohne N-Einfluß): $M = X_1 \cdot f_3$
$X_1 = -411{,}0$ kNm (mit N-Einfluß): $M = X_1 \cdot f_3$

ζ	f_7	$566{,}25 \cdot f_7$	f_3	$-417{,}7 \cdot f_3$	ohne N-E Σ	mit N-E Σ
0	0	0	0	0	0	0
0,1	0.3702	209,63	0,1052	- 43,94	165,69	165,39
0,2	0,6593	373,30	0,2100	- 87,72	285,50	286,99
0,3	0,8664	490,60	0,3142	-131,24	359,36	361,46
0,4	0,9910	561,15	0,4175	-174,39	386,76	389,56
0,5	1,0325	584,65	0,5195	-217,00	367,65	371,14
0,6	0,9910	561,15	0.6200	-258,97	302,18	306,33
0,7	0,8664	490,60	0,7185	-300,12	190,40	195,30
0,8	0,6593	373,30	0,8149	-340,38	32,92	38,38
0,9	0,3702	209,63	0.9086	-379,61	-169,98	163,89
1	0	0	1	-417,7	-417,7	-411,0

Bild 3.73

berechnet, vgl. T.3.8. Hierzu wird vom Anhang IV.2.1 Gebrauch gemacht, vgl. B.3.73. Die Erhöhung des Feldmomentes infolge des Normalkrafteinflusses wirkt sich in ca. 1% aus.

Um die Knicklast zu berechnen, werden die Druckkräfte solange proportional (ν-fach) gesteigert, bis G.3.213 Null wird.

Zunächst werden für beide Stäbe die ε-Zahlen berechnet und die relativ größte bestimmt, das ist hier ε_1:

$$\text{Riegel 1}: \ \varepsilon_1 = 1000\sqrt{\nu \cdot 84{,}60/EJ} = 9197{,}8\sqrt{\nu/EJ}$$
$$\text{Riegel 2}: \ \varepsilon_2 = 450\sqrt{\nu \cdot 156{,}40/EJ} = 5627{,}6\sqrt{\nu/EJ} \longrightarrow \varepsilon_2 = 0{,}612\,\varepsilon_1$$

Knickbedingung:

$$X_1\delta_{11} = 0 \longrightarrow l_1\alpha_1' + l_2\alpha_2' = 0 \longrightarrow \text{Det}(\varepsilon) = \alpha_1' + \frac{l_2}{l_1}\alpha_2' = \alpha_1' + 0{,}450\,\alpha_2' = 0$$

B.3.74 enthält die Auswertung dieser Gleichung, auch ist der Verlauf der Knickdeterminante über ε aufgetragen. Der Nulldurchgang liefert $\varepsilon_{Ki} = 3{,}82$, hieraus folgt:

$$\varepsilon_{1Ki} = 3{,}82;\ \varepsilon_{2Ki} = 0{,}612 \cdot \varepsilon_{1Ki} = 2{,}33 \longrightarrow \beta_1 = \pi/3{,}82 = \underline{0{,}82};\ \beta_2 = \pi/2{,}33 = \underline{1{,}34}$$

Dasselbe Ergebnis läßt sich auch aus T.5.37 (Abschnitt 5.11) ablesen:

$$\chi = l_2/l_1 = 0{,}450;\ \varkappa = D_2 l_2/D_1 l_1 = 0{,}833 \longrightarrow \beta_1 = \underline{0{,}82};\ \beta_2 = \beta_1/\sqrt{\chi\varkappa} = 0{,}82/\sqrt{0{,}450 \cdot 0{,}833} = \underline{1{,}34}$$

ε_1	ε_2	α_1'	α_2'	$0{,}450\ \alpha_2'$	Det(ε)
π	1,92	∞	0,460	0,207	
3,3	2,02	-1,805	0,484	0,218	-1,587
3,5	2,14	-0,681	0,517	0,232	-0,449
3,7	2,26	-0,359	0,560	0,252	-0,127
3,8	2,32	-0,271	0,586	0,263	-0,008
3,9	2,38	-0,205	0,617	0,277	+0,072
4,0	2,45	-0,153	0,659	0,296	+0,143
4,5	2,75	+0,001	1,013	0,456	+0,457

a)

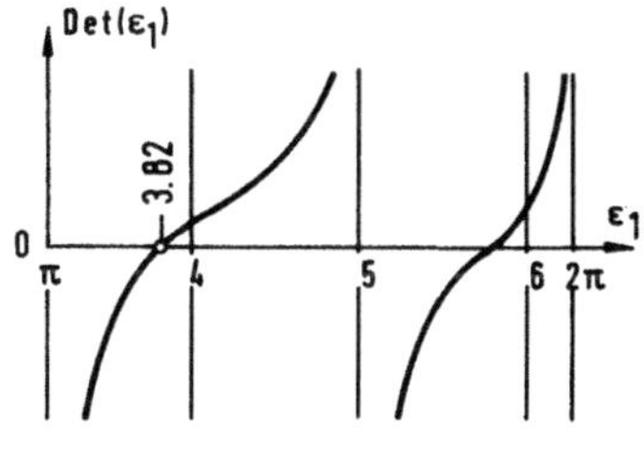

b)

Bild 3.74

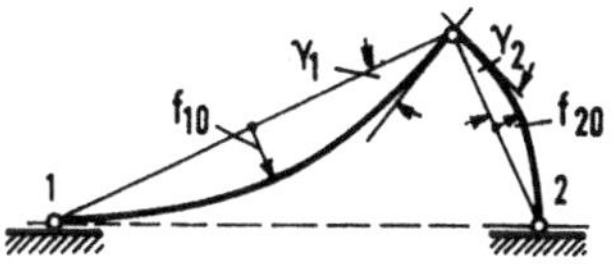

Bild 3.75

Nach DIN 4114N ist der Stabilitätsnachweis unter Einschluß von Imperfektionen zu führen. Die Vorverformungsfigur ist der Knickfigur anzupassen. Das Beispiel wird mit folgenden Annahmen berechnet: $\nu = 1{,}71$ (wie zuvor), $f_0 = l/500$.

$$E = 21000\ \text{kN/cm}^2,\ J = 23130\ \text{cm}^4\ (\text{IPE } 400)$$
$$EJ = 4{,}857 \cdot 10^8\ \text{kNcm}^2 = 4{,}857 \cdot 10^4\ \text{kN m}^2$$

Im statisch bestimmten Grundzustand betragen die Randdrehwinkel (T.3.4), vgl. auch B.3.75:

$$\gamma = \frac{f_0}{l} \cdot \pi \cdot \frac{\varepsilon^2}{\pi^2 - \varepsilon^2} \longrightarrow \begin{cases} \text{Riegel 1}: \varepsilon_1 = 0{,}546: \; EJ\gamma_1 = 4{,}857 \cdot 10^4 \cdot \frac{1}{500} \cdot \pi \cdot 0{,}546^2/(\pi^2 - 0{,}546^2) = 9{,}505\,\text{kNm}^2 \\ \text{Riegel 2}: \varepsilon_2 = 0{,}334: \; EJ\gamma_2 = 4{,}857 \cdot 10^4 \cdot \frac{1}{500} \cdot \pi \cdot 0{,}334^2/(\pi^2 - 0{,}334^2) = 3{,}489\,\text{kNm}^2 \end{cases}$$

$$EJ\delta_{10} = (9{,}505 - 3{,}489) = 6{,}016\,\text{kNm}^2 \longrightarrow X_1 = -\frac{6{,}016}{4{,}913} = -1{,}225\,\text{kNm}$$

Wie B.3.72 entnommen werden kann, tritt das max Feldmoment für die Riegelbelastung etwa an der Stelle z=0,4·l auf. Für diese Stelle wird das Biegungsmoment des Imperfektionslastfalles berechnet:

$$M_0 = D\,f_0 \cdot \frac{\pi^2}{\pi^2 - \varepsilon^2} \cdot \sin\pi\frac{z}{l} = 126{,}9 \cdot \frac{10}{500} \cdot \frac{\pi^2}{\pi^2 - 0{,}546^2} \sin\pi 0{,}4 =$$

$$= 2{,}538 \cdot 1{,}031 \cdot 0{,}9511 = +2{,}489\,\text{kNm} \;(\text{Verformungseffekt: } 1{,}031)$$

$$X_1 M_1 \approx -0{,}4 \cdot 1{,}225 = -0{,}490\,\text{kNm}$$

$$M_0 + X_1 M_1 = 2{,}000\,\text{kNm} \;(\text{das sind } 0{,}65\,\% \text{ von } 390\,\text{kNm})$$

$$\Sigma M = 390 + 2 = 392\,\text{kNm} \longrightarrow \sigma = -\frac{126{,}9}{84{,}5} \pm \frac{39\,200}{1160} = -1{,}50 \pm 33{,}79 = \begin{matrix} +32{,}29 \\ -35{,}29 \end{matrix}\;\text{kN/cm}^2$$

Die künftige Regelung wird sich von den Rechnungsannahmen des Beispieles möglicherweise in zwei Punkten unterscheiden: Bei einer elasto-statischen Rechnung kann der Vorverformungsansatz auf 75% reduziert werden, im Lastfall H ist ν=1,50 einzuhalten.

3.4.8 Verformungsgrößenverfahren

3.4.8.1 Grundformeln

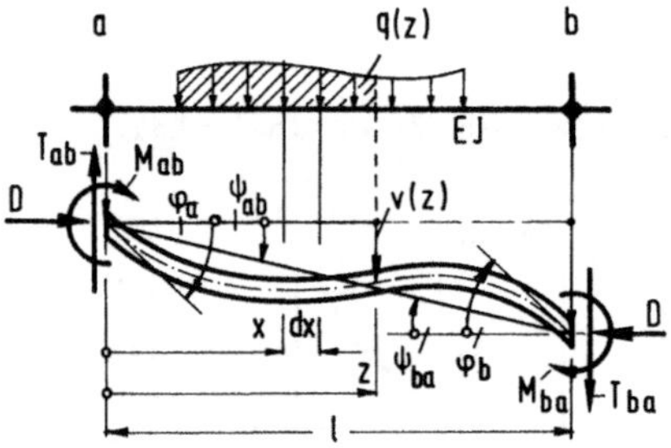

Bild 3.76

Aus dem verformten Stabtragwerk wird das Stabelement a-b herausgetrennt, es habe im Sinne von Abschnitt 3.4.6 stetige Eigenschaften: EJ und D sind konstant. Die äußere Belastung ist q(z). An den Schnittufern werden die Stabendmomente M_{ab} und M_{ba} und die Stabendtransversalkräfte T_{ab} und T_{ba} angetragen, vgl. B.3.76.

Der Stab weise die in B.3.76 mit positivem Richtungssinn eingetragenen Stabenddrehwinkel φ und und Stabsehnendrehwinkel ψ

$$\psi = \psi_{ab} = \psi_{ba} \tag{3.223}$$

auf. (Alle Größen sind positiv, wenn ihre Richtung mit dem Uhrzeigersinn übereinstimmt.)

An der Stelle z beträgt das Biegungsmoment (B.3.76):

$$M(z) = T_{ab}z + M_{ab} + D \cdot v(z) - \int_{x=0}^{x=z} q(x)(z-x)\,dx \tag{3.224}$$

x ist Integrationsvariable. Es wird nur der Biegeverformungseinfluß berücksichtigt. G.3.224 wird in G.3.116 eingesetzt und umgeformt:

$$v'''' + \left(\frac{\varepsilon}{l}\right)^2 v'' = \frac{1}{EJ}\left[\int_{z=0}^{x=z} q(x)(z-x)\,dx\right]'' \tag{3.225}$$

Mit ε ist wieder die Stabkennzahl abgekürzt (T.3.1). G.3.225 ist eine andere Version der Grundgleichung G.3.116, die vollständige Lösung lautet:

$$v = C_1 \sin\varepsilon\frac{z}{l} + C_2\cos\varepsilon\frac{z}{l} + C_3\varepsilon\frac{z}{l} + C_4 + v_p \tag{3.226}$$

Der partikuläre Lösungsteil ist von der Belastungsfunktion q(z) abhängig.

Die Grundidee des Verformungsgrößenverfahrens besteht darin, die Freiwerte C_1 bis C_4 durch die kennzeichnenden Stabendverformungen zu ersetzen. Hierzu werden mit Hilfe von T.3.1 die Randbedingungen gemäß B.3.76 formuliert:

$$\begin{array}{llllll}
1\ z=0: & v(0)=0 & = & & +C_2 & & +C_4\\
2\ z=0: & v'(0)=\varphi_a & =C_1\frac{\varepsilon}{l} & & & +C_3\frac{\varepsilon}{l} & \\
3\ z=l: & v(l)=\psi_{ab}l & =C_1\sin\varepsilon & +C_2\cos\varepsilon & & +C_3\varepsilon & +C_4\\
4\ z=l: & v'(l)=\varphi_b & =C_1\frac{\varepsilon}{l}\cos\varepsilon & -C_2\frac{\varepsilon}{l}\sin\varepsilon & & +C_3\frac{\varepsilon}{l} &
\end{array} \tag{3.227}$$

Die Auflösung dieses Gleichungssystems nach den Freiwerten ergibt:

$$\begin{aligned}
C_1 &= l\frac{1}{\varepsilon}\cdot\frac{(\varphi_a-\varphi_b)(1-\cos\varepsilon)+(\psi_{ab}-\varphi_a)\varepsilon\sin\varepsilon}{2(1-\cos\varepsilon)-\varepsilon\sin\varepsilon}\\
C_2 &= -l\frac{1}{\varepsilon}\cdot\frac{(\varphi_a-\varphi_b)(\varepsilon-\sin\varepsilon)+(\psi_{ab}-\varphi_a)\cdot\varepsilon(1-\cos\varepsilon)}{2(1-\cos\varepsilon)-\varepsilon\sin\varepsilon} = -C_4\\
C_3 &= l\frac{1}{\varepsilon}\cdot\frac{(\varphi_a-\varphi_b)(1-\cos\varepsilon)-\psi_{ab}\varepsilon\sin\varepsilon}{2(1-\cos\varepsilon)-\varepsilon\sin\varepsilon}
\end{aligned} \tag{3.228}$$

Wie G.3.227 verdeutlicht, ist als Nebenbedingung

$$v_p(0) = v_p'(0) = v_p(l) = v_p'(l) = 0 \tag{3.229}$$

vereinbart; vgl. unten. – Die Stabendmomente ergeben sich gemäß den Differentiationsvorschriften

$$M_{ab} = M(0) = -EJv''(0); \quad M_{ba} = -M(l) = +EJv''(l) \tag{3.230}$$

zu:

$$\begin{aligned}
M_{ab} &= A\varphi_a + B\varphi_b - (A+B)\psi_{ab} - EJ\cdot v_p''(0)\\
M_{ba} &= A\varphi_b + B\varphi_a - (A+B)\psi_{ab} + EJ\cdot v_p''(l)
\end{aligned} \tag{3.231}$$

Hierin gilt:

$$A = \frac{EJ}{l}A' = \frac{EJ}{l}\cdot\frac{\varepsilon(\sin\varepsilon-\varepsilon\cos\varepsilon)}{2(1-\cos\varepsilon)-\varepsilon\sin\varepsilon} \tag{3.232}$$

$$B = \frac{EJ}{l}B' = \frac{EJ}{l}\cdot\frac{\varepsilon(\varepsilon-\sin\varepsilon)}{2(1-\cos\varepsilon)-\varepsilon\sin\varepsilon} \tag{3.233}$$

Für den Sonderfall $\varphi_a = \varphi_b = \psi = 0$ (beidseitig unverschieblicher und starr eingespannter Stab) folgt aus G.3.231:

$$M_{ab} \equiv \bar{M}_{ab} = -EJ\cdot v_p''(0); \quad M_{ba} \equiv \bar{M}_{ba} = +EJ\cdot v_p''(l) \tag{3.234}$$

$\bar{M}_{ab}$ und $\bar{M}_{ba}$ sind die Volleinspannmomente der äußeren Einwirkung. Der vorerwähnten Nebenbedingung wird durch den Bezug auf den beidseitig starr eingespannten Stab genügt. Die Grundformeln des Verformungsgrößenverfahrens Th.II.Ordn. für die Stabendmomente lauten damit:

$$\begin{aligned}
M_{ab} &= A\varphi_a + B\varphi_b - (A+B)\psi_{ab} + \bar{M}_{ab}\\
M_{ba} &= A\varphi_b + B\varphi_a - (A+B)\psi_{ab} + \bar{M}_{ba}
\end{aligned} \tag{3.235}$$

A und B sind Steifigkeits-Kennwerte. Neben EJ und l wird ihre Größe von der Stabkennzahl ε und damit von der Druckkraft bestimmt.

Die Stabendtransversalkräfte lassen sich entweder aus

$$\begin{aligned} T_{ab} &= T(0) = Q(0) - Dv'(0) = -EJv'''(0) - Dv'(0) \\ T_{ba} &= T(l) = Q(l) - Dv'(l) = -EJv'''(l) - Dv'(l) \end{aligned} \qquad (3.236)$$

oder (einfacher) über die am Stab formulierte Momentengleichgewichtsbedingung

$$T_{ab} \cdot l + (M_{ab} + M_{ba}) + D\psi_{ab} l - \int_{z=0}^{z=l} q(z)(l-z)dz = 0 \qquad (3.237)$$

bestimmen, vgl. B.3.76. Wird die Gleichung nach T_{ab} aufgelöst und für M_{ab} und M_{ba} die Grundformeln G.3.235 eingesetzt, folgt:

$$T_{ab} = -D\psi_{ab} - \frac{1}{l}(A + B)(\varphi_a + \varphi_b - 2\psi_{ab}) + \bar{T}_{ab} \qquad (3.238)$$

Hierin ist $\bar{T}_{ab}$ die Transversalkraft des beidseitig starr eingespannten Trägers. $\bar{T}_{ab}$ ist mit der Stabendquerkraft identisch und somit gleich der Auflagerkraft des beidseitig eingespannten Trägers am Auflager A:

$$\bar{T}_{ab} = T_{ab0} - \frac{\bar{M}_{ab} + \bar{M}_{ba}}{l} \qquad (3.239)$$

T_{ab0} ist die Auflagerkraft des beidseitig gelenkig gelagerten Balkens:

$$T_{ab0} \equiv A_0 = \frac{1}{l} \cdot \int_{z=0}^{z=l} q(z)(l-z)dz \qquad (3.240)$$

Auf T.3.9 ist das Ergebnis der vorstehenden Ableitungen zusammengefaßt. Für den druckkraftfreien Biegestab (D=0, Th.I.Ordn.) gehen die Steifigkeitszahlen A und B in

$$A = 4\frac{EJ}{l}; B = 2\frac{EJ}{l} \qquad (3.241)$$

und damit die Grundformeln in die bekannten Beziehungen der klassischen Stabstatik über:

$$M_{ab} = 2\frac{EJ}{l}(2\varphi_a + \varphi_b - 3\psi_{ab}) + \bar{M}_{ab}; \; Q_{ab} = -6\frac{EJ}{l^2}(\varphi_a + \varphi_b - 2\psi_{ab}) + \bar{Q}_{ab} \qquad (3.242)$$

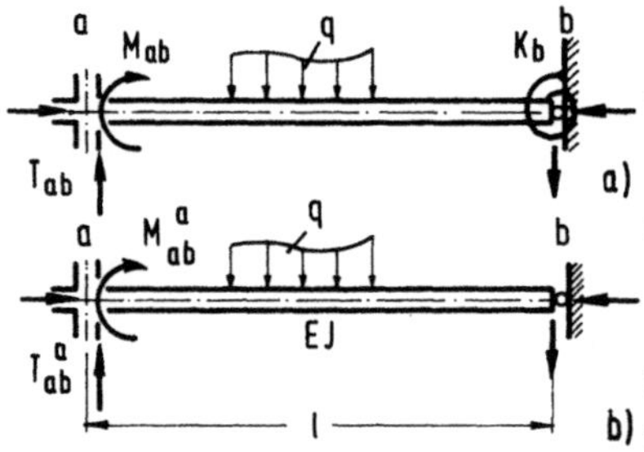

Bild 3.77

Als nächstes werden die Grundformeln für einen Stab abgeleitet, der rechtsseitig (am Stabende b) in eine <u>Drehfeder</u> mit der Drehfederkonstanten K_b eingespannt ist vgl. B.3.77a. Bei einer Verdrehung um φ_b wird in der Drehfeder das Reaktionsmoment $-\varphi_b \cdot K_b$ geweckt, demnach gilt:

$$\varphi_b = -\frac{M_{ba}}{K_b} \qquad (3.243)$$

Wird diese Beziehung in G.3.235 eingesetzt, ergibt sich:

$$M_{ab} = A\varphi_a - B\frac{M_{ba}}{K_b} - (A+B)\psi_{ab} + \bar{M}_{ab} \qquad (3.244)$$

$$M_{ba} = -A\frac{M_{ba}}{K_b} + B\varphi_a - (A+B)\psi_{ab} + \bar{M}_{ba} \qquad (3.245)$$

Aus der zweiten Gleichung wird M_{ba} frei gestellt:

$$M_{ba} = \frac{K_b}{K_b + A}[B\varphi_a - (A+B)\psi_{ab} + \bar{M}_{ba}] \qquad (3.246)$$

Dieser Ausdruck wird in G.3.244 eingeführt; nach gehöriger Ordnung findet man die Grundformel für den drehfederelastisch eingespannten Stab:

$$M_{ab} = \left(A - \frac{B^2}{K_b + A}\right)\varphi_a - (A+B)\left(1 - \frac{B}{K_b + A}\right)\psi_{ab} + \overline{M}_{ab} - \frac{B}{K_b + A}\overline{M}_{ba} \qquad (3.247)$$

$\overline{M}_{ab}$ und $\overline{M}_{ba}$ sind in G.3.246 und G.3.247 nach wie vor die Einspannmomente des beidseitig starr eingespannten Trägers!

Der Fall des einseitig (am Stabende b) gelenkig angeschlossenen Stabes geht aus dem vorbehandelten Fall unmittelbar hervor, indem $K_b=0$ gesetzt wird:

$$M_{ab}^{a} = \left(A - \frac{B^2}{A}\right)\varphi_a - (A+B)\left(1 - \frac{B}{A}\right)\psi_{ab} + \overline{M}_{ab} - \frac{B}{A}\overline{M}_{ba} = \frac{A^2 - B^2}{A}(\varphi_a - \psi_{ab}) + \overline{M}_{ab}^{a} \qquad (3.248)$$

Der hochgestellte Index kennzeichnet (hier und im folgenden) das eingespannte Stabende. Wie im Abschnitt 3.4.8.2 gezeigt wird, ist das in G.3.248 auftretende Glied

$$\overline{M}_{ab} - \frac{B}{A}\overline{M}_{ba}$$

mit dem Einspannmoment des einseitig starr eingespannten und einseitig gelenkig gelagerten Stabes identisch; dieses wird in G.3.259 mit $\overline{M}_{ab}^{a}$ abgekürzt. Die Vorzahl in G.3.248 wird zur Steifigkeitszahl C zusammengefaßt. Mittels der Beziehungen G.3.232/3 ist die Richtigkeit von

$$C = \frac{A^2 - B^2}{A} = \frac{EJ}{l} \cdot C' = \frac{EJ}{l} \cdot \frac{\varepsilon^2 \sin\varepsilon}{\sin\varepsilon - \varepsilon\cos\varepsilon}; \quad C' = \frac{1}{\alpha'} \qquad (3.249)$$

sofort bestätigt. Für D=0 gilt C'=3.

Die Stabendtransversalkraft T_{ab}^{a} findet man wieder aus der Momentengleichgewichtsgleichung am Stab a-b (vgl. B.3.77b):

$$T_{ab}^{a} = -\frac{M_{ab}^{a}}{l} - D\psi_{ab} + T_{ab0} = -\frac{1}{l} \cdot \frac{A^2 - B^2}{A}(\varphi_a - \psi_{ab}) - D\psi_{ab} - \frac{\overline{M}_{ab}^{a}}{l} + T_{ab0}$$
$$= -D\psi_{ab} - \frac{1}{l} \cdot C(\varphi_a - \psi_{ab}) + \overline{T}_{ab}^{a} \qquad (3.250)$$

$\overline{T}_{ab}^{a}$ ist die Auflagerkraft des einseitig starr eingespannten Trägers an der Einspannstelle a.

Auf Tafel 3.9/10 sind alle Grundformeln zusammengestellt einschließlich des hier im einzelnen nicht abgeleiteten Falles eines Stabes mit einseitigem Transversalgelenk. Die Formeln gelten auch für Zugbeanspruchung, wenn D durch -Z und ε durch iε ersetzt wird, siehe G.3.119. Die Hilfsgrößen A', B' und C' sind im Anhang IV.1 vertafelt, vgl. auch [3.39]. Für kleine Werte ε gelten für A', B' und C' die in B.3.78 angeschriebenen Formeln. Es sind deren erste Näherungen einer Potenzreihenentwicklung.

Für kleine Werte von ε gilt (erste Näherung der Potenzreihenentwicklung):

|L| = D (Druckkraft):

$$A' = 4\,\frac{1-\varepsilon^2/10}{1-\varepsilon^2/15} \qquad C' = 3\,\frac{1-\varepsilon^2/6}{1-\varepsilon^2/10} \qquad B' = 2\,\frac{1-\varepsilon^2/20}{1-\varepsilon^2/15}$$

|L| = Z (Zugkraft):

$$A' = 4\,\frac{1+\varepsilon^2/10}{1+\varepsilon^2/15} \qquad C' = 3\,\frac{1+\varepsilon^2/6}{1+\varepsilon^2/10} \qquad B' = 2\,\frac{1+\varepsilon^2/20}{1+\varepsilon^2/15}$$

Bild 3.78

Die Grundformeln für den Kragträger lassen sich aus den Grundformeln des einseitig starr eingespannten, einseitig gelenkig gelagerten Stabes herleiten. Am freien Ende ist M=0; als zweites ist die Bedingung T=0 zu erfüllen. Es wird daher T_{ba}^{a} gemäß G.3.250 Null gesetzt und aus dieser Bedingung ψ berechnet und in G.3.248 eingesetzt. Das Ergebnis ist:

$$M_{ab}^{aK} = -\frac{Dl}{C - Dl} C\varphi_a + \overline{\overline{M}}_{ab} \qquad (3.251)$$

Hierin ist $\overline{\overline{M}}_{ab}$ das Einspannmoment des Kragträgers, vgl. Abschnitt 3.4.8.3. Wird die Vorzahl in G.3.251 umgeformt, indem G.3.249 für C eingesetzt wird, findet man:

$$M_{ab}^{aK} = \frac{EJ}{l} \cdot \varepsilon\tan\varepsilon \cdot \varphi_a + \overline{\overline{M}}_{ab} = Dl \cdot \psi_{ab} + \overline{\overline{M}}_{ab} \qquad (3.252)$$

Verformungsgrößenverfahren Theorie II. Ordnung
Grundformeln

Beidseitige Einspannung:

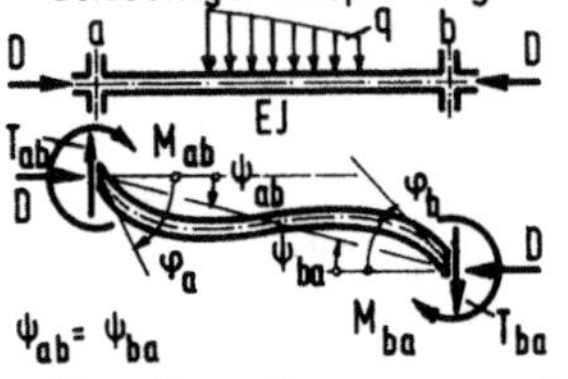

$\psi_{ab} = \psi_{ba}$

$$M_{ab} = A \cdot \varphi_a + B \cdot \varphi_b - (A+B) \cdot \psi_{ab} + \bar{M}_{ab}$$

$$M_{ba} = A \cdot \varphi_b + B \cdot \varphi_a - (A+B) \cdot \psi_{ab} + \bar{M}_{ba}$$

$$T_{ab} = -D \cdot \psi_{ab} - \frac{1}{l} \cdot (A+B)(\varphi_a + \varphi_b - 2 \cdot \psi_{ab}) + \bar{T}_{ab}$$

$$T_{ba} = -D \cdot \psi_{ab} - \frac{1}{l} \cdot (A+B)(\varphi_a + \varphi_b - 2 \cdot \psi_{ab}) + \bar{T}_{ba}$$

Einseitige Einspannung: (einseitig gelenkig gelagert in b):

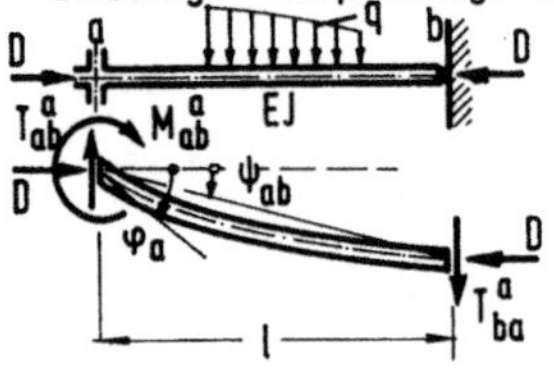

$$M^a_{ab} = C \cdot (\varphi_a - \psi_{ab}) + \bar{M}^a_{ab} \,; \quad M^a_{ba} = 0$$

$$T^a_{ab} = -D \cdot \psi_{ab} - \frac{C}{l} \cdot (\varphi_a - \psi_{ab}) + \bar{T}^a_{ab}$$

$$T^a_{ba} = -D \cdot \psi_{ab} - \frac{C}{l} \cdot (\varphi_a - \psi_{ab}) + \bar{T}^a_{ba}$$

Bei Einspannung in b sind die Indizes a und b in den Formeln auszutauschen.

Erläuterungen: Stabkennzahl: $\varepsilon = l \cdot \sqrt{\frac{|L|}{EJ}}$. Kennzahlen A, B und C:

$\lvert L \rvert = D$ (Druckkraft): $\varepsilon = l \cdot \sqrt{\frac{D}{EJ}}$	$\lvert L \rvert = Z$ (Zugkraft): $\varepsilon = l \cdot \sqrt{\frac{Z}{EJ}}$	$L = \varepsilon = 0$
$A = \frac{EJ}{l} \cdot A'$; $A' = \frac{EJ}{l} \cdot \frac{\varepsilon(\sin\varepsilon - \varepsilon \cdot \cos\varepsilon)}{2(1-\cos\varepsilon) - \varepsilon \cdot \sin\varepsilon}$	$A = \frac{EJ}{l} \cdot A'$; $A' = \frac{EJ}{l} \cdot \frac{\varepsilon(\sinh\varepsilon - \varepsilon \cdot \cosh\varepsilon)}{2(\cosh\varepsilon - 1) - \varepsilon \cdot \sinh\varepsilon}$	$A = \frac{EJ}{l} \cdot 4$
$B = \frac{EJ}{l} \cdot B'$; $B' = \frac{EJ}{l} \cdot \frac{\varepsilon(\varepsilon - \sin\varepsilon)}{2(1-\cos\varepsilon) - \varepsilon \cdot \sin\varepsilon}$	$B = \frac{EJ}{l} \cdot B'$; $B' = \frac{EJ}{l} \cdot \frac{\varepsilon(\varepsilon - \sinh\varepsilon)}{2(\cosh\varepsilon - 1) - \varepsilon \cdot \sinh\varepsilon}$	$B = \frac{EJ}{l} \cdot 2$
$C = \frac{A^2 - B^2}{A} = \frac{EJ}{l} \cdot C'$; $C' = \frac{EJ}{l} \cdot \frac{\varepsilon^2 \sin\varepsilon}{\sin\varepsilon - \varepsilon\cos\varepsilon}$	$C = \frac{A^2 - B^2}{A} = \frac{EJ}{l} \cdot C'$; $C' = \frac{EJ}{l} \cdot \frac{\varepsilon^2 \cdot \sinh\varepsilon}{\varepsilon \cdot \cosh\varepsilon - \sinh\varepsilon}$	$C = \frac{EJ}{l} \cdot 3$

Tabulierung der Funktionswerte A', B', C' für den Fall: |L| = D (Druckkraft) in Tafel IV/1.

$\bar{M}$ und $\bar{T}$ sind die Stabendeinspannmomente bzw. -transversalkräfte des beidseitig bzw. einseitig eingespannten Trägers unter der gegebenen äußeren Belastung q.

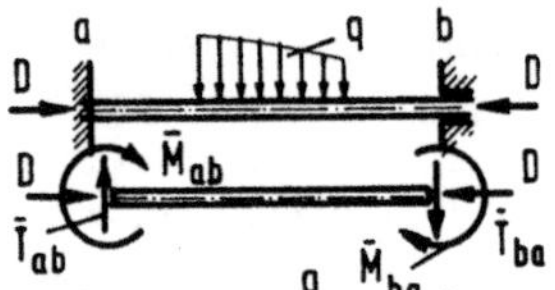

Beidseitige Einspannung: $\bar{M}_{ab}$ und $\bar{M}_{ba}$ siehe Tafel 3.11.

$$\bar{T}_{ab} = T_{ab0} - \frac{\bar{M}_{ab} + \bar{M}_{ba}}{l}, \quad \bar{T}_{ba} = T_{ba0} - \frac{\bar{M}_{ab} + \bar{M}_{ba}}{l}$$

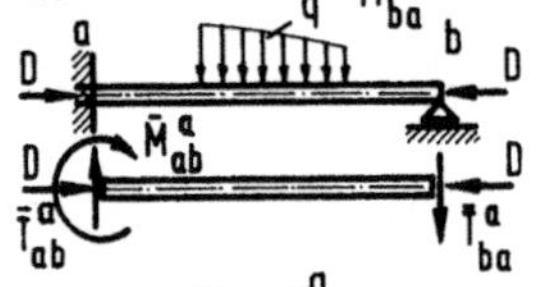

Einspannung in a (hochgestellter Index a): $\bar{M}^a_{ab}$ siehe Tafel 3.12.

$$\bar{T}^a_{ab} = T_{ab0} - \frac{\bar{M}^a_{ab}}{l}, \quad \bar{T}^a_{ba} = T_{ba0} - \frac{\bar{M}^a_{ab}}{l}$$

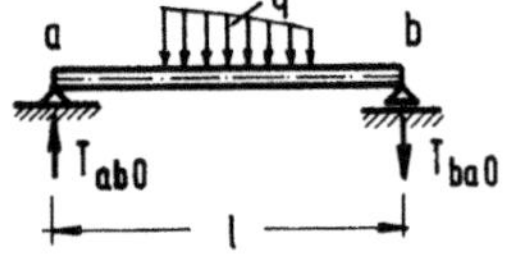

T_{ab0} und T_{ba0} sind die Auflagerkräfte eines einfachen Balkens unter der vorgegebenen äußeren Belastung q (nach Theorie I. Ordnung; die Stabkraft D hat keinen Einfluß auf die Größe von T_0).

Umrechnung auf Biegungsmoment, Querkraft und Normalkraft:

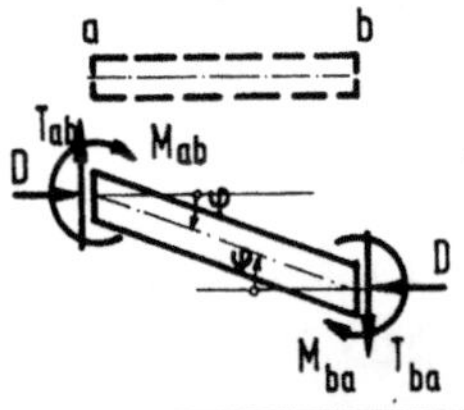

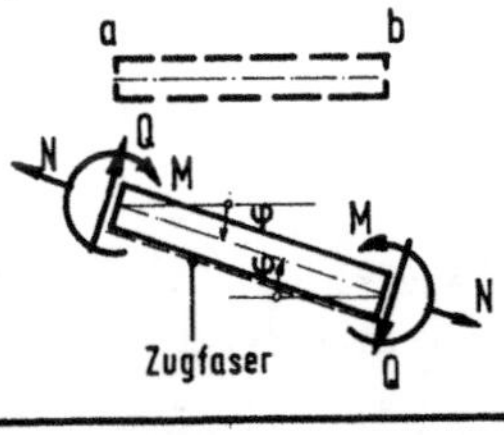

linkes Schnittufer a:

$M = M_{ab}$

$Q = T_{ab} + D \cdot \varphi$

$N = T_{ab} \cdot \varphi - D$

rechtes Schnittufer b:

$M = -M_{ba}$

$Q = T_{ba} + D \cdot \varphi$

$N = T_{ba} \cdot \varphi - D$

1. Sonderfall: Drehfederelastische Einspannung in b: Bezugsunbekannte φ_a und ψ_{ab}:

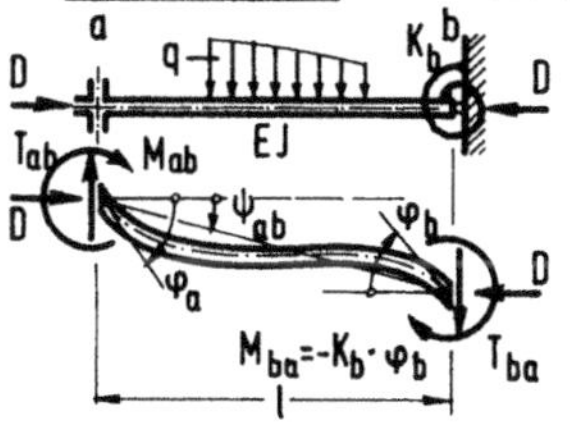

$$M_{ab} = A \cdot \frac{C+K_b}{A+K_b} \cdot \varphi_a - (A+B)\left(1-\frac{B}{A+K_b}\right) \cdot \psi_{ab} + \bar{M}_{ab} - \frac{B}{A+K_b} \cdot \bar{M}_{ba}$$

$$M_{ba} = \frac{K_b}{A+K_b}\left(B \cdot \varphi_a - (A+B) \cdot \psi_{ab} + \bar{M}_{ba}\right)$$

$$T_{ab} = -D \cdot \psi_{ab} - \frac{M_{ab}+M_{ba}}{l} + T_{ab0}$$

$$T_{ba} = -D \cdot \psi_{ab} - \frac{M_{ab}+M_{ba}}{l} + T_{ba0}$$

K_b: Drehfederkonstante. $\bar{M}_{ab}$ und $\bar{M}_{ba}$ sind die Einspannmomente des beidseitig starr eingespannten Trägers. Bei drehfederelastischer Einspannung in a sind die Indizes a und b in den Formeln auszutauschen.

2. Sonderfall: Querkraftgelenk in b: $T_{ba} = 0$, $\varphi_b = 0$. Bezugsunbekannte φ_a:

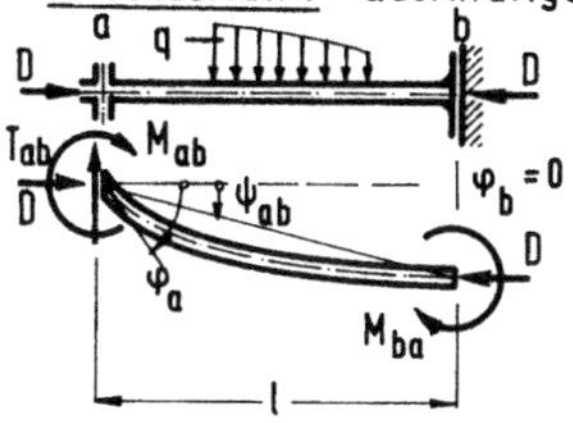

$$M_{ab} = \frac{D \cdot l - C}{D \cdot l - 2(A+B)} A \cdot \varphi_a + \bar{M}_{ab} - \frac{A+B}{D \cdot l - 2(A+B)} \cdot \bar{T}_{ba} \cdot l$$

$$M_{ba} = \frac{\frac{B}{A} \cdot Dl - C}{D \cdot l - 2(A+B)} A \cdot \varphi_a + \bar{M}_{ba} - \frac{A+B}{D \cdot l - 2(A+B)} \cdot \bar{T}_{ba} \cdot l$$

Ist φ_a bekannt, folgt ψ_{ab} aus: $\psi_{ab} = \dfrac{-(A+B) \cdot \varphi_a + \bar{T}_{ba} \cdot l}{D \cdot l - 2 \cdot (A+B)}$

Bezugsunbekannte ψ_{ab}:

$$M_{ab} = \frac{C - Dl}{A+B} \cdot A \cdot \psi_{ab} + \bar{M}_{ab} + \frac{A}{A+B} \cdot \bar{T}_{ba} \cdot l$$

$$M_{ba} = -\frac{C + \frac{B}{A} Dl}{A+B} \cdot A \cdot \psi_{ab} + \bar{M}_{ba} + \frac{B}{A+B} \cdot \bar{T}_{ba} \cdot l$$

Ist ψ_{ab} bekannt, folgt φ_a aus: $\varphi_a = \dfrac{[-Dl + 2(A+B)] \cdot \psi_{ab} + \bar{T}_{ba} \cdot l}{(A+B)}$

Die Transversalkraft T_{ab} beträgt: $T_{ab} = \bar{T}_{ab} - \bar{T}_{ba} = T_{ab0} - T_{ba0}$ (Summe aller Querlasten). Liegt das Querkraftgelenk auf der Seite a, sind die Indizes a und b in den Formeln auszutauschen.

In Th.I.Ordn. ($\varepsilon = 0$) ist das jeweils erste Glied in G.3.252 Null. T_{ab}^{aK} ist gleich der Summe der transversalen Querlasten.

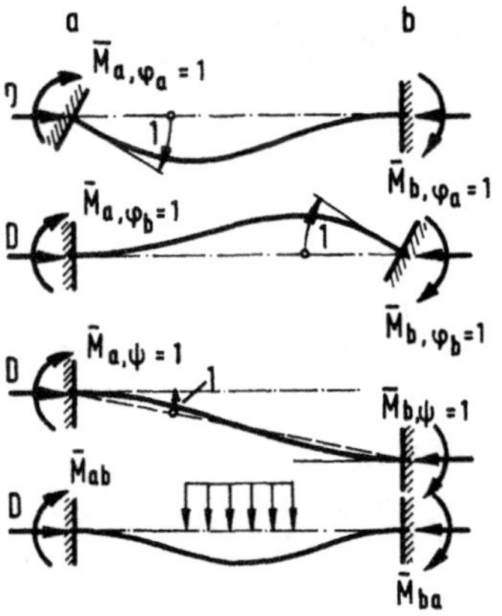

Bild 3.79

Neben der Herleitung der Grundformeln aus der allgemeinen Lösung der Grundgleichung G.3.116 ist auch eine andere möglich; sie wird im folgenden nachgetragen: Der allgemeine Verformungszustand, z.B.B.3.76, wird aus vier Teilzuständen superponiert, wobei jeder einzelne unter derselben Druckkraft D steht. Die Einheits-Teilzustände $\varphi_a = 1$, $\varphi_b = 1$ und $\psi = 1$ sind in B.3.79 dargestellt. Betragen die Stabdrehwinkel des vorgelegten Spannungsproblems φ_a, φ_b und ψ_{ab}, so folgen die Stabendmomente M_{ab} und M_{ba} durch Überlagerung:

$$M_{ab} = \bar{M}_{a,\varphi_a=1} \cdot \varphi_a + \bar{M}_{a,\varphi_b=1} \cdot \varphi_b + \bar{M}_{a,\psi_{ab}=1} \cdot \psi_{ab} + \bar{M}_{ab}$$
$$M_{ba} = \bar{M}_{b,\varphi_a=1} \cdot \varphi_a + \bar{M}_{b,\varphi_b=1} \cdot \varphi_b + \bar{M}_{b,\psi_{ab}=1} \cdot \psi_{ab} + \bar{M}_{ba} \qquad (3.253)$$

Die hierin auftretenden Einspannmomente für die Einheits-Teilzustände findet man in einfacher Weise dadurch, daß für jeden Zustand die Randbedingungen eingeführt werden. Für den ersten Einheits-Teilzustand lauten die Bedingungsgleichungen:

$$\varphi_a = 1: \quad \bar{M}_a \alpha - \bar{M}_b \beta = 1 \, ; \quad -\bar{M}_a \beta + \bar{M}_b \alpha = 0 \qquad (3.254)$$

α und β sind die Stabenddrehwinkel für die Einheitsrandmomente M=1, vgl. z.B. B.3.62a. Werden die Gleichungen aufgelöst, ergibt sich:

$$\varphi_a = 1: \quad \bar{M}_a = \frac{\alpha}{\alpha^2 - \beta^2} 1 = A \, ; \quad \bar{M}_b = \frac{\beta}{\alpha^2 - \beta^2} 1 = B \qquad (3.255)$$

(Auf den Beweis für die Verknüpfung von α, β einerseits mit A, B andererseits wird hier verzichtet.)
Für den Einheits-Teilzustand $\varphi_b = 1$ folgt analog $\bar{M}_b$=A, $\bar{M}_a$=B. Der dritte Einheits-Teilzustand $\psi_{ab} = 1$ kommt durch eine Querverschiebung $\psi_{ab} \cdot l = 1 \cdot l$ zustande, wobei die Einspannung verlangt, daß $\varphi_a = \varphi_b = -\psi_{ab} = -1$ ist. Diese Überlegung führt auf $\bar{M}_a = \bar{M}_b = -(A+B)$. Mit dieser (mehr mechanischen) Deutung ist G.3.235 bewiesen. Alles weitere folgt wie gezeigt.

3.4.8.2 Einspannungsmomente

Belastungsglieder aller baustatischen Verfahren, die auf dem Verformungsgrößenverfahren aufbauen, sind die Einspannungsmomente des beidseitig bzw. einseitig eingespannten, unverschieblichen Stabes. Wie im Abschnitt 3.4.4 bereits angedeutet wurde, werden die Einspannungsmomente zweckmäßig als statisch Unbestimmte am beidseitig oder einseitig eingespannten Stab berechnet. Für den beidseitig eingespannten Stab wird der beidseitig gelenkig gelagerte Träger als Grundsystem eingeführt, die Stabendmomente infolge der Einheitsmomente sind α und β und infolge der äußeren Einwirkung γ_a und γ_b. Die Bestimmungsgleichungen lauten (B.3.80):

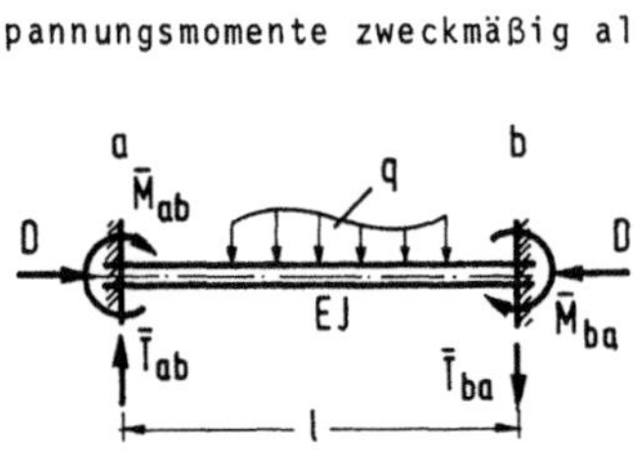

Bild 3.80

$$+\bar{M}_{ab} \alpha - \bar{M}_{ba} \beta + \gamma_a = 0$$
$$-\bar{M}_{ab} \beta + \bar{M}_{ba} \alpha - \gamma_b = 0 \qquad (3.256)$$

Hieraus folgen die gesuchten Einspannungsmomente zu:

$$\bar{M}_{ab} = -\frac{\alpha}{\alpha^2 - \beta^2} \gamma_a + \frac{\beta}{\alpha^2 - \beta^2} \gamma_b \, ; \quad \bar{M}_{ba} = +\frac{\alpha}{\alpha^2 - \beta^2} \gamma_b - \frac{\beta}{\alpha^2 - \beta^2} \gamma_a \qquad (3.257)$$

Die Vorzahlen sind mit A und B identisch. Damit lassen sich die Einspannungsmomente und Transversalkräfte wie folgt zusammenfassen:

$$\bar M_{ab} = -A\gamma_a + B\gamma_b ; \quad \bar T_{ab} = T_{ab0} - (\bar M_{ab} + \bar M_{ba})/l$$
$$\bar M_{ba} = +A\gamma_b - B\gamma_a ; \quad \bar T_{ba} = T_{ba0} - (\bar M_{ab} + \bar M_{ba})/l \qquad (3.258)$$

T_{ab0} ist die Auflagerkraft des (statisch bestimmten) Balkens für q(z).

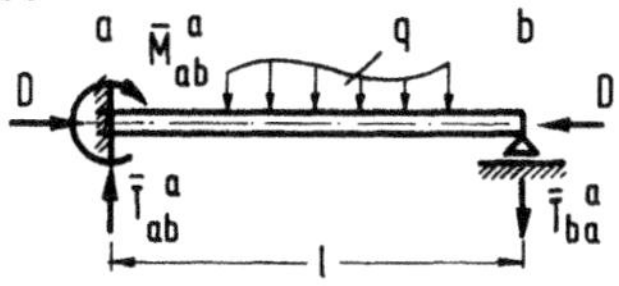

Bild 3.81

Für den links bzw. rechts starr eingespannten Stab lauten die Bestimmungsgleichungen (B.3.81):

$$\text{Einspannung in a:} \quad \bar M^a_{ab}\alpha + \gamma_a = 0 \longrightarrow \bar M^a_{ab} = -\frac{\gamma_a}{\alpha}$$
$$\text{Einspannung in b:} \quad \bar M^b_{ba}\alpha - \gamma_b = 0 \longrightarrow \bar M^b_{ba} = +\frac{\gamma_b}{\alpha} \qquad (3.259)$$

Man kann die Einspannungsmomente dieses Falles auch aus den Einspannungsmomenten des beidseitig starr eingespannten Stabes herleiten. Dazu werden γ_a und γ_b aus G.3.259 freigestellt und in die Berechnungsformeln G.3.256 eingesetzt. Das ergibt:

$$\bar M_{ab}\alpha - \bar M_{ba}\beta - \alpha \bar M^a_{ab} = 0$$
$$\bar M_{ab}\beta - \bar M_{ba}\alpha + \alpha \bar M^b_{ba} = 0 \qquad (3.260)$$

Aus der ersten Gleichung kann $\bar M^a_{ab}$ und aus der zweiten $\bar M^b_{ba}$ eliminiert werden:

$$\bar M^a_{ab} = \bar M_{ab} - \frac{\beta}{\alpha}\bar M_{ba} = \bar M_{ab} - \frac{B}{A}\bar M_{ba}$$
$$\bar M^b_{ba} = \bar M_{ba} - \frac{\beta}{\alpha}\bar M_{ab} = \bar M_{ba} - \frac{B}{A}\bar M_{ab} \qquad (3.261)$$

Die Richtigkeit von $\beta/\alpha = B'/A' = B/A$ läßt sich wieder leicht bestätigen.

Für den Träger unter Gleichlast p_0 wird die Berechnung der Einspannungsmomente gezeigt:

a) Beidseitige Einspannung:

$$\text{T.3.3:} \quad \gamma_a = \gamma_b = \frac{p_0 l^3}{EJ}\cdot\frac{1}{\varepsilon^2}\left(\frac{1-\cos\varepsilon}{\varepsilon\sin\varepsilon} - \frac{1}{2}\right) = \gamma \qquad (G.262)$$

$$\text{G.3.258:} \quad \bar M_{ab} = -(A-B)\gamma = -(A'-B')\frac{EJ}{l}\gamma \qquad (3.263)$$

Wird γ in G.3.263 eingesetzt, folgt nach kurzer Zwischenrechnung:

$$\bar M_{ab} = -\frac{p_0 l^2}{\varepsilon^2}\left[1 - \frac{1}{2}(A'-B')\right] \qquad (3.264)$$

b) Einseitige Einspannung in a:

$$\text{G.3.259:} \quad \bar M^a_{ab} = -\frac{p_0 l^2}{\varepsilon^2}\left[1-\frac{1}{2}(A'-B')\right] - \frac{p_0 l^2}{\varepsilon^2}\cdot\frac{B'}{A'}\left[1-\frac{1}{2}(A'-B')\right] = -\frac{p_0 l^2}{\varepsilon^2}\left(1+\frac{B'}{A'}-\frac{1}{2}C'\right) \qquad (3.265)$$

Auf den Tafeln 3.11/12 sind die wichtigsten Berechnungsformeln für die Einspannungsmomente beid- und einseitig eingespannter Träger zusammengestellt, unter anderem für die Sprunggrößen Δv und $\Delta\varphi$ an beliebiger Stelle. Diese Lastfälle dienen zur Berechnung der Einflußlinien für T und M (kinematische Methode), vgl. hierzu die Anmerkungen im Abschnitt 3.4.3.2 und B.3.57. Außerdem sind die Einspannungsmomente für unterschiedliche Vorverformungen angegeben und für einen Temperaturgradienten Δt ; vgl. auch [3.38 u.3.52].

3.4.8.3 Kragmomente

Die Einspannmomente für Kragträger lassen sich unmittelbar aus T.3.5/6 ableiten; die wichtigsten Formeln sind auf T.3.13 zusammengestellt.

Verformungsgrößenverfahren Theorie II. Ordnung
Einspannungsmomente $\bar{M}$

Beidseitig starre Einspannung

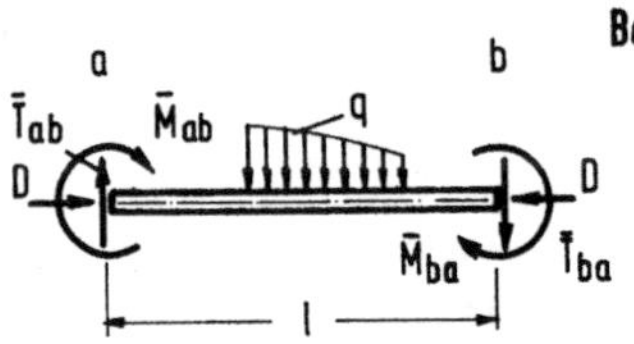

Transversalkräfte $\bar{T}_{ab}$ und $\bar{T}_{ba}$ an den Einspannstellen:

$$\bar{T}_{ab} = T_{ab0} - \frac{\bar{M}_{ab} + \bar{M}_{ba}}{l} \quad , \quad \bar{T}_{ba} = T_{ba0} - \frac{\bar{M}_{ab} + \bar{M}_{ba}}{l}$$

T_{ab0} und T_{ba0} sind die Auflagerkräfte eines einfachen Balkens unter der Belastung $q(z)$, (vgl. auch Tafel 3.9).

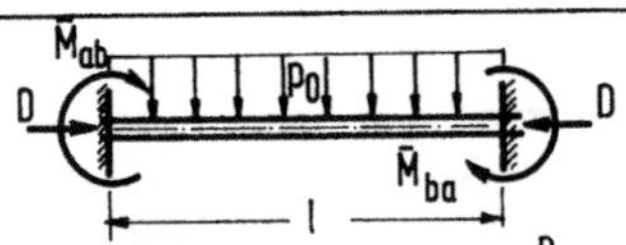

$$\bar{M}_{ab} = -p_0 l^2 \frac{1}{\varepsilon^2}\left[1 - \frac{1}{2}(A' - B')\right]$$
$$\bar{M}_{ba} = +p_0 l^2 \frac{1}{\varepsilon^2}\left[1 - \frac{1}{2}(A' - B')\right]$$

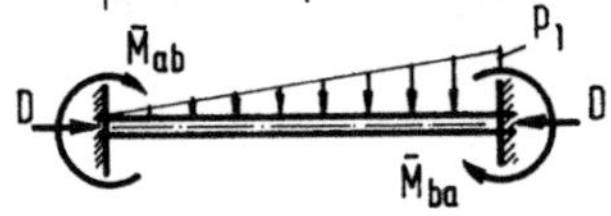

$$\bar{M}_{ab} = -\frac{p_1 l^2}{6} \cdot \frac{1}{\varepsilon^2}(2B' - A')$$
$$\bar{M}_{ba} = +\frac{p_1 l^2}{6} \cdot \frac{1}{\varepsilon^2}(6 - 2A' + B')$$

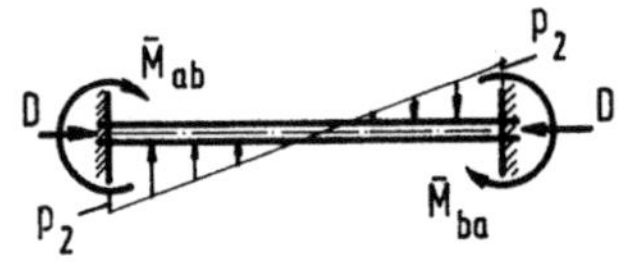

$$\bar{M}_{ab} = +p_2 l^2 \cdot \frac{1}{\varepsilon^2}\left[1 - \frac{1}{6}(A' + B')\right]$$
$$\bar{M}_{ba} = \bar{M}_{ab}$$

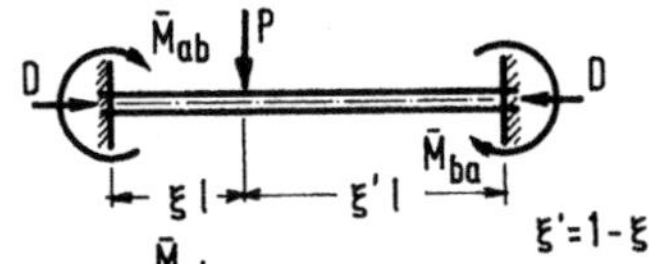

$$\bar{M}_{ab} = -Pl\frac{1}{\varepsilon^2}\left[\left(\frac{\sin\varepsilon\xi'}{\sin\varepsilon} - \xi'\right)\cdot A' - \left(\frac{\sin\varepsilon\xi}{\sin\varepsilon} - \xi\right)\cdot B'\right]$$
$$\bar{M}_{ba} = +Pl\frac{1}{\varepsilon^2}\left[\left(\frac{\sin\varepsilon\xi}{\sin\varepsilon} - \xi\right)\cdot A' - \left(\frac{\sin\varepsilon\xi'}{\sin\varepsilon} - \xi'\right)\cdot B'\right]$$

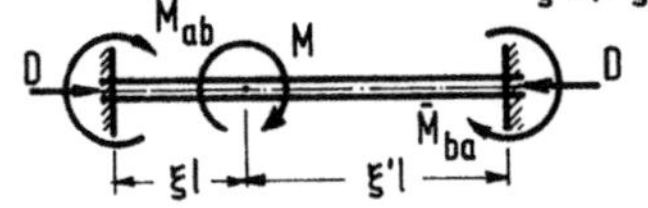

$$\bar{M}_{ab} = -M\frac{1}{\varepsilon^2}\cdot\left[\left(1 - \frac{\varepsilon\cos\varepsilon\xi'}{\sin\varepsilon}\right)\cdot A' - \left(\frac{\varepsilon\cos\varepsilon\xi}{\sin\varepsilon} - 1\right)\cdot B'\right]$$
$$\bar{M}_{ba} = +M\frac{1}{\varepsilon^2}\cdot\left[\left(\frac{\varepsilon\cos\varepsilon\xi}{\sin\varepsilon} - 1\right)\cdot A' - \left(1 - \frac{\varepsilon\cos\varepsilon\xi'}{\sin\varepsilon}\right)\cdot B'\right]$$

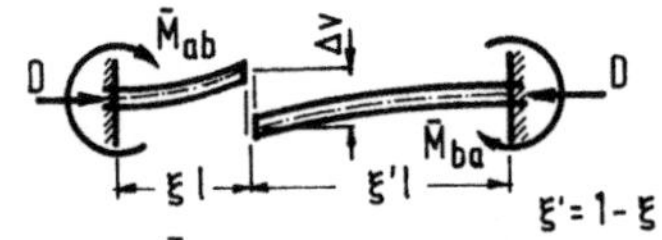

$$\bar{M}_{ab} = +\frac{\Delta v}{l}\cdot(A + B) = +\frac{\Delta v}{l}\cdot(A' + B')\cdot\frac{EJ}{l}$$

Transversal-kraft-Gelenk

$$\bar{M}_{ba} = \bar{M}_{ab}$$

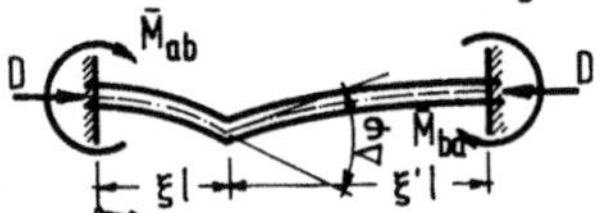

$$\bar{M}_{ab} = -\Delta\varphi\cdot\frac{A\cdot\sin\varepsilon\xi' - B\sin\varepsilon\xi}{\sin\varepsilon} = -\Delta\varphi\cdot\frac{A'\sin\varepsilon\xi' - B'\sin\varepsilon\xi}{\sin\varepsilon}\cdot\frac{EJ}{l}$$
$$\bar{M}_{ba} = +\Delta\varphi\cdot\frac{A\cdot\sin\varepsilon\xi - B\sin\varepsilon\xi'}{\sin\varepsilon} = +\Delta\varphi\cdot\frac{A'\sin\varepsilon\xi - B'\sin\varepsilon\xi'}{\sin\varepsilon}\cdot\frac{EJ}{l}$$

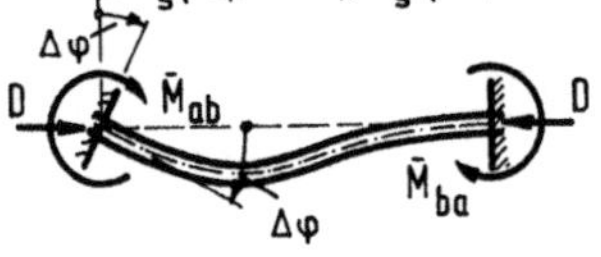

$$\bar{M}_{ab} = \Delta\varphi\cdot A = \Delta\varphi\cdot A'\cdot\frac{EJ}{l}$$
$$\bar{M}_{ba} = \Delta\varphi\cdot B = \Delta\varphi\cdot B'\cdot\frac{EJ}{l}$$

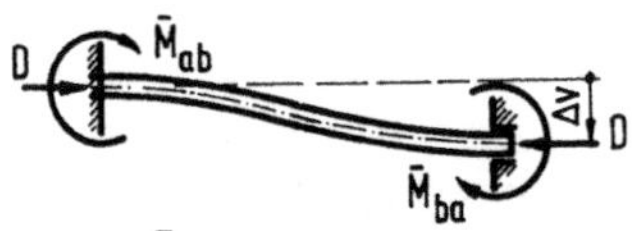

$$\bar{M}_{ab} = -\frac{\Delta v}{l}\cdot(A + B) = -\frac{\Delta v}{l}\cdot(A' + B')\frac{EJ}{l}$$
$$\bar{M}_{ba} = \bar{M}_{ab}$$

Vorverformung: $v_0 = f_0 \sin\pi\frac{z}{l}$

$$\bar{M}_{ab} = -\frac{f_0}{l}\cdot(A - B)\cdot\pi\cdot\frac{\varepsilon^2}{\pi^2 - \varepsilon^2} = -\frac{f_0}{l}\cdot(A' - B')\cdot\pi\cdot\frac{\varepsilon^2}{\pi^2 - \varepsilon^2}\cdot\frac{EJ}{l}$$
$$\bar{M}_{ba} = +\frac{f_0}{l}\cdot(A - B)\cdot\pi\cdot\frac{\varepsilon^2}{\pi^2 - \varepsilon^2} = +\frac{f_0}{l}\cdot(A' - B')\cdot\pi\cdot\frac{\varepsilon}{\pi^2 - \varepsilon^2}\cdot\frac{EJ}{l}$$

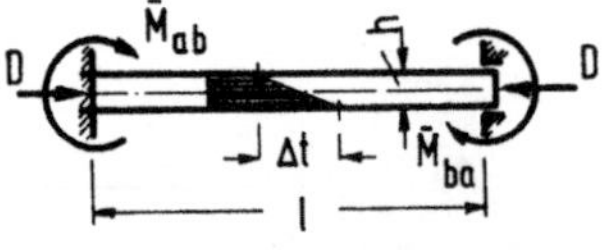

$$\bar{M}_{ab} = -\alpha_t\cdot\frac{\Delta t}{h}E$$
$$\bar{M}_{ba} = +\alpha_t\cdot\frac{\Delta t}{h}E$$

Einseitige starre Einspannung

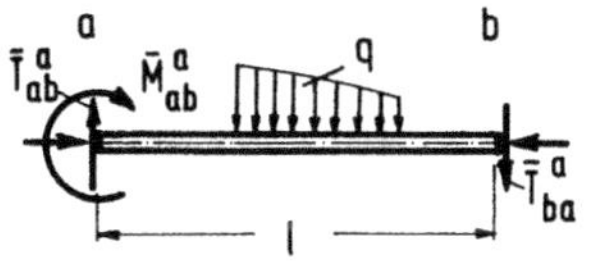

Transversalkräfte $\bar{T}_{ab}^{a}$ und $\bar{T}_{ba}^{a}$ an den Stabenden:

$$\bar{T}_{ab}^{a} = T_{ab0} - \frac{\bar{M}_{ab}^{a}}{l} \quad ; \quad \bar{T}_{ba}^{a} = T_{ba0} - \frac{\bar{M}_{ab}^{a}}{l}$$

T_{ab0} und T_{ba0} sind die Auflagerkräfte eines einfachen Balkens

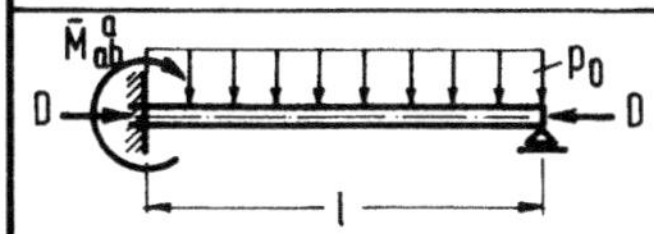

$$\bar{M}_{ab}^{a} = -p_0 l^2 \frac{1}{\varepsilon^2}\cdot\left(1 + \frac{B'}{A'} - \frac{1}{2} C'\right) = -\frac{p_0 l^2}{2}\cdot\frac{1}{A'}$$

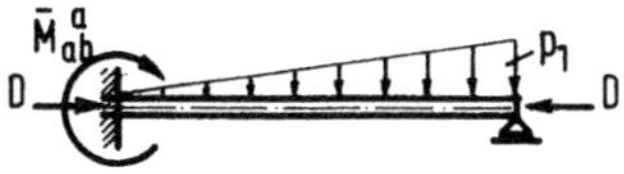

$$\bar{M}_{ab}^{a} = -p_1 l^2 \frac{1}{\varepsilon^2}\cdot\left(\frac{B'}{A'} - \frac{1}{6} C'\right)$$

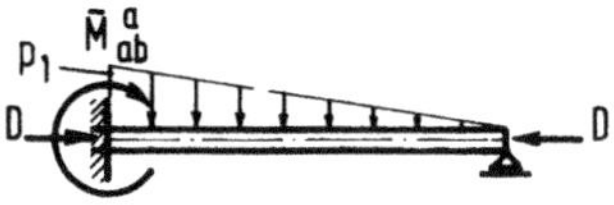

$$\bar{M}_{ab}^{a} = -p_1 l^2 \frac{1}{\varepsilon^2}\cdot\left(1 - \frac{1}{3} C'\right)$$

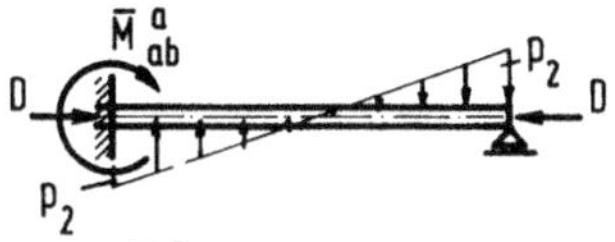

$$\bar{M}_{ab}^{a} = +p\, l^2 \frac{1}{\varepsilon^2}\cdot\left(1 - \frac{B'}{A'} - \frac{1}{6} C'\right)$$

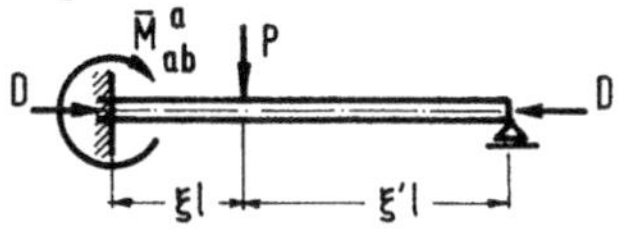

$$\bar{M}_{ab}^{a} = -P l\cdot\frac{1}{\varepsilon^2}\cdot\left(\frac{\sin \xi'}{\sin \varepsilon} - \xi'\right)\cdot C'$$

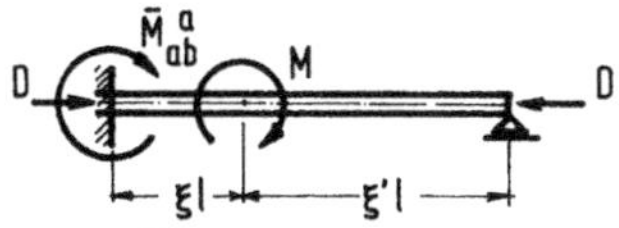

$$\bar{M}_{ab}^{a} = -M \frac{1}{\varepsilon^2}\left(1 - \frac{\varepsilon\cdot\cos\varepsilon\xi'}{\sin\varepsilon}\right)\cdot C'$$

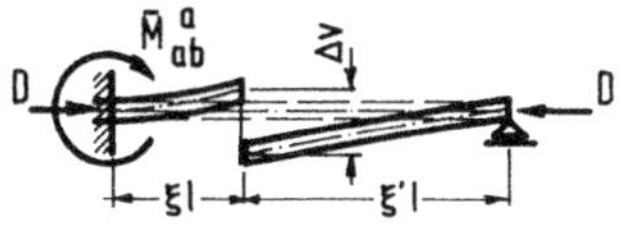

$$\bar{M}_{ab}^{a} = +\frac{\Delta v}{l}\cdot C = +\frac{\Delta v}{l}\cdot C'\cdot\frac{EJ}{l}$$

Transversal-kraft-Gelenk

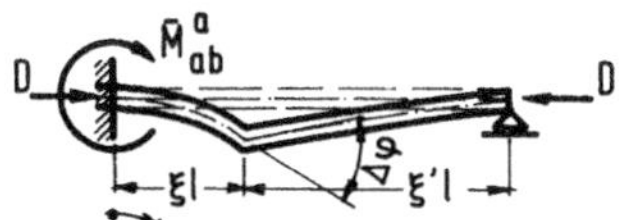

$$\bar{M}_{ab}^{a} = -\Delta\varphi\cdot C\,\frac{\sin\varepsilon\xi'}{\sin\varepsilon} = -\Delta\varphi\cdot C'\,\frac{\sin\varepsilon\xi'}{\sin\varepsilon}\cdot\frac{EJ}{l}$$

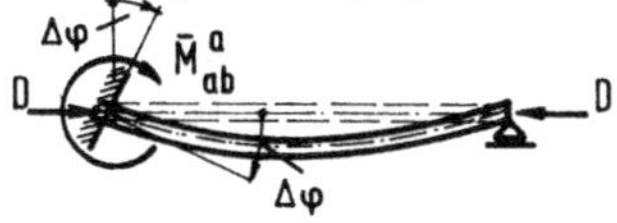

$$\bar{M}_{ab}^{a} = \Delta\varphi\cdot C = \Delta\varphi\cdot C'\,\frac{EJ}{l}$$

$$\bar{M}_{ab}^{a} = -\frac{\Delta v}{l}\cdot C = -\frac{\Delta v}{l}\cdot C'\cdot\frac{EJ}{l}$$

$$\bar{M}_{ab}^{a} = -\frac{f_0}{l}\cdot C\cdot\pi\,\frac{\varepsilon^2}{\pi^2-\varepsilon^2} = -\frac{f_0}{l}\cdot C'\cdot\pi\,\frac{\varepsilon^2}{\pi^2-\varepsilon^2}\cdot\frac{EJ}{l}$$

Vorverformung: $v_0 = f_0\cdot\sin\pi\frac{z}{l}$

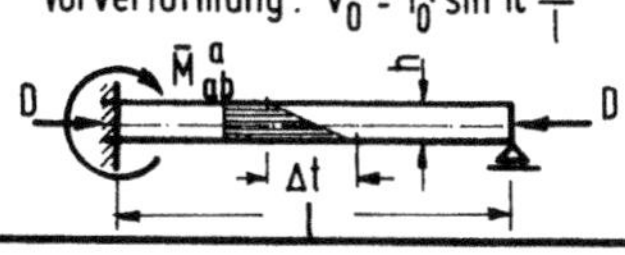

$$\bar{M}_{ab}^{a} = -\alpha_t\cdot\frac{\Delta t}{h}\cdot E\left(1 + \frac{B'}{A'}\right)$$

Verformungsgrößenverfahren Theorie II. Ordnung

Kragmomente $\bar{\bar{M}}$

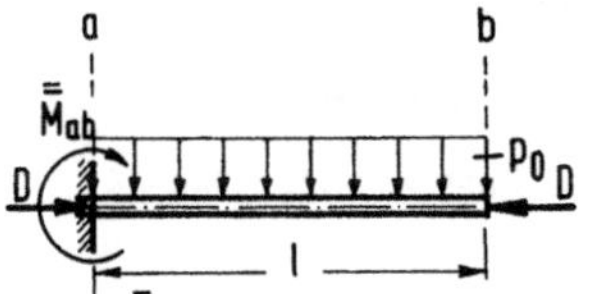

$$\bar{\bar{M}}_{ab} = -p_0 l^2 \cdot \frac{1}{\varepsilon^2} \cdot \left(1 + \frac{\varepsilon \sin \varepsilon - 1}{\cos \varepsilon}\right)$$

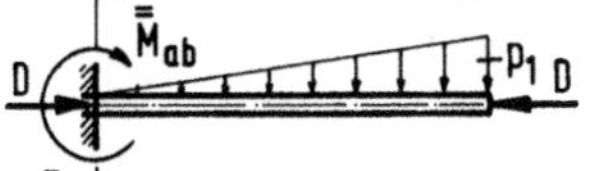

$$\bar{\bar{M}}_{ab} = -p_1 l^2 \cdot \frac{1}{\varepsilon^2} \cdot \left[\left(\frac{1}{\varepsilon} + \frac{\varepsilon}{2}\right) \cdot \tan \varepsilon - \frac{1}{\cos \varepsilon}\right]$$

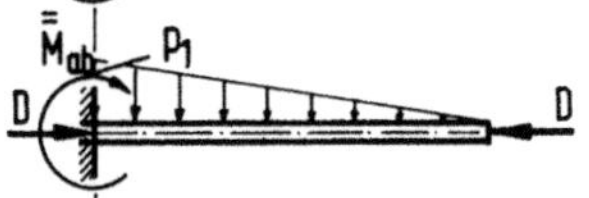

$$\bar{\bar{M}}_{ab} = -p_1 l^2 \cdot \frac{1}{\varepsilon^2} \cdot \left[1 + \tan \varepsilon \left(\frac{\varepsilon}{2} - \frac{1}{\varepsilon}\right)\right]$$

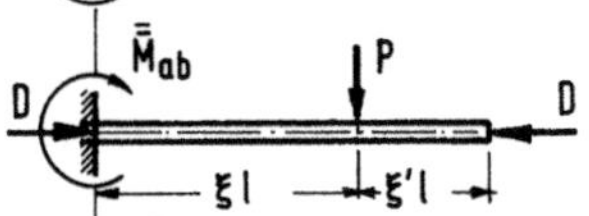

$$\bar{\bar{M}}_{ab} = -Pl \cdot \frac{1}{\varepsilon} \cdot \left[\tan \varepsilon \cdot (1 - \cos \varepsilon \xi) + \sin \varepsilon \xi\right]$$

$$\bar{\bar{M}}_{ab} = -Pl \cdot \frac{1}{\varepsilon} \cdot \tan \varepsilon$$

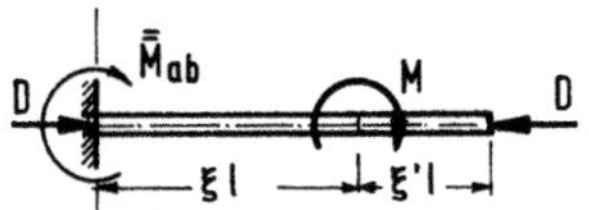

$$\bar{\bar{M}}_{ab} = -M \cdot (\tan \varepsilon \cdot \sin \varepsilon \xi + \cos \varepsilon \xi) = -\frac{M}{\cos \varepsilon} \cos \varepsilon \xi'$$

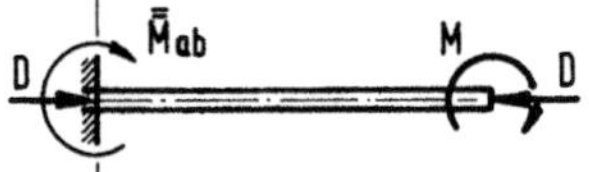

$$\bar{\bar{M}}_{ab} = -M \cdot \frac{1}{\cos \varepsilon}$$

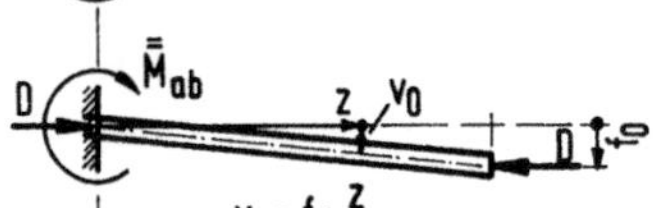

$$\bar{\bar{M}}_{ab} = -Df_0 \cdot \frac{1}{\varepsilon} \cdot \tan \varepsilon$$

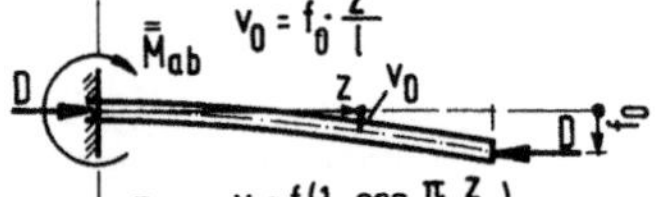

$$\bar{\bar{M}}_{ab} = -Df_0 \cdot \frac{\left(\frac{\pi}{2}\right)^2}{\left(\frac{\pi}{2}\right)^2 - \varepsilon^2}$$

$v_0(z)$: Vorverformung

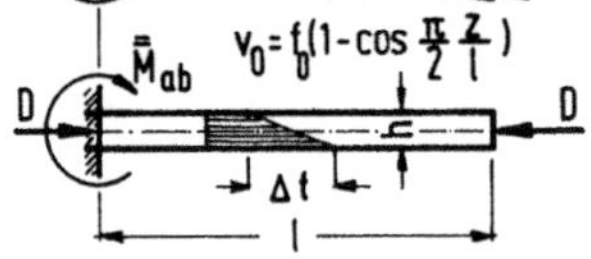

$$\bar{\bar{M}}_{ab} = EJ \cdot \alpha_t \cdot \frac{\Delta t}{h} \cdot \left(\frac{1}{\cos \varepsilon} - 1\right)$$

3.4.8.4 Drehwinkelverfahren für Tragwerke mit lotrechten Stielen

3.4.8.4.1 Verfahrensweise

Um ein Stabtragwerk, z.B. einen Rahmen, nach Th.II.Ordn. zu berechnen, werden zunächst die Druckkräfte in sämtlichen Stäben im Bemessungszustand berechnet, ggf. werden sie nur geschätzt. Bei über den Stäben veränderlichen Druckkräften wird stabweise gemittelt. Nach Berechnung der ε-Zahlen werden die Steifigkeits-Kennwerte A, B und C bestimmt; A', B' und C' sind im Anhang IV.1 vertafelt.

Die Zahl der (kinematisch) Unbestimmten ist m + n: m ist die Zahl der unbekannten Knotendrehwinkel φ und n ist die Zahl der unabhängigen Stabsehnendrehwinkel ψ. Die Abhängigkeit der Stabsehnendrehwinkel innerhalb der unabhängigen Verschiebungsformationen wird als erstes bestimmt. Dazu wird der Gelenkfigur (vgl. Abschnitt 3.4.6) eine, sämtliche Gelenke erfassende, allgemeine Verschiebung erteilt. Bild 3.82 möge die Berechnungsanweisung veranschaulichen, insbesondere Bildteil b, in dem die kinematischen Verschiebungsgleichungen angeschrieben sind, vgl. auch T.3.7. Es ist frei gestellt, mit welchem Bezugswert für ψ innerhalb der Verschiebungsgruppen gerechnet wird. Bei federelastischen Stützungen ist es zweckmäßig, von den absoluten Querverschiebungen der Knoten (ausgedrückt durch Δ) auszugehen.-

Als nächstes wird um jeden der m Knoten ein Rundschnitt gelegt und unter der Nebenbedingung, daß die Stabenddrehwinkel aller in den einzelnen Knoten einbindenden Stäbe gleichgroß sind, die Momentengleichgewichtsgleichungen für alle Knoten formuliert:

$$\Sigma M_{ab} - \bar{M}_a = 0 \qquad (3.266)$$

M_{ab} steht stellvertretend für die Stabendmomente aller Stäbe, die in den Knoten einbinden und über die summiert wird. $\bar{M}_a$ ist ein gegebenes äußeres Knotenmoment, z.B. das Kragmoment eines druckkraftfreien Stabes. Unter Druck stehende Kragstäbe werden über G.3.252 in der Summe von G.3.266 erfaßt.

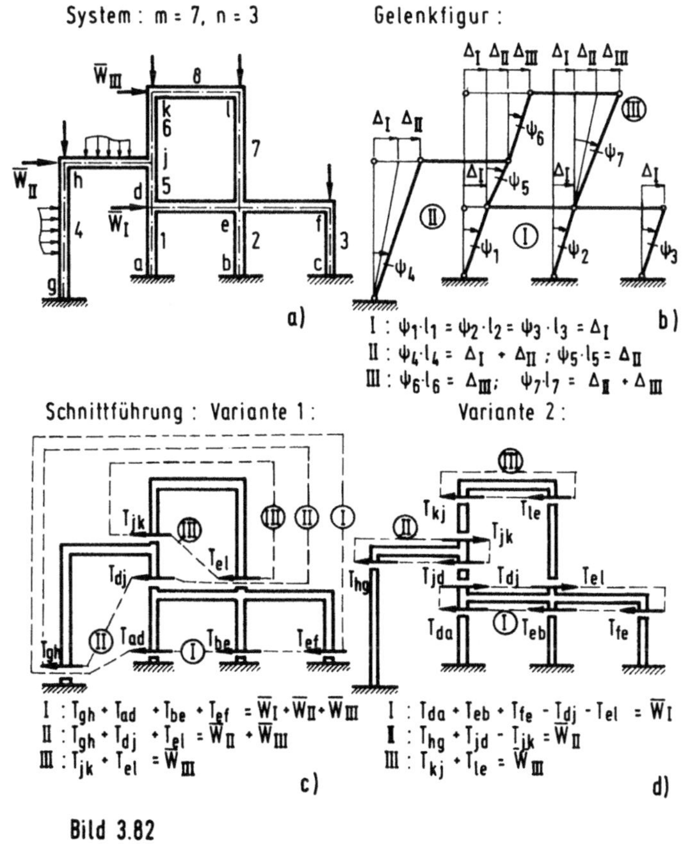

Bild 3.82

An die Stelle der Stabendmomente M_{ab} werden die Grundformeln des Verformungsgrößenverfahrens eingesetzt, die im Abschnitt 3.4.8.1 abgeleitet und auf T.3.9/10 zusammengestellt wurden; hierbei werden die kinematischen Verschiebungsbeziehungen berücksichtigt. Das Ergebnis dieser Rechnung besteht in m Knotengleichungen.

Im nächsten Rechenschritt werden durch sämtliche n (unabhängigen) Verschiebungsformationen je ein Rundschnitt gelegt und für jeden Schnitt die Komponentengleichgewichtsgleichung

$$\Sigma T_{ab} - \Sigma \bar{W} = 0 \qquad (3.267)$$

angeschrieben. Da es sich i.allg. um Schnitte durch Stockwerke handelt, spricht man auch

Verformungsgrößenverfahren Theorie II. Ordnung

Drehwinkelverfahren für Rahmentragwerke mit lotrechten Stielen

Beträgt die Zahl der Knoten m und die Zahl der kinematischen Verschieblichkeiten n, ist das Tragwerk (m + n) - fach unbestimmt. Bezugsunbekannte sind die m Knotendrehwinkel φ und n linear-unabhängigen Stabsehnendrehwinkel ψ. Bei einem unverschieblichen Stabwerk sind nur die Knotendrehwinkel Bezugsunbekannte. Zur Bestimmung der (m + n) - Unbekannten werden m Knotengleichungen und n Stockwerkgleichungen aufgestellt.

Berechnungsschritte:

1. Berechnung der Stabkennzahlen $\varepsilon = l \cdot \sqrt{\frac{D}{EJ}}$; Entnahme der Funktionswerte A' und B' für beidseitig eingespannte und C' für einseitig eingespannte Stäbe aus den Funktionentafeln in Abhängigkeit von ε. Berechnung von A, B und C; vgl. Tafel 3.9 u. IV/1.

2. Ermittlung der kinematischen Beziehungen zwischen den Stabsehnendrehwinkeln innerhalb der einzelnen Verschiebungsgruppen, indem für den allgemeinen Verschiebungszustand für die zugehörige Gelenkfigur der Verschiebungsplan ausgewertet wird. Grundsätzlich kann auch mit den Stabendverschiebungen als Bezugsunbekannte gerechnet werden; Tafel

3. Berechnung der Einspannungsmomente für die querbelasteten Stäbe (Tafel 3.11/12).

4. Aufstellung der Knotengleichungen:

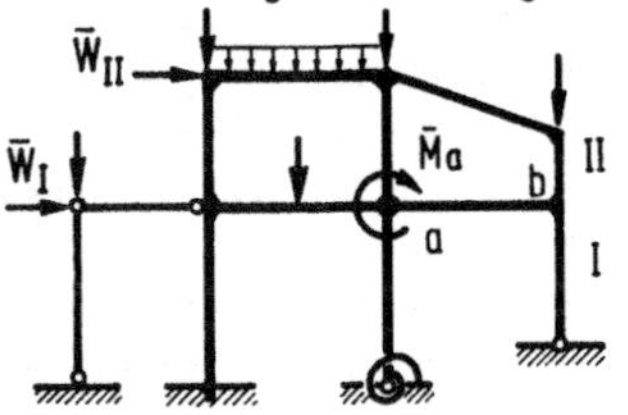

Gegebenes System
m = 6, n = 2

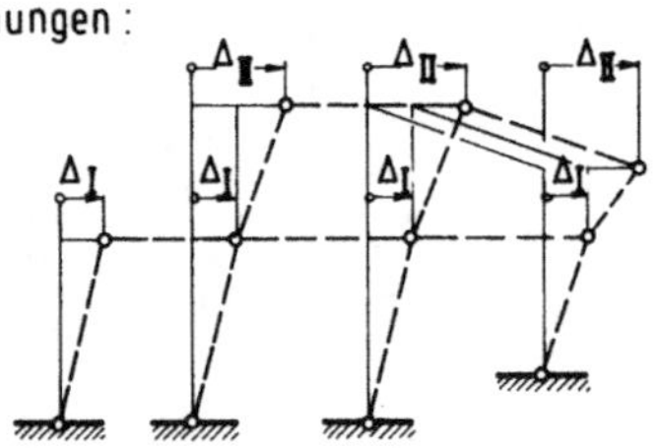

Zugeordnete Gelenkfigur

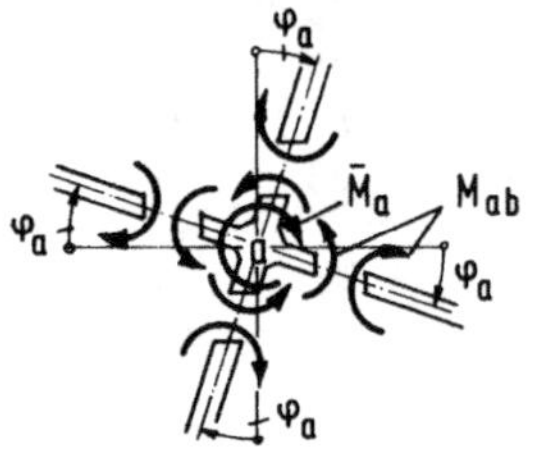

Momentengleichgewicht am Knoten a

An jedem Knoten ist die Summe aller angreifenden Stabendmomente gleich dem äußeren Knotenmoment $\bar{M}_a$ (dieses ist i. a. Null).

$$\sum M_{ab} = \bar{M}_a$$

Für die Stabendmomente M_{ab} werden die Grundformeln eingesetzt (Tafel 3.9). Hierbei wird berücksichtigt, daß die Stabenddrehwinkel aller im Knoten einbindenden Stäbe gleichgroß sind. Damit erhält man soviele Knotengleichungen wie unbekannte Knotendrehwinkel vorhanden sind.

5. Aufstellung der Stockwerksgleichungen:
Durch jede Stockwerksverschiebungsgruppe wird ein (Rund-) Schnitt gelegt. Die Summe der Transversalkräfte entlang der Schnittlinien ist gleich den äußeren Horizontalkräften oberhalb der Schnitte:

$$\sum T_{ab} = \sum \bar{W}$$

Die Transversalkräfte werden durch die Grundformeln ersetzt (Tafel 3.9). Dadurch gewinnt man n weitere Gleichungen.

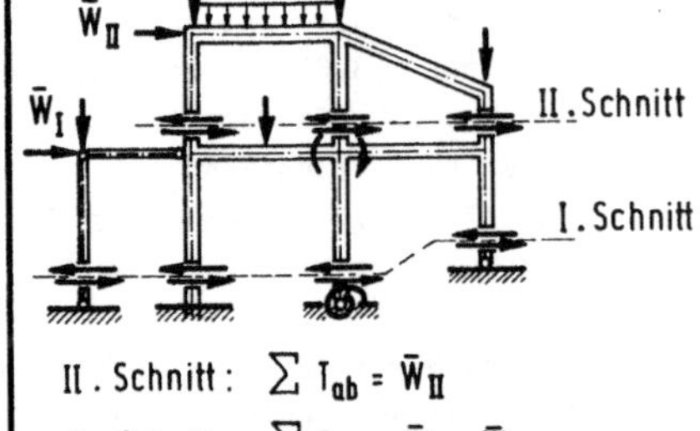

II. Schnitt: $\sum T_{ab} = \bar{W}_{II}$

I. Schnitt: $\sum T_{ab} = \bar{W}_I + \bar{W}_{II}$

6. Das Gleichungssystem in den m Unbekannten φ und n Unbekannten ψ wird aufgelöst. Die Stabendmomente und Stabendtransversalkräfte werden über die Grundformeln (Tafel 3.9) rückgerechnet.

7. Ermittlung sämtlicher Schnittgrößen für die Stiele und Riegel.

Bei Knickproblemen treten Belastungsglieder nicht auf ($\bar{M}_{ab} = \bar{T}_{ab} = 0$; $\bar{M} = \bar{W} = 0$).

Der Knickfaktor folgt aus

$$\mathrm{Det}(\varepsilon) = 0 \rightarrow \varepsilon_{Ki}$$

von den n Stockwerksgleichungen. Die erste Summe in G.3.267 erstreckt sich über alle Stiele, die vom Schnitt getroffen werden; sie werden hier als lotrecht stehend vorausgesetzt! T_{ab} sind die Stabendtransversalkräfte an den Schnittufern, die ebenfalls durch die Grundformeln ersetzt werden. Die zweite Summe in G.3.267 erfaßte alle äußeren horizontalen Lasten (nicht nur die Knotenlasten) innerhalb der einzelnen Rundschnitte. Es ist frei gestellt, wie die Schnitte geführt werden, wesentlich ist, daß es sich um n linear unabhängige Schnitte handelt, vgl. Variante 1 und 2 in B.3.82 c/d.

Auf T.3.14 ist die Reihenfolge der einzelnen Rechenschritte zusammengestellt. Hieraus wird deutlich, daß das methodische Vorgehen in Th.I. und II.Ordn. prinzipiell übereinstimmt.
In den Transversalkräften T_{ab} tritt lediglich noch das Glied

$$-D\psi = -\varepsilon^2\frac{EJ}{l^2}\psi \qquad (3.268)$$

also die Abtriebskraft der Stäbe zusätzlich auf, außerdem sind die Steifigkeitskennwerte von den wirksamen Druckkräften über ε abhängig.
Die Stabdrehwinkel φ und ψ treten in den Grundformeln in realer Größe (in Bogenmaß) auf. Bei den numerischen Rechnungen kann es zweckmäßig sein, mit EJ_c-fachen Winkelwerten zu rechnen. Hierzu werden die Bestimmungsgleichungen G.3.266 und 3.267 mit EJ_c durchmultipliziert.
Bei Verzweigungsproblemen ist das Gleichungssystem für die Unbekannten φ und ψ homogen. Durch inkrementelle Steigerung der Druckkräfte wird die Nullstelle der Koeffizientendeterminante berechnet: Det(ε)=0. Sämtliche Stabkennzahlen werden zweckmäßig auf die relativ größte bezogen, diese dient als Indikatorgröße. Auf das Schrifttum in [3.38, 3.52 und 3.53-3.67] wird hingewiesen, daselbst findet man weitere Literaturhinweise, insbesondere in [3.38]. In [3.68] findet man eine modifizierte Fassung des Verfahrens.

3.4.8.4.2 Beispiele

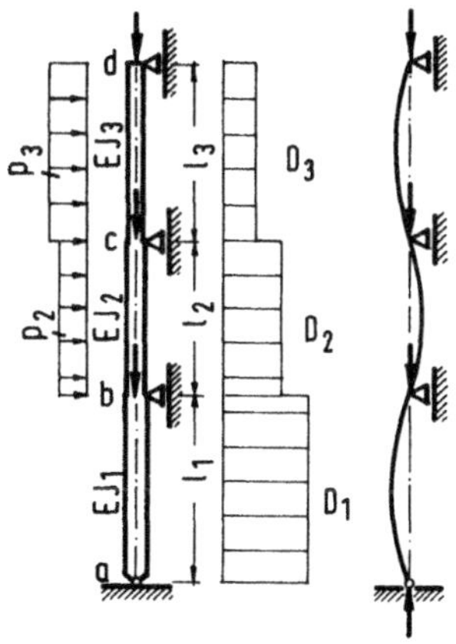

Knickproblem

Bild 3.83

1. Beispiel: Durchlaufträger auf starren Stützen, B.3.83. Das System ist unverschieblich und zweifach unbestimmt: φ_b und φ_c. Die Knotengleichungen lauten:

$$M_{ba}^{b} + M_{bc} = 0\;;\; M_{cb} + M_{cd}^{c} = 0 \qquad (3.269)$$

Die Stabendmomente werden durch die Grundformeln ersetzt und hierbei $\psi = 0$ beachtet:

$$b:\; C_{ba}\varphi_b + A_{bc}\varphi_b + B_{bc}\varphi_c + \overline{M}_{bc} = 0 \qquad (3.270)$$

$$c:\; A_{cb}\varphi_c + B_{cb}\varphi_b + C_{cd}\varphi_c + \overline{M}_{cb} + \overline{M}_{cd}^{c} = 0 \qquad (3.271)$$

In Abhängigkeit von den ε-Zahlen werden die Steifigkeitskennwerte $A_{ab}=A_{ba}$ usf. und die Einspannungsmomente berechnet. Geordnet lautet das Gleichungssystem, aus dem φ_b und φ_c bestimmt werden:

φ_b	φ_c	
$C_{ab}+A_{bc}$	B_{bc}	$\overline{M}_{bc} = 0$
B_{bc}	$A_{bc}+C_{cd}$	$\overline{M}_{cb}+\overline{M}_{cd}^{c} = 0$

→ φ_b, φ_c (3.272)

Nach Ermittlung von φ_b und φ_c werden die Stabendschnittgrößen berechnet (T.3.9) und anschließend die Schnittgrößen der Feldbereiche bestimmt (Anhang IV.2).
Im Falle eines Knickproblems sind sämtliche Einspannungsmomente Null. ε_{Ki} berechnet sich aus:

$$\mathrm{Det}(\varepsilon) = \begin{vmatrix} C_{ab}+A_{bc} & B_{bc} \\ B_{bc} & A_{bc}+C_{cd} \end{vmatrix} = (C_{ab}+A_{bc})(A_{bc}+C_{cd}) - B_{bc}^2 = 0 \qquad (3.273)$$

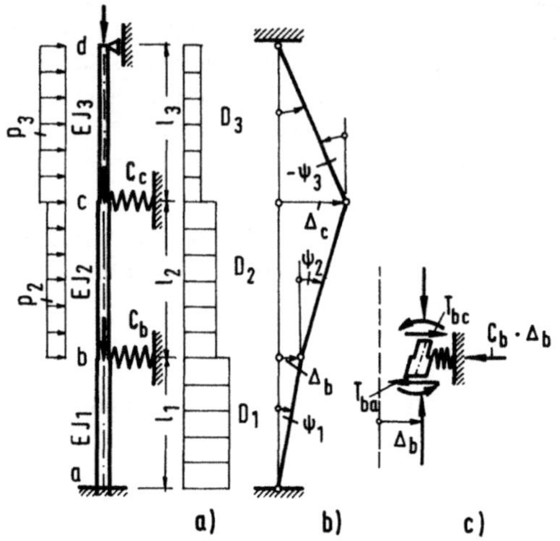

Bild 3.84

2. Beispiel: Durchlaufträger auf elastischen Stützen, B.3.84. Das System ist verschieblich mit dem kinematischen Freiheitsgrad n=2. Insgesamt sind vier Unbekannte zu bestimmen: φ_b, φ_c, $\psi_1=\psi_{ab}$, $\psi_2=\psi_{bc}$. ψ_3 ist über die Gelenkfigur von ψ_1 und ψ_2 abhängig. Die kinematische Verschiebungsgleichung lautet (B.3.84b):

$$\psi_1 l_1 + \psi_2 l_2 = -\psi_3 l_3 \longrightarrow \psi_3 = -\frac{l_1}{l_3}\psi_1 - \frac{l_2}{l_3}\psi_2 \qquad (3.274)$$

Es erweist sich als zweckmäßig, in Fällen wie dem vorliegenden, mit den Knotenverschiebungen Δ_b und Δ_c anstelle der Stabsehnendrehwinkel ψ zu rechnen, weil die Federkräfte in direkter Weise von den Verschiebungen abhängig sind.
Um die Knoten b und c werden Rundschnitte gelegt und je eine Momenten- und transversale Komponentengleichgewichtsgleichung formuliert (B.3.84c):

$$\text{Momentengleichungen: } b: M_{ba} + M_{bc} = 0; \quad c: M_{cb} + M_{cd}^{c} = 0 \qquad (3.275)$$

$$\text{Komponentengleichungen: } b: T_{ba} - T_{bc} + C_b\Delta_b = 0; \quad c: T_{cb} - T_{cd}^{c} + C_c\Delta_c = 0 \qquad (3.276)$$

Nach Ausfüllung dieser Gleichungen durch die Grundformeln ergibt sich das nachstehende Gleichungssystem für die vier Unbekannten φ_b, φ_c, Δ_b und Δ_c. Hierin ist im einzelnen berücksichtigt (vgl. B.3.84):

$$\varphi_a = 0; \quad \psi_1 \equiv \psi_{ab} = \Delta_b / l_1; \quad \psi_2 \equiv \psi_{bc} = (\Delta_c - \Delta_b)/l_2; \quad \psi_3 \equiv \psi_{cd} = -\Delta_c / l_3 \qquad (3.277)$$

Die Koeffizientenmatrix ist zur Hauptdiagonalen symmetrisch.

φ_b	φ_c	Δ_b	Δ_c	
$A_1 + A_2$	B_2	$-\frac{A_1+B_1}{l_1} + \frac{A_2+B_2}{l_2}$	$-\frac{A_2+B_2}{l_2}$	$\bar{M}_{ba} + \bar{M}_{bc} = 0$
B_2	$A_2 + C_3$	$+\frac{A_2+B_2}{l_2}$	$-\frac{A_2+B_2}{l_2} + \frac{C_3}{l_3}$	$\bar{M}_{cb} + \bar{M}_{cd}^{c} = 0$
$-\frac{A_1+B_1}{l_1} + \frac{A_2+B_2}{l_2}$	$+\frac{A_2+B_2}{l_2}$	$-\frac{D_1}{l_1} - \frac{D_2}{l_2} + \frac{2(A_1+B_1)}{l_1} + \frac{2(A_2+B_2)}{l_2^2} + C_b$	$+\frac{D_2}{l_2} - \frac{2(A_2+B_2)}{l_2^2}$	$\bar{T}_{ba} - \bar{T}_{bc} = 0$
$-\frac{A_2+B_2}{l_2}$	$-\frac{A_2+B_2}{l_2} + \frac{C_3}{l_3}$	$+\frac{D_2}{l_2} - \frac{2(A_2+B_2)}{l_2^2}$	$-\frac{D_2}{l_2} - \frac{D_3}{l_3} + \frac{2(A_2+B_2)}{l_2^2} + \frac{C_3}{l_3^2} + C_c$	$\bar{T}_{cb} - \bar{T}_{cd}^{c} = 0$

(3.278)

3. Beispiel: Eingespannter Druckstiel mit federelastischer Lagerung am oberen Ende (B.3.85).
Ausgehend von den Grundformeln für den einseitig eingespannten, einseitig gelenkig gelagerten Druckstab, wird die Komponentengleichgewichtsgleichung für das Stabende angeschrieben, vgl. B.3.85c:

$$T_{ba}^{a} + F - H = 0 \qquad (3.279)$$

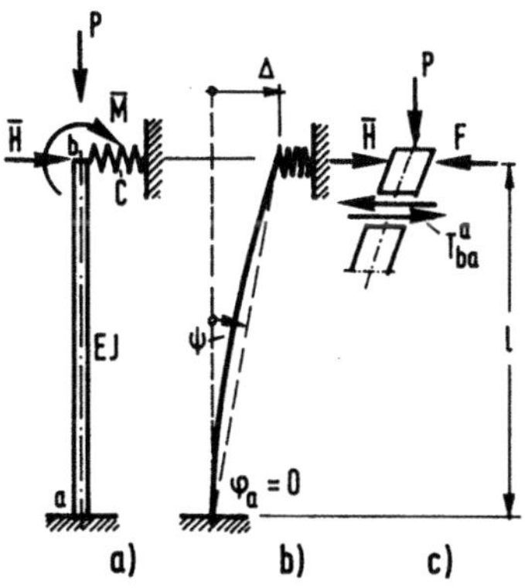

Bild 3.85

Hierin ist F die Federreaktionskraft auf die Verschiebung Δ (Federkonstante: C) und $\bar{H}$ die äußere Horizontalkraft. Es folgt:

$$F = C\cdot\Delta = C\cdot\psi l \longrightarrow -P\psi - \frac{C_{ab}}{l}(-\psi) + \bar{T}^a_{ba} + C\cdot\psi l - \bar{H} = 0 \qquad (3.280)$$

mit

$$\bar{T}^a_{ba} = -\frac{1}{l}(\bar{M} + \bar{M}^a_{ab}) \qquad (3.281)$$

$\bar{M}$ ist das äußere Randmoment und $\bar{M}^a_{ab}$ das Starreinspannmoment infolge dieses Momentes, vgl. T.3.12.
G.3.280 läßt sich explizit nach der Unbekannten $\psi = \Delta/l$ auflösen:

$$\psi = \frac{Hl + M\frac{\varepsilon(1-\cos\varepsilon)}{\sin\varepsilon - \varepsilon\cos\varepsilon}}{Cl^2 - Pl + C_{ab}} \qquad (3.282)$$

Hierbei wurde $\bar{T}^a_{ba}$ gemäß G.3.281 in Abhängigkeit von ε ausgedrückt, siehe T.3.12:

$$\bar{T}^a_{ba} = -\frac{1}{l}M - \frac{1}{l}M^a_{ab} = \frac{M}{l}\left[-1 + \frac{1}{\varepsilon^2}\left(1 - \frac{\varepsilon}{\sin\varepsilon}\right)\frac{\varepsilon^2\sin\varepsilon}{\sin\varepsilon - \varepsilon\cos\varepsilon}\right] = -\frac{M}{l}\cdot\frac{\varepsilon(1-\cos\varepsilon)}{\sin\varepsilon - \varepsilon\cos\varepsilon} \qquad (3.283)$$

Mit der Kenntnis von ψ ist auch M^a_{ab} bekannt:

$$M^a_{ab} = -C_{ab}\psi + \bar{M}^a_{ab} \quad \text{mit} \quad \bar{M}^a_{ab} = -M\cdot\frac{1}{\varepsilon^2}\left(1 - \frac{\varepsilon}{\sin\varepsilon}\right)C'_{ab} = -M\frac{\sin\varepsilon - \varepsilon}{\sin\varepsilon - \varepsilon\cos\varepsilon} \qquad (3.284)$$

Es ist auch möglich, von den Grundformeln des beidseitig eingespannten Stabes auszugehen, dann liegen zwei Unbekannte vor, φ_b und ψ_{ab}, denen die Gleichgewichtsgleichungen $M_{ba} - \bar{M} = 0$ und $T_{ba} + T - \bar{H} = 0$ gegenüber stehen.

Die Knickbedingung folgt unmittelbar aus G.3.282. Da $\bar{H}$ und $\bar{M}$ Null sind, stellt sich ein von Null verschiedener Stabdrehwinkel ψ im Sinne einer infinitesimalen Knickauslenkung dann ein, wenn der Nenner von G.3.282 Null wird:

$$Cl^2 - Pl + C_{ab} = 0 \longrightarrow \delta(\sin\varepsilon - \varepsilon\cos\varepsilon) + \varepsilon^3\cos\varepsilon = 0, \quad \delta = \frac{Cl^3}{EJ} \qquad (3.285)$$

<u>4. Beispiel</u>: Brückenpylon, Knicken aus der Brückenebene heraus (B.3.86). Gesucht ist die Knickbedingung. Es wird unterstellt, daß die unteren Seilenden im Brücken-Hauptträger seitlich unverschieblich verankert sind, es handelt sich dann um eine poltreue Belastung des Pylons. Beim Ausknicken werden rückstellende Komponenten geweckt, vgl. B.3.86b. Sind S_1 und S_2 die Seilkräfte, so betragen die Druckkräfte in den Pylonbereichen 1 und 2 (B.3.87):

$$D_2 = 2S_2\sin\alpha_2; \quad D_1 = 2(S_1\sin\alpha_1 + S_2\sin\alpha_2) \qquad (3.286)$$

Es wird ein proportionaler Kraftanstieg unterstellt. Die Rückstellkräfte folgen aus B.3.87a zu:

$$R_2 = 2H_2\frac{\Delta_2}{L_2} = 2H_2\frac{\Delta_2}{l_1 + l_2}\tan\alpha_2 = 2S_2\cos\alpha_2\frac{\Delta_2}{l_1 + l_2}\tan\alpha_2 \longrightarrow R_2 = D_2\frac{\Delta_2}{l_1 + l_2}; \quad R_1 = 2S_1\sin\alpha_1\frac{\Delta_1}{l_1} \qquad (3.287)$$

Δ_1 und Δ_2 sind die Verschiebungen der oberen Seilverankerungspunkte aus der Brückenebene heraus. Den drei Unbekannten φ_b, Δ_1 und Δ_2 werden drei Gleichgewichtsgleichungen gegenübergestellt, siehe B.3.87e:

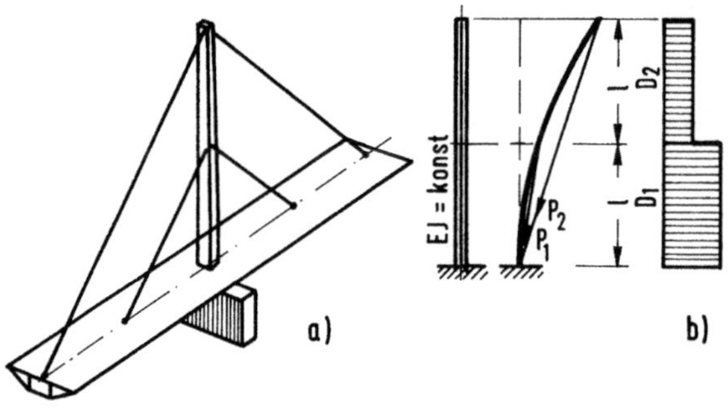

Bild 3.86

$$\Sigma M_b = 0:\ M_{ba} + M^b_{bc} = 0 \qquad (3.288)$$

$$\Sigma T_c = 0:\ T^b_{cb} + R_2 = 0 \qquad (3.289)$$

$$\Sigma T_b = 0:\ T_{ba} - T^b_{bc} + R_1 = 0 \qquad (3.290)$$

Mit

$$\psi_1 = \Delta_1 / l_1\ ,\ \psi_2 = (\Delta_2 - \Delta_1)/l_2 \qquad (3.291)$$

ergibt sich bei Ausfüllung der Gleichungen durch die Grundformeln der T.3.9 das in B.3.88 angeschriebene Gleichungssystem. Die Knickbedingung ergibt sich durch Nullsetzen der Koeffizientendeterminante dieses Gleichungssystems. Aus Det(ε)=0 kann

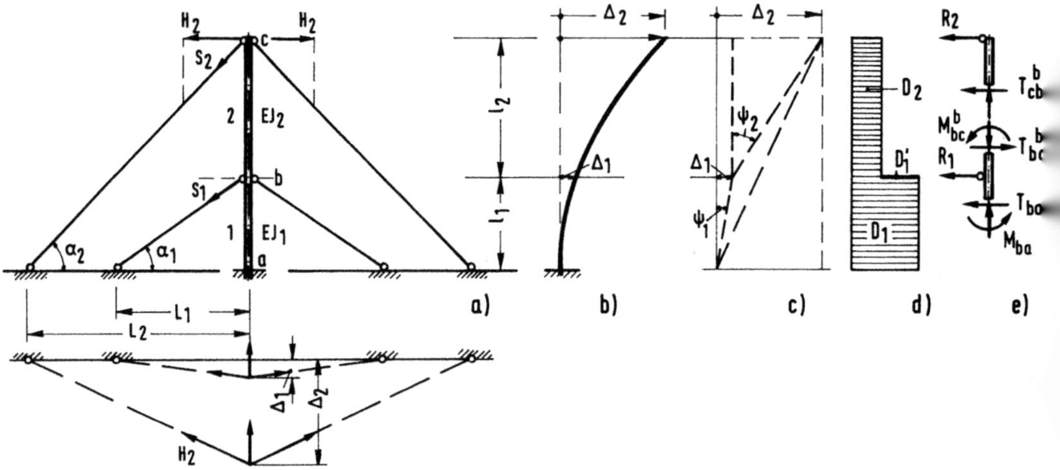

Bild 3.87

φ_b	Δ_1	Δ_2	
$\frac{A_{ab}+C_{ab}}{l_2}$	$\frac{C_{bc}}{l_2^2} - \frac{A_{ab}+B_{ab}}{l_1\, l_2}$	$-\frac{C_{bc}}{l_2^2}$	$=0$
$-\frac{C_{bc}}{l_2}$	$\frac{D_2}{l_2} - \frac{C_{bc}}{l_2^2}$	$\frac{C_{bc}}{l_2^2} - \frac{D_2}{l_2} + \frac{D_2}{l_1+l_2}$	$=0$
$-\frac{C_{b2}}{l_2} + \frac{A_{ab}+B_{ab}}{l_1}$	$\frac{D_2}{l_2} - \frac{C_{bc}}{l_2^2} - \frac{D_1}{l_1} - \frac{2(A_{ab}+B_{ab})}{l_1^2} - \frac{D_1'}{l_1}$	$\frac{C_{bc}}{l_2^2} - \frac{D_2}{l_2}$	$=0$

Bild 3.88

dann z.B. die Knicksicherheit berechnet werden:

$$\varepsilon_{1Ki} = l_1 \sqrt{\frac{\nu_{Ki} \cdot D_1}{EJ_1}}\ ;\ \varepsilon_{2Ki} = l_2 \sqrt{\frac{\nu_{Ki} \cdot D_2}{EJ_2}} \qquad (3.292)$$

Im Sonderfall $l_1=l_2=l$, $EJ_1=EJ_2=EJ$, $D_1=2P$, $D_2=P$ findet man die Knickbedingung in expliziter Form

$$P_{Ki}\left(1+\frac{C_{ba}}{C_{bc}}\right)-\frac{2C_{ba}}{l}=0 \tag{3.293}$$

oder umgeformt:

$$\varepsilon_1^2\sin\varepsilon_1(\sin\varepsilon_2-\varepsilon_2\cos\varepsilon_2)+\varepsilon_2^2\sin\varepsilon_2(\sin\varepsilon_1-\varepsilon_1\cos\varepsilon_1)-2\varepsilon_1^2\sin\varepsilon_1\cdot\sin\varepsilon_2=0 \quad \text{mit} \quad \varepsilon_1=\sqrt{2}\,\varepsilon_2 \tag{3.294}$$

$$\text{Lösung: } \varepsilon_{1Ki}=2{,}105:\quad \beta_1=1{,}492$$
$$\varepsilon_{2Ki}=1{,}489:\quad \beta_2=2{,}110 \tag{3.295}$$

Im Falle richtungstreuer Kräfte findet man für diesen Sonderfall:

$$\beta_1=3{,}120$$
$$\beta_2=4{,}412$$

Diese Knicklängenbeiwerte lassen sich z.B. mittels T.5.21 bestimmen ($1/\gamma=0$).

Bei einem Spannungsproblem mit horizontalen Windlasten auf Pylon und Seile quer zur Brückenebene und einer ggf. vorgeschriebenen Imperfektionsschrägstellung sind die Knotenlasten in die Komponentengleichgewichtsgleichungen G.3.289/290 einzubeziehen. (Es ist auch möglich, den Verformungseffekt mittels des Vergrößerungsfaktors α abzuschätzen.)

5. Beispiel: Rahmentragwerk (B.3.89)

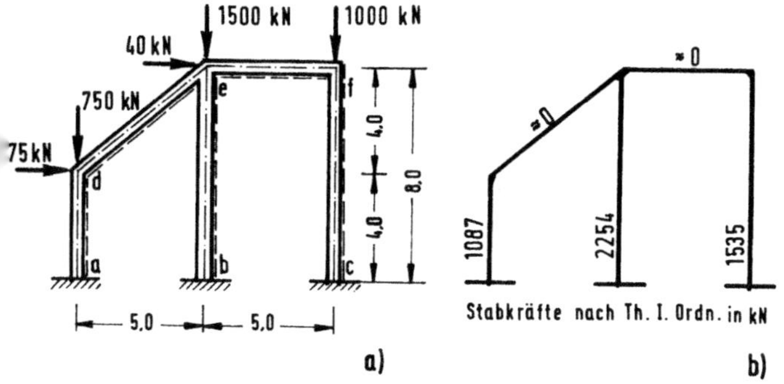

Stab	Profil	ε	A'	B'
ad	IPB 300	0,573	3,96	2,01
be	IPB 500	0,802	3,91	2,02
cf	IPB 360	1,042	3,85	2,04
de	IPB 360	≈0	4	2
ef	IPB 360	≈0	4	2

$$\varepsilon = l\cdot\sqrt{\frac{D}{EJ}}$$

c)

Bild 3.89

In B.3.89a sind die äußeren Lasten und im Bildteil b die $\nu=1{,}5$-fachen Stabkräfte (nach Th.I.Ordn. berechnet) angegeben. Bildteil c zeigt die Festwerttabelle dieses Lastfalles. Das Rahmentragwerk ist von einfacher Verschieblichkeit, aus der Gelenkfigur (B.3.90a) entnimmt man:

$$\psi_{ad}l_{ad}=\psi_{be}l_{be}=\psi_{cf}l_{cf}=\Delta \tag{3.296}$$

Im folgenden wird ψ_{be} als Bezugsunbekannte gewählt, damit gilt:

$$\psi_{ad}=\psi_{be}l_{be}/l_{ad}\;;\quad \psi_{cf}=\psi_{be} \tag{3.297}$$

Insgesamt sind vier Unbekannte zu berechnen: φ_d, φ_e, φ_f und ψ_{be}. Es werden drei Knotengleichungen und eine Stockwerksgleichung aufgestellt, vgl. B.3.90b:

Knotengleichungen: (G. 3.266):

$$d: M_{da} + M_{de} = 0; \quad e: M_{ad} + M_{eb} + M_{ef} = 0; \quad f: M_{fe} + M_{fc} = 0 \qquad (3.298)$$

Stockwerksgleichung: (G. 3.267):

$$T_{ad} + T_{be} + T_{cf} - \overline{W}_d - \overline{W}_e = 0 \qquad (3.299)$$

Für die Stabendmomente und -transversalkräfte werden die Grundformeln des Verformungs-

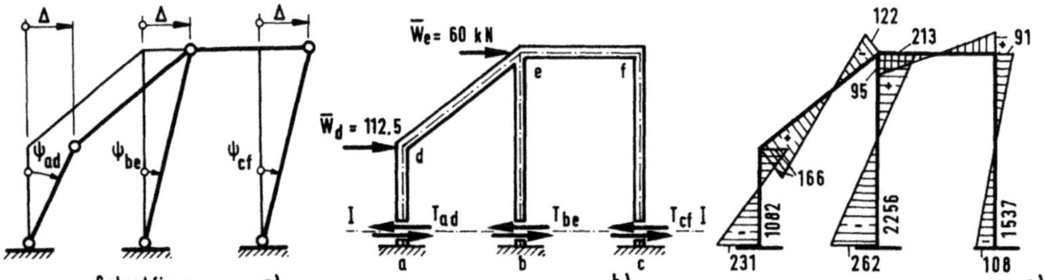

Gelenkfigur a) b) Biegungsmomente Th. II. Ordn. c)

	φ_d	φ_e	φ_f	ψ_{be}	
d	$A_{ad} + A_{de}$	B_{de}	–	$-(A_{ad}+B_{ad})\frac{l_{ba}}{l_{ad}}$	0
e	B_{de}	$A_{de} + A_{be} + A_{ef}$	B_{ef}	$-(A_{be}+B_{be})$	0
f	–	B_{ef}	$A_{ef} + A_{cf}$	$-(A_{cf}+B_{cf})$	0
I	$-\frac{l_{be}}{l_{ad}}(A_{ad}+B_{ad})$	$-(A_{be}+B_{be})$	$-(A_{cf}+B_{cf})$	$-(D_{ad}\frac{l_{be}}{l_{ad}} + D_{be} + D_{cf})l_{be} + 2\frac{l_{be}^2}{l_{ad}}(A_{ad}+B_{ad}) + 2(A_{be}+B_{be}) + 2(A_{cf}+B_{cf})$	$(\overline{W}_d+\overline{W}_e)l_{be}$

Bild 3.90 d)

größenverfahrens (T.3.9) eingesetzt und G.3.299 mit l_{be} durchmultipliziert. In B.390d sind die Gleichungen angeschrieben. Die numerische Auswertung ergibt:

$$\varphi_d = 2{,}48\cdot 10^{-3},\ \varphi_e = 0{,}91\cdot 10^{-3},\ \varphi_f = 0{,}80\cdot 10^{-3},\ \psi_{be} = 1{,}88\cdot 10^{-3},\ \psi_{ad} = 3{,}75\cdot 10^{-3},\ \psi_{cf} = \psi_{be}$$

Hiermit findet man die in B.3.90c eingetragenen Biegungsmomente und Druckkräfte. Aus der Gegenüberstellung mit B.3.89b ist erkennbar, daß die Änderung der Druckkräfte untergeordnet ist; die Rechnung ist damit beendet. Insgesamt ist der Verformungseinfluß bei diesem relativ steifen Rahmen gering.

Im Falle einer Knickberechnung ist die Belastungsspalte des Gleichungssystems Null. Durch sukzessive Steigerung der Stielkräfte findet man aus Det(ε)=0 den Verzweigungszustand. Die numerische Berechnung liefert die Knicklängenbeiwerte $\beta = \pi/\varepsilon_{Ki}$:

$$\beta_{ad} = 1{,}45;\ \beta_{be} = 1{,}02;\ \beta_{cf} = 0{,}80$$

6. Beispiel: Portalrahmen mit Pendelstütze (B.3.91)

Das System ist statisch bestimmt, der kinematische Freiheitsgrad ist Eins.

Die ν-fachen Lasten betragen (auf die Kennung mittels Querstrich wird verzichtet):

P=1197 kN, W=102,6 kN.

Aus der Gelenkfigur folgt:

$$\psi_{ab} = \psi_{bd} = \psi$$

Im ausgelenkten Zustand wird durch die belastete Pendelstütze die Abtriebskraft $D_{bd}\cdot\psi$ geweckt, vgl. B.3.91c.

Als erstes werden die Schnittgrößen nach Th.I.Ordn. berechnet. Für die Stiele ergibt sich: D_{ac}=547,2 kN, D_{bd}=649,8 kN. Die Stabkennzahl für den Stiel ac beträgt damit:

$$\varepsilon_{ac} = l_{ac}\sqrt{\frac{D_{ac}}{EJ_{ac}}} = 10\sqrt{\frac{547{,}2}{2{,}15\cdot 100\,000}} = 0{,}5045 : C'_{ac} = 2{,}949$$

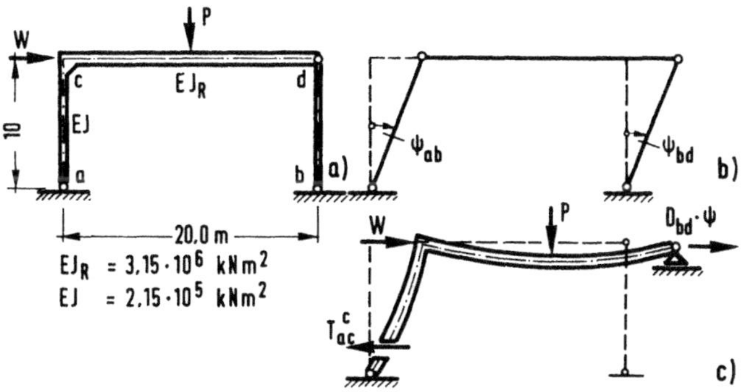

Bild 3.91

Die Knotengleichung für die Rahmenecke c und die Komponentengleichung für den Stiel ac werden formuliert (B.3.91) und die Stabendschnittgrößen durch die Grundformeln ersetzt:

$$M_{ca}^c + M_{cd}^c = 0: \; C_{ca}(\varphi_c - \psi) + C_{cd}\varphi_c + \bar{M}_{cd}^c = 0 \qquad (3.300)$$

$$T_{ac}^c - D_{bd}\psi - W = 0: \; -D_{ac}\psi - \frac{C_{ac}}{l_{ac}}(\varphi_c - \psi) - D_{bd}\psi - W = 0 \qquad (3.301)$$

Mit

$$C_{ca} = 2{,}949 \frac{2{,}15 \cdot 10^5}{10} = 6{,}340 \cdot 10^4; \; C_{cd} = 3 \frac{3{,}15 \cdot 10^6}{20} = 47{,}25 \cdot 10^4 \, \text{kNm}$$

$$\bar{M}_{cd}^c = -\frac{3}{16} 1197 \cdot 20 = -4\,489 \text{ kNm}$$

lauten die Gleichungen:

$$(6{,}340 + 47{,}25)10^4 \varphi_c - 6{,}340 \cdot 10^4 \psi - 4489 = 0$$

$$-547{,}2 \cdot \psi - \frac{6{,}340 \cdot 10^4}{10}(\varphi_c - \psi) - 649{,}8 \cdot \psi - 102{,}6 = 0$$

Zusammengefaßt:

φ_c	ψ	
53,59	-6,34	-0,4489 = 0
-6,34	5,14	-0,1026 = 0

Lösung: $\varphi_c = 0{,}01257, \; \psi = 0{,}03547$

Die Stabendmomente werden rückgerechnet und die Schnittgrößen bestimmt:

$$M_{ca}^c = C_{ca}(\varphi_c - \psi) = 6{,}340 \cdot 10^4 (0{,}01257 - 0{,}03547) = \underline{-1452 \text{ kNm}}$$

$$M_{cd}^c = C_{cd}\varphi_c + \bar{M}_{cd}^c = 47{,}25 \cdot 10^4 \, 0{,}01257 - 4489 = \underline{-1451 \text{ kNm}}$$

Für das Biegungsmoment in Riegelmitte ergibt sich: 6712 kNm. Die seitliche Auslenkung beträgt $f = \psi l = 0{,}03547 \cdot 10 = 0{,}355$ m. (Hingewiesen wird in diesem Zusammenhang auf Abschnitt 3.1.5.2, wo dasselbe Beispiel nach dem Gesamtschnittverfahren berechnet wurde.)

Im verformten Zustand tritt eine Änderung der Stielkräfte gegenüber dem unverformten Zustand ein:

$$D_{ac} = P(l/2 - f)/l - Wh/l = 1197(10{,}0 - 0{,}355)/20 - 102{,}6 \cdot 10/20 = 525{,}9 \text{ kN}$$

$$D_{bd} = P(l/2 + f)/l + Wh/l = 1197(10{,}0 + 0{,}355)/20 + 102{,}6 \cdot 10/20 = 671{,}0 \text{ kN}$$

Die Änderungen sind gering, auf eine neuerliche Berechnung wird daher verzichtet.

Wäre eine Vorverformung einzurechnen gewesen, z.B. ψ_0 für beide Stiele, so hätte man die transversale Abtriebskraft

$$(D_{ac} + D_{bd})\psi_0 = P\psi_0 = 1197\psi_0$$

bestimmen und zu W hinzuzählen müssen. Diese Vorgehensweise ist keine Näherung sondern exakt. Bei mehrstöckigen Rahmen sind bei Lotabweichungen ψ_0 pro Stockwerk die Abtriebskräfte aus den zusätzlichen lotrechten Kräften, multipliziert mit der Stockwerksschiefstellung ψ_0, zu bilden. Es ist auch möglich, pro Stockwerk ein Kräftepaar als Produkt aus der Summe aller Stielkräfte mal ψ_0 zu bestimmen. Die Kräftedifferenz pro Stockwerk führt dann wieder auf dasselbe Ergebnis wie zuvor.

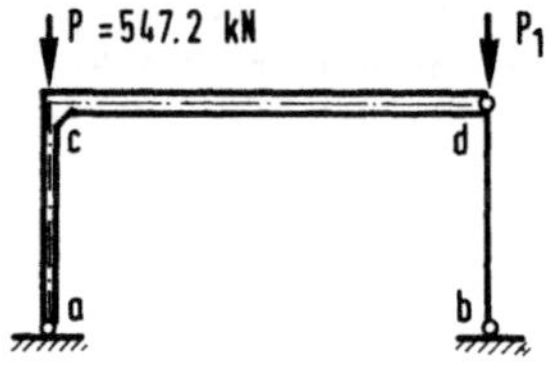

Bild 3.92

Die Bestimmung der Verzweigungslast geht von den homogenen Gleichungen

$$
\begin{aligned}
&C_{ca}(\varphi_c - \psi) + C_{cd}\varphi_c = 0\\
&-D_{ac}\psi - \frac{C_{ac}}{l_{ac}}(\varphi_c - \psi) - D_{bd}\psi = 0
\end{aligned}
\qquad (3.302)
$$

aus, vgl. G.3.300/1. Die Druckkräfte in den Stielen werden solange proportional um den gemeinsamen Faktor ν gesteigert, bis die Determinante dieses Gleichungssystems Null wird.

3.4.8.5 Netzgleichungen - Verallgemeinertes Drehwinkelverfahren

3.4.8.5.1 Verfahrensweise

Die Anweisungen des vorangegangenen Abschnittes (Anschreiben von Knoten- und Stockwerksgleichungen) führen bei kompliziert strukturierten Rahmenwerken auf formale Schwierigkeiten, insbesondere dann, wenn schräge Stiele vorhanden sind; die Anweisungen bedürfen daher einer Verallgemeinerung. Die Verfahrensweise wird an dem im Bild 3.93 dargestellten System erläutert. Der kinematische Freiheitsgrad wird wieder mit n und die Zahl der unbekannten Knotendrehwinkel mit m bezeichnet. Für dehnstarre Stabwerke läßt sich der kinematische Freiheitsgrad mit Hilfe der Formel

$$n = 2k + v - s \qquad (3.303)$$

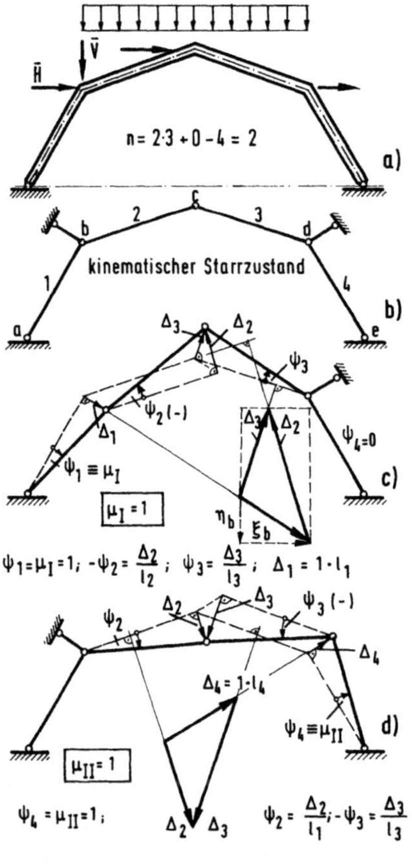

Bild 3.93

berechnen. k ist die Anzahl der verschieblichen Knoten und s die Anzahl jener Stäbe, die im verschieblichen Stabwerksbereich liegen. v ist die Anzahl der im verschieblichen Stabwerksbereich liegenden Verschiebungslager (Rollen- oder Teleskoplager). Am Tragwerk werden Festhalterungen in Form fiktiver Lagerstäbe angebracht und zwar soviele, wie kinematische Verschiebungsmöglichkeiten vorhanden sind. Das System in B.3.93 hat den Freiheitsgrad n=2, folglich werden zwei Stäbe vereinbart, vgl. B.3.93; man spricht jetzt vom kinematischen Starrzustand. Nacheinander werden die Festhalterungen jeweils einzeln gelöst und die Abhängigkeit der ψ-Winkel untereinander mittels eines Verschiebungsplanes bestimmt. Dabei wird pro Verschiebungsfigur ein Stabsehnendrehwinkel als Bezugsverformung μ_i vereinbart. Im Falle des in B.3.93 dargestellten Systems ist wie folgt vorzugehen:

Lösung der Halterung in b, d fixiert: $\psi_1 = \mu_I$,
Lösung der Halterung in d, b fixiert: $\psi_4 = \mu_{II}$.
Für $\mu_I = 1$, $\mu_{II} = 1$, ... werden nacheinander mit Hilfe der Verschiebungsfiguren die kinematischen Verschiebungsgleichungen angeschrieben. Bei Stabzügen kann z.B. von den in B.3.66 angeschriebenen Formeln Gebrauch gemacht werden. Der Verschiebungsplan des Gelenkvierecks wird von den Randstäben aus entwickelt.

Bei einem Spannungsproblem Th.II.Ordn. sind die Verformungen endlich, bei einem Verzweigungsproblem infinitesimal. Dem (gesuchten) Verformungszustand, der ein Gleichgewichtszustand sein soll, werden nun nacheinander n virtuelle Verrückungen aufgeprägt und zwar solche, die mit den Netzfiguren $\bar{\mu}_I=1$, $\bar{\mu}_{II}=1$, ... übereinstimmen. Für jeden virtuellen Verrückungszustand

$$\bar{\mu}_I, \bar{\mu}_{II}, \cdots \bar{\mu}_i, \cdots \bar{\mu}_n = \bar{1} \tag{3.304}$$

wird die Arbeitsgleichung

$$\Sigma(M_{ab} + M_{ba} + D_{ab}\psi_{ab}l_{ab})\bar{\psi}_{ab} + \Sigma\bar{V}\bar{\eta} + \Sigma\bar{H}\bar{\xi} = 0 \tag{3.305}$$

angeschrieben. Im ersten Summenglied bedeuten M_{ab} und M_{ba} die beidseitigen Stabendmomente des Stabes ab, der die virtuelle Drehung $\bar{\psi}_{ab}$ erleidet; sie werden durch die Grundformeln des Verformungsgrößenverfahrens (T.3.9) ersetzt, damit ist auch die Querbelastung der Stäbe erfaßt. Das Glied $D_{ab} \cdot \psi_{ab} \cdot l_{ab}$ erfaßt den Einfluß aus Th.II.Ordn. (Versatzmomente). Im zweiten und dritten Summenglied sind $\bar{V}$ und $\bar{H}$ die vertikalen bzw. horizontalen Knotenlasten und $\bar{\eta}$ und $\bar{\xi}$ die zugeordneten virtuellen Knotenverschiebungen, die sich aus den Verschiebungsplänen ergeben, vgl. B.3.93c/d. Innerhalb jedes Verrückungszustandes erstreckt sich die erste Summe in G.3.305 über alle Stäbe und die zweite und dritte Summe über alle Knoten. G.3.305 nennt man Netzgleichung. Den n Unbekannten μ_i stehen genau n Netzgleichungen gegenüber, womit (neben den m Knotengleichungen) ein lineares Gleichungssystem der Ordnung m + n zur Berechnung der m + n Unbekannten φ und μ zur Verfügung steht. Beim Ersatz der Stabendmomente durch die Grundformeln ist zu berücksichtigen, daß sich die ψ-Winkel des realen Verformungszustandes durch Überlagerung der Teilzustände gemäß

$$\psi_{ab} = \sum_{i=I}^{n} \psi_{ab,i} \cdot \mu_i \tag{3.306}$$

ergeben.
Von SCHEER [3.69] wird die Netzgleichung unter Bezug auf das verformte System hergeleitet. Ein modifizierter Beweis von G.3.305 ist folgender: Wie in B.3.94 dargestellt, wird zunächst jedem (aus dem verformten System herausgetrennten) Knoten eine virtuelle Verdrehung $\bar{\varphi}_a$ eingeprägt, das liefert die m Knotengleichungen:

$$(\bar{M}_a - \Sigma M_{ab})\bar{\varphi}_a = 0 \tag{3.307}$$

Als nächstes werden den herausgetrennten Stäben, deren Ortsverlagerung durch die Stabsehnendrehwinkel ψ_{ab} beschrieben wird, die virtuellen Drehungen $\bar{\psi}_{ab}$ aufgezwungen. Die Stabenden erleiden dadurch die Querverschiebungen $\bar{\psi}_{ab} \cdot l_{ab}$ und die Transversalkräfte leisten, bezogen auf die Knoten (!), die virtuellen Arbeiten:

$$-T_{ab} \cdot \bar{\psi}_{ab} l_{ab} \tag{3.308}$$

Die Stabendmomente leisten infolge $\bar{\psi}_{ab}$ (an den Knoten) keine Arbeiten, weil die Schnittufer der transversalen Schnitte (normal zur ursprünglichen Stabachse) keine Drehung erleiden. Wird für T_{ab} in G.3.308 die Grundformel eingesetzt, folgt:

$$-[-D_{ab}\psi_{ab} - \frac{1}{l}(A+B)(\varphi_a + \varphi_b - 2\psi_{ab}) + \bar{T}_{ab}]\bar{\psi}_{ab} l_{ab} \tag{3.309}$$

Dieser Ausdruck ist mit

$$\Sigma(M_{ab} + M_{ba} + D_{ab}\psi_{ab}l_{ab}) \cdot \bar{\psi}_{ab} \tag{3.310}$$

gleichwertig. Wird über alle Stäbe (bzw. deren Bezugsknoten) summiert und noch die virtuellen Arbeiten der Knotenlasten berücksichtigt, folgt G.3.305.

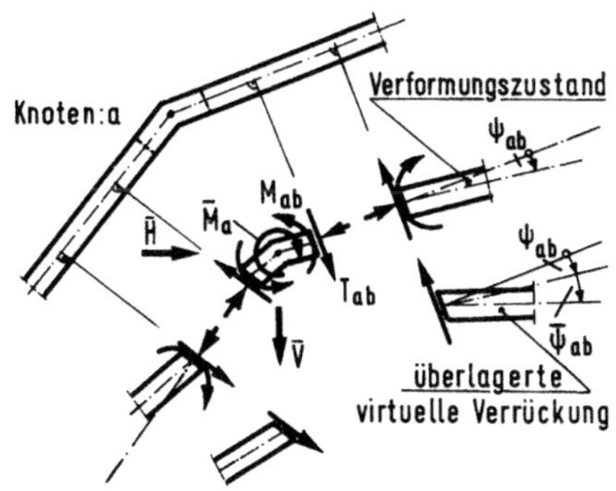

Bild 3.94

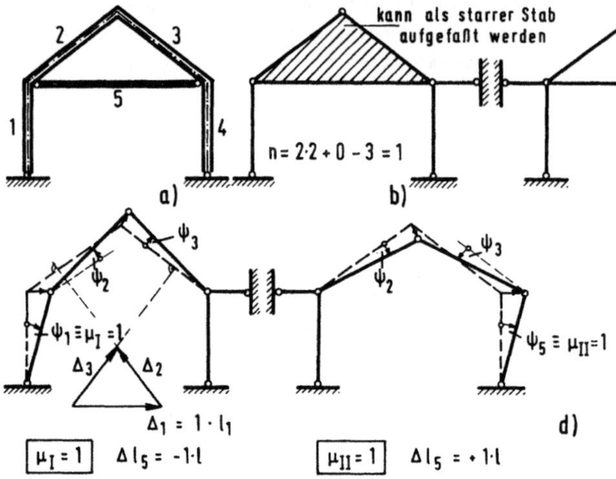

Bild 3.95

Die Unterteilung der Tragwerke in unverschiebliche und verschiebliche Systeme ist insofern unvollständig, als es auch gemischt unverschieblich/verschiebliche Systeme gibt. Ein derartiges System ist in B.3.95 dargestellt. Das Stabdreieck 2-3-5 ist unverschieblich und der darunter liegende Systembereich verschieblich. Bei dieser Kennung wird nur die Biegeverformung berücksichtigt. Eine vollständige und eindeutige Bestimmung der Schnittkräfte im unverschieblichen Teil verlangt die Erfassung der Stablängenänderungen; das gilt z.B. auch für das in B.3.96 gezeigte System. Um das zu bewerkstelligen, wird im Falle des in B.3.95 skizzierten Systems im Stab 5 ein Teleskop-Gelenk eingeführt. Der kinematische Freiheitsgrad dieses Systems wächst damit auf zwei an. Die Einheitsnetzfiguren $\mu_I = 1$ und $\mu_{II} = 1$ sind in B.3.95d eingezeichnet. Die Netzgleichungen lauten jetzt:

$$\Sigma(M_{ab} + M_{ba} + D_{ab} \cdot \psi_{ab} l_{ab})\bar{\psi}_{ab} + \Sigma L_{ab} \bar{\Delta} l_{ab} + \Sigma \bar{V} \bar{\eta} + \Sigma \bar{H} \bar{\xi} = 0 \qquad (3.311)$$

Der zweite Term erfaßt die virtuelle Arbeit der Stablängenänderungen $\bar{\Delta} l_{ab}$, L_{ab} ist die Längskraft: $L_{ab} = EF_{ab} \cdot \Delta l_{ab} / l_{ab}$. Für Δl_{ab} gilt eine zu G.3.306 analoge Beziehung.

B.3.96 zeigt ein weiteres Beispiel: der untere Tragwerksbereich ist unverschieblich. Die Einführung von fünf Teleskopgelenken hebt den kinematischen Freiheitsgrad von 1 auf 5 an. Die Schnittkräfte lassen sich damit in eindeutiger Weise bestimmen. Selbstverständlich ist es auch möglich, als Bezugsverformungen μ_i Knotenverschiebungen, z.B. in Richtung

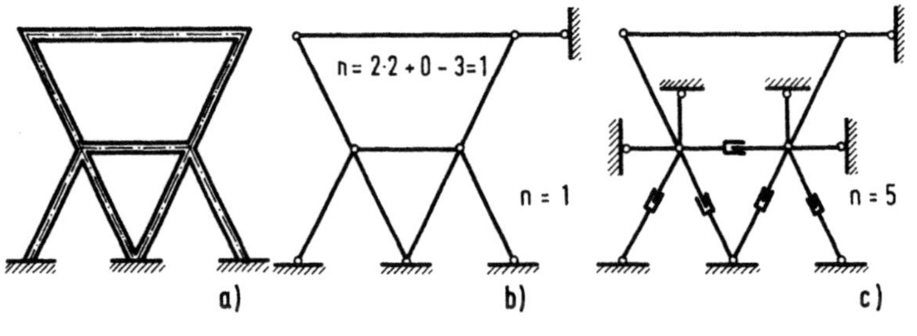

Bild 3.96

der fiktiven Haltestäbe einzuführen. Ein solches Vorgehen ist im Falle des in B.3.96 dargestellten Rahmenwerks vorzuziehen. -
B.3.97 zeigt ein weiteres Beispiel. Es steht stellvertretend für solche Aufgabenstellungen, bei denen der Einfluß der Stiellängenänderungen auf die Schnittgrößen verschieblicher Systeme erfaßt werden soll; deren Einfluß ist gering. -
Schließlich sei erwähnt, daß sich nach demselben Schema auch Spannungsprobleme Th.II.Ordn.und Verzweigungsprobleme bei (Gelenk-)Fachwerkstrukturen untersuchen lassen (wie zuvor, unter der Voraussetzung "kleiner" Verformungen). B.3.98 zeigt ein Beispiel. Da die Stabendmomente Null sind, verkürzt sich die Netzgleichung zu:

$$\Sigma D_{ab}\varphi_{ab} l_{ab}\cdot\bar{\psi}_{ab} + \Sigma L_{ab}\bar{\Delta} l_{ab} + \Sigma\bar{V}\bar{\eta} + \Sigma\bar{H}\bar{\xi} = 0 \qquad (3.312)$$

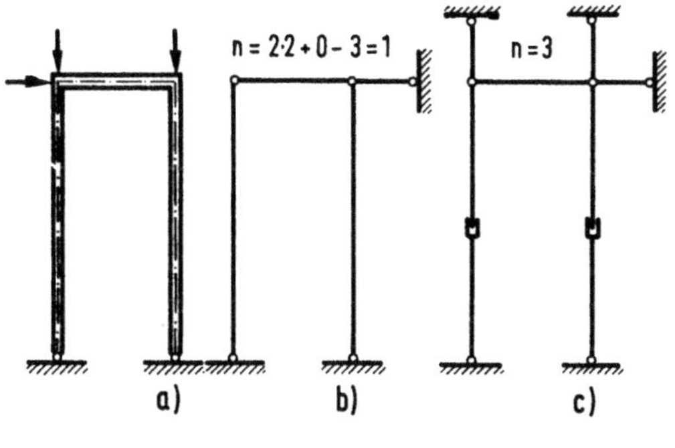

Bild 3.97

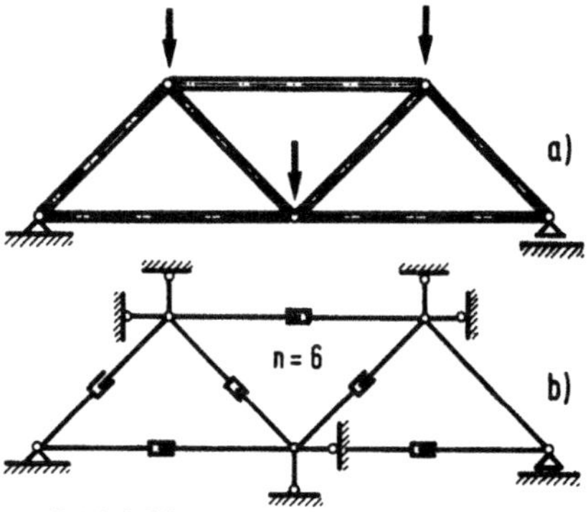

Bild 3.98

3.4.8.5.2 Beispiel: Polygonrahmen (B.3.99)

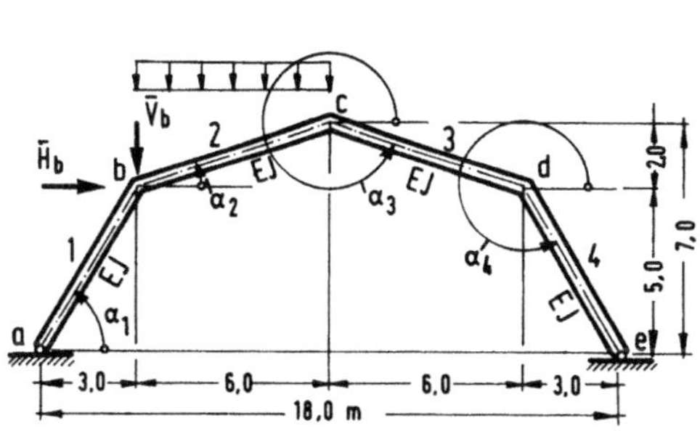

$l_1 = l_4 = 5{,}83$ m; $l_2 = l_3 = 6{,}32$ m
$\alpha_1 = 59{,}036°$; $\alpha_2 = 18{,}435°$

Bild 3.99

Der Rahmen wird unsymmetrisch belastet, gesucht sind die Schnittgrößen unter ν-fachen Lasten (Spannungsproblem Th.II.Ordn.). Um die Stabkennzahlen ε berechnen zu können, sind zunächst die Druckkräfte abzuschätzen. Das kann z.B. näherungsweise dadurch geschehen, daß für die lotrechte Belastung das Biegungsmoment in Feldmitte eines einfachen Balkens der Länge l=18,0 m berechnet und dieses durch den Stich des Rahmens, d.h. durch 7.0 m, dividiert wird. Mit Hilfe dieses Horizontalschubes werden die Druckkräfte abgeschätzt, sie liegen auf der sicheren Seite.
Es treten drei unbekannte Knotendrehwinkel φ_b, φ_c und φ_d auf, die Knotengleichungen lauten:

$$b:\ M_{ba}^{b} + M_{bc} = 0;\quad c:\ M_{cb} + M_{cd} = 0;\quad d:\ M_{dc} + M_{de}^{d} = 0 \qquad (3.313)$$

Die Netzfiguren werden gezeichnet, sie sind in B.3.93 dargestellt. Mit Hilfe der in B.3.66 angeschriebenen Formeln werden die Verformungswerte Δ bzw. ψ für die beiden Einheitszustände $\mu_I=1$ und $\mu_{II}=1$ bestimmt:

$$\begin{aligned}
\mu_I = \underline{1}:\ & \Delta_1 = 1\cdot 5{,}83 = 5{,}83:\ \psi_{1,I} = 1;\ \eta_{b,I} = \cos\alpha_1\cdot\Delta_1 = 3{,}00;\ \xi_{b,I} = 5{,}00 \\
& \Delta_2 = 1{,}627\cdot\Delta_1 = 9{,}48:\ \psi_{2,I} = -9{,}48/6{,}32 = \underline{-1{,}500} \\
& \Delta_3 = 1{,}085\cdot\Delta_1 = 6{,}33:\ \psi_{3,I} = 6{,}33/6{,}32 = \underline{1{,}000} \\
& \psi_{4,I} = 0 \\
\mu_{II} = 1:\ & \psi_{4,II} = \underline{1};\ \psi_{3,II} = \underline{-1{,}500};\ \psi_{2,II} = \underline{1{,}000};\ \psi_{1,II} = 0;\ \eta_{b,II} = \xi_{b,II} = 0
\end{aligned} \tag{3.314}$$

Die Netzgleichungen der virtuellen Verrückungszustände lauten:

$$\begin{aligned}
\bar{\mu}_I = \bar{1}:\ & M_{ba}^{b}\cdot\bar{1} + (M_{bc} + M_{cb})\cdot(\overline{-1{,}500}) + (M_{cd} + M_{dc})\cdot\overline{1{,}000} + M_{de}^{d}\cdot\bar{0} \\
& + D_1\psi_1 l_1\cdot\bar{1} + D_2\psi_2 l_2\cdot(\overline{-1{,}500}) + D_3\psi_3 l_3\cdot\overline{1{,}000} + D_4\psi_4 l_4\cdot\bar{0} + \bar{V}_b\cdot\overline{3{,}00} + \bar{H}_b\cdot\overline{5{,}00} = 0 \\
\bar{\mu}_{II} = \bar{1}:\ & M_{ba}^{b}\cdot\bar{0} + (M_{bc} + M_{cb})\cdot\overline{1{,}000} + (M_{cd} + M_{dc})\cdot(\overline{-1{,}500}) + M_{de}^{d}\cdot\bar{1} \\
& + D_1\psi_1 l_1\cdot\bar{0} + D_2\psi_2 l_2\cdot\overline{1{,}000} + D_3\psi_3 l_3\cdot(\overline{-1{,}500}) + D_4\psi_4 l_4\cdot\bar{1} + \bar{V}_b\cdot\bar{0} + \bar{H}_b\cdot\bar{0} = 0
\end{aligned} \tag{3.315}$$

Zusammengefaßt:

$$\text{I}:\quad M_{ba}^{b} - 1{,}500\cdot M_{bc} - 1{,}500\cdot M_{cb} + 1{,}000\cdot M_{cd} + 1{,}000\cdot M_{dc} + 5{,}83\cdot D_1\psi_1 - 9{,}48 D_2\psi_2 + 6{,}32 D_3\psi_3 + 3{,}00\,\bar{V}_b + 5{,}00\,\bar{H}_b = 0$$

$$\text{II}:\quad 1{,}000\,M_{bc} + 1{,}000\,M_{cb} - 1{,}500\cdot M_{cd} - 1{,}500\cdot M_{dc} + M_{de}^{d} + 6{,}32\cdot D_2\psi_2 - 9{,}48\cdot D_3\psi_3 + 5{,}83\,D_4\psi_4 = 0$$

Für die Stabendmomente werden die Grundformeln eingesetzt: T.3.9; hierbei werden die kinematischen Abhängigkeiten

$$\begin{aligned}
\psi_{ab} &\equiv \psi_1 = \psi_{1,I}\mu_I + \psi_{1,II}\mu_{II} = 1\cdot\mu_I + 0\cdot\mu_{II} = \mu_I \\
\psi_{bc} &\equiv \psi_2 = \psi_{2,I}\mu_I + \psi_{2,II}\mu_{II} = -1{,}500\,\mu_I + 1{,}000\,\mu_{II} \\
\psi_{cd} &\equiv \psi_3 = \psi_{3,I}\mu_I + \psi_{3,II}\mu_{II} = 1{,}000\,\mu_I - 1{,}500\,\mu_{II} \\
\psi_{de} &\equiv \psi_4 = \psi_{4,I}\mu_I + \psi_{4,II}\mu_{II} = 0\cdot\mu_I + 1\cdot\mu_{II} = \mu_{II}
\end{aligned} \tag{3.316}$$

berücksichtigt. Dadurch ergibt sich ein lineares Gleichungssystem von der Ordnung m+n=3+2=5 für die Unbekannten φ_b, φ_c, φ_d, μ_I und μ_{II}. Das Gleichungssystem ist in B.3.100 angeschrieben.

	φ_b	φ_c	φ_d	μ_I	μ_{II}	Belastung	
b	$C_{ab}+A_{bc}$	B_{bc}	–	$-C_{ab}+1{,}500(A_{bc}+B_{bc})$	$-1{,}000(A_{bc}+B_{bc})$	$\bar{M}_{bc}$	=0
c		$A_{bc}+A_{cd}$	B_{cd}	$+1{,}500(A_{bc}+B_{bc})$ $-1{,}000(A_{cd}+B_{cd})$	$-1{,}000(A_{bc}+B_{bc})$ $+1{,}500(A_{cd}+B_{cd})$	$\bar{M}_{cb}$	=0
d			$A_{cd}+C_{de}$	$-1{,}000(A_{cd}+B_{cd})$	$+1{,}500(A_{cd}+B_{cd})-C_{de}$	0	=0
I		symmetrisch		$+C_{ab}+4{,}500(A_{bc}+B_{bc})$ $+2{,}000(A_{cd}+B_{cd})$ $-5{,}83\cdot D_1-14{,}22\cdot D_2-6{,}32\cdot D_3$	$-3{,}000(A_{bc}+B_{bc})$ $-3{,}000(A_{cd}+B_{cd})$ $+9{,}48\cdot D_2+9{,}48\cdot D_3$	$-1{,}500(\bar{M}_{bc}+\bar{M}_{cb})$ $-3{,}000\,\bar{H}_b-5{,}000\,\bar{V}_b$	=0
II					$+2{,}000(A_{bc}+B_{bc})$ $+4{,}500(A_{cd}+B_{cd})+C_{de}$ $-6{,}32\cdot D_2-14{,}22\cdot D_3-5{,}83\cdot D_4$	$-1{,}000(\bar{M}_{bc}+\bar{M}_{cb})$	=0

Bild 3.100

Nach Auflösung des Gleichungssystems werden zunächst die Stabdrehwinkel ψ aus G.3.316 berechnet und über die Grundformeln die Stabendschnittgrößen M_{ab} und T_{ab} ermittelt, damit lassen sich alle Schnittgrößen bestimmen. Ggf. ist es notwendig, für die sich hierbei ergebenden Druckkräfte eine neuerliche Rechnung durchzuführen.

3.4.8.6 Stabsteifigkeitszahl K [3.38]

Für die in den folgenden Abschnitten beschriebenen Verfahren wird die Stabsteifigkeitszahl K gedrückter Biegestäbe benötigt. K kann, wie anschließend gezeigt wird, als Drehfederkonstante gedeutet werden.

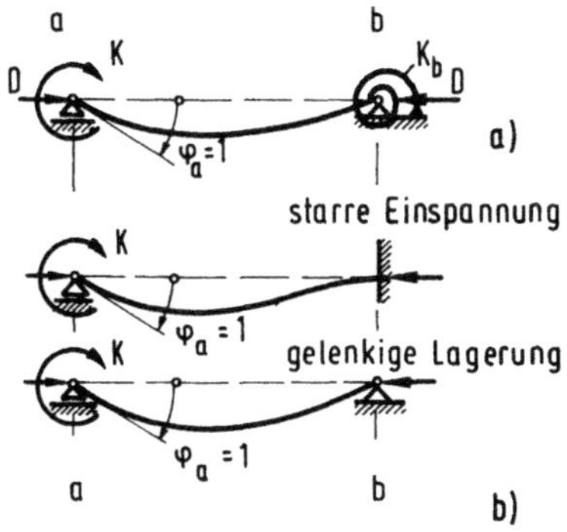

Bild 3.101

B.3.101a zeigt einen Biegestab, der rechterseits in eine Drehfeder K_b einbindet. Als Stabsteifigkeit wird jenes Moment M_{ab} definiert, das den Stabenddrehwinkel $\varphi_a=1$ hervorruft. Die Grundformel G.3.247 (vgl. auch T.3.10) liefert wegen $\psi_{ab}=0$ und $\bar{M}_{ab}=\bar{M}_{ba}=0$:

$$K_{ab} = A_{ab}\,\frac{C_{ab}+K_b}{A_{ab}+K_b} \qquad (3.317)$$

K ist jener elastische Drehwiderstand, den der Stab einer Verdrehung 1 entgegensetzt.
Für eine starre Einspannung bzw. gelenkige Lagerung des rechten Stabendes folgt unmittelbar aus G.3.317:

$$\begin{array}{lll} \text{Starre Einspannung:} & K_b=\infty & K_{ab}=A_{ab} \\ \text{Gelenkige Lagerung:} & K_b=0 & K_{ab}=C_{ab} \end{array} \qquad (3.318)$$

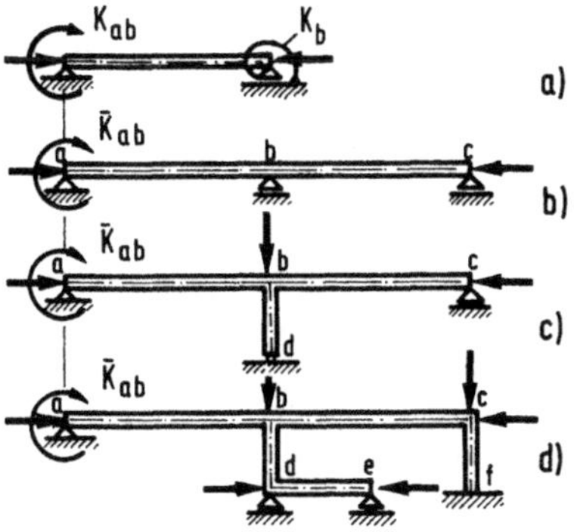

Bild 3.102

Steht die Drehfederkonstante K_b stellvertretend für einen in b angeschlossenen Biegestab, wie in B.3.102b skizziert, ist $K_b \equiv K_{bc}$ und für K_{ab} gilt:

$$\bar{K}_{ab} = A_{ab}\cdot\frac{C_{ab}+K_{bc}}{A_{ab}+K_{bc}}\ ;\quad K_{bc}=C_{bc} \qquad (3.319)$$

Schließen im Knoten b zwei Stäbe an, ist:

$$\bar{K}_{ab} = A_{ab}\cdot\frac{C_{ab}+(K_{bc}+K_{bd})}{A_{ab}+(K_{bc}+K_{bd})} \qquad (3.320)$$

Setzen sich die Stäbe weiter fort, sind für K_{bc} und K_{bd} die entsprechend erweiterten Steifigkeiten einzuführen. In den G.3.319 und 3.320 wird $\bar{K}_{ab}$ mit einem Querstrich versehen, um auf die Steifigkeitskopplung hinzuweisen. Bei einem Stabwerk mit geschlossenen Stabzügen gelingt es nicht, gekoppelte Steifigkeiten eines Stabes oder Knotens rekursiv aus den Steifigkeiten der angebundenen Stabzüge zu bestimmen.

3.4.8.7 Berechnung der Verzweigungslast aus der "Bedingung vom Verlust der Dreh- bzw. Verschiebungssteifigkeit"

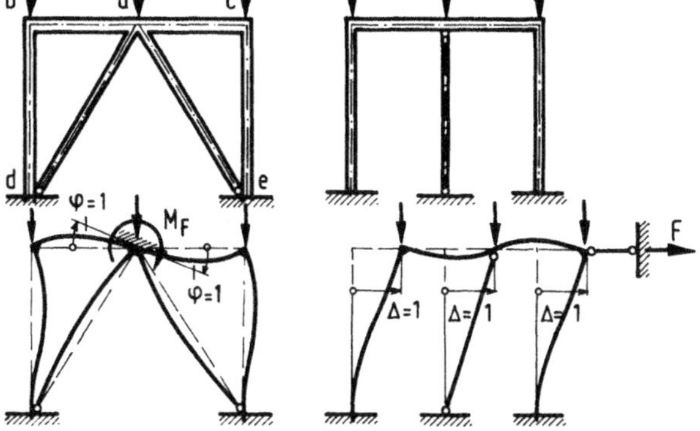

Bild 3.103 a) b)

a) Unverschiebliche Systeme knicken in Form von Verbiegungen der Stäbe zwischen den Knoten aus. Die Knoten erleiden keine Verschiebungen, d.h., sämtliche Stabdrehwinkel ψ sind Null. Die Steifigkeit eines unverschieblichen Systems kann durch das Festhaltemoment M_F gekennzeichnet werden, das an irgendeinem Knoten aufgebracht werden muß, um eine Knotendrehung $\varphi=1$ hervorzurufen (B.3.103a). Wirken auf die Stäbe des Systems Druckkräfte ein, sinken die Stabsteifigkeiten dieser Stäbe und damit auch die Knotensteifigkeiten und das Festhaltemoment des Bezugsknotens. Mit Erreichen des Verzweigungszustandes, d.h. mit Erreichen des Knickfaktors ν_{Ki}, sinkt M_F auf Null, die Tragfähigkeit ist erschöpft, das System vermag einer Drehung $\varphi=1$ (an beliebiger Stelle) keinen Widerstand entgegenzusetzen. Im Falle des in B.3.103a dargestellten Systems lautet damit die Knickbedingung:

$$K_a = \bar{K}_{ab} + \bar{K}_{ac} + K_{ad} + K_{ae} = A_{ab}\cdot\frac{C_{ab}+K_{bd}}{A_{ab}+K_{bd}} + A_{ac}\cdot\frac{C_{ac}+K_{ce}}{A_{ac}+K_{ce}} + K_{ad} + K_{ae}$$
$$= A_{ab}\cdot\frac{C_{ab}+A_{bd}}{A_{ad}+A_{bd}} + A_{ac}\cdot\frac{C_{ac}+A_{ce}}{A_{ac}+A_{ce}} + C_{ad} + C_{ae} = 0 \quad (3.321)$$

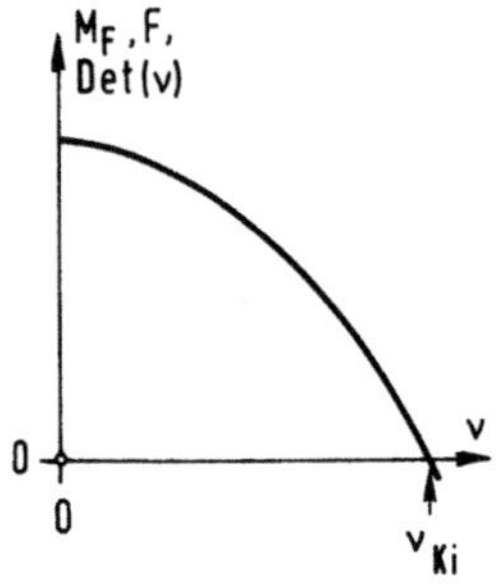

Bild 3.104

In B.3.104 ist schematisch dargestellt, wie M_F monoton absinkt, wenn die Belastung (proportional) ansteigt. Mit der "Bedingung vom Verlust der Drehsteifigkeit" gelingt eine sehr anschauliche Deutung der Knickung.

b) Verschiebliche Systeme: Von Ausnahmen abgesehen (vgl. Abschnitt 1.2.10), knicken verschiebliche Systeme in Verbindung mit Knotenverschiebungen aus, demnach kann die Verschiebungssteifigkeit als Indikator verwendet werden: Dazu wird dem Rahmenwerk eine Verschiebung von der Einheit Eins aufgezwungen, hierzu gehört die Festhaltekraft F (B.3.103b). Mit steigender Druckbeanspruchung nehmen einerseits die Stabsteifigkeiten ab, andererseits wachsen die Abtriebskomponenten der einzelnen Druckstäbe an. Hierdurch sinkt F und bei $\nu=\nu_{Ki}$ wird F Null (B.3.104).

Um die Verzweigungslast zu bestimmen, ist es offensichtlich erforderlich, für inkrementel erhöhte Lasten M_F bzw. F zu berechnen und deren Nulldurchgang festzustellen. Für diese Berechnung eignen sich bevorzugt die im folgenden Abschnitt behandelten Momentenausgleichsverfahren. Belastungsglieder dieser Verfahren sind die Einspannmomente für die Stabeinheitsverdrehung $\varphi=1$ bzw. Stabeinheitsverschiebung $\Delta=1$. Sie lassen sich in einfacher Weise aus den Grundformeln herleiten, vgl. T.3.9/10:

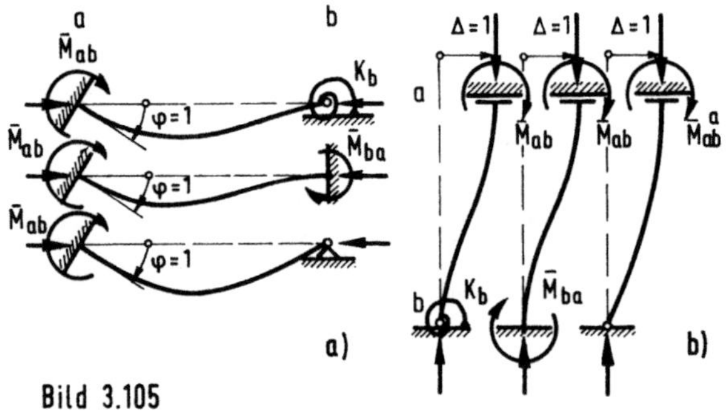

Bild 3.105

a) Einheitverdrehung $\varphi_a = 1$:

Federelastische Einspannung in b: $\bar{M}_{ab} = A\,\frac{C+K_b}{A+K_b}$; $\bar{M}_{ba} = B\,\frac{K_b}{A+K_b}$ (3.322)

Starre Einspannung in b: $\bar{M}_{ab} = A$; $\bar{M}_{ba} = B$ (3.323)

Gelenkige Lagerung in b: $\bar{M}^a_{ab} = C$; $\bar{M}^a_{ba} = 0$ (3.324)

b) Einheitsverschiebung $\Delta = \psi_{ab}\cdot l = 1$:

Federelastische Einspannung in b: $\bar{M}_{ab} = -\frac{A+B}{l}\left(1-\frac{B}{A+K_b}\right)$; $\bar{M}_{ba} = -\frac{A+B}{l}\cdot\frac{B}{A+K_b}$ (3.325)

Starre Einspannung in b: $\bar{M}_{ab} = \bar{M}_{ba} = -\frac{A+B}{l}$ (3.326)

Gelenkige Lagerung in b: $\bar{M}^a_{ab} = -\frac{C}{l}$ (3.327)

Besteht das Tragwerk aus mehreren Verschiebungsgruppen, z.B. mehreren Stockwerken, dient die Determinante des Gleichungssystems

$$\begin{aligned} F_I &= \Delta_I \cdot F_{I,I} + \Delta_{II} \cdot F_{I,II} + \Delta_{III} \cdot F_{I,III} \\ F_{II} &= \Delta_I \cdot F_{II,I} + \Delta_{II} \cdot F_{II,II} + \Delta_{III} \cdot F_{II,III} \\ F_{III} &= \Delta_I \cdot F_{III,I} + \Delta_{II} \cdot F_{III,II} + \Delta_{III} \cdot F_{III,III} \end{aligned} \qquad (3.328)$$

als Indikator, vgl. B.3.106. Nacheinander werden den kinematisch unabhängigen Verschiebungsgruppen Einheitsverschiebungen $\mu_I = 1$, $\mu_{II} = 1$ usf. aufgeprägt; die jeweils anderen bleiben durch Fesselstäbe unverschieblich festgehalten. Es ist dabei freigestellt, wie

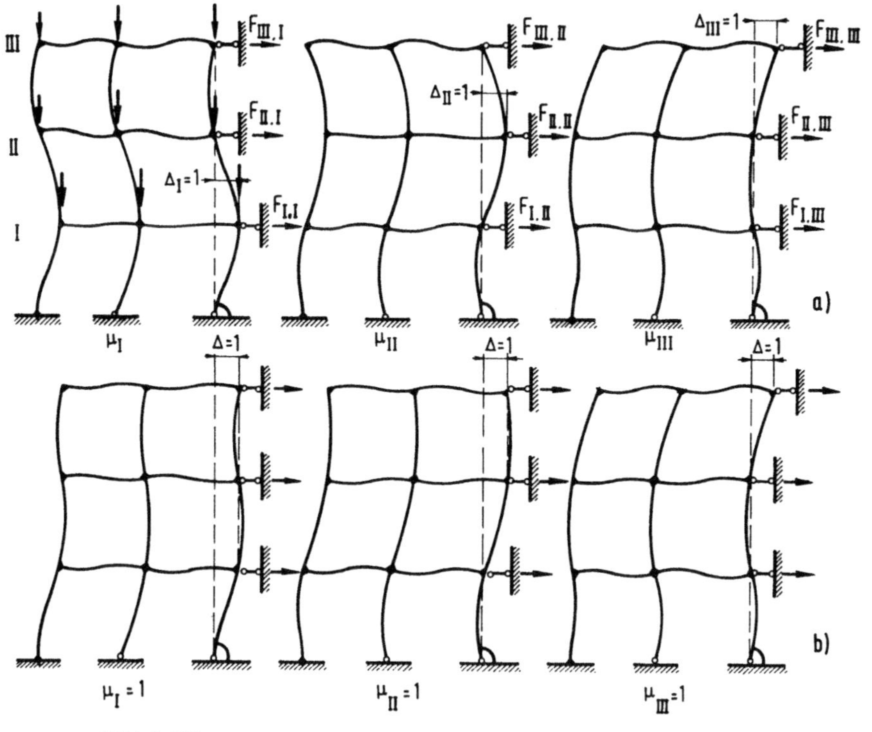

Bild 3.106

die Zustände $\mu_i = 1$ vereinbart werden, B.3.106 zeigt zwei alternative Möglichkeiten. Für jeden einzelnen Zustand werden die Festhaltekräfte berechnet, z.B. für den Zustand $\mu_I = 1$: $F_{I,I}$, $F_{II,I}$...Da jeder Teilzustand für dieselbe Druckkraftbeanspruchung berechnet wird, ergeben sich die Festhaltekräfte bei beliebiger Verschiebung der kinematischen Gruppen gemäß G.3.328. Mit Erreichen der kritischen Laststufe ν_{Ki} knickt das System aus, die Verschiebungen haben die Bedeutung von infinitesimalen Auslenkungen, die Festhaltekräfte F_I, F_{II}... sind Null. Der Knickwert folgt aus dem Nulldurchgang der Determinante:

$$\mathrm{Det}(\nu) = \begin{vmatrix} F_{I,I} & F_{I,II} & F_{I,III} \\ F_{II,I} & F_{II,II} & F_{II,III} \\ F_{III,I} & F_{III,II} & F_{III,III} \end{vmatrix} = 0 \qquad (3.329)$$

3.4.8.8 Momentenausgleichsverfahren von CROSS und KANI

3.4.8.8.1 Ein- und zweistufige Verfahrensweise

Die Momentenausgleichsverfahren stimmen in Th.I. und II.Ordn. prinzipiell überein [3.70 u. 3.71]. Verschiebliche Tragwerke können zwei- oder einstufig berechnet werden, vgl. z.B. [3.72].

Beim zweistufigen Vorgehen werden fiktive Festhalterungen zur Fixierung der kinematisch unabhängigen Verschiebungsformationen vereinbart, beim einstufigen Verfahren wird auf eine Fesselung verzichtet und mittels besonderer Verteilungszahlen sogen. Verschiebungsausgleiche geführt und zwar in wechselnder Folge mit den Knotenausgleichen. Bei ausgeprägtem Verformungseinfluß unter hohen Druckkräften ist die Konvergenz der Verschiebungsausgleiche i.allg. ungünstig, sie können auch divergieren! Die zweistufige Vorgehensweise ist daher grundsätzlich vorzuziehen. Die Rechenanweisungen für die zweistufigen Momentenausgleichsverfahren nach CROSS und KANI sind auf den Tafeln T.3.15 bis 3.17 zusammengestellt. Die Ausgleichsformeln werden nachfolgend erläutert.

Bei den Ausgleichsverfahren wird bekanntlich von einem Starrsystem ausgegangen, d.h., alle Knoten werden zunächst als drehstarr fixiert betrachtet. Zur Aufrechterhaltung dieser Festhalterungen sind Festhaltemomente erforderlich. Ihre Größe ist gleich der Summe der Starreinspannmomente $\bar{M}_{ab}$ aller in den Knoten eingespannten Stäbe und ggf. zuzüglich äußerer Knotenmomente $\bar{M}_a$, wenn z.B. Kragträger in die Knoten einbinden. B.3.107a zeigt ein solches äußeres Knotenlastmoment und Bildteil b die Einspannmomente. Der Knoten bleibt unverdreht, wenn das Festhaltemoment

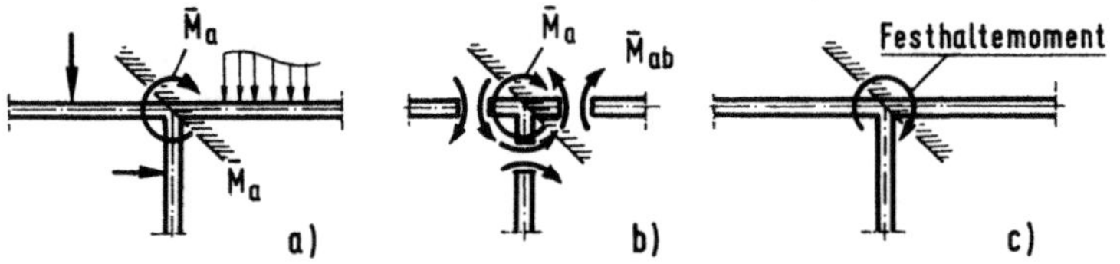

Bild 3.107

$$M_a = -\Sigma\bar{M}_{ab} + \bar{M}_a = -(\Sigma\bar{M}_{ab} - \bar{M}_a) \tag{3.330}$$

wirksam ist.

3.4.8.8.2 CROSS-Verfahren

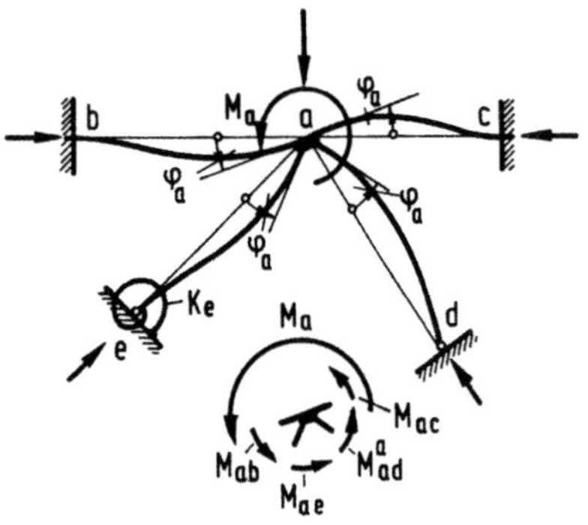

Bild 3.108

Von Knoten zu Knoten fortschreitend, wird die Fesselung aufgehoben, die Nachbarknoten bleiben jeweils drehstarr fixiert, sofern sie nicht angelenkt oder in eine Drehfeder eingespannt sind (B.3.108). Das Festhaltemoment M_a wird in entgegengesetzter Richtung als äußeres Lastmoment in den Knoten eingetragen

$$M_a = +(\Sigma\bar{M}_{ab} - \bar{M}_a) \tag{3.331}$$

und auf die anschließenden Stäbe verteilt. Um den Knoten wird ein Rundschnitt gelegt. Die Knotengleichung lautet:

$$M_{ab} + M_{ac} + M^a_{ad} + M_{ae} + M_a = 0 \tag{3.332}$$

Die Gleichung wird nach M_a aufgelöst und die Stabendmomente durch die Grundformeln des Verformungsgrößenverfahrens ersetzt. Da die Stabsehnendrehwinkel aller Stäbe Null und die Stabenddrehwinkel gleich groß sind (φ_a), gilt:

$$M_a = -(M_{ab} + M_{ac} + M^a_{ad} + M_{ae}) = -[A_{ab} + A_{ac} + C_{ad} + (A_{ae}\frac{C_{ae}+K_e}{A_{ae}+K_e})]\varphi_a = -[K_{ab} + K_{ac} + K_{ad} + K_{ae}]\varphi_a \longrightarrow$$

$$M_a = -\varphi_a \cdot \Sigma K_{ab} \tag{3.333}$$

(vgl. G.3.317 bis 3.319). Im Falle des Stabes a-b verhält sich das Stabendmoment M_{ab} zum eingeprägten Moment M_a wie:

$$\frac{M_{ab}}{M_a} = -\frac{A_{ab}\cdot\varphi_a}{\varphi_a\cdot\Sigma K_{ab}} = -\frac{K_{ab}}{\Sigma K_{ab}} = -\mu_{ab} \tag{3.334}$$

D.h.: Die auf die einzelnen Stäbe entfallenden Anteile des Festhaltemomentes M_a verhalten sich wie die Stabsteifigkeiten K zur Knotensteifigkeit ΣK . Ein steifer Stab zieht einen größeren Anteil auf sich als ein weicher, wobei in Th.II.Ordn. die Steifigkeiten auch von den wirksamen Stabkräften mit bestimmt werden. Der durch G.3.334 definierte Quotient wird Verteilungszahl genannt:

$$\mu_{ab} = +\frac{K_{ab}}{\Sigma K_{ab}} \tag{3.334a}$$

Als Probe kann für jeden Knoten $\Sigma\mu_{ab} = 1$ geprüft werden.
Nach Abschluß eines Knotenausgleichs werden die Stabendmomente der gegenüberliegenden (eingespannten) Stabenden berechnet. Hierzu werden die einzelnen Momente

$$M_{ab} = -\mu_{ab} M_a \tag{3.334b}$$

mit den Übertragungszahlen c_{ab} multipliziert. Diese Zahlen folgen unmittelbar aus den Grundformeln (T.3.9u.3.10). Geht man von dem drehfederelastisch eingespannten Stab aus, siehe B.3.109a, und bildet den Quotienten M_{ba} / M_{ab}, folgt:

$$c_{ab} = \frac{M_{ba}}{M_{ab}} = B\cdot\frac{K_b}{A+K_b}\cdot\frac{A+K_b}{A(C+K_b)} = \frac{B}{A}\cdot\frac{K_b}{C+K_b} \tag{3.335}$$

Dieser Quotient kennzeichnet den vom Stabende a zum Stabende b übertragenen Anteil. Für

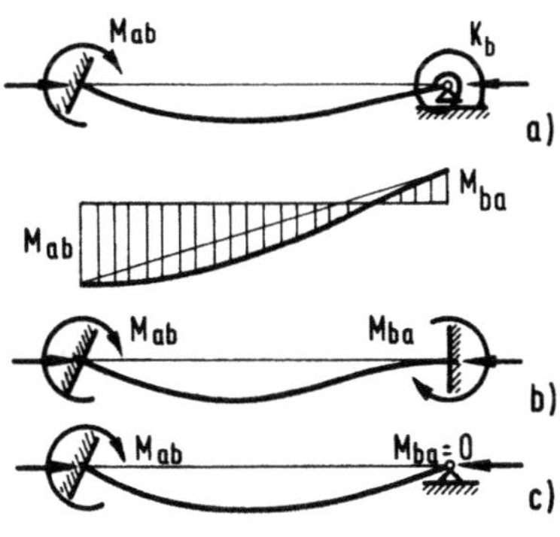

Bild 3.109

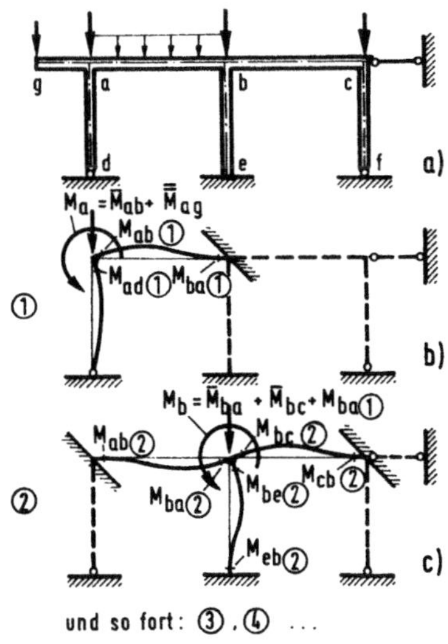

Bild 3.110

die Fälle einer starren Einspannung bzw. gelenkigen Lagerung in b folgt aus G.3.335:

$$\text{Starre Einspannung in b: } K_b = \infty \quad : c_{ab} = \frac{B}{A} \qquad (3.336)$$

$$\text{Gelenkige Lagerung in b: } K_b = 0 \quad : c_{ab} = 0 \qquad (3.337)$$

Im Falle der starren Einspannung gilt für $D = 0 \longrightarrow c_{ab} = 0{,}5$ (Th.I.Ordn.).

Im Verlauf der Knotenausgleiche sind die übertragenen Momente

$$M_{ba} = c_{ab} \cdot M_{ab}$$

den Festhaltemomenten der Nachbarknoten hinzuzuschlagen, anderenfalls ließe sich die starre Fesselung nicht aufrechterhalten. - Der Ausgleich wird abgebrochen, wenn sich Ausgleichsmomente ergeben, die kleiner sind als eine vereinbarte Schranke. Durch Überlagerung sämtlicher Iterationsschritte, d.h. Summation der Einspannungsmomente (womit die Stabbelastungen eingefangen sind) und der Ausgleichs- und Übertragungsmomente, findet man die gesuchten Stabendmomente des vorgelegten Lastfalles. Ist innerhalb einer Laststufe die Stabkennzahl ε eines Stabes $> \pi$ (ohne daß die Verzweigungslast des Gesamtsystems erreicht ist), ergibt sich $c_{ab} > 1$ und der Ausgleich divergiert. Dieser Fall tritt bei Spannungsproblemen Th.II.Ordn. i.allg. nicht auf, wohl bei Verzweigungsproblemen, wenn -wie im vorangegangenen Abschnitt erläutert- die Knicklast aus der "Bedingung vom Verlust der Drehsteifigkeit" berechnet werden soll. Das läßt sich indes vermeiden, wenn jener Knoten als Indikatorknoten für M_F gewählt wird, der von allen die geringste Steifigkeit aufweist und in dem der Stab mit der relativ größten ε-Zahl einbindet.

Anhand von B.3.110 soll die Verfahrensweise nochmals erläutert werden. Das kinematisch einfach verschiebliche System wird durch einen Festhaltestab unverschieblich fixiert.

Ausgleich ① im Knoten a: Das auszugleichende Festhaltemoment M_a beträgt wegen

$\Sigma \bar{M}_{ab} = \bar{M}_{ab}$ und $\bar{M}_a = \bar{\bar{M}}_{ag}$: $\quad M_a = \bar{M}_{ab} + \bar{\bar{M}}_{ag} \quad$ ($\bar{\bar{M}}_{ag}$: Vgl. Abschnitt 3.4.8.3)

Die Ausgleichsmomente M_{ab} und M_{ad} und das vom Stabende a zum Stabende b zu übertragene Moment M_{ba} berechnen sich zu (B.3.110b):

$$M_{ab①} = \mu_{ab} \cdot M_a, \quad M_{ad①} = \mu_{ad} \cdot M_a; \quad M_{ba①} = c_{ab} \cdot M_{ab①}$$

Ausgleich ② im Knoten b: Das Festhaltemoment beträgt:

$$M_b = \bar{M}_{ba} + \bar{M}_{bc} + M_{ba①}$$

Ausgleich und Momentenübertragung:

$$M_{ba②} = \mu_{ba} \cdot M_b, \quad M_{be②} = \mu_{be} \cdot M_b, \quad M_{bc②} = \mu_{bc} \cdot M_b$$

$$M_{ab②} = c_{ab} \cdot M_{ba②}, \quad M_{eb②} = c_{eb} \cdot M_{be②}, \quad M_{cb②} = c_{bc} \cdot M_{bc②}$$

Man vergleiche im übrigen T.3.15/17.

3.4.8.8.3 KANI-Verfahren

Wie beim zweistufigen CROSS-Verfahren, wird das Stabwerk durch Festhaltekräfte unverschieblich fixiert. Unter Berücksichtigung der in den G.3.317 bis 3.319 definierten Stabsteifigkeiten K lauten die Grundformeln des Verformungsgrößenverfahrens:

$$\text{Drehfederelastische Einspannung: } M_{ab} = K_{ab}\varphi_a + \bar{M}_{ab}; \quad K_{ab} = A_{ab} \cdot \frac{C_{ab} + K_b}{A_{ab} + K_b} \qquad (3.338)$$

$$\text{Beidseitige Einspannung: } M_{ab} = K_{ab}\varphi_a + B_{ab}\varphi_b + \bar{M}_{ab}; \quad K_{ab} = A_{ab} \qquad (3.339)$$

$$\text{Gelenkige Lagerung: } M_{ab} = K_{ab}\varphi_a + \bar{M}_{ab}; \quad K_{ab} = C_{ab} \qquad (3.340)$$

Über die Einspannungsmomente $\bar{M}_{ab}$ wird die äußere Belastung auf die Stäbe erfaßt:

G.3.338: $$\bar{M}_{ab} \equiv \bar{M}_{ab} - \frac{B_{ab}}{A_{ab}+K_b}\bar{M}_{ba} \quad (\bar{M}_{ab}, \bar{M}_{ba} \text{ für beidseitig starre Einspannung}) \tag{3.341}$$

G.3.340: $$\bar{M}_{ab} \equiv \bar{M}^{a}_{ab} \tag{3.342}$$

Die Stabendmomente M_{ab} gemäß G.3.338 bis 3.340 werden in die Knotengleichung G.3.266 eingesetzt. Wegen φ_a=konst. ergibt sich:

$$\varphi_a \cdot \Sigma K_{ab} + \Sigma B_{ab}\varphi_b + \Sigma \bar{M}_{ab} = \bar{M}_a \tag{3.343}$$

Anstelle der Bezugsunbekannten φ_a und φ_b werden neue Bezugsunbekannte (M'_{ab}, M'_{ba}) definiert:

$$\varphi_a = \frac{M'_{ab}}{B_{ab}}, \quad \varphi_b = \frac{M'_{ba}}{B_{ab}} \tag{3.344a/b}$$

Hiermit folgt für G.3.343:

$$\varphi_a \cdot \Sigma K_{ab} + \Sigma M'_{ba} + \Sigma \bar{M}_{ab} = \bar{M}_a \tag{3.345}$$

Die Gleichung wird nach φ_a aufgelöst und G.3.344a beachtet:

$$\varphi_a = \frac{1}{\Sigma K_{ab}}(\bar{M}_a - \Sigma \bar{M}_{ab} - \Sigma M'_{ba}) = \frac{M'_{ab}}{B_{ab}} \tag{3.346}$$

Die Ausgleichsformel für M'_{ab} lautet damit:

$$M'_{ab} = \mu_{ab}(-\bar{M}_a + \Sigma \bar{M}_{ab} + \Sigma M'_{ba}) = \mu_{ab}(M_a + \Sigma M'_{ba}); \qquad M_a = -(\bar{M}_a - \Sigma \bar{M}_{ab}) \tag{3.347}$$

M_a ist das Festhaltemoment, vgl. G.3.331. Die Verteilungszahl des KANI-Verfahrens lautet:

$$\mu_{ab} = -\frac{B_{ab}}{\Sigma K_{ab}} \quad \left(\text{Probe: } \Sigma \mu_{ab} \cdot \frac{K_{ab}}{B_{ab}} = 1\right) \tag{3.348}$$

Man beachte, daß die Verteilungszahlen des CROSS- und KANI-Verfahrens unterschiedlich sind. - Die Ausgleichsvorschrift wird von Knoten zu Knoten fortschreitend angewendet, bis sich konvergente Endwerte für die Bezugsmomente M'_{ab} ergeben, dann sind sämtliche Knotengleichungen erfüllt. Die endgültigen Stabendmomente werden mittels der Summationsformel

$$M_{ab} = \bar{M}_{ab} + g_{ab} \cdot M'_{ab} + M'_{ba} \tag{3.349}$$

berechnet. Hierin sind M'_{ab} und M'_{ba} die Ausgleichsmomente der letzten Interationsstufe. Die Vorzahl g_{ab} hat die Bedeutung einer Gewichtszahl, weil sie bestimmt, mit welchem Gewicht das Ausgleichsmoment des anliegenden Stabendes in die Summe eingeht. G.3.349 ergibt sich unmittelbar aus den Grundformeln des Verformungsgrößenverfahrens (T.3.9), wenn die Definitionsgleichungen G.3.344 für φ_a und φ_b eingesetzt werden.-Im Falle angelenkter oder drehfederelastisch eingespannter Stäbe ist M'_{ba} Null. - Die Anweisungen sind auf T.3.15/17 zusammengefaßt.

3.4.8.8.4 Aufhebung der Verschiebungsfesselung

Nach Beendigung der ersten Berechnungsstufe am unverschieblichen Hauptsystem und Bestimmung der Festhaltekräfte F_{i0}, werden dem Tragwerk nacheinander die Einheitsverschiebungen Δ_k=1 pro Verschiebungsformation aufgeprägt. Jeder dieser Zustände wird ausgeglichen. Anschließend werden mit Hilfe von Gleichgewichtsgleichungen die Festhaltekräfte F_{ik} bestimmt. Da die Fesselung fiktiv war, müssen die Gleichgewichtsgleichungen

$$\sum_{k=1}^{n} \Delta_k \cdot F_{ik} + F_{i0} = 0 \quad (i = 1, 2, \cdots n) \tag{3.350}$$

Verformungsgrößenverfahren Theorie II. Ordnung

Zweistufiges Momentenausgleichsverfahren nach CROSS bzw. KANI

Im Sinne des Verformungsgrößenverfahrens ist ein unverschiebliches Tragwerk m-fach und ein verschiebliches (m+n)-fach unbestimmt. m ist die Anzahl der Knoten und n die Zahl der unabhängigen kinematischen Verschiebungsformationen, d.h., n ist gleich dem Grad der Verschieblichkeit des Gelenksystems (Tafel 3.7).

Verschiebliche Tragwerke werden beim zweistufigen Vorgehen durch die fiktive Anordnung von Festhaltestäben in unverschiebliche Systeme überführt (Hauptsystem) z.B.:

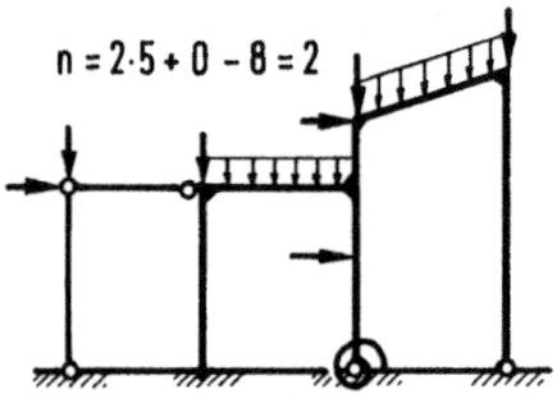

Gegegebenes System
$m = 4,\ n = 2$

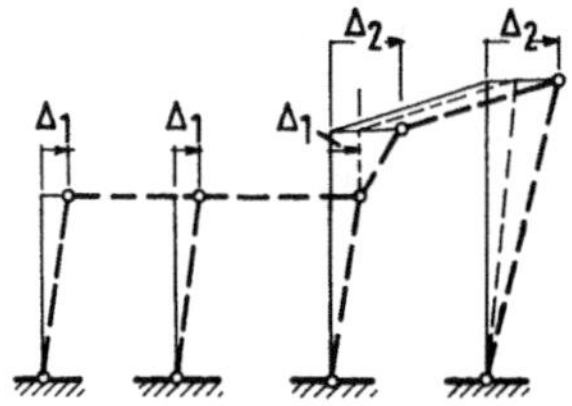

Zugeordnete Gelenkfigur

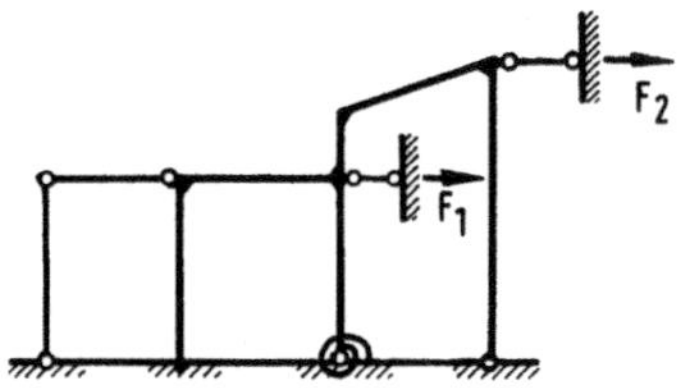

Unverschiebliches Hauptsystem
Festhaltekräfte F als Zugkräfte positiv

Berechnungsschritte:

1. Berechnung der Stabkennzahlen $\varepsilon = l \cdot \sqrt{\frac{D}{EJ}}$; Entnahme der Funktionenwerte A' und B' für beidseitig eingespannte sowie B' und C' für einseitig eingespannte Stäbe aus den Tafeln IV/1. Ermittlung von A, B und C; vgl. Tafel 3.9.
2. Berechnung der Starreinspannmomente aller querbelasteten Stäbe (Tafel 3.11/13).
3. Berechnung der Stabsteifigkeiten K:

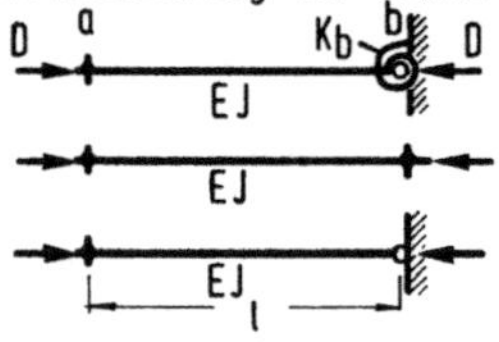

	Theorie II. Ordn.	Theorie I. Ordn.
Drehfederelastische Einspannung:	$K = A \cdot \frac{C + K_b}{A + K_b}$	$K = 4\frac{EJ}{l} \cdot \frac{3 + \frac{K_b l}{EJ}}{4 + \frac{K_b l}{EJ}}$
Beidseitige Einspannung:	$K = A = A' \cdot \frac{EJ}{l}$	$K = 4 \cdot \frac{EJ}{l}$
Gelenkige Lagerung:	$K = C = C' \cdot \frac{EJ}{l}$	$K = 3 \cdot \frac{EJ}{l}$

Momentenausgleichsverfahren nach CROSS

4. Ermittlung der Verteilungszahlen μ für die Stabanschlüsse aller m Knoten:

$$\mu_{ab} = \frac{K_{ab}}{\Sigma K_{ab}} \quad (\Sigma K_{ab}\text{: Summe der K Zahlen aller am Knoten einbindenden Stäbe})$$

5. Berechnung der Übertragungszahlen c aller Stäbe. Die Übertragungszahl kennzeichnet jenen Momentenanteil, der von einem zum anderen Stabende übertragen wird:

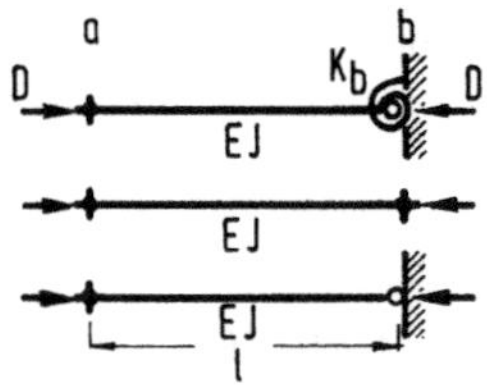

	Theorie II. Ordn.	Theorie I. Ordn.
Drehfederelastische Einspannung:	$c = \frac{B}{A} \cdot \frac{K_b}{C + K_b}$	$c = \frac{1}{2} \cdot \frac{\frac{K_b l}{EJ}}{3 + \frac{K_b l}{EJ}}$
Beidseitige Einspannung:	$c = \frac{B}{A} = \frac{B'}{A'}$	$c = \frac{1}{2}$
Gelenkige Lagerung:	$c = 0$	$c = 0$

6. Momentenausgleich: Bei der Ermittlung der Einspannmomente wird fiktiv angenommen, daß alle Knoten drehstarr festgehalten sind. Das Festhaltemoment M_a am Knoten a ist gleich der Summe der angreifenden Einspannmomente $\Sigma \bar{M}_{ab}$ und einem (falls vorhandenen) äußeren Knotenmoment $\bar{M}_a$: $M_a = -\bar{M}_a + \Sigma \bar{M}_{ab}$
Von Knoten zu Knoten fortschreitend werden die drehstarren Festhalterungen gelöst und die Festhaltemomente auf die anschließenden Stäbe im Verhältnis der Stabsteifigkeiten (in entgegengesetztem Drehsinn) verteilt:

$$M_{ab} = -\mu_{ab} \cdot M_a$$

Bei jedem Ausgleichsschritt werden die Nachbarknoten als drehstarr festgehalten angesehen; das bedeutet, daß nach jedem Einzelausgleich an einem Knoten, dieser in der neuen (gedrehten) Lage wieder als starr fixiert betrachtet wird.

Die den ausgeglichenen Momentenanteilen M_{ab} zugeordneten Anteile M_{ba} der gegenüberliegenden Stabenden b werden mittels der Übertragungszahlen c nach jedem Knotenausgleich berechnet:

$$M_{ba} = c_{ab} \cdot M_{ab}$$

und in das Festhaltemoment des folgenden Ausgleichsschrittes einbezogen.

7. Nach abgeschlossenem Ausgleich: An jedem Stabende werden das Einspannungsmoment, die Ausgleichsmomente und Übertragungsmomente aufaddiert.

   Momentenkontrolle an jedem Knoten: $\Sigma M_{ab} = \bar{M}_a$.

   (Fortsetzung siehe Punkt 8.)

<u>Momentenausgleichsverfahren nach KANI</u>

4. Ermittlung der Verteilungszahlen μ für die Stabanschlüsse aller m Knoten:

   $\mu_{ab} = -\dfrac{B_{ab}}{\Sigma K_{ab}}$; die Summe ist über alle am Knoten anbindenden Stäbe zu erstrecken.

5. Berechnung der Gewichtszahlen g aller Stäbe:

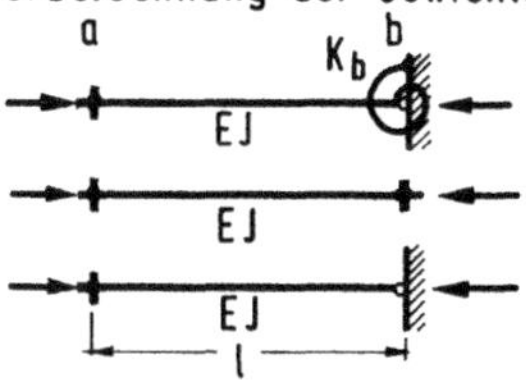

	Theorie II. Ordn.	Theorie I. Ordn.
Drehfederelastische Einspannung:	$g = \dfrac{A'}{B'} \cdot \dfrac{C + K_b}{A + K_b}$	$g = 2 \cdot \dfrac{3 + \frac{K_b l}{EJ}}{4 + \frac{K_b l}{EJ}}$
Beidseitige Einspannung:	$g = \dfrac{A'}{B'}$	$g = 2$
Gelenkige Lagerung in b:	$g = \dfrac{C'}{B'}$	$g = \dfrac{3}{2}$

6. Momentenausgleich: Ermittlung aller Knotenmomente $M_a = -\bar{M}_a + \Sigma \bar{M}_{ab}$.
   $\bar{M}_a$: äußeres Knotenmoment, $\Sigma \bar{M}_{ab}$: Summe der anschließenden Einspannungsmomente. Von Knoten zu Knoten fortschreitender Momentenausgleich nach der Grundvorschrift:

   $$M'_{ab} = \mu_{ab} \cdot (-\bar{M}_a + \Sigma \bar{M}_{ab} + \Sigma M'_{ba}) = \mu_{ab}(M_a + \Sigma M'_{ba})$$

   M'_{ba} ist das Ausgleichsmoment am gegenüberliegenden Stabende des jeweils letzten Ausgleichsschrittes.

7. Nach abgeschlossenem Ausgleich: An jedem Stabende wird das Stabendmoment M_{ab} durch Aufsummierung der Momentenanteile nach folgender Vorschrift bestimmt:

   $$M_{ab} = \bar{M}_{ab} + g_{ab} \cdot M'_{ab} + M'_{ba}$$

   Momentenkontrolle an jedem Knoten: $\Sigma M_{ab} = \bar{M}_a$

Für <u>unverschiebliche</u> Tragwerke ist die Berechnung mit dem Rechnungsgang 7 im wesentlichen abgeschlossen. Es bedarf noch der Bestimmung der Schnittgrößen innerhalb sämtlicher Feldbereiche; vgl. Tafel IV/2-7.
Für <u>verschiebliche</u> Tragwerke ist mit dem Rechnungsgang 7 die erste Stufe abgeschlossen: Am unverschieblichen Hauptsystem sind die Schnittgrößen unter den äußeren Kräften bekannt: S_0.
Die Festhaltekräfte F_{i0} werden bestimmt (vgl. Pkt. 8), hierbei sind äußere (Horizontal-) Kräfte, z.B. Windkräfte in Riegelhöhe, in F_{i0} einzubeziehen: $F_{i0} = \Sigma T_{ab} - \bar{W}$.
Die zweite Stufe erfolgt in nachstehenden Schritten:

8. Nacheinander werden jeder Verschiebungsgruppe die Einheitsverschiebungen $\Delta_k = 1$ aufgezwungen und hierfür die Schnittgrößen S_k und Festhaltekräfte F_{ik} berechnet. Sämtliche Knoten werden bei diesen Verschiebungszuständen zunächst als drehstarr fixiert betrachtet. Die Ausgangsgrößen dieser Zustände sind daher die Einspannungsmomente infolge der gegenseitigen Zwangsverschiebungen:

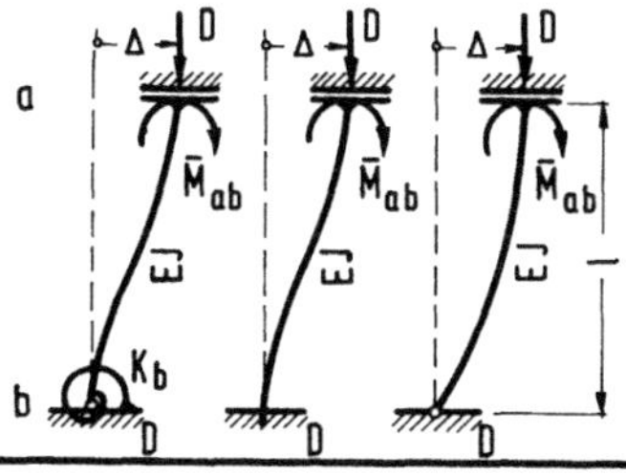

	Theorie II. Ordnung	Theorie I. Ordn.
Drehfederelastische Einspannung in b:	$\bar{M}_{ab} = -\dfrac{A+B}{l}\left(1 - \dfrac{B}{A+K_b}\right)$	$-6 \cdot \left(1 - \dfrac{2}{4 + \frac{K_b l}{EJ}}\right) \cdot \dfrac{EJ}{l^2}$
Beidseitige Einspannung:	$\bar{M}_{ab} = -\dfrac{A+B}{l} = -(A'+B')\dfrac{EJ}{l^2}$	$-6 \cdot \dfrac{EJ}{l^2}$
Gelenkige Lagerung in b:	$\bar{M}_{ab} = -\dfrac{C}{l} = -C' \cdot \dfrac{EJ}{l^2}$	$-3 \cdot \dfrac{EJ}{l^2}$

für $\Delta = 1$

Für jeden Verschiebungszustand erfolgt ein Momentenausgleich - entweder im Sinne des CROSS- oder KANI-Verfahrens. Anschließend werden die Schnittgrößen S_k und Festhaltekräfte F_{ik} berechnet; F_{ik} ist die Festhaltekraft der Verschiebungsgruppe i infolge der Zwangsverschiebung $\Delta_k = 1$.
Bei der Ermittlung der Festhaltekräfte ist folgender - gegenüber Theorie I. Ordnung wesentliche - Einfluß zu beachten: Infolge der Stabschrägstellungen entstehen transversale Kraftkomponenten, die dem inneren Biegewiderstand aus der Momentensumme $(M_{ab}+M_{ba})/l$ zu überlagern sind.

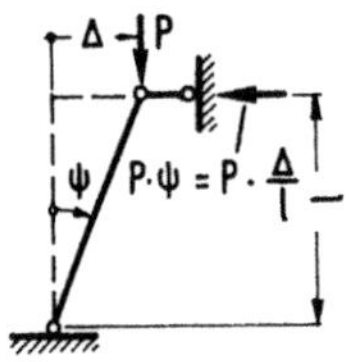

Pendelstab

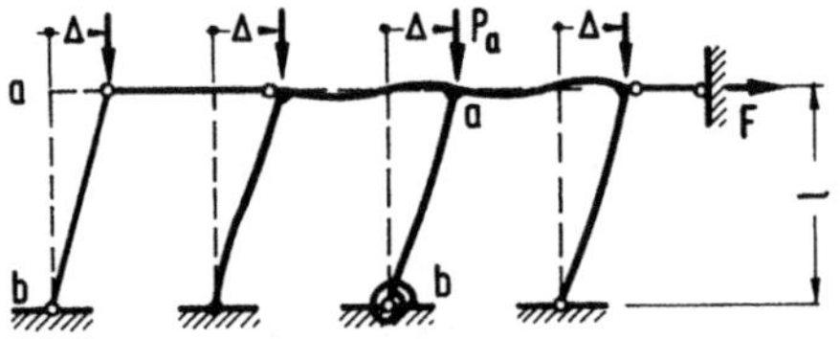

Einstöckiger Rahmen mit Pendelstütze

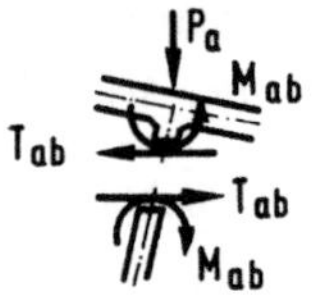

Knotenpunkt a

Festhaltekraft:

$$F = \Sigma T_{ab} = -\Sigma P_a \cdot \frac{\Delta}{l_{ab}} - \Sigma \frac{M_{ab}+M_{ba}}{l_{ab}}$$

(Der Horizontalschub aus der Pendelstütze ist in $\Sigma P_a \cdot \frac{\Delta}{l_{ab}}$ zu berücksichtigen!)

9. Aufstellung des Gleichungssystems, das zum Ausdruck bringt, daß das Tragwerk frei verschieblich ist, oder: Die fiktiven Festhaltekräfte sind Null:

$$F_i = F_{i0} + \sum_{k=1}^{n} \Delta_k F_{ik} = 0 \qquad (i = 1, 2 \dots n)$$

Das Gleichungssystem wird nach den unbekannten Verschiebungen Δ_k der n Verschiebungsgruppen aufgelöst. Anschließend erfolgt Superposition aller Teilzustände:

$$S = S_0 + \sum_{k=1}^{n} \Delta_k \cdot S_k$$

<u>Ergänzende Erläuterungen:</u>

Grundzustand 0:

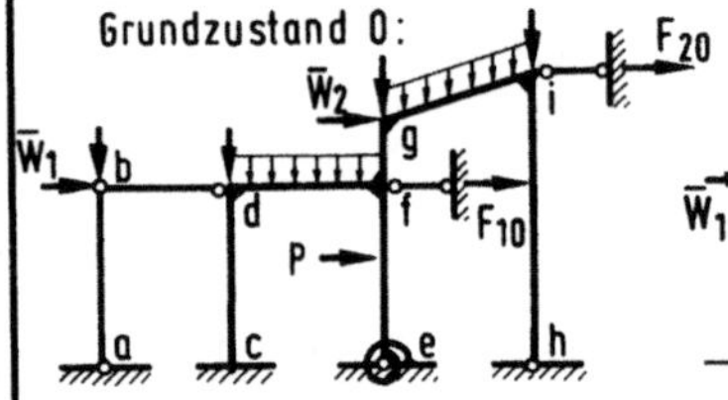

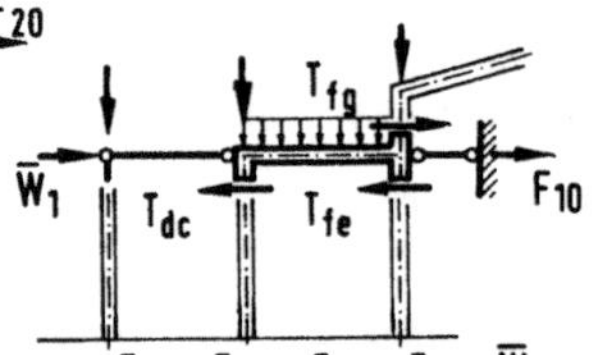

$F_{10} = T_{dc} + T_{fe} - T_{fg} - \overline{W}_1$
(in T_{fe} geht P über die Auflagerkraft T_{fe0} ein)

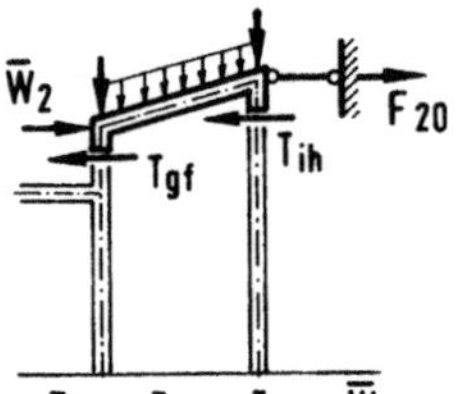

$F_{20} = T_{gf} + T_{ih} - \overline{W}_2$

Verschiebungszustand 1:

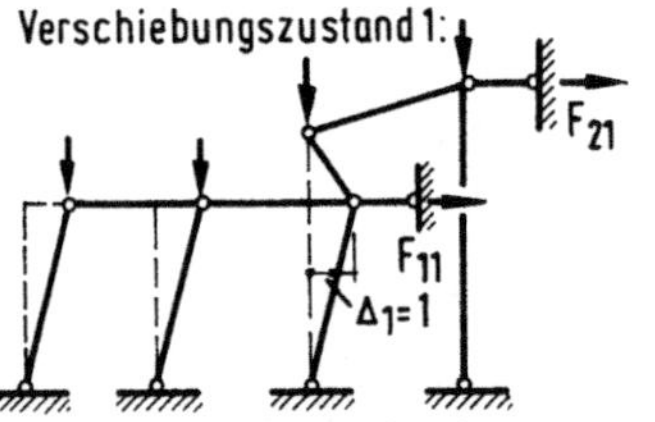

$F_{11} = T_{ba} + T_{dc} + T_{fe} - T_{fg}$; $F_{21} = T_{gf} + T_{ih}$

Verschiebungszustand 2:

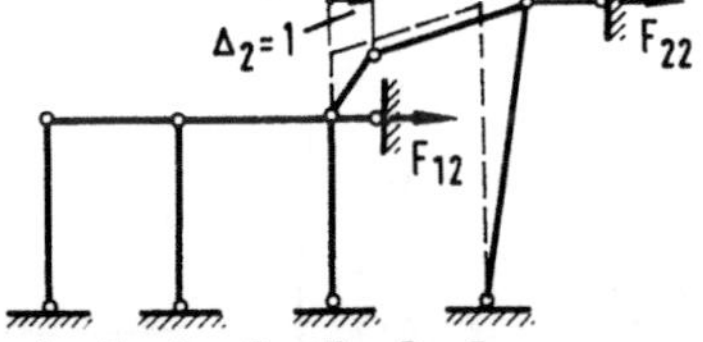

$F_{12} = T_{ba} + T_{dc} + T_{fe} - T_{fg}$; $F_{22} = T_{gf} + T_{ih}$

Bei Knickproblemen sind die Festhaltekräfte im Grundzustand Null ($F_{i0} = 0$), da das Tragwerk voraussetzungsgemäß nur unter Druckkräften steht (das Stabwerk ist momenten-frei).

Knickbedingung:

$$\mathrm{Det}(\varepsilon) = \left| \sum_{k=1}^{n} \Delta_k \cdot F_{ik}(\varepsilon) \right| = 0 \qquad (i = 1, 2 \dots n)$$

bestehen. Nach Auflösung nach Δ_k, werden die Teilzustände überlagert, vgl. T.3.15/17.

Wie oben erwähnt, lassen sich die Momentenausgleichsverfahren auch einstufig durchführen. Hierzu bedarf es besonderer Verschiebungszahlen, um z.B. die Stockwerksgleichungen G.3.267 iterativ zu erfüllen. - Im Falle des KANI-Verfahrens wird neben den in G.3.344 definierten Bezugsunbekannten M'_{ab} und M'_{ba} eine weitere Bezugsunbekannte ($M''_{ab} = M''_{ba}$) eingeführt; Definition:

$$\psi_{ab} = -\frac{M''_{ab}}{A_{ab}+B_{ab}} \tag{3.351}$$

Die Ausgleichs- und Summationsformeln (G.3.347 u. G.3.349) erfahren dann folgende, in einfacher Weise zu bestätigende Erweiterungen:

$$M'_{ab} = \mu_{ab}(-\bar{M}_a + \Sigma\bar{M}_{ab} + \Sigma M'_{ba} + \Sigma M''_{ab}) \tag{3.352}$$

$$M_{ab} = \bar{M}_{ab} + g_{ab} \cdot M'_{ab} + M'_{ba} + M''_{ab} \tag{3.353}$$

Werden nunmehr in der Stockwerksgleichung $\Sigma Tab = \Sigma\bar{W}$ die Transversalkräfte durch die Grundformeln und hierin φ_a, φ_b und ψ_{ab} durch die neuen Bezugsunbekannten ersetzt, liefert die Auflösung nach ψ für ein Stockwerk mit gleich langen Stielen und beidseitiger Einspannung (ψ aller Stäbe ist konstant):

$$M''_{ab} = -\frac{A_{ab}+B_{ab}}{\sum_r [2(A_{ab}+B_{ab}) - D_{ab} \cdot l_{ab}]} [(\sum_s \bar{W} - \sum_r \bar{T}_{ab}) l_{ab} + \sum_r \frac{A_{ab}+B_{ab}}{B_{ab}} (M'_{ab} + M'_{ba})] \tag{3.354}$$

Das ist die Vorschrift für den Verschiebungsausgleich innerhalb der einzelnen Stockwerke. Die r-Summen erstrecken sich über alle Stiele der einzelnen Stockwerke. Die s-Summe erfaßt sämtliche oberhalb des Schnittes entlang der Stielfüße des Stockwerkes wirkenden Horizontallasten $\bar{W}$.

Für Stockwerke mit ungleich langen Stielen und für solche mit gelenkiger Lagerung lassen sich gegenüber G.3.354 erweiterte Formeln für den Verschiebungsausgleich herleiten. Auf deren Widergabe kann verzichtet werden und zwar aus zwei Gründen: Zum einen wird man für rahmenartige Stabwerke mit unregelmäßiger Struktur eine Computerberechnung vorziehen, zum anderen ist die Konvergenz der Verschiebungsausgleiche i.allg. sehr ungünstig. Das ist aus Th.I.Ordn. bekannt und gilt insbesondere für schlanke Rahmen, gerade für diese ist der Stabilitätsnachweis wichtig. Zudem fällt der Nenner der Verschiebungszahl in G.3.354: 2(A+B)-Dl bei höheren Druckkräften klein aus, die Verschiebungszahl wird daher groß, das bedeutet eine weitere Verschlechterung der Konvergenz. In ungünstigen Fällen divergiert das Verfahren (auch unterhalb der Verzweigungslast). Die zweistufige Verfahrensweise ist daher unbedingt vorzuziehen, der Berechnungsaufwand ist nur geringfügig größer als in Th.I.Ordn.-Schrägstellungen des Vorverformungslastfalles lassen sich in einfacher Weise berücksichtigen, indem die Abtriebskräfte in die Festhaltekräfte F_{i0} des kinematischen Starrzustandes eingerechnet werden; vgl. die Anmerkungen zum 5. Beispiel im Abschnitt 3.4.8.4.2. Das zweistufige Vorgehen hat auch noch den Vorteil, daß die Verschiebungen der einzelnen kinematischen Verschiebungsformationen als wichtige Information anfallen.

3.4.8.8.5 Beispiele

1. Beispiel: Zweigelenk-Rahmen (B.3.111)

B.3.111a zeigt den zweistieligen Rahmen und den Biegungsmomentenverlauf nach Th.I.Ordn. Die Druckkräfte dieses Zustandes werden um $\nu = 1{,}5$ erhöht und hierfür die Stabkennwerte A, B und C berechnet. Sie sind in der Festwerttabelle im Bildteil b eingetragen.
Das einfachverschiebliche System wird durch einen Fesselstab in Höhe des Riegels fixiert. Die Rechnung wird nach CROSS und KANI durchgeführt. Die Einspannungsmomente im Starrzustand $\Delta_I = 0$ werden für die ν-fache Riegelbelastung bestimmt, vgl. B.3.111c. Für den

Einheitsverschiebungszustand $\Delta_I = 1$ werden die Einspannungsmomente in den Stielen berechnet, vgl. G.3.325 bis 3.327, sie sind ebenfalls im Bildteil c eingetragen.

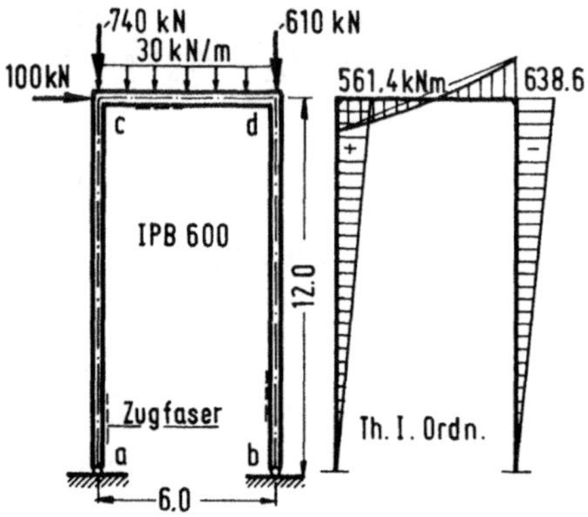

Stiele und Riegel: EJ= 380 000 kNm²

a)

Stab	D	γD	ε	A'	B'	C'
ac	630	950	0,600	3,952	2,012	2,927
bd	900	1350	0.715	3.931	2,023	2,896
cd	53	80	0.089 = 0	4	2	3
	kN	kN				

Stab	EJ/l	A	B	C	K
ac	31 600	124 800	63 600	92 500	92 500
bd	31 600	124 100	64 000	91 500	91 500
cd	63 200	252 800	126 400	189 600	252 800
					kNm

b)

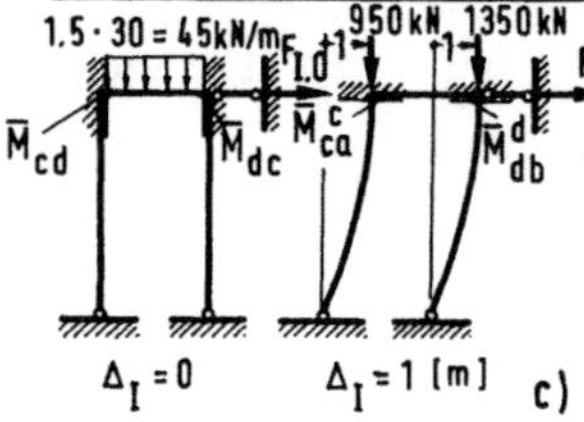

c)

$\Delta_I = 0: \bar{M}_{cd} = -\bar{M}_{dc} = -45 \cdot 6.0^2/12 = -\underline{135\ \text{kNm}}$

$\Delta_I = 1: \bar{M}^{a}_{ca} = -92\,500/12.0 = -\underline{7710\ \text{kNm/m}}$

$\bar{M}^{d}_{db} = -91\,500/12.0 = -\underline{7620\ \text{kNm/m}}$

Bild 3.111

CROSS-Verfahren: Berechnung der Verteilungszahlen, G.3.334a:

$$\mu_{ab} = K_{ab}/\Sigma K; \quad \text{Knoten c: } \Sigma K = 92500 + 252\,800 = 345\,300;\ \mu_{ca} = 0,268,\ \mu_{cd} = 0,732$$

$$\text{Knoten d: } \Sigma K = 91500 + 252800 = 344\,300;\ \mu_{db} = 0,266,\ \mu_{dc} = 0,734$$

Die Übertragungszahl des Riegels ist $c_{cd} = 0,5$, da $\varepsilon_{cd} \approx 0$ ist.

KANI-Verfahren: Berechnung der Verteilungszahlen, G.3.348:

$$\mu_{ab} = -B_{ab}/\Sigma K; \quad \text{Knoten c: } \Sigma K = 345\,300;\ \mu_{ca} = -0,184;\ \mu_{cd} = -0,366$$

$$\text{Knoten d: } \Sigma K = 344\,300;\ \mu_{db} = -0,186;\ \mu_{dc} = -0,367$$

Berechnung der Gewichtszahlen (T.3.16):

Stab ac (einseitig gelenkig gelagert): $g_{ac} = C'_{ac}/B'_{ac} = 1,455$

Stab bd (einseitig gelenkig gelagert): $g_{bd} = C'_{bd}/B'_{bd} = 1,427$

Stab cd (beidseitig eingespannt): $g_{cd} = 2,000 \quad (D = 0)$

Die Iterations-Rechenschemata sind in B.3.112 wiedergegeben; sie stimmen mit der Vorgehensweise in Th.I.Ordn. vollkommen überein.

Berechnung der Festhaltekräfte und der Verschiebung Δ_I (G.3.350):

$$\Delta_I = 0:\ F_{I,0} = -(57,1 - 56,5)/12,0 - 1,5 \cdot 100 = -150,05\ \text{kN}$$

$$\Delta_I = 1:\ F_{I,I} = +(6180 + 6150)/12,0 - 950 \cdot 1/12,0 - 1350 \cdot 1/12,0 = +835\ \text{kN/m}$$

$$\Delta_I \cdot F_{I,I} + F_{I,0} = 0 \longrightarrow \Delta_I = -\frac{F_{I,0}}{F_{I,I}} = -\frac{150,05}{-835} = 0,1795\,\text{m}$$

(Wird der Rahmen nach Th.I.Ordn. für ν-fache Lasten berechnet, findet man $\Delta_I = 0,142$ m, d.h., der Verformungsfaktor beträgt hier $\alpha = 1,26$.)

Die Schnittgrößen folgen durch Überlagerung der Teilzustände:

$$S = S_0 + \Delta_I S_I:\ M_{ca} = 57,1 - 6180 \cdot 0,1795 = -1053\ \text{kNm};\ M_{db} = -56,5 - 6150 \cdot 0,1795 = -1161\ \text{kNm}$$

Der Biegungsmomentenverlauf entspricht B.3.111a. Die Druckkräfte des ν-fachen Lastzustandes erfahren gegenüber der Erstberechnung eine Änderung: Stiel a-c: 884 kN statt 950, Stiel b-d: 1416 kN statt 1350. Eine erneute Rechnung ergibt praktisch keine Änderung.

Eine näherungsweise Abschätzung gelingt mit Hilfe des α-Faktors (G.3.21). Die Knicklängenfaktoren berechnen sich nach T.5.7/8 zu: $\varkappa = 1;\ \delta = 2;\ \chi = 63{,}3/90{,}0 = 0{,}703$ ➡

$$\beta_1 \equiv \beta_{ac} = 2{,}39;\quad \beta_2 \equiv \beta_{bd} = 2{,}39\sqrt{0{,}703}\,/1 = 2{,}01$$

Die Knickkräfte folgen damit zu D_{1Ki}=4050 kN, D_{2Ki}= 5710 kN.

$$\frac{\nu \cdot D_1}{D_{1Ki}} = \frac{\nu \cdot D_2}{D_{2Ki}} = \frac{1{,}5\cdot 633}{4050} = \frac{1{,}5\cdot 900}{5710} = 0{,}235 \;➡$$

$$\alpha = \frac{1}{1 - \frac{\nu \cdot D}{D_{Ki}}} = \frac{1}{1 - 0{,}235} = 1{,}309$$

Wird dieser Vergrößerungsfaktor auf die ν-fachen Momente nach Th.I.Ordn. angewendet, ergibt sich:

$$M_{ca} = +1{,}309\cdot(1{,}5\cdot 561{,}4) = 1100 \text{ kNm};$$

$$M_{db} = -1{,}309\cdot(1{,}5\cdot 638{,}6) = -1250 \text{ kNm}$$

Die Abschätzung liegt auf der sicheren Seite.

Soll eine Vorverformung in Form einer Schrägstellung berücksichtigt werden, so sind z.B. für ψ_0=1/250 unter ν-facher Belastung die Abtriebskräfte der Stiele a-c und b-d zu berechnen:
a-c: H= 950/250=3,80 kN,
b-d: H=1350/250=5,40 kN,
Summe: 9,20 kN.
Probe: 1,5(740+610+30·6,0)/250=9,20 kN, vgl. B.3.111a.

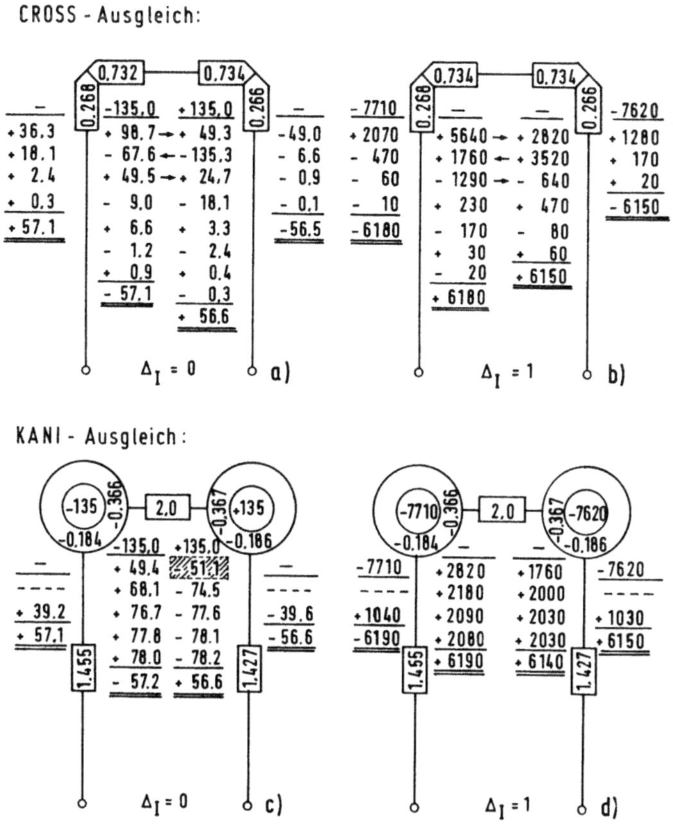

Bild 3.112

Die Abtriebskraft ist zur äußeren Horizontallast hinzuzuaddieren. Die Festhaltekraft $F_{I,0}$ beträgt damit -150,05-9,20=-159,25 kN ➡ Δ_I=0,1907 m. Für M_{db} folgt beispielsweise:

$$M_{db} = -56{,}5 - 6150\cdot 0{,}1907 = -1229 \text{ kNm}$$

Das KANI-Verfahren erweist sich gegenüber dem CROSS-Verfahren insofern von Vorteil, als sich Rechenfehler im Zuge der Gesamtschrittiteration eliminieren. Im Ausgleichsschema des Bildes 3.112c ist die Zahl -51,1 fehlerhaft. Sie müßte lauten: -0,367(135+49,4)= -67,6. Es genügen offensichtlich wenige Iterationsschritte für die Knotenausgleiche, um den Fehler zu tilgen. Ein weiterer Vorteil des KANI-Verfahrens ist darin zu sehen, daß Ausgleichsmomente M'_{ab} für Stäbe, die am gegenüberliegenden Stabende nicht in einen Knoten einbinden, nur in der letzten Iterationsstufe berechnet werden müssen, auch kann sich die Prüfung auf den letzten Ausgleichsschritt beschränken.

2. Beispiel: Abgespannter Mast (B.3.113)

In B.3.113a ist der Mast einschließlich ν-facher Belastung und im Bildteil b der zugehörige Druckkraftverlauf eingezeichnet. In [1.34] wird derselbe Mast nach dem Verfahren der Übertragungsmatrizen und dem Drehwinkelverfahren berechnet; bezüglich der Federcharakteristiken wird auf [1.34] Bezug genommen.

Die veränderliche Druckkraft im Mastschaft wird stabweise gemittelt (vgl. B.313b):

$$ab: D = 2745 \text{ kN} \longrightarrow \varepsilon_{ab} = 70\sqrt{\frac{2745}{4{,}095\cdot 10^6}} = 1{,}81$$

$$bc: D = 1580 \text{ kN} \longrightarrow \varepsilon_{bc} = 65\sqrt{\frac{1580}{3{,}622\cdot 10^6}} = 1{,}36$$

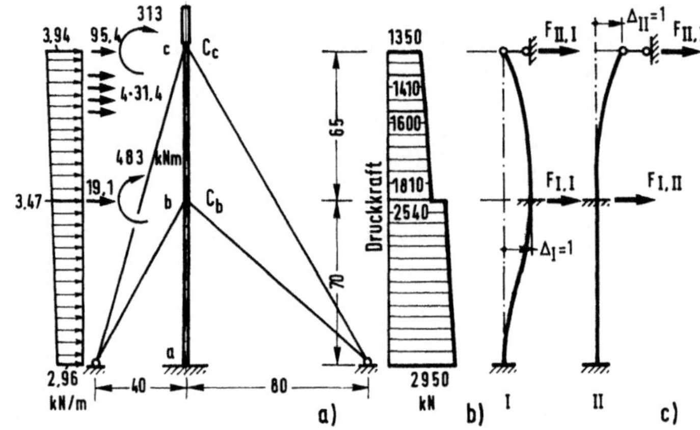

Feld ab : $EJ = 4{,}095\cdot 10^6 \text{ kNm}^2$ Federwerte C_b = 334 kN/m
Feld bc : $EJ = 3{,}622\cdot 10^6 \text{ kNm}^2$ C_c = 132 kN/m

Bild 3.113

Hierfür ergeben sich folgende Kennzahlen (T.IV.1):

$$ab: \varepsilon_{ab}=1{,}81: A' = 3{,}543,\ B' = 2{,}121 \longrightarrow A = 208\,000,\ B = 124\,300 \text{ kNm}$$

$$bc: \varepsilon_{bc}=1{,}36: C' = 2{,}609,\ B' = 2{,}065 \longrightarrow C = 145\,200,\ B = 115\,000 \text{ kNm}$$

Für den Starrzustand $\Delta_I = \Delta_{II} = 0$ berechnet man:

$$\overline{M}_{ab} = -1369,\ \overline{M}_{ba} = 1412 \text{ kNm};\ Q_{abI} = 110,\ Q_{baI} = -115 \text{ kN}$$

$$\overline{M}^b_{bc} = -3462 \text{ kNm};\ Q_{bcI} = 161,\ Q_{cbI} = -205 \text{ kN}$$

Die mit I indizierten Querkräfte sind die Querkräfte des beidseitig gelenkig gelagerten Trägers. In $\overline{M}^b_{bc}$ ist das Kragmoment 313 kNm berücksichtigt.
Für die Einheitsverschiebungszustände ergibt sich:

$$\Delta_I = 1: \overline{M}_{ab} = \overline{M}_{ba} = -(208\,000 + 124\,300)\cdot 1/70 = -4747 \text{ kNm};\ \overline{M}^b_{bc} = +145\,200\cdot 1/65 = +2234 \text{ kNm}$$

$$\Delta_{II} = 1: \overline{M}^b_{bc} = -145\,200\cdot 1/65 = -2234 \text{ kNm}$$

Die Verteilungs- und Gewichtszahlen des KANI-Verfahrens findet man zu:

$$\Sigma K = 208\,000 + 145\,200 = 353\,200 \text{ kNm} \quad \text{(Knoten b)}$$

$$\mu_{ba} = -124\,300/353\,200 = -0{,}352,\ \mu_{bc} = -115\,000/353\,200 = -0{,}326$$

$$g_{ab} = 208\,000/124\,300 = 1{,}673,\ g_{bc} = 145\,200/115\,000 = 1{,}263$$

Im Starrzustand beträgt das Festhaltemoment (G.3.331):

$$M_b = -\overline{M}_b + \Sigma\overline{M}_{ba} = -483 + 1412 - 3462 = -2533 \text{ kNm}$$

Die Iterationsschemata der Zustände $\Delta_I = \Delta_{II} = 0$, $\Delta_I = 1$, $\Delta_{II} = 1$ zeigt B.3.114. Im Starrzustand betragen die Festhaltekräfte:

$$F_{I,0} = -\left(115 + 161 + \frac{-477 + 2904}{70} - \frac{-2419 + 313}{65}\right) = -343 \text{ kN},\ F_{II,0} = -\left(205 + \frac{-2419 + 313}{65}\right) = -173 \text{ kN}$$

$$F_{I,0} = -343 - 19{,}1 = -362{,}1 \text{ kN},\ F_{II,0} = -173 - 94{,}4 = -267{,}4 \text{ kN}$$

In der zweiten Formelzeile sind noch die horizontalen Knotenlasten erfaßt, vgl. B.3.113a. In die Festhaltekräfte der Einheitsverschiebungszustände sind die Umlenkkräfte und die Federkräfte einzubeziehen, vgl. B.3.115:

$$\Delta_I = 1: \quad F_{I,I} = \frac{3862+3266}{70} + \frac{3269}{65} - \frac{1580}{65} - \frac{2745}{70} + 1\cdot 334 = 102+50{,}2-24{,}3-39{,}2+334 = 422{,}7 \text{ kN}$$

$$F_{II,I} = -\frac{3269}{65} + \frac{1580}{65} = -50{,}2+24{,}3 = -25{,}9 \text{ kN}$$

$$\Delta_{II} = 1: \quad F_{I,II} = \frac{-(786+1315)}{70} - \frac{1314}{65} + \frac{1580}{65} = -30{,}0-20{,}2+24{,}3 = -25{,}9 \text{ kN}$$

$$F_{II,II} = +\frac{1314}{65} - \frac{1580}{65} + 1\cdot 132 = 20{,}2-24{,}3+132 = 127{,}9 \text{ kN}$$

Momentenausgleich nach KANI

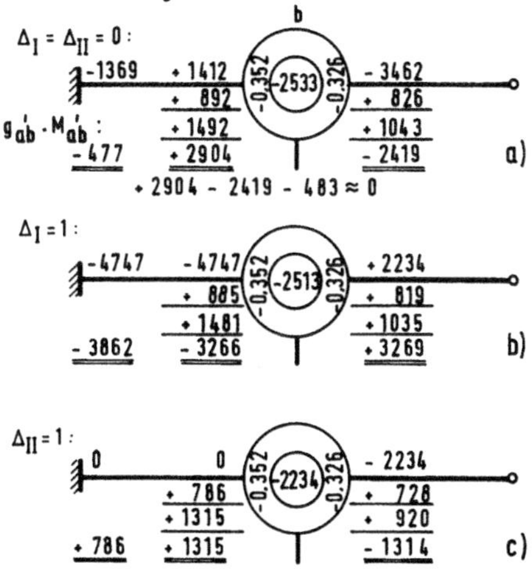

Bild 3.114

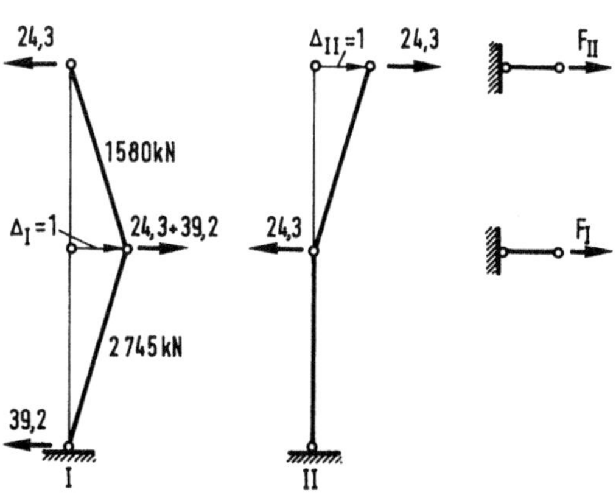

Bild 3.115

Die Nichtlinearität der Federkennlinien wird durch Einführung von Korrekturverschiebungen berücksichtigt [1.34]. Sie betragen im vorliegenden Beispiel: $v_{a0} = -0{,}025$ m, $v_{b0} = +0{,}030$ m. Diese fiktiven Verschiebungen werden im Grundbelastungszustand berücksichtigt:

$$F_{I,0} = -362{,}1 - 0{,}025\cdot 334 = -370{,}4 \text{ kN}$$

$$F_{II,0} = -267{,}4 + 0{,}030\cdot 132 = -263{,}4 \text{ kN}$$

Gleichungssystem:

$$422{,}7\,\Delta_I - 25{,}9\,\Delta_{II} - 370{,}4 = 0$$
$$-25{,}9\,\Delta_I + 127{,}9\,\Delta_{II} - 263{,}4 = 0$$

$$\text{Lösung: } \Delta_I = 1{,}015 \text{ m}, \quad \Delta_{II} = 2{,}265 \text{ m}$$

Die Überlagerung der Einzelzustände $S = S_0 + S_I\cdot\Delta_I + S_{II}\cdot\Delta_{II}$ liefert die gesuchten Formänderungen und Schnittgrößen; vgl. [1.34].

3. Beispiel: Federelastisch gelagerter Druckstab (B.3.116)

Für das in B.3.116 gezeigte System ist die Verzweigungslast gesucht; es soll versucht werden, diese Aufgabe mit Hilfe der Momentenausgleichsverfahren zu lösen. Hierzu ist der Nulldurchgang der Determinante

$$\text{Det} = \begin{vmatrix} F_{I,I} & F_{I,II} \\ F_{II,I} & F_{II,II} \end{vmatrix}$$

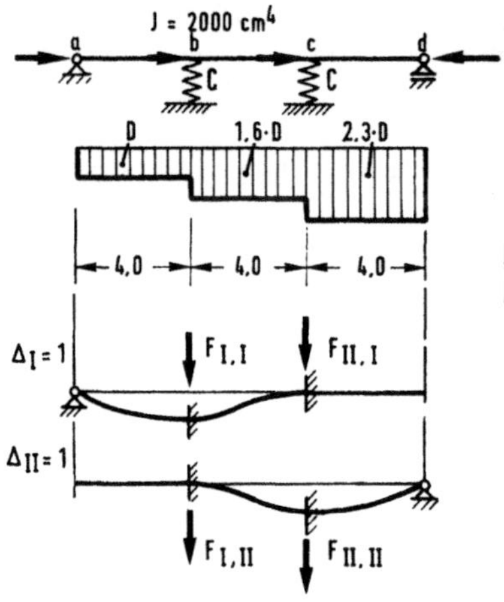

Stab	D	ε	A'	B'	C'
ab	1500	2,390	3,173	2,231	1,605
bc	2400	3,024	2,597	2,421	0,340
cd	3450	3,625	1,823	2,718	-2,230
	kN				

Stab	A	B	C	K
ab	3332	2343	1685	1685
bc	2727	2542	357	2727
cd	1914	2854	-2342	-2342
				kNm

$EJ = 4200\ \text{kNm}^2;\quad EJ/l = 1050\ \text{kNm}$

$C = 2000\ \text{kN/m}$

$$\Delta_I = 1:\quad \bar{M}_{ba}^{b} = -C_{ba}\cdot\frac{\Delta_I}{l_{ab}} = \underline{-421\ \text{kNm}}$$

$$\bar{M}_{bc} = \bar{M}_{cb} = +(A_{bc}+B_{bc})\cdot\frac{\Delta_I}{l_{bc}} = \underline{1317\ \text{kNm}}$$

$$\Delta_{II} = 1:\quad \bar{M}_{bc} = \bar{M}_{cb} = \underline{-1317\ \text{kNm}}$$

$$\bar{M}_{cd}^{c} = +C_{cd}\frac{\Delta_{II}}{l_{cd}} = \underline{-586\ \text{kNm}}$$

Bild 3.116

als Funktion des Lastmultiplikators ν zu berechnen, dazu werden auch Det-Werte für $\nu > \nu_{Ki}$ benötigt. - Für D=1500 kN sind in B.3.116 Festwerttabelle und Einspannungsmomente der Verschiebungszustände $\Delta_I = 1$ und $\Delta_{II} = 1$ eingetragen. Da sich für die Steifigkeit des Stabes cd für diese Laststufe ein negativer Wert ergibt, lauten die Verteilungszahlen des CROSS- und KANI-Verfahrens:

$$\text{CROSS:}\quad \mu_{cd} = \frac{(-2342)}{2727-2342} = -6{,}083$$

$$\text{KANI:}\quad \mu_{cd} = -\frac{2854}{2727-2342} = -7{,}413$$

Die Iterationen divergieren nach beiden Verfahren. Die Knicklast beträgt D_{Ki}=1247,5 kN, die vorbehandelte Laststufe liegt oberhalb hiervon. Wählt man eine Laststufe unterhalb D_{Ki}, so konvergieren oder divergieren die Verfahren, je nachdem, wie weit die untersuchten Laststufen vom Verzweigungszustand entfernt sind. Die Momentenausgleichsverfahren sind somit für die gestellte Aufgabe nicht geeignet.

3.4.8.9 Verfahren der Steifigkeitsmatrizen

3.4.8.9.1 Vorbemerkungen

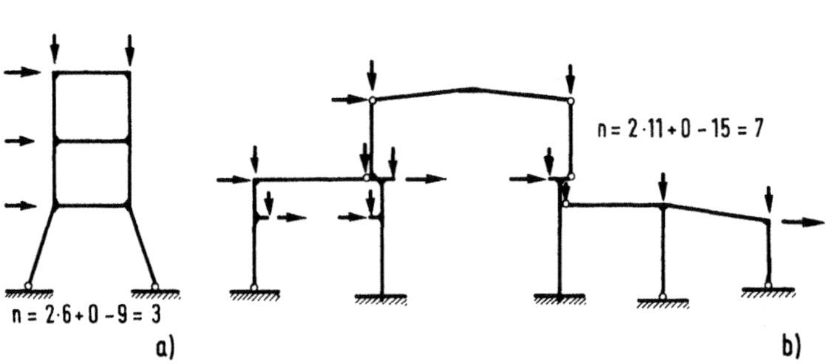

Bild 3.117

Für Computerberechnungen beliebig strukturierter Systeme (B.3.117) eignet sich in bevorzugter Weise das Verfahren der Steifigkeitsmatrizen. Auch hierbei handelt es sich um eine modifizierte Form des Verformungsgrößenverfahrens in Matrizenformulierung. Steht nur eine begrenzte Speicherkapazität zur Verfügung, kann es günstiger sein, vom verallgemeinerten Drehwinkelverfahren (Abschnitt 3.4.8.5) auszugehen.

Für die matriziellen Darstellungen und Umformungen sind nur elementare Kenntnisse in der

Matrizenalgebra notwendig, vgl. [3.73/4]. Zur Matrizenstatik wird auf [3.35,3.37, 3.74-3.85] und zur Umsetzung in Computerprogramme auf [3.86-3.92] verwiesen. Die Literaturhinweise sind keinesfalls vollständig.

3.4.8.9.2 Elementmatrix im lokalen System

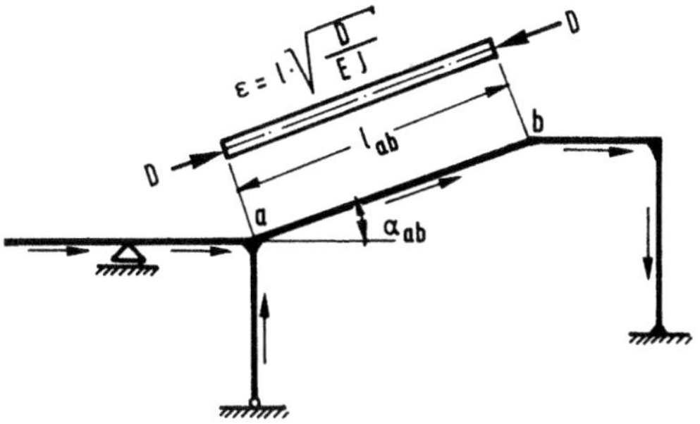

Bild 3.118

Das zu analysierende Stabwerk wird in eine endliche Zahl finiter Stabelemente zerlegt. Knoten, Knicke, Stützstellen und mechanische Gelenke sowie Steifigkeitssprünge (dazu gehören auch Sprünge im Längskraftverlauf) sind Unstetigkeitsstellen und bestimmen damit Anzahl und Länge der Elemente. Allen Elementen wird ein Richtungssinn zugeordnet (B.3.118), womit für jedes Element ein linkes (a) und ein rechtes (b) Ende vereinbart ist.
Aus dem Stabwerk wird ein Element herausgegriffen und die Stabendschnittgrößen L, T, M als generalisierte Kräfte [s] und die Stabendverformungen x, y, φ als generalisierte Verformungen [v] eingeführt. [s] und [v] werden durch die Element-Steifigkeitsmatrix [k] und den Belastungsvektor $[\bar{s}]$ miteinander verknüpft:

$$[s] = [k][v] + [\bar{s}] \tag{3.355}$$

Ausgeschrieben lautet diese Linearverknüpfung:

$$\begin{bmatrix} s_1\\ s_2\\ s_3\\ s_4\\ s_5\\ s_6 \end{bmatrix} = \begin{bmatrix} k_{11} & k_{12} & k_{13} & k_{14} & k_{15} & k_{16}\\ k_{21} & k_{22} & k_{23} & k_{24} & k_{25} & k_{26}\\ k_{31} & k_{32} & k_{33} & k_{34} & k_{35} & k_{36}\\ k_{41} & k_{42} & k_{43} & k_{44} & k_{45} & k_{46}\\ k_{51} & k_{52} & k_{53} & k_{54} & k_{55} & k_{56}\\ k_{61} & k_{62} & k_{63} & k_{64} & k_{65} & k_{66} \end{bmatrix} \begin{bmatrix} v_1\\ v_2\\ v_3\\ v_4\\ v_5\\ v_6 \end{bmatrix} + \begin{bmatrix} \bar{s}_1\\ \bar{s}_2\\ \bar{s}_3\\ \bar{s}_4\\ \bar{s}_5\\ \bar{s}_6 \end{bmatrix}; \quad \begin{bmatrix} s_1\\ s_2\\ s_3\\ s_4\\ s_5\\ s_6 \end{bmatrix} \equiv \begin{bmatrix} L_{ab}\\ T_{ab}\\ M_{ab}\\ L_{ba}\\ T_{ba}\\ M_{ba} \end{bmatrix}, \quad \begin{bmatrix} v_1\\ v_2\\ v_3\\ v_4\\ v_5\\ v_6 \end{bmatrix} \equiv \begin{bmatrix} x_{ab}\\ y_{ab}\\ \varphi_{ab}\\ x_{ba}\\ y_{ba}\\ \varphi_{ba} \end{bmatrix}; \quad \begin{bmatrix} \bar{s}_1\\ \bar{s}_2\\ \bar{s}_3\\ \bar{s}_4\\ \bar{s}_5\\ \bar{s}_6 \end{bmatrix} = \begin{bmatrix} \bar{L}_{ab}\\ \bar{T}_{ab}\\ \bar{M}_{ab}\\ \bar{L}_{ba}\\ \bar{T}_{ba}\\ \bar{M}_{ba} \end{bmatrix} \tag{3.356}$$

Mit $[\bar{s}]$ wird die unmittelbar auf den Stab einwirkende Belastung erfaßt. Der Koeffizient k_{ij} steht für die Kraft s_i infolge der Einheitsverformung v_j, wenn alle anderen Verformungen verhindert werden. Die Koeffizienten der Elementmatrix lassen sich in einfacher Weise aus den Grundformeln des Verformungsgrößenverfahrens (T.3.9) herleiten. Für das (gegenüber der Horizontalen um den Winkel α_{ab} geneigte) Stabelement a-b werden die in B.3.119 definierten Stabendverformungen vereinbart, dabei bestehen folgende Abhängigkeiten:

$$\psi_{ab} = \psi_{ba} = \frac{y_{ab} + y_{ba}}{l_{ab}}; \quad \Delta l_{ab} = x_{ab} + x_{ab} \tag{3.357}$$

Δl ist positiv im Sinne einer Stabverkürzung.

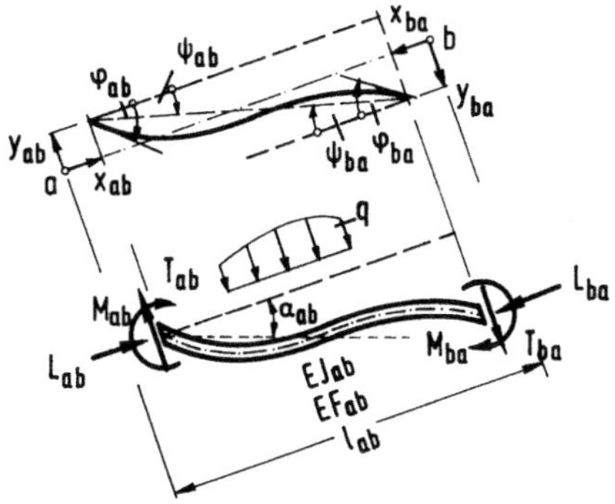

Bild 3.119

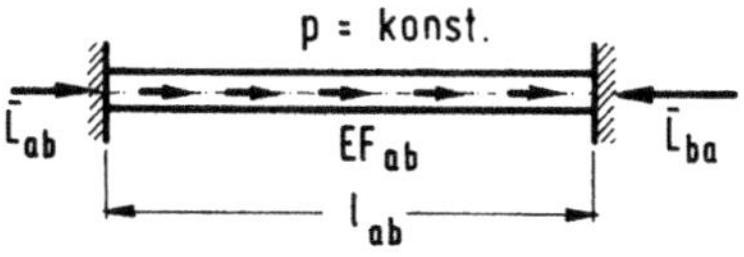

Bild 3.120

Die Grundformeln lauten unter Beachtung von G.3.357:

$$
\begin{aligned}
L_{ab} &= \frac{EF}{l}(x_{ab}+x_{ba}) + \bar{L}_{ab} \\
L_{ba} &= \frac{EF}{l}(x_{ab}+x_{ba}) + \bar{L}_{ba} \\
T_{ab} &= -(A'+B')\frac{EJ}{l^2}(\varphi_{ab}+\varphi_{ba}) + [2(A'+B')-\varepsilon^2]\frac{EJ}{l^3}(y_{ab}+y_{ba}) + \bar{T}_{ab} \\
T_{ba} &= -(A'+B')\frac{EJ}{l^2}(\varphi_{ab}+\varphi_{ba}) + [2(A'+B')-\varepsilon^2]\frac{EJ}{l^3}(y_{ab}+y_{ba}) + \bar{T}_{ba} \\
M_{ab} &= A'\frac{EJ}{l}\varphi_{ab} + B'\frac{EJ}{l}\varphi_{ba} - (A'+B')\frac{EJ}{l^2}(y_{ab}+y_{ba}) + \bar{M}_{ab} \\
M_{ba} &= A'\frac{EJ}{l}\varphi_{ba} + B'\frac{EJ}{l}\varphi_{ab} - (A'+B')\frac{EJ}{l^2}(y_{ab}+y_{ba}) + \bar{M}_{ba}
\end{aligned}
\qquad (3.358)
$$

Als Belastungsglieder treten die Stabendschnittgrößen des beidseitig eingespannten Stabes auf: $\bar{L}$, $\bar{T}$, $\bar{M}$, vgl. T.3.11. Neben einer quer zur Stabachse gerichteten Belastung q lassen sich über $\bar{T}$ und $\bar{M}$ auch Temperaturgradienten und Einheitssprünge (für Einflußlinien) berücksichtigen. Durch $\bar{L}$ werden in Richtung der Stabachse wirkende Lasten p erfaßt. Ist z.B. $p(z)=p=$konst. einzurechnen, wie in B.3.120 dargestellt, gilt:

$$\bar{L}_{ab} = -\bar{L}_{ba} = -p\frac{l_{ab}}{2} \qquad (3.359)$$

Im Falle einer gleichförmigen Temperaturerhöhung ist:

$$\bar{L}_{ab} = \bar{L}_{ba} = \alpha_t \cdot t \cdot EF \qquad (3.360)$$

Setzt man am unbelasteten Stab der Reihe nach $v_1 \equiv x_{ab} = 1$, $v_2 \equiv y_{ab} = 1$, $v_3 \equiv \varphi_{ab} = 1$, $v_4 \equiv x_{ba} = 1$, $v_5 \equiv y_{ba} = 1$, $v_6 \equiv \varphi_{ba} = 1$ und die jeweils anderen Verformungen Null (B.3.121), folgt die Elementmatrix [k] unmittelbar aus G.3.358 zu:

$$
[k] = \begin{pmatrix}
\frac{EF}{l} & 0 & 0 & \frac{EF}{l} & 0 & 0 \\
0 & [2(A'+B')-\varepsilon^2]\frac{EJ}{l^3} & -(A'+B')\frac{EJ}{l^2} & 0 & [2(A'+B')-\varepsilon^2]\frac{EJ}{l^3} & -(A'+B')\frac{EJ}{l^2} \\
0 & -(A'+B')\frac{EJ}{l^2} & A'\frac{EJ}{l} & 0 & -(A'+B')\frac{EJ}{l^2} & B'\frac{EJ}{l} \\
\frac{EF}{l} & 0 & 0 & \frac{EF}{l} & 0 & 0 \\
0 & [2(A'+B')-\varepsilon^2]\frac{EJ}{l^3} & -(A'+B')\frac{EJ}{l^2} & 0 & [2(A'+B')-\varepsilon^2]\frac{EJ}{l^3} & -(A'+B')\frac{EJ}{l^2} \\
0 & -(A'+B')\frac{EJ}{l^2} & B'\frac{EJ}{l} & 0 & -(A'+B')\frac{EJ}{l^2} & A'\frac{EJ}{l}
\end{pmatrix}
\qquad (3.361)
$$

Im Sonderfall $\varepsilon=0$ (Th.I.Ordn.) gilt:

$$
[k] = \begin{bmatrix}
\frac{EF}{l} & 0 & 0 & \frac{EF}{l} & 0 & 0 \\
0 & \frac{12EJ}{l^3} & -\frac{6EJ}{l^2} & 0 & \frac{12EJ}{l^3} & -\frac{6EJ}{l^2} \\
0 & -\frac{6EJ}{l^2} & \frac{4EJ}{l} & & -\frac{6EJ}{l^2} & \frac{2EJ}{l} \\
\frac{EF}{l} & 0 & 0 & \frac{EF}{l} & 0 & 0 \\
0 & \frac{12EJ}{l^3} & -\frac{6EJ}{l^2} & & \frac{12EJ}{l^3} & -\frac{6EJ}{l^2} \\
0 & -\frac{6EJ}{l^2} & \frac{2EJ}{l} & & -\frac{6EJ}{l^2} & \frac{4EJ}{l}
\end{bmatrix}
\qquad (3.362)
$$

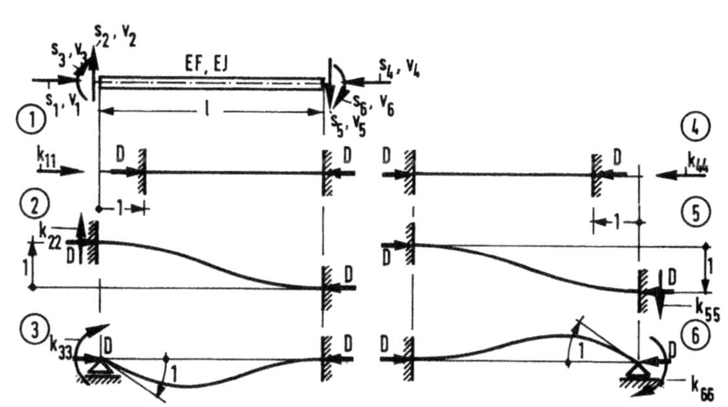

Bild 3.121

Setzt man schließlich alle Verformungen an den Stabenden Null und läßt die äußeren Einflüsse einwirken, folgt der in G.3.356 angeschriebene Belastungsvektor $[\bar{s}]$. Die Zusammensetzung der matriziellen Verknüpfung setzt die Gültigkeit des Superpositionsgesetzes voraus. Diese Voraussetzung ist erfüllt, weil für alle Einzelzustände die Stabkennzahl ε konstant ist, vgl. B.3.121. Im Falle einer Zugkraft Z sind die Koeffizienten der Elementmatrix gemäß G.3.119 bzw. gemäß T.3.9 zu modifizieren: T.3.18. Die Elementmatrix [k] wird in Untermatrizen zerlegt:

$$[k] = \begin{bmatrix} k_{aa} & k_{ab} \\ k_{ba} & k_{bb} \end{bmatrix} \tag{3.363}$$

Der Aufbau der Untermatrizen folgt unmittelbar aus dem Vergleich der G.3.363 mit G.3.361:

$$\begin{bmatrix} s_a \\ s_b \end{bmatrix} = \begin{bmatrix} k_{aa} & k_{ab} \\ k_{ba} & k_{bb} \end{bmatrix} \begin{bmatrix} v_a \\ v_b \end{bmatrix} + \begin{bmatrix} \bar{s}_a \\ \bar{s}_b \end{bmatrix} \tag{3.364}$$

Hierin bedeuten:

$$[s]_a = \begin{bmatrix} L_{ab} \\ T_{ab} \\ M_{ab} \end{bmatrix}, [s]_b = \begin{bmatrix} L_{ba} \\ T_{ba} \\ M_{ba} \end{bmatrix}, [v]_a = \begin{bmatrix} x_{ab} \\ y_{ab} \\ \varphi_{ab} \end{bmatrix}, [v]_b = \begin{bmatrix} x_{ba} \\ y_{ba} \\ \varphi_{ba} \end{bmatrix}, [\bar{s}]_a = \begin{bmatrix} \bar{L}_{ab} \\ \bar{T}_{ab} \\ \bar{M}_{ab} \end{bmatrix}, [\bar{s}]_b = \begin{bmatrix} \bar{L}_{ba} \\ \bar{T}_{ba} \\ \bar{M}_{ba} \end{bmatrix} \tag{3.365}$$

3.4.8.9.3 Elementmatrix im globalen System

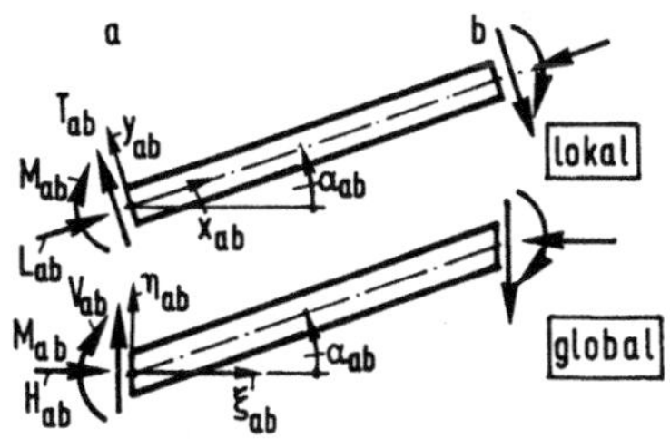

Bild 3.122

Es wird ein globales, orthogonales Bezugssystem für das Gesamttragwerk eingeführt. Die Lage der einzelnen Stäbe ist durch deren Neigungswinkel α in diesem System festgelegt. Die Wahl des Bezugssystems ist an sich frei, doch ist es zweckmäßig, die globalen Koordinatenachsen horizontal und vertikal einzuführen, denn einerseits überwiegen i.allg. die horizontalen und vertikalen Stäbe, andererseits wirken die äußeren Kräfte meistens horizontal und vertikal.

In Richtung der globalen Achsen werden neue Schnitt- und Verformungsgrößen eingeführt, vgl. B.3.122:

$$\begin{bmatrix} H_{ab} \\ V_{ab} \\ M_{ab} \end{bmatrix}, \begin{bmatrix} H_{ba} \\ V_{ba} \\ M_{ba} \end{bmatrix}; \begin{bmatrix} \xi_{ab} \\ \eta_{ab} \\ \varphi_{ab} \end{bmatrix}, \begin{bmatrix} \xi_{ba} \\ \eta_{ba} \\ \varphi_{ba} \end{bmatrix} \tag{3.366}$$

Die Verknüpfung der Stabendschnittgrößen und -verformungen im lokalen und globalen System gelingt durch Komponentenzerlegung um den Winkel α. Die Umrechnung wird mittels der leicht zu bestätigenden Transformationsmatrix [U] bewerkstelligt:

$$\begin{bmatrix}L\\T\\M\end{bmatrix} = [U]\cdot\begin{bmatrix}H\\V\\M\end{bmatrix},\quad \begin{bmatrix}x\\y\\\varphi\end{bmatrix} = [U]\cdot\begin{bmatrix}\xi\\\eta\\\varphi\end{bmatrix}\quad \text{mit}\quad [U] = \begin{bmatrix}\cos\alpha & \sin\alpha & 0\\ -\sin\alpha & \cos\alpha & 0\\ 0 & 0 & 1\end{bmatrix} \qquad (3.367)$$

Auf die Grundverknüpfungen im lokalen System (G.3.364 mit G.3.356/8)

$$\begin{bmatrix}L_{ab}\\T_{ab}\\M_{ab}\end{bmatrix} = [k]_{aa}\cdot\begin{bmatrix}x_{ab}\\y_{ab}\\\varphi_{ab}\end{bmatrix} + [k]_{ab}\cdot\begin{bmatrix}x_{ba}\\y_{ba}\\\varphi_{ba}\end{bmatrix} + \begin{bmatrix}\bar{L}_{ab}\\\bar{T}_{ab}\\\bar{M}_{ab}\end{bmatrix},\quad \begin{bmatrix}L_{ba}\\T_{ba}\\M_{ba}\end{bmatrix} = [k]_{ba}\cdot\begin{bmatrix}x_{ab}\\y_{ab}\\\varphi_{ab}\end{bmatrix} + [k]_{bb}\cdot\begin{bmatrix}x_{ba}\\y_{ba}\\\varphi_{ba}\end{bmatrix} + \begin{bmatrix}\bar{L}_{ba}\\\bar{T}_{ba}\\\bar{M}_{ba}\end{bmatrix} \qquad (3.368)$$

wird die Transformation angewandt:

$$\begin{bmatrix}H_{ab}\\V_{ab}\\M_{ab}\end{bmatrix} = [U]^{-1}[k]_{aa}[U]\cdot\begin{bmatrix}\xi_{ab}\\\eta_{ab}\\\varphi_{ab}\end{bmatrix} + [U]^{-1}[k]_{ab}[U]\cdot\begin{bmatrix}\xi_{ba}\\\eta_{ba}\\\varphi_{ba}\end{bmatrix} + [U]^{-1}\cdot\begin{bmatrix}\bar{L}_{ab}\\\bar{T}_{ab}\\\bar{M}_{ab}\end{bmatrix}$$

$$\begin{bmatrix}H_{ba}\\V_{ba}\\M_{ba}\end{bmatrix} = [U]^{-1}[k]_{ba}[U]\cdot\begin{bmatrix}\xi_{ab}\\\eta_{ab}\\\varphi_{ab}\end{bmatrix} + [U]^{-1}[k]_{bb}[U]\cdot\begin{bmatrix}\xi_{ba}\\\eta_{ba}\\\varphi_{ba}\end{bmatrix} + [U]^{-1}\cdot\begin{bmatrix}\bar{L}_{ba}\\\bar{T}_{ba}\\\bar{M}_{ba}\end{bmatrix} \qquad (3.369)$$

Die Matrizen

$[U]^{-1}[k]_{aa}[U]$, usf.

sind die Elementmatrizen im globalen System, sie stellen die Linearbeziehung zwischen den in G.3.366 vereinbarten Globalgrößen her. Die Matrizenmultiplikationen lassen sich unschwer ausführen, T.3.19 faßt das Ergebnis zusammen.

3.4.8.9.4 Verträglichkeits- und Gleichgewichtsgleichungen

Um die Gleichgewichtsgleichungen $\Sigma H = 0$, $\Sigma V = 0$ und $\Sigma M = 0$ an allen Knoten möglichst systematisch formulieren zu können, werden die Stabendverformungen und -schnittgrößen des globalen Systems auf die Anschlußknoten umorientiert. Wie in B.3.123 dargestellt, werden neu definiert:

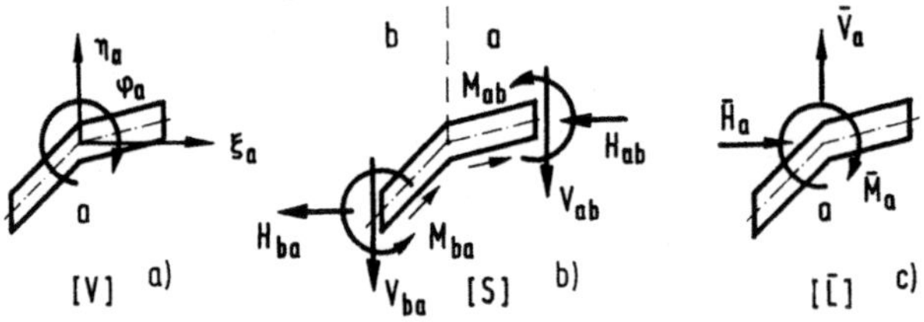

Bild 3.123

Knotenverformungsvektor [V], Knotenschnittgrößenvektor [S], Knotenlastvektor [$\bar{L}$], vgl. auch T.3.18/20. Die Stabendverformungen sind den Knotenverformungen gemäß

$$[V]_a = \begin{bmatrix}\xi_a\\\eta_a\\\varphi_a\end{bmatrix} = \begin{bmatrix}\xi_{ab}\\\eta_{ab}\\\varphi_{ab}\end{bmatrix}$$

$$[V]_b = \begin{bmatrix}\xi_b\\\eta_b\\\varphi_b\end{bmatrix} = \begin{bmatrix}-\xi_{ba}\\-\eta_{ba}\\\varphi_{ba}\end{bmatrix} \qquad (3.370)$$

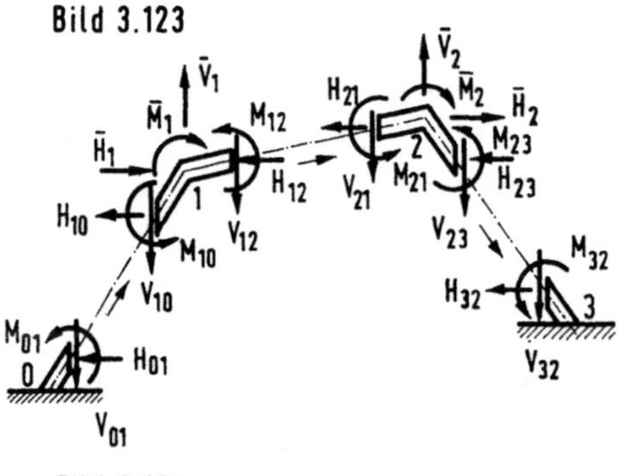

Bild 3.124

zugeordnet, siehe B.3.123. [S] wird gesplittet:

$$[S]_{ab} = \begin{bmatrix}H_{ab}\\V_{ab}\\M_{ab}\end{bmatrix},\quad [S]_{ba} = \begin{bmatrix}H_{ba}\\V_{ba}\\M_{ba}\end{bmatrix} \qquad (3.371)$$

$[S]_{ab}$ ist der Knoten-Schnittgrößenvektor eines Knotenanschnittes, der einem Stabanfang und $[S]_{ba}$, der einem Stabende zugeordnet ist. Stabanfang (a) und Stabende (b) liegen durch den vorab vereinbarten Richtungssinn fest (B.3.118). Für $[S]_{ba}$ werden

$$H_{ba} \longrightarrow -H_{ba}, \quad V_{ba} \longrightarrow -V_{ba} \tag{3.372}$$

neu festgelegt (B.3.123b). Dadurch erfahren einige Koeffizienten der globalen Elementmatrix eine Vorzeichenänderung, sie wird jetzt mit $[K]$ abgekürzt:

$$\begin{aligned} [S]_{ab} &= [K]_{aa}[V]_a + [K]_{ab}[V]_b + [\bar{S}]_{ab} \\ [S]_{ba} &= [K]_{ba}[V]_a + [K]_{bb}[V]_b + [\bar{S}]_{ba} \end{aligned} \longrightarrow \begin{bmatrix} S_{ab} \\ S_{ba} \end{bmatrix} = \begin{bmatrix} K_{aa} & K_{ab} \\ K_{ba} & K_{bb} \end{bmatrix} \begin{bmatrix} V_a \\ V_b \end{bmatrix} + \begin{bmatrix} \bar{S}_{ab} \\ \bar{S}_{ba} \end{bmatrix} \tag{3.373}$$

Die $[K]$-Matrizen sind auf T.3.20 angeschrieben, die Gleichgewichtsgleichungen lassen sich nunmehr in einfacher Weise formulieren, was exemplarisch an dem in B.3.124 skizzierten Stabwerk gezeigt wird. Die Gleichgewichtsgleichungen $\Sigma H = 0$, $\Sigma V = 0$ und $\Sigma M = 0$ lauten für die Knoten 1 und 2:

$$\begin{aligned} &\left.\begin{aligned} H_{10} + \bar{H}_{10} + H_{12} + \bar{H}_{12} - \bar{H}_1 &= 0 \\ V_{10} + \bar{V}_{10} + V_{12} + \bar{V}_{12} - \bar{V}_1 &= 0 \\ M_{10} + \bar{M}_{10} + M_{12} + \bar{M}_{12} - \bar{M}_1 &= 0 \end{aligned}\right\} \longrightarrow [S]_{10} + [\bar{S}]_{10} + [S]_{12} + [\bar{S}]_{12} - [\bar{L}]_1 = 0 \\ &\left.\begin{aligned} H_{21} + \bar{H}_{21} + H_{23} + \bar{H}_{23} - \bar{H}_2 &= 0 \\ V_{21} + \bar{V}_{21} + V_{23} + \bar{V}_{23} - \bar{V}_2 &= 0 \\ M_{21} + \bar{M}_{21} + M_{23} + \bar{M}_{23} - \bar{M}_2 &= 0 \end{aligned}\right\} \longrightarrow [S]_{21} + [\bar{S}]_{21} + [S]_{23} + [\bar{S}]_{23} - [\bar{L}]_2 = 0 \end{aligned} \tag{3.374}$$

Die Gleichungen werden um zwei Gleichungen für die "Erdknoten" 0 und 3 formal ergänzt und etwas modifiziert angeschrieben:

$$\begin{bmatrix} S_{01} \\ S_{10} \end{bmatrix} + \begin{bmatrix} S_{12} \\ S_{21} \end{bmatrix} + \begin{bmatrix} S_{23} \\ S_{32} \end{bmatrix} + \begin{bmatrix} \bar{S}_{01} \\ \bar{S}_{10} \end{bmatrix} + \begin{bmatrix} \bar{S}_{12} \\ \bar{S}_{21} \end{bmatrix} + \begin{bmatrix} \bar{S}_{23} \\ \bar{S}_{32} \end{bmatrix} \begin{matrix} -[\bar{L}]_0 = 0 \\ -[\bar{L}]_1 = 0 \\ -[\bar{L}]_2 = 0 \\ -[\bar{L}]_3 = 0 \end{matrix} \tag{3.375}$$

Die $[S]$-Matrizen werden jetzt mit den $[V]$-Matrizen gemäß G.3.373 verknüpft:

$$\begin{bmatrix} K_{00} & K_{01} \\ K_{10} & K_{11} \end{bmatrix}_{01} \cdot \begin{bmatrix} V_0 \\ V_1 \end{bmatrix} + \begin{bmatrix} K_{11} & K_{12} \\ K_{21} & K_{22} \end{bmatrix}_{12} \cdot \begin{bmatrix} V_1 \\ V_2 \end{bmatrix} + \begin{bmatrix} K_{22} & K_{23} \\ K_{32} & K_{33} \end{bmatrix}_{23} \cdot \begin{bmatrix} V_2 \\ V_3 \end{bmatrix} + \begin{bmatrix} \bar{S}_{01} \\ \bar{S}_{10} \end{bmatrix} + \begin{bmatrix} \bar{S}_{12} \\ \bar{S}_{21} \end{bmatrix} + \begin{bmatrix} \bar{S}_{23} \\ \bar{S}_{32} \end{bmatrix} \begin{matrix} -[\bar{L}]_0 = 0 \\ -[\bar{L}]_1 = 0 \\ -[\bar{L}]_2 = 0 \\ -[\bar{L}]_3 = 0 \end{matrix} \tag{3.376}$$

In geschlossener Matrizenformulierung lautet G.3.376

$$\left[\begin{array}{cc|cc|cc|cc} 0 & K_{00}^{01} & K_{01}^{01} & 0 & 0 & 0 & 0 & 0 \\ 0 & K_{10}^{01} & K_{11}^{01} + K_{11}^{12} & K_{12}^{12} & 0 & 0 & 0 & 0 \\ 0 & 0 & 0 & K_{21}^{12} & K_{22}^{12} + K_{22}^{23} & K_{23}^{23} & 0 & 0 \\ 0 & 0 & 0 & 0 & 0 & K_{32}^{23} & K_{33}^{23} & 0 \end{array}\right] \cdot \begin{bmatrix} V_0 \\ V_1 \\ V_2 \\ V_3 \end{bmatrix} + \begin{bmatrix} \bar{S}_{01} & 0 & 0 \\ \bar{S}_{10} + \bar{S}_{12} & 0 & \\ 0 & \bar{S}_{21} + \bar{S}_{23} & \\ 0 & 0 & \bar{S}_{32} \end{bmatrix} - \begin{bmatrix} \bar{L}_0 \\ \bar{L}_1 \\ \bar{L}_2 \\ \bar{L}_3 \end{bmatrix} = 0 \tag{3.377}$$

und in symbolischer Schreibweise:

$$[K][V] + [\bar{S}] - [\bar{L}] = 0 \tag{3.378}$$

Da im vorliegenden Beispiel $[V]_0$ und $[V]_3$ Null sind, gilt verkürzt:

$$\begin{bmatrix} K_{11}^{01} + K_{11}^{12} & K_{12}^{12} \\ K_{21}^{12} & K_{22}^{12} + K_{22}^{23} \end{bmatrix} \cdot \begin{bmatrix} V_1 \\ V_2 \end{bmatrix} + \begin{bmatrix} \bar{S}_{10} + \bar{S}_{12} \\ \bar{S}_{21} + \bar{S}_{23} \end{bmatrix} - \begin{bmatrix} \bar{L}_1 \\ \bar{L}_2 \end{bmatrix} = 0 \tag{3.379}$$

Die Matrizengleichung G.3.378 steht für ein lineares Gleichungssystem für die unbekannten Knotenverformungen ξ, η, φ. Nach Auflösung des Gleichungssystems werden die Knotenverformungen auf die Stabendverformungen umgerechnet, zunächst im globalen System und dann über die Transformationsmatrix [U] im lokalen System. Über die Elementmatrizen des lokalen Systems sind damit auch die Stabendschnittgrößen bekannt.
Die Längskräfte sind vorab zu schätzen oder, bei Vorliegen eines Computerprogrammes, nach Th.I.Ordn. zu berechnen, damit sind die ε-Zahlen der ersten Iterationsstufe bekannt, ggf. sind mehrere notwendig.
Im Falle eines Verzweigungsproblems sind $[\bar{S}]$ und $[\bar{L}]$ Null, bzw. stehen $[\bar{L}]$ und die Längskräfte des Stabwerks im verformungsfreien Grundzustand im Gleichgewicht. Die Verzweigungsbeanspruchung folgt aus:

$$\mathrm{Det}(\varepsilon) = 0 \qquad (3.380)$$

Das Verfahren ist auch auf Stabtragwerke mit variabler Biegesteifigkeit erweiterbar, dann sind A' und B' dem Steifigkeitsverlauf anzupassen (Abschnitt 3.5). Schubweiche Stäbe lassen sich durch Einführung einer reduzierten Biegesteifigkeit erfassen (Abschnitt 1.2.12 und 6.3.2/3). Die Erweiterung auf räumliche Stabwerke ist durchaus möglich, auch läßt sich die Theorie für plasto-statische Berechnungen erweitern (Abschnitt 4.1).

Die Verfahrensweise wird nochmals zusammengefaßt:
- Festlegung des Richtungssinns aller Stäbe und Benennung aller Knoten,
- Berechnung der Belastungsmatrizen $[\bar{S}]_{ab}$ und $[\bar{S}]_{ba}$ und der Knotenlastmatrizen $[\bar{L}]$,
- Bildung der Felder für die [V]- und [K]-Matrizen,
- Belegung der [K]-Matrizenfelder; hierzu werden die Untermatrizen $[K]_{aa}$, $[K]_{ab}$, $[K]_{ba}$, $[K]_{bb}$ aller Stäbe berechnet und in das [K]-Matrizenfeld in korrekter Position additiv eingebaut,
- Auflösung des Gleichungssystems nach den Knotenverformungen,
- Rückrechnung der Stabendverformungen und Stabendschnittgrößen,
- Berechnung der Verformungen und Schnittgrößen innerhalb der Stabelemente, z.B. nach dem Verfahren der Übertragungsmatrizen.

3.4.8.9.5 Randbedingungen

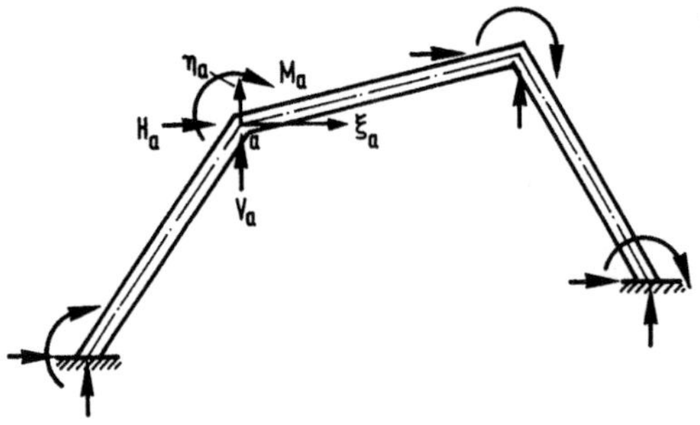

Bild 3.125

In Ergänzung zum vorangegangenen Abschnitt wird die Bildung des Gleichungssystems noch auf andere Art und Weise erläutert, um unterschiedliche Randbedingungen einführen zu können. Dazu wird für jeden Knoten, ergänzend zum Knotenverformungsvektor $[V]_a$, der Knotenkraftvektor $[S]_a$ vereinbart (B.3.125):

$$[V]_a = \begin{bmatrix} \xi_a \\ \eta_a \\ \varphi_a \end{bmatrix}, \quad [S]_a = \begin{bmatrix} H_a \\ V_a \\ M_a \end{bmatrix} \qquad (3.381)$$

Die Gesamtheit aller Knotenvektoren wird zusammengefaßt:

$$[V] = \begin{bmatrix} V_a \\ V_b \\ \vdots \\ V_m \end{bmatrix} \qquad [S] = \begin{bmatrix} S_a \\ S_b \\ \vdots \\ S_m \end{bmatrix} \qquad (3.382)$$

m ist die Zahl aller Knoten (einschließlich der Erdknoten).
[S] wird aus den Anschlußschnittgrößen der einbindenden Stäbe und den äußeren Knotenlasten gebildet:

$$[S]=\begin{bmatrix} S_a \\ \hdashline S_b \\ \hdashline \vdots \\ \hdashline S_m \end{bmatrix}=\begin{bmatrix} H_a\\ V_a\\ M_a\\ H_b\\ V_b\\ M_b\\ \vdots \\ H_m\\ V_m\\ M_m \end{bmatrix}=\begin{bmatrix} \\ \\ & & K & & \\ \\ \end{bmatrix}\begin{bmatrix} \xi_a\\ \eta_a\\ \varphi_a\\ \hdashline \xi_b\\ \eta_b\\ \varphi_b\\ \hdashline \vdots \\ \hdashline \xi_m\\ \eta_m\\ \varphi_m \end{bmatrix}+\begin{bmatrix} \\ \bar{S} \\ \\ \end{bmatrix}-\begin{bmatrix} \\ \bar{L} \\ \\ \end{bmatrix} \qquad (3.383)$$

Allgemein:

$$[S]=[K][V]+[\bar{S}]-[\bar{L}] \qquad (3.384)$$

An freien Knoten ist [S] Null, das liefert G.3.378.
G.3.383 hat insofern praktische Bedeutung, als sich hiermit in einfacher Weise unterschiedliche Randbedingungen erfassen lassen. Dazu werden die unbekannten von den bekannten Knotenverformungen unterschieden. Zu letzteren gehören alle Nullgrößen und solche, die aufgrund von Widerlagerverschiebungen vorgegeben sind. Die Knotenverformungsmatrix wird in diesem Sinne gesplittet und zwar in die Untermatrizen

$[V]_u$ für die unbekannten Knotenverformungen (Index u) und
$[V]_v$ für die vorgegebenen Knotenverformungen (Index v).

G.3.383 lautet damit:

$$\begin{bmatrix} S_u \\ S_v \end{bmatrix}=\begin{bmatrix} K_{uu} & K_{uv} \\ K_{vu} & K_{vv} \end{bmatrix}\begin{bmatrix} V_u \\ V_v \end{bmatrix}+\begin{bmatrix} \bar{S}_u \\ \bar{S}_v \end{bmatrix}-\begin{bmatrix} \bar{L}_u \\ \bar{L}_v \end{bmatrix} \qquad (3.385)$$

[K] ist symmetrisch und:

$$[K]_{uv}=[K]_{vu}^T \qquad (3.386)$$

Sind z.B. die durch die Randbedingungen vorgegebenen Knotenverformungen Null, was die Regel ist, d.h. ist $[V]_v = 0$, so kann das Gleichungssystem G.3.383 wie folgt gesplittet werden:

$$[S]_u=[K]_{uu}[V]_u+[\bar{S}]_u-[\bar{L}]_u=0 \qquad (3.387)$$

$$[S]_v=[K]_{vu}[V]_u+[\bar{S}]_v-[\bar{L}]_v \qquad (3.388)$$

u und v haben hier die Bedeutung von Ordnungsindizes. Die erste Gleichung liefert wieder G.3.378, nur in modifizierter Ordnung:

$$[K]_{uu}[V]_u+[\bar{S}]_u-[\bar{L}]_u=0 \qquad (3.389)$$

Wenn $[V]_u$ berechnet ist, kann $[S]_v$ aus G.3.388 bestimmt werden. $[S]_v$ steht für die Gesamtheit aller unbekannten Knotenkräfte, das sind i.allg. die Stützreaktionen (Auflagerkräfte und Einspannungsmomente) an den Erdknoten (Stützstellen).

Verformungsgrößenverfahren Theorie II. Ordnung
Verfahren der Steifigkeitsmatrizen

Definitionen:

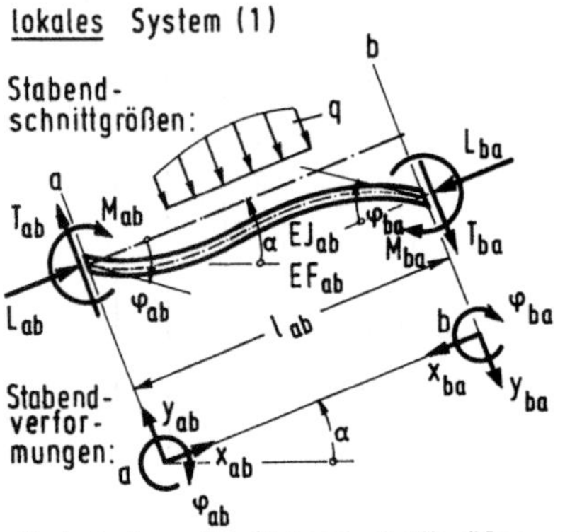

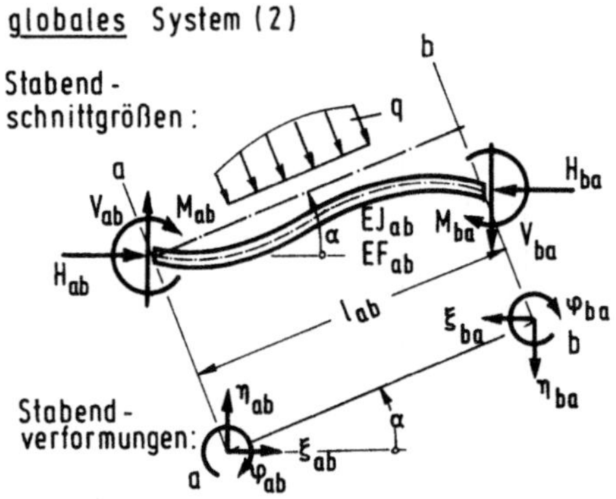

Verknüpfung der Stabendschnittgrößen und Stabendverformungen des globalen Koordinatensystems (2) mit denen des lokalen (1); gültig für beide Stabenden:

$$\begin{bmatrix} L \\ T \\ M \end{bmatrix} = [U]\cdot\begin{bmatrix} H \\ V \\ M \end{bmatrix}, \quad \begin{bmatrix} x \\ y \\ \varphi \end{bmatrix} = [U]\cdot\begin{bmatrix} \xi \\ \eta \\ \varphi \end{bmatrix} \quad \text{mit} \quad [U] = \begin{bmatrix} \cos\alpha & \sin\alpha & 0 \\ -\sin\alpha & \cos\alpha & 0 \\ 0 & 0 & 1 \end{bmatrix}; \quad [U]^{-1} = \begin{bmatrix} \cos\alpha & -\sin\alpha & 0 \\ \sin\alpha & \cos\alpha & 0 \\ 0 & 0 & 1 \end{bmatrix}$$

$$\begin{bmatrix} H \\ V \\ M \end{bmatrix} = [U]^{-1}\cdot\begin{bmatrix} L \\ T \\ M \end{bmatrix}, \quad \begin{bmatrix} \xi \\ \eta \\ \varphi \end{bmatrix} = [U]^{-1}\cdot\begin{bmatrix} x \\ y \\ \varphi \end{bmatrix}$$

L, T und x, y sind im lokalen System definiert, jeweils in Richtung der ursprünglichen Stabachse bzw. normal dazu. H, V und ξ, η sind im globalen System definiert und zwar grundsätzlich mit horizontaler bzw. vertikaler Richtung. α ist der Neigungswinkel des Stabes a - b.

Steifigkeitsmatrizen im lokalen System:

Sind die Stabendverformungen $x_{ab}, y_{ab}, \varphi_{ab}$ und $x_{ba}, y_{ba}, \varphi_{ba}$ gemäß obiger Definitionen vorgegeben, so lassen sich die Stabendschnittgrößen L_{ab}, T_{ab}, M_{ab} und L_{ba}, T_{ba}, M_{ba} über die Grundformeln des Verformungsgrößenverfahrens (Tafel 3.9) in matrizieller Schreibweise wie folgt angeben:

$$\begin{bmatrix} L_{ab} \\ T_{ab} \\ M_{ab} \end{bmatrix} = \begin{bmatrix} \frac{EF}{l} & 0 & 0 \\ 0 & [2(A'+B')-\varepsilon^2]\cdot\frac{EJ}{l^3} & -(A'+B')\frac{EJ}{l^2} \\ 0 & -(A'+B')\cdot\frac{EJ}{l^2} & A'\cdot\frac{EJ}{l} \end{bmatrix}\cdot\begin{bmatrix} x_{ab} \\ y_{ab} \\ \varphi_{ab} \end{bmatrix} + \begin{bmatrix} \frac{EF}{l} & 0 & 0 \\ 0 & [2(A'+B')-\varepsilon^2]\cdot\frac{EJ}{l^3} & -(A'+B')\frac{EJ}{l^2} \\ 0 & -(A'+B')\cdot\frac{EJ}{l^2} & B'\cdot\frac{EJ}{l} \end{bmatrix}\cdot\begin{bmatrix} x_{ba} \\ y_{ba} \\ \varphi_{ba} \end{bmatrix} + \begin{bmatrix} \bar{L}_{ab} \\ \bar{T}_{ab} \\ \bar{M}_{ab} \end{bmatrix}$$

$$\begin{bmatrix} L_{ba} \\ T_{ba} \\ M_{ba} \end{bmatrix} = \begin{bmatrix} \frac{EF}{l} & 0 & 0 \\ 0 & [2(A'+B')-\varepsilon^2]\cdot\frac{EJ}{l^3} & -(A'+B')\cdot\frac{EJ}{l^2} \\ 0 & -(A'+B')\cdot\frac{EJ}{l^2} & B'\cdot\frac{EJ}{l} \end{bmatrix}\cdot\begin{bmatrix} x_{ab} \\ y_{ab} \\ \varphi_{ab} \end{bmatrix} + \begin{bmatrix} \frac{EF}{l} & 0 & 0 \\ 0 & [2(A'+B')-\varepsilon^2]\cdot\frac{EJ}{l^3} & -(A'+B')\frac{EJ}{l^2} \\ 0 & -(A'+B')\cdot\frac{EJ}{l^2} & A'\cdot\frac{EJ}{l} \end{bmatrix}\cdot\begin{bmatrix} x_{ba} \\ y_{ba} \\ \varphi_{ba} \end{bmatrix} + \begin{bmatrix} \bar{L}_{ba} \\ \bar{T}_{ba} \\ \bar{M}_{ba} \end{bmatrix}$$

Stabkenngrößen: $EF \equiv EF_{ab}$: Dehnsteifigkeit ; $EJ \equiv EJ_{ab}$: Biegesteifigkeit ;
$l \equiv l_{ab}$: Länge ; $F \equiv F_{ab}$: Querschnittsfläche und
$J \equiv J_{ab}$: Trägheitsmoment des lokalen Stabes a - b.

$$A' = \frac{\varepsilon(\sin\varepsilon - \varepsilon\cos\varepsilon)}{2(1-\cos\varepsilon)-\varepsilon\sin\varepsilon}; \quad B' = \frac{\varepsilon(\varepsilon-\sin\varepsilon)}{2(1-\cos\varepsilon)-\varepsilon\sin\varepsilon}; \quad A'+B' = \frac{\varepsilon^2(1-\cos\varepsilon)}{2(1-\cos\varepsilon)-\varepsilon\sin\varepsilon}; \quad 2(A'+B')-\varepsilon^2 = \frac{\varepsilon^3\sin\varepsilon}{2(1-\cos\varepsilon)-\varepsilon\sin\varepsilon}$$

ε ist die Stabkennzahl : $\varepsilon = l^2\cdot\sqrt{\frac{D}{EJ}}$; L = D: (mittlere) Druckkraft im Stab a - b.

Wirkt im Stab eine Zugkraft Z, berechnet sich die Stabkennzahl zu $\varepsilon = l^2\cdot\sqrt{\frac{Z}{EJ}}$; in den Matrizenelementen bedeuten dann:

$$A' = \frac{\varepsilon(\sinh\varepsilon - \varepsilon\cosh\varepsilon)}{2(\cosh\varepsilon-1)-\varepsilon\sinh\varepsilon}; \quad B' = \frac{\varepsilon(\varepsilon-\sinh\varepsilon)}{2(\cosh\varepsilon-1)-\varepsilon\sinh\varepsilon}; \quad A'+B' = \frac{\varepsilon^2(1-\cosh\varepsilon)}{2(\cosh\varepsilon-1)-\varepsilon\sinh\varepsilon}; \quad 2(A'+B')+\varepsilon^2 = \frac{-\varepsilon^3\sinh\varepsilon}{2(\cosh\varepsilon-1)-\varepsilon\sinh\varepsilon}$$

Ist der Stab längskraftfrei (Theorie I. Ordnung), gilt: $A' = 4$; $B' = 2$; $(A'+B') = 6$; $2(A'+B') \mp \varepsilon^2 = 12$

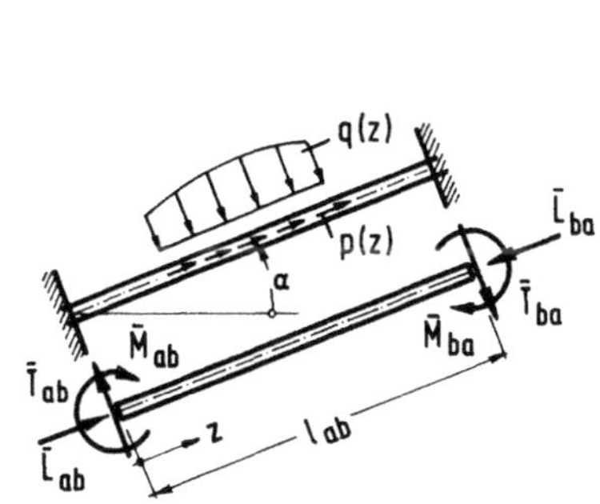

Die Belastungsvektoren $\begin{bmatrix}\bar{L}\\ \bar{T}\\ \bar{M}\end{bmatrix}$ werden aus den Stabendschnittgrößen des beidseitig starr eingespannten Stabes aufgebaut. $\bar{M}$ und $\bar{T}$ stehen für Einspannungsmoment bzw. - transversalkraft (Tafel 3.11). $\bar{L}$ ist die Stabendlängskraft; $\bar{L}$ tritt nur dann auf, wenn auf den Stab längsgerichtete Kräfte (zwischen den Stabenden) wirken; ihre Größe berechnet sich wie in Theorie I. Ordnung.

Äußere Knotenlasten und -momente gehen in die Knotengleichgewichtsgleichungen ein.

Steifigkeitsmatrizen im globalen System: Mit Hilfe der Transformationsmatrix U bzw. ihrer Inversen werden die für das lokale System geltenden Steifigkeitsmatrizen in jene des globalen Systems überführt; sie lauten bei Verwendung der Abkürzungen:

$$s = \sin\alpha\,;\; c = \cos\alpha\,;\; A = A'\frac{EJ}{l}\,;\; B = B'\frac{EJ}{l}\,;\; C = -(A'+B')\frac{EJ}{l^2}\,;\; D = [2(A'+B') \mp \varepsilon^2]\frac{EJ}{l^3}\,;\; E = \frac{EF}{l}$$

$$\begin{bmatrix} H_{ab}\\ V_{ab}\\ M_{ab}\end{bmatrix} = \begin{bmatrix} c^2E+s^2D & cs(E-D) & -sC\\ cs(E-D) & s^2E+c^2D & cC\\ -sC & cC & A\end{bmatrix}\cdot\begin{bmatrix}\xi_{ab}\\ \eta_{ab}\\ \varphi_{ab}\end{bmatrix} + \begin{bmatrix} c^2E+s^2D & cs(E-D) & -sC\\ cs(E-D) & s^2E+c^2D & cC\\ -sC & cC & B\end{bmatrix}\cdot\begin{bmatrix}\xi_{ba}\\ \eta_{ba}\\ \varphi_{ba}\end{bmatrix} + \begin{bmatrix} c\cdot\bar{L}_{ab}-s\cdot\bar{T}_{ab}\\ s\cdot\bar{L}_{ab}+c\cdot\bar{T}_{ab}\\ \bar{M}_{ab}\end{bmatrix}$$

$$\begin{bmatrix} H_{ba}\\ V_{ba}\\ M_{ba}\end{bmatrix} = \begin{bmatrix} c^2E+s^2D & cs(E-D) & -sC\\ cs(E-D) & s^2E+c^2D & cC\\ -sC & cC & B\end{bmatrix}\cdot\begin{bmatrix}\xi_{ab}\\ \eta_{ab}\\ \varphi_{ab}\end{bmatrix} + \begin{bmatrix} c^2E+s^2D & cs(E-D) & -sC\\ cs(E-D) & s^2E+c^2D & cC\\ -sC & cC & A\end{bmatrix}\cdot\begin{bmatrix}\xi_{ba}\\ \eta_{ba}\\ \varphi_{ba}\end{bmatrix} + \begin{bmatrix} c\cdot\bar{L}_{ba}-s\,\bar{T}_{ba}\\ s\cdot\bar{L}_{ba}+c\cdot\bar{T}_{ba}\\ \bar{M}_{ba}\end{bmatrix}$$

Aufgrund der vereinbarten Definitionen sind die Grundmatrizen des lokalen und globalen Systems symmetrisch zur Hauptdiagonalen und die Matrizensysteme doppeltsymmetrisch.

Definition der Knotenverformungen und der äußeren Knotenlasten:

Knotenverformungen:

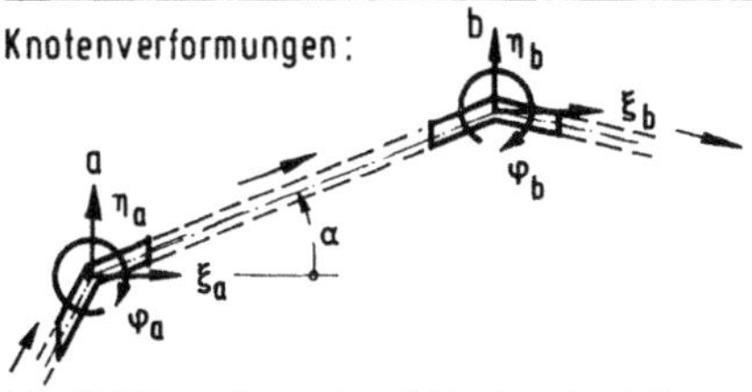

Äußere Knotenlasten:

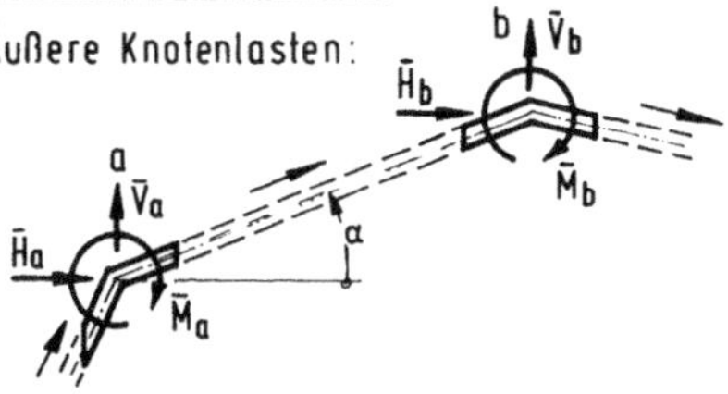

Alle Größen, die sich auf Knoten beziehen, werden einfach indiziert, im Gegensatz zu den doppeltindizierten Größen der Stabenden. Durch einen vorab vereinbarten Richtungssinn wird jedem Stab ein Stabanfang (Stabufer ab) und ein Stabende (Stabufer ba) zugewiesen. Den Knotenverformungen sind die Stabendverformungen wie folgt zugeordnet:

$$[V]_a = \begin{bmatrix}\xi_a\\ \eta_a\\ \varphi_a\end{bmatrix} = \begin{bmatrix}\xi_{ab}\\ \eta_{ab}\\ \varphi_{ab}\end{bmatrix}\;;\quad [V]_b = \begin{bmatrix}\xi_b\\ \eta_b\\ \varphi_b\end{bmatrix} = \begin{bmatrix}-\xi_{ba}\\ -\eta_{ba}\\ \varphi_{ba}\end{bmatrix}$$

$$[\bar{L}]_a = \begin{bmatrix}\bar{H}_a\\ \bar{V}_a\\ \bar{M}_a\end{bmatrix}\;;\quad [\bar{L}]_b = \begin{bmatrix}\bar{H}_b\\ \bar{V}_b\\ \bar{M}_b\end{bmatrix}$$

Mit [V] wird der Verformungsvektor (Deformationsvektor) eines Knotens abgekürzt.
Entsprechend werden Knotenlastvektoren $[\bar{L}]$ definiert.
Lastgrößen sind durch einen Querstrich gekennzeichnet.
Die auf die Stäbe direkt wirkenden äußeren Lasten gehen über die Einspannungsmomente $\bar{M}$ und -transversalkräfte $\bar{T}$ in die Rechnung ein.

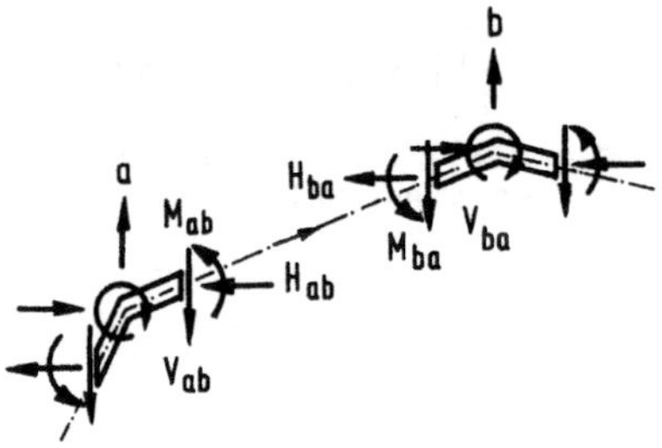

Gleichgewichtsgleichungen:

Um die Gleichgewichtsgleichungen an den Knoten formulieren zu können werden die Schnittgrößenvektoren

$$[S]_{ab} = \begin{bmatrix} H_{ab} \\ V_{ab} \\ M_{ab} \end{bmatrix} \; ; \; [S]_{ba} = \begin{bmatrix} H_{ba} \\ V_{ba} \\ M_{ba} \end{bmatrix} \quad \text{(siehe Bild links)}$$

eingeführt. Das globale Steifigkeitsmatrizensystem - bezogen auf die Knotenanschnitte - lautet damit:

$$\begin{bmatrix} S_{ab} \\ S_{ba} \end{bmatrix} = \begin{bmatrix} K_{aa} & K_{ab} \\ K_{ba} & K_{bb} \end{bmatrix} \cdot \begin{bmatrix} V_a \\ V_b \end{bmatrix} + \begin{bmatrix} \bar{S}_{ab} \\ \bar{S}_{ba} \end{bmatrix}$$

Allgemein:

$$\boxed{[S] = [K]\cdot[V] + [\bar{S}]}$$

(Bedingt durch die Definitionen von $[V]_b$ und $[S]_{ba}$ gehen die oben erwähnten Symmetrieeigenschaften des Matrizensystems verloren). Es bedeuten im einzelnen:

$$[K]_{aa} = \begin{bmatrix} c^2E + s^2D & cs(E-D) & -sC \\ cs(E-D) & s^2E + c^2D & cC \\ -sC & cC & A \end{bmatrix} ; [K]_{ab} = \begin{bmatrix} -c^2E - s^2D & -cs(E-D) & -sC \\ -cs(E-D) & -s^2E - c^2D & cC \\ sC & -cC & B \end{bmatrix} ; [\bar{S}]_{ab} = \begin{bmatrix} c\bar{L}_{ab} - s\bar{T}_{ab} \\ s\bar{L}_{ab} + c\bar{T}_{ab} \\ \bar{M}_{ab} \end{bmatrix}$$

$$[K]_{ba} = \begin{bmatrix} -c^2E - s^2D & -cs(E-D) & sC \\ -cs(E-D) & -s^2E - c^2D & -cC \\ -sC & cC & B \end{bmatrix} ; [K]_{bb} = \begin{bmatrix} c^2E + s^2D & cs(E-D) & sC \\ cs(E-D) & s^2E + c^2D & -cC \\ sC & -cC & A \end{bmatrix} ; [\bar{S}]_{ba} = \begin{bmatrix} -c\bar{L}_{ba} + s\bar{T}_{ba} \\ -s\bar{L}_{ba} - c\bar{T}_{ba} \\ \bar{M}_{ba} \end{bmatrix}$$

Nach diesen Vereinbarungen können die Gleichgewichtsgleichungen ($\Sigma H = 0$, $\Sigma V = 0$, $\Sigma M = 0$) an allen Knoten zu

$$\boxed{[K]\cdot[V] + [\bar{S}] - [\bar{L}] = 0}$$

formuliert werden. Hierin ist mit $[\bar{L}]$ der globale Knotenlastvektor:

$$[\bar{L}]^T = [\,\bar{H}_1, \bar{V}_1, \bar{M}_1 ; \bar{H}_2, \bar{V}_2, \bar{M}_2 ; \text{-----} \; \bar{H}_m, \bar{V}_m, \bar{M}_m\,]$$

und mit $[V]$ der globale Knotenverformungsvektor abgekürzt (Anzahl der Knoten: m):

$$[V]^T = [\,\xi_1, \eta_1, \varphi_1 ; \xi_2, \eta_2, \varphi_2 ; \text{------} \; \xi_m, \eta_m, \varphi_m\,]$$

Mit der Aufstellung und Lösung des Gleichungssystems nach den Knotenverformungen und nach anschließender Rückrechnung der Stabendverformungen und -schnittgrößen ist die Berechnung (mit Ausnahme der Ermittlung der Verformungen und Schnittgrößen zwischen den Stabenden, vgl. hierzu Tafel IV.2/7, abgeschlossen).

Beispiel:

System; m = 4.

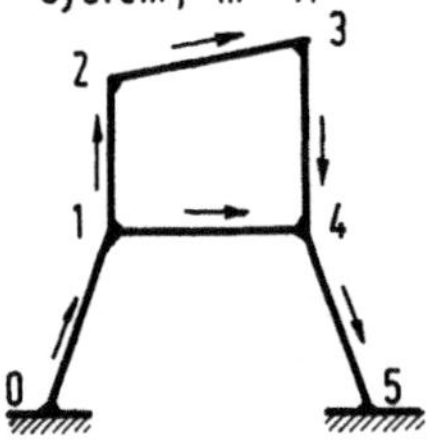

An den Stielfüßen ist $\xi = 0, \eta = 0, \varphi = 0$.

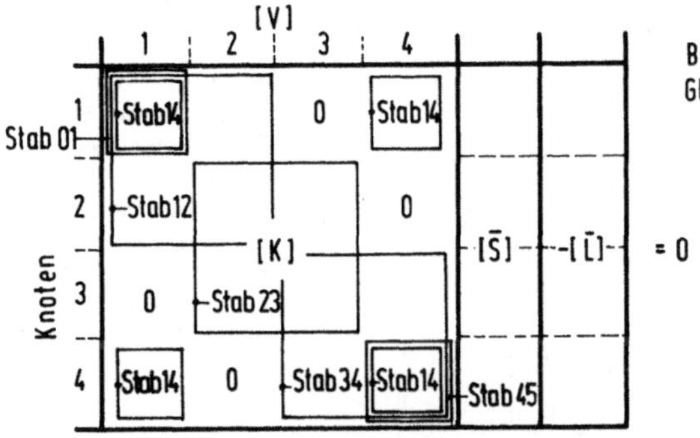

Belegung des Gleichungssystems

3.4.8.9.6 Beispiel

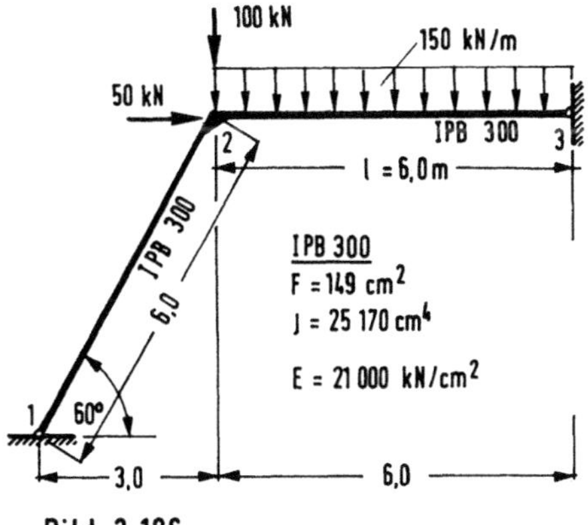

Bild 3.126

Um die prinzipielle Verfahrensweise möglichst deutlich machen zu können, wird ein Beispiel mit einfacher Struktur gewählt. B.3.126 zeigt das gewählte System in Form eines einhüftigen Rahmens mit gleich langen Stäben und gleich großen Steifigkeiten. Die Berechnung wird nach Th.I.Ordn. durchgeführt. Das bedeutet keine Einschränkung der Allgemeingültigkeit, weil Th.I. und II.Ordn. durch Einführung der auf das unverformte System bezogenen Schnittgrößen L und T vollständig übereinstimmen. Es sind lediglich die Elemente der [K]-Matrix der Größe der Stabkennzahlen anzupassen.

a) Formulierung der Elementmatrizen [k] im lokalen System, sie sind mit G.3.362 identisch.

b) Das globale System wird horizontal und vertikal vereinbart. Die Transformationsmatrizen, G.3.367, lauten:

Stab 1÷2 : $\alpha = 60°$; $\sin\alpha = 0{,}8660 = \sqrt{3}/2$, $\cos\alpha = 1/2$

$$[U] = \begin{bmatrix} 1/2 & \sqrt{3}/2 & 0 \\ -\sqrt{3}/2 & 1/2 & 0 \\ 0 & 0 & 1 \end{bmatrix}, \quad [U]^{-1} = [U]^T$$

Stab 2 ÷ 3 : $\alpha = 0°$; $\sin\alpha = 0$, $\cos\alpha = 1$: [U] = Einheitsmatrix

c) Formulierung der Elementmatrizen [K] im globalen System:

Stab 1-2 : $c^2 = \cos^2\alpha = 1/4$; $s^2 = \sin^2\alpha = 3/4$; $cs = \cos\alpha \cdot \sin\alpha = \sqrt{3}/4$

$$A = 4\frac{EJ}{l};\; B = 2\frac{EJ}{l};\; C = -6\frac{EJ}{l^2};\; D = 12\frac{EJ}{l^3};\; E = \frac{EF}{l}$$

(Hinweis: Die Kennzahlen A bis E sind auf T.3.19 definiert!) Mit Hilfe von T.3.20 folgt z.B. für $[K]_{11}$:

$$[K]_{11} = \begin{bmatrix} \frac{1}{4}\cdot\frac{EF}{l} + \frac{3}{4}\cdot\frac{12EJ}{l^3} & \frac{\sqrt{3}}{4}\left(\frac{EF}{l} - \frac{12EJ}{l^3}\right) & \frac{\sqrt{3}}{2}\cdot\frac{6EJ}{l^2} \\ \frac{\sqrt{3}}{4}\left(\frac{EF}{l} - \frac{12EJ}{l^3}\right) & \frac{3}{4}\cdot\frac{EF}{l} + \frac{1}{4}\cdot\frac{12EJ}{l^3} & -\frac{1}{2}\cdot\frac{6EJ}{l^2} \\ \frac{\sqrt{3}}{2}\cdot\frac{6EJ}{l^2} & -\frac{1}{2}\cdot\frac{6EJ}{l^2} & 4\frac{EJ}{l} \end{bmatrix} = E\cdot\begin{bmatrix} 0{,}06313 & 0{,}1069 & 0{,}3633 \\ 0{,}1069 & 0{,}1866 & -0{,}2099 \\ 0{,}3633 & -0{,}2099 & 168{,}7 \end{bmatrix}$$

Die Teilmatrizen $[K]_{12}$, $[K]_{21}$, $[K]_{22}$ und die [K]-Matrizen des Stabes 2-3 ergeben sich analog, sie sind in B.3.127 zusammengefaßt.

d) Belastungsvektoren $[\bar{S}]$:

Stab 1-2 ist unbelastet, d.h.: $[\bar{S}]_{12} = 0$, $[\bar{S}]_{21} = 0$.

Stab 2-3: Gleichlast q = konst.: $\bar{L}_{23} = \bar{L}_{32} = 0$

$$\bar{T}_{23} = -\bar{T}_{32} = ql/2 = 450 \text{ kN}$$

$$\bar{M}_{23} = -\bar{M}_{32} = -ql^2/12 = -45000 \text{ kNcm}$$

Somit gilt (c=1, s=0; T.3.20):

$$[\bar{S}]_{23} = \begin{bmatrix} 0 \\ ql/2 \\ -ql^2/12 \end{bmatrix} \qquad [\bar{S}]_{32} = \begin{bmatrix} 0 \\ +ql/2 \\ ql^2/12 \end{bmatrix}$$

Die zahlenmäßige Auswertung enthält B.3.127.

e) Knotenlastvektor $[\bar{L}]$ (vgl.T.3.19):

$$[\bar{L}]_1 = 0,\ [\bar{L}]_2 = \begin{bmatrix} W \\ -P \\ 0 \end{bmatrix},\ [\bar{L}]_3 = 0$$

$$[K]_{11} = E \cdot \begin{bmatrix} +0{,}06313 & +0{,}1069 & +0{,}3633 \\ +0{,}1069 & +0{,}1866 & -0{,}2098 \\ +0{,}3633 & -0{,}2098 & +167{,}8 \end{bmatrix} \qquad [K]_{12} = E \cdot \begin{bmatrix} -0{,}06313 & -0{,}1069 & +0{,}3633 \\ -0{,}1069 & -0{,}1866 & -0{,}2098 \\ -0{,}3633 & +0{,}2098 & +83{,}90 \end{bmatrix}$$

$$[K]_{21} = E \cdot \begin{bmatrix} -0{,}06313 & -0{,}1069 & -0{,}3633 \\ -0{,}1069 & -0{,}1866 & +0{,}2098 \\ +0{,}3633 & -0{,}2098 & +83{,}90 \end{bmatrix} \qquad [K]_{22} = E \cdot \begin{bmatrix} +0{,}06313 & +0{,}1069 & -0{,}3633 \\ +0{,}1069 & +0{,}1866 & +0{,}2098 \\ -0{,}3633 & +0{,}2098 & +167{,}8 \end{bmatrix}$$

$$[K]_{22} = E \cdot \begin{bmatrix} +0{,}2483 & 0 & 0 \\ 0 & +0{,}0014 & -0{,}4195 \\ 0 & -0{,}4195 & +167{,}8 \end{bmatrix} \qquad [K]_{23} = E \cdot \begin{bmatrix} -0{,}2483 & 0 & 0 \\ 0 & -0{,}0014 & -0{,}4195 \\ 0 & +0{,}4195 & +83{,}90 \end{bmatrix}$$

$$[K]_{32} = E \cdot \begin{bmatrix} -0{,}2483 & 0 & 0 \\ 0 & -0{,}0014 & +0{,}4195 \\ 0 & -0{,}4195 & +83{,}90 \end{bmatrix} \qquad [K]_{33} = E \cdot \begin{bmatrix} +0{,}2483 & 0 & 0 \\ 0 & +0{,}00140 & +0{,}4195 \\ 0 & +0{,}4195 & +167{,}8 \end{bmatrix}$$

$$[\bar{S}]_{23} = \begin{bmatrix} 0 \\ +450 \\ -45\,000 \end{bmatrix},\quad [\bar{S}]_{32} = \begin{bmatrix} 0 \\ +450 \\ +45\,000 \end{bmatrix} \qquad [\bar{L}]_1 = 0,\quad [\bar{L}]_2 = \begin{bmatrix} +50 \\ -100 \\ 0 \end{bmatrix},\ [\bar{L}]_3 = 0$$

Bild 3.127

f) Formulierung der Matrizengleichung G.3.384. Das Matrizenschema ist in B.3.128 zusammengefaßt. Im Kernbereich der [K]-Matrix überlappen sich die $[K]_{22}$-Matrizen der Stäbe 1-2 und 2-3, das ergibt (vgl. G.3.377):

$$\begin{matrix} +0{,}3114 & +0{,}1069 & -0{,}3633 \\ +0{,}1069 & +0{,}1880 & -0{,}2098 \\ -0{,}3633 & -0{,}2098 & +335{,}6 \end{matrix}$$

$[S] = E \cdot [K] \cdot [V] + [\bar{S}] - [\bar{L}]$

[S]	[K]									[V]	[S̄]	[L̄]
H_1	+0,063	+0,1069	+0,3633	-0,0631	-0,1069	+0,3633	0	0	0	ξ_1	0	0
V_1	+0,1069	+0,1866	-0,2098	-0,1069	-0,1866	-0,2098	0	0	0	η_1	0	0
M_1	+0,3633	-0,2098	+167,8	-0,3633	+0,2098	+83,90	0	0	0	φ_1	0	0
H_2	-0,0631	-0,1069	-0,3633	+0,0631 +0,2483	+0,1069 0	-0,3633 0	-0,2483	0	0	ξ_2	0 0	+50
V_2	-0,1069	-0,1866	+0,2098	+0,1069 0	+0,1866 +0,0014	+0,2098 -0,4195	0	-0,0014	-0,4195	η_2	0 +450	-100
M_2	+0,3633	-0,2098	+83,90	-0,3633 0	+0,2098 -0,4195	+167,8 +167,8	0	+0,4195	+83,90	φ_2	0 -45000	0
H_3	0	0	0	-0,2483	0	0	+0,2483	0	0	ξ_3	0	0
V_3	0	0	0	0	-0,0014	+0,4195	0	+0,0014	+0,4195	η_3	+450	0
M_3	0	0	0	0	-0,4195	+83,90	0	+0,4195	+167,9	φ_3	+45000	0

Bild 3.128

g) Umstellung der Matrizengleichung gemäß G.3.385. Die Randbedingungen lauten:

$$\xi_1 = 0,\ \eta_1 = 0;\ \xi_3 = 0,\ \eta_3 = 0$$

Es verbleiben die Unbekannten φ_1; ξ_2, η_2, φ_2; φ_3. B.3.129 zeigt die Matrizengleichung nach Umordnung und Splittung in die Matrizen $[K]_{uu}$, $[K]_{uv}$, $[K]_{vu}$, $[K]_{vv}$.

h) Formulierung des Gleichungssystems für die Unbekannten. In B.3.130 ist das Gleichungssystem aus dem Matrizenschema gesondert herausgezogen und der E-Modul in die Elemente hineinmultipliziert. Der Strich kennzeichnet die Zehnerpotenzierung.

$$\begin{bmatrix} S_u \\ S_v \end{bmatrix} = \begin{bmatrix} K_{uu} & K_{uv} \\ K_{vu} & K_{vv} \end{bmatrix} \cdot \begin{bmatrix} V_u \\ V_v \end{bmatrix} + \begin{bmatrix} \bar{S}_u \\ \bar{S}_v \end{bmatrix} - \begin{bmatrix} \bar{L}_u \\ \bar{L}_v \end{bmatrix}$$

	= E ·	K_{uu}					K_{uv}				·		+		-	
M_1		+167,8	-0,3633	+0,2098	+83,90	0	+0,3633	-0,2098	0	0		φ_1		0		0
H_2		-0,3633	+0,3114	+0,1069	-0,3633	0	-0,0631	-0,1069	-0,2483	0		ξ_2		0		50
V_2		+0,2098	+0,1069	+0,1880	-0,2098	-0,4195	-0,1069	-0,1866	0	-0,0014		η_2		450		-100
M_2		+83,90	-0,3633	-0,2098	+335,6	+83,90	+0,3633	-0,2098	0	+0,4195		φ_2		-45 000		0
M_3	= E ·	0	0	-0,4195	+83,90	+167,9	0	0	0	+0,4195		φ_3	+	45 000	-	0
H_1		+0,3633	-0,0631	-0,1069	+0,3633	0	+0,0631	+0,1069	0	0		ξ_1		0		0
V_1		-0,2098	-0,1069	-0,1866	-0,2098	0	+0,1069	+0,1866	0	0		η_1		0		0
H_3		0	-0,2483	0	0	0	0	0	+0,2483	0		ξ_3		0		0
V_3		0	0	-0,0014	+0,4195	+0,4195	0	0	0	+0,0014		η_3		+450		0

Bild 3.129

	φ_1	ξ_2	η_2	φ_2	φ_3		$[\bar{S}]$		$[\bar{L}]$	
	+167,8	-0,3633	+0,2098	+83,90	0		0		0	
	-0,3633	+0,3114	+0,1069	-0,3633	0		0		50	
E ·	+0,2098	+0,1069	+0,1880	-0,2098	-0,4195	+	450	-	-100	= 0
	+83,90	-0,3633	-0,6295	+335,6	+83,90		-45 000		0	
	0	0	-0,4195	+83,90	+167,9		+45 000		0	

φ_1	ξ_2	η_2	φ_2	φ_3			
+3,524'6	-7629	+4406	+1,762'6	0		0	= 0
-7629	+6539	+2245	-7629	0		-50	= 0
+4406	+2245	+3948	-4406	-8810	+	550	= 0
+1,762'6	-7629	-4406	+7,048'6	+1,762'6		-45 000	= 0
0	0	-8810	+1,762'6	+3,524'6		+45 000	= 0

Bild 3.130

Die Auflösung des Gleichungssystems ergibt (Einheiten in cm und Bogenmaß):

$$\varphi_1 = -0{,}005914$$
$$\xi_2 = +0{,}088681,\ \eta_2 = -0{,}212818,\ \varphi_2 = +0{,}012745$$
$$\varphi_3 = -0{,}019675$$

i) Berechnung der Stützgrößen $[S]_v$ gemäß G.3.388, dargestellt in B.3.131, vgl. das Matrizenschema in B.3.129.

$$[S]_v = [K]_{vu} \cdot [V]_u + [\bar{S}]_v - [\bar{L}]_v =$$

$$\begin{bmatrix} H_1 \\ V_1 \\ H_3 \\ V_3 \end{bmatrix} = E \cdot \begin{bmatrix} +0{,}3633 & -0{,}0631 & -0{,}1069 & +0{,}3633 & 0 \\ -0{,}2098 & -0{,}1069 & -0{,}1866 & -0{,}2098 & 0 \\ 0 & -0{,}2483 & 0 & 0 & 0 \\ 0 & 0 & -0{,}0014 & +0{,}4195 & +0{,}4195 \end{bmatrix} \begin{bmatrix} -0{,}005914 \\ +0{,}088681 \\ -0{,}212818 \\ +0{,}012745 \\ -0{,}019675 \end{bmatrix} + \begin{bmatrix} 0 \\ 0 \\ 0 \\ +450 \end{bmatrix} - \begin{bmatrix} 0 \\ 0 \\ 0 \\ 0 \end{bmatrix} = \begin{bmatrix} -412{,}37 \\ -604{,}78 \\ +462{,}41 \\ -395{,}21 \end{bmatrix} \text{kN}$$

Bild 3.131

j) Berechnung der Stabendverformungen im globalen Koordinatensystem, vgl. G.3.370. In B.3.132 sind die Werte zusammengestellt.

$\xi_{12} = 0$ $\quad \xi_{21} = -0{,}088681$ $\quad \xi_{23} = +0{,}088681$ $\quad \xi_{32} = 0$

$\eta_{12} = 0$ $\quad \eta_{21} = +0{,}212818$ $\quad \eta_{23} = -0{,}212818$ $\quad \eta_{32} = 0$

$\varphi_{12} = -0{,}005914$ $\quad \varphi_{21} = +0{,}012745$ $\quad \varphi_{23} = +0{,}012745$ $\quad \varphi_{32} = -0{,}019675$

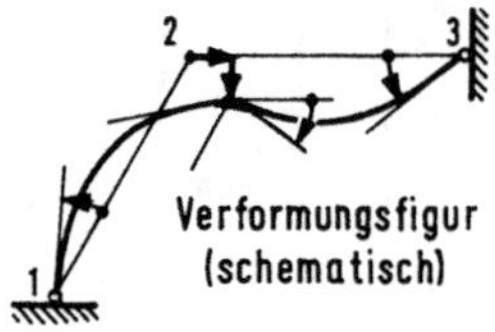

Bild 3.132

k) Berechnung der Stabendverformungen im lokalen Koordinatensystem mit Hilfe der Transformationsmatrix [U]:

$$\begin{pmatrix} x \\ y \\ \varphi \end{pmatrix} = [U] \begin{pmatrix} \xi \\ \eta \\ \varphi \end{pmatrix}$$

[U] ist gemäß G.3.367 für beide Stäbe aufzubauen. Die Rechnung ergibt:

$x_{12} = 0, \quad x_{21} = +0{,}13996, \quad x_{23} = +0{,}088681, \quad x_{32} = 0,$

$y_{12} = 0, \quad y_{21} = +0{,}18321, \quad y_{23} = -0{,}21282, \quad y_{32} = 0,$

$\varphi_{12} = -0{,}005914, \quad \varphi_{21} = +0{,}012745, \quad \varphi_{23} = +0{,}012745, \quad \varphi_{32} = -0{,}019675.$

l) Berechnung der Stabendschnittgrößen. Hierzu werden die im Rechenschritt a) gebildeten Elementmatrizen [k] benötigt. Die Rechnung gemäß G.3.368 liefert:

$L_{12} = 729{,}9$ kN, $\quad L_{21} = 729{,}9$ kN $\quad L_{23} = 462{,}5$ kN $\quad L_{32} = 462{,}5$ kN

$T_{12} = -54{,}8$ kN $\quad T_{21} = -54{,}8$ kN $\quad T_{23} = 504{,}7$ kN $\quad T_{32} = -395{,}3$ kN

$M_{12} = 0$ $\quad M_{21} = +32876$ kNcm, $\quad M_{23} = -32876$ kNcm, $\quad M_{32} = 0$

Bis auf die Berechnung der Verformungen und Schnittgrößen innerhalb der Stabbereiche ist die Rechnung abgeschlossen.

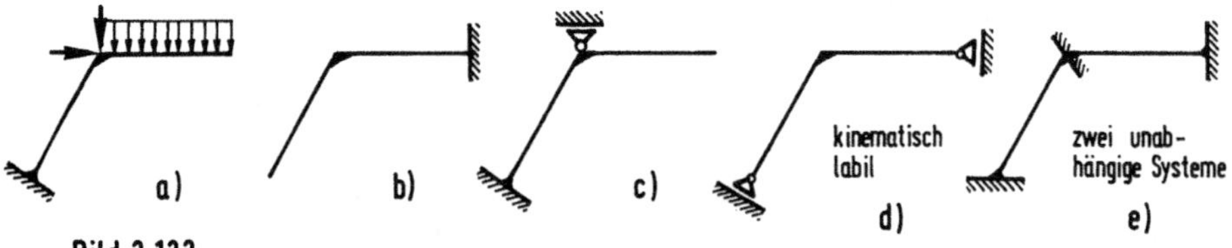

Bild 3.133

Für andere Rand- und Zwischenlagerungen, wie sie in B.3.133a bis c beispielhaft dargestellt sind, verläuft die Berechnung bis zur Aufstellung des in B.3.128 angeschriebenen Matrizensystems identisch. Die Randbedingungen gehen durch eine passende Umorganisation gemäß B.3.129 ein, alles weitere wird nach denselben Rechenanweisungen abgewickelt.

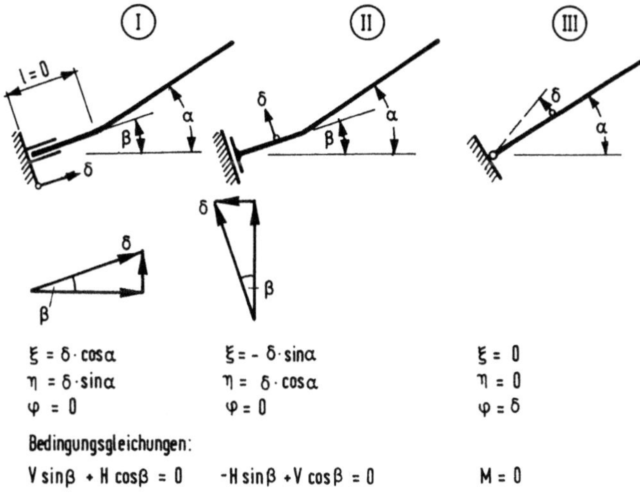

Bild 3.134

Sind in den Erdknoten oder innerhalb des Tragsystems mechanische Gelenke in Form von L-, T- oder M-Gelenken vorhanden (in B.3.134 mit (I), (II), (III) bezeichnet), so ist die Verformung in Richtung des Freiheitsgrades als Unbekannte einzuführen; sie wird hier mit δ abgekürzt, vgl. B.3.134. Diesen Unbekannten steht je eine Bedingungsgleichung gegenüber. In B.3.134 ist angenommen, daß das L- bzw. T-Gelenk eine andere Richtung als die Stabachse bzw. die Normale dazu aufweist.
Sind L- bzw. T-Gelenke im Tragwerksinneren enthalten, so ist zu bedenken, daß sich die Richtung ihres kinematischen Freiheitsgrades durch die Verformungen der anschließenden Stäbe ändert (Th.II.Ordn.!). Dieser Umstand bedarf einer besonderen Programmorganisation; das gilt auch dann, wenn ein L- bzw. T-Gelenk mit einem M-Gelenk zusammenfällt. - Biegeweiche Zugstangen lassen sich durch EJ=0 und den realen EF-Wert berücksichtigen.

3.4.8.9.7 Näherungsansatz für die Elementmatrix

Wie oben erwähnt, läßt sich das Verfahren der Steifigkeitsmatrizen auch auf räumliche Stabstrukturen unter Einschluß der primären und sekundären Torsion erweitern. Für Flächentragwerke wie Scheiben, Platten und Schalen läßt sich ein in adäquater Weise strenges Verfahren nicht angeben. Hier bedarf es Näherungsansätze für die Elementmatrizen, die dann Grundlage der Methode der finiten Elemente sind. Um die prinzipielle Vorgehensweise bei der Herleitung der Grundmatrizen für diese Methode aufzuzeigen, wird für [k] in G.3.355

$$[s] = [k][v] + [\bar{s}] \qquad (3.355)$$

ein approximativer Ausdruck hergeleitet, wobei [k] in zwei Teilmatrizen gesplittet wird, die Th.I. und II.Ordn. getrennt erfassen. Der Verformungseinfluß ist von u und v, also von den Verformungen in Richtung der Stabachse und quer dazu, abhängig (B.3.135).

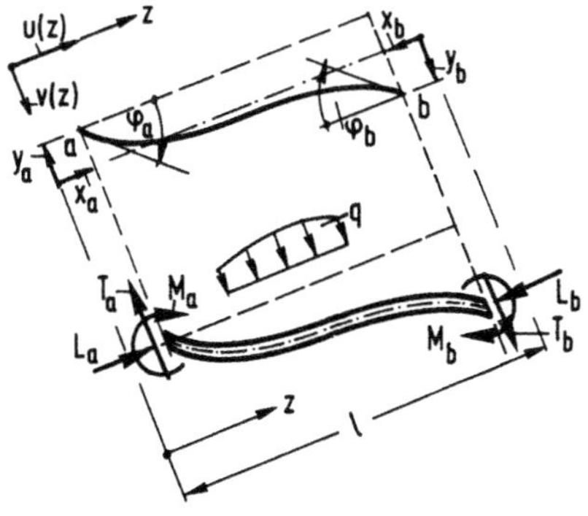

Bild 3.135

Die Variation des Potentials der inneren und äußeren Kräfte für den in B.3.135 dargestellten Verformungszustand lautet (vgl. Abschnitt 1.2.2.2.2):

$$\delta\Pi = \delta\Big\{\frac{1}{2}\int_0^l EFu'^2dz + \frac{1}{2}\int_0^l EJv''^2dz - \frac{1}{2}\int_0^l Dv'^2dz + -[s]^T[v] + \frac{1}{2}[v]^T[k][v] - \int_0^l qv\,dz\Big\} \qquad (3.390)$$

Die ersten beiden Glieder erfassen die potentielle Energie der Längskräfte und Biegungsmomente (der Querkrafteinfluß wird unterdrückt). Das dritte Glied beinhaltet die Abnahme der potentiellen Energie der äußeren Druckkraft und das letzte die der äußeren transversalen Belastung q(z). Das vierte Glied gibt die Abnahme der potentiellen Energie der Stabendschnittgrößen im Verfolge der zugehörigen Stabendverformungen an, dieser Term lautet ausgeschrieben:

$$[s_1\ s_2\ s_3\ s_4\ s_5\ s_6]\begin{bmatrix} v_1\\ v_2\\ v_3\\ v_4\\ v_5\\ v_6 \end{bmatrix} \equiv [L_a\ T_a\ M_a\ L_b\ T_b\ M_b]\begin{bmatrix} x_a\\ y_a\\ \varphi_a\\ x_b\\ y_b\\ \varphi_b \end{bmatrix}$$

[s] (das sind die Stabendschnittgrößen) setzt sich gemäß G.3.355 aus zwei Anteilen zusammen. [k][v] stellt jenen Anteil dar, der infolge der Stabendverformungen, gekennzeichnet durch [v], hervorgerufen wird. Der zugehörige Arbeitsbeitrag ist aber schon durch die ersten drei Glieder in G.3.390 erfaßt; es ist somit (der elastische Arbeitsbeitrag)

$$\frac{1}{2}[v]^T\cdot[k][v]$$

zuviel abgezogen, dieser Term wird daher als fünftes Glied in G.3.390 ergänzt.

Im Sinne des RITZschen Verfahrens werden für die Formänderungen u(z) und v(z) je ein Ansatz gewählt:

$$u = C_1 + C_2 z\ ;\quad v = C_3 + C_4 z + C_5 z^2 + C_6 z^3 \tag{3.391}$$

Die Freiwerte C_1 bis C_6 werden aus den Randbedingungen

$$\begin{aligned} z = 0:\ & u(0) = v_1 \equiv x_a,\quad v(0) = -v_2 \equiv -y_a,\quad v'(0) = v_3 \equiv \varphi_a \\ z = l:\ & u(l) = -v_4 = -x_b,\quad v(l) = v_5 = y_b,\quad v'(l) = v_6 = \varphi_b \end{aligned} \tag{3.392}$$

berechnet, siehe B.3.135. Für u(z) und v(z) findet man:

$$u = x_a - \frac{x_a + x_b}{l} z \tag{3.393}$$

$$v = -y_a + \varphi_a z + \frac{3(y_a + y_b)}{l^2}\cdot z^2 - \frac{2\varphi_a + \varphi_b}{l}\cdot z^2 + \frac{\varphi_a + \varphi_b}{l^2}\cdot z^3 - \frac{2(y_a + y_b)}{l^3} z^3 \tag{3.394}$$

Werden G.3.393/394 matriziell fomuliert, gilt:

$$u = [(1-\frac{z}{l})(-\frac{z}{l})]\cdot\begin{bmatrix} x_a\\ x_b \end{bmatrix} \tag{3.395}$$

$$v = [(-1+\frac{3z^2}{l^2}-\frac{2z^3}{l^3})(z-\frac{2z^2}{l}+\frac{z^3}{l^2})(\frac{3z^2}{l^2}-\frac{2z^3}{l^3})(-\frac{z^2}{l}+\frac{z^3}{l^2})]\cdot\begin{bmatrix} y_a\\ \varphi_a\\ y_b\\ \varphi_b \end{bmatrix} \tag{3.396}$$

u(z) wird einmal und v(z) zweimal nach z differenziert:

$$u' = [(-\frac{1}{l})(-\frac{1}{l})]\cdot\begin{bmatrix} x_a\\ x_b \end{bmatrix} \tag{3.397}$$

$$v' = [(\frac{6z}{l^2}-\frac{6z^2}{l^3})(1-\frac{4z}{l}+\frac{3z^2}{l^2})(\frac{6z}{l^2}-\frac{6z^2}{l^3})(-\frac{2z}{l}+\frac{3z^2}{l^2})]\cdot\begin{bmatrix} y_a\\ \varphi_a\\ y_b\\ \varphi_b \end{bmatrix} \tag{3.398}$$

$$v'' = [(\frac{6}{l^2}-\frac{12z}{l^3})(-\frac{4}{l}+\frac{6z}{l^2})(\frac{6}{l^2}-\frac{12z}{l^3})(-\frac{2}{l}+\frac{6z}{l^2})]\cdot\begin{bmatrix} y_a\\ \varphi_a\\ y_b\\ \varphi_b \end{bmatrix} \tag{3.399}$$

Um die Übersichtlichkeit zu wahren, werden an dieser Stelle folgende Abkürzungen eingeführt:

$$u = [A]^T \cdot \begin{bmatrix} x_a \\ x_b \end{bmatrix} = [A]^T \cdot [v]_u \; ; \quad u' = [B]^T \cdot [v]_u \tag{3.400}$$

$$v = [C]^T \cdot \begin{bmatrix} y_a \\ \varphi_a \\ y_b \\ \varphi_b \end{bmatrix} = [C]^T \cdot [v]_v \; ; \quad v' = [D]^T \cdot [v]_v \; ; \quad v'' = [E]^T \cdot [v]_v \tag{3.401}$$

Die Bedeutung der neu definierten Matrizen [A] bis [E] und $[v]_u$, $[v]_v$ geht aus dem Vergleich der G.3.400/401 mit den G.3.395/399 hervor. Für das Produkt von u', v' und v'' jeweils mit sich selbst gilt:

$$u'^2 = [v]_u^T \cdot [B] \cdot [B]^T \cdot [v]_u \tag{3.402}$$

$$v'^2 = [v]_v^T \cdot [D] \cdot [D]^T \cdot [v]_v \tag{3.403}$$

$$v''^2 = [v]_v^T [E] \cdot [E]^T [v]_v \tag{3.404}$$

Werden diese matriziellen Beziehungen in das Potential Π substituiert, folgt:

$$\delta\Pi = \delta\Big[[v]_u^T \Big\{\Big[\frac{1}{2}\int_0^l EF \cdot [B][B]^T dz - \frac{1}{2}[k]_u\Big]\Big\} \cdot [v]_u$$
$$+ [v]_v^T \Big\{\Big[\frac{1}{2}\int_0^l EJ \cdot [E][E]^T dz - \frac{1}{2}\int_0^l D \cdot [D][D]^T dz - \frac{1}{2}[k]_v\Big]\Big\} \cdot [v]_v - [\bar{s}]_v^T [v]_v - \Big(\int_0^l q \cdot [C]^T dz\Big)[v]_v\Big] \tag{3.405}$$

Hierbei wird vor der Substitution das vierte Glied in G.3.390 umgestellt

$$[s]^T [v] = [v]^T [s] \tag{3.406}$$

und für [s] G.3.355 eingesetzt und mit dem fünften Glied umgeformt. Außerdem werden [s] und $[\bar{s}]$ gesplittet:

$$[s]_u = [k]_u [v]_u , \; [s]_v = [k]_v [v]_v \; ; \; [\bar{s}]_u = 0 , \; [\bar{s}]_v \tag{3.407}$$

Das Prinzip der virtuellen Verrückungen ($\delta\Pi = 0$) fordert:

$$\delta\Pi = \frac{\partial\Pi}{\partial u} \cdot \delta u + \frac{\partial\Pi}{\partial v} \cdot \delta v =$$
$$= \frac{\partial\Pi}{\partial x_a} \cdot \delta x_a + \frac{\partial\Pi}{\partial y_a} \cdot \delta y_a + \frac{\partial\Pi}{\partial\varphi_a} \cdot \delta\varphi_a + \frac{\partial\Pi}{\partial x_b} \cdot \delta x_b + \frac{\partial\Pi}{\partial y_b} \cdot \delta y_b + \frac{\partial\Pi}{\partial\varphi_b} \cdot \delta\varphi_b = 0 \tag{3.408}$$

Da u und v gemäß G.3.395/396 Funktionen der Stabrandverformungen sind, sind insgesamt sechs linear-unabhängige Variationen möglich, das bringt G.3.408 zum Ausdruck. Werden die partiellen Differentiationen ausgeführt, folgt nach kurzer Rechnung

$$\delta\Pi = 2[v]_u^T \Big\{\Big[\frac{1}{2}\int_0^l EF \cdot [B] \cdot [B]^T dz - \frac{1}{2}[k]_u\Big]\Big\} \cdot [\delta v]_u$$
$$+ 2[v]_v^T \Big\{\Big[\frac{1}{2}\int_0^l EJ \cdot [E] \cdot [E]^T dz - \frac{1}{2}\int_0^l D \cdot [D] \cdot [D]^T dz - \frac{1}{2}[k]_v\Big]\Big\} \cdot [\delta v]_v - [\bar{s}]^T \cdot [\delta v]_v - \Big(\int_0^l q \cdot [C]^T dz\Big)[\delta v]_v = 0 \tag{3.409}$$

und das unter der Voraussetzung, daß

$$[B][B]^T , [E][E]^T , [D][D]^T \text{ sowie } [k]_u , [k]_v \tag{3.410}$$

symmetrisch zur Hauptdiagonalen sind. Erstere sind per Definition symmetrisch und die [k]-Matrizen wegen der Gültigkeit des Reziprozitätssatzes von MAXWELL-BETTI. Da

$$[\delta v]_u = \delta[v]_u \text{ und } [\delta v]_v = \delta[v]_v \tag{3.411}$$

linear-unabhängige virtuelle Verrückungen sind, müssen die erste und zweite Zeile von G.3.409 je für sich Null sein. Unterstellt man zunächst, daß das (finite) Stabelement belastungsfrei ist, müssen die Inhalte der geschweiften Klammern Null gesetzt werden, sie lassen sich nach $[k]_u$ und $[k]_v$ auflösen:

$$[k]_u = \int_0^l EF \cdot [B] \cdot [B]^T dz \tag{3.412}$$

$$[k]_v = \int_0^l EJ \cdot [E] \cdot [E]^T dz - \int_0^l D \cdot [D] \cdot [D]^T dz \tag{3.413}$$

Wird beispielsweise der Integrand von G.3.412 ausgewertet, ergibt sich für EF=konst.:

$$[B] \cdot [B]^T = \begin{bmatrix} (-\frac{1}{l}) \\ (-\frac{1}{l}) \end{bmatrix} \cdot \begin{bmatrix} (-\frac{1}{l}) & (-\frac{1}{l}) \end{bmatrix} = \begin{bmatrix} (\frac{1}{l})^2 & (\frac{1}{l})^2 \\ (\frac{1}{l})^2 & (\frac{1}{l})^2 \end{bmatrix} \longrightarrow [k]_u = EF \cdot l \cdot \begin{bmatrix} (\frac{1}{l})^2 & (\frac{1}{l})^2 \\ (\frac{1}{l})^2 & (\frac{1}{l})^2 \end{bmatrix} = \begin{bmatrix} \frac{EF}{l} & \frac{EF}{l} \\ \frac{EF}{l} & \frac{EF}{l} \end{bmatrix} \tag{3.414}$$

Wird G.3.409 ausgewertet, findet man nach etwas längerer Rechnung für EJ und D=konst. die Matrix $[k]_v$ und nach Aufgabe der Splittung in $[k]_u$ und $[k]_v$ schließlich die gesuchte Grundmatrix für das homogene Problem:

$$[k] = \begin{bmatrix} \frac{EF}{l} & 0 & 0 & \frac{EF}{l} & 0 & 0 \\ 0 & \frac{12EJ}{l^3} & -\frac{6EJ}{l^2} & 0 & \frac{12EJ}{l^3} & -\frac{6EJ}{l^2} \\ 0 & -\frac{6EJ}{l^2} & \frac{4EJ}{l} & 0 & -\frac{6EJ}{l^2} & \frac{2EJ}{l} \\ \frac{EF}{l} & 0 & 0 & \frac{EF}{l} & 0 & 0 \\ 0 & \frac{12EJ}{l^3} & -\frac{6EJ}{l^2} & 0 & \frac{12EJ}{l^3} & -\frac{6EJ}{l^2} \\ 0 & -\frac{6EJ}{l^2} & \frac{2EJ}{l} & 0 & -\frac{6EJ}{l^2} & \frac{4EJ}{l} \end{bmatrix} - D \cdot \begin{bmatrix} 0 & 0 & 0 & 0 & 0 & 0 \\ 0 & \frac{6}{5l} & -\frac{1}{10} & 0 & \frac{6}{5l} & -\frac{1}{10} \\ 0 & -\frac{1}{10} & \frac{2}{15}l & 0 & -\frac{1}{10} & -\frac{1}{30}l \\ 0 & 0 & 0 & 0 & 0 & 0 \\ 0 & \frac{6}{5l} & -\frac{1}{10} & 0 & \frac{6}{5l} & -\frac{1}{10} \\ 0 & -\frac{1}{10} & -\frac{1}{30}l & 0 & -\frac{1}{10} & \frac{2}{15}l \end{bmatrix} \tag{3.415}$$

Die erste Matrix ist mit G.3.362 identisch, sie gilt für Th.I.Ordn., die zweite Matrix erfaßt den Verformungseffekt infolge der Druckkraft D. Wirkt anstelle der Druckkraft eine Zugkraft Z, ist vor der zweiten Matrix -D durch +Z zu ersetzen.

Die Erweiterung auf das inhomogene Problem ist einfach. Hierzu werden in der zweiten Zeile von G.3.409 auch die letzten beiden Terme Null gesetzt, anschließend wird nach $[\bar{s}]_v \equiv [\bar{s}]$ aufgelöst:

$$[\bar{s}] = -\int_0^l q \cdot [C]^T dz \tag{3.416}$$

Wertet man das Integral für

$$q(z) = p_0 + p_1 \frac{z}{l} \tag{3.417}$$

aus, ergibt sich:

$$[\bar{s}] = \begin{bmatrix} 0 \\ +\frac{l}{2} \\ -\frac{l^2}{12} \\ 0 \\ -\frac{l}{2} \\ +\frac{l^2}{12} \end{bmatrix} \cdot p_0 + \begin{bmatrix} 0 \\ +\frac{3l}{20} \\ -\frac{l^2}{30} \\ 0 \\ -\frac{7l}{20} \\ +\frac{l^2}{20} \end{bmatrix} \cdot p_1 \tag{3.418}$$

G.3.418 repräsentiert die Einspannungsgrößen $\bar{M}$ und $\bar{T}$ nach Th.I.Ordn. Wird der Stab in Stablängsrichtung durch eine äußere, verteilte Last beansprucht, ist noch $\bar{L}$ aufzunehmen, vgl. G.3.359; für die Druckkraft ist dann elementweise ein Mittelwert anzusetzen.
Der weitere Ausbau des Verfahrens einschließlich Umrechnung auf das globale System ist in analoger Erweiterung zu Abschnitt 3.4.8.9.3/5 zu bewerkstelligen.

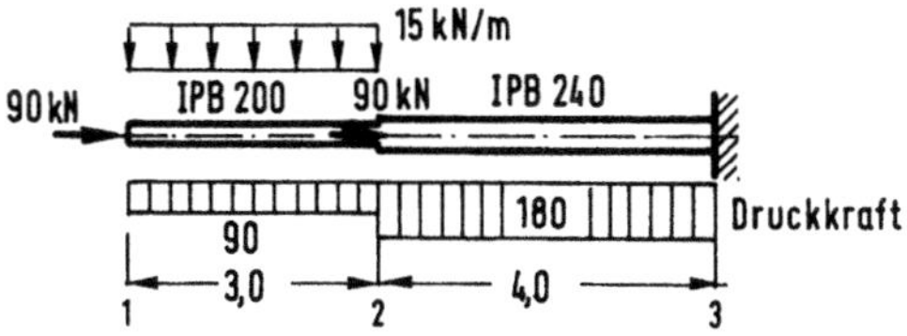

Bild 3.136

Anhand eines Beispieles wird die Vorgehensweise verdeutlicht. (Dasselbe Beispiel wurde im Abschnitt 3.4.3.3 behandelt; gesucht sind die Schnittgrößen nach Th.II.Ordn., vgl. B.3.136.)

$$EF_{12}=1{,}640\cdot 10^6\,\mathrm{kN},\quad EJ_{12}=1197\cdot 10^4\,\mathrm{kNm}^2$$

$$EF_{23}=2{,}226\cdot 10^6\,\mathrm{kN},\quad EJ_{23}=2{,}365\cdot 10^4\,\mathrm{kNm}^2$$

Für die Stabbereiche 1-2 und 2-3 werden die Grundmatrizen gemäß G.3.415 ausgerechnet:

$$[k]_{12}=\begin{pmatrix} 5{,}467'5 & 0 & 0 & 5{,}467'5 & 0 & 0 \\ 0 & 5{,}32'3 & -7{,}98'3 & 0 & 5{,}32'3 & -7{,}98'3 \\ 0 & -7{,}98'3 & 1{,}596'4 & 0 & -7{,}98'3 & 7{,}98'3 \\ 5{,}467'5 & 0 & 0 & 5{,}467'5 & 0 & 0 \\ 0 & 5{,}32'3 & -7{,}98'3 & 0 & 5{,}32'3 & -7{,}98'3 \\ 0 & -7{,}98'3 & 7{,}98'3 & 0 & -7{,}98'3 & 1{,}596'4 \end{pmatrix} - \begin{pmatrix} 0 & 0 & 0 & 0 & 0 & 0 \\ 0 & 36 & -9 & 0 & 36 & -9 \\ 0 & -9 & 36 & 0 & -9 & -9 \\ 0 & 0 & 0 & 0 & 0 & 0 \\ 0 & 36 & -9 & 0 & 36 & -9 \\ 0 & -9 & -9 & 0 & -9 & 36 \end{pmatrix}$$

$$[k]_{23}=\begin{pmatrix} 5{,}565'5 & 0 & 0 & 5{,}565'5 & 0 & 0 \\ 0 & 4{,}43'3 & -8{,}87'3 & 0 & 4{,}43'3 & -8{,}87'3 \\ 0 & -8{,}87'3 & 2{,}36'4 & 0 & -8{,}87'3 & 1{,}182'4 \\ 5{,}565'5 & 0 & 0 & 5{,}565'5 & 0 & 0 \\ 0 & 4{,}43'3 & -8{,}87'3 & 0 & 4{,}43'3 & -8{,}87'3 \\ 0 & -8{,}87'3 & 1{,}182'4 & 0 & -8{,}87'3 & 2{,}365'4 \end{pmatrix} - \begin{pmatrix} 0 & 0 & 0 & 0 & 0 & 0 \\ 0 & 54 & -18 & 0 & 54 & -18 \\ 0 & -18 & 96 & 0 & -18 & -24 \\ 0 & 0 & 0 & 0 & 0 & 0 \\ 0 & 54 & -18 & 0 & 54 & -18 \\ 0 & -18 & -24 & 0 & -18 & 96 \end{pmatrix}$$

Der Einfluß Th.II.Ordn. ist offensichtlich untergeordnet. - Da die Stabelemente horizontal liegen, sind diese Matrizen mit den Grundmatrizen im globalen System identisch.
Die Matrizengleichung G.3.378 wird nunmehr formuliert; dabei werden die Umstellungen im Zuge der Umorientierung auf die Knoten gemäß Abschnitt 3.4.8.9.4 beachtet und im Sinne von G.3.385 gesplittet. Unbekannt sind die Knotenverformungen:

$$[V]_u=\begin{pmatrix} \xi_1 \\ \eta_1 \\ \varphi_1 \\ \xi_2 \\ \eta_2 \\ \varphi_2 \end{pmatrix}$$

$$[K]=\left(\begin{array}{cccccc|ccc} \multicolumn{6}{c|}{[K]_{uu}} & \multicolumn{3}{c}{[K]_{uv}} \\ 5{,}467'5 & 0 & 0 & -5{,}467'5 & 0 & 0 & 0 & 0 & 0 \\ 0 & 5{,}284'3 & -7{,}971'3 & 0 & -5{,}284'3 & -7{,}971'3 & 0 & 0 & 0 \\ 0 & -7{,}971'3 & 1{,}592'4 & 0 & 7{,}971'3 & 7{,}989'3 & 0 & 0 & 0 \\ -5{,}467'5 & 0 & 0 & \begin{smallmatrix}5{,}467'5\\5{,}565'5\end{smallmatrix} & \begin{smallmatrix}0\\0\end{smallmatrix} & \begin{smallmatrix}0\\0\end{smallmatrix} & -5{,}565'5 & 0 & 0 \\ 0 & -5{,}284'3 & 7{,}971'3 & \begin{smallmatrix}0\\0\end{smallmatrix} & \begin{smallmatrix}5{,}284'3\\4{,}380'3\end{smallmatrix} & \begin{smallmatrix}7{,}971'3\\-8{,}849'3\end{smallmatrix} & 0 & -4{,}380'3 & -8{,}849'3 \\ 0 & -7{,}971'3 & 7{,}989'3 & \begin{smallmatrix}0\\0\end{smallmatrix} & \begin{smallmatrix}7{,}971'3\\-8{,}849'3\end{smallmatrix} & \begin{smallmatrix}1{,}592'4\\2{,}355'4\end{smallmatrix} & 0 & 8{,}849'3 & 1{,}185'4 \\ \hline 0 & 0 & 0 & -5{,}565'5 & 0 & 0 & 5{,}565'5 & 0 & 0 \\ 0 & 0 & 0 & 0 & -4{,}380'3 & 8{,}849'3 & 0 & 4{,}380'3 & 8{,}849'3 \\ 0 & 0 & 0 & 0 & -8{,}849'3 & 1{,}185'4 & 0 & 8{,}849'3 & 2{,}355'4 \\ \multicolumn{6}{c|}{[K]_{vu}} & \multicolumn{3}{c}{[K]_{vv}} \end{array}\right)$$

Die Vektoren $[\bar{S}]$ und $[\bar{L}]$ lauten (vgl. G.3.418):

$$[\bar{S}] = \begin{array}{c} [\bar{S}]_u \\ \\ [\bar{S}]_v \end{array} \left[\begin{array}{c} 0 \\ 22{,}5 \\ -11{,}25 \\ 0 \\ 22{,}5 \\ 11{,}25 \\ \hline 0 \\ 0 \\ 0 \end{array}\right] \qquad [\bar{L}] = \begin{array}{c} [\bar{L}]_u \\ \\ [\bar{L}]_v \end{array} \left[\begin{array}{c} 90 \\ 0 \\ 0 \\ 90 \\ 0 \\ 0 \\ \hline 0 \\ 0 \\ 0 \end{array}\right]$$

Das Gleichungssystem G.3.389 ergibt sich damit zu:

$$\begin{array}{cccccc} \xi_1 & \eta_1 & \varphi_1 & \xi_2 & \eta_2 & \varphi_2 \end{array}$$

$$\begin{bmatrix} 5{,}467'5 & 0 & 0 & -5{,}467'5 & 0 & 0 \\ 0 & 5{,}284'3 & -7{,}971'3 & 0 & -5{,}284'3 & -7{,}971'3 \\ 0 & -7{,}971'3 & 1{,}5924'4 & 0 & 7{,}971'3 & 7{,}989'3 \\ -5{,}467'5 & 0 & 0 & 1{,}1032'6 & 0 & 0 \\ 0 & -5{,}284'3 & 7{,}971'3 & 0 & 9{,}664'3 & -8{,}783'2 \\ 0 & -7{,}971'3 & 7{,}989'3 & 0 & -8{,}783'2 & 3{,}947'4 \end{bmatrix} + \begin{bmatrix} 0 \\ 22{,}5 \\ -11{,}25 \\ 0 \\ 22{,}5 \\ 11{,}25 \end{bmatrix} - \begin{bmatrix} 90 \\ 0 \\ 0 \\ 90 \\ 0 \\ 0 \end{bmatrix} = 0$$

Lösung:

$$\xi_1 = 4{,}8807'\text{-}4;\quad \eta_1 = -0{,}1737;\quad \varphi_1 = -0{,}03640;$$

$$\xi_2 = 3{,}2345'\text{-}4;\quad \eta_2 = -0{,}0700;\quad \varphi_2 = -0{,}02955;$$

Die Knotenlasten (Knotenreaktionen) am Knoten 3 (Einspannstelle) folgen gemäß G.3.388 zu:

$$\begin{bmatrix} H_3 \\ V_3 \\ M_3 \end{bmatrix} = \begin{bmatrix} 0 & 0 & 0 & -5{,}565'5 & 0 & 0 \\ 0 & 0 & 0 & 0 & -4{,}380'3 & 8{,}849'3 \\ 0 & 0 & 0 & 0 & -8{,}849'3 & 1{,}1847{,}4 \end{bmatrix} \begin{bmatrix} \xi_1 \\ \eta_1 \\ \varphi_1 \\ \xi_2 \\ \eta_2 \\ \varphi_2 \end{bmatrix} = \begin{bmatrix} -180 \\ 45 \\ 269{,}2 \end{bmatrix}$$

$[\bar{S}]_v$ und $[\bar{L}]_v$ sind Null.

Die Verformungs- und Schnittgrößen zwischen den Knoten sind wieder gesondert zu berechnen, z.B. mit Hilfe der im Anhang IV.2 vertafelten Funktionen. - Wie eingangs erwähnt, ist das Verfahren der Steifigkeitsmatrizen nur für Computerberechnungen geeignet; die Beispiele dienten hier nur zur Einübung der Verfahrensweise.

3.4.8.10 Einfluß der Schubverzerrung

Die im Abschnitt 3.4.8.1 hergeleiteten und auf T.3.9 zusammengestellten Grundformeln erfassen nur den Verformungseinfluß aus der Stabbiegung, d.h., es werden schubstarre Stäbe unterstellt. Hiervon kann bei vollwandigen Stäben immer ausgegangen werden. Bei schubweichen Traggliedern mit Verrahmung oder Vergitterung kann es angezeigt sein, die Querkraftverformungen zu berücksichtigen, weil sie den Verformungseffekt Th.II.Ordn. erhöhen. Wie im Abschmitt 1.2.12 erläutert, läßt sich der Schubverzerrungseinfluß durch reduzierte Biegesteifigkeiten erfassen. Die Stabkennzahl lautet damit:

$$\varepsilon = l\sqrt{\frac{D}{EJ_{red}}} \qquad (3.419)$$

Hierin ist:

$$EJ_{red} = EJ(1 - \frac{D}{GF_G}) \tag{3.420}$$

GF_G ist die Schubsteifigkeit; der Reziprokwert berechnet sich für Vergitterungen gemäß B.1.58. Bei Verzweigungsproblemen muß mit G.3.420 gerechnet werden, bei Spannungsproblemen Th.II.Ordn. kann die reduzierte Biegesteifigkeit auch gemäß

$$EJ_{red} = EJ\frac{1}{1 + \frac{\varkappa EJ}{l^2 GF_G}} \tag{3.421}$$

abgeschätzt werden, vgl. B.1.56.

3.4.8.11 Näherungsverfahren für verschiebliche Tragwerke

Wie die Behandlung des Verformungsgrößenverfahrens in den vorangegangenen Abschnitten gezeigt hat, geht der Druckkrafteinfluß Th.II.Ordn. bei unverschieblichen Tragwerken über die Änderung der Stabsteifigkeiten, konkret über die Änderung der Grundwerte A', B' und C' ein und bei verschieblichen Strukturen außerdem über die Wirkung der transversalen Abtriebskräfte $D\psi$. Bei Knickproblemen unverschieblicher Systeme ist die Steifigkeitsminderung infolge der wirksamen Druckkräfte grundsätzlich zu berücksichtigen, bei Knick- und Spannungsproblemen Th.II.Ordn. verschieblicher Systeme kann darauf ggf. verzichtet werden. Bei Spannungsproblemen Th.II.Ordn. zeigt sich, daß die ε-Zahlen unter ν-fachen Lasten i.allg. unter 1 bleiben. Für $\varepsilon = 1$ beträgt die Änderung von A', B', C' gegenüber 4; 2; 3 (in Th.I.Ordn.) 3.86; 2,03; 2,79. Somit ist lediglich bei C' für den gelenkig angeschlossenen Stab eine stärkere Reduzierung der Steifigkeit festzustellen; insgesamt ist der Einfluß gering. Für verschiebliche Tragwerke bietet es sich daher an, die Stabsteifigkeiten für druckkraftfreie Stäbe anzusetzen und somit von den Grundformeln

$$M_{ab} = \frac{EJ}{l} \cdot (4\varphi_a + 2\varphi_b - 6\psi_{ab}), \quad T_{ab} = -D\psi_{ab} - \frac{6EJ}{l^2} \cdot (\varphi_a + \varphi_b - 2\psi_{ab}) \tag{3.422}$$

auszugehen. Bei allen Verfahrensvarianten des Verformungsgrößenverfahrens brauchen als einzige Erweiterung gegenüber Th.I.Ordn. demnach lediglich die Abtriebswirkungen berücksichtigt zu werden.

Ausgehend von dieser Näherung lassen sich geschlossene Formeln für den Vergrößerungsfaktor α herleiten. Dazu werden z.B. für Rahmen einfacher Verschieblichkeit einmal die seitliche Auslenkung nach Th.I. und einmal nach Th.II.Ordn. berechnet. Der Quotient kennzeichnet den Verformungseinfluß. Für Rechteckrahmen mit ungleichen Stiellängen und Druckkräften findet man nach Anschreiben von zwei Knoten- und einer Stockwerksgleichung die in B.3.137 angeschriebenen Formeln. Auf dieser Basis hat STREHL [3.93] für eine

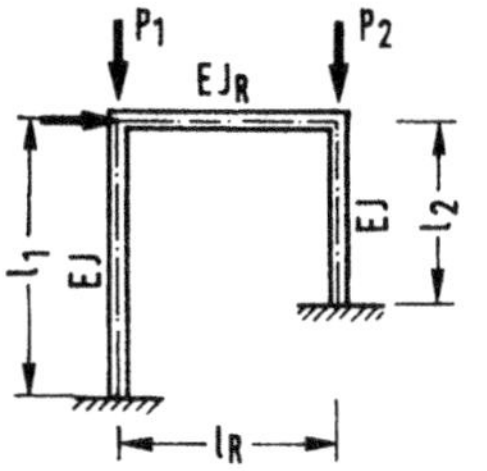

$$\varkappa = \frac{l_2}{l_1}; \quad \delta = \frac{EJ_R}{EJ} \cdot \frac{l_1}{l_2}; \quad \chi = \frac{P_1}{P_2}$$

Zweigelenkrahmen:

$$\alpha = \frac{1}{1 - \frac{P_2 l_2^2}{EJ} \cdot (1 + \varkappa\chi) \cdot \frac{3 + 4\delta(1 + \varkappa + \delta\varkappa)}{12\delta\varkappa[1 + \varkappa + \varkappa^2 + \delta(1 + \varkappa^3)]}}$$

Rechteckrahmen mit eingespannten Stielfüßen:

$$\alpha = \frac{1}{1 - \frac{P_2 l_2^2}{EJ} \cdot (1 + \varkappa\chi) \cdot \frac{4 + \delta(4 + 4\varkappa + 3\varkappa\delta)}{12[1 + \varkappa^3 + \delta(1 + 4\varkappa + 3\varkappa^2 + \varkappa^4) + 3\delta^2\varkappa(1 + \varkappa^3)]}}$$

Bild 3.137

Reihe einfacher Strukturen α-Formeln abgeleitet; vgl. auch [3.56/7u.3.94].

3.5 Berechnungsverfahren Theorie II. Ordnung für Tragwerke mit konischen Stäben

3.5.1 Baupraktische Näherungsansätze

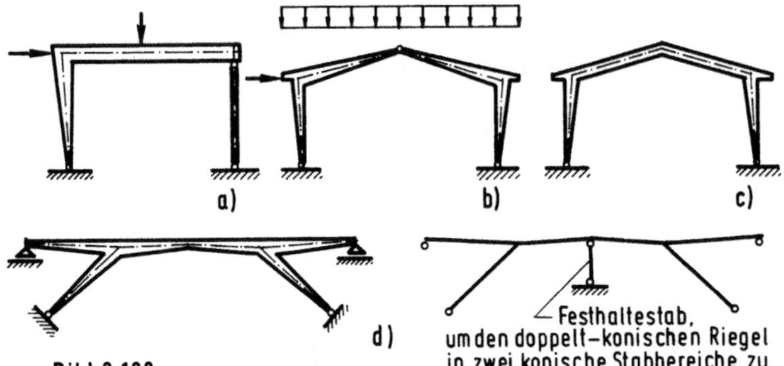

Bild 3.138

In Tragwerken treten gelegentlich Stäbe veränderlicher Querschnittserstreckung auf, entweder sprunghaft veränderlich oder mit Vouten versehen, vielfach auch mit konischer Erstreckung (B.3.138). Für druckkraftfreie Stäbe stehen im Schrifttum mannigfache Behelfe zur Verfügung, um die Stabkennwerte α, β, γ und A, B, C zu bestimmen. Ggf. bedarf es einer separaten Vorberechnung, um sie zu berechnen [3.95u.3.96]. Im Hinblick auf die Ausführungen des vorangegangenen Abschnittes ist es vielfach ausreichend für gedrückte Stäbe, von den Kennwerten druckkraftfreier Stäbe auszugehen, d.h., den Druckkrafteinfluß auf die Steifigkeit ganz zu unterdrücken also Ersatzkennzahlen unter Verwendung von Korrekturfaktoren nach Th.I.Ordn. zu bilden:

$$A^* = A^{*\prime} \cdot \frac{EJ_c}{l} = c \cdot A' \cdot \frac{EJ_c}{l} \qquad (3.423)$$

Hierin ist c ein Korrekturfaktor und J_c das Bezugsträgheitsmoment. Für Spannungsprobleme Th.II.Ordn. ist eine solche Näherung i.allg. ausreichend genau. Ggf. wird eine mittlere Biegesteifigkeit gebildet und die Berechnung mit fiktiven Stäben konstanter Biegesteifigkeit unter Einrechnung der ε-Zahlen durchgeführt.

Eine strenge Lösung des Problems verlangt die exakte Berechnung der Kennzahlen, z.B. mit Hilfe des Verfahrens der Übertragungsmatrizen für abgetreppten Steifigkeitsverlauf. Für beliebigen (unsymmetrischen) Verlauf von EJ(z) ist $\alpha_{ab} \neq \alpha_{ba}$, $\gamma_{ab} \neq \gamma_{ba}$, $A_{ab} \neq A_{ba}$, $C_{ab} \neq C_{ba}$ aber $\beta_{ab} = \beta_{ba}$, $B_{ab} = B_{ba}$; letzteres ist eine Folge des Reziprozitätssatzes von MAXWELL-BETTI.

3.5.2 Konische Stäbe mit Zweipunktquerschnitt (B.3.139)

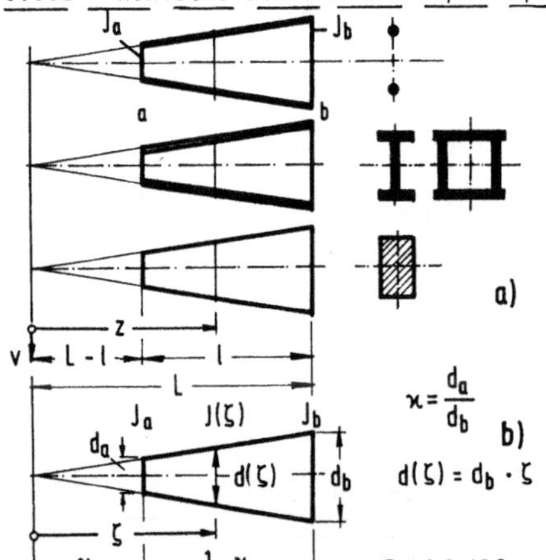

Bild 3.139

Der Ursprung des v-z-Koordinatensystems wird in den Schnittpunkt der Berandungsgeraden gelegt, außerdem wird zur Kennzeichnung der Konizität der Parameter

$$\varkappa = \sqrt{\frac{J_a}{J_b}} = \sqrt{\frac{\min J}{\max J}} \quad (< 1) \qquad (3.424)$$

eingeführt. Für einen Zweipunktquerschnitt lautet dann das Trägheitsmoment im Schnitt $z = \zeta/L$:

$$J(\zeta) = J_b \zeta^2 = \frac{J_a}{\varkappa^2} \cdot \zeta^2 \qquad (3.425)$$

L ist der Abstand zwischen dem Ursprung des Koordinatensystems und dem Stabende b (vgl. B.3.139a), l ist die Stablänge; es gilt:

$$l = (1-\varkappa)\cdot L \quad \text{bzw.} \quad L = \frac{l}{1-\varkappa} \tag{3.426}$$

Für den beidseitig gelenkig gelagerten Druckstab beträgt das Biegungsmoment an der Stelle z:

$$M(z) = M_0(z) + D\cdot v(z) \tag{3.427}$$

$M_0(z)$ ist das Balkenbiegungsmoment der gegebenen Querbelastung. Wird M(z) in das Elastizitätsgesetz der Stabbiegung eingesetzt und G.3.425 beachtet, folgt:

$$EJ(z)v'' + M(z) = 0 \longrightarrow \zeta^2\cdot v^{\bullet\bullet} + \frac{l^2 D}{EJ_b(1-\varkappa)^2}\cdot v = -\frac{l^2 D}{EJ_b(1-\varkappa)^2}\cdot\frac{M_0(\zeta)}{D} \tag{3.428}$$

Hier bedeutet:

$$(\ )^{\bullet} = \frac{d(\ )}{d\zeta}$$

Zur Kennzeichnung der Druckbeanspruchung dient wieder die Stabkennzahl ε, sie wird hier unter Bezug auf J_b=max J definiert:

$$\varepsilon = l\sqrt{\frac{D}{EJ_b}} \tag{3.429}$$

Damit lautet die Differentialgleichung G.3.428:

$$\zeta^2 v^{\bullet\bullet} + \frac{\varepsilon^2}{(1-\varkappa)^2}\cdot v = -\frac{\varepsilon^2}{(1-\varkappa)^2}\cdot\frac{M_0(\zeta)}{D} \tag{3.430}$$

Die Differentialgleichung ist vom EULERschen Typ, der homogene Teil läßt sich mittels der Substitution

$$\zeta = \ln\xi$$

in die Form

$$v^{\bullet\bullet} - v^{\bullet} + \frac{\varepsilon^2}{(1-\varkappa)^2}v = 0 \tag{3.431}$$

überführen. Hierin bedeutet $(\ )^{\bullet}$ die Ableitung nach ξ. Nach Einführung des d'ALEMBERTschen Ansatzes und Lösung der charakteristischen Gleichung findet man $v=v(\zeta)$ für drei Fallunterscheidungen zu:

$$v = \sqrt{\zeta}\cdot[C_1\cdot\sin(\nu\ln\zeta) + C_2\cos(\nu\ln\zeta)] \qquad \varepsilon > \frac{1}{2}(1-\varkappa) \tag{3.432}$$

$$v = C_1\cdot\zeta^{\frac{1}{2}+\nu} + C_2\cdot\zeta^{\frac{1}{2}-\nu} \qquad \varepsilon < \frac{1}{2}(1-\varkappa) \tag{3.433}$$

$$v = \sqrt{\zeta}\cdot[C_1\cdot\ln\zeta + C_2] \qquad \varepsilon = \frac{1}{2}(1-\varkappa) \tag{3.434}$$

Abkürzung:

$$\nu = \left|\sqrt{\left|\left(\frac{\varepsilon}{1-\varkappa}\right)^2 - \frac{1}{4}\right|}\right| \tag{3.435}$$

C_1 und C_2 sind Freiwerte, sie folgen aus den Randbedingungen $v(\varkappa)=v(1)=0$. Die partikulären Lösungen findet man mit passenden Potenzansätzen. In den Grenzfällen $\varkappa=1$ und $\varepsilon=0$ führen nur Grenzübergänge auf die Lösungen des prismatischen Stabes. Ist v bekannt, ergeben sich φ, M, Q und T zu:

$$\varphi = v' = \frac{1-\varkappa}{l}v^{\bullet}, \quad M = M_0 + Dv, \quad Q = Q_0 + Dv', \quad T = Q_0 \tag{3.436}$$

Wie man sich leicht überzeugt, kommt allein dem Lösungsfall $\varepsilon > \frac{1}{2}(1-\varkappa)$

baupraktische Bedeutung zu, für ε-Werte kleiner $\frac{1}{2}(1-\varkappa)$ kann der Stab in guter Näherung als druckkraftfrei behandelt werden.

T.3.21 enthält die wichtigsten Stabkennwerte des ersten Lösungsfalles (G.3.432). Mit der Kenntnis von α_a, α_b und $\beta_a = \beta_b = \beta$ (das sind die Stabenddrehwinkel infolge der Einheitsrandmomente M_a=1 bzw. M_b=1) und der Stabenddrehwinkel γ_a und γ_b für die vorgegebenen äußeren Belastungen, lassen sich die Grundformeln des Verformungsgrößenverfahrens herleiten (vgl.

Verformungsgrößenverfahren Theorie II. Ordnung
Konische Druckstäbe - Zweipunktquerschnitt

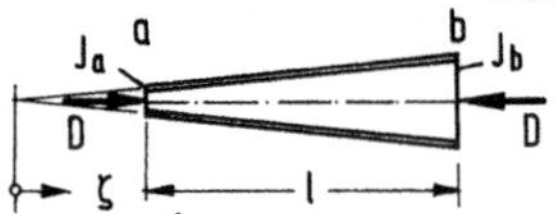

$$\varkappa = \sqrt{\frac{J_a}{J_b}}\;;\quad \varepsilon = l\sqrt{\frac{D}{EJ_b}} > \frac{1}{2}\cdot(1-\varkappa)\;;\quad v = \sqrt{\left(\frac{\varepsilon}{1-\varkappa}\right)^2 - \frac{1}{4}}$$

<u>Formänderungen:</u> <u>Endmomente:</u>

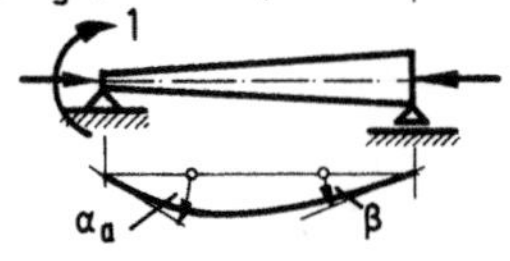

$$v(\zeta) = \frac{l^2}{EJ_b}\cdot\frac{1}{\varepsilon^2}\cdot\left[\frac{\sqrt{\zeta}\cdot\sin(v\cdot\ln\zeta)}{\sqrt{\varkappa}\cdot\sin(v\cdot\ln\varkappa)} - \frac{1-\zeta}{1-\varkappa}\right]$$

$$\alpha_a = \alpha_a'\cdot\frac{l}{EJ_b}\;;\quad \alpha_a' = \frac{1}{\varepsilon^2\varkappa}\cdot\left[\frac{1+\varkappa}{2} + v\cdot(1-\varkappa)\cdot\cot(v\ln\varkappa)\right]$$

$$\beta = \beta'\cdot\frac{l}{EJ_b}\;;\quad \beta' = \frac{1}{\varepsilon^2}\cdot\left[-1 - \frac{v(1-\varkappa)}{\sqrt{\varkappa}\cdot\sin(v\cdot\ln\varkappa)}\right]$$

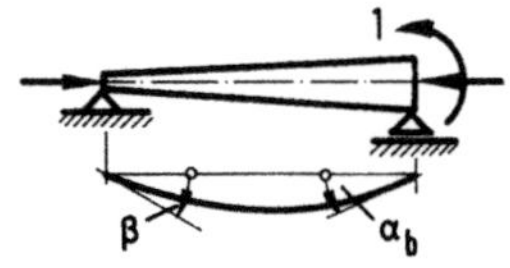

$$v(\zeta) = \frac{l^2}{EJ_b}\cdot\frac{1}{\varepsilon^2}\cdot\left\{\sqrt{\zeta}\left[\cos\cdot(v\ln\zeta) - \cot(v\ln\varkappa)\cdot\sin(v\ln\zeta)\right] - \frac{\zeta-\varkappa}{1-\varkappa}\right\}$$

$\alpha_b = \varkappa\cdot\alpha_a$, β wie vor.

<u>Gleichlast:</u>

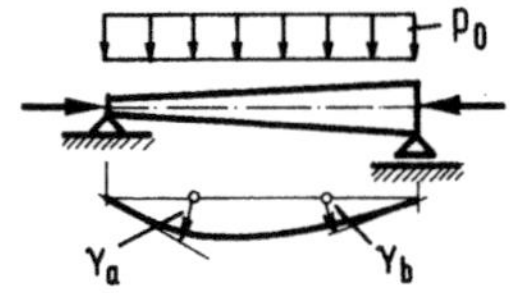

$$v(\zeta) = \frac{p_0 l^4}{EJ_b}\cdot\frac{1}{2\varepsilon^2(1-\varkappa)^2\cdot(4v^2+9)}\left\{(4v^2+1)\zeta^2 - (1+\varkappa)\cdot(4v^2+9)\zeta + \varkappa(4v^2+9) + 8\sqrt{\zeta}\cdot\left[\cos(v\ln\zeta) + \frac{\varkappa^{3/2} - \cos(v\ln\varkappa)}{\sin(v\ln\varkappa)}\cdot\sin(v\ln\varkappa)\right]\right\}$$

$$\gamma_a = \frac{p_0 l^3}{EJ_b}\cdot\frac{1}{\varepsilon^2}\left\{-\frac{2\varkappa}{(1-\varkappa)(4v^2+9)}\left[2v\cdot\frac{\varkappa^{-3/2} - \cos(v\ln\varkappa)}{\sin(v\ln\varkappa)} + 3\right] - \frac{1}{2}\right\}$$

$$\gamma_b = \frac{p_0 l^3}{EJ_b}\cdot\frac{1}{\varepsilon^2}\left\{-\frac{2}{(1-\varkappa)(4v^2+9)}\left[2v\cdot\frac{\varkappa^{3/2} - \cos(v\ln\varkappa)}{\sin(v\ln\varkappa)} - 3\right] - \frac{1}{2}\right\}$$

<u>Einzellast:</u>

Bereich I: $$v(\zeta,\xi) = \frac{Pl^3}{EJ_b}\cdot\frac{1}{\varepsilon^2(1-\varkappa)}\left\{-\frac{1-\xi}{1-\varkappa}(\zeta-\varkappa) + \frac{\sqrt{\xi}\sin(v\ln\xi)}{v}\sqrt{\zeta}\left[\cos(v\ln\zeta) - \cot(v\ln\varkappa)\cdot\sin(v\ln\zeta)\right]\right\}$$

Bereich II: $$v(\zeta,\xi) = \frac{Pl^3}{EJ_b}\cdot\frac{1}{\varepsilon^2 1-\varkappa)}\left\{-\frac{\xi-\varkappa}{1-\varkappa}(1-\zeta) + \frac{\sqrt{\xi}\sin(v\ln\xi)}{v}\sqrt{\zeta}\left[\cot(v\ln\xi) - \cot(v\ln\varkappa)\right]\cdot\sin(v\ln\zeta)\right\}$$

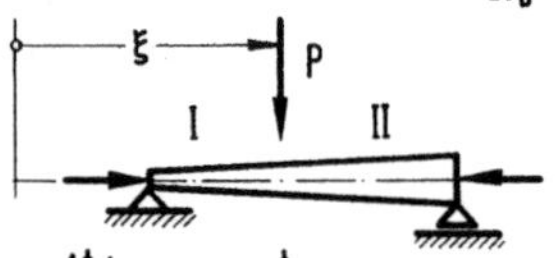

$$\gamma_a = \frac{Pl^2}{EJ_b}\cdot\frac{1}{\varepsilon^2}\left[-\frac{1-\xi}{1-\varkappa} + \frac{\sqrt{\xi}\cdot\sin(v\ln\xi)}{\sqrt{\varkappa}\cdot\sin(v\ln\varkappa)}\right]$$

$$\gamma_b = \frac{Pl^2}{EJ_b}\cdot\frac{1}{\varepsilon^2}\left\{-\frac{\xi-\varkappa}{1-\varkappa} + \sqrt{\xi}\cdot\sin(v\ln\xi)\cdot\left[\cot(v\ln\xi) - \cot(v\ln\varkappa)\right]\right\}$$

<u>Δt:</u>

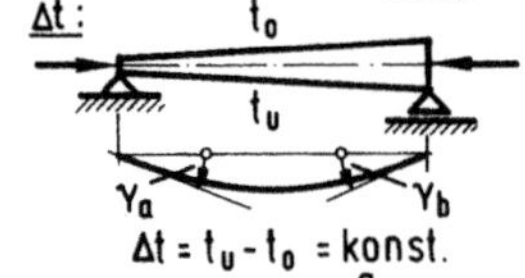

$\Delta t = t_u - t_o = \text{konst.}$

$$v(\zeta) = \alpha_t\Delta t\cdot\frac{l^2}{h_b\cdot\varepsilon^2}\cdot\left\{\sqrt{\zeta}\left[\cos(v\ln\zeta) + \frac{\sqrt{\varkappa} - \cos(v\ln\varkappa)}{\sin(v\ln\varkappa)}\cdot\sin(v\ln\zeta)\right] - \zeta\right\}$$

$$\gamma_a = \alpha_t\Delta t\cdot\frac{l}{h_b}\cdot\frac{1-\varkappa}{\varepsilon^2}\cdot\left[-v\,\frac{\varkappa^{-1/2} - \cos(v\ln\varkappa)}{\sin(v\ln\varkappa)} - \frac{1}{2}\right]$$

$$\gamma_b = \alpha_t\Delta t\cdot\frac{l}{h_b}\cdot\frac{1-\varkappa}{\varepsilon^2}\cdot\left[-v\,\frac{\varkappa^{1/2} - \cos(v\ln\varkappa)}{\sin(v\ln\varkappa)} + \frac{1}{2}\right]$$

<u>Grundformeln:</u>

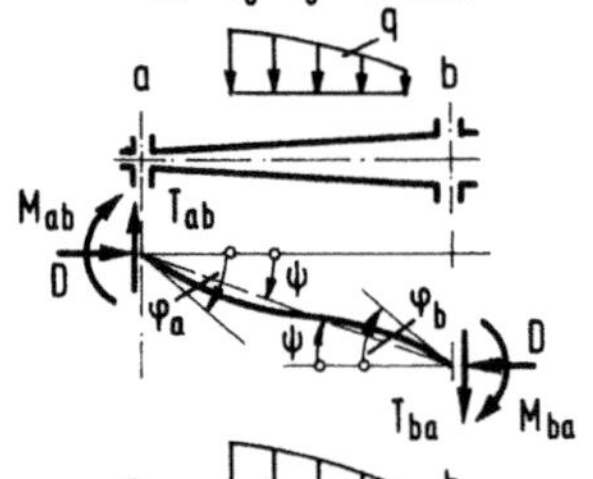

$$M_{ab} = A_a\cdot\varphi_a + B\varphi_b - (A_a + B)\cdot\psi + \bar{M}_{ab}$$

$$M_{ba} = A_b\cdot\varphi_b + B\varphi_a - (A_b + B)\cdot\psi + \bar{M}_{ba}$$

$$T_{ab} = -D\cdot\psi - \frac{1}{l}\cdot\left[(A_a + B)\varphi_a + (A_b + B)\varphi_b - (A_a + A_b + 2B)\psi\right] + \bar{T}_{ab}$$

$$T_{ba} = -D\cdot\psi - \frac{1}{l}\cdot\left[(A_a + B)\varphi_a + (A_b + B)\varphi_b - (A_a + A_b + 2B)\psi\right] + \bar{T}_{ba}$$

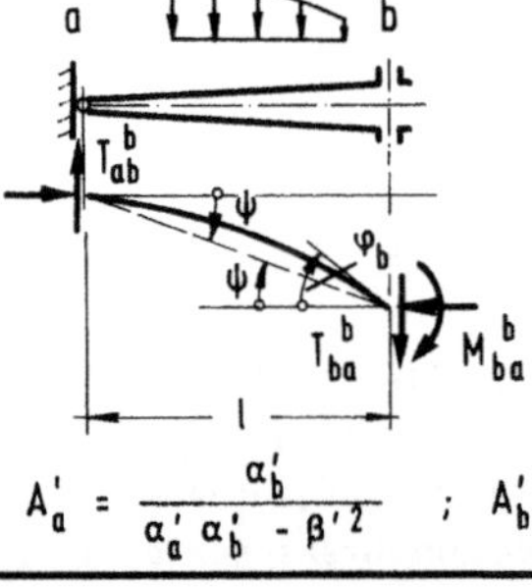

$$M_{ba}^b = C_b\cdot(\varphi_b - \psi) + \bar{M}_{ba}^b\;;\quad M_{ab}^b = 0$$

$$T_{ab}^b = -D\cdot\psi - \frac{1}{l}C_b\cdot(\varphi_b - \psi) + \bar{T}_{ab}^b$$

$$T_{ba}^b = -D\cdot\psi - \frac{1}{l}C_b\cdot(\varphi_b - \psi) + \bar{T}_{ba}^b$$

Kennzahlen: $A = A'\cdot\frac{EJ_b}{l}$; $B = B'\cdot\frac{EJ_b}{l}$; $C = C'\cdot\frac{EJ_b}{l}$

$$A_a' = \frac{\alpha_b'}{\alpha_a'\alpha_b' - \beta'^2}\;;\quad A_b' = \frac{\alpha_a'}{\alpha_a'\alpha_b' - \beta'^2}\;;\quad B' = \frac{\beta'}{\alpha_a'\alpha_b' - \beta'^2}\;;\quad C_b' = \frac{A_a'A_b' - B'^2}{A_a'} = \frac{1}{\alpha_b'}$$

Konische Druckstäbe
Zweipunktquerschnitt

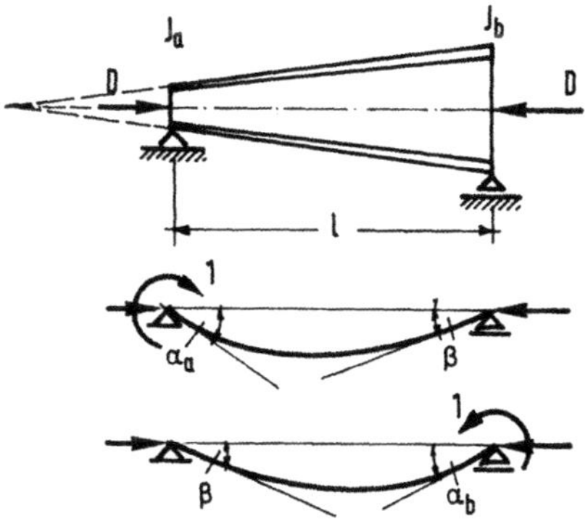

$$\alpha_a = \alpha_a' \cdot \frac{l}{EJ_b} \qquad \alpha_b = \alpha_b' \cdot \frac{l}{EJ_b}$$

$$\beta = \beta' \cdot \frac{l}{EJ_b} \qquad (\alpha_b' = \varkappa \cdot \alpha_a')$$

Parameter: $\varkappa = \sqrt{\frac{J_a}{J_b}} \leq 1$

$$\varepsilon = l\sqrt{\frac{D}{EJ_b}} > \frac{1}{2}(1-\varkappa)$$

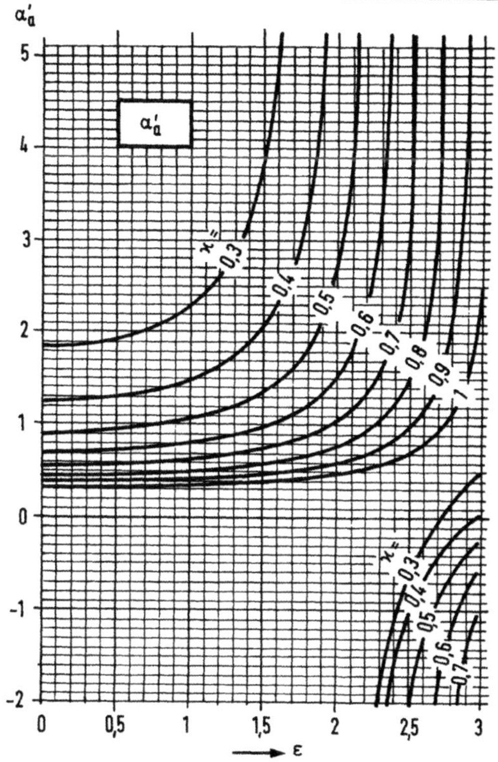

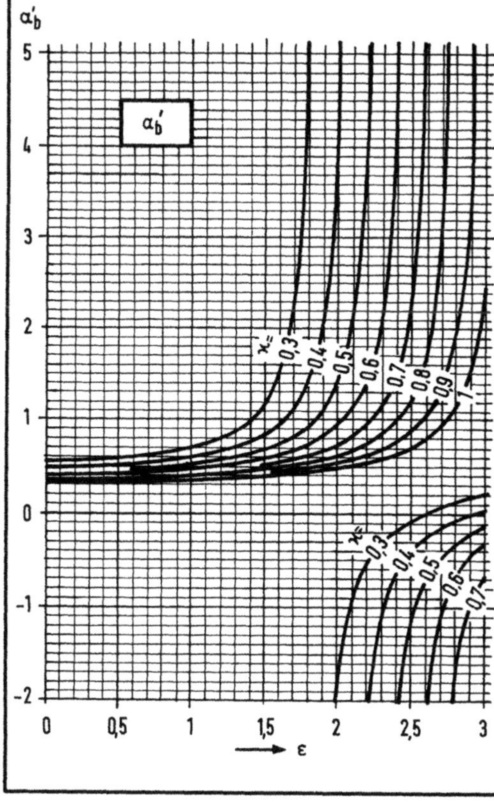

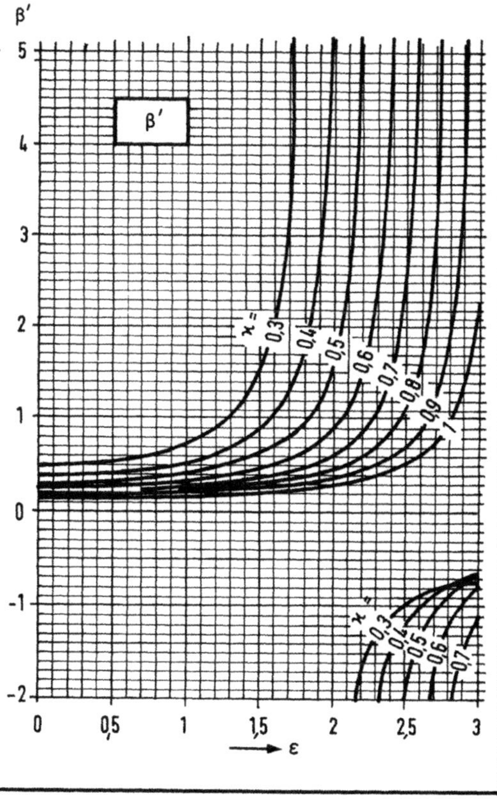

Abschnitt 3.4.8.1). Die Einspannungsmomente folgen aus:

$$\begin{aligned}
&\text{Beidseitige Einspannung:} && \overline{M}_{ab} = -A_a\gamma_a + B\gamma_b \\
& && \overline{M}_{ba} = +A_b\gamma_b - B\gamma_a \\
&\text{Einseitige Einspannung in b:} && \overline{M}^{b}_{ba} = C_b\gamma_b
\end{aligned} \tag{3.437}$$

Der Formelapparat für die Momentenausgleichsverfahren läßt sich unmittelbar durch analoge Erweiterung des Abschnittes 3.4.8.8 angeben. Auf Einzelheiten kann verzichtet werden. T.3.21 enthält alle erforderlichen Formeln für eine Gleichlast, Einzellast und Temperaturdifferenz Δt [3.97].- In B.3.140 sind in Ergänzung zur Tafel die Formeln für eine Dreieckbelastung angeschrieben.- Auf T.3.22 ist der Verlauf von α_a, α_b und β als Funktion von

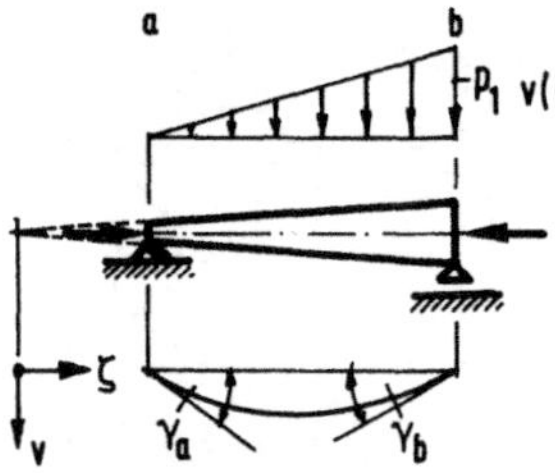

$$v(\zeta) = \frac{P_1 \cdot l^4}{EJ_b 6(1-\varkappa)^3}\Big\{\Big[\frac{4\zeta^3}{(1-\varkappa)^2(4v^2+25)} - \frac{12\varkappa\zeta^2}{(1-\varkappa)^2 - (4v^2+9)} - \frac{(1-2\varkappa-2\varkappa^2)\zeta^2}{\varepsilon^2} + \frac{(1-2\varkappa)\varkappa}{\varepsilon^2}\Big]$$

$$+\sqrt{\zeta}\cdot\Big[\frac{384}{(4v^2+9)(4v^2+25)\varepsilon^2}\Big(-\cos(v\ln\zeta) + \cot(v\ln\varkappa)\cdot\sin(v\ln\zeta) - \varkappa^{5/2}\cdot\frac{\sin(v\ln\zeta)}{\sin(v\ln\varkappa)}\Big) +$$

$$-\frac{24(1-\varkappa)}{(4v^2+9)\varepsilon^2}\cdot\Big(-\cos(v\ln\zeta) + \cot(v\ln\varkappa)\cdot\sin(v\ln\zeta)\Big)\Big]\Big\}$$

$$\gamma_a = \frac{P_1 l^4}{EJ_b}\cdot\frac{1}{6(1-\varkappa)^3}\cdot\Big\{\frac{12\varkappa^2}{(1-\varkappa)^2\cdot(4v^2+25)} - \frac{24\varkappa^2}{(1-\varkappa^2)(4v^2+9)} - \frac{1-2\varkappa-2\varkappa^2}{\varepsilon^2} - \frac{384\varkappa^2}{(4v^2+9)(4v^2+25)\varepsilon^2}\cdot\Big[\frac{1}{2} + v\cdot\cot(v\ln\varkappa)\Big] +$$

$$+\frac{384-24(1-\varkappa)(4v^2+25)}{(4v^2+9)(4v^2+25)\varepsilon^2}\cdot\frac{v\cdot\varkappa^{-1/2}}{\sin(v\ln\varkappa)}\Big\}$$

$$\gamma_b = \frac{P_1 l^4}{EJ_b}\cdot\frac{1}{6(1-\varkappa)^3}\cdot\Big\{-\frac{12}{(1-\varkappa)^2\cdot(4v^2+25)} + \frac{24\varkappa^2}{(1-\varkappa)^2(4v^2+9)} + \frac{1-2\varkappa-2\varkappa^2}{\varepsilon^2} + \frac{24(1-\varkappa)}{(4v^2+9)\varepsilon^2}\cdot\frac{v\cdot\varkappa^{5/2}}{\sin(v\ln\varkappa)} +$$

$$+\frac{384-24(1-\varkappa)(4v^2+25)}{(4v^2+9)\cdot(4v^2+25)\cdot\varepsilon^2}\Big[\frac{1}{2} - v\cot(v\ln\varkappa)\Big]\Big\}$$

Bild 3.140

ε und $\varkappa$ eingezeichnet. - Vgl. auch Abschnitt 5.19.

3.5.3 Beispiel: Trapezrahmen mit konischen Stielen (B.3.141)

Gesucht ist die Knicklast P_{Ki}, um den Verformungsfaktor α berechnen zu können.
Der Rahmen ist symmetrisch, die Abmessungen sind im Bildteil a und die Querschnitte im Bildteil b angegeben.
Die Druckkräfte in den Stielen und im Riegel folgen aus:

$$S = P/\sin\alpha = 1{,}155\,P \qquad R = P/\tan\alpha = 0{,}577\,P$$

(Vgl. B.3.141c).

Der Konizitätsparameter $\varkappa$ beträgt:

$$\varkappa = \sqrt{\frac{J_a}{J_b}} = \sqrt{\frac{0{,}196\cdot 10^6}{2{,}138\cdot 10^6}} = 0{,}303$$

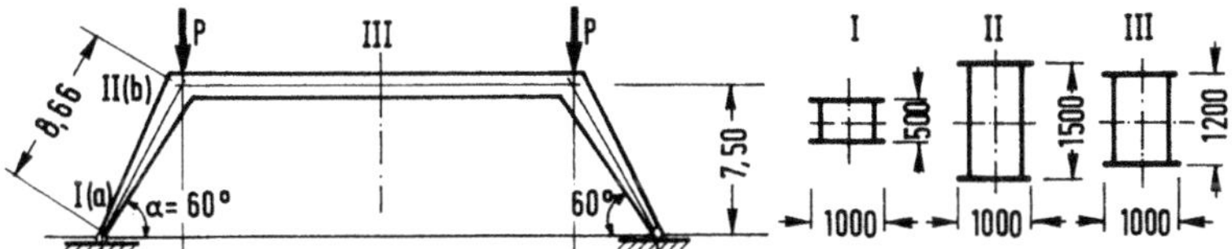

Gurte: t = 14 mm
Stege: t = 10 mm

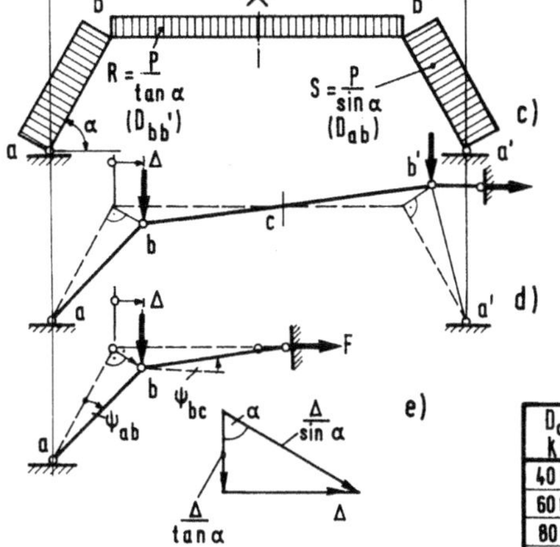

$J_I = 0{,}196 \cdot 10^6\ cm^4$
$J_{II} = 2{,}138 \cdot 10^6\ cm^4$
$J_{III} = 1{,}296 \cdot 10^6\ cm^4$

D_{ab} kN	ε_{ab}	ν_{ab}
40 000	0,817	1,0602
60 000	1,001	1,3463
80 000	1,156	1,5814
100 000	1,292	1,7850

$\frac{1}{2} \cdot (1 - \varkappa) = 0{,}349$ f)

D_{ab} kN	P kN	D_{bc} kN	ε_{bc}
40 000	34 641	20 000	0,8572
60 000	51 961	30 000	1,0499
80 000	69 282	40 000	1,2123
100 000	86 603	50 000	1,3554

Bild 3.141

Mit $EJ_b = 4{,}49 \cdot 10^6\ kNm^2$ lautet ε:

$$\varepsilon = 8{,}66 \sqrt{\frac{D}{4{,}49 \cdot 10^6}}$$

Da die Knickverformung antimetrisch ist, wird nur die linke Rahmenhälfte betrachtet und in Riegelmitte (c) ein Gelenk angesetzt (B.3.141 d/e). Für vier Laststufen sind in den Tabellen des Bildes B.3.141f die Knotenlasten, Stabkräfte, ε- und ν-Zahlen gemäß G.3.435 ausgewiesen.

Wird der Rahmen um das Maß Δ seitlich verschoben, stellen sich die Stabdrehwinkel ψ_{ab} und ψ_{bc} ein, wie in B.3.141e dargestellt:

$$\psi_{ab} = \frac{\Delta}{\sin\alpha} \cdot \frac{1}{l_{ab}} = 0{,}1333\Delta \; ; \; \psi_{bc} = -\frac{\Delta}{\tan\alpha} \cdot \frac{1}{l_{bc}} = -0{,}0577\Delta$$

Die Einspannungsmomente ergeben sich zu:

$$\bar{M}_{ba}^{b} = -C_{ba} \cdot \psi_{ab} = -\frac{C_{ba}}{l_{ab}} \cdot \frac{\Delta}{\sin\alpha} = -C'_{ba} \cdot \frac{EJ_b}{l_{ab}^2} \cdot \frac{\Delta}{\sin\alpha} \quad ; \quad C'_{ba} = \frac{1}{\alpha'_b} = \frac{1}{\varkappa \cdot \alpha'_a}$$

$$\bar{M}_{bc}^{b} = -C_{bc} \cdot \psi_{bc} = -\frac{C_{bc}}{l_{bc}} \cdot \frac{\Delta}{\tan\alpha} = +C'_{bc} \cdot \frac{EJ_{bc}}{l_{bc}^2} \cdot \frac{\Delta}{\tan\alpha}$$

D_{ab} kN	ε_{ab}	ν_{ab}	α'_b	C'_{ba}	C_{ab} kNm	ε_{bc}	C'_{bc}	C_{bc} kNm	$\bar{M}_{ba}^{b}$ kNm	$\bar{M}_{bc}^{b}$ kNm
40 000	0,817	1,0602	0,6276	1,5934	0,8261	0,8572	2,845	0,7743	-11,012	+4,468
60 000	1,001	1,3463	0,6846	1,4607	0,7573	1,0499	2,772	0,7544	-10,095	+4,353
80 000	1,156	1,5814	0,7585	1,3184	0,6835	1,2123	2,693	0,7329	- 9,111	+4,229
100 000	1,292	1,7850	0,8581	1,1654	0,6042	1,3554	2,611	0,7106	- 8,054	+4,100
					$\cdot 10^6$			$\cdot 10^6$	$\cdot 10^4$	$\cdot 10^4$

a)

D_{ab} kN	K_{ab} KNm	K_{bc} kNm	ΣK kNm	μ_{ba}	μ_{bc}	$\Sigma\bar{M}$ kNm	M_{ba}^{b} kNm
40 000	0,8261	0,7743	1,6004	0,5162	0,4838	- 6,544	-7,634
60 000	0,7573	0,7544	1,547	0,5010	0,4990	-5,742	-7,218
80 000	0,6835	0,7329	1,4164	0,4826	0,5174	- 4,882	-6,755
100 000	0,6042	0,7106	1,3148	0,4595	0,5405	- 3,954	-6,237
	$\cdot 10^6$						$\cdot 10^4$

b)

Bild 3.142

Die Ausrechnung der Formeln führt mit

$$\alpha_b' = \varkappa \cdot \alpha_a' = \frac{1}{\varepsilon^2}\left[\frac{1+\varkappa}{2} + \nu(1-\varkappa)\cot(\nu \cdot \ln\varkappa)\right]$$

auf die in B.3.142a eingetragenen Werte; bezüglich α_b' vgl. auch T.3.22.

Die Festhaltekraft F für den Verschiebungszustand Δ wird nach dem CROSS-Verfahren bestimmt. Die Stabsteifigkeiten betragen:

$$K_{ba} = C_{ba} = C_{ba}' \cdot \frac{EJ_b}{l_{ab}}; \quad K_{bc} = C_{bc} = C_{bc}' \cdot \frac{EJ_b}{l_{bc}}$$

Hiermit lassen sich die Verteilungszahlen μ berechnen und damit die Knotenmomentenausgleiche bewerkstelligen. Insbesondere interessiert das Anschlußmoment:

$$M_{ba}^b = \overline{M}_{ba}^b - \mu_{ba}(\overline{M}_{ba}^b + \overline{M}_{bc}^b)$$

Um den Knoten b wird ein Rundschnitt gelegt. Die Kräfte P, S und R stehen im Grundzustand im Gleichgewicht. In B.3.142a sind daher nur die zum Zwangsverformungszustand Δ gehörenden Schnittkräfte eingetragen, es sind dieses S_F (Stielkraft infolge F) und F (Festhaltekraft). Die Gleichgewichtsgleichungen lauten:

$$\Sigma H = 0: \; F - T_{ba}^b \cdot \sin\alpha - S_F \cos\alpha = 0$$

$$\Sigma V = 0: \; T_{bc}^b - T_{ba}^b \cdot \cos\alpha + S_F \sin\alpha = 0$$

Nach Freistellung von S_F und Gleichsetzung kann F bestimmt werden:

$$F = \frac{T_{ba}^b}{\sin\alpha} - T_{bc}^b \cdot \cot\alpha$$

Die Formel kann auch aus den Komponentengleichungen am Stab a-b hergeleitet werden.

Mit

$$T_{ba}^b = -D_{ab}\psi_{ab} - \frac{M_{ba}^b}{l_{ab}} = -D_{ab}\frac{1}{\sin\alpha}\frac{1}{l_{ab}} - \frac{M_{ba}^b}{l_{ab}}$$

$$T_{bc}^b = -D_{bc}\psi_{bc} - \frac{M_{bc}^b}{l_{bc}} = +D_{bc}\frac{1}{\tan\alpha}\frac{1}{l_{bc}} - \frac{M_{bc}^b}{l_{bc}}$$

für $\Delta = 1$ und der Gleichgewichtsgleichung

$$\Sigma M = 0: \; M_{ba}^b + M_{bc}^b = 0$$

lautet die Knickbedingung:

$$F = -\frac{D_{ab}}{\sin\alpha}\frac{1}{\sin\alpha}\frac{1}{l_{ab}} - \frac{1}{\sin\alpha}\frac{M_{ba}^b}{l_{ab}} - D_{bc}\cot\alpha\frac{1}{\tan\alpha}\frac{1}{l_{bc}} + \cot\alpha\frac{M_{bc}^b}{l_{bc}} = 0 \longrightarrow$$

$$\sin^2\alpha \cdot l_{ab} \cdot F = -D_{ab} - \left(\sin\alpha - \sin\alpha\cos\alpha \cdot \frac{l_{ab}}{l_{bc}}\right)M_{ba}^b - \cos^2\alpha \cdot \frac{l_{ab}}{l_{bc}}D_{bc} = 0 \longrightarrow \quad \underline{D_{ab} + 0{,}2167 \cdot D_{bc} + 1{,}242 \cdot M_{ba}^b = 0}$$

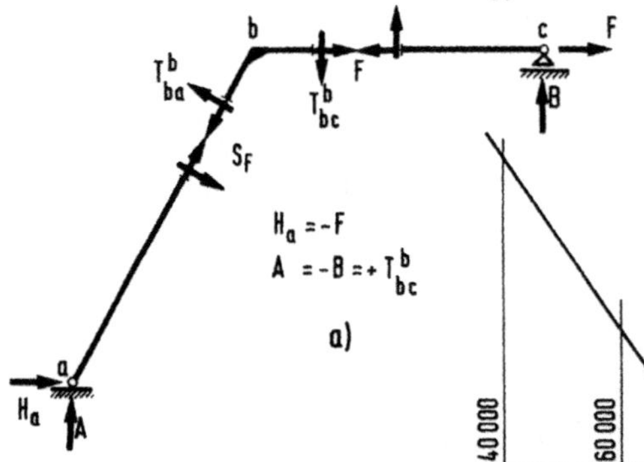

D_{ab}	$0{,}2167 \cdot D_{bc}$	$1{,}242 \cdot M_{ba}^b$	Σ
40 000 kN	4 333	-94 820	-50 490
60 000 kN	6 500	-89 650	-23 150
80 000 kN	8 667	-83 900	+ 4 766
100 000 kN	10 830	-77 470	+33 360

b)

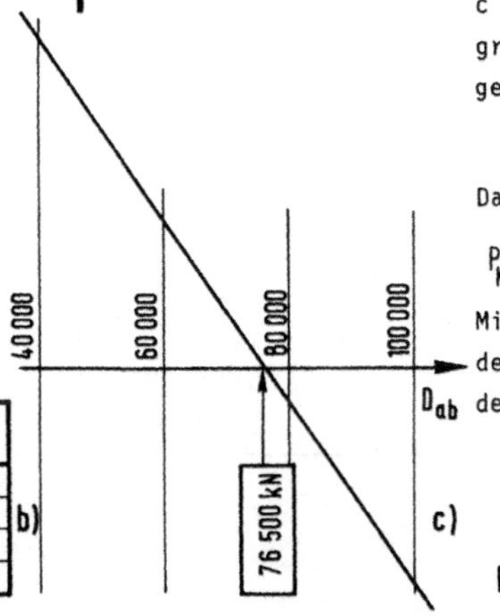

In B.3.143b ist die Gleichung ausgewertet, und im Bildteil c ist der Nulldurchgang grafisch ermittelt. Das Ergebnis ist:

$$D_{ab,Ki} = \underline{76\,500 \text{ kN}}$$

Das bedeutet:

$$P_{Ki} = 76\,500/1{,}155 = 66\,250 \text{ kN}$$

Mit der Kenntnis von P_{Ki} kann der Verformungsfaktor α wieder zu

$$\alpha = \frac{1}{1 - P/P_{Ki}}$$

Bild 3.143

angegeben werden.
In Ergänzung zur vorangegangenen Rechnung führt auch folgender Lösungsweg zu einer brauchbaren Abschätzung: Ausgehend von der Systemgruppe 44 (Abschnitt 5.19) wird berechnet:

$$n = \frac{\ln(J_B/J_A)}{\ln(d_B/d_A)} = \frac{\ln\left(\frac{2{,}138\cdot 10^6}{0{,}196\cdot 10^6}\right)}{\ln\left(\frac{1500}{500}\right)} = \frac{\ln 10{,}91}{\ln 3} = 2{,}18$$

Für n=2,18 und

$$\frac{d_B}{d_A} = 3$$

wird aus T.5.57

$$\beta_{Ia} = 0{,}83$$

abgelesen. Hierfür berechnet man das Ersatzträgheitsmoment:

$$J_E = \left(\frac{2}{\beta_{Ia}}\right)^2 \cdot J_A = \left(\frac{2}{0{,}83}\right)^2 \cdot 0{,}196\cdot 10^6 = \underline{1{,}14\cdot 10^6\ \text{cm}^4}$$

Eine Mittelung ergibt:

$$(J_A + J_B)/2 = \underline{1{,}17\cdot 10^6\ \text{cm}^4}$$

Nunmehr bestimmt man unter der Annahme prismatischer Stiele mit J_E=konst. den β-Wert für den Systemtyp Nr. 7: Zweigelenktrapezrahmen (Abschnitt 5.4, T.5.11/12):

$$\delta = \frac{EJ_R}{EJ_E} = \frac{1{,}296\cdot 10^6}{1{,}14\cdot 10^6} = 1{,}14; \quad \varkappa = \frac{l}{l_R} = \frac{8{,}66}{20} = 0{,}43$$

$$\alpha = 60° \longrightarrow \beta = 2{,}10$$

Hierfür folgt mit

$$EJ_E = 21000\cdot 1{,}14\cdot 10^6 = 2{,}394\cdot 10^{10}\ \text{kNcm}^2$$

die Knicklast im Stiel zu

$$D_{Ki} = \frac{\pi^2}{\beta^2}\cdot\frac{EJ_E}{l^2} = \frac{\pi^2}{2{,}10^2}\cdot\frac{2{,}394\cdot 10^6}{8{,}66^2} = \underline{71\,450\ \text{kN}}$$

Dieser Wert ist etwas geringer als der oben gefundene. Es ist indes zu bedenken, daß die für den konischen Stab entwickelte Theorie für Zweipunktquerschnitte gilt, die reale Querschnittsform weicht hiervon ab (B.3.139a). Insofern läßt sich nicht beurteilen, ob D_{Ki}=76500 oder 71450 kN der "genauere" Wert ist. Der zweite Wert ist niedriger; wird hierauf die Bestimmung des α-Faktors abgestellt, liegt die Rechnung auf der sicheren Seite.

4 Plasto-statische Berechnung von Stab- und Rahmentragwerken

4.1 Plasto-statische Knicklast

4.1.1 Berechnungsanweisungen

Die Knicktragfähigkeit wird am imperfektionsfreien System bestimmt; von der plasto-statischen Knicklast spricht man dann, wenn die zur Verzweigungslösung gehörende Beanspruchung (ggf. nur in Teilen der Struktur) außerhalb des elastischen Bereiches liegt; das ist i.allg. bei gedrungenen und mittelschlanken Systemen und Gliedern der Fall (Abschnitt 2.4.1).

Die plasto-statische Knicklast P_K ist (wie die elasto-statische) für eine unmittelbare Verwertung als Stabilitätsmaß in baustatischen Berechnungen nicht geeignet. Das reale Verformungsverhalten wird zwar über das σ-ε-Gesetz des Baustoffes erfaßt (anstelle des E-Moduls wird mit dem von der Knickspannung abhängigen Tangentenmodul gerechnet, B.4.1), die inneren und äußeren Imperfektionen werden aber nicht berücksichtigt, sodaß in jedem Falle die Knicksicherheit ν_K gegenüber dem Grundzustand höher anzusetzen ist als die Sicherheitszahl ν_U für die Grenztragfähigkeit imperfekter Druckglieder und Systeme.

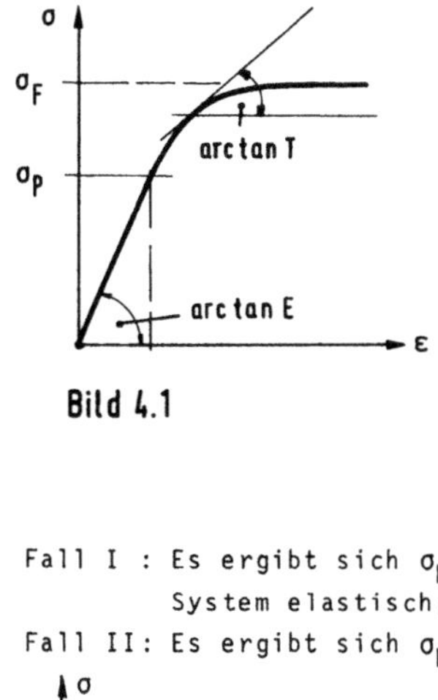

Bild 4.1

Die plasto-statische Knicklast wird in analoger Erweiterung der elasto-statischen Verzweigungstheorie berechnet. Dabei gibt es zwei Vorgehensweisen:

a) Zunächst wird die elasto-statische Knicklast berechnet und jener Stab bestimmt, in dem die höchste Knickspannung σ_{Ki} auftritt; damit ist der höchstbeanspruchte Stab bekannt. Es sind zwei Fälle zu unterscheiden (B.4.2):

Fall I : Es ergibt sich $\sigma_{Ki} \leq \sigma_P$ (σ_P ist die Proportionalitätsgrenze), dann knickt das System elastisch;

Fall II: Es ergibt sich $\sigma_{Ki} > \sigma_P$, dann wird entweder gemäß Abschnitt 2.4.4 die plasto-statische Knickspannung im Sinne der Theorie von ENGESSER-KÁRMÁN-SHANLEY mit Hilfe des Abminderungsfaktors $\varkappa$ bestimmt

$$\sigma_K = \varkappa \cdot \sigma_{Ki} \qquad (4.1)$$

oder es wird gemäß der in B. 4.2b angegebenen Interaktionsvorschrift [4.1] die Knicklast durch Anpassung der T-Moduli an die Mittelspannungen in den einzelnen Stäben berechnet.

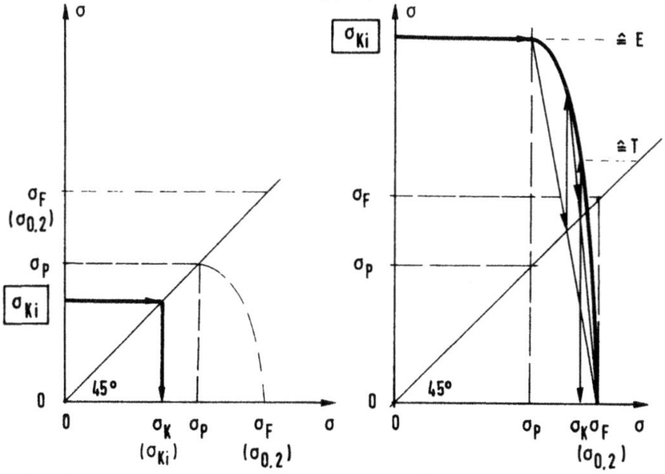

Fall I: $\sigma_{Ki} < \sigma_P$ a)

Fall II: $\sigma_{Ki} > \sigma_P$ b)

Bild 4.2

Bei Stabwerken mit unterschiedlich hoch beanspruchten Stäben ist die generelle Abminderung der Spannungen um $\varkappa$ (bei Bezug auf den höchstbeanspruchten Stab, gemäß G.4.1) eine approximative, in jedem Fall auf der sicheren Seite liegende Vorgehensweise, weil der Beanspruchungsgrad in allen anderen Stäben geringer ist und demnach die Abminderung nach G.4.1 zu hoch ausfällt. - Die iterative Vorgehensweise liefert den exakten Wert für die Knicksicherheit, weil im Verzweigungsfalle in jedem Stab Mittelspannung und zugehöriger E- bzw. T-Modul miteinander korrespondieren. Das Konvergenzverhalten der Iteration ist indes ungünstig, weil (insbesondere in der Nähe von σ_F bzw. $\sigma_{0,2}$) geringe Spannungsänderungen große Änderungen des Tangentenmoduls zur Folge haben; der Rechenaufwand ist beträchtlich, da bei jeder Iteration die Knickdeterminante neu bestimmt werden muß.

b) Die äußeren Lasten werden stufenweise um ν gesteigert und in jeder Stufe geprüft, ob die zentrischen Stabspannungen unter oder über der Proportionalitätsgrenze liegen. Im Falle $\sigma \leqslant \sigma_P$ lautet die Stabkennzahl

$$\varepsilon = l\sqrt{\frac{\nu \cdot D}{EJ}} = \lambda\sqrt{\nu\frac{\sigma}{E}} \tag{4.2}$$

und im Falle $\sigma > \sigma_P$:

$$\varepsilon = l\sqrt{\frac{\nu D}{TJ}} = \lambda\sqrt{\nu\frac{\sigma}{T(\sigma)}} \tag{4.3}$$

T ist der zur Spannung σ gehörende Tangentenmodul. Anstelle von T kann auch mit dem querschnittsabhängigen Knickmodul T_K gerechnet werden (vgl. Abschnitt 2.4.4). Der Nulldurchgang des Indifferenzindikators Det(ε)=0 liefert σ_K. Als Berechnungsmethoden kommen alle im Abschnitt 3 zusammengestellten Verfahren infrage. In ein Computer-Rechenprogramm läßt sich die Anweisung in einfacher Weise aufnehmen.

Bei der Vorgehensweise a) wird die Knicklast von oben, im Falle b) von unten angenähert.

4.1.2 Beispiele

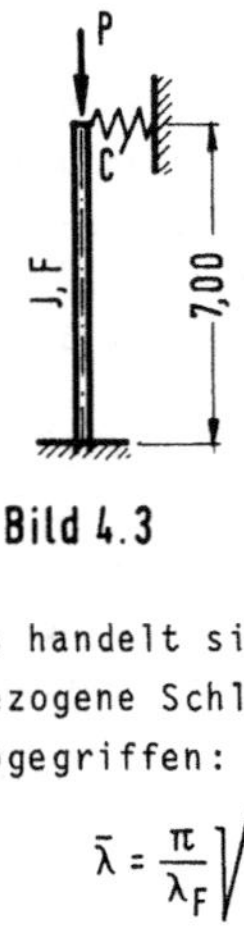

Bild 4.3

1. Beispiel: Federelastisch gestützter Druckstab (B.4.3) mit folgenden Kennwerten:

$$J = 32250\,cm^4,\; F = 171\,cm^2,\; C = 10\,kN/cm,\; E = 21000\,kN/cm^2$$

Es wird die elasto-statische Knicklast mit Hilfe von T.5.3 (Abschnitt 5.2.1) bestimmt:

$$\delta = \frac{10 \cdot 700^3}{21000 \cdot 32250} = 5{,}065 \rightarrow \beta = 1{,}24 \rightarrow P_{Ki} = \frac{\pi^2}{1{,}24^2} \cdot \frac{21000 \cdot 32250}{700^2} = \underline{8872\ kN}$$

Die Knickspannung beträgt:

$$\sigma_{Ki} = \frac{8872}{171} = 51{,}9\ kN/cm^2$$

Es handelt sich um einen stählernen Druckstab, Stahlgüte St 370. Gemäß G.2.90 wird der bezogene Schlankheitsgrad $\bar{\lambda}$ bestimmt und hierfür aus B.2.45 der Abminderungsfaktor abgegriffen:

$$\bar{\lambda} = \frac{\pi}{\lambda_F}\sqrt{\frac{E}{\sigma_{Ki}}} = \frac{\pi}{92{,}930}\sqrt{\frac{21000}{51{,}88}} = 0{,}680 \rightarrow \varkappa = 0{,}44 \rightarrow \sigma_K = 0{,}44 \cdot 51{,}9 = 22{,}8\ kN/cm^2$$

Die plasto-statische Knicklast beträgt:

$$P_K = 22{,}8 \cdot 171 = \underline{3900\ kN}$$

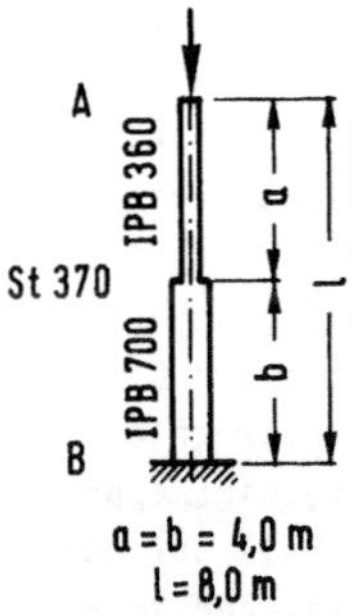

Bild 4.4

2. Beispiel: Zweiteilige Druckstütze (B.4.4)

Mit Hilfe der Diagrammtafel T.5.60 (Abschnitt 5.20; G.5.160/1) wird die elasto-statische Knicklast und die Knickspannung im schwächeren Stabteil bestimmt:

$$\frac{b}{l} = 0{,}5;\quad \sqrt[3]{\frac{EJ_A}{EJ_B}} = \sqrt[3]{\frac{43190}{256900}} = 0{,}552 \rightarrow \beta = 1{,}195$$

$$P_{Ki} = \frac{\pi^2}{1{,}195^2} \cdot \frac{21000 \cdot 43190}{800^2} = 9793\ kN \rightarrow \sigma_{Ki} = \frac{9795}{181} = 54{,}12\ kN/cm^2$$

Ausgehend von dieser Spannung wird (analog zum 1. Beispiel) abgemindert:

$$\bar{\lambda} = 0{,}666 \longrightarrow \varkappa = 0{,}43 \longrightarrow \sigma_K = 0{,}43 \cdot 54{,}12 = 23{,}27 \text{ kN/cm}^2 \longrightarrow P_K = 23{,}27 \cdot 181 = 4212 \text{ kN}$$

Die zur elasto-statischen Knicklast gehörende Spannung im unteren Bereich der Stütze (IPB 700) beträgt:

$$4212/306 = 13{,}76 \text{ kN/cm}^2 < \sigma_P$$

In beiden Beispielen liegen die von P_{Ki} auf P_K bzw. σ_{Ki} auf σ_K abgeminderten Werte auf der sicheren Seite, weil die Steifigkeiten hierbei in allen Teilen um dasselbe (an der Spannung im höchstbeanspruchten Glied orientierte) Maß abgemindert wurden; im ersten Beispiel bleibt die Feder von jeder Plastizierung frei, im zweiten Beispiel ist der IPB 700-Stielbereich unter P_K noch elastisch, also E noch voll wirksam.
Wie im Abschnitt 4.1.1 erläutert, gelingt die Berechnung des exakten Knickwertes eines im Verzweigungsfall in Teilen elastischen und in anderen Teilen plastischen Tragwerkes auf iterativem Wege: Für den höchstbeanspruchten Stabbereich kann die Knickspannung zu

$$\sigma_{K,T} \leqslant \sigma_K \leqslant \sigma_F \qquad (4.4)$$

eingeschrankt werden. $\sigma_{K,T}$ ist die Knickspannung unter der Annahme, daß für alle Tragwerksglieder $T \leq E$ gilt. (In diesem Sinne sind die in den vorangegangenen Beispielen berechneten Knicklasten $P_{K,T}$-Werte.)

Für die vorangegangenen Beispiele wird die Rechnung zugeschärft:
1. Beispiel: Wie gezeigt, wird zunächst für σ_{Ki} der zugehörige Abminderungsfaktor $\varkappa$ bestimmt: 0,44; hierfür folgt die untere Schranke

$$\sigma_{K,T} = 22{,}8 \text{ kN/cm}^2$$

Obere Schranke ist

$$\sigma_F = 24{,}0 \text{ kN/cm}^2$$

Für mehrere frei gewählte Spannungen zwischen diesen Schranken wird der Tangentenmodul berechnet:

$$T = E[1 - (\frac{\sigma - \sigma_P}{\sigma_F - \sigma_P})^2]; \quad \sigma_P = 19{,}2 \text{ kN/cm}^2 \text{ (St 370)}$$

Hierfür wird jeweils

$$\delta = \frac{Cl^3}{TJ}$$

sowie β und P_K bestimmt:

$$P_K = \frac{\pi^2}{\beta^2} \cdot \frac{TJ}{l^2} \longrightarrow \sigma_K$$

Aus dem Vergleich der Ausgangswerte mit den σ_K-Werten folgt die Lösung, zweckmäßig durch graphische Schnittbildung; in B.4.5 ist der Berechnungsablauf zusammengefaßt.

σ	T/E	δ	β	P_K	σ_K
24 (σ_F)	0			0	0
23.75	0.1015	49.90	0.74	2528	14.79
23.50	0.1975	25.64	0.78	4428	25.90
23.25	0.2881	17.58	0.84	5570	32.57
23	0.3733	13.57	0.91	6149	35.96
22,8 ($\sigma_{K,T}$)				3900	
kN/cm²	—	—	—	kN	kN/cm²

Schnittpunkt der Geraden a mit der Kurve b: $\sigma_K = 23{,}59$ kN/cm²

$P_K = 23{,}59 \cdot 171 = 4034$ kN > 3900 kN

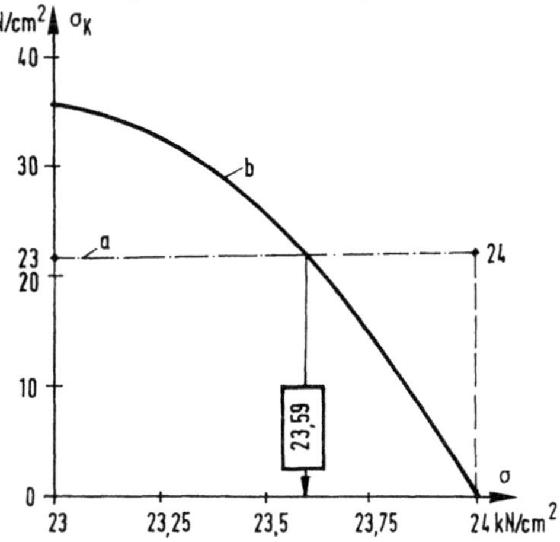

Bild 4.5

2. Beispiel: Es wird analog vorgegangen. Da die Einschrankung für den Stielbereich IPB 360

$$\sigma_{K,T} \leq \sigma_K \leq \sigma_F$$
$$23{,}27 \leq \sigma_K \leq 24 \text{ kN/cm}^2$$

lautet, kann σ_K auch näherungsweise zu σ_K=23,5 kN/cm^2 abgeschätzt werden. Die Beispiele verdeutlichen, daß σ_K i.allg. nur geringfügig über $\sigma_{K,T}$ liegt.
Wird die Abminderung an dem in B.2.74 angegebenen Modul orientiert, sind die Imperfektionen angemessen berücksichtigt; die Knicksicherheit kann dann geringer gewählt werden.

3. Beispiel: Druckgurt einer Trogbrücke

B.4.6 zeigt das System in Form eines über elastischen Federn durchlaufenden Druckstabes mit veränderlicher Druckkraft. (Im Gegensatz zu der vorliegenden Systemwahl ist es günstiger, die Enddiagonalen in den Druckstab mit aufzunehmen, dann erhält man einen um die Diagonalstablängen vergrößerten Druckstab mit beidseitig gelenkiger Lagerung, vgl. Abschnitt 6.7.1.) - Die plasto-statische Knicklast wird durch inkrementelle Laststeigerung berechnet; auf der Abszisse des Bildes 4.6c ist der Verlauf der Knickdeterminante aufgetragen (hier berechnet nach dem CROSS-Verfahren, Abschnitt 3.4.8.8.2). Der Determinantenverlauf für ideal-elastisches Verhalten ist auch eingezeichnet. Mit Beginn der Plastizierung fällt Det(ε) steil ab, bei weiterer Laststeigerung ist daher eine enge Schrittweite zu wählen. Der Plastizierungsbeginn tritt für antimetrische und symmetrische Biegung praktisch gleichzeitig auf; auch ergeben sich in diesem Falle fast identische Knicksicherheiten (vgl. B.4.6b).

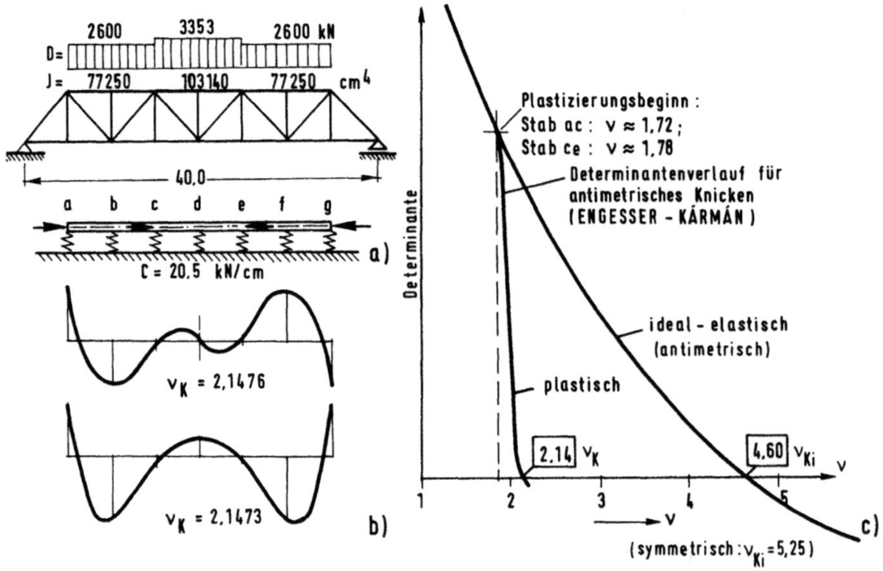

Bild 4.6

4.2 Plasto-statische Grenzlast

Die Grenzlast P_U ist die vom Tragwerk ertragbare Lastintensität einer vorgegebenen Kombination unterschiedlicher Einwirkungen und Imperfektionen unter Berücksichtigung der realen Baustoffgesetze. Unter der Grenzlast wachsen die Verformungen über alle Grenzen, das Gleichgewicht divergiert.
Mittels eines Großversuches läßt sich die Grenzlast am zuverlässigsten bestimmen; solche Versuche sind vielfach unumgänglich, wenn nicht ausgeschlossen werden kann, daß eine Berech-

nung wegen mannigfacher Idealisierungen zu ungenau (und zu unwirtschaftlich) ausfallen wird, wie dieses z.B. bei Gerüstbauteilen häufig der Fall ist. Das Versuchsmodell ist indes wegen seiner speziellen Festigkeits- und Imperfektionseigenschaften eine Zufallsrealisation aus der Grundgesamtheit. Um zu zuverlässigen Aussagen zu kommen, sollten mindestens drei Versuche an Modellen unterschiedlicher Herkunft angestellt werden. Außerdem sind bei der Interpretation der Versuchsergebnisse die Meßfehler und die mehr oder weniger zutreffenden Randbedingungen der Versuchsdurchführung zu beachten.

Durch differenzierte Erfassung der realen Eigenschaften der Baustoffe, Bauteile und Verbindungstechniken läßt sich die Systemgrenzlast auch zuverlässig berechnen; eine computergeeignete Aufbereitung und Durchführung ist dabei unerläßlich. Werden die Eigenschaften als Streugrößen begriffen und entsprechend ihrem wahrscheinlichen Auftreten als zufällige Realisationen nachgeahmt, gelingt durch systematische Simulationsrechnungen die Ermittlung der wahrscheinlichen Verteilung der Grenzlast, ihres Mittelwertes und ihrer Streuung. Der Aufwand solcher Rechnungen ist allerdings immens, andererseits ist Sicherheit allein auf diese Weise quantifizierbar (Abschnitt 2.6.3.5). Hier stehen noch wichtige Forschungsaufgaben der Zukunft an.

Die strenge Berechnung der Grenzlast setzt zweierlei voraus:
a) Erfüllung der Gleichgewichtsgleichungen am verformten Tragwerk (Th.II.Ordn.),
b) Erfassung und Anpassung der Biege- und Dehnsteifigkeiten jedes Querschnittes an den örtlichen, plastizierten Beanspruchungszustand. Einwirkungen sind nicht nur äußere Lasten, sondern fallweise auch Zwangszustände und Imperfektionseinflüsse.

Die Einhaltung der Voraussetzung a) ist wesentlich, wobei bei Stabtragwerken die Beschränkung auf "kleine" Verformungen zulässig ist (Abschnitt 2.6.1):

$$Bv'' = -M \quad \text{mit} \quad B = B(M,N) \qquad (4.5)$$

Voraussetzung b) läßt sich streng nicht erfüllen. Aus Kapazitätsgründen ist eine finite Diskretisierung unumgänglich. Das Tragwerk wird in endlich viele Stabelemente zerlegt, die elementweise konstante Steifigkeitseigenschaften aufweisen. Die Elementlängen sind global nicht einheitlich, sondern in Abhängigkeit vom Beanspruchungsverlauf zu vereinbaren: In Bereichen hoher Beanspruchung mit demgemäß großem Steifigkeitsgradienten (infolge Plastizierung) sind die Elementlängen klein zu wählen, vice versa.
Für unvermaschte, linienförmige Tragwerke eignet sich das Verfahren der Übertragungsmatrizen; allgemeingültiger ist das Verformungsgrößenverfahren.

Ausgehend vom unbelasteten ggf. vorverformten Tragwerk werden die äußeren Lasten stufenweise erhöht, eine nicht-proportionale Laststeigerung ist möglich, auch alternierende Lastverläufe, doch ist der hiermit verbundene Aufwand außerordentlich groß.
Zwängskräfte werden konstant gehalten, deren Änderungen infolge der sich einstellenden Verformungen werden erfaßt. In jeder Stufe wird der Gleichgewichtszustand berechnet.
In den plastizierten Stabelementen werden die wirksamen Dehn- und Biegesteifigkeiten elementweise dem Beanspruchungsgrad angepaßt (also abhängig von M, N und Q), was eine Unteriteration mit anschließender abermaliger globaler Berechnung erfordert und zwar innerhalb jeder Berechnungsstufe solange, bis Beanspruchungsgrad und wirksame Steifigkeiten in jedem Element bis zu einer vorgegebenen Schranke miteinander verträglich sind.
Die Konvergenz ist dabei umso ungünstiger, je näher die Laststufe an die Grenzlast, also an den Divergenzpunkt, heranrückt. Indikator ist eine zweckmäßig gewählte (empfindliche) Größe, z.B. die seitliche Ausbiegung bei verschieblichen Systemen.
Auf die in den Abschnitten 2.6.1.1/5 zusammengestellten Rechenanweisungen wird hingewiesen (für Stahlbetonquerschnitte auf Abschnitt 2.6.4.1/2), der Querkrafteinfluß ist hierin indes noch nicht berücksichtigt. Die Berechnungen lassen sich auf räumliche Strukturen erweitern, wobei die primäre und sekundäre Drillung (einschließlich ihres Einflusses auf die Stabplastizierung und die wirksamen Steifigkeiten, also auch auf die Drill- und Wölbsteifigkeiten) zu berücksichtigen sind. - Wichtigstes Kriterium für eine Computer-Programmierung ist eine rechenzeit- und speicherplatzoptimierte Aus-

legung; dem Schrifttum können weitere Angaben entnommen werden, diverse Programmsysteme wurden zwischenzeitlich entwickelt, z.B. [4.2-4.16]. Die Zukunft wird von einem weiteren verstärkten Computereinsatz in der Statik geprägt sein. Diese Entwicklung ist im Hinblick auf die hiermit verbundene Entlastung von Rechenarbeit zu begrüßen, auch lassen sich die Tragwerke nach den unterschiedlichsten Kriterien optimieren; die Entwicklung ist indes nur vertretbar, wenn sie von sicherheitstheoretischen Erwägungen begleitet wird.

Eine im vorskizzierten Sinne strenge Granzlastberechnung scheidet für Handrechnungen aus. Der hiermit verbundene Aufwand ist in vielen Fällen der Baupraxis auch überzogen. Das Traglastverfahren bietet eine praktikable Alternative. Hierunter werden jene Berechnungsmethoden zusammengefaßt, die von der Vorstellung örtlich konzentrierter Fließgelenke ausgehen. Außerhalb der Fließgelenke bleibt die Plastizierung unberücksichtigt; fiktiv werden die Stäbe hier als vollelastisch angesehen, d.h., die Steifigkeit wird hier höher eingeschätzt als real vorhanden. Daher ist die zum kinematischen Versagensmodus gehörende Traglast P_{Pl} stets größer als die reale Grenzlast P_U, da sich die Verformungen und damit deren Einfluß in Wirklichkeit größer einstellen als sie nach dem Traglastverfahren berechnet werden.
Der Vorteil des Traglastverfahrens Th.I.Ordn. besteht darin, daß das Plastizierungsgeschehen in seinen Einzelheiten nicht nachvollzogen werden braucht, die Berechnung kann sich gezielt auf die Bestimmung der kinematischen Bruchkette beschränken; nachteilig ist indes, daß das Superpositionsgesetz nicht gültig ist. - Das Traglastverfahren Th.II.Ordn. erfordert einen größeren Rechenaufwand, weil i.allg. zur Bestimmung des Divergenzpunktes die Plastizierungsstadien verfolgt werden müssen. Grundsätzlich wird beim Traglastverfahren eine proportionale Laststeigerung vorausgesetzt. Grundlagen und Methoden des Verfahrens werden u.a. in [0.51-0.53] dargestellt, vgl. auch [4.17-4.21].

4.3 Querschnittsfestigkeit

4.3.1 Plastische Momente M_{Pl}

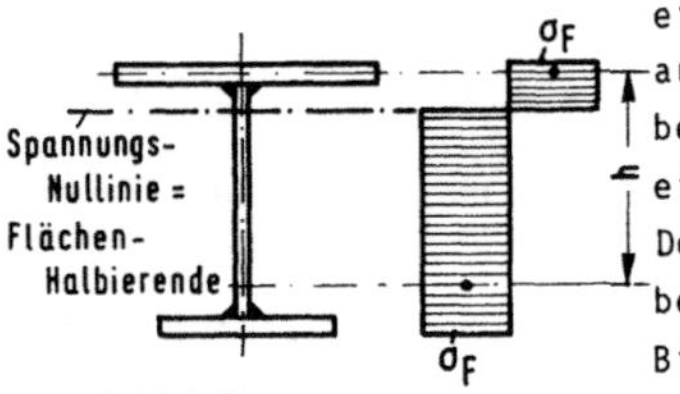

Bild 4.7

Als plastisches Tragmoment ist jenes Moment definiert, das ein Querschnitt bei voller Durchplastizierung gerade noch aufnehmen kann; es kennzeichnet die Querschnittsfestigkeit bei Momentenbeanspruchung. M_{Pl} wird unter der Annahme eines ideal-elastischen / ideal-plastischen Spannungs-Dehnungsdiagrammes (Zugfließgrenze = Druckstauchgrenze) berechnet: Die rechteckigen Spannungskörper haben auf der Biegezug- und Biegedruckseite dieselbe Höhe (σ_F), die Spannungsnullinie fällt folglich mit der Flächenhalbierenden zusammen, (B.4.7). Beträgt der Abstand der Resultierenden h, folgt das plastische Moment für einfachsymmetrische Querschnitte zu:

$$M_{Pl} = \frac{F}{2} h \sigma_F \tag{4.6}$$

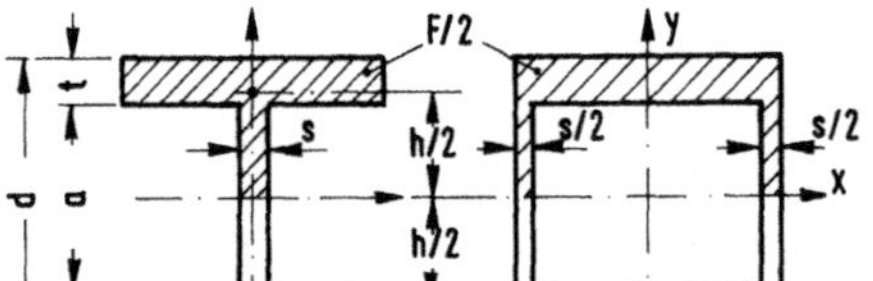

Bild 4.8

Für doppelt-symmetrische Querschnitte lassen sich explizite Berechnungsformeln herleiten, die Spannungsnullinie fällt mit der Schwerachse zusammen:

$$M_{Pl} = 2(\frac{F}{2}) \cdot \frac{h}{2} \cdot \sigma_F = 2 \cdot S \sigma_F = W_{Pl} \cdot \sigma_F \tag{4.7}$$

Hierin ist S das statische Moment einer Querschnittshälfte, bezogen auf die Schwerachse (B.4.8):

$$S = \int_0^{d/2} y \, dF \tag{4.8}$$

W_{Pl} ist das plastische Widerstandsmoment. - Für einfach-symmetrische Querschnitte gilt:

$$M_{Pl} = (S_d + S_z)\sigma_F \tag{4.9}$$

Hierin sind S_d und S_z die statischen Momente der gedrückten und gezogenen Querschnittszonen, bezogen auf die Nullinie = Flächenhalbierende (s.o.).
Für den I-Querschnitt findet man (B.4.8):

Plastisches Tragmoment: $M_{Pl} = 2S\sigma_F = [sa^2 + b(d^2 - a^2)]\frac{\sigma_F}{4}$ (4.10)

Elastisches Tragmoment: $M_{El} = W \cdot \sigma_F = [sa^3 + b(d^3 - a^3)]\frac{\sigma_F}{6d}$ (4.11)

Für den Rechteckquerschnitt folgt:

$$s = b,\ a = 0: \quad M_{Pl} = \frac{bd^2}{4}\sigma_F\ ; \quad M_{El} = \frac{bd^2}{6}\sigma_F\ ; \quad \alpha = \frac{M_{Pl}}{M_{El}} = 1{,}5 \tag{4.12}$$

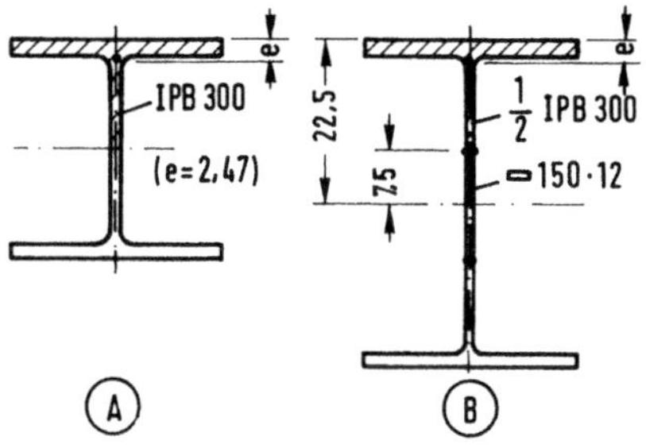

Bild 4.9

α ist der Formfaktor; er kennzeichnet die Querschnittstragreserve gegenüber der elastischen Tragfähigkeit (Abschnitt 2.1.2).
Für I-Profile läßt sich der α-Wert in einfacher Weise bestimmen, da die Schwerpunktlage halbierter Profile tabuliert ist und zwar durch den Randabstand e (siehe B.4.9). Damit folgt:

$$W_{Pl} = 2(\frac{F}{2})(\frac{d}{2} - e) = F(\frac{d}{2} - e) \tag{4.13}$$

F ist die Querschnittsfläche des Gesamtquerschnittes. Beispielsweise findet man für das IPB 300-Profil (Querschnitt A in B.4.9):

$$W_{Pl} = 149(\frac{30}{2} - 2{,}47) = 1867\ cm^3$$

Das elasto-statische Widerstandsmoment beträgt: $W = 1680\ cm^3$, der Formfaktor ergibt sich damit zu:

$$\alpha = \frac{1867}{1680} = 1{,}11$$

Für den in B.4.9 dargestellten Querschnitt berechnet man:

$$W_{Pl} = 2S = 2[74{,}5(22{,}5 - 2{,}47) + 9{,}0 \cdot 3{,}75] = 3052\ cm^3;\quad W = 2749\ cm^3;\quad \alpha = 3052/2749 = 1{,}11$$

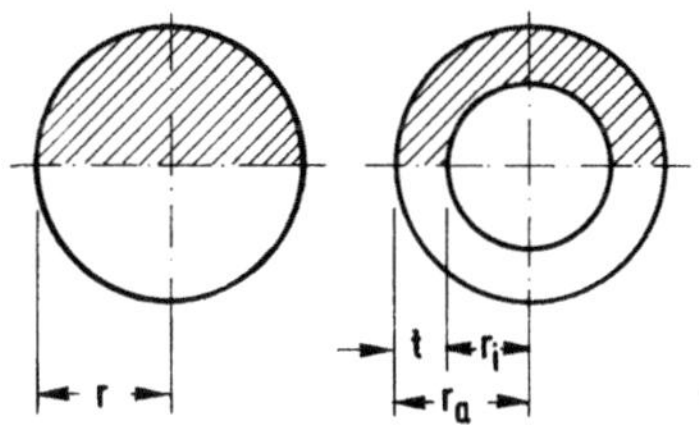

Bild 4.10

Für den vollen Kreisquerschnitt gilt

$$W_{Pl} = \frac{4}{3} r^3 \tag{4.14}$$

und für den Kreisringquerschnitt (B.4.10):

$$W_{Pl} = \frac{4}{3}(r_a^3 - r_i^3) = \frac{4}{3} r_a^3[1 - (1 - \frac{t}{r_a})^3] \tag{4.15}$$

Anstelle des Begriffes plastisches (Trag-)Moment verwendet man auch den Begriff Fließmoment:
$M_F \equiv M_{Pl}$ bei alleiniger Biegungsbeanspruchung und analog Fließ-, Stauch- oder Quetschlast

$$N_F = N_{Pl} = \sigma_F F \tag{4.16}$$

bei alleiniger Normalkraftbeanspruchung.

4.3.2 M/N - Interaktion

Wirken in einem Querschnitt Biegungsmoment und Normalkraft gemeinsam, wird das plastische Tragmoment reduziert, vice versa. Die Querschnittsfestigkeit stellt sich damit als Interaktionsbeziehung dar. Wie im Abschnitt 2.1.2 angedeutet, wird der Querschnitt zweckmäßig in einen Anteil zur Aufnahme der Normalkraft und in einen Anteil zur Aufnahme des Biegungsmomentes zerlegt. Bei doppeltsymmetrischen Querschnitten gewinnt man die Lösung auf diese Weise am einfachsten; bei einfachsymmetrischen Querschnitten ist zunächst wieder die Nullinie zu bestimmen.

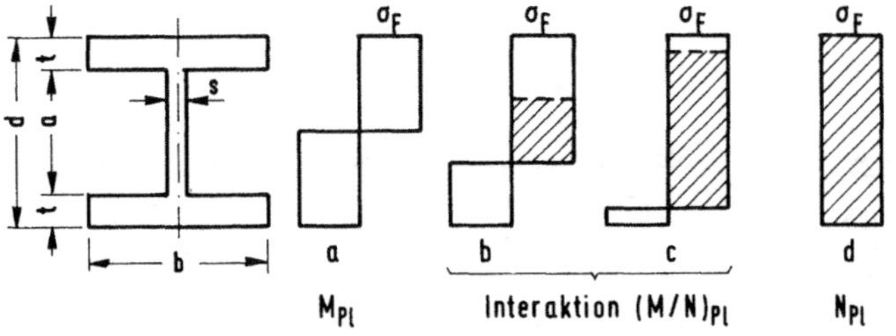

Bild 4.11

Beim I-Querschnitt sind die in B.4.11 gezeichneten Fälle zu unterscheiden, insbesondere ob die Nullinie im Steg oder im Flansch liegt. Auf analoge Weise, wie im Abschnitt 2.1.2 für den Rechteckquerschnitt gezeigt, findet man die in B.4.12 angeschriebenen Berechnungsformeln.

Fall	Formel
a	$M_{Pl} = [sa^2 + b(d^2 - a^2)] \cdot \frac{\sigma_F}{4}$
b	$\frac{M}{M_{Pl}} + \frac{[sa + b(d-a)]^2}{[sa^2 + b(d^2-a^2)] \cdot s} \cdot \left(\frac{N}{N_{Pl}}\right)^2 = 1$
c	$\frac{M}{M_{Pl}} + \frac{[sa + b(d-a)]^2}{[sa^2 + b(d^2-a^2)]\,b} \cdot \left(\frac{N}{N_{Pl}}\right)^2 + 2 \cdot \frac{[sa + b(d-a)]\,a}{[sa^2 + b(d^2-a^2)]} \cdot \left(1 - \frac{s}{b}\right) \cdot \left[\frac{N}{N_{Pl}} - \frac{sa}{2[sa + b(d-a)]}\right] = 1$
d	$N_{Pl} = [sa + b(d-a)] \cdot \sigma_F$

Bild 4.12 (Fall a bis d nach Bild 4.11)

Hierin sind M_{Pl} und N_{Pl} die plastischen Querschnittswerte bei alleinigem Biegungsmoment bzw. alleiniger Normalkraft. - Wertet man die Formeln für typische I-Walzprofile aus, findet man die in B.4.13 dargestellten Interaktionskurven. Eine auf der sicheren Seite liegende Näherung stellt die Geradengleichung

$$\frac{N}{N_{Pl}} + \frac{1}{1{,}1}\frac{M}{M_{Pl}} = 1 \quad \left(\frac{N}{N_{Pl}} > 1{,}1\right) \tag{4.17}$$

dar. Der Faktor 1/1,1 ist gleich 0,91. (Im AISC (1970) wird mit 0,85 gerechnet.)
Für eine vorgegebene Normalkraft N (ggf. ν-fach erhöht, N_ν) wird der Quotient

$$N/N_{Pl}, \quad N_{Pl} = \sigma_F F$$

bestimmt und damit das reduzierte plastische Tragmoment berechnet:

$$M_{Pl,N} = 1{,}1\left(1 - \frac{N}{N_{Pl}}\right) M_{Pl} \tag{4.18}$$

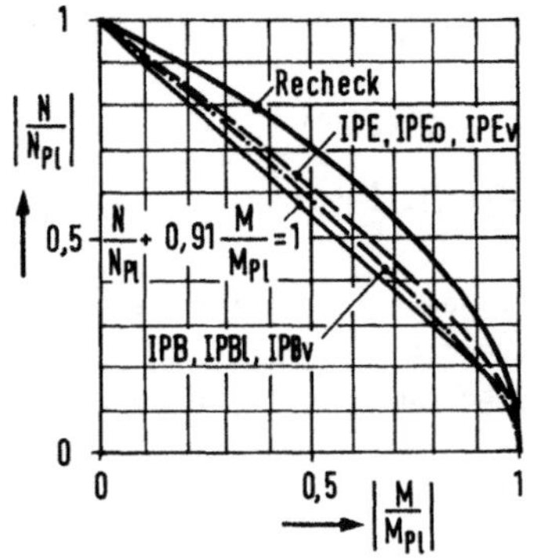

Bild 4.13

Die Indizierung besagt: Zusätzliche Einwirkung einer Normalkraft N.

4.3.3 M/Q- und M/Q/N-Interaktion

Die strenge Lösung des M/Q-Interaktionsproblems für den voll durchplastizierten Balkenquerschnitt steht bis heute aus, die Lösung müßte in jeder Querschnittsfaser den Gleichgewichtsgleichungen und der vereinbarten, für alle Fasern gleichermaßen gültigen Fließbedingung genügen. - Bezüglich der Schubspannungsverteilung existieren mehrere hypothetische Ansätze. B.4.14 zeigt die von KLÖPPEL und YAMADA eingeführten Annahmen am Beispiel des Rechteckquerschnittes [4.26]; am Querschnittsrand wird die Bedingung $\tau=0$ verletzt. B.4.15 vermittelt einen Überblick über drei unterschiedliche Ansätze für I-Querschnitte: Bild a zeigt einen parabolischen (alternativ: ellipsoiden) Schubspannungsverlauf im Kernbereich und Bild b Kurven höherer Ordnung für σ und τ [4.22-4.25].

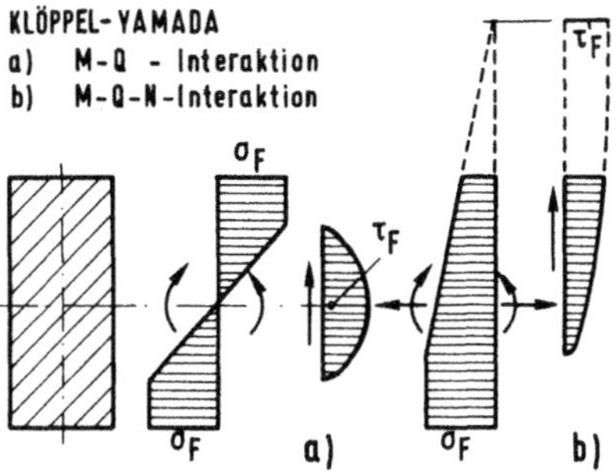

Bild 4.14

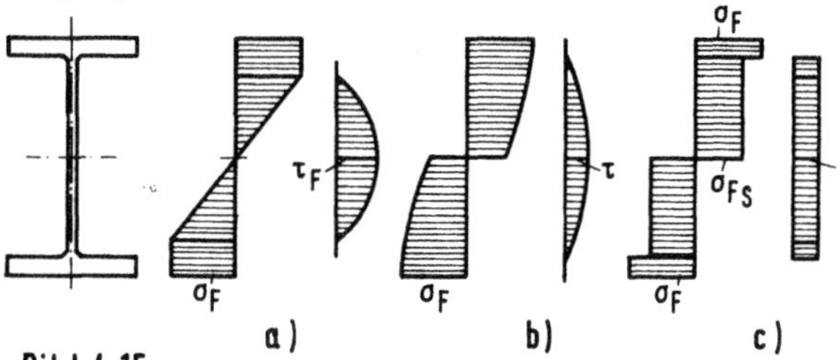

Bild 4.15

Der von THIERAUF [4.10] vorgeschlagene Ansatz liefert vergleichweise hohe plastische Querkräfte, vgl. B.4.16. Die Spannungsverteilung für σ und τ folgt aus einem Extremalprinzip; hierbei werden allerdings Schubspannungen über die gesamte Breite in den Flanschen unterstellt, die dieselbe Größe wie in den zugeordneten Stegfasern haben; die Bedingung $\tau=0$ wird demnach beidseitig der Flanschränder nicht eingehalten.

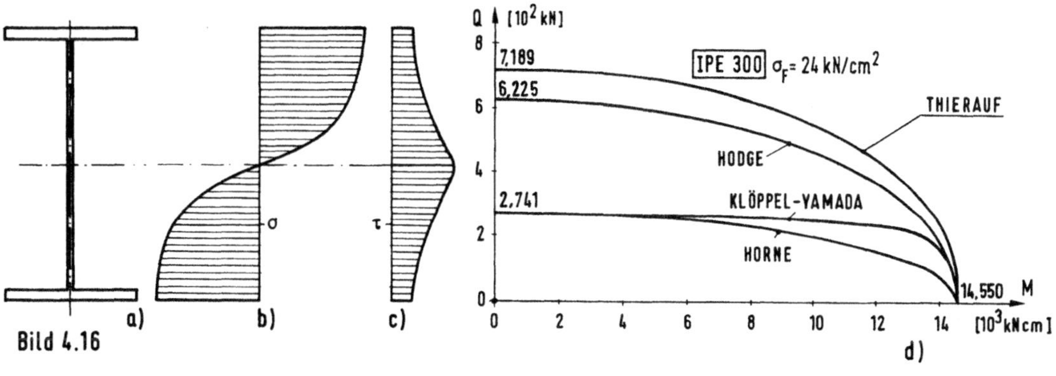

Bild 4.16

Nach dem ersten Traglasttheorem erhält man eine auf der sicheren Seite liegende Lösung, wenn der Gleichgewichtszustand überall zulässig, d.h. erfüllt (und mit den Randbedingungen verträglich) ist und die Spannungen die Fließbedingung überall einhalten. Der Spannungszustand kann mit einer gewissen Willkür, aber natürlich plausibel, gewählt werden. Von diesem Theorem ausgehend, erscheint der auf HEYMAN, DUTTON, HORNE und WINDELS [4.27] zurückgehende Ansatz (für stahlbauliche Querschnitte) am verläßlichsten. Hierbei wird in Richtung der Querkraft in den zur Aufnahme von Q geeigneten Querschnittsteilen eine konstante Schubspannung angesetzt und für diesen Bereich eine reduzierte Fließspannung

$$\sigma_{F,S} = \sigma_F \sqrt{1 - 3\left(\frac{\tau}{\sigma_F}\right)^2} \qquad (4.19)$$

bestimmt (B.4.15c). Bei I-Querschnitten und Biegung um die starke Achse ist dieser Bereich der Steg. Ggf. ist in G.4.19 der Faktor 4 zu setzen, wenn anstelle der Fließbedingung von HUBER-MISES die Fließbedingung von TRESCA angesetzt wird. Der Ansatz G.4.19 erlaubt einfache, praktikable Lösungen. (An der strengen Lösung des Problems besteht durchaus Interesse [4.28/29].)

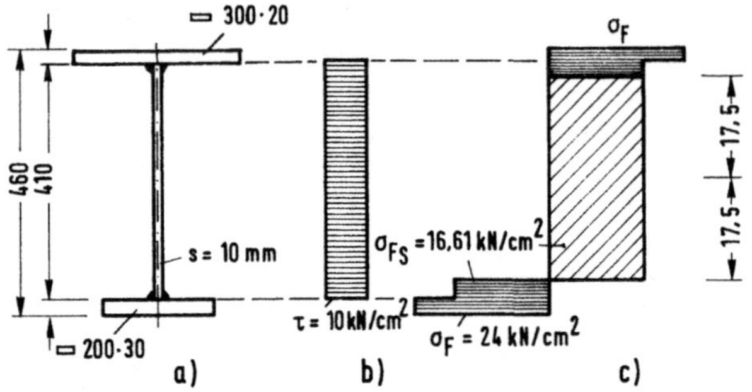

Bild 4.17

Am Beispiel des in B.4.17 skizzierten Querschnittes wird die Berechnung der M/Q/N-Interaktion erläutert, die Fließspannung betrage $\sigma_F = 24\ \mathrm{kN/cm^2}$. Die Stegfläche beträgt:

$$F_S = 1 \cdot 41 = 41\,\mathrm{cm^2}$$

Gegeben sei:

$$Q = 410\ \mathrm{kN}$$

Hiermit berechnet sich für den Steg die konstante (mittlere) Schubspannung zu:

$$\tau = 410/41 = 10\ \mathrm{kN/cm^2}$$

(Vgl. B.4.17b.) Die reduzierte Fließspannung beträgt für diesen Bereich:

$$\sigma_{F,S} = 24\sqrt{1 - 3\left(\frac{10}{24}\right)^2} = 16{,}61\ \mathrm{kN/cm^2}$$

Eine zulässige, zusätzliche Schnittgrößenkombination ist beispielsweise

$$N = 581\,\mathrm{kN}, \quad M = 648{,}8\ \mathrm{kNm}$$

Das Schnittgrößentripel der plastischen Tragfähigkeit lautet demnach:

$$(M, N, Q)_{Pl} = (648{,}8;\ 581;\ 410)$$

B.4.18 zeigt von WINDELS [4.27] berechnete M/N/Q-Interaktionsdiagramme auf der vorstehend erläuterten Grundlage. φ ist das Verhältnis einer Flanschfläche zur Gesamtfläche (siehe B.4.18 oben rechts). Die beiden Diagramme decken etwa den Walzträgerbereich ab; offensichtlich ist es zulässig, die gekrümmte Interaktionsfläche durch eine Ebene anzunähern; auf diese Weise kommt man zu einer praktikablen Berechnungsanweisung.

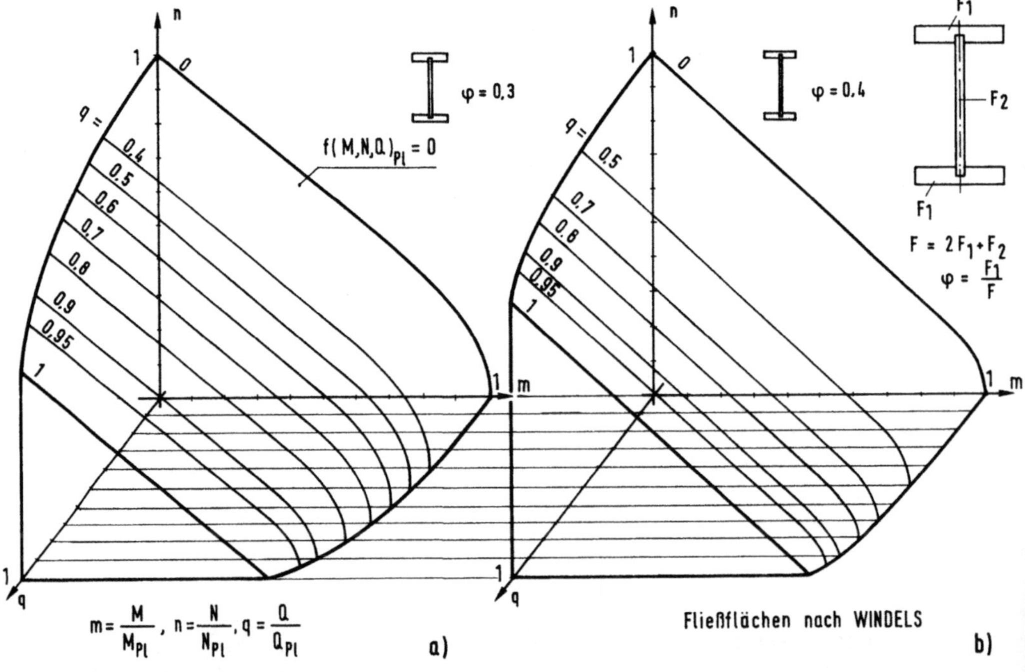

Bild 4.18

Gemäß der Traglastrichtlinie (DASt-Ri 008) ist mit

$$M_{Pl,N,Q} = (1{,}1 - 1{,}1\frac{N}{N_{Pl}} - 0{,}3\frac{Q}{Q_{Pl}})M_{Pl} \tag{4.20}$$

zu rechnen; Voraussetzung:

$$F_{Steg} \leq 0{,}25F \tag{4.21}$$

Eine Interaktion braucht nur berücksichtigt zu werden, wenn (im ν-fachen Bemessungsfall)

$$N > 0{,}1\,N_{Pl}; \quad Q > Q_{Pl}/3 \tag{4.22}$$

ist. Hierin bedeutet:

$$Q_{Pl} = \frac{\sigma_F}{\sqrt{3}} \cdot F_{Steg} \tag{4.23}$$

Außerdem verlangt die Richtlinie die Einhaltung der Bedingung:

$$Q \leq 0{,}9 \cdot Q_{Pl} \tag{4.24}$$

In DIN 4114N ist das Traglastverfahren zugelassen; daselbst sind für verschiedene Querschnittsformen und doppelte Biegung Interaktionsdiagramme enthalten; sie gehen auf eine Ausarbeitung von RUBIN [4.32] zurück (vgl. auch [4.30/31] und bei zusätzlicher Drillung [4.33/34]). Eine experimentelle Überprüfung steht noch aus.- Die dünnwandigen Querschnittsteile müssen gewisse Schlankheitsgrenzen einhalten, anderenfalls besteht die Gefahr, daß die Wandungen vor der vollständigen Durchplastizierung im Bereich der Fließgelenke lokal ausbeulen.

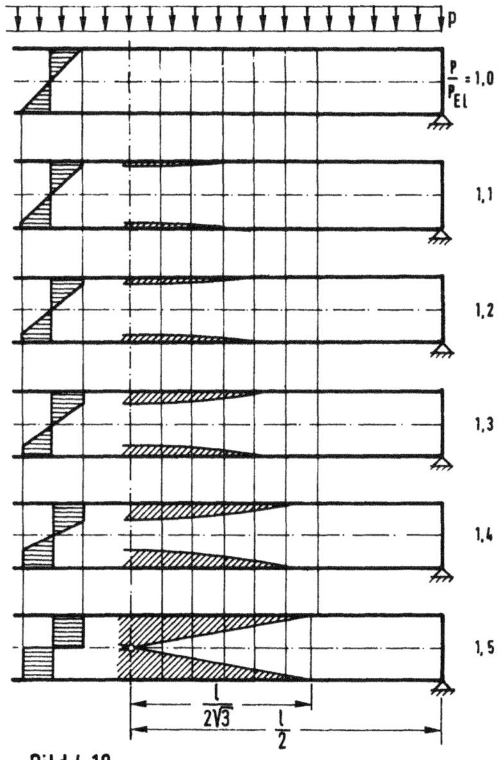

Bild 4.19

4.3.4 HENNINGsche Gelenke

Wird ein einfacher Balken der Länge l mit Rechteckquerschnitt unter der Gleichlast p über die elastische Grenzlast

$$p_{El} = \sigma_F \frac{32}{3} \cdot \frac{bd^2}{l^2} \tag{4.25}$$

hinaus belastet, tritt eine Plastizierung in das Innere und von der Feldmitte aus in Längsrichtung zu den Auflagern hin ein. B.4.19 zeigt verschiedene Plastizierungsstadien. Mit Erreichen von

$$1{,}5 \cdot p_{El}$$

ist der Querschnitt durchplastiziert. Berechnet man die zu den Laststufen gehörenden Querschnittskrümmungen, ergibt sich das in B.4.20 gezeigte Momenten-Krümmungsdiagramm. Das Last-Verschiebungsdiagramm zeigt einen prinzipiell ähnlichen Verlauf. - Handelt es sich um I-Querschnitte, stellt sich im Momenten-Krümmungsdiagramm nach Überschreiten des elastischen Bereiches ein nahezu knickförmiger Verlauf ein, weil mit der Durchplastizierung der Flansche die weitere plastische Tragreserve des Steges nur minimal ist. Das kommt auch in dem (relativ geringen)

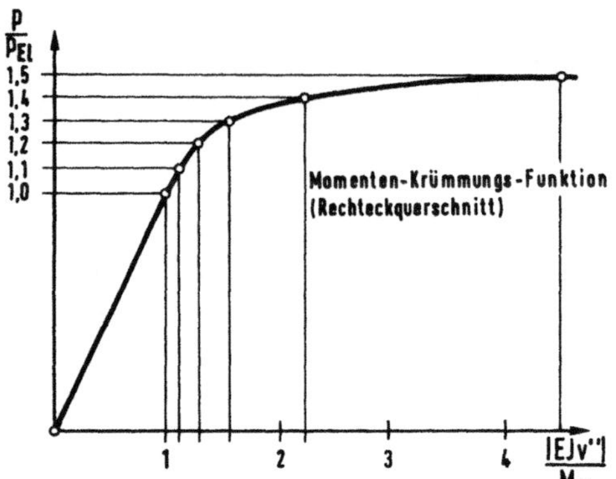

Bild 4.20

Formfaktor α=1,15 zum Ausdruck. Auf diesen Erkenntnissen aufbauend wird die Fließgelenkhypothese postuliert. Sie unterstellt eine lokale Vollplastizierung im Fließgelenk, außerhalb ist der Stab vollelastisch.

Schwierigkeitsgrad und Rechenaufwand werden beim Traglastverfahren vorrangig von der Erfordernis bestimmt, den M/N/Q-Interaktionseinfluß in den Fließgelenken zu erfassen. Da der Traglastzustand zunächst nicht bekannt ist und damit auch nicht die diesem Zustand zugeordneten Normal- und Querkräfte, kann das reduzierte (interaktive) plastische Moment

$$M_{Pl,M/N/Q}$$

a priori nicht vorgegeben (allenfalls geschätzt) werden. Nach Kenntnis des Erstwertes (d.h. nach dem ersten Rechenschritt) sind die plastischen Momente zu überprüfen und ggf. neu anzupassen, was eine neuerliche Rechnung erforderlich macht. Hieraus wird ersichtlich, daß die Traglast nur iterativ gefunden werden kann, und das für jeden Lastfall erneut, weil das Superpositionsgesetz nicht gültig ist. Der Rechenaufwand kann schon bei einfachen Rahmen erheblich sein, eine Computerberechnung ist daher von vornherein anzustreben, wobei der Verformungseinfluß zweckmäßig einbezogen werden sollte, um so den Stabilitätsnachweis als Verformungsproblem Th.II.Ordn. einzufangen; das erfordert eine übergeordnete Interaktionsschleife. Handrechnungen lassen sich in vertretbarem Rahmen nicht mehr durchführen.

Ein interessanter Vorschlag zur Erfassung des M/N/Q-Interaktionseinflusses stammt von HENNING [4.41], einen länger zurückliegenden Hinweis von PRAGER aufgreifend. Danach wird ein fiktives Fließgelenk eingeführt, das nicht in der Stabachse sondern außerhalb davon liegt. Die Lagekoordinaten des Gelenkes sind vom Verhältnis der Schnittgrößen zueinander abhängig. Eine proportionale Laststeigerung wird vorausgesetzt, d.h., es wird unterstellt, daß sich alle Lasten im selben Verhältnis zueinander ändern. (Nichtproportionale Lastansätze verursachen beim Traglastverfahren erhebliche Schwierigkeiten.)

Im folgenden wird das Schnittgrößentripel

$$M_F, Q_F, N_F$$

eingeführt und zwar als jene Schnittgrößenkombination, unter deren Einwirkung alle Volumina des Fließgelenk-Querschnittes plastiziert sind; in jeder Faser wird die Fließbedingung

$$f = f(M_F, Q_F, N_F) = 0 \tag{4.26}$$

erfüllt. - Die Tragfähigkeit des Rahmenwerkes ist nach Th.I.Ordn. erschöpft, wenn sich soviele Fließgelenke gebildet haben (die jeweils einzeln die Fließbedingung G.4.26 erfüllen), daß sich eine kinematische Kette einstellt. Bei Einrechnung des Verformungseinflusses Th.II.Ordn. bedarf diese Aussage einer Zuschärfung, vgl. Abschnitt 4.4.4. - Die Fließgelenke verhalten sich bei einer Laststeigerung unterhalb der Traglast wie echte Verschiebungsgelenke: Ohne daß die lokale Querschnittsfestigkeit eine Änderung erfährt, erleiden sie eine Rotation sowie eine Quer- und Längsverschiebung (B.4.21a):

$$d\varphi^p, dv^p, du^p$$

Der hochgestellte Index p kennzeichnet die plastische Verformung. Hat sich ein Fließgelenk ausgebildet und wird die Belastung gesteigert, leisten die Schnittgrößen (die konstant bleiben) auf den Verscheibungswegen eine Dissipationsarbeit:

$$D = M_F \cdot d\varphi^p + Q_F \cdot dv^p + N_F \cdot du^p \tag{4.27}$$

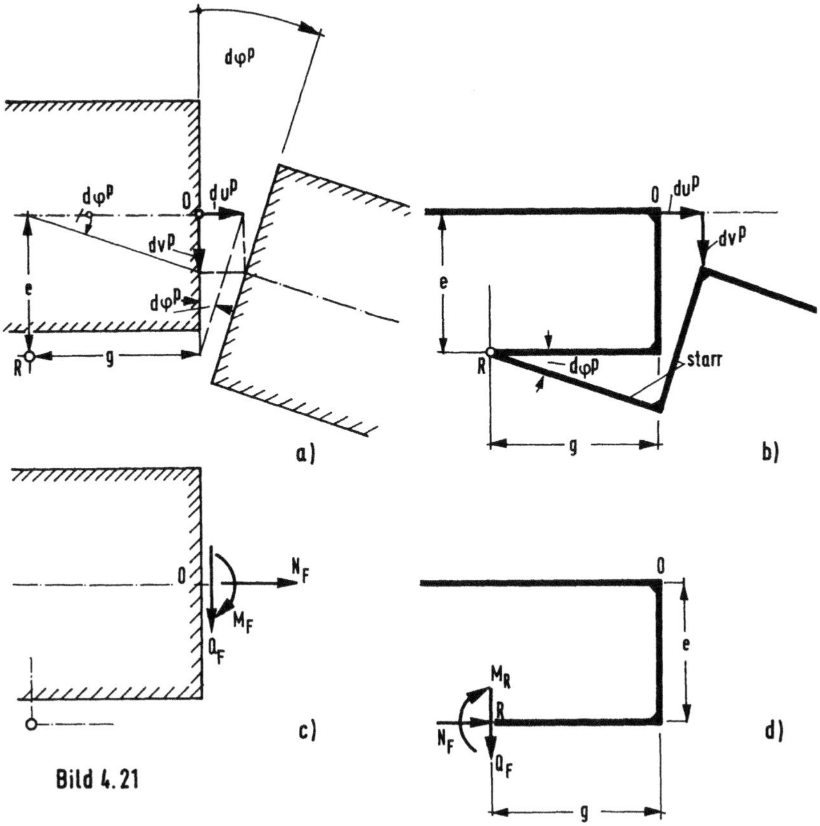

Bild 4.21

Die gegenseitige Verdrehung und Verschiebung der Schnittufer zu beiden Seiten jedes Fließgelenkes kann durch eine alleinige Drehung um den Momentanpol R ersetzt werden (B.4.21b). Wird ein doppelt-symmetrischer Querschnitt vorausgesetzt, ist der Pol, bezogen auf die Schwerachse, durch die Abstände e und g festgelegt. Aus B.4.21b liest man ab:

$$dv^p = g \cdot d\varphi^p; \; du^p = e \cdot d\varphi^p \tag{4.28}$$

Hiermit läßt sich G.4.27 umschreiben:

$$D = (M_F + g \cdot Q_F + e \cdot N_F) d\varphi^p = M_R \cdot d\varphi^p \tag{4.29}$$

Das auf den Momentanpol R bezogene Moment M_R ist demnach in der Lage, die Schnittgrößenkombination

$$M_F, Q_F, N_F$$

identisch zu ersetzen; dazu müssen g und e bekannt sein. Die Bestimmung von g und e wird in nachstehenden Schritten vollzogen:

a) Für den Momentanpol R wird die Gleichgewichtsgleichung

$$M_R = M_F + g \cdot Q_F + e \cdot N_F \tag{4.30}$$

formuliert; hiervon werden die partiellen Ableitungen

$$\frac{\partial M_R}{\partial M_F} = 1; \quad \frac{\partial M_R}{\partial Q_F} = g; \quad \frac{\partial M_R}{\partial N_F} = e \tag{4.31}$$

gebildet.

b) Die Fließbedingung lautet für das anstehende Problem:

$$f=0\,;\quad \frac{\partial f}{\partial M_R}\,dM_R \begin{cases} <0 : \text{Entlastung} \\ =0 : \text{neutrale Schnittgrößenumlagerung} \\ >0 : \text{Belastung} \end{cases} \tag{4.32}$$

c) Bei Laststeigerung nimmt die Dissipationsarbeit zu. Das bedeutet: Wenn bei Erreichen des Fließzustandes die äußere Belastung gesteigert wird, erleidet das Gelenk eine zusätzliche Rotation, sowie eine Quer- und Längstranslation, bzw., bei Bezug auf R, eine zusätzliche Rotation. Die Zunahme von D um dD muß bei Zunahme von

$$\varphi^P \text{ um } d\varphi^P$$

positiv sein, den Sonderfall Null inbegriffen:

$$dD = d\varphi^P \cdot dM_R \geq 0 \tag{4.33}$$

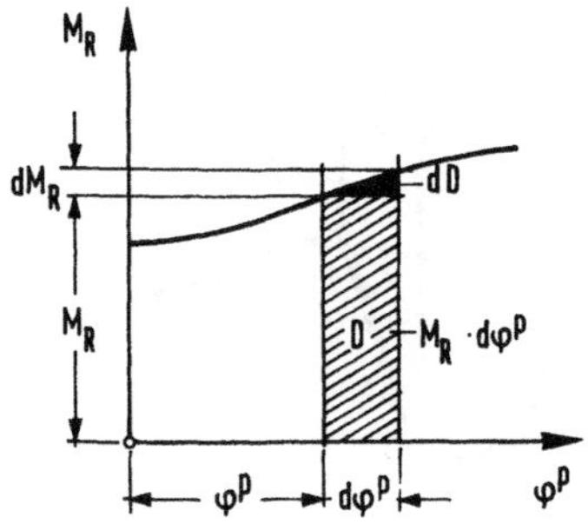

Bild 4.22

Aus dem Vergleich von G.4.32 mit G.4.33 wird auf

$$d\varphi^P = \frac{\partial f}{\partial M_R}\,d\lambda = \frac{\partial f}{\partial M_F}\frac{\partial M_F}{\partial M_R}\,d\lambda = \frac{\partial f}{\partial M_F}\,d\lambda \tag{4.34}$$

geschlossen, wobei G.4.31 berücksichtigt wird. G.4.34 wird einmal mit g und einmal mit e durchmultipliziert und G.4.28 beachtet:

$$\begin{aligned} dv^P &= g\cdot d\varphi^P = g\frac{\partial f}{\partial M_R}\,d\lambda = g\frac{\partial f}{\partial Q_F}\cdot\frac{\partial Q_F}{\partial M_R}\,d\lambda = \frac{\partial f}{\partial Q_F}\cdot\frac{\partial M_F}{\partial f}\,d\varphi^P \\ du^P &= e\,d\varphi^P = e\frac{\partial f}{\partial M_R}\,d\lambda = e\frac{\partial f}{\partial N_F}\cdot\frac{\partial N_F}{\partial M_R}\,d\lambda = \frac{\partial f}{\partial N_F}\cdot\frac{\partial M_F}{\partial f}\,d\varphi^P \end{aligned} \tag{4.35}$$

Bei der jeweils letzten Umformung werden die Beziehungen G.4.31 eingeführt, sowie:

$$d\lambda = \frac{\partial M_R}{\partial f}\,d\varphi^P = \frac{\partial M_F}{\partial f}\,d\varphi^P \tag{4.36}$$

Schließlich folgen aus dem Vergleich von G.4.27

$$D = (M_F + \frac{\partial f}{\partial Q_F}\cdot\frac{\partial M_F}{\partial f}Q_F + \frac{\partial f}{\partial N_F}\cdot\frac{\partial M_F}{\partial f}N_F)\,d\varphi^P \tag{4.37}$$

mit G.4.29

$$D = (M_F + g\,Q_F + e\,N_F)\,d\varphi^P$$

die gesuchten Abstände e und g zu:

$$g = \frac{\partial f}{\partial Q_F}\cdot\frac{\partial M_F}{\partial f}\,;\quad e = \frac{\partial f}{\partial N_F}\cdot\frac{\partial M_F}{\partial f} \tag{4.38}$$

(Die vorliegende Herleitung unterscheidet sich von der Herleitung in der Originalarbeit; daselbst werden g und e aus dem HILLschen Gesetz vom Maximum des plastischen Widerstandes bestimmt.)

Um g und e zahlenmäßig angeben zu können, ist eine spezielle Fließbedingung zu formulieren, z.B.:

$$f = \frac{M_F}{M_{Pl}} + \eta_1\left(\frac{Q_F}{Q_{Pl}}\right)^2 + \eta_2\left(\frac{N_F}{N_{Pl}}\right)^2 - \eta_3 = 0 \tag{4.39}$$

G.4.38 ergibt hierfür

$$g = 2\frac{M_{Pl}}{Q_{Pl}^2}\eta_1 Q_F\,;\quad e = 2\frac{M_{Pl}}{N_{Pl}^2}\eta_2 N_F \tag{4.40}$$

und G.4.30:

$$M_R = 2\,M_{Pl}\eta_3 - M_F \tag{4.41}$$

Hieraus wird ersichtlich, daß die Hebelarme g und e sowie M_R von der Schnittgrößenkombination

$$M_F,\ Q_F,\ N_F$$

also von der Beanspruchung abhängig sind; mit der Einführung fiktiver Gelenke wäre nichts gewonnen. Offensichtlich bieten sie nur dann Vorteile, wenn die Fließfläche linearisiert, also durch eine Ebene dargestellt werden kann:

$$f = \frac{M_F}{M_{Pl}} + \eta_1\left(\frac{Q_F}{Q_{Pl}}\right) + \eta_2\left(\frac{N_F}{N_{Pl}}\right) - \eta_3 = 0 \tag{4.42}$$

Ein Blick auf B.4.18 läßt diesen Ansatz für I-Querschnitte berechtigt erscheinen. B.4.23a zeigt die Fließbedingung der DASt-Ri 008 zum Traglastverfahren und B.4.23b die von HENNING eingeführte Fließbedingung für I-Trägerquerschnitte. Die Fließbedingung ist jeweils im positiven Quadranten dargestellt; da Doppelt-Symmetrie unterstellt wird, haben die Fließflächen in allen Quadranten dieselbe Gestalt; die Beträge von η_1, η_2, η_3 sind

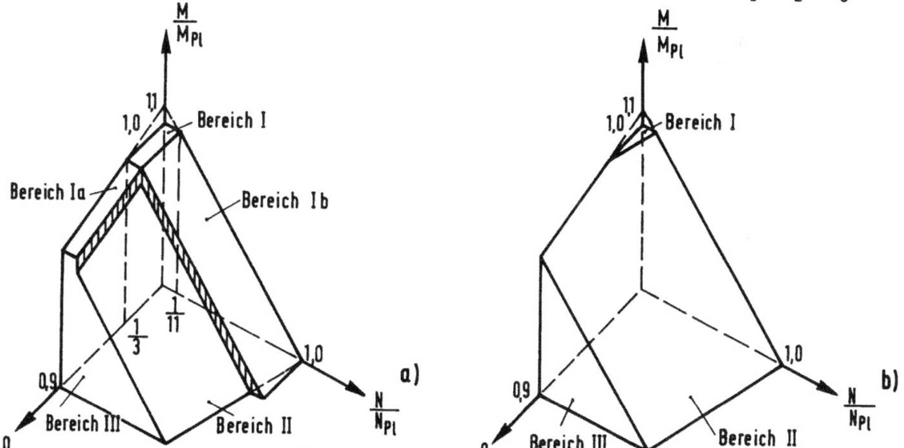

Fließbedingung nach DASt-Richtlinie 008

Fließbedingung für I-Träger n. HENNING

Bereich	Bedingung	$\lvert\eta_1\rvert$	$\lvert\eta_2\rvert$	$\lvert\eta_3\rvert$
I	$\frac{\lvert Q_F\rvert}{Q_{Pl}} \leq \frac{1}{3}$ und $\frac{\lvert N_F\rvert}{N_{Pl}} \leq \frac{1}{11}$	0	0	1
Ia	$\frac{1}{3} < \frac{\lvert Q_F\rvert}{Q_{Pl}} \leq 0{,}9$ und $\frac{\lvert N_F\rvert}{N_{Pl}} \leq \frac{1}{11}$	0,3	0	1,1
Ib	$\frac{\lvert Q_F\rvert}{Q_{Pl}} \leq \frac{1}{3}$ und $\frac{\lvert N_F\rvert}{N_{Pl}} > \frac{1}{11}$	0	1,1	1,1
II	$\frac{1}{3} < \frac{\lvert Q_F\rvert}{Q_{Pl}} \leq 0{,}9$ und $\frac{\lvert N_F\rvert}{N_{Pl}} > \frac{1}{11}$	0,3	1,1	1,1
III	$\frac{\lvert Q_F\rvert}{Q_{Pl}} > 0{,}9$	unzulässig		

Bereich	Bedingung	$\lvert\eta_1\rvert$	$\lvert\eta_2\rvert$	$\lvert\eta_3\rvert$
I	$\psi \geq 1$	0	0	1
II	$\psi < 1$ und $\frac{\lvert Q_F\rvert}{Q_{Pl}} < 0{,}9$	0,3	1,1	1,1
III	$\frac{\lvert Q_F\rvert}{Q_{Pl}} > 0{,}9$	unzulässig		

$$\psi = 1{,}1 - 0{,}3\frac{\lvert Q_F\rvert}{Q_{Pl}} - 1{,}1\frac{\lvert N_F\rvert}{N_{Pl}}$$

c)

Bild 4.23

daher gleich; die Vorzeichen können aus den Beziehungen

$$\begin{aligned} \text{sign}(\eta_1) &= \text{sign}(M_F)\cdot\text{sign}(Q_F) \\ \text{sign}(\eta_2) &= \text{sign}(M_F)\cdot\text{sign}(N_F) \\ \text{sign}(\eta_3) &= \text{sign}(M_F) \end{aligned} \tag{4.43}$$

bestimmt werden. Wird das Signum zu Null ermittelt, ist das positive Vorzeichen zu wählen. Für positive η_1- und η_2-Werte sind auch die Hebelarme positiv; g und e folgen gemäß G.4.38 aus G.4.42 zu:

$$g = \frac{M_{Pl}}{Q_{Pl}} \eta_1 \; ; \; e = \frac{M_{Pl}}{N_{Pl}} \eta_2 \tag{4.44}$$

Die Beträge von η_1, η_2 und η_3 können B.4.23c entnommen werden; hierbei gilt:

$$M_{Pl} = \sigma_F \cdot W_{Pl}, \quad Q_{Pl} = \frac{\sigma_F}{\sqrt{3}} F_{Steg}, \quad N_{Pl} = \sigma_F \cdot F \tag{4.45}$$

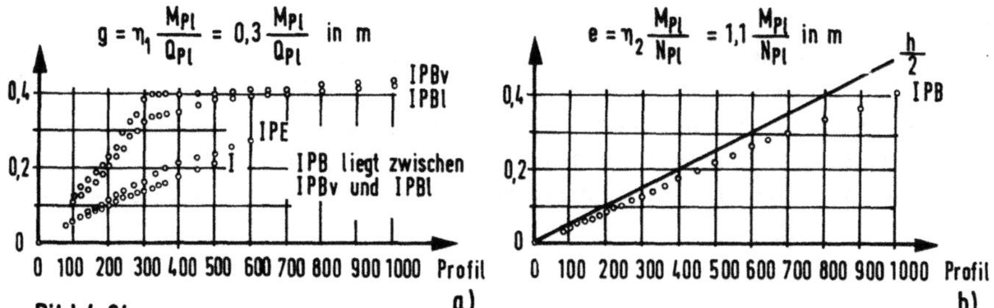

Bild 4.24

In B.4.24 sind g und e für Walzprofile dargestellt. Für den Zweipunktquerschnitt (Sandwich-Querschnitt) ergibt sich e=h/2.

Neben der in G.4.42 vereinbarten Fließfläche sind durchaus andere vorstellbar, z.B. solche mit optimierter Anpassung an die realen Fließflächen unterschiedlicher Walzprofiltypen; entscheidend ist, daß das fiktive Gelenk unabhängig von der Beanspruchung ist; das verdeutlicht G.4.44. Damit ist es möglich, ein schematisiertes Traglastverfahren zu entwickeln, das auch den Verformungseinfluß Th.II.Ordn. impliziert und für eine Programmierung gut geeignet ist, vgl. [4.41].

4.4 Traglastverfahren Th.II.Ordn.

4.4.1 Näherungsweise Erfassung des Verformungseinflusses

Die Grundlagen und Methoden des klassichen Traglastverfahrens Th.I.Ordn. werden im Schrifttum ausführlich behandelt [0.51-0.53], deren Kenntnis wird im folgenden vorausgesetzt. Die Erweiterung auf Th.II.Ordn. ist Gegenstand dieses Kapitels; der Grundgedanke einer näherungsweisen Erfassung des Verformungseinflusses wird zweckmäßig an einem Beispiel erläutert; hierzu wird das in B.4.25a dargestellte Beispiel in Form eines eingespannten Rechteckrahmens gewählt (Stahlgüte St 520):

Riegel: IPB 500; $M_{Pl} = 4805 \cdot 36 = 172980$ kNcm $= 1728{,}9$ kNm

Stiel: IPB 340; $M_{Pl} = 2398 \cdot 36 = 86328$ kNcm $= 863{,}3$ kNm

Verhältnis der plastischen Momente:

$$2{,}0038 \approx 2$$

Verhältnis der Steifigkeiten:

$$107\,200/36\,660 = 2{,}92$$

Die Belastung besteht aus einer mittigen Riegellast V und einer horizontalen (Wind-)Last H; Ansatz:

$$V = 3P; \; H = P$$

Die Belastung wird von Null proportional gesteigert. Zunächst verhält sich der Rahmen elastisch, das System ist dreifach statisch-unbestimmt. Die elastische Grenzlast wird erreicht, wenn erstmals in einer Randfaser die Fließgrenze erreicht wird; dieser Fall tritt unter der Last P=340,0 kN ein.

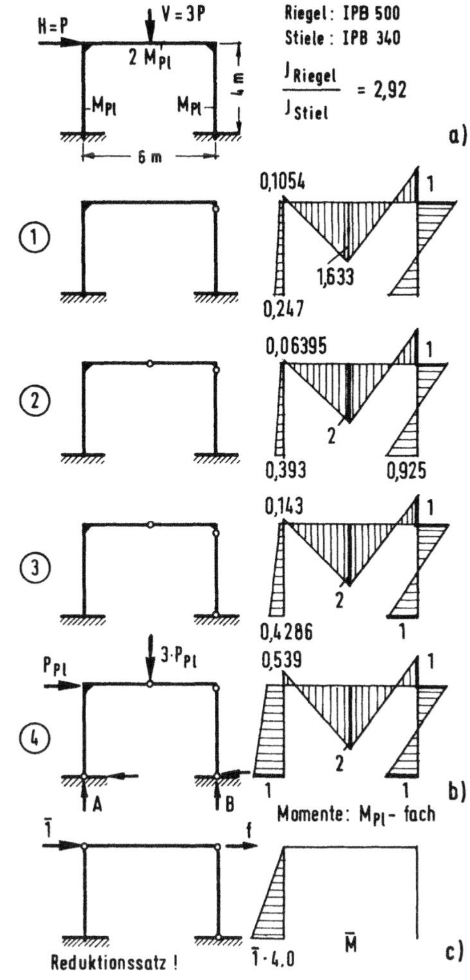

Bild 4.25

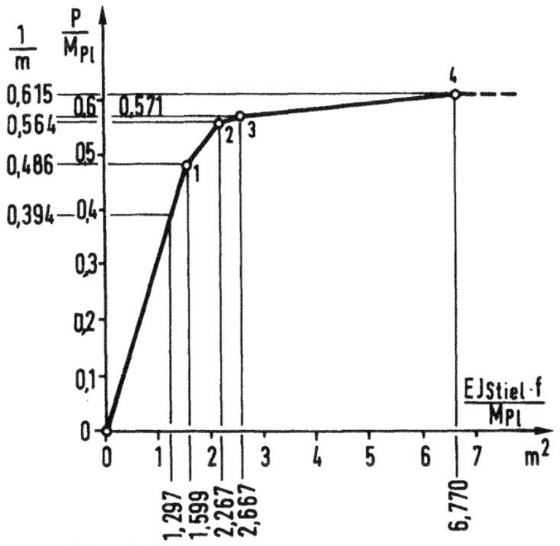

Bild 4.26

Im oberen rechten Rahmeneck stellt sich das erste Fließgelenk ein; die zugehörige Last ist P=419,6 kN. (Maßgebend ist in diesem Fall das kleinere plastische Moment im Stiel.) Die zu diesem Zustand gehörende Last wird am zweifach statisch unbestimmten System nach den Regeln der Baustatik (Kraftgrößenverfahren) berechnet, wobei das plastische Moment in der Rahmenecke als vorgegebene Kraftgröße eingeführt wird.

Für P=486,9 kN bildet sich in Riegelmitte das zweite Fließgelenk. Beim Durchlaufen der Laststufen zwischen P=419,6 kN und 486,9 kN ist das System einfach statisch unbestimmt. Für P=492,9 kN stellt sich das dritte Fließgelenk im rechten unteren Fußpunkt ein, das System geht in ein statisch bestimmtes über. Dieses versagt schließlich unter P=530,9 kN mit der Ausbildung eines vierten Fließgelenkes als kinematische Kette. Damit ist die plastische Traglast (nach Th.I.Ordn.) erreicht:

$$P_{Pl} = 530{,}9 \text{ kN}$$

B.4.25b zeigt die einzelnen Zustandsfolgen, einschließlich der zugeordneten Momentenflächen. Wird mit M_{Pl} das plastische Moment des Stieles abgekürzt (863,3 kNm), betragen, hierauf bezogen, die einzelnen Lasten:

$$1: \; P = 419{,}6 \text{ kN} = 0{,}486 \, M_{Pl}/m$$
$$2: \; P = 486{,}9 \text{ kN} = 0{,}564 \, M_{Pl}/m$$
$$3: \; P = 492{,}9 \text{ kN} = 0{,}571 \, M_{Pl}/m$$
$$4: \; P_{Pl} = 530{,}9 \text{ kN} = 0{,}615 \, M_{Pl}/m$$

Wie an anderer Stelle bereits erwähnt, wird beim Traglastverfahren unterstellt, daß die Stabbereiche außerhalb der Fließgelenke vollelastisch sind. Damit besteht eine einfache Möglichkeit, die Verformungen der einzelnen Lastzustände zu berechnen. Das wird zweckmäßig unter Verwendung des Reduktionssatzes bewerkstelligt (B.4.25c). In B.4.26 ist das Lastverformungsdiagramm für die seitliche Verschiebung des Rahmens in bezogener Form dargestellt. In Zahlen ausgedrückt, betragen die Verschiebungswerte:

$$1: \; f = 1{,}79 \text{ cm}$$
$$2: \; f = 2{,}54 \text{ cm}$$
$$3: \; f = 2{,}99 \text{ cm}$$
$$4: \; f = 7{,}59 \text{ cm}$$

Ergänzend sei erwähnt, daß die Traglast natürlich auch auf direktem Wege bestimmt werden kann: Entweder werden sämtliche für das Tragwerk unter der gegebenen Belastung mögliche

Bruchketten und die jeweils zugehörigen Traglasten ermittelt, die kleinste ist die maßgebende (Probierverfahren) oder es wird P_{Pl} durch Kombination der Grundketten bestimmt (Kombinationsverfahren).

Durch die seitliche Verschiebung des Rahmens entstehen Abtriebskräfte; zum Versagenszustand (4) gehört die Abtriebskraft:

$$\Delta H = V_{Pl}\cdot\psi = 3\cdot 530{,}9\cdot\frac{0{,}0759}{4{,}00} = 30{,}2\ \text{kN}$$

Das sind ca. 6% von $H_{Pl}=P_{Pl}=530{,}9$ kN. Die zuvor berechnete Traglast ist zu hoch, da sie ohne den Verformungseinfluß Th.II.Ordn. bestimmt wurde. Eine Abschätzung dieses Einflusses gelingt dadurch, daß die äußere Horizontallast um die Abtriebskraft erhöht wird. Für den maßgebenden Bruchmodus wird die Arbeitsgleichung (Prinzip der virtuellen Kräfte) angeschrieben, vgl. B.4.27

$$(P+\Delta H)\cdot 4{,}0\delta + 3P\cdot 3{,}0\delta - M_{Pl}\cdot\delta - 2\cdot 2M_{Pl}\cdot\delta - 2M_{Pl}\cdot\delta - M_{Pl}\cdot\delta = 0$$

$$13\cdot P_{Pl} + \Delta H\cdot 4{,}0 = 8\cdot M_{Pl}$$

Mit δ ist die virtuelle Verrückung, hier Drehung, abgekürzt. Die Gleichung wird einmal für $\Delta H=0$ und einmal für $\Delta H=30{,}2$ kN ausgewertet:

$$\Delta H = 0:\quad P_{Pl} = \frac{8}{13}M_{Pl} = 530{,}9\,\text{kN}$$

$$\Delta H = 30{,}2\,\text{kN}:\quad P_{Pl} = \frac{8M_{Pl} - \Delta H\cdot 4{,}0}{13} = \underline{521{,}97\,\text{kN}}\ (98\%\ \text{von}\ 530{,}9\ \text{kN})$$

Der Verformungseinfluß ist bei dem vorliegenden (relativ steifen) Rahmen gering. - Die vorangegangenen Rechnungen nahmen auf die M/Q/N-Interaktion keine Rücksicht. Ausgehend von dem zuvor berechneten Traglastzustand werden nunmehr die Quer- und Normalkräfte und hierfür die reduzierten plastischen Momente bestimmt (B.4.27):

Schnitt A: 836,62 kNm, Schnitt B und D: 665,84 kNm, Schnitt M: 1568,06 kNm

Die Arbeitsgleichung wird erneut angeschrieben und der Verformungseinfluß über die Abtriebskraft berücksichtigt:

$$(P+\Delta H)\cdot 4{,}0\delta + 3P\cdot 3{,}0\delta - M_{Pl,A}\cdot\delta - 2M_{Pl,M}\cdot\delta - 2M_{Pl,D}\cdot\delta - M_{Pl,B}\cdot\delta = 0$$

$$(P+\Delta H)\cdot 4{,}0 + 9\cdot P = 836{,}62 + 2\cdot 1568{,}06 + 2\cdot 665{,}84 + 665{,}84 = 5935{,}28$$

$$\Delta H = 0:\quad P_{Pl} = \frac{5970{,}26}{13} = 459{,}25\ \text{kN}\quad \text{(Interaktionseinfluß)}$$

$$\Delta H = 30{,}2\ \text{kN}:\quad P_{Pl} = \frac{5849{,}46}{13} = \underline{449{,}96\ \text{kN}}\quad \text{(Interaktions- und Verformungseinfluß)}$$

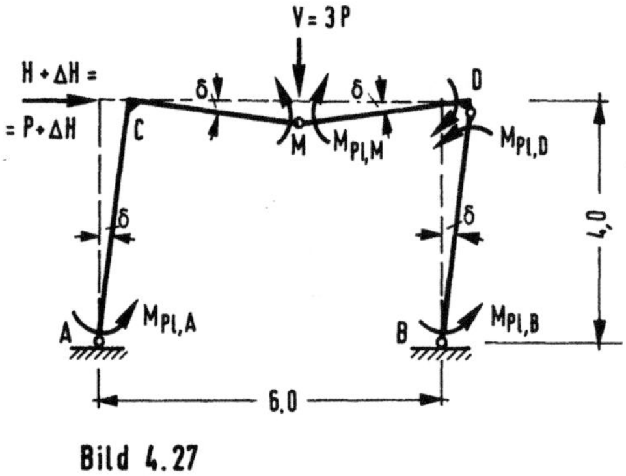

Bild 4.27

Die Abminderung der Traglast durch den Interaktionseinfluß ist offensichtlich beträchtlich. Die Interaktionsabminderung ist natürlich zu groß; geht man von dem neu ermittelten Tragzustand aus und berechnet hierfür ΔH und die Interaktion erneut, usf., folgt:

$$P_{Pl} = 471{,}61\ \text{kN}\ \text{(2. Iterationsstufe)}$$
$$P_{Pl} = 466{,}08\,\text{kN}\ \text{(3. Iterationsstufe)}$$

Die Konvergenz ist in jedem Falle sichergestellt; allerdings ist zu beachten, daß bei schlanken Rahmen nach Th.II.Ordn. ein anderer Bruchmodus maßgebend werden kann als nach Th.I.Ordn.; vgl. Abschnitt 4.4.4 und [4.39/40]. - Abschließend wird die Rotation im Riegelfließgelenk berechnet; die gegenseitige Drehung der Stabsehnen beträgt:

$$2\psi = 2\,\frac{0{,}0750}{4{,}0} = 3{,}795 \cdot 10^{-2}$$

Hierin ist der Verschiebungswert der 1. Iterationsstufe verarbeitet (s.o.).

4.4.2 Grundformeln des Verformungsgrößenverfahrens Theorie II. Ordnung

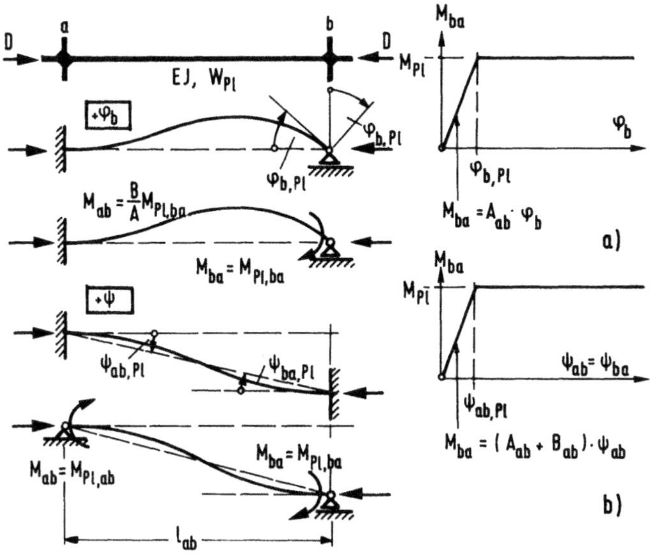

Bild 4.28

Es wird ein Druckstab der Länge l_{ab} mit dem plastischen Tragmoment

$$M_{Pl} = \sigma_F\, W_{Pl}$$

aus dem Tragwerk herausgetrennt; B.4.28. Der Stab sei unverschieblich und linksseitig starr eingespannt. Rechtsseitig wird der Drehwinkel φ_b eingeprägt; das zugehörige Stabendmoment beträgt:

$$M_{ba} = A_{ba}\varphi_b = A_{ab}\varphi_b$$

(Bezüglich der Grundlagen des Verformungsgrößenverfahrens wird auf Abschnitt 3.4.8 verwiesen.) Bis zum Erreichen des plastischen Momentes verhält sich der Stab gemäß der Fließgelenkhypothese elastisch, mit Erreichen des Tragmomentes geht die eindeutige Zuordnung von Stabendmoment und Stabendwinkel verloren; vgl. B.4.28a. - Für eine beidseitige Einspannung und Stabsehnendrehung $\psi_{ab} = \psi_{ba}$ gilt dieselbe Überlegung; mit Erreichen des plastischen Momentes entstehen gleichzeitig Fließgelenke an den Stabenden a und b (B.4.28b). Die zu den beiden Fällen gehörenden Drehwinkel werden mit

$$\varphi_{b,Pl} \longrightarrow A\varphi_{b,Pl} = M_{Pl} \quad \text{bzw.} \quad \psi_{ab,Pl} = \psi_{ba,Pl} \longrightarrow (A+B)\psi_{ab,Pl} = (A+B)\psi_{ba,Pl} = M_{Pl} \tag{4.46}$$

abgekürzt.

Bei allgemeiner Beanspruchung entsteht am Stabende b ein Fließgelenk, wenn M_{ba} hier das plastische Moment erreicht und $M_{ab} < M_{ba}$ ist:

$$M_{ba} = A\varphi_{b,Pl} + B\varphi_a - (A+B)\psi_{ab} + \bar{M}_{ba} = M_{Pl,ba} \tag{4.47}$$

Durch die Indizierung von φ_b soll zum Ausdruck gebracht werden, daß sich das Fließgelenk am Stabende b einstellt; aus G.4.47 folgt:

$$\varphi_{b,Pl} = -\frac{B}{A}\varphi_a + \frac{(A+B)}{A}\psi_{ab} - \frac{\bar{M}_{ba}}{A} + \frac{M_{Pl,ba}}{A} \tag{4.48}$$

Wird diese Beziehung in die Grundformel

$$M_{ab} = A\varphi_a + B\varphi_b - (A+B)\psi_{ab} + \bar{M}_{ab} \tag{4.49}$$

eingesetzt, erhält man nach kurzer Zwischenrechnung:

$$M_{ab} = C(\varphi_a - \psi_{ab}) + \bar{M}^{a}_{ab} + \frac{B}{A} M_{Pl,ba} \quad ; \quad M_{ba} = M_{Pl,ba} \tag{4.50}$$

Die Stabend-Transversalkräfte dieses Zustandes folgen aus einer einfachen Gleichgewichtsbetrachtung (gemäß Abschnitt 3.4.8.1) zu:

$$T_{ab} = -D\psi_{ab} - \frac{C}{l}(\varphi_a - \psi_{ab}) + \bar{T}_{ab}^{a} - \frac{A+B}{A}\cdot\frac{M_{Pl,ba}}{l}$$
$$T_{ba} = -D\psi_{ab} - \frac{C}{l}(\varphi_a - \psi_{ab}) + \bar{T}_{ba}^{a} - \frac{A+B}{A}\cdot\frac{M_{Pl,ba}}{l} \qquad (4.51)$$

Die Stabzahl C ist in G.3.249 definiert und ist (wie A und B) eine Funktion der Stabkennzahl ε (Anhang IV.1):

$$\varepsilon = l\sqrt{\frac{D}{EJ}} \qquad (4.52)$$

Mit den Gleichungen G.4.50/51 sind die Grundformeln eines einseitig mit einem Fließgelenk behafteten Druckstabes abgeleitet; $\varphi_{b,Pl}$ ist als Bezugsunbekannte eliminiert. Die quergestrichenen Größen sind das Einspannungsmoment bzw. die zugeordneten Stabendtransversalkräfte eines in a starr eingespannten und in b gelenkig angeschlossenen, unverschieblichen Stabes (Abschnitt 3.4.8.2).

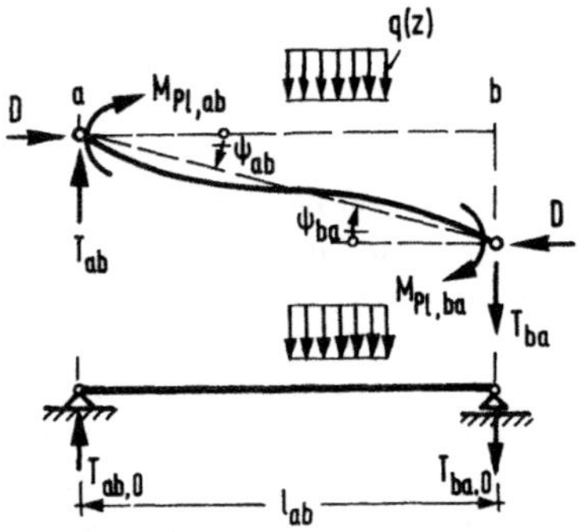

Bild 4.29

Für einen beidseitig mit Fließgelenken behafteten Druckstab gilt (B.4.29):

$$M_{ab} = M_{Pl,ab}\ ;\ M_{ba} = M_{Pl,ba} \qquad (4.53)$$

$$\left.\begin{aligned} T_{ab} &= -D\psi_{ab} + T_{ab,0} - \frac{M_{Pl,ab} + M_{Pl,ba}}{l} \\ T_{ba} &= -D\psi_{ba} + T_{ba,0} - \frac{M_{Pl,ab} + M_{Pl,ba}}{l} \end{aligned}\right\} \qquad (4.54)$$

$T_{ab,0}$ und $T_{ba,0}$ sind die Stabend-Transversalkräfte eines einfachen Balkens (also die Auflagerquerkräfte) unter der gegebenen Belastung q(z). G.4.54 ergibt sich aus einfachen Gleichgewichtsgleichungen oder aus G.4.51, wenn in G.4.50 G.4.53a eingesetzt und $(\varphi_a - \psi_{ab})$ eliminiert wird.

Mit den vorstehenden Gleichungen sind die für eine Traglastberechnung Th.II.Ordn. erforderlichen Grundformeln vollständig hergeleitet; sie gelten für das lokale Koordinatensystem; eine Erweiterung auf globale Koordinaten zwecks Angabe der Steifigkeitsmatrix ist unschwer möglich, womit die Grundlagen für die Erstellung eines Computerprogrammes in Anlehnung an Abschnitt 3.4.8.9 aufbereitet sind. Wegen Programmierungshilfen wird auf [4.36, 4.41 und 4.3-4.14] verwiesen. - Eine mögliche Verfahrensvariante wird im folgenden Abschnitt an einem Beispiel erläutert.

4.4.3 Beispiel

Es wird der im Abschnitt 4.4.1 berechnete Rahmen untersucht (B.4.30a); der Interaktionseinfluß bleibt unberücksichtigt. Wie gezeigt, ist der in B.4.30b dargestellte Bruchmodus in Th.I.Ordn. maßgebend; von diesem Versagensmechanismus wird ausgegangen. Die labile Gelenkfigur ist von zweifacher (kinematischer) Verschieblichkeit. Aus B.4.30c kann abgelesen werden:

$$\psi_{01} = \psi_{43}\ ;\quad \psi_{12} = -\psi_{23}$$

(Gelenkfigur und Bruchkette sind ihrem Wesen nach unterschiedliche Figuren und sind nicht miteinander zu verwechseln!)
Die plastischen Stabendmomente lauten (unter Berücksichtigung der beim Verformungsgrößenverfahren gültigen Vorzeichen):

$$M_{Pl,21} = -1729\ \text{kNm};\quad M_{Pl,23} = +1729\ \text{kNm}$$
$$M_{Pl,32} = +863{,}3\ \text{kNm};\quad M_{Pl,34} = -863{,}3\ \text{kNm}$$
$$M_{Pl,43} = -863{,}3\ \text{kNm}$$

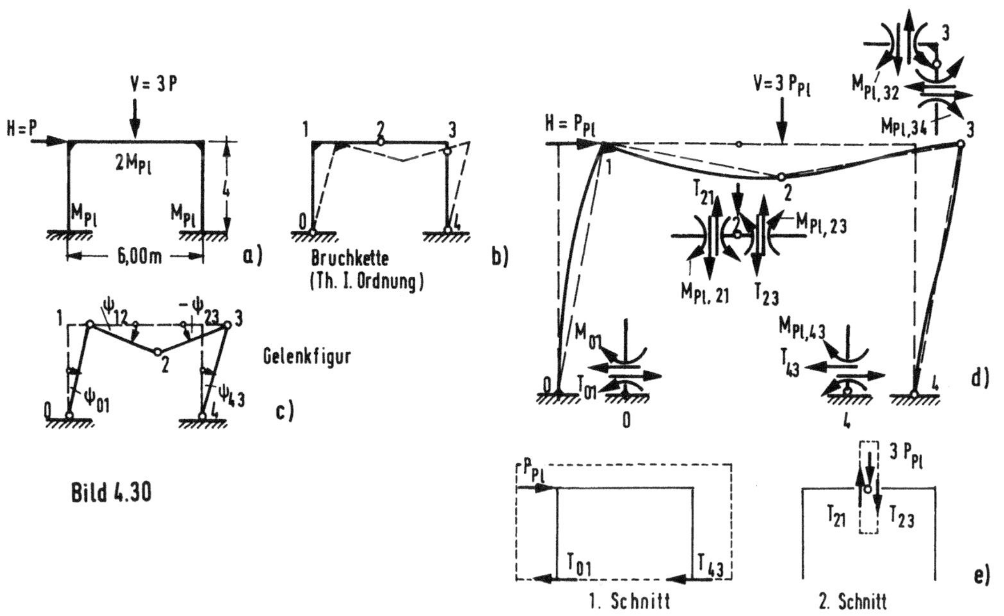

Bild 4.30

Diese Momente werden als äußere (vorgebene) Lastmomente begriffen! Sie sind daher mit jenem Richtungssinn (also Vorzeichen) einzuführen, wie es der Art ihrer Reaktion auf den sich einstellenden Bruchmodus entspricht, d.h., sie sind an den Stabsehnenwinkeln der Bruchkette zu orientieren. Die in B.4.30d eingetragenen Momenten-Richtungspfeile sind die positiven Richtungsdefinitionen. Bei positivem ψ sind die plastischen Momente negativ, vice versa, einzuführen.
Wie B.4.30d zeigt, ist nicht der vollständige Bruchmodus dargestellt, vielmehr jener Zustand, bei dem sich das letzte Fließgelenk im Fußpunkt 0 noch nicht ausgebildet hat, bzw. sich gerade ausbildet (vgl. B.4.25, Zustand 3/4). Im Augenblick der Gelenkentstehung gilt:

$$1)\quad M_{01} = -M_{Pl} = -863{,}3\ \text{kNm}$$

Im noch elastisch verbliebenen Knoten 1 lautet die Knotengleichung:

$$2)\quad M_{10} + M_{12} = 0$$

Der zweifachen Verschieblichkeit werden zwei Komponenten-Gleichgewichtsgleichungen gegenübergestellt (B.4.30e):

$$3)\quad T_{01} + T_{43} - P_{Pl} = 0$$
$$4)\quad T_{21} - T_{23} - 3P_{Pl} = 0$$

Wie aus der Abbildung ersichtlich, werden zwei (linear unabhängige) Rundschnitte gelegt, entsprechend der Anzahl der linear unabhängigen Verschiebungsformationen.
In die vier Bestimmungsgleichungen werden die im Abschnitt 4.4.2 abgeleiteten Grundformeln eingesetzt. Damit stehen vier Gleichungen für vier Unbekannte

$$\varphi_1,\ \psi_{01},\ \psi_{12},\ P_{Pl}$$

zur Verfügung. Bezugsunbekannte sind stets die Drehwinkel der elastisch verbleibenden Knoten und die Stabsehnendrehwinkel der sich hieran anschließenden Stabteile (alle anderen Winkel sind über die Grundformeln eliminiert) sowie die Traglast. Bezüglich der Stäbe 01 und 12 gelten die G.4.50/51 und bezüglich der Stäbe 23 und 34 die Gleichungen 4.53/54. Nach Einsetzen dieser Grundformeln und ordnender Umstellung lauten die Bestimmungsgleichungen:

$$1)\quad B_{01}\varphi_1 - (A_{01}+B_{01})\psi_{01} = -M_{Pl}$$

$$2)\quad (A_{01}+C_{12})\varphi_1 - (A_{10}+B_{10})\psi_{01} - C_{12}\psi_{12} - 2\frac{B_{12}}{A_{12}}\cdot M_{Pl} = 0$$

$$3)\quad -(D_{01}+D_{43})\psi_{01} - \frac{(A_{01}+B_{01})}{l_{01}}\varphi_1 + \frac{2(A_{01}+B_{01})}{l_{01}}\psi_{01} + \frac{2\cdot M_{Pl}}{l_{34}} - P_{Pl} = 0$$

$$4)\quad -(D_{21}+D_{23})\psi_{21} + \frac{C_{21}}{l_{21}}\psi_{21} - \frac{C_{21}}{l_{21}}\varphi_1 + \frac{(A_{21}+B_{21})}{A_{21}}\frac{2M_{Pl}}{l_{21}} + \frac{3M_{Pl}}{l_{23}} - 3P_{Pl} = 0$$

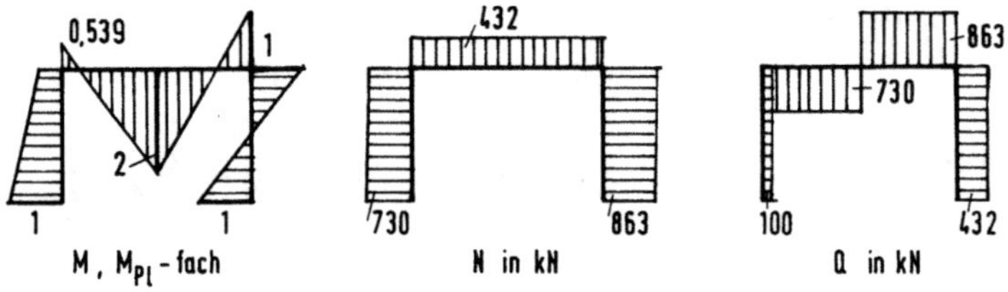

M_{Pl} = 863,3 kNm

Bild 4.31

Um die Vorzahlen A, B, C berechnen zu können, müssen die Stabkennzahlen G.4.52 und daher die Normalkräfte in den einzelnen Stäben bekannt sein. Hierzu bedarf es einer Schätzung. Auf der sicheren Seite liegend wird von den zum Traglastzustand Th.I.Ordn. gehörenden Schnittgrößen ausgegangen (Abschnitt 4.4.1, B.4.25, Zustand 4). In B.4.31 sind die Schnittgrößen angegeben.

Stäbe 12/23: Riegel: IPB 500: $J = 107\,200\,cm^4$; $l = 300\,cm$

Stäbe 01/34: Stiel: IPB 340: $J = 36\,660\,cm^4$; $l = 400\,cm$

Die Stabzahlen (Stabsteifigkeiten) ergeben sich zu:

Stab		ε	A'	B'	C'	EJ/l	A	B	C
Stiele	01	0,390	3,98	2,01	2,97	1,925	7,662	3,869	5,717
	34	0,424	3,97	2,01	2,95	1,925	7,642	3,869	5,679
Riegel	12,23	0,131	≈ 4	≈ 2	≈ 3	7,504	30,02	15,01	22,51
						$\cdot 10^6$	$\cdot 10^6$	$\cdot 10^6$	$\cdot 10^6$

kNcm

Nunmehr kann das Gleichungssystem numerisch berechnet werden:

	φ_1	ψ_{01}	ψ_{12}	P_{Pl}		
1	$+3{,}869\cdot10^6$	$-11{,}53\cdot10^6$	0	0	+ 86 330	0
2	$+30{,}172\cdot10^6$	$-11{,}53\cdot10^6$	$-22{,}51\cdot10^6$	0	- 86 330	0
3	$-11{,}53\cdot10^6$	$+22{,}42\cdot10^6$	0	- 400	+172 660	0
4	$-22{,}51\cdot10^6$	0	$+22{,}25\cdot10^6$	- 900	+517 980	0

Die Auflösung ergibt für die Traglast:

$$P_{Pl}^{II} = \underline{515{,}77\ kN}$$

Gegenüber

$$P_{Pl}^{I} = 530{,}9\ kN$$

beträgt die Reduktion lediglich ca. 3%. Für die unbekannten Drehwinkel findet man:

$$\varphi_1 = 33{,}50\cdot10^{-3};\ \psi_{01} = 18{,}73\cdot10^{-3};\ \psi_{12} = 31{,}47\cdot10^{-3}$$

Wie im Abschnitt 4.4.1 gezeigt, ist es im Zuge einer baupraktischen Berechnung notwendig, die M/N/Q-Interaktion einzurechnen; auch hierbei wäre von den Schnittgrößen Th.I.Ordn. gemäß B.4.31 auszugehen. Das Rechenschema bleibt unverändert, es sind lediglich die reduzierten M_{Pl}-Werte einzuführen.

Da i.allg. eine mehrmalige Interaktion notwendig ist, werden die Rechnungen ohne Verfügbarkeit eines Computers sehr aufwendig, denn die Iteration kann erst dann abgebrochen werden, wenn die der Berechnungsstufe zugrunde liegenden Stabkräfte (bezüglich der ε-Zahlen) und der Schnittgrößen (bezüglich der Interaktion) bei der anschließenden Berechnung bis auf einen vorgegebenen Schrankenwert bestätigt werden. Da zudem das Superpositionsgesetz nicht gültig ist, sind derartige Rechnungen für andere Lastfälle in vollem Umfang zu wiederholen. Die Programmierung wird zweckmäßig auf der Grundlage des Verfahrens der Steifigkeitsmatrizen durchgeführt, ggf. unter Verwendung HENNINGscher Gelenke (Abschnitt 4.3.4).

4.4.4 Traglasten verschieblicher Rahmen nach Theorie II. Ordnung

Das Lastverschiebungsverhalten verschieblicher Rahmenstrukturen zeigt bei einer Berechnung nach Th.I. und II. Ordnung wesentliche Unterschiede. Diese Erkenntnis beruht auf richtungsweisenden Arbeiten von OXFORT [4.35], VOGEL [4.37/38] u.a. Die Unterschiede werden zweckmäßig anhand der Last-Verschiebungskurven des Bildes B.4.32 erläutert; die Knickpunkte im Kurvenverlauf kennzeichnen neu hinzu tretende Fließgelenke.

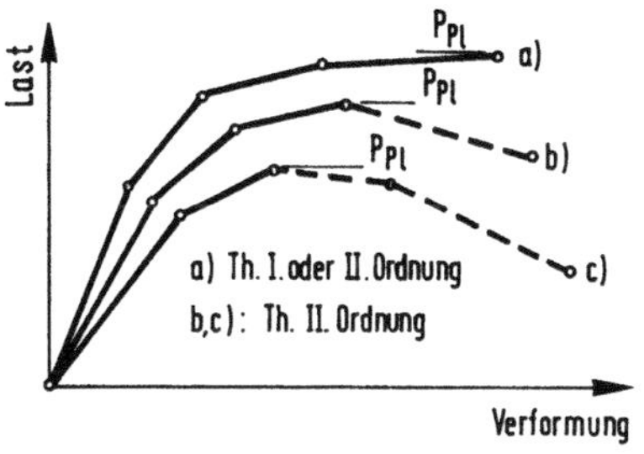

Bild 4.32

In Th.I.Ordn. treten bei proportionaler Laststeigerung stets Kurven vom Typ a auf; die Traglast P_{Pl} ist immer mit dem Erreichen eines kinematischen Bruchmodus verbunden; d.h. unter P_{Pl} wird das Tragwerk als Ganzes oder in Teilen zu einer kinematischen Kette. Bei Berücksichtigung des Verformungseinflusses Th.II.Ordn. ist dieser Fall zwar auch möglich (wie bei dem in den Abschnitten 4.4.1 und 4.4.3 berechneten Beispiel), doch ist dieses Kriterium nicht hinreichend. In Th.II.Ordn. ist die dem kinematischen Bruchmodus zugeordnete Last bei ausgeprägtem Verformungseinfluß i.allg. einem labilen Gleichgewichtszustand zugehörig; die Kurven b und c in B.4.32 zeigen Beispiele: Real wird die Traglast bei geringeren Verformungen erreicht. Die Lastverschiebungskurven zeigen ein typisches Divergenzverhalten. Die Traglast wird bereits bei der Bildung des vorletzten (Kurve b) oder vorvorletzten Gelenkes (Kurve c) erreicht (oder noch früher). Es liegt also Gleichgewichtsversagen vor, wie es vom Druckstab mit gleichzeitiger Biegung bekannt ist (Abschnitt 2.1.3). Mit der Bildung des kritischen Fließgelenkes vermag die Struktur keine ausreichende Tragfähigkeit mehr zu aktivieren, um dem Anstieg der äußeren Lasten das Gleichgewicht zu halten: Der Gradient der widerstehenden Reaktion ist geringer als der Gradient der einwirkenden Aktion; das ist Divergenz. Ein solches Verhalten ist plausibel und zu erwarten, die Berechnung der Traglast wird dadurch indes erheblich erschwert.

Die Abstellung auf die zum vollständigen Bruchmodus gehörende Last ist möglich und liegt stets auf der sicheren Seite, sie ist dennoch sinnlos, weil es sich bei dieser Last um einen Zufallswert handelt, der mit der realen Traglast nichts zu tun hat. Man sollte diese Last daher auch nicht verbal mit der Traglast in Verbindung bringen.
Leider läßt sich kein Kriterium angeben (bzw. ist es noch unbekannt), mit dessen Hilfe der maßgebende Bruchmodus, also Anzahl und Lage der Fließgelenke, bestimmt werden könnte. Es gibt nur zwei Möglichkeiten:

a) Bestimmung der Traglast durch sukzessive Steigerung der Lasten und Berechnung der vollständigen Last-Verschiebungs-Kurve bis zum Divergenzpunkt,
b) Berechnung der zur vollständigen kinematischen Kette gehörenden Last und sukzessive Schließung der Fließgelenke (einschließlich Ermittlung der jeweils zugehörigen Last), bis der Divergenzpunkt gefunden ist.

Bei der Traglastberechnung Th.II.Ordn. sind zwei Aufgaben zu erledigen:

a) Aufbereitung eines Algorithmus, um die Zwischenzustände (entweder im Vorwärtsschritt oder im Rückwärtsschritt) bei fortschreitender Bildung oder Schließung der Fließgelenke zu bestimmen, einschließlich Kennung der Divergenz, und das nach Th.II.Ordn. mit einer Unteriteration zwecks Anpassung der ε-Zahlen,

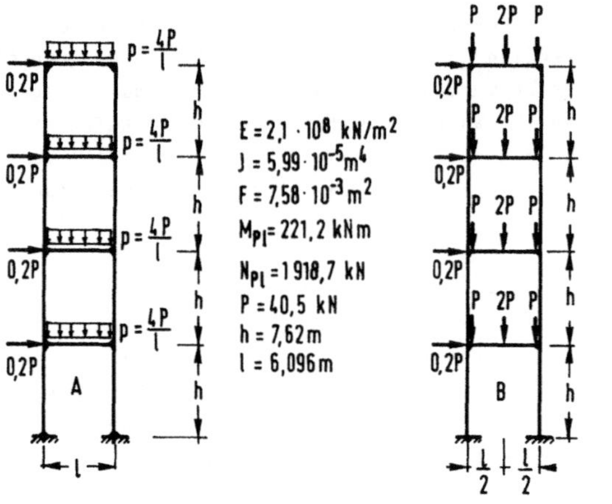

Viergeschossiger Rahmen mit Strecken- und Einzellasten (n. HENNING)

Bild 4.33

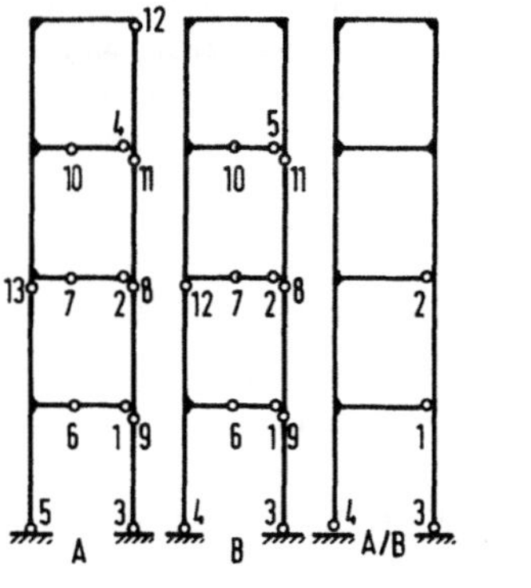

(I. Ordn.) (II. Ordnung)

Reihenfolge der Fließgelenke (n. HENNING)

Bild 4.34

b) Einbeziehung der M/Q/N-Interaktion.

Diese Aufgaben lassen sich (insbesondere bei vielstäbigen Rahmenstrukturen) nur mittels Computer lösen. Dabei ist es ggf. erforderlich, Nachgiebigkeiten in den Stabknoten, bedingt durch die im Bereich der plastizierten Querschnitte liegenden Verbindungsmittel, in angemessener Weise zu erfassen.

Als Beispiel sei der von HENNING [4.41] berechnete, viergeschossige Rahmen vorgestellt (B.4.33), einmal für Riegellasten (A) und einmal für Riegeleinzellasten (B) mit gleich großer Resultierender. Pro Geschoß beträgt die Horizontallast 5% von der Vertikallast. B.4.34 zeigt die Lage der Fließgelenke im Traglastzustand und ihre Bildungsfolge (eingeschriebene Nummern) für eine Berechnung nach Th.I. und II.Ordn.

In B.4.35 sind die Lastverschiebungskurven dargestellt. Der dominierende Verformungseinfluß wird hieraus deutlich.

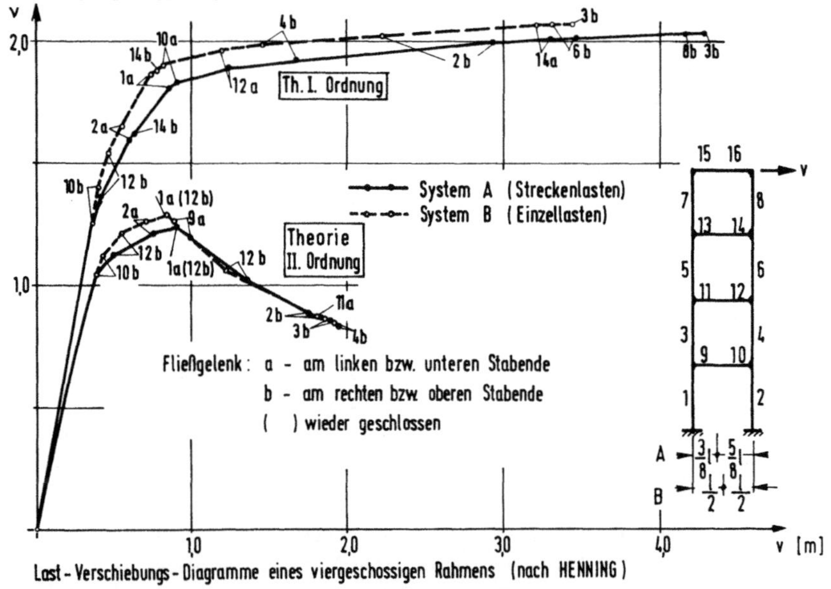

Last-Verschiebungs-Diagramme eines viergeschossigen Rahmens (nach HENNING)

Bild 4.35

Wegen weiterer Unterlagen wird auf das bereits zitierte Schrifttum und auf [4.42/43] verwiesen; vgl. auch die EKS-Empfehlungen [4.44]. Die besonderen Tragfähigkeitsprobleme von Stahlstützen in Geschoßbauten werden in [4.45-4.47] behandelt.

4.5 Baupraktische Nachweisformen für stählerne Druckstäbe mit planmäßiger Biegung

4.5.1 Interaktionsformeln auf elasto-statischer Grundlage

4.5.1.1 Unverschiebliche Druckstäbe mit Randmomenten

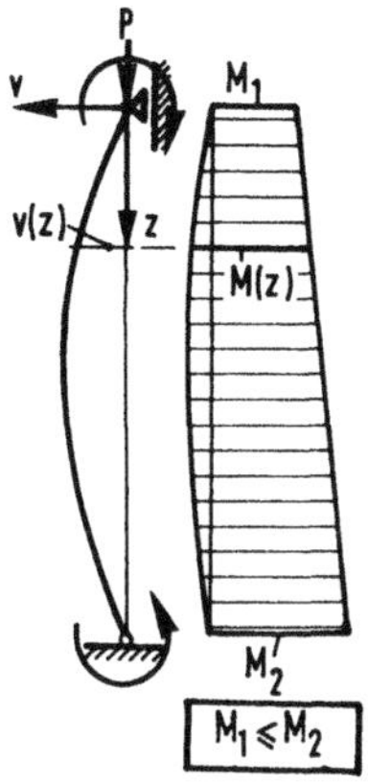

Bild 4.36

B.4.36 zeigt einen Druckstab mit den Randmomenten M_1 und M_2. Es wird im folgenden

$$(M_1 \leq M_2) \tag{4.55}$$

unterstellt. Gesucht ist eine geschlossene Lösung für das maximale Feldmoment maxM.
Biegungsmoment, Differentialgleichung und Lösung lauten:

$$M(z) = Pv + M_1 + (M_2 - M_1)\frac{z}{l} \tag{4.56}$$

$$EJv'' + Pv + M_1 + (M_2 - M_1)\frac{z}{l} \tag{4.57}$$

$$v = \frac{M_2}{P}[(1 - \frac{M_1}{M_2}\cos\varepsilon)\frac{\sin\varepsilon\frac{z}{l}}{\sin\varepsilon} + \frac{M_1}{M_2}(\cos\varepsilon\frac{z}{l} - 1) - (1 - \frac{M_1}{M_2})\frac{z}{l}] \tag{4.58}$$

Stabkennzahl:

$$\varepsilon = l\sqrt{\frac{P}{EJ}} = \pi\sqrt{\frac{P}{P_{Ki}}} \tag{4.59}$$

(Die elasto-statische Biegetheorie II. Ordnung wurde im Abschnitt 3 behandelt, vgl. insbesondere Abschnitt 3.3.1 und 3.4.4).

Das Biegungsmoment folgt aus

$$M = -EJv''(z) \tag{4.60}$$

zu:

$$M = M_2[(1 - \frac{M_1}{M_2}\cos\varepsilon)\frac{\sin\varepsilon\frac{z}{l}}{\sin\varepsilon} + \frac{M_1}{M_2}\cos\varepsilon\frac{z}{l}] \tag{4.61}$$

Um den Ort des maximalen Momentes zu bestimmen, wird

$$\frac{dM}{dz} = 0 \longrightarrow z_0 \tag{4.62}$$

gebildet. Man findet

$$\sin\varepsilon\frac{z_0}{l}\sqrt{1 - 2\frac{M_1}{M_2}\cos\varepsilon + (\frac{M_1}{M_2})^2} = 1 - \frac{M_1}{M_2}\cos\varepsilon \tag{4.63}$$

bzw.:

$$\cos\varepsilon\frac{z_0}{l}\sqrt{1 - 2\frac{M_1}{M_2}\cos\varepsilon + (\frac{M_1}{M_2})^2} = \frac{M_1}{M_2}\sin\varepsilon \tag{4.64}$$

Werden diese Ausdrücke in G.4.61 eingesetzt, ergibt sich:

$$\max M = \frac{M_2}{\sin\varepsilon}\cdot\sqrt{1 - 2\frac{M_1}{M_2}\cos\varepsilon + (\frac{M_1}{M_2})^2} \tag{4.65}$$

Wird ideal-elastisches / ideal-plastisches Werkstoffverhalten vorausgesetzt, ist die elastische Tragfähigkeit mit dem Erreichen der Fließgrenze erschöpft. Die Bedingung für Randfließen lautet:

$$\frac{P}{F} \pm \frac{\max M}{J}c = \sigma_F \tag{4.66}$$

c ist der Randabstand zur Fließfaser. In diese Bedingung wird G.4.65 eingesetzt:

$$\frac{P}{F} \pm \frac{M_2}{\sin\varepsilon}\sqrt{1 - 2\frac{M_1}{M_2}\cos\varepsilon + \left(\frac{M_1}{M_2}\right)^2}\cdot\frac{c}{J} = \sigma_F \qquad (4.67)$$

Für ein vorgegebenes Randmomentenverhältnis kann hieraus die interaktive elasto-statische Grenztragfähigkeit $(P/M_2)_{El}$ berechnet werden.

Im Sonderfall $M_1 = M_2 = M$ lautet die Wurzel in G.4.63/64:

$$\sqrt{1 - 2\cos\varepsilon + 1} = \sqrt{2(1-\cos\varepsilon)} = \sqrt{2\cdot 2\sin^2\frac{\varepsilon}{2}} = 2\sin\frac{\varepsilon}{2} \qquad (4.68)$$

Die Interaktionsgleichung G.4.67 folgt damit zu:

$$\frac{P}{F} \pm \frac{M}{\cos\frac{\varepsilon}{2}}\cdot\frac{c}{J} = \sigma_F \qquad (4.69)$$

Wie im Abschnitt 2.6.2 gezeigt, gilt die Näherung:

$$\frac{1}{\cos\frac{\varepsilon}{2}} = \frac{1}{1-\frac{P}{P_{Ki}}} \qquad (4.70)$$

Hiermit findet man wieder die im Abschnitt 2.6.2 bereits hergeleitete Formel:

$$\frac{P}{F} \pm \frac{1}{1-\frac{P}{P_{Ki}}}\cdot\frac{M}{J}c = \sigma_F \qquad (4.71)$$

Im Falle eines doppelt-symmetrischen Querschnittes kann die Interaktionsformel mit den Abkürzungen

$$P_F = \sigma_F F \qquad M_F = \sigma_F W \qquad (4.72)$$

wie folgt umgeformt werden:

$$\frac{P}{P_F} + \frac{1}{1-\frac{P}{P_{Ki}}}\cdot\frac{M}{M_F} = 1 \qquad (4.73)$$

Im Grenzfall $\lambda = 0$ gilt:

$$\lambda = 0: \quad \frac{P}{P_F} + \frac{M}{M_F} = 1 \qquad (4.74)$$

Für $\lambda > 0$ läßt sich G.4.71 nach Einführung der bezogenen Schlankheit

$$\bar{\lambda} = \frac{\lambda}{\lambda_F} \quad \text{mit} \quad \lambda_F = \pi\sqrt{\frac{E}{\sigma_F}} \qquad (4.75)$$

auf die Form

$$\frac{P}{P_F} + \frac{1}{1-\frac{P}{P_F}\bar{\lambda}^2}\cdot\frac{M}{M_F} = 1 \qquad (4.76)$$

oder

$$\frac{M}{M_F} = \left(1-\frac{P}{P_F}\right)\left(1-\bar{\lambda}^2\frac{P}{P_F}\right) = \left(1-\frac{P}{P_F}\right)\left(1-\frac{P}{P_{Ki}}\right) \qquad (4.77)$$

umstellen. Diese Formen sind für baupraktische Bemessungszwecke nicht brauchbar, weil sie im Falle M=0

$$P = P_F \quad (\text{oder } P = P_{Ki}) \qquad (4.78)$$

liefern. Um G.4.76 dennoch verwerten zu können, wird im ersten Term P_F durch P_U, also die plasto-statische Grenzlast des planmäßig gedrückten, aber imperfekten Stabes ersetzt:

$$\frac{P}{P_U(\bar{\lambda})} + \frac{1}{1-\frac{P}{P_F}\bar{\lambda}^2}\cdot\frac{M}{M_F} = 1 \qquad (4.79)$$

Bei dieser Vereinbarung handelt es sich um einen, mit der strengen Theorie nicht verträglichen Eingriff; die Formel unterschätzt das Tragvermögen, da im Falle P=0 die Tragfähigkeit mit

$$M = M_F < M_{Pl}$$

noch nicht erreicht ist.

Im allgemeineren Falle $M_1 \neq M_2$ kann eine baupraktische Interaktionsformel auf zweierlei Weise entwickelt werden:

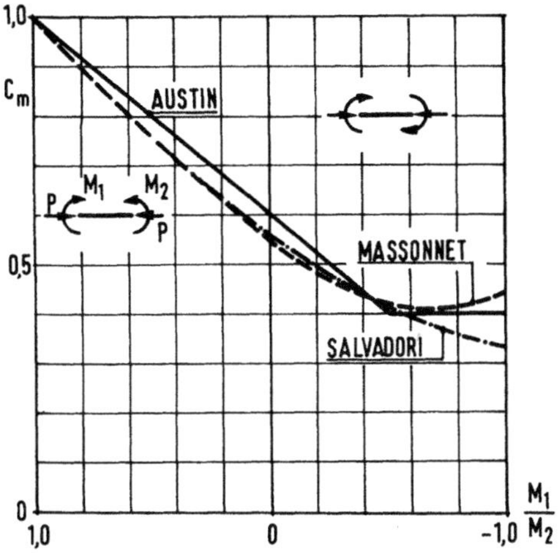

Bild 4.37

a) Es wird von G.4.67 ausgegangen. Die Gleichung wird durch σ_F dividiert und wie zuvor P_F durch P_U ersetzt. Die so entstehende Interaktionsformel gilt auch für einfach-symmetrische Querschnitte und liegt wieder auf der sicheren Seite.

b) Es wird von G.4.71 ausgegangen; die Formel gilt für $M_1=M_2=M$, also für den ungünstigsten Fall. Für $M_1<M_2$ wird

$$\frac{P}{P_U(\bar{\lambda})} + \frac{C_m}{1-\frac{P}{P_F}\bar{\lambda}^2}\cdot\frac{M}{M_F} = 1 \tag{4.81}$$

vereinbart; C_m ist ein Reduktionsfaktor, der durch Vergleich und Anpassung an strenge Lösungen gewonnen werden kann. M ist mit dem größeren Randmoment, also M_2 identisch.

Für C_m existieren folgende Vorschläge:

SALVADORI:
$$C_m = \frac{1}{1{,}75 - 1{,}05\,M_1/M_2 + 0{,}3(M_1/M_2)^2} \geq 0{,}4 \tag{4.82}$$

MASSONNET (1956)
$$C_m = \sqrt{0{,}3 + 0{,}4\,M_1/M_2 + 0{,}3(M_1/M_2)^2} \geq 0{,}4 \tag{4.83}$$

AUSTIN(1961), AISC(1969):
$$C_m = 0{,}6 + 0{,}4\,M_1/M_2 \geq 0{,}4 \tag{4.84}$$

M_1/M_2 ist positiv, wenn die Randmomente eine einsinnige Krümmung bewirken. In B.4.37 sind die Vorschläge gegenübergestellt. - G.4.81 gilt nach geringer Modifizierung auch für einfach-symmetrische Querschnitte.

Wie erwähnt, hält die Interaktionsformel G.4.79 einer strengen Herleitung nicht Stand, da im zweiten Term die elasto-statische Lösung weiter gültig bleibt. Die Formel hat indes den Vorteil, dem Grenzfall M=0 streng und dem Grenzfall P=0 auf der sicheren Seite liegend zu genügen.

4.5.1.2 Druckstäbe in verschieblichen Systemen - Querbelastung

Es wird unterstellt, daß das maximale Moment nach Th.II.Ordn. mit dem maximalen Moment nach Th.I.Ordn. und die zugeordneten Durchbiegungen (zumindest näherungsweise) zusammenfallen, wobei für letztere wieder

$$v^{II} = v^{I}\frac{1}{1-\frac{P}{P_{Ki}}} \tag{4.85}$$

gelten soll. Das Moment nach Th.II.Ordn. wird damit zu

$$M^{II} = M^{I} + P\cdot v^{II} = M^{I} + \frac{P\cdot v^{I}}{1-\frac{P}{P_{Ki}}} = \frac{1+\left(\frac{P_{Ki}\cdot v^{I}}{M^{I}}-1\right)\frac{P}{P_{Ki}}}{1-\frac{P}{P_{Ki}}}M^{I} \tag{4.86}$$

angesetzt. Um wieder auf die Form der G.4.81 zu kommen, wird der Zähler mit C_m abgekürzt:

$$M^{II} = \frac{C_m}{1-\frac{P}{P_{Ki}}} M^I \tag{4.87}$$

$$C_m = 1 + \left(\frac{P_{Ki} v^I}{M^I} - 1\right)\frac{P}{P_{Ki}} = 1 + \delta \frac{P}{P_{Ki}}; \quad \delta = \frac{P_{Ki} v^I}{M^I} - 1 \tag{4.88}$$

Der δ-Wert ist ein Korrekturwert, der bereits im Abschnitt 3.1.6 hergeleitet wurde. Die Interaktion ist damit auf G.4.81 zurückgeführt. - P_{Ki} ist die Knicklast des betreffenden Stabes im verschieblichen System und somit der Knicklänge $s_K = \beta l$ zugeordnet.

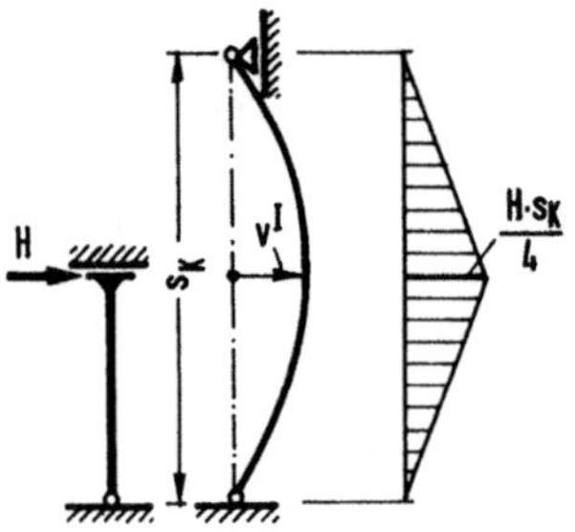

Bild 4.38

Am Beispiel des in B.4.38 skizzierten, einseitig gelenkig gelagerten und einseitig mit einem Transversal-Gelenk ausgestatteten Druckstabes (s_K=2l) wird die Berechnung von δ gezeigt. Für das max. Biegungsmoment, die Durchbiegung und die Knicklast gilt:

$$M^I = \frac{H \cdot s_K}{4}; \quad v^I = \frac{H \cdot s_K^3}{48 \cdot EJ}; \quad P_{Ki} = \frac{\pi^2 EJ}{s_K^2} \tag{4.89}$$

Die Auswertung von G.4.88 ergibt: (4.90)

$$\delta = \frac{\pi^2 EJ}{s_K^2} \cdot \frac{H \cdot s_K^3}{48 \cdot EJ} \cdot \frac{4}{H \cdot s_K} - 1 = 0{,}822 - 1 = -0{,}178; \quad C_m = 1 - 0{,}178 \frac{P}{P_{Ki}}$$

Bei elastischer Einspannung ist β > 2, somit fällt bei analoger Erweiterung die maximale Beanspruchung aus dem realen Stielbereich heraus (B.4.39b).
Die Abschätzung gemäß G.4.87/88 liegt demnach immer auf der sicheren Seite. (Vgl. hierzu auch die Anmerkungen im Abschnitt 3.1.6.)
Für dasselbe System wie zuvor wird jetzt eine Gleichstreckenlast angesetzt. Für den äquivalenten Ersatzstab gilt:

$$M^I = \frac{p \cdot s_K^2}{8}; \quad v^I = \frac{5}{384} \cdot \frac{p\, s_K^4}{EJ}; \quad P_{Ki} = \frac{\pi^2 EJ}{s_K^2} \tag{4.91}$$

Hiermit wird wieder G.4.88 ausgewertet:

$$\delta = \frac{\pi^2 EJ}{s_K^2} \cdot \frac{5 \cdot p \cdot s_K^4}{384 \cdot EJ} \cdot \frac{8}{p \cdot s_K^2} - 1 = 1{,}028 - 1 = 0{,}028; \quad C_m = 1 + 0{,}028 \frac{P}{P_{Ki}} \tag{4.92}$$

Für andere Lastarten lassen sich auf demselben Wege δ-Faktoren ableiten; B.4.39c enthält eine Auswahl. Offensichtlich haben die Werte einen gewissen Zufallscharakter. - Bei verschieblichen Systemen ergeben sich, wie erwähnt, stets negative Werte, deren Größe am Beispiel des in B.4.39b skizzierten Zweigelenkrahmens abgeschätzt werden soll. Unter der Einwirkung einer Horizontalkraft H stellen sich nachstehende Werte für Eckmoment und Riegelverschiebung ein:

$$M^I = \frac{H}{2} l; \quad v^I = \frac{H l^3}{6EJ} \cdot (1+c) \quad \text{mit} \quad c = 2 \cdot \frac{l_R \cdot J}{l \cdot J_R} \tag{4.93}$$

Knicklast:

$$P_{Ki} = \frac{\pi^2 EJ}{\beta^2 l^2} \quad \text{mit} \quad \beta = \sqrt{4 + 1{,}4c} \tag{4.94}$$

Die Auswertung von G.4.88 ergibt nach kurzer Rechnung:

$$\delta = \frac{\pi^2}{12} \cdot \frac{(1+0{,}25c)}{(1+0{,}35c)} - 1 \tag{4.95}$$

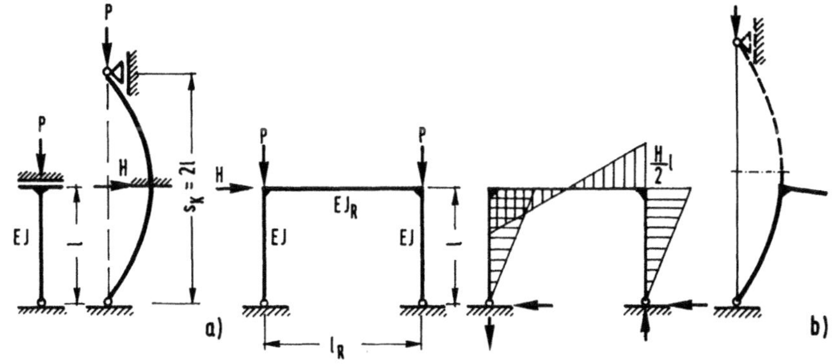

	Lastbild	δ		Lastbild	δ		Lastbild	δ
1		+0,026	8		+0,133	15		-0,410
2		-0,013	9		-0,031	16		-0,507
3		+0,109	10		-0,027	17		-0,189
4		0	11		+0,052	18		+0,273
5		+0,273	12		-0,022			
6		-0,378	13		+0,037			
7		-0,178	14		-0,246			

c)

Bild 4.39

Für $J_R=\infty$ (d.h. c=0) folgt wieder $\delta=-0{,}178$ (G.4.90); für baupraktische Steifigkeitsverhältnisse liegt δ im Bereich -0,20 bis -0,25. - Im Falle eines beidseitig eingespannten Rahmens findet man (nach Modifikation von G.4.87/88):

$$\text{Rahmeneckmoment:}\quad \delta=\frac{\pi^2}{36}\cdot\frac{(3+c)}{(1+0{,}35c)}-1 \quad (\text{i.M.: } -0{,}2) \tag{4.96}$$

$$\text{Fußmoment:}\quad \delta=\frac{\pi^2}{6}\cdot\frac{(3+c)}{(6+c)(1+0{,}35c)}-1 \quad \begin{matrix}(c=0: & =-0{,}178)\\ (c=2: & =-0{,}3)\end{matrix} \tag{4.97}$$

Da der δ-Wert für Stiele in verschieblichen Rahmen stets negativ ist, liegt man mit dem Vergrößerungsfaktor

$$\alpha=\frac{1}{1-\frac{P}{P_{Ki}}} \tag{4.98}$$

auf der sicheren Seite, d.h. in der Interaktionsformel G.4.81 ist im Zweifelsfall $C_m=1$ zu setzen (M ist das größere Endmoment).

4.5.2 Interaktionsformeln auf plasto-statischer Grundlage

Wie im vorangegangenen Abschnitt erläutert, ist die Interaktionsformel G.4.81 keine im analytischen Sinne strenge Beziehung. Mit der Einführung von P_U anstelle von P_F wurde das elasto-statische Spannungsproblem Th.II.Ordn. mit dem Grenztragfähigkeitsproblem des imperfektionsbehafteten Druckstabes gekoppelt. Es handelt sich um eine Plausibilitätsverknüpfung. Nun ist es folgerichtig, noch einen Schritt weiterzugehen und die Interaktion im Biegungsterm auf das plastische Moment M_{Pl} zu beziehen; das ergibt die Formel:

$$\frac{P}{P_U(\bar{\lambda})} + \frac{C_m}{1 - \frac{P}{P_F}\cdot\bar{\lambda}^2}\cdot\frac{M}{M_{Pl}} \leq 1 \qquad (4.99)$$

Der Momentenerhöhungsfaktor wird von der elasto-statischen Theorie übernommen, einschließ- C_m! Die Formel läßt sich nur mittels strenger, numerisch berechneter Lösungen absichern. Das ist geschehen (vgl. z.B. [4.48]); die Übereinstimmung mit solchen strengen Lösungen ist zufriedenstellend. In B.4.40 sind linkerseits die strengen Interaktionskurven eingezeichnet, die für das Profil IPBl 200 aus St 370 berechnet wurden, rechterseits sind die Näherungslösungen nach G.4.99 mit C_m gemäß G.4.83 für jeweils zwei Schlankheitsgrade, λ=60 und λ=120, gegenübergestellt [4.48]. Im Falle gegengleicher Momente ergeben sich größere Abweichungen. Auf der Ordinatenachse ist N/N_{Pl} und auf der Abszissenachse M/M_{Pl} aufgetragen. - In dem Zusammenhang sei erwähnt, daß der linke Term von G.4.99 auch zu

$$\frac{P}{P_U(\bar{\lambda})} = \frac{P}{\bar{\sigma}(\bar{\lambda})\cdot P_{Pl}}$$

dargestellt werden kann. $\bar{\sigma}(\bar{\lambda})$ ist der Abminderungsfaktor gemäß den "Knickspannungskurven" (DIN 4114N).

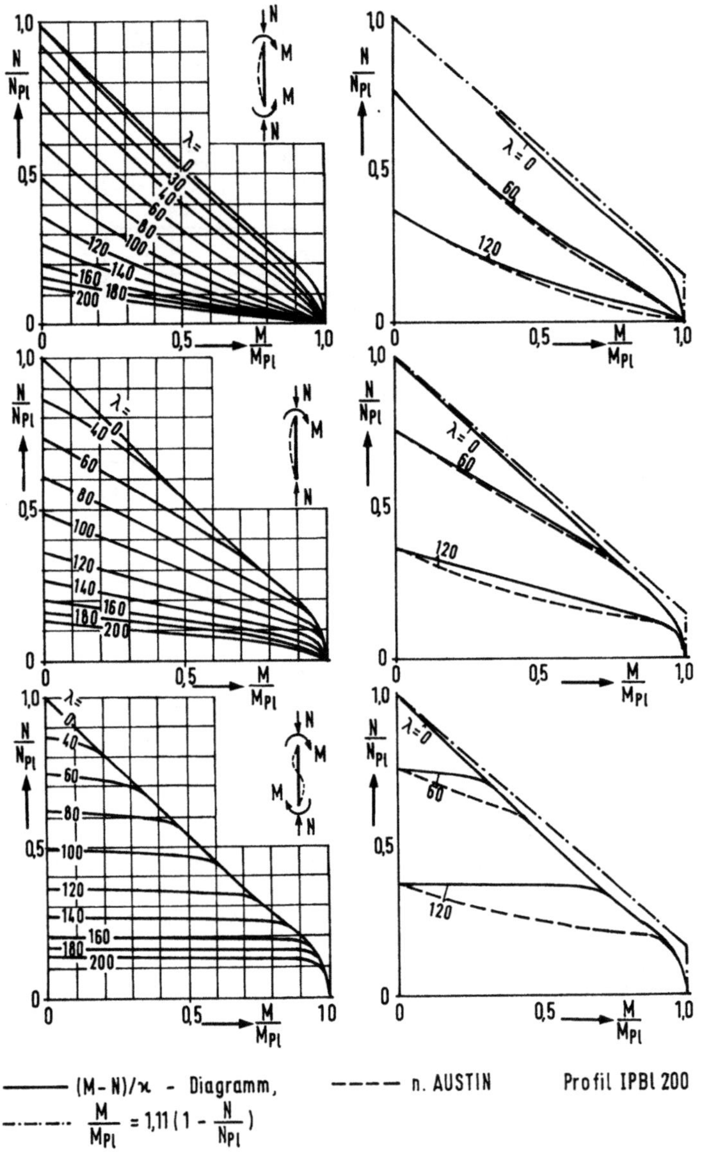

Bild 4.40 (nach[4.48])

Der Vergleich gemäß B.4.40 gilt für unverschiebliche Stäbe; für verschiebliche Stäbe (z.B. Rahmenstiele) steht nach Wissen des Verfassers eine Absicherung aus; doch kann auch in diesem Falle erwartet werden, daß Formel G.4.99 auf der sicheren Seite liegt.

Die amerikanischen Vorschriften enthalten G.4.99 als maßgebende Nachweisformel: AISC (1970), AASHTO (1974). - Gewisse Zuschärfungen sind möglich, einschließlich Erweiterung auf zweiachsige Biegung [4.48].

Die Nachweisformel hat den Vorteil, daß sie besonders praktikabel (und plausibel) ist, indes den Nachteil, daß der Nachweis am isolierten (aus dem gesamten Tragwerk herausgetrennten) Stab geführt wird und der globale Verformungseinfluß nur über den (elastostatischen) Verformungsfaktor und damit über die elasto-statische Verzweigungslast eingeht. - Auch bedarf die Sicherheitsfrage einer besonderen Erwägung: Für die Grenztragfähigkeit P_U können unterschiedliche Ansätze getroffen werden:
a) plastische Knicklast, keine Imperfektionen,
b) plastische Grenzlast, äußere Imperfektionen,
c) plastische Grenzlast, äußere und innere Imperfektionen.
Analoges gilt für den zweiten Term in G.4.99: Ohne Berücksichtigung einer Schrägstellung oder mit deren Berücksichtigung (bei verschieblichen Systemen). Je nachdem wie verfahren wird, wäre das Sicherheitskonzept (über die Sicherheitsfaktoren) zu modifizieren.

4.5.3 Nachweisform der DIN 4114A

Es sind zwei Nachweismöglichkeiten zugelassen:

a) Berechnung des Tragwerkes nach Th.II.Ordn. unter ν-fachen Lasten (Lastfall H: ν=1,7, Lastfall HZ: ν=1,5). Es ist nachzuweisen, daß an keiner Stelle die Fließgrenze σ_F erreicht wird. Gegenüber der realen Tragfähigkeit verbleiben querschnitts- und systemabhängige Reserven unterschiedlicher Größe. Diese Reserve ist indes nur rechnerisch, denn äußere und innere Imperfektionen (Lotabweichungen, Eigenspannungen) werden planmäßig nicht eingerechnet. Um den Nachweis für die Verbindungsmittel führen zu können, deren Tragfähigkeit in zulässigen Spannungen (SL- und Schweißverbindungen) bzw. zulässigen Tragkräften (GV-Verbindungen) ausgedrückt sind, werden die Schnittgrößen unter ν-fachen Lasten wieder durch ν dividiert (vgl. auch DIN 4131); bei Tragwerken mit nichtlinearer Systemcharakteristik (Seilkonstruktionen, z.B. abgespannte Maste und Schornsteine) ist es folgerichtiger, die Tragfähigkeiten der Verbindungsmittel um ν anzuheben; entsprechend ist beim Bruchsicherheitsnachweis für die Seile zu verfahren, indem die erforderliche Bruchsicherheitszahl durch ν dividiert wird. Ergänzend sei erwähnt, daß (entsprechend dem beim ω-Verfahren verankerten Doppelnachweis) neben dem Spannungsnachweis Th.II.Ordn. unter 1,7/1,5-fachen Lasten, stets auch die Einhaltung einer 2,50/2,19-fachen Sicherheit gegenüber der idealen Verzweigungslast des Gesamtsystems nachzuweisen wäre [2.83]; auf die Führung dieses Nachweises wird in der Praxis i.allg. verzichtet. Bei sehr schlanken Konstruktionen kann der Nachweis durchschlagen!
b) Berechnung des Tragwerkes nach Th.I.Ordn. für Gebrauchslasten (ν=1,0). Für alle Stäbe mit planmäßiger Biegung ist der Nachweis

$$\omega\frac{P}{F} + 0{,}9\,\frac{M}{W_d} \leq \text{zul}\,\sigma \qquad (4.100)$$

zu führen. Die Labilität des Systems wird über die Knicklänge (Ersatzstablänge) erfaßt, also über die Verzweigungslösung am elastischen Gesamtsystem. Imperfektionseinflüsse finden über ω und in gewissem Umfang über die Vorzahl 0,9 Eingang.
Eine Lücke weist die Vorschrift bezüglich Nachweis der Verbindungsmittel (z.B. in Rahmeneckbereichen) und bezüglich Nachweis der druckkraftfreien (bzw. näherungsweise druckkraftfreien) Stäbe (z.B. Rahmenriegel) auf; der Verformungseinfluß wird für diese Teile, bei alleiniger Führung des "Allgemeinen Spannungsnachweises" nicht angemessen erfaßt. Für das Tragwerk ist der Stabilitätsnachweis über G.4.100 für die Druckglieder allein nicht schlüssig. Ein Ausweg besteht z.B. für eingeschossige Rahmen darin, daß die "Knickspannung" für einen Stiel gemäß G.4.100 mit der "Biegespannung eines allgemeinen Spannungsnachweises mit dem Ersatzmoment M_{Ersatz}" gleichgesetzt wird:

$$\frac{\omega \cdot P}{F} + 0{,}9\,\frac{M}{W} = \frac{P}{F} + \frac{M_{Ersatz}}{W} \qquad (4.101)$$

Hieraus folgt das Ersatzmoment:

$$M_{Ersatz} = 0{,}9\,M + (\omega - 1)\frac{P}{F} \tag{4.102}$$

Mit dem ungünstigeren Wertepaar (P, M oder P, M_{Ersatz}) werden dann die Verbindungsmittel in der Rahmenecke nachgewiesen. - Da sich für druckfreie Stäbe $s_K = \infty$ ergibt, kann hierfür keine ω-Zahl angegeben werden (Entsprechendes gilt für Stäbe mit geringer Druckkraft). Zu $\lambda = \infty$ gehört $\omega = \infty$; man kann zeigen, daß das Produkt

$$\frac{\omega P}{F} = \omega \cdot \sigma = \infty \cdot 0$$

für den Riegel nicht Null, sondern gleich dem entsprechenden Term für den Druckstiel ist [4.49].

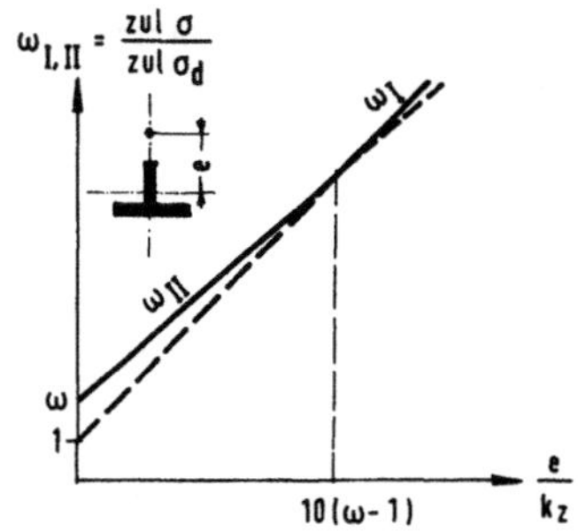

Bild 4.41

Der in der Nachweisformel G.4.100 enthaltene Faktor 0,9 wurde aus folgender Überlegung entwickelt [2.83]: Abhängig von den relativen Anteilen aus Druck und Biegung ist einer der nachstehenden Nachweise maßgebend:

$$\text{I:}\quad \frac{P}{F} + \frac{M}{W_d} \leq zul\sigma \tag{4.103}$$

$$\text{II:}\quad \omega\frac{P}{F} + c\frac{M}{W_d} \leq zul\sigma \tag{4.104}$$

Über c kann noch verfügt werden. Für das auf die Biegedruckseite bezogene Widerstandsmoment wird

$$W_d = J/e_d = F\,k_z \tag{4.105}$$

eingeführt; k_z ist die Kernweite der Biegezugzone. Mit

$$e = M/P \tag{4.106}$$

kann G.4.103/104 umgestellt werden:

$$\text{I:}\quad \frac{P}{F} + \frac{Pe}{Fk_z} = \left(1 + \frac{e}{k_z}\right)\cdot\frac{P}{F} = \omega_I\frac{P}{F} \leq zul\sigma \tag{4.107}$$

$$\text{II:}\quad \omega\frac{P}{F} + c\cdot\frac{Pe}{Fk_z} = \left(\omega + c\cdot\frac{e}{k_z}\right)\frac{P}{F} = \omega_{II}\frac{P}{F} \leq zul\sigma \tag{4.108}$$

Diese Formeln stimmen formal mit der Nachweisgleichung des ω-Verfahrens überein. Trägt man für eine bestimmte Schlankheit λ und die hiervon abhängige ω-Zahl die Funktionen

$$\omega_I = 1 + \frac{e}{k_z}\;;\quad \omega_{II} = \omega + c\,\frac{e}{k_z} \tag{4.109}$$

über der auf k_z bezogenen Ausmitte auf, ergeben sich die in B.4.41 skizzierten Geraden mit dem Schnittpunkt an der Stelle:

$$(\omega - 1)/(1 - c) \tag{4.110}$$

Aus dem Bild geht hervor, daß für kleine Ausmitten (e: klein) Nachweis II und für große Ausmitten (e: groß, Momentenbeanspruchung überwiegt) Nachweis I maßgebend ist. Unter Verwendung der von JEZEK angegebenen Grenzspannungskurven (Abschnitt 2.6.3.2) wurde von KLÖPPEL für die wichtigsten Profilformen der Quotient

$$\omega = \frac{zul\sigma}{zul\sigma_d} = \frac{zul\sigma}{\sigma_U/\nu_U} \tag{4.111}$$

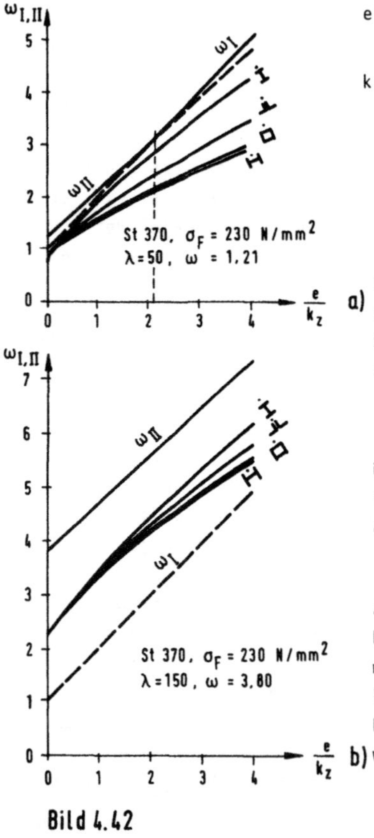

Bild 4.42

in Abhängigkeit von e/k_z bestimmt und in das Diagramm B.4.42 eingetragen. Die Vorzahl c war jetzt so festzulegen, daß die ω_I/ω_{II}-Geraden für jedes Exzentrizitätsmaß oberhalb der realen Tragfähigkeitskurven zu liegen kamen. B.4.42 zeigt zwei Beispiele (St 370, λ=50 und λ=150); hieraus wurde c=0,9 gefolgert. Durch die Einführung eines einzigen c-Wertes (für alle Profile, Schlankheiten und Exzentrizitäten) waren mehr oder minder große Sicherheitsüberschüsse unvermeidlich. Eine wirtschaftlichere Anpassung hätte der Vereinbarung eines schlankheitsabhängigen c-Wertes bedurft.
Für $e_z > e_d$ erwies sich Formel G.4.100 als nicht ausreichend; hierfür wurde die Norm um den Nachweis

$$\omega \frac{P}{F} + \frac{300+2\lambda}{1000} \cdot \frac{M}{W_z} \leq \text{zul}\sigma \tag{4.112}$$

ergänzt.

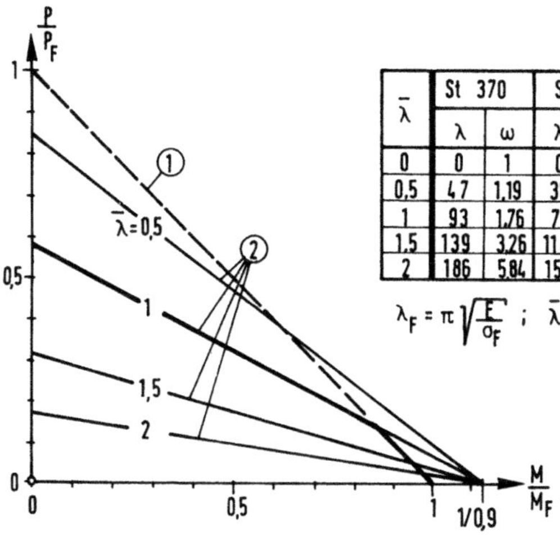

$\bar{\lambda}$	St 370 λ	St 370 ω	St 520 λ	St 520 ω
0	0	1	0	1
0,5	47	1,19	38	1,17
1	93	1,76	76	1,70
1,5	139	3,26	114	3,29
2	186	5,84	152	5,85

$$\lambda_F = \pi\sqrt{\frac{E}{\sigma_F}}\;;\quad \bar{\lambda} = \frac{\lambda}{\lambda_F}$$

Bild 4.43

Die Nachweisgleichungen G.4.103/104 lassen sich als Interaktionsformeln deuten. Dazu werden sie mit

$$\nu = \frac{\sigma_F}{\text{zul}\sigma} \tag{4.113}$$

durchmultipliziert, anschließend wird νP mit P und νM mit M identifiziert:

$$\frac{P}{F} + \frac{M}{W_d} \leq \sigma_F\;;\quad \omega\frac{P}{F} + c\frac{M}{W_d} \leq \sigma_F \tag{4.114}$$

Weiters werden die Gleichungen durch σ_F dividiert und

$$N_F = \sigma_F F\;;\quad M_F = \sigma_F W_d \tag{4.115}$$

eingeführt; das ergibt:

$$①\;\frac{P}{P_F} + \frac{M}{M_F} = 1;\;②\;\omega\frac{P}{P_F} + 0{,}9\frac{M}{M_F} = 1 \tag{4.116}$$

Im P/M-Diagramm sind diese Gleichungen Geraden; trägt man sie für bezogene Schlankheiten $\bar{\lambda}$ auf, ergeben sich für St 370 und St 520 nahezu identische Ergebnisse. Solange eine P/M-Kombination unter den Interaktions-Geraden liegt, ist sie tragsicher. (In B.4.43 ist beispielhaft die für $\bar{\lambda}$=1 maßgebende Interaktion stärker ausgezogen.) Zum Vergleich wird auf B.4.40 hingewiesen.

4.5.4 Nachweisform der DASt-Ri 008 (Traglastrichtlinie)

Es sind zwei Nachweisformen zugelassen (bei Beschränkung auf zweigeschossige Rahmen):

a) Berechnung des Tragwerkes nach dem Traglastverfahren Th.II.Ordn. unter ν-fachen Lasten (ν=1,7 bzw. 1,5 im Lastfall H/HZ).

b) Berechnung des Tragwerkes nach dem Traglastverfahren Th.I.Ordn. unter ν-fachen Lasten (wie zuvor). Der Stabilitätsnachweis kann alternativ nach den Formeln

$$\omega\frac{N_\nu}{F} + K\cdot\frac{M_\nu}{W_{Pl}} \leq \sigma_F \tag{4.117}$$

oder

$$\frac{N_\nu}{N_K} + K\cdot\frac{M_\nu}{M_{Pl}} \leq 1 \tag{4.118}$$

geführt werden. Wie man sich sofort überzeugt, sind diese Nachweise mit G.4.99 identisch. Setzt man für die Grenzspannung des planmäßig mittig gedrückten Stabes

$$\sigma_U(\bar{\lambda}) = \frac{zul\,\sigma_d}{\omega} = \frac{\sigma_F}{\nu \cdot \omega} \qquad (4.119)$$

folgt damit sofort aus G.4.117 die zu G.4.99 äquivalente Formel:

$$\omega \cdot \frac{\nu \cdot P}{F} + \frac{C_m}{1 - \frac{\nu \cdot P}{P_{Ki}}} \cdot \frac{\nu \cdot M}{W_{Pl}} \leq \sigma_F \qquad (4.120)$$

(Bezüglich der Äquivalenz von K und $\alpha \cdot C_m$ siehe Abschnitt 4.5.1.) - Im Falle der G.4.118 ist der Druckterm auf die ENGESSERsche Verzweigungslast bezogen:

$$\frac{\nu \cdot P}{P_K} + \frac{C_m}{1 - \frac{\nu \cdot P}{P_{Ki}}} \cdot \frac{\nu \cdot M}{M_{Pl}} \leq 1 \qquad (4.121)$$

Das uneinheitliche Sicherheitskonzept der Traglastrichtlinie (sowohl bezüglich der Vorgehensweisen gemäß a) und b) als auch innerhalb b) wird aus den Regelungen deutlich.

4.5.5 Anmerkungen zum Sicherheitskonzept

Die Nachweisverfahren können in direkte und indirekte unterschieden werden:

a) Direkte Verfahren: a1) E-Theorie II. Ordnung (Elastizitätstheorie)
a2) P-Theorie II. Ordnung (Plastizitätstheorie; Traglastverfahren)

b) Indirekte Verfahren
b1) E-Theorie I. Ordnung mit Interaktionsformeln
b2) P-Theorie I. Ordnung mit Interaktionsformeln

Die direkten Verfahren sind grundsätzlich vorzuziehen, sie erfassen das Tragverhalten der Konstruktion realistischer, dafür sind sie aber aufwendiger. Der Vorteil der indirekten Verfahren liegt in ihrer Einfachheit; die Grundlagen des Stabilitätsnachweises sind nur bedingt erkennbar, sie verschmieren Elemente der elasto-statischen und plasto-statischen Theorie. Da sie in pauschaler Form für unterschiedliche Parameter gelten (Profilform, Schlankheit, Beanspruchungsverhältnisse) sind gewisse wirtschaftliche Einbußen nicht zu vermeiden. - Insgesamt führen die Nachweise zu unterschiedlichen Tragwerken mit ungleichen Sicherheiten; das ist vom Sicherheitsstandpunkt unbefriedigend.

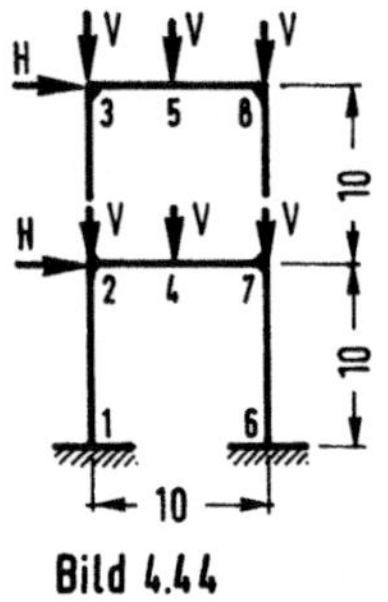

Bild 4.44

Als Beispiel wird der in B.4.44 dargestellte Rahmen betrachtet. Es handelt sich um ein Demonstrationsbeispiel mit großen Stabschlankheiten; sämtliche Stäbe werden gleich ausgeführt. Die Belastung besteht pro Stockwerk aus drei lotrechten Einzellasten (3V) und einer Horizontallast (H). Deren Verhältnis wird durch

$$n = \frac{\Sigma H}{\Sigma V}$$

gekennzeichnet. In B.4.45a/b sind die bezogenen Tragfähigkeiten (in Form des Lasterhöhungsfaktors) über n aufgetragen und zwar für einen Rahmen mit IPE-200 und einen Rahmen mit IPE 180-Profilen. Die ausgezogenen Kurven geben die plasto-statischen Tragfähigkeiten (Traglastverfahren), die gestrichelten die elasto-statischen an, in beiden Fällen nach Th.II.Ordn. berechnet. Mit steigendem Anteil der Horizontalbelastung sinkt der ertragbare Lastfaktor.

Zeichnet man die E-Kurve des IPE 200-Rahmens und die P-Kurve des IPE 180-Rahmens gemeinsam auf (B.4.45c), sind sie nahezu deckungsgleich. Das bedeutet: Unter Einhaltung derselben Sicherheitszahl (z.B. 1,5 im Lastfall HZ) ist der IPE 200-Rahmen erforderlich, wenn der Nachweis über die E-Theorie (DIN 4114A) und der IPE 180-Rahmen ausreichend, wenn der Nachweis über die P-Theorie (DASt-Ri 008) geführt wird; Einsparung an Konstruktionsgewicht ca. 20%. Zwei zur selben Zeit bauaufsichtlich geltende Vorschriften führen zu zwei unterschiedlich sicheren Tragkonstruktionen, ein vom Sicherheitsstandpunkt

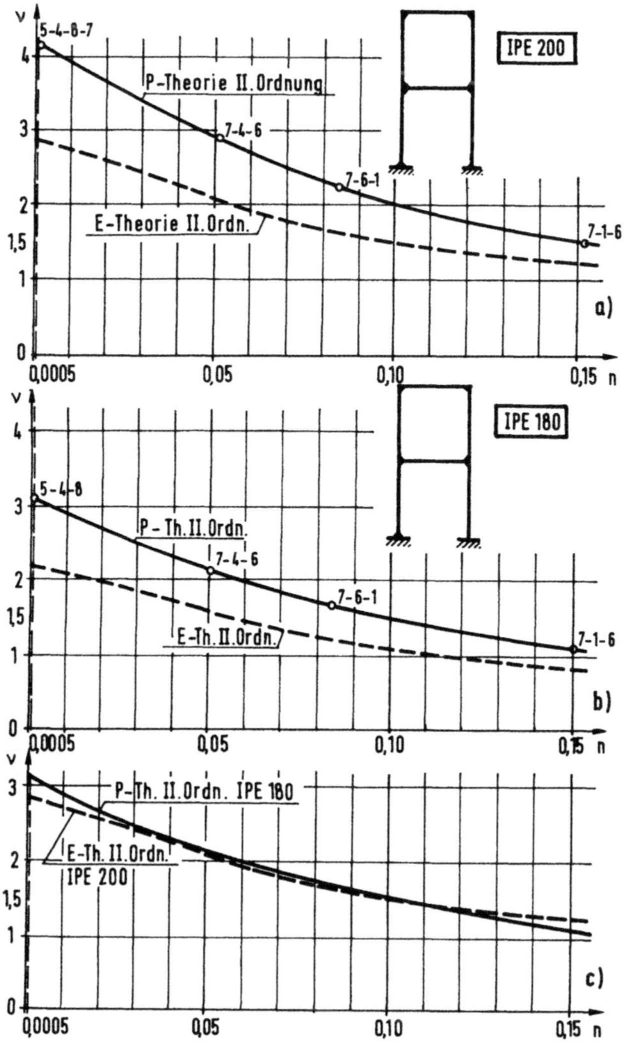

Bild 4.45

unbefriedigender Zustand. Vielfach wird argumentiert, daß eine Rechnung nach der P-Theorie "genauer" sei, für den höheren Rechenaufwand sei ein Bonus gerechtfertigt. Diese Argumentation ist verfehlt; eine Berechnung wird nicht dadurch genauer, daß ein strengeres Verfahren verwendet wird, mit dem an die Tragfähigkeit näher heran dimensioniert werden kann, sondern nur dadurch, daß alle für die Sicherheit wichtigen Einflüsse möglichst realistisch und umfassend berücksichtigt werden (dynamische Lastwirkungen, Imperfektionen, Nachgiebigkeiten, Ermüdungseffekte). Im Grundsatz sollten alle Verfahren zugelassen sein, doch ist über die Sicherheitszahlen (oder andere Sicherheitselemente, z.B. Vorgabe von Imperfektionslastfällen) das Sicherheitskonzept so auszulegen, daß die hiernach bemessenen Tragwerke (etwa) dasselbe Sicherheitsniveau aufweisen. Ein solches Sicherheitskonzept könnte nach folgenden Grundsätzen (z.B. im Rahmen einer stahlbaulichen Grundnorm) entworfen werden:

a) Lastannahmen (Einwirkungen)
Der Berechnung sind die Annahmen der allgemeinen Lastnormen (DIN 1055, Teil 1 bis 6) und der anwendungsspezifischen Normen (insbesondere DIN 1072, DS 804, DIN 4132) zugrunde zu legen. Es werden unterschieden:

α) Ruhende Lasten: Schwergewichtskräfte (Eigengewicht, Nutzlasten, Schnee), Kräfte infolge Fluid-, Erd- und Silodrücken. Windlasten können i.allg. als ruhende Kräfte angesetzt werden. Dynamische Überhöhungen durch böeninduzierte Schwingungen können durch einen statischen Gleichwert (Böefaktor) erfaßt werden; Wirbel- und querschnittsinduzierte Schwingungen sind dynamische Beanspruchungen.

β) Bewegliche Lasten: Weg-, Straßen- und schienengebundene Verkehrslasten (Fußgänger-, Straßen- und Eisenbahnbrücken, Förderanlagen, Krane und Kranbahnen). Durch Verkehr und Betrieb ausgelöste Massenkräfte können durch dynamische Überhöhungsfaktoren erfaßt werden (Antriebs-, Brems-, Hubkräfte u.a.).

γ) Massenkräfte durch Maschinen und Aggregate aller Art mit rotierendem und schlagendem Betriebscharakter; Anprall- und Stoßlasten; seismische Lasten.

δ) Zwangskräfte durch planmäßig eingeprägte Vorspannungen oder zu erwartende Setzungen, Temperatureinwirkungen, Kriech- und Schwindeinflüsse.

Darüberhinaus zählen zu den Einwirkungen alle durch baupraktisch unvermeidbare Imperfektionen ausgelösten Zusatzbeanspruchungen und Abtriebskräfte, insbesondere durch Außermittigkeiten, Vorkrümmungen, Lotabweichungen.
Die das Bauwerk beanspruchenden Einwirkungen sind nach ihrem wahrscheinlichen Auftreten einzustufen und zu überlagern; Einstufung und Überlagerung regeln die Anwendungsnormen.

b) Erforderliche Nachweise

Die Baukonstruktionen sind auf

α) ausreichende Tragfähigkeit für die Montage- und Bauzustände und den Fertigzustand für die beabsichtigte Nutzungsdauer und auf

β) ausreichende Gebrauchsfähigkeit zu bemessen.

γ) Die Tragfähigkeit geht verloren

- infolge Erreichen der werkstofflichen Grenzfestigkeit und Grenzlast der Konstruktion als Ganzes, seiner Einzelteile oder Verbindungsmittel,
- infolge Umkippen, Gleiten oder Abheben (Verlust der Starrkörperstabilität).

Wo die Verformungen die Tragfähigkeit verringern, müssen sie berücksichtigt werden, wo sie sie erhöhen, dürfen sie berücksichtigt werden.

δ) Die Gebrauchsfähigkeit geht infolge Verformungen oder Schwingungen verloren, wenn sie die Haltbarkeit, Nutzung oder Behaglichkeit beeinträchtigen.

c) Berechnungsverfahren

Im Grundsatz sind alle Verfahren (elasto- und plasto-statische) zugelassen; Einschränkungen regeln die Anwendungsnormen (z.B.: Stockwerkszahl, vorwiegend windbeanspruchte Tragwerke, Werkstoffe und Verbindungsmittel mit geringem Dehnvermögen).
Die Wahl der Berechnungsverfahren ist u.a. von folgenden Kriterien abhängig:

α) L: Lineare Systemcharakteristik; NL: Nichtlineare Systemcharakteristik (z.B. Seilkonstruktionen, Systeme veränderlicher Gliederung),

β) I: Theorie I. Ordnung; II: Theorie II. Ordnung,

γ) E: Elastizitätstheorie; P: Plastizitätstheorie (einschl. Traglastverfahren, d.h. Verfahren der Fließgelenke).

d) Sicherheitszahlen

Der Nachweis der Tragfähigkeit ist unter ν-fachen Einwirkungen (Bemessungslasten) mit den in B.4.46 angegebenen Vervielfachern zu führen. Die Gebrauchsfähigkeit ist durch Beschränkung der Verformungen unter Gebrauchslasten (für ν =1,0), fallweise durch Schwingungsuntersuchungen, sicherzustellen.

Erläuterungen:

a) Nur bei der Kombination der Kriterien L/I/E ist ein Tragfähigkeitsnachweis unter ν=1,0-fachen Lasten gegenüber zulässigen Spannungen und Tragkräften (für Verbindungsmittel) möglich. Das ist der Regelfall; aus Gründen einer Vereinheitlichung und im Hinblick auf eine künftige, sich international abzeichnende Einführung gesplitteter (gewichteter) Sicherheitszahlen wird ein Tragfähigkeitsnachweis unter ν-fachen Einwirkungen empfohlen.

	1	2	3	4
	Verfahren	Einwirkungen	Lastfall H	Lastfall HZ
1	E-Theorie	Lasten	1,5	1,33
2	E-Theorie	Temperaturänderungen	0,9 bis 1,1	
3	E-Theorie	Zwangsverformungen	0,9 bis 1,1	
4	E-Theorie	Vorspannungen	0,9 bis 1,1	
5	P-Theorie	Alle Einwirkungen	1,7	1,5

Zeile 2,3,4: Einzelheiten regeln die Anwendungsnormen

Bild 4.46

b) An der Fließgrenze sind alle Tragfähigkeitsnachweise zu orientieren; für die Verbindungsmittel, Lagerteile und Seile sind Tragfähigkeiten für den Bemessungsfall zu vereinbaren.

c) Für die E- und P-Theorie werden unterschiedliche Sicherheiten festgelegt; das Bezugsniveau wird an die P-Theorie mit ν=1,7 bzw. ν=1,5 (im Lastfall H bzw. HZ) angebunden. Die Sicherheitszahlen für die E-Theorie können um den mittleren Formfaktor α=1,13 reduziert werden: Lastfall H: ν=1,7/1,13=1,5; Lastfall HZ: ν=1,5/1,13=1,33. Die P-Theorie bietet demnach nur bei statisch unbestimmten Tragwerken (Systemreserve) wirtschaftliche Vorteile (nur das ist sinnvoll).

d) Eine Regelung der Sicherheitsfrage für die Einwirkungsfälle Temperaturänderungen, Zwangsverformungen, Vorspannungen ist überfällig. Unter- oder Überschreitungen der planmäßigen Werte sind nach ihrer ungünstigen Auswirkung anzusetzen.

4.5.6 Nachweisform der DIN 4114N

Nach der inzwischen vorliegenden Normvorlage [4.50] ist eine Interaktionsformel im Sinne von G.4.100 (DIN 4114A) nicht mehr vorgesehen, vielmehr ist nur noch ein Nachweis nach Th.II.Ordn. unter Einrechnung von querschnittsabhängigen Ersatzimperfektionen zugelassen, wobei das Verfahren freigestellt ist. Bei Einhaltung gewisser Kriterien kann auf einen Stabilitätsnachweis verzichtet werden. Der Verzicht auf eine Interaktionsformel ist zwar konsequent, aber nicht sehr anwendungsfreundlich. Für Stiele in unverschieblichen Rahmen und solche in eingeschossigen (evtl. ein- und zweigeschossigen), verschieblichen Rahmen wäre ein Nachweis nach G.4.99 vertretbar. Damit wäre auch die Anwendung von Bemessungsdiagrammen möglich, wie sie in [4.31] ausgearbeitet worden sind.

4.6 Baupraktische Nachweisformen für hölzerne Druckstäbe mit planmäßiger Biegung

Der Knicknachweis von Druckstäben mit planmäßiger Biegung ist nach DIN 1052 mittels einer ω-Formel zu führen, die der G.4.100 (DIN 4114A) entspricht [2.55]; sie kann wie diese als Interaktionsformel gedeutet werden, vgl. Abschnitt 4.5.3. In den Erläuterungen zur DIN 1052 wird ein Tragsicherheitsnachweis nach der Spannungstheorie II. Ordnung in einer späteren Ausgabe nicht ausgeschlossen; hierzu wurden zwischenzeitlich Vorschläge unterbreitet [4.51/53].

Da Holz keine Fließeigenschaften besitzt, scheidet die Plastizitätstheorie aus; es kommen daher nur elasto-statische Nachweise infrage. - Die Regelung des Sicherheitsproblems ist schwierig:

a) Der lineare elastische Bereich wird durch σ_P begrenzt; im Abschnitt 2.2.8 wurde

$$\sigma_P = 0{,}5 \cdot \sigma_{dB}$$

angesetzt. σ_{dB} ist die Druckbruchfestigkeit; hierbei handelt es sich um Rechenwerte im Sinne von unteren Fraktilen. Für reine Biegung liegt die Bruchfestigkeit höher. Der Reverenzwert, der unter ν-fachen Lasten einzuhalten ist, müßte demnach vom Verhältnis der Druck- bzw. Biegespannungen zu den Gesamtspannungen abhängig sein.

b) Bei Dauerstandbeanspruchung treten Kriechverformungen auf, es wäre demnach ein gleitender Sicherheitsbeiwert notwendig, der in Abhängigkeit vom kriecherzeugenden Dauerlastanteil festzulegen wäre.

c) Die höhere Verformungsfähigkeit zusammengesetzter Holzbauteile und die Nachgiebigkeit der Verbindungsmittel erfordern im Rahmen der Verformungstheorie ggf. eine besondere Berücksichtigung. Der E-Modul streut stärker als bei metallischen Materialien.

Mit Hilfe des Konzeptes gesplitteter Sicherheitszahlen erscheint eine Lösung möglich; dieses wäre sicherheitstheoretisch zu belegen; dabei sind Imperfektionsvorgaben zu berücksichtigen. Notwendig wären Dauerstandversuche für reine Druck- und Biegungsbeanspruchung.

4.7 Baupraktische Nachweisformen für Druckglieder aus Stahlbeton mit planmäßiger Biegung

4.7.1 Allgemeine Hinweise

Die Einzelheiten der Nachweisverfahren sind in DIN 1045 geregelt und in [2.131/2] erläutert, vgl. auch [0.55/58] und die Kurzfassung im Abschnitt 2.6.4.4.

Die Berechnung der Tragfähigkeit druck- und biegebeanspruchter Stäbe und Tragwerke, insbesondere verschieblicher, nach Th.II.Ordn. wird durch zwei Umstände erheblich erschwert:

a) Die nichtlinearen Materialeigenschaften von Beton und Stahl und

b) die Kriechauswirkungen für den Dauerlastanteil sind zu erfassen.

Eine elasto-statische Berechnung ist allenfalls mittelbar möglich, wenn für die Stäbe eine passende wirksame Biegesteifigkeit angesetzt wird, z.B. zu

$$(EJ)_w = (0{,}5 \div 0{,}6) \cdot E_b J_b$$

oder z.B. genauer nach [4.54]. Im Schrifttum wurden die erwähnten Probleme ausführlich behandelt, vgl. [4.55/60]. - Zwischenzeitlich wurden von verschiedener Seite Rechenprogramme entwickelt, mit denen strenge Grenzlastberechnungen (im Sinne von Abschnitt 2.6.4.2) durchgeführt werden können. (Eine vertiefte Darstellung scheidet in diesem Rahmen aus.)

4.7.2 Abschätzung des Kriecheinflusses

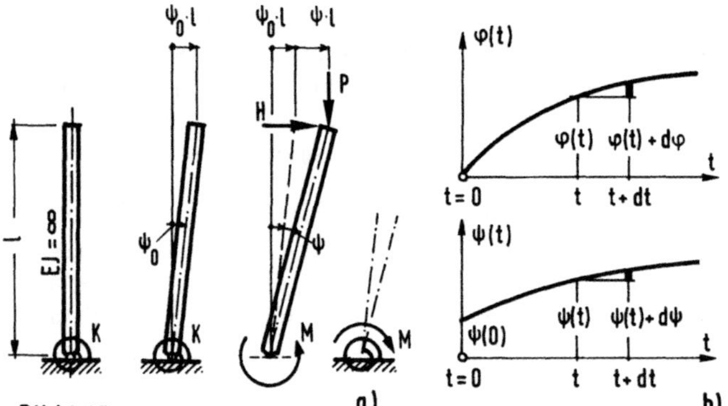

Bild 4.47

Um die Wirkung des Betonkriechens auf die Schnittgrößen nach Th. II.Ordn. aufzuzeigen, wird das in B.4.47a dargestellte System untersucht. Es besteht aus einem biegestarren Stab mit drehfederelastischer Einspannung und steht stellvertretend für eine massive Hochbaukonstruktion (z.B. Stabilisierungskern). Die Kriecheigenschaften der Feder, mit der Federkonstanten K, werde durch die Kriechfunktion $\varphi(t)$ gekennzeichnet. Der Stab hat die Lotabweichung ψ_0, die Belastung besteht aus der Druckkraft P und Horizontalkraft H. Zum Zeitpunkt t=0 lautet die Gleichgewichtsgleichung unter Berücksichtigung des sich einstellenden Drehwinkels ψ:

$$P(\psi_0 l + \psi l) + Hl - M = 0 \tag{4.122}$$

Mit

$$M = K\psi \quad \text{und} \quad P_{Ki} = \frac{K}{l} \tag{4.123}$$

folgt hieraus (Zeitpunkt t=0):

$$\psi \equiv \psi_{II} = \frac{\psi_I}{1 - \frac{P}{P_{Ki}}} = \alpha \cdot \psi_I \tag{4.124}$$

P_{Ki} ist die Knicklast (vgl. Abschnitt 1.4.2) und ψ_I der Drehwinkel nach Th.I.Ordn.:

$$\psi_I = \frac{H \cdot l + P \cdot l \psi_0}{K} \tag{4.125}$$

Im Zeitintervall dt ändert sich φ um $d\varphi$, ψ um $d\psi$ und M um dM. Die Abhängigkeit des Drehwinkels vom Drehmoment zum Zeitpunkt t+dt beträgt (im DISCHINGERschen Sinne):

$$\psi + d\psi = \frac{M + dM}{K}(1 + d\varphi) = \frac{M}{K} + \frac{dM}{K} + \frac{M \cdot d\varphi}{K} \tag{4.126}$$

K ist zeitinvariant. Der letzte Term in G.4.126 ist die Kriechverformung infolge M und der vorletzte die elatische Verformungsänderung, weil M in dem betrachteten Zeitintervall anwächst. Der Beitrag

$$\frac{dM}{K} \cdot d\varphi$$

ist eine Größenordnung kleiner und wird unterdrückt.
Zum Zeitpunkt t gilt die Gleichgewichtsgleichung G.4.122 unverändert, ψ beinhaltet jetzt den Einfluß des vorangegangenen Kriechens. In der Gleichung wird M frei gestellt und nach φ abgeleitet:

$$M = Hl + Pl\psi_0 + Pl\psi \longrightarrow \frac{dM}{d\varphi} = Pl\frac{d\psi}{d\varphi} \qquad (4.127)$$

H und P wirken mit konstanter Intensität über die gesamte Standdauer. (Die Ableitung nach φ wird durch einen Punkt gekennzeichnet.) G.4.126 wird nach $d\psi$ aufgelöst, durch $d\varphi$ dividiert und G.4.127 eingesetzt:

$$\dot{\psi} = \frac{Hl}{K} + \frac{Pl\cdot\psi_0}{K} + \frac{Pl\cdot\psi}{K} + \frac{Pl\cdot\dot{\psi}}{K} \qquad (4.128)$$

Nach Umformung folgt hieraus eine Differentialgleichung für $\psi \equiv \psi_{II,\varphi}$

$$\dot{\psi} - A\psi = A\psi_0 + B \quad \text{mit } A = \frac{\frac{P}{P_{Ki}}}{1 - \frac{P}{P_{Ki}}} \; ; \; B = \frac{\frac{H\cdot l}{K}}{1 - \frac{P}{P_{Ki}}} \qquad (4.129)$$

oder weiter umgeformt:

$$\dot{\psi} - A\psi = \frac{\psi_I}{1 - \frac{P}{P_{Ki}}} \qquad (4.130)$$

Die Lösung dieser Differentialgleichung lautet:

$$\psi = C\cdot e^{A\varphi} - \frac{\psi_I}{\frac{P}{P_{Ki}}} \qquad (4.131)$$

Der Freiwert C wird aus der Anfangsbedingung t=0: φ=0 : ψ gleich G.4.124, berechnet; vgl. B.4.47b:

$$\frac{\psi_I}{1 - \frac{P}{P_{Ki}}} = C - \frac{\psi_I}{\frac{P}{P_{Ki}}} \longrightarrow C = \psi_I\left[\frac{1}{1 - \frac{P}{P_{Ki}}} + \frac{1}{\frac{P}{P_{Ki}}}\right] \qquad (4.132)$$

Die vollständige Lösung des anstehenden Problems lautet damit:

$$\psi \equiv \psi_{II,\varphi} = \psi_I\left[\frac{1}{1 - \frac{P}{P_{Ki}}} e^{A\varphi} + \frac{e^{A\varphi} - 1}{\frac{P}{P_{Ki}}}\right] \qquad (4.133)$$

Das Biegungsmoment folgt gemäß G.4.122 zu:

$$M = Hl + Pl\psi_0 + Pl\psi = (Hl + Pl\psi_0) + (Hl + Pl\psi_0)\frac{Pl}{K}\left[\frac{1}{1 - \frac{P}{P_{Ki}}} e^{A\varphi} + \frac{e^{A\varphi} - 1}{\frac{P}{P_{Ki}}}\right]$$

Wird G.4.123 beachtet, ergibt sich nach kurzer Rechnung:

$$M = (Hl + Pl\psi_0)\frac{e^{A\varphi}}{1 - \frac{P}{P_{Ki}}} = \alpha_\varphi(Hl + Pl\psi_0) \qquad \alpha_\varphi = \frac{e^{A\varphi}}{1 - \frac{P}{P_{Ki}}} \qquad (4.134)$$

Grenzfälle:

$$\varphi = 0 : \; e^{A\varphi} = 1$$
$$P = 0 : \; A = 0 \longrightarrow \alpha_\varphi = 1 \qquad (4.135)$$

Bei der baupraktischen Verwertung sind zwei Aspekte zu bedenken:
a) Kriecherzeugend ist nur der Dauerlastanteil. Es wäre daher nicht sinnvoll, die Kriecherhöhung der Schnittgrößen für die ν-fache Gebrauchslast (rechnerische Bruch-

last) zu ermitteln, das läge unverhältnismäßig weit auf der sicheren Seite. Der ν-fache Lastzustand ist eine fiktive Größe; hiermit sollen u.a. kurzzeitige Überlastungen eingefangen werden.

b) Die kriecherzeugende Auflast ist geringer als die Gebrauchslast, z.B. 70% von dieser.

Für den Stabilitätsnachweis wird folgender Weg vorgeschlagen: Es werden zwei Lastfälle untersucht: OK (ohne Kriechen, t=0), MK (mit Kriechen, t=∞).

OK: Ohne Kriechen: Es wird das Moment M_{II} unter ν-facher Last nach Th.II.Ordn. berechnet und hierbei eine abgeminderte Biegesteifigkeit berücksichtigt.
Das Moment kann zu

$$M_{II,\nu} = \frac{1}{1 - \frac{\nu P}{P_{Ki}}} M_{I,\nu} \tag{4.136}$$

bestimmt werden. νP ist die ν-fache lotrechte Gesamtlast. P_{Ki} ist die Knicklast unter Einrechnung der abgeminderten Biegesteifigkeit. Für ν ist nach DIN 1045 1,75 anzusetzen.

MK: Mit Kriechen: Mit der Berücksichtigung des Kriechens ist ein Unsicherheitsfaktor abgedeckt; es erscheint vertretbar, die Sicherheitszahl auf ν=1,65 zu reduzieren. - Zunächst wird die Verformungs- und Kriecherhöhung gemäß G.4.134 für jenen Momentenanteil (im Gebrauchszustand ν=1,0) bestimmt, der durch dauernd wirkende Lasten verursacht wird und das Gesamtmoment aufsummiert. Dieses Moment wird dann wieder gemäß G.4.136 erhöht; ggf., wie vorgeschlagen, unter Ansatz eines reduzierten Sicherheitsfaktors.

Die vorstehenden Anweisungen erlauben für den globalen Stabilitätsnachweis von Stahlbetontragwerken (schlanke Rahmen und Stabilisierungskerne) eine relativ einfache und treffsichere Abschätzung des Kriech- und Verformungseinflusses; Abschnitt 6.2.3.3 enthält ein Beispiel; auf [4.60] wird ergänzend hingewiesen.

5 Ausgewählte Stab- und Rahmensysteme

5.1 Anmerkungen zu den Rechenbehelfen

In diesem Abschnitt werden für eine größere Zahl unterschiedlicher Stab- und Rahmensysteme Rechenbehelfe bereitgestellt, die für baupraktische Stabilitätsnachweise verwertet werden können. Auf eine Wiedergabe der Ableitungen und Zwischenrechnungen wird verzichtet; vgl. auch [0.6, 5.1-5.3].

Die Behelfe stehen überwiegend in Form von β-Diagrammen zur Verfügung, sie lassen sich in zweifacher Weise verwerten:

a) Berechnung der Knicklast D_{Ki}:

$$D_{Ki} = \varepsilon_{Ki}^2 \frac{EJ}{l^2} = \frac{1}{\beta^2} \frac{\pi^2 EJ}{l^2} \qquad (5.1)$$

Hiermit wird der Verformungsfaktor α bestimmt, vgl. Abschnitt 1.1 und 3.1.4:

$$\alpha = \frac{1}{1 - D/D_{Ki}}; \quad S^{II} = \alpha \cdot S^{I} \qquad (5.2)$$

Die Abschätzung der Verformungs- und Schnittgrößen nach Th.II.Ordn. mit Hilfe des Vergrößerungsfaktors α ist nur bei verschieblichen Systemen möglich. In G.5.2 ist D die Druckkraft im ν-fachen Gebrauchszustand (Bemessungslastfall).

β folgt aus π/ε_{Ki}, worin ε_{Ki} der die Knickbedingung befriedigende Eigenwert ist (Abschnitt 3.3.4).

b) Bestimmung der Knicklänge (Ersatzstablänge) $s_K = \beta l$.

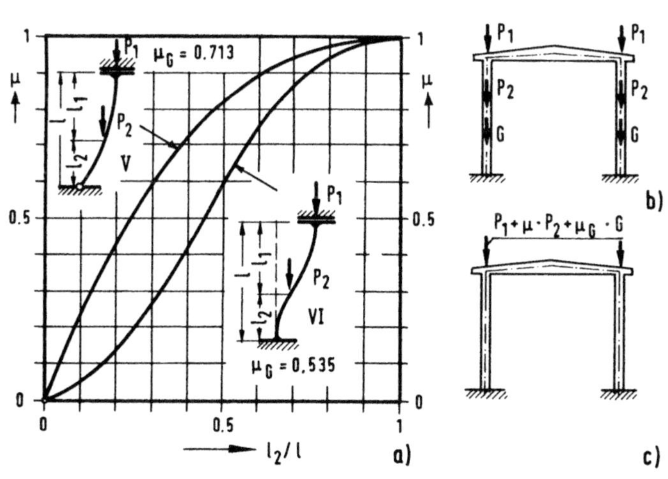

Bild 5.1

Der Anwendungsbereich läßt sich wie folgt erweitern:

a) Liegen Druckstiele konstanter Steifigkeit, aber mit veränderlicher Druckkraft vor, was dann der Fall ist, wenn innerhalb der Stabbereiche Einzellasten angreifen, so kann ein Ersatzproblem formuliert werden. In B.5.1b ist ein Beispiel angegeben. P_2 ist eine lotrechte Einzellast und G das Eigengewicht des Stieles. Gleichwertig für das Knickproblem sind die Lasten $\mu P_2 + \mu_G \cdot G$ am Stielkopf (B.5.1c). Die Faktoren μ und μ_G können aus dem Diagramm B.5.1a abgelesen werden, sie gelten für EULER-Fall V bzw. VI und können auch dann verwertet werden, wenn die Riegelsteifigkeit endlich ist, ggf. wird man sie etwas höher ansetzen [5.4].

b) Liegen schubweiche Stäbe mit Verrahmungen und Vergitterungen vor, können die Behelfe auch hierfür verwendet werden. Wie im Abschnitt 1.2.12 gezeigt, lautet die kritische Stabkennzahl für ausgefachte Stäbe:

$$\varepsilon_{Ki} = l \cdot \sqrt{\frac{D_{Ki}}{EJ(1 - \frac{D_{Ki}}{GF_G})}} \tag{5.3}$$

Die Knickbedingungen bleiben auch mit dieser Zahl (in Annäherung) gültig. Es können somit unter der Annahme vollwandiger Stäbe die β-Werte aus den Diagrammen abgegriffen und der Schubverformungseinfluß durch Berechnung eines β^*-Wertes erfaßt werden:

$$\beta^* = \beta \cdot \sqrt{1 + \frac{\pi^2}{\beta^2} \cdot \frac{EJ}{l^2 GF_G}} \quad > \beta \tag{5.4}$$

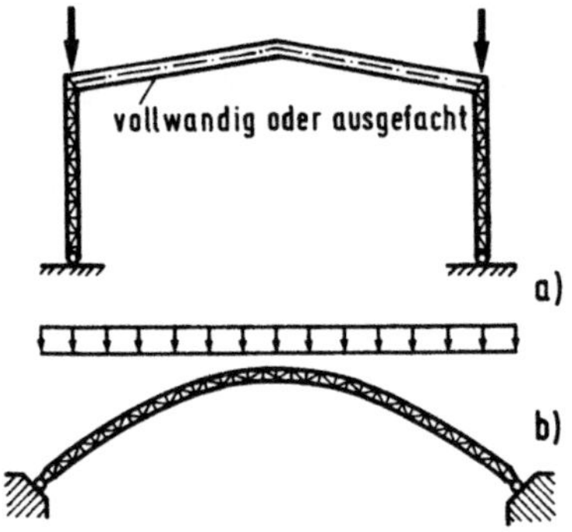

Bild 5.2

Die Knicklast folgt aus

$$D^*_{Ki} = \frac{\pi^2 EJ}{\beta^{*2} l^2} \tag{5.5}$$

und der Vergrößerungsfaktor für schubweiche, verschiebliche Tragwerke (B.5.2) zu:

$$\alpha = \frac{1}{1 - D/D^*_{Ki}} \tag{5.6}$$

Sind die aussteifenden Bauteile ihrerseits schubweich, kann die hiermit verbundene höhere Nachgiebigkeit durch Einführung reduzierter Ersatzbiegesteifigkeiten erfaßt werden, vgl. Anhang III.1.1/2.

c) Sind die Druckkräfte in den Stielen eines symmetrischen Rahmens ungleich, wird das Knickproblem zunächst unter der Annahme einer gleichhohen Beanspruchung gelöst. Der zugehörige Knicklängenfaktor wird mit β' abgekürzt. Der β-Wert des höher beanspruchten Stieles bei ungleicher Belastung folgt aus:

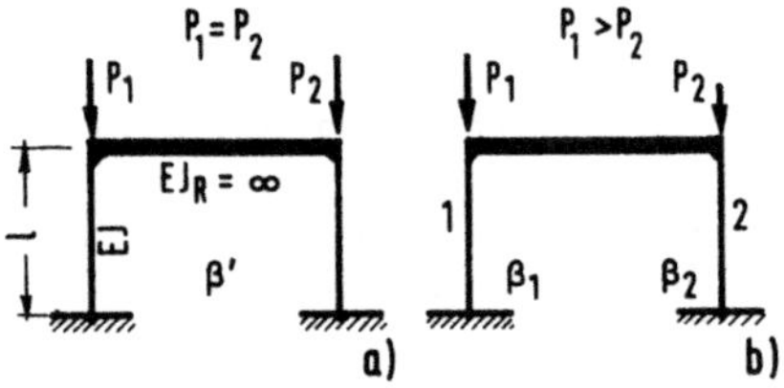

Bild 5.3

$$\beta_1 = \sqrt{\frac{1}{2}(1+m)} \cdot \beta' \leq \beta' \tag{5.7}$$

mit

$$m = \frac{\min P}{\max P} = \frac{P_2}{P_1} \tag{5.8}$$

Formel G.5.7 gilt streng für Rahmen mit unendlich großer Riegelsteifigkeit (B.5.3). Um das zu zeigen, wird die Summe der Knicklasten für die in B.5.3 dargestellten Rahmen gebildet, anschließend werden sie gleichgesetzt:

$$a:\ \Sigma P_{Ki} = (P_1 + P_2)_{Ki} = 2 \cdot P_{1Ki} = 2\frac{\pi^2 EJ}{\beta'^2 l^2} \tag{5.9}$$

$$b:\ \Sigma P_{Ki} = (P_1 + P_2)_{Ki} = (1 + P_2/P_1) \cdot P_{1Ki} = (1 + P_2/P_1) \cdot \frac{\pi^2 EJ}{\beta_1^2 \cdot l^2} = (1+m)\frac{\pi^2 EJ}{\beta_1^2 l^2} \tag{5.10}$$

Die Freistellung von β_1 ergibt G.5.7. Diese Art der Abschätzung ist auch auf andere Problemstellungen übertragbar.

5.2 Grundstäbe mit federelastischer Stützung der Stabenden (System Nr. 1 - 4)

5.2.1 Elasto-statische Lösung

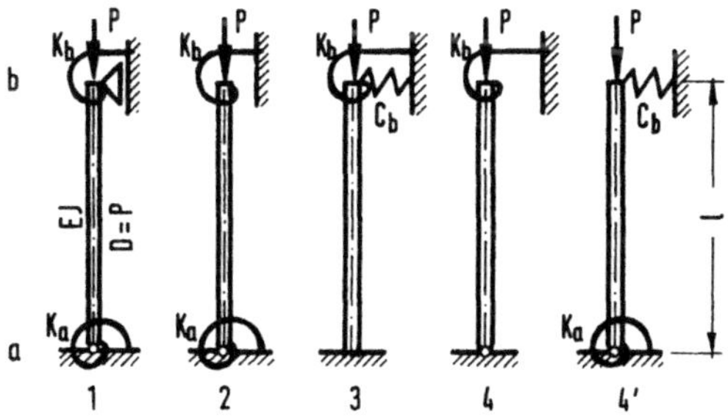

Bild 5.4

B.5.4 zeigt vier unterschiedlich gelagerte Druckstäbe. Die Stäbe sind mit 1 bis 4 durchnummeriert. Stab 1 ist unverschieblich, die Stäbe 2 bis 4 sind verschieblich. Die Stützung besteht aus Dreh- und Verschiebungsfedern. Die Federn repräsentieren irgendwelche stützenden (aussteifenden) Bauteile. Als Drehfederkonstante K ist jenes Moment definiert, das eine Verdrehung der Einheit Eins hervorruft (z.B. in der Einheit kNm/1). Die Federkonstante C einer Verschiebungsfeder ist jene Kraft, die eine Verschiebung der Einheit Eins bewirkt (z.B. in der Einheit kN/m), siehe B.5.5.
Um K bzw. C zu bestimmen, wird am Ort des die elastische Bindung bewirkenden Bauteiles ein Einheitsmoment bzw. eine Einheitskraft angesetzt und hierfür die Verdrehung bzw. Verschiebung berechnet; der Reziprokwert ist die gesuchte Federkonstante. Im Anhang III.1 sind die Formeln zur Berechnung der Drehfederkonstanden von Riegeln zusammengestellt.
Zur Kennzeichnung der federelastischen Bindungen wird der Quotient der Federzahl K bzw. C zur Biegesteifigkeit EJ des Druckstabes gebildet und zwar in der dimensionslosen Form:

$$\gamma = \frac{K\,l}{EJ}; \qquad \delta = \frac{C\,l^3}{EJ} \tag{5.11}$$

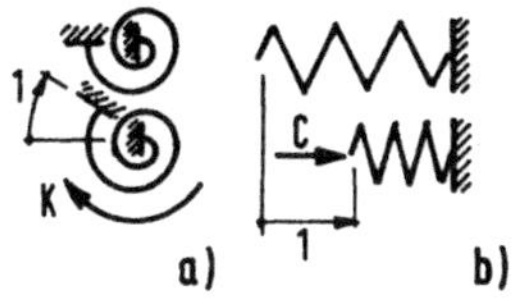

Bild 5.5

Die Tafeln 5.1 bis 5 enthalten die Knickbedingungen für die Grundstäbe 1 bis 4 und deren Auswertung in Form von Knicklängenfaktoren für den Parameterbereich:

$$0 \leq \gamma < \infty \quad \text{bzw.} \quad 0 \leq \delta < \infty$$

In den Fällen 1 und 2 (T.5.1/2) können γ_a und γ_b gegenseitig ausgetauscht werden. Verhinderte Verdrehung bedeutet $K=\infty$ ($1/\gamma = 0$) und verhinderte Verschiebung $C=\infty$ ($1/\delta = 0$). Die EULER-Fälle I bis VI sind in den Lösungen als Grenzfälle enthalten (vgl. Abschnitt 3.3.3).

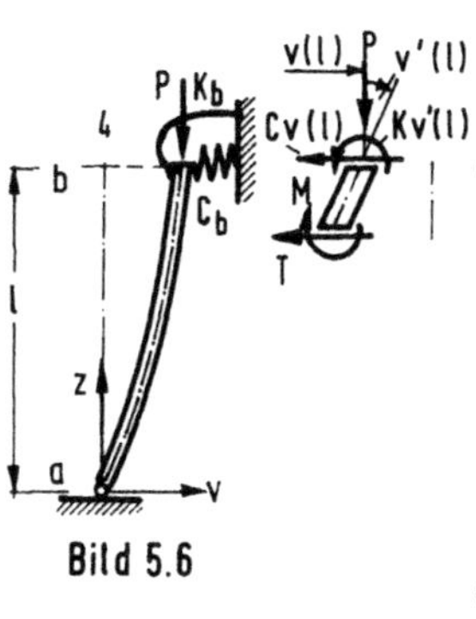

Bild 5.6

Die Knickgleichungen werden zweckmäßig in der Weise hergeleitet, daß am Ort der federelastischen Bindung, unmittelbar neben den Federn, ein transversaler Schnitt gelegt wird und für das verformte Stabelement (im ausgeknickten Zustand) die Gleichgewichtsgleichungen $\Sigma M=0$ und $\Sigma T=0$ formuliert werden. Im Falle des Grundstabes System 4 (B.5.6) lauten die Gleichungen beispielsweise für $z=l$:

$$M(l) - K \cdot v'(l) = 0, \quad T(l) + C \cdot v(l) = 0 \tag{5.12}$$

Für den Stützenfuß sind die Randbedingungen

$$v(0) = 0, \quad M(0) = 0 \tag{5.13}$$

einzuhalten.
Ausgehend vom Lösungssystem Th.II.Ordn. für gedrückte prismatische Stäbe werden die Randbedingungen formuliert. Das liefert für das vorliegende Beispiel das homogene Gleichungssystem für die Freiwerte C_1 bis C_4:

Tafel 5.1

Knicklängen System 1

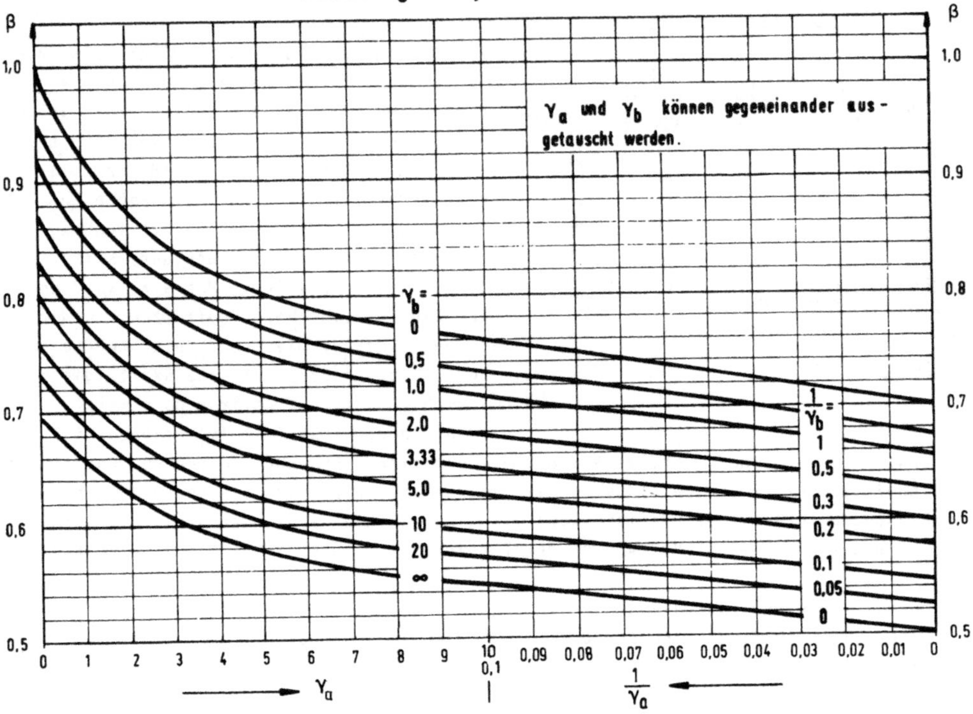

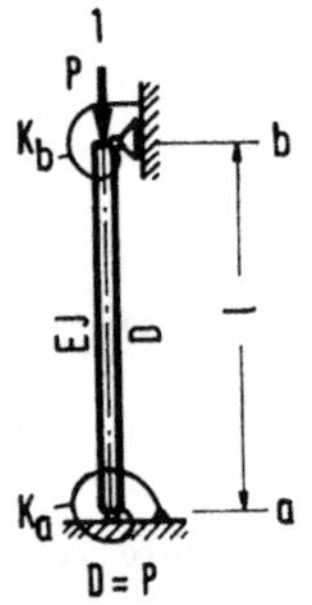

System 1:

Knickbedingung:

$$\varepsilon^3 \cdot \sin\varepsilon - (\gamma_a + \gamma_b) \cdot \varepsilon \cdot (\varepsilon \cdot \cos\varepsilon - \sin\varepsilon) + \gamma_a \cdot \gamma_b \, [2(1-\cos\varepsilon) - \varepsilon \cdot \sin\varepsilon] = 0$$

Parameter: $\gamma_a = \frac{K_a l}{EJ}$; $\gamma_b = \frac{K_b l}{EJ}$

Knicklänge: $s_K = \beta\, l$; Knicklast: $D_{Ki} = \frac{1}{\beta^2} \cdot \pi^2 \cdot \frac{EJ}{l^2}$, siehe Tafel 5.5

<u>Sonderfälle</u>: $K_a = 0$ ($\gamma_a = 0$) Gelenkige
$K_a = \infty$ ($\frac{1}{\gamma_a} = 0$) Eingespannte

Lagerung der Stielfüße einstöckiger, unverschieblicher Rahmen

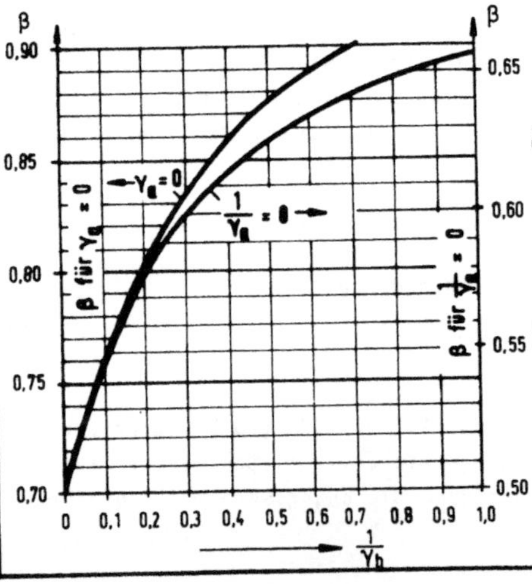

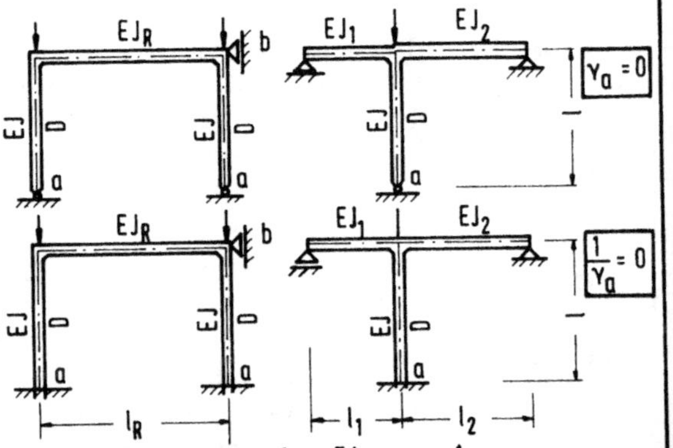

$$\frac{1}{\gamma_b} = \frac{1}{6}\,\frac{EJ}{EJ_R} \cdot \frac{l_R}{l} \qquad \frac{1}{\gamma_b} = \frac{EJ}{l} \cdot \frac{1}{3\left(\frac{EJ_1}{l_1} + \frac{EJ_2}{l_2}\right)}$$

Knicklängen System 2

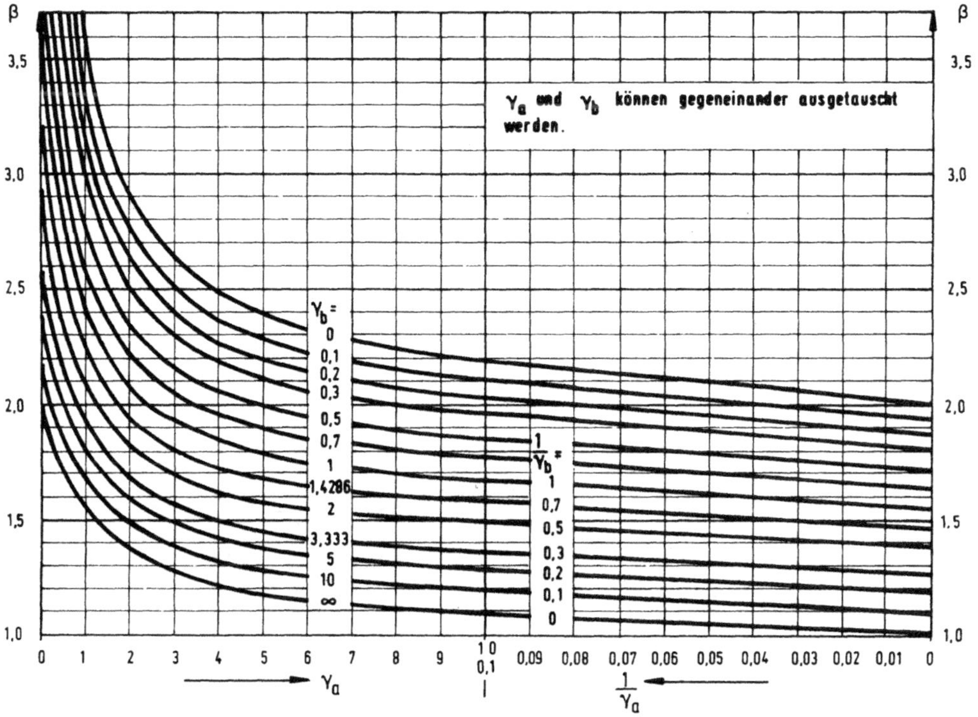

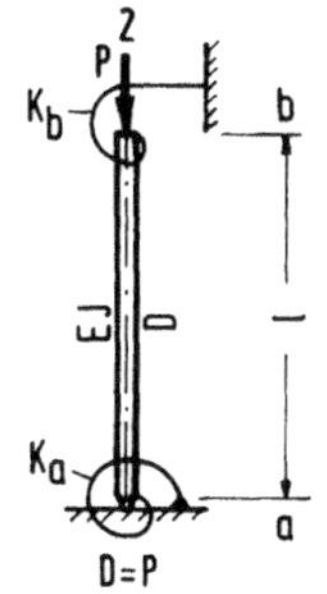

System 2:

Knickbedingung:

$$\varepsilon^2 \cdot \sin\varepsilon - (\gamma_a + \gamma_b) \cdot \varepsilon \cdot \cos\varepsilon - \gamma_a \cdot \gamma_b \cdot \sin\varepsilon = 0$$

Parameter: $\gamma_a = \dfrac{K_a l}{EJ}$; $\gamma_b = \dfrac{K_b l}{EJ}$

Knicklänge: $s_K = \beta l$; Knicklast: $D_{Ki} = \dfrac{1}{\beta^2} \cdot \pi^2 \dfrac{EJ}{l^2}$, siehe Tafel 5.5

(Die Sonderfälle $K_a = 0$ und $K_a = \infty$ sind auf den Tafeln der Systeme 3 und 4 ausgewiesen.)

Tafel 5.3

Knicklängen System 3

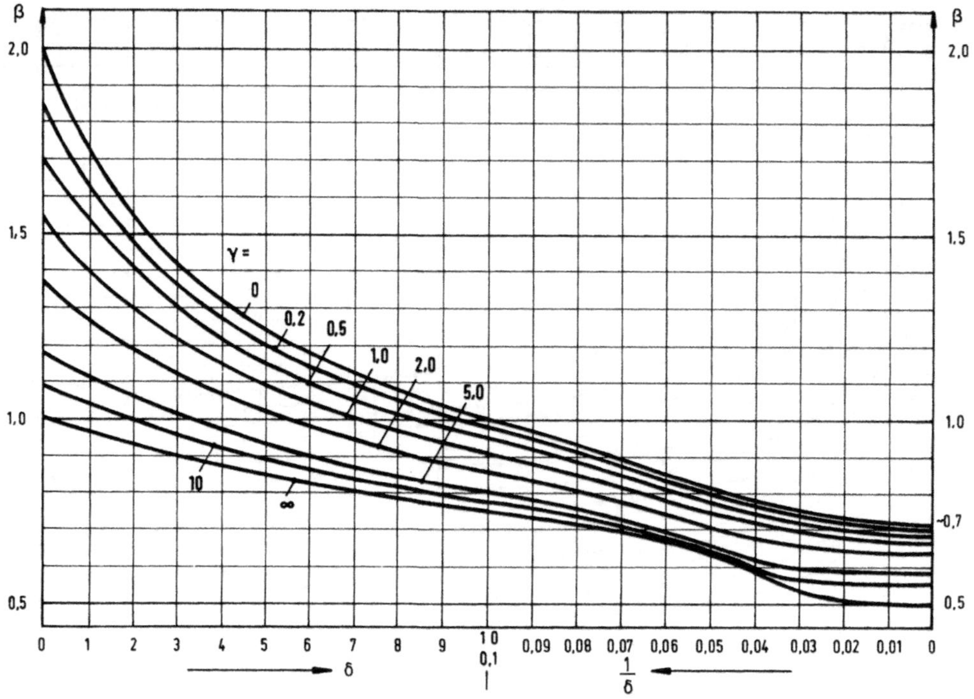

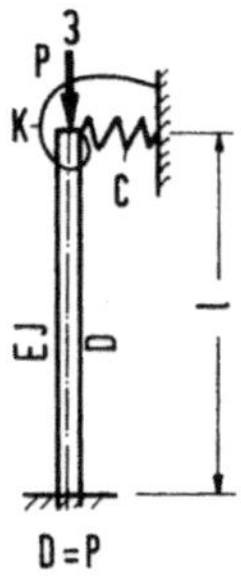

System 3:

Knickbedingung:

$$\varepsilon^4 \cdot \cos\varepsilon + \gamma \cdot \varepsilon^3 \cdot \sin\varepsilon - \delta \cdot \varepsilon \cdot (\varepsilon \cdot \cos\varepsilon - \sin\varepsilon) + \gamma \cdot \delta \cdot [2\,(1-\cos\varepsilon) - \varepsilon \cdot \sin\varepsilon] = 0$$

Parameter: $\delta = \dfrac{Cl^3}{EJ}$; $\gamma = \dfrac{Kl}{EJ}$

Knicklänge: $s_K = \beta\, l$

<u>Sonderfall</u> $C = 0$ ($\delta = 0$): Einstöckige, verschiebliche Rahmen mit eingespannter Lagerung der Stielfüße; vgl. Tafel III.2: Drehfederkonstante von Rahmenriegeln, antimetrisches Ausknicken.

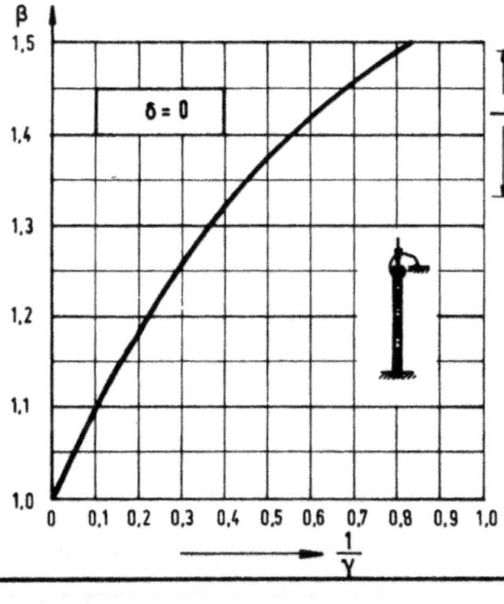

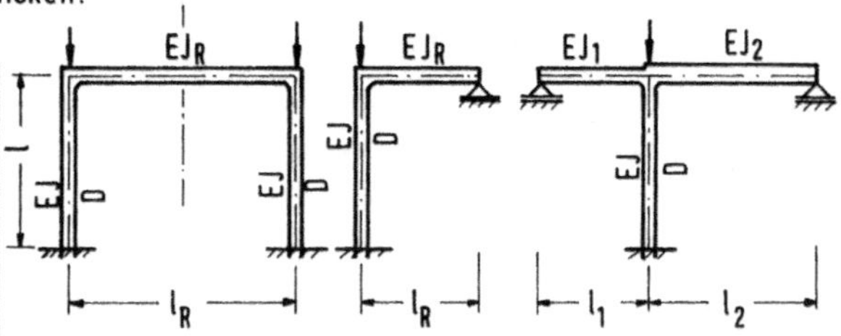

$$\frac{1}{\gamma} = \frac{1}{6}\,\frac{EJ}{EJ_R}\cdot\frac{l_R}{l} \qquad \frac{1}{\gamma} = \frac{1}{3}\,\frac{EJ}{EJ_R}\cdot\frac{l_R}{l} \qquad = \frac{EJ}{l}\cdot\frac{1}{3\left(\frac{EJ_1}{l_1} + \frac{EJ_2}{l_2}\right)}$$

[Sonderfall $C = \infty$ ($1/\delta = 0$) siehe System 1]

Knicklängen System 4 und 4'

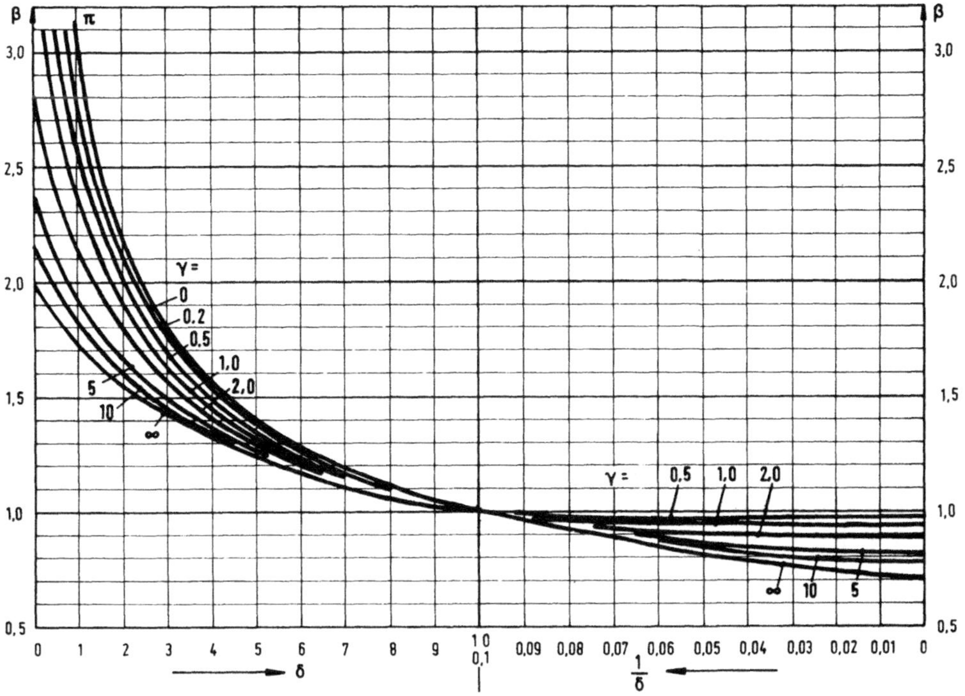

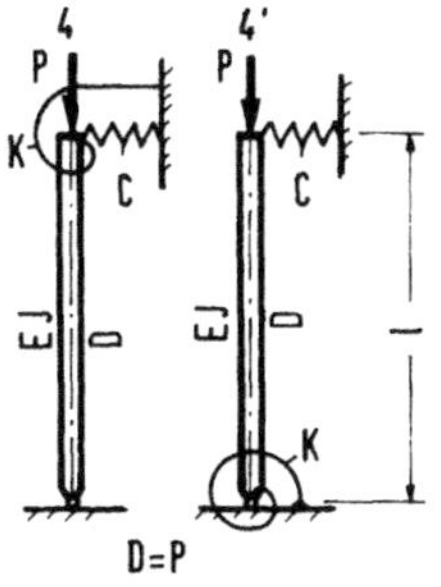

System 4 und 4':

Knickgleichung (gilt für beide Systeme):

$$\varepsilon^4 \cdot \sin\varepsilon - \gamma \cdot \varepsilon^3 \cdot \cos\varepsilon - \delta \cdot \varepsilon^2 \cdot \sin\varepsilon + \gamma \cdot \delta \cdot (\varepsilon \cdot \cos\varepsilon - \sin\varepsilon) = 0$$

Parameter: $\delta = \frac{Cl^3}{EJ}$; $\gamma = \frac{Kl}{EJ}$

Knicklänge: $s_K = \beta l$

<u>Sonderfall</u> C = 0 (δ = 0): Einstöckiger, verschieblicher Rahmen mit gelenkiger Lagerung der Stielfüße; vgl. Tafel III.2: Drehfederkonstante von Rahmenriegeln, antimetrisches Ausknicken.

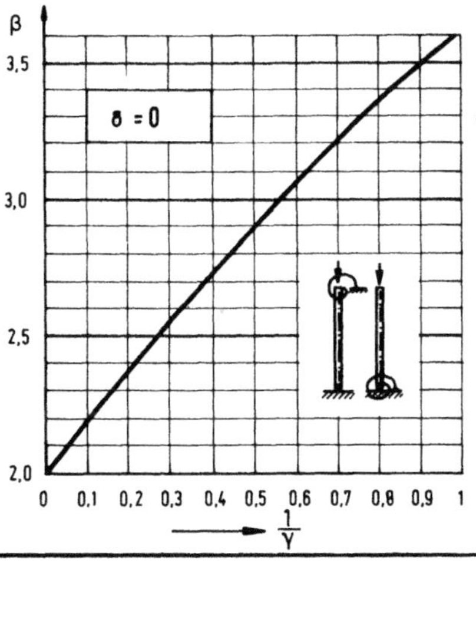

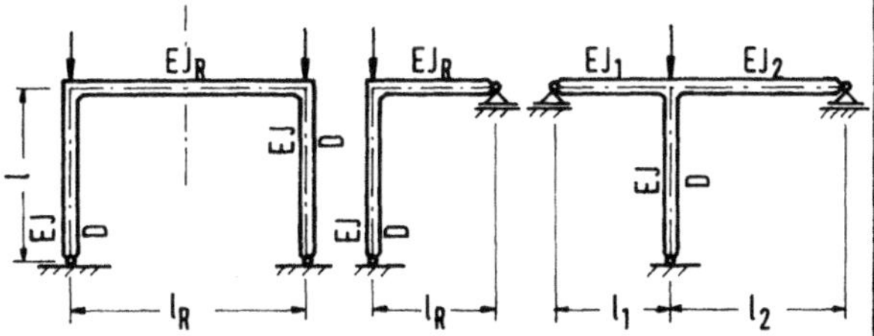

$$\frac{1}{\gamma} = \frac{1}{6}\frac{EJ}{EJ_R} \cdot \frac{l_R}{l} \qquad \frac{1}{\gamma} = \frac{1}{3}\frac{EJ}{EJ_R} \cdot \frac{l_R}{l} \qquad \frac{1}{\gamma} = \frac{EJ}{l} \cdot \frac{1}{3\left(\frac{EJ_1}{l_1} + \frac{EJ_2}{l_2}\right)}$$

Elastisch eingespannte Stützen:

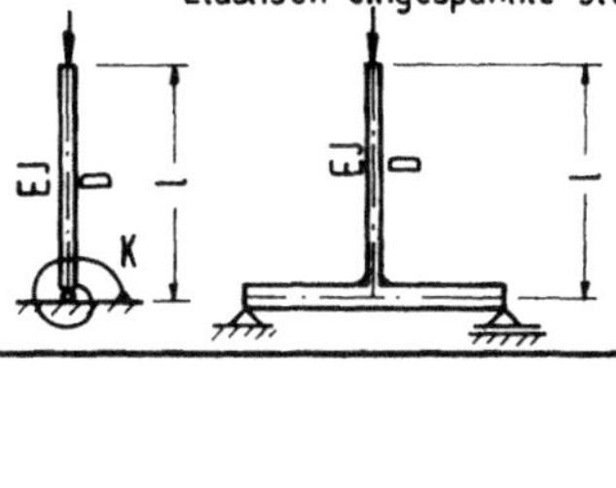

[Sonderfall C = ∞ (1/δ = 0) siehe System 1]

Tafel 5.5

Knicklängen Systeme 1 und 2

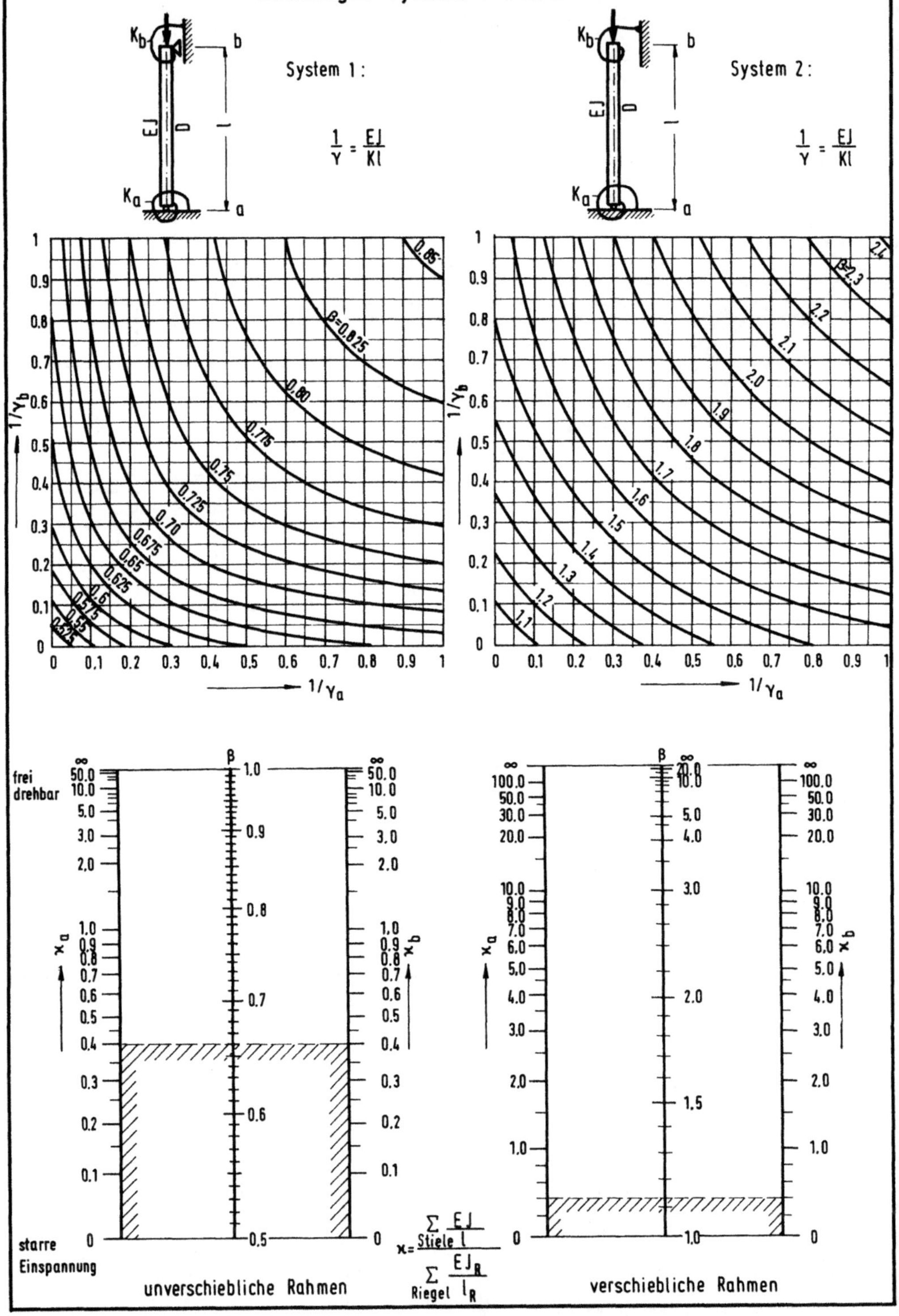

	C_1	C_2	C_3	C_4	
$v(0)=0$	0	1	0	1	$=0$
$v'(0)=0$	0	$\frac{\varepsilon^2}{l^2}$	0	0	$=0$
$\frac{1}{EJ}[M(l)-K\cdot v'(l)]=0$	$\frac{\varepsilon^2}{l^2}\sin\varepsilon - \frac{K}{EJ}\frac{\varepsilon}{l}\cos\varepsilon$	$\frac{\varepsilon^2}{l^2}\cos\varepsilon + \frac{K}{EJ}\frac{\varepsilon}{l}\sin\varepsilon$	$-\frac{K}{EJ}\frac{\varepsilon}{l}$	0	$=0$
$\frac{1}{EJ}[T(l)+C\cdot v(l)]=0$	$\frac{C}{EJ}\sin\varepsilon$	$\frac{C}{EJ}\cos\varepsilon$	$-\frac{\varepsilon^3}{l^3}+\frac{C}{EJ}\frac{\varepsilon}{l}$	$\frac{C}{EJ}$	$=0$

(5.14)

Wird die Nennerdeterminante ausmultipliziert und Null gesetzt, ergibt sich die Knickbedingung. Die Gleichung ist transzendent, der Eigenwert ε_{Ki} wird durch Probieren bestimmt. Mit ε_{Ki} ist auch $\beta=\pi/\varepsilon_{Ki}$ bekannt (vgl. Abschnitt 3.3).

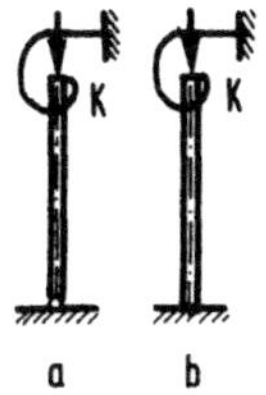

verschieblich:

a: $\beta = 2\cdot\sqrt{1+2.13\left(\frac{1}{\gamma}\right)+0.152\left(\frac{1}{\gamma}\right)^2}$

b: $\beta = 1\cdot\sqrt{1+2.16\left(\frac{1}{\gamma}\right)-0.760\left(\frac{1}{\gamma}\right)^2}$

Gültigkeitsbereich: $0 \leq \frac{1}{\gamma} \leq 1.0$

Bild 5.7

Für den verschieblichen Druckstab mit Fußgelenk bzw. starrer Fußeinspannung und drehfederelastischer Stützung am Stützenkopf gelten die in B.5.7 angeschriebenen β-Formeln als Funktion von

$$\frac{1}{\gamma}=\frac{EJ}{Kl} \qquad (5.15)$$

(Vgl. auch T.5.3/4 unten.)

Für die Grundstäbe 1 und 2, die sich zur Abschätzung der Knicklängen (Ersatzstablängen) unverschieblicher bzw. verschieblicher Rahmentragwerke eignen, läßt sich eine gegenüber den Tafeln 5.1/2 günstigere Diagrammform angeben, wenn $1/\gamma_a$ und $1/\gamma_b$ auf den Achsen angetragen werden und β im Schnittpunkt des vorgelegten Wertepaares abgegriffen wird, vgl. T.5.5 oben. Die folgenden Abschnitte enthalten Beispiele zur Verwertung der Grundfälle für baupraktische Stabilitätsnachweise. Die Grundfälle wurden schon früh behandelt [5.5 u.5.6].

5.2.2 Kragstütze mit Fußeinspannung

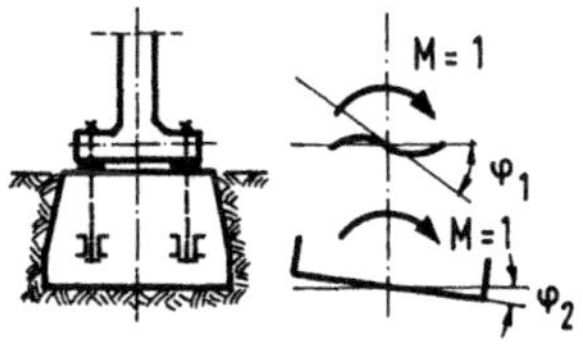

Bild 5.8

Stützeneinspannungen in Fundamenten sind in strengem Sinne nie starr sondern immer mehr oder weniger drehelastisch. Die Nachgiebigkeit ist zum einen durch die konstruktive Ausbildung der Stützenfüße (φ_1 in B.5.8) und zum anderen durch die elastische Lagerung der Fundamente auf dem Baugrund, Pfahlrost oder anderweitigen Unterstützungskonstruktionen (φ_2 in B.5.8) bedingt. Die Drehfederkonstante der bodenelastischen Einspannung wird nach bodenmechanischen Methoden aus der Verkantung des Fundamentes berechnet (Anhang III.2). Der Reziprokwert von $(\varphi_1+\varphi_2)$ ist die gesuchte Drehfederkonstante K.

Da die Einspannung i.allg. relativ groß ist, wirkt sich die Nachgiebigkeit nur geringfügig auf β und α aus; es genügt eine grobe Abschätzung von K. Am ausgeprägtesten ist der Einfluß bei Kragstützen auf nachgiebigem Baugrund. Ist K bestimmt, wird $1/\gamma$ berechnet und hierfür aus T.5.4 unten ($\delta=0$) β abgelesen. β kann auch nach der in B.5.7 angeschriebenen Formel (a) berechnet werden. Schließlich ist es möglich, mittels der Formeln

$$\beta = \pi\cdot\sqrt{\frac{5}{12}+\frac{1}{\gamma}} \qquad (5.16)$$

$$\beta = \pi\cdot\sqrt{\frac{4}{\pi^2}+\frac{1}{\gamma}} \qquad (5.17)$$

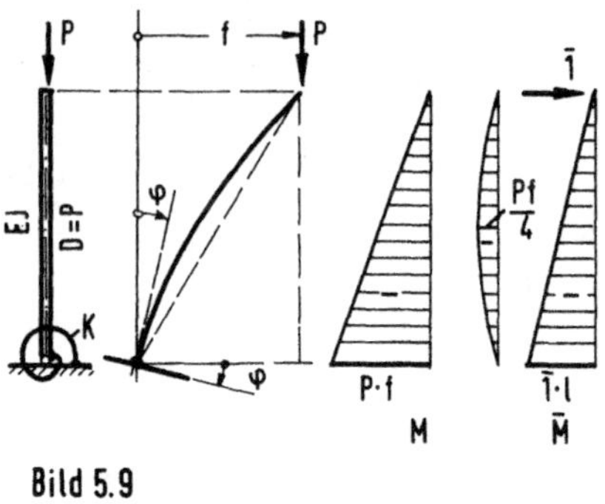

Bild 5.9

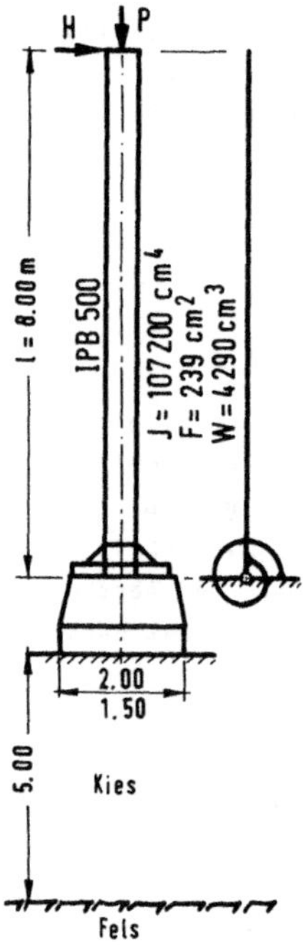

Bild 5.10

den β-Wert zu bestimmen. Die Formeln lassen sich nach dem Durchbiegungsverfahren ableiten, vgl. B.5.9 und Abschnitt 3.2.3.1.

Beispiel: Stählerne Kragstütze (B.5.10)

Das Fundament wird auf Kiessand (mitteldicht) gegründet. Es wird angesetzt: Steifeziffer: $S=10\,000\ N/cm^2$; E-Modul: $E=0{,}743\cdot10\,000=7430\ N/cm^2$ (vgl. Anhang III.2).

Für die Bodenfläche b/a=1,33 folgt: k=0,7; t/b=5,0/2,0=2,5 ⟶ i=4,4.

Drehfederkonstante (G.III.12):

$$K = 1{,}5\cdot10^2\cdot2{,}0^2\cdot10^4\cdot\frac{7430}{4{,}4\cdot0{,}7} = 1{,}447\cdot10^{10}\ \mathrm{Ncm/1}$$

$$\gamma = \frac{Kl}{EJ} = \frac{1{,}447\cdot10^{10}\cdot800}{2{,}1\cdot10^7\cdot107\,200} = 5{,}14 \longrightarrow \frac{1}{\gamma} = 0{,}195$$

Fundament und Stützeneinspannung werden als starr bewertet. Aus T.5.4 (unten) liest man ab:

$\beta=2{,}36\ (>2{,}00) \longrightarrow s_K=2{,}36\cdot8{,}00=18{,}88$ m

$$D_{Ki} = \frac{\pi^2}{\beta^2}\cdot\frac{EJ}{l^2} = 6\,233\ \mathrm{kN}$$

Gegeben sei: P=1150 kN, H=35 kN. Anschnittmoment nach Th.I. Ordn.:

$$M^I = 35\cdot8 = 280\ \mathrm{kNm}$$

Für $\nu=1{,}71$-fache Lasten ergibt sich mit Hilfe des Verformungsfaktors α:

$$M^{II} = 1{,}71\cdot280\cdot\frac{1}{1-1{,}71\cdot1150/6233} = 1{,}71\cdot280\cdot1{,}461 = 699{,}5\ \mathrm{kNm}$$

$$D^{II} = 1{,}71\cdot1150 = 1960\ \mathrm{kN};\quad \sigma^{II} = 1966/239 \pm 69950/4290$$
$$= 8{,}23 \pm 16{,}31 = 24{,}54\ \mathrm{kN/cm^2}$$

Der Verformungseinfluß mit α=1,461 ist offensichtlich bedeutend. Einrechnung einer Schrägstellung $\psi_0=1/250$ für $\nu=1{,}50$-fache Lasten.

Abtriebskraft im Bemessungszustand:

$$H_{\psi_0} = \nu\cdot P\psi_0 = 1{,}5\cdot1150/250 = 6{,}90\ \mathrm{kN}$$

$$M^{II} = 1{,}50(35+6{,}9)\cdot8{,}0\cdot\frac{1}{1-1{,}50\cdot1150/6233} = 1{,}38\cdot502{,}8 = \underline{695{,}2\ \mathrm{kNm}}$$

$$D^{II} = 1{,}50\cdot1150 = \underline{1725\ \mathrm{kN}};\quad \sigma^{II} = 1725/239 \pm 69520/4290$$
$$= 7{,}22 \pm 16{,}21 = \underline{23{,}43\ \mathrm{kN/cm^2}}$$

Die Formel (a) in B.5.7 und die Formeln G.5.16/17 liefern:

$$\beta = 2\sqrt{1+2{,}13\cdot0{,}195+0{,}152\cdot0{,}195^2} = 2{,}38$$

$$\beta = \pi\sqrt{\frac{5}{12}+0{,}195} = 2{,}46$$

$$\beta = \pi\sqrt{\frac{4}{\pi^2}+0{,}195} = 2{,}43$$

Wählt man für die Steifeziffer einen doppelt so hohen Wert ($S=20\,000\ kN/cm^2$) ergibt sich β=2,18.

5.2.3 Einhüftige Rahmensysteme

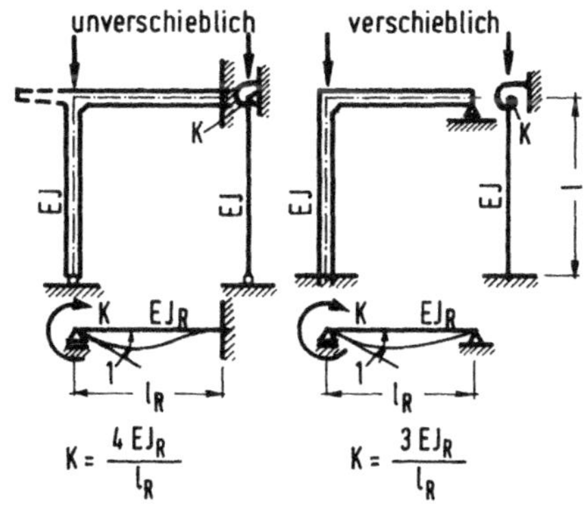

Bild 5.11

Die Drehfederkonstante am Stützenkopf berechnet sich aus der Stabsteifigkeit des anschließenden Riegels (B.5.11), sie ist damit auch von der Lagerung des Riegels am gegenüberliegenden Ende abhängig. Die Wahl des Ersatzstabes richtet sich nach den Randbedingungen des Druckstieles. In B.5.12 und 13 sind diverse Systeme zusammengestellt und die K-Zahlen eingetragen. Die Riegel können auch schräg verlaufen, im Extremfall auch vertikal. Bei zwei Riegeln addieren sich deren Federzahlen zur Knotenzahl K.

Durchstößt den Knoten ein Querriegel, kann dessen Torsionssteifigkeit in die Drehfederkonstante einbezogen werden.

Bei der Berechnung der Drehfederkonstanten aus den angeschlossenen Stäben ist darauf zu achten,

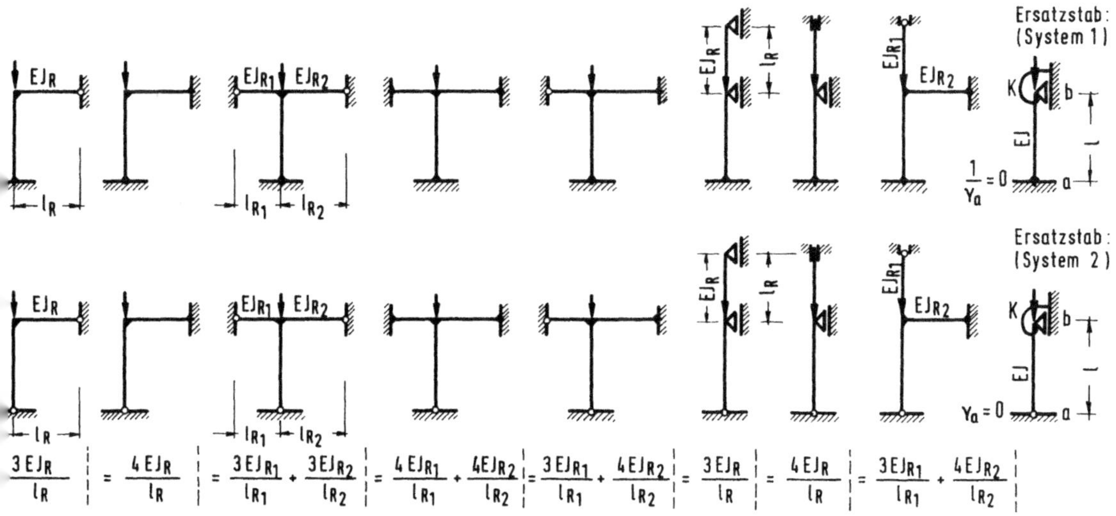

Bild 5.12

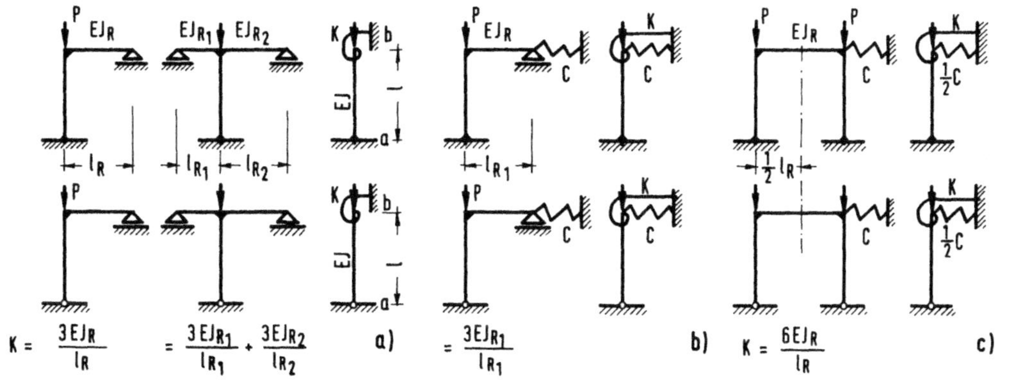

Bild 5.13

daß die Stäbe selbst druckkraftfrei sind, zumindest müssen die Druckkräfte vergleichsweise gering sein. Druckkräfte bewirken eine Verminderung, Zugkräfte eine Erhöhung der Biegesteifigkeit. - Bei Stahlbetongliedern ist ggf. die beanspruchungsabhängige Minderung der Riegelsteifigkeiten infolge Zustand II zu berücksichtigen.

In B.5.13 b/c sind neben Drehfedern noch Verschiebungsfedern vorhanden. K und C dürfen nicht gekoppelt sein.

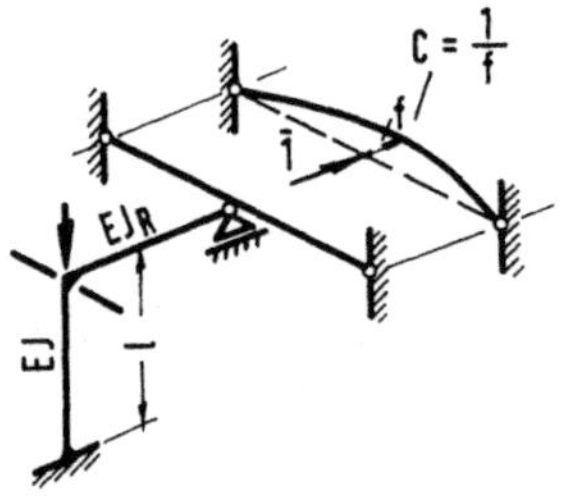

Bild 5.14

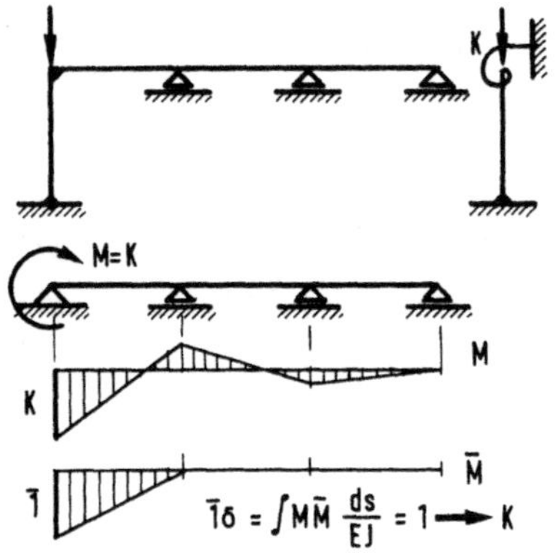

Bild 5.15

Wie eine Verschiebungsfeder zustandekommen kann, zeigt B.5.14. - Bezüglich Berechnung der Drehfederkonstanten K wird auf den Anhang, Abschnitt III.1 verwiesen. B.5.15 gibt einen Hinweis, wie unter Verwendung des Reduktionssatzes K zu berechnen ist, wenn ein Riegel über mehrere Felder durchläuft.

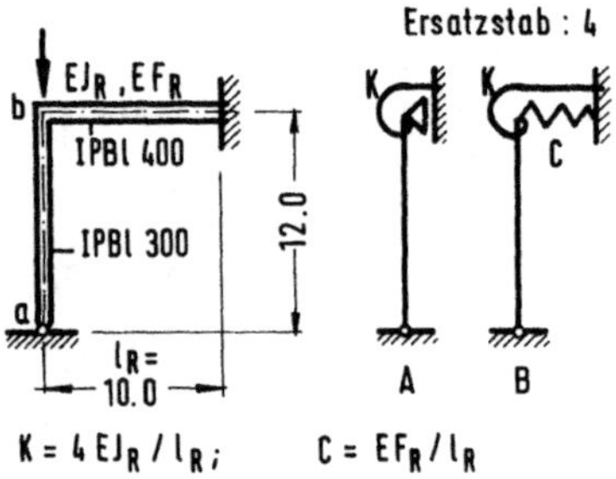

Bild 5.16

1. Beispiel: Unverschieblicher stählerner Rahmen (B.5.16)

Es werden zwei Fälle untersucht: Ohne und mit Berücksichtigung der Dehnsteifigkeit des Riegels: Gemäß G.5.11 ergibt sich:

$$\gamma = \frac{Kl}{EJ} = 4\,\frac{EJ_R \cdot l}{EJ \cdot l_R} = 4\,\frac{45070 \cdot 12}{18260 \cdot 10} = 11{,}85, \quad \frac{1}{\gamma} = 0{,}0844$$

$$\delta = \frac{Cl^3}{EJ} = \frac{EF_R \cdot l^3}{EJ \cdot l_R} = \frac{159 \cdot 1200^2 \cdot 12}{18260 \cdot 10} = 15\,047, \quad \frac{1}{\delta} \approx 0$$

Im Hinblick auf die große Dehnsteifigkeit kann der Druckstab offensichtlich als unverschieblich betrachtet werden. Aus T.5.1 liest man für $\gamma_a = 0$ und $1/\gamma_b = 0{,}0844$ den Wert $\beta = 0{,}75$ ab.

2. Beispiel: Stahlbetonrahmen (B.5.17)

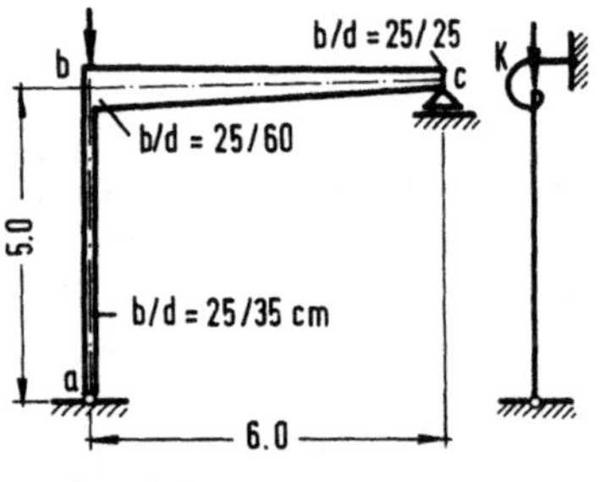

Bild 5.17

Ohne beanspruchungsabhängige Reduktion der Riegelsteifigkeit ergibt sich:

$$\text{Stiel}: \quad J = 2{,}5 \cdot 3{,}5^3 / 12 = 8{,}93\ \text{dm}^4$$

$$\text{Riegel}: \quad J_{Rb} = 2{,}5 \cdot 6{,}0^3 / 12 = 45{,}0\ \text{dm}^4 \quad (= J_A)$$

Tafel III.2 liefert für

$$\frac{d_B}{d_A} = \frac{d_c}{d_b} = \frac{25}{60} = 0{,}42 \longrightarrow \varkappa = 3{,}3$$

$$K = \frac{EJ_A}{2 l_R}\,\varkappa = \frac{E \cdot 45}{2 \cdot 60} \cdot 3{,}3 = 1{,}24E$$

$$\gamma = \frac{Kl}{EJ} = \frac{1{,}24 \cdot E \cdot 50}{E \cdot 8{,}93} = 6{,}93 \longrightarrow \frac{1}{\gamma} = 0{,}144 \longrightarrow \quad \beta = 2{,}28$$

Wird eine 75%ige Reduktion der Riegelsteifigkeit eingerechnet, ergibt sich:

$$\gamma = 0{,}75 \cdot 6{,}93 = 5{,}20 \longrightarrow 1/\gamma = 0{,}192 \longrightarrow \beta = 2{,}35 \quad \text{(Tafel 5.4 unten)}$$

5.2.4 Einstöckige, regelmäßige Rahmensysteme

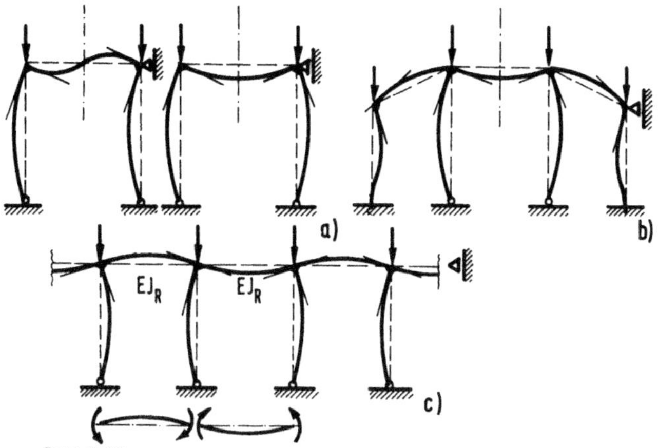

Bild 5.18

Im Falle symmetrischer Rahmen und Druckkraftverteilungen lassen sich die Stiele in einfacher Weise auf die Grundstäbe zurückführen. Um das zu erkennen, ist es zweckmäßig, die Knickfiguren zu zeichnen.

Im Falle eines zweistieligen u n v e r s c h i e b l i c h e n Rahmens (B.5.18a) stellt sich eine symmetrische Knickfigur ein, weil zur antimetrischen Form eine höhere Drehfederkonstante gehört. Das ist auch dann der Fall, wenn der Rahmen eine ungerade Felderzahl aufweist (B.5.18b). Ist die Felderzahl gerade, läßt sich i.allg. nicht vorhersagen, ob der kleinere Knickwert zu einer symmetrischen oder antimetrischen Knickfigur gehört; vgl. den folgenden Abschnitt. Für Druckstiele einer regelmäßigen Rahmenkette läßt sich K zu

$$K = 2 \cdot \frac{2EJ_R}{l_R} = 4\frac{EJ_R}{l_R} \qquad (5.18)$$

angeben. Im übrigen wird auf die Berechnungsformeln der T.III.2 verwiesen.

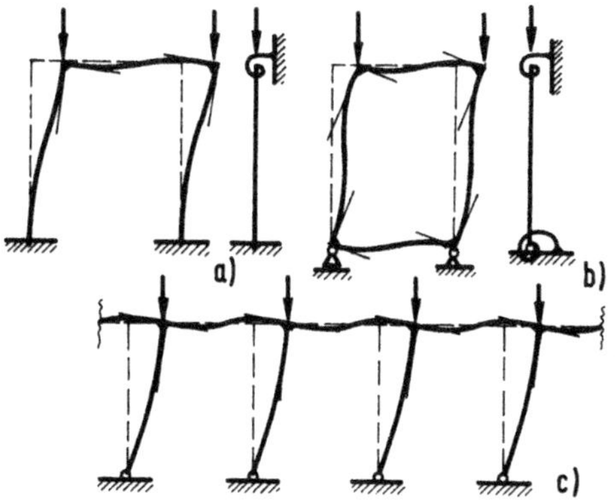

Bild 5.19

Die Knickfigur v e r s c h i e b l i c h e r Rahmentragwerke ist i.allg. durch ein seitliches Ausweichen gekennzeichnet. Im Falle eines symmetrischen Systems und Grundbelastungszustandes ist die Knickfigur antimetrisch (B.5.19). Bei zweistieligen Rahmen und bei regelmäßigen Rahmenketten liegen die Momentennullpunkte in den Riegelmitten. Diese erleiden zudem keine Verschiebung quer zur Riegelachse. Der Ersatzriegelstab für die Berechnung der Drehfederkonstanten liegt damit fest. Tafel III.2 enthält weitere Angaben.

Ist die Druckbeanspruchung in den Stielen ungleich, wird gemäß G.5.7 verfahren.

5.2.5 Einstöckige, unregelmäßige Rahmensysteme

Die Knicklängen der Stiele lassen sich näherungsweise dadurch bestimmen, daß die Knickfigur des Systems skizziert und die Wendepunkte der Riegelbiegelinie geschätzt werden. Erscheint diese Schätzung zu unsicher, können die Wendepunkte an die Orte der Momentennullpunkte der Riegel, die sich aus einer Berechnung nach Th.I.Ordn. für eine Horizontalkraft H (z.B. Windlast) ergeben, in guter Näherung gelegt werden. Die Wendepunkte werden als unverschieblich quer zur Stabachse betrachtet, damit zerfällt das System in mehrere Grundstäbe, für die die Knicklängen einzeln bestimmt werden.

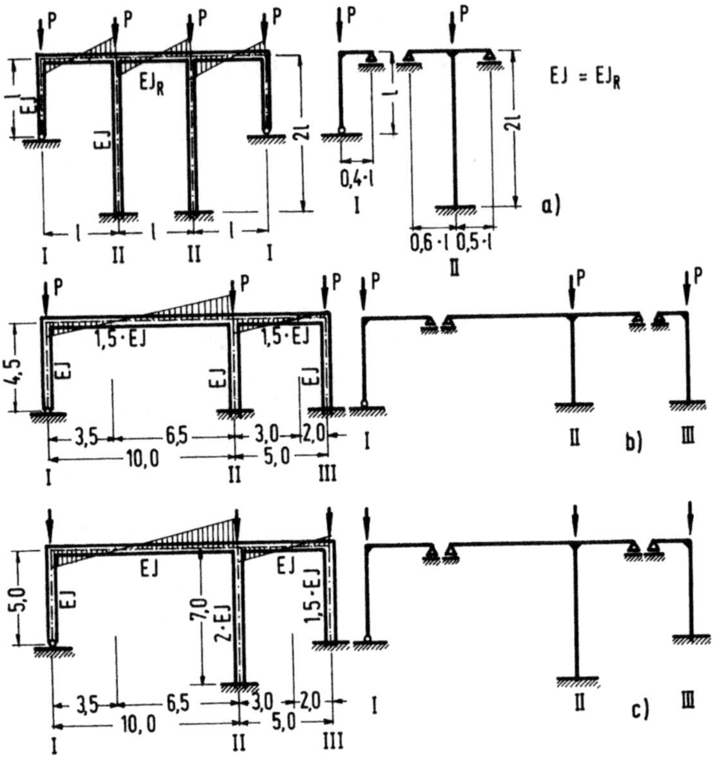

Die Genauigkeit derartiger Abschätzungen wird an drei Beispielen demonstriert, es handelt sich um verschiebliche Rahmen.

Bild 5.20

1. Beispiel: Symmetrischer, vierstieliger Rahmen (B.5.20a)
Das System wird in zwei Untersysteme zerlegt, sie werden mit I und II bezeichnet, vgl. Bildteil a, rechts. Die Rechnung liefert:

$$\text{Stab I}: \; l_R \approx 0{,}4\,l;\; K = 3\frac{EJ_R}{l_R} \longrightarrow \gamma = \frac{Kl}{EJ} = 7{,}50 \longrightarrow \beta_I = 2{,}26 \quad (\text{T. 5.4})$$

$$\text{Stab II}: \; l_{Rl} \approx 0{,}6\,l,\; l_{Rr} = 0{,}5\,l;\; K = 3\frac{EJ_{Rl}}{l_{Rl}} + 3\frac{EJ_{Rr}}{l_{Rr}} \longrightarrow \gamma = 22{,}0 \longrightarrow \beta_{II} = 1{,}05 \quad (\text{T. 5.3})$$

Aus der elasto-statischen Verzweigungslast des Gesamtsystems (deren Berechnung hier nicht wiedergegeben wird), folgen $\beta_I = 2{,}28$ und $\beta_{II} = 1{,}14$. Die Unterschiede sind gering, das gilt insbesondere für die Bestimmung des Vergrößerungsfaktors α. D_{Ki} des Gesamtsystems beträgt:

$$D_{Ki} = \Sigma D_{Ki,i} = 2 \cdot D_{Ki,I} + 2 \cdot D_{Ki,II} = 2 \cdot \frac{\pi^2 EJ_I}{\beta_I^2 l_I^2} + 2 \cdot \frac{\pi^2 EJ_{II}}{\beta_{II}^2 l_{II}^2} = 2\frac{\pi^2 EJ}{l^2}\left(\frac{1}{\beta_I^2} + \frac{1}{4\beta_{II}^2}\right) \qquad (5.19)$$

Bei der Berechnung von α gemäß G.5.2 ist D die ν-fache, lotrechte Gesamtlast. Im Vorverformungslastfall ist für jede Stütze die Abtriebskraft $P \cdot \psi_0$ zu berechnen. Deren Summe wirkt als Horizontallast auf das Gesamtsystem.

2. Beispiel: Unsymmetrischer, dreistieliger Rahmen (B.5.20b)
Die Stiele sind gleichlang. Nach Abschätzung der Nullpunkte, Zerlegung des Systems in die Untersysteme I, II und III, werden die Drehfederkonstanten berechnet und die β-Werte abgegriffen; es ergibt sich:

$$\text{Stab I}: \; \gamma = 5{,}79 \longrightarrow \beta = 2{,}38 \quad (1{,}28)$$

$$\text{Stab II}: \; \gamma = 2{,}02 \longrightarrow \beta = 1{,}37 \quad (1{,}28)$$

$$\text{Stab III}: \; \gamma = 13{,}5 \longrightarrow \beta = 1{,}10 \quad (1{,}28)$$

Die Klammerwerte geben die β-Zahlen der elasto-statischen Verzweigungstheorie an: Da die Eigenwerte ε_{Ki} aller Stiele gleich groß sind, ergeben sich gleich große β-Werte. Offensichtlich differieren die Knicklängenbeiwerte beträchtlich, für die Stäbe I und II liegen sie auf der sicheren Seite. Für die Knicklast des Gesamtsystems findet man:

$$\text{Näherung: } D_{Ki} = D_{Ki,I} + D_{Ki,II} + D_{Ki,III} = \left(\frac{1}{\beta_I^2} + \frac{1}{\beta_{II}^2} + \frac{1}{\beta_{III}^2}\right)\frac{\pi^2 EJ}{l^2} = 1{,}536\,\frac{\pi^2 EJ}{l^2}$$

$$\text{Verzweigungstheorie: } D_{Ki} = 1{,}831\,\frac{\pi^2 EJ}{l^2}$$

3. Beispiel: Unsymmetrischer, dreistieliger Rahmen (B.5.20c)
Länge und Steifigkeit der Stiele sind ungleich. Die Rechnung ergibt:

$$\text{Stab I}: \quad \gamma = 4{,}29 \longrightarrow \beta = 1{,}24\ (1{,}29)$$

$$\text{Stab II}: \quad \gamma = 1{,}105 \longrightarrow \beta = 1{,}52\ (1{,}31)$$

$$\text{Stab III}: \quad \gamma = 5{,}00 \longrightarrow \beta = 1{,}19\ (1{,}56)$$

Für die Knicklast des Gesamtsystems folgt:

$$\text{Näherung: } D_{Ki} = \frac{\pi^2 EJ}{\beta_I^2 5{,}0^2} + \frac{\pi^2 (2EJ)}{\beta_{II}^2 7{,}0^2} + \frac{\pi^2 (1{,}5EJ)}{\beta_{III}^2 5{,}0^2} = 2{,}151\,\frac{\pi^2 EJ}{5{,}0^2}$$

$$\text{Verzweigungstheorie: } D_{Ki} = 1{,}812\,\frac{\pi^2 EJ}{5{,}0^2}$$

Werden die Wendepunkte (Trennstellen) in den Beispielen verschoben, ist die Änderung der β-Werte gering.
Bei der mehr oder weniger willkürlichen Zerlegung des Gesamttragwerkes in isolierte Stäbe (oder Untersysteme) geht der gegenseitige Zusammenhang verloren. Im Gesamtsystem werden höher beanspruchte Druckstiele durch geringer beanspruchte gestützt, dadurch ergibt sich für erstere eine geringere Knicklänge als für letztere. Diese Aussage gilt unter der Voraussetzung elastischen Verhaltens bis zur Gleichgewichtsverzweigung. Da eine Bemessung als Spannungsproblem Th.II.Ordn. die Einhaltung des elastischen Bereiches sicherstellt, kann auf die elasto-statische Knicklast des Gesamtsystems Bezug genommen werden. Näherungsabschätzungen von D_{Ki} als Summe der Knicklasten der Untersysteme sind zur Berechnung des Vergrößerungsfaktors α auch geeignet. Selbst wenn in ungünstigen Fällen die D_{Ki}-Werte solcher Abschätzungen von den D_{Ki}-Werten der Verzweigungstheorie um bis zu 20% abweichen, wirkt sich das auf die α-Werte nur in wenigen Prozenten bzw. Promille aus.

5.2.6 Regelmäßige Stockwerkrahmen

5.2.6.1 Vorbemerkungen

Um eine ausreichende Sicherheit zu gewährleisten, ist es bei mehrgeschossigen Stockwerkrahmen i.allg. notwendig, den Stabilitätsnachweis nach den in den Abschnitten 3 und 4 zusammengestellten Verfahren zu führen. Ein Nachweis auf der Grundlage Th.II.Ordn. ist grundsätzlich vorzuziehen. Die Bezugnahme auf die Knicklänge (Ersatzstablänge) der Einzelstiele kann zu Interpretationsschwierigkeiten führen, vgl. Abschnitt 3.3.4 und den folgenden Abschnitt.-In Ergänzung zu dem in Abschnitt 3 aufgelisteten Schrifttum zur Verzweigungstheorie von Stockwerkrahmen und Rahmenträger wird auf [5.7-5.10]hingewiesen.

5.2.6.2 Knicklängen für globales Systemknicken

Für regelmäßige Stockwerkrahmen mit zwei, drei und vier Geschossen konstanter Höhe und konstanten Riegel- und Stielsteifigkeiten, enthält T.5.6 die Knicklängenbeiwerte β der Verzweigungstheorie. Hat ein realer Rahmen eine größere Breitenerstreckung (wie z.B.

Mehrgeschossige, regelmäßige Stockwerkrahmen: Systemknicken

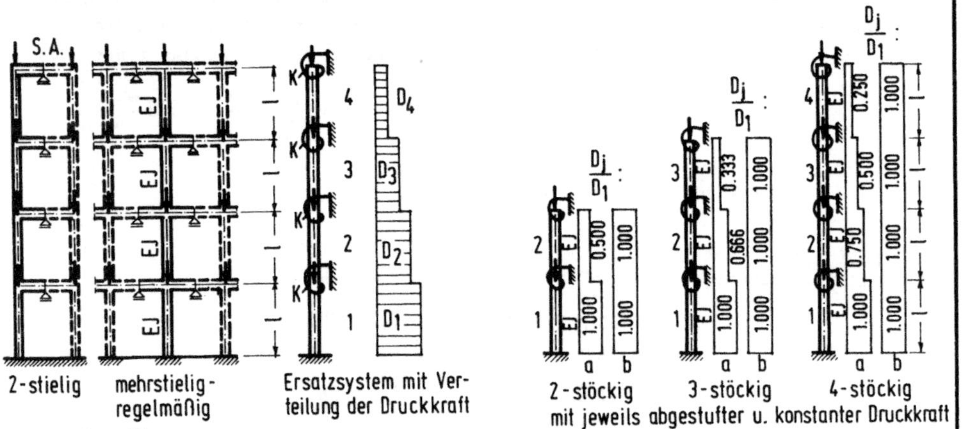

Parameter: $\frac{1}{\gamma} = \frac{EJ}{Kl}$; EJ: Biegesteifigkeit der Stiele, l: Länge der Stiele (Stockwerkhöhe),
K: Riegel-Drehfederkonstante (vgl. Tafel III.2).

β_1 für den unteren Stiel folgt aus der Tafel. $\beta_j = \beta_1 \cdot \sqrt{\frac{D_1}{D_j}} \geq \beta_1$ (j = 2, 3, ...)

Knicklängen: $s_{Ki_j} = \beta_j \cdot l$; Knickkräfte: $D_{Ki_j} = \frac{1}{\beta_j^2} \cdot \frac{\pi^2 EJ}{l^2}$

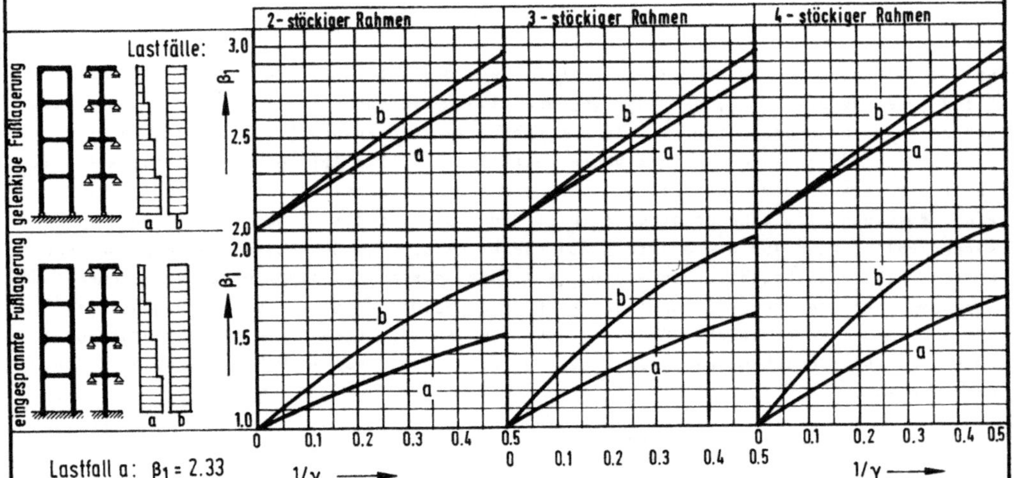

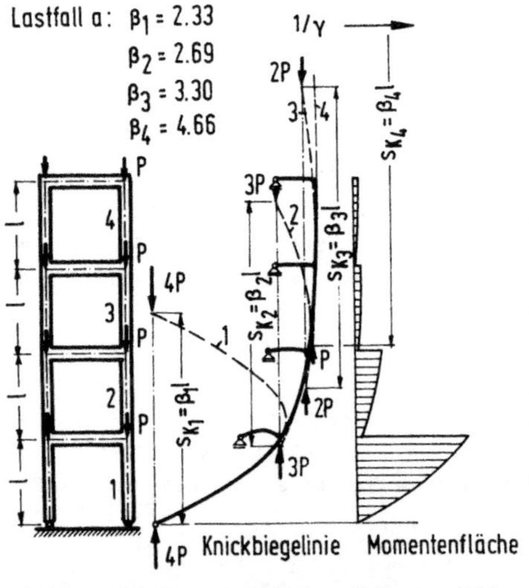

Gelenkige Fußlagerung; $1/\gamma = 0{,}2$: $\beta_1 = 2{,}33$

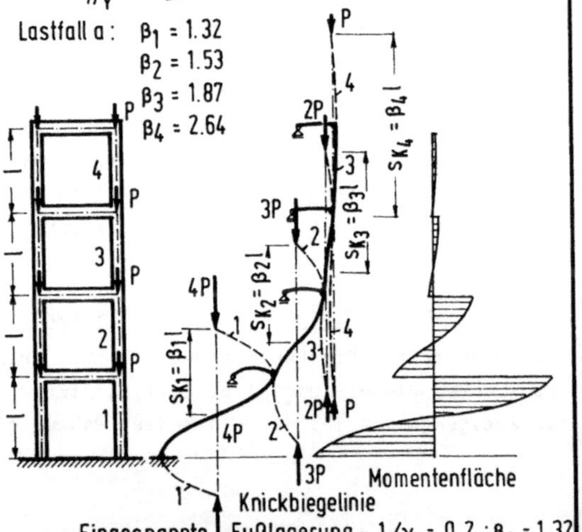

Eingespannte Fußlagerung; $1/\gamma = 0{,}2$: $\beta_1 = 1{,}32$

bei den Längsrahmen in den Fassadenebenen von Hochbauten), kann bei gleicher Beanspruchung der Stiele innerhalb der Stockwerke ein mittiger Stiel herausgetrennt werden. Ist der Rahmen zweistielig und symmetrisch, genügt es gleichfalls, nur einen Stiel zu betrachten. In diesen Fällen liegen die Momentennullpunkte der Knickfigur in den Riegelmitten. Die Druckkraft ist i.allg. über die Höhe der Rahmenstiele variabel, sie nimmt von oben nach unten in Höhe der Riegel sprunghaft zu. In T.5.6 ist der Knicklängenbeiwert für den untersten Stiel (β_1) für gelenkige und eingespannte Fußlagerung ausgewiesen [5.2]. In Abhängigkeit von

$$\frac{1}{\gamma} = \frac{EJ}{Kl}$$

wird β_1 abgelesen, die β-Werte der darüberliegenden Stiele j werden zu

$$\beta_j = \sqrt{\frac{D_1}{D_j}} \cdot \beta_1 \geq \beta_1 \quad (j = 2,3,\cdots) \qquad (5.20)$$

berechnet.

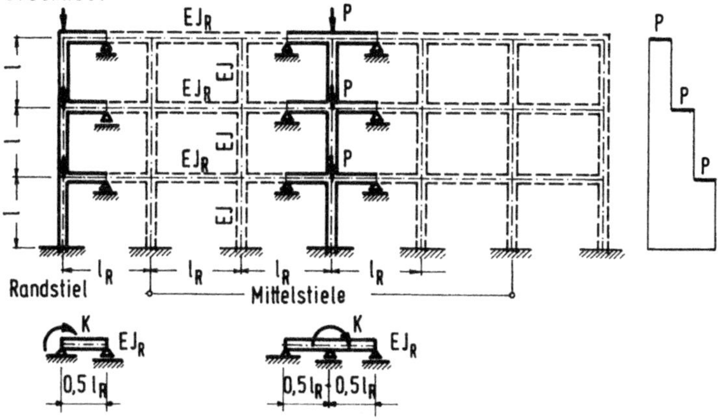

Bild 5.21

Die Vorgehensweise wird an dem in B.5.21 dargestellten Rahmen gezeigt. Das System ist siebenstielig, dreistöckig und hat folgende Merkmale:

$$\frac{EJ}{EJ_R} = 0{,}8\,, \quad \frac{l_R}{l} = \frac{4}{3} = 1{,}333$$

Es wird angenommen, daß sämtliche Wendepunkte in den Riegelmitten liegen. Hierfür ergibt sich:

$$\text{Mittelstiele: } K = \frac{3 \cdot EJ_R}{0{,}5 \cdot l_R} + \frac{3 \cdot EJ_R}{0{,}5 \cdot l_R} = \frac{12 \cdot EJ_R}{l_R} \longrightarrow \frac{1}{\gamma} = \frac{1}{12}\frac{EJ \cdot l_R}{EJ_R \cdot l} = \frac{1}{12} 0{,}8 \cdot 1{,}33 = 0{,}089$$

$$\text{Randstiele: } K = \frac{3 \cdot EJ_R}{0{,}5 \cdot l_R} = 6\frac{EJ_R}{l_R} \longrightarrow \frac{1}{\gamma} = \frac{1}{6}\frac{0{,}75 EJ}{EJ_R}\frac{l_R}{l} = \frac{1}{6} 0{,}75 \cdot 0{,}8 \cdot 1{,}33 = 0{,}133$$

Druckkraftverteilung (vgl. B.51 rechts): Fall a gemäß T.5.6:

$$\sqrt{D_1/D_2} = \sqrt{1/0{,}666} = 1{,}225; \qquad \sqrt{D_1/D_3} = 1{,}731$$

Aus T.5.6 folgt:

$$\text{Mittelstiele: } \beta_1 = 1{,}14;\ \beta_2 = 1{,}225 \cdot 1{,}14 = 1{,}39;\ \beta_3 = 1{,}731 \cdot 1{,}14 = 1{,}97$$

$$\text{Randstiele: } \beta_1 = 1{,}21;\ \beta_2 = 1{,}225 \cdot 1{,}21 = 1{,}48;\ \beta_3 = 1{,}731 \cdot 1{,}21 = 2{,}10$$

Für den jeweils unteren Mittel- und Randstiel findet man die Knicklasten zu:

$$\text{Mittelstiele: } D_{Ki,1} = \frac{1}{1{,}14} \cdot \frac{\pi^2 EJ}{l^2} = 0{,}694\,\frac{\pi^2 EJ}{l^2}, \quad \text{Randstiele: } D_{Ki,1} = \frac{1}{1{,}21} \cdot \frac{\pi^2 0{,}75 EJ}{l^2} = 0{,}511\frac{\pi^2 EJ}{l^2}$$

Die Knicklasten der darüberliegenden Stiele j werden aus $D_{Ki,1}$ gemäß

$$D_{Ki,j} = \frac{D_j}{D_1} \cdot D_{Ki,1} \qquad (5.21)$$

umgerechnet. Die Knicklast pro Geschoß folgt als Summe über alle Stiele. Damit kann pro Geschoß der Vergrößerungsfaktor α angegeben werden.

Für die auf T.5.6 unten dargestellten Beispiele in Form zweistieliger, vierstöckiger Rahmen, einmal mit Fußgelenk und einmal mit starrer Einspannung findet man:

Gelenkige Lagerung : D: abgestuft (Fall a): $\beta_1 = 2{,}33$, $\beta_2 = 2{,}69$, $\beta_3 = 3{,}30$, $\beta_4 = 4{,}66$;
D: konstant: (Fall b): $\beta_1 = \beta_2 = \beta_3 = \beta_4 = 2{,}49$;

Starre Einspannung : D: abgestuft (Fall a): $\beta_1 = 1{,}32$, $\beta_2 = 1{,}53$, $\beta_3 = 1{,}87$, $\beta_4 = 2{,}64$;
D: konstant (Fall b): $\beta_1 = \beta_2 = \beta_3 = \beta_4 = 1{,}61$.

Die gegenseitige Stützung der unterschiedlich hoch beanspruchten Druckstiele wirkt sich im Falle einer gelenkigen Lagerung nur schwach (β_1=2,33 statt 2,49), im Falle einer starren Lagerung dagegen stärker aus (β_1=1,32 statt 1,61). Bei gelenkiger Fußlagerung sind alle β-Werte, auch diejenigen der oberen Geschosse größer 2!

Bei konstanter Druckkraft über die ganze Höhe sind im Falle einer gelenkigen Fußlagerung die Momente in den Fußpunkten der einzelnen Stiele im Knickfall Null, d.h., der Rahmen zerfällt in übereinander getürmte, einstöckige Zweigelenkrahmen. Daher sind die β-Werte für konstante Druckkraft unabhängig von der Anzahl der Stockwerke. Das trifft angenähert auch für ungleichförmige Druckkraftverteilungen zu, vgl. T.5.6. Die Tafel gilt somit auch dann, wenn die Anzahl der Stockwerke größer als vier ist.

5.2.6.3 Knicklängen für lokales Systemknicken

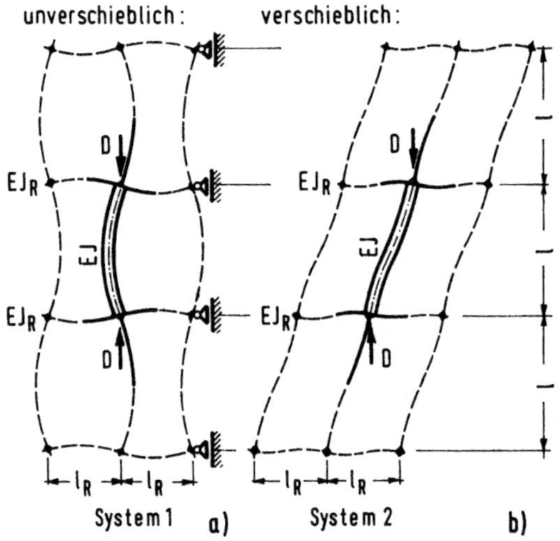

Bild 5.22

Im Gegensatz zum vorangegangenen Abschnitt, in dem ein gesamtheitliches elasto-statisches Tragverhalten unterstellt wurde, läßt sich das "Knicken" auch als lokales Versagen deuten. Diese Deutung entspricht einer plasto-statischen Betrachtungsweise und ist insofern (möglicherweise) realistischer als eine auf elasto-statischer Basis beruhende Verzweigungsberechnung.

Bei u n v e r s c h i e b l i c h e n Systemen wird die Knicklänge vielfach gleich der Stielhöhe gewählt. Möglich ist auch eine Rückführung auf den Grundstab 1 mit beidseitiger drehfederelastischer Einspannung (vgl. B.5.22a und T.5.5).

Bei v e r s c h i e b l i c h e n Systemen werden die Wendepunkte in den Riegelmitten angenommen; damit lassen sich die Drehfederkonstanten berechnen. β folgt aus T.5.5, vgl. auch B.5.22b.

Bei der Bestimmung der Drehfederkonstanten ist zu beachten, daß bei innerhalb der Rahmenwerke liegenden Knoten die Riegel sowohl den darunter wie den darüber liegenden Druckstiel stützen, es ist daher die Drehfederzahl aus den Nachbarriegeln zu halbieren. Bei dem obersten Riegel steht das volle K zur Verfügung. Um Irrtümer auszuschließen, sind in B.5.23 sämtliche Fälle zusammengestellt und die K-Zahlen angeschrieben, sie können unmittelbar verwertet werden (sie sind durch einen Strich indiziert).

1. Beispiel: Regelmäßige Rahmenstruktur, unverschieblich (B.5.23a)

Merkmale des Rahmens:

$$\frac{EJ}{EJ_R} = 0{,}8 \,; \quad \frac{l_R}{l} = 1{,}25$$

Mittelstiel, oberstes Geschoß:

$$\text{oben: } K_a' = 4\,\frac{EJ_R}{l_R} \qquad \frac{1}{\gamma_a} = \frac{EJ}{K_a' l} = \frac{1}{4}\cdot\frac{EJ}{EJ_R}\cdot\frac{l_R}{l} = \frac{1}{4}\,0{,}8\cdot 1{,}25 = 0{,}25$$

$$\text{unten: } K_b' = 2\,\frac{EJ_R}{l_R} \qquad \frac{1}{\gamma_b} = \frac{EJ}{K_b' l} = \frac{1}{2}\cdot\frac{EJ}{EJ_R}\cdot\frac{l_R}{l} = \frac{1}{2}\,0{,}8\cdot 1{,}25 = 0{,}50$$

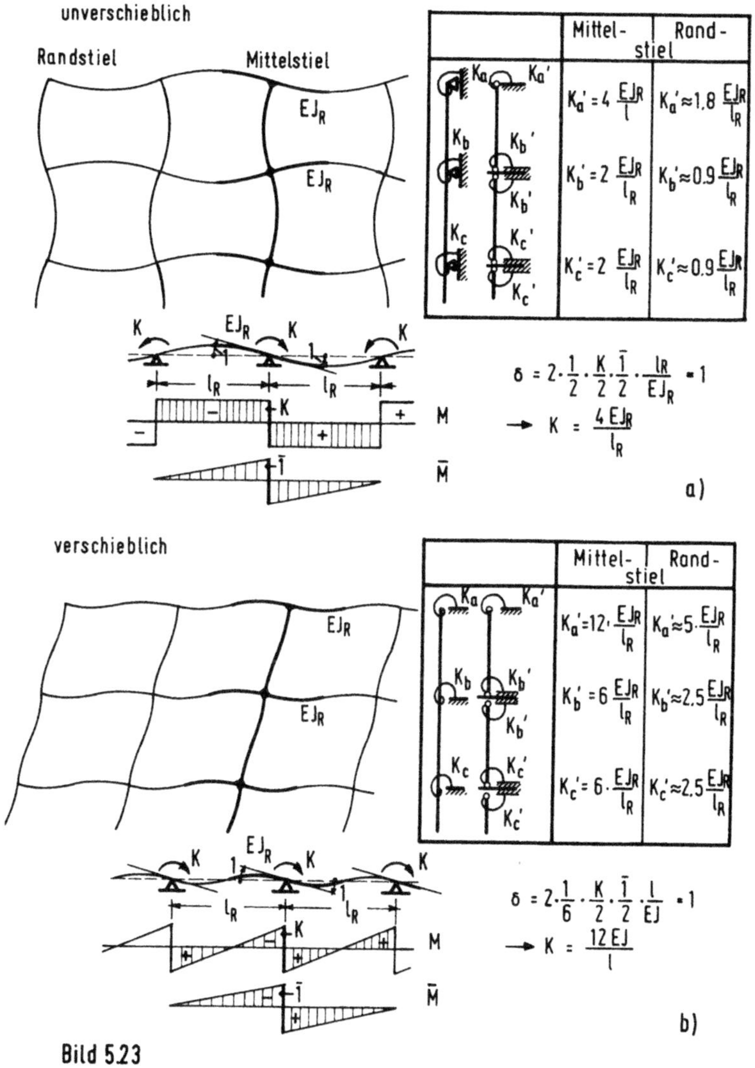

Bild 5.23

Aus T.5.5 liest man ab: β=0,73. Das auf derselben Tafel angegebene Nomogramm führt zum selben Ergebnis; die Summen in der $\varkappa$-Formel erstrecken sich knotenweise auf sämtliche Stiele (Zähler) bzw. Riegel (Nenner):

$$\varkappa_a = \frac{\frac{EJ}{l}}{2\frac{EJ_R}{l_R}} = \frac{1}{2}\cdot\frac{EJ}{l}\cdot\frac{l_R}{EJ_R} = 0{,}50; \quad \varkappa_b = \frac{2\frac{EJ}{l}}{2\frac{EJ_R}{l_R}} = \frac{EJ}{l}\cdot\frac{l_R}{EJ_R} = 1{,}00 \longrightarrow \beta = 0{,}73$$

Mittelstiel, mittleres Geschoß:

$$K_a' = K_b' = 2\frac{EJ_R}{l_R} \longrightarrow \frac{1}{\gamma_a} = \frac{1}{\gamma_b} = 0{,}50 \longrightarrow \beta = 0{,}77$$

$$\varkappa_a = \varkappa_b = 1{,}00 \longrightarrow \beta = 0{,}77$$

Randstiel, oberstes Geschoß:

$$\text{oben: } K_a' \approx 1{,}8\frac{EJ_R}{l_R} \longrightarrow \frac{1}{\gamma_a} = \frac{EJ}{K_a' l} = \frac{1}{1{,}8}\cdot\frac{EJ}{EJ_R}\cdot\frac{l_R}{l} = \frac{1}{1{,}8}\cdot 0{,}8\cdot 1{,}25 = 0{,}56$$

$$\text{unten: } K_b' \approx 0{,}9\frac{EJ_R}{l_R} \longrightarrow \frac{1}{\gamma_b} = \frac{EJ}{K_b' l} = \frac{1}{0{,}9}\cdot\frac{EJ}{EJ_R}\cdot\frac{l_R}{l} = \frac{1}{0{,}9}\cdot 0{,}9\cdot 1{,}25 = 1{,}11$$

Aus T.5.5 bzw. 5.1 folgt β=0,83.

Randstiel, mittleres Geschoß:

$$K_a' = K_b' \approx 0{,}9\frac{EJ_R}{l_R} \longrightarrow \frac{1}{\gamma_a} = \frac{1}{\gamma_b} = 1{,}11 \longrightarrow \beta = 0{,}87$$

2. Beispiel: Regelmäßige Rahmenstruktur, verschieblich (B.5.23b).
Es wird von denselben Merkmalen wie im ersten Beispiel ausgegangen:
Mittelstiel, oberstes Geschoß:

$$\text{oben: } K_a' = 12\frac{EJ_R}{l_R} \longrightarrow \frac{1}{\gamma_a} = \frac{EJ}{K_a' l} = \frac{1}{12}\cdot\frac{EJ}{EJ_R}\cdot\frac{l_R}{l} = \frac{1}{12}\cdot 0{,}8\cdot 1{,}25 = 0{,}0833$$

$$\text{unten: } K_b' = 6\frac{EJ_R}{l_R} \longrightarrow \frac{1}{\gamma_b} = \frac{EJ}{K_b' l} = \frac{1}{6}\cdot\frac{EJ}{EJ_R}\cdot\frac{l_R}{l} = \frac{1}{6}\cdot 0{,}8\cdot 1{,}25 = 0{,}1667$$

Aus T.5.5 liest man ab: β=1,24. Das Nomogramm auf derselben Tafel liefert ($\varkappa_a$ und $\varkappa_b$ können vom ersten Beispiel übernommen werden):

$$\varkappa_a = 0{,}50; \quad \varkappa_b = 1{,}00 \longrightarrow \beta = 1{,}24$$

Mittelstiel, mittleres Geschoß:

$$K_a' = K_b' = 0{,}1667 \longrightarrow \beta = 1{,}32; \quad \varkappa_a = \varkappa_b = 1{,}00 \longrightarrow \beta = 1{,}32$$

Randstiel, oberstes Geschoß:

$$K_a' \approx 5\frac{EJ_R}{l_R} \longrightarrow \frac{1}{\gamma_a} = \frac{EJ}{K_a' l} = \frac{1}{5}\cdot\frac{EJ}{EJ_R}\cdot\frac{l_R}{l} = \frac{1}{5}\, 0{,}8\cdot 1{,}25 = 0{,}20$$

$$K_b' \approx 2{,}5\frac{EJ_R}{l_R} \longrightarrow \frac{1}{\gamma_b} = \frac{EJ}{K_b' l} = \frac{1}{2{,}5}\cdot\frac{EJ}{EJ_R}\cdot\frac{l_R}{l} = \frac{1}{2{,}5}\, 0{,}8\cdot 1{,}25 = 0{,}40$$

Randstiel, mittleres Geschoß:

$$K_a' = K_b' = 2{,}5\cdot\frac{EJ_R}{l_R} \longrightarrow \frac{1}{\gamma_a} = \frac{1}{\gamma_b} = 0{,}40 \longrightarrow \beta = 1{,}69$$

5.2.6.4 Zusammenfassung - Empfehlungen

a) Unverschiebliche Rahmen:

a1) Gelenkige Lagerung der untersten Stielreihe: $\beta = 1{,}00$

a2) Eingespannte Lagerung der untersten Stielreihe: $\beta = 0{,}85$ oder nach T.5.5/1

b) Verschiebliche Rahmen:

b1) Gelenkige Lagerung der untersten Stielreihe: T.5.6: $\beta > 2$ für alle Stiele

b2) Eingespannte Lagerung der untersten Stielreihe: T.5.5/2: $\beta > 1$

Bei verschieblichen Rahmen wird pro Stockwerk die Stockwerksknickkraft

$$D_{Ki,j} = \sum_{k=1}^{n} D_{Ki,jk} = \sum_{k=1}^{n} \frac{\pi^2 \cdot EJ_{jk}}{\beta_{jk}^2 \cdot l_{jk}^2} \tag{5.21}$$

und hiermit

$$\alpha_j = \frac{1}{1 - \dfrac{D_j}{D_{Ki,j}}} \tag{5.22}$$

berechnet. D_j ist die Stockwerkskraft unter ν-facher Belastung (also die Summe aller Stielkräfte im Stockwerk j):

$$D_j = \sum_{k=1}^{n} D_{jk} \tag{5.23}$$

j ist die Stockwerks- und k die Stielnummer. Die Anzahl der Stiele pro Stockwerk ist n. In jedem Stockwerk werden die Abtriebskräfte infolge Schrägstellung bestimmt und als horizontale Kraft in Riegelhöhe angesetzt:

$$H_{0,j} = \sum_{k=1}^{n} H_{0,jk} = \sum_{k=1}^{n} D_{jk} \cdot \psi_{0,jk} \tag{5.24}$$

5.3 Einstöckige Rechteckrahmen mit ungleichen Stiellängen (System Nr. 5 und 6)

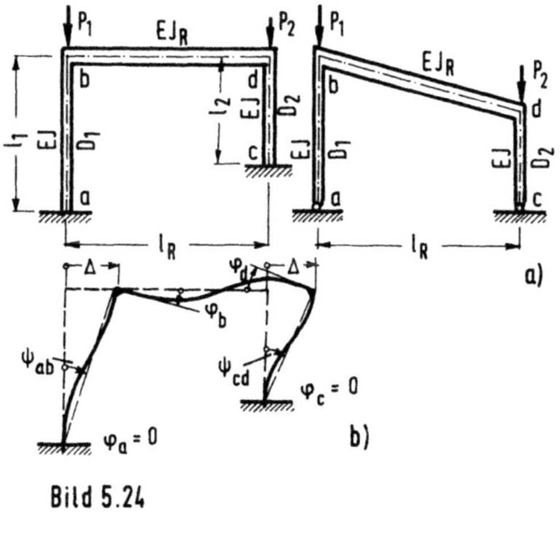

Bild 5.24

Es treten drei Verformungsgrößen als Bezugsunbekannte auf (B.5.24b):

$$\varphi_a,\ \varphi_b,\ \Delta = \psi_{ab} \cdot l_{ab} = \psi_{cd} \cdot l_{cd} \equiv \psi_{ab} \cdot l_1 \equiv \psi_{cd} \cdot l_2 \tag{5.25}$$

Die Bestimmungsgleichungen lauten:

$$M_{ba} + M_{bd} = 0;\quad M_{db} + M_{dc} = 0 \tag{5.26}$$

$$T_{ab} + T_{cd} = 0 \tag{5.27}$$

Die Stabendschnittgrößen werden durch die Grundformeln des Verformungsgrößenverfahrens ersetzt (T.3.9). Das Indifferenzkriterium Det(ε)=0 liefert ε_{Ki} und β. Im allgemeinsten Falle treten vier Parameter auf. Die Auswertung der Knickbedingung wird hier auf den Sonderfall $EJ_1 = EJ_2 = EJ$ beschränkt. Abhängig von den Parametern

$$\varkappa = \frac{l_2}{l_1} \le 1;\quad \delta = \frac{EJ_R}{EJ}\frac{l_1}{l_R};\quad \chi = \frac{D_1}{D_2}\quad \left(= \frac{P_1}{P_2}\right) \tag{5.28}$$

Knicklängen System 5

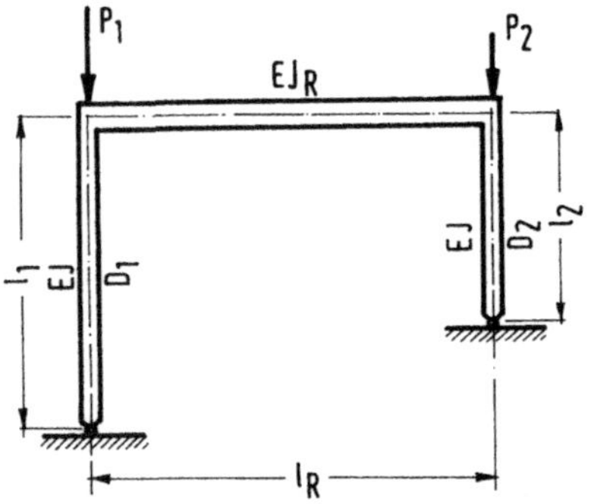

Zweigelenk - Rahmen

Parameter : $\varkappa = \dfrac{l_2}{l_1}$

$$\delta = \frac{EJ_R}{EJ} \cdot \frac{l_1}{l_R}$$

$$\chi = \frac{P_1}{P_2}$$

Knicklängen : $s_{K_1} = \beta_1 \cdot l_1$

$$s_{K_2} = \beta_2 \cdot l_2 = \sqrt{\chi} \cdot s_{K_1}$$

$$\beta_2 = \beta_1 \cdot \frac{\sqrt{\chi}}{\varkappa}$$

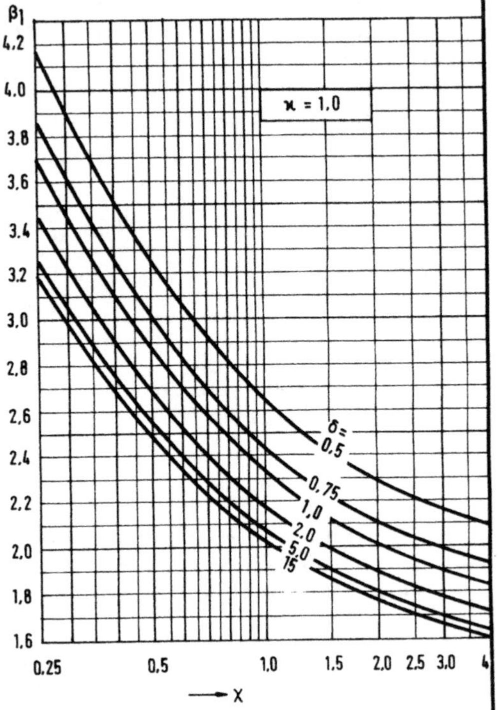

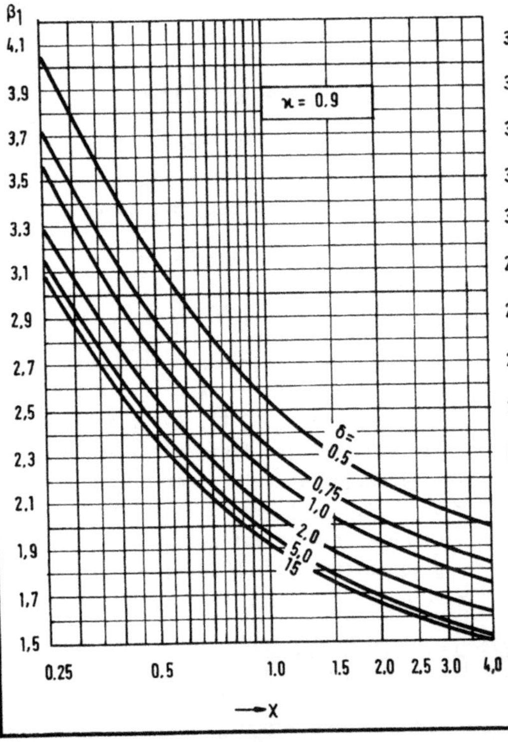

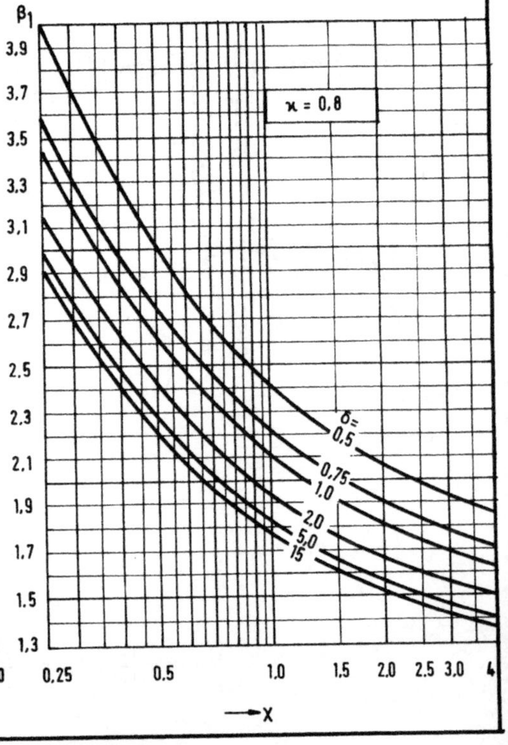

Tafel 5.8

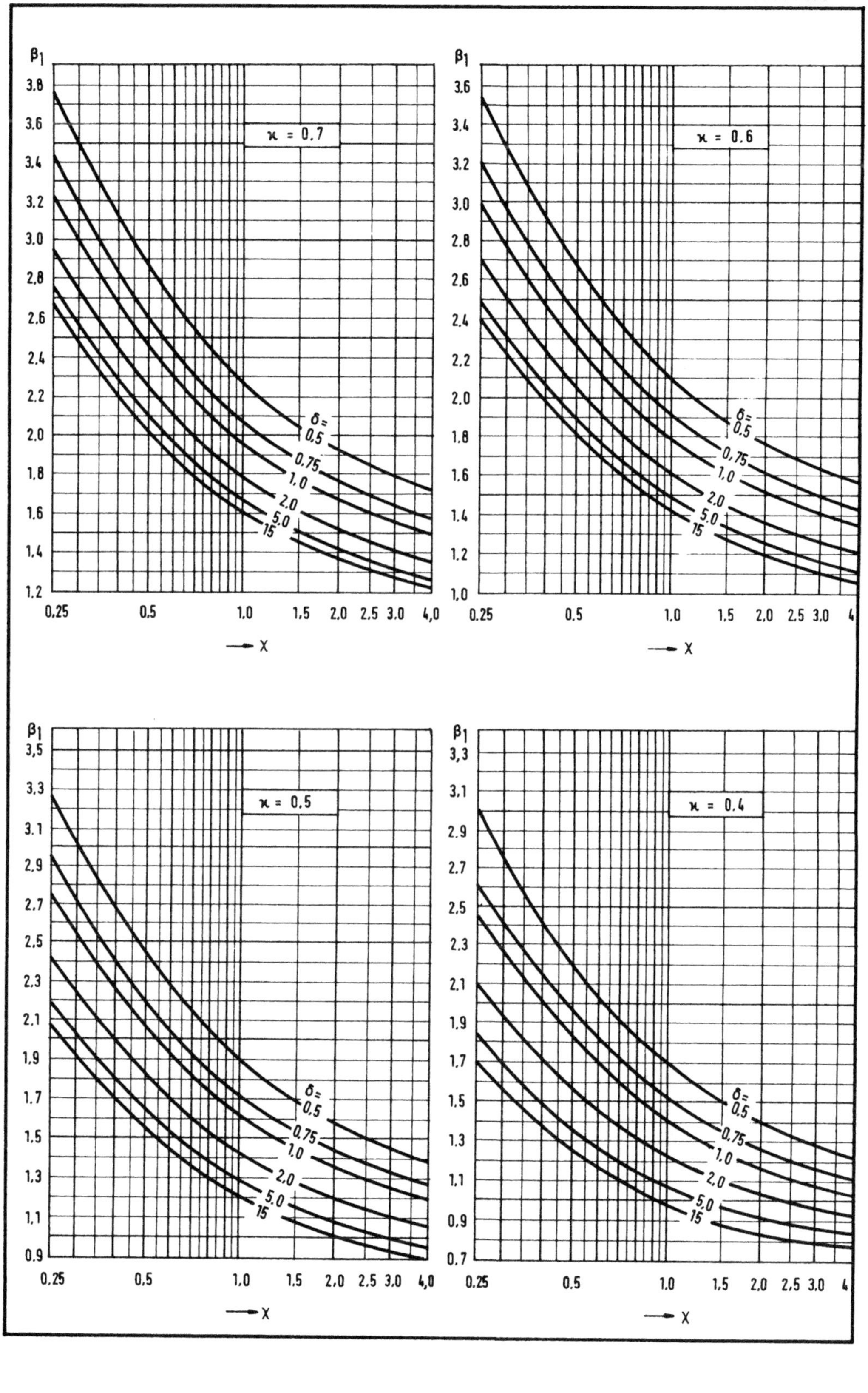
β1
ϰ = 0,7
δ =
0,5
0,75
1,0
2,0
5,0
15
3,8
3,6
3,4
3,2
3,0
2,8
2,6
2,4
2,2
2,0
1,8
1,6
1,4
1,2
0,25
0,5
1,0
1,5
2,0
2,5
3,0
4,0
X
β1
ϰ = 0,6
3,6
3,4
3,2
3,0
2,8
2,6
2,4
2,2
2,0
1,8
1,6
1,4
1,2
1,0
4
β1
ϰ = 0,5
3,5
3,3
3,1
2,9
2,7
2,5
2,3
2,1
1,9
1,7
1,5
1,3
1,1
0,9
β1
ϰ = 0,4
3,3
3,1
2,9
2,7
2,5
2,3
2,1
1,9
1,7
1,5
1,3
1,1
0,9
0,7

Knicklängen System 6

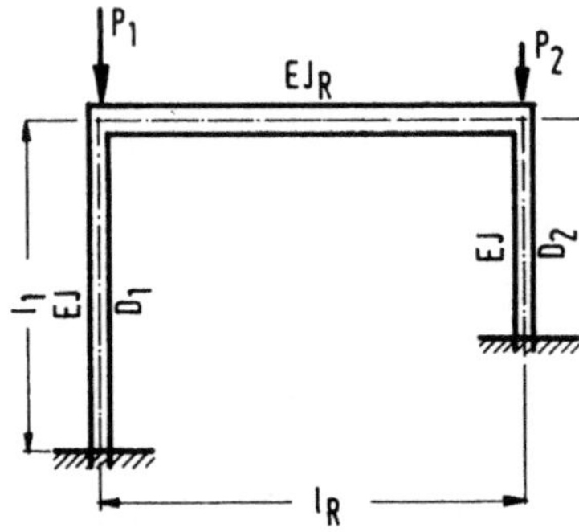

Rechteckrahmen mit eingespannten Stielfüßen.

Parameter: $\varkappa = \frac{l_2}{l_1}$

$\delta = \frac{EJ_R}{EJ} \cdot \frac{l_1}{l_R}$

$\chi = \frac{P_1}{P_2}$

Knicklängen: $s_{K_1} = \beta_1 \cdot l_1$

$s_{K_2} = \beta_2 \cdot l_2 = \sqrt{\chi} \cdot s_{K_1}$

$\beta_2 = \beta_1 \cdot \frac{\sqrt{\chi}}{\varkappa}$

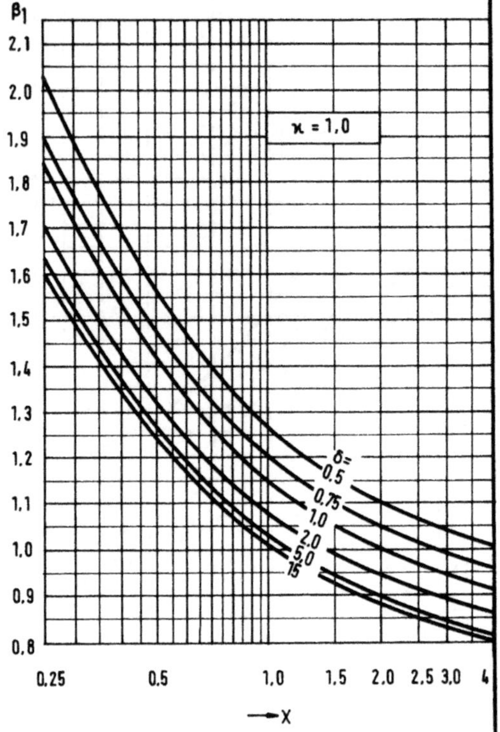

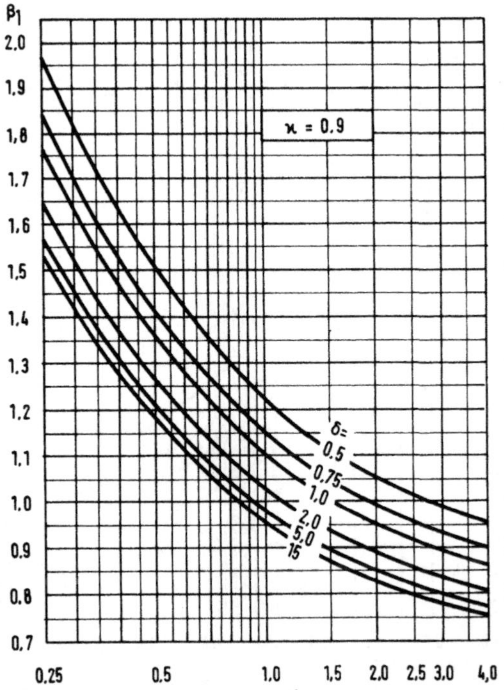

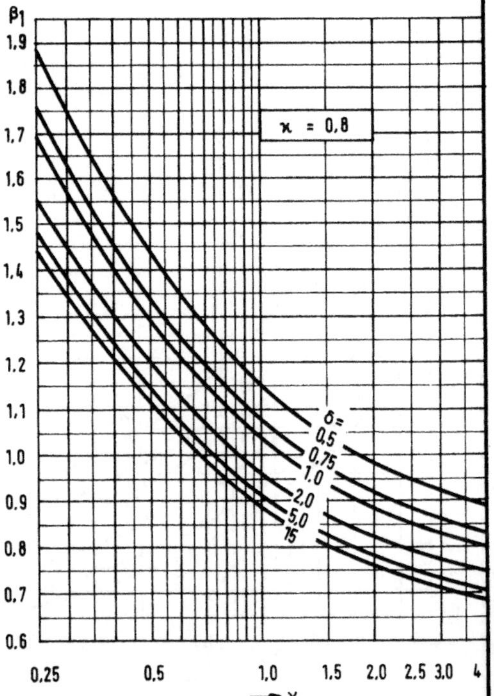

Tafel 5.10

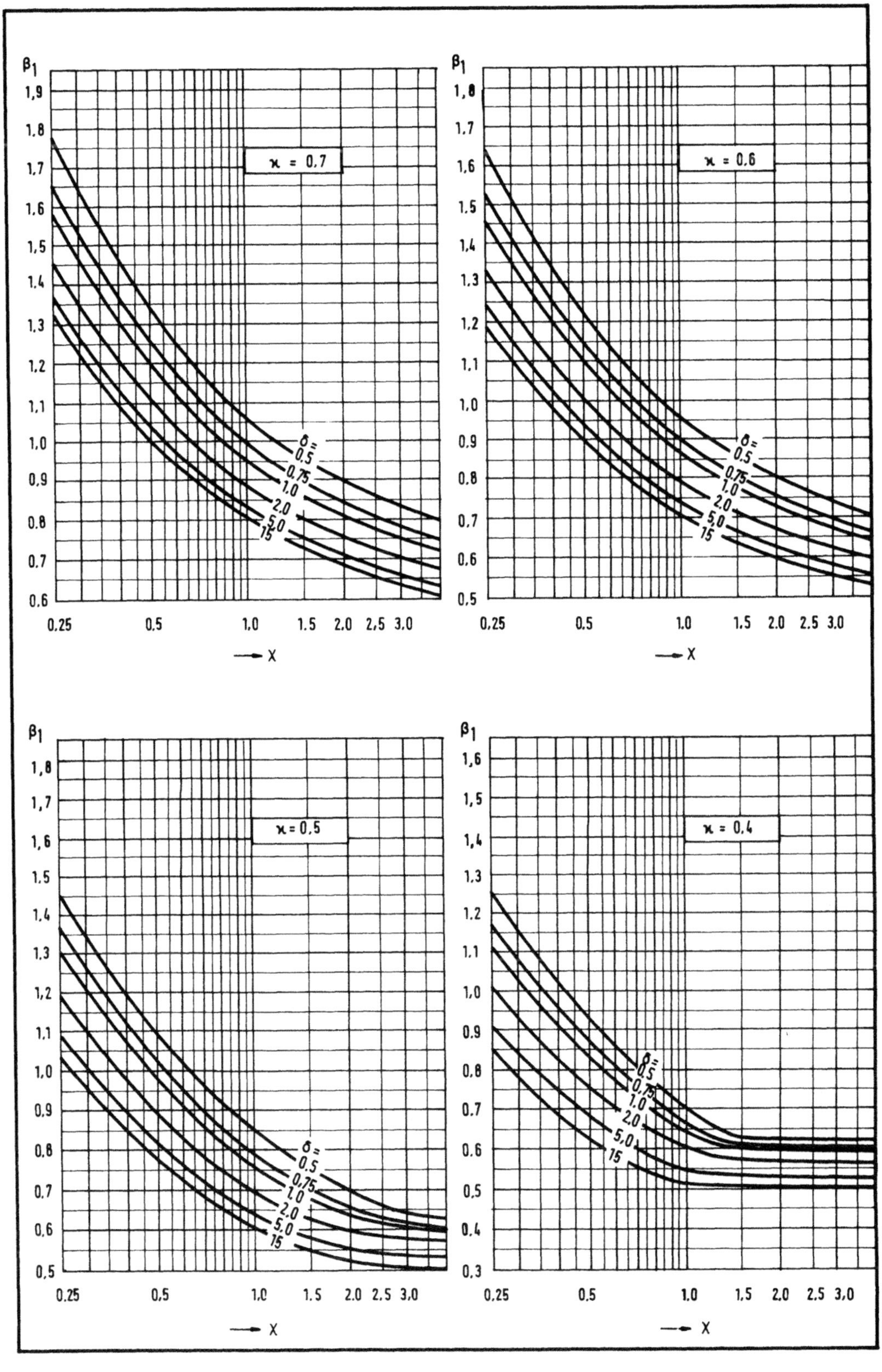

kann den Diagrammtafeln T.5.7/10 für gelenkige und eingespannte Fußlagerung der Knicklängenbeiwert β_1 für den Bezugsstab 1 entnommen werden; das ist immer der längere der beiden Stiele. - Der Fall gleichlanger Stiele ist mit $\varkappa$=1 enthalten. Für diesen Fall gelten nach DIN 4114A die Formeln:

$$\text{Gelenkige Fußlagerung: } \beta=\sqrt{\frac{1}{2}(1+m)}\cdot\sqrt{4+1{,}4(c+6\alpha)+0{,}02(c+6\alpha)^2} \qquad (5.29)$$

$$\text{Starre Einspannung: } \beta=\sqrt{\frac{1}{2}(1+m)}\cdot\sqrt{1+0{,}35(c+6\alpha)-0{,}017(c+6\alpha)^2} \qquad (5.30)$$

$$m=\frac{P_2}{P_1}\leq 1,\quad c=\frac{EJ\cdot l_R}{EJ_R\cdot l}\leq 10,\quad \alpha=\frac{4\cdot J}{l_R^2F}\leq 0{,}2 \qquad (5.31)$$

(m entspricht $1/\chi$ und c entspricht $1/\delta$ gemäß G.5.28.) Die Hilfsgröße α kennzeichnet den Einfluß der Stiellängenänderungen auf die Knicklast, vgl. Abschnitt 1.2.13.2. Vgl. auch Formel G.5.42 im Abschnitt 5.4 für Zweigelenkrahmen. - Ergänzende Schrifttumshinweise [5.11-5.14].

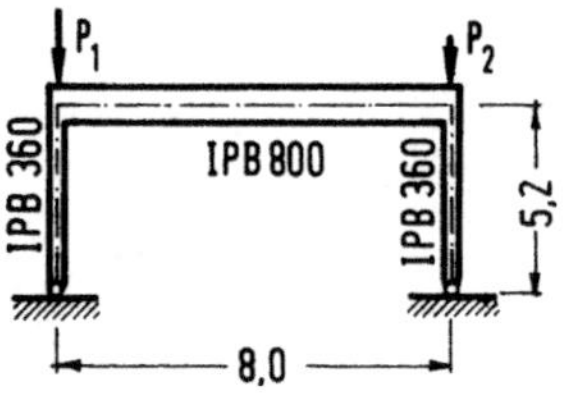

Bild 5.25

1. Beispiel: Stählerner Rahmen (B.5.25)

Stiele: IPB 360 : $J=43\,190\text{ cm}^4$; $F=181\text{ cm}^2$, $l=5{,}20$ m

Riegel: IPB 800 : $J_R=359\,100\text{ cm}^4$, $F_R=334\text{ cm}^2$, $l_R=8{,}00$ m

$\varkappa=1$; $\delta=35910\cdot5{,}2/43190\cdot8{,}0=5{,}41$; $\chi=P_1/P_2=1{,}8$

Für diese Parameter liefern die Diagramme der Tafeln T.5.7/10:

Zweigelenkrahmen $\longrightarrow \beta_1=1{,}81$ (1,82; 1,83)

Eingespannter Rahmen $\longrightarrow \beta_1=0{,}91$ (0,91; 0,915)

Die Klammerwerte geben die Auswertung der Knicklängenformeln G.5.29/30 wieder, wobei der erste Wert ohne und der zweite mit Berücksichtigung von α=0,0015 gilt.

2. Beispiel: Stählerner Zweigelenkrahmen (B.5.26)

B.5.26a zeigt das statische System und die Belastung; in Bildteil b und c sind die Schnittgrößen nach Th.I.Ordn. eingetragen: N^I und M^I.

Die β-Faktoren werden für zwei Fälle bestimmt: Das eine Mal wird χ aus P_1/P_2 und das andere Mal aus D_1^I/D_2^I berechnet. =6,0/8,0=0,75; δ=359·8,0/121·6,0=3,956.

Fall 1: $P_1=600+40\cdot3{,}0=720$ kN, $P_2=400+40\cdot3{,}0=520$ kN; $\chi=720/520=1{,}384 \longrightarrow$

$\beta_1=1{,}65$; $\beta_2=1{,}65\sqrt{1{,}384}/0{,}75=2{,}59 \longrightarrow s_{K1}=1{,}65\cdot8{,}0=13{,}20$ m, $s_{K2}=2{,}59\cdot6{,}0=15{,}52$ m

Vergrößerungsfaktor α (v=1,50): $P_{Ki,2}=4957$ kN, $P_{Ki,1}=6861$ kN

$$\alpha=\frac{1}{1-611{,}1/4957}=1{,}141;\quad \frac{1}{1-1248{,}9/6861}=1{,}222;\quad \text{Mittelwert: } \underline{1{,}181}$$

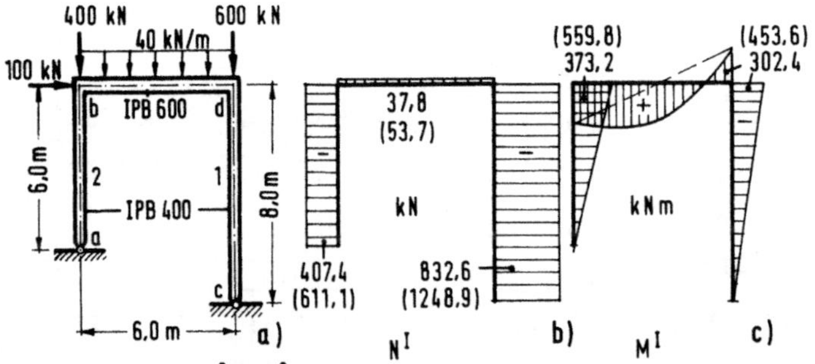

Stiele: $EJ=121\cdot10^3$ kNm^2
Riegel: $EJ_R=359\cdot10^3$ "

Bild 5.26 (Klammerwerte: 1,5-fach)

Die Rahmeneckmomente nach Th.II.Ordn. lassen sich damit, ausgehend von M^I, abschätzen (B.5.26c):

$M_b^{II}=1{,}181\cdot559{,}8=661{,}4$ kNm

$M_d^{II}=1{,}181\cdot453{,}6=539{,}5$ kNm

In B.5.26e sind die exakten Werte aus einer Berechnung nach dem Verformungsgrößenverfahren Th.II.Ordn. angegeben, die Übereinstimmung ist offensichtlich sehr gut.

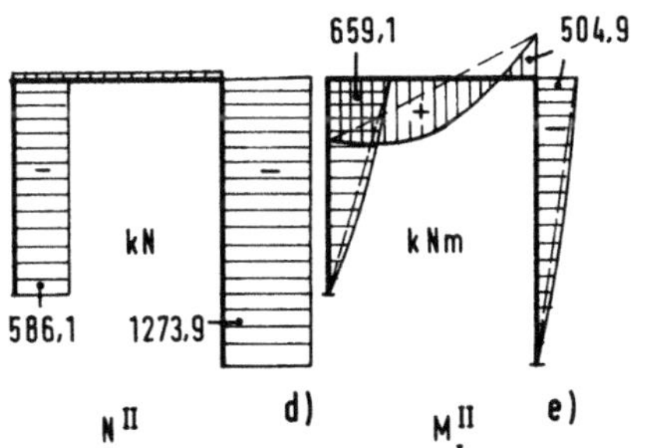

(für 1,5-fache Belastung und $1.5\cdot N^{I}$)

Bild 5.26 (Fortsetzung)

Fall 2: $X = 832{,}6/407{,}4 = 2{,}044$

$\beta_1 = 1{,}50$; $\beta_2 = 1{,}50\cdot\sqrt{2{,}044}/0{,}75$

$s_{K1} = 12{,}00\,m$, $s_{K2} = 17{,}16\,m$

Vergrößerungsfaktor α ($\nu = 1{,}50$):

$D_{Ki,2} = 4062\,kN$, $D_{Ki,1} = 8302\,kN$

$$\alpha = \frac{1}{1-611{,}1/4062} = 1{,}178;\quad \frac{1}{1-1248{,}9/8302} = 1{,}178;$$

Mittelwert: $\underline{1{,}178}$

$$M_b^{II} = 659{,}4\,kNm;\ M_d^{II} = 534{,}3\,kNm$$

Fall 2 ist vorzuziehen; das Verhältnis der Stieldruckkräfte stimmt in Th.I. und II.Ordn. weitgehend überein.

Einrechnung einer Schrägstellung (Vorverformung): $\psi_0 = 1/250$ unter ν-facher Last;

Fall 2:

$$H_{\psi 0,1} = 1248{,}9/250 = 5{,}00\,kN;\ H_{\psi 0,2} = 611{,}1/250 = 2{,}44\,kN;\ \Sigma H_{\psi 0} = \underline{7{,}44\,kN}$$

Der Rahmen ist demnach für $H = 1{,}50\cdot 100 + 7{,}44 = 157{,}44$ kN nach Th.II.Ordn. zu berechnen. - Rahmen des hier behandelten Typs lassen sich stets ausreichend genau unter Verwendung des Vergrößerungsfaktors α nachweisen.

5.4 Trapezrahmen (System Nr. 7 und 8)

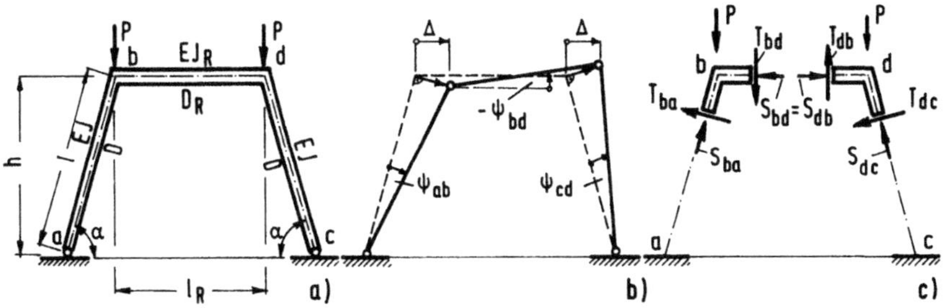

Bild 5.27

Ein Verzweigungsproblem liegt nur dann vor, wenn die lotrechten Knotenlasten P gleichgroß sind. Im Knickfalle stellt sich eine antimetrische Knickfigur ein (B.5.27b):

$$\varphi_b = \varphi_d;\ \psi_{ab} = \psi_{cd} \tag{5.32}$$

Bezogen auf die seitliche Verschiebung Δ folgen die Stabdrehwinkel ψ aus dem Verschiebungsplan (vgl. T.3.7) zu:

$$\psi_{ab} = \psi_{cd} = \frac{\Delta}{h};\qquad \psi_{bd} = -2\frac{l}{l_R}\cos\alpha\frac{\Delta}{h} \tag{5.33}$$

Im unverformten Grundzustand betragen die Stabkräfte:

$$S_{ab}^0 = S_{cd}^0 \equiv D = P/\sin\alpha;\ S_{bd}^0 \equiv D_R = P/\tan\alpha \tag{5.34}$$

Beim Ausknicken werden die infinitesimalen Schnittgrößen S, T und M geweckt. An jedem Knoten werden drei Gleichgewichtsgleichungen formuliert, z.B. am Knoten b (vgl. B.5.27c):

$$M_{ba} + M_{bd} = 0;\quad S^{II}_{ba}\cos\alpha - S^{II}_{bd} - T_{ba}\sin\alpha = 0;\quad S^{II}_{ba}\sin\alpha - T_{bd} + T_{ba}\cos\alpha - P = 0 \tag{5.35}$$

Nach Subtraktion des Grundzustandes (G.5.34) und Einführung der Kopplungsbedingung $S_{bd}=S_{db}$ verbleiben zwei Bestimmungsgleichungen für die Bezugsunbekannten φ_b und Δ :

$$M_{ba}+M_{bd} = 0;\quad T_{ab} - T_{bd}\cdot\cos\alpha = 0 \tag{5.36}$$

Die Stabendschnittgrößen werden durch die Grundformeln des Verformungsgrößenverfahrens ersetzt (T.3.9) und G.5.33 beachtet. Das liefert für den Fall der gelenkigen und eingespannten Fußlagerung je ein homogenes Gleichungssystem für φ_b und Δ . Aus Det(ε)=0 werden die Eigenwerte berechnet.

Auf T.5.11/14 sind die β-Werte für die Stiele aufgetragen, der β-Wert für den Riegel ist damit auch bekannt. Parameter sind der Neigungswinkel α und:

$$\delta = \frac{EJ_R}{EJ};\quad \varkappa = \frac{l}{l_R} \tag{5.37}$$

β_R berechnet sich aus:

$$\beta_R = \beta\cdot\frac{\varkappa\cdot\sqrt{\delta}}{\sqrt{\cos\alpha}} \tag{5.38}$$

Die Knickkräfte der Stiele und Riegel folgen aus:

$$D_{Ki} = \frac{1}{\beta^2}\pi^2\frac{EJ}{l^2};\qquad D_{Ki,R} = \frac{1}{\beta_R^2}\pi^2\frac{EJ_R}{l_R^2} = D_{Ki}\cdot\cos\alpha \tag{5.39}$$

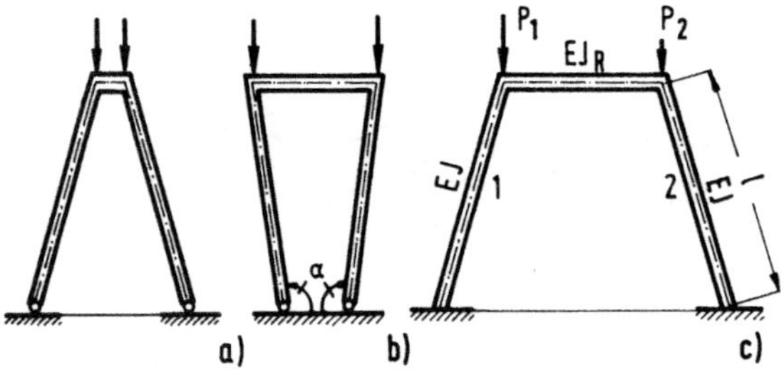

Bild 5.28

Für l_R=0 geht der Trapezrahmen in einen Dreiecksrahmen über, vgl. B.5.28a; β nimmt in diesem Falle die Werte 1,0 bzw. 0,699 an. Der Dreieckrahmen wird im Abschnitt 5.11 gesondert behandelt.

Die Spreizung hat auf die β-Werte einen großen Einfluß. Aus B.5.29 kann β als Funktion von α für den Sonderfall $EJ=EJ_R$ entnommen werden.

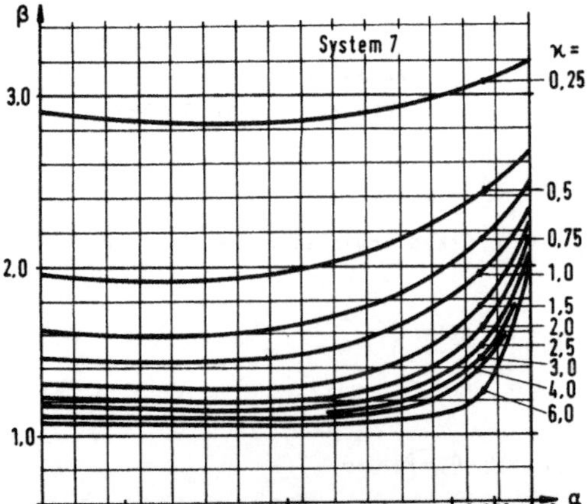

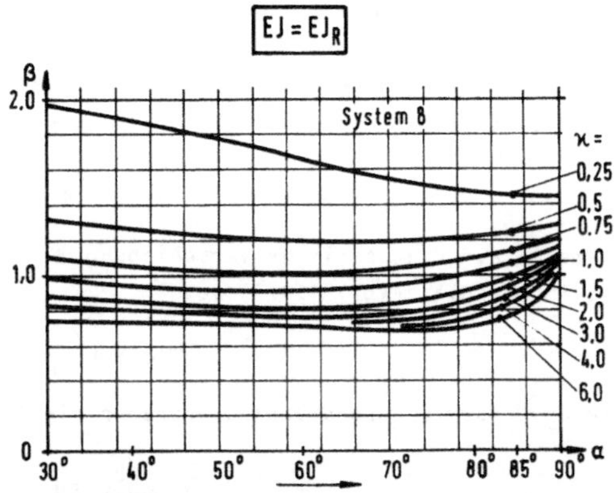

Bild 5.29

Bei Neigungswinkeln $\alpha > 90^\circ$ (B.5.28b) wächst der β-Wert stark an; in diesem Falle tritt im Riegel Zug auf.
Sind die lotrechten Knotenlasten ungleich, liegt ein Spannungsproblem vor. Im Grundzustand treten Biegungsmomente auf. Für baupraktische Zwecke kann der β_1-Wert des stärker beanspruchten Stieles (B.5.28c) zu

$$\beta_1 = \sqrt{\frac{1}{2}(1+m)} \cdot \beta'; \quad m = \frac{P_2}{P_1} \leq 1 \qquad (5.40)$$

bestimmt werden, vgl. G.5.7/8. β' ist der Knicklängenfaktor für gleichgroße Stielbeanspruchung gemäß T.5.11/14.

Mittels des Durchbiegungsverfahrens (Abschnitt 3.2.3.1) läßt sich für den Zweigelenk-Trapezrahmen die Formel

$$\beta = \frac{\pi}{1+2\varkappa\cos\alpha}\sqrt{\frac{1+m}{12}\sin\alpha\left[2+\frac{1}{\delta\cdot\varkappa}+\frac{1}{2}(1+2\varkappa\cos\alpha)\frac{1}{\sin^2\alpha}\right]} \qquad (5.41)$$

herleiten. δ und $\varkappa$ sind in G.5.37 und m in G.5.40 definiert. Im Sonderfall eines Zweigelenk-Rechteckrahmens ist $\alpha=\pi/2$, hierfür ergibt sich:

$$\beta = \pi\sqrt{\frac{1+m}{12}\left(\frac{5}{2}+\frac{1}{\delta\cdot\varkappa}\right)} = \pi\sqrt{\frac{1+m}{12}\left(\frac{5}{2}+\frac{EJ}{EJ_R}\frac{l_R}{l}\right)} \qquad (5.42)$$

(G.5.41 liefert für $\alpha=75^\circ$ bis 90° und $\varkappa \geq 1$ ausreichend genaue Werte.)

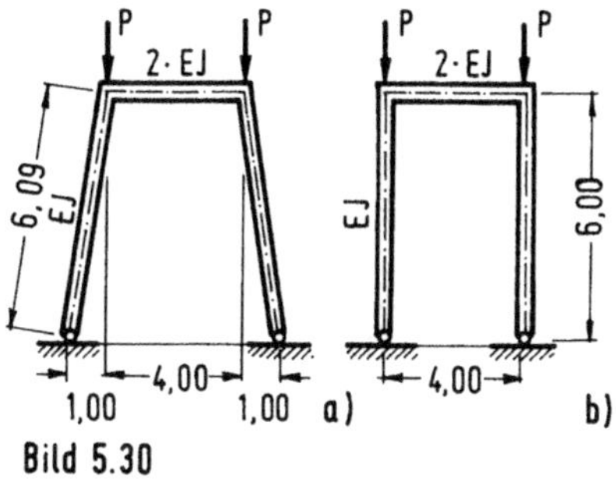

Bild 5.30

Beispiel: Stählerner Trapezrahmen
Für den in B.5.30a skizzierten Rahmen ergeben sich folgende Systemparameter:

$\tan\alpha = 6{,}00/1{,}00 = 6{,}0$; $\sin\alpha = 0{,}986$, $\cos\alpha = 0{,}164$; $\alpha = 80^\circ 32{,}3'$
$\delta = 2$, $\varkappa = 6{,}09/4{,}00 = 1{,}522$

Aus T.5.12 liest man ab:

$\alpha = 80^\circ$: $\beta = 1{,}45$, $\alpha = 85^\circ$: $\beta \approx 1{,}85$

Interpolation:

$\underline{\beta = 1{,}49}$; $s_K = 1{,}49 \cdot 6{,}09 = 9{,}06$ m

Im Falle eines Rechteckrahmens mit derselben Riegellänge (B.5.30b) ergibt sich (T.5.7/8): $\beta_1 = 2{,}14$: $s_K = 12{,}84$ m. Die größere Basis des Trapezrahmens wirkt sich demnach in einer deutlichen Reduzierung der Knicklänge aus! Sind die Stielfüße starr eingespannt, findet man:

Trapezrahmen:	$\beta = 0{,}93$; $s_K = 5{,}58$ m
Rechteckrahmen:	$\beta = 1{,}06$; $s_K = 6{,}36$ m.

Wird Formel G.5.41 auf das Beispiel des Zweigelenk-Trapezrahmens angewendet, ergibt sich:

$$\beta = \frac{\pi}{1+2\cdot 1{,}522\cdot 0{,}164}\sqrt{\frac{1+1}{12}0{,}986\left[2+\frac{1}{2\cdot 1{,}522}+\frac{1}{2}(1+2\cdot 1{,}522\cdot 0{,}164)\frac{1}{0{,}986^2}\right]} = \underline{1{,}495}$$

Der Vergrößerungsfaktor α berechnet sich gemäß G.5.2; vgl. den vorangegangenen Abschnitt. - Ist ψ_0 die Vorverformungsschrägstellung, wird die horizontale Abtriebskraft

$$H_{\psi_0} = (\Sigma P)\psi_0/h \qquad (5.43)$$

berechnet. ΣP ist die ν-fache lotrechte Auflast und h die Höhe des Rahmens, vgl. B.5.27a. Die Knickstabilität symmetrischer Trapezrahmen mit horizontal elastisch gestütztem Riegel wird in [5.16] behandelt.

Knicklängen System 7

Symmetrischer Trapezrahmen mit gelenkiger Fußlagerung

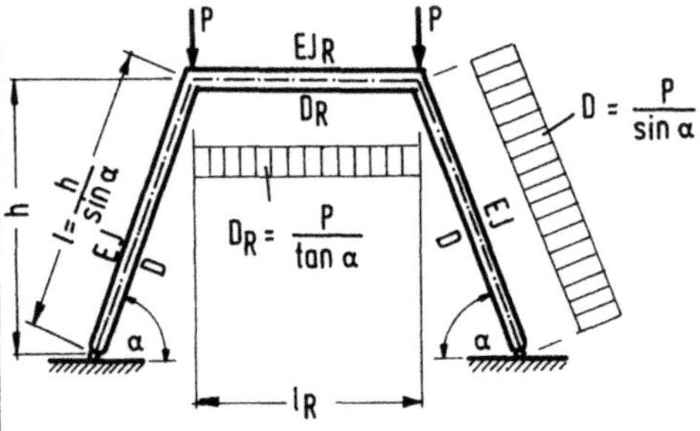

Parameter: $\delta = \frac{EJ_R}{EJ}$

$\varkappa = \frac{l}{l_R}$

Knicklängen: $s_K = \beta \cdot l$

$s_{K_R} = \beta_R \cdot l_R$

β ist den Diagrammen in Abhängigkeit von α, δ und ϰ zu entnehmen; $\beta_R = \beta \frac{\varkappa\sqrt{\delta}}{\sqrt{\cos\alpha}}$

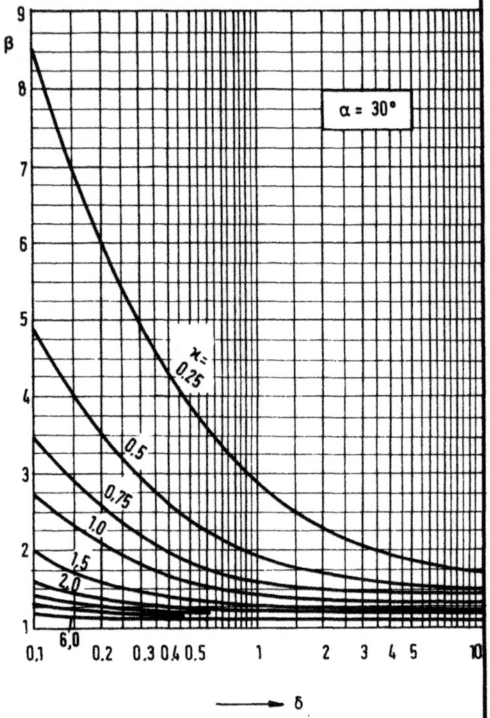

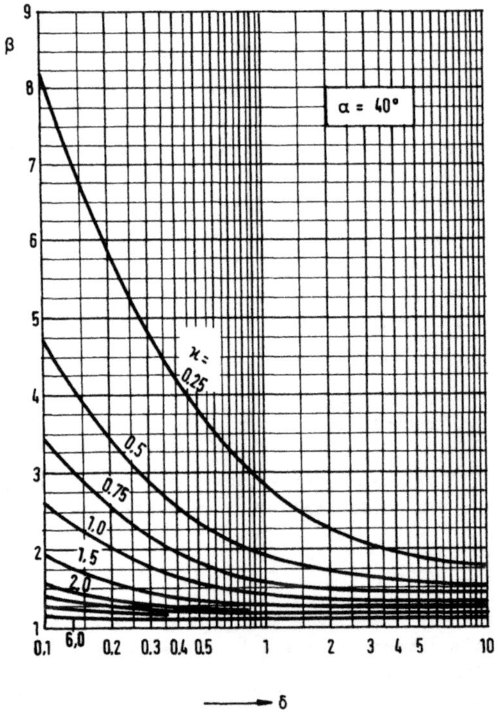

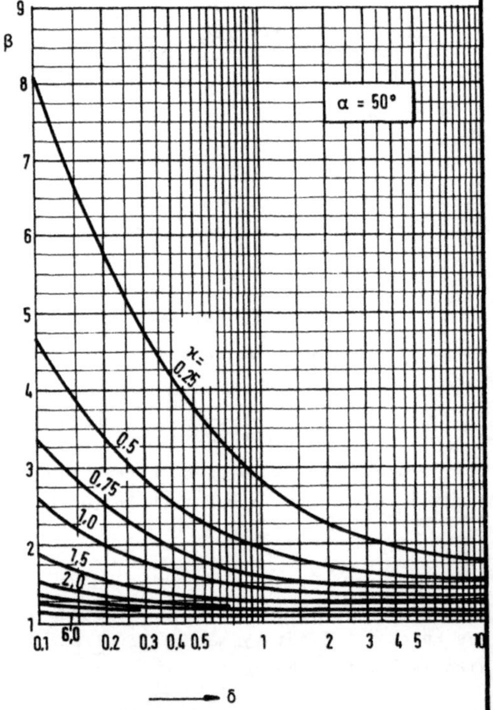

Tafel 5.12

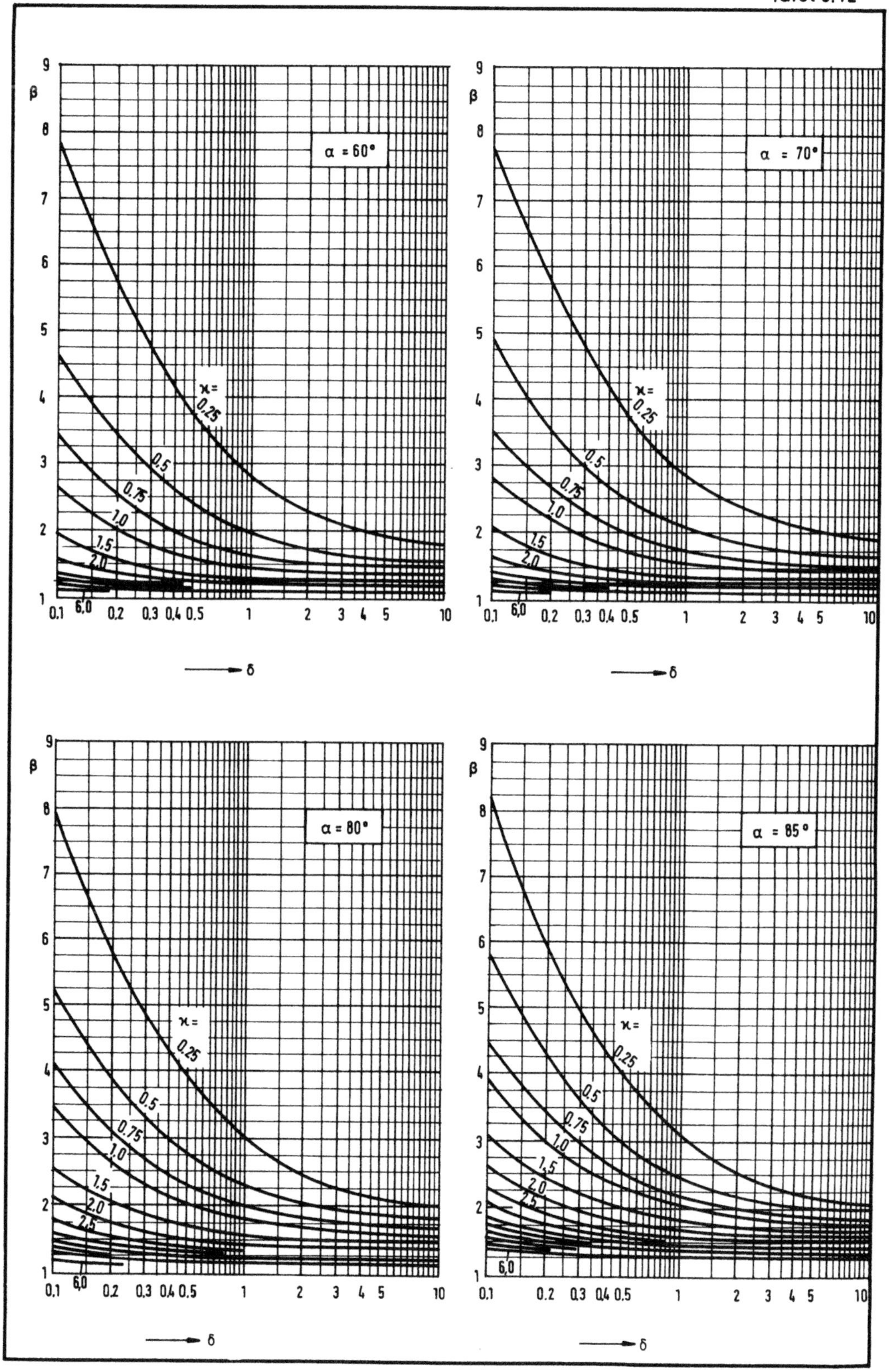
α = 60°
α = 70°
α = 80°
α = 85°
β
δ
κ =
0,25
0,5
0,75
1,0
1,5
2,0
2,5
6,0
0,1
0,2
0,3
0,4
0,5
1
2
3
4
5
10

Knicklängen System 8

Symmetrischer Trapezrahmen mit eingespannter Fußlagerung

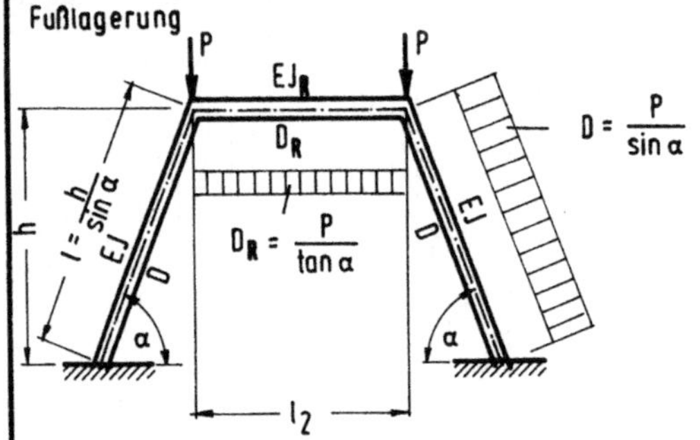

Parameter: $\delta = \frac{EJ_R}{EJ}$

$\varkappa = \frac{l}{l_R}$

Knicklängen: $s_K = \beta \cdot l$

$s_{K_R} = \beta_R \cdot l_R$

β ist den Diagrammen in Abhängigkeit von α, δ und ϰ zu entnehmen, $\beta_R = \beta \cdot \frac{\varkappa \cdot \sqrt{\delta}}{\sqrt{\cos\alpha}}$

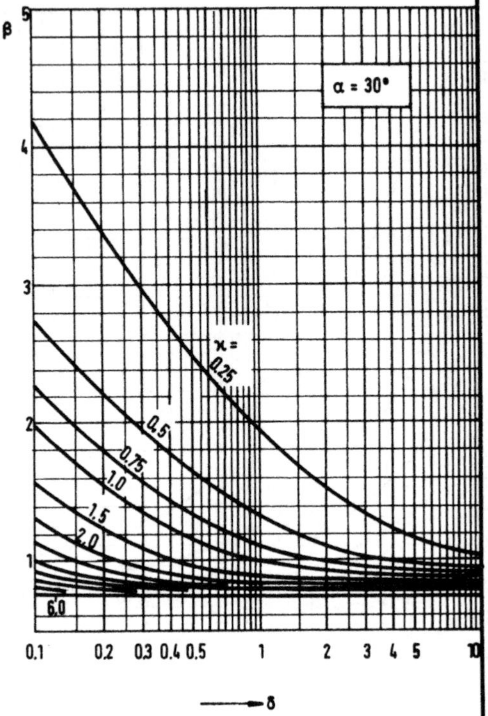

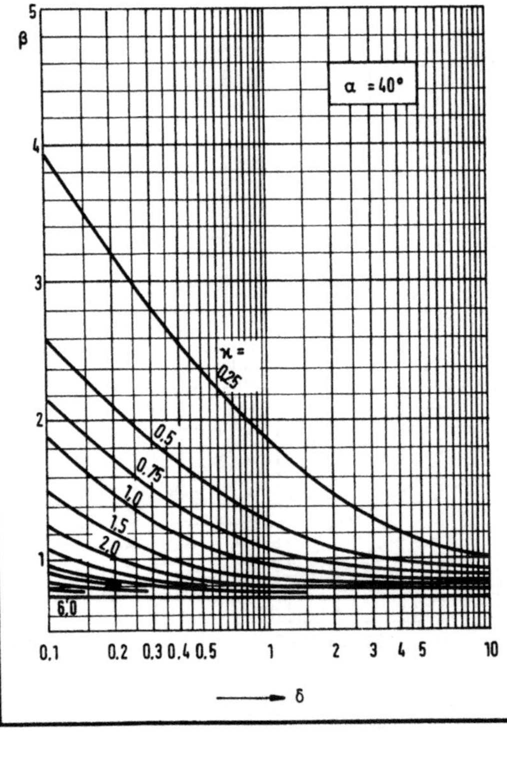

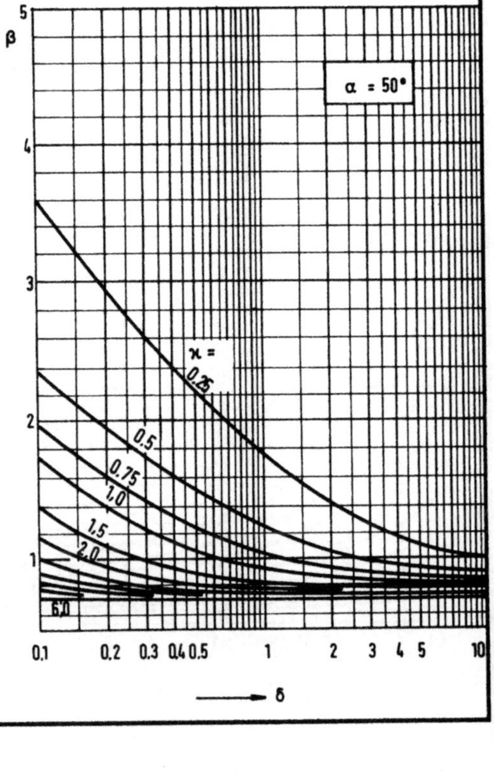

Tafel 5.14

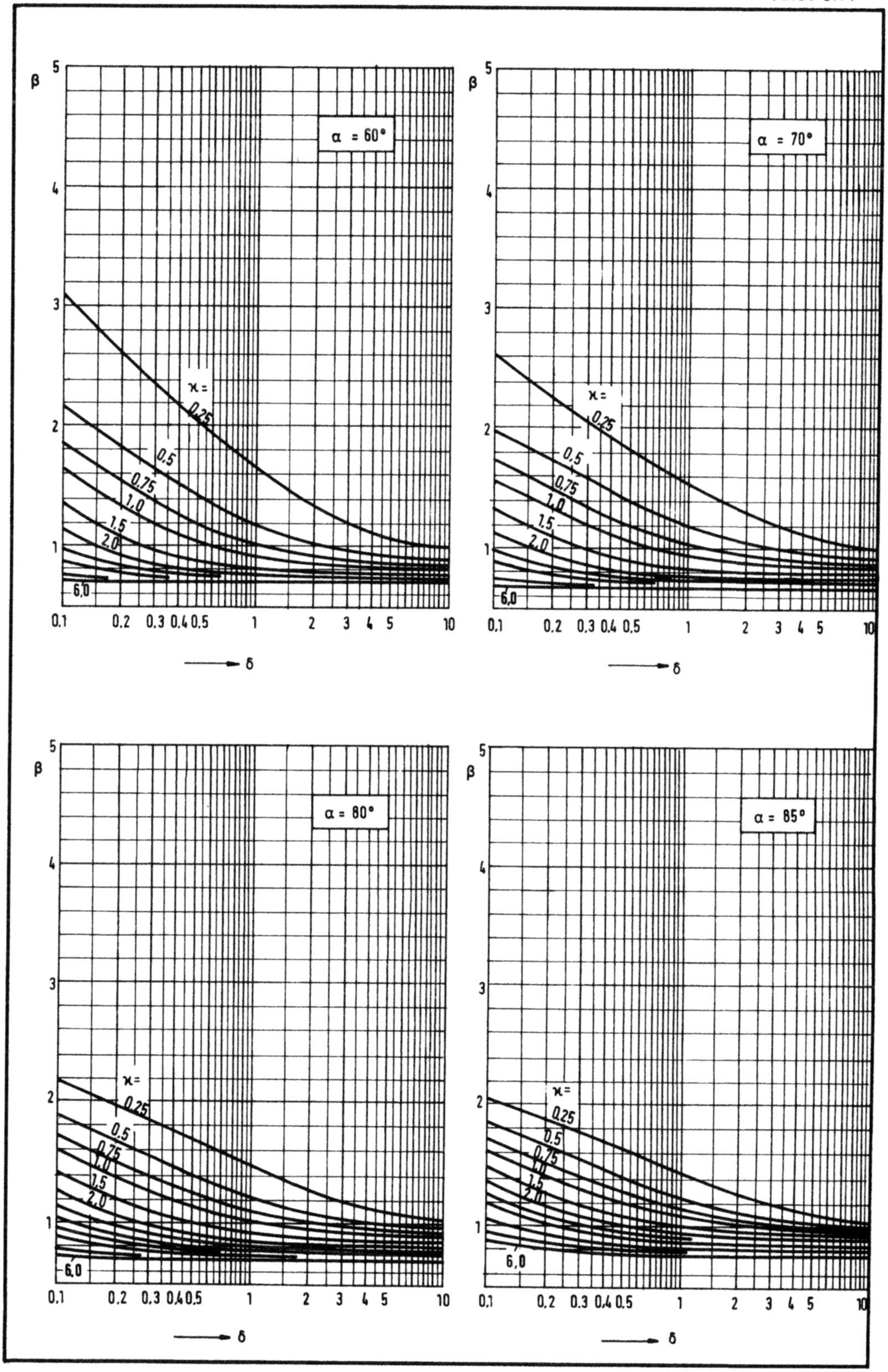

5.5 Rahmenbinder (System Nr. 9 bis 11)

Unter Rahmenbinder werden hier Rahmen mit dachförmigen Riegeln verstanden, wie sie im Hallenbau verbreitet sind (B.5.31). Dabei kann es sich um Dreigelenk- oder Zweigelenkrahmenbinder handeln oder um Binder mit eingespannten Stielfüßen. Die Systeme sind von zweifacher Verschieblichkeit. Sind Δ_1 und Δ_2 die horizontalen Verschiebungen der Stielköpfe, betragen die Stabsehnendrehwinkel (vgl. T.3.7):

$$\psi_{bc} = -\psi_{cd} = \frac{\Delta_2-\Delta_1}{\tan\alpha \cdot l_R}; \quad \psi_{ab} = \frac{\Delta_1}{l}; \quad \psi_{ed} = \frac{\Delta_2}{l} \tag{5.44}$$

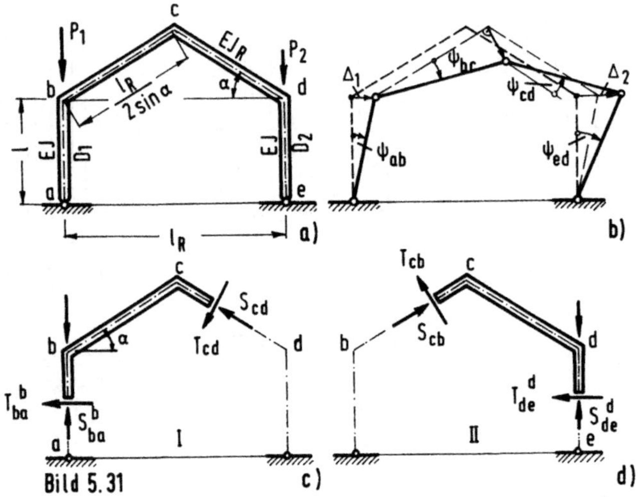

Bild 5.31

Bezugsunbekannte sind beim Zweigelenkrahmen und eingespannten Rahmen φ_b, φ_c und φ_d, beim Dreigelenkrahmen φ_b und φ_d, zuzüglich in beiden Fällen Δ_1 und Δ_2; dem stehen 3 bzw. 2 Knotengleichungen und zwei "Stockwerksgleichungen" gegenüber. Im Falle des Zweigelenkrahmens lauten beispielsweise die Gleichungen:

$$M^b_{ba} + M_{bc} = 0; \quad M_{cb} + M_{cd} = 0; \quad M_{dc} + M^d_{de} = 0 \tag{5.45}$$

$$T^b_{ab} + T^d_{ed} = 0; \quad T^b_{ab}\sin\alpha - T_{bc} + T_{cd} - T^d_{de}\sin\alpha = 0 \tag{5.46}$$

Um die Gleichungen G.5.46 herzuleiten, werden zwei Stabbereiche herausgetrennt, die die beiden linear unabhängigen Verschiebungsbereiche erfassen (B.5.31 c/d). Die Gleichgewichtsgleichungen, jeweils senkrecht zum schrägen Dachriegel, lauten:

$$\text{I}: \; T_{cd} + T^b_{ba}\sin\alpha - S^b_{ba}\cos\alpha = 0 \tag{5.47}$$

$$\text{II}: \; T_{cb} + T^d_{de}\sin\alpha + S^d_{de}\cos\alpha = 0 \tag{5.48}$$

S kennzeichnet die infinitesimale Änderung der Stabkräfte im Verzweigungsfall. Für einen Rundschnitt durch beide Stiele gilt:

$$\Sigma V = 0: \; S^b_{ba} + S^d_{de} = 0 \tag{5.49}$$

$$\Sigma H = 0: \; T^b_{ab} + T^d_{ed} = 0 \tag{5.50}$$

In G.5.49 werden die aus G.5.47/48 freigestellten S-Größen eingesetzt, das liefert die zweite Gleichung von G.5.46.
Für die Stabendschnittgrößen werden die Grundformeln des Verformungsgrößenverfahrens eingesetzt (T.3.9). Aus Det(ε)=0 werden die Eigenwerte ε_{Ki} berechnet, die Tafeln T.5.16/17 enthalten das Ergebnis. Als Parameter sind definiert:

$$\varkappa = \tan\alpha \cdot \frac{l_R}{l}; \quad \delta = \cos\alpha \cdot \frac{EJ_R}{EJ} \cdot \frac{l}{l_R}; \quad \chi = \frac{P_2}{P_1} \tag{5.51}$$

Für den höher beanspruchten Stiel 1 wird β_1 abgelesen und β_2 hieraus berechnet.
Es zeigt sich, daß die Ergebnisse nur in geringem Maße von $\varkappa$ abhängen. Daher genügt

Knicklängen System 9

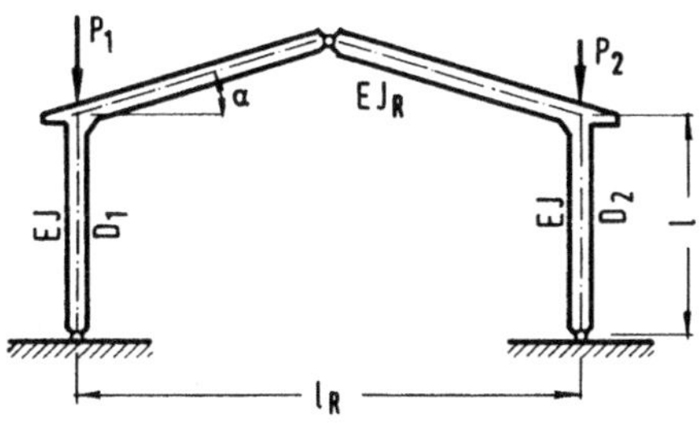

Dreigelenk - Binderrahmen

Parameter: $\varkappa = \tan\alpha \cdot \frac{l_R}{l}$

$\delta = \cos\alpha \cdot \frac{EJ_R}{EJ} \cdot \frac{l}{l_R}$

$\chi = \frac{P_2}{P_1} \; (= \frac{D_2}{D_1})$

Knicklängen: $s_{K_1} = \beta_1 \cdot l \;\; ; \;\; s_{K_2} = \beta_2 \cdot l$

$\beta_2 = \frac{\beta_1}{\sqrt{\chi}}$

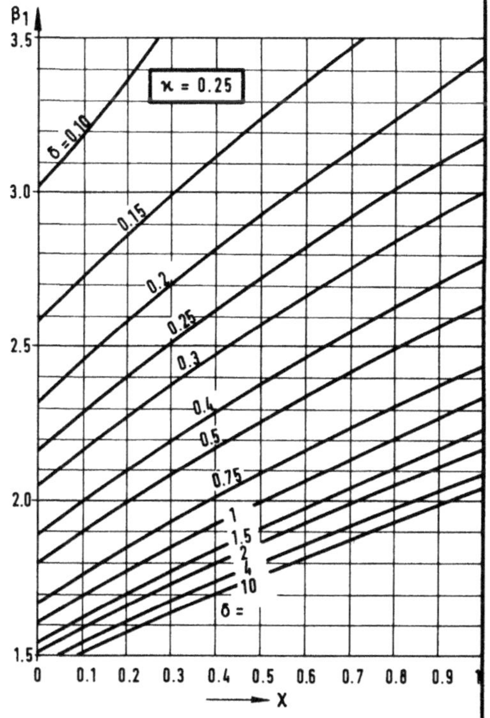

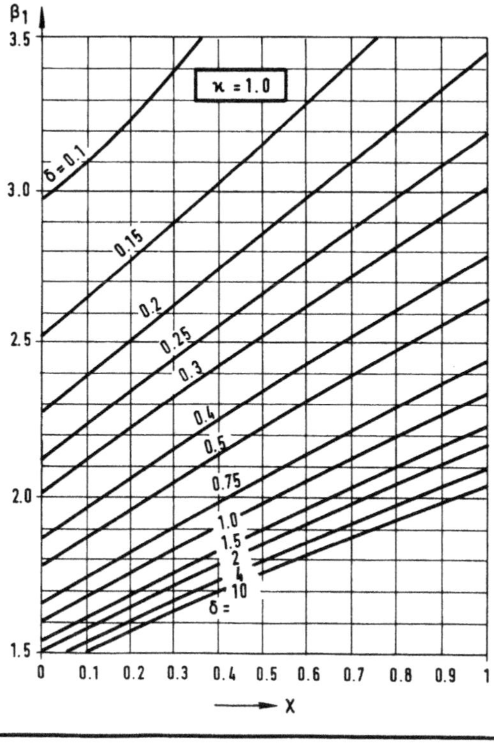

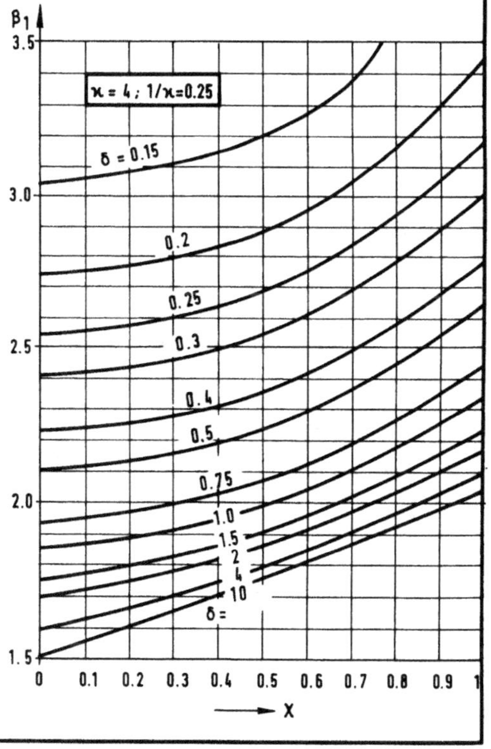

Knicklängen System 10

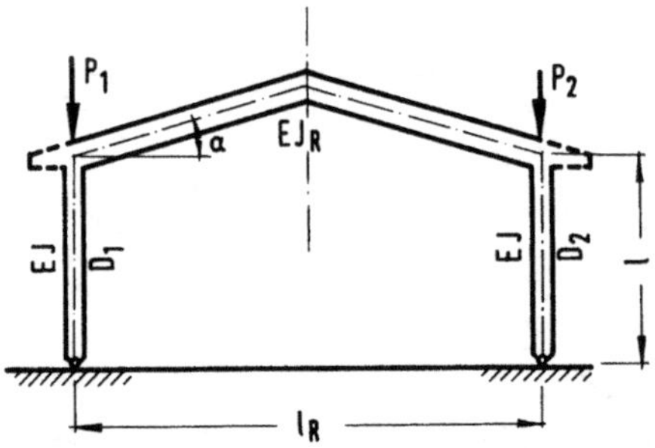

Binderrahmen mit gelenkigen Stielfüßen

Parameter: $\varkappa = \tan\alpha \cdot \frac{l_R}{l}$

$\delta = \cos\alpha \cdot \frac{EJ_R}{EJ} \cdot \frac{l}{l_R}$

$\chi = \frac{P_2}{P_1} \; (= \frac{D_2}{D_1})$

Knicklängen: $s_{K_1} = \beta_1 l \; ; \; s_{K_2} = \beta_2 l$

$\beta_2 = \frac{\beta_1}{\sqrt{\chi}}$

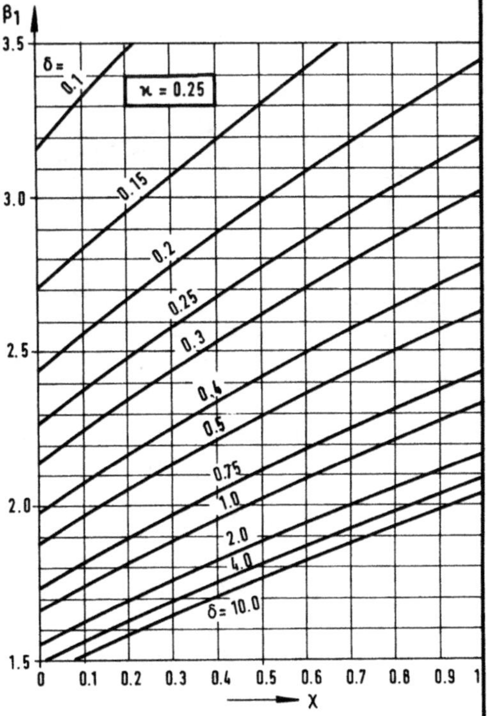

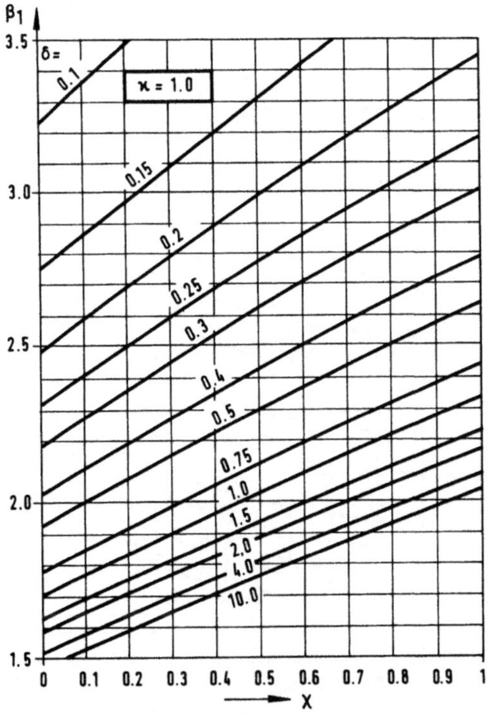

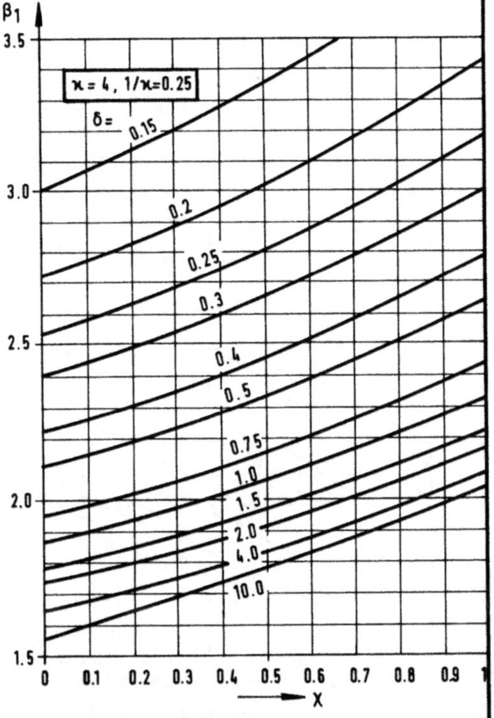

Knicklängen System 11

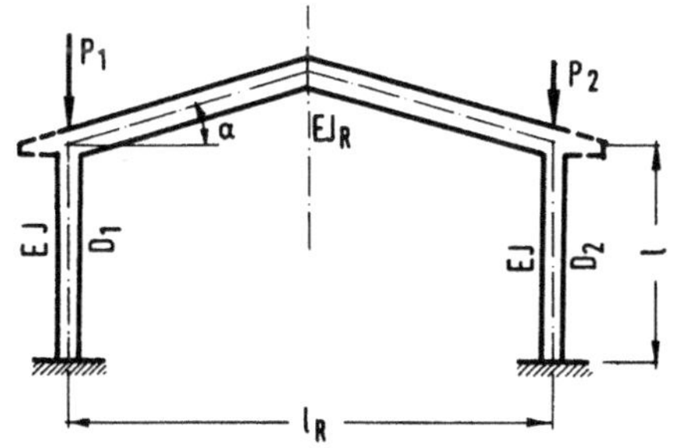

Binderrahmen mit eingespannten Stielfüßen

Parameter: $\varkappa = \tan\alpha \cdot \frac{l_R}{l}$

$$\delta = \cos\alpha \cdot \frac{EJ_R}{EJ} \cdot \frac{l}{l_R}$$

$$\chi = \frac{P_2}{P_1} \; \left(= \frac{D_2}{D_1}\right)$$

Knicklängen: $s_{K_1} = \beta_1 l \; ; \; s_{K_2} = \beta_2 l$

$$\beta_2 = \frac{\beta_1}{\sqrt{\chi}}$$

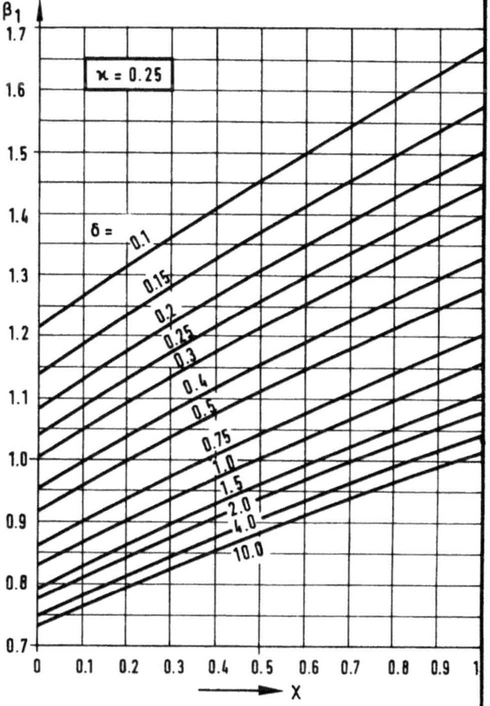

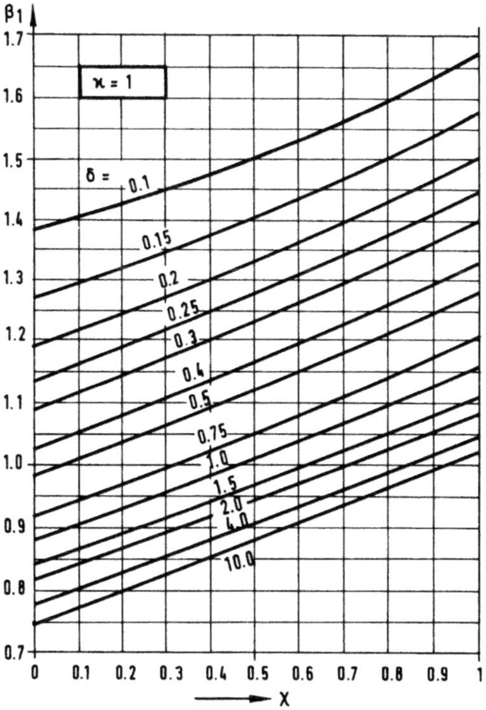

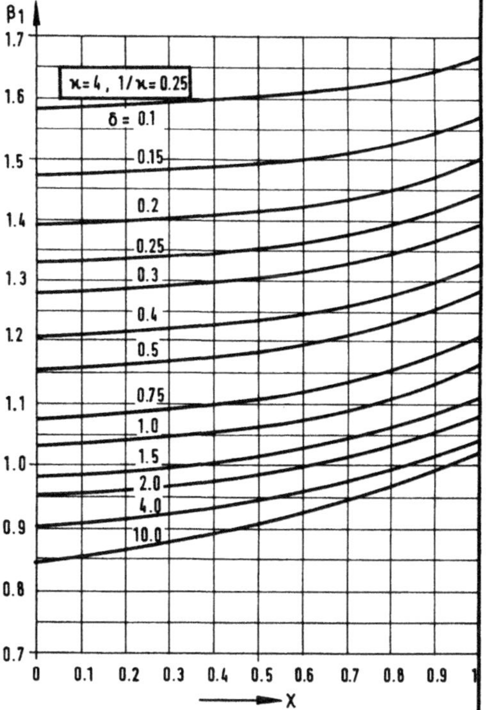

die Wiedergabe von drei Diagrammen pro Rahmentyp. Zwischen $\varkappa$=0,25 und 1 bzw. 1/$\varkappa$=1 und 0,25 kann geradlinig interpoliert werden.
Bei gleich hoher Druckbeanspruchung der Stiele ($P_1=P_2$) sind die β-Werte für den Zwei- und Dreigelenkrahmen identisch, da die Knickfigur antimetrisch ist. Die β-Berechnung kann daher in diesem Fall auch von den Grundstäben, System Nr. 1 und 2, ausgehen. Die Drehfederkonstante am Stielkopf beträgt (vgl. T.III.2:K_3):

$$K = \frac{6EJ_R}{l_R}\cos\alpha \qquad (5.52)$$

Eine Abschätzung des β-Wertes bei ungleicher Beanspruchung gelingt dann mittels G.5.7/8 aus:

$$\beta_1 = \sqrt{\frac{1}{2}(1+m)}\cdot\beta' \qquad (5.53)$$

Hierin ist $m = \chi = P_2/P_1$ ($P_2 \leq P_1$) und β' der Knicklängenfaktor gemäß G.5.52.

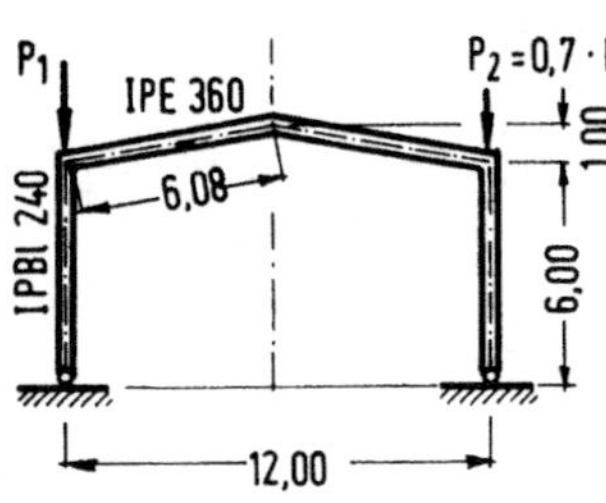

Bild 5.32

1. Beispiel: Stählerner Zweigelenkrahmen (B.5.32)
Es handelt sich um einen Rahmen mit relativ geringen Riegelneigungen α. Die Parameter lauten:

$$\varkappa = \frac{1}{6}\,\frac{12{,}0}{6{,}0} = 0{,}333;\quad \chi = 0{,}7;\quad \delta = \frac{6{,}00}{6{,}08}\cdot\frac{16\,270}{7766}\cdot\frac{6{,}0}{12{,}0} = 1{,}03$$

Aus T.5.16 liest man ab:

$$\varkappa = 0{,}25:\ \beta_1 = 2{,}13;\quad \varkappa = 1:\ \beta_1 = 2{,}14$$

Es kann mit β_1=2,14 gerechnet werden. Für einen Dreigelenkrahmen ergibt sich praktisch derselbe β-Wert. Eine Abschätzung nach den Formeln G.5.52/53 liefert mit

$$\gamma = \frac{Kl}{EJ} = 6\,\frac{EJ_R}{EJ}\cdot\frac{l}{l_R}\cos\alpha \equiv 6\delta = 6\cdot 1{,}03 = 6{,}18;\quad \frac{1}{\gamma} = 0{,}1616$$

für den Grundstab 4 (T.5.4):

$$\beta' = 2{,}30;\quad \beta_1 = \sqrt{\frac{1}{2}(1+0{,}7)}\cdot 2{,}30 = 2{,}12$$

Wird der Rechnung näherungsweise ein Zweigelenk-Rechteckrahmen zugrunde gelegt (System Nr. 5, T.5.7/8), folgt:

$$\varkappa = 1;\quad \delta = 1{,}03;\quad \chi = 1/0{,}7 = 1{,}428 \longrightarrow \beta_1 = 2{,}12$$

2. Beispiel: Stählerner Dreigelenkrahmen (B.5.33)
Tragwerk und Belastung sind in B.5.33a dargestellt, im Bildteil b sind die Biegungsmomente nach Th.I.Ordn. angegeben. Da der Rahmen relativ schlank ist, wirkt sich die horizontale Windlast stark auf die Momentenverteilung aus. In B.5.33c sind die Biegungsmomente für eine ν=1,5-Belastung nach Th.II.Ordn. eingetragen [5.16].

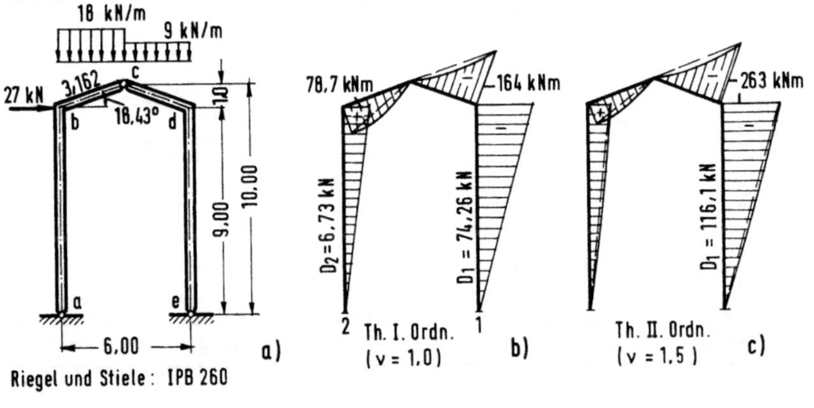

Bild 5.33

Parameter:

$$\varkappa = \tan\alpha\,\frac{l_R}{l} = 0{,}333\cdot\frac{6{,}0}{9{,}0} = 0{,}222;\quad \delta = \cos\alpha\,\frac{EJ_R}{EJ}\,\frac{l}{l_R} = 0{,}948\cdot 1\cdot\frac{9{,}0}{6{,}0} = 1{,}42;\quad \chi = \frac{P_2}{P_1} = \frac{6{,}73}{74{,}26} = 0{,}0906$$

Aus T.5.15 liest man ab:

$$\varkappa = 0{,}25:\ \beta_1 = 1{,}64;\quad \varkappa = 1:\ \beta_1 = 1{,}63 \longrightarrow \varkappa = 0{,}222:\ \beta_1 = 1{,}65$$

Die Knickkraft beträgt:

$$D_{1Ki} = \frac{\pi^2}{1{,}65^2}\cdot\frac{2{,}1\cdot 10^4\cdot 14920}{900^2} = 1404\ \text{kN}$$

Vergrößerungsfaktor für ν=1,5-fache Belastung:

$$\alpha = \frac{1}{1-1{,}5\cdot 72{,}26/1404} = 1{,}08$$

Wird dieser Faktor auf das Eckmoment der Rahmenecke d angewandt (B.5.33b), folgt:

$$M_{de} = 1{,}5\cdot 1{,}08\cdot 164 = 266\ \text{kNm}\quad (263\ \text{kNm})$$

Die Übereinstimmung mit der strengen Berechnung ist praktisch vollständig.

3. Beispiel: Stählerner Zweigelenkrahmen (B.5.34)

In B.5.34a sind System und Belastung eingetragen. Der Rahmen ist mit l/h=15,0/4,5=3,33 relativ breit, der Biegungseinfluß infolge Riegelbelastung dominiert. Im Bildteil b/c sind die Schnittgrößen nach Th.I. und II.Ordn. eingetragen. Sie sind das Ergebnis einer strengen Rechnung [5.16]. Die Spannungen im Stielanschnitt betragen (in Th.I.Ordn., ν=1,0):

$$\sigma = -\frac{96}{124} \pm \frac{22\,400}{1480} = -0{,}774 \pm 15{,}135 = \underline{-15{,}91\ \text{kN/cm}^2}$$

Der β-Wert wird nach T.5.16 bestimmt, der Druckkrafteinfluß im Riegel ist darin nicht berücksichtigt; beachte Abschnitt 1.2.10. Die Systemparameter lauten:

$$\varkappa = 0{,}200\,\frac{15{,}0}{3{,}0} = 1{,}00;\quad \delta = 0{,}9806\,\frac{45\,070}{22\,930}\cdot\frac{3{,}0}{15{,}0} = 0{,}385;$$

$$\chi = \frac{96}{114} = 0{,}842 \longrightarrow \beta = 2{,}71$$

Knickkraft und Verformungsfaktor, letzterer für ν=1,5-fache Belastung:

$$D_{Ki} = \frac{\pi^2}{\beta_1^2}\cdot\frac{EJ}{l^2} = \frac{\pi^2}{2{,}71^2}\,\frac{2{,}1\cdot 10^4\cdot 22\,930}{300^2} = 7\,190\ \text{kN}$$

$$\alpha = \frac{1}{1-D/D_{Ki}} = \frac{1}{1-1{,}5\cdot 96/7190} = 1{,}02$$

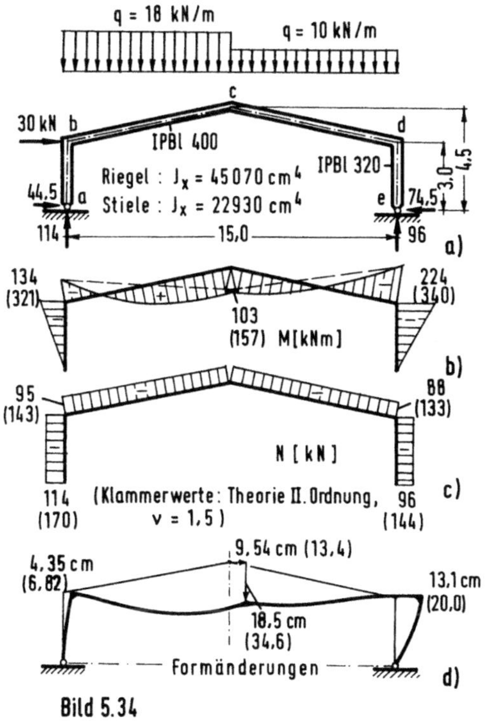

Bild 5.34

Somit wirkt sich der Verformungseinfluß nur in 2% aus. Das Moment in der Rahmenecke d ergibt sich zu

$$M_d^{II} = 1{,}02\cdot 1{,}50\cdot 224 = 343\ \text{kNm}$$

Der genaue Wert beträgt 340 kNm (Klammerwerte in B.5.34 b/c). Die Verformungsfigur ist im Bildteil d skizziert, sie ist durch eine starke Durchbiegung in Verbindung mit einer seitlichen Auslenkung gekennzeichnet.

Mit Hilfe der Tafeln 5.15/17 lassen sich die Stabilitätsnachweise in zuverlässiger Weise führen. Aus Schrägstellungen der Stiele resultierende Abtriebskräfte werden an jedem Knoten als Horizontalkräfte angesetzt, nach Th.I.Ordn. berechnet und mit dem Verformungsfaktor α beaufschlagt, vgl. das 2. Beispiel im Abschnitt 5.3.

5.6 Zweistöckige Rahmen (System Nr. 12 und 13)

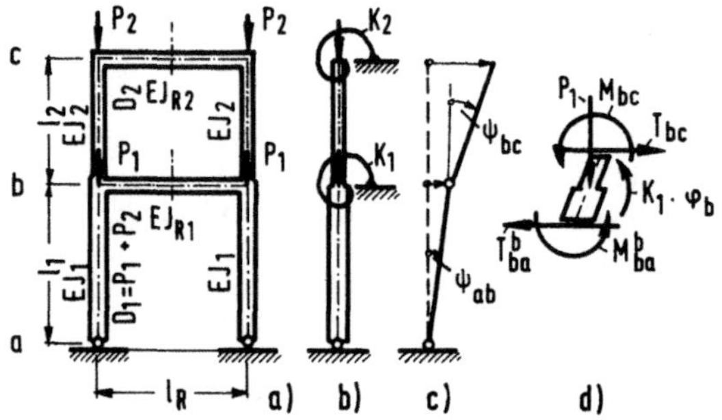

Bild 5.35

Unter der Voraussetzung, daß System und Belastung symmetrisch sind, kann das Problem durch den in B.5.35b dargestellten zweistöckigen Stab mit drehfeder-elastischen Bindungen ersetzt werden. Die Drehfederkonstanten K_1 und K_2 ergeben sich für die antimetrische Riegelverformung zu

$$K = 6\frac{EJ_R}{l_R} \tag{5.54}$$

(vgl. Anhang III.1).
Im Sinne des Verformungsgrößenverfahrens ist der Ersatzstab vierfach unbestimmt: φ_b, φ_c, ψ_{ab}, ψ_{bc}. Die Bestimmungsgleichungen lauten:

$$M^b_{ba} + M_{bc} + K_1\varphi_b = 0, \quad M_{cb} + K_2\varphi_c = 0; \quad T^b_{ba} = 0, \quad T_{bc} = 0. \tag{5.55}$$

(Im Falle eines Rahmens mit eingespannten Stielfüßen entfallen die hochgestellten Indizes b.) Für die Stabendschnittgrößen werden die Grundformeln des Verformungsgrößenverfahrens eingesetzt. Aus Det(ε)=0 werden die Eigenwerte berechnet. Auf den Tafeln T.5.18/19 sind die β_1-Werte für den unteren Stiel zusammengestellt. Um die Parameteranzahl auf drei zu beschränken, mußte $EJ_{R1}=EJ_{R2}=EJ_R$ eingeführt werden. Bei unterschiedlichen Riegelsteifigkeiten ist $EJ_R=\min EJ_R$ zu setzen oder ggf. ein Mittelwert zu bilden. Folgende Systemparameter sind zu bilden:

$$\gamma = \frac{Kl_1}{EJ_1}; \quad \chi = \frac{EJ_1}{EJ_2}\frac{l_2}{l_1}; \quad \varkappa = \frac{D_2}{D_1}\frac{l_2}{l_1}; \tag{5.56}$$

Ist β_1 abgegriffen, kann β_2 berechnet werden:

$$\beta_2 = \frac{\beta_1}{\sqrt{\chi\cdot\varkappa}} \tag{5.57}$$

Ist die Beanspruchung im linken und rechten Stiel ungleich (Bild 5.36), aber das Verhältnis der Druckkräfte in jedem Stiel gleich (oder annähernd gleich), so wird β_1 für den Stiel mit der größeren Druckkraft gemäß

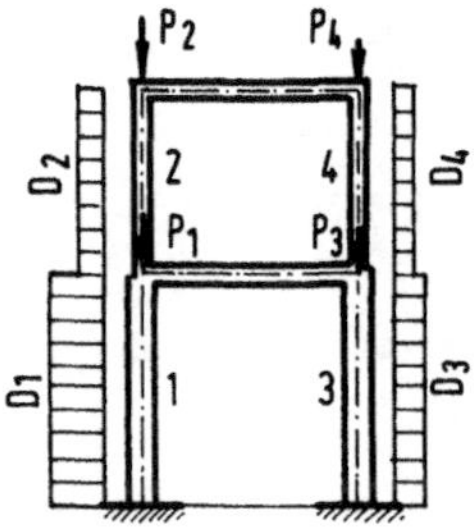

Bild 5.36

$$\beta_1 = \sqrt{\frac{1}{2}(1+m)}\cdot\beta_1'; \quad \beta_2 = \frac{\beta_1}{\sqrt{\chi\cdot\varkappa}}; \quad m = \frac{D_3}{D_1} \tag{5.58}$$

bestimmt. β_1' folgt aus den Tafeln, wobei die Parameter des höher beanspruchten Stieles anzusetzen sind.
Nach DIN 4114A gelten für freistehende, zweistöckige Rahmen die Knicklängenformeln:
Gelenkige Stielfüße (wie Zweigelenkrahmen):

$$\beta = \sqrt{\frac{1}{2}(1+m)}\sqrt{4+1{,}4(c+6\alpha)+0{,}02(c+6\alpha)^2} \tag{5.59}$$

Tafel 5.18

Knicklängen System 12

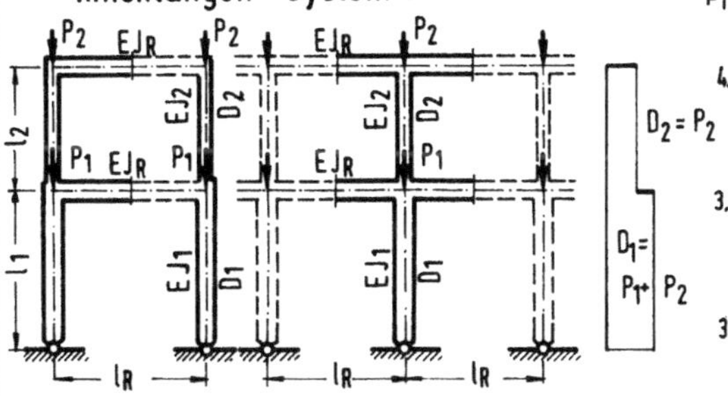

$\gamma = 6\,\frac{EJ_R}{EJ_1}\cdot\frac{l_1}{l_R}$ $\qquad$ $\gamma = 12\,\frac{EJ_R}{EJ_1}\cdot\frac{l_1}{l_R}$

Parameter: $\gamma = \frac{K l_1}{EJ_1}$; $\chi = \frac{EJ_1}{EJ_2}\cdot\frac{l_2}{l_1}$; $\varkappa = \frac{D_2}{D_1}\cdot\frac{l_2}{l_1}$

Knicklängen und -kräfte: $s_{K1} = \beta_1 l_1$; $s_{K2} = \beta_2 l_2$

$\beta_2 = \frac{\beta_1}{\sqrt{\chi\,\varkappa}}$ · $D_{Ki_1} = \frac{1}{\beta_1^2}\pi^2\frac{EJ_1}{l_1^2}$; $D_{Ki_2}\ \frac{1}{\beta_2^2}\pi^2\frac{EJ_2}{l_2^2}$

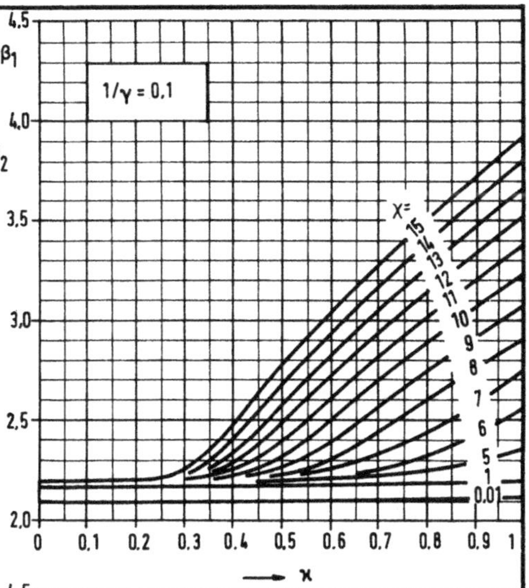

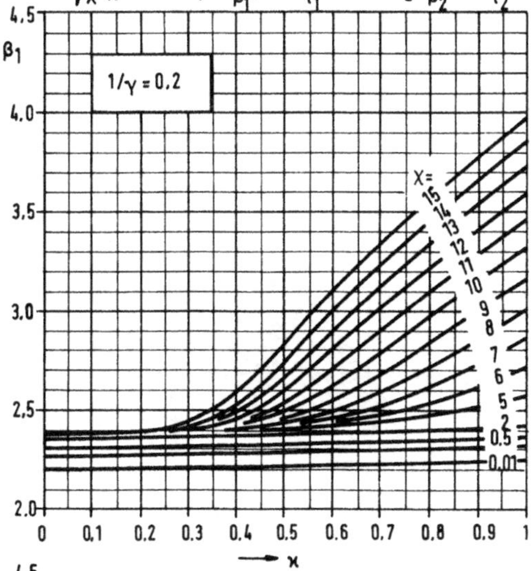

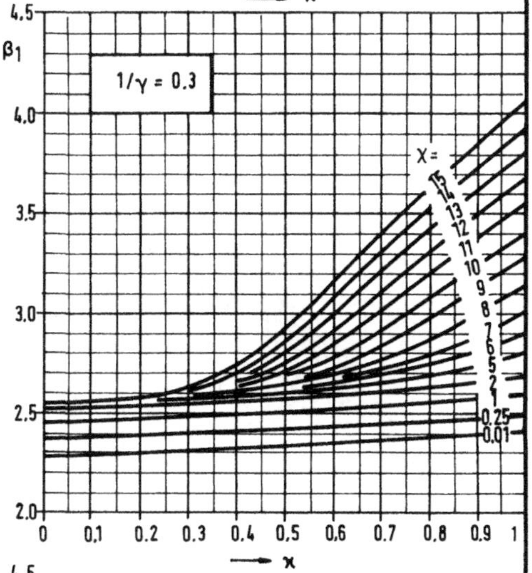

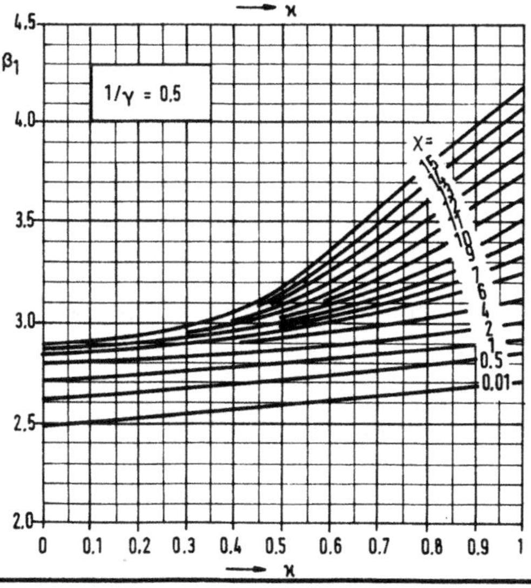

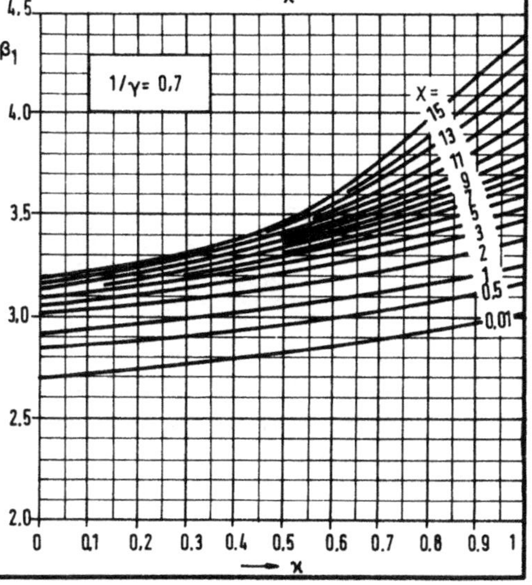

Tafel 5.19

Knicklängen System 13

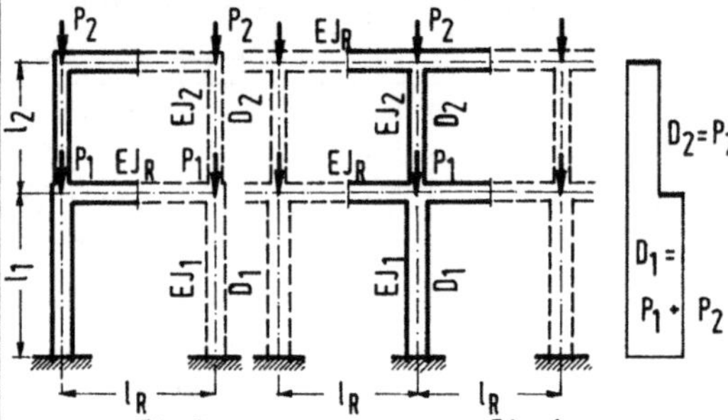

$\gamma = 6\,\frac{EJ_R}{EJ_1}\,\frac{l_1}{l_R}$ $\qquad$ $\gamma = 12\,\frac{EJ_R}{EJ_1}\cdot\frac{l_1}{l_R}$

Parameter: $\gamma = \frac{K l_1}{EJ_1}$; $\chi = \frac{EJ_1}{EJ_2}\cdot\frac{l_2}{l_1}$; $\varkappa = \frac{D_2}{D_1}\cdot\frac{l_2}{l_1}$

Knicklängen und -kräfte : $s_{K_1} = \beta_1\, l_1$; $s_{K_2} = \beta_2\, l_2$

$\beta_2 = \frac{\beta_1}{\sqrt{\chi\varkappa}}$ • $D_{Ki_1} = \frac{1}{\beta_1^2}\pi^2\frac{EJ_1}{l_1^2}$; $D_{Ki_2} = \frac{1}{\beta_2^2}\pi^2\frac{EJ_2}{l_2^2}$

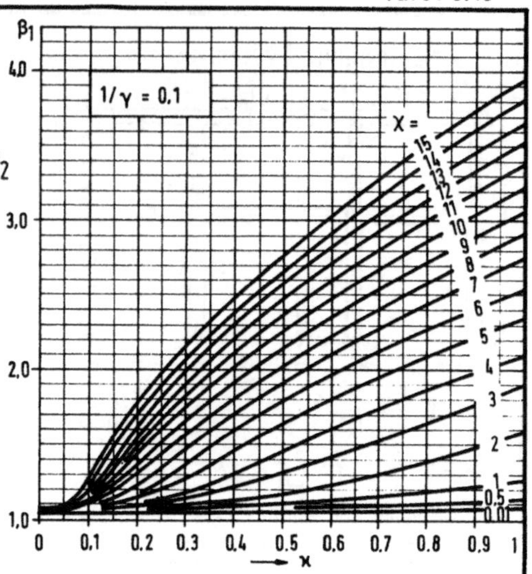

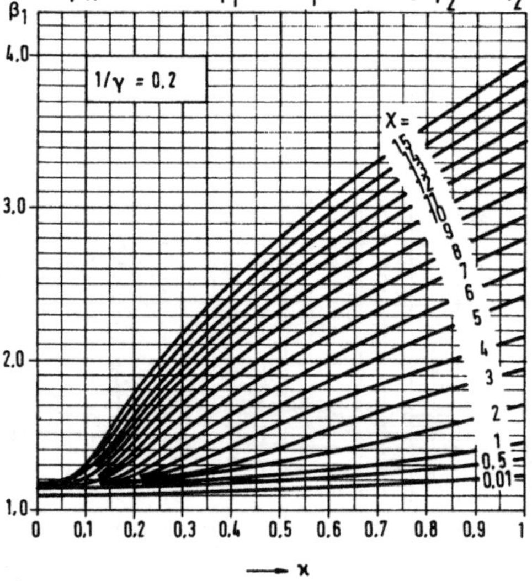

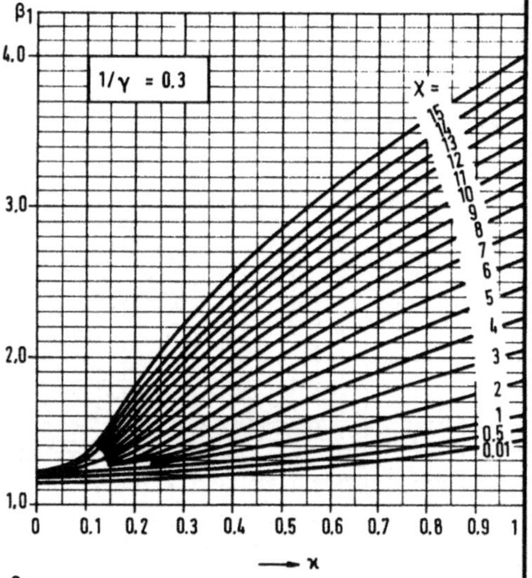

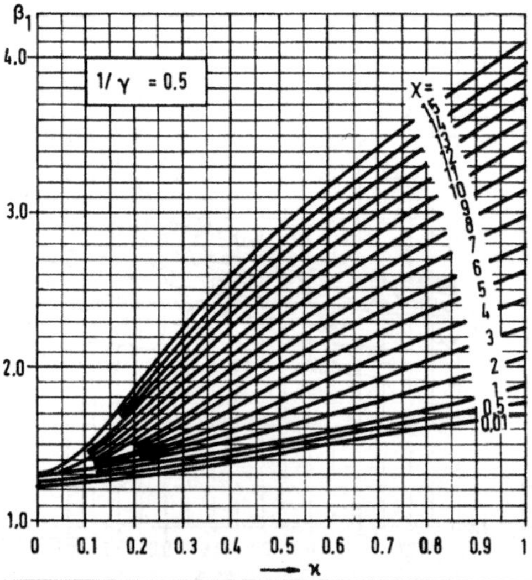

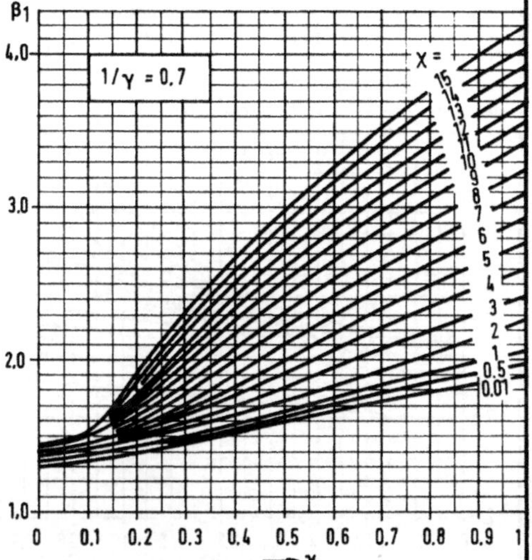

Eingespannte Stielfüße:

$$\beta = \sqrt{\frac{1}{2}(1+m)}\sqrt{1+12{,}5\alpha+0{,}89(1-\alpha)c-0{,}003(1-\alpha)c^2} \qquad (5.60)$$

Die Formeln gelten für den Sonderfall: $l_1 = l_2$, $EJ_1 = EJ_2$ und $D_1 = D_2$. Es bedeuten:

$$m = \frac{D_3}{D_1} = \frac{D_4}{D_2}; \quad c = \frac{EJ}{EJ_R}\frac{l_R}{l} \leq 10; \quad \alpha = \frac{4J}{l_R^2 F} \leq 0{,}2 \qquad (5.61)$$

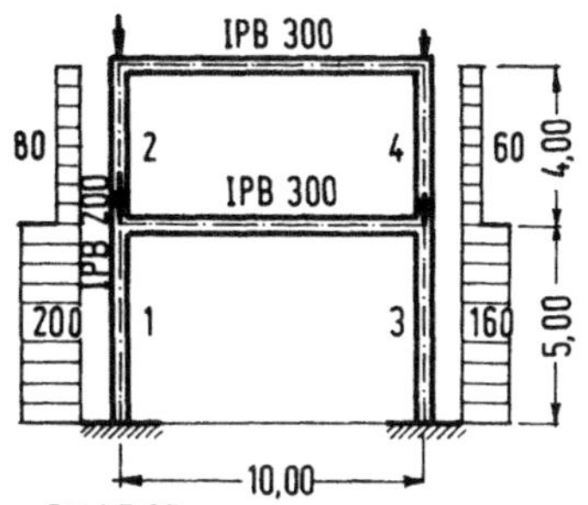

Bild 5.37

Beispiel: Stählerner, zweistöckiger Rahmen (B.5.37)
Riegel: IPB 300 : $J_x = 25\,170\ cm^4$
Stiele: IPB 200 : $J_x = 5\,700\ cm^4$
Die Parameter lauten (für den linken Stiel):

$$\gamma = 6 \cdot \frac{25\,170}{5\,700}\frac{5{,}00}{10{,}00} = 13{,}23; \quad \frac{1}{\gamma} = 0{,}076 \approx 0{,}1$$

$$\chi = 1 \cdot \frac{4{,}00}{5{,}00} = 0{,}800; \quad \varkappa = \frac{80}{200}\frac{4{,}00}{5{,}00} = 0{,}320$$

Für $1/\gamma = 0{,}1$ findet man aus T.5.18: $\beta' = 1{,}1$. Dieser Wert gilt für eine gleichhohe Beanspruchung beider Stiele. Gemäß G.5.58 folgen mit

$$m = \frac{160}{200} = 0{,}80 = \chi, \quad \left(\frac{60}{80} = 0{,}75\right)$$

die β-Werte zu:

$$\beta_1 = \sqrt{\frac{1}{2}(1+0{,}80)} \cdot 1{,}1 = 0{,}95 \cdot 1{,}1 = 1{,}05 \qquad \beta_2 = 1{,}05/\sqrt{0{,}80 \cdot 0{,}32} = 2{,}07$$

Berechnung der Verformungsfaktoren ($\nu = 1{,}5$):

$$D_{Ki1} = \frac{1}{1{,}05^2}\pi^2\frac{21000 \cdot 5700}{500} = 4286\,kN; \quad D_{Ki2} = \frac{80}{200}4286 = 1714\,kN$$

$$\alpha_1 = \frac{1}{1-\frac{1{,}5 \cdot 200}{4286}} = 1{,}075; \quad \alpha_2 = \frac{1}{1-\frac{1{,}5 \cdot 80}{1714}} = 1{,}075$$

Die α-Werte sind für alle Stiele gleich groß. – Bezüglich Einrechnung von Schrägstellungen vgl. Abschnitt 5.2.6.4.

5.7 Zweiteilige Stützen und Rahmenstiele (System Nr. 14 bis 20)

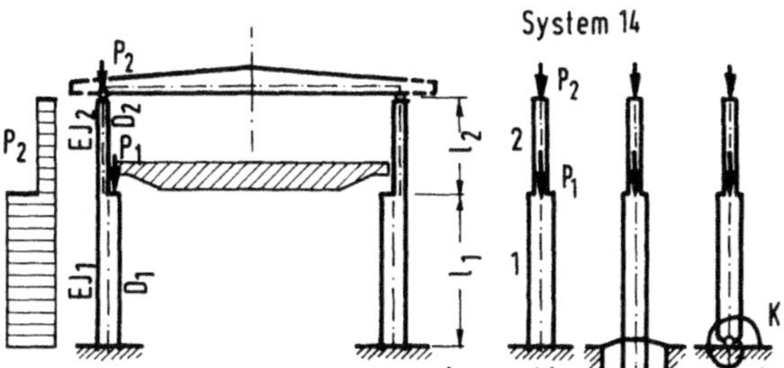

Bild 5.38

Druckbeanspruchte Stiele, bestehend aus zwei Stabbereichen unterschiedlicher Steifigkeit treten recht häufig auf, insbesondere bei Hallenkonstruktionen mit Kranbahnen. Die Stiele sind starr oder elastisch eingespannt (B.5.38), die Riegel sind gelenkig oder biegesteif angeschlossen. Im letztgenannten Falle können die Stiele auch mit Fußgelenken ausgebildet sein, vgl. B.5.39a.

Gesucht sind die β-Werte, um hieraus die Vergrößerungsfaktoren α bestimmen zu können.

Knicklängen Systeme 14 bis 20

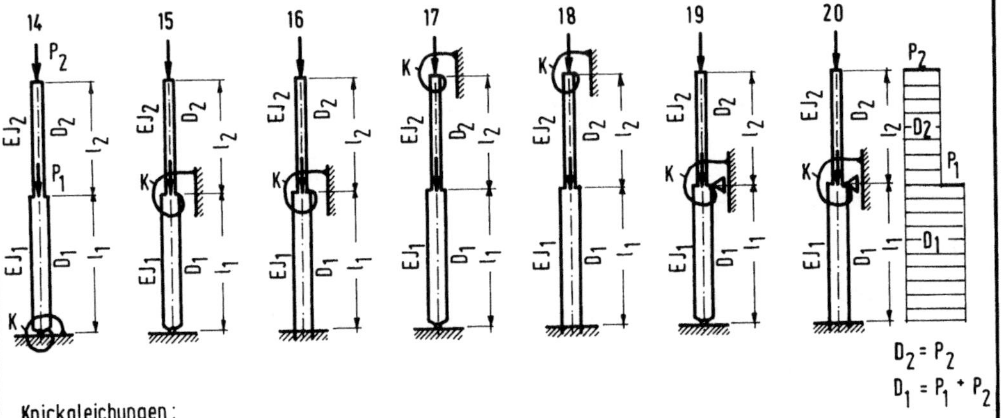

Knickgleichungen:

14 : $\sqrt{\chi\varkappa}\cdot\sin(\varepsilon_1\cdot\sqrt{\chi\varkappa})\cdot(\varepsilon_1\cdot\cos\varepsilon_1+\gamma\cdot\sin\varepsilon_1)+\chi\cdot\cos(\varepsilon_1\sqrt{\chi\varkappa})\cdot(\varepsilon_1\cdot\sin\varepsilon_1-\gamma\cdot\cos\varepsilon_1)=0$

15 : $\sqrt{\chi\varkappa}\cdot\sin(\varepsilon_1\cdot\sqrt{\chi\varkappa})\cdot(\varepsilon_1\cdot\cos\varepsilon_1+\chi\cdot\cos\cdot(\varepsilon_1\sqrt{\chi\varkappa})\cdot(\varepsilon\cdot\sin\varepsilon_1-\gamma\cdot\cos\varepsilon_1)=0$

16 : $\sqrt{\chi\varkappa}\cdot\sin(\varepsilon_1\cdot\sqrt{\chi\varkappa})\cdot\varepsilon_1\cdot\sin\varepsilon_1-\chi\cdot\cos\cdot(\varepsilon_1\cdot\sqrt{\chi\varkappa})\cdot(\varepsilon_1\cdot\cos\varepsilon_1+\gamma\cdot\sin\varepsilon_1)=0$

17 : $\sqrt{\chi\varkappa}\cdot\cos(\varepsilon_1\cdot\sqrt{\chi\varkappa})\cdot(\varepsilon_1\cdot\sin\varepsilon_1-\gamma\cdot\cos\varepsilon_1)+(\gamma\cdot\chi\cdot\sin\varepsilon_1+\varkappa\cdot\varepsilon_1\cdot\cos\varepsilon_1)\cdot\sin\cdot(\varepsilon_1\cdot\sqrt{\chi\varkappa})=0$

18 : $\sqrt{\chi\varkappa}\cdot\cos(\varepsilon_1\cdot\sqrt{\chi\varkappa})\cdot(\gamma\cdot\sin\varepsilon_1+\varepsilon_1\cdot\cos\varepsilon_1)+(\gamma\cdot\chi\cdot\cos\varepsilon_1-\varkappa\cdot\varepsilon_1\cdot\sin\varepsilon_1)\cdot\sin\cdot(\varepsilon_1\cdot\sqrt{\chi\varkappa})=0$

19 : $\sqrt{\chi\varkappa}\cdot\sin(\varepsilon_1\cdot\sqrt{\chi\varkappa})\cdot\varepsilon_1\cdot(\sin\varepsilon_1-\varepsilon_1\cdot\cos\varepsilon_1)+\chi\,[\gamma\,(\varepsilon_1\cdot\cos\varepsilon_1-\sin\varepsilon_1)-\varepsilon_1^2\cdot\sin\varepsilon_1]\cdot\cos(\varepsilon_1\cdot\sqrt{\chi\varkappa})=0$

20 : $\sqrt{\chi\varkappa}\cdot\sin(\varepsilon_1\cdot\sqrt{\chi\varkappa})\cdot\varepsilon_1\cdot[2\,(1-\cos\varepsilon_1)-\varepsilon_1\cdot\sin\varepsilon_1]+\chi\,\{-\gamma\,[2\,(1-\cos\varepsilon_1)-\varepsilon_1\cdot\sin\varepsilon_1]+$
$+\varepsilon_1\cdot(\varepsilon_1\cdot\cos\varepsilon_1-\sin\varepsilon_1)\}\cdot\cos(\varepsilon_1\cdot\sqrt{\chi\varkappa})=0$

Parameter: $\chi=\dfrac{EJ_1}{EJ_2}\cdot\dfrac{l_2}{l_1}$; $\varkappa=\dfrac{D_2}{D_1}\cdot\dfrac{l_2}{l_1}$; $\gamma=\dfrac{K\,l_1}{EJ_1}$

Knicklängen: $s_{K_1}=\beta_1 l_1$; $s_{K_2}=\beta_2 l_2$; $\beta_2=\dfrac{\beta_1}{\sqrt{\chi\varkappa}}$

Knicklängenbeiwerte β_1 : Diagramme der folgenden Tafeln.

Knicklasten: $D_{Ki_1}=\dfrac{1}{\beta_1^2}\cdot\pi^2\cdot\dfrac{EJ_1}{l_1^2}$; $D_{Ki_2}=\dfrac{D_2}{D_1}\cdot D_{Ki_1}$

Die Knickfälle 15 bis 18 sind z.B. Ersatzsysteme folgender symmetrischer Rahmentragwerke:

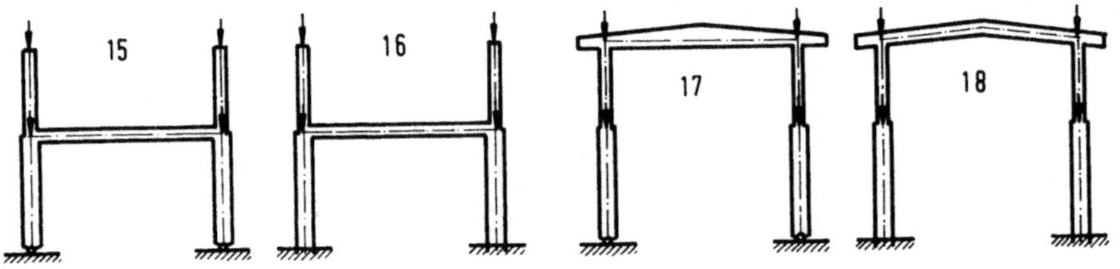

Die Systeme 19 und 20 entsprechen 15 bzw. 16.

Tafel 5.21

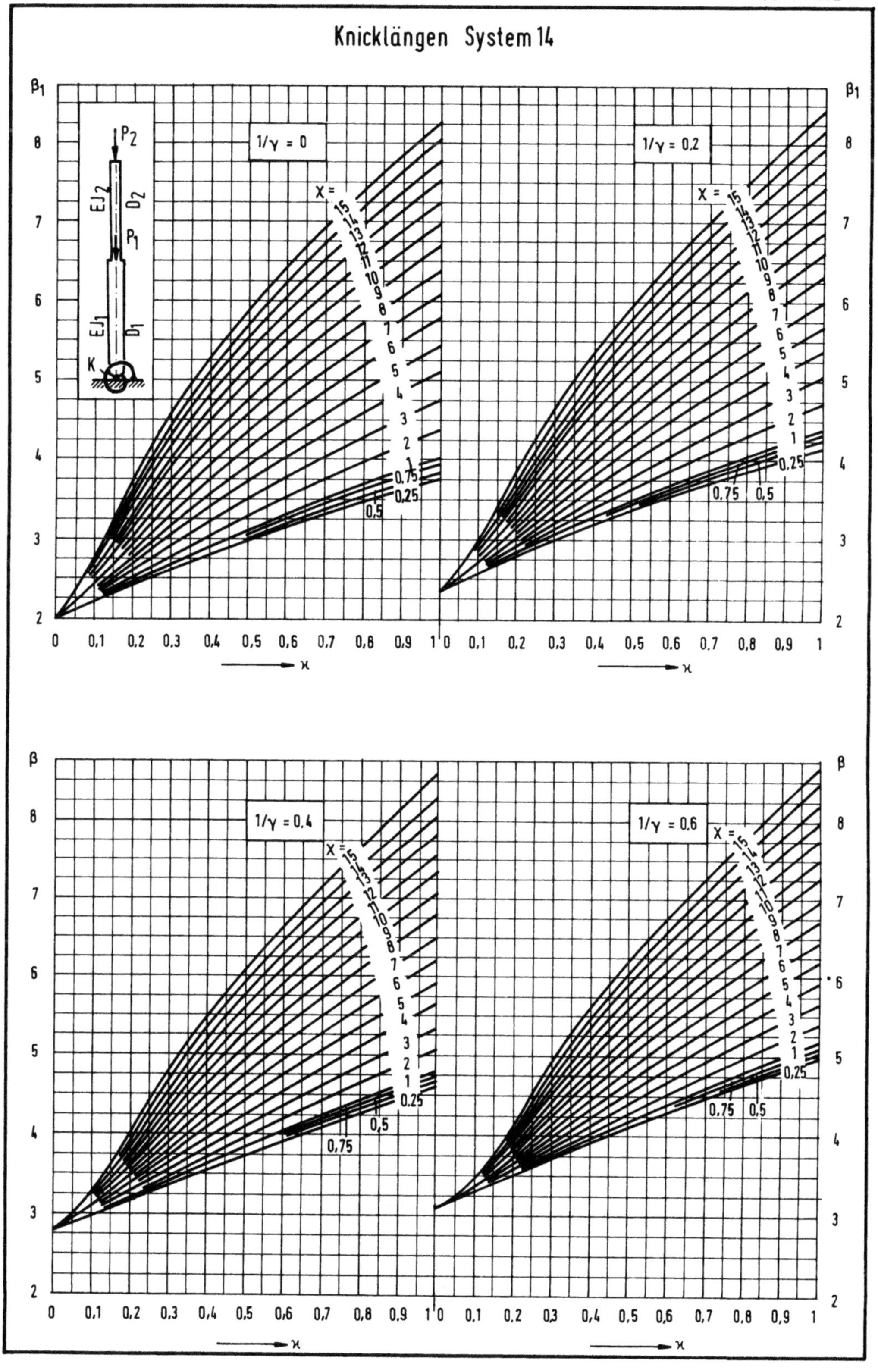
Knicklängen System 14
β1
1/γ = 0
1/γ = 0,2
1/γ = 0,4
1/γ = 0,6
χ =
15
14
13
12
11
10
9
8
7
6
5
4
3
2
1
0,75
0,5
0,25
P2
P1
EJ2
EJ1
D2
D1
K
β
κ

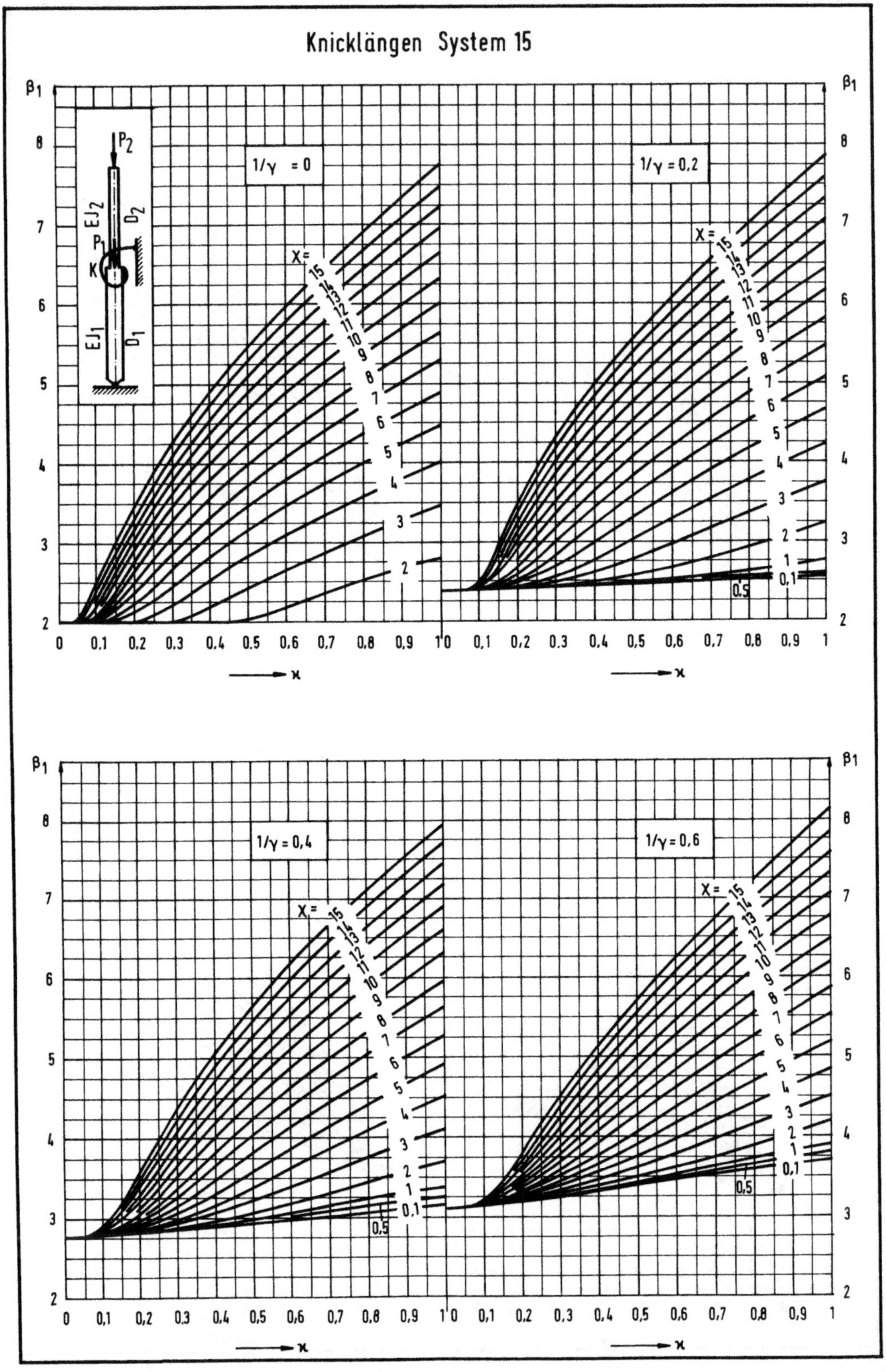
Knicklängen System 15
β1
P2
EJ2
D2
P1
K
EJ1
D1
1/γ = 0
1/γ = 0,2
1/γ = 0,4
1/γ = 0,6
χ =
ϰ
0 0,1 0,2 0,3 0,4 0,5 0,6 0,7 0,8 0,9 1
2 3 4 5 6 7 8

Knicklängen System 16

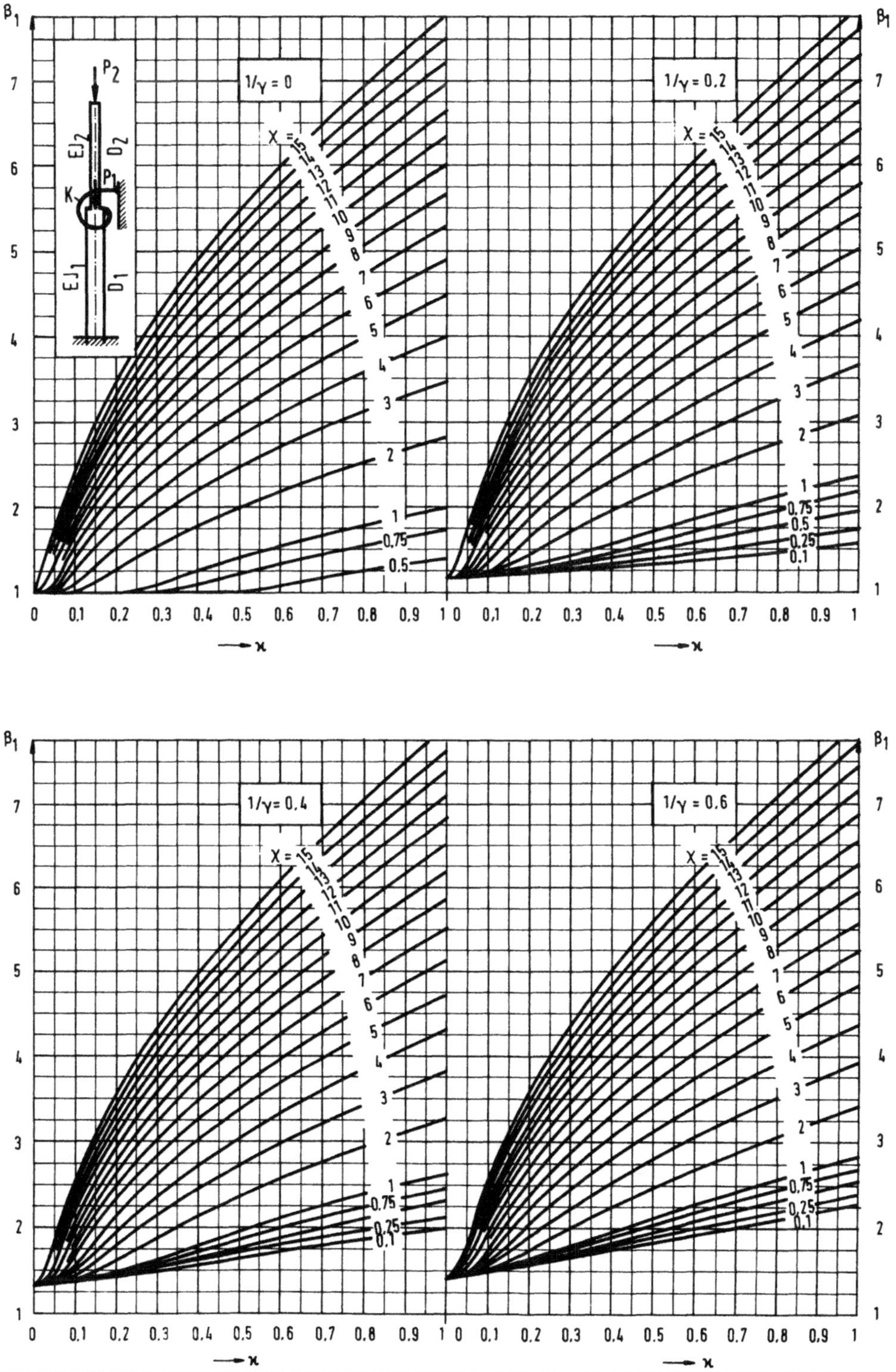

Tafel 5.24

Knicklängen System 17

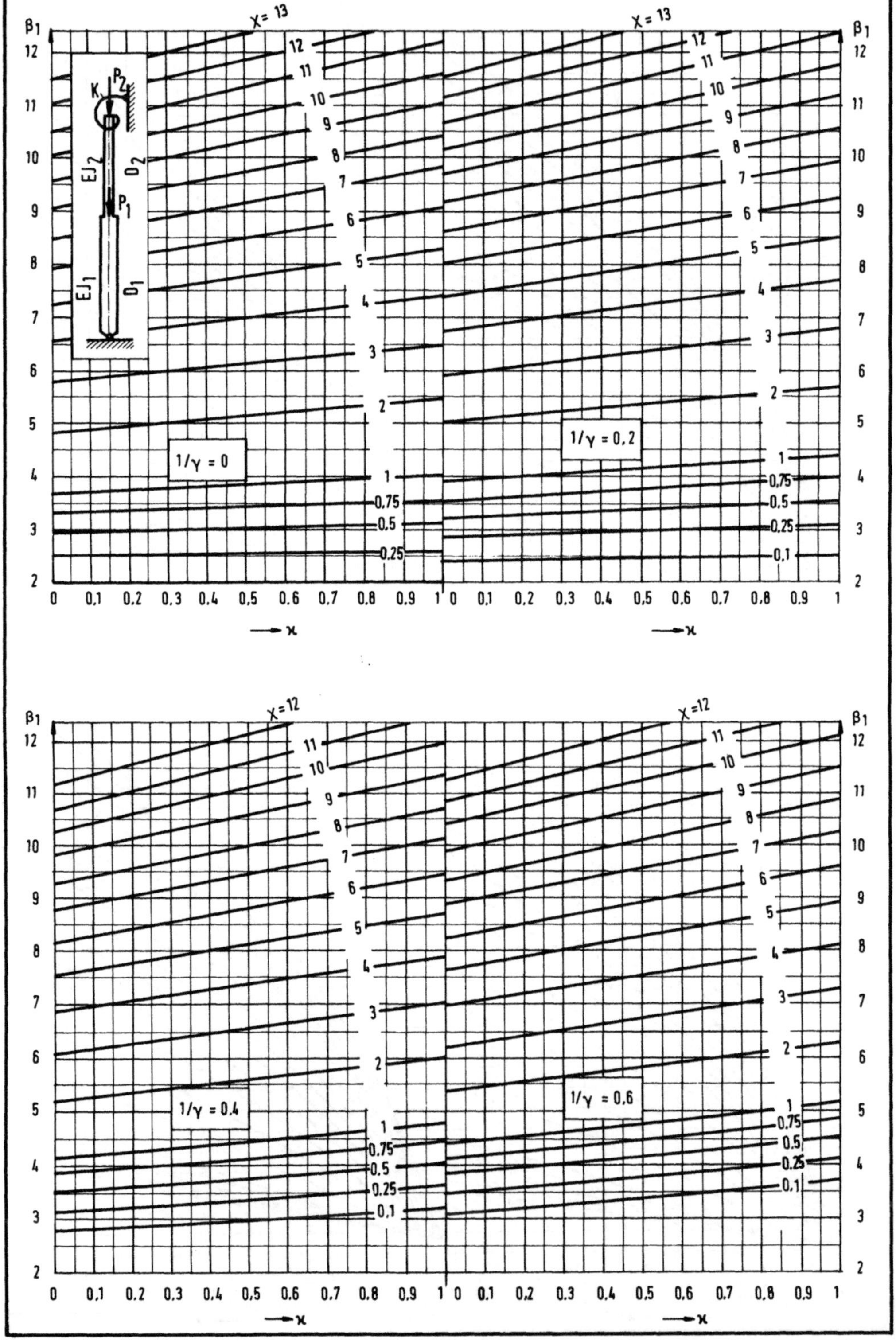

Tafel 5.25

Knicklängen System 18

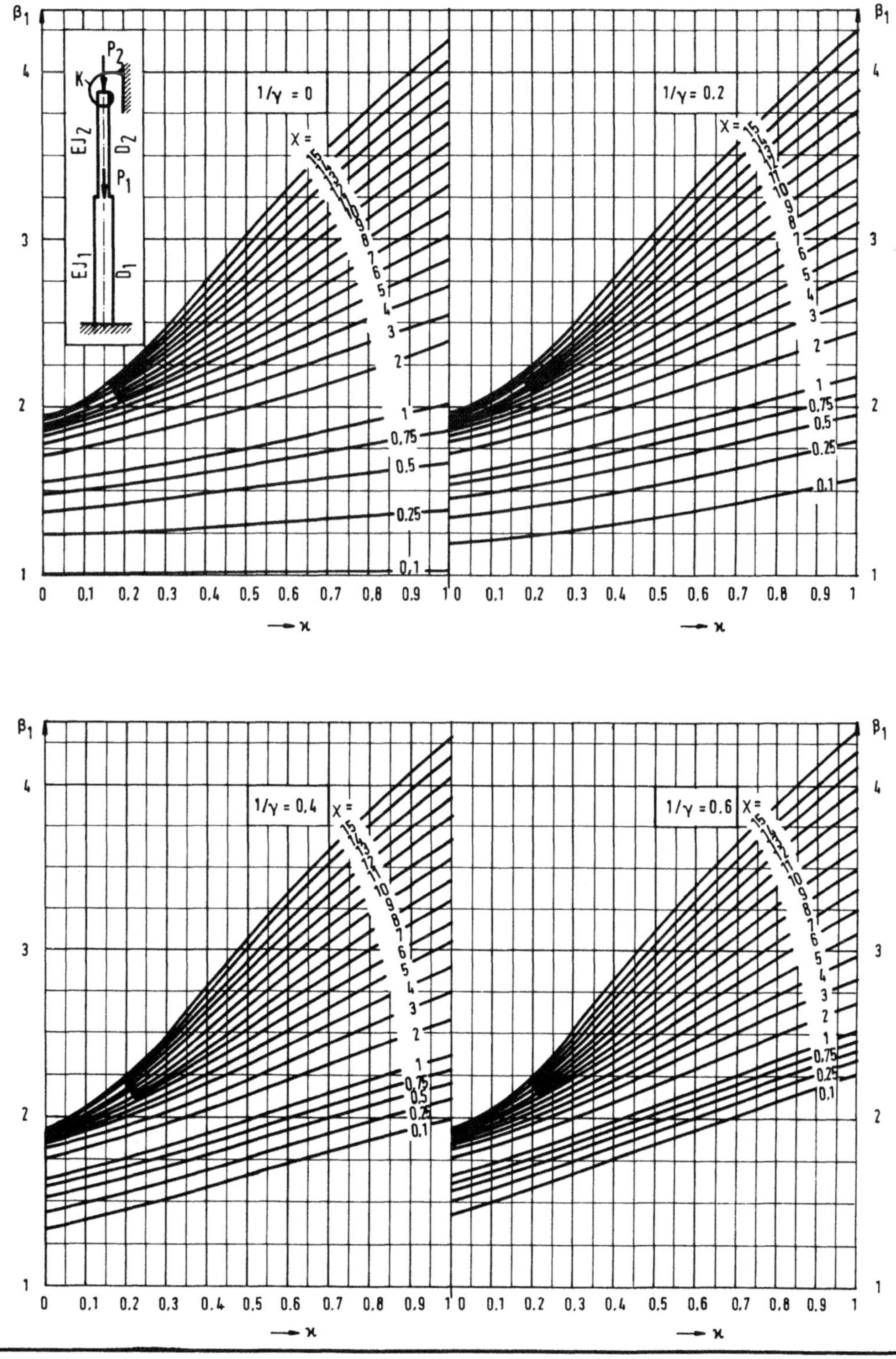

Tafel 5.26

Knicklängen System 19

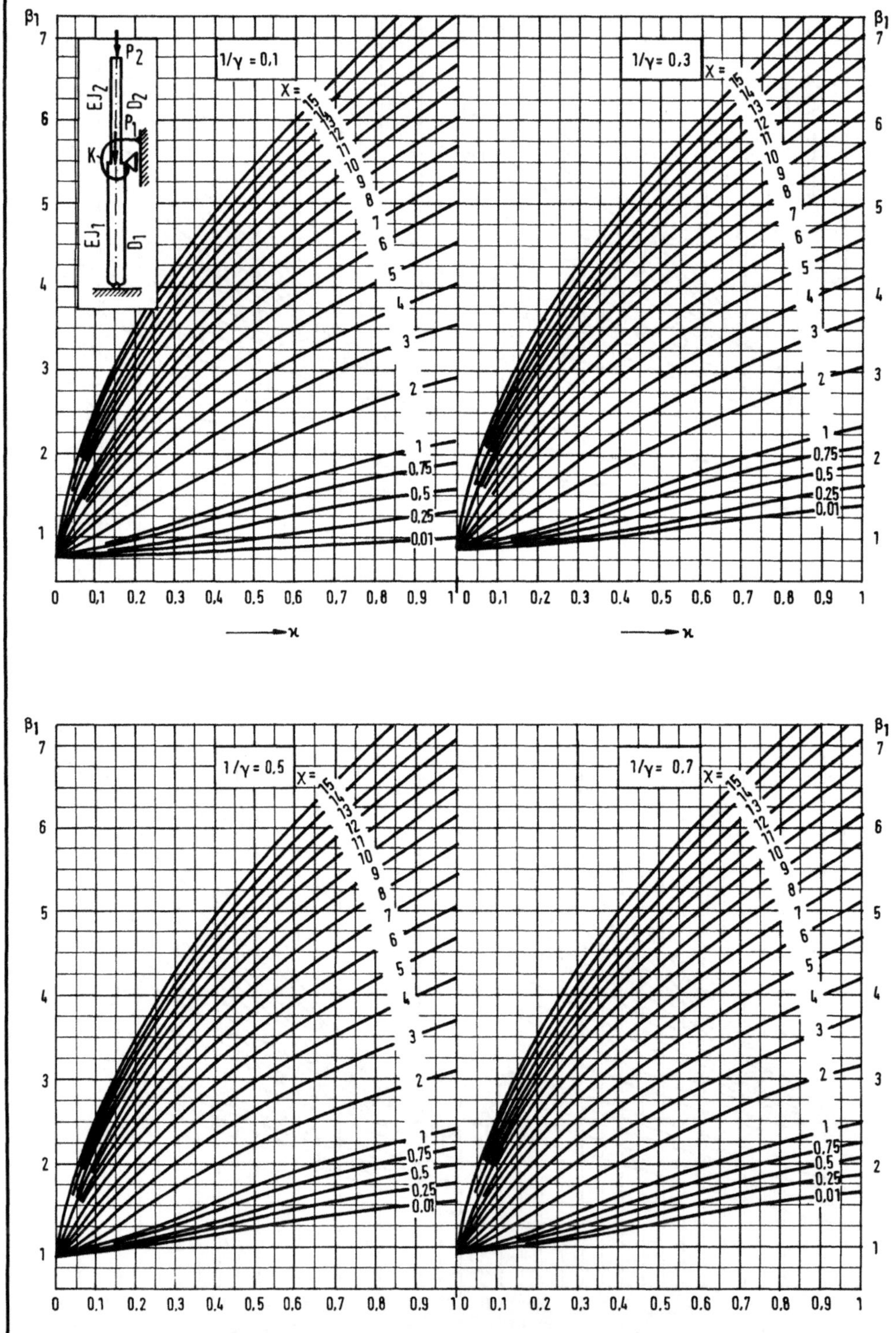

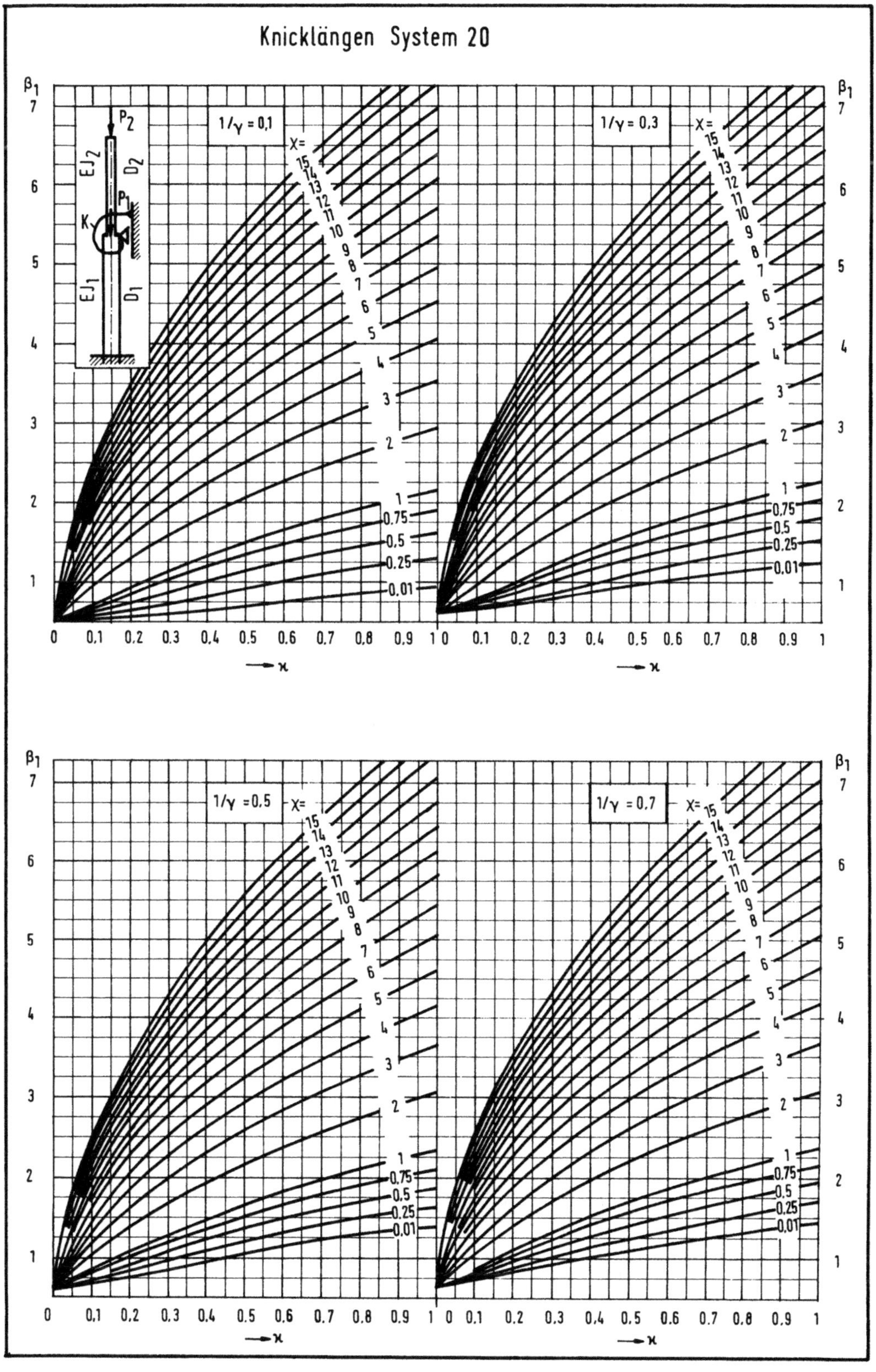
Knicklängen System 20
β1
P2
EJ2
D2
P1
Ky
EJ1
D1
1/γ = 0,1
1/γ = 0,3
1/γ = 0,5
1/γ = 0,7
χ=
15
14
13
12
11
10
9
8
7
6
5
4
3
2
1
0,75
0,5
0,25
0,01
0 0,1 0,2 0,3 0,4 0,5 0,6 0,7 0,8 0,9 1
→ ϰ

Knicklängen System 19′

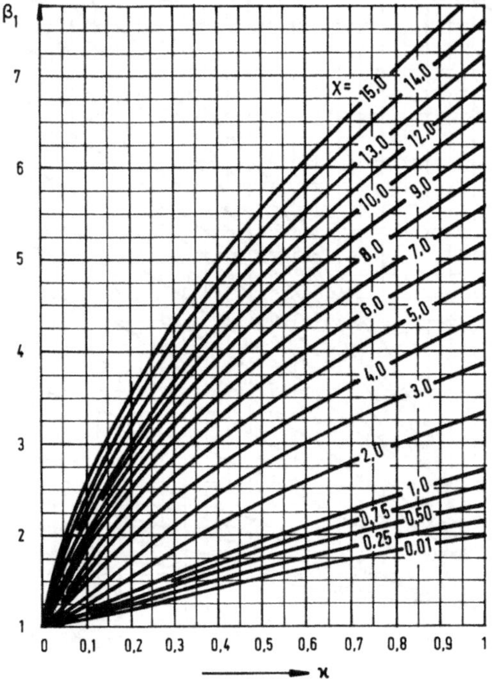

(Ergänzung für $1/\gamma = 0$)

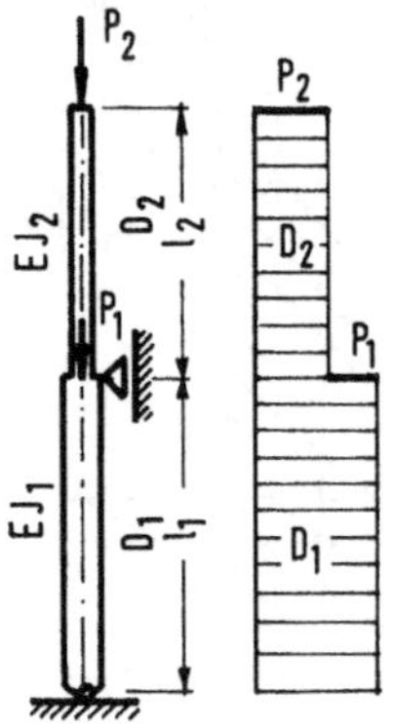

$D_2 = P_2$

$D_1 = P_1 + P_2$

Parameter:

$$X = \frac{EJ_1}{EJ_2} \cdot \frac{l_2}{l_1}, \quad \varkappa = \frac{D_2}{D_1} \cdot \frac{l_2}{l_1}$$

Knicklängen: $s_{K_1} = \beta_1 l_1$; $s_{K_2} = \beta_2 l_2$

β_1: Diagramm; $\beta_2 = \dfrac{\beta_1}{\sqrt{X\varkappa}}$

Knicklasten: $D_{Ki_1} = \dfrac{1}{\beta_1^2} \cdot \pi^2 \cdot \dfrac{EJ_1}{l_1^2}$

$D_{Ki_2} = D_{Ki_1} \cdot \dfrac{D_2}{D_1}$

Knicklängen System 20′

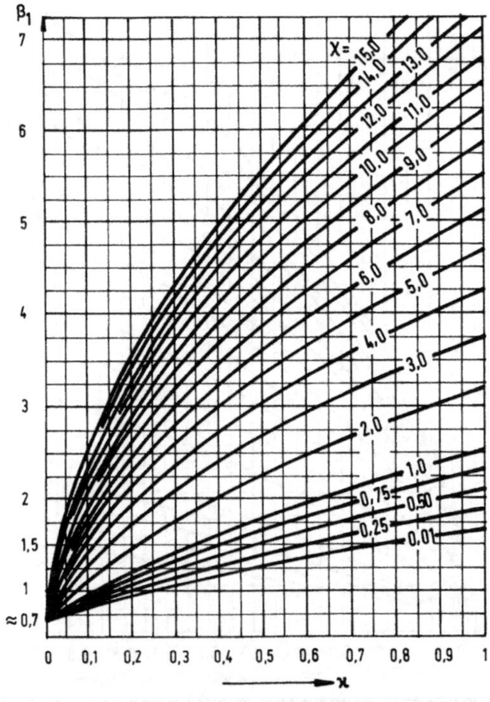

(Ergänzung für $1/\gamma = 0$)

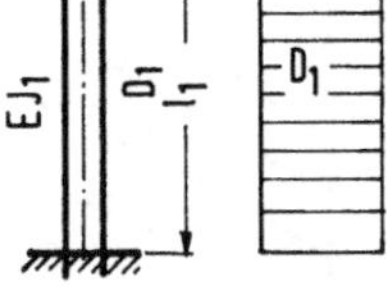

$D_2 = P_2$

$D_1 = P_1 + P_2$

$$X = \frac{EJ_1}{EJ_2} \cdot \frac{l_2}{l_1}, \quad \varkappa = \frac{D_2}{D_1} \cdot \frac{l_2}{l_1}$$

Knicklängen: $s_{K_1} = \beta_1 l_1$; $s_{K_2} = \beta_2 l_2$

β_1: Diagramm; $\beta_2 = \dfrac{\beta_1}{\sqrt{X\varkappa}}$

Knicklasten: $D_{Ki_1} = \dfrac{1}{\beta_1^2} \cdot \pi^2 \cdot \dfrac{EJ_1}{l_1^2}$

$D_{Ki_2} = D_{Ki_1} \cdot \dfrac{D_2}{D_1}$

Knicklängen System 19" und 20"

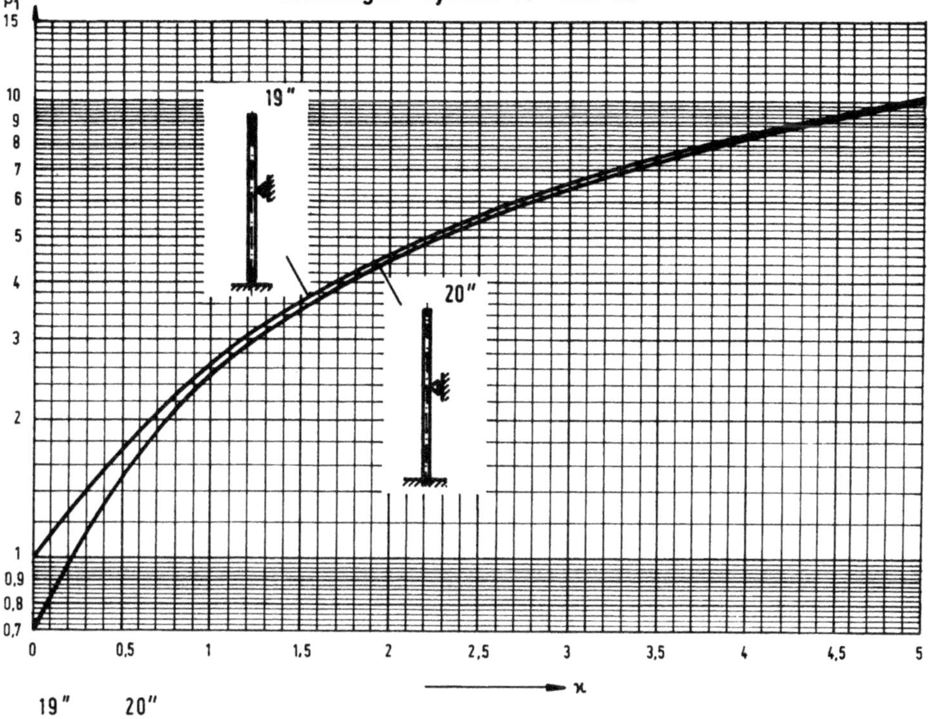

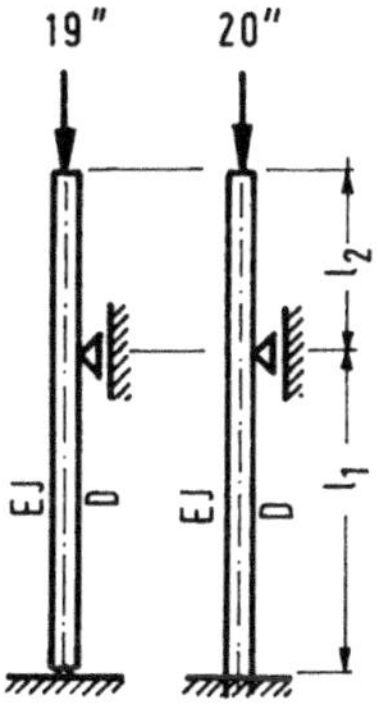

Knickbedingungen :

19": $\varepsilon_1 (\cos \varepsilon_1 \cdot \sin \varkappa \varepsilon_1 + \sin \varepsilon_1 \cdot \cos \varkappa \varepsilon_1) - \sin \varepsilon_1 \cdot \sin \varkappa \varepsilon_1 = 0$

20": $(\varepsilon_1 \cos \varepsilon_1 - \sin \varepsilon_1) \cos \varkappa \varepsilon_1 - [\varepsilon_1 \sin \varepsilon_1 - 2(1 - \cos \varepsilon_1)] \sin \varkappa \varepsilon_1 = 0$

Parameter: $\varkappa = \frac{l_2}{l_1}$

Knicklängen: $s_{K_1} = \beta_1 l_1$, $s_{K_2} = \beta_2 l_2$

β_1 : Diagramm : $\beta_2 = \frac{\beta_1}{\varkappa}$

Knicklast : $D_{Ki} = \frac{1}{\beta_1^2} \cdot \pi^2 \frac{EJ}{l_1^2}$

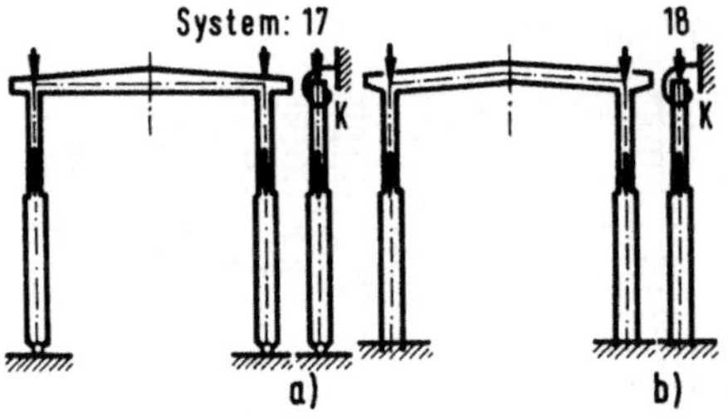

Bild 5.39

Real wirken i.allg. die Lasten aus den Dachbindern und Kranbahnträgern exzentrisch bezüglich der Achsen beider Stabbereiche. Diese planmäßigen Hebelarme sind im Rahmen der statischen Berechnung nach Th.I.Ordn. (oder nach Th.II.Ordn.) zu erfassen. Die Lösung als Verzweigungsproblem unterstellt die in B.5.39 dargestellten Idealisierungen, außerdem wird angenommen, daß die Druckbeanspruchung in beiden Stielen gleich groß ist. Damit kann die Untersuchung auf einen Stiel beschränkt werden, die Riegel werden durch Drehfedern K ersetzt, vgl. B.5.39 und Abschnitt III.1. Auf [5.17 und 5.18] wird hingewiesen.

Auf T.5.20 sind die möglichen Stielarten (Nr. 14 bis 20) zusammengestellt und die Knickbedingungen angeschrieben, sie wurden nach dem Differentialgleichungsverfahren (Abschnitt 3.4.1) unter Verwendung der in B.5.40 eingetragenen Koordinaten berechnet. Auf den Tafeln 5.21/29 sind die Ergebnisse zusammengestellt. Den Diagrammen kann der Knicklängenbeiwert β_1 für den unteren Stielbereich entnommen werden. Zuvor sind folgende Parameter zu bestimmen:

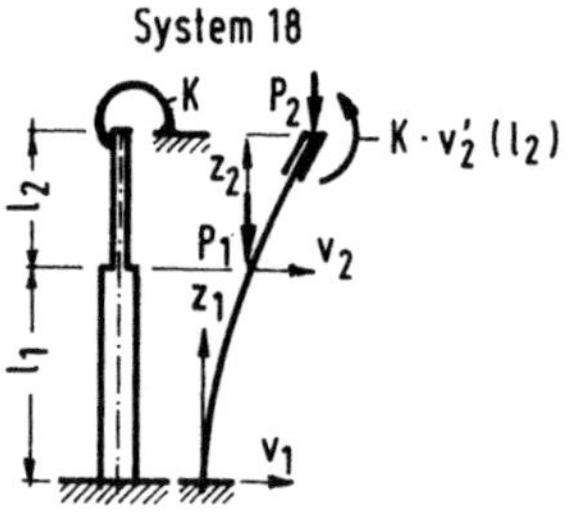

Bild 5.40

$$\gamma = \frac{K l_1}{EJ_1}; \quad \chi = \frac{EJ_1}{EJ_2}\frac{l_2}{l_1}; \quad \varkappa = \frac{D_2 l_2}{D_1 l_1} \qquad (5.62)$$

Wie oben erwähnt, ist die Drehfederkonstante K für verschiebliche Systeme (Nr. 15 bis 18) nach T.III.2 und für unverschiebliche (Nr. 19 und 20) nach T.III.1 zu ermitteln.

Im allgemeinen sind die Druckkräfte in den Stielen ungleich. Die Rechnung liegt auf der sicheren Seite, wenn die β-Werte unter der Annahme einer gleichhohen Druckkraftverteilung berechnet werden. Dieses Vorgehen ist grundsätzlich dann zu empfehlen, wenn die Riegel gelenkig angeschlossen sind (B.5.38). Bei biegesteifer Riegelanbindung wird gemäß Gl.5.7/8 β_1 und β_2 aus

$$\beta_1 = \sqrt{\frac{1}{2}(1+m)}\cdot\beta_1'; \quad \beta_2 = \beta_1/\sqrt{\chi\cdot\varkappa}; \quad m = \frac{D_3}{D_1} \leq 1 \qquad (5.63)$$

berechnet, vgl. B.5.41. Diese Umrechnung unterstellt: $D_3/D_1 = D_4/D_2$.

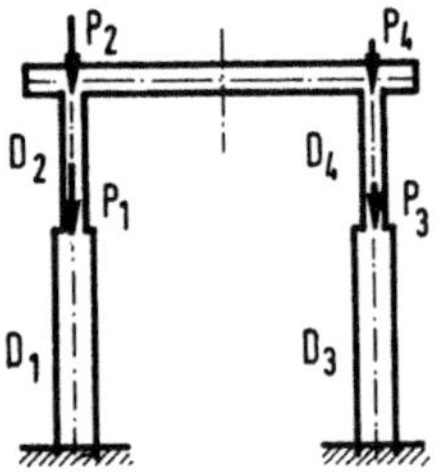

Bild 5.41

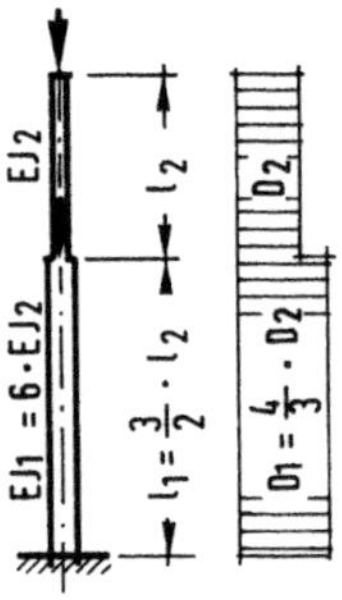

Bild 5.42

Beispiel: Kranbahnstütze mit starrer Einspannung (B.5.42)

System Nr. 14, Fall $1/\gamma = 0$. Die Parameter betragen:

$$\chi = 6\cdot\frac{2}{3} = 4, \quad \varkappa = \frac{3}{4}\cdot\frac{2}{3} = 0{,}5 \longrightarrow$$

$$\beta_1 = 3{,}75, \quad \beta_2 = \frac{3{,}75}{\sqrt{4\cdot 0{,}5}} = 2{,}65$$

Nach dem Durchbiegungsverfahren (Abschnitt 3.2.3.1) läßt sich für diesen Fall die Formel

$$\beta_1 = \pi\sqrt{\frac{1}{2}\left[\frac{5}{12}(1+\chi\varkappa) + \varkappa\left(1+\frac{1}{2}\frac{l_1}{l_2}\right)\right] + \sqrt{\frac{1}{4}\left[\frac{5}{12}(1+\chi\varkappa) + \varkappa\left(1+\frac{1}{2}\frac{l_1}{l_2}\right)\right]^2 - \varkappa\left[\frac{1}{12} + \left(\frac{5}{12}\right)^2\chi\varkappa\right]}} \qquad (5.64)$$

ableiten. Die Formel liefert für das Beispiel: β_1=3,89 (statt 3,75).

Die Stabilität von eingespannten Stützen der in B.5.38 dargestellten Tragwerksform sollte zweckmäßig nach Th.II.Ordn. nachgewiesen werden. Berechnungsanweisung:

a) Berechnung des Systems nach Th.I.Ordn. unter Berücksichtigung aller Exzentrizitäten. Wind und Seitenkräfte aus der Kranbahn rufen Horizontalkräfte hervor. Sofern der Riegel mit den Stielköpfen kraftschlüssig verbunden ist, kann die gegenseitige Kopplung (Stützung) der Stiele berücksichtigt werden, das Problem ist dann einfach statisch unbestimmt.

b) Sofern erforderlich, werden für die unteren und oberen Stielbereiche die Schrägstellungen (Imperfektionen)

$$\psi_{0,1} \text{ und } \psi_{0,2}$$

angesetzt. Dem gleichwertig sind die Abtriebskräfte

$$H_{\psi_{0,1}} = P_1 \cdot \psi_{0,1} \text{ und } H_{\psi_{0,2}} = P_2 \cdot \psi_{0,2}$$

auf das perfekte System. Für die Abtriebskräfte werden die Schnittgrößen nach Th.I. Ordn. berechnet.

c) Alle Schnittgrößen werden um den Sicherheitsfaktor ν erhöht.

d) Der höher beanspruchte Stiel wird aus dem Tragwerk herausgelöst, vgl. 5.38 b/c und für die Stielbereiche 1 und 2 die β-Werte bestimmt. Für jeden Stielbereich wird die Knicklast berechnet (siehe T.5.20). Handelt es sich um Stahlbetonstützen, ist für EJ die wirksame Biegesteifigkeit unter Berücksichtigung der Bewehrungsführung einzuführen. Anhalt: $(EJ)_w$ =0,5·EJ.

$$\beta_1 \longrightarrow D_{Ki,1}\,; \qquad \beta_2 \longrightarrow D_{Ki,2}$$

e) Für jeden Stielbereich wird der α-Faktor, G.5.2, bestimmt; $D_1=P_1+P_2$, $D_2=P_2$. Um diesen Faktor werden die Schnittgrößen nach Th.I.Ordn. gemäß Pkt.a) bis c) erhöht.

f) Gegebenenfalls werden die Schnittgrößen gemäß e) wieder durch ν dividiert, um auf dem Level der Gebrauchslasten die Nachweise für die Querschnitte und Verbindungsmittel führen zu können.

Die Berechnungsanweisung liegt (etwas) auf der sicheren Seite, weil der Verformungseinfluß für die aus den Exzentrizitäten herrührenden Momente zu hoch eingeht. Auf das Beispiel Nr. 5 im Abschnitt 5.13.3 wird hingewiesen, vgl. auch [5.19].

5.8 Zweiteilige Stützen mit federelastischer Querstützung (System Nr. 21 u. 22)

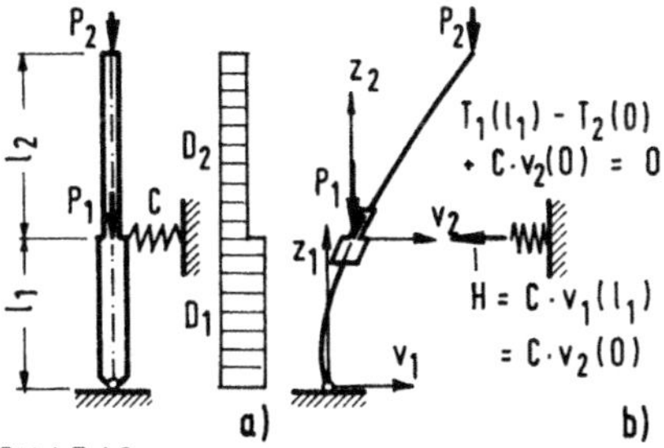

Bild 5.43

Für das in B.43a dargestellte System, entweder mit gelenkiger oder eingespannter Fußlagerung, sind auf T.5.30/33 die Knickbedingungen nebst Auswertung enthalten. Bei der Herleitung der Knickbedingungen wurden die in Bildteil b skizzierten Koordinatensysteme zugrundegelegt, die statischen Übergangsbedingungen sind ebenfalls angeschrieben; C ist die Federkonstante. Aus den Tafeln kann der Knicklängenfaktor β_1 in Abhängigkeit von den Parametern

$$\delta = \frac{C \cdot l_1^3}{EJ_1}; \quad \chi = \frac{EJ_1}{EJ_2}\frac{l_2}{l_1}; \quad \varkappa = \frac{D_2}{D_1}\frac{l_2}{l_1} \tag{5.65}$$

entnommen und hieraus β_2 berechnet werden.

Knicklängen System 21

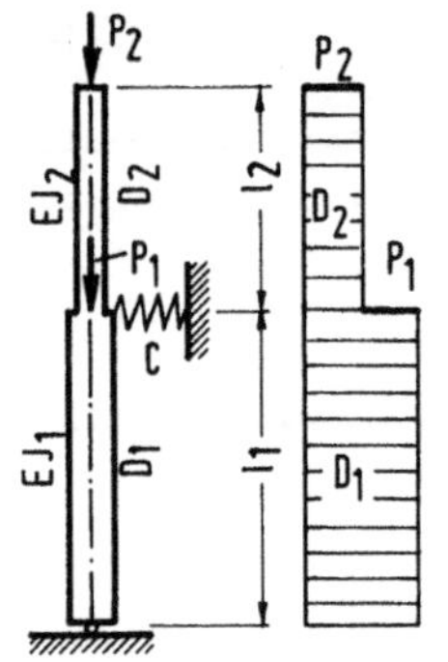

$D_2 = P_2$

$D_1 = P_1 + P_2$

Knickgleichung:

$$\delta\,[\,\varkappa\,(\sin\varepsilon_1 - \varepsilon_1\cos\varepsilon_1)\cdot\sin\varepsilon_2 - \sin\varepsilon_1\cdot\varepsilon_2\cdot\cos\varepsilon_2\,] +$$
$$+\,\chi\cdot\varepsilon_1^3\cos\varepsilon_1\cdot\sin\varepsilon_2 + \varepsilon_1^2\cdot\sin\varepsilon_1\cdot\varepsilon_2\cdot\cos\varepsilon_2 = 0$$

Parameter: $\chi = \frac{EJ_1}{EJ_2}\cdot\frac{l_2}{l_1}$; $\varkappa = \frac{D_2}{D_1}\,\frac{l_2}{l_1}$; $\delta = \frac{C\cdot l_1^3}{EJ_1}$

Knicklängen: $s_{K_1} = \beta_1\, l_1$; $s_{K_2} = \beta_2\, l_2$

β_1 : Diagramme , $\beta_2 = \frac{\beta_1}{\sqrt{\chi\varkappa}}$

Knicklasten: $D_{Ki_1} = \frac{1}{\beta_1^2}\,\pi^2\,\frac{EJ_1}{l_1^2}$

$D_{Ki_2} = D_{Ki_1}\cdot\frac{D_2}{D_1}$

Sonderfall $C = \infty$: $\delta = \infty$, $\frac{1}{\delta} = 0$: System 19'

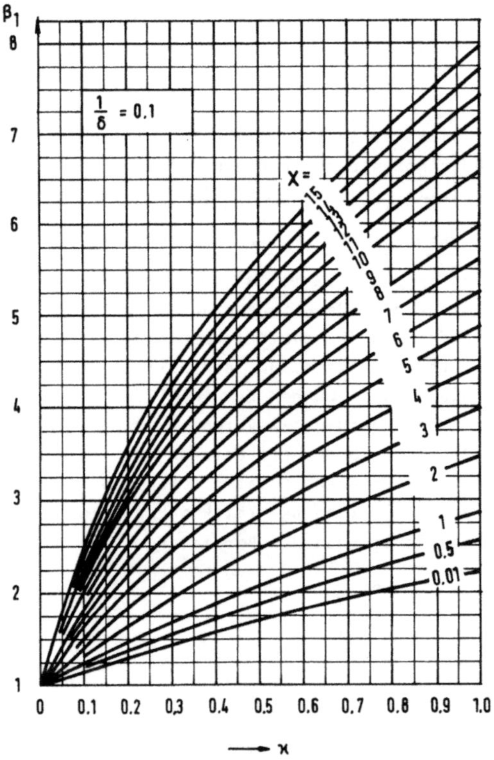

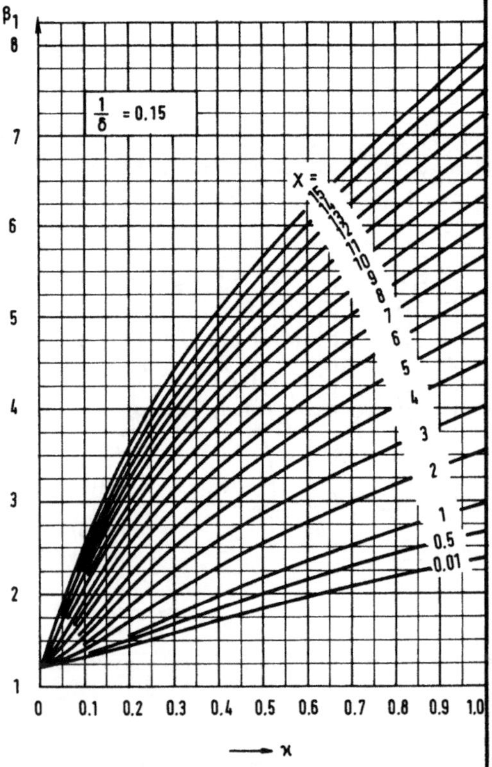

Tafel 5.31

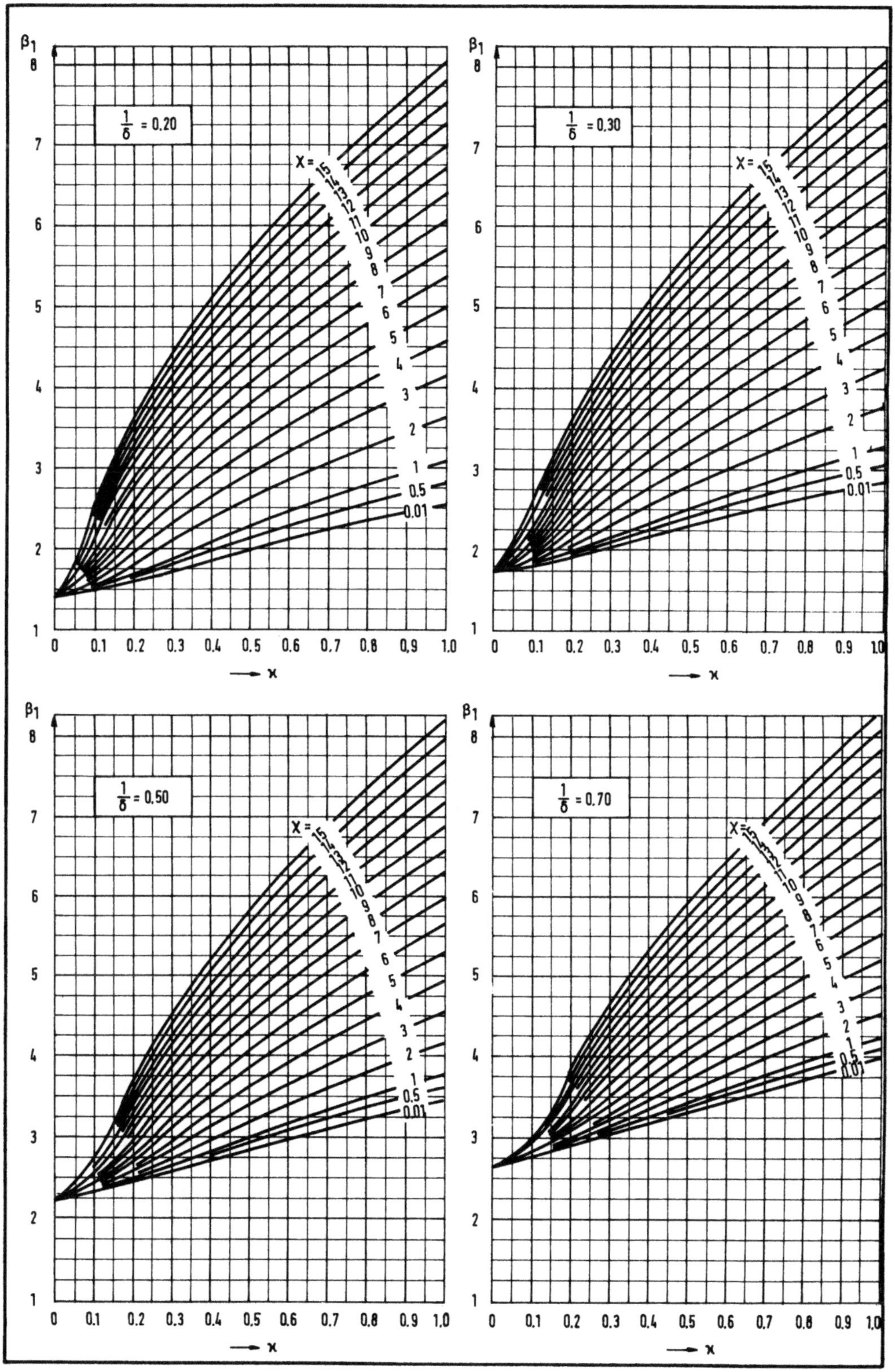

β1
1/δ = 0,20
1/δ = 0,30
1/δ = 0,50
1/δ = 0,70
X = 15 14 13 12 11 10 9 8 7 6 5 4 3 2 1 0,5 0,01
0 0,1 0,2 0,3 0,4 0,5 0,6 0,7 0,8 0,9 1,0
x

Tafel 5.32

Knicklängen System 22

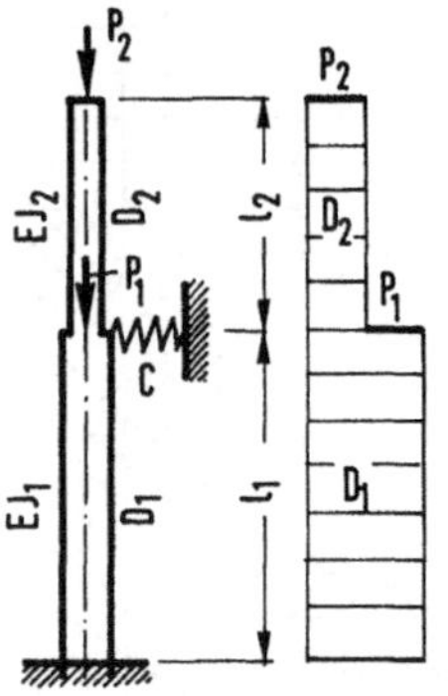

$D_2 = P_2$

$D_1 = P_1 + P_2$

Knickgleichung:

$$\delta\left\{[\varepsilon_1 \sin\varepsilon_1 - 2(1-\cos\varepsilon_1)]\varepsilon_2 \sin\varepsilon_2 + \chi\cdot(\sin\varepsilon_1 - \varepsilon_1\cdot\cos\varepsilon_1)\varepsilon_1 \cos\varepsilon_2\right\} -$$

$$-\varepsilon_1^3 \varepsilon_2 \sin\varepsilon_1 \sin\varepsilon_2 + \chi\varepsilon_1^4\cdot\cos\varepsilon_1 \cos\varepsilon_2 = 0$$

Parameter: $\chi = \frac{EJ_1}{EJ_2}\cdot\frac{l_2}{l_1}$; $\varkappa = \frac{D_2}{D_1}\cdot\frac{l_2}{l_1}$; $\delta = \frac{C\cdot l_1^3}{EJ_1}$

Knicklängen: $s_{K1} = \beta_1 \cdot l_1$; $s_{K2} = \beta_2 \cdot l_2$

β_1 : Diagramme , $\beta_2 = \frac{\beta_1}{\sqrt{\chi\varkappa}}$

Knickkräfte: $D_{Ki1} = \frac{1}{\beta^2}\cdot\pi^2\cdot\frac{EJ_1}{l_1^2}$

$D_{Ki2} = D_{Ki1}\cdot\frac{D_2}{D_1}$

Sonderfall $C = \infty$; $\delta = \infty$ $\frac{1}{\delta} = 0$: System 20'

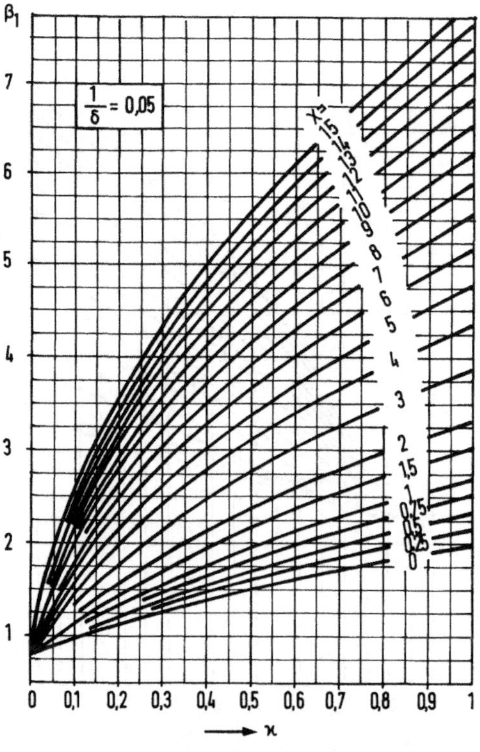

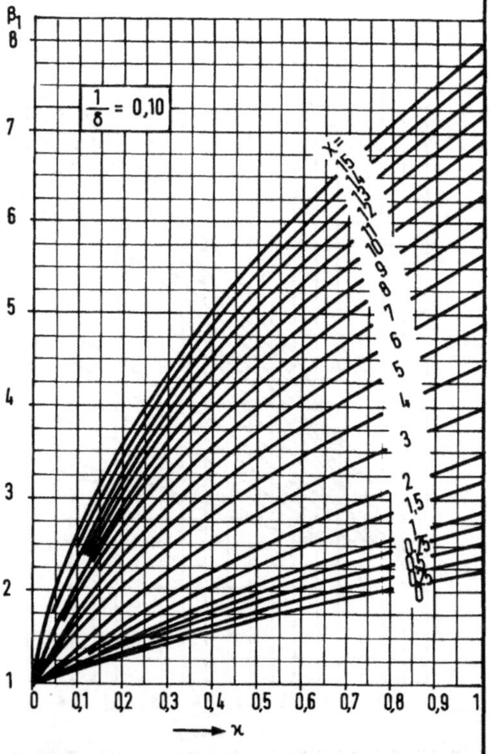

Tafel 5.33

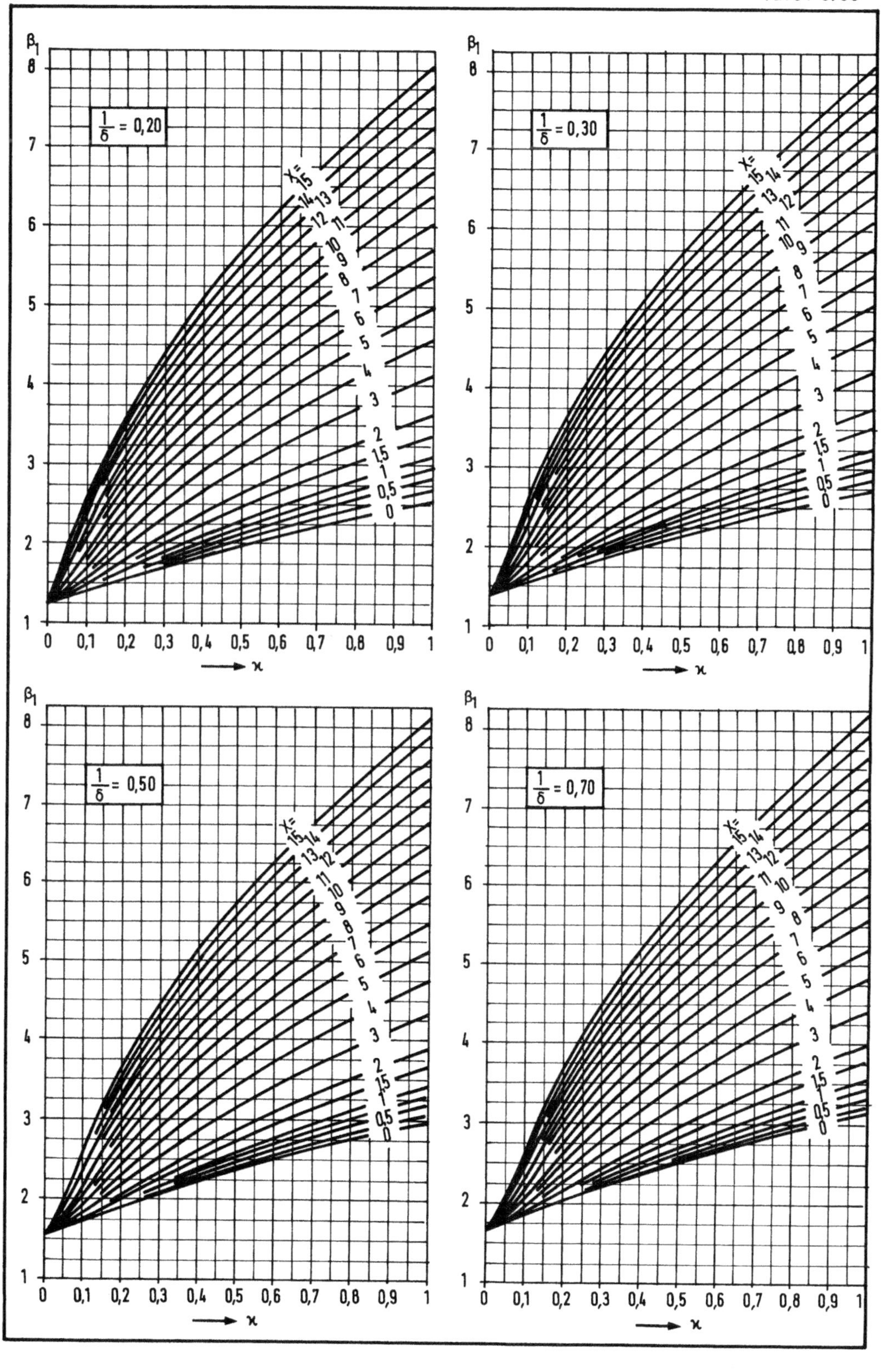
β1
1/δ = 0,20
1/δ = 0,30
1/δ = 0,50
1/δ = 0,70
χ =
15
14
13
12
11
10
9
8
7
6
5
4
3
2
1,5
1
0,5
0
0
0,1
0,2
0,3
0,4
0,5
0,6
0,7
0,8
0,9
1
κ

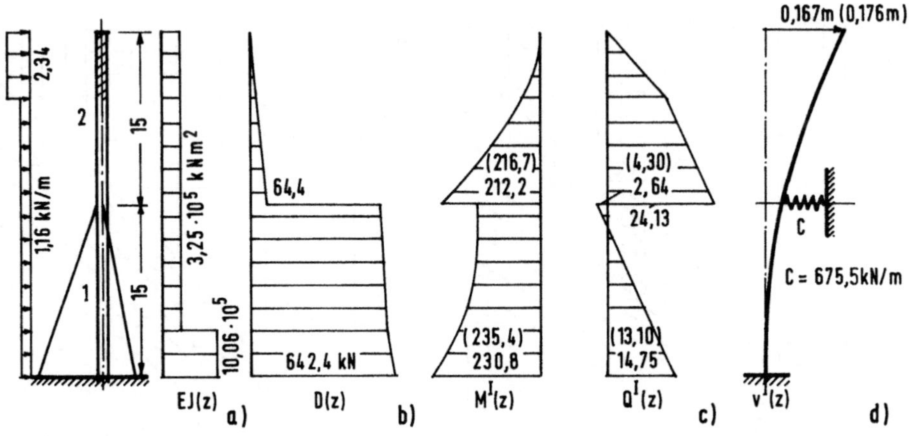

Bild 5.44

Beispiel: Abgespannter Stahlschornstein
In B.5.44a ist das System dargestellt, die Lasten und Druckkräfte gelten für den v=1,5-fachen Gebrauchszustand (Bemessungsfall). Die hohe Druckbeanspruchung resultiert aus der Temperaturerhöhung des Kamins um 215°C gegenüber -35°C Außentemperatur (in den Seilen). In der Abspannung kommt es in diesem Lastfall zu einer starken Verspannung, die Federcharakteristik ist praktisch linear mit C=675,5 kN/m. In B.5.44c/d sind die Schnittgrößen und die Biegelinie nach Th.I.Ordn. dargestellt (z.B. Kraftgrößenverfahren). - Um den Verformungseffekt Th.II.Ordn. abzuschätzen, wird von T.5.32/33 Gebrauch gemacht, dazu genügen folgende Mittelwertbildungen:

$$D_1 = 600\,\text{kN},\quad D_2 = 40\,\text{kN};\quad EJ_1 \approx (40\cdot 10 + 11{,}0\cdot 3)/15 = 5\cdot 10^5\,\text{kNm}^2,\quad EJ_2 \approx 3\cdot 10^5\,\text{kNm}^2$$

$$\delta = \frac{675\cdot 15^3}{5\cdot 10^5} = 4{,}556 \longrightarrow \frac{1}{\delta} = 0{,}2195;\quad \chi = \frac{5\cdot 10^5}{3\cdot 10^5}\cdot\frac{15}{15} = 1{,}667;\quad \varkappa = \frac{40}{600}\cdot\frac{15}{15} = 0{,}0667$$

$$\frac{1}{\delta} = 0{,}20 \longrightarrow \beta_1 = 1{,}35;\quad \frac{1}{\delta} = 0{,}30 \longrightarrow \beta_1 = 1{,}55,\ \text{Mittelwert}\ \beta_1 = 1{,}4$$

$$D_{Ki,1} = \frac{1}{1{,}4^2}\pi^2\cdot\frac{5\cdot 10^5}{15^2} = 11190\ \text{kN} \longrightarrow \alpha = \frac{1}{1-600/11190} = 1{,}056$$

In einer strengen Berechnung wurden die Schnittgrößen nach Th.II.Ordn. bestimmt, sie sind in B.5.44 c/d ebenfalls eingetragen: Klammerwerte. Hieraus kann die vorstehende Abschätzung als auf der sicheren Seite liegend bestätigt werden:

Einspannungsmoment in Höhe des Fundamentes: 235,4/230,8=1,02
Einspannungsmoment in Höhe der Abspannung: 216,7/212,2=1,02
Durchbiegung an der Mündung: 0,176/0,167=1,05.

5.9 Rahmenartige Systeme mit zweiteiligen Stützen und Riegelverband (System Nr. 23)

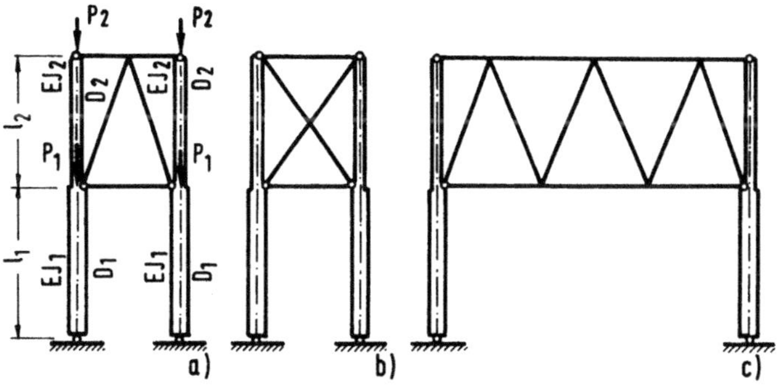

Bild 5.45

Durch Verschwenken des Systems Nr. 21 kommt man zu den in B.5.45 dargestellten Tragwerksformen. Die Federkonstanten berechnen sich aus den Stablängenänderungen des Riegelverbandes. Dabei ist zu berücksichtigen, daß aus der Gesamtsteifigkeit eines Verbandes je eine Federkonstante für jede Stütze aufzubauen ist.

Die Gesamtsteifigkeit eines Verbandes wird dadurch bestimmt, daß auf die Fachwerkstruktur die Einheitskraft H=1 (je zur Hälfte symmetrisch 0,5) angesetzt wird, vgl. B.5.47b. Hierfür wird die seitliche Verschiebung Δ_H mittels des Arbeitssatzes berechnet:

$$\Delta_H = \Sigma S^2 \frac{s}{EF} \tag{5.66}$$

Der Reziprokwert ist die Gesamtfederkonstante; für jede Stütze ist die Hälfte anzusetzen:

$$C = \frac{1}{2} \cdot \frac{1}{\Delta_H} \tag{5.67}$$

T.5.34 enthält die Knickbedingung für das Problem. In Abhängigkeit von den Parametern

$$\delta = \frac{C \cdot l_2^3}{EJ_2}; \qquad X = \frac{EJ_1}{EJ_2} \frac{l_2}{l_1}; \qquad \varkappa = \frac{D_2 l_2}{D_1 l_1} \tag{5.68}$$

wird β_1 abgegriffen.

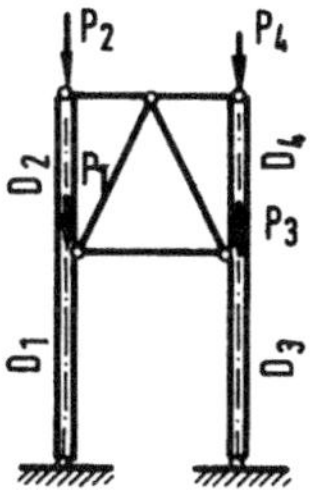

$D_1 = P_1 + P_2$ $D_3 = P_3 + P_4$

Bild 5.46

Bei ungleicher Druckbeanspruchung in den Stielen können die Knicklängenfaktoren gemäß G.5.7/8 zu

$$\beta_1 = \sqrt{\frac{1}{2}(1+m)} \cdot \beta_1'; \qquad \beta_2 = \frac{\beta_1}{\sqrt{X \varkappa}} \tag{5.69}$$

abgeschätzt werden; vgl. B.5.46. m gibt das Verhältnis

$$m = \frac{D_3}{D_1} \approx \frac{D_4}{D_2} \tag{5.70}$$

an.

Neben der in B.5.45a skizzierten Verbandsform nach Art eines K-Verbandes, lassen sich auch andere Formen erfassen (B.5.45b/c). Voraussetzung ist, daß alle Verbandsstäbe druck- und zugsteif und kraftschlüssig an die Stiele angeschlossen sind. Wenn die Streben nur zugsteif sind, dürfen sie bei der Berechnung der Verbandssteifigkeit nur als Zugstreben angesetzt werden. In [5.20] werden verwandte Systeme behandelt.

Beispiel: Stählerner Rahmen mit K-Verband (B.5.47)
Der Rahmen dient als Stützkonstruktion eines Silos, es treten hohe Druckkräfte auf. Die Annahme dehnstarrer Verbandsstäbe würde auf der unsicheren Seite liegen, daher wird von T.5.34 Gebrauch gemacht. Wie oben erläutert, wird das Kräftepaar 0,5+0,5=1,0 in Höhe der Verbandsgurte angesetzt und G.5.66 ausgewertet:

Knicklängen System 23

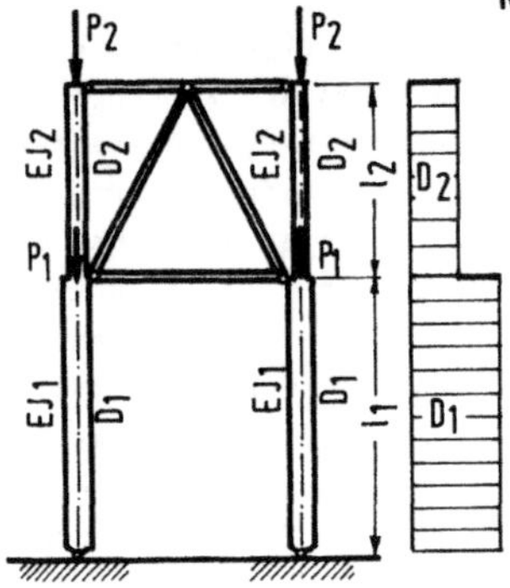

$D_2 = P_2$

$D_1 = P_1 + P_2$

Knickgleichung:

$$\delta\,[\sin\varepsilon_1\,(\sin\varepsilon_2 - \varepsilon_2\cos\varepsilon_2) - \varkappa\cdot\varepsilon_1\,\cos\varepsilon_1\sin\varepsilon_2] + \\ + \sin\varepsilon_1\cdot\varepsilon_2^3\cdot\cos\varepsilon_2 + \varkappa\cdot\varepsilon_1\cos\varepsilon_1\cdot\varepsilon_2^2\sin\varepsilon_2 = 0$$

Parameter: $\chi = \frac{EJ_1}{EJ_2}\cdot\frac{l_2}{l_1}$; $\varkappa = \frac{D_2}{D_1}\cdot\frac{l_2}{l_1}$; $\delta = \frac{C\,l_2^3}{EJ_2}$

Die Federkonstante C ist von der Art der Ausfachung abhängig; vgl. Text.

Knicklängen: $s_{K_1} = \beta_1\cdot l_1$; $s_{K_2} = \beta_2\cdot l_2$

β_1: Diagramme ; $\beta_2 = \frac{\beta_1}{\sqrt{\chi\varkappa}}$

Knicklasten: $D_{Ki_1} = \frac{1}{\beta_1^2}\cdot\pi^2\cdot\frac{EJ_1}{l_1^2}$; $D_{Ki_2} = D_{Ki_1}\cdot\frac{D_2}{D_1}$

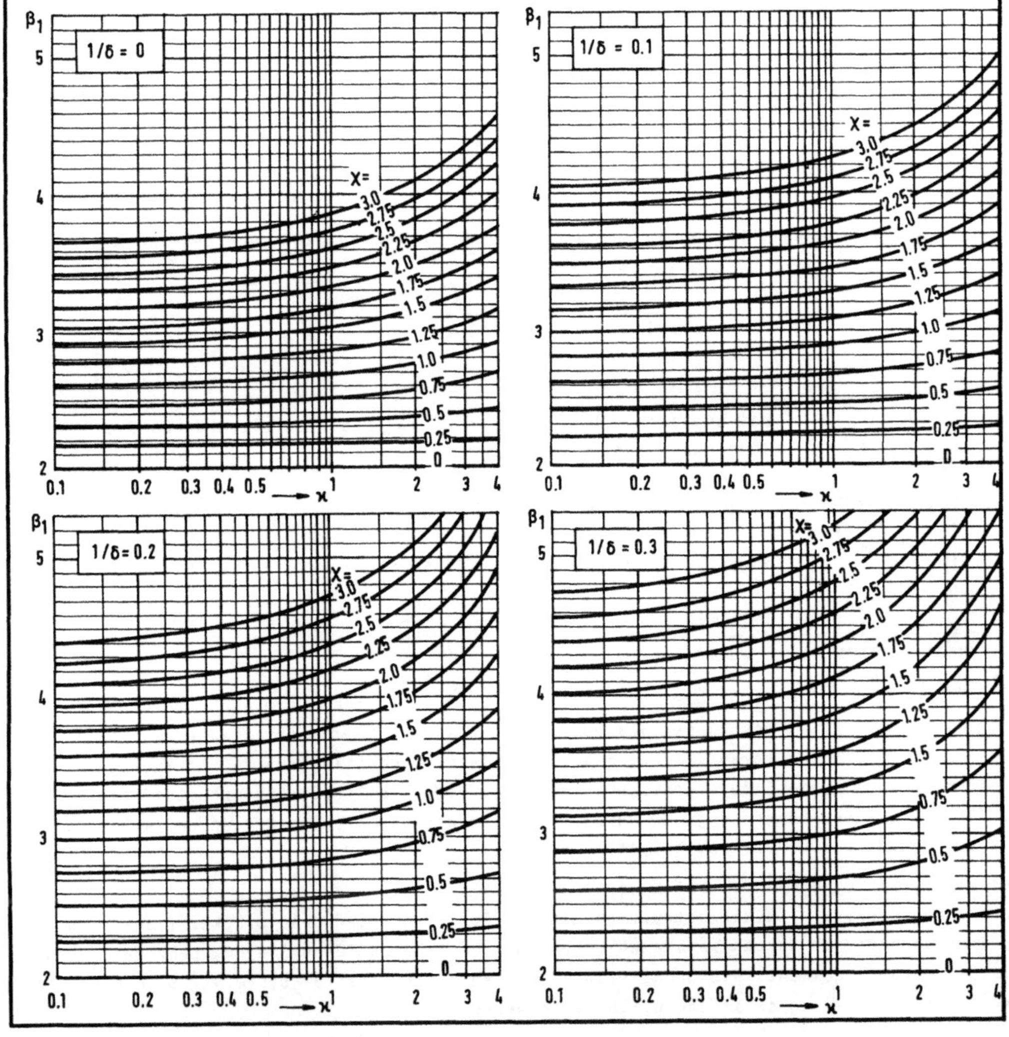

$$E\Delta_H = 2\cdot 1{,}35^2\cdot\frac{540}{26} + 2\cdot 0{,}50^2\cdot\frac{200}{198} = 75{,}5 + 0{,}5 = 76{,}0\ [1/\mathrm{cm}]$$

Streng genommen müßte der Dehnungsbeitrag aus den Stielbereichen 2 auch eingerechnet werden, der ist indessen gering. Δ_H kennzeichnet die gegenseitige Verschiebung der Gurt-Anschlußpunkte. Gemäß G.5.67 folgt:

$$C = \frac{1}{2}\cdot\frac{E}{76} \longrightarrow \delta = \frac{E\cdot 500^3}{2\cdot 76\cdot E\cdot 25170} = 32{,}8;\quad \frac{1}{\delta} = 0{,}0305;\quad \chi = 1;\quad \varkappa = 0{,}8\ (D_2/D_1 = 0{,}8)$$

Aus T.5.34 liest man ab:

$$\frac{1}{\delta} = 0:\ \beta_1 = 2{,}67 \qquad \frac{1}{\delta} = 0{,}1:\ \beta_1 = 2{,}87$$

geradlinig interpoliert: $\beta_1 = 2{,}73;\ \beta_2 = 2{,}73/\sqrt{1\cdot 0{,}8} = 3{,}05$

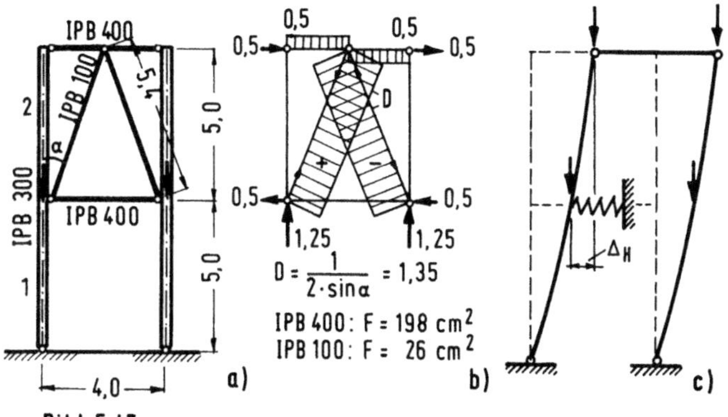

Bild 5.47

Unterstellt man, daß der eine Stiel nur 85% der Druckbeanspruchung des anderen erhält, vermindern sich die Knicklängenfaktoren des höherbeanspruchten gemäß G.5.7 auf:

$$\beta_1 = \sqrt{\frac{1}{2}(1+0{,}85)}\cdot 2{,}73 = 0{,}96\cdot 2{,}73 = 2{,}63$$

$$\beta_2 = 0{,}96\cdot 3{,}08 = 2{,}52$$

Mit der Kenntnis der β-Faktoren können die Knickkräfte und der Verformungsfaktor α bestimmt werden. Eine Schrägstellung wird durch äquivalente Horizontalkräfte erfaßt, vgl. z.B. Abschnitt 5.7.

5.10 Gegenseitig gestützte Druckstiele - Kehlbalkendach (System Nr. 24)

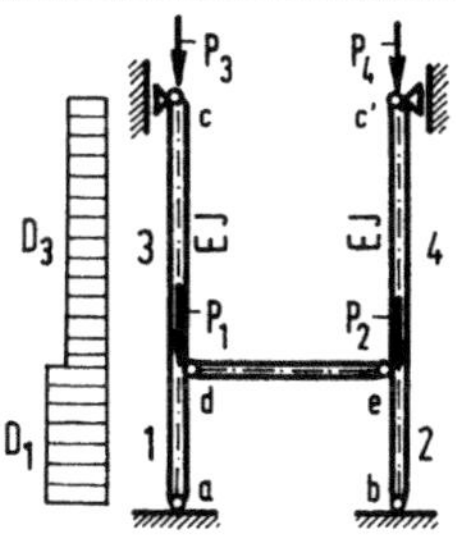

Bild 5.48

Sind zwei Druckstiele über eine zug- und drucksteife Strebe miteinander verbunden, erfährt der höher beanspruchte Stiel eine Stützung durch den geringer beanspruchten (B.5.48). Das Problem ist identisch mit dem Knickproblem eines verschieblichen Kehlbalkendaches, sofern die Längenänderung der Stäbe unberücksichtigt bleibt, vgl. B.5.49; siehe auch [5.21].

Das Stabwerk ist von einfacher Verschieblichkeit, die kinematisch Unbekannten sind: φ_d, φ_e und Δ, siehe B.5.49b. Als Bestimmungsgleichungen stehen zwei Knotengleichungen und eine Kopplungs-Komponentengleichung zur Verfügung:

$$M^d_{da} + M^d_{dc} = 0;\quad M^e_{eb} + M^e_{ec} = 0;\quad T^d_{da} - T^d_{dc} + T^e_{eb} - T^e_{ec} = 0 \qquad (5.71)$$

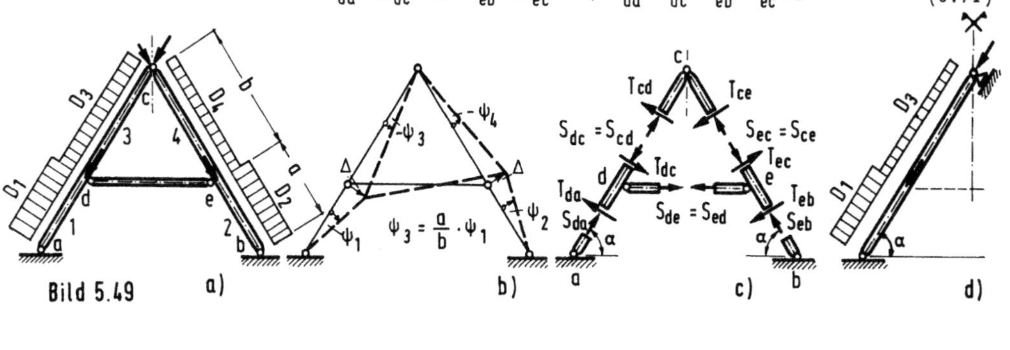

Bild 5.49

Die letzte Gleichung ergibt sich dadurch, daß in den Knoten d und e jeweils normal zu den Systemlinien der Druckstäbe (bezogen auf den unverformten Zustand) die Komponentengleichgewichtgleichungen formuliert werden. Im Falle des Kehlbalkendaches lauten die Gleichungen (B.5.49c):

$$T^d_{da} - T^d_{ac} - S_{de} \sin\alpha = 0; \quad T^e_{eb} - T^e_{ec} + S_{ed} \sin\alpha = 0 \tag{5.72}$$

Kopplungsbedingung:

$$S_{de} = S_{ed} \tag{5.73}$$

S kennzeichnet die infinitesimale Änderung der Stablängskräfte beim Ausknicken.

T.5.35/36 enthält die Auswertung der Knickbedingung Det(ε)=0 des Gleichungssystems G.5.71. Aus den Diagrammen kann β_1 des am höchsten beanspruchten Stabes abgegriffen werden. Dieser Stab erhält die Nummer 1, die weitere Numerierung liegt dann gemäß B.5.49a fest. Es wird unterstellt, daß die Biegesteifigkeit der Druckstreben gleich groß ist. Die Parameter μ und η kennzeichnen das Verhältnis der Druckkräfte zueinander:

$$\mu = \frac{D_2}{D_1}; \quad \eta = \frac{D_3}{D_1} \; \left(= \frac{D_4}{D_2}\right) \tag{5.74}$$

Die Diagramme gelten unter der Voraussetzung $D_3/D_1 = D_4/D_2$. Ist diese Voraussetzung nicht voll erfüllt, hat das keinen nennenswerten Einfluß auf das Ergebnis. $\varkappa$ bzw. $1/\varkappa$ kennzeichnen das Längenverhältnis a/b bzw. b/a.

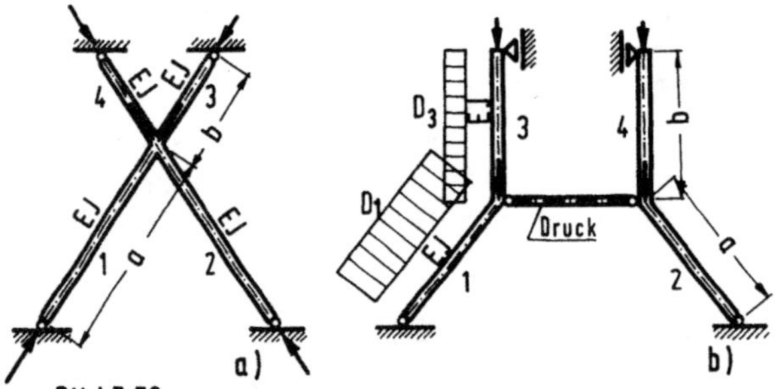

Bild 5.50

Die Tafeln T.5.35/36 gelten auch für andere Systeme, z.B. für das in B.5.50a dargestellte (gekreuzte) Stabwerk für Knicken aus der Tragwerksebene heraus. EJ ist dann die Biegesteifigkeit der Stäbe für Biegung quer zur Tragebene.
Im Falle des in B.5.50b skizzierten Systems ist zu beachten, daß der Kopplungsstab Druck erhält, er muß also mindestens so knicksicher sein, wie das Gesamtsystem.

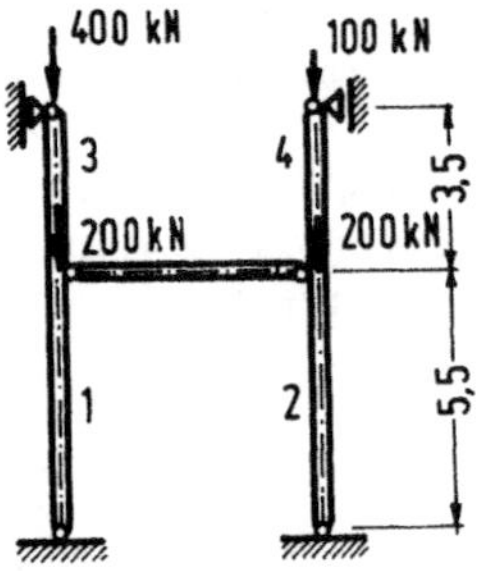

Bild 5.51

1. Beispiel: Stählernes Stützenpaar mit gelenkig angeschlossenem Kopplungsriegel (B.5.51)

Die Druckkräfte in den Stababschnitten 1 bis 4 betragen:

$$D_1 = 600\,\text{kN},\; D_2 = 300\,\text{kN},\; D_3 = 400\,\text{kN},\; D_4 = 100\,\text{kN}.$$

Parameter:

$$\mu = 0{,}500,\; \eta = 0{,}666;\; 1/\varkappa = b/a = 3{,}50/5{,}50 = 0{,}636$$

Die Tafeln ergeben:

$$\begin{matrix} 1/\varkappa = 0{,}7: & \beta_1 = 1{,}35 \\ 1/\varkappa = 0{,}6: & \beta_1 = 1{,}28 \end{matrix} \quad \text{geradlinig interpoliert: } \beta_1 = 1{,}33: \; s_{K1} = 1{,}33 \cdot 5{,}50 = 7{,}31\,\text{m}$$

Bezogen auf die gesamte Länge der Druckstiele bedeutet das: $s_{K1} = 0{,}81 \cdot 9{,}00 = 7{,}31$ m.
Würde man die gegenseitige Stützung nicht nutzen, ergibt sich (μ=1, η=0,666):

$$\begin{matrix} 1/\varkappa = 0{,}7: & \beta_1 = 1{,}48 \\ 1/\varkappa = 0{,}6: & \beta_1 = 1{,}40 \end{matrix} \longrightarrow 1/\varkappa = 0{,}636: \; \beta_1 = 1{,}43 \longrightarrow s_{K1} = 0{,}87 \cdot 9{,}00 = 7{,}87\,\text{m}$$

Knicklängen System 24

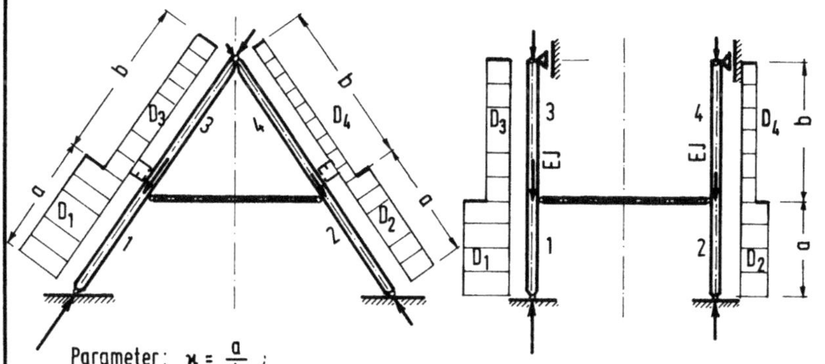

Knicklängen:

$s_{K_1} = \beta_1 \cdot a$

$s_{K_2} = \beta_2 \cdot a$

$s_{K_3} = \beta_3 \cdot b$

$s_{K_4} = \beta_4 \cdot b$

β_1 : Diagramme

$\beta_2 = \frac{\beta_1}{\sqrt{\mu}}$

$\beta_3 = \beta_1 \cdot \frac{\varkappa}{\sqrt{\eta}}$

$\beta_4 = \beta_1 \cdot \frac{\varkappa}{\sqrt{\mu\eta}}$

Parameter: $\varkappa = \frac{a}{b}$;

$\mu = \frac{D_2}{D_1} \leq 1$; $\eta = \frac{D_3}{D_1} \left(= \frac{D_4}{D_2} \right)$

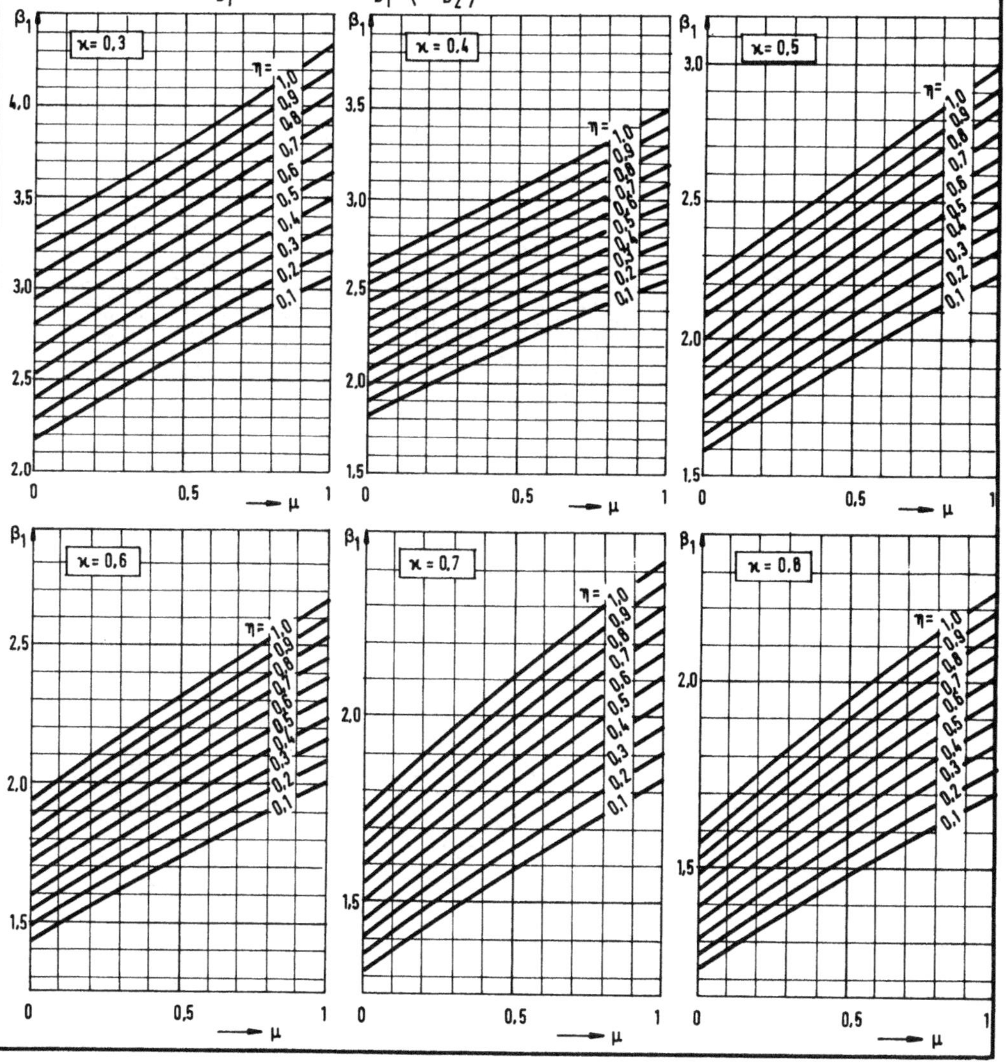

Tafel 5.36

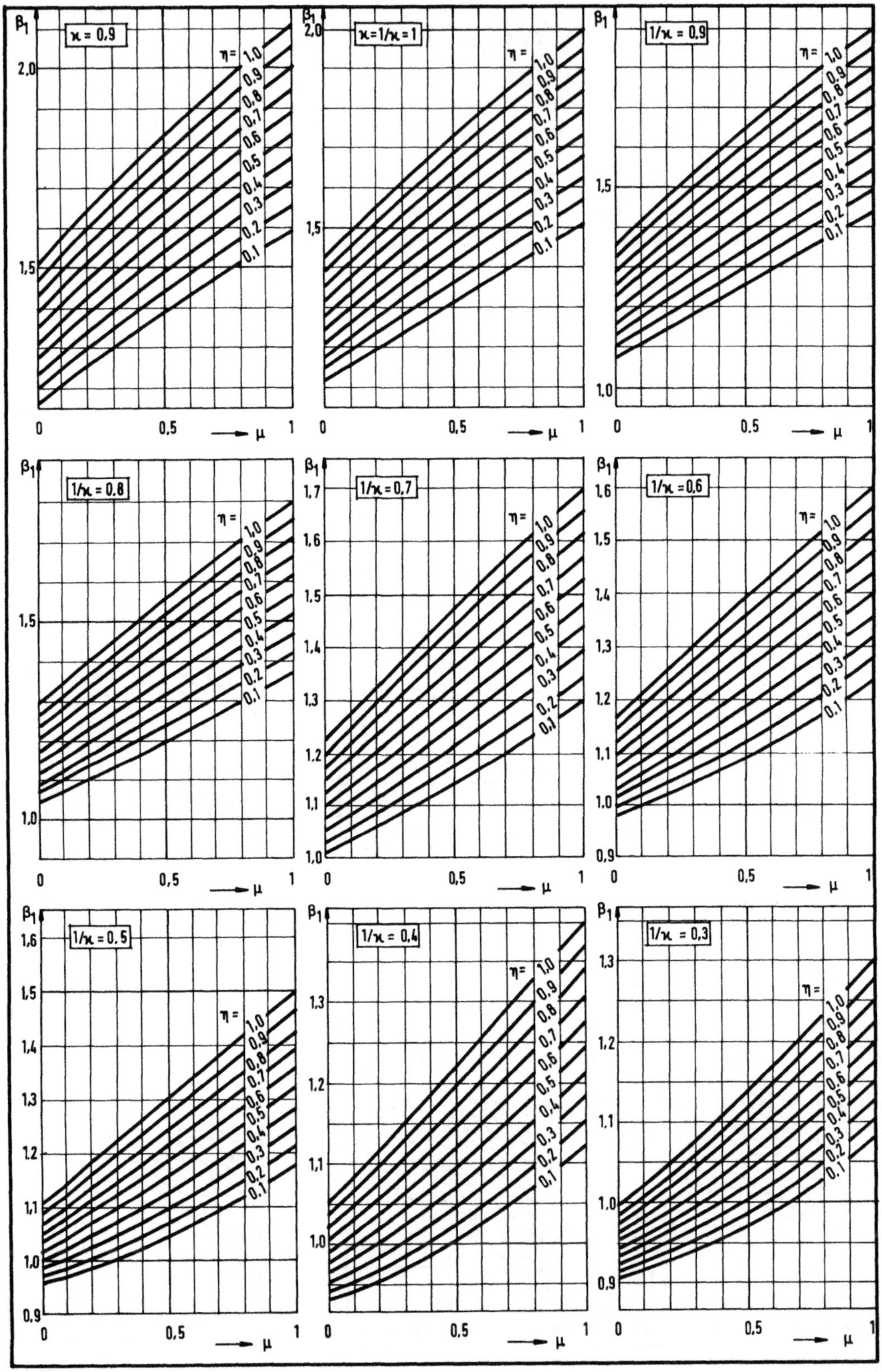
β1
κ = 0,9
κ = 1/κ = 1
1/κ = 0,9
1/κ = 0,8
1/κ = 0,7
1/κ = 0,6
1/κ = 0,5
1/κ = 0,4
1/κ = 0,3
η =
1,0
0,9
0,8
0,7
0,6
0,5
0,4
0,3
0,2
0,1
0
0,5
1
μ

Der Stützeffekt wirkt sich dann stark aus, wenn die Druckbeanspruchung in den Stielen stark unterschiedlich ist.

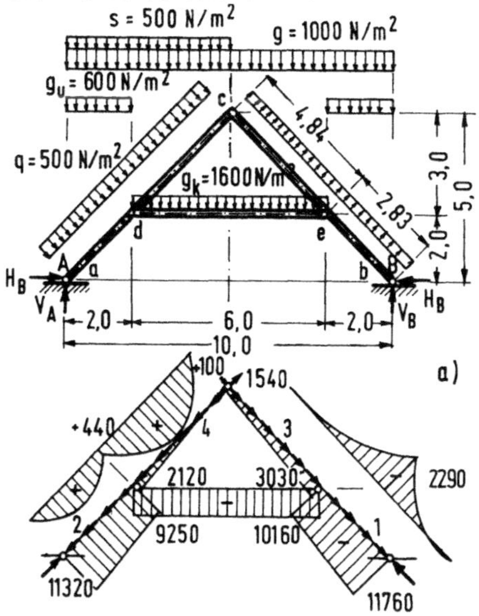

Bild 5.52

2. Beispiel: Kehlbalkendach (B.5.52)

Für die statische Berechnung verschieblicher Kehlbalkendächer stehen diverse Rechenbehelfe zur Verfügung, z.B. [5.23-5.27]. Diese Behelfe sind auf eine schnelle Berechnung der Bemessungsschnittgrößen abgestellt. Will man die Knicklängen nach T.5.35/36 bestimmen, werden die Druckkräfte in allen vier Stabbereichen benötigt.

Der in B.5.52a dargestellte Lastfall liefert die höchste Biegungsbeanspruchung im Sparren. Bildteil b enthält das Ergebnis einer Berechnung nach Th.I.Ordn. Die Sparrenkräfte sind (schwach) veränderlich, sie werden durch stabweise gemittelte Druckkräfte ersetzt:

$$D_1 = 10960\,\text{N},\; D_2 = 10290\,\text{N};\; D_3 = 2290\,\text{N},\; D_4 = 1010\,\text{N}.$$

Die Parameter ergeben sich damit zu:

$$\mu = 0{,}94,\; \eta = 0{,}209\; (D_4/D_2 = 0{,}098);\; \varkappa = 0{,}667$$

Aus den Tafeln folgt:

$$\begin{matrix}\varkappa = 0{,}6: & \beta_1 = 2{,}06\\ \varkappa = 0{,}4: & \beta_1 = 1{,}89\end{matrix} \longrightarrow \varkappa = 0{,}667:\; \beta_1 = 2{,}00:\quad s_{K,1} = 2{,}00 \cdot 2{,}83 = 5{,}65\,\text{m}$$

Nach DIN 1052 ist die Knicklänge zu 0,8 der gesamten Sparrenlänge anzusetzen. Das liefert hier:

$$s_{K,1} = 0{,}80 \cdot 7{,}07 = 5{,}65\,\text{m}$$

Die Übereinstimmung ist in diesem Falle (zufällig) vollständig.

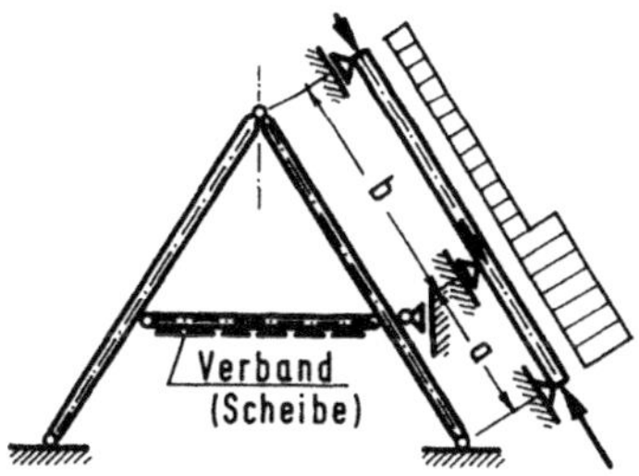

Bild 5.53

Sind beide Sparren gleichhoch druckbeansprucht, tritt eine gegenseitige Stützung nicht ein. Das Problem reduziert sich auf den in B.5.49d dargestellten Fall, also auf einen beidseitig gelenkig gelagerten Stab mit veränderlicher Druckkraft, dieser Fall ist mit μ=1 in den Tafeln enthalten, vgl. auch T.5.54.
Bei unverschieblichen Kehlbalkendächern liefert die symmetrische Vollbelastung (zuzüglich Wind) die maßgebenden Schnittgrößen für die Sparren [5.22]. Als Knicklänge für die Stäbe wird in diesem Fall i.allg. deren Feldlänge angesetzt. Möglich ist auch eine Abschätzung nach T.5.37 (System Nr. 25).

5.11 Dreieckrahmen - Shedrahmen - Zweifeldträger (System Nr. 25 bis 28)

Die in B.5.54 dargestellten zweistäbigen Strukturen sind vom Standpunkt der elastostatischen Verzweigungstheorie gleichwertig, wenn der aus der Stablängenänderung resultierende Einfluß auf die Knicklasten unterdrückt wird. Das ist immer zulässig, wenn der eingeschlossene Winkel zwischen den Stäben 1 und 2 etwa im Bereich 20° bis 160° liegt. Außerhalb dieses Bereiches wirkt sich der Normalkrafteinfluß zunehmend stärker aus; die Aufgabe geht in ein Durchschlagproblem über. Abhängig von den Parametern

$$\chi = \frac{EJ_1}{EJ_2} \cdot \frac{l_2}{l_1}, \quad \varkappa = \frac{D_2 l_2}{D_1 l_1} \tag{5.75}$$

Knicklängen System 25

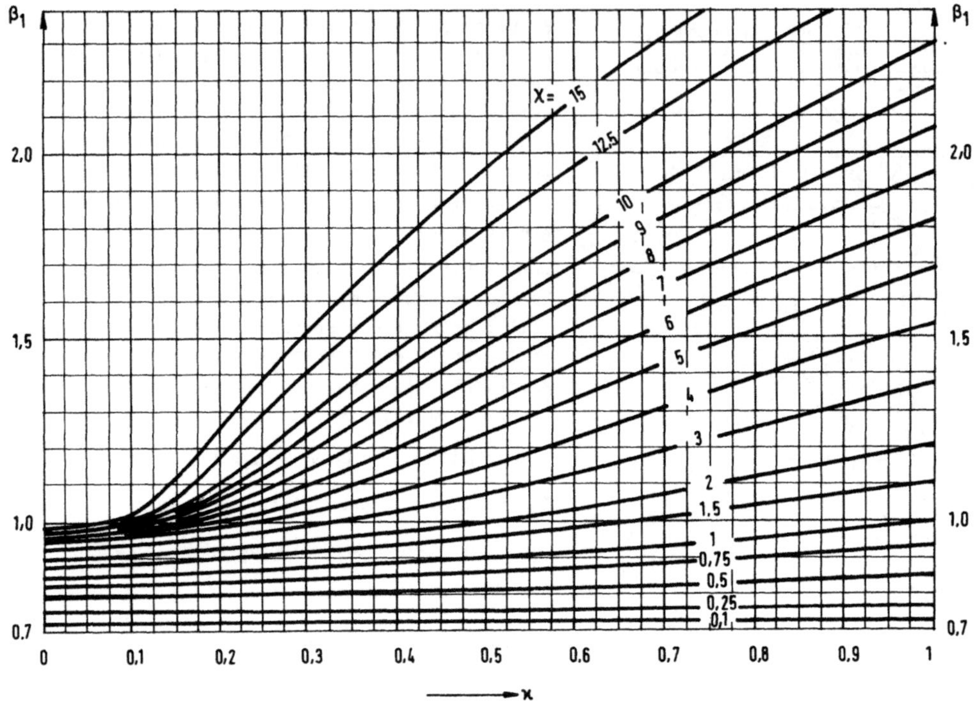

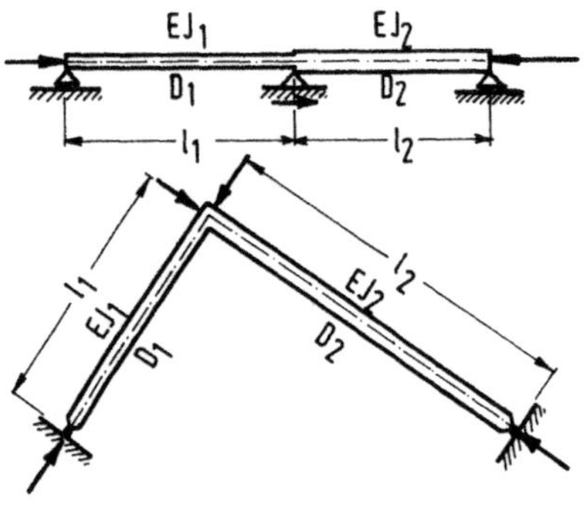

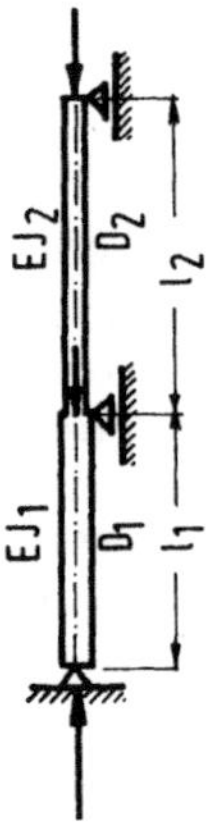

Varianten

Knickgleichung:

$$\varkappa \cdot \sin\varepsilon_1 \left[\varepsilon_1 \cdot \sqrt{\chi\varkappa} \cdot \cos(\varepsilon_1 \cdot \sqrt{\chi\varkappa}) - \sin(\varepsilon_1 \cdot \sqrt{\chi\varkappa})\right] +$$

$$+ \chi\varkappa \cdot \sin(\varepsilon_1 \cdot \sqrt{\chi\varkappa}) \cdot (\varepsilon_1 \cdot \cos\varepsilon_1 - \sin\varepsilon_1) = 0$$

Parameter:

$$\chi = \frac{EJ_1}{EJ_2} \cdot \frac{l_2}{l_1} \quad ; \quad \varkappa = \frac{D_2}{D_1} \cdot \frac{l_2}{l_1}$$

Knicklängen:

$$s_{K_1} = \beta_1 l_1; \quad \beta_1 : \text{Diagramm}$$

$$s_{K_2} = \beta_2 l_2; \quad \beta_2 = \frac{\beta_1}{\sqrt{\chi\varkappa}}$$

Knicklasten:

$$D_{Ki_1} = \frac{1}{\beta_1^2} \cdot \pi^2 \cdot \frac{EJ}{l_1^2}$$

$$D_{Ki_2} = \frac{D_2}{D_1} \cdot D_{Ki_1}$$

Anmerkung: Steht ein Stab unter Zug, so erhält dieser Stab die Nummer 2 und es wird β_1 für $\varkappa = 0$ abgegriffen.

Tafel 5.38

Knicklängen System 26

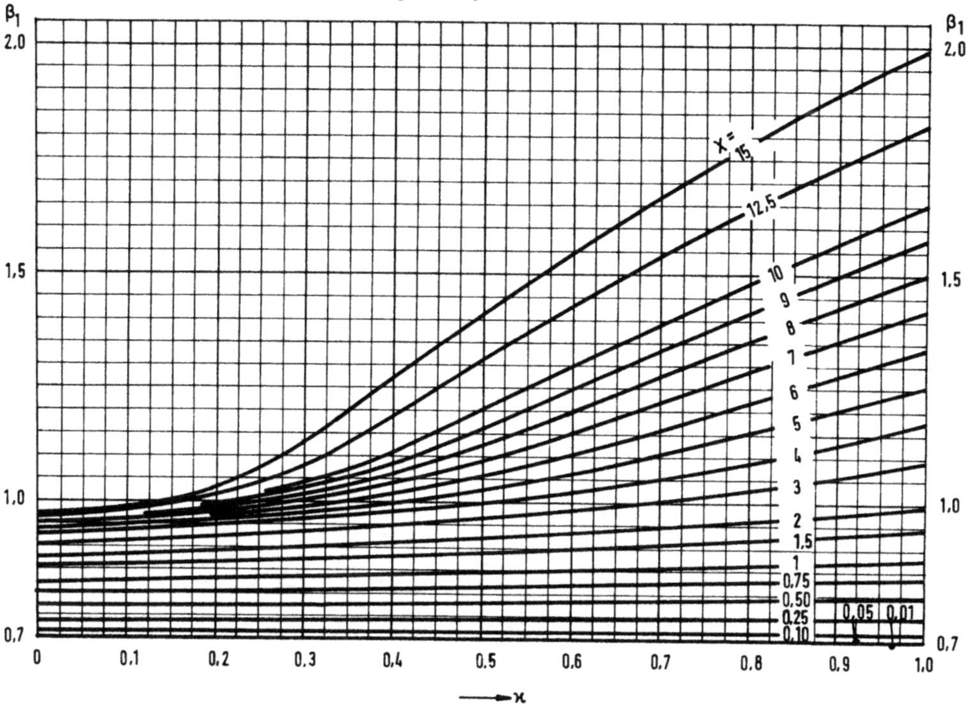

System

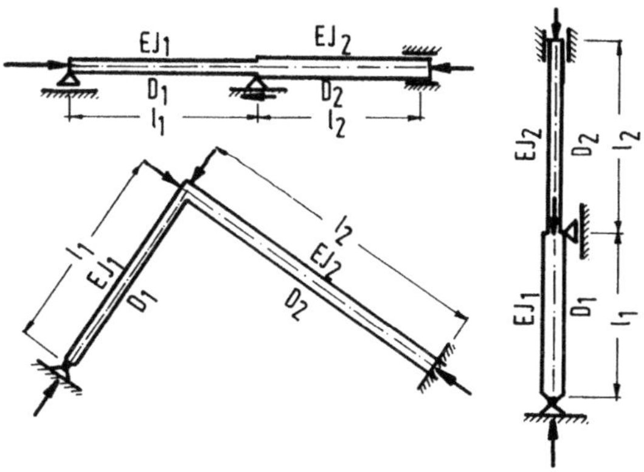

Parameter: $\chi = \frac{EJ_1}{EJ_2} \cdot \frac{l_2}{l_1}$; $\varkappa = \frac{D_2}{D_1} \cdot \frac{l_2}{l_1}$

Knicklängen:

$$s_{K_1} = \beta_1 l_1$$

$$s_{K_2} = \beta_2 l_2; \quad \beta_2 = \frac{\beta}{\sqrt{\chi\varkappa}}$$

Knicklasten:

$$D_{Ki_1} = \frac{1}{\beta_1^2} \cdot \pi^2 \cdot \frac{EJ}{l_1^2}$$

$$D_{Ki_2} = \frac{D_2}{D_1} D_{Ki_1}$$

Knickgleichung:

$$\varkappa(\sin\varepsilon_1 - \varepsilon_1\cos\varepsilon_1)[\sin(\varepsilon_1\sqrt{\chi\varkappa}) - \varepsilon_1\sqrt{\chi\varkappa}\cdot\cos(\varepsilon_1\sqrt{\chi\varkappa})] +$$

$$+ \sin\varepsilon_1 \cdot \varepsilon_1\sqrt{\chi\varkappa}\cdot[2(1-\cos(\varepsilon_1\sqrt{\chi\varkappa})) - \varepsilon_1\sqrt{\chi\varkappa}\cdot\sin(\varepsilon_1\sqrt{\chi\varkappa})] = 0$$

Knicklängen System 27

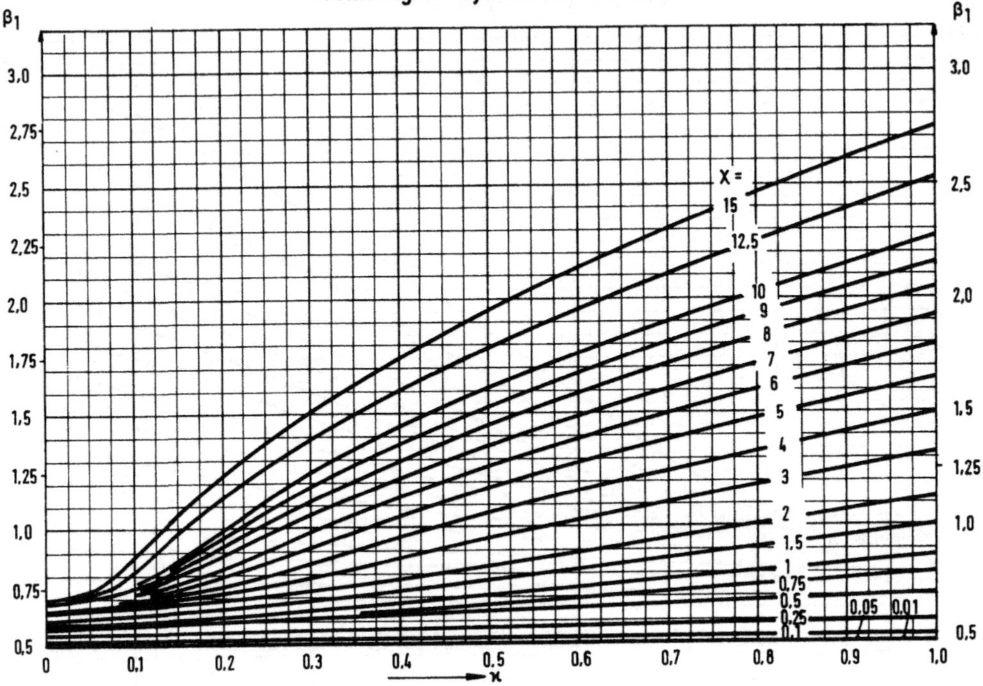

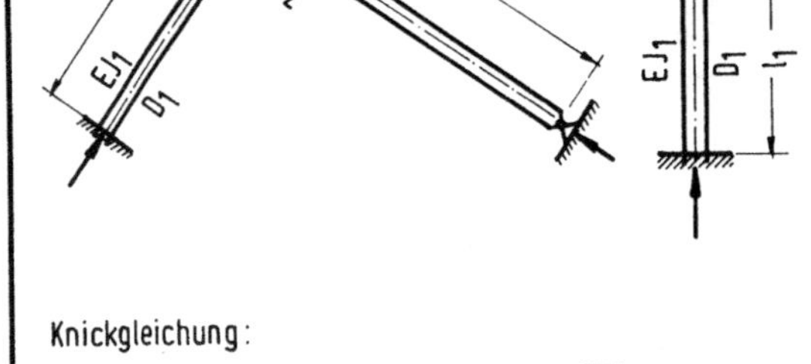

Parameter: $\chi = \frac{EJ_1}{EJ_2} \cdot \frac{l_2}{l_1}$; $\varkappa = \frac{D_2}{D_1} \cdot \frac{l_2}{l_1}$

Knicklängen: $s_{K_1} = \beta_1 l_1$

$s_{K_2} = \beta_2 l_2$, $\beta_2 = \frac{\beta_1}{\sqrt{\chi\varkappa}}$

Knicklasten: $D_{Ki_1} = \frac{1}{\beta_1^2}\,\pi^2 \cdot \frac{EJ}{l_1^2}$

$D_{Ki_2} = \frac{D_2}{D_1} \cdot D_{Ki_1}$

Knickgleichung:

$$\varkappa \cdot \varepsilon_1 [2(1-\cos\varepsilon_1) - \varepsilon_1 \sin\varepsilon_1] \cdot \sin(\varepsilon_1 \sqrt{\chi\varkappa}) + (\sin\varepsilon_1 - \varepsilon_1 \cos\varepsilon_1) \cdot [\sin(\varepsilon_1 \sqrt{\chi\varkappa}) - \varepsilon_1 \sqrt{\chi\varkappa} \cdot \cos(\varepsilon_1 \sqrt{\chi\varkappa})] = 0$$

Knicklängen System 28

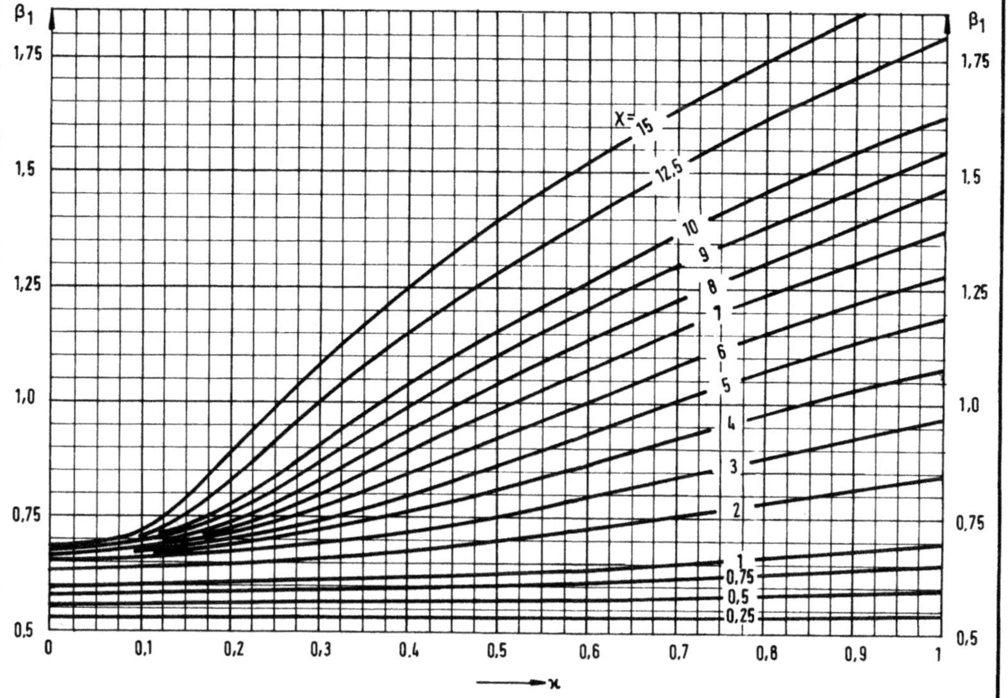

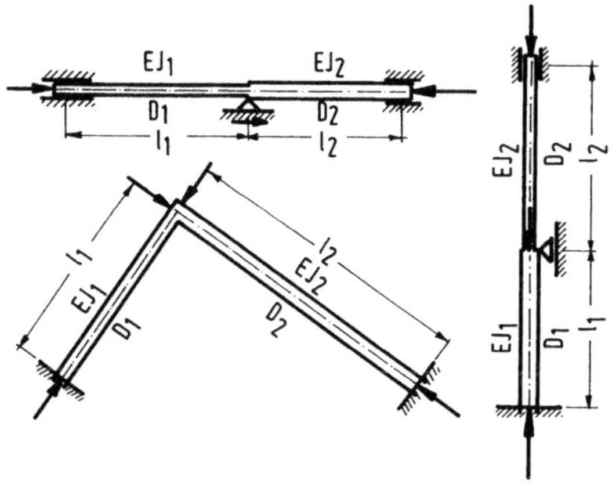

Parameter: $\chi = \frac{EJ_1}{EJ_2} \cdot \frac{l_2}{l_1}$; $\varkappa = \frac{D_2}{D_1} \cdot \frac{l_2}{l_1}$

Knicklängen:

$s_{K_1} = \beta_1 l_1$; β_1 : Diagramm

$s_{K_2} = \beta_2 l_2$, $\beta_2 = \frac{\beta_1}{\sqrt{\chi\varkappa}}$

Knicklasten:

$$D_{Ki_1} = \frac{1}{\beta_1^2} \cdot \pi^2 \cdot \frac{EJ_1}{l_1^2}$$

$$D_{Ki_2} = \frac{D_2}{D_1} \cdot D_{Ki_1}$$

Knickbedingung:

$$\varkappa \cdot [\varepsilon_1 \cdot \sin\varepsilon_1 - \sin^2\varepsilon_1 - (1-\cos\varepsilon_1)^2] \cdot [\varepsilon_1 \cdot \sqrt{\chi\varkappa} \cdot \cos(\varepsilon_1 \cdot \sqrt{\chi\varkappa}) - \sin(\varepsilon_1 \cdot \sqrt{\chi\varkappa})] +$$

$$+ \sqrt{\chi\varkappa} \cdot [\varepsilon_1 \sqrt{\chi\varkappa} \cdot \sin(\varepsilon_1 \cdot \sqrt{\chi\varkappa}) - \sin^2(\varepsilon_1 \cdot \sqrt{\chi\varkappa}) - (1-\cos(\varepsilon_1 \cdot \sqrt{\chi\varkappa}))^2 \cdot (\varepsilon_1 \cdot \cos\varepsilon_1 - \sin\varepsilon_1)] = 0$$

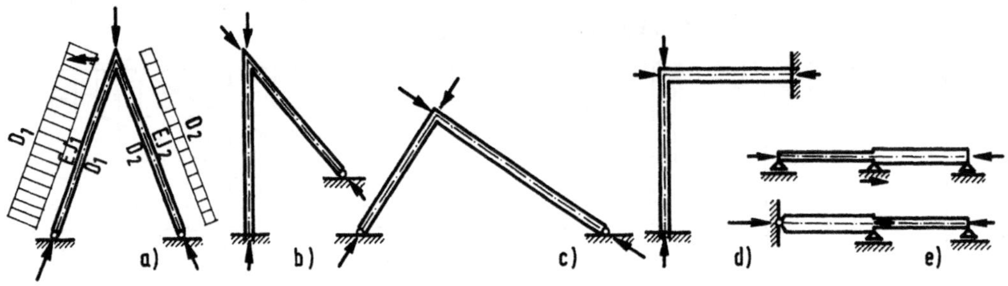

Bild 5.54

kann den Tafeln T.5.37/40 der Knicklängenbeiwert β_1 für unterschiedliche Randlagerungen entnommen werden. Die Knickgleichungen sind auf den Tafeln angeschrieben; vgl. auch [5.28].

Der Bezugsstab 1 ist so zu wählen, daß $0 \leq \varkappa \leq 1$ gilt.

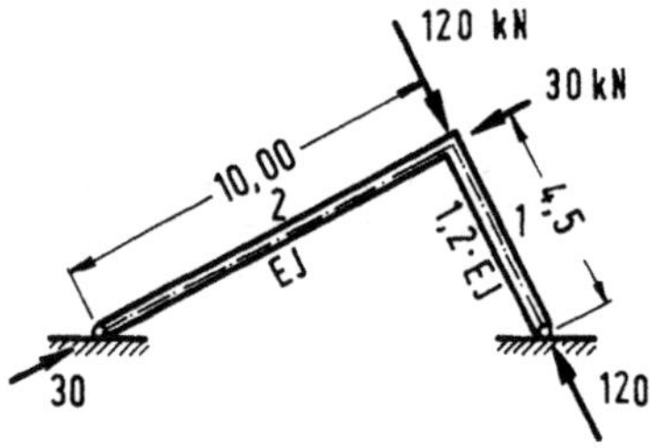

Bild 5.55

Beispiel: Stählerner Shedrahmen (B.5.55)

Um festzustellen, welcher Stab Bezugsstab ist, wird versuchsweise $\varkappa$

$$\frac{120 \cdot 4{,}5}{30 \cdot 10{,}0} = 1{,}8 > 0$$

bestimmt; folglich ist der kürzere Stab der Bezugsstab 1 und der längere Stab 2. Hierfür gilt:

$$X = \frac{1{,}2 \cdot EJ}{EJ} \cdot \frac{10{,}0}{4{,}5} = 2{,}67\,; \quad \varkappa = \frac{1}{1{,}8} = 0{,}556$$

Für beidseitig gelenkige Lagerung (System Nr. 25) liest man ab:

$$\beta_1 = 1{,}08\,; \; \beta_2 = 1{,}08/\sqrt{2{,}67 \cdot 0{,}556} = 1{,}08/1{,}22 = 0{,}965$$

Verwiesen wird auf Abschnitt 3.4.7.2, wo ein Shedrahmen nach dem Kraftgrößenverfahren Th.II.Ordn. einschließlich Einrechnung einer Vorverformung berechnet wird.
Ein Anwendungsfall der hier behandelten Problemgruppe sind beispielsweise die Dreieckstützen von Portalkranen (in der Ansicht handelt es sich um Pendelstützen) für Ausknicken aus der Dreiecksebene heraus.

5.12 Gekoppelte Druckstiele (System Nr. 29)

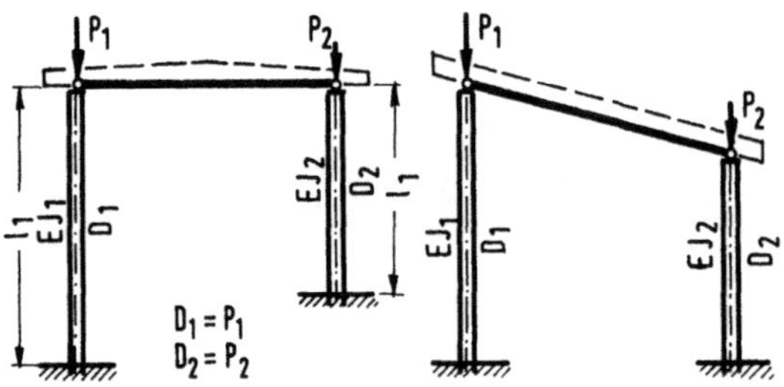

Bild 5.56

Sind zwei eingespannte Druckstützen über einen zug- und drucksteifen Stab miteinander gekoppelt, wird die höher beanspruchte Stütze durch die geringer beanspruchte ausgesteift. Für das in B.5.56 dargestellte System enthält T.5.41 die Knickgleichung und deren Auswertung. In Abhängigkeit von den Parametern

$$\mu = \frac{D_2}{D_1} \cdot \frac{l_1}{l_2}\,; \quad \rho = \frac{l_2}{l_1} \sqrt{\frac{D_2}{D_1} \cdot \frac{EJ_1}{EJ_2}} \qquad (5.76)$$

kann T.5.41 β_1 entnommen werden, wobei der Bezugsstab 1 so zu wählen ist, daß $0 \leq \rho \leq 1$ gilt.

Knicklängen System 29

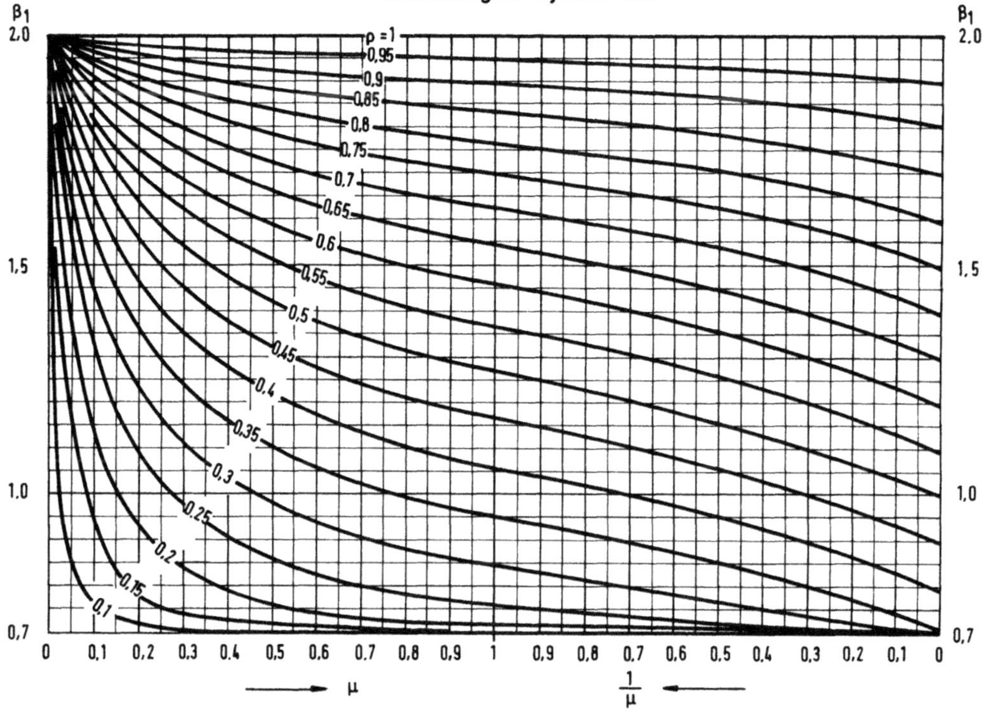

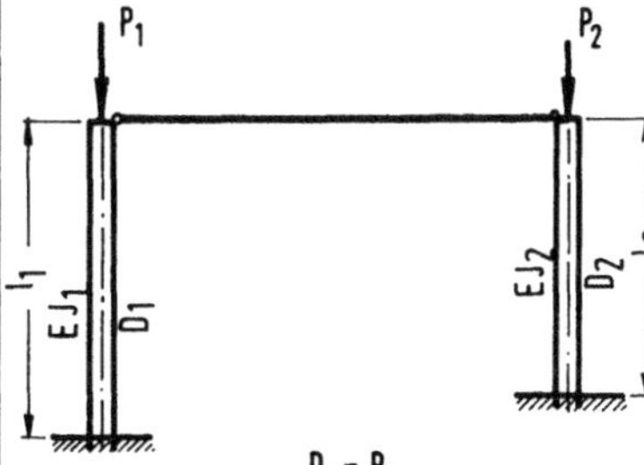

$D_1 = P_1$

$D_2 = P_2$

Knickgleichung:

$$\mu \cdot \rho\,(\varepsilon_1 \cdot \cos \varepsilon_1 - \sin \varepsilon_1) \cdot \cos \rho\,\varepsilon_1 + (\rho\,\varepsilon_1 \cdot \cos \rho\,\varepsilon_1 - \sin \rho\,\varepsilon_1) \cdot \cos \varepsilon_1 = 0$$

Parameter: $\mu = \dfrac{D_2}{D_1} \cdot \dfrac{l_1}{l_2}$; $\rho = \dfrac{l_2}{l_1} \cdot \sqrt{\dfrac{D_2}{D_1} \cdot \dfrac{EJ_1}{EJ_2}}$

Knicklängen: $s_{K_1} = \beta_1\, l_1$

$s_{K_2} = \beta_2\, l_2$; $\beta_2 = \dfrac{\beta_1}{\rho}$

Knicklasten: $D_{Ki_1} = \dfrac{1}{\beta_1^2}\, \pi^2 \cdot \dfrac{EJ_1}{l_1^2}$

$D_{Ki_2} = \dfrac{1}{\beta_2^2}\, \pi^2 \cdot \dfrac{EJ_2}{l_2^2}$

Im Sonderfall $D_1=D_2$ und $EJ_1=EJ_2$ aber $l_1 \neq l_2$ ergeben sich gleichgroße Knicklängen; das ist auch dann der Fall, wenn unter derselben Voraussetzung mehrere Stiele miteinander verbunden sind.

Mittels des Durchbiegungsverfahrens läßt sich eine Näherungsformel für β_1 ableiten, vgl. B.5.57. Knickt das System mit der Durchbiegung f aus, wird die resultierende Abtriebskraft

$$H=\left(\frac{P_1}{l_1}+\frac{P_2}{l_2}\right)f \qquad (5.77)$$

geweckt. H wird im Verhältnis

$$\frac{H_1}{H_2}=\frac{EJ_1\,l_2^3}{EJ_2\,l_1^3} \qquad (5.78)$$

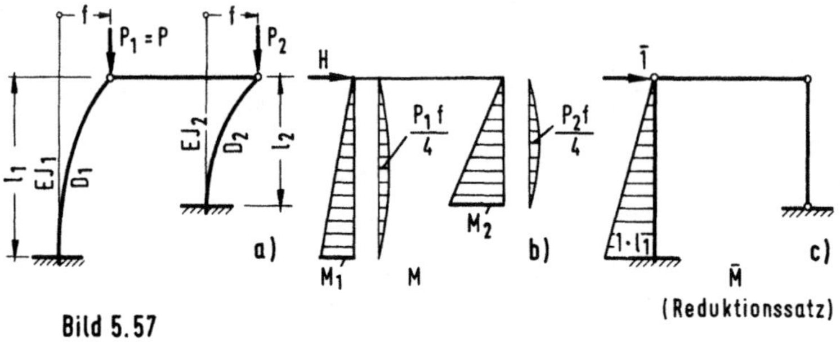

Bild 5.57

auf die Stiele verteilt; in B.5.57b sind die Biegungsmomente dargestellt. Für das Einspannungsmoment M_1 ergibt sich z.B.:

$$M_1 = P\cdot f\cdot(1+\mu)/(1+\nu)$$

Unter Verwendung des Reduktionssatzes findet man (vgl. B.5.57c und Abschnitt 3.2.3.1):

$$\beta_1=\pi\sqrt{\frac{1}{3}\frac{(1+\mu)}{(1+\nu)}+\frac{1}{12}}\,;\quad \beta_2=\pi\sqrt{\frac{1}{3}\frac{(1+\mu)}{(1+\nu)}\frac{\nu}{\mu}+\frac{1}{12}}\qquad \text{mit } \mu=\frac{D_2}{D_1}\frac{l_1}{l_2},\ \nu=\frac{EJ_2}{EJ_1}\cdot\frac{l_1^3}{l_2^3} \qquad (5.79)$$

Wird der Hilfsangriff am statisch unbestimmten System angesetzt, ergibt sich:

$$\beta_1=\pi\sqrt{\frac{5(1+\mu)}{12(1+\nu)}}\qquad \beta_2=\pi\sqrt{\frac{5(1+\mu)}{12(1+\nu)}\frac{\nu}{\mu}} \qquad (5.80)$$

Werden die Momentenflächen durch Cosinuslinien angenähert, liefert das Durchbiegungsverfahren:

$$\beta_1=2\sqrt{\frac{1+\mu}{1+\nu}}\qquad \beta_2=2\sqrt{\frac{(1+\mu)}{(1+\nu)}\frac{\nu}{\mu}} \qquad (5.81)$$

Im Falle eines Spannungsproblems Th.II.Ordn. wird die horizontale Windlast (einschließlich der resultierenden Umlenkkraft aus den Lotabweichungen der Stiele) im Verhältnis der Stabsteifigkeiten gemäß G.5.78 auf die Stiele abgesetzt und der Verformungseffekt mittels α (G.5.2) abgeschätzt.

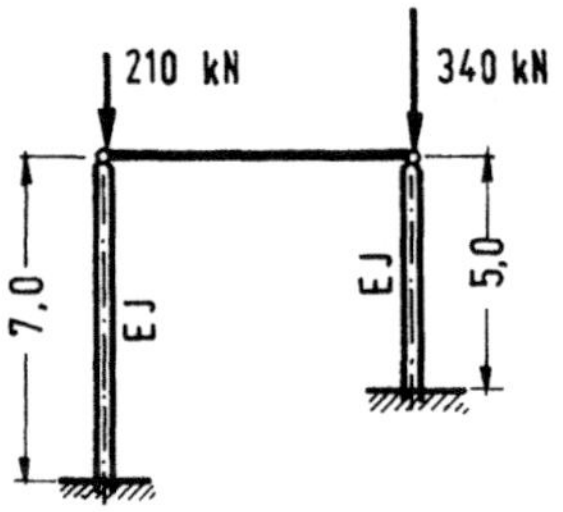

Bild 5.58

1. Beispiel: Gekoppelte Stahlstützen (B.5.58)

Die Biegesteifigkeiten sind gleichgroß, die Parameter lauten:

$$\mu=\frac{340}{210}\cdot\frac{7{,}0}{5{,}0}=2{,}265;\quad \frac{1}{\mu}=0{,}441;\quad \rho=\frac{5{,}0}{7{,}0}\sqrt{\frac{340}{210}\frac{EJ}{EJ}}=0{,}909<1$$

Das Diagramm der T.5.41 liefert:

$$\beta_1=1{,}83;\ \beta_2=1{,}86/0{,}909=2{,}05;$$

$$s_{K1}=1{,}86\cdot 7{,}00=13{,}00\,m;\quad s_{K2}=2{,}05\cdot 5{,}00=10{,}24\,m$$

Für

$$\mu=2{,}265;\quad \nu=2{,}744$$

liefern die Formeln G.5.79 bis 5.81:

$$G.5.79: \quad \beta_1 = 1.92, \quad \beta_2 = 2.07$$
$$G.5.80: \quad \beta_1 = 1.89, \quad \beta_2 = 2.08$$
$$G.5.81: \quad \beta_1 = 1.86, \quad \beta_2 = 2.05$$

Demnach stimmt G.5.81 mit der Verzweigungslösung am besten überein. Für den Vergrößerungsfaktor findet man:

$$\text{Stiel 1:}\ D_{Ki} = \frac{1}{1.83^2}\pi^2\frac{EJ}{7.0^2} = 0.06015\,EJ : \alpha_1 = 1/(1-210/0.06015EJ) = 1/(1-3491/EJ)$$

$$\alpha_1 \approx \alpha_2$$

$$\text{Stiel 2:}\ D_{Ki} = \frac{1}{2.05^2}\pi^2\frac{EJ}{5.0^2} = 0.09394\,EJ : \alpha_2 = 1/(1-340/0.09394EJ) = 1/(1-3619/EJ)$$

2. Beispiel: Kranbahnstützenreihe (B.5.59)

Die Stützenköpfe der eingespannten Stützen sind kraftschlüssig über den Kranbahnträger miteinander verbunden. Steht der Laufkran über einer Stütze, bewirken die Nachbarstützen eine Knickaussteifung. Beträgt die Gesamtanzahl der Stützen n, beteiligen sich n-1 Stützen an der Aussteifung. Um die Federkonstante zu berechnen, wird auf die (n-1) Stützen der Hilfsangriff $H=\bar{1}$ angesetzt (Bildteil b) und die Verschiebung berechnet:

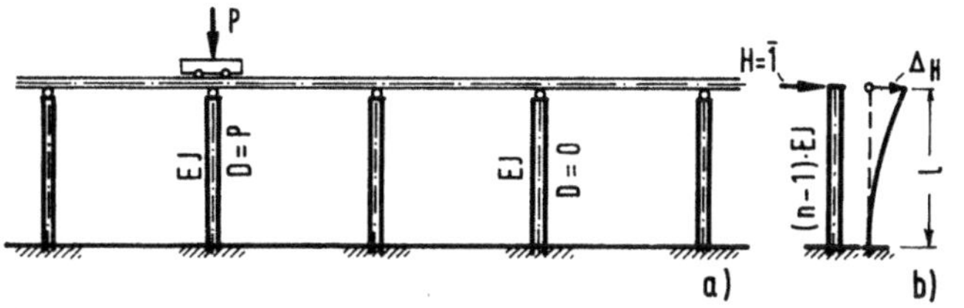

Bild 5.59

$$\Delta_H = \frac{1}{(n-1)}\frac{l^3}{3EJ} \qquad (5.82)$$

Der Kehrwert ist die Federkonstante:

$$C = \frac{1}{\Delta_H} = 3(n-1)\frac{EJ}{l^3} \qquad (5.83)$$

Federparameter:

$$\delta = \frac{C\,l^3}{EJ} = 3(n-1) \qquad (5.84)$$

Da die Nachbarstützen unbelastet sind, ergibt sich $\mu=\rho=0$, T.5.41 ist für diesen Grenzfall nicht geeignet. Der β-Wert kann aus T.5.3 (für $K=\gamma=0$) entnommen werden. Beispielsweise findet man für n=5:

$$n=5 \longrightarrow \delta = 3(5-1) = 12;\ 1/\delta = 0.833 \longrightarrow \beta = 0.94$$

(Statt β=2,0 für eine frei stehende Kragstütze.) Mit Hilfe von β wird der Verformungsfaktor α bestimmt, vgl. G.5.2. Die α-Abschätzung führt hier zu einer sehr zutreffenden Erfassung des Verformungseinflusses Th.II.Ordn.

Um die Federkonstante gemäß G.5.83 nicht zu hoch einzuschätzen, ist anzuraten, in Δ_H die Dehnnachgiebigkeit des Kranbahnträgers und ggf. einen Schlupf der Verbindungsmittel einzurechnen. - Vgl. auch [5.29-5.31].

5.13 Stiele und Rahmen mit angekoppelten Pendelstützen (System Nr. 30 u. 31)

5.13.1 Elasto-statische Lösung

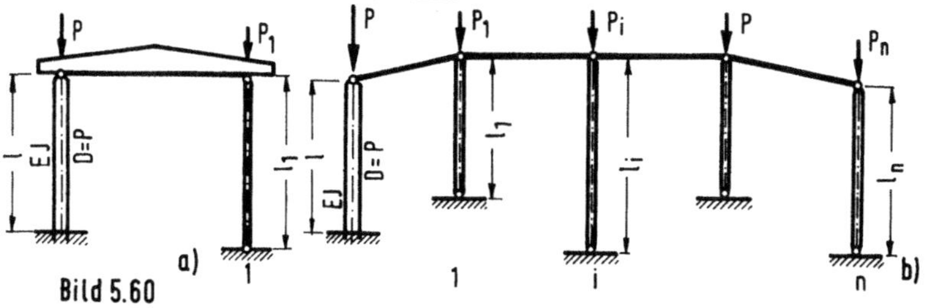

Bild 5.60

Tragwerksformen mit stabilisierenden Stützen und Rahmen sind im Fertigteilbau sehr verbreitet. Im Abschnitt 3.4.2.1

wurde die Knickgleichung für starr eingespannte Kragstützen mit angekoppelten Pendelstützen hergeleitet und das Spannungsproblem Th.II.Ordn. gelöst. Es konnte gezeigt werden, daß die Verwendung des Verformungsfaktors α zur Bestimmung der Schnittgrößen nach Th.II.Ordn. zu einer nahezu vollständigen Übereinstimmung mit der strengen Lösung führt:

$$S^{II} = \alpha \cdot S^{I}; \quad \alpha = \frac{1}{1 - D/D_{Ki}} \tag{5.85}$$

Dieser Sachverhalt beruht auf dem Umstand, daß bei Systemen der vorliegenden Art die Beanspruchungen der Verzweigungs- und Spannungsprobleme Th.II.Ordn. weitgehend affin sind. Beim Ansatz des Vorverformungslastfalles in Form von Stützenschrägstellungen erhebt sich die Frage, ob es notwendig ist, eine Schrägstellung aller n Pendelstützen, einschließlich der Stabilisierungsstütze in derselben Richtung zu unterstellen, das würde eine Abtriebskraft

$$H_{\psi 0} = P\psi_0 + \sum_{i=1}^{n} P_i \cdot \psi_{i0} \tag{5.86}$$

ergeben und bei gleichlangen Stützen:

$$H_{\psi 0} = P\psi_0 + \psi_0 \cdot \sum_{1}^{n} P_i \tag{5.87}$$

Wären sämtliche Stützenlasten gleichgroß, ergibt das:

$$H_{\psi 0} = (1+n)P\psi_0 \tag{5.88}$$

Eine gleichsinnige Imperfektion aller Stützen ist unwahrscheinlich, gerechtfertigt wäre der Ansatz:

$$H_{\psi 0} = (1+\sqrt{n})P\psi_0 \tag{5.89}$$

Auf den Tafeln T.5.42/44 sind die Knickbedingungen und β-Diagramme für Kragstützen mit drehfederelastischer Einspannung und solche mit Fußgelenken oder Fußeinspannungen und Drehfedern am Stützenkopf zusammengestellt, letztere stehen stellvertretend für einhüftige oder zweistielige Rahmen (B.5.61).

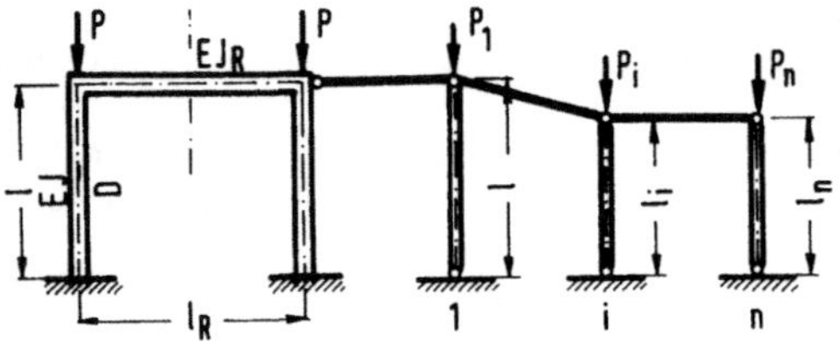

Bild 5.61

Angekoppelte Pendelstützen bedürfen bei Stabilitätsberechnungen stets einer besonderen Beachtung, da bei deren Auslenkung je Stütze die Abtriebskraft $P_i \cdot \psi_i = P_i \cdot \Delta / l_i$ geweckt wird, die sich zur resulierenden Abtriebskraft

$$\Delta \cdot \Sigma P_i / l_i \tag{5.90}$$

aufaddieren. Die Summe ist von der Stabilisierungsstütze (B.5.60) oder vom Rahmen (B.5.61/62) aufzunehmen. Im letztgenannten Falle übernimmt bei einem zweistieligen Rahmen jeder Stiel die Hälfte der Abtriebskraft. Daher gilt für den Abtriebsparameter $\varkappa$:

a) Für isolierte Stabilisierungsstützen und einstielige, einhüftige Rahmen:

$$\varkappa = \sum_{i=1}^{n} \mu_i \cdot \eta_i \tag{5.91}$$

b) Für zweistielige Rahmen:

$$\varkappa = \frac{1}{2} \sum_{i=1}^{n} \mu_i \eta_i \tag{5.92}$$

μ_i und η_i kennzeichnen den Beitrag der Pendelstütze i (B.5.61):

$$\mu_i = \frac{l}{l_i}; \quad \eta_i = \frac{P_i}{P} = \frac{D_i}{D} \tag{5.93}$$

Sind die Stiele im Falle eines zweistieligen Rahmens unterschiedlich beansprucht, kann der β-Wert für den höher belasteten Stiel gemäß G.5.7/8 zu

$$\beta_1 = \sqrt{\frac{1}{2}(1+m)}\cdot\beta_1' \quad \text{mit} \quad m = \frac{D_2}{D_1} \tag{5.94}$$

berechnet werden. D_2 ist die Druckkraft im geringer belasteten Druckstiel.

Die aus Rahmenriegeln gebildete K-Zahl wird nach Anhang III.1 bestimmt, im Regelfall ist:

$$K = 6\frac{EJ_R}{l_R} \tag{5.95}$$

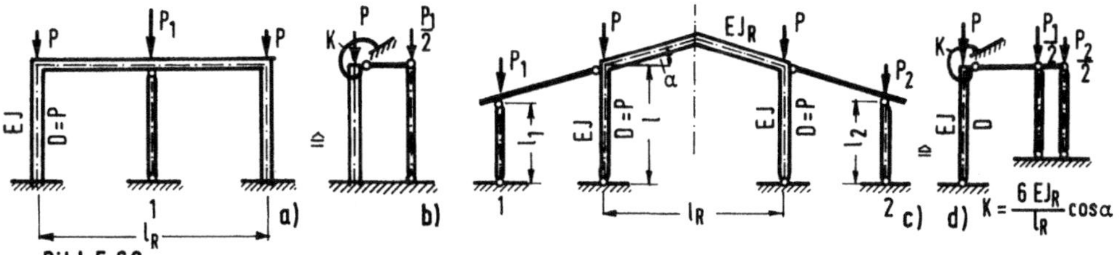

Bild 5.62

Dieser Wert ist auch im Falle des in B.5.62a dargestellten Rahmens anzusetzen, ϰ wird nach G.5.92 berechnet. Im Falle des Rahmens B.5.62c gilt:

$$K = 6\frac{EJ_R}{l_R}\cos\alpha \tag{5.96}$$

Die Pendelstützen selbst sind je für sich als EULER-II-Stäbe nachzuweisen.

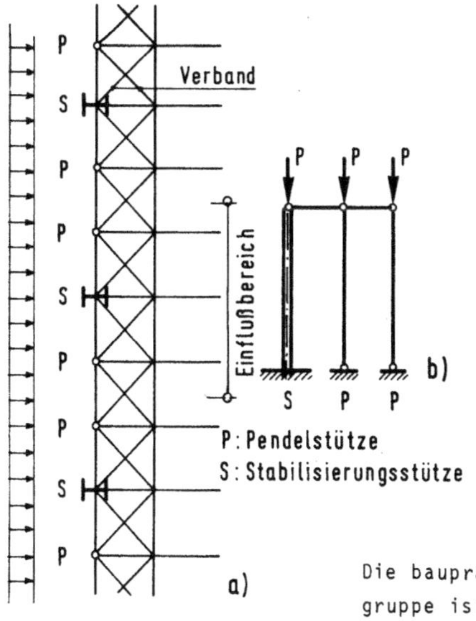

Bild 5.63

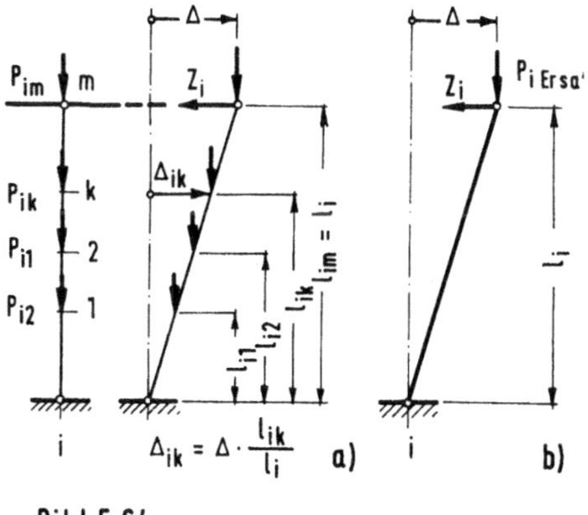

Bild 5.64

Die baupraktische Bedeutung der vorliegenden Systemgruppe ist nicht nur dann gegeben, wenn die Pendelstützen in einer Reihe stehen, sondern auch dann, wenn sie z.B. durch einen Verband oder eine Deckenscheibe quer zur äußeren Belastung an ein stabilisierendes

Knicklängen System 30

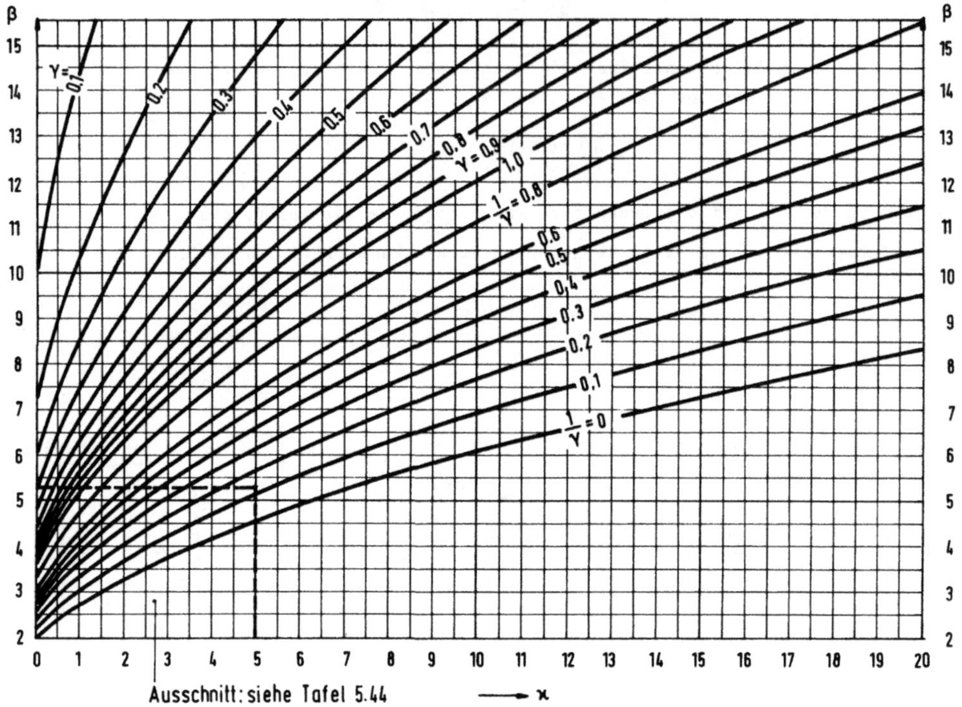

Zweigelenkrahmen mit gekoppelten Pendelstützen

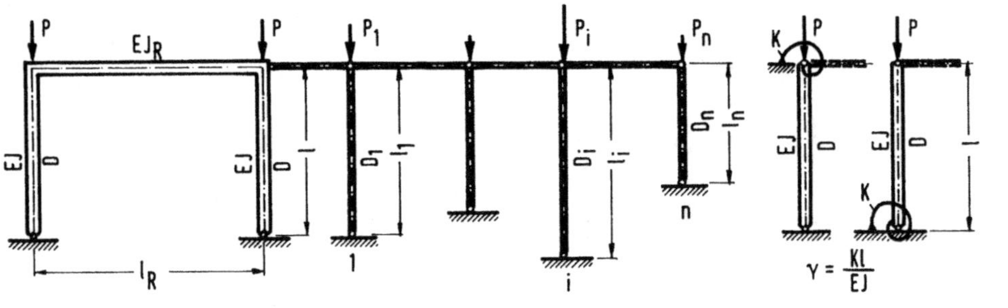

Knickgleichung: $\gamma \cdot [\varkappa(\sin\varepsilon - \varepsilon\cos\varepsilon) - \varepsilon\cos\varepsilon] + (1+\varkappa)\,\varepsilon^2 \sin\varepsilon = 0$; $\mu_i = \frac{l}{l_i}$, $\eta_i = \frac{P_i}{P} = \frac{D_i}{D}$

Parameter: $\gamma = \frac{6\,EJ_R}{EJ} \cdot \frac{l}{l_R}$; Zweistieliger Rahmen: $\varkappa = \frac{1}{2}\sum_{i=1}^{n} \mu_i \eta_i$

Knicklänge: $s_K = \beta \cdot l$ Einstielige Stabilisierungsstütze: $\gamma = \frac{Kl}{EJ}$, $\varkappa = \sum_{i=1}^{n} \mu_i \eta_i$

Knicklast: $D_{Ki} = \frac{1}{\beta^2}\pi^2 \cdot \frac{EJ}{l^2}$ Starre Einspannung: $K = \infty$: $\frac{1}{\gamma} = 0$

Einhüftiger Rahmen: Tafel 5.43

Knicklängen System 31

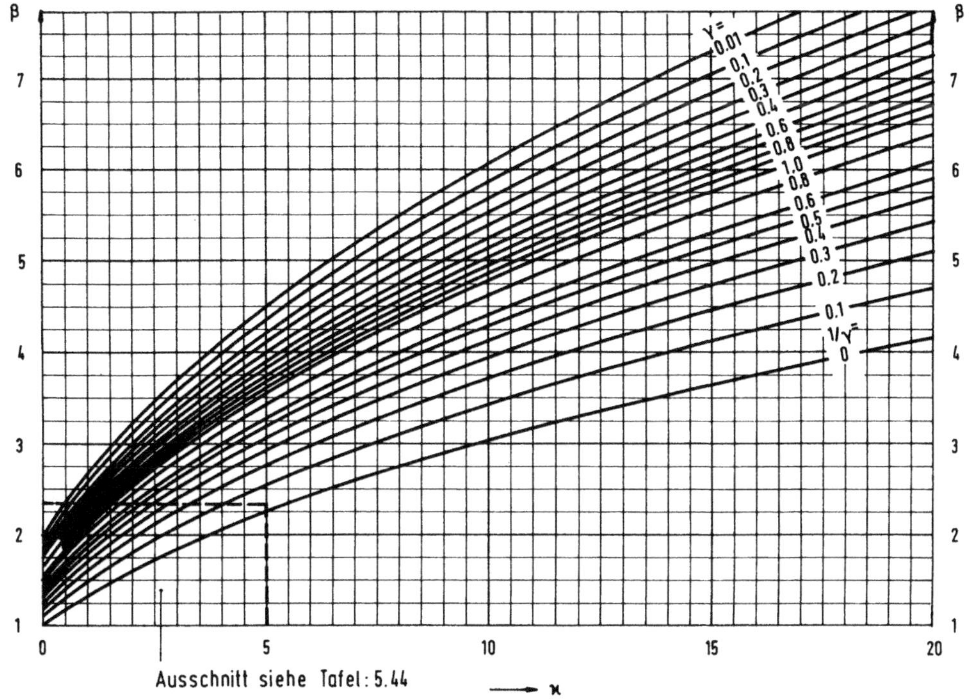

Eingespannter Rahmen mit gekoppelten Pendelstützen

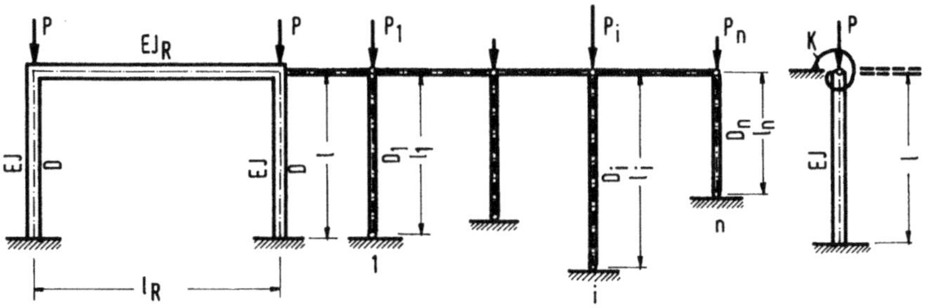

Knickgleichung: $\gamma \cdot \{ \varkappa\,[\,2\,(1-\cos\varepsilon) - \varepsilon\sin\varepsilon\,] - \varepsilon\sin\varepsilon \} + \varkappa\,(\varepsilon\sin\varepsilon - \varepsilon^2\cos\varepsilon) - \varepsilon^2\cos\varepsilon = 0$

Parameter: $\gamma = \dfrac{6\,EJ_R}{EJ} \cdot \dfrac{l}{l_R}$ (Erläuterung der Parameter: Vgl. Tafel 5.42)

Knicklänge: $s_K = \beta \cdot l$

Knicklast: $D_{Ki} = \dfrac{1}{\beta^2}\,\pi^2 \cdot \dfrac{EJ}{l^2}$

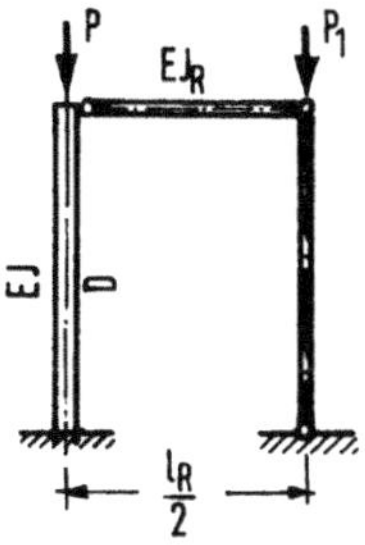

Die Tafeln 5.42/43 sind auch für einhüftige Rahmen verwertbar, vgl. Beispiel

$\gamma = 6\,\dfrac{EJ_R}{EJ} \cdot \dfrac{l}{l_R}\,,\quad \mu_1 = 1\,,\quad \eta_1 = \dfrac{P_1}{P}$

$\varkappa = \eta_1 = \dfrac{P_1}{P}$

Tafel 5.44

Knicklängen System 30 (Ausschnitt von Tafel 5.42)

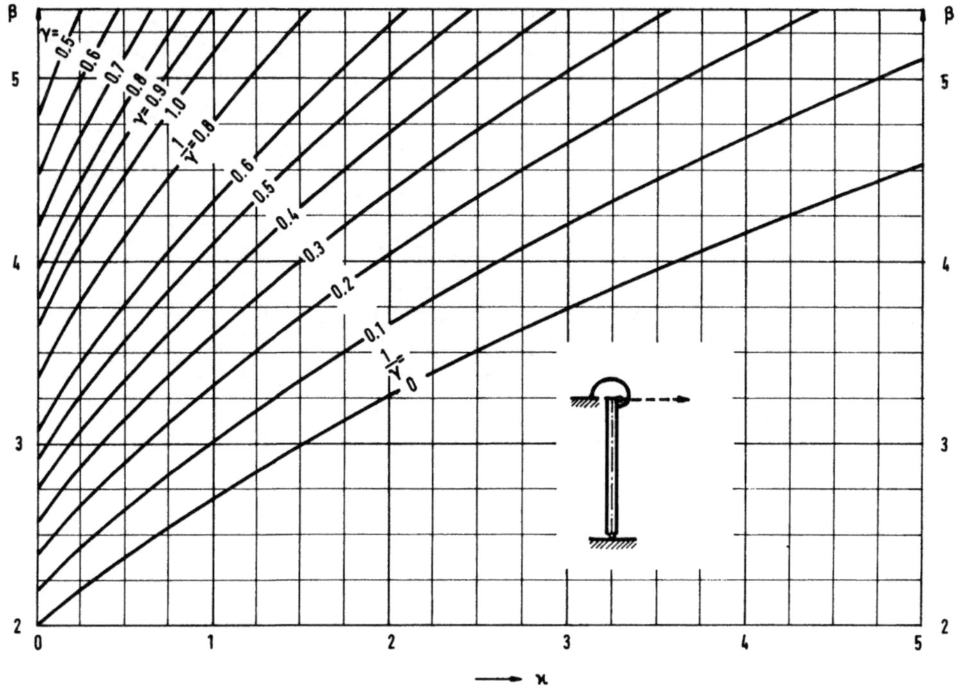

Knicklängen System 31 (Ausschnitt von Tafel 5.43)

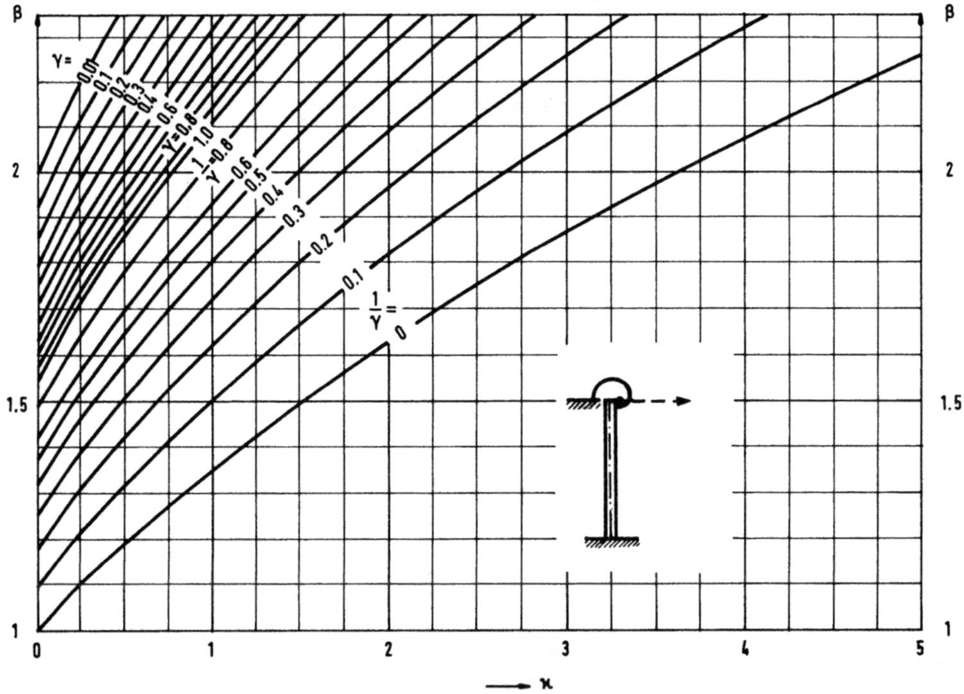

Bauteil angekoppelt sind (B.5.63). Bei räumlicher Anordnung der Stützen ist ggf. die Stabilität gegenüber einer Drillung der gesamten Stützengruppe um einen Pol zu verfolgen (vgl. Abschnitt 6.2.4).

Werden Pendelstützen zwischen den Stabenden durch lotrechte Kräfte beansprucht (B.5.64a), so berechnet sich die äquivalente Ersatzkraft am Kopf der Pendelstütze aus der Bedingung, daß bei gleicher Auslenkung Δ die Abtriebskräfte im realen und Ersatzfall gleichgroß sind (B.5.64b):

$$P_{i\,Ersatz} = \sum_{k=1}^{m} P_{ik} \cdot \frac{l_{ik}}{l_i} \qquad (5.97)$$

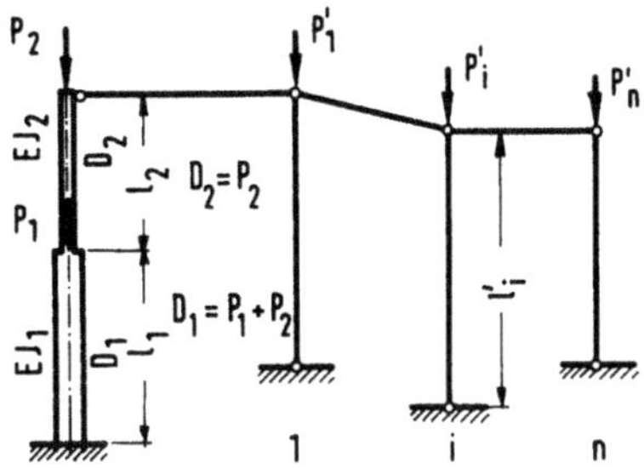

Parameter:

$$\varkappa = \frac{l_2}{l_1}$$

$$\delta = \frac{D_2}{D_1}$$

$$\alpha = \sum_{n=1}^{n} \frac{P_i'}{P_2} \cdot \frac{l_2}{l_i'} = \frac{\varkappa}{\delta} \cdot \sum_{1}^{n} \frac{P_i'}{D_1} \cdot \frac{l_1}{l_i'}$$

$$\beta_1 = \frac{\pi}{\varepsilon_1}\,; \quad \beta_2 = \frac{\pi}{\varepsilon_2}$$

Knickbedingung: $\varepsilon_1 = l_1\sqrt{\frac{D_1}{EJ_1}}$, $\varepsilon_2 = l_1\sqrt{\frac{D_2}{EJ_2}} = \varepsilon_1\sqrt{\delta}\cdot\varkappa$

$$\{\delta[1+(1+\alpha)\cdot\varkappa]\,\varepsilon_1 - \alpha(\sin\varepsilon_1 - \varepsilon_1)\}\cdot(\varkappa\,\varepsilon_1 \sin\varepsilon_1 \sin\varepsilon_2 - \delta\,\varepsilon_2 \cos\varepsilon_2 \sin\varepsilon_1) +$$
$$+\,\alpha\cdot\{\varkappa\,[\delta - (1-\cos\varepsilon_1)][\delta\cdot\cos\varepsilon_1 + (1-\cos\varepsilon)]\,\varepsilon_1 \sin\varepsilon_2 +$$
$$+\,\delta\cdot[\varkappa\,\varepsilon_1 \sin\varepsilon_1 \sin\varepsilon_2 + \varepsilon_2 \cos\varepsilon_2 (1-\cos\varepsilon_1)]\,\sin\varepsilon_1\} = 0$$

Bild 5.65

Für das in B.5.65 dargestellte System (die Knickbedingung ist im Bild angeschrieben) wurde wegen der großen Parameterzahl auf eine Auswertung verzichtet. Auf das 5. Beispiel im Abschnitt 5.13.3 wird hingewiesen.

5.13.2 Näherungsformeln

Mit Hilfe des Durchbiegungsverfahrens lassen sich β-Formeln hoher Genauigkeit herleiten. Sie werden im folgenden zusammengestellt und ihre Güte durch Vergleich mit den Verzweigungslösungen im Rahmen der Beispiele bewertet.

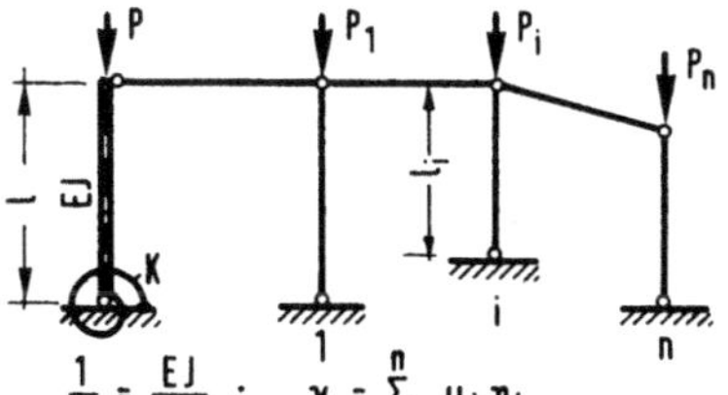

$$\frac{1}{\gamma} = \frac{EJ}{K\cdot l}\,; \quad \varkappa = \sum_{i=1}^{n} \mu_i \eta_i$$

$$\mu_i = \frac{l}{l_i}\,; \quad \eta_i = \frac{P_i}{P}$$

$$\beta = \pi\sqrt{\frac{1}{3}\left(\frac{5}{4}+\varkappa\right) + \frac{1}{\gamma}(1+\varkappa)}$$

Bild 5.66

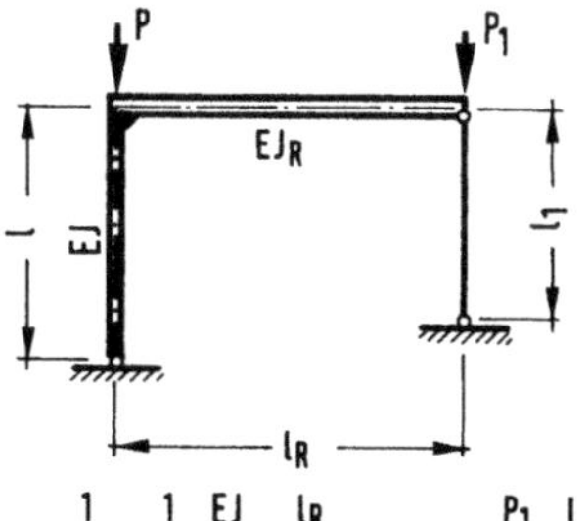

$$\frac{1}{\gamma} = \frac{1}{3}\cdot\frac{EJ}{EJ_R}\cdot\frac{l_R}{l}\,; \quad \varkappa = \frac{P_1}{P}\cdot\frac{l}{l_1}$$

$$\beta = \pi\sqrt{\frac{1}{3}\left(\frac{5}{4}+\varkappa\right) + \frac{1}{\gamma}(1+\varkappa)}$$

Bild 5.67

a) Drehfederelastisch eingespannte Stabilisierungsstütze: B.5.66,
b) Einhüftiger Rahmen (Portalrahmen): B.5.67,
c) Zweigelenkrahmen und eingespannter Rahmen: B.5.68 [3.24], vgl. auch [5.32].

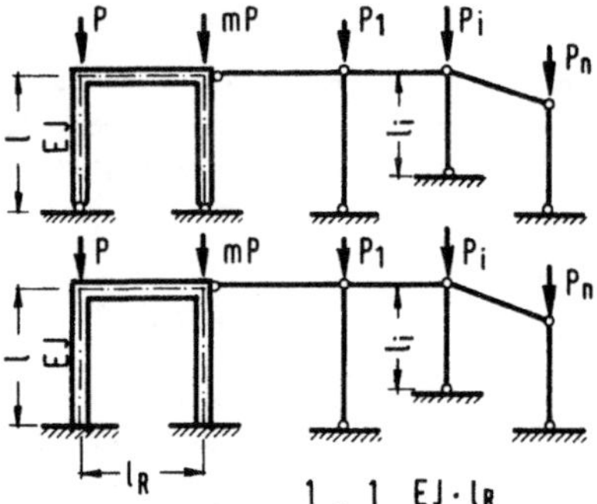

$$\beta = \pi \cdot \sqrt{\frac{1+m}{2}\left(\frac{5}{12}+\frac{1}{\gamma}\right)+\left(\frac{1}{3}+\frac{1}{\gamma}\right)\cdot \varkappa}$$

$$\beta = \pi \cdot \sqrt{\left(\frac{1+m}{2}+\varkappa\right)\cdot\left[\frac{1}{\gamma}\cdot\Phi^2+\left(\Phi^2-\Phi+\frac{1}{3}\right)\right]+\frac{1+m}{96}}$$

$$\text{mit } \Phi = \frac{1}{2\left(1+\frac{1}{\gamma}\right)}$$

$$\frac{1}{\gamma} = \frac{1}{6}\cdot\frac{EJ\cdot l_R}{EJ_R\cdot l} \qquad \varkappa = \frac{1}{2}\cdot\sum_{i=1}^{n}\mu_i\eta_i\,; \quad \mu_i = \frac{l}{l_i}\,; \quad \eta_i = \frac{P_i}{P}$$

Bild 5.68

5.13.3 Beispiele

1. Beispiel: Elastisch eingespannte Stahlstütze mit angekoppelter Pendelstütze (B.5.69)

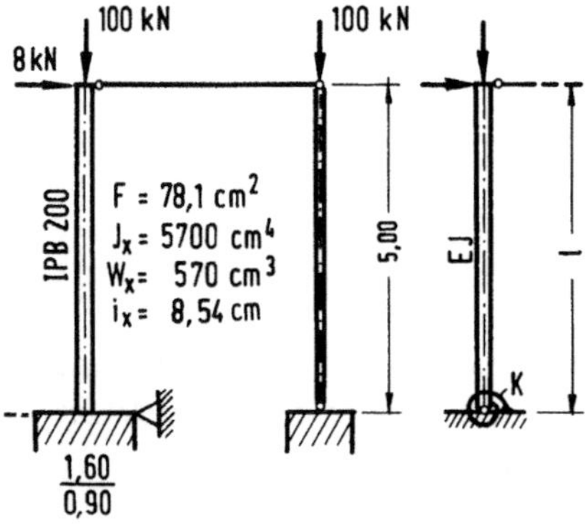

Bild 5.69

Die in B.5.69 angegebenen Kräfte gehören zum Gebrauchszustand (ν=1,0).

Aufgrund der vorgegebenen Steifeziffer und der Fundamentabmessungen beträgt die Drehfederkonstante (vgl. Abschnitt III.2):

$$K = 4{,}433\cdot 10^5\,\text{kNcm}$$

Hierfür berechnet sich der Einspannparameter zu:

$$\gamma = \frac{K\,l}{EJ} = \frac{4{,}433\cdot 10^5\, 500}{2{,}1\cdot 10^4\, 5700} = 1{,}852 \longrightarrow \frac{1}{\gamma} = 0{,}540$$

Mit Hilfe von T.5.42 bzw. T.5.44 oben folgt:

$$\mu_1 = 1,\ \eta_1 = 1:\ \varkappa = 1 \longrightarrow \beta = 4{,}19 \longrightarrow$$

$$s_K = 4{,}19\cdot 5{,}00 = 20{,}95\ \text{m}$$

Die Auswertung der in B.5.66 angeschriebenen Formel bestätigt den β-Wert zur sicheren Seite:

$$\beta = \sqrt{\frac{1}{3}\left(\frac{5}{4}+1\right)+0{,}540(1+1)} = 4{,}25 \quad (\text{statt } 4{,}19)$$

Der Verformungsfaktor für den Bemessungsfall (ν=1,5) beträgt:

$$D_{Ki} = \frac{\pi^2}{\beta^2}\frac{EJ}{l^2} = \frac{\pi^2}{4{,}19^2}\,\frac{2{,}1\cdot 10\ 5700}{500^2} = 269\ \text{kN} \longrightarrow D = 1{,}5\cdot 100 = 150\ \text{kN} \longrightarrow \alpha = \frac{1}{1-150/269} = 2{,}26$$

Die hohen β- und α-Faktoren geben einen Hinweis auf den großen, die Stabilität mindernden Einfluß, der von angependelten Stützen ausgeht.

Für das Einspannungsmoment findet man:

$$M^{II} = \alpha\cdot M^{I} = 2{,}26\cdot 1{,}5\cdot 8\cdot 5{,}0 = 135{,}7\ \text{kNm}$$

Der exakte Wert berechnet sich zu 130,0 kNm. Die α-Abschätzung liegt demnach um 4% auf der sicheren Seite. Für die Spannungen findet man:

$$\sigma = \frac{150}{781} \pm \frac{13\,570}{570} = 1{,}92 \pm 23{,}81\ \text{kN/cm}^2$$

Soll eine Vorverformung eingerechnet werden, z.B. ψ_0=1/150 für beide Stiele, ist im Bemessungsfall

$$H_{\psi_0} = \nu(100+100)/150 = \nu \cdot 1{,}33$$

als zusätzliche Horizontalkraft einzurechnen.
Bei starrer Einspannung ($1/\gamma=0$) findet man $\beta=2{,}70$. Der Einfluß der Bodennachgiebigkeit ist in diesem Beispiel somit sehr ausgeprägt. Die Drehfederkonstante gehört allerdings zu sehr ungünstigen Bodenverhältnissen (lockerer Sand oder Geschiebemergel).

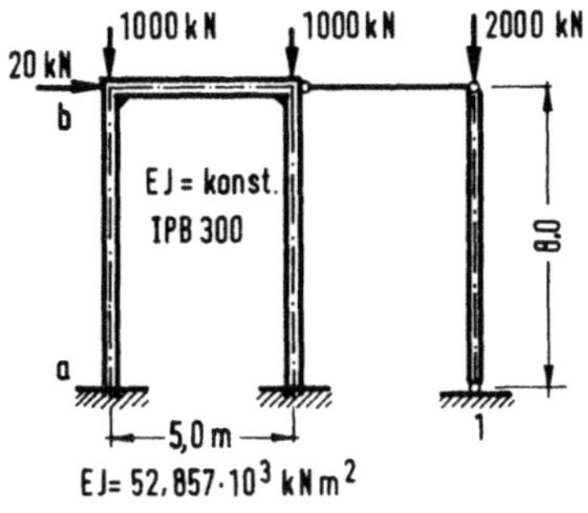

Bild 5.70

2. Beispiel: Eingespannter Rechteckrahmen mit Pendelstütze (B.5.70)
Die im Bild eingetragenen Kräfte sind bereits ν-fach erhöht. Anzuwenden ist T.5.43:

$$\gamma = 6\,\frac{EJ\cdot 8{,}0}{EJ\cdot 5{,}0} = 9{,}6 \longrightarrow$$

$$1/\gamma = 0{,}1042;\ \mu_1 = 1;\ \eta_1 = 2 \longrightarrow \varkappa = \frac{1}{2}\cdot 1\cdot 2 = 1 \longrightarrow \underline{\beta = 1{,}51}$$

Knickkraft und Vergrößerungsfaktor ergeben sich zu:

$$D_{Ki} = \frac{1}{1{,}51^2}\,\pi^2\,\frac{52\,857}{8{,}0^2} = 3\,575\ \text{kN}$$

$$\alpha = \frac{1}{1 - D/D_{Ki}} = \frac{1}{1 - 1000/3575} = \underline{1{,}388}$$

Eine Berechnung des Rahmens nach Th.I.Ordn. liefert:

$$M_a^I = -43{,}774\ \text{kNm},\ M_b^I = 36{,}226\ \text{kNm};\ f^I = 0{,}010357\ \text{m}$$

f^I ist die seitliche Verschiebung nach Th.I.Ordn., dieser Wert wird um α erhöht und hierfür die resultierende Abtriebskraft F bestimmt:

$$f^{II} = 1{,}388\cdot f^I = 0{,}014376\ \text{m};\ F = 4000\,\frac{0{,}014376}{8{,}0} = 7{,}19\ \text{kN}$$

Infolge F entstehen folgende Momente in den Schnitten a und b des linken Stieles:

$$a:\ -\frac{7{,}19}{20}\cdot 43{,}774 = -0{,}3595\cdot 43{,}774 = -15{,}737\ \text{kNm}$$

$$b:\ +0{,}3595\cdot 36{,}226 = 13{,}023\ \text{kNm}$$

Diese Momente werden den Windmomenten überlagert: $M_a^{II} = -59{,}511$ kNm, $M_b^{II} = -49{,}249$ kNm. Der exakte Wert für M_a^{II} beträgt: $M_a^{II} = -59{,}042$ kNm. Die Übereinstimmung ist vollständig. Wird der Verformungsfaktor unmittelbar auf die Momente nach Th.I.Ordn. angewendet, ergibt sich:

$$M_a^{II} = 1{,}388\cdot -43{,}774 = -60{,}758\ \text{kNm}$$

$$M_b^{II} = 1{,}388\cdot 36{,}226 = 50{,}282\ \text{kNm}$$

Diese Werte liegen um 2 bis 3% auf der sicheren Seite.
Die β-Formel nach B.5.68 liefert:

$$\Phi = \frac{1}{2(1+0{,}1042)} = 0{,}4528 \longrightarrow \beta = \pi\sqrt{(1+1)[0{,}1042\cdot 0{,}4528^2 + (0{,}4528^2 - 0{,}4528 + 0{,}333)] + 2/96} = \underline{1{,}52}$$

Die Übereinstimmung mit dem "Verzweigungswert" ist praktisch vollständig.

3. Beispiel: Einhüftiger Portalrahmen (B.5.71)
Infolge der in B.5.71a eingetragenen (ν-fachen) Lasten H und V ergeben sich nach Th.I. Ordn. folgende Auflagerkräfte:

$$A^I = 547{,}2\ \text{kN}$$

$$B^I = 649{,}8\ \text{kN}$$

Die Stielkräfte sind mit diesen Werten identisch (vgl. Bildteil c).

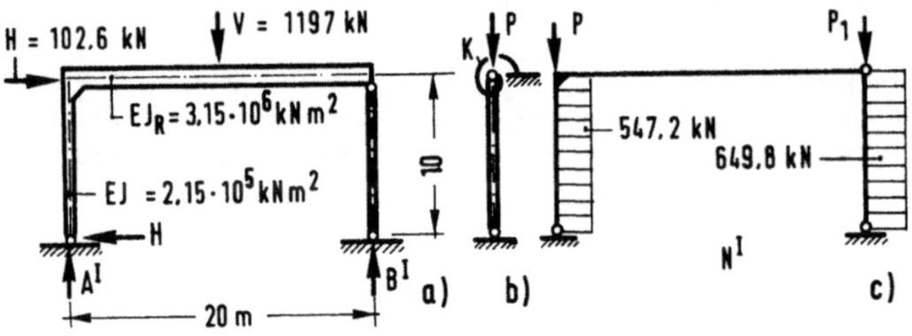

Bild 5.71

Anzuwenden ist T.5.42:

$$n = 1;\ \mu_1 = 1,\ \eta = P_1/P = 1{,}19:\ \varkappa = 1{,}19$$

$$\gamma = \frac{3\,EJ_R}{EJ}\cdot\frac{l}{l_R} = \frac{3\cdot 3{,}15\cdot 10^6}{2{,}15\cdot 10^5}\cdot\frac{10}{20} = 21{,}98;\ 1/\gamma = 0{,}0455 \longrightarrow \underline{\beta = 2{,}97};\ s_K = 2{,}97\cdot 10 = 29{,}7\,\mathrm{m}$$

Die in B.5.67 angeschriebene Formel ergibt:

$$\beta = \pi\sqrt{\frac{1}{3}\left(\frac{5}{4}+1{,}19\right)+0{,}0455(1+1{,}19)} = \underline{3{,}00} \quad \text{(statt 2,97)}$$

Mit β kann der Verformungsfaktor bestimmt werden:

$$D_{Ki} = \frac{1}{2{,}97^2}\pi^2\frac{2{,}15\cdot 10^5}{10^2} = 2406\,\mathrm{kN} \longrightarrow \alpha = \frac{1}{1-\frac{547{,}2}{2406}} = \underline{1{,}29}$$

In Abschnitt 3.1.5.2 wurde gezeigt, daß eine unmittelbare Verwertung des α-Faktors wegen der dominierenden Vertikallast auf dem Riegel nicht möglich ist; es ist vielmehr $f^{II} = \alpha\cdot f^I$ zu bilden, hierfür sind die Schnittgrößen zu berechnen.

4. Beispiel: Einhüftiges Rahmensystem mit Pendelstützen (B.72)

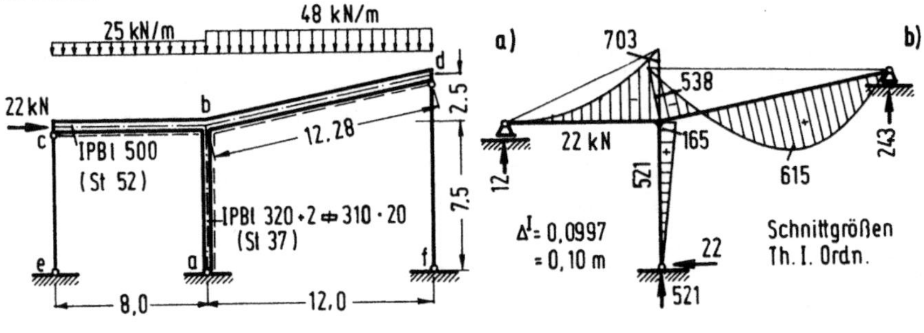

Bild 5.72

Um die Brauchbarkeit der α-Abschätzung zu prüfen, wird das Stabwerk zunächst nach Th.I. und II.Ordn. streng berechnet.

In Th.I.Ordn. können die Pendelstützen durch verschiebliche Lager ersetzt werden, B.5.72b zeigt das Ergebnis der Berechnung.

Die Berechnung nach Th.II.Ordn. wird nach dem Momentenausgleichsverfahren (CROSS-Verfahren, Abschnitt 3.4.8.8.2) durchgeführt. Die Lasten werden um $\nu = 1{,}5$ erhöht, die Stützenkräfte betragen:

$$\text{a-b}: D_{ab} = 1{,}5\cdot 521 = 781{,}5\,\mathrm{kN};\ \text{e-c}: D_{ec} = 1{,}5\cdot 12 = 18\,\mathrm{kN};\ \text{f-d}: D_{fd} = 1{,}5\cdot 243 = 364{,}5\,\mathrm{kN}$$

Stiel ab: $EJ = 69\,500\ kNm^2$; Riegel: $EJ_R = 182\,400\ kNm^2$; $\varepsilon_{ab} = 7.50 \cdot \sqrt{\frac{781}{69500}} = 0{,}795$

Stab	D	v · D	ε	A'	B'	C'	EJ/l	A	B	C = K
ab	521.0	781	0.795	3.923	2.022	2.871	9280	36400	18800	26700
bc	22	- 0	0	4	2	3	22800	91200	45600	68400
bd	= 0	- 0	0	4	2	3	14850	59400	29700	44550

kNm/1

a)

Knoten b: $\Sigma K = 139\,650\ kNm$; $\mu_{ba} = 0.191$ $\mu_{bc} = 0.490$ $\mu_{bd} = 0.319$

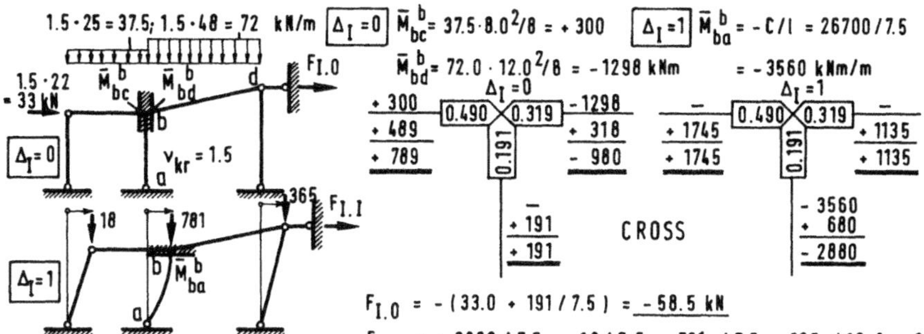

$F_{I.0} = -(33.0 + 191/7.5) = \underline{-58.5\ kN}$

$F_{I.I} = +2880/7.5 - 18/7.5 - 781/7.5 - 365/10.0 = \underline{241\ kN/m}$

b) c)

Bild 5.73

In B.5.73 ist der weitere Rechnungsgang zusammengestellt; Bildteil a: Festwerttabelle und Verteilungszahlen; Bildteil b/c: Momentenausgleiche. Die Festhaltekräfte im Starrsystem betragen:

Äußere Lasten: $\Delta_I = 0$: $F_{I,0} = -58{,}5\ kN$

Einheitsverschiebung: $\Delta_I = 1$: $F_{I,I} = 241\ kN/m$

Bestimmungsgleichung für Δ_I: $F_{I,0} + \Delta_I \cdot F_{I,I} = 0 \longrightarrow \Delta_I = -\frac{F_{I,0}}{F_{I,I}} = \frac{58{,}5}{241} = \underline{0{,}243\ m}$

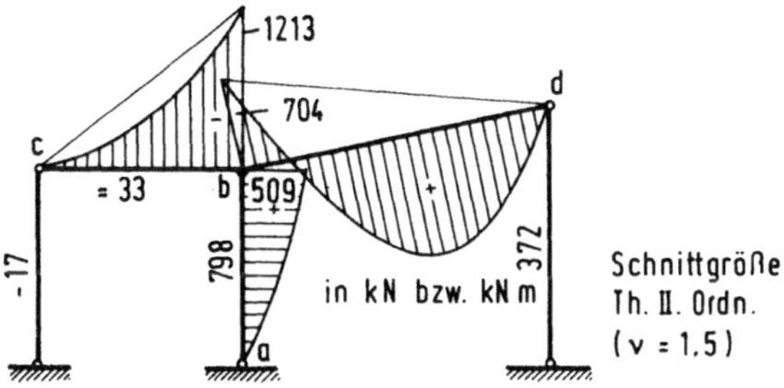

Bild 5.74

Die Schnittgrößen gewinnt man durch Superposition der Starrsysteme, B.5.74 zeigt das Ergebnis. Durch Vergleich der Momentenflächen der Bilder B.5.72b und B.5.74 findet man den Verformungseinfluß. Beispielsweise beträgt die Zunahme des Biegungsmomentes am Kopf der Stütze a-b:

$$\frac{509}{165} = 3{,}08$$

Der Verformungseinfluß ist offensichtlich signifikant. Die Riegelmomente erfahren nur eine Zunahme von 1,71 bzw. 1,31.

Als nächstes wird der Knicklängenfaktor β für den Stiel a-b bestimmt. Die Drehfederkonstante (am Stützenkopf) setzt sich aus den Riegelsteifigkeiten zusammen, vgl. B.5.75a. Im Bildteil b ist das Ersatzsystem dargestellt. Anzuwenden ist T.5.42; die Rechnung ergibt:

$$K = \Sigma \frac{3EJ}{l} = \Sigma K = 68400 + 44550 = 112950\ kNm \longrightarrow \gamma = \frac{112950 \cdot 7{,}5}{69\,500} = 12{,}2;\ \frac{1}{\gamma} = 0{,}082$$

$$\varkappa = 1 \cdot 0{,}023 + 0{,}75 \cdot 0{,}466 = 0{,}373 \longrightarrow \underline{\beta = 2{,}48}$$

Knicklast:

$$D_{Ki} = \frac{\pi^2}{\beta^2}\frac{EJ_{ab}}{l^2_{ab}} = 1982 \text{ kN}$$

Verformungsfaktor:

$$\alpha = \frac{1}{1 - D/D_{Ki}} = \frac{1}{1 - 781/1982} = \frac{1}{0{,}6057} = 1{,}65$$

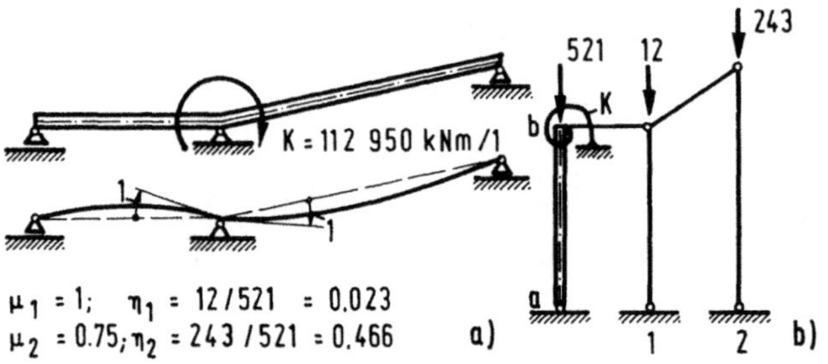

Dieser Faktor ist offensichtlich zur unmittelbaren Verwertung für die Momente unbrauchbar. Wendet man ihn dagegen auf die Verschiebung an

$$f^{II} = 1{,}65 \cdot 1{,}5 \cdot 0{,}0997 = 0{,}246 \text{m}$$

ergibt sich praktisch der exakte Wert! Hiermit folgt die Transversalkraft im Stützenfuß a zu

Bild 5.75

$$T^b_{ab} = 1{,}5\left(22 + \frac{12 \cdot 0{,}246}{7{,}5} + \frac{243 \cdot 0{,}246}{10{,}0}\right) = 1{,}5 \cdot (22 + 6{,}37) = 42{,}56 \text{ kN}$$

und für das Moment am Stützenkopf ergibt sich:

$$M^b_{ba} = 42{,}56 \cdot 7{,}50 + 781 \cdot 0{,}246 = 511{,}3 \text{ kNm}$$

Der exakte Wert ist 509 kNm (vgl. B.5.74).

Schlußfolgerung aus den Beispielen 1 bis 4 in Verbindung mit Abschnitt 3.1.5.2:
Eine unmittelbare Anhebung der Schnittgrößen nach Th.I.Ordn. um den Faktor α ist nur dann zulässig, wenn die Beanspruchung ausschließlich oder vorrangig durch äußere Kräfte in Richtung der Systemverschieblichkeit hervorgerufen wird (z.B. Windlasten). Überwiegen die Biegebeanspruchungen durch äußere Kräfte quer zur Verschieblichkeit (lotrechte Riegellasten), so ist zunächst die Verschiebung des Systems aus

$$f^{II} = \alpha \cdot f^{I} \tag{5.98}$$

zu bestimmen; dann sind am verformten System die Schnittgrößen zu berechnen. Im Zweifelsfalle ist stets so zu verfahren.

5. Beispiel: Stählerner Hallenrahmen mit Laufkranlasten (B.5.76)

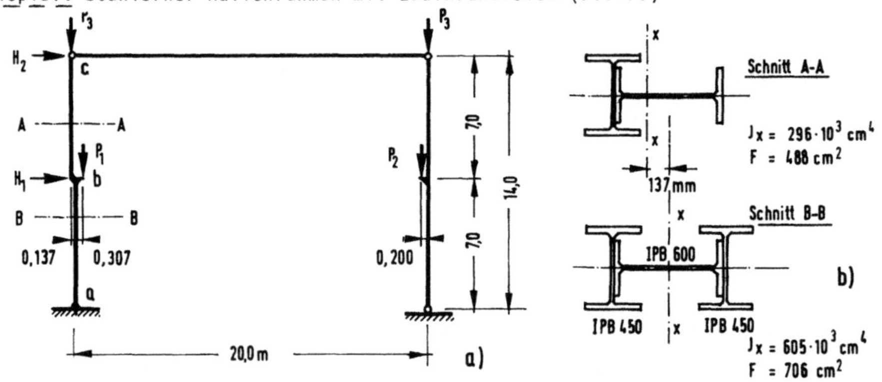

Bild 5.76

Bild 5.76a zeigt das System, in Bildteil b sind die Querschnitte des unteren und oberen Teiles der Stabilisierungsstütze dargestellt. In Bild 5.77a sind die ν-fachen äußeren Kräfte und die Biegungsmomente nach Th.I.Ordn. angegeben. Mittels virtueller Hilfsangriffe $\bar{1}$ in den Punkten b und c wird deren Verschiebung und die Verdrehung im Punkt b bestimmt, vgl. B.5.77b. Für die Ausbiegung des freien Endes (c) findet man f=0,121 m. Die Pendelstütze erleidet dieselbe Auslenkung, dadurch wird die Abtriebskraft

$$\Delta H = 983\,\frac{0{,}121}{14{,}0} + 98{,}3\,\frac{0{,}5\cdot 0{,}121}{14{,}0} = 8{,}92\ \text{kN}$$

von der Pendelstütze ausgelöst, wodurch sich nunmehr (in der 2. Iterationsstufe) folgende Biegungsmomente in den Schnitten b und a der Stabilisierungsstütze ergeben:

$$M_{b,oben} = 816 + 8{,}92\cdot 7{,}0 + 983(0{,}121 - 0{,}036) = 816 + 146 = \underline{962\ \text{kNm}}$$
$$M_{b,unten} = 1044 + 146 = \underline{1190\ \text{kNm}}$$
$$M_a = 2273 + 8{,}92\cdot 14{,}0 + 983\cdot 0{,}121 + 1180\cdot 0{,}036 = 2273 + 286 = \underline{2559\ \text{kNm}}$$

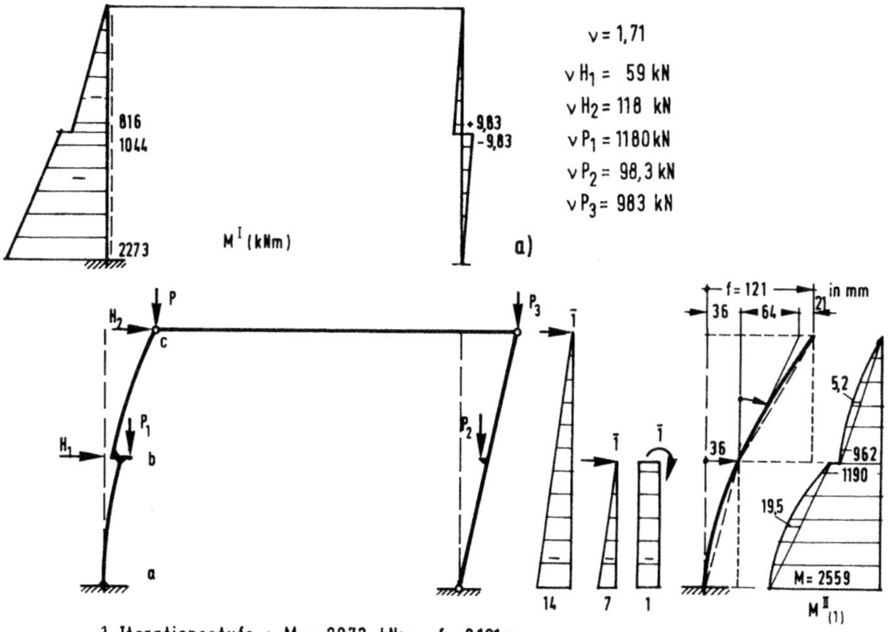

1. Iterationsstufe : M_a = 2273 kNm; f = 0,121 m
2. " M_a = 2559 kNm; f = 0,139 m
3. " M_a = 2602 kNm; f = 0,142 m
4. " M_a = 2609 kNm; f = 0,143 m : max σ = 22,8 kN/cm²

Bild 5.77

Zwischen den Schnittstellen a/b und b/c werden näherungsweise parabelförmige Momentenflächen P·f/4 eingeführt, um den Verformungseinfluß aus der Stabdurchbiegung angemessen zu erfassen (vgl. Abschnitt 3.2.3):

$$\text{Bereich a-b}: (983 + 1180)\cdot 0{,}036/4 = \underline{19{,}5\ \text{kNm}}$$
$$\text{Bereich b-c}: 983\cdot 0{,}021/4 = \underline{5{,}2\ \text{kNm}}$$

Die so entstandene Momentenfläche (B.5.77c) wird mit den Momentenflächen der virtuellen Hilfsangriffe überlagert, das liefert die Durchbiegung f=0,139 m. In dieser Weise wird fortgefahren (Gesamtschrittverfahren, Abschnitt 3.1.2 u.3.1.5). In B.5.77b ist das Ergebnis bis zur 4. Iterationsstufe zusammengefaßt.

Es soll nun gezeigt werden, daß auch im vorliegenden Fall die Anwendung des Verformungsfaktors α eine sehr zuverlässige Abschätzung erlaubt. Hierzu wird das reale System durch ein Ersatzsystem angenähert, vgl. B.5.78. Dazu wird die vertikale Belastung der Pendelstütze durch eine gleichwertige zusätzliche Kopflast auf die Stabilisierungsstütze ersetzt. Die resultierende Kopflast beträgt:

$$983 + 983 + \frac{7{,}0}{14{,}0}\,98{,}3 = 2015\ \text{kN}$$

Die Abtriebskräfte des realen und Ersatzproblems sind gleichgroß. Die lotrechte Kraft im Punkt b bleibt unverändert. In B.5.78 (rechts) ist der fiktive Druckkraftverlauf dargestellt. Mit Hilfe von T.5.21 findet man:

$$\frac{1}{\gamma}=0;\quad \chi=\frac{J_1 l_2}{J_2 l_1}=\frac{J_1}{J_2}=\frac{605}{296}=2{,}04;\quad \varkappa=\frac{2015}{3195}=0{,}63 \longrightarrow \beta_1=3{,}65,\quad \beta_2=\frac{3{,}65}{\sqrt{2{,}04\cdot 0{,}63}}=3{,}22$$

$$D_{1Ki}=\frac{\pi^2}{3{,}65^2}\,\frac{2{,}1\cdot 10^4\cdot 605\cdot 10^3}{700^2}=\underline{19\,208\text{ kN}},\quad D_{2Ki}=\frac{2015}{3195}\,19\,208=\underline{12\,114\text{ kN}}.$$

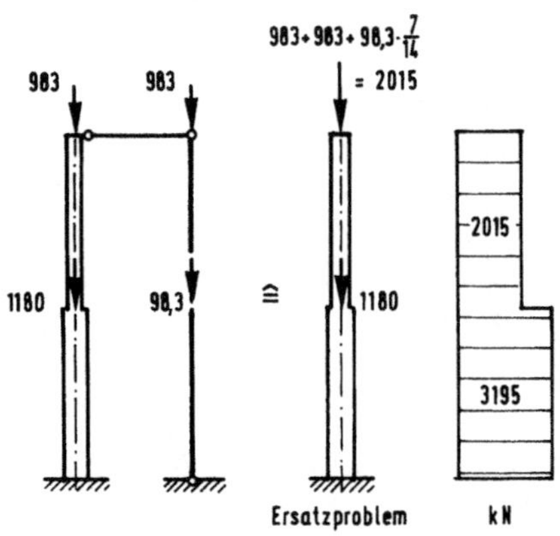

Bild 5.78

Verformungsfaktoren:

$$\alpha_1=\frac{1}{1-3195/19208}=1{,}200=\alpha_2$$

Hiermit werden die Momente, ausgehend von den Momenten nach Th.I.Ordn. (B.5.77a), abgeschätzt:

$$\begin{aligned}
M_{b,oben} &= 1{,}2\cdot 816 = 979\text{ kNm}\quad (989\text{ kNm})\\
M_a &= 1{,}2\cdot 2273 = 2728\text{ kNm}\quad (2609\text{ kNm})\\
f_c &= 1{,}2\cdot 0{,}121 = 0{,}145\text{ m}\quad (0{,}143\text{ m})\\
f_b &= 1{,}2\cdot 0{,}036 = 0{,}043\text{ m}\quad (0{,}043\text{m})
\end{aligned}$$

Die Klammerwerte geben die Lösung nach dem Gesamtschrittverfahren wieder, offensichtlich ist die Übereinstimmung sehr gut.
Bei Strukturen wie dem vorliegenden kann es ggf. angebracht sein, die drehelastische Nachgiebigkeit des Fundamentes zu berücksichtigen. Auch hierfür kann von T.5.21 ausgegangen werden.
Dem Spannungsnachweis in der Stabilisierungsstütze ist natürlich nur die reale Druckkraft zugrunde zu legen!

Die vorstehende Berechnungsform gilt allgemein: Die lotrechten Lasten auf Pendelstützen können bei Verzweigungsproblemen als zusätzliche Lasten auf den stabilisierenden Bauteilen gedeutet (und demnach auch so behandelt) werden.

5.14 Zweistöckige Stabilisierungsstütze mit angekoppelten Pendelstützen (System Nr. 32)

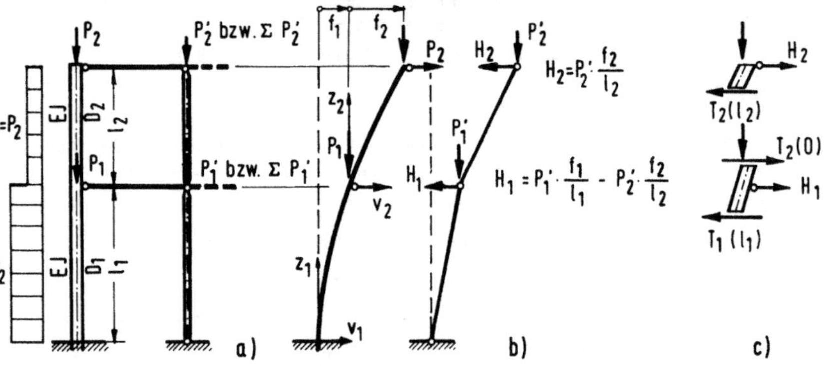

Bild 5.79

Für das in B.5.79a dargestellte System ist auf T.5.45/46 die Knickbedingung angeschrieben. Die β-Diagramme gelten unter der Voraussetzung EJ=konst für die Stabilisierungsstütze und für:

$$\frac{\Sigma P_1'}{P_1}=\frac{\Sigma P_2'}{P_2} \tag{5.99}$$

P_1 und P_2 sind die lotrechten Kräfte, die im ersten und zweiten Geschoß die Stabilisierungsstütze belasten und $\Sigma P_1'$ bzw. $\Sigma P_2'$ die entsprechenden Kräfte im angekoppelten Gelenkwerk,

Knicklängen System 32

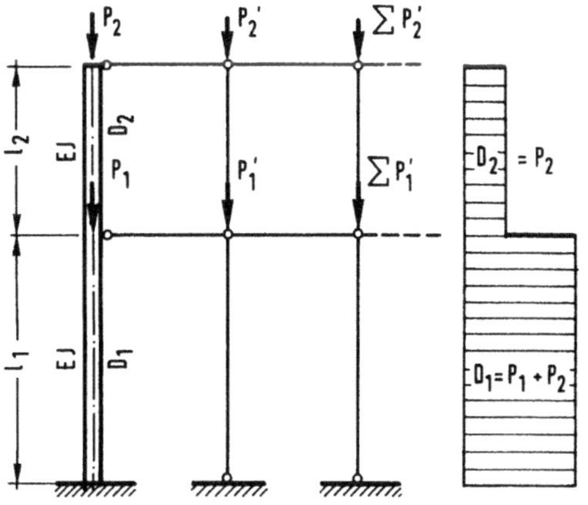

Parameter: $\varkappa = \frac{l_2}{l_1}$

$\delta = \frac{D_2}{D_1} = \frac{P_2}{P_1 + P_2}$

$\mu = \frac{\sum P_1'}{P_1} = \frac{\sum P_2'}{P_2}$

Knicklängen: $s_{K_1} = \beta_1 \cdot l_1$

$s_{K_2} = \beta_2 \cdot l_2$

β_1 aus den Diagrammen

$\beta_2 = \frac{\beta_1}{\varkappa \cdot \sqrt{\delta}}$

Knickbedingung:

$$(1-\delta)\{(1+\mu)\,\mu\delta\varkappa\varepsilon_1[2(1-\cos\varepsilon_1)-\varepsilon_1\sin\varepsilon_1]\cdot\sin\varepsilon_2 + \mu(\varepsilon_1\cos\varepsilon_1-\sin\varepsilon_1)[(1+\mu)\varepsilon_2\cdot\cos\varepsilon_2-\mu\cdot\sin\varepsilon_2]\} - (1+\mu)\cdot\delta\varkappa\varepsilon_1^2\cdot\sin\varepsilon_1\cdot\sin\varepsilon_2 + \varepsilon_1\cdot\cos\varepsilon_1\cdot[(1+\mu)\varepsilon_2\cdot\cos\varepsilon_2-\mu\cdot\sin\varepsilon_2] = 0; \quad \varepsilon_2 = \varepsilon_1\cdot\varkappa\sqrt{\delta}$$

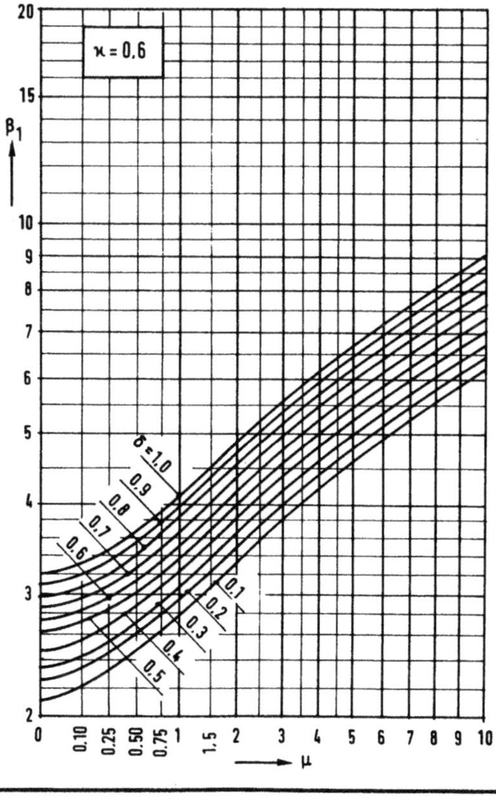

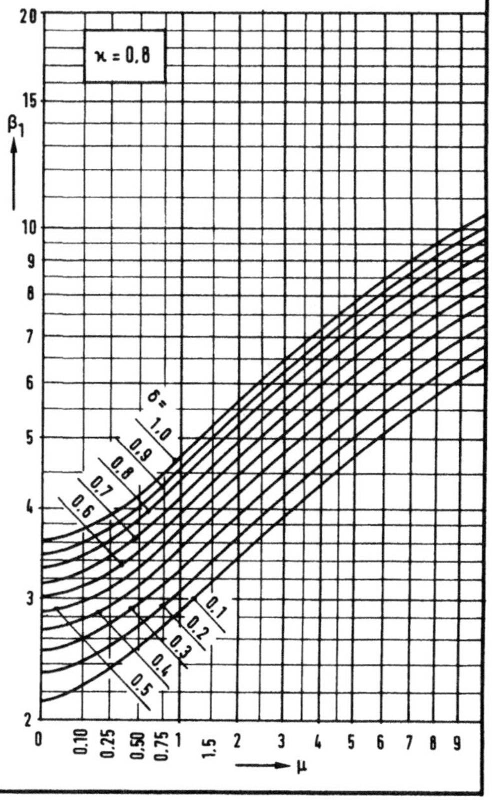

Tafel 5.46

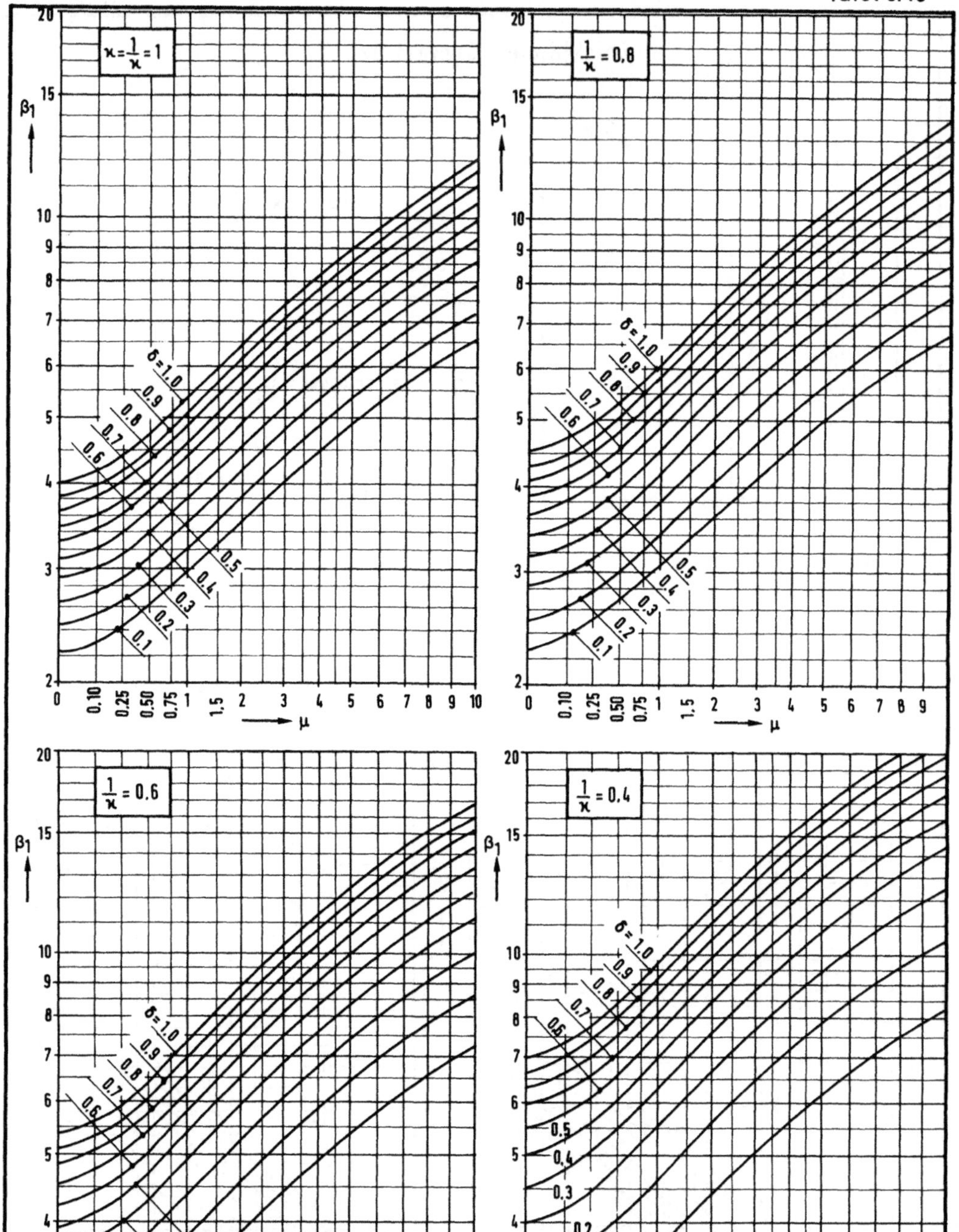

κ = 1/κ = 1
1/κ = 0,8
1/κ = 0,6
1/κ = 0,4
β1
μ
δ = 1,0
0,9
0,8
0,7
0,6
0,5
0,4
0,3
0,2
0,1
0
0,10
0,25
0,50
0,75
1
1,5
2
3
4
5
6
7
8
9
10
15
20

vgl. B.5.79a/b. Die β_1-Werte sind in Abhängigkeit von den Parametern

$$\varkappa = \frac{l_2}{l_1}; \quad \delta = \frac{D_2}{D_1}; \quad \mu = \frac{\Sigma P_1'}{P_1} = \frac{\Sigma P_2'}{P_2} \tag{5.100}$$

abzugreifen. Wenn die Bedingung G.5.99 nicht erfüllt ist, so ist der größere μ-Wert anzuwenden.

Die Herleitung der Knickbedingung führt auf ein 10-reihiges Gleichungssystem für die 2x4=8 Freiwerte des allgemeinen Lösungssystems und die beiden Verschiebungsgrößen f_1 und f_2 (B.5.79b). Die Übergangsbedingungen werden gemäß B.5.79c formuliert.

5.15 Mehrstöckige Stabilisierungsstütze mit angekoppelten Pendelstützen (System Nr. 33)

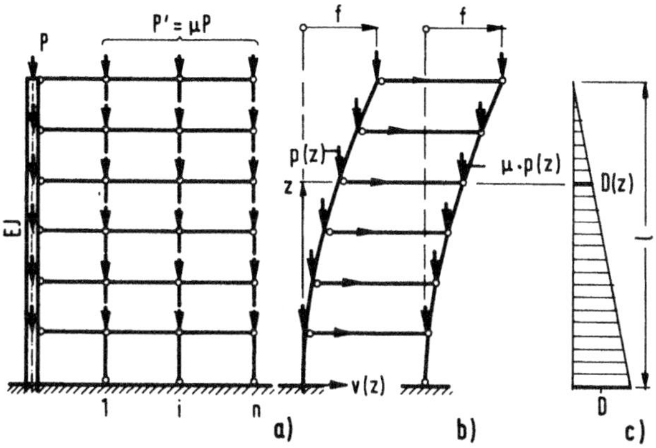

Bild 5.80

Bei mehrgeschossigen Bauwerken mit Stabilisierungskern können die Abtriebskräfte aus den angekoppelten Stützensträngen (in Form aufeinander stehender Pendelstützen) bei regelmäßiger Struktur als gleichförmig über die Höhe "verschmiert" angesetzt werden. Unter dieser Voraussetzung und der zweiten, daß die Druckkräfte im Versteifungskern und im angekoppelten Bauteil (annähernd) gleich verteilt sind, z.B. gleichförmig von oben nach unten zunehmen, kann das Stabilitätsproblem in geschlossener Form analytisch gelöst werden. Die über die Stabilisierungsstütze abgetragene g e s a m t e Auflast wird mit P und die über den angekoppelten (gehaltenen) Bauteil abgetragene Auflast mit P' abgekürzt. Der Quotient der Anteile wird mit μ abgekürzt (B.5.80a):

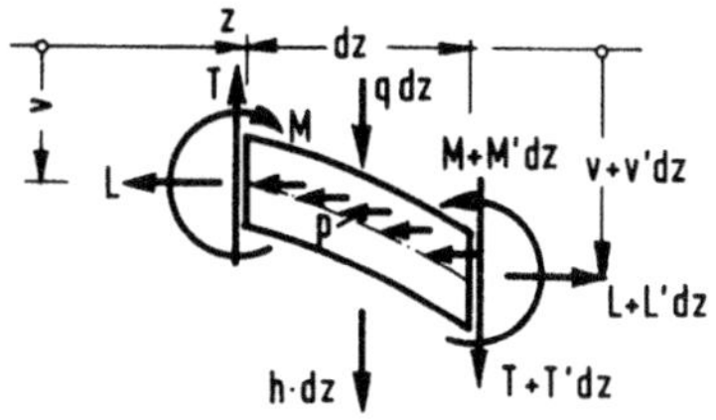

Bild 5.81

$$\mu = \frac{P'}{P} \tag{5.101}$$

Die vom angekoppelten Bauteil auf die Stabilisierungsstütze abgesetzte Abtriebskraft je Längeneinheit beträgt:

$$h(z) = -[v' \int_z^l \mu\, p(z)\, dz\,]' \tag{5.102}$$

$\mu \cdot p(z)$ ist die (verschmierte) lotrechte Belastung je Längeneinheit des angekoppelten Systems (B.80b):

$$\mu \cdot p(z) \approx \mu P/l \tag{5.103}$$

Das Integral hierüber von z bis l ergibt die lotrechte Auflast in der Höhe z. Der Inhalt der eckigen Klammer in G.5.102 ist hiervon die transversale Komponente, deren Änderung wirkt als Abtriebskraft je Längeneinheit auf den haltenden Teil. Hierbei wird unterstellt, daß die Durchbiegungen des Kernes und des angekoppelten Bauteiles identisch sind, vgl. B.5.78b, d.h., die Riegel werden als dehnstarr angenommen. (Vgl. wegen der Herleitung von G.5.102 auch Abschnitt 6.2.2.)

Aus der Stabilisierungsstütze wird ein Stabelement dz herausgetrennt, es ist in B.5.81 (um 90° verschwenkt) dargestellt. An diesem Element werden die drei Gleichgewichtsgleichungen $\Sigma L=0$, $\Sigma T=0$ und $\Sigma M=0$ formuliert:

$$\Sigma L=0: \quad L' = p(z)\,; \quad L = -\int_z^l p(z)\,dz \tag{5.104}$$

$$\Sigma T=0: \quad T' = -h(z) - q(z) = [\,v'\int_z^l \mu\, p(z)\,dz\,]' - q(z) \tag{5.105}$$

p(z) ist die lotrechte Belastung je Längeneinheit, die die Stabilisierungsstütze direkt belastet, (vgl. B.5.80b) und q(z) eine äußere quergerichtete Belastung (z.B. Wind).

$$\Sigma M=0: \quad M' = T' - Lv' = Q\,, \quad M'' = T' - (Lv')' \tag{5.106}$$

Die Verknüpfung mit dem Elastizitätsgesetz EJv"+M=0 liefert die Differentialgleichung des Problems:

$$(EJv'')'' + (1+\mu)[\int_z^l p(z)\,dz \cdot v']' = q(z) \tag{5.107}$$

(Wegen der einzelnen Schritte wird auf Abschnitt 1.2.2.2.1 rückverwiesen.)

Im Sonderfall p(z)=p=konst gilt:

$$L = -p(l-z) = -D; \quad [D(z): \text{Druckkraft}] \tag{5.108}$$

Für die Differentialgleichung ergibt sich:

$$(EJv'')'' + (1+\mu)\,p[(l-z)v']' = q(z) \tag{5.109}$$

bzw.:

$$(EJv'')'' + (1+\mu)p(l-z)v'' - (1+\mu)\,pv' = q(z) \tag{5.110}$$

Wird schließlich

$$EJ(z) = \text{konst}; \quad \zeta = \frac{z}{l} \tag{5.111}$$

eingeführt, lautet die Differentialgleichung für das (homogene) Verzweigungsproblem:

$$L[v] = v^{\bullet\bullet\bullet\bullet} + \gamma[(1-\zeta)v^{\bullet\bullet} - v^{\bullet}] = 0 \tag{5.112}$$

Der hochgestellte Punkt kennzeichnet die Ableitung nach ζ und γ steht für:

$$\gamma = (1+\mu)\frac{pl^3}{EJ} \tag{5.113}$$

Die Differentialgleichung G.5.112 ist eine gewöhnliche DG mit von z abhängigen Koeffizienten, sie wurde von BECK und KÖNIG hergeleitet [5.33] und ist mit der Knickdifferentialgleichung des Druckstabes mit linear veränderlicher Druckkraft identisch. Deren strenge Lösung ist bekannt und gelingt mittels BESSELscher Funktionen. Eine Näherungslösung ermöglicht das direkte Variationsverfahren von GALERKIN, vgl. Abschnitt 1.2.4.3 und T.1.1; Ansatz:

$$v = \sum_{i=1}^{n} a_i \eta_i \tag{5.114}$$

Als Koordinatenfunktionen eignen sich die Eigenschwingungsfunktionen des Kragträgers. Ausführlich lautet das Gleichungssystem für die Koeffizienten a_i, dessen Nennerdeterminante wird Null gesetzt:

$$\sum_{i=1}^{n} a_i\Big\{\int_0^1 \eta_i^{\bullet\bullet\bullet\bullet}\eta_k\,d\zeta + \gamma\int_0^1 [(1-\zeta)\eta_i^{\bullet\bullet} - \eta_i^{\bullet}]\eta_k\,d\zeta\Big\} = 0 \tag{5.115}$$

Lösung:

$$\gamma_{Ki} = 7{,}837 \longrightarrow p_{Ki} = \frac{\gamma_{Ki}}{(1+\mu)} \cdot \frac{EJ}{l^3} \longrightarrow D_{Ki} = p_{Ki}\, l \tag{5.116}$$

Ohne angekoppeltes Bauwerk ($\mu = 0$) ist:

$$p_{Ki} = 7{,}837 \cdot \frac{EJ}{l^3} \tag{5.117}$$

und

$$D_{Ki} = 7{,}837 \cdot \frac{EJ}{l^2} \tag{5.118}$$

woraus $\beta = 1{,}122$ folgt (vgl. Abschnitt 5.18 und T.5.55).

Ein Verzweigungsproblem liegt auch dann vor, wenn die Stabilisierungsstütze unbelastet und nur der angekoppelte Bauwerksteil belastet ist. Die Knicklast der Stabilisierungsstütze ergibt sich so, als ob die gesamte angekoppelte Last auf ihr (gleichverteilt) direkt einwirken würde!

Mit der Kenntnis von D_{Ki} können die Schnittgrößen nach Th.II.Ordn. im aussteifenden (stabilisierenden) Kern infolge q(z) gemäß

$$M^{II} = \alpha \cdot M^{I} = \frac{M^{I}}{1 - D/D_{Ki}} \tag{5.119}$$

abgeschätzt werden, hierin ist

$$D = \int_0^l p(z)\,dz = p\,l\,; \quad D_{Ki} = \frac{\gamma_{Ki}}{(1+\mu)} \cdot \frac{EJ}{l^2} \tag{5.120}$$

D(=P) ist die Druckkraft in OK Fundament; D zugeordnet ist D_{Ki}.

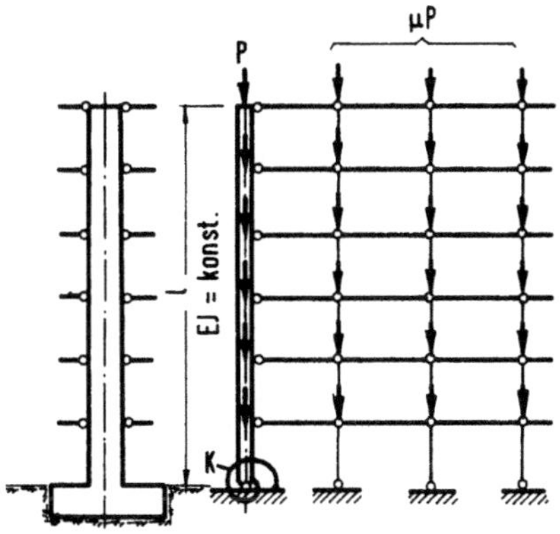

Bild 5.82

Bei Stabilisierungskernen hoher Steifigkeit wirkt sich eine bodenelastische Nachgiebigkeit relativ stark in einer Reduzierung der Knicklast D_{Ki} aus, entsprechend steigt der Verformungsfaktor α an. Bild 5.82 zeigt ein solches System, K ist die Drehfederkonstante, die nach den Verfahren der Bodenmechanik bestimmt wird, vgl. auch Abschnitt III.2.

In Abhängigkeit von

$$\frac{EJ}{Kl} \tag{5.121}$$

kann B.5.83 der reduzierte Knickwert γ_{Ki} entnommen werden. Damit wird p_{Ki} bzw. D_{Ki} nach G.5.116 bzw. G.5.120 berechnet. Ist EJ nicht konstant, so kann mit einem zur sicheren Seite gemittelten Wert gerechnet werden.

Die Stabilitätsuntersuchung von Tragwerken des hier behandelten Typs sollte zweckmäßig als Biegungsproblem Th.II.Ordn. durchgeführt werden. Die Abschätzung gemäß G.5.119 ergibt eine hohe Genauigkeit. - Will man dennoch den Stabilitätsnachweis unter Verwendung von Ersatzstablängen führen, ist wie folgt vorzugehen: Unter der Voraussetzung, daß die Geschoßhöhen (annähernd) konstant (gleich h) sind und die Geschoßzahl n ist, beträgt die mittlere örtliche Druckkraft im Geschoß i (von unten nach oben gezählt, vgl. B.5.84)

$$D_i = \frac{2n+1-2i}{2n}\, p\,l \tag{5.122}$$

und die örtliche Knickkraft:

$$D_{i\,Ki} = \frac{1}{1+\mu} \cdot \frac{2n+1-2i}{2n} \cdot \gamma_{Ki} \frac{EJ}{(nh)^2} \tag{5.123}$$

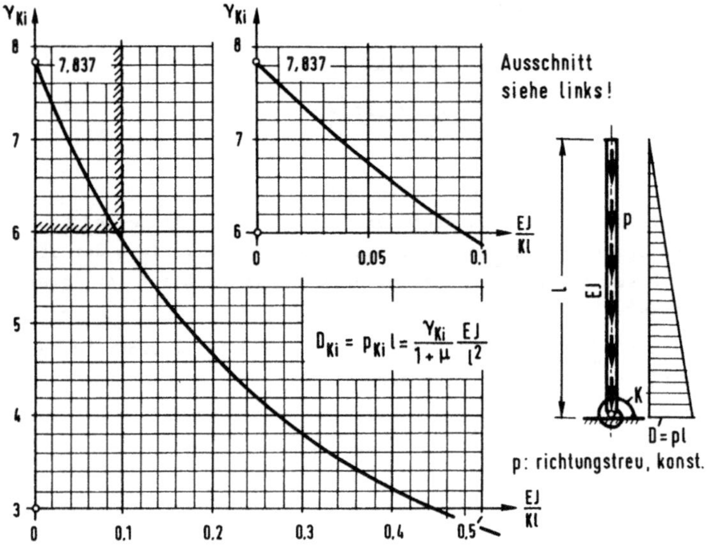

Bild 5.83

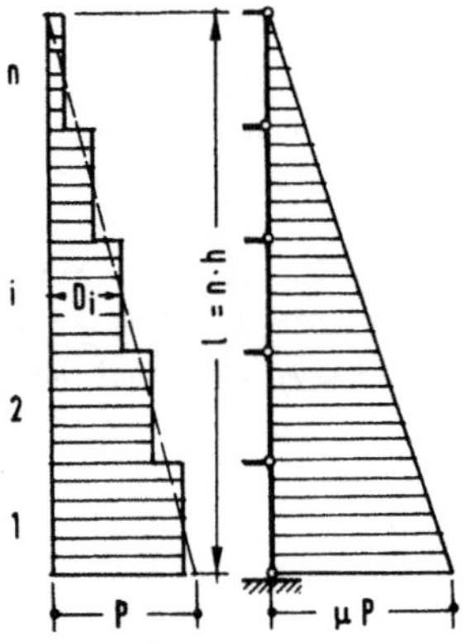

Bild 5.84

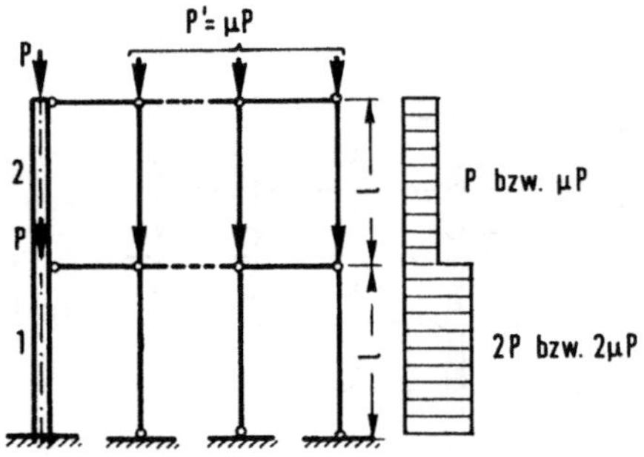

Bild 5.85

Die Gegenüberstellung mit der Knickkraft eines EULER-II-Ersatzstabes für den betrachteten Stababschnitt i der Stabilisierungsstütze ergibt:

$$\beta_i = \pi \sqrt{(1+\mu)\frac{2n^3}{2n+1-2i} \cdot \frac{1}{\gamma_{Ki}}} \;; \quad \gamma_{Ki} = 7{,}837 \tag{5.124}$$

Für große Geschoßzahlen n folgt für den Knicklängenfaktor des im ersten Geschoß liegenden Stabbereiches:

$$\beta_1 \approx \pi \sqrt{(1+\mu)\frac{n^2}{\gamma_{Ki}}} \approx 1{,}122 \cdot n \sqrt{(1+\mu)} \tag{5.125}$$

Für das in B.5.85 dargestellte, zweistöckige System folgt nach Abschnitt 5.14 z.B. für $\varkappa = 1$ und $\delta = 0{,}5$ aus T.5.45/46:

$\mu = 1$: $\beta_1 = 4{,}13$ (3,66)
$\mu = 3$: $\beta_1 = 5{,}68$ (5,18)
$\mu = 5$: $\beta_1 = 6{,}89$ (6,35)

Die Klammerwerte ergeben sich für i=1 aus Formel G.5.124, sie liegen demnach auf der unsicheren Seite, weil bei einer zweigeschossigen Stütze die der Formel zugrundeliegende Mittelung zu ungenau ist. Ab vierstöckiger Systeme ist Formel G.5.124 brauchbar. Es empfiehlt sich, bei zwei Geschossen in Formel G.5.124 den Wert $2n^3$ durch $2{,}4n^3$ und bei drei Geschossen durch $2{,}2n^3$ zu ersetzen.
Im Falle einer drehelastischen Einspannung ist der β-Wert für den Gesamtstab zu

$$\beta = \sqrt{1+\mu}\,\frac{\pi}{\sqrt{\gamma_{Ki}}} \qquad (5.126)$$

und für den stockwerksweisen Stababschnitt i nach G.5.124 zu bestimmen, wobei γ_{Ki} aus B.5.83 abzugreifen ist.
Auf die Näherungsformeln für γ_{Ki} und β nach [5.34] und [5.35] wird hingewiesen, vgl. auch [5.36] und Abschnitt 6.2 sowie das dort zitierte Schrifttum.

5.16 Stützen und Rahmen mit Richtungsänderung im Lastangriff (System Nr. 34 bis 39)

Das charakteristische Merkmal der in B.5.86 dargestellten Systeme (und aller folgenden) besteht darin, daß im Verzweigungsfalle eine Richtungsänderung im Lastangriffspunkt durch den aufgeständerten oder angehängten Pendelstab eintritt. Abhängig davon, ob sich eine abtreibende oder rücktreibende Komponente im Vergleich zu einer richtungstreuen Belastung einstellt, ergibt sich eine kleinere oder größere Knickkraft. Verzweigungsprobleme der hier anstehenden Art sind konservativ, man spricht auch von geführten Kräften (vgl. Abschnitt 1.2.7).

Für die in B.5.86 dargestellten Systeme sind die Knickbedingungen und β-Diagramme auf T.5.47 und 48 in Abhängigkeit von den Parametern

$$\varkappa = \frac{l_2}{l_1};\quad \alpha = \frac{a}{l_1} \qquad (5.127)$$

angegeben. Der Parameter α ist vorzeichenbehaftet: Im Falle eines aufgeständerten Pendelstabes ist $\alpha > 0$, im Falle eines angehängten ist $\alpha < 0$.

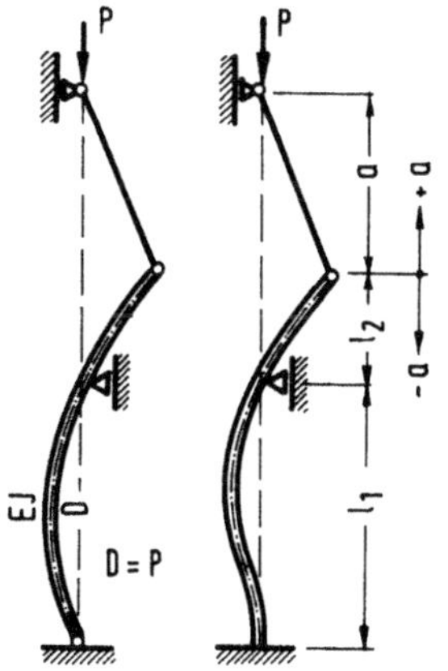

Bild 5.86

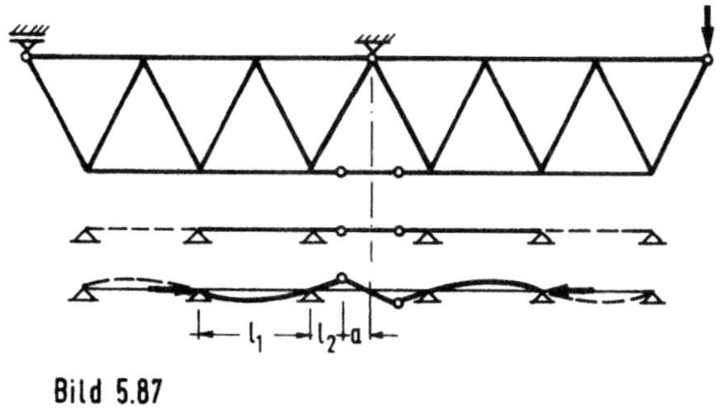

Bild 5.87

B.5.87 zeigt ein Anwendungsbeispiel. - Wie den Tafeln T.5.47/48 zu entnehmen ist, wirkt sich eine pendelnde Aufständerung in einer deutlichen Erhöhung des β-Wertes aus. Systeme dieses Typs erfordern eine besonders sorgfältige Stabilitätsuntersuchung.

Das in B.5.88 skizzierte System gehört zur selben Problemklasse. Die Druckkraft wird innerhalb des Stabes über einen Pendelstab eingeleitet, der obere Teil (2) ist längskraftfrei. Die Abtriebskomponente ist $P\cdot v_1(l)/a$. Auf T.5.49 sind Knickbedingung und β-Diagramm als Funktion der Parameter

Knicklängen System 34

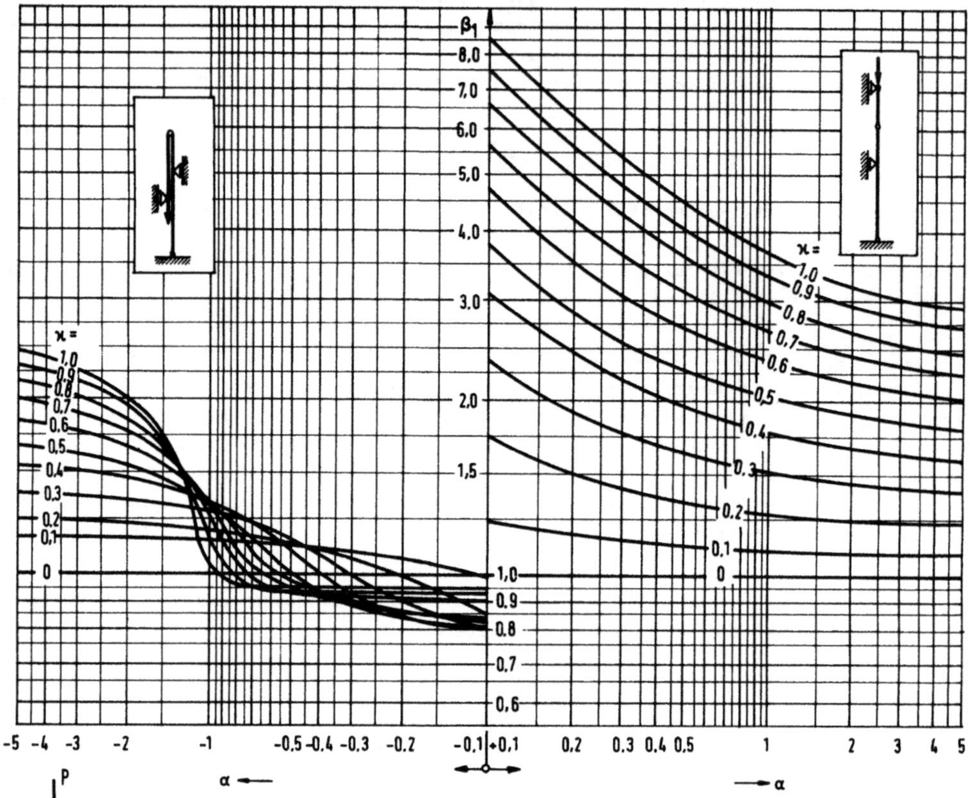

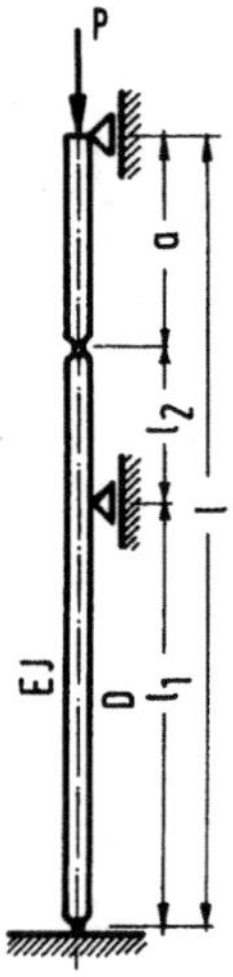

Knickbedingung:

$$(\varkappa+\alpha)\cdot\varepsilon_1(\sin\varepsilon_1\cdot\cos\varkappa\varepsilon_1\cdot\sin\varkappa\varepsilon_1)-(1+\varkappa+\alpha)\sin\varepsilon_1\cdot\sin\varkappa\varepsilon_1=0$$

Parameter: $\varkappa = \frac{l_2}{l_1}$, $\alpha = \frac{a}{l_1}$

Knicklängen: $s_{K_1} = \beta_1 l_1$, $s_{K_2} = \beta_2 l_2$, $s_{K_a} = \beta_a \cdot a$

β_1 folgt aus obigen Diagramm als Funktion von $\varkappa$ und α;

$\beta_2 = \frac{\beta_1}{\varkappa}$; $\beta_a = \frac{a}{\alpha}$

Knicklängen System 35

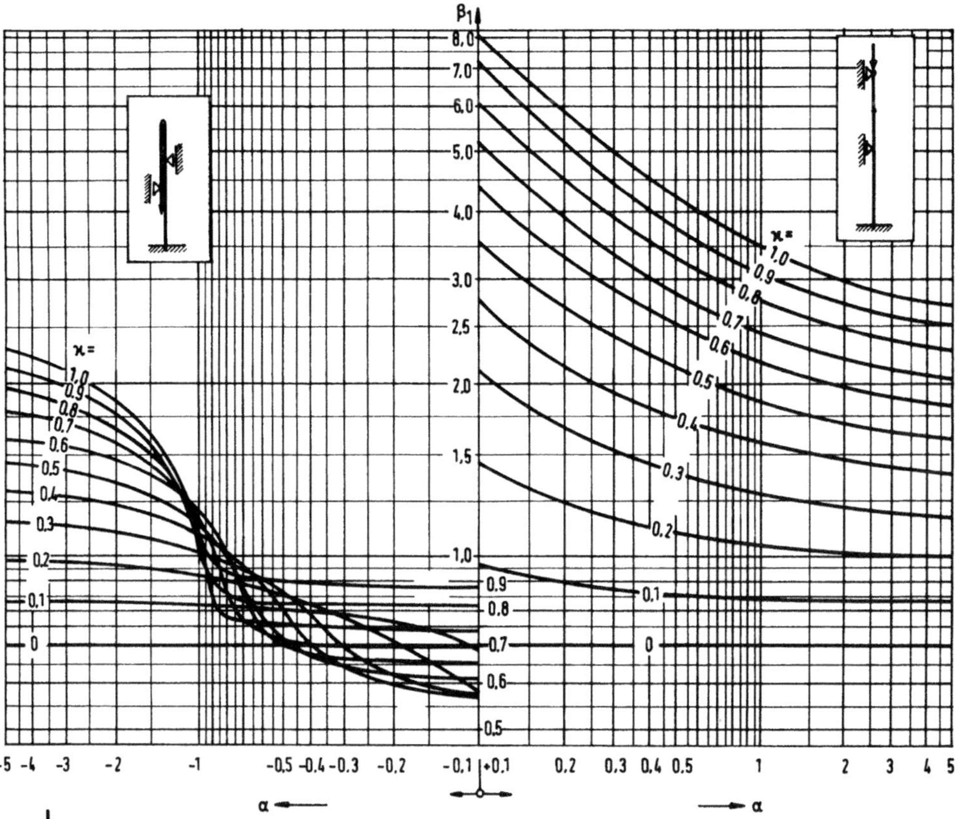

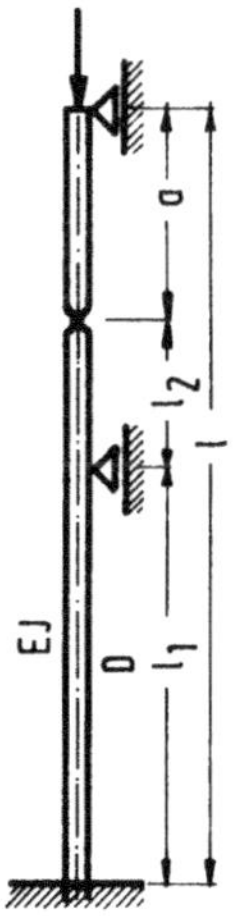

Knickbedingung: $\{\varepsilon_1 [2(1-\cos\varepsilon_1)-\varepsilon_1 \sin\varepsilon_1]\cdot(\varkappa+\alpha)+(\sin\varepsilon_1-\varepsilon_1\cos\varepsilon_1)\}\sin\varkappa\varepsilon_1 -$

$- \varepsilon_1(\sin\varepsilon_1-\varepsilon_1\cos\varepsilon_1)\cdot(\varkappa+\alpha)\cdot\cos\varkappa\varepsilon_1 = 0$

Parameter: $\varkappa = \dfrac{l_2}{l_1}$, $\alpha = \dfrac{a}{l_1}$

Knicklängen: $s_{K_1} = \beta_1 l_1$, $s_{K_2} = \beta_2 l_2$, $s_{K_a} = \beta_a l_a$

β_1 folgt aus obigem Diagramm als Funktion von $\varkappa$ und α;

$\beta_2 = \dfrac{\beta_1}{\varkappa}$, $\beta_a = \dfrac{a}{\alpha}$

Tafel 5.49

Knicklängen System 36

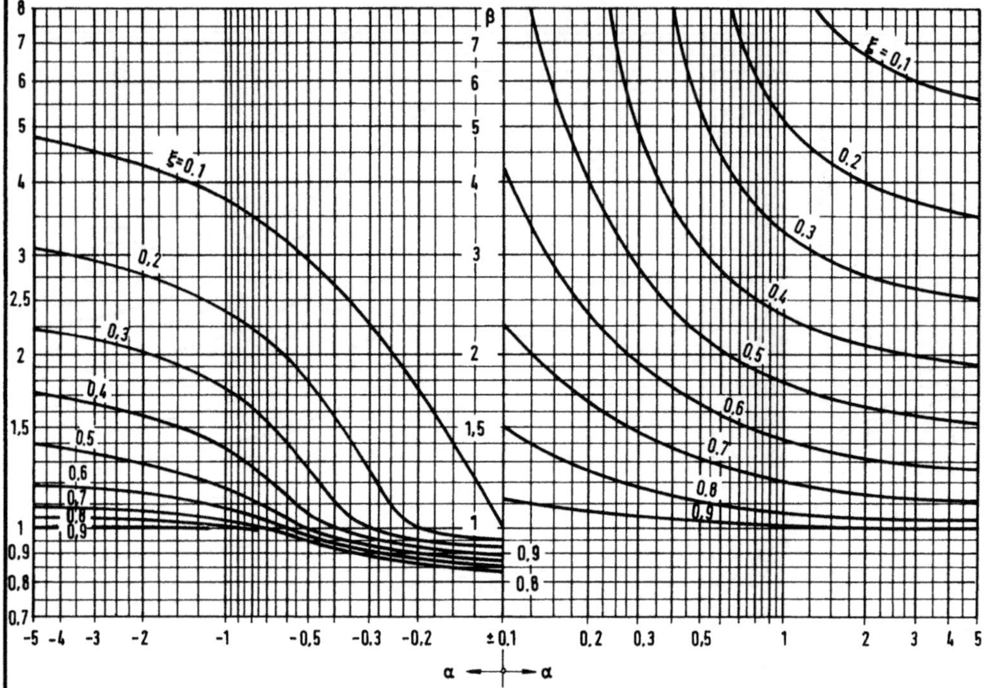

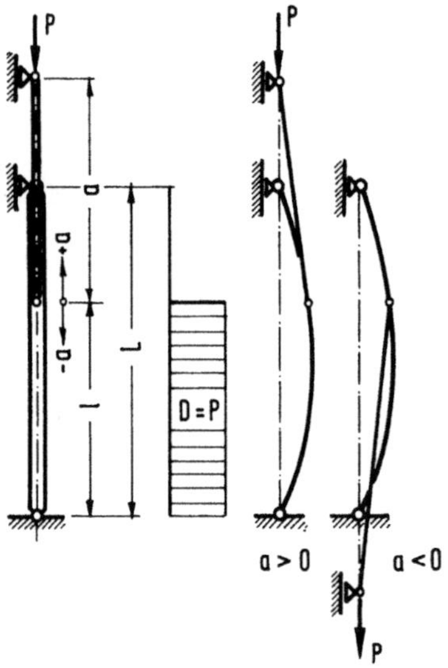

Knickbedingung:

$$(\alpha+\xi)\cdot[3\xi(1-\xi)^2\cdot\varepsilon\cos\varepsilon-(1-\xi)^3\cdot\varepsilon^2\sin\varepsilon]+$$
$$+3\xi\cdot[\alpha(2-\xi)\xi-(1-\xi)^2]\cdot\sin\varepsilon = 0$$

Parameter: $\xi = \frac{l}{L}$, $\alpha = \frac{a}{L}$

Knicklänge: $s_K = \beta\cdot l = \beta\xi L$

β folgt aus obigem Diagramm als Funktion von ξ und ±α

Knicklängen System 37

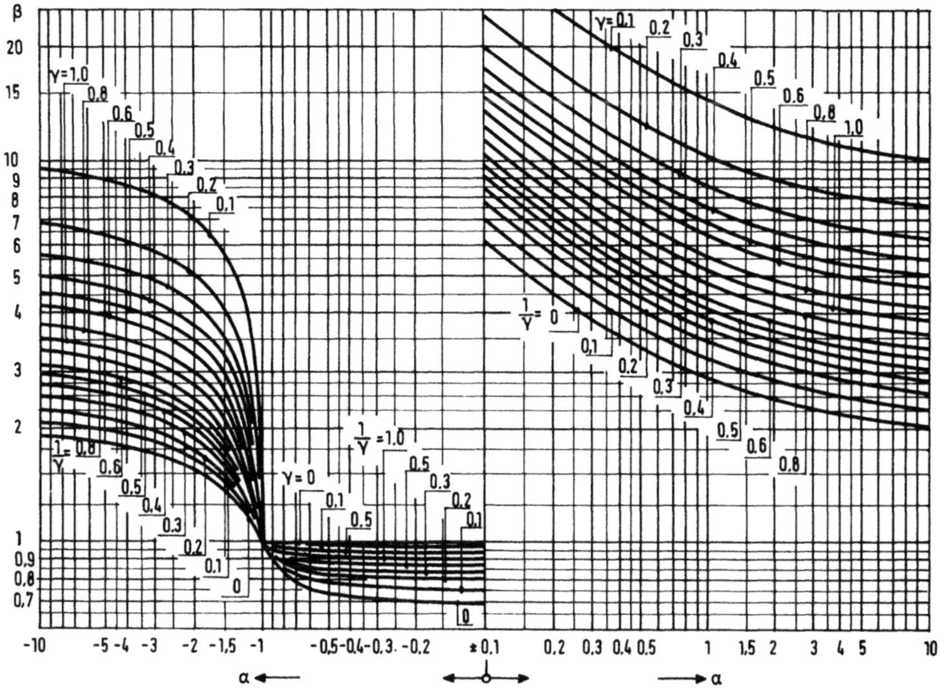

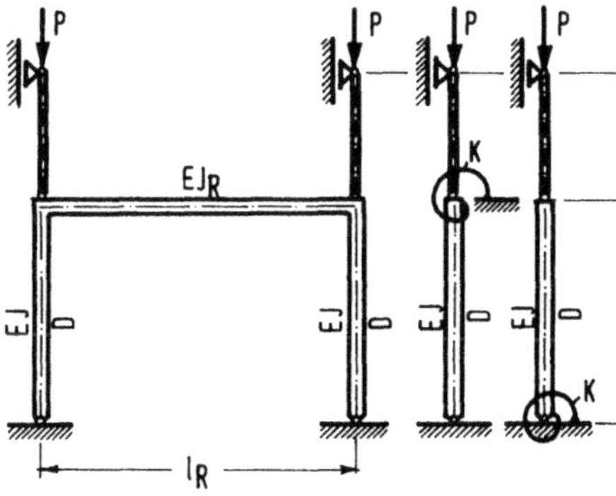

Knickgleichung: $\gamma\,[\sin\varepsilon - (1+\alpha)\cdot\varepsilon\cos\varepsilon] + (1+\alpha)\cdot\varepsilon^2\sin\varepsilon = 0$

Parameter: $\gamma = 6\,\frac{EJ_R}{EJ}\cdot\frac{l}{l_R} = \frac{Kl}{EJ}$

$\alpha = \frac{a}{l}$

Knicklänge: $s_K = \beta\cdot l$

Knicklast: $D_{Ki} = \frac{1}{\beta^2}\cdot\frac{\pi^2 EJ}{l^2}$

Knicklängen System 38

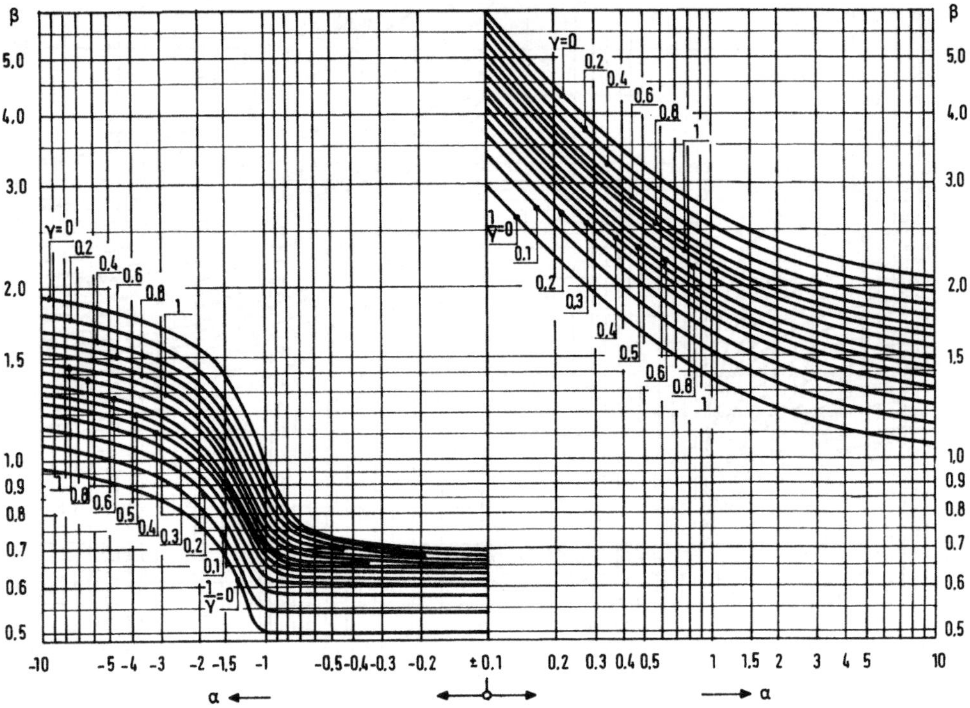

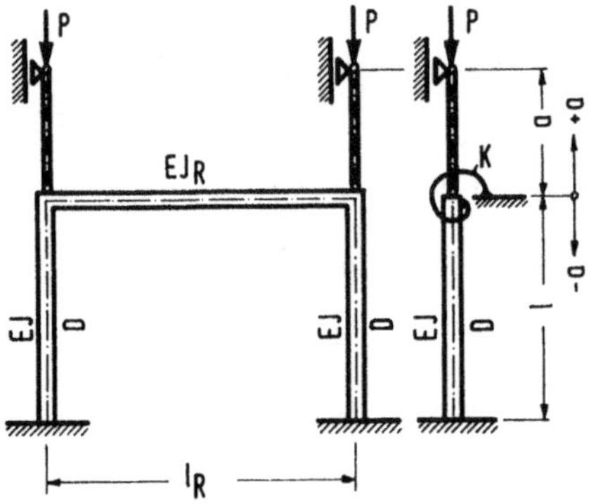

Knickgleichung: $\gamma\,[2(1-\cos\varepsilon) - (1+\alpha)\,\varepsilon\sin\varepsilon] + \varepsilon\sin\varepsilon - (1+\alpha)\,\varepsilon^2\cos\varepsilon = 0$

Parameter: $\gamma = 6 \cdot \frac{EJ_R}{EJ} \cdot \frac{l}{l_R} = \frac{Kl}{EJ}$

$\alpha = \frac{a}{l}$

Knicklänge: $s_K = \beta \cdot l$

Knicklast: $D_{Ki} = \frac{1}{\beta^2} \cdot \frac{\pi^2 EJ}{l^2}$

Knicklängen System 39

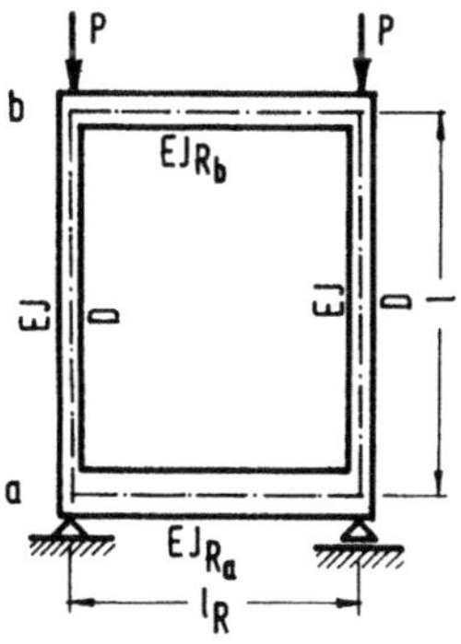

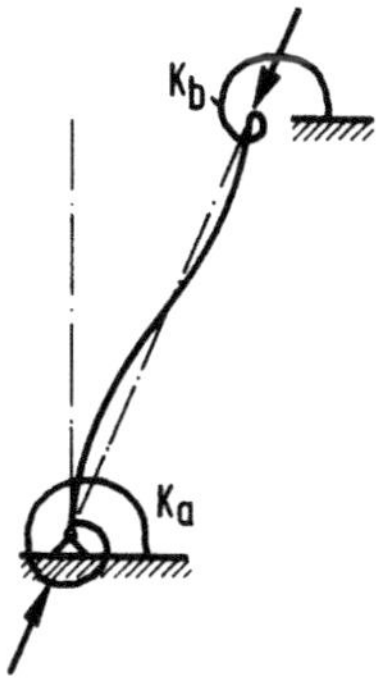

Knickbedingung:

$$(\gamma_a + \gamma_b)\,\varepsilon \sin\varepsilon + 2\,\gamma_a \cdot \gamma_b\,(1 - \cos\varepsilon) = 0$$

Parameter: $\gamma_a = \dfrac{K_a\, l}{EJ}$, $\gamma_b = \dfrac{K_b\, l}{EJ}$

Knicklänge: $s_K = \beta \cdot l$

Knicklast: $D_{Ki} = \dfrac{1}{\beta^2} \cdot \pi^2 \cdot \dfrac{EJ}{l^2}$

$K_a = \dfrac{6\,EJ_{R_a}}{l_R}$, $K_b = \dfrac{6\,EJ_{R_b}}{l_R}$

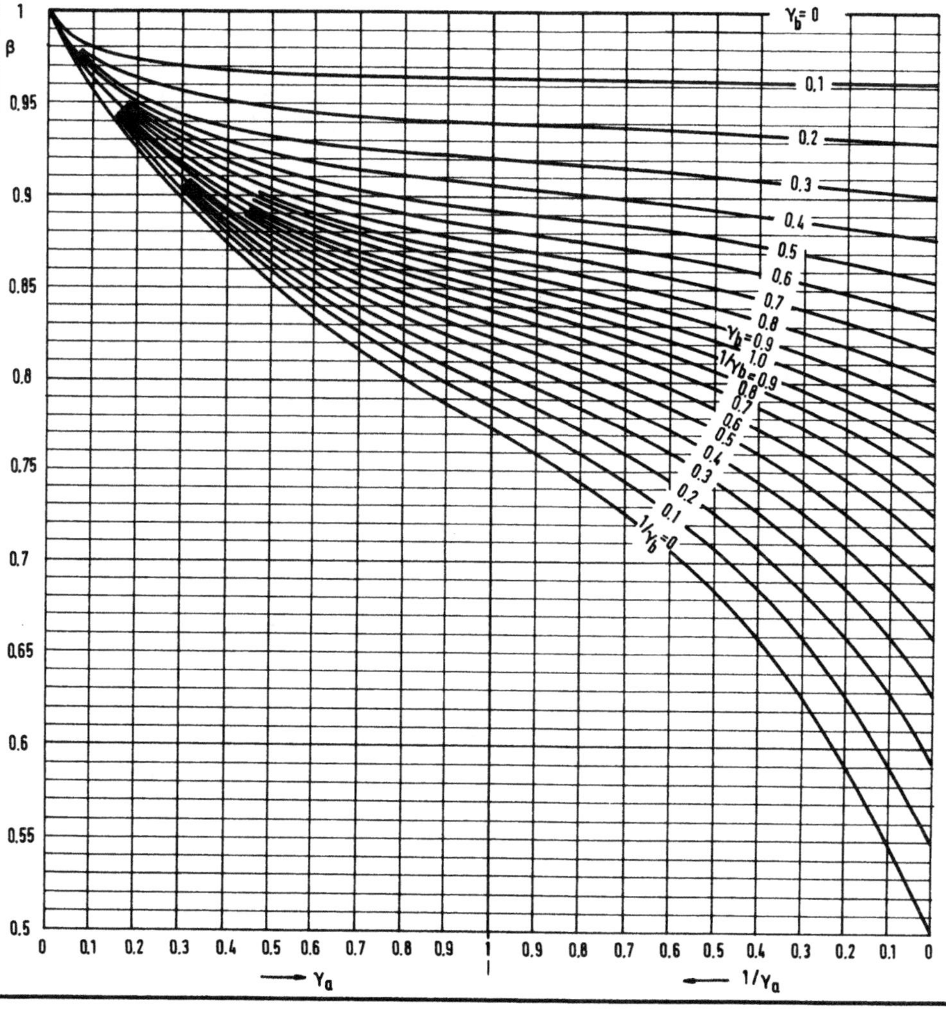

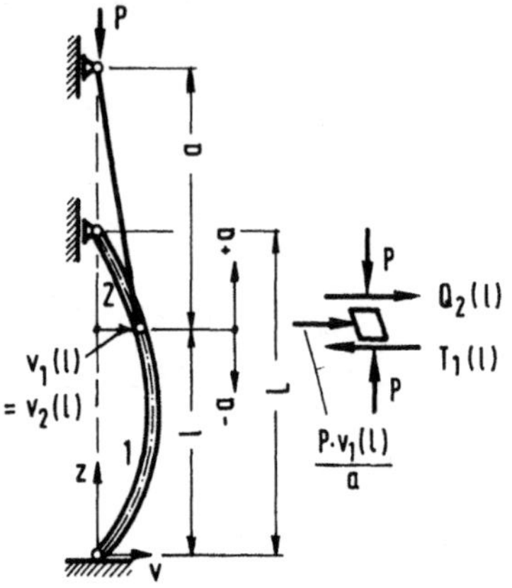

Bild 5.88

$$\xi = \frac{l}{L}; \quad \alpha = \frac{a}{L} \tag{5.128}$$

zusammengestellt. Der Knicklängenfaktor bezieht sich auf den druckbeanspruchten Stabteil 1 der Länge 1. Ein Anwendungsfall dieses Systemtyps zeigt B.5.89; es zeigt einen Portalrahmen. Solche Rahmen werden vielfach zur Aufnahme von Wind- und Bremskräften von Kranbahnen in Längsrichtung ein- oder mehrschiffiger Hallen angeordnet. Wird die innere Schrägstrebe über den Knoten A hinaus bis zum Riegel hochgeführt, liegt das in B.5.89 behandelte Problem vor. Knickt nämlich der Verband aus seiner Ebene seitlich aus, drehen sich die Stäbe 2 und 3 um die Riegelachse; deren Resultierende fällt in die Richtung des Stabes 1.

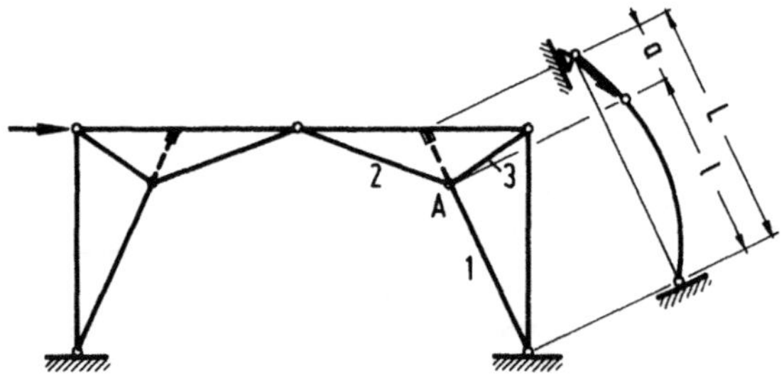

		β_l	β_L
$\alpha = \frac{a}{L}$	$\xi = \frac{l}{L}$	β	$\beta \cdot \xi$
0	1	1	1
0,1	0,9	1,112	1,00
0,2	0,8	1,260	1,01
0,3	0,7	1,466	1,03
0,4	0,6	1,758	1,06
0,5	0,5	2,182	1,09
0,6	0,4	2,828	1,13
0,7	0,3	3,906	1,17
0,8	0,2	6,050	1,21
0,9	0,1	12,500	1,25

Bild 5.89

Dieser Umstand wirkt sich auf die Knicklänge der Strebe aus. s_K ist in jedem Falle größer als 1, siehe B.5.89. Das Problem ist ein Sonderfall des in B.5.88 skizzierten mit a=L-1, d.h., $\alpha = 1 - \xi$. In der Tabelle des B.5.89 sind β und $\beta_L = \beta\xi$ in Abhängigkeit von $\alpha = l/L$ angeschrieben. Hiermit kann die Knicklänge zu

$$s_K = \beta \cdot l = \beta \xi L \tag{5.129}$$

bestimmt werden. Bei Bezug auf die Gesamtlänge L ergibt sich $\beta_L = \beta\xi \geq 1$. I.allg. ist $\xi \approx 0{,}6$; hierfür ist $\beta_L = 1{,}06$.

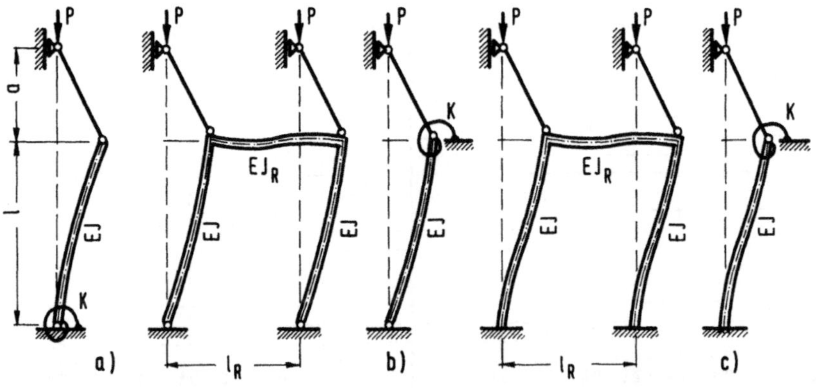

Bild 5.90

B.5.90 zeigt verschiedene elastisch gestützte Druckstiele und Rahmen mit Aufständerungen. Im Falle der Rahmen wird die Drehfederkonstante für eine antimetrische Riegelverformung bestimmt (Abschnitt III.1):

$$K = 6\frac{EJ_R}{l_R} \tag{5.130}$$

Hiermit wird der Parameter

$$\gamma = \frac{Kl}{EJ} = 6\frac{EJ_R}{EJ}\cdot\frac{l}{l_R} \tag{5.131}$$

bestimmt. Die in B.5.90 dargestellten Knickprobleme a und b sind gleichwertig, weil sie von derselben Knickbedingung beherrscht werden. Auf den Tafeln T.5.50 und 51 sind die Knickgleichungen und β-Diagramme angegeben. Der Bereich $|\alpha| = |a/l| \leq 0{,}1$ ist ausgespart. Geht $\alpha \to 0$ wird $\beta = \infty$, weil die Abtriebskraft unendlich groß wird. Im Falle $|\alpha| \to \infty$ liegt eine richtungstreue Belastung vor. Gegenüber diesem Fall ist β für $\alpha > 0$ größer und für $\alpha < 0$ kleiner. - Bei Zweigelenkrahmen stellt sich im Falle $-1 < \alpha < 0$ eine symmetrische Knickfigur ein, β liegt zwischen 0,699 (EULER-Fall III, $1/\gamma = 0$) und 1 (EULER-Fall II, $\gamma = 0$). Die Rücktriebskomponente im Falle $\alpha < 0$ stabilisiert das System entscheidend. Bei Rahmen mit eingespannten Stielfüßen gilt prinzipiell dasselbe, hier liegt β für den genannten α-Bereich zwischen 0,5 und 1.

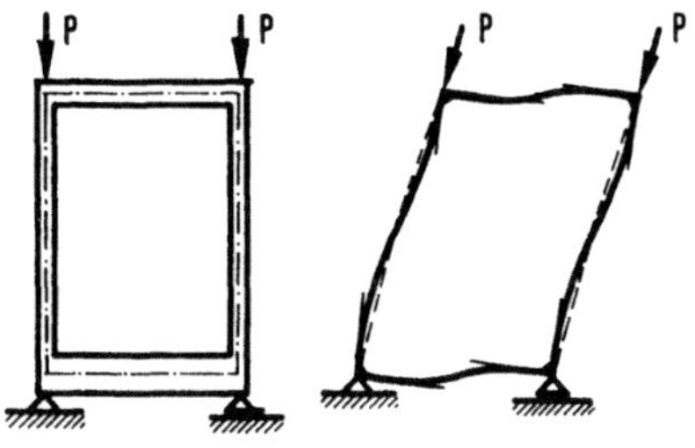

Bild 5.91

Für den in B.5.91 dargestellten geschlossenen Portalrahmen sind auf T.5.52 Knickbedingung und β-Diagramm zusammengestellt. Die Biegesteifigkeiten des oberen und unteren Riegels sind unterschiedlich. Die äußeren Knotenlasten wirken poltreu in Richtung auf die unteren Knoten, d.h., die Wirkungsgeraden der Stielkräfte fallen mit den Stabsehnen zusammen.

Werden im Falle der in B.5.90 bzw. B.5.91 skizzierten Rahmen die Stiele unterschiedlich beansprucht, vgl. B.5.92, läßt sich der β-Wert für den höher belasteten Stiel gemäß G.5.7/8 zu

$$\beta_1 = \sqrt{\frac{1}{2}(1+m)}\cdot\beta'; \quad m = \frac{P_2}{P_1} = \frac{D_2}{D_1} \tag{5.132}$$

abschätzen.

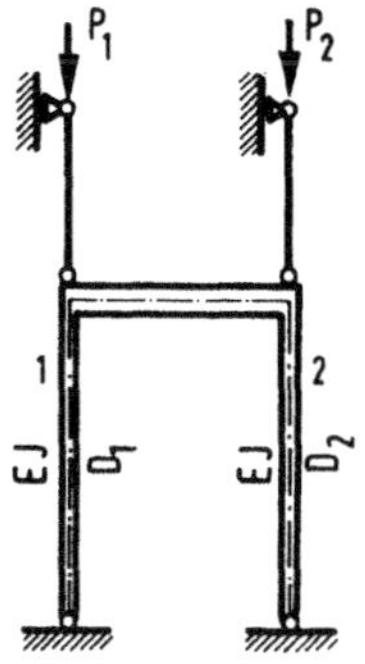

Bild 5.92

B.5.93 vermittelt Hinweise zu der hier behandelten Problemgruppe: Im Bildteil a ist eine Bogenbrücke mit aufgeständerter bzw. angehängter Fahrbahn skizziert. Im erstgenannten Fall wird der Verband zwischen den Bogenscheiben i.allg. bis zu den Kämpfern heruntergezogen, bei angehängter Fahrbahn ist das nicht möglich, weil das Lichtraumprofil für die Durchfahrt frei zu halten ist. Der Verband wird daher durch biegesteife Portalrahmen ersetzt, die die Stabilisierung der Bogenscheiben quer zur Brückenebene übernehmen. Unterstellt man starre Verbands- und Fahrbahnscheiben, weichen die Bogen beim seitlichen Ausknicken oberhalb der Rahmen parallel aus, die Hänger stellen sich schräg und wirken auf den Bogen rücktreibend. Im Vergleich zu einer richtungstreuen Belastung ist das Problem gutartig. Genauso verhält es sich mit den in B.5.93 c und d skizzierten Systemen.

Im Falle des Brückenbogen-Portalrahmens sind die Hängestangen variabel (B.5.93a). Man kann sich auf die sichere Seite legen und für a (bei Anwendung von T.5.50) die Länge der längsten Hängestange ansetzen, vertretbar ist auch ein Mittelwert. Wird beim Nachweis der Portalrahmen die wirkliche

Länge der (schräg liegenden) Stiele zugrundegelegt, ist a im Verhältnis der wirklichen Stiellänge zur vertikalen Projektion zu vergrößern; vgl. zu diesem Stabilitätsproblem [5.37 u. 5.38].

B.5.93c zeigt das Stabilitätsproblem frei auskragender Pylone bei Schrägseilbrücken. Auf folgende Umstände ist Bedacht zu nehmen:

c1) Eine poltreue Belastung liegt dann vor, wenn sich die Seilwand beim seitlichen Ausweichen als Ebene mit einer durch die unteren Aufhängepunkte geradlinig verlaufenden Scharnierachse einstellt. Tatsächlich wird der Brückenhauptträger durch die schrägen Seilzüge seitlich ausgebogen; dieser Einfluß ist indes sehr gering, dennoch wird man a etwas größer als die Pylonhöhe ansetzen.

c2) Durch den Seildurchhang infolge des Seil-Eigengewichts tritt in der oberen Pylonverankerung eine Richtungsänderung der Seilkraft im Vergleich zur Seilsehne ein. Durch diesen Effekt fällt a ebenfalls größer aus.

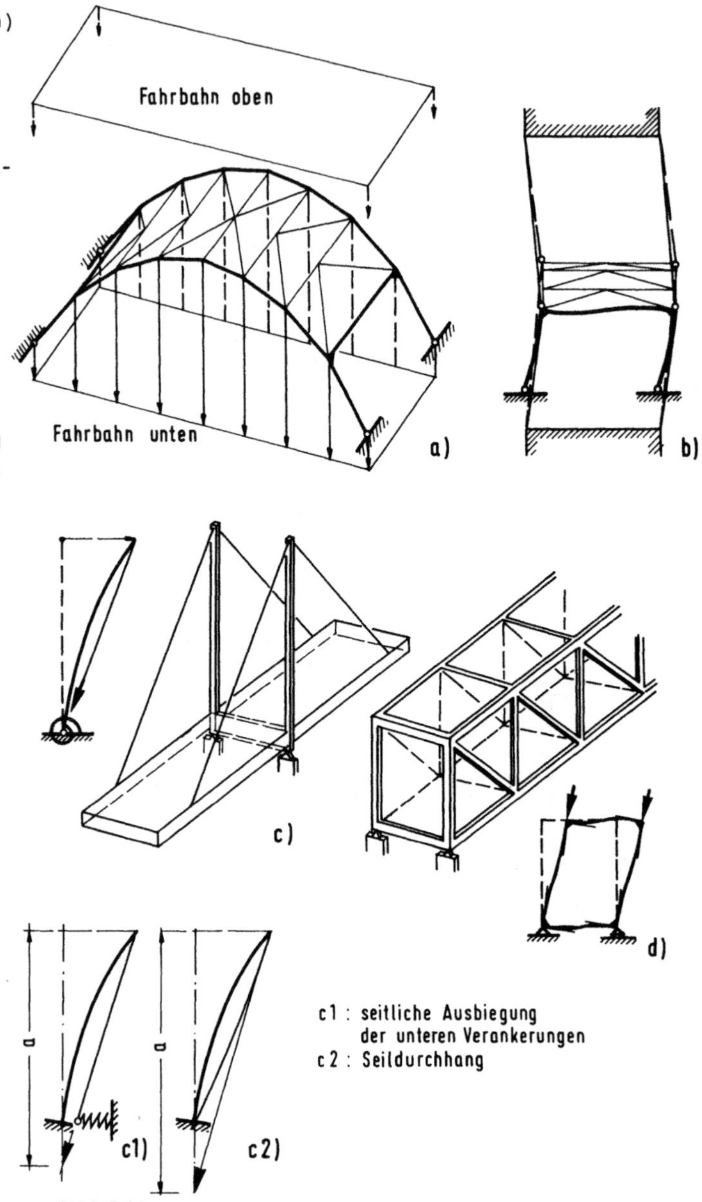

Bild 5.93

Brückenpylone sollten zweckmäßig unter Einschluß einer Imperfektionsschrägstellung nach Th.II.Ordn. für Wind quer zur Brücke nachgewiesen werden. Die Einflüsse c1 und c2 können dabei (iterativ) eingerechnet werden. Eine Abschätzung mittels G.5.2 ist möglich; vgl. auch Abschnitt 3.4.8.4.2 und z.B. [5.39].

Für den in B.5.93d dargestellten geschlossenen Rahmen gelten dieselben Anmerkungen wie zum Bogenbrücken-Portalrahmen, allerdings wird hier die Annahme einer poltreuen Belastung weitgehend voll erfüllt. - Ergänzend wird auf das Schrifttum in [5.40 u. 5.41] verwiesen.

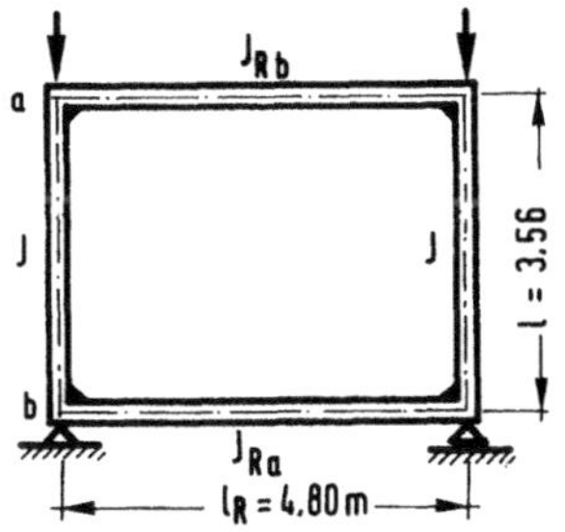

J_{Ra} = 2490 cm^4
J_{Rb} = 1510 cm^4
J = 2705 cm^4

Bild 5.94

Beispiel: Portalrahmen eines Fußgängersteges (B.5.94)
Die Steifigkeiten der Riegel sind unterschiedlich. Es wird gebildet (vgl. T.5.52):

$$\gamma_a = 6\,\frac{J_{Ra}}{J}\,\frac{l}{l_R} = 6\,\frac{2490\cdot 3{,}56}{2705\cdot 4{,}80} = 4{,}096; \quad 1/\gamma = 0{,}244$$

$$\gamma_b = 6\,\frac{J_{Rb}}{J}\,\frac{l}{l_R} = 6\,\frac{1510\cdot 3{,}56}{2705\cdot 4{,}80} = 2{,}484; \quad 1/\gamma = 0{,}403 \quad \longrightarrow \beta = 0{,}72$$

Im Falle einer richtungstreuen Belastung kann der β-Wert aus T.5.2 bzw. 5.5 (System Nr. 2) entnommen werden. Die γ-Zahlen gelten unverändert, man findet:

$$\beta = 1{,}57$$

Somit wirkt sich die Sehnentreue in einer Halbierung des β-Wertes aus! Da sich die Stielkräfte i.a. aus einem richtungstreuen Anteil (aus Eigengewicht und Wind quer zur Brücke : Rahmenwirkung) und einem sehnentreuen Anteil (aus den mitgehenden Fachwerkwänden) zusammensetzen, wird empfohlen, den resultierenden Knicklängenbeiwert aus

$$\beta = \sqrt{\beta_r^2\frac{P_r}{P} + \beta_s^2\frac{P_s}{P}} = \sqrt{1{,}57^2\frac{P_r}{P} + 0{,}72^2\frac{P_s}{P}}\;; \quad P = P_r + P_s \tag{5.133}$$

zu bestimmen. Indizierung: r = richtungstreu, s = sehnentreu. Diese Abschätzung folgt aus der DUNKERLEY-Formel für die Überlagerung zweier Eigenlösungen:

$$\frac{P_r}{P_{rKi}} + \frac{P_s}{P_{sKi}} = \frac{P}{P_{Ki}}\;; \quad P_{rKi} = \pi^2\frac{EJ}{\beta_r^2 l^2}\,, \quad P_{sKi} = \pi^2\frac{EJ}{\beta_s^2 l^2} \tag{5.134}$$

Mit der Kenntnis von β kann der Verformungsfaktor α gemäß G.5.2 bestimmt und hiermit das Spannungsproblem Th.II.Ordn. unter Bemessungslasten gelöst werden.

5.17 Stäbe mit sprunghaft veränderlicher Druckkraft (System Nr. 40 u. 41)

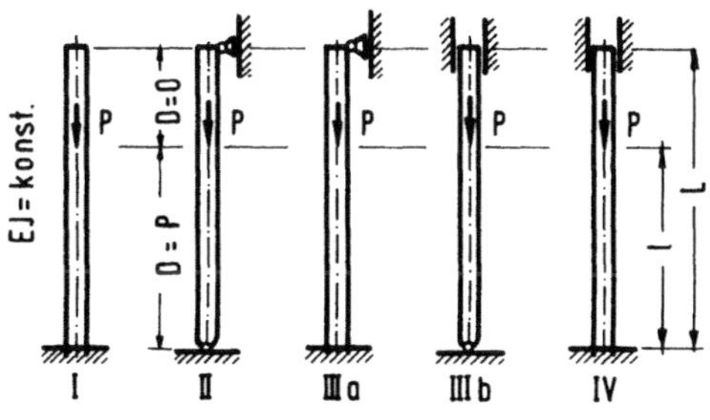

Bild 5.95a

B.5.95a zeigt die EULER-Fälle I bis IV mit innerhalb der Stäbe angreifenden lotrechten (richtungstreuen) Einzellasten P. Im unteren Stabbereich ist D=P=konst und im oberen Bereich D=0. Auf T.5.53 sind die Knickbedingungen angeschrieben und ausgewertet [5.42]. β bezieht sich auf den gedrückten Stabbereich der Länge l; $s_K = \beta l$. Parameter ist $\xi = l/L$. L ist die gesamte Stablänge. Bei Bezug hierauf gilt:

$$s_K = \beta\cdot\xi\cdot L = \beta_L\cdot L$$

β_L kann der Tabelle in B.5.95b entnommen werden.

Fall	β_L									
	ξ = 0.1	0.2	0.3	0.4	0.5	0.6	0.7	0.8	0.9	1
II	0.0516	0.1310	0.2120	0.2900	0.3630	0.4430	0.5430	0.6660	0.8160	1.0
III a	0.0176	0.0611	0.1175	0.1760	0.2280	0.2750	0.3370	0.4270	0.5450	0.700
III b	0.0432	0.1050	0.1680	0.2220	0.2820	0.3590	0.4470	0.5400	0.6250	0.700
IV	0.0168	0.0558	0.1020	0.1447	0.1820	0.2320	0.3010	0.3760	0.4450	0.50

Bild 5.95b

Tafel 5.53

Knicklängen Systemgruppe 40

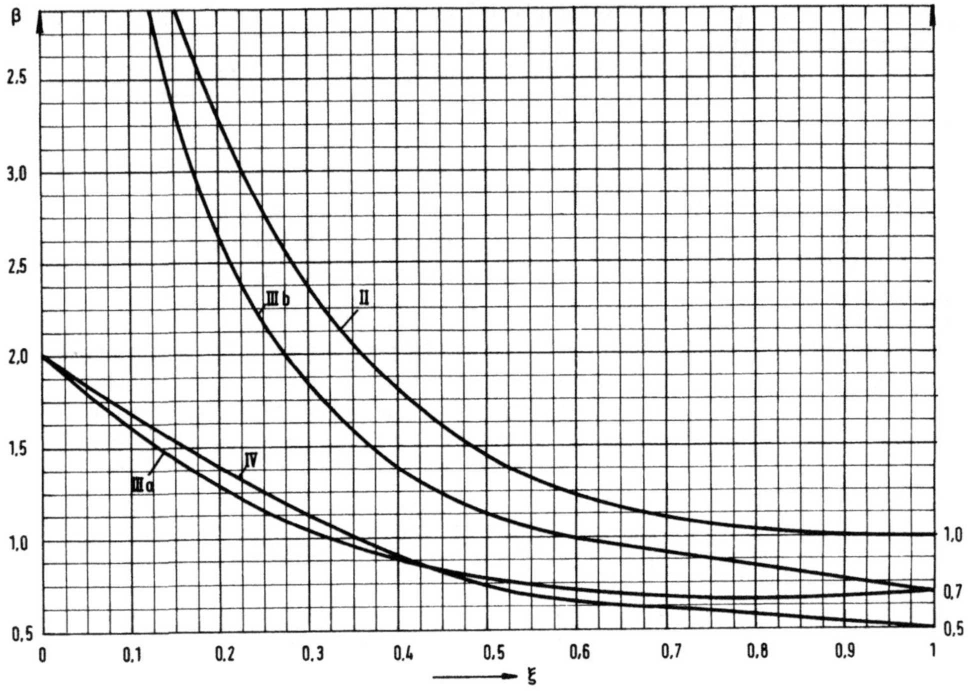

Systemgruppe 40 :

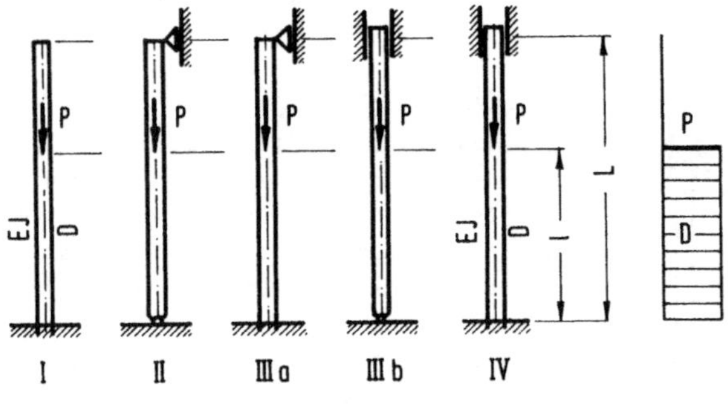

Parameter : $\xi = \frac{l}{L}$

Knicklänge : $s_K = \beta \cdot l = \beta \cdot \xi \cdot L$

Eulerfall I : $\beta = 2$,

Eulerfälle II bis IV : β : Diagramm

Knicklast : $D_{Ki} = \frac{1}{\beta^2} \cdot \pi^2 \cdot \frac{EJ}{l^2}$

Knickbedingungen :

II : $3(1-\xi)^2 \xi \varepsilon \cos\varepsilon + [6\xi^2 - 3\xi^3 - (1-\xi)^3 \varepsilon^2] \sin\varepsilon = 0$

IIIa : $[6\xi^2 - 3\xi^3 - (1-\xi)^3 \varepsilon] \varepsilon \cos\varepsilon - 3[\xi^3 + (1-\xi)^2 \xi \varepsilon^2] \sin\varepsilon - 6\xi^2 (1-\xi) \varepsilon = 0$

IIIb : $4[-3\xi^4 + \xi(1-\xi)^3 \varepsilon^2] \varepsilon \cos\varepsilon + [12\xi^4 + 12(1-\xi)\xi^2\varepsilon^2 - (1-\xi)^4 \varepsilon^4] \sin\varepsilon = 0$

IV : $[-24\xi^4 - 12(1-\xi)\xi^2\varepsilon^2 + (1-\xi)^4 \varepsilon^4] \cos\varepsilon + 4[3\xi^3 - 6\xi^4 + (1-\xi)^3 \xi \varepsilon^2] \varepsilon \sin\varepsilon +$
$+ 12[2\xi^4 + (1-\xi)^2 \xi^2 \varepsilon^2] = 0$

Knicklängen System 41

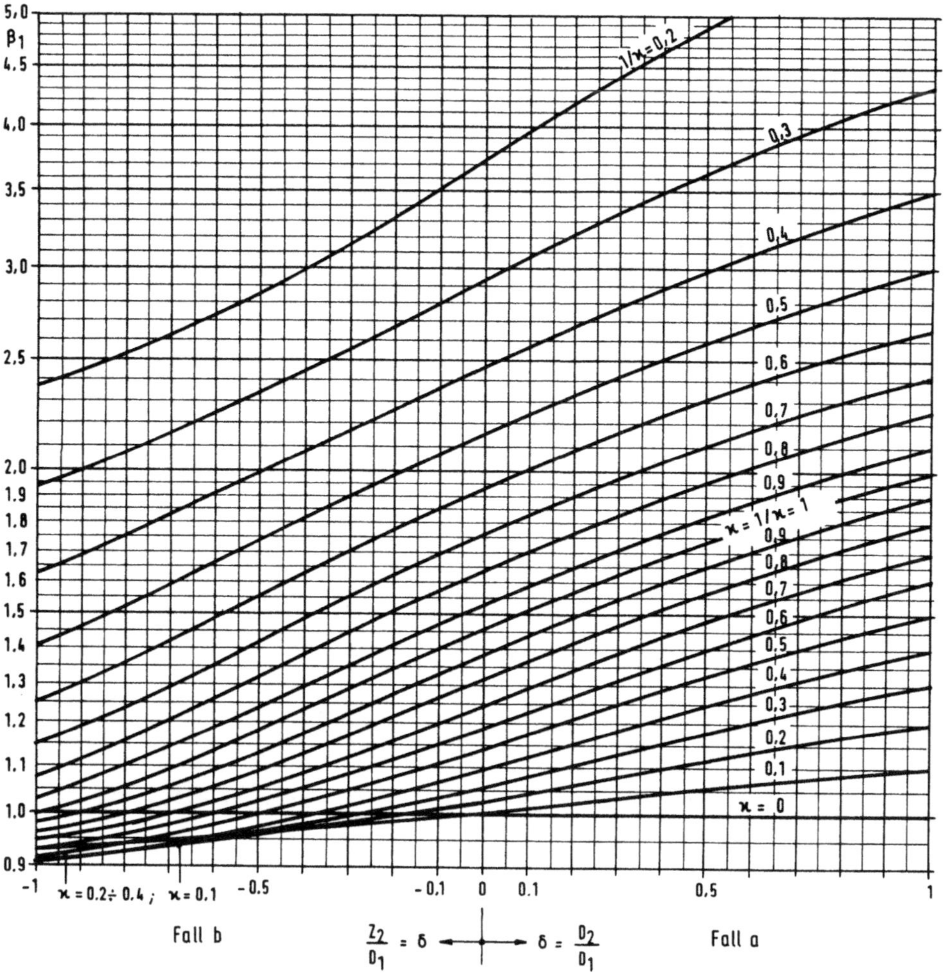

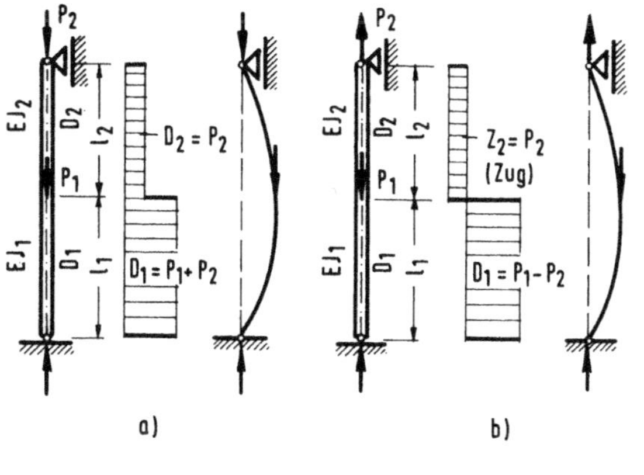

Parameter: $\varkappa = \frac{l_2}{l_1}$; $\delta = \frac{|D_2|}{D_1} = \frac{|Z_2|}{D_1}$

(Voraussetzung: $EJ_1 = EJ_2$)

Knicklängen: $s_{K1} = \beta_1 l_1$

$$s_{K2} = \frac{\beta_1}{\varkappa\sqrt{\delta}}$$

Knickbedingungen für Fall:

a: $(\delta + \varkappa)[\delta\varkappa\,\varepsilon_1 \cos\varepsilon_1 \sin\varepsilon_2 + \varepsilon_2 \cos\varepsilon_2 \sin\varepsilon_1] - \varkappa(1-\delta)^2 \sin\varepsilon_1 \sin\varepsilon_2 = 0$

b: $(\delta - \varkappa)[\delta\varkappa\,\varepsilon_1 \cos\varepsilon_1 \sinh\varepsilon_2 - \varepsilon_2 \cosh\varepsilon_2 \sin\varepsilon_1] - \varkappa(1+\delta)^2 \sin\varepsilon_1 \sinh\varepsilon_2 = 0$

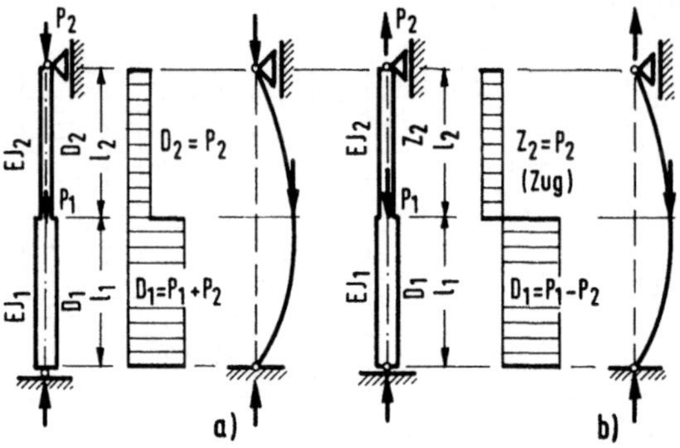

Bild 5.96

Baupraktische Bedeutung haben auch die in B.5.96 dargestellten Fälle: EULER-Stab II mit zwei Stabbereichen unterschiedlicher Steifigkeit und Längskraft. Es werden unterschieden:
Fall a: In beiden Stabbereichen herrscht Druck.
Fall b: Im Bereich 1 herrscht Druck und im Bereich 2 Zug.

Bei der Aufstellung der Knickgleichungen ist für den unter Zug stehenden Stabbereich die Grundlösung für Zugbiegung Th.II.Ordn. anzusetzen, vgl. T.3.1.
Die Knickgleichungen lauten:

$$\text{Fall a)}\quad (\delta+\varkappa)[\delta\varkappa\cdot\varepsilon_1\cos\varepsilon_1\sin\varepsilon_2+\varepsilon_2\cos\varepsilon_2\sin\varepsilon_1]-\varkappa(1-\delta)^2\sin\varepsilon_1\sin\varepsilon_2=0 \qquad (5.135)$$

$$\text{Fall b)}\quad (\delta-\varkappa)[\delta\varkappa\cdot\varepsilon_1\cos\varepsilon_1\sinh\varepsilon_2-\varepsilon_2\cosh\varepsilon_2\sin\varepsilon_1]-\varkappa(1+\delta)^2\sin\varepsilon_1\sinh\varepsilon_2=0 \qquad (5.136)$$

Parameter und Stabkennzahlen:

$$\varkappa=\frac{l_2}{l_1},\quad \delta=\frac{D_2}{D_1}=\frac{P_2}{P_1+P_2};\quad \varepsilon_1=l_1\sqrt{\frac{D_1}{EJ_1}}\quad (\text{Fall a und b}) \qquad (5.137)$$

$$\varepsilon_2=l_2\sqrt{\frac{D_2}{EJ_2}}\quad (\text{Fall a}),\quad \varepsilon_2=l_2\sqrt{\frac{Z_2}{EJ_2}}\quad (\text{Fall b}) \qquad (5.138)$$

T.5.54 enthält die Auswertung für den Sonderfall $EJ_1=EJ_2=EJ$.

5.18 Stäbe mit kontinuierlich veränderlicher Druckkraft (System Nr. 42 u. 43)

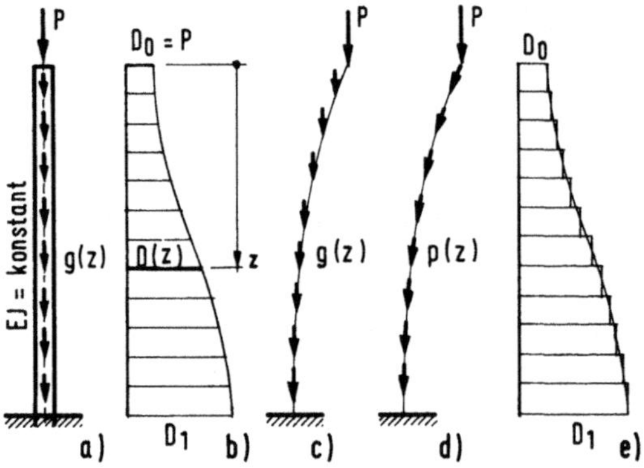

Bild 5.97

B.5.97 a/b zeigt das allgemeine Problem eines Knickstabes mit veränderlicher Druckkraft. g(z) ist eine entlang der Stabachse beliebig verteilte Längsbelastung, die bei der Ausbiegung des Stabes die Richtung beibehält, (B.5.97c). Davon zu unterscheiden sind nichtrichtungstreue, mitgehende Kräfte p(z), wie in B.5.97d dargestellt.
Die Druckkraft beträgt:

$$D(z)=P+\int_0^z g(z)\,dz \qquad (5.139)$$

Im Falle g(z)=g=konst ist die Druckkraft linear-veränderlich:

$$D(z)=P+gz \qquad (5.140)$$

Für EJ=konst wird das Knickproblem von der Differentialgleichung

$$EJv''''+D(z)v''+g(z)v'=0 \qquad (5.141)$$

beherrscht (vgl. Abschnitt 1.2.2.2). Eine strenge Lösung dieser Differentialgleichung gelingt mittels BESSELscher Funktionen [5.43 u. 5.44], eine näherungsweise Lösung gelingt

dadurch, daß die veränderliche Druckkraft durch eine intervallweise konstante (in Form einer Treppenfunktion) ersetzt wird, vgl. B.5.97e. Je enger die Intervallierung, umso genauer ist das Ergebnis. In der approximierten Form kann das Problem z.B. nach dem Verfahren der Übertragungsmatrizen gelöst werden. Eine veränderliche Biegesteifigkeit kann auf die gleiche Weise erfaßt werden.
Weitere Näherungslösungen lassen sich mittels des Differenzenverfahrens oder mit Hilfe der direkten Variationsverfahren gewinnen, letzteres insbesondere dann, wenn die äußere Belastung tangententreu verteilt ist, vgl. Abschnitt 1.2.8

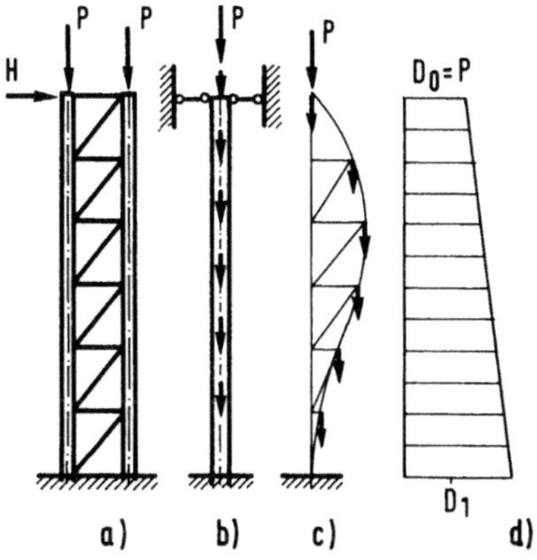

Bild 5.98

Der Fall g=konst liegt z.B. bei schlanken, lotrechten Druckstäben vor, die unter dem Einfluß ihres Eigengewichtes ausknicken (z.B. Bohrgestänge), aber auch bei den Gurten von vollwandigen oder ausgefachten Trägern, wenn das Knicken der Gurte aus der Trägerebene (als isoliertes Problem) nachgewiesen werden soll. B.5.98 a/b zeigt ein Beispiel; dargestellt ist eine Kragstütze, die durch eine Horizontallast H auf Biegung beansprucht wird. Im Druckgurt baut sich eine linear veränderliche Druckkraft aus den vom Verband abgetragenen Schubkräften auf. Streng genommen ist der Verlauf bei einem ausgefachten Steg abgetreppt, eine (verschmierte) Mittelung ist durchaus vertretbar. Bei einem vollwandigen Steg ist der Verlauf stetig. Unterstellt man, wie in B.5.98c skizziert, daß der Zuggurt beim Ausknicken keine Auslenkung erfährt, drehen sich die Verbandsdreiecke um die Zuggurtachse (im Sinne einer Scharnierachse) und geben die Schubkräfte auf den Druckgurt richtungstreu ab. Im anderen Grenzfall, in dem man unterstellt, daß der Zuggurt dieselbe Ausbiegung wie der Druckgurt quer zur primären Biegeebene der Stütze erleidet, liegt eine tangententreue Belastung vor. Die Realität liegt zwischen diesen beiden Grenzfällen. Man liegt grundsätzlich auf der sicheren Seite, wenn eine richtungstreue Lasteintragung angenommen wird.

Auf Tafel T.5.55 sind die Verzweigungslasten (und β-Werte) für fünf unterschiedliche Lastarten und fünf Lagerungsfälle (EULER-Fälle I, II, IIIa, IIIb und IV), jeweils für richtungs- und tangententreue Belastung zusammengestellt. Sie wurden nach dem GALERKINschen Verfahren mit dreigliedrigen Koordinatenfunktionen berechnet, vgl. Abschnitt 1.2.4.3 und 1.2.8.3.

T.5.56 enthält das β-Diagramm für eine richtungstreue Belastung g=konst einschließlich einer Einzellast am Stützenkopf und zwar für die EULER-Fälle I bis IV. Am Stützenkopf beträgt die Druckkraft D_0=P und am Stützenfuß $D_1=D_0+gl$. In Abhängigkeit vom Parameter

$$\delta = \frac{D_0}{D_1} \qquad (5.142)$$

ist β abzugreifen. β bezieht sich auf die (größte) Druckkraft am Stützenfuß. Die Knicklast beträgt:

$$D_{1Ki} = \frac{1}{\beta^2}\frac{\pi^2 EJ}{l^2} \qquad (5.143)$$

Auch in T.5.55 bezieht sich γ_{Ki} auf die maximale Intensität der verteilten Last und β auf die maximale Druckkraft im Stab. Der Verformungsfaktor ist demnach zu

$$\alpha = \frac{1}{1 - \frac{D}{D_{1Ki}}} \qquad (5.144)$$

zu berechnen.
Ergänzend wird auf [5.45 - 5.48] und DIN 4114A hingewiesen.

Stäbe mit veränderlicher Druckkraft (Systemgruppe 42)

Knickwerte γ_{Ki} und Knicklängenbeiwerte β für richtungstreue und tangententreue Kräfte.

Knicklast: $g_{Ki} = \gamma_{Ki} \cdot \frac{EJ}{l^3}$; Knicklänge: $s_K = \beta \cdot l$; γ_{Ki} und β aus der Tafel; $D_{1Ki} = \frac{1}{\beta^2} \cdot \frac{\pi^2 EJ}{l^2}$

Verteilung der Belastung g(z) / Verteilung der Druckkraft D(z)

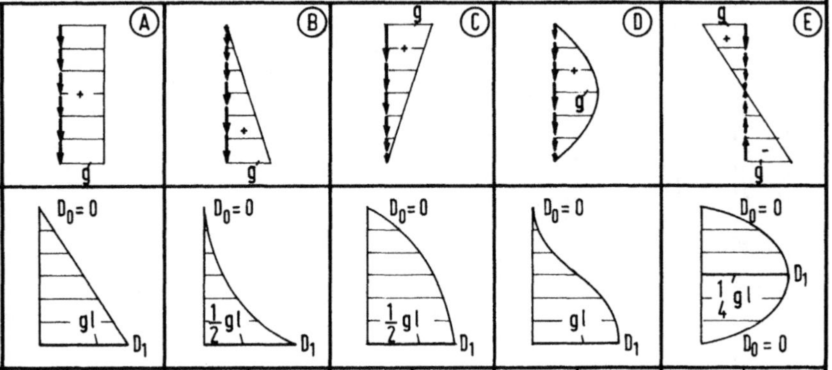

r = richtungstreue, t = tangententreue Kräfte		A r	A t	B r	B t	C r	C t	D r	D t	E r	E t
I 	γ_{Ki}	7,84	40,97	32,16	152,71	10,26	55,90	13,04	61,03	14,62	87,70
	β	1,12	0,496	0,785	0,363	1,388	0,600	1,067	0,500	1,645	0,680
II 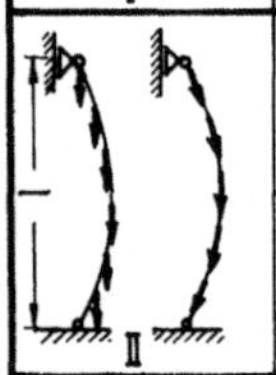	γ_{Ki}	18,57	18,96	46,20	61,90	30,70	26,97	27,50	27,60	81,72	45,24
	β	0,730	0,722	0,655	0,565	0,803	0,857	0,734	0,733	0,695	0,935
IIIa 	γ_{Ki}	30,00	30,58	73,60	88,56	50,10	46,26	44,00	42,17	142,20	91,06
	β	0,574	0,570	0,518	0,472	0,628	0,654	0,581	0,594	0,528	0,660
IIIb 	γ_{Ki}	52,50	57,40	158,00	316,60	77,60	69,70	78,40	101,77	142,20	91,06
	β	0,434	0,415	0,354	0,250	0,504	0,533	0,435	0,382	0,528	0,660
IV 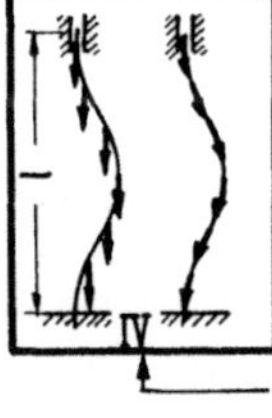	γ_{Ki}	74,63	81,30	215,40	378,44	112,50	105,82	108,90	122,95	216,33	156,20
	β	0,364	0,348	0,303	0,229	0,419	0,432	0,369	0,348	0,428	0,563

Darstellung der Kräfte beispielhaft für Lastfall Ⓐ

Knicklängen Systemgruppe 43

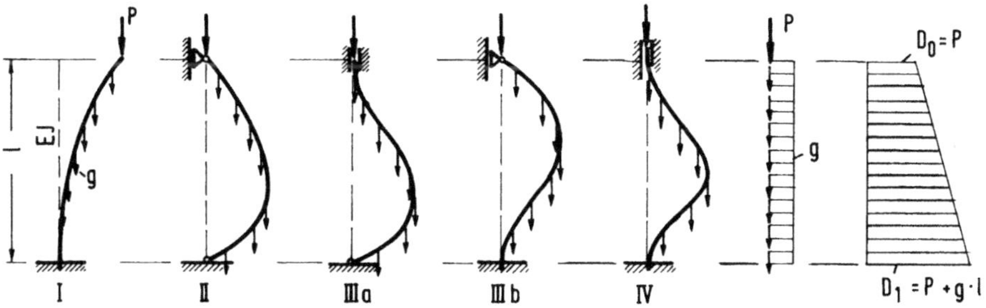

Lagerungsarten: Eulerfälle I bis IV ;

Knicklänge: $s_K = \beta \cdot l$, β : Diagramm ;

Knicklast: $D_{1Ki} = \frac{1}{\beta^2} \cdot \pi^2 \cdot \frac{EJ}{l^2}$

Lineare Verteilung der veränderlichen Druckkraft über die Stabhöhe.
(Lastfall Ⓐ gemäß Tafel 5.55)

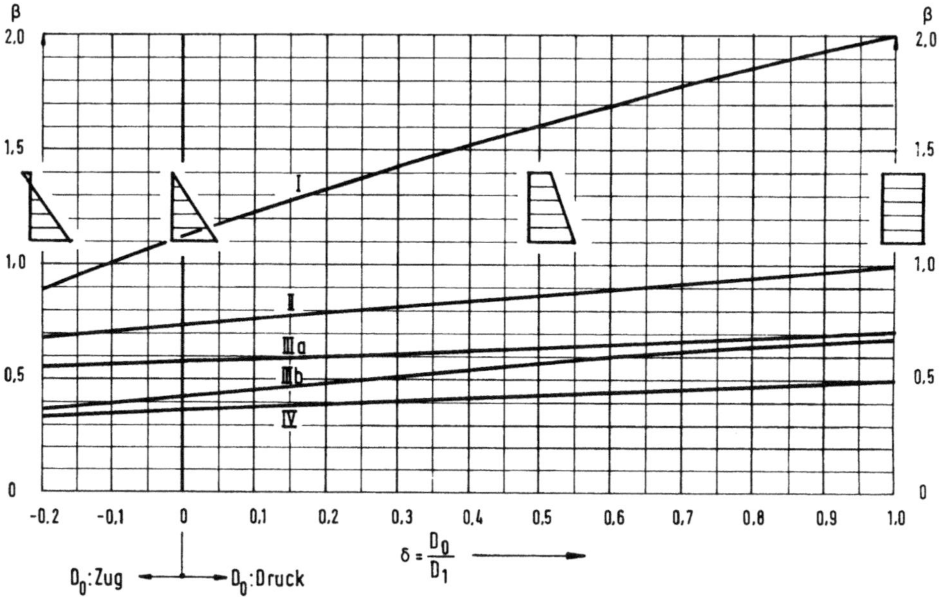

Sonderfall: Eulerstab II mit linear veränderlicher Druckkraft:

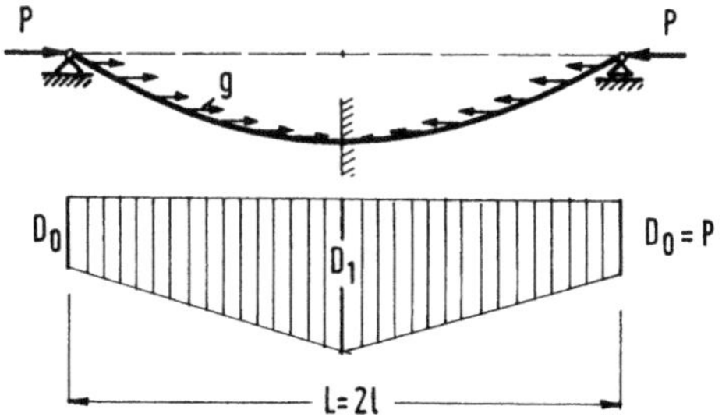

Knicklänge: $s_K = \beta \cdot L$ mit $\beta = \beta_I$ der Lagerungsart I

Knicklast: $D_{1Ki} = \frac{1}{\beta^2} \cdot \frac{\pi^2 EJ}{l^2} = \frac{4}{\beta^2} \cdot \frac{\pi^2 EJ}{L^2}$

5.19 Druckstäbe mit konischer Erstreckung (System Nr. 44)

Der Knickberechnung von Druckstäben mit veränderlicher Biegesteifigkeit ist die im Abschnitt 1.2.2.2 hergeleitete Differentialgleichung

$$[EJ(z)v'']'' + Dv'' = 0 \qquad (5.145)$$

zugrundezulegen. Die Druckkraft ist konstant. Da EJ(z) mit z veränderlich ist, liegt eine Differentialgleichung mit variablen Koeffizienten vor, analog wie beim Knickstab mit EJ=konst. aber veränderlicher Druckkraft (Abschnitt 5.18). Für konische Druckstäbe läßt sich G.5.145 durch passende Substitutionen in eine BESSELsche Differentialgleichung überführen und lösen, vgl. z.B. [5.49].

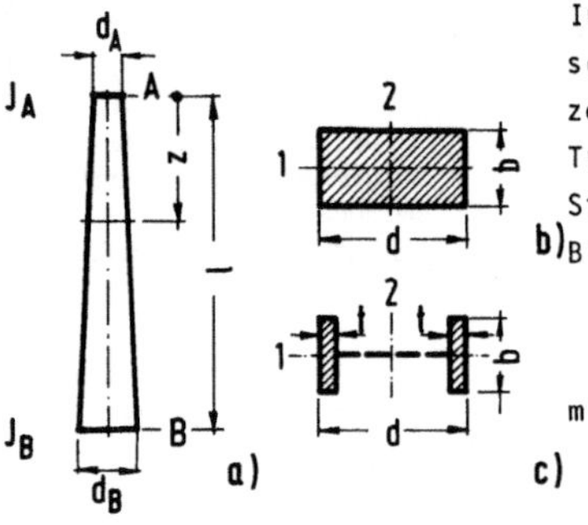

Bild 5.99

In B.5.99a ist eine konische Stabform dargestellt, das schwächere Ende wird mit A, das stärkere mit B bezeichnet. d_A und J_A bzw. d_B und J_B sind deren Dicke und Trägheitsmoment in Richtung der Knickausbiegung. An der Stelle z gilt dann für Dicke und Trägheitsmoment in der Biegungsebene

$$d = d(z) = d_A[1 + (\delta - 1)\frac{z}{l}], \quad J(z) = J_A[1 + (\delta - 1)\frac{z}{l}]^n \qquad (5.146)$$

mit:

$$\delta = \frac{d_B}{d_A} \qquad (5.147)$$

Der Exponent n hat die Bedeutung eines Formfaktors und ergibt sich aus der Bedingung, daß für z/l=1 $J=J_B$ ist:

$$J_B = J_A[1 + (\delta - 1)]^n = J_A\delta^n \qquad (5.148)$$

Hieraus folgt:

$$\frac{J_B}{J_A} = (\frac{d_B}{d_A})^n \longrightarrow n = \frac{\ln(J_B/J_A)}{\ln(d_B/d_A)} \qquad (5.149)$$

Um die Größe von n abzuschätzen, werden einige Querschnittsformen betrachtet:

a) Rechteckquerschnitt mit konstanter Breite b (B.5.99b):

Knickung um die schwache Achse (1): $$J = \frac{db^3}{12} = J_{A_1}[1 + (\delta - 1)\frac{z}{l}]^1 \qquad (5.150)$$

Knickung um die starke Achse (2): $$J = \frac{bd^3}{12} = J_{A_2}[1 + (\delta - 1)\frac{z}{l}]^3 \qquad (5.151)$$

b) Querschnitt, bestehend aus zwei Gurtplatten konstanter Dicke t und konstanter Breite b (B.5.99c):

Knickung um die Achse (1): $$J = J_{A_1} \qquad (5.152)$$

Knickung um die Achse (2): $$J = 2[\frac{bt^3}{12} + bt(\frac{d}{2} - \frac{t}{2})^2] \approx J_{A_2}[1 + (\delta - 1)\frac{z}{l}]^2 \qquad (5.153)$$

Auf T.5.57/58 sind weitere Querschnittsformen mit den zugehörigen Formfaktoren n zusammengestellt und hiervon abhängig die β-Diagramme für die EULER-Fälle I bis IV angegeben. δ kennzeichnet die Konizität. Mit Hilfe von β kann die Knicklast berechnet werden, damit ist dann auch der α-Faktor bekannt:

$$D_{Ki} = \frac{1}{\beta^2}\pi^2\frac{EJ_A}{l^2} \qquad (5.154)$$

Knicklängen Systemgruppe 44

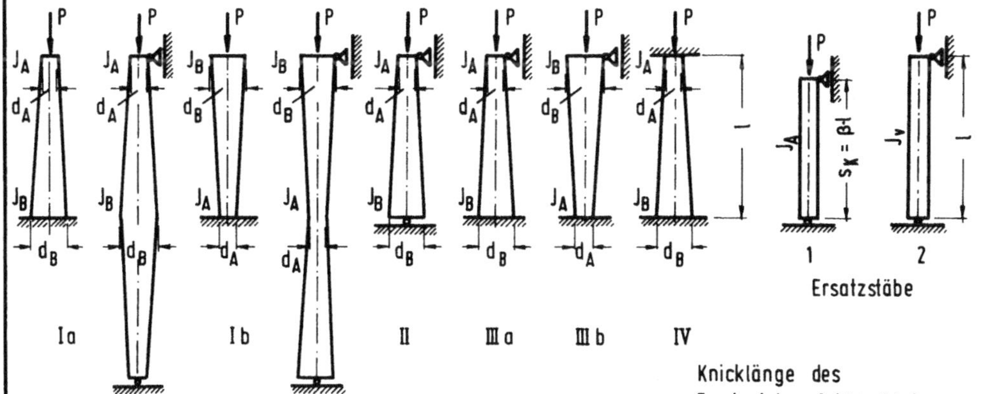

J: Trägheitsmoment, d: Dicke des Querschnittes in der Knickebene, A: dünner, B: dicker Querschnitt.

Formfaktor n:

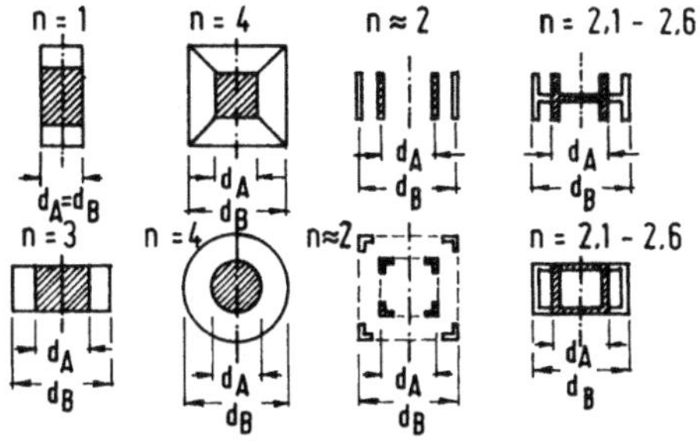

$$n = \frac{\ln\left(\frac{J_B}{J_A}\right)}{\ln\left(\frac{d_B}{d_A}\right)}$$

$EJ_A = EJ_B / \delta^n$

Knicklänge des Ersatzstabes 1 ($EJ = EJ_A$):

$$s_K = \beta \cdot l$$

Vergleichsträgheitsmoment des Ersatzstabes 2 ($s_K = l$):

$$J_V = \frac{J_A}{\beta^2}$$

Knicklast:

$$D_{Ki} = \frac{1}{\beta^2} \cdot \pi^2 \cdot \frac{EJ_A}{l^2}$$

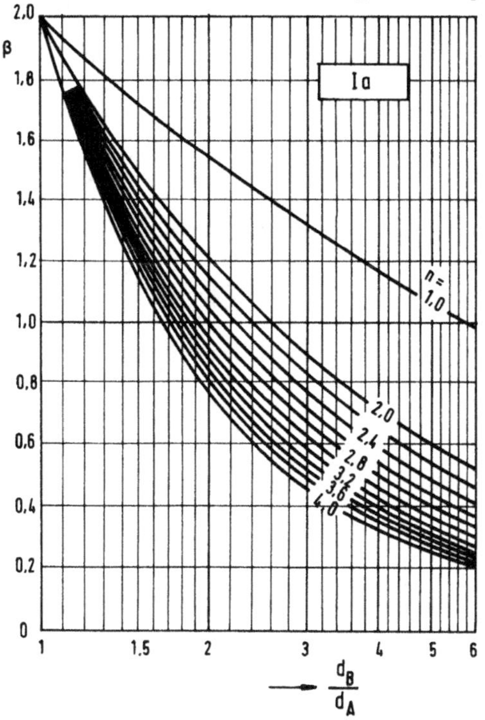

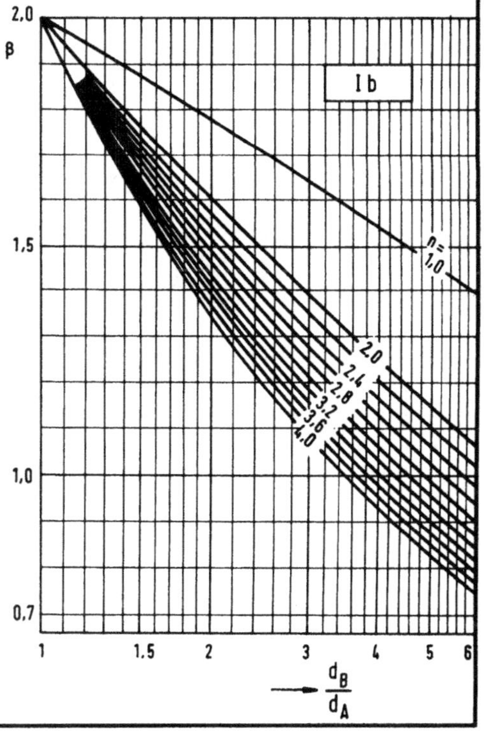

Tafel 5.58

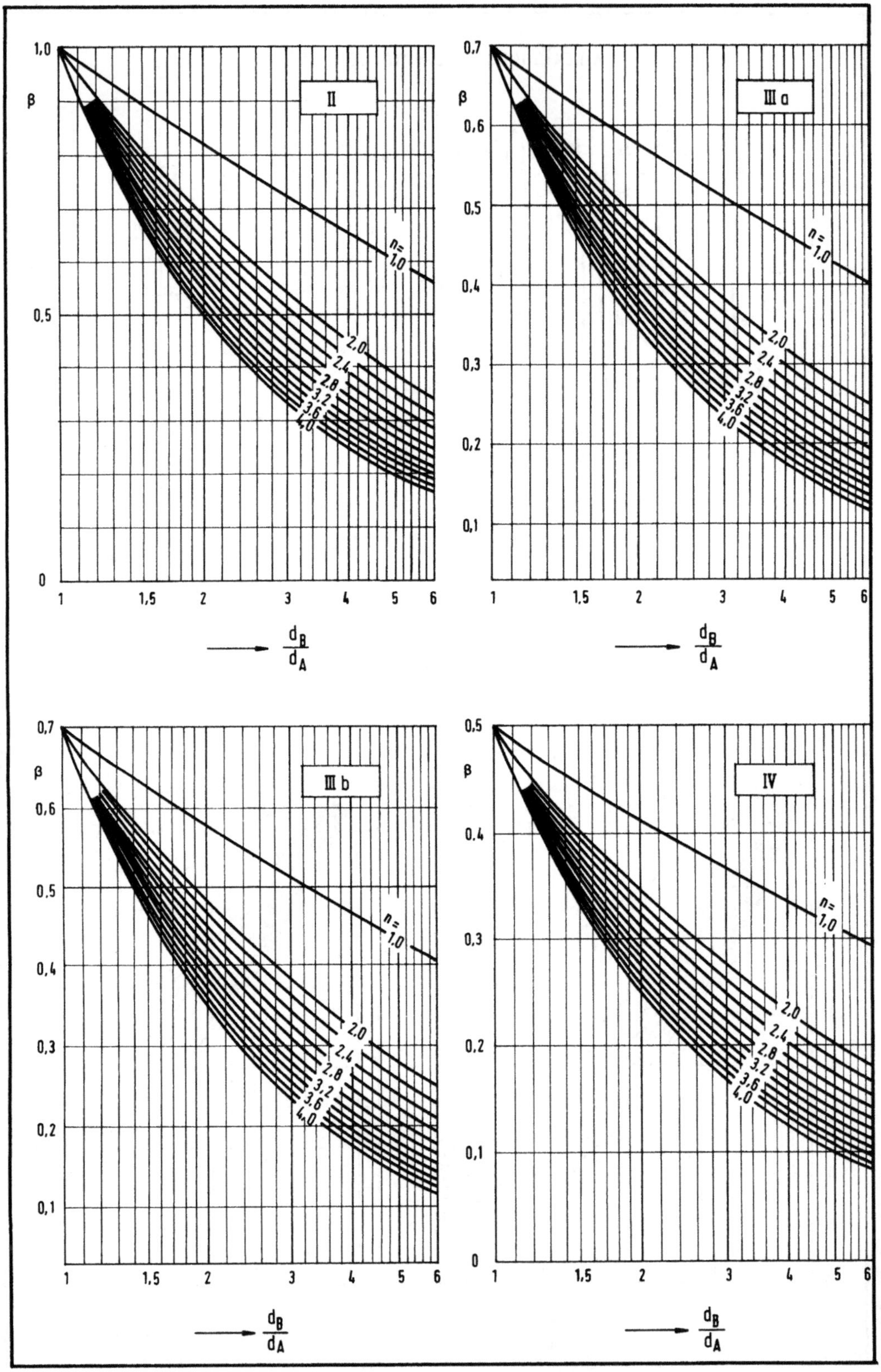
II
III a
III b
IV
β
n=
1,0
2,0
2,4
2,8
3,2
3,6
4,0
1,0
0,5
0
0,7
0,6
0,4
0,3
0,2
0,1
1
1,5
2
3
4
5
6
$\frac{d_B}{d_A}$

Die elasto-statische Knicklast ist an die Gültigkeit des HOOKEschen Gesetzes gebunden, sie kann für Bemessungszwecke daher nur dann Verwendung finden, wenn die zugehörige größte Normalspannung

$$\max\sigma_{Ki} = \frac{D_{Ki}}{\min F} = \frac{D_{Ki}}{F_A} \qquad (5.155)$$

im elastischen Bereich liegt. Anderenfalls ist die "abgeminderte" Knickspannung σ_K zu bestimmen (Abschnitt 2.4.2). Wird die Abminderung auf $\max\sigma_{Ki}$ bezogen, liegt die Rechnung auf der sicheren Seite, da wegen der konischen Stabform die Spannungen in allen anderen Querschnitten geringer sind. Gegenüber der (ENGESSER'schen) Knickspannung σ_K ist eine ausreichende Sicherheit einzuhalten (vgl. z.B. DIN 4114A).

Eine weitere Möglichkeit der praktischen Bemessung besteht darin, anstelle des realen Druckstabes einen Ersatzstab zu bestimmen und hierfür den Stabilitätsnachweis zu führen. Hierfür bestehen zwei Möglichkeiten:

Ersatzstab 1: Der Nachweis wird an einem EULER-II-Stab mit der Biegesteifigkeit $EJ=EJ_A=$ konst und der Knicklänge $s_K=\beta l$ geführt. Die β-Werte sind in T.5.57/58 ausgewiesen. Sie folgen (wie in allen anderen Fällen) aus der Bedingung, daß der Ersatzstab 1 dieselbe elastostatische Knicklast aufweist, wie der reale Stab.

Ersatzstab 2: Der Nachweis wird an einem EULER-II-Stab mit der Vergleichsbiegesteifigkeit EJ_V und der Knicklänge $s_K=l$ geführt. EJ_V wird aus derselben Bedingung wie zuvor berechnet. Das Vergleichträgheitsmoment J_V folgt zu:

$$EJ_V = EJ_A/\beta^2 \qquad (5.156)$$

Als zutreffender Stabilitätsnachweis isolierter Druckstützen mit konischer Erstreckung wird empfohlen, eine Vorverformung anzunehmen und unter ν-facher Druckkraft das Biegungsmoment zu berechnen und mittels des Verformungsfaktors

$$\alpha = \frac{1}{1 - D/D_{Ki}} \qquad (5.157)$$

die Momente zu erhöhen und die Spannungen hierfür nachzuweisen. Ggf. wird die Vorverformung dem Steifigkeitsverlauf in plausibler Weise angepaßt.

Die Diagramme der T.5.57/58 lassen sich auch zur Berechnung verschränkt-konischer Druckstützen mit beidseitiger gelenkiger Lagerung (EULER-Fall-II) verwerten. Da der Mittelquerschnitt keine Verdrehung erleidet, kann der Stab hier als eingespannt und frei verschieblich betrachtet werden. Der Nachweis läßt sich damit auf den EULER-Fall I zurückführen, wobei l zu L/2 anzusetzen ist. L ist die Gesamtlänge der gegebenen doppeltkonischen Stütze.

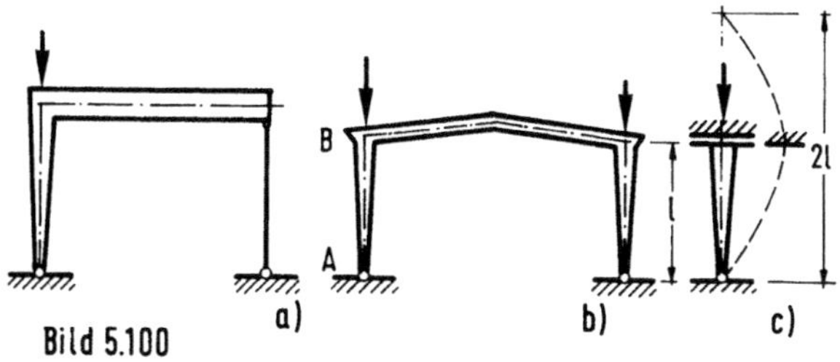

Bild 5.100

Handelt es sich um eine ausgefachte Stütze, wird nach Abschnitt 1.2.12 eine reduzierte Biegesteifigkeit für die Schnitt A und B bestimmt und hiermit weiter gerechnet.

Liegen konische Stiele mit Fußgelenken als Bestandteile verschieblicher Rahmenstrukturen vor, wie in B.5.100 skizziert, so können die Tafeln T.5.57/58 auch hierfür verwertet werden. Ausgehend vom EULER-Fall I wird eine konstante Ersatzsteifigkeit EJ_E bestimmt und hiermit die Rahmenaufgabe (als Verzweigungs- oder Spannungsproblem) gelöst. EJ_E folgt aus der Bedingung:

$$D_{Ki} = \frac{1}{\beta_{Ia}^2}\pi^2\frac{EJ_A}{l^2} = \pi^2\frac{EJ_E}{(2l)^2} \longrightarrow J_E = \left(\frac{2}{\beta_{Ia}}\right)^2 J_A \qquad (5.158)$$

Auf das Beispiel im Abschnitt 3.5.3 wird hingewiesen.

5.20 Druckstäbe mit bereichsweise konstanter, konischer bzw. parabelförmiger Erstreckung (System Nr. 45)

Für die in B.5.101 dargestellten Stabformen ①, ② und ③ können für die EULER-Fälle I bis VI die zur Berechnung der Knicklasten D_{Ki} erforderlichen β-Werte den Tafeln T.5.60/65 entnommen werden. T.5.59 vermittelt einen Überblick.
Die Knickkraft berechnet sich zu:

$$D_{Ki} = \frac{1}{\beta^2}\pi^2\frac{EJ_A}{l^2} \qquad (5.159)$$

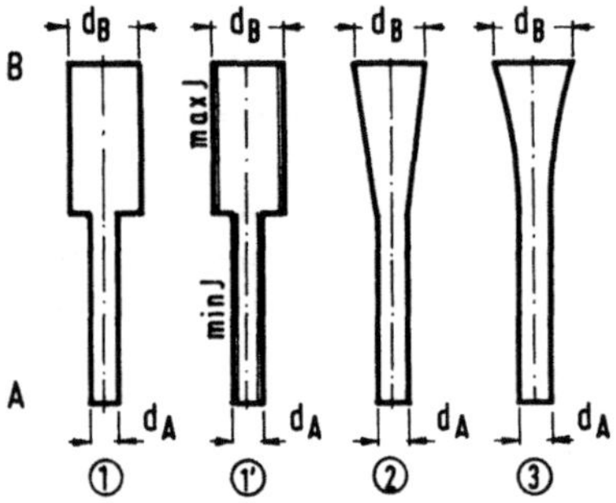

Bild 5.101

EJ_A ist die Biegesteifigkeit im schwächeren Stabbereich in Richtung der Knickverformung: EJ_A=min EJ.

Wie im vorangegangenen Abschnitt erläutert, kann dem baupraktischen Nachweis ein Ersatzstab zugrundegelegt werden. Als Ersatzstäbe sind auf T.5.59 definiert:

Ersatzstab 1: EULER-Stab II mit $EJ=EJ_A$ und $s_K=\beta l$,
Ersatzstab 2: EULER-Stab II mit $EJ_V=EJ_A/\beta^2$ und $s_K=l$.
Auf die Empfehlungen des Abschnittes 5.19 wird verwiesen.

Die β-Werte sind von den Parametern

$$\frac{d_A}{d_B} \equiv \frac{\min d}{\max d} \quad \text{und} \quad \frac{b}{l} \qquad (5.160)$$

abhängig, vgl. T.5.59. Die Diagramme gelten für prismatische, vollwandige Rechteckquerschnitte mit

$$J(z) = b \cdot d^3(z)/12, \; b = \text{konst.}$$

Im Falle des Stabtyps ① ist auch eine Verwertung für andere Querschnittsformen, z.B. I- oder Rohrquerschnitte möglich. In B.5.101 ist diese Stabform mit ①' bezeichnet; in solchen Fällen tritt

$$\sqrt[3]{\frac{J_A}{J_B}} \equiv \sqrt[3]{\frac{\min J}{\max J}} \qquad (5.161)$$

an die Stelle des Parameters mind/maxd (Abszissenparameter).

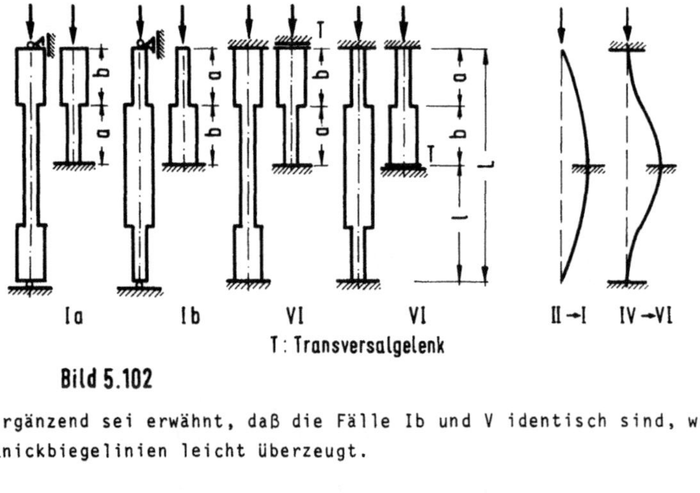

Bild 5.102

Ausgehend von den in B.5.102 dargestellten Knickfiguren erkennt man, wie die Tafeln auch für EULER-Stäbe II und IV mit symmetrischer Staberstreckung verwertet werden können. Ist L deren Gesamtlänge, wird l=L/2 berechnet und hierauf bezogen β und D_{Ki} für den korrespondierenden Bezugsstab bestimmt.

Ergänzend sei erwähnt, daß die Fälle Ib und V identisch sind, wovon man sich anhand der Knickbiegelinien leicht überzeugt.

Knicklängen Systemgruppe 45

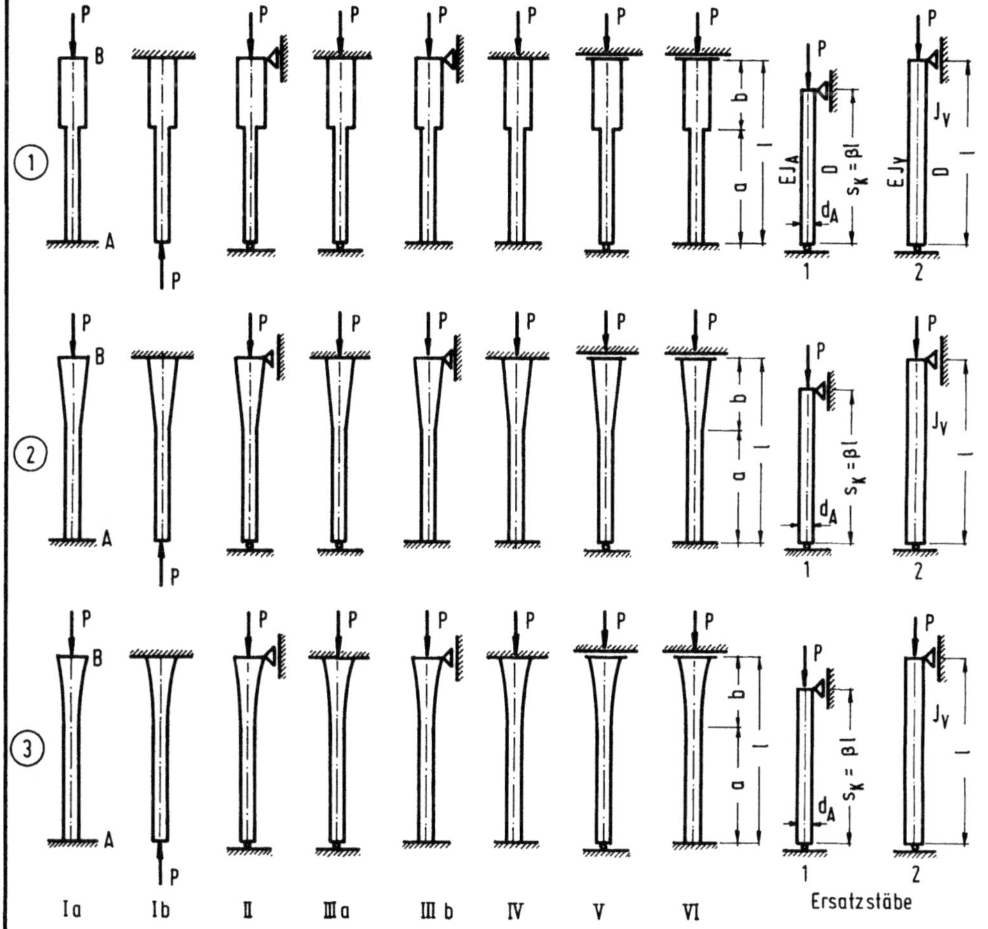

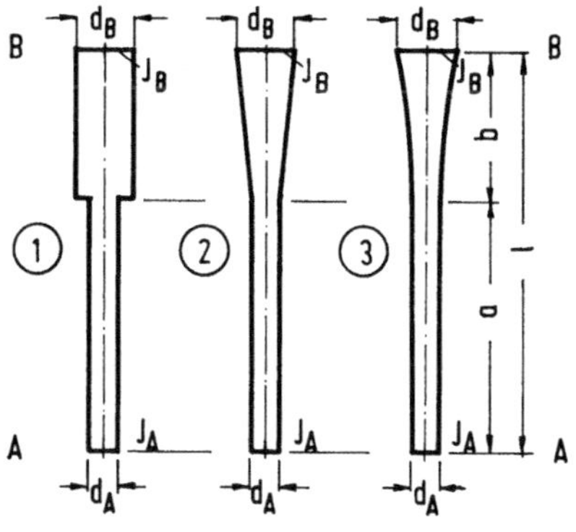

Knicklänge des Ersatzstabes 1: $s_K = \beta l$;
(Ersatzstab 1: Eulerstab II mit EJ_A)
β wird aus den Diagrammen der Tafeln 5.60 bis 5.65 als Funktion von b/l und d_A/d_B abgegriffen.

Vergleichsträgheitsmoment des Ersatzstabes 2:

$$J_V = \frac{J_A}{\beta^2} \quad (J_A = \min J)$$

Knicklast: $D_{Ki} = \frac{1}{\beta^2} \cdot \pi^2 \cdot \frac{EJ_A}{l^2}$; $D = P$

Die Diagramme gelten für

$$0 \le \frac{d_A}{d_B} \le 1 \quad \text{und} \quad 0{,}1 \le \frac{b}{l} \le 1$$

Tafel 5.60

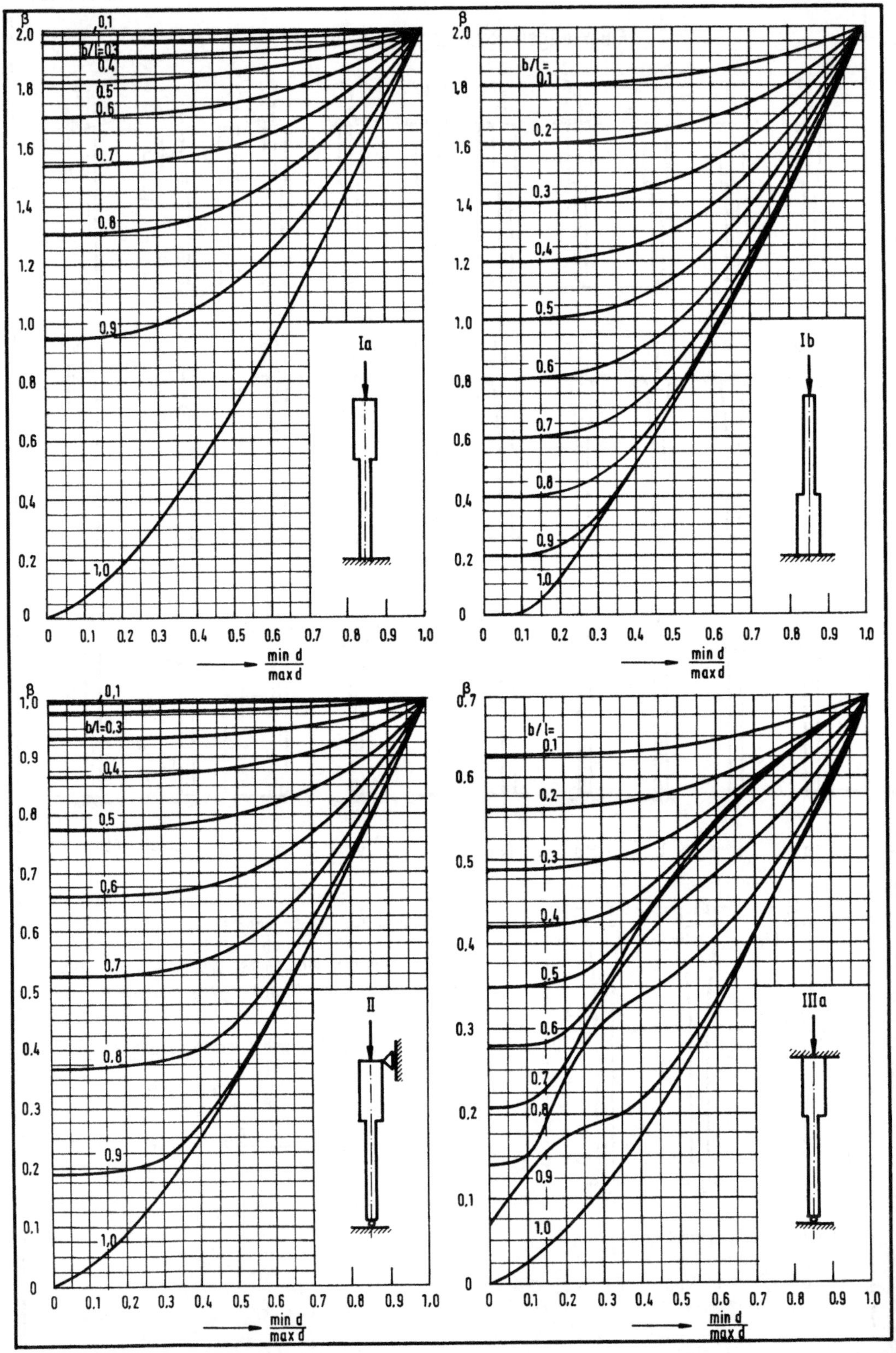

Tafel 5.61

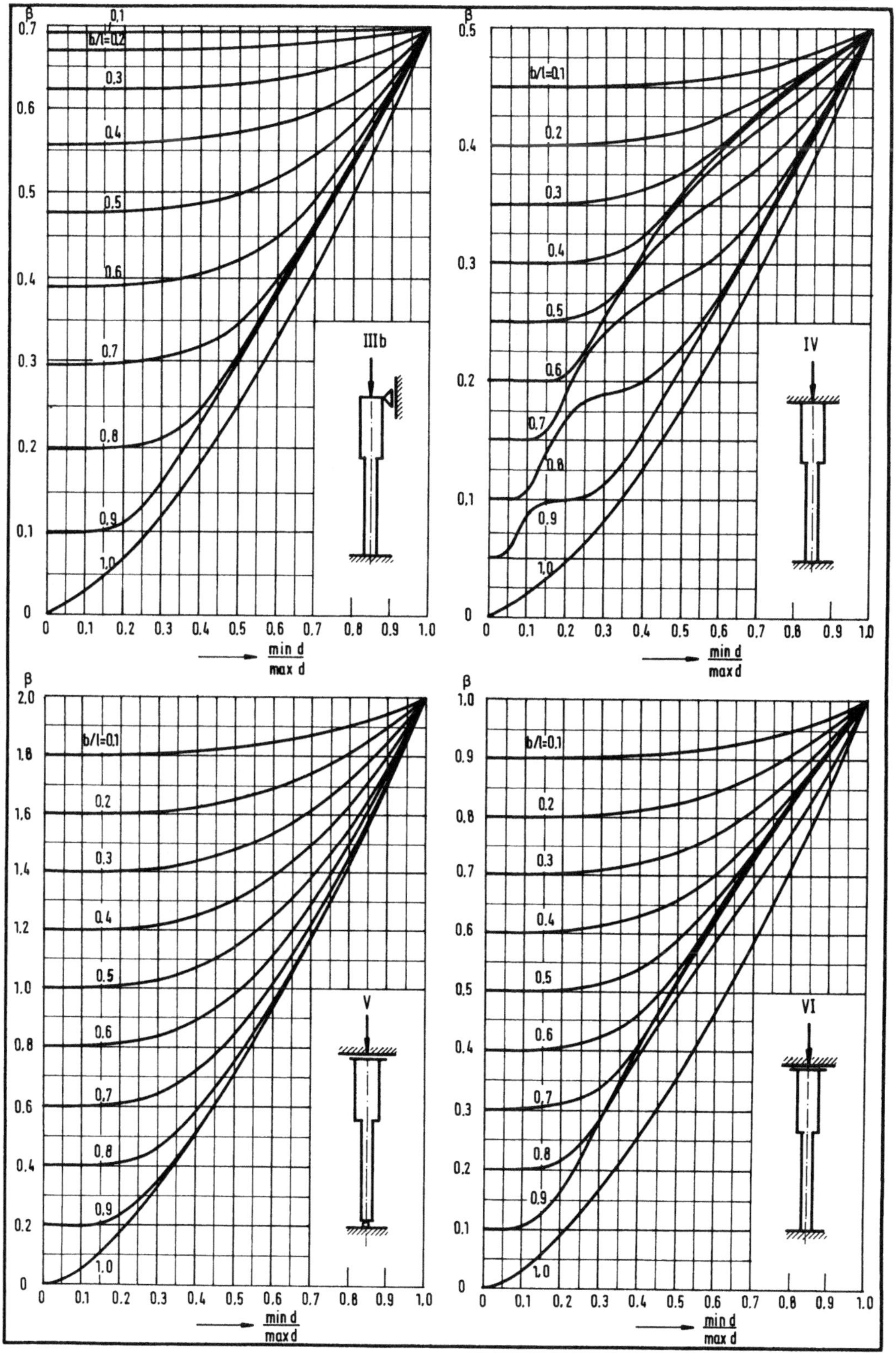

Tafel 5.62

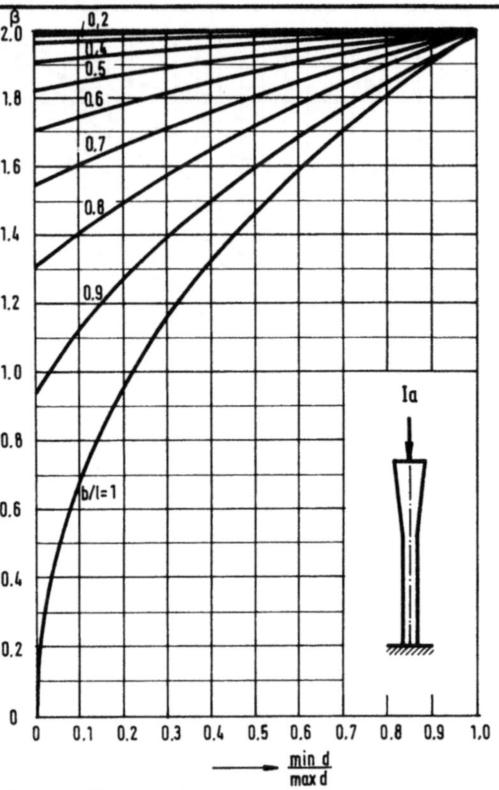
β
0,2
0,4
0,5
0,6
0,7
0,8
0,9
b/l=1
Ia
min d / max d

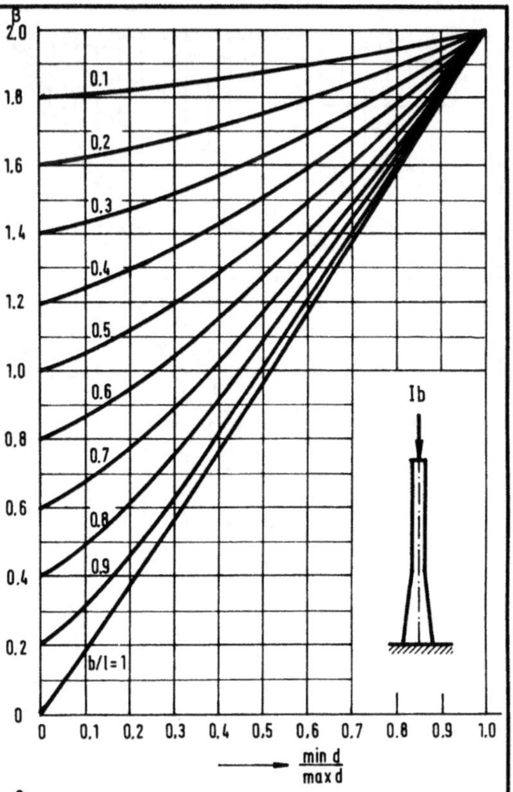
β
0,1
0,2
0,3
0,4
0,5
0,6
0,7
0,8
0,9
b/l=1
Ib
min d / max d

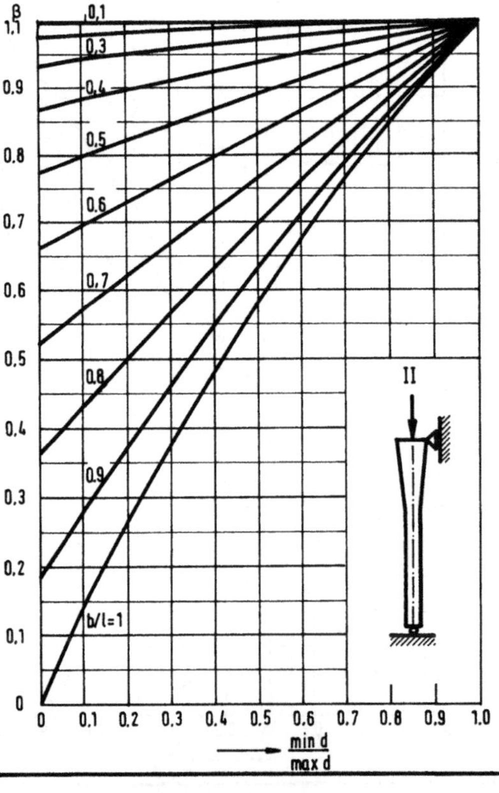
β
0,1
0,3
0,4
0,5
0,6
0,7
0,8
0,9
b/l=1
II
min d / max d

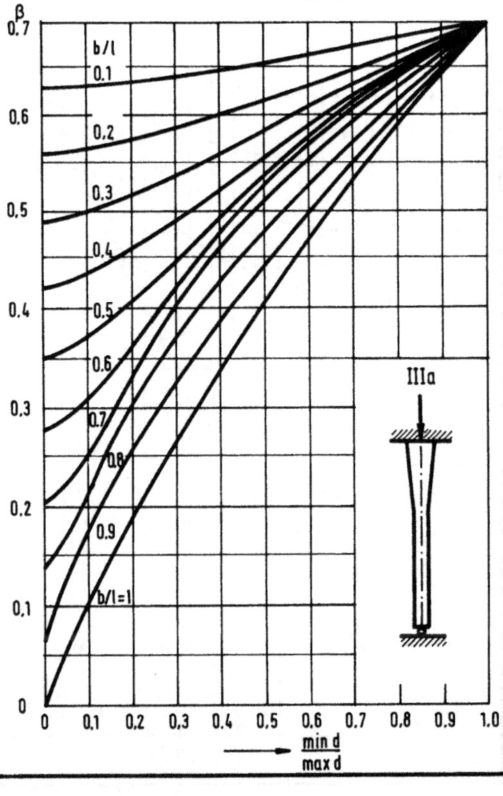
β
b/l
0,1
0,2
0,3
0,4
0,5
0,6
0,7
0,8
0,9
b/l=1
IIIa
min d / max d

Tafel 5.63

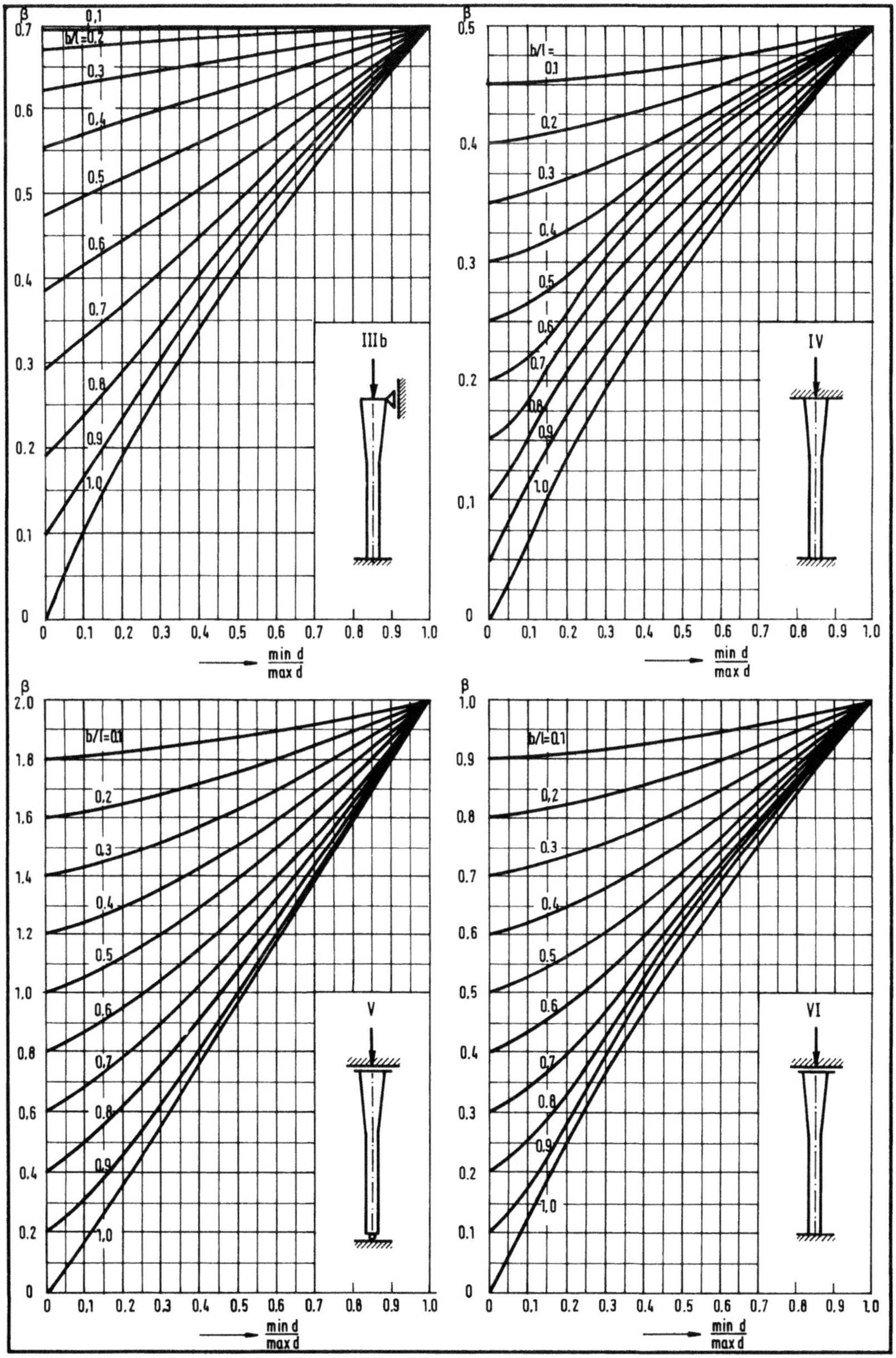

Tafel 5.64

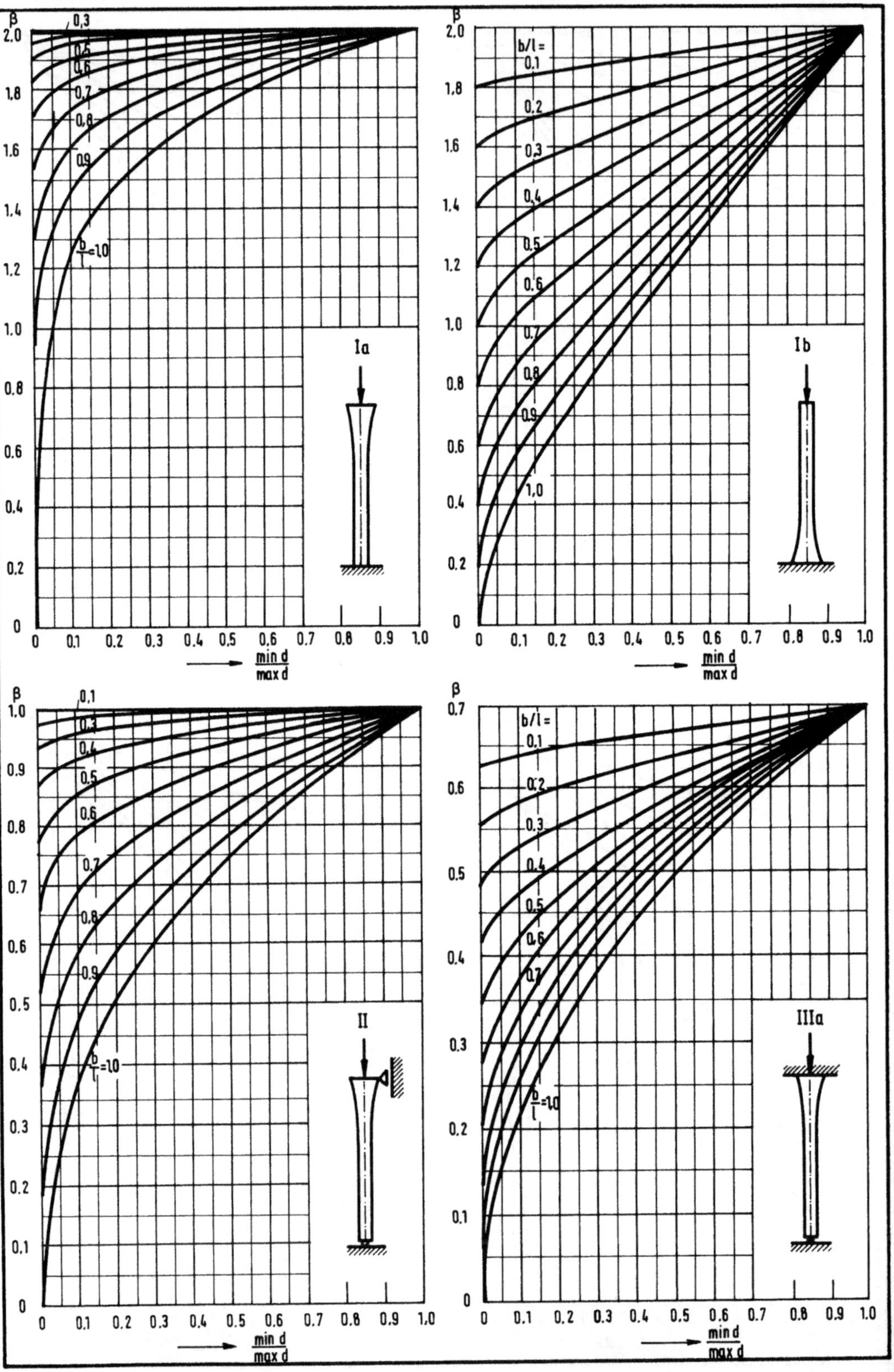
β
2,0
1,8
1,6
1,4
1,2
1.0
0.8
0.6
0.4
0.2
0
0,3
0,5
0,6
0,7
0,8
0,9
b/l = 1,0
Ia
0 0,1 0.2 0.3 0.4 0,5 0,6 0,7 0,8 0,9 1,0
min d / max d
β
2,0
1,8
1,6
1,4
1,2
1,0
0,8
0,6
0,4
0,2
0
b/l =
0,1
0,2
0,3
0,4
0,5
0,6
0,7
0,8
0,9
1,0
Ib
0 0,1 0,2 0.3 0,4 0,5 0,6 0.7 0,8 0,9 1,0
min d / max d
β
1,0
0,9
0,8
0,7
0,6
0,5
0,4
0,3
0,2
0,1
0
0,1
0,3
0,4
0,5
0,6
0,7
0,8
0,9
b/l = 1,0
II
0 0,1 0,2 0,3 0,4 0,5 0,6 0,7 0,8 0,9 1,0
min d / max d
β
0,7
0,6
0,5
0,4
0,3
0,2
0,1
0
b/l =
0,1
0,2
0,3
0,4
0,5
0,6
0,7
b/l = 1,0
IIIa
0 0,1 0,2 0,3 0,4 0,5 0,6 0,7 0,8 0,9 1,0
min d / max d

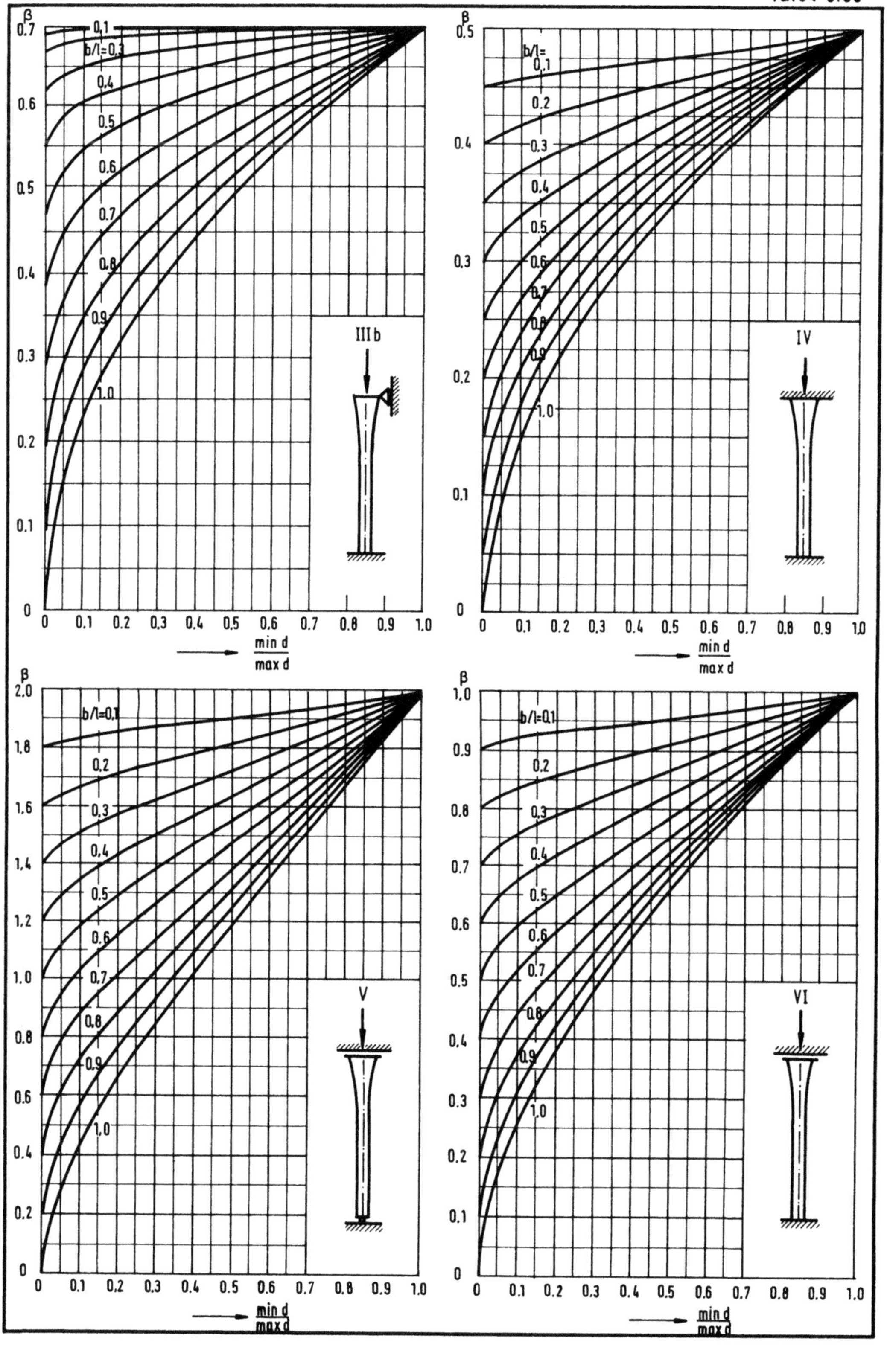
β
b/l = 0,1 0,3 0,4 0,5 0,6 0,7 0,8 0,9 1,0
III b
min d / max d
β
b/l = 0,1 0,2 0,3 0,4 0,5 0,6 0,7 0,8 0,9 1,0
IV
min d / max d
β
b/l = 0,1 0,2 0,3 0,4 0,5 0,6 0,7 0,8 0,9 1,0
V
min d / max d
β
b/l = 0,1 0,2 0,3 0,4 0,5 0,6 0,7 0,8 0,9 1,0
VI
min d / max d

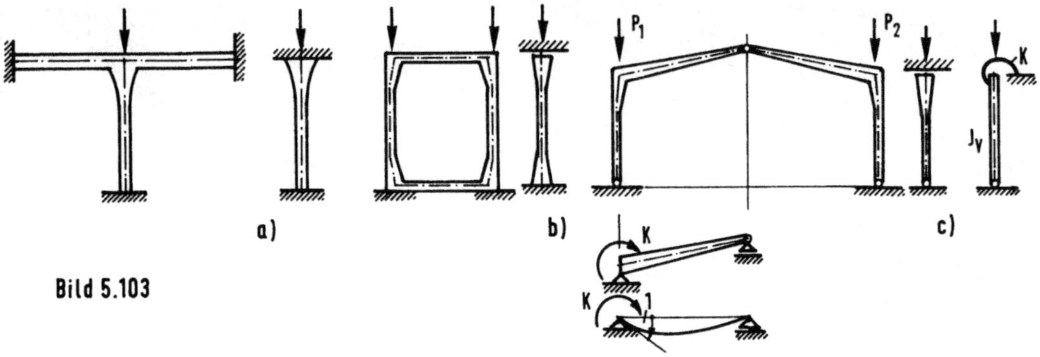

Bild 5.103

Im Abschnitt 5.19 wurde bereits auf die Verwertung der Tafeln für die Berechnung von Stabtragwerken hingewiesen und zwar dadurch, daß eine konstante Ersatzbiegesteifigkeit EJ_E berechnet wird. J_E folgt aus:

$$J_E = J_A \cdot \frac{\varkappa^2}{\beta^2} \qquad (5.162)$$

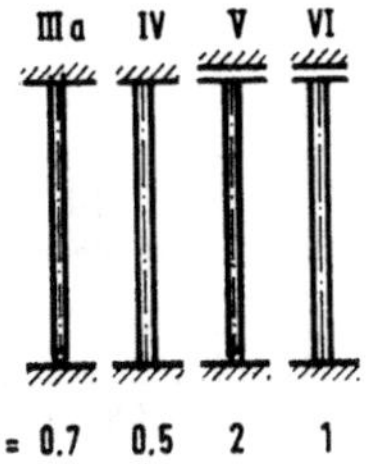

Bild 5.104

Es bedeuten: $J_A = \min J$, $\varkappa$ nach B.5.104 und β gemäß den Diagrammen der Tafeln T.5.60/65. B.5.103 enthält Hinweise zur Vorgehensweise. Die Rechnung stellt eine Näherung dar, weil die Stiele in den Knoten nicht starr eingespannt sind, wie bei der Bestimmung des J_E-Wertes gemäß G.5.162 unterstellt wird. Da für den Ersatzstab von derselben Annahme ausgegangen wird, ergibt sich ein sehr zuverlässiger Ersatzwert.

Verzweigungsprobleme gedrückter Stäbe mit veränderlichem Querschnitt wurden u.a. in [5.50-5.57] behandelt, vgl. auch DIN 4114A.

Beispiel: Gerüststütze

B.5.105 zeigt eine Gerüststütze mit längsverschieblichem Steck-Verschluß. Ähnliche Elemente werden auch als Verbandselemente im Rüstbau eingesetzt. Die Stütze weist zwei Stabbereiche mit jeweils konstanter Biegesteifigkeit auf, die Lagerung entspricht EULER-Fall II. Gesucht ist die elasto-statische Grenzlast P_{El}. Querschnittswerte der Rohre:

$$\phi\ 101{,}6 \cdot 5 \quad J = 177\ \text{cm}^4;\ F = 15{,}2\ \text{cm}^2$$

$$\phi\ 88{,}9 \cdot 6{,}3 \quad J = 140\ \text{cm}^4;\ F = 16{,}3\ \text{cm}^2$$

Es wird gemäß G.5.161

$$\sqrt[3]{\frac{\min J}{\max J}} = \sqrt[3]{\frac{140}{177}} = 0{,}9245$$

gebildet und aus T.5.60 für b/l=0,5 der Wert β=0,94 abgelesen. Die Knicklänge beträgt s_K=0,94·400=376 cm für einen Ersatzstab mit J_V=min J. Die Knicklast folgt zu:

$$P_{Ki} = \frac{1}{\beta^2}\pi^2\frac{E \cdot \min J}{l^2} = \frac{1}{0{,}94^2}\,\frac{\pi^2 \cdot 2{,}1 \cdot 10^4 \cdot 140}{400^2} = 205{,}2\ \text{kN}$$

Ein Nachweis auf zentrisches Knicken genügt nicht (etwa im Sinne des ω-Verfahrens nach DIN 4114A). - Die Beweglichkeit der Steckverbindung ist in angemessener Weise zu Berücksichtigen. Der Knickwinkel α folgt aus B.5.105b zu:

$$\alpha = \frac{(d_{1i} - d_{2a}) + \Delta}{h} \qquad (5.163)$$

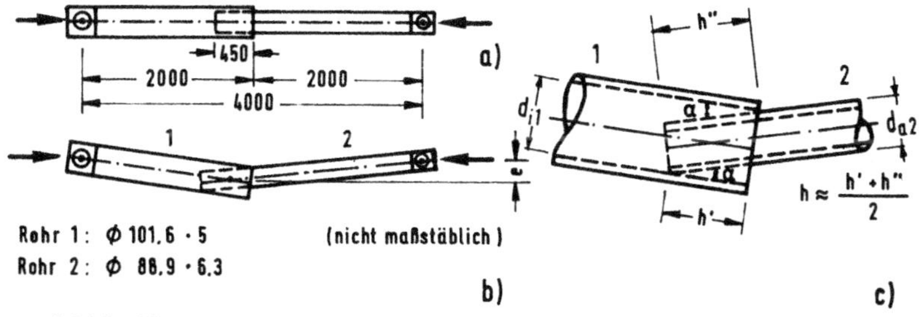

Bild 5.105

d_{1i} ist der Innendurchmesser des dickeren und d_{2a} der Außendurchmesser des dünneren Rohres. Mit Δ werden Toleranzen, Abnützungen und Biegeaufweitungen (Ovalisierungen) der Rohrwandungen erfaßt. h ist die (minimale) Einstecktiefe, vgl. B.5.105c. Für das Beispiel ergibt sich:

$$\alpha = \frac{(91{,}6-88{,}9)+1}{450} = 0{,}00822; \quad \alpha_1 = \alpha \cdot \frac{l_2}{l} = 0{,}00822\,\frac{1}{2} = 0{,}00411 = \alpha_2$$

Exzentrizität (B.5.105b):

$$e = \alpha_1 l_1 = 0{,}00421 \cdot 200 = 0{,}822\,\text{cm}$$

Die zulässige Grenzkraft wird aus der Bedingung

$$\frac{P}{F} + \frac{1}{1-P/P_{Ki}} \cdot \frac{Pe}{W} = \sigma_F\,;\ P = P_{El} \tag{5.164}$$

berechnet, d.h. die Grenzkraft wird als erreicht betrachtet, wenn nach Th.II.Ordn. die Biegedruckrandspannung im schwächeren Rohr die Fließgrenze erreicht; vgl. Abschnitt 2.6.2. G.5.164 wird umgeformt:

$$P_{El}^2 - [(1+\frac{F}{W} e)P_{Ki} + F\sigma_F]P_{El} + P_{Ki} \cdot F\sigma_F = 0 \tag{5.165}$$

Für das Beispiel ergibt sich mit $\sigma_F = 24\ \text{kN/cm}^2$:

$$P_{El}^2 - [(1 + \frac{16{,}3 \cdot 0{,}822}{31{,}5})\,205{,}24 + 16{,}3 \cdot 24\,]P_{El} + 205{,}24 \cdot 16{,}3 \cdot 24 = 0 \longrightarrow \underline{P_{El} = 150{,}59\ \text{kN}}$$

Gegenüber dieser elasto-statischen Grenzlast ist eine Sicherheit einzuhalten. Zu P_{El}= 150,59 kN gehört die Ausbiegung:

$$e^{II} = e^{I}\,\frac{1}{1-\frac{P}{P_{Ki}}} = 0{,}822\,\frac{1}{1-\frac{150{,}59}{205{,}2}} = 3{,}09\,\text{cm}$$

Eine strenge Berechnung nach Th.II.Ordn. unter Berücksichtigung des Knickwinkels und der veränderlichen Biegesteifigkeit ergibt:

$$e^{II} = 2{,}78\,\text{cm}$$

Die vorangegangene Abschätzung liegt offensichtlich auf der sicheren Seite, womit die Empfehlungen dieses und des vorangegangenen Abschnittes (den Stabilitätsnachweis auf elasto-statischer Grundlage unter Verwendung des α-Faktors zu führen) bestätigt sind.

5.21 Druckstäbe mit kontinuierlicher drehfederelastischer Bettung (System Nr. 45)

In Anlehnung an Abschnitt 5.15 wird das in B.5.106 gezeigte Problem gelöst: Biegesteifigkeit EJ(z), Druckkraft D(z)

$$D(z) = P + \int_0^z p(z)\,dz \tag{5.166}$$

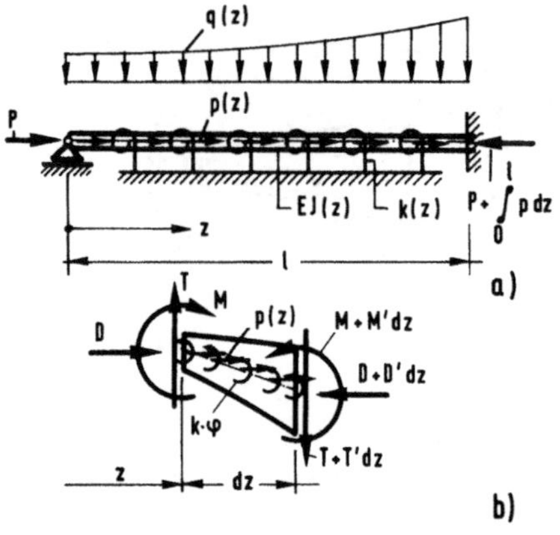

Bild 5.106

und die äußeren verteilten Lasten in Richtung bzw. transversal zur Stabachse, p(z) und q(z), bezogen auf den unverformten Ausgangszustand, sind variabel; die kontinuierliche Drehfederkonstante k [kNm/m] ist gleichfalls variabel. Auf dieses Problem lassen sich Druckstützen in Form von Stabilisierungskernen in Hochbau- und Gerüstkonstruktionen mit Verrahmungen und Vergitterungen zurückführen; letztere bestimmen die Größe von k.

Die Gleichgewichtsgleichungen am verformten Stabelement dz liefern, vgl. B.5.106b:

$$\Sigma L = 0: \quad D(z) = P + \int_0^z p(z)\,dz \tag{5.167}$$

$$\Sigma T = 0: \quad Q'(z) = D(z)\,v'' + p(z)\,v' - q(z) \tag{5.168}$$

$$\Sigma M = 0: \quad M''(z) = Q'(z) - [k(z)\,v']' \tag{5.169}$$

Die Verknüpfung mit dem Elastizitätsgesetz EJ(z)v"+M=0 liefert die gesuchte Differentialgleichung:

$$(EJv'')'' - (kv')' + (Dv')' = q \tag{5.170}$$

Wird an den drehfederelastisch gestützten Druckstab mit der Belastung p ein Stützenstrang (oder mehrere) mit der Belastung p' angekoppelt und sind die Lasten affin zueinander verteilt

$$\mu = p'/p, \tag{5.171}$$

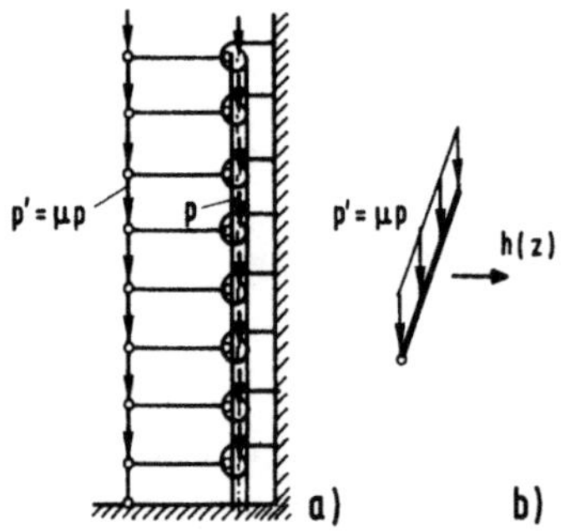

Bild 5.107

so wird bei einer Ausbiegung die Abtriebskraft

$$h(z) = -[v' \int_z^l \mu\, p(z)\,dz]' \tag{5.172}$$

geweckt, vgl. B.5.81 und Abschnitt 5.15. h(z) wirkt in Richtung von q(z), die Differentialgleichung dieses erweiterten Problems kann damit sofort angeschrieben werden:

$$(EJv'')'' - (kv')' + [(1+\mu)Dv']' = q \tag{5.173}$$

Wie oben erläutert, sind hierin EJ, k, D und q Funktionen von z. Eine strenge Lösung der Differentialgleichung ist auf Sonderfälle beschränkt. Ein solcher Sonderfall wird im folgenden behandelt, und zwar: EJ=konst., k=konst., D=P=konst. (p=0) und μ=0. Für diesen Fall vereinfacht sich die Differentialgleichung zu:

$$\text{Sonderfall } EJ,\ k:\text{konst},\ D=P=\text{konst}\,(p=0) \text{ und } \mu=0: \qquad EJv'''' + (P-k)v'' = q \tag{5.174}$$

Wird die modifizierte Stabkennzahl

$$\varepsilon = l\sqrt{\frac{P-k}{EJ}} \tag{5.175}$$

eingeführt, lautet die Differentialgleichung:

$$v^{\bullet\bullet\bullet\bullet} + \varepsilon^2 v^{\bullet\bullet} = \frac{ql^4}{EJ} \tag{5.176}$$

$(\ )^{\bullet}$ bedeutet die Ableitung nach der bezogenen Längskoordinate $\zeta = z/l$. G.5.176 ist mit der Grundgleichung des Stabbiegeproblems Th.II.Ordn. identisch! Es werden folgende Fälle unterschieden:

$$P < k:\quad \varepsilon = l\sqrt{\frac{k-P}{EJ}} \quad \text{Lösung wie Zugbiegung Th.II.Ordn.} \tag{5.177}$$

$$P = k:\quad \varepsilon = 0 \quad \text{Lösung wie längskraftfreier Stab} \tag{5.178}$$

$$P > k:\quad \varepsilon = l\sqrt{\frac{P-k}{EJ}} \quad \text{Lösung wie Druckbiegung Th.II.Ordn.} \tag{5.179}$$

Mit der Identität der Lösungssysteme ist die Übertragbarkeit konkreter Lösungen für Spannungs- und Verzweigungsprobleme noch nicht sichergestellt. Hierzu müssen auch die Randbedingungen übereinstimmen. Das ist für die geometrischen Randbedingungen (v und $\varphi = v'$ betreffend) gesichert, auch für $M = -EJv''$. - Um die Randbedingung an freien Rändern und solchen mit Transversalgelenk vollständig formulieren zu können, muß die Transversalkraft T als Funktion von v bekannt sein:

$$T = M' - Dv' + kv' = -(EJv'')' - Dv' + kv' = -(EJv'')' - (D-k)v' \tag{5.180}$$

Für die Lösungssysteme G.5.177 bis 179 ergibt sich T zu:

$$P<k:\ \ T = -EJ[v''' - \frac{\varepsilon^2}{l^2}v'];\ \ P=k:\ T = -EJv'''\ (=Q);\ \ P>k:\ T = -EJ[v''' + \frac{\varepsilon^2}{l^2}v'] \tag{5.181}$$

Damit ist gezeigt, daß die Lösungen für irgendwelche Spannungs- und Verzweigungsprobleme ohne Einschränkungen, bei Beachtung der Fallunterscheidungen

$$P \lesseqgtr k \tag{5.182}$$

aus der Stabbiegetheorie II.Ordn. des d r e h b e t t u n g s f r e i e n Stabes übernommen werden können; diese Aussage bezieht sich auch auf die Berechnungsverfahren: Verfahren der Übertragungsmatrizen, Kraftgrößenverfahren, Verformungsgrößenverfahren! Beispielsweise ist das Problem des längskraftfreien Kragbalkens mit drehfederelastischer Bettung identisch mit dem Problem desselben Balkens, der nicht drehelastisch gestützt, dafür aber durch eine Zugkraft $Z=k$ beansprucht wird. In B.5.108 sind beide Probleme gegenübergestellt. Es gibt indes einen Unterscheid und der betrifft die Größe der Quer-

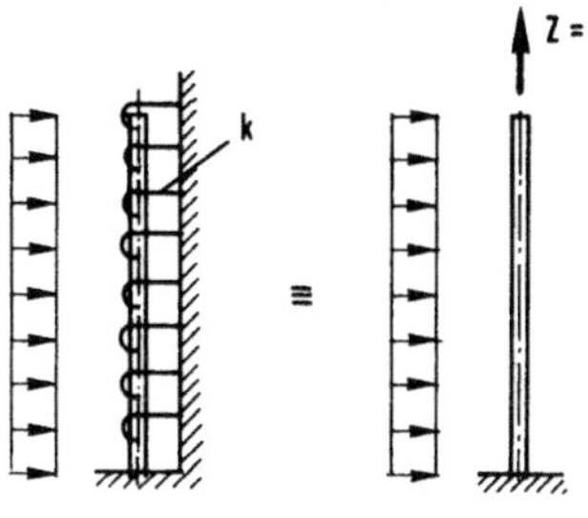

Bild 5.108

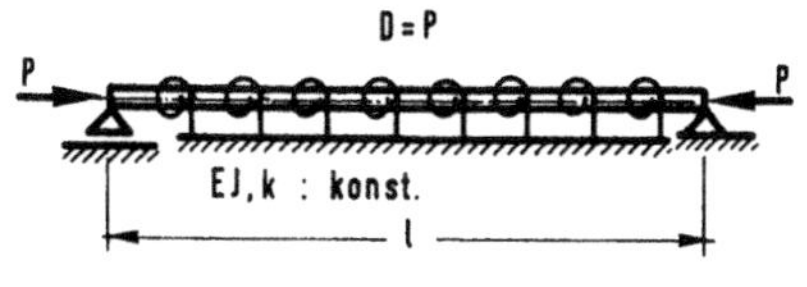

Bild 5.109

kraft, sie berechnet sich für alle drei Fälle zu:

$$Q = -EJv''' + kv' \tag{5.183}$$

Da die Lösungssysteme 5.177 und 178 keine Eigenwerte aufweisen, kann eine Knickung drehfederelastisch gestützter Druckstäbe nur im Falle

$$P > k \tag{5.184}$$

auftreten, d.h. Verzweigungslösungen gehören nur zum Lösungssystem G.5.179. Für dieses System sind die (Knick-)Eigenwerte ε_{Ki} der unterschiedlichsten Problemstellungen bekannt ($\varepsilon_{Ki}=\pi/\beta$) und können daher (z.B. aus den Tafeln) wegen der Übereinstimmung der Randbedingungen übernommen werden. Die Knicklast ist damit auch bekannt. Aus G.5.175 folgt:

$$\varepsilon_{Ki} = l\sqrt{\frac{P_{Ki}-k}{EJ}} \longrightarrow (P_{Ki}=)\ D_{Ki} = \varepsilon_{Ki}^2 \cdot \frac{EJ}{l^2} + k \tag{5.185}$$

Der Verformungsfaktor α läßt sich damit berechnen: G.5.2.

Beispielsweise ergibt sich für den in B.5.109 skizzierten, beidseitig gelenkig gelagerten Druckstab mit $\varepsilon_{Ki} = \pi$:

$$D_{Ki} = \frac{\pi^2 EJ}{l^2} + k \tag{5.186}$$

Aus der Gleichsetzung dieser Knickkraft mit der Knickkraft eines EULER-II-Ersatzstabes (mit derselben Biegesteifigkeit EJ) folgt die Knicklänge $s_K = \beta \cdot l$ zu:

$$\beta = \frac{1}{\sqrt{1 + \frac{k\,l^2}{\pi^2 EJ}}} \tag{5.187}$$

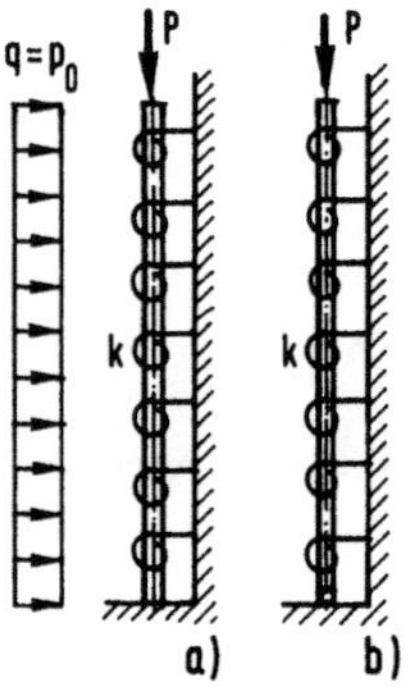

Bild 5.110

Von baupraktischem Interesse sind insbesondere die in B.5.110 dargestellten Systeme:

a) Druckstab mit Einspannung,

b) Druckstab mit Fußgelenk.

Für Fall a (F u ß e i n s p a n n u n g) gilt:

$$\varepsilon_{Ki} = \frac{\pi}{2} \longrightarrow P_{Ki} = \frac{\pi^2 EJ}{4\,l^2} + k \longrightarrow \beta = \frac{2}{\sqrt{1 + \frac{4\,k\,l^2}{\pi^2 EJ}}} \tag{5.188}$$

Die Lösungen für Spannungsprobleme Th.II.Ordn. können, z.B. für $q=p_0+p_1 z/l$, aus Tafel 3.5/6 bei Beachtung der Fallunterscheidungen übernommen werden.

Für Fall b (F u ß g e l e n k) ergibt sich:

$$\varepsilon_{Ki} = 0 \longrightarrow P_{Ki} = k \longrightarrow \beta = \sqrt{\frac{\pi^2 EJ}{k l^2}} \tag{5.189}$$

Die Knickfigur wird demnach durch die Grundlösung der elementaren Biegetheorie I.Ordn. beschrieben. Da im Falle von Spannungsproblemen immer $P<P_{Ki}<k$ gilt, ist nur der Lösungsfall G.5.177 (Zugbiegung) maßgebend. In B.5.111 sind die Formeln für das Spannungsproblem

Fall: $P<k$: $\varepsilon = l\cdot\sqrt{\frac{k-P}{EJ}}$; $P_{Ki}=k$ $\quad \boxed{\zeta = z/l}$

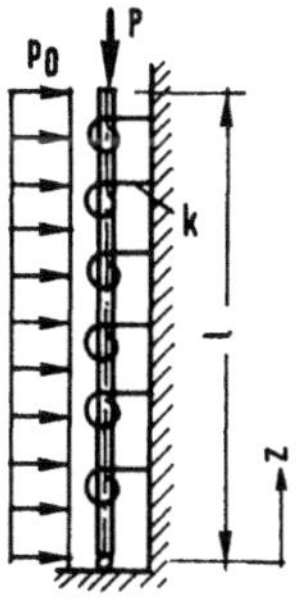

$$v = \frac{p_0 l^4}{EJ\varepsilon^4}\cdot\left[\frac{1-\cosh\varepsilon}{\sinh\varepsilon}\cdot\sinh\varepsilon\zeta - (1-\cosh\varepsilon\zeta) + \varepsilon^2\cdot\left(1-\frac{\zeta}{2}\right)\zeta\right]$$

$$\varphi = \frac{p_0 l^3}{EJ\varepsilon^3}\cdot\left[\frac{1-\cosh\varepsilon}{\sinh\varepsilon}\cdot\cosh\varepsilon\zeta + \sinh\varepsilon\zeta + \varepsilon\cdot(1-\zeta)\right]$$

$$M = -\frac{p_0 l^2}{\varepsilon^2}\cdot\left[\frac{1-\cosh\varepsilon}{\sinh\varepsilon}\cdot\sinh\varepsilon\zeta + \cosh\varepsilon\zeta - 1\right]$$

$$Q = p_0 l\cdot(1-\zeta) + Pv'$$

$$T = p_0 l\cdot(1-\zeta)$$

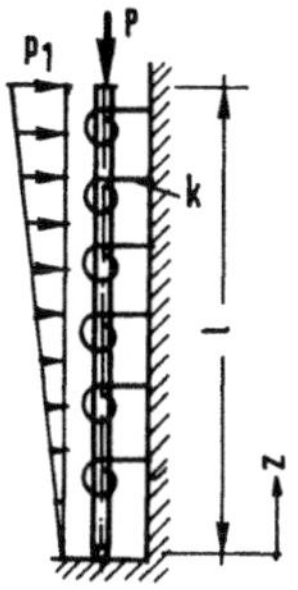

$$v = \frac{p_1 l^4}{EJ\varepsilon^4}\cdot\left[\frac{\sinh\varepsilon\zeta}{\sinh\varepsilon} - \zeta + \varepsilon^2\left(1-\frac{\zeta^2}{3}\right)\cdot\frac{\zeta}{2}\right]$$

$$\varphi = \frac{p_1 l^3}{EJ\varepsilon^3}\cdot\left[\frac{\cosh\varepsilon\zeta}{\sinh\varepsilon} - \frac{1}{\varepsilon} + \frac{\varepsilon}{2}(1-\zeta^2)\right]$$

$$M = -\frac{p_1 l^2}{\varepsilon^2}\cdot\left[\frac{\sinh\varepsilon\zeta}{\sinh\varepsilon} - \zeta\right]$$

$$Q = \frac{p_1 l}{2}\cdot(1-\zeta^2) + Pv'$$

$$T = \frac{p_1 l}{2}\cdot(1-\zeta^2)$$

Bild 5.111

$q = p_0 + p_1\cdot l$ angeschrieben.

Abschnitt 6.2 enthält Erweiterungen und baupraktische Anwendungen.

5.22 Druckstäbe mit kontinuierlicher senkfederelastischer Bettung (System Nr. 46 bis 48)

5.22.1 Differentialgleichung und elasto-statische Lösung

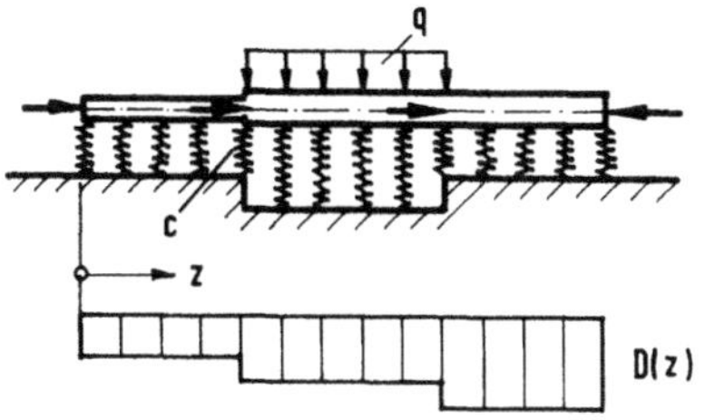

Bild 5.112

Für den elastisch gebetteten Druckstab lautet die Differentialgleichung, wenn EJ, c und D (stückweise) konstant sind (Abschnitt 1.2.2.2):

$$EJv'''' + Dv'' + cv = q \qquad (5.190)$$

c ist die Federkonstante je Längeneinheit [kN/m/m]. q(z) ist die transversale Belastung (B.5.112).

Es werden nachstehende Abkürzungen vereinbart:

$$\xi = \frac{Dl^2}{8EJ},\quad \eta = \frac{1}{4}\sqrt{\frac{cl^4}{EJ}};\quad \zeta = \frac{z}{l},\quad (\;)^{\bullet} = \frac{d(\;)}{d\zeta} \qquad (5.191)$$

Die Differentialgleichung G.5.190 läßt sich damit in folgende dimensionsfreie Form überführen:

$$v^{\bullet\bullet\bullet\bullet} + 8\xi v^{\bullet\bullet} + 16\eta^2 v = \frac{ql^4}{EJ} \qquad (5.192)$$

Abhängig von den Fallunterscheidungen

$$\xi \gtreqless \eta \qquad (5.193)$$

werden drei Grundlösungen unterschieden. Im Falle $\xi > \eta$ lautet beispielsweise die homogene

Elastisch gebettete Druckstäbe

Lösungssystem

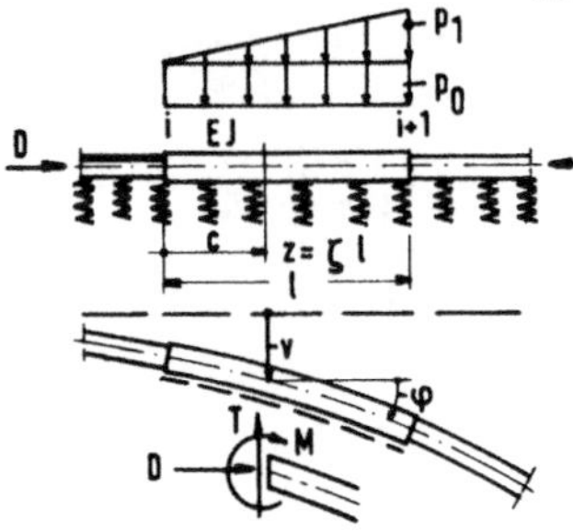

Voraussetzungen: EJ, c und D sind abschnittweise konstant.

Differentialgleichung:

$$v^{\cdot\cdot\cdot\cdot} + 8\,\xi\, v^{\cdot\cdot} + 16\,\eta^2 v = \frac{q l^4}{EJ} \qquad (\;)^{\cdot} = \frac{d(\;)}{d\zeta}$$

Parameter: $\xi = \frac{D l^2}{8EJ}$, $\eta = \frac{1}{4}\sqrt{\frac{c l^4}{EJ}}$ (Bettungsparameter)

Bei einem Spannungsproblem Th. II. Ordn. ist ξ vorgegeben, bei einem Knickproblem ist $\xi = \xi_{Ki}$ gesucht:

$$D_{Ki} = \xi_{Ki} \cdot \frac{8EJ}{l^2}\;; \qquad \beta = \frac{\pi}{\sqrt{8\xi_{Ki}}} \quad \text{(Knicklängenfaktor)}$$

Fallunterscheidung (homogene Lösung):

	C_1	C_2	C_3	C_4	
$\xi>\eta$	$\cos 2\alpha_1\zeta$	$\cos 2\alpha_2\zeta$	$\sin 2\alpha_1\zeta$	$\sin 2\alpha_2\zeta$	$\alpha_{1,2}=\sqrt{\xi \mp \sqrt{\xi^2-\eta^2}}$
$\xi=\eta$	$\cos 2\alpha\zeta$	$2\alpha\zeta\cdot\cos 2\alpha\zeta$	$\sin 2\alpha\zeta$	$2\alpha\zeta\cdot\sin 2\alpha\zeta$	$\alpha_{1,2}=\sqrt{\xi}=\sqrt{\eta}$
$\xi<\eta$	$\cos 2\alpha_1\zeta\cdot\cosh 2\alpha_2\zeta$	$\cos 2\alpha_1\zeta\cdot\sinh 2\alpha_2\zeta$	$\sin 2\alpha_1\zeta\cdot\cosh 2\alpha_2\zeta$	$\sin 2\alpha_1\zeta\cdot\sinh 2\alpha_2\zeta$	$\alpha_{1,2}=\sqrt{\frac{1}{2}(\eta\pm\xi)}$

Partikuläre Lösung für $q(\zeta) = p_0 + p_1\cdot\zeta$: $v = (p_0 + p_1\zeta)\cdot\frac{l^4}{16EJ\eta^2} = (p_0 + p_1\zeta)\cdot\frac{1}{c}$

Abgeleitete Größen: $\varphi = v^{\cdot}/l$; $M = -EJv^{\cdot\cdot}/l^2$; $Q = -EJv^{\cdot\cdot\cdot}/l^3$, $T = Q - D\,\frac{v^{\cdot}}{l} = -\frac{EJ}{l^3}(v^{\cdot\cdot\cdot} + 8\xi v^{\cdot})$

Übertragungsmatrizen

Parameter ξ und η siehe oben

$$[z]_{iR} = \begin{bmatrix} f_{11} & f_{12} & f_{13} & f_{14} \\ f_{21} & f_{22} & f_{23} & f_{24} \\ f_{31} & f_{32} & f_{33} & f_{34} \\ f_{41} & f_{42} & f_{43} & f_{44} \end{bmatrix} \cdot \begin{bmatrix} v_{iL} \\ \varphi_{iL} \\ M_{iL} \\ T_{iL} \end{bmatrix} + \begin{bmatrix} f_{1q} \\ f_{2q} \\ f_{3q} \\ f_{4q} \end{bmatrix} \qquad \begin{bmatrix} f_{1q} \\ f_{2q} \\ f_{3q} \\ f_{4q} \end{bmatrix} = \begin{bmatrix} f_1^0 \\ f_2^0 \\ f_3^0 \\ f_4^0 \end{bmatrix} \cdot \frac{p_0 l^4}{16\eta^2 EJ} + \begin{bmatrix} f_1^1 \\ f_2^1 \\ f_3^1 \\ f_4^1 \end{bmatrix} \cdot \frac{p_1 l^4}{32\eta^2 EJ}$$

<u>Fall $\xi>\eta$:</u> $\alpha_{1,2} = \sqrt{\xi \mp \sqrt{\xi^2-\eta^2}}$; $n = \alpha_1^2 - \alpha_2^2 = -2\cdot\sqrt{\xi^2-\eta^2}$ (Abkürzung)

$f_{11} = f_{44} = -(\alpha_2^2\cdot\cos 2\alpha_1 - \alpha_1^2\cdot\cos 2\alpha_2)/n$

$f_{22} = f_{33} = +(\alpha_1^2\cdot\cos 2\alpha_1 - \alpha_2^2\cdot\cos 2\alpha_2)/n$

$f_{12} = f_{34} = +(\alpha_1\cdot\sin 2\alpha_1 - \alpha_2\cdot\sin 2\alpha_2)\cdot\frac{l}{2}/n$

$f_{21} = f_{43} = +(\alpha_2\cdot\sin 2\alpha_1 - \alpha_1\cdot\sin 2\alpha_2)\cdot\frac{2\alpha_1\alpha_2}{l}/n$

$f_{13} = f_{24} = +(\cos 2\alpha_1 - \cos 2\alpha_2)\cdot\frac{l^2}{4EJ}/n$

$f_{31} = f_{42} = -(\cos 2\alpha_1 - \cos 2\alpha_2)\cdot\frac{4\alpha_1^2\cdot\alpha_2^2\,EJ}{l^2}/n$

$f_{14} = (\frac{1}{\alpha_1}\cdot\sin 2\alpha_1 - \frac{1}{\alpha_2}\cdot\sin 2\alpha_2)\cdot\frac{l^3}{8EJ}/n$

$f_{23} = -(\alpha_1\cdot\sin 2\alpha_1 - \alpha_2\cdot\sin 2\alpha_2)\cdot\frac{l}{2EJ}/n$

$f_{32} = (\alpha_1^3\cdot\sin 2\alpha_1 - \alpha_2^3\cdot\sin 2\alpha_2)\cdot\frac{2EJ}{l}/n$

$f_{41} = -(\alpha_2^3\cdot\sin 2\alpha_1 - \alpha_1^3\cdot\sin 2\alpha_2)\cdot\frac{8\alpha_1\alpha_2\,EJ}{l^3}/n$

$f_1^0 = 1 + (\alpha_2^2\cdot\cos 2\alpha_1 - \alpha_1^2\cdot\cos 2\alpha_2)/n$

$f_1^1 = 2 + (\frac{\alpha_2^2}{\alpha_1}\cdot\sin 2\alpha_1 - \frac{\alpha_1^2}{\alpha_2}\cdot\sin 2\alpha_2)/n$

$f_2^0 = -(\alpha_2\cdot\sin 2\alpha_1 - \alpha_1\cdot\sin 2\alpha_2)\cdot\alpha_1\alpha_2\cdot\frac{2}{l}/n$

$f_2^1 = [1 + (\alpha_2^2\cdot\cos 2\alpha_1 - \alpha_1^2\cdot\cos 2\alpha_2)/n\,]\cdot\frac{2}{l}$

$f_3^0 = +(\cos 2\alpha_1 - \cos 2\alpha_2)\,\alpha_1^2\alpha_2^2\cdot\frac{4EJ}{l^2}/n$

$f_3^1 = +(\alpha_2\cdot\sin 2\alpha_1 - \alpha_1\cdot\sin 2\alpha_2)\cdot\alpha_1\alpha_2\cdot\frac{4EJ}{l^2}/n$

$f_4^0 = +(\alpha_2^3\cdot\sin 2\alpha_1 - \alpha_1^3\cdot\sin 2\alpha_2)\cdot\alpha_1\alpha_2\cdot\frac{8EJ}{l^3}/n$

$f_4^1 = +[\alpha_2^4\cdot(1-\cos 2\alpha_1) - \alpha_1^4\cdot(1-\cos 2\alpha_2)]\cdot\frac{8EJ}{l^3}/n$

Fall $\xi = \eta$: $\alpha_{1,2} = \sqrt{\xi} = \sqrt{\eta}$; $m = 2\alpha$

$$f_{11} = f_{44} = \cos 2\alpha + \alpha \cdot \sin 2\alpha \qquad f_{22} = f_{33} = \cos 2\alpha - \alpha \cdot \sin 2\alpha$$

$$f_{12} = f_{34} = \left(\alpha \cdot \cos 2\alpha + \frac{1}{2} \sin 2\alpha\right) \cdot \frac{l}{m} \qquad f_{21} = f_{43} = \left(\alpha \cdot \cos 2\alpha - \frac{1}{2} \sin 2\alpha\right) \cdot \frac{m}{l}$$

$$f_{13} = f_{24} = -\alpha \cdot \sin 2\alpha \cdot \frac{l^2}{EJ} / m^2 \qquad f_{31} = f_{42} = \alpha \cdot \sin 2\alpha \cdot \frac{EJ}{l^2} \cdot m^2$$

$$f_{14} = \left(\alpha \cdot \cos 2\alpha - \frac{1}{2} \cdot \sin 2\alpha\right) \cdot \frac{l^3}{EJ} / m^3 \qquad f_{23} = -\left(\alpha \cdot \cos 2\alpha + \frac{1}{2} \cdot \sin 2\alpha\right) \cdot \frac{l}{EJ} / m$$

$$f_{32} = \left(\alpha \cdot \cos 2\alpha + \frac{3}{2} \cdot \sin 2\alpha\right) \cdot \frac{EJ}{l} \cdot m \qquad f_{41} = \left(\frac{3}{2} \cdot \sin 2\alpha - \alpha \cdot \cos 2\alpha\right) \cdot \frac{EJ}{l^3} \cdot m^3$$

$$f_1^0 = 1 - \cos 2\alpha - \alpha \cdot \sin 2\alpha \qquad f_1^1 = \cos 2\alpha - \frac{3}{2\alpha} \cdot \sin 2\alpha + 2$$

$$f_2^0 = \left(\frac{1}{2} \cdot \sin 2\alpha - \alpha \cdot \cos 2\alpha\right) \cdot \frac{m}{l} \qquad f_2^1 = \left(\frac{1}{\alpha} - \sin 2\alpha - \frac{1}{\alpha} \cos 2\alpha\right) \cdot \frac{m}{l}$$

$$f_3^0 = -\alpha \cdot \sin 2\alpha \cdot \frac{EJ}{l^2} m^2 \qquad f_3^1 = \left(\cos 2\alpha - \frac{1}{2\alpha} \cdot \sin 2\alpha\right) \cdot \frac{EJ}{l^2} m^2$$

$$f_4^0 = \left(\alpha \cdot \cos 2\alpha - \frac{3}{2} \sin 2\alpha\right) \cdot \frac{EJ}{l^3} \cdot m^3 \qquad f_4^1 = \left(\sin 2\alpha + \frac{2}{\alpha} \cdot \cos 2\alpha - \frac{2}{\alpha}\right) \cdot \frac{EJ}{l^3} m^3$$

Fall $\xi < \eta$: $\alpha_{1,2} = \sqrt{\frac{1}{2} \cdot (\eta \pm \xi)}$

$$f_{11} = f_{44} = S_1 + \frac{\alpha_1^2 - \alpha_2^2}{2\alpha_1\alpha_2} \cdot S_4 \qquad f_{22} = f_{33} = S_1 - \frac{\alpha_1^2 - \alpha_2^2}{2\alpha_1\alpha_2} \cdot S_4$$

$$f_{12} = f_{34} = (\alpha_1 S_2 + \alpha_2 S_3) \cdot \frac{l}{4\alpha_1\alpha_2} \qquad f_{21} = f_{43} = (\alpha_1 S_2 - \alpha_2 S_3) \, \frac{\alpha_1^2 + \alpha_2^2}{\alpha_1 \alpha_2 l}$$

$$f_{13} = f_{24} = -S_4 \cdot \frac{l^2}{8\alpha_1\alpha_2 EJ} \qquad f_{31} = f_{42} = S_4 \cdot \frac{2(\alpha_1^2 + \alpha_2^2)^2 EJ}{\alpha_1 \alpha_2 l^2}$$

$$f_{14} = (\alpha_1 S_2 - \alpha_2 S_3) \cdot \frac{l^3}{16\alpha_1\alpha_2(\alpha_1^2 + \alpha_2^2) EJ} \qquad f_{23} = -(\alpha_1 S_2 + \alpha_2 S_3) \cdot \frac{l}{4\alpha_1\alpha_2 EJ}$$

$$f_{32} = [\alpha_2(3\alpha_1^2 - \alpha_2^2) S_3 - \alpha_1(3\alpha_2^2 - \alpha_1^2) S_2] \cdot \frac{EJ}{\alpha_1\alpha_2 l} \qquad f_{41} = [\alpha_1(3\alpha_2^2 - \alpha_1^2) S_2 + \alpha_2(3\alpha_1^2 - \alpha_2^2) S_3] \cdot \frac{4(\alpha_1^2 + \alpha_2^2) EJ}{\alpha_1\alpha_2 l^3}$$

$$f_1^0 = 1 - S_1 - \frac{\alpha_1^2 - \alpha_2^2}{2\alpha_1\alpha_2} \cdot S_4 \qquad f_1^1 = 2 - S_2 \cdot \frac{3\alpha_2^2 - \alpha_1^2}{2\alpha_2(\alpha_1^2 + \alpha_2^2)} - S_3 \cdot \frac{3\alpha_1^2 - \alpha_2^2}{2\alpha_1(\alpha_1^2 + \alpha_2^2)}$$

$$f_2^0 = (\alpha_2 S_3 - \alpha_1 S_2) \cdot \frac{\alpha_1^2 + \alpha_2^2}{\alpha_1\alpha_2 l} \qquad f_2^1 = \left(2 - 2S_1 - \frac{\alpha_1^2 - \alpha_2^2}{\alpha_1\alpha_2} \cdot S_4\right) \cdot \frac{1}{l}$$

$$f_3^0 = -S_4 \cdot \frac{2(\alpha_1^2 + \alpha_2^2)^2 EJ}{\alpha_1\alpha_2 l^2} \qquad f_3^1 = (\alpha_1 S_2 - \alpha_2 S_3) \cdot \frac{2(\alpha_1^2 + \alpha_2^2) EJ}{\alpha_1\alpha_2 l^2}$$

$$f_4^0 = -[\alpha_1(3\alpha_2^2 - \alpha_1^2) \cdot S_2 + \alpha_2(3\alpha_1^2 - \alpha_2^2) S_3] \cdot \frac{4(\alpha_1^2 + \alpha_2^2) EJ}{\alpha_1\alpha_2 l^3}$$

$$f_4^1 = \left[4(\alpha_1^2 - \alpha_2^2) S_1 + \frac{\alpha_1^4 - 6\alpha_1^2\alpha_2^2 + \alpha_2^4}{\alpha_1\alpha_2} S_4 - 4(\alpha_1^2 - \alpha_2^2)\right] \times \frac{4EJ}{l^3}$$

Abkürzungen:

$$S_1 = \cos 2\alpha_1 \cdot \cosh 2\alpha_2$$

$$S_2 = \cos 2\alpha_1 \cdot \sinh 2\alpha_2$$

$$S_3 = \sin 2\alpha_1 \cdot \cosh 2\alpha_2$$

$$S_4 = \sin 2\alpha_1 \cdot \sinh 2\alpha_2$$

Lösung:

$$v(\zeta) = C_1\cos 2\alpha_1\zeta + C_2\cos 2\alpha_2\zeta + C_3\sin 2\alpha_1\zeta + C_4\sin 2\alpha_2\zeta\,; \qquad \alpha_{1,2} = \sqrt{\xi \mp \sqrt{\xi^2-\eta^2}} \tag{5.194}$$

Sonderfall:

$$c = \eta = 0 \longrightarrow \alpha_1 = 0,\ \alpha_2 = \frac{\varepsilon}{2} \tag{5.195}$$

Auf T.5.66 sind die Lösungssysteme für die drei Fälle zusammengestellt. φ, M, Q und T folgen aus v mittels der Differentiationsvorschriften der T.3.1. Partikuläre Lösungen gewinnt man durch passende Ansätze und Koeffizientenvergleich. - Verzweigungs- und Spannungsprobleme Th.II.Ordn. wurden in umfassender Weise von STOLLE [5.58/59] gelöst.

5.22.2 Verfahren der Übertragungsmatrizen

Elastisch gebettete Druckstäbe kommen i.allg. als Linienträger vor. Für derartige Systeme ist das Verfahren der Übertragungsmatrizen als Berechnungsmethode bevorzugt geeignet. Die für die Berechnung benötigten Matrizen werden (wie im Abschnitt 3.4.3 gezeigt) durch Vorgabe des Zustandsvektors $[z]_{iL}$ ermittelt. Beispielsweise ergeben sich für den Fall $\xi > \eta$ die Freiwerte C_1 bis C_4 zu:

$$n = \alpha_1^2 - \alpha_2^2; \qquad \begin{aligned} nC_1 &= -\alpha_2^2\cdot v_{iL} + \frac{M_{iL}\cdot l^2}{4EJ} + \frac{p_0 l^4}{16\eta^2 EJ}\alpha_2^2 \\ nC_2 &= +\alpha_1^2\, v_{iL} - \frac{M_{iL}\cdot l^2}{4EJ} - \frac{p_0 l^4}{16\eta^2 EJ}\alpha_1^2 \\ nC_3 &= +\frac{\alpha_1\varphi_{iL}\cdot l}{2} + \frac{T_{iL}\cdot l^3}{\alpha_1 8EJ} + \frac{p_1\cdot l^4}{32\eta^2 EJ}\cdot\frac{\alpha_2^2}{\alpha_1} \\ nC_4 &= -\frac{\alpha_2\varphi_{iL}\cdot l}{2} - \frac{T_{iL}\cdot l^3}{\alpha_2 8EJ} - \frac{p_1\cdot l^4}{32\eta^2 EJ}\cdot\frac{\alpha_1^2}{\alpha_2} \end{aligned} \tag{5.196}$$

Hierin ist die partikuläre Lösung für $q(\zeta) = p_0 + p_1\cdot\zeta$ berücksichtigt. Die Freiwerte werden in das Lösungssystem eingesetzt und der Zustandsvektor $[z]_{iR}$ bestimmt. T.5.66/67 enthält das vollständige Ergebnis der Rechnung für die Fälle $\xi \gtrless \eta$ [5.60]. - Bezüglich der Berechnungsmethode können die Anweisungen des Abschnittes 3.4.3 uneingeschränkt übernommen werden. Nach Programmierung lassen sich beliebige Sprungstellen, auch diskrete Federn, erfassen. - Ein Anwendungsfall sind z.B. gedrückte Verpreßpfähle im Boden.

5.22.3 Verzweigungsprobleme elastisch gebetteter Druckstäbe

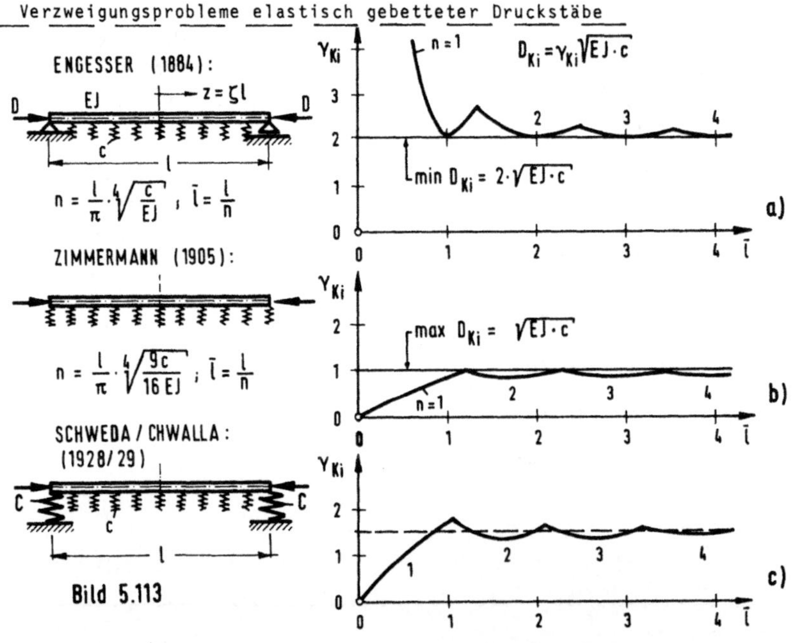

Bild 5.113

Die Berechnung der Knicklasten elastisch gebetteter Druckstäbe zählt zu den klassischen Problemstellungen der Stabilitätstheorie. Bild 5.113 zeigt deren wichtigste Fälle. Sie bilden die Grundlage für den Stabilitätsnachweis der Druckgurte offener Brücken und verwandter Strukturen.

Für das in B.5.113a dargestellte ENGESSER-Problem [5.61/63] liefern die Randbedingungen

$$v(-\frac{l}{2}) = v(\frac{l}{2}) = v''(-\frac{l}{2}) = v''(\frac{l}{2}) = 0 \qquad (5.197)$$

nach Einsetzen in die homogene Lösung G.5.194 und Berechnung der Nennerdeterminante:

$$\xi_{Ki} = \frac{n^2\pi^2}{8} + \frac{2\eta^2}{n^2\pi^2} \qquad (5.198)$$

Hierin ist n eine ganze positive Zahl (n=1, 2, 3 ...). Die Knicklast beträgt:

$$D_{Ki} = \frac{8EJ}{l^2}\xi_{Ki} = \frac{n^2\pi^2 EJ}{l^2} + \frac{c \cdot l^2}{n^2\pi^2} \qquad (5.199)$$

Das erste Glied gibt die Knicklast des EULER-Stabes II für n Halbwellen und das zweite die Erhöhung durch die elastische Bettung an. Von baupraktischem Interesse ist min D_{Ki}. Trägt man G.5.199 über der Stützweite auf, findet man für n=1, 2, 3 ... eine Kurvenschar, deren untere Einhüllende (in Form einer girlandenförmigen Kurve) die zu den einzelnen Halbwellenzahlen n gehörenden minimalen Knickwerte angibt (B.5.113a):

$$\min D_{Ki\,n} \equiv D_{Ki} = \gamma_{Ki} \cdot \sqrt{EJ \cdot c} \qquad (5.200)$$

Die Minimumbedingung

$$\frac{dD_{Ki}}{dn} = 0 \qquad (5.201)$$

liefert:

$$n = \frac{l}{\pi} \cdot \sqrt[4]{\frac{c}{EJ}} \qquad (5.202)$$

Ist n eine ganze Zahl und wird G.5.202 in G.5.199 eingesetzt, folgt:

$$\min D_{Ki} = D_{Ki\,Eng} = 2\sqrt{EJ \cdot c} \qquad (5.203)$$

Diese Formel gilt näherungsweise (und auf der sicheren Seite liegend) auch dann, wenn die Teilwellen gemäß G.5.202 in der Gesamtlänge nicht aufgehen. Die Näherung ist umso besser, je größer die Wellenzahl ist. $D_{Ki} > D_{Ki\,Eng}$ entspricht $\xi_{Ki} > \eta$. Demnach ist der Lösungsfall G.5.194 stets maßgebend, das gilt auch dann, wenn die Enden des Knickstabes anderweitig unverschieblich gestützt, z.B. starr eingespannt, sind.

Fehlt an den Enden des Druckstabes eine starre Stützung, d.h. ist der Stab nur elastisch gebettet, ist $D_{Ki} < D_{Ki\,Eng}$, daher ist der zu $\xi < \eta$ gehörende Lösungsfall maßgebend. Man spricht vom ZIMMERMANN-Problem [5.64]. Für diesen Fall gilt:

$$\max D_{Ki} = D_{Ki\,Zim} = \frac{1}{2} D_{Ki\,Eng} = \sqrt{EJ \cdot c} \qquad (5.204)$$

Wie aus B.5.113b zu ersehen ist, nähert dieser Wert die Knick-Girlandenkurve von oben an, d.h. G.5.204 liegt (im Gegensatz zu G.5.203) auf der unsicheren Seite.

Sind an den Enden des Druckstabes Einzelfedern C vorhanden (B.5.113c), sind sämtliche Lösungsfälle gemäß G.5.193 möglich [5.65/67].

T.5.68 kann der β-Wert für fünf Stützungsarten entnommen werden; vgl. auch [5.68]. Beispielsweise ergibt sich der β-Wert für das ENGESSER-Problem aus der Gleichsetzung von G.5.199 mit der Knicklast eines EULER-II-Vergleichszustabes zu:

Tafel 5.68

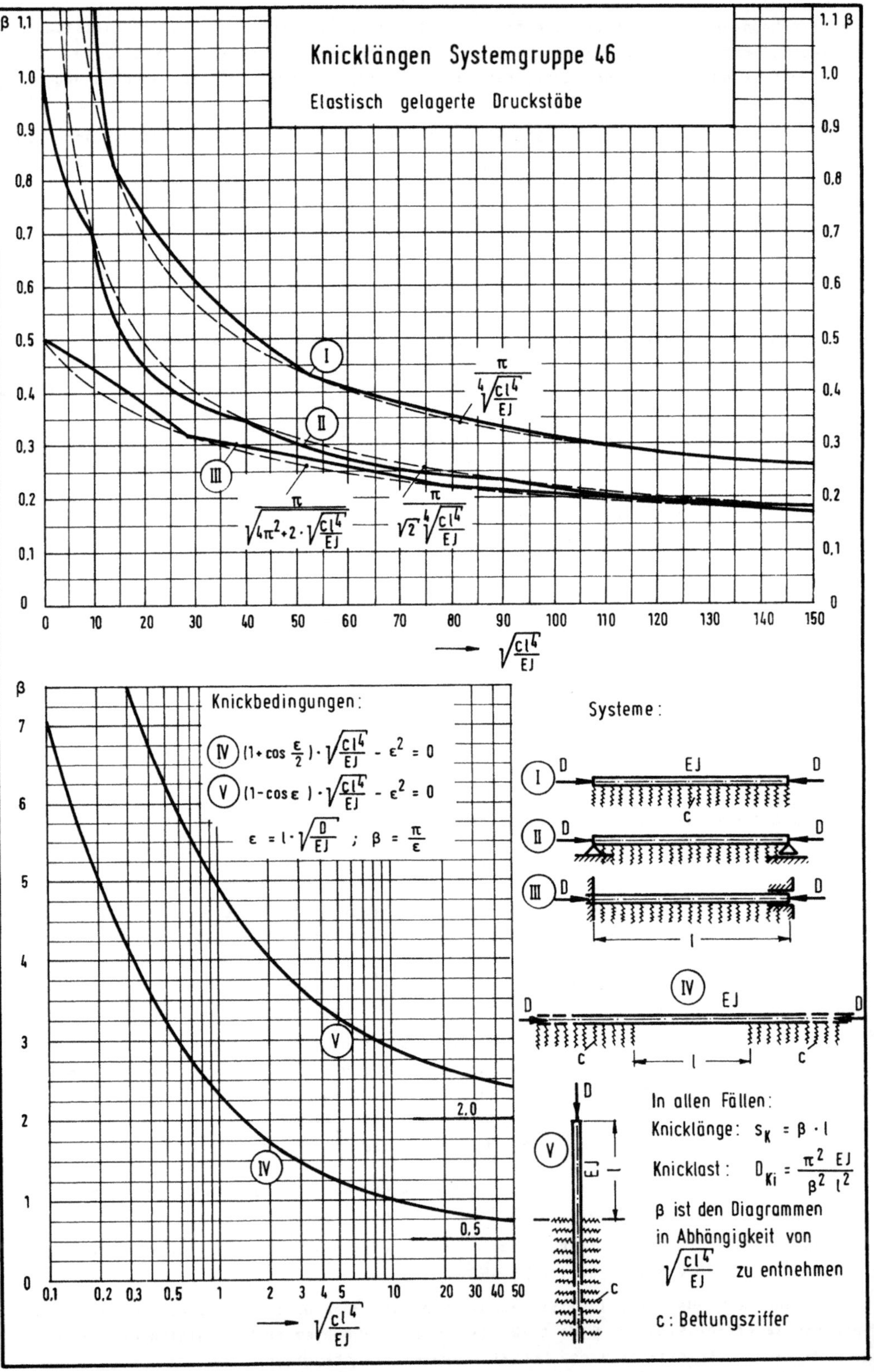
Knicklängen Systemgruppe 46
Elastisch gelagerte Druckstäbe
$\frac{\pi}{\sqrt[4]{\frac{c l^4}{EJ}}}$
$\frac{\pi}{\sqrt{4\pi^2 + 2 \cdot \sqrt{\frac{c l^4}{EJ}}}}$
$\frac{\pi}{\sqrt{2}\,\sqrt[4]{\frac{c l^4}{EJ}}}$
$\sqrt{\frac{c l^4}{EJ}}$
Knickbedingungen:
IV $(1 + \cos\frac{\varepsilon}{2}) \cdot \sqrt{\frac{c l^4}{EJ}} - \varepsilon^2 = 0$
V $(1 - \cos\varepsilon) \cdot \sqrt{\frac{c l^4}{EJ}} - \varepsilon^2 = 0$
$\varepsilon = l \cdot \sqrt{\frac{D}{EJ}}$; $\beta = \frac{\pi}{\varepsilon}$
Systeme:
In allen Fällen:
Knicklänge: $s_K = \beta \cdot l$
Knicklast: $D_{Ki} = \frac{\pi^2}{\beta^2} \frac{EJ}{l^2}$
β ist den Diagrammen in Abhängigkeit von $\sqrt{\frac{c l^4}{EJ}}$ zu entnehmen
c: Bettungsziffer

Tafel 5.69

Elastisch gelagerte Druckstäbe
(Systemgruppe 47)

Druckkraft: konstant

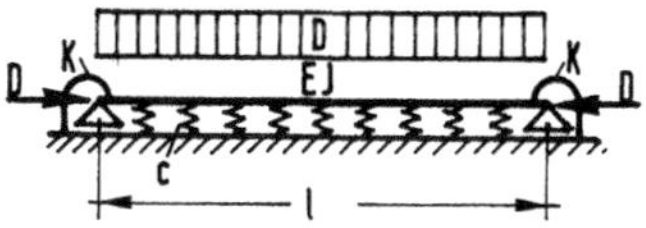

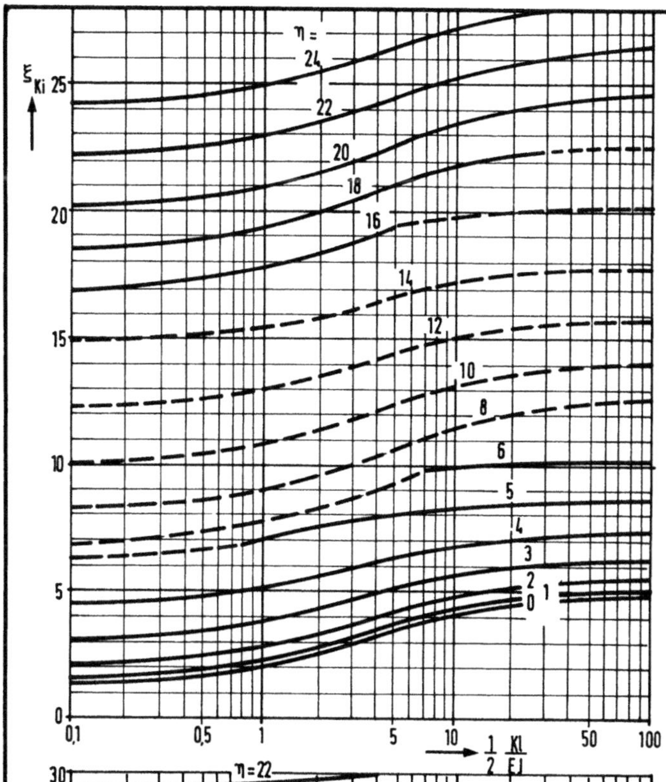

Parameter

$$\eta = \frac{1}{4}\sqrt[4]{\frac{cl^4}{EJ}}$$

$$\frac{1}{2}\cdot\frac{Kl}{EJ}$$

Knicklänge:

$$\beta = \frac{\pi}{\sqrt{8\cdot\xi_{Ki}}}$$

Ideale Knicklast:

$$D_{Ki} = \xi_{Ki}\cdot\frac{8\,EJ}{l^2}$$

Druckkraft: parabolisch

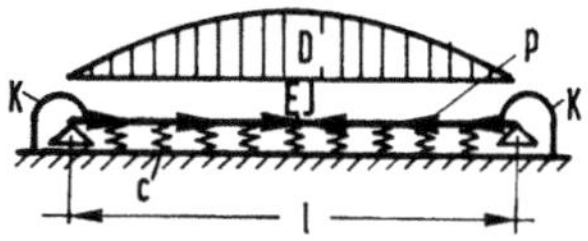

D = max D in Feldmitte
(p: richtungstreu)

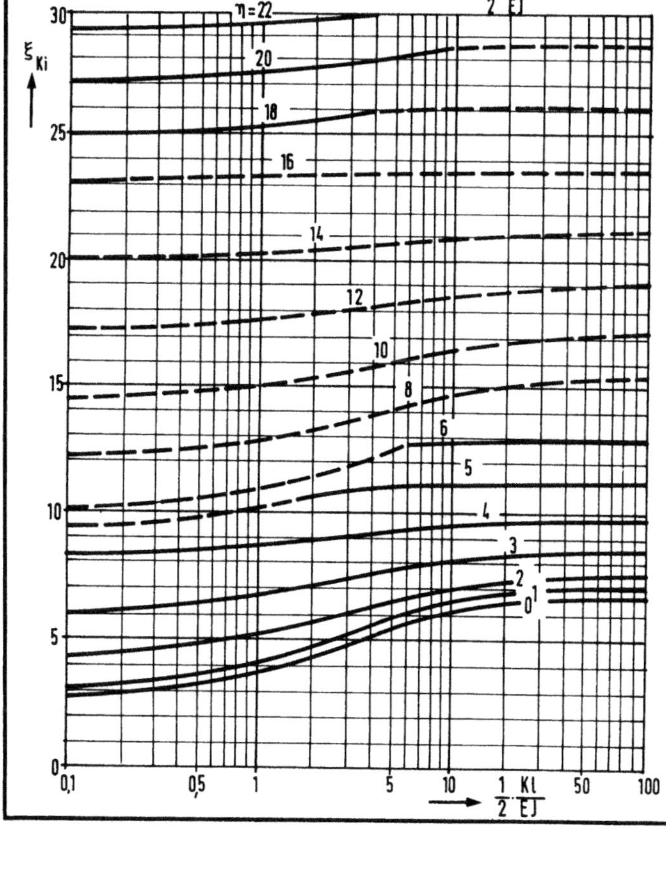

—— symmetrische Knickformen
– – – antimetrische Knickformen

Tafel 5.70

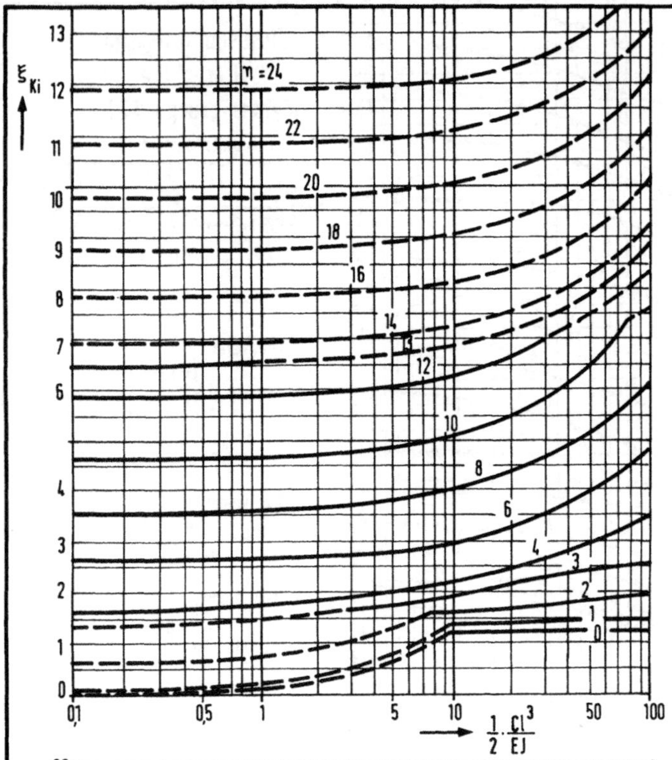

Elastisch gelagerte Druckstäbe
(Systemgruppe 48)

Druckkraft: konstant

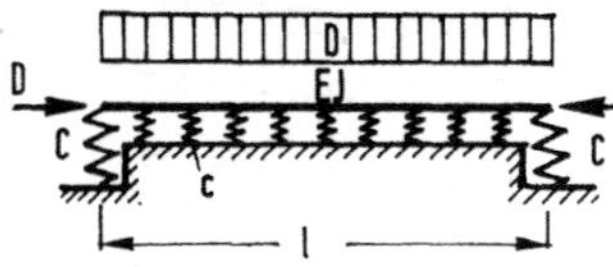

Parameter:

$$\eta = \frac{1}{4}\sqrt{\frac{cl^4}{EJ}}$$

$$\frac{1}{2} \cdot \frac{cl^3}{EJ}$$

Knicklänge:

$$\beta = \frac{\pi}{\sqrt{8 \cdot \xi_{Ki}}}$$

Ideale Knicklast

$$D_{Ki} = \xi_{Ki} \cdot \frac{8\,EJ}{l^2}$$

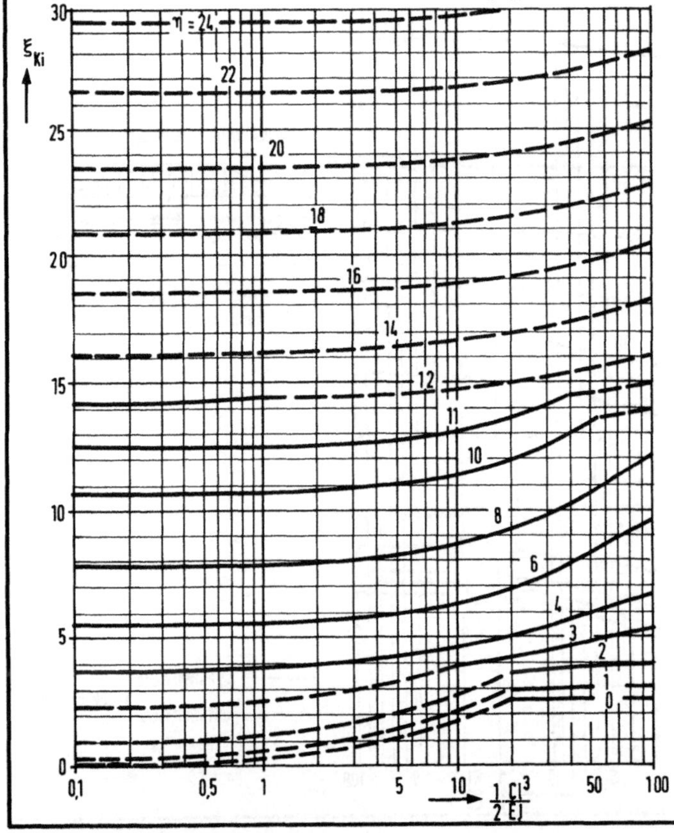

Druckkraft: parabolisch

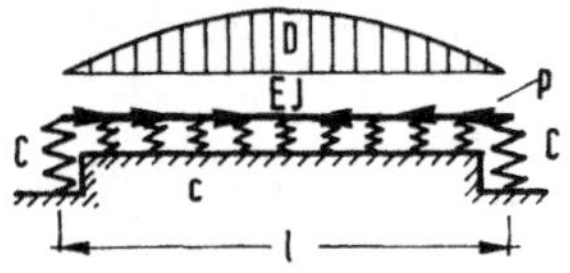

D = max D in Feldmitte
(p: richtungstreu)

——— symmetrische Knickformen
– – – antimetrische Knickformen

$$\beta = \frac{1}{\sqrt{n^2 + \frac{1}{n^2\pi^4}\cdot\frac{cl^4}{EJ}}} \qquad (5.205)$$

Die β-Kurven für die Lagerfälle (II) und (III) nähern sich mit ansteigender Bettungszahl (und damit einhergehender Wellenzahl) zunehmend der ENGESSER-Lösung (I) an. Hiermit ist angedeutet, warum die ENGESSER-Formel G.5.203 bei Trogbrückenberechnungen (und ähnlichen Problemen) auch dann zu sehr zutreffenden Ergebnissen führt, wenn J, c und D variabel sind und die Rechnung auf max D bezogen wird. Da derartige Konstruktionen wegen der relativ hohen elastischen Querstützung mehrwellig ausknicken, wirken sich die außerhalb des höchstbeanspruchten Mittelbereiches herrschenden Verhältnisse, einschließlich Randlagerungen, nur untergeordnet auf die Knicklast aus. Abschnitt 6.7 enthält baupraktische Anwendungen.
Will man eine bestimmte Knickwellenzahl erzwingen, ist die Bettungszahl entsprechend anzuheben. Diese Forderung führt auf die sogen. Mindeststeifigkeit der Bettung. Im ENGESSER-Fall ergibt die Auflösung von G.5.202 nach c:

$$c^* = \frac{n^4\pi^4}{EJl^4} \qquad (5.206)$$

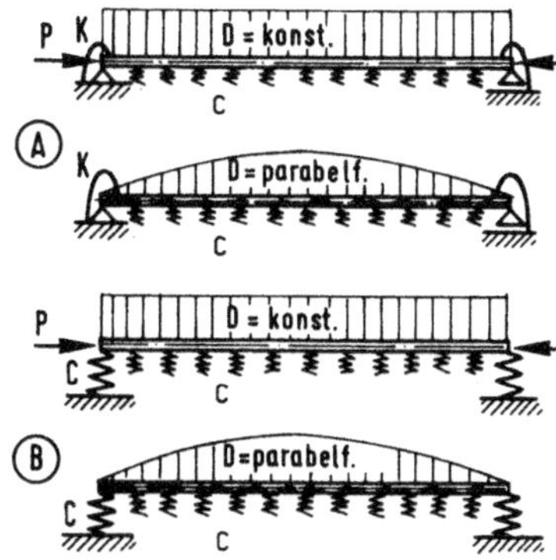

Bild 5.114

Auf den Tafeln T.5.69/70 sind weitere Knickdiagramme zusammengestellt, vgl. auch B.5.114:
Lagerung A: Unverschiebliche, drehfederelastische Endlagerung; Drehfederkonstante K,
Lagerung B: Verschiebliche Endlagerung mit Senkfedern; Federkonstante C.
Über

$$\frac{1}{2}\frac{Kl}{EJ} \quad \text{bzw.} \quad \frac{1}{2}\frac{Cl^3}{EJ} \qquad (5.207)$$

kann ξ_{Ki} mit dem Kurvenparameter η gemäß G.5.191 aus den Diagrammen abgegriffen werden. Mit ξ_{Ki} sind auch D_{Ki} und β bekannt. Auf den Tafeln wird zwischen einer konstanten und parabelförmigen Druckkraftverteilung unterschieden.

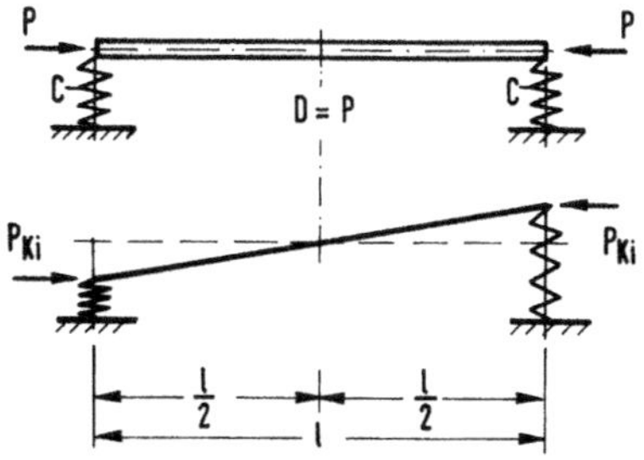

Bild 5.115

Für die Lagerung B mit konstanter Druckkraft werden zwei Grenzbetrachtungen angestellt: Im Grenzfall c=0 (η =0) beträgt die Knickkraft (B.5.115):

$$D_{Ki} = \frac{C\cdot l}{2} \qquad (5.208)$$

Die Gleichsetzung dieses Wertes mit

$$D_{Ki} = \xi_{Ki}\cdot\frac{8EJ}{l^2} \qquad (5.209)$$

liefert:

$$\xi_{Ki} = \frac{1}{8}\cdot\frac{Cl^3}{2EJ} \qquad (5.210)$$

Beispielsweise folgt für:

$$\frac{Cl^3}{2EJ} = 8 \longrightarrow \xi_{Ki} = 1 \qquad (5.211)$$

(Vgl. T.5.70 oben.)

Der Grenzfall c=0 führt zudem auf folgende Mindeststeifigkeit C^*:

$$C^* \frac{l}{2} = \frac{\pi^2 EJ}{l^2} \quad \text{bzw.} \quad \frac{C^* l^3}{2EJ} = \pi^2 \tag{5.212}$$

Demnach muß die Kurve für $\eta=0$ in T.5.70, oben, für Werte

$$\frac{1}{2} \cdot \frac{C l^3}{EJ} > \pi^2 \tag{5.213}$$

horizontal verlaufen. Bei parabelförmiger Lastbelegung (T.5.70 unten) gilt:

$$C^* \frac{l}{2} = 2{,}0703 \frac{\pi^2 EJ}{l} \longrightarrow \frac{C^* l^3}{2EJ} = 2{,}0703\pi^2 = 20{,}433 \tag{5.214}$$

5.23 Druckstäbe mit diskreter federelastischer Stützung (System Nr. 49)

Für den in B.5.116 dargestellten, beidseitig gelenkig gelagerten und durch eine Zwischenfeder mit der Federkonstanten C gestützten Druckstab wird die Knickbedingung zweckmäßig mit Hilfe des Verformungsgrößenverfahrens hergeleitet. Die Bestimmungsgleichungen lauten:

$$M^c_{ca} + M^c_{cb} = 0; \quad T^c_{ca} - T^c_{cb} + C\Delta = 0 \tag{5.215}$$

$$\psi_{ac} \cdot l_1 = -\psi_{cb} \cdot l_2 = \Delta \tag{5.216}$$

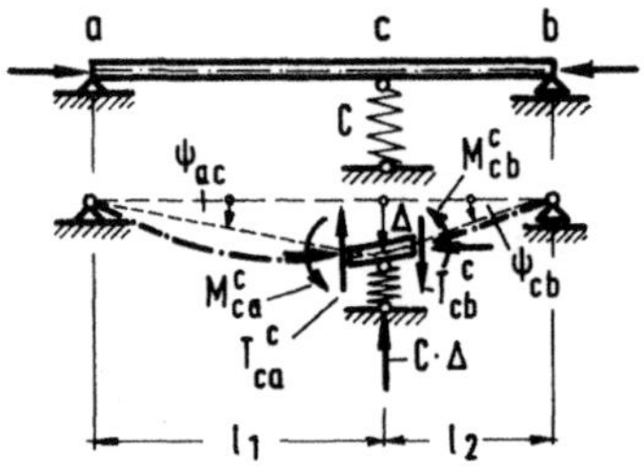

Bild 5.116

Für M und T werden die Grundformeln des Verformungsgrößenverfahrens gemäß T.3.9 eingesetzt und aus Det(ε)=0 die Eigenwerte bestimmt. T.5.71 enthält die β_1-Werte für die längere Feldweite l_1. Parameter:

$$\varkappa = \frac{l_2}{l_1} \; (0 \leq \varkappa \leq 1); \quad \delta = \frac{C \cdot l_1^3}{EJ} \tag{5.217}$$

Auf T.5.71 ist auch das β_1-Diagramm für den beidseitig starr eingespannten Stab aufgenommen. Es wurde auf dieselbe Weise, wie zuvor erläutert, berechnet.

Für den Sonderfall eines beidseitig gelenkig gelagerten Druckstabes mit m i t t i g e r Federstützung ($\varkappa$=1) lautet die Knickbedingung:

$$\sin\varepsilon \, [\delta \sin\varepsilon - \varepsilon \cos\varepsilon \, (\delta - 2\varepsilon^2)] = \text{Det}_1(\varepsilon) \cdot \text{Det}_2(\varepsilon) = 0 \tag{5.218}$$

Offensichtlich existieren zwei Lösungen:

1. $\text{Det}_1(\varepsilon)=0 \rightarrow \varepsilon_{Ki} = \min\varepsilon = \pi \rightarrow \beta=1$: Das ist die Knicklösung für eine einwellige Ausbiegung je Feldweite $l_1=l_2=l$. Bezogen auf die gesamte Länge ist das eine antimetrische Knickfigur, die Feder erleidet keine Eindrückung.
2. $\text{Det}_2(\varepsilon)=0$: Die zugehörigen Eigenwerte ε_{Ki} sind in B.5.117 dargestellt. Die Knickung ist einsinnig, die Feder erfährt eine Eindrückung.

Für $\varepsilon=\pi$ folgt aus $\text{Det}_2(\varepsilon)=0$ die Gleichung $\delta - 2\pi^2 = 0$, d.h. im Sonderfall $\delta = 2\pi^2$ sind beide Knickformen möglich. Demnach beträgt die Mindeststeifigkeit der Feder, oberhalb der der Stab antimetrisch ausknickt:

$$C^* = \delta^* \frac{EJ}{l^3} = 2\pi^2 \frac{EJ}{l^3} \tag{5.219}$$

Im Falle des beidseitig starr eingespannten Stabes beträgt die Mindeststeifigkeit:

$$C^* \approx 2{,}60\,\pi^2 \frac{EJ}{l^3} \tag{5.220}$$

Für Durchlaufträger auf elastischen Stützen mit gleichlangen Teilfeldern der Länge l und

Knicklängen Systemgruppe 49

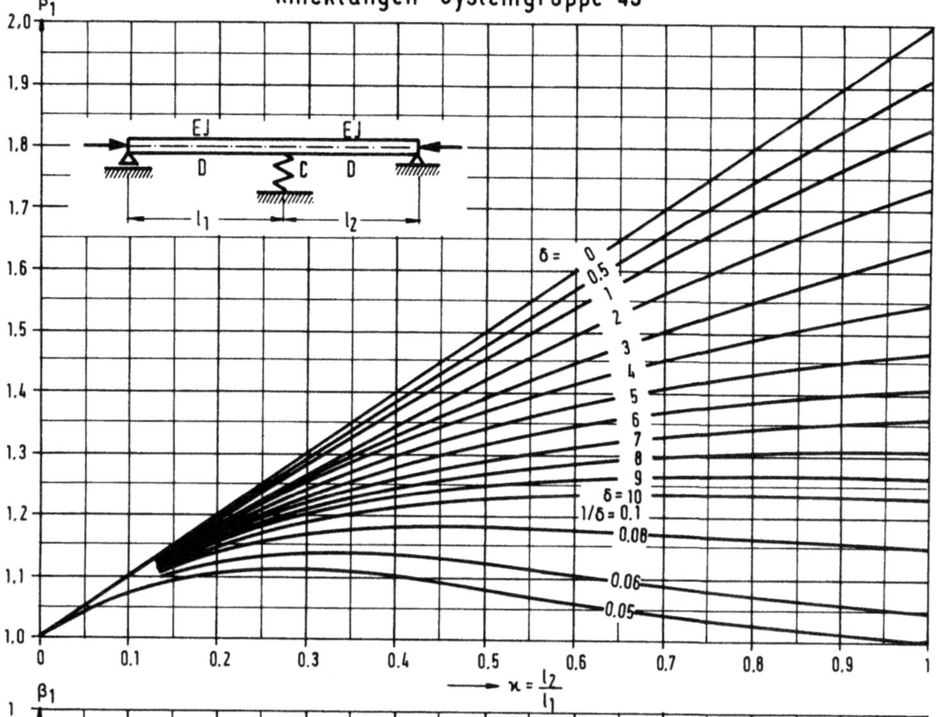

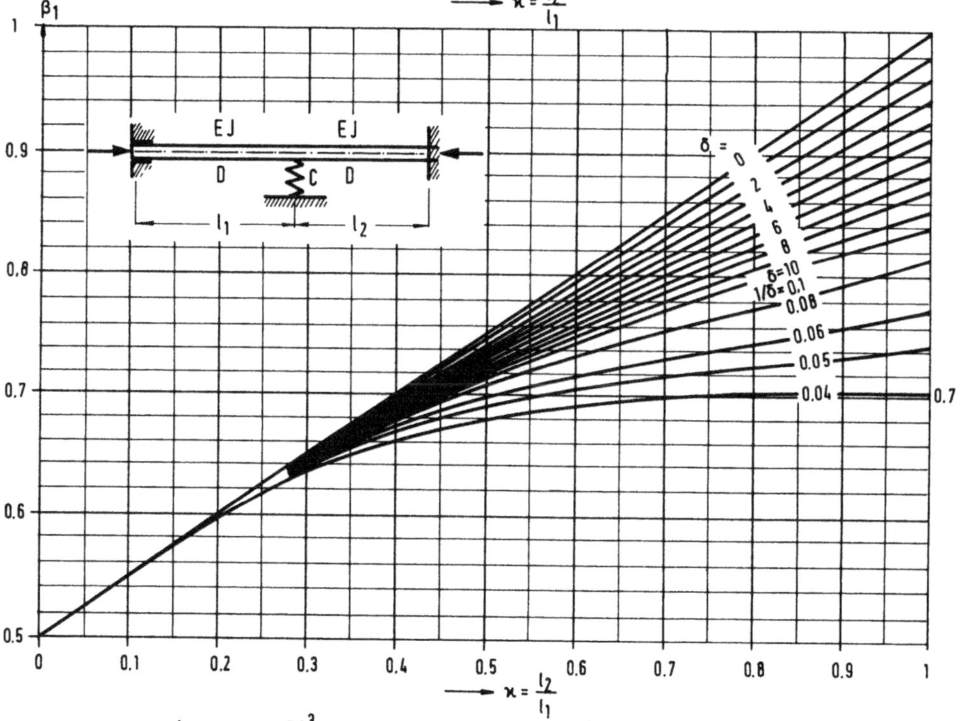

Parameter: $\varkappa = \frac{l_2}{l_1}$; $\delta = \frac{C\,l_1^3}{EJ}$ β_1: Diagramme; $\beta_2 = \frac{\beta_1}{\varkappa}$

Knicklängen: $s_{K_1} = \beta_1\, l_1$; $s_{K_2} = \beta_2\, l_2$ Knicklast: $D_{Ki} = \frac{1}{\beta_1^2} \cdot \frac{\pi^2 EJ}{l_1^2}$

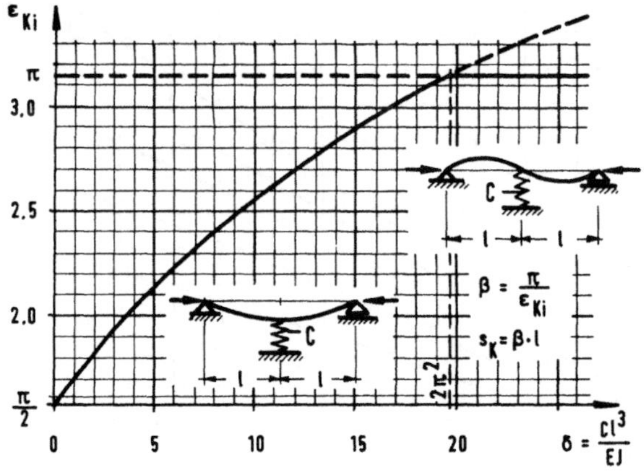

Bild 5.117

gelenkigen Endlagern sowie EJ=konst. und C=konst. gilt:

$$C^* = 2\pi^2\left(1+\cos\frac{\pi}{m}\right)\frac{EJ}{l^3} = \delta^* \frac{EJ}{l^3} \qquad (5.221)$$

Hierin ist m die Felderzahl. Für m=2, 3, 4, 5, 6, 8, 10, ∞ ergibt sich für δ^*:

$$2\pi^2;\ 3\pi^2;\ 3{,}42\pi^2;\ 3{,}62\pi^2;\ 3{,}73\pi^2;\ 3{,}85\pi^2;\ 3{,}90\pi^2;\ 4\pi^2 \qquad (5.222)$$

Sofern die Mindeststeifigkeit nicht erreicht wird, stellt sich bei einem Durchlaufträger eine ein- oder mehrwellige Knickverformung ein. Für den in B.5.118 dargestellten Durchlaufträger mit gleichlangen Einzelfeldern der Länge l und konstanter Biegesteifigkeit und konstanten Federzahlen läßt sich eine g e m i t t e l t e , auf der sicheren Seite liegende β-Kurve für die Knicklänge $s_K = \beta \cdot l$ angeben. Für eine parabelförmige Druckkraftverteilung fällt der β_1-Wert (für das am höchsten beanspruchte Mittelfeld) etwas geringer als bei konstanter Druckkraft aus. Eine annähernd parabelförmige Druckkraftverteilung stellt sich z.B. bei parallelgurtigen, offenen Fachwerken mit fallenden Streben unter Gleichlast ein. Die in B.5.118 angegebenen Kurven sind näherungsweise unabhängig von der Anzahl der Felder. Für 1/δ-Werte kleiner ≈ 0,025 bis 0,050 (gemäß G.5.217) ist β=1 bzw. annähernd 1, weil dann die Mindeststeifigkeit erreicht bzw. überschritten ist.

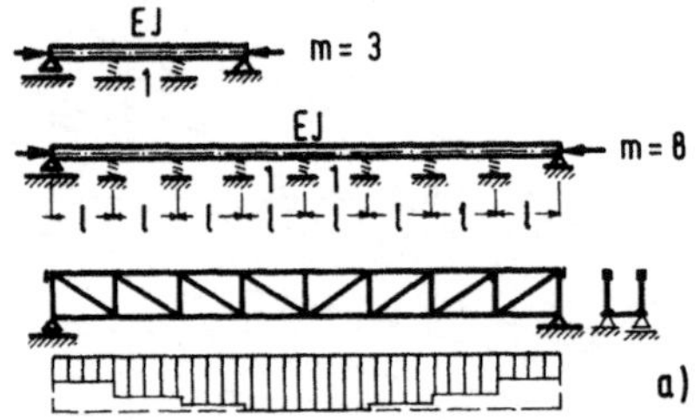

a)

m	parabelförmige Verteilung der Druckkraft							
3	0.885	1	0.885					
4	0.750	1	1	0.750				
5	0.640	0.960	1	0.960	0.640			
6	0.556	0.889	1	1	0.889	0.556		
7	0.490	0.816	0.980	1	0.980	0.816	0.490	
8	0.438	0.750	0.938	1	1	0.938	0.750	0.438

(Zeilen m = 3 bis 8: Anzahl der Felder)

b)

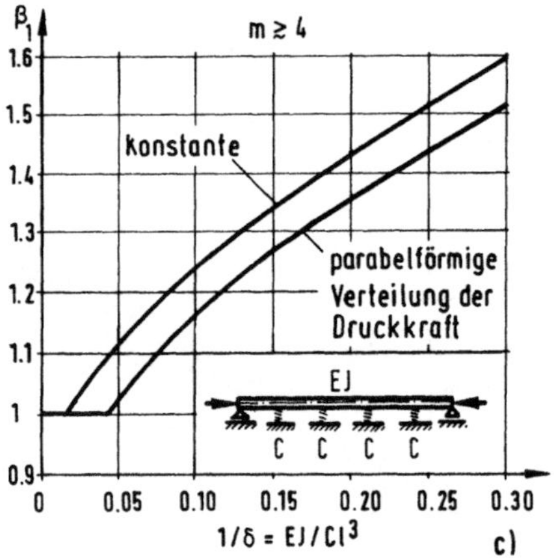

c)

Bild 5.118

Beim Vergleich der β-Werte dieses Abschnittes mit den Ergebnissen des vorangegangenen Abschnittes ist zu beachten, daß sich die β-Werte für die auf Einzelfedern gelagerten Träger auf die Einzelfeldlängen beziehen. Werden die Einzelfedern verschmiert, gilt die Umrechnung:

$$\sqrt{\frac{cL^4}{EJ}} = \sqrt{\frac{mC}{L}\,\frac{L^4}{EJ}} = \sqrt{m^4\frac{C\,l^3}{EJ}} = m^2\sqrt{\delta} \qquad (5.223)$$

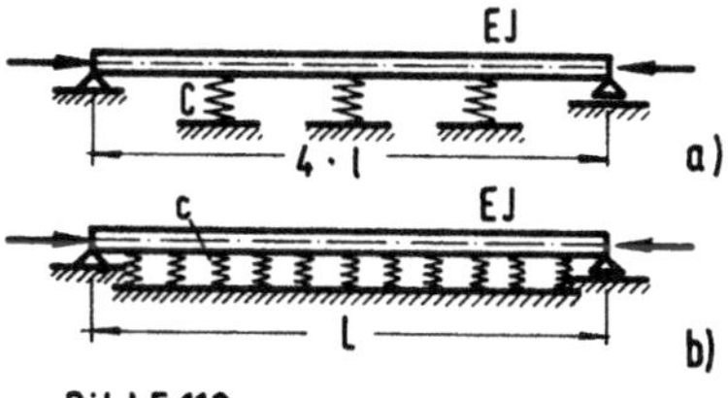

Bild 5.119

m ist die Anzahl der Felder und L die Gesamtlänge L=m·l.
Am Beispiel des in B.5.119 dargestellten vierfeldrigen Durchlaufträgers wird die Zulässigkeit einer Verschmierung überprüft. Für den frei gewählten Parameter 1/δ=0,25 und D=konst. folgt aus B.5.118c: β_1=1,51. Wird dieser β-Wert auf die Gesamtlänge L=4l bezogen, folgt:

$$D_{Ki} = \frac{1}{1{,}51^2} \frac{\pi^2 EJ}{(L/4)^2} = 7{,}05 \frac{\pi^2 EJ}{L^2} \tag{5.224}$$

Aus dem Diagramm der T.5.68 findet man für Fall II:

$$\sqrt[4]{\frac{cL^4}{EJ}} = 4^2 \sqrt[4]{4} = 32 \;:\; \beta = 0{,}375 \longrightarrow D_{Ki} = \frac{1}{0{,}375^2} \frac{\pi^2 EJ}{L^2} = 7{,}12 \frac{\pi^2 EJ}{L^2} \tag{5.225}$$

Die Übereinstimmung ist offensichtlich; für Felderzahlen m ⩾ 4 ist eine Verschmierung immer vertretbar.

5.24 Verbandsstäbe (Knicken quer zur Verbandsebene)

5.24.1 Kreuzverbände (System Nr. 50)

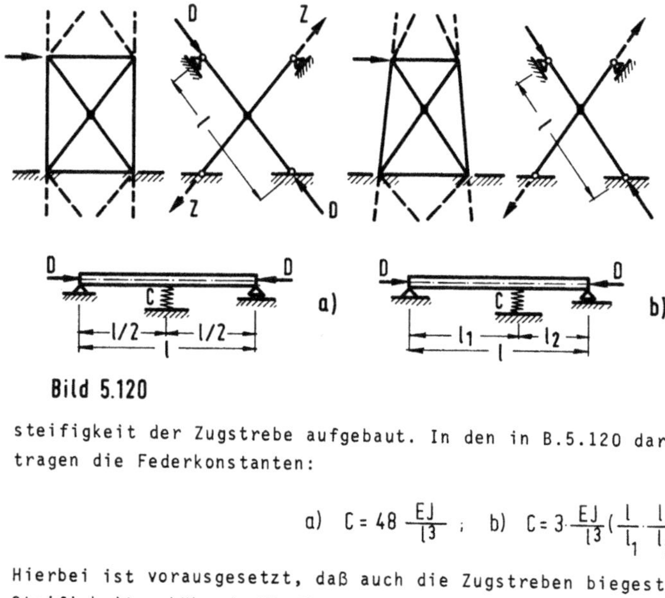

Bild 5.120

Gedrückte Diagonalstreben in Kreuzverbänden können als Verbandsstreben angesetzt werden, wenn sie über die ganze Länge biegesteif durchlaufen. Im Falle der Knickung wirkt die Zugstrebe wie eine federelastische Zwischenstützung (B.5.120). Das Knickproblem läßt sich damit auf einen Druckstab mit einer Zwischenfeder zurückführen. Dieser Fall wurde im vorangegangenen Abschnitt behandelt. Die Federkonstante wird aus der Biegesteifigkeit der Zugstrebe aufgebaut. In den in B.5.120 dargestellten Fällen a und b betragen die Federkonstanten:

$$\text{a)}\quad C = 48 \frac{EJ}{l^3}\;;\qquad \text{b)}\quad C = 3 \frac{EJ}{l^3}\left(\frac{l}{l_1}\cdot\frac{l}{l_2}\right)^2 \tag{5.226}$$

Hierbei ist vorausgesetzt, daß auch die Zugstreben biegesteif durchlaufen. Der die Steifigkeit erhöhende Einfluß aus der streckenden Wirkung der Zugkraft ist in G.5.226 nicht erfaßt, die C-Zahlen liegen demnach auf der sicheren Seite. Eine Einrechnung der Zugbiegung Th.II.Ordn. ist unschwer möglich:

$$\text{a)}\quad C = 4 \frac{\varepsilon^3 \sinh\varepsilon}{\varepsilon \sinh\varepsilon - 2(\cosh\varepsilon - 1)} \cdot \frac{EJ}{l^3},\qquad \text{b)}\quad C = \frac{\varepsilon^3 \sinh\varepsilon}{\frac{l_1}{l}\frac{l_2}{l}\cdot\varepsilon \sinh\varepsilon - \sinh\varepsilon\frac{l_1}{l}\cdot\sinh\varepsilon\frac{l_2}{l}} \cdot \frac{EJ}{l^3};\qquad \varepsilon = l\sqrt{\frac{Z}{EJ}} \tag{5.227}$$

Bei der Anwendung von T.5.71(oben) ist zu beachten, daß sich der β-Wert auf die Teilfeldlänge l_1 bezieht.

Knicklängen System 50

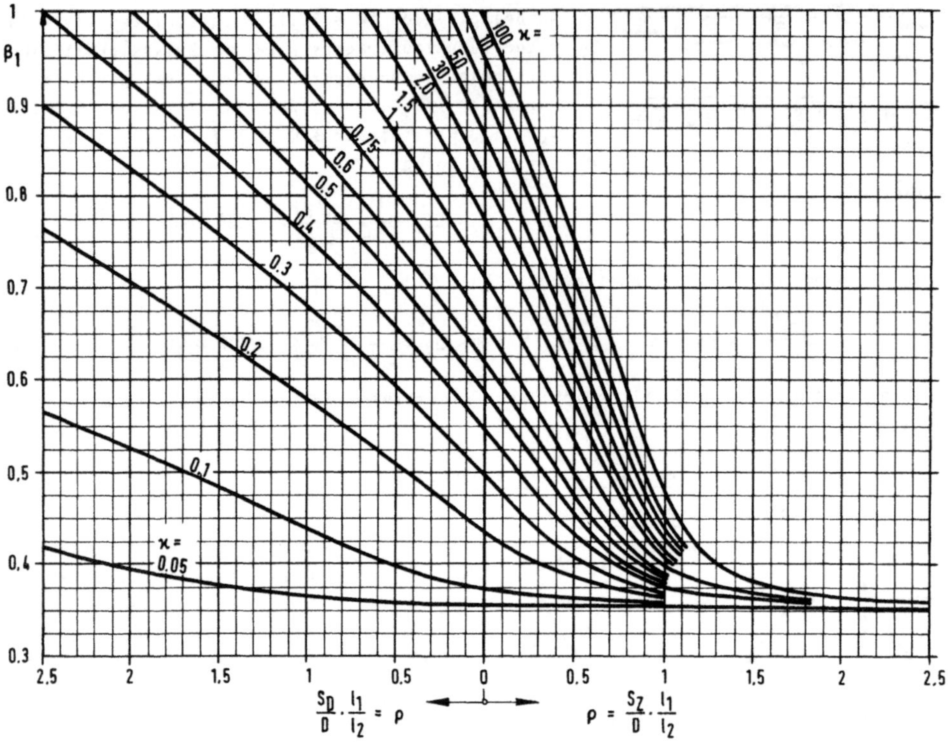

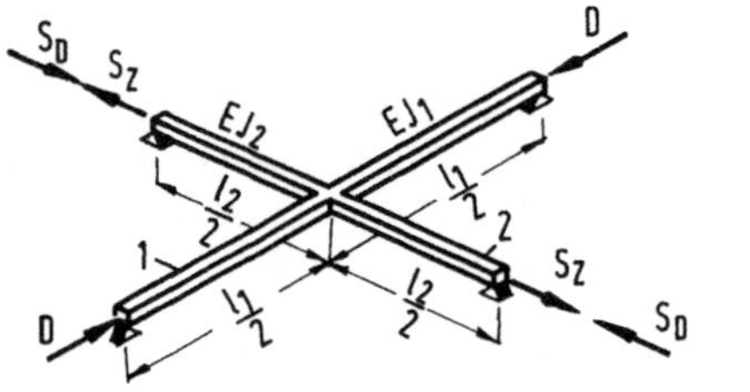

Parameter: $\varkappa = \left(\frac{l_2}{l_1}\right)^3 \cdot \frac{EJ_1}{EJ_2}$

Fall I: $S_2 = |S_Z|$ (Zugkraft) : $\rho = \frac{S_Z}{D} \cdot \frac{l_1}{l_2}$

Fall II: $S_2 = |S_D|$ (Druckkraft) : $\rho = \frac{S_D}{D} \cdot \frac{l_1}{l_2}$

Knickgleichungen:

Fall I : $\rho \cdot \sin\varepsilon_1 \cdot \varepsilon_2 \cdot \sinh\varepsilon_2 \cdot \cosh\varepsilon_2 - [\sinh\varepsilon_2 - (1-\rho)\,\varepsilon_2 \cdot \cosh\varepsilon_2]\,\varepsilon_1 \cdot \cos\varepsilon_1 \cdot \sinh\varepsilon_2 = 0$

Fall II : $\rho \cdot \sin\varepsilon_1 \cdot \varepsilon_2 \cdot \sin\varepsilon_2 \cdot \cos\varepsilon_2 + [\sin\varepsilon_2 - (1+\rho)\,\varepsilon_2 \cdot \cos\varepsilon_2] \cdot \varepsilon_1 \cdot \cos\varepsilon_1 \cdot \sin\varepsilon_2 = 0$

$\varepsilon_2 = \varepsilon_1 \cdot \sqrt{\varkappa\rho}$

Knicklänge des Druckstabes 1: $s_{K_1} = \beta_1 \cdot l_1$, β_1: Diagramm. $D_{Ki_1} = \frac{1}{\beta_1^2} \cdot \pi^2 \frac{EJ_1}{l_1^2}$

Im Falle II: $s_{K_2} = \beta_2 \cdot l_2$; $\beta_2 = \beta_1 \frac{1}{\sqrt{\varkappa\rho}}$

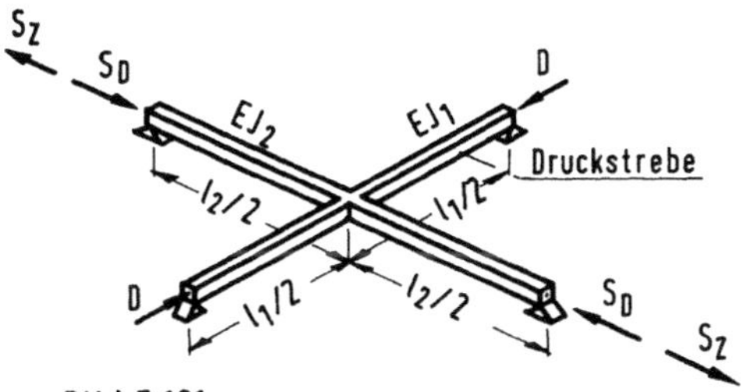

Bild 5.121

Für das in B.5.121 dargestellte System kann der β-Wert direkt aus T.5.72 abgegriffen werden, dabei kann der aussteifende Stab (2) unter Zug (S_Z) oder Druck (S_D) stehen. Bei diesem System bezieht sich der β-Wert auf die gesamte Länge des Druckstabes (1).
Die Knickgleichungen für die Fälle S_Z und S_D sind auf T.5.72 angeschrieben.
Um β ablesen zu können, sind die Parameter $\varkappa$ und ρ zu berechnen:

$$\varkappa = \left(\frac{l_2}{l_1}\right)^3 \cdot \frac{EJ_1}{EJ_2}; \qquad \rho = \frac{|S|}{D} \cdot \frac{l_1}{l_2} \tag{5.228}$$

Beispiel: Doppelsymmetrischer Kreuzverband

T.5.71: Druckstab mit Zwischenfeder; vgl. B.5.120 und G.5.226:

$$l_1 = l_2 = \frac{l}{2}; \quad \delta = \frac{C\, l_1^3}{EJ} = \frac{48\, EJ}{l^3}\left(\frac{l}{2}\right)^3 \frac{1}{EJ} = 6; \quad \varkappa = \frac{l_2}{l_1} = 1 \longrightarrow \beta_1 = 1{,}42$$

Auf die Gesamtlänge l bezogen ergibt sich:

$$\beta = \frac{1}{2}\beta_1 = 0{,}71$$

T.5.72: Stabkreuz; es wird |S| =0 in der aussteifenden Strebe unterstellt:

$$\rho = 0; \ \varkappa = 1 \longrightarrow \beta = 0{,}71$$

DIN 4114N enthält ausführliche Anweisungen; vgl. auch [5.69].

5.24.2 Portalrahmen-Verbände (System Nr. 51)

B.5.122 zeigt einen Portalrahmen, bei dem die Stäbe 1, 2 und 3 in einem Knoten gegenüber Verbiegungen aus der Rahmenebene biegesteif miteinander verbunden sind. Abhängig von der Konfiguration, d.h. von dem Seitenverhältnis a/b und der Lage des gemeinsamen Knotens, gekennzeichnet durch c/a und d/b, stellen sich in den Verbandsstreben bei Einwirkung einer Horizontalkraft H die Druckkräfte D_1, D_2 und D_3 bzw. Zugkräfte Z_1, Z_2 und Z_3 ein.

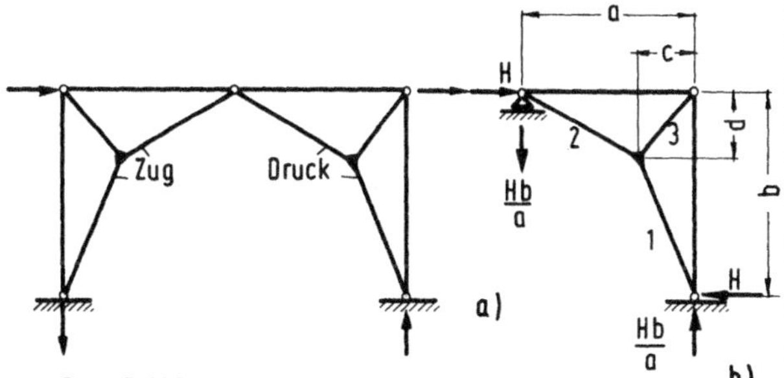

Bild 5.122

Die Kräfte lassen sich für das in B.122b dargestellte System formelmäßig ausdrücken, vgl. T.5.73. Der Stabilitätsnachweis quer zur Verbandsebene hat für die Tragfähigkeit des Rahmens große Bedeutung; in jedem Falle ist eine biegestarre Verbindung der Streben im Knoten zu realisieren!

Das aufgezeigte Knickproblem ist ein Sonderfall des in B.5.123 dargestellten, allgemeineren Problems. Es handelt sich hierbei um ein dreistäbiges Kreuzwerk mit unterschiedlichen Stablängen und Biegesteifigkeiten. Die äußeren Kräfte P_1, P_2 und P_3 stehen im Gleichgewicht. Für Knicken aus der Ebene lautet die Knickbedingung [0.6]:

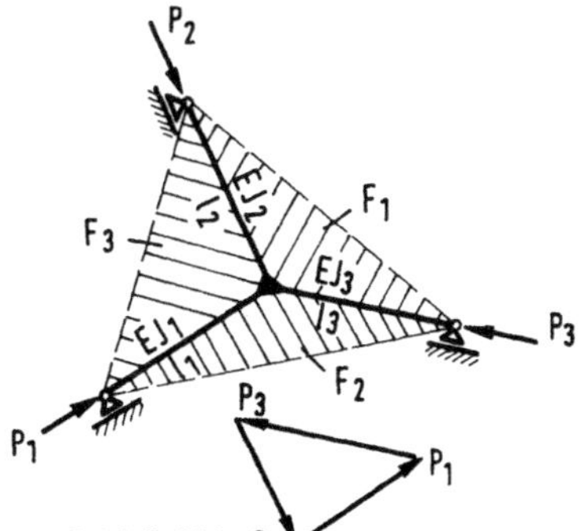

Bild 5.123 P_2

$$F_1\varepsilon_1\cos\varepsilon_1\sin\varepsilon_2\sin\varepsilon_3 + F_2\varepsilon_2\cos\varepsilon_2\sin\varepsilon_1\sin\varepsilon_3 + F_3\varepsilon_3\cos\varepsilon_3\sin\varepsilon_1\sin\varepsilon_2 = 0 \tag{5.229}$$

F_1, F_2 und F_3 sind die Flächeninhalte der den Stäben 1, 2 und 3 gegenüberliegenden Dreiecke. ε_i ist die Stabkennzahl

$$\varepsilon_i = l_i \sqrt{\frac{P_i}{EJ_i}} \qquad (5.230)$$

Unter Verwendung der Parameter

$$\alpha = \frac{a}{b}; \quad \gamma = \frac{c}{a}; \quad \delta = \frac{d}{b} \qquad (5.231)$$

lassen sich die Stabkräfte, Stablängen und Dreieckflächen eines Portalrahmen-Verbandes ausdrücken und hierfür die Knickbedingung G.5.229 auswerten. T.5.73 enthält das Ergebnis dieser Rechnung in Form von β_1-Diagrammen. β_2 und β_3 lassen sich damit auch berechnen. T.5.73 gilt unter der einschränkenden Bedingung, daß die Biegesteifigkeit aller Stäbe gleich groß ist. Die Interpolation von α-Zwischenwerten sollte möglichst exakt erfolgen, insbesondere, wenn $\alpha > 1$ ist.

Häufig fällt aus konstruktiven Gründen der Stab 3 mit der Winkelhalbierenden zusammen. Für diesen Sonderfall kann β_1 aus B.5.124a abgegriffen werden. In B.5.124b ist der Sonderfall $\delta = \gamma$ aufgenommen. Vgl. auch [5.70].

<ins>Beispiel:</ins> Stählerner Portalrahmen
In B.5.125a ist das System skizziert, die Parameter lauten:

$$\alpha = 1{,}333$$
$$\gamma = 0{,}333$$
$$\delta = 0{,}333$$

Mit Hilfe der Diagramme der T.5.73 soll β_1 bestimmt werden. Dazu wird zunächst β_1 für $\delta = 0{,}333$ und $\alpha = 1{,}00$; 1,25 und 1,50 über $\gamma = 0{,}2$ bis 0,5 in einem gesonderten Diagramm aufgetragen; in B.5.125b sind die Kurven dargestellt. Für $\gamma = 0{,}333$ liest man ab:

$$\alpha = 1{,}00 : \beta_1 = 1{,}76$$
$$\alpha = 1{,}25 : \beta_1 = 1{,}98$$
$$\alpha = 1{,}50 : \beta_1 = 2{,}20$$

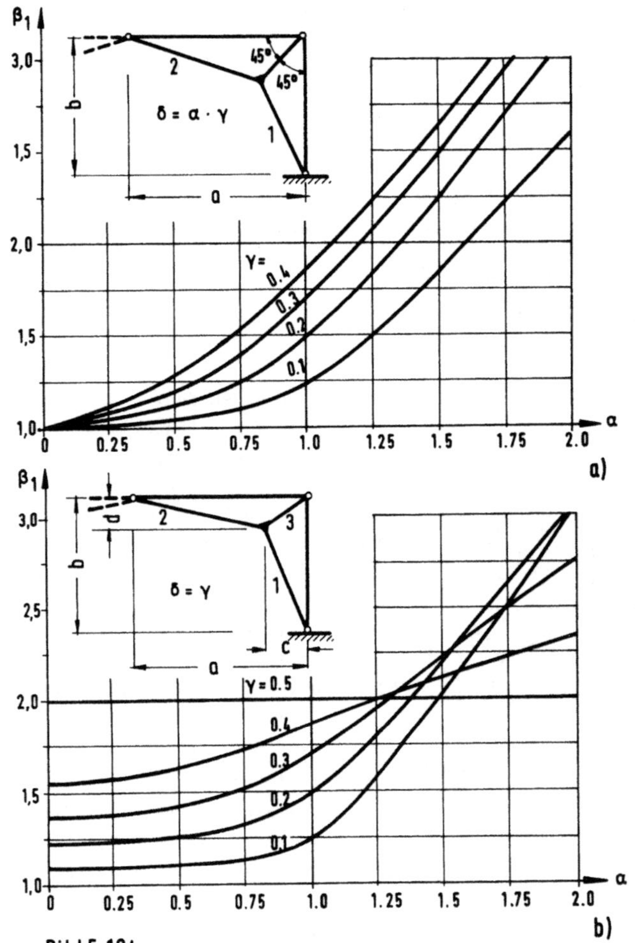

Bild 5.124

Knicklängen System 51

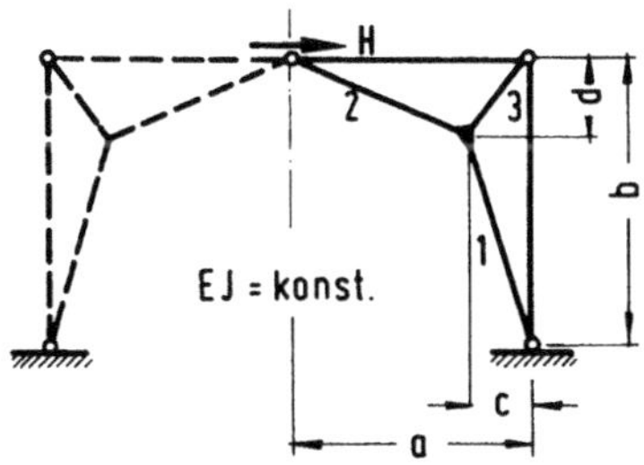

Parameter: $\alpha = \frac{a}{b}$, $\gamma = \frac{c}{a}$, $\delta = \frac{d}{b}$

Druckkräfte in den Stäben 1, 2 und 3:

$$D_1 = H \cdot \sqrt{1 + (1-\delta)^2/\alpha^2\gamma^2}$$

$$D_2 = H \cdot \sqrt{1/\alpha^2 + (1-\gamma)^2/\delta^2}$$

$$D_3 = H \cdot \sqrt{1/\delta^2 + 1/\alpha^2\gamma^2} \cdot (1-\gamma-\delta)$$

Knickgleichung: $\frac{\delta}{1-\gamma-\delta}\,\varepsilon_1 \cos\varepsilon_1 \sin\varepsilon_2 \sin\varepsilon_3 + \frac{\gamma}{1-\gamma-\delta}\,\varepsilon_2 \cos\varepsilon_2 \sin\varepsilon_1 \sin\varepsilon_3 + \varepsilon_3 \cos\varepsilon_3 \sin\varepsilon_1 \sin\varepsilon_2 = 0$

Knicklängen: $s_{K1} = \beta_1 l_1$ (β_1: Diagramme ; $\varepsilon_1 = \pi/\beta_1$) ; $s_{K2} = \beta_2 l_2$; $s_{K3} = \beta_3 l_3$.

$$\beta_2 = \beta_1 \cdot \sqrt{\frac{(1-\delta)^2 + \alpha^2\gamma^2}{\alpha^2(1-\gamma)^2 + \delta^2} \cdot \frac{\sqrt{1+(1-\delta)^2/\alpha^2\gamma^2}}{\sqrt{1/\alpha^2 + (1-\gamma)^2/\delta^2}}} \; ; \quad \beta_3 = \beta_1 \cdot \sqrt{\frac{(1-\delta)^2 + \alpha^2\gamma^2}{\alpha^2\gamma^2 + \delta^2} \cdot \frac{\sqrt{1+(1-\delta)^2/\alpha^2\gamma^2}}{\sqrt{1/\delta^2 + 1/\alpha^2\gamma^2}\,(1-\gamma-\delta)}}$$

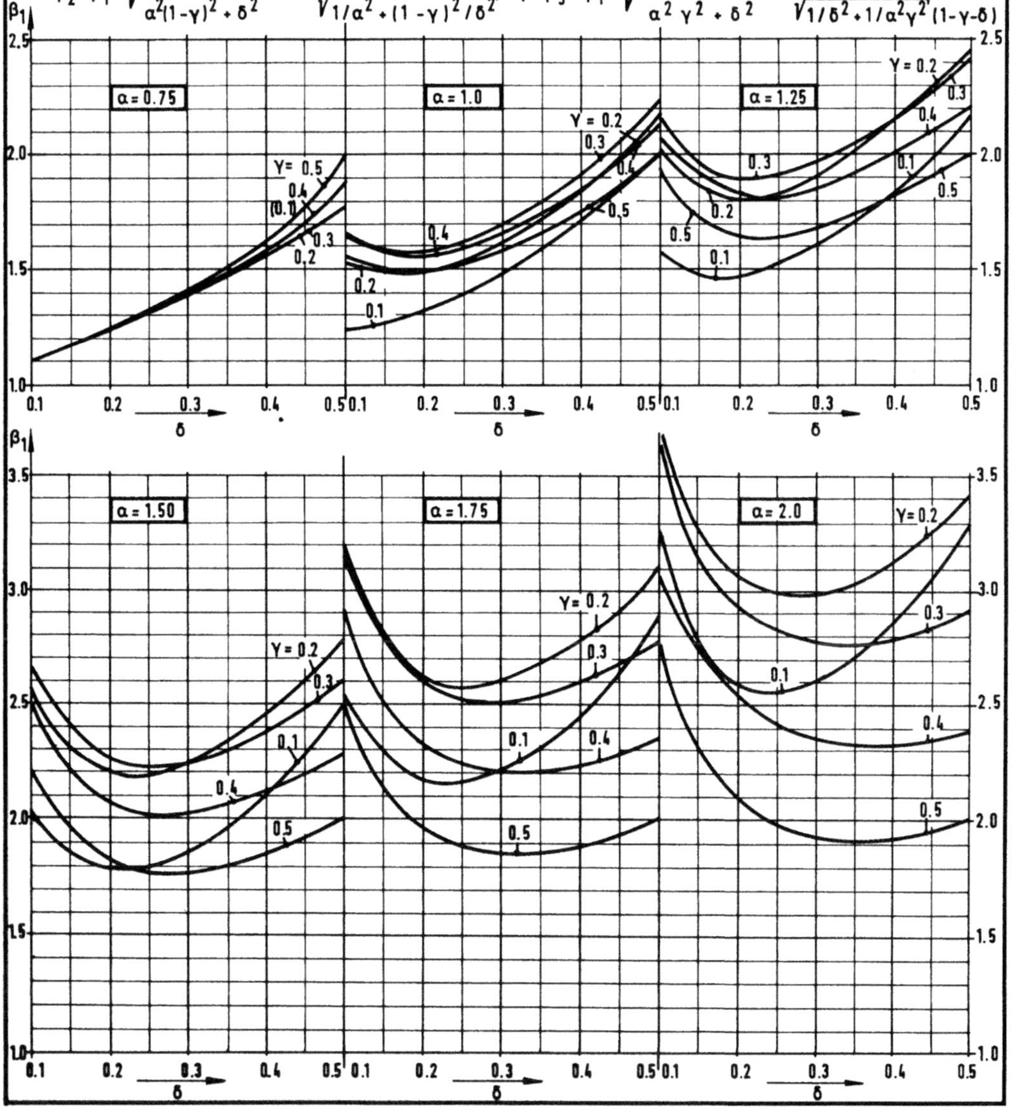

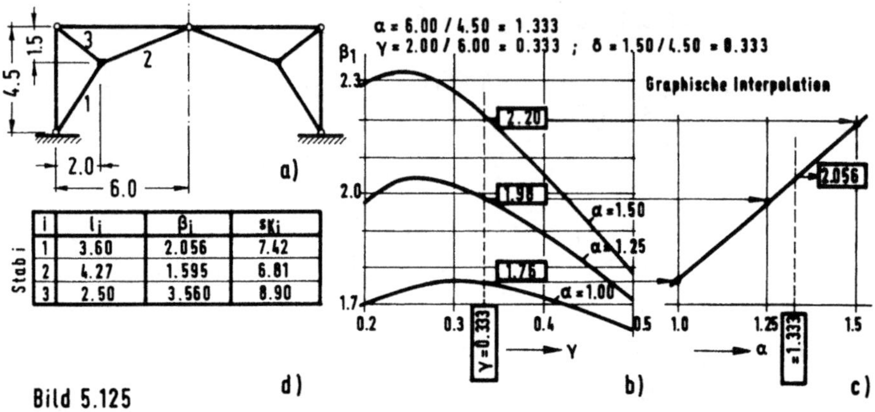

i	l_i	β_i	s_{Ki}
1	3.60	2.056	7.42
2	4.27	1.595	6.81
3	2.50	3.560	8.90

(Stab i)

Bild 5.125

Mittels graphischer Interpolation (B.5.125c) findet man schließlich für $\alpha = 1{,}333$ den Wert $\beta_1 = 2{,}056$. Die weiteren Rechenergebnisse sind in B.5.125d tabellarisch zusammengestellt.
- Da in diesem Beispiel $\delta = \gamma$ ist, hätte der β_1-Wert auch direkt aus dem Diagramm des Bildes B.5.124b abgegriffen werden können: $\beta_1 = 2{,}05$.
Zur Probe können die Knickkräfte $D_{i,Ki}$ der Stäbe i=1,2,3 aus den β_i-Werten berechnet und deren Gleichgewicht überprüft werden.

5.25 Strebenbock (Knicken quer zur Bockebene) (System Nr. 52)

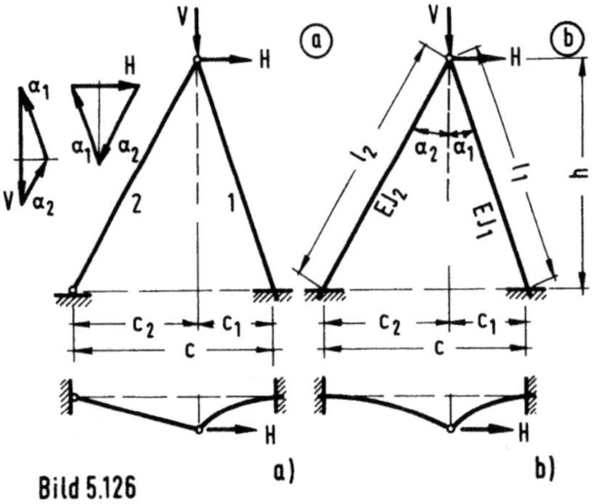

Bild 5.126

B.5.126 zeigt zwei Varianten eines zweistäbigen Strebenbockes:

(a): Strebe 1 ist im Fußpunkt starr eingespannt, Strebe 2 ist gelenkig gelagert;

(b): Beide Streben sind im Fußpunkt eingespannt.

Die Stäbe sind in jedem Falle im Firstpunkt gelenkig verbunden, es wird unterstellt, daß sich die Verformungen ohne Drill- und Wölbbehinderungen einstellen können.

Die Kräfte V und H im Firstpunkt bewirken Längskräfte in den Stäben. Bei statisch bestimmter Kräftezerlegung gilt

$$\text{Stab 1:}\quad S_1 = (H + V\cdot\tan\alpha_2)\frac{l_1}{c}; \qquad (5.232)$$

$$\text{Stab 2:}\quad S_2 = (H - V\cdot\tan\alpha_1)\frac{l_2}{c} \qquad (5.233)$$

Es hängt vom Verhältnis V/H ab, ob im Stab 2 Zug oder Druck entsteht, demgemäß werden zwei Fälle unterschieden:

$$\text{Fall I: } S_2 = |S_Z| : \text{Zugkraft}; \quad \text{Fall II: } S_2 = |S_D| : \text{Druckkraft} \qquad (5.234)$$

Im Falle II wird Stab 1 als der höher beanspruchte Druckstab vereinbart.

Bei seitlichem Ausknicken aus der Tragebene wird eine Rückstellkraft auf den Druckstab ausgeübt. Die Horizontalkraft H wirkt richtungstreu, vgl. die in B.5.126 dargestellten Knickfiguren im Grundriß. Sofern H die Komponente eines poltreuen Seilzuges ist, können die Ergebnisse als auf der sicheren Seite liegend verwertet werden.

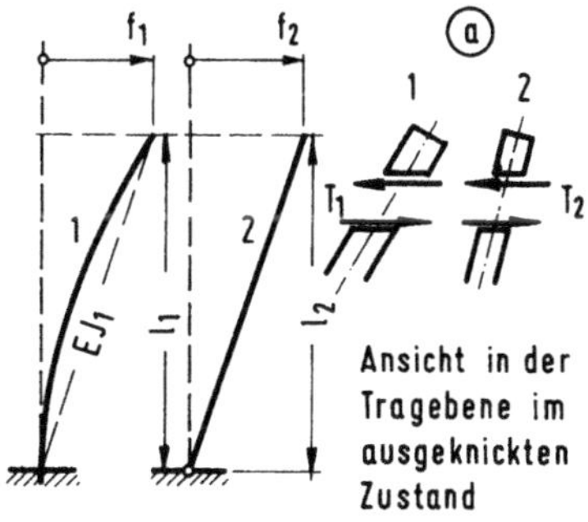

Bild 5.127

Die Knickgleichungen werden zweckmäßig in der Weise hergeleitet, daß durch die Stäbe im Firstpunkt ein Rundschnitt gelegt und die Bedingungsgleichungen

$$T_1 + T_2 = 0,\quad f_1 = f_2 \tag{5.235}$$

formuliert werden (B.5.127). Beispielsweise gilt für das System ⓐ, wenn $S_2 = |S_Z|$ eine Zugkraft ist:

$$f_1 = T_1 \cdot \frac{l_1}{D}\left(\frac{\tan\varepsilon_1}{\varepsilon_1} - 1\right);\quad f_2 = T_2 \cdot \frac{l_2}{S_Z} \tag{5.236}$$

Wird $f_1 = f_2$ und $T_1 = -T_2 (= T)$ gesetzt, ergibt sich die Knickbedingung zu:

$$T\left[\left(\frac{\tan\varepsilon_1}{\varepsilon_1} - 1\right)\frac{S_Z}{D}\cdot\frac{l_1}{l_2} - 1\right] = 0 \tag{5.237}$$

Wegen T=0 (Triviallösung) verbleibt:

$$\varepsilon_1\cos\varepsilon_1 - \rho(\sin\varepsilon_1 - \varepsilon_1\cos\varepsilon_1) = 0 \tag{5.238}$$

Parameter:

$$\rho = \frac{S_Z}{D}\cdot\frac{l_1}{l_2}\quad (D = S_1,\ S_Z = S_2) \tag{5.239}$$

T.5.74 enthält die vollständigen Knickgleichungen der Systeme ⓐ und ⓑ einschließlich der zugehörigen β_1-Diagramme. Im Falle des Systems ⓑ tritt neben ρ noch der Parameter $\varkappa$ hinzu:

$$\varkappa = \frac{l_2}{l_1}\cdot\sqrt[3]{\frac{EJ_1}{EJ_2}} \tag{5.240}$$

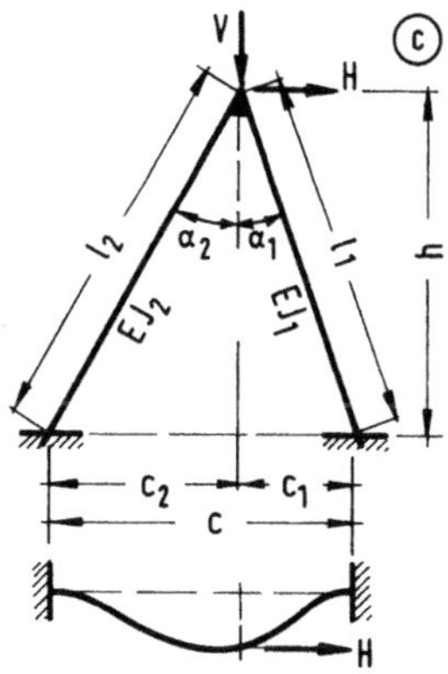

Bild 5.128

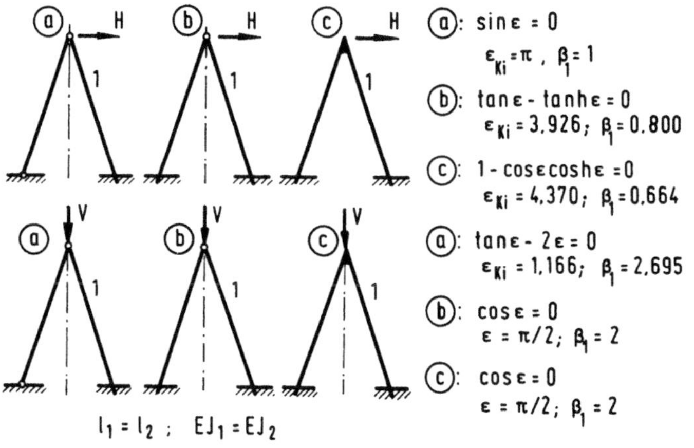

Bild 5.129

Das Knickproblem für das System ⓐ wurde von MELAN [5.71] und für das System von MÜLLER [5.72] gelöst. Die Auswertung in [5.72] für System ⓑ gilt unter der Annahme einer unveränderlichen Stabkraft S_2. Die Diagramme auf T.5.74 setzen dagegen voraus, daß S_1 und S_2 proportional bis zum Erreichen der Verzweigungslast anwachsen, damit wächst dann auch der stabilisierende Einfluß der Zugstrebe.

Das Knickproblem des in B.5.128 dargestellten Systems ⓒ mit biegestarrer Knotenausbildung läßt sich streng nur lösen, wenn die Drillsteifigkeit der Stäbe berücksichtigt wird. Sofern für ein solches System ein Stabilitätsnachweis zu führen ist, empfiehlt sich

Knicklängen Systemgruppe 52

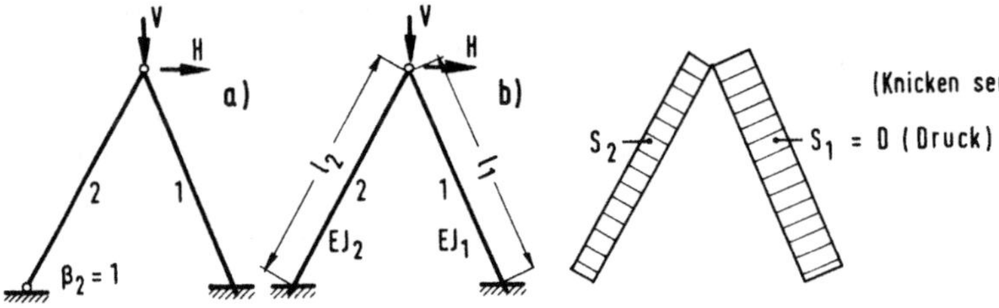

(Knicken senkrecht zur Bockebene).

Parameter: Fall I : $S_2 = |S_Z|$ (Zugkraft): $\rho = \dfrac{|S_Z|}{D} \cdot \dfrac{l_1}{l_2}$

Fall II : $S_2 = |S_D|$ (Druckkraft): $\rho = \dfrac{|S_D|}{D} \cdot \dfrac{l_1}{l_2}$

$$\varkappa = \frac{l_2}{l_1} \sqrt[3]{\frac{EJ_1}{EJ_2}}\,, \quad \varepsilon_2 = \varepsilon_1 \cdot \sqrt{\rho \cdot \varkappa^3} \quad \text{(System b)}$$

Knickbedingungen:

a: I : $\varepsilon_1 \cos\varepsilon_1 - \rho(\sin\varepsilon_1 - \varepsilon_1 \cdot \cos\varepsilon_1) = 0$

II : $\varepsilon_1 \cos\varepsilon_1 + \rho(\sin\varepsilon_1 - \varepsilon_1 \cdot \cos\varepsilon_1) = 0$

$\beta_1 = \dfrac{\pi}{\varepsilon_1}$ (Diagramm), $\beta_2 = 2$

b: I : $(1-\rho)\,\varepsilon_1 \varepsilon_2 \cos\varepsilon_1 \cosh\varepsilon_2 - \varepsilon_1 \cos\varepsilon_1 \sinh\varepsilon_2 + \rho\,\varepsilon_2 \cosh\varepsilon_2 \cdot \sin\varepsilon_1 = 0$

II : $(1+\rho)\,\varepsilon_1 \varepsilon_2 \cos\varepsilon_1 \cos\varepsilon_2 - \varepsilon_1 \cos\varepsilon_1 \sin\varepsilon_2 - \rho\,\varepsilon_2 \cos\varepsilon_2 \cdot \sin\varepsilon_1 = 0$

$\beta_1 = \dfrac{\pi}{\varepsilon_1}$ (Diagramm), $\beta_2 = \beta_1 \cdot \dfrac{1}{\sqrt{\rho \cdot \varkappa^3}}$ (im Falle II)

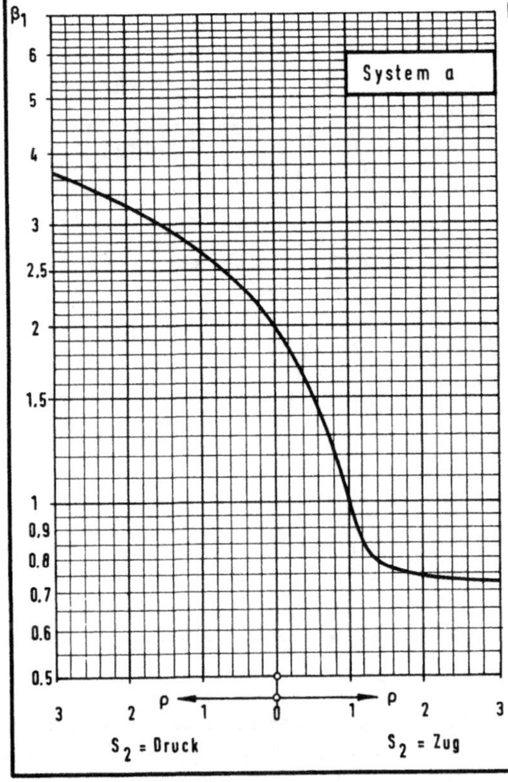

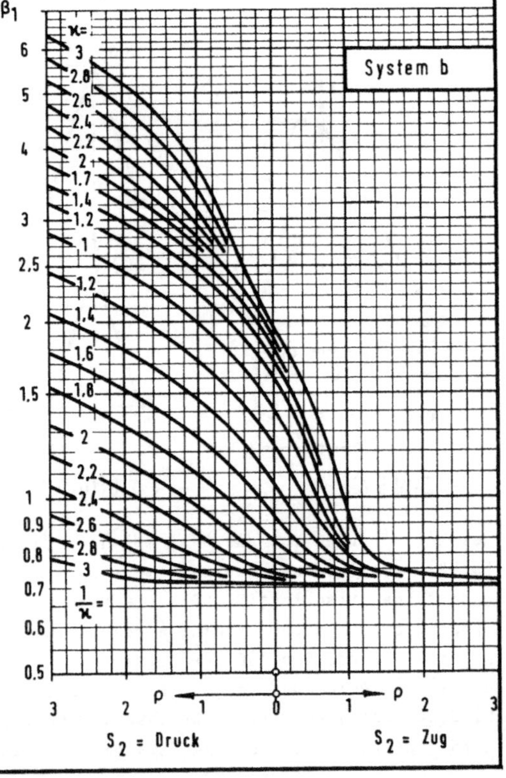

System (b) zugrundezulegen; dann liegt man auf der sicheren Seite. In B.5.129 sind verschiedene Sonderfälle zusammengestellt. Der Systemfall (c) mit symmetrischer Struktur wurde in [5.73] gelöst.

5.26 Sonderprobleme

5.26.1 Knickstäbe mit schiefen Schneidenlagern (System Nr. 53)

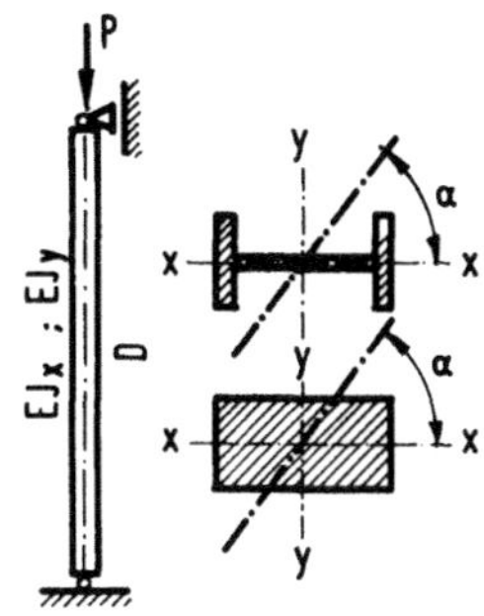

Bild 5.130

Ein Druckstab mit $J_x=J_{min}$ und $J_y=J_{max}$ ist an den Enden entweder einseitig oder beidseitig derart in schneidenförmigen Scharniergelenken gelagert, daß eine Drehung um die Scharnierachse frei möglich, senkrecht dazu aber verhindert ist. Gegenüber der Minimum-Achse ist die Scharnierachse um den Winkel α geneigt (B.5.130).

Für drei unterschiedliche Lagerfälle sind die Knickbedingungen einschließlich Auswertung auf den Tafeln T.5.75/76 zusammengestellt. Der β-Wert bezieht sich auf einen EULER-II-Ersatzstab mit $EJ=EJ_{min}$.

Die Lösungen dieser Problemgruppe gehen auf FILLUNGER [5.75], RATZERSDORFER [5.76] und ZIEGLER [5.77] zurück. Die Probleme werden von simultanen Differentialgleichungen für die Ausbiegungen v und u in Richtung der Achsen x und y beherrscht.

5.26.2 Knickstäbe mit verwundener Stabachse (System Nr. 54)

Stabquerschnitte in Form regelmäßiger Vielecke (gleichseitige Drei-, Vier-, Fünfecke usf. einschließlich Kreis) haben in jeder Richtung eine gleichgroße Biegesteifigkeit: Die Trägheitsellipse ist ein Kreis, vgl. B.5.131.

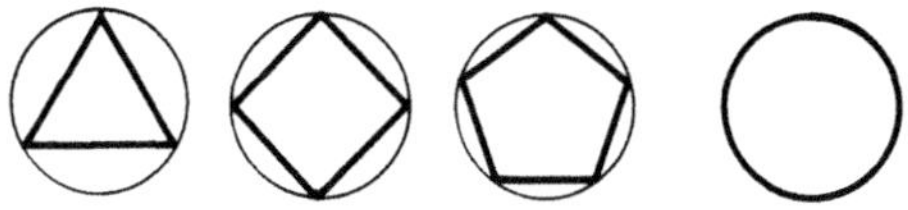

Bild 5.131

Für zentrisch gedrückte Stäbe mit solchen Querschnittsformen gibt es keine bevorzugten Knickrichtungen. Beispielsweise beträgt die Verzweigungslast für einen EULER-II Stab unabhängig von der Ausweichrichtung:

$$P_{Ki} = \pi^2 EJ/l^2 \tag{5.241}$$

Das gilt auch dann noch, wenn der Stab schraubenförmig verwunden ist! Hierunter wird eine spannungsfreie Vorverwindung verstanden, die aus konstruktiven oder gestalterischen Gründen vorgegeben ist.

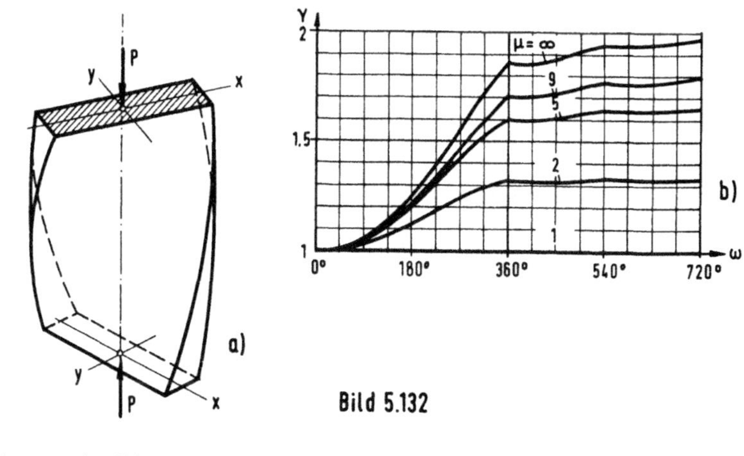

Bild 5.132

Weist ein solcher Druckstab unterschiedliche Biegesteifigkeiten auf, vgl. B.5.132a, bewirkt die Verwindung eine Steigerung der Knicklast gegenüber dem Wert

$$\pi^2 \frac{EJ_{min}}{l^2}$$

um den Faktor γ, der zwischen 1 und 2 liegt. Der Erhöhungsfaktor ist vom Verhältnis der Biegesteifigkeiten und dem Grad der Verwindung abhängig. Aus B.5.132b kann γ in Abhängigkeit von den Parametern

Knicklängen Systemgruppe 53

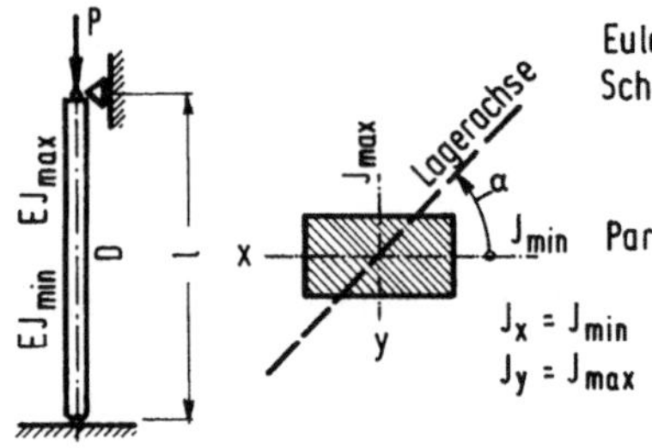

Eulerfall II / IV in schiefen Schneidenlagern.

Schneidenlager: Drehung um die Lagerachse frei möglich (gelenkige Lagerung), Drehung in Richtung der Lagerachse nicht möglich (starre Einspannung).

Parameter: α : Winkel zwischen der J_{min} - Achse und der Lager - achse ($0 \leq \alpha \leq 90°$).

$$\mu = \sqrt{\frac{J_{max}}{J_{min}}} \geq 1$$

Lagerfall 1: Ein Ende ist in einem Schneidenlager, das andere in einer Spitze gelagert :

Knickbedingung : $\sin\varepsilon \cdot \sin\frac{\varepsilon}{\mu} - \cos^2\alpha \cdot \frac{\varepsilon}{\mu} \cdot \sin\varepsilon \cdot \cos\frac{\varepsilon}{\mu} - \sin^2\alpha \cdot \varepsilon \cdot \cos\varepsilon \cdot \sin\frac{\varepsilon}{\mu} = 0\,;\quad \varepsilon = l \cdot \sqrt{\frac{D}{EJ_{min}}}$

Lagerfall 2: Beide Enden sind in unter dem Winkel α schiefen Schneiden gelagert :

Knickbedingung : $\cos^2\alpha \cdot \cos\frac{\varepsilon}{2} \cdot \sin\frac{\varepsilon}{2\mu} + \sin^2\alpha \cdot \mu \cdot \sin\frac{\varepsilon}{2} \cdot \cos\frac{\varepsilon}{2\mu} = 0\,;\quad \varepsilon = l \cdot \sqrt{\frac{D}{EJ_{min}}}$

Lagerfall 3: Ein Ende ist in einem Schneidenlager, das andere ist starr eingespannt gelagert :

Knickbedingung: $\sin^2\alpha \cdot \varepsilon \cdot (2 - 2\cos\varepsilon - \varepsilon \cdot \sin\varepsilon)(\sin\frac{\varepsilon}{\mu} - \frac{\varepsilon}{\mu} \cdot \cos\frac{\varepsilon}{\mu}) +$
$\cos^2\alpha \cdot \frac{\varepsilon}{\mu}(2 - 2\cos\frac{\varepsilon}{\mu} - \frac{\varepsilon}{\mu} \cdot \sin\frac{\varepsilon}{\mu})(\sin\varepsilon - \varepsilon \cdot \cos\varepsilon) = 0\,;\quad \varepsilon = l \cdot \sqrt{\frac{D}{EJ_{min}}}$

Knicklängenbeiwert β : Diagramme.

Knicklänge : $s_K = \beta \cdot l \quad (\beta = \pi / \varepsilon)$; Knicklast : $D_{Ki} = \frac{1}{\beta^2} \cdot \frac{\pi^2 EJ_{min}}{l^2} = \frac{1}{\beta^2} \cdot \frac{1}{\mu^2} \cdot \frac{\pi^2 EJ_{max}}{l^2}$

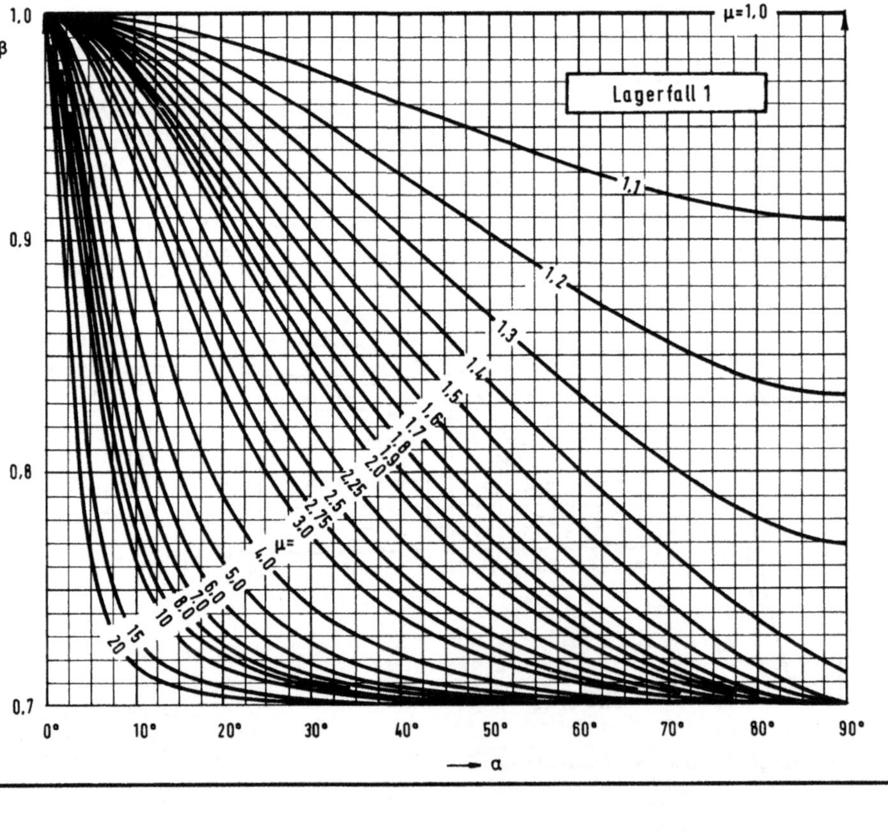

Tafel 5.76

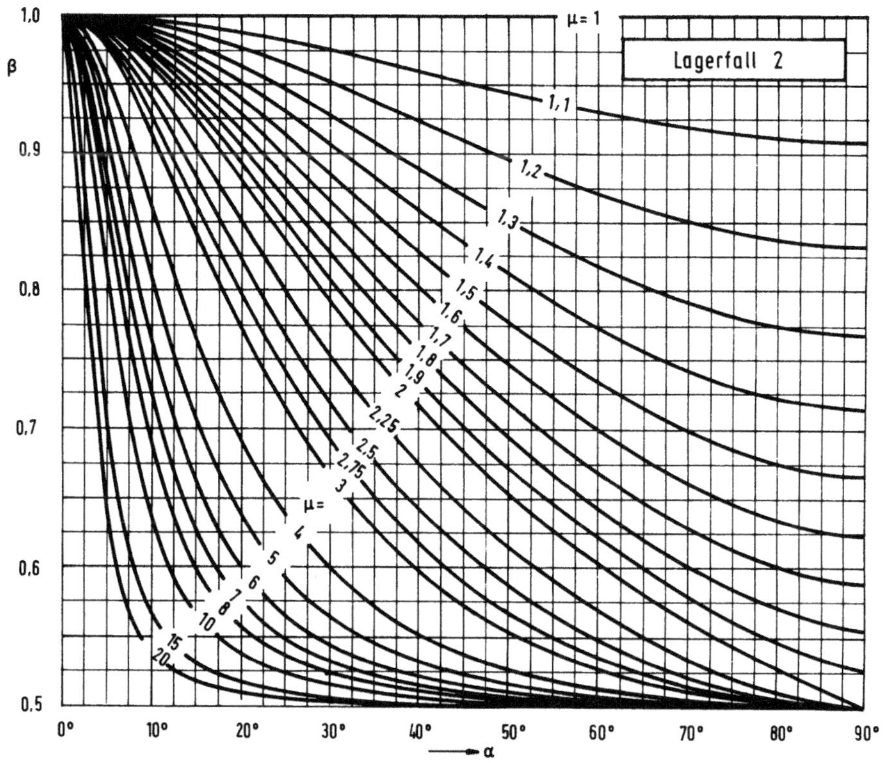
Lagerfall 2
β
1,0
0,9
0,8
0,7
0,6
0,5
μ = 1
1,1
1,2
1,3
1,4
1,5
1,6
1,7
1,8
1,9
2
2,25
2,5
2,75
3
μ =
4
5
6
7
8
10
15
20
0°
10°
20°
30°
40°
50°
60°
70°
80°
90°
α

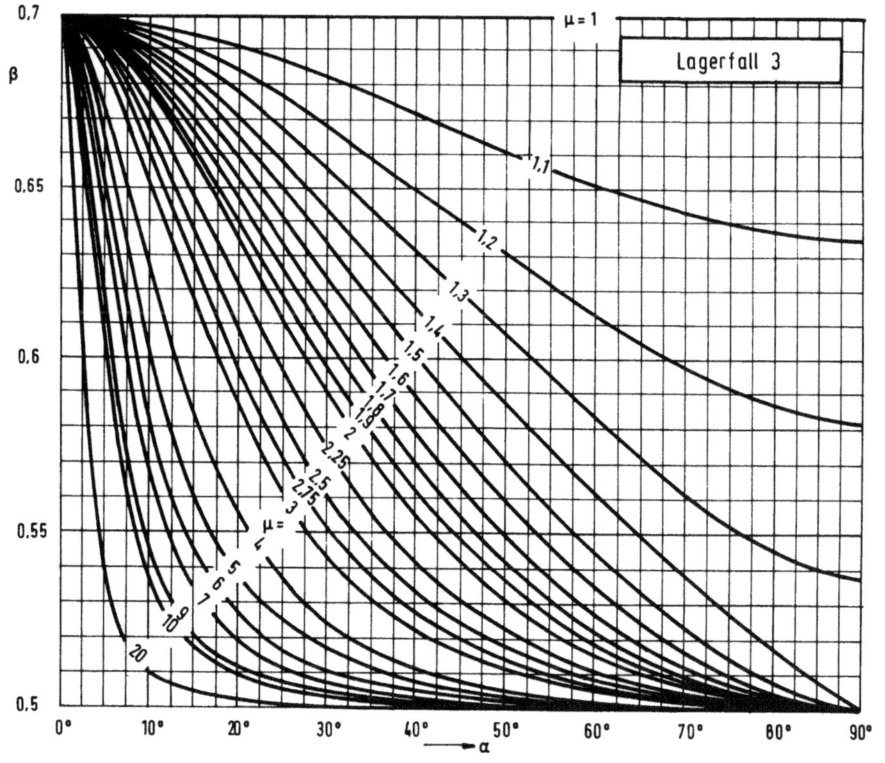
Lagerfall 3
β
0,7
0,65
0,6
0,55
0,5
μ = 1
1,1
1,2
1,3
1,4
1,5
1,6
1,7
1,8
1,9
2
2,25
2,5
2,75
3
μ =
4
5
6
7
9
10
20
0°
10°
20°
30°
40°
50°
60°
70°
80°
90°
α

$$\mu = \frac{J_{max}}{J_{min}} \text{ und } \omega \tag{5.242}$$

entnommen werden, hiermit folgt:

$$P_{Ki} = \gamma \cdot \frac{\pi^2 EJ_{min}}{l^2} \; ; \; \beta = \frac{1}{\sqrt{\gamma}} \tag{5.243}$$

Der Verwindungswinkel ω gibt die totale Verwindung des Stabes an. $\omega = 2\pi$ bedeutet eine volle Schraubung innerhalb der Stablänge l. Bis zu $\omega = 2\pi$ ist der Anstieg des γ-Faktors markant, eine weitere Verwindung ergibt nur eine geringe weitere Steigerung. - Die Lösung stammt von ZIEGLER [5.78], vgl. auch HUI [5.79]. Von FISCHER [5.80] wurde das Knickproblem für eine kombinierte Verwindung/Versetzung einschließlich Schneidenlagerung gelöst und experimentell überprüft. LEIPHOLZ und NIXDORF haben das Knickproblem verwundener Stäbe mit verteilter Belastung gelöst [5.81/82]; vgl. auch [5.83/85]. Weiter wird auf die Stabilitätsuntersuchung eines zu einer Schraubenlinie gebogenen und gedrillten Stabes hingewiesen [5.86].

5.26.3 Knickstäbe unter hydrostatischer Belastung (System Nr. 55)

5.26.3.1 Elasto-statische Lösung

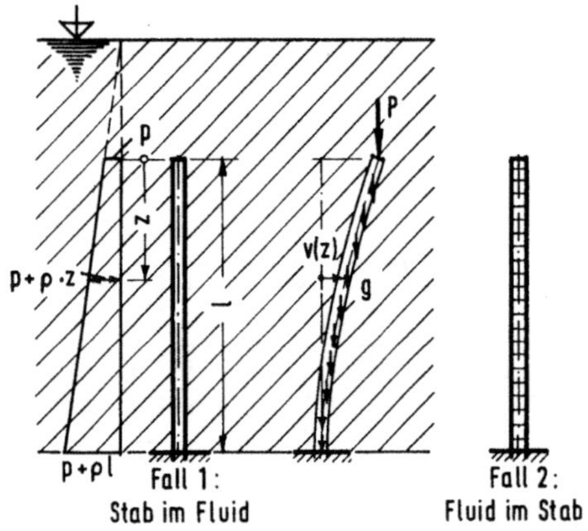

Bild 5.133

Es werden zwei Fälle unterschieden (B.5.133):
Fall 1: Ein hohler Stab mit der konstanten Verdrängungsfläche F wird innerhalb eines Fluids errichtet. Die Wichte des Fluids betrage ρ. Auf den Stab wirke die Kraft P und die verteilte Belastung g (Eigengewicht) ein. Der allseitige hydrostatische Druck auf die äußere Mantelfläche des Stabes beträgt $p+\rho\cdot z$. p ist der Fluiddruck am oberen Stabende.
Fall 2: Ein hohler Stab wird mit einem Fluid aufgefüllt. Der hydrostatische Druck wirkt in diesem Falle auf die innere Mantelfläche. Die äußere Belastung bestehe ebenfalls aus P und g.

Die Differentialgleichung der Probleme läßt sich in einfacher Weise herleiten, indem die im Abschnitt 1.2.2.2 abgeleitete Differentialgleichung für einen durch P und g belasteten Druckstab modifiziert wird, vgl. G.1.32:

$$EJv'''' + (P + gz)v'' + gv' = q(z) \qquad (EJ = \text{konst}, g = \text{konst}) \tag{5.244}$$

Im Fall 1 wird die Druckkraft im Stab infolge des Auftriebs um

$$F(p + \rho z)$$

vermindert, im Fall 2 um diesen Wert erhöht. (F ist im Fall 2 die Querschnittsfläche des Hohlquerschnittes.) Der allseitige Außen- bzw. Innendruck hebt sich auf, sodaß keine transversale Komponente verbleibt: $q(z)=0$. Die Differentialgleichung lautet:

$$EJv'''' + [(P + gz) \mp F(p + \rho z)]v'' + (g \mp F\rho)v' = 0 \tag{5.245}$$

Das obere Vorzeichen gilt für Fall 1, das untere für Fall 2. Offensichtlich können die Verzweigungslösungen der Differentialgleichung G.5.244 direkt übernommen werden.
Im Sonderfall P=0 und p=0 verkürzt sich die Differentialgleichung zu:

$$EJv'''' + (g \mp F\rho)zv'' + (g \mp F\rho)v' = 0 \tag{5.246}$$

Die Druckkraft im Fußpunkt beträgt:

$$D = \max D = (g \mp F\rho)\cdot l \tag{5.247}$$

Für die EULER-Fälle I, II, IIIa, IIIb und IV berechnen sich die Knicklasten aus:

$$D_{Ki} = (g_{Ki} \mp F\rho)l = \gamma_{Ki} \frac{EJ}{l^2} \qquad (5.248)$$

γ_{Ki} ist 7,84; 18,57; 30,00; 52,50 und 74,63, vgl. T.5.55. Die Lösungen wurden von LINK [5.87] mittels Potenzreihenansatz bestimmt; vgl. auch LÜCKING [5.88]. Aus G.5.248 folgt, daß die Knicklasten gegenüber dem fluidfreien Druckstab im Fall 1 (Stab unter hydrostatischem Auftrieb) angehoben und im Fall 2 (Stab unter hydrostatischer Auflast) vermindert werden:

$$g_{Ki} = \gamma_{Ki} \frac{EJ}{l^2} \pm F\rho l \qquad (5.249)$$

In Fällen einer kombinierten Belastung, P und gz sowie F·p und F·gz kann die kritische Druckkraft für den Druckstab ohne hydrostatischen Einfluß aus T.5.56 bestimmt und anschließend umgerechnet werden.

Im Sonderfall ρ=0, g=0 und Fall 1 (mit entlastendem Druck p) gilt:

$$EJv'''' + (P - Fp)v'' = 0 \qquad (5.250)$$

Lösung für EULER-Stab II:

$$D_{Ki} = (P_{Ki} - Fp) = \frac{\pi^2 EJ}{l^2} \longrightarrow P_{Ki} = \frac{\pi^2 \cdot EJ}{l^2} + Fp \longrightarrow \beta = \sqrt{\frac{1}{1 + \frac{Fp \cdot l^2}{\pi^2 EJ}}} \qquad (5.251)$$

5.26.3.2 Beispiel

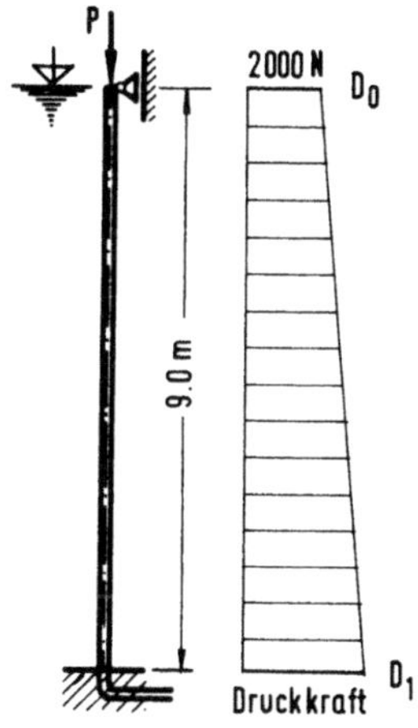

Bild 5.134

Es wird ein 9,0 m langes, stehendes, mit Wasser gefülltes Rohr betrachtet (B.5.134):

Φ101,6 ; s = 2,9 mm ; l = 9,0 m; g = 71,1 N/m. $F_i = 9{,}58^2\pi/4 = 72{,}1\,cm^2$;

Wichte: ρ = 0,010 N/cm³

$$(g + F\rho)l = (71{,}1 + 72{,}1 \cdot 100 \cdot 0{,}010)\,9{,}0 = (71{,}1 + 72{,}1)\,9{,}0 = 1290\ N;$$

p = 0, P = 2000 N.

Es werden zwei Fälle untersucht:

<u>Ohne</u> Berücksichtigung des hydrostatischen Druckes:

$$D_0 = P = 2000\ N;\ D_1 = P + gl = 2000 + 71{,}1 \cdot 9{,}0 = 2640\ N;$$

Aus T.5.56 folgt für EULER-Fall IIIb und

$$\delta = \frac{D_0}{D_1} = 0{,}758 \longrightarrow$$

$$\beta = 0{,}63 \longrightarrow \text{Knickkraft: } D_{1Ki} = \frac{\pi^2}{\beta^2} \cdot \frac{EJ}{l^2} = \frac{\pi^2 2{,}1 \cdot 10^7 \cdot 110}{0{,}63^2 \cdot 900^2} = 70800\ N$$

<u>Mit</u> Berücksichtigung des hydrostatischen Druckes:

$$D_0 = P = 2000\ N;\ D_1 = P + (g + F\rho)l = 3290\ N;\ \varkappa = \frac{D_0}{D_1} = 0{,}608 \longrightarrow \beta = 0{,}60 \longrightarrow$$

$$D_{1Ki} = \frac{\pi^2 EJ}{\beta^2 l^2} - F\rho l = \frac{\pi^2 2{,}1 \cdot 10^7 \cdot 110}{0{,}60^2 \cdot 900^2} - 72{,}1 \cdot 9{,}0 = 78400 - 650 = 77750\ N$$

Das Beispiel verdeutlicht, daß der Einfluß des hydrostatischen Innendruckes auf die

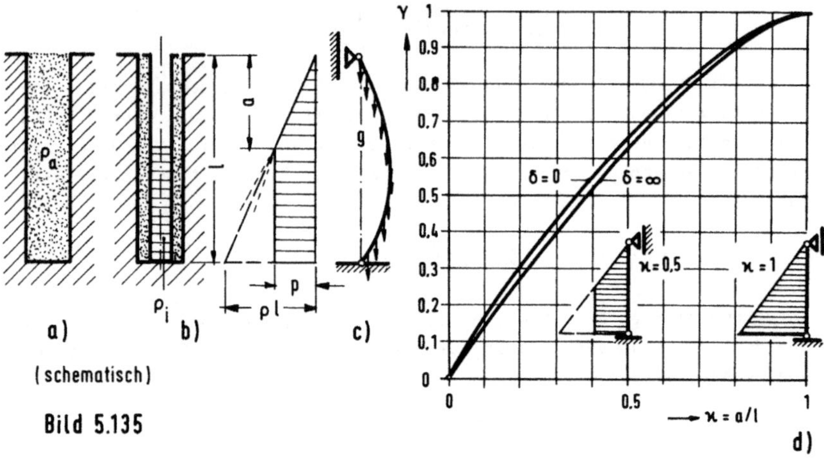

Bild 5.135

Knicksicherheit untergeordnet ist:

$$\frac{D_{1Ki}}{D_1} = \frac{70\,800}{2640} = 26{,}82 \text{ gegenüber } \frac{77\,750}{3290} = 23{,}63$$

Das hier behandelte Problem hat bei Schachtsäulen, die in ein mit Tontrübe oder Betonit aufgefülltes Bohrloch abgeteuft werden, praktische Bedeutung. Ein solches Schachtrohr wird durch einen Bodendeckel abgedichtet und beim Abteufen mit einem Wasserballast aufgefüllt, damit das Rohr nicht aufschwimmt. Wird die Säule aufgesetzt, ergibt sich das in B.5.135b/c dargestellte Knickproblem. Die Eigengewichts-Knicklast des freien Knickstabes (Index E: EULER)

$$g_E = 18{,}58 \cdot \frac{EJ}{l^3} \tag{5.252}$$

wird auf

$$g_{Ki} = g_E + \gamma \rho F = g_E + \gamma \cdot \frac{pF}{\varkappa l} \tag{5.253}$$

angehoben. In Abhängigkeit von den Parametern

$$\varkappa = \frac{a}{l}\,;\ \delta = \frac{\rho F}{g_E} = \frac{1}{\varkappa} \frac{pF}{g_E l} \tag{5.254}$$

kann der Knickwert γ dem Diagramm des Bildes B.5.135d entnommen werden [5.88]. Bei großer Teufe wirkt sich der Teilauftrieb in einer deutlichen Steigerung der Knicklast aus. – Auf die Knickuntersuchung schlanker Druckstäbe (Bohrgestänge) in Rohren von LINK [5.89] wird abschließend hingewiesen, vgl. hierzu auch [5.90].

6 Ausgewählte Baukonstruktionen

6.1 Turmartige Baukonstruktionen

6.1.1 Systeme - Allgemeine Berechnungshinweise

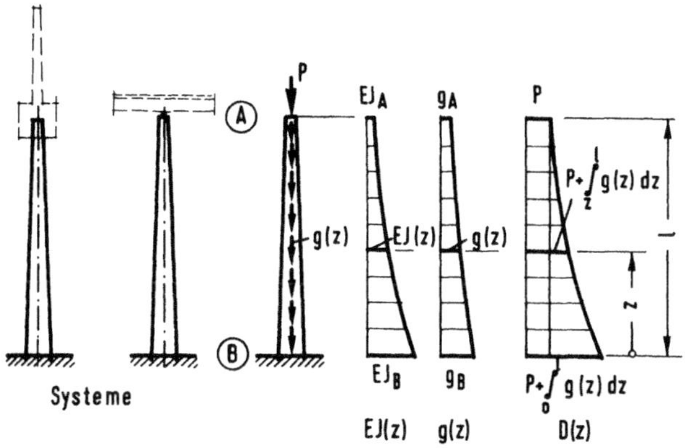

Bild 6.1

Unter turmartigen Baukonstruktionen werden im folgenden frei auskragende Tragwerke mit lotrechter, i.allg. konischer Erstreckung verstanden. Zur Auflast P am freien Ende tritt das Eigengewicht g(z) hinzu. Bei Brückenpfeilern dominiert P.
B.6.1 zeigt zwei Systeme und den variablen Verlauf von EJ(z), g(z) und D(z).
Bei turmartigen Konstruktionen überwiegt in der Regel die Biegungsbeanspruchung, eine Berechnung nach Th.II.Ordn. ist die adäquate Nachweisform. Der Verformungsbeitrag erweist sich i.allg. als gering und erreicht selten mehr als 5%. Für strenge Berechnungen erweist sich das Verfahren der Übertragungsmatrizen als sehr geeignet, wobei eine drehfederelastische Bodeneinspannung, ein veränderlicher Verlauf von EJ(z), g(z) und D(z) durch elementweise konstante Approximation und ein wirksamer, (von der Höhe der Beanspruchung abhängiger) Verformungsmodul bei Betonkonstruktionen (iterativ) erfaßt werden können. Derartige Rechnungen setzen indes einen Computer voraus: Abschnitt 3.4.3. Für Handrechnungen empfehlen sich die Verfahren iterativer Annäherung: Abschnitt 3.1.

Eine sehr zutreffende Abschätzung gelingt mittels des Verformungsfaktors α, weil die Biegelinien der Spannungsprobleme weitgehend affin zu den Knickbiegelinien verlaufen.
Um den Verformungsfaktor

$$\alpha = \frac{1}{1-\frac{D}{D_{Ki}}} \qquad (6.1)$$

berechnen zu können, muß D_{Ki} bekannt sein. Hierzu werden im folgenden Rechenbehelfe zur Verfügung gestellt. Bei Betonkonstruktionen ist die elasto-statische Biegesteifigkeit EJ ggf. durch eine "wirksame" (plasto-statische, einschlich Zustand II und Kriecheinfluß) zu ersetzen. Pauschale Abminderungen sind i.allg. ausreichend, die Auswirkung auf α gemäß G.6.1 erweist sich nämlich als sehr gering.

6.1.2 Stabschaft mit konischer Erstreckung

6.1.2.1 Knicken infolge Eigengewicht

Von LIKAR wurden in mehreren Beiträgen [6.1-6.5] die strengen Lösungen für die Knickwerte und Verformungsmomente konischer Stäbe hergeleitet. (Auf das Schrifttum zu den Abschnitten 5.18 bis 5.20, ergänzt um [6.6/7] wird hingewiesen.) - In B.6.2 sind die Knickwerte für Knicken infolge Eigengewicht als Funktion von d_A/d_B angegeben. Die Eigengewichts-Knicklast folgt damit zu:

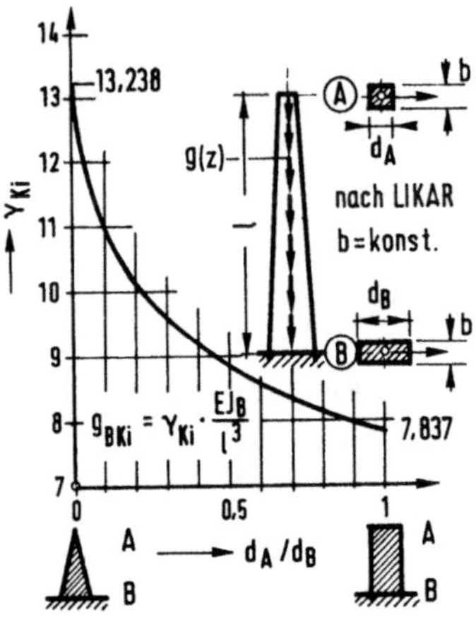

Bild 6.2

$$g_{BKi} = \gamma_{Ki} \cdot \frac{EJ_B}{l^3} \tag{6.2}$$

Das obere, schwache Ende wird mit A, der Einspannungsquerschnitt mit B bezeichnet. Dicke und Biegesteifigkeit (in Knickrichtung) sowie Eigengewicht betragen an diesen Stellen:

$$d_A,\ EJ_A,\ g_A \text{ und } d_B, EJ_B,\ g_B$$

Für den konischen Druckstab mit vollwandigem, homogenem, rechteckigen Querschnitt konstanter Breite b beträgt das Gesamtgewicht:

$$G = g_B \frac{l}{2}\left(1 + \frac{d_A}{d_B}\right) \tag{6.3}$$

Die zugehörige Knicklast folgt mit G.6.2 zu:

$$G_{Ki} = \frac{\gamma_{Ki}}{2} \frac{EJ_B}{l^2}\left(1 + \frac{d_A}{d_B}\right) \tag{6.4}$$

Durch Gegenüberstellung mit der EULER-Last eines Ersatzstabes mit EJ_B=konst. und der Ersatzlänge $s_K = \beta l$ findet man den β-Wert:

$$\beta = \pi \sqrt{\frac{2}{\gamma_{Ki}(1 + d_A/d_B)}} \tag{6.5}$$

Durch Vergleich von G.6.4 mit der EULER-Last eines Vergleichsstabes mit der Länge l und der Vergleichsbiegesteifigkeit EJ_V folgt:

$$EJ_V = \frac{\gamma_{Ki}}{2\pi^2}\left(1 + \frac{d_A}{d_B}\right) EJ_B \tag{6.6}$$

Grenzfälle:

$$\begin{aligned} \frac{d_A}{d_B} = 0: \quad \gamma_{Ki} = 13{,}238: \quad \beta = 1{,}217, \quad EJ_V = 0{,}6705 \cdot EJ_B \\ \frac{d_A}{d_B} = 1: \quad \gamma_{Ki} = 7{,}837: \quad \beta = 1{,}122, \quad EJ_V = 0{,}7940 \cdot EJ_B \end{aligned} \tag{6.7}$$

Ein Stabilitätsnachweis nach dem Ersatzstabverfahren kann für turmartige Strukturen nicht empfohlen werden. Wie im Abschnitt 6.1.1 ausgeführt, ist es zweckmäßig, nach Th.I.Ordn. zu rechnen und den Verformungseinfluß über

$$\alpha = \frac{1}{1 - \frac{G}{G_{Ki}}} = \frac{1}{1 - \frac{g_B}{g_{BKi}}} \tag{6.8}$$

einzufangen.
Im folgenden wird die Problemstellung gegenüber der Lösung in B.6.2 auf beliebige Querschnittsformen erweitert.
Unter Verwendung des Parameters

$$\delta = \frac{d_B}{d_A} \quad (\geq 1) \tag{6.9}$$

und der dimensionslosen Ordinate $\zeta = z/l$ mit dem Ursprung im Einspannungsquerschnitt B betragen Dicke, Trägheitsmoment und Eigengewicht an der Stelle ζ (B.6.3):

$$d(\zeta) = d_A[\delta(1-\zeta) + \zeta] \tag{6.10}$$

$$J(\zeta) = J_A[\delta(1-\zeta) + \zeta]^n \tag{6.11}$$

$$g(\zeta) = g_A[\delta(1-\zeta) + \zeta]^m \tag{6.12}$$

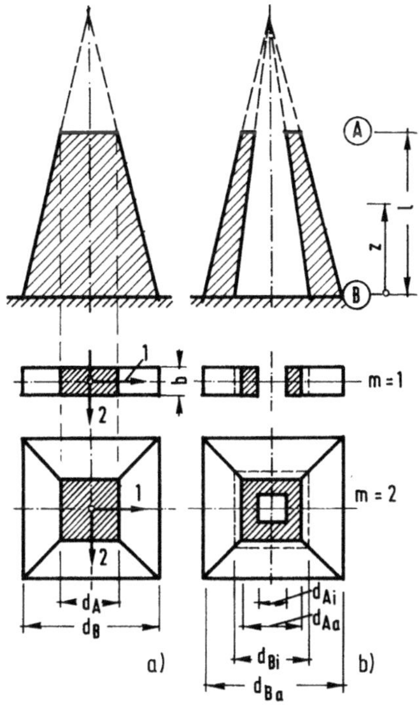

Bild 6.3

(Vgl. auch Abschnitt 5.19). Die Formfaktoren n und m folgen aus:

$$n = \frac{\ln(J_B/J_A)}{\ln(d_B/d_A)}, \quad m = \frac{\ln(g_B/g_A)}{\ln(d_B/d_A)} \qquad (6.13)$$

Bei vollwandigen, einfach-konischen Stäben konstanter Breite ist n=3 und m=1 bei Biegung in Richtung der konischen Dickenänderung (Richtung wie in B.6.2) und n=1, m=1 bei Biegung quer dazu. Bei vollwandigen, doppelt-konischen Stäben ist n=4 und m=2 für jede Biegerichtung, vgl. B.6.3a. Die Gleichungen G.6.10 bis 12 gelten auch dann noch streng, wenn es sich um einen konischen Stab mit Hohlquerschnitt handelt und

$$\delta = \frac{d_{Ba}}{d_{Aa}} = \frac{d_{Bi}}{d_{Ai}} \qquad (6.14)$$

konstant ist, vgl. B.6.3b. In diesem Falle weist die Innenwandung denselben Verjüngungsgrad auf wie die Außenwandung. Ist diese Voraussetzung nicht streng erfüllt, empfiehlt sich eine Mittelung.

Die Differentialgleichung des Verzweigungsproblems wurde im Abschnitt 1.2 hergeleitet. Für die in B.6.3 vereinbarte Längskoordinate z gilt:

$$[EJ(z)v'']'' + (\int_z^l g(z)\,dz)v'' - g(z)v' = 0 \qquad (6.15)$$

Das Integral im zweiten Term kennzeichnet die variable Druckkraft im Schaft. Für EJ(z) und g(z) werden G.6.11 und 12 eingesetzt; nach kurzer Umformung findet man die Differentialgleichung zu:

$$L[v] = \psi_1 v^{\bullet\bullet\bullet\bullet} + \psi_2 v^{\bullet\bullet\bullet} + \psi_3 v^{\bullet\bullet} + \gamma(\psi_4 v^{\bullet\bullet} + \psi_5 v^{\bullet}) = 0 \qquad (6.16)$$

$$\psi_1 = [\delta(1-\zeta) + \zeta]^n$$

$$\psi_2 = -2n\cdot(\delta-1)\cdot[\delta(1-\zeta)+\zeta]^{n-1}$$

$$\psi_3 = n\cdot(n-1)\cdot(\delta-1)^2\cdot[\delta(1-\zeta)+\zeta]^{n-2}$$

m	ψ_4	ψ_5
0	$\delta^n\cdot(1-\zeta)$	$-\delta^n$
1	$\delta^{n-1}\cdot[(1-\zeta)+\frac{1}{2}(\delta-1)\cdot(1-\zeta)^2]$	$-\delta^{n-1}\cdot[\delta(1-\zeta)+\zeta]$
2	$\delta^{n-2}\cdot[(1-\zeta)+(\delta-1)\cdot(1-\zeta)^2 + \frac{1}{3}(\delta-1)^2\cdot(1-\zeta)^3]$	$-\delta^{n-2}\cdot[\delta(1-\zeta)+\zeta]^2$

Bild 6.4

Hierin bedeutet $(\ )^{\bullet}$ die Ableitung nach der bezogenen Koordinate $\zeta = z/l$. γ ist der gesuchte Knickwert:

$$\gamma = \frac{g_B l^3}{EJ_B} \qquad (6.17)$$

ψ_1 bis ψ_5 sind von ζ abhängige Funktionen; sie sind in B.6.4 aufgelistet. G.6.16 ist wegen der variablen Koeffizienten einer im analytischen Sinne strengen Lösung nicht zugänglich, sie wird daher zweckmäßig näherungsweise nach dem GALERKINschen Verfahren gelöst, vgl. Abschnitt 1.2.4.3 und T.1.1/2:

$$\int_0^1 L[v]\,\delta v\, d\zeta = \delta a_k \int_0^1 L[\eta]\,\eta_k\, d\zeta = 0 \qquad k=1,2,\cdots \tag{6.18}$$

Die Lösung wird aus dreigliedrigen Koordinatenfunktionen

$$v \approx \eta = \sum_{i=1}^{3} a_i \cdot \eta_i \tag{6.19}$$

aufgebaut. Mit G.6.16 lautet G.6.18 in ausführlicher Schreibweise:

$$\delta a_k \int_0^1 \{\psi_1(\Sigma a_i\eta_i)^{\bullet\bullet\bullet\bullet} + \psi_2(\Sigma a_i\eta_i)^{\bullet\bullet\bullet} + \psi_3(\Sigma a_i\eta_i)^{\bullet\bullet} + \gamma[\psi_4(\Sigma a_i\eta_i)^{\bullet\bullet} + \psi_5(\Sigma a_i\eta_i)^{\bullet}]\}\eta_k d\zeta = 0 \tag{6.20}$$

Die Gleichung soll für jede Variation δa_k erfüllt sein, das führt auf ein homogenes Gleichungssystem für a_i $(i=1,2,3)$:

$$\sum_{i=1}^{3} a_i \left\{ \int_0^1 [\psi_1\eta_i^{\bullet\bullet\bullet\bullet} + \psi_2\eta_i^{\bullet\bullet\bullet} + \psi_3\eta_i^{\bullet\bullet}]\eta_k d\zeta + \gamma \int_0^1 [\psi_4\eta_i^{\bullet\bullet} + \psi_5\eta_i^{\bullet}]\eta_k d\zeta \right\} = 0 \tag{6.21}$$

Aus $\text{Det}(a_i)=0$ wird γ_{Ki} berechnet. - Als Ansatzfunktionen η_i werden die Eigenschwingungsfunktionen eines Kragträgers gewählt.

Auf T.6.1/3 ist das Ergebnis der Berechnung zusammengefaßt. Für m=0,1,2,3,4 kann hieraus in Abhängigkeit von n und δ der Knickwert γ_{Ki} entnommen werden. Für Zwischenwerte von m ist zu interpolieren. m=1 gilt für den einfach-konischen Stab mit linear-veränderlicher Querschnittsfläche und Eigengewichtsverteilung, bei m=2 sind sie quadratisch verteilt. Ist γ_{Ki} bekannt, ergeben sich die auf die Querschnitte B bzw. A bezogenen Eigengewichtsknicklasten zu:

$$g_{BKi} = \gamma_{Ki}\frac{EJ_B}{l^3}, \quad g_{AKi} = \frac{g_{BKi}}{\delta^m} \tag{6.22}$$

Hiermit kann der Vergrößerungsfaktor α berechnet werden:

$$\alpha = \frac{1}{1-g_B/g_{BKi}} \quad \text{bzw.} \quad \alpha = \frac{1}{1-g_A/g_{AKi}} \tag{6.23}$$

Bezogen auf die resultierende Eigengewichtsauflast

$$G = \int_0^l g(z)\,dz \tag{6.24}$$

folgt

$$G_{Ki} = \gamma_{Ki,G}\frac{EJ_B}{l^2} \tag{6.25}$$

mit:

$$\gamma_{Ki,G} = \frac{\gamma_{Ki}}{\delta^m} \cdot \int_0^1 [\delta(1-\zeta) + \zeta]^m d\zeta \tag{6.26}$$

(Vgl. auch T.6.1.) und α nach G.6.8.

Der β-Wert eines Ersatzstabes mit EJ_B=konst berechnet sich zu:

$$\beta = \pi\sqrt{\frac{EJ_B}{G_{Ki} \cdot l^2}} \tag{6.27}$$

Turmartige Bauwerke mit konischer Kontur

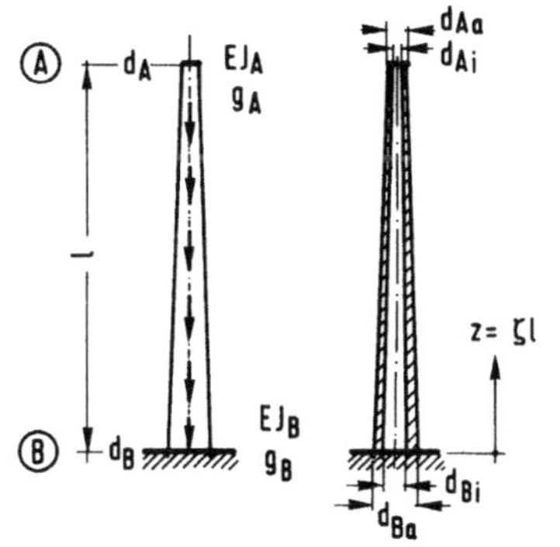

(Knicken infolge Eigengewicht $g(z)$)

Parameter: $\delta = \frac{d_B}{d_A}$ bzw. $\delta = \frac{d_{Ba}}{d_{Aa}}$ $\left(= \frac{d_{Bi}}{d_{Ai}} \right)$

$$n = \frac{\ln \frac{EJ_B}{EJ_A}}{\ln \frac{d_B}{d_A}}, \quad m = \frac{\ln \frac{g_B}{g_A}}{\ln \frac{d_B}{d_A}}$$

Sonderfälle:

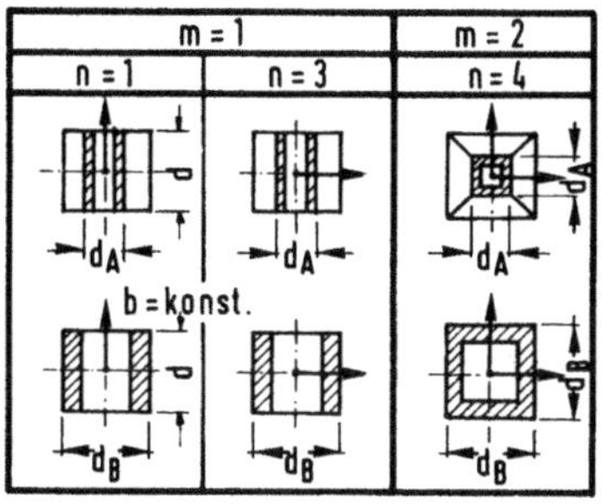

d: Dicke
EJ: Biegesteifigkeit
g: Eigengewicht je Längeneinheit
G: Gesamtgewicht $\int_0^l g(z)\,dz$

In Abhängigkeit von n, m und δ ist γ_{Ki} abzugreifen: $g_{BKi} = \gamma_{Ki} \cdot \frac{EJ_B}{l^3}$

Kritische resultierende Eigengewichtslast: $G_{Ki} = \gamma_{Ki,G} \frac{EJ_B}{l^2}$; $\gamma_{Ki,G}$ folgt aus $\gamma_{Ki,G} = \frac{\gamma_{Ki}}{\delta^m} \int_0^1 [\delta(1-\zeta) + \zeta]^m \, d\zeta$

(ggf. numerische Integration erforderlich oder Abschätzung mittels der Sonderfälle)

Sonderfälle: $m = 0$: $\gamma_{Ki,G} \equiv \gamma_{Ki}$; $m = 1$: $\gamma_{Ki,G} = \frac{1+\delta}{2\delta} \cdot \gamma_{Ki}$; $m = 2$: $\gamma_{Ki,G} = \frac{1+\delta+\delta^2}{3\delta^2} \cdot \gamma_{Ki}$

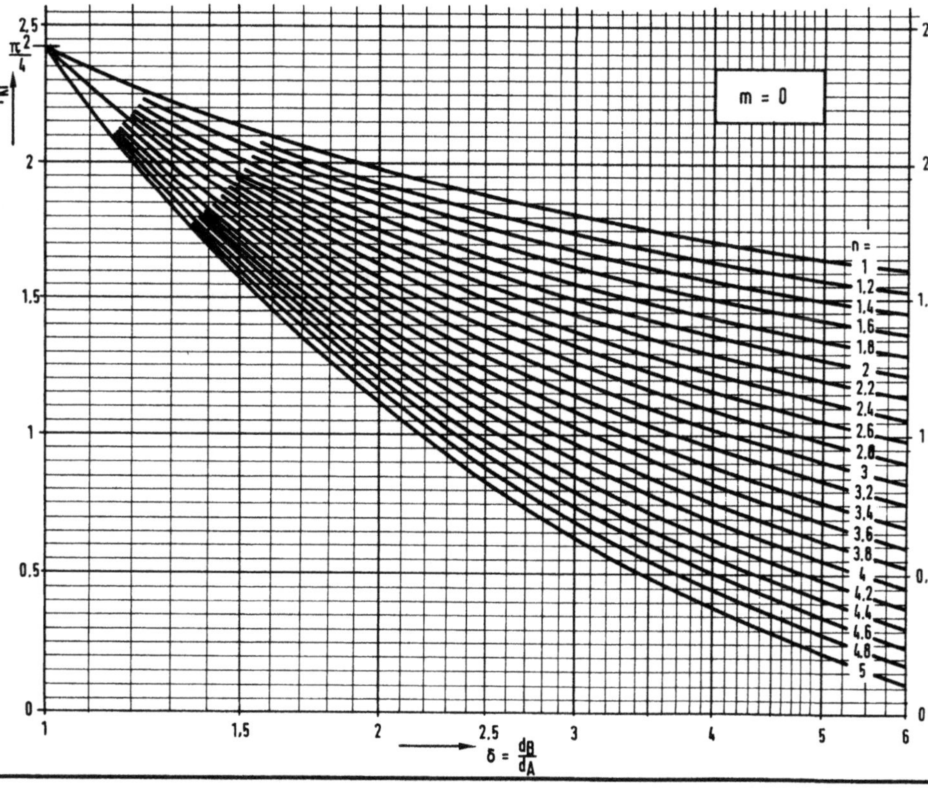

Tafel 6.2

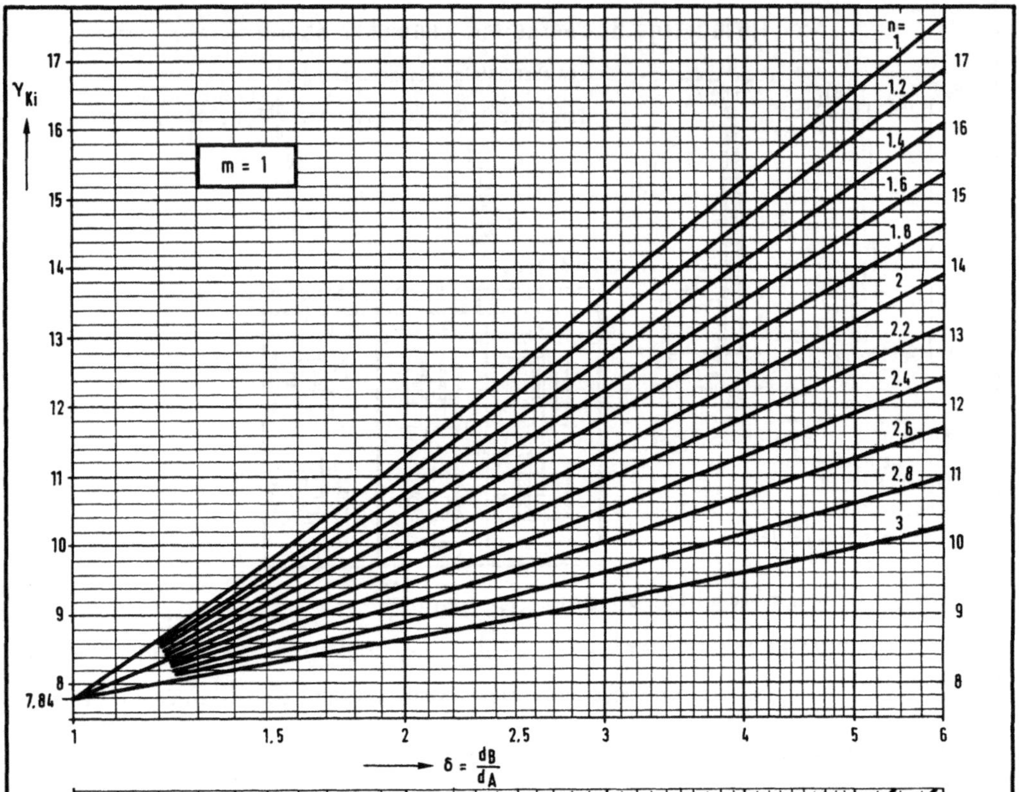

m = 1
γ_{Ki}
7,84
8
9
10
11
12
13
14
15
16
17
n = 1
1,2
1,4
1,6
1,8
2
2,2
2,4
2,6
2,8
3
1
1,5
2
2,5
3
4
5
6
$\delta = \frac{d_B}{d_A}$

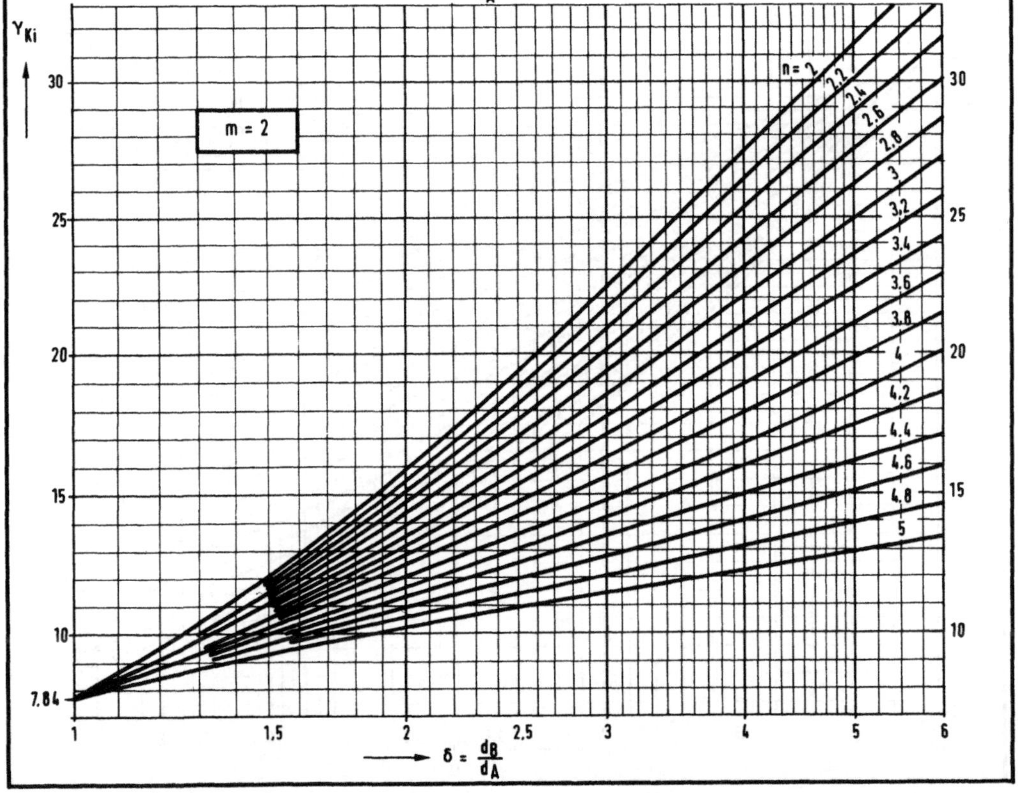

m = 2
γ_{Ki}
7,84
10
15
20
25
30
n = 2
2,2
2,4
2,6
2,8
3
3,2
3,4
3,6
3,8
4
4,2
4,4
4,6
4,8
5
1
1,5
2
2,5
3
4
5
6
$\delta = \frac{d_B}{d_A}$

Tafel 6.3

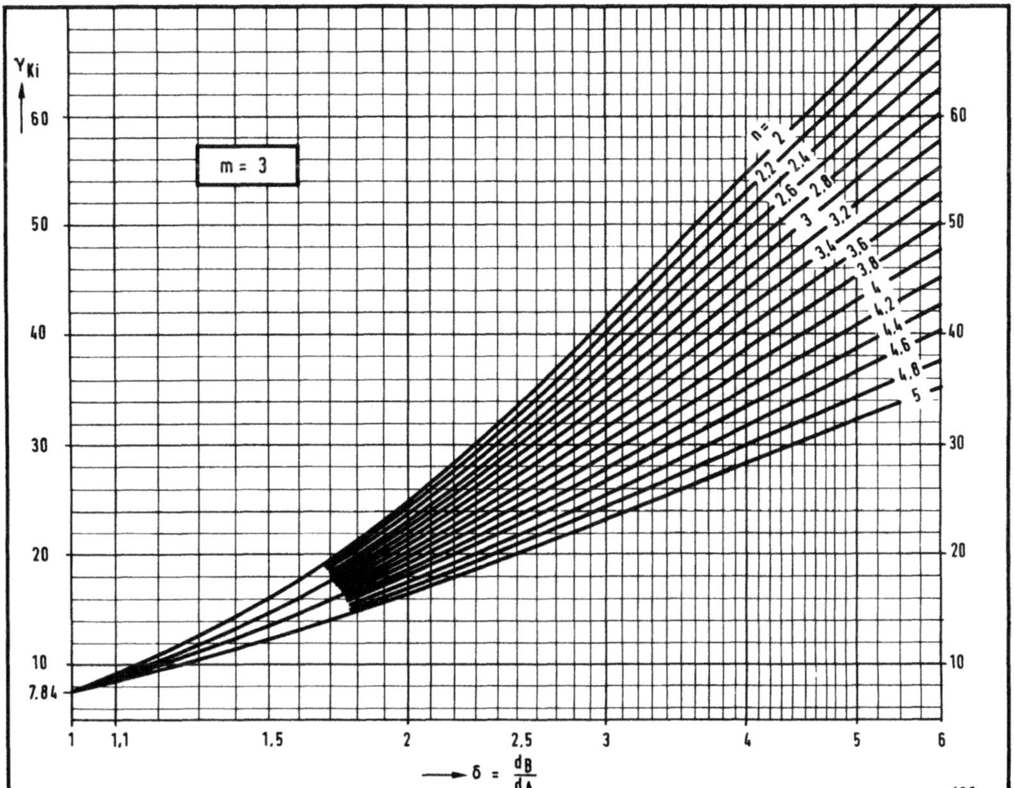

m = 3
γ_{Ki}
60
50
40
30
20
10
7,84
n = 2
2.2
2.4
2.6
2.8
3
3.2
3.4
3.6
3.8
4
4.2
4.4
4.6
4.8
5
1
1,1
1,5
2
2,5
3
4
5
6
$\delta = \frac{d_B}{d_A}$

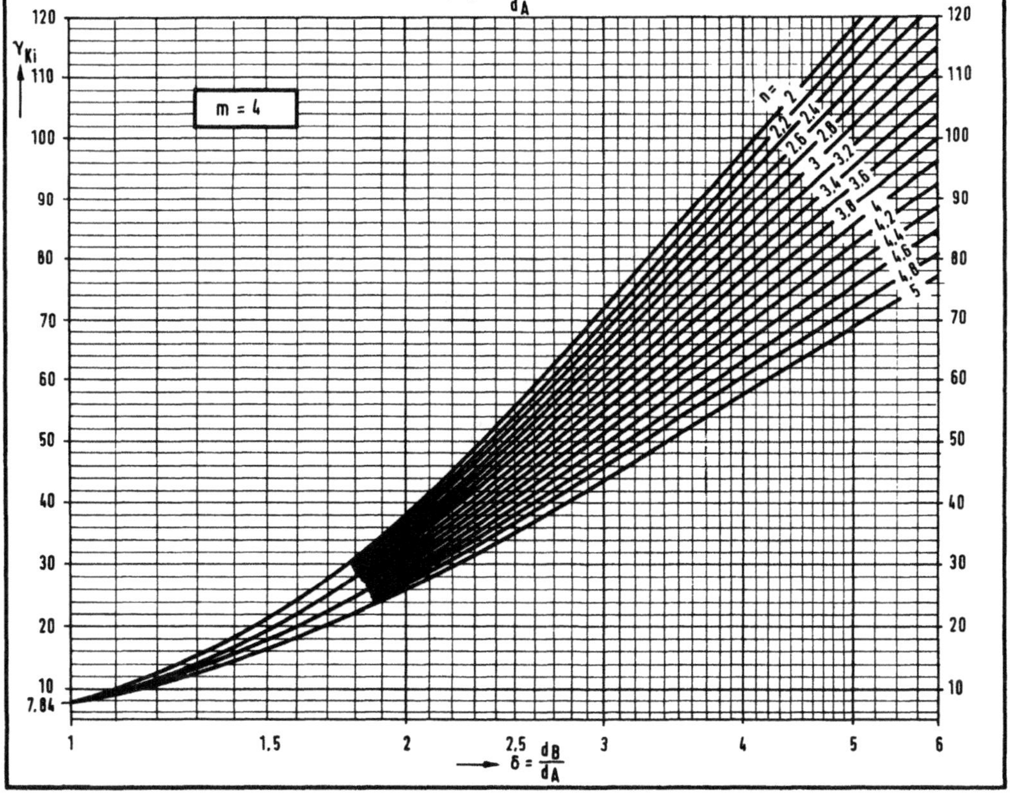

m = 4
γ_{Ki}
120
110
100
90
80
70
60
50
40
30
20
10
7,84
n = 2
2.2
2.4
2.6
2.8
3
3.2
3.4
3.6
3.8
4
4.2
4.4
4.6
4.8
5
1
1,5
2
2,5
3
4
5
6
$\delta = \frac{d_B}{d_A}$

6.1.2.2 Knicken infolge vertikaler Auflast

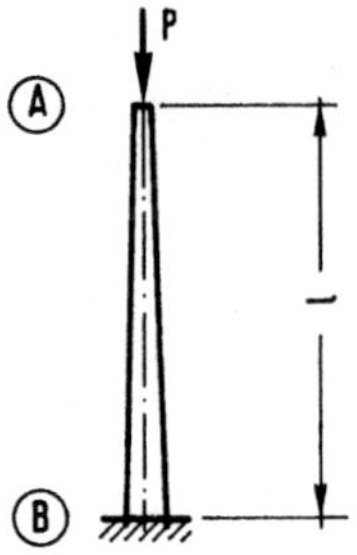

Bild 6.5

Das in B.6.5 skizzierte Knickproblem wurde im Abschnitt 5.19 behandelt. In Abhängigkeit von δ gemäß G.6.9 bzw. 6.10 und n nach G.6.13 kann P_{Ki} mit Hilfe von T.5.57 (EULER-Fall Ia) bestimmt werden. Wegen der Bedeutung dieses Falles sind die Knickwerte auf T.6.4 nochmals explizit ausgewiesen und zwar komplettiert für n=1 bis n=4. Hiermit kann die Knicklast zu

$$P_{Ki} = \gamma_{Ki,P} \frac{EJ_B}{l^2} \qquad (6.28)$$

bestimmt werden.

6.1.2.3 Kombinierte Belastung aus g und P

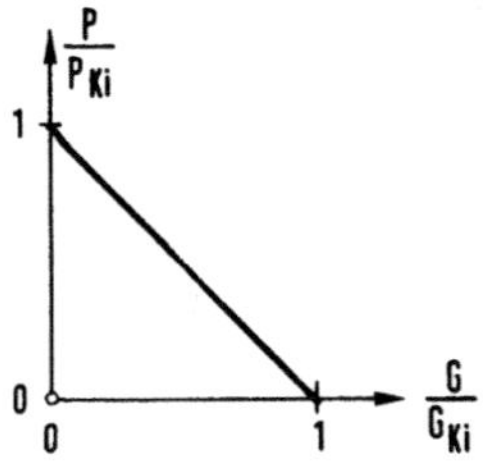

Bild 6.6

Da die Knickeigenformen für Knicken infolge g und P näherungsweise affin sind, kann das kombinierte Knickproblem mit Hilfe der DUNKERLEY-Formel gelöst werden, vgl. B.6.6:

$$\frac{G}{G_{Ki}} + \frac{P}{P_{Ki}} = 1 \qquad (6.29)$$

Diese Abschätzung liegt (geringfügig) auf der sicheren Seite. Wählt man für das Verhältnis P/G den Parameter

$$\varkappa = \frac{P}{G} \qquad (6.30)$$

folgt aus G.6.29 die Knicklast für die resultierende Wirkung von G und P zu

$$(G+P)_{Ki} = (1+\varkappa)\frac{G_{Ki} \cdot P_{Ki}}{\varkappa G_{Ki} + P_{Ki}} = (1+\varkappa)\frac{\gamma_{Ki,G} \cdot \gamma_{Ki,P}}{\varkappa \gamma_{Ki,G} + \gamma_{Ki,P}} \cdot \frac{EJ_B}{l^2} \qquad (6.31)$$

mit:

$$G_{Ki} = \gamma_{Ki,G} \frac{EJ_B}{l^2}, \quad P_{Ki} = \gamma_{Ki,P} \frac{EJ_B}{l^2} \qquad (6.32)$$

$\gamma_{Ki,G}$: T.6.1/3; $\gamma_{Ki,P}$: T.6.4; G: G.6.24.

Mit der Kenntnis von G.6.31 können die Verformungs- und Schnittgrößen S^{II} nach Th.II. Ordn. bestimmt werden:

$$S^{II} = \alpha S^{I} \longrightarrow S^{II} = \frac{S^{I}}{1 - \nu \dfrac{(G+P)}{(G+P)_{Ki}}} \qquad (6.33)$$

ν ist der Sicherheitsfaktor für den Bemessungsfall gegenüber dem Gebrauchszustand. Ggf. ist im Nenner mit gesplitteten Sicherheitsfaktoren zu rechnen:

$$\nu_G G + \nu_P P$$

6.1.2.4 Beispiele

Es werden drei Beispiele gerechnet.

1. Beispiel: Stählerner Antennenmast

B.6.7 zeigt einen vergitterten Antennenmast mit 30m Höhe. Die abschnittsweise gemittelte Lastbelegung g(z) (einschließlich Antennenbelegung) und Biegesteifigkeit EJ(z) ist im Bild ausgewiesen. In EJ(z) ist die Schubweichheit gemäß Abschnitt 1.2.12.3 berücksichtigt; die Abminderung erweist sich mit 2% als untergeordnet.

Um den Verformungsfaktor α zu bestimmen, wird g_{KiB} berechnet. Dazu wird gebildet:

Knickwerte konischer Druckstäbe

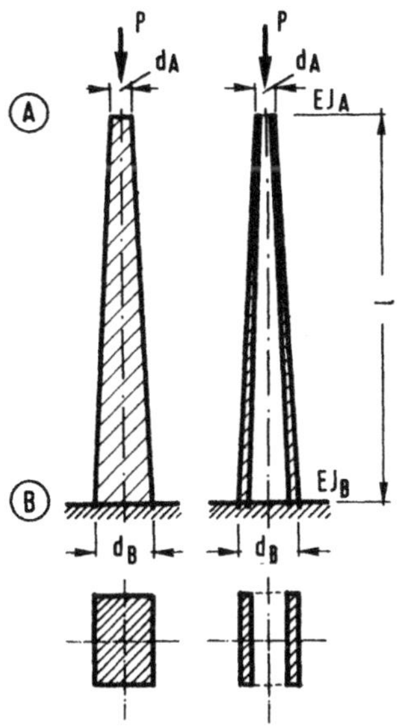

Pfeiler mit konischer Erstreckung

Parameter: $\delta = \frac{d_B}{d_A}$

$$n = \frac{\ln \frac{J_B}{J_A}}{\ln \frac{d_B}{d_A}} \quad \text{(Formparameter)}$$

In Abhängigkeit von δ und n wird γ_{Ki} ($\gamma_{Ki,P}$) aus dem Diagramm abgegriffen. Hiermit folgt:

$$P_{Ki} = \gamma_{Ki,P} \cdot \frac{EJ_B}{l^2}$$

Vergleichsträgheitsmoment für einen EULER-Stab II der Knicklänge $s_K = l$

$$J_V = \frac{1}{\pi^2} \cdot \gamma_{Ki,P} \cdot J_B$$

Vergleiche auch Tafel 5.57

Das Diagramm kann für Knicken um beide Hauptachsen - mit zugehörigen Parametern - verwendet werden.

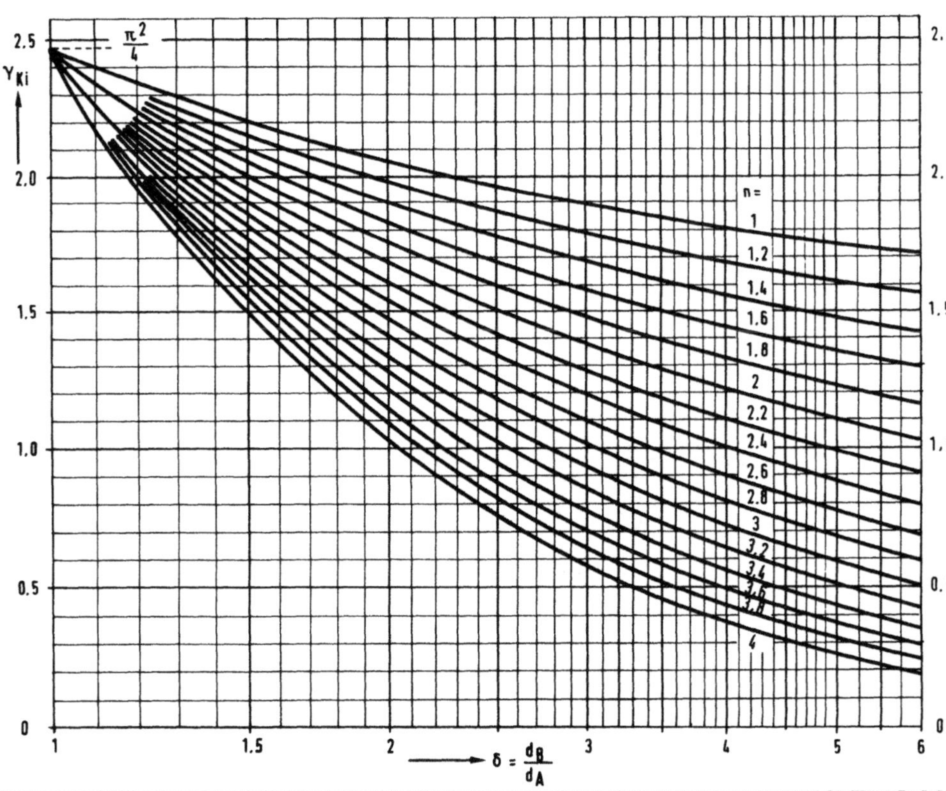

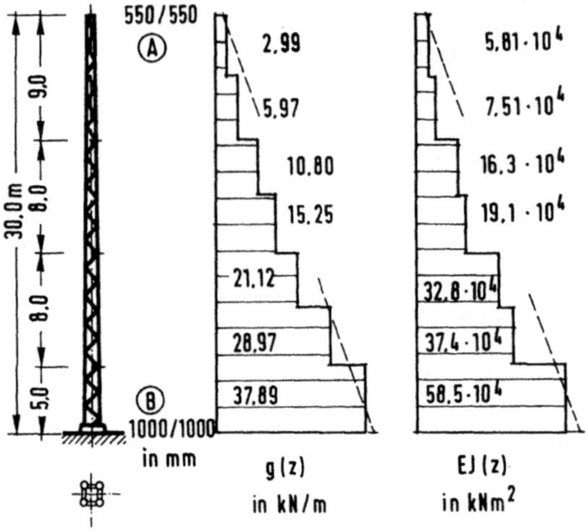

Bild 6.7

$$\delta = \frac{d_B}{d_A} = \frac{1000}{550} = 1{,}82;\ \ln 1{,}82 = 0{,}598$$
$$\frac{J_B}{J_A} = \frac{63{,}2\cdot 10^4}{5{,}22\cdot 10^4} = 12{,}1;\ \ln 12{,}1 = 2{,}49$$
$$\frac{g_B}{g_A} \approx \frac{39}{2{,}5} = 15{,}6;\ \ln 15{,}6 = 2{,}75$$

Die Sprünge im g(z)-Verlauf in B.6.7 beruhen auf den örtlich zusammengezogenen Antennenlasten und beim EJ(z)-Verlauf auf den schußweise veränderlichen Gurtquerschnitten. Die in den vorstehenden Quotienten angesetzten Werte für d, J und g sind grob geschätzt; nunmehr folgt weiter (G.6.13):

$$n = \frac{2{,}49}{0{,}598} = 4{,}17;\quad m = \frac{2{,}75}{0{,}598} = 4{,}60$$

Für $\delta = 1{,}82$ und $n = 4{,}2$ liest man aus T. 6.2/3 für m=2,3 und 4 folgende Knickwerte ab:

$$\gamma_{Ki}\,(\gamma_{KiB}) = 11{,}1;\ 16{,}5;\ 25$$

Mittels graphischer Extrapolation findet man für m=4,6 : $\gamma_{Ki} = 31$ und hiermit (G.6.22):

$$m = 4{,}6 \longrightarrow \gamma_{Ki} = 31 \longrightarrow g_{KiB} = \gamma_{Ki}\frac{EJ_B}{l^3} = 31\cdot\frac{63{,}2\cdot 10^4}{30{,}0^3} = 725{,}6\ \text{kN/m}$$

Verformungsfaktor für eine $\nu = 1{,}5$-fache Sicherheit (G.6.23):

$$\alpha = \frac{1}{1-\nu\frac{g_B}{g_{KiB}}} = \frac{1}{1-1{,}5\frac{39}{725{,}6}} = 1{,}088\ (8{,}8\,\%)$$

2. Beispiel: Massivschornstein

Der in B.6.8 dargestellte Schornstein werde im ν-fachen Bemessungszustand durch eine konstante Windlast w=17,6 kN/m beansprucht. (Die Konstanz der Windlast dient hier im Rahmen des Beispieles der Rechenvereinfachung.) Das Einspannungsmoment beträgt nach Th. I.Ordn.:

$$M^I = 17{,}6\,\frac{252^2}{2} = 5{,}588\cdot 10^5\,\text{kNm}$$

Die Abschätzung des Verformungseinflusses mit Hilfe von T.6.1/3 liefert, wenn EJ(z) und g(z) im unteren Kaminbereich mittels stetiger Extrapolation angenähert werden (vgl. B. 6.8b/c):

$$\delta = \frac{d_B}{d_A} \approx \frac{24}{10} = 2{,}4;\ \ln 2{,}4 = 0{,}875$$

$$\frac{EJ_B}{EJ_A} \approx \frac{36000\cdot 10^6}{2820\cdot 10^6} = 12{,}77;\ \ln 12{,}77 = 2{,}546$$
$$\frac{g_B}{g_A} \approx \frac{1050}{310} = 3{,}387;\ \ln 3{,}387 = 1{,}220$$

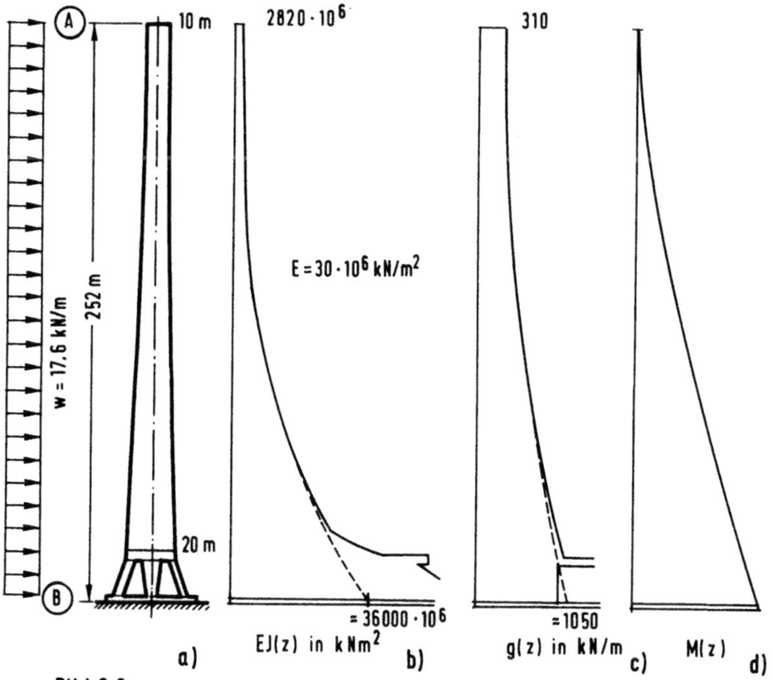

Bild 6.8

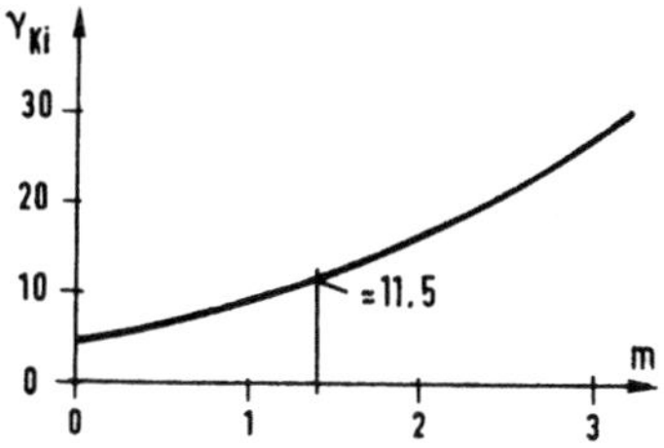

Bild 6.9

Damit ergeben sich:

$$n = \frac{2{,}546}{0{,}875} = 2{,}91; \quad m = \frac{1{,}220}{0{,}875} = 1{,}394$$

Für n=2,91 werden für m=0,1,2,3 die γ_{Ki}-Werte aus T.6.1/3 abgelesen und der gesuchte Knickwert mittels graphischer Interpolation bestimmt, vgl. B.6.9.

Hiermit folgt:

$$\gamma_{Ki}\,(\gamma_{KiB}) = 11{,}5 \longrightarrow g_{KiB} = 11{,}5\,\frac{36000 \cdot 10^6}{252^3} = 25\,870 \text{ kN/m} \longrightarrow \alpha = \frac{1}{1 - \frac{1050}{25\,870}} = 1{,}042$$

Wird der Kamin unter Berücksichtigung der realen Verteilung von EJ(z) und g(z) gemäß B.6.8 streng (nach dem Verfahren der Übertragungsmatrizen Th.II.Ordn.) berechnet, findet man für das Einspannungsmoment $5{,}733 \cdot 10^5$ kNm. Dem entspricht ein Verformungsfaktor $\alpha = 1{,}026$. Wird darüberhinaus eine drehelastische Einspannung mit $K = 670 \cdot 10^6$ kNm/1 (Pfahlrostgründung) bei der strengen Berechnung erfaßt, ergibt sich $5{,}865 \cdot 10^5$ kNm, d.h. eine Erhöhung auf $\alpha = 1{,}049$. - Für Kamine mit regelmäßiger konischer Erstreckung erweist sich die α-Abschätzung als sehr genau.

Nach DIN 1056 sind Lotabweichungen der Schornsteine um $\psi_0 = 1/500$ einzurechnen und die Schnittgrößen nach Th.II.Ordn. zu bestimmen. Dazu sind die Hauptlasten und die Schiefstellung mit den 1,5-fachen Werten anzusetzen und die dabei am verformten Tragwerk sich ergebenden Schnittgrößen durch 1,5 zu dividieren.
Eine Schiefstellung läßt sich gleichwertig durch die kontinuierliche Abtriebskraft

$$h(z) = \psi_0 \cdot g(z) \qquad (6.34)$$

transversal zur Bauwerksachse erfassen. g(z) ist das Eigengewicht je Längeneinheit in Höhe z über Fundamentkante; vgl. B.6.46d.
Anstelle der hier empfohlenen Berechnungsform für die Schnittgrößen S nach Th.II.Ordn.

$$S^{II}(z) = \alpha \cdot S^{I}(z) \qquad (6.35)$$

mit α gemäß G.6.8 ist in DIN 1056 eine Abschätzung gemäß:

$$M^{II}(\zeta) = M^{I}(\zeta) + M^{I}(0)\varepsilon^2 \cdot 0{,}55(1+2\zeta)(1-\zeta)^2 \qquad (6.36)$$

vorgeschrieben, sofern

$$\varepsilon = l\sqrt{\frac{G}{EJ}} < 0.6 \qquad (6.37)$$

ist. Für $\varepsilon \leqslant 0{,}25$ darf ein Nachweis nach Th.II.Ordn. enfallen; vgl. hierzu Abschnitt 6.2.2. Strenge Massivschornstein-Berechnungen für nichtlineares Materialgesetz lassen sich nur iterativ durchführen. Hierzu wird der Schornstein abschnittsweise mit konstanten Kenngrößen in Abhängigkeit von den Spannungs-Dehnungsbeziehungen und vom Bewehrungsgrad angesetzt.

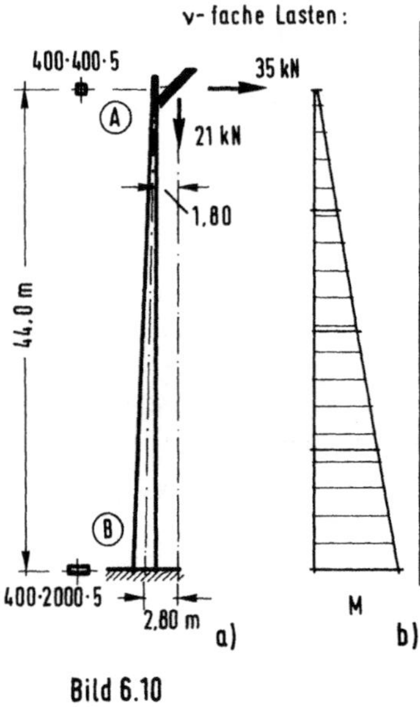

Th.I.O.	Th. II. Ordn.	
1	2.	3.
42	42	42
432	446	442
820	842	840
1210	1235	1239
1599	1626	1636

kNm c)

Bild 6.10

3. Beispiel: Stählerner Flutlichtmast

Für den in B.6.10 dargestellten Flutlichtmast soll der Verformungseinfluß auf die Biegungsbeanspruchung um die starke Achse nachgewiesen werden. (Im Rahmen des Beispieles werden nur die Kräfte am Mastkopf erfaßt, sie gelten für den ν-fachen Bemessungsfall.) Zunächst wird nur der Einfluß der lotrechten Kopflast erfaßt. T.5.57 (EULER-Fall Ia) ergibt:

$$\frac{d_B}{d_A} = \frac{200}{40} = 5; \quad \frac{J_B}{J_A} = \frac{965\,000}{17300} = 55{,}78 \longrightarrow$$

$$n = \frac{\ln 55{,}78}{\ln 5} = \frac{4{,}021}{1{,}609} = 2{,}499 \sim 2{,}5 \longrightarrow \beta = 0{,}46$$

Für die Knicklängen findet man:

Bezogen auf EJ_A: $s_K = 0{,}46 \cdot 44 = 20{,}2\,m$;

bezogen auf EJ_B: $s_K = 3{,}44 \cdot 44 = 151\,m$

Das Vergleichsträgheitsmoment für einen EULER-Stab-II mit $s_K = 44{,}0$ m beträgt:

$$J_V = \frac{J_A}{\beta^2} = \frac{17300}{0{,}46^2} = 81\,760\,cm^4$$

Knicklast und Verformungsfaktor ergeben sich zu:

$$D_{Ki} = \frac{1}{0{,}46^2}\pi^2\frac{2{,}1\cdot 10^4 \cdot 17\,300}{4400^2} = 875\ kN$$

$$\alpha = \frac{1}{1-\frac{D}{D_{Ki}}} = \frac{1}{1-\frac{21}{875}} = 1{,}025 \quad (2{,}5\%)$$

Der Verformungseinfluß ist mit 2,5% untergeordnet. - Führt man eine strenge Berechnung nach Th.I. und II.Ordn. durch, ergeben sich die in B.6.10c tabellarisch eingetragenen Biegungsmomente (Spalte 1 und 2). Werden die Momente zu

$$M^{II} = \alpha M^{I} = 1{,}025 \cdot M^{I}$$

gebildet, erhält man die in Spalte 3 ausgewiesenen Werte. Die Abschätzung ist demnach sehr zuverlässig.

Um in diesem Beispiel den Einfluß des Masteigengewichtes auf den α-Faktor zu verdeutlichen, wird die Rechnung gemäß Abschnitt 6.1.2.3 erweitert. Für Konstruktion, Leitern und Kabel betragen die Eigengewichte je Längeneinheit:

$$g_A = 840 \text{ N/m}, \; g_B = 2220 \text{ N/m}$$

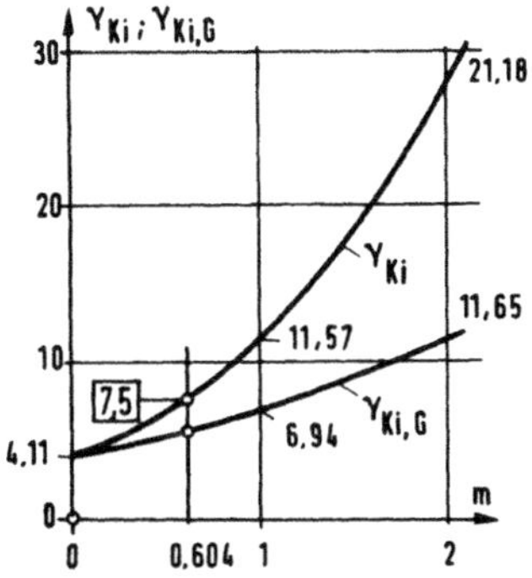

Bild 6.11

Für m findet man gemäß G.6.13:

$$\frac{g_B}{g_A} = \frac{2220}{840} = 2{,}64 \longrightarrow m = \frac{\ln 2{,}64}{\ln 5} = 0{,}604$$

Aus T.6.1/2 wird γ_{Ki} für m=0,1 und 2 entnommen und mittels graphischer Interpolation (B.6.11) der zu m=0,604 gehörige Knickwert

$$\gamma_{Ki} = 7{,}5$$

bestimmt.

Der Knickwert γ_{KiG} für das gesamte Eigengewicht ergibt sich für

$$\delta = \frac{d_B}{d_A} = 5$$

mit Hilfe der auf T.6.1 angeschriebenen Formeln zu:

$$m = 0: \quad \gamma_{Ki,G} = \gamma_{Ki} = 4{,}11$$

$$m = 1: \quad \gamma_{Ki,G} = \frac{1 + 5{,}0}{2 \cdot 5{,}0} \cdot 11{,}57 = 6{,}94$$

$$m = 2: \quad \gamma_{Ki,G} = \frac{1 + 5{,}0 + 5{,}0^2}{3 \cdot 5{,}0^2} \cdot 28{,}18 = 11{,}65$$

Die Interpolation in B.6.11 liefert:

$$m = 0{,}604: \quad \gamma_{Ki,G} = 5{,}6$$

Das v-fache Eigengewicht beträgt G=101 kN. Damit ist (G.6.30):

$$\varkappa = \frac{P}{G} = \frac{21}{101} = 0{,}208$$

Formel G.6.31 liefert mit γ_{KiP}=0,836 (δ=5, n=2,5; Tafel 6.4):

$$(G + P)_{Ki} = (1 + 0{,}208) \frac{5{,}6 \cdot 0{,}836 \cdot 2{,}1 \cdot 10^4 \cdot 965000}{(0{,}208 \cdot 5{,}6 + 0{,}836) \cdot 4400^2} = \underline{2959 \text{ kN}}.$$

Mit

$$G + P = 101 + 21 = \underline{122 \text{ kN}}$$

kann der Verformungsfaktor berechnet werden (G.6.33):

$$\alpha = \frac{1}{1 - \frac{122}{2959}} = 1{,}043 \; (4{,}3\%) \longrightarrow M^{II} = 1{,}043 \cdot 1599 = 1668 \text{ kNm}$$

Durch die Einbeziehung des Schafteigengewichtes wird der Verformungseinfluß in diesem Beispiel von 2,5 auf 4,3% erhöht.

Für Vorberechnungen (aber auch für Endberechnungen) genügt i.allg.(ohne weiteren Nachweis) die Einrechnung von α=1,05. Im Zweifelsfalle sind α-Abschätzungen anzuraten, weitere Zuschärfungen sind dann nicht erforderlich.

6.1.3 Stabschaft mit konstanter Dicke und konischer Erstreckung der Wanddicke

6.1.3.1 Knicken infolge Eigengewicht

Die in B.6.12a dargestellte Struktur steht stellvertretend für Stahlkamine. Der lotrechte Kragträger hat eine konstante Außenkontur, die Wanddicke t ist linear-veränderlich. Die Lastbelegung (aus Konstruktionsgewicht und Futterung) wird ebenfalls linearveränderlich angenommen. Für t, J und g im Querschnitt $z = \zeta l$ gilt:

$$t(\zeta) = t_A \cdot [\delta(1-\zeta) + \zeta], \quad J(\zeta) = J_A \cdot [\delta(1-\zeta) + \zeta], \quad g(\zeta) = g_A \cdot [\varepsilon(1-\zeta) + \zeta] \qquad (6.38)$$

Hierin bedeuten:

$$\delta = \frac{t_B}{t_A} = \frac{J_B}{J_A}, \qquad \varepsilon = \frac{g_B}{g_A} \tag{6.39}$$

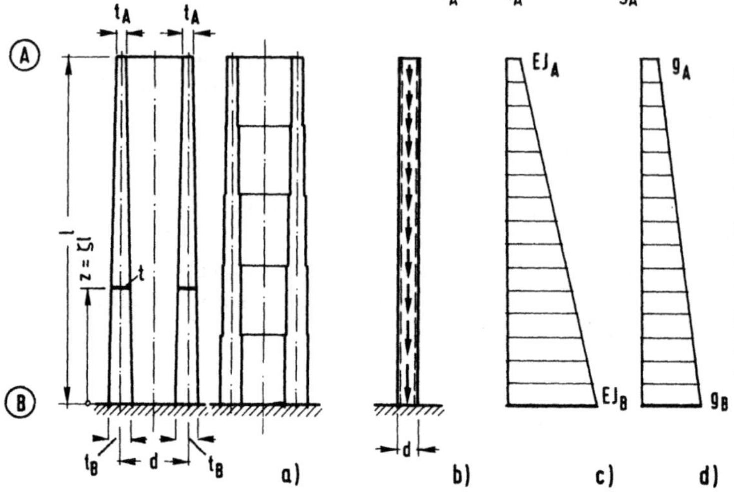

Bild 6.12

Ⓐ kennzeichnet den Querschnitt an der Mündung und Ⓑ an der Einspannstelle. Die Gradienten δ und ε sind i.allg. unterschiedlich.

Die Differentialgleichung G.1.33 nimmt mit G.6.38 folgende Fassung an (wenn wieder die bezogene Längskoordinate $\zeta=z/l$ eingeführt wird):

$$L[v] = \psi_1 v^{\bullet\bullet\bullet\bullet} + \psi_2 v^{\bullet\bullet\bullet} + \psi_3 v^{\bullet\bullet} + \gamma(\psi_4 v^{\bullet\bullet} + \psi_5 v^{\bullet}) = 0 \tag{6.40}$$

Die von ζ abhängigen Koeffizienten lauten:

$$\psi_1 = \delta(1-\zeta) + \zeta; \quad \psi_2 = 2(1-\delta); \quad \psi_3 = 0;$$
$$\psi_4 = \frac{\delta}{2\varepsilon}\left\{\varepsilon[2(1-\zeta) - (1-\zeta^2)] + (1-\zeta^2)\right\}; \quad \psi_5 = -\frac{\delta}{\varepsilon}\left\{\varepsilon(1-\zeta) + \zeta\right\} \tag{6.41}$$

Der Eigenwert γ_{Ki} wird auf dieselbe Weise bestimmt, wie im Abschnitt 6.1.2 erläutert. T.6.5 weist das Ergebnis aus. In Abhängigkeit von δ und ε kann γ_{Ki} abgegriffen und

$$g_{BKi} = \gamma_{Ki} \cdot \frac{EJ_B}{l^3} \tag{6.42}$$

berechnet werden. - Bezogen auf das Gesamtgewicht

$$G = \frac{1}{2} \cdot (g_A + g_B) l \tag{6.43}$$

gilt:

$$G_{Ki} = \frac{1}{2}(1 + \frac{1}{\varepsilon}) \gamma_{Ki} \frac{EJ_B}{l^2} \tag{6.44}$$

Der β-Wert eines Ersatzstabes mit der Biegesteifigkeit $EJ=EJ_B$=konst folgt zu:

$$\beta = \pi \sqrt{\frac{1}{\gamma_{Ki}} \cdot \frac{2\varepsilon}{1+\varepsilon}} \tag{6.45}$$

6.1.3.2 Beispiel: Stahlkamin

B.6.13 zeigt einen Stahlkamin (Stahlschornstein) mit 3,00m Durchmesser und 71,5m Höhe. Innerhalb des Standrohres sind Rauchrohre mit Isolierung angeordnet. Bei einer Auslenkung des Standrohres lehnen sich die Innenausbauten an das Standrohr an und bewirken dadurch eine Abtriebswirkung, die das Standrohr zu stabilisieren hat.

Infolge der schußweise veränderlichen Wanddicke sind EJ(z) und g(z) stufenförmig variabel (B.6.13b/c). Das in B.6.13d eingetragene Biegungsmoment gilt für eine gleichförmige Windlast w=3,0 kN/m im Gebrauchszustand.

Tafel 6.5

Knickwerte von Kamintragwerken mit linear veränderlicher Wanddicke

(Stahlkamine)

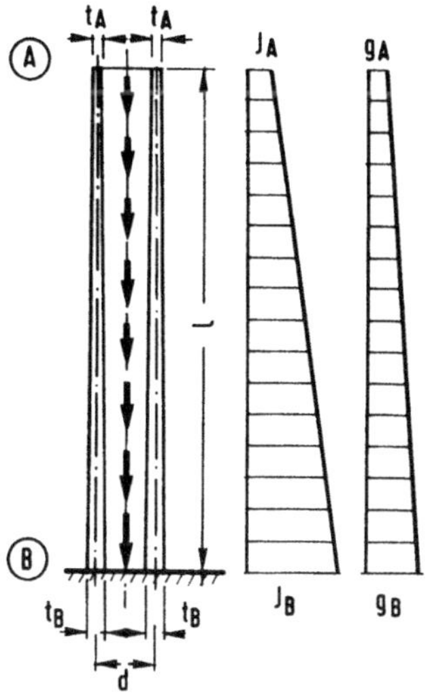

Parameter: $\delta = \frac{J_B}{J_A} \quad \left(= \frac{t_B}{t_A} \right)$

$$\varepsilon = \frac{g_B}{g_A}$$

In Abhänigkeit von δ und ε wird γ_{Ki} abgegriffen.

Knicklasten: $g_{BKi} = \gamma_{Ki} \cdot \frac{EJ_B}{l^2}$

$$G_{Ki} = \frac{1}{2} \cdot \left(1 + \frac{1}{\varepsilon}\right) \cdot \gamma_{Ki} \cdot \frac{EJ_B}{l^2}$$

Knicklänge eines Ersatzstabes mit der Biegesteifigkeit EJ_B

$$\beta = \pi \sqrt{\frac{1}{\gamma_{Ki}} \cdot \frac{2\varepsilon}{1 + \varepsilon}}$$

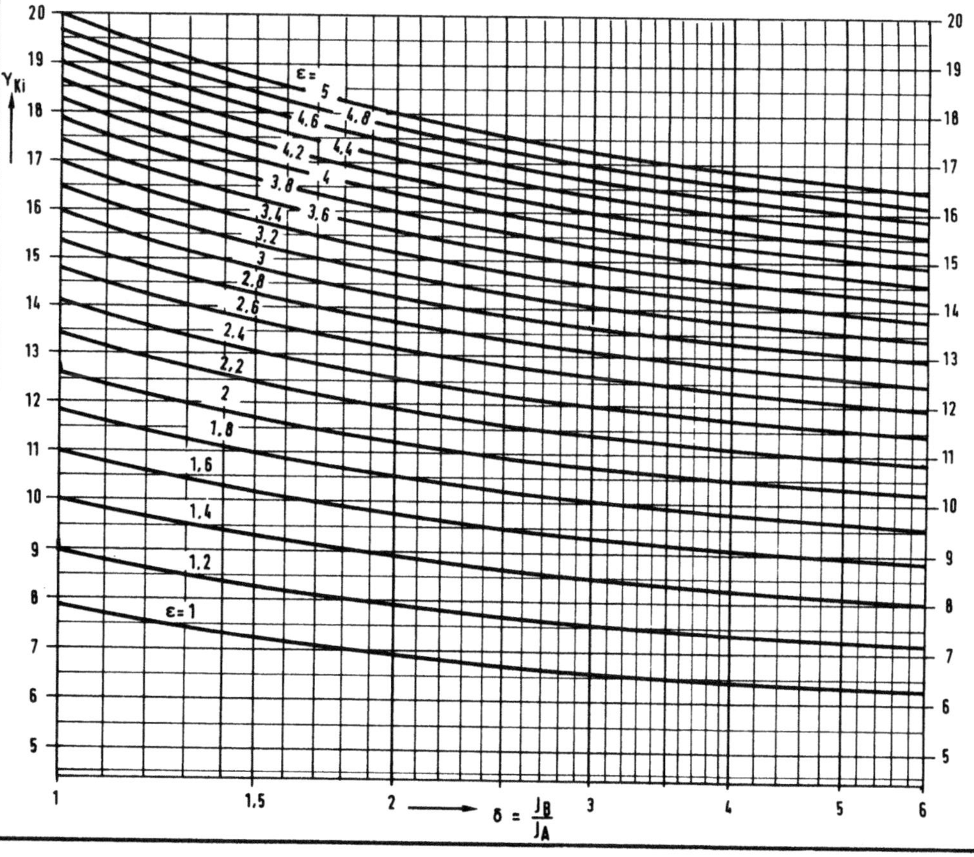

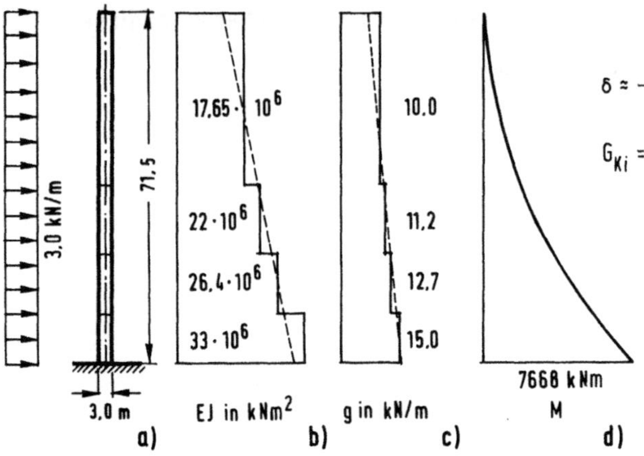

Bild 6.13

Der Verlauf von EJ und g wird grob gemittelt. Damit findet man aus T.6.5:

$$\delta \approx \frac{31\cdot 10^6}{13\cdot 10^6} = 2{,}38; \quad \varepsilon \approx \frac{16}{7{,}5} = 2{,}13 \rightarrow \gamma_{Ki} = 11{,}4$$

$$G_{Ki} = \frac{1}{2}\left(1 + \frac{1}{213}\right)11{,}4\cdot\frac{31\cdot 10^6}{71{,}5^2} = 50\,791 \text{ kN}$$

Das Eigengewicht beträgt (Sicherheitsfaktor 1,5):

$$G = 814 \text{ kN}, \quad \nu G = 1{,}5\cdot 814 = 1221 \text{ kN}$$

Verformungsfaktor:

$$\alpha = \frac{1}{1 - \frac{1221}{50\,791}} = 1{,}024$$

Das Einspannungsmoment nach Th. I.Ordn. unter ν-facher Belastung beträgt: $M^I = 1{,}5\cdot 7668 = 11502$ kNm und damit $M^{II} = 1{,}024\cdot 11502 = 11778$ kNm.

Eine strenge Berechnung unter Berücksichtigung des realen Verlaufs von EJ(z) und g(z) ergibt:

$$\frac{M^{II}}{M^I} = \frac{11\,738}{11\,502} = 1{,}021$$

Auf die Anmerkungen am Ende des Abschnittes 6.1.2.4 wird hingewiesen.

6.1.4 Brückenpfeiler

6.1.4.1 Vorbemerkungen

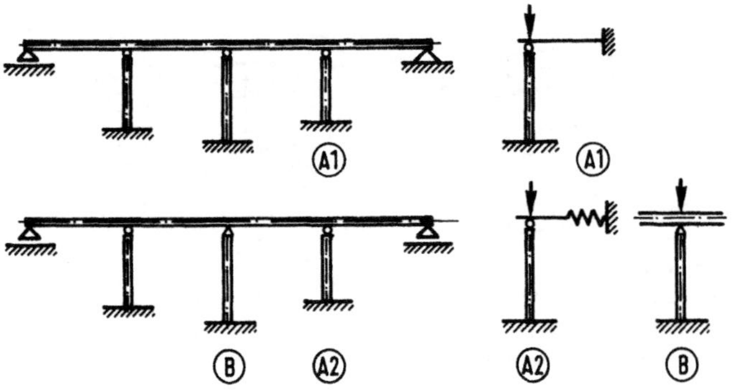

Bild 6.14

Pfeiler erreichen im modernen Brückenbau große Höhen und Schlankheiten, das gilt insbesondere für Pfeiler von Talbrücken.
Es lassen sich zwei Pfeilertypen unterscheiden (B.6.14):

A: Pfeiler mit Rollen- oder Gleitlagern. Der Oberbau kann sich relativ zur Pfeilerachse nach Oberschreiten der Lagerreibungswiderstände verschieben. Der Oberbau ist entweder an einem Widerlager starr gestützt (A1) oder federelastisch an einem Festpfeiler gehalten (A2).

B: Pfeiler mit fester Verbindung zum Oberbau (Festpfeiler), der Oberbau ist an den Widerlagern verschieblich gelagert. Die Horizontalkräfte in Brückenlängsachse werden dem Festpfeiler zugewiesen.

Pfeiler des Typs B sind als frei auskragende Stäbe (im Sinne von EULER-Fall I) zu berechnen. Die horizontale Kopflast resultiert aus Bremswirkungen der Verkehrslasten und aus Verschiebungswiderständen der benachbarten Lager.
Pfeiler des Typs A erhalten Horizontalkräfte in Höhe der Reibungs- bzw. Verformungswiderstände der Lager und Exzentrizitätsmomente infolge der exzentrischen Lagerstellungen. Ins-

gesamt handelt es sich um ein statisch unbestimmtes Problem, wenn die Pfeilerfederungen und Verschiebungswiderstände auf die Verteilung der Horizontalkräfte berücksichtigt werden sollen. - Maßgebend ist DIN 1075; im Abschnitt 6.2 heißt es: "Für den Nachweis der Knicksicherheit (der Pfeiler) ist bei Rollen- oder Gleitlagern die Lagerreibungskraft gleich Null zu setzen, d.h. weder als verformungsbehindernd noch als verformungsfördernd einzuführen." Somit ist beim Nachweis der Pfeiler des Typs A die planmäßige max. Exzentrizität aus den Oberbauverschiebungen einzuführen. Hinzu treten unplanmäßige Exzentrizitäten bzw. Lotabweichungen. Baugrundelastizitäten sind zu berücksichtigen, ggf. auch Temperaturgradienten.

Abhängig vom Lagertyp und der Lagerkinematik sind bei Pfeilern des Typs A bestimmte Übergangsbedingungen zwischen Pfeiler und Oberbau zu berücksichtigen. Dazu führt DIN 1075 folgendes aus: "Für Pfeiler mit Rollen- oder Gleitlagern dürfen beim Knicksicherheitsnachweis die von der Kopfauslenkung abhängigen Ausmittigkeiten sowie die von der Kopfverdrehung resultierenden Kräfte berücksichtigt werden. Diese Kräfte sind, sofern sie zur Stabilisierung der Pfeiler herangezogen werden, als Belastung für den Festpunkt des Gesamtsystems in Ansatz zu bringen." Auf die hiermit zusammenhängende Problematik wird im Abschnitt 6.1.4.3 eingegangen.

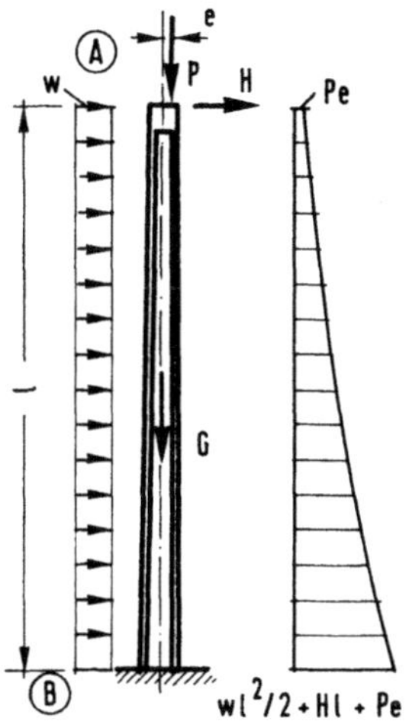

Bild 6.15

Der Regelfall wird durch die in B.6.15 skizzierte Aufgabe erfaßt. Fallweise sind unplanmäßige Einflüsse (Imperfektionen) noch einzurechnen. - Nach Th.I.Ordn. beträgt das Einspannungsmoment

$$M^I = H \cdot l + w \cdot l^2/2 + P e \qquad (6.46)$$

Im Fall eines idealelastischen Baustoffes kann der Stabilitätsnachweis mit Hilfe des Verformungsfaktors α als Spannungsproblem Th.II.Ordn. geführt werden:

$$M^{II} = \alpha\, M^I; \quad \alpha = \frac{1}{1 - D/D_{Ki}} \qquad (6.47)$$

Hierin ist: $D = \nu(G+P)$ und $D_{Ki} = (G+P)_{Ki}$, bezogen auf Oberkante Fundament; vgl. Abschnitt 6.1.2.3.

Der Ansatz eines beanspruchungs-unabhängigen Elastizitätsmoduls ist für den Bruchsicherheitsnachweis eines Massivpfeilers nicht zulässig. Das Grenzlastproblem erfordert die Berücksichtigung der nichtlinearen Momenten-Krümmungsfunktion für Stahlbetonquerschnitte. Hierzu liegen mehrere Beiträge im Schrifttum vor [6.9-6.12].

Ein Anhalt für den Verformungseinfluß Th.II.Ordn. wird durch Einführung einer wirksamen Biegesteifigkeit gewonnen, etwa in der Form:

$$(EJ)^{II} \approx \chi \cdot (EJ)^I \quad \text{mit} \quad \chi \approx 0{,}40 \text{ bis } 0{,}60 \qquad (6.48)$$

6.1.4.2 Beispiel

Anhand des in B.6.16 dargestellten Beispieles soll geprüft werden, welcher Genauigkeitsanspruch an χ gemäß G.6.48 zu stellen ist.

Kennwerte am Pfeilerkopf und Pfeilerfuß:

$$A: F_A = 14{,}2\,m^2; \quad g_A = 14{,}2 \cdot 25 = 354\ kN/m; \quad J_A = 28{,}4\,m^4$$

$$B: F_B = 25{,}6\,m^2; \quad g_B = 25{,}6 \cdot 25 = 640\ kN/m; \quad J_B = 304{,}5\,m^4$$

Zunächst wird $\gamma_{Ki,G}$ mit Hilfe von T.6.1/2 berechnet. Dazu wird bestimmt:

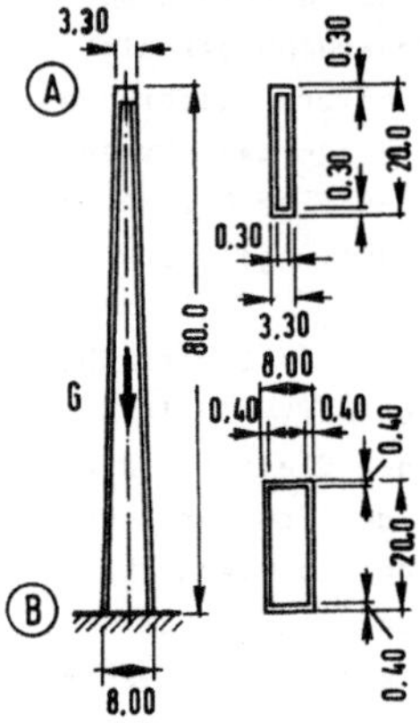

Bild 6.16

$$\delta = \frac{d_B}{d_A} = \frac{8.00}{3.30} = 2.424, \quad \ln 2.424 = 0.886$$

$$\frac{J_B}{J_A} = \frac{304.5}{28.4} = 10.72, \quad \ln 10.72 = 2.372$$

$$\frac{g_B}{g_A} = \frac{640}{354} = 1.808, \quad \ln 1.808 = 0.592$$

$$n = 2.372/0.886 = 2.68\,; \quad m = 0.592/0.886 = 0.669$$

Aus T.6.1/2 entnimmt man:

$$\left.\begin{aligned} m = 0: &\ \gamma_{Ki,G} = 1.45 \\ m = 1: &\ \gamma_{Ki,G} = 9.4 \\ m = 2: &\ \gamma_{Ki,G} = 16.9 \end{aligned}\right\} \quad m = 0.669 \longrightarrow \gamma_{Ki,G} = 6.8$$

Als nächstes wird $\gamma_{Ki,P}$ für die vertikale Auflast aus T.6.4 bestimmt: $\gamma_{Ki,P}=1,24$. Für $E=30\cdot 10^6$ kN/m^2 folgt mit G.6.25 und G.6.28:

$$G_{Ki} = 6.8\,\frac{30\cdot 10^6\cdot 304.5}{80^2} = 9.71\cdot 10^6\,\text{kN}\,; \quad P_{Ki} = 1.24\,\frac{30\cdot 10^6\cdot 304.5}{80^2} = 1.77\cdot 10^6\,\text{kN}$$

Die äußeren Lasten betragen: G=45 000 kN, P=15 000 kN. Nunmehr werden G.6.30 und G. 6.31 ausgewertet:

$$\varkappa = \frac{15000}{45000} = \frac{1}{3}\,; \quad (G+P)_{Ki} = (1+\frac{1}{3})\cdot\frac{9.71\cdot 1.77\cdot 10^{12}}{(9.71+1.77)\cdot 10^6} = 1{,}996\cdot 10^6\,\text{kN}$$

Für $\nu=1,75$ beträgt der Verformungsfaktor (G.6.33):

$$\alpha = \frac{1}{1-\dfrac{1.75(45000+15000)}{1.996\cdot 10^6}} = 1{,}056$$

Wird die Biegesteifigkeit gemäß G.6.48 mit $\chi=0,5$ auf die Hälfte reduziert, folgt α zu:

$$(G+P)_{Ki} = 0.998\cdot 10^6\,\text{kN} \longrightarrow \alpha = 1{,}118$$

Der Verformungseinfluß nimmt somit von 1,056 auf 1,118 (um 5,8%) zu. - Eine Schiefstellung des Pfeiles (als Rechenansatz für eine Lotabweichung) kann gemäß G.6.34 durch eine äquivalente, horizontale Streckenlast (zusätzlich zu w) eingerechnet werden ($+\psi_0\cdot P$).
Eine bodenelastische Einspannung kann mit sehr guter Annäherung mittels der DUNKERLEY-Formel, ausgehend von einem Ersatzstab konstanter Steifigkeit (für starre Einspannung bestimmt) mit Hilfe von Abschnitt 5.2.2 berücksichtigt werden; das gilt gleichermaßen für Massivschornsteine.

6.1.4.3 Einfluß der Lagerkinematik auf die Stabilität von Brückenpfeilern

Für den baupraktischen Stabilitätsnachweis von Brückenpfeilern wird i.allg. der EULER-Fall I zugrundegelegt. Im Sinne des Ersatzstab-Verfahrens würde das für EJ=konst. und starre Einspannung $\beta=2$ bedeuten.

In Arbeiten von ZIES [6.13] und insbesondere von RIECKMANN [6.14-6.16] und LIERMANN [6.17] wird der Einfluß der Lagerkinematik auf die Pfeilerstabilität ausführlich untersucht. Nach diesen Arbeiten erweist sich der Einfluß als sehr bedeutend.
Am Beispiel eines Brückenpfeilers mit einem Einrollenlager und starrem (unverschieblichem) Brückenüberbau läßt sich das Problem besonders instruktiv erläutern, vgl. B.6.17a: Knickt ein derartiger Pfeiler aus, gekennzeichnet durch die Knickverformungen f und φ am Pfeilerkopf, tritt eine Änderung der ursprünglichen, zentrischen Krafteintragung vom Überbau über die Rolle auf den Pfeiler ein und zwar in zweierlei Hinsicht:

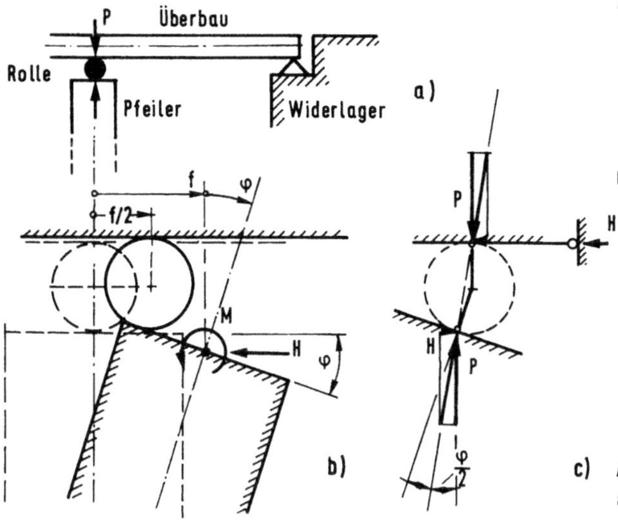

Bild 6.17

a) Die Rolle rollt um den Betrag f/2 entgegengesetzt zur Verschiebungsrichtung des Pfeilers zurück. Dadurch entsteht ein rücktreibendes Moment: M=P·f/2 (B.6.17b).

b) Die Kraftrichtung verläuft durch die Kontaktpunkte der Rolle. Hierdurch entsteht eine transversale, rücktreibende Kraftkomponente H=P·φ/2 (B.6.17c). (Reibung oder Verzahnung sorgen dafür, daß die Rolle die unterstellten Kräfte während der Knickverschiebung übertragen kann.)

c) Aufgrund der Richtungseigenschaften a) und b) liegt ein Knickproblem mit nichtrichtungstreuen Kräften vor. Damit stellt sich die Frage nach dem konservativen Charakter des Problems (Abschnitt 1.2.7/8). Führt man eine Knickuntersuchung ohne Rücksicht auf diese Frage durch [6.13/14], findet man die Knickbedingung:

$$2(1+\cos\varepsilon)+\varepsilon\cdot\sin\varepsilon = 0 \qquad (6.49)$$

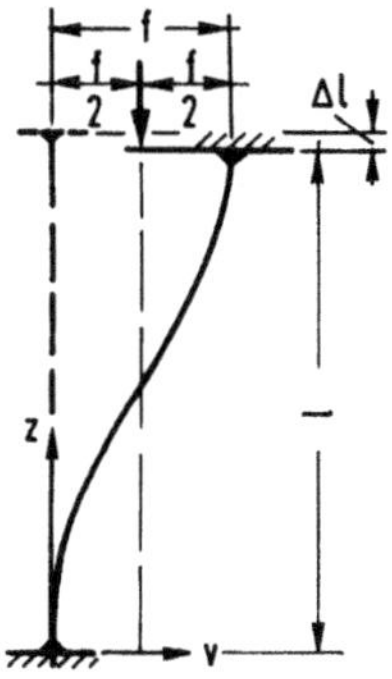

Bild 6.18

mit der Lösung $\varepsilon=\pi$, d.h. $\beta=1$! B.6.18 zeigt die zugehörige Knickbiegelinie. Die Knickfigur läßt ihrerseits einen indifferenten Gleichgewichtszustand erkennen: ZIMMERMANN-Problem (vgl. Abschnitt 1.2.10). Die äußere Last erleidet beim Übergang auf die in B.6.18 gezeigte Knickverformung die Verschiebung:

$$\Delta = \frac{\pi^2 f^2}{16\,l} \qquad (6.50)$$

(vgl. Abschnitt 3.2.2). Die Minderung der potentiellen Energie beträgt demnach:

$$\Pi_a = -P\frac{\pi^2 f^2}{16\,l} \qquad (6.51)$$

Die innere Formänderungsarbeit folgt für

$$v = \frac{f}{2}\left(1-\cos\pi\frac{z}{l}\right) \qquad (6.52)$$

zu:

$$A_i = \frac{1}{2}\int_0^l EJ\,v''^2 dz = \frac{1}{16}EJ\frac{\pi^4}{l^3}f^2 = \Pi_i \qquad (6.53)$$

Bildet man

$$\Pi = \Pi_i + \Pi_a \longrightarrow \quad \delta\Pi = \frac{\partial\Pi}{\partial f}\delta f = 0 \qquad (6.54)$$

ergibt sich:

$$P_{Ki} = \pi^2\frac{EJ}{l^2} \qquad (6.55)$$

Die Knickbedingung G.6.49 bestätigt man auch dadurch, daß die Aufgabe als konservatives

Spannungsproblem Th.II.Ordn. untersucht wird. Hierzu wird angenommen, daß das Lager mit den Imperfektionen f_0 und φ_0 eingebaut und der Pfeiler zusätzlich am Kopf durch eine horizontale Windlast W belastet wird. Für die Pfeilerkopfverschiebungen f^{II} und φ^{II} findet man nach längerer Rechnung:

$$f^{II} = 4\,\frac{\frac{f_0}{2}\varepsilon\sin\varepsilon - \varphi_0\frac{l}{\varepsilon}(\sin\varepsilon - \varepsilon\cos\varepsilon) + \frac{Wl^3}{EJ\varepsilon^3}(\sin\varepsilon - \varepsilon\cos\varepsilon)}{2(1+\cos\varepsilon) + \varepsilon\sin\varepsilon} \qquad (6.56)$$

$$\varphi^{II} = 4\,\frac{\left(\frac{f_0}{l} - \frac{\varphi_0}{2} + \frac{Wl^2}{2EJ\varepsilon^2}\right)\varepsilon\sin\varepsilon}{2(1+\cos\varepsilon) + \varepsilon\sin\varepsilon} \qquad (6.57)$$

Der Nenner dieser Gleichungen stimmt mit der linken Seite von G.6.49 überein, woraus auf die Richtigkeit der Knickbedingung geschlossen werden kann. Die Richtigkeit der Lösung erscheint dennoch aus zwei Gründen als fraglich:

a) Bildet man die Quotienten f^{II}/f^I und φ^{II}/φ^I für den Lastfall Wind mit

$$f^I = \frac{Wl^3}{3EJ} \quad \text{und} \quad \varphi^I = \frac{Wl^2}{2EJ} \qquad (6.58)$$

zeigen die Funktionen

$$\frac{f^{II}}{f^I} = \frac{12}{\varepsilon^3}\cdot\frac{\sin\varepsilon - \varepsilon\cos\varepsilon}{2(1+\cos\varepsilon) + \varepsilon\sin\varepsilon}$$

$$\frac{\varphi^{II}}{\varphi^I} = \frac{4}{\varepsilon^2}\cdot\frac{\varepsilon\sin\varepsilon}{2(1+\cos\varepsilon) + \varepsilon\sin\varepsilon} \qquad (6.59)$$

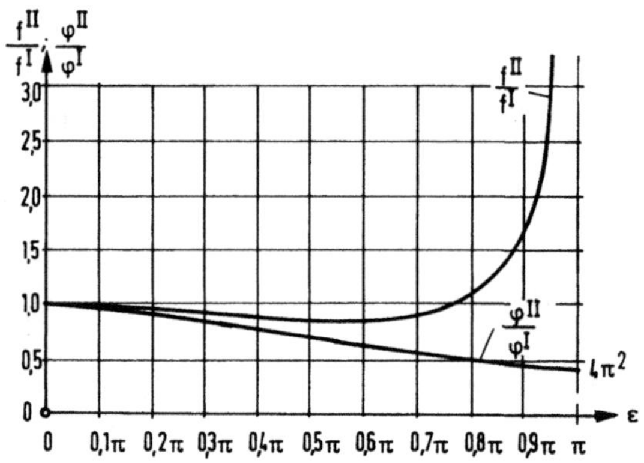

Bild 6.19

den in B.6.19 dargestellten Verlauf. Für $\varepsilon = \pi$ geht f^{II} gegen unendlich, φ^{II} aber nicht gegen Null, wie nach B.6.18 für diesen Grenzwert zu vermuten, sondern gegen den Wert $4/\pi^2$.

b) Wird das anstehende Problem erweitert, indem im Fußpunkt eine drehfederelastische Lagerung angenommen wird, findet man die Knickbedingung zu:

$$\left(\sin\varepsilon - \varepsilon\cos\varepsilon + \frac{\varepsilon^2}{\gamma}\sin\varepsilon\right)\left(\sin\varepsilon + \frac{\varepsilon}{\gamma}\cos\varepsilon\right) - \left(1 + \cos\varepsilon - \frac{\varepsilon}{\gamma}\sin\varepsilon\right)^2 = 0 \qquad (6.61)$$

mit

$$\frac{1}{\gamma} = \frac{EJ}{Kl} \qquad (6.62)$$

K ist die Drehfederkonstante.

Wertet man G.6.61 aus, ergibt sich $\varepsilon_{Ki} \leq \pi/2$ und damit

$$\beta \geq 2 \qquad (6.63)$$

Beispielsweise findet man für $1/\gamma \approx 0$; 0,5; 1; 1,5; 2 die β-Werte: 2; 2,92; 3,65; 4,27; 4,81. Das bedeutet, daß bei einer noch so geringen elastischen Drehbettung der β-Faktor auf Werte größer 2 springt!

Mit den vorstehenden Hinweisen ist die Frage nach der Richtigkeit der RIECKMANNschen Lösungen keineswegs beantwortet, denn den Erweiterungen gemäß a) und b) liegt nach wie vor die Annahme eines konservativen Problems zugrunde. Antwort könnte eine Behandlung als nicht-konservatives Problem geben. Hierbei wäre die Abwälzkinematik sorgfältig unter Einschluß der Rollreibung und Energiebilanzierung zu verfolgen. Diese Lösung steht noch aus. Die von RIECKMANN angegebenen Lagerformen mit Reibungsaktivierung sind mit Sicherheit nicht-konservativ, weil Energie dissipiert wird. Solange die angeschnittenen Fragen offen sind, empfiehlt sich eine Behandlung schlanker Brückenpfeiler unter der Annahme richtungstreu belasteter EULER-Stäbe I!

6.2 Hochhäuser

6.2.1 Aussteifende Systeme

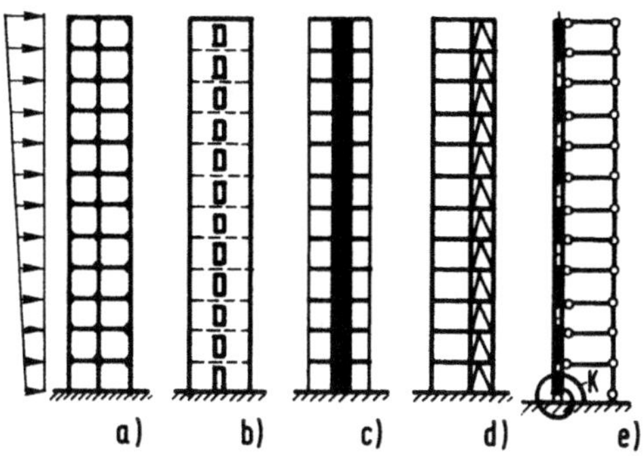

Bild 6.20

Bei Hochhäusern werden die horizontalen Lasten über die (als starr betrachteten) Deckenscheiben an die aussteifenden Systeme abgeführt. Diese wirken als Kragträger. Struktur und statisches System der aussteifenden Bauteile sind unterschiedlich, vgl. B.6.20. Die Abtragung über alleinige Rahmenwirkung ist aus wirtschaftlichen Gründen und aus der Forderung nach ausreichender Steifigkeit auf geringere Geschoßzahlen beschränkt. Verbreitet ist die Abtragung über wandartige Scheiben, die i.allg. durch Öffnungsreihen geschwächt sind; sie werden nach der Schubwandtheorie berechnet [6.18-6.35]. Ebenso verbreitet sind Stabilisierungskerne im Inneren der Gebäude. Hierbei handelt es sich um massive, turmartige Treppenhaus-, Fahrstuhl- und Versorgungsschächte mit offenen oder geschlossenen Querschnitten, deren Wandungen mehr oder weniger große Öffnungsreihen aufweisen. Bei geringerer Geschoßzahl werden Wandscheiben und Kerne auch in Mauerwerk ausgeführt. Sie kragen aus dem Fundament oder der Kellerwanne auf. Möglich sind auch Kombinationen aus Scheiben bzw. Kernen mit Rahmen. Von KÖNIG [6.36] wurden die Entwurfs- und Berechnungsgrundsätze von Hochhäusern in Stahlbeton ausführlich behandelt, vgl. auch [6.37/38]. Hochhäuser in Stahlbauweise werden i.allg. durch Verbände in Form von K- oder Kreuzfachwerken ausgesteift (B.6.20d), im modernen Hochhausbau ist aber auch hier die Anordnung von massiven Kernen üblich.

Der gehaltene Teil des Hochhauses baut sich aus angekoppelten Riegeln und Stützen auf, die mehr oder weniger steif miteinander verbunden sind. Deren Steifigkeitsbeitrag ist indes so gering, daß der gehaltene Teil als labiles Gelenkwerk betrachtet wird. Das stabilisierende System besteht damit aus einem starr bzw. drehfederelastisch eingespannten Kragbalken und einem angekoppelten Pendelstützenstrang. Real sind immer viele Stützenstränge vorhanden, sie werden statisch zu einem Stützenstrang zusammengefaßt (B.6.20e). Auf das stabilisierende System entfallen einerseits die anteiligen lotrechten Eigengewichts- und Nutzlasten und andererseits die horizontalen Lasten aus den äußeren Einwirkungen und der Schrägstellung. Sofern die Resultierende der Horizontallasten nicht durch den Schubmittelpunkt des aussteifenden Systems verläuft, werden neben Biege- noch Drillmomente geweckt. Bei offenen Querschnitten ist es aus wirtschaftlichen Gründen zweckmäßig, die Wölbsteifigkeit zu berücksichtigen, das ist aber auch ein Gebot der Sicherheit, um die Wölbbeanspruchungen im Einspannquerschnitt zu erfassen.

Infolge der Verformungen des aussteifenden Systems, die durch Kriech- und Setzungseinflüsse verstärkt werden, entstehen Abtriebskräfte, die (als Haltekräfte) vom stabilisierenden System abgetragen werden müssen. Der Stabilitätsnachweis wird zweckmäßig nach Th.II.Ordn. unter ν-facher Belastung erbracht.

Die Theorie aussteifender Systeme ist weit entwickelt [6.40-6.58 u. 7.31]. Im folgenden werden die Berechnungsanweisungen für regelmäßige Strukturen dargelegt; damit wird die Mehrzahl der Anwendungsfälle erfaßt.

6.2.2 Allgemeine Berechnungshinweise

Zunächst wird die infolge ungleichförmiger Druck-Sog-Verteilung über den Umfang des Gebäudes entstehende Windlastresultierende (für alle Windrichtungen) gebildet, deren Abtragung ist von der Art des aussteifenden Systems abhängig. B.6.21 zeigt unterschiedliche Systeme im Grundriß. Bei Scheiben- und Verbandsaussteifung werden instabile und stabile Grundrisse unterschieden, erstere sind unbrauchbar. Immer dann, wenn sich sämtliche Wandebenen in einem Punkt (im Grenzfall im Unendlichen) schneiden, ist die Anordnung nicht stabil, weil das Bauwerk um diesen Pol Drehungen ohne Widerstand ausführen kann, vgl. B.6.21a. Der Querschnitt sollte möglichst so strukturiert sein, daß große innere Hebelarme entstehen, Beispiele: Bildteil b. - Die Windlastresultierende wird auf die Wände verteilt. Bei Parallel- oder Hintereinanderschaltung der aussteifenden Wandelemente wird die Resultierende aufgrund von Steifigkeitsbetrachtungen anteilig gesplittet. Die Einzelelemente können dann i.allg. getrennt berechnet und nachgewiesen werden. Besteht das aussteifende System aus einem balkenförmigen Kern, werden dessen Schwer- und Schubmittelpunkt und das Hauptachsenkreuz berechnet. Ein solches System ist immer (kinematisch) stabil. Bei exzentrischer Anordnung der Kerne treten i.allg. erhebliche Drillbeanspruchungen auf, in solchen Fällen empfiehlt sich unbedingt die Ausbildung geschlossener, ein- oder mehrzelliger Querschnitte. Offene Querschnitte sind um ein Mehrfaches drillweicher. Die starren Deckenscheiben gewährleisten die Einhaltung der Querschnittsform. In Th.I.Ordn. können Biege- und Drillbeanspruchung getrennt berechnet werden, weil die Differentialgleichungen für die Verschiebungen u und v in Richtung der Hauptachsen und für die Drillung ϑ entkoppelt sind. In Th.II.Ordn. sind sie dagegen gekoppelt. Aufbauend auf Arbeiten von BECK, KÖNIG, REEH, SCHÄFER, REUSCHLING u.a. wurde das gekoppelte Problem von BRAND [6.51] umfassend gelöst.

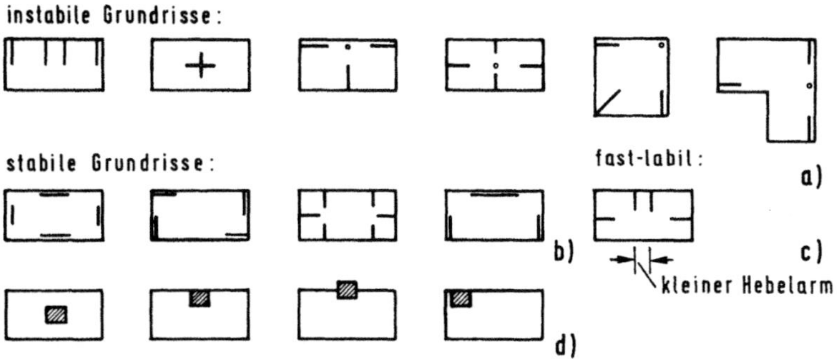

Bild 6.21

Im folgenden wird ein aussteifendes System betrachtet, das (drillungsfrei) nur auf Biegung beansprucht wird. B.6.22 zeigt die Aufgabenstellung: Am Stabilisierungsstab ist der anteilige, labile, auszusteifende Bauwerksteil angekoppelt. Folgende Lastfälle sind im Gebrauchszustand nach Th.I.Ordn. zu untersuchen:

A: Windlast **w**: Geht man von einer konstanten Windbelastung aus, betragen Einspannungsmoment und Auslenkung am freien Ende:

$$M_w^I = wl^2/2; \quad f_w^I = wl^4/8EJ \tag{6.64}$$

B: Ausmittige, lotrechte Kernbelastung m=p·e. p ist die lotrechte Lastbelegung je Längeneinheit und e deren Exzentrizität gegenüber der Schwerachse. Wenn die Lastbelegung ungleichförmig ist, wird ggf. ein mittlerer (verschmierter) Wert für p und e bestimmt, m ist dann ein konstantes Streckenmoment. Für M und f findet man (B.6.22b):

$$M_e^I = ml = pe \cdot l; \quad f_e^I = ml^3/3EJ \tag{6.65}$$

C: Lotabweichung des Gesamtgebäudes um den Sehnenwinkel ψ_0

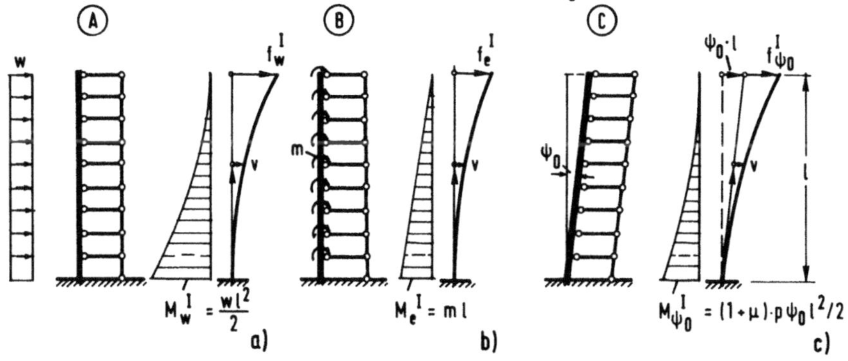

Bild 6.22

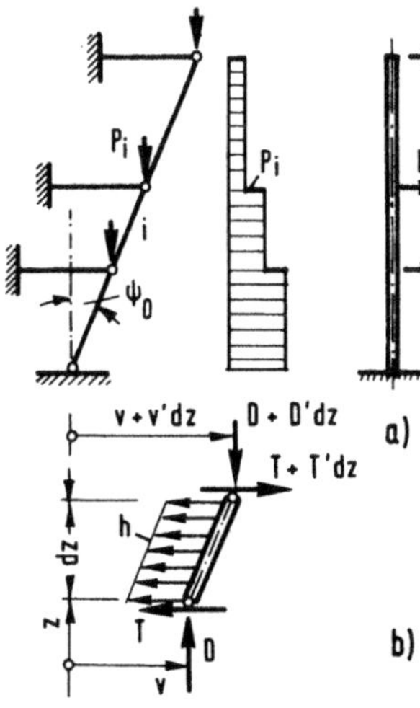

Bild 6.23

Wird neben p für die lotrechte Lastbelegung des aussteifenden Bauteiles die lotrechte Lastbelegung des auszusteifenden Bauteiles mit $p' = \mu p$ abgekürzt, beträgt die gesamte lotrechte Auflast des Gebäudes:

$$(p+p')/l = (1+\mu)pl$$

Infolge der Lotabweichung wird die Abtriebskraft

$$h = -[v'\int_z^l (1+\mu)p\,dz]' = -[\psi_0(1+\mu)(l-z)p]' = (1+\mu)p\psi_0 \qquad (6.66)$$

geweckt. Sie wirkt (wie W) auf den haltenden Teil. Einspannungsmoment und Auslenkung betragen:

$$M_{\psi_0}^I = (1+\mu)p\psi_0 l^2/2; \quad f_{\psi_0}^I = (1+\mu)p\psi_0 l^4/8EJ \qquad (6.67)$$

Um G.6.66 abzuleiten, wird zunächst das in B.6.23a dargestellte diskretisierte Problem betrachtet. Beträgt der lotrechte Lastzuwachs des Geschosses i P_i, entsteht die lokale Abtriebskraft:

$$H_i = P_i\psi_0 \qquad (6.68)$$

Sie wirkt als Haltekraft auf den stabilisierenden Stab. B.6.23b zeigt das kontinuierliche Problem: An der Stelle z betrage die Druckkraft D und die Ausbiegung v. Bei Fortschreiten um dz ändert sich D um dD und v um dv. T ist die Transversalkraft. Das Momentengleichgewicht ergibt:

$$Dv'dz + Tdz = 0 \qquad (6.69)$$

Die resultierende Druckkraft beträgt:

$$D = \int_z^l (1+\mu)p\,dz \qquad (6.70)$$

Die transversale Gleichgewichtsgleichung lautet:

$$h\,dz - T'dz = 0 \qquad (6.71)$$

Für die kontinuierliche Haltekraft h(z) ergibt sich damit aus G.6.71/69/70:

$$h = T' = -(v'D)' = -[v'\int_z^l (1+\mu)p\,dz]' \qquad (6.72)$$

h ist die gesamte Abtriebs- bzw. Haltekraft aus gehaltenem und haltendem Bauteil.
In den Formeln G.6.64 bis 6.67 wurde w, p, p', e und EJ konstant unterstellt. I.allg. trifft diese Voraussetzung nicht zu, dann sind Biegungsmoment und Durchbiegung numerisch

zu berechnen. Für EJ ist ggf. eine Ersatzbiegesteifigkeit einzuführen, um die Schubweichheit bei Wandungen mit Öffnungsreihen zu berücksichtigen.

Im Abschnitt 5.15 wurde gezeigt, daß die Höhe des Knickwertes für das in B.6.20e dargestellte System unabhängig davon ist, ob die gesamte lotrechte Auflast des Gebäudes auf den Stabilisierungsstab direkt oder über angekoppelte Pendelstützen indirekt abgetragen wird. Der Knickwert beträgt bei konstanter Lastbelegung und starrer Einspannung:

$$(1+\mu)p_{Ki} = 7{,}837\frac{EJ}{l^3} \longrightarrow p_{Ki} = \frac{7{,}837}{(1+\mu)}\cdot\frac{EJ}{l^3} \qquad (6.73)$$

oder bezogen auf $D = (1+\mu)pl$:

$$D_{Ki} = 7{,}837\frac{EJ}{l^2} \qquad (6.74)$$

Hiermit läßt sich der Verformungseinfluß Th.II.Ordn. für Hochhäuser abschätzen. M^I sei das Einspannungsmoment nach Th.I.Ordn. (z.B. gemäß G.6.64/67) und M^{II} nach Th.II.Ordn. Wegen der Verformungsaffinität der Knickbiegelinie zu den Biegelinien der Spannungsprobleme gilt in sehr guter Näherung:

$$\frac{M^{II}}{M^I} = \frac{1}{1-\frac{D}{D_{Ki}}} = \frac{1}{1-\frac{\varepsilon^2}{7{,}837}}\;;\quad \varepsilon^2 = l^2\cdot\frac{D}{EJ} \qquad (6.75)$$

Hierin ist ε die Stabkennzahl:

$$\varepsilon = l\sqrt{\frac{D}{EJ}} \qquad (6.76)$$

Man nennt ε in diesem Zusammenhang auch Labilitätszahl. D ist die gesamte Auflast des Hochhauses, EJ ist die Biegesteifigkeit und l die Länge der Stabilisierungsstütze. Wird G.6.75 nach ε aufgelöst, folgt:

$$\varepsilon = 2{,}799\sqrt{1-\frac{1}{M^{II}/M^I}} \qquad (6.77)$$

$\frac{M^{II}}{M^I}$	ε
1	0
1,05	0,610
1,10	0,844
1,15	1,011
1,20	1,143
1,25	1,250
1,30	1,345
1,35	1,425
1,40	1,496
1,45	1,559
1,50	1,616

Bild 6.24

In der Tabelle des B.6.24 ist die Formel für M^{II}/M^I=1,00 bis 1,50 ausgewertet. Letzteres würde bedeuten, daß der Verformungseinfluß 50% beträgt. Zu einem 10%igen Verformungseinfluß gehört die Labilitätszahl ε=0,844. Soll unter ν=1,75-facher Belastung der Verformungseinfluß nicht mehr als 10% betragen, ergibt sich der zugehörige ε-Wert zu

$$\varepsilon = 0{,}844\sqrt{1{,}75} = 0{,}638 \qquad (6.78)$$

Auf diese Abschätzung geht die Regelung in DIN 1045 zurück, wonach ein Stabilitätsnachweis von Hochhäusern entfallen kann, wenn

$$\varepsilon = l\sqrt{\frac{D}{EJ}} \leq 0{,}6 \qquad (6.79)$$

ist. Um es nochmals zu betonen, D ist die Gesamtlast des Gebäudes im Gebrauchszustand und EJ die Biegesteifigkeit des Aussteifungskragarmes. Für letztere ist ggf. ein Ersatzträgheitsmoment zugrundezulegen, wenn die Wandungen aufgelöst sind und / oder wenn bei massiven Querschnitten Zustand II (gerissene Zugzone) und Kriecheinflüsse zu erfassen sind.

Die Bedingung G.6.79 gilt für starre Einspannung, sie ist wie folgt für elastische Einspannungen zu modifizieren: Ausgehend von den im Abschnitt 5.15 angegebenen γ_{Ki}-Werten für drehelastische Einspannung und unter derselben Prämisse wie oben, nämlich 10% unter 1,75-Lasten als noch nicht nachweispflichtig einzustufen, ergeben sich in analoger Erweiterung von G.6.75/77 die in B.6.25 eingeschriebenen ε-Werte als Funktion von $\varkappa$:

$$\varkappa = \frac{EJ}{Kl} \qquad (6.80)$$

$\varkappa=\frac{EJ}{Kl}$	ε
0	0,638
0,01	0,628
0,02	0,618
0,03	0,609
0,04	0,600 ◀
0,05	0,592
0,06	0,583
0,07	0,574
0,08	0,567
0,09	0,560
0,1	0,554

Bild 6.25

K ist die Drehfederkonstante. Aus der tabellarischen Auflistung geht hervor, daß der Grenzwert $\varepsilon = 0{,}6$ gemäß G.6.79 eine gewisse elastische Einspannung mit abdeckt.

6.2.3 Stabilität des ebenen Problems

6.2.3.1 Diskontinuierliche Systeme

In B.6.26a ist das allgemeine Problem in Form eines drehfederelastisch eingespannten Stabes mit angekoppeltem Stützenstrang schematisch dargestellt. Bis auf die Voraussetzung, daß innerhalb der einzelnen Stockwerke die Stützenhöhen h_i konstant sind, können sämtliche Last- und Systemwerte unterschiedlich sein. Die Berechnung der Tragstruktur wird zweckmäßig nach dem Verformungsgrößenverfahren durchgeführt. Die Zahl der Unbekannten setzt sich aus den (n-1) Knotendrehwinkeln φ und den n Stabsehnendrehwinkeln ψ zusammen, was bei großer Geschoßzahl auf ein umfangreiches Gleichungssystem führt. Die Bestimmungsgleichungen lauten (vgl. B.6.26 b/c):

$$\text{Knotengleichung } i: \quad M_{i,i-1} + M_{i,i+1} - \overline{M}_i = 0 \qquad (6.81)$$

$$\text{Stockwerksgleichung}: \quad T_{i,i-1} - T_{i,i+1} - \overline{W}_i - H_i = 0 \qquad (6.82)$$

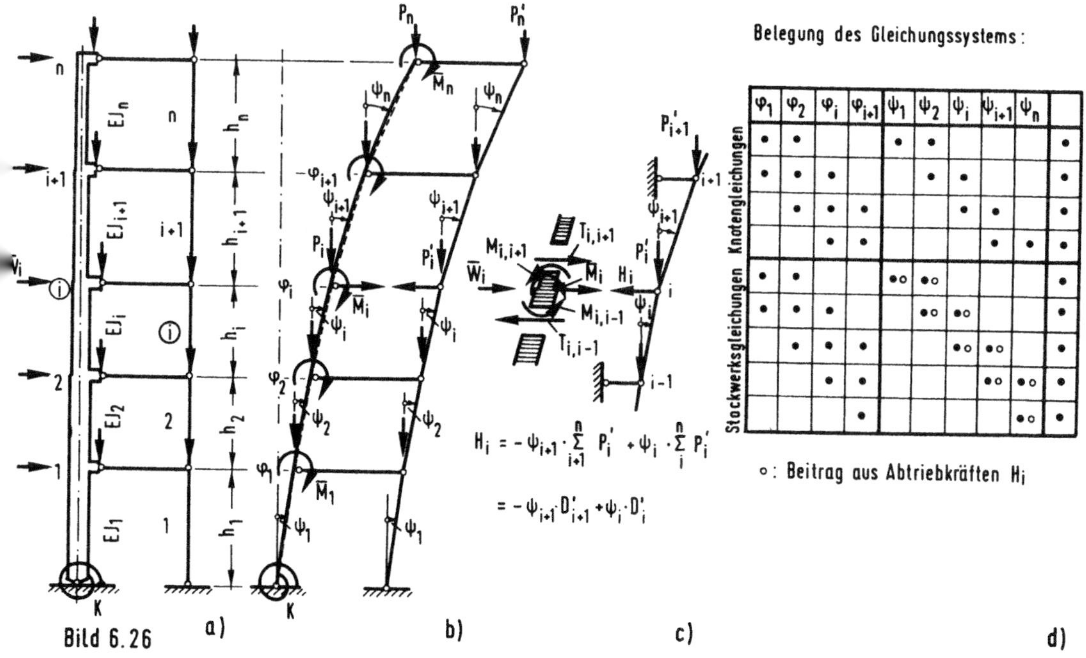

Bild 6.26

$\bar{M}_i$ ist ein äußeres Knotenmoment, z.B. bei exzentrischer Lasteintragung: $P_i \cdot e_i$. $\bar{W}_i$ ist eine äußere Horizontale (Wind-) Last und H_i die Halte- bzw. Abtriebskraft des Geschosses i. Werden die angekoppelten Lasten geschoßweise zur Kraft P_i' zusammengefaßt, folgt die Abtriebskraft zu:

$$H_i = -\psi_{i+1}\sum_{i+1}^{n} P_i' + \psi_i \sum_{i}^{n} P_i' \tag{6.83}$$

Das erste Summenglied in dieser Gleichung ist mit der resultierenden Druckkraft D_{i+1}' im Geschoß i+1 des gehaltenen Bauteiles und das zweite Summenglied mit der resultierenden Druckkraft D_i' im Geschoß i identisch. Demnach gilt auch:

$$H_i = -\psi_{i+1} \cdot D_{i+1}' + \psi_i \cdot D_i' \tag{6.84}$$

Eine Lotabweichung ψ_0 läßt sich berücksichtigen, indem entweder die zugehörigen Abtriebskräfte als transversale Horizontalkräfte eingerechnet oder sämtliche Stabdrehwinkel ψ_i durch $\psi_i + \psi_0$ ersetzt und der mit ψ_0 behaftete Anteil als Belastungsglied abgespaltet wird. In B.6.26d ist die Belegung des Gleichungssystems eingetragen. Die Berechnungen werden zweckmäßig mittels Computer durchgeführt. Sind die Unbekannten φ und ψ berechnet, werden die Stabendschnittgrößen über die Grundformeln des Verformungsgrößenverfahrens rückgerechnet, vgl. T.3.9/10.

Abschließend sei erwähnt, daß das Verfahren der Übertragungsmatrizen für die anstehende Aufgabe noch besser geeignet ist, entweder in einer etwas modifizierten Form, indem die Abtriebskräfte in die Übergangsbedingungen eingearbeitet werden oder vereinfacht dadurch, daß die Lasten P_i' mit den Lasten P_i vereinigt werden. Die letztgenannte Verfahrensweise liegt auf der sicheren Seite, weil der Verformungsbeitrag aus D_i' etwas zu hoch eingeht und zwar in Form des Verformungsmomentes aus D_i' multipliziert mit der Stabverbiegung gegenüber der Stabsehne.

6.2.3.2 Kontinuierliche Systeme

Bei regelmäßiger Struktur des Hochhauses gelingt eine geschlossene Lösung, die auf BECK und KÖNIG [6.41] zurückgeht. Ausgangspunkt ist die Abschätzung des Verformungseinflusses gemäß

$$S^{II} = \frac{1}{1 - \frac{D}{D_{Ki}}} \cdot S^{I} \tag{6.85}$$

vgl. Abschnitt 6.2.2. - p sei die Lastbelegung auf den haltenden Teil und werde zu P/l gemittelt, worin P die gesamte Auflast auf den haltenden Teil ist. Für den gehaltenen Teil gelte entsprechend $p' = \mu p$ mit $p' = P'/l$. Wird G.6.72 ausgewertet, ergibt sich für die kontinuierliche Haltekraft h(z):

$$\int_0^l p(z)dz = p(l-z) \longrightarrow h(z) = -(1+\mu)p[v'(l-z)]' \quad \text{bzw.} \quad h(\zeta) = -(1+\mu)\frac{p}{l}[(1-\zeta)v^{\bullet}]^{\bullet} \tag{6.86}$$

Hierin ist $\zeta = z/l$ die bezogene Längskoordinate mit Ursprung an der Einspannstelle. Der hochgestellte Punkt bedeutet die Ableitung nach ζ.
In B.6.27 sind drei Lastfälle zusammengestellt: A: Windlast, B: Ausmittige, lotrechte Belastung, C: Lotabweichung. Lastfall A wird zweckmäßig noch gesplittet: A1: konstante und A2: geradlinig ansteigende Windlast. Für diese Lastfälle werden die Biegelinien nach Th. I.Ordn. am elastisch eingespannten Kragbalken berechnet und hierfür die Haltekräfte $h^{I}(z)$ gemäß G.6.86 bestimmt; B.6.27 weist die Ergebnisse formelmäßig aus; die hierin vereinbarten Funktionen f_1, f_2 und f_3 sind im Bild 6.28 für den Fall einer starren Einspannung tabelliert. Die drehelastische Einspannung geht über den Parameter $\varkappa$ ein:

$$\varkappa = \frac{EJ}{Kl} \tag{6.87}$$

Lastfall			Formeln für v^I und h^I
A_1	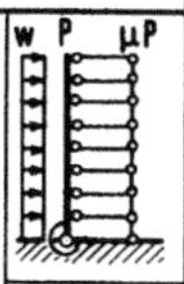	v^I	$\frac{wl^4}{24EJ}\cdot[(6-4\zeta+\zeta^2)\cdot\zeta^2+\varkappa\cdot12\zeta]$
		h^I	$-(1+\mu)\frac{p}{l}\cdot\frac{wl^4}{6EJ}\cdot(3-12\zeta+12\zeta^2-4\zeta^3-3\varkappa) \quad = (1+\mu)\cdot\frac{p}{l}\cdot\frac{wl^4}{EJ}\cdot f_1$
A_2	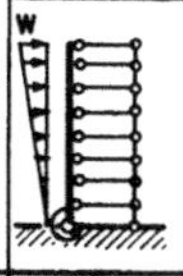	v^I	$\frac{wl^4}{120\,EJ}\cdot[(20-10\zeta+\zeta^3)\cdot\zeta^2+\varkappa\cdot40\zeta]$
		h^I	$-(1+\mu)\frac{p}{l}\cdot\frac{wl^4}{24EJ}\cdot(8-28\zeta+18\zeta^2+4\zeta^3-5\zeta^4-8\varkappa) = (1+\mu)\cdot\frac{p}{l}\cdot\frac{wl^4}{EJ}\cdot f_2$
B	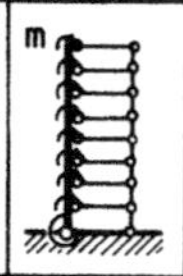	v^I	$\frac{ml^3}{6EJ}\cdot[(3-\zeta)\cdot\zeta^2+\varkappa\cdot6\zeta]$
		h^I	$-(1+\mu)\frac{p}{l}\cdot\frac{ml^3}{2EJ}\cdot(2-6\zeta+3\zeta^2-2\varkappa) \quad = (1+\mu)\frac{p}{l}\cdot\frac{ml^3}{EJ}\cdot f_3$
C	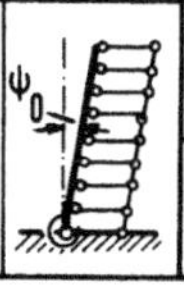	v^I	wie A1: $(1+\mu)\cdot p\,\psi_0$ statt w
		h^I	

Bild 6.27

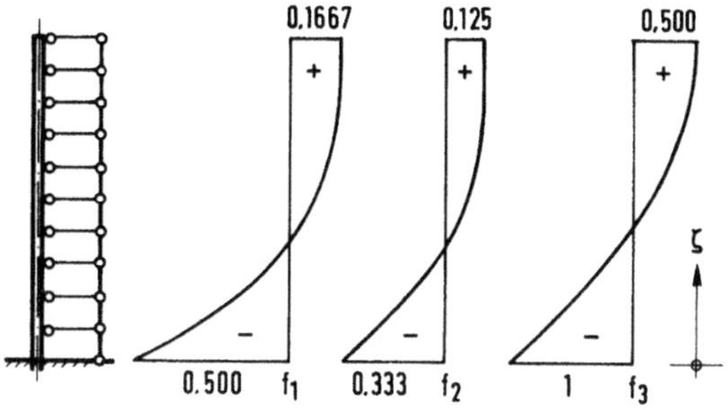

ζ	f_1	f_2	f_3
1	0.1667	0.1250	0.5000
0.9	0.1660	0.1243	0.4850
0.8	0.1613	0.1200	0.4400
0.7	0.1487	0.1087	0.3650
0.6	0.1240	0.0877	0.2600
0.5	0.0833	0.0547	0.1250
0.4	0.0227	0.0080	-0.0400
0.3	-0.0620	-0.0537	-0.2350
0.2	-0.1747	-0.1310	-0.4600
0.1	-0.3193	-0.2243	-0.7150
0	-0.5000	-0.3333	- 1

Die Werte gelten für $\varkappa = 0$, d.h. starre Einspannung !

$$f_1 = -\frac{1}{6}(3-12\zeta+12\zeta^2-4\zeta^3)$$

$$f_2 = -\frac{1}{24}(8-28\zeta+18\zeta^2+4\zeta^3-5\zeta^4)$$

$$f_3 = -\frac{1}{2}(2-6\zeta+3\zeta^2)$$

Bild 6.28

Wohlgemerkt, die in B.6.27 zusammengestellten Haltekräfte entstehen aus der alleinigen Durchbiegung des Kragbalkens nach Th.I.Ordn., sie sind aus diesem Grund durch den Index I gekennzeichnet. Die gesamte Auflast ist über den Faktor $(1+\mu)$ erfaßt. Für die ν-fachen Einwirkungen <u>und</u> Haltekräfte $h^I(z)$ werden nunmehr die Schnittgrößen nach Th.I.Ordn. bestimmt und anschließend gemäß G.6.85 um den Verformungsfaktor erhöht. Damit sind die Schnittgrößen nach Th.II.Ordn. bekannt.

6.2.3.3 Beispiel

B.6.29a zeigt einen, aus einem (ausgesteiften) Kellergeschoß auskragenden Hochbau mit 7 Geschossen und einer Gesamthöhe von 23,25 m. Das Gebäude wird in der dargestellten Längsrichtung durch einen Fahrstuhlschacht stabilisiert. B.6.29 enthält folgende, in die Bildteile a bis k gegliederte Informationen:

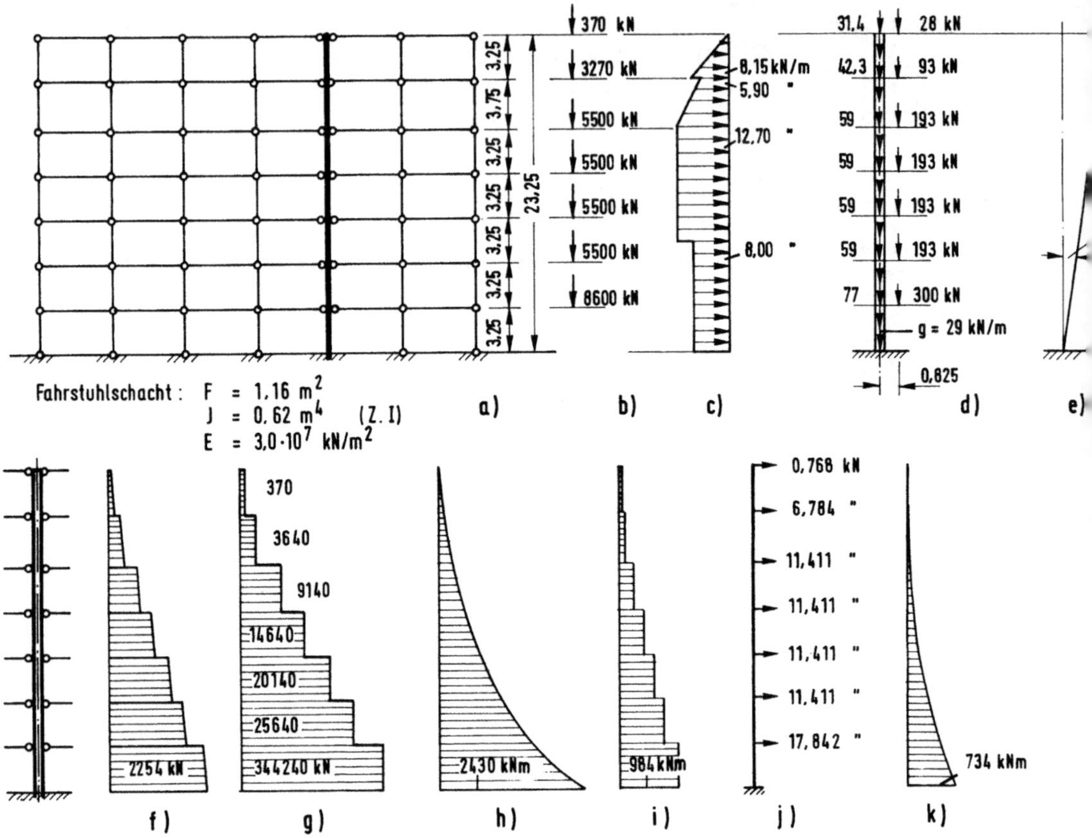

Bild 6.29

a) System mit Abmessungen und Querschnittswerten des stabilisierenden Kerns. Zur Erfassung des Zustandes II wird die Biegesteifigkeit des tragenden Kernquerschnittes mit dem Faktor 0,575 abgemindert. Die wirksame Biegesteifigkeit (für den ν=1,75-fachen Gebrauchszustand) beträgt:

$$EJ = 3{,}0\cdot 10^7\cdot 0{,}6 = 1{,}86\cdot 10^7 \text{kNm};\quad (EJ)_w = 0{,}575\cdot 1{,}86\cdot 10^7 = 1{,}07\cdot 10^7 \text{kNm}$$

Der Querschnitt ist über die Höhe des Schachtes konstant.

b) Geschoßweise wirkende Gesamtlasten (einschließlich Kern), ν=1,0;

c) Resultierende Windbelastung auf das Gebäude, ν=1,0;

d) Zentrisch und exzentrisch wirkende lotrechte Lasten auf den stabilisierenden Kern, ν=1,0;

e) Lotabweichung des Gesamtsystems zur Erfassung von Imperfektionen aller Art nach DIN 1045, h=23,25 m:

$$\psi_0 = \pm\frac{1}{100\sqrt{h}} = \frac{1}{482} \tag{6.88}$$

f) Druckkraft im Stabilisierungskern (aus d);

g) Additive Überlagerung der lotrechten Gesamtlasten (aus b);

h) Biegungsmoment nach Th.I.Ordn. infolge der Windbelastung (aus c);

i) Biegungsmoment nach Th.I.Ordn. infolge der exzentrisch wirkenden lotrechten Lasten auf den Kern (aus d);

j) Geschoßweise wirkende Abtriebskräfte infolge der Lotabweichung (aus e), z.B.:

7. Geschoß : 370/482 = 0,768 kN

6. Geschoß : (3640-370)/482 = 6,784 kN usf.

k) Biegungsmoment nach Th.I.Ordn. infolge der Abtriebskräfte (aus j).

Nach Th.I.Ordn. beträgt demnach das Einspannungsmoment (im Gebrauchszustand, ν=1,0):

$$M^I = 2430 + 984 + 734 = 4148 \text{ kNm}$$

Die Labilitätszahl gemäß G.6.76 beträgt:

Im Gebrauchszustand (ν=1,0): $\varepsilon = l \cdot \sqrt{\frac{D}{EJ}} = 23{,}25\sqrt{\frac{34240}{1{,}86 \cdot 10^7}} = 0{,}998 > 0{,}6$

Im ν=1,75-fachen Lastzustand: $\varepsilon = l\sqrt{\frac{\nu \cdot D}{(EJ)_w}} = 23{,}25 \cdot \sqrt{\frac{1{,}75 \cdot 34240}{1{,}07 \cdot 10^7}} = 1{,}740$

Es werden zwei Fälle behandelt: Ohne und mit Kriecheinfluß:

<u>Ohne Kriecheinfluß:</u> Der Verformungseinfluß unter den ν-fachen Gesamtlasten kann mittels G.6.75 zu

$$\alpha = \frac{M^{II}}{M^I} = \frac{1}{1 - \frac{\varepsilon^2}{7{,}837}} = \frac{1}{1 - \frac{1{,}740^2}{7{,}837}} = 1{,}629$$

bestimmt werden. Das ist eine Erhöhung um 62,9%! Damit folgt für das Einspannungsmoment nach Th.II.Ordn. unter ν-fachen Lasten:

$$M^{II} = 1{,}75 \cdot 1{,}629 \cdot 4148 = 11825 \text{ kNm}$$

Da die Bemessungsbehelfe auf den Gebrauchszustand abgestellt sind, ist auf diesen zurückzurechnen:

$$11825/1{,}75 = \underline{6757} \text{ kNm}$$

<u>Mit Kriecheinfluß</u>: Gemäß Abschnitt 4.7.2 wird zunächst die durch Kriechen (infolge der Dauerlasten) entstehende Momentenerhöhung unter Berücksichtigung des Verformungseinflusses berechnet. Wind ist keine kriecherzeugende Dauerlast. Kriechverformungen werden im vorliegenden Fall nur durch die exzentrisch wirkenden lotrechten Lasten auf den Kern und die Lotabweichung hervorgerufen. Der dauernd wirkende Anteil der Auflasten wird zu 70% angesetzt, hierfür folgt die Labilitätszahl im Gebrauchszustand (ν=1,0) zu:

$$\varepsilon = 23{,}25\sqrt{\frac{0{,}7 \cdot 34240}{1{,}86 \cdot 10^7}} = 0{,}835$$

Die Kriechzahl wird zu $\varphi_\infty = 1{,}75$ gewählt. Gemäß G.6.74 und Abschnitt 4.7.2 (daselbst G.4.129/134) folgt:

$$\frac{D}{D_{Ki}} = \frac{0{,}835^2}{7{,}837} = 0{,}0889; \quad \frac{1}{1 - \frac{D}{D_{Ki}}} = 1{,}098; \quad A = \frac{\frac{D}{D_{Ki}}}{1 - \frac{D}{D_{Ki}}} = 0{,}09757; \quad e^{A\varphi} = 1{,}186$$

Das Biegungsmoment im ν=1,0-fachen Gebrauchszustand erhöht sich durch Kriechen auf:

$$M^I_\varphi = 2340 + 1{,}098 \cdot 1{,}186(984 + 734) = 4577 \text{ kNm}$$

Ausgehend von diesem Moment im Gebrauchszustand wird das Moment nach Th.II.Ordn. unter ν=1,65-facher Belastung bestimmt:

$$\varepsilon = 1{,}689 \longrightarrow \alpha = 1{,}573 \longrightarrow M^{II}_\varphi = 1{,}65 \cdot 1{,}573 \cdot 4577 = 11879 \text{ kNm}$$

Das Bemessungsmoment beträgt:

$$11879/1{,}65 = \underline{7200} \text{ kNm}$$

Die Einrechnung des Kriecheinflusses in der vorstehenden Form unterstellt, daß sich sowohl die Biegeverformungen wie die Biegungsmomente gegenüber dem kriechfreien Ausgangszustand affin verändern (vergrößern). Strengere Berechnungen sind durchaus möglich; für baupraktische Zwecke sind die vorstehenden Abschätzungen ausreichend genau, zudem liegen sie auf der sicheren Seite. - Der Verformungseinfluß ist in diesem Beispiel sehr ausgeprägt, was auf einen sehr schlanken Stabilisierungskern schließen läßt.

6.2.4 Grundlösung für das räumliche Stabilitätsproblem

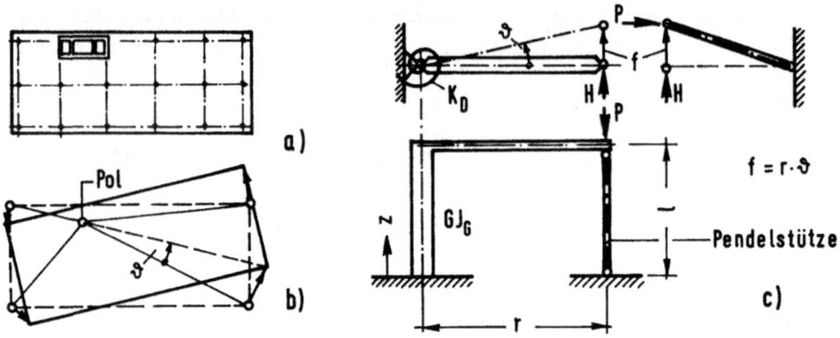

Bild 6.30

Im modernen Skelettbochbau wird die Stabilisierungsaufgabe gelegentlich nur einem einzelnen stabförmigen Kern zugewiesen (vgl. B.6.20/21 und B.6.30a). In solchen Fällen ist Instabilität in Verbindung mit einer Drillung um die Kernachse zu berücksichtigen. In erster Annäherung wird der aussteifende Kern als biegestarr und der Drehpol in den Schwer- bzw. Drillruhepunkt des Kernquerschnittes angesetzt. B.6.30b zeigt die Drehung einer starren Deckenscheibe um diesen Pol. Die Stützen erleiden dabei eine Schrägstellung, wodurch Abtriebskräfte senkrecht zu den Polstrahlen geweckt werden.

Im folgenden wird die Grundaufgabe eines Drehstabes der Höhe l mit der Drillsteifigkeit GJ_D und einem Hebelarm behandelt. Der Hebelarm ist starr und hat die Länge r. Der Hebelarm stabilisiert am freien Ende eine durch die Kraft P belastete Pendelstütze. Quer zum Hebelarm wirkt am freien Ende die Horizontalkraft H. - Anstelle des Drillstabes wird eine Drehfeder mit der Drehfederkonstanten K_D eingeführt, sie berechnet sich zu:

$$\vartheta' = \frac{M_D}{GJ_D} \longrightarrow \vartheta = \int_0^l \frac{M_D}{GJ_D}\,dz = \frac{M_D}{GJ_D}\,l \overset{!}{=} 1 \longrightarrow (M_D =)\ K_D = \frac{GJ_D}{l} \tag{6.89}$$

Bei einer Auslenkung wirkt auf die Drehfeder das äußere Moment:

$$M_{Da} = Hr + P\frac{f}{l}\cdot r = Hr + P\frac{r^2}{l}\vartheta \tag{6.90}$$

ϑ ist der Drillwinkel. Das innere Rückstellmoment beträgt:

$$M_{Di} = K_D\vartheta$$

Die Momente werden gleichgesetzt und die so entstehende Gleichung nach ϑ aufgelöst:

$$Hr + P\frac{r^2}{l}\vartheta = K_D\vartheta \longrightarrow Hr = \vartheta\left(K_D - \frac{Pr^2}{l}\right) \longrightarrow \vartheta = \frac{Hr}{K_D - \frac{Pr^2}{l}} \tag{6.91}$$

Die Knicklösung folgt hieraus, wenn H Null gesetzt wird:

$$\vartheta = \frac{0}{0} \longrightarrow K_D - \frac{P\cdot r^2}{l} = 0 \longrightarrow P_{Ki} = K_D\cdot\frac{l}{r^2} \tag{6.92}$$

Wird ϑ auf P_{Ki} bezogen, gilt:

$$\vartheta = \alpha\cdot\frac{Hr}{K_D} \quad \text{mit} \quad \alpha = \frac{1}{1-\frac{P}{P_{Ki}}} \tag{6.93}$$

Das Problem läßt sich in einfacher Weise auf mehrere Stützen erweitern. Die Lasten seien P_i und die Hebelarme r_i. Mit $\overline{M}_{Da}$ wird das resultierende äußere Drillmoment abgekürzt, dann gilt die Gleichgewichtsgleichung:

$$\overline{M}_{Da} + \frac{\Sigma(P_i r_i^2)}{l}\vartheta = K_D\vartheta \longrightarrow \vartheta = \frac{\overline{M}_{Da}}{K_D\left[1 - \frac{\Sigma(P_i r_i)^2}{l}\right]} \tag{6.94}$$

Die Summe ist über sämtliche Stützen, von i=1 bis n zu erstrecken. Zweckmäßig wird eine Stütze als Referenzstütze gewählt, z.B. Stütze 1. Es wird vereinbart:

$$\varkappa_i = \frac{P_i}{P_1} = \frac{P_{i\,Ki}}{P_{1\,Ki}} \qquad (6.95)$$

Der Nenner von G.6.94 wird Null gesetzt, das liefert die Knicklast der Referenzstütze zu:

$$P_{1,Ki} = \frac{K_D l}{\Sigma(\varkappa_i r_i^2)} \qquad (6.96)$$

Hiermit kann wieder gesetzt werden:

$$\vartheta^{II} = \alpha \cdot \vartheta^{I}; \quad M_D^{II} = \alpha \cdot M_D^{I} \quad \text{mit} \quad \alpha = \frac{1}{1 - \frac{P_1}{P_{1,Ki}}} \quad \text{und} \quad M_D^{I} \equiv \bar{M}_{Da}^{I} \qquad (6.97)$$

6.3 Zweistielige Hochbaukonstruktionen mit Gitter- und Rahmenstabilisierung

6.3.1 Systeme - Problemstellung

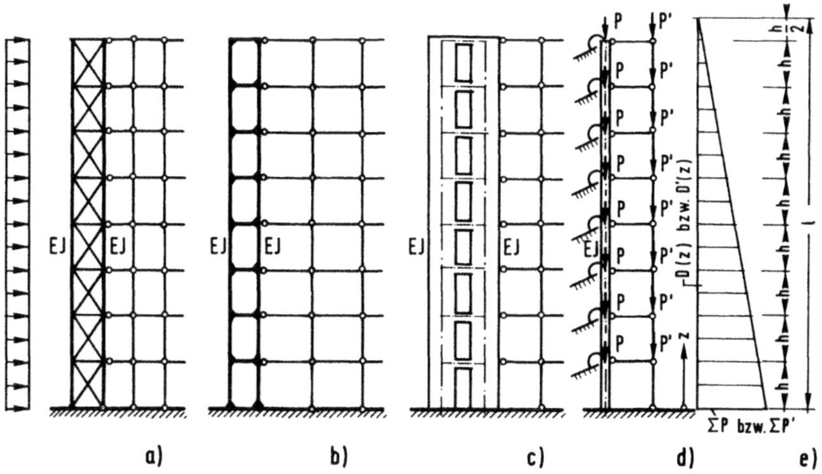

Bild 6.31

B.6.31 zeigt Systeme, wie sie im vorangegangenen Abschnitt (Hochhäuser) im Prinzip schon behandelt wurden: Schlanke, zweistielige Hochhauskonstruktionen unterschiedlicher Ausfachung und Verrahmung. Bild a steht stellvertretend für ein hohes Gerüst, Hochregallager und ähnliche Systeme. Im Bild b ist ein zweistieliger Rahmen und im Bild c ein wandartiger Kragträger mit durchgehender Öffnungsreihe dargestellt, der auch als zweistieliger Rahmen aufgefaßt werden kann. In allen Fällen sind labile Bauwerksteile angekoppelt. Auf das stabilisierende System entfällt die Gesamtlast $2D=2\cdot\Sigma P$ (d.h. auf jeden Stiel $D=\Sigma P$) und auf den angekoppelten Teil $2D'$ (d.h. die angekoppelte Gesamtlast wird halbiert und jeweils einem Stiel zugewiesen). Die Lasten seien (in etwa) über die Höhe gleichförmig verteilt. Um die Auflast der obersten Geschoßdecke angemessen zu erfassen, wird die Länge l der Stabilisierungsstruktur zweckmäßig um eine halbe Geschoßhöhe gegenüber der realen Bauwerkshöhe verlängert. Mit dieser fiktiven Länge wird die weitere Stabilitätsberechnung durchgeführt. Auf diese Länge l werden die Geschoßlasten umgerechnet:

$$p = (\Sigma P)/l = D/l\,; \quad p' = (\Sigma P')/l = D'/l \qquad (6.98)$$

Die Kräfte stehen im Verhältnis $\mu = P'/P = p'/p$ zueinander. Die Druckkräfte sind linear über die Höhe verteilt (B.6.31e). Die gesamte Auflast (im Einzugsbereich der stabilisierenden Struktur) pro Stiel ist dann $(1+\mu)\cdot\Sigma P$.

An die Stelle der Verbands- bzw. Rahmenriegel können bei regelmäßiger Struktur Drehfedern treten, vorausgesetzt, es handelt sich um symmetrische, zweistielige Systeme. Sind die Verbands- bzw. Rahmenriegel über die Höhe gleichförmig ausgebildet, können die diskreten Drehfedern K kontinuierlich verschmiert werden: k=K/h. h ist die Geschoßhöhe. Damit kann das Problem auf einen Druckstab mit kontinuierlicher drehfederelastischer Bettung und linear veränderlicher Druckkraft zurückgeführt werden. Sind die Verbands- und Riegelsteifigkeiten ungleich, ist auch die kontinuierliche Drehfederkonstante k ungleichförmig verteilt. Das ist auch dann der Fall, wenn die Dehnsteifigkeit der Stiele berücksichtigt wird. - Die elasto-statische Lösung dieses Problems wird im Abschnitt 6.3.5 behandelt.

6.3.2 Drehfederkonstante k

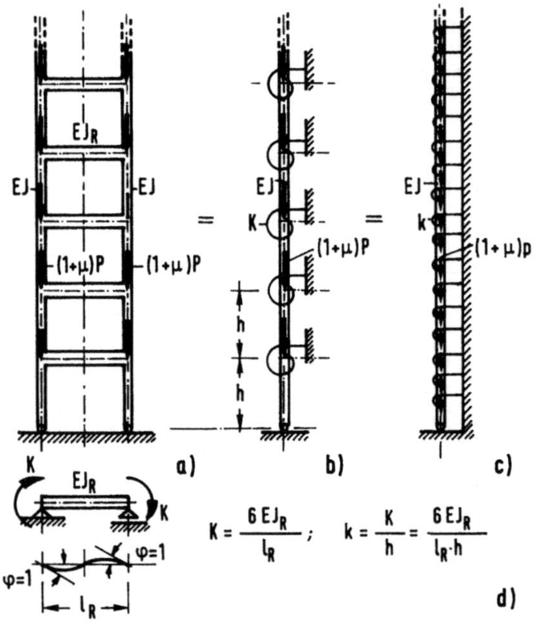

Bild 6.32

Um das im vorangegangenen Abschnitt definierte Ersatzproblem baupraktisch verwerten zu können, muß die kontinuierliche Drehfederkonstante k bekannt sein. Die Überführung der realen zweistieligen Struktur auf den Ersatzstab ist in B. 6.32 für einen Rahmen schematisch dargestellt.

Da das System verschieblich ist, stellt sich beim seitlichen Ausweichen eine antimetrische Biegeverformung in den Riegeln ein. Die Drehfederkonstante eines Riegelanschlusses beträgt (B. 6.32d):

$$K = \frac{6EJ_R}{l_R} \tag{6.99}$$

EJ_R ist die Biegesteifigkeit und l_R die Länge eines Riegels, vgl. T.III.2. K wird durch die Stockwerkshöhe h dividiert:

$$k = \frac{K}{h} = \frac{6EJ_R}{hl_R} \tag{6.100}$$

k bezieht sich auf einen Stiel. Wie man sich leicht überzeugt, ist k identisch mit $GF_Q/2$, worin GF_Q die Schubsteifigkeit des zwischen den Stielen liegenden Riegel- bzw. Vergitterungsverbandes ist. GF_Q wird im Schrifttum auch mit S_{id} abgekürzt.

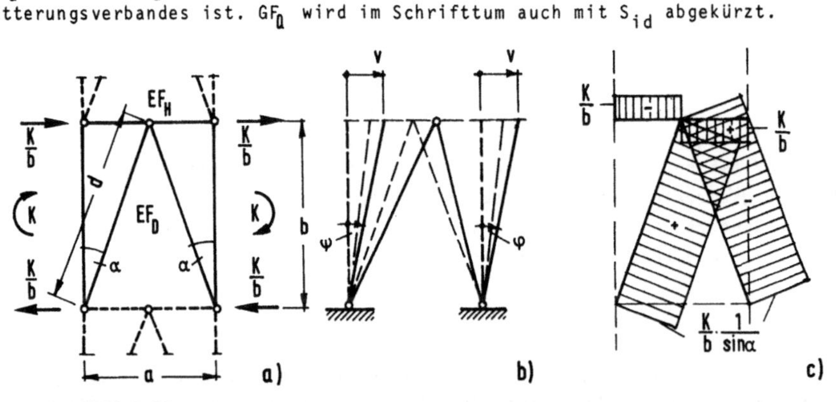

Bild 6.33

Am Beispiel des in B.6.33 gezeigten K-Verbandes wird k für eine Vergitterung abgeleitet. K ist jenes Moment, das eine Verdrehung $\varphi=1$ an den Anschlußebenen zu den Stielen hervorruft, vgl. auch B.6.32d. In B.6.33a wird K auf beiden Stielseiten in ein Kräftepaar K/b zerlegt. Im Vergleich zu B.6.32 wird gesetzt:

$$a \equiv l_R, \quad b \equiv h$$

B.6.33b zeigt die Verformungsfigur und Bildteil c die Stabkräfte in den Diagonalen und Horizontalen; deren Dehnsteifigkeiten sind EF_D und EF_H. Um $\varphi=v/b$ zu berechnen, wird ein virtueller Hilfsangriff einseitig angesetzt. Die Rechnung liefert:

$$v = 2\frac{K}{b\sin\alpha}\cdot\frac{1}{2\sin\alpha}\cdot\frac{d}{EF_D} + \frac{K}{b}\cdot 1\cdot\frac{a}{2EF_H} \longrightarrow \varphi = \frac{v}{b} = \frac{K}{b}\left(\frac{d}{b\cdot\sin^2\alpha\, EF_D} + \frac{a}{b\cdot 2EF_H}\right) = 1 \longrightarrow$$

$$K = \frac{1}{\dfrac{1}{\frac{b}{d}\sin^2\alpha\, EF_D} + \dfrac{1}{\frac{b}{a/2}\cdot EF_H}} \longrightarrow k = \frac{K}{b} = \frac{1}{\dfrac{1}{EF_D\cdot\sin^2\alpha\cos\alpha} + \dfrac{1}{EF_H\cdot\cot\alpha}} \qquad (6.101)$$

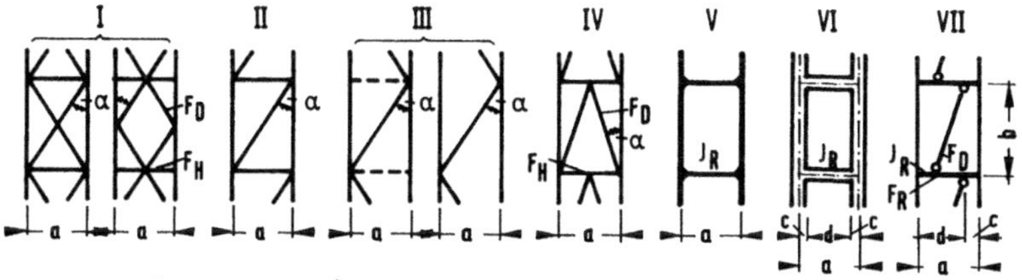

I: $k = \frac{1}{2}\,\dfrac{1}{\dfrac{1}{2EF_D\sin^2\alpha\cdot\cos\alpha} + \dfrac{1}{EF_H\cdot\cot\alpha}}$

II: $k = \frac{1}{2}\,\dfrac{1}{\dfrac{1}{EF_D\cdot\sin^2\alpha\cdot\cos\alpha} + \dfrac{1}{EF_H\cdot\cot\alpha}}$

III: $k = \frac{1}{2}EF_D\cdot\sin^2\alpha\cdot\cos\alpha$

IV: $k = \frac{1}{2}\,\dfrac{1}{\dfrac{1}{2EF_D\cdot\sin^2\alpha\cdot\cos\alpha} + \dfrac{1}{2EF_H\cdot\cot\alpha}}$

V: $k = \dfrac{6EJ_R}{ab}$

VI: $k = \dfrac{(2c+d)^2\cdot 6EJ_R}{d^3 b}$

VII: $k = \frac{1}{2}\,\dfrac{1}{\dfrac{1}{EF_D\cdot\cos^3\alpha} + \dfrac{1}{EF_R\cot^3\alpha} + \dfrac{c^2 d^2}{3EJ_R\cdot ab}}\cdot\dfrac{a^2}{b^2}$

$S_{id} = 2k$

Bild 6.34

In B.6.34 sind die kontinuierlichen Drehfederzahlen für unterschiedliche Verbandsformen zusammengestellt, vgl. auch B.1.58.

6.3.3 Einfluß nachgiebiger Knotenanschlüsse auf die Drehfederkonstante und Schubsteifigkeit

Die Stabilität schlanker Stabstrukturen mit Vergitterung oder Verrahmung (im folgenden als Verbandsstabilisierung bezeichnet) wird entscheidend von der Höhe der Steifigkeitsparameter k bzw. $GF_Q \equiv S_{id}$ bestimmt. Einer zutreffenden Bestimmung dieser Größen kommt daher große Bedeutung zu. Die in B.6.34 zusammengestellten Formeln gelten unter der Voraussetzung kraftschlüssiger, schlupffreier Anschlüsse und exakter Stabzentrierung. Diese Voraussetzung ist in vielen Fällen nicht vorhanden. Das gilt am ausgeprägtesten für Gerüste bei Verwendung von Rohrkupplungen aber auch bei anderen nicht-stahlbaumäßig ausgebildeten Konstruktionen; selbst SL-Schraubenverbindungen (1 bis 2 mm Lochspiel) können nicht als absolut starr eingestuft werden. Gewisse Nachgiebigkeiten haben andererseits (im Gerüstbau) den Vorteil, daß ungleichförmige Setzungen zwängungsfreier ausgeglichen werden können.

Beim Anschluß von Rahmenriegeln können durch lokale Verformungen der Flansche und Anschlußmittel (insbesondere bei Kopfplattenanschlüssen) Drehwinkel auftreten, die die Forderung einer biegestarren Rahmenecke nicht erfüllen. Wie solche Effekte berücksichtigt werden können, wird im Anhang III.1 behandelt.

Im folgenden soll gezeigt werden, wie die diversen Nachgiebigkeitseinflüsse bei Gitterverbänden berücksichtigt werden können.

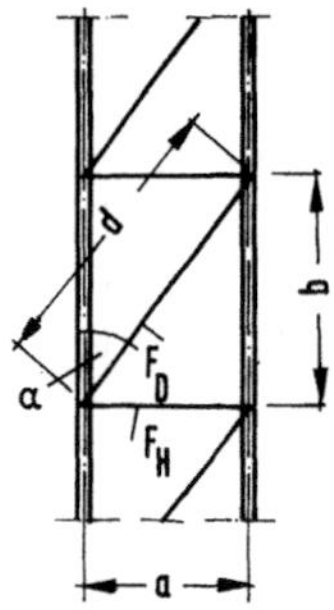

Bild 6.35

Für den in B.6.35 dargestellten Verband beträgt die Schubsteifigkeit S_{id}:

$$S_{id} = \frac{1}{\frac{1}{EF_D \sin\alpha^2 \cos\alpha} + \frac{1}{EF_H \cot\alpha}} = \frac{a^2 b}{\frac{d^3}{F_D} + \frac{a^3}{F_H}} E \;;\quad k = S_{id}/2 \tag{6.102}$$

Um die Nachgiebigkeiten einzufangen, werden zweckmäßig fiktive Querschnittsflächen für die Verbandsstäbe eingeführt: F_D', F_H'. B.6.36a zeigt schematisch einen exzentrisch angeschlossenen Diagonalstab mit den realen Querschnittswerten F und J (in der Exzentrizitätsebene). Außerdem sei der Anschluß beidseitig mittels Kupplungen oder anderer nachgiebiger Elemente ausgebildet. Für eine Stabkraft 1 setzt sich die Längenänderung aus folgenden Beiträgen zusammen:

$$\text{Stablängung:} \quad \Delta_1 = \frac{l}{EF} \tag{6.103}$$

$$\text{Stabbiegung:} \quad \Delta_2 = \frac{e^2 l}{EJ} \tag{6.104}$$

$$\text{Kupplungsnachgiebigkeit:} \quad \Delta_3 = \Sigma K_u \tag{6.105}$$

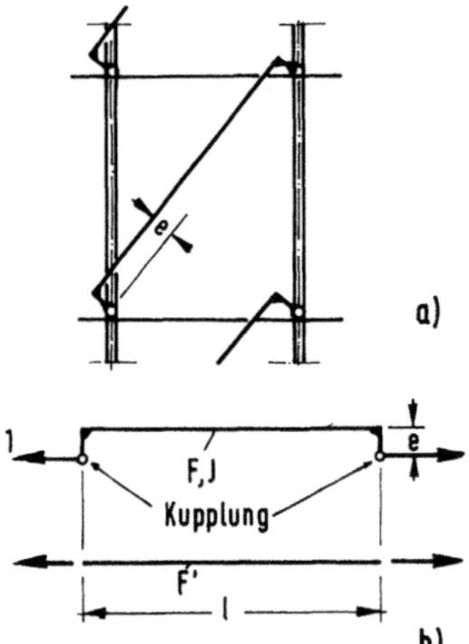

Bild 6.36

K_u ist die Verschiebung einer Kupplung pro Krafteinheit. Die Summe ist über alle Kupplungen zwischen den Endpunkten zu erstrecken (und über fallweise vorhandene Stoßkupplungen innerhalb des Stabes). Im letztgenannten Falle ist auch EJ in G.6.104 abzumindern. Die Gesamtlängung beträgt:

$$\Delta = \frac{l}{EF} + \frac{e^2 l}{EJ} + \Sigma K_u \tag{6.106}$$

Diese Längung wird mit der Längung eines Ersatzstabes derselben Länge l und der Querschnittsfläche F' gleichgesetzt (B.6.36b):

$$\Delta = \frac{l}{EF'} \tag{6.107}$$

Es ergibt sich:

$$F' = \frac{F}{\mu} \quad \text{mit} \quad \mu = 1 + \frac{Fe^2}{J} + \frac{EF}{l} \cdot \Sigma K_u \tag{6.108}$$

K_u wird Verschiebungsmodul genannt. (Diese Wortwahl ist unglücklich, denn K_u hat nicht die Bedeutung eines Steifemoduls sondern die des Kehrwertes hiervon. Insofern wäre es richtiger, von Verschiebungsweiche zu sprechen.)

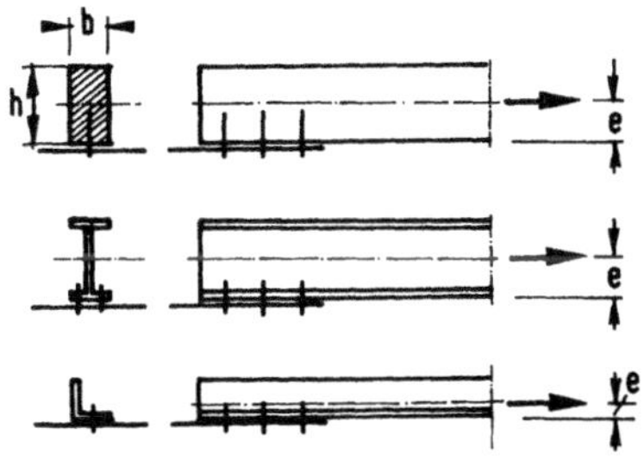

Bild 6.37

Werden Stäbe (Profile) einschnittig mittels SLP-, GV- oder GVP-Verbindungen oder auch Schweißung angeschlossen, ist zwar deren Steifemodul praktisch unendlich groß, doch bewirkt die Exzentrizität e eine Nachgiebigkeit, vgl. B.6.37. Für einen rechteckigen Vollstab ergibt sich μ gemäß G.6.108 mit

$$F = bh,\ e = \frac{h}{2},\ J = \frac{bh^3}{12} \qquad (6.109)$$

zu:

$$\mu = 1 + \frac{bh \cdot h \cdot 12}{2 \cdot bh^3} = 1 + 3 = 4 \qquad (6.110)$$

Für I- und Winkelprofile findet man:

$$\begin{aligned} &\text{I-Profile: } \mu \approx 2{,}5 \\ &\text{L-Profile: } \mu \approx 1{,}9 \end{aligned} \qquad (6.111)$$

[6.59] enthält Hinweise zum Verschiebungsmodul stahlbaumäßiger Schraubenverbindungen und [6.60] für holzbaumäßige Verbindungen (Nägel, Bolzen, Dübel). Besondere Bedeutung kommt den Rohrkupplungen zu [6.61]. Einerseits werden die Rohrverbandsstäbe wegen der ver-

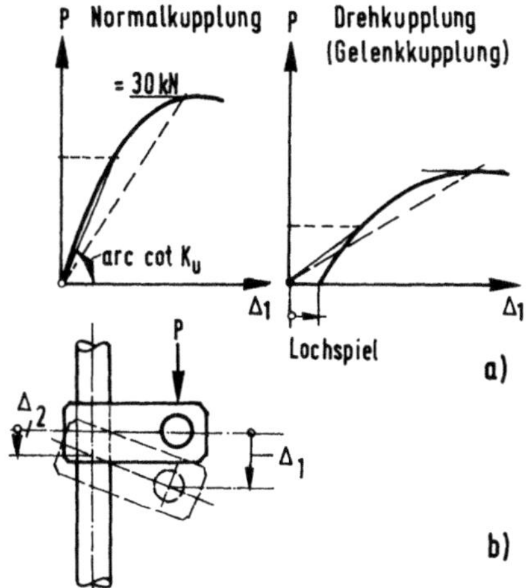

Bild 6.38

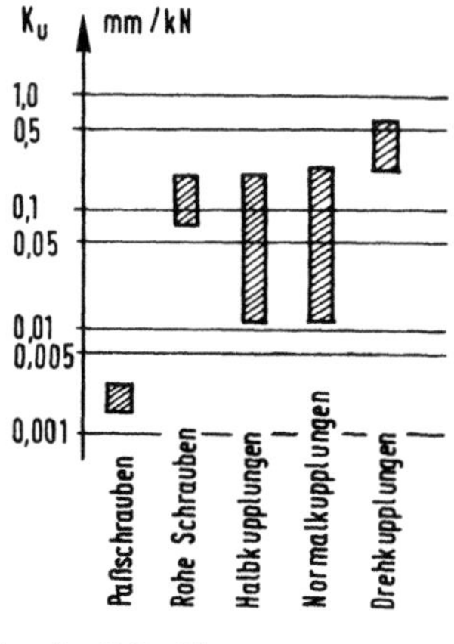

(nach NATHER)

Bild 6.39

setzten Lage der Stabachsen zueinander auf Biegung beansprucht, andererseits lassen sie sich nicht zentrieren, sodaß das Anschlußrohr auch auf Biegung beansprucht wird. Die letztgenannte Nachgiebigkeit kann formelmäßig erfaßt werden, vgl. Verbandsform VII in B.6.34.

B.6.38a zeigt die Lastverschiebungskurven einer Normal- und einer Drehkupplung (Gelenkkupplung). Das Lochspiel in einer Drehkupplung bedingt immer einen Schlupf. Die zulässige Anschlußkraft wird an der Bruchlast, Rutschlast bzw. Verformungslast orientiert, diese werden in normierten Versuchen bestimmt. Als Rutschlast ist jene Last definiert, bei der die Kupplung am Rohr 0,5 mm rutscht (Δ_2 in B.6.38b) und als Verformungslast jene Last, bei der die Verschiebung des Anschlußpunktes 5 mm beträgt (Δ_1 in B.6.38b). Die zulässige Anschlußkraft wird so festgelegt (und in den Prüfbescheiden festgeschrieben), daß folgende Sicherheiten eingehalten werden:

Bruchlast:	ν = 3,0
Rutschlast:	ν = 1,5
Verformungslast:	ν = 1,0.

Wegen der nichtlinearen Kraft-Verschiebungskurve bedarf es bezüglich des Verschiebungsmoduls K_u Vereinbarungen. Diese sind keinesfalls einheitlich geregelt. Es wären an sich zwei Definitionen notwendig, eine, die sich auf den Gebrauchszustand (Verformungslast) und eine, die sich auf den Grenzlastzustand bezieht; letzterer wäre zu definieren, z.B. als zur Rutschlast gehöriger Zustand. Dann könnten auch Stabilitätsberechnungen unter v-facher Belastung durchgeführt werden. Die Verformungsmoduli in den Prüfbescheiden für Kupplungen beziehen sich auf den Gebrauchszustand und sind Sekantenmoduli.
Aufgrund einer Sichtung verschiedener Versuchsberichte werden folgende Mittelwerte für die Rutschlast empfohlen:

Normalkupplungen: K_u=0,15 mm/kN, e=25 mm
Drehkupplungen (Gelenkkupplungen) K_u=0,40 mm/kN, e=40 mm.

Abhängig vom Anzug der Muttern und der Beschaffenheit im Gewinde dürften die auf der Baustelle realisierten Werte stärker streuen; wegen der i.allg. in großer Zahl eingesetzten Kupplungen mitteln sich die Streuungen aus. Eine sicherheitstheoretische Abklärung steht noch aus. Auf die regelmäßige Verwendung von Momentenschlüsseln sollte bestanden werden.

Beispiel: Gerüstrohr mit beidseitigen Drehkupplungen
Gesucht ist die Reduktionszahl μ gemäß G.6.108.

$$\text{Rohr } 48{,}25\times 4{,}05:\ F=5{,}63\,\text{cm}^2;\ J=13{,}9\,\text{cm}^4;\ e=40\,\text{mm};\ K_u=0{,}04\,\text{cm/kN}$$

$$\mu = 1+\frac{5{,}63\cdot 4^2}{13{,}9}+\frac{2{,}1\cdot 10^4\,5{,}63}{100}\cdot 2\cdot 0{,}04$$

$$= 1+6{,}48+94{,}58=\underline{102{,}1}\longrightarrow F'=\frac{F}{\mu}=\frac{5{,}63}{102{,}1}=\underline{0{,}055\,\text{cm}^2}$$

Die Dehnsteifigkeit des Rohres wird demnach um den Faktor

$$\frac{1}{102{,}1}\approx 0{,}01$$

infolge der Exzentrizitäten und Nachgiebigkeiten der Drehkupplungsanschlüsse reduziert; der dominierende Nachgiebigkeitsbeitrag wird aus der Rechnung deutlich.
Mit den reduzierten Dehnsteifigkeiten EF' werden die Formeln in B.6.34 ausgewertet.

6.3.4 Elasto-statische Lösung für den Druckstab mit kontinuierlicher drehfederelastischer Bettung und linear veränderlicher Druckkraft

Im Abschnitt 5.21 wurde die Differentialgleichung für den Druckstab mit drehfederelastischer Bettung abgeleitet und der Sonderfall einer konstanten Druckkraft als Verzweigungs- und Spannungsproblem gelöst.
Für den allgemeinen Fall

$$EJ(z),\ k(z),\ D(z)=(1+\mu)p(l-z)\ \text{und}\ q(z)$$

lautet die Differentialgleichung:

$$(EJv'')''+\{[(1+\mu)p(l-z)-k]v'\}'=q(z) \tag{6.112}$$

Es werden vereinbart: EJ=konst. und

$$\gamma=(1+\mu)\frac{pl^3}{EJ},\quad \delta=\frac{kl^2}{EJ},\quad \zeta=\frac{z}{l}\quad \text{und}\ (\ )^\bullet=\frac{d(\ )}{d\zeta} \tag{6.113}$$

Hierin ist k die Drehbettungskonstante im Fußpunkt des Druckstieles, im übrigen ist k(z) über die Höhe variabel:

$$k(z)=k\cdot f(z)\ \text{bzw.}\ k(\zeta)=k\cdot f(\zeta) \tag{6.114}$$

$f(z=\zeta l)$ kennzeichnet den Verlauf der Drehfederkonstante, die Funktion f ist für $z=\zeta l=0$ Eins, vgl. B.6.40. In bezogener Form lautet die Differentialgleichung:

$$v^{\bullet\bullet\bullet\bullet}-\delta(f^\bullet v^\bullet+fv^{\bullet\bullet})+\gamma[(1-\zeta)v^{\bullet\bullet}-v^\bullet]=\frac{q(\zeta)l^4}{EJ} \tag{6.115}$$

Eine geschlossene Lösung scheidet aus. Für das Verzweigungsproblem (Knickproblem) wird die Gleichung mittels des GALERKINschen Verfahrens gelöst, vgl. Abschnitt 1.2.4.3 und T.1.1/2: Das Gleichungssystem für die Koeffizienten a_i lautet:

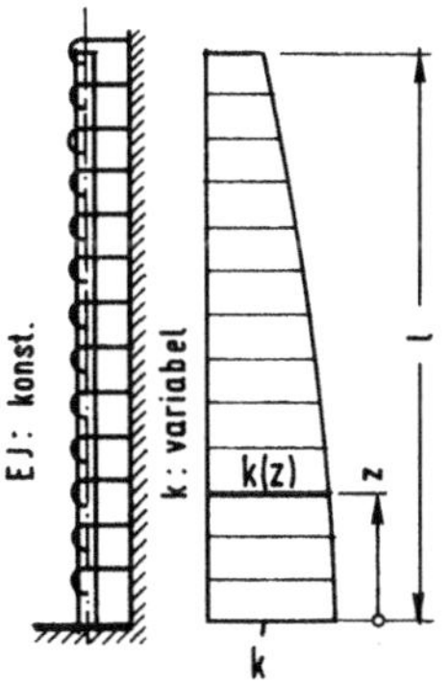

Bild 6.40

$$\sum_{i=1}^{n} a_i \left\{ \int_0^1 [\eta_i^{\bullet\bullet\bullet\bullet} - \delta(f^\bullet \eta_i^\bullet + f\,\eta_i^{\bullet\bullet})]\eta_k d\zeta + \gamma \int_0^1 [(1-\zeta)\cdot\eta_i^{\bullet\bullet} - \eta_i^\bullet]\eta_k d\zeta \right\} = 0 \qquad (6.116)$$

Hierin ist f i.allg. eine Funktion von ζ.

Für η_i sind passende Koordinatenfunktionen zu wählen, die sämtliche Randbedingungen befriedigen. Im Falle eines eingespannten Stieles (B.6.40) lauten die Randbedingungen:

An der Einspannstelle (z=0):

$$v = v' = 0 \qquad (6.117)$$

Am freien Ende (vgl. Abschnitt 5.21):

$$M = 0; \quad T = -(EJv'')' + kv' - Dv' = 0 \qquad (6.118)$$

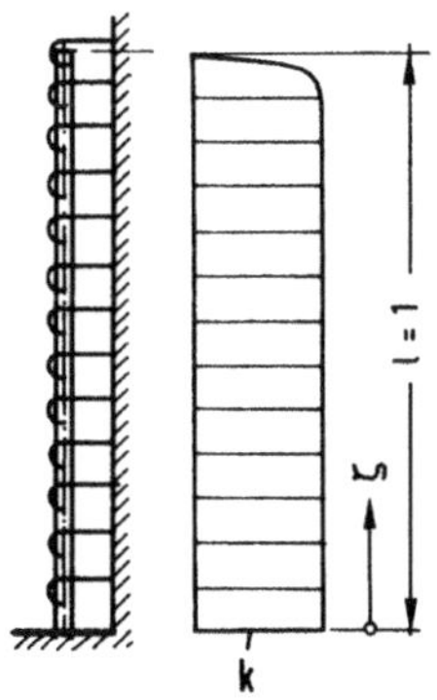

Bild 6.41

Die auf T.1.2 zusammengestellten Ansätze für Kragbalken erfüllen zwar die Bedingungen

$$M = 0 \text{ und } Q = -(EJv'')' = 0 \qquad (6.119)$$

aber nicht die Bedingung T=0. Im vorliegenden Fall eines Druckstabes mit kontinuierlicher Lastbelegung $(1+\mu)p$ ist D am freien Ende Null, es verbleibt in der zweiten Bedingung aber der Term $kv' \neq 0$. Für den Fall einer unveränderlichen Drehfederkonstanten (wie in B.6.31d/32c als Aufgabe formuliert) wird die Lösung mittels eines Kunstgriffes erzwungen: Damit k am freien Ende Null ist, wird anstelle k=konst. mit k=variabel gemäß G.6.114 gerechnet und für die Funktion $f(\zeta)$ der Ansatz

$$f(\zeta) = (1-\zeta^n); \quad f^\bullet(\zeta) = -n\zeta^{n-1} \qquad (6.120)$$

gewählt, der für einen nur groß genug angesetzten Exponenten n eine praktisch konstante Drehbettungszahl ergibt, vgl. B. 6.41. Der geringfügige Abfall am freien Ende ist ohne Einfluß auf das Ergebnis. Das GALERKINsche Verfahren führt zum Erfolg. In B.6.42 ist das Ergebnis für n=30 und n=90 aufgetragen. Der Anschlußwert für δ=0 (die drehelastische Bettung ist Null) ist mit

$$\gamma_{Ki} = 7{,}837$$

enthalten.

Mit γ_{Ki} sind auch p_{Ki} und P_{Ki} bekannt:

$$p_{Ki} = \frac{\gamma_{Ki}}{1+\mu}\frac{EJ}{l^3}; \quad P_{Ki} = p_{Ki}\cdot l \qquad (6.121)$$

Auf die Gesamtlast bezogen gilt:

$$p_{Ki}\cdot(1+\mu) = p_{Ki} + p'_{Ki} = \gamma_{Ki}\frac{EJ}{l^3} \qquad (6.122)$$

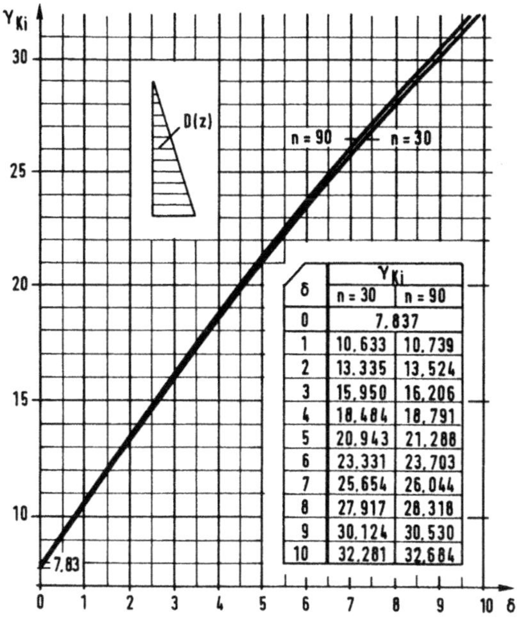

δ	γKi n = 30	γKi n = 90
0	7,837	
1	10,633	10,739
2	13,335	13,524
3	15,950	16,206
4	18,484	18,791
5	20,943	21,288
6	23,331	23,703
7	25,654	26,044
8	27,917	28,318
9	30,124	30,530
10	32,281	32,684

Bild 6.42

6.3.5 Einfluß der Dehnsteifigkeit auf die Knicklast zweistieliger Rahmen

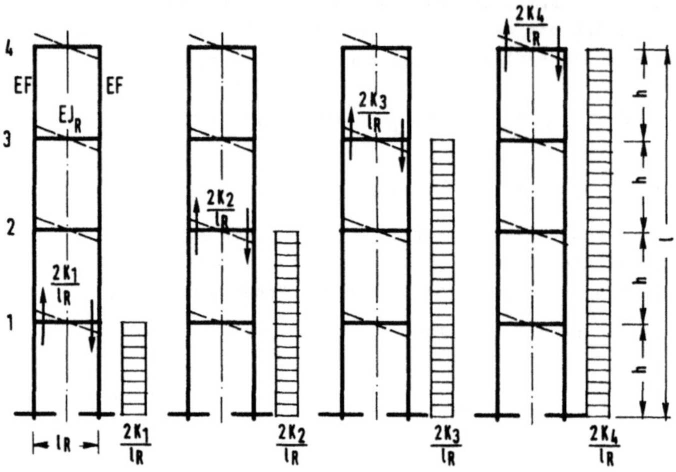

Bild 6.43

Beim Ausknicken eines zweistieligen Rahmens werden von den antimetrisch verformten Riegeln Längskräfte in die Stiele abgesetzt. Hiermit ist eine Längenänderung der Stiele verbunden; das System reagiert insgesamt nachgiebiger, die Knicklast sinkt. Je schlanker das Tragwerk, umso größer ist der Einfluß, vgl. auch Abschnitt 1.2.13.2. Am Beispiel des in B.6.43 dargestellten, vierstöckigen Rahmens wird das Vorgehen erläutert: Der Reihe nach werden die antimetrischen Riegelendmomente K_1 bis K_4 angesetzt. Infolge der Riegelbiegung ergeben sich beidseitig die Stabenddrehwinkel:

$$\frac{K \cdot l_R}{6\,EJ_R}$$

l_R ist die Länge und EJ_R die Biegesteifigkeit der Riegel. Durch die Stiellängenänderungen stellen sich die Riegelachsen schräg. Durch diesen Effekt tritt eine Kopplung der Drehfedern ein. Bei gemeinsamer Wirkung der Riegelendmomente K_1 bis K_4 ergeben sich mit Hilfe von B.6.43 folgende Riegelenddrehwinkel:

$$\begin{aligned}
\varphi_1 &= \frac{K_1 l_R}{6\,EJ_R} + \frac{4\,h}{EF \cdot l_R^2}(K_1 + K_2 + K_3 + K_4) \\
\varphi_2 &= \frac{K_2 l_R}{6\,EJ_R} + \frac{4\,h}{EF \cdot l_R^2}(K_1 + 2K_2 + 2K_3 + 2K_4) \\
\varphi_3 &= \frac{K_3 l_R}{6\,EJ_R} + \frac{4\,h}{EF \cdot l_R^2}(K_1 + 2K_2 + 3K_3 + 3K_4) \\
\varphi_4 &= \frac{K_4 l}{6\,EJ_R} + \frac{4\,h}{EF \cdot l_R^2}(K_1 + 2K_2 + 3K_3 + 4K_4)
\end{aligned} \qquad (6.123)$$

Es wird hierin EJ_R und EF konstant unterstellt. Gemäß Definition sind die Drehfederkonstanten jene Momente, die eine Verdrehung $\varphi = 1$ bewirken. Diese Bedingung liefert mit den Abkürzungen

$$K_B = \frac{6\,EJ_R}{l_R}; \quad \varkappa = \frac{24\,EJ_R h}{EF \cdot l_R^3} \qquad (6.124)$$

ein symmetrisches Gleichungssystem für die Drehfederkonstanten K_1 bis K_4:

$$\begin{aligned}
(1+\varkappa)K_1 + \varkappa K_2 + \varkappa K_3 + \varkappa K_4 &= K_B \\
\varkappa K_1 + (1+2\varkappa)K_2 + 2\varkappa K_3 + 2\varkappa K_4 &= K_B \\
\varkappa K_1 + 2\varkappa K_2 + (1+3\varkappa)K_3 + 3\varkappa K_4 &= K_B \\
\varkappa K_1 + 2\varkappa K_2 + 3\varkappa K_3 + (1+4\varkappa)K_4 &= K_B
\end{aligned} \qquad (6.125)$$

EF ist in G.6.123/4 die Dehnsteifigkeit der Stiele und h die Geschoßhöhe. Das Bildungsgesetz des Gleichungssystems für andere Geschoßzahlen wird aus G.6.125 deutlich. Durch Vorgabe von $\varkappa$-Werten ($\varkappa \geq 0$) ergeben sich bestimmte K-Konstellationen aus dem Gleichungssystem, wobei die Drehfederkonstanten von unten nach oben abnehmen; werden sie stockwerksweise verschmiert, ergibt sich eine kontinuierliche, veränderliche Drehbettungsziffer k(z). Für dieses Problem werden (im Sinne des vorangegangenen Abschnittes) die Knickwerte berechnet. B.6.44 zeigt den bezogenen Verlauf der Drehfederkonstanten

$$k(\zeta) = k_u \cdot f(\zeta) \tag{6.126}$$

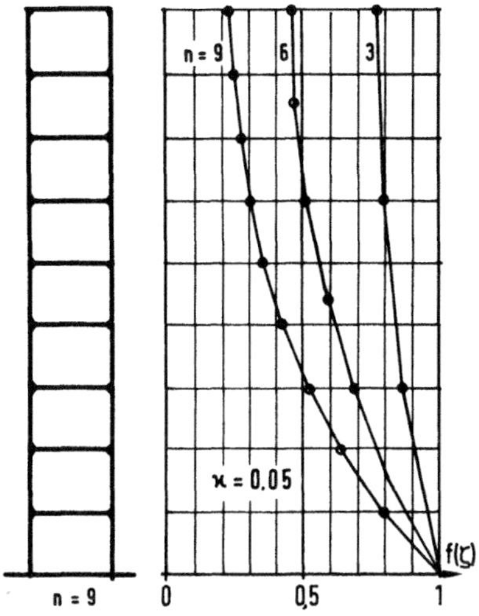

Bild 6.44

für 3, 6 und 9 Stockwerke. k_u ist die Drehfederkonstante ohne Berücksichtigung der Stieldehnung. Nach oben nimmt $k(\zeta)$ ab und erreicht am freien Ende den Kleinstwert:

$$k_0 = \rho \cdot k_u \tag{6.127}$$

Den Tafeln T.6.6/7 kann ρ in Abhängigkeit von $\varkappa$ gemäß G.6.124 und n (Stockwerksanzahl) entnommen werden. Mit

$$\delta(\zeta) = \frac{k(\zeta) \cdot l^2}{EJ} = \frac{k_u l^2}{EJ} \cdot f(\zeta) \tag{6.128}$$

wird die im Abschnitt 6.3.4 angeschriebene Differentialgleichung G.6.116 gelöst. Die Tafeln T.6.6/8 enthalten das Ergebnis für zweistielige Rahmen mit Fußgelenk und Fußeinspannung. (Bei der Rechnung zeigte sich, daß die numerische Stabilität des GALERKINschen Verfahrens mit zunehmender Drehfederziffer nicht mehr befriedigte, auch ließen sich für den Druckstiel mit Fußgelenk keine passenden Koordinatenfunktionen finden. Die Knickwerte wurden daher mittels des Differenzenverfahrens geprüft bzw. ergänzt [6.62]). Auf den Tafeln sind die Knickwerte γ_{Ki} über

$$\delta_u = \frac{k_u l^2}{EJ} \tag{6.129}$$

aufgetragen. Mit γ_{Ki} ist auch die auf die maximale Druckkraft im Stiel bezogene Knickkraft bekannt:

$$D = \Sigma P + \Sigma P' = (1+\mu)\Sigma P = (1+\mu) p l \tag{6.130}$$

$$D_{Ki} = (1+\mu) p_{Ki} l = \gamma_{Ki} \frac{EJ}{l^2} \tag{6.131}$$

EJ ist die Biegesteifigkeit des Einzelstieles. Mit D (für ν-fache Belastung) und D_{Ki} wird der Verformungsfaktor α bestimmt:

$$\alpha = \frac{1}{1 - \frac{D}{D_{Ki}}} \tag{6.132}$$

6.3.6 Beispiel: Zweistieliger Rahmen

Um den Verformungsbeitrag auf die Schnittgrößen und hierbei den Beitrag der Stiellängenänderungen aufzuzeigen, wird der in B.6.45 dargestellte, siebenstöckige Rahmen berechnet, dabei werden zwei Fälle für ν=1,5 untersucht:

Fall 1: P = 125 kN, H = 10 kN; νP = 187,5 kN, νH = 15 kN; Riegel IPE450
Fall 2: P = 250 kN, H = 5 kN; νP = 375 kN, νH = 7,5 kN; Riegel IPE400

Einfluß der Dehnsteifigkeit auf die Knicklast von Hochbauten

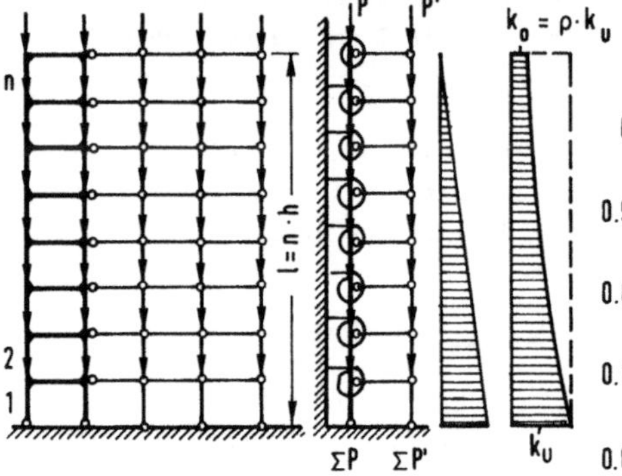

Parameter: $\mu = \frac{P'}{P}$

$\delta = \frac{kl^2}{EJ}$ (Verrahmung, Vergitterung)

Berechnung von k : Siehe Abschnitt 6.3.2/3

$\varkappa = \frac{24 \cdot EJ_R \cdot h}{EFl_R^3}$ (Einfluß der Dehnsteifigkeit)

Abhängig von $\varkappa$ und n wird aus dem Diagramm 1 ρ bestimmt. Abhängig von δ und ρ wird aus dem Diagramm 2 γ_{Ki} abgegriffen.

$$P_{Ki} = \frac{\gamma_{Ki}}{1+\mu} \cdot \frac{EJ}{l^2}$$

Gelenkige Fußlagerung

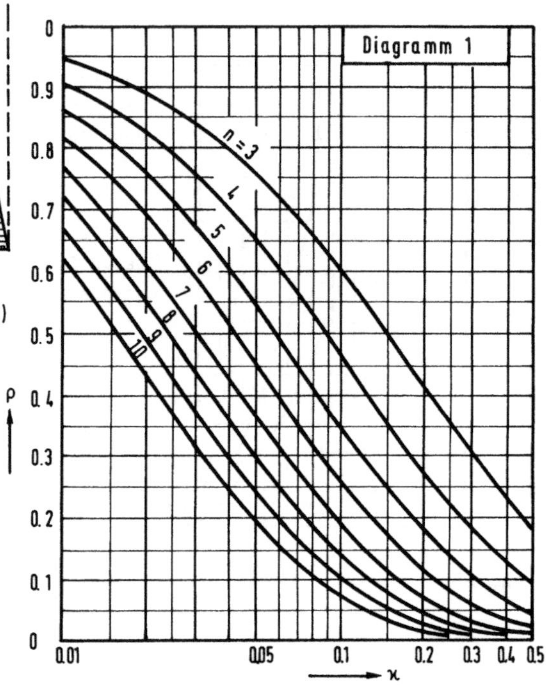

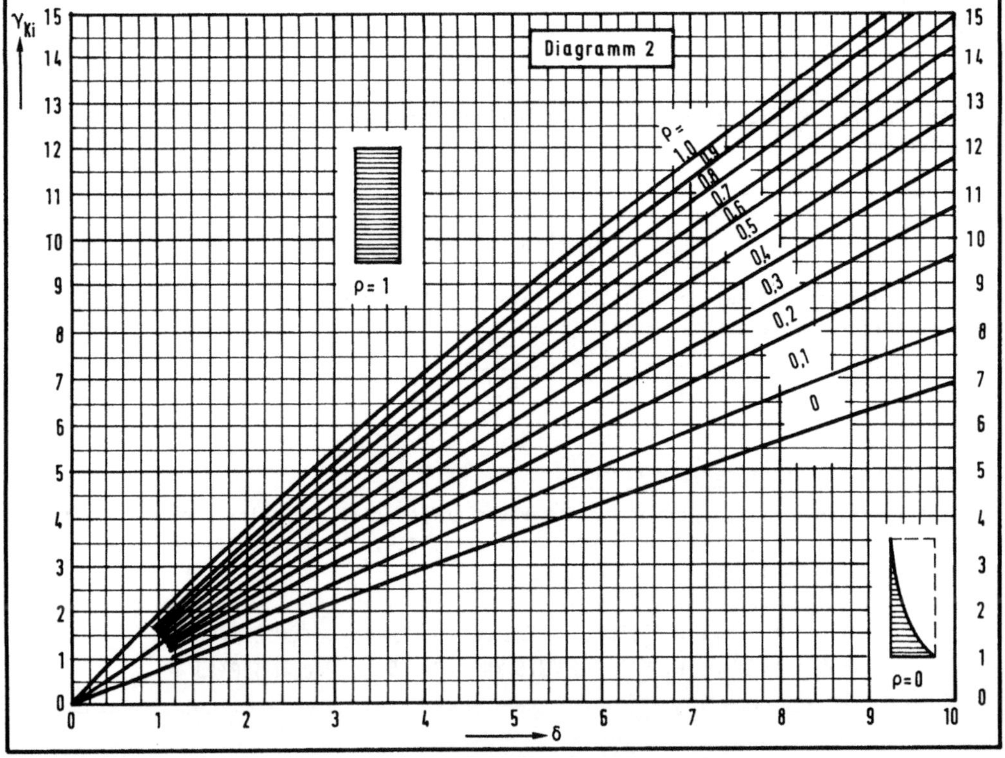

Einfluß der Dehnsteifigkeit auf die Knicklast von Hochbauten

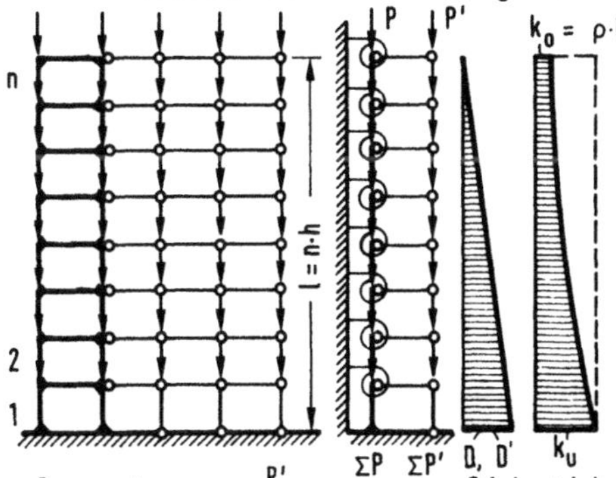

Parameter: $\mu = \frac{P'}{P}$

$\delta = \frac{kl^2}{EJ}$ (Verrahmung, Vergitterung)

Berechnung von k : Siehe Abschnitt 6.3.2/3

$\varkappa = \frac{24\, EJ_R\, h}{EF\, l_R^3}$ (Einfluß der Dehnsteifigkeit)

Abhängig von $\varkappa$ und n wird aus dem Diagramm 1 ρ bestimmt. Abhängig von δ und ρ wird aus dem Diagramm 2 γ_{Ki} abgegriffen:

$$P_{Ki} = \frac{\gamma_{Ki}}{1+\mu} \cdot \frac{EJ}{l^2}$$

Eingespannte Fußlagerung

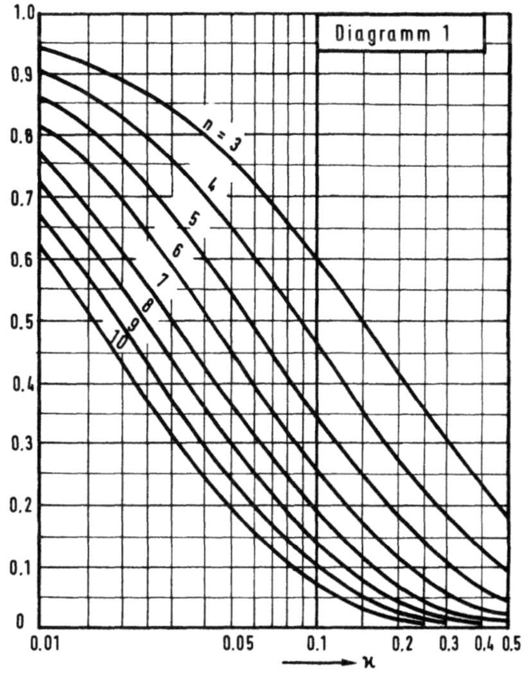

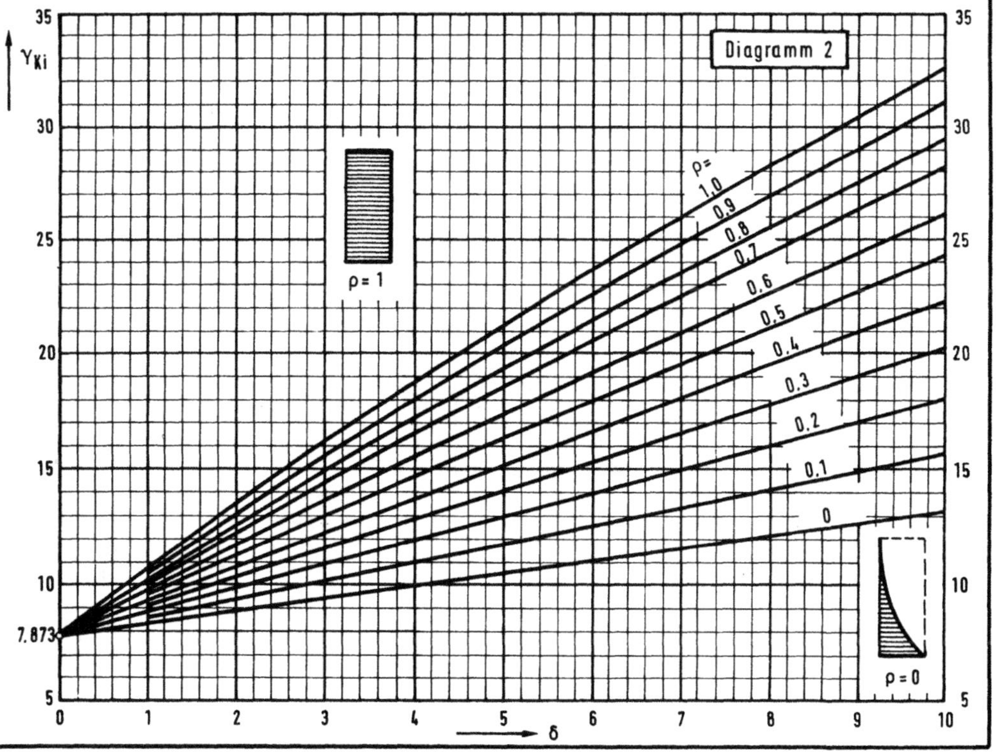

Tafel 6.8

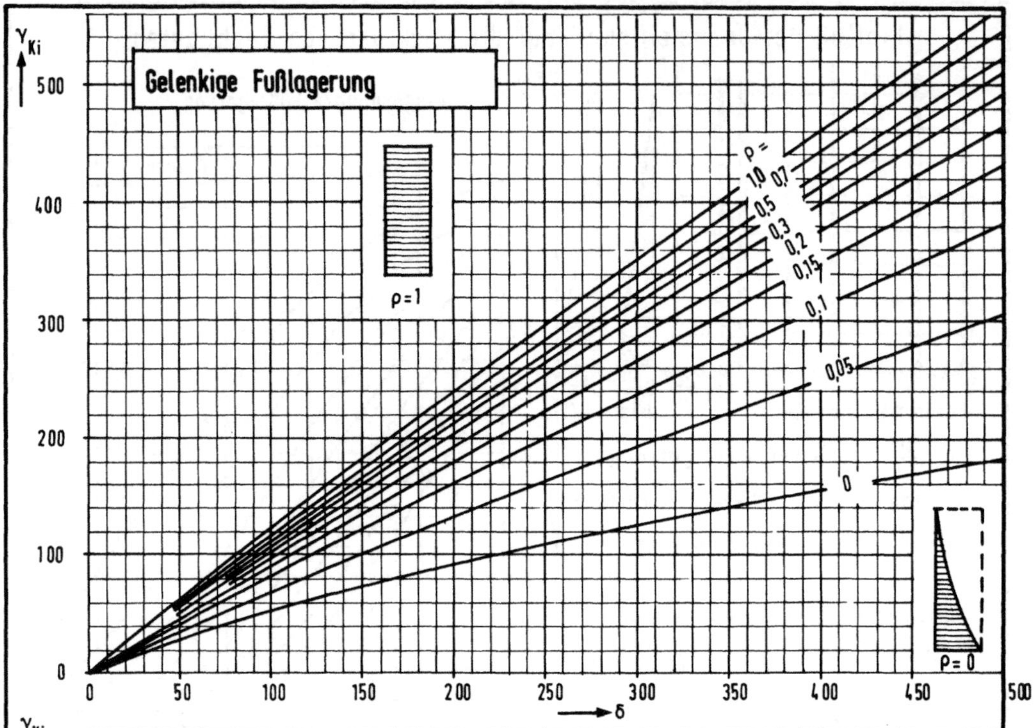
Gelenkige Fußlagerung
γ_{Ki}
δ
ρ = 1
ρ = 0
ρ = 1,0
0,7
0,5
0,3
0,2
0,15
0,1
0,05
0
0
100
200
300
400
500
50
150
250
350
450

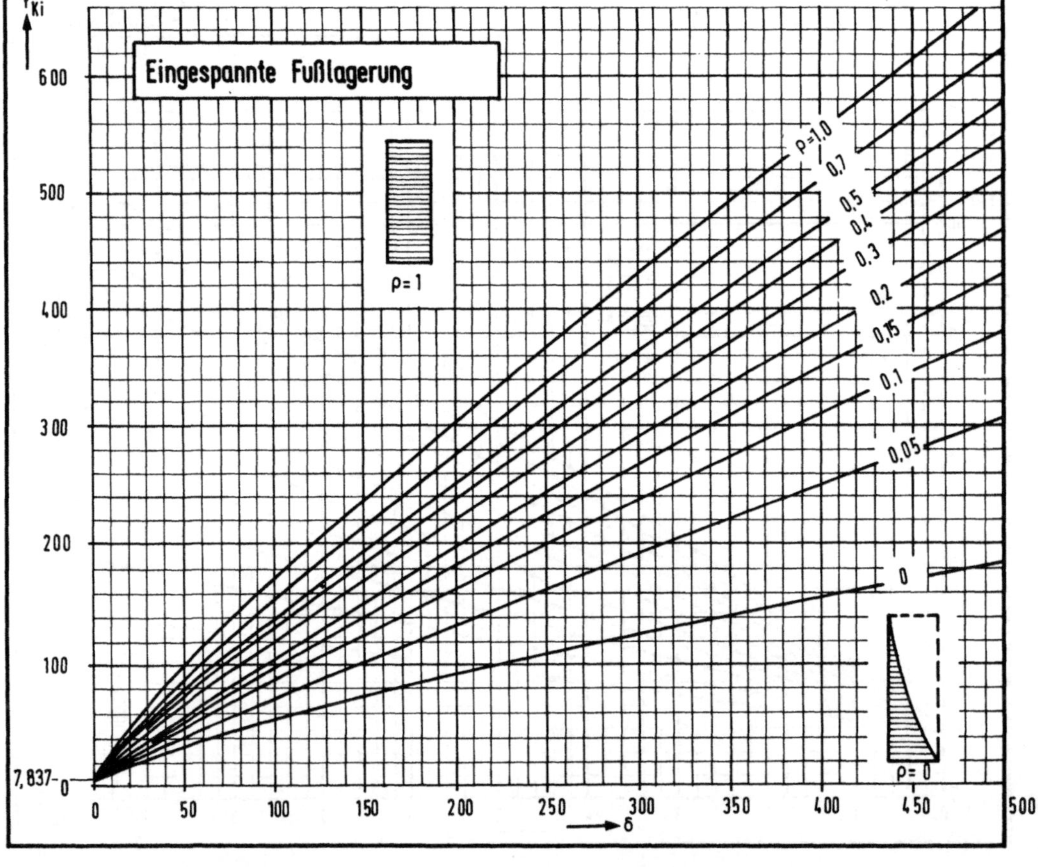
Eingespannte Fußlagerung
γ_{Ki}
δ
ρ = 1
ρ = 0
ρ = 1,0
0,7
0,5
0,4
0,3
0,2
0,15
0,1
0,05
0
7,837
0
100
200
300
400
500
600
50
150
250
350
450

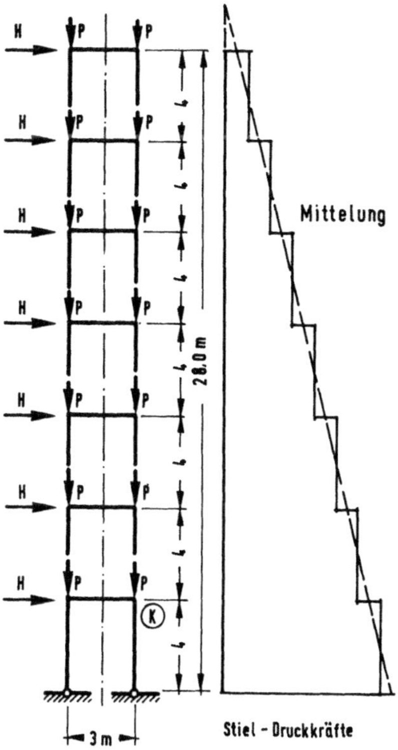

Stiele : IPB 340
Riegel : IPE 450 (Fall 1)
IPE 400 (Fall 2)

1	2	3	4	5	6
Fall 1			Fall 2		
Th.I.O.	Th.II.O.	α	Th.I.O.	Th.II.O.	α
18.5	19.2	1.04	9.9	10.9	1.10
11.6	12.0	1.03	5.1	5.5	1.08
33.5	35.0	1.05	17.6	19.7	1.12
26.6	27.8	1.05	12.4	13.7	1.10
47.7	50.4	1.06	24.8	28.4	1.15
42.3	44.5	1.05	20.3	22.8	1.12
61.2	65.8	1.07	32.0	37.4	1.17
58.2	61.6	1.06	28.1	32.2	1.15
76.7	82.3	1.07	39.8	48.2	1.21
73.4	77.7	1.06	35.3	40.6	1.15
100.5	111	1.10	53.0	70.3	1.32
79.5	84.7	1.12	37.1	42.1	1.13
210	246	1.17	105.0	159.0	1.51
kNm			kNm		
0	0		0	0	

Berechnungsergebnisse : Biegungsmomente im rechten Stiel

Bild 6.45

Im ersten Falle überwiegt die Horizontal-, im zweiten die Vertikalbelastung. Die Stielkräfte sind luv- und leeseitig stark unterschiedlich. Die Druckkräfte in den Stielen des untersten Stockwerkes lassen sich beispielsweise nach Th.I.Ordn. für Fall 1 zu

$$N = 7\cdot 187{,}5 \mp 15(4+8+12+16+20+24+28)/3{,}0 =$$
$$= 1312{,}5 \mp 15\cdot 112/3 = 1312{,}5 \mp 560 = 752{,}5\ \text{kN bzw. } 1872{,}5\ \text{kN}$$

abschätzen. Für Fall 2 ergibt sich: N=2345 kN bzw. 2905 kN.

Mittels des Verfahrens der Steifigkeitsmatrizen Th.II.Ordn. (Abschnitt 3.4.8.9) wird der Rahmen zunächst streng berechnet und zwar einmal ohne und einmal mit Dehnungseinfluß der Stiele. Bezieht man den Vergleich z.B. auf die Erhöhung der Biegerandspannungen im höchstbeanspruchten Stiel des untersten Geschosses (unterer Stielausschnitt im Knoten Ⓚ, vgl. B.6.45), so wirkt sich die Berücksichtigung des Dehnungseinflusses wie folgt aus:

Fall 1: 1,3% ; Fall 2: 1,2%

Der Einfluß ist demnach bedeutungslos. Diese Aussage läßt sich für alle Baukonstruktionen, die nach den geltenden Baubestimmungen bemessen werden, verallgemeinern.

Als nächstes wird eine Abschätzung mittels der im vorangegangenen Abschnitt bereitgestellten Behelfe vorgenommen. Dazu wird der Rahmen zunächst nach Th.I.Ordn. (ohne Einfluß der Stieldehnungen) berechnet. In B.6.45 sind Teilergebnisse tabellarisch in Spalte 1 und 4 wiedergegeben und zwar sind die Biegungsmomente an den Stielanschnitten des rechten (leeseitigen) Stieles eingetragen, sie gelten für den ν-fachen Lastzustand. In Spalte 2 und 5 sind die Rechenergebnisse der strengen Rechnung nach Th.II.Ordn. aufgenommen, womit sich der Verformungsfaktor α für jeden Stielanschnitt bestimmen läßt (Spalte 3 und 6). Offensichtlich ist α nicht konstant über die ganze Höhe, vielmehr steigt der Faktor von oben nach unten mit zunehmender Druckkraft und dem damit einhergehenden Verformungseinfluß an (insbesondere im Stielanschnitt unterhalb der Knoten):

Fall 1: $\alpha = 1{,}04$ bis $1{,}17$; Fall 2: $\alpha = 1{,}10$ bis $1{,}51$.

Für den Stielanschnitt Ⓚ betragen die max. Randspannungen unter ν-fachen Lasten:

$$\text{Fall 1:}\quad \sigma = \frac{1925}{171} \,(\pm)\, \frac{24\,600}{2160} = \underline{22{,}7\ \text{kN/cm}^2}$$

$$\text{Fall 2:}\quad \sigma = \frac{2979}{171} \,(\pm)\, \frac{15\,900}{2160} = \underline{24{,}8\ \text{kN/cm}^2}$$

(Für einen Stahl St 370 werden die Spannungen im Fall 2 geringfügig überschritten.)

Abschätzungen:

$$\text{Fall 1:}\quad k = \frac{6\,EJ_R}{h \cdot l_R} = \frac{6 \cdot 70854}{4{,}0 \cdot 3{,}0} = 35427\ \text{kN}$$

$$\delta = \frac{k \cdot l^2}{EJ} = \frac{35427 \cdot 28^2}{76986} = 360{,}8 \qquad (EJ \equiv EJ_{Stiel})$$

$$\varkappa = \frac{24\,EJ_R\,h}{EF \cdot l_R^2} = \frac{24 \cdot 70854 \cdot 4}{3591000 \cdot 3^3} = 0{,}07 \qquad (EF \equiv EF_{Stiel})$$

$$\text{Tafel 6.6: } n=7 \longrightarrow \rho = 0{,}27 \longrightarrow \gamma_{Ki} = 353 \longrightarrow P_{Ki} = \frac{353}{1+0} \cdot \frac{76986}{28^2} = 34663\ \text{kN}$$

$$\alpha = \frac{1}{1 - \frac{1872{,}5}{34663}} = \underline{1{,}057}$$

$$\sigma = 1{,}057\left(\frac{1872{,}5}{171} \,(\pm)\, \frac{21000}{2160}\right) = \underline{21{,}85\ \text{kN/cm}^2} \qquad (\text{Knoten K})$$

$$\text{Fall 2:}\quad k = 24286\ \text{kN},\quad \delta = 247{,}3,\quad \varkappa = 0{,}048,\quad \rho = 0{,}37,\quad \gamma_{Ki} = 260,\quad P_{Ki} = 25531\ \text{kN}$$

$$\alpha = \underline{1{,}13} \qquad \sigma = 1{,}13\left(\frac{2905}{171} \,(\pm)\, \frac{10500}{2160}\right) = \underline{24{,}7\ \text{kN/cm}^2}$$

Die Güte der Abschätzungen geht aus der Gegenüberstellung mit den genauen Werten hervor. - Zur Erfassung des Druckkraftsprunges im obersten Geschoß wird die Länge der Stiele fiktiv um eine halbe Geschoßhöhe vergrößert: l = 28+2=30,0m. Damit ergibt sich:

$$\text{Fall 1: } P_{Ki} = 30196\ \text{kN} \longrightarrow \alpha = 1{,}066$$

$$\text{Fall 2: } P_{Ki} = 22240\ \text{kN} \longrightarrow \alpha = 1{,}150$$

(Die fiktive Längenänderung wird nur bei der Berechnung von P_{Ki} eingeführt!)

Bei hohen Drehbettungsziffern k bzw. δ scheitert die Berechnung, da δ aus dem Diagrammbereich der T.6.8 herausfällt. Dann ist es auch nicht mehr sinnvoll, den Stabilitätsnachweis, wie hier geschehen, auf den Einzelstiel abzustellen, sondern diesen global für ein zweistieliges Rahmen-Stabwerk zu führen. Solche Berechnungen sind nach den im Abschnitt 3 zusammengestellten Berechnungsverfahren auf elasto-statischer Basis für den ν-fachen Bemessungslastfall (zweckmäßig mittels Computer) durchzuführen; ggf. kann auch von den Rechenbehelfen im Abschnitt 5.2.6 ausgegangen werden.

Zu dem hier behandelten Systemtyp gehören auch Hochregallager. Systeme wie in B.6.46a, mit alleiniger Rahmenstabilisierung, sind auf geringe Höhen beschränkt. Die Nachgiebigkeit der Riegelanschlüsse kann gemäß Abschn.6.3.3 oder Anhang III.1 in Form reduzierter Riegelsteifigkeiten erfaßt werden.

Im Regelfall wird eine Verbandsstabilisierung (Bild b,c) vorgesehen, dabei werden große Höhen erreicht. Auch werden die "Leitern" am Kopf an die Dachscheibe angekoppelt (Bild f). Es handelt sich in diesen Fällen um schubweiche Druckstäbe; bei der Berechnung von $S_{id}=2k$

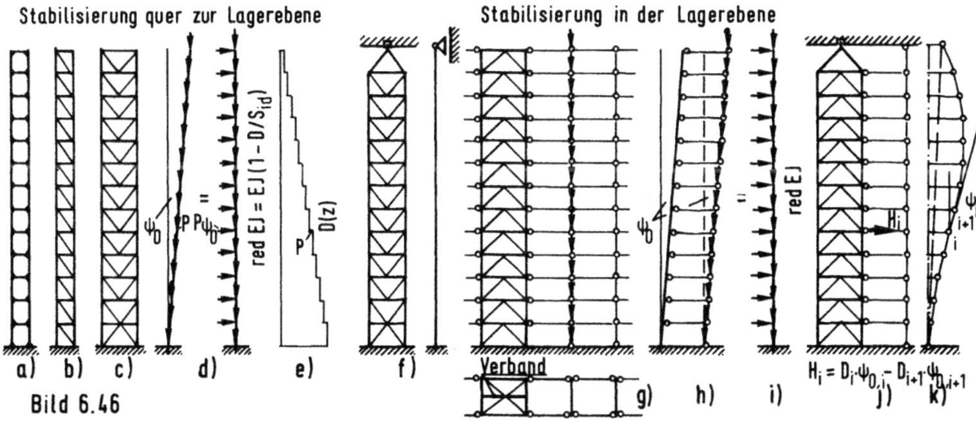

Bild 6.46

(B.6.34) sind Anschlußnachgiebigkeiten zu erfassen. Große Bedeutung für die Standfestigkeit hat die Vorgabe des Imperfektionsmaßes ψ_0, insbesondere dann, wenn planmäßig keine Windlasten anfallen (vgl. Teilbild d).

Zur Stabilisierung in der Lagerebene werden i.a. Verbände zwischengeschaltet, an diese sind die Leitern angekoppelt (B.6.46g,j). Abhängig von der Genauigkeitsklasse der Ausführung sind Vorverformungen einzurechnen und hieraus die Abtriebskräfte H_i zu bestimmen (Teilbild h,i,k). Diese werden dem Verband (schubweicher Stab mit redEJ gemäß G.1.282) zugewiesen. Zur Erfassung des Verformungseinflusses wird die resultierende Druckkraft aus dem Leiterstrang auf den (Gitter-)Stab abgesetzt. Es ist auch eine Abschätzung gemäß G.6.132 möglich, D_{Ki} nach T.5.55.

6.4 Gerüste

6.4.1 Arbeits- und Schutzgerüste

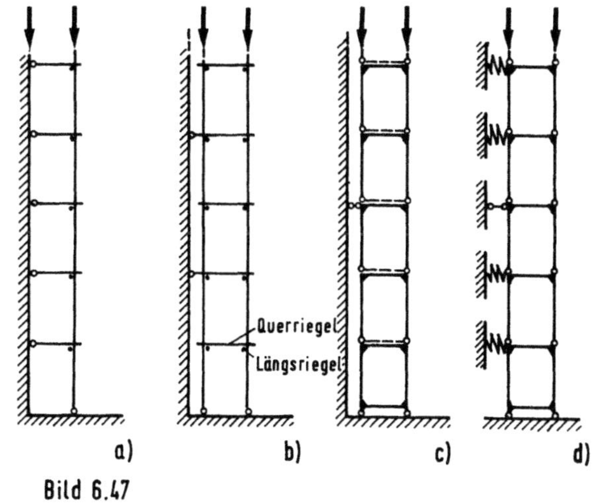

Bild 6.47

Es werden im wesentlichen drei Arten unterschieden (B.6.47):

a) Einreihige Standgerüste,
b) Zweireihige Standgerüste,
c) Rahmengerüste.

Für Standgerüste ist DIN 4420, Teil 1, maßgebend; danach ist nur die zweireihige Ausführung planmäßig vorgesehen. Rahmengerüste sind wegen ihrer mannigfaltigen Ausführungsvarianten einer allgemeinen Normung nicht zugänglich, sie bedürfen einer bauaufsichtlichen Zulassung. Für die früher recht verbreiteten, hölzernen Leitergerüste ist DIN 4420, Teil 2 anzuwenden.

Im modernen Hochbau überwiegen Stahlrohrgerüste (Ø 48,3 mm, t=3,2 bzw. 4,05 mm), vgl. [6.65-6.68]. Die Ständer werden durch Längs- und Querriegel verbunden und durch Längs- und Querstreben sowie Verankerungen am Bauwerk stabilisiert; DIN 4420 enthält Regelausführungen und Verankerungsauflagen.

Bei Rahmengerüsten werden Steckrahmen übereinander angeordnet. Abhängig vom Spiel in den Steckverbindungen handelt es sich um Zweigelenkrahmen oder um biegesteif durchlaufende Rahmenträger. In Höhe der Bühnen werden als Belagteile i.allg. geschlossene Rahmenelemente eingehängt. Hierdurch erfahren die lotrechten Rahmen gegenüber den starren, versetzt und gestaffelt angeordneten Verankerungspunkten eine federelastische Stützung (B.6.47d).

Da ein strenger Stabilitätsnachweis solcher Gerüste unter Berücksichtigung der räumlichen Tragwirkung im Zuge ihres baupraktischen Einsatzes ausscheidet, wird der Einsatz durch bauaufsichtliche Zulassungen nach vorangegangenen Eignungsversuchen anwendungsbezogen geregelt.

In der Gerüstebene ist eine Längsverstrebung einzuziehen. Dabei sind durchgehende Strebenzüge wegen ihrer höheren Steifigkeit (B.6.48a) fachwerkartigen Verbänden vorzuziehen (B.6.48b). Die Verstrebungen (Strebenzüge) müssen an allen Kreuzungspunkten mit den vertikalen und horizontalen Konstruktionsgliedern verbunden sein. Standgerüste sind über die ganze Höhe und Länge durch Strebenkreuze oder gegenläufige Strebenzüge zu stabilisieren. Jedem Strebenzug dürfen höchstens fünf Gerüstfelder zugeordnet werden. Die Verstrebungen sind möglichst mit Normalkupplungen anzuschließen. Die Stöße der Streben sind druck- und zugfest auszubilden (DIN 4420, Teil 1).

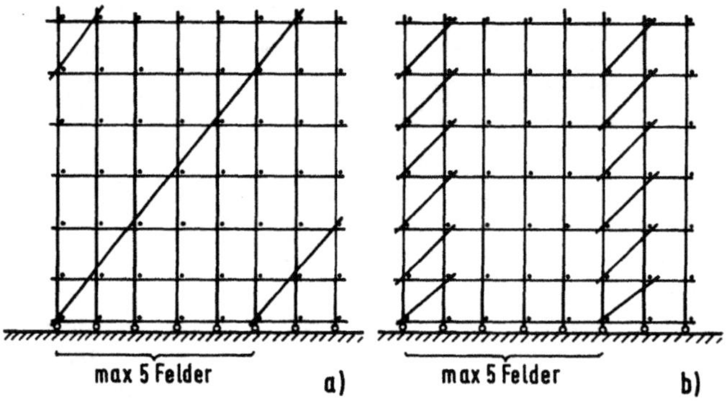

Bild 6.48

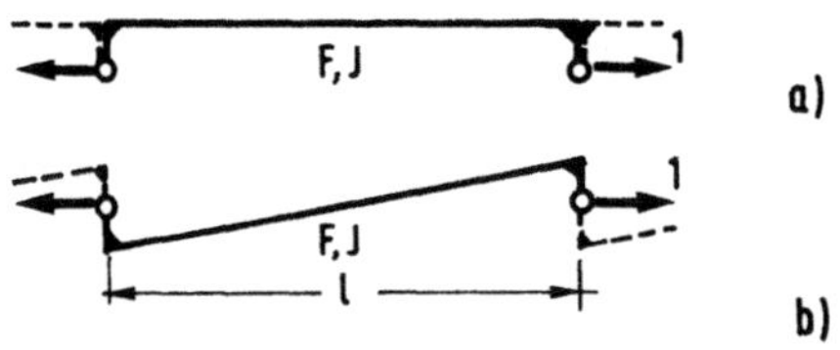

Bild 6.49

Um die Nachgiebigkeit bei einfeldrigen Verstrebungsstäben zu reduzieren, ist es zweckmäßig, die Stäbe so zu verlegen, daß gegensinnige Anschlußexzentrizitäten entstehen (B.6.49).

Im Falle gleichsinniger Exzentrizitäten beträgt die Reduktionszahl μ, vgl. G.6.108:

$$\mu = 1 + \frac{Fe^2}{J} + \frac{EF}{l} \cdot \Sigma K_u \qquad (6.133)$$

Bei gegensinnigen Exzentrizitäten wird der zweite Term auf ein Drittel reduziert (B.6.49b):

$$\mu = 1 + \frac{1}{3} \cdot \frac{Fe^2}{J} + \frac{EF}{l} \cdot \Sigma K_u \qquad (6.134)$$

Die der statischen Berechnung zugrunde zu legenden Knicklängen der Druckstäbe sind unter Beachtung der Tragwerksform zu ermitteln. Die Netzlänge darf als Knicklänge nur zugrundegelegt werden, wenn die Knotenpunkte des Tragwerkes zueinander unverschieblich fixiert sind (DIN 4420, Teil 1).

6.4.2 Traggerüste

6.4.2.1 Knicklast schubweicher Gerüste

Traggerüste (Lehrgerüste, Joche) weisen folgende typische Eigenschaften auf:

a) Die Gerüste bestehen im Regelfall aus nebeneinander geständerten Rüststützen. Hierbei handelt es sich um typisierte Stützen mit Fuß- und Kopfspindelung. Die Stützen werden untereinander durch Längsstreben verbunden, vgl. B.6.50a; die Knicklänge der Stützenabschnitte ist die Gefachhöhe (bei voraussetzungsgemäß gleichem Querstrebenabstand).

b) Der Stützenabstand wird i.allg. so gewählt, daß jede Stütze gleich hoch belastet wird. Weicht das Gerüst im Instabilitätsfalle als Ganzes aus, wird infolge der Schrägstellung von jeder Stütze dieselbe Abtriebskraft abgesetzt.

c) Bei den Verbänden handelt es sich i.allg. nicht um stahlbaumäßige Ausführungen mit zentrierten Achsen und quasistarren Anschlüssen, sondern um Stahlrohr-Verstrebungen mit Rohrkupplungen. Deren höhere Verformungsfähigkeit hat einen großen Einfluß auf die globale Stabilität der Traggerüste. Bild 6.50b zeigt das statische System für das im Bildteil a skizzierte Gerüst. Es wird durch vier Verbandsfelder stabilisiert. Ist die Schubsteifigkeit eines Feldes S_{id}, so kann das Stabilitätsproblem auf das in B.6.50c dargestellte System gleichwertig zurückgeführt werden, d.h., die gesamte lotrechte Auflast, hier gleich 14P, wird auf ein Verbandsfeld mit der Schubsteifigkeit 4 S_{id} abgesetzt.

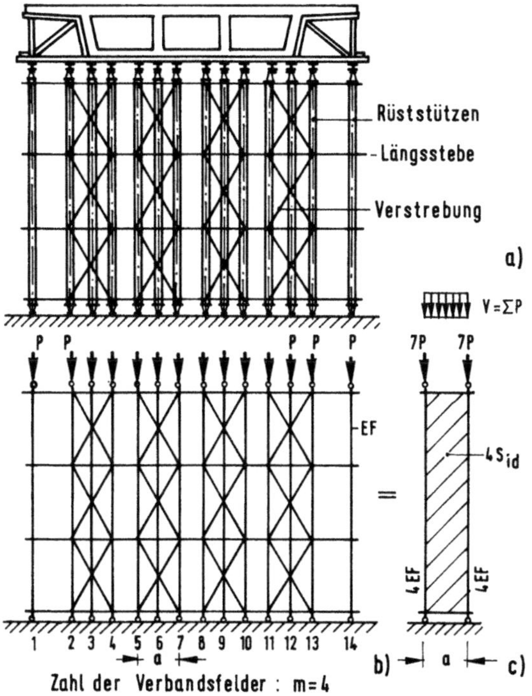

Zahl der Verbandsfelder : m=4

Zahl der Verbandsgefache (Stockwerke): 3

Bild 6.50

Maßgebend für die Berechnung von Traggerüsten ist DIN 4421. Sie befindet sich zum Zeitpunkt der Abfassung dieser Schrift in der Beratung; es kann daher nur auf [6.69] Bezug genommen werden.

Als baupraktisch unvermeidliche Imperfektion ist eine Lotabweichung anzusetzen, z.B. ψ_0 =1/100. Das entspricht einer Horizontalbelastung des Gerüstes mit $\psi_0 V$.

Hierin ist V die gesamte Auflast. Die Abtriebskraft ist einschließlich Wind von den Verbänden auf die Fundierung abzutragen, wobei der Verformungseinfluß (Th.II.Ordn.) zu berücksichtigen ist. Eine Mitwirkung der Oberbaurüstung darf aus guten Gründen nicht angesetzt werden; eine gewisse Stützwirkung durch die Schalungsscheibe ist zwar vorhanden (mit zunehmendem Betonierfortschritt bindet der Beton ab, auch werden Reibungskräfte über den Festpunkten der Betonierschalung geweckt), doch ist deren Erfassung unsicher. Die Traggerüste sind daher als frei auskragende Konstruktionen zu behandeln. - Durch Abspannungen läßt sich die Standfestigkeit wirksam steigern.

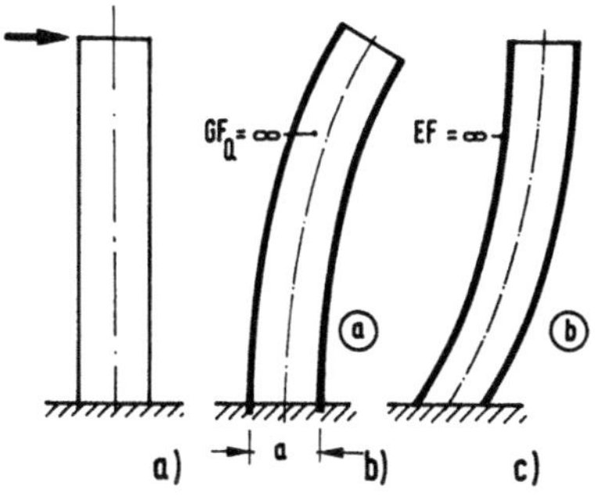

Bild 6.51

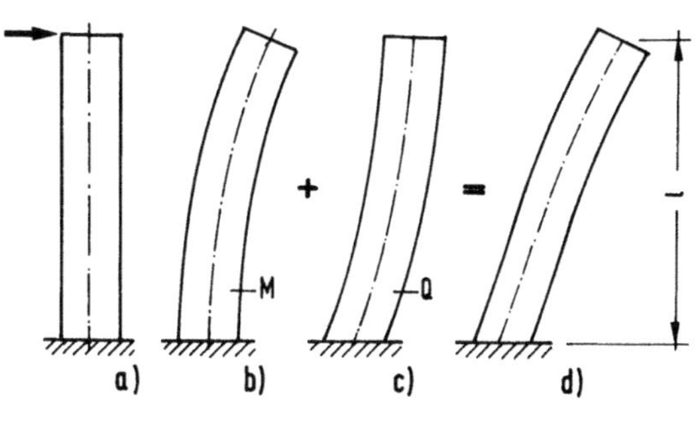

Bild 6.52

B 6.51b zeigt die Verformungsfigur einer biegeweichen, schubstarren Kragstruktur, in Bild c ist das andere Extrem skizziert: die Struktur ist schubweich und biegestarr (d.h., die Gurte sind dehnstarr). Real setzt sich die Verformung aus einem Biege- und Schubanteil zusammen (B.6.52). Gerüste können wegen der dominierenden Verbandsnachgiebigkeit im Sinne von B.6.51c behandelt werden. Diese Betrachtungsweise ermöglicht hinsichtlich Tragfähigkeit und Stabilität wichtige Schlußfolgerungen (s.u.).
Wie im Abschnitt 6.31 erläutert, kann die Verbandswirkung bei größerer Stockwerkszahl (≥ 4) durch eine kontinuierliche drehfederelastische Bettung der Stiele ersetzt werden. Pro Stiel beträgt die Drehfederkonstante: k [kNm/m], vgl. B.6.53. Bei Gerüsten ist es üblich, die Struktur als gesamtheitliche Kragstütze mit der Schubsteifigkeit S_{id} aufzufassen; in B.6.34 wurden die Schubsteifigkeiten S_{id} für unterschiedliche Verbandsformen zusammengestellt. Die Knicklast einer Stütze mit dehnstarren Stielen und der Schubsteifigkeit S_{id} beträgt:

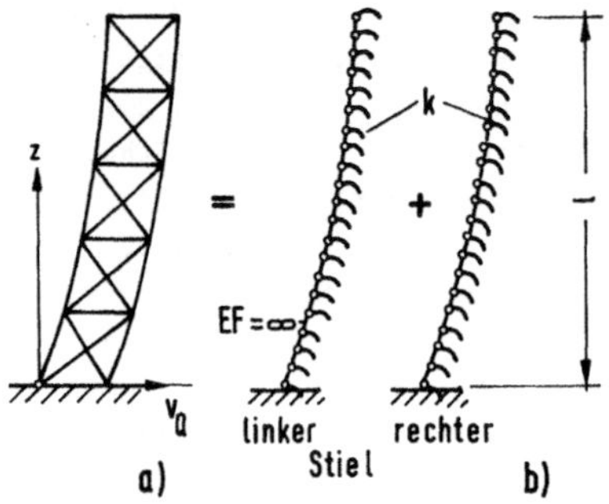

Bild 6.53

$$P_{Ki} = S_{id} \tag{6.135}$$

Dieses Ergebnis ist unabhängig von der Höhe des Gerüstes!
G.6.135 gilt auch für Systeme, die bereichsweise schubweich sind, vgl. B.6.54a/b. Hieraus folgt, daß die Stabilität eines schubweichen Systems vom schwächsten Verbandsbereich bestimmt wird; dazu sind bei Traggerüsten auch die Spindelbereiche zu zählen. Es ist demnach wichtig, daß die Schubsteifigkeit über die ganze Höhe der Gerüste gleich hoch dimensioniert und konstruktiv realisiert wird!

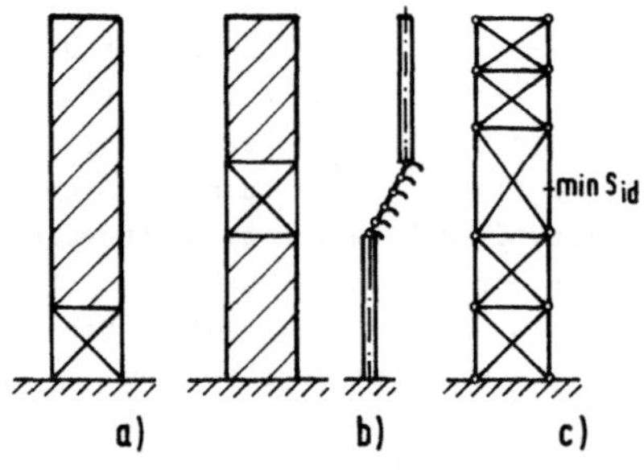

Bild 6.54

Der Beweis für G.6.135 läßt sich wie folgt führen: Die Differentialgleichung für das Biegungsproblem Th.II.Ordn. unter Berücksichtigung der Schubgleitung wurde im Abschnitt 1.2.12 abgeleitet. Wegen EJ=∞ ist $v_M''=0$. Die Differentialgleichung G.1.272 verkürzt sich (einschließlich G.1.271 und T=0 (da Kragstütze)) zu:

$$-GF_Q v_Q'' + P v_Q'' = 0 \tag{6.136}$$

Die Gleichung wird für jeden Wert von z durch

$$P_{Ki} = GF_Q \tag{6.137}$$

erfüllt. GF_Q ist mit S_{id} identisch.

Für den schubweichen Stab lautet das Potential der äußeren Kräfte, einschließlich des Beitrages einer äußeren Querbelastung q(z):

$$\Pi_a = -P\int_0^l \frac{1}{2}(v_M + v_Q)'^2 dz - \int_0^l q(v_M + v_Q)dz \tag{6.138}$$

Π_a wurde im Abschnitt 1.2.12.2.2 abgeleitet. Wird $\Pi = \Pi_i + \Pi_a$ gebildet und $v_M=0$ berücksichtigt, findet man die Differentialgleichung aus $\delta\Pi = 0$ zu:

$$(GF_Q - P)v_Q'' = -q \tag{6.139}$$

Die Lösung lautet:

$$v_Q = -\int_0^z\int_0^z \frac{q(z)}{GF_Q - P} + C_1 z + C_2 \qquad (6.140)$$

$$v_Q' = \frac{Q}{GF_Q} = -\int_0^z \frac{q(z)}{GF_Q - P} + C_1 \qquad (6.141)$$

Für einen Kragträger unter der Gleichlast q_0 findet man:

$$v_Q = \frac{1}{(1 - \frac{P}{GF_Q})} \frac{q_0}{GF_Q}(l - \frac{z}{2})z \qquad (6.142)$$

Hieraus ist zu schließen, daß die Querkraftverformung nach Th.II.Ordn. aus der Querkraftverformung nach Th.I.Ordn. mittels des Verformungsfaktors α bestimmt werden kann:

$$\alpha = \frac{1}{1 - \frac{P}{P_{Ki}}} \quad \text{mit} \quad P_{Ki} = GF_Q = S_{id} \qquad (6.143)$$

Für ein schub- und biegeweiches System (B.6.52) gilt die α-Abschätzung ebenfalls. In diesem Falle beträgt die Knicklast gemäß G.1.276:

$$P_{Ki} = \frac{P_E}{1 + \frac{P_E}{GF_Q}} = \frac{1}{\frac{1}{P_E} + \frac{1}{GF_Q}} \quad \text{mit} \quad P_E = \frac{\pi^2}{4}\frac{EJ}{l^2} \qquad (6.144)$$

P_E ist die EULER-Last. Im Falle $EJ = \infty$ ist $P_E = \infty$ und G.6.144 geht in G.6.135 bzw. G.6.137 über.
Werden in Abhängigkeit von den Verformungsbeiträgen die Knicklasten des schubstarren bzw. biegestarren Stabes mit

$$P_{Ki,M} \equiv P_E \; ; \; P_{Ki,Q} = GF_Q = S_{id} \qquad (6.145)$$

bezeichnet, folgt für G.6.144:

$$P_{Ki} = \frac{1}{\frac{1}{P_{Ki,M}} + \frac{1}{P_{Ki,Q}}} \quad \longrightarrow \quad \frac{1}{P_{Ki}} = \frac{1}{P_{Ki,M}} + \frac{1}{P_{Ki,Q}} \qquad (6.146)$$

Das ist die DUNKERLEYsche Überlagerungsformel für Verzweigungslösungen, die im vorliegenden Falle die Biege- und Schubweichheit getrennt erfaßt. Anstelle von G.6.144 ist der Vergrößerungsfaktor (G.6.143) ggf. unter Verwendung von G.6.146 zu bestimmen.

6.4.2.2 Schubsteifigkeit S_{id} verstrebter Gerüstgefache

Im vorangegangenen Abschnitt wurde gezeigt, daß die Stabilität eines Gerüstes vorrangig von der Schubsteifigkeit der Verbände abhängig ist. Der exzentrische Anschluß der Streben und die Kupplungsnachgiebigkeiten reduzieren die Schubsteifigkeit in starkem Maße (Abschnitt 6.3.3). Sie haben den größten Einfluß auf die Stabilität eines Gerüstes. Alle Maßnahmen mit dem Ziel einer Zentrierung der Verstrebung und Steigerung der Kupplungssteifigkeiten wirken sich günstig auf das Tragvermögen aus.
Für das in B.6.55 dargestellte Grundsystem lautet die Berechnungsformel für die Schubsteifigkeit:

$$S_{id} = \frac{1}{\frac{1}{EF_D'\cos^3\alpha} + \frac{1}{EF_R'\cot^3\alpha} + \frac{c^2 d^2}{3\,EJ_R\,ab}}\left(\frac{a}{b}\right)^2 \qquad (6.147)$$

(Vgl. Abschnitt 6.3.2, Fall VII). F_D' ist die reduzierte Querschnittsfläche der Diagonalen. Hiermit werden die Anschlußnachgiebigkeiten eingefangen. Gemäß Abschnitt 6.3.3, G.6.108, gilt

$$EF_D' = \frac{EF_D}{\mu_D} = \frac{EF_D}{1 + \frac{F_D e_D^2}{J_D} + \frac{EF_D}{d}\Sigma K_D} \approx \frac{1}{\frac{e_D^2}{EJ_D} + \frac{1}{d}\Sigma K_D} \qquad (6.148)$$

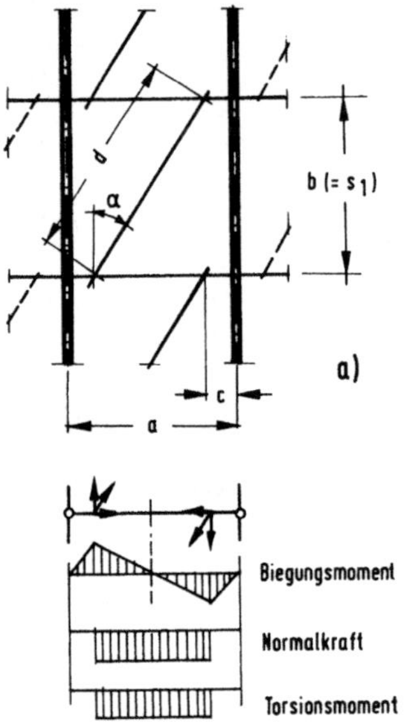

Bild 6.55

Durch den Index D wird zum Ausdruck gebracht, daß sich die Exzentrizität e des Kupplungsanschlusses auf die Diagonale bezieht. Bei wechselseitiger Exzentrizität ist die Formel gemäß G.6.134 umzustellen.
Der zweite Nennerterm in G.6.147 erfaßt die Normalkraft- und der dritte die Biegemomentenverformung der Längsstreben. Hierfür wird der Index R (Riegel) gewählt, vgl. auch B.6.55b. Von dem Normalkraftbeitrag

$$EF_R' = \frac{EF_R}{\mu_R} = \frac{EF_R}{1 + \frac{F_R e_R^2}{J_R} + \frac{EF_R}{(a-2c)}\Sigma K_R} \approx \frac{1}{\frac{e_R^2}{EJ_R}} \quad (6.149)$$

wird nur der Exzentrizitätseinfluß berücksichtigt.
Der in B.6.55b ausgewiesene Beitrag des Torsionsmomentes (bei wechselseitigem Anschluß) ist untergeordnet.
Setzt man die Gleichungen G.6.148 und G.6.149 in G.6.147 ein, ergibt sich:

$$S_{id} = \frac{b}{\frac{1}{\sin^2\alpha}\left(\frac{e_D^2}{EJ_D}d + \Sigma K_D\right) + \frac{b}{\cot^3\alpha}\cdot\frac{e_R^2}{EJ_R} + \frac{c^2 d^2}{3EJ_R\tan^2\alpha\, a}} \quad (6.150)$$

Eine Näherung besteht darin, e gegenüber b als klein zu unterstellen. Dann darf gesetzt werden:

$$\tan\alpha \approx a/b\,,\ \cos\alpha \approx b/d\,,\ \sin\alpha \approx a/d \quad (6.151)$$

Hiermit kann G.6.150 umgeformt werden:

$$S_{id} \approx \frac{1}{\frac{1}{\sin^2\alpha}\left[\frac{e_D^2}{EJ_D\cos\alpha} + \frac{1}{b}\Sigma K_D + \frac{e_R^2}{EJ_R}\tan^3\alpha\cdot\sin^2\alpha + \frac{c^2}{3EJ_R\tan\alpha}\right]} \quad (6.152)$$

Der dritte Klammerterm erweist sich als vergleichsweise gering; er ist darüber hinaus auch insofern zu groß angesetzt, weil die Längsriegel durchlaufen und daher deren Exzentrizitätsbeitrag wesentlich geringer, als unterstellt, ausfällt. Vertretbar erscheint daher die Näherung:

$$S_{id} \approx \frac{1}{\frac{1}{\sin^2\alpha}\left[\frac{e_D^2}{EJ_D\cos\alpha} + \frac{1}{b}\Sigma K_D + \frac{c^2}{3EJ_R\tan\alpha}\right]} \quad (6.153)$$

Beispiel:

Rohr Φ 48,3 · 3,2 : $EJ_D = EJ_R = 2{,}4\cdot10^5\,kNcm^2$, $e_D = 4\,cm$, $\Sigma K_D = 2\cdot0{,}04 = 0{,}08\,cm/kN$
$c = 10\,cm$, $b = 200\,cm$

$\alpha = 35°$: $S_{id} = 484$ kN

$\alpha = 75°$: $S_{id} = 1344$ kN

SCHEER und ULLRICH [6.70] geben für

$$e_D = e_R = 3{,}5\,cm,\ \Sigma K_D = 0{,}075\,cm/kN$$

($EF_D = EJ_R$ und c wie oben) die Berechnungsformel

$$S_{id} = \frac{\sin\alpha}{\frac{75}{s_1\sin\alpha} + 0{,}25}1000 \quad (6.154)$$

an. Hierin ist $s_1 \equiv b$ in cm einzuführen. S_{id} ergibt sich in kN=kNcm/cm. Für obiges Beispiel liefert diese Formel:

$$\alpha = 35° : S_{id} = 634 \text{ kN}$$
$$\alpha = 75° : S_{id} = 1512 \text{ kN}$$

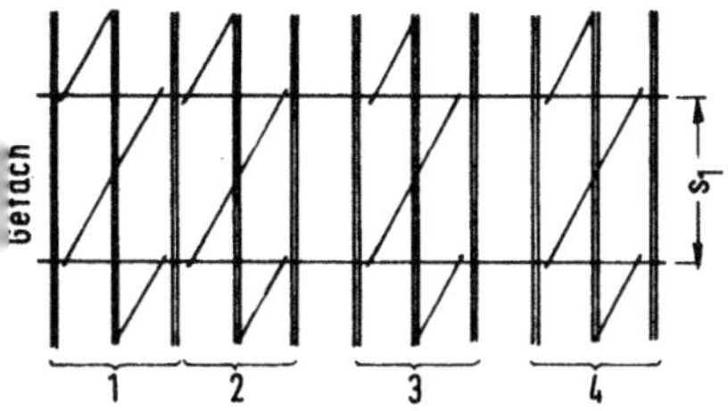

Bild 6.56

Liegen in einem Gefach (Stockwerk) n wirksame Diagonalstreben (in B.6.56 sind es 4 oder bei Zwillingsführung 8 usf.), steigt damit die Schubsteifigkeit des Gefaches auf das n-fache an.

Laufen die Diagonalen als Strebenzüge über mehrere Gefache durch und zwar zug- und druckfest (auch im Falle von Stößen), ergeben sich höhere Schubsteifigkeiten. Insofern decken die Formeln G.6.152/3 bzw. G.6.154 den ungünstigsten Fall eines Verbandes mit abgesetzten Streben ab. Um es nochmals zu betonen: Das Gefach mit der geringsten Schubsteifigkeit bestimmt die Stabilität des Gerüstes. Es ist daher wichtig, daß die Verbandssteifigkeiten in allen Gefachen gleich groß sind, einschließlich der Spindelbereiche!

6.4.2.3 Grundsätze für den baupraktischen Stabilitätsnachweis von Traggerüsten

Aufgrund der Ergebnisse der beiden vorangegangenen Abschnitte können für Traggerüste folgende prinzipiellen Berechnungsanweisungen empfohlen werden:

a) Verbandswahl und Nachweis der Rüststützen für deren Knicklänge $s_K = \beta \cdot b$. $b = s_1$ ist die Gefachhöhe, also der Abstand zwischen den horizontalen Längsstreben. Im Falle stahlbaumäßiger Verbände wird $\beta=1$, im Falle von Rohrkupplungsverbänden ist $\beta=1{,}1$ bis $1{,}2$ zu setzen.

b) Gliederung des Traggerüstes in Unterverbandssysteme, wie in B.6.50 beispielhaft gezeigt. Anzahl der Verbandsfelder: m.
Berechnung der Biegesteifigkeit EJ und Schubsteifigkeit S_{id} der Einzelverbandsfelder und Aufsummierung für das Gesamtsystem. Für eine zweistielige Stütze mit den Querschnittsflächen F pro Stiel und dem Stielabstand a berechnet sich das Trägheitsmoment zu:

$$J = 2 \cdot F \cdot \left(\frac{a}{2}\right)^2 = F\frac{a^2}{2} \qquad (6.155)$$

c) Bestimmung von

$$P_{Ki,M} = \frac{\pi^2}{4} \frac{EJ}{l^2} ; \quad P_{Ki,Q} = S_{id} \qquad (6.156)$$

EJ und S_{id} sind hierin die summierten Steifigkeiten. Die Knicklast P_{Ki} des Gesamtgerüstes wird mittels G.6.146 bestimmt.

d) Berechnung des Verformungsfaktors

$$\alpha = \frac{1}{1 - \nu V / P_{Ki}} \qquad (6.157)$$

νV ist die ν-fache Gesamtbelastung des Gerüstes (V: gesamte vertikale Auflast).

e) Berechnung der Verbandskräfte infolge Wind und infolge der Abtriebskraft $\psi_0 \cdot V$ nach Th.I.Ordn. und zwar für die ν-fachen Werte! Zur Berücksichtigung des Verformungseinflusses werden alle Verbandskräfte um α erhöht.

f) Um den Nachweis gegenüber den "zulässigen Spannungen" und zulässigen Tragkräften führen zu können, werden die Verbandkräfte durch ν dividiert. Für diesen "Gebrauchszustand" kann die Kopfverschiebung des Gerüstes berechnet werden.

Ergänzend wird auf [6.61] und [6.71/73] hingewiesen; maßgebend ist in jedem Falle DIN 4421.

In [6.74] wird die Frage behandelt, wann Einzelstabknicken und wann die Gesamtstabilität bei Gerüstjochen maßgebend ist. Danach ist die Kennzahl

$$S_{id,K} = \frac{\pi^2 T}{b^2} \cdot \Sigma J \qquad (6.158)$$

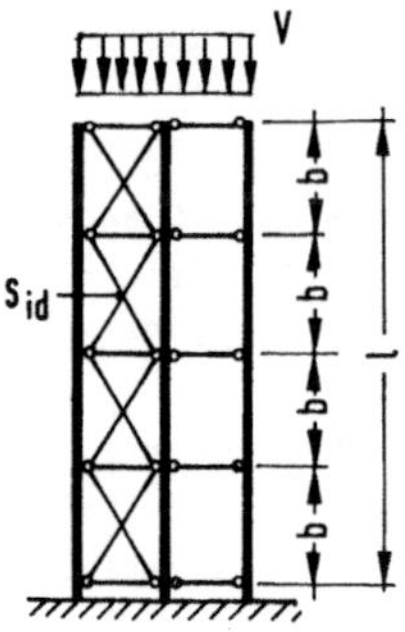

Bild 6.57

zu bilden, worin T der Knickmodul des Stützenmaterials und b die Gefachhöhe ist, vgl. B.6.57. Gilt

$$S_{id} \gtrless 1.2 \cdot S_{id,K} \qquad (6.159)$$

(S_{id}: Gesamtsystem), so ist Einzelstabknicken maßgebend, anderenfalls ist eine Gesamtstabilitätsuntersuchung erforderlich; nach [6.74] sind in diesem Falle die Einzelstützen für eine größere Knicklänge (z.B. für β=5) zu bemessen. Nach Auffassung des Verfassers ist der letzterwähnte Schluß bedenklich, weil mit der Bemessung auf eine größere Einzelstützenlänge der Stabilitätsgefährdung des Gesamtsystems nicht angemessen begegnet werden kann. Entscheidend ist eine ausreichende Verbandssteifigkeit. Es sollte Grundsatz sein, den Stabilitätsnachweis immer gegen lokale und globale Instabilität zu führen, d.h. erstens gegen Einzelstabknicken der Stützen und (gedrückten) Verbandsstäbe und zweitens gegen Knicken des Gerüstes als Ganzes, wobei dieser Nachweis realistischer Weise nach Th.II. Ordn. geführt werden sollte.

6.4.2.4 Bemessungsquerkraft für die Verbände

Gesucht ist eine Berechnungsformel für die Verbandskräfte eines Gefaches, wobei unterstellt wird, daß die Steifigkeiten in den einzelnen Gefachen (etwa) gleich groß sind. (Ist das nicht der Fall, sind die Horizontalkräfte im Verhältnis der Teilsteifigkeiten aufzusplitten und die Nachweise für die Teilsysteme zu führen.)

Q_a sei die Querkraft aus äußeren Kräften (Wind) und der durch die Baubestimmungen vorgeschriebenen Ersatzkraft V/100. Diese Ersatzkraft wird als äußere Kraft aufgefaßt, daher ist Q_a bis auf die Fundamente abzuleiten! Zusätzlich wird ein Fehlwinkel 1/100 unterstellt. Unter ν-facher Auflast V ergibt sich damit für eine Gefachebene als resultierende Querkraft:

$$\alpha \cdot \nu (Q_a + \frac{V}{100}) \qquad (6.160)$$

α ist der Verformungsfaktor Th.II.Ordn. gemäß G.6.143/146:

$$\alpha = \frac{1}{1 - \frac{\nu V}{P_{Ki}}} = \frac{1}{1 - \nu V (\frac{1}{P_{Ki,M}} + \frac{1}{P_{Ki,Q}})} \approx \frac{1}{1 - \frac{\nu V}{S_{id}}} \qquad (6.161)$$

Wenn die Bemessung für Gebrauchslasten vorgenommen wird, sind die Verbandskräfte bzw. G.6.160 durch ν zu dividieren; die Bemessungsquerkraft beträgt in diesem Fall:

$$Q = (Q_a + \frac{V}{100}) \frac{1}{1 - \frac{\nu V}{S_{id}}} \approx (Q_a + \frac{V}{100})(1 + \frac{\nu V}{S_{id}} + \cdots) \qquad (6.162)$$

n sei die Anzahl der pro Gefach vorhandenen Diagonalstreben (B.6.50). Die Schubsteifigkeit eines Gefaches ist dann der n-fache Wert von G.6.152/3 oder G.6.154. Wird von G.6.154 ausgegangen, gilt:

$$S_{id} = \frac{n \sin\alpha}{\frac{75}{s_1 \sin\alpha} + 0{,}25} 1000 \qquad (6.163)$$

Die Tragkraft einer Diagonalstrebe ist aufgrund der Verbindungsmittel (Kupplungen, Keile, Klauen, Klemmen) gegeben und betrage zul D. Die erforderliche Gesamtanzahl der Streben beträgt daher für Q nach G.6.162:

$$n = \frac{Q}{\sin\alpha \ \text{zul}\,D} \qquad (6.164)$$

Der Ausdruck wird in G.6.163 eingesetzt:

$$S_{id} = \frac{Q}{\left(\frac{75}{s_1 \cdot \sin\alpha} + 0{,}25\right)} \cdot \frac{1000}{\text{zul}\,D} \qquad (6.165)$$

Dieser Wert wird mit G.6.162 verknüpft; nach kurzer Umformung ergibt sich:

$$Q \approx Q_a + \frac{V}{100} + \frac{V}{1000}\left(\frac{75}{s_1 \sin\alpha} + 0{,}25\right) v \cdot \text{zul}\,D \qquad (6.166)$$

Da sich die Diagonalstreben i.allg. nur mittels Drehkupplungen anschließen lassen, ergibt sich für

$$\text{zul}\,D = 6\ \text{kN} \quad \text{und mit} \quad v = 1{,}71 \quad (1{,}71 \cdot 6 = 10) \qquad (6.167)$$

die gesuchte Bemessungsquerkraft zu:

$$Q \approx Q_a + \frac{V}{100}\left(1 + 0{,}25 + \frac{75}{s_1 \sin\alpha}\right) \qquad (6.168)$$

$$Q = Q_a + Q_i \approx Q_a + \frac{V}{80}\left(1 + \frac{60}{s_1 \sin\alpha}\right) \qquad (6.169)$$

Q_a und V sind in kN einzuführen, s_1 ist in cm einzusetzen. Q ergibt sich dann in kN. G.6.169 geht auf einen Vorschlag von SCHEER und ULLRICH [6.70] zurück. Die Formel gilt für Gebrauchslasten. (v=1,71 diente gemäß G.6.167 nur zur Erfassung des Verformungseinflusses nach G.6.161/2.) Die erforderliche Anzahl Streben pro Gefach ergibt sich nach G.6.164 mit zul D=6 kN.

Beispiel: Ein Gefach hat V=390 kN und Q_a=5 kN zu stabilisieren. Gefachgeometrie: $\alpha=60^\circ$, s_1=b=120cm; zul D=6 kN.

1. Berechnungsversion: Gewählt: 2 Streben: Gemäß G.6.163/161/162/164 folgt:

$$S_{id} = 1782\ \text{kN};\ \alpha\,(\text{für } v = 1{,}71) = 1{,}60;\ Q = 14{,}24\ \text{kN},\ n = 2{,}74$$

Gewählt: 3 Streben:

$$S_{id} = 2673\ \text{kN};\ \alpha = 1{,}33;\ Q = 11{,}84\ \text{kN},\ \underline{n = 2{,}28} < 3$$

2. Berechnungsversion: G.6.169/6.164:

$$Q = 12{,}69\ \text{kN};\ \underline{n = 2{,}44}\ (\text{gewählt } 3)$$

6.5 Stabilisierende Verbände und Scheiben

6.5.1 Verbände für Hallenbinder (B.6.58)

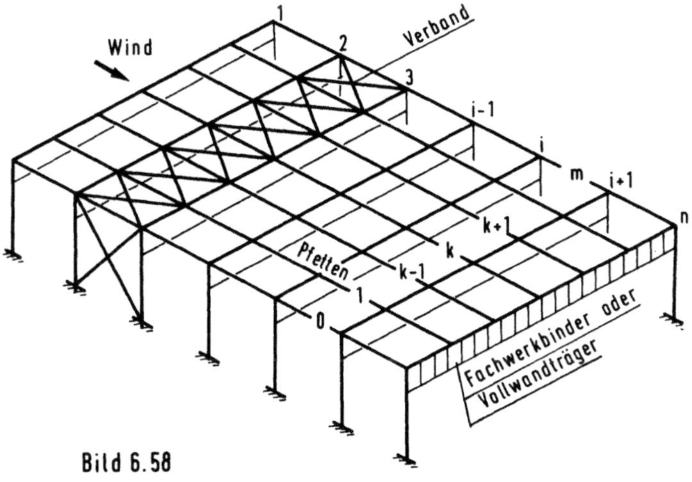

Bild 6.58

Zur Stabilisierung von Hallenbauten werden in der Dachebene Verbände angeordnet, sofern nicht eine Massivdecke oder eine in ihrer Steifigkeit vergleichbare Dachscheibe vorhanden ist. Die Verbände haben einerseits die Aufgabe, die in Längsrichtung auf die Halle treffenden Windlasten auf die Seitenwände abzutragen und andererseits, die Druckgurte der Dachbinder oder -träger gegen seitliches Ausknicken (Kippen) zu stabilisieren. Die Frage nach der Höhe der anzusetzenden Stabilisierungskräfte ist besonders dann von Bedeutung, wenn die äußeren Horizontalkräfte gering oder gar nicht vorhanden sind und der Verband vorrangig eine Stabilisierungsfunktion hat.

Bei exakt gerader Lage der Druckgurte liegt ein Verzweigungsproblem vor; im Knickfall bleiben die Knickverformungen und die zugehörigen Stützkräfte an den seitlichen Haltepunkten dem Betrage nach unbestimmt. Eine der Fragestellung adäquate Lösung ist nur möglich, wenn für die Druckgurtungen Vorverformungen im Sinne von baupraktisch unvermeidbaren Imperfektionen angesetzt werden. Diese Imperfektionen sind ihrem Betrage und ihrem Verlauf nach streuende Größen. Man liegt auf der sicheren Seite, wenn die Vorverformungen aller Gurte gleichsinnig und gleich groß, z.B. in Form einer Sinuslinie mit dem Strich e angesetzt werden. Hierbei handelt es sich um einen Rechenwert, etwa in der Form e=l/500. Er wird im Einzelfall durch die Vorschriften festgelegt und ist von der Tragwerksart (Hochbau, Gerüste) und der Sorgfalt der Herstellung abhängig. Im Sinne der Sicherheitstheorie ist e ein Fraktillenwert, der mit einer gewissen Wahrscheinlichkeit P zu erwarten ist. Abhängig von P wäre e noch mit einem Sicherheitsbeiwert zu beaufschlagen, der seinerseits davon abhängt, mit welchem Gewicht sich die durch e ausgelösten Abtriebskräfte im Vergleich zu den übrigen äußeren Kräften auf die Beanspruchung des Verbandes auswirken. Die Lösung dieses Problems steht noch aus und kann erst gelingen, wenn ausreichende statistische Unterlagen über die Verteilung der Imperfektionen vorliegen.

Fürs erste wird empfohlen, jeden Verband grundsätzlich für die Lastfälle
a) äußere Seitenkräfte (Wind) und
b) innere Abtriebskräfte
gemeinsam nachzuweisen.

In der Praxis wurde in der Vergangenheit vielfach die "Hundertstel-Vorschrift" angewendet; sie läßt sich bis auf die baupolizeilichen Vorschriften des vorigen Jahrhunderts zurückverfolgen. Hiernach wurde pro Stützung (z.B. pro Pfette) 1/100 der im Gurt lokal vorhandenen Druckkraft als Abtriebskraft angesetzt. Diese Vorgehensweise ist nicht sinnvoll und führt auf die paradoxe Regelung, daß mit steigender Zahl der Zwischenstützungen die Verbandsbelastung anwächst.

B.6.59a zeigt eine Aufsicht auf ein Dachfeld; die Länge der Binder ist l. Im äußersten Teilfeld ist ein Verband angeordnet. Weicht der Verband seitlich aus, kann die Schubverzerrung des Verbandes als Aktivierung einer drehfederelastischen Bettung gedeutet werden (vgl. B.6.59b und Abschnitt 6.3.1), insbesondere dann, wenn der Verband mehrere Gefache (≥6) aufweist. Im Falle genagelter Bretterschalungen oder gedübelter Plattenlagen ist eine kontinuierliche Drehbettung tatsächlich realisiert. - Da sämtliche an den Verband (über die Pfetten) angekoppelten Nachbarbinder dieselbe seitliche Ausbiegung erfahren wie das Verbandsfeld selbst, geht von jedem Binder dieselbe Abtriebswirkung aus. Damit liegt das in B.6.59c skizzierte Knickproblem vor. Ist n die Gesamtanzahl der vom Verband zu stabilisierenden Binder, können deren Druckkräfte zusammengezogen und auf die beiden Gurte des Verbandsfeldes aufgeteilt werden, d.h., pro Gurt ist

$$P = \frac{1}{2} \sum_{i=1}^{n} S_i \qquad (6.170)$$

anzusetzen.

Die Gurtkräfte sind veränderlich und bei Bindern mit konstanter Höhe in Annäherung parabelförmig verteilt; in Feldmitte ist die Gurtkraft am größten. Geht man von der auf der sicheren Seite

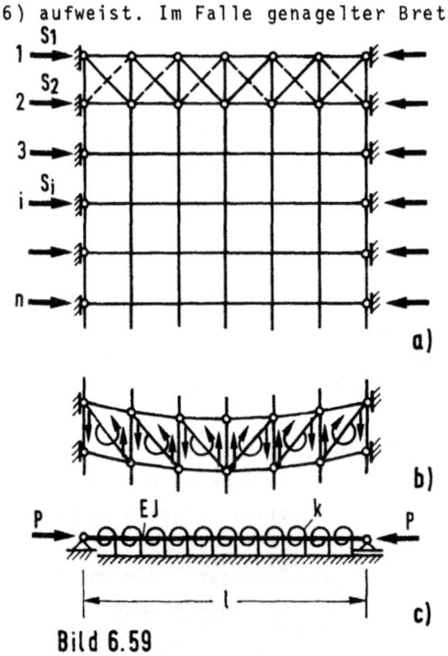

Bild 6.59

liegenden Annahme aus, daß die Druckkraft D=P gemäß G.6.170 über die ganze Länge konstant ist (B.6.59c), so lautet die Knickkraft für dieses Problem nach Abschnitt 5.21:

$$D_{Ki} = \frac{\pi^2 EJ}{l^2} + k \tag{6.171}$$

(Vgl. G.5.186 im Abschnitt 5.21 und [6.75/6]). EJ ist die Biegesteifigkeit eines Gurtes für eine seitliche Verbiegung in der Dachebene. k ist die Drehbettungskonstante der Verbandsform und kann nach Abschnitt 6.3.2 (B.6.34) bestimmt werden. Sind sämtliche Diagonalen knicksteif ausgebildet, kann bei einem Verband gemäß B.6.59a von einer Kreuzausfachung (im anderen Falle muß von einer einfachen Strebenverbandsausfachung) ausgegangen werden.

6.5.2 Stabilisierungskräfte nach Berechnungsvorschlag A (GEROLD)

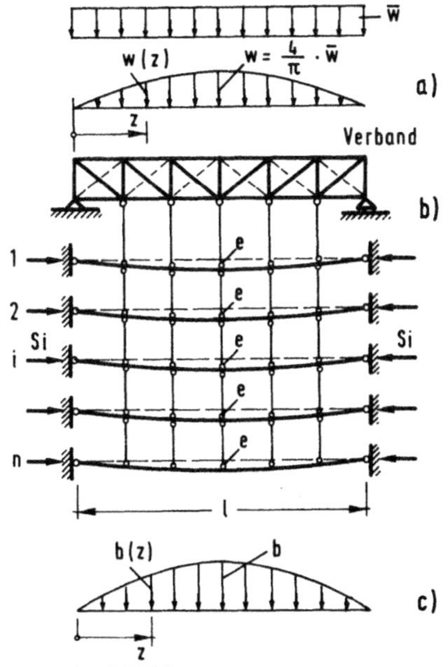

Bild 6.60

Die äußere Windbealstung $\overline{w}$ wird in eine FOURIER-Reihe entwickelt und hiervon nur das erste Glied berücksichtigt. Das führt auf die äquivalente Windlast

$$w(z) = w \cdot \sin\pi\frac{z}{l}\ ;\quad w = \frac{4}{\pi}\overline{w} \tag{6.172}$$

mit sinusförmigem Verlauf (B.6.60a). Die Zahl der den Verband durch Abtriebskräfte belastenden Gurtungen sei n (einschließlich der zum Verband gehörenden Gurte). Die mittige Vorverformung sämtlicher Gurte sei e und der Verlauf der Vorverformungen sinusförmig:

$$e(z) = e \cdot \sin\pi\frac{z}{l} \tag{6.173}$$

Wirkt auf den Gurt i die konstante Druckkraft S_i, so entsteht eine Abtriebskraft, die zum Teil von der seitlichen Eigenbiegesteifigkeit des Gurtes selbst und zum anderen Teil vom Verband aufgenommen wird. Die Biegesteifigkeit des Verbandsträgers unter Berücksichtigung der Schubnachgiebigkeit der Verbandsstäbe ist (Abschnitt 1.2.12.3; $\varkappa = \pi^2$):

$$EJ_{Verband} = EJ_{red} = EJ^* = \frac{EJ}{1 + \dfrac{EJ\pi^2}{l^2 \cdot GF_Q}} = \frac{1}{\dfrac{1}{EJ} + \dfrac{\pi^2}{l^2 \cdot GF_Q}} \tag{6.174}$$

Haben die Gurtstäbe des Verbandes den gegenseitigen Abstand b und beträgt ihre (mittlere) Fläche F_G, berechnet sich J aus

$$J = 2 \cdot F_G \cdot \left(\frac{b}{2}\right)^2 = \frac{F_G b^2}{2} \tag{6.175}$$

Die Schubsteifigkeit GF_Q kann nach B.1.58 oder B.6.34 bestimmt werden. In B.6.61 ist J^* explizit für einen Verband mit Strebenausfachung angeschrieben; hierin sind schlupffreie Anschlüsse unterstellt.

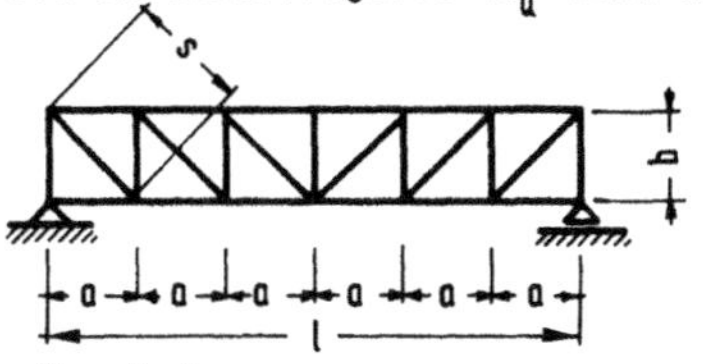

F_G : Gurte
F_P : Pfosten
F_D : Diagonalen

$$\frac{1}{J^*} = \frac{2}{F_G \cdot b^2} + \frac{\pi^2}{l^2} \cdot \frac{F_P \cdot s^3 + F_D \cdot b^3}{F_D F_P b^2 a}$$

Bild 6.61

Wegen des sinusförmigen Verlaufes von w(z) und e(z) ist auch die den Verband belastende, resultierende Stabilisierungskraft b(z) sinusförmig verteilt (B.6.60c). Unter Berücksichtigung der durch w und e ausgelösten zusätzlichen Verformungen (nach Th. II.Ordn.) berechnet sich die Stabilisierungskraft (Bettungskraft) nach GEROLD [6.77] zu:

$$b(z) = b\cdot \sin\pi\frac{z}{l} \quad \text{mit} \quad b = \left[\frac{\frac{4}{\pi}\overline{w} + e\frac{\pi^2}{l^2}\sum_n S_i}{1 + \frac{1}{EJ^*}(E\sum_n J_i - \nu\frac{l^2}{\pi^2}\cdot\sum_n S_i)} - \frac{4}{\pi}\overline{w}\right] \tag{6.176}$$

Hierin ist J_i das Eigenträgheitsmoment des Gurtes i für Biegung in der Dachebene und S_i die maximale Druckkraft im Gurt des Binders i im Gebrauchszustand. ν ist die Sicherheitszahl (im Lastfall HZ: ν=1,5). Die maximalen Schnittgrößen des Verbandsträgers für den Fließsicherheitsnachweis ($\sigma \leq \sigma_F$) folgen aus:

$$\max M^{II} = (\nu\frac{\overline{w}}{8} + \frac{b}{\pi^2})l^2 \; ; \; \max Q^{II} = (\nu\frac{\overline{w}}{2} + \frac{b}{\pi})l \tag{6.177}$$

6.5.3 Stabilisierungskräfte nach Berechnungsvorschlag B

Die Knickkraft des zweigurtigen Verbandsträgers beträgt:

$$D_{Ki} = \frac{\pi^2 EJ^*}{l^2} \tag{6.178}$$

EJ^* wird nach G.6.174 berechnet. Auf den Träger im Sinne eines vergitterten Druckgliedes wirken die Abtriebskräfte aller Bindergurte, d.h., der Verformungsfaktor ist:

$$\alpha = \frac{1}{1 - \frac{\nu D}{D_{Ki}}} \quad \text{mit} \quad D = \sum_{i=1}^{n} S_i \tag{6.179}$$

Für die auf den Verband entfallende Windlast $\overline{w}$ und eine sinusförmige Vorverformung e aller Bindergurte berechnen sich die maximalen Schnittgrößen für den Verbandsträger zu:

$$\max M^{II} = \alpha\cdot\nu(\frac{\overline{w}l^2}{8} + De) \; ; \; \max Q^{II} = \alpha\cdot\nu(\frac{\overline{w}l}{2} + \frac{\pi}{l}\cdot De) \tag{6.180}$$

Dieser Vorschlag entspricht dem Vorschlag A, die Schnittgrößen nach Th.I.Ordn. werden global um ν erhöht. Beide Vorschläge liegen auf der sicheren Seite, weil von einer konstanten Gurtkraft ausgegangen wird.

6.5.4 Stabilisierungskräfte nach Berechnungsvorschlag C (PETERSEN)

Die Eigensteifigkeit der Gurte ist im Verhältnis zur Verbandssteifigkeit sehr gering und wird, wie bei den beiden vorangegangenen Vorschlägen, unterdrückt.
Die Belastung in der (vertikalen) Binderebene sei p=konst. An der Schnittstelle z des Binders beträgt die Gurtkraft:

$$S(z) = \frac{M(z)}{h(z)} \longrightarrow S(z) = \frac{pz(l-z)}{2h(z)} \tag{6.181}$$

h(z) ist die Binderhöhe an der Stelle z,oder richtiger, der innere Hebelarm = Abstand der Gurtschwerlinien. In B.6.62 ist h=konstant gezeichnet. G.6.181 gilt im Sinne einer Verschmierung.

Die seitlich vorverformten Gurte werden durch eine Stabgelenkkette ersetzt und zwar in Form eines auf einer Parabel liegenden Polygonzuges, vgl. B.6.63.
Wird der Gurt nur mittig gestützt (B.6.63 oben), beträgt die Abtriebskraft:

$$H = 2S\psi \tag{6.182}$$

ψ ist der Stabsehnenwinkel: ψ=e/(l/2). Der Stich der Vorverformung ist e; damit folgt:

$$\psi = \frac{e}{l/2} = 2\frac{e}{l} \; ; \; S = \frac{pl^2}{8h} \longrightarrow H = 4S\frac{e}{l} = \frac{1}{2}\frac{ple}{h} \tag{6.183}$$

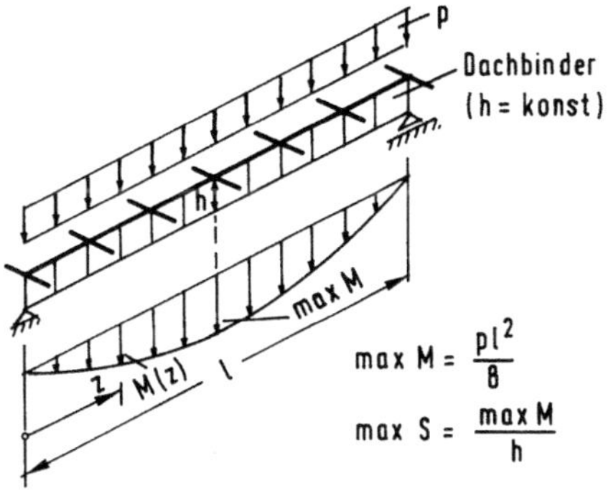

Bild 6.62

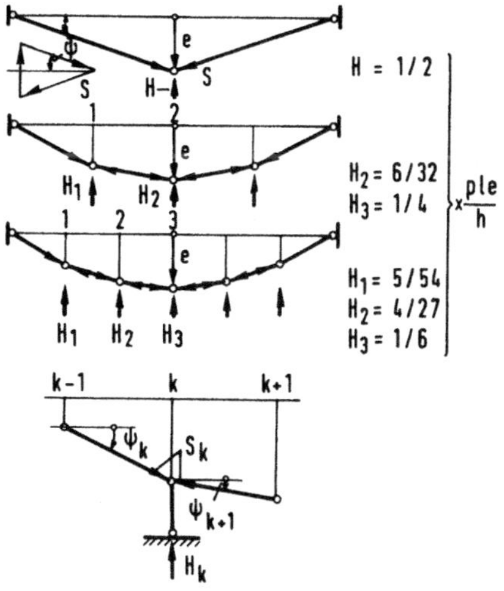

Bild 6.63

Der Stabzug besteht aus m=2 Stäben (Gefachen). Erweitert man die Berechnungsform auf m=4, 6, ... Stäbe, wie in B. 6.63 dargestellt, findet man für die Stabsehnenwinkel beidseitig irgendeines Knotens k:

$$\psi_k = \frac{4e}{ml}(m+1-2k);\quad \psi_{k+1} = \frac{4e}{ml}(m-1-2k) \tag{6.184}$$

Gurtkraft und Abtriebskraft folgen zu:

$$S_k = \frac{pl^2}{h_k}\,\frac{(m-k)k}{2m^2};\qquad H_k = \frac{8S_k}{m}\,\frac{e}{l} \tag{6.185}$$

h_k ist die Binderhöhe im Punkt k. Die Verknüpfung der Gleichungen ergibt:

$$H_k = \frac{4(m-k)k}{m^3}\cdot\frac{ple}{h_k} = \frac{32(m-k)k}{m^3}\,\frac{\max h}{h_k}\,\frac{e}{l}\cdot\max S \tag{6.186}$$

I.allg. ist h_k=h=konst. max S ist die max. Gurtdruckkraft in Bindermitte. Handelt es sich um einen Fachwerkbinder, folgt max S aus max M/max h. Bei Vollwandbindern ist max S als Produkt aus der Gurtfläche und der Gurt-Schwerpunktsspannung zu berechnen.
Summiert man die H_k-Kräfte auf, findet man für h=konst:

$$\left.\begin{array}{l} m=2:\ \Sigma H = 0{,}500 \\ m=3:\ \Sigma H = 0{,}593 \\ m=4:\ \Sigma H = 0{,}626 \\ m=5:\ \Sigma H = 0{,}640 \\ m=6:\ \Sigma H = 0{,}648 \\ m=\infty:\ \Sigma H = 0{,}666 \end{array}\right\} \times \frac{ple}{h} = \frac{1}{h}\cdot\frac{pl^2}{8}\cdot 8\cdot\frac{e}{l} = \max S\cdot 8\cdot\frac{e}{l} \tag{6.187}$$

Die Abtriebskräfte H_k gemäß G.6.186 gelten für einen Binder. Hat der Verband n Binder zu stabilisieren, sind sie n-fach zu nehmen und gemeinsam mit der Windbelastung anzusetzen. Der Verformungseinfluß kann wieder mit Hilfe des α-Faktors nach G.6.179 erfaßt werden. Auf eine diesbezügliche Zuschärfung im nächsten Abschnitt wird hingewiesen.

6.5.5 Beispiele

6.5.5.1 Dachverband

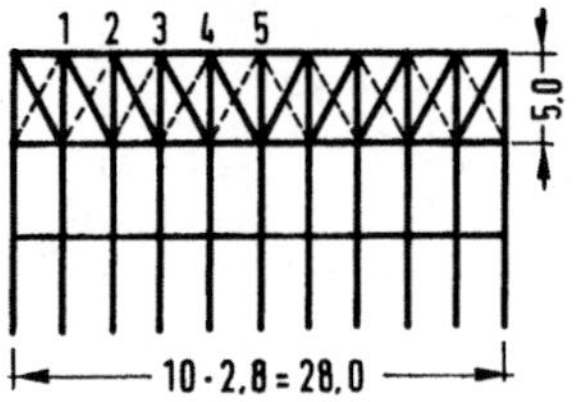

$l = 28{,}0\ m,\ a = 2{,}8\ m,\ b = 5{,}0\ m$
$s = 5{,}73\ m$
$F_G = 31{,}0\ cm^2$
$F_P = 21{,}2\ cm^2$
$F_D = 6{,}91\ cm^2$

Bild 6.64

Der in B.6.64 dargestellte Verband wird nach den in den Abschnitten 6.5.2 bis 6.5.4 zusammengestellten Berechnungsvorschlägen berechnet. Der Verband stabilisiert insgesamt n=15 Binder mit je einer maximalen Gurtkraft S=250 kN im Lastfall HZ. Die Windbelastung beträgt $\bar{w}$=1,8 kN/m, vgl. G.6.172. Für das Vorverformungsmaß wird

$$e = l/500 = 2800/500 = 5{,}6\ cm$$

gewählt; e sei für alle Binder gleich groß und gleich gerichtet.

Berechnungsvorschlag A (GEROLD): Die in B.6.61 angeschriebene Formel für J^* ergibt:

$$\frac{1}{J^*} = \frac{2}{31{,}0 \cdot 500^2} + \frac{\pi^2}{2800^2} \cdot \frac{21{,}2 \cdot 573^3 + 6{,}91 \cdot 500^3}{6{,}91 \cdot 21{,}2 \cdot 500^2 \cdot 280} = 8{,}538 \cdot 10^{-7}\ cm^4$$

$$EJ^* = 24\,600 \cdot 10^6\ kN\ cm^2$$

Wird in Formel G.6.176 die Eigenbiegesteifigkeit der Gurte vernachlässigt, ergibt sich mit ΣS_i=15·250=3750 kN und für ν=1,5:

$$b = \nu\left[\frac{\frac{4}{\pi}\bar{w} + e\frac{\pi^2}{l^2}\Sigma S_i}{1 - \nu\frac{l^2}{\pi^2}\frac{\Sigma S_i}{EJ^*}} - \frac{4}{\pi}\bar{w}\right] = 1{,}5\left[\frac{2{,}29 + 2{,}65}{1 - 0{,}182} - 2{,}29\right] = 1{,}5 \cdot 3{,}75 = 5{,}63\ kN/m$$

Die maximalen Schnittgrößen für den Verband ergeben sich zu:

$$\max M^{II} = (1{,}5\frac{1{,}8}{8} + \frac{5{,}63}{\pi^2})28^2 = \underline{712\ kNm} \qquad \max Q^{II} = (1{,}5 \cdot \frac{1{,}8}{2} + \frac{5{,}63}{\pi}) \cdot 28 = \underline{88{,}0\ kN}$$

Berechnungsvorschlag B:
Gemäß G.6.178 wird die Knickkraft des schubweichen Verbandsträgers bestimmt:

$$D_{Ki} = \frac{\pi^2 \cdot 24\,600 \cdot 10^6}{2800^2} = 30\,968\ kN$$

Für die ν-fache Einwirkung (aus $\bar{w}$ und e) beträgt der Verformungsfaktor:

$$D = \sum_{i=1}^{n} S_i = 3750\ kN \longrightarrow \alpha = \frac{1}{1 - \frac{1{,}5 \cdot 3750}{30\,968}} = 1{,}222$$

Schnittgrößen:

$$\max M^{II} = 1{,}22 \cdot 1{,}5\,(\frac{1{,}8 \cdot 28^2}{8} + 3750 \cdot 0{,}056) = 1{,}22 \cdot 1{,}5 \cdot (176{,}4 + 210) = \underline{707\ kNm}$$

$$\max Q^{II} = 1{,}22 \cdot 1{,}5\,(\frac{1{,}8\ 28}{2} + \frac{\pi}{28} \cdot 3750 \cdot 0{,}056) = 1{,}22 \cdot 1{,}5 \cdot (25{,}20 + 23{,}56) = \underline{89{,}2\ kN}$$

Berechnungsvorschlag C:
Für die Stützpunkte k=1 bis 5 werden die Abtriebskräfte bestimmt; im vorliegenden Fall gilt:

$$h = konst.;\quad n = 15;\quad m = 10\ Gefache;\quad \nu = 1{,}5;\quad e/l = 1/500$$

G.6.186 liefert im ν-fachen Lastzustand folgende Abtriebskräfte:

$$H_k = \nu n \cdot \frac{32(m-k)k}{m^3} \cdot \frac{e}{l} \max S = 1{,}5 \cdot 15 \frac{32(10-k)k}{10^3}\,\frac{1}{500}\,250 = 0{,}360(10-k)k$$

Die Auswertung für k=1, 2, 3, 4 und 5 ergibt:

$$H_1 = 3{,}23\ kN;\ H_2 = 5{,}77\ kN;\ H_3 = 7{,}57\ kN;\ H_4 = 8{,}63\ kN;\ H_5 = 9{,}00\ kN$$

Die Abtriebskräfte bewirken folgende Schnittgrößen (ohne Verformungseinfluß):

$$\max Q = (3{,}23 + 5{,}77 + 7{,}57 + 8{,}63 + 9{,}00/2) = 29{,}70\ \text{kN}$$

$$\max M = 29{,}70 \cdot 14{,}0 - (3{,}23 \cdot 11{,}20 + 5{,}77 \cdot 8{,}40 + 7{,}57 \cdot 5{,}60 + 8{,}63 \cdot 2{,}80) = 250{,}60\ \text{kNm}$$

Infolge ν-facher Windbelastung folgt:

$$\max Q = 1{,}5 \cdot \frac{1{,}8 \cdot 28}{2} = 37{,}80\ \text{kN}; \quad \max M = 1{,}5 \cdot \frac{1{,}8 \cdot 28^2}{8} = 264{,}60\ \text{kNm}$$

Die Summe wird gebildet und zur Berücksichtigung des Verformungseinflusses um $\alpha = 1{,}222$ (siehe Berechnungsvorschlag B) erhöht:

$$\max M^{II} = 1{,}22 \cdot (250{,}6 + 264{,}6) = \underline{628{,}5\ \text{kNm}}; \quad \max Q^{II} = 1{,}22 \cdot (29{,}70 + 37{,}80) = \underline{82{,}4\ \text{kN}}$$

Gegenüber den Berechnungsvorschlägen A und B liefert Vorschlag C etwas geringere Verbandsbeanspruchungen. Das beruht auf der den Vorschlägen A und B zugrundeliegenden Annahme, wonach die max. Gurtdruckkräfte über die gesamte Länge der Bindergurte mit konstanter Verteilung angesetzt werden und sie demgemäß eine konstante Abtriebskraft erzeugen, während bei Vorschlag C der reale Verlauf der Gurtkräfte erfaßt wird. Aus demselben Grunde liegt auch der Verformungsfaktor gemäß G.6.179 für eine konstante Druckkraft auf der sicheren Seite. Eine zutreffendere Abschätzung des Verformungseinflusses gelingt mittels der Formel:

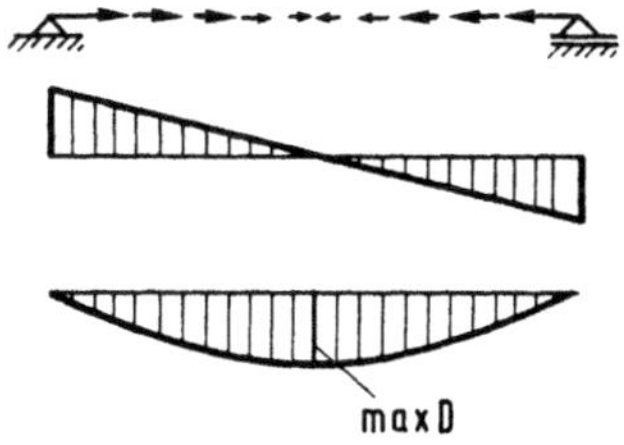

Bild 6.65

$$\alpha = \frac{1}{1 - \nu \frac{1}{2} \frac{D}{D_{Ki}}} \text{ mit } D = \sum_{i=1}^{n} S_i \tag{6.188}$$

Diese Gleichung berücksichtigt über den Faktor 1/2 den veränderlichen Druckkraftverlauf im Gurt; die Vorzahl berechnet sich mit Hilfe von Tafel 5.55 aus der Knickkraft eines Einfeldstabes für eine parabelförmig verteilte Druckkraft (und richtungstreue Belastung):

$$\beta = 0{,}695 \longrightarrow \quad D_{Ki} = 20{,}43 \frac{EJ}{l^2} = 2{,}07\pi^2 \frac{EJ}{l^2} \tag{6.189}$$

Der Kehrwert von 2,07 ist 0,483 ≈ 0,5. Im vorliegenden Beispiel beträgt der Verformungseinfluß daher nur:

$$\alpha = \frac{1}{1 - 0{,}5 \cdot 0{,}182} = 1{,}10 \ \hat{=}\ 10\% \quad (\text{statt } 1{,}22)$$

Hiermit ergibt sich nach den Vorschlägen A bis C:

A: $\max Q^{II} = 79{,}3$ kN; $\max M^{II} = 642$ kNm

B: $\max Q^{II} = 80{,}4$ kN; $\max M^{II} = 637$ kNm

C: $\max Q^{II} = 74{,}3$ kN; $\max M^{II} = 567$ kNm

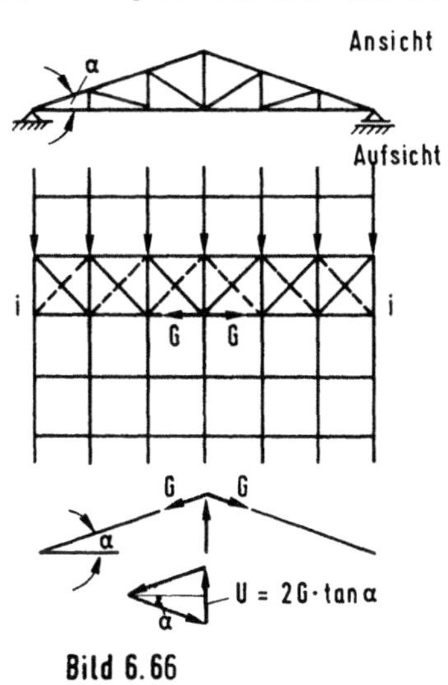

Bild 6.66

Die Schnittgrößen gelten für den ν-fachen Belastungszustand. Die Nachweise sind daher gegen die Fließgrenze zu führen, oder es werden die Schnittgrößen durch ν=1,5 dividiert, dann sind die zul. Spannungen für den Gebrauchszustand einzuhalten.

Der Vorteil des Berechnungsvorschlages C liegt neben der zutreffenderen Statik in zwei Umständen:

a) Die lokale Abtriebskraft ist bekannt; hierfür können z.B. Anschlußmittel dimensioniert werden;

b) es lassen sich auch Verbände für Binder mit variabler Höhe berechnen und bemessen. In diesem Falle ist in G.6.186 h_k die variable Binderhöhe im Knotenpunkt k des Druckgurtes.

Bei satteldachförmigen Bindern ist zu beachten, daß im First aus den Verbandskräften Umlenkkräfte U entstehen, die die Binder lotrecht belasten bzw. entlasten, vgl. B.6.66. - Die Stabkräfte des Verbandes sind in der (1/cosα)-verzerrten Dachfläche zu berechnen. Ergänzend wird auf Abschnitt 7.17 und [7.178] hingewiesen sowie auf [6.78/80].

6.5.5.2 Dachscheibe mit Trapezblechdeckung

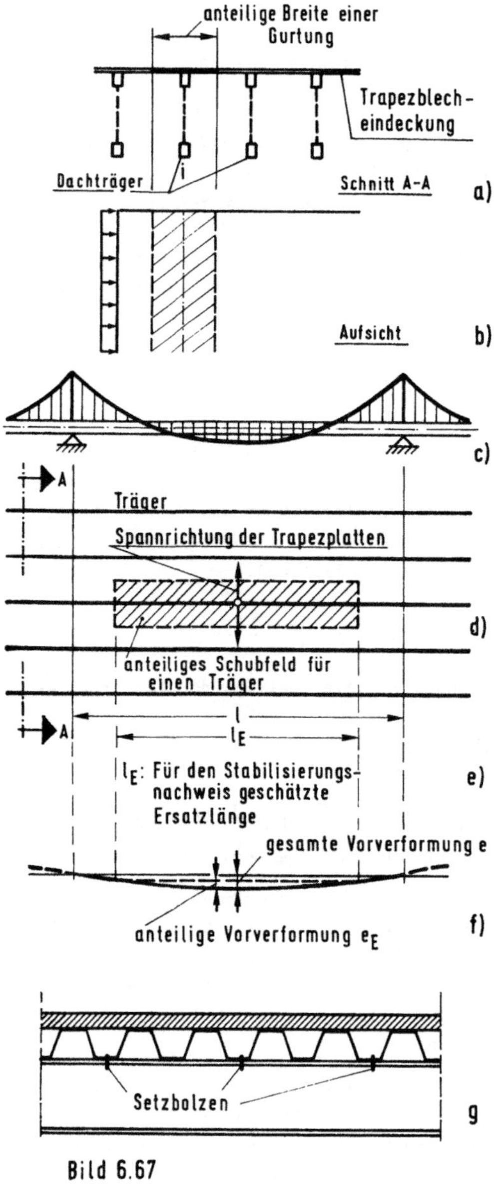

Bild 6.67

Zur Stabilisierung von Dach- und Wandflächen eignen sich Trapezblecheindeckungen und -wandverkleidungen. Die Einzelheiten regeln die bauaufsichtlichen Zulassungen; vgl. Abschnitt 6.5.6. Vielfach stellt sich die Frage, nach welchen Ansätzen die Verbindungsmittel zwischen dem scheibenartigen Schubfeld und den Bindergurten zu bemessen sind. Dieses Problem läßt sich recht übersichtlich mit Hilfe des Berechnungsvorschlages C lösen (Abschnitt 6.5.4).

B.6.67a/b zeigt den Schnitt durch bzw. die Aufsicht auf ein Hallendach mit den über den Dachträgern durchlaufenden Trapezblechen. Gesucht ist die Beanspruchung in den Setzbolzen, die in jeder zweiten Sicke in gegenseitigem Abstand von 0,40 m angeordnet sind.- Die Dachträger sind Durchlaufträger; es wird daher anstelle ihrer realen Länge eine Ersatzlänge l_E, z.B. l_E=0,8l, angesetzt (B.6.67d/e); in dem Beispiel beträgt die Spannweite der Dachträger l=15m, demnach ist l_E=0,8·15=12m. Die Anzahl der Setzbolzen beträgt, bezogen auf die Ersatzlänge l_E:

$$m = \frac{12{,}0}{0{,}40} = 30 \;(\approx\infty)$$

Als Ausmittigkeit der Dachträger (innerhalb der Länge l_E) wird

$$e_E = \frac{l_E}{300}$$

gewählt.

Die maximale Gurtkraft in Feldmitte betrage max S=500 kN. In Feldmitte tritt die größte Abtriebskraft (=Anschlußkraft pro Verbindungsmittel) auf; sie folgt aus G.6.186

$$H_k = \frac{32(m-k)k}{m^3}\frac{e_E}{l_E}\max S$$

für k=m/2 (also in Feldmitte) zu: (6.190)

$$\max H_k = H_{k=\frac{m}{2}} = \frac{8}{m}\cdot\frac{e_E}{l_E}\max S = \frac{8}{30}\frac{1}{300}500 = 0{,}44\text{ kN}$$

Die Summe der Abtriebskräfte und damit die Summe der Anschlußkräfte, ergibt sich gemäß G.6.187 (für m=∞) zu:

$$\Sigma H_k = 0{,}666\cdot\max S\cdot 8\cdot\frac{e_E}{l_E} = 0{,}666\cdot 500\cdot 8\cdot\frac{1}{300} = 8{,}88\text{kN} \approx 9\text{kN}$$

pro Träger. Das anteilige Schubfeld ist für Q=9,00/2=4,50 kN nachzuweisen. Hinzu tritt die Schubbeanspruchung aus der Windbelastung. - Die Einrechnung eines Verformungsein-

flusses ist bei einer Scheibenstabilisierung nicht notwendig (s.u.).
Die Berechnungsformel G.6.190 läßt sich auch wie folgt bestätigen: Eine parabelförmige Vorkrümmung wird durch

$$v_0(z) = e \cdot 4 \frac{z}{l}\left(1 - \frac{z}{l}\right)$$

beschrieben. Die Krümmung $v_0''(z)$ ist konstant; in Feldmitte gilt:

$$|v_0''(z = l/2)| = 8 \cdot \frac{e}{l^2}$$

Die Multiplikation der Druckkraft max S mit dieser Krümmung ergibt die maximale Umlenkkraft je Längeneinheit. Diese wird mit dem Einflußbereich 1/m multipliziert, das ergibt G.6.190.
Bei kontinuierlicher Stützung und h=konst beträgt die Abtriebskraft:

$$H(z) = |v_0''| \cdot \frac{p}{2h} z(l - z) = \frac{4pe}{l^2 h} \cdot z(l - z) \qquad (6.191)$$

Wird hierüber das Integral erstreckt, folgt:

$$\int_0^l H(z)\,dz = \frac{4pe}{l^2 h} \cdot \left[\frac{z^2 l}{2} - \frac{z^3}{3}\right]_0^l = 0{,}666 \frac{ple}{h}$$

(Vgl. G.6.187, $m = \infty$)

6.5.6 Stabilisierung durch Schubfelder

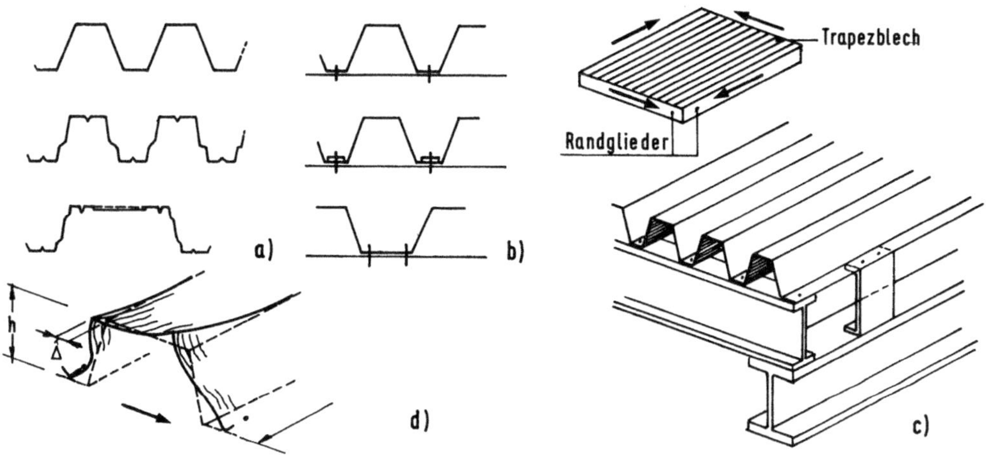

Bild 6.68

Trapezbleche bilden in Verbindung mit umlaufenden Randträgern und einer geeigneten Befestigung schubsteife Scheiben. Derartige Schubfelder in Dach-, Decken- und Wandebenen vermögen Hallen- und Geschoßbauten wirksam zu stabilisieren, ggf. nur im Montagezustand, wenn die Bleche nach Ausbetonierung im Gebrauchszustand als Verbundkonstruktion wirken. Temperaturdifferenzen zwischen Blech und Unterkonstruktion führen zu Lochbeanspruchungen am Ort der Verbindungsmittel und damit zu einer Schwächung der Schubfeldwirkung; Aluminiumbleche auf Stahlkonstruktion scheiden wegen der im Verhältnis 2:1 unterschiedlichen Ausdehnungskoeffizienten als Schubfeldkonstruktion aus; im Gegenteil, in Richtung der Profilierung sind Dilatationselemente erforderlich.

B.6.68a zeigt unterschiedliche Profilformen, ohne und mit rillenversteiften Wandungen [6.81/4]. - Eine durchgehende Befestigung mit der Unterkonstruktion hat für die Tragfähigkeit und Steifigkeit erstrangige Bedeutung; durch sickenfüllende Unterlagscheiben oder zwei Befestigungen, dicht an den Stegen, kann das Tragvermögen erheblich gesteigert werden (B.6.68b). Das Tragvermögen wird im wesentlichen vom Versagen und den Verformungen der Blechränder bestimmt. Wegen der unterschiedlichen und sehr komplexen Versagensformen [6.85/6] scheidet ein Nachweis gegen diese Versagensformen im Einzelfall aus. Die Tragfähigkeit wird daher mittels Berechnungsformeln nachgewiesen, die aufgrund systematischer Eignungsversuche an Bauteilen im Maßstab 1:1 und theoretischen Untersuchungen [6.87-6.90] entwickelt und in den Zulassungsbescheiden festgeschrieben wurden; daneben bestehen weitere Berechnungsrichtlinien, u.a. der EKS [6.91/4]. Eine Weiterentwicklung von Theorie und Konstruktion der Schubfeldtechnik kann erwartet werden.

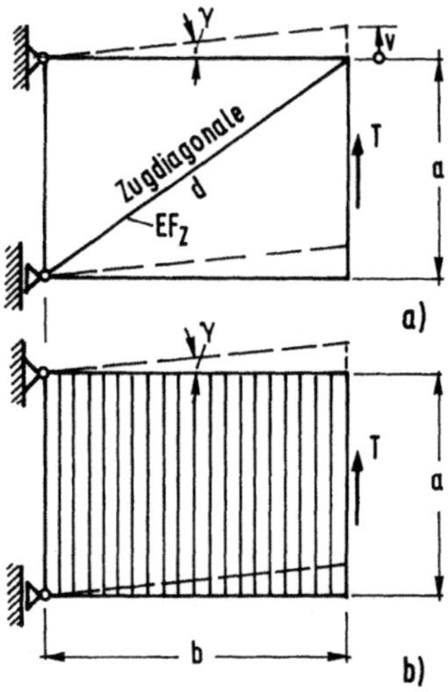

Bild 6.69

Die Nachweisformeln der Zulassungsbescheide (IfB Berlin) sind an drei Kriterien orientiert:

a) Erreichen der Fließspannung in den Profilkanten infolge Querbiegung des Trapezbleches am Auflager (Randträger), vgl. B.6.68d: T_1;
b) Erreichen einer lokalen Relativverschiebung des nicht gehaltenen Obergurtes gegenüber dem Untergurt von h/20; h ist die Höhe der Profile; mit diesem Kriterium soll sichergestellt werden, daß die aufliegende Wärmeisolierung nicht beschädigt wird: T_2;
c) Erreichen einer Gesamtverformung des Schubfeldes, die bei einer quadratischen Scheibe einem Schubwinkel von $\gamma=1/750$ entspricht: T_3.

Das letztgenannte Kriterium folgt aus dem Vergleich mit einem Verbandsfeld, das aus einer Zugdiagonalen besteht; wirkt auf dieses die Schubkraft T, ergeben sich Zugkraft, Verschiebung und Gleitung (B.6.69) zu:

$$Z = T\cdot\frac{d}{a}; \quad v = T\cdot\frac{d^2}{a^2}\cdot\frac{d}{EF_Z} = Z\cdot\frac{d^2}{a\cdot EF_Z} = \frac{\sigma_Z}{E}\cdot\frac{d^2}{a}$$

$$\gamma = \frac{\sigma_Z}{E}\cdot\frac{d^2}{ab} = \frac{\sigma_Z}{E}\left(\frac{a}{b}+\frac{b}{a}\right) \tag{6.192}$$

Wird für eine quadratische Scheibe

$$\sigma_Z = \text{zul}\,\sigma = 14\,\text{kN/cm}^2; \; E = 21\,000\,\text{kN/cm}^2$$

gesetzt, ergibt sich $\gamma=1/750$.

Die zulässigen Schubkräfte T_1, T_2, T_3 sind in den Zulassungsbescheiden ausgewiesen, gleichfalls eine ideelle Blechdicke t_i, mit der Scheibenverformungen und fallweise Scheibensteifigkeiten bestimmt werden können. Wegen der hohen Scheibensteifigkeit kann auf die Einrechnung von Verformungseffekten bei Trägergurtstabilisierungen verzichtet werden; Voraussetzung ist eine strikte Einhaltung der Auflagen in den Bescheiden, insbesondere jener Regeln, die die Verbindung der Bleche mit den Randgliedern und untereinander betreffen, sowie Beschaffenheit und Dimensionierung der Verbindungsmittel [6.95].

6.5.7 Stabilisierung durch Bretterschalungen

Um die stabilisierende Wirkung hölzerner Bretterschalungen auf Dächern, Decken und Betoniergerüsten beurteilen zu können, ist zunächst deren Steifigkeit gegenüber Seitenkräften zu bestimmen. Dabei sind zwei Fälle zu unterscheiden:

Fall a: Beanspruchung quer zur Bretterlage,
Fall b: Beanspruchung in Richtung der Bretterlage.

Fall a: Stabilisierung quer zur Bretterlage (B.6.70a): Unter einer Gleichlast beträgt die mittige Durchbiegung einer homogenen Scheibe:

$$f = \left(\frac{5}{48}\frac{l^2}{EJ} + \frac{1}{GF_Q}\right)\max M \tag{6.193}$$

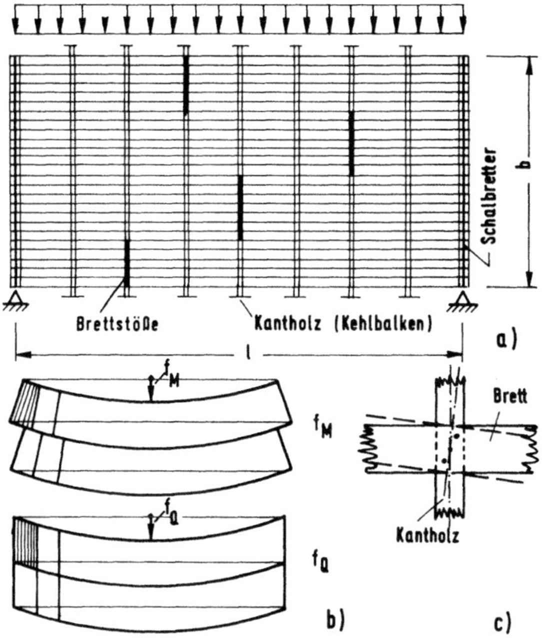

Bild 6.70

Der erste Klammerterm kennzeichnet den Biegungsbeitrag, der zweite den Querkraftbeitrag. Im Falle eines homogenen, elastischen Rechteckquerschnittes ist in G.6.193 zu setzen:

$$J = \frac{tb^3}{12}; \quad F_Q = \frac{5}{6} tb \qquad (6.194)$$

Es bedeuten:
t: Brettdicke
b: Breite } der Scheibe
l: Stützweite }

Eine Tragwirkung als homogene Scheibe stellt sich bei einem Schalungsfeld selbstverständlich nicht ein; das Tragverhalten ist recht komplex: Die in der Spundung der Bretter aktivierte Reibung ist in starkem Maße vom festen Sitz von Nut und Feder abhängig. Bei ausgetrocknetem, geschwundenem Holz fällt die Reibung praktisch vollständig aus, bei feuchtem, gequollenem Holz ist der Reibungsverbund relativ groß. - Bretterstöße wirken sich mindernd aus. Bei zweifacher Nagelung eines Brettes tritt zwischen Brett und Kantholz eine drehelastische Rückstellwirkung ein, die (bei lockerer Spundung) eine gewisse VIERENDEEL-Rahmenwirkung hervorruft. Die Reibung zwischen Bretterschalung und Kantholz ist unbedeutend.

Rechnet man die von HEISSE [6.96] mitgeteilten Verformungswerte aus Großtafelversuchen nach (b=4,95m; l=10,40m, 7,20m, 5,60m), ergibt sich für alle l/b-Verhältnisse gegenüber dem Rechenwert nach G.6.193 für die Durchbiegung (d.h. für die Nachgiebigkeit) ein Erhöhungsfaktor von ca. 60! (Bei der Nachrechnung wurde E=10 000 N/mm^2 und G=500 N/mm^2 angesetzt.) Trotz dieses Faktors sind die Verformungen dem Betrage nach gering, die Steifigkeit ist erheblich.

Wie die Versuche gezeigt haben, läßt sich durch in diagonaler Richtung aufgenagelte Bretter die Steifigkeit gegenüber einer einfachen Bretterlage wesentlich steigern. Es empfiehlt sich daher immer, zur Kompensation der Schwindwirkung in den Spundungen und des Störungseinflusses in den Stößen einen vollständigen Diagonalbrettverband anzuordnen. Bei einer solchen Ausbildung und systematisch mehrfach versetzten Bretterstößen (B.6.70a), kann dann bei Dächern und Decken eine ausreichende Scheibenstabilisierung unterstellt werden. - Bei Traggerüsten sind Wind- und Abtriebskräfte durch Verbände aufzunehmen (Abschnitt 6.5.8). Die Mitwirkung der Schalung über alleinige Reibungskopplung zwischen Kantholzlage und Gerüst ist unsicher, insbesondere auch im Hinblick auf den nicht vorauszusehenden Betonierfortschritt und der hiermit einhergehenden Reibungsaktivierung. Die Schalung darf daher nicht zur planmäßigen Abtragung der Kräfte herangezogen werden; ihre Mitwirkung stellt indes einen wünschenswerten Steifigkeitsbeitrag dar.

Fall b: Stabilisierung in Richtung der Bretterlage (B.6.71a): Die Bretterlage liegt auf den Druckgurten der Binder unmittelbar auf. Die Frage lautet hier: Kann die Bretterlage zur Windabtragung und zur Aufnahme der Stabilisierungskräfte quer zur Bindererstreckung herangezogen werden? Bei aufgehobener Reibung in der Spundung, wovon bei Bretterlagen

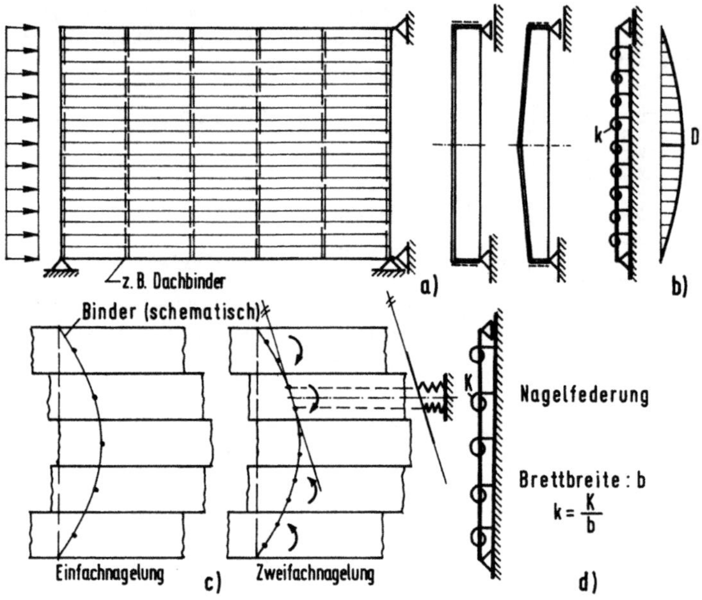

Bild 6.71

in trockenen Innenräumen immer auszugehen ist, kommt bei einfacher Nagelung eine Stützwirkung nicht zustande, B.6.71c. Bei Zweifachnagelung pro Brett wirkt die Nagelung wie eine Drehfederung, sie ist in B.6.71d schematisch angedeutet. BECK und SCHNEIDER [6.76] weisen auf diese Tragwirkung hin. Die Inrechnungstellung der Federung ist bei Sicherheitsbetrachtungen vertretbar, die planmäßige Abstellung des Stabilitätsnachweises auf diese Stützwirkung kann nicht empfohlen werden. Es sollte stets ein holzbaumäßiger Verband oder ein aufgenagelter Bretterverband angeordnet werden. Wegen der großen Steifigkeit bedarf es dann keiner Einrechnung von Stabilisierungskräften.

Maßgebend ist im einzelnen DIN 1052; vgl. auch [6.97/8].

6.5.8 Stabilisierung von Rüstbindern durch Rohrkupplungsverbände

6.5.8.1 Berechnungshinweise

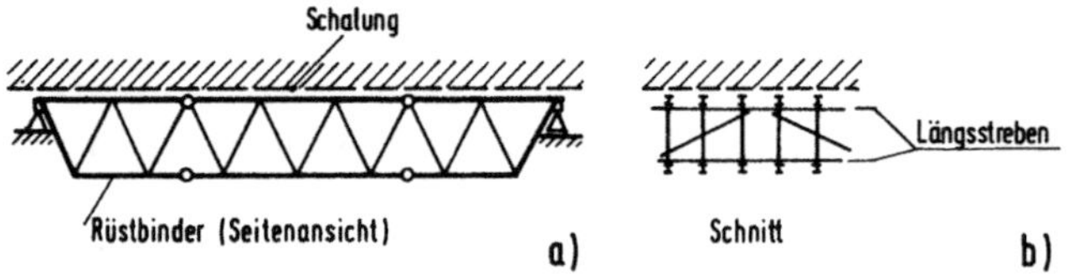

Bild 6.72

Für den Bau von Massivbrücken werden zur Überbrückung größerer Spannweiten häufig Rüstbinder eingesetzt. Sie werden beidseitig auf Joche aufgelagert und dienen als Unterstützungskonstruktion für die Betonierschalung, vgl. B.6.72. Der Stabilisierung solcher Rüstbinderstaffeln kommt große Bedeutung zu. Die rechnerischen Lasten werden real erreicht. Bei geringen Querneigungen und Vorkrümmungen (im Grundriß) werden infolge der hohen Betonierlasten vergleichsweise große Abtriebskräfte geweckt. Da die Binder aus typisierten Einzelelementen zusammengefügt werden und deren Steifigkeit quer zur Binderebene sehr gering ist, lassen sich die Binder praktisch nicht fluchtig montieren, das gilt insbesondere nach mehrfachem Einsatz.

Die Schalungsplatte darf für die Stabilisierung planmäßig nicht in Ansatz gebracht werden (vgl. Abschnitt 6.5.7). Sofern Rohrkupplungsverbände zum Einsatz kommen, sind diese unter sorgfältigster Ausrichtung der Binder einzubauen und die Kupplungen so nahe wie möglich an die Druckgurtungen heranzuführen. Der gegenseitige Abstand und die lotrechte Lage der Binder wird durch einen stehenden Querverband sichergestellt (B.6.72b).

Bei der Bemessung des Obergurtverbandes werden im Rahmen des statischen Nachweises folgende Einwirkungen überlagert:

a) Wind auf den Oberbau und die gestaffelt hintereinander liegenden Binder,
b) Abtriebskräfte aus baupraktisch unvermeidbaren Querneigungen und Vorkrümmungen der Binder.

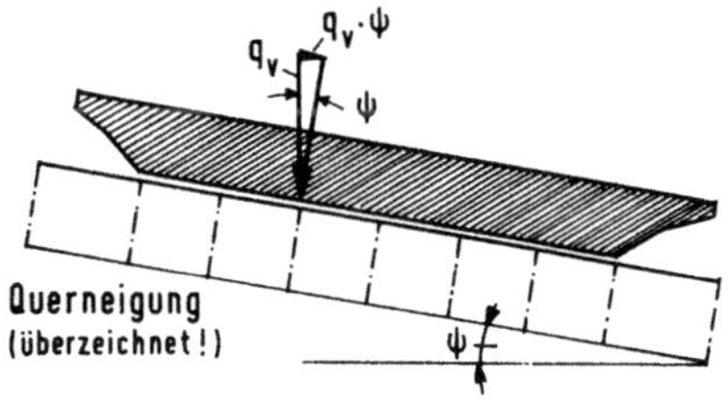

Bild 6.73

Liegt das Brückenbauwerk in einer Krümmung und erhält es aus diesem Grund eine Querneigung ψ, so bestehen für den Einbau der Rüstbinder zwei Möglichkeiten:

1. Lotrechter Einbau unter Verwendung von Zentrierleisten auf den Obergurten der Binder und von Keilen unter den Binderauflagern bzw. unter den Jochträgern.
2. Einbau senkrecht zur Schalungsebene (B.6.73). In diesem Falle ist die planmäßige Abtriebskraft zusätzlich zu den Einflüssen aus Wind und unplanmäßigen Abtriebskräften einzurechnen!

Während im ersten Falle die Verwendung von Rohrkupplungsverbänden ausreichend ist, empfiehlt sich im zweiten Falle die Ausbildung kraftschlüssiger, stahlbaumäßiger Verbände. Der Einsatz von Rohrkupplungsverbänden ist im zweiten Falle nicht unproblematisch: Wegen der größeren Nachgiebigkeit solcher Verbände bleibt i.allg. unbekannt, in wie starkem Maße die Schalungsscheibe mitwirkt. Bei Ausfall des Reibungsschlusses kann es zu ruckartigen Beanspruchungen des Verbandes kommen. Wird dennoch im zweitgenannten Falle ein Rohrkupplungsverband eingesetzt, sind die mit den planmäßigen (schiebenden) Abtriebskräften einhergehenden Verformungen zu berücksichtigen; der Effekt Th.II.Ordn. ist ausgeprägt. Wird so verfahren, erhält man einen Verband hoher Steifigkeit; bei sachgemäßer Montage bestehen dann gegen den Einsatz von Rohrkupplungsverbänden keine Bedenken; ggf. ist eine geringe Oberhöhung gegen die Abtriebsrichtung empfehlenswert.

6.5.8.2 Bemessungsquerkraft

Es ist angezeigt, die Bemessung der Verbände nach denselben Grundsätzen wie bei den Verbänden für Rüststützen bzw. Joche durchzuführen, vgl. Abschnitt 6.4.2; maßgebend ist DIN 4421.

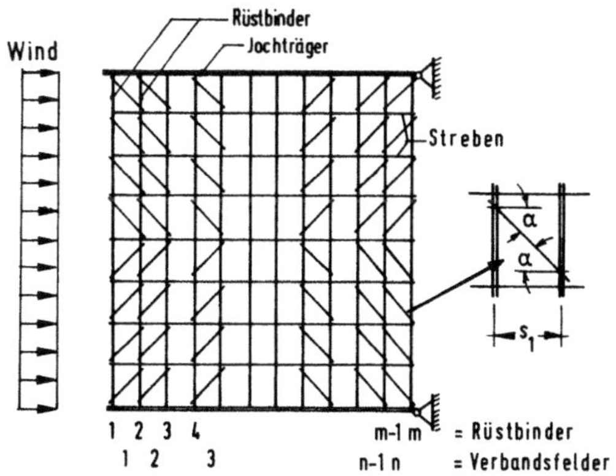

Bild 6.74

B.6.74 zeigt ein Verbandsfeld im Grundriß. Die Rüstbinder werden so angeordnet, daß sie etwa gleich hoch ausgelastet sind. Die Zahl der Rüstbinder sei m, die Zahl der Verbandsfelder n.

Der Verband wird ausgelegt für

a) Wind,
b) Ersatzabtriebskraft, z.B. $q_v/100$,
c) planmäßige Abtriebskraft im Falle einer planmäßigen Schräglage: $q_v \cdot \psi$ (B.6.73). Der Index v steht für vertikal.

Die Abtriebskräfte werden in Höhe der Schalungsunterkante angesetzt über sämtliche m Binder aufsummiert und gemeinsam mit der Windlast auf die wirksamen Verbände aufgeteilt. q_v ist die laufende vertikale Auflast pro Binder (Gravitationslast). Ist die Steifigkeit der Verbandsfelder gleich groß, werden die Kräfte zu gleichen Teilen auf die Verbandsfelder aufgeteilt, im anderen Falle im Verhältnis der Steifigkeiten. Dieses Vorgehen setzt voraus, daß für die Druckdiagonalen der Stabilitätsnachweis erbracht werden kann. Auch müssen die durchlaufenden Streben "knicksteif" und mit Stoßdeckung ausgeführt werden. Werden die Diagonalen nur zugsteif ausgebildet, sind all jene Ver-

bände bei der Aufteilung der Wind- und Abtriebskräfte als nicht wirksam auszuklammern, in denen Diagonale Druckkräfte erhalten würden. Für jedes Verbandsfeld lassen sich die Querkräfte berechnen, die Querkräfte in den Randgefachen sind am größten: Q_a. Der Index a kennzeichnet die äußere Einwirkung.
Mit der Ersatzabtriebskraft (z.B.q_v/100) wird eine 1%ige Querneigung aller Binder erfaßt. Es ist angezeigt, zusätzlich (als weitere Imperfektion) eine seitliche Auskrümmung aus der Flucht anzusetzen, z.B. in Form einer Parabel mit dem Biegepfeil:

$$f = \frac{l}{g} \tag{6.195}$$

Vorschlag: g=500. Dieser Ansatz unterstellt, daß sämtliche Binder eine gleichsinnige Vorkrümmung aufweisen. Hiervon ist auszugehen, wenn die Brücke in einer Krümmung liegt und die Brückenplatte eine planmäßige Querneigung erhält. Ist eine solche Querneigung nicht vorhanden, ist anstelle von G.6.195 auch

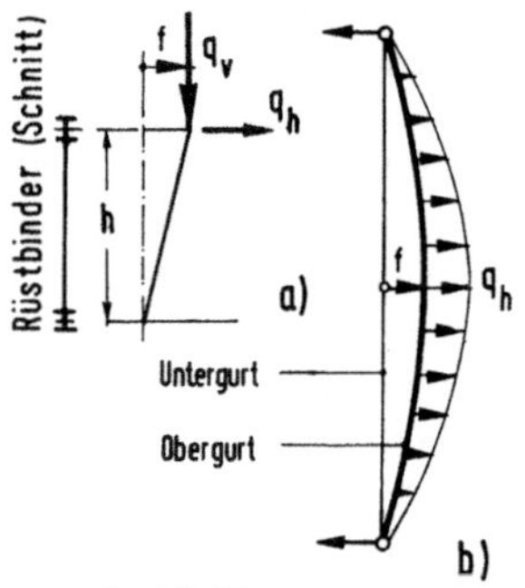

Bild 6.75

$$f = \frac{l}{g\sqrt{m}} \tag{6.196}$$

vertretbar (nach BAMM [6.100]). Diesem Ansatz liegt die wahrscheinlichkeitstheoretische Überlegung zugrunde, daß sich mit zunehmender Binderanzahl die Imperfektionen ausmitteln. In diesem Sinne wäre es folgerichtig, die Summe aus den Ersatzabtriebskräften (z.B. q_v/100) um $1/\sqrt{m}$ zu reduzieren. Hiervon ist indes abzuraten, da infolge besonderer Montageumstände (z.B. auch infolge Setzungen) einsinnige Imperfektionen nicht auszuschließen sind.
Die Untergurte der Rüstbinder werden als geradlinige Scharnierachsen unterstellt, dann entstehen durch die Schrägstellungen die Abtriebskräfte:

$$q_h = q_v \frac{f}{h} \tag{6.197}$$

Die Kräfte sind parabelförmig verteilt,(B.6.75). Bei m Bindern ergibt das, auf n Verbände verteilt, pro Verbandsfeld:

$$q_h = \frac{q_v f}{h} \cdot \frac{m}{n} = \frac{q_v}{h} \frac{m}{n} \frac{l}{g\sqrt{m}} = \frac{q_v}{g} \cdot \frac{l}{h} \cdot \frac{\sqrt{m}}{n} \tag{6.198}$$

Verzichtet man auf die Reduzierung gemäß G.6.196, gilt:

$$q_h = \frac{q_v f}{h} \cdot \frac{m}{n} = \frac{q_v}{g} \cdot \frac{l}{h} \cdot \frac{m}{n} \tag{6.199}$$

In jedem Binder wird infolge q_v in Feldmitte die Gurtkraft S ausgelöst:

$$S = \frac{q_v l^2}{8h} \longrightarrow q_v = \frac{8h}{l^2} S \quad (h: \text{statische Höhe}) \tag{6.200}$$

Damit ergibt sich q_h pro Verbandsfeld zu:

$$q_h = \frac{8 \cdot S}{l \cdot g} \frac{\sqrt{m}}{n} \quad \text{bzw.} \quad q_h = \frac{8S}{lg} \cdot \frac{m}{n} \tag{6.201}$$

Die Rechnung liegt auf der sicheren Seite, wenn anstelle des parabelförmigen Verlaufes ein konstanter Verlauf angesetzt und hierfür Q_i pro Verbandsfeld berechnet wird. Sämtliche Abtriebskräfte bilden in der Verbandsebene ein Gleichgewichtssystem. Es ist daher wichtig, daß die Kräfte an den Auflagern auf die Jochträger abgetragen werden können. Hierfür sind die Anschlußmittel auszulegen. Die Jochträger sind kraftschlüssig zu stoßen. Werden die Rüstbinder direkt auf die Rüststützen abgesetzt, sind die Köpfe der Rüststützen durch

Längsstreben untereinander zu verbinden. Die Abtragung der Abtriebskräfte vom Rüstbinderverband auf die Joche und Fundamente ist statisch nicht notwendig, weil sie, wie oben ausgeführt, innerhalb der Rüstbinderverbandsebene im Gleichgewicht stehen.

Um den Verformungseinfluß auf die Bemessung eines Rüstbinderverbandes einzufangen, wird die Bemessungsquerkraft zu

$$Q = (Q_a + Q_i) \cdot \frac{1}{1 - \frac{1}{2} \cdot \frac{\nu \Sigma S}{S_{id}}} \qquad (6.202)$$

angesetzt. Q_a erfaßt äußere Kräfte (Wind) und Q_i innere (infolge q_h). Der Faktor 1/2 berücksichtigt den veränderlichen Druckkraftverlauf im Obergurt, vgl. Abschnitt 6.5.5.1, G.6.188/9. ΣS ist die Summe aus den anteilig auf das Verbandsfeld entfallenden maximalen Obergurtkräften. Ist S die Druckkraft in einem Bindergurt, so ist die Summe im Sinne von

$$\Sigma S = \frac{m \cdot S}{n} \qquad (6.203)$$

zu bilden.

Bezugnehmend auf Abschnitt 6.4.2.4 gilt (α vgl. B.6.55), wenn pro Gefach n_G Streben liegen:

$$Q = n_G \cdot \text{zul}D \cdot \sin\alpha \qquad (6.204)$$

Für die Schubsteifigkeit (G.6.165) eines Verbandsfeld-Gefaches folgt damit:

$$S_{id} = \frac{Q \cdot 1000}{\left(\frac{75}{s_1 \sin\alpha} + 0{,}25\right) \text{zul}D} \qquad (6.205)$$

Wird G.6.205 in G.6.202 eingesetzt, folgt nach kurzer Rechnung:

$$Q = Q_a + Q_i + \frac{\Sigma S}{2000}\left(\frac{75}{s_1 \sin\alpha} + 0{,}25\right) \nu \,\text{zul}\,D \qquad (6.206)$$

Mit ν=1,71 und zul D=6 kN ergibt sich:

$$Q = Q_a + Q_i + \frac{\Sigma S}{200}\left(\frac{75}{s_1 \sin\alpha} + 0{,}25\right) \qquad (s_1 \text{ in cm, S in kN}) \qquad (6.207)$$

Die Rechnung liegt auf der sicheren Seite, wenn für S die höchstzulässige Obergurtdruckkraft (gemäß Typenberechnung) angesetzt wird. Auf die Anmerkungen im Abschnitt 6.4.2.4 wird hingewiesen.

Beispiel: Rüstbinderverband: Anzahl der Binder m=10, Anzahl der Verbandsfelder n=5, s_1=100 cm (Verbandsbreite, siehe B.6.74), $\alpha=50^\circ$; Binderlänge 20 m, statische Höhe der Binder 2,0 m; Auflast pro Binder 19,5 kN/m, gesamte Windlast 2,5 kN/m.

Es wird g=500 (G.6.195) angesetzt; auf eine Reduzierung gemäß G.6.196 wird verzichtet.

Druckkraft im Binderobergurt:

$$S = \frac{19{,}5 \cdot 20^2}{8 \cdot 2{,}0} = 487{,}5 \text{ kN}$$

Fall 1: Horizontale Lage:

Wind: $w = 2{,}5/5 = 0{,}500$ kN/m

Imperfektion (G.6.201): $q_h = \frac{8 \cdot 487{,}5}{20 \cdot 500} \cdot \frac{10}{5} = 0{,}780$ kN/m

$Q_a + Q_i = (0{,}500 + 0{,}780) \cdot 20/2 = 12{,}8$ kN

G.6.203: $S = \frac{10}{5} \cdot 487{,}5 = 975$ kN

G.6.207: $Q = 12{,}8 + \frac{975}{200} \cdot \left(\frac{75}{100 \cdot 0{,}766} + 0{,}25\right) = \underline{18{,}79 \text{ kN}}$

Fall 2: Schräge Lage, 3%:

$$\text{Schräglage}: \; q_h = 19{,}5 \cdot 0{,}03 \cdot \frac{10}{5} = 1{,}170 \text{ kN/m}$$

$$Q_a + Q_i = (0{,}500 + 0{,}780 + 1{,}170)20/2 = 24{,}50 \text{ kN}$$

$$Q = 24{,}50 + 5{,}99 = \underline{30{,}49 \text{ kN}}$$

Gemäß G.6.204 sind in den Außengefachen der Verbände folgende Strebenzahlen erforderlich:

$$n_G = \frac{Q}{\text{zul}\,D \cdot \sin\alpha} = \frac{Q}{4{,}60} = 4{,}09 \text{ bzw. } 6{,}63$$

Diese Anzahlen sind nicht realisierbar; die Zahl der Verbandsfelder ist zu erhöhen und im Fall 2 ggf. ein stahlbaumäßiger Verband anzuordnen, letzterer wäre nach G.6.202 zu dimensionieren.

6.6 Fachwerke

6.6.1 Knicklängen in ebenen und räumlichen Fachwerken

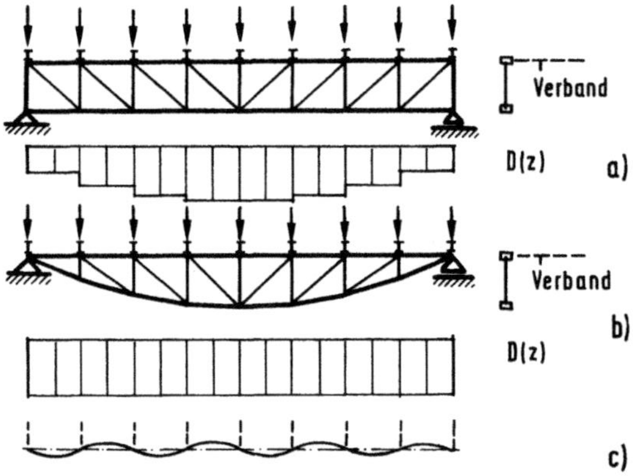

Bild 6.76

Fachwerke werden i.allg. als Gelenkfachwerke berechnet, da die Nebenspannungen infolge der biegesteifen Knotenausbildungen in der sich hierdurch einstellenden rahmenartigen Struktur gering sind und sie keinen Einfluß auf die (statische) Grenzlast des Systems haben. Die äußeren Lasten werden in die Knoten eingetragen. Die Stäbe erfahren somit eine weitgehend planmäßige zentrische Beanspruchung. Ein Stabilitätsnachweis auf der Grundlage eines "Knicknachweises" für die Einzelstäbe ist daher eine adäquate (und durch die Erfahrung gut bestätigte) Berechnungsform. Innere und äußere Imperfektionen sind in den Knickspannungslinien des (Ersatz-)Stabes berücksichtigt.
Das Eigengewicht horizontal oder schräg liegender Druckgurte ist bei größerer Stabschlankheit zu berücksichtigen, das gilt auch für planmäßige Exzentrizitätsmomente.

Wird die Trägerhöhe dem Momentenverlauf angepaßt (vgl. B.6.76b), so sind die Gurtkräfte (annähernd) konstant; bei konstanter Höhe sind die Gurtkräfte variabel, in diesem Falle werden die Gurtquerschnitte bei weitgespannten Fachwerken den Kräften angepaßt. Die Knicklänge der Gurtstäbe für Knicken in der Fachwerkebene wird grundsätzlich gleich der Netzlänge angesetzt ($s_K = s$, $\beta = 1$), weil diese Annahme mit der Vorstellung einer durchgehenden, mehrwelligen Knickfigur korrespondiert. Der aussteifende Einfluß der im Verhältnis zu den Gurten schwachen Füllstäbe ist untergeordnet. Vorstehender Ansatz gilt auch für Knicken quer zur Fachwerkebene, vorausgesetzt, alle Knoten sind seitlich unverschieblich gehalten, vgl. B.6.76c. Diese Bemerkungen gelten auch für die Endstreben von Trapezträgern. - Liegt ein Fachwerk mit stark abweichenden Netzlängen zweier benachbarter Felder vor, ist es möglich, den stützenden Einfluß des kürzeren Gurtfeldes zu nutzen. Ausgehend von dem in Abschnitt 5.11 gelösten Fall eines Zweifeldträgers werden

$$s_{K_1} = \beta_1 l_1 \quad (\beta_1 < 1)$$
$$s_{K_2} = \beta_2 l_2 \quad (\beta_2 > 1) \qquad (6.208)$$

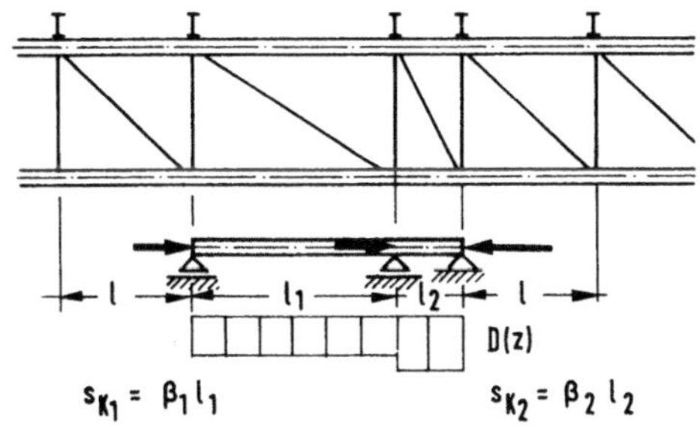

Bild 6.77

berechnet, vgl. B.6.77 und T.5.37.

Bei den Füllstäben (Streben und Pfosten) ebener Fachwerke mit seitlich unverschieblichen Knoten bewirkt die Einspannung in die Gurte eine Verringerung der Knicklänge gegenüber der Netzlänge.
Der Beiwert β hängt auch von der konstruktiven Ausbildung der Knotenanschlüsse ab (vgl. DIN 4114, DIN 1052). Für den Ansatz der Knicklänge für die Füllstäbe gelten folgende Grundsätze:

a) Knicken in der Fachwerkebene: s_K wird als Abstand der Anschlußschwerpunkte gewählt; Ansatz: $\beta=0{,}9$. Darüberhinaus ist es aber auch möglich, die Knicklänge gemäß B.6.78 abzuschätzen. Da die stützende Wirkung des Druckgurtes gering ist, wird ein gelenkiger Anschluß des Füllstabes im ideellen Knotenpunkt des Druckgurtes angenommen. Im Knoten des Zuggurtes wird eine drehelastische Stützung angesetzt. Die Drehfederkonstante K wird aus den Stabsteifigkeiten der im Knoten einbindenden Stäbe, insbesondere des Zuggurtes, aufgebaut. Dabei ist zu berücksichtigen, daß die Gurtstäbe auch die Nachbarknoten stabilisieren. Für den in B.6.78 gezeigten Fall (Einspannung des Druckpfostens) gilt:

$$K = \frac{2\,EJ_1}{l_1} + \frac{2\,EJ_2}{l_2}\left(+\frac{3EJ_3}{l_3}\right) \qquad (6.209)$$

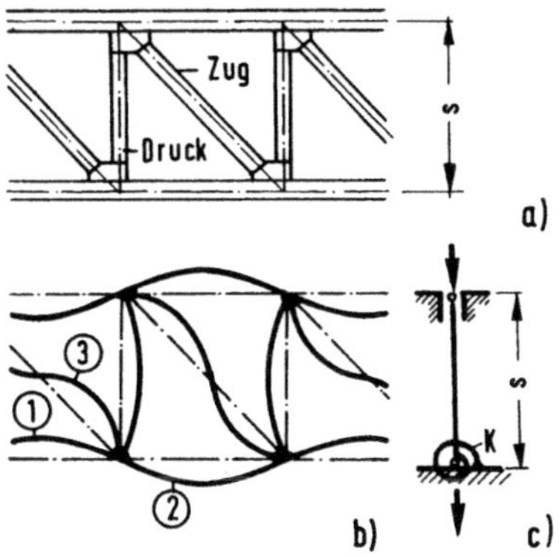

Bild 6.78

(Vgl. Abschnitt III.1). Der Beitrag der Zugstrebe 3 ist gering. Ausgehend von dem im Abschnitt 5.2.1 behandelten Grundstab (Nr.1) kann β bestimmt werden: $s_K=\beta\cdot s$, $\beta<1$; vgl. auch [6.101/3].

b) Knicken aus der Fachwerkebene: $s_K=s$. Die Torsionseinspannung der Gurte ist gering. Ist ein Füllstab Bestandteil eines rechtwinklig zur Fachwerkebene liegenden, offenen oder geschlossenen Rahmens, kann $s_K=\beta l$ mit $\beta\approx 0{,}7$-$0{,}8$ gesetzt werden, vgl. DIN 4114N.

Auf die Notwendigkeit eines Biegedrillknicknachweises bei offenen Querschnitten wird besonders hingewiesen.

Beim Knicken schräger Füllstäbe aus der Fachwerkebene heraus werden die Stäbe gebogen und gleichzeitig gedrillt. Eine hohe Torsionssteifigkeit der Füllstäbe, wie sie z.B. bei Rohr- oder Rundstahlquerschnitten (B.6.79a) vorhanden ist, führt zu einer beträchtlichen Reduzierung der Knicklänge $s_{Ky}=\beta_y\cdot s$. Dieses Problem wurde von RESINGER [6.104] für unterschiedliche Randlagerungen untersucht (B.6.79b). Für einen Neigungswinkel $\alpha=45^\circ$ zeigt B.6.79c den Einfluß auf den β_y-Wert, das ist der Knicklängenbeiwert für Knicken aus der Fachwerkebene heraus. Für Diagonalen mit torsionssteifen Querschnitten und $\alpha\approx 45^\circ$ kann stets $\beta_y=0{,}8$ angesetzt werden.

In Sonderfällen kann es angezeigt sein, die Stabilität einer Fachwerkstruktur mit Hilfe des Verformungsgrößenverfahrens auf globales Versagen hin zu untersuchen, wobei die Längenänderung der Stäbe zu berücksichtigen ist. Derartige Berechnungen werden zweckmäßig als Computeranalyse, z.B. auf der Basis des Verfahrens der Steifigkeitsmatrizen durchgeführt, vgl. Abschnitt 3.4.8.9. (Ausnahmestrukturen, wie sie in B.6.80 dargestellt

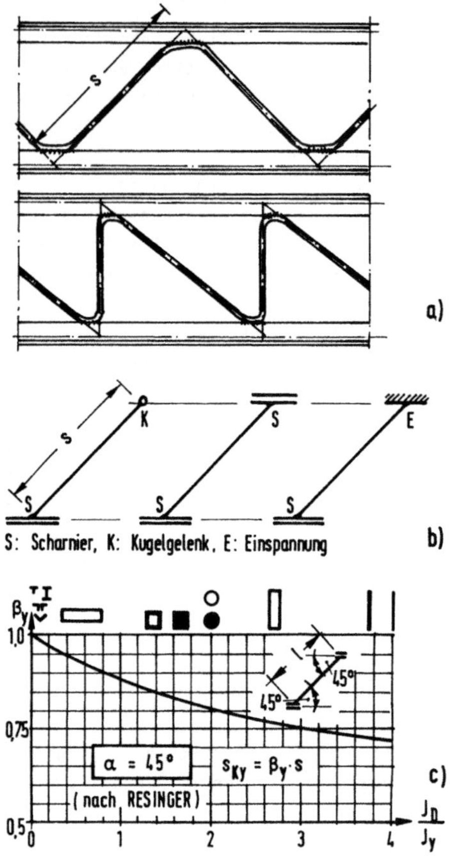

Bild 6.79

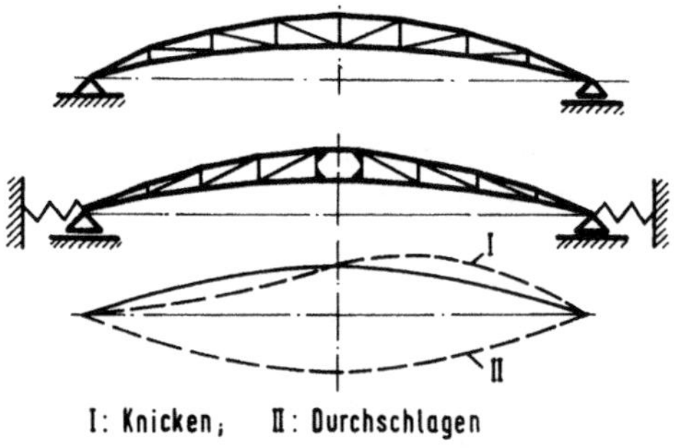

Bild 6.80

sind (z.B. Durchschlagprobleme ebener oder räumlicher Stabstrukturen) lassen sich nur unter Berücksichtigung endlicher Verformungen realistisch untersuchen; wegen der nichtlinearen Kinematik sind derartige Berechnungen schwierig, vgl. z.B. [0.23].) Durch die biegesteifen Knotenanschlüsse überlagert sich der Fachwerkwirkung eine Rahmenwirkung. Bei Überschreiten der elasto-statischen Grenzlast fließen die Stabmomente mit ansteigender Belastung aus. Im plasto-statischen Grenzzustand entspricht das Tragverhalten einem Gelenkfachwerk. Wird der Nachweis gegen die elasto-statische Grenzlast (einschließlich der Rahmenspannungen = Nebenspannungen) geführt, kann die Sicherheitszahl reduziert werden.

Unterstellt man bei gesamtheitlicher Rechnung ein Gelenkfachwerk mit zentrisch beanspruchten Stäben, kann die plasto-statische Knicklast des Gesamtsystems bestimmt werden. Der E-Modul wird in Druckstäben durch T oder T_K und in Zugstäben durch T ersetzt. (T: Tangentenmodul, T_K: Knickmodul; vgl. Abschnitt 2.4.2 und 4.1). Da die Bauvorschriften höhere Zugspannungen zulassen, wurde von GSELL [6.105] vorgeschlagen, den T-Modul der Zugstäbe (bei Bezug auf die plastische Knicksicherheit der Druckstäbe) fiktiv im Verhältnis der zulässigen Spannungen zu erhöhen. Diese Berechnungsform wurde von SATTLER [6.106] für praktische Anwendungen aufbereitet. - Zur Grenzlastberechnung von Fachwerken vgl. auch [6.107].

B.6.81 zeigt verschiedene vierstielige Fachwerkstrukturen. In den Fällen a bis d handelt es sich um vorrangig auf Biegung beanspruchte Gittermaste (z.B. Freileitungsmaste). Die Strukturen e bis h stehen für überwiegend auf Druck beanspruchte abgespannte Funkmaste oder stahlbauliche Joche.

Von der räumlichen Stabanordnung geht eine stabilisierende Wirkung auf die gedrückten Gurtstäbe aus, diese Stützwirkung ist bei Biegung beanspruchten Strukturen ausgeprägt; zu jedem gedrückten Partner gehört ein gezogener Partner. Bei vorrangiger Druckbeanspruchung ist die gegenseitige Stützung gering.

Für die Berechnung der Knicklänge $s_K = \beta \cdot s$ der in B.6.81 dargestellten, in unterschiedlicher Weise gestützten Eckstiele werden nachstehende β-Werte empfohlen, wobei drei Querschnittformen unterschieden werden:

1: Hohlprofile,

2: Gleichschenklige Winkel,

3: Zwei über Eck stehende Winkel.

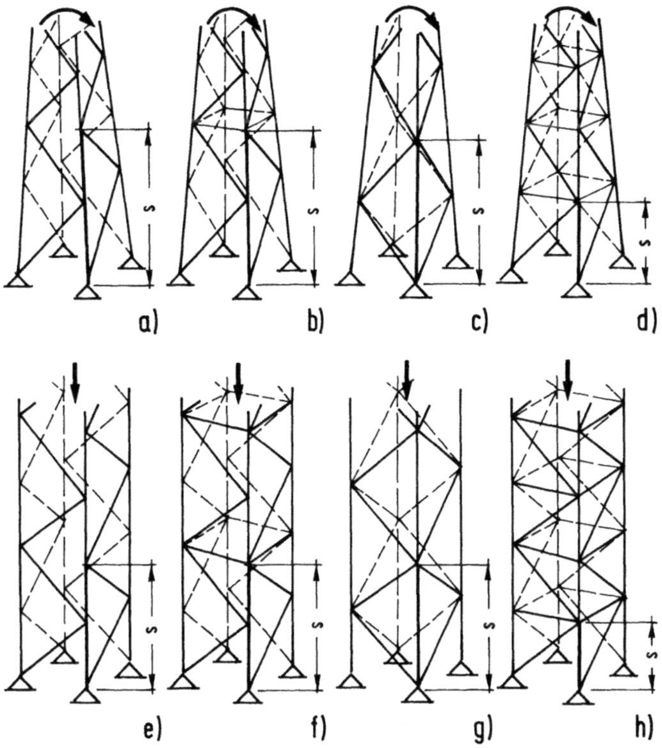

Bild 6.81

Fall a: 1: β=0,65
2: β=0,70
3: β=0,85
Fall b: 1: β=0,60
2: β=0,65
3: β=0,80
Fall c: β=0,95
Fall d: β=0,85
Fall e: 1: β=0,75
2: β=0,80
3: β=0,90
Fall f: 1: β=0,70
2: β=0,75
3: β=0,85
Fall g: β=1,00
Fall h: β=0,90

Bei ⌋ und ⌋⌈ -Profilen ist die Schlankheit zu

$$\lambda = s_K/\min i \qquad (6.210)$$

zu berechnen. Die vorstehenden Empfehlungen gelten auch für dreistielige Strukturen. Bei fünf- und mehrstieligen Strukturen gelten sie nicht mehr unbedingt: Mit steigender Zahl der Stäbe sind die Ebenen immer flacher zueinander geneigt und benachbarte Stiele erhalten (auch bei Biegung des Schaftes) eine etwa gleich hohe Druckbeanspruchung; die gegenseitige Stützung geht zurück. - Zu dem Problemkreis wird auf [6.108/9, 6.110/12, 7.62] verwiesen.

Gewisse Reduzierungen der Knicklängen sind dann möglich, wenn die Druckkräfte innerhalb der Netzlängen s veränderlich sind oder die Knickstäbe von anderen Stäben gekreuzt werden; B.6.82 zeigt Beispiele:

a) Wegen der variablen Druckkraft ist der β-Wert quer zur Fachwerkebene kleiner Eins; maßgebend ist System Nr. 41 im Abschnitt 5.17.

b) Die eine Hälfte der Diagonale steht unter Zug, die andere unter Druck; auch für diesen Fall kann der Knicklängenberechnung das System Nr. 41 zugrundegelegt werden.

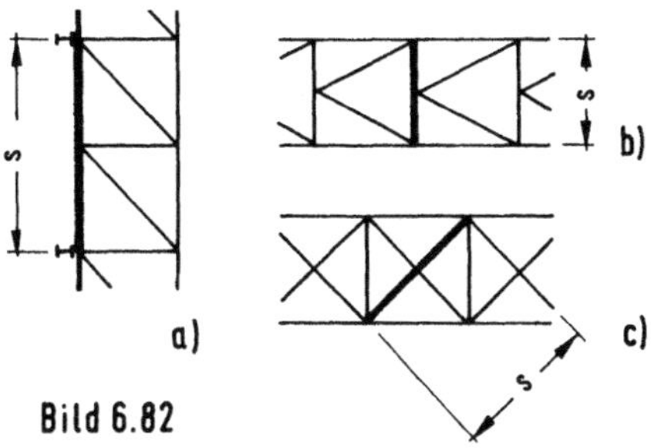

Bild 6.82

c) Bei sich kreuzenden Stäben steht i.allg. eine Strebe unter Druck und die andere unter Zug. Die Druckdiagonale wird durch die Zugdiagonale federelastisch gestützt. Abschnitt 5.24.1 enthält die erforderlichen Behelfe, vgl. auch DIN 4114N [6.113].

Auf die Berechnungsanweisungen für Portalstreben im Abschnitt 5.24.2 wird hingewiesen.

6.6.2 Knicklänge freier Fachwerkträgergurte [6.114]

6.6.2.1 System und elasto-statische Lösung

Unter gleichförmiger Belastung sind die Gurtkräfte in einfeldrigen, parallelgurtigen Fachwerken parabelförmig verteilt. Für einen isolierten Druckstab mit beidseitig gelenkiger und unverschieblicher Lagerung beträgt der Knicklängenfaktor bei parabelförmiger, richtungstreu eingetragener Druckkraft β=0,695 (vgl. Abschnitt 5.18). Dieser Wert gilt auch (näherungsweise) für den Obergurt eines Fachwerkträgers für Knicken quer zur Fachwerkebene, wenn der Gurt nur an den Enden gestützt und die Belastung über den Untergurt eingetragen wird, wobei der Untergurt über die gesamte Länge unverschieblich gehalten ist. Die Füllstäbe drehen sich dann um den Untergurt im Sinne einer Scharnierachse und geben die Schubkräfte richtungstreu an den Obergurt ab. Bei freier Verschieblichkeit von Ober- und Untergurt liegt ein Kippproblem vor, vgl. B.6.83. Die Obergurtbelastung p_o wirkt abtreibend, die Untergurtbelastung p_u rücktreibend. Der Knicklängenbeiwert für den Obergurt ist in diesem Falle>0,695. Eine geschlossene Lösung gelingt, wenn anstelle des abgetreppten Druckkraftverlaufes ein kontinuierlicher Verlauf angenommen wird und auch die Füllstäbe verschmiert werden [6.114]. Die Lösung dieses Problems führt auf ein Differentialgleichungssystem für die Verschiebungen u und v von Unter- und Obergurt (B.6.83d).

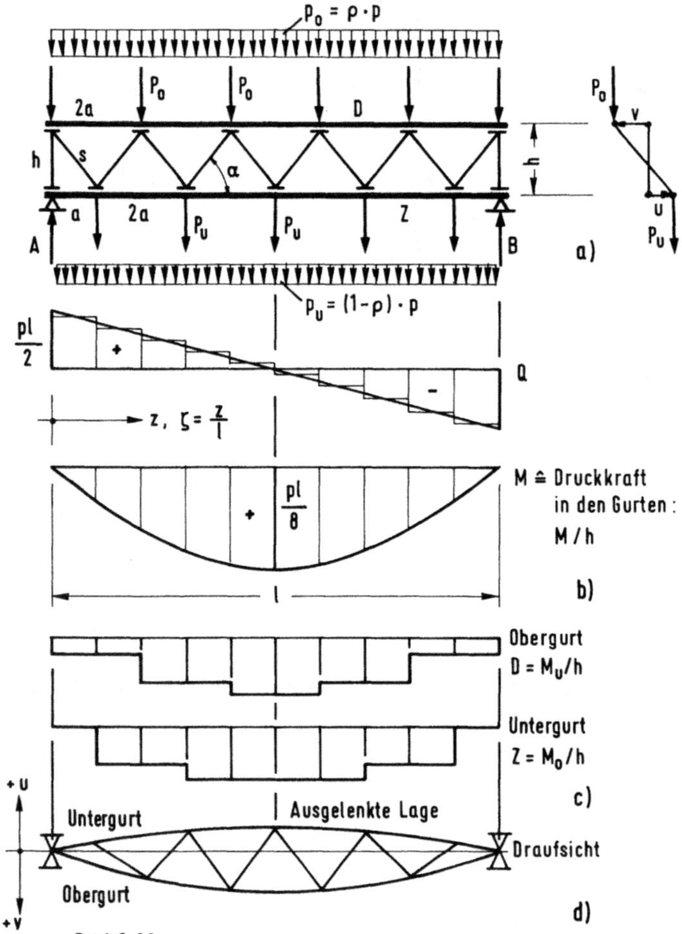

Bild 6.83

Die Koeffizienten in den Differentialgleichungen sind Funktionen von $z=\zeta l$. Hinsichtlich der Knotenanschlüsse sind gewisse Idealisierungen erforderlich, vgl. B.6.84:

a) Kugelgelenk: Die Füllstäbe koppeln die Gurtstäbe als Gelenkstäbe.

b) Scharnier: Die Füllstäbe werden durch die unterschiedlichen Winkeldrehungen der Gurte in den versetzt gegenüberliegenden Anschlußpunkten quer zur Fachwerkebene gebogen und zusätzlich gedrillt. Dieser Einfluß wirkt sich neben der Gurtkopplung stabilisierend auf den Druckgurt aus. (Die Drillsteifigkeit der Gurte wird im folgenden durch die Vereinbarung von Scharnieren (auf der sicheren Seite liegend) unterdrückt, vgl. B.6.84).

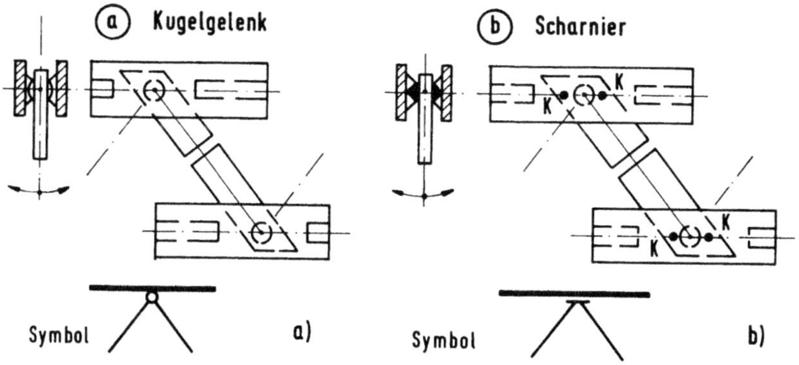

Bild 6.84

Die Lösung des Differentialgleichungssystems für das Kippproblem ist auf T.6.9 zusammengefaßt [6.114]. Der Parameter ρ kennzeichnet das Verhältnis der Obergurtlast p_o zur Gesamtlast $p=p_o+p_u$:

$$\rho = \frac{p_o}{p_o + p_u} = \frac{p_o}{p} \tag{6.211}$$

(Vgl. B.6.83a.) δ und $\varkappa$ sind Steifigkeitsparameter. Es bedeuten:

EJ_o^G und EJ_u^G : konstante Biegesteifigkeiten des Ober- und Untergurtes quer zur Fachwerkebene,

EJ_y^D und GJ_t^D : Biege- und Drillsteifigkeit der Diagonalstäbe,

Fall	Ausfachung	Beiwert δ	Bemerkung
1	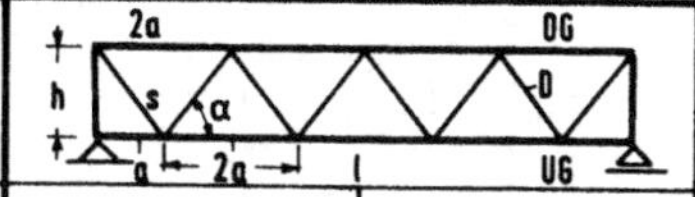	$\delta = \left(\frac{l}{h}\right)^2 \cdot [A_D]$	Für Stahl ($E/G = 2{,}6$) gilt mit h, a, s: Diagonalen-Beiwert: $A_D = \frac{J_y^D}{J_o^G} \cdot \frac{s/a}{2{,}6 \cdot J_y^D / J_t^D + (a/h)^2}$ Vertikalen-Beiwert: $A_V = \frac{J_t^V}{J_o^G} \cdot \frac{h/a}{5{,}2}$
2	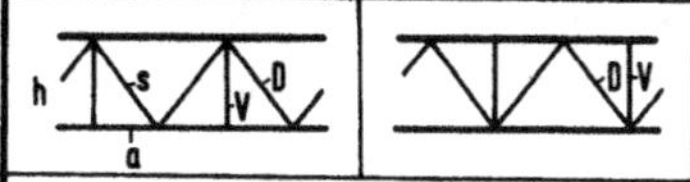	$\delta = \left(\frac{l}{h}\right)^2 \cdot [A_D + A_V]$	
3	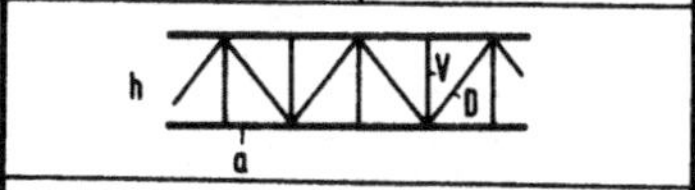	$\delta = \left(\frac{l}{h}\right)^2 \cdot [A_D + 2A_V]$	
4	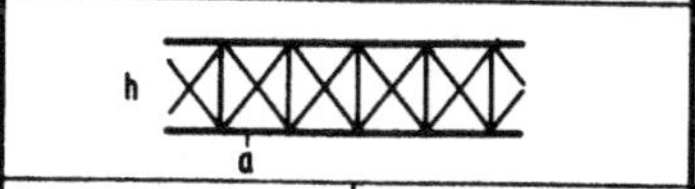	$\delta = \left(\frac{l}{h}\right)^2 \cdot [2A_D + 2A_V]$	
5	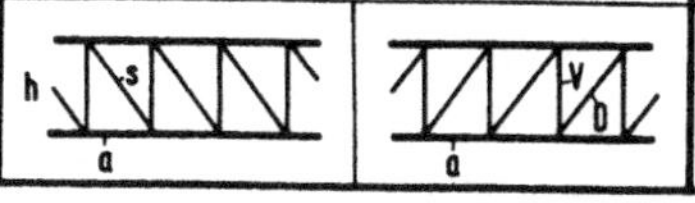	$\delta \approx \left(\frac{l}{h}\right)^2 \cdot [A_D + 2A_V]$	

Bild 6.85

GJ_t^V : Drillsteifigkeit der Vertikalstäbe.

Für vorstehende Stabsteifigkeiten werden die Beiwerte A gemäß B.6.85 bestimmt und δ berechnet. h ist die Trägerhöhe (Abstand der Gurtschwerachsen), l die Trägerlänge und a die Ausfachungsweite.

In Abhängigkeit von δ, $\varkappa$ und ρ kann der Knicklängenbeiwert β aus T.6.9 für die EULER-Fälle: II, III und IV abgegriffen werden. Baupraktische Bedeutung hat vorrangig EULER-

Tafel 6.9

Seitliches Ausknicken eines Fachwerkträgers

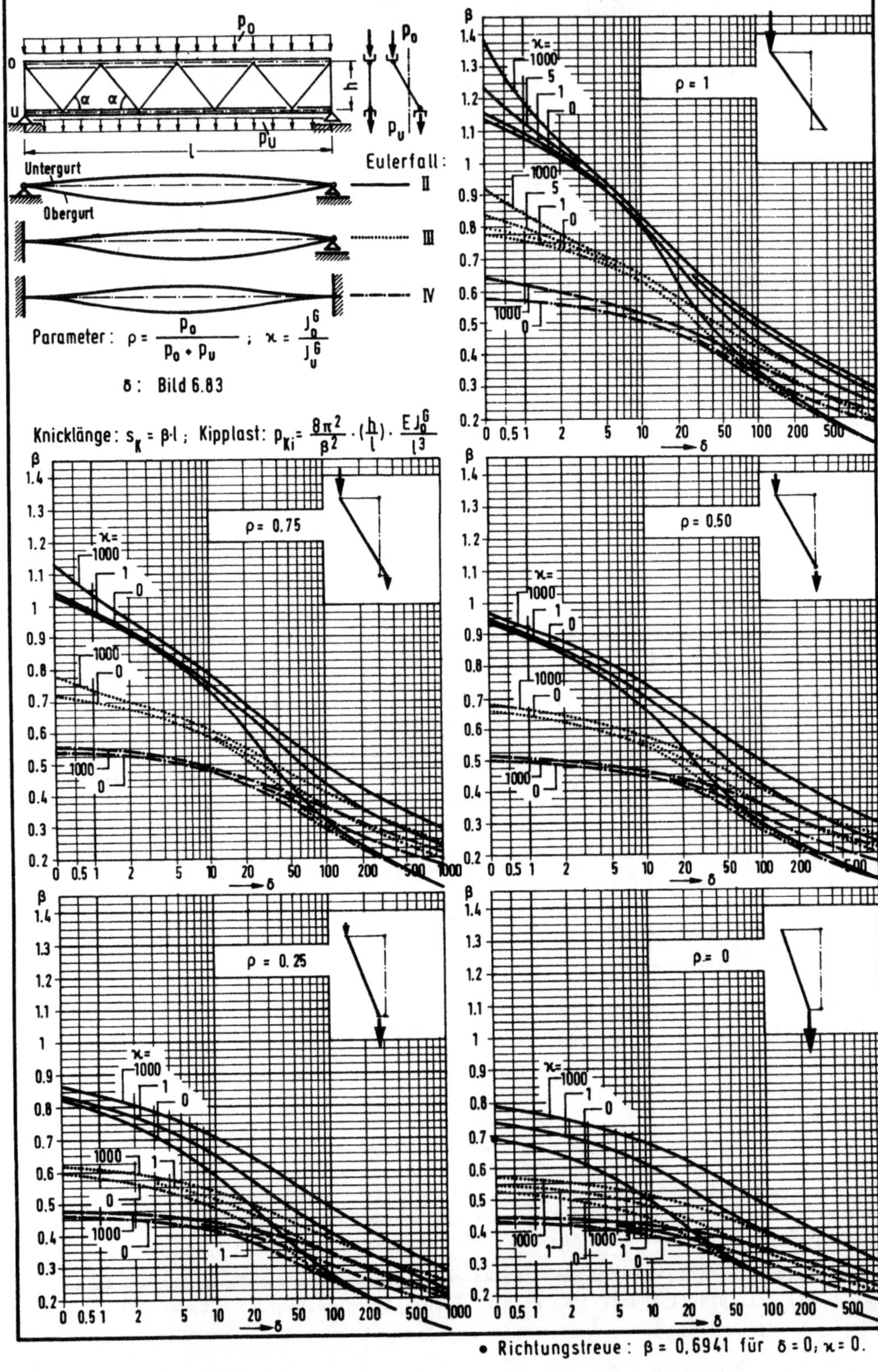

• Richtungstreue: $\beta = 0{,}6941$ für $\delta = 0$; $\varkappa = 0$.

Fall II. Aus den Diagrammen wird deutlich, daß sich die Füllstabsteifigkeit (über den Parameter δ) in ausgeprägter Weise auf den Knicklängenbeiwert auswirkt. Bei der Verwertung sollte der rechnerische δ-Wert nicht in voller Höhe angesetzt werden, um eine gewisse örtliche Nachgiebigkeit der Knotenbleche und Gurtprofilwandungen zu berücksichtigen.

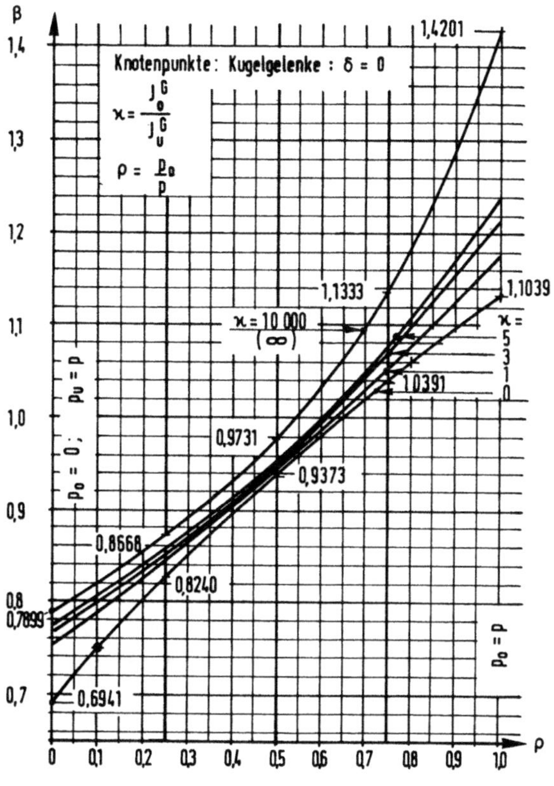

Bild 6.86

Mit der Annahme eines kugelgelenkartigen Füllstabanschlusses liegt man in jedem Falle auf der sicheren Seite, dem entspricht δ=0. Für diesen Fall kann der β-Wert aus B.6.86 als Funktion von ρ und κ entnommen werden.

Dem Fall eines (durch einen Verband) unverschieblich fixierten Untergurtes entspricht wegen $J_u^G = \infty$ der Parameter $\varkappa = 0$.

In [6.114] wird der Einfluß der einzelnen Parameter ausführlich kommentiert, für β sind Interpolationsformeln angegeben.

Wenn β bestimmt ist, kann die Kipplast berechnet werden:

$$p_{Ki} = \frac{8\pi^2}{\beta^2} \cdot \frac{h}{l} \cdot \frac{EJ_o^G}{l^3} \qquad (6.212)$$

Die Knickkraft in Obergurtmitte beträgt:

$$D_{Ki} = \frac{p_{Ki}\, l^2}{8h} \qquad (6.213)$$

Hiermit kann der Verformungsfaktor bestimmt werden:

$$\alpha = \frac{1}{1 - D/D_{Ki}} \qquad (6.214)$$

D ist die Gurtkraft in Trägermitte.

6.6.2.2 Beispiel

B.6.87 zeigt ein Fachwerk mit fallenden Streben, die Belastung wird vorrangig über den Untergurt eingetragen: ρ=0,1. Der Untergurt ist seitlich gehalten, die Knotenverbindungen werden in Form von Kugelgelenken angesetzt. Wird das Knickproblem nach ENGESSER/VIANELLO gelöst (vgl. Abschnitt 3.1.7), so findet man für die Kipplast:

$$p_{Ki} = 278{,}50 \text{ kN/m}$$

Die zugehörige Obergurtkraft beträgt:

$$D_{Ki} = 4173 \text{ kN}$$

Vermittelst Gegenüberstellung mit der Knicklast eines EULER-II-Ersatzstabes wird die Knicklänge $s_K = \beta l$ bestimmt:

$$\pi^2 \frac{EJ_o^G}{\beta^2 l^2} \longrightarrow \beta = 0{,}84; \quad s_K = 0{,}84 \cdot 12 = \underline{10{,}08 \text{ m}}$$

Um die Aufgabe mit Hilfe von T.6.9 zu lösen, wird für δ=0, κ=0 und ρ=0,1 der β-Wert abgelesen; man findet für EULER-Fall II:

$$\beta = 0{,}75$$

(Vgl. auch B.6.86.)

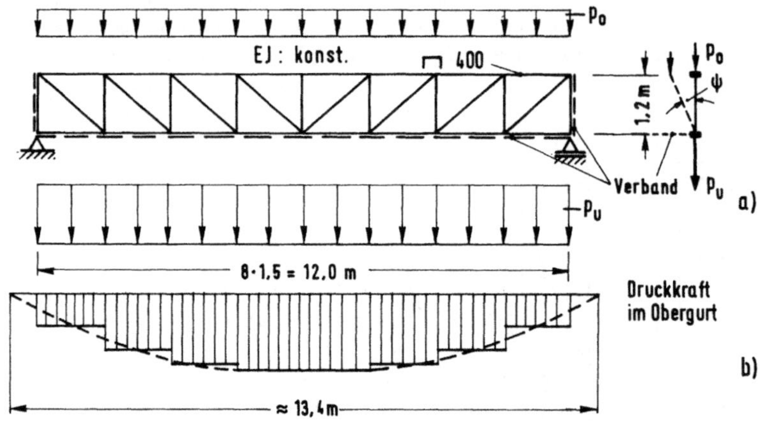

Bild 6.87

Dieser Wert ist offensichtlich zu gering. Der Grund liegt in der Annäherung des diskreten Problems durch ein kontinuierliches. Wie in B.6.87b dargestellt, ist die Länge des gedrückten Gurtstabes fiktiv so zu verlängern, wie es der Basislänge des gemittelten, parabelförmigen Druckkraftverlaufes entspricht. In diesem Beispiel ergibt sich ≈ 13,4 m.

Hierauf wird der oben ermittelte β-Wert bezogen; für die Knicklänge folgt

$$s_K = 0{,}75 \cdot 13{,}4 = \underline{10{,}05\,\text{m}}$$

und hiermit:

$$D_{Ki} = \frac{\pi^2 EJ}{s_K^2} = \frac{\pi^2 4{,}2735 \cdot 10^4}{10{,}05^2} = 4\,176\ \text{kN}, \quad p_{Ki} = 8 \cdot D_{Ki} \frac{h}{l^2} = 8 \cdot 4176 \frac{1{,}2}{12{,}0^2} = 278{,}4\ \text{kN/m}$$

Die Einrechnung einer fiktiven Länge $l' > l$ ist bei Ständerfachwerken mit fallenden Endstreben immer notwendig! Bei steigenden Endstreben bedarf es dieser Umrechnung nicht. Bei Strebenfachwerken (mit fallenden und steigenden Streben) kann ebenfalls darauf verzichtet werden, da die Unterschiede sehr gering sind. Baupraktische Bedeutung hat das anstehende Stabilitätsproblem z.B. für die freien Holme von Brüstungsträgern. Die Biegungsbeanspruchung Th.II.Ordn. des Holmes aus der Trägerebene heraus infolge seitlichem Holmdruck wird mittels des Verformungsfaktors α (G.6.214) berechnet. Um den Einfluß der Parameter ρ, ϰ und δ zu verdeutlichen, werden für das in B.6.88 dargestellte Fachwerk die Knicklängenbeiwerte und zulässigen Belastungen (nach DIN 4114A)

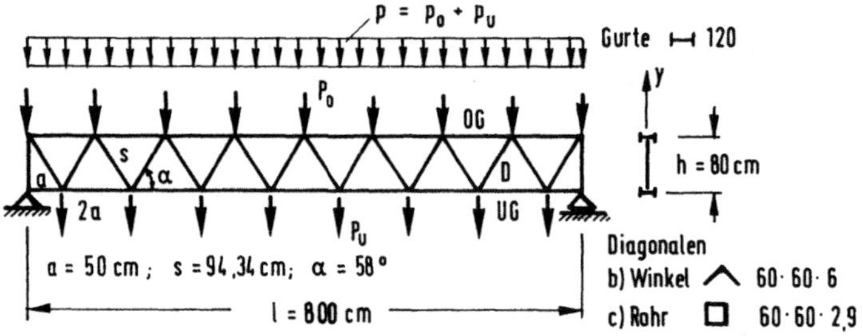

$J_o^G = J_u^G = 328\ \text{cm}^4$

Lastangriff $\rho = \frac{p_o}{p}$	Gurtparameter UG	$\varkappa = \frac{J_o^G}{J_u^G}$	Knicklängenbeiwert β: a Kugel δ = 0	b Winkel δ = 0,18	c Rohr δ = 9,7	Zul. Belastung p (kN/m): a Kugel δ = 0	b Winkel δ = 0,18	c Rohr δ = 9,7
nur OG: ρ = 1	frei	ϰ = 1	1,174	1,16	0,82	3,1	3,2	6,4
	fest	ϰ = 0	1,132	1,12	0,81	3,3	3,4	6,5
nur UG: ρ = 0	frei	ϰ = 1	0,753	0,75	0,63	7,5	7,5	9,9
	fest	ϰ = 0	0,694	0,69	0,50	8,91	9,0	12,5

(nach SCHINEIS/PETERSEN)

Bild 6.88

für unterschiedliche Annahmen gegenübergestellt. Es werden die Grenzwerte $\varkappa=1$ und 0 sowie $\rho=1$ und 0 betrachtet und drei Annahmen für die Füllstabanschlüsse verglichen:

a) Kugelgelenk
b) Scharnier, Diagonalen: Winkelprofil
c) Scharnier, Diagonalen: Quadratrohrprofil.

Der Füllstabparameter berechnet sich nach B.6.85 zu:

$$\text{b) Winkelprofil:} \quad \delta = \left(\frac{800}{80}\right)^2 \cdot \frac{36{,}1}{328} \cdot \frac{94{,}34/50{,}0}{2{,}6 \cdot 36{,}1/0{,}82 + (50{,}0/80{,}0)^2} = \underline{0{,}18}$$

$$\text{c) Rohrprofil:} \quad \delta = \left(\frac{800}{80}\right)^2 \cdot \frac{34{,}6}{328} \cdot \frac{94{,}34/50{,}0}{2{,}6 \cdot 34{,}6/54{,}0 + (50{,}0/80{,}0)^2} = \underline{9{,}7}$$

Der stabilisierende Einfluß eines hohen δ-Wertes wird aus der Gegenüberstellung ersichtlich.

In [6.115] wird auf die Verwandtschaft des hier behandelten Problems mit dem Kippproblem eines Vollwandträgers (für den Fall $\varkappa=1$) hingewiesen. - Eine verallgemeinerte Untersuchung gelingt nach dem für räumliche Stabstrukturen erweiterten Verformungsgrößenverfahren. Derartige Berechnungen setzen eine computergerechte Aufbereitung und Programmierung voraus [6.116].

6.6.3 Nebenspannungen in Verbänden und Vergitterungen

6.6.3.1 Systeme - Problemstellung

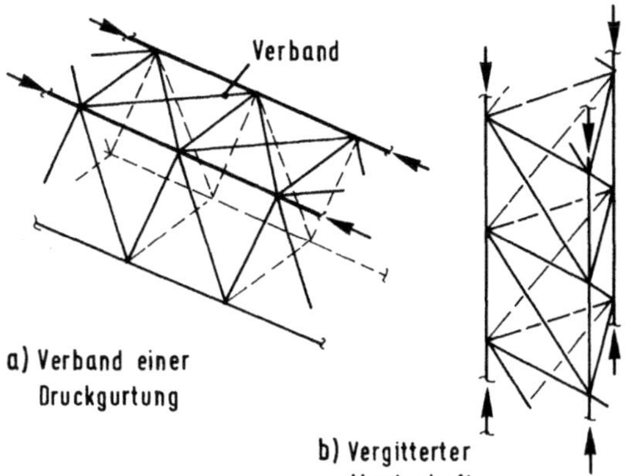

Bild 6.89

Wenn zwischen Gurtungen Ausfachungen liegen, werden in diesen infolge der Gurtlängenänderungen Kräfte geweckt. Bei Ausfachungen hoher Steifigkeit können diese Beanspruchungen beträchtliche Größenordnungen annehmen. Es ist daher ein Gebot der Sicherheit, die Kräfte zu bestimmen, insbesondere in solchen Verbänden und Vergitterungen, die Druckgurtungen stabilisieren. Versagt nämlich ein Verbandsstab, z.B. durch Ausknicken, kann das ein Versagen der Verbandswirkung insgesamt zur Folge haben. B.6.89a zeigt einen Stabilisierungsverband (z.B. für den Obergurt einer Fachwerkbrücke) und B.6.87b die Vergitterung eines Mastschaftes.

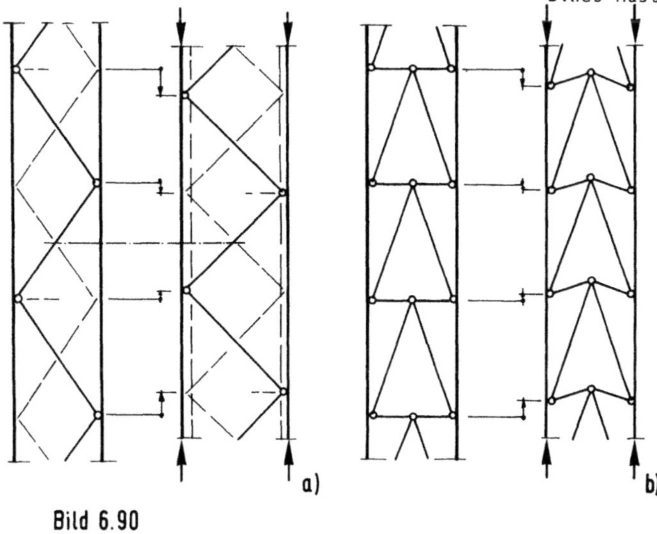

Bild 6.90

Um die Gefährdung eines Verbandes gegenüber Zwängungsbeanspruchungen zu prüfen, wird von einem gelenkigen Anschluß der Verbandsstäbe an die Gurte ausgegangen. Diese Annahme ist gerechtfertigt, da die Biegesteifigkeit der Gurte i.allg. eine Zehnerpotenz größer ist als die der Füllstäbe.

Die Abbildungen in B.6.90 zeigen einen Streben- und einen K-Verband, jeweils mit unbelasteten und belasteten Gurtstäben. Die Zusammendrückung ist schematisch dargestellt. Offensichtlich können die Verbände den Verformungen zwanglos folgen, im Falle des Strebenverbandes tritt eine Querdehnung ein; da die Querdehnung nicht behindert wird, treten keine Zusatzkräfte in den Verbandsstäben und keine Zusatzmomente in den Gurtstäben auf; dies trifft auch für K-Verbände zu. Diese Ausfachungsformen (einschließlich Rautenfachwerke) sind daher für Druckgurte von Fachwerk- und Bogenbrücken geeignet und üblich.

Bei Ausfachungen in Form von Ständerfachwerken mit einsinnig fallenden (bzw. steigenden) Streben und Querstäben (B.6.91a) und bei Kreuzverbänden (B. 6.91b) treten Zusatzkräfte in den Verbandsstäben, aber keine Zusatzmomente in den Gurtungen, auf, weil die Anschlußpunkte an den Gurtungen auch nach der Verformung auf geraden Linien liegen. Anders verhalten sich Ausfachungen mit wechselnden Strebenneigungen und Querstäben sowie Rautenfachwerke mit Querstreben (B. 6.92). Wie die Verformungsfiguren deutlich machen, werden sowohl Zusatzkräfte wie Biegungsmomente in den Gurtstäben geweckt. Die Probleme sind statisch unbestimmt. - Um den Stabilitätsnachweis für die durch den Verformungseffekt der Gurte entstehenden Druckkräfte in den Füllstäben führen zu können, werden nachfolgend die erforderlichen Berechnungsformeln abgeleitet.

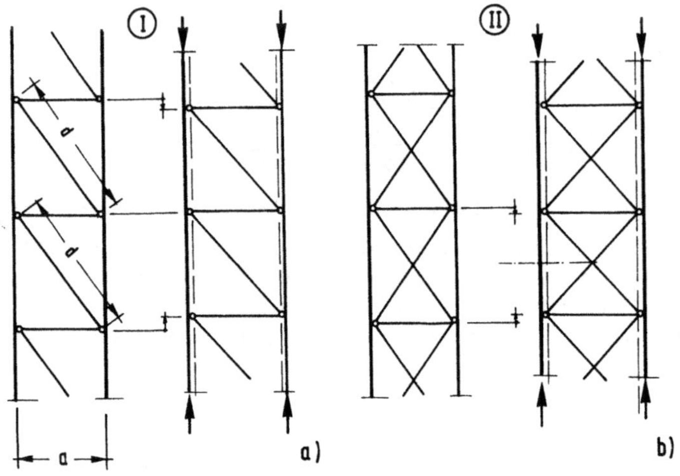

Bild 6.91

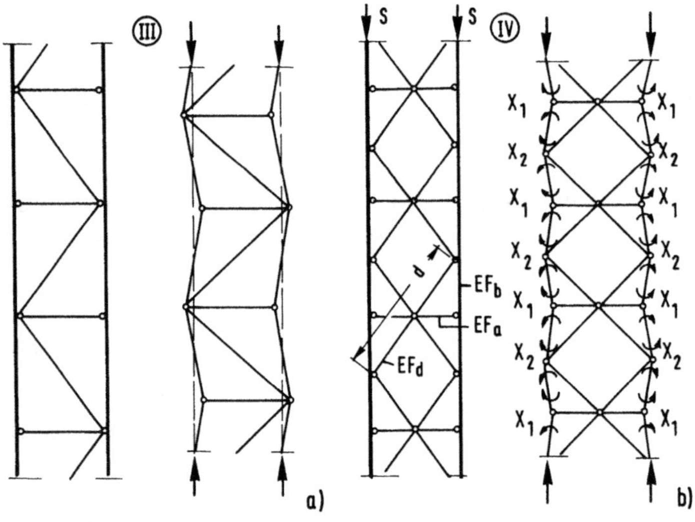

Bild 6.92

6.6.3.2 Berechnungsformeln für ebene Fachwerke

System I (B.6.91a): Die Antimetrie des Systems wird ausgenutzt. Damit liegt ein einfach-statisch unbestimmtes Problem vor. Als statisch Unbestimmte X wird die Gurtdifferenzkraft eingeführt. Die äußere Druckkraft auf jeden Gurtstab beträgt S. Nach Berechnung von δ_{11} und δ_{10} findet man:

$$X = \frac{F_a F_d b^3}{F_a F_d b^3 + F_a F_b d^3 + F_b F_d a^3} S \qquad (6.215)$$

Die Bedeutung von a, b und d sowie F_a, F_b und F_d geht aus B.6.93a hervor. Die Stabkräfte betragen (Druckkräfte negativ):

$$\text{Querstreben: } S_a = \frac{a}{b} X; \text{ Diagonalen: } S_d = -\frac{d}{b} X; \text{ Gurte: } S_b = -S + X \qquad (6.216)$$

System II (B.6.91b): Eine analoge Rechnung ergibt:

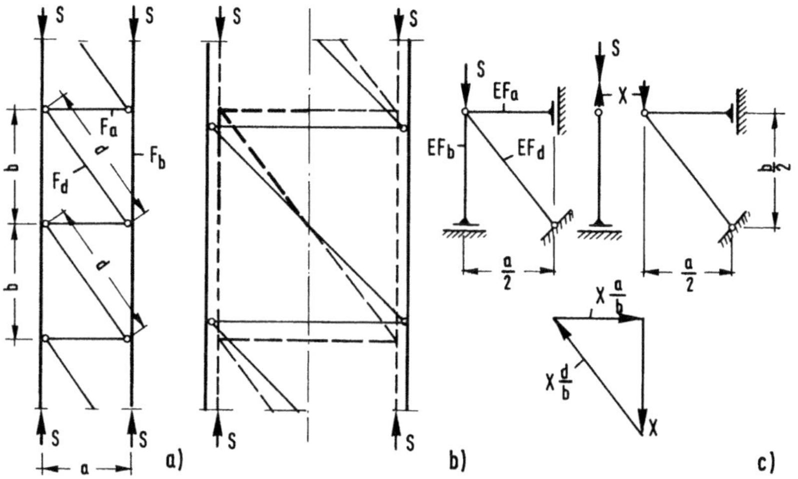

Bild 6.93

$$X = \frac{2 F_a F_d b^3}{2 F_a F_d b^3 + 2 F_a F_b d^3 + F_b F_d a^3} S \qquad (6.217)$$

$$\text{Querstreben: } S_a = \frac{a}{b} X; \text{ Diagonalen: } S_d = -\frac{d}{b} X; \text{ Gurte: } S_b = -S + X \qquad (6.218)$$

System III (B.6.92a): Als statisch Unbestimmte werden die Gurtmomente eingeführt. B.6.94 zeigt die Einheitszustände $X_1=1$ und $X_2=1$. Man findet:

$$\delta_{11} = \delta_{22} = \frac{1}{3}\frac{b}{EJ_b} + \frac{F_a F_d b^3 + 2 F_a F_b d^3 + 2 F_b F_d a^3}{E F_a F_b F_d a^2 b^2} = A + B \qquad (6.219)$$

$$\delta_{12} = \delta_{21} = \frac{1}{6}\frac{b}{EJ_b} - \frac{F_a F_d b^3 + 2 F_a F_b d^3 + 2 F_b F_d a^3}{E F_a F_b F_d a^2 b^2} = \frac{A}{2} - B \qquad (6.220)$$

$$\delta_{10} = -\delta_{20} = -S \cdot \frac{b}{a E F_b} = -C \qquad (6.221)$$

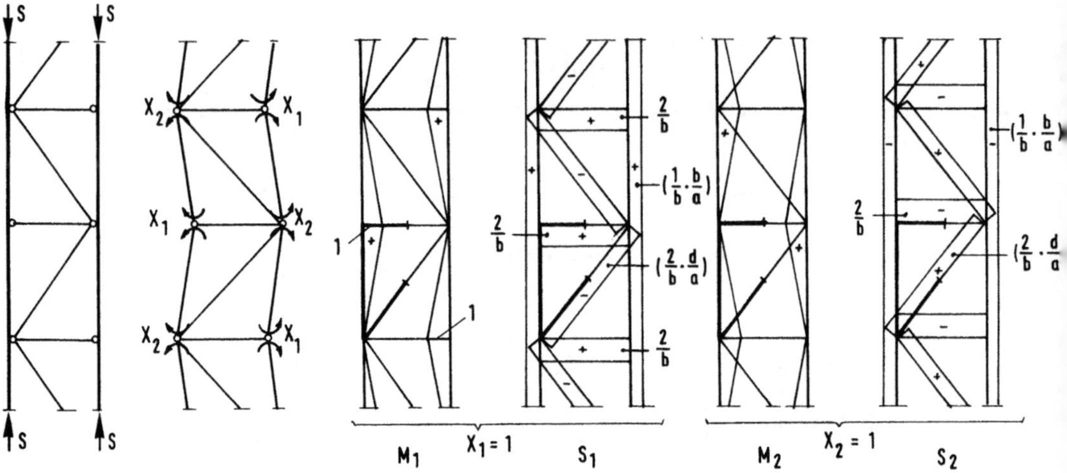

Bild 6.94

Hieraus folgt:

$$X_1 = -X_2 = X = \frac{C}{A/2 + 2B} \tag{6.222}$$

$$\text{Querstreben: } S_a = 4\frac{X}{b}; \text{ Diagonalen: } S_d = -\frac{4d}{ab}X; \text{ Gurte: } S_b = -S + 2\frac{X}{a} \tag{6.223}$$

System IV (B.6.92b): Wie zuvor werden die Gurt-Zusatzmomente als statisch Unbestimmte eingeführt. B.6.95 zeigt den Einheitszustand $X_1=1$; es ergibt sich:

$$X_1 = -X_2 = X = \frac{C}{A/2 + 2B} \tag{6.224}$$

A, B und C stehen für:

$$A = \frac{b}{3EJ_b}; \quad B = \frac{4F_aF_d b^3 + 4F_aF_b d^3 + 8F_bF_d a^3}{EF_a F_b F_d a^2 b^2}; \quad C = 2S\frac{b}{a\,EF_b} \tag{6.225}$$

$$\text{Querstreben: } S_a = 8\frac{X}{b}; \text{ Diagonalen: } S_d = -\frac{4d}{ab}X; \text{ Gurte: } S_b = -S + \frac{4}{a}X \tag{6.226}$$

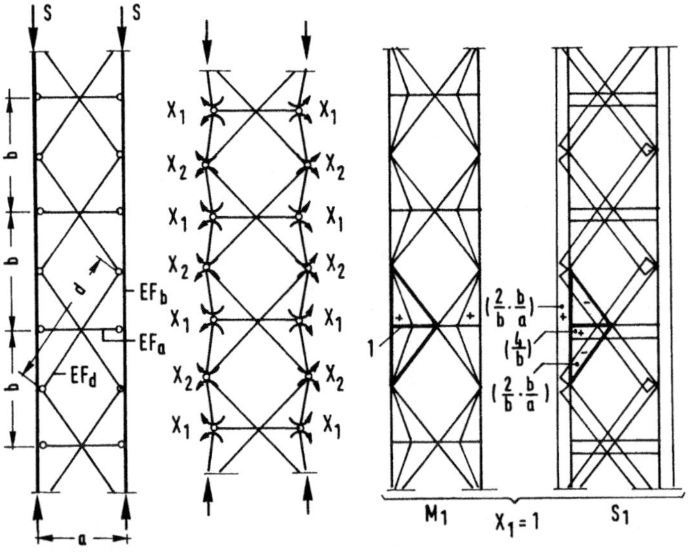

Bild 6.95

Zusatzbeanspruchung in Mastvergitterungen infolge Gurtstauchung

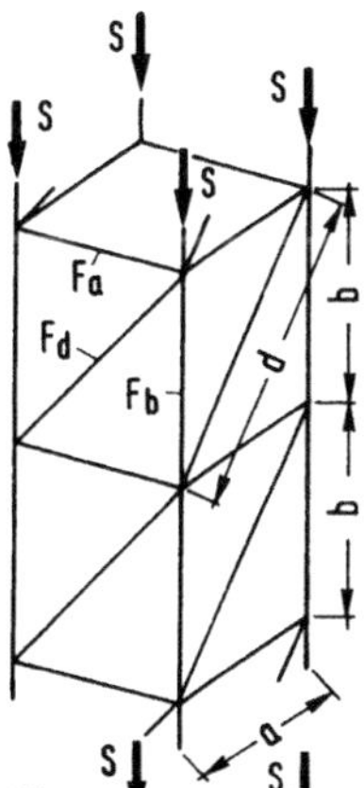

System I

$$X = \frac{F_a F_d b^3}{2 F_a F_d b^3 + F_a F_b d^3 + F_b F_d a^3} \cdot S$$

$S_a = \frac{a}{b} X$; $\quad S_d = -\frac{d}{b} X$; $\quad S_b = -S + 2X$

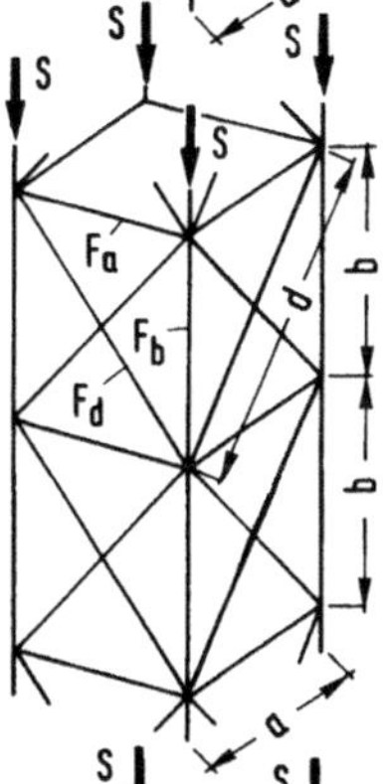

System II

$$X = \frac{2 F_a F_d b^3}{4 F_a F_d b^3 + 2 F_a F_b d^3 + F_b F_d a^3} \cdot S$$

$S_a = \frac{a}{b} X$; $\quad S_d = -\frac{d}{b} X$; $\quad S_b = -S + 2X$

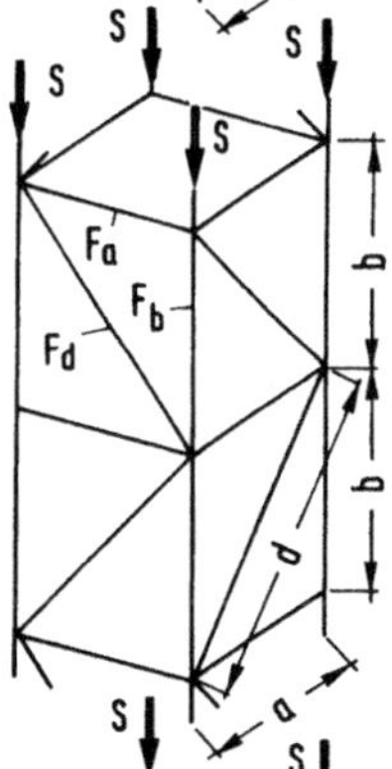

System III: $X = C / \left(\frac{A}{2} + 2B \right)$

$$A = \frac{2b \cdot \cos^2(\frac{\alpha}{2})}{3 E J_b}; \quad B = \frac{2 F_a F_d b^3 + 2 F_b F_d a^3 + 2 F_a F_b d^3}{E F_a F_b F_d a^2 b^2}$$

$C = \frac{b}{a E F_b} \cdot S$; $\quad S_a = \frac{4}{b} X$; $\quad S_d = -\frac{4d}{ab} X$; $\quad S_b = -S + \frac{4}{a} X$

$M_b = \pm 2X \cdot \cos(\frac{\alpha}{2})$

J_b: Gurtbiegesteifigkeit in Richtung der Winkelhalbierenden; doppel-symmetrische Gurtquerschnitte. Diese Bemerkung gilt auch für System IV.

M_b

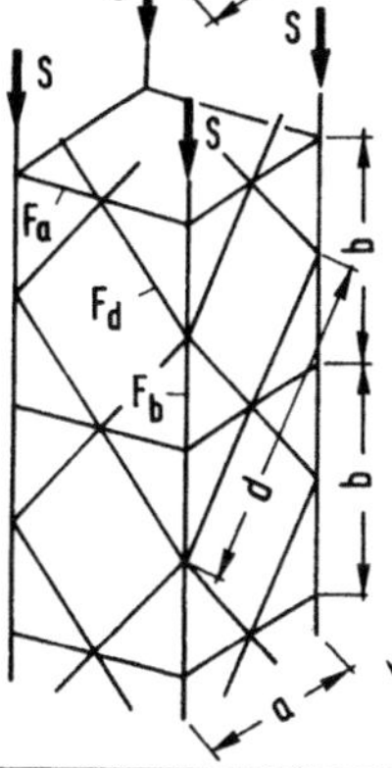

System IV: $X = C / \left(\frac{A}{2} + 2B \right)$

$$A = \frac{b \cdot \cos^2(\frac{\alpha}{2})}{3 E J_b}; \quad B = \frac{4 F_a F_d b^3 + 4 F_b F_d a^3 + 2 F_a F_b d^3}{E F_a F_b F_d a^2 b^2};$$

$C = \frac{b}{a E F_b} \cdot S$; $\quad S_a = +\frac{8}{b} X$; $\quad S_d = -\frac{4d}{ab} X$; $\quad S_b = -S + \frac{8}{a} X$

$M_b = \pm 2X \cdot \cos(\frac{\alpha}{2})$; Sonderfälle (gelten auch für System III)

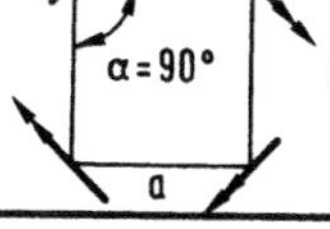

$M_b = \pm \sqrt{2} \cdot X$

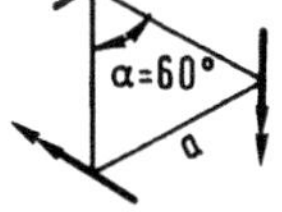

$M_b = \pm \sqrt{3} \cdot X$

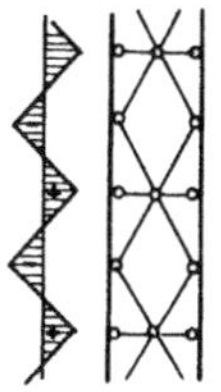

M_b

6.6.3.3 Berechnungsformeln für drei- und vierstielige Maste

Eine unmittelbare Übertragung der im vorangegangenen Abschnitt abgeleiteten Formeln auf Mastausfachungen ist nicht möglich und zwar aus zwei Gründen:

a) Zu jeder Fachwerkwand gehört nur ein Gurt,
b) die Biegung der Gurte wird durch die Zwängungen von jeweils zwei benachbarten Wänden ausgelöst.

Ist α der Winkel zwischen zwei Wandungen (entweder 60^0 oder 90^0), wirkt beim gemeinsamen Ansatz von X in den Fällen III und IV das Moment

$$2X\cdot\cos\left(\frac{\alpha}{2}\right)$$

senkrecht zur Winkelhalbierenden zwischen den Fachwerkwänden.
Unter Berücksichtigung der vorstehenden Hinweise werden die Formeln des Abschnittes 6.6.3.2 modifiziert. Auf T.6.10 ist das Ergebnis zusammengefaßt.

Beispiel: Vierstieliger Schaft eines abgespannten Funkmastes
Unter Gebrauchslast beträgt die max. Druckkraft 22000 kN. Die Kraft wird auf vier Gurte verteilt: S=5500 kN.

Gurte: IPBv 300: $F_b = 303\,cm^2$; $J_b = J_x = 59\,200\,cm^4$

Diagonalen: $F_d = 31\,cm^2$

Querstreben: $F_a = 17\,cm^2$

Die Abmessungen des Mastes sind in B.6.96 eingetragen: Systemtyp: IV.

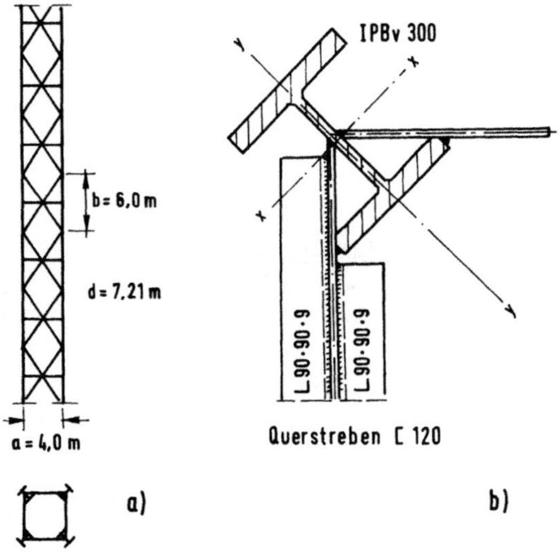

Bild 6.96

Die Auswertung der Formeln gemäß T.6.10 liefert: $\alpha = 90°$:

$$EA = \frac{600(\frac{1}{2}\sqrt{2})^2}{3\cdot 59200} = \underline{1{,}689\cdot 10^{-3}};$$

$$EB = \frac{4\cdot 17\cdot 31\cdot 600^3 + 4\cdot 303\cdot 31\cdot 400^3 + 2\cdot 17\cdot 303\cdot 721^3}{17\cdot 303\cdot 31\cdot 400^2\cdot 600^2} = \underline{0{,}7308\cdot 10^{-3}}$$

$$EC = \frac{600}{400\cdot 303}\,5500 = \underline{27{,}228}$$

$$X = \frac{27{,}228}{(\frac{1{,}689}{2} + 2\cdot 0{,}7308)10^{-3}} = \underline{11807\ kNcm};$$

$S_a = 157{,}5\ kN$; $S_d = -142\ kN$; $S_b = -5500 + 236 = -5264\ kN$

$M_b = \pm\sqrt{2}\cdot 11807 = \underline{16\,698\ kNcm}$; $\sigma = 4{,}8\,kN/cm^2$

Druckkräfte: negativ.
Die Biegespannungen in den Gurten haben keinen Einfluß auf die Sicherheit.

6.7 Elastisch gestützte Druckgurte

6.7.1 Systeme - Problemstellung

Bild 6.97 zeigt Beispiele aus dem Brückenbau; die Druckgurte werden durch federnde Querstützungen stabilisiert. Bei der Trogbrücke (B.6.97a) werden die Druckgurte durch Halbrahmen und bei der Mittelträgerbrücke (B.6.97b) durch Pfosten und Streben gestützt, die ihrerseits in einem torsionssteifen Mittelträger eingespannt sind. Die Druckgurte sind federelastisch gelagerte Durchlaufträger. Die diskrete Stützung kann durch eine (verschmierte) elastische Bettung ersetzt werden.

Drei Umstände bedürfen einer besonderen Betrachtung:

a) Bei Trogbrücken biegen sich die Druckgurte infolge der direkten Querträgerbeanspruchung unter Verkehrslast nach innen. Unter konstanter Vollast und gleich großer Rahmensteifigkeit bleiben die Gurtachsen auch im verformten Zustand (theoretisch) gerade Linien, so daß die Voraussetzung der Verzweigungstheorie erfüllt ist. In allen anderen Fällen, und das ist die Regel, treten Primärverformungen auf. - Bei Mittelträgerbrücken ist bei beidseitiger Vollast die Druckbeanspruchung in der Gurtung zentrisch, bei einseitiger Belastung tritt eine einsinnige Ausbiegung der Gurtung ein; in diesem Falle liegt dann auch ein Spannungsproblem Th.II.Ordn. vor. Wie im Abschnitt 1.2.10 erläutert, kann die Verzweigungslast für ideal zentrische Beanspruchung dennoch als Stabilitätsmaß Verwendung finden, weil das Spannungsproblem durch die Verzweigungslösung nach oben begrenzt wird. Würde beispielsweise die Druckgurtung über die ganze Brückenlänge eine einsinnige, primäre Ausbiegung in Form einer Sinuslinie (o.ä.) erleiden, würde der Druckgurt bei Erreichen der Verzweigungslast in eine mehrwellige Knickform umschlagen, diese kann antimetrisch oder symmetrisch sein, das hängt von der Steifigkeit der Querstützung ab. Die Intensität dieses Knickens aus einer primären Vorverformungslage heraus, stimmt mit der Intensität des vorverformungsfreien Verzweigungsknickens überein. Aus diesem Grund können der Stabilitätsuntersuchung solcher Gurte die Verzweigungslösungen zentrisch belasteter (momentenfreier) Stäbe zugrundegelegt werden.

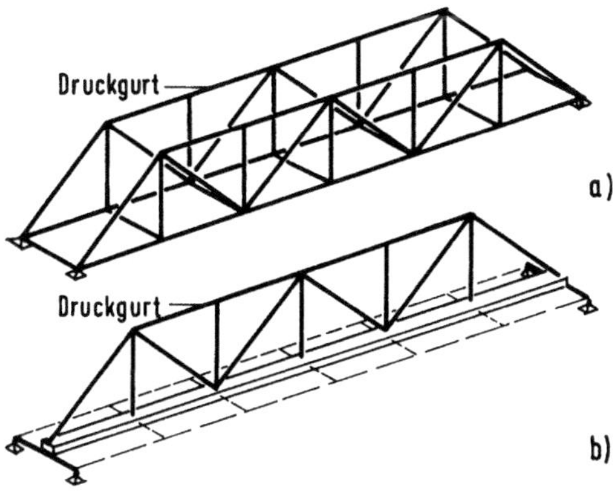

Bild 6.97

b) Bei der Bestimmung der Federkonstanten für die diskreten Stützungen ist zunächst festzustellen, ob die Federn unabhängig voneinander oder verkoppelt sind. Sofern bei Trogbrücken die Federn aus Halbrahmen bestehen, die ihrerseits aus den Brückenquerträgern und Pfosten aufgebaut werden, sind die Federn nicht gekoppelt, denn bei einer Knickung der Gurte stellt sich immer eine (bezogen auf die Brückenachse) spiegelbildliche Knickfigur ein, weil die zugehörigen Federkonstanten kleiner sind als bei einer gleichgerichteten Knickausweichung beider Gurte. Die Federkonstanten (Halbrahmenwiderstände) betragen bei symmetrischer Halbrahmenverformung (B.6.98a)

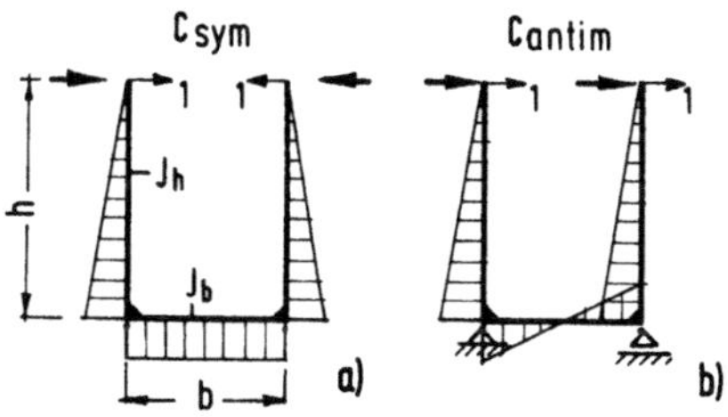

Bild 6.98

$$C = C_{sym} = E\frac{1}{\frac{h^3}{3J_h}+\frac{h^2b}{2J_b}} \qquad (6.227)$$

und bei antimentrischer Halbrahmenverformung (B.6.98b):

$$C_{antim} = E\frac{1}{\frac{h^3}{3J_h}+\frac{h^2b}{6J_b}} \qquad (6.228)$$

Bei angevouteten Pfosten oder Eckaussteifungen ist für h eine reduzierte Höhe einzusetzen oder es ist eine strenge Berechnung durchzuführen. Dazu wird für die gegengleichen Einheitskräfte die Pfostendurchbiegung ermittelt und hiervon der Reziprokwert bestimmt, das ist C_{sym}, vgl. auch DIN 4114A und N.

Soll bei einer fachwerkartigen Trogbrücke die Stützung durch die Diagonalstäbe berücksichtigt werden oder liegt gar ein pfostenloses Fachwerk vor, tritt eine Kopplung der Federn ein, d.h., eine an irgendeinem Gurtknoten eingeprägte Kraft bewirkt nicht nur an diesem Knoten sondern auch an den Nachbarknoten eine Verschiebung. Auch bei Mittelträgerbrücken und ähnlichen Strukturen (vgl. Abschnitt 6.7.3) tritt über die Drillung des Versteifungsträgers eine Kopplung der Federn ein.

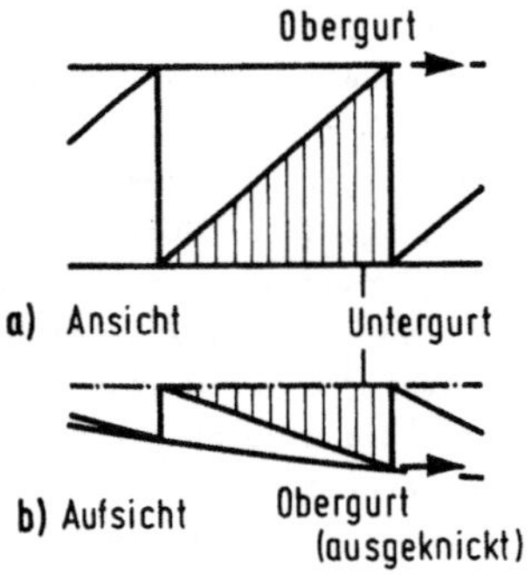

Bild 6.99

c) Im Knickfalle weicht der Druckgurt einschließlich Tragwand seitlich aus. Damit stellt sich die Frage nach der Richtungstreue der Kräfte, die in den Knotenpunkten von den Diagonalen als Schubkräfte an die Gurtungen abgesetzt werden. Da der Untergurt als unverschieblich betrachtet werden kann, sind die Druckkräfte richtungstreu: Alle, von jeweils einer Diagonale und Vertikale gebildeten Stabdreiecke schwenken um die Untergurtachse scharnierartig aus, die längsgerichteten Kraftpomponenten der Diagonalen behalten die Richtung der Untergurtachse bei. B.6.99 verdeutlicht den Sachverhalt.

Der Verlauf der Druckkräfte D(z) und die Größe der Federzahlen C und die hieraus berechnete Bettungsziffer c(z) sind i.allg. veränderlich und von der Ausbildung der Tragwände abhängig. B.6.100 zeigt die drei wichtigsten Systemvarianten:

Im Falle der im Bild a dargestellten parabelförmigen Tragwand ist die Druckkraft (annähernd) konstant (ebenfalls F und EJ), die Bettungsziffer ist stark variabel, weil die Pfosten zu den Enden hin immer kürzer werden. Der Druckgurt ist gelenkig oder drehfederelastisch in die Endquerträger eingespannt.

Bei Trapezträgern gemäß Bild b sind D und EJ mehr oder weniger veränderlich, c(z) ist relativ konstant. Das statische System für die Gurtung ist davon abhängig, ob die Enddiagonalen biegesteif mit dem Obergurt durchgehend verbunden oder nur gelenkig angekoppelt sind. In B.6.100b sind die Varianten angedeutet. Bei gelenkigem Anschluß kann man auch diskrete Endfedern einführen.

Für den im Bild c dargestellten Parallelträger gelten ähnliche Oberlegungen. Auch hier kann es empfehlenswert sein, als statisches System einen kontinuierlich elastisch gebetteten Stab mit diskreten Endfedern zu wählen, da die Endhalbrahmen gegenüber den mitt-

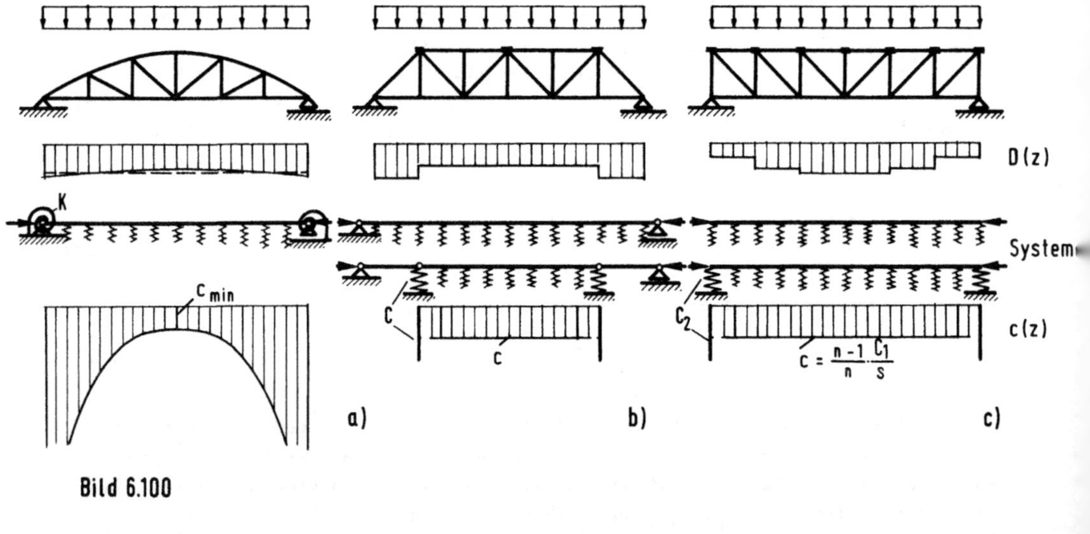

Bild 6.100

leren Halbrahmen i.allg. eine unterschiedliche Steifigkeit aufweisen.
Trotz der recht unterschiedlichen Verhältnisse und Systeme gelingt eine recht zutreffende Abschätzung der Knicksicherheit -insbesondere für Vorberechnungen und Prüfungen- , wenn auf die im Abschnitt 5.22 aufbereiteten Behelfe zurückgegriffen und die Knicklänge eines Ersatzstabes bestimmt wird. - Im Rahmen einer Ausführungsstatik ist eine Computerberechnung auf der Basis des Verfahrens der Übertragungsmatrizen oder Verformungsgrößenverfahrens, ggf. unter Erfassung der räumlichen Tragwirkung, anzuraten. Hierbei sind nach DIN 4114N die Gurte als Durchlaufträger unter ν-fachen Bemessungslasten nach Th.II.Ordn. unter Einbeziehung von Imperfektionen nachzuweisen. (Daneben sollte nach Auffassung des Verfassers stets die Sicherheit gegenüber Verzweigungsknicken bestimmt werden, vgl. oben). Näherungsweise darf nach DIN 4114N bei solchen Durchlaufträgern, die nur durch planmäßig mittigen Druck belastet werden, die Stabilitätsuntersuchung auch durch den Nachweis ausreichend hoher Federsteifigkeiten durchgeführt werden. Dieses Konzept ist auch nach DIN 4114A zugelassen. Eine weitere Möglichkeit nach DIN 4114A besteht darin, die plastische Knicksicherheit ν_K (unter Berücksichtigung von T bzw. T_K anstelle von E) zu berechnen.

6.7.2 Stabilitätsnachweis auf der Grundlage elastisch gebetteter Stäbe

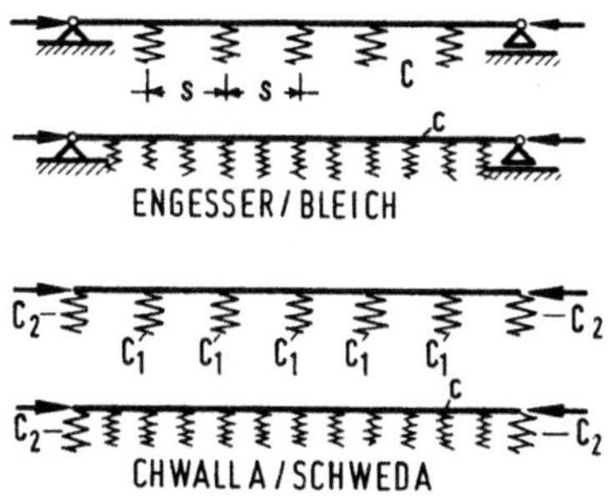

a)

b)

Bild 6.101

Als Grundaufgabe wird der über Einzelfedern durchlaufende Druckstab betrachtet. Ist s der gegenseitige Abstand der Federn und beträgt deren Federkonstante C, kann bei größerer Federzahl die Bettungsziffer

$$c = \frac{C}{s} \qquad (6.229)$$

berechnet werden. Will man sich auf der sicheren Seite bewegen, ist

$$c = \frac{C}{s}\,\frac{n-1}{n} \qquad (6.230)$$

zu bilden; n ist die Felderzahl. - Für den in B.6.101a dargestellten Fall mit festen Endlagern beträgt die Knicklast bei mehrwelliger Knickung (vgl. Abschnitt 5.22.3):

$$D_{Ki} = D_{Eng} = 2\sqrt{EJ\cdot c} \qquad (6.231)$$

Wird dieser Wert unter Berücksichtigung von G.6.230 und G.6.227 mit der Knicklast eines EULER-II-Ersatzstabes der Länge s_K gleichgesetzt, findet man:

$$s_K = \pi\sqrt[4]{\frac{EJ}{4}\cdot\frac{s}{C}\,\frac{n}{n-1}} = \pi\sqrt[4]{Js\,\frac{n}{n-1}\left(\frac{h^3}{12\,J_h} + \frac{h^2 b}{8\,J_b}\right)} \qquad (6.232)$$

Will man eine bestimmte Knicksicherheit ν_{Ki} gewährleisten, folgt nach Umformung von G.6.231 aus G.6.230:

$$c = \frac{C}{s}\,\frac{n-1}{n} = \frac{(\nu_{Ki}\,D)^2}{4\,EJ} \longrightarrow C = C_{Eng} = \frac{n}{n-1}\,\frac{(\nu_{Ki}\,D)^2}{4\,EJ}\,s \qquad (6.233)$$

Im plastischen Bereich tritt T oder T_K an die Stelle von E und ν_K an die Stelle von ν_{Ki} . Geht man von der Knicklänge $s_K = \beta s$ aus und berechnet EJ aus

$$D_{Ki} = \frac{\pi^2 EJ}{\beta^2 s^2} \qquad (6.234)$$

folgt für C_{Eng}:

$$C_{Eng} = \frac{n}{n-1}\,\frac{\pi^2}{4}\,\frac{D_{Ki}}{\beta^2 s} \approx 2{,}5\,\frac{\nu_{Ki}}{\beta^2}\,\frac{D}{s} \quad \text{bzw.} \quad C_{Eng} = 2{,}5\,\frac{\nu_K}{\beta^2}\,\frac{D}{s} \qquad (6.235)$$

Bei variablem D(z), EJ(z), F(z) und s(z) ist β sinnvoll zu mitteln. Die Zulässigkeit der vorangegangenen Abschätzung bedarf einer Überprüfung und zwar bezüglich der Frage, von welchem β-Wert ab anstelle der diskreten Federstützung mit einer kontinuierlichen Bettung gerechnet werden darf. Antwort auf diese Frage gibt die von BLEICH und SCHWEDA abgeleitete (G.6.235 entsprechende) Formel für Einzelfederung [6.117]:

$$C_{Bleich} = \frac{2\,v_{Ki}\,D}{s}\left(3-\frac{1}{\beta^2}\right)\frac{\sqrt{\varepsilon}-\sqrt{\sin\varepsilon}}{\sqrt{\varepsilon}+\sqrt{\sin\varepsilon}};\quad \varepsilon=\frac{\pi}{\beta} \tag{6.236}$$

Die Formel gilt für EJ und D=konst. Wird

$$C_{Eng} = \frac{v_{Ki}\,D}{s}\Phi_E;\quad C_{Bleich} = \frac{v_{Ki}\,D}{s}\Phi_B \tag{6.237}$$

eingeführt und berechnet man die Φ-Werte für verschiedene β-Zahlen (das Ergebnis ist in B.6.102 eingetragen), so erkennt man, daß die Mindestfederkonstanten für $\beta=1{,}2$ nach G.6.235 bzw. G.6.236 um 5,5% und für $\beta\geq 1{,}3$ um $\leq 4\%$ voneinander abweichen; es erscheint vertretbar, mindestens $\beta\geq 1{,}2$ zu fordern, damit eine Berechnung mit (verschmierter) kontinuierlicher Bettung gemäß G.6.235 berechtigt ist.

β	Φ_E	Φ_B	$\frac{\Phi_B-\Phi_E}{\Phi_B}$
1	2,500	4,000	0,375
1,1	2,066	2,269	0,089
1,2	1,736	1,806	0,039
1,3	1,479	1,505	0,017
1,4	1,276	1,283	0,006
1,5	1,111	1,110	-0,001
1,6	0,977	0,972	-0,005

Bild 6.102

Sind die Endpunkte der elastisch gestützten Gurtung nicht unverschieblich gehalten, würde eine Bemessung der Halbrahmenwiderstände nach G.6.235 nicht die erforderliche Knicksicherheit liefern, vgl. Abschnitt 5.22.3 und B.5.113. Für diesen Fall bedarf es einer Erweiterung der Theorie:
Wie in B.6.101b gezeigt, werden die mittleren Federkonstanten mit C_1 und die Endfederkonstanten mit C_2 abgekürzt. Die Druckkraft wird wieder (auf der sicheren Seite liegend) konstant angenommen. Gegenüber dem Bemessungswert C_{Eng} nach G.6.235 ist die erforderliche Federkonstante zu erhöhen. Das kann auf zweierlei Art geschehen, entweder wird C_1 angehoben, dann ergibt sich C_2, oder es wird umgekehrt vorgegangen. Das erstgenannte Vorgehen wird bevorzugt, d.h., es wird

$$C_1 = v_1\cdot C_{Eng} \tag{6.238}$$

gesetzt. Der Vergrößerungsfaktor v_1 kann frei gewählt werden, z.B. 1,1 bis 1,5. Ist v_1 klein, muß der Endrahmen sehr steif ausfallen, im Falle $v_1=1$ muß $C_2=\infty$ sein. Wird v_1 groß gewählt, kann der Endrahmenwiderstand geringer ausfallen. Für ein gewähltes v_1 kann der erforderliche Endrahmenwiderstand nach der Formel

$$C_2 = v_2\,C_{Eng}\quad \text{mit}\quad v_2=\frac{\beta\sqrt{v_1}}{\pi}\cdot\frac{a_1\sinh b_1 \mp a_2\sin b_2}{\cosh b_1 \pm \cos b_2} \tag{6.239}$$

$$a_{1,2}=\frac{2\mp\sqrt{v_1}}{\sqrt{\sqrt{v_1}\mp 1}};\quad b_{1,2}=\frac{n\pi}{2\beta}\sqrt{\sqrt{v_1}\mp 1} \tag{6.240}$$

bestimmt werden. Das jeweils obere Vorzeichen bezieht sich auf eine symmetrische, das untere auf eine antimetrische Knickform. Beide Fälle sind zu prüfen, der größere C_2-Wert ist für die Bemessung der Endhalbrahmen maßgebend. Formel G.6.239/40 wurde von CHWALLA [5.67] abgeleitet. SCHWEDA [5.66] hatte zuvor die Lösung für diskrete Stützung angegeben. Es läßt sich zeigen, daß auch bei diesem Problem (B.6.101b) die Lösungen der diskreten und kontinuierlichen Stützung für $\beta\geq 1{,}2\div 1{,}3$ praktisch übereinstimmen.
Für Trapezträger ist der dargelegte Rechnungsgang für den parallelgurtigen Bereich insofern zu ergänzen, als die Endrahmen auch zur Stützung der Enddiagonalen dienen. Der gemäß G.6.239 bestimmte Wert für C_2 ist um den Betrag:

$$\Delta C_2 = \frac{v_{Ki}\cdot D}{l_2}\quad \text{bzw}\quad \Delta C_2 = \frac{v_K\cdot D}{l_2} \tag{6.241}$$

zu erhöhen. Hierin ist $\nu_{Ki}\cdot D_2$ $(\nu_K\cdot D_2)$ die um ν_{Ki} (ν_K) erhöhte Strebenkraft und l_2 deren Länge.

Die Theorie dieses Abschnittes liegt vom Prinzip her den Näherungsnachweisen der DIN 4114A und N für elastisch gelagerte Durchlaufträger zugrunde. Da in DIN 4114N der Bezug auf die EULERsche bzw. ENGESSERsche Knicksicherheit fallengelassen wurde und grundsätzlich nur noch vom imperfekten Stab ausgegangen werden darf, ist bei der Vorgabe von β in G.6.235 von den Knickspannungslinien der DIN 4114N auszugehen, d.h., für $\varkappa$ ist $\bar{\lambda}$ abzugreifen und hiermit $\beta=\bar{\lambda}\cdot i/s$ zu bestimmen; wegen $\varkappa$ vgl. Abschnitt 2.4.4.

6.7.3 Berechnungsverfahren für Druckgurte mit diskreter Federstützung

Eine nach den Anweisungen des vorangegangenen Abschnittes durchgeführte Stabilitätsuntersuchung liegt aus mehreren Gründen auf der sicheren Seite, insbesondere, weil gewisse Stützwirkungen durch die Biege- und Drilleinspannung der Füllstäbe unberücksichtigt bleiben. Auch erleiden die Druckgurtungen bei mehrwelliger Ausknickung eine Drillung. Nach Abschätzungen von SCHIBLER [6.118] wirken sich die genannten Einflüsse auf die Knicklasten indes nur in wenigen Prozenten (≈5%) aus.
Bei Druckgurtungen mit offenen Querschnitten ist die Möglichkeit des Biegedrillknickens zu berücksichtigen, was näherungsweise durch den Ansatz eines reduzierten Vergleichsträgheitsmomentes

$$J_V = J_y\left(\frac{\lambda_y}{\lambda_{Vi}}\right)^2 \leq J_y \qquad (6.242)$$

geschehen kann; diese Abminderung kann erheblich ausfallen!

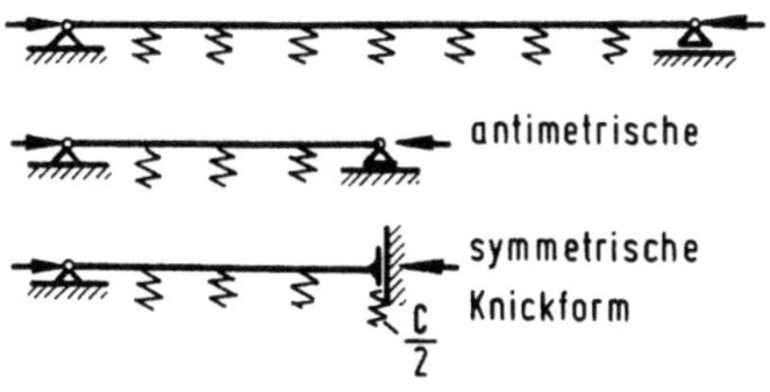

Bild 6.103

Strenge Berechnungen von Verzweigungs- und Spannungsproblemen Th.II.Ordn. (z.B. nach dem Verfahren der Übertragungsmatrizen oder Verformungsgrößenverfahren) können in vielen Fällen dadurch vereinfacht werden, daß die Untersuchungen auf eine Feldhälfte beschränkt werden; die Randbedingungen sind dann den Knickformen anzupassen, vgl. B.6.103.

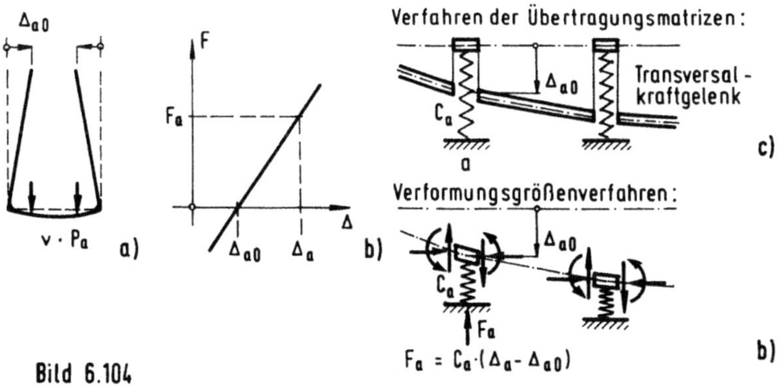

Bild 6.104

Die im Abschnitt 6.7.1 unter Pkt.a erwähnten Vorverformungen der Halbrahmen durch die Querträgerdurchbiegungen infolge deren direkter Belastung (B.6.104a) können dadurch eliminiert werden, daß vorab die Verschiebungen der Halbrahmen unter ν-facher Belastung berechnet werden: Δ_{a0} (B.6.104a). Dieser Zustand wird als Nullzustand betrachatet, d.h., die Federkräfte werden erst von Δ_{a0} ab geweckt, vgl. B.6.104b. Im Bildteil c/d ist gezeigt, wie die Übergangsbedingungen bei einer Berechnung nach dem Verfahren der Übertragungsmatrizen bzw. Verformungsgrößenverfahren einzuführen sind.

Die im Abschnitt 6.7.2 unter Pkt.b erwähnten Federkopplungen treten bei modernen Konstruktionen häufig auf. B.6.105a verdeutlicht die prinzipielle Problemstellung: Der Druckgurt wird durch Federn und einen druckkraftfreien Biegeträger gestützt. Die Berech-

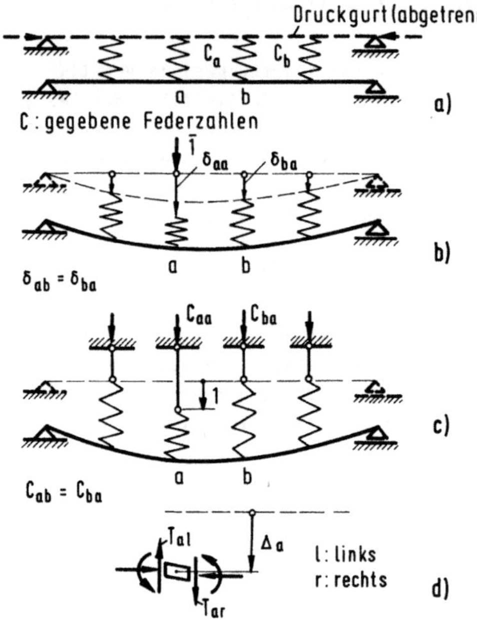

Bild 6.105

nung ist in folgenden Schritten durchzuführen:

a) Zunächst werden für die Hilfsangriffe $\bar{1}$ der Reihe nach die Verschiebungen der Anschlußpunkte berechnet. Im Angriffspunkt der Hilfskraft setzt sich die Verschiebung aus der lokalen Trägerdurchbiegung und der Federeindrückung zusammen: δ_{aa}. Die Nachbarpunkte erleiden Verschiebungen, die nur durch die Trägerdurchbiegung geweckt werden: δ_{ba} (B.6.105b). Aus den Verschiebungen wird die Matrix [D] aufgebaut:

$$[D] = \begin{bmatrix} \delta_{11} & \delta_{12} & \cdots & \\ \delta_{21} & \cdots & \cdots & \\ \cdots & & \delta_{aa} & \delta_{ab} \\ \cdots & & \delta_{ba} & \cdots \end{bmatrix} \tag{6.243}$$

b) Von [D] wird die Kehrmatrix gebildet, das ist die Matrix der Einflußzahlen [C]:

$$[C] = [D]^{-1} = \begin{bmatrix} C_{11} & C_{12} & \cdots & \\ C_{21} & \cdots & \cdots & \\ \cdots & & C_{aa} & C_{ab} \\ \cdots & & C_{ba} & \cdots \end{bmatrix} \tag{6.244}$$

[C] nennt man auch Federungsmatrix. Wie [C] in direkter Weise berechnet werden kann, zeigt B.6.105c: Alle Anschlußpunkte werden festgehalten und einem (z.B. dem Punkt a) die Verschiebung 1 aufgeprägt. Die Festhaltekräfte dieses Zwangszustandes liefern die Spalte a in der [C]-Matrix.

c) Der Verformungszustand des vorgelegten Verzweigungs- oder Spannungsproblems Th.II.Ordn. sei durch die Verschiebungen Δ_a gekennzeichnet. Sind n Stützstellen vorhanden, lauten die transversalen Gleichgewichtsgleichungen, vgl. B.6.105d:

$$T_{al} - T_{ar} + C_{aa}\Delta_a + C_{ab}\Delta_b + \cdots = 0 \tag{6.245}$$

$$T_{al} - T_{ar} + \sum_{b=1}^{n} C_{ab}\Delta_b = 0, \quad (a = 1,2 \cdots n)$$

Die Knotenmomentengleichungen lauten:

$$M_{al} + M_{ar} = 0 \quad (a = 1,2,\cdots n) \tag{6.246}$$

Der Ersatz der Stabendschnittgrößen M und T durch die Grundformeln des Verformungsgrößenverfahrens ergibt 2n Gleichungen für die n Knotendrehwinkel φ und n Knotenverschiebungen Δ. Dabei sind die kinematischen Verschiebungsgleichungen

$$\psi_{ab} = \frac{\Delta_b - \Delta_a}{l_{ab}} \tag{6.247}$$

zu berücksichtigen.

d) Im Falle eines Verzweigungsproblems wird der Eigenwert aus Det(ε)=0 bestimmt, im Falle eines Spannungsproblems wird das Gleichungssystem nach den Knotenverformungen aufgelöst und werden die Schnittgrößen hieraus berechnet.

Da nach DIN 4114N Imperfektionen einzurechnen sind, die der zum niedrigsten Knickeigenwert gehörenden Verformungsfigur anzupassen sind, bedarf es stets einer Berechnung der Verzweigungslösung.

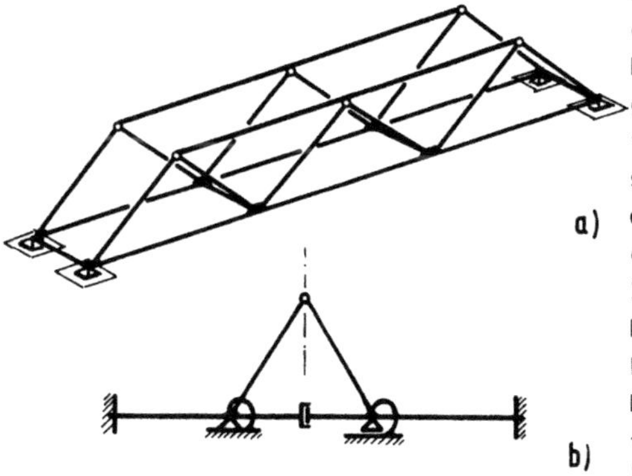

Bild 6.106

KLÖPPEL und EBEL [6.119] haben gezeigt, wie die [D]-Matrix im Falle pfostenloser Trogbrücken berechnet werden kann (B.6.106a). Aufgrund umfangreicher Parameterstudien wurde das in B.6.106b dargestellte Ersatzsystem vorgeschlagen, für das die Rahmenwiderstände für eine kopplungsfreie Berechnung bestimmt werden können, vgl. auch DIN 4114N.
In Ergänzung zu [6.119] wird in [6.120] der biegesteife Anschluß der Diagonalen an die Druckgurtungen erfaßt und über Modellversuche berichtet, in [6.121] werden Berechnungstafeln bereitgestellt. Auf [6.122/4] sowie [6.125/7] wird hingewiesen. In [6.116] wird die strenge Berechnung als räumliches Stabwerksproblem computergerecht aufbereitet.

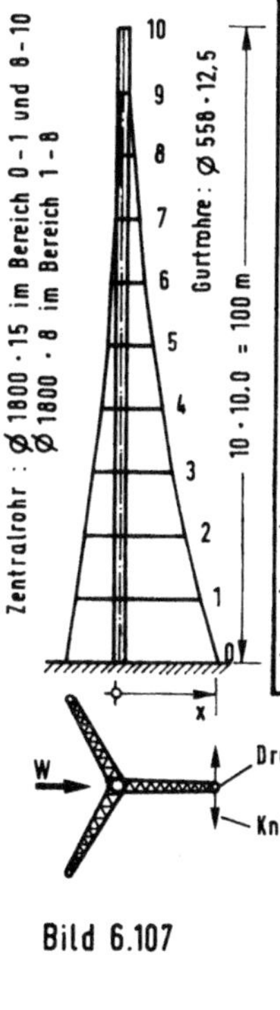

x	Streben
–	–
0.97	–
1,68	2 [200
2,63	2 [200
3,82	2 [200
5,25	2 [240
6,92	2 [240
8,83	2 [240
10,98	2 [300
13,37	2 [300
16,0	–

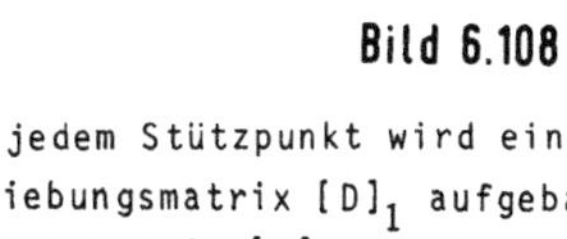

Bild 6.107

Beispiel: Zügelgurte eines dreifach abgestützten Stahlschornsteines (B.6.107)
Das Tragwerk besteht aus einem mittleren, im Fußpunkt eingespannten Standrohr, es ist nach drei Richtungen durch Zügelgurte abgespannt. Das System ist dreifach statisch unbestimmt. Die Gurtungen sind als Parabeln geformt, dadurch ergeben sich annähernd konstante Längskräfte. Für den Stabilitätsnachweis der Druckgurtung ist die in B.6.107 gezeigte Windrichtung maßgebend. Gesucht ist die Verzweigungslast. Die biegesteifen Zügelgurte sind unten und oben eingespannt. Über Horizontalstreben sind die Gurte an das Zentralrohr federelastisch angeschlossen. Die Federung ist gekoppelt! Wird nämlich an irgendeiner Strebe eine Einheitskraft $\bar{1}$ aufgebracht, setzt sich die Verschiebung aus der Verbiegung der Strebe und der Verdrillung des Standrohres (mal Hebelarm) zusammen, die anderen Strebenendpunkte erleiden ebenfalls Verschiebungen, die gleich dem lokalen Drillwinkel mal Hebelarm sind.

	1	2	3	4	5	6	7	8	9
1	7,21	-1,14	-0,57	-0,41	-0,25	-0,16	-0,09	-0,33	0,54
2		10,47	-2,85	-1,96	-1,32	-0,66	-0,44	-0,18	-0,38
3			14,59	-5,11	-3,37	-1,69	-1,19	-0,75	-0,57
4				27,87	-11,89	-6,59	-3,43	-2,03	-3,16
5					56,29	-23,83	-15,12	-6,06	-14,12
6						112,93	-55,75	-39,09	-32,72
7							287,43	-137,7	-112,9
8								1244,3	-1601,8
9									3537,3

Bild 6.108

An jedem Stützpunkt wird eine Einheitskraft $\bar{1}$ angesetzt (vgl. B.6.110a) und die Verschiebungsmatrix $[D]_1$ aufgebaut, anschließend wird sie invertiert, das liefert die Federungsmatrix $[C]_1$. In B.6.108 ist das Ergebnis ausgewiesen. Die Matrix ist symmetrisch. Die Elemente haben die Einheit kN/cm. Als Berechnungsmethode wird nicht das oben erläuterte Verformungsgrößenverfahren gewählt, sondern eine modifizierte Form; hierzu wird die Federungsmatrix $[C]_2$ für die Druckgurtung bestimmt, d.h., die von der Höhe der Druckkraft abhängigen Einflußzahlen bestimmt. Dazu werden für mehrere Laststufen den Stützpunkten 1 bis 9 Einheitsverschiebungen $\Delta=1$ cm aufgezwungen und die Festhaltekräfte

D = 9000 kN									
	1	2	3	4	5	6	7	8	9
1	8,25	- 8,73	8,69	- 3,45	1,37	- 0,54	0,21	- 0,10	0,03
2		1,91	- 6,21	7,70	- 3,06	1,22	- 0,49	0,23	- 0,08
3			0,92	- 5,82	7,54	- 3,00	1,22	- 0,55	0,18
4				0,77	- 5,77	7,54	- 3,05	1,37	- 0,47
5					0,77	- 5,82	7,69	- 3,45	1,19
6						0,92	- 6,22	8,70	- 2,98
7							1,91	- 8,72	7,51
8								8,25	- 5,75
9									0,37

Bild 6.109

dieser Zwangsverformungszustände nach Th.II.Ordn. berechnet. Diese Berechnung kann z.B. nach dem Verfahren der Übertragungsmatrizen oder nach einem Momentenausgleichsverfahren bewerkstelligt werden. Die Festhaltekräfte sind die gesuchten Einflußzahlen (B.6.110b), sie bauen die Matrix $[C]_2$ auf. B.6.109 zeigt das Ergebnis für die Laststufe D=9000 kN im Druckgurt.
Die Vereinigung der Matrizen $[C]_1 + [C]_2$ ergibt die Federungsmatrix [C] des gekoppelten Problems. Für die Matrix wird die Determinante berechnet. Diese Rechnung ist für mehrere Laststufen erforderlich, um den Nulldurchgang der Determinante zu bestimmen. Im vorliegenden Beispiel findet man D_{Ki}=11650 kN. Aus der Gleichsetzung

$$11650 = \frac{\pi^2 EJ}{s_K^2}$$

folgt die Knicklänge zu s_K=12,09 m. Bezogen auf die Einzelstützweite von 10 m beträgt der Knicklängenbeiwert β=1,21. Eine strengere Berechnung, die zusätzlich die Verbiegung des Zentralrohres und die stabilisierende Wirkung der Zuggurtungen erfaßt, liefert β=1,15. - B.6.110c zeigt die Knickfigur, der Druckgurt weicht einsinnig aus, im unteren Bereich bildet sich eine große Knickwelle aus.

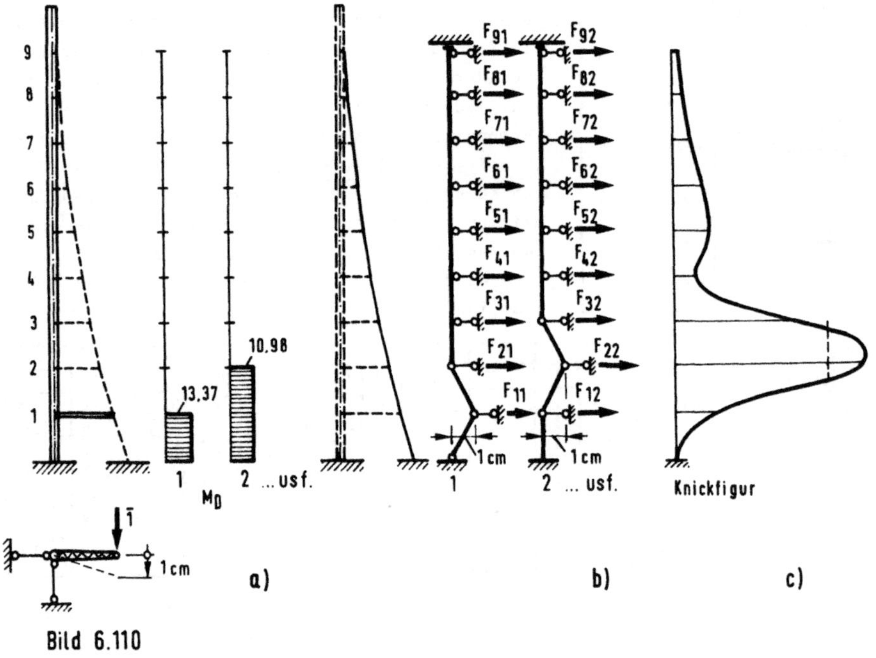

Bild 6.110

6.8 Verspannte und abgespannte Konstruktionen

6.8.1 Zentrisch vorgespannte Druckstäbe

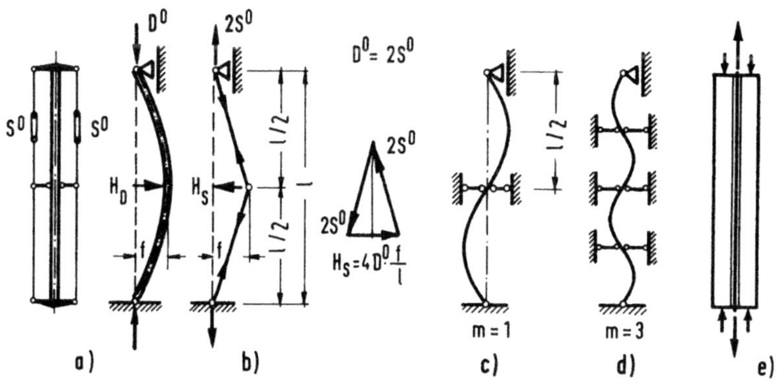

Bild 6.111

Ein Stab werde durch zwei Spannstangen mit der resultierenden Kraft $2S^0$ so vorgespannt, daß der Stab zentrisch gedrückt wird ($D^0=2S^0$). In Mitte des Stabes sei eine Querstützung vorhanden, wie in B.6.111a dargestellt. Es wird eine Knickbiegelinie mit einer durchgehenden Welle über die Länge l unterstellt; die mittige Ausbiegung sei f (Bild b). Die Spannglieder folgen der Ausbiegung, im mittigen Knickpunkt wird die Umlenkkraft

$$H_S = 4 \cdot 2S^0 \cdot \frac{f}{l} = 4\,D^0 \cdot \frac{f}{l} \tag{6.248}$$

geweckt. Infolge einer mittigen Einzellast H_D beträgt die Durchbiegung eines mit D^0 gedrückten Stabes:

$$f = \frac{H_D}{2EJ}\left(\frac{l}{2}\right)^3 \frac{\tan\varepsilon - \varepsilon}{\varepsilon^3} \quad \text{mit } \varepsilon = \frac{l}{2}\sqrt{\frac{D^0}{EJ}} \tag{6.249}$$

ε bezieht sich auf die halbe Stablänge. Wird D^0 in Abhängigkeit von ε dargestellt und in G.6.248 eingesetzt, ergibt sich:

$$H_S = +4D^0 \cdot \frac{f}{l} = +2D^0 f\left(\frac{2}{l}\right) = +2EJ\varepsilon^2\left(\frac{2}{l}\right)^2 \cdot \left(\frac{2}{l}\right) f \tag{6.250}$$

Es gilt: $H_D=-H_S$; hiermit folgt aus G.6.249 die Knickbedingung des Problems:

$$f = -\frac{2\,EJ}{2\,EJ}\varepsilon^2\left(\frac{2}{l}\right)^3 \cdot \left(\frac{l}{2}\right)^3 \frac{\tan\varepsilon - \varepsilon}{\varepsilon^3} f \longrightarrow f\left(1 + \frac{\tan\varepsilon - \varepsilon}{\varepsilon}\right) = 0 \tag{6.251}$$

Neben der Triviallösung f=0 ist ε so zu bestimmen, daß die runde Klammer Null wird, das ergibt:

$$\tan\varepsilon = 0 \tag{6.252}$$

Für $\varepsilon_{Ki} = \min\varepsilon = \pi$ wird die Gleichung befriedigt; demnach beträgt die Knickkraft:

$$D^0_{Ki} = \frac{\pi^2 EJ}{(l/2)^2} = 4 \cdot \frac{\pi^2 EJ}{l^2} \tag{6.253}$$

Somit knickt der in B.6.111a dargestellte Druckstab unter der vierfachen EULER-Last aus. Bild c zeigt die Knickfigur. - Ist der Druckstab mehrfach zwischengestützt, stellt sich eine mehrwellige Knickbiegelinie ein, deren Wendepunkte mit den Zwischenstützpunkten zusammenfallen (B.6.111d). Bei kontinuierlicher Stützung (wie bei einem zentrisch vorgespannten Stab, dessen Spannglied den Spannkanal satt ausfüllt und reibungsfrei anliegt), tritt überhaupt kein Ausknicken ein, weil den Abtriebskräften des Druckstabes gleich große und gegengerichtete Rücktriebskräfte aus dem Spannglied gegenüberstehen (B.6.111e). Liegt das Spannglied nicht an, tritt Ausknicken unter der EULER-Kraft ein; im überkritischen Bereich wird die weitere Ausbiegung in dem Augenblick beschränkt, in dem sich das frei geführte, gerade Spannglied an die Wandung des gekrümmten Spannkanals anlehnt, damit tritt eine Stabilisierung ein; insofern ist das überkritische Verhalten gutartiger als beim freien EULER-Stab.

6.8.2 Erweiterung der Problemstellung - Systeme

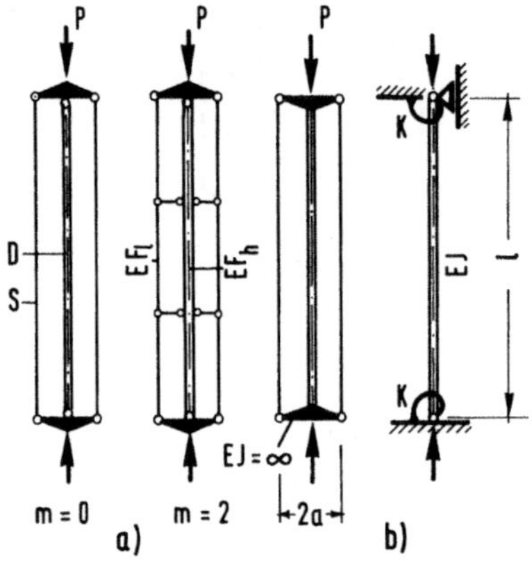

Bild 6.112

Im vorangegangenen Abschnitt wurde gezeigt, daß ein Druckstab mit m äquidistanten Zwischenstützungen (B.6.111c/d) unter der Vorspannkraft

$$D^0_{Ki} = (m+1)^2 \cdot \frac{\pi^2 EJ}{l^2} \qquad (6.254)$$

ausknickt. (Hieraus wird abermals deutlich, daß bei kontinuierlichem, kraftschlüssigen Kontakt zwischen Spannglied und Druckstiel wegen $m \to \infty$ der Stab aus Vorspannung allein nicht ausknicken kann.)

Ein vorgespannter Stab werde gemäß B.6.112a zusätzlich durch eine äußere Kraft P belastet. In dem System tritt eine Kraftumlagerung ein. Die äußere Kraft verteilt sich auf den Druckstiel und die Vorspannstangen im Verhältnis der Dehnsteifigkeiten; die Druckkraft im Stiel wird um

$$D = \frac{EF_h}{n\,EF_l + EF_h} P \qquad (6.255)$$

erhöht und die Seilkraft jedes der n Stangen (Seile) um

$$S = \frac{EF_l}{n\,EF_l + EF_h} P \qquad (6.256)$$

vermindert. EF_h ist die Dehnsteifigkeit des Druckstabes und EF_l die Dehnsteifigkeit einer Zugstange. Im allgemeinen ist bei Seilen:

$$E_{Druckstab} > E_{Seil} \qquad (6.257)$$

G.6.255/256 ist solange gültig, wie $S^0 - S > 0$ ist. (In B.6.112a ist n=2.)

Die Druckkraft im Stiel infolge Vorspannung ist D^0; die resultierende Druckkraft beträgt $D^0 + D$. Wird die Rechnung des vorangegangenen Abschnittes auf das anstehende Problem erweitert, folgt für m=1 die Umlenkkraft aus den n Spannstangen wegen $D^0 = nS^0$ und $D = nS$ zu:

$$H_S = 4 \cdot n(S^0 - S)\frac{f}{l} = 4(D^0 - D)\frac{f}{l} \qquad (6.258)$$

Die mittige Durchbiegung des Druckstabes berechnet sich wieder nach Formel G.6.249, doch steht ε jetzt für:

$$\varepsilon = \frac{l}{2}\sqrt{\frac{D^0 + D}{EJ}} \qquad (6.259)$$

Wird $H_D = -H_S$ gesetzt, folgt nach kurzer Rechnung die Knickbedingung zu:

$$\varepsilon^2(\sin\varepsilon - 2\varepsilon\cdot\cos\varepsilon) - X(\sin\varepsilon - \varepsilon\cdot\cos\varepsilon) = 0 \quad \text{mit } X = \frac{D^0 l^2}{2EJ} \qquad (6.260)$$

Für eine vorgegebene Vorspannung wird hieraus ε_{Ki} berechnet und aus G.6.259 der zugehörige D_{Ki}-Wert bestimmt. Aus G.6.255 folgt schließlich P_{Ki}. Dann ist zu prüfen, ob $S^0 - S_{Ki} > 0$ ist.

Ist diese Bedingung nicht erfüllt, wird die Vorspannung in den Spannstangen schon vor Erreichen von P_{Ki} auf Null abgebaut. Die zugehörige Intensität folgt aus G.6.256, wenn $S=S^0$ gesetzt wird. Liegt diese Kraft über der Knickkraft des freien EULER-II-Stabes, so ist dieses die Versagenskraft, anderenfalls knickt der Stab unter der EULER-Kraft. Es existieren bei diesem System veränderlicher Gliederung demnach drei Versagenszustände und es hängt von den Dehnsteifigkeiten und der Biegesteifigkeit des Druckstabes ab, welcher Fall maßgebend ist. Dieses Verhalten ist typisch für verspannte bzw. vorgespannte Stabsysteme!

Sind an den Enden des Druckstieles biegestarre Querriegel vorhanden (vgl. B.6.112b), existieren im Falle fehlender Zwischenstützungen zwei Knickfiguren:

a) Antimetrische Knickfigur mit:

$$(D^0+D)_{Ki} = 4\cdot\frac{\pi^2 EJ}{l^2} \longrightarrow D_{Ki} \longrightarrow P_{Ki} \quad (G.6.255) \qquad (6.261)$$

Die Spannstangen übernehmen keine Stützfunktion.

b) Symmetrische Knickfigur, die Spannstangen bewirken eine elastische Einspannung. Die Drehfederkonstante K der beidseitigen Drehfedern folgt aus:

$$\Delta l = \Delta\varphi a = \frac{K}{2a}\,\frac{l}{2}\,\frac{1}{EF_l}\ ;\ \Delta\varphi \overset{!}{=} 1 \longrightarrow K = 4a^2\cdot\frac{EF_l}{l} \qquad (6.262)$$

Damit ist das Problem auf den Grundstab Nr. 1 (vgl. Abschnitt 5.2.1) zurückgeführt. β wird bestimmt und hiermit

$$(D^0+D)_{Ki} = \frac{\pi^2}{\beta^2}\,\frac{EJ}{l^2} \longrightarrow D_{Ki} \longrightarrow P_{Ki} \quad (G.6.255) \qquad (6.263)$$

berechnet.

Die Bedingung $S^0 - S_{Ki} > 0$ ist auch hier zu prüfen, vgl. die obigen Anmerkungen.

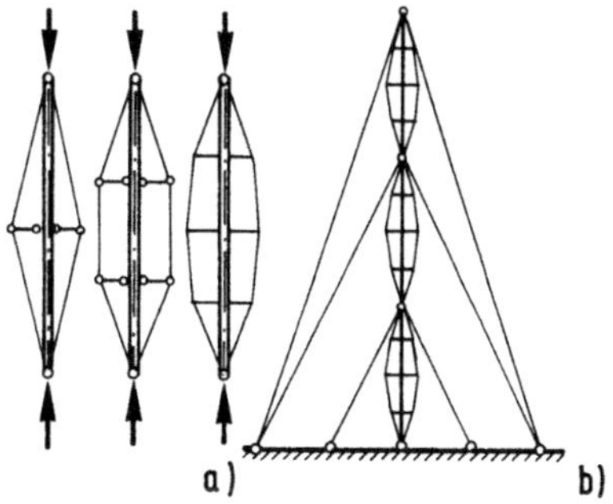

Bild 6.113

Die prinzipielle Vorgehensweise bei der Lösung von Verzweigungsproblemen vorgespannter Systeme ist aus dem vorangegangenen Beispiel deutlich geworden. Eine Erweiterung auf komplizierter strukturierte Systeme ist durchaus möglich, die Theorie wird dann aber verwickelt. Von baupraktischem Interesse sind z.B. die in B.6.113 skizzierten Systeme. Durch die sprengwerkartige Versteifung der verspannten Druckstäbe wird die Knicktragkraft des Kernstieles erheblich angehoben. In [6.128] findet man eine umfassende Darstellung der statischen und konstruktiven Probleme, vgl. auch [6.132/135]. - Vorgespannte Metallkonstruktionen werden in [6.129/130] behandelt. Im Gegensatz zum Spannbetonbau stehen bei vorgespannten Metallkonstruktionen zur Aufnahme der durch die Vorspannung ausgelösten Druckkräfte keine massiven sondern

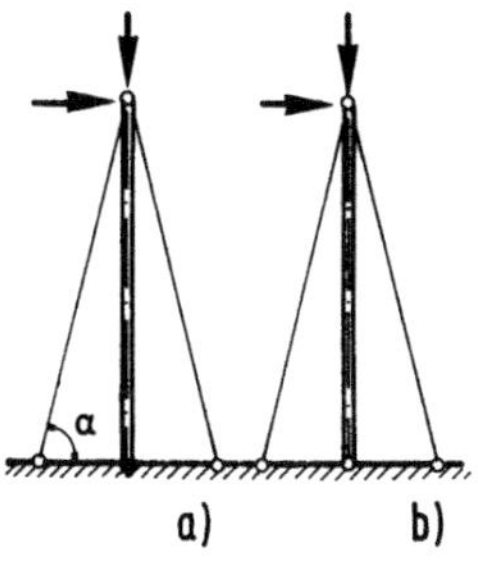

Bild 6.114

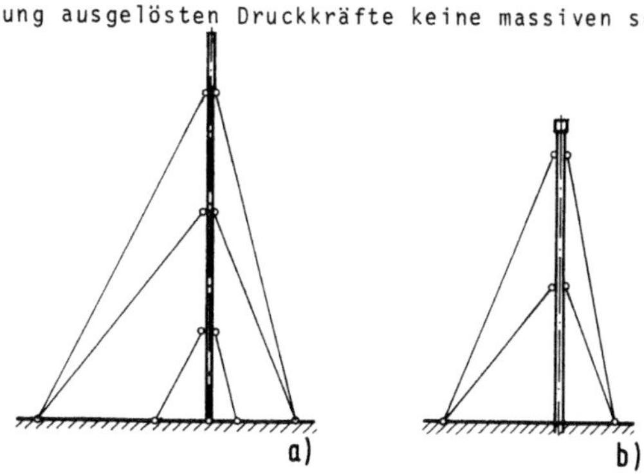

Bild 6.115

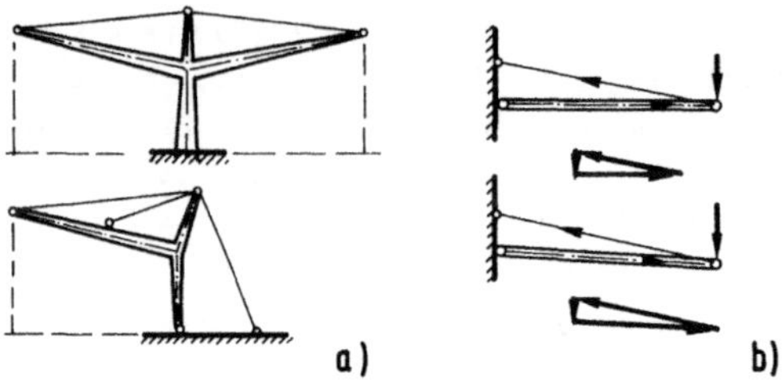

Bild 6.116

i.allg. nur dünnwandige Metallquerschnitte zur Verfügung. Der Stabilitätsnachweis hat daher große Bedeutung. Die in B.6.114 dargestellten Grundaufgaben werden in den folgenden Abschnitten ausführlicher behandelt. Gegenüber äußeren Kräften verhalten sich vorgespannte Systeme gutartig, solange die Vorspannkräfte in den Zuggliedern im Verlauf der äußeren Laststeigerung nicht auf Null absinken (solange wirken die Zugstangen wie Druckstreben). Bei allen vorgespannten und verspannten Konstruktionen kommt dem Sicherheitsproblem besondere Bedeutung zu, weil sich die Kräfte im System wegen der inneren Umlagerungen nicht proportional mit den äußeren Lasten ändern.
Einen verbreiteten Einsatz finden abgespannte Maste und Schornsteine (B.6.115). Infolge der großen Seillängen weisen die Seile einen Eigengewichtsdurchhang auf. Die Federcharakteristik ist dadurch nichtlinear, was bei der statischen Berechnung berücksichtigt werden muß. Der Standmast ist i.allg. relativ schlank und bedarf eines besonders sorgfältigen Stabilitätsnachweises (Abschnitt 6.8.7).

Strukturen, wie in B.6.116a dargestellt, sind keine eigentlich vorgespannten Systeme, die Seile und Stangen haben die Bedeutung von Zuggliedern. Wegen der dreieckförmigen Seil-Stab-Strukturierung sind die Systeme relativ steif, der Verformungseinfluß ist gering. Zu dieser Gruppe zählen auch Schrägseilbrücken; der Verformungseinfluß Th.II.Ordn. wirkt sich in wenigen Prozenten aus. In Fällen wie in B.6.116b können bei flachen Spreizwinkeln und geringer Dehnsteifigkeit durch die Verformungen große Druckkräfte ausgelöst werden, dann besteht in Extremfällen die Gefahr des Durchschlagens, vgl. Abschnitt 1.3.

6.8.3 Einfach abgespannte Druckstäbe

6.8.3.1 Lastfall: Vorspannung

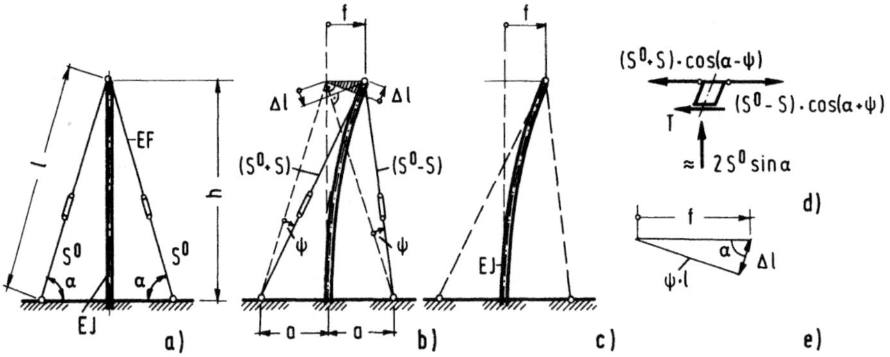

Bild 6.117

B.6.117a zeigt die Grundaufgabe: Abgespannter Druckstiel mit Fußeinspannung. Die Vorspannkraft in den Seilen wird mittels Spannschlösser gesteigert. Der Durchhang der Seile bleibt unberücksichtigt. Gesucht ist die Knickkraft für Knicken in der Abspannebene. In Bild b/c ist das ausgeknickte System dargestellt, die Gleichgewichtsgleichungen im Abspannpunkt lauten:

$$\Sigma V = 0:\ (S^0+S)\sin(\alpha-\psi) + (S^0-S)\sin(\alpha+\psi) - (D^0+D) = 0$$

$$\Sigma H = 0:\ (S^0+S)\cos(\alpha-\psi) - (S^0-S)\cos(\alpha+\psi) + T = 0 \qquad (6.264)$$

Hierin bedeuten: S^0 Seilkraft und D^0 Stabdruckkraft im (vorgespannten) Grundzustand. S und D sind die (infinitesimalen) Änderungen dieser Kräfte im Verzweigungsfalle. T ist die transversale Rückstellkraft des eingespannten Druckstabes. - α ist der Winkel der Abspannseile gegenüber der Horizontalen und ψ die Winkeländerung beim Ausknicken. Zwischen ψ und der seitlichen Auslenkung f einerseits und der Seillängenänderungen Δl beim Knicken andererseits bestehen die Beziehungen (B.6.117e):

$$\psi_{Seil} = \psi = \frac{\Delta l}{l}\tan\alpha; \quad f = \frac{\Delta l}{\cos\alpha} \tag{6.265}$$

Die Gleichgewichtsgleichungen G.6.264 werden mit Hilfe der trigonometrischen Additionstheoreme umgeformt. Aus der ersten Gleichung folgt:

$$D^0 = 2S^0\sin\alpha \tag{6.266}$$

Unter Berücksichtigung von

$$S = EF\frac{\Delta l}{l} \tag{6.267}$$

ergibt die zweite Gleichung:

$$2\frac{EF}{l}\Delta l\cdot\cos\alpha + 2S^0\sin\alpha\cdot\psi + T = 0 \tag{6.268}$$

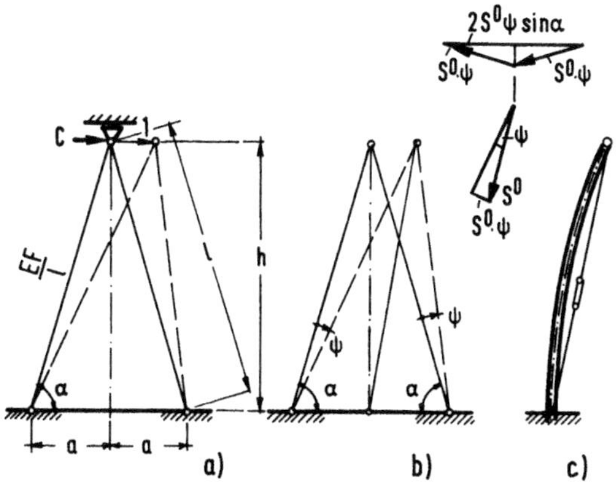

Bild 6.118

Das erste Glied dieser Gleichung stellt die federelastische Rückstellkraft des Seildreiecks dar, wobei (wie in G.6.265) infinitesimale Verformungen unterstellt werden. Die Federkonstante beträgt (vgl. B.6.118a):

$$C = \frac{2EF}{l}\cos^2\alpha \tag{6.269}$$

Das zweite Glied in G.6.268 kennzeichnet die Rückstellwirkung der poltreuen Resultierenden der Spannkräfte im ausgeknickten Zustand, B.6.118b. Das dritte Glied schließlich ist der elastische Widerstand des ausgebogenen Druckstabes; dieser ist von der Höhe der wirksamen Druckkraft D^0 abhängig; vgl. Abschnitt 3.4.5 (T.3.6):

$$T = f\frac{EJ}{h^3}\cdot\frac{\varepsilon^3}{\tan\varepsilon-\varepsilon} = \frac{\Delta l}{\cos\alpha}\cdot\frac{EJ}{h^3}\cdot\frac{\varepsilon^3}{\tan\varepsilon-\varepsilon} \quad \text{mit} \quad \varepsilon = h\sqrt{\frac{D^0}{EJ}} \tag{6.270}$$

Wird T in G.6.268 eingesetzt, folgt die Knickgleichung nach kurzer Umformung zu ($\Delta l \neq 0$):

$$\varepsilon^2(\sin\varepsilon\sin^2\alpha + \varepsilon\cos\varepsilon\cos^2\alpha) + \delta(\sin\varepsilon - \varepsilon\cos\varepsilon) = 0 \tag{6.271}$$

δ kennzeichnet die elastische Stützung:

$$\delta = \frac{Ch^3}{EJ} = 2\frac{EF}{EJ}h^2\sin\alpha\cos^2\alpha = 2\frac{EF}{EJ}\cdot\frac{h^3}{l}\cos^2\alpha = 2\frac{EF}{EJ}\left(\frac{h}{l}\right)^3 a^2 \tag{6.272}$$

B.6.119 enthält die Auswertung der Knickgleichung. Aufgetragen ist

$$\beta = \frac{\pi}{\varepsilon_{Ki}} \tag{6.273}$$

über

$$2\frac{EF}{EJ}h^2 \tag{6.274}$$

mit α als Kurvenparameter. - Ist β bekannt, berechnen sich die kritischen Kräfte zu:

$$D^0_{Ki} = \frac{\pi^2}{\beta^2}\frac{EJ}{h^2} \tag{6.275}$$

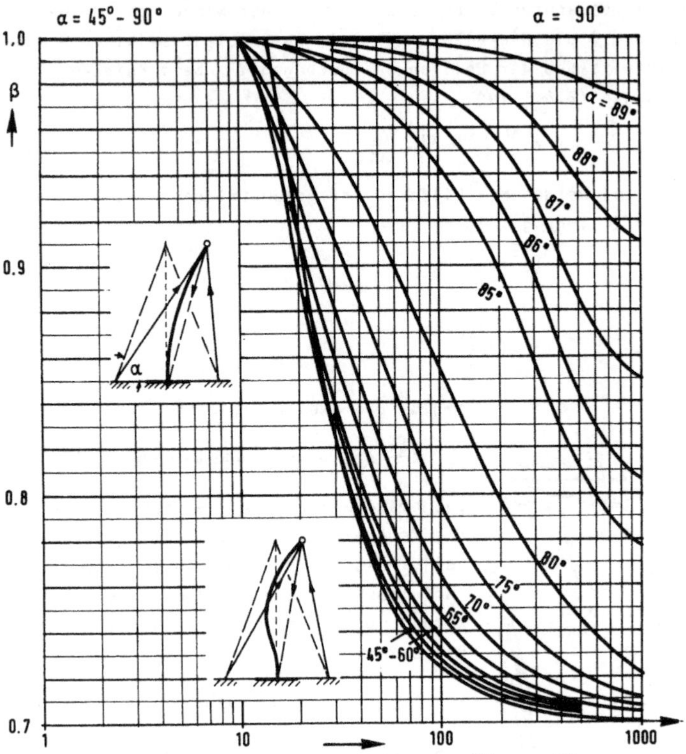

Bild 6.119

$$S^0_{Ki} = \frac{D^0_{Ki}}{2\sin\alpha} \qquad (6.276)$$

Im Grenzfall $\alpha=90^0$ (B.6.118c) verkürzt sich die Knickgleichung zu:

$$\varepsilon \sin\varepsilon = 0 \qquad (6.277)$$

Deren Lösung ist $\varepsilon_{Ki} = \pi$, d.h. $\beta=1$ (EULER-Stab I unter poltreuer Belastung ≙ EULER-Fall II).

Wie dem Diagramm in B.6.119 entnommen werden kann, knickt der Stab bis zu Abszissenwerte ca. 10 bis 15 einseitig aus, demgemäß ist $\beta=1$. Für höhere Federsteifigkeiten der Abspannungen stellen sich Knickzustände mit β-Werten zwischen 0,699 und 1 ein.

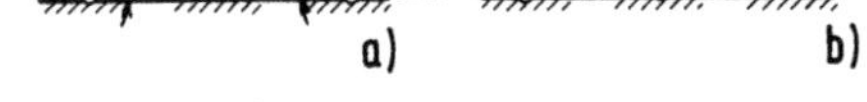

Bild 6.120

Im Falle eines Druckstabes mit Fußgelenk (B.6.120a) gilt die erste Gleichgewichtsgleichung G.6.264 unverändert und damit auch G.6.266. Die Gleichung $\Sigma H=0$ lautet:

$$(S^0 + S)\cos(\alpha - \psi_l) - (S^0 - S)\cos(\alpha + \psi_l) - D^0\psi_h = 0 \qquad (6.278)$$

Hierin ist $\psi_l = \psi$ die Änderung des Seilneigungswinkels und ψ_h der Stabdrehwinkel im Verzweigungsfalle. Es gilt:

$$\psi_l = \frac{\Delta l}{l}\tan\alpha \;;\; \psi_h = \frac{\Delta l}{l}\,\frac{1}{\sin\alpha\cos\alpha} \qquad (6.279)$$

Die Entwicklung von G.6.278 liefert:

$$S^0_{Ki} = EF_l \qquad (6.280)$$

Ein Ausknicken des Systems nach Art der in B.6.120b dargestellten Figur ist somit nicht möglich; maßgebend ist immer ein Ausknicken unter der EULER-Kraft

$$D^0_{Ki} = \pi^2\frac{EJ}{h^2} \qquad (6.281)$$

wobei der Abspannpunkt unverschieblich bleibt; es gilt demnach immer $\beta=1$.

6.8.3.2 Lastfall: Vertikallast

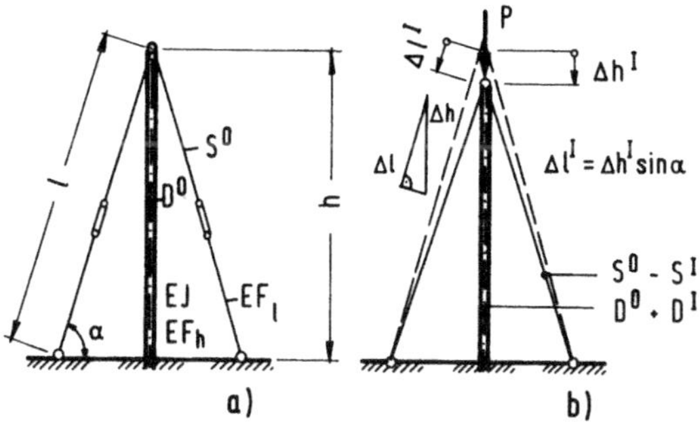

Bild 6.121

Das System stehe unter der Vorspannung S^0, D^0. Gegenüber der im vorangegangenen Abschnitt berechneten ideellen Knickintensität sei die Sicherheit im Vorspannzustand:

$$\nu^0 = \frac{S^0_{Ki}}{S^0} \tag{6.282}$$

Der Stiel werde nunmehr durch eine äußere zentrische Druckkraft P belastet. Gesucht ist die kritische Knickkraft P_{Ki}.

Durch die Kraft P wird die Druckkraft im Stab um D^I erhöht und die Vorspannkraft in den Seilen um S^I abgemindert, vgl. B.6.121.

Die Bedingung $\Sigma V=0$ lautet:

$$D^I + 2S^I \sin\alpha = EF_h \frac{\Delta h^I}{h} + 2EF_l \frac{\Delta l^I}{l} \sin\alpha = \frac{\Delta h^I}{h}[EF_h + 2EF_l \sin^3\alpha] = P \tag{6.283}$$

Hierin ist das Elastizitätsgesetz

$$D^I = EF_h \cdot \frac{\Delta h^I}{h}; \quad S^I = EF_l \cdot \frac{\Delta l^I}{l} \tag{6.284}$$

verwertet. Aus G.6.283 folgt:

$$\frac{\Delta h^I}{h} = \frac{P}{EF_h + 2EF_l \sin^3\alpha}; \quad \frac{\Delta l^I}{l} = \frac{\Delta h^I}{h} \cdot \sin^2\alpha \tag{6.285}$$

Damit sind über G.6.284 auch D^I und S^I bekannt.

Im ausgeknickten Zustand lauten die Gleichgewichtsgleichungen am oberen Abspannpunkt (analog zum vorangegangenen Abschnitt, vgl. B.6.117):

$$\begin{aligned} \Sigma V = 0: &\quad D^0 + D^I = 2(S^0 - S^I)\sin\alpha + P \\ \Sigma H = 0: &\quad (S^0 - S^I + S)\cos(\alpha - \psi) - (S^0 - S^I - S)\cos(\alpha + \psi) + T = 0 \end{aligned} \tag{6.286}$$

S ist die (antimetrische) Seilkraftänderung im Augenblick des Ausknickens. Die Änderung der Seilneigung α infolge $S^0 \to S^I$ wird unterdrückt, anderenfalls ergeben sich nichtlineare Beziehungen. T ist wieder der transversale, elastische Widerstand des eingespannten Druckstieles:

$$T = \frac{\Delta l}{\cos\alpha} \frac{EJ}{h^3} \frac{\varepsilon^3}{\tan\varepsilon - \varepsilon} \quad \text{mit } \varepsilon = h \cdot \sqrt{\frac{D^0 + D^I}{EJ}} \tag{6.287}$$

Wird G.6.286b entwickelt und T eingesetzt, folgt die Knickbedingung zu:

$$2[EF_l \cos^2\alpha + (S^0 - S^I)\sin^2\alpha] + \frac{EJ}{h^2 \sin\alpha} \cdot \frac{\varepsilon^3}{\tan\varepsilon - \varepsilon} = 0 \tag{6.288}$$

Die Gleichung ist durch Probieren zu lösen: Für P wird ein Wert frei gewählt, D^I und S^I aus G.6.285/284 und ε aus G.6.287 bestimmt und in G.6.288 eingesetzt. Das ist solange zu wiederholen, bis der Knickbedingung genügt wird. Einen Anhaltswert findet man aus dem Diagramm des Bildes 6.119. Für

$$\alpha \text{ und } 2 \cdot \frac{EF_l}{EJ} h^2$$

wird β abgegriffen und aus G.6.273 ε_{Ki} berechnet; der Schätzwert für P_{Ki} folgt aus G.6.283/287 zu:

$$\bar{P}_{Ki} = (1 + \frac{2EF_l}{EF_h} \sin^3\alpha)(\varepsilon^2_{Ki} \frac{EJ}{h^2} - D^0) \approx \varepsilon^2_{Ki} \frac{EJ}{h^2} \tag{6.289}$$

Wie im Abschnitt 6.8.2 betont, ist G.6.288 nur solange gültig, wie unter der Knicklast P_{Ki} die Vorspannung in den Seilen noch nicht abgebaut ist. Die zugehörige Kraft P folgt aus G.6.286a, wenn $S^I=S^0$ gesetzt wird.
Ist der Druckstiel gelenkig gelagert (B.6.120), lautet die Gleichgewichtsgleichung $\Sigma H=0$:

$$(S^0-S^I+S)\cos(\alpha-\psi_l)-(S^0-S^I-S)\cos(\alpha+\psi_l)-(D^0+D^I)\psi_h=0 \qquad (6.290)$$

Hieraus folgt:

$$P_{Ki}=\frac{2(EF_l-S^0)(EF_h+2EF_l\sin^3\alpha)\sin\alpha\cos^2\alpha}{EF_h+2EF_l\sin^5\alpha} \qquad (6.291)$$

Neben dem Knickfall mit seitlicher Auslenkung und unverformter Stabachse gemäß G.6.291 ist auch EULER-Knicken möglich:

$$(D^0+D^I)_{Ki}=\pi^2\frac{EJ}{h^2}\ ;\quad \beta=1 \qquad (6.292)$$

D.h.:

$$P_{Ki}=(1+2\frac{EF_l}{EF_h}\sin^3\alpha)(\frac{\pi^2EJ}{h^2}-D^0) \qquad (6.293)$$

Der kleinere Wert ist maßgebend.

6.8.3.3 Lastfall: Vertikallast und Horizontallast

Die in den vorangegangenen Abschnitten untersuchte Grundaufgabe wird erweitert und zwar für den Fall, daß auf das vorgespannte System gleichzeitig eine vertikale und horizontale Last einwirken. Nunmehr liegt ein Spannungsproblem Th.II.Ordn. vor.

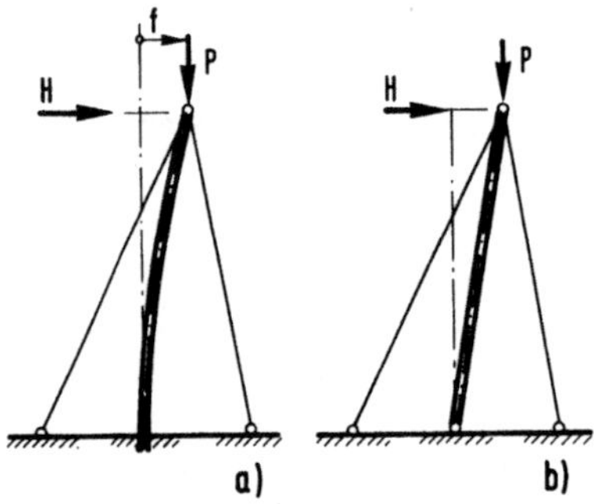

Bild 6.122

Für den Vorspannzustand gilt nach wie vor G.6.266 und für die durch P ausgelösten Änderungen der Seil- und Stabkräfte (S^I bzw. D^I) bleiben die Beziehungen G.6.284/285 unverändert gültig. Auch nachfolgend werden kleine Verformungen vorausgesetzt.
Das der Horizontalkraft zugewandte (luvseitige) Seil erfährt eine Erhöhung und das abgewandte (leeseitige) eine Abminderung der Seilkraft. Diese Änderungen werden mit S abgekürzt, die Druckkraft im Stiel erfährt keine Änderung.
Die Gleichgewichtsgleichung $\Sigma H=0$ lautet nach analoger Erweiterung von G.6.286b für das System mit eingespanntem Stiel (B.6.122a):

$$2S\cos\alpha+2(S^0-S^I)\sin\alpha\cdot\psi_l+T-H=0 \qquad (\psi_l=\psi_{Seil}) \qquad (6.294)$$

Nach Einsetzen von G.6.279/267 und G.6.287 läßt sich die Gleichung nach Δl (Längenänderung der Seile) auflösen:

$$\frac{\Delta l}{l}=\frac{H\cos\alpha}{2EF_l\cos^2\alpha+2(S^0-S^I)\sin^2\alpha+\frac{EJ}{h^2\sin\alpha}\cdot\frac{\varepsilon^3}{\tan\varepsilon-\varepsilon}}\quad \text{mit}\quad \varepsilon=h\sqrt{\frac{D^0+D^I}{EJ}} \qquad (6.295)$$

Damit sind auch f/l und S sowie T gemäß G.6.265/267/287 bekannt. Die Seilkräfte folgen aus:

$$\max S=S^0-S^I+S;\ \min S=S^0-S^I-S \qquad (6.296)$$

Einspannungsmoment und Druckkraft im Stiel betragen:

$$M=[H-2S\cos\alpha+2(S^0-S^I)\sin\alpha\cdot\tan\alpha\cdot\frac{\Delta l}{l}]h+(D^0+D^I)f \qquad (6.297)$$

$$\max D=D^0+D^I=2S^0\sin\alpha+P(1-2\frac{EF_l\sin^3\alpha}{EF_h+2EF_l\sin^3\alpha}) \qquad (6.298)$$

Die Berechnung des abgespannten Systems mit Fußgelenk (B.6.122b) führt über die um H erweiterte Gleichgewichtsgleichung G.6.290 auf:

$$\frac{\Delta l}{l} = \frac{H \sin\alpha \cos\alpha}{2[EF_l - (S^0 - S^I)] \sin\alpha \cos^2\alpha - P} \tag{6.299}$$

Die Rechnungen gelten unter der Voraussetzung minS >0.

6.8.3.4 Beispiel

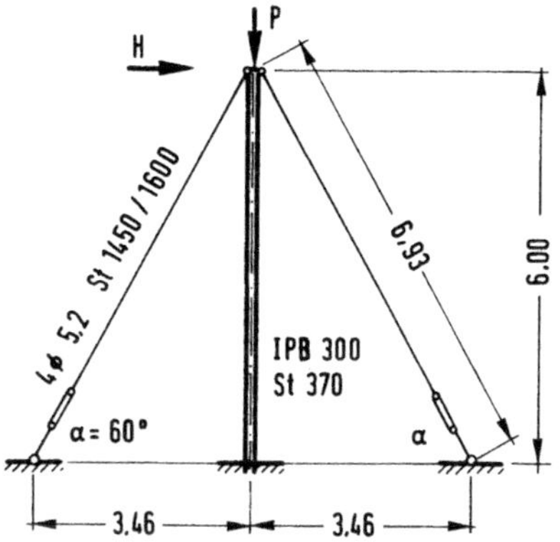

Stiel: EF_h = $3129 \cdot 10^3$ kN

EJ = $52{,}8 \cdot 10^3$ kNm²

Seile: EF_l = $178 \cdot 10^3$ kN

Bild 6.123

Anhand des in B.6.123 dargestellten Beispieles soll der Rechnungsgang gezeigt werden, der Stiel ist mittels hochfester Spannstahlstangen abgespannt.

a) Gesucht ist die kritische Vorspannkraft S^0_{Ki}, unter der das System in der Abspannebene ausknickt.
Es wird gebildet:

$$2\,\frac{EF_l}{EJ} \cdot h^2 = 2\,\frac{178 \cdot 10^3}{52{,}8 \cdot 10^3}\,6{,}0^2 = 242$$

Für $\alpha = 60^0$ liefert das Diagramm in B.6.119: $\beta = 0{,}715$. - Wird der Berechnung ein federelastisch gestützter Druckstab zugrundegelegt, also der Grundstab Nr. 3 nach Abschnitt 5.2.1, findet man für:

$$\delta = \frac{Ch^3}{EJ} = 2\,\frac{EF_l}{EJ}\,h^2 \cdot \cos^2\alpha \sin\alpha = 52{,}5$$

aus T.5.3 den Näherungswert $\beta = 0{,}779$.-Die kritischen Vorspannkräfte betragen nach G.6.275/276:

$$D^0_{Ki} = \frac{\pi^2}{\beta^2}\frac{EJ}{h^2} = \frac{\pi^2}{0{,}715^2} \cdot \frac{52{,}8 \cdot 10^3}{6{,}0^2} = 28\,315 \text{ kN}; \quad S^0_{Ki} = \frac{D^0_{Ki}}{2 \sin\alpha} = \underline{16\,348 \text{ kN}}$$

Die Knickwerte liegen sehr hoch, die hierzu gehörenden Spannungen haben keine reale Bedeutung. (Es ist auch möglich, die plastische Knicklast zu berechnen, indem iterativ E_{Stiel} durch den Knickmodul und E_{Stange} durch den Tangentenmodul in Abhängigkeit von den Mittelspannungen ersetzt werden.)

b) Das System wird mit $S^0 = 500$ kN vorgespannt. Die Druckkraft im Stiel beträgt $D^0 = 866$ kN. Zusätzlich wirken (im Gebrauchszustand):

$$P = 400 \text{ kN}, \quad H = 250 \text{ kN}$$

Es wird eine proportionale Zunahme von P und H unterstellt. Das System ist nach Th.II. Ordn. nachzuweisen; Sicherheitsfaktor: $\nu = 1{,}5$.

Zunächst wird die Knickkraft P_{Ki} berechnet. Mit

$$\varepsilon = \frac{\pi}{\beta} = \frac{\pi}{0{,}715} = 4{,}394$$

wird ein Näherungswert aus G.6.289 bestimmt:

$$\bar{P}_{Ki} = \left(1 + \frac{2 \cdot 178 \cdot 10^3}{3129 \cdot 10^3}\,0{,}866^3\right)\left(4{,}394^2 \cdot \frac{52{,}8 \cdot 10^3}{6{,}0^2} - 866\right) = 29480 \text{ kN}$$

Der exakte Wert folgt aus G.6.288 zu $P_{Ki} = 29350$ kN.
Mittels der Formeln G.6.284/5 wird die Kräfteumlagerung infolge P berechnet:

$$\frac{\Delta h^I}{h} = \nu \cdot 1{,}190 \cdot 10^{-4}; \quad D^I = \nu \cdot 372{,}4 \text{ kN}, \quad S^I = \nu \cdot 15{,}9 \text{ kN}$$

Für $\nu = 1{,}5$ findet man:

$$\frac{\Delta h^I}{h} = 1{,}786 \cdot 10^{-4}; \quad D^I = 558{,}5 \text{ kN}, \quad S^I = 23{,}80 \text{ kN}; \qquad \varepsilon = h\sqrt{\frac{D^0 + D^I}{EJ}} = 0{,}9853$$

Für $\nu \cdot H$ folgt aus G.6.295:

$$\frac{\Delta l}{l} = \frac{1{,}5\cdot 250\cdot 0{,}5}{2\cdot 178\cdot 10^3 0{,}5^2 + 2(500-23{,}80)\cdot 0{,}866^2 + \frac{52{,}8\cdot 10^3}{6{,}0^2 0{,}866}\cdot\frac{0{,}9853^3}{1{,}5083-0{,}9853}} = 2{,}020\cdot 10^{-3}\ ;\quad \Delta l = 1.400\,\mathrm{cm}\ ;\ f = 2.800\,\mathrm{cm}$$

$$S = \pm\frac{\Delta l}{l} EF_l = \pm 359{,}2\ \mathrm{kN}\ (\text{statt } 1{,}5\,H/2\cos\alpha = 375\ \mathrm{kN})$$

Schnittgrößen, G.6.298/296/297:

$$D^0 + D^I = 8{,}66 + 558{,}5 = \underline{1424{,}5\ \mathrm{kN}}$$

$$S^0 - S^I \pm S = 500 - 23{,}80 \pm 359{,}2 = \underline{+835{,}4\ \mathrm{kN}}\ ;\ +117\ \mathrm{kN}$$

$$M = (1{,}5\cdot 250 - 2\cdot 359{,}2\cdot 0{,}5 + 2(500-23{,}80)\cdot 0{,}866\cdot 1{,}732\cdot 2{,}020\cdot 10^{-3})\cdot 6{,}0 + 39{,}88 =$$
$$= (375 - 359{,}2 + 2{,}9)\cdot 6{,}0 + 39{,}88 = \underline{152{,}1\ \mathrm{kNm}}$$

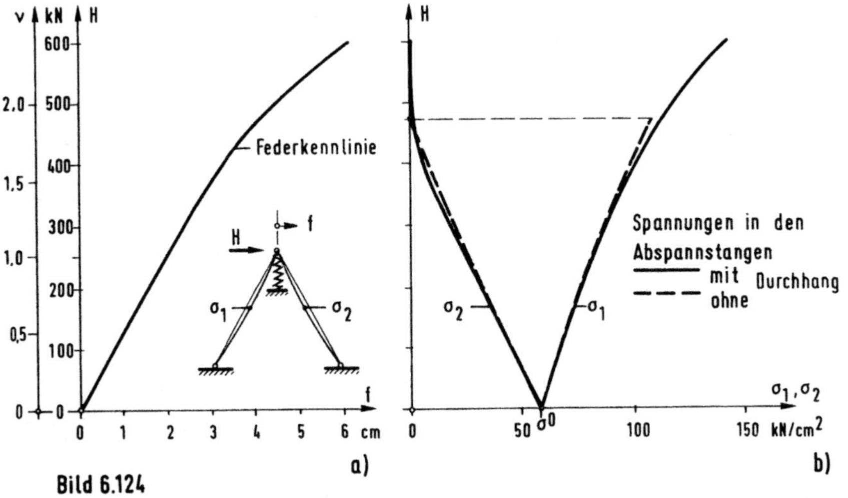

Bild 6.124

Der Verformungseinfluß ist bei dem vorliegenden, relativ steifen System gering. Die Abspannstangen stehen unter ν=1,5-facher Belastung noch unter Zug. Wird die äußere Belastung weiter gesteigert, wird die Zugkraft in der leeseitigen Stange für ν=1,9 Null: System veränderlicher Gliederung. Wird die Abspanncharakteristik unter Berücksichtigung des Durchhanges analysiert, wird der sprunghafte Systemwechsel vermieden. B.6.124 zeigt das Ergebnis einer solchen strengen Berechnung, wobei die Stauchung des Stieles, einschließlich der Wirkung von P, erfaßt ist. Für ν=2,2 bildet sich an der Einspannstelle ein Fließgelenk aus [6.131].

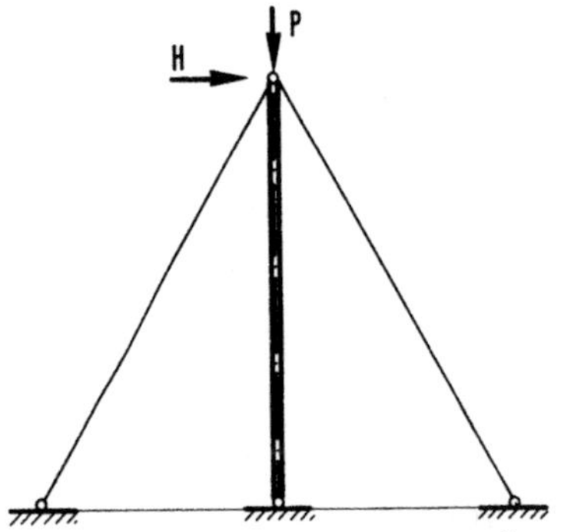

Bild 6.125

Für ein abgespanntes System mit Fußgelenk und mit im übrigen denselben Vorgaben wie in B.6.123 findet man:

a) Knicken infolge alleiniger Vorspannung, G.6.281:

$$D^0_{Ki} = \pi^2\frac{52{,}8\cdot 10^3}{6{,}0^2} = 14\,475\ \mathrm{kN}$$

b) Knicken infolge vertikaler Auflast P, G.6.291:

$$P_{Ki} = \frac{2(178\cdot 10^3 - 500)(3129\cdot 10^3 + 2\cdot 178\cdot 10^3 0{,}866^2)\cdot 0{,}866\cdot 0{,}5^2}{3129\cdot 10^3 + 2\ 178\cdot 0{,}866^5 10^3} = 79036\ \mathrm{kN}$$

Formel G.6.293 liefert: P_{Ki}=14615 kN. Somit ist Stielknicken maßgebend.

Für ν=1,5-fache Lasten folgt aus G.6.299 mit

S^I=23,80 kN: $$\frac{\Delta l}{l} = \frac{1{,}5\cdot 250\cdot 0{,}866\cdot 0{,}5}{2[178\cdot 10^3 - (500-23{,}80)]\cdot 0{,}866\cdot 0{,}5^2 - 1{,}5\cdot 400} = 2{,}129\cdot 10^{-3}$$

$$S = \pm\, 2{,}129\cdot 10^{-3}\cdot 178\cdot 10^3 = \pm\, 379\ \mathrm{kN}$$

6.8.4 Mehrfach abgespannte Druckstäbe

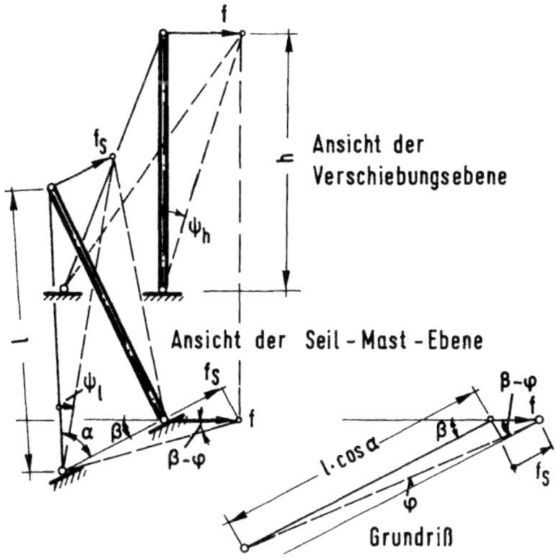

Bild 6.126

Es wird ein Druckstab mit mehreren Abspannseilen betrachtet. - Zum Zwecke der Verallgemeinerung der Aufgabenstellung werden vorab die kinematischen Verformungsbeziehungen für eine im Grundriß um den Winkel β gegenüber der Verschiebungsrichtung f geneigten Seil-Mast-Ebene abgeleitet, vgl. B.6.126. Eine Verschiebung f bewirkt in der Seil-Mast-Ebene die Verschiebung

$$f_S = f \cdot \cos\beta \tag{6.300}$$

und die Seillängung:

$$\Delta l = f_S \cdot \cos\alpha = f \cdot \cos\alpha \cos\beta \tag{6.301}$$

Für die Sehnendrehwinkel gilt:

$$\psi_{Seil} = \psi_l = \frac{\Delta l}{l} \cdot \tan\alpha = \frac{f}{l} \sin\alpha \cos\beta \tag{6.302}$$

$$\psi_{Stiel} = \psi_h = \frac{\Delta l}{l} \cdot \frac{1}{\sin\alpha \cos\alpha \cos\beta} = \frac{f}{l} \frac{1}{\sin\alpha} \tag{6.303}$$

Die Richtungsänderung der unter β (im Grundriß) geneigten Seil-Mast-Ebene wird durch φ gekennzeichnet. φ berechnet sich aus:

$$\varphi \cdot l \cos\alpha = f \cdot \sin(\beta - \varphi) \approx f \sin\beta \longrightarrow \varphi = \frac{\Delta l}{l} \frac{\sin\beta}{\cos^2\alpha \cos\beta} = \frac{f}{l} \cdot \frac{\sin\beta}{\cos\alpha} \tag{6.304}$$

Die weitere Berechnung wird auf f bezogen.
Die Rückstellwirkung des Seiles in Richtung von f beträgt im verformten Zustand:

$$(S^0 - S^I + S) \cdot \cos(\alpha - \psi_l) \cdot \cos(\beta - \varphi) \tag{6.305}$$

S^0 ist die Vorspannkraft und S^I die Seilkraftänderung infolge P. S ist die Änderung infolge H. (Im Knickfalle ist S die infinitesimale Seilkraftänderung.) G.6.305 wird entwickelt und

$$S = \frac{\Delta l}{l} \cdot EF_l = \frac{f}{l} \cdot EF_l \cos\alpha \cos\beta \tag{6.306}$$

berücksichtigt. Das ergibt: (6.307)

$$(S^0 - S^I)\cos\alpha\cos\beta + (S^0 - S^I)(\sin^2\alpha\cos^2\beta + \sin^2\beta)\frac{f}{l} + EF_l \cos^2\alpha\cos^2\beta\frac{f}{l} + EF_l\left(\frac{f}{l}\right)^2\cos\alpha\cos\beta\cdot(\sin^2\alpha\cos^2\beta + \sin^2\beta)$$

Das letzte Glied ist gegenüber den anderen um eine Größenordnung kleiner und wird daher unterdrückt.
n sei die Anzahl der zentralsymmetrisch angeordneten Seile, vgl. B.6.127. Die Gleichgewichtsgleichung ΣV=0 lautet:

$$D^I + nS^I \sin\alpha = EF_h \frac{\Delta h^I}{h} + n\,EF_l \frac{\Delta l^I}{l} \sin\alpha = P \tag{6.308}$$

Hieraus folgt, analog zu G.6.285:

$$\frac{\Delta h^I}{h} = \frac{P}{EF_h + n\,EF_l \sin^3\alpha}, \quad \frac{\Delta l^I}{l} = \frac{\Delta h^I}{h}\sin^2\alpha; \quad D^I = EF_h\frac{\Delta h^I}{h}, \quad S^I = EF_l\frac{\Delta l^I}{l} \tag{6.309}$$

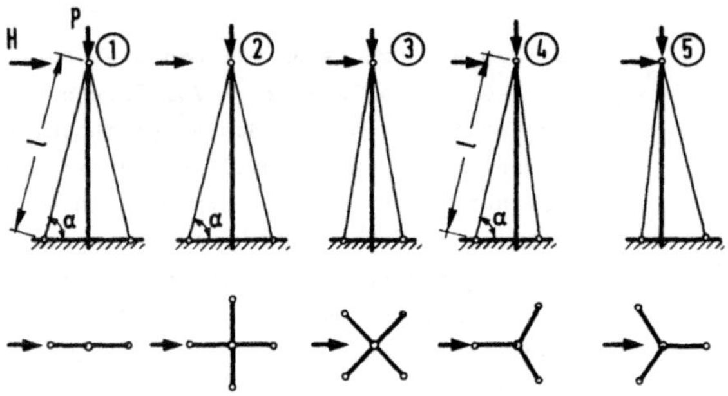

	①	②	③	④	⑤
n =	2	4	4	3	3
$\varkappa_1$ =	2	2	2	1.5	1.5
$\varkappa_2$ =	0	1	1	1	1

Bild 6.127

Die Kräfte des Vorspannungszustandes sind S^0 und

$$D^0 = nS^0 \cdot \sin\alpha \tag{6.310}$$

Die Gleichgewichtsgleichung $\Sigma H=0$ wird in Analogie zu G.6.286b aufgestellt. Dabei ist über die einzelnen Rückstellwirkungen gemäß G.6.305 zu summieren. Wertet man die Gleichung für die in B.6.127 dargestellten fünf Systeme aus, gilt:

$$\varkappa_1[EF_l\cos^2\alpha + (S^0 - S^I)(\varkappa_2 + \sin^2\alpha)]\frac{f}{l} + T - H = 0 \tag{6.311}$$

Die Vorzahlen $\varkappa_1$ und $\varkappa_2$ sind in B.6.125 angeschrieben. Mit G.6.287 folgt:

$$\frac{f}{l} = \frac{H}{\varkappa_1[EF_l\cos^2\alpha + (S^0 - S^I)(\varkappa_2 + \sin^2\alpha)] + \frac{EJ}{h^2\sin\alpha}\cdot\frac{\varepsilon^3}{\tan\varepsilon - \varepsilon}} \tag{6.312}$$

Mit f/l sind alle anderen Verformungen und Schnittgrößen bekannt. ε steht wieder für

$$\varepsilon = h\sqrt{\frac{D^0 + D^I}{EJ}} \tag{6.313}$$

Für H=0 entartet das Spannungsproblem in ein Verzweigungsproblem. Die Knickbedingung folgt aus G.6.312, indem der Nenner Null gesetzt wird:

$$\varkappa_1[EF_l\cos^2\alpha + (S^0 - S^I)(\varkappa_2 + \sin^2\alpha)] + \frac{EJ}{h^2\sin\alpha}\cdot\frac{\varepsilon^3}{\tan\varepsilon - \varepsilon} = 0 \tag{6.314}$$

Die Knickbedingung ist durch Probieren zu lösen, indem ein Wert für P gewählt und hierfür zunächst

$$(S^0 - S^I) = \frac{1}{n\cdot\sin\alpha}[D^0 - \frac{nEF_l\sin^3\alpha}{EF_h + nEF_l\sin^3\alpha}P] \quad \text{und} \quad \varepsilon = h\sqrt{\frac{D^0 + \frac{EF_h}{EF_h + nEF_l\sin^3\alpha}P}{EJ}} \tag{6.315}$$

berechnet werden. - Wie in den vorangegangenen Abschnitten mehrfach erwähnt, ist die Gültigkeit von P_{Ki} an die Bedingung $S^0 - S^I > 0$ gebunden.

Für den mehrfach abgespannten Mast mit Fußgelenk findet man:

$$\frac{f}{l} = \frac{H}{\varkappa_1 EF_l\cos^2\alpha + (S^0 - S^I)[\varkappa_1(\varkappa_2 + \sin^2\alpha) - n] - P/\sin\alpha} \tag{6.316}$$

und für P_{Ki}:

$$P_{Ki} = \frac{(EF_h + n\cdot EF_l\sin^3\alpha)\sin\alpha}{EF_h + EF_l\cdot\sin^3\alpha\,[\varkappa_1(\varkappa_2 + \sin^2\alpha)]}\left\{\varkappa_1 EF_l\cos^2\alpha + S^0[\varkappa_1(\varkappa_2 + \sin^2\alpha) - n]\right\} \tag{6.317}$$

Maßgebend ist i.allg. die EULER-Kraft, G.6.293.

6.8.5 Approximative Knickberechnung abgespannter Druckstäbe

Einen Näherungswert für die Knicklast P_{Ki} gewinnt man dadurch, daß eine dehnstarre Stabachse unterstellt wird; das bedeutet (G.6.309):

$$EF_h \gg n\,EF_l \cdot \sin^3\alpha \qquad (6.318)$$

Unter dieser Annahme kann in G.6.314 das zweite Glied in der eckigen Klammer gestrichen werden. Nach einfacher Umformung lautet die Knickgleichung:

$$\varepsilon^3\cos\varepsilon + \delta(\sin\varepsilon - \varepsilon\cos\varepsilon) = 0 \qquad (6.319)$$

Hierin bedeutet:

$$\delta = \varkappa_1 \frac{EF_l}{EJ} h^2\cos^2\alpha\sin\alpha \qquad (6.320)$$

δ kennzeichnet die federelastische Stützung der Vorspannung. - G.6.319 stimmt mit der Knickbedingung des unten eingespannten und oben federnd gestützten Druckstabes überein. Für diesen Stab wurde im Abschnitt 5.2.1 die System-Nr. 3 vereinbart.

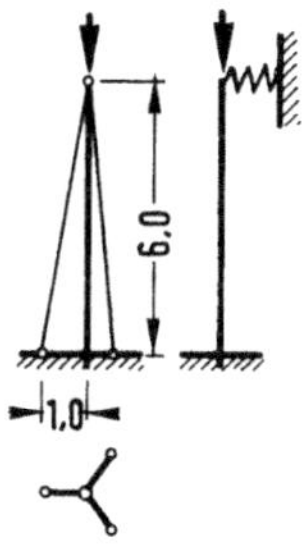

Bild 6.128

Um die Güte der Näherung zu prüfen, wird ein Beispiel gerechnet und zwar wird die Knickkraft des in B.6.128 skizzierten, dreifach abgespannten Stabes berechnet:

Stiel: Φ 101,6 · 2,9; $h = 6{,}0\,m$; $EF_h = 2{,}1\cdot10^4\cdot 8{,}99 = 188{,}79\cdot10^3\,kN$;

$EJ = 2{,}1\cdot10^4\cdot110 = 2{,}310\cdot10^6\,kNcm^2 = 231\,kNm^2$

Seile: Φ 7,5; $l = 6{,}083\,m$; $EF_l = 1{,}9\cdot10^4\cdot0{,}34 = 6{,}46\cdot10^3\,kN$

$\alpha = 80{,}54°$, $\sin\alpha = 0{,}9864$, $\cos\alpha = 0{,}1644$

Der Steifigkeitsparameter δ folgt zu ($\varkappa_1$ nach B.6.127):

$$\delta = 1{,}5\,\frac{6{,}46\cdot10^3}{231}\,6{,}0^2\cdot0{,}1644^2\cdot0{,}9864 = 40{,}26; \longrightarrow 1/\delta = 0{,}0248$$

Aus T.5.3 kann $\beta = 0{,}72$ abgegriffen werden. Für

$$\varkappa_1\frac{EF_l}{EJ}h^2 = 1510$$

liefert das Diagrammbild B.6.119 denselben Wert. Somit folgt für den elastischen Bereich:

$$\varepsilon_{Ki} = \frac{\pi}{\beta} = 4{,}363;\quad \underline{P_{Ki} = 122\,kN}$$

Wird die Vorspannung der Seile zu 10 kN gewählt, ergibt die strenge Knickbedingung (G.6.288):

$$P_{Ki} = 125{,}6\,kN$$

Der Näherungswert weicht von dem strengen Wert nur geringfügig (zur sicheren Seite hin) ab. Das beruht darauf, daß der Vorspannungszustand ein Eigenspannungszustand ist. Im Zuge der inneren Kräfteumlagerung wird die äußere Kraft zum Teil auf den Stiel und zum Teil auf die Seile abgesetzt. In der Summe ist die äußere Kraft im System enthalten. Im Verzweigungsfalle bauen sich die Abtriebskräfte aus dieser Summe auf. Diese Aussage bleibt indes nur solange gültig, als die Vorspannung noch nicht auf Null abgesunken ist.
Als Ergänzung zum vorstehenden Beispiel wird zunächst G.6.318 geprüft:

$$188{,}79\cdot10^3 : 18{,}60\cdot10^3 \longrightarrow 10:1$$

und als nächstes jene Kraft P bestimmt, unter der die Vorspannung in den Seilen auf Null absinkt:

$$S^0 - S^I = S^0 - \frac{P\cdot\sin^2\alpha}{EF_h + n\,EF_l\sin^3\alpha}EF_l = 0 \longrightarrow P = \left(n\cdot\sin\alpha + \frac{1}{\sin^2\alpha}\cdot\frac{EF_h}{EF_l}\right)S^0 \qquad (6.321)$$

$$\longrightarrow P = \left(3\cdot0{,}9864 + \frac{1}{0{,}9864^2}\cdot\frac{188{,}79\cdot10^3}{6{,}46\cdot10^3}\right)S^0 = (2{,}96 + 30{,}04)S = 33{,}00\cdot S^0$$

Für $S^0 = 10$ kN ergibt sich z.B.: $P = 330\,kN > 122\,kN$ bzw. $> 125{,}6\,kN$ (P_{Ki}).

6.8.6 Knickfestigkeit verspannter Stäbe

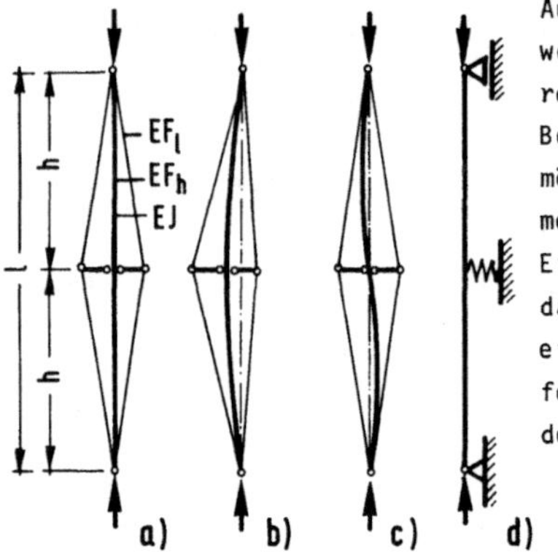

Bild 6.129

Auf der Grundlage der im vorangegangenen Abschnitt gewonnenen Einsichten läßt sich für verspannte Stäbe ein relativ einfaches Berechnungsverfahren angeben.
Bei einfacher Zwischenstützung sind zwei Knickfiguren möglich, eine symmetrische mit $s_K > h$ und eine antimetrische mit $s_K = h$ $(= l/2)$, vgl. B.6.129a/b/c.
Eine symmetrische (einwellige) Knickfigur stellt sich dann ein, wenn die Verspannung nicht steif genug ist, um eine antimetrische Knickung zu erzwingen. Bei mittiger federelastischer Stützung beträgt die Mindeststeifigkeit der Feder, vgl. Abschnitt 5.23 (G.5.219):

$$C^* = \min\delta \frac{EJ}{l^3} \geqq 2\pi^2 \frac{EJ}{l^3} \qquad (6.322)$$

Wird die Bedingung $\min\delta = 2\pi^2$ mit Hilfe von G.6.320 ausgedrückt, gilt:

$$\varkappa_1 \frac{EF_l}{EJ} h^2 \cos^2\alpha \sin\alpha \geqq 2\pi^2 \qquad (6.323)$$

Es gibt demnach mehrere Möglichkeiten, die Mindeststeifigkeit zu erreichen, insbesondere über

$\varkappa$: Anzahl der Spannseile (B.6.127),
EF_l : Dehnsteifigkeit der Spannseile,
α : Neigung der Spannseile.

Wird die Bedingung auf eine Stütze gemäß B.6.129 angewandt, wobei die Zahl der Seile und die Steifigkeitswerte von B.6.128 übernommen werden, folgt:

$$1{,}5 \frac{6{,}46 \cdot 10^3}{231} 6{,}0^2 \cos^2\alpha \cdot \sin\alpha = 2\pi^2 \longrightarrow \cos^2\alpha \cdot \sin\alpha = 0{,}013071$$

Für $\alpha = 83{,}42°$ wird die Mindeststeifigkeit gerade erreicht, d.h.:

$$\alpha \leqslant 83{,}42° \longrightarrow \delta \geqslant \min\delta \longrightarrow s_K = h \text{ (antimetrische Figur)}$$
$$\alpha > 83{,}42° \longrightarrow \delta < \min\delta \longrightarrow s_K > h \text{ (symmetr. Figur : T.5.71)}$$

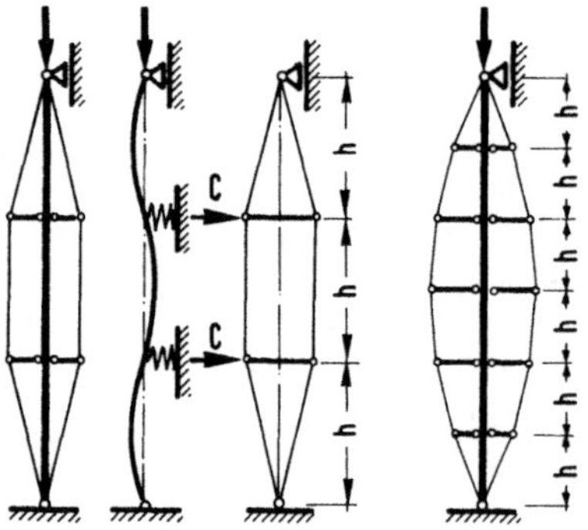

Bild 6.130

Die Erweiterung auf mehrere Zwischenabstützungen ist nunmehr nicht schwierig: Die Knicklänge für den Druckstiel beträgt $s_K = h$, solange die Verspannung die Mindeststeifigkeit erreicht. Die Verspannung muß dabei so geformt sein, wie es der Momentenfläche eines einfachen Balkens unter gleich großen Kräften mit äquidistanten Abständen entspricht. Dann ist sichergestellt, daß von jeder Zwischenstützung dieselbe Federwirkung ausgeht, die Umlenkkräfte aus der Verspannung sind in allen Stützpunkten gleich groß. Unter dieser Voraussetzung können die

min δ - Werte

für 3, 4, ... n Unterfelder aus Abschnitt 5.23 übernommen werden (G.5.212), eine zu G.6.320/323 äquivalente Bedingungsgleichung ist zuvor abzuleiten. Bei Einhaltung der Mindeststeifigkeit beträgt die Knicklast:

$$P_{Ki} = \frac{\pi^2 EJ}{h^2}; \quad s_K = h$$

Stets ist auch jene Kraft zu analysieren, unter der die Vorspannung auf Null absinkt; gegenüber dieser ist eine ausreichende Sicherheit einzuhalten. Eine Optimierung ist in dem Sinne möglich, daß System und Vorspannung so hingetrimmt werden, daß beide Versagenszustände (Knickung und Vorspannverlust) zusammenfallen.

6.8.7 Abgespannte Maste und Schornsteine

6.8.7.1 Seilgleichung für das Einzelseil im Gravitations- und Windfeld

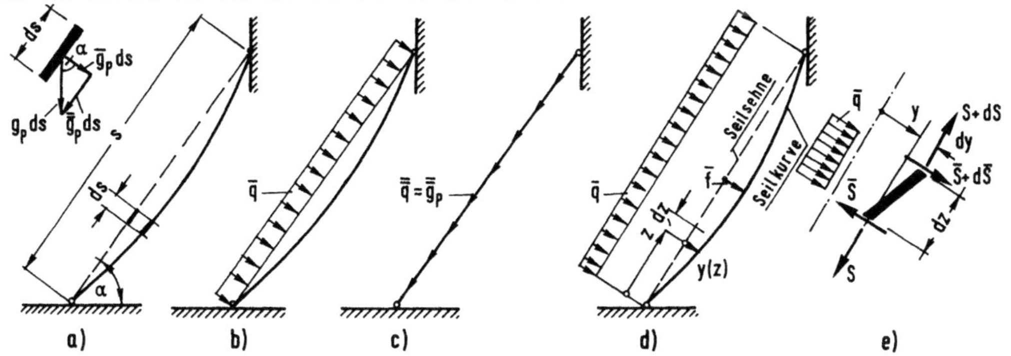

Bild 6.131

Auf ein unter dem Winkel α geneigtes Seil mit der Sehnenlänge s wirkt

a) das Eigengewicht g_p je Längeneinheit, das sich aus dem Materialgewicht g und einem etwaigen Eisbehang zusammensetzt (im Montagezustand wirkt nur g) und

b) der quer zum Seil gerichtete Wind.

Unter der Voraussetzung eines geringen Durchhanges wird die Seilbelastung in eine Komponente $\bar{q}$ quer zum Seil (Seilsehne) und in eine Komponente $\bar{\bar{q}}$ in Längsrichtung des Seiles zerlegt; vgl. B.6.131b/c. Unter einer konstanten Querbelastung ist die Seilkurve eine Parabel (B.6.131d):

$$y(z) = 4\bar{f}(1 - \frac{z}{s})\frac{z}{s} \tag{6.324}$$

$\bar{f}$ ist der mittige Seilstich (quer zur Sehne). - Die Gleichgewichtsgleichungen am Seilelement dz liefern:

$$dS = 0 \longrightarrow S = \text{konst} = \frac{\bar{q}s^2}{8\bar{f}} \tag{6.325}$$

Hiermit folgt für G.6.324:

$$y = \frac{\bar{q}}{2S}(s - z)z \tag{6.326}$$

Im Montagezustand (Vorspannzustand) gilt (B.6.132a):

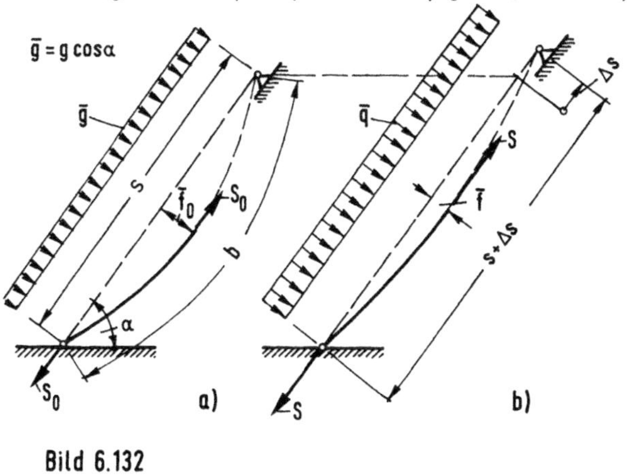

Bild 6.132

$$S_0 = \frac{\bar{g}\,s^2}{8\bar{f}_0};\quad \bar{f}_0 = \frac{\bar{g}\,s^2}{8S_0} \tag{6.327}$$

Wird der obere Abspannpunkt um Δs in Richtung der Seilsehne verschoben und wirkt auf das Seil in diesem Zustand $\bar{q}$, ändert sich die Seilkraft von S_0 auf S und der Seilstich von $\bar{f}_0$ auf $\bar{f}$ (B.6.132b); für diesen Zustand gilt:

$$S = \frac{\bar{q}\cdot(s+\Delta s)^2}{8\bar{f}};\quad \bar{f} = \frac{\bar{q}\cdot(s+\Delta s)^2}{8S} \tag{6.328}$$

Δs setzt sich aus drei Beiträgen zusammen:

a) infolge geometrischer Durchhangsänderung,

b) infolge elastischer Seillängung,

c) infolge temperaturbedingter Seillängung:

$$\Delta s = \Delta s_f + \Delta s_S + \Delta s_t \tag{6.329}$$

Um den ersterwähnten Beitrag zu analysieren, wird von einem dehnstarren Seil ausgegangen und für den Montage- und Gebrauchszustand die Seillänge berechnet. Da die Seillänge gemäß Voraussetzung unverändert bleibt, gilt:

$$s[1+\frac{8}{3}(\frac{\bar{f}_0}{s})^2] = (s+\Delta s_f)[1+\frac{8}{3}(\frac{\bar{f}}{s+\Delta s_f})^2] \tag{6.330}$$

Die linke Seite der Gleichung findet man beispielsweise, wenn man für die Bogenlänge des Seiles die Formel

$$b = \int_0^s \sqrt{1+y'^2}\,dz \approx \int_0^s (1+\frac{1}{2}y'^2)dz \tag{6.331}$$

für

$$y = 4\bar{f}_0(1-\frac{z}{s})\frac{z}{s} \tag{6.332}$$

auswertet. - Werden für $\bar{f}_0$ und $\bar{f}$ die Beziehungen G.6.327/8 in G.6.330 eingesetzt und (nach Ausmultiplikation) Glieder höherer Kleinheitsordnung gestrichen, folgt:

$$\Delta s_f = -\frac{s^3}{24}[(\frac{\bar{q}}{S})^2 - (\frac{\bar{g}}{S_0})^2] \tag{6.333}$$

Werden jetzt noch

$$\bar{q} = \bar{\gamma} F_S,\quad \bar{g} = \bar{\gamma}_g F_S$$

und

$$S = \sigma F_S,\quad S_0 = \sigma_0 F_S \qquad F_S:\ \text{metallischer Seilquerschnitt} \tag{6.334}$$

vereinbart, beträgt die Seillängung aus den Beiträgen a bis c:

$$\Delta s = -\frac{s^3}{24}\left[(\frac{\bar{\gamma}}{\sigma})^2 - (\frac{\bar{\gamma}_g}{\sigma_0})^2\right] + \frac{s}{E_S}(\sigma-\sigma_0) + \alpha_{tS}(t_S - t_{S0})s \tag{6.335}$$

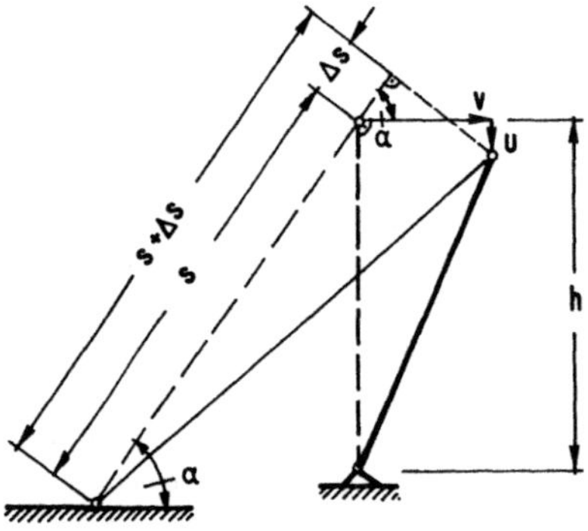

Bild 6.133

Der Verschiebungszustand des oberen Abspannpunktes setzt sich aus den Komponenten u und v zusammen (B.6.133); für v folgt:

$$v = \frac{\Delta s}{\cos\alpha} + u\cdot\tan\alpha \tag{6.336}$$

Wird G.6.335 eingesetzt, findet man die gesuchte Seilgleichung zu:

$$v = -L(\frac{\bar{\gamma}}{\bar{\gamma}_g})^2\frac{1}{\sigma^2} + M\sigma - v_0 \tag{6.337}$$

Abkürzungen:

$$L = \frac{s^3\bar{\gamma}_g^2}{24\cos\alpha} = \frac{s^3\gamma_g^2\cos\alpha}{24} \tag{6.338}$$

$$M = \frac{s}{E_S\cos\alpha} \tag{6.339}$$

$$v_0 = -\frac{L}{\sigma_0^2} + M[\sigma_0 - E_S\alpha_{tS}(t_S - t_{S0})] - u\cdot\tan\alpha \tag{6.340}$$

Die Seilgleichung läßt erkennen, daß die Abhängigkeit der Seilspannungen von der Verschiebung nichtlinear ist; das ist eine Folge der Seildurchhangsänderung. In u kann die Zusammendrückung des Mastes und dessen Temperatur-Längenänderung aufgenommen werden. Wirkt auf das Seil Wind ein und wird ein konstanter Staudruck q_W angesetzt, beträgt die Windlast:

$$w = w_p \cdot \sin\gamma, \quad w_p = c \cdot q_W \cdot d \qquad (6.341)$$

Hierin bedeuten: c Windbeiwert (1,2), d Seildurchmesser, fallweise einschließlich Eisumhüllung, γ Winkel zwischen der Seilsehne und der horizontalen Windrichtung und zwar in der Ebene, die durch die Seilsehne und eine im Fußpunkt des Seiles zur Windrichtung parallele Gerade gebildet wird (Windrichtungsebene des Seiles), vgl. B.6.134. Ist β der Winkel zwischen der Windrichtung und der vertikalen Seil-Mast-Ebene, beträgt $\bar{q}$ (um $\bar{\gamma}$ für G.6.337 gemäß G.6.334 bestimmen zu können) [6.136]:

$$\bar{q} = g_p\sqrt{\cos^2\alpha + \varkappa^2(1-\cos^2\alpha\cdot\cos^2\beta) + 2\varkappa\sin\alpha\cdot\cos\alpha\cdot\cos\beta} \qquad (6.342)$$

mit

$$\varkappa = \frac{w_p}{g_p} \qquad (6.343)$$

Die Durchhangsebene des Seiles liegt nicht mehr in der Lotrechten sondern windschief.

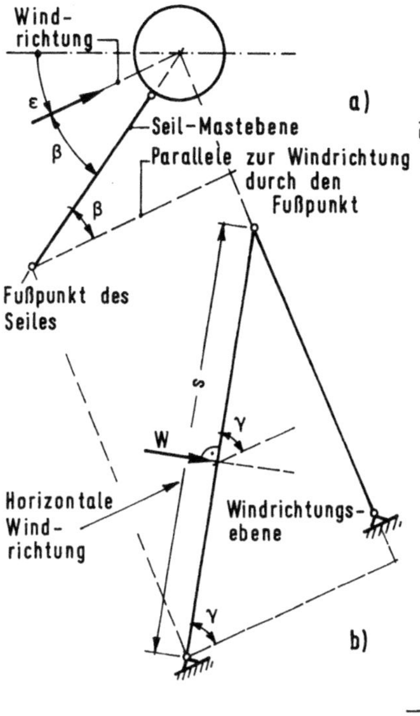

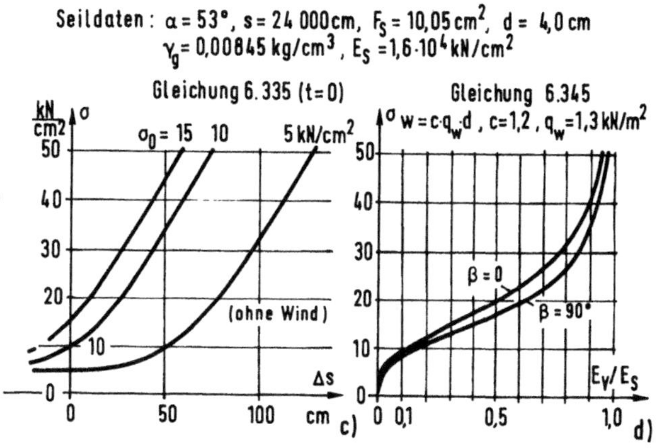

Bild 6.134

6.8.7.2 Ersatz-Elastizitätsmodul für das Einzelseil

In B.6.134c ist G.6.335 für ein frei gewähltes Seil ausgewertet; ein konstanter Elastizitätsmodul läßt sich nicht angeben, wohl läßt sich der lokale Tangentenmodul (in Höhe der Spannung σ) bestimmen; dazu wird G.6.335 nach σ differenziert:

$$\frac{d(\Delta s)}{d\sigma} = +\frac{s^3\bar{\gamma}^2}{12\sigma^3} + \frac{s}{E_S} \qquad (6.344)$$

E_S ist der E-Modul des Seiles unter Berücksichtigung des Seilrecks. Wird die vorstehende Beziehung mit der differentiellen Änderung eines Zuggliedes (ohne Durchhang) mit dem Ersatz-E-Modul E_V und demselben metallischen Querschnitt wie das durchhängende Seil gleich gesetzt, findet man E_V zu:

$$\frac{s^3\bar{\gamma}^2}{12\cdot\sigma^3} + \frac{s}{E_S} = \frac{s}{E_V} \longrightarrow E_V = \frac{1}{1+\frac{(\bar{\gamma}\,s)^2}{12\cdot\sigma^3}\cdot E_S}\,E_S \qquad (6.345)$$

Über $\bar{\gamma}$ können Eisbehang und Windeinfluß (G.6.342/3 und 6.334) berücksichtigt werden; vgl. B.6.134d.

(G.6.345 wurde von ERNST [6.137] für das Schwergewichtsseil hergeleitet, $\bar{\gamma} = \bar{\gamma}_g$.)

6.8.7.3 Berechnungshinweise und Sicherheitsfragen

Die Berechnung abgespannter Maste und Schornsteine kann auf zweierlei Art erfolgen:

a) Nach dem Verfahren der Steifigkeitsmatrizen Th.II.Ordn. für das gesamtheitliche System, bestehend aus Mast und Seilen, wobei für die Seile der Ersatz-E-Modul E_V angesetzt wird. Wegen der Spannungsabhängigkeit dieses Moduls bedarf es einer Iterationsrechnung. Diese Methode ist von SCHEER und ULLRICH [6.138] ausgearbeitet worden; sie setzt wegen des Rechenaufwandes eine Computeranalyse voraus, vgl. auch [6.139].

b) Berechnung des Schaftes als Durchlaufträger auf elastischen Stützen. Aus der Nachgiebigkeit der Seilbündel werden deren Federkennlinien berechnet. In [6.136] wurden

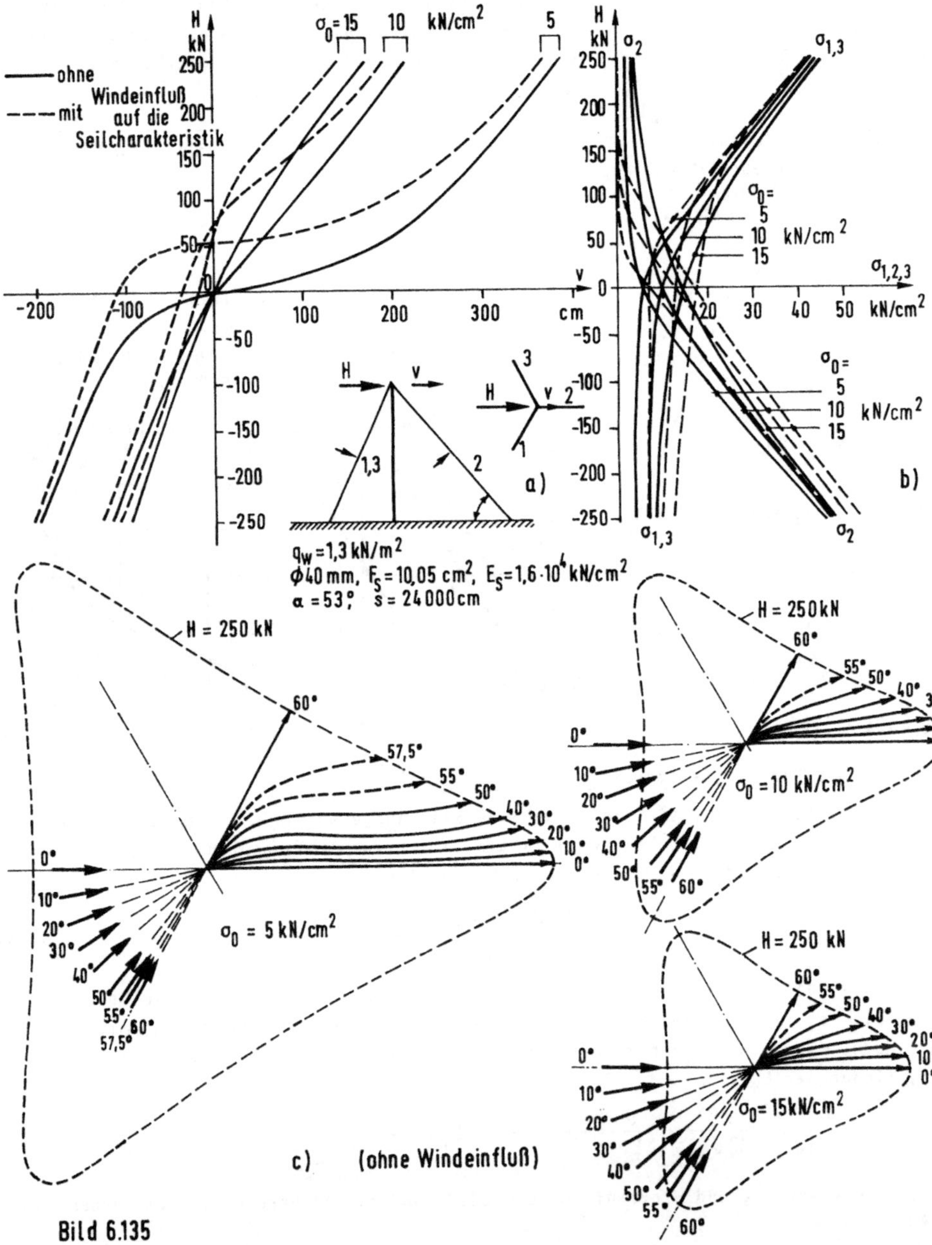

Bild 6.135

vom Verfasser alle erforderlichen Rechenbehelfe formelmäßig zusammengestellt (sie basieren auf der Seilgleichung G.6.337), dabei beschränken sich die Behelfe auf drei- und vierseilige Abspannungen, deren Erweiterung auf mehrseilige Abspannbündel ist unschwer möglich; das Schrifttum ist in [6.136] ausführlich dokumentiert.
Wie oben erläutert, ist die Spannungs-Verschiebungsfunktion des Einzelseiles nichtlinear. Diese Nichtlinearität wirkt sich ab Seillängen größer 20 bis 30 m mit anwachsender Seillänge zunehmend stärker aus und ist vorrangig von der Höhe der Vorspannung σ_0 abhängig. Der Windeinfluß verstärkt die Nichtlinearität. In B.6.135a ist die Abhängigkeit der Verschiebung v von einer auf ein dreiseiliges Bündel einwirkenden Kraft dargestellt, und zwar für drei Vorspannungen. Bildteil b zeigt die Abhängigkeit der Seilspannungen und Bildteil c die Verschiebungskurven des oberen Abspannpunktes in der Aufsicht für unterschiedliche Windrichtungswinkel; diese Abbildung verdeutlicht, daß sich die Abspannbündel für den Windrichtungswinkel 60^{0} (Wind auf das Nackenseil) instabil verhalten: Bei geringsten Abweichungen von diesem Winkel schert der obere Abspannpunkt seitlich aus und das umso stärker, je geringer die Vorspannung ist.

Bei der Berechnung eines Mastes werden zunächst die Stützkräfte abgeschätzt und aus den Seilcharakteristiken der Abspannbündel in Höhe dieser Kräfte die Federkonstanten und Vorverschiebungen sowie die vom Seilbündel abgesetzten Vertikalkomponenten bestimmt. Der Mastschaft wird dann nach Th.II.Ordn. berechnet, zweckmäßig nach dem Verfahren der Übertragungsmatrizen; vgl. auch Abschnitt 3.4.8.8.5.

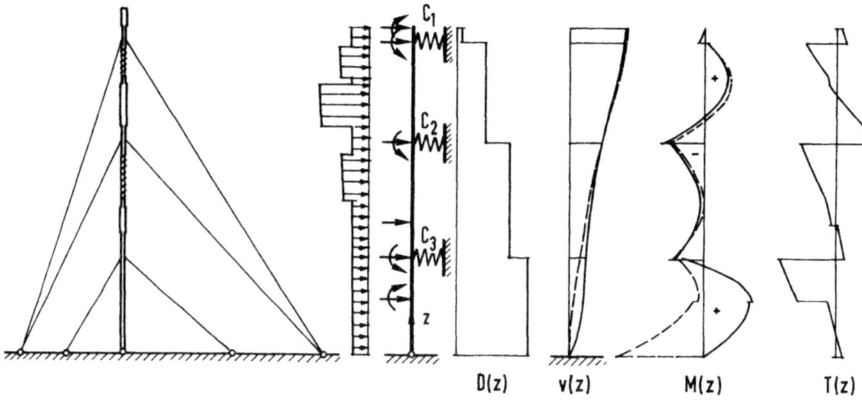

Bild 6.136

Wegen des überwiegenden Belastungsanteiles aus Wind und dessen dynamischen Charakters kann eine Berechnung nach dem Traglastverfahren nicht empfohlen werden. - Bei abgespannten Stahlschornsteinen ist der Temperaturlastfall zu berücksichtigen, sowohl bei den Federungseigenschaften als auch bei der Höhe der Druckkräfte im Rohr und der Minderung des E-Moduls (Abschnitt 2.7.3). - Funkmaste werden zweckmäßig mit Fußgelenk ausgeführt, anderenfalls tritt ein hohes Einspannungsmoment auf, wohingegen die Verformungen und Biegungsmomente im mittleren und oberen Mastbereich praktisch unbeeinflußt bleiben (B.6.136).

Der Stabilitätsnachweis wird als Spannungsnachweis Th.II.Ordn. erbracht (DIN 4131, DIN 4133). Dabei wird bislang so vorgegangen, daß die Lasten um den globalen Sicherheitsfaktor v erhöht werden. Die von den Abspannbündeln abgesetzten Vertikalkomponenten bauen sich von dem Wert V_0 (aus der Vorspannung) auf und zwar unterproportional; das ist ein Indiz für das gutartige Verhalten dieser Systeme. B.6.137 zeigt ein Beispiel: Für den im oberen Bildteil dargestellten Mast ist im Diagramm die Zunahme der Biegespannungen im unteren Feld- und Stützbereich sowie die der Seilspannungen im oberen Abspannbündel eingetragen: Unter 1,5-fachen Windlasten wachsen die Biegespannungen i.M. auf das 1,3-fache und die Seilspannungen auf das 1,42-fache. Da der globale Sicherheitsfaktor auch lastunabhängige Unsicherheiten abdecken soll, stellt sich die Frage, ob die geschilderte Vorgehensweise vom Sicherheitsstandpunkt aus akzeptiert werden kann. In [6.136] hat der Verfasser empfohlen, für die Gebrauchslasten (v=1,0) die zugehörigen V-Werte aus den Charakteristiken zu entnehmen und diese um den Sicherheitsbeiwert zu erhöhen; diese Rechnung liegt in jedem Falle auf der sicheren Seite. - Das Rechnen mit gesplitteten Sicherheitsbeiwerten wäre eine mögliche Alternative, z.B.: Vorspannung 0,9 bzw. 1,1; Eigengewicht 1,3; Eis- und Windlasten 1,4; Reduktion der Fließgrenze 0,9.

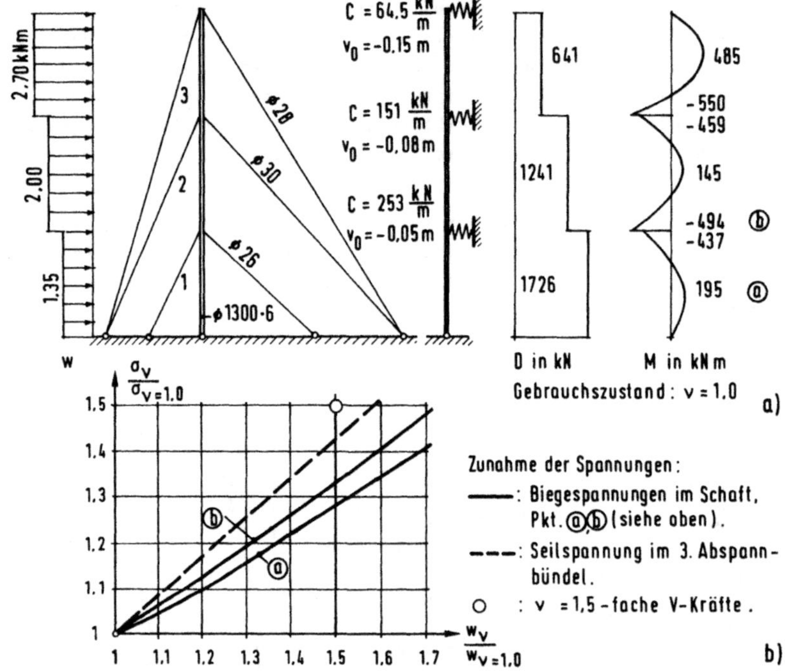

Bild 6.137

6.9 Bogentragwerke

6.9.1 Systeme

Durch äußere Lasten werden in Bogentragwerken vornehmlich Druckkräfte (Gewölbewirkung) hervorgerufen. Der Stabilitätsnachweis hat daher vorrangige Bedeutung.
Für die Bogenachse wird i.allg. die Stützlinie infolge ständiger Lasten, ggf. einschließlich eines gewissen (Dauer-) Nutzlastanteiles gewählt. Unter der Stützlinienbelastung ist ein solcher Bogenträger momentenfrei (zentrisch gedrückt), wenn die mit der Druckstauchung der Bogenachse einhergehende Änderung der Bogenform unberücksichtigt bleibt.

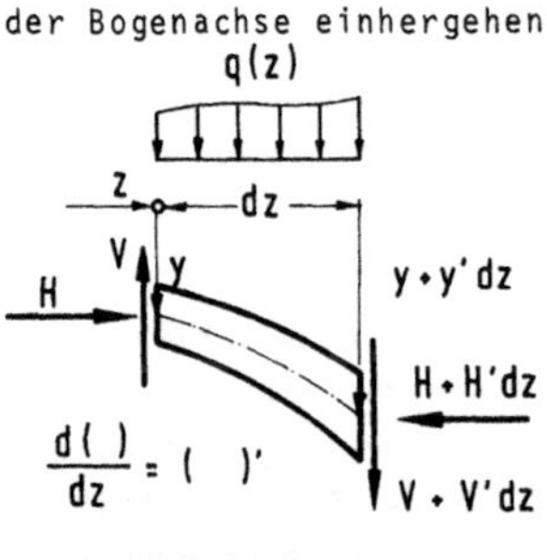

Bild 6.138

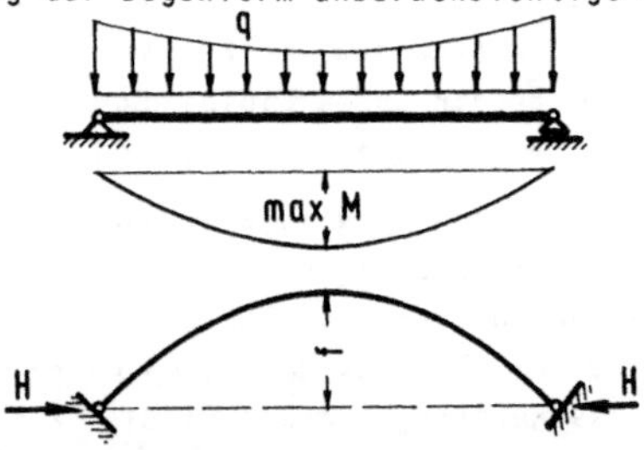

Bild 6.139

Bei ausschließlich vertikaler Richtung der äußeren Lasten folgt die Gleichung der Stützlinie in kartesischen Koordinaten als Lösung der Differentialgleichung:

$$y'' = \frac{q(z)}{H} \tag{6.346}$$

B.6.138 zeigt ein Bogenelement im unverformten Zustand. q(z) ist die lotrechte Belastung, H und V sind Schnittgrößen mit horizontaler und vertikaler Orientierung. y(z) ist die gesuchte (q(z) zugeordnete) Stützlinienfunktion. Am Element dz werden die Gleichgewichtsgleichungen formuliert:

$$\Sigma H = 0: H - (H + H'dz) = 0 : H' = 0 \longrightarrow H = \text{konst} \tag{6.347}$$

$$\Sigma V = 0: V - (V + V'dz) - q(z)dz = 0: V' = -q(z) \longrightarrow V = -\int q(z)\,dz + C \tag{6.348}$$

$$\Sigma M = 0: Vdz + Hdy = 0: V = -Hy', \ V' = -Hy'' \tag{6.349}$$

Die Gleichsetzung der Gleichungen für V' ergibt G.6.346. - Wegen der Analogie der G.6.346 mit der Differentialgleichung für das Gleichgewicht des geraden Balkens

$$M'' = -q(z) \tag{6.350}$$

ist die Stützlinienform zur Momentenfläche eines geraden Balkens unter derselben Querbelastung q(z) affin. - Bei einem symmetrischen Bogen sind y und M formaffin, vgl. B.6.139. Der Horizontalschub beträgt in diesem Falle unter symmetrischer Belastung:

$$H = \frac{\max M}{f} \tag{6.351}$$

Hierin ist max M das Größtmoment eines einfachen Balkens, dessen Länge gleich dem Abstand der Bogenkämpfer ist. f ist der Bogenstich. Die Schnittgröße V ist mit der Querkraft des Einfeldbalkens identisch. - Bei unsymmetrischen Bogenträgern (mit ungleich hohen Kämpfern) ist die Lösung der Differentialgleichung (G.6.346) den geometrischen Randbedingungen anzupassen. Für $q(z)=q_0$ =konst. lautet die Lösung beispielsweise:

$$y = \frac{q_0 z^2}{2H} + C_1 z + C_2 \ \text{(quadratische Parabel)} \tag{6.352}$$

Die Scheitellage ergibt sich aus $y'=0$.

Von allen Bogenformen hat der Parabelbogen die größte Bedeutung. Viele Bogentragwerke werden von vornherein als Parabel ausgebildet.
Es ist auch möglich, die Bogenform in Polarkoordinaten zu beschreiben: Ist die Bogenform in kartesischen Koordinaten y=y(z) vorgegeben, erhält man die Darstellung in polaren

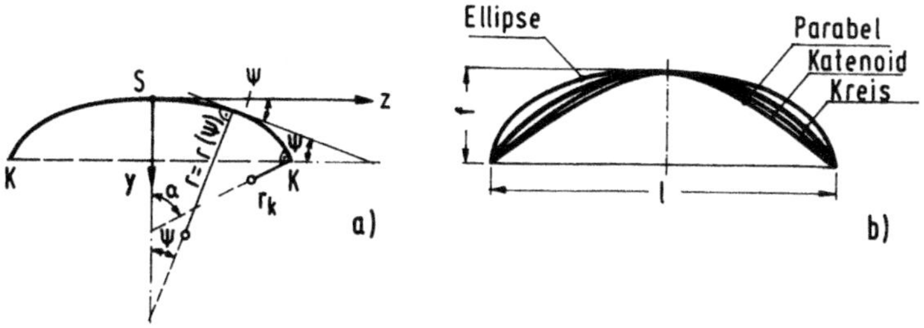

Bild 6.140

Koordinaten mit z als freiem Parameter vermittelst der Transformation:

$$r = \frac{\left[1 + \left(\frac{\partial y}{\partial z}\right)^2\right]^{\frac{3}{2}}}{\frac{\partial^2 y}{\partial z^2}}; \quad \tan\psi = \frac{\partial y}{\partial z} \tag{6.353}$$

Stützlinienbogen - Systeme - Stützkräfte

Konstante Radiallast: Kreisbogen:

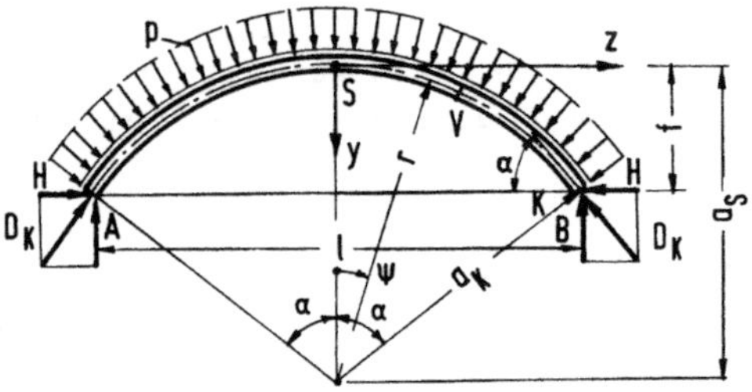

Gegeben: f und l:

$$\sin\alpha = \frac{4\left(\frac{f}{l}\right)}{1+4\left(\frac{f}{l}\right)^2} \quad ; \quad a = \frac{l}{2\sin\alpha} \; ; \quad a_S = a_K = a$$

P.K.: $r = a$ für jeden Wert von ψ

K.K.: $y = a - \sqrt{a^2 - z^2}$

Parameterdarstellung: $z = a \cdot \sin\psi$, $y = a(1-\cos\psi)$

$A = B = pa \cdot \sin\alpha$; $H = pa \cdot \cos\alpha$. $D = p \cdot a$
$(D_S = D_V = D_K = D)$

Konstante Gleichlast: Parabelbogen:

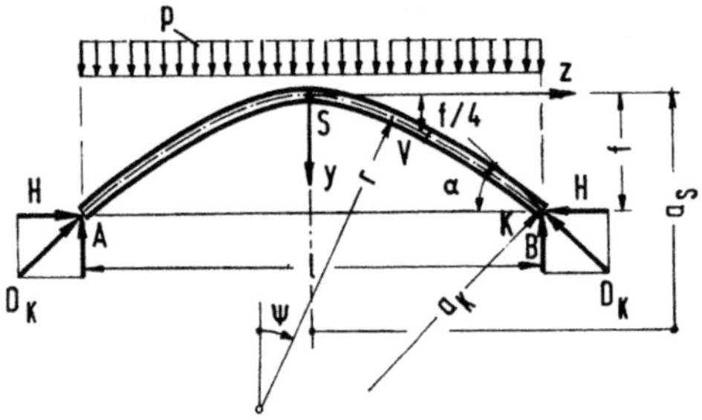

Gegeben: f und l:

$$\tan\alpha = 4\left(\frac{f}{l}\right) \; ; \; a_S = \frac{l}{2\cdot\tan\alpha} = \frac{l}{8\left(\frac{f}{l}\right)} = \frac{l^2}{8f}$$

P.K.: $r = \frac{a_S}{\cos^3\psi}$; $a_K = \frac{a_S}{\cos^3\alpha}$

K.K.: $y = 4f \cdot \left(\frac{z}{l}\right)^2$

Parameterdarstellung: $z = a_S \tan\psi$; $y = \frac{a_S}{2}\tan^2\psi$

$A = B = p\frac{l}{2} = pa_S \cdot \tan\alpha$; $H = \frac{pl^2}{8f} = pa_S$; $D_S = H$;

$$D_K = \frac{pl^2}{8f} \cdot \sqrt{1+\left(4\frac{f}{l}\right)^2} = pa_S \cdot \sqrt{1+\tan^2\alpha}$$

$D_V = \frac{H}{\cos\psi_V} = \frac{pa_S}{\cos\psi_V}$, ψ_V folgt aus $\tan\psi_V = 2\frac{f}{l}$

Konstantes Eigengewicht: Katenoidbogen:

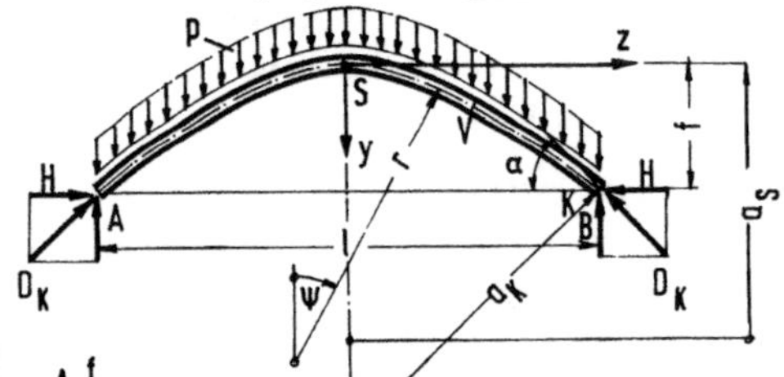

Gegeben: f und l:

α läßt sich explizit nicht angeben.
α (in Altgrad) folgt in Abhängigkeit von $\left(\frac{f}{l}\right)$ aus dem unten angegebenen Diagramm.

$$a_S = \frac{l}{2\cdot\ln\left[\tan\left(\frac{\alpha}{2}+\frac{\pi}{4}\right)\right]} \quad \text{oder} \quad a_S = \frac{f\cdot\cos\alpha}{(1-\cos\alpha)}$$

P.K.: $r = \frac{a_S}{\cos^2\psi}$; $a_K = \frac{a_S}{\cos^2\alpha}$

K.K.: $z = a_S \cdot \ln\left[\tan\left(\frac{1}{2}\arccos\frac{a_S}{a_S+y} + \frac{\pi}{4}\right)\right]$

Parameterdarstellung: $z = a_S \cdot \ln\left[\tan\left(\frac{\psi}{2}+\frac{\pi}{4}\right)\right]$

$$y = a_S \cdot \frac{1-\cos\psi}{\cos\psi}$$

$A = B = pa_S \cdot \tan\alpha$; $H = pa_S$. $D_S = H$; $D_K = pa_S \cdot \sqrt{1+\tan^2\alpha}$

$D_V = \frac{H}{\cos\psi_V} = \frac{pa_S}{\cos\psi_V}$, ψ_V folgt aus $\ln\left[\tan\left(\frac{\psi_V}{2}+\frac{\pi}{4}\right)\right] = \frac{1}{4}\cdot\frac{l}{a_S}$ bzw. in Abhängigkeit von f/l aus dem Diagramm.

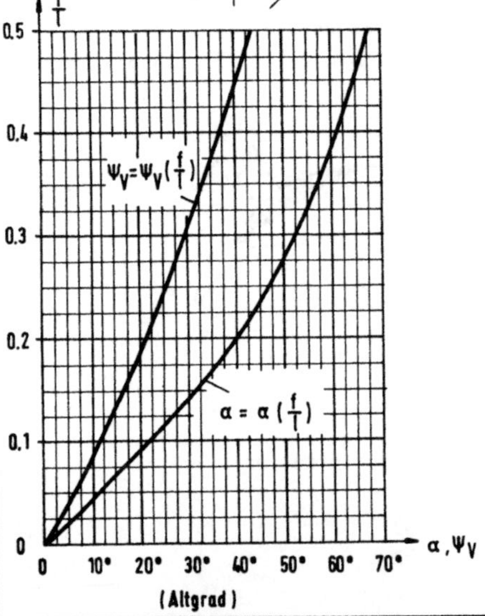

Erläuterungen:

Indizes: S: Scheitel, K: Kämpfer, V: Viertelspunkt

D_S, D_K, D_V: Druckkraft im Scheitel, Kämpfer bzw. Viertelspunkt; H: Horizontalschub

P.K.: Polarkoordinaten: $r = r(\psi)$

K.K.: Kartesische Koord.: $y = y(z)$

α: Anschnittwinkel am Kämpfer

a_S, a_K: Krümmungsradius am Scheitel bzw. am Kämpfer

r ist der Radius als Funktion des Umfahrungswinkels ψ, vgl. B.6.140a. Gelingt es, z zu eliminieren, gewinnt man die Darstellung in Polarkoordinaten $r=r(\psi)$. - Ist die Bogenkurve in kartesischen Koordinaten mit ψ als freiem Parameter gegeben: $y=g(\psi)$, $z=f(\psi)$, gelingt die Transformation mittels:

$$r = \frac{\left[\left(\frac{\partial y}{\partial \psi}\right)^2 + \left(\frac{\partial z}{\partial \psi}\right)^2\right]^{\frac{3}{2}}}{\frac{\partial y}{\partial \psi}\cdot\frac{\partial^2 z}{\partial \psi^2} + \frac{\partial z}{\partial \psi}\cdot\frac{\partial^2 y}{\partial \psi^2}} \qquad (6.354)$$

Liegt die Bogenform in Polarkoordinaten vor, $r=r(\psi)$, erhält man die Darstellung in kartesischen Koordinaten mit ψ als freiem Parameter durch die Transformation:

$$y = \int \sin\psi \cdot r \cdot d\psi + C_1, \quad z = \int \cos\psi \cdot r \cdot d\psi + C_2 \qquad (6.355)$$

Die Freiwerte werden aus der Bedingung, daß y und z für $\psi=0$ Null sein müssen, bestimmt. Kann man ψ eliminieren, gewinnt man die Darstellung in kartesischen Koordinaten.
In Polarkoordinaten lauten die Gleichungen einiger Bogenformen (B.6.140b):

$$\begin{aligned} &\text{Kreis:} && r = a \\ &\text{Zykloide:} && r = a_S \cos\psi \\ &\text{Katenoide:} && r = a_S \cos^{-2}\psi \quad \text{(Kettenlinie)} \\ &\text{Parabel:} && r = a_S \cos^{-3}\psi \\ &\text{Ellipse:} && r = \frac{a^2 b^2}{(a^2 \sin^2\psi + b^2 \cos^2\psi)^{3/2}} \end{aligned} \qquad (6.356)$$

a_S ist der Scheitelradius. Im Falle des Ellipsenbogens sind a und b die Halbmesser; vgl. z.B. [6.140].
Von den vorstehenden Formen sind drei Stützlinien besonders ausgezeichnet, siehe B.6.141:
a) Kreisbogen für konstante Radiallast,
b) Parabelbogen für konstante Vertikallast,
c) Katenoidbogen für konstantes Eigengewicht.

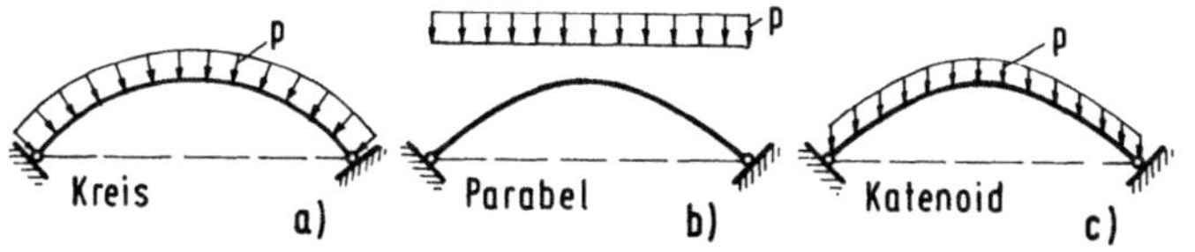

Bild 6.141

T.6.11 enthält die wichtigsten Formeln zur Geometrie dieser Bogenformen. Hiermit können alle Systemgrößen sowie die Druckkräfte im Scheitel (D_S), Viertelspunkt (D_V) und Kämpfer (D_K) sowie der Horizontalschub H berechnet werden.

Für den Katenoidbogen lassen sich die für kartesische und polare Koordinaten geltenden Formeln nicht explizit ineinander überführen.
Die Unterschiede in den Bogenkoordinaten sind bei flachen Parabel- und Katenoidbogen gleichen Stiches sehr gering; sie betragen beispielsweise im Viertelspunkt für f/l=0,1; 0,2; 0,3; 0,4 und 0,5: 0,1%; 0,9%; 2,4%; 4% und 5,1%.

6.9.2 Spannungstheorie II. Ordnung - Verzweigungstheorie

Bei Stützlinienbelastung liegt ein Knickproblem mit Gleichgewichtsverzweigung vor. Unter einem ganz bestimmten kritischen Horizontalschub H_{Ki} (dem die kritische Intensität p_{Ki} zugeordnet ist), geht die Stützlinienform in eine infinitesimal benachbarte Gleichgewichtslage über. Die Knickfigur ist bei einem Dreigelenkbogen mit Pfeilverhältnissen $f/l \leq 0{,}3$ symmetrisch, bei größeren Verhältnissen antimetrisch. Beim Zweigelenkbogen und beim eingespannten Bogen ist die Knickfigur immer antimetrisch, der Horizontalschub erfährt bei antimetrischer Knickung keine Änderung ($\Delta H=0$), weil der Bogenstich unver-

ändert bleibt.
Stützlinienknicken tritt (im Sinne der Verzweigungstheorie) streng genommen nur unter der Voraussetzung einer dehnstarren Achse auf. Real wandert ein Bogen mit steigender Belastung infolge Achsstauchung aus der Stützlinienform heraus, hierdurch werden primäre Biegungsmomente geweckt. Selbst ein radial gedrückter Kreisring erfährt infolge Zusammendrückung eine Krümmungsänderung, womit Biegungsmomente verbunden sind. Bei Bogentragwerken aus Beton und Holz wird der Primäreffekt durch Kriechen und Schwinden verstärkt. Kämpferverrückungen und Temperatureinflüsse treten hinzu. Bei baupraktischen Ausführungen sind zudem gewisse Abweichungen von der Stützlinienform und Stützlinienlast vorhanden. Schließlich weichen die Nutz- bzw. Verkehrslasten immer mehr oder weniger von der Stützlinienbelastung ab, sodaß in der Summe ein Spannungsproblem vorliegt. Wie im Abschnitt 1.2.10 erläutert, liegt im Falle eines symmetrischen Primärbiegezustandes dennoch ein Knickproblem vor (es wurde mit Symmetrieknicken bezeichnet), da die zum primären Zustand gehörende Biegeform (die zur Stützlinienlast gehört) keine Komponente der idealen Knickform enthält (Kriterium von KLÖPPEL-LIE). Der kritische Horizontalschub H_{Ki} der Symmetrieknickung (aus dem symmetrischen Biegezustand heraus) stimmt mit dem kritischen Horizontalschub des ideellen Stützlinienknickens praktisch überein. Daher können die Knickwerte des Stützlinienknickens beim Zweigelenkbogen und eingespannten Bogen sowie beim Dreigelenkbogen mit $f:l > 0{,}3$ auch dann angewandt werden, wenn primäre (symmetrische) Biegemomente vorhanden sind.

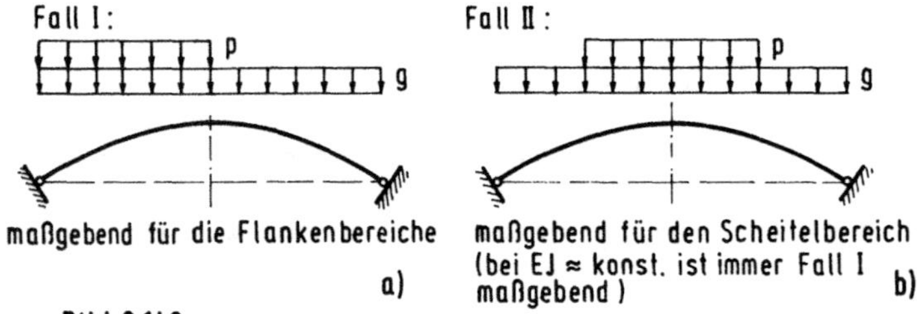

Bild 6.142

Neben dem "Knicknachweis" für Vollast sind Bogentragwerke immer auch auf Biegung nachzuweisen. Auf die in B.6.142 dargestellten Lastfälle reagieren Bogenträger empfindlich, insbesondere auf den Lastfall einer einseitigen Nutz- bzw. Verkehrslast: Halbseitiger Schnee bei Hochbauten (auch antimetrische Druck-Sog-Verteilung bei Wind) und halbseitige Verkehrslast bei Bogenbrücken. Die von der Stützlinienbelastung abweichenden Lastanteile muß ein Bogenträger vermöge seiner Biegesteifigkeit abtragen. Die hierbei ausgelösten Verformungen sind umso größer, je schlanker der Träger ist. - Bei flachen Bogenträgern haben die vertikalen und horizontalen Verformungsanteile vergleichbare Größenordnung. Durch die Verformungen werden Biegungsmomente (nach Th.II. Ordn.) erheblicher Größe geweckt: An den "elastischen Hebelarmen" wirken große Druckkräfte.
Der Stabilitätsnachweis der Bogentragwerke wird zweckmäßig in folgenden Schritten geführt:

a) Festlegung der Stützlinienform;
b) Berechnung des Lastfalles Vollast;
c) Berechnung der Lastfälle mit partiellen Verkehrslasten (B.6.142) nach Th.I.Ordn. nach den klassischen Verfahren der Baustatik (bei Brücken unter Verwendung der Einflußlinien für die Kernpunktmomente); hierbei sind fallweise gleichförmige und ungleichförmige Temperatureinflüsse, sowie Kriechen und Schwinden und Kämpferverformungen zu berücksichtigen;
d) Aufgrund der Berechnung c) läßt sich beurteilen, welcher Lastfall die größten Biegungsmomente auslöst. Hierfür werden die Schnittgrößen nach Th.II.Ordn. ermittelt und eine Imperfektion eingerechnet. Im Falle einer halbseitigen Verkehrslast (Bild 6.142a) wird die Gesamtbelastung in einen symmetrischen (Stützlinien-) Lastanteil und einen antimetrischen Anteil zerlegt. Die Schnittgrößen unter antimetrischer Belastung nach Th.I.Ordn. werden mit dem Vergrößerungsfaktor

$$\alpha = \frac{1}{1 - \frac{H}{H_{Ki}}} \tag{6.357}$$

beaufschlagt, um den Verformungseinfluß zu erfassen. Diese Abschätzung erweist sich bei Bogenträgern als sehr zutreffend.

Auf die einschlägigen Berechnungsvorschriften wird hingewiesen: DIN 4114A/N, DIN 1052, DIN 1075.

6.9.3 Zur Richtungstreue der äußeren Belastung

Für die Verformungstheorie II.Ordn. und Knicktheorie hat die Frage der Richtungstreue große Bedeutung. Richtungstreu heißen solche Lasten, die bei den auftretenden Verformungen ihre Richtung beibehalten, vgl. Abschnitt 1.2.7. Bei einem Kreisring oder Kreisbogen unter hydrostatischem Außendruck (B.6.141a) handelt es sich um ein Problem mit nichtrichtungstreuer und zwar normaltreuer Belastung, weil das Fluid (Flüssigkeit, Gas) auch im ausgeknickten Zustand normal zur verformten Oberfläche bzw. Ringachse wirkt.

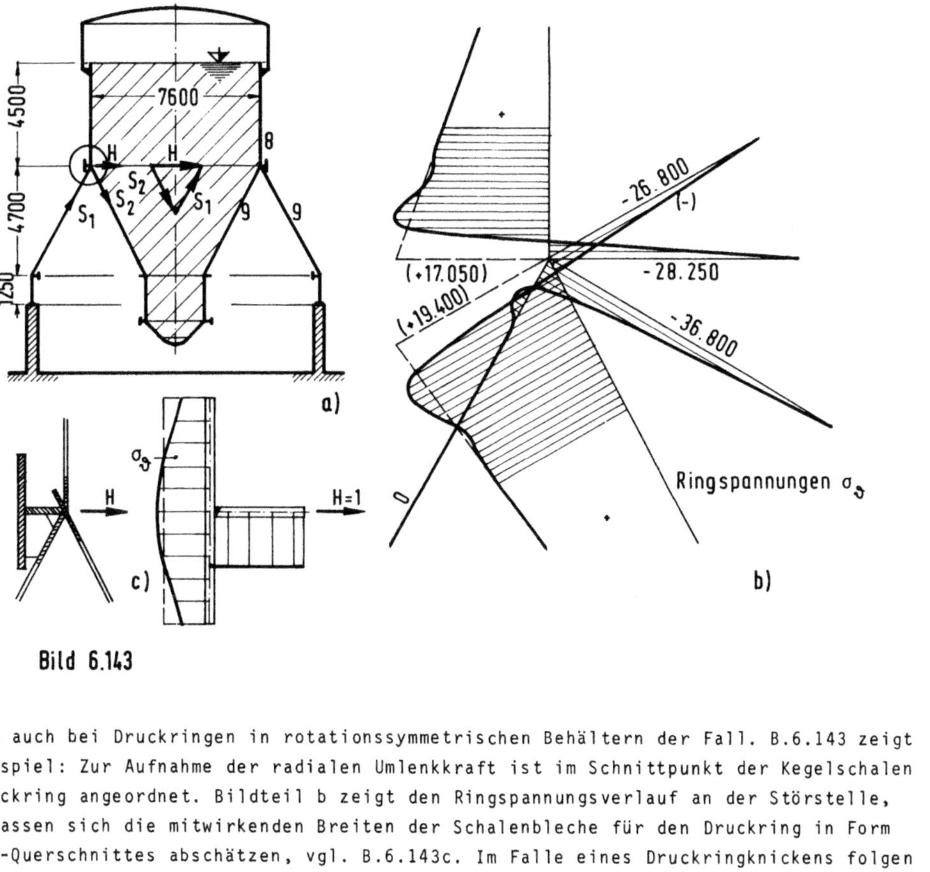

Bild 6.143

Das ist auch bei Druckringen in rotationssymmetrischen Behältern der Fall. B.6.143 zeigt ein Beispiel: Zur Aufnahme der radialen Umlenkkraft ist im Schnittpunkt der Kegelschalen ein Druckring angeordnet. Bildteil b zeigt den Ringspannungsverlauf an der Störstelle, damit lassen sich die mitwirkenden Breiten der Schalenbleche für den Druckring in Form eines T-Querschnittes abschätzen, vgl. B.6.143c. Im Falle eines Druckringknickens folgen die Schalenmembranen den Verformungen, entsprechend stellen sich die Umlenkkräfte normal zur Ringachse ein. Die normaltreuen Kräfte gehören zur Gruppe der mitgehenden Kräfte.

Bei Brückentragwerken mit oben- oder untenliegender Fahrbahn sind die den Bogenträger belastenden Kräfte ebenfalls nichtrichtungstreu, sie gehören zur Gruppe der geführten Kräfte, vgl. B.1.3.1.
Da die Ständer bzw. Hänger der Bogenverformung folgen, stellen sie sich schräg, vgl. B. 6.144. Hierdurch entstehen in den Ständerstützpunkten abtreibende, d.h. das Knicken för-

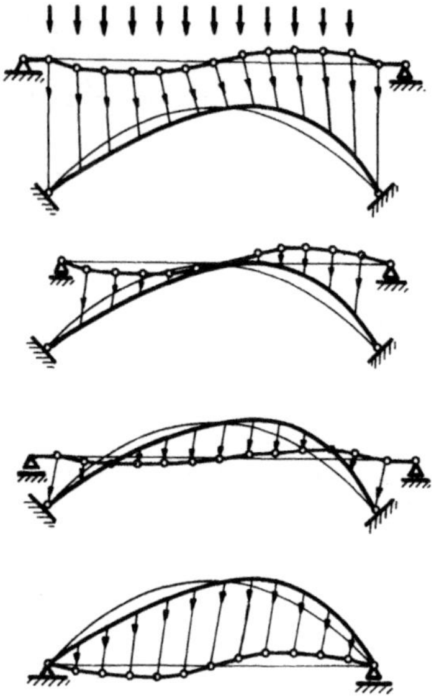

a)

b)

c)

d)

Bild 6.144

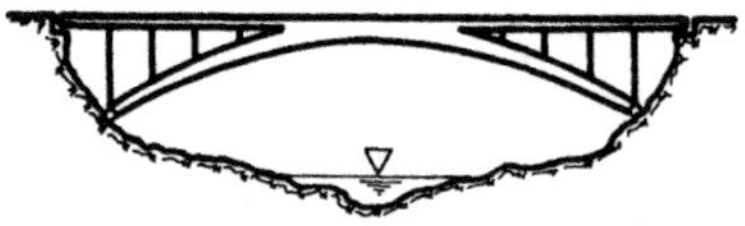

Bild 6.145

dernde Kraftkomponenten, in den Hängeranschlußpunkten entstehen rücktreibende Komponenten (Bild a und d). Ist der Fahrbahnträger im Scheitel fixiert und längsverschieblich (Bildteil b), nimmt er als Ganzes an der Scheitelverschiebung teil; die Schrägstellungen fallen dadurch geringer aus. Liegt der Fahrbahnträger zwischen Scheitel und Kämpfer und ist der Träger in Höhe der Durchdringungspunkte an den Bogen angekoppelt, nimmt der Träger ebenfalls an den Gesamtverformungen teil (Bild c). In den Fällen b bis d werden die im Fahrbahnträger aufsummierten Umlenkkräfte am Scheitel, an den Durchdringungspunkten bzw. an den Kämpfern an den Bogen abgegeben, sodaß sich der Einfluß der Nichtrichtungstreue nicht so stark ausprägt wie im Falle a. Im Vergleich zu einer richtungstreuen Krafteintragung wird die Knickkraft im Fall a abgemindert und im Falle d angehoben. (In den Fällen c, d wirkt die Zugkraft in den Fahrbahnträgern (aufgehobener Horizontalschub) zusätzlich stabilisierend.)

Auf das Ausknicken der Bogenträger quer zur Tragwerksebene wirkt sich die Schrägstellung der Ständer bzw. Hänger entsprechend aus. Ein derartiges Ausknicken aus der Bogenebene geht mit Verbiegungen und Verdrillungen des Bogens einher, man spricht daher auch von Bogenkippen.

In B.6.144 ist unterstellt, daß der Fahrbahnträger eine Stabgelenkkette ist, die sich zwangfrei den Verformungen des Bogens anpaßt. Dieser Fall wird baupraktisch nicht realisiert, der Fahrbahnträger läuft i.allg. biegesteif durch und übt damit auf den Bogen einen versteifenden Einfluß aus. Vielfach liegt eine monolithische Einheit zwischen Bogen und Versteifungsträger vor, vgl. B.6.145. Das Gesamttragwerk ist bei Einbeziehung des Versteifungsträgers ein mehrfach statisch unbestimmtes System. Werden Statik und Stabilität für das Gesamtsystem nachgewiesen, erhält man wirtschaftliche Lösungen. Die Bauzustände erfordern eingehende Untersuchungen.
Die Statik der Bogentragwerke wird in den Büchern der Stabstatik behandelt; vgl. u.a. [6.141-6.148], daselbst werden z.T. auch Probleme Th.II.Ordn. behandelt. Weiter wird auf [6.149-6.155] verwiesen und auf [6.157-6.159], wo strengere Verformungsansätze verfolgt werden.

6.9.4 Verformungstheorie II. Ordnung

6.9.4.1 Anmerkungen zu den Berechnungsansätzen

Wie noch zu zeigen sein wird, lassen sich für stetig gekrümmte Bogenträger analytische Berechnungsmethoden unterschiedlichen Approximationsgrades herleiten. Die Differentialgleichungen lassen sich indes bei allgemeiner Problemstellung im analytischen Sinne nicht lösen. Ausnahmen bilden kreisförmige und solche Träger, deren Biegesteifigkeit dem Gesetz

$$EJ = \frac{EJ_S}{\cos\psi} \qquad (6.358)$$

folgt. Hierin ist EJ_S die Biegesteifigkeit im Scheitel und ψ der Neigungswinkel der Bogenachse. Das Gesetz verlangt, daß die Biegesteifigkeit zu den Kämpfern hin zunimmt.

Das ist in vielen Fällen, insbesondere bei Bogenträgern mit Kämpfereinspannung, gegeben. Im allgemeinen lassen sich die Differentialgleichungen nur numerisch lösen. - Neben den Methoden mit mehr mathematischer Orientierung haben jene baustatischen Verfahren Bedeutung, bei denen die Verformungsmomente bzw. Knicklasten iterativ, ausgehend von Th. I.Ordn., bestimmt werden: Verfahren der schrittweisen Annäherung (Abschnitt 3.1). - Schließlich können Bogentragwerke auch als biegesteife Polygonrahmen nach dem Verformungsgrößenverfahren berechnet werden, vgl. B.6.146. Hierbei können unterschiedliche Einflüsse erfaßt werden:

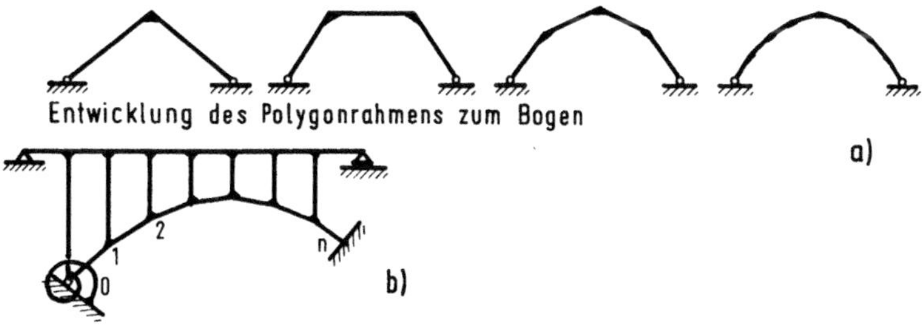

Bild 6.146

a) Beliebige Bogenform unter Einschluß des Aufbaues (Gesamtsystem),
b) Berücksichtigung der infolge Ständer- bzw. Hängerschrägstellungen geweckten Abtriebskräfte,
c) Bodenelastische Einspannungen an den Kämpfern,
d) Berücksichtigung der Stablängenänderungen (einschl. Kriechens).

Da bei antimetrischer Belastung die Bogendruckkräfte (infolge Stützlinienbelastung) praktisch keine Änderung erfahren, liefert das Verformungsgrößenverfahren für diesen Lastfall bereits nach der ersten Berechnungsstufe die endgültigen Schnittgrößen. Das Verfahren ist daher für Berechnungen nach Th.II.Ordn. sehr geeignet. Das gilt auch für die Knickberechnung.

Bei allen Untersuchungen von Bogentragwerken ist es wichtig, die zum verformungslosen Stützlinienzustand des dehnstarren Bogens gehörende Belastung p^0 und die die Verformungen des Bogens und damit den Effekt Th.II.Ordn. auslösenden Einflüsse auseinander zu halten und bei den Berechnungen zweckmäßig zu splitten. Infolge p^0 entstehen die Normalkräfte N^0. Dieser Zustand wird Grundzustand genannt. Zu jenen Einflüssen, die Biegungen auslösen, zählen:

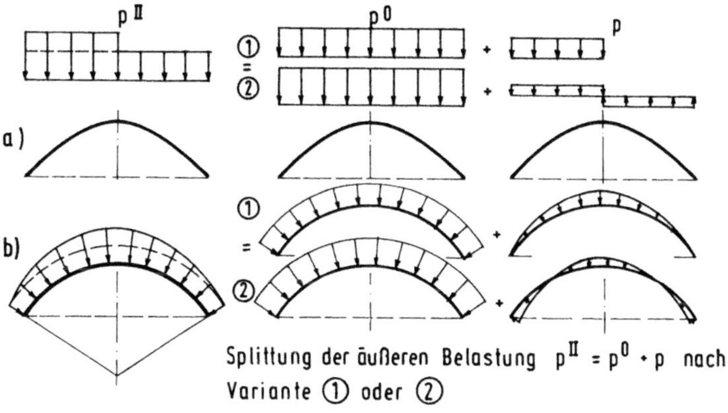

Bild 6.147

a) Dehnung (Stauchung) der Bogenachse infolge N^0, infolge Temperaturänderungen t und infolge der bei der Bogenbiegung geweckten Normalkraftänderungen N:

$$\varepsilon = \frac{N^0}{EF} + \alpha_t t + \frac{N}{EF} \qquad (6.359)$$

b) Biegung infolge der von der Stützlinienbelastung abweichenden Lastanteile. Wie in B. 6.147 für einen Bogen mit vertikaler und einen Bogen mit radialer Belastung veranschaulicht, ist es an sich frei gestellt, wie die Belastung $p^{II} = p^0 + p$ in die Anteile p^0 und p aufgespaltet wird. Zweckmäßig ist jene Splittung, bei der infolge p keine

oder nur unbedeutende Normalkraftänderungen im Bogen hervorgerufen werden. B.6.147 zeigt jeweils zwei Varianten; Variante ② ist in beiden Fällen die günstigere, da dem vorerwähnten Kriterium am besten genügt wird.
Die Verformungen und Schnittgrößen infolge p^{II} betragen:

$$\begin{aligned} u^{II} &= u^0 + u = u \quad \text{usf.} \\ N^{II} &= N^0 + N \\ Q^{II} &= Q^0 + Q = Q \\ M^{II} &= M^0 + M = M \end{aligned} \qquad (6.360)$$

Da p^0 voraussetzungsgemäß die Stützlinienbelastung ist, sind hierfür alle Verformungen sowie Q und M Null.
Im Sonderfall des Stützlinienknickens ist $p \to 0$ und die Verformungen und Schnittgrößen des ausgeknickten Zustandes haben infinitesimale Größe, nur p^0 und N^0 sind endlich.

6.9.4.2 Verformungsgrößenverfahren für polygonale Bogenformen

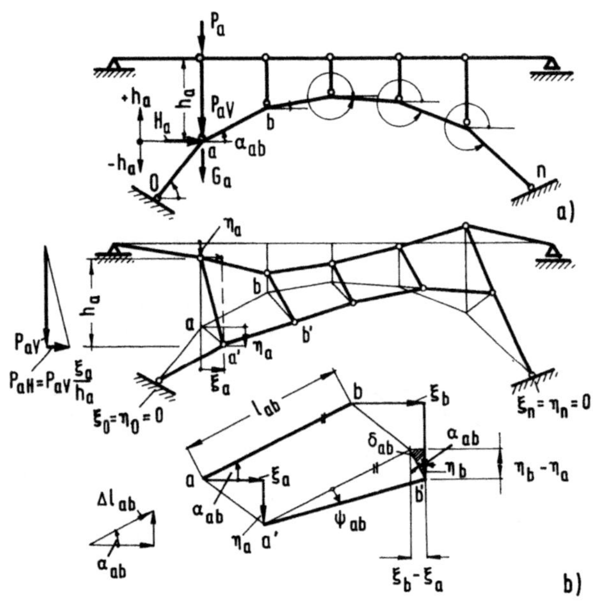

Bild 6.148

Das Verformungsgrößenverfahren Th. II.Ordn. wurde im Abschnitt 3.4.7 ausführlich behandelt. Als verallgemeinertes Drehwinkelverfahren oder als Verfahren der Steifigkeitsmatrizen kann es unmittelbar Anwendung finden; Voraussetzung ist die Verfügbarkeit über einen Computer mit größerer Kapazität. Kontinuierlich veränderliche Querschnitte werden durch abschnittweise konstante ersetzt, entsprechend wird mit den Druckkräften verfahren.

Nachfolgend wird das Drehwinkelverfahren für die Berechnung von Bogentragwerken mit polygonaler Bogenachse in modifizierter Form aufbereitet. Die Knotenpunkte werden von 0 bis n (einschließlich Kämpfer) durchnumeriert, vgl. B.6.148. - Die Zahl der Unbekannten beträgt:

$$3\cdot(n-1)+n$$

Sie setzen sich aus (n-1) vertikalen und horizontalen Verschiebungskomponenten η_a und ξ_a, (n-1) Knotendrehwinkeln φ_a und n Druckkraftänderungen zusammen.
B.6.148 zeigt ein Bogentragwerk mit aufgeständerter Fahrbahn, im unverformten und verformten Zustand. Das Stabelement a-b ist im Bild b in der ursprünglichen und in der verformten Lage dargestellt; die kinematischen Formänderungsbeziehungen zwischen den Knotenverschiebungen einerseits und dem Stabsehnenwinkel ψ und der Stablängenänderung Δl andererseits können hieraus abgelesen werden:

$$\begin{aligned} \eta_b - \eta_a &= \delta_{ab}\cdot\cos\alpha_{ab} - \Delta l_{ab}\cdot\sin\alpha_{ab} \\ \xi_b - \xi_a &= \delta_{ab}\cdot\sin\alpha_{ab} + \Delta l_{ab}\cdot\cos\alpha_{ab} \end{aligned} \qquad \delta_{ab} = \psi_{ab}\cdot l_{ab} \qquad (6.361)$$

α ist der Neigungswinkel des Stabelementes. Die Längenänderung Δl ist eine Folge der Druckkraftänderung gegenüber dem Grundzustand und einer fallweise vorhandenen Temperaturzunahme:

$$\Delta l_{ab} = -\frac{D_{ab}}{EF_{ab}} l_{ab} + \alpha_t \cdot t \cdot l_{ab} \qquad (6.362)$$

(I.allg. kann Δl_{ab} vernachlässigt werden.) Werden die Gleichungen G.6.361 mit $\sin\alpha$ bzw. $\cos\alpha$ durchmultipliziert und voneinander subtrahiert, ergeben sich n Formänderungsgleichungen:

$$(\eta_b - \eta_a)\sin\alpha_{ab} - (\xi_b - \xi_a)\cos\alpha_{ab} + \Delta l_{ab} = 0 \qquad (6.363)$$

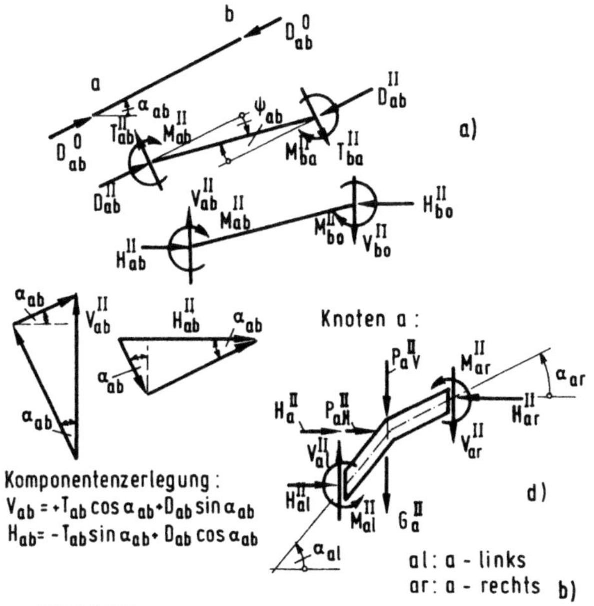

Bild 6.149

G.6.363 tritt an die Stelle des Verschiebungsplanes für die Gelenkfigur.

Die äußeren Lasten werden zu Knotenlasten zusammengefaßt; Knoten a:

P_{aV}^{II}: Vertikale Last auf dem Brückenträger, die über Ständer oder Hänger an den Bogen weitergeleitet wird, vgl. B.6.148a;

G_a^{II}: Vertikales, anteiliges Bogengewicht;

H_a^{II}: Horizontale (Wind-)Last auf den Bogen.

Bei einer Schrägstellung des Ständers a entsteht im Bogenknoten a die horizontale Komponente:

$$P_{aH}^{II} = P_{aV}^{II} \cdot \frac{\xi_a}{h_a} \qquad (6.364)$$

h_a ist die Ständerhöhe. (In B. 6.148a ist der Index II unterdrückt.)

Wie im Abschnitt 6.9.4.1 erläutert, wird der allgemeine Belastungszustand gesplittet: Mit D^0 werden die Druckkräfte des verformungsfreien Stützlinienzustandes bezeichnet, sie genügen am Knoten a den Gleichgewichtsgleichungen:

$$\begin{aligned} \Sigma V = 0: &\quad D_{al}^0 \sin\alpha_{al} - D_{ar}^0 \sin\alpha_{ar} - (P_{aV}^0 + G_a^0) = 0 \\ \Sigma H = 0: &\quad D_{al}^0 \cos\alpha_{al} - D_{ar}^0 \cos\alpha_{ar} - H_a^0 = 0 \end{aligned} \qquad (6.365)$$

(Indizierung: l: links, r: rechts vom Knoten a.)

Am verformten Tragwerk werden an jedem der (n-1) Knoten drei Gleichgewichtsgleichungen formuliert (B.6.149b):

$$\begin{aligned} \Sigma V = 0: &\quad V_{al}^{II} - V_{ar}^{II} - (P_{aV}^{II} + G_a^{II}) = 0 \\ \Sigma H = 0: &\quad H_{al}^{II} - H_{ar}^{II} + H_a^{II} + P_{aV}^{II} \cdot \xi_a / h_a \\ \Sigma M = 0: &\quad M_{al}^{II} + M_{ar}^{II} = 0 \end{aligned} \qquad (6.366)$$

Die Schnittgrößen V^{II} und H^{II} werden aus den Stabdruckkräften und -transversalkräften aufgebaut, vgl. B.6.149a:

$$V_{ab}^{II} = T_{ab}^{II}\cos\alpha_{ab} + D_{ab}^{II}\sin\alpha_{ab} = T_{ab}\cos\alpha_{ab} + (D_{ab}^{0} + D_{ab})\sin\alpha_{ab}$$
$$H_{ab}^{II} = -T_{ab}^{II}\sin\alpha_{ab} + D_{ab}^{II}\cos\alpha_{ab} = -T_{ab}\cos\alpha_{ab} + (D_{ab}^{0} + D_{ab})\cos\alpha_{ab} \quad (6.367)$$

Unter Hinweis auf G.6.360 ist nämlich:

$$T^{II} = T, \qquad M^{II} = M \quad \text{und} \quad D^{II} = D^{0} + D \quad (6.368)$$

Von den Gleichgewichtsgleichungen G.6.366 wird der Stützlinienzustand, also das Gleichungspaar G.6.365 abgezogen:

$$T_{al}\cos\alpha_{al} + D_{al}\sin\alpha_{al} - (T_{ar}\cos\alpha_{ar} + D_{ar}\sin\alpha_{ar}) - (P_{aV} + G_a) = 0$$
$$-T_{al}\sin\alpha_{al} + D_{al}\cos\alpha_{al} - (-T_{ar}\sin\alpha_{ar} + D_{ar}\cos\alpha_{ar}) + H_a + (P_{aV}^{0} + P_{aV})\xi_a/h_a = 0 \quad (6.369)$$
$$M_{al} + M_{ar} = 0$$

Nunmehr werden die Stabendtransversalkräfte und -momente durch die Grundformeln des Verformungsgrößenverfahrens ersetzt, vgl. T.3.9/10. Da die Bogenstäbe als querbelastungsfrei behandelt werden, sind die Belastungsglieder $\bar{T}$ und $\bar{M}$ in den Grundformeln Null. Für beidseitig eingespannte Stäbe lauten die Formeln:

$$T_{ab} = -D_{ab}^{0}\psi_{ab} - \frac{1}{l}\cdot(A+B)(\varphi_a + \varphi_b - 2\psi_{ab})$$
$$M_{ab} = A\varphi_a + B\varphi_b - (A+B)\psi_{ab} \qquad \text{mit} \quad \varepsilon_{ab} = l_{ab}\sqrt{\frac{D_{ab}^{0}}{EJ_{ab}}} \quad (6.370)$$

Die Stabzahlen A und B sind Funktionen von ε. - Anstelle der Stabsehnendrehwinkel ψ wird mit den Knotenverschiebungen ξ und η gerechnet:

$$\psi_{ab} = \psi_{ba} = \frac{\delta_{ab}}{l_{ab}} = \frac{\eta_b - \eta_a}{l_{ab}\cos\alpha_{ab}} + \frac{\Delta l_{ab}}{l_{ab}}\tan\alpha_{ab} = \frac{\xi_b - \xi_a}{l_{ab}\sin\alpha_{ab}} - \frac{\Delta l_{ab}}{l_{ab}}\cot\alpha_{ab} \quad (6.371a,b)$$

Für Δl_{ab} wird G.6.362 eingesetzt. In G.6.371a wird ψ durch η und in G.6.371b wird ψ durch ξ ersetzt. Damit können die 3(n-1) Gleichgewichtsgleichungen G.6.369 und n Formänderungsgleichungen G.6.363 ausführlich formuliert werden. Das ergibt ein inhomogenes Gleichungssystem; es besteht aus 3(n-1)+n Gleichungen für die eingangs definierten Unbekannten. Neben den Knotenverformungen werden auch die Änderungen der Druckkräfte gegenüber dem Stützlinienzustand bestimmt. (Gegebenenfalls sind in den ε-Zahlen eines zweiten oder weiteren Iterationsschrittes die Änderungen zu berücksichtigen.)

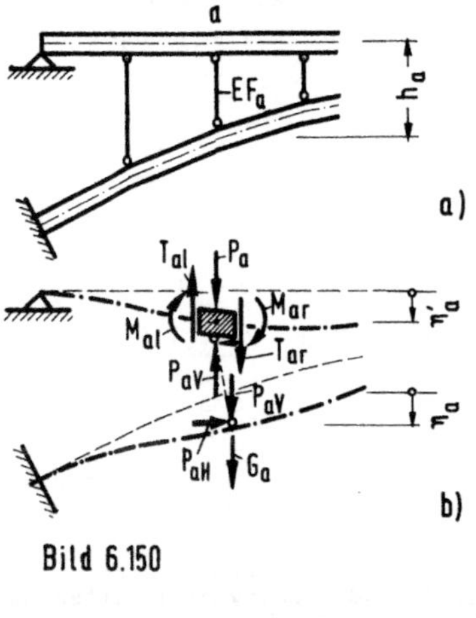

Bild 6.150

Nach Auflösung kann auch die Mitwirkung eines biegesteifen Fahrbahnträgers einbezogen werden, vgl. B.6.150. Hierzu ist um jeden Ständer- bzw. Hängerstützpunkt ein Rundschnitt zu legen (Bild b). Die Gleichgewichtsgleichungen lauten:

$$\Sigma V = 0: \; T_{al} - T_{ar} - (P_a - P_{aV}) = 0$$
$$\Sigma M = 0: \; M_{al} + M_{ar} = 0 \quad (6.372)$$

(Die Indizierung II ist unterdrückt.) Der Fahrbahnträger ist in zweifacher Weise mit dem Bogenträger gekoppelt, und zwar über P_{aV} (vertikale Kraft im Ständer bzw. Hänger) und über die vertikale Verschiebungskomponente η. Ist EF_a die Dehnsteifigkeit eines Ständers, gilt:

$$\eta_a' = \eta_a + \frac{P_{aV}}{EF_a}h_a \quad (6.373)$$

η_a' ist die vertikale Knotenverschiebung des Fahrbahnträgers, vgl. B.6.150b.
Es erweist sich als zweckmäßig, die Berechnung unter Bezug auf den Horizontalschub H durchzuführen. - Für den Stützlinienzustand gilt (bei alleiniger vertikaler Belastung):

$$D^0 = \frac{H^0}{\cos\psi}\,; \quad (\psi \equiv \alpha) \tag{6.374}$$

Läßt sich die Veränderlichkeit der Biegesteifigkeit durch das Gesetz

$$EJ_{ab} = \frac{EJ_S}{\cos^n \psi_{ab}} \tag{6.375}$$

beschreiben (vgl. Abschnitt 6.9.5.4), so lautet die Stabkennzahl eines polygonalen Stababschnittes:

$$\varepsilon_{ab} = l_{ab}\sqrt{\frac{D^0_{ab}}{EJ_{ab}}} = \frac{a_{ab}}{\cos\psi_{ab}}\cdot\sqrt{\frac{H^0\cos^n\psi_{ab}}{\cos\psi_{ab} EJ_S}} = \cos^{\frac{n-3}{2}}\psi_{ab}\cdot a_{ab}\sqrt{\frac{H^0}{EJ_S}} \tag{6.376}$$

a_{ab} ist die Horizontalprojektion des Bogenelementes. ψ_{ab} ist der Neigungswinkel. n hat die Bedeutung einer Formkennzahl, EJ_S ist die Biegesteifigkeit im Scheitel.

Bei einer Knickuntersuchung sind P_a, G_a und H_a Null, das Gleichungssystem ist homogen. Das Indifferenzkriterium

$$\mathrm{Det}(\varepsilon) = 0 \tag{6.377}$$

liefert die Knickkraft, z.B. über G.6.376 in Form des kritischen Horizontalschubes H_{Ki}.

6.9.4.3 Analytische Verfahren für Bogenträger mit stetiger Krümmung

Es ist von der Bogenform und der Belastungsart abhängig, ob die Untersuchung zweckmäßig in polaren oder kartesischen Koordinaten durchgeführt wird. Die Theorie wird im folgenden für beide Fälle entwickelt. In B.6.151 sind die Vorgehensweisen gegenübergestellt.

6.9.4.3.1 Differentialgleichung in Polarkoordinaten

Die Verschiebungen eines Punktes m der Bogenachse werden in tangentialer und radialer Richtung mit u bzw. v abgekürzt, vgl. B.6.151a. u und v beziehen sich auf die unverformte Bogenachse.
s ist die Umlaufkoordinate und ψ der Umlaufwinkel. Der lokale Krümmungsradius kann demgemäß als Funktion von s oder ψ dargestellt werden; r(s), r(ψ). Die kinematischen Verknüpfungen zwischen u, v und ε, φ folgen aus B.6.151b zu:

$$ds + (u+du)\cos d\psi - (v+dv)\sin d\psi = u + (1+\varepsilon)ds\cos\varphi \longrightarrow du = \varepsilon\, ds + v\, d\psi \tag{6.378}$$

$$(u+du)\sin d\psi + (v+dv)\cos d\psi = v + (1+\varepsilon)ds\sin\varphi \longrightarrow dv = (1+\varepsilon)\varphi\, ds - u\, d\psi \tag{6.379}$$

ε ist die Achsdehnung und φ der lokale Biegedrehwinkel. (In G.6.378/379 ist angenähert: $\sin\varphi \approx \varphi$ und $\cos\varphi = 1$.) Aus den Gleichungen G.6.378/9 lassen sich Dehnung ε, Biegewinkel φ und Krümmung $\varkappa$ in Abhängigkeit von den Verschiebungskomponenten freistellen bzw. herleiten:

$$\varepsilon = \frac{du}{ds} - v\frac{d\psi}{ds} \tag{6.380}$$

$$\varphi = \frac{1}{(1+\varepsilon)}\frac{dv}{ds} + u\frac{d\psi}{ds} \approx \frac{dv}{ds} + u\frac{d\psi}{ds} \longrightarrow \varkappa = \frac{d\varphi}{ds} = \frac{d}{ds}\left[\frac{dv}{ds} + u\frac{d\psi}{ds}\right] \tag{6.381}$$

Die Differenz der Bogenkrümmungen nach und vor der Verformung ist die Biegekrümmung:

$$\varkappa = \frac{1}{\rho} - \frac{1}{r} \tag{6.382}$$

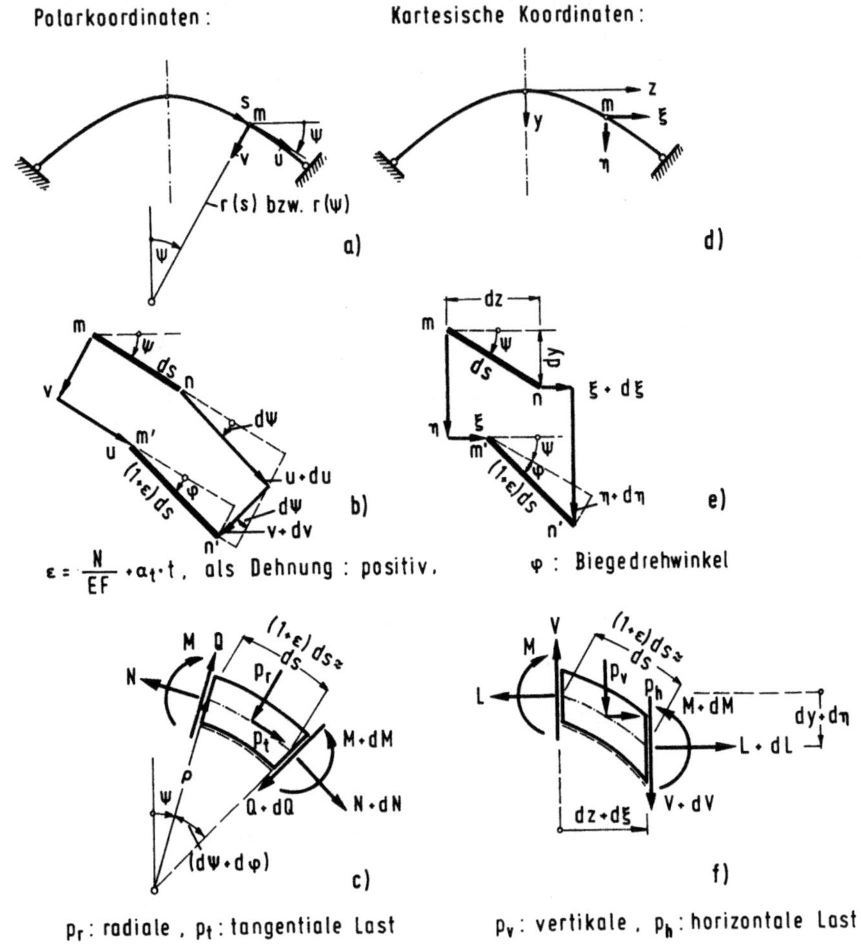

Bild 6.151

Für ein infinitesimales Bogenelement ds gelten für diese Zustände die geometrischen Beziehungen:

$$(1+\varepsilon)ds = \rho(d\psi + d\varphi) \;;\; ds = r\,d\psi \tag{6.383}$$

B.6.151c zeigt das Element im verformten Zustand. - Für schlanke Bogenträger geringer Krümmung können die Elastizitätsbeziehungen vom geraden Stab übernommen werden (HOOKEsches Gesetz für Dehnung und Krümmung):

$$\varepsilon = \frac{N}{EF} + \alpha_t t \;;\quad \varkappa = -\frac{M}{EJ} \tag{6.384}$$

Die Verknüpfung dieser physikalischen Formänderungsgleichungen mit den kinematischen Gleichungen G.6.380/381 liefert das gekoppelte Elastizitätsgesetz für Bogenträger:

$$\frac{du}{ds} - v\frac{d\psi}{ds} = \frac{N}{EF} + \alpha_t t; \quad \frac{d}{ds}\left[\frac{dv}{ds} + u\frac{d\psi}{ds}\right] = -\frac{M}{EJ} \qquad (6.385)$$

Ableitungen nach ψ werden im folgenden durch einen Punkt gekennzeichnet. Das Elastizitätsgesetz kann damit auch wie folgt angeschrieben werden:

$$u^{\bullet} = \left(\frac{N}{EF} + \alpha_t t\right)r + v; \quad \left(\frac{v^{\bullet}}{r}\right)^{\bullet} = -\frac{M}{EJ}r - \left(\frac{u}{r}\right)^{\bullet} \qquad (6.386)$$

Ausgehend von diesem Gesetz läßt sich eine Theorie höherer Strenge entwickeln. Darauf wird wegen der geringen baupraktischen Bedeutung verzichtet und dafür die Theorie unter der einschränkenden Bedingung $\varepsilon = 0$ hergeleitet. Für nicht zu flache Bogenträger ($f/l > 0{,}1$) ist die Annahme einer dehnstarren Bogenachse zulässig. Die Annahme $\varepsilon = 0$ führt zu einer wesentlichen Vereinfachung der Theorie, da u und v gemäß G.6.386a nunmehr nur noch über die einfache Differentialbeziehung

$$v = u^{\bullet} \qquad (6.387)$$

miteinander verkoppelt sind. Für die Krümmung ergibt sich:

$$\varkappa = \frac{1}{r}\varphi^{\bullet} = \frac{1}{r}\left[\frac{1}{r}(v^{\bullet} + u)\right]^{\bullet} = \frac{1}{r}\left[\frac{1}{r}(u^{\bullet\bullet} + u)\right]^{\bullet} \qquad (6.388)$$

Das Elastizitätsgesetz lautet damit:

$$M = -EJ\frac{1}{r}\left[\frac{1}{r}(v^{\bullet} + u)\right]^{\bullet} = EJ\frac{1}{r}\left[\frac{1}{r}(u^{\bullet\bullet} + u)\right]^{\bullet} \qquad (6.389)$$

Am verformten Stabelement werden die Gleichgewichtsgleichungen formuliert. Die äußeren Lastkomponenten in radialer und tangentialer Richtung, p_r und p_t, werden auf die Einheit und Lage der verformten Stabachse bezogen. Aus B.6.151c folgen die Gleichgewichtsgleichungen:

$$\frac{dN}{ds} - \frac{Q}{\rho} + p_t = 0; \quad \frac{dQ}{ds} + \frac{N}{\rho} + p_r = 0; \quad \frac{dM}{ds} - Q = 0 \qquad (6.390)$$

Aus der letzten Gleichung wird Q freigestellt und mit G.6.389 verbunden:

$$Q = -\frac{1}{r}\left\{EJ\frac{1}{r}\left[\frac{1}{r}(u^{\bullet\bullet} + u)\right]^{\bullet}\right\}^{\bullet} \qquad (6.391)$$

Von der äußeren Belastung wird der zur Stützlinie gehörende Anteil abgespaltet, vgl. auch Abschnitt 6.9.4.1. Dieser wird durch den hochgestellten Index 0 gekennzeichnet; es wird gesetzt:

$$p_r = p_r^0 + \Delta p_r; \quad p_t = p_t^0 + \Delta p_t \qquad (6.392)$$

Der jeweils zweite Term löst die Biegung aus. Zu p_r^0 und p_t^0 gehört die Normalkraft N^0 des momentenfreien Stützlinienzustandes, hierfür gilt:

$$\frac{dN^0}{ds} + p_t^0 = 0; \quad \frac{N^0}{r} + p_r^0 = 0 \qquad (6.393)$$

Werden diese beiden Gleichungen miteinander verknüpft, findet man die Differentialgleichung für die Stützlinie $r=r(s)$ bzw. $r=r(\psi)$:

$$(p_r^0 r)' - p_t^0 = 0 \;\text{bzw.}\; (p_r^0 r)^{\bullet} - p_t^0 r = 0 \qquad (6.394)$$

Führt man in diese Gleichung die Gleichungen G.6.356 für den Kreis-, Parabel- und Katenoidbogen ein, kann man deren Richtigkeit als Stützlinien bestätigen, wenn p_r^0 und p_t^0 für die zugeordneten Stützlinienbelastungen ausgedrückt werden.

Da M, Q, u und v im Stützlinienzustand Null sind, haben sie in obigen Gleichungen die Bedeutung von ΔM, ΔQ, Δu und Δv. (Auf diese Kennzeichnung wird verzichtet.) N steht dagegen für:

$$N = N^0 + \Delta N \qquad (6.395)$$

Dieser Term wird in die zweite Gleichgewichtsgleichung G.6.390 eingesetzt:

$$\frac{N^0+\Delta N}{\rho} + \frac{dQ}{ds} + (p_r^0 + \Delta p_r) = 0 \qquad (6.396)$$

Hiervon wird G.6.394b abgezogen, $r=\rho(1+\varphi^\bullet)$ beachtet und wieder auf die Ψ-Darstellung übergegangen:

$$N^0\varphi^\bullet + \Delta N(1+\varphi^\bullet) + Q^\bullet + \Delta p_r \cdot r = 0 \qquad (6.397)$$

$\varphi^\bullet$ wird gegen 1 vernachlässigt. Die Gleichung wird nach ΔN aufgelöst und G.6.391 eingeführt:

$$\Delta N = -N^0[\frac{1}{r}(u^{\bullet\bullet}+u)]^\bullet + \left\{\frac{1}{r}\left\{EJ\frac{1}{r}[\frac{1}{r}(u^{\bullet\bullet}+u)]^\bullet\right\}\right\}^\bullet - \Delta p_r \cdot r \qquad (6.398)$$

Von der ersten Gleichgewichtsgleichung G.6.390 wird G.6.393a subtrahiert:

$$(\Delta N)^\bullet - Q(1+\varphi^\bullet) + \Delta p_t \cdot r = 0 \qquad (6.399)$$

In dieser Gleichung kann $\varphi^\bullet$ wieder gegen 1 unterdrückt werden. G.6.398 wird nach Ψ differenziert und in vorstehende Gleichung eingesetzt. Damit sind alle Gleichgewichtsgleichungen und das Elastizitätsgesetz miteinander verknüpft, das ergibt die Grundgleichung des anstehenden Problems:

$$\left\{\frac{1}{r}\left\{EJ\frac{1}{r}[\frac{1}{r}(u^{\bullet\bullet}+u)]^\bullet\right\}\right\}^{\bullet\bullet} + \frac{1}{r}\left\{EJ\frac{1}{r}[\frac{1}{r}(u^{\bullet\bullet}+u)]^\bullet\right\}^\bullet - \left\{N^0[\frac{1}{r}(u^{\bullet\bullet}+u)]^\bullet\right\}^\bullet - (\Delta p_r \cdot r)^\bullet + \Delta p_t \cdot r = 0 \qquad (6.400)$$

In dieser Differentialgleichung 6. Ordnung sind im allgemeinen Falle EJ und r sowie N^0, Δp_r, Δp_t Funktionen von Ψ. Analytische Lösungen scheiden aus. Lediglich im Sonderfall eines Kreisbogens mit r=konst. und EJ=konst. erhält man eine, einer geschlossenen Lösung zugängliche Differentialgleichung mit konstanten Koeffizienten:

$$u^{\bullet\bullet\bullet\bullet\bullet\bullet} + 2u^{\bullet\bullet\bullet\bullet} + u^{\bullet\bullet} + \frac{p_r^0 r^3}{EJ}(u^{\bullet\bullet\bullet\bullet}+u^{\bullet\bullet}) - \frac{r^3}{EJ}(\Delta p_r^\bullet - \Delta p_t)r = 0 \qquad (6.401)$$

Hierin ist

$$N^0 = -p_r^0 \cdot r \quad \text{und} \quad p_t^0 = 0 \qquad (6.402)$$

verarbeitet.

G.6.401 ist die Grundgleichung für die Verformungstheorie II.Ordn. des dehnstarren Kreisbogens. Im Abschnitt 6.9.5.1 dient sie als Grundgleichung für die Berechnung der Knicklasten radial belasteter Kreisbogen und Kreisringe. - Im Abschnitt 6.9.6.1 wird die Differentialgleichung durch Einbeziehung von Bettungsgliedern ergänzt. Hiermit werden die Knicklasten elastisch gebetteter Bogen und Ringe bestimmt.

6.9.4.3.2 Differentialgleichung in kartesischen Koordinaten

Grundlage für die folgenden Ableitungen ist wieder B.6.151. Bild d zeigt die Lage des Koordinatensystems. Als Verschiebungskomponenten des Punktes m werden η und ξ eingeführt, sie haben die Richtung der Koordinaten y und z.

Die kinematischen Formänderungsbeziehungen zwischen den Verschiebungskomponenten η, ξ und ε, φ folgen aus B.6.151e zu:

$$\begin{aligned} dz + \xi + d\xi &= \xi + (1+\varepsilon)ds \cdot \cos(\Psi+\varphi) \\ dy + \eta + d\eta &= \eta + (1+\varepsilon)ds \cdot \sin(\Psi+\varphi) \end{aligned} \qquad (6.403)$$

Die Gleichungen werden mit Hilfe der Additionstheoreme umgeformt. Mit $\sin\varphi \approx \varphi$, $\cos\varphi = 1$ und $\varepsilon \cdot \varphi \approx 0$ ergibt sich hieraus:

$$\frac{d\xi}{ds} = \varepsilon\cos\Psi - \varphi\sin\Psi \;;\quad \frac{d\eta}{ds} = \varepsilon\sin\Psi + \varphi\cos\Psi \qquad (6.404)$$

Die Beziehungen werden nach ε und φ aufgelöst:

$$\varepsilon = \frac{d\xi}{ds}\cos\psi + \frac{d\eta}{ds}\sin\psi = \frac{d\xi}{ds}\frac{dz}{ds} + \frac{d\eta}{ds}\frac{dy}{ds} = (\xi' + \eta' y')\cos^2\psi$$
$$\varphi = \frac{d\eta}{ds}\cos\psi - \frac{d\xi}{ds}\sin\psi = \frac{d\eta}{ds}\frac{dz}{ds} - \frac{d\xi}{ds}\frac{dy}{ds} = (\eta' - \xi' y')\cos^2\psi \qquad (6.405)$$

Die Ableitung nach z wird durch einen hochgestellten Strich gekennzeichnet. Mit

$$y' = \tan\psi \qquad (6.406)$$

folgt aus G.6.405:

$$\varepsilon = \xi' + \varphi y'; \quad \varphi = \eta' - \varepsilon y'; \quad \varkappa = \frac{d\varphi}{ds} = \varphi' \cos\psi \qquad (6.407)$$

$\varkappa$ ist die Biegekrümmung der Bogenachse. Aus der ersten Gleichung wird ξ' und aus der zweiten η' freigestellt, anschließend werden die Gleichungen nach z differenziert:

$$\xi' = \varepsilon(1 + y'^2) - \eta' y'; \quad \eta'' = \varphi' + (\varepsilon y')' = \frac{\varkappa}{\cos\psi} + (\varepsilon y')' \qquad (6.408)$$

Das HOOKEsche Gesetz

$$\varepsilon = \frac{N}{EF} + \alpha_t t; \quad \varkappa = -\frac{M}{EJ} \qquad (6.409)$$

wird in G.6.408 eingesetzt; das liefert das Elastizitätsgesetz:

$$\xi' = \left(\frac{N}{EF} + \alpha_t t\right)(1 + \tan^2\psi) - \eta' \tan\psi$$
$$\eta'' = -\frac{M}{EJ}\cdot\frac{1}{\cos\psi} + \left[\left(\frac{N}{EF} + \alpha_t t\right)\cdot \tan\psi\right]' \qquad (6.410)$$

Am verformten Bogenelement werden die Gleichgewichtsgleichungen formuliert, vgl. B.6.151f. p_v und p_h sind die vertikale und horizontale Belastung, sie beziehen sich auf die horizontale Projektion (z-Achse). Die Gleichungen lauten:

$$L' + p_h(1 + \xi') = 0; \quad V' + p_v(1 + \xi') = 0; \quad M' - V(1 + \xi') + L(y' + \eta') = 0 \qquad (6.411)$$

Wie im vorangegangenen Abschnitt wird auch in diesem darauf verzichtet, das Elastizitätsgesetz G.6.410 mit den vorstehenden Gleichgewichtsgleichungen zu verknüpfen. Es ergibt sich ein gekoppeltes, nichtlineares Differentialgleichungssystem. Für baupraktische Belange sind Approximationen zulässig. Als erstes wird die Berechnung auf den Fall einer ausschließlich vertikalen Belastung beschränkt, d.h.: $p_h = 0$. Hiermit folgt aus G.6.411a:

$$L' = 0 \longrightarrow L = \text{konst} = -H \ \text{(Horizontalschub)} \qquad (6.412)$$

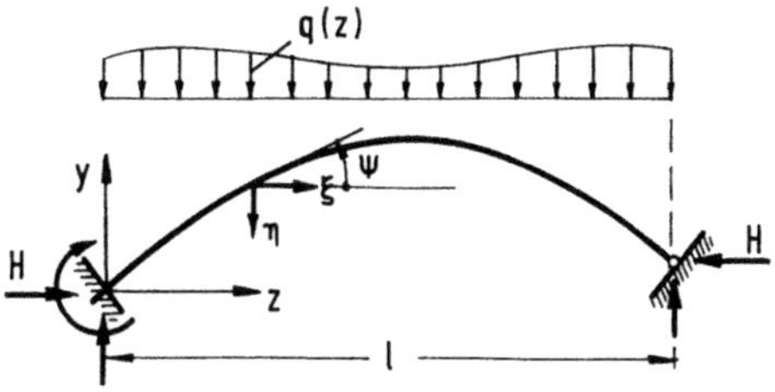

Bild 6.152

Das Koordinatensystem wird neu definiert, wie in B.6.152 angegeben: In den obigen Beziehungen ist y durch -y und Ψ durch -Ψ zu ersetzen. Das Elastizitätsgesetz lautet damit:

$$\xi' = \left(\frac{N}{EF} + \alpha_t t\right)(1 + \tan^2\psi) + \eta' \tan\psi$$
$$\eta'' = -\frac{M}{EJ}\cdot\frac{1}{\cos\psi} - \left[\left(\frac{N}{EF} + \alpha_t t\right)\tan\psi\right]' \qquad (6.413)$$

Die Gleichgewichtsgleichungen G.6.411b/c erfahren folgende formale Umstellung:

$$V' + q(1 + \xi') = 0; \quad M' - V(1 + \xi') + H(y' - \eta') = 0 \qquad (6.414)$$

Hierin steht q statt p_v. G.6.412 ist berücksichtigt. - Die rechtsseitige Gleichung wird nach z differenziert:

$$M'' - [V(1+\xi)']' + H(y' - \eta')' = 0 \longrightarrow M'' - V'(1+\xi') - V(1+\xi')' + H(y'' - \eta'') = 0 \longrightarrow$$
$$M'' - V' - (V\xi')' + H(y'' - \eta'') = 0 \tag{6.415}$$

Die Theorie wird im folgenden in dreifacher Weise approximiert:

1. Approximation: Der Einfluß der Dehnung auf die Biegekrümmung der Bogenachse wird (wie im vorangegangenen Abschnitt) vernachlässigt. Damit vereinfacht sich das Elastizitätsgesetz (G.6.413b) zu:

$$\eta'' = -\frac{M}{EJ}\cdot\frac{1}{\cos\psi} \tag{6.416}$$

Die Verknüpfung mit den Gleichgewichtsgleichungen G.6.415/5 liefert das Differentialgleichungssystem:

$$(EJ\,\eta''\cos\psi)'' + H(\eta'' - y'') + V' + (V\xi')' = 0\,; \quad V' + (1+\xi')q = 0 \tag{6.417}$$

Verformungen werden allein durch die von der Stützlinienbelastung abweichenden Anteile und durch die Stauchung der Bogenachse sowie Temperaturänderungen ausgelöst. Die Belastung q wird gesplittet:

$$q = q^0 + \Delta q \tag{6.418}$$

q^0 bewirkt keine Verformungen. Für den Stützlinienzustand gilt:

$$-H^0 y'' + V^{0\prime} = 0 \tag{6.419}$$

In G.6.417 bedeuten $\eta = \Delta\eta$ und $\xi = \Delta\xi$. Auf diese Kennzeichnung wird verzichtet. Diese Anmerkung gilt auch für M, nicht dagegen für V und H; z.B. steht V in G.6.417 für $V^0 + \Delta V$. Von G.6.417a

$$(EJ\,\eta''\cos\psi)'' + (H^0 + \Delta H)(\eta'' - y'') + (V^0 + \Delta V)' + [(V^0 + \Delta V)\xi']' = 0 \tag{6.420}$$

wird G.6.419, d.h. der Stützlinienzustand, abgespaltet:

$$(EJ\,\eta''\cos\psi)'' + H^0\eta'' + \Delta H(\eta'' - y'') + (V^0\xi')' + [\Delta V(1+\xi')]' = 0 \tag{6.421}$$

G.6.417b wird entsprechend umgeformt und hierbei

$$V^{0\prime} + q^0 = 0 \tag{6.422}$$

beachtet, das ergibt:

$$\Delta V' + q^0\xi' + \Delta q(1+\xi') = 0 \tag{6.423}$$

Bei der Lösung des Differentialgleichungssystems G.6.421/422 ist als Nebenbedingung noch die erste Gleichung des Elastizitätsgesetzes G.6.413 zu berücksichtigen:

$$\xi' = \varepsilon(1 + y'^2) + \eta' y' \longrightarrow \xi = \int d\xi = \int \varepsilon(1 + y'^2)\,dz + \int \eta' y'\,dz \tag{6.424}$$

Das letzte Glied wird partiell integriert:

$$\int \eta' y'\,dz = y'\int d\eta - \int y''\eta\,dz \tag{6.425}$$

Hiermit ergibt sich für ξ gemäß G.6.424:

$$\xi = \int \varepsilon(1 + y'^2)\,dz + y'\int d\eta - \int y''\eta\,dz \tag{6.426}$$

Wird über die gesamte Bogenlänge von z=0 bis z=l integriert, folgt hieraus $\xi(l)$. Aus der Bedingung, daß $\xi(l)$ Null ist, erhält man eine zusätzliche Bestimmungsgleichung:

$$\int_0^l \left(\frac{N^0 + \Delta N}{EF} + \alpha_t t\right)(1 + y'^2)\,dz - \int_0^l y''\eta\,dz = 0 \tag{6.427}$$

(An dieser Stelle könnte eine (fallweise vorhandene) horizontale Widerlagerverschiebung eingeführt werden.) In G.6.427 ist zudem

$$\int_0^l d\eta = \eta(l) - \eta(0) = 0 \qquad (6.428)$$

berücksichtigt. (Eine vertikale Widerlagerverschiebung könnte hier erfaßt werden.) Wird in G.6.427 die Beziehung

$$(N^0 + \Delta N) = -[(H^0 + \Delta H)\cos(\psi - \varphi) + (V^0 + \Delta V)\sin(\psi - \varphi)] \qquad (6.429)$$

berücksichtigt, stehen mit den Gleichungen G.6.421/423/427/429 vier Gleichungen für die Bestimmungsstücke η, ξ, ΔV und ΔH zur Verfügung. Eine geschlossene Lösung dieses Differentialgleichungssystems ist nicht möglich. Eine Lösung gelingt nur, wenn die Differentialgleichungen in Differenzengleichungen überführt werden.

2. Approximation: Der Einfluß der horizontalen Verschiebung ξ auf die Verformungsmomente wird unterdrückt. Die Differentialgleichungen G.6.421/423 verkürzen sich zu einer Gleichung:

$$(EJ\,\eta''\cos\psi)'' + H^0\eta'' + \Delta H(\eta'' - y'') - \Delta q = 0 \qquad (6.430)$$

Diese Näherung führt nur bei sehr flachen Bogen zu brauchbaren Lösungen. Für flache Bogen kann weiter angenähert werden:

$$N \approx -H\cos\psi \qquad (6.431)$$

Die Bedingungsgleichung G.6.429 nimmt damit folgende Form an:

$$-(H^0 + \Delta H)\int_0^l \frac{dz}{EF\cos\psi} + \alpha_t t\int_0^l \frac{dz}{\cos^2\psi} - \int_0^l y''\eta\,dz = 0 \qquad (6.432)$$

Hierin ist

$$(1 + y'^2) = \frac{1}{\cos^2\psi} \qquad (6.433)$$

berücksichtigt.

3. Approximation: In der Differentialgleichung G.6.430 wird das Glied $\Delta H \cdot \eta''$ unterdrückt. Bei antimetrischer Belastung Δq ist ΔH ohnehin Null. In hiervon abweichenden Belastungsfällen ist der von $\Delta H \cdot \eta''$ ausgehende Einfluß gering.

6.9.4.3.3 Anweisungen zur analytischen Lösung

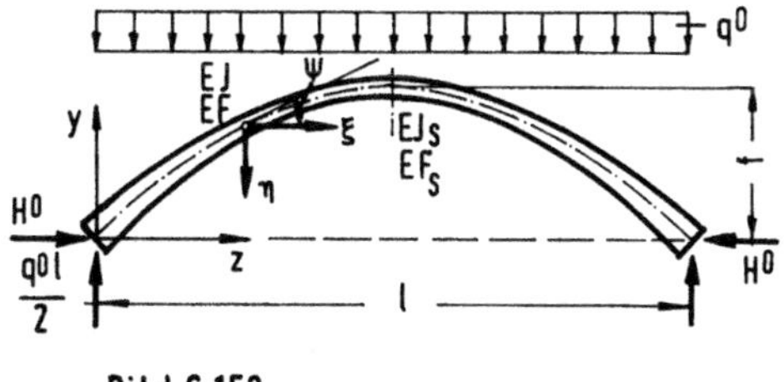

Bild 6.153

Für den Parabelbogen lassen sich im Sonderfall

$$EJ = EJ_S/\cos\psi, \qquad EF = EF_S/\cos\psi \qquad (6.434)$$

die Differentialgleichungen des vorangegangenen Abschnittes so vereinfachen, daß eine analytische Lösung gelingt.

Für Bogenform und -krümmung gelten die Gleichungen:

$$y = 4\frac{f}{l^2}(l - z)z; \quad y'' = -8\frac{f}{l^2} \qquad (6.435)$$

Horizontalschub und Vertikalkomponente betragen im Stützlinienzustand für q^0=konstant:

$$H^0 = \frac{q^0 l^2}{8f}; \quad V^0 = \frac{q^0 l}{2}\left(1 - 2\frac{z}{l}\right) = H^0 \cdot 4\frac{f}{l}\left(1 - 2\frac{z}{l}\right) \qquad (6.436)$$

Das Bestimmungsgleichungssystem der 3. Approximation lautet:

$$EJ_s\eta'''' + H^0\eta'' + \Delta H \cdot 8\frac{f}{l^2} - \Delta q = 0$$
$$-(H^0 + \Delta H)l + \alpha_t t\int_0^l \frac{dz}{\cos^2\psi} + \frac{8f}{l^2}\int_0^l \eta dz = 0 \qquad (6.437)$$

Das Gleichungspaar kann iterativ gelöst werden: Für einen geschätzten Verlauf $\eta(z)$ wird aus G.6.437b ΔH bestimmt und in G.6.437a eingesetzt. Diese Differentialgleichung ist analytisch lösbar, da sie konstante Koeffizienten aufweist:

$$\eta'''' + \frac{H^0}{EJ_s}\eta'' = \frac{\Delta q}{EJ_s} + \frac{\Delta H}{EJ_s}8\frac{f}{l^2} \qquad (6.438)$$

Das Lösungssystem der homogenen Gleichung entspricht der Lösung für den gedrückten Biegestab mit EJ=konst.; vgl. Abschnitt 3.3.1.
Mit der ermittelten Biegelinie η wird aus G.6.437b ein verbesserter Wert für ΔH bestimmt, usf. Dieser Lösungsweg wurde von DISCHINGER [6.160] aufgezeigt. Die von FRITZ [6.142] aufbereitete Berechnungstheorie basiert auf derselben Approximationsstufe, vgl. auch [6.161-6.168]. Die Lösungen können nur bedingt befriedigen, da inzwischen bekannt ist, daß der Beitrag der horizontalen Verschiebung ξ auf die Verformungsmomente erheblich ist und mit wachsendem Verhältnis f/l zunimmt. Beispielsweise macht der ξ-Einfluß für f/l=0,2 bei antimetrischer Belastung ca. 25% des η-Einflusses aus.

Wie oben erwähnt, ist eine analytische Lösung der Differentialgleichungen der 1. Approximationsstufe nicht möglich, auch dann nicht, wenn sie auf den Sonderfall des Parabelbogens mit G.6.434 zugeschnitten werden. Es verbleibt ein in η und ξ gekoppeltes Differentialgleichungssystem mit den Nebenbedingungen G.6.427/429. Wie eine Lösung mittels Differenzenkalkül gefunden werden kann, haben HIRSCH und POPOV [6.169] gezeigt. - Wie die Schnittgrößen mittels baustatischer Methoden (unter Einschluß von ξ) berechnet werden können, wird im folgenden Abschnitt erläutert.

6.9.4.3.4 Anweisungen zur numerischen Lösung

Die Schnittgrößen nach Th.II.Ordn. werden zweckmäßig in folgenden Schritten berechnet:
a) Berechnung der Schnittgrößen nach Th.I.Ordn.: H^I, V^I, M^I, bzw. N^I, Q^I, M^I;
b) Berechnung der Formänderungen nach Th.I.Ordn.: $\eta^I(z)$, $\xi^I(z)$; hierbei wird von den Verformungsgrundbeziehungen G.6.410 ausgegangen. Zunächst wird η bestimmt:

$$\eta = -\int_0^z\int_0^z \frac{M}{EJ}\cdot\frac{1}{\cos\psi}dz\,dz - \int_0^z\left(\frac{N}{EF} + \alpha_t t\right)\tan\psi\, dz + C_1 z + C_2 \qquad (6.439)$$

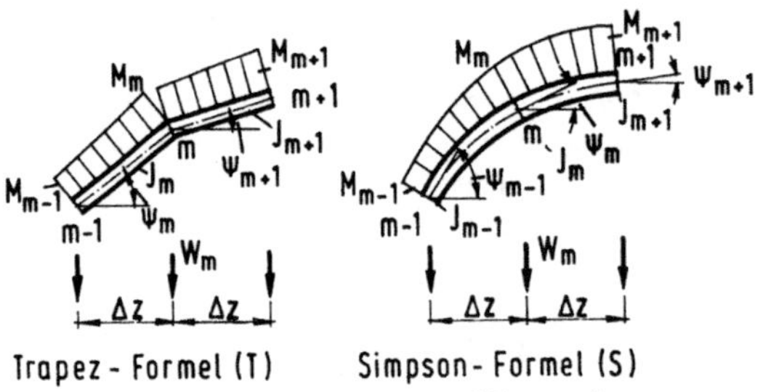

$$T:\ W_m = \frac{\Delta z}{6}\cdot\left(\frac{M_{m-1} + 2M_m}{EJ_m\cdot\cos\psi_m} + \frac{2M_m + M_{m+1}}{EJ_{m+1}\cdot\cos\psi_{m+1}}\right)$$

$$S:\ W_m = \frac{\Delta z}{12}\cdot\left[\left(\frac{M}{EJ\cos\psi}\right)_{m-1} + 10\cdot\left(\frac{M}{EJ\cos\psi}\right)_m + \left(\frac{M}{EJ\cos\psi}\right)_{m+1}\right]$$

Bild 6.154

Die Integrale können i.allg. nur numerisch berechnet werden, zum Beispiel mit Hilfe der Trapez- oder SIMPSON-Formel. Zuvor werden die M- und N-Verteilungen diskretisiert. Der Verformungsbeitrag infolge M kann auch mit Hilfe von W-Gewichten bestimmt werden, B.6.154 enthält die benötigten Formeln. Die Freiwerte C_1 und C_2 ergeben sich aus den Randbedingungen:

$$z=0;\ z=l:\quad \eta=0 \qquad (6.440)$$

Wenn η bekannt ist, kann ξ berechnet werden. Hierzu wird von G.6.408a ausgegangen.

$$\xi = \int_0^z \xi' dz \quad \text{wobei} \quad \xi' = \left(\frac{N}{EF} + \alpha_t t\right)(1 + \tan^2\psi) + \eta' \tan\psi \qquad (6.441)$$

Für die numerische Integration empfiehlt sich folgende Version der SIMPSONschen Formel [6.146]:

$$\xi_{m+1} - \xi_{m-1} = \frac{\Delta z}{3}\left(\xi'_{m-1} + 4\xi'_m + \xi'_{m+1}\right)$$
$$\xi_m = \frac{\xi_{m-1} + \xi_{m+1}}{2} + \frac{\Delta z}{4}\left(\xi'_{m-1} - \xi'_{m+1}\right) \qquad (6.442)$$

Die Formeln gelten für äquidistante Intervalle Δz; vgl. B.6.154. Wird mit der Integration am linken Kämpfer (z=0) begonnen, ermittelt man zunächst wegen $\xi_0=0$ die Werte ξ_2, ξ_4 . . . mittels der ersten Formel und dann mit der zweiten die Zwischenwerte ξ_1, ξ_3 . . . Da von dem verformungsverträglichen Zustand Th.I.Ordn. ausgegangen wird, ist $\xi(l)=0$.

c) Berechnung der Verformungsmomente. Grundlage der Berechnung bilden die Gleichgewichtsgleichungen G.6.414:

$$V' = -(1+\xi')q\;;\quad M' = V(1+\xi') - H(y'-\eta') \qquad (6.443)$$

Die Integration der ersten Gleichung liefert $V \equiv V^{II}$. Hierbei tritt der Freiwert C_3 auf, bei der Integration der zweiten Gleichung tritt noch der Freiwert C_4 hinzu:

$$M^{II} = \int_0^z [V^{II}(1+\xi') - H^{II}(y'-\eta')]dz + C_3 z + C_4 \qquad (6.444)$$

Im Falle eines Zweigelenkbogens folgen C_3 und C_4 aus den Randbedingungen M(0)=0 und M(l)=0. - Im Falle eines eingespannten Bogens treten die Einspannungsmomente an den Kämpfern als Unbekannte auf. Sie werden nach Einführung von X_1 und X_2 als statisch Unbestimmte am einfach statisch unbestimmten Grundsystem eines Zweigelenkbogens bestimmt; sie treten an die Stelle von C_3 und C_4.

d) Für die Biegungsmomente der vorangegangenen Berechnungsstufe (bzw. die Zusatzmomente gegenüber den Momenten nach Th.I.Ordn.) wird die Rechnung, beginnend mit dem zweiten Schritt, wiederholt. Dabei besteht die Notwendigkeit, ΔH unter Verwendung von G.6.429 im Zuge einer Zwischeniteration zu bestimmen.

Der rechnerische Aufwand ist erheblich, aber bei schlanken Bogentragwerken unumgänglich.

6.9.4.3.5 Approximative Berechnung der Verformungsmomente nach Th.II.Ordn.

Für baupraktische Berechnungen werden im folgenden Behelfe entwickelt, die eine einfache Ermittlung der Verformungsmomente bei Zweigelenk- und eingespannten Bogen unter halbseitiger Verkehrslast erlauben. Die Rechnung ist in folgenden Schritten durchzuführen:

a) An die Stelle des gegebenen Bogens tritt ein Parabelbogen mit demselben Stichverhältnis $\mu=f/l$ und demselben Steifigkeitsverlauf, um die Zusatzmomente zu bestimmen.

b) An die Stelle der gegebenen Belastung tritt eine Ersatzbelastung und das in zweifacher Hinsicht. Zum einen wird eine konstante Belastung g so bestimmt, daß die Horizontalschübe des realen und Ersatzbogens übereinstimmen, zum anderen wird eine äquivalente einseitige Gleichlast für die gegebene halbseitige Verkehrslast ermittelt. Letzteres geschieht zweckmäßig in der Form, daß die max Feldmomente der gegebenen und der Ersatzbelastung (bezogen auf eine Bogenhälfte) gleich groß ausfallen.
Damit liegt für den Fall eines Zweigelenkbogens das in B.6.155a dargestellte Ersatzproblem vor, für das die prozentuale Zunahme der Biegungsmomente nach Th.II.Ordn. berechnet wird. Um den Vergrößerungsfaktor werden die Biegungsmomente und Querkräfte nach Th.I.Ordn. des realen Bogens erhöht.

c) Die Belastung wird in einen symmetrischen Anteil g+p/2 und einen antimetrischen ±p/2 zerlegt (B.6.155b/c).

d) Die Zunahme des Horizontalschubes infolge Achsstauchung (einschl. Kriechen) und infolge Temperaturabnahme wird vorab bestimmt; die Änderung ist i.allg. sehr gering. Die Untersuchung des Verformungseinflusses kann sich damit auf die Erfassung der Biegeverformungen des antimetrischen Lastfalles beschränken.

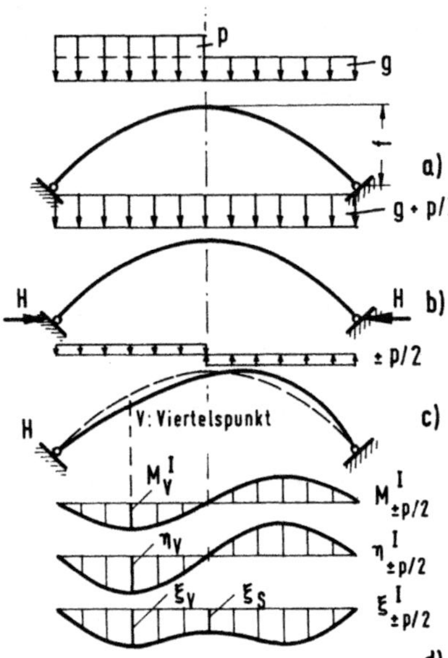

Bild 6.155

Die weitere Berechnung wird im folgenden für den Zweigelenkbogen, anschließend für den beidseitig eingespannten Bogen gezeigt.

Zweigelenkbogen: Im antimetrischen Lastfall $\pm p/2$ beträgt das Biegungsmoment nach Th.I.Ordn.:

$$M^I = \frac{pl^2}{16}\cdot\frac{2z}{l}\left(1-\frac{2z}{l}\right);\quad M_V^I = \frac{pl^2}{64} \tag{6.445}$$

Der Horizontalschub ist in diesem Lastfall Null. Für M^I werden η und ξ mittels der W-Gewichtsansätze des Bildes B.6.154 oder mit Hilfe der Integrationsformeln G.6.442 bestimmt. B.6.155d weist den qualitativen Verlauf aus. Im Sonderfall $J=J_S/\cos\psi$ gelingt eine geschlossene Integration, das Ergebnis ist auf T.6.12 angeschrieben.

Infolge der seitlichen Verschiebung des Bogens und der damit verbundenen Verschiebung aller lotrechten Lasten, erfahren die Auflagerkräfte eine Änderung (B.6.156), z.B.:

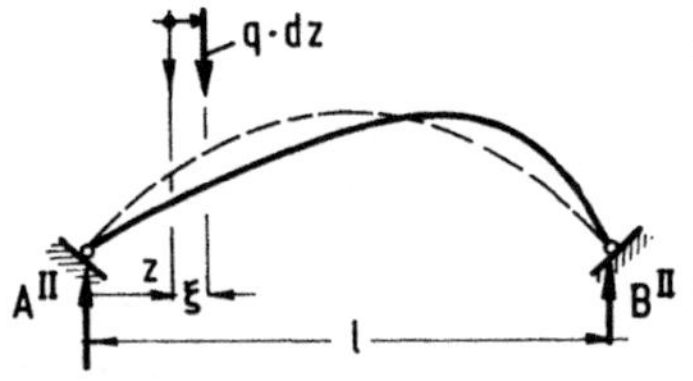

Bild 6.156

$$A^{II} = A^I - \Delta A = A_0 - \int_0^l q\frac{\xi}{l}dz \tag{6.446}$$

A_0 ist die Auflagerkraft eines einfachen Balkens der Länge l unter der gegebenen Belastung q=g+p/2. (An den Verformungen beteiligen sich alle Lasten!) G.6.446 bestätigt man durch Anschreiben der Gleichgewichtsgleichung:

$$A^{II}l - \int_0^l q(l-z-\xi)dz = 0 \tag{6.447}$$

Die Schnittgröße V ändert sich infolge der Verformungen um ΔA:

$$V^{II} = V_0 - \Delta A \tag{6.448}$$

V_0 ist identisch mit der Balkenquerkraft.
Die Momentengleichgewichtsgleichung G.6.443b wird wie folgt umgeformt:

$$M' = (V_0 - \Delta A)(1+\xi') - H(y' - \eta') \tag{6.449}$$

Unter Beachtung von

$$H = \text{konst};\quad M_0 = \int_0^z V_0\,dz;\quad M^I = M_0 - Hy \tag{6.450}$$

folgt M durch Integration von G.6.449 zu:

$$M = M^{II} = M_0 - Hy + \int_0^z V_0\xi' dz - \Delta A\cdot z + H\eta = M^I + \Delta M_\xi + \Delta M_\eta \tag{6.451}$$

ΔM_ξ und ΔM_η kennzeichnen die Verformungsmomentenbeiträge infolge ξ und η. Wird ΔM_ξ partiell integriert, ergibt sich wegen $V_0' = -q$:

$$\Delta M_\xi = V_0\xi - \int_0^z V_0'\xi\,dz - q\frac{z}{l}\int_0^l \xi\,dz = V_0\xi + q[\int_0^z \xi dz - \frac{z}{l}\int_0^l \xi\,dz] \qquad (6.452)$$

Es zeigt sich, daß der zweite Term i.allg. gering ist, sodaß approximativ auch mit

$$\Delta M_\xi = V_0\xi \qquad (6.453)$$

gerechnet werden kann. Einschließlich

$$\Delta M_\eta = H\cdot\eta \qquad (6.454)$$

sind damit einfache Formeln für den Zweigelenkbogen verfügbar; vgl. T.6.12.

Eingespannter Bogen: Im antimetrischen Lastfall $\pm p/2$ beträgt das Biegungsmoment nach Th.I. Ordn.:

$$M^I = \frac{pl^2}{16}\cdot\frac{2z}{l}(1-\frac{2z}{l}) - X_1(1-\frac{2z}{l}) \qquad M_V^I = \frac{pl^2}{128} \qquad (6.455)$$

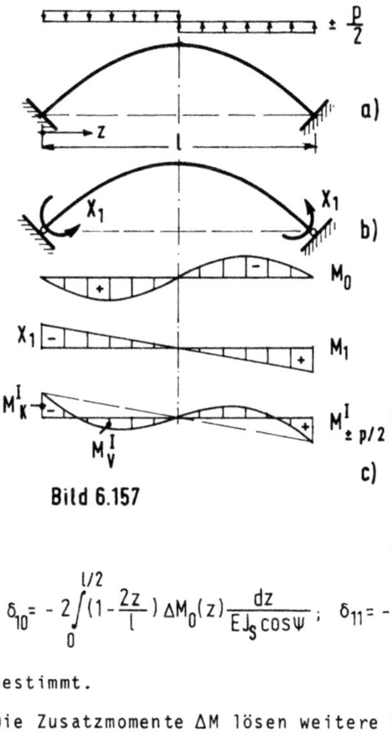

Bild 6.157

Bei Ausnützung der Antimetrie ist das Problem nurmehr einfach statisch unbestimmt, vgl. B.6.157.
Im Sonderfall $J=J_s/\cos\Psi$ ergibt sich X_1 zu $pl^2/64$. Damit gilt in diesem Fall:

$$M^I = -\frac{pl^2}{64}[1-5\frac{2z}{l}+4(\frac{2z}{l})^2] \qquad (6.456)$$

Für M^I werden (wie oben) die Verschiebungen η und ξ berechnet und die Zusatzmomente bestimmt. Letztere setzen sich aus zwei Anteilen zusammen:

$$\Delta M_\xi = \Delta M_{\xi 0} + X_{1\xi}\Delta M_{\xi 1}; \quad \Delta M_\eta = \Delta M_{\eta 0} + X_{1\eta}\Delta M_{\eta 1} \qquad (6.457)$$

Die jeweils ersten Glieder werden am Zweigelenkbogen (wie oben, ausgehend von M^I) berechnet; $\Delta M_{\xi 1}$ und $\Delta M_{\eta 1}$ folgen aus den Verschiebungen ξ bzw. η für den Einheitszustand $X_1=1$. Die statisch Unbestimmte X_1 wird aus

$$X_{1,\xi,\eta} = -\frac{\delta_{10}}{\delta_{11}} \qquad (6.458)$$

mit

$$\delta_{10} = -2\int_0^{l/2}(1-\frac{2z}{l})\,\Delta M_0(z)\frac{dz}{EJ_s\cos\Psi}; \quad \delta_{11} = -2\int_0^{l/2}(1-\frac{2z}{l})^2\frac{dz}{EJ_s\cos\Psi}; \quad \Delta M_0 = \Delta M_{\xi 0}(z) \text{ bzw. } \Delta M_{\eta 0}(z) \qquad (6.459)$$

bestimmt.

Die Zusatzmomente ΔM lösen weitere Verformungen aus, sodaß i.allg. weitere Iterationsschritte folgen.
T.6.12 enthält die Auswertung der Theorie auch für den beidseitig eingespannten Bogen (Bogentyp gemäß G.6.434). Die Integrationen lassen sich explizit ausführen und (nach längeren Rechnungen) zu geschlossenen Formeln für die Zusatzmomente der ersten Berechnungsstufe zusammenfassen. Es lassen sich auch die Zusatzmomente der folgenden Iterationsstufen geschlossen ausrechnen, doch führt dieses Vorgehen auf unhandliche Formelausdrücke.

Für den Zweigelenkbogen mit f:l=0,20 liefert beispielsweise die zahlenmäßige Auswertung für den Viertelspunkt (V):

$$\Delta M_{\xi V} = 152{,}826\cdot 10^{-3}(\frac{f}{l})^2\frac{Hl^2}{EJ_s}M_V^I = 6{,}11\cdot 10^{-3}\cdot\frac{Hl^2}{EJ_s}M_V^I; \quad \Delta M_{\eta V} = 26{,}05\cdot 10^{-3}\cdot\frac{Hl^2}{EJ_s}M_V^I$$

Verformungstheorie II. Ordnung. Parabelbogen

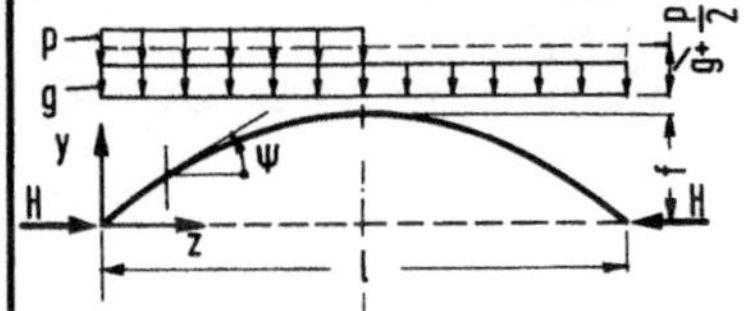

Bogentyp: Parabelbogen mit $EJ = EJ_S/\cos\psi$.

Lastart: Halbseitige Verkehrslast; Splittung in die Lastfälle $q = g + p/2$ und $\pm p/2$.

Symmetrische Vollast: $H \equiv H_q = \frac{ql^2}{8f}$

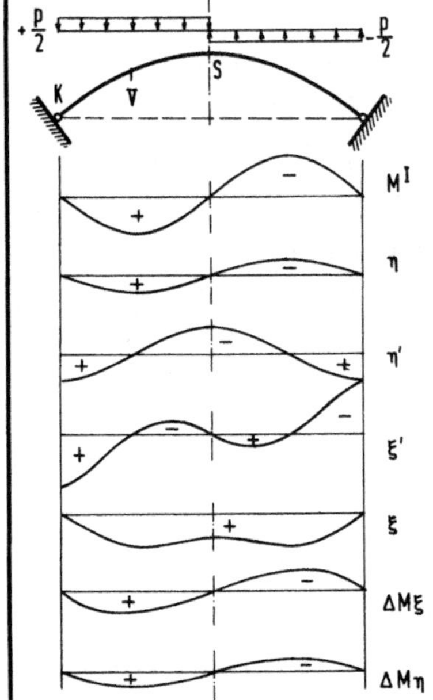

Zweigelenkbogen: $\zeta = \frac{2z}{l}$

$$M^I = M_0 = \frac{pl^2}{16}\cdot\zeta(1-\zeta) = M_V^I\cdot 4\zeta(1-\zeta)\;;\quad H_{\pm\frac{p}{2}} = 0$$

$$M_V^I = \frac{pl^2}{64}\quad \text{im Viertelspunkt } (\zeta_V = \tfrac{1}{2})$$

$$\eta = \frac{M_V^I\cdot l^2}{12\,EJ_S}\cdot\zeta(1-2\zeta^2+\zeta^3)\;;\quad \eta_V = \frac{5pl^4}{12288\,EJ_S} = \frac{5}{192}\,M_V^I\,\frac{l^2}{EJ_S}$$

$$\eta' = \frac{M_V^I\cdot l}{6\,EJ_S}\cdot(1-6\zeta^2+4\zeta^3)$$

$$\xi' = \eta'\cdot y' = \frac{M_V^I\cdot f}{3\,EJ_S}\cdot 2(1-\zeta-6\zeta^2+10\zeta^3-4\zeta^4)$$

$$\xi = \frac{M_V^I\cdot fl}{30\,EJ_S}\cdot\zeta(10-5\zeta-20\zeta^2+25\zeta^3-8\zeta^4)$$

$$\Delta M_\xi = Hl^2\cdot\left(\frac{f}{l}\right)^2\cdot\frac{M_V^I}{45\,EJ_S}\cdot\zeta(48-60\zeta-100\zeta^2+240\zeta^3-168\zeta^4+40\zeta^5)$$

$$\Delta M_\eta = Hl^2\cdot\frac{M_V^I}{12\,EJ_S}\cdot\zeta(1-2\zeta^2+\zeta^3)$$

$$\gamma_{V1} = \frac{\Delta M_{V1}}{M_V^I}\;;\quad \gamma = 1 \longrightarrow H_{Ki} = \gamma_{Ki}\cdot\frac{EJ_S}{l^2}$$

$\mu = f/l$		0,05	0.10	0,15	0.20	0.30	0.40	0.50
	$\gamma_{V1}\cdot Hl^2/EJ_S$	0,026	0.0276	0.029	0.032	0.039	0,051	0.064
	$\gamma_{Ki,V1}$	38,46	36,25	34,48	31,25	25,64	19,60	15,62

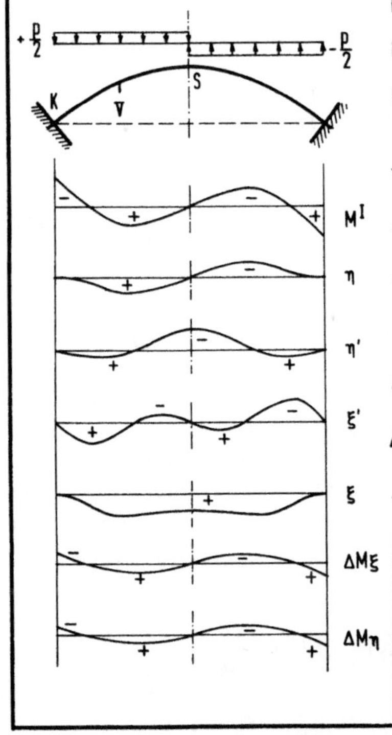

Eingespannter Bogen: $\zeta = \frac{2z}{l}$

$$M^I = M_0 = \frac{pl^2}{64}\cdot(-1+5\zeta-4\zeta^2) = M_V^I\cdot 2(-1+5\zeta-4\zeta^2)\;;\quad H_{\pm\frac{p}{2}} = 0$$

$$M_V^I = \frac{pl^2}{128}\ \text{im Viertelspunkt } (\zeta_V = \tfrac{1}{2})\;;\quad M_K^I = -\frac{pl^2}{64}\ \text{am Kämpfer } (\zeta_K = 0)$$

$$\eta = \frac{M_V^I\cdot l^2}{12\,EJ_S}\cdot\zeta^2(1-\zeta)(3-2\zeta)\;;\quad \eta_V = \frac{pl^4}{6144\,EJ_S} = \frac{1}{48}\cdot M_V^I\cdot\frac{l^2}{EJ_S}$$

$$\eta' = \frac{M_V^I\cdot l}{6\,EJ_S}\cdot\zeta(6-15\zeta+8\zeta^2)$$

$$\xi' = \eta'\cdot y' = \frac{M_V^I\cdot f}{3\,EJ_S}\cdot 2\zeta\cdot(6-21\zeta+23\zeta^2-8\zeta^3)$$

$$\xi = \frac{M_V^I\cdot fl}{60\,EJ_S}\cdot\zeta^2(60-140\zeta+115\zeta^2-32\zeta^3)$$

$$\Delta M_\xi = Hl^2\cdot\left(\frac{f}{l}\right)^2\cdot\frac{M_V^I}{1260\,EJ_S}\cdot(-153-71\zeta+5040\zeta^2-15120\zeta^3+18480\zeta^4-10416\zeta^5+2240\zeta^6)$$

$$\Delta M_\eta = Hl^2\cdot\frac{M_V^I}{60\,EJ_S}\cdot(-1+\zeta+15\zeta^2-25\zeta^3+10\zeta^4)$$

$$\gamma_{V1} = \frac{\Delta M_{V1}}{M_V^I}\;;\quad \gamma_{K1} = \frac{\Delta M_{K1}}{M_K^I}\;;\quad \gamma = 1 \longrightarrow H_{Ki} = \gamma_{Ki}\cdot\frac{EJ_S}{l^2}$$

$\mu = f/l$		0,05	0,10	0,15	0,20	0,30	0,40	0,50
V	$\gamma_{V1}\cdot Hl^2/EJ_S$	0,01259	0,01286	0,01332	0,01396	0,01578	0,01838	0,02163
	$\gamma_{Ki,V1}$	79,50	77,80	75,00	71,60	63,40	54,50	46,10
K	$\gamma_{K1}\cdot Hl^2/EJ_S$	0,00848	0,00894	0,009705	0,01076	0,01438	0,01804	0,02351
	$\gamma_{Ki,V1}$	118,0	111,9	103,0	93,0	69,60	54,40	42,55

In diesem Fall ist somit der Verformungseinfluß von η viermal so groß wie der von ξ, obwohl die Verformungen dem Betrage nach eine vergleichbare Größenordnung aufweisen:

$$\xi_V = 17{,}0 \cdot 10^{-3} \frac{l^2}{EJ_S} M_V^I; \quad \eta_V = 26{,}05 \cdot 10^{-3} \frac{l^2}{EJ_S} M_V^I$$

Die Summe der Zusatzmomente ergibt:

$$\Delta M_{V(1)} = 32{,}17 \cdot 10^{-3} \frac{Hl^2}{EJ_S} M_V^I$$

Das Verhältnis der Momente (im Viertelspunkt) beträgt in diesem Falle:

$$\gamma_{V1} = \frac{\Delta M_{V(1)}}{M_V{}^I} = 32{,}17 \cdot 10^{-3} \frac{Hl^2}{EJ_S}$$

Die zweite Iterationsstufe liefert:

$$\gamma_{V2} = \frac{\Delta M_{V(2)}}{\Delta M_{V(1)}} = 31{,}71 \cdot 10^{-3} \frac{Hl^2}{EJ_S}$$

Der Quotient γ, der die Änderung der Momente zweier aufeinander folgender Berechnungsstufen angibt, bleibt offensichtlich annähernd konstant. Das beruht darauf, daß der Verlauf der Zusatzmomente untereinander und mit dem Verlauf der Primärmomente M^I weitgehend übereinstimmt. Wird von diesem Sachverhalt Gebrauch gemacht (vgl. auch Abschnitt 3.1.3), läßt sich das Biegungsmoment nach Th.II.Ordn. zu

$$M^{II} = M^I (1 + \gamma_1 + \gamma_1\gamma_2 + \gamma_1\gamma_2\gamma_3 + \cdots) \approx M^I [1 + \gamma_1(1 + \gamma_2 + \gamma_2^2 + \cdots)] = M^I (1 + \frac{\gamma_1}{1 - \gamma_2}) \qquad (6.460)$$

abschätzen, was die Kenntnis von γ_1 und γ_2 voraussetzt. Wird darüberhinaus $\gamma_1 = \gamma_2$ $(=\gamma)$ angesetzt, folgt:

$$M^{II} = \alpha M^I = \frac{1}{1-\gamma} M^I \qquad (6.461)$$

Diese Abschätzung erfordert nur eine Iterationsstufe. Auf T.6.12 sind die γ_1-Werte für unterschiedliche Stichverhältnisse $\mu = f:l$ für den Parabelbogen mit $EJ = EJ_S/\cos\psi$ ausgewiesen. Da sich beim eingespannten Bogen die Momente im Viertelspunkt und an den Kämpfern nicht im selben Verhältnis ändern, sind für beide Schnitte gesonderte γ-Werte zu bestimmen.

Läßt man die antimetrische Belastung $\pm p/2$ gegen Null gehen ($M^I \rightarrow 0$), steht der Bogen unter der symmetrischen Stützlinienbelastung q; für G.6.461 folgt:

$$M^{II} = \frac{1}{1-\gamma} 0 \qquad (6.462)$$

Ist außerdem $\gamma = 1$, gilt:

$$M^{II} = \frac{0}{1-1} = \frac{0}{0} \neq 0 \qquad (6.463)$$

In diesem Fall tritt somit ein von Null verschiedenes Verformungsmoment auf; das ist der (antimetrische) Knickfall des symmetrischen Vollastzustandes q. Die Bedingung $\gamma = 1$ liefert somit die Knicklast. Für das zuvor behandelte Zahlenbeispiel folgt:

$$\gamma = \gamma_{V2} = 1 \longrightarrow 31{,}71 \cdot 10^{-3} \frac{H_{Ki} l^2}{EJ_S} = 1 \longrightarrow H_{Ki} = 31{,}53 \frac{EJ_S}{l^2}$$

H_{Ki} ist der kritische Horizontalschub. - Hiermit ist gezeigt, wie für Bogen beliebiger Steifigkeit auf numerischem Weg die elasto-statische Knicklast berechnet werden kann. Auch läßt die Berechnung erkennen, daß bei Kenntnis der Knicklast die Verformungsmomente Th.II.Ordn. für den antimetrischen Lastfall $\pm p/2$ mittels der Formel

$$M^{II} = \frac{1}{1 - \frac{H}{H_{Ki}}} M^I \qquad (6.464)$$

bestimmt werden können. Diese Abschätzung erweist sich bei Bogentragwerken als sehr genau, weil die antimetrischen Biegelinien des Spannungs- und Verzweigungsproblems weitgehend affin sind. - Auf dieser Basis läßt sich auch eine ungewollte Ausmitte in Form einer antimetrischen Vorverformung einrechnen. Für die in DIN 4114N angegebenen Ausmitten wird folgendes Vorgehen empfohlen: Für die max Ausmitte im Viertelspunkt wird das Exzentrizitätsmoment

$$M_e^I = D_V e \tag{6.465}$$

berechnet. D_V ist die Druckkraft im Viertelspunkt. Das Moment wird mit dem maximalen Feldmoment des antimetrischen Lastzustandes gleichgesetzt, G.6.445 bzw. G.6.455. Hieraus folgt eine Ersatzlast p_e, mit der anstelle der Ausmitte weiter gerechnet wird. Der Verformungseinfluß wird mit G.6.464 erfaßt; auf [6.170/171] wird ergänzend zu dem oben zitierten Schrifttum hingewiesen.

In den folgenden Abschnitten werden diverse Behelfe zur Bestimmung von H_{Ki} aufbereitet; vgl. auch T.6.12:

$$H_{Ki} = \gamma_{Ki} \cdot \frac{EJ_S}{l^2} \tag{6.466}$$

(Beachte: γ wird in zweifacher Bedeutung verwendet, siehe G.6.460 und vorstehende Definition!)

6.9.5 Stützlinienknicken in der Bogenebene

6.9.5.1 Kreisbogen - Kreisring

Die Stützlinienbelastung des Kreisbogens ist die konstante Radiallast p. Unter dieser Belastung beträgt die achsiale Druckkraft $D=p\cdot r$; r ist der Radius.

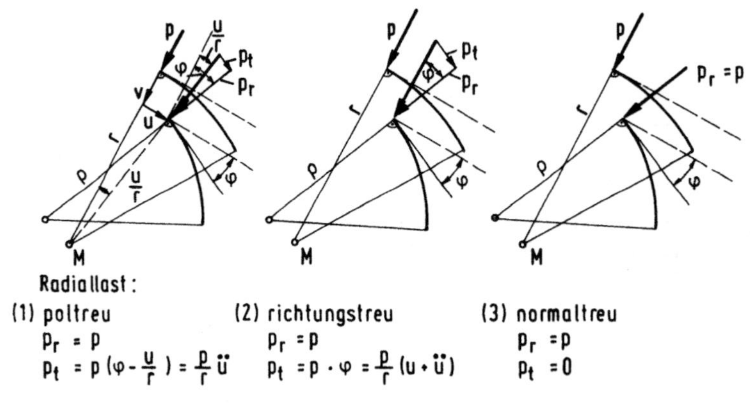

Bild 6.158

Um die Verzweigungslasten zu berechnen, wird von der im Abschn. 6.9.4.3.1 dargelegten Theorie ausgegangen. Dabei sind drei Lastarten hinsichtlich ihrer Richtungseigenschaften zu unterscheiden:

(1) poltreue (mittelpunktstreue),
(2) richtungstreue,
(3) normaltreue Lasten,

vgl. B.6.158. Im Falle der Normaltreue wirkt die äußere Last stets normal zur Bogen- bzw. Ringachse, auch im ausgeknickten Zustand. Das ist bei Fluiddruck der Fall. Die im B.6.151c definierten Lastkomponenten p_r und p_t, also in radialer und tangentialer Richtung des verformten Bogenelementes, sind in B.6.158 in Abhängigkeit von der Bezugsunbekannten u angeschrieben. Hierbei ist

$$\varphi = \frac{1}{r}(v^{\bullet} + u) = \frac{1}{r}(u^{\bullet\bullet} + u^{\bullet}) \tag{6.467}$$

gemäß G.6.381/387 beachtet. Ausgehend von G.6.401 lassen sich die Grundgleichungen für das Verzweigungsproblem damit zu

$$\text{Poltreue(1):} \quad u^{\bullet\bullet\bullet\bullet\bullet\bullet} + (2+\gamma)u^{\bullet\bullet\bullet\bullet} + (1+2\gamma)u^{\bullet\bullet} = 0 \tag{6.468}$$

$$\text{Richtungstreue(2):} \quad u^{\bullet\bullet\bullet\bullet\bullet\bullet} + (2+\gamma)u^{\bullet\bullet\bullet\bullet} + (1+2\gamma)u^{\bullet\bullet} + \gamma u = 0 \tag{6.469}$$

$$\text{Normaltreue(3):} \quad u^{\bullet\bullet\bullet\bullet\bullet\bullet} + (2+\gamma)u^{\bullet\bullet\bullet\bullet} + (1+\gamma)u^{\bullet\bullet} = 0 \tag{6.470}$$

anschreiben. Gesucht ist der Eigenwert:

$$\gamma = p\frac{r^3}{EJ} \tag{6.471}$$

Auf T.6.13 sind die Knickgleichungen für fünf Bogentypen zusammengestellt und ausgewertet; sie wurden unter Bezugnahme auf [6.172-6.178] hergeleitet. (In [6.179] wird die Stabilität des Kreisbogenträgers unter Eigengewicht untersucht.) Abhängig vom halben Öffnungswinkel α kann der Knickwert γ_{Ki} bestimmt und damit die Knicklast berechnet werden:

$$p_{Ki} = \gamma_{Ki}\cdot\frac{EJ}{r^3}, \quad D_{Ki} = \gamma_{Ki}\cdot\frac{EJ}{r^2} \tag{6.472}$$

Im Einzelfall ist zu prüfen, ob antimetrisches oder symmetrisches Knicken maßgebend ist. Für beide Fälle sind die Lösungen auf der Tafel ausgewiesen. Die Lösungen gelten für normaltreue Belastung; mit dieser Annahme liegt man immer auf der sicheren Seite.
Die homogenen Lösungen der Differentialgleichung G.6.468/470 bauen sich jeweils aus sechs linear-unabhängigen Teillösungen auf (Freiwerte C_1 bis C_6). Indem die Rand- und Übergangsbedingungen formuliert werden, erhält man ein lineares Gleichungssystem; durch Nullsetzen der Nennerdeterminante ergeben sich die auf T.6.13 angeschriebenen Knickgleichungen. Die Randbedingungen lauten beispielsweise für einen gelenkigen und eingespannten Kämpfer:

$$\text{Gelenk am Kämpfer: } v = u = M = 0:\ u = u^{\bullet} = u^{\bullet\bullet\bullet} = 0 \tag{6.473}$$

$$\text{Einspannung am Kämpfer: } v = u = \varphi = 0:\ u = u^{\bullet} = u^{\bullet\bullet} = 0 \tag{6.474}$$

Für geschlossene Kreisringe werden die Differentialgleichungen durch einen mehrwelligen Sinusansatz für die Knickbiegelinie befriedigt:

$$u = u_n\cdot\sin n\psi \tag{6.475}$$

Aus Kontinuitätsgründen ist n ganzzahlig und gleich / größer 2. Wird der Ansatz in die Gleichungen eingeführt, findet man für die Eigenwerte γ_n folgende Formeln:

$$(1):\ \gamma = \frac{(n^2-1)^2}{n^2-2};\quad (2):\ \gamma = n^2;\quad (3):\ \gamma = (n^2-1) \tag{6.476}$$

Der jeweils kleinste Eigenwert ist der gesuchte Knickwert:

$$(1):\ \gamma_{Ki} = 4{,}5;\quad (2):\ \gamma_{Ki} = 4;\quad (3):\ \gamma_{Ki} = 3 \tag{6.477}$$

Auf T.6.14 sind für den Fall der Normaltreue (3) auch die Lösungen für Kreisringe mit einem, zwei und drei Zwischengelenken aufgenommen. Daselbst sind auch die Knickwerte für den Zweigelenkkreisbogen mit variabler Biegesteifigkeit zusammengestellt [6.180]. (Für den Zweigelenkbogen unter poltreuem Umfangsdruck findet man in [6.174] die Knickwerte.)

Bei Bezug auf die halbe Bogenlänge $b = \hat{\alpha}\cdot r$ läßt sich für jeden Bogentyp durch Gegenüberstellung der Knickkraft $D_{Ki} = p_{Ki}\cdot r$ mit der Knickkraft eines EULER-II-Ersatzstabes ein Knicklängenfaktor β berechnen:

$$D_{Ki} = p_{Ki}\cdot r = \gamma_{Ki}\frac{EJ}{r^2} = \gamma_{Ki}\cdot\hat{\alpha}^2\cdot\frac{EJ}{b^2} \longleftrightarrow D_{Ki} = \pi^2\frac{EJ}{s_K^2} = \pi^2\frac{EJ}{\beta^2 b^2} \tag{6.478}$$

$$\beta = \frac{\pi}{\alpha\cdot\sqrt{\gamma_{Ki}}} \tag{6.479}$$

Wertet man die Formel aus, was auf T.6.14 geschehen ist, so zeigt sich, daß der β-Wert nur in engen Grenzen schwankt. Innerhalb des Bereiches $0 \leq \alpha \leq 90°$ (d.h. bis zum Halbkreisbogen) ist β näherungsweise konstant.

Tafel 6.13

Kreisbogen unter konstanter Radiallast

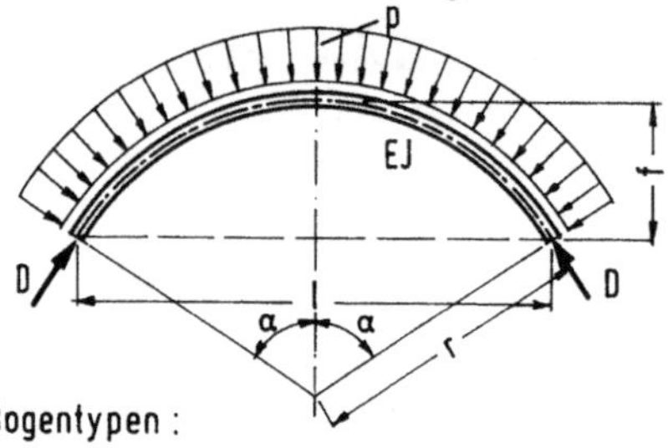

Lastart: Normaltreue (hydrostatischer Druck)

Knicklast: $p_{Ki} = \gamma_{Ki} \cdot \frac{EJ}{r^3}$; $D_{Ki} = p_{Ki} \cdot r$

$\gamma_{Ki} = k^2 - 1$. Der Eigenwert $k = \sqrt{1 + \frac{pr^3}{EJ}}$ folgt aus den unten angegebenen Knickgleichungen; k kann für die fünf Bogentypen dem Diagramm in Abhängigkeit vom halben Öffnungswinkel α entnommen werden.

Bogentypen:

1: Dreigelenkbogen: A.K.: $\sin 2\alpha k$: $k = \frac{\pi}{\alpha}$; S.K.: $[k^3(\sin\alpha - \alpha\cos\alpha) + k\alpha \cdot \cos\alpha] \cdot \cos\frac{\alpha k}{2} - 2 \cdot \sin\frac{\alpha k}{2} \cdot \cos\alpha = 0$

2: Zweigelenkbogen: A.K.: wie Dreigelenkbogen (1); S.K.: nicht vorhanden

3: Mittelgelenkbogen: A.K.: $k \cdot \sin 2\alpha \cdot \cos 2\alpha k - \cos 2\alpha \cdot \sin 2\alpha k = 0$: $k = \frac{3}{2} \cdot \frac{\pi}{\alpha}$; S.K.: $k^4(\sin\alpha - \alpha\cos\alpha)$
$\cdot \cos\alpha k - k^3 \alpha \sin\alpha \sin\alpha k + k^2 \alpha \cos\alpha \cos\alpha k + k(\alpha\sin\alpha - \cos\alpha)\sin\alpha k + 2(k^2-1) \cdot \sin\alpha \cdot (1 - \cos\alpha k) = 0$

4: Eingespannter Bogen: A.K.: wie Mittelgelenkbogen (3); S.K.: nicht vorhanden

5: Eingelenkbogen: $[k \cdot \sin 2\alpha k - \sin 2\alpha - (k^2-1)\cos 2\alpha k \cdot \sin 2\alpha] \cdot [k \cdot \sin 2\alpha k - k^2 \cdot \sin 2\alpha + \frac{k^2-1}{k}(k2\alpha - \sin 2\alpha k)$
$\cdot \cos 2\alpha] + [k^2 \cos 2\alpha k - \cos 2\alpha - (k^2-1)\cos 2\alpha k \cdot \cos 2\alpha] \cdot [\cos 2\alpha k - 1 - k^2(\cos 2\alpha - 1) - \frac{k^2-1}{k}(k2\alpha - \sin 2\alpha k) \cdot \sin 2\alpha] = 0$

Abkürzungen: A.K.: Antimetrische Knickfigur; S.K.: Symmetrische Knickfigur.

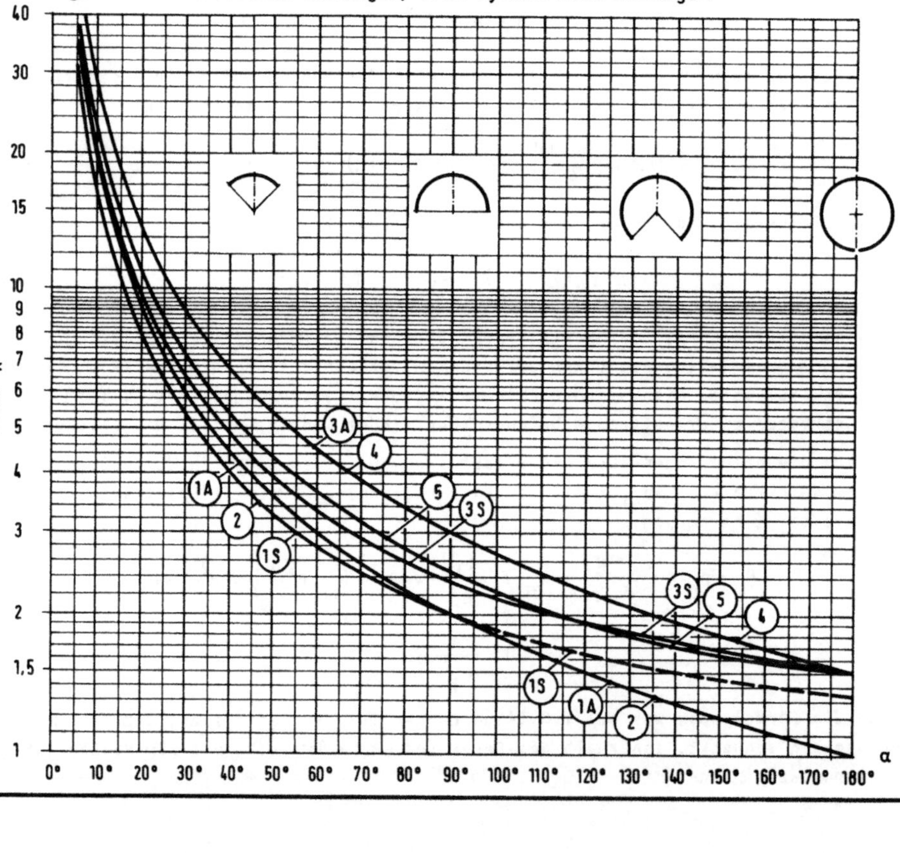

Kreisbogen unter konstanter Radiallast

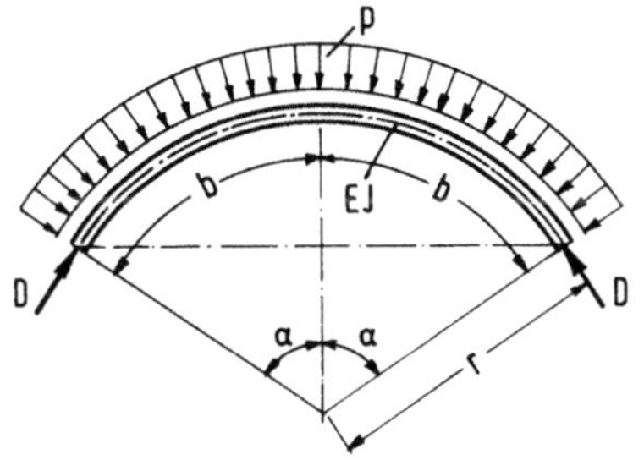

Lastart: Normaltreue (hydrostatischer Druck)

Knicklänge: $s_K = \beta \cdot b = \beta \cdot \bar{\alpha} r$

$b = \bar{\alpha} r$ ist die halbe Bogenlänge

$$\beta = \frac{\pi}{\bar{\alpha}} \cdot \frac{1}{\sqrt{k^2 - 1}} \equiv \frac{180°}{\alpha} \cdot \frac{1}{\sqrt{k^2 - 1}} \equiv \frac{180°}{\alpha} \cdot \frac{1}{\sqrt{\gamma_{Ki}}}$$

k: gemäß Tafel 6.13. β kann aus nachstehender Tabelle entnommen werden.
(←→: geradlinig interpolieren)

Bogen-typ	α in Altgrad 5°	10°	15°	20°	30°	40°	50°	60°	70°	80°	90°	100°	110°	120°	130°	140°	150°	160°	170°	180°
1	1,152					←→					1,154	1,200	1,262	1,320	1,393	1,588	1,805	2,180	3,050	∞
2	0,996					←→					1,154	1,200	1,262	1,320	1,393	1,588	1,805	2,180	3,050	∞
3	0,945					←→					0,930					←→				0,845
4	0,668					←→					0,707					←→				0,845
5	0,833					←→					0,888					←→				0,845

Bogentyp 1: Dreigelenkbogen, 2: Zweigelenkbogen, 3: Mittelgelenkbogen,
4: Eingespannter Bogen, 5: Eingelenkbogen (vgl. Tafel 6.13)

Geschlossene Kreisringe unter konstanter Radiallast (Normaltreue)

Knicklast: $p_{Ki} = \gamma_{Ki} \cdot \frac{EJ}{r^3}$; $D_{Ki} = p_{Ki} \cdot r$. Knicklänge: $s_K = \beta \cdot b = \beta \cdot \pi r$

$\gamma_{Ki} = 3{,}00$
$\beta = 0{,}577$

$\gamma_{Ki} = 1{,}39$
$\beta = 0{,}848$

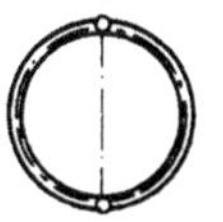

$\gamma_{Ki} = 0{,}80$
$\beta = 1{,}118$

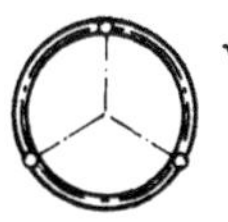

$\gamma_{Ki} = 1{,}25$
$\beta = 0{,}894$

Zweigelenkbogen mit variabler Biegesteifigkeit EJ (Normaltreue)

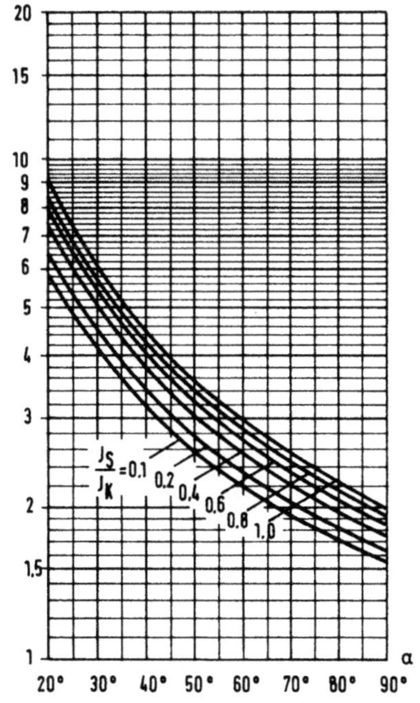

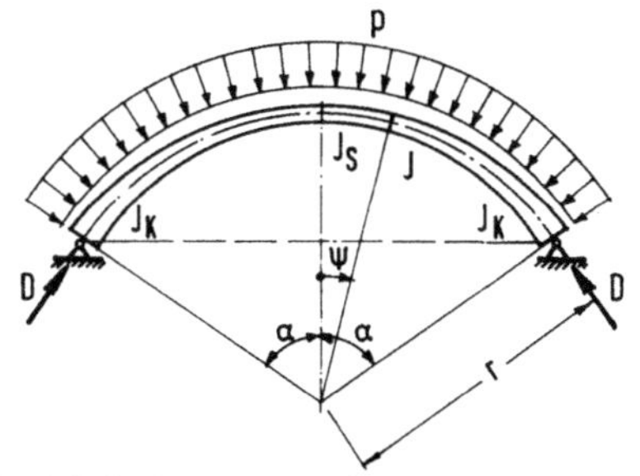

J_S: Trägheitsmoment im Scheitel
J_K: Trägheitsmoment im Kämpfer

Lineares Gesetz für J:

$$J = J_S + (J_K - J_S) \cdot \frac{|\psi|}{\alpha}$$

Knicklast: $p_{Ki} = \gamma_{Ki} \cdot \frac{EJ_K}{r^3}$; $D_{Ki} = p_{Ki} \cdot r$

$\gamma_{Ki} = k^2 - 1$, k ist aus dem linksseitigen Diagramm in Abhängigkeit von J_S / J_K zu entnehmen.

Knicklänge: $s_K = \beta \cdot b$ bei Bezug auf J_K:

α	$J_S / J_K =$ 0,1	0,2	0,4	0,6	0,8	1
30°	1,473	1,378	1,232	1,140	1,070	1,012
60°	1,540	1,430	1,288	1,190	1,095	1,039
90°	1,670	1,555	1,403	1,296	1,218	1,152

Stabilitätsnachweise werden entweder unter Verwendung des Knicklängenfaktors geführt oder es wird der Vergrößerungsfaktor

$$\alpha = \frac{1}{1 - \frac{D}{D_{Ki}}}; \quad \gamma_{Ki} = \left(\frac{\pi}{\alpha}\right)^2 \cdot \frac{1}{\beta^2} \tag{6.480}$$

bestimmt und die Spannungen nach Th.II.Ordn. berechnet.

6.9.5.2 Parabelbogen

Von allen Bogenformen hat der Parabelbogen die größte Bedeutung. Stützlinienlast ist die konstante Vertikallast p; hierfür beträgt der Horizontalschub:

$$H = \frac{pl^2}{8f} \tag{6.481}$$

Zu der Knickbelastung p_{Ki} gehört der kritische Horizontalschub H_{Ki}:

$$H_{Ki} = \gamma_{Ki} \cdot \frac{EJ}{l^2}; \quad p_{Ki} = \gamma_{Ki} \cdot 8\left(\frac{f}{l}\right)\frac{EJ}{l^3} \tag{6.482}$$

Der Knickwert γ_{Ki} ist vom Bogentyp (Lagerungsbedingungen) und vom Pfeilverhältnis $\mu = f/l$ abhängig.

Für den flachen Parabelbogen wurden in [6.181,0.4] analytische Näherungslösungen angegeben. T.6.15 oben enthält die Auswertung dieser Gleichungen. Im unteren Diagramm der Tafel sind die im Schrifttum von unterschiedlicher Seite [u.a.6.160] angegebenen Knickwerte für Parabelbogen über μ aufgetragen, sie basieren auf numerischen Berechnungen im Sinne von Abschnitt 6.9.4.3.5.

T.6.16 enthält die Knickwerte für den Zweigelenkbogen und beidseitig eingespannten Bogen mit variabler Steifigkeit:

$$EJ = \frac{EJ_S}{\cos^n\psi} \quad (n = 0, 1, 2, 3) \tag{6.483}$$

Es ist der Bereich bis $\mu=1$ erfaßt. n hat die Bedeutung eines Formfaktors. An der Stelle $\psi=0$ (Scheitel) ist die Biegesteifigkeit gleich EJ_S; am Kämpfer, d.h. für $\psi=\psi_K$, beträgt sie EJ_K:

$$EJ_K = \frac{EJ_S}{\cos^n\psi_K} \tag{6.484}$$

Nach Umstellung und Logarithmierung kann n freigestellt werden:

$$n = \frac{\ln\left(\frac{EJ_S}{EJ_K}\right)}{\ln(\cos\psi_K)} \tag{6.485}$$

Für Werte, die zwischen n=0, 1, 2, 3 liegen, wird γ_{Ki} mittels graphischer Interpolation gewonnen. (Die Knickwerte wurden nach dem im Abschnitt 6.9.4.2 erläuterten Verfahren berechnet.)

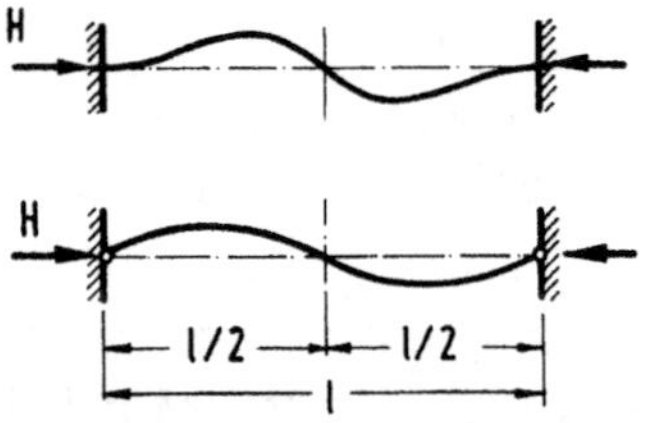

Bild 6.159

Im Grenzfall $\mu=0$ geht der Bogen in den geraden Stab über, vgl. B.6.159. Hierfür lauten die Knickwerte:

$$\text{Eingespannter Bogen:} \quad \gamma_{Ki} = \frac{\pi^2 EJ}{(0{,}699 \cdot l/2)^2} = 80{,}8\,\frac{EJ}{l^2}$$

$$\text{Zweigelenkbogen:} \quad \gamma_{Ki} = \frac{\pi^2 EJ}{(1{,}000 \cdot l/2)^2} = 39{,}5\,\frac{EJ}{l^2} \tag{6.486}$$

In diese Grenzwerte münden die γ_{Ki}-Kurven auf den Tafeln T.6.15/16 für $\mu=0$ ein.

Parabelbogen unter Gleichlast (EJ = konst.)

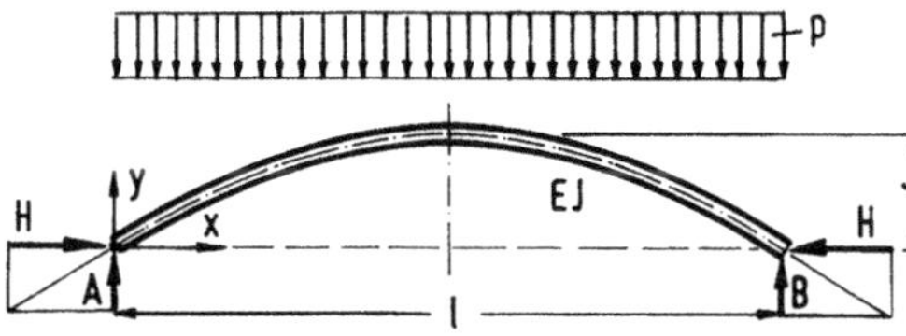

Bogenform: $y = f[1-4(\frac{x}{l})^2]$; $y' = -8(\frac{f}{l})\frac{x}{l}$

Horizontalschub: $H = \frac{pl^2}{8f}$ (p: richtungstreu)

Knicklast: $p_{Ki} = \gamma_{Ki} \cdot 8(\frac{f}{l})\frac{EJ}{l^3}$; $H_{Ki} = \gamma_{Ki} \cdot \frac{EJ}{l^2}$

$\gamma_{Ki} = 4\varepsilon^2$. Der Eigenwert $\varepsilon = \frac{l}{2}\sqrt{\frac{H}{EJ}}$ folgt aus den unten angegebenen Knickgleichungen. γ_{Ki} kann für die drei Bogentypen dem Diagramm in Abhängigkeit vom Stichverhältnis $\mu = (\frac{f}{l})$ entnommen werden.

Parameter: $\mu = \frac{f}{l}$

Bogentypen:

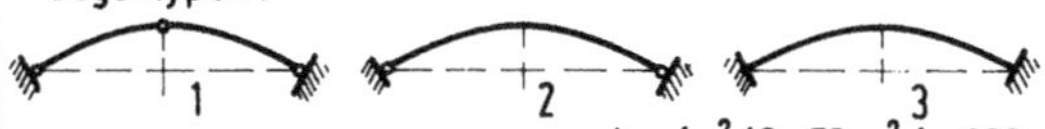

1: Dreigelenkbogen: $\varepsilon \cdot \sin\varepsilon\,[\varepsilon^2(6-56\mu^2)-960\mu^2] + 24\mu^2\,[\varepsilon^2(2\varepsilon^2+1)\cos\varepsilon + 16\cdot(1-\cos\varepsilon)] = 0$

2: Zweigelenkbogen: $\sin\varepsilon\,[\varepsilon^2(12-40\mu^2)-768\mu^2] + \varepsilon\cos\varepsilon\cdot 24\mu^2\cdot(2\varepsilon^2+1) = 0$

3: Eingespannter Bogen: $\sin\varepsilon\cdot 6\,(2+8\mu^2\varepsilon^2-64\mu^2) - \varepsilon\cos\varepsilon\,(12-136\mu^2) = 0$ (RATZERSDORFER)

$\sin\varepsilon\cdot 6\,(2+8\mu^2\varepsilon^2-24\mu^2) - \varepsilon\cos\varepsilon\,(12-56\mu^2) = 0$ (FRITSCHE)

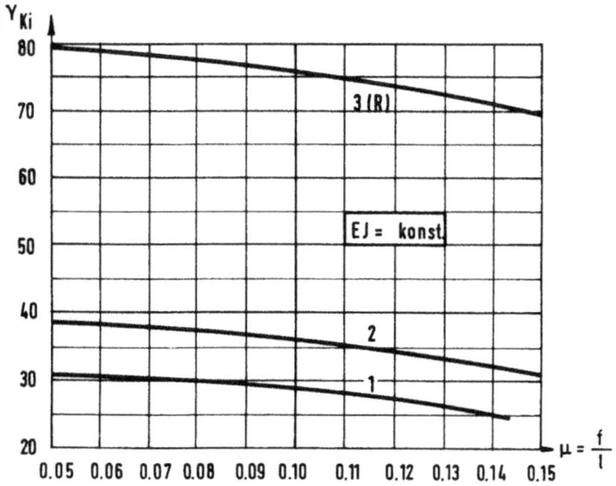

μ	γ_{Ki} 1	2	3 (R)	3 (F)
0.05	30.8	38.6	79.5	79.5
0.06	30.5	38.2	79.0	79.0
0.07	30.2	37.8	78.4	78.4
0.08	29.8	37.3	77.7	77.8
0.09	29.4	36.7	76.8	77.1
0.10	28.8	36.0	75.9	76.3
0.11	28.1	35.3	74.9	75.5
0.12	27.3	34.4	73.7	74.6
0.13	26.3	33.4	72.4	73.8
0.14	24.9	32.4	71.1	73.0
0.15	—	31.2	69.8	72.1

Vorstehend Angaben gelten für flache Parabelbogen ($0{,}05 \lesssim \mu \lesssim 0{,}15$).

Knickwerte für $0 \leq \mu \leq 0{,}50$ (aus numerischer Berechnung): $p_{Ki} = \gamma_{Ki} \cdot 8(\frac{f}{l})\frac{EJ}{l^3}$; $H_{Ki} = \gamma_{Ki} \cdot \frac{EJ}{l^2}$

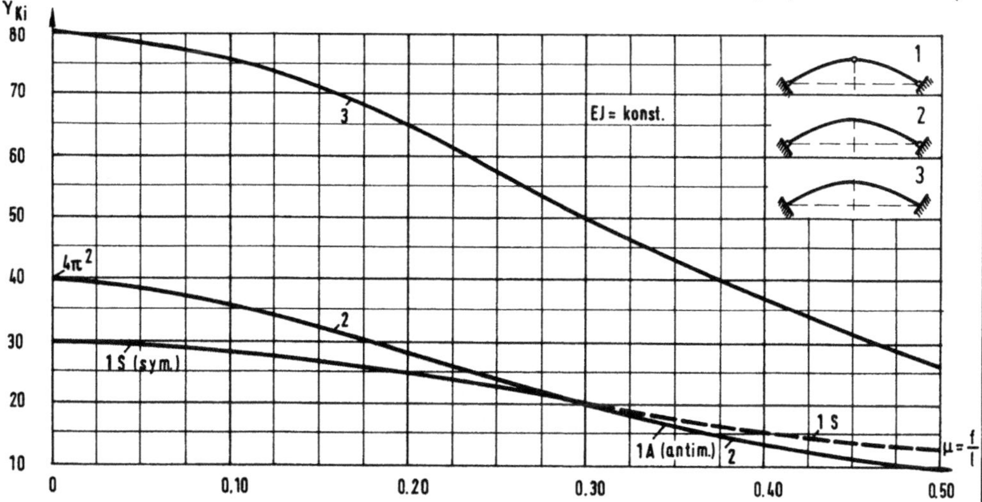

Parabelbogen unter Gleichlast (EJ : konstant und variabel)

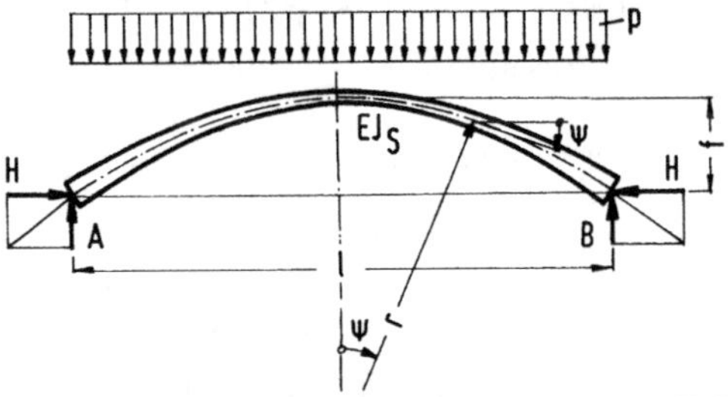

Knicklast : $p_{Ki} = \gamma_{Ki} \cdot 8 \left(\frac{f}{l} \right) \cdot \frac{EJ_S}{l^3}$

$$H_{Ki} = \gamma_{Ki} \cdot \frac{EJ_S}{l^2}$$

Gesetze für EJ : $EJ = \frac{EJ_S}{\cos^n \psi}$

n = 0 (EJ = konst.), 1, 2 und 3 ; hierfür ist γ_{Ki} aus der Tafel bzw. aus dem Diagramm zu entnehmen.

Bogentyp	f / l =	0	0.1	0.2	0.3	0.4	0.5	0.6	0.7	0.8	0.9	1
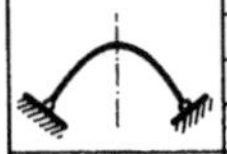	n = 0	39.5	36.2	29.1	20.9	14.4	9.6	6.9	5.0	4.0	3.0	2.0
	1	39.5	37.2	31.6	25.1	19.4	15.0	12.0	9.6	7.9	6.4	5.3
	2	39.5	38.5	34.6	30.5	26.9	22.9	20.1	17.5	15.6	14.0	12.8
	3	39.5	39.0	37.9	35.9	34.0	32.8	31.1	29.7	28.7	27.7	26.9
	n = 0	80.8	76.2	64.5	50.1	36.7	26.3	18.9	13.8	10.1	7.9	6.0
	1	80.8	78.4	71.0	61.1	50.8	41.6	33.8	27.7	22.9	19.2	16.2
	2	80.8	80.7	77.6	73.7	68.6	63.3	57.9	53.2	48.6	44.7	41.3
	3	80.8	83.2	86.2	89.0	91.0	93.2	94.7	95.7	96.3	96.6	96.7

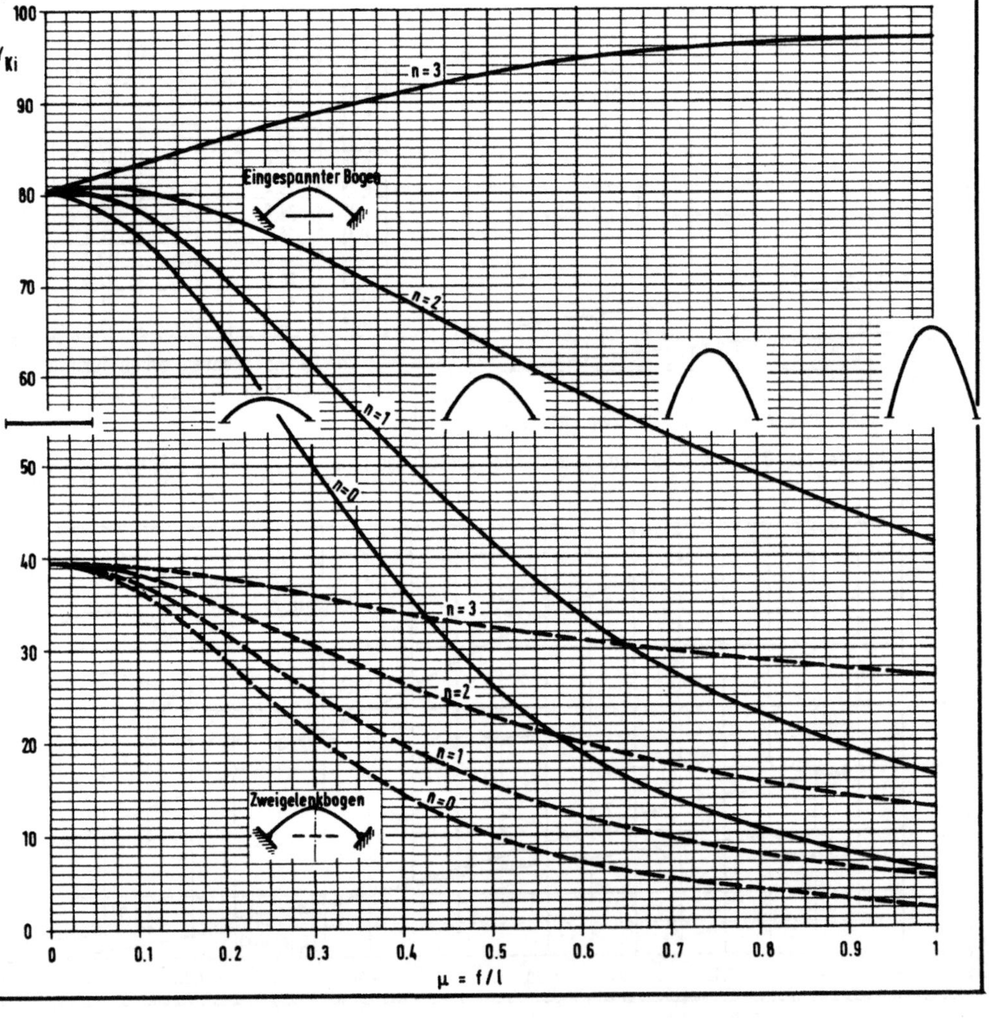

6.9.5.3 Katenoidbogen

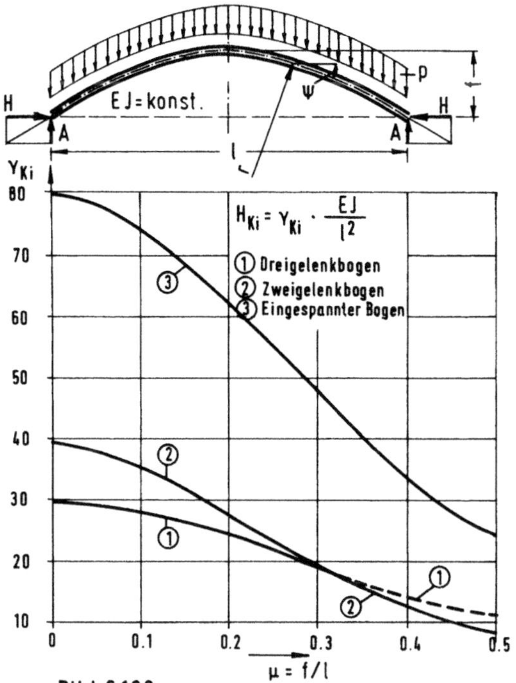

Bild 6.160

Stützlinienlast des Katenoidbogens ist ein konstantes Eigengewicht je Längeneinheit Bogenachse (B.6.160). Die Katenoide ist identisch mit der Seilkurve (Kettenlinie) des biegeschlaffen Seiles, vgl. auch Abschnitt 6.9.1.

In B.6.160 sind die Knickwerte für den Katenoidbogen eingetragen. Gegenüber den Knickwerten des Parabelbogens (T.6.15) erkennt man nur sehr geringe Unterschiede. Sie werden erst oberhalb $\mu=f/l=0,3$ wahrnehmbar; vgl. auch DIN 4114N.

6.9.5.4 Allgemeine Stützlinienbogen

Die Bogenformen des Hoch- und Brückebaues sind i.allg. näherungsweise parabelförmig. Da die Knickwerte für Parabel- und Katenoidbogenträger praktisch übereinstimmen, können die Knickwerte für alle vertikal belasteten Stützlinienbogen vom Parabelbogen übernommen werden, d.h., die auf T.6.15/16 zusammengestellten Behelfe sind allgemein anwendbar, insbesondere bei der Bestimmung des Verformungsfaktors α:

$$\alpha = \frac{1}{1 - \frac{H}{H_{Ki}}} \tag{6.487}$$

Vgl. hierzu auch Abschnitt 6.9.4.3.5 und den dort aufgenommenen Hinweis bezüglich Einrechnung einer antimetrischen Imperfektion im Rahmen der Spannungsberechnung nach Th. II.Ordn. Die Größe der anzusetzenden Imperfektionen sind in DIN 4114N und DIN 1045/DIN 1075 angegeben.

Die Knickfiguren des Zweigelenkbogens und eingespannten Bogens sind antimetrisch, demgemäß treten im Viertelspunkt die höchsten Beanspruchungen auf. Es ist daher folgerichtig, den Knicklängenfaktor β unter Bezug auf die Biegesteifigkeit im Viertelspunkt zu bestimmen; (Index V: Viertelspunkt.) Die zu

$$H_{Ki} = \gamma_{Ki}\frac{EJ_S}{l^2} \tag{6.488}$$

gehörende Druckkraft im Viertelspunkt folgt aus:

$$D_{VKi} = \frac{H_{Ki}}{\cos\psi_V} = \gamma_{Ki}\frac{EJ_S}{\cos\psi_V \cdot l^2} \tag{6.489}$$

Die Gleichsetzung dieses Wertes mit der Knickkraft eines EULER-II-Ersatzstabes mit der konstanten Biegesteifigkeit

$$EJ_V = EJ_S/\cos^n\psi_V \qquad (6.490)$$

und der Ersatzlänge

$$s_K = \beta\cdot l/2 \qquad (6.491)$$

ergibt:

$$\frac{\pi^2 EJ_V}{s_K^2} = \frac{\pi^2 EJ_S\, 4}{\cos^n\psi_V\cdot\beta^2\cdot l^2} \equiv \gamma_{Ki}\frac{EJ_S}{\cos\psi_V\cdot l^2} \longrightarrow \beta = \frac{2\pi}{\sqrt{\gamma_{Ki}\cos^{n-1}\psi_V}} \qquad (6.492)$$

s_K bezieht sich auf die halbe Stützweite und nicht (wie im Abschnitt 6.9.5.1) auf die halbe Bogenlänge!
Für den Parabelbogen gilt:

$$\tan\psi_V = 2\cdot\frac{f}{l} = 2\mu \qquad (6.493)$$

Somit kann $\cos\psi_V$ aus

$$\cos\psi_V = \frac{1}{\sqrt{1+(2\mu)^2}} \qquad (6.494)$$

berechnet werden.

Zweigelenkbogen

n \ μ	0.1	0.2	0.3	0.4	0.5	0.6	0.7	0.8	0.9	1.0
0	1.033	1.121	1.272	1.462	1.705	1.915	2.140	2.287	2.525	2.970
1	1.031	1.118	1.254	1.426	1.621	1.810	2.028	2.236	2.481	2.725
2	1.022	1.109	1.227	1.351	1.560	1.751	1.970	2.185	2.410	2.622
3	1.026	1.099	1.221	1.379	1.552	1.760	1.865	2.210	2.458	2.700

Eingespannter Bogen

n \ μ	0.1	0.2	0.3	0.4	0.5	0.6	0.7	0.8	0.9	1.0
0	0.713	0.753	0.822	0.916	1.031	1.155	1.290	1.438	1.578	1.715
1	0.710	0.746	0.804	0.882	0.973	1.080	1.194	1.313	1.433	1.560
2	0.706	0.740	0.789	0.858	0.939	1.032	1.129	1.238	1.347	1.461
3	0.703	0.729	0.780	0.843	0.921	1.008	1.039	1.208	1.316	1.425

Bild 6.161

In B.6.161 sind die β-Werte für den Zweigelenkbogen und eingespannten Bogen für n=0, 1, 2, 3 ausgewiesen. Für Zwischenwerte von μ und n kann β geradlinig interpoliert werden.
Für den Dreigelenkbogen mit konstanter Biegesteifigkeit (n=0) folgt β aus G.6.492, indem γ_{Ki} aus T.6.15 entnommen und G.6.494 berücksichtigt wird, z.B.: μ=0,15: $\gamma_{Ki}\approx 27$:

$$\cos\psi_V = \frac{1}{\sqrt{1+(2\cdot 0{,}15)^2}} = 0{,}9578;\quad \cos^{-1}\psi_V = \frac{1}{0{,}9578} = 1{,}044$$

$$\beta = \frac{2\pi}{\sqrt{27\cdot 1{,}044}} = 1{,}183$$

Für den Zweigelenkbogen findet man (zum Vergleich) für γ_{Ki}=33: β=1,070.

Die in DIN 4114A u.N und in DIN 1075 mitgeteilten Knicklängenfaktoren beziehen sich auf die halbe Bogenlänge. Für hölzerne Bogen gibt DIN 1052 s_K=1,25b an, worin b die halbe Bogenlänge ist.
In Ergänzung zum bereits zitierten Schrifttum wird auf [6.182-6.189] hingewiesen.

6.9.5.5 Einleitung der Lasten über Ständer und Hänger bei Brückenbogen

Durch die bei den (Knick-)Verformungen sich einstellenden Schrägstellungen der Ständer und Hänger werden am Bogen abtreibende bzw. rücktreibende Kräfte geweckt, hierdurch werden die Knicklasten gegenüber dem freien Bogen vermindert bzw. erhöht (Abschnitt 6.9.3, B.6.144).
Ständer bewirken eine Verminderung des kritischen Horizontalschubes (der Schwerpunkt der äußeren Lasten liegt über dem Bogen), Hänger führen zu einer Erhöhung (der Schwerpunkt

der Lasten liegt unter dem Bogen).

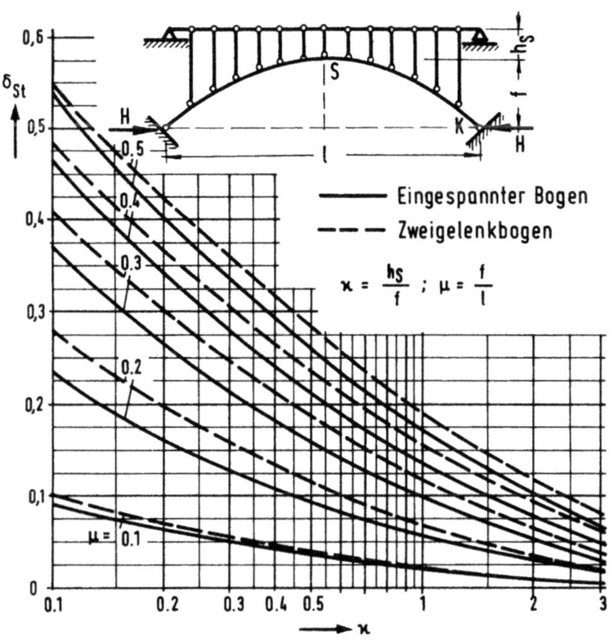

Bild 6.162

Für Parabelbogen (und damit für alle Stützlinienbogen) kann der Einfluß der Ständer- bzw. Hängerschrägstellungen aus B.6.162 und 6.163 entnommen werden. Die Diagramme gelten für Fahrbahnträger in Form von Gelenkketten; sie sind das Ergebnis einer Computeranalyse gemäß Abschnitt 6.9.4.2 [6.190].

Bei Brückenbogen mit aufgeständerter Fahrbahn wird die Höhe des Fahrbahnträgers über dem Scheitel durch den Parameter

$$\varkappa = \frac{h_S}{f} \qquad (6.495)$$

gekennzeichnet. In B.6.162 ist jener Faktor δ_{St} über $\varkappa$ aufgetragen, um den der kritische Horizontalschub des freien Bogens (also ohne Aufständerung) zu reduzieren ist:

$$H_{Ki,Ständer} = (1 - \delta_{St})\, H_{Ki,Bogen} \qquad (6.496)$$

Für Zweigelenkbogen und eingespannte Bogen gelten unterschiedliche Werte. Für einen Zweigelenkbogen mit μ=0,2 und $\varkappa$=0,3 liest man beispielsweise δ_{St}=0,16 ab. Hiermit folgt H_{Ki} zu

$$(1 - 0.16) = 0.84 \triangleq 84\,\%$$

der auf T.6.16 angegebenen Knickwerte. - Bei der Herleitung der Abminderungsfaktoren hat sich gezeigt, daß sie vom Verlauf der Biegesteifigkeit praktisch unabhängig sind. Die Kurven gelten daher für alle Exponenten des Gesetzes G.6.490!

Die Abminderungen sind offensichtlich erheblich; dabei ist folgendes zu berücksichtigen:

a) Das Diagramm gilt für aufgeständerte Brückenbogen mit h_S>0; der Fahrbahnträger ist einseitig fest und einseitig verschieblich gelagert. Im Falle einer antimetrischen Bogenverformung stellen sich sämtliche Ständer einsinnig schräg, vgl. B.6.144a.

b) Im Grenzfall $\varkappa \rightarrow \infty$ sind die Ständer unendlich lang, die Lasten werden richtungstreu eingetragen ($\delta_{St} \rightarrow 0$).

c) Bei Annäherung $\varkappa \rightarrow 0$ geht der Scheitelständer gegen Null, die von ihm ausgehende Abtriebskraft geht gegen Unendlich und δ_{St} gegen Eins. Vgl. hierzu Abschnitt 5.16, insbesondere B.5.90.

d) Ist der Fahrbahnträger am Scheitel mit dem Bogen gekoppelt (was der Regelfall ist) und beidseitig verschieblich gelagert, nimmt der Fahrbahnträger als Ganzes an den Bogenverschiebungen teil, die Schrägstellungen der Ständer sind im Mittel Null, es können die Knickwerte des freien Bogens in guter Näherung verwendet werden; B.6.162 ist nicht maßgebend!

e) Um die in B.6.162 ausgewiesenen Abminderungen zu umgehen, sollten Brückenbogen mit einer über dem Scheitel liegenden Aufständerung h_S>0 vermieden werden, zumal die infolge der Ständerschrägstellungen geweckten Abtriebskräfte vom festen Lager des Fahrbahnträgers aufgenommen werden müssen.

f) Soll dennoch ein Brückenbogen mit aufgeständerter Fahrbahn und h_S>0 gebaut werden, ist der Fahrbahnträger biegesteif auszubilden und in das Gesamttragwerk einzubeziehen; der Fahrbahnträger wirkt im Sinne einer "elastischen Bettung". (Diese Bemerkung gilt auch für Brückenbogen mit im Scheitel gekoppelter Fahrbahn.) Der aussteifende Einfluß kann näherungsweise abgeschätzt werden, indem die Biegesteifigkeit des Fahrbahnträgers zur Biegesteifigkeit des Bogens additiv hinzugerechnet wird:

$$H_{Ki} = \gamma_{Ki} \frac{(EJ_{Bogen} + EJ_{Fahrbahnträger})}{l^2} \qquad (6.497)$$

Dieser Ansatz ist möglich, weil im Falle einer antimetrischen Bogenverformung der Fahrbahnträger zur selben Verformung wie der Bogen gezwungen wird, was eine Festhaltung der Fahrbahnträgerlager gegen Abheben (ggf. allein durch Eigengewicht) voraussetzt; G.6.497 gilt indes nur für den Zweigelenkbogen, vgl. Abschnitt 6.9.5.7. Um die Nachgiebigkeit der Ständer zu berücksichtigen, ist die Biegesteifigkeit ggf. etwas zu reduzieren. (Vgl. auch Abschnitt 6.9.5.6/7.)
Durch die in G.6.497 zum Ausdruck kommende Erhöhung der Knicklasten wird die in B.6.162 ausgewiesene Abminderung i.allg. überkompensiert.

g) Der Abminderungsfaktor δ_{St} des Bildes 6.162 liegt insofern auf der sicheren Seite, als das Bogeneigengewicht (das lotrecht und damit richtungstreu wirkt) bei der Berechnung des Diagrammes in die Ständerlasten einbezogen wurde. Eine Splittung der Anteile ist mit Hilfe der DUNKERLEY-Formel möglich.

Auf das Schrifttum [6.191-6.194] wird hingewiesen; vgl. auch Abschnitt 6.9.5.7.

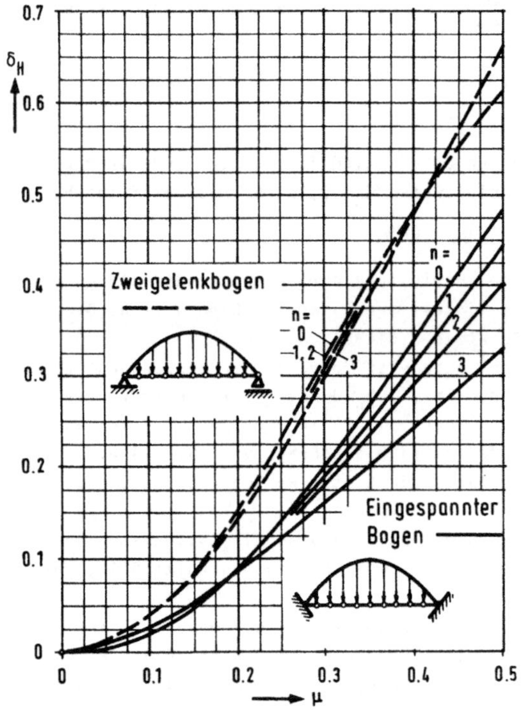

Bild 6.163

Für Brückenbogen mit angehängter Fahrbahn in Form einer Gelenkkette enthält B.6.163 das korrespondierende Ergebnis. Im Gegensatz zum Diagrammbild 6.162 ist ein gewisser Einfluß des Steifigkeitsexponenten n festzustellen, insbesondere für eingespannte Bogen. In B.6.163 ist jener Faktor δ_H über μ eingetragen, um den der kritische Horizontalschub des freien Bogens zu erhöhen ist:

$$H_{Ki,Hänger} = (1 + \delta_H) \cdot H_{Ki,Bogen} \qquad (6.498)$$

Die Erhöhungen sind offensichtlich erheblich, sie werden durch zwei weitere Effekte verstärkt:

a) Der Horizontalschub H wird dem Fahrbahnträger zugewiesen (aufgehobener Horizontalschub); die hiermit verbundene Streckung wirkt rücktreibend auf eine Ausbiegung des Fahrbahnträgers.
b) Der Fahrbahnträger ist bei baupraktischen Ausführungen biegesteif ("Versteifungsträger", LANGERscher Balken); hiermit ist eine wesentliche Stabilisierung verbunden, vgl. G.6.497 und Abschnitt 6.9.5.10.

6.9.5.6 Versteifte Gelenk-Stabbogen

Ein Gelenkstabbogen ist ein Stabwerk, bei dem ein polygonaler Stabbogen mit Gelenken in den Knickpunkten durch einen Aussteifungsträger über Ständer stabilisiert wird (B.6.164). Die Einzelstäbe des Bogens sind auf lokale Instabilität als EULER-II-Stäbe nachzuweisen, das gilt auch für die Ständer.
B.6.164 enthält Berechnungsformeln für vierfeldrige Stabbogen; modifiziert nach [6.195]. EJ_V ist die Biegesteifigkeit des Versteifungsträgers.

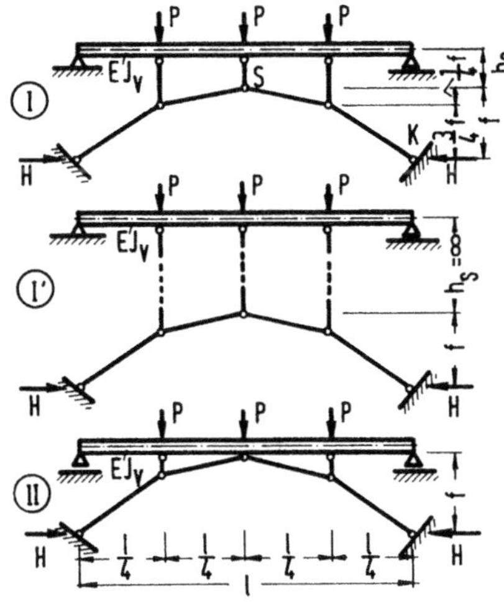

Versteifter Gelenk-Stabbogen
(Parabel; 4 Felder)

Parameter $\mu = \frac{f}{l}$; $\varkappa = \frac{h_S}{f}$

$$\text{I:}\quad H_{Ki} = \frac{96\varkappa\cdot(4\varkappa+\mu)}{8\varkappa^2\cdot(1+5\mu^2)+2\varkappa\mu\cdot(1+16\mu^2)+\mu^4}\cdot\frac{EJ_V}{l^2}$$

$$\text{I':}\quad H_{Ki} = \frac{48}{1+5\cdot\mu^2}\cdot\frac{EJ_V}{l^2}$$

$$\text{II:}\quad H_{Ki} = \frac{48}{1+6\cdot\mu^2}\cdot\frac{EJ_V}{l^2}$$

Index V: Versteifungsträger

Bild 6.164

Die in B.6.164 zusammengestellten Formeln erlauben folgende Schlußfolgerungen:

a) Der Aufbau der Formeln für den kritischen Horizontalschub enspricht den Formeln für den freien Bogen:

$$H_{Ki} = \gamma_{Ki}\cdot\frac{EJ}{l^2} \tag{6.499}$$

Offensichtlich ist es gleichgültig, ob die Biegesteife im Bogen selbst oder in einem angekoppelten Versteifungsträger vorhanden ist (vgl. die Analogie zu den in den Abschnitten 5.15 und 6.2.3 behandelten Systemen). G.6.497 findet durch G.6.499 eine Bestätigung.

b) Die Formeln für die in B.6.164 ausgewiesenen Systeme I' und II stimmen näherungsweise überein. Das bedeutet: Die Knicklasten für

System I' ($\varkappa=\infty$)	Freier Bogen mit richtungstreuer Belastung und
System II ($\varkappa=0$)	Brückenbogen mit aufgeständerter, verschieblicher Fahrbahn und Kopplung im Scheitel

sind praktisch gleich. Damit ist die in Abschnitt 6.9.5.5 (Punkt d) empfohlene Anweisung bestätigt.

6.9.5.7 Bogenbrücken mit aufgeständerten Versteifungsträgern

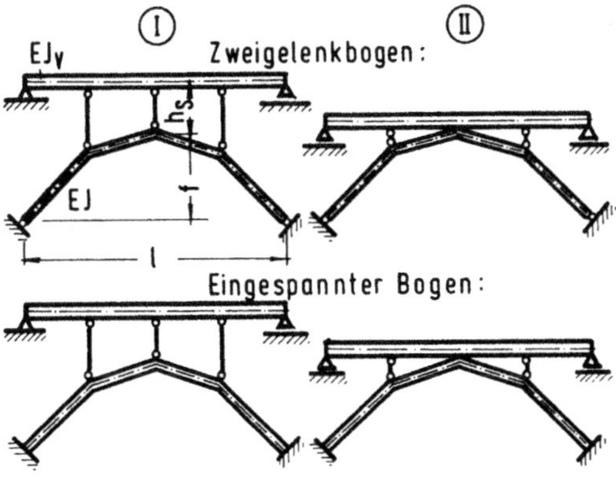

Bild 6.165

Für vierfeldrige biegesteife Brückenbogen mit aufgeständerten Versteifungsträgern lassen sich geschlossene Lösungen ableiten. Die Lösung für den Zweigelenkbogen wurde von SCHIBLER [6.194] angegeben, die Lösung für den eingespannten Bogen wird hier erstmals mitgeteilt. Parameter:

$$\mu = \frac{f}{l};\quad \varkappa = \frac{h_S}{f};\quad \rho = \frac{EJ_V}{EJ} \tag{6.500}$$

Die Biegesteifigkeiten des Bogens (EJ) und Versteifungsträger (EJ_V) sind konstant. Gemäß B.6.165 werden zwei Systeme unterschieden:

I: $h_S > 0$ $(\varkappa > 0)$

II: $h_S = 0$ $(\varkappa = 0)$

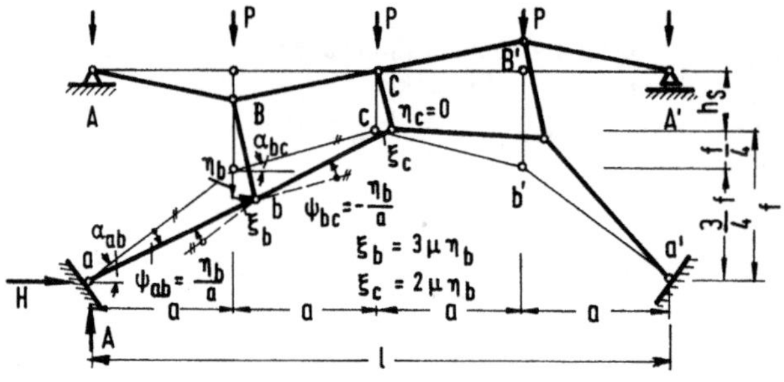

Bild 6.166

Auf den Tafeln T.6.17/18 sind die Knickgleichungen und deren Auswertung zusammengestellt:

$$H_{Ki} = \gamma_{Ki}\frac{EJ_V}{l^2} \qquad (6.501)$$

γ_{Ki} ist den Tafeldiagrammen als Funktion von μ, $\varkappa$ und ρ zu entnehmen.

Die Knickgleichungen lassen sich auf der Grundlage des Verformungsgrößenverfahrens ableiten. Im ausgeknickten Zustand werden infolge der Ständerschrägstellungen in den Punkten B/b und C/c die Abtriebskräfte

$$P_{bH} = \frac{3P}{(1+4\varkappa)}\cdot\frac{\eta_b}{a}\,;\quad P_{cH} = \frac{P}{2\varkappa}\frac{\eta_b}{a} \qquad (6.502)$$

geweckt, sie wirken horizontal. Bei antimetrischer Verformung gehen vom Versteifungsträger die elastischen Rückstellkräfte

$$V_b = 6\,\frac{EJ_V}{a^2}\cdot\frac{\eta_b}{a}\,;\quad V_c = 0 \qquad (6.503)$$

aus, sie wirken vertikal. - Wie im Abschnitt 6.9.4.2 erläutert, werden an jedem Knoten die Gleichgewichtsgleichungen $\Delta H=0$, $\Delta V=0$ und $\Delta M=0$ aufgestellt; wegen der Antimetrie des Verformungszustandes (B.6.166) genügt die Aufstellung der Gleichungen für einen Knoten; sie lauten im Falle des Systems I für Knoten b:

$$\Sigma H = 0:\ H^{II}_{ba} + P^{II}_{bH} - H^{II}_{bc} = 0\,;\ \Sigma V = 0:\ V^{II}_{ba} - V^{II}_{bc} - P^{II}_{bV} + V_b = 0\,;\ \Sigma M = 0:\ M^{II}_{ba} + M^{II}_{bc} = 0 \qquad (6.504)$$

Die Schnittgrößen H und V werden in D und T umgerechnet (vgl. G.6.367):

$$V^{II}_{ba} = T_{ba}\cos\alpha_{ab} + (D^0_{ab} + D_{ab})\sin\alpha_{ab}\,;\quad H^{II}_{ba} = (D^0_{ab} + D_{ab})\cos\alpha_{ab} - T_{ba}\sin\alpha_{ab}$$
$$V^{II}_{bc} = T_{bc}\cos\alpha_{bc} + (D^0_{bc} + D_{bc})\sin\alpha_{bc}\,;\quad H^{II}_{bc} = (D^0_{bc} + D_{bc})\cos\alpha_{bc} - T_{bc}\sin\alpha_{bc} \qquad (6.505)$$

Diese Beziehungen werden in die Gleichgewichtsgleichungen G.6.504 eingesetzt und der Stützlinienzustand subtrahiert. Die Änderungen der Druckkräfte betragen im ausgeknickten Zustand:

$$D_{ab} = -(P_{bH} + P_{cH}/2)/\cos\alpha_{ab}\,;\quad D_{bc} = -P_{cH}/2\cos\alpha_{bc} \qquad (6.506)$$

Für die Stabendmomente und -transversalkräfte werden die Grundformeln des Verformungsgrößenverfahrens eingeführt. Die Nennerdeterminante wird Null gesetzt, womit man die auf T.6.17/18 angeschriebenen Knickgleichungen nach längerer Rechnung erhält. Wird die Stabkennzahl $\varepsilon_{ab}=\varepsilon_a$ als bezogener Eigenwert vereinbart, besteht bezüglich $\varepsilon_{bc}=\varepsilon_b$ die Abhängigkeit:

$$\varepsilon_{bc} = \varepsilon_{ab}\cdot\sqrt{(1+\mu^2)\sqrt{1+\mu^2}\,/\,(1+9\mu^2)\sqrt{1+9\mu^2}} \qquad (6.507)$$

μ	Zweigelenkbogen I $\varkappa=10$	Zweigelenkbogen II $\varkappa=0$	Zweigelenkbogen ρ=konst.	Eingespannter Bogen I $\varkappa=10$	Eingespannter Bogen II $\varkappa=0$	Eingespannter Bogen ρ=konst.
0.10	36.7	36.2	36.2	75.3	74.9	76.2
0.20	29.7	29.1	29.1	62.4	61.1	64.5
0.30	21.9	21.1	20.9	48.3	45.9	50.1
0.40	15.5	14.8	14.4	36.2	33.2	36.7
0.50	10.4	10.3	9.6	26.9	23.6	26.3

Bild 6.167

Die praktische Bedeutung der Tafeln T.6.17/18 ist darin zu sehen, daß sie auch für Brückenbogen mit engerer Ständerteilung unmittelbar verwertbar sind. Um das zu zeigen, werden die Knickwerte für $\rho=0$ (d.h. Fahrbahnträger in Form einer Gelenkkette)

Polygonaler Parabelbogen mit aufgeständertem Versteifungsträger

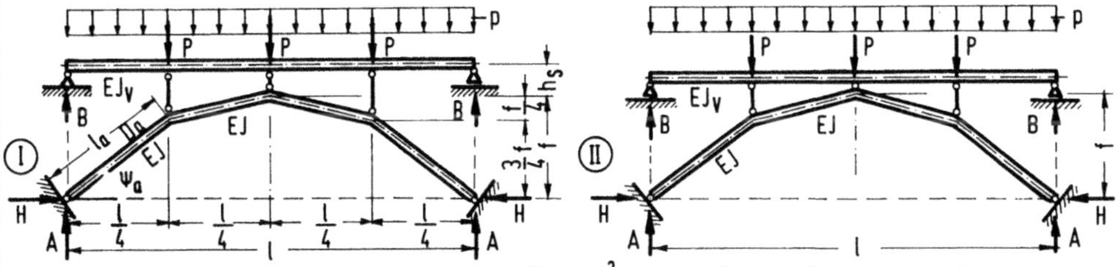

Bogenart: Zweigelenkbogen ; EJ = konst.: $H = \frac{Pl}{2f} = \frac{pl^2}{8f}$; $A = \frac{3}{2} \cdot P = \frac{3}{8} \cdot pl$; $P = p \cdot \frac{l}{4}$

Knicklast: $P_{Ki} = 2\gamma_{Ki} \cdot (\frac{f}{l}) \cdot \frac{EJ}{l^2}$; $p_{Ki} = 8 \cdot \gamma_{Ki} \cdot (\frac{f}{l}) \cdot \frac{EJ}{l^3}$; $\boxed{H_{Ki} = \gamma_{Ki} \cdot \frac{EJ}{l^2}}$

Parameter: $\mu = \frac{f}{l}$; $\rho = \frac{EJ_V}{EJ}$; $\varkappa = \frac{h_S}{f}$ (System I)

Knickgleichung für den Eigenwert $\varepsilon_a = l_a \cdot \sqrt{\frac{D_{aKi}}{EJ}} = \frac{l}{4}\sqrt{\frac{H_{Ki}}{EJ} \cdot (1+9\mu^2)\sqrt{1+9\mu^2}}$:

$$[2(1+5\mu^2) \cdot \sin\varepsilon_a \cdot \sin\varepsilon_b - (1+\mu^2) \cdot \varepsilon_a \cdot \cos\varepsilon_a \cdot \sin\varepsilon_b - (1+9\mu^2) \cdot \varepsilon_b \cdot \cos\varepsilon_b \cdot \sin\varepsilon_a] \cdot C - 2(1+\mu^2)(1+9\mu^2) \cdot \varepsilon_a^2 \cdot \sin\varepsilon_a \cdot \sin\varepsilon_b = 0$$

System I : $C = [1 + (5 + \frac{9}{1+4\varkappa} + \frac{1}{2\varkappa}) \cdot \mu^2] \cdot \varepsilon_a^2 - 3\rho \cdot (1+9\mu^2) \cdot \sqrt{1+9\mu^2}$

System II : $C = [1 + 6\mu^2] \cdot \varepsilon_a^2 - 3\rho \cdot (1+9\mu^2) \cdot \sqrt{1+9\mu^2}$

Ist ε_a berechnet, folgt γ_{Ki} aus: $\gamma_{Ki} = 16 \cdot \varepsilon_a^2 / (1+9\mu^2) \cdot \sqrt{1+9\mu^2}$.

γ_{Ki}-Werte für System I:

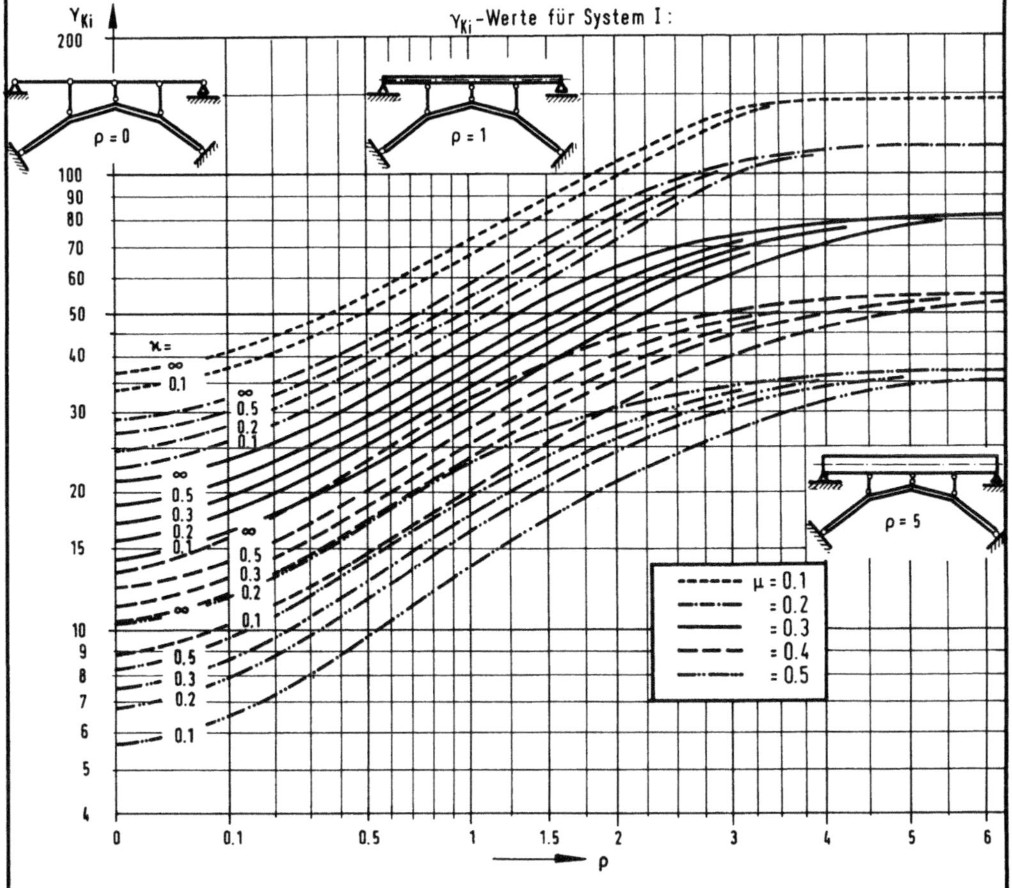

Polygonaler Parabelbogen mit aufgeständertem Versteifungsträger

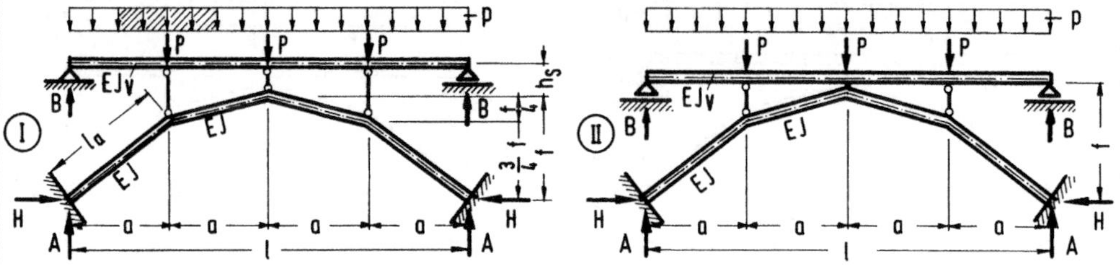

Bogenart: Eingespannter Bogen, EJ = konst.; $H = \frac{Pl}{2f} = \frac{pl^2}{8f}$; $A = \frac{3}{2} P = \frac{3}{8} pl$; $P = p \cdot \frac{l}{4}$

Knicklast: $P_{Ki} = 2 \cdot \gamma_{Ki} \left(\frac{f}{l}\right) \cdot \frac{EJ}{l^2}$; $p_{Ki} = 8 \cdot \gamma_{Ki} \left(\frac{f}{l}\right) \cdot \frac{EJ}{l^3}$; $\boxed{H_{Ki} = \gamma_{Ki} \cdot \frac{EJ}{l^2}}$

Parameter: $\mu = \frac{f}{l}$; $\rho = \frac{EJ_V}{EJ}$; $\varkappa = \frac{h_S}{f}$ (System I)

Knickgleichung für den Eigenwert $\varepsilon_a = l_a \cdot \sqrt{\frac{D_{aKi}}{EJ}} = \frac{l}{4} \cdot \sqrt{\frac{H_{Ki}}{EJ} \cdot (1+9\mu^2)\sqrt{1+9\mu^2}}$:

$$\{(1+9\mu^2)\cdot(\sin\varepsilon_a - \varepsilon_a\cos\varepsilon_a)\cdot(\sin\varepsilon_b - \varepsilon_b\cdot\cos\varepsilon_b) + (1+\mu^2)\cdot\varepsilon_a\cdot[2(1-\cos\varepsilon_a) - \varepsilon_a\sin\varepsilon_a]\cdot\sin\varepsilon_b\}\cdot$$

$$\cdot\{2\varepsilon_a^2(1-\cos\varepsilon_a)\cdot(\sin\varepsilon_b - \varepsilon_b\cos\varepsilon_b) + \varepsilon_a^2[2(1-\cos\varepsilon_a) - \varepsilon_a\sin\varepsilon_a]\cdot\sin\varepsilon_b - C\cdot[2(1-\cos\varepsilon_a) - \varepsilon_a\sin\varepsilon_a]\cdot(\sin\varepsilon_b - \varepsilon_b\cos\varepsilon_b)\} -$$

$$-\{(1+9\mu^2)\cdot\varepsilon_a\cdot(1-\cos\varepsilon_a)\cdot(\sin\varepsilon_b - \varepsilon_b\cdot\cos\varepsilon_b) - (1+\mu^2)\cdot\varepsilon_a\cdot[2(1-\cos\varepsilon_a) - \varepsilon_a\sin\varepsilon_a]\cdot\sin\varepsilon_b\}\cdot$$

$$\cdot\{\varepsilon_a^2(1-\cos\varepsilon_a)\cdot(\sin\varepsilon_b - \varepsilon_b\cos\varepsilon_b) - \varepsilon_a^2[2(1-\cos\varepsilon_a) - \varepsilon_a\sin\varepsilon_a]\cdot\sin\varepsilon_b\} = 0.$$

Ist ε_a berechnet, folgt γ_{Ki} aus: $\gamma_{Ki} = 16 \cdot \varepsilon_a^2 / (1+9\mu^2) \cdot \sqrt{1+9\mu^2}$;

System I : $C = 2\left[1 + \left(\frac{9}{1+4\varkappa} + \frac{1}{2\varkappa}\right)\mu^2\right]\varepsilon_a^2 - 6\rho\cdot(1+9\mu^2)\cdot\sqrt{1+9\mu^2}$

System II : $C = 2(1+\mu^2)\cdot\varepsilon_a^2 - 6\rho\cdot(1+9\mu^2)\cdot\sqrt{1+9\mu^2)}$

γ_{Ki}-Werte für System I:

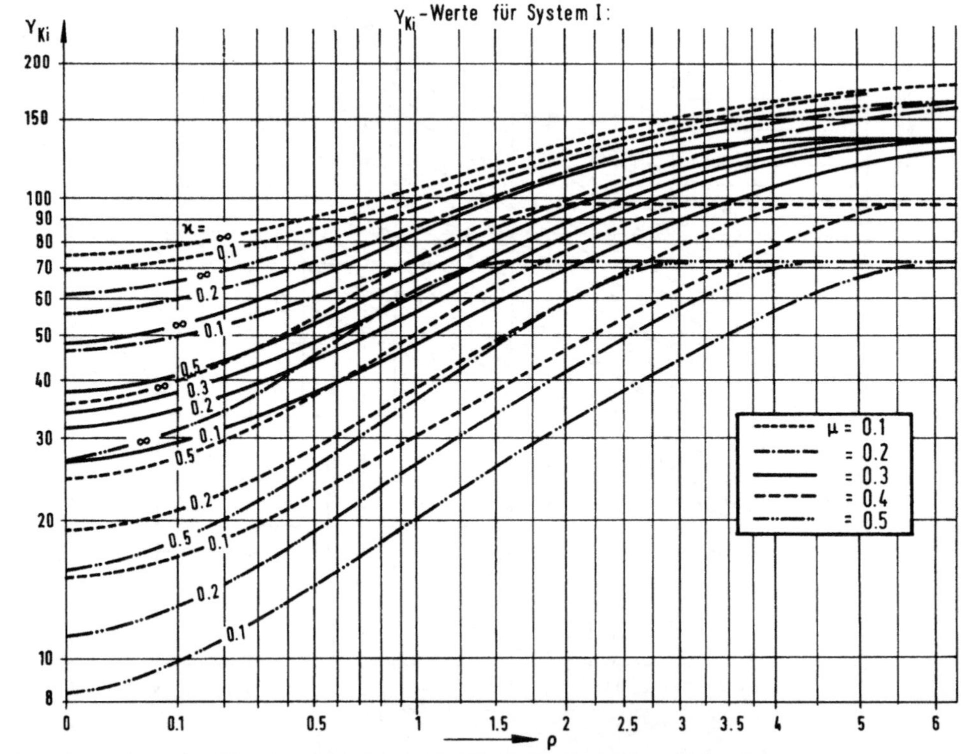

berechnet und mit den Knickwerten des freien Bogenträgers verglichen. B.6.167 zeigt die Gegenüberstellung und zwar für die Grenzfälle $\varkappa=10$ (praktisch richtungstreu) und $\varkappa=0$ (Fahrbahnträger mit Bogen im Scheitel gekoppelt). - Der Vergleich zeigt insbesondere, daß die Knickwerte für System II ($\varkappa=0$) und für den freien Bogen praktisch übereinstimmen. Oberhalb gewisser ρ-Werte ist der Fahrbahnträger so steif, daß er ein Ausknicken des Polygonbogens im Sinne einer antimetrischen Gesamtinstabilität verhindert. Es kommt dann zu einem mehrwelligen Ausknicken des Brückenbogens zwischen den (fixierten) Knoten. Für $\mu=0$ (gerader Balken) beträgt dieser Grenzwert (beim Zweigelenkbogen):

$$\rho=\frac{\pi^2}{3}=3{,}29 \longrightarrow \text{Knickwert } \gamma_{Ki}=16\pi^2=158$$

Da bei größerer Felderzahl (als vier) der Grenzwert max γ_{Ki} zu immer größeren Werten verschoben wird (weil die Länge der Polygonstäbe relativ zur Bogenspannweite l abnimmt), liegt die Anwendung der Tafeln T.6.16/17 auf der sicheren Seite, was indes erst oberhalb $\rho>1$ stärker zum Tragen kommt.

$\mu=f/l$ $\quad \rho=\dfrac{EJv}{EJ}$ $\quad H_{Ki}=\gamma_{Ki}\cdot\dfrac{EJ}{l^2}$

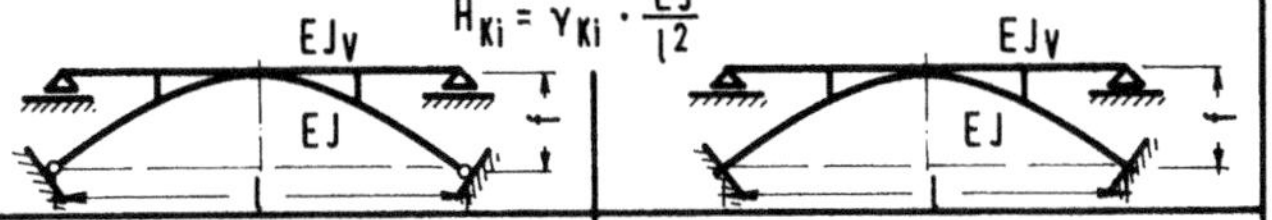

ρ	μ 0.100	0.125	0.150	0.175	0.200	μ 0.100	0.125	0.150	0.175	0.200
0	36.2	34.8	33.0	31.1	29.1	74.9	71.9	68.6	64.9	61.1
0.10	40.0	38.4	36.5	34.4	32.1	78.2	75.3	71.9	68.4	64.6
0.25	45.7	43.7	41.6	39.3	36.9	83.1	80.2	76.9	73.4	69.7
0.50	55.0	52.5	50.0	47.4	44.5	91.0	87.6	85.1	81.7	78.1
0.75	64.1	61.1	58.4	55.3	52.1	98.6	95.9	93.0	89.7	86.2
1.0	72.7	69.2	66.6	63.2	59.5	105.9	103.4	100.6	97.5	94.1
1.5	90.9	86.5	82.7	78.4	73.9	119.5	117.3	114.7	111.9	108.8
2.0	106.9	102.7	98.0	92.7	87.0	131.5	129.5	127.1	124.6	121.8
2.5	125.7	117.9	111.9	105.3	98.0	141.7	139.9	137.7	135.3	132.6
3.0	134.2	130.6	122.9	114.6	106.1	150.3	148.5	146.3	143.8	141.0
4.0	146.0	138.6	130.6	121.8	114.6	162.8	160.8	158.3	155.3	151.8
5.0	146.3	139.5	131.9	123.5	116.6	170.8	168.4	165.4	161.8	157.5
10.0	146.4	140.2	132.9	125.1	117.1	185.3	181.7	177.3	172.0	165.9

Bild 6.168

In Bild B.6.168 sind die γ_{Ki}-Werte für Brückenbogen mit aufgeständerter Fahrbahn und Scheitelkopplung tabellarisch ausgewiesen. Sie erfassen den baupraktisch vorrangig interessierenden Bereich $0{,}1\leq\mu\leq0{,}2$ und zwar für den Zweigelenkbogen und eingespannten Bogen. Man entnimmt der Tabelle beispielsweise, daß für $\rho=1$ die Knickwerte beim Zweigelenkbogen praktisch verdoppelt werden, beim eingespannten Bogen aber nur um ca. 25 bis 30%. Das beruht darauf, daß der Versteifungsträger beidseitig gelenkig gelagert und nicht eingespannt ist!

Die Einrechnung des Verformungseinflusses bei Spannungsproblemen Th.II.Ordn. über den Vergrößerungsfaktor α gemäß G.6.487 gilt selbstverständlich auch für Brückenbogen mit aufgeständerter Fahrbahn, sofern eine gesamtheitliche antimetrische Verformung untersucht wird. Bezüglich Einrechnung einer Imperfektion wird auf Abschnitt 6.9.4.3.5 verwiesen.

6.9.5.8 Trapezrahmen mit Randfeldern

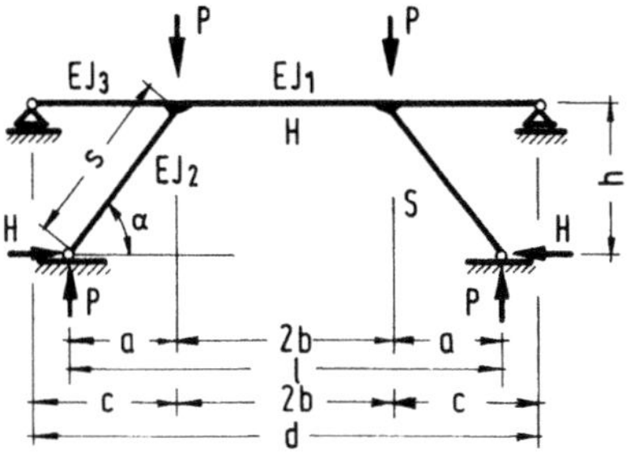

Bild 6.169

Knickbedingung:

$$\frac{\dfrac{a}{h}-\left(\gamma\dfrac{h}{a}+\dfrac{K}{Pc}\cdot\omega\right)\cdot f_1}{1+\dfrac{K}{Pc}\omega\cdot\dfrac{ch}{ba}\cdot f_1}+\frac{\dfrac{b}{h}-\left(\gamma\dfrac{bh}{s^2}-\dfrac{K}{Pc}\cdot\dfrac{a^2bd}{s^2cl}\right)\cdot f_2}{1+\dfrac{K}{Pc}\cdot\dfrac{adh}{ls^2}\cdot f_2}=0$$

Es bedeuten: $f_1=1-\varepsilon_1/\tan\varepsilon_1;\quad \varepsilon_1=b\cdot\sqrt{H/EJ_1}$

$f_2=1-\varepsilon_2/\tan\varepsilon_2;\quad \varepsilon_2=s\cdot\sqrt{S/EJ_2}$

$$\gamma=1-2\frac{a}{l}+\left(\frac{a}{h}\right)^2;\quad \omega=1-\frac{a}{l}\cdot\frac{d}{c};\quad K=3EJ_3/c$$

Trapezrahmen mit Randfeldern kommen gelegentlich als Brückentragwerke zum Einsatz. Bild 6.169 zeigt ein solches System; die Biegesteifigkeit der Einzelstäbe ist i.allg. unterschiedlich; gegebenenfalls sind Mittelwerte zu bestimmen, wenn die Biegesteifigkeit der einzelnen Stabbereiche variabel ist, z.B. bei konischer Erstreckung (siehe Abschnitt 3.5 und 5.19).

In B.6.169 ist die Knickbedingung des Problems angeschrieben; sie wurde von SCHIBLER [6.196] hergeleitet. Wegen der großen Parameterzahl wird auf eine Auswertung verzichtet. Die Knicklast P ist durch Probieren zu bestimmen. H bedeutet in den Formeln die Druckkraft im Riegel, sie ist gleich dem Horizontalschub; S ist die Druckkraft in den Stielen:

$$H = P\frac{a}{h}\;;\; S = P\frac{s}{h} = H\frac{s}{a} \tag{6.508}$$

Mit P_{Ki} ist auch der kritische Horizontalschub bekannt, der zur Abschätzung des Verformungseffektes Th.II.Ordn. verwertet werden kann, vgl. G.6.487.

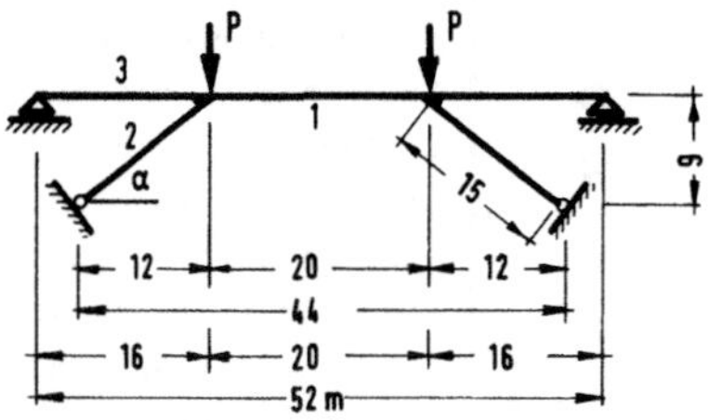

Bild 6.170

Beispiel: Für das in B.6.170 gezeigte System liefert die Knickgleichung:

$$\varepsilon_{1Ki} = b\sqrt{\frac{H_{Ki}}{EJ}} = 1{,}342 \longrightarrow H_{Ki} = \varepsilon_{1Ki}\frac{l^2}{b^2}\cdot\frac{EJ}{l^2} = \underline{34{,}9\frac{EJ}{l^2}}$$

Für den Trapezrahmen ohne Seitenarme liefert T.5.11/12 im Abschnitt 5.4:

$$\varkappa = 0{,}75\,;\ \delta = 1:\ \beta = 1{,}605 \text{ (Stiel)}$$
$$\beta = 1{,}346 \text{ (Riegel)}$$

Hiermit ergibt sich:

$$H_{Ki} = \frac{\pi^2}{1{,}346^2}\cdot\frac{EJ}{20^2}\cdot\frac{44^2}{l^2} = \underline{26{,}37\frac{EJ}{l^2}}$$

Die aussteifende Wirkung der Seitenarme ist offensichtlich beträchtlich.

6.9.5.9 Sprengwerke

Von einem Sprengwerk spricht man dann, wenn die Stützstiele des in B.6.169 dargestellten Systems an den durchlaufenden Riegel gelenkig angeschlossen sind. Ein Rahmenwerk liegt dann nicht mehr vor. Für EJ_{Riegel}=konst. enthält T.6.19 die Knickbedingung des Problems nebst Auswertung. Parameter sind:

$$\chi = \frac{b}{l},\ \varkappa = \frac{c}{d} \text{ und } \alpha \tag{6.509}$$

Aus den Diagrammen ist β abzulesen; daraus folgt:

$$\varepsilon_{Ki} = \frac{\pi}{2\beta} \longrightarrow H_{Ki} = \varepsilon_{Ki}^2\frac{EJ}{b^2} \tag{6.510}$$

Für das in B.6.170 gezeigte System (jetzt als Sprengwerk) findet man:

$$\chi = \frac{b}{l} = \frac{10}{44} = 0{,}2272\,;\ \varkappa = \frac{c}{d} = \frac{16}{52} = 0{,}3076;\ \alpha = 30° \longrightarrow \beta = 1{,}30;\quad \alpha = 40° \longrightarrow \beta = 1{,}35;$$

$$\alpha = 36°52' \longrightarrow \beta = 1{,}325 \longrightarrow \varepsilon_{Ki} = \frac{\pi}{2\beta} = \frac{\pi}{2\cdot 1{,}325} = 1{,}186; \longrightarrow H_{Ki} = 1{,}186^2\cdot\frac{l^2}{b^2}\cdot\frac{EJ}{l^2} = \underline{27{,}2\cdot\frac{EJ}{l^2}}$$

Die Stiele sind als EULER-II-Stäbe nachzuweisen.

Sprengwerk

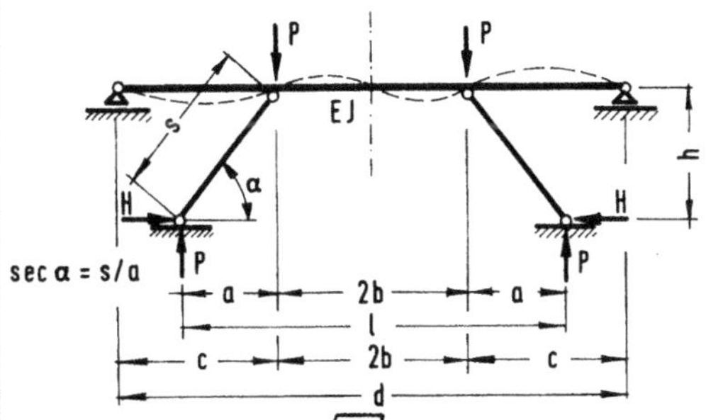

Kritischer Horizontalschub:

$$H_{Ki} = \gamma_{Ki} \cdot \frac{EJ}{l^2}$$

$$\gamma_{Ki} = \left(\frac{\varepsilon}{\chi}\right)^2 = \left(\frac{\pi}{2\beta\chi}\right)^2 ; \qquad \beta : \text{Diagramm}$$

Parameter: $\chi = \frac{b}{l}$, $\varkappa = \frac{c}{d}$, α

$$H_{Ki} = \varepsilon_{Ki}^2 \cdot \frac{EJ}{b^2} ; \qquad P_{Ki} = \tan\alpha \cdot H_{Ki}$$

Knicklänge des Riegelbereiches

$$s_K = \beta \cdot l_R = \beta \cdot 2b ; \quad \beta = \frac{\pi}{2\varepsilon} \quad (l_R = 2b)$$

Knickbedingung: $\varepsilon = b\sqrt{\frac{H}{EJ}}$

$$4\varkappa^2 [1 - \chi \cdot (1 - \sec^2\alpha)] \cdot [\tfrac{2}{3}\varkappa \cdot \varepsilon^2 \sin\varepsilon + (1 - 2\varkappa) \cdot (\sin\varepsilon - \varepsilon\cos\varepsilon)] - (1 - 2\chi) \cdot (1 - 2\varkappa) \cdot \sin\varepsilon = 0$$

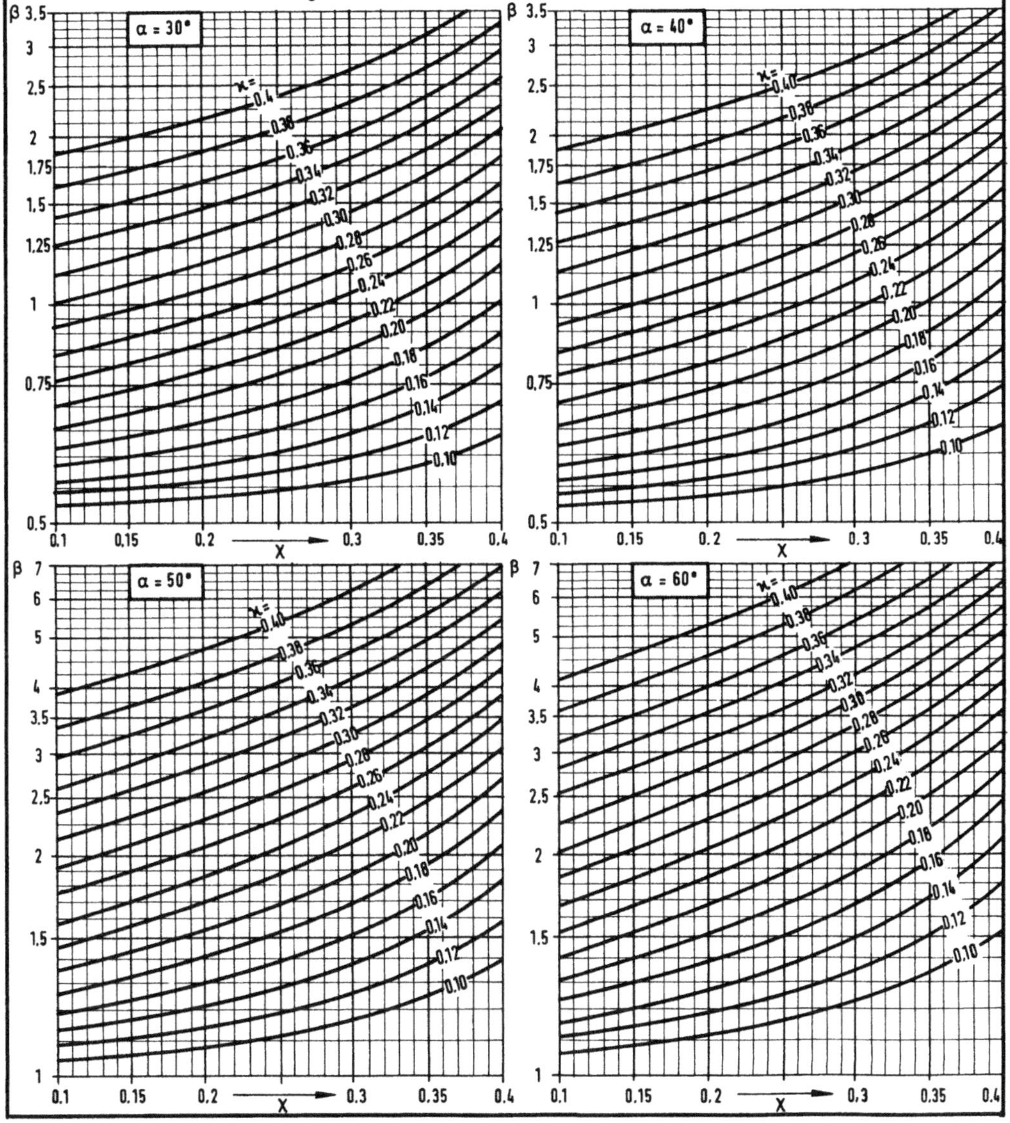

6.9.5.10 Versteifte Stabbogen (LANGERsche Balken)

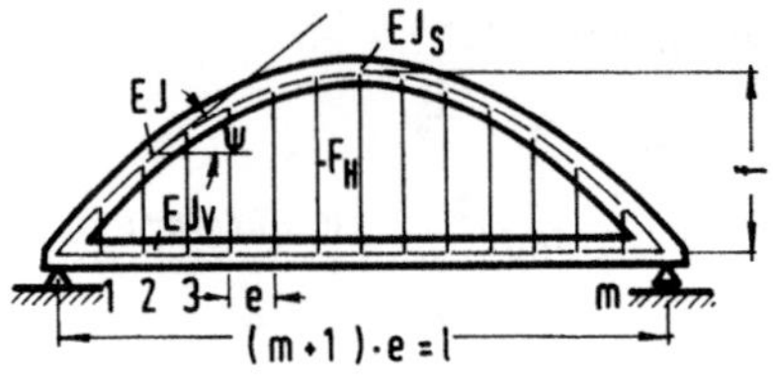

Bild 6.171

Der versteifte Stabbogen weist von allen Bogenformen die höchste Steifigkeit gegen Knicken in der Bogenebene auf; vgl. auch die Anmerkungen im Abschnitt 6.9.5.5.

Die früher geäußerte Ansicht, ein solcher Bogen könne als Ganzes nicht ausknicken [6.197], allenfalls in Form einer mehrwelligen Knickbiegelinie des Bogens mit Wendepunkten in den Hängerpunkten läßt sich aufgrund der von PFLÜGER [6.198] angegebenen Lösung nicht aufrechterhalten. PFLÜGER entwickelte die Knickbedingung aus

$$\delta(\bar{\delta}^2\Pi) = 0 \qquad (6.511)$$

mittels eines mehrwelligen RITZ-Ansatzes für eine antimetrische Knickfigur. Die Dehnsteifigkeit der Hänger, deren Rückstellwirkung infolge Schrägstellung und die biegesteife Verbindung des Versteifungsträgers mit dem Bogen an den Kämpfern wurde berücksichtigt. Auf T.6.20 ist die Knickbedingung angeschrieben [6.198] und deren Auswertung in Diagrammform dargestellt. Die Knickwerte gelten für das Steifigkeitsgesetz:

$$EJ = \frac{EJ_S}{\cos\Psi} \qquad (6.512)$$

Parameter sind:

$$\mu = \frac{f}{l}; \quad \rho_V = \frac{EJ_V}{EJ_S}; \quad \rho_H = \frac{m\,l^2}{8}\cdot\frac{EF_H}{EJ_S} \qquad (6.513)$$

EJ_S ist die Biegesteifigkeit des Bogens im Scheitel und EJ_V die Biegesteifigkeit des Versteifungsträgers. m ist die Anzahl der Hänger und EF_H deren Dehnsteifigkeit, vgl. B.6.171. Die Steifigkeit des Versteifungsträgers wirkt über die Hänger wie eine elastische Bettung. Im Grenzfall $\rho_H=0$ entfallen die Hänger, der Bogen spannt sich frei zwischen den Kämpfern; bei beidseitiger Einspannung liefert die Rechnung [6.198]:

$$H_{Ki} = \gamma_{Ki}\cdot\frac{EJ}{l^2} \qquad (6.514)$$

μ	0	0,1	0,2	0,3	0,4	0,5
γ_{Ki}	80,9	79,9	77,1	73,1	64,5	62,2

Die Rückstellwirkung der Hänger ist nach wie vor enthalten, daher liegen die γ_{Ki}-Werte über den Knickwerten der T.6.16 für n=1! Aus B.6.163 folgt beispielsweise für

$$\mu = 0{,}3 \text{ und } n=1: \quad \delta_H = 0{,}19 \longrightarrow \gamma_{Ki,H} = (1+0{,}19)\cdot 61 = 72{,}6$$

$$\mu = 0{,}5 \text{ und } n=1: \quad \delta_H = 0{,}44 \longrightarrow \gamma_{Ki,H} = (1+0{,}44)\cdot 41{,}5 = 59{,}8$$

Da die PFLÜGERsche Lösung auf der Energiemethode basiert, liegen deren Knickwerte etwas zu hoch. (Auf [6.199] wird ergänzend hingewiesen.)

Neben dem Nachweis der Gesamtstabilität ist der Bogen auf lokale Instabilität (Knicken der freien Bogenabschnitte zwischen den Hängerpunkten) zu untersuchen; vgl. DIN 4114N:

$$\gamma_{Ki} = (m+1)^2\cdot\pi^2 \qquad \text{bzw. } s_K = e/\cos\Psi_K \qquad (6.515)$$

Das ebene Knickproblem wurde von KOVACS erneut behandelt und die Differentialgleichung mittels eines erweiterten VIANELLO-Verfahrens gelöst [6.200]. Unter Verwendung der in G.6.513 definierten Parameter gibt KOVACS folgende Knicklösung an:

$$H_{Ki} = 14{,}59\,\frac{1+\rho_V}{\mu^2}\cdot\frac{EJ_S}{l^2}; \quad p_{Ki} = 116{,}7\,\frac{1+\rho_V}{\mu}\cdot\frac{EJ_S}{l^3} \qquad (6.516)$$

Knicklast ausgesteifter Stabbogen (n. PFLÜGER)

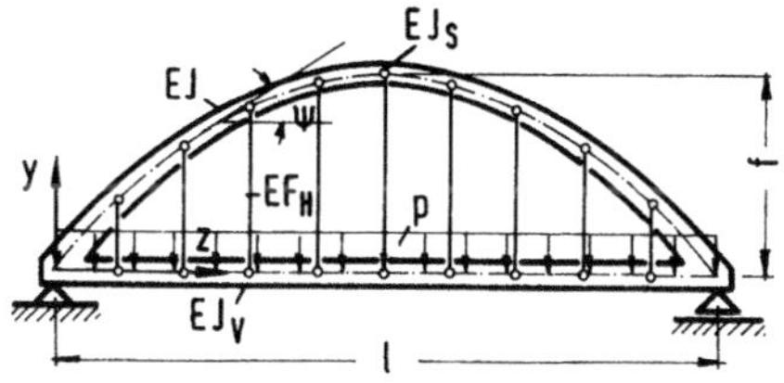

Parabelbogen: $y = 4f\frac{z}{l}\cdot(1-\frac{z}{l})$; $EJ = EJ_S/\cos\psi$

Horizontalschub: $H = \frac{pl^2}{8f}$ (p: Gleichlast)

Knicklast: $p_{Ki} = \gamma_{Ki}\cdot 8(\frac{f}{l})\cdot\frac{EJ_S}{l^3}$; $H_{Ki} = \gamma_{Ki}\cdot\frac{EJ_S}{l^2}$

Der Knickwert γ_{Ki} kann den Diagrammen in Abhängigkeit folgender Parameter entnommen werden:

$$\rho_V = \frac{EJ_V}{EJ_S} \; ; \; \rho_H = \frac{(m+1)l^2}{8}\cdot\frac{EF_H}{EJ_S} \; ; \; \mu = \frac{f}{l}$$

EJ_V : Steifigkeit des Versteifungsträgers
EJ_S : Steifigkeit des Bogens im Scheitel
EF_H : Dehnsteifigkeit der Hänger
m : Anzahl der Hängestangen

Knickgleichung für γ mit $\delta = \frac{\pi^2 n^2}{4\rho_H}(4\pi^2\rho_V n^2+\gamma)$

$$4(A_1+\rho_V A_2+\rho_H A_3) - \gamma(A_4 - A_5 - A_6) = 0$$

$$A_1 = \delta^2\mu^2(3+16\pi^2n^2+\frac{16}{15}\cdot\pi^4n^4)+\delta\mu(\pi^2n^2+\frac{4}{3}\cdot\pi^4n^4)+\frac{1}{2}\cdot\pi^4n^4 \; ; \; A_2 = \frac{1}{2}\pi^4n^4 \; ; \; A_3 = \delta^2\mu(\frac{2}{3}+\frac{1}{2\pi^2n^2}) ;$$

$$A_4 = \delta^2\mu^2[\frac{16}{15}\pi^2n^2+\frac{8}{3}-\frac{1}{\pi^2n^2}+\mu^2(\frac{256}{105}\cdot\pi^2n^2+\frac{128}{5}-\frac{48}{\pi^2n^2}+\frac{72}{\pi^4n^4})] +$$
$$+\delta\mu[\frac{4}{3}\cdot\pi^2n^2+1+\mu^2(\frac{64}{15}\cdot\pi^2n^2+16)]+\mu^2(\frac{8}{3}\cdot\pi^2n^2+4)+\frac{1}{2}\cdot\pi^2n^2 ;$$

$A_5 = \frac{1}{2}\pi^2n^2$; $A_6 \approx 16\mu^3(\frac{1}{2}\mu\delta^2+\delta)\cdot(1+\frac{2.7}{n^2})+21.2\mu^2$. n : Halbwellenzahl

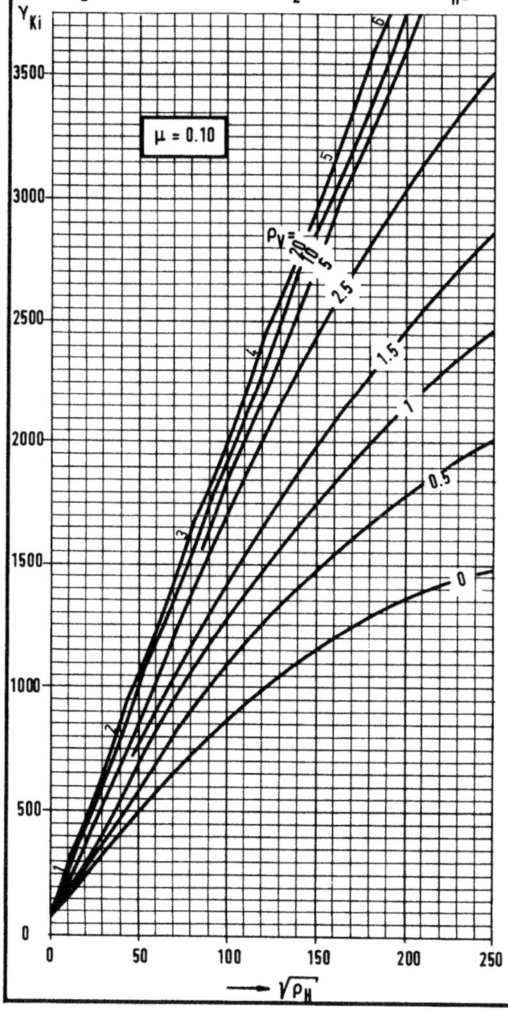

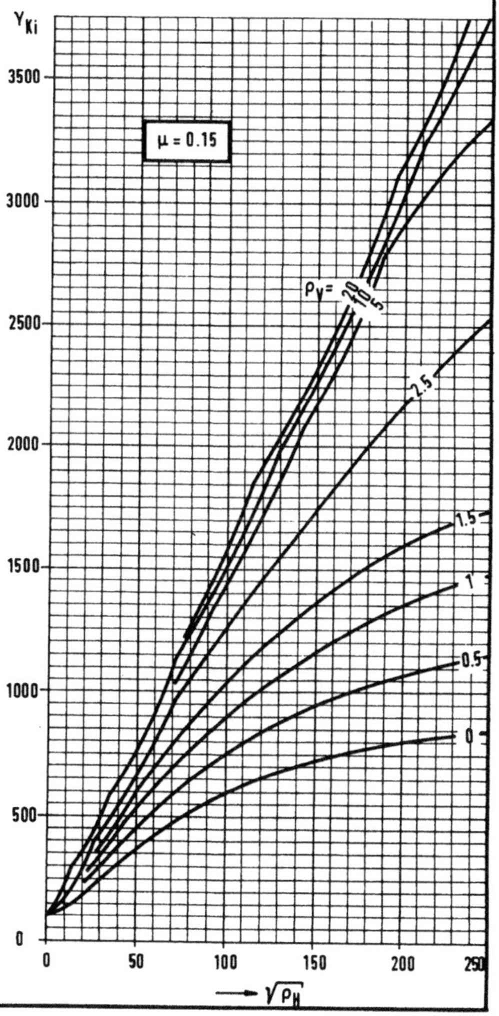

Tafel 6.21

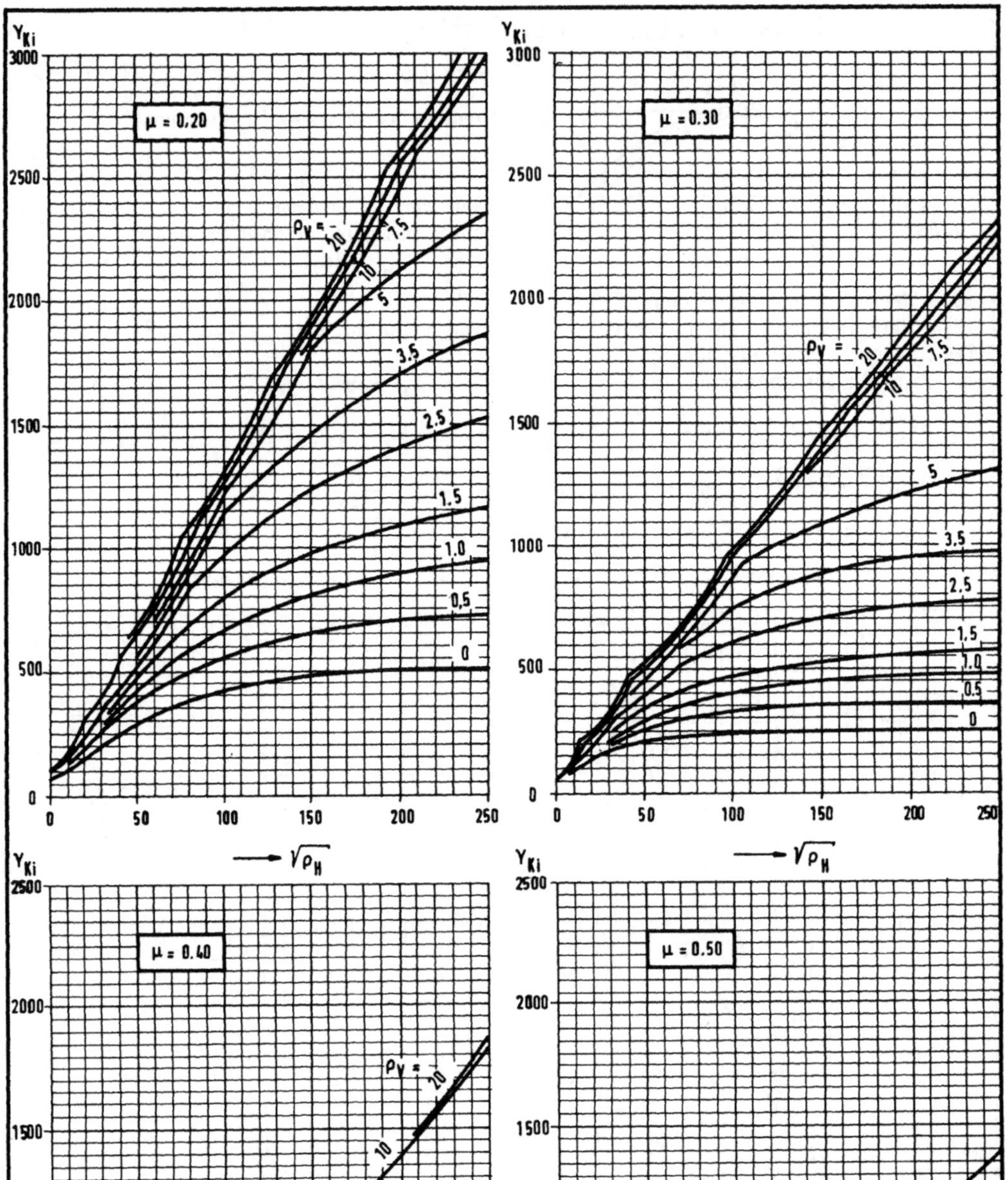
μ = 0,20
μ = 0.30
μ = 0.40
μ = 0.50
γ_{Ki}
ρ_V =
20
10
7,5
5
5,0
3,5
2,5
1,5
1,0
0,5
0
$\sqrt{\rho_H}$
0
50
100
150
200
250
500
1000
1500
2000
2500
3000

Der Einfluß des Bogensteifigkeitsverlaufes und der Hängernachgiebigkeiten wird durch Faktoren erfaßt. Die Lösung unterstellt eine einwellige Knickfigur, die als immer maßgebend bezeichnet wird. (Die Diskrepanz mit der PFLÜGERschen Auffassung bedarf noch der Klärung.)

Beispiel: Für das in B.6.172 dargestellte Tragwerk wird die Anwendung der Diagramme gezeigt. Für die eingeschriebenen Steifigkeitswerte werden die Parameter gemäß G.6.513 berechnet:

$$\rho_V = \frac{31{,}5 \cdot 10^6}{2{,}1 \cdot 10^6} = 15\,, \quad \rho_H = \frac{12 \cdot 90^2}{8} \cdot \frac{1{,}365 \cdot 10^6}{2{,}1 \cdot 10^6} = 7898\,, \quad \sqrt{\rho_H} = 88{,}9\,; \quad \mu = \frac{13{,}5}{90} = 0{,}150$$

Aus T.6.20 folgt:

$$\gamma_{Ki} = 1375$$

(Bei Zwischenwerten von μ ist nichtgeradlinig (graphisch) zu interpolieren.)

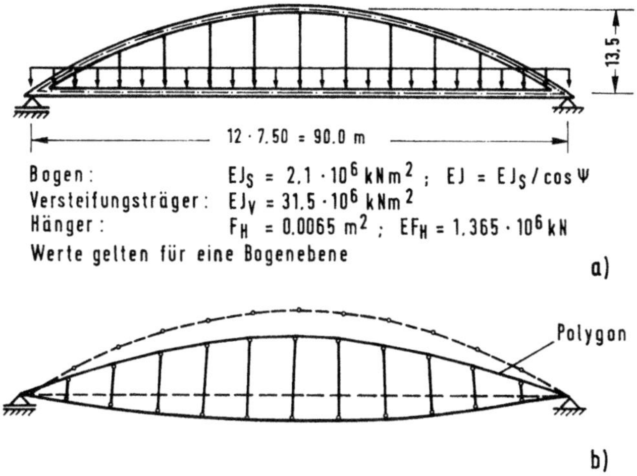

Bild 6.172

Es ergibt sich:

$$p_{Ki} = 1375 \cdot 8 \cdot 0{,}150 \cdot \frac{2{,}1 \cdot 10^6}{90^3} = 4753 \text{ kN/m}\,; \quad P_{Ki} = 4753 \cdot 7{,}5 = 36\,650 \text{ kN pro Hänger}$$

Zum Zwecke der Überprüfung wird die elasto-statische Knicklast mit Hilfe des Verformungsgrößenverfahrens für einen polygonalen Parabelbogen mit dehnweichen Hängern auf der Basis des Verfahrens der Steifigkeitsmatrizen (Abschnitt 3.4.8.9) berechnet, es ergibt sich:

$$p_{Ki} = 4533 \text{ kN/m}$$

Der PFLÜGERsche Wert liegt danach ca. 5% zu hoch (Energiemethode, vgl. oben). Die Spannung in den Hängestangen beträgt im Knickfalle:

$$\sigma_H = 36\,650/65 = 548{,}5 \text{ kN/cm}^2 \gg \sigma_{F,H}$$

Berechnet man unter der Voraussetzung elastischen Verhaltens die Verformungen nach Th.II. Ordn. für die Hängerkräfte 3200 kN ($<P_{Ki}$), ergeben sich die in B.6.172 eingetragenen (unverzerrt skizzierten) Verformungen in der Größenordnung der Systemabmessungen!
Aus den Ergebnissen dieses Abschnittes (und dem Beispiel) kann man insgesamt den Schluß ziehen, daß bei Konstruktionen des hier behandelten Typs eine reale Knickgefahr in der Bogenebene nicht besteht.

Die Berechnung von p_{Ki} nach Formel G.6.516 ergibt:

$$p_{Ki} = 116{,}7 \cdot \frac{1 + 15}{0{,}15} \cdot \frac{2{,}1 \cdot 10^6}{90^3} = 35\,860 \text{ kN/m}$$

Einschließlich des Hängerdehnungseinflusses vermindert sich der Wert auf ca. 0,9·35860= 32270 kN/m. Dieser Wert ist gegenüber dem PFLÜGERschen Ergebnis um den Faktor 7 größer.

Da die Rechnung nach dem Verformungsgrößenverfahren den Knickwert nach PFLÜGER bestätigt, wird von einer Verwendung der Formel G.6.516 abgeraten.

Mit Hilfe von H_{Ki} (nach T.6.20/21) kann der Verformungsfaktor α gemäß G.6.487 bestimmt werden. Der Verformungseinfluß erweist sich als sehr gering und erreicht nur in Ausnahmefällen einen Wert, der größer als 1,05 ist.

6.9.6 Elastisch gebettete Kreisbogen und Kreisringe

6.9.6.1 Differentialgleichungen und elasto-statische Lösungen

In radialer und tangentialer Richtung zur Bogenachse wird eine kontinuierliche elastische Bettung (im WINKLERschen Sinne) angesetzt. Die Bettungsziffern betragen in diesen Richtungen:

$$c_r \text{ und } c_t$$

Beim Ausknicken werden die Bettungskräfte

$$c_r \cdot ds \cdot v \quad \text{und} \quad c_t \cdot ds \cdot u$$

geweckt. Wie im Abschnitt 6.9.4.3.1 definiert, sind v und u die radiale bzw. tangentiale Verschiebung, vgl. B.6.151a. Die Differentialgleichung G.6.401 ist um die Glieder

$$+c_r \cdot (rv)^{\bullet} \quad \text{und} \quad -c_t \cdot ru$$

zu ergänzen. Für poltreue, richtungstreue und normaltreue Radiallasten lauten die Differentialgleichungen (Abschnitt 6.9.5.1, G.6.468/470):

$$\text{Poltreue (1):} \quad u^{\bullet\bullet\bullet\bullet\bullet\bullet} + (2+\gamma)u^{\bullet\bullet\bullet\bullet} + (1+2\gamma+\delta_r)u^{\bullet\bullet} - \delta_t u = 0 \tag{6.517}$$

$$\text{Richtungstreue (2):} \quad u^{\bullet\bullet\bullet\bullet\bullet\bullet} + (2+\gamma)u^{\bullet\bullet\bullet\bullet} + (1+2\gamma+\delta_r)u^{\bullet\bullet} + (\gamma - \delta_t)u = 0 \tag{6.518}$$

$$\text{Normaltreue (3):} \quad u^{\bullet\bullet\bullet\bullet\bullet\bullet} + (2+\gamma)u^{\bullet\bullet\bullet\bullet} + (1+\gamma+\delta_r)u^{\bullet\bullet} - \delta_t u = 0 \tag{6.519}$$

Abkürzungen:

$$\delta_r = \frac{c_r \cdot r^4}{EJ}; \quad \delta_t = \frac{c_t \cdot r^4}{EJ} \tag{6.520}$$

Die Randbedingungen für Kämpfergelenke und Kämpfereinspannungen sind in G.6.473/474 formuliert.

T.6.22/23 enthält die Lösungen für eine radial-elastische und T.6.24/25 für eine tangential-elastische Bettung; die Knickgleichungen wurden von LINK [6.201/202] hergeleitet. Die Knickwerte gelten für eine normaltreue Radiallast. Aus den Diagrammen wird in Abhängigkeit vom halben Zentriwinkel α und von den Bettungsparametern

$$d_r = \sqrt{\delta_r} \quad \text{bzw.} \quad d_t = \sqrt{\delta_t} \tag{6.521}$$

der Wert k entnommen. Hiermit berechnet sich die kritische Belastung zu:

$$p_{Ki} = \gamma_{Ki} \frac{EJ}{r^3} = (k^2 - 1) \frac{EJ}{r^3} \tag{6.522}$$

Mit d=δ=0 ist der Grenzfall des ungebetteten, freien Kreisbogens enthalten. Die Größe der Bettungszahl hat großen Einfluß auf die Knickwerte. Mit steigender Bettungssteifigkeit knickt der Bogen mit immer größeren Halbwellenzahlen aus. Auf diesem Umstand beruht der girlandenartige Verlauf der Knickkurven.

Für Kreisringe lassen sich (in analoger Erweiterung zu Abschnitt 6.9.5.1) geschlossene Lösungen für den Knickwert γ_{Ki} angeben. Hierzu wird der Ansatz

$$u = u_n \cdot \sin n\psi \qquad (n = 2, 3, \cdots) \tag{6.523}$$

in die Differentialgleichungen eingesetzt und diese nach γ aufgelöst. T.6.26 enthält das Ergebnis nebst Auswertung für radial- bzw. tangential-elastische Bettung. Wirken beide Bettungen gleichzeitig, ist γ_{Ki} aus den angeschriebenen Knickgleichungen (durch Probieren) zu bestimmen.

Elastisch gelagerte Kreisbogen und Ringe unter konstanter Radiallast (nach LINK)

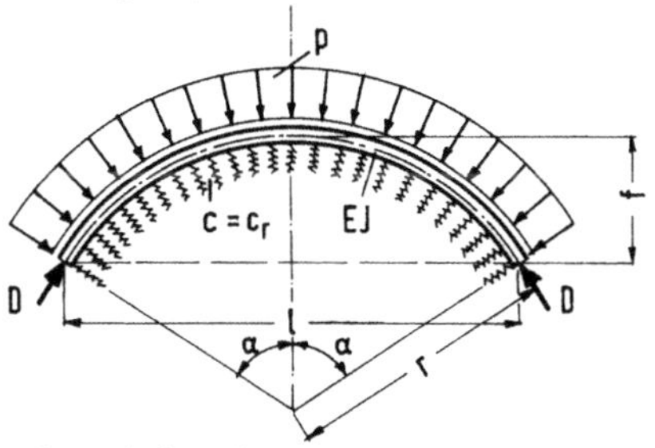

EJ: Biegesteifigkeit,

c : Bettungsziffer : $d = \sqrt{\frac{c\,r^4}{EJ}}$

Radialelastische Bettung

Lastart: Normaltreue (hydrostatischer Druck)

Knicklast: $p_{Ki} = \gamma_{Ki} \cdot \frac{EJ}{r^3}$; $D_{Ki} = p_{Ki} \cdot r$

$\gamma_{Ki} = k^2 - 1$. Der Eigenwert k folgt über

$k_1^2 = \frac{k^2+1}{2} + \sqrt{\left(\frac{k^2-1}{2}\right)^2 - d^2}$; $k_2^2 = \frac{k^2+1}{2} - \sqrt{\left(\frac{k^2-1}{2}\right)^2 - d^2}$

aus den unten angegebenen Knickgleichungen. k kann den folgenden Diagrammen in Abhängigkeit vom halben Öffnungswinkel α und vom Bettungsparameter d entnommen werden.

Zweigelenkbogen: 1) $\sin k_1\alpha \cdot \sin k_2\alpha = 0$

2) $(k_1\alpha)^3 \cdot \cos k_1\alpha \cdot (\sin k_2\alpha - k_2\alpha \cdot \cos\alpha_2\alpha) - (k_2\alpha)^3 \cdot \cos k_2\alpha \cdot (\sin k_1\alpha - k_1\alpha \cdot \cos k_1\alpha) = 0$

Eingespannter Bogen: 1) $k_1\alpha \cdot \cos k_1\alpha \cdot \sin k_2\alpha - k_2\alpha \cdot \cos k_2\alpha \cdot \sin k_1\alpha = 0$

2) $(k_1\alpha)^2 \cdot \sin k_1\alpha \cdot (\sin k_2\alpha - k_2\alpha \cdot \cos k_2\alpha) - (k_2\alpha)^2 \cdot \sin k_2\alpha \cdot (\sin k_1\alpha - k_1\alpha \cdot \cos k_1\alpha) = 0$

Jene Knickgleichung, die den kleineren Eigenwert k liefert, ist maßgebend.

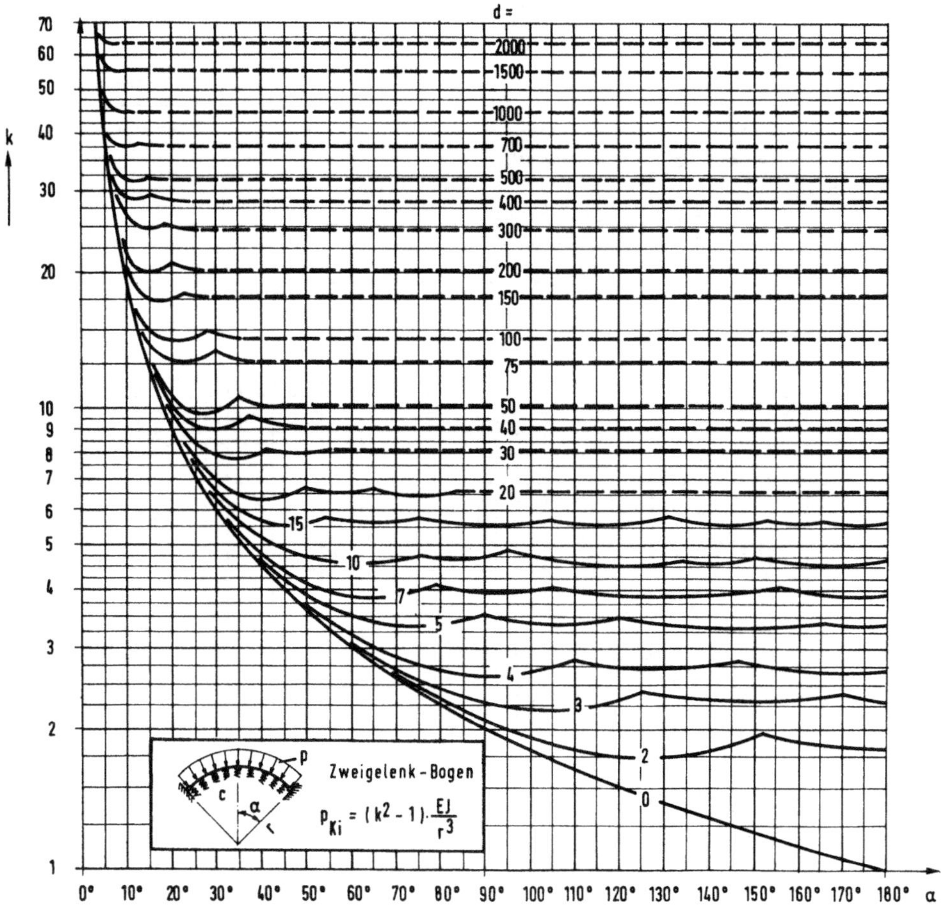

Tafel 6.23

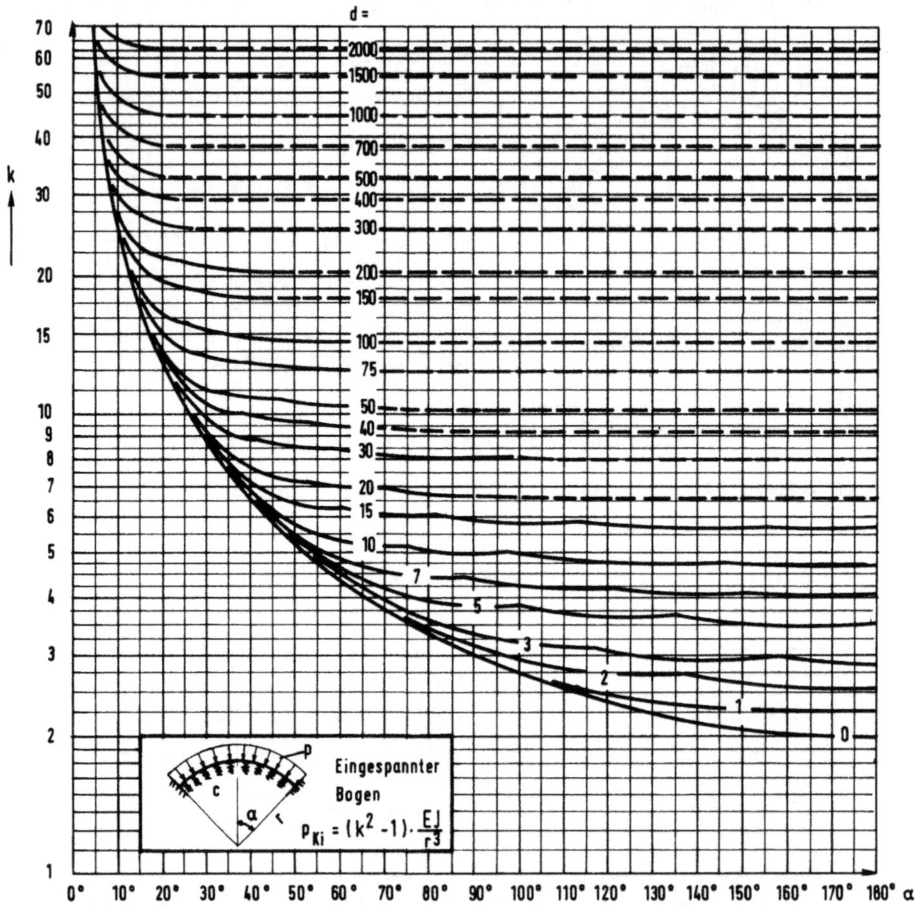
d =
2000
1500
1000
700
500
400
300
200
150
100
75
50
40
30
20
15
10
7
5
3
2
1
0
k
Eingespannter
Bogen
p
c
α
r
$p_{Ki} = (k^2 - 1) \cdot \frac{EJ}{r^3}$
α

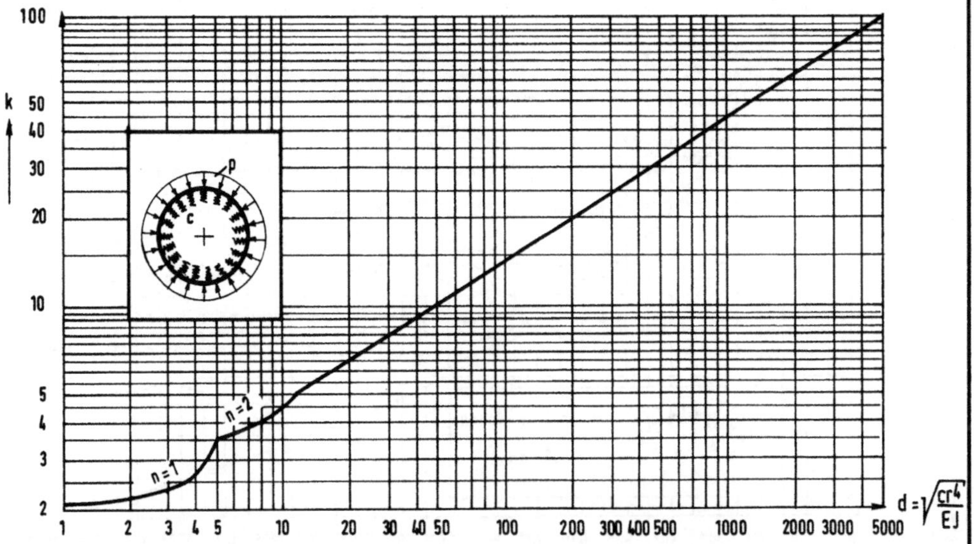
k
p
c
n=1
n=2
$d = \sqrt{\frac{cr^4}{EJ}}$

Elastisch gelagerte Kreisbogen und Ringe unter konstanter Radiallast (nach LINK)

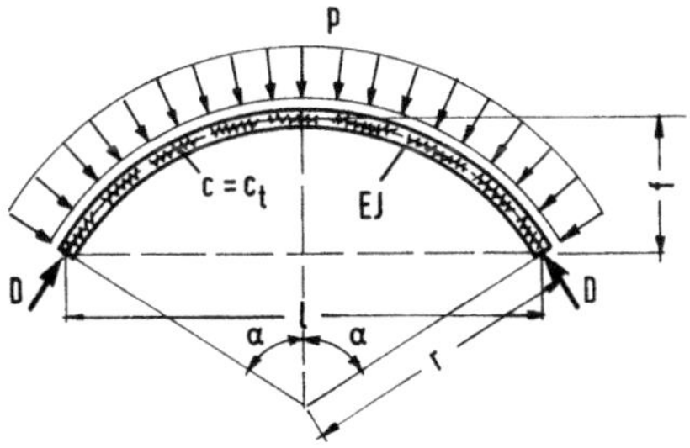

Tangential-elastische Bettung

Lastart: Normaltreue (hydrostatischer Druck)

Knicklast: $p_{Ki} = \gamma_{Ki} \cdot \frac{EJ}{r^3}$; $D_{Ki} = p_{Ki} \cdot r$

$\gamma_{Ki} = k^2 - 1$. Der Eigenwert k folgt aus den angeschriebenen Knickgleichungen. k kann den Diagrammen in Abhängigkeit vom halben Öffnungswinkel α und vom Bettungsparameter d entnommen werden.

EJ: Biegesteifigkeit

c : Bettungsziffer: $d = \sqrt{\frac{c\,r^4}{EJ}} > 0$

Hilfsgrößen: $t = \left(\frac{k^2+1}{3}\right)^2 - \frac{k^2}{3}$

$$q = \frac{d^2}{2} + \frac{k^2}{2} \cdot \frac{k^2+1}{3} - \left(\frac{k^2+1}{3}\right)^3$$

$q \geq 0$: $k_1 = \sqrt{2\sqrt{t}\cdot\cos\delta/3 - (k^2+1)/3}$; $k_2 = \sqrt{\left|-2\sqrt{t}\cdot\cos(\pi/3 - \delta/3) - (k^2+1)/3\right|}$; $k_3 = \sqrt{\left|-2\sqrt{t}\cdot\cos(\pi/3 + \delta/3) - (k^2+1)/3\right|}$;
$\cos\delta = q/t\sqrt{t}$.

$q < 0$: $k_1 = \sqrt{2\sqrt{t}\cdot\cos(\pi/3 - \delta/3) - (k^2+1)/3}$; $k_2 = \sqrt{\left|-2\sqrt{t}\cdot\cos\delta/3 - (k^2+1)/3\right|}$, $k_3 = \sqrt{\left|2\sqrt{t}\cdot\cos(\pi/3 + \delta/3) - (k^2+1)/3\right|}$;
$\cos\delta = |q|/t\sqrt{t}$.

Zweigelenkbogen $(t^3 > q^2)$;

1) $k_1 k_2 (k_1^2 + k_2^2)\cdot\sinh k_1\alpha\cdot\sin k_2\alpha\cdot\cos k_3\alpha - k_1 k_3 (k_1^2 + k_3^2)\cdot\sinh k_1\alpha\cdot\cos k_2\alpha\cdot\sin k_3\alpha + k_2 k_3 (k_2^2 - k_3^2)\cdot\cosh k_1\alpha\cdot\sin k_2\alpha\cdot\sin k_3\alpha = 0$

2) $k_1 k_2 (k_1^2 + k_2^2)\cdot\cosh k_1\alpha\cdot\cos k_2\alpha\cdot\sin k_3\alpha - k_1 k_3 (k_1^2 + k_3^2)\cdot\cosh k_1\alpha\cdot\sin k_2\alpha\cdot\cos k_3\alpha - k_2 k_3 (k_2^2 - k_3^2)\cdot\sinh k_1\alpha\cdot\cos k_2\alpha\cdot\cos k_3\alpha = 0$

Eingespannter Bogen $(t^3 > q^2)$;

1) $k_3 (k_1^2 + k_2^2)\cdot\cosh k_1\alpha\cdot\cos k_2\alpha\cdot\sin k_3\alpha - k_2 (k_1^2 + k_3^2)\cdot\cosh k_1\alpha\cdot\sin k_2\alpha\cdot\cos k_3\alpha + k_1 (k_2^2 - k_3^2)\cdot\sinh k_1\alpha\cdot\cos k_2\alpha\cdot\cos k_3\alpha = 0$

2) $k_3 (k_1^2 + k_2^2)\cdot\sinh k_1\alpha\cdot\sin k_2\alpha\cdot\cos k_3\alpha - k_2 (k_1^2 + k_3^2)\cdot\sinh k_1\alpha\cdot\cos k_2\alpha\cdot\sin k_3\alpha - k_1 (k_2^2 - k_3^2)\cdot\cosh k_1\alpha\cdot\sin k_2\alpha\cdot\sin k_3\alpha = 0$

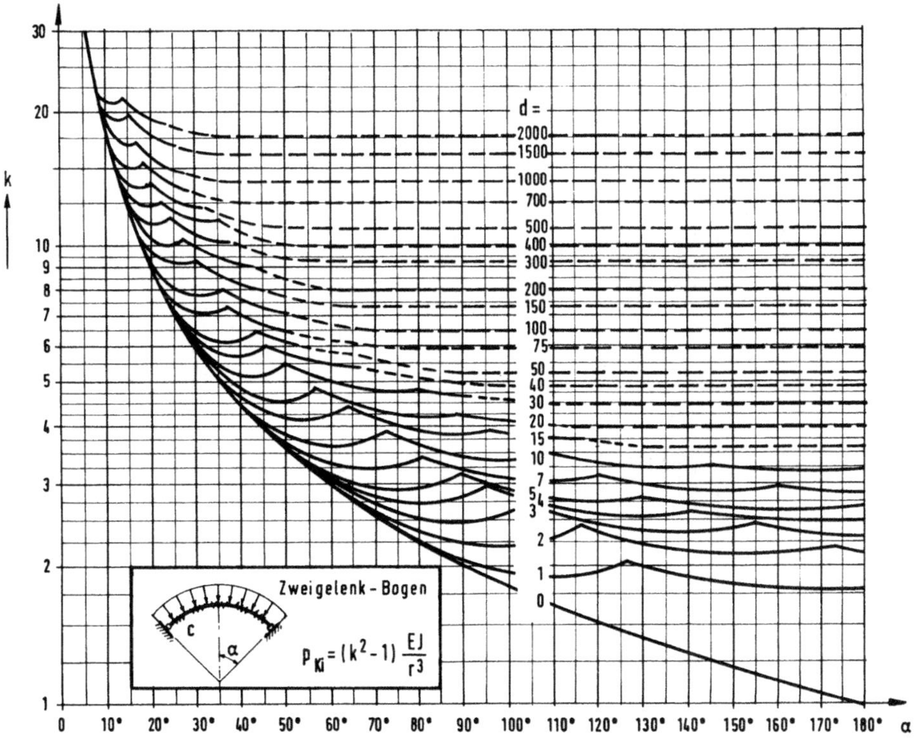

Tafel 6.25

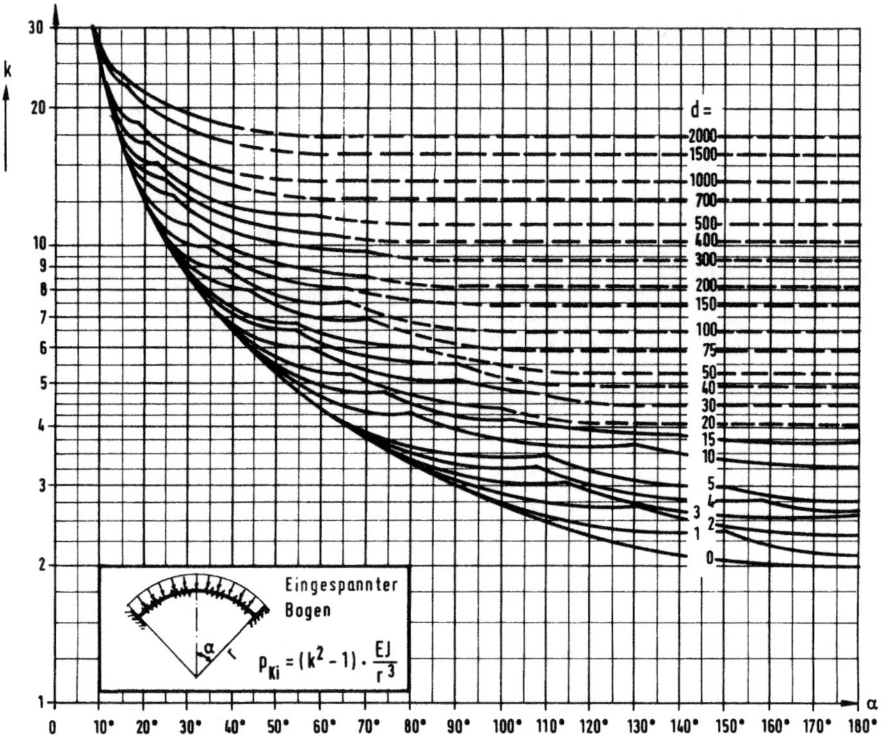
k
α
d =
2000
1500
1000
700
500
400
300
200
150
100
75
50
40
30
20
15
10
5
4
3
2
1
0
Eingespannter Bogen
$p_{Ki} = (k^2 - 1) \cdot \frac{EJ}{r^3}$

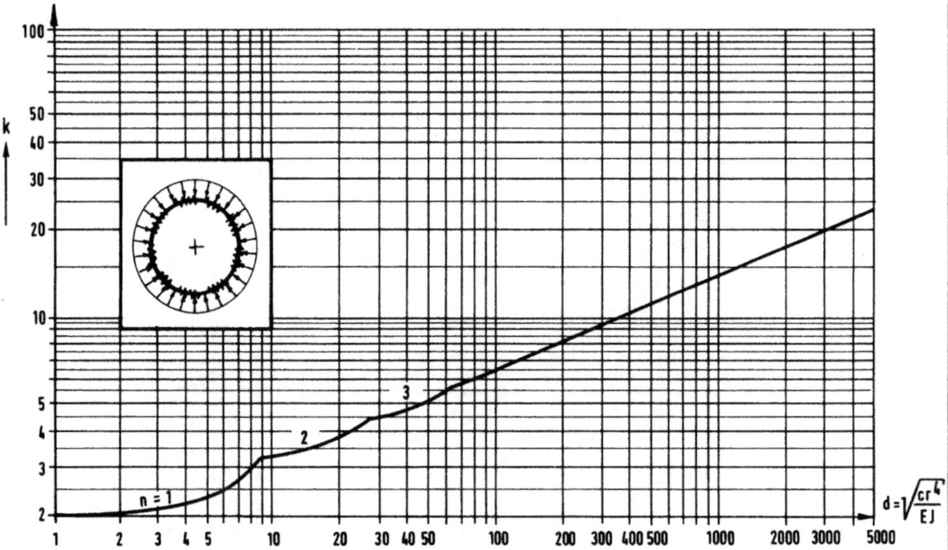
k
n = 1
2
3
$d = \sqrt{\frac{cr^4}{EJ}}$

Elastisch gelagerte Kreisringe unter konstanter Radiallast

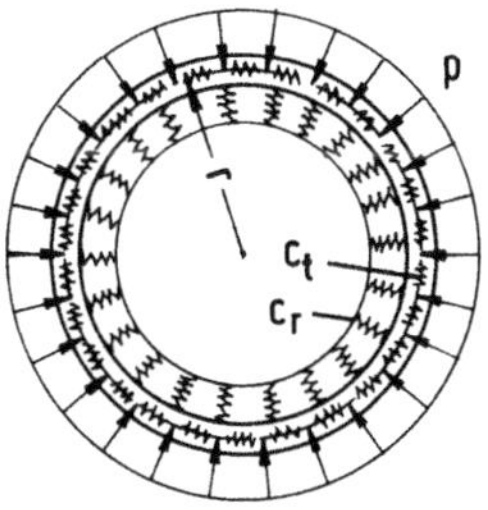

Knicklast: $p_{Ki} = \gamma_{Ki} \cdot \frac{EJ}{r^3}$; $D_{Ki} = p_{Ki} \cdot r$

Parameter: $\delta_r = \frac{c_r \cdot r^4}{EJ}$; $\delta_t = \frac{c_t \cdot r^4}{EJ}$

Knickgleichungen in Abhängigkeit von der Lastart:

		freier Ring:
① Poltreue:	$\gamma_{Ki} = \frac{(n^2-1)^2}{(n^2-2)} + \frac{\delta_r \cdot n^2 + \delta_t}{n^2(n^2-2)}$	$\gamma_{Ki} = 4{,}5$
② Richtungstreue:	$\gamma_{Ki} = n^2 + \frac{\delta_r \cdot n^2 + \delta_t}{(n^2-1)^2}$	$\gamma_{Ki} = 4$
③ Normaltreue:	$\gamma_{Ki} = (n^2-1) + \frac{\delta_r \cdot n^2 + \delta_t}{n^2(n^2-1)}$	$\gamma_{Ki} = 3$

EJ : Biegesteifigkeit;
c_r : radial - elastische,
c_t : tangential - elastische
Bettungsziffer

Maßgebend ist jene Halbwellenzahl $n \geq 2$, die den kleinsten Knickwert liefert. - Getrennt für radial- und tangential-elastische Bettung kann dem folgenden Diagramm der Knickwert γ_{Ki} direkt entnommen werden.

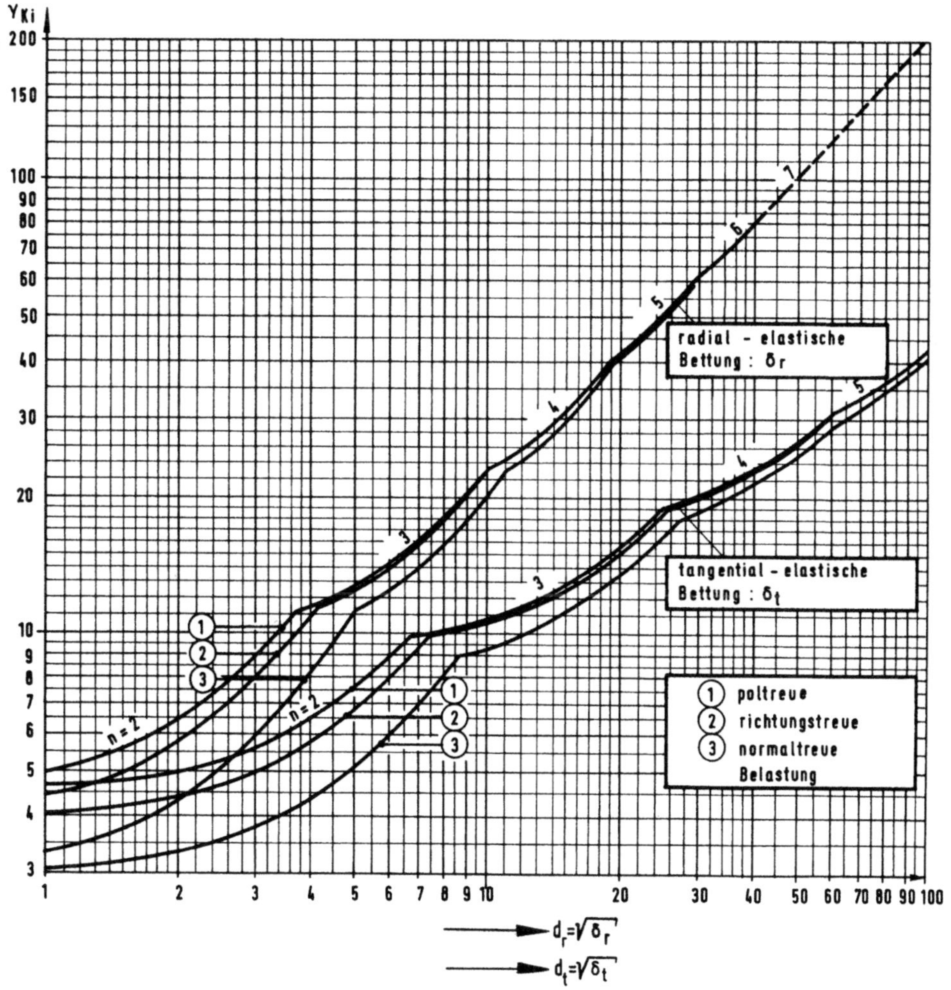

6.9.6.2 Schacht-, Stollen- und Tunnelauskleidungen

6.9.6.2.1 Berechnungsgrundlagen

Die Dimensionierung von Hohlraumauskleidungen ist in starkem Maße davon abhängig, welche stützenden Eigenschaften das umgebende Gebirge entwickelt; von diesem geht gleichzeitig der Umfangsdruck aus. Der Ansatz eines zutreffenden Berechnungsmodelles erfordert gründliche Sondierungen der bodenmechanischen Parameter. Für vorgegebene (definierte) Belastungs- und Stützkennwerte bereitet die Berechnung von Hohlraumauskleidungen keine grundsätzlichen Schwierigkeiten. Zu unterscheiden sind (B.6.173):

a) kreisförmige Auskleidungen des Schacht-, Stollen- und Tunnelbaues (mit Schildvortrieb),
b) nicht-kreisförmige Auskleidungen des Tunnelbaues, die sich i.allg. aus Kreisringsegmenten zusammensetzen.

Weiter ist zu unterscheiden, ob der Ausbau gegen das lockere Gebirge mit später einsetzendem Kraftschluß vorgenommen wird (ältere Bauart) oder ob ein kraftschlüssiger Kontakt zwischen Auskleidung und Gebirge durch Injektion oder / und durch Verankerung a priori erzwungen wird (neuere Bauart [6.203]), das umgebende Gebirge wird dann Teil der Hohlraumauskleidung. Die Bauart bestimmt Intensität und Verteilung des Wasser-, Erd- und Injektionsdruckes. Der Umfangsdruck wirkt auf ein geschlossenes Ringgewölbe, das im umgebenden Gebirge radial- und tangential-elastisch gebettet ist, vgl. B.6.174.

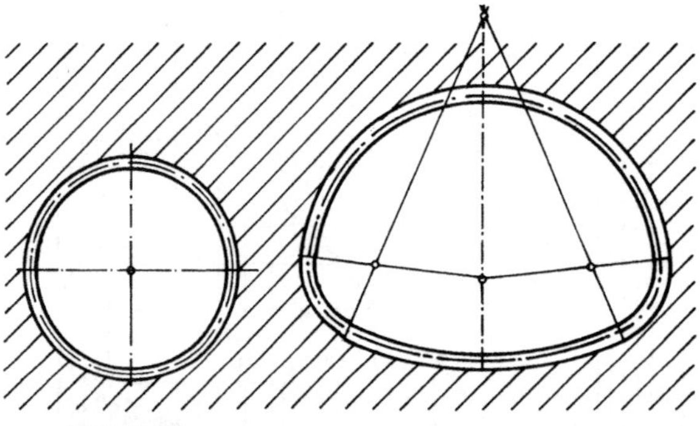

Bild 6.173

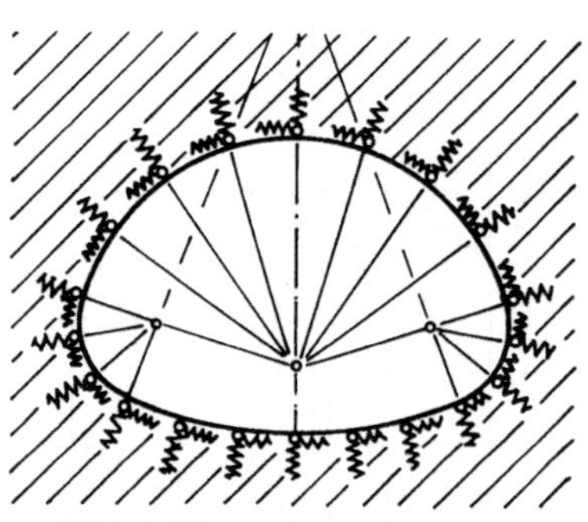

Bild 6.174

In [6.204] wurde von DUDDEK ein vergleichender Oberblick über die verschiedenen Ansätze, Verfahren und Sicherheitsprobleme gegeben. Gewisse Modell-Idealisierungen sind unumgänglich; vgl. auch [6.205/6]. Das ringförmige Tragglied ist mit Imperfektionen (Spalte und Umrundungen) behaftet. Bei den Berechnungen ist stets zu prüfen, ob die Stützung durch das Gebirge über den gesamten Umfang wirksam ist oder bereichsweise ausfällt.
In [6.207] wurden Berechnungen für den Kreisring nach Th.I.Ordn. mit Bettungsausfall im Firstbereich und in [6.208] nach Th.II.Ordn. durchgeführt. Eingehende Untersuchungen liegen von SONNTAG und FLECK [6.209-6.213], FEDER [6.214-6.215], HAIN, HORST, FALTER [6.216-6.223] u.a. [6.224-6.237] vor, teils als Spannungs-, teils als Verzweigungsproblem. Dabei wurden auch Auskleidungen mit kontinuierlich elastischer Bettung und fehlender Stützung im Firstbereich untersucht. Der Verformungseinfluß erweist sich als i.allg. nicht unbeträchtlich, er erreicht (insbesondere im Firstbereich) Größenordnungen von bis zu 20% gegenüber Berechnungen nach Th.I.Ordn. - Wird die Umfangsstauchung nicht berücksichtigt, können die Biegungsmomente bis 10% zu gering abgeschätzt werden. - Der Beitrag der tangentialen Bettung ist in seiner Stützwirkung gegenüber einer radialen gering.
Die Berechnungen werden i.allg. mit elastischer Bettung (im WINKLERschen Sinne) durchgeführt und als Bettungsziffer (in radialer Richtung)

$$c = k\frac{E_S}{r} \qquad (6.524)$$

angesetzt. E_S ist die Steifeziffer (vgl. Abschnitt III.2), r der lokale Krümmungsradius

und k ein Korrekturfaktor (k=1 bis 1,5) [6.238].
Neben dem Ansatz einer kontinuierlichen Bettung besteht die Möglichkeit, die Auskleidung durch einen geschlossenen, polygonalen Stabzug mit diskreten Federn zu ersetzen. Der Verformungseinfluß kann iterativ eingerechnet [6.229] oder auf der Grundlage des Verformungsgrößenverfahrens ermittelt werden. - Schließlich kann das Problem als Verbundsystem (Kontinuum-Ring) [6.228] oder als Kontinuum nach der Finite-Element-Methode analysiert werden [6.212]. - Ein Bettungsausfall läßt sich dabei allerdings nur schwierig simulieren. - Im Vergleich zu den baustatischen Problemen im Hoch- und Brückenbau sind die Probleme der Hohlraumstatik verwickelt und keinesfalls endgültig geklärt. Modellversuche vermitteln wertvolle Einsichten [6.239/6.240].

Eine, die meisten Probleme einfangende Berechnungsmethode läßt sich am zweckmäßigsten auf der Basis des Verformungsgrößenverfahrens Th.II.Ordn. entwickeln; Voraussetzung ist eine Computerberechnung. Dabei können folgende Modell- und Lasteinflüsse erfaßt werden:

a) Veränderlicher Querschnitt (EF, EJ), das Gebirge kann ggf. in die Tragstruktur einbezogen werden;
b) Spannungsabhängiger Knickmodul bei Verzweigungsproblemen (z.B. bei kreisringförmigen Auskleidungen unter konstantem Radialdruck);
c) Beanspruchungsabhängige (wirksame) Biegesteifigkeit bei Spannungsproblemen (Grenzlastberechnungen), Einrechnung von Kriecheinflüssen. Wegen des vorwiegend ruhenden Lastcharakters kann das Traglastverfahren empfohlen werden (auch für Tübbinge aus duktilem Grauguß [6.241]);
d) Berücksichtigung des Dehnungseinflusses;
e) Berücksichtigung des Verformungseinflusses Th.II.Ordn.;
f) Berücksichtigung der Bettung; dabei besteht die Möglichkeit, eine last- bzw. verschiebungsabhängige, umfangsvariable (radiale und tangentiale) Bettungsziffer einzuführen. Die Bettung wird durch Einzelfedern ersetzt. Beim Bettungszifferverfahren ist der Federwiderstand nur von der lokalen Eindrückung abhängig, beim Steifezifferverfahren tritt eine Kopplung der Federn ein. - Der Ansatz einer kontinuierlichen Bettung erscheint auch möglich, dann aber nur als Bettungszifferverfahren;
g) Erfassung eines Bettungsausfalles bei nach innen gerichteter Gebirgsverformung; dieser Ausfall kann nur iterativ erfaßt werden, es liegt ein "System veränderlicher Gliederung" vor;
h) beliebiger Lastverlauf, Vorgabe von Umrundungen (Imperfektionen) und konstruktionsbedingten Schwachstellen (z.B. Gelenke).

Bei praktischen Berechnungen sind die Empfehlungen in [6.205] zu beachten. Um die Unsicherheiten in den bodenmechanischen Vorgaben und Randbedingungen sowie in den Modellansätzen der Balken-Feder-Struktur in ihren Auswirkungen auf die Standfestigkeit der Auskleidungen zu erkunden, sind einschrankende Parameteruntersuchungen unumgänglich. Geschlossene Lösungen scheiden bei der Komplexität des Problemfeldes aus.

6.9.6.2.2 Verzweigungslösungen bei Bettungsausfall

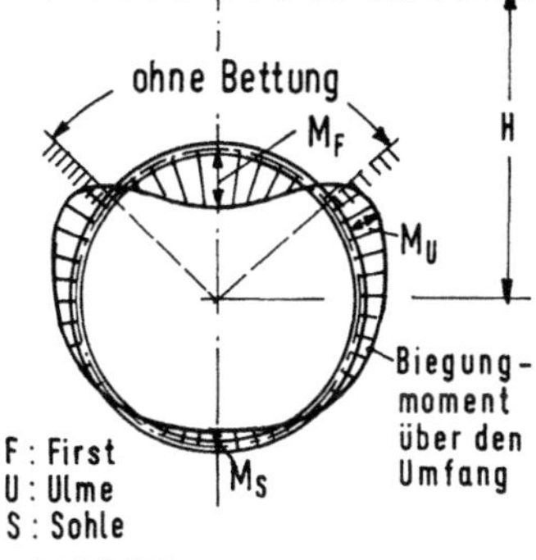

Bild 6.175

Es wird ein elastisch gebetteter Kreisring unter zentralsymmetrischem Umfangsdruck betrachtet. Das elastostatische Knickproblem ohne Bettungsausfall wurde im Abschnitt 6.9.6.1 gelöst. Die Belastung ist von normaltreuem Typ.

Bei einer Verschiebung des Ringes nach innen entsteht in der Federung Zug, sofern eine Druckvorspannung die Zugspannungen nicht überdrückt; letzteres ist unsicher, sodaß ein Bettungsausfall in Zugbereichen realistischer ist.

Nach vorangegangenen Untersuchungen in [6.224,6.226,6.209] wurde das Knickproblem mit Bettungsausfall von HAIN [6.216] geschlossen gelöst. Dabei zeigte sich, daß sich nur eine, nach innen gerichtete Beule im Verzweigungsfalle einstellt, die Knickfigur ist symmetrisch. An den Berandungen ist die Transversalkraft Null (wenn eine richtungstreue Radialbettung unterstellt wird). Mit dieser Übergangsbedingung zwischen gebettetem und nichtgebettetem Bereich, ergibt sich ein zweiparametriges Eigenwertproblem:

$$f_1(\gamma,\alpha) = 0, \quad f_2(\gamma,\alpha) = 0 \tag{6.525}$$

2α ist der Öffnungswinkel des Bettungsausfalles und γ der Knickwert.

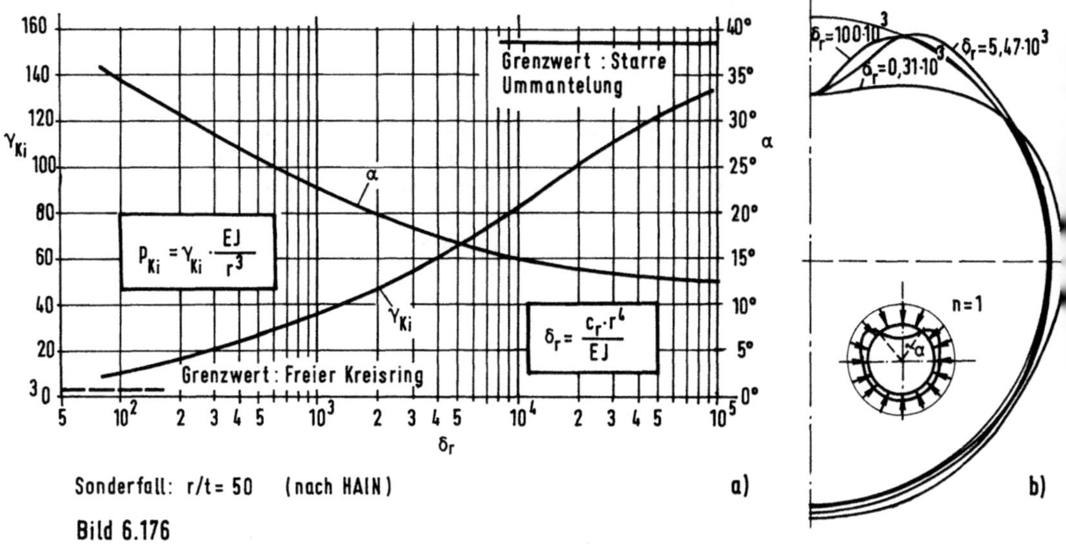

Bild 6.176

$$\gamma = \frac{p\,r^3}{EJ} \tag{6.526}$$

p ist der radial gerichtete, normaltreue Umfangsdruck. - B.6.176 zeigt von HAIN berechnete Ergebnisse: Über dem Bettungsparameter δ_r sind im Bild a der Winkel α und der Knickwert γ_{Ki} für den Fall r/t=50 aufgetragen; t ist die Dicke und r der Radius der Hohlraumauskleidung; ein üblicher Mittelwert ist r/t=100. Bild b zeigt Knickfiguren. Wegen Einzelheiten und Zuschärfungen wird auf das zitierte Schrifttum verwiesen.

6.9.6.2.3 Verformungsgrößenverfahren Theorie II. Ordnung

Der Stützring wird als Polygonstabzug mit stabweise konstanter Dehn- und Biegesteifigkeit angenähert. Es sollten mindestens 16 Elemente gewählt werden. An den Knoten werden Radial- und Tangentialfedern angesetzt. Die Federkonstanten sind C_r und C_t und i.allg. über dem Umfang variabel. Die Richtung der Federachsen stimmt lokal mit dem Radius bzw. mit der Tangente im Knoten des Korbbogens überein, vgl. B.6.177a. Wie im Abschnitt 3.4.8.9.3 dargelegt, wird an jedem Knoten ein lokales Koordinatensystem η, ξ, φ vereinbart (B.6.177 b/c).

Die Grundgleichungen des Verformungsgrößenverfahrens werden durch Einprägung der Verformungsgrößen

$$\xi_{ab}=1,\ \eta_{ab}=1,\ \varphi_{ab}=1;\ \ \xi_{ba}=1,\ \eta_{ba}=1,\ \varphi_{ba}=1 \tag{6.527}$$

bestimmt, die jeweils anderen Stabendverformungen werden fixiert, vgl. hierzu auch Abschnitt 3.4.8.1 und B.3.7.9. B.6.178a zeigt den Zustand $\xi_{ab}=1$ und Bild b den Zustand $\varphi_{ab}=1$. Beispielsweise gehört zur tangentialen Verschiebung ξ_{ab} die Längenänderung Δl und Querverschiebung Δv (B.6.178a):

$$\Delta l = \xi_{ab}\cos\frac{\alpha}{2}\ ;\quad \Delta v = \xi_{ab}\sin\frac{\alpha}{2}\quad (=\psi\cdot l) \tag{6.528}$$

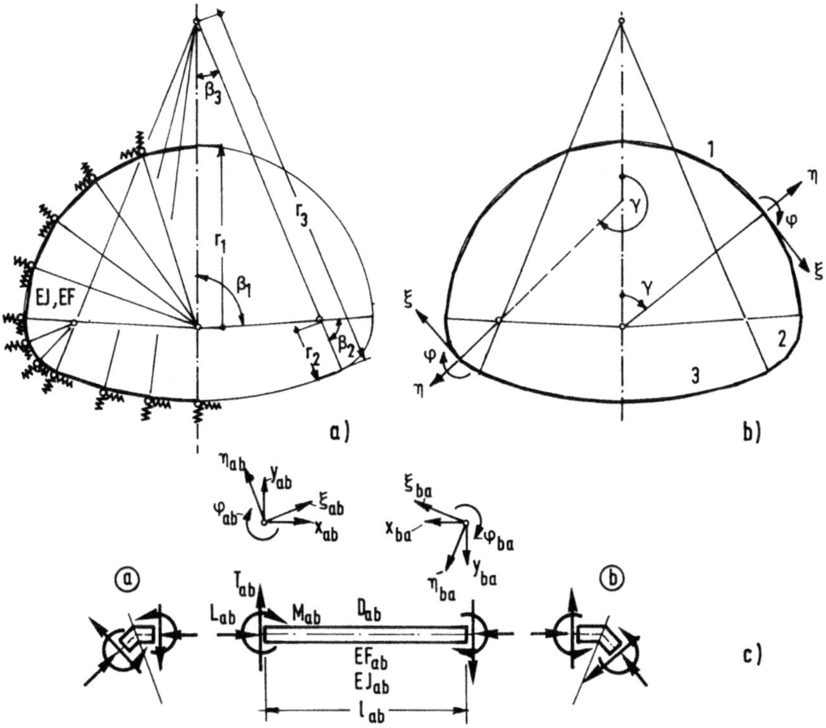

Bild 6.177

Die zugehörigen Stabendschnittgrößen lassen sich damit angeben; sie lauten z.B. für das Stabende a:

$$L_{ab} = \frac{EF}{l} \cdot \Delta l; \quad T_{ab} = -D \frac{\Delta v}{l} + 2\,\frac{A+B}{l} \cdot \frac{\Delta v}{l}\,; \quad M_{ab} = -(A+B)\,\frac{\Delta v}{l} \tag{6.529}$$

A und B sind Funktionen der Stabkennzahl ε_{ab} (vgl. Abschnitt 3.4.8.1). Die anderen Zu-

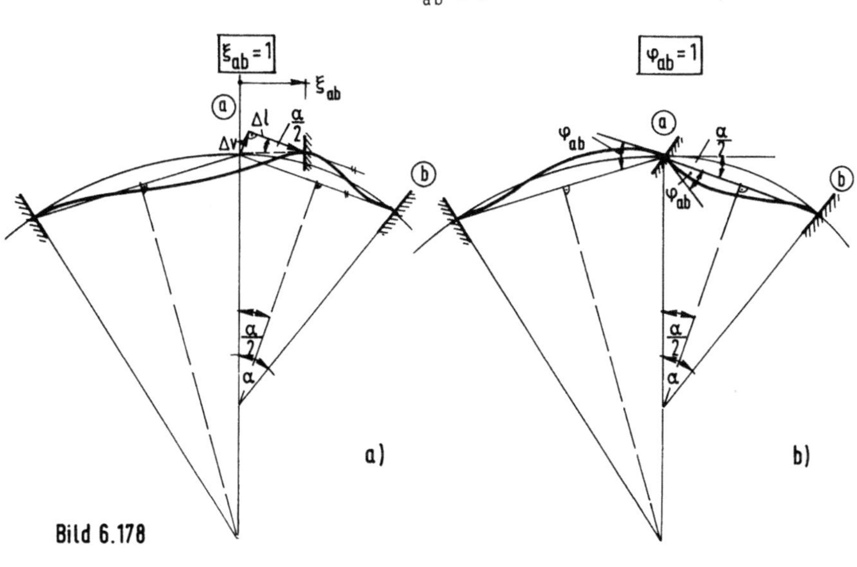

Bild 6.178

Verformungsgrößenverfahren Theorie II. Ordnung für Tunnelringe

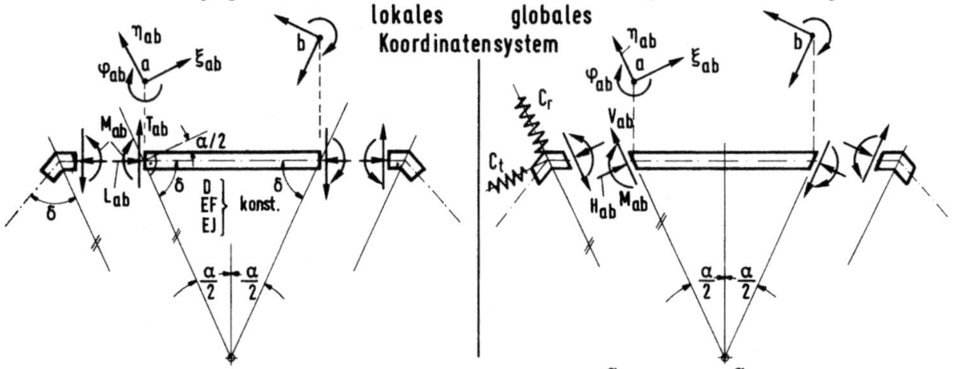

Steifigkeitsmatrix im lokalen System

$s \equiv \sin\frac{\alpha}{2}$, $c \equiv \cos\frac{\alpha}{2}$

$$\begin{pmatrix} L_{ab} \\ T_{ab} \\ M_{ab} \\ L_{ba} \\ T_{ba} \\ M_{ba} \end{pmatrix} = \left(\begin{array}{c|c|c|c|c|c} \frac{EF}{l}\cdot c & -\frac{EF}{l}\cdot s & 0 & \frac{EF}{l}\cdot c & \frac{EF}{l}\cdot s & 0 \\ (2\frac{A+B}{l^2}-\frac{D}{l})\cdot s & (2\frac{A+B}{l^2}-\frac{D}{l})\cdot c & -\frac{A+B}{l} & -(2\frac{A+B}{l^2}-\frac{D}{l})\cdot s & (2\frac{A+B}{l^2}-\frac{D}{l})\cdot c & -\frac{A+B}{l} \\ -\frac{A+B}{l}\cdot s & -\frac{A+B}{l}\cdot c & A & \frac{A+B}{l}\cdot s & -\frac{A+B}{l}\cdot c & B \\ \frac{EF}{l}\cdot c & -\frac{EF}{l}\cdot s & 0 & \frac{EF}{l}\cdot c & \frac{EF}{l}\cdot s & 0 \\ (2\frac{A+B}{l^2}-\frac{D}{l})\cdot s & (2\frac{A+B}{l^2}-\frac{D}{l})\cdot c & -\frac{A+B}{l} & -(2\frac{A+B}{l^2}-\frac{D}{l})\cdot s & (2\frac{A+B}{l^2}-\frac{D}{l})\cdot c & -\frac{A+B}{l} \\ -\frac{A+B}{l}\cdot s & -\frac{A+B}{l}\cdot c & B & +\frac{A+B}{l}\cdot s & -\frac{A+B}{l}\cdot c & A \end{array}\right) \cdot \begin{pmatrix} \xi_{ab} \\ \eta_{ab} \\ \varphi_{ab} \\ \xi_{ba} \\ \eta_{ba} \\ \varphi_{ba} \end{pmatrix} + \begin{pmatrix} \bar{L}_{ab} \\ \bar{T}_{ab} \\ \bar{M}_{ab} \\ \bar{L}_{ba} \\ \bar{T}_{ba} \\ \bar{M}_{ba} \end{pmatrix}$$

$A = A'\cdot\frac{EJ}{l}$; $B = B'\cdot\frac{EJ}{l}$. Bedeutung von A' und B' siehe Tafel 3.9.

Steifigkeitsmatrix im knoten - bezogenen globalen System

Unter Verwendung der zusätzlichen Abkürzungen $C = -\frac{A+B}{l}$; $D = 2\frac{A+B}{l^2} - \frac{D}{l}$; $E = \frac{EF}{l}$
(D und E treten in doppelter Bedeutung auf) lautet die Matrix:

$$\begin{pmatrix} H_{ab} \\ V_{ab} \\ M_{ab} \\ H_{ba} \\ V_{ba} \\ M_{ba} \end{pmatrix} = \left(\begin{array}{c|c|c|c|c|c} c^2E+s^2D & -cs(E-D) & sC & c^2E-s^2D & cs(E+D) & sC \\ -cs(E-D) & s^2E+c^2D & cC & -cs(E+D) & -s^2E+c^2D & cC \\ sC & cC & A & -sC & cC & B \\ c^2E-s^2D & -cs(E+D) & -sC & c^2E+s^2D & cs(E-D) & -sC \\ cs(E+D) & -s^2E+c^2D & cC & cs(E-D) & s^2E+c^2D & cC \\ sC & cC & B & -sC & cC & A \end{array}\right) \cdot \begin{pmatrix} \xi_{ab} \\ \eta_{ab} \\ \varphi_{ab} \\ \xi_{ba} \\ \eta_{ba} \\ \varphi_{ba} \end{pmatrix} + \begin{pmatrix} c\bar{L}_{ab}+s\bar{T}_{ab} \\ -s\bar{L}_{ab}+c\bar{T}_{ab} \\ \bar{M}_{ab} \\ c\bar{L}_{ba}-s\bar{T}_{ba} \\ s\bar{L}_{ba}+c\bar{T}_{ba} \\ \bar{M}_{ba} \end{pmatrix}$$

Die weitere Rechnung wird wie auf Tafel 3.18ff. aufbereitet. Durch Knotenverschiebungen ξ und η entstehen Federkräfte.

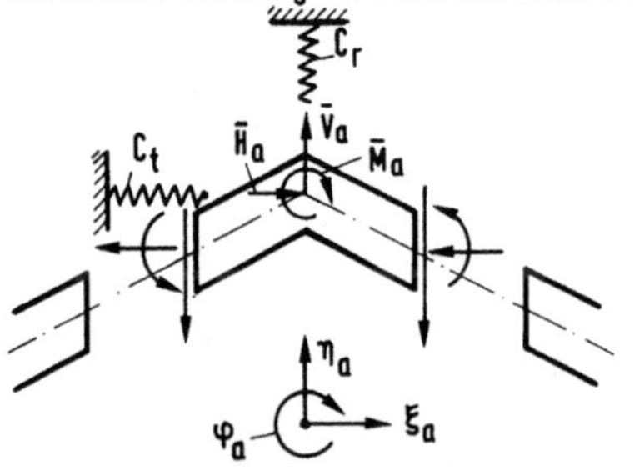

$\bar{H}, \bar{V}$ und $\bar{M}$ sind äußere Knoteneinwirkungen.

Die Definition des Knotenverformungs- und Knotenschnittgrößenvektors ist zu beachten!

stände werden entsprechend eingeprägt und anschließend mit dem äußeren Belastungszustand überlagert. Die Stabendschnittgrößen

$$L_{ab} \cdot T_{ab} \cdot M_{ab} ; L_{ba} \cdot T_{ba} \cdot M_{ba}$$

sind damit Funktionen der Stabendverformungen:

$$\xi_{ab}, \eta_{ab}, \varphi_{ab} ; \xi_{ba}, \eta_{ba}, \varphi_{ba}$$

T.6.27 weist das Ergebnis der so ermittelten lokalen Steifigkeitsmatrix aus [6.243]. Die Matrix kann man einfacher aus der auf T.3.18 angeschriebenen Steifigkeitsmatrix herleiten, wenn die Transformationen

$$\begin{aligned} x_{ab} &= \xi_{ab}\cos\frac{\alpha}{2} - \eta_{ab}\sin\frac{\alpha}{2} ; & x_{ba} &= \xi_{ba}\cos\frac{\alpha}{2} + \eta_{ba}\sin\frac{\alpha}{2} \\ y_{ab} &= \xi_{ab}\sin\frac{\alpha}{2} + \eta_{ab}\cos\frac{\alpha}{2} ; & y_{ba} &= -\xi_{ba}\sin\frac{\alpha}{2} + \eta_{ba}\cos\frac{\alpha}{2} \end{aligned} \qquad (6.530)$$

durchgeführt werden.

Das globale System wird (im Gegensatz zu Abschnitt 3.4.8.9.3) an jedem Knoten neu definiert und zwar in Richtung des Radiusstrahles und der Tangente an den Korbbogen. Die Verschiebungen sind bereits im lokalen System in dieser Weise definiert, vgl. die Abbildungen auf T.6.27. Die globale Orientierung bezieht sich daher allein auf die Schnittgrößen H, V und M; sie haben hier eine andere Bedeutung wie im Abschnitt 3.4.8.9.3! Nach Transformation findet man die auf T.6.27 unten angeschriebene globale Steifigkeitsmatrix. Die Matrix ist symmetrisch. $\bar{L}$, $\bar{T}$ und $\bar{M}$ sind die Stabendschnittgrößen des beidseitig starr eingespannten Balkens infolge der äußeren Belastung. - Nach Kenntnis der globalen Steifigkeitsmatrix wird das Verfahren analog zu Abschnitt 3.4.8.9 aufbereitet.

Auf folgende Besonderheiten wird ergänzend hingewiesen:

a) Die globale Steifigkeitsmatrix gilt für richtungstreue äußere Kräfte. Liegt eine normaltreue Belastung vor (Fluiddruck), ist eine Komponentenzerlegung vorzunehmen, d.h., die normal zur Stabsehne im verformten Zustand gerichtete Kraft p_w wird in eine transversale und in eine longitudinale Komponente (bezogen auf die ursprüngliche Lage des Stabelementes) zerlegt (B.6.179a):

$$p^T = p_w ; \quad p^L = - p_w \cdot \psi \qquad (6.531)$$

Der Stabsehnendrehwinkel ψ ist durch die Randverformungen ξ, η auszudrücken. Damit treten in dem Lastvektor der Matrix Glieder auf, die mit den Bezugsverformungen behaftet sind.

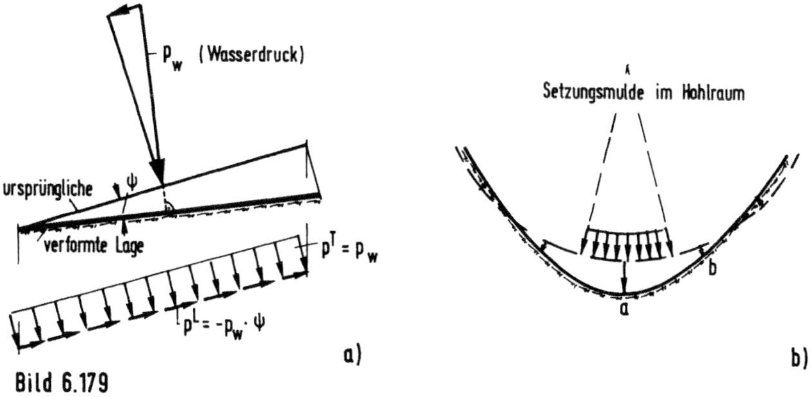

Bild 6.179

b) Die Formulierung der Gleichgewichtsgleichungen an jedem Knoten (in Richtung von ξ, η und φ) läßt sie matriziell bewerkstelligen (Abschnitt 3.4.8.9). Wird das Bettungszifferverfahren zugrunde gelegt, erscheinen die Federkonstanten in den Diagonalelementen der Gesamtsteifigkeitsmatrix. Wird das Steifezifferverfahren bevorzugt (was realistischer ist), ist zunächst das Setzungsmuldenproblem für eine im Inneren des Hohlraumes auf das Gebirge einwirkende Kraft zu lösen. Hierbei entstehen nicht nur unter der Kraft, sondern auch an den anderen Feder-Knoten-Kopplungspunkten der Hohlraumkontur Verschiebungen, B.6.179b. Die Federn sind damit untereinander gekoppelt. Als grobe Näherung kann das Problem der Setzungsmulde im Hohlraum durch das Problem der Setzungsmulde des geradlinig begrenzten Halbraumes ersetzt werden. Das setzt indes einen eng begrenzten Einflußbereich, d.h., eine im Vergleich zum Hohlraumdurchmesser geringe Muldenausdehnung voraus.

c) Bettungsausfall (z.B. bei nach innen gerichteten Verformungen) sowie nichtlineare Federungen und Plastizierungen lassen sich nur durch iterative Berechnungsschleifen erfassen. Das erfordert spezielle Organisationen der Computer-Programmierung.

6.9.7 Knicken quer zur Bogenebene (Bogenkippen)

6.9.7.1 Systeme

Neben einer ausreichenden Tragfähigkeit in der Bogenebene ist stets auch eine ausreichende Tragsicherheit gegenüber Ausweichen rechtwinklig zur Bogenebene nachzuweisen. Für diesen Nachweis ist der Lastfall Vollast maßgebend, weil unter Vollast die höchste Druckbeanspruchung im Bogen auftritt. Die sich einstellenden Bogenverformungen sind räumlich gekrümmte Linien; sie setzen sich aus einer seitlichen Ausbiegung und einer Verdrillung zusammen, man spricht daher auch von Bogenkippen.

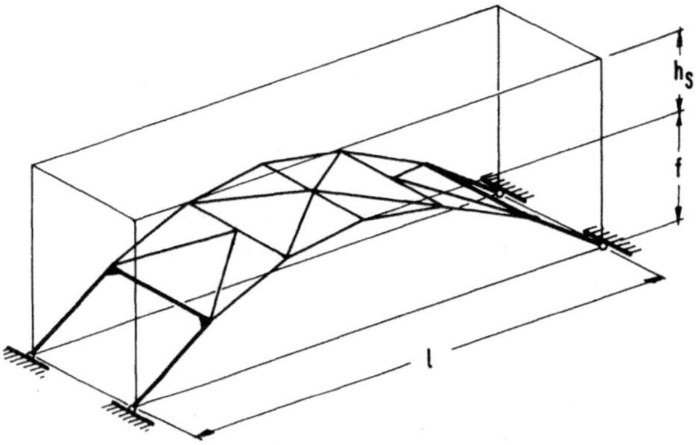

Bild 6.180

Da Bogenträger i.allg. vollwandig-massive oder dünnwandig-geschlossene Querschnitte haben, die als quasi-wölbfrei einzustufen sind, kann deren Wölbsteifigkeit gegenüber der Drillsteifigkeit unterdrückt werden. Im Regelfall werden die Bogen durch Verbände untereinander ausgesteift, entweder fachwerkartig (K- oder Rauten-Verbände) oder rahmenartig (VIERENDEEL-Rahmen). Bei Brückenbogen mit obenliegender Fahrbahn kann der Verband bis zu den Kämpfern heruntergeführt werden, bei Bogen mit angehängter Fahrbahn ist zur Erzielung eines ausreichenden Lichtraumprofiles der Einbau eines offenen oder geschlossenen Portalrahmens erforderlich (vgl. B.6.181a und Abschnitt 5.16).

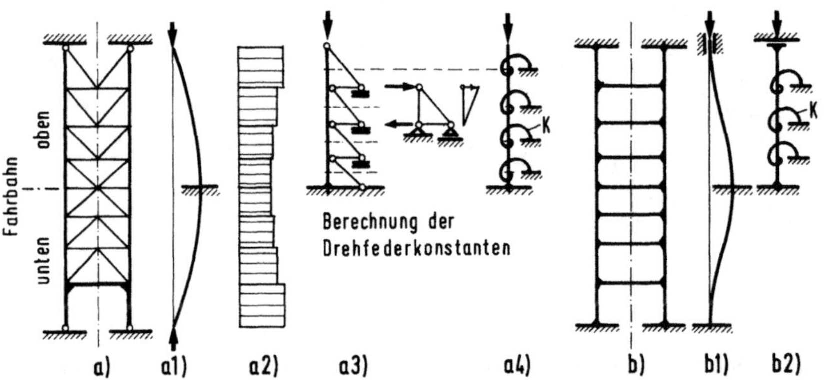

Bild 6.181

Werden die Bogenverbände in die Ebene abgewickelt, erkennt man deren statische Wirkungsweise, B.6.181 zeigt beispielhaft:

a) K-Verband, ohne und mit Endrahmen, gelenkige Lagerung an den Kämpfern,

b) VIERENDEEL-Rahmen, eingespannte Lagerung an den Kämpfern.

Die Biegelinie entspricht demgemäß Bild a1) bzw. b1). Die Druckkraft ist (schwach) veränderlich (Bild a2), ebenso der Querschnittsverlauf. Bei einer einsinnigen Ausknickung werden die Verbandsglieder bzw. Rahmenriegel antimetrisch verformt; sie können durch Drehfedern ersetzt werden (vgl. Anhang III.1). Damit entstehen die in B.181a4/b2 dargestellten Systeme, für die der Stabilitätsnachweis zu führen ist. Solche Systeme lassen sich vorteilhaft nach dem Verfahren der Übertragungsmatrizen berechnen.

Ist der Bogen bei oben liegender Fahrbahn an diese angekoppelt, entweder gelenkig gelagert oder in die Fahrbahnplatte eingespannt, entstehen die in B.6.182 skizzierten Systeme; die Verbands- bzw. Riegelverformungen sind nach wie vor antimetrisch.

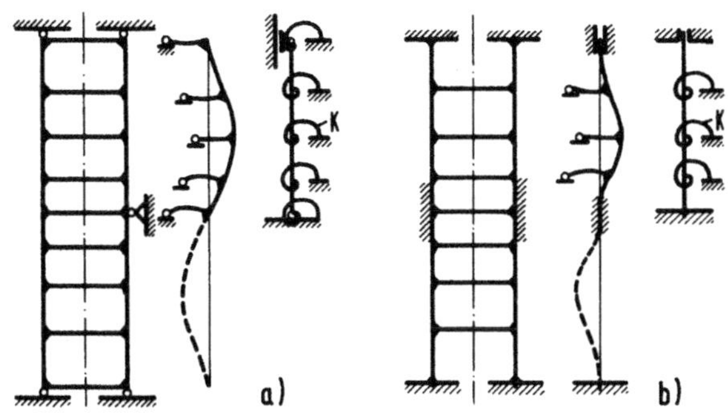

Bild 6.182

Aufgrund systematischer Parameterstudien an Bogen mit VIERENDEEL-Rahmenverband konnte nachgewiesen werden, daß die Berücksichtigung der primären Bogenverformung (in der Bogenebene) die Kipplast (d.h. die Knicklast bei Ausweichen gemäß B.6.181b1) um 1 bis 3% reduziert, gleichfalls ergibt die genaue Erfassung des Problems als räumliche Rahmenstruktur eine geringfügige Reduzierung der Verzweigungslast um 1 bis 2% gegenüber einer Berechnung als ebenes Rahmenwerk [6.244]. Insgesamt sind die Einflüsse sehr gering, sodaß die Untersuchung als ebenes Stabwerksproblem (zumindest bei flachen Bogen) stets gerechtfertigt ist; bei steilen Bogen kann eine Berechnung als räumliches Stabwerk angebracht sein.

Bei frei gespannten Bogen (ohne Verband, vgl. B.6.183) kann die Stabilität durch eine federelastische Stützung sichergestellt werden. Die Federn werden von Halbrahmen gebildet. Im Gegensatz zu parallelgurtigen, ausgefachten oder vollwandigen Trogbrücken sind die Federkonstanten veränderlich (vgl. Abschnitt 6.7.1). Für Mittelträger-Bogenbrücken gelten analoge Überlegungen.

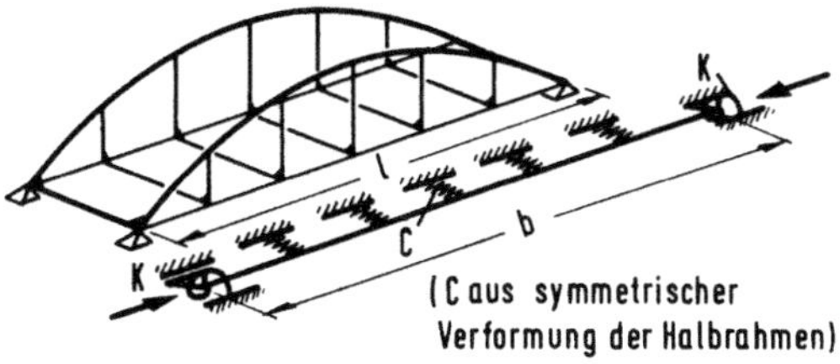

Bild 6.183

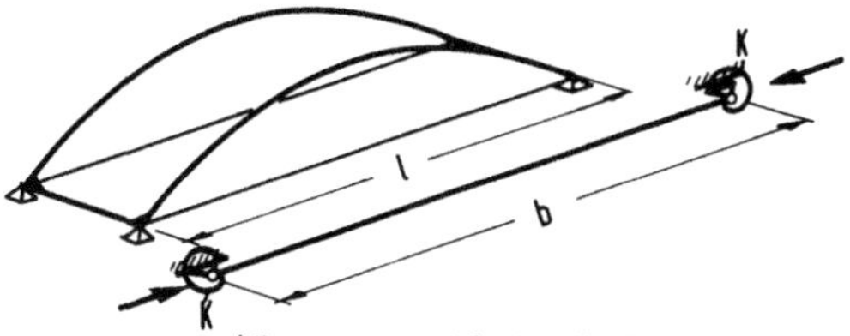

Bild 6.184 (K aus symmetrischer Verformung der Kämpferquerträger)

In jedem Falle kann das seitliche Ausknicken als Knicken eines elastisch gelagerten Druckstabes untersucht werden; die Stablänge ist gleich der Bogenlänge. Die Federn sind ggf. gekoppelt; Abschnitt 6.7.3 enthält Berechnungshinweise.

Gelegentlich werden Bogen ohne jede Zwischenstützung angeführt; B.6.184 zeigt ein Beispiel. Derartige Bogen sind i.allg. biege- und torsionsstarr an den Kämpfern eingespannt,

eventuell aber auch nur elastisch.
Bei flachen Bogen kann der Stabilitätsnachweis stellvertretend für einen geraden Druckstab (mit annähernd konstanter Druckkraft) geführt werden. Die Länge ist gleich der abgewickelten Bogenlänge. Mit größer werdendem Stichverhältnis $\mu=f/l$ gewinnt der Verformungsanteil aus Verdrillung zunehmende Bedeutung. Das Gleichgewicht in ausgeknickter Lage läßt sich nur durch Drillmomente herstellen.

Die Bogen müssen in allen oben besprochenen Fällen für den Lastfall: "Wind rechtwinklig zur Bogenebene" untersucht werden. Auch diese Berechnung kann i.allg. näherungsweise als ebenes Problem nach Th.I.Ordn. durchgeführt werden. Der Verformungseinfluß Th.II.Ordn. kann wiederum in zuverlässiger Weise mit Hilfe des Verformungsfaktors α abgeschätzt werden, z.B.:

$$M^{II} = \alpha M^{I} = \frac{1}{1 - D/D_{Ki}} M^{I} \qquad (6.532)$$

Bei der Berechnung von D_{Ki} genügt die Annahme einer (gemittelten) konstanten Druckverteilung; entsprechend ist D als Mittelwert zu begreifen. In Anpassung an die Knickfigur (senkrecht zur Bogenebene) ist eine Imperfektion einzurechnen (DIN 4114N). Hierfür wird das Moment nach Th.I.Ordn. berechnet und gemäß G.6.532 erhöht.
Für den Lastfall Wind ist die Abschätzung nach G.6.532 nur möglich, wenn die zugehörige Biegeverformung affin zur Knickbiegelinie verläuft.

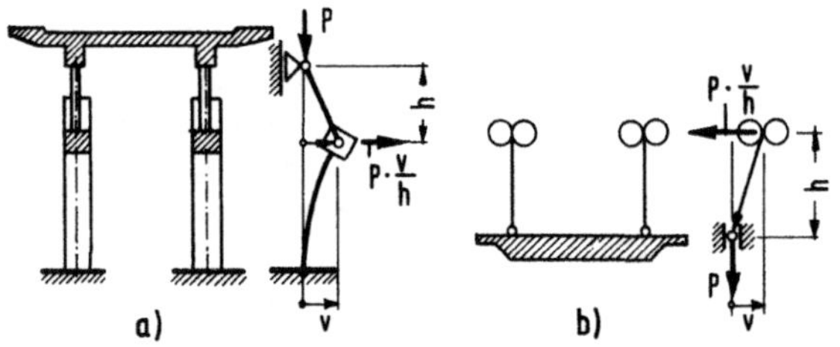

Bild 6.185

Die vorangegangenen Ausführungen sind noch in einem sehr wichtigen Punkt unvollständig. Dieser betrifft den Einfluß der Richtungsänderung im Kraftangriffspunkt. Bezogen auf die in ihrer Ebene als starr anzusehende Fahrbahnscheibe erleiden die Ständer bzw. Hänger Schrägstellungen. Bei aufgeständerter Fahrbahn entstehen abtreibende, bei angehängter Fahrbahn rücktreibende Kräfte, vgl. B.6.185. Das hat eine Minderung bzw. Erhöhung der Verzweigungslasten zur Folge. Der Einfluß ist ausgeprägt.
Liegt die Fahrbahn in einem gewissen Abstand oberhalb des Scheitels ($h_S>0$), sollte möglichst ein stehender Querverband im Scheitel angeordnet werden, eine Kopplung von Bogen und Fahrbahnplatte ist in jedem Fall zweckmäßiger. Bei angehängter Fahrbahn wirken sich die rückstellenden Kräfte in einer deutlichen Anhebung der Verzweigungslasten gegenüber richtungstreuem Kraftangriff aus; es ist daher aus wirtschaftlichen Gründen angezeigt, den Effekt zu berücksichtigen.

Die Quertriebswirkungen (abtreibend oder rücktreibend) können iterativ oder direkt eingerechnet werden. Das soll anhand von B.6.186 erläutert werden; die lokalen Quertriebskräfte betragen:

$$\pm P\cdot\frac{v}{h} \quad \begin{matrix} +: \text{aufständert} \\ -: \text{angehängt} \end{matrix}$$

P ist die Ständer- bzw. Hängerkraft, h ist der Abstand zwischen Fahrbahnscheibe und Bogen und v die Ausbiegung aus der Bogenebene heraus. - B.6.186 verdeutlicht das Problem für einen Brückenbogen mit aufgeständerter Fahrbahn. Bild a zeigt den Aufriß und Bild b den Grundriß eines seitlich ausgeknickten Bogenstranges (mit Kämpfergelenken). Im Ständerpunkt i wirkt die Abtriebskraft:

$$P_i\cdot\frac{v_i}{h_i}$$

Die Druckkräfte sind variabel, vgl. das Kraftdiagramm in B.6.186c. Der Bogen wird in die

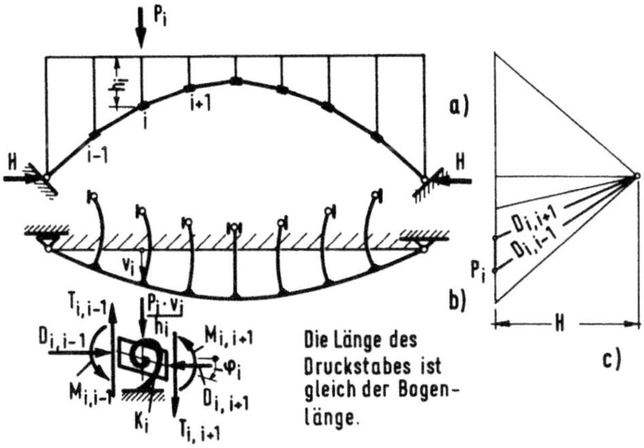

Bild 6.186

Ebene abgewickelt. Unter Berücksichtigung der Verbandsverformungen werden in allen Stützpunkten die Drehfederkonstanten K_i bestimmt. Die weitere Berechnung wird nach dem Verformungsgrößenverfahren durchgeführt; in jedem Knoten werden die Gleichgewichtsgleichungen

$$\Sigma T = 0: \quad T_{i,i-1} - T_{i,i+1} + P_i \cdot \frac{v_i}{h_i} = 0$$
$$\Sigma M = 0: \quad M_{i,i-1} + M_{i,i+1} + K_i \cdot \varphi_i = 0 \qquad (6.533)$$

formuliert. v_i wird anhand der Gelenkfigur mit den Stabsehnendrehwinkeln ψ verknüpft und T und M durch die Grundformeln des Verformungsgrößenverfahrens ersetzt; vgl. Abschnitt 3.4.8.1.
Möglich ist auch eine baustatische Berechnung nach dem Verfahren von ENGESSER-VIANELLO (Abschnitt 3.1.7).

6.9.7.2 Kreisbogen

6.9.7.2.1 Differentialgleichungen

Für einen Kreisbogen unter radialsymmetrischer Belastung werden die Differentialgleichungen für eine Ausbiegung und Verdrillung aus der Bogenebene heraus abgeleitet; rechtwinklig zur Bogenebene wird eine elastische Bettung angesetzt, deren Bettungsziffer ist c. Die Verschiebung quer zur Bogenebene wird mit v abgekürzt, der Biegewinkel ist φ und der Drillwinkel ϑ. B.6.187a zeigt die Aufsicht auf ein infinitesimales Bogenelement der Länge $ds = r \cdot d\Psi$, Bildteil b zeigt die Seitenansicht, wobei das Element nach vorne umgeklappt ist. Grundzustand ist der Stützlinienzustand mit p=konst. und $D^0 = p \cdot r$. Im ausgekippten Zustand werden zwei Lastkomponenten definiert: p_r wirkt parallel und p_n normal zur ursprünglichen Bogenebene (vgl. Schnitte A und B in B.6.187a). Bezogen auf die ursprüngliche Bogenebene werden außerdem die Längskraft L und die Transversalkraft V vereinbart.
Am verformten Bogenelement werden zwei Komponentengleichungen und zwei Momentengleichungen formuliert:

$$\Sigma L = 0: \qquad L = -p_r \cdot r \qquad (6.534)$$

$$\Sigma V = 0: \qquad V' + p_n - c\,v = 0 \qquad (6.535)$$

$c \cdot v$ erfaßt die elastische Bettung. Mit ( )' wird die Ableitung nach der Umfangskoordinate s gekennzeichnet. - Die Querkraft folgt aus:

$$Q = V\cos\varphi - L\sin\varphi = V - L\varphi = V + p_r \cdot r\varphi \qquad (6.536)$$

G.6.536 wird nach s differenziert und G.6.535 eingesetzt:

$$Q' = p_r\, r\, \varphi' - p_n + cv \qquad (6.537)$$

$$\Sigma M = 0: \qquad M' - \frac{T}{r} - Q = 0 \qquad (6.538)$$

M ist das Biegungsmoment und T das Torsionsmoment.

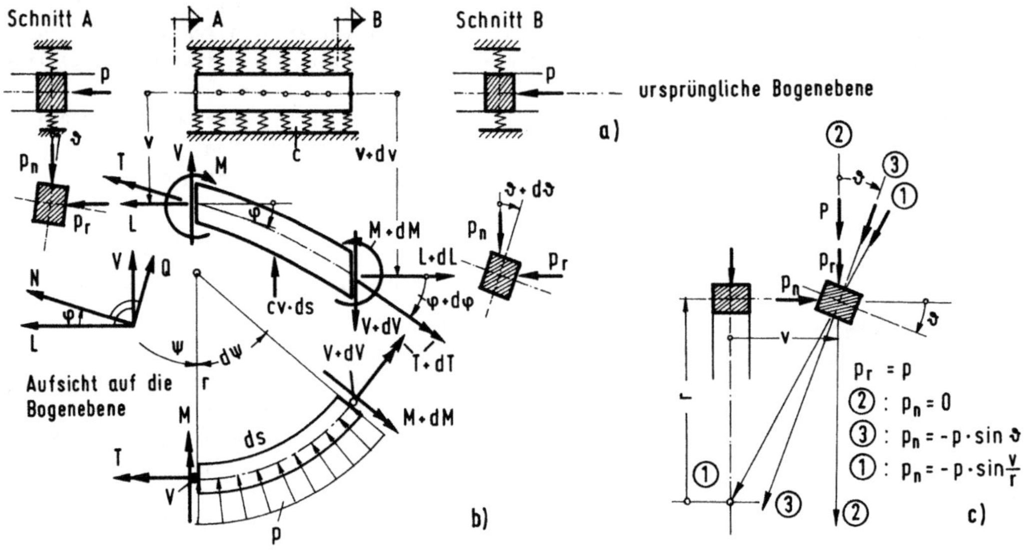

Bild 6.187

$$\Sigma T = 0 \qquad T' + \frac{M}{r} = 0 \tag{6.539}$$

Wird G.6.538 mit G.6.537 verknüpft, lauten die das Gleichgewicht charakterisierenden Gleichungen:

$$M'' - \frac{T'}{r} - p_r r \varphi' + p_n - cv = 0; \quad T' + \frac{M}{r} = 0 \tag{6.540}$$

Gegenüber Th.I.Ordn. tritt nur das Glied $-p_r \cdot r \cdot \varphi'$ hinzu; das ist die Abtriebskraft normal zur Bogenebene.

Das Elastizitätsgesetz lautet:

$$M = -EJ(v'' + \frac{\vartheta}{r}); \quad T = +GJ_D(\vartheta' - \frac{v'}{r}) \tag{6.541}$$

Hierin ist EJ die Biegesteifigkeit gegenüber Verbiegungen aus der Bogenebene heraus und GJ_D die Drillsteifigkeit; der Querschnitt sei wölbfrei.

Die Verknüpfung der Gleichgewichtsgleichungen G.6.540 mit dem Elastizitätsgesetz G.6.541 liefert das gesuchte simultane Differentialgleichungssystem für das anstehende Kippproblem:

$$v^{\bullet\bullet\bullet\bullet} - \frac{1}{\rho} v^{\bullet\bullet} + (1 + \frac{1}{\rho}) \vartheta^{\bullet\bullet} + \frac{p_r r^3}{EJ} v^{\bullet\bullet} - \frac{p_n r^4}{EJ} + \frac{c r^4}{EJ} v = 0 \tag{6.542}$$

$$\vartheta^{\bullet\bullet} - (1 + \rho) v^{\bullet\bullet} - \rho \vartheta = 0 \tag{6.543}$$

Der Punkt steht für die Ableitung nach dem Umfangswinkel Ψ. Der Parameter ρ kennzeichnet das Verhältnis der Biegesteifigkeit zur Drillsteifigkeit:

$$\rho = \frac{EJ}{GJ_D} \tag{6.544}$$

Außerdem steht ϑ jetzt für $r \cdot \vartheta$!

Abhängig von den Bedingungen, denen die einwirkende Radiallast unterworfen ist, ist die Last p nach der eingetretenen Kippverformung entweder auf den Kreismittelpunkt zentriert (poltreu), parallel zur ursprünglichen Bogenebene gerichtet (richtungstreu) oder normal zum lokal verdrillten Querschnitt orientiert (normaltreu). B.6.187c verdeutlicht die Richtungseigenschaften. In allen Fällen ist $p_r = p$. Die Lastglieder in G.6.542 lassen sich wie folgt zusammenfassen:

$$(1):\ \frac{pr^3}{EJ}\cdot(v^{\bullet\bullet}+v^{\bullet});\quad (2):\ \frac{pr^3}{EJ}v^{\bullet\bullet};\quad (3):\ \frac{pr^3}{EJ}\cdot(v^{\bullet\bullet}+\vartheta) \tag{6.545}$$

(1): poltreu, (2): richtungstreu, (3): normaltreu. Zur Kennzeichnung der elastischen Bettung und Lastintensität werden die Parameter

$$\delta = \frac{cr^4}{EJ};\qquad \gamma = \frac{pr^3}{EJ} \tag{6.546}$$

definiert. Hiermit lauten die Differentialgleichungen:

$$\text{Poltreue (1):}\quad v^{\bullet\bullet\bullet\bullet\bullet\bullet}+(2+\gamma)v^{\bullet\bullet\bullet\bullet}+(1+\delta+\gamma-\rho\gamma)v^{\bullet\bullet}-\rho(\delta+\gamma)v=0 \tag{6.547}$$

$$\text{Richtungstreue (2):}\quad v^{\bullet\bullet\bullet\bullet\bullet\bullet}+(2+\gamma)v^{\bullet\bullet\bullet\bullet}+(1+\delta+\rho\gamma)v^{\bullet\bullet}-\delta\rho v=0 \tag{6.548}$$

$$\text{Normaltreue (3):}\quad v^{\bullet\bullet\bullet\bullet\bullet\bullet}+(2+\gamma)v^{\bullet\bullet\bullet\bullet}+(1+\delta+\gamma)v^{\bullet\bullet}-\delta\rho v=0 \tag{6.549}$$

6.9.7.2.2 Verzweigungslösungen für den Kreisring

Eine geschlossene Lösung der Differentialgleichungen gelingt mittels des Ansatzes:

$$v = v_n \cdot \sin n\psi \qquad (n=2,3,\cdots) \tag{6.550}$$

n=2 entspricht einer Achterbildung. Wird der Ansatz eingesetzt, findet man folgende Kippgleichungen:

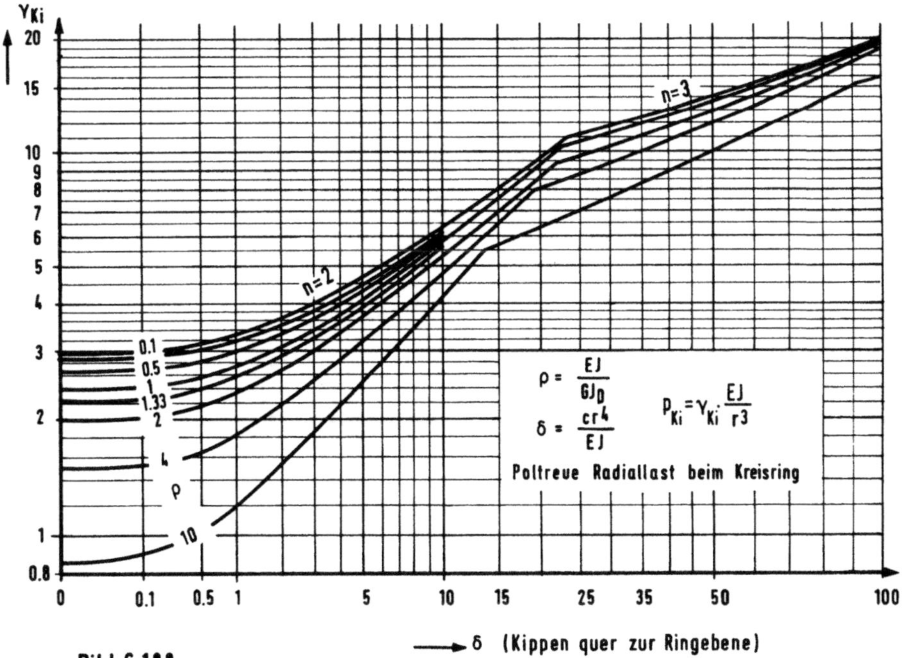

Bild 6.188

	Freier Kreisring ($\delta = 0$) $n = 2$	
Poltreue (1): $\gamma_{Ki} = \dfrac{n^2(n^2-1)}{n^2+\rho} + \dfrac{1}{n^2-1}\delta$	$\gamma_{Ki} = \dfrac{12}{4+\rho}$	(6.551)
Richtungstreue (2): $\gamma_{Ki} = \dfrac{(n^2-1)^2}{n^2+\rho} + \dfrac{\delta}{n^2}$	$\gamma_{Ki} = \dfrac{9}{4+\rho}$	
Normaltreue (3): $\gamma_{Ki} = (n^2-1) + \dfrac{n^2+\rho}{(n^2-1)n^2}\delta$	$\gamma_{Ki} = 3$	

Maßgebend ist jene Halbwellenzahl $n \geq 2$, die den kleinsten Eigenwert ergibt. Wie B.6.188 entnommen werden kann, ist bei poltreuer Belastung bis ca. $\delta = 15$ $n = 2$ maßgebend, mit zunehmender Bettungssteifigkeit kippt der Kreisring mehrwellig aus; auch geht der Einfluß der Lastart zurück. (Im Falle eines stählernen Kreisrohrquerschnittes ist $\rho \approx 1{,}3$.)

6.9.7.2.3 Verzweigungslösungen für eingespannte Kreisbogenträger

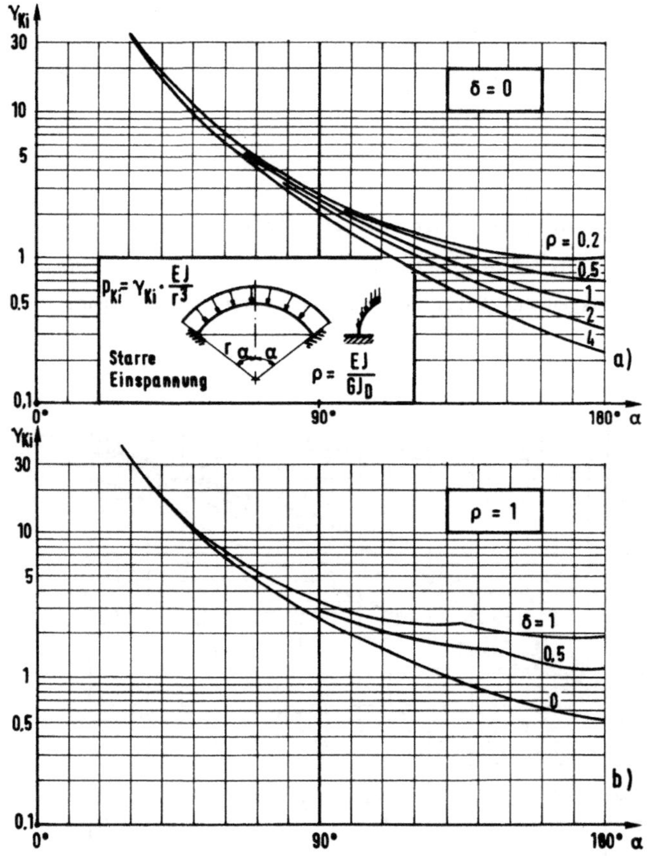

Bild 6.189

Von den verschiedenen Lagerungsformen hat die beidseitige Kämpfereinspannung vorrangige baupraktische Bedeutung. Die zugehörigen Randbedingungen lauten:

$$v = \varphi = \vartheta = 0 \qquad (6.552)$$

(Der Fall einer biegestarren aber drillweichen Einspannung läßt sich konstruktiv nicht realisieren: $v = \varphi = T = 0$; dieser Fall hat allenfalls als unterer Grenzwert Bedeutung, wenn sich nur eine drillelastische Einspannung verwirklichen läßt.)

B.6.189a gibt die Lösung der Differentialgeichung G.6.548 für den beidseitig starr eingespannten Kreisbogen unter richtungstreuer Radiallast im Falle $\delta = 0$ an, d.h., der Bogen ist frei (ohne elastische Bettung).

Für den gebetteten Kreisbogenträger enthält B.6.189b für den Sonderfall $\rho = 1$ einige Kippwerte γ_{Ki}; hiermit ergibt sich

$$p_{Ki} = \gamma_{Ki} \cdot \frac{EJ}{r^3} \qquad (6.553)$$

Die Werte gelten ebenfalls für Kämpfereinspannung und richtungstreue Belastung.

In B.6.190 sind die Kippwerte des freien Kreisbogenträgers unter richtungstreuer Radiallast den Kippwerten des Parabelbogens unter lotrechter, richtungstreuer Gleichlast gegenübergestellt, wobei $\gamma_{Ki}{}^{H}$ über dem Stichverhältnis f/l aufgetragen ist. Dieser Kippwert gibt den kritischen Horizontalschub an:

$$H_{Ki} = \gamma_{Ki}^{H} \cdot \frac{EJ}{l^2} \qquad (6.554)$$

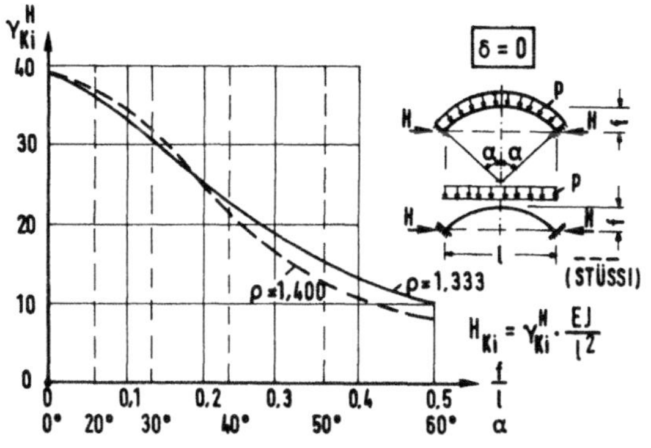

Bild 6.190

Die Lösung für den Parabelbogen geht auf STÜSSI [6.245] zurück. Die Kurven sind nicht vollständig vergleichbar, weil sie für geringfügig unterschiedliche ρ-Werte gelten. - Die Gegenüberstellung bestätigt die eingangs empfohlene Rechenanweisung, den Kippnachweis als Knickproblem eines geraden Druckstabes mit einer Länge gleich der abgewickelten Bogenlänge zu führen. - Aus B.6.189a kann D_{Ki} und H_{Ki} auch für andere ρ-Werte bestimmt und in dieser Form für andere als kreisförmige Bogenformen verwertet werden. Damit läßt sich dann der Verformungsfaktor α gemäß G.6.532 berechnen. Die Lösung gilt indes nur für richtungstreue Lasten, also z.B. für freie Bogen unter Eigengewicht.

Aus der Lösung für den kritischen Horizontalschub lassen sich in Abhängigkeit von f/l Knicklängenbeiwerte β bestimmen; die Richtungsänderungen bei Lasteintragung über Ständer bzw. Hänger lassen sich durch Richtungsbeiwerte erfassen, vgl. DIN 4114N.

Wegen weiterer Unterlagen wird auf das Schrifttum verwiesen, zum Auskippen von Kreisringen auf [6.246-6.249], zum Bogenkippen auf [6.250-6.258] und zum Ausknicken von Rahmenecken und gekrümmter Träger auf [6.259u.7.110-7.113] sowie DIN 4114N.

7 Biegedrillknicken und Kippen – Kippbiegung Theorie II. Ordnung

7.1 Einführung

In der Spannungstheorie II. Ordnung und Verzweigungstheorie gedrückter Stäbe und Stabwerke werden als Regelfall ebene Biegeverformungen unterstellt, deren Momenten-Biegungsebene mit der Symmetrieebene der Querschnitte bzw. mit der Systemebene zusammenfällt.
Die meisten baustatischen Aufgaben lassen sich auf dieser Basis lösen; die folgenden Herleitungen beschränken sich daher auf einfach-symmetrische Querschnitte.

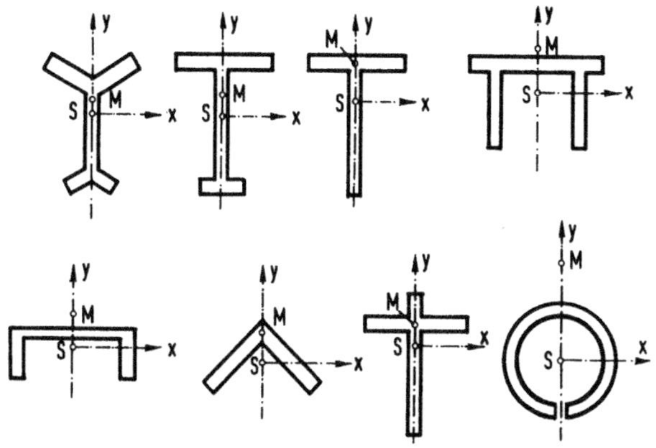

Bild 7.1

B.7.1 zeigt einfach-symmetrische, offene Querschnitte, wie sie im Stahl- und Aluminiumbau in unterschiedlichen Formen eingesetzt werden. Gemeinsames Merkmal ist die geringe Drillsteifigkeit (im Gegensatz zu ein- oder mehrzellig geschlossenen Querschnitten, vgl. Anhang II.2).

Wird ein Stab mit offenem Querschnitt in der Symmetrieebene gebogen, sei es durch exzentrische Druckkräfte oder durch eine Streckenlast, besteht die Gefahr eines vorzeitigen Stabilitätsversagens in Form einer Biegedrillknickung oder Kippung. Der primären Biegeverformung überlagert sich dabei eine seitliche Verschiebung und Drillung. Gegenüber dieser Instabilität ist eine ausreichende Sicherheit einzuhalten; in DIN 4114 und DIN 4113 sind die Nachweisformen geregelt.

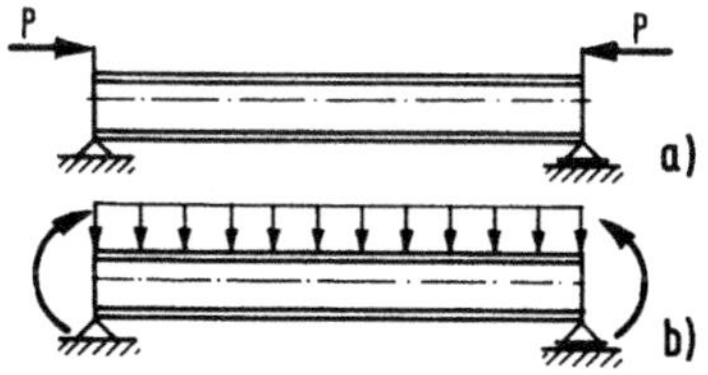

Bild 7.2

Biegedrillknickung und Kippung sind eng verwandte Instabilitätserscheinungen; sie werden von demselben Differentialgleichungssystem beherrscht. In DIN 4114N soll daher auf den Begriff Kippung verzichtet werden. Man wird diese Entscheidung bedauern, verbindet man doch mit dem Begriff einer Biegedrillknickung eine Instabilität unter (exzentrischer) Druckkraftbeanspruchung und mit dem Begriff der Kippung eine Instabilität unter Biegungsbeanspruchung, wobei sich der Ort der äußeren Querbelastung als wesentlicher Einflußparameter auf die Höhe der kritischen Lastintensität auswirkt (B.7.2). Darüberhinaus tritt gelegentlich der kombinierte Fall einer Druck-Biegungsbeanspruchung auf.

An einem Druckstab mit U-Querschnitt läßt sich das Biegedrillknick-Phänomen veranschaulichen: Unterstellt man zentrischen Druck auf einen Stab mit schmalem U-Querschnitt (B.7.3a), knickt der Stab um die schwache Achse aus. Der im Vergleich zu den Flanschen steifere Steg setzt der Verbiegung einen größeren Widerstand entgegen, als dies die weichen Flansche vermögen. Die Ausbiegung ist daher mit einer Drillung gekoppelt. Bei einem U-Profil mit kurzen Flanschen, wie in B.7.3b dargestellt, stellt sich dieser Effekt

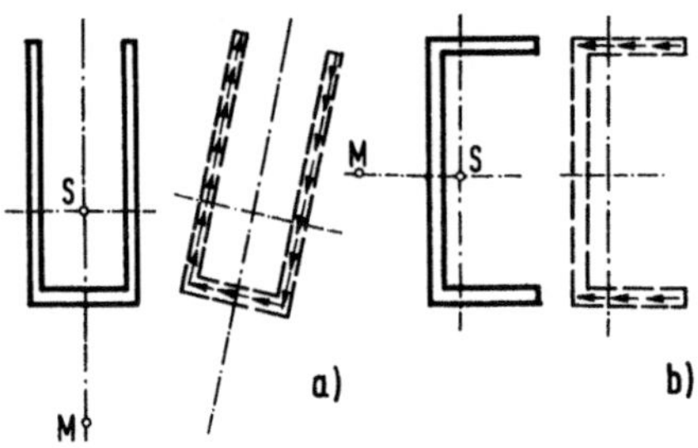

Bild 7.3

nicht ein: Die im ausgeknickten Stab geweckte Schubspannungsresultierende verläuft in der gemeinsamen Ebene von Schwerpunkt und Schubmittelpunkt, beim Profil des Bildes 7.3a ist das nicht der Fall.

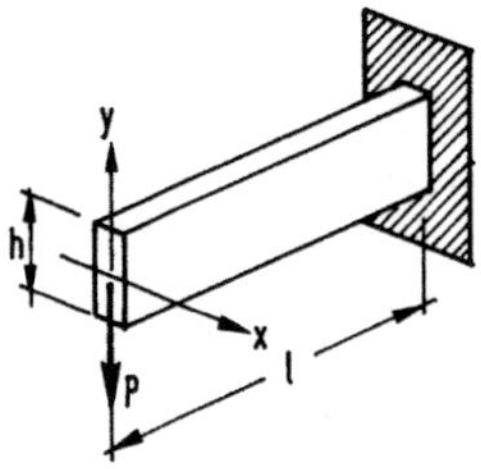

Bild 7.4

Die erste Lösung eines Kipp-Problems stammt von PRANDTL [7.1]. B.7.4 zeigt das PRANDTL-Problem (eine etwa gleichzeitige Lösung stammt von MICHELL [7.2]). Die Verzweigungslast beträgt:

$$P_{Ki} = \frac{4{,}013}{l^2}\sqrt{EJ_y \cdot GJ_D} \qquad (7.1)$$

EJ_y ist die Biegesteifigkeit quer zur Momentenebene und GJ_D die Drillsteifigkeit. Die zugeordnete Biegerandspannung an der Einspannstelle folgt zu:

$$\sigma_{Ki} = \frac{M_{Ki}}{W_x} = \frac{P_{Ki} \cdot l}{W_x} = \frac{4{,}013 \cdot (h/2)}{J_x l}\sqrt{EJ_y GJ_D} \qquad (7.2)$$

Weitere Lösungen wurden von TIMOSHENKO, NYLANDER, KINDEM [7.3-7.5] u.a. angegeben, CHWALLA [7.6-7.8] gelangen in richtungsweisenden Arbeiten eine Reihe baupraktisch verwertbarer Lösungen. - Auf das Biegedrillknickproblem wurde erstmals von WAGNER [7.9-7.10] hingewiesen, von KAPPUS [7.11-7.13] wurde es in seinem Wesen zutreffend erkannt und gelöst. In DIN 4114A konnten daher frühzeitig praktikable Nachweisformen für biegedrillknick- und kippgefährdete Stäbe und Träger aufgenommen werden [7.13-7.15].

In den folgenden Abschnitten wird das Differentialgleichungssystem und Energiepotential für das kombinierte Biegedrillknick-Kipp-Problem (einschließlich einer Erfassung federelastischer und starrer Stützungen) abgeleitet, wobei sich die Herleitung auf einfachsymmetrische Querschnitte beschränkt. Um auch den Fall einer Kippbiegung Th.II.Ordn. zu berücksichtigen, werden die Grundgleichungen unter der Annahme exzentrisch angreifender Streckenlasten q_x und q_y hergeleitet. Kippbiegungsprobleme Th.II.Ordn. treten z.B. bei Kranbahnträgern und Dachpfetten auf, vgl. Abschnitt 7.16.
Es wird vorausgesetzt, daß die Querschnittsform beim Ausweichen erhalten bleibt und die Stabilität nicht schon vorher durch örtliches Beulen der Querschnittswandungen verloren geht. Außerdem wird der Verzerrungseinfluß der Quer- und Normalkräfte zu Null vernachlässigt (wie üblicherweise in der Theorie des reinen Biegeknickens auch) und von kleinen Verformungen ausgegangen. Das Materialverhalten ist ideal-elastisch.
Bei der Herleitung der Grundgleichungen werden die Biege- und Drillverformungen auf die ursprüngliche Stabachse bezogen. Tatsächlich entsteht infolge der Biege- und exzentrischen Druckbeanspruchung in der Symmetrieebene eine (primäre) Ausbiegung. Aus dieser Lage heraus tritt die Gleichgewichtsverzweigung ein. Wie CHWALLA sehr frühzeitig nachgewiesen hat, liegt man bei Vernachlässigung dieses Einflusses auf der sicheren Seite [7.6], vgl. auch [0.6]. Will man den stabilisierenden Einfluß abschätzen, so ist bei Kipp-Problemen (nur hier kommt der Effekt zum Tragen) der Kippwert γ_{Ki} um den Faktor

$$\frac{1}{\sqrt{(1-\frac{J_x}{J_y})(1-\frac{GJ_D}{EJ_x})}} \qquad (7.3)$$

zu erhöhen.

7.2 Grundgleichungssystem für Stäbe mit freier Drillachse und einfach-symmetrischem Querschnitt

7.2.1 Elastizitätsgesetz

Bei einem Stabquerschnitt sind die Lage des Schwerpunktes S und die Orientierung des auf S bezogenen Hauptachsenkreuzes x,y durch die Bedingungen

$$\int_F y\,dF = 0,\quad \int_F x\,dF = 0,\quad \int_F xy\,dF = 0 \tag{7.4}$$

bestimmt. Die Lage des Schubmittelpunktes M ist durch die Bedingungsgleichungen

$$\int_F \omega y\,dF = 0,\quad \int_F \omega x\,dF = 0 \tag{7.5}$$

gegeben. Hier ist ω die auf M bezogene Einheitsverwölbung (Wölbordinate), welche der Bedingung

$$\int_F \omega\,dF = 0 \tag{7.6}$$

genügt. G.7.6 bringt zum Ausdruck, daß infolge der sekundären Wölblängsspannungen keine resultierende Längskraft aufgebaut wird, und die Gleichungen 7.5, daß keine resultierenden Biegungsmomente um die x- und y-Achse entstehen. Der Schubmittelpunkt ist der Drillruhepunkt der freien Drillung, vgl. Anhang II.2. Es ist daher zweckmäßig, die Verschiebungen des Schubmittelpunktes als Bezugsunbekannte einzuführen.

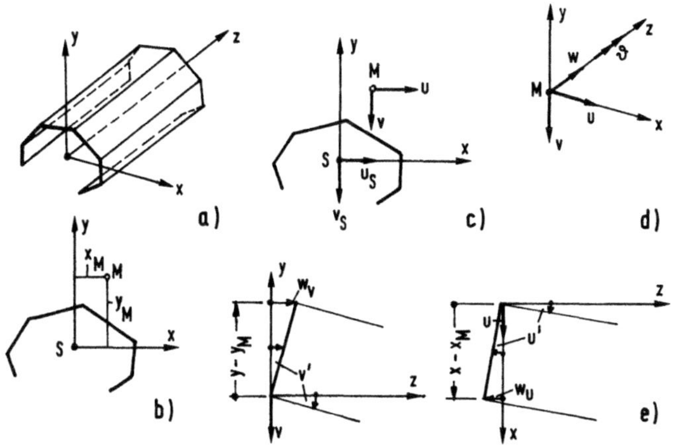

Bild 7.5

B.7.5a/b zeigt einen offenen, dünnwandigen Querschnitt und die Lage von S und M, im Bild c/d sind die Verformungskomponenten definiert; insbesondere:

$$v_M \equiv v,\quad u_M \equiv u,\quad \vartheta_M \equiv \vartheta$$

Aus den Neigungen der Schubmittelpunktsachse und der Verwindung ϑ' resultiert eine Längsverschiebung des Querschnittelementes dF (B.7.5e):

$$w = (y-y_M)v' - (x-x_M)u' + \omega\vartheta' \tag{7.7}$$

w nennt man Verwölbung. G.7.7 impliziert die BERNOULLI-WAGNER-Hypothese vom Ebenbleiben der Querschnitte, was gleichbedeutend mit der Vernachlässigung der Biegeschub- und sekundären Drillschubverzerrungen ist.
Die Dehnung der durch den Querschnittspunkt x, y verlaufenden Faser ist die bezogene Änderung von w, also $\varepsilon = w'$. Die Verknüpfung mit dem HOOKEschen Gesetz ergibt:

$$\sigma = E\varepsilon = Ew' = E(y-y_M)v'' - E(x-x_M)u'' + E\omega\vartheta'' \tag{7.8}$$

σ ist als Zugspannung positiv vereinbart. - Die resultierende Wirkung von σ wird zu Schnittmomenten zusammengefaßt; Definitionsgleichungen:

$$M_x = -\int_F \sigma\cdot y\,dF;\quad M_y = +\int_F \sigma\cdot x\,dF;\quad M_\omega = -\int_F \sigma\omega\,dF \tag{7.9}$$

M_x und M_y sind die Biegungsmomente um die x- und y-Achse. M_ω ist das Wölbbimoment.
Wird G.7.8 in die Definitionsgleichungen eingesetzt, über F integriert und G.7.4/5 beachtet, ergeben sich die elasto-statischen Grundgleichungen

$$M_x = -EJ_x v'' \; ; \; M_y = -EJ_y u'' \; ; \; M_\omega = -EC_M \vartheta'' \tag{7.10}$$

mit:

$$J_x = \int_F y^2 dF, \; J_y = \int_F x^2 dF \; \text{ und } C_M = \int_F \omega^2 dF \tag{7.11}$$

J_x, J_y sind die Trägheitsmomente, C_M ist der Wölbwiderstand.

Würde man die Rechnung auf die Verschiebungen des Schwerpunktes (u_S, v_S) beziehen, vgl. B.7.5c, ist wegen

$$w = y \cdot v_S' - x \cdot u_S' + \omega_S \cdot \vartheta' \tag{7.12}$$

mit

$$M_x = -\int_F \sigma \cdot y \, dF = -EJ_x(v_S'' + x_M \vartheta'') \; ; \quad M_y = +\int_F \sigma \cdot x \, dF = -EJ_y(u_S'' + y_M \vartheta'') \tag{7.13}$$

$$M_\omega = -\int_F \sigma \cdot \omega_S \, dF = -EC_M \vartheta'' - x_M EJ_x v_S'' - x_M^2 EJ_x \vartheta'' - y_M EJ_y u_S'' - y_M^2 EJ_y \vartheta'' \tag{7.14}$$

zu rechnen; hierin ist berücksichtigt, daß die Querschnittsachsen x, y Hauptachsen sind:

$$R_{Sx} = -\int_F \omega_S \, y \, dF = -x_M J_x \; ; \quad R_{Sy} = -\int_F \omega_S \, x \, dF = +y_M J_y \tag{7.15}$$

$$C_S = C_M - x_M R_{Sx} + y_M R_{Sy} = C_M + x_M^2 J_x + y_M^2 J_y \tag{7.16}$$

Der Vergleich mit G.7.10 verdeutlicht die Vorteile, wenn mit den auf die Schubmittelpunktsachse bezogenen Ausbiegungen gerechnet wird. Im Schrifttum sind die Vorgehensweisen nicht einheitlich.-Die bezogene Änderung des Bimomentes und das ST'VENANTsche Drillmoment bauen das resultierende Drillmoment auf.

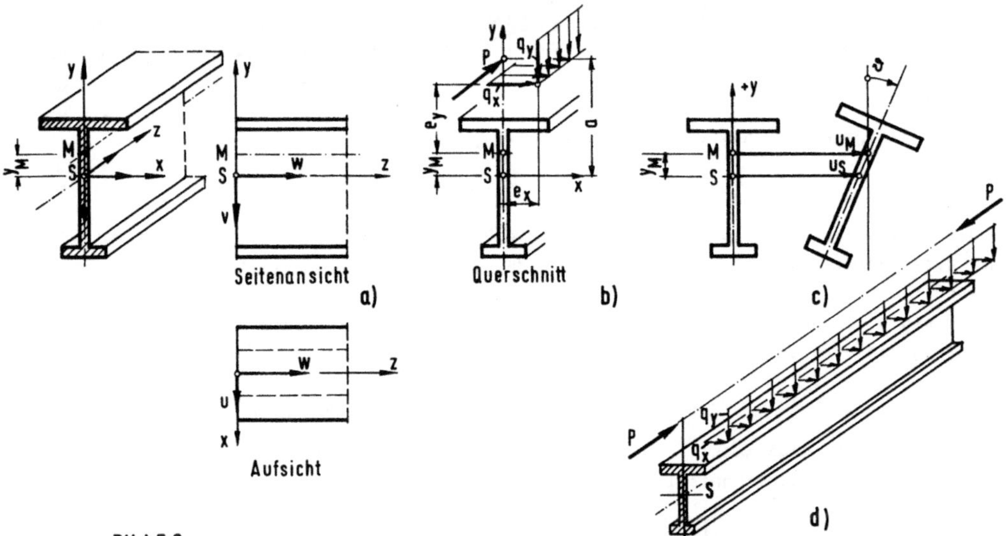

Bild 7.6

B.7.6 vermittelt einen Überblick über die vereinbarten Definitionen:

a) Einfach-symmetrischer Querschnitt mit den Achsen x, y, z und Verformungen u, v, w;

b) Druckkraft P am Hebelarm a (bezogen auf S) und Streckenlasten q_x, q_y in den Abständen

e_y, e_x (bezogen auf M);

c) Verknüpfung zwischen den seitlichen Verschiebungen von S und M:

$$u_S = u_M - y_M \vartheta \tag{7.17}$$

d) Allgemeiner Überblick; bezüglich der Randbedingungen werden zunächst keine Vereinbarungen getroffen.

7.2.2 Statische Herleitung der Grundgleichungen

In B.7.7a sind der um ϑ verdrehte Querschnitt an der Stelle z und daneben Aufsicht und Ansicht des Stabelementes dz im unverformten und verformten Zustand dargestellt, wobei im Falle der Bilder b und c zwei unterschiedliche Schnittrichtungen gewählt sind: Die eine Schnittrichtung verläuft transversal zur ursprünglichen Stabachse z und die andere normal zur lokalen Stabachse ζ. Das lokale Koordinatensystem im verformten Zustand wird zu ξ, η, ζ vereinbart. Die zugeordneten Schnittkräfte und -momente gehen aus den Definitionsfiguren hervor.

Die Gleichgewichtsgleichungen werden zunächst unter Bezug auf die x, y-Achsen (also für das ursprüngliche, unverformte System) formuliert und anschließend umgerechnet:

$$\Sigma K_z = 0: \quad L - (L + dL) = 0 : dL = 0 : L = -P \tag{7.18}$$

$$\Sigma K_x = 0: \quad T_y - (T_y + dT_y) - q_x dz = 0 : T_y' = -q_x \tag{7.19}$$

$$\Sigma M_y = 0: \quad M_y - (M_y + dM_y) + T_y dz - L \cdot du_S = 0 : M_y' = T_y + P u_S' \tag{7.20}$$

$$\Sigma K_y = 0: \quad T_x - (T_x + dT_x) - q_y dz = 0 : T_x' = -q_y \tag{7.21}$$

$$\Sigma M_x = 0: \quad M_x - (M_x + dM_x) + T_x dz - L \cdot dv_S = 0 : M_x' = T_x + P v_S' \tag{7.22}$$

(Die Gleichgewichtsgleichung $\Sigma M_z = 0$ wird später formuliert.) L ist die Längskraft (im Sinne einer Zugkraft), T_x und T_y sind die Transversalkräfte (vgl. Abschnitt 1.2.2.2). Die Schnittmomente M_x und M_y werden im folgenden in zwei Anteile gesplittet: Der eine erfaßt den Beitrag der Druckkraft P (Biegedrillknickung) und der andere die äußere Querbelastung q (Kippung):

$$M_x = M_{xP} + M_{xq}; \quad M_y = M_{yP} + M_{yq} \tag{7.23}$$

Die Schnittmomente werden auf das Achsenkreuz ξ, η umgerechnet. Aus B.7.7a liest man ab:

$$M_\xi = M_x - M_y \vartheta \qquad M_\eta = M_y + M_x \vartheta \tag{7.24}$$

Die Elastizitätsgesetze gelten im verformten Zustand unverändert:

$$M_x = M_\xi + M_\eta \vartheta = -EJ_x v'' \longrightarrow EJv'' = -M_\xi ; \; M_y = M_\eta - M_\xi \vartheta = -EJ_y u'' \longrightarrow EJ_y u'' = -M_\eta \tag{7.25}$$

$$EC_M \vartheta''' - GJ_D \vartheta' = -M_\zeta \tag{7.28}$$

Die Gleichungen G.7.24 und G.7.25 werden jeweils zweimal nach z differenziert und anschließend miteinander verknüpft:

$$EJ_x v'''' + M_x'' - (M_y \vartheta)'' = 0; \; EJ_y u'''' + M_y'' + (M_x \vartheta)'' = 0 \tag{7.29}$$

M_x und M_y werden gemäß G.7.23 in die aus P und q herrührenden Anteile gesplittet. Für

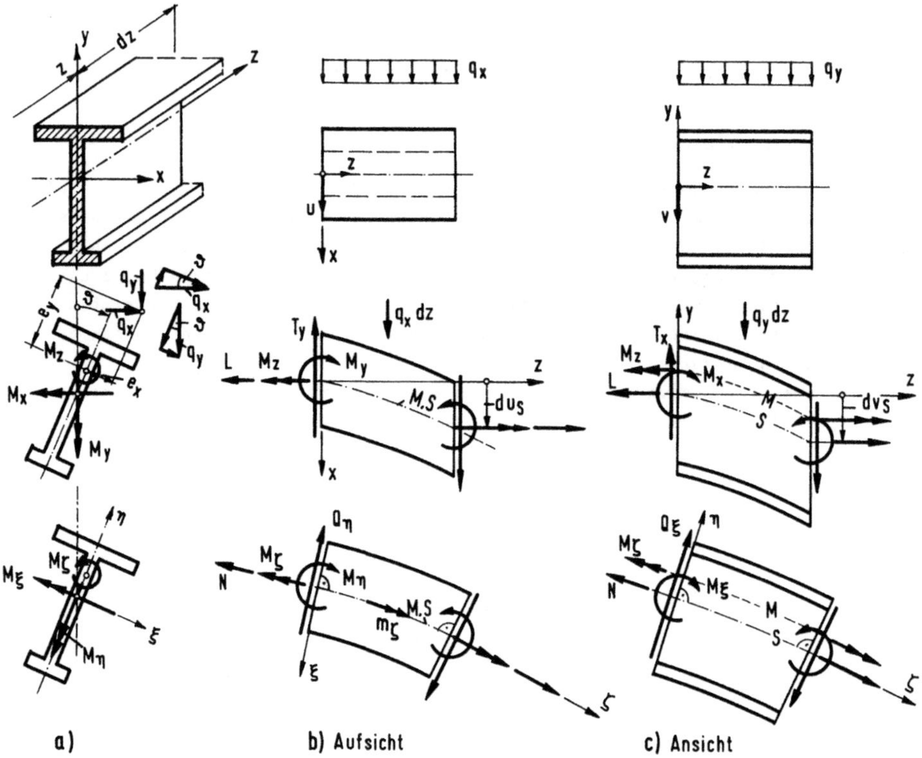

Bild 7.7

die Anteile infolge P gilt mit G.7.17:

$$M_{xP} = P(a+v)\;;\quad M''_{xP} = Pv''\quad (a:\text{konst.}) \tag{7.30}$$

$$M_{yP} = Pu_S = P(u - y_M\vartheta)\;;\quad M''_{yP} = P(u - y_M\vartheta)''\quad (y_M:\text{konst.}) \tag{7.31}$$

In die jeweils erste Gleichung wäre bei allgemeiner Randlagerung noch das Randmoment und die Randtransversalkraft (multipliziert mit z) aufzunehmen. Durch die zweimalige Differentiation nach z fallen diese Randterme heraus. - Die dritten Terme in G.7.29 ergeben:

$$(M_{yP}\vartheta)'' = [P(u-y_M\vartheta)\vartheta]'' \approx 0\;;\quad (M_{xP}\vartheta)'' = [P(a+v)\vartheta]'' \approx Pa\vartheta'' \tag{7.32}$$

Für G.7.29 folgt damit:

$$EJ_x v'''' + Pv'' - (M_y\vartheta)'' + M_x'' = 0 \tag{7.33}$$

$$EJ_y u'''' + Pu'' + P(a - y_M)\vartheta'' + (M_x\vartheta)'' + M_y'' = 0 \tag{7.34}$$

In diesen Gleichungen stehen jetzt M_x und M_y für M_{xq} und M_{yq}, sie erfassen also nur den Einfluß der äußeren Querbelastung; für diese gilt gemäß G.7.19/22:

$$M_x'' = -q_y\;;\quad (M_x\vartheta)'' = -q_y\vartheta + 2T_x\vartheta' + M_x\vartheta''\qquad \text{denn}\quad M_x' = T_x,\; M_x'' = -q_y \tag{7.35}$$

$$M_y'' = -q_x\;;\quad (M_y\vartheta)'' = -q_x\vartheta + 2T_y\vartheta' + M_y\vartheta''\qquad \text{denn}\quad M_y' = T_y,\; M_y'' = -q_x \tag{7.36}$$

Es verbleibt jetzt noch, die Gleichgewichtsgleichung um die ζ-Achse zu formulieren und mit dem Elastizitätsgesetz der Wölbkrafttorsion, G.7.28, zu verbinden. Für die differentielle Änderung des Drillmomentes gilt:

$$M'_\zeta = -EC_M\vartheta''' + GJ_D\vartheta'' \tag{7.37}$$

Diese Änderung setzt sich am Stabelement dz aus drei verschiedenen Beiträgen zusammen, zum einen aus Beiträgen infolge q_x und q_y und zum anderen aus zwei Anteilen, die dadurch zustandekommen, daß die infinitesimalen Querschnittselemente dF durch die Verbiegung und Verdrillung der Schubmittelpunktsachse Neigungsänderungen erfahren, wodurch infolge der (durch die äußeren Wirkungen eingeprägten) Normalspannungen

$$\sigma = \frac{P}{F} + \frac{Pa}{J_x}y + \frac{M_x}{J_x}y - \frac{M_y}{J_y}x\ ; \qquad M_x = M_{xq}(z),\ M_y = M_{yq}(z) \tag{7.38}$$

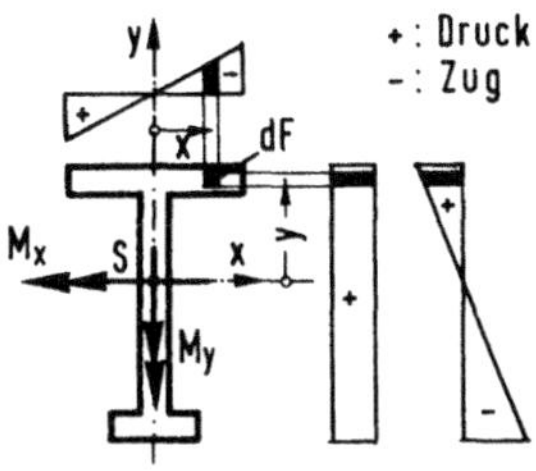

Bild 7.8

Komponenten entstehen, die in die Torsionsgleichgewichtsgleichungen am verformten Element eingehen:

$$M'_\zeta = M'_{\zeta 1} + M'_{\zeta 2} + M'_{\zeta 3} \tag{7.39}$$

Im Gegensatz zu G.7.8 ist die Spannung in G.7.38 eine Druckspannung.

1. Beitrag: Äußere Querbelastung q_x, q_y. Am Stabelement dz lautet die Gleichgewichtsgleichung (vgl. B.7.7a):

$$dM_{\zeta 1} + (q_x e_y - q_x\vartheta e_x + q_y e_x - q_y\vartheta e_y)dz = 0 \tag{7.40}$$

Hieraus folgt:

$$M'_{\zeta 1} = -q_x(e_y - e_x\vartheta) - q_y(e_x + e_y\vartheta) \tag{7.41}$$

2. Beitrag: Verbiegung der Schubmittelpunktsachse. In B.7.9b ist die räumliche Biegelinie dargestellt. Am Beispiel der seitlichen Ausbiegung u sind die unterschiedlichen Schrägstellungen der normal zur ζ-Achse stehenden Querschnittsebenen an den Stellen z und z+dz um den Winkel $u''\cdot dz$ angegeben (B.7.9c). In Richtung v beträgt die gegenseitige Winkeländerung $v''\cdot dz$. In Richtung der ζ-Achse und senkrecht dazu werden die in z-Richtung orientierten inneren Spannungsresultanten

$$\sigma\cdot dF \quad \text{bzw.} \quad (\sigma + \sigma' dz)dF$$

zerlegt. Die in den Querschnittsebenen liegenden Komponenten wirken an den Hebelarmen

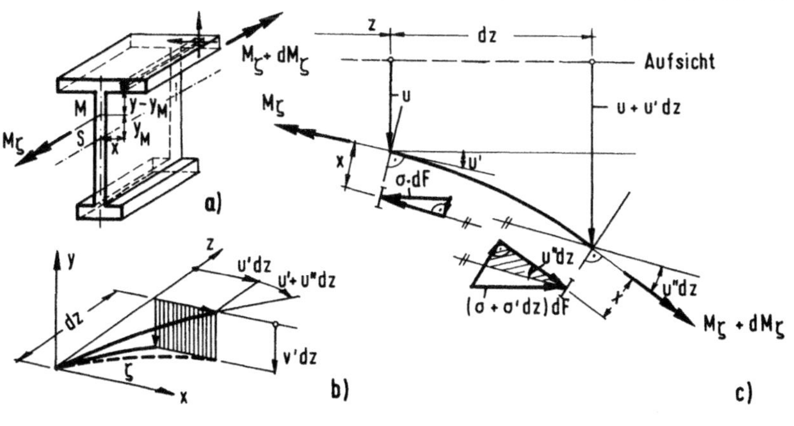

Bild 7.9

$y-y_M$ bzw. x, bezogen auf M. Sie trachten das Element zu verdrillen. Es muß daher folgende Gleichgewichtsgleichung bestehen (vgl. auch B.7.9a):

$$dM_{\zeta 2} - \int_F (\sigma + \sigma' dz) dF \cdot [u'' dz (y - y_M) + v'' dz\, x] = 0 \tag{7.42}$$

Nach Streichung der Zuwachsglieder höherer Kleinheitsordnung verbleibt:

$$M'_{\zeta 2} - \int_F \sigma [u''(y - y_M) + v'' x] dF = 0 \tag{7.43}$$

Für σ wird G.7.38 eingesetzt, der Integrand ausmultipliziert und gliedweise integriert. Die Rechnung ergibt unter Beachtung von G.7.4 und 7.11:

$$M'_{\zeta 2} = P u''(a - y_M) + M_x u'' - M_y v'' \tag{7.44}$$

3. Beitrag: Verdrillung der Schubmittelpunktsachse.

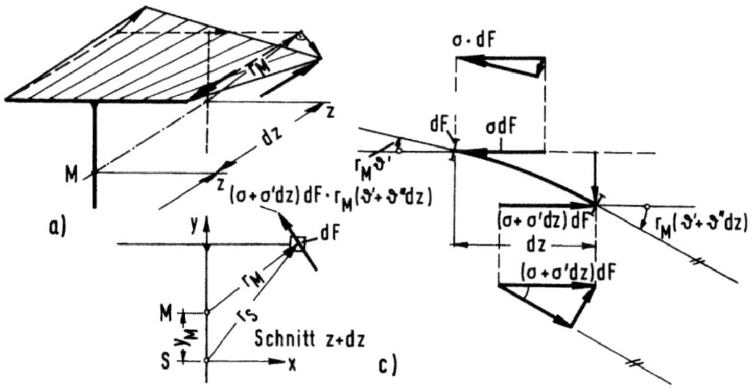

Bild 7.10

An der Stelle z beträgt die Drillung ϑ. An dieser Stelle erleiden sämtliche Querschnittselemente dF gegenüber der normal zur ζ-Achse orientierten Ebene die Schrägstellung:

$$r_M \vartheta' dz / dz = r_M \cdot \vartheta'$$

An der Schnittstelle z+dz beträgt dieser Winkel:

$$r_M \cdot (\vartheta' + \vartheta'' dz) dz / dz = r_M \cdot (\vartheta' + \vartheta'' dz)$$

r_M ist der radiale Abstand zwischen M und der betrachteten (durch dF verlaufenden) Faser. In B.7.10b ist die Faser dargestellt und zwar in Blickrichtung dF-M. Im Gegensatz zum Einfluß der Verbiegung der Schubmittelpunktsachse, wo nur der Querschnitt an der Stelle z+dz eine Schrägstellung gegenüber der ζ-Achse an der Stelle z erleidet, tritt hier eine Schrägstellung gegenüber der ζ-Achse sowohl an der Stelle z als auch an der Stelle z+dz ein. Die Gleichgewichtsgleichung für den dritten Beitrag lautet (vgl. B.7.10c):

$$dM_{\zeta 3} + \int_F \sigma dF \cdot r_M^2 \cdot \vartheta' - \int_F (\sigma + \sigma' dz) dF \cdot r_M^2 \cdot (\vartheta' + \vartheta'' dz) = 0 \tag{7.45}$$

Nach Streichung kleiner Glieder verbleibt:

$$M'_{\zeta 3} - \int_F (\sigma \cdot \vartheta')' r_M^2 \, dF = 0 \tag{7.46}$$

Aus B.7.10c liest man die Identitäten

$$r_M^2 = (y - y_M)^2 + x^2; \; r_S^2 = x^2 + y^2 \tag{7.47}$$

ab, hieraus folgt:

$$r_M^2 = r_S^2 - 2yy_M + y_M^2 \tag{7.48}$$

Für σ wird in G.7.46 G.7.38 eingesetzt und gliedweise integriert. Das ergibt mit G.7.48:

$$M'_{\zeta 3} = P\cdot(i_p^2 + y_M^2 + ar_x - a\cdot 2y_M)\vartheta'' + (r_x - 2y_M)(M_x\vartheta')' \tag{7.49}$$

Hierin bedeuten:

$$i_p^2 = \frac{J_p}{F} = \frac{1}{F}\int_F r_S^2\,dF = \frac{1}{F}\int_F (x^2 + y^2)dF \tag{7.50}$$

$$r_x = \frac{1}{J_x}\int_F y\,r_S^2\,dF = \frac{1}{J_x}\int_F y(x^2 + y^2)dF \tag{7.51}$$

Bei der Querschnittsgröße r_x handelt es sich um eine Neudefinition, r_x hat die Dimension einer Länge; bezüglich der Berechnung wird auf Anhang II.1 verwiesen.

Die Beiträge G.7.41, 7.44 und 7.49 werden gemäß G.7.39 zusammengefaßt und mit dem Elastizitätsgesetz, G.7.37, verknüpft; das liefert die dritte Grundgleichung:

$$\begin{aligned} &EC_M\vartheta'''' - GJ_D\vartheta'' + P(a - y_M)u'' + M_x u'' - M_y v'' + P[i_p^2 + y_M^2 + a(r_x - 2y_M)]\vartheta'' + \\ &+ (r_x - 2y_M)(M_x\vartheta')' - q_x(e_y - e_x\vartheta) - q_y(e_x + e_y\vartheta) = 0 \end{aligned} \tag{7.52}$$

Zusammenfassung (EJ_x, EJ_y, EC_M, GJ_D, P, a, y_M, r_x, i_p, e_x, e_y: konstant):

$$\left.\begin{aligned} &EJ_x v'''' + Pv'' - (M_y\vartheta)'' + M_x'' = 0 \\ &EJ_y u'''' + Pu'' + P(a - y_M)\vartheta'' + (M_x\vartheta)'' + M_y'' = 0 \\ &EC_M\vartheta'''' - GJ_D\vartheta'' + P[i_p^2 + y_M^2 + a(r_x - 2y_M)]\vartheta'' + (r_x - 2y_M)(M_x\vartheta')' + \\ &+ P(a - y_M)u'' + M_x u'' - M_y v'' - q_x(e_y - e_x\vartheta) - q_y(e_x + e_y\vartheta) = 0 \end{aligned}\right\} \tag{7.53}$$

Mit diesen Grundgleichungen ist jenes gekoppelte Differentialgleichungssystem für die Bezugsunbekannten u ($\equiv u_M$), v und ϑ hergeleitet, das Grundlage für die Lösung von Biegedrillknick- und Kipp-Problemen mit freier Drillachse ist. Bezüglich M_x und M_y wird an G.7.35/37 erinnert, hierbei handelt es sich i.allg. um variable Funktionen von z.

Im Sonderfall q=0 tritt eine gewisse Entkopplung ein (Biegedrillknickung):

$$EJ_x v'''' + Pv'' = 0 \tag{7.54}$$

$$EJ_y u'''' + Pu'' + P(a - y_M)\vartheta'' = 0$$

$$EC_M\vartheta'''' + \left\{P[i_M^2 + a(r_x - 2y_M)] - GJ_D\right\}\vartheta'' + P(a - y_M)u'' = 0 \tag{7.55}$$

Hierin bedeutet:

$$i_M^2 = i_p^2 + y_M^2 \tag{7.56}$$

Im Sonderfall P=0 (Kippung) wird aus G.7.24/25 u'' und v'' freigestellt und in G.7.52 eingesetzt. Damit erhält man eine entkoppelte Differentialgleichung für ϑ:

$$v'' = \frac{1}{EJ_x}(-M_x + M_y\vartheta); \quad u'' = \frac{1}{EJ_y}(-M_y - M_x\vartheta) \tag{7.57}$$

$$EC_M\vartheta'''' - GJ_D\vartheta'' + (r_x - 2y_M)(M_x\vartheta')' - \left[\frac{M_x^2}{EJ_y} + \frac{M_y^2}{EJ_x} - q_x e_x + q_y e_y\right]\vartheta = \frac{M_x M_y}{EJ_y}\left(1 - \frac{J_y}{J_x}\right) + q_x e_y + q_y e_x \tag{7.58}$$

Für $P \neq 0$ gelingt eine solche Entkopplung nicht.

Das Grundgleichungssystem G.7.53 kann mittels G.7.17 auf die Bezugsunbekannten u_S und v_S umgeformt werden. - Die Einrechnung einer variablen Druckkraft ist unschwer möglich, ebenfalls die Einrechnung von Vorverformungen.

7.2.3 Energetische Herleitung der Grundgleichungen

Das Potential der inneren Kräfte ist die gespeicherte Formänderungsarbeit:

$$\Pi_i = \frac{1}{2}\int_l (EJ_x v''^2 + EJ_y u''^2 + EC_M \vartheta''^2 + GJ_D \vartheta'^2)dz \qquad (7.59)$$

(vgl. Abschnitt 1.2.2.2.2)

Die potentielle Energie der äußeren Kräfte ist der Verlust an Arbeitsvermögen, den die Kräfte gegenüber dem unverformten Ausgangszustand erleiden. Wie in Abschnitt 1.2.2.2.4 erläutert, kann Π_a aus den Verschiebungen der inneren Spannungsresultanten berechnet werden, weil die inneren und äußeren Kräfte im Gleichgewicht stehen.

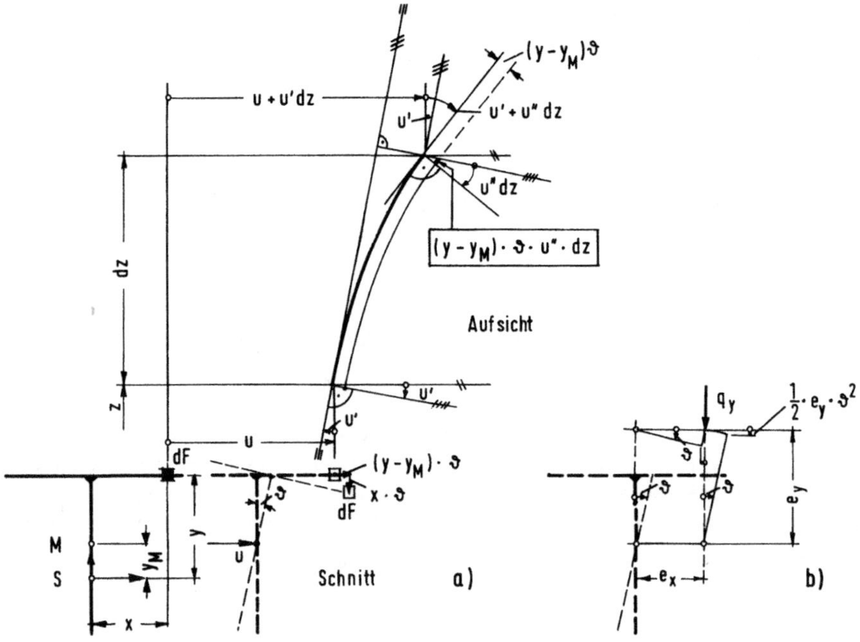

Bild 7.11

Um die lokale Verschiebung der Spannungsresultante $\sigma \cdot dF$ in der Faser x, y zu bestimmen, wird ihre Länge im Grundzustand und nach Eintreten der Verformungen u und v betrachtet. Im Grundzustand beträgt die Länge dz und im verformten Zustand:

$$\sqrt{dz^2 + (v'dz)^2 + (u'dz)^2}$$

Hierbei ist eine Quertranslation der Querschnitte angenommen. Dieser überlagert sich eine Drillung um die Schubmittelpunktsachse. Um die hiermit verbundene Längenänderung zu erfassen, hat man sich eine Drehachse vorzustellen, die mit der Tangente an die Schubmittelpunktsachse an der Stelle z identisch ist. Die Schubmittelpunktsachse hat im Schnitt z die Neigungen v' und u' und im Schnitt z+dz die Neigungen v'+v''dz und u'+u''dz. Im Schnitt z beträgt der Drillwinkel ϑ und bei Fortschreiten um dz: $\vartheta + \vartheta' dz$. Die Länge der Faser wird damit:

$$ds = \sqrt{\left\{\sqrt{dz^2 + (v'dz)^2 + (u'dz)^2} - [(y-y_M)\vartheta u''dz] - (x\vartheta v''dz)\right\}^2 + [(y-y_M)\vartheta' dz]^2 + (x\vartheta' dz)^2} \qquad (7.60)$$

Die Formulierung stützt sich auf den pytagoräischen Satz. Der erste Klammerterm folgt aus der Drehung ϑ der ungleich schrägen Schnitte an den Stellen z und z+dz. In B.7.11 sind die Verschiebungen $(y-y_M)\cdot\vartheta$ und $x\cdot\vartheta$ in der Querschnittsebene dargestellt. In der Aufsicht erkennt man den Beitrag:

$$(y-y_M)\vartheta u'' dz$$

Der zweite und dritte Term geben die Faserverlängerungen infolge der zusätzlichen Drillung $\vartheta' dz$ an, siehe auch B.7.10a. In beiden Fällen wird wieder eine translatorische Querverschiebung der Querschnittsebenen z und z+dz unterstellt, wobei deren gegenseitiger Abstand erhalten bleibt.
Durch Vergleich mit der ursprünglichen Länge dz ergibt sich nachfolgende bezogene Längung, wenn die Wurzel der G.7.60 mehrfach entwickelt wird:

$$\frac{ds-dz}{dz} = \frac{1}{2}v'^2 + \frac{1}{2}u'^2 + \frac{1}{2}(y-y_M)^2\vartheta'^2 + \frac{1}{2}x^2\vartheta'^2 - (y-y_M)\vartheta u'' - x\vartheta v'' \qquad (7.61)$$

Da die elastische Dehnung der Faser in G.7.59 erfaßt ist, ist bei der Formulierung von Π_a von einer dehnungslosen Faserverformung auszugehen: Die Spannungsresultante $\sigma\cdot dF$ erleidet eine Verschiebung in Richtung der ursprünglichen Stabachse, deren Betrag ist gleich G.7.61. Damit folgt $\Pi_a^{(1)}$ zu:

$$\Pi_a^{(1)} = -\int_l\int_F \sigma\left\{\frac{1}{2}v'^2 + \frac{1}{2}u'^2 + \frac{1}{2}[(y-y_M)^2 + x^2]\vartheta'^2 - [(y-y_M)u'' + xv'']\vartheta\right\} dF\,dz \qquad (7.62)$$

Für σ wird

$$\sigma = \frac{P}{F} + \frac{Pa}{J_x}y + \frac{M_x}{J_x}y - \frac{M_y}{J_y}x \qquad \text{(vgl. 7.38)}$$

eingesetzt und gliedweise integriert. Diese Rechnung ergibt:

$$\Pi_a^{(1)} = -\frac{1}{2}\int_l\Big\{P[v'^2 + u'^2 + (i_p^2 + y_M^2)\vartheta'^2 + 2y_M u''\vartheta] + Pa[(r_x - 2y_M)\vartheta'^2 - 2u''\vartheta] +$$
$$+ (r_x - 2y_M)M_x\vartheta'^2 - 2(M_x u'' - M_y v'')\vartheta\Big\}dz \qquad (7.63)$$

Bei der Bildung der Flächenintegrale werden die Gleichungen G.7.4 und 7.11 berücksichtigt.-
Die orthogonal zur z-Achse wirkenden Querlasten q erleiden folgende Energieverluste (vgl. B.7.11b):

$$\Pi_a^{(2)} = -\int_l (q_y v + q_x u)dz - \int_l [q_y(e_x\vartheta + \frac{1}{2}e_y\vartheta^2) + q_x(e_y\vartheta - \frac{1}{2}e_x\vartheta^2)]dz \qquad (7.64)$$

Die Potentialanteile (G.7.59, 7.63 und 7.64) werden addiert:

$$\Pi = \int_l \frac{1}{2}\Big\{EC_M\vartheta''^2 + [GJ_D - P(i_p^2 + y_M^2) - Pa(r_x - 2y_M) - (r_x - 2y_M)M_x]\vartheta'^2 +$$
$$+ 2P(a - y_M)u''\vartheta + 2(M_x u'' - M_y v'')\vartheta + EJ_x v''^2 + EJ_y u''^2 - P(v'^2 + u'^2) -$$
$$-2(q_y v + q_x u) - (q_y e_y - q_x e_x)\vartheta^2 - 2(q_y e_x + q_x e_y)\vartheta\Big\}dz \qquad (7.65)$$

Die potentielle Energie ist eine Funktion der Bezugsverformungen u, v und ϑ. Gemäß dem Prinzip der virtuellen Verrückung ist die Postulierung des Gleichgewichts mit

$$\delta\Pi = 0 \qquad (7.66)$$

identisch, was mit der Erfüllung der EULERschen Gleichungen

$$\left(\frac{\partial F}{\partial v''}\right)'' - \left(\frac{\partial F}{\partial v'}\right)' + \frac{\partial F}{\partial v} = 0, \quad \left(\frac{\partial F}{\partial u''}\right)'' - \left(\frac{\partial F}{\partial u'}\right)' + \frac{\partial F}{\partial u} = 0, \quad \left(\frac{\partial F}{\partial \vartheta''}\right)'' - \left(\frac{\partial F}{\partial \vartheta'}\right)' + \frac{\partial F}{\partial \vartheta} = 0 \qquad (7.67)$$

gleichwertig ist (vgl. Anhang I). F steht für den Integranden der G.7.65. Führt man die Differentiationsvorschriften aus, findet man das Grundgleichungssystem G.7.53 nach kurzer Zwischenrechnung bestätigt.
Möglich ist auch eine Variation des Potentials gemäß

$$\delta\Pi = \delta\int_l F\,dz = \int_l \delta F\,dz = \int_l \Big\{ \frac{\partial F}{\partial v}\delta v + \frac{\partial F}{\partial v'}\delta v' + \frac{\partial F}{\partial v''}\delta v'' + \frac{\partial F}{\partial u}\delta u + \frac{\partial F}{\partial u'}\delta u' + \frac{\partial F}{\partial u''}\delta u'' + \frac{\partial F}{\partial \vartheta}\delta\vartheta + \frac{\partial F}{\partial \vartheta'}\delta\vartheta' + \frac{\partial F}{\partial \vartheta''}\delta\vartheta'' \Big\} dz = 0 \tag{7.68}$$

Die Differentiationen werden ausgeführt und anschließend die Terme solange partiell integriert, bis die unabhängigen Variationen δv , δu und $\delta\vartheta$ freigestellt sind.
Auch durch diese Rechnung lassen sich die Grundgleichungen bestätigen; außerdem fallen drei Randterme an:

$$EJ_x v''\cdot\delta v' - Pv'\cdot\delta v - EJ_x v'''\cdot\delta v - M_y\vartheta\cdot\delta v' + (M_y\vartheta)'\cdot\delta v \Big|_0^l = 0$$

$$EJ_y u''\cdot\delta u' - Pu'\cdot\delta u - EJ_y u'''\cdot\delta u + M_x\vartheta\,\delta u' - (M_x\vartheta)'\cdot\delta u - P(a-y_M)\vartheta'\cdot\delta u + P(a-y_M)\vartheta\,\delta u' \Big|_0^l = 0 \tag{7.69}$$

$$EC_M\vartheta''\cdot\delta\vartheta' - EC_M\vartheta'''\cdot\delta\vartheta + [GJ_D - P(i_p^2 + y_M^2) - Pa(r_x - 2y_M) - (r_x - 2y_M)M_x]\vartheta'\cdot\delta\vartheta \Big|_0^l = 0$$

Es ist zu prüfen, ob alle realisierbaren Lagerungen so beschaffen sind, daß diesen Randtermen genügt wird. Hierzu werden die Terme geordnet.

$$(EJ_x v'' - M_y\vartheta)\cdot\delta v' \Big|_0^l + [-EJ_x v''' + (M_y\vartheta)' - Pv']\cdot\delta v \Big|_0^l = 0 \tag{7.70}$$

$$[EJ_y u'' + M_x\vartheta + P(a-y_M)\vartheta]\cdot\delta u' \Big|_0^l + [-EJ_y u''' - (M_x\vartheta)' - Pu' - P(a-y_M)\vartheta']\cdot\delta u \Big|_0^l = 0 \tag{7.71}$$

$$EC_M\vartheta''\cdot\delta\vartheta' \Big|_0^l + \Big\{ -EC_M\vartheta''' + GJ_D\vartheta' - [P(i_p^2 + y_M^2) + Pa(r_x - 2y_M) + (r_x - 2y_M)M_x]\vartheta' \Big\}\cdot\delta\vartheta \Big|_0^l = 0 \tag{7.72}$$

Bezogen auf das Koordinatensystem x, y betragen die Biegungsmomente, Quer- und Transversalkräfte:

$$M_x = -EJ_x v'' + M_y\vartheta \;;\; Q_x = -EJ_x v''' + (M_y\vartheta)' \tag{7.73}$$

$$T_x = Q_x - Pv' = -EJ_x v''' + (M_y\vartheta)' - Pv' \tag{7.74}$$

$$M_y = -EJ_y u'' - M_x\vartheta \;;\; Q_y = -EJ_y u''' - (M_x\vartheta)' \tag{7.75}$$

$$T_y = Q_y - Pu' = -EJ_y u''' - (M_x\vartheta)' - Pu' \tag{7.76}$$

Hiermit lauten die Randterme der G.7.70/71:

$$-M_x\delta v' \Big|_0^l + T_x\cdot\delta v \Big|_0^l = 0 \tag{7.77}$$

$$[-M_y + P(a-y_M)\vartheta]\cdot\delta u' \Big|_0^l + [T_y - P(a-y_M)\vartheta']\cdot\delta u \Big|_0^l = 0 \tag{7.78}$$

Die Glieder

$$-P(a-y_M)\vartheta \quad \text{und} \quad -P(a-y_M)\vartheta'$$

sind das Randbiegungsmoment bzw. die Randquerkraft der exzentrischen Druckkraft P.
Der Randterm G.7.72 lautet:

$$-M_\omega\delta\vartheta' \Big|_0^l + \Big\{ M_\zeta - [P(i^2 + y_M^2) + Pa(r_x - 2y_M) + (r_x - 2y_M)M_x]\vartheta' \Big\}\delta\vartheta \Big|_0^l = 0 \tag{7.79}$$

Wie man sich überzeugt, werden die Randterme für sämtliche Randlagerungskombinationen identisch erfüllt, vgl. Abschnitt 1.2.2.2.3 und B.1.10. Damit ist die Herleitung der Grundgleichungen G.7.53 aus $\delta\Pi = 0$ schlüssig bewiesen.

7.2.4 Randbedingungen

Wie an früherer Stelle ausgeführt, werden geometrische (natürliche) und dynamische (künstliche) Randbedingungen unterschieden. Bezüglich Biegung um die y-Achse und Drillung um die z-Achse lauten die geometrischen Randbedingungen:

$$\begin{aligned} u &= 0 \quad \text{Verschiebung : Null} \\ \vartheta &= 0 \quad \text{Drillung : Null} \\ u' &= 0 \quad \text{Verdrehung : Null (Biegeeinspannung)} \\ \vartheta' &= 0 \quad \text{Verwindung : Null (Wölbeinspannung)} \end{aligned} \tag{7.80}$$

Die dynamischen Randbedingungen lauten (G.7.78/79 und G.7.75/76/9/28):

$$\begin{aligned} &1)\quad -M_{yR} + P(a-y_M)\vartheta_R = EJ_y u_R'' + (M_x\vartheta)_R + P(a-y_M)\vartheta_R = 0 \\ &2)\quad T_{yR} - P(a-y_M)\vartheta_R' = -EJ_y u_R''' - (M_x\vartheta)_R' - Pu_R' - P(a-y_M)\vartheta_R' = 0 \\ &3)\quad -M_{\omega R} = EC_M\vartheta_R'' = 0 \\ &4)\quad M_{\zeta R} - P[(i_p^2+y_M^2) + a(r_x-2y_M) + (r_x-2y_M)M_x]_R\vartheta_R' = \\ &\qquad = -EC_M\vartheta_R''' + GJ_D\vartheta_R' - P[(i_p^2+y_M^2) + a(r_x-2y_M) + (r_x-2y_M)M_x]_R\vartheta_R' = 0 \end{aligned} \tag{7.81}$$

(Der Index R bedeutet Rand.) - Bei Biege-, Senk-, Wölb- oder Drillfederungen sind die Federreaktionen als Funktionen von u', u, ϑ' und ϑ einzuführen.

7.3 Erweiterung der Grundgleichungen für elastische Bettung

Es wird eine senk- und drehfederelastische Stützung angesetzt. B.7.12 symbolisiert die Lagerung. Die Federwerte sind konstant: c_x, c_y, c_ϑ. Die Federn können (im Gegensatz zu B.7.12) auch an unterschiedlichen Stellen am Träger angeschlossen sein.
In die im Abschnitt 7.2 abgeleiteten Grundgleichungen sind die in B.7.12c dargestellten Stützreaktionen über die Gleichgewichtsgleichungen bzw. über deren potentielle Energie aufzunehmen.

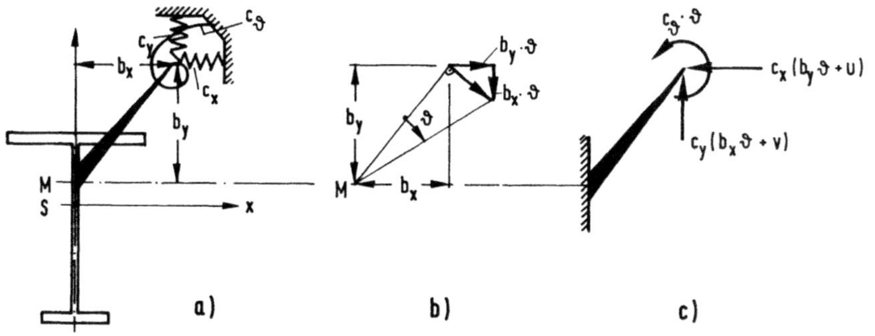

Bild 7.12

Das gekoppelte Differentialgleichungssystem lautet:

$$\begin{aligned} &EJ_x v'''' + Pv'' - (M_y\vartheta)'' + M_x'' + c_y(v + b_x\vartheta) = 0 \\ &EJ_y u'''' + Pu'' + P(a-y_M)\vartheta'' + (M_x\vartheta)'' + M_y'' + c_x(u + b_y\vartheta) = 0 \\ &\qquad M_x'' = -q_y;\ (M_x\vartheta)'' = -q_y\vartheta + 2T_x\vartheta' + M_x\vartheta'';\ M_y'' = -q_x;\ (M_y\vartheta)'' = -q_x\vartheta + 2T_y\vartheta' + M_y\vartheta'' \\ &EC_M\vartheta'''' - GJ_D\vartheta'' + P[i_p^2 + y_M^2 + a(r_x - 2y_M)]\vartheta'' + (r_x - 2y_M)(M_x\vartheta)' + P(a-y_M)u'' + M_x u'' - M_y v'' \\ &+ c_x b_y(u + b_y\vartheta) + c_y b_x(v + b_x\vartheta) + c_\vartheta\vartheta - q_x(e_y - e_x\vartheta) - q_y(e_x + e_y\vartheta) = 0 \end{aligned} \tag{7.82}$$

Für die Sonderfälle q=0 und P=0 lassen sich die Gleichungen, analog zu G.7.55 und G.7.58, entkoppeln.

Um das Potential abzuleiten, ist in G.7.59 der Beitrag

$$\Pi_{i,c} = \int_l \frac{1}{2}[c_x(u + b_y\vartheta)^2 + c_y(v + b_x\vartheta)^2 + c_\vartheta\vartheta^2]\,dz \qquad (7.83)$$

aufzunehmen (vgl. B.7.12); er setzt sich aus den Formänderungsarbeiten der Verschiebungsfedern und der Drehfeder zusammen. - Das Potential lautet:

$$\begin{aligned}\Pi = \int_l \frac{1}{2}\Big\{ & EC_M\vartheta''^2 + [GJ_D - P(i_p^2 + y_M^2) - Pa(r_x - 2y_M) - (r_x - 2y_M)M_x]\vartheta'^2 + \\ & + 2P(a - y_M)u''\vartheta + 2(M_xu'' - M_yv'')\vartheta + EJ_xv''^2 + EJ_yu''^2 - P(v'^2 + u'^2) - \\ & + c_x(u + b_y\vartheta)^2 + c_y(v + b_x\vartheta)^2 + c_\vartheta\vartheta^2 - \\ & - 2(q_yv + q_xu) - (q_ye_y - q_xe_x)\vartheta^2 - 2(q_ye_x + q_xe_y)\vartheta\Big\}\,dz\end{aligned} \qquad (7.84)$$

Die Randbedingungen sind mit G.7.80/81 identisch.

7.4. Erweiterung der Grundgleichungen für Stäbe mit gebundener Drillachse und elastischer Bettung

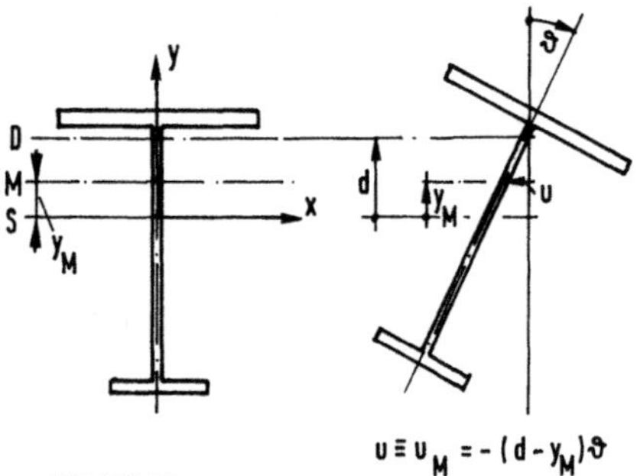

Bild 7.13

Bei durchgehender scharnierartiger Halterung entlang der Achse D (im Abstand d von der Schwerachse S) liegt eine gebundene Drillung vor. In der Ebene des Steges ist die Durchbiegung unbehindert, quer dazu ist der Träger in Höhe der Achse D unverschieblich. Die Bezugsverformungen u und ϑ der freien Drillung sind nunmehr untereinander gekoppelt (B.7.13); im folgenden wird mit ϑ als Bezugsunbekannte gerechnet. Die kinematische Kopplung lautet:

$$u_M = (y_M - d)\vartheta \qquad (7.85)$$

Die federelastischen Stützungen entsprechen B.7.12.

Die erste Gleichung des Grundgleichungssystems (G.7.82) gilt unverändert, in die zweite und dritte wird G.7.85 eingesetzt:

$$EJ_xv'''' + Pv'' - (M_y\vartheta)'' + M_x'' + c_y(v + b_x\vartheta) = 0 \qquad (7.86)$$

$$EJ_y(y_M - d)\vartheta'''' + P(a - d)\vartheta'' + (M_x\vartheta)'' + M_y'' + c_x(y_M - d + b_y)\vartheta = 0 \qquad (7.87)$$

$$\begin{aligned}& EC_M\vartheta'''' - GJ_D\vartheta'' + (r_x - 2y_M)(M_x\vartheta')' + M_x(y_M - d)\vartheta'' + \\ & + P[i_p^2 + a(r_x - d) + y_M(d - a)]\vartheta'' - M_yv'' + c_xb_y(y_M - d + b_y)\vartheta + \\ & + c_yb_x(v + b_x\vartheta) + c_\vartheta\vartheta - q_x(e_y - e_x\vartheta) - q_y(e_x + e_y\vartheta) = 0\end{aligned} \qquad (7.88)$$

G.7.87 wird mit $(y_M - d)$ durchmultipliziert und in G.7.88 eingesetzt; diese Verknüpfung ergibt eine Gleichung, die nur noch v und ϑ enthält:

$$\begin{aligned}& [EC_M + EJ_y(y_M - d)^2]\vartheta'''' - GJ_D\vartheta'' + (r_x - 2d)(M_x\vartheta')' + (y_M - d)M_x''\vartheta + \\ & + P[i_p^2 + ar_x + d(d - 2a)]\vartheta'' - M_yv'' + c_x(y_M - d + b_y)^2\vartheta + c_yb_x(v + b_x\vartheta) + c_\vartheta\vartheta - \\ & - q_x(y_M - d) - q_x(e_y - e_x\vartheta) - q_y(e_x + e_y\vartheta) = 0\end{aligned} \qquad (7.89)$$

Mit G.7.86 und 7.89 ist das Grundgleichungssystem abgeleitet.

Die Potentialgleichung G.7.84 wird ebenfalls mit G.7.85 umgeformt:

$$\Pi = \int_l \frac{1}{2}\Big\{[EC_M + EJ_y(y_M - d)^2]\vartheta''^2 + [GJ_D - (r_x - 2y_M)M_x]\vartheta'^2 - P[i_p^2 + y_M^2 + a(r_x - 2y_M) + (y_M - d)^2]\vartheta'^2 +$$
$$+ 2M_x(y_M - d)\vartheta''\vartheta' + P2[a(y_M - d) - y_M(y_M - d)]\vartheta''\vartheta' - 2M_y v''\vartheta + EJ_x v''^2 - Pv'^2 - 2q_y v +$$
$$+ c_x(y_M - d + b_y)^2\vartheta^2 + c_y(v + b_x\vartheta)^2 + c_\vartheta\vartheta^2 -$$
$$- 2q_x(y_M - d)\vartheta - (q_y e_y - q_x e_x)\vartheta^2 - 2(q_y e_x + q_x e_y)\vartheta\Big\} dz \qquad (7.90)$$

Mittels der Differentiationsvorschriften der EULERschen Gleichungen (G.7.67) lassen sich die Grundgleichungen 7.86 und 7.89 bestätigen. Die Variation gemäß G.7.68 liefert die dynamischen Randbedingungen:

$$[EC_M + EJ_y(y_M - d)^2]\vartheta_R'' + [P(a - y_M) + M_{xR}](y_M - d)\vartheta_R = 0 \qquad (7.91)$$

$$-[EC_M + EJ_y(y_M - d)^2]\vartheta_R''' + GJ_D\vartheta_R' - P[i_p^2 + y_M^2 + ar_x - y_M(d + a) + d(d - a)]\vartheta_R'$$
$$- (r_x - 2y_M)M_x\vartheta_R' - (y_M - d)(M_x\vartheta)_R' = 0 \qquad (7.92)$$

7.5 Anmerkungen zur Lösung von Verzweigungsproblemen

Die elasto-statische Theorie ist weit entwickelt. In Ergänzung zu [0.6-0.8, 0.11, 0.12] wird auf [7.16-7.36] und das im folgenden zitierte Schrifttum verwiesen.

Die Lösung allgemeiner Biegedrillknick- und Kipp-Probleme ist schwierig. Der Grund hierfür sind die in den gekoppelten Differentialgleichungen

$$L_u[u, \vartheta] = 0, \quad L_\vartheta[u, \vartheta] = 0 \qquad (7.93)$$

bzw. im Potential

$$\Pi = \Pi[u, \vartheta] \qquad (7.94)$$

auftretenden, von der unabhängigen Längskoordinate z abhängigen Koeffizienten. Beispielsweise beträgt M_x für eine Gleichlast q_0:

$$M_x = q_0(l - z)z/2 \qquad (7.95)$$

Außerdem sind (von der Gabellagerung abgesehen) die Randbedingungen als Funktion der Bezugsunbekannten u und ϑ recht verwickelt aufgebaut. Die meisten Probleme sind daher einer im mathematischen Sinne strengen analytischen Lösung nicht zugänglich. Approximative Lösungsverfahren haben daher eine große Bedeutung; hierfür stehen zur Verfügung:

a) Lösung der Differentialgleichungen mittels Reihenansätzen [7.1, 7.37-7.40];
b) Überführung der Differentialgleichungen und Randbedingungen in Differenzenform [7.41, 7.42];
c) Lösung der Differentialgleichungen mittels numerischer Integrationsverfahren, z.B. nach RUNGE/KUTTA/NYSTRÖM/ZURMÜHL. UNGER [7.34] entwickelte, hierauf aufbauend, ein numerisches Lösungsverfahren für Computereinsatz als modifiziertes Verfahren der Übertragungsmatrizen;
d) Lösung mittels der direkten Variationsmethoden
   d1) nach GALERKIN:

$$\int_l L_u[u, \vartheta]\cdot\delta u = 0, \quad \int_l L_\vartheta[u, \vartheta]\cdot\delta\vartheta = 0 \qquad (7.96)$$

   d2) nach RAYLEIGH/RITZ:

$$\delta\Pi[u, \vartheta] = 0 \qquad (7.97)$$

Weiter wird auf die Lösung nach der Integralgleichungsmethode hingewiesen [3.16] und die damit zusammenhängende Lösung im Sinne von ENGESSER-VIANELLO [7.43]. (Für Kippbiegungsprobleme Th.II.Ordn. ist das Gesamtschritt-Iterationsverfahren geeignet, siehe Abschnitt

7.16.3.)

Die Lösungsmethode nach GALERKIN ist bislang für Biegedrillknick- und Kipp-Probleme nur selten zur Anwendung gekommen. Das beruht wohl auf der Notwendigkeit, den Randbedingungen durch die Koordinatenfunktionen aufnahmslos streng zu genügen (Abschnitt 1.2.4.3). In den Abschnitten 7.6.4 und 7.9.3 bis 7.9.5 werden nach diesem Verfahren eine größere Zahl baupraktisch relevanter Probleme gelöst und diagrammäßig aufbereitet.
Am meisten verbreitet wurde bislang die Variationsmethode nach RAYLEIGH/RITZ für die Lösung von Verzweigungsproblemen eingesetzt; gewisse Verletzungen der dynamischen Randbedingungen sind möglich, die Güte der Lösungen bleibt dabei indes vielfach unbekannt. Die Verwendung HERMITischer Polynome als Koordinatenfunktionen hat sich als wirkungsvolle Lösungsvariante erwiesen [0.12].

Die Aufbereitung einfacher, baupraktisch unmittelbar verwertbarer Rechenbehelfe ist wegen der Parametervielfalt schwierig. Ein gewisser Rechenaufwand haftet allen Nachweisformen an. Dieser wird auch durch die Berechnung der Querschnittswerte y_M, C_M, r_x usf. verursacht. Auf die Formelsammlung zur Wölbkrafttorsion im Anhang II.2 wird hingewiesen.

Die Untersuchung von Instabilitätsproblemen gedrückter und gebogener Stäbe und Träger als kombinierte Knick-Kipp-Beul-Probleme unter Aufgabe der Voraussetzung der Querschnittstreue ist durch den Einsatz elektronischer Rechenanlagen möglich geworden. Derartige Untersuchungen lassen das reale Tragverhalten deutlich werden und interessieren vorrangig vom Sicherheitsstandpunkt. Es wird auf zweierlei Weise vorgegangen:

a) Auflösung der Träger in Plattenstreifen [7.44-7.49] oder in finite Elemente [7.50-7.53];
b) Behandlung nach der Energiemethode als Variationsproblem nach RAYLEIGH/RITZ, wobei Beiträge aus der Profil-Querverformung sowie lokale und globale Beulverformungen in die potentielle Energie einbezogen werden [7.54-7.56]. - Auch lassen sich höhere Verwölbungsanteile aus den Biege- und Wölbschubspannungen auf diese Weise erfassen.

Aus den Untersuchungen ist deutlich geworden, daß mit größeren Abweichungen (mit der Tendenz eines geringeren Tragvermögens) unter folgenden Umständen zu rechnen ist: a) je dünner und höher (also je schlanker) der Trägersteg ist, b) je drillsteifer die Gurte sind (insbesondere bei Hohlquerschnitten), c) je kürzer der Träger ist, d) je höher die aussteifende Wirkung einer drill- oder seitenelastischen Bettung ist und e) je höher die stabilisierende Wirkung durch eine gebundene Drillachse ist. Die Abweichungen können beträchtlich sein. Es ist daher angebracht, die Zulässigkeit der linearisierten Theorie des querschnittstreuen Druckstabes und Kippträgers in jedem Falle zu prüfen bzw. durch konstruktive Maßnahmen sicherzustellen. Das gilt in besonderem Maße für die dünnwandigen Profile des Leichtbaues (Metalleichtbau, Blechbauweise, Leichtmetallbau).

7.6 Biegedrillknicken zentrisch und exzentrisch gedrückter Stäbe mit freier Drillachse

7.6.1 Berechnungsformeln

Ausgehend von dem gekoppelten Grundgleichungssystem G.7.55 werden Berechnungsformeln für querbelastungsfreie Druckstäbe mit gegengleicher Exzentrizität a zusammengestellt.

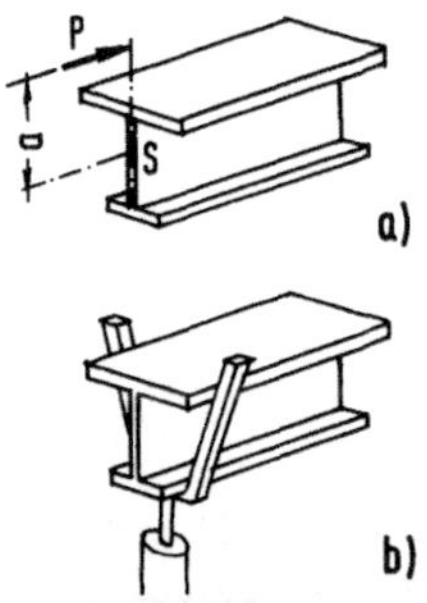

Bild 7.14

Fall 1: Beidseitige Gabellagerung

B.7.14 verdeutlicht die Lagerungsform; Verschiebungen und Verdrillungen werden am Auflager verhindert, Biegedrehungen und Verwölbungen können sich frei einstellen. Die Randbedingungen lauten demgemäß (beschränkt auf die Bezugsverformungen u und ϑ, vgl. G.7.80/81):

$$u=0,\ \vartheta=0,\ M_y=M_\eta=0:u''=0,\ M_\omega=0:\vartheta''=0 \qquad (7.98)$$

Diesen Randbedingungen genügen die Ansätze

$$u=a\cdot\sin\pi\frac{z}{l},\quad \vartheta=b\cdot\sin\pi\frac{z}{l} \qquad (7.99)$$

für die gekoppelten Eigenformen u und ϑ. Die Ansätze werden in G.7.55 eingesetzt und geordnet, das liefert zwei Gleichungen für a und b. Den Grundgleichungen wird für jeden Wert von z genügt:

a	b	
$EJ_y(\frac{\pi}{l})^2 - P$	$-P(a - y_M)$	$= 0$
$-P(a - y_M)$	$EC_M(\frac{\pi}{l})^2 - P[i_M^2 + a(r_x - 2y_M)] + GJ_D$	$= 0$

(7.100)

Das Gleichungssystem ist homogen, Indifferenzkriterium ist demgemäß Det=0; die Koeffizientendeterminante von G.7.100 wird Null gesetzt:

$$\left(\frac{P_E}{P} - 1\right)\left(\frac{P_D}{P} - 1\right) - \frac{(a - y_M)^2}{i_M^2 + a(r_x - 2y_M)} = 0 \qquad (7.101)$$

P_E und P_D stehen für:

$$P_E = \frac{\pi^2 EJ_y}{l^2}; \quad P_D = \frac{1}{i_M^2 + a(r_x - 2y_M)}\left[EC_M\left(\frac{\pi}{l}\right)^2 + GJ_D\right] \qquad (7.102)$$

G.7.101 ist die Knickgleichung des Problems. Es handelt sich hierbei um eine algebraische Gleichung zweiten Grades.

Im Sonderfall doppeltsymmetrischer Querschnitte (y_M=0, r_x=0, i_M=i_p) und zentrischem Druck (a=0) verkürzt sich G.7.101 zu:

$$\left(\frac{P_E}{P} - 1\right)\left(\frac{P_D}{P} - 1\right) = 0 \qquad (7.103)$$

mit:

$$P_E = \frac{\pi^2 EJ_y}{l^2}; \quad P_D = \frac{1}{i_p^2}\left[EC_M\left(\frac{\pi}{l}\right)^2 + GJ_D\right] \qquad (7.104)$$

Lösungen von G.7.103:

$$P_{Ki} = P_E : \text{Biegeknicken um die y-Achse}$$
$$P_{Ki} = P_D : \text{Drillknicken} \qquad (7.105)$$

Es sind somit zwei Verzweigungsformen möglich; Kriterium für reines Drillknicken:

$$P_D / P_E \leq 1 \qquad (7.106)$$

Diese Bedingung ist gleichwertig mit:

$$c \leq i_p \qquad (7.107)$$

c ist eine Abkürzung mit der Benennung: "Drehradius des Querschnittes":

$$c^2 = \frac{C_M}{J_y} + \frac{l^2}{\pi^2} \cdot \frac{GJ_D}{EJ_y} \qquad (7.108)$$

Um G.7.107/108 abzuleiten, wird G.7.104 in 7.106 eingesetzt. Daß es sich bei den Lösungen G.7.106 um reines Biegeknicken bzw. reines Drillknicken handelt, erkennt man aus den Grundgleichungen G.7.55, die in dem hier behandelten Sonderfall in zwei entkoppelte Gleichungen zerfallen. Es ist somit im Nachweisfalle mittels des Kriteriums G.7.107 zu prüfen, ob P_E oder P_D maßgebend ist. Aus der Gleichsetzung c=i_p läßt sich jene Stablänge berechnen, unterhalb derer Drillknicken maßgebend ist:

$$l = \pi\sqrt{\left(i_p^2 - \frac{C_M}{J_y}\right) \cdot \frac{EJ_y}{GJ_D}}$$

Beispiel: IPE 300 : l=180,6 cm. - Für wölbfreie Querschnitte (C_M=0) gilt:

$$l = \pi \cdot i_p \sqrt{\frac{EJ_y}{GJ_D}}$$

Im Falle einfachsymmetrischer Querschnitte und zentrischem Druck (a=0) lautet G.7.101:

$$\left(\frac{P_E}{P}-1\right)\left(\frac{P_D}{P}-1\right)-\left(\frac{y_M}{i_M}\right)^2=0 \tag{7.109}$$

mit:

$$P_E=\frac{\pi^2 EJ_y}{l^2};\quad P_D=\frac{1}{i_M^2}\left[EC_M\left(\frac{\pi}{l}\right)^2+GJ_D\right] \tag{7.110}$$

Lösung:

$$\frac{1}{P_{Ki}}=\frac{1}{2}\left[\frac{1}{P_E}+\frac{1}{P_D}(\pm)\sqrt{\left(\frac{1}{P_E}-\frac{1}{P_D}\right)^2+\frac{4}{P_E P_D}\left(\frac{y_M}{i_M}\right)^2}\right] \tag{7.111}$$

Werden P_E und P_D eingesetzt, folgt nach einigen Umformungen:

$$P_{Ki}=\frac{\pi^2 EJ_y}{l^2}\cdot\frac{2c^2}{(c^2+i_M^2)\left(1(\pm)\sqrt{1-\frac{4c^2 i_p^2}{(c^2+i_M^2)^2}}\right)} \tag{7.112}$$

Durch Gleichsetzung dieser Biegedrillknicklast mit der Biegeknicklast eines EULER-II-Vergleichsstabes, der die Biegesteifigkeit EJ_y und die Knicklänge $s_K=\beta\cdot l$ hat, können der Knicklängenbeiwert β bzw. die Vergleichsschlankheit

$$\lambda_y=\frac{s_K}{i_y} \tag{7.113}$$

des Vergleichsstabes (Ersatzstabes) bestimmt werden:

$$\frac{\pi^2 EJ_y}{s_K^2}=\frac{\pi^2 EJ_y}{\beta^2\cdot l^2}=P_{Ki}\longrightarrow\beta\longrightarrow\lambda_y \tag{7.114}$$

Für exzentrischen Kraftangriff verläuft die Rechnung analog; auf T.7.1 ist das Ergebnis zusammengefaßt; die Lösung geht auf KAPPUS und CHWALLA [7.11-7.13] zurück; vgl. auch Abschnitt 7.6.3

Fall 2: Von der Gabellagerung abweichende Lagerungen

Für starre Biege- und Wölbeinspannung erfüllt der Ansatz

$$u=a\cdot\sin^2\pi\frac{z}{l},\quad \vartheta=b\cdot\sin^2\pi\frac{z}{l} \tag{7.115}$$

die geometrischen Randbedingungen, die dynamischen dagegen nur teilweise. Mit dem Ansatz lassen sich daher nur Näherungslösungen nach dem RITZschen Verfahren herleiten.
Die in DIN 4114A angegebene Formel für den Biegedrillknicknachweis fängt den Grad der Biege- und Wölbeinspannung durch die Beiwerte

$$\beta_u \text{ und } \beta_\vartheta$$

ein, die zwischen 0,5 (starre Einspannung) und 1 (Gabellagerung) aufgrund der konstruktiven Ausbildung abzuschätzen sind; vgl. Abschnitt 7.6.2.
Von STEINBACH [7.57] wurden auf der Basis des RITZschen Verfahrens die Lösungen für die Kragstütze und den Druckstab mit einseitiger Einspannung und einseitiger Gabellagerung abgeleitet. Es handelt sich um Näherungslösungen; die verwendeten, eingliedrigen Ansätze erfüllen die dynamischen Randbedingungen nur zum Teil.

Auf T.7.1 sind die Berechnungsformeln von CHWALLA (DIN 4114A) und STEINBACH zusammengestellt, einschließlich der Formeln für die Querschnittswerte von fünf verschiedenen Querschnittsformen. Auf der Tafel sind die Vergleichsschlankheiten λ_y und Biegedrillknicklasten P_{Ki} der EULER-Fälle I bis IV angegeben. Bezüglich der baupraktischen Nachweisformen wird auf Abschnitt 7.15 verwiesen.
In [7.58, 7.59] sind Diagramme für Biegedrillknicknachweise aufbereitet worden. Von SCHARDT [7.60] wurde die Theorie auf mehrfeldrige Stäbe erweitert, vgl. auch [7.22, 7.23]. Sonderprobleme wurden in [7.61-7.64] abgehandelt. In [7.65] wird über Versuche berichtet, danach kann für Stäbe in Fachwerken $\beta_u=\beta_\vartheta=0{,}8$ gesetzt werden.

Biegedrillknicken zentrisch und exzentrisch gedrückter Stäbe

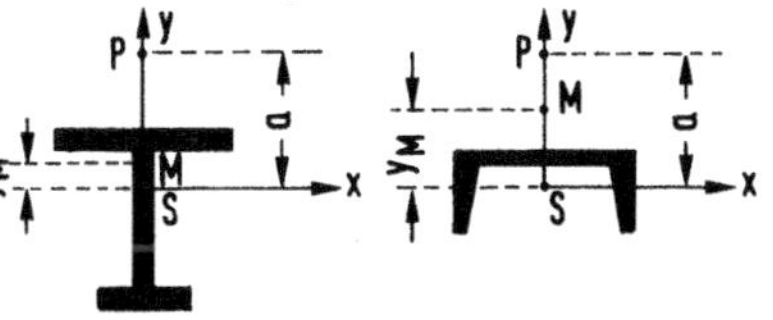

Liegt der Kraftangriffspunkt auf der anderen Seite von M ist a negativ.
Bei zentr. Druck: a = 0

Für die Berechnung werden folgende Querschnittsgrößen benötigt:
$F, J_x, J_y, J_p = J_x + J_y,\ i_x, i_y, i_p, y_M, i_M = \sqrt{i_p^2 + y_M^2}$
J_D, C_M (freie Drillachse), r_x (nur bei exzentrischem Druck).
Die Formeln gelten für einfach-symmetrische Querschnitte;
Quelle: CHWALLA (DIN 4114, 1. Ausg.) und STEINBACH (I, III).

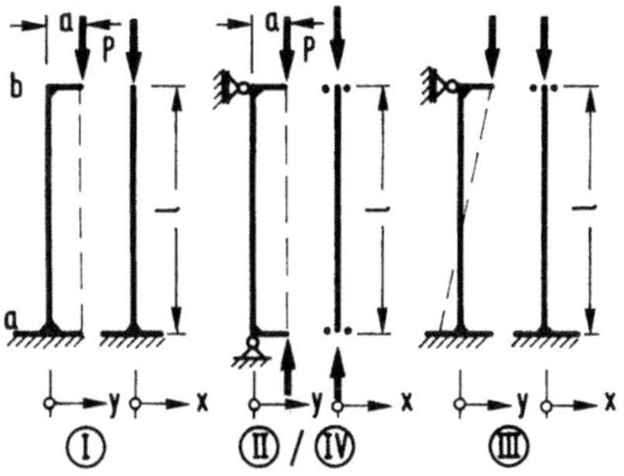

Fall (I): Stabende a: Starre Biege- und Wölbeinspannung
Stabende b: Frei verschieblich und verwölbbar

$$\lambda_y^2 = \left(\frac{\beta l}{i_y}\right)^2 \cdot \frac{c^2 + i_M^2 + a(r_x + 0{,}55 y_M)}{2c^2} \left\{1 \pm \sqrt{1 - \frac{4c^2[i_p^2 + a(r_x - 0{,}07\,a)]}{[c^2 + i_M^2 + a(r_x + 0{,}55 y_M)]^2}}\right\}$$

Ergänzend bedeuten:

$$\beta = 2; \quad c^2 = \frac{C_M}{J_y} + \left(\frac{\beta l}{\pi}\right)^2 \cdot \frac{GJ_D}{EJ_y}; \qquad P_{Ki} = \frac{\pi^2 EJ_y}{(\lambda_y \cdot i_y)^2}$$

Fall (II) / (IV): Der Grad der Biege- und Wölbeinspannung wird durch β_u und β_ϑ gekennzeichnet:

Stabende a und b: Gelenkige Lagerung: $\beta_u = 1$
Starre Einspannung: $\beta_u = 0{,}5$
Freie Verwölbung: $\beta_\vartheta = 1$
Wölbeinspannung: $\beta_\vartheta = 0{,}5$

Zwischenlagerungen sind durch Schätzwerte von β_u und β_ϑ zu erfassen.

$$\lambda_y^2 = \left(\frac{\beta_u l_u}{i_y}\right)^2 \cdot \frac{c^2 + i_M^2 + a(r_x - 2y_M)}{2c^2} \cdot \left\{1 \pm \sqrt{1 - \frac{4c^2[i_p^2 + a(r_x - a) + 0{,}093 \cdot (\beta_u^2/\beta_\vartheta^2 - 1) \cdot (a - y_M)^2]}{[c^2 + i_M^2 + a(r_x - 2y_M)]^2}}\right\}$$

Ergänzend bedeuten:

$$c^2 = \left(\frac{\beta_u l_u}{\beta_\vartheta l_\vartheta}\right)^2 \cdot \frac{C_M}{J_y} + \left(\frac{\beta_u l_u}{\pi}\right)^2 \cdot \frac{GJ_D}{EJ_y}; \qquad P_{Ki} = \frac{\pi^2 EJ_y}{(\lambda_y \cdot i_y)^2}$$

l_u: für Biegung, l_ϑ: für Verwölbung maßgebliche Stablänge, i.a. ist: $l_u = l_\vartheta$

Fall (III): Stabende a: Starre Biege- und Wölbeinspannung
Stabende b: Unverschieblich und verwölbbar

$$\lambda_y^2 = \left(\frac{\beta l}{i_y}\right)^2 \cdot \frac{c^2 + i_M^2 + 0{,}575 \cdot a(r_x - 2y_M)}{2c^2} \cdot \left\{1 \pm \sqrt{1 - \frac{4c^2[i_p^2 + 0{,}575 \cdot a(r_x - 0{,}575\,a)]}{[c^2 + i_M^2 + 0{,}575\,a(r_x - 2y_M)]^2}}\right\}$$

Ergänzend bedeuten:

$$\beta = 0{,}7; \quad c^2 = \frac{C_M}{J_y} + \left(\frac{\beta l}{\pi}\right)^2 \cdot \frac{GJ_D}{EJ_y}; \qquad P_{Ki} = \frac{\pi^2 EJ_y}{(\lambda_y \cdot i_y)^2}$$

Querschnittswerte für dünnwandige offene Querschnitte:

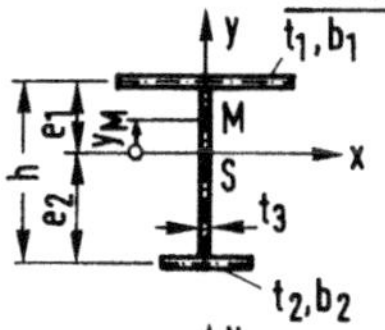

$$y_M = \frac{e_1 J_1 - e_2 J_2}{J_y}; \quad C_M = \frac{J_1 J_2 \cdot h^2}{J_y};$$

Abkürzungen: $F_1 = t_1 b_1$, $J_1 = t_1 b_1^3/12$

$$r_x J_x = (e_1 J_1 - e_2 J_2) + (e_1^3 F_1 - e_2^3 F_2) + t_3 \cdot (e_1^4 - e_2^4)/4;$$

$F_2 = t_2 b_2$, $J_2 = t_2 b_2^3/12$

$$J_x = F e_1 e_2 - t_3 \cdot \frac{h^3}{6}, \quad J_y = J_1 + J_2$$

$F_3 = t_3 h$, $F = F_1 + F_2 + F_3$

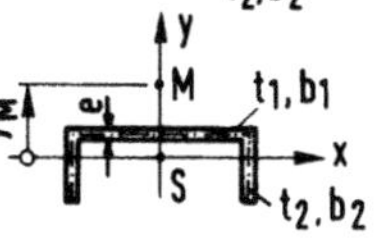

$$y_M = e \cdot \left(1 + \frac{F b_1^2}{4 J_y}\right), \quad e = \frac{t_1 b_2^2}{F}$$

$$C_M = \frac{b_1^2 b_2^3 t_2}{2} \cdot \left(\frac{1}{3} - \frac{b_1^2 \cdot b_2}{8 J_y} \cdot t_2\right)$$

$$r_x J_x = e t_1 b_1 \left(e^2 + \frac{b_1^2}{12}\right) - \frac{(b_2 - 2e) \cdot t_2 b_2 b_1^2}{4} - \frac{t_2}{2}[(b_2 - e)^4 - e^4]$$

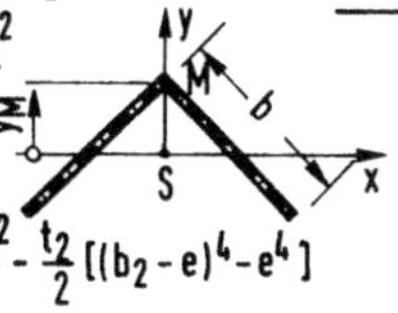

$$y_M = \frac{1}{\sqrt{8}} \cdot b$$
$$C_M = 0$$
$$r_x = -\frac{1}{\sqrt{2}} \cdot b$$

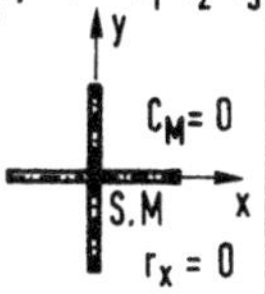

$C_M = 0$
$r_x = 0$

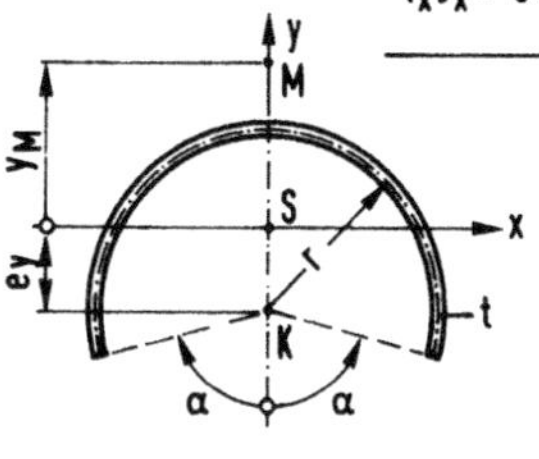

$$e_y = r \cdot \frac{\sin\alpha}{(\pi - \alpha)}; \quad J_x = tr^3 \cdot \left[(\pi - \alpha) - \sin\alpha\cos\alpha - 2 \cdot \frac{\sin^2\alpha}{(\pi - \alpha)}\right]$$

$$J_y = tr^3 \cdot [(\pi - \alpha) + \sin\alpha\cos\alpha];$$

$$y_M = \frac{r}{(\pi - \alpha) + \sin\alpha\cos\alpha} \cdot \left[\left(1 - \frac{\sin\alpha\cos\alpha}{(\pi - \alpha)}\right) \cdot \sin\alpha + 2(\pi - \alpha) \cdot \cos\alpha\right]$$

$$C_M = tr^5 \cdot \frac{2}{3}(\pi - \alpha)^3 - J_y (y_M + e_y)^2; \quad r_x = -2r \cdot \frac{\sin\alpha}{(\pi - \alpha)}$$

7.6.2 Wölbfederung

Durch aufgeschweißte Fuß- und Kopfplatten lassen sich die Biegedrillknicklasten wirkungsvoll anheben bzw. die Vergleichsschlankheiten reduzieren. B.7.15 verdeutlicht die Wirkung solcher Platten, die Verwölbung wird behindert. Bei einem I-Profil erleiden die Flansche eine gegensinnige Verwölbung, die Platten werden dadurch um die Kontaktlinie Stützensteg/Platte verdrillt; durch den hierdurch ausgelösten Widerstand wirken sie wie Wölbfedern, vgl. B.7.15b.

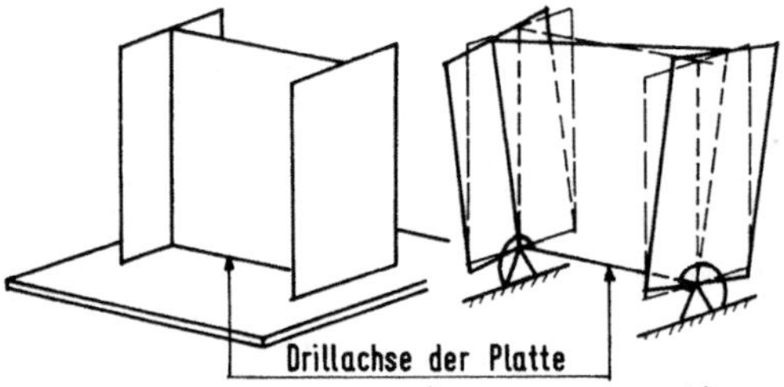

Bild 7.15

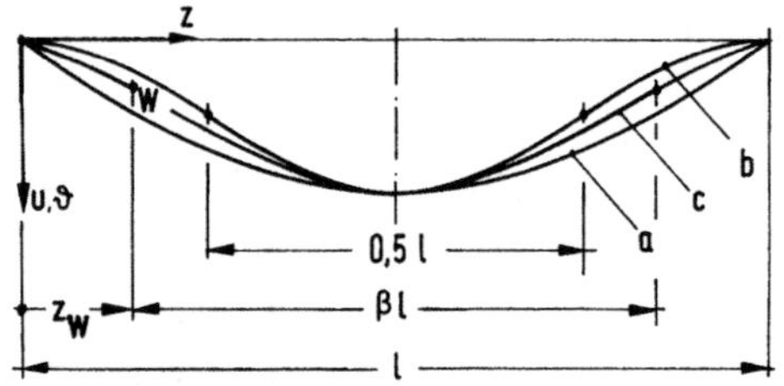

a : biege-, wölbfreie Lagerung
b : biege-, wölbstarre Einspannung
c : elastische Einspannung
W: Wendepunkt

Bild 7.16

In Analogie zur Definition einer Drehfederkonstanten wird eine Wölbfederkonstante vereinbart. Als Stabend-Biegedrehfederkonstante ist jenes Moment definiert, das eine Verdrehung $u'=1$ bewirkt:

$$K_u = \frac{M_u}{u'} \qquad (7.116)$$

Entsprechend wird die Wölbfederkonstante vereinbart:

$$K_\omega = \frac{M_\omega}{\vartheta'} \qquad (7.117)$$

K_ω ist somit jenes Bimoment, das einer Verwindung $\vartheta'=1$ entspricht.

Die Lösung von Biegedrillknickproblemen mit Biege- und Wölbfederungen ist näherungsweise nach der Energiemethode möglich; hierzu sind in Π die Formänderungsarbeiten der Federungen aufzunehmen:

$$\Pi_i = \frac{1}{2}\cdot(K_u \cdot u'^2 + K_\omega \vartheta'^2) \qquad (7.118)$$

Eine näherungsweise Abschätzung der Biege- und Wölbeinspannung läßt sich bei gleichartiger Federung an beiden Stabenden durch den Abstand $\beta\cdot l$ der Wendepunkte der Verformungslinien für u und ϑ gewinnen, vgl. B.7.16. Aus der Kombination der Ansätze für eine biege-wölbfreie und biege-wölbstarre Lagerung, vgl. G.7.99 und 7.115, wird der Ansatz

$$u = a\left(\sin\pi\frac{z}{l} + \varkappa_u \sin^2\pi\frac{z}{l}\right), \quad \vartheta = b\left(\sin\pi\frac{z}{l} + \varkappa_\vartheta \sin^2\pi\frac{z}{l}\right) \qquad (7.119)$$

für eine elastische Einspannung gefolgert. Am Ort der Wendepunkte (W) ist:

$$u'' = 0, \quad \vartheta'' = 0 \qquad (7.120)$$

Vom linken Stabende aus liegt der erste Wendepunkt an der Stelle:

$$z_W = \frac{1}{2}(1-\beta)l \qquad (7.121)$$

Werden u bzw. ϑ zweimal differenziert und gemäß G.7.120 an der Stelle z_W Null gesetzt, erhält man eine Bestimmungsgleichung für $\varkappa$. Diese Beziehung zwischen den Kennzahlen $\varkappa_u, \varkappa_\vartheta$ einerseits und den Beiwerten β_u, β_ϑ andererseits lautet:

$$\varkappa = \frac{\sin\frac{\pi}{2}(1-\beta)}{2\cos\frac{\pi}{2}(1-\beta)} \qquad (7.122)$$

Das Diagramm in B.7.17 zeigt den funktionalen Zusammenhang zwischen $\varkappa$ und β. Von SCHELS [7.66] sind Biegedrillknick- und Kipp-Probleme auf der Basis des Ansatzes G.7.119 mit Lösungen von CHWALLA und WITTE (Abschnitt 7.13.2) verglichen und als auf der sicheren Seite liegend bestätigt worden; die baupraktische Verwertung des Diagramms in B.7.17 zur Abschätzung der β-Beiwerte kann daher empfohlen werden, z.B. gemäß T.7.1. Voraussetzung ist die Kenntnis von $\varkappa$. Die Bestimmung von $\varkappa$ wird im folgenden gezeigt.

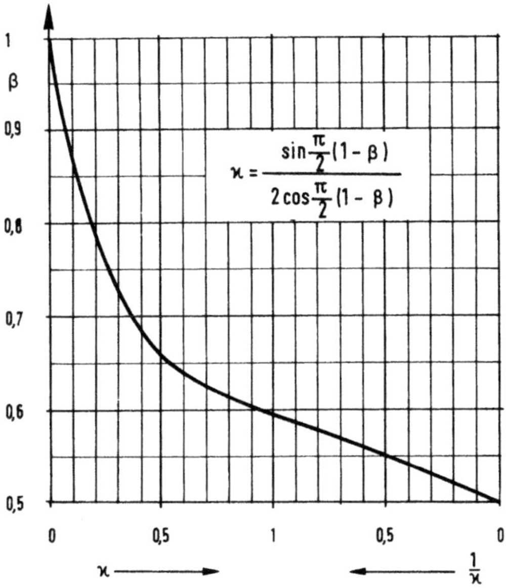

Bild 7.17

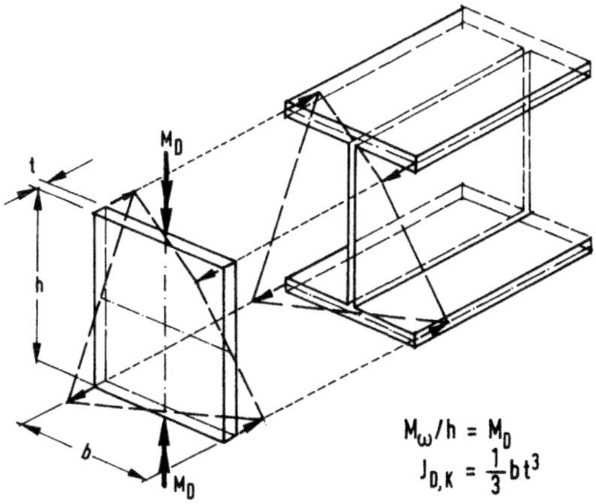

Bild 7.18

Ist K_u eine vorgegebene Biegedrehfeder, ergibt sich aus der Gleichsetzung

$$K_u u' = -EJ_y u'' \qquad (7.123)$$

mit dem Ansatz G.7.119a:

$$\varkappa_u = \frac{K_u l}{2\pi \cdot EJ_y} \qquad (7.124)$$

Entsprechend findet man für eine vorgegebene Wölbfeder aus der Gleichsetzung

$$K_\omega \vartheta' = -EC_M \vartheta'' \qquad (7.125)$$

mit G.7.119b den zugeordneten $\varkappa_\vartheta$-Wert:

$$\varkappa_\vartheta = \frac{K_\omega l}{2\pi\, EC_M} \qquad (7.126)$$

Die Bestimmung von Biegedrehfederkonstanten für einspannende Konstruktionsglieder ist bekannt, vgl. z.B. Anhang III.1. Die Bestimmung von Wölbfederkonstanten bedarf dagegen einer Erläuterung; hierzu wird auf B.7.18 verwiesen, das das verwölbte Ende eines Stabes mit I-Querschnitt zeigt und eine entsprechend verwundene Stirnplatte. Die Verwölbung der Flanschenden beträgt:

$$\frac{hb}{4}\vartheta' \qquad (7.127)$$

h und b beziehen sich auf die Profilmittellinie, ϑ ist die Verwindung am Stabende. Wird eine biegesteife, rechteckige Platte mit den Abmessungen h/b und der Dicke t durch das Drillmoment M_D in der (der Stegachse gegenüberliegenden) Mittellinie der Platte beansprucht, betragen die Verschiebungen der Eckpunkte gegenüber der unverformten Ebene:

$$\frac{M_D}{GJ_{D,K}}\cdot\frac{h}{2}\cdot\frac{b}{2}=\frac{M_D}{GJ_{D,K}}\cdot\frac{hb}{4} \qquad (7.128)$$

$GJ_{D,K}$ ist die Drillsteifigkeit der Kopfplatte.

$$\frac{M_D}{GJ_{D,K}}\cdot\frac{h}{2} \qquad (7.129)$$

ist der Drillwinkel in Flanschhöhe; dieser wird mit der halben Flanschbreite multipliziert, um die Verschiebung der Eckpunkte zu erhalten. M_D ist identisch mit M_ω/h. Aus der Gleichsetzung der Verwölbungen (G.7.127, 7.128 mit 7.117) folgt:

$$K_\omega = h\cdot GJ_{D,K}=\frac{G}{3}\cdot bh\cdot t^3 \qquad (7.130)$$

7.6.3 Beispiele

Die in den beiden vorangegangenen Abschnitten zusammengestellten Berechnungsformeln werden im folgenden an Beispielen erläutert:

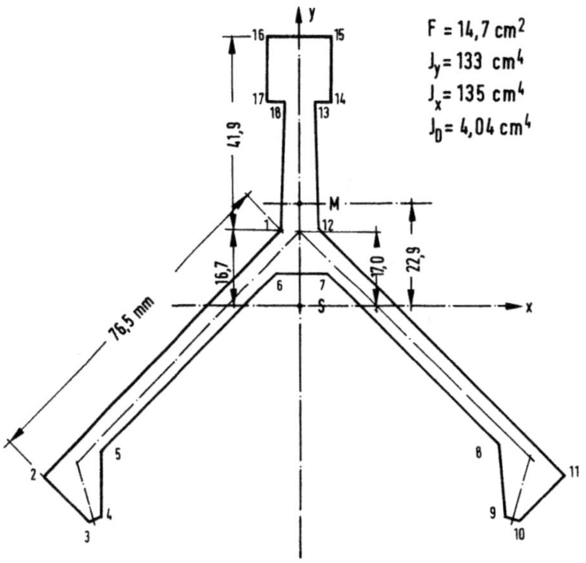

Bild 7.19

1. Beispiel: Eckstiel der Länge l= 300 cm eines vergitterten Freileitungsmastes aus Aluminium; das Profil ist stranggepreßt (B.7.19). Mittels der im Anhang auf Tafel T.II.3 zusammengestellten numerischen Integrationsformeln werden die Querschnittswerte berechnet. Das Profil ist so gestaltet, daß $J_x=J_y$ ist. Der Schubmittelpunkt liegt in der Nähe des Schnittpunktes der Schenkelmittellinien, das Profil kann demnach näherungsweise als wölbfrei angesehen werden. (Berücksichtigt man die reale Lage des Schubmittelpunktes (B.7.19), findet man für den Wölbwiderstand den Wert C_M=118cm^6.) Unter der Voraussetzung beidseitiger Gabellagerung ergibt sich die Vergleichsschlankheit mit Hilfe von T.7.1 für zentrischen Druck zu:

$$y_M = 1{,}70\,\text{cm},\ C_M = 0 \ : \ \lambda_V = 1{,}033\cdot\lambda_y = 34{,}24$$
$$y_M = 2{,}29\,\text{cm},\ C_M = 118\,\text{cm}^6 : \ \lambda_V = 1{,}058\cdot\lambda_y = 35{,}07$$

Die Biegedrillknickgefährdung wirkt sich demnach in einer Erhöhung der Schlankheit um 5,8% (gegenüber Biegeknickung um die y-Achse) aus.

2. Beispiel: Druckstütze mit zusammengesetztem I-Profil, l=4,0 m (B.7.20). Es wird eine beidseitige Gabellagerung angesetzt. Nach Berechnung der Querschnittswerte (vgl. Anhang II.2) wird die λ_V-Formel der T.7.1 ausgewertet und zwar für unterschiedliche Exzentrizitäten. Der Quotient

$$\frac{\lambda_V}{\lambda_y}$$

ist in B.7.20 über der Symmetrieachse des Querschnittes aufgetragen. Greift die Druckkraft im Schubmittelpunkt M an, ist der Quotient 1, d.h., die Druckstütze versagt durch Biege-

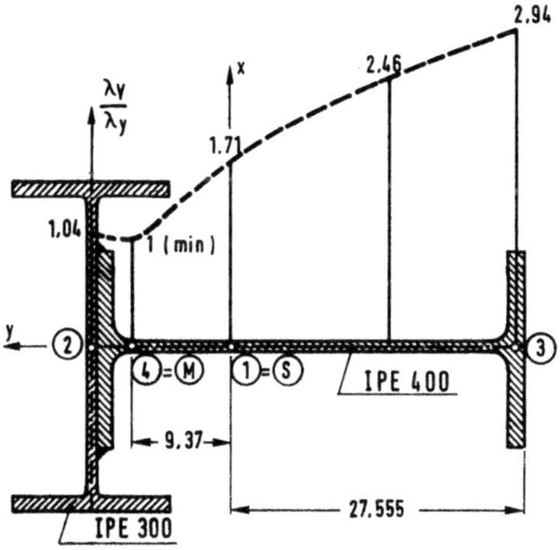

Bild 7.20

knickung. In allen anderen Fällen ist Biegedrillknickung maßgebend. Aus G.7.100 entnimmt man, daß sich im Falle $a=y_M$ Biegung und Drillung entkoppeln; ein zu G.7.106/107 analoges Kriterium läßt sich für diesen Fall leicht anschreiben. - Im Falle einer zentrischen Belastung ergibt sich:

$$\lambda_V = 1{,}71\,\lambda_y$$

Offensichtlich ist der Querschnitt in ausgeprägter Weise biegedrillknickgefährdet, das gilt für alle T-förmigen Querschnitte, auch für schmale I-Profile.

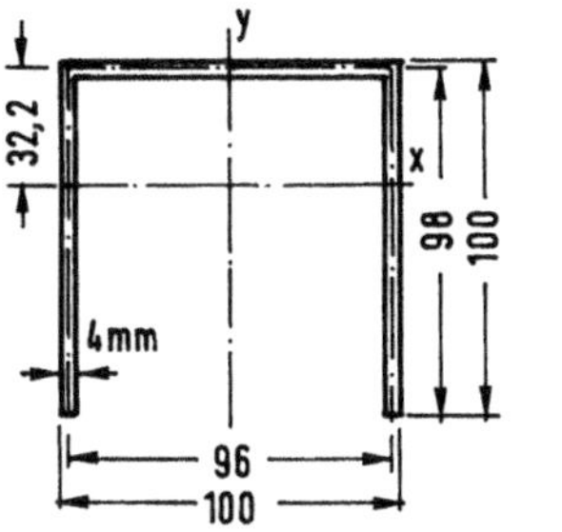

$J_y = 210{,}2\,cm^4$; $J_x = 125{,}4\,cm^4$

$F = 11{,}68\,cm^2$; $i_x = 3{,}277\,cm$

$i_y = 4{,}243\,cm$; $y_M = 7{,}43\,cm$

$\lambda_y = 58{,}93$; $l = 250\,cm$

$J_D = 0{,}640\,cm^4$; $C_M = 2055\,cm^6$

t	0	5	10	15	20	30	40	∞	mm
$J_{D,Kpl.}$	0	0,408	3,267	11,03	26,13	88,20	209,1	∞	cm^4
K_ω	0	$3{,}16\cdot10^7$	$2{,}53\cdot10^8$	$8{,}55\cdot10^8$	$2{,}03\cdot10^9$	$6{,}84\cdot10^9$	$1{,}62\cdot10^{10}$	∞	Ncm^3
$\varkappa_\vartheta$	0	0,0560	0,4485	1,514	3,588	12,11	28,71	∞	1
β_ϑ	1	0,964	0,777	0,621	0,558	0,519	0,508	0,5	1
λ_V	139,2	136,7	121,3	105,6	98,5	93,8	92,4	91,5	1

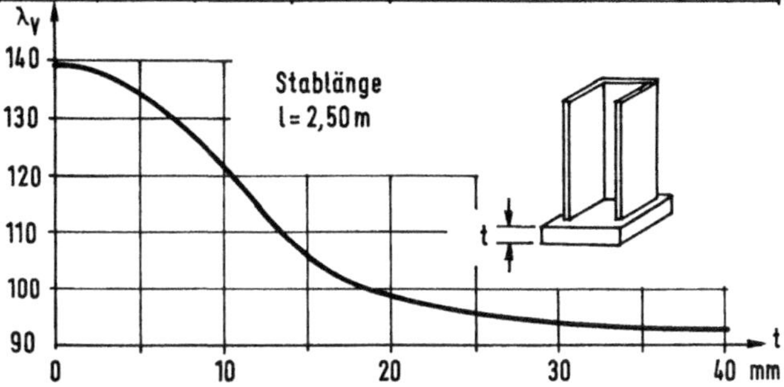

Bild 7.21

3. Beispiel: Einfluß beidseitig angeschweißter Kopfplatten auf die Biegedrillknicklast, dargestellt an einer Druckstütze mit zentrischer Lasteintragung, Länge 250 cm und ⊓-förmigem Querschnitt. Obwohl eine Doppel-Symmetrie (im Gegensatz zum I-Querschnitt) nicht gegeben ist, wird mit Formel G.7.130 zur Bestimmung der Wölbfederkonstante (auf der sicheren Seite liegend) gerechnet. B.7.21 zeigt die Ausbildung der Stützenenden und die tabellarische Auswertung der Vergleichsschlankheitsformel für wölbelastische Einspannung gemäß T.7.1 und zwar für unterschiedliche Plattendicken t. (Als "mitwirkende" Abmessungen der Stirnplatten wurde b=98 mm und h=96 mm angesetzt.) Der große Einfluß der Wölbfederung auf β_ϑ und damit auf die Vergleichsschlankheit und Knickspannung wird durch die Ergebnisse verdeutlicht.

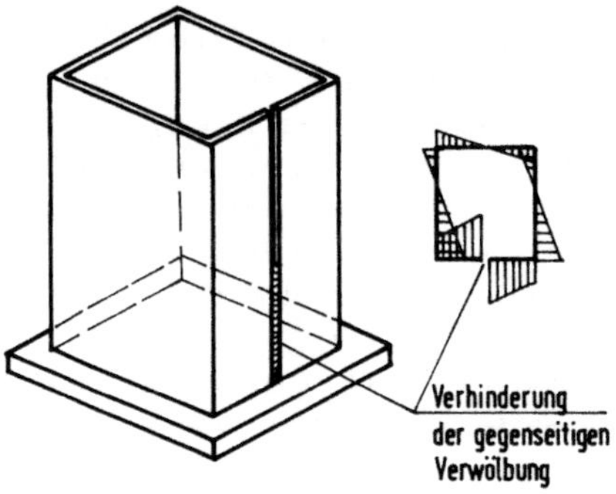

Bild 7.22

Liegt ein Druckstab mit einem geschlitzten Querschnitt vor (B.7.88), verhindert eine Verschweißung der Schlitzenden die gegenseitige Verwölbung der Profilränder. Die Nahtlänge sollte gleich dem Radius eines eingemittelten Kreises sein. Unter dieser Voraussetzung kann von $\beta_\vartheta=0{,}6$ ausgegangen werden, d.h., die Wölbeinspannung ist praktisch starr.

B.7.23 zeigt die Wirkung eingeschweißter Bleche am Ende einer Druckstütze mit I-Querschnitt, die Bleche sind zwischen die Flansche eingeschweißt. Ein Drillmoment M_D bewirkt Kräfte, die die Bleche im Sinne einer Starrkörperverkantung zu verdrehen trachten und zusätzlich auf Schub beanspruchen. Der erste Effekt wird durch die Flanschbiegesteifigkeit behindert. Sofern die Höhe der Bleche ca. 0,7·h beträgt, kann $\beta_\vartheta=0{,}65$ empfohlen werden. Sind die Bleche zusätzlich mit einer Stirnplatte verschweißt, ist $\beta_\vartheta=0{,}55$ zu wählen.
Die Wirkung eingeschweißter Bleche innerhalb des Stabbereiches ist gering. - Zur Wölbfederung (Drillkopplung) wird auch auf [7.67-7.69] und [7.60] verwiesen.

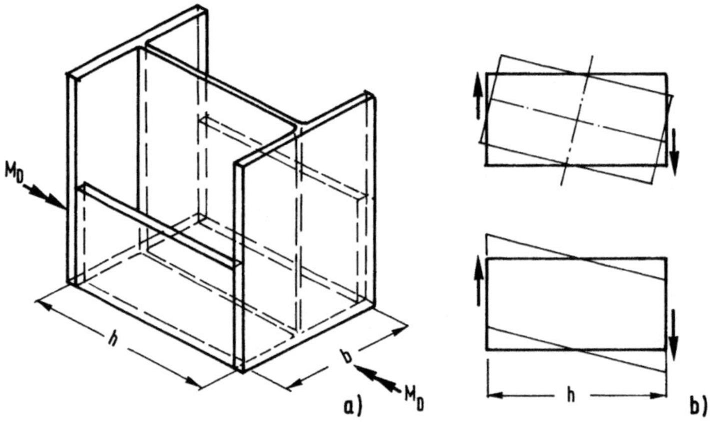

Bild 7.23

7.6.4 Knickdiagramme für zentrisch und exzentrisch gedrückte Stäbe

Ausgehend vom Grundgleichungssystem G.7.55 werden Biegedrillknick-Diagramme für unterschiedliche Randlagerungen entwickelt; Grundlage ist das Verfahren von GALERKIN (G.7.96). Für die Biegedrillknicklast P_{Ki} wird vereinbart:

$$P_{Ki} = \gamma \cdot \frac{EJ_y}{l^2} \qquad (7.131)$$

Gesucht ist der Knickwert γ. - Mit den Substitutionen

$$z = \zeta \cdot l,\quad d(\;)/d\zeta = (\;)^{\bullet};\quad u = \bar{u}\cdot\frac{l}{\sqrt{EJ_y}},\quad \vartheta = \bar{\vartheta}\cdot\frac{1}{\sqrt{GJ_D}} \qquad (7.132)$$

läßt sich das Differentialgleichungssystem G.7.55 in nachstehende Form überführen:

$$L_u[\bar{u},\bar{\vartheta}] = \bar{u}^{\bullet\bullet\bullet\bullet} + \gamma\cdot\bar{u}^{\bullet\bullet} + \gamma\cdot\chi\cdot\bar{\vartheta}^{\bullet\bullet} = 0$$
$$L_\vartheta[\bar{u},\bar{\vartheta}] = \mu\cdot\bar{\vartheta}^{\bullet\bullet\bullet\bullet} + (\gamma\cdot\varkappa - 1)\cdot\bar{\vartheta}^{\bullet\bullet} + \gamma\cdot\chi\cdot\bar{u}^{\bullet\bullet} = 0 \qquad (7.133)$$

Abkürzungen:

$$\mu = \frac{EC_M}{l^2 GJ_D};\quad \chi = \frac{a - y_M}{l}\cdot\sqrt{\frac{EJ_y}{GJ_D}};\quad \varkappa = \frac{i_M^2 + a(r_x - 2y_M)}{l^2}\cdot\frac{EJ_y}{GJ_D} \qquad (7.134)$$

Im Falle eines wölb- und quasi-wölbfreien Querschnittes ist C_M und damit auch μ Null. Zentrische Lasteintragung ist mit a=0 enthalten. Im Falle eines doppeltsymmetrischen Querschnittes sind y_M und r_x Null. χ und $\varkappa$ sind vorzeichenbehaftet. Wirkt die Druckkraft im Schubmittelpunkt, ist $\chi=0$; das Differentialgleichungssystem entkoppelt sich.
In den folgenden Knickdiagrammen ist der Knicklängenfaktor β des Biegedrillknickproblems

als Funktion der Parameter μ, χ und $\varkappa$ angegeben. β wird durch Gleichsetzung von G.7.131 mit der Biegeknicklast eines EULER-II-Ersatzstabes für Knicken um die Symmetrieachse bestimmt:

$$P_{Ki} = \gamma \cdot \frac{EJ_y}{l^2} \stackrel{!}{=} \frac{\pi^2 EJ_y}{(\beta l)^2} \tag{7.135}$$

Hieraus folgt:

$$\beta = \frac{1}{\sqrt{\gamma}} \tag{7.136}$$

Ist andererseits β bekannt, können hiermit γ und die Biegedrillknicklast P_{Ki} sowie die Vergleichsschlankheit λ_V berechnet werden:

$$\lambda_V = \frac{s_K}{i_y} = \frac{\beta l}{i_y} = \beta \cdot \lambda_y \tag{7.137}$$

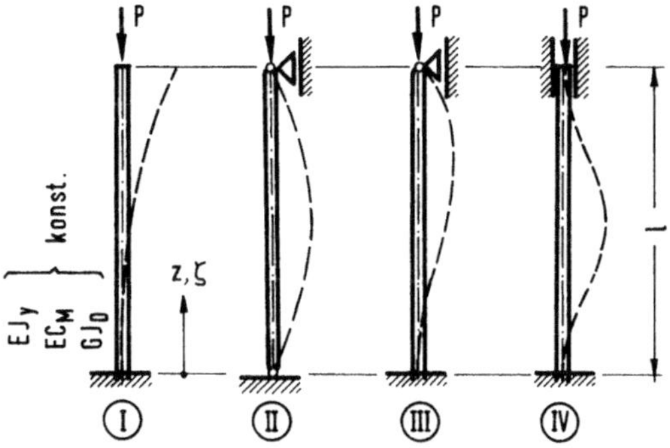

Bild 7.24

In B.7.24 sind die Knickverformungen der EULER-Fälle I bis IV dargestellt. Für diese Verformungen sind die Randbedingungen zu formulieren und passende Ansatzfunktionen für u und ϑ zu wählen.

EULER-Fall I: Eine biege- und wölbstarre Einspannung verlangt die Einhaltung der Randbedingungen:

$$u_R = u_R' = \vartheta_R = \vartheta_R' = 0 \tag{7.138}$$

Am freien Ende sind ausschließlich dynamische Randbedingungen zu erfüllen; vgl. Abschnitt 7.2.4. Die Randbedingungen lauten:

$$\begin{aligned}
EJ_y u_R'' + P(a - y_M)\vartheta_R = 0 \quad &\longrightarrow \quad u_R^{\bullet\bullet} + P\cdots = 0\\
-EJ_y u_R''' - P u_R' - P(a - y_M)\vartheta_R' = 0 \quad &\longrightarrow \quad u_R^{\bullet\bullet\bullet} + P\cdots = 0\\
EC_M \vartheta_R'' = 0 \quad &\longrightarrow \quad \vartheta_R^{\bullet\bullet} = 0\\
-EC_M \vartheta_R''' + GJ_D \vartheta_R' - P[(i_p^2 + y_M^2) + a(r_x - 2y_M)]_R \cdot \vartheta_R' = 0 \quad &\longrightarrow \quad \mu \vartheta_R^{\bullet\bullet\bullet} - \vartheta_R^{\bullet} + P\cdots = 0
\end{aligned} \tag{7.139}$$

Es lassen sich (nach Wissen des Verfassers) keine Koordinatenfunktionen angeben, die diese Bedingungen umfassend erfüllen, das ist aber eine strikte Voraussetzung des GALERKINschen Verfahrens. Eine Lösung läßt sich daher nur vermittelst eines Kunstgriffes gewinnen: Der Verlauf der Druckkraft wird nicht konstant sondern variabel angesetzt:

$$D(z) = P(1 - \zeta^n) \tag{7.140}$$

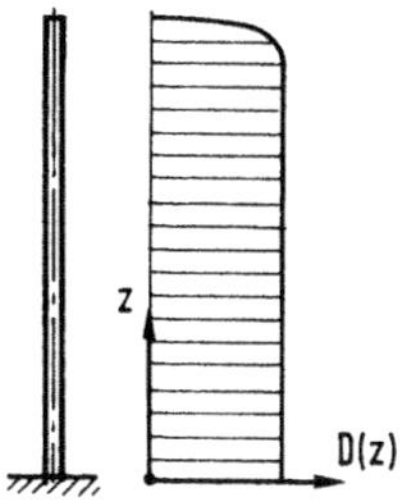

Bild 7.25

Ist n groß genug, läßt sich eine konstante Druckkraft mit beliebiger Genauigkeit annähern, vgl. B.7.25. Am freien Ende ist die Druckkraft Null, damit reduzieren sich die Randbedingungen.

Wegen der Variabilität von D(z) darf nicht von den im Abschnitt 7.2.2 hergeleiteten Differentialgleichungen ausgegangen werden, sie gelten für D=konstant. Die Gleichungen sind für D=variabel zu erweitern: Sie lauten unter Verwendung der Substitutionen G.7.132:

$$\begin{aligned}
L_u[\tilde{u}, \tilde{\vartheta}] &= \tilde{u}^{\bullet\bullet\bullet\bullet} + \gamma[\psi(\zeta)\tilde{u}^{\bullet}]^{\bullet} + \gamma[\psi(\zeta)\tilde{\vartheta}^{\bullet}]^{\bullet}\chi = 0\\
L_{\vartheta}[\tilde{u}, \tilde{\vartheta}] &= \mu\,\vartheta^{\bullet\bullet\bullet\bullet} + [\gamma \cdot \psi(\zeta)\varkappa - 1]\,\tilde{\vartheta}^{\bullet\bullet} + \gamma\chi[\psi(\zeta)\tilde{u}^{\bullet}]^{\bullet} = 0
\end{aligned} \tag{7.141}$$

Die Parameter sind mit G.7.134 identisch. Ψ kennzeichnet den Druckkraftverlauf:

$$\Psi = 1 - \zeta^n \tag{7.142}$$

Wie man zeigen kann, sind die Randbedingungen, G.7.139, auch für variable Druckkräfte gültig; sie verkürzen sich zu:

$$EJ_y u_R'' = 0;\quad EJ_y u_R''' = 0;\quad EC_M \vartheta_R'' = 0;\quad -EC_M \vartheta_R''' + GJ_D \vartheta_R' = 0 \tag{7.143}$$

Nunmehr können als Koordinatenfunktionen für u die Biegelinien des druckfreien Stabes angesetzt werden, z.B. die Eigenschwingungsformen eines Freiträgers (vgl. T.1.2 im Abschnitt 1). Für ϑ ist das nicht erlaubt; geeignet sind die in B.7.26 angeschriebenen Funktionen, die den Drillwinkel eines Freiträgers infolge einer konstanten und dreieckförmigen äußeren Drillbelastung beschreiben. (Letztere wurde für die vorliegenden Zwecke abgeleitet.)

1	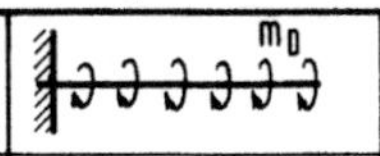	$EC_M\vartheta = \frac{m_D}{\lambda^4}\{(\lambda l)^2[1-\frac{1}{2}\zeta]-\lambda l\cdot\sinh\lambda l\zeta + \frac{(1+\lambda l\cdot\sinh\lambda l)\cdot(\cosh\lambda l\zeta-1)}{\cosh\lambda l}\}$	$\lambda l = l\sqrt{\frac{GJ_D}{EC_M}}$ =
2	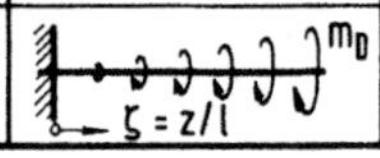	$EC_M\vartheta = \frac{m_D}{\lambda^4}\{\frac{(\lambda l)^2}{2}\cdot[1-\frac{1}{3}\zeta^2]\cdot\zeta - \zeta + \frac{(\cosh\lambda l\zeta-1)}{\cosh\lambda l} + [1-\frac{(\lambda l)^2}{2}]\cdot\frac{\sinh\lambda l\zeta - \tanh\lambda l\cdot(\cosh\lambda l\zeta -}{\lambda l}$	

Bild 7.26

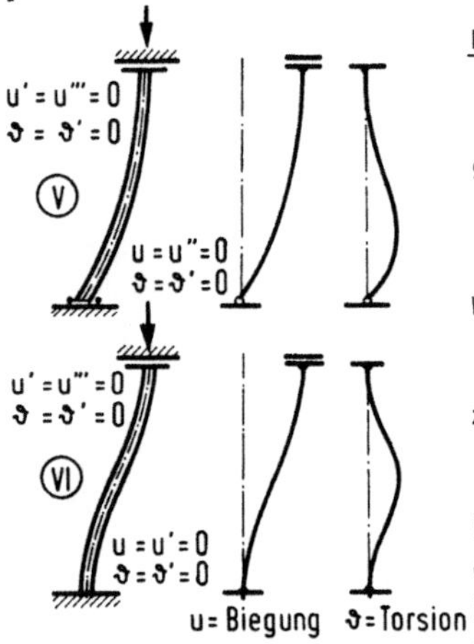

Bild 7.27

EULER-Fälle II, III und IV: Gabellagerung ist durch

$$u_R = \vartheta_R = 0 \quad \text{und} \quad M_{yR} = M_{\omega R} = 0 \tag{7.144}$$

gekennzeichnet; dem entspricht:

$$-EJ_y u_R'' - P\cdot(a - y_M)\vartheta_R = 0;\quad EC_M\vartheta_R'' = 0 \tag{7.145}$$

Wegen $\vartheta_R = 0$ ist

$$u_R'' = \vartheta_R'' = 0 \tag{7.146}$$

zu erfüllen. - Für biege- und wölbstarre Einspannung gilt:

$$u_R = \vartheta_R = u_R' = \vartheta_R' = 0 \tag{7.147}$$

Für beide Lagerungsarten entsprechen sich demnach die Randbedingungen in den u- und ϑ-Gliedern. Für die EULER-Fälle II, III, IV können daher die auf T.1.2 zusammengestellten Eigenschwingungsfunktionen des prismatischen Stabes als Ansatzfunktionen für u und ϑ verwertet werden.

EULER-Fälle V und VI: Für das Transversalgelenk mit Wölbeinspannung lauten die geometrischen Randbedingungen:

$$u_R' = \vartheta_R = \vartheta_R' = 0 \tag{7.148}$$

Die dynamische Randbedingung

$$T_y = -EJ_y u_R''' - Pu_R' - P(a - y_M)\vartheta_R' = 0 \tag{7.149}$$

reduziert sich auf

$$u_R''' = 0 \tag{7.150}$$

In B.7.27 sind sämtliche Randbedingungen eingetragen; die Koordinatenfunktionen können damit gewählt werden.

Die GALERKINschen Gleichungen lauten:

$$\int_0^l L_u[u,\vartheta]\,\delta u\, d\zeta = 0;\qquad \int_0^l L_\vartheta[u,\vartheta]\,\delta\vartheta\, d\zeta = 0 \tag{7.151}$$

(Auf das ~ Zeichen wird verzichtet.) Koordinatenfunktionen für u, ϑ bzw. δu, $\delta\vartheta$:

Biegedrillknicken zentrisch und exzentrisch gedrückter Stäbe

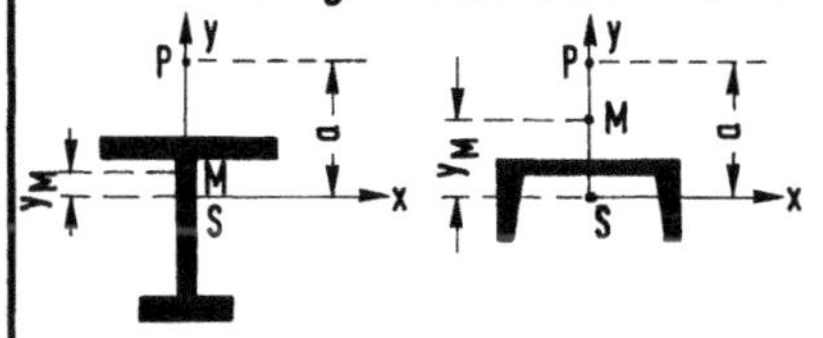

Für die Berechnung werden folgende Querschnittsgrößen benötigt:
$F, J_x, J_y, J_P = J_x + J_y,\ i_x, i_y, i_P, y_M, i_M = \sqrt{i_P^2 + y_M^2}$
J_D, C_M (freie Drillachse), r_x (nur bei exzentrischem Druck).

Die Diagramme gelten für einfach-symmetrische Querschnitte.

Liegt der Kraftangriffspunkt auf der anderen Seite von M ist a negativ.
Bei zentr. Druck: a = 0

Lagerungsfälle:

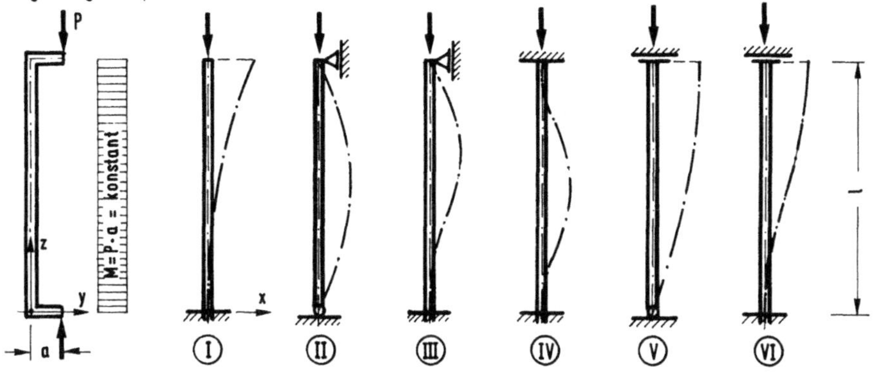

(Die Ausweichformen gelten für u in Richtung der x-Achse.)

Parameter: $\mu = \dfrac{EC_M}{l^2 GJ_D}$; $\chi = \dfrac{a - y_M}{l} \cdot \sqrt{\dfrac{EJ_y}{GJ_D}}$

$$\varkappa = \frac{i_M^2 + a \cdot (r_x - 2y_M)}{l^2} \cdot \frac{EJ_y}{GJ_D}$$

Anmerkung: Ergibt sich χ negativ, ist das Profil zu verschwenken!

Für den Parametersatz $\mu, \chi, \varkappa$ wird aus den Diagrammen β abgegriffen (ggf. ist eine graphische Interpolation empfehlenswert). Mit Kenntnis von β können berechnet werden:

1) Vergleichsknicklänge: $s_K = \beta l$

2) Vergleichsschlankheit: $\lambda_V = \dfrac{s_K}{i_y}$

3) Ideale Knicklast: $P_{Ki} = \dfrac{\pi^2 EJ_y}{s_K^2}$

zugehörige Knickspannung: $\sigma_{Ki} = P_{Ki} / F$ im Falle a = 0 (zentrische Belastung)

Unabhängig vom Biegedrillknicknachweis ist der Stabilitätsnachweis für die Ausbiegung in der y-Symmetrieebene zu führen.

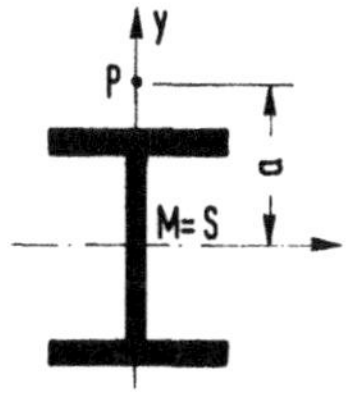

Im Falle doppeltsymmetrischer Querschnitte gilt:

$\mu = \dfrac{EC_M}{l^2 GJ_D}$, $\chi = \dfrac{a}{l} \cdot \sqrt{\dfrac{EJ_y}{GJ_D}}$, $\varkappa = \dfrac{i_p^2}{l^2} \cdot \dfrac{EJ_y}{GJ_D}$

Fall (I) Tafel 7.3

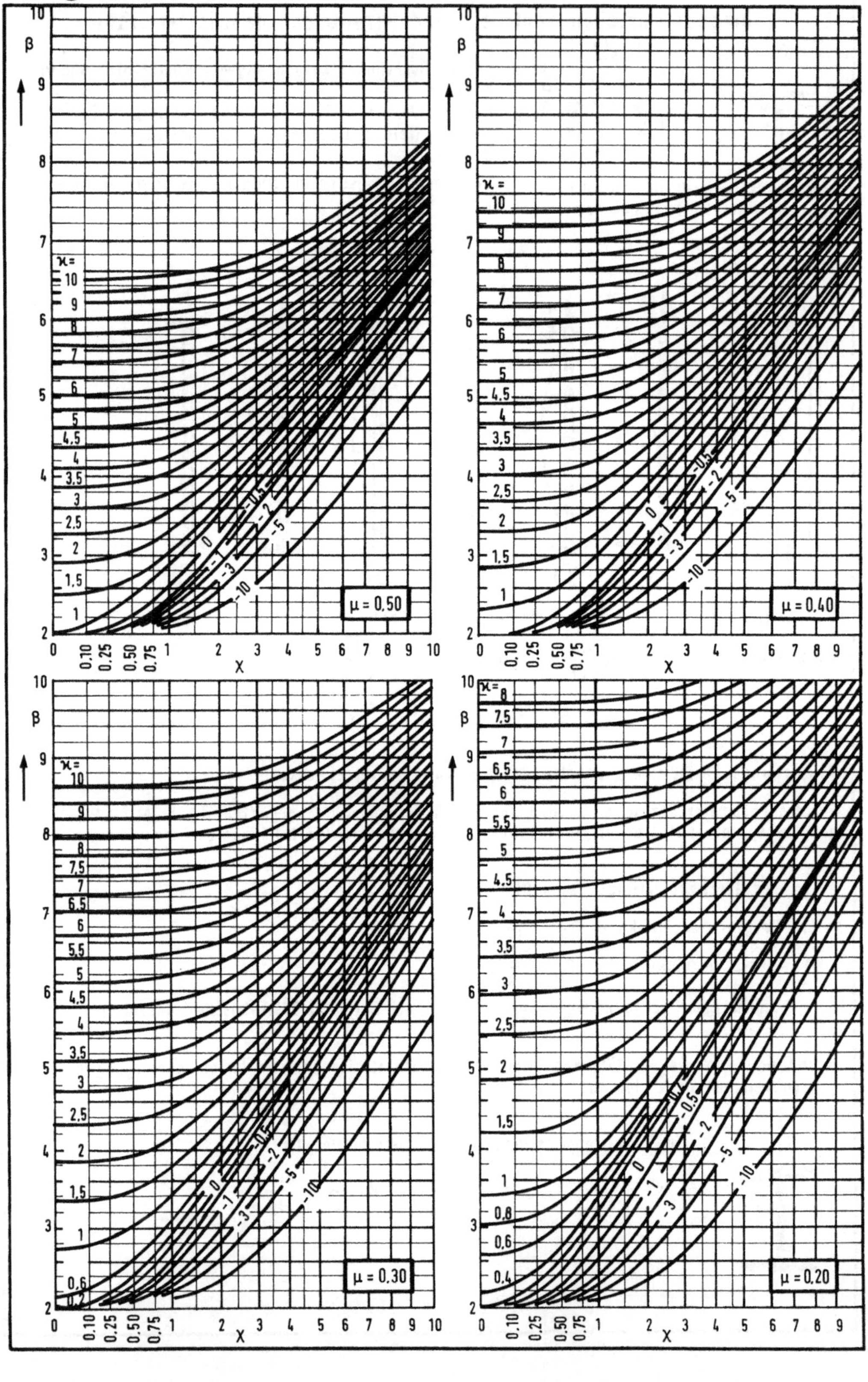

Fall (I)

Tafel 7.4

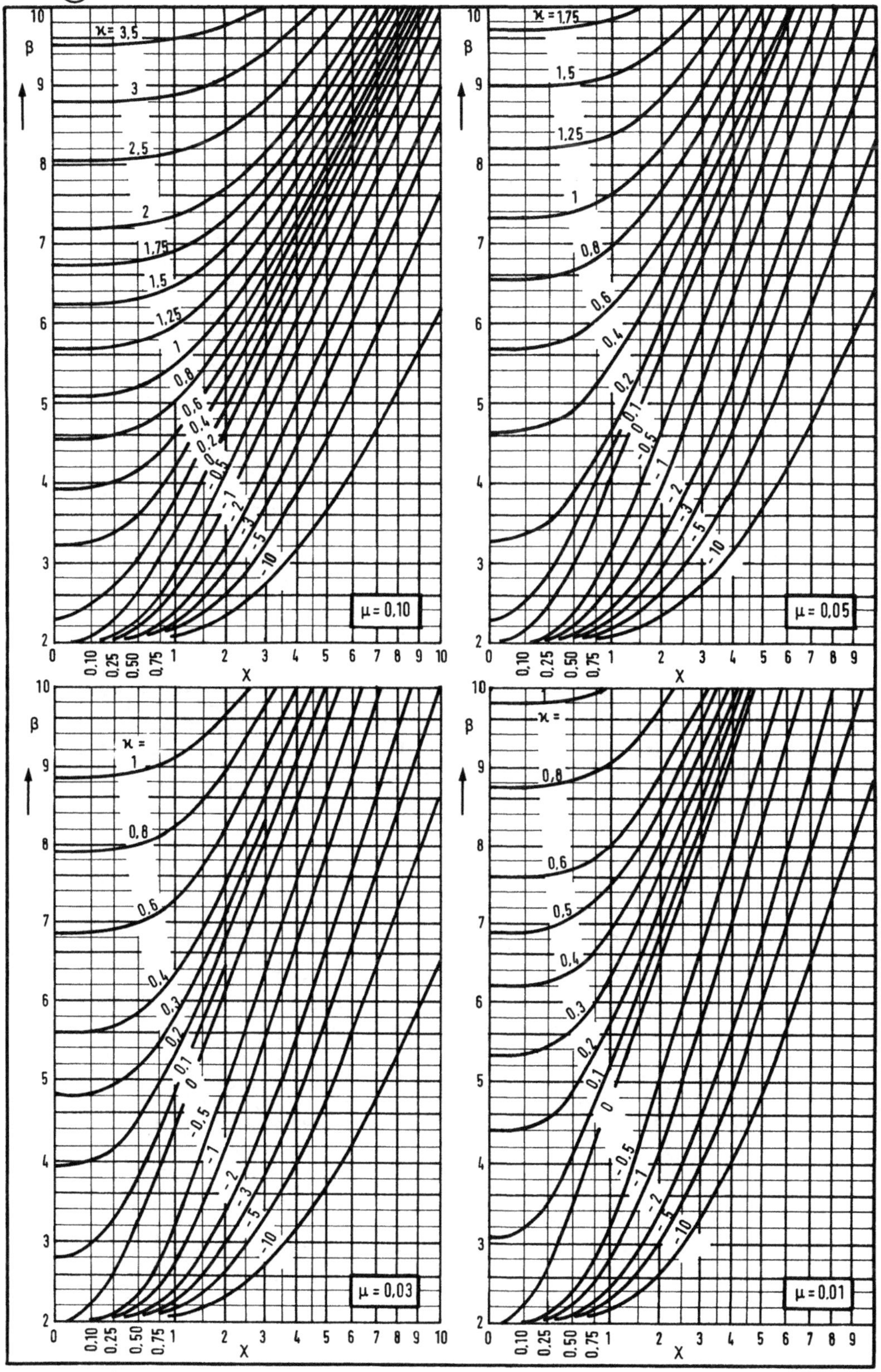

Fall (II) Tafel 7.5

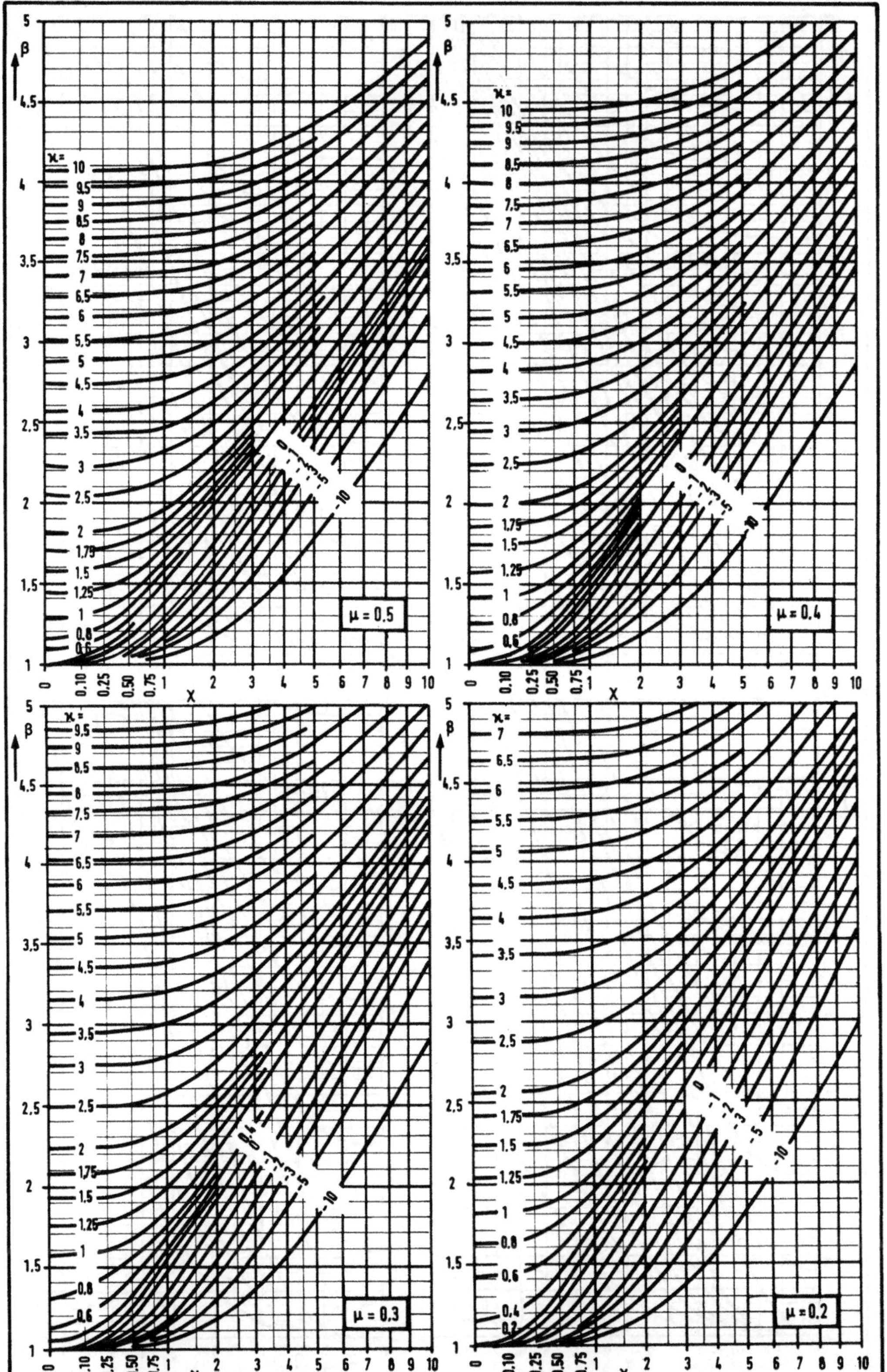

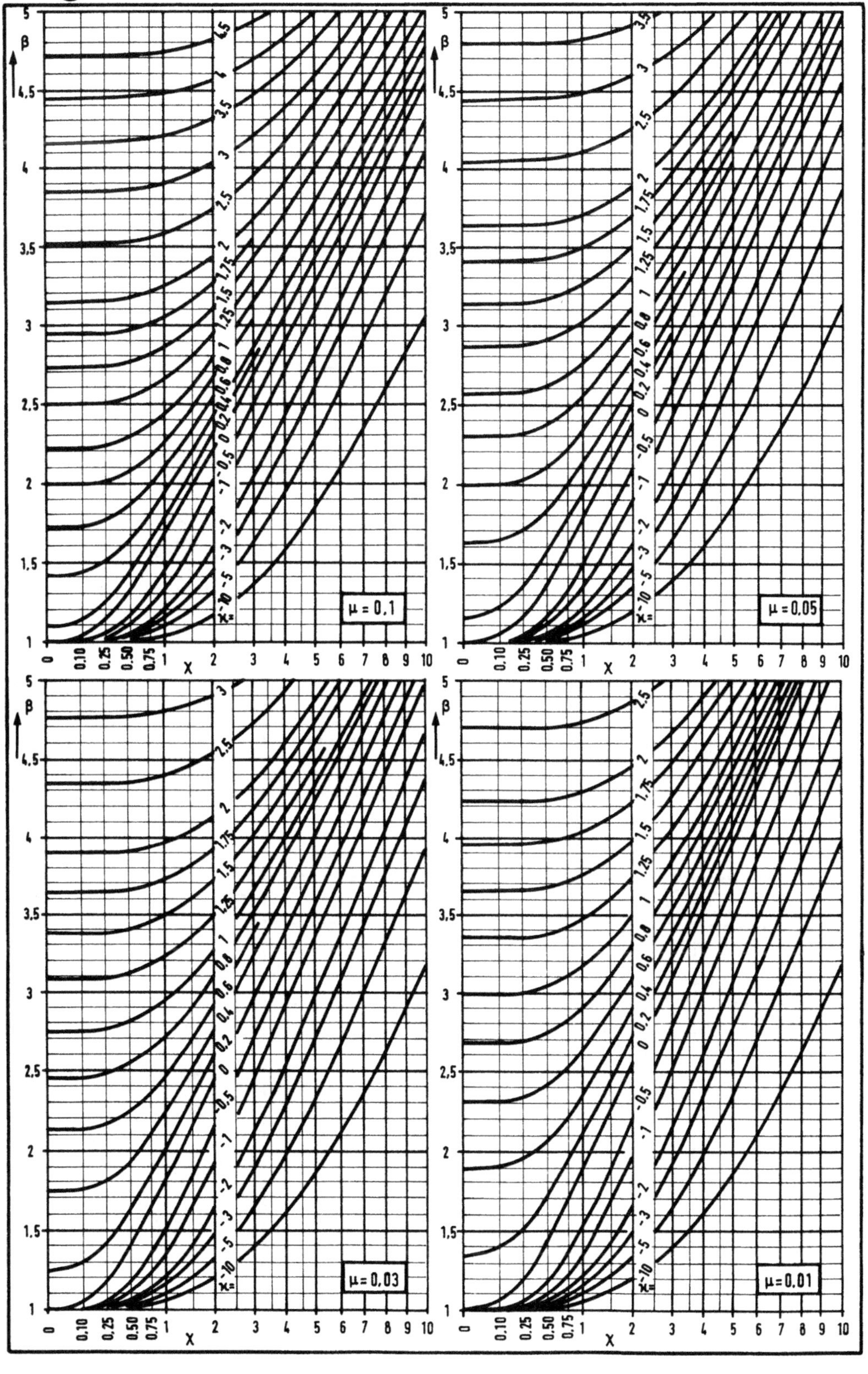
β
χ
κ=
μ = 0,1
μ = 0,05
μ = 0,03
μ = 0,01

Fall (III) Tafel 7.7

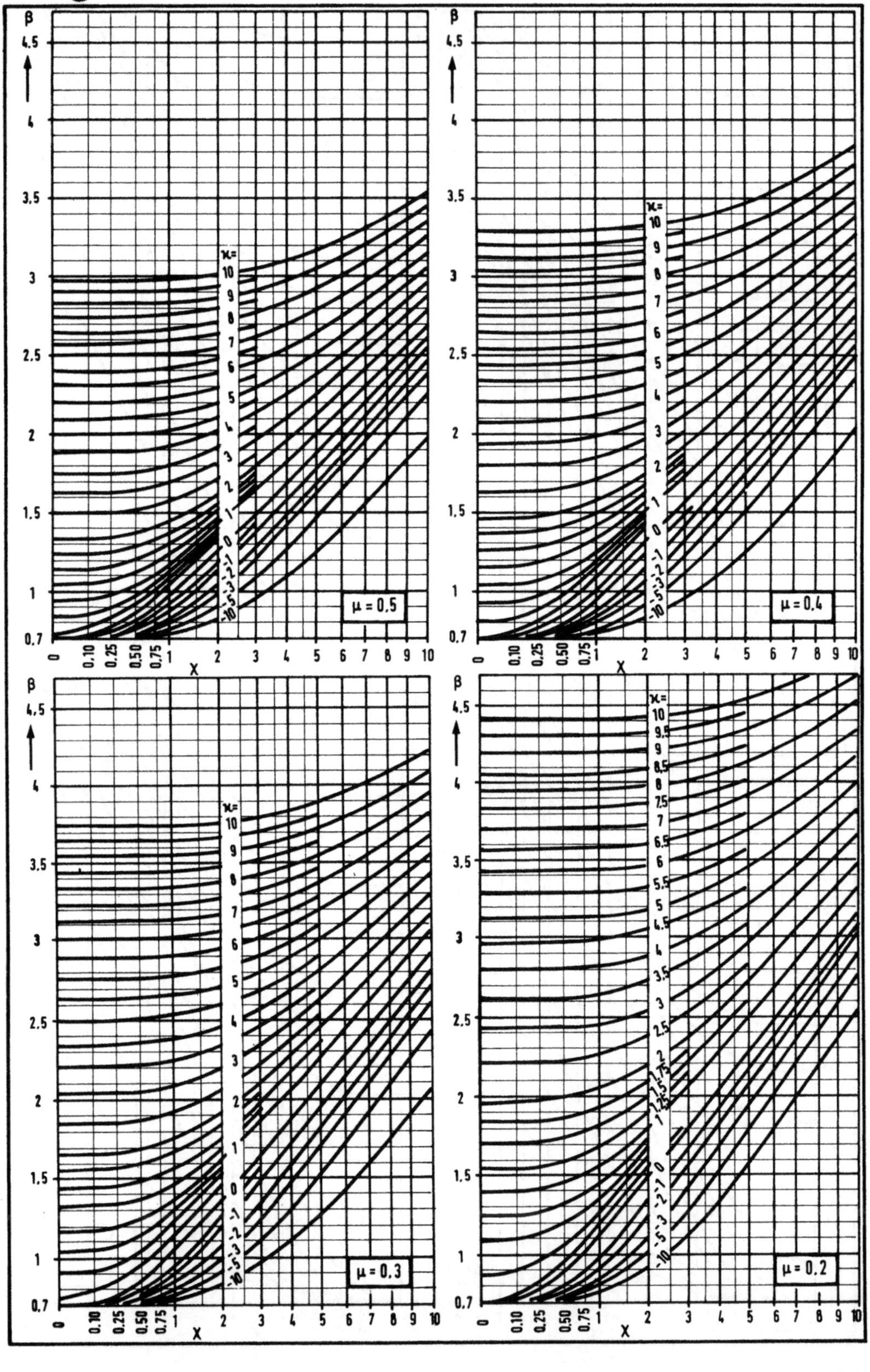

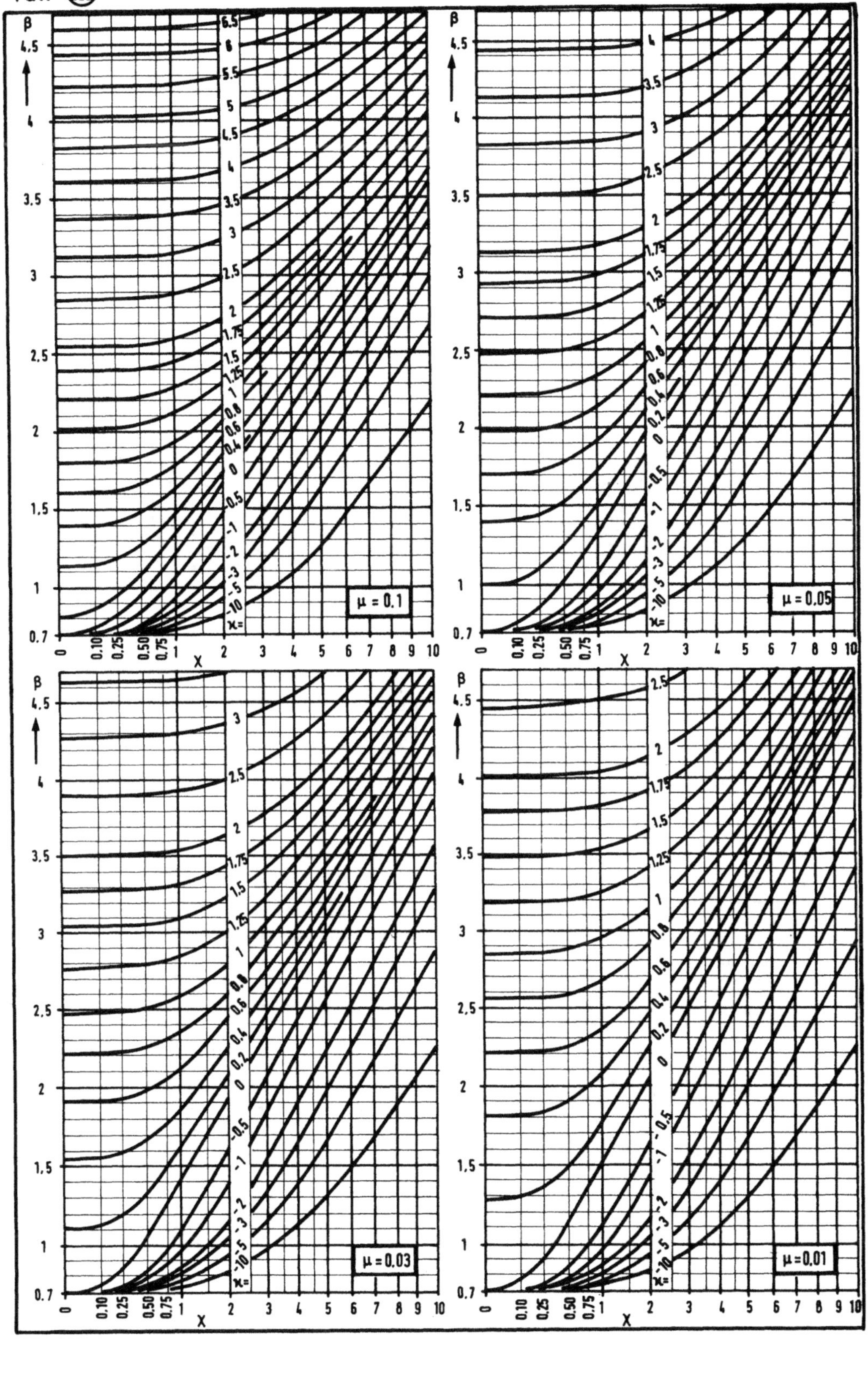
β
X
κ=
μ = 0.1
μ = 0.05
μ = 0.03
μ = 0.01

Fall (IV) Tafel 7.9

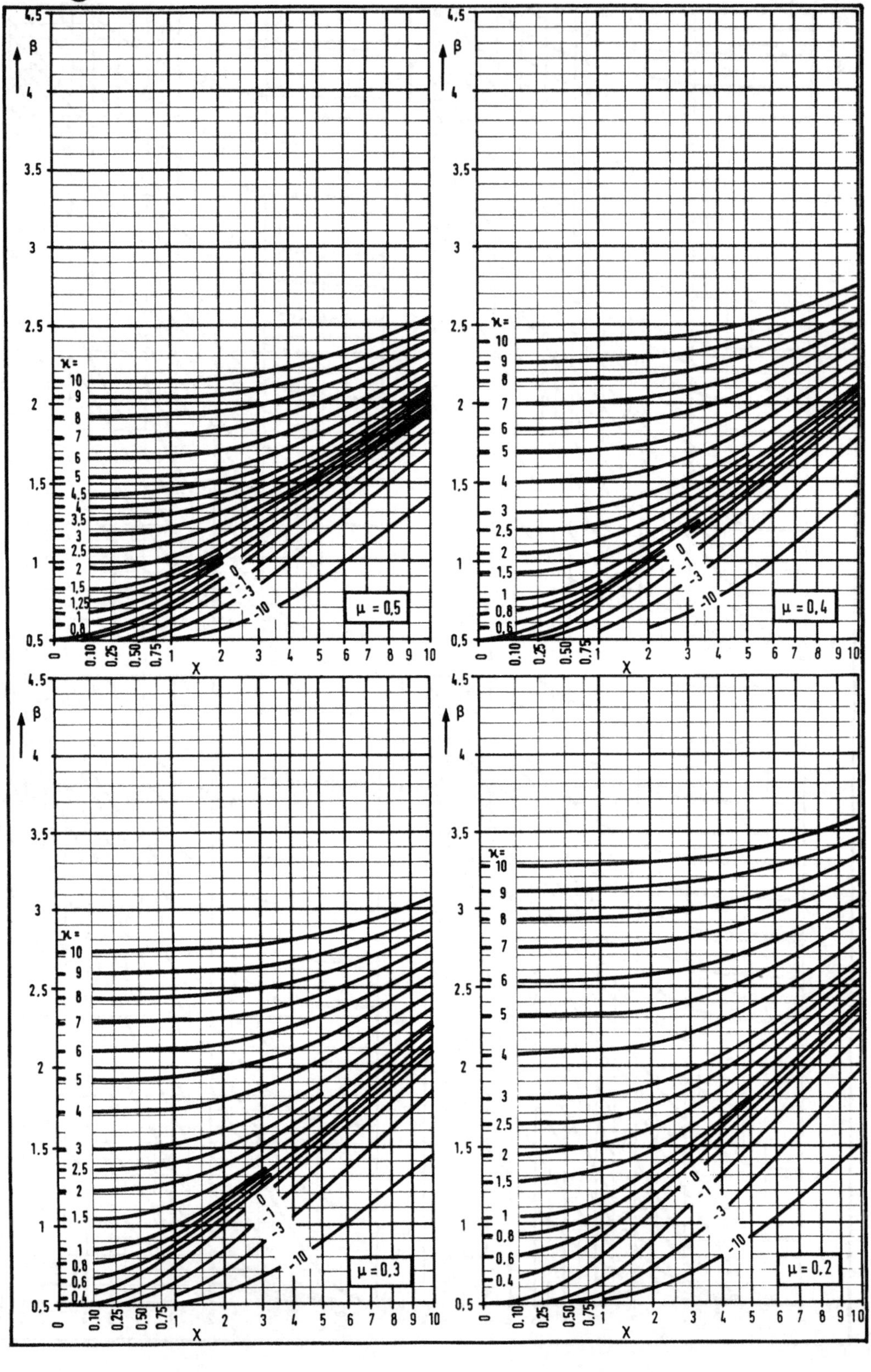

Fall (IV)

Tafel 7.10

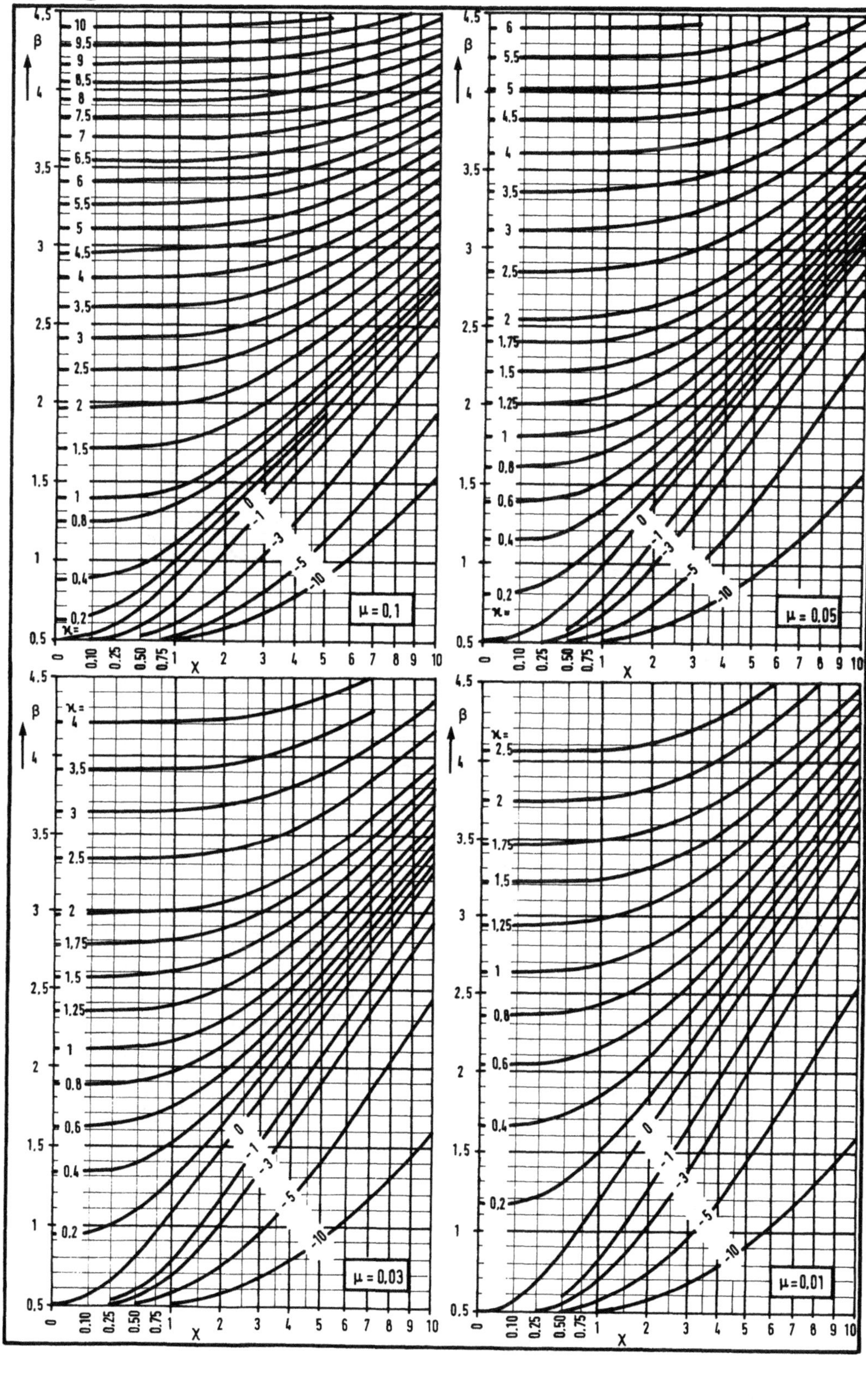

Fall (V)

Tafel 7.11

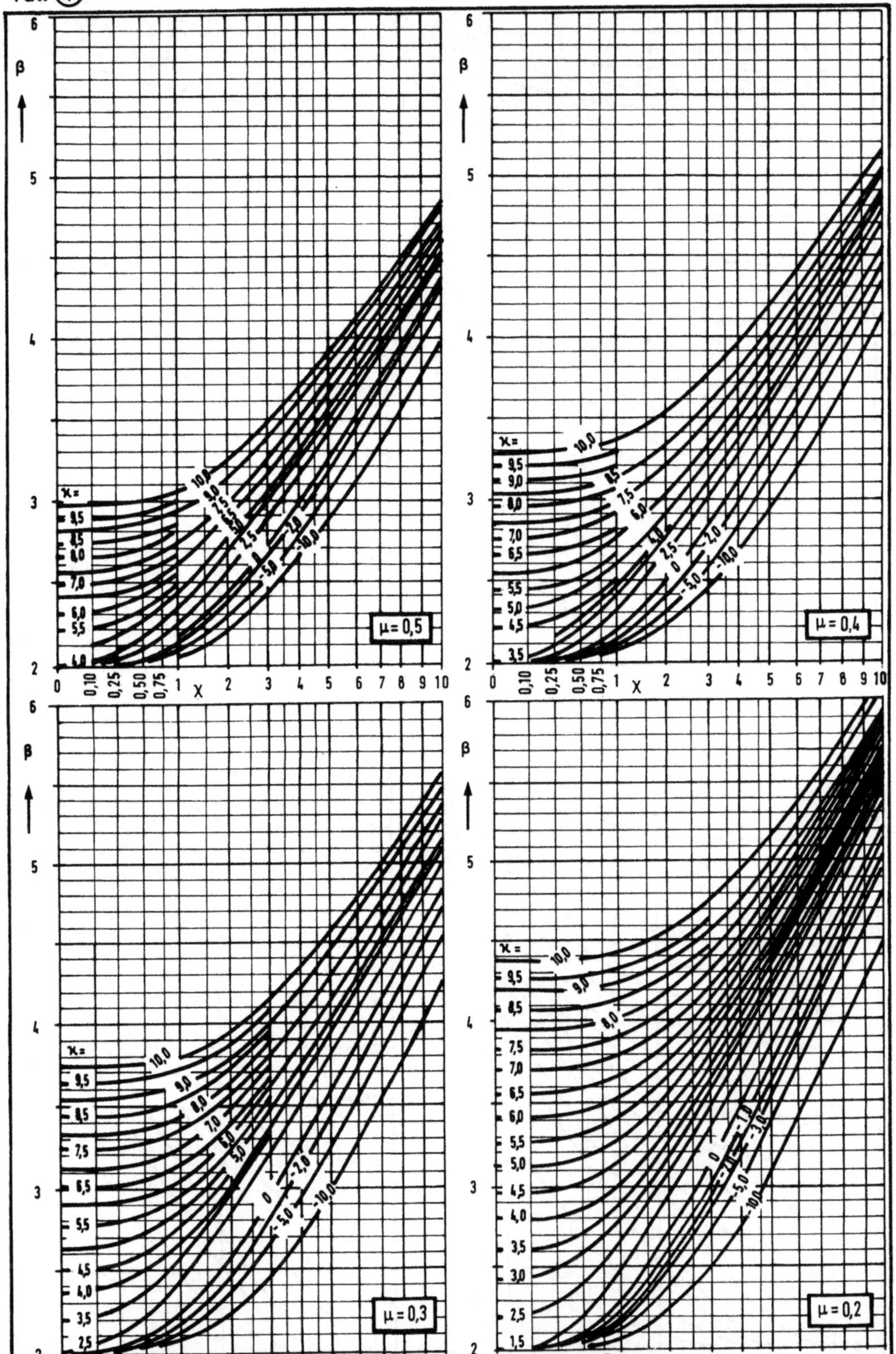

Fall (V) Tafel 7.12

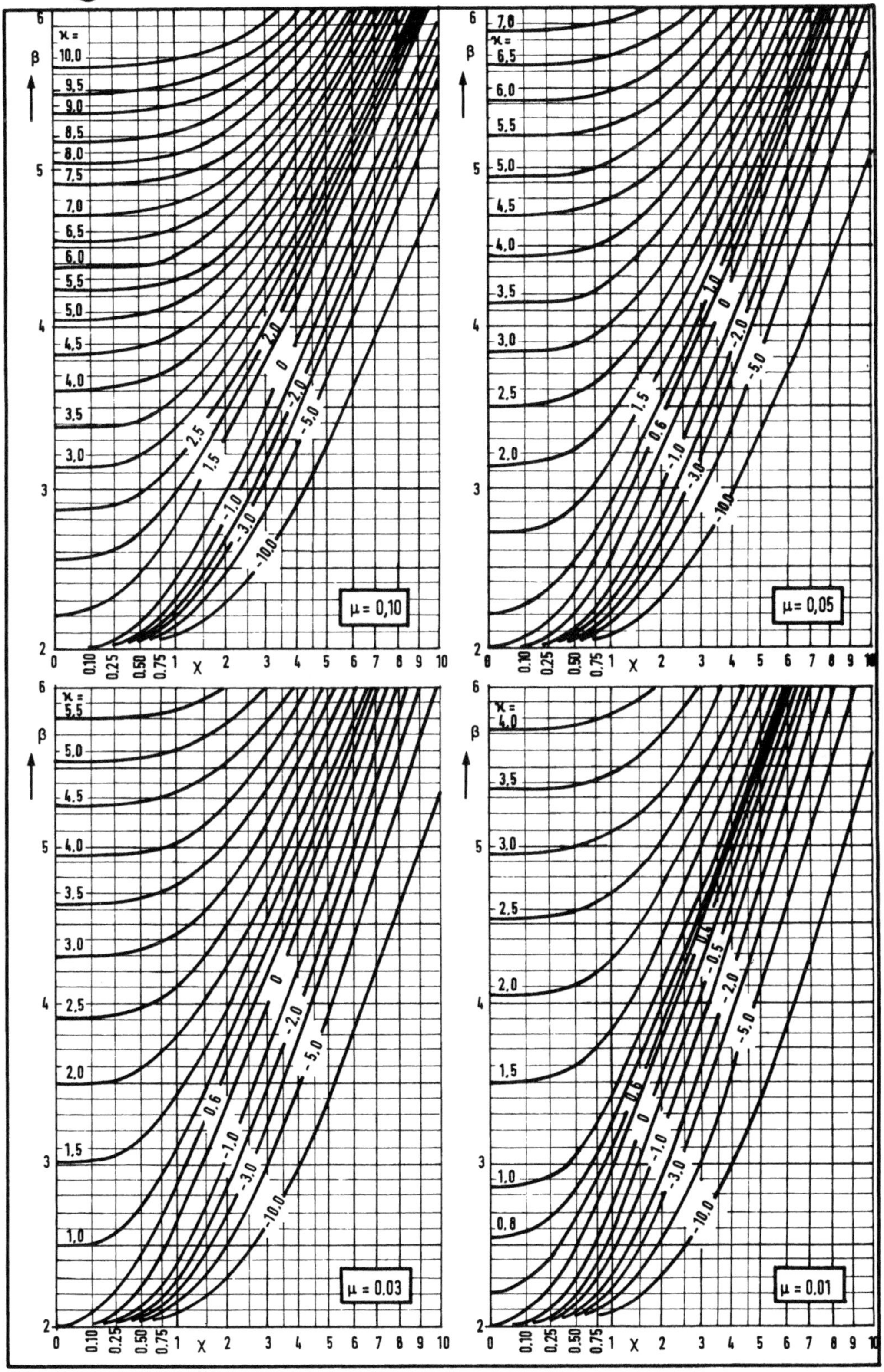

Fall (VI) Tafel 7.13

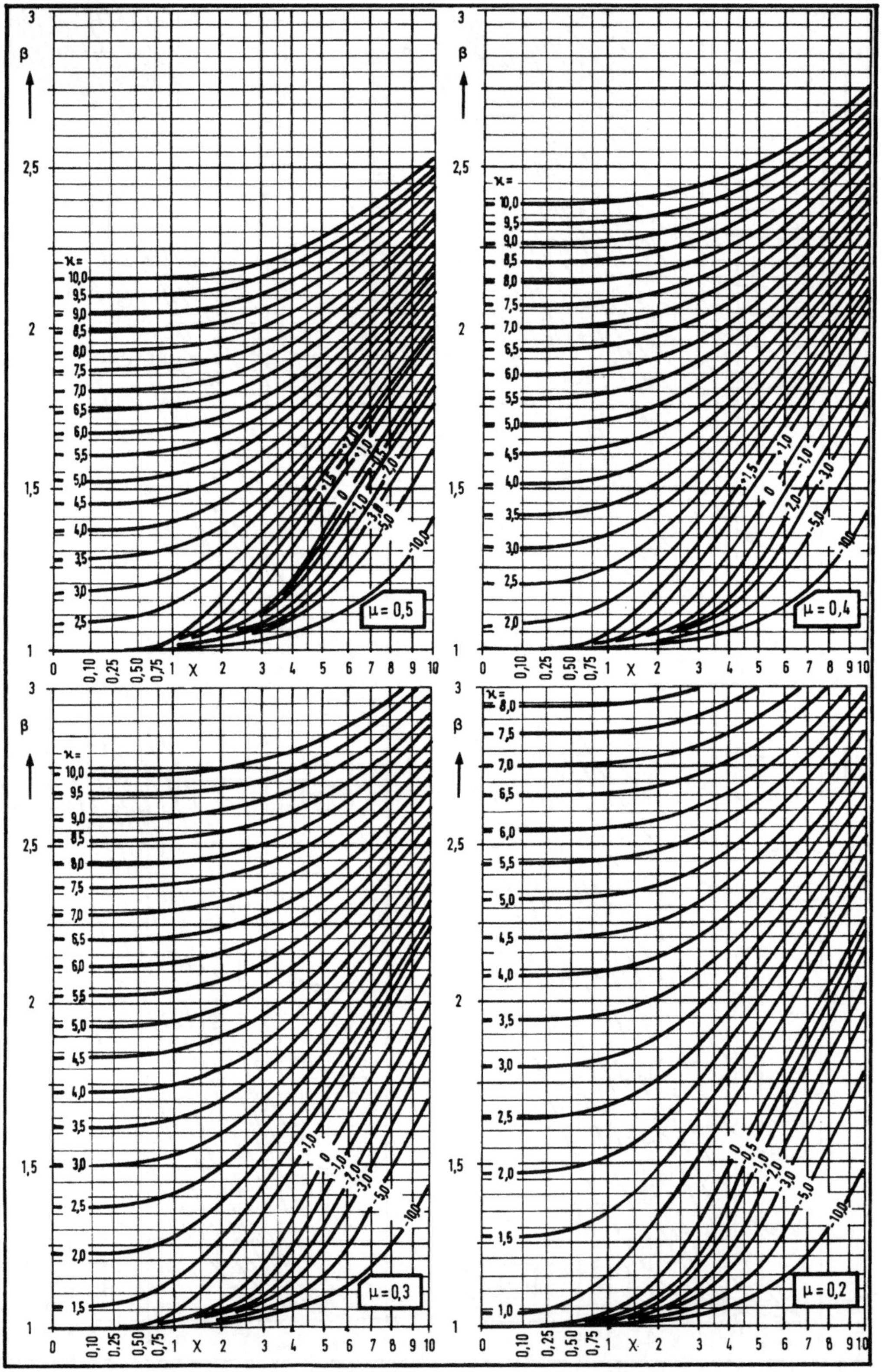

Fall (VI) Tafel 7.14

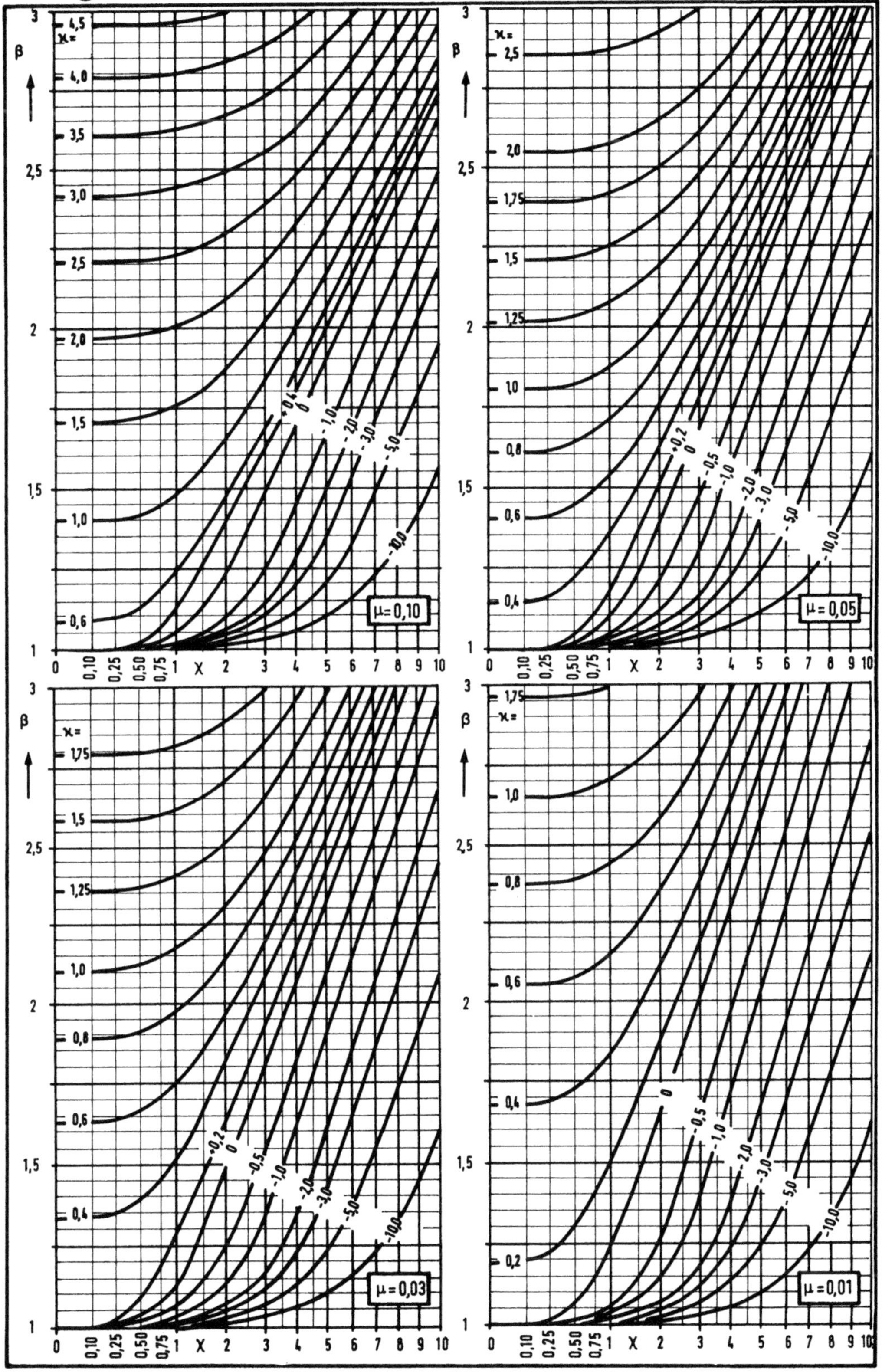

$$
\begin{aligned}
&u = \sum_{i=1}^{n} a_i \alpha_i, \quad \vartheta = \sum_{i=1}^{n} b_i \beta_i \\
&\delta u = \delta a_k \alpha_k, \; \delta\vartheta = \delta b_k \beta_k \qquad (k=1,2\cdots)
\end{aligned}
\tag{7.152}
$$

Hierin sind

$$
\alpha = \alpha(\zeta)\;; \quad \beta = \beta(\zeta)
\tag{7.153}
$$

die Verformungsfunktionen für u und ϑ, a und b sind deren Gewichte. Werden die Ansätze in G.7.133 eingeführt, lauten die Bestimmungsgleichungen:

$$
\begin{aligned}
&\int_0^1 \Big\{ \big(\sum_{i=0}^{n} a_i \alpha_i\big)^{\bullet\bullet\bullet\bullet} + \gamma\big[\big(\sum_{i=0}^{n} a_i \alpha_i\big)^{\bullet\bullet} + \chi\big(\sum_{i=0}^{n} b_i \beta_i\big)^{\bullet\bullet}\big]\Big\} \alpha_k d\zeta = 0 \\
&\qquad\qquad\qquad\qquad\qquad\qquad\qquad\qquad (k=1,2\cdots) \\
&\int_0^1 \Big\{ \mu\big(\sum_{i=0}^{n} b_i \beta_i\big)^{\bullet\bullet\bullet\bullet} - \big(\sum_{i=0}^{n} b_i \beta_i\big)^{\bullet\bullet} + \gamma\big[\varkappa\big(\sum_{i=0}^{n} b_i \beta_i\big)^{\bullet\bullet} + \chi\big(\sum_{i=0}^{n} a_i \alpha_i\big)^{\bullet\bullet}\big]\Big\} \beta_k d\zeta = 0
\end{aligned}
\tag{7.154}
$$

Im Falle n=3 handelt es sich hierbei um ein homogenes Gleichungssystem aus 2x3=6 Gleichungen für a_1, a_2, a_3 und b_1, b_2, b_3. Det(γ)=0 liefert den Knickwert. In G.7.154 sind die Ableitungen der Verformungsfunktionen einzusetzen, die Integrationen werden numerisch bewerkstellig (z.B. nach SIMPSON mit einer 100er-Teilung).
Für G.7.141 sind die GALERKINschen Gleichungen analog zu erweitern.

Auf den vorangegangenen Tafeln 7.2 bis 7.14 ist das Ergebnis der für die EULER-Fälle I bis VI durchgeführten Berechnungen dargestellt. Aus den Diagrammen kann β gemäß G.7.136/7 in Abhängigkeit von χ und dem Kurvenparameter $\varkappa$ sowie dem Diagrammparameter μ abgelesen werden. Zwischenwerte von μ werden zweckmäßig mittels graphischer Interpolation bestimmt.

7.6.5 Beispiele

1. Beispiel: Druckstab (EULER-Fall I) mit offenem ⎍ -Querschnitt. B.7.28 zeigt den Querschnitt, die Herleitung der Querschnittswerte ist im Anhang II.2.2 gezeigt. Der Stab wird zentrisch gedrückt (a=0).

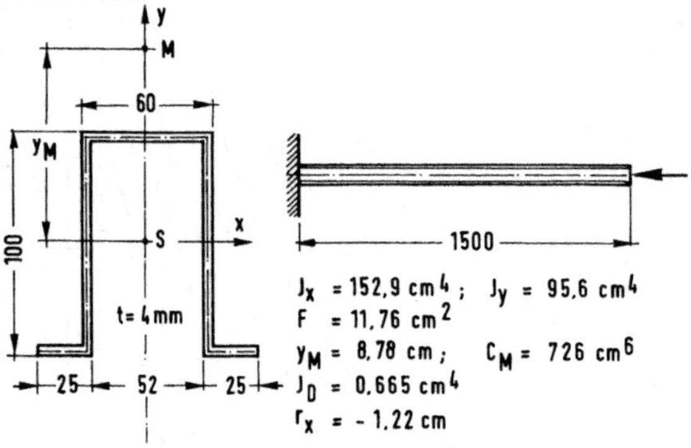

Bild 7.28

$$
\begin{aligned}
EJ_y &= 2{,}008 \cdot 10^6 \text{ kNcm}^2 \\
EC_M &= 1{,}524 \cdot 10^7 \text{ kNcm}^4 \\
GJ_D &= 0{,}539 \cdot 10^4 \text{ kNcm}^2
\end{aligned}
$$

$$
J_p = J_x + J_y = 248{,}5 \text{ cm}^4
$$

$$
i_p = 4{,}60\,\text{cm}, \quad i_M^2 = 98{,}22\,\text{cm}^2, \quad i_y = 2{,}85\,\text{cm}
$$

Ausgehend von diesen Werten werden die Diagrammparameter berechnet (vgl. T.7.2):

$$
\mu = \frac{1{,}524 \cdot 10^7}{150^2 \cdot 0{,}539 \cdot 10^4} = 0{,}126
$$

$$
\chi = \frac{-8{,}78}{150} \sqrt{\frac{2{,}008 \cdot 10^6}{0{,}539 \cdot 10^4}} = -1{,}130
$$

$$
\varkappa = \frac{98{,}22}{150^2} \cdot \frac{2{,}008 \cdot 10^6}{0{,}539 \cdot 10^4} = 1{,}626
$$

Da sich χ negativ ergibt, wird das Profil verschwenkt; hierfür gilt jetzt:

$$
y_M = -8{,}78\,\text{cm}, \quad r_x = +1{,}22\,\text{cm}
$$

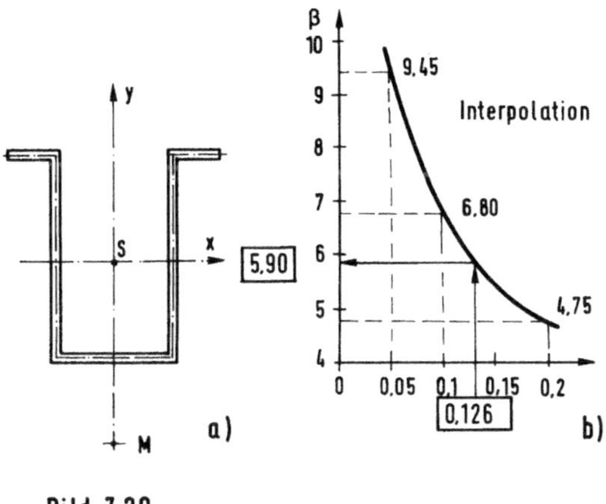

Bild 7.29

Die Parameter lauten für diese Profillage (B.7.29a):

$$\mu = 0{,}126 \qquad \chi = +1{,}130 \qquad \varkappa = 1{,}626$$

Aus den Diagrammen des EULER-Falles I (T.7.3/4) entnimmt man:

$$\mu = 0{,}2: \ \beta = 4{,}75$$
$$\mu = 0{,}1: \ \beta = 6{,}80$$
$$\mu = 0{,}05: \ \beta = 9{,}45$$

Die β-Werte werden über μ aufgetragen und graphisch interpoliert, vgl. B.7.29b:

$$\mu = 0{,}126: \ \beta = 5{,}90$$

Hierfür folgt:

$$s_K = \beta l = 5{,}90 \cdot 150 = 885\,\text{cm}: \quad \lambda_V = \frac{s_K}{i_y} = \frac{885}{2{,}85} = \underline{311}$$

Die Formel von STEINBACH (T.7.1, Fall I) liefert:

$$\beta = 2\,; \quad c^2 = \frac{726}{95{,}6} + \frac{(2\cdot 150)^2 \cdot 0{,}539\cdot 10^4}{\pi^2 \cdot 2{,}008\cdot 10^6} = 7{,}594 + 24{,}478 = 32{,}072$$

$$\lambda_V^2 = \left(\frac{2\cdot 150}{2{,}85}\right)^2 \cdot \frac{32{,}072+98{,}22}{2\cdot 32{,}072}\left\{1+\sqrt{1-\frac{4\cdot 32{,}072\cdot 4{,}60^2}{[32{,}072+98{,}22]^2}}\right\} = \left(\frac{2\cdot 150}{2{,}85}\right)^2 \cdot 3{,}893 = 43136 \longrightarrow \lambda_V = \underline{208}$$

Offensichtlich ergibt die Formel einen stark abweichenden Wert. (Der Nachteil des RITZschen Verfahrens, auf der unsicheren Seite liegende Ergebnisse zu liefern, ist hier besonders ausgeprägt, weil die der Formel zugrundeliegenden Ansatzfunktionen die dynamischen Randbedingungen verlezten. Die Formel sollte daher nicht verwendet werden.)

2. Beispiel: Druckstütze mit T- und ⊥-Querschnitt (EULER-Fälle II, III, IV)
B.7.30 zeigt einen geschweißten T-Querschnitt. Die zur Berechnung erforderlichen Querschnittswerte sind eingetragen (vgl. Anhang II.1 und II.2). Die Länge der Stütze beträgt 10m, es werden unterschiedliche Kraftangriffspunkte unterstellt, sie sind in B.7.31 mit ① bis ⑤ durchnumeriert. Um die Übereinstimmung zwischen den Berechnungsformeln der T.7.1 mit den Diagrammen zu überprüfen, wurden die Vergleichsschlankheiten λ_V für die EULER-Fälle II und IV bestimmt und in B.7.31 tabellarisch gegenübergestellt und über die Höhe des Profils graphisch eingezeichnet. Die Übereinstimmung für die Lagerungsfälle II und IV ist weitgehend vollständig. Die Fälle III nach T.7.1 und den Diagrammen sind nicht vergleichbar, da im erstgenannten Fall ein veränderliches Primärmoment vorausgesetzt ist, während die Diagramme für ein konstantes Exzentrizitätsmoment P·a gelten.

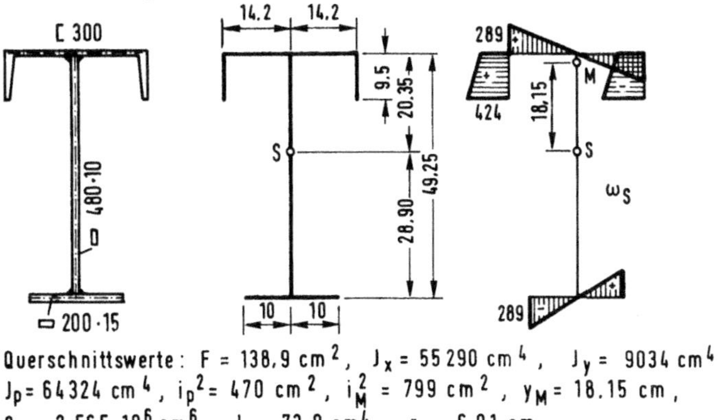

Querschnittswerte: $F = 138{,}9\ \text{cm}^2$, $J_x = 55\,290\ \text{cm}^4$, $J_y = 9034\ \text{cm}^4$
$J_P = 64\,324\ \text{cm}^4$, $i_p^2 = 470\ \text{cm}^2$, $i_M^2 = 799\ \text{cm}^2$, $y_M = 18.15\ \text{cm}$,
$C_M = 2.565\cdot 10^6\ \text{cm}^6$, $J_D = 73.9\ \text{cm}^4$, $r_x = 6.91\ \text{cm}$

Bild 7.30

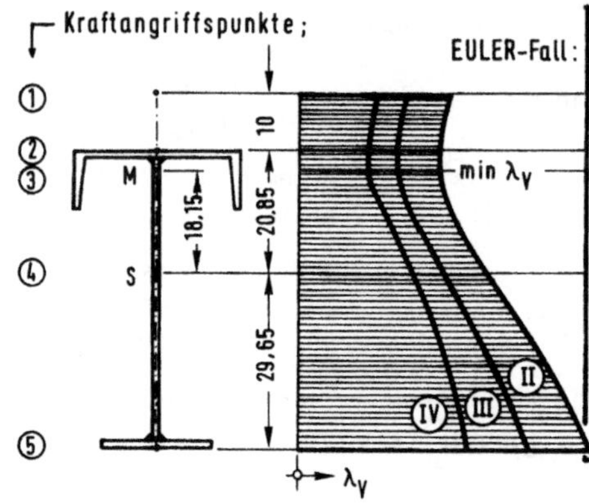

Kraftangriffspunkt	Formel II	Formel IV	Diagramme II	Diagramme III	Diagramme IV
①	131	65,6	135	96	67,6
②	124	61,9	124	87	62,5
③	123	61,5	123	86	61,5
④	170	101,6	166	129	101
⑤	261	161	256	201	149

Bild 7.31

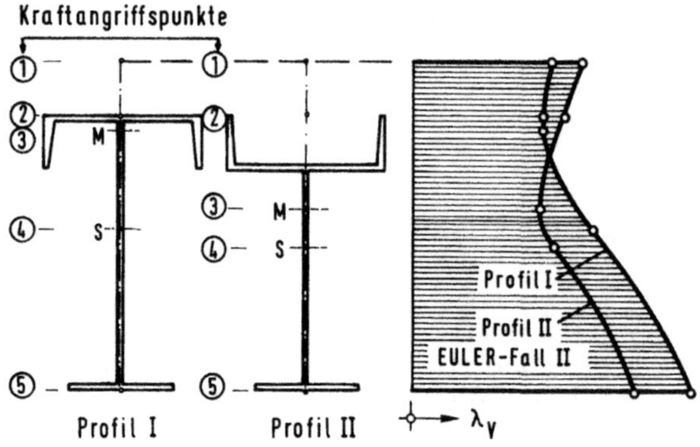

Bild 7.32

In B.7.32 ist die Größe der Vergleichsschlankheit für das in B. 7.30 angegebene Profil (Profil I) und ein modifiziertes (Profil II) für EULER-Fall II angegeben; sie unterscheiden sich durch die Anordnung des ⊓-Profils. Im Mittel ist die Anordnung II etwas günstiger. Das Bild vermittelt Dimensionierungshinweise in Abhängigkeit von der Exzentrizität.

7.7 Biegedrillknicken zentrisch und exzentrisch gedrückter Stäbe mit freier Drillachse und elastischer Bettung

Die Grundgleichungen wurden im Abschnitt 7.3 hergeleitet. Gegenüber bettungsfreier Stützung treten mit c_x und c_ϑ behaftete Glieder hinzu, das sind die Verschiebungsfeder- bzw. Drillfederkonstanten der elastischen Bettung, vgl. B.7.12.

Eine näherungsweise Abschätzung des Bettungseinflusses ist möglich, indem bei der Auswertung der Formeln bzw. Diagramme für freies Biegedrillknicken (Abschnitt 7.6) eine Ersatz-Drillsteifigkeit

$$(GJ_D)_E = GJ_D + (c_x \cdot b_y^2 + c_\vartheta)\frac{l^2}{\pi^2} \qquad (7.155)$$

eingeführt wird, bzw. der Drehradius c, vgl. Formel G.7.108, wie folgt erweitert wird:

$$c^2 = \frac{C_M}{J_y} + \frac{GJ_D}{EJ_y}\cdot\frac{l^2}{\pi^2} + \frac{c_x b_y^2}{EJ_y}\cdot\frac{l^4}{\pi^4} + \frac{c_\vartheta}{EJ_y}\cdot\frac{l^4}{\pi^4} \qquad (7.156)$$

Diese Erweiterung läßt sich aus folgender Überlegung herleiten: Die Grundgleichung der Wölbkrafttorsion Th.I.Ordn.

$$EC_M\vartheta'''' - GJ_D\vartheta'' = m_\zeta \qquad (7.157)$$

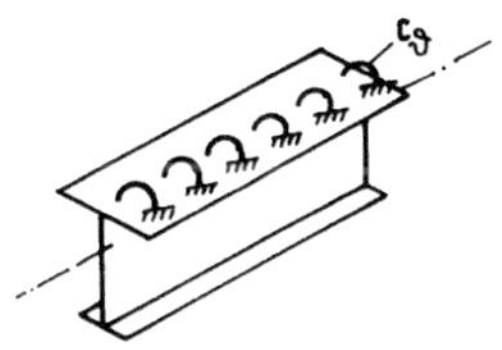

Bild 7.33

läßt sich für den Fall einer kontinuierlichen drillfederelastischen Bettung (B.7.33) wegen

$$m_\zeta = -c_\vartheta \cdot \vartheta \qquad (7.158)$$

(als Reaktion) in einfacher Weise erweitern:

$$EC_M\vartheta'''' - GJ_D\vartheta'' + c_\vartheta\vartheta = m_\zeta \qquad (7.159)$$

Die Mitwirkung einer Verschiebungsfeder läßt sich indes nur näherungsweise auf diese Weise erfassen:

$$m_\zeta = -c_x \cdot b_y^2 \vartheta \qquad (7.160)$$

Das liefert:

$$EC_M\vartheta'''' - GJ_D\vartheta'' + (c_x b_y^2 + c_\vartheta)\vartheta = m_\zeta \qquad (7.161)$$

Für eine äußere Drillmomentenbelastung nach Art einer Sinusverteilung

$$m_\zeta = m \cdot \sin\pi\frac{z}{l} \qquad (7.162)$$

und einen entsprechenden Lösungsansatz für beidseitige Gabellagerung

$$\vartheta = a \cdot \sin\pi\frac{z}{l} \qquad (7.163)$$

liefert die Differentialgleichung des Problems (G.7.161):

$$a\left(EC_M\frac{\pi^4}{l^4} + GJ_D\frac{\pi^2}{l^2} + c_x b_y^2 + c_\vartheta\right) = m \qquad (7.164)$$

Hieraus folgen G.7.155/6.

Die strenge Lösung für die Vergleichsschlankheit des exzentrisch gedrückten Stabes mit beidseitiger Gabellagerung errechnet sich in analoger Erweiterung von Abschnitt 7.6.1, ausgehend von den Grundgleichungen G.7.82 und dem Lösungsansatz G.7.99, zu:

$$\lambda_V^2 = \left(\frac{l}{i_y}\right)^2 \cdot \frac{c^2 + i_M^2 + a(r_x - 2y_M) + f_1}{2(c^2 + f_2)}\left\{1 \pm \sqrt{1 - \frac{4(c^2 + f_2)[i_p^2 + a(r_x - a)]}{[c^2 + i_M^2 + a(r_x - 2y_M) + f_1]^2}}\right\} \qquad (7.165)$$

c^2 ist gemäß G.7.156 einzuführen. f_1 und f_2 stehen für:

$$f_1 = \frac{c_x l^4}{EJ_y\pi^4}[i_M^2 + a(r_x - 2y_M) - 2(a - y_M)b_y]\,; \quad f_2 = \frac{c_x l^4}{EJ_y\pi^4}\left[\frac{C_M}{J_y} + \frac{GJ_D}{EJ_y}\cdot\frac{l^2}{\pi^2} + \frac{c_\vartheta}{EJ_y}\cdot\frac{l^4}{\pi^4}\right] \qquad (7.166)$$

Hieraus wird deutlich, daß die Erweiterung gemäß G.7.155/6 für alleinige Drillbettung streng ist: Die Diagramme können ohne Einschränkung für EULER-Fall II verwertet werden, für die anderen Lagerungsfälle in guter Annäherung. (Im folgenden Abschnitt wird ein Beispiel berechnet.)

7.8 Biegedrillknicken zentrisch und exzentrisch gedrückter Stäbe mit gebundener Drillachse und elastischer Bettung

Die Druckstütze wird im Abstand d vom Schwerpunkt seitlich unverschieblich gestützt, vgl. B.7.34 und B.7.13. Ausgehend von den Grundgleichungen des Abschnittes 7.4 findet man für den exzentrisch gedrückten Stab mit beidseitiger Gabellagerung unter Verwendung der eingliedrigen Ansätze G.7.99 die Vergleichsschlankheit zu

$$\lambda_V^2 = \left(\frac{l}{i_y}\right)^2 \frac{i_p^2 + d^2 + a(r - 2d)}{c^2 + (y_M - d)^2 + f} \qquad (7.167)$$

mit c^2 gemäß G.7.156 (ohne c_x) und f gemäß:

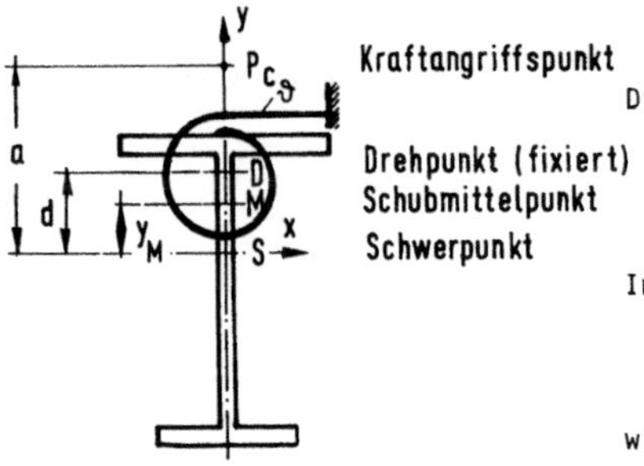

Bild 7.34

$$f = \frac{c_x l^4}{EJ_y \pi^4}[(y_M - d)(y_M - d + 2b_y)] \tag{7.168}$$

Die Biegedrillknickkraft folgt wieder aus:

$$P_{Ki} = \frac{\pi^2 EJ_y}{\lambda_V^2 \cdot i_y^2} \tag{7.169}$$

Im Falle

$$i_p^2 + d^2 + a(r_x - 2d) = 0 \tag{7.170}$$

wird $P_{Ki} = \infty$ und $\lambda_V = 0$. In diesem Falle wird jegliche Biegedrillknickung durch die seitliche Stützung verhindert; die drillelastische Bettung hat auf dieses Kriterium keinen Einfluß.

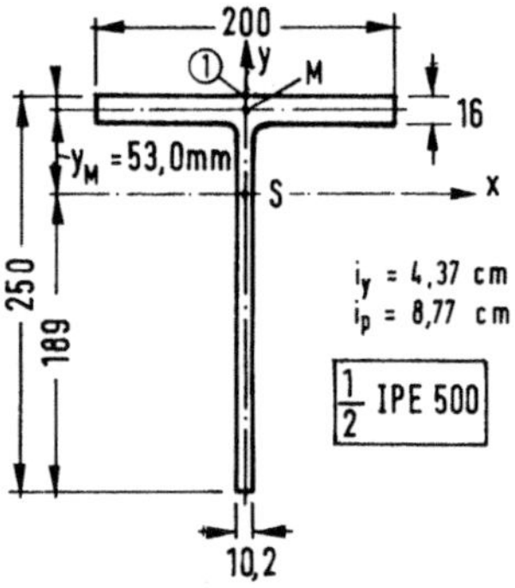

Bild 7.35

Beispiel: Druckstütze mit T-Querschnitt

B.7.35 zeigt das Profil der Stütze: Länge: 5,0 m, beidseitige Gabellagerung.

T-Profile sind besonders biegedrillknickgefährdet, weil sie wölbfrei sind: der stützende Beitrag der Wölbsteifigkeit entfällt.

Querschnittswerte (vgl. auch B.7.35):

$$r_x = -6{,}74\,\text{cm}, \quad J_D = 39{,}14\,\text{cm}^4$$

1. Annahme: $c_\vartheta = 0$, gebundene Drillachse im Punkt ① d=6,1cm.

Das Kriterium G.7.170 wird nach a aufgelöst und ausgewertet:

$$a = -\frac{i_p^2 + d^2}{r_x - 2d} = -\frac{8{,}77 + 6{,}1}{-6{,}74 - 2\cdot 6{,}1} = 6{,}03\,\text{cm}$$

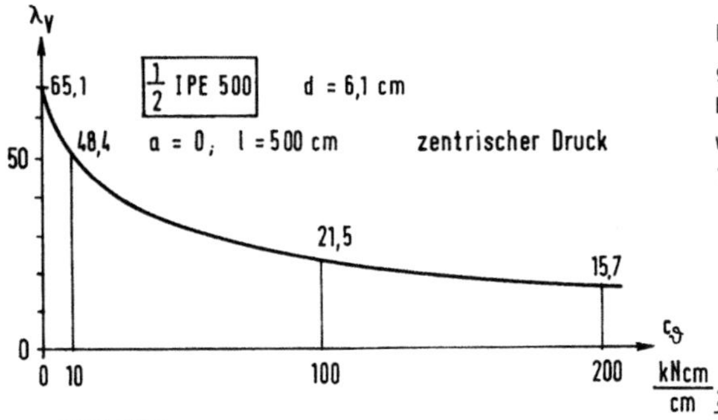

Bild 7.36

Das heißt: Ist die Exzentrizität a größer / gleich 6,03 cm, tritt kein Biegedrillknicken ein. Für frei gewählte Exzentrizitäten kleiner 6,03 cm liefert G.7.167:

$a = y_M = 5{,}3\,\text{cm}$: $\lambda_V = 22{,}6$
$a = 5\,\text{cm}$: $\lambda_V = 26{,}8$
$a = 0$: $\lambda_V = 65{,}1$
$a = -18{,}9\,\text{cm}$: $\lambda_V = 132{,}3$

2. Annahme: $c_\vartheta \neq 0$; d=6,1 cm; a=0 (zentrische Beanspruchung). G.7.167 wird für steigende Bettungsziffern ausgewertet; B.7.36 zeigt das Ergebnis.

$c_\vartheta \to \infty$: $\lambda_V \to 0$.

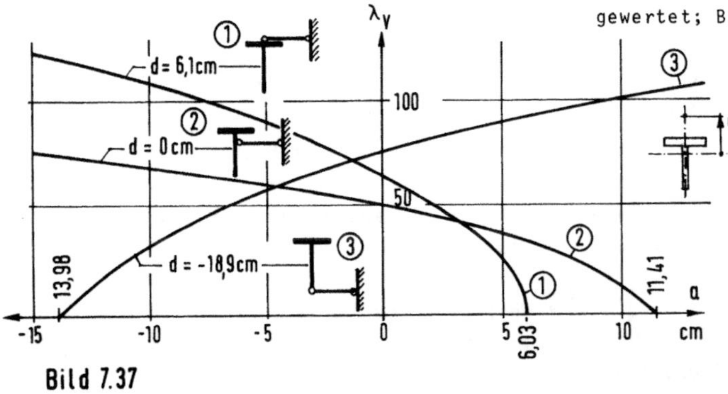

Bild 7.37

3. Annahme: $c_\vartheta = 0$, d und a werden variiert. B.7.37 zeigt das Ergebnis.

Der große Einfluß, der von einer gebundenen Drillachse ausgeht, wird hieraus deutlich.

Für die Stützpunkte ①, ② und ③ ergeben sich folgende Grenzwerte für die Exzentrizität a, außerhalb der jegliches Biegedrillknicken durch die Bindung unterdrückt wird:

① $a \geq 6{,}03\,cm$
② $a \geq 11{,}41\,cm$
③ $a \leq -13{,}98\,cm$

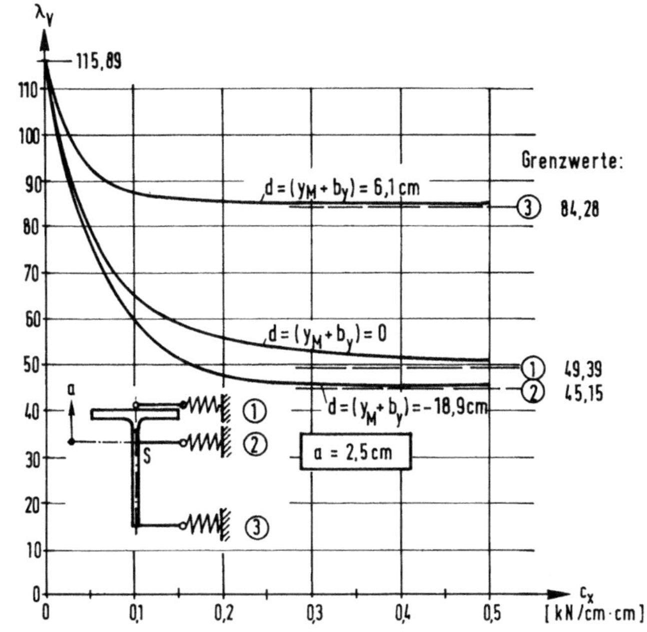

Bild 7.38

Das Beispiel wird unter der Annahme $c_\vartheta=0$ erweitert, und zwar wird eine federelastische Stützung mit der Verschiebungsfederkonstanten c_x angesetzt. Es handelt sich damit um das im vorangegangenen Abschnitt behandelte Problem einer Biegedrillknickung mit freier Drillachse, es ist von G.7.165 auszugehen. Die Formel wird für steigende Federzahlen c_x ausgewertet und zwar für die frei gewählte Exzentrizität a=2,5 cm. In B.7.38 ist die Vergleichsschlankheit als Funktion von c_x dargestellt, wobei drei Stützpunkte angesetzt sind. Geht c_x gegen unendlich, geht das Problem mit freier Drillachse in das Problem mit gebundener Drillachse über. Die zugehörigen Grenzwerte für λ_V folgen aus G.7.167:

① $\lambda_V = 49{,}39$
② $\lambda_V = 45{,}15$
③ $\lambda_V = 84{,}28$

B.7.38 läßt erkennen, daß bereits kleine Federkonstanten einen starken Stützeffekt bewirken: Die Kurven zeigen einen ausgeprägten Abfall von dem Wert $\lambda_V=115{,}89$ für ungebundene Biegedrillknickung; für $c_x=0{,}2$ bis $0{,}3$ kN/cm·cm nähern sich die Kurven dem Grenzwert der gebundenen Biegedrillknickung weitgehend an [7.70].

7.9 Kippen von Biegeträgern mit freier Drillachse

7.9.1 Näherungsnachweis

Unter Kippen wird die Instabilität von Biegeträgern verstanden. Kippen kann als Knicken der gedrückten Gurte aus der Trägerebene gedeutet und in diesem Sinne auch näherungsweise nachgewiesen werden. Hierzu wird der Druckgurt vom Träger getrennt und als isolierter Druckstab betrachtet. Die Druckkraft ist im Druckgurt i.allg. variabel; im Falle eines Einfeldträgers liegt der Druckkraftverlauf zwischen den Grenzfällen: a) Gegengleiche Randmomente mit konstanter Druckkraft, b) mittige Einzellast mit dreieckförmigem Druckkraftverlauf. - Zwei Umstände sind bei der Näherungsbetrachtung zu bedenken:

a) Der Einfluß des Zuggurtes wirkt stabilisierend, ebenfalls die Drill- und Wölbsteifigkeit des Trägers.
b) Der Einfluß des Lastangriffsortes wird nicht erfaßt. Am Obergurt angreifende Kräfte vermindern die Kipptragfähigkeit gegenüber einer Belastung entlang der Schubmittelpunktsachse, weil hierbei ein die Verdrillung vergrößerndes (abtreibendes) Drillmoment geweckt wird (B.7.39b); am Untergurt angreifende Kräfte bewirken im Kippfalle ein

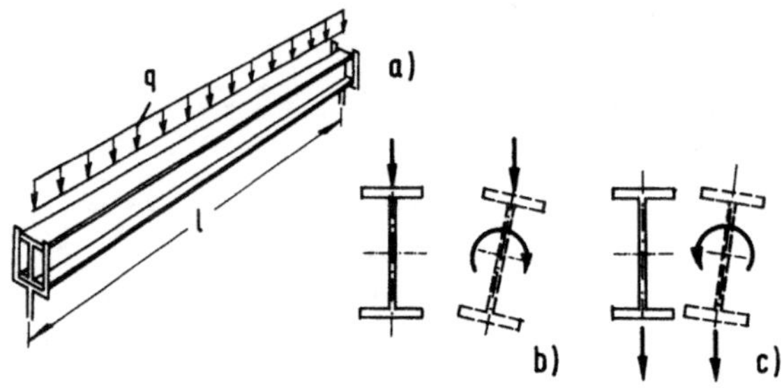

Bild 7.39

rücktreibendes Moment.

Die vereinfachte Nachweisform kippgefährdeter Träger als Knicknachweis der Druckgurtung ist nach DIN 4114 (A und N) zugelassen. Hierbei wird als Querschnitt des Druckstabes der Trägergurt zuzüglich eines Fünftel der Stegfläche angesetzt. Damit werden F_G und J_{yG} (um die Stegachse) berechnet. Der Trägheitsradius des stellvertretenden Druckstabes beträgt:

$$i_{yG} = \sqrt{\frac{J_{yG}}{F_G}} \qquad (7.171)$$

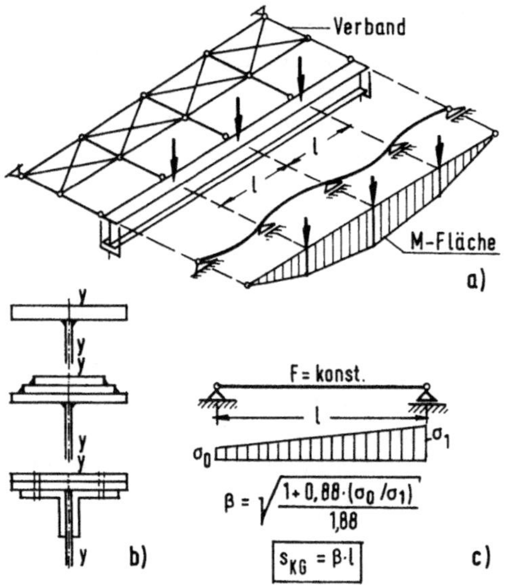

Bild 7.40

Sind, wie in B.7.40a gezeigt, seitliche Festhalterungen des Druckgurtes vorhanden (Verband) und ist l deren gegenseitiger Abstand, ist die Schlankheit des isolierten Druckgurt-Stabes:

$$\lambda_{yG} = \frac{s_{KG}}{i_{yG}} \qquad (7.172)$$

Hierbei wird eine mehrwellige Knickbiegelinie zwischen den Festpunkten unterstellt, sodaß bei konstanter Druckkraft

$$s_{KG} = l \qquad (7.173)$$

gesetzt wird; bei veränderlicher Druckkraft kann die Knicklänge der Gurtung zu

$$s_{KG} = \beta \cdot l \qquad (7.174)$$

angenommen werden (B.7.40c).

Da der Einfluß des Lastangriffspunktes in die Näherungsrechnung nicht eingeht, ist vorausgesetzt, daß die äußeren Lasten nur an den Stützpunkten eingetragen werden, wie in B.7.40a schematisch dargestellt, wohl ist eine Belastung über den Untergurt auch zwischen den Stützpunkten zulässig.

Auf den Tafeln T.7.15/16 sind Knicklängenbeiwerte für die freien Ober- und Untergurte von Durchlaufträgern (getrennt für Mittel- und Endfelder) ausgewiesen, sie gelten unter derselben Einschränkung wie zuvor. Der Quotient α kennzeichnet den Druckkraftverlauf; die Zustandsflächen sind in allen Fällen auf den Größtwert der Druckkraft normiert, deren Verlauf ist entweder geradlinig oder parabelförmig. (Anmerkung: Die Kipp-Biegelinien frei durchlaufender Gurte mehrfeldriger Träger, mit Stützung über den Lagern, sind pro Feld einwellig. Demgemäß wurden die β-Werte für einfeldrige Druckstäbe mit beidseitiger Gabellagerung berechnet. Dort wo Zug auftritt, wurde dieser auch rechnerisch angesetzt.)
Baupraktische Bedeutung haben die Diagramme vorrangig für den Kipp/Knicknachweis der Untergurte von Durchlaufträgern, bei denen der Obergurt z.B. durchgehend durch eine Decken- oder Dachscheibe gehalten wird; der Untergurt ist in solchen Fällen i.a. nur an den Zwischenlagerpunkten unverschieblich gehalten, l ist dann die Länge des Feldes.
Der Knicknachweis ist nach den einschlägigen Vorschriften zu führen, vgl. Abschnitt 7.15.

Tafel 7.15

Knicklängen für isolierte Gurte — Durchlaufträger (Innenfeld)

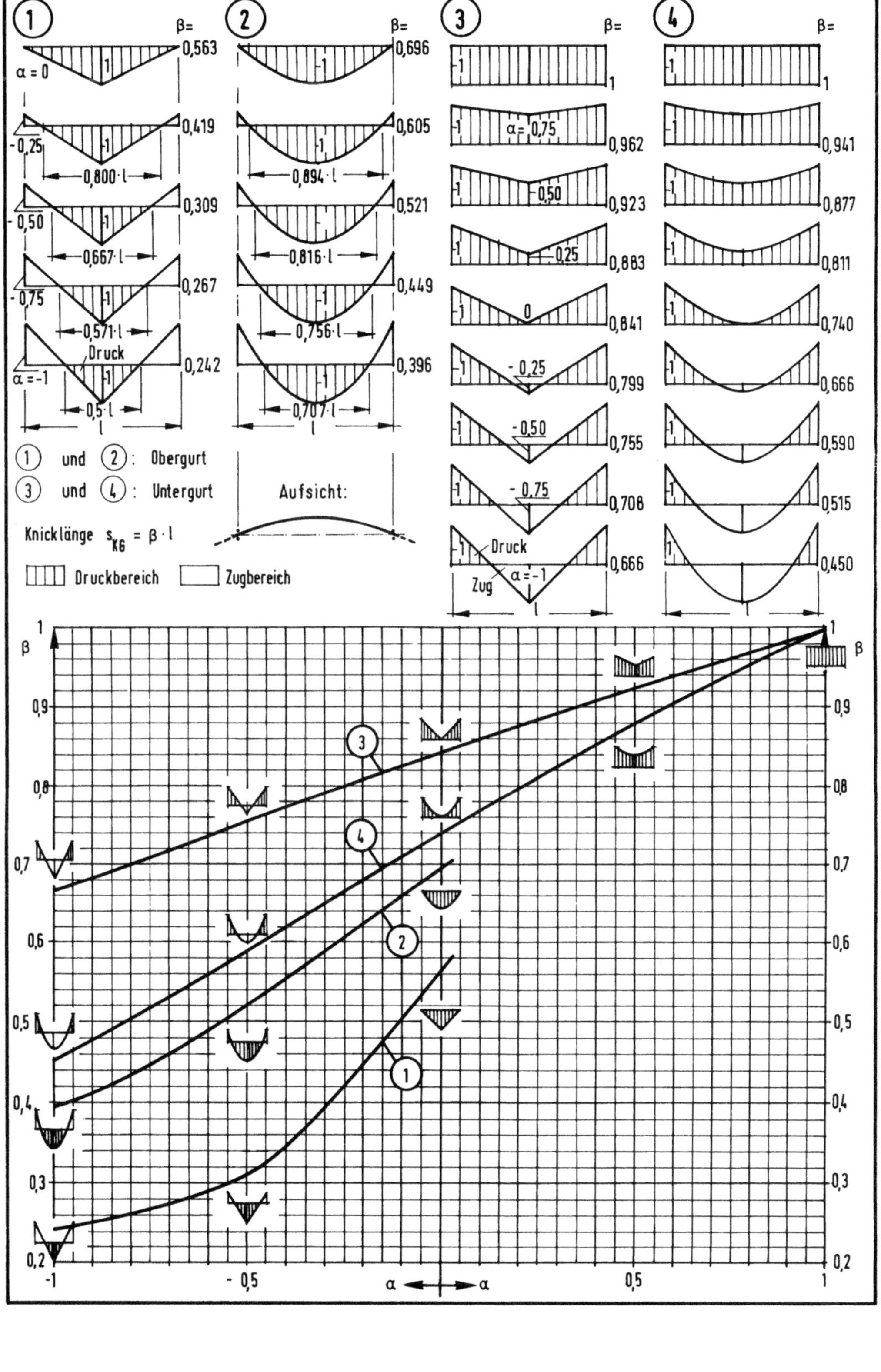

Tafel 7.16

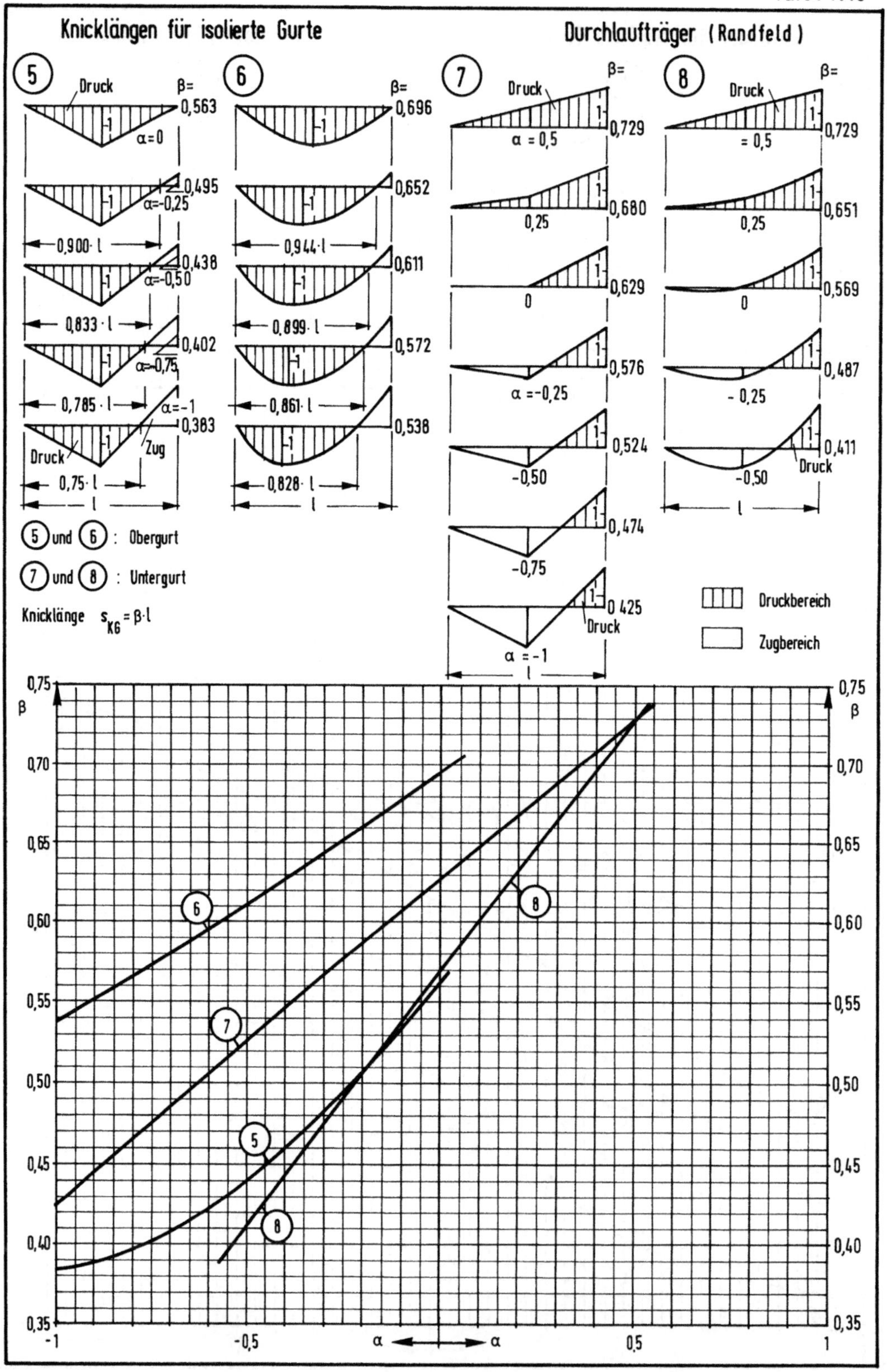
Knicklängen für isolierte Gurte
Durchlaufträger (Randfeld)
5
Druck
β=
0,563
α=0
0,495
α=-0,25
0,900 · l
0,438
α=-0,50
0,833 · l
0,402
α=-0,75
0,785 · l
α=-1
0,383
Druck
Zug
0,75 · l
l
6
β=
0,696
0,652
0,944 · l
0,611
0,899 · l
0,572
0,861 · l
0,538
0,828 · l
l
7
Druck
β=
α = 0,5
0,729
0,25
0,680
0
0,629
α =-0,25
0,576
-0,50
0,524
-0,75
0,474
α =-1
0 425
Druck
l
8
Druck
β=
= 0,5
0,729
0,25
0,651
0
0,569
- 0,25
0,487
-0,50
0,411
Druck
l
5 und 6 : Obergurt
7 und 8 : Untergurt
Knicklänge $s_{KG} = \beta \cdot l$
Druckbereich
Zugbereich
β
0,75
0,70
0,65
0,60
0,55
0,50
0,45
0,40
0,35
-1
-0,5
α
α
0,5
1

7.9.2 Berechnungsformeln für die Kipplast von Biegeträgern

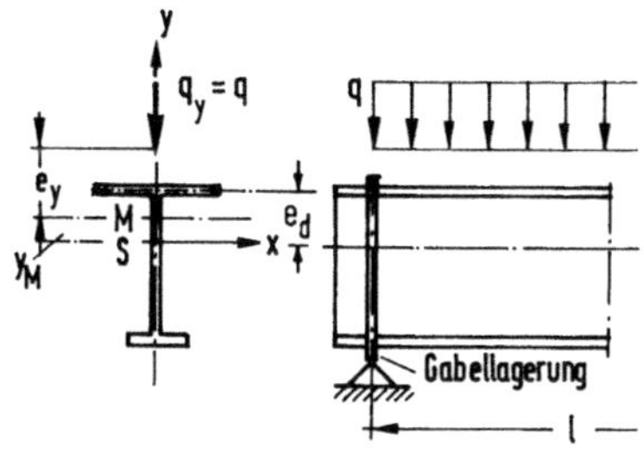

Bild 7.41

Ausgehend von dem im Abschnitt 7.2.3 hergeleiteten Potential (G.7.65) wird die Kipplast für den Einfeldträger mit beidseitiger Gabellagerung unter Gleichlast berechnet. Grundlage ist das direkte Variationsverfahren von RAYLEIGH/RITZ. Das Potential lautet:

$$\Pi = \int_0^l \frac{1}{2}\Big\{EC_M\vartheta''^2 + GJ_D\vartheta'^2 - (r_x - 2y_M)M_x\vartheta'^2 + EJ_y u''^2 + 2M_x u''\vartheta - q_y e_y\vartheta^2\Big\}dz \qquad (7.175)$$

Da ein Verzweigungsproblem vorliegt, ist

Π identisch mit $\bar{\delta}^2\Pi$
u identisch mit $\bar{\delta}u$
ϑ identisch mit $\bar{\delta}\vartheta$

Für q_y=q=konstant beträgt das Biegungsmoment:

$$M_x = q\frac{(l-z)z}{2} \qquad (7.176)$$

(Strenge Lösungen des Differentialgleichungssystems G.7.53 oder der entkoppelten Differentialgleichung G.7.58 scheiden aus, da mit M_x gemäß G.7.176 variable Koeffizienten in den Differentialgleichungen auftreten; für diese lassen sich keine analytischen Lösungen auffinden.)
Die eingliedrigen Ansätze

$$u = a\sin\pi\frac{z}{l}, \quad \vartheta = b\sin\pi\frac{z}{l} \qquad (7.177)$$

genügen den Randbedingungen einer beidseitigen Gabellagerung (B.7.41). Sie werden in das Potential eingesetzt und gliedweise integriert. Anschließend werden die partiellen Ableitungen nach a und b gebildet (vgl. Abschnitt 1.2.4.4 und G.1.99) und Null gesetzt:

a	b	
$EJ_y\frac{\pi^4}{l^4}\frac{l}{2}$	$-\frac{\pi^2}{l^2}K\frac{l^3}{2}q$	$=0$
$-\frac{\pi^2}{l^2}K\frac{l^3}{2}q$	$EC_M\frac{\pi^4}{l^4}\frac{l}{2} + GJ_D\frac{\pi^2}{l^2}\frac{l}{2} - (r_x - 2y_M)\frac{\pi^2}{l^2}K\frac{l^3}{2}q - e_y\frac{l}{2}q$	$=0$

(7.178)

Abkürzung:

$$K = \frac{1}{12} + \frac{1}{4\pi^2} \qquad (7.179)$$

Das Gleichungssystem ist homogen; es wird die Determinante berechnet.

$$\mathrm{Det}(q) = 0 \qquad (7.180)$$

ist die Kippbedingung und zwar in Form einer quadratischen Gleichung für q_{Ki}. Die Lösung dieser Gleichung lautet:

$$q_{Ki} = \frac{9{,}203}{l^2}\frac{\pi^2 EJ_y}{l^2}\left[(y_M - 0{,}5r_x - 0{,}4662e_y) \pm \sqrt{(y_M - 0{,}5r_x - 0{,}4662e_y)^2 + c^2}\,\right] \qquad (7.181)$$

Die Zahlenwerte stehen für:

$$\frac{1}{\frac{1}{12}+\frac{1}{4\pi^2}} = 9{,}203\,; \quad \frac{1}{\frac{\pi^2}{6}+\frac{1}{2}} = 0{,}4662 \qquad (7.182)$$

c ist der bereits im Abschnitt 7.6.1 definierte Drehradius des Querschnittes:

$$c^2 = \frac{C_M}{J_y} + \left(\frac{l}{\pi}\right)^2\frac{GJ_D}{EJ_y} \qquad (7.183)$$

Die in DIN 4114A enthaltene Berechnungsformel für Balkenträger basiert in approximativer Erweiterung auf der vorstehenden Lösung; die Formel lautet:

$$\sigma_{Ki} = \frac{\zeta \cdot S_{Ki} \cdot e_d}{J_x}\left[\sqrt{\left(\frac{5e_y}{\pi^2}\beta^2 + \frac{r_x}{3} - y_M\right) + c^2} - \left(\frac{5e_y}{\pi^2}\beta^2 + \frac{r_x}{3} - y_M\right)\right] \qquad (7.184)$$

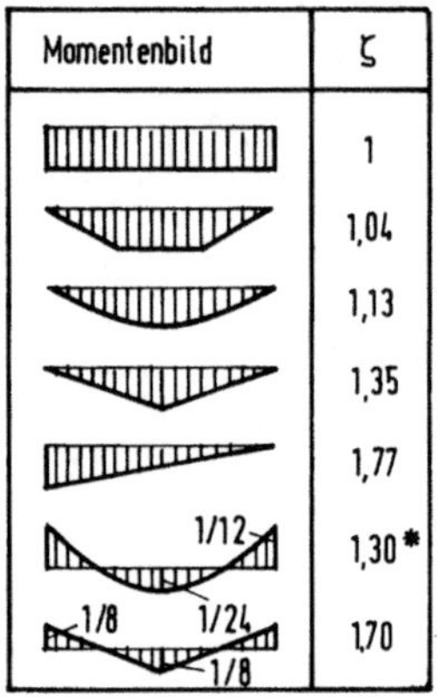

* bezieht sich auf das Einspannmoment

Bild 7.42

e_d ist der Abstand von der Schwerachse des Querschnittes bis zur Mittellinie des gedrückten Gurtes (Flansches):

$$\sigma_{Ki} = \frac{M_{Ki}}{J_x} e_d = \frac{q_{Ki} l^2}{8} \cdot \frac{e_d}{J_x} \qquad (7.185)$$

Die Kippspannung σ_{Ki} wird demnach auf die Gurtmittellinie orientiert. Außerdem wird σ_{Ki} auf die Knicklast des Trägers um die y-Achse bezogen:

$$S_{Ki} = \frac{\pi^2 EJ_y}{(\beta \cdot l)^2} \qquad (7.186)$$

Über β kann der Biegeeinspannungsgrad quer zur Stegebene eingefangen werden, wobei unterstellt ist, daß der Träger im gleichen Maße auch wölbbehindert ist (vgl. Abschnitt 7.6.2):

$$\beta = (\beta_u = \beta_\vartheta) = 1 \cdots 0{,}5 \qquad (7.187)$$

Über den Parameter ζ können unterschiedliche Momentenbeanspruchungen erfaßt werden, vgl. B.7.42.

7.9.3 Kippdiagramme für Biegeträger mit doppeltsymmetrischem Querschnitt unter Gleichlast

Analog wie im Abschnitt 7.6.4 für das Biegedrillknicken werden im folgenden Diagramme für das Kippen von Biegeträgern aufbereitet. Grundlage ist das Verfahren von GALERKIN und das Grundgleichungssystem G.7.53:

$$EJ_y u'''' + (M \cdot \vartheta)'' = 0$$
$$EC_M \vartheta'''' - GJ_D \vartheta'' - qe\vartheta + M \cdot u'' = 0 \qquad (7.188)$$

Es ist:

$$M \equiv M_x(z),\; q \equiv q_y(z),\; e \equiv e_y$$

Für den Träger unter Gleichlast q=konstant wird vereinbart:

$$Q = ql = \frac{\gamma}{l^2}\sqrt{EJ_y \cdot GJ_D} \qquad (7.189)$$

Mit nachstehenden Substitutionen wird G.7.188 umgeformt:

$$z = \zeta l,\; (\;)^{\bullet} = \frac{d(\;)}{d\zeta};\quad u = \tilde{u} \cdot \frac{l}{\sqrt{EJ_y}},\quad \vartheta = \tilde{\vartheta} \cdot \frac{1}{\sqrt{GJ_D}} \qquad (7.190)$$

Das Gleichungssystem lautet: $L_u[\tilde{u},\tilde{\vartheta}] = \tilde{u}^{\bullet\bullet\bullet\bullet} + \gamma\left(\frac{M}{Ql}\cdot\tilde{\vartheta}\right)^{\bullet\bullet} = 0$

$$L_\vartheta[\tilde{u},\tilde{\vartheta}] = \mu\tilde{\vartheta}^{\bullet\bullet\bullet\bullet} - \tilde{\vartheta}^{\bullet\bullet} - \gamma\sqrt{\chi}\cdot\tilde{\vartheta} + \gamma\left(\frac{M}{Ql}\right)\tilde{u}^{\bullet\bullet} = 0 \qquad (7.191)$$

Der funktionale Verlauf von M ist von den Randbedingungen der primären Biegeverformung (in der Stegebene) abhängig; in B.7.43a sind vier Biegemomentenverteilungen (I bis IV) eingezeichnet und die Funktionen M, M' und M'' angeschrieben. μ und χ stehen für:

$$\mu = \frac{EC_M}{l^2 GJ_D};\qquad \chi = \mathrm{sign}(e)\cdot\left(\frac{e}{l}\right)^2 \cdot \frac{EJ_y}{GJ_D},\qquad \mathrm{sign}(e) \;\widehat{=}\; \text{Vorzeichen von } e \qquad (7.192)$$

Für wölb- und quasi-wölbfreie Querschnitte ist $\mu = 0$; zu diesen Querschnitten zählen auch die massiven Balkenquerschnitte des Massiv- und Holzbaues.

Die Kippdiagramme werden für die Träger I bis IV berechnet; für die Biegung quer zur

Stegebene werden jeweils zwei Lagerungsarten untersucht, sie sind in B.7.43b mit 1 bis 4 durchnumeriert. (Die Numerierung lehnt sich an die Bezifferung der EULER-Knickfälle an.) Aus den Diagrammen ist der Kippwert γ_{Ki} in Abhängigkeit von μ und χ zu entnehmen, hieraus folgt:

$$Q_{Ki} = q_{Ki}\, l = \frac{\gamma_{Ki}}{l^2}\sqrt{EJ_y \cdot GJ_D} \tag{7.193}$$

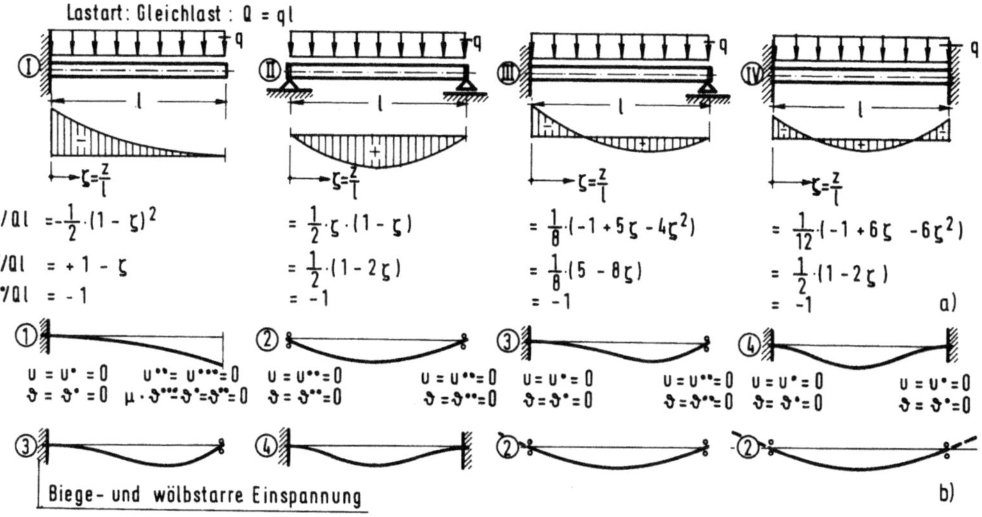

Bild 7.43

Für Q_{Ki} bzw. q_{Ki} wird das zugehörige max Biegemoment $\max M_{Ki}$ berechnet und die Kippspannung σ_{Ki} bestimmt; hiermit wird der Kippnachweis erbracht (Abschnitt 7.15).

Die Ansatzfunktionen für das GALERKINsche Verfahren müssen die Randbedingungen streng erfüllen, sie lauten für die Biege-Drillung quer zur Stegebene:

Gabellagerung: $u_R = \vartheta_R = 0;\; M_{yR} = -EJ_y u_R'' - (M_x\vartheta)_R = 0,\; M_{\omega R} = -EC_M \vartheta_R'' = 0$

Wegen $\vartheta_R = 0$ verbleibt:

$$u_R'' = \vartheta_R'' = 0 \tag{7.194}$$

Biege- und wölbstarre Einspannung:

$$u_R = \vartheta_R = u_R' = \vartheta_R' = 0 \tag{7.195}$$

Freies Trägerende:

$$\begin{aligned}
&1)\quad M_{yR} = -EJ_y u_R'' - (M_x\vartheta)_R = 0 && \longrightarrow\quad u_R'' = 0 \quad \text{weil } M_{xR} = 0\\
&2)\quad T_{yR} = -EJ_y u_R''' - (M_x\vartheta)_R' = 0 &&\\
&3)\quad M_{\omega R} = -EC_M \vartheta_R'' = 0 && \longrightarrow\quad \vartheta''_R = 0\\
&4)\quad M_{\zeta R} = -EC_M \vartheta_R''' + GJ_D \vartheta_R' = 0 && \longrightarrow\quad -EC_M \vartheta_R''' + GJ_D \vartheta' = 0
\end{aligned} \tag{7.196}$$

Wird das zweite Glied in der zweiten Bedingungsgleichung ausdifferenziert, gilt hierfür

$$(M_x'\vartheta)_R + (M_x\vartheta')_R = 0$$

denn für verteilte Querlasten sind M_x und M_x' am Kippträgerrand Null; demnach verbleibt:

Kipplasten Trägersystem I

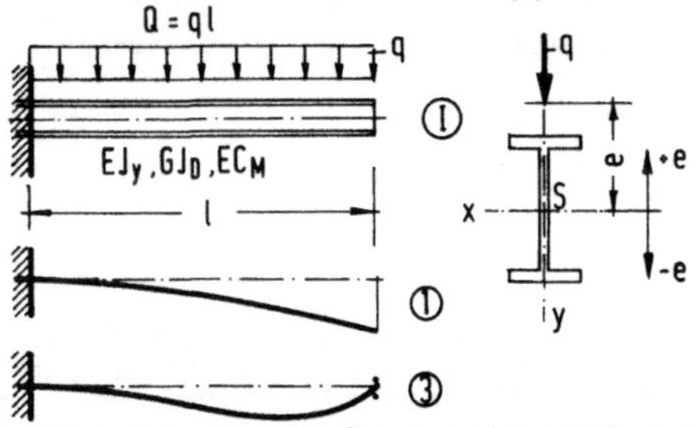

Kipplast: $Q_{Ki} = q_{Ki}\,l = \frac{\gamma_{Ki}}{l^2}\sqrt{EJ_y \cdot GJ_D}$

Der Kippwert γ_{Ki} ist den Diagrammen zu entnehmen.

Parameter (doppelt-symmetrischer Querschnitt)

$\mu = \frac{EC_M}{l^2 GJ_D}$; $\varkappa = \text{sign}(e)\left(\frac{e}{l}\right)^2 \cdot \frac{EJ_y}{GJ_D}$

Wölbfreier Querschnitt: $C_M = 0$: $\mu = 0$

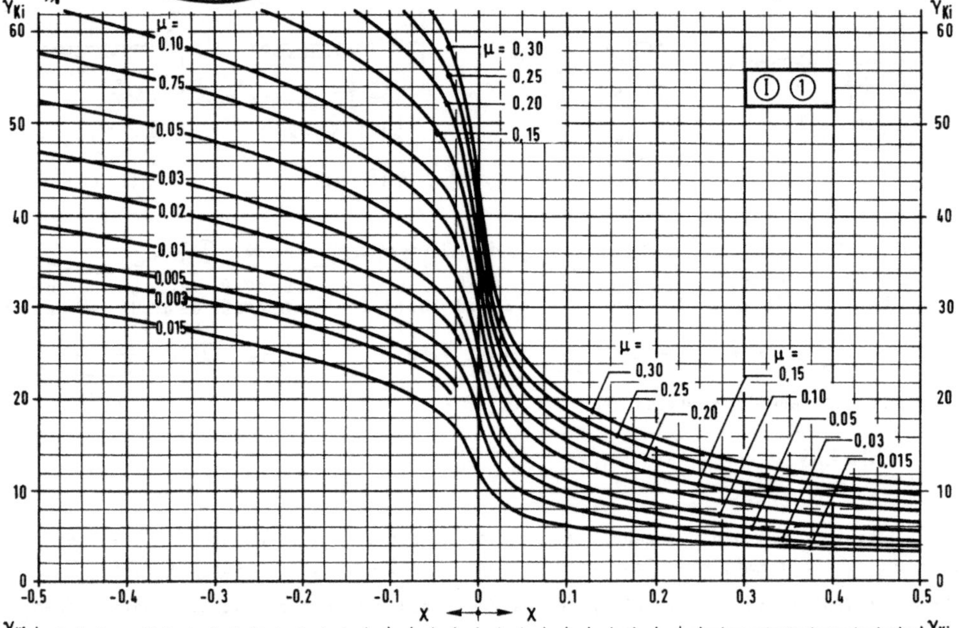

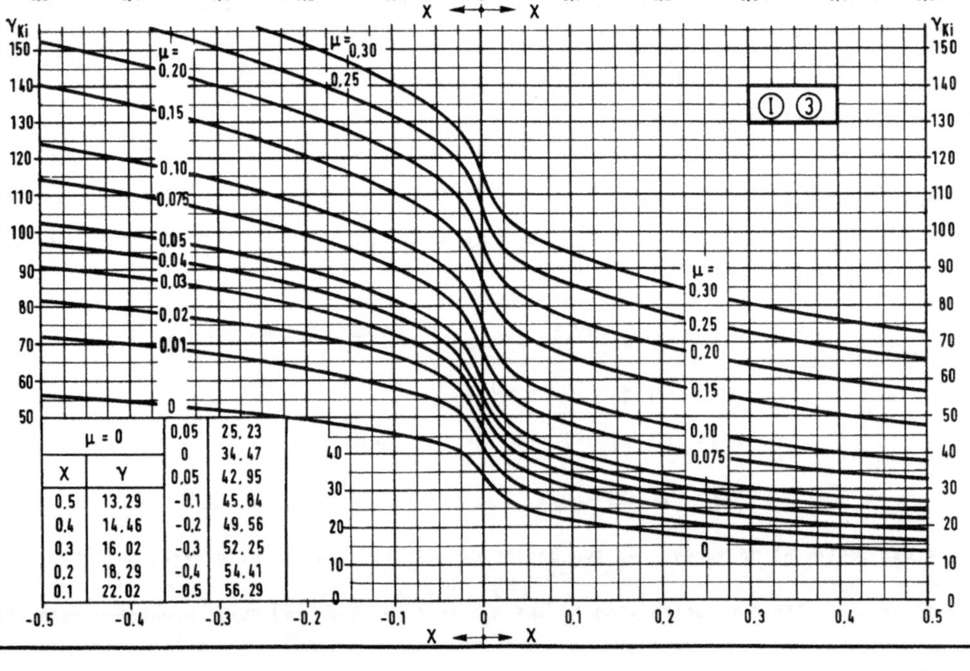

μ = 0			
X	Y	X	Y
0.5	13,29	0,05	25,23
0,4	14,46	0	34,47
0,3	16,02	0,05	42,95
0,2	18,29	-0,1	45,84
0,1	22,02	-0,2	49,56
		-0,3	52,25
		-0,4	54,41
		-0,5	56,29

Kipplasten Trägersystem II

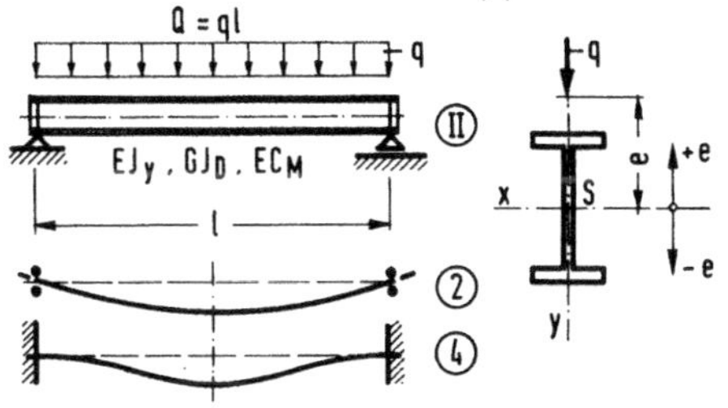

Kipplast: $Q_{Ki} = q_{Ki}\, l = \frac{\gamma_{Ki}}{l^2} \cdot \sqrt{EJ_y \cdot GJ_D}$

Der Kippwert γ_{Ki} ist den Diagrammen zu entnehmen.

Parameter:

$\mu = \frac{EC_M}{l^2 GJ_D}$; $\chi = \mathrm{sign}(e) \cdot \left(\frac{e}{l}\right)^2 \cdot \frac{EJ_y}{GJ_D}$

Wölbfreier Querschnitt: $C_M = 0$: $\mu = 0$

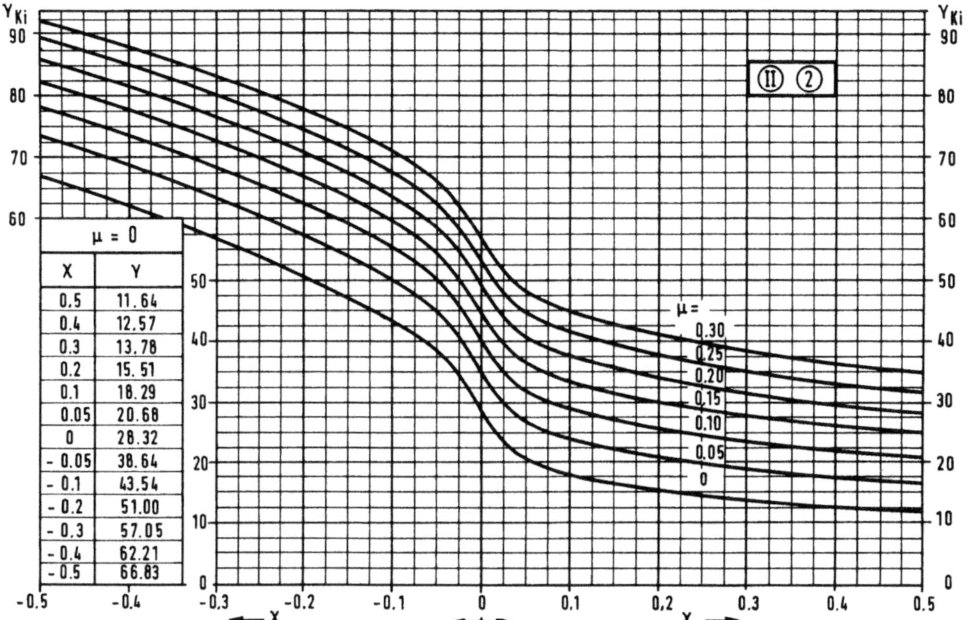

μ = 0	
χ	γ
0.5	11.64
0.4	12.57
0.3	13.78
0.2	15.51
0.1	18.29
0.05	20.68
0	28.32
- 0.05	38.64
- 0.1	43.54
- 0.2	51.00
- 0.3	57.05
- 0.4	62.21
- 0.5	66.83

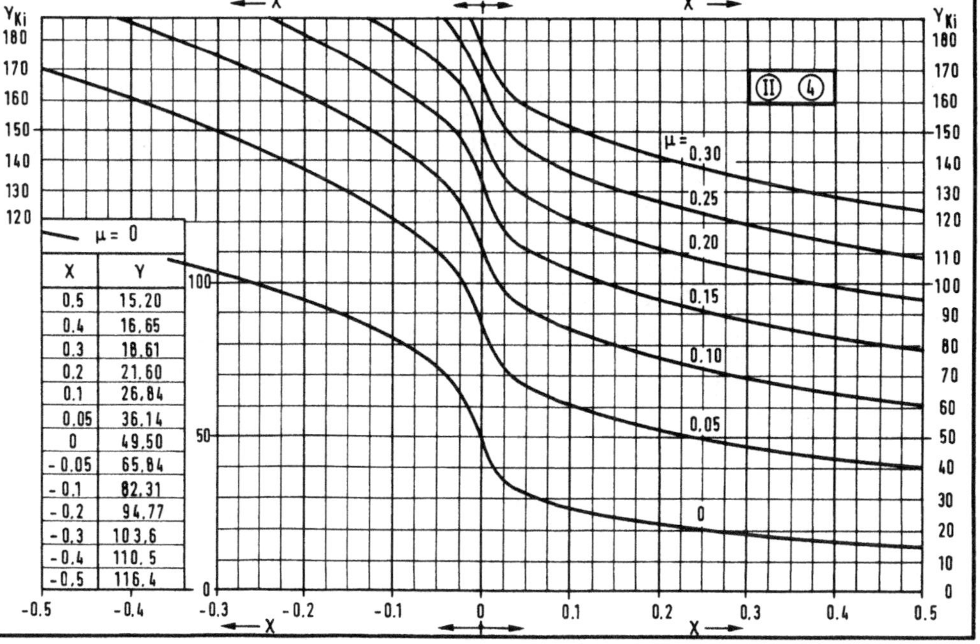

μ = 0	
χ	γ
0.5	15.20
0.4	16.65
0.3	18.61
0.2	21.60
0.1	26.84
0.05	36.14
0	49.50
- 0.05	65.84
- 0.1	82.31
- 0.2	94.77
- 0.3	103.6
- 0.4	110.5
- 0.5	116.4

Kipplasten Trägersystem III

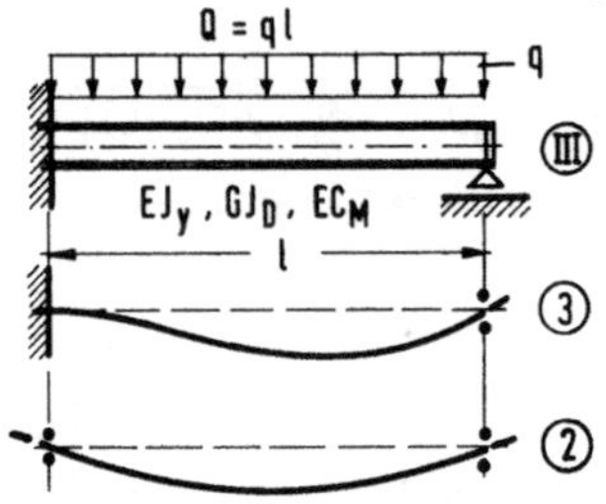

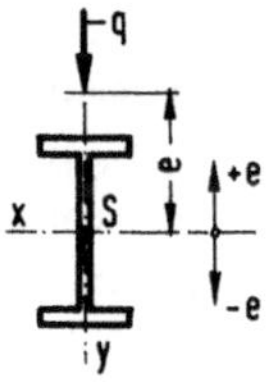

Kipplast: $Q_{Ki} = q_{Ki} l = \frac{\gamma_{Ki}}{l^2} \cdot \sqrt{EJ_y \cdot GJ_D}$

Der Kippwert γ_{Ki} ist den Diagrammen zu entnehmen.

Parameter:

$\mu = \frac{EC_M}{l^2 GJ_D}$; $\chi = \text{sign}(e) \cdot \left(\frac{e}{l}\right)^2 \cdot \frac{EJ_y}{GJ_D}$

Wölbfreier Querschnitt: $C_M = 0$: $\mu = 0$

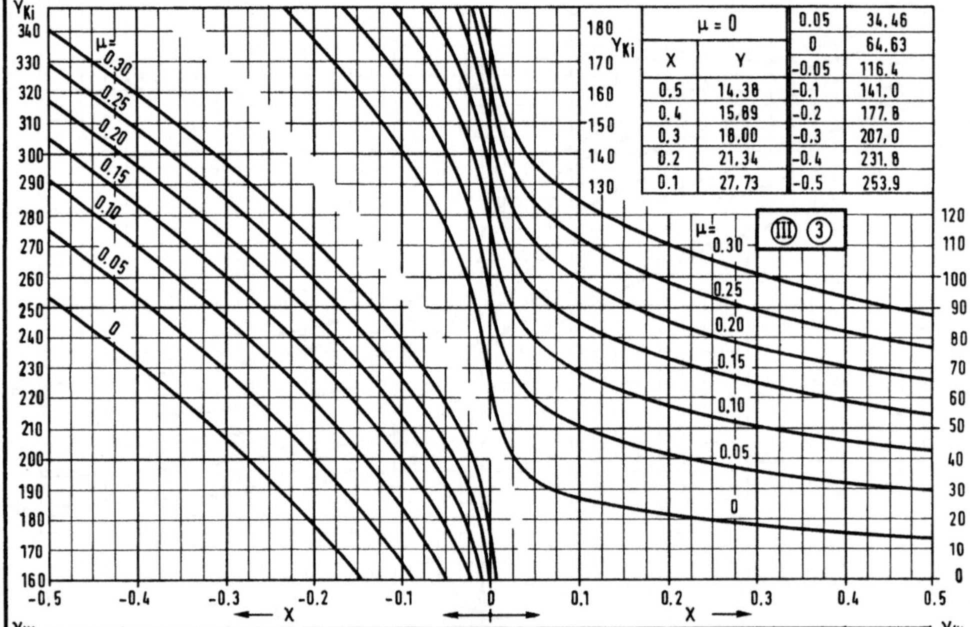

μ = 0			
χ	γ	0.05	34.46
		0	64.63
		-0.05	116.4
0.5	14.38	-0.1	141.0
0.4	15.89	-0.2	177.8
0.3	18.00	-0.3	207.0
0.2	21.34	-0.4	231.8
0.1	27.73	-0.5	253.9

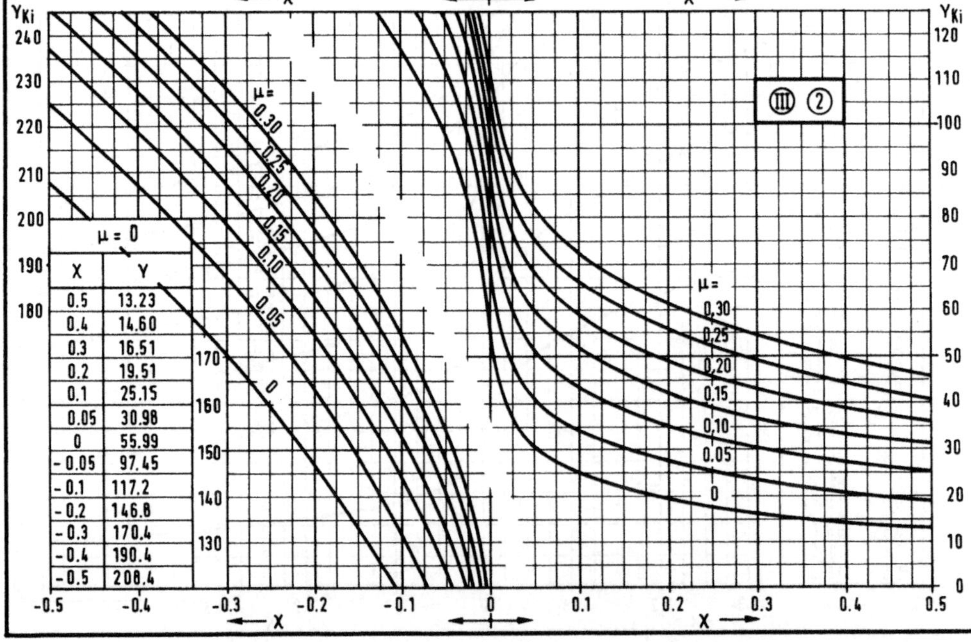

μ = 0	
χ	γ
0.5	13.23
0.4	14.60
0.3	16.51
0.2	19.51
0.1	25.15
0.05	30.98
0	55.99
-0.05	97.45
-0.1	117.2
-0.2	146.8
-0.3	170.4
-0.4	190.4
-0.5	208.4

Kipplasten Trägersystem IV

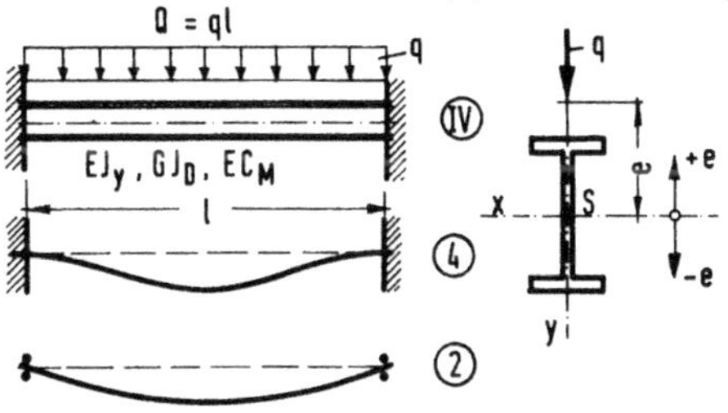

Kipplast: $Q_{Ki} = q_{Ki}\,l = \frac{\gamma_{Ki}}{l^2}\sqrt{EJ_y \cdot GJ_D}$

Der Kippwert γ_{Ki} ist den Diagrammen zu entnehmen.

Parameter:

$\mu = \frac{EC_M}{l^2\,GJ_D}$; $\chi = \mathrm{sign}(e)\cdot\left(\frac{e}{l}\right)^2 \cdot \frac{EJ_y}{GJ_D}$

Wölbfreier Querschnitt: $C_M = 0$: $\mu = 0$

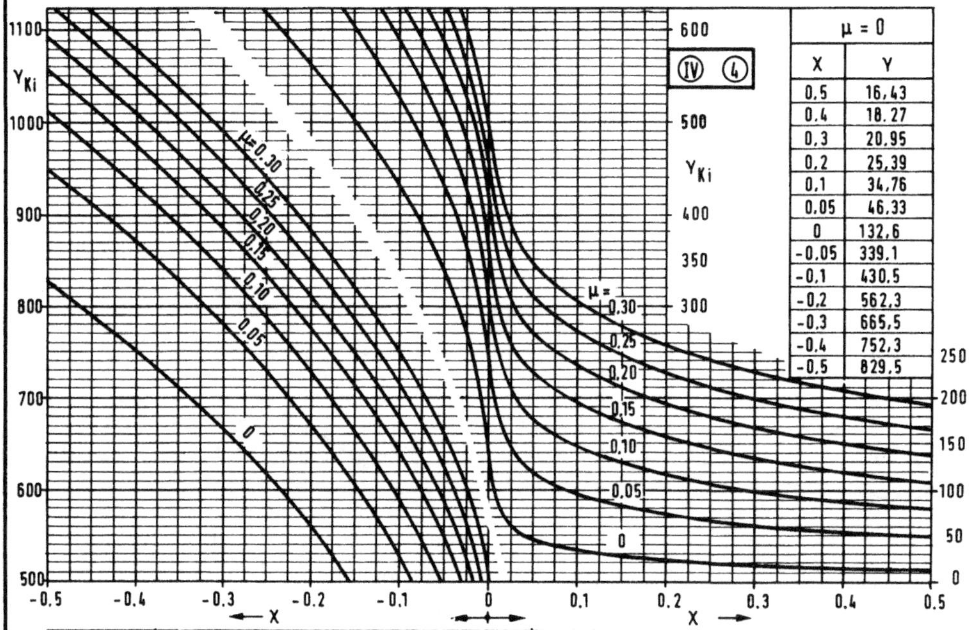

μ = 0	
χ	γ
0,5	16,43
0,4	18,27
0,3	20,95
0,2	25,39
0,1	34,76
0,05	46,33
0	132,6
-0,05	339,1
-0,1	430,5
-0,2	562,3
-0,3	665,5
-0,4	752,3
-0,5	829,5

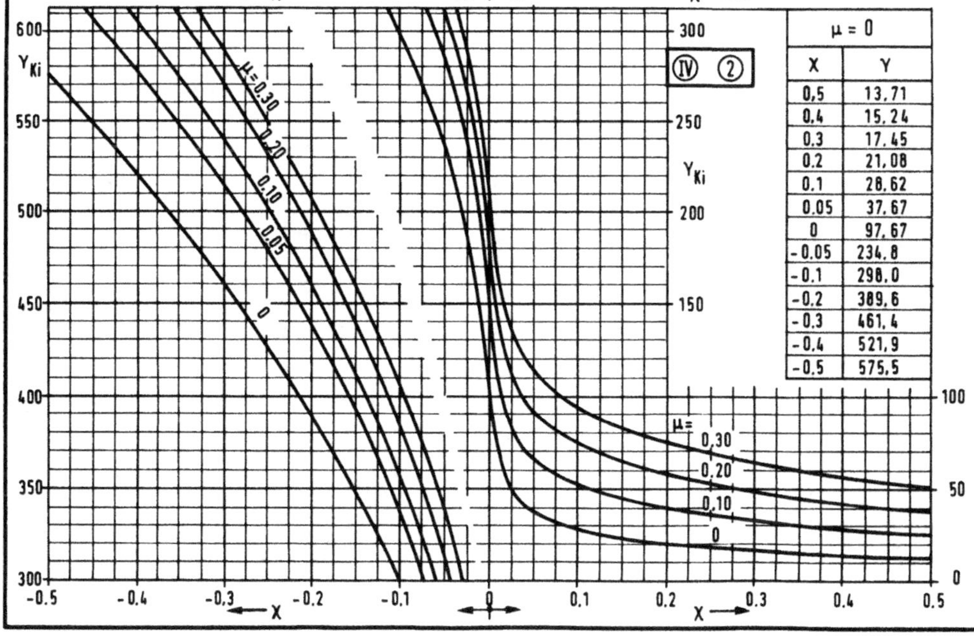

μ = 0	
χ	γ
0,5	13,71
0,4	15,24
0,3	17,45
0,2	21,08
0,1	28,62
0,05	37,67
0	97,67
-0,05	234,8
-0,1	298,0
-0,2	389,6
-0,3	461,4
-0,4	521,9
-0,5	575,5

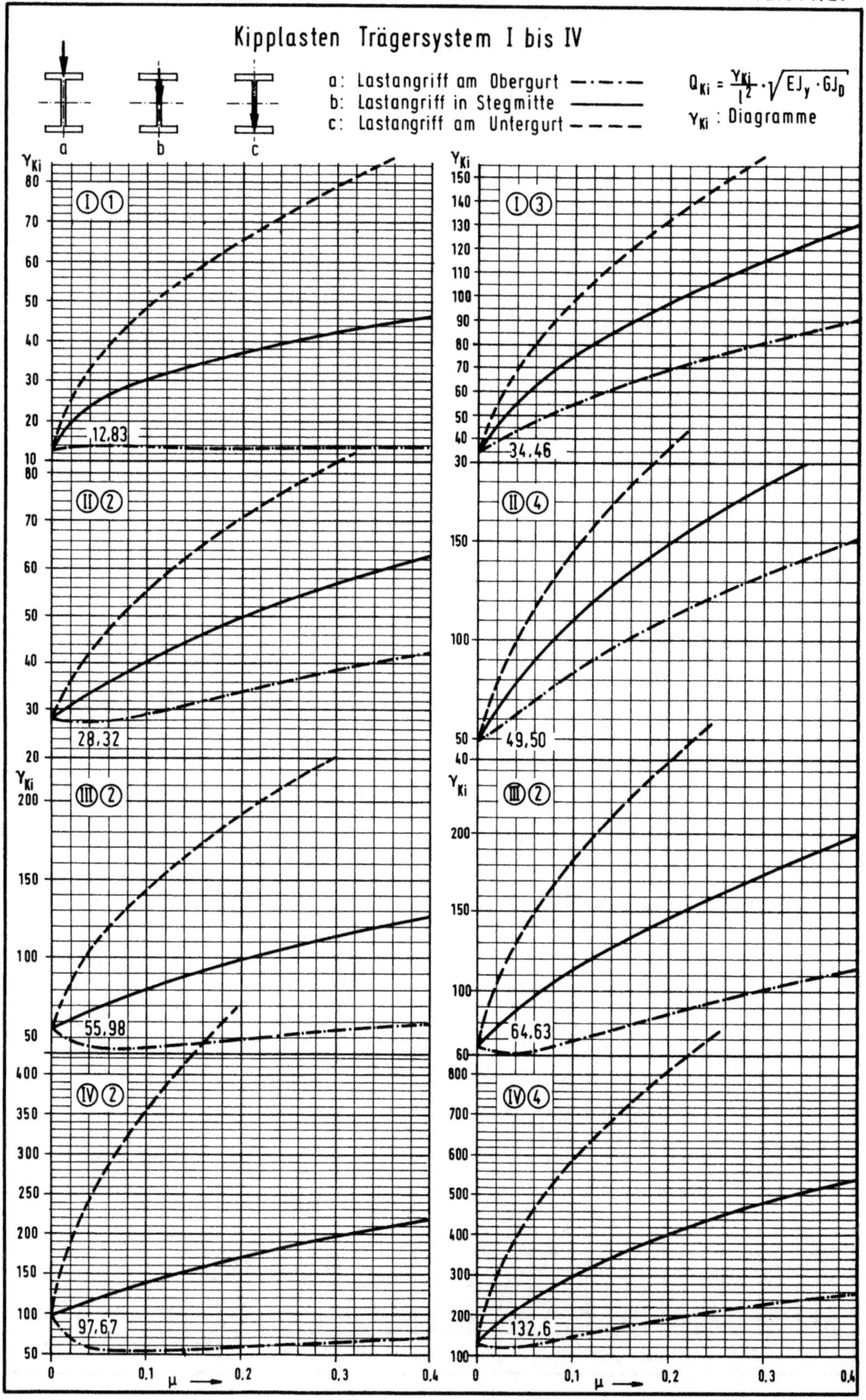

Kipplasten Trägersystem I bis IV
a
b
c
a: Lastangriff am Obergurt
b: Lastangriff in Stegmitte
c: Lastangriff am Untergurt
$Q_{Ki} = \frac{\gamma_{Ki}}{l^2} \cdot \sqrt{EJ_y \cdot GJ_D}$
γ_{Ki} : Diagramme
γ_{Ki}
I 1
12,83
II 2
28,32
III 2
55,98
IV 2
97,67
I 3
34,46
II 4
49,50
III 2
64,63
IV 4
132,6
0
0,1
0,2
0,3
0,4
μ

$$u_R''' = 0 \qquad (7.197)$$

Als Koordinatenfunktionen für u und ϑ werden dieselben Ansätze wie im Abschnitt 7.6.4 gewählt. - Ausführlich formuliert lauten die Gleichungen des GALERKINschen Verfahrens:

$$\int_0^1 \left\{ \left(\sum_{i=1}^{n} a_i \alpha_i\right)^{\bullet\bullet\bullet\bullet} + \gamma \left[\frac{M}{Ql} \left(\sum_{i=1}^{n} b_i \beta_i\right)^{\bullet\bullet} + 2 \frac{\dot{M}}{Ql} \left(\sum_{i=1}^{n} b_i \beta_i\right)^{\bullet} + \frac{\ddot{M}}{Ql} \left(\sum_{i=1}^{n} b_i \beta_i\right) \right] \right\} \alpha_k \, d\zeta = 0$$

$$(k = 1,2,\cdots n) \qquad (7.198)$$

$$\int_0^1 \left\{ \mu \left(\sum_{i=1}^{n} b_i \beta_i\right)^{\bullet\bullet\bullet\bullet} - \left(\sum_{i=1}^{n} b_i \beta_i\right)^{\bullet\bullet} - \gamma \left[\sqrt{\chi} \cdot \left(\sum_{i=1}^{n} b_i \beta_i\right) - \frac{M}{Ql} \cdot \left(\sum_{i=1}^{n} a_i \alpha_i\right)^{\bullet\bullet} \right] \right\} \beta_k \, d\zeta = 0$$

Auf T.7.17/20 sind die Kippwerte γ_{Ki} in Diagrammform dargestellt. Die Lagerungsfälle entsprechen B.7.43.

Auf T.7.21 sind die Kippwerte für drei Sonderfälle zusammengefaßt:

a) Lastangriff am Obergurt,

b) Lastangriff in Stegmitte (Schwerachse = Schubmittelpunktsachse),

c) Lastangriff am Untergurt.

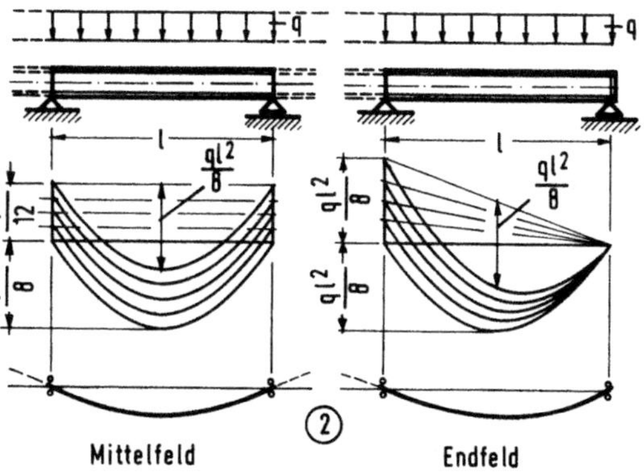

Bild 7.44

T.7.22/23 enthält Berechnungsbehelfe für Durchlaufträger. Für Mittel- und Endfelder sind die Kippwerte γ_{Ki} ausgewiesen und zwar für unterschiedliche Stütz- und Feldmomentenanteile.

Mittelfelder: Die zwischen den Stützmomenten eingehängte Momentenparabel hat die Ordinate:

$$\frac{ql^2}{8}$$

Bei beidseitiger starrer Einspannung betragen die Einspannungsmomente:

$$\frac{ql^2}{12}$$

Dieser Fall ist mit 100% gekennzeichnet. Für hiervon abweichende Einspannmomente ist zwischen den Diagrammen 75%, 50%, 25% und 0% zu interpolieren.

Endfelder: Bei einseitig starrer Einspannung beträgt das Einspannungsmoment:

$$\frac{ql^2}{8}$$

Dieser Fall entspricht 100%.

Bezüglich der Kippverformungen ist beidseitige Gabellagerung angenommen; diese Annahme geht von gegenläufigen Kippverformungen der Nachbarfelder aus, sodaß sich über den Zwischenauflagern die Trägerverwölbungen frei einstellen können. - Die Kippwerte basieren auf G.7.198.

Im Gegensatz zu den Tafeln T.7.17 bis 7.20 sind auf T.7.22/23 die Kippwerte über μ aufgetragen; auch ist nur der Bereich

$$-0{,}3 \leq \chi \leq +0{,}3$$

erfaßt.

7.9.4 Kippwerte für veränderliche Streckenlasten

Um den Einfluß der Lastart auf die Höhe der Kippwerte aufzuzeigen, werden die Kippwerte für eine Dreiecksbelastung berechnet und zwar für die Grenzfälle beidseitige Gabellagerung und beidseitige Einspannung, vgl. B.7.45. Die Kippwerte werden unter Bezug auf die Resultierende

$$Q = q \cdot \frac{l}{12}$$

Kipplasten Durchlaufträger

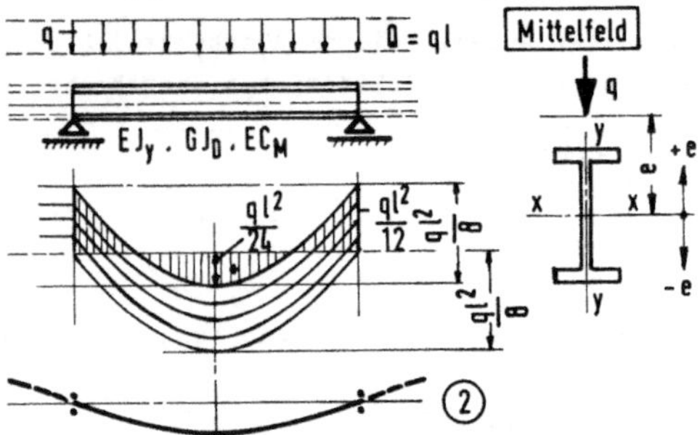

Kipplast: $Q_{Ki} = q_{Ki} \cdot l = \frac{\gamma_{Ki}}{l^2} \sqrt{EJ_y \cdot GJ_D}$

Parameter (doppeltsymmetrischer Querschnitt)

$\mu = \frac{EC_M}{l^2 GJ_D}$; $\chi = \mathrm{sign}(e) \cdot \left(\frac{e}{l}\right)^2 \cdot \frac{EJ_y}{GJ_D}$

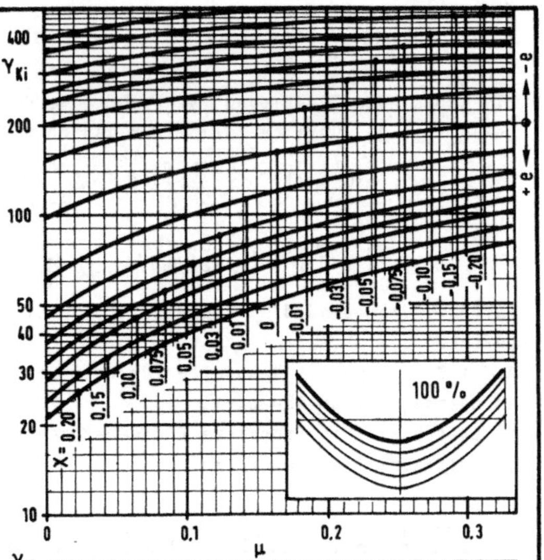

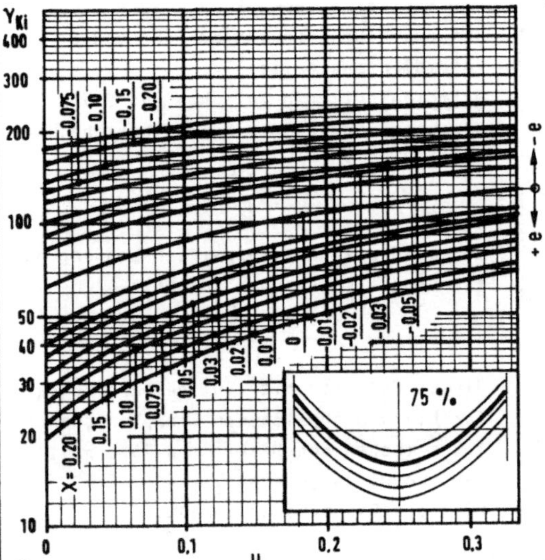

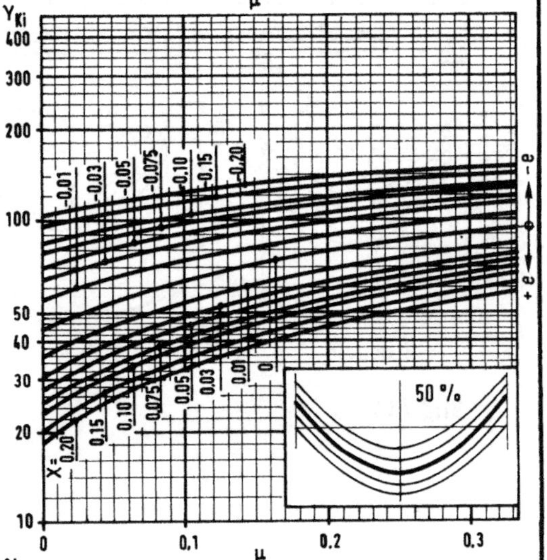

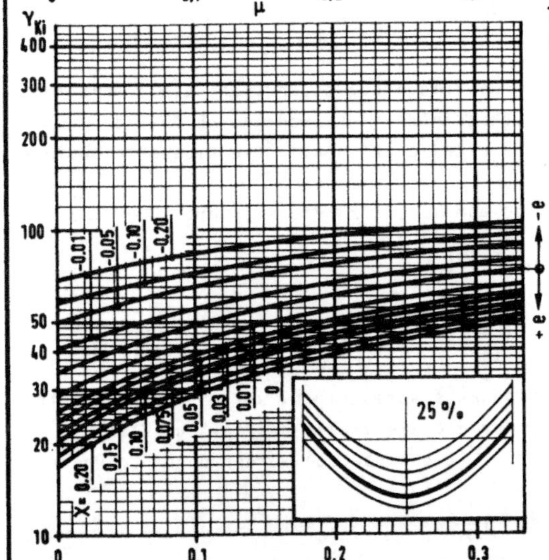

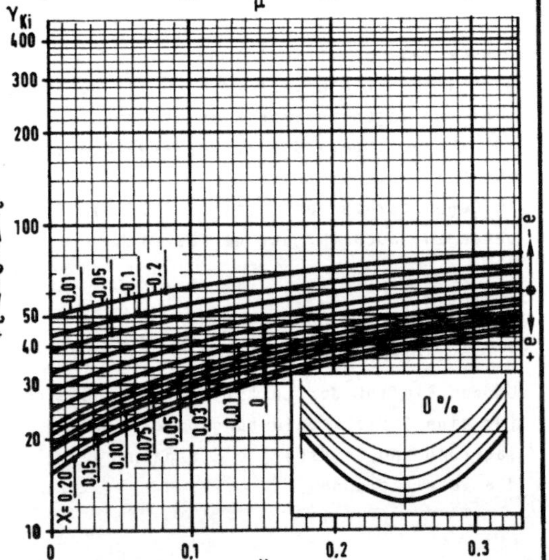

Kipplasten Durchlaufträger

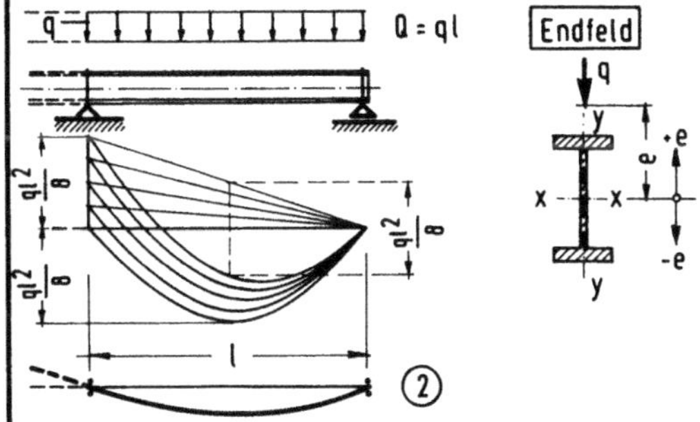

Kipplast: $Q_{Ki} = q_{Ki} \cdot l = \frac{\gamma_{Ki}}{l^2} \cdot \sqrt{EJ_y \cdot GJ_D}$

Parameter (doppeltsymmetrischer Querschnitt):

$\mu = \frac{EC_M}{l^2\, GJ_D}$; $\quad \chi = \mathrm{sign}(e) \cdot \left(\frac{e}{l}\right)^2 \cdot \frac{EJ_y}{GJ_D}$

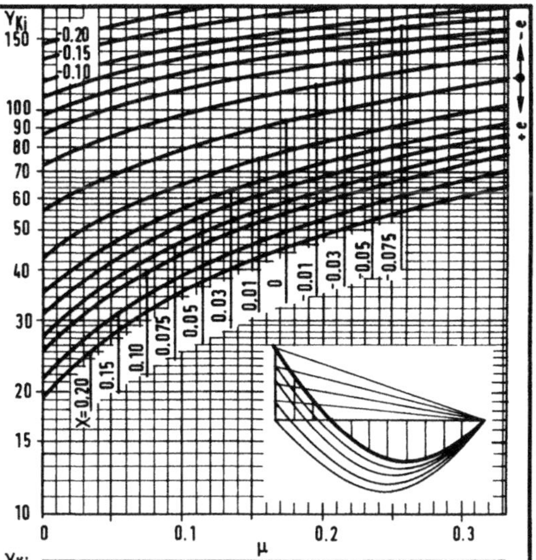

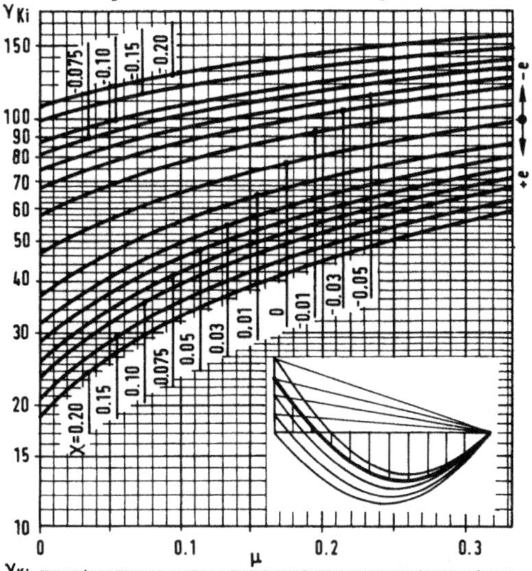

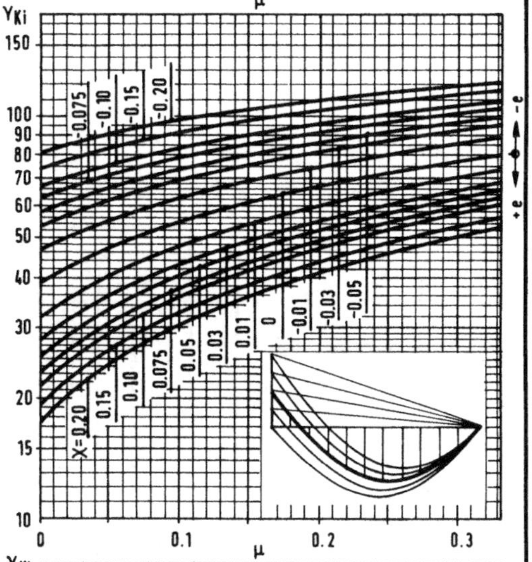

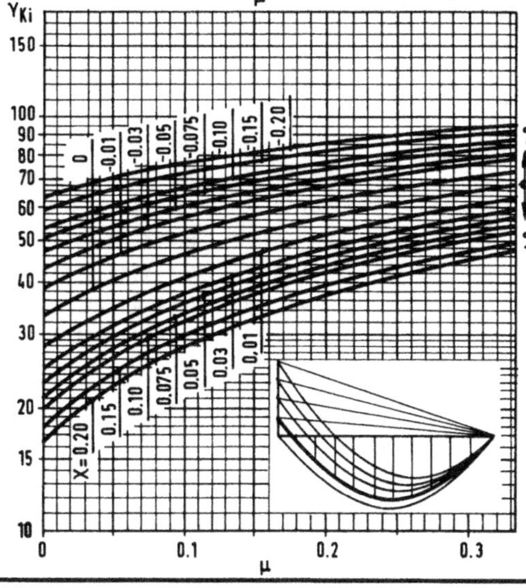

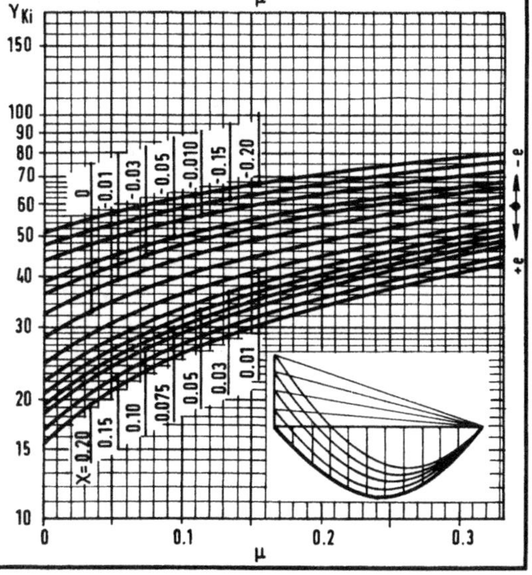

bestimmt; q_1 ist die max. Lastintensität der Dreieckslast:

$$Q_{Ki} = \frac{q_{1Ki} \cdot l}{2} = \frac{\gamma_{Ki}}{l^2} \cdot \sqrt{EJ_y \cdot GJ_D} \tag{7.199}$$

Das Differentialgleichungssystem G.7.53 lautet mit den Substitutionen G.7.190

$$\begin{aligned} &\tilde{u}^{\bullet\bullet\bullet\bullet} + \gamma\left(\frac{M}{Ql} \cdot \tilde{\vartheta}\right)^{\bullet\bullet} = 0 \\ &\mu\tilde{\vartheta}^{\bullet\bullet\bullet\bullet} - \tilde{\vartheta}^{\bullet\bullet} - \gamma\sqrt{\chi} \cdot 2(1-\zeta)\tilde{\vartheta} + \gamma\left(\frac{M}{Ql}\right)\tilde{u}^{\bullet\bullet} = 0 \end{aligned} \tag{7.200}$$

mit

$$\begin{aligned} \frac{M}{Ql} &= \frac{1}{3}(2 - 3\zeta + \zeta^2)\zeta \\ \frac{M^{\bullet}}{Ql} &= \frac{1}{3}(2 - 6\zeta + 3\zeta^2) \\ \frac{M^{\bullet\bullet}}{Ql} &= -2(1-\zeta) \end{aligned} \tag{7.201}$$

Die GALERKINschen Gleichungen G.7.198 sind entsprechend zu erweitern.
Die Berechnung liefert das wichtige Ergebnis, daß die Kippwerte für Dreiecksbelastung mit den Kippwerten für Gleichlast weitgehend übereinstimmen. Dieses Ergebnis war insofern zu erwarten, weil die max Biegemomente des einfachen Balkens für Gleich- und Dreieckslast ebenfalls praktisch übereinstimmen, sofern sie auf die gleichgroße Resultierende Q bezogen werden:

$$\begin{aligned} &\text{Gleichlast:} \quad \max M = 0{,}125 \cdot Ql; \quad Q = ql \\ &\text{Dreieckslast:} \max M = 0{,}128 \cdot Ql; \quad Q = q_1 l/2 \end{aligned} \tag{7.202}$$

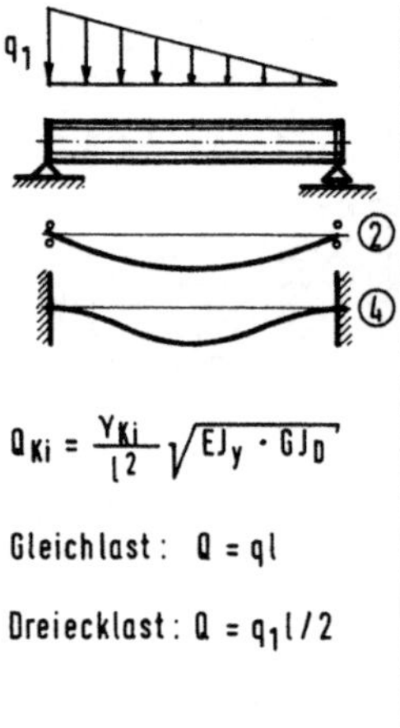

$$Q_{Ki} = \frac{\gamma_{Ki}}{l^2}\sqrt{EJ_y \cdot GJ_D}$$

Gleichlast: $Q = ql$

Dreiecklast: $Q = q_1 l/2$

	μ = 0			
χ	② Gleichlast	② Dreieckslast	④ Gleichlast	④ Dreieckslast
0,3	13,78	13,43	18,62	18,00
0,2	15,51	15,16	21,61	20,94
0,1	18,29	17,95	26,85	26,14
0	28,32	28,11	49,50	48,95
-0,1	43,54	43,27	82,32	81,30
-0,2	51,00	50,53	94,77	93,62
-0,3	57,05	56,34	103,60	102,60

	μ = 0,3			
χ	② Gleichlast	② Dreieckslast	④ Gleichlast	④ Dreieckslast
0,3	38,46	38,20	133,8	132,4
0,2	41,20	40,94	141,2	139,7
0,1	45,14	44,87	151,5	150,0
0	56,63	56,33	179,9	178,1
-0,1	71,03	70,64	212,9	210,9
-0,2	77,80	77,35	227,9	225,7
-0,3	83,32	82,80	239,9	237,5

Bild 7.45

Die Dreiecksbelastung liefert ein ca. 3% größeres max Feldmoment; bei einer Trapezlast mit Randlastintensitäten, die im Verhältnis 1 : 0,5 stehen, beträgt die Abweichung nurmehr 0,5%.

In den Tabellen des B.7.45 sind die Kippwerte für Gleich- und Dreieckslast für ausgewählte Parameter einander gegenübergestellt. Die Differenzen liegen im Bereich der Diagramm-Ablesegenauigkeit. Hieraus kann geschlossen werden, daß die Kippwerte der Diagrammtafeln auch für von einer Gleichlast abweichende Lastarten verwertet werden können, wodurch der Anwendungsbereich stark erweitert ist. Hierzu ist folgende, auf der sicheren Seite liegende Umrechnung vorzunehmen: Für die vorgegebene Belastung (auch Einzellasten) und das zugehörige max Feldmoment max M wird jene Gleichlastresultierende Q_G berechnet, die dasselbe Moment ergibt:

$$Q_G = \frac{\max M \cdot 8}{l} \tag{7.203}$$

(Index G: Gleichlast) Der Kippwert γ_{Ki} für die gegebene Belastung wird zu

$$\gamma_{Ki} = \gamma_{KiG}\frac{Q}{Q_G} \tag{7.204}$$

bestimmt. Diese Abschätzung liefert beispielsweise für $\chi = 0$ und $\mu = 0$ für

$$\frac{Q}{Q_G} = \frac{0{,}125}{0{,}128} = 0{,}98 \quad : \gamma_{Ki} = 28{,}32 \cdot 0{,}98 = 27{,}6 < 28{,}1$$

$$\frac{Q}{Q_G} = 0{,}500 \quad : \quad \gamma_{Ki} = 28{,}32 \cdot 0{,}500 = 14{,}16 < 16{,}9$$

Die Vergleichswerte sind die strengen Lösungen. - Für γ_{Ki} gemäß G.7.204 wird $\frac{\gamma_{Ki}}{l^2}\sqrt{EJ_y \cdot GJ_D}$ Q_{Ki} berechnet und hiermit der Kippnachweis erbracht:

$$\max M_{Ki} = Q_{Ki}\, l/8 \longrightarrow \max\sigma_{Ki} = \max M_{Ki}/W \tag{7.205}$$

Für Kragträger werden die Kippwerte unter Bezug auf das Kragmoment umgerechnet.

7.9.5 Kippdiagramme für Biegeträger mit doppeltsymmetrischem Querschnitt unter Randmomentenbelastung

Die Randmomente betragen:

$$M \text{ und } \Psi M$$

In der Biegungsebene ist das Biegemoment linear veränderlich (vgl. T.7.24):

$$M_x = [1 - (1-\Psi)\frac{z}{l}]M \tag{7.206}$$

Für doppeltsymmetrische Querschnitte wird das Problem von den Differentialgleichungen

$$EJ_y u'''' + (M_x\vartheta)'' = 0; \quad EC_M\vartheta'''' - GJ_D\vartheta'' + M_x u'' = 0 \tag{7.207}$$

beherrscht. Mit dem Parameter μ (gemäß G.7.192) lauten die GALERKINschen Gleichungen:

$$\begin{aligned} &\tilde{u}^{\bullet\bullet\bullet\bullet} + \gamma\left\{-2(1-\Psi)\tilde{\vartheta}^{\bullet} + [1-(1-\Psi)\zeta]\tilde{\vartheta}^{\bullet\bullet}\right\} = 0 \\ &\mu\tilde{\vartheta}^{\bullet\bullet\bullet\bullet} - \tilde{\vartheta}^{\bullet\bullet} + \gamma[1-(1-\Psi)\zeta]\tilde{u}^{\bullet\bullet} = 0 \end{aligned} \tag{7.208}$$

Auf T.7.24 sind die Kippwerte γ_{Ki} über μ aufgetragen, Ψ ist Kurvenparameter. Die Kurven erreichen für gewisse Ψ-Werte ein Maximum (im Falle der Gabellagerung für Ψ =0,7). Das Kippmoment berechnet sich zu:

$$M_{Ki} = \frac{\gamma_{Ki}}{l}\sqrt{EJ_y \cdot GJ_D} \tag{7.209}$$

7.9.6 Kippdiagramme für Biegeträger mit einfach-symmetrischem Querschnitt unter Gleichlast

Ausgehend von den Grundgleichungen

$$\begin{aligned} &EJ_y u'''' + (M\vartheta)'' = 0 \\ &EC_M\vartheta'''' - GJ_D\vartheta'' + (r_x - 2y_M)(M\vartheta')' - qe\vartheta + Mu'' = 0 \end{aligned} \tag{7.210}$$

ergeben sich mit den Substitutionen G.7.190 die Differentialgleichungen:

$$\begin{aligned} &L_u[\tilde{u},\tilde{\vartheta}] = \tilde{u}^{\bullet\bullet\bullet\bullet} + \gamma(\frac{M}{Ql}\tilde{\vartheta})^{\bullet\bullet} = 0 \\ &L_\vartheta[\tilde{u},\tilde{\vartheta}] = \mu\tilde{\vartheta}^{\bullet\bullet\bullet\bullet} - \tilde{\vartheta}^{\bullet\bullet} + \gamma\varkappa(\frac{M}{Ql}\tilde{\vartheta}^{\bullet})^{\bullet} - \gamma\sqrt{\chi}\,\tilde{\vartheta} + \gamma(\frac{M}{Ql})\tilde{u}^{\bullet\bullet} = 0 \end{aligned} \tag{7.211}$$

Parameter:

$$\mu = \frac{EC_M}{l^2 GJ_D}; \quad \chi = \text{sign}(e)\cdot(\frac{e}{l})^2\frac{EJ_y}{GJ_D}; \quad \varkappa = \frac{(r_x - 2y_M)}{l}\sqrt{\frac{EJ_y}{GJ_D}} \tag{7.212}$$

(e bezieht sich auf die Schubmittelpunktsachse.) Die Kippwerte werden nach dem GALERKINschen Verfahren berechnet, vgl. Abschnitt 7.9.3. Die GALERKINschen Gleichungen unterscheiden sich in der ϑ-Gleichung um den Term:

$$\int_0^1 \gamma\varkappa(\frac{M}{Ql}\tilde{\vartheta}^{\bullet})^{\bullet}\,\delta\vartheta\, d\zeta = \int_0^1 \gamma\varkappa[(\frac{M}{Ql})\tilde{\vartheta}^{\bullet\bullet} + (\frac{M}{Ql})^{\bullet}\tilde{\vartheta}^{\bullet}]\,\delta\vartheta\, d\zeta \tag{7.213}$$

Kippwerte für Randmomente

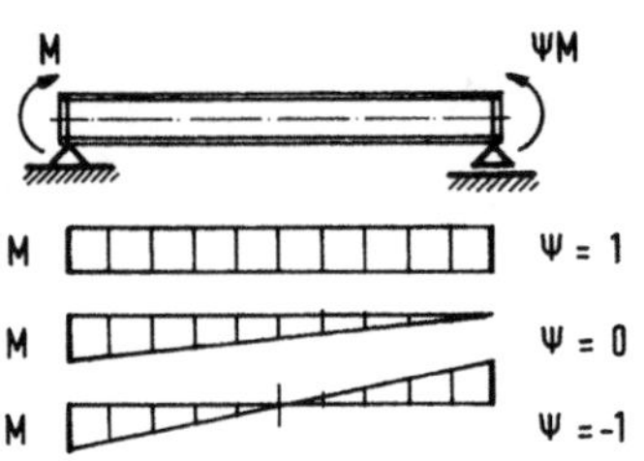

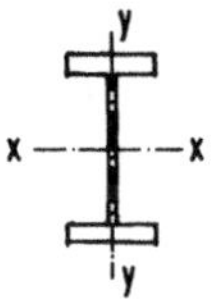

Lagerung quer zur Trägerebene vgl. B.7.43 :

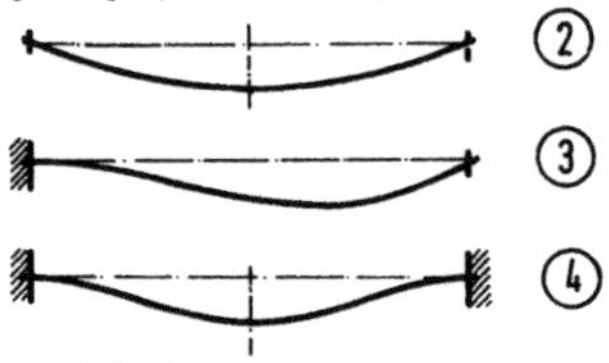

: Gabellagerung

biege - und wölbstarre Einspannung

$$M_{Ki} = \gamma_{Ki} \cdot \frac{1}{l} \cdot \sqrt{EJ_y \cdot GJ_D}$$

γ_{Ki} : Kippwert : Diagramme in Abhänigkeit von den Parametern Ψ und μ :

$$\mu = \frac{EC_M}{GJ_D \cdot l^2}$$

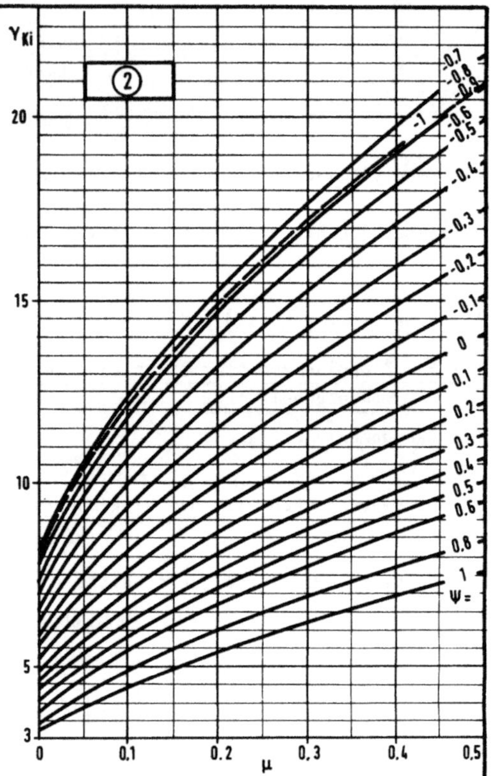

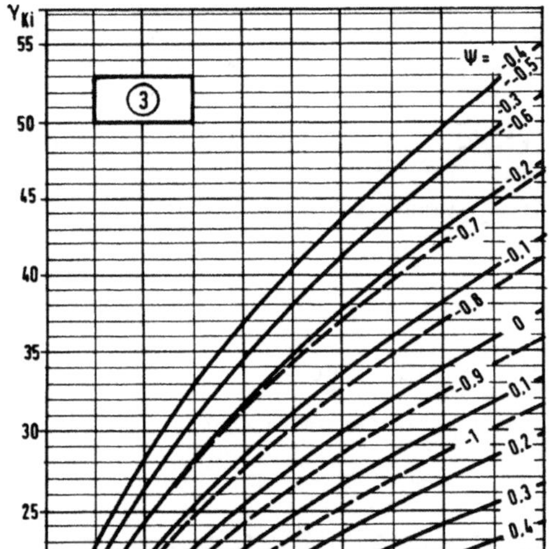

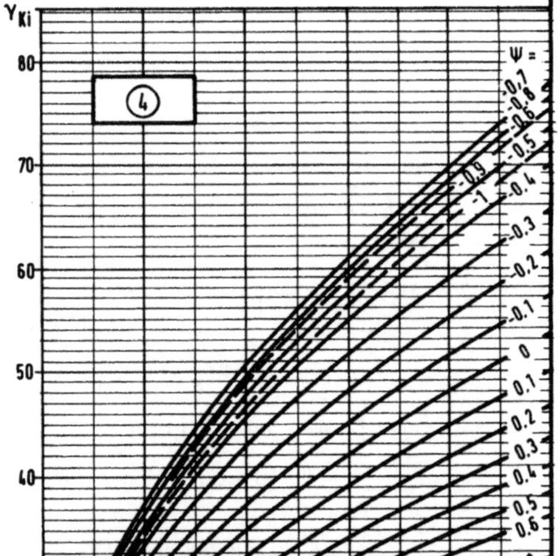

Kipplasten Trägersystem I

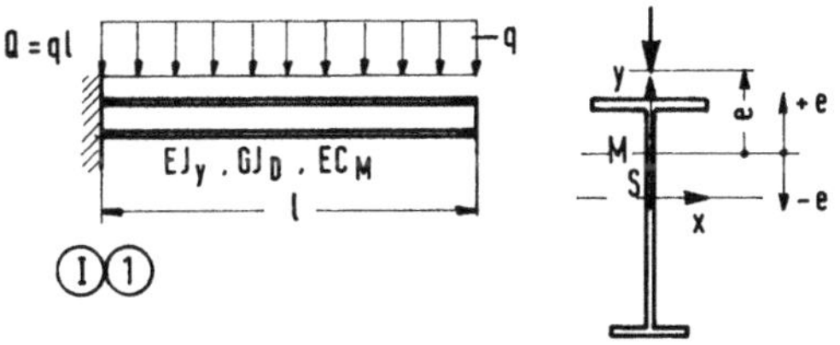

Kipplast: $Q_{Ki} = q_{Ki} \cdot l = \frac{\gamma_{Ki}}{l^2} \cdot \sqrt{EJ_y \cdot GJ_D}$

Der Kippwert γ_{Ki} ist den Diagrammen zu entnehmen.

Parameter: $\mu = \frac{EC_M}{l^2 \cdot GJ_D}$

$$\chi = \operatorname{sign}(e) \cdot \left(\frac{e}{l}\right)^2 \cdot \frac{EJ_y}{GJ_D}$$

$$\varkappa = \frac{r_x - 2y_M}{l} \cdot \sqrt{\frac{EJ_y}{GJ_D}}$$

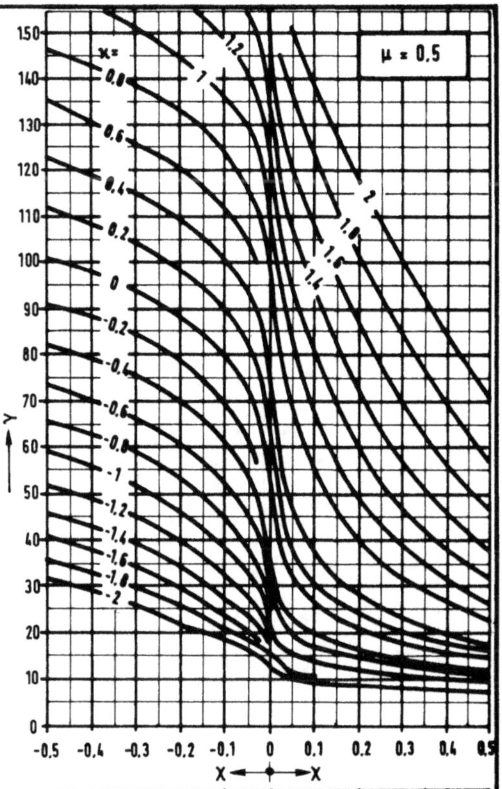

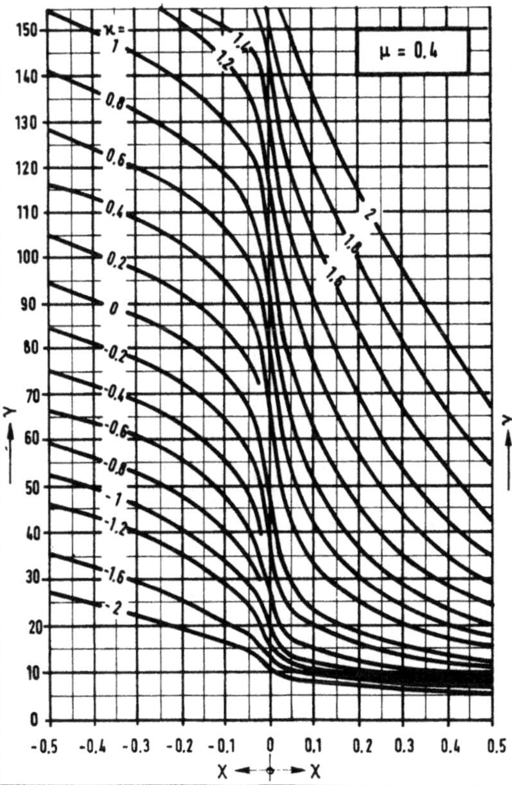

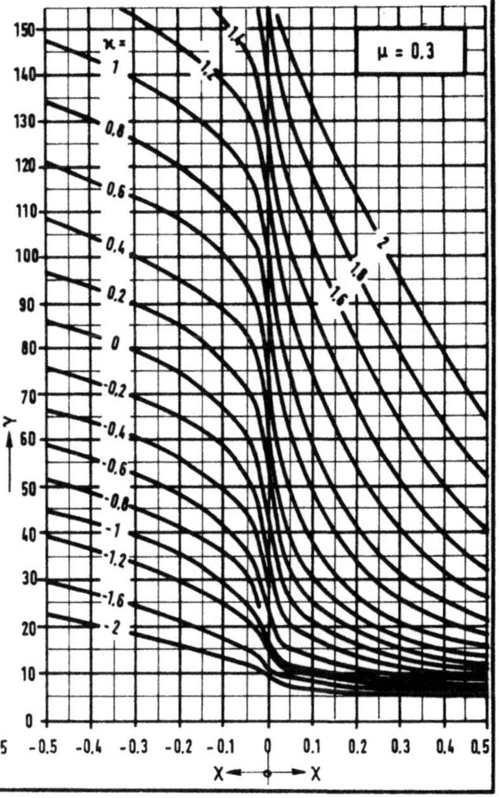

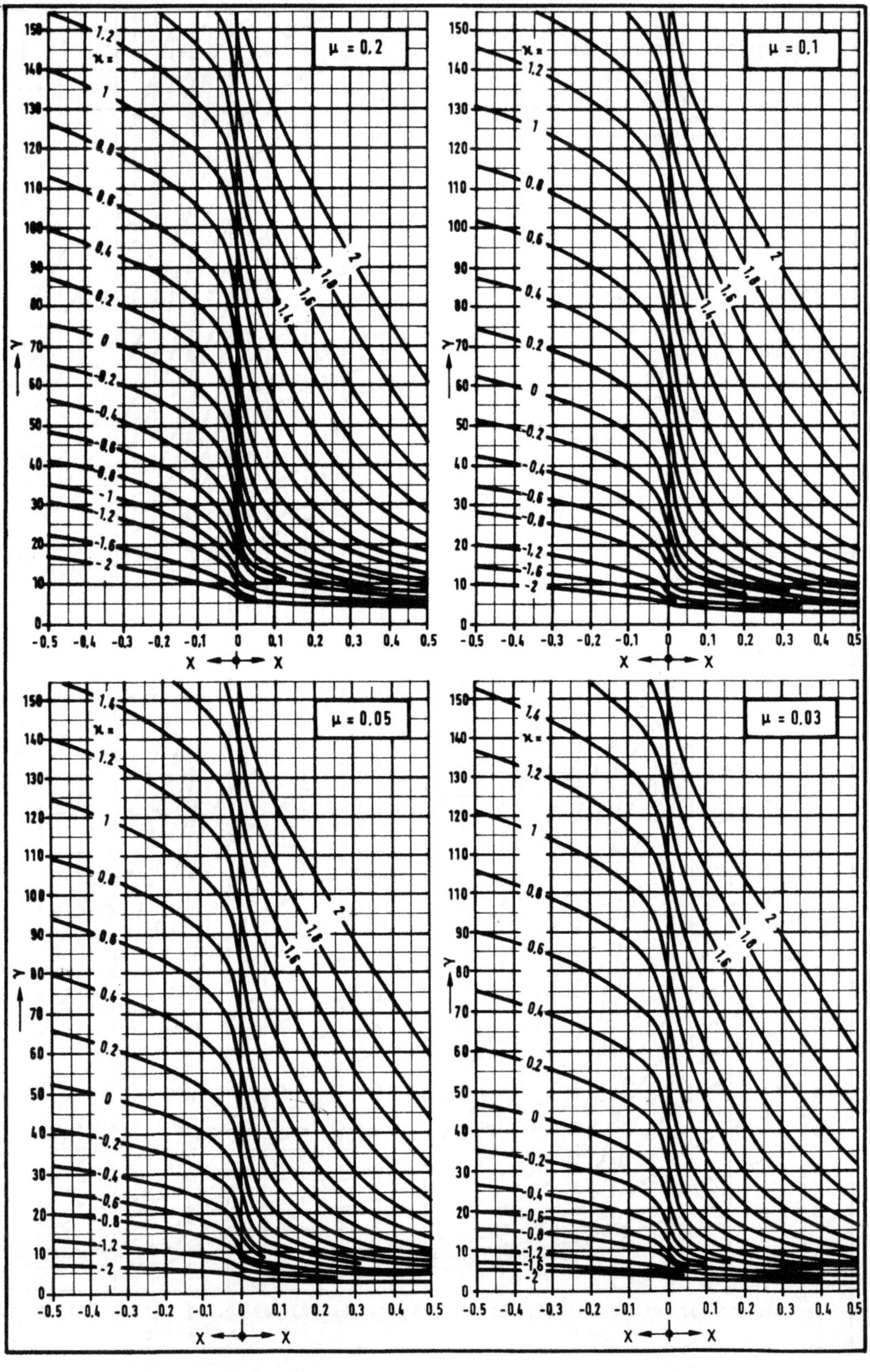
μ = 0,2
μ = 0,1
μ = 0,05
μ = 0,03
ϰ =
Y
X
X

Kipplasten Trägersystem II

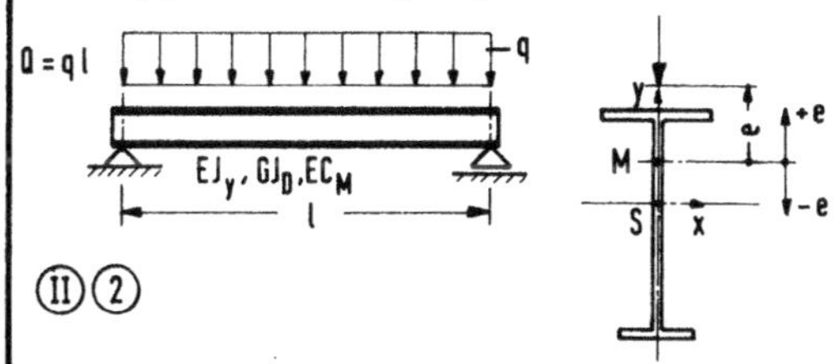

(II) (2)

Kipplast: $Q_{Ki} = q_{Ki} \cdot l = \frac{\gamma_{Ki}}{l^2} \cdot \sqrt{EJ_y \cdot GJ_D}$

Der Kippwert γ_{Ki} ist den Diagrammen zu entnehmen.

Parameter: $\mu = \frac{EC_M}{l^2 \cdot GJ_D}$

$$\chi = \operatorname{sign}(e) \cdot \left(\frac{e}{l}\right)^2 \cdot \frac{EJ_y}{GJ_D}$$

$$\kappa = \frac{r_x - 2y_M}{l} \cdot \sqrt{\frac{EJ_y}{GJ_D}}$$

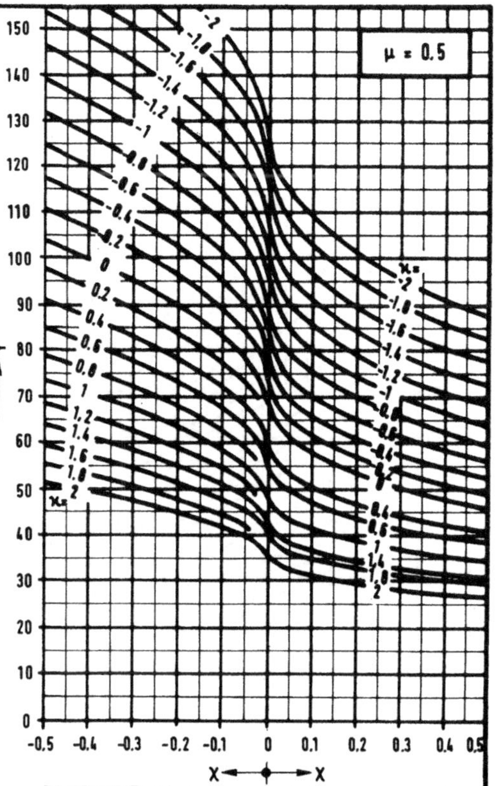

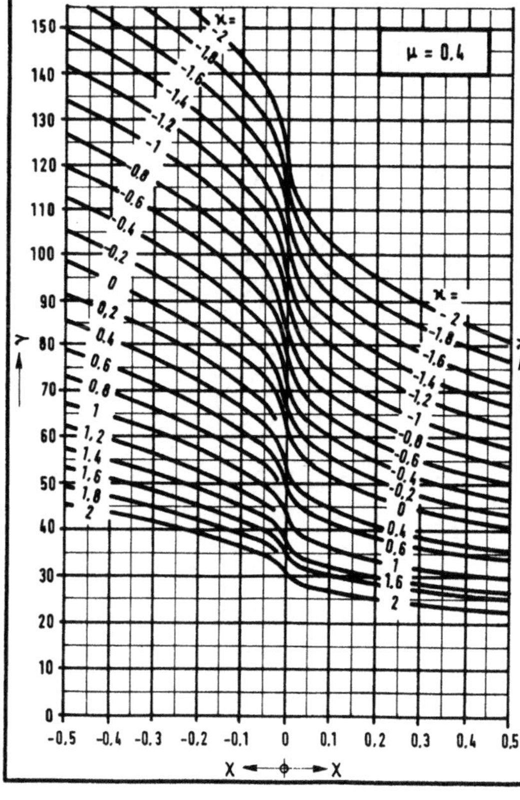

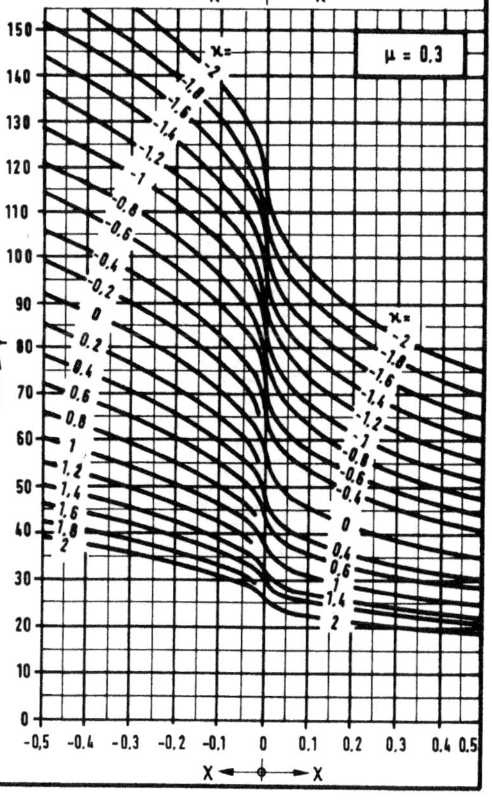

Tafel 7.28

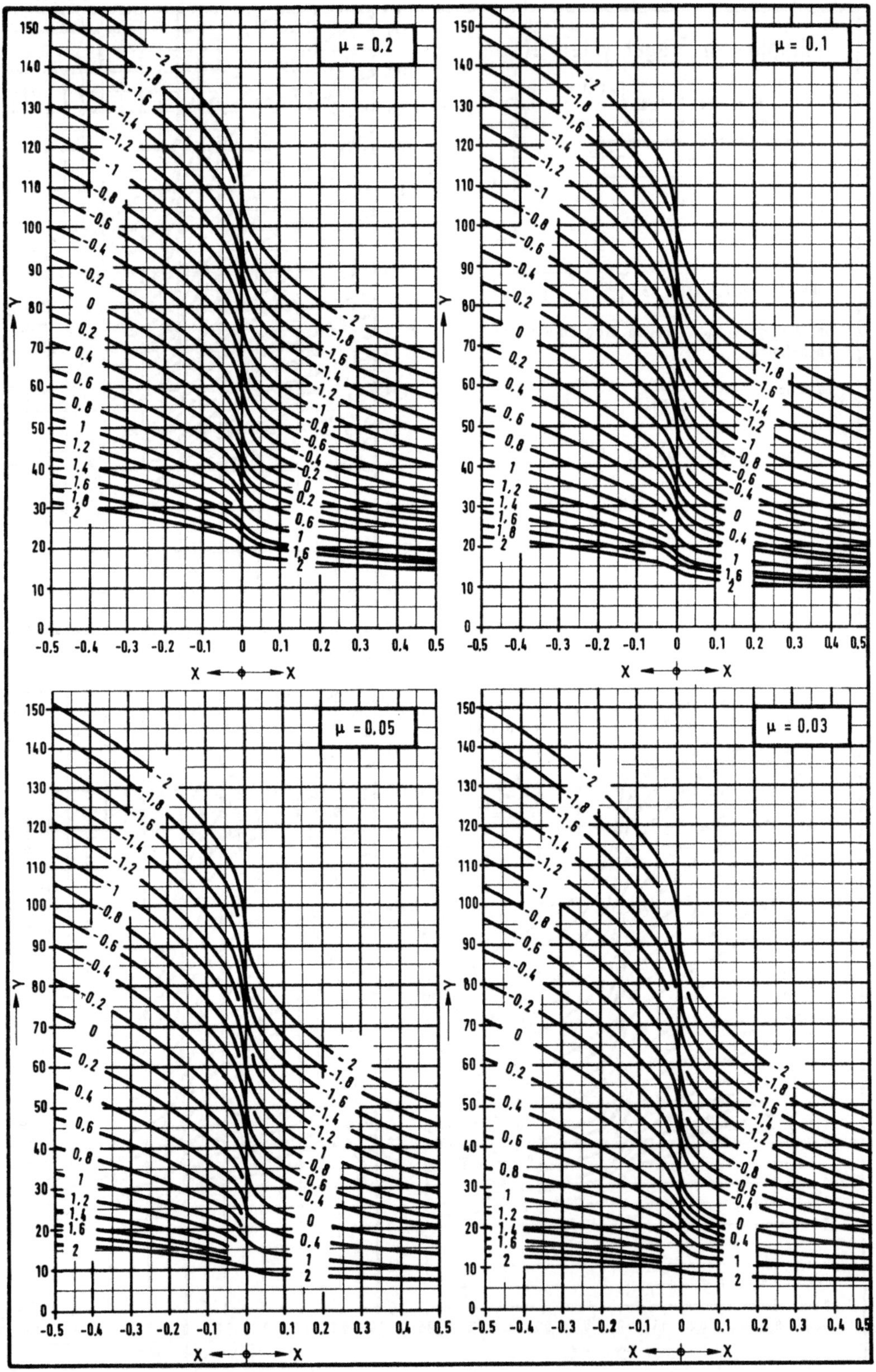

Die Definition von μ und χ stimmt mit Abschnitt 7.9.3 überein. (Gegenüber der Behandlung des Biegedrillknickens im Abschnitt 7.6.4 (G.7.134) ist $\varkappa$ anders definiert!) $\varkappa$ ist positiv oder negativ, je nachdem der gedrückte Gurt breiter oder schmaler als der gezogene ist. Auf T.7.25/28 sind die Kippwerte für den Kragträger und Einfeldträger ausgewiesen.
Bei von einer Gleichlast abweichenden Querbelastung wird über die maximalen Momente der Kippwert umgerechnet, vgl. Abschnitt 7.9.4.

7.9.7 Beispiele

1. Beispiel: Einfeldträger
Für einen einfeldrigen Balken mit Gabellagerung und IPB 800-Querschnitt werden die Kipplasten für drei Fälle berechnet (B.7.46):
a) Lastangriff am Obergurt,
b) Lastangriff in Stegmitte,
c) Lastangriff am Untergurt.
Der Parameter μ ist unabhängig vom Lastangriff:

$$\mu = \frac{21\cdot 10^6 \cdot 22{,}4\cdot 10^6}{1500^2\cdot 8{,}1\cdot 10^6\cdot 1010} = 0{,}0255$$

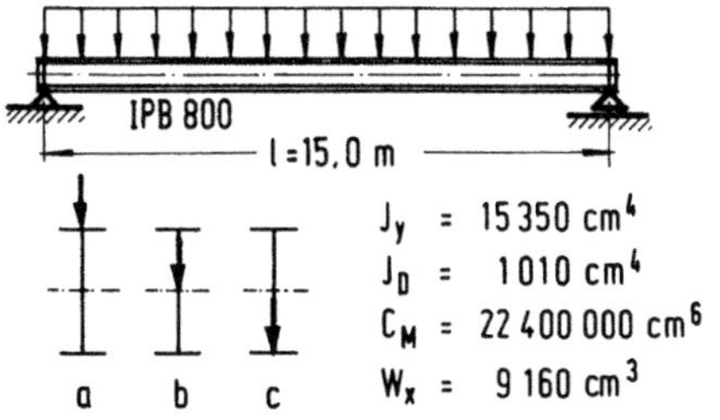

	χ	γ_{Ki}	q_{Ki}	M_{Ki}	
a	+0,0280	26	39,50	1111	–
b	0	32	48,61	1366	12 %
c	-0,0280	38	57,73	1624	46 %
			kN/m	kNm	

Bild 7.46

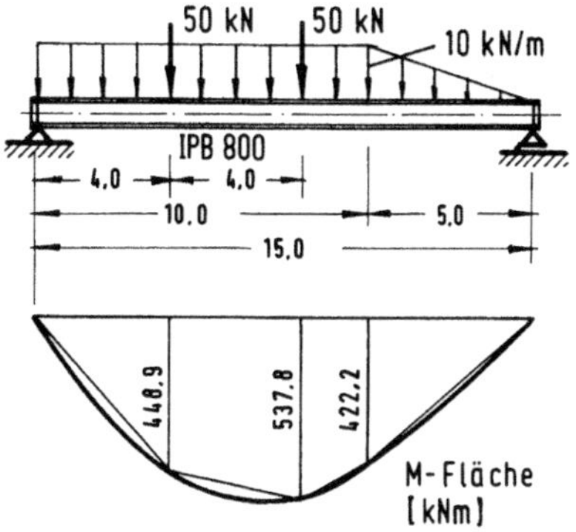

Bild 7.47

Fall a: Parameter χ mit e=+40 cm:

$$\chi = \left(\frac{40}{1500}\right)^2 \frac{21\cdot 10^6\cdot 15350}{8{,}1\cdot 10^6\cdot 1010} = 0{,}0280$$

Aus T.7.18 oder T.7.21 folgt für Fall II/2:

$$\gamma_{Ki} = 26{,}0 \longrightarrow Q_{Ki} = \frac{26{,}0}{1500^2}\sqrt{21\cdot 10^6 \cdot 15300\cdot 8{,}1\cdot 10^6\cdot 1010} = 592447\ \text{N} = \underline{592{,}5\ \text{kN}}$$

Kipplast, Kippmoment und Kipprandspannung betragen:

$$q_{Ki} = Q_{Ki}/l = 592{,}5/15{,}0 = \underline{39{,}50\ \text{kN/m}} \longrightarrow M_{Ki} = q_{Ki}\frac{l^2}{8} = \underline{1111\ \text{kNm}} \longrightarrow \sigma_{Ki} = \frac{M_{Ki}}{W_x} = \underline{12{,}13\ \text{kN/cm}^2}$$

In [7.24] ist dieselbe Aufgabe mit einem einreihigen Sinusansatz nach dem RITZschen Verfahren gelöst worden:

$$q_{Ki} = 40{,}4\ \text{kN/m}$$

MÖLL [7.27] hat für die Aufgabe mit einer 50-gliedrigen Ansatzfunktion

$$q_{Ki} = 39{,}1\ \text{kN/m}$$

berechnet.
Fall b und c: Das Ergebnis der Rechnung ist in B.7.46 ausgewiesen. Der ausgeprägte Einfluß des Lastangriffes geht aus der prozentualen Zunahme der Kippbelastung gegenüber Fall a um 12% bzw. 46% hervor. Das verdeutlichen auch die Tafeln 7.17/20: Für geringfügig von Null abweichende χ-Werte fallen bzw. steigen die Kippwerte γ_{Ki} mit großen Gradienten. Eine zutreffende Vorgabe von χ ist wichtig!

Wird der Träger anstelle einer Gleichlast durch die in B.7.47 dargestellte Belastung beansprucht, wird gemäß den Anweisungen des Abschnittes 7.9.4 die Resultierende Q=225 kN und das max Biegemoment max M=537,8 kNm berechnet. Dem entspricht nach G.7.203 die Gleichlastresultierende

$$Q_G = \frac{537{,}8 \cdot 8}{15{,}0} = 287 \text{ kN}$$

Der Kippwert für Gleichlast (hier Fall a)

$$\gamma_{KiG} = 26{,}0$$

wird umgerechnet (G.7.204):

$$\gamma_{KiG} = 26 \cdot \frac{225}{287} = 20{,}4$$

Hiermit ergeben sich folgende kritischen Werte:

$$Q_{Ki} = 465{,}1 \text{ kN}; \quad q_{Ki} = 31{,}01 \text{ kN/m}; \quad M_{Ki} = 872{,}1 \text{ kNm}$$

Von MÖLL [7.27] wurde der Einfluß einer indirekten Belastung auf die Kippstabilität des in B.7.46 dargestellten Trägers untersucht. B.7.48 weist das Ergebnis in Form einer prozentualen Abnahme von γ_{Ki} gegenüber dem direkt belasteten Träger aus (Q sinkt ebenfalls!). Bei einer Teilung in vier Unterfelder beträgt die Reduktion 3,6%. Nach der in Abschnitt 7.9.4 empfohlenen Abschätzung ergibt sich:

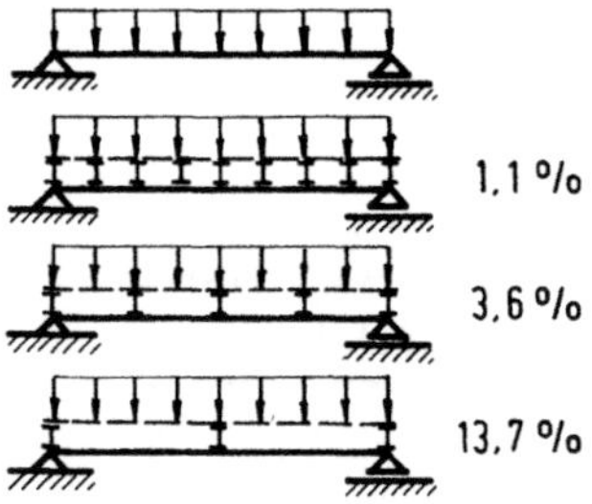

Bild 7.48

$$P = \frac{1}{4} ql; \quad Q = \frac{3}{4} ql; \quad \max M = P\frac{l}{2} = q\frac{l^2}{8}$$

Hiermit folgt:

$$Q_G = ql \longrightarrow \gamma_{Ki} = \gamma_{KiG} \cdot \frac{0{,}75 ql}{ql} = 0{,}75\, \gamma_{KiG} \longrightarrow Q_{Ki} \longrightarrow q_{Ki} \longrightarrow M_{Ki}$$

Hieraus wird ersichtlich, daß die Abschätzung erheblich auf der sicheren Seite liegt.

2. Beispiel: Kragträger

Für den in B.7.49 dargestellten Träger mit IPE 200-Querschnitt werden die Kipplasten für vier Lastfälle berechnet. Parameter:

$$\mu = \frac{21 \cdot 10^6 \cdot 13\,000}{300^2 \cdot 8{,}1 \cdot 10^6 \cdot 7{,}02} = 0{,}0533$$

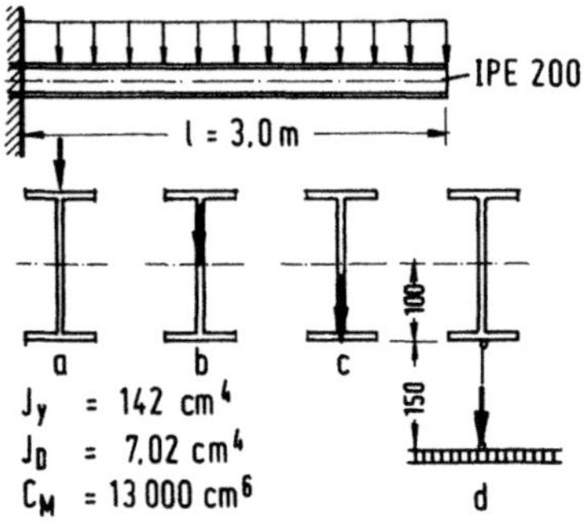

	χ	γ_{Ki}	q_{Ki}	M_{Ki}
a	+ 0,058	12,5	19,06	85,8
b	0	25	38,13	172
c	- 0,058	37,5	57,19	257
d	- 0,364	50	76,25	343
			kN/m	kNm

Bild 7.49

Die weitere Rechnung ist in der Tabelle des Bildes 7.49 ausgewiesen. Im Falle des Lastangriffes d (untergehängte Decke) berechnet sich χ zu:

$$\chi = -\left(\frac{25}{300}\right)^2 \cdot \frac{21 \cdot 10^6 \cdot 142}{8{,}1 \cdot 10^6 \cdot 7{,}02} = -0{,}364 \longrightarrow \gamma_{Ki} = 50$$

Die Kippwerte folgen aus T.7.17 oder 7.21 (Lastfälle a, b, c). Für Lastfall d ergeben sich Q_{Ki}, q_{Ki} und M_{Ki} zu:

$$Q_{Ki} = \frac{50}{300^2}\sqrt{21 \cdot 10^6 \cdot 142 \cdot 8{,}1 \cdot 10^6 \cdot 7{,}02} = 228\,766 \text{ N} = 228{,}8 \text{ kN};$$

$$q_{Ki} = \frac{228{,}8}{3{,}0} = 76{,}25 \text{ kN/m}; \quad M_{Ki} = \frac{q_{Ki} \cdot l^2}{2} = 343 \text{ kNm}$$

Der bedeutende Einfluß der Lastangriffshöhe wird durch die Rechenergebnisse wiederum (in B.7.49) verdeutlicht.

Wird der Kragträger am freien Ende gegen seitliches Ausbiegen und Verdrillen konstruktiv gesichert, liegt Lagerungsfall I/3 vor, vgl. B.7.50 und 7.43. Aus T.7.17 werden die Kippwerte entnommen. Für die Lastfälle a bis d ergibt sich:

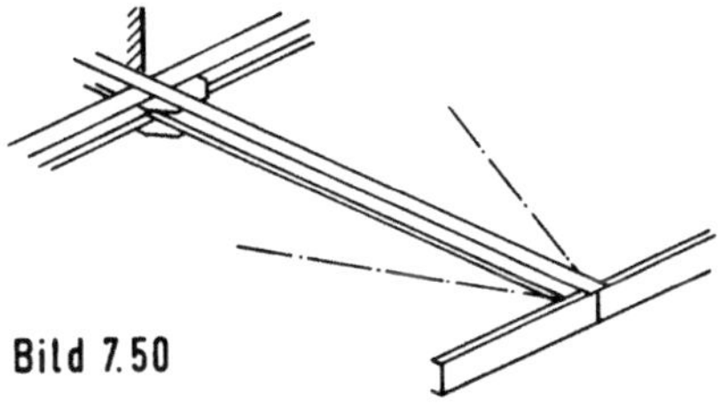

Bild 7.50

a: $\gamma_{Ki} = 44$; $q_{Ki} = 67{,}10$ kN/m

b: $\gamma_{Ki} = 60$; $q_{Ki} = 91{,}51$ kN/m

c: $\gamma_{Ki} = 76$; $q_{Ki} = 115{,}9$ kN/m

d: $\gamma_{Ki} = 98$; $q_{Ki} = 149{,}5$ kN/m

Die Kipplasten sind mehr als doppelt so hoch wie im Lagerungsfall I/1.

3. Beispiel: Durchlaufträger

In B.7.51 ist ein Dreifeldträger mit gleich großen Stützweiten dargestellt, für den der Kippnachweis geführt wird. Der Trägerquerschnitt ist ebenfalls abgebildet, die wichtigsten Querschnittswerte sind eingetragen. Die Stützmomente über den Zwischenauflagern betragen:

$$M_S = -0{,}100 \cdot 14{,}4 \cdot 5{,}0^2 = -36{,}0 \text{ kNm}$$

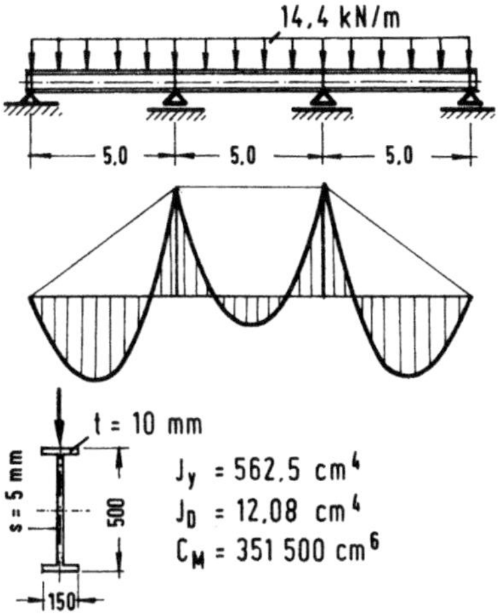

Bild 7.51

Der Kippnachweis wird für das Endfeld erbracht; hierzu wird zunächst das Einspannungsmoment für eine einseitig starre Einspannung berechnet:

$$M_S' = -0{,}125 \cdot 14{,}4 \cdot 5{,}0^2 = -45{,}0 \text{ kNm}$$

Das Moment -36,0 kNm beträgt hiervon 80%. Bei der Anwendung der T.7.23 muß somit zwischen den Diagrammen 100% und 75% interpoliert werden. Für μ und χ findet man:

$$\mu = \frac{21 \cdot 10^6 \cdot 351\,500}{500^2 \cdot 8{,}1 \cdot 10^6 \cdot 12{,}08} = 0{,}3017$$

$$\chi = \left(\frac{25}{500}\right)^2 \frac{21 \cdot 10^6 \cdot 562{,}5}{8{,}1 \cdot 10^6 \cdot 12{,}08} = 0{,}3017$$

(Da C_M aus

$$C_M = \left(\frac{h}{2}\right)^2 \cdot J_y$$

berechnet wurde, stimmen μ und χ bei Obergurtbelastung überein.)

Aus T.7.23 entnimmt man:

$$\left.\begin{array}{ll} \text{Aus Diagramm } 100\,\%: & \gamma_{Ki} = 57 \\ \text{Aus Diagramm } 75\,\%: & \gamma_{Ki} = 52 \end{array}\right\} \longrightarrow 80\,\%: \gamma_{Ki} = 53$$

$$Q_{Ki} = \frac{53}{500^2} \sqrt{21 \cdot 10^6 \cdot 562{,}5 \cdot 8{,}1 \cdot 10^6 \cdot 12{,}08} = 228\,500 \text{ N} = 228{,}5 \text{ kN} \longrightarrow q_{Ki} = \underline{45{,}70 \text{ kN/m}}$$

Der strenge Wert für dieses Beispiel kann [7.27] entnommen werden, vgl. auch [7.22]; er beträgt:

$$q_{Ki} = \underline{47{,}95 \text{ kN/m}}$$

Die Übereinstimmung ist offensichtlich gut. Das ist indes nur dann der Fall, wenn regelmäßige Durchlaufträger bezüglich System und Belastung vorliegen. Untersucht man z.B. denselben Träger mit alleiniger Belastung des Mittelfeldes, findet man mittels T.7.22: q_{Ki}=47,43 kN/m. Der exakte Wert beträgt nach [7.27] :80,21 kN/m. Der Näherungswert erreicht nur 60%, weil die Wölb- und Biegeeinspannung in den Nachbarfeldern nicht eingeht; die Werte nach T.7.22/23 liegen daher immer auf der sicheren Seite!

4. Beispiel: Einfeldträger mit einfach-symmetrischem Querschnitt

Ein beidseitig gabelgelagerter Träger mit 20,68 m Stützweite wird durch eine Gleichlast beansprucht. Es werden zwei Querschnittsvarianten untersucht, vgl. B.7.52. - Gemäß Abschnitt 7.9.6 wird gerechnet:

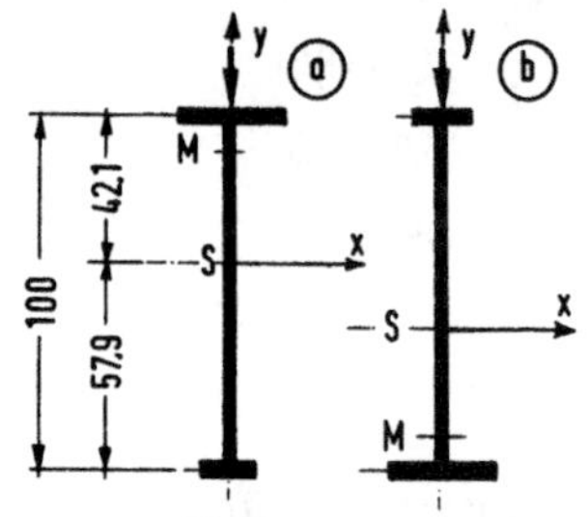

$y_M = +30{,}99$ cm $\quad y_M = -30{,}99$ cm

$r_x = -10{,}82$ cm $\quad r_x = +10{,}82$ cm

$J_x = 296\,491$ cm^4

$J_y = 5062{,}5$ cm^4

$J_D = 153{,}3$ cm^4

$C_M = 5\,000\,000$ cm^6

Bild 7.52

$$\mu = \frac{EC_M}{l^2 GJ_D} = \frac{21\cdot 10^6\cdot 5\cdot 10^6}{2068^2\cdot 8{,}1\cdot 10^6\cdot 153{,}3} = 0{,}0480$$

Querschnitt (a): $e = 42{,}10 - 30{,}99 = 11{,}11$ cm; sign(e) = +

$\chi = 0{,}0025$; $\varkappa = -0{,}325$

Querschnitt (b): $e = 57{,}90 + 30{,}99 = 88{,}89$ cm; sign(e) = +

$\chi = 0{,}1582$; $\varkappa = +0{,}325$

Aus T.7.27/28 entnimmt man für $\mu = 0{,}05$:

Fall a: $\gamma_{Ki} = 37$ (37,05)

Fall b: $\gamma_{Ki} = 17$ (15,15)

Die Klammerwerte wurden von MEISSNER [7.71] berechnet; daselbst sind auch die Kippbedingungen für Gleichlast und mittige Einzellast sowie für ein- und beidseitige Randmomente angegeben.

7.9.8 Kippen von Trägern mit veränderlicher Höhe und Steifigkeit

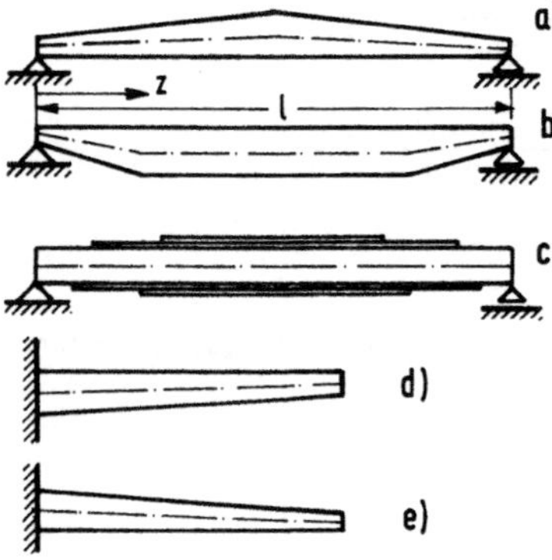

Bild 7.53

Im Hoch- und Brückenbau sind Träger mit veränderlicher Höhe verbreitet, im Hallenbau haben sie vielfach eine satteldachförmige Struktur, vgl. B.7.53a. Zur Berechnung der kritischen Kippwerte solcher Träger liegen im Schrifttum verschiedene Beiträge vor [7.71-7.76]. Von UNGER wurde das Verfahren der Übertragungsmatrizen auf Träger mit abschnittsweise konstanten Steifigkeits- und Lastparametern erweitert [7.34]. Damit lassen sich Träger und Trägerstränge mit einfach-symmetrischem Querschnitt bei beliebigen Struktur- und Lagerungsbedingungen berechnen, wobei eine Computerprogrammierung Voraussetzung ist. (Zur Drillung dünnwandiger Stäbe mit veränderlichem Querschnitt vgl. [7.77/8].)

Für gabelgelagerte Einfeldträger wurde von RAFLA ein Näherungsverfahren angegeben [7.76]. Hierbei wird zunächst ein Ersatzträger mit konstanten Querschnittswerten bestimmt und für diesen die Kippbelastung berechnet, wobei ein doppelt-symmetrischer Querschnitt vorausgesetzt ist; für diesen lauten die potentielle Energie (vgl. G.7.65):

$$\Pi = \int_0^l \frac{1}{2}\left\{EC_M\vartheta''^2 + GJ_D\vartheta'^2 + EJ_y u''^2 + 2M_x u''\vartheta - q_y e\vartheta^2\right\}dz \qquad (7.214)$$

Wölb-, Drill- und Biegesteifigkeit sowie e sind variabel, entweder stetig oder sprunghaft. Für u und ϑ werden sinusförmige Verformungslinien angenommen, vgl. z.B. G.7.177 und in den Potentialausdruck eingesetzt. Für den Ersatzträger gilt ein entsprechender Ausdruck. Durch Gleichsetzung der Terme findet man bei zur Trägermitte symmetrischer Ausbildung folgende Vergleichswerte (Index: V):

$$
\begin{aligned}
EC_{M,V} &= 4 \cdot \int_0^{1/2} EC_M(\zeta) \cdot \sin^2 \pi\zeta \, d\zeta \\
GJ_{D,V} &= 4 \cdot \int_0^{1/2} GJ_D(\zeta) \cdot \cos^2 \pi\zeta \, d\zeta \\
EJ_{y,V} &= 4 \cdot \int_0^{1/2} EJ_y(\zeta) \cdot \sin^2 \pi\zeta \, d\zeta \qquad \zeta = \frac{z}{l} \\
e_V &= 4 \cdot \int_0^{1/2} e(\zeta) \cdot \sin^2 \pi\zeta \, d\zeta
\end{aligned}
\tag{7.215}
$$

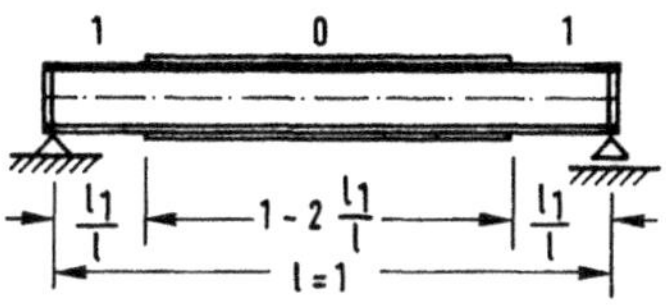

$$EC_{M,V} = \varkappa_1 \cdot EC_{M,0}$$
$$GJ_{D,V} = \varkappa_2 \cdot GJ_{D,0}$$
$$EJ_{y,V} = \varkappa_3 \cdot EJ_{y,0}$$

Gabellagerung

$$\varkappa_1 = 1 - 2\left(\frac{l_1}{l} - \frac{\sin 2\pi l_1/l}{2\pi}\right) \cdot \left(1 - \frac{EC_{M,1}}{EC_{M,0}}\right)$$
$$\varkappa_2 = 1 - 2\left(\frac{l_1}{l} + \frac{\sin 2\pi l_1/l}{2\pi}\right) \cdot \left(1 - \frac{GJ_{D,1}}{GJ_{D,0}}\right)$$
$$\varkappa_3 = 1 - 2\left(\frac{l_1}{l} - \frac{\sin 2\pi l_1/l}{2\pi}\right) \cdot \left(1 - \frac{EJ_{y,1}}{EJ_{y,0}}\right)$$

Bild 7.54

Die Werte sind mittels numerischer Integration zu berechnen.
Für Träger mit einfacher Querschnittsabstufung lassen sich die Integrationen geschlossen ausführen; B.7.54 weist das Ergebnis aus.

Das Kippen satteldachförmiger Träger wurde von MUCHA [7.75] in umfassender Weise untersucht. In B.7.55 sind die Berechnungsformeln zusammengestellt, sie gelten für Gabellagerung. Die Breite der Träger ist konstant und die Höhe geradlinig veränderlich. Die kleinere Höhe am Auflager ist d und die größere in Trägermitte ist D. In Abhängigkeit vom Konizitätsparameter

$$\alpha = 2 \cdot \frac{D-d}{d} \tag{7.216}$$

sind die Beiwerte k_1 bis k_4 zu berechnen; hiermit ist die Kippbedingung zu lösen.
Für den Ersatzträger sind dann die Kipplasten wie für einen Träger mit konstanten Querschnittswerten zu berechnen. Kragträger können näherungsweise mit denselben Formeln nachgewiesen werden, dabei muß aber der Einspannungsquerschnitt im Vergleich zum freien Ende der stärkere Querschnitt sein; das ist der Regelfall (B.7.53 d/e).

Kippsicherheit satteldachförmiger Träger
nach MUCHA

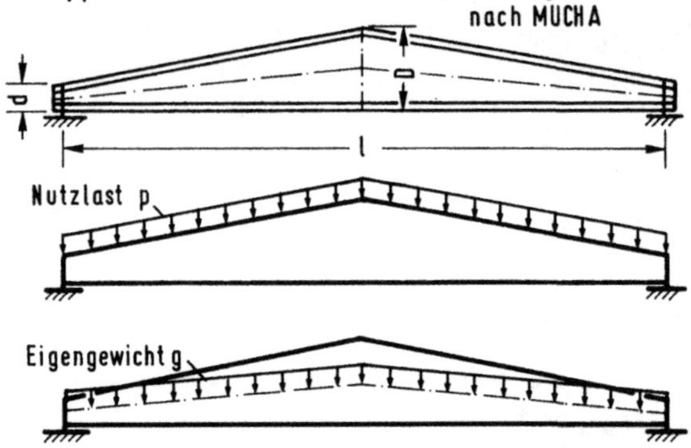

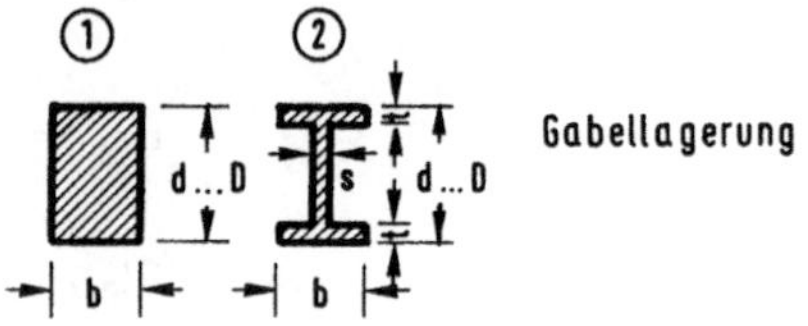

(Kastenquerschnitt: siehe Originalarbeit)

Parameter: $\alpha = 2 \cdot \frac{D-d}{d}$

Kippen unter Nutzlast p:

Kippbedingung:

$$k_1 \frac{l^4}{EJ_{y,d}} p_{Ki}^2 + k_2\, d\, p_{Ki} - \frac{1}{l^2} \cdot \left(k_3 GJ_D + k_4 \frac{EC_M}{l^2}\right)_d = 0$$

k_1 bis k_4: siehe Tabelle

	Trägerquerschnitt ① $C_{M,d} = \frac{b^3 d^3}{144}$; $J_{D,d} = \frac{b^3 d}{3}$
k_1	$0{,}003046 - 0{,}001109 \cdot \alpha + 0{,}000335 \cdot \alpha^2 - 0{,}000063 \cdot \alpha^3 + 0{,}000005 \cdot \alpha^4$
k_2	$0{,}12500 + 0{,}08783 \cdot \alpha$
k_3	$2{,}4674 + 0{,}3668 \cdot \alpha$
k_4	$24{,}3518 + 25{,}6651 \cdot \alpha + 9{,}7891 \cdot \alpha^2 + 1{,}3118 \cdot \alpha^3$
	Trägerquerschnitt ②
k_1	$0{,}003046$
k_2	$0{,}1250 + 0{,}08783 \cdot \alpha$
k_3	$2{,}4674 + 0{,}1223 \cdot \alpha \cdot \gamma$ mit $\gamma = \frac{ds^3}{J_{D,d}}$
k_4	$24{,}3523 + 17{,}1109 \cdot \alpha + 3{,}2630 \cdot \alpha^2$

Kippen unter Eigengewicht g:

①: k_1, k_3, k_4 wie Tabelle;

$k_2 = 0{,}04392 \cdot \alpha$

②: k_1, k_3, k_4 wie Tabelle;

$k_2 = 0{,}04392 \cdot \alpha$

Bild 7.55

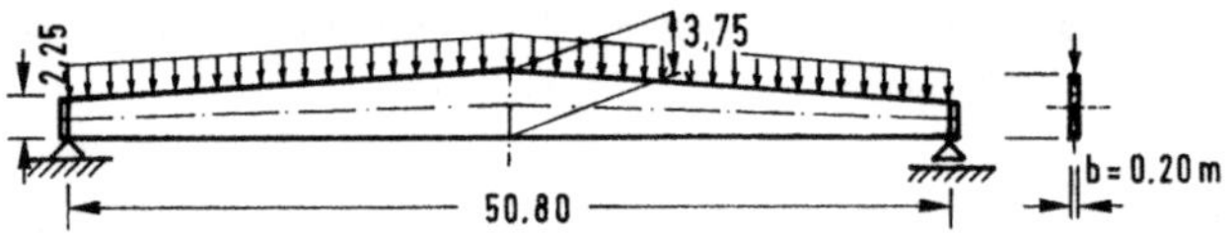

Stahlbetonträger mit Rechteckquerschnitt

Ansatz: $E = 2100\ kN/cm^2$; $G = 1050\ kN/cm^2$

$D = 3{,}75\ m$

$d = 2{,}25\ m$

$EJ_{y,d} = 3{,}15 \cdot 10^8\ kNcm^2$, $GJ_{D,d} = 6{,}30 \cdot 10^8\ kNcm^2$

$EC_{M,d} = 1{,}33 \cdot 10^{12}\ kNcm^4$

Bild 7.56

Als Beispiel wird ein satteldachförmiger Träger mit Rechteckquerschnitt berechnet, vgl. [7.72, 7.76]. In B.7.56 ist der Träger dargestellt, die erforderlichen Querschnittswerte sind eingetragen.

Für den Parameter

$$\alpha = 2 \cdot \frac{D-d}{d} = 2 \cdot \frac{3{,}75 - 2{,}25}{2{,}25} = 1{,}333$$

werden die k-Beiwerte gemäß B.7.55 berechnet:

Nutzlast am Obergurt: $k_1 = 0{,}00203$, $k_2 = 0{,}2421$, $k_3 = 2{,}956$, $k_4 = 79{,}08$

Eigengewicht: k_1, k_3, k_4 unverändert, $k_2 = 0{,}05856$

Die Kippbedingungen und deren Lösungen lauten:

$$p_{Ki}^2 + 0{,}01269\, p_{Ki} - 0{,}01686 = 0 \longrightarrow p_{Ki} = 0{,}124\ kN/cm$$

$$g_{Ki}^2 + 0{,}00307\, g_{Ki} - 0{,}01686 = 0 \longrightarrow g_{Ki} = 0{,}128\ kN/cm$$

Sind p und g die gegebenen Lasten im Gebrauchszustand, folgt die Kippsicherheit des kombinierten Problems mittels der DUNKERLEYschen Formel zu:

$$\frac{\nu_{Ki} \cdot p}{p_{Ki}} + \frac{\nu_{Ki} \cdot g}{g_{Ki}} = 1 \longrightarrow \nu_{Ki} = \frac{1}{\frac{p}{p_{Ki}} + \frac{g}{g_{Ki}}} \tag{7.217}$$

Hiermit wird

$$q_{Ki} = \nu_{Ki} \cdot (p + g) \tag{7.218}$$

berechnet; damit sind auch M_{Ki} und σ_{Ki} bekannt.
In Annäherung können die Kipplasten auch mit Hilfe der Formel

$$g_{Ki} = p_{Ki} = \frac{1}{l^3} \sqrt{\frac{k_3}{k_1} EJ_{y,d} \cdot GJ_{D,d}} \tag{7.219}$$

berechnet werden. k_1 und k_3 folgen aus B.7.55. Für das vorliegende Beispiel findet man:

$$g_{Ki} = p_{Ki} = \underline{0{,}130\ \text{kN/cm}}$$

Eine weitere Abschätzung ist nach RAFLA [7.76] mittels der Vergleichswerte

$$\begin{aligned} EJ_{y,V} &= 0{,}3 \cdot EJ_{y,d} + 0{,}7 \cdot EJ_{y,D} \\ GJ_{D,V} &= 0{,}7 \cdot GJ_{D,d} + 0{,}3 \cdot GJ_{D,D} \end{aligned} \tag{7.220}$$

möglich; das ergibt für das Beispiel:

$$\begin{aligned} EJ_{y,V} &= (0{,}3 \cdot 3{,}15 + 0{,}7 \cdot 5{,}25) 10^8 = 4{,}620 \cdot 10^8 \ \text{kNcm}^2 \\ GJ_{D,V} &= (0{,}7 \cdot 6{,}30 + 0{,}3 \cdot 10{,}50) 10^8 = 7{,}560 \cdot 10^8 \ \text{kNcm}^2 \end{aligned} \tag{7.221}$$

Hiermit wird gerechnet:

$$g_{Ki} \approx p_{Ki} = \frac{28{,}3}{l^3} \sqrt{EJ_{y,V} \cdot GJ_{D,V}} \longrightarrow g_{Ki} \approx p_{Ki} = \frac{28{,}3}{5080^3} \sqrt{4{,}620 \cdot 7{,}560 \cdot 10^{16}} = \underline{0{,}1276\ \text{kN/cm}}$$

7.10 Kippen von Biegeträgern mit freier Drillachse und elastischer Bettung

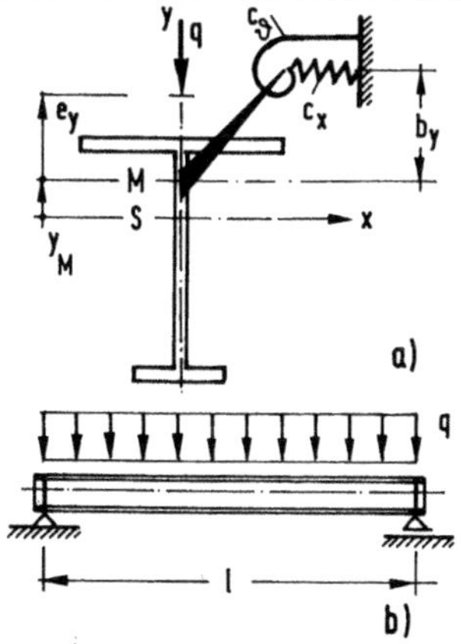

Bild 7.57

Durch eine federelastische Halterung wird die Kipplast wirkungsvoll angehoben. Die zugeordnete Kippspannung liegt dann i.allg. so hoch, daß nach Abminderung auf die plastostatische Kipplast die Fließsicherheit aus planmäßiger Biegung maßgebend wird.

Die elastische Bettung kann aus einer seitlichen Stützung, einer drehfederelastischen Einspannung oder deren gemeinsamer Wirkung bestehen; die Federzahlen sind c_x und c_ϑ, vgl. B.7.57a. Die Grundgleichungen wurden im Abschnitt 7.3 abgeleitet.

Ausgehend von der potentiellen Energie Π gemäß G.7.84 läßt sich mit den eingliedrigen Sinusansätzen G.7.177 nach dem RITZschen Verfahren nachstehende Formel für die Kipplast ableiten:

$$q_{Ki} = A_1 \cdot [A_2 + A_3 + \sqrt{A_2^2 + 2A_2A_3 + A_4}\,] \tag{7.222}$$

Hierin bedeuten:

$$A_1 = \frac{1}{(\frac{1}{12} + \frac{1}{4\pi^2}) l^2} (EJ_y \cdot \frac{\pi^2}{l^2} + c_x \cdot \frac{l^2}{\pi^2}); \quad A_2 = y_M - \frac{r_x}{2} - \frac{e_y}{\frac{\pi^2}{6} + \frac{1}{2}}; \quad A_3 = \frac{b_y}{1 + \frac{EJ_y}{c_x} \cdot \frac{\pi^4}{l^4}};$$

$$A_4 = \frac{EC_M \cdot \frac{\pi^2}{l^2} + GJ_D + c_x b_y^2 \cdot \frac{l^2}{\pi^2} + c_\vartheta \cdot \frac{l^2}{\pi^2}}{EJ_y \cdot \frac{\pi^2}{l^2} + c_x \cdot \frac{l^2}{\pi^2}} \tag{7.223}$$

Die Vorzahlen in A_1 und A_2 betragen:

$$\frac{1}{\frac{1}{12}+\frac{1}{4\pi^2}}=9{,}203;\quad \frac{1}{\frac{\pi^2}{6}+\frac{1}{2}}=0{,}466$$

Die Kippformel gilt für den gabelgelagerten Einfeldträger unter Gleichlast (B.7.57b). Trägerquerschnitt ist einfach-symmetrisch.

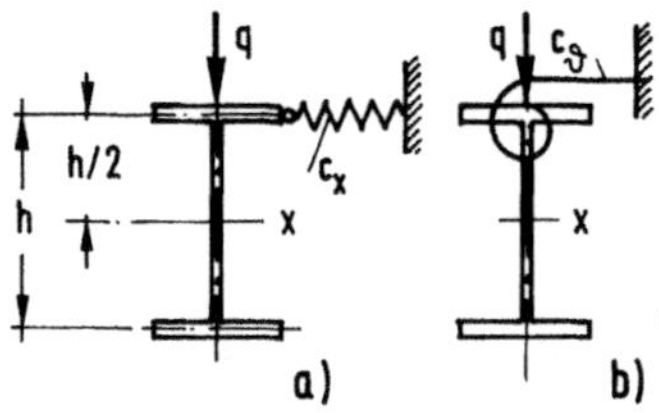

Bild 7.58

Für den Fall doppelt-symmetrischer Querschnitte in Form von I-Profilen läßt sich G.7.222/3 mit

$$C_M = J_y\cdot\frac{h^2}{4},\quad J_D\approx 0,\quad e_y=\frac{h}{2},\quad b_y=\frac{h}{2} \tag{7.224}$$

(also für Lastangriff am Obergurt und alleiniger seitenelastischer Stützung, d.h. c_ϑ=0, B.7.58a) unter Verwendung des dimensionsfreien Parameters

$$\chi=\frac{EJ_y}{c_x\cdot l^4} \tag{7.225}$$

nach Zwischenrechnung geschlossen anschreiben:

$$\frac{q_{Ki}}{\frac{c_x h}{2}}=\frac{4(\frac{\pi^2}{3}-1-2\pi^4\chi)}{(\frac{\pi^2}{3}+1)^2}+\sqrt{\left[\frac{4(\frac{\pi^2}{3}-1-2\pi^4\chi)}{(\frac{\pi^2}{3}+1)^2}\right]^2+\frac{16\pi^4(2+\pi^4\chi)\chi}{(\frac{\pi^2}{3}+1)^2}} \tag{7.226}$$

Steht die Verschiebungsfeder c_x stellvertretend für einen Horizontalverband, überwiegt i.allg. die Steifigkeit dieses Verbandes gegenüber J_y. Wird in diesem Falle χ=0 gesetzt, verkürzt sich die Formel auf:

$$\frac{q_{Ki}}{\frac{c_x h}{2}}=\frac{8(\frac{\pi^2}{3}-1)}{(\frac{\pi^2}{3}+1)^2}=\frac{18{,}32}{18{,}40}\approx 1$$

Das bedeutet:

$$q_{Ki}=\frac{c_x h}{2} \tag{7.227}$$

Diese Formel erlaubt eine auf der sicheren Seite liegende Abschätzung der Kippbelastung von I-Trägern mit kontinuierlicher seitenelastischer Stützung. Ist die Stützung sehr steif, liegt eine gebundene Drillachse vor, vgl. Abschnitt 7.11.

Ist c_x=0, aber dafür eine drillfederelastische Bettung vorhanden (B.7.58b), kann G.7.222 wie folgt zusammengefaßt werden (Lastangriff am Obergurt):

$$q_{Ki}=\frac{4\pi^4}{(\frac{\pi^2}{3}+1)^2}\cdot\frac{EJ_y h}{l^4}\cdot\left[\sqrt{1+\frac{(1+\rho)}{4}(\frac{\pi^2}{3}+1)^2}-1\right] \tag{7.228}$$

mit

$$\rho=\frac{4}{\pi^4}\cdot\frac{c_\vartheta l^4}{EJ_y\cdot h^2}$$

7.11 Kippen von Biegeträgern mit gebundener Drillachse und elastischer Bettung

Für gabelgelagerte Biegeträger unter Gleichlast q=konstant findet man, ausgehend von der potentiellen Energie des Problems (G.7.90 im Abschnitt 7.4) mit dem eingliedrigen Ansatz

$$\vartheta=a\cdot\sin\pi\frac{z}{l} \tag{7.229}$$

die Kipplast zu:

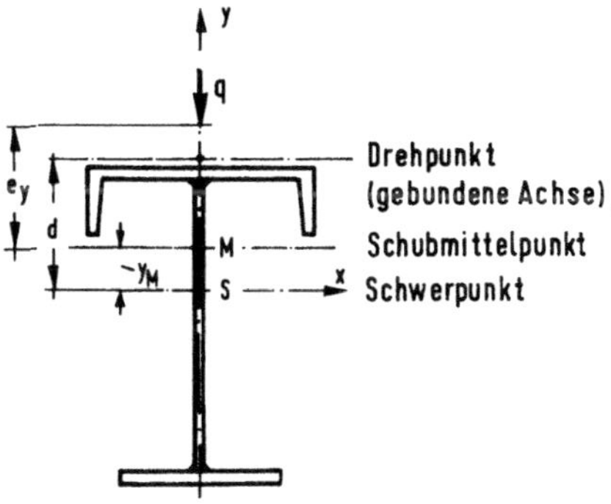

Bild 7.59

$$q_{Ki} = \frac{[EC_M + EJ_y(d-y_M)^2](\frac{\pi}{l})^2 + GJ_D + c_\vartheta(\frac{l}{\pi})^2}{l^2[\frac{e_y}{\pi^2} - \frac{1}{4}(\frac{1}{3}+\frac{1}{\pi^2})(2d-r_x)]} \qquad (7.230)$$

Da der Zähler positiv definit ist, läßt der Nenner erkennen, wann mit einer Kippgefährdung zu rechnen ist. Das Kriterium lautet:

$$e_y - \frac{\pi^2}{4}(\frac{1}{3}+\frac{1}{\pi^2})(2d - r_x) \gtreqless 0 \qquad (7.231)$$

Ist das Kriterium Null, wächst q_{Ki} über alle Grenzen; ist die linke Seite negativ, besteht auch keine Kippgefahr, Kippen kann nur eintreten, wenn q das Vorzeichen ändert, also von unten nach oben wirkt. Ist die linke Seite positiv, ist Kippen möglich, die Kipplast nimmt dann i.allg. hohe Werte an.
Im Falle eines doppeltsymmetrischen Querschnittes ist r_x=0 und das Kriterium lautet:

$$e_y - 2{,}145 \cdot d \gtreqless 0 \qquad (7.232)$$

Ist der Querschnitt in der Schwerachse fixiert (d=0), besteht Kippgefahr für $e_y > 0$, nicht dagegen für $e_y < 0$, das ist plausibel.

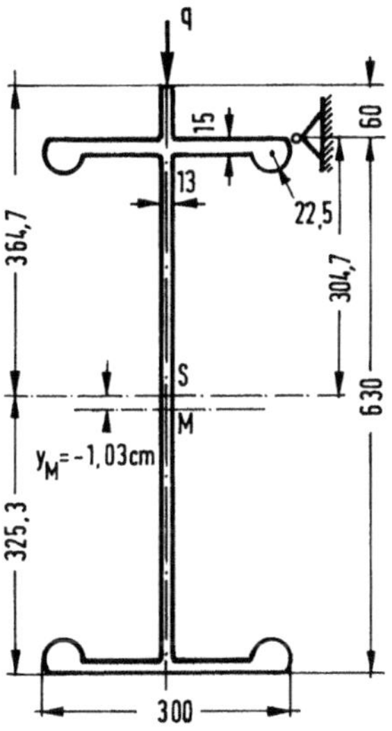

Bild 7.60

Beispiel: Einfeldträger, Stützweite 20,0 m
B.7.60 zeigt den Querschnitt des Trägers, es handelt sich um ein stranggepreßtes Aluminiumprofil. Gemäß Anhang II.1 werden für dieses Profil die Querschnittswerte mittels numerischer Integration berechnet:

$$F = 202\,cm^2,\ J_x = 139000\,cm^4,\ J_y = 11\,200\,cm^4,\ i_x = 26{,}23\,cm,\ i_y = 7{,}45\,cm,$$

$$C_M = 6{,}383 \cdot 10^6\,cm^6,\ J_D = 121{,}6\,cm^4,\ r_x = -1{,}39\,cm$$

Für den Fall einer freien (ungebundenen) Kippung und unter der Annahme, daß die Belastung im Abstand 36,47 cm oberhalb der Schwerachse angreift, findet man mittels G.7.184 die Kipplast zu:

$$q_{Ki} = 1{,}40\ kN/m$$

Ist im Abstand d=30,47 cm eine starre Stützung durch die Dachscheibe vorhanden, ergibt sich:

$$q_{Ki} = \infty$$

Es besteht demnach keine Kippgefahr. Das Kriterium G.7.231 besagt, daß erst unterhalb des Wertes d=13,94 cm Kippen eintreten kann; für einige frei gewählte Werte findet man:

d = 0	q_{Ki} = 3,60 kN/m	(5,43 kN/m)
d = -1,03 cm :	q_{Ki} = 3,36 kN/m	(5,06 kN/m)
d = -16,0 cm :	q_{Ki} = 1,85 kN/m	(2,70 kN/m)
d = -32,53 cm :	q_{Ki} = 1,56 kN/m	(2,10 kN/m)

Für $d \rightarrow -\infty$ nähert sich q_{Ki} dem Grenzwert der freien Kippung an (1,40 kN/m, s.o.). Die Klammerwerte gelten für eine drillfederelastische Bettung mit c_ϑ=0,547 kNcm/cm.

7.12 Auswirkung baupraktisch realisierter Lasteintragungen und Stützbedingungen auf die Kippsicherheit

7.12.1 Problemstellung

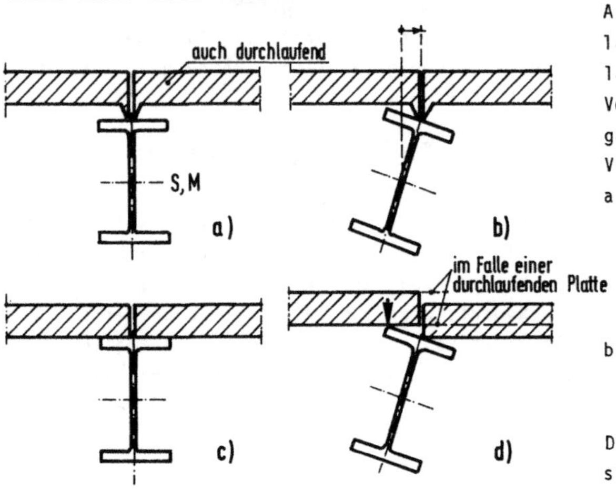

Bild 7.61

Als Kipplast ist jene Verzweigungslast definiert, unter der ein quer belasteter Träger instabil wird. Die Verzweigungslast wurde in den vorangegangenen Abschnitten unter folgenden Voraussetzungen bestimmt:

a) Die Querbelastung wirkt zentrisch in der Symmetrieebene des Trägerprofils (es werden nur einfach- und doppelt-symmetrische Querschnitte betrachtet);
b) Die Belastung ist richtungstreu und folgt zwängungsfrei der seitlichen Trägerausbiegung.

Diese Voraussetzungen sind bei Baukonstruktionen nur in den seltensten Fällen erfüllt; das sei anhand der in B.7.61 gezeigten Lasteintragungen erläutert.

B.7.61a kennzeichnet eine zentrische Belastung, sie bleibt auch noch im ausgekippten Zustand erhalten (Bild b). Eine freie Kippung liegt indes nur dann vor, wenn die aufliegende Platte der seitlichen Verschiebung des Obergurtes zwangfrei folgt. Da diese Ausbiegung (in der Aufsicht) sinusförmig veränderlich ist, dürfen die aufliegenden Platten in Richtung der Trägererstreckung keine monolithische Scheibe bilden, vielmehr müssen sie aus streifenförmigen Elementen bestehen, die eine gegenseitige Versetzung zulassen. In gewissen Fällen sind diese Voraussetzungen erfüllt, im Regelfall handelt es sich aber um eine starre (oder quasi-starre) Scheibe, die mit den Trägern fest verbunden ist, sodaß eine gebundene Kippachse vorliegt. Die gebundene Kippung ist um ein Mehrfaches gutartiger als die freie Kippung (vgl. Abschnitt 7.11). Die Gutartigkeit wird durch zwei weitere Effekte verstärkt:

a) Liegen die Platten flächig auf den Gurten auf (B.7.61c), so legen sie sich bei einer Trägerdrillung auf die Gurtkanten, hierdurch entsteht ein rücktreibendes Moment; die Kanten erfahren eine Hebung.
b) Sind die Platten drillfest (momentenschlüssig) mit den Trägerobergurten verbunden, wird durch die Plattensteifigkeit ebenfalls ein rückstellendes Drillmoment aktiviert.

Die Effekte werden indes z.T. durch die Profilverformung aufgehoben.

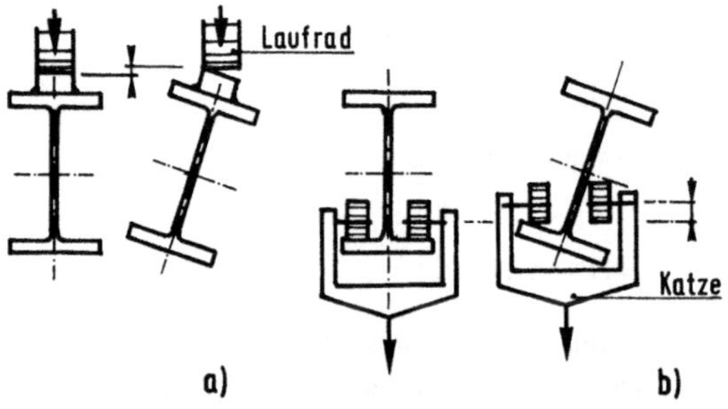

Bild 7.62

In B.7.62 ist die vorbeschriebene Problemstellung nochmals an zwei Kranbahnträgern mit Lasteintragung über eine Kranschiene (a) bzw. eine Unterflanschkatze (b) dargestellt. In beiden Fällen tritt eine Verlagerung der Kraft mit Rückstellwirkung und deren Hebung ein; die potentielle Energie der äußeren Belastung (also deren Arbeitsvermögen) erfährt eine Steigerung. Wie FISCHER [7.79/80] gezeigt hat, können Träger unter dieser Bedingung nicht kippen. Ein Stabilitätsproblem liegt indes in

dem Augenblick wieder vor, in dem eine Störung unterstellt wird. Diese kann in einer äußeren Einwirkung in Form einer Horizontalkraft, einem (Exzentrizitäts-)Moment oder / und einer Vorverformung bestehen, d.h., es liegt dann ein Spannungsproblem vor, das unter gewissen Bedingungen instabil wird. Es ist außerordentlich schwierig, den gutartigen Einfluß dieser "wirklichkeitsnahen" Belastung für baupraktische Zwecke zu nutzen, einerseits bedarf es gewisser (idealisierender) Annahmen (Profiltreue, zentrische Lagerung und Belastung, Ausschluß der primären Biegung), andererseits lassen sich für die "Störungen" (letztlich für die Imperfektionen) keine zuverlässigen Vorgaben machen.
Mittels der in B.7.63 dargestellten (Ersatz-)Systeme kann das Problem in einfacher Weise verdeutlicht werden. In den Fällen a) und b) ist Knicken (Kippen) möglich, die Kräfte

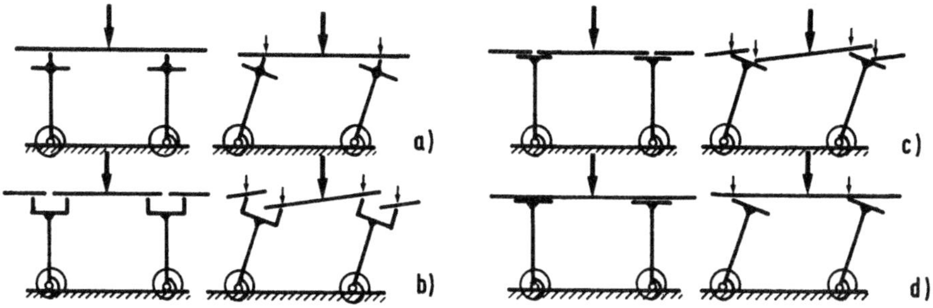

Bild 7.63

wirken auch am verformten System zentrisch, ohne daß eine Verlagerung der resultierenden Belastung eintritt. In den Fällen c) und d) ist letzteres der Fall, eine Knickung ist ausgeschlossen.

Für das in B.7.64 skizzierte Starrsystem lautet die Gleichgewichtsgleichung im verformten Zustand, wenn neben P eine Horizontalkraft H auf das System einwirkt:

$$H(l\cdot\cos\vartheta + e\cdot\sin\vartheta) - P(e\cdot\cos\vartheta - l\cdot\sin\vartheta) - K\cdot\vartheta = 0 \qquad (7.233)$$

K ist die Drehfederkonstante. Die Verformung setzt ein, wenn die Horizontalkraft H die Intensität

$$H_0 = P\cdot\frac{e}{l} \qquad (7.234)$$

erreicht (ϑ=0). Es wird P=konstant unterstellt. Wächst H über H_0 hinaus, setzt die Drehung ein; aus G.7.233 folgt die Abhängigkeit des Drehwinkels ϑ von der Horizontalkraft H zu:

$$\frac{H}{Kl} = \frac{(\frac{e}{l}\cos\vartheta - \sin\vartheta) + \frac{P_{Ki}}{P}\vartheta}{(\frac{e}{l}\cdot\sin\vartheta + \cos\vartheta)} \qquad (7.235)$$

P_{Ki} ist die Knicklast:

$$P_{Ki} = \frac{K}{l} \qquad (7.236)$$

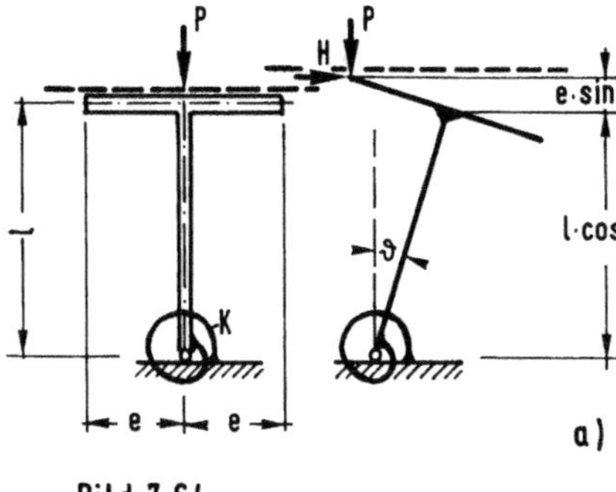

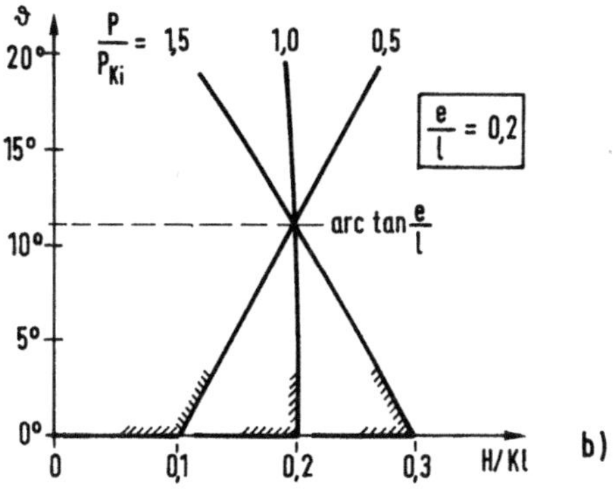

Bild 7.64

Wie oben erläutert, gehört zu einer infinitesimalen Drehung: $H=H_0$ gemäß G.7.234. Solange $H<H_0$ ist, ist das System für jeden beliebigen Wert von P stabil. Wenn dagegen $H=H_0$ wird, ist das Gleichgewicht

$$\begin{aligned} &\text{stabil, wenn} && P < P_{Ki} \\ &\text{indifferent, wenn} && P = P_{Ki} \\ &\text{labil, wenn} && P > P_{Ki} \end{aligned} \qquad (7.237)$$

ist. Diese Aussage folgt unmittelbar aus G.7.235: ϑ wächst schneller als $\sin\vartheta$. In B.7.64b ist das Kraftverformungsverhalten $H=H(\vartheta)$ dargestellt.

7.12.2 Drillelastische Bettung bei freier Drillachse

Aus der Sicht der Baupraxis erscheint es nicht vertretbar, den Rückstelleffekt aus der Lastverlagerung rechnerisch in Ansatz zu bringen, wohl kann

a) die Berücksichtigung einer drillelastischen Stützung durch die Biegesteifigkeit der aufliegenden Konstruktion und

b) die Berücksichtigung einer fallweise vorhandenen Unverschieblichkeit der aufliegenden Konstruktion (ggf. gemeinsam mit a)

empfohlen werden. Die hiermit verbundenen Effekte lassen sich aufgrund der konstruktiven Ausbildung in definierter Weise erfassen.

Die in einer größeren Zahl von Versuchen zur Ermittlung der Kippsicherheit von Stahlpfetten mit unterschiedlichen Eindeckungen festgestellte hohe Tragfähigkeit der Träger wurde vorrangig auf die drillelastische Bettung zurückgeführt und hierfür ein Nachweisverfahren entwickelt; das Verfahren wurde in die Traglastrichtlinie (DASt-Ri 008) aufgenommen. Die Versuche wurden von PELIKAN, OXFORT, HILDENBRAND, UNGER u.a. angestellt [7.81-7.86]. Die Eindeckungen der Großversuche an geneigten Dächern bestanden aus Wellasbestplatten, Leichtbetonplatten, Spanplatten und Trapezblechen. Die Pfettenträger versagten (im Sinne einer planmäßigen Biegung in der Stegebene ohne vorzeitiges Kippen) durch Erreichen der plastischen Traglast. Es war daher vertretbar, die Stützwirkung der Dacheindeckung für die Stahlbaupraxis zu nutzen. Hierzu bedurfte es eines Kriteriums für die erforderliche Drillfedersteifigkeit, um die Kipptragfähigkeit mindestens auf die plastische Traglast anzuheben. Dieses Kriterium wurde von VOGEL [7.87-7.89] unter folgenden Annahmen entwickelt: Zentrische Lasteintragung und freie, seitliche Verschieblichkeit. B.7.65 zeigt die Problemstellung. Bei einem Durchlaufträger stellen sich zunächst über den Stützen und nach weiterer Laststeigerung in den Feldern Fließgelenke ein. Die zum Bruchmechanismus gehörenden Traglasten betragen bekanntlich für das End- und Mittelfeld eines Durchlaufträgers:

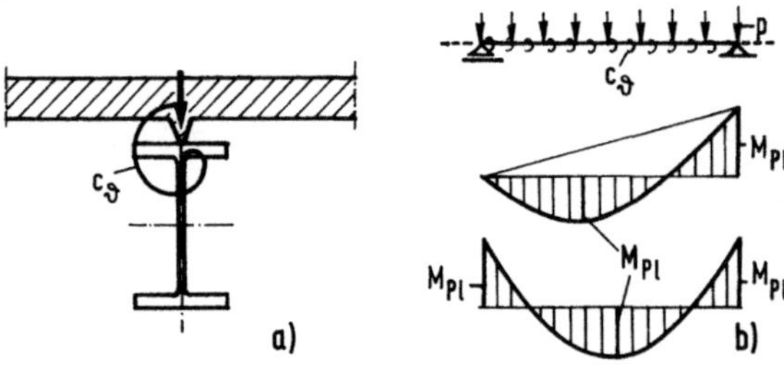

Bild 7.65

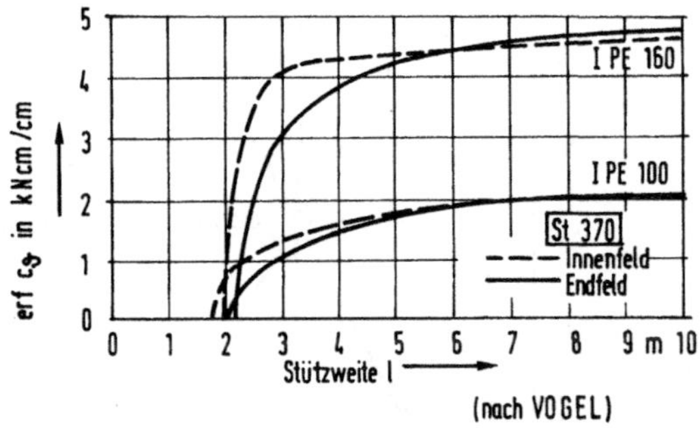

(nach VOGEL)

Bild 7.66

$$\text{Endfeld:} \quad p_{Pl} = 11{,}6 \cdot \frac{M_{Pl}}{l^2}$$
$$\text{Mittelfeld:} \quad p_{Pl} = 16 \cdot \frac{M_{Pl}}{l^2} \qquad (7.238)$$

(Ohne M/Q-Interaktionseinfluß.)

Wird nun p_{Pl} gleich p_{Ki} gesetzt, findet man jene Drillbettungskonstante c_ϑ, die mindestens theoretisch erforderlich ist, damit bis zum Erreichen der kinematischen Fließgelenkkette ein Kippen verhindert wird; außerhalb der Fließgelenke wird ein vollelastisches Verhalten unterstellt. Die Theorie basiert auf den im Abschnitt 7.10 zusammengestellten Grundlagen; es zeigt sich, daß $\text{erf}\,c_\vartheta$ von der Stützweite abhängig ist und sich für $l \to \infty$ einem Grenzwert nähert (vgl. B.7.66). Dieser Wert wird zugrundegelegt; er beträgt für beidseitige Gabellagerung:

$$\begin{aligned} &\text{Durchlaufträger: Endfeld:} && \text{erf}\,c_\vartheta = 0{,}769\, M_{Pl}^2/EJ_y \quad (0{,}8) \\ &\phantom{\text{Durchlaufträger: }}\text{Mittelfeld:} && \text{erf}\,c_\vartheta = 0{,}855\, M_{Pl}^2/EJ_y \quad (0{,}9) \\ &\text{Einfeldträger:} && \text{erf}\,c_\vartheta = 0{,}756\, M_{Pl}^2/EJ_y \quad (0{,}8) \end{aligned} \qquad (7.239)$$

Bei einer Verhinderung der Verdrehung bzw. Verschiebung in Feldmitte (z.B. durch Zugstangen) lauten die Vorzahlen für einen Durchlaufträger [7.35]:

Endfeld: 0,595 bzw. 0,511 statt 0,769; Mittelfeld: 0,633 bzw. 0,633 statt 0,855

Die Klammerwerte in G.7.239 sind in der DASt-Ri 008 vorgeschrieben. Von LINDNER [7.90] wurde eine zugeschärfte Berechnung der Mindeststeifigkeit durchgeführt; vgl. auch OXFORT [7.91/92] und [7.93/95]. - Die Drillbettungskonstante c_ϑ wird aus der Biegesteifigkeit $(EJ)_D$ der Dacheindeckung aufgebaut. B.7.67 zeigt die Berechnung für eine über die Pfetten

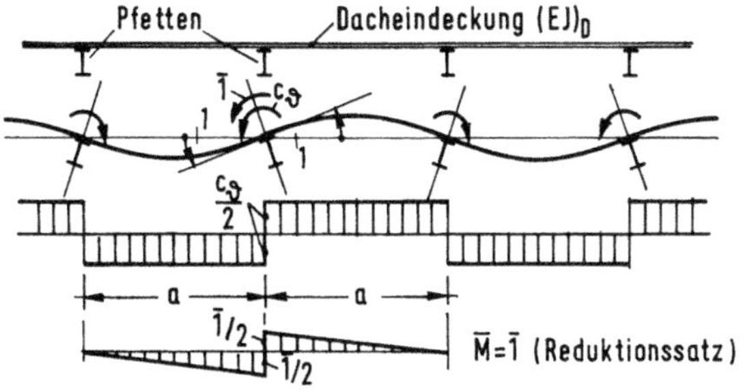

Bild 7.67

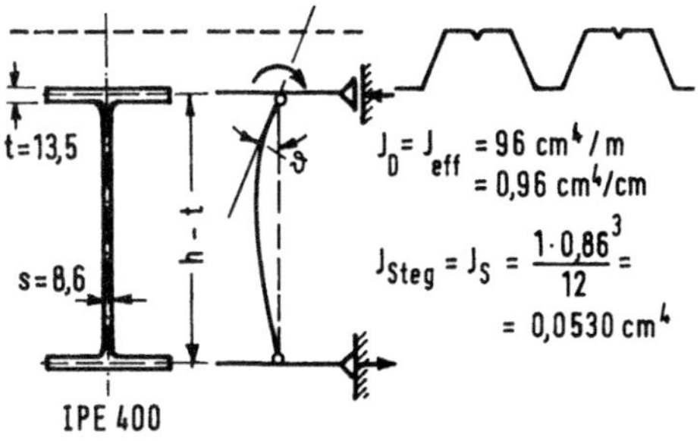

Bild 7.68

durchlaufende Eindeckung:

$$\vartheta = 2\cdot\frac{1}{2}\left(\frac{c_\vartheta}{2}\cdot\frac{1}{2}\right)\frac{a}{(EJ)_D} \overset{!}{=} 1 \longrightarrow c_\vartheta = 4\cdot\frac{(EJ)_D}{a} \quad \text{(D: Decke, Dach, allg.: Eindeckung)} \qquad (7.240)$$

a ist der Pfettenabstand. Für eine Randpfette ist der halbe Wert anzusetzen. Voraussetzung für den Ansatz einer Drill-Bettung ist eine feste Verklammerung der Dacheindeckung mit den Pfetten; zweckmäßig sind z.B. L-Haken. Die Versuche haben gezeigt, daß bei einer talseitigen Anordnung der Hakenschafte die Drillbettung von Anfang an aktiviert wird. Der Schaft der L-Haken dient als Anschlag gegen die Drillung der Pfette. - Eine gewisse Nachgiebigkeit der Verbindungsmittel ist immer vorhanden, sie setzt die Drillfederkonstante herab. Das gilt auch für den Profilverformungseinfluß der Pfetten [7.96] (in Ergänzung zu [7.44/54] wird auf [7.97/7.99] hingewiesen). - Es ist angezeigt, diese Einflüsse einzurechnen. B.7.68 zeigt ein Beispiel: IPE 400 Pfette mit Stahltrapezblech-Eindeckung. Für die Erfassung der Profilverformung wird der Drehwinkel aus der Stegbiegung berechnet:

$$\vartheta = \frac{1}{3}\cdot(c_\vartheta\cdot 1)\cdot\frac{(h-t)}{(EJ)_S} \overset{!}{=} 1 \longrightarrow c_\vartheta = 3\cdot\frac{(EJ)_S}{h-t} \quad \text{(S: Steg)} \qquad (7.241)$$

$$c_{\vartheta D} = 4\cdot\frac{21000\cdot 0{,}96}{400} = 201{,}6 \text{ kNcm/cm} = 201{,}6 \text{ kN m/m}$$

$$c_{\vartheta S} = 3\cdot\frac{21000\cdot 0{,}0530}{(40-1{,}35)} = 86{,}4 \text{ kNcm/cm} = 86{,}4 \text{ kNm/m}$$

$$\text{vorh } c_\vartheta = \frac{1}{\frac{1}{c_{\vartheta D}} + \frac{1}{c_{\vartheta S}}} = \frac{1}{\frac{1}{201{,}6} + \frac{1}{86{,}4}} = 60{,}5\ \text{kNm/m} \tag{7.242}$$

Somit wird die Drillbettungskonstante durch die Profilverformung des dünnstegigen IPE 400-Profils im vorliegenden Fall auf weniger als ein Drittel reduziert. Diese Abschätzung liegt auf der sicheren Seite. Wegen einer genaueren Abschätzung wird auf [7.96] verwiesen. - Die erforderliche Bettungskonstante beträgt für ein Mittelfeld (St 370):

$$\text{erf } c_\vartheta = 0{,}9 \cdot \frac{(24 \cdot 1{,}13 \cdot 1160)^2}{21000 \cdot 1320} = 32{,}13\ \text{kNcm/cm} = 32{,}13\ \text{kNm/m}$$

Ein Kippnachweis auf der Grundlage eines drillelastisch gebetteten Trägers mit freier Drillachse trifft die Verhältnisse dann zutreffend, wenn die Dacheindeckung keine Scheibe darstellt, sondern aus Einzeltafeln oder -platten aufgebaut ist. In Verbindung mit der Aktivierung eines gewissen Reibungsverbundes (infolge der Auflast) kommt zwar eine schwache Scheibenwirkung zustande, sie ist indes nicht planmäßig und darf daher rechnerisch nicht angesetzt werden. Anders verhält es sich bei planmäßiger Wirkung einer konstruktiv realisierten Scheibe. In diesem Falle kann in der Mittelebene der Scheibe eine gebundene Drillachse angenommen und der Kippnachweis nach Abschnitt 7.11 geführt werden, vgl. auch [7.100]. Das ist insbesondere dann vertretbar, wenn eine Trägerlage mit stahlbaumäßiger Ausbildung der Verbindungsmittel aufliegt. Dabei wird man feststellen, daß Kippen i.allg. ausgeschlossen ist. Handelt es sich um eine Eindeckung, die zwar scheibenartig ausgebildet ist, bei der aber die Verbindungsmittel aufgrund ihrer Nachgiebigkeit eine gebundene Achse nicht erzwingen können, wird man sicherheitshalber eine freie Kippung unterstellen und nur die drillelastische Stützung ansetzen. Eine endgültige Klärung und Aufbereitung des Kippproblems unter Berücksichtigung aller stabilisierenden und labilisierenden Einflüsse steht noch aus. - Für Dachpfetten wird folgendes Vorgehen empfohlen:

a) Zerlegung der äußeren Lastwirkungen senkrecht und in Richtung der Dachneigung.

b1) Eindeckung <u>ohne</u> Scheibenwirkung: Elasto- oder plasto-statischer Tragfähigkeitsnachweis für doppelte Biegung [7.101/103] und Drillung infolge Dachschub (das Drillmoment wird der Pfette und der Eindeckung im Verhältnis der Steifigkeiten zugewiesen); Kippnachweis für freie Drillachse unter Ansatz einer drillelastischen Bettung.

b2) Eindeckung <u>mit</u> Scheibenwirkung: Elasto- oder plasto-statischer Tragfähigkeitsnachweis für einfache Biegung in der Stegebene; Kippnachweis wie unter b1.

Auf den Ansatz einer gebundenen Drillachse wird im Falle b2 verzichtet, weil infolge der Nachgiebigkeit der Verbindungsmittel ein gewisser Dachschub auftritt und die Pfetten geringfügig auf Biegung um die schwache Achse (mit Drillung) beansprucht werden. Das wird akzeptiert und dadurch kompensiert, daß beim Kippnachweis eine freie Drillachse angesetzt wird. Die Pfetten sollten im Hinblick auf den Gebrauchszustand und gewisse Zusatzbeanspruchungen aus der Scheiben-(Verband-)wirkung und deren sichere Montierbarkeit konstruktiv vernünftige Abmessungen aufweisen, die nicht zu weit aus dem Erfahrungsbereich herausfallen. - Grundsätzlich ist immer zu bedenken, daß für alle Träger und Pfetten die Stützbedingungen (und zugehörigen Belastungen) während der Einsatzdauer veränderlich sind: Montage, Fertigzustand, Umbauzustände.

7.12.3 Sonderprobleme

Zum Kippnachweis von aufgehängten Trägern (während der Montage) wird auf [7.104/106, 7.34, 7.107/8] verwiesen. - Freie Träger mit aufgeständerten Stützen, bei denen die Lasten im Verformungsfalle eine (abtreibende) Richtungsänderung erfahren, sind besonders kippgefährdet [7.109]. - Das Kipp-Problem von kreisförmigen Trägern (Rahmenecken) wurde von ESSLINGER, KLÖPPEL, PROTTE und MÖLL behandelt [7.110/113]. - Das Kipp-Problem vollständiger Rahmen (z.B. Rechteckrahmen) wurde nur vereinzelt untersucht, vgl. z.B. [7.114/115 und 0.12].

7.13 Kippen von Biegeträgern mit freier Drillachse unter gleichzeitiger Wirkung einer zentrischen Druckkraft

7.13.1 Berechnungsformel für den Lastfall M=konstant und zentrischer Druckkraft

Das Differentialgleichungssystem für die strenge Lösung des anstehenden Verzweigungsproblems lautet:

$$\begin{aligned} &EJ_y u'''' + Pu'' - Py_M \vartheta'' + (M_x \vartheta)'' = 0 \\ &EC_M \vartheta'''' - (GJ_D - Pi_M^2)\vartheta'' + (r_x - 2y_M)(M_x \vartheta')' - qe\vartheta - Py_M u'' + M_x u'' = 0 \end{aligned} \tag{7.243}$$

Die Gleichungen folgen unmittelbar aus G.7.53. Im Sonderfall

$$M_x = M = \text{konstant} \tag{7.244}$$

genügen die Ansätze

$$u = a \cdot \sin\frac{\pi z}{l}, \quad \vartheta = b \cdot \sin\frac{\pi z}{l} \tag{7.245}$$

den Gleichungen für jeden Wert von z:

a	b	
$EJ_y(\frac{\pi}{l})^2 - P$	$-M + Py_M$	$= 0$
$-M + Py_M$	$EC_M(\frac{\pi}{l})^2 + (GJ_D - Pi_M^2) - (r_x - 2y_M)M$	$= 0$

(7.246)

Im Sonderfall eines doppelt-symmetrischen Querschnittes lautet die Kippdeterminante des homogenen Gleichungssystems mit den Abkürzungen:

$$P_E = \frac{\pi^2 EJy}{l^2}, \quad P_D = \frac{1}{i_p^2}[EC_M(\frac{\pi}{l})^2 + GJ_D] \tag{7.247}$$

$$\begin{vmatrix} P_E - P & -M \\ -M & i_p^2(P_D - P) \end{vmatrix} = 0 \tag{7.248}$$

denn es gilt:

$$y_M = r_x = 0, \quad i_M \Rightarrow i_p$$

Wird die Determinante ausmultipliziert, ergibt sich

$$M_{Ki}^2 = (P_E - P)(P_D - P)i_p^2 = i_p^2 P_E \cdot P_D \cdot (1 - \frac{P}{P_E})(1 - \frac{P}{P_D}) \tag{7.249}$$

bzw. in der üblichen Notation

$$M_{Ki} = \gamma_{Ki}\frac{1}{l} \cdot \sqrt{EJ_y \cdot GJ_D} \tag{7.250}$$

mit

$$\gamma_{Ki} = \pi\sqrt{1 + \frac{EC_M}{GJ_D}(\frac{\pi}{l})^2} \cdot \sqrt{1 - \frac{P}{P_E}} \cdot \sqrt{1 - \frac{P}{P_D}} \tag{7.251}$$

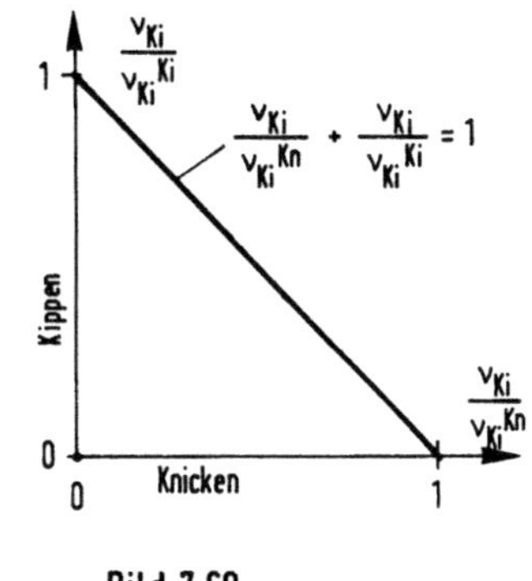

Bild 7.69

Das hier behandelte Problem ist mit dem Biegedrillknickproblem des an gegengleichen Hebelarmen belasteten Druckstabes identisch, vgl. Abschnitt 7.6.1, Fall 1: Beidseitige Gabellagerung.

Da die Verzweigungsfiguren der Biegedrillknickung zentrisch belasteter Stäbe und der Kippung querbelasteter Träger in Annäherung affin sind, kann die Verzweigungslösung kombinierter Probleme (auf der sicheren Seite liegend) mittels der DUNKERLEY-Formel bestimmt werden (B.7.69):

$$\frac{v_{Ki}}{v_{Ki}^{Kn}} + \frac{v_{Ki}}{v_{Ki}^{Ki}} = 1 \longrightarrow v_{Ki} = \frac{1}{\frac{1}{v_{Ki}^{Kn}} + \frac{1}{v_{Ki}^{Ki}}} \tag{7.252}$$

Mit der Sicherheit ν_{Ki} ist die kritische Beanspruchung des kombinierten Problems bekannt.

7.13.2 Berechnungsformeln für querbelastete Träger mit Randmomenten und zentrischer Druckkraft nach CHWALLA / WITTE

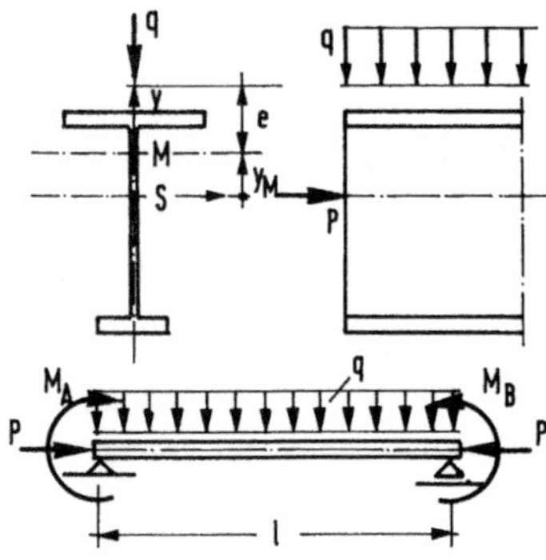

Bild 7.70

Im folgenden werden Gebrauchsformeln für Biegeträger zusammengestellt, mit denen die Kippsicherheit bei gemeinsamer Wirkung einer Gleichlast q, ungleicher Randmomente M_A, M_B und einer zentrischen Druckkraft P berechnet werden kann. Es handelt sich um Näherungsformeln, die nach dem RITZschen Verfahren mit mehrgliedrigen Ansätzen von CHWALLA [7.8] und WITTE [7.116] hergeleitet wurden, vgl. B.7.70. Es werden symmetrische und unsymmetrische Lagerungsbedingungen erfaßt; über Beiwerte können biege- und wölbelastische Randeinspannungen berücksichtigt werden.

Fall 1: Symmetrische Lagerungsbedingungen

Kippsicherheit:

$$\nu_{Ki} = \frac{\pi^2 EJ_y}{A_1} \cdot [A_2 + \sqrt{A_2^2 + A_1 \cdot A_3}] \tag{7.253}$$

Es bedeuten:

$$A_1 = K_0 [\frac{M_A + M_B}{2} + \frac{ql^2}{K_1}]^2 - P \cdot [P i_p^2 + r_x \cdot \frac{M_A + M_B}{2} + ql^2 \cdot (\frac{r_x}{K_2} + \frac{(y_M + e) \cdot \beta_\vartheta (2 - \beta_\vartheta)}{\pi^2})];$$

$$A_2 = \frac{M_A + M_B}{2l^2} \cdot (K_3 y_M - \frac{r_x}{2\beta_u^2}) - \frac{P}{2l^2} \cdot (\frac{c^2 + i_p^2}{\beta_u^2} + \frac{y_M^2}{\beta_\vartheta^2}) + \frac{q}{2} (2y_M \cdot \frac{K_0}{K_1} - \frac{r_x}{K_2 \beta_u^2} - \frac{(y_M + e) \cdot \beta_\vartheta (2 - \beta_\vartheta)}{\pi^2 \beta_u^2}); \tag{7.254}$$

$$A_3 = \frac{1}{l^4} \cdot [\frac{c^2}{\beta_u^4} + 13{,}12 \cdot (\beta_u - \beta_\vartheta)^2 \cdot y_M^2];$$

$$c^2 = \frac{C_M}{J_y} + (\frac{l}{\pi})^2 \cdot \frac{GJ_D}{EJ_y} \tag{7.255}$$

Mittels der Beiwerte K_0 bis K_3 lassen sich elastische Einspannungen einrechnen, sie werden nach B.7.71 ermittelt.

Beiwerte K zur Berücksichtigung unterschiedlicher Randbedingungen $(\beta_u \geqq \beta_\vartheta)$ — Biegung β_u / Verwölbung β_ϑ	1 / 1	0,5 / 0,5	1 / 0,5
$K_0 = 1 - 0{,}093 \cdot (\beta_u^2 / \beta_\vartheta^2 - 1)$	1	1	0,72
$K_1 = 9{,}098 - 0{,}536 \cdot \beta_u - 4{,}638 \cdot \beta_\vartheta + 5{,}276 \cdot \beta_u \cdot \beta_\vartheta$	9,2	7,83	8,88
$K_2 = 5{,}14 + 12{,}10 \cdot \beta_\vartheta$	17,24	11,19	11,19
$K_3 = [1 - 0{,}213 \cdot (\beta_u^2 / \beta_\vartheta^2 - 1)] / \beta_u \cdot \beta_\vartheta = K_0 / \beta_u^2$	1	4	0,72

Bild 7.71

Fall 2: Unsymmetrische Lagerungsbedingungen in Form einer einseitigen Gabellagerung und einseitig starrer Einspannung.

Kippsicherheit:

$$\nu_{Ki} = \frac{4{,}4934^2 EJ_y}{A_1} [A_2 + \sqrt{A_2^2 + A_1 \cdot A_3}] \tag{7.256}$$

Es bedeuten:

$$A_1 = [\frac{2M_A + M_B}{3} + \frac{ql^2}{9{,}7}]^2 - P[P \cdot i_p^2 + r_x \cdot \frac{128 M_A + 0{,}72 M_B}{2} + ql^2 \cdot (\frac{r_x}{13{,}3} + \frac{0{,}815 (y_M + e)}{\pi^2})];$$

$$A_2 = \frac{1{,}28 M_A + 0{,}72 M_B}{2l^2} \cdot (y_M - \frac{r_x}{2}) - \frac{P}{2l^2} \cdot (c^2 + i_p^2 + y_M^2) + \frac{q}{2} \cdot (\frac{2y_M}{9{,}7} - \frac{r_x}{13{,}3} - \frac{0{,}815 (y_M + e)}{\pi^2})]; \tag{7.257}$$

$$A_3 = \frac{c^2}{l^4}$$

$$c^2 = \frac{C_M}{J_y} + (\frac{0{,}699 l}{\pi})^2 \frac{GJ_D}{EJ_y} \tag{7.258}$$

Der Gültigkeitsbereich der vorstehenden Formeln wurde in [7.117/118] untersucht.

7.14 Wölbfederung

Wie im Abschnitt 7.6.2 bei der Behandlung des Biegedrillknickens gezeigt, vermag eine Wölbfederung die Verzweigungslasten wirksam anzuheben. Für den Fall des Kippens erlauben die Berechnungsformeln des vorangegangenen Abschnittes eine Abschätzung dieses Einflusses.

Eine Wölbfeder kann in unterscheidlicher Weise konstruktiv realisiert werden, vgl. B.7.72:

a) Stirnplatte,

b) Trägerüberstand,

c) Auflagersteifen, zweckmäßig drillsteif.

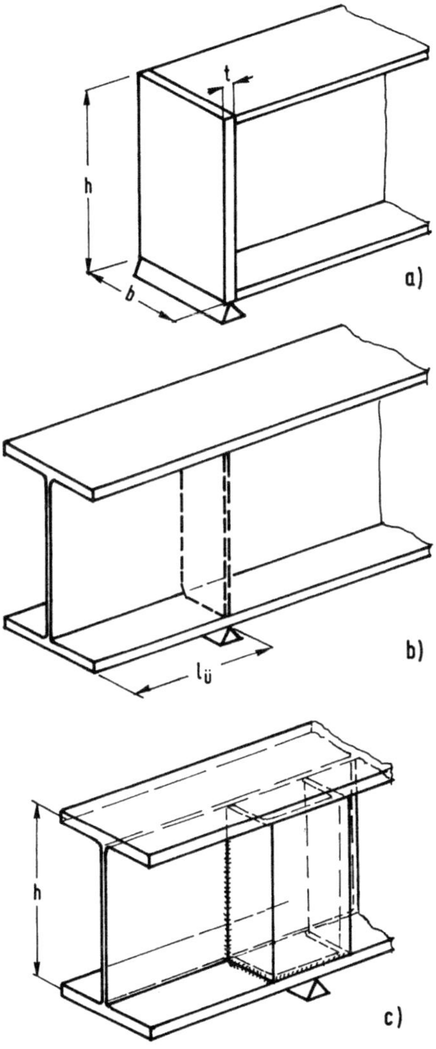

Bild 7.72

Die Wölbfederkonstante einer am Ende eines I-Trägers angeschweißten Kopfplatte berechnet sich aus:

$$K_\omega = \frac{G}{3} b h t^3 \qquad (7.259)$$

Die Formel wurde im Abschnitt 7.6.2 hergeleitet, vgl. G.7.130.

Steht ein I-Träger über dem Auflager um die Länge $l_{ü}$ über (B.7.72b), ergibt sich die Wölbfederkonstante zu:

$$K_\omega = \frac{GJ_D}{\lambda} \tanh \lambda \cdot l_{ü} \qquad \text{mit} \quad \lambda = \sqrt{\frac{GJ_D}{EC_M}} \qquad (7.260)$$

Wie das folgende Beispiel zeigt, geht von einer Wölbfederung gemäß a und b keine nennenswerte Stützung aus. Effektiver ist der planmäßige Einbau drillsteifer Querschotte in Form eingeschweißter [- oder <-Profile (Koppelglieder). B.7.73 zeigt eine solche Maßnahme; um die Hochachse entsteht ein geschlossener Kastenquerschnitt. Die Länge dieses Kastens ist gleich der Trägerhöhe. Ist F^* die von der Mittellinie umschlossene Fläche, beträgt der Drillwiderstand:

$$J_{DK} = \frac{4F^{*2}}{\Sigma \frac{s_i}{t_i}} \qquad (7.261)$$

(Vgl. Anhang II.2; T.II.6.) Analog zu Abschnitt 7.6.2 läßt sich damit die Wölbfederkonstante zu

$$K_\omega = h \cdot GJ_{DK} = Gh \frac{4F^{*2}}{\Sigma \frac{s_i}{t_i}} \qquad (7.262)$$

angeben. - Besteht das Koppelglied aus zwei gleichschenkligen Winkeln der Breite b_K und der Wanddicke t_K, findet man beispielsweise:

$$J_{DK} = \frac{4 b_K^4}{4 \cdot \frac{b_K}{t_K}} = t_K b_K^3 \qquad (7.263)$$

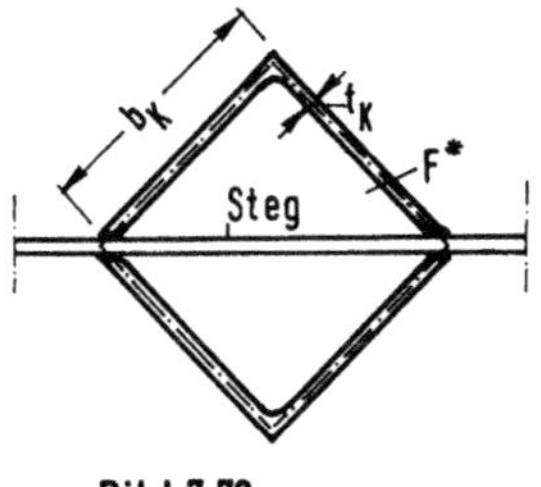

Bild 7.73

Die Wölbfederkonstante beträgt:

$$K_\omega = G h \cdot t_K \cdot b_K^3 \qquad (7.264)$$

Nach Kenntnis von K_ω werden $\varkappa$ und β_ϑ gemäß Abschnitt 7.6.2 bestimmt.

Zum Problem der Wölbfederung (Drillkopplung) wird ergänzend auf [7.67/68] verwiesen.

Beispiel: Ein IPE-Träger wird am Obergurt durch eine Gleichlast belastet. Um den Einfluß eines Trägerüberstandes l_0 auf die Kippsicherheit deutlich zu machen, wird die Trägerlänge zwischen l=6,0 m bis 16 m und der beidseitige Überstand zwischen l_0=0 bis 0,5 m variiert. Für jede Trägerlänge wird zunächst jene Belastung für l_0=0 bestimmt, für die gerade die Kippsicherheit ν_{Ki}=1,71 eingehalten wird. Für l_0 > 0 steigt die Sicherheit, doch ist der Zuwachs gering, wie B.7.74 entnommen werden kann. Je schlanker der Träger ist, umso größer ist der Federungseinfluß. (Der Berechnung liegt G.7.253 zugrunde; die Biegeeinspannung ist Null, d.h. β_U=1.) In B.7.74 sind die β_ϑ-Werte für l_0=0,5 m tabellarisch eingetragen.

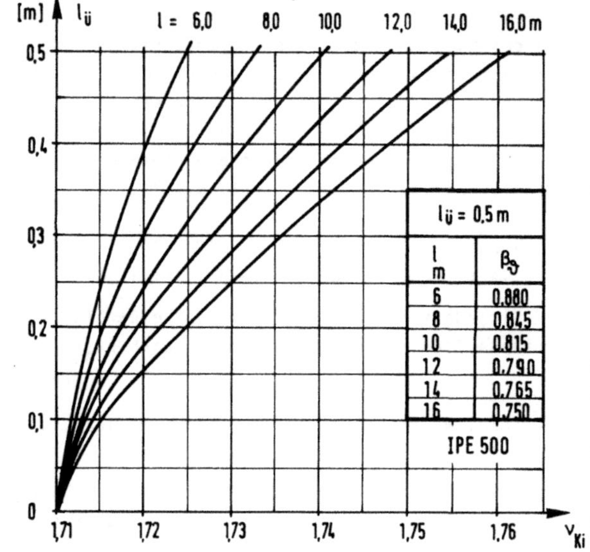

Bild 7.74

Insgesamt ist der stabilisierende Einfluß einer Stabend-Wölbfederung auf die Höhe der Biegedrillknickkräfte größer als auf die Höhe der Kippkräfte. Eine Drillkopplung innerhalb des Feldbereiches vermag die Kipplasten stärker anzuheben.

7.15 Baupraktische Nachweisformen

7.15.1 Vorbemerkungen

Die bislang gelösten Biegedrillknick- und Kipp-Probleme unterstellen (von wenigen Ausnahmen abgesehen) ein ideal-elastisches Werkstoffverhalten. Eine unmittelbare Verwertung dieser ideal-elastischen Lösungen ist für baupraktische Zwecke nicht möglich. Wie bei den Biegeknickproblemen ist bei gedrungenen und mittelschlanken Stäben und Trägern eine Abminderung der elastischen Verzweigungsspannungen in den plastischen Bereich hinein erforderlich, wenn σ_{Ki} oberhalb der Proportionalitätsgrenze liegt. Zudem ist der Einfluß äußerer und innerer Imperfektionen in angemessener Weise zu erfassen; dazu müßte streng genommen die Grenztragfähigkeit des biegedrill- und kippgefährdeten Trägers unter Erfassung des realen Werkstoffverhaltens und der Imperfektionen bekannt sein, um eine der Druck-Biege-Tragfähigkeit äquivalente Nachweisform entwickeln zu können. Diese Möglichkeit war bei der Bearbeitung von DIN 4114A noch nicht gegeben. (Auf die Rechenbehelfe zur DIN 4114A wird hingewiesen [7.119/120].) - Die Bestimmung der realen Grenzlast ist bei gleichzeitiger Biegung und Drillung ungleich schwieriger als bei reiner Biegung, weil Normal- und Schubspannungen gemeinsam auftreten und sich daher (unter Einschluß einer Fließbedingung) über dem Querschnitt und in Längserstreckung verwickelte Plastizierungen einstellen. Das Problem ist erst durch die Möglichkeiten des Computerrechnens lösbar geworden. RABOLDT [7.121] und insbesondere LINDNER [7.122/125] haben die Aufgabe (einschließlich Parameterstudien) umfassend gelöst, sodaß im Zuge der Überarbeitung der DIN 4114 eine zugeschärfte Berechnungsform angegeben werden konnte; vgl. auch UNGER [7.126/128] und [7.129/141 und 7.156/157]. Zudem wurden eine große Zahl von Kippversuchen und theoretischen Untersuchungen [7.142/155] durchgeführt, die zur Absicherung der Nachweisform der DIN 4114N herangezogen werden konnten.

7.15.2 Nachweisform der DIN 4114A

Für biegedrillknickgefährdete Stäbe wird eine Vergleichsschlankheit λ_V bestimmt, indem die ideal-elastische Biegedrillknickspannung der Biegeknickspannung eines EULER-II-Vergleichsstabes gegenübergestellt wird:

$$\sigma_{Ki} = \frac{P_{Ki}}{F} \longrightarrow \frac{\pi^2 EJ_y}{s_{Ky}^2 \cdot F} = \frac{\pi^2 E i_y^2}{s_{Ky}^2} = \frac{\pi^2 E}{\lambda_V^2} \longrightarrow \lambda_V = \pi \sqrt{\frac{E}{\sigma_{Ki}}} \tag{7.265}$$

Wie im Abschnitt 7.6.1 gezeigt, lassen sich für die Vergleichsschlankheit explizite Berechnungsformeln angeben. Für den Vergleichsstab wird der "Knicknachweis" als ω-Nachweis geführt. Hierdurch wird sowohl das reale Werkstoffverhalten wie eine "baupraktisch unvermeidbare" Imperfektion erfaßt (Abschnitt 2.6.3.3). - Das plasto-statische Biegedrillknickproblem wurde erstmals von ROIK [7.129] (als Verzweigungsproblem) untersucht und nachgewiesen, daß ein Ersatz des E-Moduls durch den T_K- bzw. T-Modul im Sinne der Theorie von ENGESSER-KÁRMÁN-SHANLEY möglich ist. Da der Knicknachweis der DIN 4114A auf die Grenzlast des imperfekten Stabes bezogen wurde, wirkte sich dieses Ergebnis unmittelbar nicht aus; wohl bestätigte es die Handhabung des Kippnachweises der DIN 4114A. Hiernach wird nämlich die kritische (ideal-elastische) Kippspannung (bezogen auf die Mittellinie des gedrückten Flansches) gemäß der ENGESSER-Theorie abgemindert:

$$\sigma_{Ki} \longrightarrow \sigma_K \tag{7.266}$$

Gegenüber σ_K ist im Lastfall H eine 1,71-fache und im Lastfall HZ eine 1,5-fache Sicherheit einzuhalten. Diese Form der Abminderung unterstellt, daß sich die plastischen zu den elastischen Kippspannungen genauso verhalten wie die plastischen zu den elastischen Knickspannungen. Diese Hypothese ist insofern plausibel, da das Kippen als ein (seitliches) Ausknicken der gedrückten Gurtung gedeutet werden kann. Der Nachteil des Nachweises besteht indes darin, daß keinerlei Imperfektionen erfaßt sind, was zu dem Vorschlag führte, auch für den Kippträger eine Vergleichsschlankheit zu berechnen und hierfür einen Grenztragfähigkeitsnachweis zu führen [7.139/140]. - Bei dem in DIN 4114A angegebenen Näherungsnachweis für die Kipp-Sicherheit von Trägern mit I-Querschnitt (vgl. Abschnitt 7.9.1) ist die Randspannung zu bestimmen und

$$\sigma \leq \mathrm{zul}\,\sigma_K = \frac{1{,}14}{\omega}\,\mathrm{zul}\,\sigma \tag{7.267}$$

nachzuweisen; hierin wird ω in Abhängigkeit von der Schlankheit des isolierten Druckgurtes bestimmt. $1.14/\omega$ kann als Abminderungsfaktor gedeutet werden. Unterhalb der Gurtschlankheit 40 ist ein Nachweis entbehrlich.

Mit den Regelungen der DIN 4114A wurden grundsätzlich gute Erfahrungen gemacht; für baupraktische Zwecke wurden Rechenbehelfe aufbereitet [7.119/120].

7.15.3 Nachweisform der DIN 4114N

Alle Kipplösungen lassen sich auf die Grundbeziehung

$$Q_{Ki} = \frac{\gamma_{Ki}^Q}{l^2} \sqrt{EJ_y \cdot GJ_D} \tag{7.268}$$

zurückführen. Der Kippwert γ_{Ki}^Q ist u.a. von Lasttyp und Lastangriff sowie von den Randbedingungen abhängig. Q ist die Lastresultierende. Für das Kippmoment gilt entsprechend:

$$M_{Ki} = \frac{\gamma_{Ki}^M}{l} \sqrt{EJ_y \cdot GJ_D} \tag{7.269}$$

Kippmoment und Kippspannung verhalten sich demnach reziprok zur Trägerlänge. Ausgehend von dieser Gleichung wird die Bezuglänge

$$l_{Pl} = \frac{\gamma_{Ki}^M}{M_{Pl}} \sqrt{EJ_y \cdot GJ_D} \tag{7.270}$$

definiert. Das ist jene Länge, für die das elasto-statische Kippmoment gleich dem plastischen Moment des Trägers wird. Um zu einer dem Knicknachweis äquivalenten (von der Stahlgüte unabhängigen) Nachweisform zu kommen, wird die bezogene Schlankheit

$$\bar{\lambda} = \sqrt{\frac{l}{l_{Pl}}} = \sqrt{\frac{M_{Pl}}{M_{Ki}}} = \sqrt{\frac{\alpha \cdot \sigma_F}{\sigma_{Ki}}} \tag{7.271}$$

eingeführt; bekanntlich gilt:

$$M_{Pl} = \sigma_F \cdot W_{Pl} = \sigma_F \alpha \cdot W \; ; \quad M_{Ki} = \sigma_{Ki} W \tag{7.272}$$

α ist der Formbeiwert. In der nunmehr vereinbarten (bezogenen) Form können die in Versuchen erreichten Kippmomente M_K über $\bar{\lambda}$ aufgetragen werden; M_K wird auf M_{Pl} bezogen; gleichwertig ist die Auftragung des Quotienten

$$\frac{\sigma_K}{\alpha \sigma_F}$$

Für kleine $\bar{\lambda}$-Werte ist der Grenzwert für die bezogene Tragfähigkeit gleich Eins. In B.7.75 sind 88 Versuchswerte unterschiedlicher Herkunft aufgetragen. Die Werte streuen relativ stark. In diesen Streuungen sind Versuchs- und echte Tragfähigkeitsschwankungen enthalten, aber auch Ungenauigkeiten, die bei der Nachrechnung der idealen Kippspannungen der

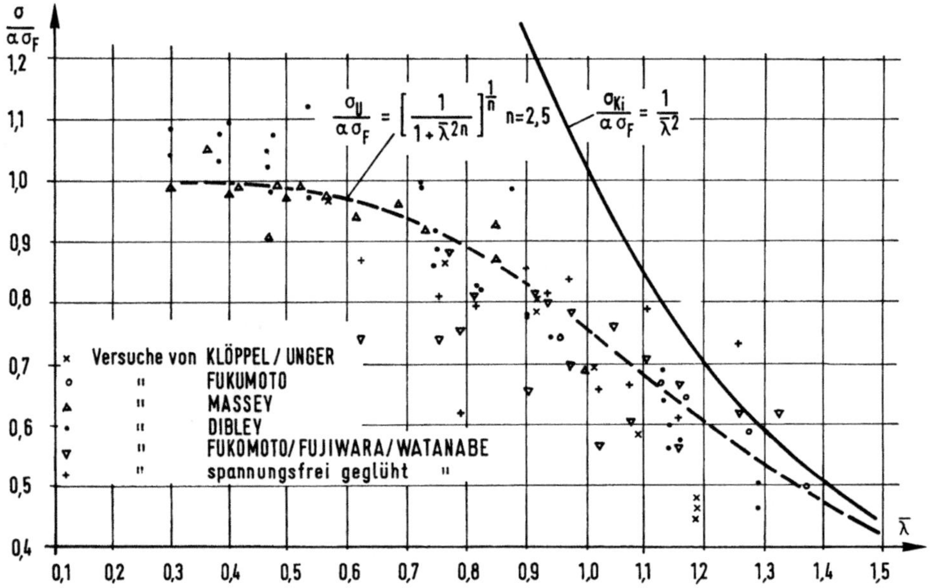

Bild 7.75

Versuchsträger entstehen; diese gehen über $\bar{\lambda}$ ein, vgl. G.7.271. Die Art der Lagerung und Lasteintragung der Versuchsträger läßt sich nicht in allen Fällen bei der Berechnung der elastischen Kippspannung streng erfassen, das wäre indes Voraussetzung für einen echten Vergleich.

Einschließlich der von LINDNER durchgeführten Grenztragfähigkeitsberechnungen wurde für DIN 4114N die Mittelwertskurve

$$M_K = M_{Pl} \frac{1}{\left[1+\left(\frac{M_{Pl}}{M_{Ki}}\right)^n\right]^{1/n}} \quad \text{bzw.} \quad \sigma_K = \alpha \sigma_F \frac{1}{\left[1+\left(\frac{\alpha \sigma_F}{\sigma_{Ki}}\right)^n\right]^{1/n}} \tag{7.273}$$

mit n=2,5 vorgeschlagen.

In B.7.76 ist die bezogene Kippspannungskurve den bezogenen Knickspannungskurven gegenübergestellt. Wegen der etwas unterschiedlichen Bezugsgrößen sind die Kurven nicht unmittelbar vergleichbar. Im Zuge weiterer Forschungen kann erwartet werden, daß auch die Kippspannungskurve in Abhängigkeit von der Höhe der Druckeigenspannungen der verwendeten Träger (gewalzt, geschweißt) eine Splittung erfahren wird. Eine sicherheitstheoretische Abstützung der vorgeschlagenen Nachweisform steht noch aus.

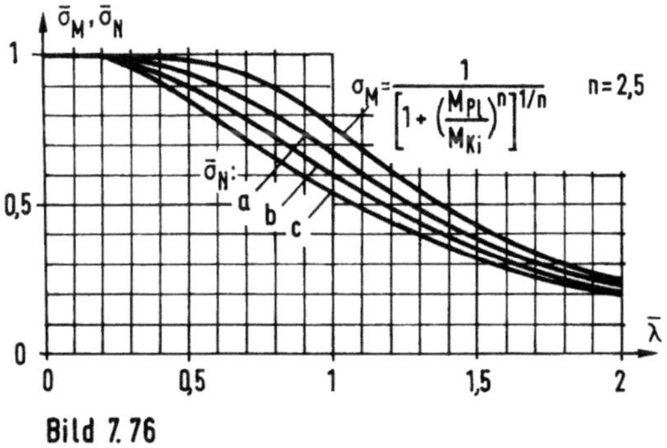

Bild 7.76

Die Nachweisform der DIN 4114N kann wie folgt zusammengefaßt werden:

a) Planmäßig mittiger Druck: Es wird die bezogene Schlankheit $\bar{\lambda}$ bestimmt und nachgewiesen, daß die Spannung infolge der Bemessungslast die Grenzspannung nicht überschreitet:

$$\bar{\lambda} = \sqrt{\frac{\sigma_F}{\sigma_{Ki}}} \longrightarrow \sigma_N \leq \bar{\sigma}_N \cdot \sigma_F \qquad (7.274)$$

σ_{Ki} kann mit Hilfe der in den Abschnitten 7.6/8 zusammengestellten Formeln und Diagrammen bestimmt werden, d.h., es wird die elasto-statische Biegedrillknicklast und hieraus σ_{Ki} berechnet. (In DIN 4114N steht $\varkappa$ statt $\bar{\sigma}$; $\bar{\sigma}$ wurde hier zwecks Anpassung an Abschnitt 2.6.3.4 gewählt: σ -λ; $\bar{\sigma}$ -$\bar{\lambda}$.)

b) Planmäßig außermittige, einachsige Beanspruchung (Druck und Biegung): Für den zentrischen Druck N (=P=D) wird gemäß G.7.274 der $\bar{\sigma}_N$-Wert für die maßgebende Knickspannungskurve bestimmt und hierfür die Grenzlast ermittelt:

$$\bar{\lambda} \equiv \lambda_N \longrightarrow \bar{\sigma} \equiv \bar{\sigma}_N \longrightarrow N_U = \bar{\sigma}_N \sigma_F F = \bar{\sigma}_N N_{Pl} \qquad (7.275)$$

Für den Biegungsanteil wird nach G.7.271 $\bar{\lambda}$ berechnet und hierfür $\bar{\sigma}_M$ abgegriffen; dafür wird das Tragmoment bestimmt:

$$\bar{\lambda} \equiv \lambda_M \longrightarrow \bar{\sigma} \equiv \bar{\sigma}_M \longrightarrow M_U = \bar{\sigma}_M \sigma_F \alpha W_{Pl} = \bar{\sigma}_M M_{Pl} \qquad (7.276)$$

Damit wird der Nachweis

$$\left(\frac{N}{N_U}\right) + \left(\frac{M}{M_U}\right)^{\beta} \leq 1 \qquad (7.277)$$

erbracht. β ist von der Momentenform abhängig. Mit dem Exponenten β werden die Tragfähigkeits-Interaktionskurven auf der sicheren Seite liegend angenähert. B.7.77 zeigt die von LINDNER unter Einschluß einer Vorverformung errechneten, interaktiven Grenzkurven für I-Querschnitte und Biegung um die schwache Achse.

Wegen weiterer Einzelheiten wird auf DIN 4114N verwiesen, daselbst sind für den Fall gabelgelagerter Druck- und Biegestäbe vereinfachte Nachweise vereinbart und für I-Querschnitte ein Abgrenzungskriterium für Biegeknickung um die starke bzw. schwache Achse und Biegedrillknickung aufgenommen.

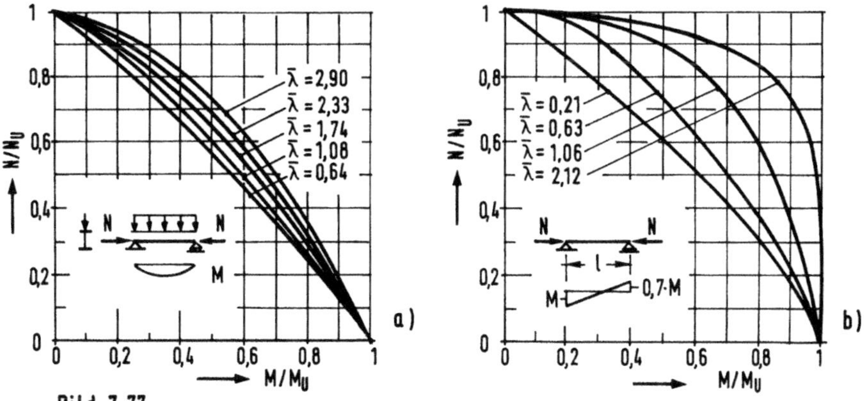

Bild 7.77

(In DIN 4114N wird der Begriff "Kippen" nicht mehr verwendet, eine Entscheidung die mit den für Biegedrillknicken und Kippen identischen (mechanischen) Differentialgleichungen und Versagensformen sowie mit der Anpassung an den angelsächsischen und französischen

Sprachgebrauch begründet wird. Der Verfasser bedauert diese Entscheidung zu Lasten des deutschen Sprachreichtums, in welchem für die unterschiedlichen Versagensformen drei (einer ingenieurmäßigen Vorstellung entgegenkommende) Wörter zur Verfügung stehen: Knicken, Kippen, Beulen.)

7.15.4 Nachweisformen für Stahlbeton- und Holzträger

Gemäß DIN 1045, Abschnitt 21.1 und DIN 4227, Ri.Abschnitt 9.4 ist bei dünnwandigen Stahlbeton-Trägern ohne Flansche bzw. mit schmalen Flanschen auf ausreichende Kippstabilität zu achten; das gilt sowohl für den Fertigzustand wie für die Transport- und Montagezustände. - Wegen des unterschiedlichen Formänderungsverhaltens von Beton und Stahl, des nichtlinearen Spannungs-Dehnungsverhaltens und des Steifigkeitsabfalles bei Rißbildung ist die Lösung des Kipp-Problems ungleich schwieriger als bei Stahl. - Da die Querschnitte i.allg. vollwandig-massiv sind, ist der Beitrag der Wölbsteifigkeit gering: $C_M=0$.
In mehreren Abhandlungen wurde das Kipp-Problem, einschließlich baupraktischer Aufbereitungen, ausgearbeitet [7.162-7.172].

Holzträger (Brettschichtträger) können im wesentlichen nach der für Stahlträger entwickelten Theorie untersucht und nachgewiesen werden; vgl. z.B. [7.173].

7.16 Kippbiegung freier Träger nach Theorie II. Ordnung

7.16.1 Problemstellung - Berechnungsformeln

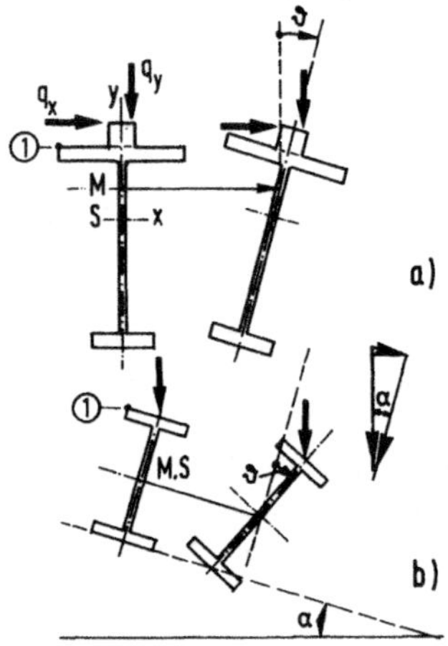

Bild 7.78

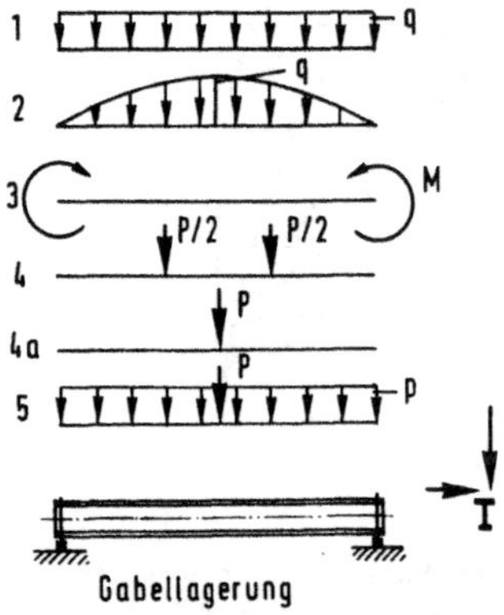

Bild 7.79

Werden Biegeträger einer gleichzeitigen Belastung in der Stegebene und quer dazu ausgesetzt, so handelt es sich um Spannungsprobleme (B.7.78), werden dabei die Verformungen auf die Größe der Schnittkräfte berücksichtigt, sind es Spannungsprobleme Th.II.Ordn. Hierbei wird unterstellt, daß die äußeren Lasten den Trägerverformungen, bestehend aus seitlichen Ausbiegungen und Verdrillungen, richtungstreu folgen. Die Lasten sind ν-fach zu erhöhen, hierfür werden die Spannungen berechnet. - Die Problemstellung wurde u.a. von PETTERSSON, DABROWSKI, DREHER und WITTE [7.174, 7.21, 7.24, 7.175] theoretisch untersucht, hingewiesen wird auch auf [7.25, 7.27, 7.28, 7.31, 7.127 u. 7.176].

Grundlage für die Lösung der Spannungsprobleme (wieder unter Beschränkung auf einfach-symmetrische Querschnitte) ist das Differentialgleichungssystem G.7.53 bzw. die entkoppelte Differentialgleichung G.7.58 oder die potentielle Energie gemäß G.7.65. Da die Biegungsmomente M_x und M_y Funktionen von z sind, sind die Grundgleichungen mit variablen Koeffizienten behaftet; es lassen sich daher nur Näherungslösungen angeben. Die folgenden Lösungen gelten für Einfeldträger mit beidseitiger Gabellagerung, die mittels mehrgliedriger Sinus-Ansätze bestimmt wurden. In B.7.79 sind die Lastarten dargestellt, auf T.7.29 sind sämtliche Berechnungsformeln zusammengefaßt.
Die max. Biege- und Wölbspannungen lassen sich berechnen, wenn

$$\vartheta_m \text{ und } \vartheta_m''$$

in Trägermitte bekannt sind; innerhalb des elastischen Bereiches überlagern sich die Biege- und Wölbspannungen gemäß:

$$\sigma = \frac{M_\xi}{J_x}y - \frac{M_\eta}{J_y}x - E\omega\vartheta'' = \frac{M_x - \vartheta M_y}{J_x}\cdot y - \frac{M_y + \vartheta M_x}{J_y}\cdot x - E\omega\cdot\vartheta'' \quad (7.278)$$

(Druckspannungen sind positiv.) Im Punkt ① überlagern sich

Kippbiegung Theorie II. Ordnung

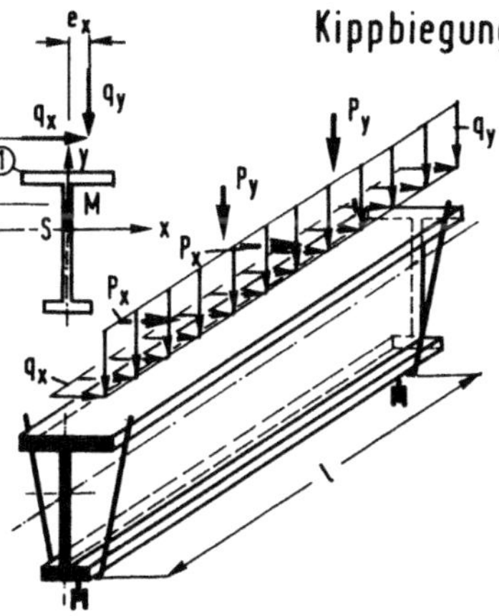

Gabellagerung; einfachsymmetrischer Querschnitt

Exzentrische Belastungen: q_y, q_x; P_y, P_x (affine Verteilung)

Spannungen nach Theorie I. Ordnung im Punkt ①:

$$\sigma_m^{I} = \frac{M_{x_m}}{W_x} + \frac{M_{y_m}}{W_y} - E\,\omega\cdot\vartheta_m'' ,\quad \vartheta_m'' \text{ nach Th. I. Ordnung} \qquad (1)$$

Spannungen nach Theorie II. Ordnung im Punkt ①:

$$\sigma_m^{II} = \frac{M_{x_m} - \vartheta_m M_{y_m}}{W_x} + \frac{M_{y_m} + \vartheta_m M_{x_m}}{W_y} - E\,\omega\,\vartheta_m'' , \qquad (2)$$

ϑ_m und ϑ_m'' nach Th. II. O. in Trägermitte: $\boxed{\vartheta_m = \dfrac{m}{A}}$ (3)

Für ϑ_m'' gilt in Annäherung $\vartheta_m'' = -\dfrac{\pi^2}{l^2}\cdot\vartheta_m$ (4)

$$m = K_1 l^2 \bar{\mu}\cdot\frac{\bar{M}_{x_m}^2}{EJ_i} + \bar{K}_1 l^2 (\mu + \bar{\mu})\cdot\frac{M_{x_m}\cdot\bar{M}_{x_m}}{EJ_i} + k_1 l^2 \mu\cdot\frac{M_{x_m}^2}{EJ_i} + K_2 \bar{M}_{x_m}(\bar{e}_x + \bar{\mu}\bar{e}_y) + k_2 M_{x_m}(e_x + \mu e_y) \qquad (5)$$

$$A = \frac{\pi^2}{8}\cdot\left(\frac{\pi^2}{l^2} EC_M + GJ_D\right) - K_3 l^2 \bar{M}_{x_m}^2\left(\frac{1}{EJ_y} + \frac{\bar{\mu}^2}{EJ_x}\right) - \bar{K}_3 l^2 M_{x_m}\cdot\bar{M}_{x_m}\left(\frac{1}{EJ_y} + \frac{\mu\bar{\mu}}{EJ_x}\right) - k_3 l^2 M_{x_m}^2\left(\frac{1}{EJ_y} + \frac{\mu^2}{EJ_x}\right) -$$

$$- K_4\cdot\bar{M}_{x_m}(\bar{e}_y - \bar{\mu}\cdot\bar{e}_x) - k_4\cdot M_{x_m}(e_y - \mu\cdot e_x) - K_5\cdot\bar{M}_{x_m}\cdot s - k_5\cdot M_{x_m}\cdot s \qquad (6)$$

	Lastart		1	2	3	4	5
			k_1	k_2	k_3	k_4	k_5
1	q konst.		0,1114	1,2732	0,0975	1	0,5725
2	sin, q		0,1061	1,2337	0,094	1,047	0,5235
3	M, M		0,1592	–	0,1250	–	1,2337
		δ	K_1	K_2	K_3	K_4	K_5
4	P/2, P/2; $\delta\cdot\frac{l}{2}$; l/2, l/2; l	0,5	0,1354	1,4142	0,1155	1	0,6752
		0,6	0,1256	1,3484	0,1093	1,0908	0,5908
		0,7	0,1142	1,2729	0,1012	1,1341	0,5184
		0,8	0,1016	1,1889	0,0914	1,1306	0,4576
		0,9	0,0880	1,0974	0,0798	1,0839	0,4076
4a	P	1	0,0736	1	0,067	1	0,3669
5	P, q	K	0,0736	1	0,067	1	0,3669
		$\bar{K}$	0,0897	–	0,0801	–	–
		k	0,1114	1,2732	0,0975	1	0,5725

Querschnittswerte:

$J_x,\ J_y,\ J_i = J_y\cdot\dfrac{J_x}{J_x - J_y}$

$J_D,\ C_M,\ \lambda = \sqrt{\dfrac{GJ_D}{EC_M}}$

$s = r_x - 2y_M;\quad r_x = \dfrac{1}{J_x}\cdot\int_F y\,(x^2 + y^2)\,dF$

Belastungswerte:

q_y, q_x: Komponenten der Streckenlasten in y- bzw. x-Richtung

M_{x_m}, M_{y_m}: zugehörige Biegungsmomente in in Trägermitte, z.B.:

(1): $M_{x_m} = q_y l^2/8$

(2): $M_{y_m} = q_y l^2/\pi^2$

$\mu = q_x/q_y = M_{y_m}/M_{x_m}$

P_y, P_x: Komponenten der Einzellasten in y- bzw. x-Richtung

$\bar{M}_{x_m}$, $\bar{M}_{y_m}$: zugehörige max. Momente

$\bar{\mu} = P_x/P_y = \bar{M}_{y_m}/\bar{M}_{x_m}$

Formel (4) ist für Lastart 2 und 3 streng bzw. ausreichend genau. Für die Lastarten 1,4 und 5 liefern die folgenden Behelfe genauere Werte für ϑ_m'':

<u>Lastart 1</u>: Gleichlast:

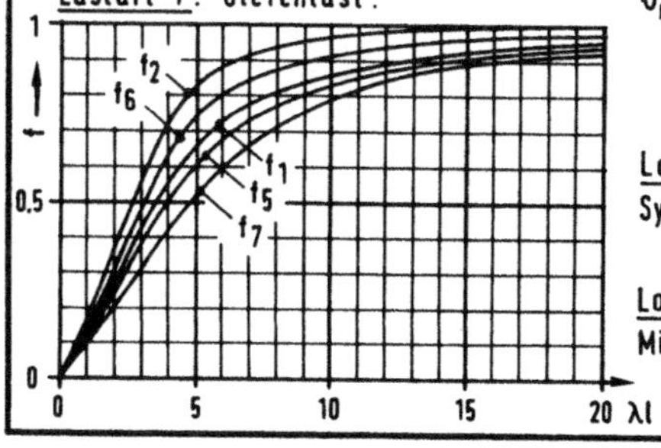

$$\vartheta_m'' = -\frac{1}{GJ_D}\cdot\left[\mu\frac{M_{x_m}^2}{EJ_i}\cdot f_1 + \left(\frac{1}{EJ_y} + \frac{\mu^2}{EJ_x}\right)\cdot M_{x_m}^2\vartheta_m\cdot f_5 + (e_x + \mu e_y)\cdot q_y\cdot f_2 + \right.$$

$$\left. + (e_y - \mu e_x)\,q_y\,\vartheta_m\cdot f_6 + q_y\,s\,\vartheta_m\cdot f_7\right];\quad f = f(\lambda l):\ \text{Diagramm} \qquad (7)$$

<u>Lastart 4</u>: Symm. Einzellasten

$$\vartheta_m'' = -\frac{\lambda^2}{\delta\cdot\frac{\lambda l}{2}\cdot\frac{\cosh\lambda l/2}{\sinh\delta\lambda l/2} - 1}\cdot\vartheta_m \qquad (8)$$

<u>Lastart 4a</u>: Mittige Einzellast

$$\vartheta_m'' = -\frac{2\lambda}{l}\cdot\frac{\frac{\lambda l}{2}}{1 - \frac{2}{\lambda l}\cdot\tanh\frac{\lambda l}{2}}\cdot\vartheta_m \qquad (9)$$

Lastart 5: Überlagerung von 1 und 4a

alle Spannungen zur größten (maßgebenden) Druckspannung, vgl. B.7.78. Hierfür gilt in Trägermitte:

$$\sigma_m^{II} = \frac{M_{xm} - \vartheta_m \cdot M_{ym}}{W_x} + \frac{M_{ym} + \vartheta_m M_{xm}}{W_y} - E\omega \cdot \vartheta_m'' \qquad (7.279)$$

W_x und W_y sind die Widerstandsmomente für den Eckpunkt ①, ω ist die Einheitsverwölbung (Wölbordinate) dieses Punktes für eine freie Drillung um M.
Es wird als nächstes angenommen, daß die in der Stegebene und quer dazu einwirkenden äußeren Kräfte affin zueinander sind, sodaß sich die festen Verhältniszahlen

$$\mu = \frac{q_x}{q_y} = \frac{M_{ym}}{M_{xm}} \quad \text{bzw.} \quad \bar{\mu} = \frac{P_x}{P_y} = \frac{\bar{M}_{ym}}{\bar{M}_{xm}} \qquad (7.280)$$

angeben lassen. Die quergestrichenen Größen beziehen sich auf die Lastenarten 4 und 5 (gemäß B.7.79), bei denen Einzellasten auftreten.

Liegt eine zur Trägermitte unsymmetrische Belastung vor (z.B. CULMANNsche Laststellung bei Kranbahnträgern) oder sind mehrere Einzellasten vorhanden, wird zweckmäßig ein sinusförmiges Ersatzbiegungsmoment und die zugehörige Ersatzstreckenlast berechnet (vgl. B.7.80):

$$\max M \longrightarrow q = \max M \cdot \pi^2 / l^2 \qquad (7.281)$$

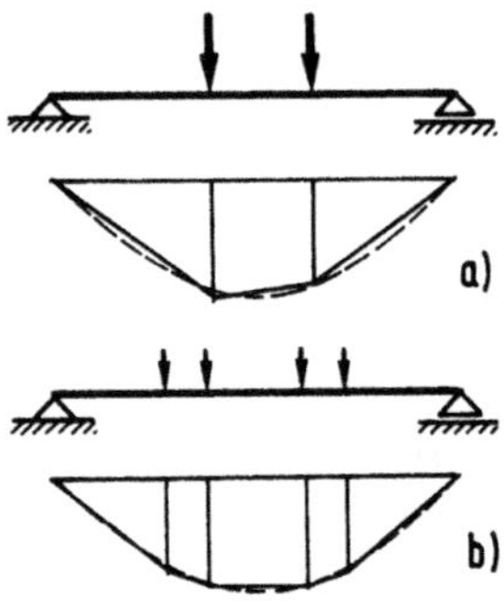

Bild 7.80

Mit dieser Ersatzstreckenlast wird weiter gerechnet (Lastart 2).

Im Rahmen einer baupraktischen Berechnung ist nachzuweisen, daß die Spannung im Eckpunkt ① die Fließgrenze nicht überschreitet. (Ggf. wird man wegen des lokalen Auftretens dieser Spannung und der plastischen Tragreserve eine gewisse Oberschreitung zulassen.) Als Sicherheitsfaktoren werden 1,7 und 1,5 für die Lastfälle H und HZ empfohlen. - Soll eine seitliche Vorverformung (im Sinne einer Imperfektion) eingerechnet werden, ist es zweckmäßig, die zu dieser Ausbiegung gehörende seitliche Streckenlast q_x zu bestimmen und hiermit ersatzweise am imperfektionsfreien Träger weiter zu rechnen; in diesem Falle ist eine Reduktion der Sicherheitszahlen vertretbar.

Sind quergerichtete Kräfte nicht vorhanden (q_x und P_x Null), liegt ein Kipp-Problem vor. Für diesen Sonderfall sind in B.7.81 die Kippgleichungen angeschrieben. Die k-, K- und $\bar{K}$-Werte sind T.7.29 zu entnehmen.

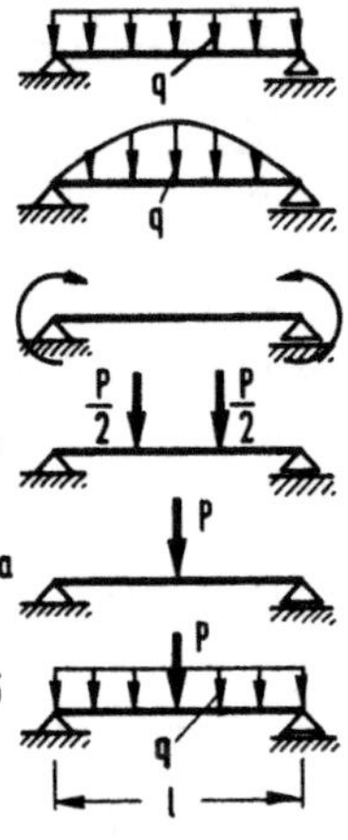

1: $$q_{Ki}^2 + \frac{8EJ_y}{k_3 l^4} \cdot (k_4 \cdot e_y + k_5 \cdot s) \cdot q_{Ki} - \frac{8\pi^2 \cdot EJ_y}{k_3 \cdot l^6} \cdot \left(\frac{\pi^2}{l^2} \cdot EC_M + GJ_D\right) = 0$$

2: $$q_{Ki}^2 + \frac{\pi^2 EJ_y}{k_3 l^4} \cdot (k_4 \cdot e_y + k_5 \cdot s) \cdot q_{Ki} - \frac{\pi^6 EJ_y}{8 k_3 \cdot l^6} \cdot \left(\frac{\pi^2}{l^2} \cdot EC_M + GJ_D\right) = 0$$

3: $$M_{Ki}^2 + \frac{EJ_y}{k_3 l^2} \cdot k_5 \cdot s \cdot M_{Ki} - \frac{\pi^2 \cdot EJ_y}{8 k_3 l^2} \cdot \left(\frac{\pi^2}{l^2} \cdot EC_M + GJ_D\right) = 0$$

4: $$P_{Ki}^2 + \frac{4EJ_y}{K_3 \delta l^3} \cdot (K_4 \cdot e_y + K_5 \cdot s) \cdot P_{Ki} - \frac{2\pi^2 EJ_y}{K_3 \cdot \delta \cdot l^4} \cdot \left(\frac{\pi^2}{l^2} \cdot EC_M + GJ_D\right) = 0$$

4a: $$P_{Ki}^2 + \frac{4EJ_y}{K_3 l^3} \cdot (K_4 \cdot e_y + K_5 \cdot s) \cdot P_{Ki} - \frac{2\pi^2 EJ_y}{K_3 \cdot l^4} \cdot \left(\frac{\pi^2}{l^2} \cdot EC_M + GJ_D\right) = 0$$

5: $$P_{Ki}^2 + \frac{8 EJ_y \cdot (2 \cdot K_4 \cdot e_y + k_4 \cdot e_y \cdot l \cdot \rho + 2 \cdot K_5 \cdot s + k_5 \cdot s \cdot l \cdot \rho)}{l^3 \cdot (4 \cdot K_3 + 2 \cdot \bar{K}_3 \cdot l \cdot \rho + k_3 \cdot l^2 \cdot \rho^2)} \cdot P_{Ki} - \frac{8 \cdot \pi^2 \cdot EJ_y \cdot (\pi^2 \cdot EC_M / l^2 + GJ_D)}{l^4 (4 \cdot K_3 + 2 \cdot \bar{K}_3 l \cdot \rho + k_3 \cdot l^2 \rho^2)} = 0; \quad \boxed{\rho = q/P}$$

Vgl. Tafel 7.29

Bild 7.81

Mit den Rechenbehelfen der T.7.29 wird eine große Klasse baupraktischer Aufgabenstellungen abgedeckt. Der rechnerische Aufwand wird vorrangig durch die Berechnung der Querschnittsgrößen für die Wölbkrafttorsion bestimmt.

7.16.2 Beispiele

7.16.2.1 Einfeldträger unter Gleichlast

Es wird ein Träger unter doppelter Biegung nach Th.II.Ordn. berechnet; die Stützweite beträgt 8,0 m; es handelt sich um einen stählernen Träger mit Walzprofil IPB 600. Die Gleichstreckenlasten und ihre Abstände von der Schubmittelpunktsachse betragen:

$$q_y = 40\ \text{kN/m},\quad q_x = 0{,}1 \cdot q_y \quad (\mu = 0{,}1)$$

$$e_y = 30 + 5 = 35\,\text{cm},\quad e_x = 0$$

(Vgl. die Definitionsfigur auf T.7.29.) In B.7.82 sind alle für die weitere Berechnung benötigten Querschnittswerte zusammengestellt.
Für die ν=1,7-fachen Lasten

$$q_y = 1{,}7 \cdot 40 = 68\ \text{kN/m} = 0{,}68\ \text{kN/cm},\quad q_x = 0{,}068\ \text{kN/cm}$$

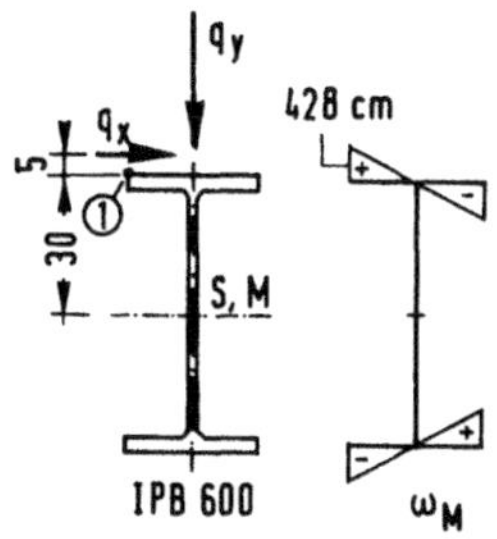

$J_x = 171 \cdot 10^3\ \text{cm}^4$ $\qquad EJ_x = 359{,}1 \cdot 10^7\ \text{kNcm}^2$
$W_x = 5700\ \text{cm}^3$
$J_y = 13{,}53 \cdot 10^3\ \text{cm}^4$ $\qquad EJ_y = 28{,}4 \cdot 10^7\ \text{kNcm}^2$
$W_y = 902\ \text{cm}^3$
$J_D = 669\ \text{cm}^4$ $\qquad GJ_D = 54{,}2 \cdot 10^5\ \text{kNcm}^2$
$C_M = 11{,}0 \cdot 10^6\ \text{cm}^6$ $\qquad EC_M = 23{,}1 \cdot 10^{10}\ \text{kNcm}^4$
$\lambda = 0{,}00484\ \text{cm}^{-1}$,
$EJ_i = 30{,}85 \cdot 10^7\ \text{kNcm}^2$ $\qquad s = r_x - 2y_M = 0$

Bild 7.82

beträgt das Biegungsmoment in Feldmitte:

$$M_{xm} = 0{,}68 \cdot 800^2/8 = 54\,400\ \text{kN/cm},\quad \mu = 0{,}1$$

Mit Hilfe von Tafel 7.29 werden berechnet (Formel 5, 6, 3 und 4):

$$m = 0{,}1114 \cdot 800^2 \cdot 0{,}1 \frac{54000^2}{30{,}85 \cdot 10^7} + 1{,}2732 \cdot 54\,400 \cdot 0{,}1 \cdot 35 = 3{,}108 \cdot 10^5$$

$$A = \frac{\pi^2}{8}\left(\frac{\pi^2}{800^2} \cdot 23{,}1 \cdot 10^{10} + 54{,}2 \cdot 10^5\right) - 0{,}0975 \cdot 800^2 \cdot 54\,400^2 \left(\frac{1}{28{,}4 \cdot 10^7} + \frac{0{,}1^2}{359{,}1 \cdot 10^7}\right) - 1 \cdot 54\,400 \cdot 35 = 8{,}526 \cdot 10^6$$

$$\vartheta_m = \frac{m}{A} = \frac{3{,}108 \cdot 10^5}{8{,}526 \cdot 10^6} = 3{,}645 \cdot 10^{-2}$$

$$\vartheta''_m = -\frac{\pi^2}{l^2} \cdot \vartheta_m = -\frac{\pi^2}{800^2} 0{,}0365 = \underline{-5{,}629 \cdot 10^{-7}\,\text{cm}^{-2}} \quad (\text{Näherung})$$

Ein strengerer Wert für ϑ''_m folgt aus dem Kurvendiagramm der T.7.29 (Formel 7):

$$\lambda l = 0{,}00484 \cdot 800 = 3{,}872 \longrightarrow \quad f_1 = 0{,}55,\ f_2 = 0{,}70,\ f_5 = 0{,}50,\ f_6 = 0{,}60$$

$$\vartheta''_m = -\frac{1}{54{,}2 \cdot 10^5}\left[\frac{0{,}1 \cdot 54\,400}{30{,}85 \cdot 10^7} 0{,}55 + \left(\frac{1}{28{,}4 \cdot 10^7} + \frac{0{,}1^2}{359{,}1 \cdot 10^7}\right) 54\,400^2 \cdot 3{,}645 \cdot 10^{-2} \cdot 0{,}50 + 0{,}1 \cdot 35 \cdot 0{,}68 \cdot 0{,}70 + 35 \cdot 0{,}68 \cdot 3{,}645 \cdot 10^{-2} \cdot 0{,}60\right] =$$
$$= \underline{-\,5{,}358 \cdot 10^{-7}\,\text{cm}^{-2}}$$

G.7.279 liefert die Eckspannung (Formel 2 auf T.7.29):

$$\sigma_m^{II} = \frac{54\,400 - 3{,}645 \cdot 10^{-2} \cdot 5440}{5700} + \frac{5440 + 3{,}645 \cdot 10^{-2} \cdot 54\,400}{902} + 2{,}1 \cdot 10^4 \cdot 428 \cdot 5{,}358^{-7} =$$

$$= (9{,}54 - 0{,}03) + (6{,}03 + 2{,}20) + 4{,}82 = \underline{22{,}55\ \text{kN/cm}^2} \quad < \sigma_F\ (\text{St } 370)$$

Als nächstes wird die Kipplast berechnet (B.7.81):

$$q_{Ki}^2 + \frac{8\cdot 28{,}4\cdot 10^7}{0{,}0975\cdot 800^4}1{,}35\cdot q_{Ki} - \frac{8\cdot\pi^2\cdot 28{,}4\cdot 10^7}{0{,}0975\cdot 800^6}\cdot\left(\frac{\pi^2}{800^2}\cdot 23{,}1\cdot 10^{10} + 54{,}2\cdot 10^5\right) = 0$$

$$q_{Ki}^2 + 1{,}991\cdot q_{Ki} - 7{,}880 = 0 \longrightarrow q_{Ki} = \underline{1{,}983\ \text{kN/cm}}$$

Das Ergebnis wird mittels T.7.18 überprüft (Lagerungsfall II/2); Parameter:

$$\mu = 23{,}1\cdot 10^{10}/800^2\cdot 54{,}2\cdot 10^5 = 0{,}0666$$

$$\chi = +35^2\cdot 28{,}4\cdot 10^7/800^2\cdot 54{,}2\cdot 10^5 = 0{,}1003$$

Kipplast:

$$q_{Ki} = \frac{26}{800^3}\cdot\sqrt{28{,}4\cdot 10^7\cdot 54{,}2\cdot 10^5} = \underline{1{,}992\ \text{kN/cm}}$$

Mit Hilfe der Kipplast können die Spannungen nach Th.II.Ordn. abgeschätzt werden:

$$\sigma_m^{II} = \frac{M_{xm}}{W_x} + \frac{1}{1-\frac{q_y}{q_{yKi}}}\cdot\left(\frac{M_{ym}}{W_y} + E\omega\cdot\vartheta_m''\right) \tag{7.282}$$

Hierzu werden M_{xm}, M_{ym} und ϑ_m'' nach Th.I.Ordn. für ν-fache Lasten berechnet; q_y ist gleichfalls ν-fach zu nehmen. Der Verformungsfaktor

$$\alpha = \frac{1}{1-\frac{q}{q_{Ki}}} \tag{7.283}$$

ist nur auf die Seitenbiegung und Drillung anzuwenden! - Im vorliegenden Beispiel liefert die Abschätzung:

$$\vartheta_m'' = -\frac{m_D}{GJ_D}\left(1-\frac{1}{\cosh\frac{\lambda l}{2}}\right) = -\frac{0{,}068\cdot 35}{54{,}2\cdot 10^5}\cdot\left(1-\frac{1}{\cosh\frac{3{,}872}{2}}\right) = \underline{-3{,}149\cdot 10^{-7}\text{cm}^{-2}}$$

$$M_{xm} = 54\,400\ \text{kNcm},\quad M_{ym} = 5440\ \text{kNcm},\quad q_y = 0{,}68\ \text{kN/cm}$$

$$\sigma_m^{II} = \frac{54\,400}{5\,700} + \frac{1}{1-\frac{0{,}68}{1{,}99}}\cdot\left(\frac{5440}{902} + 2{,}1\cdot 10^4\cdot 428\cdot 3{,}149\ 10^{-7}\right) = 9{,}54 + 1{,}52\cdot(6{,}03 + 2{,}83) = \underline{23{,}01\ \text{kN/cm}^2}$$

Die Abweichung vom strengen Wert beträgt nur 2% zur sicheren Seite. Der Verformungsfaktor ist mit α=1,52 relativ groß.

Die vorstehende Berechnungsform hat vor allem dann Bedeutung, wenn andere Lagerungsbedingungen und Trägerformen vorliegen, z.B. Durchlaufträger, für die die Kipplasten berechnet werden können. Für die doppelte Biegung und Wölbkrafttorsion sind zunächst nach Th.I.Ordn. die Schnittgrößen zu berechnen, anschließend werden die Spannungen gemäß G.7.282 erhöht.

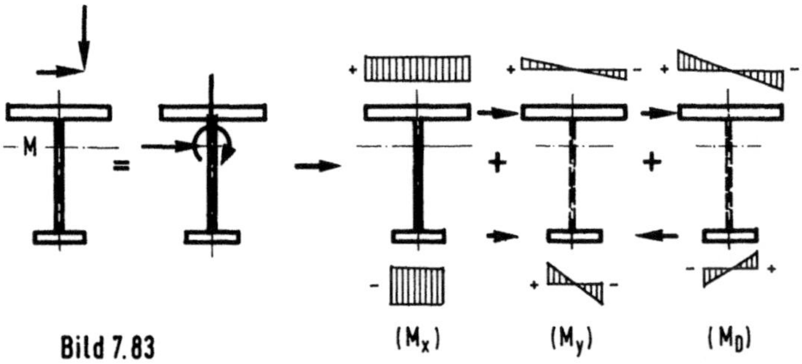

Bild 7.83

Eine Näherungsberechnung unter Umgehung der Wölbkrafttorsion läßt sich wie folgt bewerkstelligen: Der gegebene Beanspruchungszustand wird gemäß B.7.83 umgerechnet, d.h. in Höhe des Schubmittelpunktes wird die Seitenkraft und das Drillmoment infolge der außermittig wirkenden Kräfte angesetzt. Für die einzelnen Anteile werden die Spannungen berechnet; das Drillmoment wird in ein Kräftepaar zerlegt und hierfür die Biegespannungen in den Gurten ermittelt. Die Spannungen aus den letzten beiden Anteilen werden um den Verformungsfaktor erhöht. - Für das anstehende Beispiel ergibt sich:

$$q_y = 0{,}68\,\text{kN/cm} \longrightarrow M_{xm} = 54\,400\,\text{kNcm}\,;\quad q_x = 0{,}068\,\text{kN/cm} \longrightarrow M_{ym} = 5\,440\,\text{kNcm}$$

$$m_D = 0{,}068\cdot 35 = 2{,}38\,\text{kNcm/cm} \longrightarrow q_{x,D} = \pm\,2{,}38/57 = \pm\,0{,}04175\,\text{kN/cm} \longrightarrow$$

$$M_{ym,D} = \pm\,0{,}04175\cdot 800^2/8 = 3340\,\text{kNcm}\,,\; W_{y,D} = 902/2 = 451\,\text{cm}^3$$

$$\text{Punkt } ①:\quad \sigma_m^I = 9{,}54 + 6{,}03 + 7{,}41 = 22{,}98\,\text{kN/cm}^2$$

$$\sigma_m^{II} = 9{,}54 + 1{,}52\cdot(6{,}03 + 7{,}41) = \underline{29{,}97\,\text{kN/cm}^2}$$

Da die Drillsteifigkeit bei dieser Näherungsberechnung unberücksichtigt bleibt, ergeben sich um 30% zu hohe Spannungen. Die Berechnungsform kann daher nicht empfohlen werden, sie dient allenfalls zur Veranschaulichung des Beanspruchungszustandes.

7.16.2.2 Einfeldträger unter Gleichlast und exzentrischer Einzellast

Ein geschweißter Vollwandträger mit einfach-symmetrischem Querschnitt wird in der Stegebene durch eine Gleichlast (Eigengewicht)

$$q_y = 2{,}625\,\text{kN/m}$$

und zusätzlich durch eine in Trägermitte um das Maß 20 mm exzentrisch angreifende Einzellast

$$P_y = 240\,\text{kN}$$

belastet; die Kräfte gelten für ν=1,5. Bezüglich der Einzellast werden zwei Fälle untersucht:

$$\text{Fall a}: \bar{e}_x = 2\,\text{cm},\; \bar{e}_y = 0$$

$$\text{Fall b}: \bar{e}_x = 2\,\text{cm},\; \bar{e}_y = 22{,}2\,\text{cm}$$

Für die Gleichlast gilt:

$$e_x = 0,\; e_y = -\,10{,}6\,\text{cm}$$

Die Steifigkeitswerte betragen:

$$EJ_x = 5{,}77\cdot 10^9\,\text{kN cm}^2$$

$$EJ_y = 0{,}605\cdot 10^9\,\text{kN cm}^2$$

$$GJ_D = 1{,}540\cdot 10^6\,\text{kNcm}^2$$

$$EC_M = 7{,}707\cdot 10^{11}\,\text{kNcm}^4$$

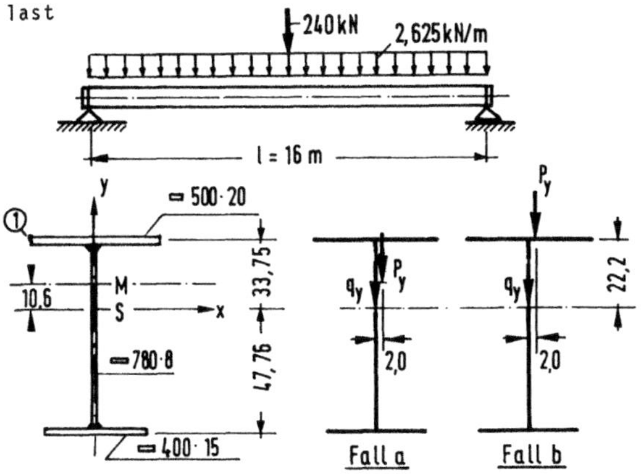

Querschnittswerte:

$J_x = 274\,900\,\text{cm}^4$; $J_y = 28\,800\,\text{cm}^4$; $C_M = 36{,}7\cdot 10^6\,\text{cm}^6$; $J_D = 192{,}5\,\text{cm}^4$

$r_x = -11{,}3\,\text{cm}$

Bild 7.84

Weitere Kennwerte sind (vgl. T.7.29):

$$EJ_i = 0{,}676\cdot 10^9\,\text{kNcm}^2$$

$$s = r_x - 2y_M = -11{,}3 - 2\cdot 10{,}6 = -32{,}50\,\text{cm}$$

Biegungsmomente infolge Gleich- und Einzellast:

$$M_{xm} = 2{,}625\cdot\frac{16{,}0^2}{8} = 84{,}0\,\text{kNm}\,;\quad M_{ym} = 0\,:\quad \mu = 0$$

$$\bar{M}_{xm} = 240\cdot\frac{16{,}0}{4} = 960{,}0\,\text{kNm}\,;\quad \bar{M}_{ym} = 0\,:\quad \bar{\mu} = 0$$

Die Formeln 5/6 der T.7.29 werden für beide Fälle ausgewertet:

$$\Sigma M_{xm} = 84{,}0 + 960{,}0 = 1044{,}0\,\text{kNm}$$

Die weitere Rechnung ergibt im einzelnen:

Fall a: $m = 1 \cdot 96\,000 \cdot 2 = 192\,000$

$$A = \frac{\pi^2}{8}\left(\frac{\pi^2}{1600^2} 7{,}707 \cdot 10^{11} + 1{,}540 \cdot 10^6\right) - 0{,}067 \cdot 1600^2 \cdot 96000^2 \left(\frac{1}{0{,}605 \cdot 10^9}\right) - 0{,}0801 \cdot 1600^2 \cdot 8400 \cdot 96\,000 \cdot \left(\frac{1}{0{,}605 \cdot 10^9}\right) -$$

$$- 0{,}0975 \cdot 1600^2 \cdot 8400^2 \cdot \left(\frac{1}{0{,}609 \cdot 10^9}\right) + 1 \cdot 8400 \cdot 10{,}6 + 0{,}3669 \cdot 96\,000 \cdot 32{,}50 + 0{,}5725 \cdot 8400 \cdot 32{,}50$$

$$= 5{,}566 \cdot 10^6 - 2{,}613 \cdot 10^6 - 0{,}273 \cdot 10^6 - 0{,}029 \cdot 10^6 + 0{,}089 \cdot 10^6 + 1{,}145 \cdot 10^6 + 0{,}156 \cdot 10^6 = 4{,}041 \cdot 10^6$$

$$\vartheta_m = \frac{0{,}192 \cdot 10^6}{4{,}041 \cdot 10^6} = \underline{0{,}049} \quad (0{,}051) \longrightarrow \quad \vartheta_m \cdot M_{xm} = 0{,}049 \cdot 1044 = 51{,}16 \text{ kNm}$$

Fall b: $m = 192\,000$; $A = 4{,}041 \cdot 10^6 - 1 \cdot 96000 \cdot 22{,}2 = 1{,}909 \cdot 10^6$

$$\vartheta_m = \frac{0{,}192 \cdot 10^6}{1{,}909 \cdot 10^6} = \underline{0{,}101} \quad (0{,}119) \longrightarrow \quad \vartheta_m \cdot M_{xm} = 0{,}101 \cdot 1044 = 105{,}444 \text{ kNm}$$

Die Spannungen im Eckpunkt ① werden wieder mittels Formel 7/2 der T.7.29 berechnet:

Fall a: $\vartheta_m'' = -2{,}394 \cdot 10^{-7} \text{cm}^{-2}$: $\sigma_m^{II} = \frac{104\,400}{274900} 22{,}2 + \frac{5\,116}{28\,800} \cdot 25{,}0 + 21000 \cdot 555 \cdot 2{,}394 \cdot 10^{-7} = 15{,}65 \text{ kN/cm}^2$

Fall b: $\vartheta_m'' = -4{,}934 \cdot 10^{-7} \text{cm}^{-2}$: $\sigma_m^{II} = \frac{104\,400}{274\,900} 22{,}2 + \frac{10544{,}4}{28\,800} 25{,}0 + 21000 \cdot 555 \cdot 4{,}934 \cdot 10^{-7} = 23{,}33 \text{ kN/cm}^2$

Die Klammerwerte der Drillwinkel ϑ_m wurden in [7.42] mittels des Differenzenverfahrens berechnet, vgl. auch [7.33].

7.16.2.3 Kranbahnträger

Ein Kranbahnträger hat den in B.7.85 skizzierten Querschnitt; Einheitsverwölbung und Querschnittswerte sind in der Abbildung eingetragen.

Die Belastung besteht aus zwei symmetrischen Einzellasten; die Seitenkräfte betragen 15% von den Radlasten: $\bar{\mu} = 0{,}15$

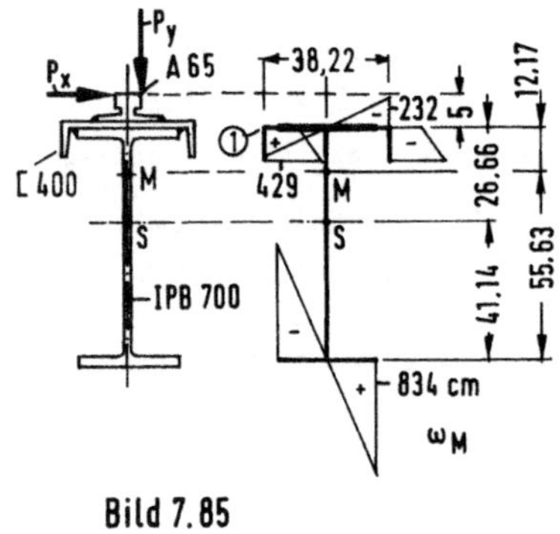

$J_x = 336{,}7 \cdot 10^3 \text{ cm}^4$ $\qquad EJ_x = 707{,}1 \cdot 10^7 \text{ kN cm}^2$

$W_{x1} = 12629 \text{ cm}^3$

$J_y = 34{,}47 \cdot 10^3 \text{ cm}^4$ $\qquad EJ_y = 72{,}38 \cdot 10^7 \text{ kN cm}^2$

$W_{y1} = 1804 \text{ cm}^3$

$J_D = 1072{,}6 \text{ cm}^4$ $\qquad GJ_D = 86{,}88 \cdot 10^5 \text{ kN cm}^2$

$C_M = 28{,}49 \cdot 10^6 \text{ cm}^6$ $\qquad EC_M = 59{,}8 \cdot 10^{10} \text{ kN cm}^4$

$\lambda = 0{,}00381 \text{ cm}^{-1}$, $r_x = -12{,}31$ cm, $s = -41{,}29$ cm

$EJ_i = 80{,}64 \cdot 10^7 \text{ kNcm}^2$

W_{x1} und W_{y1} beziehen sich auf die Mittellinie des Ersatzquerschnittes.

Bild 7.85

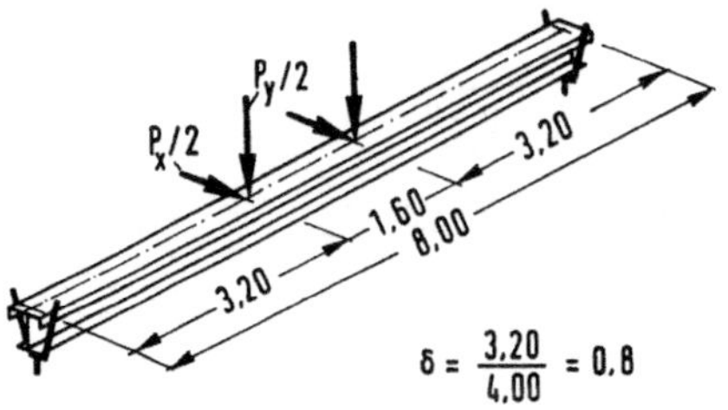

$$\delta = \frac{3{,}20}{4{,}00} = 0{,}8$$

Bild 7.86

In B.7.86 sind die Kräfte und Exzentrizitäten dargestellt:

$P_y = 450$ kN, $e_x = 1{,}5$ cm

$P_x = 0{,}15 \cdot 450 = 67{,}5$ kN, $e_y = 17{,}17$ cm

Die Kräfte gelten für Lastfall H; gesucht sind die Spannungen nach Th.II.Ordn. für

$\nu = 1{,}7$

$P_y = 1{,}7 \cdot 450 = 765$ kN; $P_x = 1{,}7 \cdot 67{,}5 = 114{,}75$ kN

Biegungsmomente:

$$\bar{M}_{xm} = \frac{P_y l \cdot \delta}{4} = \frac{765 \cdot 8 \cdot 0{,}8}{4} = 1224 \text{ kNm}; \quad \bar{M}_{ym} = 183{,}6 \text{ kNm}$$

Gemäß Formel 5/6 nach T.7.29 werden m und A berechnet:

$$m = 0{,}1016\cdot 800^2\, 0{,}15\,\frac{122\,400^2}{80{,}64\cdot 10^7} + 1{,}1889\cdot 122\,400\,(1{,}5 + 0{,}15\cdot 17{,}17) = 7{,}74\cdot 10^5$$

$$A = \frac{\pi^2}{8}\cdot\Big(\frac{\pi^2}{800^2}59{,}8\cdot 10^{10} + 86{,}88\cdot 10^5\Big) - 0{,}0914\cdot 800^2\cdot 122\,400^2\Big(\frac{1}{72{,}38\cdot 10^7} + \frac{0{,}15^2}{707{,}1\cdot 10^7}\Big) -$$

$$-1{,}1306\cdot 122\,400\,(17{,}17 - 0{,}15\cdot 1{,}5) + 0{,}4576\cdot 122\,400\cdot 41{,}295 = 2{,}08\cdot 10^7$$

Formel 3 und 4:

$$\vartheta_m = \frac{m}{A} = 0{,}03714$$

$$\vartheta_m'' = -\frac{\pi^2}{800^2}\, 0{,}03714 = -5{,}727\cdot 10^{-7}\,cm^2$$

Formel 8:

$$\frac{\lambda l}{2} = 1{,}524 \longrightarrow \quad \vartheta_m'' = -\frac{0{,}00381^2}{0{,}8\cdot 1{,}524\,\dfrac{\cosh 1{,}524}{\sinh(0{,}8\cdot 1{,}524)}}\cdot 0{,}03714 = -6{,}004\cdot 10^{-7}\,cm^{-2}$$

Biegeeckspannungen im Punkt (1) (vgl. B.7.85):

$$\sigma_m^{II} = \frac{122\,400 - 0{,}03714\cdot 18360}{12\,629} + \frac{18360 + 0{,}03714\cdot 122400}{1804} + 2{,}1\cdot 10^4\cdot 232\cdot 6{,}004\cdot 10^{-7} =$$

$$= 9{,}64 + 12{,}70 + 2{,}93 = \underline{25{,}27\ kN/cm^2}$$

Um die Spannung mittels Formel 7.282 abzuschätzen, wird zunächst die Kipplast berechnet. Aus der für symmetrische Einzellasten (Lastart 4) in B.7.81 eingetragenen Kippgleichung folgt die Kipplast:

$$P_{yKi} = 3248{,}3\ kN$$

Nach Th.I.Ordn. berechnet sich ϑ_m'' zu:

$$\vartheta_m'' = -2{,}584\cdot 10^{-7}\,cm^{-2}$$

Die erforderliche Formel ist in B.7.88 notiert, vgl. folgenden Abschnitt. Unter ν-facher Belastung beträgt der Wert:

$$\vartheta_m'' = -4{,}393\cdot 10^{-7}\,cm^{-2}$$

G.7.282 liefert für die Eckspannung:

$$\sigma_m^{II} = \frac{122\,400}{12629} + \frac{1}{1 - \dfrac{765}{3248{,}3}}\cdot\Big(\frac{18\,360}{1804} + 2{,}1\cdot 10^4\cdot 232\cdot 4{,}393\cdot 10^{-7}\Big) = 9{,}69 + 1{,}308\,(10{,}18 + 2{,}14) = \underline{25{,}80\ kN/cm^2}$$

Der Vergleich mit dem Spannungswert 25,27 kN/cm² läßt wieder eine sehr gute Übereinstimmung erkennen. (Zur Kranbahnträgerberechnung wird auch auf [7.177] hingewiesen.)

7.16.3 Gesamtschrittiteration

Wie die Beispiele des vorangegangenen Abschnittes verdeutlicht haben, ist eine Spannungsberechnung nach Th.II.Ordn. unter Verwendung von T.7.29 in einfacher Weise möglich. Die Tafel ist indes an die Voraussetzung beidseitig gabelgelagerter Träger mit einfachsymmetrischem Querschnitt gebunden. Bei hiervon abweichenden Verhältnissen (beliebiger Querschnitt, unterschiedliche Lagerung, veränderlicher Querschnitt in Längsrichtung des Trägers), führt eine Gesamtschrittiteration auf baustatischer Grundlage zum Erfolg (Abschnitt 3.1). Hierbei wird vorausgesetzt, daß sich die Spannungen nach Th.I.Ordn. für doppelte Biegung und Wölbkrafttorsion für die gegebene Belastung berechnen lassen (vgl. das Schrifttum zum Abschnitt II.2).

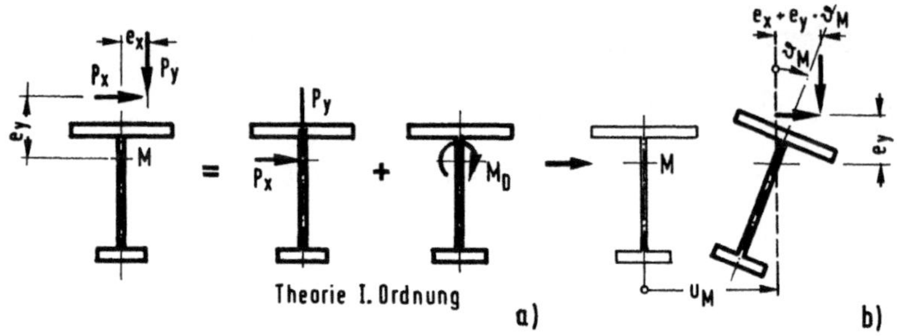

Bild 7.87

B.7.87 zeigt die Problemstellung am Beispiel eines einfach-symmetrischen Querschnittes. In Th.I.Ordn. ist es zulässig, Biegung und Drillung zu splitten (B.7.87a). Infolge M_D entsteht der Drillwinkel $\vartheta(z)$. In der verformten Lage wird (bezogen auf M) das Drillmoment erneut berechnet und hierfür abermals $\vartheta(z)$ ermittelt. Nach mehreren Iterationsschritten ändert sich ϑ nicht mehr; das Bimoment wird bestimmt, die Spannungen können berechnet werden.

Die Berechnungsanweisungen werden an einem Beispiel erläutert.

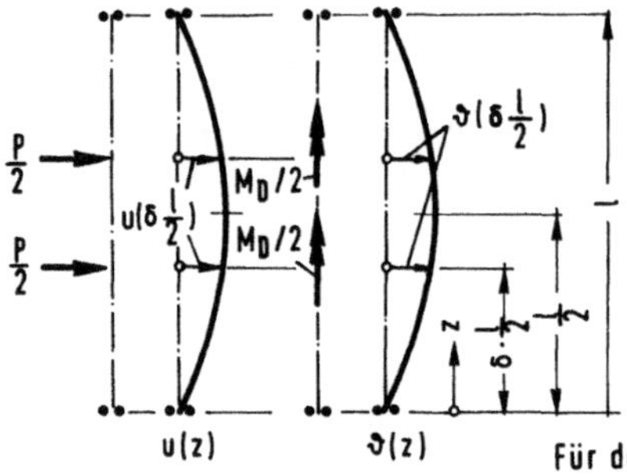

Für den Schubmittelpunkt gilt:

$$u_M\left(\delta\frac{l}{2}\right) = \frac{P}{2}\cdot\frac{\left(\delta\frac{l}{2}\right)^2\cdot\left(3l - 4\cdot\delta\frac{l}{2}\right)}{6\,EJ_y}$$

$$\vartheta_M\left(\delta\frac{l}{2}\right) = \frac{M_D}{2}\cdot\frac{1}{\lambda GJ_D}\cdot\left\{\frac{\delta}{2}\lambda l - \frac{\sinh\lambda\delta l/2}{\sinh\lambda l}\cdot\left[\sinh\lambda\delta\frac{l}{2} + \sinh\lambda l\cdot\left(1-\frac{\delta}{2}\right)\right]\right\}$$

Bild 7.88

Beispiel: Kranbahnträger

Für den im Abschnitt 7.16.2.3 berechneten Kranbahnträger werden die Spannungen bestimmt, hierzu werden die seitliche Verschiebung und die Verdrillung des Trägers in Höhe der Schubmittelpunktsachse infolge eines symmetrischen Last- und Momentenpaares benötigt. B.7.88 weist die Berechnungsformeln nach Th.I.Ordn. aus und zwar sind dieses die Verformungen am Ort der Lasteinwirkung:

$$z = \delta\frac{l}{2}$$

Die ν-fachen Bemessungslasten betragen:

$$P_y = 765\ \text{kN},\quad P_x = 114{,}75\ \text{kN}$$

1. Iterationsstufe: Drillmoment M_D (im unverformten Ausgangszustand, vgl. B.7.85/6):

$$M_D = 114{,}75\cdot 17{,}17 + 765\cdot 1{,}5 = 3128\ \text{kNcm}$$

Hierfür wird der Drillwinkel mit Hilfe der in B.7.88 eingetragenen Formel bestimmt:

$$\lambda l = 0{,}00381\cdot 800 = 3{,}048;\quad \lambda l(1-\delta/2) = 1{,}8288;\quad \lambda\delta\frac{l}{2} = 1{,}2192$$

$$z = \delta\frac{l}{2} = 3{,}20\,\text{m}:\ \vartheta_M = \frac{3128}{2}\cdot\frac{1}{0{,}00381\cdot 86{,}88\cdot 10^5}\left[1{,}2192 - \frac{\sinh 1{,}2192}{\sinh 3{,}048}(\sinh 1{,}2192 + \sinh 3{,}048)\right] = 0{,}02583$$

2. Iterationsstufe: Das auf M bezogene Drillmoment beträgt bei alleiniger Berücksichtigung der Drillung (B.7.87b):

$$M_D = 3128 + 765(0{,}02583\cdot 17{,}17) = 3807\ \text{kNcm}$$

Dafür folgt:

$$\vartheta_M = 0{,}02583\,\frac{3807}{3128} = 0{,}031437$$

3. Iterationsschritt: $M_D = 3954$ kNcm ; $\vartheta_M = 0{,}03264$

4. Iterationsschritt: $M_D = 3985$ kNcm; $\vartheta_M = 0{,}03290$

5. Iterationsschritt: $M_D = 3993$ kNcm; $\vartheta_M = 0{,}03296$

Für die Spannungsermittlung in Trägermitte werden

$$\vartheta_{M,m} \text{ und } \vartheta''_{M,m}$$

benötigt; für das hier untersuchte Beispiel folgt:

$$\vartheta_{M,m} = \frac{M_D}{\lambda GJ_D}\left(\delta\frac{l}{2} - \frac{\sinh\lambda\delta l/2}{\sinh\lambda l}\sinh\lambda l/2\right) = 0{,}03479$$

$$\vartheta''_{M,m} = -\frac{M_D\lambda}{2GJ_D}\cdot\frac{\sinh\delta\lambda l/2}{\cosh\lambda l/2} = -5{,}625\cdot 10^{-7}\,\text{cm}^{-2} \qquad (7.284)$$

Die Spannungen im Eckpunkt ① ergeben sich zu:

$$\sigma_m^{II} = \frac{122400 - 0{,}03479\cdot 18360}{12629} + \frac{18360 + 0{,}03479\cdot 122400}{1804} + 2{,}1\cdot 10^4\cdot 232\cdot 5{,}625\cdot 10^{-7} = \underline{25{,}09\ \text{kN/cm}^2}$$

Als nächstes wird die Rechenanweisung zugeschärft, indem noch das Drillmoment infolge der seitlichen Auslenkung einbezogen wird. Die seitliche Verschiebung infolge P_x beträgt (Formel nach B.7.88):

$$z = \delta\frac{l}{2} = 3{,}20\text{m}: \quad u_M = \frac{114{,}75}{2}\cdot\frac{320^2(3\cdot 800 - 4\cdot 320)}{6\cdot 72{,}38\cdot 10^7} = 1{,}514\,\text{cm}$$

Unter Bezug auf die Verbindungsgerade zwischen den Auflagerpunkten entsteht das zusätzliche Drillmoment:

$$765\cdot 1{,}514 = 1158 \text{ kNcm}$$

Hiermit folgt:

1. Iterationsstufe: $M_D = 3128 + 1158 = 4286$ kNcm, $\vartheta_M = 0{,}03539$

2. Iterationsstufe: $M_D = 4286 + 765(0{,}03539\ 17{,}17) = 4751$ kNcm, $\vartheta_M = 0{,}03923$

3. Iterationsstufe: $M_D = 4801$ kNcm, $\vartheta_M = 0{,}03965$

4. Iterationsstufe: $M_D = 4807$ kNcm, $\vartheta_M = 0{,}03968$

5. Iterationsstufe: $M_D = 4808$ kNcm, $\vartheta_M = 0{,}03969$

$$\vartheta_{M,m} = 0{,}04189,\quad \vartheta''_{M,m} = -6{,}773\ 10^{-7}\text{cm}^{-2};\quad \sigma_m^{II} = \underline{25{,}95\ \text{kN/cm}}$$

Dieses Ergebnis stimmt praktisch wieder vollständig mit den im Abschnitt 7.16.2.3 berechneten Werten überein. Das Exzentrizitätsmoment

$$P_y\cdot u_M(\delta\frac{l}{2})$$

ist wegen der bedeutenden Größe zu berücksichtigen. Da es innerhalb der Trägerbereiche

$$0 \leq z \leq \delta\frac{l}{2}$$

in der vorangegangenen Berechnung als <u>konstantes</u> Drillmoment eingeführt wurde, liegt die Rechnung auf der sicheren Seite.
Die seitliche Verschiebung der Kranbahnschiene beträgt ca. 22 mm. - In den Berechnungen wurde unterstellt, daß sich die Verformungen frei einstellen können; real wird von den Kranrädern eine Rückstellwirkung ausgehen. Da dieser Einfluß nur schwierig abzuschätzen ist, sollte er sicherheitshalber unberücksichtigt bleiben; vgl. Kommentar zu B.7.62.

7.17 Kippbiegung elastisch gebetteter Träger nach Theorie II. Ordnung

7.17.1 Berechnungsformeln

Von baupraktischem Interesse im Zusammenhang mit Verbandsbeanspruchungen im Hochbau ist die in B.7.89 skizzierte Aufgabenstellung: Einfeldrige, gabelgelagerte Träger werden

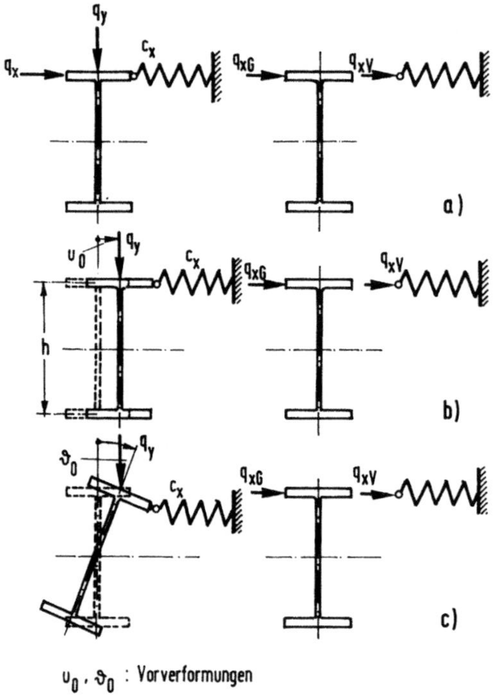

Bild 7.89

in der Obergurtebene durch eine kontinuierliche elastische Bettung mit der Federkonstanten c_x gestützt. In der Trägerebene sei die Belastung q_y und in der Obergurtebene q_x, außerdem sollen noch sinusförmige Vorverformungen vorliegen und zwar eine seitliche Ausbiegung mit dem Stich u_0 und eine Drillung mit dem Größtwert ϑ_0; letztere verursachen durch die Wirkung von q_y Abtriebskräfte. Gesucht ist die Beanspruchung im Träger und in der Federung, die stellvertretend für einen Verband steht.
Auf den Trägerobergurt und den Verband entfallen die anteiligen Kräfte:

q_{xG} (Gurt) und q_{xV} (Verband)

Für die in B.7.89 angegebenen Lastfälle lassen sich die Formeln für die anteiligen Kräfte (ohne Berücksichtigung des Verformungseinflusses, also nach Th.I.Ordn.) mittels des RITZschen Verfahrens berechnen [7.178]; hiermit werden das maximale Feldmoment und die Auflagerquerkräfte im Trägerobergurt bestimmt:

$$\max M_{yG} = q_{xG} l^2/8 \; ; \; \max Q_{yG} = q_{xG} l/2 \qquad (7.285)$$

Für den Verbandsträger gelten die Formeln analog (q_{xV} anstelle q_{xG}). Für doppeltsymmetrische Träger lauten die Formeln für q_{xG} und q_{xV}:

a) Seitliche Belastung q_x:

$$q_{xG} = \varkappa \cdot q_x ; \; q_{xV} = (1-\varkappa) q_x \; ; \; \varkappa = \left(\frac{32}{\pi^3}\right) \cdot \frac{\frac{1}{2}\left(\frac{\pi}{l}\right)^4 EJ_y}{\frac{1}{2}\left(\frac{\pi}{l}\right)^4 EJ_y + c_x} \; ; \; \left(\frac{32}{\pi^3}\right) = 1{,}032 \qquad (7.286)$$

b) Vorverformung u_0:

$$q_{xG} = \varkappa \left(q_y \frac{u_0}{h}\right) ; \; q_{xV} = (1-\varkappa)\left(q_y \frac{u_0}{h}\right) ; \quad \varkappa = \left(\frac{\pi^2}{6} + \frac{1}{2}\right)\left(\frac{2}{\pi}\right)^2 \cdot \frac{\left(\frac{\pi}{l}\right)^4 EJ_y}{\left(\frac{\pi}{l}\right)^4 EJ_y + c_x} ; \; \left(\frac{\pi^2}{6} + \frac{1}{2}\right)\left(\frac{2}{\pi}\right)^2 = 0{,}869 \qquad (7.287)$$

c) Vorverformung ϑ_0:

$$q_{xG} = \varkappa (q_y \vartheta_0) ; \; q_{xV} = (1-\varkappa)(q_y \vartheta_0) : \quad \varkappa = \left(\frac{\pi^2}{12} + \frac{5}{4}\right)\left(\frac{2}{\pi}\right)^2 \cdot \frac{\frac{1}{2}\left(\frac{\pi}{l}\right)^4 EJ_y}{\frac{1}{2}\left(\frac{\pi}{l}\right)^4 EJ_y + c_x} ; \; \left(\frac{\pi^2}{12} + \frac{5}{4}\right)\left(\frac{2}{\pi}\right)^2 = 0{,}840 \qquad (7.288)$$

Der Verformungseinfluß Th.II.Ordn. kann zu

$$\alpha = \frac{1}{1 - \frac{q}{q_{Ki}}} \qquad (q = q_y) \qquad (7.289)$$

abgeschätzt werden, wobei die Kippbelastung mit Hilfe von G.7.226/7 (Abschnitt 7.10) berechnet wird.

7.17.2 Federkonstante - Verbandssteifigkeit

Eine Berechnung aussteifender Verbände mittels der vorstehenden Formeln setzt die Kenntnis der Federkonstante c_x voraus.

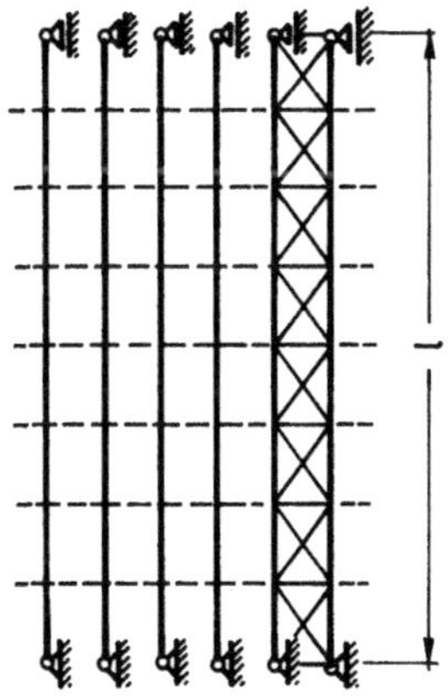

Bild 7.90

B.7.90 zeigt ein Trägerfeld im Grundriß, bei dem sechs Träger durch einen Verband stabilisiert werden. Der Verband habe die Schubsteifigkeit S_{id}, vgl. Abschnitt 6.4.2.2. Der Verband wird über die Länge l näherungsweise gleichförmig verschmiert. Die innere potentielle Energie (Formänderungsarbeit) der federelastischen Bettung und die des Verbandes werden gleichgesetzt:

$$\frac{1}{2}\int_0^l c_x\left(u+\frac{h}{2}\cdot\vartheta\right)^2 dz = \frac{1}{2}\int_0^l S_{id}\left(u'+\frac{h}{2}\cdot\vartheta'\right)^2 dz \qquad (7.290)$$

h ist die Trägerhöhe (genauer: der Abstand der Trägergurte, vgl. B.7.89b). Für die eingliedrigen Sinusansätze G.7.177, die auch den Träger- und Verbandsverformungen der G.7.286/288 zugrundeliegen, folgt:

$$c_x = S_{id}\cdot\frac{\pi^2}{l^2} \qquad (7.291)$$

Bei der Bestimmung von S_{id} ist zu beachten, ob die Diagonalen zug- und drucksteif oder nur zugsteif sind; auch sind ggf. vorhandene Anschlußexzentrizitäten zu berücksichtigen, da diese die Verbandssteifigkeit reduzieren.

7.17.3 Beispiel: Verbandsberechnung [7.178]

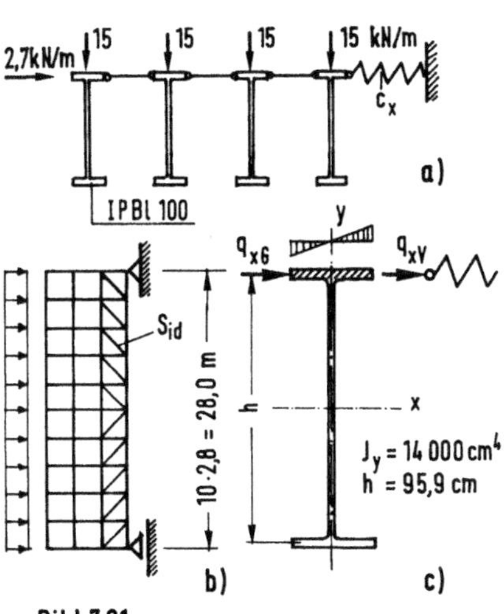

Bild 7.91

Eine Trägerlage aus vier IPBl 100-Trägern pro Verband mit l=28,0 m Spannweite wird durch die in B. 7.91a angegebenen, ν-fachen Kräfte (in kN/m) beansprucht. Als Vorverformungsamplituden werden angesetzt:

$$u_0 = 0{,}025\,\text{m}, \quad \vartheta_0 = 0{,}02$$

Die Schubsteifigkeit beträgt:

$$S_{id} = 4{,}45\cdot 10^4\,\text{kN}$$

Die äquivalente Federkonstante bestimmt sich nach G.7.291 zu:

$$c_x = \frac{\pi^2}{28^2}\cdot 4{,}45\cdot 10^4 = 560\,\frac{\text{kN}}{\text{m}^2} = 0{,}0560\,\frac{\text{kN}}{\text{cm}^2}$$

Mit Hilfe von G.7.226/7 wird die Kipplast eines Einzelträgers berechnet. Pro Träger steht die Federkonstante

$$c_x = \frac{0{,}0560}{4} = 0{,}0140\,\frac{\text{kN}}{\text{cm}^2}$$

zur Verfügung, hiermit wird χ bestimmt, vgl. G.7.225:

$$\chi = \frac{EJ_y}{c_x\cdot l^4} = \frac{2{,}1\cdot 10^4\cdot 14\,000}{0{,}0140\cdot 2800^4} = 3{,}146\cdot 10^4$$

Kipplast:

$$\text{G.7.226}: q_{Ki} = 68{,}59\ \text{kN/m}; \qquad \text{G.7.227}: q_{Ki} = c_x\cdot\frac{h}{2} = 67{,}13\ \text{kN/m}$$

Der Beitrag der Träger wirkt sich nur zu ca. 2% aus! Verformungsfaktor für den ν-fachen Lastzustand:

$$\alpha = \frac{1}{1-q/q_{Ki}} = \frac{1}{1-15/68{,}59} = 1{,}28$$

Für die Lastfälle: Seitenkraft (z.B. Wind), u_0 und ϑ_0 werden die anteiligen Kräfte pro Träger und anteiliger Federung (also mit c_x=0,0140 kN/cm²) bestimmt, vgl. G.7.286/288:

$$\left(\frac{\pi}{l}\right)^4 EJ_y = \left(\frac{\pi}{2800}\right)^4 2{,}1\cdot 10^4\cdot 14\,000 = 4{,}66\cdot 10^{-4}$$

$$q_x = 2{,}7/4 = 0{,}675\ \text{kN/m}:\ \varkappa = 0{,}0169 \longrightarrow q_{xG} = 0{,}0169 \cdot 0{,}675 = 0{,}01141\ \text{kN/m pro Träger}$$

$$u_0 = 0{,}025\ \text{m}:\ \varkappa = 0{,}0280 \longrightarrow q_{xG} = 0{,}0280 \cdot (15 \frac{0{,}025}{0{,}959}) = 0{,}01095\ \text{kN/m pro Träger}$$

$$\vartheta_0 = 0{,}02:\ \varkappa = 0{,}0138 \longrightarrow q_{xG} = 0{,}0138 \cdot (15 \cdot 0{,}02) = 0{,}00414\ \text{kN/m pro Träger}$$

$$\text{Summe}:\ q_{xG} = 0{,}01141 + 0{,}01095 + 0{,}00414 = 0{,}02650\ \text{kN/m pro Träger}$$

$$\alpha \cdot q_{xG} = 1{,}28 \cdot 0{,}02650 = \underline{0{,}0339\ \text{kN/m}}\ \text{pro Träger}$$

Biegespannungen im Oberflansch (B.7.91c):

$$W = \frac{3{,}1 \cdot 30^2}{6} = 465\ \text{cm}^3;\ M = 0{,}0339 \cdot 28^2/8 = 3{,}32\ \text{kNm};\quad \sigma = \pm \frac{332}{465} = 0{,}72\ \frac{\text{kN}}{\text{cm}^2} \ll \sigma_F$$

Anteilige Kräfte auf den Verband pro Träger:

$$q_{xV} = (1 - 0{,}0169) \cdot 0{,}675 + (1 - 0{,}0280)(15 \frac{0{,}025}{0{,}959}) + (1 - 0{,}0138)(15 \cdot 0{,}02) =$$

$$= 0{,}664 + 0{,}380 + 0{,}296 = \underline{1{,}340\ \text{kN/m}}\ \text{pro Träger}$$

Von jedem Träger wird dieser Anteil auf den Verband abgesetzt: 4·1,340=5,358 kN/m.
Einschließlich Verformungseinfluß:

$$\Sigma q_{xV} = 1{,}28 \cdot 5{,}358 = 6{,}86\ \text{kN/m}$$

$$\max M_V^{II} = 6{,}86 \cdot 28^2/8 = 6{,}72\ \text{kNm};\qquad \max Q_V^{II} = 6{,}86\ 28/2 = 96{,}0\ \text{kN}$$

8 Beulen und Beulbiegung Theorie II. Ordnung - Ebene und gekrümmte Flächentragwerke

8.1 Einführung

Ebene Platten und gekrümmte Schalen bezeichnet man wegen ihrer flächenhaften Struktur und Wirkungsweise als Flächentragwerke. Ihr markantes Merkmal ist die Dünnwandigkeit im Vergleich zu den Abmessungen in der Fläche ($t \ll a,b$; $t \ll r,l$); unter Druck- und/oder Schubbeanspruchung besteht Beulgefahr. Unter Beulen versteht man die Gleichgewichtsverzweigung des Membran-Grundspannungszustandes; die Beulfigur ist doppelt-gekrümmt, den Grundspannungen überlagern sich (infinitesimale) Beulspannungen.

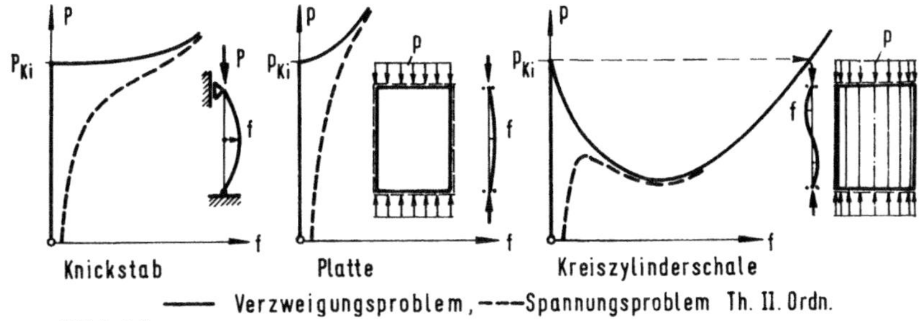

Bild 8.1

Wird die Struktur a priori nicht nur durch Membranspannungen, sondern gleichzeitig auch durch Biegespannungen beansprucht (Querbelastung, exzentrisch wirkende Randkräfte, Vorbeulen), so liegt ein Spannungsproblem Th.II.Ordn. vor, das in Analogie zur Knick- und Kippbiegung als Beulbiegung bezeichnet werden kann.

B.8.1 zeigt die prinzipiellen Unterschiede im Beul- und Biegungsverhalten eines Stabes (oder Kippträgers), einer umfangsgelagerten Rechteckplatte und einer Kreiszylinderschale, jeweils unter zentrischer und exzentrischer Druckbeanspruchung, letztere ausgelöst durch Vorbeulen. Dargestellt sind die Kraft-Verformungskurven (für elastisches Materialverhalten).

Beim Druckstab nehmen Ausbiegung und Biegespannungen sprunghaft zu, wenn die Knicklast überschritten wird; real würde der Druckstab zusammenbrechen (vgl. Abschnitt 1.2.11). Eine Platte verhält sich gutartiger: Bei Überschreiten von p_{Ki} stellt sich eine doppelt-gekrümmte Beulfläche ein. Man spricht vom überkritischen Zustand. Die Beulfläche kann als schwach gekrümmte Schale gedeutet werden, sie ist nicht abwickelbar. Über p_{Ki} hinaus anwachsende Druckkräfte werden durch Aktivierung der Dehnsteifigkeit dieser überkritischen "Schalen"-Struktur und nur zu einem sehr geringen Teil über die Biegesteifigkeit abgetragen. Es kommt zu einer inneren Kräfteumlagerung zu den steiferen Randzonen und ggf. auch zu den Randgliedern. Unter Schubkräften bilden sich im überkritischen Zustand Zugfelder aus. Die Kräfteumlagerungen kennzeichnen die Fähigkeit der Platte, durch Aufbau zusätzlicher Tragmechanismen sich selbst zu helfen ("Schläue des Materials", besser: "Schläue der Struktur"). Das überkritische Tragvermögen ist beträchtlich. Es wurde bislang im Stahl- und Aluminiumbau des Bauwesens rechnerisch nicht in Ansatz gebracht, allerdings insofern mittelbar, als im Vergleich zum Stabilitätsversagen infolge Knickens und Kippens geringere Beulsicherheiten gefordert wurden. Inzwischen liegen umfangreiche Forschungsarbeiten über das überkritische Tragverhalten unausgesteifter und ausgesteifter Blechträger vor, sodaß bei solchen Trägern künftig an eine Bemessung auf überkritisches Tragvermögen gedacht werden kann. Im Leichtbau war das schon immer üblich. Ohne die Inan-

spruchnahme der überkritischen Tragreserven wäre die Dünnblechbauweise wirtschaftlich nicht zu realisieren (z.B. im Flugzeugbau).
Bei einer zentrisch gedrückten Kreiszylinderschale ist das Tragverhalten, im Vergleich zur Platte, wesentlich ungünstiger. Wird in diesem Falle die ideale Verzweigungslast erreicht, hat die benachbarte Beulkonfiguration keine Möglichkeit (durch den Aufbau einer stützenden, zusätzlichen Membranstruktur), die Verzweigungslast abzutragen, geschweige, überkritische Tragreserven zu entwickeln. Im Verzweigungsfalle bildet sich ein Beulmuster mit Bereichen größerer und kleinerer Krümmungsradien im Vergleich zum Grundradius der Schale aus; das Tragverhalten dieses Beulmusters ist geringer als im planmäßigen, unterkritischen Zustand. Der Zylindermantel schlägt in eine stark verformte Gleichgewichtslage durch, der Mantel "verknittert". Auf die idealen Verzweigungslasten, berechnet nach der linearen Beultheorie infinitesimaler Verformungen, dürfen die Beulnachweise zylindrischer Schalen daher nicht abgestellt werden! Ist der Kreiszylinder a priori mit Vorbeulen behaftet, liegt ein Spannungsproblem vor; unter steigender Last stellen sich relativ ausgeprägte Verbiegungen des Zylindermantels ein; deren Größenordnung entspricht i.allg. einem Vielfachen der Wanddicke. Während bei Knick- und Kippproblemen die Verformungen der Biegeglieder im Verhältnis zu den Abmessungen "klein" sind, sind die Beulbiegungen von Flächentragwerken "groß", man sagt auch: von endlicher Größe. Die Theorie endlicher Verformungen ist auf den nichtlinearen Verzerrungs-Verschiebungsbeziehungen der flächigen Tragstruktur aufzubauen; die Theorie wird dadurch schwieriger; die nichtlineare Theorie ist andererseits unabdingbare Voraussetzung, um das überkritische Tragvermögen ebener Platten nutzen (Gebot der Wirtschaftlichkeit) bzw. die reale Tragfähigkeit gekrümmter Schalen zutreffend analysieren zu können (Gebot der Sicherheit). Im folgenden wird zunächst die nichtlineare Theorie entwickelt.

8.2 Nichtlineare Grundgleichungen für doppelt-gekrümmte Flächentragwerke (Schalen und Platten)

8.2.1 Geometrie - Definitionen

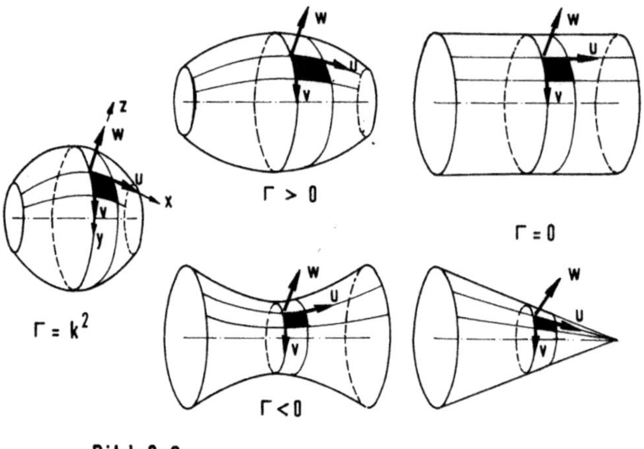

Bild 8.2

Die nichtlinearen Grundgleichungen der Beultheorie werden für doppelt-gekrümmte, dünnwandige Schalen hergeleitet. Die Sonderfälle Kreiszylinderschale und Platte sind hierin enthalten. Zunächst werden perfekte, anschließend imperfekte Flächenträger behandelt. Als Mittelfläche der Schalen wird jene Fläche vereinbart, die die Wanddicke t halbiert. Auf dieser Mittelfläche wird ein Koordinatensystem x, y, z aufgespannt, welches mit den (Haupt-) Krümmungslinien der Schalenfläche übereinstimmt. Hierunter versteht man jene Schar orthogonal zueinander liegender Linien, die in jedem Punkt in Richtung der größten und kleinsten Krümmung orientiert ist. Die z-Richtung fällt mit der Flächennormalen zusammen; vgl. B.8.2. In der Differentialgeometrie räumlicher Flächen wird die Orthogonalität der Krümmungslinien bewiesen. Ist r_x der Krümmungsradius in x- und r_y in y-Richtung, sind deren Kehrwerte k_x und k_y die zugeordneten Krümmungen. Als GAUSSsches Krümmungsmaß ist das Produkt

$$\Gamma = k_x \cdot k_y \gtreqless 0 \tag{8.1}$$

definiert. Bei einem positiven Krümmungsmaß liegen die Mittelpunkte der Krümmungskreise auf einer Seite, im anderen Falle auf entgegengesetzten Seiten der Schalenfläche. $\Gamma=0$ kennzeichnet abwickelbare Flächen.
Die Verformungen der Schalenmittelfläche werden durch deren Komponenten u, v und w in Richtung der Koordinatenachsen beschrieben, siehe B.8.2.

8.2.2 Verzerrungs-Verschiebungsbeziehungen

Aus der Schale wird ein infinitesimales Element (dx,dy) herausgetrennt. B.8.3a zeigt ein solches Element vor und nach der Verformung. Im unverformten Zustand betragen die Elementlängen und der von ihnen eingeschlossene Winkel:

$$\overline{AB} = dx, \ \overline{AC} = dy; \ \sphericalangle BAC = \pi/2 \tag{8.2}$$

Im verformten Zustand nehmen die Eckpunkte A, B, C die neue Lage A', B', C' ein. Bezogen auf A' lauten die Vektoren $\overrightarrow{A'B'}$ und $\overrightarrow{A'C'}$

$$\overrightarrow{A'B'} = [(1+u'+\frac{1}{r_x})dx, v'dx, w'dx]; \ \overrightarrow{A'C'} = [u^\bullet dy, (1+v^\bullet+\frac{1}{r_y})dy, w^\bullet dy] \tag{8.3}$$

mit den Abkürzungen:

$$\frac{\partial(\ )}{\partial x} = (\ )'; \ \frac{\partial(\ )}{\partial y} = (\ )^\bullet \tag{8.4}$$

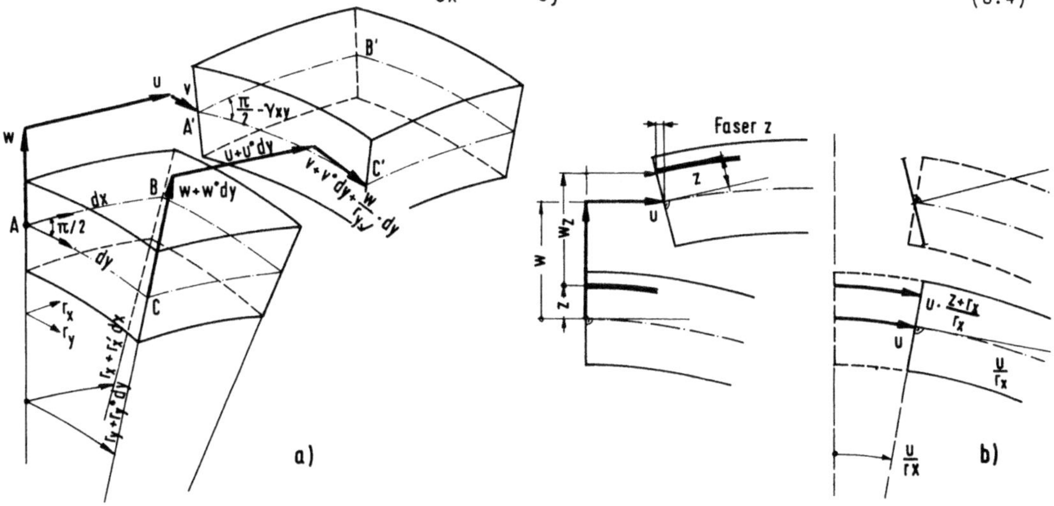

Bild 8.3

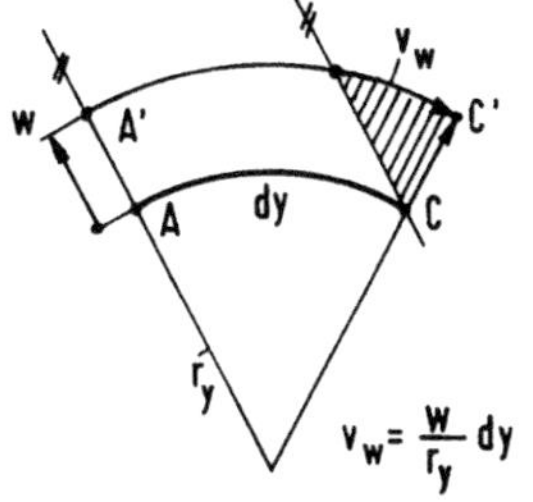

Bild 8.4

In B.8.3a sind die Verschiebungskomponenten der Punkte A und C dargestellt, die Komponenten des Vektors $\overrightarrow{A'C'}$ folgen daraus unmittelbar:

$$\text{Richtung } x: (u+u^\bullet dy) - u = u^\bullet dy$$

$$\text{Richtung } y: (v+v^\bullet dy+\frac{w}{r_y}dy) - v = (v^\bullet+\frac{w}{r_y})dy$$

$$\text{Richtung } z: (w+w^\bullet dy) - w = u^\bullet dy$$

Der zweite Term in der y-Komponente bedarf noch einer Erläuterung; hierzu wird auf B.8.4 verwiesen: A und C verschieben sich normal zur Mittelfläche, in der verformten

Lage erleidet das Linienelement dy (infolge w) die Streckung:

$$v_w = \frac{w}{r_y} dy \qquad (8.5)$$

Im verformten Zustand hat die Elementkante in Richtung x die Länge ds_x:

$$|\overrightarrow{A'B'}| = ds_x = \sqrt{[(1+u'+\frac{w}{r_x})dx]^2 + (v'dx)^2 + (w'dx)^2}$$

$$= dx \cdot \sqrt{1+2u' + 2\frac{w}{r_x} + 2u'\frac{w}{r_x} + u'^2 + (\frac{w}{r_x})^2 + v'^2 + w'^2}$$

$$= dx\,(1+u'+\frac{w}{r_x}+\frac{w'^2}{2}) \qquad (8.6)$$

Bei der Herleitung der letzten Zeile wurden die Glieder

$$2u'\frac{w}{r_x},\ u'^2,\ v'^2,\ (\frac{w}{r_x})^2 \ll u'$$

als kleine Größen gegenüber $u',\ \frac{w}{r_x},\ w'^2$

vernachlässigt und bei der Entwicklung der Wurzel quadratische und höhere Glieder unterdrückt:

$$\sqrt{1+2(u'+\frac{w}{r_x}+\frac{w'^2}{2})}\ :\ \sqrt{1+2a} = 1+\frac{1}{2}(2a) - \frac{1}{8}\cancel{(2a)^2}^{\sim 0} \pm \cdots = 1+a$$

Für die y-Richtung folgt entsprechend:

$$|\overrightarrow{A'C'}| = ds_y = dy(1+v^{\bullet}+\frac{w}{r_y}+\frac{w^{\bullet 2}}{2}) \qquad (8.7)$$

Die Dehnungen der Mittelfläche in Richtung x und y betragen damit:

$$\varepsilon_x = \frac{ds_x - dx}{dx} = u' + \frac{w}{r_x} + \frac{w'^2}{2};\quad \varepsilon_y = \frac{ds_y - dy}{dy} = v^{\bullet} + \frac{w}{r_y} + \frac{w^{\bullet 2}}{2} \qquad (8.8)$$

Der ehemals rechte Winkel des Elementes (dx,dy) gemäß G.8.2 erleidet bei der Verformung eine Änderung γ_{xy} (Schubgleitung in der Mittelfläche), vgl. B.8.3a. Der Winkel

$$\sphericalangle B'A'C' = \frac{\pi}{2} - \gamma_{xy}$$

folgt aus dem Skalarprodukt der Vektoren $\overrightarrow{A'B'}$ und $\overrightarrow{A'C'}$:

$$|\overrightarrow{A'B'}||\overrightarrow{A'C'}| \cdot \cos(\frac{\pi}{2} - \gamma_{xy}) = \overrightarrow{A'B'} \cdot \overrightarrow{A'C'} \qquad (8.9)$$

Die Bildung des Produktes liefert:

$$ds_x\, ds_y \cos(\frac{\pi}{2} - \gamma_{xy}) = (1+u'+\frac{w}{r_x})u^{\bullet} dx\, dy + (1+v^{\bullet}+\frac{w}{r_y})v' dx\, dy + w'w^{\bullet} dx\, dy \qquad (8.10)$$

Die Gleichungen G.8.6/7 werden eingesetzt und der Cosinusterm entwickelt:

$$(1+u'+\frac{w}{r_x}+\frac{w'^2}{2})(1+v^{\bullet}+\frac{w}{r_y}+\frac{w^{\bullet 2}}{2})dx\, dy \cdot (\cos\frac{\pi}{2}\cos\gamma_{xy} + \sin\frac{\pi}{2}\sin\gamma_{xy}) = \qquad (8.11)$$

$$= (u^{\bullet} + u'u^{\bullet} + \frac{w}{r_x}u^{\bullet} + v' + v'v^{\bullet} + \frac{w}{r_y}v' + w'w^{\bullet})dx\, dy$$

Im Rahmen der angestrebten Schärfe werden folgende Näherungen eingeführt:

Linke Seite: $u',\ v^{\bullet},\ \frac{w}{r_x},\ \frac{w}{r_y},\ w'^2, w^{\bullet 2} \ll 1;\quad \sin\gamma_{xy} = \gamma_{xy}$

Rechte Seite: $u'u^{\bullet},\ v'v^{\bullet},\ \frac{w}{r_x}u^{\bullet},\ \frac{w}{r_y}v' \ll u^{\bullet},\ v',\ w'w^{\bullet}$

Damit folgt aus G.8.11:

$$\gamma_{xy} = u^{\bullet} + v' + w'w^{\bullet} \qquad (8.12)$$

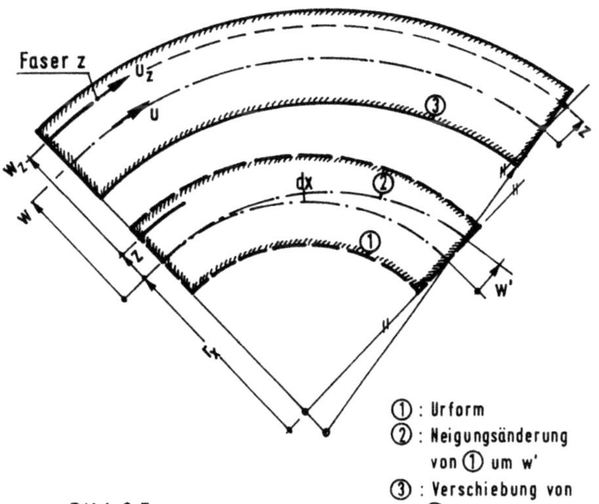

Bild 8.5

Mit den Gleichungen 8.8 und 8.12 sind die gesuchten (nichtlinearen) Verzerrungs-Verschiebungsbeziehungen für die Mittelfläche abgeleitet; sie werden jetzt für eine Fläche im Abstand z von der Mittelfläche erweitert (im folgenden als z-Fläche bezeichnet). Die BERNOULLI-Hypothese sei gültig; diese Voraussetzung ist bei isotropen Flächentragwerken gut erfüllt.

B.8.5 zeigt einen Schnitt durch die Schale in Richtung x. Die Verschiebungskomponenten eines (dem Punkt A auf der Mittelfläche zugeordneten) Punktes im Abstand z betragen:

$$u_z = \frac{r_x + z}{r_x} u - z w' \qquad (8.13)$$

$$v_z = \frac{r_x + z}{r_x} v - z w^{\bullet} \qquad (8.14)$$

$$w_z = w \qquad (8.15)$$

Die letzte Gleichung folgt unmittelbar aus B.8.5. G.8.13 beruht auf zwei Umständen:
1) Die Faser z ist um das Maß $(r_x+z)/r_x$ länger, als die zugeordnete Faser in der Mittelfläche, damit auch die in ihr vereinbarte Verschiebungskomponente u_z im Vergleich zu u;
2) Die Mittelfläche erleidet neben der Ausbiegung w eine Neigungsänderung w', hierdurch erfährt die Faser z eine Verkürzung um zw'. (Bei der Deutung von B.8.5 ist zu beachten, daß $w \ll r_x$ gilt; die Abbildung ist aus Gründen einer besseren Anschaulichkeit stark verzerrt gezeichnet.)

Die bezogene Änderung von u_z ist die Dehnung der z-Fläche in Richtung x. Diese Änderung ist auf die ursprüngliche Länge der Faser zu beziehen. - In die z-Fläche wird das Koordinatensystem x_z, y_z gelegt; in bezug zu den Mittelflächenkoordinaten gilt, z.B. in Richtung x:

$$x_z = \frac{r_x+z}{r_x} \cdot x \longrightarrow \frac{\partial u_z}{\partial x_z} = \frac{r_x}{r_x+z} \cdot \frac{\partial u_z}{\partial x} = \frac{r_x}{r_x+z} u_z' \qquad (8.16)$$

Die Dehnung ε_{xz} folgt damit in formaler Erweiterung von G.8.8 zu:

$$\varepsilon_{xz} = \frac{r_x}{r_x+z} u_z' + \frac{w_z}{r_x+z} + \left(\frac{r_x}{r_x+z}\right)^2 \cdot \frac{w_z'^2}{2} \qquad (8.17)$$

Das zweite Glied läßt sich wieder mit Hilfe von B.8.5 veranschaulichen: Ist α der eingeschlossene Winkel zwischen den Flächennormalen, die in den Punkten x, y und (x+dx),y errichtet werden, so ist die Länge im unverformten Zustand

$$(r_x + z)\alpha$$

und im verformten Zustand

$$(r_x + z + w_z)\alpha$$

Die Dehnung infolge der Radialverschiebung ergibt sich hieraus zu:

$$\frac{(r_x + z + w_z)\alpha - (r_x + z)\alpha}{(r_x + z)\alpha} = \frac{w_z}{r_x + z}$$

Wird G.8.13/15 in G.8.17 eingesetzt, ergibt sich:

$$\varepsilon_{xz} = -\frac{z}{r_x+z} \cdot \frac{r_x'}{r_x} u + u' - \frac{r_x}{r_x+z} z \cdot w'' + \frac{w}{r_x+z} + \left(\frac{r_x}{r_x+z}\right)^2 \cdot \frac{w'^2}{2} \qquad (8.18)$$

(Im allgemeinen Falle sind r_x und r_y Funktionen von x, y.) Wird $1/(r+z)$ entwickelt

$$\frac{1}{r+z} = \frac{1}{r}\left(1 - \frac{z}{r} + \frac{z^2}{r^2} \mp \dots\right) \tag{8.19}$$

und hiermit G.8.18 umgeformt, verbleibt nach kurzer Rechnung:

$$\varepsilon_{xz} = u' + \frac{w}{r_x} + \frac{w'^2}{2} - z\cdot\left(\frac{r_x'}{r_x^2}u + \frac{w}{r_x^2} + w'' + \frac{w'^2}{r_x^2}\right) \tag{8.20}$$

Entsprechend folgt die Dehnung in Richtung y:

$$\varepsilon_{yz} = v^{\bullet} + \frac{w}{r_y} + \frac{w^{\bullet 2}}{2} - z\left(\frac{r_y^{\bullet}}{r_y^2}v + \frac{w}{r_y^2} + w^{\bullet\bullet} + \frac{w^{\bullet 2}}{r_y}\right) \tag{8.21}$$

Der Schubwinkel in der z-Fläche ergibt sich aus G.8.12 mit G.8.13/15 zu:

$$\gamma_{xyz} = \frac{r_y}{r_y+z}u_z^{\bullet} + \frac{r_x}{r_x+z}v_z' + \frac{r_x}{r_x+z}\cdot\frac{r_y}{r_y+z}w_z' w_z^{\bullet} \tag{8.22}$$

Nach analoger Umformung wie G.8.20/21 mit G.8.19 folgt hieraus:

$$\gamma_{xyz} = u^{\bullet} + v' + w'w^{\bullet} - z\left[\left(\frac{1}{r_y} - \frac{1}{r_x}\right)u^{\bullet} + \left(\frac{1}{r_x} - \frac{1}{r_y}\right)v' + \frac{r_x^{\bullet}}{r_x^2}u + \frac{r_y'}{r_y^2}v + 2w'^{\bullet} + \left(\frac{1}{r_x} + \frac{1}{r_y}\right)w'w^{\bullet}\right] \tag{8.23}$$

8.2.3 Schnittgrößen

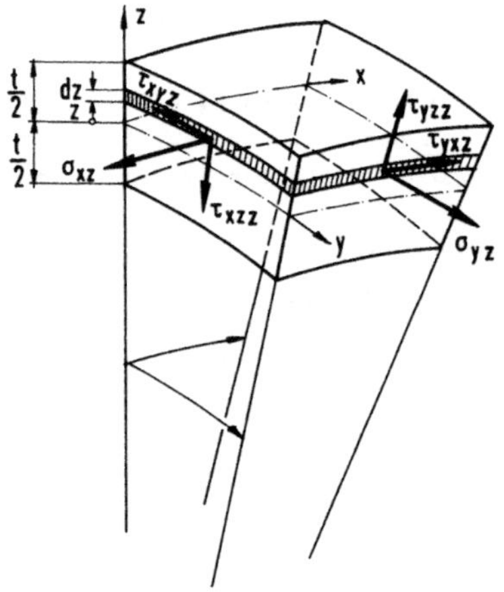

Bild 8.6

In den Schnittflächen x=konstant und y=konstant wirken im Abstand z von der Mittelfläche die Spannungen:

$$\sigma_{xz},\ \tau_{xyz}, \tau_{xzz} \text{ und } \sigma_{yz},\ \tau_{yxz}, \tau_{yzz}$$

(vgl. B.8.6). Aus diesen Spannungen werden die Schnittgrößen

$$N_x,\ N_y,\ N_{xy},\ N_{yx},\ Q_x,\ Q_y,\ M_x,\ M_y,\ M_{xy} \text{ und } M_{yx}$$

aufgebaut:

N_x, N_y: Normalkräfte; N_{xy}, N_{yx}: Schubkräfte; Q_x, Q_y: Querkräfte

M_x, M_y: Biegungsmomente; M_{xy}, M_{yx}: Drillmomente

Kräfte [N/m], Momente [Nm/m]

Bei der Integration wäre streng genommen die Änderung der infinitesimalen Elementfläche über die Schalendicke t zu berücksichtigen, z.B. wäre die Normalkraft N_x gemäß

$$N_x = \int_{-t/2}^{+t/2} \sigma_{xz}\left(1 + \frac{z}{r_y}\right)dz$$

zu berechnen. Da beulgefährdete Schalen und Platten dünnwandig sind, wird der zweite Term gegenüber 1 unterdrückt. Die Definitionsgleichungen für die Schnittgrößen lauten damit:

$$\begin{aligned} N_x &= \int \sigma_{xz}\,dz, & N_{xy} &= \int \tau_{xyz}\,dz, & Q_x &= -\int \tau_{xzz}\,dz, & M_x &= -\int \sigma_{xz}\, z\,dz, & M_{xy} &= -\int \tau_{xyz}\, z\,dz \\ N_y &= \int \sigma_{yz}\,dz, & N_{yx} &= \int \tau_{yxz}\,dz, & Q_y &= -\int \tau_{yzz}\,dz, & M_y &= -\int \sigma_{yz}\, z\,dz, & M_{yx} &= -\int \tau_{yxz}\, z\,dz \end{aligned} \tag{8.24}$$

Die Integrale erstrecken sich von -t/2 bis +t/2. - Die positiven Richtungen der Spannungen sind in B.8.6 und die der Schnittgrößen in B.8.7 festgelegt. In B.8.7 sind im oberen Bildteil die Normal-, Schub- und Querkräfte und im unteren Bildteil die Biegungs- und Drillmomente, jeweils mit den infinitesimalen (linearen) Zuwächsen, am Schalenmittelflächenelement (dx,dy) dargestellt.

8.2.4 Elastizitätsgesetz

Unter der Annahme linearelastischen Verhaltens sind die Spannungen und Verzerrungen über das HOOKEsche Gesetz verknüpft:

$$\sigma_{xz} = \frac{E}{1-\mu^2}(\varepsilon_{xz} + \mu\varepsilon_{yz}); \; \sigma_{yz} = \frac{E}{1-\mu^2}(\varepsilon_{yz} + \mu\varepsilon_{xz}); \; \tau_{xyz} = \tau_{yxz} = G \cdot \gamma_{xyz} = \frac{E}{2(1+\mu)}\gamma_{xyz} \qquad (8.25)$$

E: Elastizitätsmodul, G: Schubmodul, μ: Querkontraktionszahl. Nur zwei von diesen drei Material-Konstanten sind linearunabhängig voneinander:

$$G = \frac{E}{2(1+\mu)} \qquad (8.26)$$

Das hier zugrunde gelegte Gesetz setzt Isotropie bezüglich Material und Struktur voraus. Die kinematischen Verzerrungs-Verschiebungsbeziehungen des Abschnittes 8.2.2 werden mit den vorstehenden (physikalischen) Spannungs-Verzerrungsbeziehungen verknüpft. Damit gewinnt man die Spannungen in der Faser z als Funktion der Mittelflächenverschiebungen u, v und w. Wird über die Spannung (gemäß den Definitionsgleichungen G.8.24) integriert, erhält man das gesuchte Elastizitätsgesetz der doppelt gekrümmten Schale (nach kurzer Rechnung) zu:

$$N_x = D[u' + \frac{w}{r_x} + \frac{w'^2}{2} + \mu(v^{\bullet} + \frac{w}{r_y} + \frac{w^{\bullet 2}}{2})] \qquad (8.27)$$

$$N_y = D[v^{\bullet} + \frac{w}{r_y} + \frac{w^{\bullet 2}}{2} + \mu(u' + \frac{w}{r_x} + \frac{w'^2}{2})] \qquad (8.28)$$

$$N_{xy} = N_{yx} = D\frac{1-\mu}{2}(u^{\bullet} + v' + w'w^{\bullet}) \qquad (8.29)$$

$$M_x = K[\frac{r_x'}{r_x^2}u + \frac{w}{r_x^2} + w'' + \frac{w'^2}{r_x} + \mu(\frac{r_y^{\bullet}}{r_y^2}v + \frac{w}{r_y^2} + w^{\bullet\bullet} + \frac{w^{\bullet 2}}{r_y})] \qquad (8.30)$$

$$M_y = K[\frac{r_y^{\bullet}}{r_y^2}v + \frac{w}{r_y^2} + w^{\bullet\bullet} + \frac{w^{\bullet 2}}{r_y} + \mu(\frac{r_x'}{r_x^2}u + \frac{w}{r_x^2} + w'' + \frac{w'^2}{r_x})] \qquad (8.31)$$

$$M_{xy} = M_{yx} = K\frac{1-\mu}{2}[(\frac{1}{r_y} - \frac{1}{r_x})u^{\bullet} + (\frac{1}{r_x} - \frac{1}{r_y})v' + \frac{r_x^{\bullet}}{r_x^2}u + \frac{r_y'}{r_y^2}v + 2w'^{\bullet} + (\frac{1}{r_x} + \frac{1}{r_y})w'w^{\bullet}] \qquad (8.32)$$

Hierin bedeuten:

$$D = \frac{Et}{1-\mu^2}: \text{Dehnsteifigkeit}; \quad K = \frac{Et^3}{12(1-\mu^2)}: \text{Biegesteifigkeit}. \qquad [D] = \text{N/m}; \; [K] = \text{Nm/m} \qquad (8.33)$$

Das vorstehende Elastizitätsgesetz G.8.27/32 genügt einem hohen Genauigkeitsgrad; wegen des komplizierten Aufbaues entzieht es sich indes einer weiteren Verarbeitung zu einer praktikablen Theorie. Gewisse Näherungen sind unumgänglich und vertretbar und zwar werden in den G.8.30/32 alle Glieder gestrichen, in denen die Krümmungsradien im Nenner stehen; damit verbleibt:

$$M_x = K(w'' + \mu w^{\bullet\bullet}), \quad M_y = K(w^{\bullet\bullet} + \mu w''); \quad M_{xy} = M_{yx} = K(1-\mu)w'^{\bullet} \qquad (8.34)$$

Die Gültigkeit der Theorie ist damit auf schwach gekrümmte Schalen beschränkt; nur diese haben in dem hier behandelten Zusammenhang baupraktisches Interesse.

8.2.5 Gekoppeltes Grundgleichungssystem

8.2.5.1 Statische Herleitung

Das gekoppelte Differentialgleichungssystem für die Lösung von Verzweigungs- und Spannungsproblemen wird im folgenden nach der Gleichgewichtsmethode und im Abschnitt 8.2.5.2 nach der Energiemethode abgeleitet.

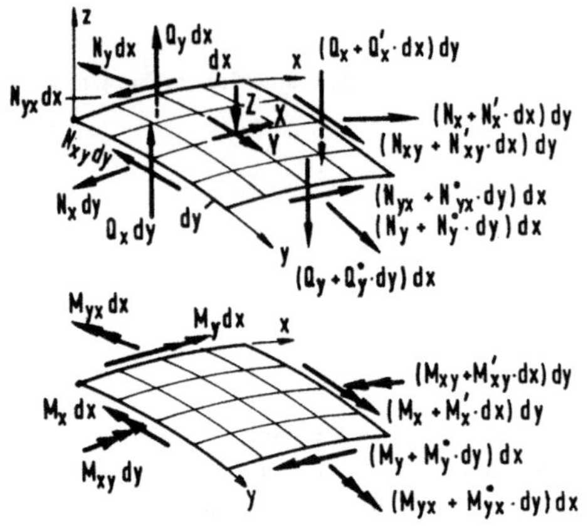

Bild 8.7

B.8.7 zeigt ein infinitesimales Mittelflächenelement (dx,dy) mit den Schnittgrößen und deren Zuwächsen bei Fortschreiten um dx bzw. dy. Es werden drei Komponenten- und drei Momentengleichgewichtsgleichungen am verformten Schalenelement formuliert (Th.II.Ordn.). Wie in B.8.7 (oben) gezeigt, wirken auf die Schale die Oberflächenkräfte X, Y und Z. Die Komponenten X und Y haben die Richtung von x und y, Z wirkt entgegengesetzt zur positiven z-Richtung.

Die Komponentengleichungen in Richtung x, y, z und die Momentengleichungen um diese Achsen lauten:

$$N'_x + N^\bullet_{yx} - Q_x\left(\frac{1}{r_x} - w''\right) + X = 0 \tag{8.35}$$

$$N^\bullet_y + N'_{xy} - Q_y\left(\frac{1}{r_y} - w^{\bullet\bullet}\right) + Y = 0 \tag{8.36}$$

$$N_x\left(\frac{1}{r_x} - w''\right) + N_y\left(\frac{1}{r_y} - w^{\bullet\bullet}\right) - N_{xy}w^{\bullet\prime} - N_{yx}w^{\prime\bullet} + Q'_x + Q^\bullet_y + Z = 0 \tag{8.37}$$

$$M'_x + M^\bullet_{yx} - Q_x = 0 \tag{8.38}$$

$$M^\bullet_y + M'_{xy} - Q_y = 0 \tag{8.39}$$

$$M_{xy}\left(\frac{1}{r_x} - w''\right) - M_{yx}\left(\frac{1}{r_y} - w^{\bullet\bullet}\right) - N_{xy} + N_{yx} = 0 \tag{8.40}$$

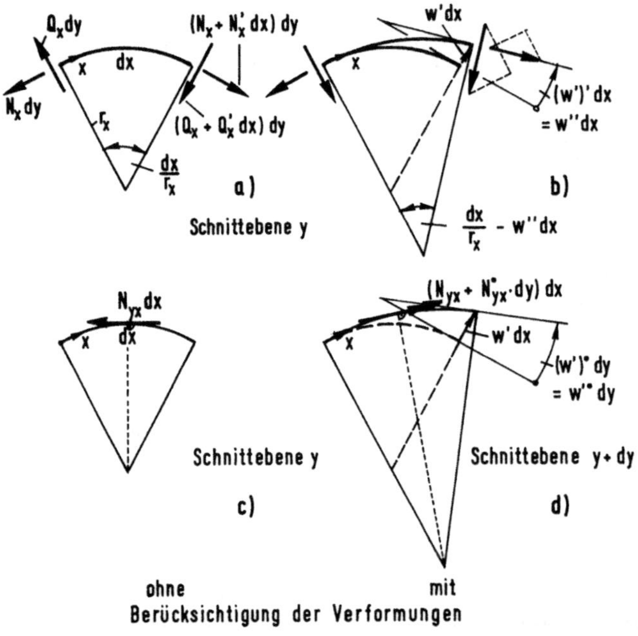

Bild 8.8

Die Terme w'', $w^{\bullet\bullet}$, $w'^\bullet$ kennzeichnen die Krümmungs- und Verwindungsänderungen, d.h. die gegenseitigen Winkeländerungen der Schnittufer infolge der Mittelflächenverformung. In diesen Termen kommt der Unterschied gegenüber Th.I.Ordn. zum Ausdruck.

In B.8.8a ist die Schnittebene in Richtung x durch den Mittelpunkt des Schalenelementes ohne und im Teilbild b mit Berücksichtigung der Verformungen eingezeichnet.

B.8.8c zeigt für dieselbe Richtung die Schnittebene y=konst. und Teilbild c die Schnittebene (y+dy)=konst. In diesen Schnitten wirkt die Schubkraft N_{yx} bzw. $(N_{yx}+N^\bullet_{yx}dy)$; letztere ist gegenüber der vorgenannten um den Winkel $w'^\bullet dy$ verschränkt. Mit diesen Hinweisen lassen sich die G.8.35/37 unschwer verifizieren. Z.B. lautet die Komponentengleichung in Richtung x:

$$N_x dy - (N_x + N_x' dx) dy \cdot \cos\left(\frac{1}{r_x} - w''\right)dx - (Q_x + Q_x' dx) dy \cdot \sin\left(\frac{1}{r_x} - w''\right)dx +$$
$$+ N_{yx} dx - (N_{yx} + N_{yx}^{\bullet} dy) dx \cdot \cos(w'^{\bullet} dy) - X \cdot dx\, dy = 0 \qquad (8.41)$$

Die Winkel sind infinitesimal; deren Cosinus kann gleich eins und deren Sinus gleich dem Winkel gesetzt werden.

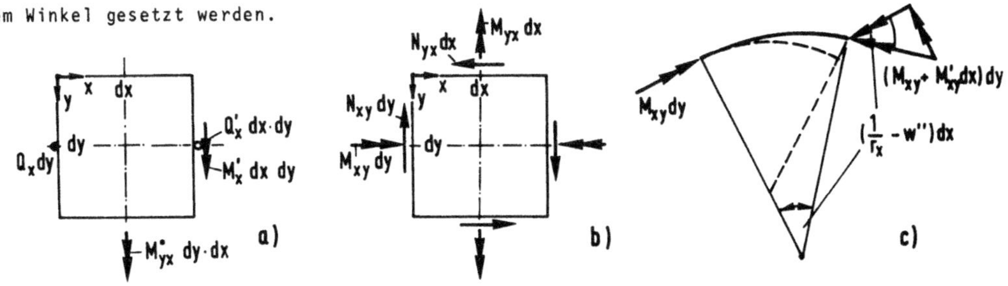

Bild 8.9

G.8.38 läßt sich aus B.8.9a und G.8.40 aus B.8.9b/c ablesen; im zweiten Falle gilt:

$$(M_{xy} + M_{xy}' dx) dy \cdot \sin\left(\frac{1}{r_x} - w''\right) - (M_{yx} + M_{yx}^{\bullet} dy) dx \cdot \sin\left(\frac{1}{r_y} - w^{\bullet\bullet}\right) -$$
$$- (N_{xy} + N_{xy}' dx) dy + (N_{yx} + N_{yx}^{\bullet} dy) dx = 0 \qquad (8.42)$$

Werden in G.8.41/42 Glieder höherer Kleinheitsordnung gestrichen, ergeben sich die erwähnten Gleichgewichtsgleichungen.

Bei schwacher Schalenkrümmung sind die in Richtung x und y fallenden Komponenten

$$Q_x\left(\frac{1}{r_x} - w''\right), \quad Q_y\left(\frac{1}{r_y} - w^{\bullet\bullet}\right)$$

klein gegenüber den Mittelflächenkräften. Dasselbe gilt für G.8.40; sie reduziert sich damit zu:

$$N_{xy} - N_{yx} = 0 \qquad (8.43)$$

Die "quasi-vollständigen" Gleichgewichtsgleichungen lauten zusammengefaßt:

$$N_x' + N_{yx}^{\bullet} + X = 0 \qquad (8.44)$$

$$N_y^{\bullet} + N_{xy}' + Y = 0 \qquad (8.45)$$

$$N_x\left(\frac{1}{r_x} - w''\right) + N_y\left(\frac{1}{r_y} - w^{\bullet\bullet}\right) - 2 N_{xy} w'^{\bullet} + Q_x' + Q_y^{\bullet} + Z = 0 \qquad (8.46)$$

$$M_x' + M_{yx}^{\bullet} - Q_x = 0 \qquad (8.47)$$

$$M_y^{\bullet} + M_{xy}' - Q_y = 0 \qquad (8.48)$$

G.8.43 ist hierin berücksichtigt. - Aus den letzten beiden Gleichungen werden Q_x und Q_y freigestellt und für die Momente die Elastizitätsgesetzte (G.8.34) eingesetzt:

$$Q_x = K(w''' + w'^{\bullet\bullet}) = K(w'' + w^{\bullet\bullet})' = K(\Delta w)'; \quad Q_y = K(\Delta w)^{\bullet} \qquad (8.49)$$

Hierin ist

$$\Delta(\ ) = (\ )'' + (\ )^{\bullet\bullet} \qquad (8.50)$$

der LAPLACEsche Operator; $\Delta\Delta w$ bedeutet demnach die Differentiationsvorschrift:

$$\Delta\Delta w = \Delta(\Delta w) = (\Delta w)'' + (\Delta w)^{\bullet\bullet} = w'''' + 2w''^{\bullet\bullet} + w^{\bullet\bullet\bullet\bullet} \tag{8.51}$$

Q_x und Q_y werden in G.8.46 eingeführt. Damit verbleiben drei Gleichgewichtsgleichungen:

$$N_x' + N_{yx}^{\bullet} + X = 0 \tag{8.52}$$

$$N_y^{\bullet} + N_{xy}' + Y = 0 \tag{8.53}$$

$$N_x\left(\frac{1}{r_x} - w''\right) + N_y\left(\frac{1}{r_y} - w^{\bullet\bullet}\right) - 2N_{xy}w'^{\bullet} + K\Delta\Delta w + Z = 0 \tag{8.54}$$

Die Gleichungen gelten für t=konstant.

Für das weitere Vorgehen bestehen zwei Möglichkeiten:
a) Es wird die nach AIRY benannte Spannungsfunktion $\Phi(x,y)$ eingeführt, die mit den Spannungen in der Mittelfläche in folgender Beziehung steht:

$$\sigma_x = \Phi^{\bullet\bullet}, \quad \sigma_y = \Phi'', \quad \tau_{xy} = -\Phi'^{\bullet} \tag{8.55}$$

Da die Spannungen geradlinig über die Wanddicke verteilt sind und t=konstant ist, gilt:

$$N_x = t \cdot \sigma_x, \; N_y = t \cdot \sigma_y, \; N_{xy} = t \cdot \tau_{xy} \tag{8.56}$$

und damit:

$$N_x = t \cdot \Phi^{\bullet\bullet}, \quad N_y = t \cdot \Phi'', \quad N_{xy} = -\, t \cdot \Phi'^{\bullet} \tag{8.57}$$

Werden diese Ausdrücke in G.8.52/53 eingesetzt und eine tangentialfreie Oberflächenbelastung unterstellt (X=Y=0), bestätigt man sofort, daß den Komponentengleichungen in Richtung x und y durch die Spannungsfunktion genügt wird:

$$t(\Phi^{\bullet\bullet\prime} - \Phi'^{\bullet\bullet}) = 0; \quad t(\Phi''^{\bullet} - \Phi'^{\bullet\prime}) = 0 \tag{8.58}$$

$\Phi(x,y)$ vermag G.8.52/53 somit identisch zu ersetzen. - Anstelle des Eleastizitätsgesetzes für die Längskräfte (G.8.27/28) bedarf es einer zusätzlichen Bestimmungsgleichung für Φ, die die Verzerrungs-Verschiebungsbeziehungen für die Mittelfläche beinhaltet (G.8.8 u. 8.12):

$$\varepsilon_x = u' + \frac{w}{r_x} + \frac{w'^2}{2}; \quad \varepsilon_y = v^{\bullet} + \frac{w}{r_y} + \frac{w^{\bullet 2}}{2}; \quad \gamma_{xy} = u^{\bullet} + v' + w'w^{\bullet} \tag{8.59}$$

Die erste Gleichung wird zweimal nach y, die zweite zweimal nach x und die dritte einmal nach x und einmal nach y differenziert. Anschließend werden die ersten beiden Gleichungen addiert und die letzte subtrahiert. Das Ergebnis dieser Rechnung ist:

$$\varepsilon_x^{\bullet\bullet} + \varepsilon_y'' - \gamma_{xy}'^{\bullet} = \left(\frac{w}{r_x}\right)^{\bullet\bullet} + \left(\frac{w}{r_y}\right)'' + w'^{\bullet 2} - w''w^{\bullet\bullet} \tag{8.60}$$

Wird anstelle der Verzerrungen mit den Spannungen gerechnet (G.8.25) und G.8.55 berücksichtigt,

$$\varepsilon_x = \frac{1}{E}(\sigma_x - \mu\sigma_y) = \frac{1}{E}(\Phi^{\bullet\bullet} - \mu\Phi''); \quad \varepsilon_y = \frac{1}{E}(\Phi'' - \mu\Phi^{\bullet\bullet}). \quad \gamma_{xy} = \frac{1}{G}\tau_{xy} = -\frac{2(1+\mu)}{E}\Phi'^{\bullet} \tag{8.61}$$

folgt aus G.8.60 die sog. Verträglichkeitsgleichung:

$$\frac{1}{E}\Delta\Delta\Phi = \left(\frac{w}{r_x}\right)^{\bullet\bullet} + \left(\frac{w}{r_y}\right)'' + w'^{\bullet 2} - w''w^{\bullet\bullet} \tag{8.62}$$

Wie die Herleitung verdeutlicht, vereinigt diese Gleichung die kinematischen und physikalischen Formänderungsaussagen mit den (über die Spannungsfunktion verknüpften) Längskräften; insofern vermag sie das Elastizitätsgesetz für die Längskräfte zu ersetzen. Darüberhinaus sind die Komponentengleichgewichtsgleichungen erfüllt. Gemeinsam mit G.8.54 lautet damit das simultane, partielle Differentialgleichungssystem für die doppeltgekrümmte Schale nach Th.II.Ordn. für endliche Verformungen w:

$$\frac{K}{t}\Delta\Delta w - L(\Phi,w) + \Phi^{\bullet\bullet}\frac{1}{r_x} + \Phi''\frac{1}{r_y} + \frac{Z}{t} = 0 \quad (8.63)$$

$$\frac{1}{E}\Delta\Delta\Phi - [(\frac{w}{r_y})'' + (\frac{w}{r_x})^{\bullet\bullet}] + \frac{1}{2}L(w,w) = 0 \quad (8.64)$$

Hierin ist L(a,b) ein wie folgt vereinbarter Operator:

$$L(a,b) = a''b^{\bullet\bullet} + a^{\bullet\bullet}b'' - 2a'^{\bullet}b'^{\bullet} \quad (8.65)$$

(G.8.63 folgt aus G.8.54, indem für die Längskräfte G.8.57 eingeführt wird.) Als Bezugsunbekannte fungieren w und Φ; sie sind über die Differentialgleichungen G.8.63/64 miteinander gekoppelt.

b) Eine andere Vorgehensweise ist diese: Für N_x, N_y und N_{xy} werden in G.8.52/54 die Elastizitätsgesetze, G.8.27/29, eingesetzt. Das ergibt drei simultane, partielle Differentialgleichungen für die Bezugsunbekannten u, v und w:

$$D[u'' + \frac{1-\mu}{2}(u^{\bullet\bullet} + w'w^{\bullet\bullet}) + \frac{1+\mu}{2}(v'^{\bullet} + w^{\bullet}w'^{\bullet}) + w'w'' + (\frac{w}{r_x})' + \mu(\frac{w}{r_y})'] + X = 0 \quad (8.66)$$

$$D[v^{\bullet\bullet} + \frac{1-\mu}{2}(v'' + w^{\bullet}w'') + \frac{1+\mu}{2}(u'^{\bullet} + w'w'^{\bullet}) + w^{\bullet}w^{\bullet\bullet} + (\frac{w}{r_y})^{\bullet} + \mu(\frac{w}{r_x})^{\bullet}] + Y = 0 \quad (8.67)$$

$$D\Big\{(u' + \frac{w}{r_x} + \frac{w'^2}{2})[(\frac{1}{r_x} - w'') + \mu(\frac{1}{r_y} - w^{\bullet\bullet})] + (v^{\bullet} + \frac{w}{r_y} + \frac{w^{\bullet 2}}{2})[(\frac{1}{r_y} - w^{\bullet\bullet}) + \mu(\frac{1}{r_x} - w'')] - (1-\mu)(u^{\bullet} + v' + w'w^{\bullet})w'^{\bullet}\Big\} + K\Delta\Delta w + Z = 0 \quad (8.68)$$

Dieses Differentialgleichungssystem genügt demselben Schärfegrad wie G.8.63/64. Die Gültigkeit ist insofern etwas allgemeiner, weil X und Y nicht zu Null vorausgesetzt sind.

Die Vorgehensweise a) (u.a. auf LOVE, v.KÁRMÁN, MARGUERRE, WLASSOV, WOLMIR zurückgehend) erweist sich für die Lösung nichtlinearer Beulprobleme als die zweckmäßigere.

8.2.5.2 Energetische Herleitung

Um die Grundgleichungen nach der Energiemethode herleiten zu können, ist zunächst die potentielle Energie

$$\Pi = \Pi_i + \Pi_a \quad (8.69)$$

der inneren und äußeren Kräfte am verformten System (relativ zum unverformten Ausgangszustand) zu bestimmen. Die potentielle Energie der inneren Kräfte ist gleich dem Betrag der gespeicherten Formänderungsarbeit:

$$\Pi_i = -A_i = \frac{1}{2}\int_V(\sigma_{xz}\varepsilon_{xz} + \sigma_{yz}\varepsilon_{yz} + \tau_{xyz}\gamma_{xyz})\,dV \quad (8.70)$$

Hierin ist

$$\int_V \cdots dV = \iint_F \int_{-t/2}^{+t/2} \cdots dz\,dF; \quad t: \text{Dicke}; \quad dF = dx \cdot dy \quad (8.71)$$

das Volumenintegral über sämtliche differentiellen Arbeitsbeträge, wie sie im Integranden von G.8.70 für das Volumenelement in der z-Ebene formuliert sind. Für die Spannungen wird das HOOKEsche Gesetz (G.8.25) eingesetzt; das ergibt:

$$\Pi_i = \frac{E}{2(1-\mu^2)}\int_V[(\varepsilon_{xz} + \varepsilon_{yz})^2 - 2(1-\mu)(\varepsilon_{xz}\varepsilon_{yz} - \frac{1}{4}\gamma_{xyz}^2)]\,dV \quad (8.72)$$

Die Verzerrungen (G.8.20 u.8.23)

$$\varepsilon_{xz} = u' + \frac{w}{r_x} + \frac{w'^2}{2} - zw'' \qquad (8.73)$$

$$\varepsilon_{yz} = v^{\bullet} + \frac{w}{r_y} + \frac{w^{\bullet 2}}{2} - zw^{\bullet\bullet} \qquad (8.74)$$

$$\gamma_{xyz} = u^{\bullet} + v' + w'w^{\bullet} - 2zw'^{\bullet} \qquad (8.75)$$

werden gesplittet:

$$\varepsilon_{xz} = \varepsilon_x - zw'', \quad \varepsilon_{yz} = \varepsilon_y - zw^{\bullet\bullet}; \quad \gamma_{xyz} = \gamma_{xy} - zw'^{\bullet} \qquad (8.76)$$

(Die Gleichungen G.8.73/75 entsprechen bezüglich Genauigkeitsgrad dem Elastizitätsgesetz G.8.27/32.) Die jeweils ersten Terme in G.8.76 kennzeichnen die bezogenen Längen- bzw. Winkeländerungen in der Mittelebene und die jeweils zweiten deren Verbiegung und Verwindung. Werden die Verzerrungsgleichungen in G.8.72 eingesetzt, ausmultipliziert und über z integriert, folgt mit G.8.55 nach längerer Rechnung:

$$\Pi_i^D = \frac{t}{2E} \cdot \int_F [(\Phi'' + \Phi^{\bullet\bullet})^2 - 2(1+\mu)(\Phi'' \cdot \Phi^{\bullet\bullet} - \Phi'^{\bullet 2})]\, dF \qquad (8.77)$$

$$\Pi_i^B = \frac{K}{2} \cdot \int_F [(w'' + w^{\bullet\bullet})^2 - 2(1-\mu)(w''w^{\bullet\bullet} - w'^{\bullet 2})]\, dF \qquad (8.78)$$

Die erste Gleichung beinhaltet den Dehnungs- und die zweite den Biegungsbeitrag der inneren potentiellen Energie. K ist die Biegungssteifigkeit, vgl. G.8.33.

Die potentielle Energie der äußeren Kräfte läßt sich nur über eine Nebenrechnung bestimmen: Π_a ist das (negative) Produkt der äußeren Kräfte mit deren Verschiebungswegen. Die äußeren Kräfte (Rand- und Oberflächenkräfte) stehen untereinander und mit den inneren Kräften im Gleichgewicht. Der Schale wird eine virtuelle Verrückung w^* eingeprägt. (Auf die Kennung des Verrückungssymbols wird im folgenden bei den Verschiebungen verzichtet.) Da es sich um einen Gleichgewichtszustand handelt, ist die äußere virtuelle Arbeit gleich der inneren virtuellen Arbeit:

$$A_a^* = A_i^* \qquad (8.79)$$

Die äußere virtuelle Arbeit ist das Integral über die äußeren Kräfte, multipliziert mit den Verschiebungswegen und ist somit mit $-\Pi_a$ identisch. Demnach gilt:

$$\Pi_a = -A_a^* = -A_i^* \qquad (8.80)$$

Es kann somit von der inneren virtuellen Arbeit direkt auf Π_a geschlossen werden. Um die innere virtuelle Arbeit herzuleiten, wird zunächst ein verzerrungsfreier virtueller Verformungszustand unterstellt, d.h., es wird

$$\varepsilon_x = 0: \quad u' = -\left(\frac{w}{r_x} + \frac{w'^2}{2}\right) \qquad (8.81)$$

$$\varepsilon_y = 0: \quad v^{\bullet} = -\left(\frac{w}{r_y} + \frac{w^{\bullet 2}}{2}\right) \qquad (8.82)$$

$$\gamma_{xy} = 0: \quad u^{\bullet} + v' = -w'w^{\bullet} \qquad (8.83)$$

postuliert. - Die inneren Kräfte in der Mittelfläche der Schale leisten folgende integrale virtuelle Arbeit:

$$A_i^* \overset{①}{=} \int_F (N_x dy \cdot u'dx + N_y dx \cdot v^{\bullet}dy + N_{xy} dy \cdot v'dx + N_{yx} dx \cdot u^{\bullet}dy) \qquad (8.84)$$

Mit G.8.81/83 folgt nunmehr für Π_a (gemäß G.8.80):

$$\Pi_a^{①} = -\int_F [N_x u' + N_y v^{\bullet} + N_{xy}(v' + u^{\bullet})]\,dx\,dy$$
$$= \int_F [N_x(\frac{w}{r_x} + \frac{w'^2}{2}) + N_y(\frac{w}{r_y} + \frac{w^{\bullet 2}}{2}) + N_{xy} w' w^{\bullet}]\,dF$$
$$= \frac{t}{2}\int_F [\Phi^{\bullet\bullet}(2\frac{w}{r_x} + w'^2) + \Phi''(2\frac{w}{r_y} + w^{\bullet 2}) - 2\Phi'^{\bullet} w' w^{\bullet}]\,dF \qquad (8.85)$$

(In der letzten Zeile wurde die Spannungsfunktion für die Längskräfte eingeführt, vgl. G.8.57.)

Die in G.8.81/83 angesetzten (verzerrungsfreien) Verschiebungsänderungen (hervorgerufen durch die virtuelle Verrückung w^*) sind nicht verträglich. Bei einem eindimensionalen Knickstab (oder Kippträger) können sie sich einstellen (vgl. z.B. Abschnitt 1.2.2.2.2/4), nicht dagegen in einer flächenhaften Struktur. Es ist daher eine Korrektur notwendig, indem ε_x, ε_y und γ_{xy} zugelassen werden:

$$A_i^{*②} = +\int_V (\sigma_x\varepsilon_x + \sigma_y\varepsilon_y + \tau_{xy}\gamma_{xy})\,dV \qquad (8.86)$$

Das HOOKEsche Gesetz (G.8.25) wird nach den Verzerrungen aufgelöst und in die vorstehende Gleichung eingesetzt. (Verzerrungen und Spannungen beziehen sich auf die Mittelfläche!). G.8.56/57 wird beachtet; gemäß G.8.80 folgt nach kurzer Rechnung:

$$\Pi_a^{②} = -\frac{t}{E}\int [(\Phi'' + \Phi^{\bullet\bullet})^2 - 2(1+\mu)(\Phi''\Phi^{\bullet\bullet} - \Phi'^{\bullet})^2]\,dF \qquad (8.87)$$

Den dritten Beitrag leisten die äußeren Oberflächenkräfte:

$$\Pi_a^{③} = \int_F Z w\,dF \quad (-\int_F X u\,dF - \int_F Y v\,dF) \qquad (8.88)$$

Zusammenfassung von G.8.77/78/85/88 (X=Y=0):

$$\Pi = \int_F \Big\{ \frac{t}{2E}[(\Phi'' + \Phi^{\bullet\bullet})^2 - 2(1+\mu)(\Phi''\cdot\Phi^{\bullet\bullet} - \Phi'^{\bullet 2})]$$
$$+ \frac{K}{2}[(w'' + w^{\bullet\bullet})^2 - 2(1-\mu)(w''\cdot w^{\bullet\bullet} - w'^{\bullet 2})]$$
$$+ \frac{t}{2}[\Phi^{\bullet\bullet}(2\frac{w}{r_x} + w'^2) + \Phi''(2\frac{w}{r_y} + w^{\bullet 2}) - 2\Phi'^{\bullet} w' w^{\bullet}]$$
$$- \frac{t}{E}[(\Phi'' + \Phi^{\bullet\bullet})^2 - 2(1+\mu)(\Phi''\cdot\Phi^{\bullet\bullet} - \Phi'^{\bullet 2})] + Z\cdot w \Big\}\,dF \qquad (8.89)$$

Der erste und vierte Term können zusammengezogen werden:

$$\Pi = \int_F \Big\{ -\frac{t}{2E}[(\Phi'' + \Phi^{\bullet\bullet})^2 - 2(1+\mu)(\Phi''\Phi^{\bullet\bullet} - \Phi'^{\bullet 2})]$$
$$+ \frac{K}{2}[(w'' + w^{\bullet\bullet})^2 - 2(1-\mu)(w''w^{\bullet\bullet} - w'^{\bullet 2})]$$
$$+ \frac{t}{2}[\Phi^{\bullet\bullet}(2\frac{w}{r_x} + w'^2) + \Phi''(2\frac{w}{r_y} + w^{\bullet 2}) - 2\Phi'^{\bullet} w' w^{\bullet}] + Zw \Big\}\,dF \qquad (8.90)$$

Der virtuelle Verrückungszustand wird nunmehr mit dem realen Verschiebungszustand identifiziert. Mit G.8.90 ist die gesuchte potentielle Energie abgeleitet. Die Grundgleichungen findet man vermittelst:

$$\delta\Pi = 0 \qquad (8.91)$$

oder, gleichwertig, über die EULERschen Gleichungen:

$$\frac{\partial F}{\partial w} - \left(\frac{\partial F}{\partial w'}\right)' - \left(\frac{\partial F}{\partial w^{\bullet}}\right)^{\bullet} + \left(\frac{\partial F}{\partial w''}\right)'' + \left(\frac{\partial F}{\partial w'^{\bullet}}\right)'^{\bullet} + \left(\frac{\partial F}{\partial w^{\bullet\bullet}}\right)^{\bullet\bullet} = 0 \tag{8.92}$$

$$\frac{\partial F}{\partial \Phi} - \left(\frac{\partial F}{\partial \Phi'}\right)' - \left(\frac{\partial F}{\partial \Phi^{\bullet}}\right)^{\bullet} + \left(\frac{\partial F}{\partial \Phi''}\right)'' + \left(\frac{\partial F}{\partial \Phi'^{\bullet}}\right)'^{\bullet} + \left(\frac{\partial F}{\partial \Phi^{\bullet\bullet}}\right)^{\bullet\bullet} = 0 \tag{8.93}$$

(Vgl. Anhang I und T.I.1.) Hierin ist F das unter dem Flächenintegral von G.8.90 in der geschweiften Klammer stehende Funktional. Werden die vorstehenden Differentiationsvorschriften ausgeführt, ergeben sich die gekoppelten Differentialgleichungen G.8.63/64.

Würde man die potentielle Energie zu

$$\Pi = \Pi_i^D + \Pi_i^B + \Pi_a^{(1)} + \Pi_a^{(3)}$$

zusammenfassen, ergibt sich die erste (Gleichgewichts-)Gleichung unverändert, für die zweite (Verträglichkeits-)Gleichung erhält man:

$$-\frac{1}{E}\Delta\Delta\Phi - \left[\left(\frac{w}{r_y}\right)'' + \left(\frac{w}{r_x}\right)^{\bullet\bullet}\right] + \frac{1}{2}\cdot L(w,w) = 0$$

Gegenüber G.8.64 ist das erste Glied negativ. Ein solches Vorgehen, wie im Schrifttum gelegentlich zu lesen, ist offensichtlich nicht korrekt. Nur über die oben eingeführte Ergänzungsenergie (G.8.87), die für eine verzerrungsverträgliche Variation sorgt, findet man die richtige Verträglichkeitsgleichung. Diese Erkenntnis geht auf REISSNER zurück.

Neben der Herleitung mittels der EULERschen Gleichungen wäre auch eine direkte Variation möglich gewesen, um die Grundgleichungen zu bestätigen. (Auf das analoge Vorgehen bei der Ableitung der Grundgleichungen für die Biege- und Biegedrillknickprobleme in den Abschnitten 1.2.2.2.3 und 7.2.3/4 wird in dem Zusammenhang rückverwiesen.) Dabei fallen auch die Randbedingungen an. (Diese Ableitung wird im Abschnitt 8.2.7 nachgetragen.)

Das Potential $\Pi = \Pi(u,v,w)$ folgt zu:

$$\Pi = \int_F \Big\{ \frac{D}{2}\Big[\Big(u' + \frac{w}{r_x} + \frac{w'^2}{2}\Big)^2 + \Big(v^{\bullet} + \frac{w}{r_y} + \frac{w^{\bullet 2}}{2}\Big)^2 + 2\mu\Big(u' + \frac{w}{r_x} + \frac{w'^2}{2}\Big)\Big(v^{\bullet} + \frac{w}{r_y} + \frac{w^{\bullet 2}}{2}\Big) + \frac{1-\mu}{2}(u^{\bullet} + v' + w'w^{\bullet})^2\Big] + \\ + \frac{K}{2}\big[(w'' + w^{\bullet\bullet})^2 - 2(1-\mu)(w''w^{\bullet\bullet} - w'^{\bullet 2})\big] - Xu - Yv + Zw \Big\} dF \tag{8.94}$$

Hierzu sind in G.8.72 das HOOKEsche Gesetz (G.8.25) und für die Verzerrungen die nichtlinearen Verzerrungs-Verschiebungsverschiebungen (G.8.20/21/23, reduziert um alle kleinen Glieder) einzusetzen. Nach Integration über die Wanddicke ergibt sich mit G.8.88 vorstehender Energieausdruck. Werden auf G.8.94 wieder die EULERschen Differentiationsvorschriften angewandt, bestätigt man die Grundgleichungen G.8.66/68. Bezüglich der Randbedingungen gilt dieselbe Anmerkung wie im vorangegangenen Absatz.

8.2.6 Beulgleichungen

Im Abschnitt 8.2.5 wurden die Grundgleichungen der Spannungstheorie II.Ordn. für endliche Schalenverformungen hergeleitet und zwar alternativ für die Bezugsunbekannten w, Φ und u, v, w. Diese Gleichungen werden anschließend für den Sonderfall des Verzweigungsbeulens angeschrieben.

Bei einem Beulproblem wird bekanntlich ein biegungsfreier Membranspannungszustand vorausgesetzt; dieser wird unter einer bestimmten Belastungsintensität instabil, das Gleichgewicht verzweigt.

Im biegungsfreien Grundzustand stehen die Membrankräfte mit den Rand- und Oberflächenlasten im Gleichgewicht; von letzteren seien X und Y Null. - Die Membrankräfte werden gesplittet: Der eine Teil wird durch eingeprägte Randlasten verursacht (1):

$$N_x^{(1)},\ N_y^{(1)},\ N_{xy}^{(1)}$$

Diese Kräfte stehen mit den Randlasten im Gleichgewicht. Der andere Teil wird durch die Oberflächenbelastung Z(x,y) hervorgerufen (2):

$$N_x^{(2)},\ N_y^{(2)},\ N_{xy}^{(2)} = 0$$

Diese Kraftanteile stehen an jeder Stelle der Schale mit der Belastung Z im Gleichgewicht:

$$Z = -\left(\frac{N_x^{(2)}}{r_x} + \frac{N_y^{(2)}}{r_y}\right); \quad N_{xy}^{(2)} = 0 \tag{8.95}$$

Die Randbedingungen seien derart, daß sich die Membranverformungen unter ansteigenden Lasten ungehindert einstellen können, dann liegt bis zur Gleichgewichtsverzweigung ein biegungsfreier Membranspannungszustand vor; beim Ausbeulen stellen sich Ausbiegungen ein; den Membranspannungen überlagern sich infinitesimale Spannungsänderungen:

$$\begin{aligned} w_I &= w_0 + \bar{\delta} w = \bar{\delta} w = \bar{w} \\ \Phi_I &= \Phi_0 + \bar{\delta}\Phi = \Phi + \bar{\Phi} \end{aligned} \tag{8.96}$$

(Auf die Kennzeichnung des Grundspannungszustandes durch den Index 0 und des Beulzustandes durch das Variationssymbol wird im folgenden verzichtet.) Mit diesen Ansätzen lautet G.8.63:

$$\frac{K}{t}\cdot\Delta\Delta\bar{w} + \frac{1}{r_x}(\Phi+\bar{\Phi})^{\bullet\bullet} + \frac{1}{r_y}(\Phi+\bar{\Phi})'' - (\Phi+\bar{\Phi})^{\bullet\bullet}\bar{w}'' - (\Phi+\bar{\Phi})\bar{w}^{\bullet\bullet} + 2(\Phi+\bar{\Phi})'^{\bullet}\bar{w}'^{\bullet} + \frac{Z}{t} = 0 \tag{8.97}$$

Von dieser Gleichgewichtsgleichung (in Richtung z) wird G.8.95 subtrahiert. Glieder höherer Kleinheitsordnung werden unterdrückt und die Spannungsfunktion durch die Membrankräfte ersetzt. Einschließlich G.8.64 lauten die Beulgleichungen:

$$K\Delta\Delta\bar{w} + \frac{t}{r_x}\bar{\Phi}^{\bullet\bullet} + \frac{t}{r_y}\bar{\Phi}'' - N_x\bar{w}'' - N_y\bar{w}^{\bullet\bullet} - 2N_{xy}\bar{w}'^{\bullet} = 0 \tag{8.98}$$

$$\frac{1}{E}\Delta\Delta\bar{\Phi} - \left[\left(\frac{\bar{w}}{r_y}\right)'' + \left(\frac{\bar{w}}{r_x}\right)^{\bullet\bullet}\right] + \bar{w}''\bar{w}^{\bullet\bullet} - \bar{w}'^{\bullet 2} = 0 \tag{8.99}$$

Handelt es sich um lokale Beulverformungen geringer Ausdehnung, für die örtlich r_x=konst. und r_y=konst. gesetzt werden kann, vereinfachen sich die Gleichungen zu:

$$K\Delta\Delta\bar{w} + \left(\frac{t}{r_x}\bar{\Phi}^{\bullet\bullet} + \frac{t}{r_y}\bar{\Phi}''\right) - N_x\bar{w}'' - N_y\bar{w}^{\bullet\bullet} - 2N_{xy}\bar{w}'^{\bullet} = 0 \tag{8.100}$$

$$\frac{1}{E}\Delta\Delta\bar{\Phi} - \left(\frac{1}{r_y}\bar{w}'' + \frac{1}{r_x}\bar{w}^{\bullet\bullet}\right) + \bar{w}''\bar{w}^{\bullet\bullet} - \bar{w}'^{\bullet 2} = 0 \tag{8.101}$$

Um diese Gleichungen zu entkoppeln, wird die Funktion $\Psi(x,y)$ eingeführt; sie ist wie folgt definiert:

$$\bar{w} = \Delta\Delta\bar{\Psi} \quad ; \quad \bar{\Phi} = E\left(\frac{1}{r_x}\bar{\Psi}^{\bullet\bullet} + \frac{1}{r_y}\bar{\Psi}''\right) \tag{8.102}$$

G.8.101 wird hierdurch genügt. Auf G.8.100 wird der LAPLACEsche Operator zweimal angewandt und G.8.102 eingesetzt, das ergibt:

$$K\Delta\Delta\Delta\Delta\bar{w} + Et\left(\frac{1}{r_x^2}\bar{\Psi}^{\bullet\bullet\bullet\bullet} + \frac{2}{r_x\cdot r_y}\bar{\Psi}''^{\bullet\bullet} + \frac{1}{r_y^2}\bar{\Psi}''''\right) - N_x(\Delta\Delta\bar{\Psi})'' - N_y(\Delta\Delta\bar{\Psi})^{\bullet\bullet} - 2N_{xy}(\Delta\Delta\bar{\Psi}) = 0 \tag{8.103}$$

Die Grundgleichungen G.8.66/68 werden analog umgestellt.

8.2.7 Grundgleichungssystem für Schalen und Platten mit Vorverformungen

Wegen der Imperfektionsanfälligkeit dünnwandiger Schalen- und Plattenstrukturen kommt der Einrechnung von Vorverformungen große Bedeutung zu. Es erweist sich bei der Herleitung der Grundgleichungen als zweckmäßig, die Verformungen von der Sollfläche aus zu messen; die realen Verformungen betragen dann $w - w_0$.

Die Erweiterung der Grundgleichungen und des Energiepotentials ist auf T.8.1 zusammengestellt.

Da w von der Sollfläche aus gemessen wird, bleiben die Gleichgewichtsgleichungen unverändert. Schnittgrößen werden nur durch die Verformungen von der Istfläche aus geweckt. Um die Formeln auf der Tafel zu verifizieren, wird auf die Anmerkungen im Abschnitt 1.2.6.3 verwiesen.

Die Grundgleichungen lassen sich wieder statisch oder energetisch herleiten. Führt man eine direkte Variation durch

$$\delta\Pi = \delta\Pi(\Phi'', \Phi^{\bullet\bullet}, \Phi'^{\bullet}, w, w', w^{\bullet}, w'', w^{\bullet\bullet}, w'^{\bullet}) = \frac{\partial\Pi}{\partial\Phi''}\delta\Phi'' + \dots \qquad \dots + \frac{\partial\Pi}{\partial w'^{\bullet}}\delta w'^{\bullet} = 0 \tag{8.104}$$

fallen nach mehrfacher partieller Integration nicht nur die Grundgleichungen sondern auch die Randterme an. Die Rechnungen sind langwierig. Für den Rand x=konst. findet man:

$$\Big|\int_x \Big\{K[w^{\bullet\bullet\bullet} - w_0^{\bullet\bullet\bullet} + (2-\mu)(w''^{\bullet} - w_0''^{\bullet})] - t(\Phi'' w^{\bullet} - \Phi'^{\bullet} w')\Big\}\cdot\delta w \, dx \Big|_{y=0}^{y=b} = 0 \tag{8.105}$$

$$\Big|\int_x \Big\{K[w^{\bullet\bullet} - w_0^{\bullet\bullet} + \mu(w'' - w_0'')]\Big\}\cdot\delta w^{\bullet} \, dx \Big|_{y=0}^{y=b} = 0 \tag{8.106}$$

$$\Big|\int_x \Big\{\frac{1}{E}[\Phi^{\bullet\bullet\bullet} + (2+\mu)\Phi''^{\bullet}] - \Big(\frac{w - w_0}{r_x}\Big)^{\bullet} + (w^{\bullet} w'' - w_0^{\bullet} w_0'')\Big\}\cdot\delta\Phi \, dx \Big|_{y=0}^{y=b} = 0 \tag{8.107}$$

$$\Big|\int_x \Big\{\frac{1}{E}(\Phi^{\bullet\bullet} - \mu\Phi'') - \frac{w - w_0}{r_x} - \frac{w'^2 - w_0'^2}{2}\Big\}\cdot\delta\Phi^{\bullet} \, dx \Big|_{y=0}^{y=b} = 0 \tag{8.108}$$

$$\Big|\Big|(w'^{\bullet} - w_0'^{\bullet})\cdot\delta w \Big|_{x=0}^{x=a} \Big|_{y=0}^{y=b} = 0 \tag{8.109}$$

$$\Big|\Big|[\frac{1}{E}2(1+\mu)\Phi'^{\bullet} + (w' w^{\bullet} - w_0' w_0^{\bullet})]\,\delta\Phi \Big|_{x=0}^{x=a} \Big|_{y=0}^{y=b} = 0 \tag{8.110}$$

Für den Rand y=konst. ergeben sich entsprechende Terme durch zyklische Vertauschung. Im einzelnen lassen sich die Ausdrücke wie folgt mechanisch deuten:

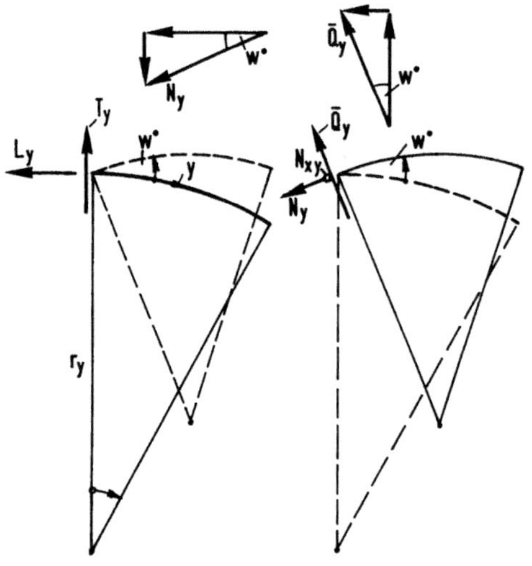

Bild 8.10

Term G.8.105: Die KIRCHHOFFsche Ersatzquerkraft $\bar{Q}_y$ beträgt:

$$\bar{Q}_y = Q_y + M'_{yx} = K[(w^{\bullet\bullet\bullet} - w_0^{\bullet\bullet\bullet}) + (2-\mu)(w''^{\bullet} - w_0''^{\bullet})] \tag{8.111}$$

Sie bezieht sich, wie N_y, auf die verformte Mittelfläche. Werden $\bar{Q}_y$, N_y und N_{xy} am Rand zu den, auf die Sollfläche bezogenen Schnittkräften T_y und L_y zusammengefaßt, ergibt sich (vgl. B.8.10):

$$T_y = \bar{Q}_y - (N_y w^{\bullet} + N_{xy} w'); \quad L_y \approx N_y \tag{8.112}$$

Der Inhalt der geschweiften Klammer von G.8.105 ist mit T_y identisch. T_y ist die Transversalkraft. Somit gilt:

$$\Big|\int_x (T_y \cdot \delta w)\, dx \Big|_{y=0}^{y=b} = 0 \tag{8.113}$$

Term G.8.106: Der Inhalt der geschweiften Klammer ist das Biegungsmoment M_y, demnach gilt:

$$\Big|\int_x (M_y \cdot \delta w^{\bullet})\, dx \Big|_{y=0}^{y=b} = 0 \tag{8.114}$$

Die Terme G.8.107 lassen sich mittels der auf T.8.1 zusammengestellten Formeln für die Verschiebungsänderungen umformen. Auf T.8.1 sind alle Randbedingungen zusammengefaßt. Um die Richtigkeit zu bestätigen, ist von den Verzerrungs-Verschiebungsbeziehungen auszugehen (G.8.73/8.75); sie lauten bei Vorhandensein von Vorverformungen w_0:

Nichtlineare Grundgleichungen für doppelt gekrümmte Schalen mit Vorverformungen w_0

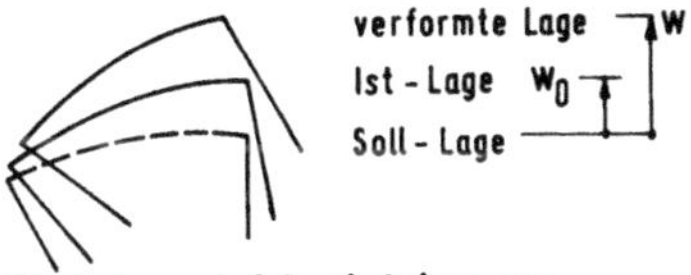

Verformungen unter Last : $u, v, w - w_0$

$$D = \frac{E\,t}{1-\mu^2}\,, \qquad K = \frac{E\,t^3}{12(1-\mu^2)}$$

Gleichgewichtsgleichungen

$$N_x' + N_{yx}^{\bullet} + X = 0\,, \quad N_y^{\bullet} + N_{xy}' + Y = 0$$

$$N_x\cdot\left(\frac{1}{r_x} + w''\right) + N_y\cdot\left(\frac{1}{r_y} + w^{\bullet\bullet}\right) - 2N_{xy}\cdot w'^{\bullet} + K\Delta\Delta w + Z = 0$$

Elastizitätsgesetz:

$$N_x = D\left\{u' + \frac{w-w_0}{r_x} + \frac{w'^2 - w_0'^2}{2} + \mu\left[v^{\bullet} + \frac{w-w_0}{r_y} + \frac{w^{\bullet 2} - w_0^{\bullet 2}}{2}\right]\right\}$$

$$N_y = D\left\{v^{\bullet} + \frac{w-w_0}{r_y} + \frac{w^{\bullet 2} - w_0^{\bullet 2}}{2} + \mu\left[u' + \frac{w-w_0}{r_x} + \frac{w'^2 - w_0'^2}{2}\right]\right\}$$

$$N_{xy} = N_{yx} = D\frac{1-\mu}{2}\left(u^{\bullet} + v' + w'w^{\bullet} - w_0'w_0^{\bullet}\right)$$

$$M_x = K\left[w'' - w_0'' + \mu(w^{\bullet\bullet} - w_0^{\bullet\bullet})\right], \quad Q_x = M_x' + M_{yx}^{\bullet}\,, \quad \bar{Q}_x = Q_x + M_{xy}^{\bullet}$$

$$M_y = K\left[w^{\bullet\bullet} - w_0^{\bullet\bullet} + \mu(w'' - w_0'')\right] \quad Q_y = M_y^{\bullet} + M_{xy}'\,, \quad \bar{Q}_y = Q_y + M_{yx}'$$

$$M_{xy} = M_{yx} = K(1-\mu)\cdot(w'^{\bullet} - w_0'^{\bullet})$$

Spannungsfunktion $\quad \Phi = \Phi(x,y)\,;\ X = Y = 0$:

$$N_x = t\cdot\sigma_x = t\cdot\Phi^{\bullet\bullet}\,, \quad N_y = t\cdot\sigma_y = t\cdot\Phi''\,, \quad N_{xy} = N_{yx} = t\cdot\tau_{xy} = -t\cdot\Phi'^{\bullet}$$

Grundgleichungen: $\quad \Delta\Delta a = a'''' + 2a''^{\bullet\bullet} + a^{\bullet\bullet\bullet\bullet}, \quad L(a,b) = a''b^{\bullet\bullet} + a^{\bullet\bullet}b'' - 2a'^{\bullet}b'^{\bullet}$ (Operatoren)

$$\frac{K}{t}\Delta\Delta(w - w_0) - L(\Phi, w) + \Phi^{\bullet\bullet}\frac{1}{r_x} + \Phi''\frac{1}{r_y} + Z = 0$$

$$\frac{1}{E}\Delta\Delta\Phi - \left[\left(\frac{w-w_0}{r_y}\right)'' + \left(\frac{w-w_0}{r_x}\right)^{\bullet\bullet}\right] + \left(w''w^{\bullet\bullet} - w'^{\bullet 2}\right) - \left(w_0''w_0^{\bullet\bullet} - w_0'^{\bullet 2}\right) = 0$$

Potential:

$$\begin{aligned}\Pi = \int_F \Big\langle & -\frac{t}{2E}\left[(\phi'' + \phi^{\bullet\bullet})^2 - 2(1+\mu)(\phi''\phi^{\bullet\bullet} - \phi'^{\bullet 2})\right] \\ & + \frac{K}{2}\left\{\left[(w'' - w_0'') + (w^{\bullet\bullet} - w_0^{\bullet\bullet})\right]^2 - 2(1-\mu)\left[(w'' - w_0'')(w^{\bullet\bullet} - w_0^{\bullet\bullet}) - (w'^{\bullet} - w_0'^{\bullet})^2\right]\right\} \\ & + \frac{t}{2}\Big\{\Phi^{\bullet\bullet}\left[\frac{2}{r_x}(w - w_0) + (w'^2 + w_0'^2)\right] + \Phi''\left[\frac{2}{r_y}(w - w_0) + (w^{\bullet 2} - w_0^{\bullet 2})\right] \\ & -2\Phi'^{\bullet}\cdot(w'w^{\bullet} - w_0'w_0^{\bullet})\Big\} + Z(w - w_0)\Big\rangle\, dF\end{aligned}$$

Verschiebungen der Mittelebene:

$$u' = \frac{1}{E}(\Phi^{\bullet\bullet} - \mu\cdot\Phi'') - \frac{w-w_0}{r_x} - \frac{w'^2 - w_0'^2}{2}$$

$$v^{\bullet} = \frac{1}{E}(\Phi'' - \mu\cdot\Phi^{\bullet\bullet}) - \frac{w-w_0}{r_y} - \frac{w^{\bullet 2} - w_0^{\bullet 2}}{2}$$

$$u^{\bullet} + v' = -\frac{2(1+\mu)}{E}\Phi'^{\bullet} - (w'w^{\bullet} - w_0'w_0^{\bullet})$$

Randbedingungen:

$$\left|\int_x [T_y\,\delta w]\,dx\right|_{y=0}^{y=b} = 0\,; \quad \left|\int_y [T_x\,\delta w]\,dy\right|_{x=0}^{x=a} = 0\,; \quad \left|\int_x [M_y\,\delta w^{\bullet}]\,dx\right|_{y=0}^{y=b} = 0\,; \quad \left|\int_y [M_x\,\delta w']\,dy\right|_{x=0}^{x=a} = 0$$

$$\left|\int_x [u'^{\bullet}\cdot\delta\Phi]\,dx\right|_{y=0}^{y=b} = 0\,; \quad \left|\int_y [v'^{\bullet}\cdot\delta\Phi]\,dy\right|_{x=0}^{x=a} = 0\,; \quad \left|\int_x [u'\cdot\delta\Phi^{\bullet}]\,dx\right|_{y=0}^{y=b} = 0\,; \quad \left|\int_y [v^{\bullet}\cdot\delta\Phi']\,dy\right|_{x=0}^{x=a} = 0$$

$$\left\| [w'^{\bullet} - w_0'^{\bullet}]\,\delta w \right|_{x=0}^{x=a}\Big|_{y=0}^{y=b} = 0\,; \quad \left\| [u^{\bullet} + v']\,\delta\Phi \right|_{x=0}^{x=a}\Big|_{y=0}^{y=b} = 0$$

Transversalkraft: $T_y = \bar{Q}_y - (N_y w^{\bullet} + N_{xy} w')$

$$\bar{Q}_y = K\left[(w^{\bullet\bullet\bullet} - w_0^{\bullet\bullet\bullet}) + (2-\mu)(w''^{\bullet} - w_0''^{\bullet})\right]$$

$$\varepsilon_{xz} = u' + \frac{w-w_0}{r_x} + \frac{w'^2-w_0'^2}{2} - z(w''-w_0'') \qquad (8.115)$$

$$\varepsilon_{yz} = v^{\bullet} + \frac{w-w_0}{r_y} + \frac{w^{\bullet 2}-w_0^{\bullet 2}}{2} - z(w^{\bullet\bullet}-w_0^{\bullet\bullet}) \qquad (8.116)$$

$$\gamma_{xyz} = u^{\bullet} + v' + (w'w^{\bullet}-w_0'w_0^{\bullet}) - 2z(w'^{\bullet}-w_0'^{\bullet}) \qquad (8.117)$$

Hieraus können u', $v^{\bullet}$ und $(u^{\bullet}+v')$ freigestellt werden. Für z=0 gelten die Beziehungen in der Mittelfläche. Für die Verzerrungen wird das HOOKEsche Gesetz und an die Stelle der Spannungen die Spannungsfunktion gemäß G.8.55 gesetzt:

$$\varepsilon_x = \frac{1}{E}(\Phi^{\bullet\bullet}-\mu\Phi''); \quad \varepsilon_y = \frac{1}{E}(\Phi''-\mu\Phi^{\bullet\bullet}); \quad \gamma_{xy} = -\frac{1}{G}\Phi'^{\bullet} = -\frac{2(1+\mu)}{E}\Phi'^{\bullet} \qquad (8.118)$$

Es ist auch möglich, die Verformung w von der (imperfekten) Istfläche aus zu messen. In diesem Fall lauten die Verzerrungs-Verschiebungsbeziehungen:

$$\varepsilon_{xz} = u' + \frac{w}{r_x} + \frac{w'^2}{2} + w'w_0' - zw''$$

$$\varepsilon_{yz} = v^{\bullet} + \frac{w}{r_y} + \frac{w^{\bullet 2}}{2} + w^{\bullet}w_0^{\bullet} - zw^{\bullet\bullet} \qquad (8.119)$$

$$\gamma_{xyz} = u^{\bullet} + v' + w'w^{\bullet} + w'w_0^{\bullet} + w^{\bullet}w_0' - 2zw'^{\bullet} \qquad (8.120)$$

Ausgehend von diesen Beziehungen lassen sich die zugeordneten Grundgleichungen herleiten. Auf eine ausführliche Wiedergabe kann verzichtet werden; es ist nämlich einfacher, alle vorangegangenen Gleichungen vermittelst

$$(w-w_0) \longrightarrow w \quad \text{bzw.} \quad w \longrightarrow (w+w_0)$$

umzustellen.

8.3 Beulen rechteckiger Platten und Plattenelemente

8.3.1 Grundgleichung der linearen Beultheorie

Die im Abschnitt 8.2 hergeleiteten Grundgleichungen für die doppelt gekrümmte Schalenfläche gehen auf den Sonderfall der ebenen Platte über, wenn die Krümmungsradien r_x und r_y gegen unendlich gehen. Werden darüberhinaus alle Gleichungen linearisiert, d.h. alle in w quadratischen Glieder gestrichen, erhält man die Gleichungen der linearen Theorie; diese werden im folgenden zusammengestellt.

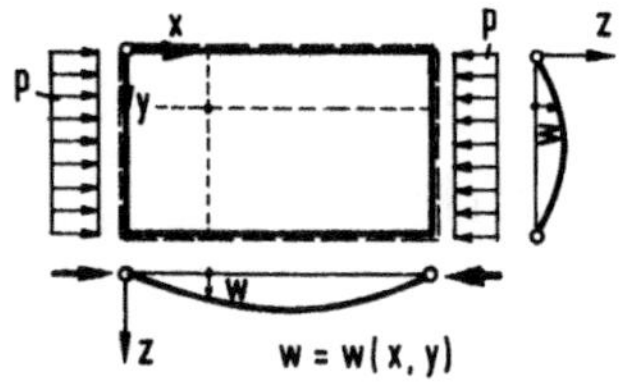

Bild 8.11

8.3.1.1 Statische Herleitung

Gegenüber der Koordinatendefinition in B.8.2 wird w positiv vereinbart, wenn es die Richtung von z hat (B.8.11); im übrigen bleiben alle Definitionen erhalten. - Verzerrungs-Verschiebungsbeziehungen in der Mittelebene und in der z-Ebene (G.8.8/12 u. G.8.20/21/23):

$$\varepsilon_x = u'; \quad \varepsilon_y = v^{\bullet}; \quad \gamma_{xy} = v' + u^{\bullet} \qquad (8.121)$$

$$\varepsilon_{xz} = u' - zw''; \quad \varepsilon_{yz} = v^{\bullet} - zw^{\bullet\bullet}; \quad \gamma_{xyz} = v' + u^{\bullet} - 2zw'^{\bullet} \qquad (8.122)$$

Elastizitätsgesetz für die Längskräfte und Momente (G.8.27/32):

$$N_x = D(u'+\mu v^{\bullet}); \quad N_y = D(v^{\bullet}+\mu u'); \quad N_{xy} = N_{yx} = D\frac{1-\mu}{2}(v'+u^{\bullet}) \qquad (8.123)$$

$$M_x = -K(w''+\mu w^{\bullet\bullet}); \quad M_y = -K(w^{\bullet\bullet}+\mu w''); \quad M_{xy} = M_{yx} = -K(1-\mu)w'^{\bullet} \qquad (8.124)$$

Für Dehnsteifigkeit D und Biegesteifigkeit K gilt G.8.33 unverändert. - Gleichgewichtsgleichungen (G.8.44/48 u. G.8.43):

$$N'_x + N^{\bullet}_{yx} = 0;\; N^{\bullet}_y + N'_{xy} = 0;\; Q'_x + Q^{\bullet}_y + N_x w'' + 2N_{xy} w'^{\bullet} + N_y w^{\bullet\bullet} + q = 0 \qquad (8.125)$$

$$M'_x + M^{\bullet}_{yx} - Q_x = 0;\; M^{\bullet}_y + M'_{xy} - Q_y = 0;\; N_{xy} - N_{yx} = 0 \qquad (8.126)$$

Hierin wurde gesetzt:

$$X = Y = 0 \;;\; Z \equiv q(x,y)$$

Die ersten beiden Gleichgewichtsgleichungen werden durch die Spannungsfunktion

$$\Phi = \Phi(x,y)$$

gemäß G.8.55/57 befriedigt. Die Verträglichkeitsgleichung (G.8.60) lautet:

$$\varepsilon''_y + \varepsilon^{\bullet\bullet}_x - \gamma'^{\bullet}_{xy} = 0 \qquad (8.127)$$

(Sie gilt auch in der Ebene z, also bei z-Indizierung.) Die Verträglichkeitsgleichung liefert (mit G.8.61, HOOKEsches Gesetz):

$$\Delta\Delta\Phi = 0 \qquad (8.128)$$

Das ist die sog. Scheibengleichung; sie ist wieder ein Spezialfall von G.8.62.

Werden Q_x und Q_y aus G.8.126 frei gestellt und in die dritte Komponentengleichung eingesetzt, folgt:

$$K\Delta\Delta w = N_x w'' + 2N_{xy} w'^{\bullet} + N_y w^{\bullet\bullet} + q(x,y) \qquad (8.129)$$

Das ist die Grundgleichung für Spannungsprobleme Th.II.Ordn. längs- und querbelasteter Rechteckplatten. Die Gleichungen G.8.128/129 sind nicht gekoppelt; das heißt: Bei einer Ausbiegung w (Beulung) erfahren die Längskräfte N_x, N_y und N_{xy} keine Änderung. Die Gleichungen gelten für dünne Platten aus ideal-elastischem Material mit isotropen Eigenschaften.
Bei Beulproblemen ist q=0 und w (streng genommen) identisch mit $\bar{\delta}w_0$, vgl. G.8.136.

Die Lösung von G.8.129 setzt die Kenntnis des Scheibenspannungszustandes für die entlang der Plattenränder (in Richtung der Mittelebene) wirkenden äußeren Kräfte voraus. Dieser (sog. primäre) Spannungszustand (Scheiben- auch Membranspannungszustand) ist so zu bestimmen, daß G.8.128 genügt wird (B.8.12). Diese Aufgabenstellung fällt in den Bereich der Elastizitätstheorie, speziell der Scheibentheorie.

Die allgemeine Lösung w=w(x,y) der partiellen Differentialgleichung G.8.129 ist den Randbedingungen anzupassen. Unterschieden werden die in B.8.13 symbolisch dargestellten Randlagerungen:

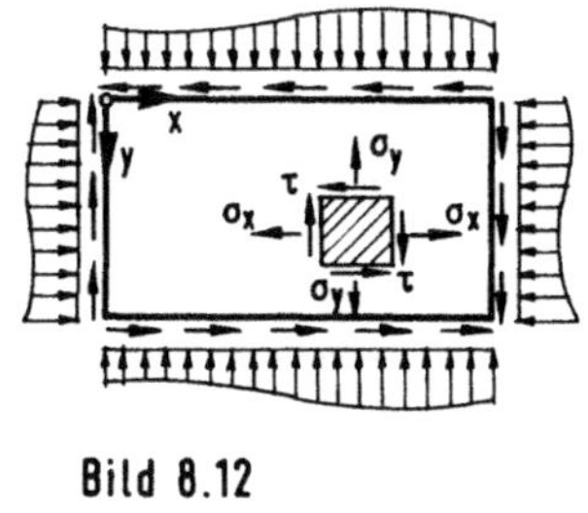

Bild 8.12

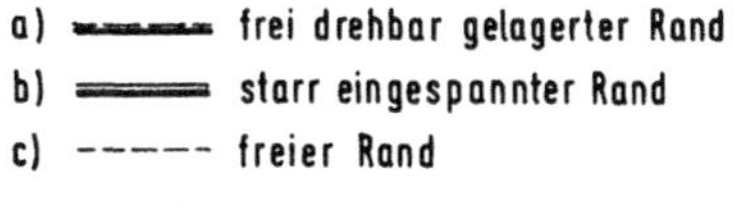

Bild 8.13

a) Frei drehbarer Rand auf starrer Unterlage. Für den Rand x (y=konst.) sind beispielsweise folgende geometrische und dynamische (natürliche und künstliche) Randbedingungen einzuhalten:

$$w = 0 \text{ und } w' = w'' = \cdots = 0\;;\quad M_y = 0 \longrightarrow w^{\bullet\bullet} = 0 \qquad (8.130)$$

Zusammengefaßt gilt für alle Ränder:

$$w = 0;\; \Delta w = 0 \text{ (NAVIERsche Randbedingungen)} \qquad (8.130a)$$

b) Starr eingespannter Rand auf unverschieblicher Unterlage. Die Randvorschrift umfaßt nur geometrische Bedingungen:

$$\begin{aligned} x\text{-Rand}:&\ w = w^{\bullet} = 0 \ (\text{und } w' = w'' = \cdots = 0) \\ y\text{-Rand}:&\ w = w' = 0 \ (\text{und } w^{\bullet} = w^{\bullet\bullet} = \cdots = 0) \end{aligned} \tag{8.131}$$

c) Freier Rand. Beispielsweise lauten am Rand x die (dynamischen) Randbedingungen:

$$M_y = 0;\ \bar{Q}_y = 0 \tag{8.132}$$

$\bar{Q}_y$ ist die KIRCHHOFFsche Ersatzquerkraft:

$$\bar{Q}_y = -K[w^{\bullet\bullet\bullet} + (2-\mu)w^{\bullet''}] \tag{8.133}$$

Wegen weiterer Einzelheiten wird auf das Schrifttum zur Plattentheorie verwiesen. Mit den vorstehenden Gleichungen wird nur ein kleiner Teil aus der Gesamtheit der Plattenformen erfaßt. Eine Erweiterung auf orthotrope Rechteckplatten, iso- und orthotrope Kreisplatten, Trapez- und Dreiecksplatten, Sandwichplatten scheidet in diesem Rahmen aus.

8.3.1.2 Energetische Herleitung

Die lineare Theorie unterstellt einen dehnungslosen Übergang vom Grundzustand (O) auf den infinitesimal verformten Nachbarzustand (I). Die potentielle Energie der inneren und äußeren Kräfte kann von Abschnitt 8.2.5.2 übernommen werden; G.8.90 (beachte $w \rightarrow -w$, G.8.57):

$$\begin{aligned} \Pi = \Pi_i + \Pi_a = \int_0^a\!\!\int_0^b \Big\{ &\frac{K}{2}[(w'' + w^{\bullet\bullet})^2 - 2(1-\mu)(w''w^{\bullet\bullet} - w'^{\bullet 2})] + \\ &+ \frac{1}{2}(N_x w'^2 + 2N_{xy} w' w^{\bullet} + N_y w^{\bullet 2}) - q(x,y)w \Big\} dx\, dy \end{aligned} \tag{8.134}$$

Das Prinzip der virtuellen Verrückung

$$\delta\Pi = 0 \longrightarrow \left(\frac{\partial F}{\partial w}\right) - \left(\frac{\partial F}{\partial w'}\right)' - \left(\frac{\partial F}{\partial w^{\bullet}}\right)^{\bullet} + \left(\frac{\partial F}{\partial w''}\right)'' + \left(\frac{\partial F}{\partial w'^{\bullet}}\right)'^{\bullet} + \left(\frac{\partial F}{\partial w^{\bullet\bullet}}\right)^{\bullet\bullet} = 0 \tag{8.135}$$

kann wieder zur Verprobung der Grundgleichung (G.8.129) herangezogen werden. Im Falle eines Beulproblems folgt die Beulgleichung gemäß formaler Erweiterung:

$$\begin{aligned} \delta(\bar{\delta}^2\Pi_0) = 0 \longrightarrow \bar{\delta}^2\Pi_0 = \int_0^a\!\!\int_0^b \Big\{ &\frac{K}{2}[(\bar{\delta}w_0'' + \bar{\delta}w_0^{\bullet\bullet})^2 - 2(1-\mu)(\bar{\delta}w_0''\,\bar{\delta}w_0^{\bullet\bullet} - \bar{\delta}w_0'^{\bullet 2})] + \\ &+ \frac{1}{2}(N_x \bar{\delta}w_0'^2 + 2N_{xy}\bar{\delta}w_0'\,\bar{\delta}w_0^{\bullet} + N_y \bar{\delta}w_0^{\bullet 2}) \Big\} dx\, dy \end{aligned} \tag{8.136}$$

(N_x und N_y sind als Zugkräfte positiv; auf die Schreibung des Variationssymbols bei Beulproblemen wird im folgenden verzichtet.)

8.3.2 Berechnung der Beulwerte für Einzelfelder unter (abschnittweise) konstanten Druckspannungen mittels der linearen Beulgleichung

Für die Rechteckplatte unter gegengleichen, konstanten Randdruckkräften lassen sich geschlossene Lösungen der Beulgleichung herleiten. Die Belastung ist elementar, die Längskräfte lauten:

$$N_x = -\sigma \cdot t,\ N_y = 0,\ N_{xy} = 0 \tag{8.137}$$

σ ist die konstante Druckspannung entlang der Querränder.

8.3.2.1 Einzelfelder mit freien Längsrändern

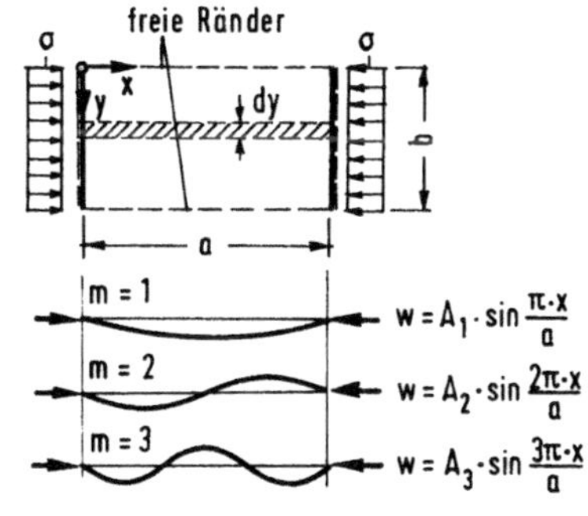

Bild 8.14

Die unbelasteten Längsränder sind frei verschieblich, dadurch sind alle Plattenstreifen dy gleichwertig. Das Problem vereinfacht sich auf den Sonderfall des EULER-Knickfalles II. Die Beulfigur weist nur eine einfache Krümmung auf:

$$w^{\bullet\bullet} = 0,\ w^{\bullet\prime} = 0 \tag{8.138}$$

Die Beulgleichung verkürzt sich auf die Form:

$$\frac{Et^3}{12(1-\mu^2)} w'''' = -\sigma t w'' \tag{8.139}$$

Als Lösungsfunktion dieser gewöhnlichen Differentialgleichung wird gewählt:

$$w(x) = A_m \cdot \sin\frac{m\pi x}{a} \qquad (m = 1, 2, 3, \cdots) \tag{8.140}$$

Den NAVIERschen Randbedingungen an den Querrändern wird genügt. Der Ansatz wird in G.8.139 eingesetzt, anschließend wird die Gleichung nach σ aufgelöst:

$$\sigma = \frac{E\pi^2}{12(1-\mu^2)}\left(\frac{t}{a}\right)^2 \cdot m^2 \tag{8.141}$$

Von den m-mal unendlich vielen Lösungen hat nur jene mit dem niedrigsten Lösungswert baupraktische Bedeutung. Zu m=1 gehört eine Halbwelle (B.8.14); m=2 liefert den 4-fachen, m=3 den 9-fachen Wert von m=1. Die Beulspannung ist minσ zugeordnet:

$$\sigma_{Ki} = \frac{E\pi^2}{12(1-\mu^2)}\left(\frac{t}{a}\right)^2 = \left.\begin{matrix}18980\\ 6325\end{matrix}\right\}\left(\frac{t}{a}\right)^2 \ \begin{matrix}\text{für Stahl}\\ \text{für Aluminium}\end{matrix} \tag{8.142}$$

Die Vorzahlen gelten für die Einheiten kN und cm.

8.3.2.2 Einzelfelder mit frei drehbar gelagerten Rändern

Bild 8.15

Die Beulfläche ist doppeltgekrümmt, die Beulgleichung lautet:

$$\frac{Et^3}{12(1-\mu^2)}(w'''' + 2w''^{\bullet\bullet} + w^{\bullet\bullet\bullet\bullet}) = -\sigma t w'' \tag{8.143}$$

Als Lösungsfunktion wird (in Anlehnung an G.8.140) der Ansatz

$$w(x,y) = A_{mn}\sin\frac{m\pi x}{a}\sin\frac{n\pi y}{b} \qquad (m = 1,2,3,\cdots;\ n = 1,2,3\cdots) \tag{8.144}$$

gewählt, der die NAVIERschen Randbedingungen (G.8.130) erfüllt. Nach Einsetzen in G.8.143 folgt:

$$\sigma = \frac{E\pi^2}{12(1-\mu^2)}\left(\frac{t}{b}\right)^2 \cdot \left(\frac{mb}{a} + n^2\frac{a}{mb}\right)^2 \tag{8.145}$$

Zu jeder Kombination m, n gehört ein Lösungswert. Wie der Gleichung zu entnehmen ist, ergeben sich für n=1 (also für eine Halbwelle in Querrichtung) die niedrigsten Spannungswerte:

$$\sigma_{Ki} = \frac{E\pi^2}{12(1-\mu^2)}\left(\frac{t}{b}\right)^2 \cdot \left(\frac{mb}{a} + \frac{a}{mb}\right)^2 \tag{8.146}$$

In Anlehnung an DIN 4114 wird vereinbart:

$$\sigma_e = \frac{E\pi^2}{12(1-\mu^2)}\left(\frac{t}{b}\right)^2 = \frac{\pi^2 K}{b^2 t} \quad (\text{Vorzahl: Vgl. G. 8.142}) \tag{8.147}$$

$$\alpha = \frac{a}{b} \quad (\text{Seitenverhältnis}) \tag{8.148}$$

$$k = \left(\frac{mb}{a} + \frac{a}{mb}\right)^2 = \left(\frac{m}{\alpha} + \frac{\alpha}{m}\right)^2 \quad (\text{Beulwert}) \tag{8.149}$$

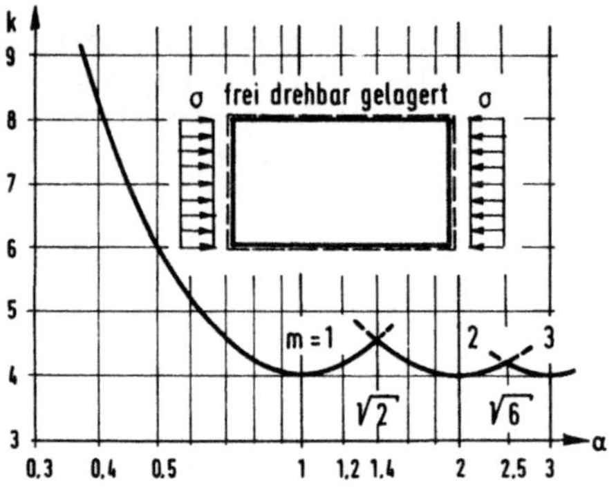

Bild 8.16

Hiermit lautet die Formel für die Beulspannung:

$$\sigma_{Ki} = k \cdot \sigma_e \tag{8.150}$$

Der Beulwert k ist vom Seitenverhältnis α abhängig. Trägt man k über α für vorgegebene Halbwellenanzahlen m gemäß G.8.149 auf, erhält man eine Kurvenschar; deren untere Einhüllende (Girlandenkurve) liefert die maßgebenden Beulwerte. Für ganzzahlige α ergibt sich k=4. Die geringfügig höheren Beulwerte für Zwischenwerte von α werden im Bereich $\alpha > 1$ baupraktisch nicht genutzt. - Für $\alpha = \sqrt{2}$ liefert G.8.149 für m=1 und m=2 offensichtlich denselben Beulwert: k=4,50. Für dieses Seitenverhältnis gehören demnach zur ein- und zweiwelligen Ausbeulung dieselben Beulspannungen (usf.).

Die Lösung dieses Beulproblems geht auf BRYAN (1891) zurück [8.1].

8.3.2.3 Einzelfelder mit beliebiger Lagerung der Längsränder

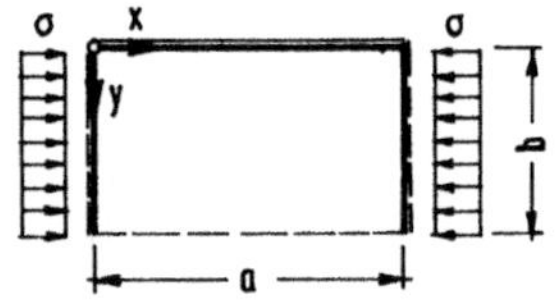

Bild 8.17

B.8.17 zeigt ein Beispiel; ein Rand ist eingespannt, der andere ist frei. - Zur Lösung der Beulgleichung

$$K(w'''' + 2w''^{\bullet\bullet} + w^{\bullet\bullet\bullet\bullet}) = -\sigma t w'' \tag{8.151}$$

wird der Produktansatz

$$w(x,y) = w(y) \cdot \sin\frac{m\pi x}{a} \quad (m = 1,2,3 \cdots) \tag{8.152}$$

gewählt. Hierin ist w=w(y) eine vorläufig noch unbekannte Funktion, die den Verlauf der Beulfläche in y-Richtung beschreibt. Nach Einsetzen in G.8.151 kann

$$\sin\frac{m\pi x}{a}$$

herausgezogen werden; durch den Ansatz G.8.152 wird die Beulgleichung demnach für jeden Wert von x erfüllt. Den Randbedingungen entlang der Querränder wird ebenfalls genügt. G.8.151 geht in eine gewöhnliche Differentialgleichung für w=w(y) über:

$$w^{\bullet\bullet\bullet\bullet} - 2\left(\frac{m\pi}{a}\right)^2 w^{\bullet\bullet} + \left(\frac{m\pi}{a}\right)^4 w = \frac{\sigma t}{K}\left(\frac{m\pi}{a}\right)^2 \cdot w \tag{8.153}$$

Die Gleichung ist einer geschlossenen Lösung zugänglich. Eine Umstellung auf dimensionsfreie Form erweist sich als zweckmäßig:

$$\xi = \frac{x}{b}, \quad \eta = \frac{y}{b}, \quad \alpha = \frac{a}{b} \tag{8.154}$$

Die dimensionsfreien Koordinaten beziehen sich jeweils auf die Breite b der Querränder; hiermit lautet G.8.153:

$$w^{\bullet\bullet\bullet\bullet} - 2\rho^2 w^{\bullet\bullet} + \rho^4\left(1 - \frac{\pi^2 k}{\rho^2}\right) w = 0 \tag{8.155}$$

Abkürzungen:

$$\rho = \frac{m\pi}{\alpha}, \quad k = \frac{\sigma}{\sigma_e}, \qquad (\ )^{\bullet} = \frac{\partial(\ )}{\partial\eta} \tag{8.156}$$

Die Lösungen der Differentialgleichung G.8.155 (bzw. die Wurzeln der zugehörigen charakteristischen Gleichung) sind vom Vorzeichen des Klammerterms abhängig. Es sind fünf Fälle zu unterscheiden:

$$\left(1 - \frac{\pi^2 k}{\rho^2}\right) < 0; \quad = 0; \quad 0 < (\ ) < 1; \quad = 1; \quad > 1$$

Auf T.8.2/3 ist das Lösungssystem, normiert auf b, für die fünf Fälle zusammengestellt; jede Lösung setzt sich aus vier linear unabhängigen Teillösungen, behaftet mit den Frei-

Tafel 8.2

Beulen der Rechteckplatte unter gleichförmigen Randkräften

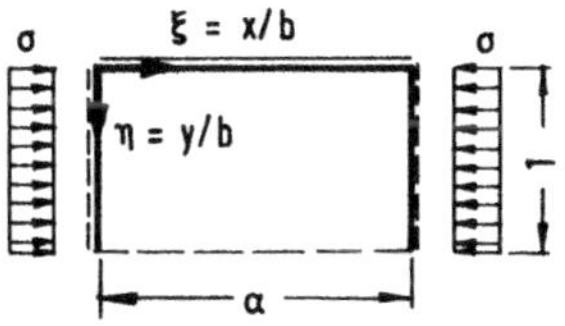

Differentialgleichung und Lösung

Lösungsansatz: $w(\xi,\eta) = w(\eta)\cdot\sin\rho\xi$; $\rho = \frac{m\pi}{\alpha}$

Differentialgleichung für $w(\eta)$ mit $k = \frac{\sigma}{\sigma_e}$; $\sigma_e = \frac{\pi^2 K}{b^2 t}$; $\alpha = \frac{a}{b}$

$$w^{\cdot\cdot\cdot\cdot} - 2\cdot\rho^2\cdot w^{\cdot\cdot} + \rho^4\cdot\left(1-\frac{\pi^2 k}{\rho^2}\right)\cdot w = 0$$

Lösungen für folgende Fallunterscheidungen:

(1) $\left(1-\frac{\pi^2 k}{\rho^2}\right) < 0 \longrightarrow k > \frac{\rho^2}{\pi^2} = \left(\frac{m}{\alpha}\right)^2$

$w(\eta) = C_1\cdot\cosh\varphi\eta + C_2\cdot\sinh\varphi\eta + C_3\cdot\cos\psi\eta + C_4\cdot\sin\psi\eta$

mit $\varphi = \sqrt{\rho(\pi\sqrt{k}+\rho)}$, $\psi = \sqrt{\rho(\pi\sqrt{k}-\rho)}$

(2) $\left(1-\frac{\pi^2 k}{\rho^2}\right) = 0 \longrightarrow k = \frac{\rho^2}{\pi^2} = \left(\frac{m}{\alpha}\right)^2$

$w(\eta) = C_1\cdot\cosh\rho\sqrt{2}\,\eta + C_2\cdot\sinh\rho\sqrt{2}\,\eta + C_3\eta + C_4$

(3) $0 < \left(1-\frac{\pi^2 k}{\rho^2}\right) < 1 \longrightarrow 0 < k < \frac{\rho^2}{\pi^2} = \left(\frac{m}{\alpha}\right)^2$

$w(\eta) = C_1\cdot\cosh\varphi\eta + C_2\cdot\sinh\varphi\eta + C_3\cdot\cos\psi\eta + C_4\cdot\sin\psi\eta$

mit $\varphi = \sqrt{\rho(\rho+\pi\sqrt{k})}$; $\psi = \sqrt{\rho(\rho-\pi\sqrt{k})}$

(4) $\left(1-\frac{\pi^2 k}{\rho^2}\right) = 1 \longrightarrow k = 0$

$w(\eta) = C_1\cdot\cosh\rho\eta + C_2\cdot\sinh\rho\eta + C_3\,\eta\cdot\cosh\rho\eta + C_4\,\eta\cdot\sinh\rho\eta$

(5) $\left(1-\frac{\pi^2 k}{\rho^2}\right) > 1 \longrightarrow k < 0$

$w(\eta) = C_1\cdot\cosh\varphi\eta\cdot\sin\psi\eta + C_2\cdot\sinh\varphi\eta\cdot\sin\psi\eta + C_3\cdot\cosh\varphi\eta\cdot\cos\psi\eta + C_4\cdot\sinh\varphi\eta\cdot\cos\psi\eta$

mit $\varphi = \sqrt{\frac{1}{2}\left(\sqrt{\rho^4-\pi^2 k\rho^2}+\rho^2\right)}$; $\psi = \sqrt{\frac{1}{2}\left(\sqrt{\rho^4-\pi^2 k\rho^2}-\rho^2\right)}$

Übertragungsmatrizen

$[z]_{iR}(\eta) = [F]_i\cdot[z]_{iL}(\eta)$; $[F]_i$: Feldmatrix

Zustandsvektor:

$$[z](\eta) = \begin{bmatrix} w \\ w^{\cdot} \\ -M_\eta/K \\ -Q_\eta/K \end{bmatrix} = \begin{bmatrix} w \\ w^{\cdot} \\ w^{\cdot\cdot}+\mu\cdot\rho^2 w \\ w^{\cdot\cdot\cdot}+(2-\mu)\cdot\rho^2 w^{\cdot} \end{bmatrix}_i$$

$[z](\xi,\eta) = [z](\eta)\cdot\sin\rho\xi$ (gilt für b=1)

(1) $k > \left(\frac{m}{\alpha}\right)^2$

$$\frac{1}{A_0}\begin{bmatrix} A_1 C + A_2 c & \frac{A_2}{\varphi}S + \frac{A_1}{\psi}s & C - c & \frac{S}{\varphi} - \frac{s}{\psi} \\ \varphi A_1 S - \psi A_2 s & A_2 C + A_1 c & \varphi S + \psi s & C - c \\ A_1 A_2 (C - c) & \frac{A_2^2}{\varphi}S - \frac{A_1^2}{\psi}s & A_2 C + A_1 c & \frac{A_2}{\varphi}S + \frac{A_1}{\psi}s \\ \varphi A_1^2 S + \psi A_2^2 s & A_1 A_2 (C - c) & \varphi A_1 S - \psi A_2 s & A_1 C + A_2 c \end{bmatrix}$$

φ, ψ wie oben; $A_0 = \varphi^2 + \psi^2$; $A_1 = \varphi^2 - \mu\cdot\rho^2$; $A_2 = \psi^2 + \mu\cdot\rho^2$

$C = \cosh\varphi\eta$; $S = \sinh\varphi\eta$; $c = \cos\psi\eta$; $s = \sin\psi\eta$

② $k = \left(\frac{m}{\alpha}\right)^2$

$\frac{1}{A_0}\,\cdot$

$A_1 C + A_2$	$\frac{A_2}{\varphi}\cdot S + A_1\eta$	$C - 1$	$\frac{S}{\varphi} - \eta$
$\varphi A_1 S$	$A_2 C + A_1$	$\varphi \cdot S$	$C - 1$
$A_1 A_2 (C-1)$	$\frac{A_2^2}{\varphi}\cdot S - A_1^2\eta$	$A_2 C + A_1$	$\frac{A_2}{\varphi}\cdot S + A_1\eta$
$\varphi A_1^2 S$	$A_1 A_2 (C-1)$	$\varphi A_1 S$	$A_1 C + A_2$

$\varphi = \rho\sqrt{2}; \quad \psi = 0; \quad A_0 = \varphi^2; \quad A_1 = \varphi^2 - \mu\cdot\rho^2; \quad A_2 = \mu\cdot\rho^2$

$C = \cosh\varphi\eta; \quad S = \sinh\varphi\eta$

③ $0 < k < \left(\frac{m}{\alpha}\right)^2$

$\frac{1}{A_0}\,\cdot$

$A_1 c - A_2 C$	$\frac{A_1}{\varphi}\cdot S - \frac{A_2}{\psi}\cdot s$	$C - c$	$\frac{S}{\varphi} - \frac{s}{\psi}$
$\psi A_1 s - \varphi A_2 S$	$A_1 C - A_2 c$	$\varphi S - \psi s$	$C - c$
$A_1 A_2 (c - C)$	$\frac{A_1^2}{\varphi}\cdot S - \frac{A_2^2}{\psi}\cdot s$	$A_1 C - A_2 c$	$\frac{A_1}{\varphi}\cdot S - \frac{A_2}{\psi}\cdot s$
$\varphi A_2^2 S - \psi A_1^2 s$	$A_1 A_2 (c - C)$	$\psi A_1 s - \varphi A_2 S$	$A_1 c - A_2 C$

φ, ψ wie oben ; $A_0 = \varphi^2 - \psi^2; \quad A_1 = \varphi^2 - \mu\rho^2; \quad A_2 = \psi^2 - \mu\rho^2$

$C = \cosh\varphi\eta; \quad S = \sinh\varphi\eta; \quad c = \cosh\psi\eta; \quad s = \sinh\psi\eta$

④ $k = 0$

$C - \frac{1}{2}\eta\rho\cdot(1-\mu)\cdot S$	$\frac{1}{2\rho}\cdot(1+\mu)\cdot S + \frac{\rho}{2}\cdot(1-\mu)\cdot C$	$\frac{\eta}{2\rho}\cdot S$	$\frac{\eta}{2\rho^2}\cdot C - \frac{1}{2\rho^3}\cdot S$
$\frac{\rho}{2}\cdot(1+\mu)\cdot S - \frac{\eta\rho^2}{2}\cdot(1-\mu)\cdot C$	$C + \frac{1}{2}\eta\rho(1-\mu) S$	$\frac{1}{2\rho} S + \frac{\eta}{2} C$	$\frac{\eta}{2\rho} S$
$-\frac{\rho^3}{2}\cdot\eta(1-\mu)^2 S$	$\frac{\eta\rho^2}{2}\cdot(1-\mu)^2 C + \frac{1}{2}\rho\cdot(1-\mu)\cdot(3+\mu) S$	$C + \frac{1}{2}\cdot\eta\rho(1-\mu) S$	$\frac{1}{2\rho}\cdot(1+\mu) S + \frac{\rho}{2}\cdot(1-\mu) C$
$-\frac{\rho^3}{2}\cdot(1-\mu)(3+\mu) S + \frac{\rho^4}{2}\eta(1-\mu)^2\cdot C$	$-\frac{\rho^3}{2}\eta(1-\mu)^2\cdot S$	$\frac{\rho}{2}\cdot(1+\mu)\cdot S - \frac{\eta\rho^2}{2}\cdot(1-\mu)\cdot C$	$C - \frac{1}{2}\cdot\eta\rho(1-\mu) S$

$C = \cosh\rho\eta; \quad S = \sinh\rho\eta$

⑤ $k < 0$

$\frac{1}{\varphi\psi}\,\cdot$

$\varphi\psi Cc - \frac{\rho^2(1-\mu)}{2}\cdot Ss$	$\frac{1}{A_0}\cdot(\varphi A_2 Cs + \psi A_1 Sc)$	$\frac{1}{2}\cdot Ss$	$\frac{1}{A_0}\cdot(\varphi Cs - \psi Sc)$
$\frac{1}{2}(\psi A_1 Sc - \varphi A_2 Cs)$	$\varphi\psi Cc + \frac{\rho^2(1-\mu)}{2}\cdot Ss$	$\frac{1}{2}\cdot(\varphi Cs + \psi Sc)$	$\frac{1}{2}\cdot Ss$
$-[2\varphi^2\psi^2 + \frac{\rho^4(1-\mu)^2}{2}]\cdot Ss$	$\frac{1}{A_0}\{\psi[2A_2\varphi^2 + A_1\rho^2(1-\mu)]\cdot Sc - \varphi[2A_1\psi^2 - A_2\rho^2(1-\mu)]\cdot Cs\}$	$\varphi\psi Cc + \frac{\rho^2(1-\mu)}{2}\cdot Ss$	$\frac{1}{A_0}\cdot(\varphi A_2 Cs + \psi A_1 Sc)$
$\varphi[A_1\psi^2 - A_2\frac{\rho^2(1-\mu)}{2}]\cdot Cs - \psi[A_2\varphi^2 + A_1\cdot\frac{\rho^2(1-\mu)}{2}]\cdot Sc$	$-[2\varphi^2\psi^2 + \frac{\rho^4(1-\mu)^2}{2}]\cdot Ss$	$\frac{1}{2}(\psi A_1 Sc - \varphi A_2 Cs)$	$\varphi\psi Cc - \frac{\rho^2(1-\mu)}{2}\cdot Ss$

φ, ψ wie oben ; $A_0 = 2(\varphi^2 + \psi^2); \quad A_1 = 2\varphi^2 - \rho^2\cdot(1-\mu); \quad A_2 = 2\psi^2 + \rho^2\cdot(1-\mu)$

$C = \cosh\varphi\eta; \quad S = \sinh\varphi\eta; \quad c = \cos\psi\eta; \quad s = \sin\psi\eta$

werten C_1 bis C_4, zusammen.

Durch Anpassung der Lösungen an die Randbedingungen der Längsränder erhält man ein Gleichungssystem für die Freiwerte. Das Gleichungssystem ist homogen.

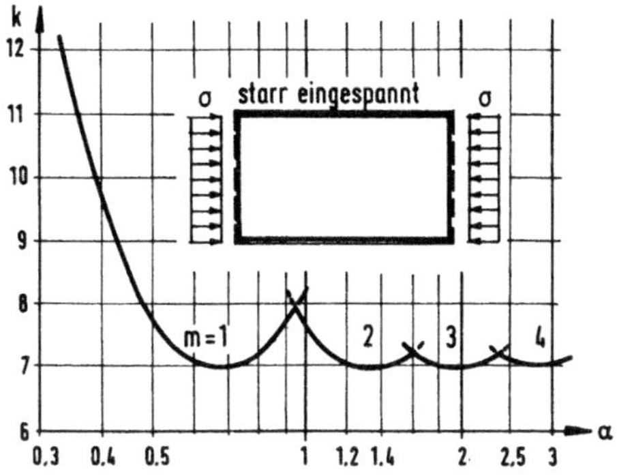

Bild 8.18

	p	q	min k_σ
I	2	1	4
II	2.5	5	6.97
III	2.270	2.450	5.40
IV	0.425	0	0.425
V	0.570	0.125	1.28

$k_\sigma = p + q\cdot(\frac{\alpha}{m})^2 + (\frac{m}{\alpha})^2$

$\min k_\sigma = p + 2\sqrt{q}$ für $\alpha = m\cdot\sqrt[4]{\frac{1}{q}}$

nach BLEICH / KOLLBRUNNER

Bild 8.19

Die Determinante wird Null gesetzt; das ist die Beulgleichung, sie liefert den Beulwert k als Funktion von α. B.8.18 zeigt ein Beispiel; über α sind die Beulwerte für die entlang der Längsränder starr eingespannte Rechteckplatte aufgetragen. Gegenüber dem Fall einer gelenkigen Lagerung mit mink=4 wird der Beulwert durch die Einspannung auf mink=6,97 angehoben.

Auf der Grundlage der Differentialgleichung G.8.155 wurden von BLEICH und KOLLBRUNNER die Beulwerte für unterschiedliche Randlagerungen berechnet [0.9]; die Lösungen sind in B.8.19 zusammengefaßt. Für Platten mit federelastischen Stützungen bzw. Einspannungen und solche mit Längssteifen lassen sich ebenfalls geschlossene Lösungen angeben. Sie gelten indes in allen Fällen nur für σ=konst. Bei variablen Randspannungen $\sigma=\sigma(y)$, z.B. bei linear veränderlichen Biegerandspannungen, lassen sich keine geschlossenen Lösungen angeben. Für die partielle Differentialgleichung des Beulproblems existieren hierfür keine Produktansätze, die die Gleichung in eine gewöhnliche Differentialgleichung überführen könnten; das gilt auch bei Vorhandensein von Schubspannungen oder gar bei kombinierten Spannungszuständen. Wegen weiterer Einzelheiten zur klassischen Beultheorie wird auf [0.9] verwiesen, u.a. auf den Einfluß der Querdehnungszahl μ und der Schubverzerrungen; durch letztere werden die Beulwerte in ungünstigen Fällen bis ca. 1% reduziert. Der Schubverzerrungseinfluß braucht daher bei dünnen, beulgefährdeten Flächentragwerken (mit isotropen Eigenschaften) nicht berücksichtigt zu werden. Ergänzend sei erwähnt, daß das Lösungssystem der Differentialgleichung G.8.153/155 eine wichtige Eigenschaft aufweist: Wird anstelle des Seitenverhältnisses α das reduzierte Seitenverhältnis $\alpha'=\alpha/m$ eingeführt, sind die Lösungen unabhängig von m. Es genügt daher, die Beulwerte für m=1 ($\alpha'=\alpha$) aufzusuchen, sie gelten dann auch für $m\neq1$, indem sie über $\alpha=m\alpha'$ aufgetragen werden. Diese Anmerkung gilt allgemein, d.h. unabhängig von der Lagerungsart der Längsränder, somit auch für Platten mit Längssteifen und streifenweise veränderlichen Blechdicken.

8.3.2.4 Verfahren der Übertragungsmatrizen

Jede achsiale, gegengleiche Randbelastung läßt sich durch eine stufenförmige annähern, vgl. B.8.20. Die Platte zerfällt dadurch in n Plattenstreifen i (von i=1 bis i=n). Innerhalb jedes Streifens wirkt eine konstante Druckspannung σ_i; d.h. für jeden Streifen gilt eine der fünf Lösungen der Differentialgleichungen G.8.153/155; Fallunterscheidung gemäß T.8.2/3. Um die Beulwerte für Platten mit veränderlicher Randbelastung (auch sol-

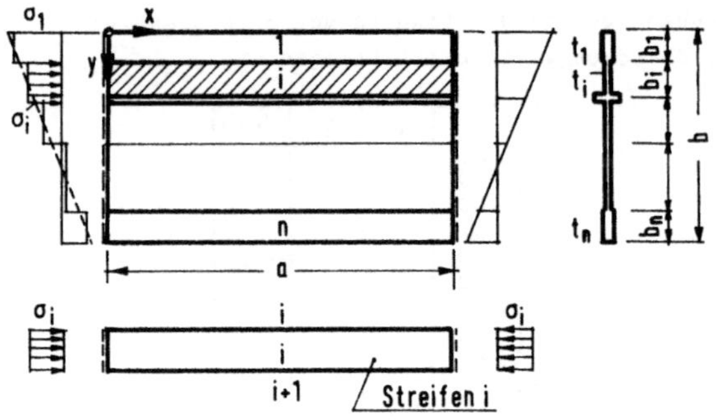

Bild 8.20

che mit nichtlinearer Spannungsverteilung) berechnen zu können, bietet sich das Verfahren der Übertragungsmatrizen an [8.2/4].
Es läßt sich in Analogie zum Biegespannungs- bzw. Knickproblem gedrückter Stäbe entwickeln (vgl. Abschnitt 3.4.3).

Um die Feldmatrizen herzuleiten, wird der Zustandsvektor

$$[z](0)=[z]_{iL}=\begin{bmatrix} w_{iL} \\ \dot{w}_{iL} \\ -M_{iL}/K \\ -\bar{Q}_{iL}/K \end{bmatrix} \tag{8.157}$$

für den Rand iL des Streifens i vorgegeben (Index L: links); die Randwerte werden gemäß G.8.157 durch das Lösungssystem ausgedrückt und die Freiwerte C_1 bis C_4 berechnet. Anschließend werden die Freiwerte in das Lösungssystem eingesetzt und die Randwerte des anderen Randes bestimmt; damit ist der Zustandsvektor des Randes iR

$$[z](1)=[z]_{iR}=\begin{bmatrix} w_{iR} \\ \dot{w}_{iR} \\ -M_{iR}/K \\ -\bar{Q}_{iR}/K \end{bmatrix} \tag{8.158}$$

in Abhängigkeit von dem Zustandsvektor für den Rand iL bekannt. Diese Linearverknüpfung wird durch die Feldmatrix bewerkstelligt:

$$[z]_{iR}=[F]_i\cdot[z]_{iL} \tag{8.159}$$

Diese Berechnung ist für jeden Lösungsfall einzeln durchzuführen. Auf T.8.2/3 ist das Ergebnis komplett zusammengefaßt.
Abhängig von den Randbedingungen wird der Anfangsvektor an einem Plattenlängsrand formuliert und auf den anderen Rand von Streifen zu Streifen fortschreitend gemäß der Multiplikationsvorschrift G.8.159 übertragen. Die Erfüllung der Randbedingungen an diesem Rand liefert ein homogenes Gleichungssystem zweiter Ordnung, dessen Determinante Null gesetzt wird; das ist die Beulbedingung:

$$\mathrm{Det}(k)=0 \tag{8.160}$$

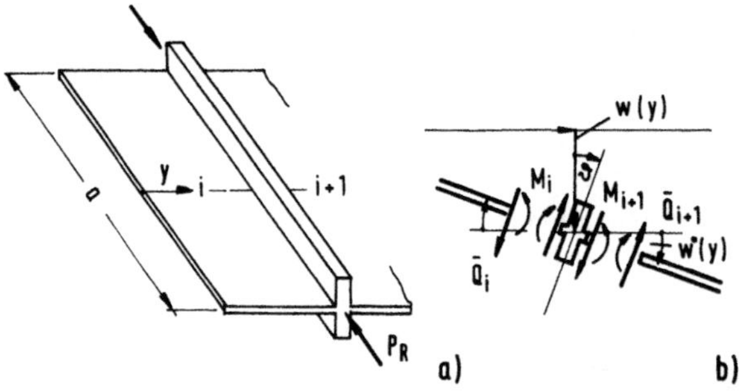

Bild 8.21

k ist der (zweckmäßig auf die maximale Randspannung bezogene) Beulwert. Die Rechnung läßt sich nur mittels eines Computers durchführen. Dabei wird die äußere Belastung inkrementell gesteigert und der Nulldurchgang der Determinante bestimmt.
Längssteifen lassen sich durch Einfügen einer Sprungmatrix erfassen.

Die Rippe ist infinitesimal schmal, ihre Querschnittswerte sind (B.8.21):

F_R Querschnittsfläche
J_R Trägheitsmoment
J_P Polares Trägheitsmoment
J_D Drillwiderstand
C_M Wölbwiderstand

(Der Index R steht hier für "Rippe"; an späterer Stelle werden Längsrippen durch L und Querrippen durch Q gekennzeichnet.)
Die Plattenschnittgrößen beiderseits der Rippe wirken als verteilte Belastung bzw. als kontinuierliches Drillmoment auf die Rippe:

$$q(y) = -\bar{Q}_i + \bar{Q}_{i+1}\ ,\ m(y) = M_i - M_{i+1} \qquad (8.161)$$

Die Rippe sei zentralsymmetrisch angeordnet (B.8.21); die örtliche Druckkraft beträgt:

$$P_R = \sigma_R F_R$$

Die Differentialgleichungen für Biegung und Drillung lauten mit G.8.161:

$$EJ_R w'''' + P_R w'' = q(y) \longrightarrow \bar{Q}_{i+1} = \bar{Q}_i + EJ_R w'''' + \sigma_R F_R w'' \qquad (8.162)$$

$$EC_M \vartheta'''' + (P_R i_p^2 - GJ_D)\vartheta'' = m(y) \longrightarrow M_{i+1} = M_i - EC_M \frac{w^{\bullet''''}}{b} - (\sigma_R J_P - GJ_D)\frac{w^{\bullet''}}{b} \qquad (8.163)$$

Hierin ist

$$\vartheta = \frac{w^\bullet}{b}$$

berücksichtigt (beachte G.8.156). - Mit dem Ansatz

$$w(x,y) = w(y)\cdot\sin\frac{m\pi x}{a} = w(\eta)\cdot\sin\rho\frac{x}{b} = w(\eta)\cdot\sin\rho\xi \qquad (8.164)$$

gehen die Übergangsbedingungen G.8.162/163 bei Beachtung von

$$w'' = -\frac{\rho^2}{b^2}w(\eta)\cdot\sin\rho\xi\ ,\quad w'''' = \frac{\rho^4}{b^4}w(\eta)\sin\rho\xi\ ,\quad \bar{Q}(x,y) = \bar{Q}(\eta)\sin\rho\xi \ \text{ usf.} \qquad (8.165)$$

auf folgende Form über:

$$\bar{Q}_{i+1} = \bar{Q}_i + EJ_R\frac{\rho^4}{b^4}w - \sigma_R F_R\frac{\rho^2}{b^2}w \qquad (8.166)$$

$$M_{i+1} = M_i - EC_M\frac{\rho^4}{b^5}w^\bullet + (\sigma_R J_P - GJ_D)\frac{\rho^2}{b^3}w^\bullet \qquad (8.167)$$

Wegen

$$w_{i+1} = w_i\ ;\ w^\bullet_{i+1} = w^\bullet_i$$

lautet die Sprungmatrix für doppeltsymmetrische Längsrippen (Rippenmatrix); vgl. zur Definition von [z] T.8.2:

$$[R] = \begin{bmatrix} 1 & 0 & 0 & 0 \\ 0 & 1 & 0 & 0 \\ 0 & B & 1 & 0 \\ A & 0 & 0 & 1 \end{bmatrix} \qquad [z]_{i+1} = [R][z]_i \qquad (8.168)$$

Hierin bedeuten:

$$A = -\frac{EJ_R\rho^4 - \sigma_R F_R b^2\rho^2}{Kb^4}\ ;\quad B = \frac{EC_M\rho^4 + GJ_D b^2\rho^2 - \sigma_R J_P b^2\rho^2}{Kb^5} \qquad (8.169)$$

Mit den Steifenparametern

$$\gamma = \frac{EJ_R}{Kb}\ ;\quad \delta = \frac{F_R}{bt}\ ;\quad \gamma_D = \frac{GJ_D}{Kb}\ ;\quad \gamma_P = \frac{EJ_P}{Kb}\ ;\quad \gamma_C = \frac{EC_M}{Kb^3} \qquad (8.170)$$

lauten die Matrizenelemente A und B:

$$A = -\frac{1}{b^3}\left(\gamma\rho^4 - \delta\frac{\sigma_R b^2 t}{K}\rho^2\right)$$
$$B = +\frac{1}{b^2}\left(\gamma_C\rho^4 + \gamma_D\rho^2 - \gamma_P\frac{\sigma_R}{E}\rho^2\right) \qquad (8.171)$$

Das Verfahren wird zweckmäßig auf b=1 normiert (T.8.2/3). - Mit dem Verfahren lassen sich auch gedrückte Plattensysteme in Form mehrfach geknickter, offener oder geschlossener Faltwerke untersuchen. Solche Aufgaben fallen auch bei der Bestimmung der Gesamtstabilität von I-Trägern an.

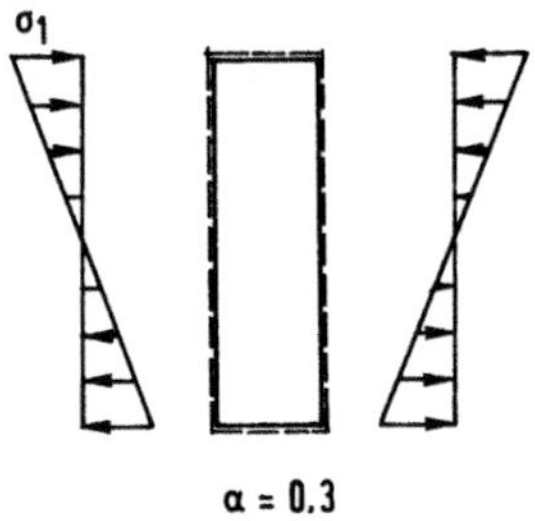

Bild 8.22

Die Güte der Ergebnisse wird vorrangig von der Zahl der Plattenstreifen bestimmt, in die die Platte zerlegt wird. B.8.22 zeigt eine gedrungene Platte (α=0,3) unter Biegespannungen. Bei einer Unterteilung in 100 Streifen ergibt sich der Beulwert zu k=37,45179. Setzt man diesen Wert als Vergleichsmaßstab an, ergeben sich für geringere Streifenunterteilungen folgende Fehler:

n = 2:	k = 36,144	Fehler: 2,77 %
4:	k = 36,743	Fehler: 1,89 %
6:	k = 37,353	Fehler: 0,26 %
8:	k = 37,425	Fehler: 0,072 %
10:	k = 37,441	Fehler: 0,028 %
20:	k = 37,451	Fehler: 0,002 %
50:	k = 37,451	Fehler: ~0 %

Aus dieser (und weiteren) Vergleichsrechnungen kann n=10 als Empfehlung abgeleitet werden. Bei größerem Seitenverhältnis α und Spannungsverhältnis ψ kann die Anzahl verringert werden.

Beispiel: Stegblech eines trapezförmigen Riegelquerschnittes eines Werftportalkranes (B.8.23). Die Höhe des Stegbleches beträgt ca. 14 m, hiervon bilden 12,139 m ein Beulfeld mit 9 Längssteifen, von denen die äußerste (im Biegedruckbereich liegende) einen geschlossenen Querschnitt hat und dadurch eine hohe Drillsteifigkeit aufweist. Es sind drei unterschiedliche Blechdickenbereiche vorhanden. Rippenparameter (G.8.170):

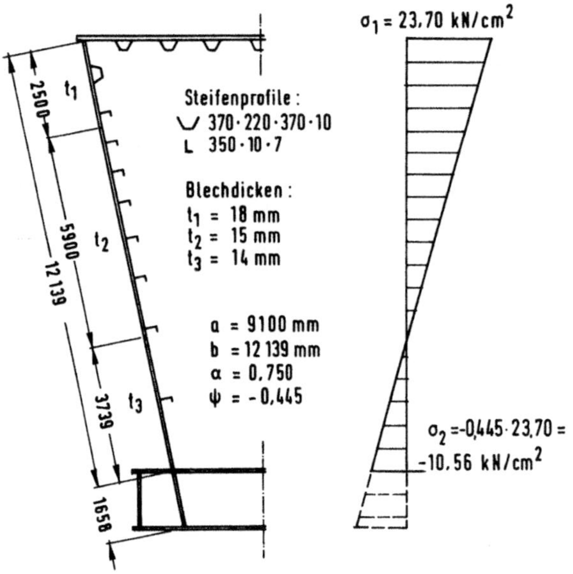

Bild 8.23

⊔-Rippe: $\gamma = 61{,}4$; $\delta = 4{,}39 \cdot 10^{-3}$; $\gamma_D = 18{,}2$

L-Rippe: $\gamma = 26$; $\delta = 1{,}44 \cdot 10^{-3}$

Die anderen Steifigkeitsparameter werden zu Null angesetzt.
Bei einer Unterteilung in 11 Streifen ergibt die Rechnung

$$k = 716$$

bezogen auf die Blechdicke t=18 mm.
Die Beulrandspannung folgt zu:

$$\sigma_e = \frac{\pi^2 E\, 1{,}8^2}{12(1-\mu^2) \cdot 1214^2} = 0{,}0417\ \text{kN/cm}^2;$$

$$\sigma_{1Ki} = 29{,}88\ \text{kN/cm}^2$$

8.3.2.5 Beulwertdiagramm für Einzelfelder mit drillfederelastischer Einspannung der Längsränder

Den Einfluß einer drillfederelastischen Randeinspannung zeigt das Beulwertdiagramm in B.8.24, berechnet gemäß Abschnitt 8.3.2.4. Die Platte ist ringsum unverschieblich gelagert; entlang der Längsränder sind Randglieder mit der Drillsteifigkeit GJ_D vorhanden. In Abhängigkeit von

$$\gamma_D = \frac{GJ_D}{Kb}$$

und α kann der Beulwert dem Diagramm entnommen werden.

8.3.2.6 Beuldiagramme für Einzelfelder mit linear veränderlichen Randspannungen und unterschiedlicher Lagerung der Längsränder

Für die auf T.8.4 zusammengestellten, unausgesteiften Rechteckplatten mit unterschiedlicher Randlagerung wurden die Beulwerte mit Hilfe des Verfahrens der Obertragungsmatrizen berechnet. Dabei wurde eine 12er-Teilung gewählt. Die Beulwerte gelten für $\mu=0,3$. - Für Plattentyp IV sind die mink-Werte nicht vollständig ausgewiesen. - Auf den Tafeln T.8.5 bis T.8.8 sind die Beulwertdiagramme zusammengefaßt und zwar für die Randspannungsverhältnisse:

$$1 \geq \psi \geq -2$$

Die Definition des Spannungsverhältnisses ψ geht aus T.8.4 hervor.

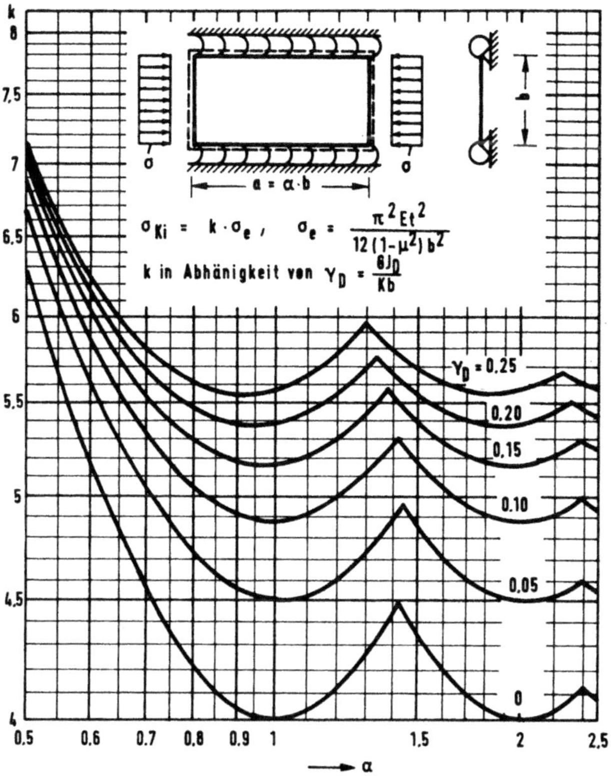

Bild 8.24

8.3.2.7 Beuldiagramme für Rechteckplatten mit veränderlicher Dicke

T.8.9/10 enthält Beulwerte für Rechteckplatten mit zwei unterschiedlichen Dickenbereichen. Im Biegedruckbereich liegt die dickere Platte mit maxt; dieser Bereich erstreckt sich über die Breite ηb. Die Diagramme gelten für:

$$\eta = 0{,}2;\ 0{,}3 \text{ und } 0{,}4 \quad \text{sowie für} \quad \frac{\min t}{\max t} = 0{,}8 \text{ und } 0{,}6$$

Für Zwischenwerte sind die Beulwerte zu interpolieren. Will man die Diagramme baupraktisch verwerten, empfiehlt es sich, einen der drei η-Werte einzuhalten.

8.3.3 Berechnung der Beulwerte für Einzelfelder unter veränderlichen Normal- und Schubspannungen mittels der direkten Variationsverfahren

Wie im Abschnitt 8.3.2.3 erwähnt, ist die lineare Beulgleichung nur für konstante Randlasten (bzw. streifenweise konstante Randlasten) analytisch lösbar. Für allgemeine Spannungszustände ist man auf andere Lösungsverfahren angewiesen; hierzu gehören:

a) Differenzenverfahren,

b) Methode der finiten Elemente.

Auf eine Darlegung dieser Verfahren muß hier verzichtet werden. - Große Bedeutung haben die direkten Variationsverfahren von GALERKIN und RITZ, letzteres vor allem für ausgesteifte Rechteckplatten (Abschnitt 8.3.7).

8.3.3.1 Stabilitätskriterien

a) Verfahren von GALERKIN: Wie die Herleitung der Grundgleichung G.8.129 deutlich gemacht hat, kennzeichnet die Differentialgleichung

Tafel 8.4

Beulwerte unterschiedlich gelagerter Rechteckplatten

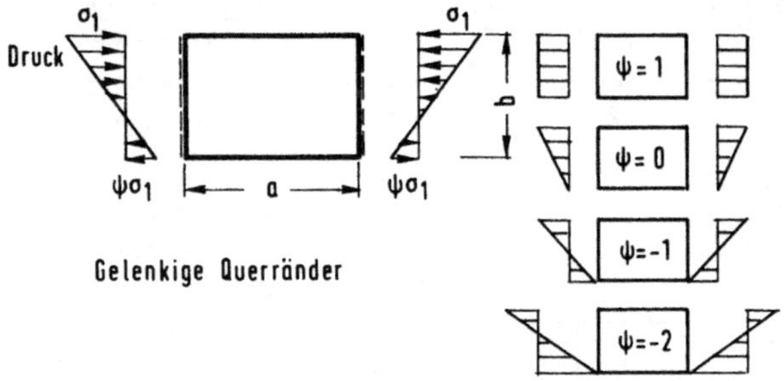

Gelenkige Querränder

Parameter:

Seitenverhältnis $\alpha = \frac{a}{b}$

Spannungsverhältnis ψ

Aus den Diagrammen wird k_σ abgegriffen. Ideale Beulspannung:

$\sigma_{1Ki} = k_\sigma \cdot \sigma_e$

$$\sigma_e = \frac{E\pi^2}{12(1-\mu^2)} \cdot \left(\frac{t}{b}\right)^2 = \frac{\pi^2 K}{b^2 t}$$

Lagerung der Längsränder:

- gelenkiger Rand
- eingespannter Rand
- freier Rand

Die jeweils kleinsten Beulwerte min k_σ sind für 8 Lagerfälle in nachstehender Tabelle aufgelistet.

ψ	I	II	III		IV		V	
	I	II	IIIa	IIIb	IVa	IVb	Va	Vb
1	4	6.97	5.41	5.41	0.425	0,425	1,28	1.28
0.8	4,44	7,74	5.94	6.08			1,33	1.52
0.6	4.99	8,70	6.57	6.94			1.39	1.87
0.4	5.68	9.90	7.35	8,07			1.46	2.43
0.3	6.08	10.63	7.80	8.77			1.49	2.86
0.2	6.59	11,46	8,31	9.59			1,53	3,45
0.1	7.10	12.42	8,89	10.56			1.57	4.36
0	7.81	13.55	9.54	11.73	0.567	1,71	1.61	5.86
-0.1	8.55	14.85	10.28	13.14			1.65	8.50
-0.2	9,49	16.38	11,13	14.86			1.70	12,45
-0.3	10.57	18.22	12.11	16.91		8.34	1.74	16,01
-0.4	11.86	20.29	13.23	19.36		10.93	1.79	19.06
-0.5	13.40	22.73	14.52	22.15		13.03	1.85	22.11
-0.6	15.13	25.57	15.99	25.23		15.05	1.90	25.23
-0.7	17.10	28.66	17.67	28.54		17.10	1.96	28.54
-0.8	19.23	32.07	19.58	32.03		19.24	2.02	32.02
-0.9	21.51	35.71	21.67	35.70		21.49	2.09	35.69
-1	23.88	39.56	23.94	39.56	0,850	23.85	2.15	39.56
-1,1	26.35	44.06	26.38	44.06		26.33	2,23	43,61
-1,2	28.93	48.10	28.94	48,10		28.91	2,30	47.96
-1.3	31,62	52.36	31,65	52.36		31.63	2.38	52,36
-1.4	34,43	56.98	34,44	56.98		34.48	2.47	56,98
-1.5	37.35	61.99	37.36	61.99		37.35	2.56	61.99
-1.6	40,41	66.95	40.43	66,95		40.43	2,66	67,33
-1,7	43.57	72,10	43.57	72.10		43.57	2,77	72.10
-1.8	46.87	77.55	46.87	77.63		46.94	2,88	77.55
-1,9	50,26	83.01	50.27	83.21		50.53	2,99	83,21
-2	53,78	89,22	53.79	89.22		54.28	3.11	89.22

Die Tafelwerte und die Diagramme gelten für $\mu = 0.3$

Tafel 8.5

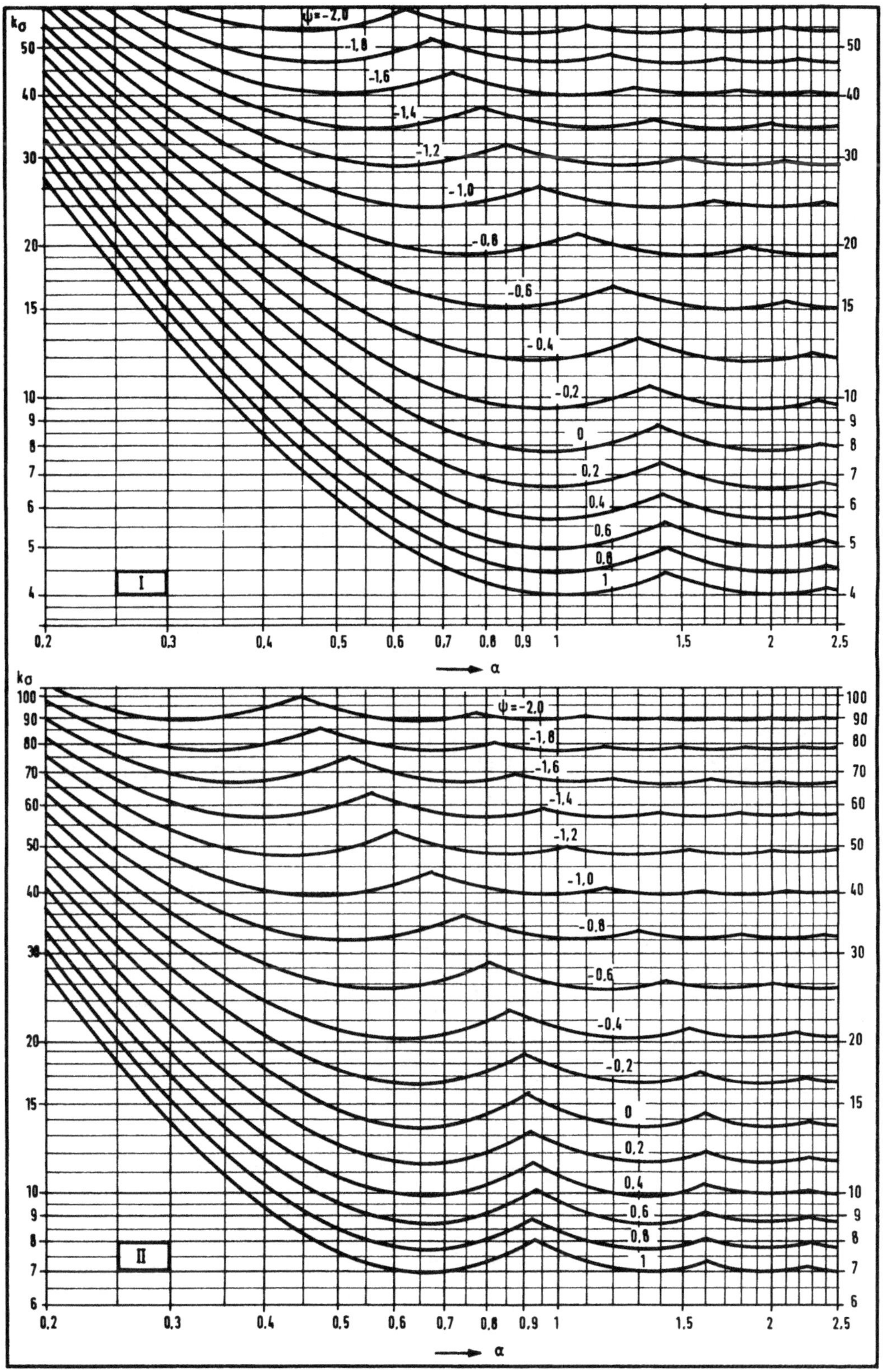

Tafel 8.6

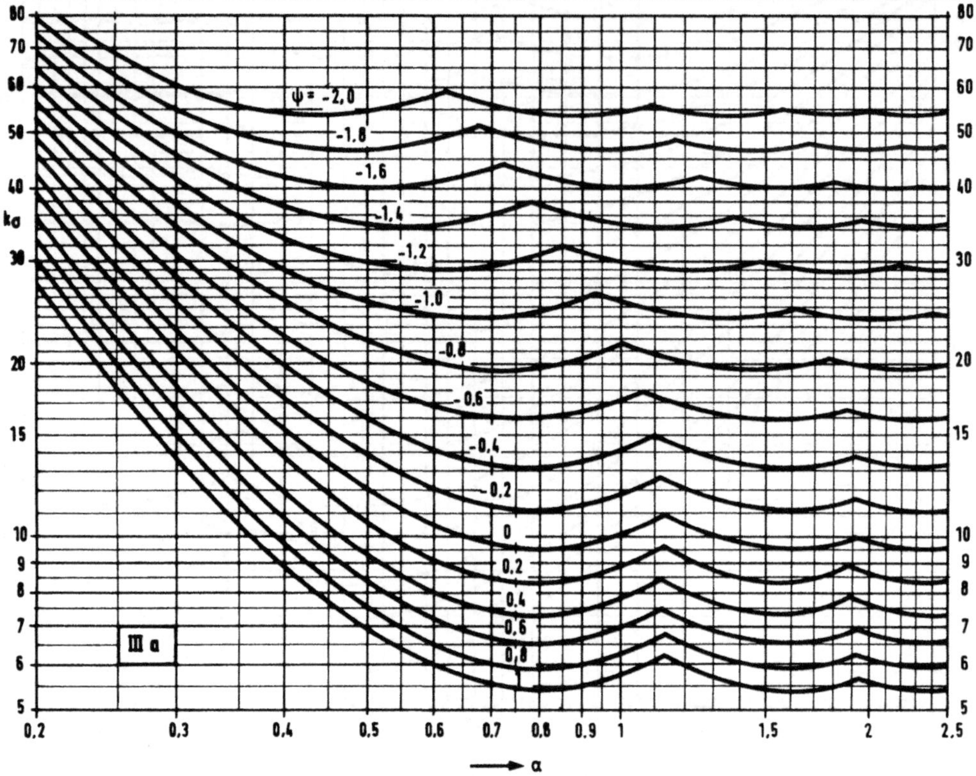
ψ = -2,0
-1,8
-1,6
-1,4
-1,2
-1,0
-0,8
-0,6
-0,4
-0,2
0
0,2
0,4
0,6
0,8
1
kσ
III a
80 70 60 50 40 30 20 15 10 9 8 7 6 5
0,2 0,3 0,4 0,5 0,6 0,7 0,8 0,9 1 1,5 2 2,5
α

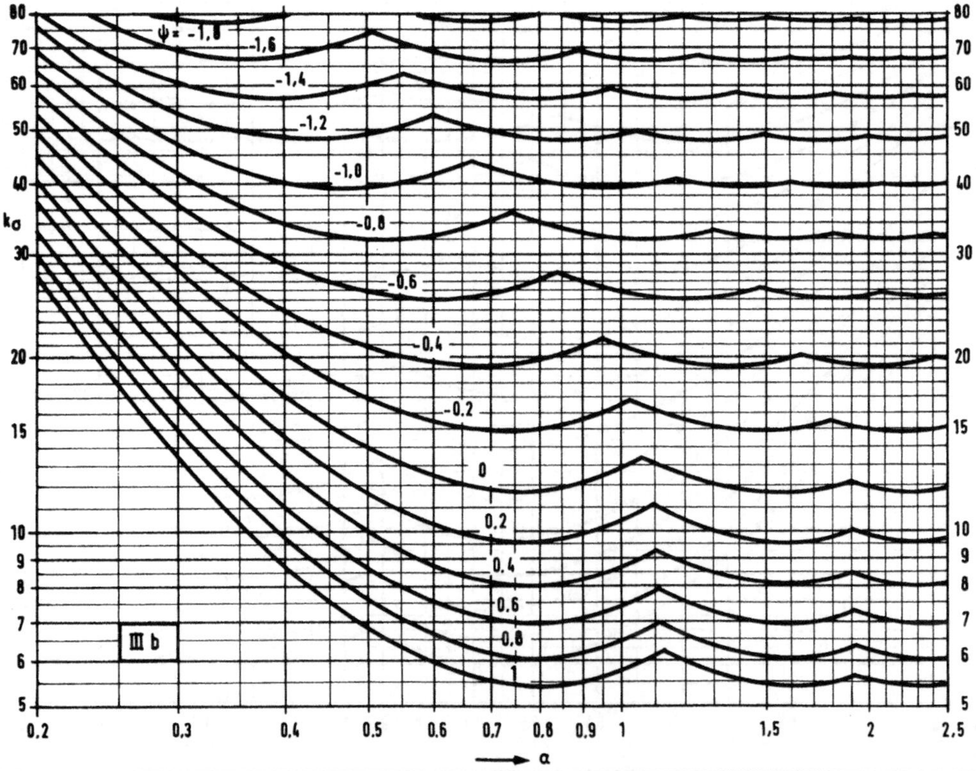
ψ = -1,8
-1,6
-1,4
-1,2
-1,0
-0,8
-0,6
-0,4
-0,2
0
0,2
0,4
0,6
0,8
1
kσ
III b
80 70 60 50 40 30 20 15 10 9 8 7 6 5
0,2 0,3 0,4 0,5 0,6 0,7 0,8 0,9 1 1,5 2 2,5
α

Tafel 8.7

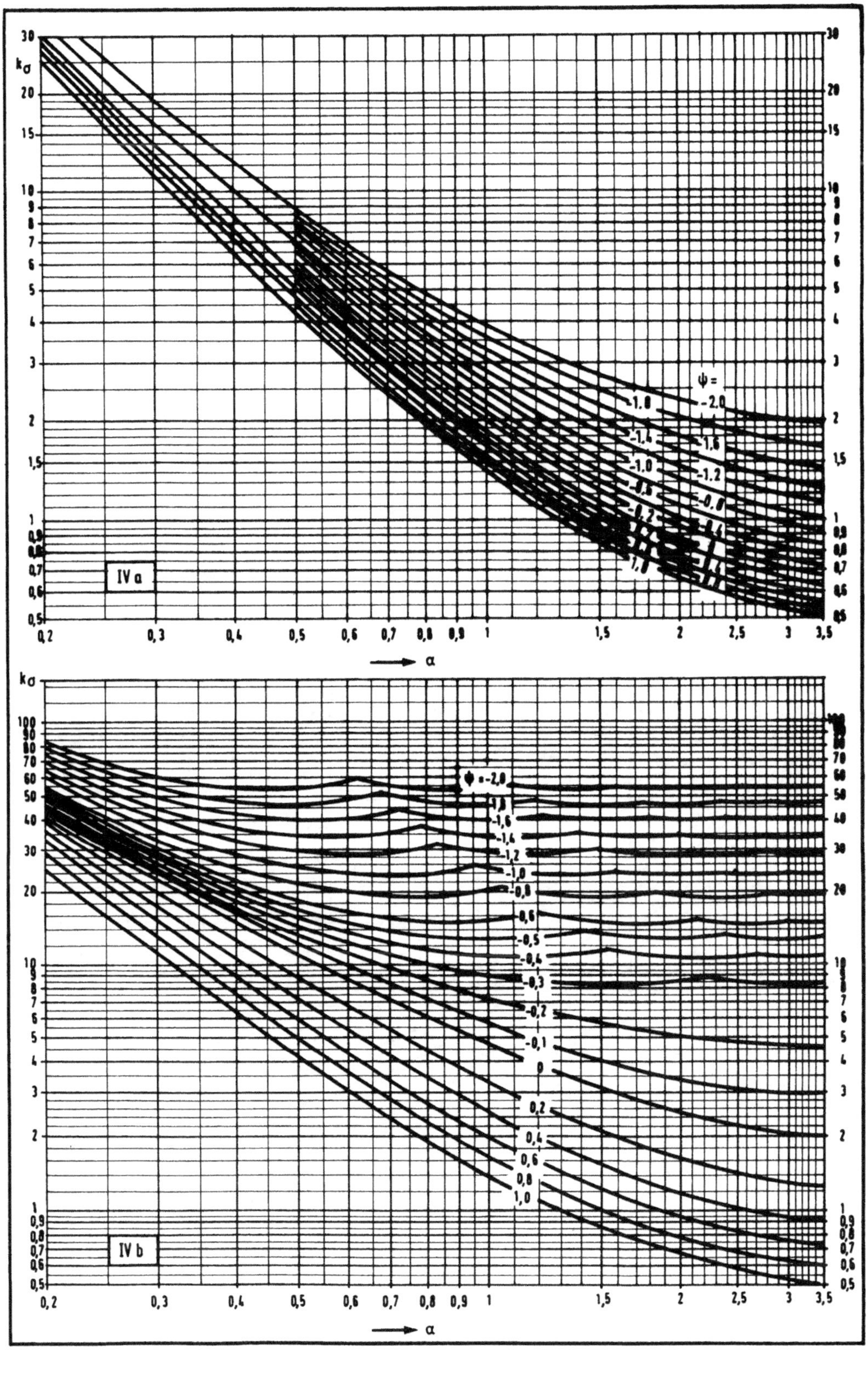
kσ
ψ =
-2,0
-1,8
-1,6
-1,4
-1,2
-1,0
-0,8
IV a
α
kσ
ψ = -2,0
-1,6
-1,4
-1,2
-1,0
-0,8
-0,6
-0,5
-0,4
-0,3
-0,2
-0,1
0
0,2
0,4
0,6
0,8
1,0
IV b
α

Tafel 8.8

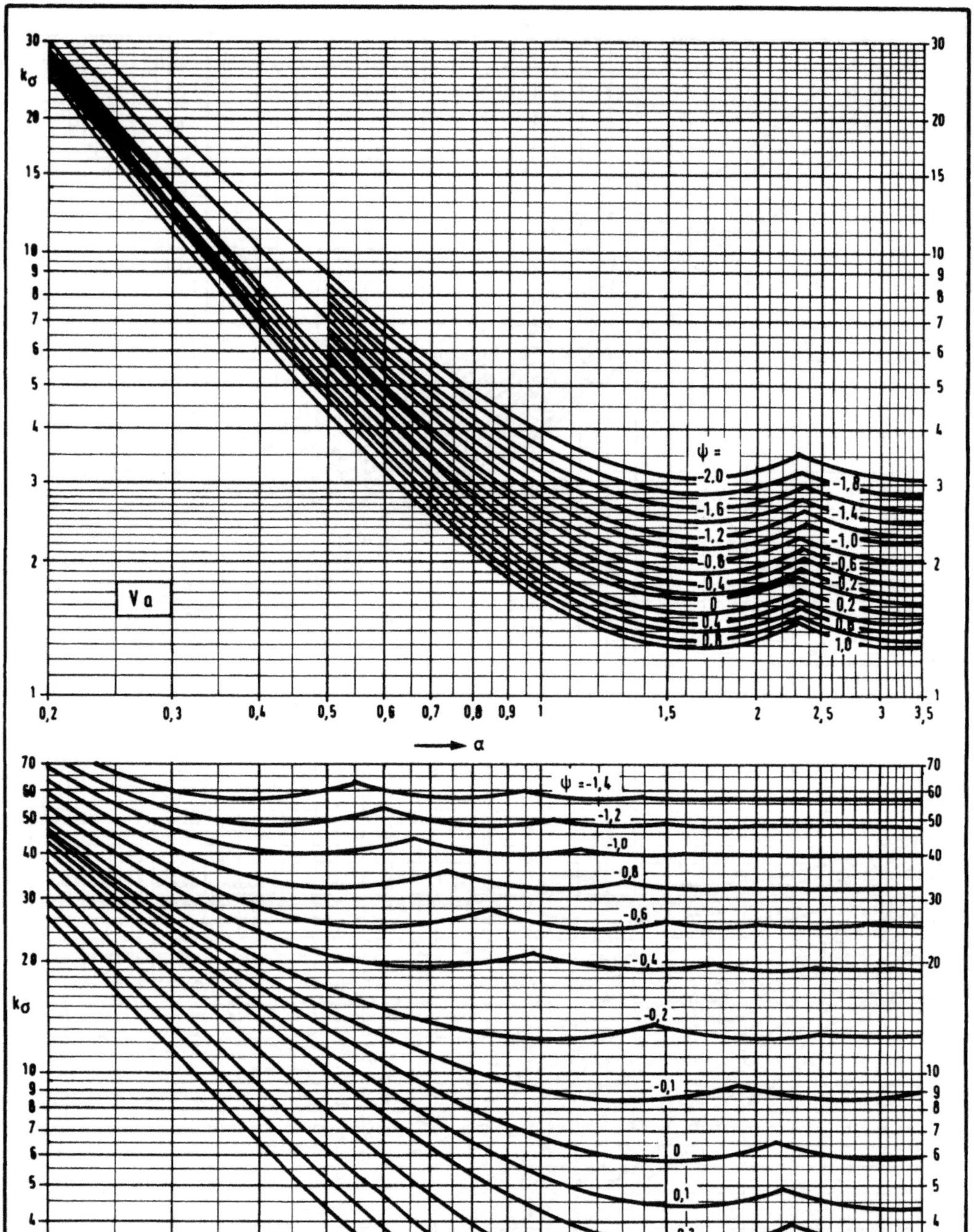
Va
k_σ
ψ =
-2,0
-1,8
-1,6
-1,4
-1,2
-1,0
-0,8
-0,6
-0,4
-0,2
0
0,2
0,4
0,6
0,8
1,0
30
20
15
10
9
8
7
6
5
4
3
2
1
0,2
0,3
0,4
0,5
0,6
0,7
0,8
0,9
1
1,5
2
2,5
3
3,5
α
Vb
k_σ
ψ = -1,4
-1,2
-1,0
-0,8
-0,6
-0,4
-0,2
-0,1
0
0,1
0,2
0,4
0,6
0,8
1,0
70
60
50
40
30
20
10
9
8
7
6
5
4
3
2
1
0,2
0,3
0,4
0,5
0,6
0,7
0,8
0,9
1
1,5
2
2,5
3
3,5
α

Beulwerte von Rechteckplatten mit veränderlicher Dicke

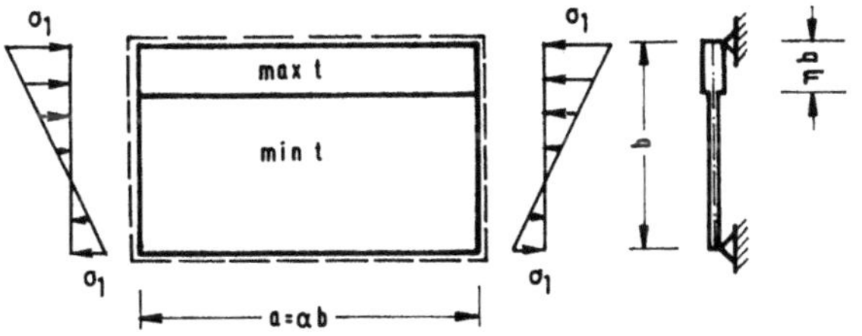

Beulspannungen:

$$\sigma_{1Ki} = k_\sigma \cdot \sigma_e$$

$$\sigma_e = \frac{K\pi^2}{b^2 t} = \frac{E\pi^2 t^2}{12(1-\mu^2)b^2}$$

mit t = max t

NAVIER'sche Randbedingungen;
Plattendicke im Biegedruckbereich: max t (innerhalb des Bereiches ηb)
Plattendicke im Biegezugbereich: min t (außerhalb des Bereich ηb)

Beulwert k_σ als Funktion von η, min t / max t, ψ und α: Diagramme
Sonderfall $\eta = 0$: Tafel 8.5 (oben): Typ I

Wirken zusätzlich gleichförmige Schubspannungen τ, wird $\tau_{Ki} = k_\tau \cdot \sigma_e$ mit k_τ für t = konst. berechnet. Für t wird ein Mittelwert angesetzt:

t = mittel t = $\eta \cdot$ max t + $(1-\eta) \cdot$ min t . Überlagerung nach Abschn. 8.3.4.2

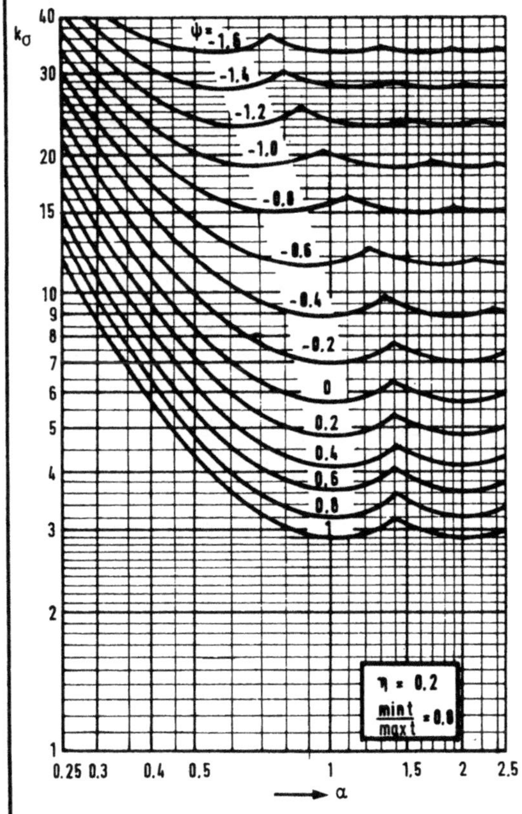

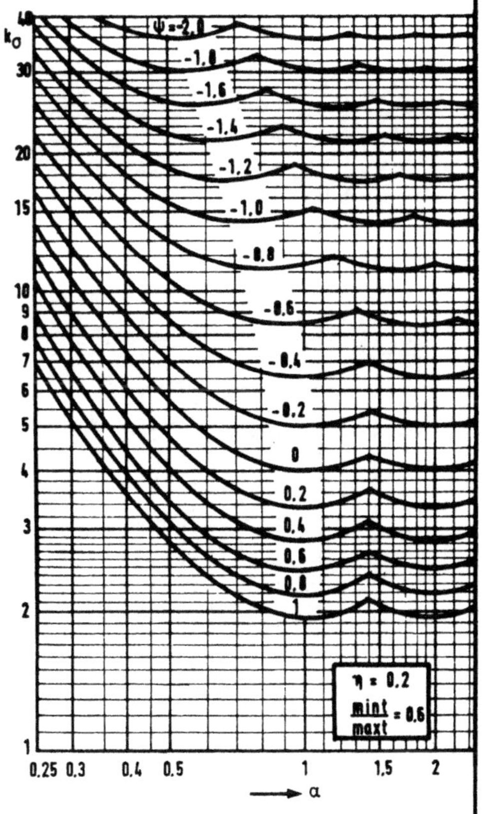

Tafel 8.10

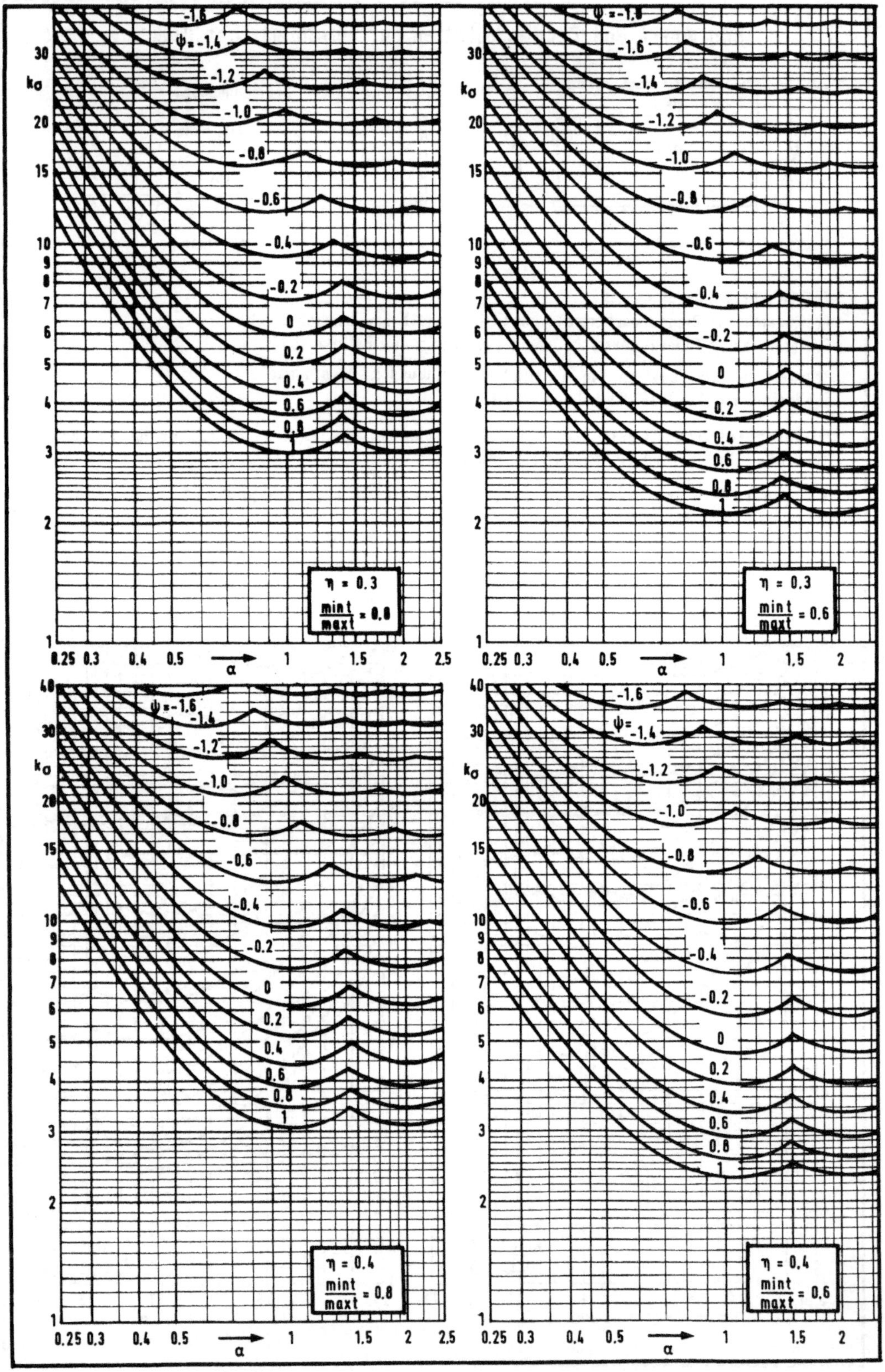

ψ = -1.6
-1.4
-1.2
-1.0
-0.8
-0.6
-0.4
-0.2
0
0.2
0.4
0.6
0.8
1
kσ
α
η = 0.3
min t / max t = 0.8
η = 0.3
min t / max t = 0.6
η = 0.4
min t / max t = 0.8
η = 0.4
min t / max t = 0.6
0.25 0.3 0.4 0.5 1 1.5 2 2.5
1 2 3 4 5 6 7 8 9 10 15 20 30 40

$$L[w(x,y)] = K\Delta\Delta w - N_x w'' - 2N_{xy}w'^{\bullet} - N_y w^{\bullet\bullet} - q(x,y) = 0 \tag{8.172}$$

die Gleichgewichtsbedingung aller inneren und äußeren Kräfte transversal zur ursprünglichen Plattenebene und zwar unter der Nebenbedingung:

$$\Delta\Delta\Phi = 0$$

Das Kräftesystem wird einer virtuellen Verrückung unterworfen. Gleichgewicht ist vorhanden, wenn die virtuelle Arbeit Null ist (vgl. Abschnitt 1.2.4.2/3):

$$\int_0^a\int_0^b L[w(x,y)]\cdot\delta w(x,y)\,dx\,dy = 0 \tag{8.173}$$

Die Integration ist über sämtliche differentiellen Arbeitsbeträge, also über die gesamte Platte, zu erstrecken. G.8.173 ist die Grundlage des GALERKINschen Verfahrens. Für w und δw sind randbedingungskonforme Koordinatenfunktionen zu wählen. Die Verfahrensweise entspricht dem Vorgehen bei Knick- und Kipp-Problemen (vgl. Abschnitt 1.2.4.3 und 7.5). - Bei Beulproblemen gilt:

$$\int_0^a\int_0^b L[\bar{\delta}w_0(x,y)]\cdot\delta w(x,y)\,dx\,dy = 0 \tag{8.174}$$

$\bar{\delta}w_0$ ist die Beulverformung.

b) Verfahren von RITZ: Grundlage ist die Energiemethode (Abschnitt 1.2.4.2):

$$\delta\Pi = 0 \quad \text{Spannungsproblem} \tag{8.175}$$

$$\delta(\bar{\delta}^2\Pi_0) = 0 \quad \text{Beulproblem} \tag{8.176}$$

Im Falle eines Beulproblems steht der Grundspannungszustand voraussetzungsgemäß im Gleichgewicht; die Stabilitätsgrenze folgt aus G.8.176. $\bar{\delta}w_0$ ist die im Indifferenzfall dem Grundzustand infinitesimal benachbarte Beulfläche. Im Falle einer Rechteckplatte mit allseitig NAVIERschen Randbedingungen wird die Beulfläche durch den Doppelreihenansatz

$$\bar{\delta}w_0(x,y) = \eta(x,y) = \Sigma\Sigma A_{mn}\sin\frac{m\pi x}{a}\sin\frac{n\pi y}{b} \quad (m=1,2,3\cdots;\ n=1,2,3\cdots) \tag{8.177}$$

angenähert. Die Beulfläche setzt sich demnach aus (in x- und y-Richtung mehrwellig verlaufenden) Sinuswellen zusammen. Für m und n sind nur ganzzahlige positive Zahlen zugelassen; damit ist sichergestellt, daß den NAVIERschen Randbedingungen genügt wird. A_{mn} ist die Amplitude der zum Zahlenpaar m, n gehörenden Teilfigur. Das Verhältnis der Amplituden zueinander bestimmt, wie sich die Beulfigur aus den einzelnen Teilflächen zusammensetzt; das ist von der Problemstellung abhängig. Das Indifferenzkriterium G.8.176 geht in das Minimumkriterium

$$\frac{\partial(\bar{\delta}^2\Pi_0)}{\partial A_{mn}} = 0 \tag{8.178}$$

über, denn es kann nur noch über A_{mn} verfügt werden. Die Ausdrücke

$$\frac{\partial(\bar{\delta}^2\Pi_0)}{\partial A_{mn}} \tag{8.178a}$$

stellen die einzelnen, von m und n abhängigen, Zeilen eines homogenen Gleichungssystems dar. Die Determinante wird Null gesetzt; das ist die Beulgleichung, der kleinste Eigenwert ist der gesuchte Beulwert. - Für Spannungsprobleme ist analog zu verfahren; das Gleichungssystem ist inhomogen und die Lösung determiniert; vgl. T.1.1 (Seite 19).

8.3.3.2 Lösungen nach dem GALERKINschen Verfahren

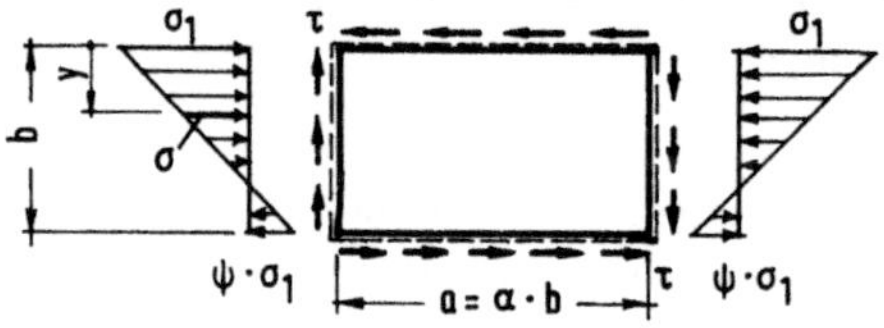

$\sigma = \sigma_1 [1 + (\psi - 1) \cdot \frac{y}{b}]$; τ = konst.

$\psi = +1$: Reiner Druck

$\psi = -1$: Reine Biegung

Bild 8.25

Es wird ein Einzelfeld mit linear verteilten Randspannungen und konstanten Randschubspannungen τ betrachtet. Die Lösung des Scheibenspannungsproblems ist elementar: Die inneren Spannungen sind gleich den äußeren Randspannungen. ψ kennzeichnet den Spannungsgradienten, vgl. B.8.25. σ_1 ist die maximale Randdruckspannung.

Um G.8.174 zu formulieren, wird die Beulgleichung aufgestellt. Mit

$$N_x = -\sigma \cdot t, \ N_{xy} = \tau \cdot t \tag{8.179}$$

und σ gemäß B.8.25 lautet die linke Seite (wenn auf die Schreibung des Variationssymbols verzichtet wird):

$$L[w] = K(w'''' + 2w''^{\bullet\bullet} + w^{\bullet\bullet\bullet\bullet}) + \sigma_1 t[1 + (\psi - 1)\frac{y}{b}]w'' - 2\tau t w'^{\bullet} \tag{8.180}$$

Für w und δw wird der Doppelreihenansatz (G.8.177) eingesetzt und nach Ausmultiplikation der Terme gemäß G.8.174 über x und y in den festen Grenzen 0 bis a und 0 bis b integriert. Nach längerer Rechnung folgt:

$$A_{mn}R_{mn} - k_\sigma Q \cdot m^2 A_{mn} - k_\sigma P \cdot m^2 \cdot \sum_{\substack{q \\ n+q=\text{ungerade}}} A_{mq} \frac{nq}{(n^2-q^2)^2} - k_\tau T \cdot \sum_{\substack{p \ \ q \\ m+p;\, n+q=\text{ungerade}}} \sum A_{pq} \frac{mn\,pq}{(m^2-p^2)(n^2-q^2)} = 0 \tag{8.181}$$

Hierin bedeuten:

$$R_{mn} = (m^2 + \alpha^2 n^2)^2; \ Q = \frac{\alpha^2}{2}(1+\psi); \ P = \frac{8\alpha^2}{\pi^2}(1-\psi); \ T = \frac{32\alpha^3}{\pi^2} \tag{8.182}$$

Die Integrationen lassen sich geschlossen ausführen, vgl. Abschnitt 8.3.3.4. G.8.181 steht für ein lineares, homogenes Gleichungssystem für die Unbekannten A_{mn}. Um die Beulwerte bzw. Beulspannungen

$$\sigma_{1Ki} = k_\sigma \sigma_e ; \quad \tau_{Ki} = k_\tau \sigma_e ; \quad \sigma_e = \frac{\pi^2 E t^2}{12(1-\mu^2) \cdot b^2} = \frac{\pi^2 K}{b^2 t} \tag{8.183}$$

für Normalspannungen allein, für Schubspannungen allein oder für einen kombinierten Spannungszustand zu berechnen, ist eine limitierte Anzahl Reihenglieder m, n zu vereinbaren. Hierfür wird das Gleichungssystem ausformuliert. Det=0 ist die Beulbedingung. Die Lösung in Form des kleinsten Eigenwertes findet man auf dem Probierweg; ist die Lösung bekannt, kann sie in das Gleichungssystem eingesetzt und die Beulfigur in unbestimmter (bezogener) Form berechnet werden; diese Rechnung wird zweckmäßig im Computer realisiert. (Zum Problem kombinierter Spannungszustände wird auf Abschnitt 8.3.4 verwiesen.)

8.3.3.3 Lösungen nach dem RITZschen Verfahren

Die potentielle Energie im ausgebeulten Zustand ist in G.8.136 für das unausgesteifte Beulfeld angeschrieben. Für N_x und N_{xy} wird G.8.179 eingesetzt und der Doppelreihenansatz G.8.177 zur Annäherung der Beulfläche eingeführt. Nach gliedweiser Doppelintegration wird gemäß G.8.178a partiell nach A_{mn} differenziert. Diese Rechnungen sind im einzelnen recht langwierig, sie liefern das identische Ergebnis wie im vorangegangenen Abschnitt: G.8.181/2. (Die Herleitung von G.8.181/2 erweist sich nach dem GALERKINschen Verfahren als formal einfacher; das RITZsche Verfahren ist indes überlegen, weil hiernach auch ausgesteifte Beulfelder untersucht werden können.) Auf T.8.11 (oberer Teil) ist das Ergebnis der Berechnung zusammengefaßt.

Tafel 8.11

Beulberechnung ausgesteifter Rechteckplatten nach dem RITZschen Verfahren

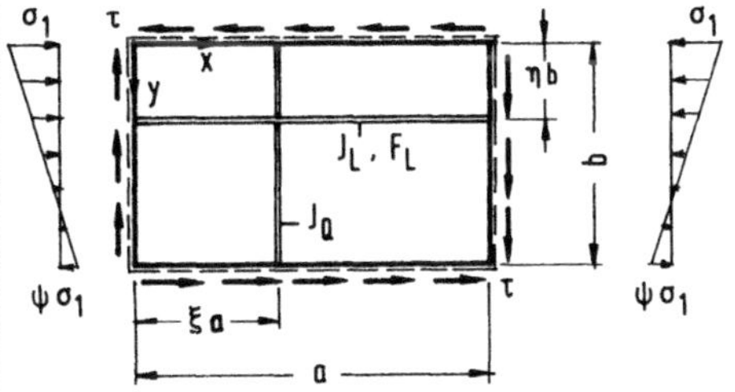

NAVIERsche Randbedingungen;

Plattendicke: t;

Linear verteilte Normalspannungen:

$$\sigma = \sigma_1 \cdot [\, 1 + (\psi - 1) \cdot \frac{y}{b} \,]$$

Gleichförmige Schubspannungen τ

nach TIMOSHENKO - KLÖPPEL - SCHEER

Ermittlung der Beulwerte k_σ und k_τ unter Verwendung des RITZ-Ansatzes:

$$\bar{\delta} w_0 = \eta = \sum_m \sum_n A_{mn} \cdot \sin \frac{m \pi x}{a} \cdot \sin \frac{n \pi y}{b} \qquad m,n = 1,2,3 \ldots$$

$$\boxed{\sigma_{1Ki} = k_\sigma \cdot \sigma_e \; ; \quad \tau_{Ki} = k_\tau \cdot \sigma_e}$$

Die Berechnung erfolgt nach der Energiemethode aus der Bedingung $\delta(\bar{\delta}^2 \Pi_0) = 0$.

Zusammenstellung der Ausdrücke

$$\bar{\delta}^2 \Pi_0 \quad \text{und} \quad \frac{\partial(\bar{\delta}^2 \Pi_0)}{\partial A_{mn}}$$

$$\alpha = \frac{a}{b}; \quad \sigma_e = \frac{K \pi^2}{b^2 t} = \frac{E \pi^2 t^2}{12(1-\mu^2) b^2} \; ; \quad C = \frac{4 \alpha^3}{\pi^2 t \sigma_e}$$

Platte:

$$\bar{\delta}^2 \Pi_i = \sigma_e \cdot \frac{\pi^2}{8} \cdot \frac{t}{\alpha^3} \cdot \sum_m \sum_n A_{mn}^2 \cdot (m^2 + \alpha^2 n^2)^2$$

σ:
$$\bar{\delta}^2 \Pi_a = -\frac{\pi^2}{16} \cdot \frac{t}{\alpha} \, \sigma_1 (1+\psi) \sum_m \sum_n A_{mn}^2 \, m^2 + \frac{t}{\alpha} \cdot \sigma_1 (\psi - 1) \cdot \sum_m m^2 \cdot [\, \sum_n \sum_q A_{mn} A_{mq} \cdot \frac{nq}{(n^2 - q^2)^2} \,] \qquad n+q = \text{ungerade}$$

τ:
$$\bar{\delta}^2 \Pi_a = -4 t \tau \cdot \sum_m \sum_n \sum_p \sum_q A_{mn} \cdot A_{pq} \cdot \frac{m\,n\,p\,q}{(m^2 - p^2) \cdot (n^2 - q^2)} \qquad m+p;\; n+q = \text{ungerade}$$

$$\frac{\partial(\bar{\delta}^2 \Pi_i)}{\partial A_{mn}} \cdot C = A_{mn} \cdot R_{mn}$$

σ:
$$\frac{\partial(\bar{\delta}^2 \Pi_a)}{\partial A_{mn}} \cdot C = -A_{mn} \cdot m^2 \cdot Q \, k_\sigma - m^2 P \cdot k_\sigma \sum_q A_{mq} \cdot \frac{nq}{(n^2 - q^2)^2} \qquad n+q = \text{ungerade}$$

τ:
$$\frac{\partial(\bar{\delta}^2 \Pi_a)}{\partial A_{mn}} \cdot C = -T \, k_\tau \sum_p \sum_q A_{pq} \cdot \frac{m\,n\,p\,q}{(m^2 - p^2) \cdot (n^2 - q^2)} \qquad m+p;\; n+q = \text{ungerade}$$

$$R_{mn} = (m^2 + \alpha^2 n^2)^2$$

$$Q = \frac{\alpha^2}{2} \cdot (1+\psi); \quad P = \frac{8\alpha^2}{\pi^2}(1-\psi)$$

$$T = \frac{32\,\alpha^3}{\pi^2}$$

Quersteifen: $\gamma_Q = \dfrac{EJ_Q}{Kb}$

$$\bar{\delta}^2 \Pi_i = \sigma_e \cdot \frac{\pi^2}{4} \gamma_Q \, t \cdot \sum_m \sum_n \sum_p n^4 A_{mn} A_{pn} \cdot \sin m \pi \xi \cdot \sin p \pi \xi$$

$$\frac{\partial(\bar{\delta}^2 \Pi_i)}{\partial A_{mn}} \cdot C = S_n^{Qi} \cdot \sin m \pi \xi \cdot \sum_p A_{pn} \cdot \sin p \pi \xi \; ; \quad S_n^{Qi} = 2 \alpha^3 n^4 \gamma_Q$$

Längssteifen: $\gamma_L = \dfrac{EJ_L}{Kb}$; $\delta_L = \dfrac{F_L}{bt}$

$$\bar{\delta}^2 \Pi_i = \sigma_e \cdot \frac{\pi^2}{4} \cdot \gamma_L \cdot \frac{t}{\alpha^3} \sum_m \sum_n \sum_q m^4 \cdot A_{mn} A_{mq} \cdot \sin n \pi \eta \cdot \sin q \pi \eta$$

σ:
$$\bar{\delta}^2 \Pi_a = -\frac{\pi^2}{4} \cdot \frac{t}{\alpha} \cdot \delta_L \, \sigma_1 [\, 1 + (\psi - 1) \cdot \eta \,] \cdot \sum_m \sum_n \sum_q m^2 \cdot A_{mn} A_{mq} \cdot \sin n \pi \eta \cdot \sin q \pi \eta$$

$$\frac{\partial(\bar{\delta}^2 \Pi_i)}{\partial A_{mn}} \cdot C = S_m^{Li} \cdot \sin n \pi \eta \cdot \sum_q A_{mq} \cdot \sin q \pi \eta \; ; \quad S_m^{Li} = 2 m^4 \gamma_L$$

σ:
$$\frac{\partial(\bar{\delta}^2 \Pi_a)}{\partial A_{mn}} \cdot C = -S_m^{La} \cdot k_\sigma \cdot \sin n \pi \eta \cdot \sum_q A_{mq} \cdot \sin q \pi \eta \; ; \quad S_m^{La} = 2 m^2 \delta_L \, \alpha^2 \cdot [\, 1 + (\psi - 1) \eta \,]$$

Die baupraktische Aufbereitung der Energiemethode für die Beulwertberechnung geht auf TIMOSHENKO [8.5] zurück. Die systematische, computergerechte Ausarbeitung der Theorie und die Beulwertberechnung der wichtigsten Beanspruchungszustände ist das Verdienst von KLÖPPEL, SCHEER und MÖLLER [8.6/7].

8.3.3.4 Anmerkungen zur Lösung der Doppelintegrale der direkten Variationsverfahren

Die methodische Aufbereitung der direkten Variationsverfahren nach GALERKIN und RITZ für die Beulwertberechnung rechteckiger Beulfelder mit NAVIERschen Randbedingungen (wie in den vorangegangenen Abschnitten zusammengefaßt) bereitet vor allem bei der Lösung der Doppelintegrale

$$\int_0^a \int_0^b J(x,y)\,dx\,dy \qquad (8.184)$$

nicht unbeträchtliche Schwierigkeiten. Da sich der Doppelreihenansatz G.8.177 aus periodischen Sinusfunktionen aufbaut, die entlang der Ränder Null sind, gelingt eine geschlossene Lösung, wobei sich aufgrund der Orthogonalitätseigenschaften der Sinusfunktionen für diverse m/n-Kombinationen Null-Lösungen ergeben. Auf eine detaillierte Wiedergabe kann hier verzichtet werden, da die Berechnungsgrundlagen und -vorschriften in [8.6/7] ausführlich dokumentiert sind. T.8.11 wurde nach [8.6] zusammengestellt; die Tafel beinhaltet auch die Vorschreibungen für ausgesteifte Beulfelder (Abschnitt 8.3.7.6).

8.3.3.5 Einzelfelder mit frei drehbar gelagerten Rändern unter Biegerandspannungen

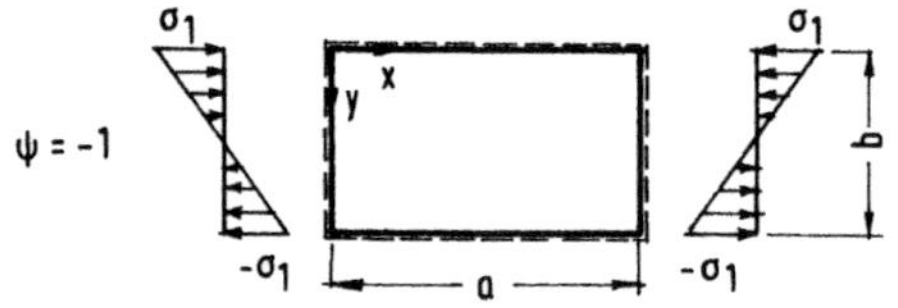

m=1, n	A_{11}	A_{12}	A_{13}	
1	$(1+\alpha^2)^2$	$-\frac{16\cdot\alpha^2}{\pi^2}\cdot k_\sigma\cdot\frac{2}{9}$	——	= 0
2	$-\frac{16\cdot\alpha^2}{\pi^2}\cdot k_\sigma\cdot\frac{2}{9}$	$(1+4\alpha^2)^2$	$-\frac{16\cdot\alpha^2}{\pi^2}\cdot k_\sigma\cdot\frac{6}{25}$	= 0
3	——	$\frac{16\cdot\alpha^2}{\pi^2}\cdot k_\sigma\cdot\frac{6}{25}$	$(1+9\alpha^2)^2$	= 0

Bild 8.26

Um die Beulwertberechnung von Einzelfeldern mit NAVIERschen Randbedingungen mittels G.8.181 zu zeigen, wird der in B.8.26 gezeigte Lastfall untersucht. Im Hinblick auf die zu erwartende Beulfigur mit stärkerer Ausprägung im Biegedruckbereich wird in y-Richtung ein dreigliedriger Ansatz gewählt. In Längsrichtung wird zunächst die Ausbildung einer Halbwelle unterstellt; d.h. zusammengefaßt: m=1, n=1, 2, 3. Ausführlich geschrieben lautet der Lösungsansatz:

$$\eta = A_{11}\sin\frac{\pi x}{a}\sin\frac{\pi y}{b} + A_{12}\sin\frac{\pi x}{a}\sin\frac{2\pi y}{b} + A_{13}\sin\frac{\pi x}{a}\sin\frac{3\pi y}{b} \qquad (8.185)$$

Die Festwerte Q und P gemäß G.8.182 betragen (T wird nicht benötigt):

$$\psi = -1:\ Q = 0,\ P = 16\alpha^2/\pi^2 \qquad (8.186)$$

G.8.181 liefert das in B.8.26 angeschriebene Gleichungssystem. Die Determinante läßt sich explizit ausrechnen:

$$(1+\alpha^2)^2(1+4\alpha^2)^2(1+9\alpha^2)^2 - (1+9\alpha^2)^2\cdot\left(\frac{16\alpha^2}{\pi^2}\right)^2\cdot\left(\frac{2}{9}\right)^2\cdot k_\sigma^2 - (1+\alpha^2)^2\cdot\left(\frac{16\alpha^2}{\pi^2}\right)^2\cdot\left(\frac{6}{25}\right)^2\cdot k_\sigma^2 = 0 \qquad (8.187)$$

(Wegen des Multiplikationsschemas vgl. B.3.39.) Die Gleichung wird nach k_σ aufgelöst:

$$k_\sigma = \frac{\pi^2}{\alpha^2}\sqrt{\frac{(1+\alpha^2)^2\cdot(1+4\alpha^2)^2\cdot(1+9\alpha^2)^2}{\left(\frac{96}{25}\right)^2(1+\alpha^2)^2 + \left(\frac{32}{9}\right)^2(1+9\alpha^2)^2}} \qquad (8.188)$$

Für m=2, 3, ... gilt dasselbe Ergebnis, wenn die Beulwerte über

$$m \cdot \alpha_{(m=1)}$$

aufgetragen werden, vgl. Abschnitt 8.3.2.3, letzter Absatz. Dieser Umstand kommt hier dadurch zum Ausdruck, daß die Gesamtmatrix in unabhängige Teilmatrizen für jeden Wert von m zerfällt; diese sind nach Einführung des reduzierten Seitenverhältnisses $\alpha' = \alpha/m$ identisch.

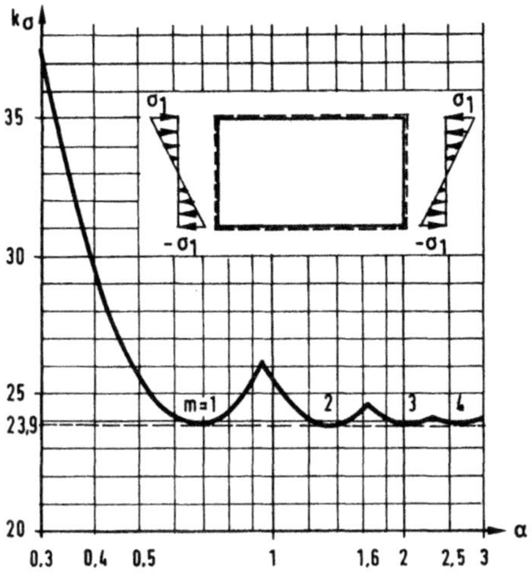

Bild 8.27

B.8.27 zeigt das Ergebnis der Auswertung von G.8.188. Der Kleinstwert beträgt:

$$\min k_\sigma = 23{,}9 \qquad (8.189)$$

Die Erhöhung der Beulwerte für $\alpha > 2/3$ gegenüber diesem Wert ist gering. Für gedrungene Platten $\alpha < 2/3$ läßt sich der Beulwert durch die Funktion

$$k_\sigma = 15{,}87 + \frac{1{,}87}{\alpha^2} + 8{,}6\alpha^2 \qquad (8.190)$$

annähern. (Vgl. das Ergebnis mit T.8.5 oben, Typ I.)

Wie im Abschnitt 8.3.3.2 angedeutet, läßt sich die Beulfigur in bezogener Form bestimmen. Hierzu wird der (einem bestimmen Seitenverhältnis α zugeordnete) k-Wert in das Gleichungssystem, B.8.26, eingesetzt. Die Elemente des Gleichungssystems liegen damit zahlenmäßig vor. Das Verhältnis der A_{mn}-Amplituden zueinander kann bestimmt werden, beispielsweise:

$$\frac{A_{mn}}{A_{11}} \quad (m,n=1,2,3)$$

In diesem Falle wäre die A_{11}-Spalte auf die rechte Seite des Gleichungssystems zu verlegen. Nunmehr läßt sich

$$\frac{\eta(x,y)}{A_{11}}$$

gemäß G.8.185 auftragen.

Die Beulwerte für Einzelfelder mit unterschiedlicher Lagerung der Längsränder sind auf T.8.4 bis T.8.8 ausgewiesen ($-2 \leq \psi \leq +1$).

8.3.3.6 Einzelfelder unter Schubspannungen

Die Lösung für die ringsum gelenkig gelagerte Rechteckplatte wurde von TIMOSHENKO [8.5] angegeben. TIMOSHENKO konnte zeigen, daß Ansätze, bei denen m+n=ungerade ist, höhere Beulwerte ergeben als Ansätze, bei denen die Summe eine gerade Zahl ist. Somit sind nur letztere maßgebend; beispielsweise ein Ansatz mit folgendem Aufbau:

$$\eta = A_{11}\sin\frac{\pi x}{a}\sin\frac{\pi y}{b} + A_{13}\sin\frac{\pi x}{a}\sin\frac{3\pi y}{b} + A_{22}\sin\frac{2\pi x}{a}\sin\frac{2\pi y}{b} + A_{31}\sin\frac{3\pi x}{a}\sin\frac{\pi y}{b} + \cdots \qquad (8.191)$$

B.8.28 zeigt das Ergebnis (Fall 1). Die Beulwertkurve läßt sich durch die Funktionen

$$k_\tau = 4{,}00 + \frac{5{,}34}{\alpha^2} \quad (\alpha \leq 1); \quad k_\tau = 5{,}34 + \frac{4{,}00}{\alpha^2} \quad (\alpha > 1) \qquad (8.192)$$

anpassen. Der Beulwert $k_\tau = 5{,}34$ für den unendlich langen Plattenstreifen ist streng [8.8], die Halbwellenlänge des diagonal ausgerichteten Beulmusters beträgt $1{,}25 \cdot b$.

Für allseitig starre Einspannung (Fall 2) gilt nach [8.9]:

$$k_\tau = 5{,}60 + \frac{8{,}98}{\alpha^2} \quad (\alpha \leq 1); \quad k_\tau = 8{,}98 + \frac{5{,}60}{\alpha^2} \quad (\alpha > 1) \qquad (8.193)$$

Für $\alpha = \infty$ beträgt der Beulwert 8,98 [8.8,8.10], die Halbwellenlänge ist $0{,}80 \cdot b$. Für die in einer Richtung gelenkig gelagerte und in der anderen Richtung starr eingespannte

Platte liegen die Beulwerte zwischen den Fällen 1 und 2. B.8.28 weist die Beulkurven aus [8.11]. Zur Schubbeulung unausgesteifter und ausgesteifter Platten wird ergänzend auf [8.12-15] hingewiesen.

8.3.3.7 Hinweise auf weitere Lösungen nach der linearen Beultheorie

Die Zahl der behandelten und gelösten Beulprobleme ist sehr groß. In der Monographie von KOLLBRUNNER und MEISTER zum Ausbeulen von Platten [0.9] sind die meisten früheren Arbeiten dokumentiert, vgl. auch [0.32] und [8.16-23]. Zur Methode der finiten Elemente siehe [8.24-8.28]; in [8.27/28] wurde diese Methode auf die nichtlineare Theorie erweitert.

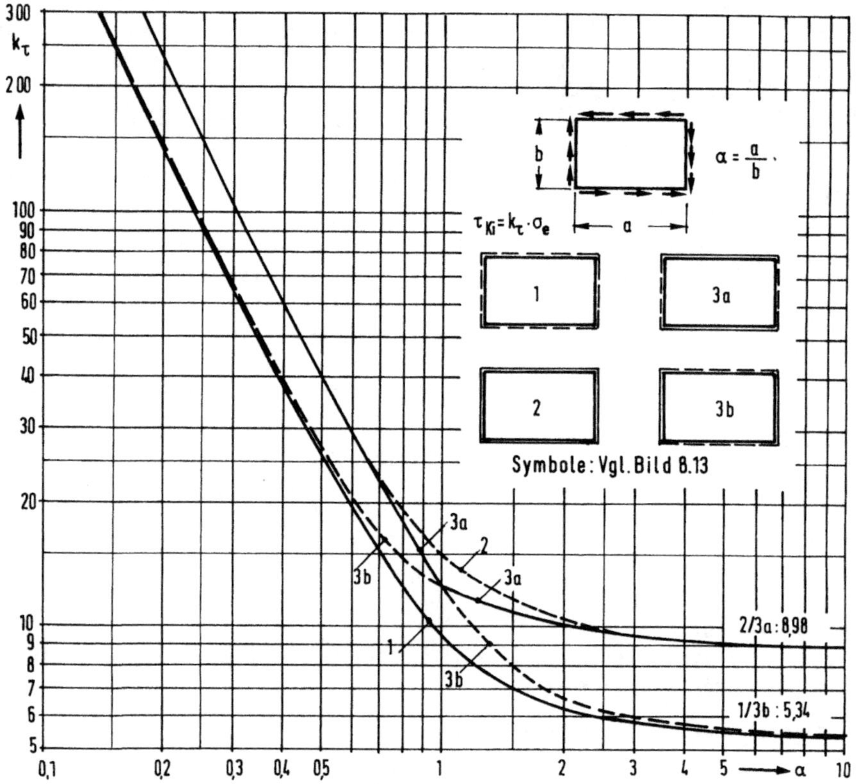

Bild 8.28

8.3.4 Kombinierte Spannungszustände in Einzelfeldern - Beulvergleichsspannungen

8.3.4.1 Problemstellung

Wie in den vorangegangenen Abschnitten erläutert, stehen für die Berechnung der idealen Beulspannungen bei alleiniger Wirkung der Spannungen σ_x oder τ umfangreiche Behelfe zur Verfügung. Das gilt, wie noch zu zeigen sein wird, auch im Falle einer alleinigen Wirkung von σ_y und ebenfalls für ausgesteifte Beulfelder. Die Größtwerte der Druckspannungen werden durch den Index 1 gekennzeichnet. Die idealen Einzelbeulspannungen lassen sich einheitlich zu

$$\sigma_{x1Ki} = k_{\sigma x} \cdot \sigma_e \; ; \; \sigma_{y1Ki} = k_{\sigma y} \cdot \sigma_e \; ; \; \tau_{Ki} = k_\tau \cdot \sigma_e \qquad (8.194)$$

berechnen (vgl. G.8.147/150). Man spricht von idealen Beulspannungen, weil sie neben der Voraussetzung eines linear-elastischen, isotropen Werkstoffes imperfektionsfreie, ebene Bleche (keine Vorbeulen, keine Eigenspannungen) und zentrisch wirkende, richtungstreue Randkräfte unterstellen; insofern haben sie eher die Bedeutung von Bezugsgrößen.

Die in der Praxis auftretenden Beulfälle lassen sich i.allg. mit den Einzelbeulspannungen allein nicht nachweisen, weil in der Regel kombinierte Spannungszustände vorliegen. Greift man z.B. aus einem Kranbahnträger ein Stegblechfeld heraus (B.8.29), sind gewisse Annäherungen erforderlich:

a) Da Biegungsmoment und Querkraft in Längsrichtung des Trägers veränderlich sind (vgl. B.8.29a), haben die Biegelängs- und Biegeschubspannungen beidseitig der einzelnen Stegblechfelder ungleiche Größe. Um die aufbereiteten Beullösungen für gegengleiche Randnormalspannungen und konstante Randschubspannungen verwerten zu können, wird ein Ersatzproblem formuliert. Die Rechnung würde auf der sicheren Seite liegen, wenn jeweils die größten Randspannungswerte kombiniert werden (und das etwa noch aus unterschiedlichen Lastfällen). Ein solches Vorgehen ist unwirtschaftlich. Als Regelfall sind Beulnachweise mit den einander zugeordneten Querschnittswerten und Spannungen sowohl im Querschnitt mit der größten Drucknormalspannung als auch im Querschnitt mit der größten Schubspannung zu führen, wobei die Querschnittswerte und Spannungen als konstant über die Beulfeldlänge angesetzt werden. Es ist indes auch zulässig, die jeweils höchsten Spannungen im Abstand b/2 von den zugeordneten Beulfeldquerrändern anzunehmen und zu kombinieren, jedoch nicht weniger als die Mittelwerte der über die Beulfeldlänge vorhandenen Spannungen; vgl. B.8.29c. Diese Regelung entspricht der DASt-Ri 012 und DIN 4114A.
b) Wenn sich der Spannungszustand im Stegblech aus mehreren Einflüssen zusammensetzt, z.B. Biegenormal- und Schubspannungen aus der Haupttragwirkung und aus Brems- und Seitenkraftwirkungen (Kastenträger mit Torsionsschubspannungen) sowie Randdruckspannungen am oberen Längsrand (B.8.29b), sind noch weitergehende Idealisierungen notwendig.

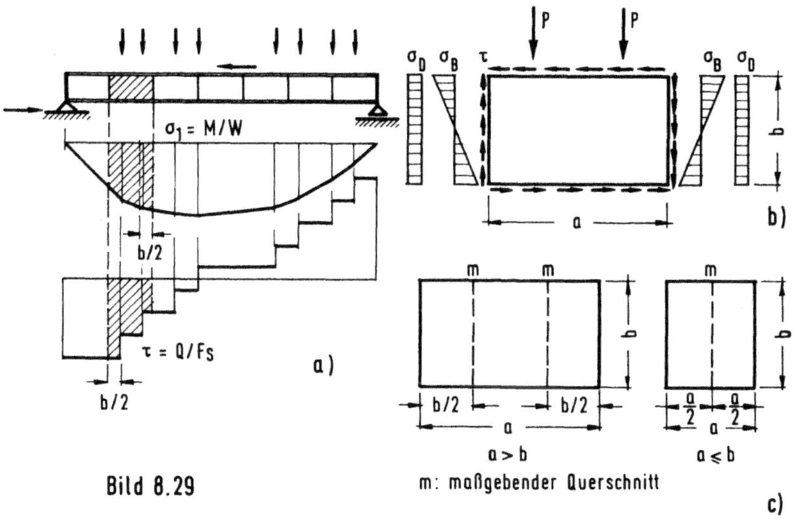

Bild 8.29

Eine strenge Berechnung der Beulspannungen kombinierter Spannungszustände ist bei Verfügbarkeit eines Computerprogrammes, z.B. gemäß Abschnitt 8.3.3.3, möglich und zulässig. Im Rahmen baupraktischer Nachweise werden indes Interaktionsformeln bevorzugt, mit deren Hilfe eine ideale Beulvergleichsspannung des kombinierten Problems gefunden werden kann. Für jeden Punkt eines Beulfeldes läßt sich eine Vergleichsspannung σ_V und eine zugeordnete Beulvergleichsspannung σ_{VKi} angeben:

$$\sigma_V = \sqrt{\sigma_x^2 + \sigma_y^2 - \sigma_x\sigma_y + 3\tau^2}\ ; \quad \sigma_{VKi} = \sqrt{\sigma_{xKi}^{*\,2} + \sigma_{yKi}^{*\,2} - \sigma_{xKi}^{*}\sigma_{yKi}^{*} + 3\tau_{Ki}^{*\,2}} \qquad (8.195)$$

(Der Stern kennzeichnet die gleichzeitige Wirkung der Spannungen.) Beim Beulnachweis sind die Vergleichswerte für jenen Punkt des Beulfeldes zu bestimmen, für den sich die kleinste vorhandene rechnerische Beulsicherheit ergibt; dieser Punkt wird Nachweispunkt genannt. In einem aktuellen Falle weist die Beulvergleichsspannung gegenüber der Vergleichsspannung die ideale Beulsicherheit ν_{Ki} auf:

$$\sigma_{VKi} = \nu_{Ki} \cdot \sigma_V \tag{8.196}$$

Es besteht die Aufgabe, für σ_{VKi} eine Rechenvorschrift (in Form einer Formel oder eines Diagrammes) herzuleiten, in der die Einzelbeulspannungen gemäß G.8.194 verwertet werden können, allgemeiner: Es besteht die Aufgabe, aus den Verzweigungslösungen des vorgelegten Problems bei alleiniger Wirkung der einzelnen Randkräfte die Verzweigungslösung des Problems bei gemeinsamer Wirkung der Kräfte zu bestimmen. Ist P_j die gegebene Kraft des Teilproblems j und P_{jKi} die zugehörige ideale Verzweigungsintensität (des Teilproblems j), gilt als untere Schranke für die ideale Sicherheit bei der Überlagerung von n Teilproblemen:

$$\nu_{Ki} \cdot \sum_{i=1}^{n} \frac{P_j}{P_{jKi}} = \sum_{j=1}^{n} \beta_j = 1 \tag{8.197}$$

Das ist die DUNKERLEYsche Überlagerungsformel. Sie gilt streng, wenn die Verzweigungsverformungen der Teilprobleme affin zueinander sind; dann tritt bei der Verzweigung des kombinierten Problems keine gegenseitige Stützung der einzelnen Eigenformen ein; in allen anderen Fällen steht auf der rechten Seite der Formel > 1. - Die Formel setzt voraus, daß die Lasten der gegebenen Teilzustände im selben Verhältnis zueinander wachsen; man spricht von einer proportionalen Laststeigerung. Diese Voraussetzung ist vielfach nicht erfüllt. Beispielsweise bleibt der Lastfall Vorspannung unverändert, während äußere Nutzlasten den Rechenwert überschreiten können. Allgemeiner wäre daher die Formulierung:

$$\sum_{j=1}^{n} \nu_{jKi} \frac{P_j}{P_{jKi}} = \nu_{Ki} \sum_{j=1}^{n} \frac{\nu_{jKi}}{\nu_{Ki}} \cdot \frac{P_j}{P_{jKi}} = 1 \tag{8.198}$$

Von G.8.197 abweichende Überlagerungsgesetze lassen sich aus Plausibilitätsschlüssen herleiten; deren Güte läßt sich an strengen Lösungen kombinierter Probleme überprüfen.

8.3.4.2 Interaktion σ_x und τ

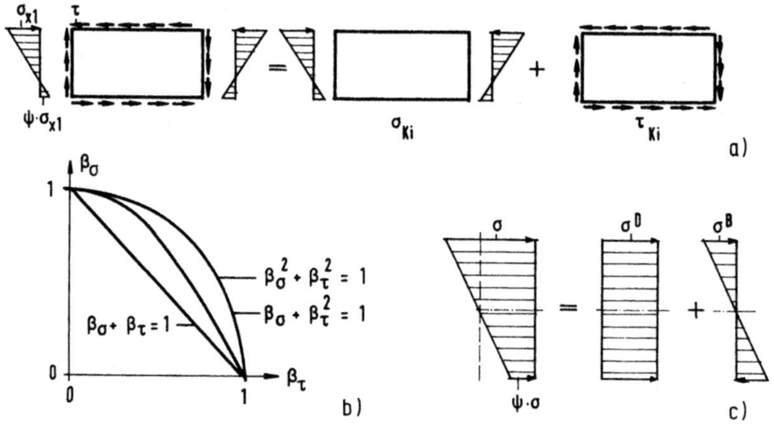

Bild 8.30

Für die in B.8.30a dargestellten Teilprobleme sind die Einzelbeulspannungen bekannt (in vereinfachter Indizierung):

$$\sigma_{Ki} = k_\sigma \sigma_e \quad (\sigma \equiv \sigma_{x1}); \; \tau_{Ki} = k_\tau \sigma_e \tag{8.199}$$

Mit

$$\beta_\sigma = \nu_{Ki} \cdot \frac{\sigma}{\sigma_{Ki}}, \quad \beta_\tau = \nu_{Ki} \cdot \frac{\tau}{\tau_{Ki}} \tag{8.200}$$

lautet die DUNKERLEY-Formel (Geradengleichung im Interaktionsdiagramm, B.8.30b):

$$\beta_\sigma + \beta_\tau = 1 \tag{8.201}$$

Betrachtet man den Sonderfall $\psi=1$ (konstante Randdruckspannungen), muß die Verzweigungslösung des kombinierten Problems vom Vorzeichen der Schubspannungen unabhängig sein. Aus Stetigkeitsgründen ist daher zu schließen, daß die Interaktionskurve die β_σ-Achse senkrecht schneidet. Diese Bedingung wird von der Parabelgleichung

$$\beta_\sigma + \beta_\tau^2 = 1 \quad (\beta_\sigma \equiv \beta_\sigma^D) \tag{8.202}$$

erfüllt (Index D: Druckspannungen). - Im Falle $\psi=-1$ (gegengleiche Biegerandspannungen) muß die Verzweigungslösung außerdem vom Vorzeichen der Biegespannungen unabhängig sein. Diese Überlegung legt den Schluß nahe, daß die Interaktion durch eine Kurve beschrieben wird, die sowohl die β_σ- wie die β_τ-Achse senkrecht schneidet. Diese Bedingung erfüllt die Gleichung des Kreises:

$$\beta_\sigma^2 + \beta_\tau^2 = 1 \quad (\beta_\sigma \equiv \beta_\sigma^B) \tag{8.203}$$

(Index B: Biegespannungen.) - Der kombinierte Druck-Biegespannungszustand wird gesplittet (B.8.30c):

$$\sigma^D = \frac{1+\psi}{2}\sigma \quad ; \quad \sigma^B = \frac{1-\psi}{2}\sigma \tag{8.204}$$

Mit G.8.200 wird aufgrund der vorangegangenen Überlegungen die Überlagerungsformel

$$\frac{1+\psi}{2}\beta_\sigma + \frac{1-\psi}{2}\beta_\sigma^2 + \beta_\tau^2 = 1 \tag{8.205}$$

gefolgert; sie kennzeichnet eine dreidimensionale Interaktion. Die Gleichung lautet ausgeschrieben:

$$\nu_{Ki}\frac{1+\psi}{2} \cdot \frac{\sigma}{\sigma_{Ki}} + \nu_{Ki}^2\frac{1-\psi}{2}\left(\frac{\sigma}{\sigma_{Ki}}\right)^2 + \nu_{Ki}^2\left(\frac{\tau}{\tau_{Ki}}\right)^2 - 1 = 0 \tag{8.206}$$

Nach Division durch ν_{Ki}^2 ergibt sich eine quadratische Gleichung für den Kehrwert der idealen Sicherheit; die Lösung lautet (DIN 4114A und DASt-Ri 012):

$$\nu_{Ki} = \frac{1}{\frac{1+\psi}{4} \cdot \frac{\sigma}{\sigma_{Ki}} + \sqrt{\left(\frac{3-\psi}{4}\right)^2 \cdot \left(\frac{\sigma}{\sigma_{Ki}}\right)^2 + \left(\frac{\tau}{\tau_{Ki}}\right)^2}} \tag{8.207}$$

Vergleichsspannung und Beulvergleichsspannung betragen:

$$\sigma_V = \sqrt{\sigma^2 + 3\tau^2} \; ; \qquad \sigma_{VKi} = \nu_{Ki} \sqrt{\sigma^2 + 3\tau^2} \tag{8.208}$$

Der Nachweispunkt liegt am Biegedruckrand, σ ist mit σ_{x1} identisch.

In DIN 4114A wird eine abgeminderte Vergleichsspannung auf der Grundlage der ENGESSER-KÁRMÁN-Theorie (Abschnitt 2.4.4) bestimmt, wenn die ideale Beulvergleichsspannung über der Proportionalitätsgrenze liegt. Die DASt-Ri 012 kennt eine andere Nachweisform (vgl. Abschnitt 8.3.9.3).

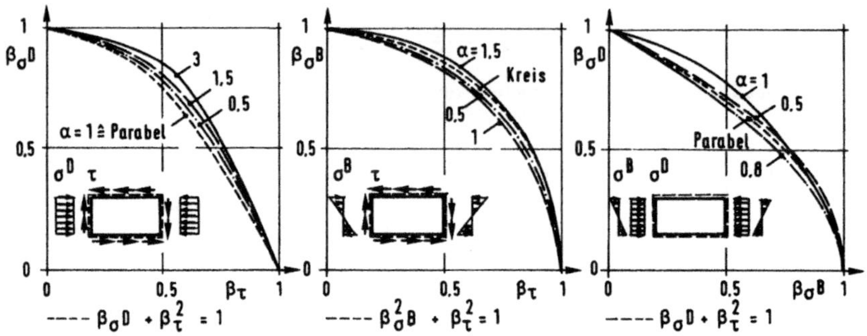

Bild 8.31

Die Güte von G.8.207 läßt sich durch Vergleich mit strengen Lösungen kombinierter Probleme beurteilen. B.8.31 zeigt die Interaktionskurven von drei Kombinationszuständen und die Lage der Kurven gemäß G.8.202/203; letztere liegen i.allg. auf der sicheren Seite, das kann demgemäß auch von G.8.207 erwartet werden.

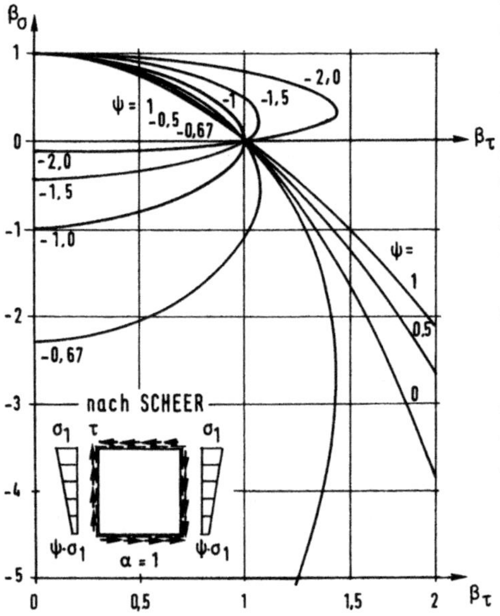

Bild 8.32

B.8.32 zeigt das vollständige Interaktionsdiagramm einer quadratischen Platte unter linear veränderlichen Druckspannungen (von ψ=1 bis ψ=-2) und konstanten Schubspannungen [8.30]. Das Diagramm ist zur β_σ-Achse symmetrisch. Es sei in dem Zusammenhang erwähnt, daß die β-Zahlen gemäß G.8.200 auch durch die Beulwerte für kombinierte und Einzelbeanspruchung ausgedrückt werden können:

$$\beta_\sigma^{(D+B)} = \frac{\nu_{Ki}\sigma_1}{\sigma_{1Ki}} = \frac{\sigma^*_{1Ki}}{\sigma_{1Ki}} = \frac{k^*_\sigma \sigma_e}{k_\sigma \sigma_e} = \frac{k^*_\sigma}{k_\sigma} \qquad (8.209)$$

$$\beta_\tau = \frac{\nu_{Ki}\tau}{\tau_{Ki}} = \frac{\tau^*_{Ki}}{\tau_{Ki}} = \frac{k^*_\tau \sigma_e}{k_\tau \sigma_e} = \frac{k^*_\tau}{k_\tau} \qquad (8.210)$$

Im negativen β_σ-Bereich ist σ_1 eine Zugspannung; ist ψ gleichzeitig 1, steht das Feld unter konstanter Zugspannung. Die Schubbeulgrenze wird durch den stabilisierenden Zugspannungseinfluß bedeutend angehoben.

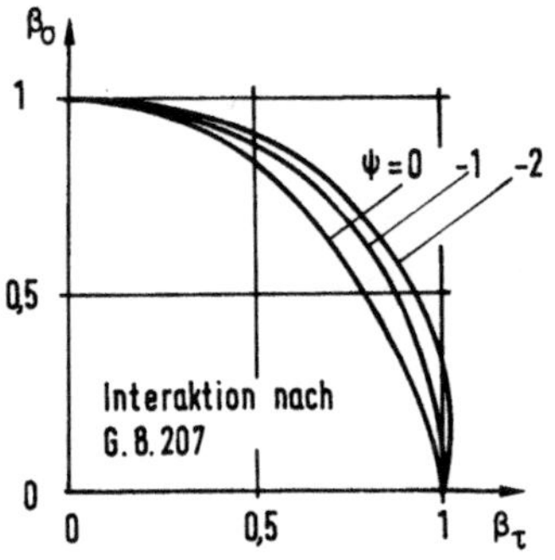

Bild 8.33

Auch bei Biegung und Schub mit überwiegenden Biegezugspannungen (vgl. z.B. die Kurve für ψ=-2 im oberen Quadranten) tritt ein ausgeprägter Stabilisierungseffekt ein. Dieser wird von G.8.207 nicht wiedergegeben (B.8.33); die Überlagerungsformel G.8.207 liefert demnach bei hohen Biegezugspannungen zu konservative Ergebnisse, sodaß es sich empfiehlt, die Interaktion nach den von KLÖPPEL und SCHEER [8.6] bereitgestellten strengen Interaktionsvorschriften durchzuführen. Das gilt insbesondere für ausgesteifte Platten, vgl. Abschnitt 8.3.7.6.

8.3.4.3 Interaktion σ_x, σ_y und τ

Das Überlagerungsproblem bei kombinierter Beanspruchung gemäß B.8.34 ist mehrdimensional. Untere Schranke ist die

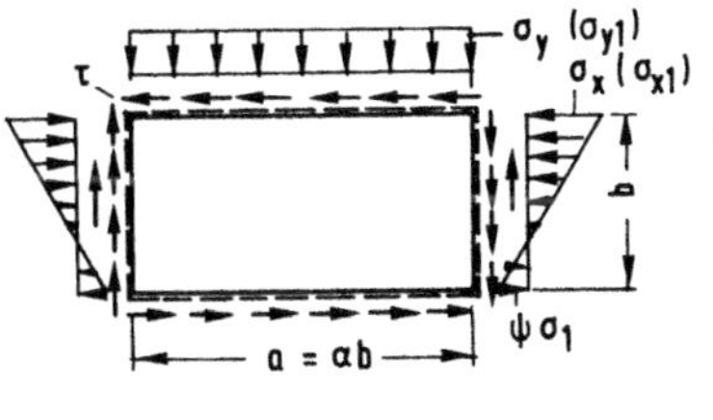

Bild 8.34

Interaktionsebene

$$\beta_{\sigma_x} + \beta_{\sigma_y} + \beta_\tau = 1 \qquad (8.211)$$

mit

$$\beta_{\sigma_x} = \frac{\nu_{Ki}\sigma_x}{\sigma_{xKi}};\ \beta_{\sigma_y} = \frac{\nu_{Ki}\sigma_y}{\sigma_{yKi}};\ \beta_\tau = \frac{\nu_{Ki}\tau}{\tau_{Ki}} \qquad (8.212)$$

Mit derselben Argumentation wie bei der Herleitung von G.8.202 kann auf

$$\beta_{\sigma_x} + \beta_{\sigma_y} + \beta_\tau^2 = 1 \qquad (8.213)$$

als mögliche Interaktion geschlossen werden. Die Auflösung nach ν_{Ki} ergibt:

$$\nu_{Ki} = \frac{1}{\frac{1}{2}\left(\frac{\sigma_x}{\sigma_{xKi}} + \frac{\sigma_y}{\sigma_{yKi}}\right) + \sqrt{\frac{1}{4}\left(\frac{\sigma_x}{\sigma_{xKi}} + \frac{\sigma_y}{\sigma_{yKi}}\right)^2 + \left(\frac{\tau}{\tau_{Ki}}\right)^2}} \qquad (8.214)$$

Wird β_{σ_y} additiv zu G.8.205 hinzugeschlagen, folgt [8.31]:

$$\nu_{Ki} = \frac{1}{\left(\frac{1+\psi}{4}\cdot\frac{\sigma_x}{\sigma_{xKi}} + \frac{1}{2}\frac{\sigma_y}{\sigma_{yKi}}\right) + \sqrt{\left(\frac{3-\psi}{4}\cdot\frac{\sigma_x}{\sigma_{xKi}} + \frac{1}{2}\frac{\sigma_y}{\sigma_{yKi}}\right)^2 + \left(\frac{\tau}{\tau_{Ki}}\right)^2}} \qquad (8.215)$$

In beiden Fällen berechnet man die ideale Beulvergleichsspannung mittels G.8.195a/196. - Die letzte Interaktionsformel hält einer strengen Prüfung nur bedingt stand, denn der Biegespannungsanteil aus der Haupttragwirkung ist bei zusätzlicher Wirkung von σ_y in G.8.205 nicht umkehrbar! - Eine weitere Interaktionsformel folgt aus der Überlagerung der idealen Beulvergleichsspannung des σ_x,τ-Problems mit der Beulspannung des σ_y-Problems:

$$\sigma_x,\tau:\quad \sigma_{VKi(\sigma_x,\tau)} = \nu_{Ki(\sigma_x,\tau)}\cdot\sqrt{\sigma_x^2 + 3\tau^2};\quad \nu_{Ki(\sigma_x,\tau)} \text{ nach G.8.207} \qquad (8.216)$$

$$\sigma_y:\quad \sigma_{VKi(\sigma_y)} \equiv \sigma_{yKi} = \nu_{Ki(\sigma_y)}\cdot\sigma_y \qquad (8.217)$$

Die Beulvergleichsspannungen werden nach DUNKERLEY überlagert:

$$\frac{\nu_{Ki}\cdot\sqrt{\sigma_x^2 + 3\tau}}{\sigma_{VKi(\sigma_x,\tau)}} + \frac{\nu_{Ki}\sigma_y}{\sigma_{VKi(\sigma_y)}} = 1 \qquad (8.218)$$

Die Gleichung wird nach ν_{Ki} aufgelöst und G.8.216/217 eingesetzt, das ergibt:

$$\nu_{Ki} = \frac{1}{\frac{1+\psi}{4}\cdot\frac{\sigma_x}{\sigma_{xKi}} + \frac{\sigma_y}{\sigma_{yKi}} + \sqrt{\left(\frac{3-\psi}{4}\right)^2\left(\frac{\sigma_x}{\sigma_{xKi}}\right)^2 + \left(\frac{\tau}{\tau_{Ki}}\right)^2}} \qquad (8.219)$$

Das Überlagerungsproblem bei Querbelastung wird im Abschnitt 8.3.5.3 nochmals aufgegriffen; daselbst werden die Interaktionsformeln, einschließlich DASt-Ri 012, verglichen. - Zum Überlagerungsproblem von Verzweigungslösungen vgl. auch [8.32].

8.3.5 Stegbleche mit quergerichteten Randdruckkräften

8.3.5.1 Spannungen in Stegblechen infolge Radlasten

Wo in dünnwandige Tragwerksteile konzentrierte Kräfte eingeleitet werden (Auflager, Querträgeranschlüsse), gilt die Anordnung lastverteilender Steifen als Konstruktionsgrundsatz, sofern nicht durch Versuche, wie bei Walzprofilen, die Ausbildung steifenloser Auflager und Anschlüsse abgesichert ist [8.159].
In den Stegblechen von Kranbahnträgern läßt sich der Grundsatz nicht einhalten (B.8.35a);

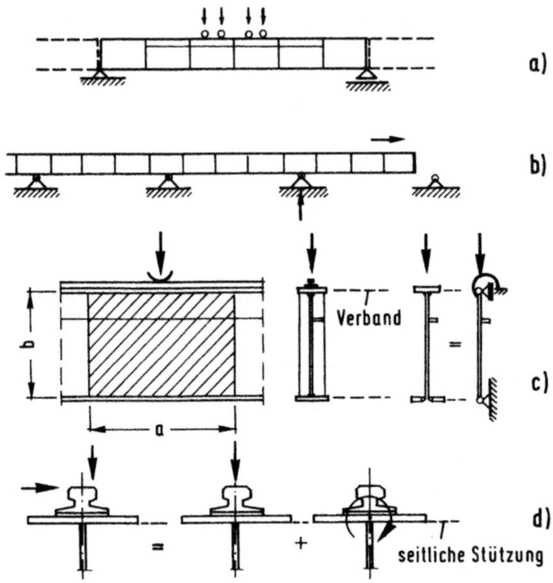

Bild 8.35

dasselbe gilt für die Stegbleche von Brückenhauptträgern, wenn diese bei der Montage über Rollen vorgefahren werden (Bild b). Mittige Radstellungen zwischen den Quersteifen sind für den Beulnachweis maßgebend. Der Nachweis ist gemeinsam für Haupttragwirkung und örtlichen Raddruck zu führen. Für die Beulfelder werden NAVIERsche Randbedingungen unterstellt. Die drehelastische Einspannung des belasteten Gurtes wirkt stabilisierend (B.8.35c) und stellt eine wünschenswerte Tragreserve dar. Auf den Obergurt wirkt über die Kranschiene ein Drillmoment infolge Radexzentrizitäten und Seitenkräfte. Demnach liegt lokal ein Spannungsproblem Th.II.Ordn. vor. Drillwinkel und Stegblechausbiegung sind indes gering, sodaß auf die Einrechnung des Verformungseinflusses verzichtet werden kann. Der Nachweis wird zweckmäßig gesplittet und als Beulproblem mit zentrischer Lasteintragung und als Spannungsproblem Th.I.Ordn. (Querbiegung, Lastverteilungsbiegung [8.33]) geführt. - Bei freien Kranbahnträgern ist ein Nachweis auf Kippbiegung Th.II.Ordn. erforderlich (Abschnitt 7.17).

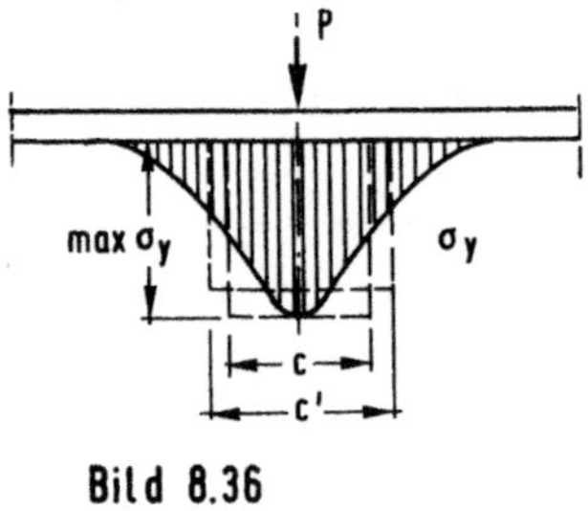

Bild 8.36

Schiene und Gurt bewirken eine Verteilung der Radlast. Die Spannungsverteilung σ_y in der schubfesten Kontaktlinie zwischen Gurt und Stegblech zeigt B.8.36. Für $\max\sigma_y$ gilt näherungsweise:

$$\max\sigma_y = \frac{0{,}3055}{t} P \sqrt[3]{\frac{t}{J_G}} \qquad (\mu = 0{,}3) \tag{8.220}$$

t ist die Blechdicke und J_G das Trägheitsmoment des Gurtquerschnittes einschließlich Schiene. Liegt die Schiene lose auf, ist

$$J_G = J_{Gurt} + J_{Schiene} \tag{8.221}$$

Das Lastverteilungsproblem wurde von verschiedener Seite theoretisch untersucht [8.34/35], von MAAS [8.36] liegen Messungen vor. VÖGELE [8.37] verschärfte die Theorie unter Mitnahme einer großen Zahl von FOURIER-Gliedern und gab die Formel

$$\max\sigma_y = \frac{0{,}3176}{t} P \sqrt[3]{\frac{t}{J_G}} \tag{8.222}$$

an. - Um die im folgenden Abschnitt erläuterte Beulwerttafel (von PROTTE) für bereichsweise konstante Randdruckspannungen verwerten zu können, bedarf es der Kenntnis jener äquivalenten Lastbreite c, für die der Beulwert abgelesen werden kann. Setzt man

$$\max p = \max\sigma_y \cdot t = 0{,}3176\, P \sqrt[3]{\frac{t}{J_G}} \tag{8.223}$$

in

$$P = \max p \cdot c \tag{8.224}$$

ein, folgt:

$$c = 3{,}149 \sqrt[3]{\frac{J_G}{t}} \tag{8.225}$$

Eine gewisse Mittelung erscheint vertretbar (B.8.36), z.B.:

$$P = 0{,}85 \cdot \max p \cdot c' \tag{8.226}$$

Das ergibt:

$$c' = 3{,}705 \sqrt[3]{\frac{J_G}{t}} \tag{8.227}$$

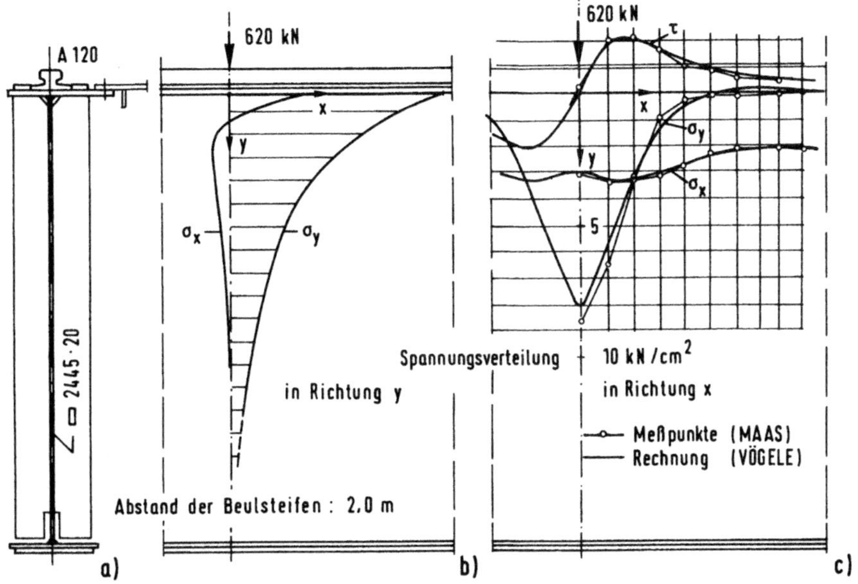

Bild 8.37

Beispiel: B.8.37 zeigt den von MAAS vermessenen Kranbahnträger. Im Teilbild b sind die Spannungen in Richtung y unter der Randlast und im Teilbild c die Spannungen in Richtung x entlang der Kontaktlinie Gurt/Stegblech eingezeichnet; Messung und Rechnung zeigen eine gute Übereinstimmung. - G.8.222 ergibt:

$$P = 620\ \text{kN};\ J_G = 1987\,\text{cm}^4,\ t = 2\,\text{cm} \longrightarrow \max\sigma_y = 0{,}3176 \frac{620}{2} \sqrt[3]{\frac{2{,}0}{1987}} = 9{,}86\ \text{kN/cm}^2$$

Das Gurtträgheitsmoment folgt gemäß G.8.221 aus:

$$J_{Gurt} + J_{Schiene} = 567 + 1420 = 1987\,\text{cm}^4$$

Berechnung der Lastbreite:

$$\max p = 9{,}86 \cdot 2{,}0 = 19{,}72\ \text{kN/cm} \longrightarrow c = 620/19{,}72 = 31{,}44\,\text{cm}$$

Nach DIN 4132 (DIN 15018) folgt: $c = 2(10{,}5 + 0{,}8 + 3{,}0) + 5{,}0 = 33{,}6\,\text{cm}$

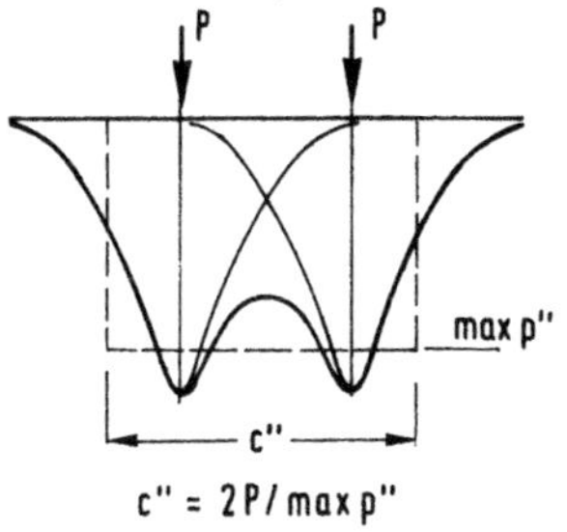

Bild 8.38

(Bei baupraktischen Berechnungen ist eine 25%ige Schienenkopfabnützung zu berücksichtigen.)

Entfallen zwei (oder mehr) Radlasten auf ein Beulfeld, ist eine sinnvoll gemittelte Lastbreite anzunehmen, wie in B.8.38 angedeutet:

$$\max p'' = 0{,}85 \cdot \max\sigma_y \cdot t \longrightarrow c'' = 2P/\max p'' \tag{8.228}$$

Zur Spannungsverteilung im Inneren der Trägerstege wurde in [8.38] ein Näherungsverfahren angegeben.

Tafel 8.12

Beulwerte querbelasteter Rechteckplatten

nach PROTTE

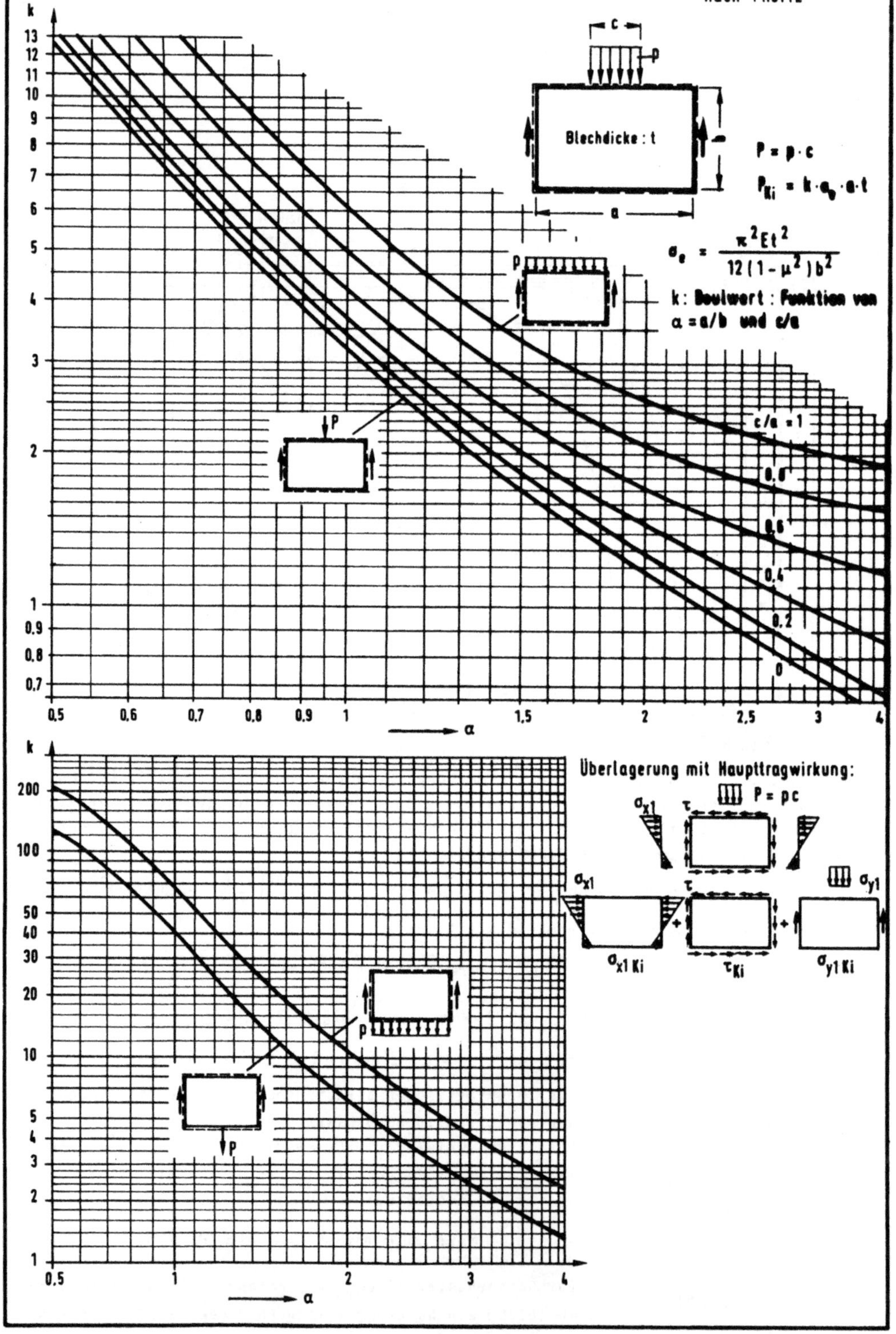

8.3.5.2 Beulwerte für quergerichtete Randdruckspannungen

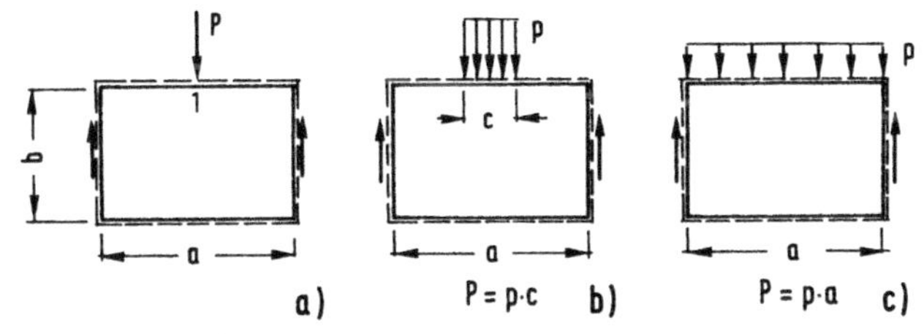

Bild 8.39

Baupraktische Bedeutung haben die in B.8.39 skizzierten Lastfälle. Beulen unter konzentrierten Randspannungen wurde von verschiedener Seite untersucht [8.39/43]. Der umfassendste Beitrag liegt von PROTTE [8.44] vor. Auf T.8.12 sind die Beulwerte als Funktion von $\alpha = a/b$ und c/a dargestellt. Mittels des Beulwertes k wird die ideale, resultierende Beulkraft $P_{Ki} \equiv P_{y1Ki}$ berechnet:

$$P_{Ki} = k \cdot \sigma_e \cdot a t \quad (k \equiv k_{\sigma_y}) \tag{8.229}$$

Zum Problem B.8.39c siehe [8.45]. Beulwerte für Rechteckplatten mit Randbelastungen an allen Rändern werden in [8.46/50] behandelt.

8.3.5.3 Beispiel: Stegblech eines Kranbahnträgers

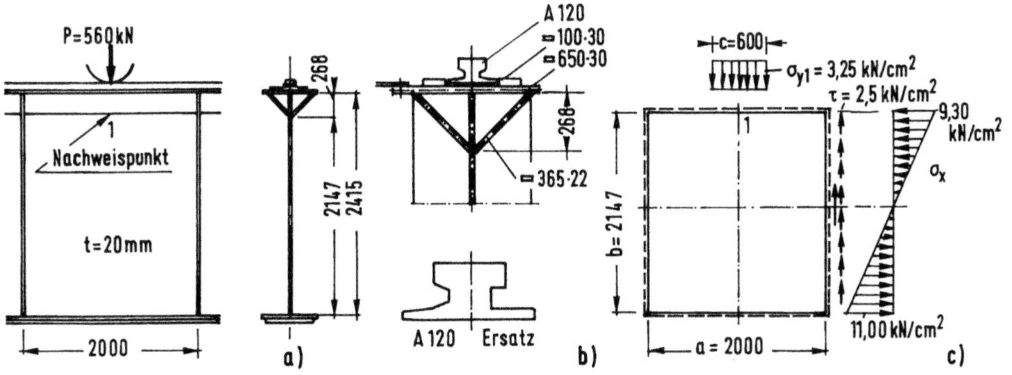

Bild 8.40

In B.8.40a/b sind Stegblech und Obergurt dargestellt (das Beispiel wurde in Anlehnung an [8.33] gewählt). Pressung und Lastbreite (G.8.221/8.222/8.225):

$$J_G = J_{Gurt} + J_{Schiene} = 39\,765 + 992 = 40\,757\,\text{cm}^4 \longrightarrow \max\sigma_y \equiv \sigma_{y1} = \frac{0{,}3176 \cdot 560}{2{,}0}\sqrt[3]{\frac{2{,}0}{40\,757}} = 3{,}25\ \text{kN/cm}^2$$

$$c = 3{,}149\sqrt[3]{\frac{40\,757}{2{,}0}} = 86{,}0\,\text{cm}\,;\quad c/a = 86{,}0/200 = 0{,}43$$

Einzelbeulspannungen:

$$\sigma_e = \frac{\pi^2 E t^2}{12(1-\mu^2)b^2} = 18980\left(\frac{t}{b}\right)^2 = 18980\left(\frac{2{,}0}{214{,}7}\right)^2 = 1{,}65\ \text{kN/cm}^2$$

$$\alpha = a/b = 200/214{,}7 = 0{,}93,\quad \psi = -11{,}00/9{,}30 = -1{,}18 \longrightarrow (\text{T.8.5,I}):\ k = k_{\sigma_{x1}} = 30{,}0\ :\ \underline{\sigma_{x1Ki}} = 30{,}0 \cdot 1{,}65 = \underline{49{,}41}\,\frac{\text{kN}}{\text{cm}^2}$$

$$\alpha = 0{,}93,\ c/a = 0{,}43 \longrightarrow (\text{T.8.12}):\ k \equiv k_{P_{y1Ki}} = 4{,}3 \longrightarrow \underline{P_{y1Ki}} = 4{,}3 \cdot 1{,}65 \cdot 200 \cdot 2{,}0 = \underline{2838\ \text{kN}}$$

$$\alpha = 0{,}93 \longrightarrow (\text{G.8.192}):\ k_\tau = 4{,}00 + 5{,}34/0{,}93^2 = 10{,}17 \longrightarrow \underline{\tau_{Ki}} = 10{,}17 \cdot 1{,}65 = \underline{16{,}78\ \text{kN/cm}^2}$$

Interaktive Bestimmung der Beulvergleichsspannungen für den Nachweispunkt 1:

$$\frac{\sigma_{x1}}{\sigma_{x1Ki}} = \frac{9{,}30}{49{,}41} = 0{,}188\,;\quad \frac{P_{y1}}{P_{y1Ki}} = \frac{560}{2838} = 0{,}197\,;\quad \frac{\tau}{\tau_{Ki}} = \frac{2{,}5}{16{,}78} = 0{,}149$$

In den Interaktionsformeln des Abschnittes 8.3.4.3 ist überall

$$\frac{\sigma_y}{\sigma_{yKi}} \quad \text{durch} \quad \frac{P_y}{P_{yKi}} \quad (\text{bzw.} \ \frac{P_{y1}}{P_{y1Ki}})$$

zu ersetzen.

Vergleichsspannungen im Nachweispunkt:

$$\sigma_V = \sqrt{\sigma_{x1}^2 + \sigma_{y1}^2 - \sigma_{x1}\sigma_{y1} + 3\tau^2} = \sqrt{9{,}30^2 + 3{,}25^2 - 9{,}30 \cdot 3{,}25 + 3 \cdot 2{,}5^2} = 9{,}25 \ \text{kN/cm}^2$$

Die Interaktionsformeln G.8.211/8.214/8.215/8.219 liefern folgende idealen Beulsicherheiten und Beulvergleichsspannungen:

$$\text{G.8.211:} \quad \frac{\sigma_{x1}}{\sigma_{x1Ki}} + \frac{P_{y1}}{P_{y1Ki}} + \frac{\tau}{\tau_{Ki}} = \frac{1}{\nu_{Ki}} \longrightarrow 0{,}188 + 0{,}197 + 0{,}149 = \frac{1}{\nu_{Ki}} \longrightarrow \nu_{Ki} = \underline{1{,}872}$$

$$\sigma_{VKi} = 1{,}872 \cdot 9{,}25 = 17{,}32 \ \text{kN/cm}^2$$

$$\text{G.8.214:} \quad \nu_{Ki} = \underline{2{,}294} \ : \ \sigma_{VKi} = 21{,}22 \ \text{kN/cm}^2;$$

$$\text{G.8.215:} \quad \nu_{Ki} = \underline{2{,}378} \ : \ \sigma_{VKi} = 22{,}00 \ \text{kN/cm}^2; \qquad \text{G.8.219:} \quad \nu_{Ki} = \underline{2{,}298} \ : \ \sigma_{VKi} = 21{,}26 \ \text{kN/cm}^2;$$

Wie es sein muß, ergibt die DUNKERLEYsche Formel die geringste Beulvergleichsspannung (G.8.196).

Nach der DASt-Ri 012 (Abschn.6.1.3.6) ist die Beulvergleichsspannung wie folgt zu ermitteln:

$$f_\tau = \frac{\tau \cdot k_{\sigma x1}}{\sigma_{x1} \cdot k_\tau} \leq 1 \ : \ \nu_{Ki} = \frac{1}{\frac{4 - f_\tau}{4} \cdot \frac{P_{y1}}{P_{y1Ki}} + \sqrt{\left(\frac{f_\tau}{4} \cdot \frac{P_{y1}}{P_{y1Ki}}\right)^2 + \left(\frac{1}{\nu'_{Ki}}\right)^2}} \qquad (8.230)$$

$$f_\tau = \frac{1}{f_\sigma} \ ; \ \sigma_{VKi} = \nu_{Ki} \cdot \sigma_V$$

$$f_\sigma = \frac{\sigma_{x1} \cdot k_\tau}{\tau \cdot k_{\sigma x1}} \leq 1 \ : \ \nu_{Ki} = \frac{1}{\frac{2 + f_\sigma}{4} \cdot \frac{P_{y1}}{P_{y1Ki}} + \sqrt{\left(\frac{2 - f_\sigma}{4} \cdot \frac{P_{y1}}{P_{y1Ki}}\right)^2 + \left(\frac{1}{\nu'_{Ki}}\right)^2}} \qquad (8.231)$$

Hierin ist ν'_{Ki} die ideale Beulsicherheit im Falle $\sigma_y=0$ ($P_y=0$), z.B. nach G.8.207 oder nach den Beulwerttafeln von KLÖPPEL/SCHEER [8.6]. Die Interaktionsvorschrift (G.8.230/1) wurde von SCHEER/NÖLKE/GENTZ [8.51] entwickelt. Für das Beispiel folgt:

$$\text{G.8.207:} \quad \nu'_{Ki} = \frac{1}{\frac{1 - 1{,}18}{4} \cdot 0{,}188 + \sqrt{\left(\frac{3 + 1{,}18}{4}\right)^2 0{,}188^2 + 0{,}149^2}} = 4{,}199$$

$$f_\tau = \frac{2{,}5 \cdot 30{,}0}{9{,}30 \cdot 10{,}17} = 0{,}793 < 1 \longrightarrow \text{G.8.230:} \ \nu_{Ki} = \underline{2{,}505} \ : \ \sigma_{VKi} = 2{,}505 \cdot 9.25 = 23{,}16 \ \text{kN/cm}^2$$

Rechnet man schließlich nach [8.6], ergibt sich (vgl. auch Abschn. 8.3.7.6):

$$f_\tau = 0{,}793, \quad \psi = -1{,}18 \longrightarrow s^* = 0{,}785, \quad Z_1 = \sqrt{1 + 3(k_\tau / k_\sigma)^2} = \sqrt{1 + 3\left(\frac{10{,}17}{30{,}0}\right)^2} = 1{,}160$$

$$\sigma'_{VKi} = 30{,}0 \cdot 1{,}160 \cdot 0{,}785 \cdot 1{,}65 = 45{,}07 \ \text{kN/cm}^2; \quad \sigma'_V = \sqrt{9{,}30^2 + 3 \cdot 2{,}50^2} = 10{,}26 \ \text{kN/cm}^2$$

$$\nu'_{Ki} = 45{,}07 / 10{,}26 = 4{,}393; \quad \text{G.8.230:} \ \nu_{Ki} = \underline{2{,}571} \ : \ \sigma_{VKi} = 23{,}78 \ \text{kN/cm}^2$$

Der baupraktische Beulspannungsnachweis nach DASt-Ri 012 ist nunmehr in folgenden Schritten zu führen (vgl. Abschn. 8.3.9.2/3): Stahl St 370: $\sigma_F=24$ kN/cm^2, Lastfall H:

$$\text{G.8.343:} \quad \bar{\lambda} = \sqrt{\frac{24}{23{,}78}} = 1{,}005 \longrightarrow \bar{\sigma}_K = 1{,}474 - 0{,}677 \cdot 1{,}005 = 0{,}794$$

$$\sigma_{VK} = 0{,}794 \cdot 24 = 19{,}06 \ \text{kN/cm}^2; \quad \text{vorh}\,\nu_B^* = \sigma_G / \sigma_V \equiv \sigma_{VK} / \sigma_V = 19{,}06/9{,}25 = \underline{2{,}06}$$

$$\text{erf}\,\nu_B(\sigma_x) = 1{,}32 \ (\text{denn} \ \psi = -1{,}18 < -1{,}0); \quad \text{erf}\,\nu_B(\sigma_y) = 1{,}50; \quad \text{erf}\,\nu_B(\tau) = 1{,}32$$

$$\text{erf}\,\nu_B^* = \sqrt{\frac{(\sigma_{x1}/\sigma_{x1Ki})^2 + (P_{y1}/P_{y1Ki})^2 + (\tau/\tau_{Ki})^2}{\left(\frac{\sigma_{x1}/\sigma_{x1Ki}}{\text{erf}\,\nu_B(\sigma_x)}\right)^2 + \left(\frac{P_{y1}/P_{y1Ki}}{\text{erf}\,\nu_B(\sigma_y)}\right)^2 + \left(\frac{\tau/\tau_{Ki}}{\text{erf}\,\nu_B(\tau)}\right)^2}} = \sqrt{\frac{0{,}188^2 + 0{,}197^2 + 0{,}149^2}{\left(\frac{0{,}188}{1{,}32}\right)^2 + \left(\frac{0{,}197}{1{,}50}\right)^2 + \left(\frac{0{,}149}{1{,}32}\right)^2}} = \underline{1{,}38}$$

8.3.6 Rahmeneckbleche (B.8.41)

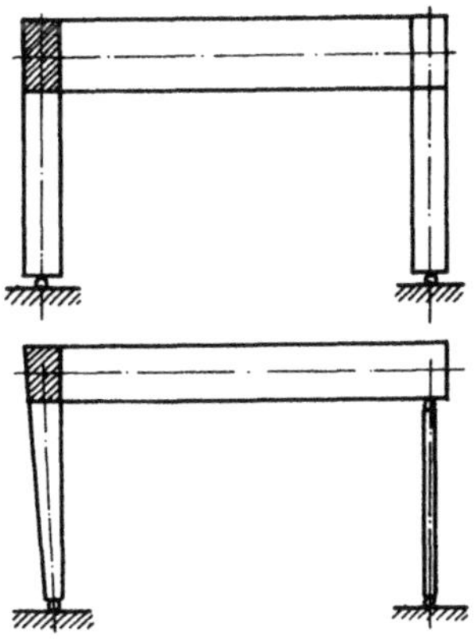

Bild 8.41

8.3.6.1 Spannungsverteilung in Rahmeneckblechen [8.52]

Die Bleche in Rahmenecken unterliegen einem inhomogenen Spannungszustand aus Normal- und Schubspannungen. Voraussetzung für den Beulnachweis solcher Bleche ist die Kenntnis dieses Spannungszustandes. Aus der statischen Berechnung sind die Schnittgrößen im theoretischen Schnittpunkt der Riegel- und Stielachse bekannt (B.8.42b):

$$\text{Schnitt ①: } N_1,\ Q_1,\ M_1 = M_0, \qquad \text{Schnitt ②: } N_2,\ Q_2,\ M_2 = M_0. \tag{8.232}$$

Die Schnittgrößen stehen untereinander im Gleichgewicht:

$$N_1 - Q_2 = 0, \quad N_2 + Q_1 = 0, \quad M_1 - M_2 = 0 \tag{8.233}$$

Für die Anschnitte gilt (B.8.42b):

$$\text{Anschnitt ③: } N_3 = N_1,\ Q_3 = Q_1 = -N_2,\ M_3 = M_0 + Q_1 \cdot \frac{b}{2}; \qquad \text{Anschnitt ④: } N_4 = N_2,\ Q_4 = Q_2 = +N_1,\ M_4 = M_0 - Q_2 \cdot \frac{a}{2}. \tag{8.234}$$

(Eine über die Länge b/2 vorhandene Riegelbelastung bleibt unberücksichtigt.) Die Schnittgrößen dieser Anschnitte werden auf die Eckscheibe und die Flansche (Gurte) aufgeteilt. Unter der Voraussetzung symmetrischer Querschnitte werden folgende Festwerte berechnet:

$$\left.\begin{aligned} p &= \frac{\text{Fläche eines Flansches}}{\text{Gesamtfläche}} \\ r &= \frac{\text{Trägheitsmoment eines Flansches}}{\text{Gesamtträgheitsmoment}} \end{aligned}\right\}\ \text{Riegel} \qquad \left.\begin{aligned} s &= \frac{\text{Fläche eines Flansches}}{\text{Gesamtfläche}} \\ t &= \frac{\text{Trägheitsmoment eines Flansches}}{\text{Gesamtträgheitsmoment}} \end{aligned}\right\}\ \text{Stiel} \tag{8.235}$$

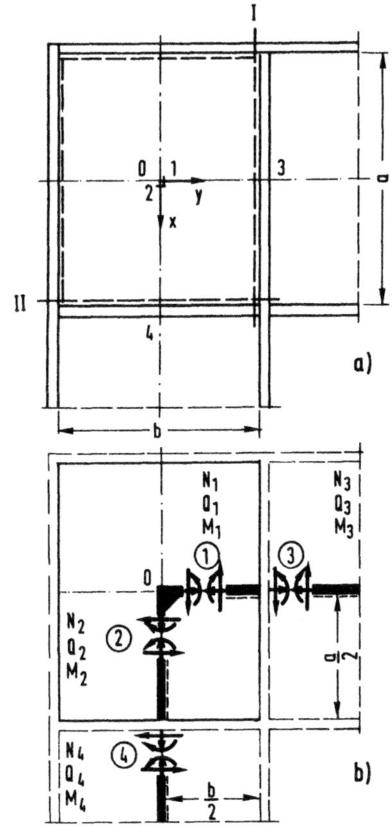

Bild 8.42

Die Trägheitsmomente beziehen sich auf die Schwerachse des Riegels bzw. Stieles. Die anteilig auf das Rahmeneckblech entfallenden Schnittgrößen folgen zu:

Riegel (Schnitt I ≡ Anschnitt ③):

$$M_{Steg} = M_y = M_3(1-2r) = \left(M_0 - N_2 \cdot \frac{b}{2}\right)(1-2r), \qquad N_{Steg} = N_y = N_3(1-2p) = N_1(1-2p) \tag{8.236}$$

Stiel (Schnitt II ≡ Anschnitt ④):

$$M_{Steg} = M_x = M_4(1-2t) = \left(M_0 - N_1 \frac{a}{2}\right)(1-2t), \qquad N_{Steg} = N_x = N_4(1-2s) = N_2(1-2s) \tag{8.237}$$

Die Definitionen von M_x, N_x; M_y, N_y gehen aus B.8.43 hervor. Die Schubkräfte in den Schnitten I und II berechnen sich aus der Überlegung, daß die anteiligen Flanschkräfte im Bereich der inneren Rahmenecke direkt in die Stegbleche von Stiel bzw. Riegel übertragen werden, nicht dagegen die Kräfte in den außen liegenden Flanschen, vgl. B.8.43b/c:

$$N_{xy} = -N_3(1-p) + \frac{2r}{a}M_3 = -N_1(1-p) + \frac{2r}{a}(M_0 - N_2\frac{b}{2})$$
$$N_{yx} = -N_4(1-s) + \frac{2t}{b}M_4 = -N_2(1-s) + \frac{2t}{b}(M_0 - N_1\frac{a}{2}) \qquad (8.238)$$

Der Gleichgewichtsgleichung

$$M_x - \frac{a}{2}(2N_{xy} + N_y) = M_y - \frac{b}{2}(2N_{yx} + N_x) \qquad (8.239)$$

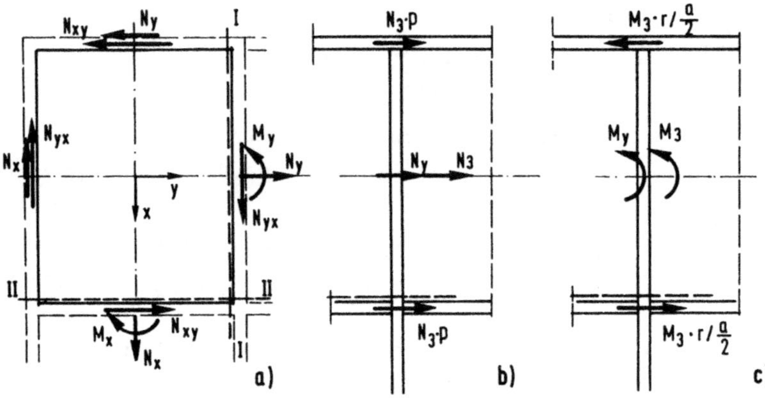

am isoliert herausgetrennten Rahmeneckblech wird genügt. - Haben Riegel und Stiel unsymmetrische Querschnitte oder sind sie zweiwandig, sind die Formeln entsprechend zu modifizieren.

Bild 8.43

Für das in B.8.43a dargestellte Spannungsproblem läßt sich die Scheibenspannungsfunktion angeben, sie genügt der Scheibengleichung G.8.128:

$$\Phi = c \cdot xy + \frac{1}{2}(d_x + e_x \cdot y)(\frac{a}{2} + x)y^2 + \frac{1}{2}(d_y + e_y \cdot x)(\frac{b}{2} + y)x^2 \qquad (8.240)$$

Es bedeuten:
(t: Blechdicke)

$$c = \frac{1}{abt}[-\frac{a}{2}(2N_{xy} + N_y) + M_x - \frac{3}{2}(M_x + M_y)]$$

$$d_x = \frac{N_x}{abt};\ d_y = \frac{N_y}{abt};\ e_x = \frac{4M_x}{ab^3t};\ e_y = \frac{4M_y}{a^3bt} \qquad (8.241)$$

Spannungen (Zugspannungen sind positiv):

$$\sigma_x = \frac{1}{abt}(N_x + 12\frac{M_x}{b^2}y)(\frac{a}{2} + x);\quad \sigma_y = \frac{1}{abt}(N_y + 12\frac{M_y}{a^2}x)(\frac{b}{2} + y) \qquad (8.242)$$

$$\tau_{xy} = \frac{1}{abt}[aN_{xy} - N_x y + N_y \cdot (\frac{a}{2} - x) - M_x + \frac{3}{2}M_x \cdot (1 - 4\frac{y^2}{b^2}) + \frac{3}{2}M_y \cdot (1 - 4\frac{x^2}{a^2})] \qquad (8.243)$$

t ist die Blechdicke. - Wie aus der Herleitung hervorgeht, wird der Normalspannungsverlauf vorgegeben; auf den Verlauf der Schubspannungen kann kein Einfluß genommen werden. - Anhand des in B.8.44 dargestellten Beispieles soll die "Plausibilität" des Spannungszustandes geprüft werden. Mit Hilfe der vorstehenden Formeln werden die Spannungen berechnet: Festwerte (G.8.235):

$$p = 0{,}386,\ r = 0{,}460;\ s = 0{,}397,\ t = 0{,}465$$

Schnittgrößen in den Anschnitten I und II (G.8.236/7):

$$M_y = (-250 + 350 \cdot 0{,}13)(1 - 2 \cdot 0{,}460) = -16{,}15\ \text{kNm}$$
$$M_x = (-250 + 300 \cdot 0{,}22)(1 - 2 \cdot 0{,}465) = -12{,}80\ \text{kNm}$$
$$N_y = -300(1 - 2 \cdot 0{,}386) = -68{,}5\ \text{kN}$$
$$N_x = -350(1 - 2 \cdot 0{,}397) = -72{,}3\ \text{kN}$$
$$N_{xy} = 300(1 - 0{,}386) + \frac{0{,}460}{0{,}22}(-250 + 350 \cdot 0{,}13) = -243{,}0\ \text{kN}$$
$$N_{yx} = 350(1 - 0{,}397) + \frac{0{,}460}{0{,}13}(-250 + 300 \cdot 0{,}22) = -447{,}0\ \text{kN}$$

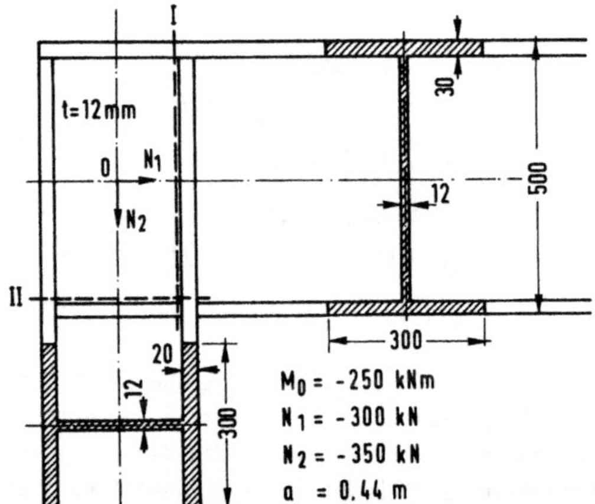

Bild 8.44

Die Gleichungen G.8.242/3 für die Längs- und Schubspannungen lauten:

$$\sigma_x = -7300(7{,}23 + 227y)(0{,}22 + x)\ ;\ \sigma_y = -7300(6{,}85 + 100x)(0{,}13 + y)$$

$$\tau_{xy} = 7300[-10{,}70 + 7{,}23y - 6{,}85(0{,}22 - x) + 1{,}28 - 1{,}92(1 - \frac{y^2}{0{,}13^2}) - 2{,}421(1 - \frac{x^2}{0{,}22^2})]$$

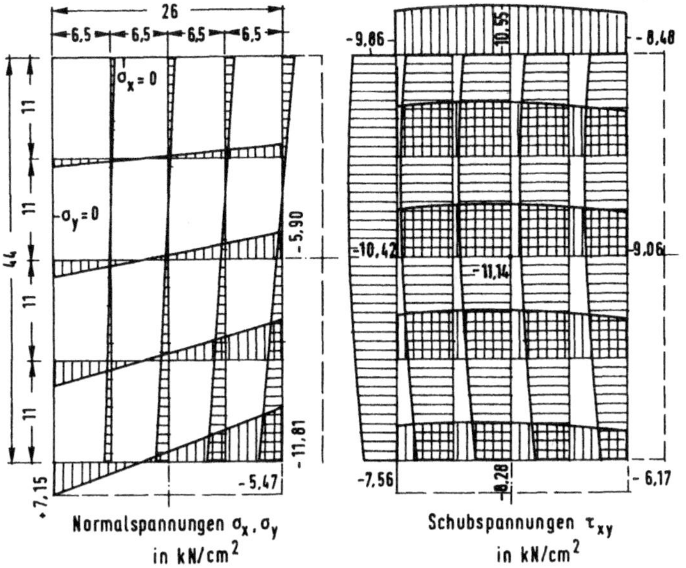

B.8.45 zeigt die Auswertung der Spannungsformeln. Hieraus geht hervor, daß das Rahmeneckblech vorrangig unter Schubspannungen steht. Der Schubspannungshügel hat sein Maximum, wo die Normalspannungen Null sind. Die Drucknormalspannungen konzentrieren sich über einen relativ kleinen Bereich in Nähe der inneren Rahmenecke.

Bild 8.45

8.3.6.2 Beulnachweis

Im Hinblick auf den nahezu konstanten Schubspannungsverlauf wird für den praktischen Beulnachweis folgendes (pragmatische) Vorgehen empfohlen:

a) Für das Zentrum des Eckbleches wird die Schubspannung berechnet; sie stimmt näherungsweise mit $\max\tau$ überein. Für x=0 und y=0 folgt aus G.8.243:

$$\tau_{xy} = \frac{1}{abt}[a \cdot N_{xy} + N_y \frac{a}{2} + \frac{1}{2}M_x + \frac{3}{2}M_y]] \tag{8.244}$$

b) Unter der Annahme einer konstanten Schubspannungsverteilung werden gemäß G.8.192 Beulwert und Einzelbeulspannung τ_{Ki} berechnet. Da die Normaldruckspannungen nicht erfaßt sind, wird τ_{Ki} auf 80% reduziert. Mit diesem Wert wird die Beulsicherheit nachgewiesen. Auf die Reduktion kann indes bedenkenlos verzichtet werden, denn das Eckblech ist allseitig in die Flansche (Gurte) und Steifen eingespannt (vgl. das folgende Beispiel).

Um die Anweisung zu prüfen, wird das in B.8.46 dargestellte Rahmeneckblech untersucht; die Spannungszustände sind eingetragen, die Schubspannungen sind etwas weniger konstant als im vorangegangenen Beispiel verteilt. Die Schubspannung im Zentrum des Eckbleches folgt aus G.8.244 zu:

$$\tau_{xy} = -5{,}756\ \mathrm{kN/cm^2} \quad (\max\tau_{xy} = -5{,}880\ \mathrm{kN/cm^2})$$

Der Maximalwert ist in der Klammer eingetragen. Unter der Annahme NAVIERscher Randbedingungen und konstanter Schubspannungen ergibt G.8.192:

$$\alpha = \frac{a}{b} = \frac{1{,}178}{0{,}878} = 1{,}340 \longrightarrow k_\tau = 5{,}34 + \frac{4{,}0}{1{,}34^2} = 7{,}57$$

$$\sigma_e = 2{,}462\ \mathrm{kN/cm^2} \longrightarrow \tau_{Ki} = 7{,}57 \cdot 2{,}462 = \underline{18{,}64}\ \mathrm{kN/cm^2}$$

Das Differenzenverfahren liefert gegenüber dem Spannungswert 5,756 kN/cm² folgende idealen Sicherheiten [8.53]:

6 Innenpunkte : $\nu_{Ki} = 2{,}43$

35 Innenpunkte : $\nu_{Ki} = 2{,}52$

Die Beulspannung ist:

$$\tau_{xy\,Ki} = 2{,}52 \cdot 5{,}756 = \underline{14{,}50}\ \mathrm{kN/cm^2}$$

Dieser Spannungswert beträgt 80% von 18,64 kN/cm^2.

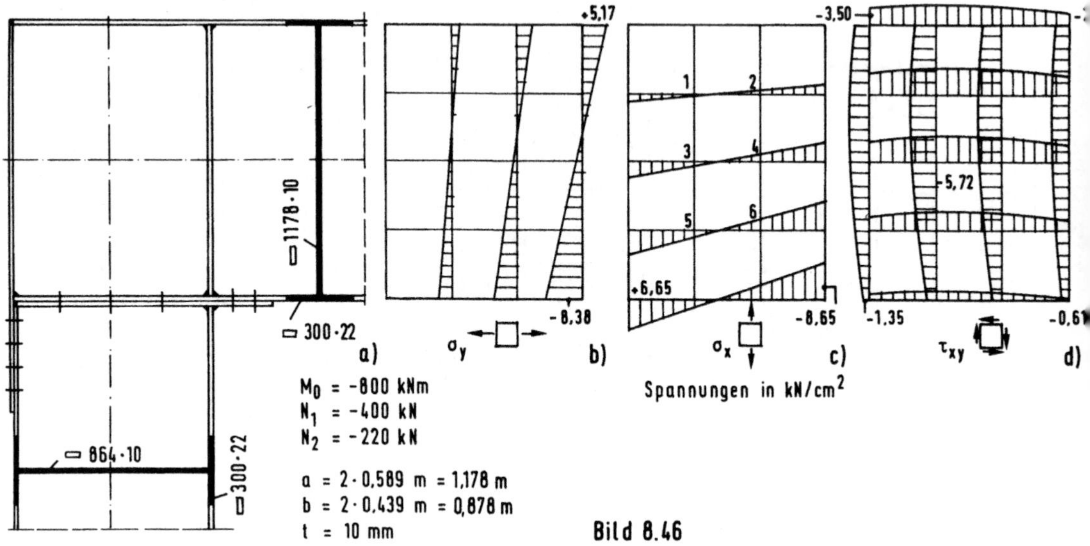

Bild 8.46

Für eine starre Randeinspannung ergibt sich mittels G.8.193 folgende Beulspannung:

$$k_\tau = 5{,}60 + \frac{8{,}98}{1{,}34^2} = 10{,}60 \longrightarrow \tau_{Ki} = 26{,}10\ \mathrm{kN/cm^2}$$

Der Beulwert für allseitig gelenkige Lagerung (7,57) wird demnach durch die Einspannung um den Faktor 1,4 angehoben.

Zur Beulung von Rahmenecken vgl. auch PROTTE [8.54]. - Konstruktiv zweckmäßig sind Beulsteifen in der Diagonalen, zwischen innerem und äußeren Eckpunkt; das Beulen schräg ausgesteifter Rechteckplatten wurde in [8.55/57] behandelt.

8.3.7 Ausgesteifte Beulfelder

8.3.7.1 Gliederung der Felder - Beulsteifen

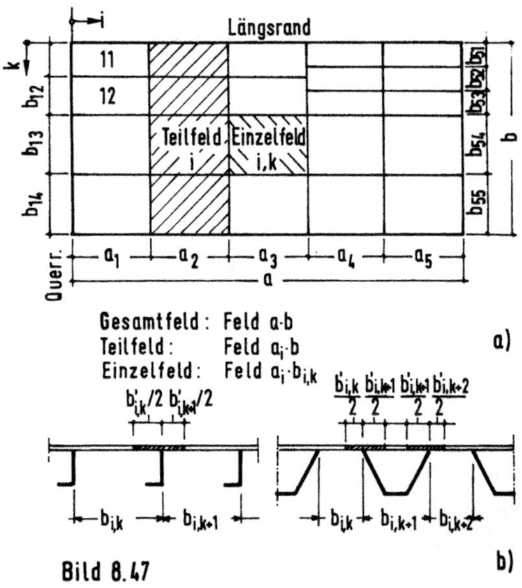

Bild 8.47

B.8.47a zeigt eine längs- und querausgesteifte Rechteckplatte und die Unterteilung des Gesamtfeldes in Teil- und Einzelfelder (DASt-Ri 012). Für jedes dieser Felder kann ein Seitenverhältnis α und ein Spannungsverhältnis ψ angegeben werden (vgl. hierzu auch die Anmerkungen im Abschnitt 8.3.4.1, Pkt.a).

Es ist von der Steifigkeit der Steifen abhängig, ob das Gesamtfeld global oder die Unterfelder nur lokal ausbeulen. Bei einer Beulung eines oder mehrerer Teilfelder erleiden die Steifen eine Ausbiegung. Die Steifen setzen sich aus dem eigentlichen Steifenquerschnitt und einer wirksamen Blechbreite b$'$ zusammen (B.8.47b). Bezogen auf die Schwerachse dieses Querschnittes wird das Steifenträgheitsmoment J berechnet (vgl. Abschnitt 8.3.9.5).

Die Steifenquerschnittsfläche wird ohne den wirksamen Anteil der auszusteifenden Platte bestimmt.

Es werden offene und geschlossene Beulsteifen unterschieden. Da die Längssteifen i.allg. durchlaufen, stehen sie unter denselben Längsspannungen wie das auszusteifende Blech; sie sind Bestandteil des Trägerquerschnittes. Es ist wichtig, daß sie selbst beul- und biegedrillknicksicher sind, das gilt insbesondere für Steifen mit offenem Querschnitt. - Die DASt-Ri 012 enthält wichtige Hinweise zur konstruktiven Ausbildung der Steifen. Die Regeln basieren u.a. auf Erkenntnissen aus Großversuchen und Schadensfällen.

8.3.7.2 Hinweise zur Berechnung der Beulwerte ausgesteifter Beulfelder

Die Lösungen für die Einzelbeulspannungen ausgesteifter Rechteckplatten lassen sich wie bei unausgesteiften Platten zu

$$\sigma_{Ki} = k_\sigma \sigma_e \quad , \quad \tau_{Ki} = k_\tau \sigma_e \qquad \text{mit } \sigma_e = \frac{E\pi^2}{12(1-\mu^2)}\frac{t^2}{b^2} \tag{8.245}$$

angeben. Die erforderliche Beulsicherheit läßt sich zwar immer durch eine ausreichende Blechdicke erzielen, doch ist es i.allg. wirtschaftlicher, Steifen einzuziehen: Längssteifen im Biegedruckbereich, Quersteifen bei überwiegender Schubbeanspruchung. Die Wirkung einer Quersteife kann (bei alleiniger Normalspannung) auf Null sinken, wenn sie in einer Knotenlinie des unversteiften Bleches liegt; die Halbwellenlängen für m=1,2, ... können den Tafeln T.8.5/8 als Funktion von α entnommen werden.

Zur Berechnung der Beulwerte ausgesteifter Rechteckplatten liegt im Schrifttum eine große Zahl von Beiträgen vor [8.58/80]. Nur wenige basieren auf der Gleichgewichtsmethode, also auf einer Lösung der Beulgleichung G.8.129 (für q=0). Die diesbezüglichen Untersuchungen von BARBRE erbrachten wichtige Einsichten [8.58/59]. - Wird von der Energiemethode ausgegangen, sind im Energiepotential G.8.136 die Energiebeiträge der Steifen aufzunehmen. Mit der umfassenden Untersuchung von KLÖPPEL-SCHEER-MÖLLER und den aufbereiteten Beulwerttafeln hat die lineare Beultheorie ausgesteifter Rechteckplatten einen gewissen Abschluß gefunden; Beulwerttafeln für nichtlineare Spannungszustände sind angekündigt. Wegen der großen Zahl möglicher Steifenanordnungen und Beanspruchungszuständen sind einer Vertafelung Grenzen gesetzt.
Wie an früherer Stelle erwähnt, liefert die Energiemethode stets zu hohe Beulwerte. Um zu zuverlässigen Lösungen zu kommen, ist eine ausreichend große Gliederzahl des RITZschen Doppelreihenansatzes zu wählen; das gilt besonders für Schublastfälle und bei Vorhandensein vieler Steifen [8.69/71].

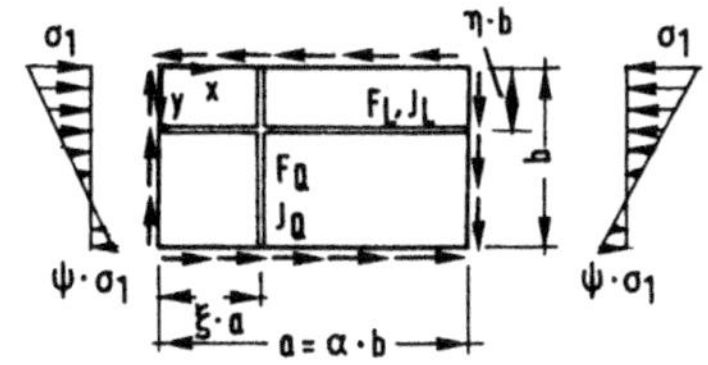

Bild 8.48

Wie im Bild 8.48 dargestellt, wird der Abstand einer Quersteife vom linken Rand (x=0) durch $\xi \cdot a$ und der Abstand einer Längssteife vom oberen Rand (y=0) durch $\eta \cdot b$ gekennzeichnet. Das Trägheitsmoment einer Quersteife wird mit J_Q abgekürzt. Wenn nur Normalspannungen σ_x wirken, geht die Fläche der Quersteifen in die Beuluntersuchung nicht ein. Die Spannungen in den Längssteifen liefern einen Anteil zum Potential der äußeren Kräfte.

Quersteifen: Die innere potentielle Energie beträgt:

$$\Pi_i = \frac{EJ_Q}{2} \cdot \int_0^b w^{\cdot\cdot 2}(x = \xi \cdot a)\, dy \tag{8.246}$$

Längssteifen: Innere und äußere potentielle Energie betragen:

$$\Pi_i = \frac{EJ_L}{2} \cdot \int_0^a w''^2(y = \eta \cdot b)\, dx \;; \qquad \Pi_a = -\frac{F_L}{2} \cdot \int_0^a \sigma_1 [1 + (\psi - 1)\eta] \cdot w'^2(y = \eta \cdot b)\, dx \tag{8.247}$$

Die Ausdrücke können direkt vom Knickstab übernommen werden, vgl. Abschnitt 1.2.2.2.2/3. Bei Beulproblemen ist w mit δw_0 zu identifizieren. T.8.11 enthält die erforderlichen Berechnungsformeln für das RITZsche Verfahren [8.6/7]. Der Beitrag der Steifen wird durch die Parameter

$$\gamma_Q = \frac{EJ_Q}{Kb}; \qquad \delta_L = \frac{F_L}{bt}, \quad \gamma_L = \frac{EJ_L}{Kb} \tag{8.248}$$

charakterisiert, sie sind dimensionslos. Der Beitrag der Drill- und Wölbsteifigkeit läßt sich unschwer aufnehmen [8.6/7]. Für die bezogenen Trägheitsmomente kann auch geschrieben werden:

$$\gamma = \frac{EJ}{Kb} = 12(1-\mu^2)\frac{J}{bt^3} = 10{,}92\frac{J}{bt^3} \tag{8.249}$$

8.3.7.3 Beulfelder mit mittiger Längssteife; Lösung mittels Beulgleichung

Für das Beulfeld mit mittiger Steife und konstanten Randdruckspannungen läßt sich eine strenge Lösung herleiten [8.58/59]. Grundlage ist das auf Tafel 8.2 zusammengestellte Lösungssystem.

Beidseitig der Steife werden Längsschnitte gelegt. Unterstellt man eine symmetrische Beulform, wie in B.8.49a dargestellt, lauten für die im Bild vereinbarten Koordinatensysteme die Rand- und Übergangsbedingungen wie folgt:

Randbedingungen:

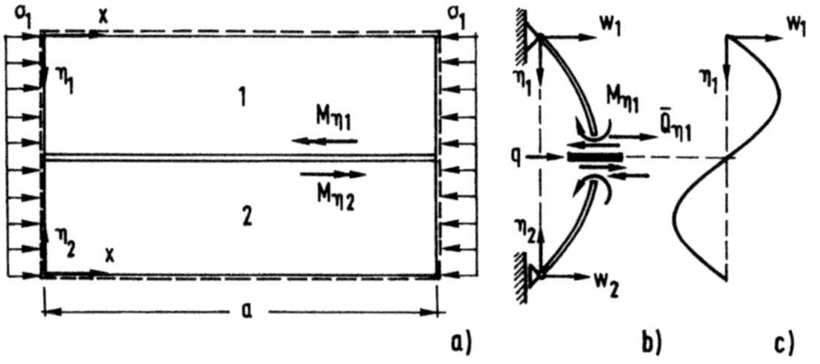

Bild 8.49

$$\eta_1 = 0: \; w_1 = 0, \; \ddot{w}_1 = 0 \qquad \eta_2 = 0: \; w_2 = 0, \; \ddot{w}_2 = 0 \tag{8.250}$$

Hierin bedeuten:

$$\eta_{1,2} = \frac{y_{1,2}}{b}; \quad (\;)^{\bullet}_{1,2} = \frac{\partial(\;)_{1,2}}{\partial\eta_{1,2}} \tag{8.251}$$

G.8.250 bringt zum Ausdruck, daß die Längsränder unverschieblich und in Querrichtung gelenkig gelagert sind, vgl. G.8.130.

Übergangsbedingungen:

$$\eta_1 = \frac{1}{2}, \; \eta_2 = \frac{1}{2}: \; w_1 = w_2, \; \dot{w}_1 = -\dot{w}_2 (=0), \; M_{\eta_1} - M_{\eta_2} = 0, \; \bar{Q}_{\eta_1} - \bar{Q}_{\eta_2} = -q = -(EJ_L \cdot \frac{\rho^4}{b^4} w - \sigma F_L \cdot \frac{\rho^2}{b^2} w) \tag{8.252}$$

Aufgrund der Koordinatenkonvention ist (vgl. G.8.124/133):

$$M_{y1} = -K\left(\frac{\ddot{w}_1}{b^2} + \mu w_1''\right), \; M_{y2} = -K\left(\frac{\ddot{w}_2}{b^2} + \mu w_2''\right); \; \bar{Q}_{y1} = -K\left[\frac{\dddot{w}_1}{b^3} + (2-\mu)\frac{\dot{w}_1''}{b}\right], \; \bar{Q}_{y2} = +K\left[\frac{\dddot{w}_2}{b^3} + (2-\mu)\frac{\dot{w}_2''}{b}\right] \tag{8.253}$$

Entlang der Schnittlinie ist:

$$w_1'' = w_2'' \tag{8.254}$$

Die dritte (Momenten-)Übergangsbedingung verkürzt sich damit auf:

$$\ddot{w}_1 = \ddot{w}_2 \tag{8.255}$$

Die Summe der Ersatzquerkräfte beidseitig der Längssteife wirkt als Querbelastung q auf die Längssteife. Für diese gilt die Differentialgleichung:

$$EJ_L w'''' + \sigma F_L w'' = q \tag{8.256}$$

Mit

$$w(x, b/2) = w(b/2) \sin\rho\xi \qquad \left(\rho = \frac{m\pi}{a}\right) \tag{8.257}$$

gemäß G.8.152/154/156 ergibt das die rechte Seite der vierten Obergangsbedingung von G.8.253; sie lautet ausgeschrieben:

$$K\left(-\frac{w_1^{\bullet\bullet\bullet}}{b^3}-(2-\mu)\rho^2\frac{w_1^{\bullet}}{b}-\frac{w_2^{\bullet\bullet\bullet}}{b^3}-(2-\mu)\rho^2\frac{w_2^{\bullet}}{b}\right)=-\left(EJ_L\cdot\frac{\rho^4}{b^4}-\sigma F_L\frac{\rho^2}{b^2}\right)w \qquad (8.258)$$

Wegen

$$w_1^{\bullet}=-w_2^{\bullet}, \qquad w_1^{\bullet\bullet\bullet}=w_2^{\bullet\bullet\bullet} \qquad (8.259)$$

entlang der Schnittlinie verbleibt:

$$-2w_1^{\bullet\bullet\bullet}+\gamma_L\cdot\rho^4-\delta_L\cdot\frac{\sigma b^2 t}{K}\rho^2=0 \qquad (8.260)$$

Die vier Bedingungsgleichungen G.8.252a,b/255/259 liefern mit den Grundlösungen der T.8.2 ein viergliedriges, homogenes Gleichungssystem; hier folgt unmittelbar:

$$C_1=C_3=0$$

Die Determinante aus dem verbleibenden System wird Null gesetzt; das ergibt die Beulbedingung (Fall 1 gemäß T.8.2):

$$\left(\frac{1}{\varphi}\tanh\frac{\varphi}{2}-\frac{1}{\psi}\tan\frac{\psi}{2}\right)\left(\gamma_L\cdot\rho^4-\delta_L\cdot\frac{\sigma b^2 t}{K}\rho^2\right)-2(\varphi^2+\psi^2)=0 \qquad (8.261)$$

mit

$$\varphi=\sqrt{\rho(\pi\sqrt{k}+\rho)};\ \psi=\sqrt{\rho(\pi\sqrt{k}-\rho)} \qquad (8.262)$$

Für vorgegebene Steifenparameter lassen sich aus der Beulbedingung die Beulwerte als Funktion des Seitenverhältnisses α berechnen und deren Gesamtheit in Form eines Beulwert-Girlanden-Diagramms darstellen.
Darüberhinaus vermag G.8.261 eine explizite Antwort auf die Frage zu geben, wie groß die Steifigkeit der Längssteife gewählt werden muß, damit die Platte nicht gesamtheitlich (einschließlich der Steife), sondern lediglich in Form einer feldweisen, antimetrischen Beulfigur ausbeult, vgl. B.8.49c. Hierzu wird die Gleichung nach γ_L aufgelöst und für σ die Beulspannung für Einzelfeldbeulen eingesetzt:

$$\left(\frac{\sigma}{\sigma_e}\right)=4\left(\frac{2\alpha}{m_a}+\frac{m_a}{2\alpha}\right)=k \qquad (8.263)$$

m_a steht für die Anzahl der Halbwellen in Längsrichtung für Einzelfeldbeulen; bezüglich G.8.263 vgl. G.8.149/147. - Die Rechnung ergibt:

$$\gamma_L^{*}=\frac{8}{\pi^2}\cdot\frac{\left(\frac{2\alpha}{m_a}+\frac{m_a}{2\alpha}\right)\left(\frac{\alpha}{m}\right)^3}{\frac{1}{\varphi}\cdot\tanh\frac{\varphi}{2}-\frac{1}{\psi}\cdot\tan\frac{\psi}{2}}+4\delta_L\left(\frac{2\alpha}{m_a}+\frac{m_a}{2\alpha}\right)^2\cdot\left(\frac{\alpha}{m}\right)^2 \qquad (8.264)$$

$$\varphi,\psi=\frac{m\pi}{\alpha}\sqrt{\frac{2\alpha}{m}\cdot\left(\frac{2\alpha}{m_a}+\frac{m_a}{2\alpha}\right)\pm 1} \qquad (8.265)$$

γ_L^* ist eine Funktion von α und δ_L. B.8.50 zeigt das Abbild dieser Funktion: Oberhalb der Kurvenzüge beulen die Einzelfelder, die Steife bleibt gerade; unterhalb beult die Platte global, einschließlich Steife.
γ_L^* kennzeichnet die Mindeststeifigkeit, die notwendig ist, um ein Einzelfeldbeulen zu erzwingen. Für die baupraktische Verwertung ist folgender Umstand wichtig: Die Maxima der Kurvenzüge liegen nahezu auf selber Höhe und nähern sich alsbald dem Grenzwert für $\alpha\rightarrow\infty$. Dieser Grenzwert ist nur geringfügig kleiner als max γ_L^*. Für $\alpha\geq 1$ kann G.8.264 zu

$$\gamma_L^{*}=\frac{(1/\pi^2)(\alpha/m)^3}{\frac{1}{\varphi}\tanh\frac{\varphi}{2}-\frac{1}{\psi}\tan\frac{\psi}{2}}+16\delta_L\left(\frac{\alpha}{m}\right)^2 \qquad (8.266)$$

$$\varphi, \psi = \frac{m\pi}{\alpha} \sqrt{\frac{4\alpha}{m} \pm 1} \tag{8.267}$$

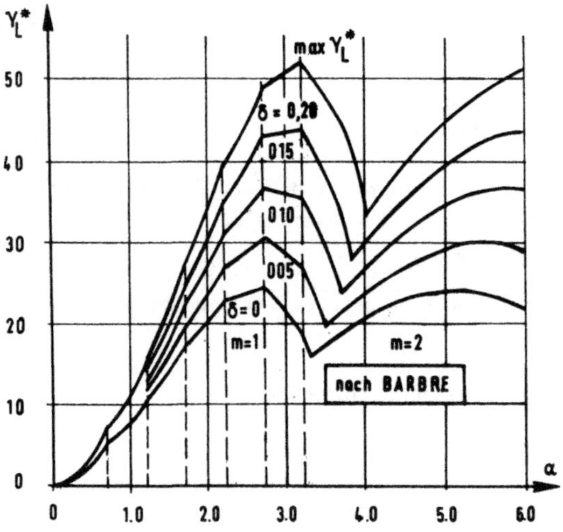

Bild 8.50

angenähert werden, indem

$$\left(\frac{2\alpha}{m_a} + \frac{m_a}{2\alpha}\right) = 2 \quad (m_a \rightarrow 2\alpha) \tag{8.268}$$

gesetzt wird. In dieser Form ist γ_L^* unabhängig von m und somit eine stetige Kurve.

Für allgemeine Probleme ($\psi \neq 1$, unsymmetrische Steifenlage) lassen sich für γ_L^* keine geschlossenen Lösungen angeben. Mit Hilfe der Beulwerttafeln von KLÖPPEL-SCHEER-MÖLLER ist es möglich, einen Näherungswert $\gamma_{III,L}^*$ (Mindeststeifigkeit III. Art, vgl. Abschnitt 8.3.7.5) zu bestimmen, indem die Beulspannung des höchstbeanspruchten Einzelfeldes mit der Beulspannung des Gesamtfeldes gleichgesetzt wird.

8.3.7.4 Beulfelder mit mittiger Längssteife; Lösung mittels des RITZschen Verfahrens

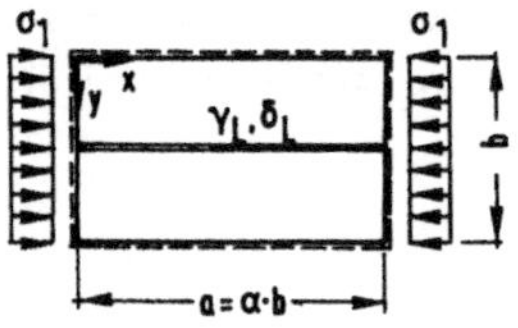

Bild 8.51

Grundlage der Beullösung ist T.8.11. Mit den Festwerten

$$\psi = 1;\ Q = \alpha^2;\ P = 0 \tag{8.269}$$

lauten die Anteile $\frac{\partial(\bar{\delta}^2\Pi)}{\partial A_{mn}}C$:

(8.270)

$$\text{Platte: } \Pi_i : A_{mn}R_m = A_m \cdot (m^2 + \alpha^2 n^2)^2$$

$$\Pi_a : -A_{mn} m^2 \alpha^2 k_\sigma \tag{8.271}$$

$$\text{Steife: } \Pi_i : 2m^4 \gamma_L \cdot \sin\frac{n\pi}{2} \cdot \sum_q A_{mq} \sin\frac{q\pi}{2} \tag{8.272}$$

$$\Pi_a : -2m^2 \delta_L \alpha^2 k_\sigma \sin\frac{n\pi}{2} \cdot \sum_q A_{mq} \sin\frac{q\pi}{2} \tag{8.273}$$

Die Potentialanteile der Steife werden zusammengefaßt:

$$(2\gamma_L m^4 - 2\delta_L \alpha^2 m^2 k_\sigma) \sin\frac{n\pi}{2} \cdot \sum_q A_{mq} \sin\frac{q\pi}{2} \tag{8.234}$$

	n	A_{11}	A_{12}	A_{13}	A_{14}	A_{15}	
m=1	1	$(1+\alpha^2)^2 - \alpha^2 k_\sigma + S_L$	0	$-S_L$	0	$+S_L$	=0
	2	0	$(1+4\alpha^2)^2 - \alpha^2 \cdot k_\sigma$	0	0	0	=0
	3	$-S_L$	0	$(1+9\alpha^2)^2 - \alpha^2 \cdot k_\sigma + S_L$	0	$-S_L$	=0
	4	0	0	0	$(1+16\alpha^2)^2 - \alpha^2 \cdot k_\sigma$	0	=0
	5	$+S_L$	0	$-S_L$	0	$(1+25\alpha^2)^2 - \alpha^2 \cdot k_\sigma + S_L$	=0

Bild 8.52

Mit der Abkürzung

$$S_L = 2\gamma_L m^4 - 2\delta_L \alpha^2 m^2 \cdot k_\sigma \qquad (8.235)$$

ergibt sich für m=1 (eine Halbwelle in Längsrichtung) und n=5 das in B.8.52 angeschriebene Gleichungssystem. Bei der Bildung der Determinante kann der Umstand genutzt werden, daß in der zweiten und vierten Gleichung nur die Diagonalglieder besetzt sind. Es kann somit verkürzt geschrieben werden:

$$[(1+4\alpha^2)^2 - \alpha^2 k_\sigma][(1+16\alpha^2)^2 - \alpha^2 k_\sigma] \cdot Det_3 = 0 \qquad (8.236)$$

Hierin bedeutet Det_3 die den genannten Diagonalgliedern zugeordnete dreigliedrige Unterdeterminante. Zur Lösung

$$(1+4\alpha^2)^2 - \alpha^2 k_\sigma = 0 \qquad (8.237)$$

gehört wegen n=2 eine Beulfigur mit zwei Halbwellen in Querrichtung; die Beulsteife liegt in der Knotenlinie. Für die Lösung

$$(1+16\alpha^2)^2 - \alpha^2 k_\sigma = 0 \qquad (8.238)$$

gilt dasselbe (n=4). Die zugehörigen Beulwerte sind im Vergleich zu n=2 um den Faktor

$$(1+16\alpha^2)^2 / (1+4\alpha^2)^2 \qquad (8.239)$$

höher, also nicht maßgebend. Im Falle n=2 entspricht der Beulwert der Lösung G.8.147/149 mit der reduzierten Breite b/2. Aus G.8.237 folgt:

$$k_\sigma = 4\left(\frac{1}{2\alpha} + 2\alpha\right)^2 \qquad (8.240)$$

Über α aufgetragen, ergibt das ungefähr die vierfachen Werte der unversteiften Platte; siehe B.8.53. Die Gesamtheit der Lösungen für globales Beulen (einschließlich der Steife) liegt zwischen ≈4 und ≈16, sie werden durch $Det_3=0$ gekennzeichnet:

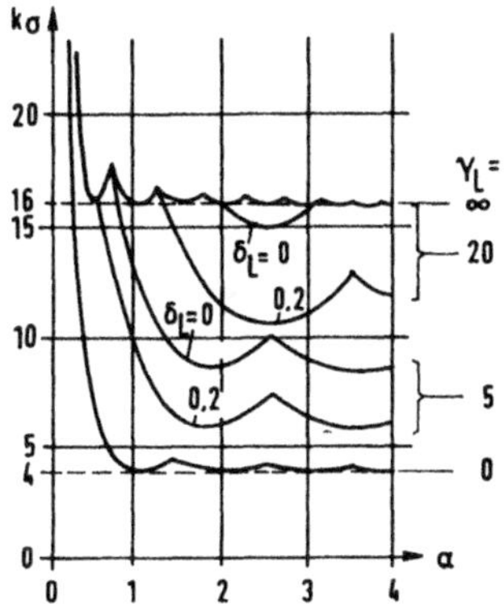

Bild 8.53

$$\begin{aligned} Det_3 = {} & [(1+\alpha^2)^2 - \alpha^2 k_\sigma][(1+9\alpha^2)^2 - \alpha^2 k_\sigma][(1+25\alpha^2)^2 - \alpha^2 k_\sigma] \\ & + S_L\{[(1+\alpha^2)^2 - \alpha^2 k_\sigma][(1+9\alpha^2)^2 - \alpha^2 k_\sigma] \\ & + [(1+9\alpha^2)^2 - \alpha^2 k_\sigma][(1+25\alpha^2)^2 - \alpha^2 k_\sigma] \\ & + [(1+25\alpha^2)^2 - \alpha^2 k_\sigma][(1+\alpha^2)^2 - \alpha^2 k_\sigma]\} = 0 \end{aligned} \qquad (8.241)$$

Wegen m=1 gilt:

$$S_L = 2\gamma_L - 2\delta_L \alpha^2 k_\sigma \qquad (8.242)$$

Für m=2,3 gilt die Lösung ebenfalls; die Beulwerte für m=1 ($\alpha' = \alpha$) sind über $\alpha = m \cdot \alpha'$ aufzutragen (vgl. Abschnitt 8.3.2.3).

Wie im vorangegangenen Abschnitt erwähnt, läßt sich aus einem Beulwertdiagramm gemäß B.8.53 für vorgegebene Parameter α unschwer die Mindeststeifigkeit γ_L^* bestimmen. Dazu ist für den vorgegebenen α-Wert (und einen zunächst geschätzten δ_L-Wert) der γ_L-Wert jener Beulwertkurve aus dem Diagramm zu entnehmen, die sich oberhalb α mit der Lösungskurve gemäß G.8.240 schneidet. Für den korrigierten δ_L-Wert ist die Suche zu wiederholen; das setzt eine größere Zahl von Diagrammen (zweckmäßig mit δ_L als Blattparameter) und eine enge Kurvenauftragung voraus.

8.3.7.5 Mindeststeifigkeit

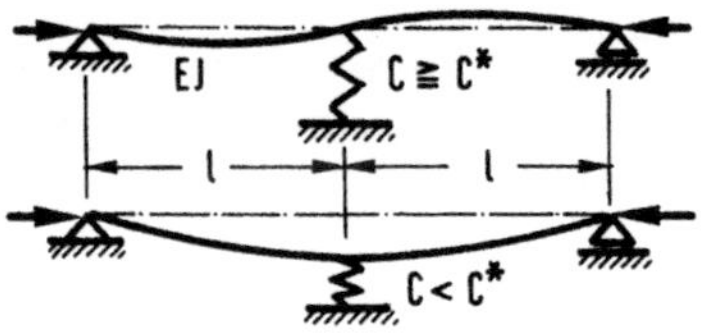

Bild 8.54

Die Mindeststeifigkeit einer Steife oder eines Steifenrostes ist dann vorhanden, wenn die Beulsicherheit eines Einzelfeldes geringer ist, als die Beulsicherheit des ausgesteiften Teil- bzw. Gesamtfeldes, denn dann beult das Einzelfeld vor dem gesamtheitlichen Feld aus. Eine Steigerung der Steifensteifigkeit über diese Mindeststeifigkeit (γ^*) hinaus, bringt demnach keine Vorteile.

Die Problemstellung entspricht dem auf diskreten Federn gelagerten Knickstab; vgl. Abschnitt 5.23: Ist die Federkonstante C größer als ein bestimmter Mindestwert C^*, knickt der Stab antimetrisch im anderen Falle mit einer durchgehenden Biegelinie und Federeindrückung aus. Der Knickstab entspricht der Platte und die Feder der Steife.

Von KROMM [8.81] und CHWALLA [8.82] sind drei Arten von Mindeststeifigkeiten (auf der Grundlage der linearen Plattenbeultheorie) definiert worden (vgl. auch [8.83]):

a) Mindeststeifigkeit I. Art:

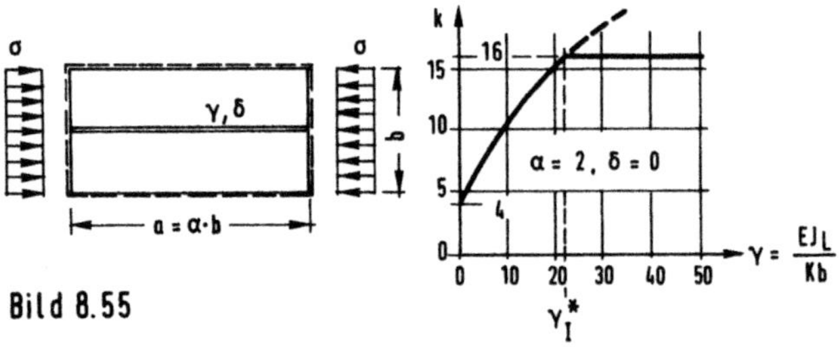

Bild 8.55

Liegt eine Steife in der Knotenlinie der Beuleigenform einer gleich großen und gleichartig beanspruchten unausgesteiften Platte und ist ihre Steifigkeit so groß, daß sie ein Einzelfeldbeulen der benachbarten Felder erzwingt, so beträgt ihre (bezogene) Steifigkeit $\geq \gamma_I^*$. Durch eine Steigerung der Steifigkeit über diesen Wert hinaus, läßt sich der Beulwert der versteiften Platte (und damit die Beultragfähigkeit) nicht steigern; vgl. Abschnitt 8.3.7.3/4. γ_I^* ist eine echte Mindeststeifigkeit im Sinne des oben erwähnten Knickstabes. B.8.55 verdeutlicht die Definition: Es sind zwei Beulformen möglich, eine mit ausgebogener Steife und eine mit unverformter Steife.

b) Mindeststeifigkeit II. Art:

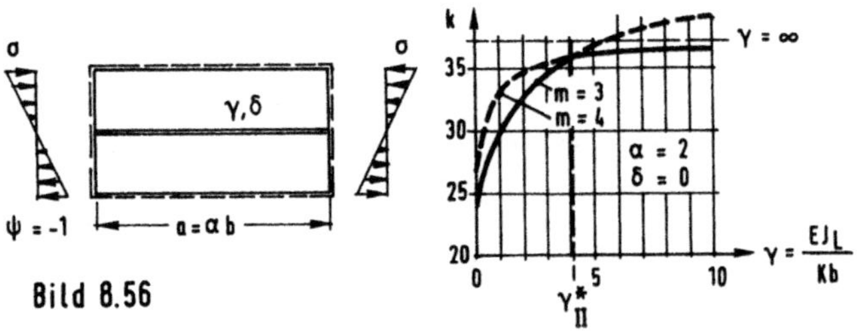

Bild 8.56

Die Mindeststeifigkeit II. Art wird anhand des in B. 8.56 skizzierten Beispieles erläutert, es handelt sich um eine Rechteckplatte mit mittiger Längssteife und Biegespannungen. Das obere Einzelfeld steht unter Druck, das untere unter Zug. Das Beispiel gilt für $\alpha=2$: Läßt man die bezogene Steifigkeit γ von Null anwachsen, so stellt sich unterhalb eines bestimmten γ_{II}^*-Wertes in Längsrichtung eine drei und oberhalb dieses Wertes eine vierwellige Beulfigur ein. Der Schnittpunkt der Beulwertkurven für m=3 und m=4 liegt dicht unter jenem k-Wert, der sich bei unendlich großer Steifigkeit ergibt. Hieraus folgt, daß eine Steigerung über γ^*_{II} hinaus die Beultragfähigkeit zwar noch anhebt, doch ist der Gewinn gering; eine Steifigkeit $\gamma > \gamma^*_{II}$ ist unwirtschaftlich.

c) Mindeststeifigkeit III. Art

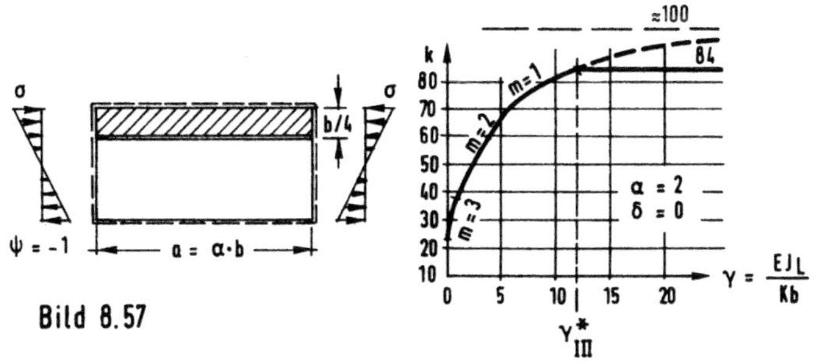

Bild 8.57

Die Mindeststeifigkeit γ^*_{III} ist derart definiert, daß der Beulwert der ausgesteiften Gesamtplatte gleich dem Beulwert des beulgefährdetsten Einzelfeldes ist, wobei der Beulwert des Einzelfeldes unter der Annahme allseitig NAVIERscher Randbedingungen berechnet wird. In B.8.57 ist das gefährdete Einzelfeld schraffiert. Im Falle $\gamma > \gamma^*_{III}$ bleibt der Beulwert des isolierten Einzelfeldes unter der genannten Annahme unverändert. Das ist natürlich eine Fiktion, denn real wächst der Beulwert auf die γ^*_{II} zugeordnete Höhe (vermöge des Verbandes mit den Nachbarfeldern) und bei weiterer Steigerung auf den $\gamma \rightarrow \infty$ zugeordneten Beulwert. Letzterer ist konstruktiv nicht erreichbar. B.8.57 zeigt ein Beispiel; der zu γ^*_{III} gehörige Beulwert k=84 liegt gegenüber k=100 (für $\gamma = \infty$) um 16% niedriger. Das ist ein besonders ungünstiger Fall. I.allg. sind die Beulwerte eng benachbart. γ^*_{III} findet man aus dem Vergleich der Beulgirlanden des ausgesteiften Gesamtfeldes mit dem Beulwert des gefährdetsten Einzelfeldes. Die Beulwerttafeln von KLÖPPEL-SCHEER-MÖLLER sind nach oben durch $k(\gamma^*_{III})$ begrenzt.

Die Mindeststeifigkeit γ^*_{III} hat baupraktisch die größte Bedeutung. T.8.13 enthält Diagramme, aus denen γ^*_{III}-Werte für Beulfelder mit einer Längssteife abgegriffen werden können. Hiermit gelingt bei reiner Normalspannung (ohne τ) eine wirtschaftliche Bemessung. Man bestimmt γ^*_{III} und dimensioniert entsprechend die Steife. Da mit der Wahl der Steife auch δ_L (und der Spannungszustand als Ganzes) beeinflußt wird, bedarf es mehrerer Rechenschritte. Die optimale Lösung, orientiert am Material- und Fertigungsaufwand, kann durchaus bei einem γ-Wert liegen, der kleiner als γ^*_{III} ist, allerdings i.allg. nur unbedeutend.

8.3.7.6 Beulwerttafeln von KLÖPPEL-SCHEER-MÖLLER

Wie im Abschnitt 8.3.7.2 ausgeführt, erlauben die Beulwerttafeln von KLÖPPEL-SCHEER-MÖLLER das Aufsuchen der Beulwerte k_σ und k_τ für ausgesteifte Rechteckplatten, wobei

$$\gamma_Q = \frac{EJ_Q}{Kb}\ ; \quad \delta_L = \frac{F_L}{bt}\ ; \quad \gamma_L = \frac{EJ_L}{Kb} \qquad (8.243)$$

neben α und ψ die wichtigsten Parameter sind. Darüberhinaus läßt sich auch die Beulvergleichsspannung kombinierter Spannungszustände in strenger Form bestimmen.

B.8.58a zeigt die Interaktionskurve einer Rechteckplatte für α=2 unter Biegespannungen und Schubspannungen. Die im Teilbild a eingetragenen k-Werte gelten für Einzelfeldbeulen. Die Kurve kennzeichnet die Beulwerte der kombinierten Beanspruchung; offensichtlich besteht gegenüber einer Überlagerung nach DUNKERLEY eine wesentlich höhere Beultragfähigkeit. Um die Vorteile von Steifen wirtschaftlich voll zu nutzen, ist die Interaktion zweckmäßig an der strengen Lösung zu orientieren. Die Beulvergleichsspannung kann zwar auch mittels G.8.207/8 bestimmt werden, wirtschaftlichere Lösungen bieten die Beulwerttafeln. In diesen ist per Definition

Tafel 8.13

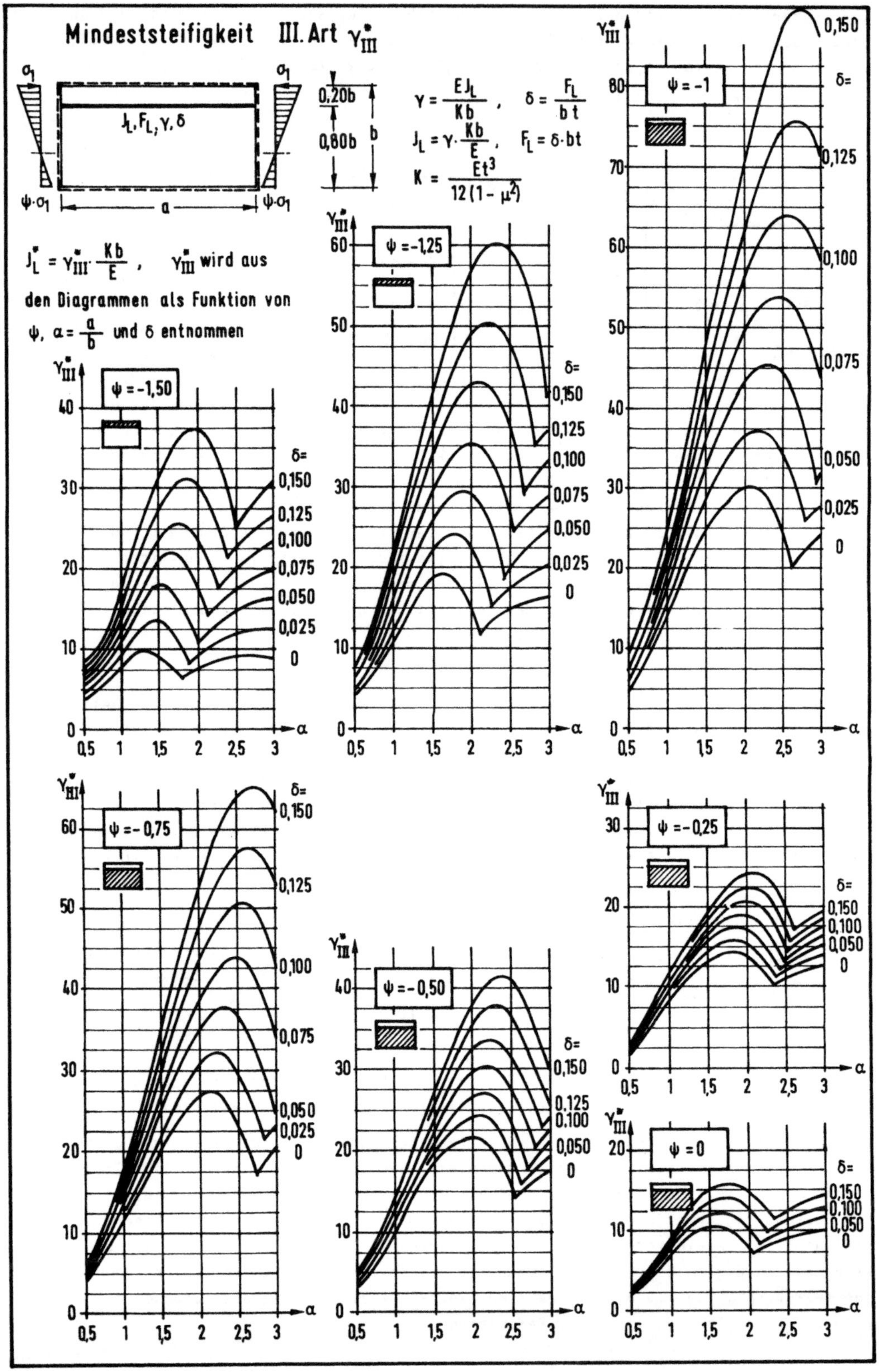
Mindeststeifigkeit III. Art γ^*_{III}
σ_1
J_L, F_L, γ, δ
$\psi \cdot \sigma_1$
a
0,20b
0,80b
b
$\gamma = \frac{E J_L}{K b}$, $\delta = \frac{F_L}{b t}$
$J_L = \gamma \cdot \frac{K b}{E}$, $F_L = \delta \cdot b t$
$K = \frac{E t^3}{12(1-\mu^2)}$
$J^*_L = \gamma^*_{III} \cdot \frac{K b}{E}$, γ^*_{III} wird aus den Diagrammen als Funktion von ψ, $\alpha = \frac{a}{b}$ und δ entnommen
$\psi = -1,50$
$\psi = -1,25$
$\psi = -1$
$\psi = -0,75$
$\psi = -0,50$
$\psi = -0,25$
$\psi = 0$
$\delta =$
0,150
0,125
0,100
0,075
0,050
0,025
0
α
γ^*_{III}

$$\nu_{Ki} = \frac{s}{\sqrt{(\frac{\sigma_1}{k_\sigma \sigma_e})^2 + (\frac{\tau}{k_\tau \sigma_e})^2}} \quad (8.244)$$

vereinbart. s wird in Abhängigkeit von

$$\frac{k_\tau^* / k_\tau}{k_\sigma^* / k_\sigma} = \frac{\tau}{\sigma_1} \cdot \frac{k_\sigma}{k_\tau} \quad (8.245)$$

(bzw. vom Reziprokwert) für die vorgegebene Steifenanordnung und ψ-Zahl aus den Diagrammen entnommen. s stammt aus der strengen Lösung. Wäre die Interaktionskurve ein Kreis, würde gelten:

$$(\frac{\sigma_{1Ki}^*}{\sigma_{1Ki}})^2 + (\frac{\tau_{Ki}^*}{\tau_{Ki}})^2 = 1 \quad (8.246)$$

bzw.

$$\nu_{Ki}^2 \cdot [(\frac{\sigma_1}{k_\sigma \sigma_e})^2 + (\frac{\tau}{k_\tau \sigma_e})^2] = 1 \quad (8.247)$$

Hieraus wird deutlich, daß s die Abweichungen der strengen Lösung von einer kreisförmi-

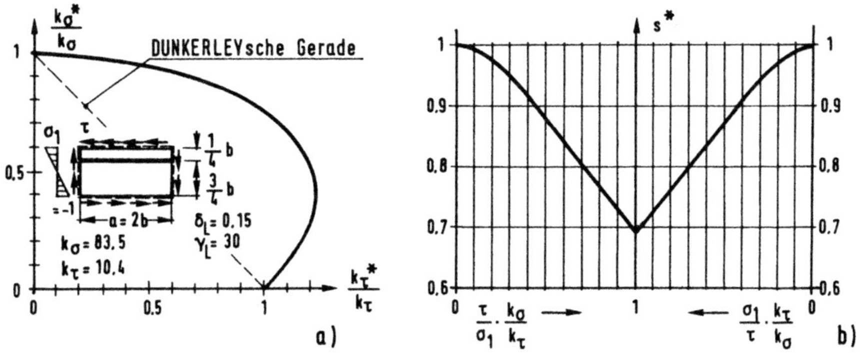

Bild 8.58

gen Interaktion kennzeichnet. ν_{Ki} ist die Sicherheit gegenüber der Beulvergleichsspannung, somit folgt:

$$\sigma_{VKi} = \nu_{Ki} \sqrt{\sigma_1^2 + 3\tau^2} \longrightarrow \sigma_{VKi} = \frac{s\sqrt{\sigma_1^2 + 3\tau^2}}{\sqrt{(\frac{\sigma_1}{\sigma_{1Ki}})^2 + (\frac{\tau}{\tau_{Ki}})^2}} = \frac{s \cdot k_\sigma \sqrt{1 + 3(k_\tau / k_\sigma)^2}}{\sqrt{1 + (\frac{\tau}{\sigma_1} \cdot \frac{k_\sigma}{k_\tau})^2}} \sigma_e \quad (8.248)$$

Mit den Abkürzungen

$$Z_1 = \sqrt{1 + 3(k_\tau / k_\sigma)^2} \text{ (Zähler)}; \quad N = \sqrt{1 + (\frac{\tau}{\sigma} \cdot \frac{k_\sigma}{k_\tau})^2} \text{ (Nenner)} \quad (8.249)$$

gilt:

$$\sigma_{VKi} = s \cdot k_\sigma \cdot \frac{Z_1}{N} \sigma_e = k_\sigma Z_1 \cdot s^* \sigma_e \quad (8.250)$$

B.8.58b zeigt das zur linksseitigen Steifenanordnung und Spannungsverteilung gehörige s^*-Diagramm.

8.3.8 Nichtlineare Beultheorie

8.3.8.1 Vorbemerkungen

Im Abschnitt 8.1 wurde bereits angedeutet, daß ebene Platten nach Überschreiten der Beulgrenze noch über beträchtliche Tragreserven verfügen, sofern sie nicht aufgrund ihrer Abmessungen und Struktur eher ein stabähnliches Tragverhalten aufweisen; bei letzteren sind die überkritischen Reserven praktisch Null. Dort, wo echter Leichtbau vorliegt, z.B. im Flugzeugbau oder im Dünnblechbau, ist es zweckmäßig und auch aus wirtschaftlichen Gründen unabdingbar, die überkritischen Tragfähigkeiten bei der Dimensionierung planmäßig zu nutzen; gewisse Beulungen der Blechbeplankungen werden, selbst im Gebrauchszustand, akzeptiert. Im konstruktiven Stahlbau, der nach herkömmlicher Definition mit Blechdicken gleich / größer 4 mm beginnt, sollte die Bemessung im Regelfall auch künftig auf die Beulgrenze der linearen Beultheorie bezogen bleiben, wobei die erforderlichen Sicherheiten an dem Maß des überkritischen Tragvermögens zu orientieren sind. Diese Vorgehensweise lag der DIN 4114A bereits beim Nachweis auf Stegblechbeulung zugrunde und sie ist in der DASt-Ri 012 nach einem Vorschlag von SCHEER das maßgebende und schlüssige Sicherheitskonzept. Um die Grundlagen dieses Konzeptes begreifen zu können, ist ein Einblick in die nichtlineare Beultheorie empfehlenswert. Auch läßt sich der Begriff der wirksamen Breite nur auf diese Weise erläutern, eine wichtige Größe bei allen Leichtbaudimensionierungen.

8.3.8.2 Überkritisches Tragverhalten eines perfekten Beulfeldes - Lösung nach MARGUERRE

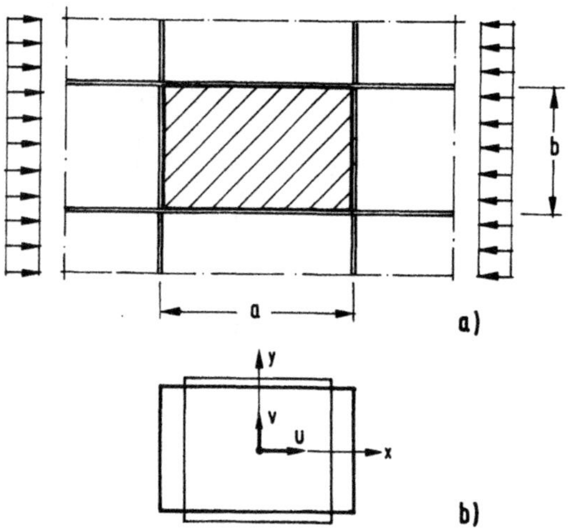

Bild 8.59

Unter einem perfekten Beulfeld wird ein solches verstanden, das frei von äußeren und inneren Imperfektionen, also insbesondere ideal-eben ist. Als Grundaufgabe wird die Rechteckplatte unter einachsigen Druckspannungen behandelt. Die Platte sei das Einzelfeld einer großen, durch einen Rost ausgesteiften Platte (B.8.59a). Quer zur Platte sei die Stützung starr-unverschieblich. Da die Nachbarfelder identisch beansprucht sind, verschieben sich die Plattenränder in der Ebene der Platte um gleichförmig konstante Beträge: Das Feld ist vor und nach der Verformung ein Rechteck (B.8.59b). Die Gesamtplatte beult schachbrettartig; damit ist die Bedingung unverschieblicher Ränder erfüllt, zudem erfüllen sie die Bedingung einer allseitig gelenkigen Lagerung. - Gesucht ist die Spannungsverteilung in der Mittelebene der Platte im ausgebeulten, also überkritischen Zustand; dabei wird unbegrenztes elastisches Materialverhalten unterstellt. Die Lösung dieser Aufgabe geht auf KÁRMÁN, MARGUERRE u.a. zurück [8.84/91].

Die lineare Beultheorie liefert die kritische Beulspannung

$$\sigma_{Ki} = k\sigma_e \tag{8.251}$$

mit min k≈4. Für die überkritische Ausbiegung w=w(x,y) wird (ausgehend von der ersten MARGUERREschen Lösung) ein einparametriger Ansatz gewählt:

$$w = f\cdot\cos\frac{\pi x}{a}\cos\frac{\pi y}{b} \tag{8.252}$$

Der Ursprung des Koordinatensystems liegt im Zentrum der Platte; die Biegeform entspricht der Beulform einer etwa quadratischen Platte (vgl. Abschnitt 8.3.2.2).

Für die ebene Platte ist von der nichtlinearen Differentialgleichung

$$\Delta\Delta\Phi + E(w''w^{\bullet\bullet} - w'^{\bullet 2}) = 0 \tag{8.253}$$

auszugehen, vgl. G.8.101 im Abschnitt 8.2.6. Der mit den Randbedingungen konforme Ansatz G.8.252 wird hierin eingesetzt:

$$\Delta\Delta\Phi = -E\frac{\pi^4 f^2}{2a^2b^2}\left(\cos\frac{2\pi x}{a} + \cos\frac{2\pi y}{b}\right) \tag{8.254}$$

Φ charakterisiert den gesuchten Spannungszustand als Funktion der mittigen Ausbiegung f. Die Lösung der Gleichung setzt sich aus einem homogenen und einem partikulären Teil für die Spannungsfunktion zusammen. Die homogene Lösung Φ_h kann dem bekannten Lösungskatalog der biharmonischen Gleichung

$$\Delta\Delta\Phi = 0 \tag{8.255}$$

entnommen werden (vgl. unten); die partikuläre Lösung läßt sich zu

$$\Phi_p = -E\frac{f^2}{32}\left[\left(\frac{a}{b}\right)^2\cos\frac{2\pi x}{a} + \left(\frac{b}{a}\right)^2\cos\frac{2\pi y}{b}\right] \tag{8.256}$$

bestätigen.

Um die oben erläuterten Verformungsbedingungen (in der Plattenebene) formulieren zu können, sind zunächst die Verschiebungskomponenten u und v (vgl. B.8.59b) in Abhängigkeit von w darzustellen; hierzu wird von G.8.27/28 und G.8.57 ausgegangen. Bei Berücksichtigung der Definition: Druckspannungen positiv, gilt:

$$\sigma_x = -\Phi^{\bullet\bullet} = -\frac{D}{t}\left[(u' + \mu v^{\bullet}) + \frac{1}{2}(w'^2 + \mu w^{\bullet 2})\right] \tag{8.257}$$

$$\sigma_y = -\Phi'' = -\frac{D}{t}\left[(v^{\bullet} + \mu u') + \frac{1}{2}(w^{\bullet 2} + \mu w'^2)\right] \tag{8.258}$$

Aus diesen Gleichungen wird u' und $v^{\bullet}$ freigestellt:

$$u' = \frac{1}{E}(\Phi^{\bullet\bullet} - \mu\Phi'') - \frac{1}{2}w'^2; \quad v^{\bullet} = \frac{1}{E}(\Phi'' - \mu\Phi^{\bullet\bullet}) - \frac{1}{2}w^{\bullet 2} \tag{8.259}$$

Für w und Φ werden G.8.252/256 eingesetzt. Für u_p' findet man:

$$u_p' = \frac{f^2\pi^2}{8}\left(\frac{1}{a^2}\cos\frac{2\pi y}{b} + \mu\frac{1}{b^2}\cos\frac{2\pi x}{a}\right) - \frac{f^2\pi^2}{2a^2}\sin^2\frac{2\pi x}{2a}\cdot\cos^2\frac{2\pi y}{b} \tag{8.260}$$

Über x wird integriert. Analog wird mit $v_p^{\bullet}$ verfahren. Die Rechnung ergibt:

$$u_p = f^2\frac{\pi}{8}\left[\frac{1}{2\pi a}\left(1 + \cos\frac{2\pi y}{b}\right)\sin\frac{2\pi x}{a} - \frac{x}{a^2} - \frac{\mu a}{b^2 2\pi}\sin\frac{2\pi x}{a}\right] \tag{8.261}$$

$$v_p = f^2\frac{\pi}{8}\left[\frac{1}{2\pi b}\left(1 + \cos\frac{2\pi x}{a}\right)\sin\frac{2\pi y}{b} - \frac{y}{b^2} - \frac{\mu b}{a^2 2\pi}\sin\frac{2\pi y}{b}\right] \tag{8.262}$$

Die vollständige Lösung lautet:

$$u = u_h + u_p, \quad v = v_h + v_p \tag{8.263}$$

Für Φ_h wird

$$\Phi_h = C_1 x^2 + C_2 y^2 \tag{8.264}$$

eingesetzt; das ergibt gemäß G.8.259:

$$u_h = \frac{2x}{E}(C_2 - \mu C_1); \quad v_h = \frac{2y}{E}(C_1 - \mu C_2) \tag{8.265}$$

Die Bedingung, daß sich die Ränder gleichförmig verschieben, bedeutet, daß u entlang der Ränder $x = \pm a/2$ und v entlang der Ränder $y = \pm b/2$ keine Änderung erfahren:

$$u^{\bullet}(x = \pm a/2) = 0; \quad v'(y = \pm b/2) = 0 \tag{8.266}$$

Wie man sich überzeugt, wird diesen Bedingungen durch G.8.263 genügt.

Da alle Nachbarplatten identisch sind, müssen die Schubspannungen

$$\tau_{xy} = \frac{E}{2(1+\mu)}(u^{\bullet} + v' + w'w^{\bullet}) \tag{8.267}$$

entlang sämtlicher Ränder Null sein. Das führt mit den vorerwähnten Bedingungen und dem Ansatz G.8.252 auf die zusätzlichen Bedingungen

$$x=\pm a/2: v'=0\ ; \quad y=\pm b/2: u^{\bullet}=0 \tag{8.268}$$

die ebenfalls von G.8.263 erfüllt werden. Damit ist auch begründet, warum für Φ_h kein höherer Polynomansatz in Frage kommt.

Die (mittlere) Verzerrung in Plattenlängsrichtung und die (mittlere) Verzerrung in Plattenquerrichtung werden mit ε_L und ε_Q abgekürzt; sie betragen (vgl. B.8.59b):

$$\varepsilon_L=-\frac{2u(x=+a/2)}{a};\quad \varepsilon_Q=-\frac{2v(y=+b/2)}{b} \tag{8.269}$$

Die Doppelsymmetrie des Problems ist hierin berücksichtigt. Werden G.8.261/262 und G.8.265 eingesetzt und die Gleichungen nach C_1 und C_2 aufgelöst, folgt:

$$C_1=-\frac{E}{2(1-\mu^2)}(\varepsilon_Q+\mu\varepsilon_L)+\frac{Ef^2\cdot\pi^2}{16(1-\mu^2)}\left(\frac{1}{b^2}+\frac{\mu}{a^2}\right)$$
$$C_2=-\frac{E}{2(1-\mu^2)}(\varepsilon_L+\mu\varepsilon_Q)+\frac{Ef^2\cdot\pi^2}{16(1-\mu^2)}\left(\frac{1}{a^2}+\frac{\mu}{b^2}\right) \tag{8.270}$$

Entsprechend den mittleren Verzerrungen ε_L und ε_Q werden die mittleren Spannungen σ_L und σ_Q definiert:

$$\sigma_L=\frac{1}{b}\int_{-b/2}^{+b/2}\sigma_x\,dy=\sigma;\quad \sigma_Q=\frac{1}{a}\int_{-a/2}^{+a/2}\sigma_y\,dx \tag{8.271}$$

Mit

$$\sigma_x=-\Phi^{\bullet\bullet}\ \text{und}\ \sigma_y=-\Phi'' \tag{8.272}$$

und G.8.256/264/270 findet man hierfür:

$$\sigma_L=\frac{E}{1-\mu^2}\left[\varepsilon_L+\mu\varepsilon_Q-\frac{f^2\pi^2}{8}\left(\frac{1}{a^2}+\frac{\mu}{b^2}\right)\right] \tag{8.273}$$

$$\sigma_Q=\frac{E}{1-\mu^2}\left[\varepsilon_Q+\mu\varepsilon_L-\frac{f^2\pi^2}{8}\left(\frac{1}{b^2}+\frac{\mu}{a^2}\right)\right] \tag{8.274}$$

Diese Ausdrücke verknüpfen die (mittleren) Verzerrungen ε_L und ε_Q und die Ausbiegung f einerseits mit den (mittleren) Spannungen σ_L und σ_Q andererseits. Hieraus lassen sich ε_L und ε_Q auch als Funktion von σ_L und σ_Q ableiten:

$$\varepsilon_L=\frac{1}{E}\left(\sigma_L-\mu\sigma_Q+\frac{\pi^2f^2}{8a^2}\right) \tag{8.275}$$

$$\varepsilon_Q=\frac{1}{E}\left(\sigma_Q-\mu\sigma_L+\frac{\pi^2f^2}{8b^2}\right) \tag{8.276}$$

Zur Bestimmung von f wird von

$$\delta\Pi=0 \tag{8.277}$$

ausgegangen. Die potentielle Energie setzt sich gemäß G.8.77/78 aus einem Dehnungs- und einem Biegungsbeitrag zusammen, sowie aus dem Beitrag der äußeren Kräfte:

$$\Pi_a=-\sigma_L\cdot bt\cdot\varepsilon_L a \tag{8.278}$$

Für w und Φ werden obige Lösungen in G.8.77/78 eingesetzt und Π gemäß G.8.277 nach f differenziert und Null gesetzt; nach längerer Rechnung folgt:

$$(1+\mu\alpha^2)\varepsilon_L+(\mu+\alpha^2)\varepsilon_Q=\frac{\pi^2t^2}{12b^2}(1+\alpha^2)^2\alpha+\frac{\pi^2f^2}{16b^2}\left[(3-\mu^2)\left(\alpha^2+\frac{1}{\alpha^2}\right)+4\mu\right] \tag{8.279}$$

Damit ist das gesuchte Spannungs-Dehnungsgesetz oberhalb der kritischen Beulgrenze gefunden.- In Erweiterung zur vorstehenden Lösung hat MARGUERRE [8.88] auch die Lösung für einen dreiparametrigen Ansatz angegeben. Diese Zuschärfung hat nur für sehr große Verformungen, wie sie im Leichtbau auftreten können, Bedeutung. Um das überkritische Ver-

halten aufzuzeigen, ist die vorstehende Näherung ausreichend genau. Im folgenden wird die Lösung auf die quadratische Platte (α=1) beschränkt (a=b):
Für diesen Sonderfall vereinfacht sich G.8.279 zu:

$$\frac{\pi^2 f^2}{8b^2} = \frac{1}{3-\mu}\left[\varepsilon_L + \varepsilon_Q - (1-\mu)\frac{\sigma_{Ki}}{E}\right] \qquad (8.280)$$

Hierin ist

$$\sigma_{Ki} = 4\frac{\pi^2 E t^2}{12(1-\mu^2)b^2} \qquad (8.281)$$

berücksichtigt. Mit G.8.275/6 folgt:

$$\frac{\pi^2 f^2}{8b^2} = \frac{1}{E}(\sigma_L + \sigma_Q - \sigma_{Ki}) \qquad (8.282)$$

Die Verteilung der Membran-Spannungen läßt sich nunmehr angeben:

$$\sigma_x = -\ddot{\Phi} = \sigma_L - \frac{E\pi^2 f^2}{8b^2}\cos\frac{2\pi y}{b} = \sigma_L - (\sigma_L + \sigma_Q - \sigma_{Ki})\cos\frac{2\pi y}{b} \qquad (8.283)$$

$$\sigma_y = -\Phi'' = \sigma_Q - \frac{E\pi^2 f^2}{8b^2}\cos\frac{2\pi x}{b} = \sigma_Q - (\sigma_Q + \sigma_L - \sigma_{Ki})\cos\frac{2\pi x}{b} \qquad (8.284)$$

$$\tau_{xy} = -\dot{\Phi}' = 0 \qquad (8.285)$$

In Plattenmitte und an den Längsrändern betragen die Längsspannungen (x=0):

$$y = 0: \quad \sigma_x = \sigma_{Ki} - \sigma_Q \qquad (8.286)$$

$$y = \pm b/2: \quad \sigma_x = 2\sigma_L - \sigma_Q - \sigma_{Ki} \qquad (8.287)$$

Im Sonderfall

$$\sigma_Q = 0 \qquad (8.288)$$

gilt:

$$y = 0: \quad \sigma_x = \sigma_{Ki} \qquad (8.289)$$

$$y = \pm b/2: \quad \sigma_x = 2\sigma_L - \sigma_{Ki} \qquad (8.290)$$

$$\frac{f^2\pi^2}{8b^2} = \frac{\sigma_L - \sigma_{Ki}}{E} \longrightarrow f = \frac{2\sqrt{2}}{\pi} b\sqrt{\frac{\sigma_L - \sigma_{Ki}}{E}} \qquad (8.291)$$

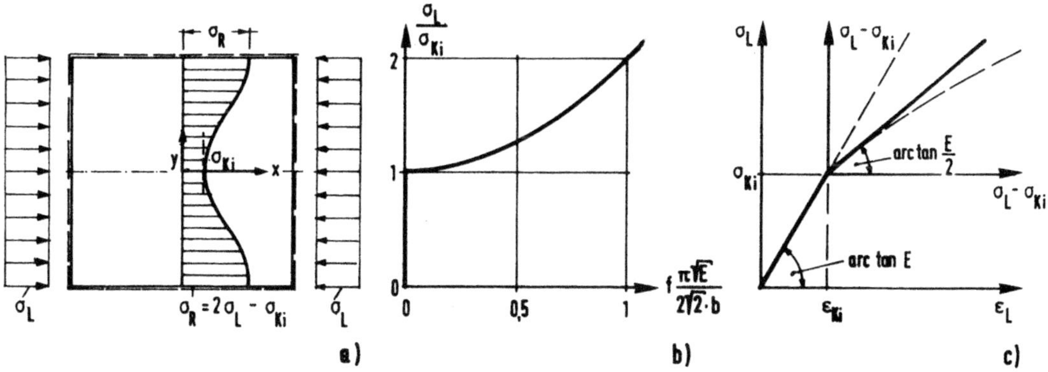

Bild 8.60

B.8.60a zeigt die Spannungsverteilung σ_x gemäß G.8.283. Hieraus wird deutlich, daß die Mittelfaser (y=0) bei überkritischer Belastung die Beulspannung σ_{Ki} beibehält und daß sich nur die beidseitig um die Mittelfaser liegenden Bereiche an der weiteren Abtragung beteiligen und zwar umso stärker, je näher die Fasern am Längsrand liegen; diese Umlagerung der Spannungen ist darin begründet, daß sich die im Mittelbereich liegenden

Fasern stärker ausbiegen und sich dadurch der Mitwirkung entziehen.

G.8.291 verdeutlicht den nichtlinearen Zusammenhang zwischen der mittigen Ausbiegung und der mittleren Längsspannung. An der Beulgrenze ist die Ausbiegung Null:

$$\sigma_L = \sigma_{Ki} : f = 0 \tag{8.292}$$

Darüberhinaus wächst f wie in B.8.60b dargestellt. - Interessant ist auch das (mittlere) Spannungsdehnungsverhalten. Um dieses aufzuzeigen, wird G.8.280 mit G.8.291 unter der Vorgabe $\sigma_Q=0$ verknüpft und nach ε_Q aufgelöst:

$$\varepsilon_Q = \frac{1-\mu}{2}\varepsilon_L + \frac{1}{2}(1+\mu)\frac{\sigma_{Ki}}{E} \tag{8.293}$$

Diese Beziehung wird in G.8.280 eingesetzt

$$\frac{\pi^2 f^2}{8b^2} = \frac{1}{2}(\varepsilon_L - \frac{\sigma_{Ki}}{E}) = \frac{1}{2}(\varepsilon_L - \varepsilon_{Ki}) \tag{8.294}$$

und mit G.8.291 verbunden:

$$\sigma_L - \sigma_{Ki} = \frac{E}{2}(\varepsilon_L - \varepsilon_{Ki}) \tag{8.295}$$

Bei Überschreiten der Beulgrenze tritt demnach eine scheinbare Verringerung der Elastizität auf die Hälfte ein, vgl. B.8.60c. Diese Aussage gilt nur für kleine Verzerrungen oberhalb der Beulgrenze; große Verzerrungen lassen sich nur mittels eines mehrparametrigen Ansatzes beschreiben. Dabei zeigt sich, daß das (globale) Spannungsdehnungsverhalten nichtlinear ist (gestrichelter Linienzug in B.8.60c).
Für den Fall $\varepsilon_Q=0$ (behinderte Querdehnung) ergibt sich im wesentlichen das gleiche Ergebnis, es ist jetzt von μ abhängig. Dabei wird ein Querzug aktiviert, der die wirksame Breite etwas anhebt (vgl. folgenden Abschnitt). Der Fall $\sigma_Q=0$ liegt auf der sicheren Seite.
Da längliche Platten in Längsrichtung mehrwellig ausbeulen und hierbei die Wellenlänge etwa gleich der Breite ist, gilt die Lösung G.8.283/5 in Annäherung auch für lange Platten ($\alpha>1$).

8.3.8.3 Wirksame Breite ($\alpha \geq 1$)

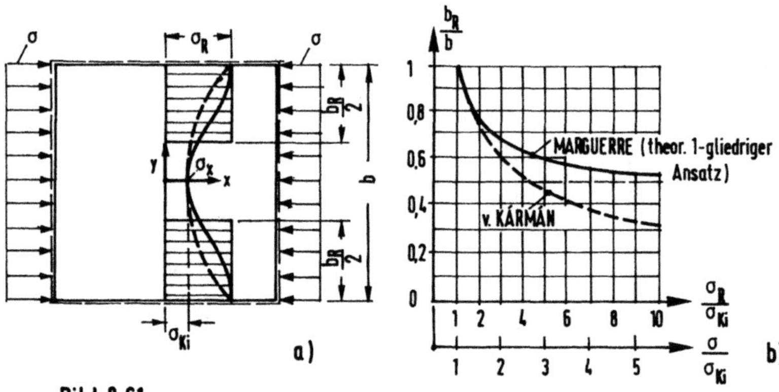

Bild 8.61

Es ist zweckmäßig, das überkritische Tragverhalten durch Einführung einer "wirksamen" Breite b_R zu erfassen. Diese Größe ist nicht mit der "mitwirkenden" Breite zu verwechseln, die zur Erfassung des Spannungsabfalles in breiten Gurten von Biegeträgern verwendet wird. Die wirksame Breite erfaßt den Spannungsabfall vom Rand (daher der Index R) infolge der Beulausbiegung; der Spannungsabfall, der durch die mitwirkende Breite eingefangen wird, beruht auf den Schubverzerrungen in der Gurtebene.
Die Definition der wirksamen Breite lautet (B.8.61a):

$$\sigma_R b_R = \sigma \cdot b = \int_{-b/2}^{+b/2} \sigma_x \, dy \qquad (8.296)$$

σ_R ist die Spannung an den Längsrändern, sie wird fiktiv als über die Breite b_R konstant wirkend angenommen. Gemäß G.8.290 gilt für die quadratische Platte im Falle $\sigma_Q=0$:

$$\sigma_R = 2\sigma_L - \sigma_{Ki} = 2\sigma - \sigma_{Ki} \qquad (\sigma \geqslant \sigma_{Ki}) \qquad (8.297)$$

(Im folgenden wird nur die längsbeanspruchte Platte behandelt; die äußere (mittlere) Spannung wird mit σ abgekürzt, der Index L wird unterdrückt.)
Für b_R/b und σ folgt:

$$\frac{b_R}{b} = \frac{\sigma}{\sigma_R} = \frac{1}{2}\left(1 + \frac{\sigma_{Ki}}{\sigma_R}\right) = \frac{\frac{\sigma}{\sigma_{Ki}}}{2\frac{\sigma}{\sigma_{Ki}} - 1}; \quad \sigma = \frac{1}{2}(\sigma_{Ki} + \sigma_R) \qquad (8.298)$$

B.8.61b zeigt die Abhängigkeit des Quotienten b_R/b von σ_R/σ_{Ki}. Im Falle $\sigma = \sigma_{Ki}$ (Beulgrenze) ist $b_R=b$. Für $\sigma \rightarrow \infty$ geht b/b_R gegen 0,5.
Aufgrund von Versuchen von LAHDE und WAGNER (1936) wurden anstelle der theoretischen Lösung nachstehende Ansätze vorgeschlagen:

$$\text{COX / EBNER:} \quad \frac{b_R}{b} = 0{,}81\sqrt{\frac{\sigma_{Ki}}{\sigma_R}} + 0{,}19; \qquad \sigma = 0{,}81\sqrt{\sigma_{Ki}\sigma_R} + 0{,}19\sigma_R \qquad (8.299)$$

$$\text{MARGUERRE:} \quad \frac{b_R}{b} = \sqrt[3]{\frac{\sigma_{Ki}}{\sigma_R}}; \qquad \sigma = \sqrt[3]{\sigma_{Ki} \cdot \sigma_R^2} \qquad (8.300)$$

Spätere Versuche, insbesondere von WINTER, haben gezeigt, daß die theoretische Lösung (mit eingliedrigem Ansatz) als auch die Ansätze von COX/EBNER und MARGUERRE die überkritische Tragfähigkeit überschätzen; die Versuche zeigten, daß sich keine cosinusförmige Spannungsverteilung σ_x einstellt, sondern eine mit steilerem Gradienten an den Rändern (gestrichelte Linie in B.8.61a). Die wirksame Breite fällt dadurch geringer aus als nach G.8.298. Eine treffsichere Abschätzung gelang KÁRMÁN: Er ging von der Überlegung aus, daß der sich einstellende Spannungszustand mit der Randspannung σ_R durch die Beulspannung einer (fiktiven) Platte mit der Breite b_R begrenzt werde:

$$\frac{k\pi^2 E}{12(1-\mu^2)}\left(\frac{t}{b_R}\right)^2 = \sigma_R \qquad (8.301)$$

Daraus ergibt sich die wirksame Breite zu:

$$b_R = \sqrt{\frac{\pi^2}{12(1-\mu^2)}} \cdot \sqrt{k\frac{E}{\sigma_R}} \cdot t = 1{,}90 \cdot \sqrt{k\frac{E}{\sigma_R}} \cdot t \qquad (8.302)$$

bzw.

$$b_R = b\sqrt{\frac{\sigma_{Ki}}{\sigma_R}} \qquad (8.303)$$

Die mittlere Spannung folgt für diese Abschätzung zu:

$$\sigma = \frac{b_R}{b}\sigma_R = \sqrt{\sigma_{Ki}\,\sigma_R} \qquad (8.304)$$

Mit den G.8.298/299/300/303 stehen für die wirksame Breite vier Ansätze zur Verfügung. Der nächste Schritt besteht nun darin, die überkritische Tragfähigkeit per definitionem zu vereinbaren. Plausibel ist die Vereinbarung, wonach die überkritische Grenzlast der Platte dann erreicht ist, wenn die Randspannungen σ_R die Fließgrenze σ_F (bzw. $\sigma_{0,2}$) erreicht. Die reale (plasto-statische) Grenzlast liegt nur geringfügig über der elastostatischen, denn man muß bedenken, daß sich im ausgebogenen Mittelbereich den Membranspannungen noch Biegespannungen überlagern.

Geht man zunächst von G.8.298 aus, findet man für die (mittlere) Grenzspannung:

$$\sigma_U = \frac{b_R}{b}\sigma_F = \frac{1}{2}(\sigma_{Ki} + \sigma_F) \tag{8.305}$$

Nach Division durch σ_F gilt:

$$\frac{\sigma_U}{\sigma_F} = \frac{1}{2}\left(1 + \frac{\sigma_{Ki}}{\sigma_F}\right) \quad \left(= \frac{b_R}{b}\right) \tag{8.306}$$

Mit

$$\sigma_{Ki} = 4\,\frac{\pi^2 E}{12(1-\mu^2)}\left(\frac{t}{b}\right)^2 \tag{8.307}$$

ergibt sich für die quadratische Platte:

$$\frac{\sigma_U}{\sigma_F} = \frac{1}{2}\left[1 + \frac{\pi^2}{3(1-\mu^2)}\cdot\frac{E}{\sigma_F}\left(\frac{t}{b}\right)^2\right] \tag{8.308}$$

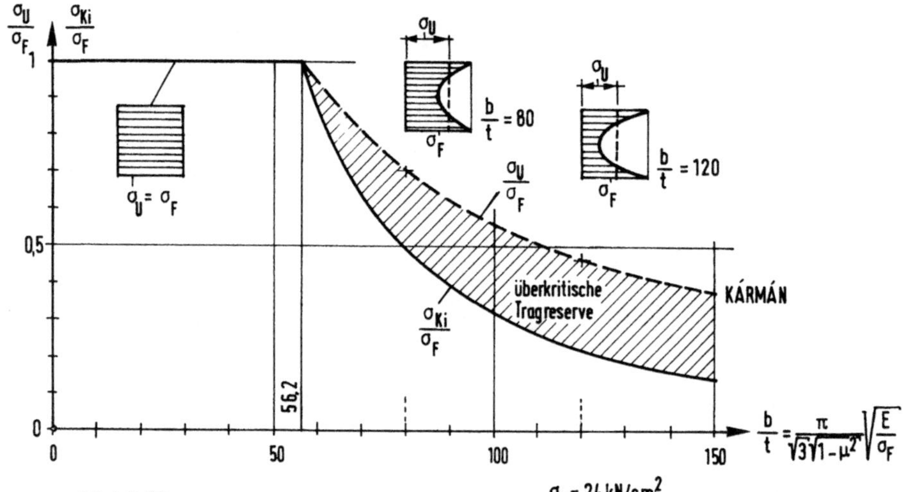

Bild 8.62

Nach COX/EBNER und MARGUERRE (G.8.299/300) folgt:

$$\sigma_U = 0{,}81\sqrt{\sigma_{Ki}\,\sigma_F} + 0{,}19\,\sigma_F \qquad \text{bzw} \qquad \sigma_U = \sqrt[3]{\sigma_{Ki}\,\sigma_F^2} \tag{8.309}$$

Der KÁRMÁNsche Ansatz liefert:

$$\sigma_U = \sqrt{\sigma_{Ki}\,\sigma_F} \tag{8.310}$$

B.8.62 möge die Ergebnisse für eine quadratische Platte verdeutlichen; die elastostatische Grenzlast ist über b/t aufgetragen. b/t hat die Bedeutung eines Schlankheitsmaßes. Zunächst ist es zweckmäßig, jene Schlankheit zu bestimmen, für die die Beulspannung mit der Fließgrenze zusammenfällt. Hierzu wird G.8.307 mit σ_F gleichgesetzt und nach (b/t) aufgelöst:

$$\left(\frac{b}{t}\right) = \frac{\pi}{\sqrt{3}\sqrt{1-\mu^2}}\sqrt{\frac{E}{\sigma_F}} = 1{,}90\cdot\sqrt{\frac{E}{\sigma_F}} \tag{8.311}$$

Für St 370 mit σ_F=24 kN/cm^2 und E=21000 kN/cm^2 findet man beispielsweise: b/t=56,2 (vgl. B.8.62). Für dieses Verhältnis fallen

$$\sigma_U = \sigma_{Ki} = \sigma_F \tag{8.312}$$

zusammen (ideal-elastisches / ideal-plastisches Spannungs-Dehnungsgesetz). Für geringere Schlankheiten kommt eine überkritische Reserve nicht zum Tragen; für darüber liegende Schlankheiten ist sie zunächst gering, für b/t=110 beträgt sie aber bereits 100%, wenn man den KÁRMÁNschen Ansatz zugrundelegt (B.8.62). Wie noch zu behandeln sein wird, überschätzt auch dieser Ansatz die überkritische Tragreserve etwas, weil innere und äußere

Imperfektionen nicht erfaßt sind.

8.3.8.4 Beispiel

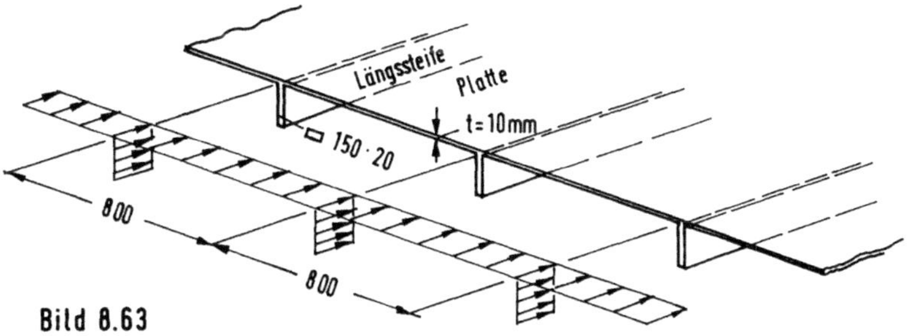

Bild 8.63

Für die in B.8.63 skizzierte, längsversteifte und zentrisch gedrückte Platte sollen wirksame Breite und überkritische Grenztragfähigkeit berechnet werden. Für den Einzugsbereich einer Steife gilt:

$$\text{Platte: } F = 1 \cdot 80 = 80\ \text{cm}^2, \qquad \text{Steife: } F_L = 2 \cdot 15 = 30\ \text{cm}^2$$

Die mittlere Druckspannung betrage $\sigma = 14$ kN/cm^2; sie liegt über der elastischen Beulspannung:

$$\sigma_{Ki} = 4\frac{\pi^2 21000}{12(1-0{,}3^2)}\left(\frac{1{,}0}{80}\right)^2 = 11{,}86\ \text{kN/cm}^2$$

Spannungszustand und wirksame Breite lassen sich nur iterativ berechnen. Die Gesamtlast pro Steifen-Einzugsbereich beträgt:

$$14(30+80) = 1540\ \text{kN}$$

1. Schritt: Es wird $\sigma_R = 15$ kN/cm^2 geschätzt, hierfür liefert G.8.298:

$$\sigma_R = 15\ \text{kN/cm}^2 \longrightarrow \frac{b_R}{b} = \frac{1}{2}\left(1 + \frac{11{,}86}{15{,}00}\right) = 0{,}895$$

$$b_R = 0{,}895 \cdot 80 = 71{,}62\ \text{cm};\ F = 30 + 1 \cdot 71{,}62 = 101{,}62\ \text{cm}^2$$

$$\sigma_R = 1540/101{,}62 = 15{,}15\ \text{kN/cm}^2$$

2. Schritt:

$$\frac{b_R}{b} = \frac{1}{2}\left(1 + \frac{11{,}86}{15{,}15}\right) = 0{,}891$$

$$b_R = 71{,}31\ \text{cm};\ F = 101{,}31\ \text{cm}^2;\ \sigma_R = 15{,}20\ \text{kN/cm}^2$$

3. Schritt:

$$\frac{b_R}{b} = \frac{1}{2}\left(1 + \frac{11{,}86}{15{,}20}\right) = 0{,}890$$

$$b_R = 71{,}21\ \text{cm};\ F = 101{,}21\ \text{cm}^2;\ \sigma_R = 15{,}21\ \text{kN/cm}^2$$

Mit den Ansätzen G.8.299/300/303 ist entsprechend zu verfahren. - Als zweite Aufgabenstellung wird die überkritische Grenzlast bestimmt.

$$\sigma_R = \sigma_F = 24\ \text{kN/cm}^2\ \ (\text{St } 370)$$

G.8.306 liefert:

$$\sigma_U = \frac{1}{2}\left(1 + \frac{\sigma_{Ki}}{\sigma_F}\right)\sigma_F = \frac{1}{2}\left(1 + \frac{11{,}86}{24}\right)24 = \underline{17{,}93\ \text{kN/cm}^2}$$

Die Ansätze G.8.299/300/304 ergeben:

$$\text{COX / EBNER: } \sigma_U = 0{,}81\sqrt{11{,}86 \cdot 24} + 0{,}19 \cdot 24 = \underline{18{,}23\ \text{kN/cm}^2}$$

$$\text{MARGUERRE: } \sigma_U = \sqrt[3]{11{,}86 \cdot 24^2} = \underline{18{,}97\ \text{kN/cm}^2}$$

$$\text{KÁRMÁN: } \sigma_U = \sqrt{11{,}86 \cdot 24} = \underline{16{,}87\ \text{kN/cm}^2}$$

Bezogen auf den letzten Wert beträgt die überkritische Tragreserve 42%. Für die Steife wird unterstellt, daß sie unter der Spannung $\sigma_R = \sigma_U$ nicht beult, vgl. Abschnitt 8.3.10.

8.3.8.5 Überkritisches Tragverhalten eines imperfekten Beulfeldes - Lösung nach WOLMIR

Die Untersuchung beschränkt sich wieder auf die im Abschnitt 8.3.8.2 behandelte, gleichförmig gedrückte Quadratplatte, allerdings mit der Erweiterung, daß eine Vorverformung

$$w_0 = f_0 \cos\frac{\pi x}{a}\cos\frac{\pi y}{a} \qquad (8.313)$$

vorhanden sein soll; es handelt sich um eine Vorbeule mit dem Stich f_0. - Das Problem wird von den nichtlinearen Differentialgleichungen

$$\frac{K}{t}\Delta\Delta w - [\Phi''(w+w_0)^{\cdot\cdot} + \Phi^{\cdot\cdot}(w+w_0)'' - 2\Phi'^{\cdot}(w+w_0)'^{\cdot}] = 0 \qquad (8.314)$$

$$\frac{1}{E}\Delta\Delta\Phi + w''w^{\cdot\cdot} - w'^{\cdot 2} + w''w_0^{\cdot\cdot} - 2w'^{\cdot}w_0'^{\cdot} + w^{\cdot\cdot}w_0'' = 0 \qquad (8.315)$$

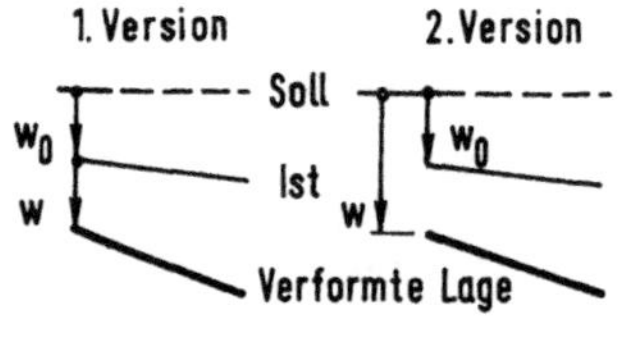

Bild 8.64

beherrscht. Wegen der Herleitung wird auf Abschnitt 8.2.7, insbesondere auf den letzten Absatz, verwiesen. Die Differentialgleichungen gelten für die in B.8.64 angegebene (erste) Version, d.h. die Verformungen w werden von der vorverformten Lage aus gemessen. (Vgl. auch B.1.29.)

Wird der Lösungsansatz

$$w = f\cos\frac{\pi x}{a}\cos\frac{\pi y}{a} \qquad (8.316)$$

gemeinsam mit G.8.313 in G.8.315 eingesetzt, folgt die Differentialgleichung:

$$\Delta\Delta\Phi = -E(f^2 + 2ff_0)\frac{\pi^4}{2a^4}\left(\cos\frac{2\pi x}{a} + \cos\frac{2\pi y}{a}\right) \qquad (8.317)$$

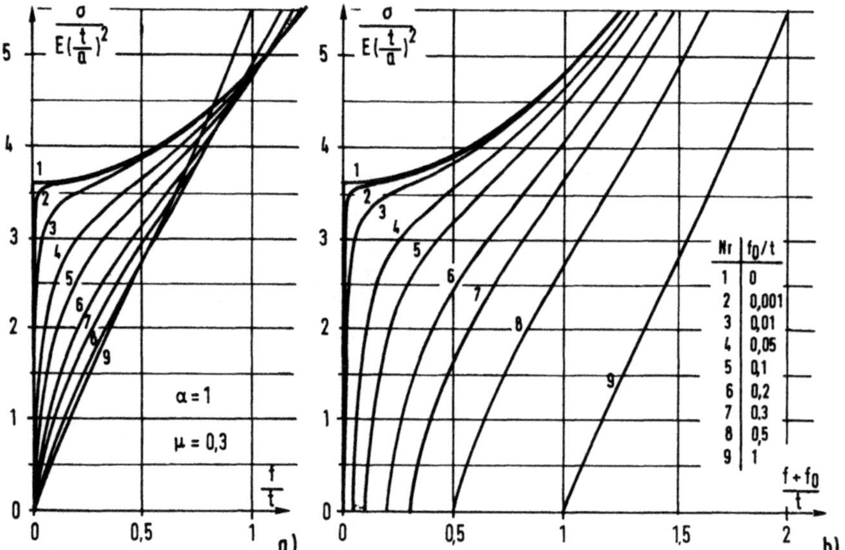

Bild 8.65

Deren partikuläre Lösung bestätigt man zu:

$$\Phi_p = -\frac{E(f^2 + 2ff_0)}{32}\cdot\left(\cos\frac{2\pi x}{a} + \cos\frac{2\pi y}{a}\right) \qquad (8.318)$$

Die homogene Lösung für eine konstante Druckspannungsverteilung

$$N_x = +\sigma t = -t\Phi^{\cdot\cdot};\quad N_y = N_{xy} = 0 \qquad (8.319)$$

lautet:

$$\Phi_h = -\frac{\sigma y^2}{2} \qquad (8.320)$$

Die vollständige Lösung ist:

$$\Phi = \Phi_h + \Phi_p \qquad (8.321)$$

Im Gegensatz zu Abschnitt 8.3.8.2, wo das RITZsche Verfahren zur Lösung des nichtlinearen Kraft-Verformungsverhaltens oberhalb der Beulgrenze verwendet wurde, wird hier vom GALERKINschen Verfahren ausgegangen:

$$\int_F L_w[w,\Phi]\,\delta w\,dx\,dy = 0 \qquad (8.322)$$

$L[w,\Phi]$ ist die linke Seite von G.8.314; das ist das in Richtung w wirkende System aller inneren und äußeren Kräfte. Für die virtuelle Verrückung (Variation) wird

$$\delta w = \delta f \cos\frac{\pi x}{a}\cos\frac{\pi y}{a} \qquad (8.323)$$

angesetzt. Nunmehr werden die Gleichungen G.8.313/316/318/320 in G.8.314 eingesetzt und gemäß G.8.322 verfahren. Nach längerer Rechnung folgt ($\delta f=0$):

$$\sigma = E\left(\frac{t}{a}\right)^2\left\{\frac{\pi^2}{3(1-\mu^2)} + \frac{\pi^2}{8}\left[\left(\frac{f}{t}\right)^2 + 3\frac{f}{t}\frac{f_0}{t} + 2\left(\frac{f_0}{t}\right)^2\right]\right\}\frac{f}{f+f_0} \qquad (8.324)$$

Für vorgegebene (bezogene) Vorbeulen f_0/t lassen sich mit dieser Formel die Kraftverschiebungskurven berechnen; das Ergebnis ist in B.8.65 dargestellt. Man überzeugt sich leicht, daß die Formel für $f_0=0$ in G.8.291 übergeht.

Die nichtlineare Beultheorie ist in den zurückliegenden Jahren weit entwickelt worden, auch für ausgesteifte Platten [8.92-8.105].

8.3.9 Baupraktische Nachweisformen für unausgesteifte und ausgesteifte Rechteckplatten

8.3.9.1 Beulspannungskurve nach DIN 4114A

Der Beulnachweis der DIN 4114A für Stegbleche vollwandiger Träger (nur hierfür war der Nachweis streng genommen konzipiert) war an der Verzweigungsgrenze der linearen Beultheorie orientiert; dem überkritischen Tragvermögen wurde durch relativ geringe erforderliche Sicherheitsabstände Rechnung getragen: Lastfall H: $\nu=1{,}35$, Lastfall HZ: $\nu=1{,}25$. Da die elasto-statische Beulspannung

$$\sigma_{Ki} = k\frac{\pi^2 E}{12(1-\mu^2)(b/t)^2}$$

an die Gültigkeit des HOOKEschen Gesetzes gebunden ist, war eine "Abminderung" zu vereinbaren, wenn die Beulspannung über der Proportionalitätsgrenze lag; diese Abminderung hätte konsequenterweise auf einer plasto-statischen Beultheorie basieren müssen, diese lag indes für beliebige Spannungszustände in aufbereiteter Form bei der Bearbeitung der DIN 4114A noch nicht vor (das gilt in gewisser Weise bis heute). Eine eher phänomenologische Behandlung hatten TIMOSHENKO und BLEICH aufgezeigt; sie wurde von KOLLBRUNNER modifiziert: Ausgehend von der Platte mit gleich verteiltem Randdruck wurde in den Dehnungsanteilen im plastischen Bereich in Belastungsrichtung (x-Richtung) der E-Modul auf den T-Modul abgemindert, für die y-Richtung wurde keine und für "gemischte" Richtungen eine teilweise Abminderung angenommen. Das führte auf die Ansätze:

$$\varepsilon_x = \frac{\sigma_x}{\varkappa E} - \mu\frac{\sigma_y}{\sqrt{\varkappa}E};\ \varepsilon_y = \frac{\sigma_y}{E} - \mu\frac{\sigma_x}{\sqrt{\varkappa}E};\ \gamma_{xy} = \frac{\tau_{xy}}{\sqrt{\varkappa}E} \qquad (8.325)$$

Hierin bedeutet $\varkappa$ (vgl. Abschnitt 2.4.2/4):

$$\varkappa = \frac{T}{E},\ T\text{: Tangentenmodul}$$

Unter Beibehaltung der kinematischen Verzerrungs-Verschiebungsbeziehungen findet man (in Erweiterung zu Abschnitt 8.3.1) die lineare Beulgleichung zu

$$\varkappa w'''' + 2\sqrt{\varkappa}\,w''^{\bullet\bullet} + w^{\bullet\bullet\bullet\bullet} = -\frac{t}{K}\sigma_x w'' \qquad (8.326)$$

und deren Lösung in der Form:

$$\sigma_K = k\sqrt{\varkappa}\cdot\sigma_e \qquad (8.327)$$

k ist derselbe Beulwert wie in der elasto-statischen Theorie, allerdings für das modifizierte Seitenverhältnis:

$$\sqrt[4]{\frac{1}{\varkappa}}\cdot\alpha \qquad (8.328)$$

Unter Einführung weiterer Näherungen läßt sich die Beulgleichung auch für inhomogene Spannungszustände mit Biege- und Schubspannungen herleiten. Eine ausführliche Dokumentation haben KOLLBRUNNER und MEISTER [0.9] gegeben, daselbst werden auch die strengeren Theorien von BIJLAARD, ILJUSCHIN, STOWELL behandelt, vgl. auch [8.106/10].

Auf CHWALLA ging der Vorschlag zurück, von einem "quasiisotropen" plastischen Verzerrungs-Spannungszustand auszugehen und (unabhängig von der Spannungsverteilung) die elastischen Beulspannungen σ_{Ki} gemäß der Knicktheorie von ENGESSER-KÁRMÁN auf σ_K abzumindern (vgl. Abschnitt 2.4). Das bedeutete eine generelle Abminderung von E auf T_K unter Beibehaltung der Querkontraktionszahl μ=0,3. Diese Nachweisform wurde in DIN 4114A (und später in DIN 4113 und in der DASt-Richtlinie 011 für hochfeste Feinkornbaustähle) verankert; Abminderungsfaktor: $\varkappa_{EK}$ gemäß G.2.89.

8.3.9.2 Beulspannungskurve in bezogener Form

Wie gezeigt wurde, lassen sich die elastischen Lösungen der linearen Beul-Theorie stets in der Form

$$\sigma_{Ki} = k\sigma_e = k\cdot\frac{E\pi^2}{12(1-\mu^2)(b/t)^2} \qquad (8.329)$$

angeben. Der Quotient (b/t) hat die Bedeutung eines Schlankheitsmaßes. Es liegt daher nahe, die Beulspannungen unter Bezug auf dieses Schlankheitsmaß darzustellen. Dazu wird die Plattenschlankheit (Vergleichsschlankheit)

$$\lambda = \sqrt{\frac{12(1-\mu^2)}{k}}\left(\frac{b}{t}\right) = \frac{3{,}30}{\sqrt{k}}\left(\frac{b}{t}\right) \qquad (8.330)$$

definiert. Hiermit lautet G.8.329:

$$\sigma_{Ki} = \pi^2\frac{E}{\lambda^2} \qquad (8.331)$$

Diese Darstellung entspricht der EULERschen Knickspannungskurve (EULER-Hyperbel) für den zentrisch gedrückten Stab. Zudem ist es zweckmäßig

$$\lambda^2 = \pi^2\frac{E}{\sigma_{Ki}} \qquad (8.332)$$

auf

$$\lambda_F^2 = \pi^2\frac{E}{\sigma_F} \qquad (8.333)$$

und σ_{Ki} auf σ_F zu beziehen. Es wird vereinbart:

$$\bar{\lambda} = \frac{\lambda}{\lambda_F}; \quad \bar{\sigma}_{Ki} = \frac{\sigma_{Ki}}{\sigma_F} \qquad (8.334)$$

Damit gilt für G.8.331:

$$\bar{\sigma}_{Ki} = \frac{1}{\bar{\lambda}^2} \quad \text{bzw.} \quad \bar{\lambda} = \frac{1}{\sqrt{\bar{\sigma}_{Ki}}} = \sqrt{\frac{\sigma_F}{\sigma_{Ki}}} \qquad (8.335)$$

In B.8.66 ist die Kurve eingezeichnet: Bezogenes Beulspannungsdiagramm. - Im Falle eines kombinierten Spannungszustandes, der unter der Beulvergleichsspannung σ_{VKi} elastisch beult, gilt die verallgemeinerte Definition:

$$\lambda = \pi\sqrt{\frac{E}{\sigma_{VKi}}}, \quad \bar{\lambda} = \sqrt{\frac{\sigma_F}{\sigma_{VKi}}} \qquad (8.336)$$

Für eine konstante Randdruckbelastung ist die Gültigkeit von G.8.329 (im Sinne von DIN 4114A) durch $\sigma_{Ki}=\sigma_P$ begrenzt, das bedeutet, für

$$\sigma_P = 0{,}8\sigma_F$$

ist die Gültigkeitsgrenze durch

$$\bar{\lambda} = \sqrt{\frac{1}{0{,}8}} = 1{,}12 \qquad (8.337)$$

gegeben. Geht man für den plastischen Bereich von der im Abschnitt 2.4.4 erläuterten Ab-

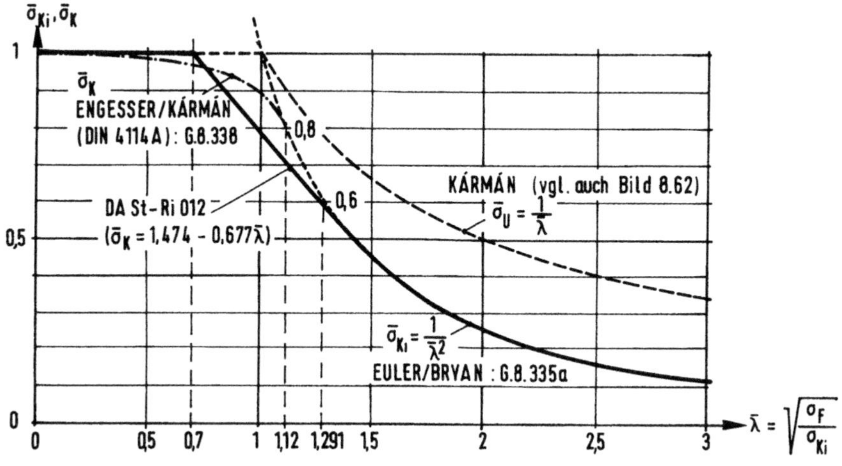

Bild 8.66

minderung nach ENGESSER-KÁRMÁN aus, d.h. von

$$\sigma_K = \varkappa \cdot \sigma_{Ki}; \; (\varkappa = \varkappa_{EK})$$

folgt $\bar{\sigma}_K(\bar{\lambda})$ aus nachstehender Gleichung (in impliziter Form):

$$\left[0{,}5 + \frac{0{,}1}{\sqrt{0{,}2^2 - (\bar{\sigma}_K - 0{,}8)^2}}\right]\sqrt{\bar{\sigma}_K} = \frac{1}{\bar{\lambda}} \qquad (8.338)$$

Die zugehörige Kurve ist in B.8.66 (für den Bereich $0 \leq \bar{\lambda} \leq 1{,}12$) dargestellt. In bezogener Form ist die Beulspannungskurve unabhängig von der Stahlgüte.

Der Vorteil des bezogenen Beulspannungsdiagrammes liegt darin, daß Versuchswerte unterschiedlichster Beulversuche im elastischen und plastischen Bereich eingetragen und dabei vom Stahlgüteneinfluß frei gemacht werden können: Gemäß G.8.335 wird

$$\bar{\lambda} = \sqrt{\frac{12(1-\mu^2)}{\pi^2}} \cdot \frac{1}{\sqrt{k}} \cdot \sqrt{\frac{\sigma_F}{E}} \cdot \frac{b}{t} = 1{,}052 \frac{1}{\sqrt{k}} \sqrt{\frac{\sigma_F}{E}} \cdot \frac{b}{t} \qquad (8.339)$$

für jeden Versuchswert bestimmt; k ist der der Versuchsplatte zugeordnete Beulwert nach der linearen Theorie. Dieser muß unter Berücksichtigung der Randbedingungen des Versuchskörpers exakt bestimmbar sein! Der Versuchswert σ_K wird durch σ_F dividiert und über $\bar{\lambda}$ aufgetragen. - Um Druck- und Schubbeulversuche zu unterscheiden, werden

$$\lambda_\sigma = \pi\sqrt{\frac{E}{\sigma_{Ki}}} \quad \text{und} \quad \lambda_\tau = \pi\sqrt{\frac{E}{\sqrt{3}\,\tau_{Ki}}} \qquad (8.340)$$

definiert. Die bezogenen Schlankheiten lauten damit:

$$\bar{\lambda}_\sigma = \frac{\lambda_\sigma}{\lambda_F} = \sqrt{\frac{\sigma_F}{\sigma_{Ki}}}; \quad \bar{\lambda}_\tau = \frac{\lambda_\tau}{\lambda_F} = \sqrt{\frac{\tau_F}{\tau_{Ki}}} \quad \text{mit} \quad \tau_F = \sigma_F/\sqrt{3} \qquad (8.341)$$

Es gilt:

$$\bar{\lambda}_\sigma = 1{,}316\bar{\lambda}_\tau \quad \text{bzw} \quad \bar{\lambda}_\tau = 0{,}760\bar{\lambda}_\sigma \qquad (8.342)$$

Bei kombinierten Spannungszuständen ist σ_{VKi} für die Versuchsplatte zu bestimmen und die Vergleichsschlankheit nach G.8.336 zu berechnen. Über diesem Wert wird der Versuchswert $\bar{\sigma}_{VK}$ aufgetragen.

8.3.9.3 Beulspannungskurve nach DASt-Ri 012

Aufgrund eingehender theoretischer und experimenteller Untersuchungen wurde die Beulspannungskurve der DIN 4114A verworfen und durch eine neue ersetzt. Die Kurve besteht aus drei Kurvenzügen, vgl. B.8.66:

$$\begin{aligned} &\bar{\lambda} \leq 0{,}70 && \bar{\sigma}_K = 1{,}0 \\ &0{,}70 < \bar{\lambda} \leq 1{,}291 && \bar{\sigma}_K = 1{,}474 - 0{,}677 \cdot \bar{\lambda} \qquad \bar{\lambda} = \sqrt{\frac{\sigma_F}{\sigma_{VKi}}} \\ &1{,}291 < \bar{\lambda} && \bar{\sigma}_K = \bar{\sigma}_{Ki} = 1/\bar{\lambda}^2 \end{aligned} \tag{8.343}$$

Die Wahl dieser Kurve wird von SCHEER/NÖLKE/GENTZ [8.51] ausführlich begründet, sie gilt für alle rechteckigen Platten ohne und mit Versteifungen. Für schlanke Platten ($\bar{\lambda}$ groß) wurde auf die Einrechnung überkritischer Tragreserven verzichtet. Im mittelschlanken Bereich liegt die Beulspannungskurve niedriger als die Beulspannungskurve nach DIN 4114A. Das beruht auf dem relativ großen Einfluß der Vorverformungen und Eigenspannungen für diesen Bereich, der durch das vergleichsweise geringe überkritische Tragvermögen nicht aufgewogen wird. Bei gedrungenen Platten, bei denen die elastische Beulspannung etwa das Zweifache der Fließspannung und mehr beträgt, spielt, wie die Versuche gezeigt haben, Beulversagen keine Rolle mehr; dieser Abschätzung entspricht gemäß G.8.335/6:

$$\bar{\lambda} = \sqrt{1/2} = 0{,}71 \tag{8.344}$$

Die Abminderung $\sigma_{Ki} \rightarrow \sigma_K = \bar{\sigma}_K \cdot \sigma_F$ folgt aus G.8.343:

$$\begin{aligned} &\sigma_{Ki} \geq 2{,}04\sigma_F && \sigma_K = \sigma_F \\ &2{,}04\sigma_F \geq \sigma_{Ki} \geq 0{,}60\sigma_F && \sigma_K = \sigma_F\left(1{,}474 - 0{,}677 \cdot \sqrt{\frac{\sigma_F}{\sigma_{Ki}}}\right) \\ &0{,}60\sigma_F \geq \sigma_{Ki} && \sigma_K = \sigma_{Ki} \end{aligned} \tag{8.345}$$

Im Falle kombinierter Spannungszustände ist

$$\sigma_K = \sigma_{VK}; \quad \sigma_{Ki} = \sigma_{VKi} \tag{8.346}$$

zu setzen.

Nach einem Vorschlag von SCHEER wird in der DASt-Ri 012 die erforderliche Beulsicherheit von der Art des Normal- und Schubspannungszustandes abhängig gemacht: Da Platten unter Biege- (ψ=-1) und Schubspannungen ein gegenüber der Beulgrenze deutlich höheres (überkrtisches) Tragvermögen aufweisen und sich innere und äußere Imperfektionen nur unbedeutend grenzlastmindernd auswirken, kann die erforderliche Sicherheitszahl geringer gewählt werden (wie bislang in DIN 4114A). Liegt dagegen eine gleichförmige Druckspannung vor, wie in plattenartigen Gurten von Kastenträgern (ψ=+1), stimmt die erreichbare Grenzlast wegen der höheren Imperfektionsanfälligkeit mit der Beullast etwa überein. Nennenswerte zusätzliche Reserven fehlen, daher ist eine höhere Sicherheit zu fordern. Für Zwischenwerte von ψ wird geradlinig interpoliert, z.B. werden im Lastfall H für Teil- und Gesamtfelder folgende Sicherheiten verlangt:

$$\begin{aligned} &\sigma_x: \ \text{erf}\, \nu_B = 1{,}32 + 0{,}19(1 + \psi) \\ &\sigma_y: \ \text{erf}\, \nu_B = 1{,}70 \\ &\tau\ : \ \text{erf}\, \nu_B = 1{,}32 \end{aligned} \tag{8.347}$$

Bei gleichzeitiger Wirkung der Randspannungen σ_x, σ_y und τ ist eine Interpolationsformel für erf ν_B anzuwenden, vgl. [8.51]. In der prinzipiellen Vorgehensweise stimmen DIN 4114A und DASt-Ri 012 überein; Reihenfolge der Nachweise:

$$\begin{aligned} &1)\quad \sigma_x, \sigma_y, \tau \longrightarrow \sigma_V \\ &2)\quad \sigma_{xKi}, \sigma_{yKi}, \tau_{Ki} \longrightarrow \sigma_{VKi} \longrightarrow \sigma_{VK}\,(\sigma_G) \longrightarrow \nu_B^* = \sigma_{VK}/\sigma_V \\ &3)\quad \text{erf}\, \nu_B^* \geq \nu_B^* \end{aligned} \tag{8.348}$$

Ab Mitte der sechziger Jahre wurden große Anstrengungen (national und international) unternommen, um das Tragverhalten beulgefährdeter Platten und Plattentragwerke zu klären und deren Grenzlast zu bestimmen [8.111/114], nicht zuletzt ausgelöst durch den Einsturz einiger Kastenträgerbrücken, vgl. die Beiträge in [8.113] von ROIK, MASSONNET, STEINHARDT, NÖLKE und DUBAS.
Wegen Einzelheiten wird auf das Schrifttum verwiesen: Versuche an unausgesteiften Platten [8.115/117], Versuche an ausgesteiften Platten [8.118/125], lineare Theorie [8.126/128], nichtlineare Theorie [8.129/130u.8.98/105], Entwicklung der Berechnungsgrundlagen [8.131/132]. Stützen mit dünnwandigen, kastenförmigen Querschnitten wurden in [8.133/136] behandelt. Die Bibliographie ist keinesfalls vollständig, vgl. auch das Schrifttum zum Abschnitt 8.3.11.

8.3.9.4 Knickstabähnliches Verhalten

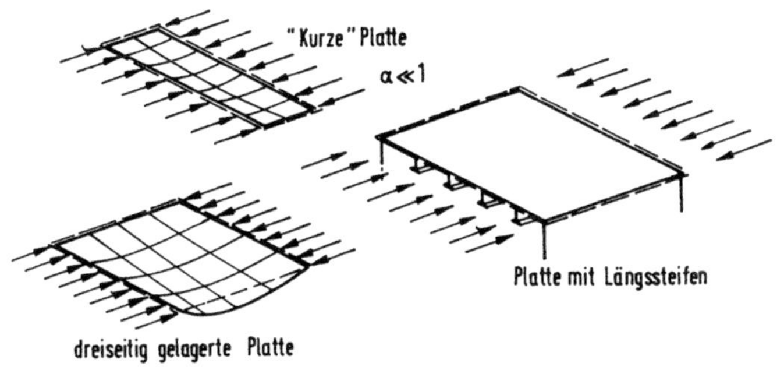

Bild 8.67

Im Gegensatz zum Knickstab oder Kippträger sind allseitig umfangsgelagerte Platten weniger imperfektionsempfindlich, da der grenzlastmindernde Einfluß der Imperfektionen durch die überkritische Tragfähigkeit kompensiert, z.T. erheblich überkompensiert wird. Zu den inneren Imperfektionen zählen vor allem die Eigenspannungen. Die Mittenbereiche von geschweißten I- und □-Trägern und Stützen stehen z.T. unter erheblichen Druckeigenspannungen. Zu den äußeren Imperfektionen zählen u.a. fertigungsbedingte Vorbeulen. Bei geschweißten Blechkonstruktionen werden sie durch Schweißverwerfungen ausgelöst und sind insofern von den inneren Imperfektionen eigentlich nicht zu trennen. Werden vorgebeulte Bleche durch Wärmeeinbringung gerichtet, wird zwar die äußere Imperfektion vermindert, die innere dagegen erhöht. Der Sicherheitsgewinn solcher Maßnahmen läßt sich nur schwer beurteilen. Wie erläutert, reagieren umfangsgelagerte Platten auf Imperfektionen i.allg. gutartig, sofern sie sich nicht aufgrund ihrer Struktur und Lagerungsbedingungen stabähnlich verhalten. Das ist z.B. bei sehr kurzen Platten, bei Platten mit freien Rändern und bei Platten mit starken Längssteifen der Fall (vgl. B. 8.67): Eine eigentliche Plattenwirkung mit quergerichteter Stützung kommt nur schwach zur Ausprägung. Es ist als bedeutender Fortschritt zu werten, daß der Beulnachweis für Platten mit knickstabähnlichem Verhalten in der DASt-Ri 012 geregelt werden konnte [8.137 u.8.51].

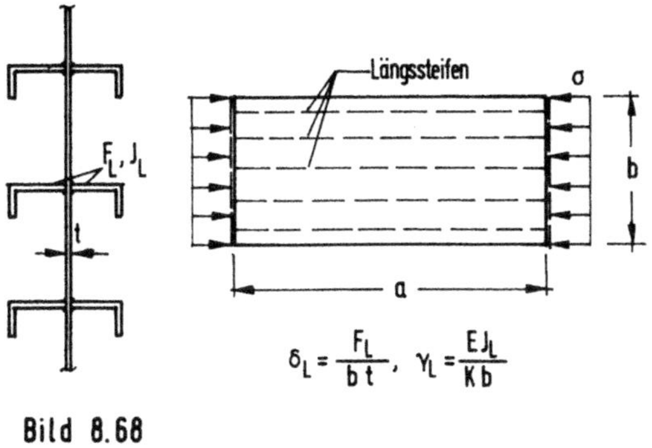

$$\delta_L = \frac{F_L}{bt}, \quad \gamma_L = \frac{EJ_L}{Kb}$$

Bild 8.68

Die Problemstellung wird an einer, an den Längsrändern freien bzw. gestützten Platte mit Längssteifen, die gleichförmig gedrückt wird, erläutert. Das Stabilitätsproblem der Platte mit freien Rändern ist ein Knickproblem, die Knicklast beträgt (B.8.68):

$$P_{Ki} = \sigma_{Ki} \cdot F = \sigma_{Ki} \cdot (bt + \Sigma F_L) = \sigma_{Ki} bt \cdot \left(1 + \frac{\Sigma F_L}{bt}\right) = \sigma_{Ki} bt \cdot (1 + \Sigma \delta_L) \qquad (8.349)$$

Das Trägheitsmoment berechnet sich zu

$$J = \frac{bt^3}{12(1-\mu^2)} + \Sigma J_L \tag{8.350}$$

Der Term $(1-\mu^2)$ erfaßt den Steifigkeitszuwachs aus der behinderten Querverzerrung. Umgeformt folgt für G.8.350:

$$J = \frac{bt^3}{12(1-\mu^2)}\left[1 + \frac{12(1-\mu^2)}{bt^3}\Sigma J_L\right] = \frac{bt^3}{12(1-\mu^2)}(1+\Sigma\gamma_L) \tag{8.351}$$

Die Steifenparameter γ_L und δ_L sind in G.8.248 definiert. Die Gleichsetzung von

$$P_{Ki} = \pi^2 \frac{EJ}{a^2} \tag{8.352}$$

mit G.8.349 ergibt:

$$\sigma_{Ki} = \frac{\pi^2 E \cdot \frac{bt^3}{12(1-\mu^2)}(1+\Sigma\gamma_L)}{a^2 bt(1+\Sigma\delta_L)} \equiv \sigma_{Ki,Stab} \tag{8.353}$$

oder

$$\sigma_{Ki} = \frac{\sigma_e}{\alpha^2}\cdot\frac{(1+\Sigma\gamma_L)}{(1+\Sigma\delta_L)}; \quad \sigma_e = \frac{\pi^2 E}{12(1-\mu^2)}\left(\frac{t}{b}\right)^2 \tag{8.354}$$

Sind die Längsränder gestützt, handelt es sich also um eine Platte, beträgt die Beulspannung:

$$\sigma_{1Ki} = k_\sigma \cdot \sigma_e \tag{8.355}$$

k_σ ist der elasto-statische Beulwert für die allseitig gelagerte, längsversteifte Platte, z.B. nach [8.6/7]. Der Quotient

$$\frac{\sigma_{Ki}}{\sigma_{1Ki}} = \frac{1}{k_\sigma \cdot \alpha^2}\cdot\frac{(1+\Sigma\gamma_L)}{(1+\Sigma\delta_L)} \tag{8.356}$$

kennzeichnet die Plattenwirkung. Für eine sehr breite Platte ($b\to\infty, \alpha\to 0$) geht der Quotient gegen 1, bei schwacher Aussteifung gemäßigt, bei starker Aussteifung bereits für α-Werte Eins und größer. In der DASt-Ri 012 wurde festgelegt, daß knickstabähnliches Verhalten und damit strengere Sicherheitsanforderungen bei Quotienten

$$\frac{\sigma_{Ki}}{\sigma_{1Ki}} = \frac{\sigma_{Ki,Stab}}{\sigma_{Ki,Platte}} \geqslant 0{,}5 \tag{8.357}$$

zu berücksichtigen sind und zwar gleichermaßen für unversteifte wie versteifte Platten. Die Vorschreibung der erforderlichen Sicherheit wird in [8.51] begründet.

8.3.9.5 Wirksame Breite von Steifen

Der Begriff der wirksamen Breite wurde im Abschnitt 8.3.8.3 für das ausgebogene (überkritisch tragende) Beulfeld erläutert; die hierbei gewonnenen Einsichten und Ergebnisse lassen sich auf ausgesteifte Platten übertragen. Es geht um die Frage, welche Breite der Platte in das Trägheitsmoment der Längs- und Quersteifen einzubeziehen ist. Die ehemalige Regelung der DIN 4114A (wonach das Trägheitsmoment ohne Plattenanteil (allerdings unter bezug auf den steifenseitigen Blechrand) zu berechnen war, wurde in der DASt-Ri 012 durch eine neue ersetzt. Bezüglich des Beulverhaltens der (den Steifen benachbarten) Einzelfelder und der ausgesteiften Platte sind zwei Fälle zu unterscheiden: Die Beulgrenze der Einzelfelder liegt unter oder über der Beulgrenze der ausgesteiften Platte. Der erstgenannte Fall ist der ungünstigere, weil durch die Ausbeulung der Einzelfelder sich diese nur noch teilweise, eben im Rahmen ihrer wirksamen Breite, an der Steifigkeit der Steifen beteiligen können. Wegen des überkritischen Tragvermögens der Einzelfelder ist es vertretbar, deren max. Tragfähigkeit mit dem Erreichen der Fließgrenze an den Einzelfeldrändern, also entlang der Steifen, gleich zu setzen. Wird die wirksame Breite wieder mit b_R abgekürzt, führt dieses Konzept auf:

$$\sigma_F(b_R \cdot t) = \sigma_{VK}(b \cdot t) \longrightarrow \frac{b_R}{b} = \frac{\sigma_{VK}}{\sigma_F} = \bar{\sigma}_{VK}(\bar{\lambda}) \qquad (8.358)$$

σ_{VK} ist die Beulspannung des ausgesteiften Feldes. In [8.51] sind die wirksamen Breiten formelmäßig ausgewiesen und deren Verknüpfungen mit der Beulspannungskurve erläutert.

8.3.10 Beulnachweis dünnwandiger Teile von Druck- und Biegegliedern

8.3.10.1 Problemstellung

Die Tragfähigkeit von Druck- und Biegegliedern wird einerseits durch deren globale Grenzlasten und andererseits durch deren lokale Beullasten bestimmt; sie beeinflussen sich gegenseitig. Gegenüber letzteren ist eine ausreichende Sicherheit einzuhalten. Diese sollte mindestens so groß sein wie die Sicherheit gegenüber globalem Versagen. Das Problem der lokalen Beulung von Gurten, Flanschen, Stegen hat im Stahlleichtbau besonders große Bedeutung, aber auch im Aluminiumbau wegen des geringen E-Moduls von Aluminium. - Bauteile aus Baustahl St 370 erhalten (wegen der vergleichsweise geringen Festigkeit) a priori relativ dicke Wandungen, deshalb ist die Gefährdung durch lokales Beulen der Profilwandungen weniger akut. Das ändert sich mit dem Einsatz von Stählen höherer Festigkeit: Baustahl St 520, insbesondere hochfester Feinkornbaustähle, da bekanntlich der E-Modul für alle Baustähle gleich groß ist. - Walzprofile sind überwiegend so konzipiert, daß sie selbst bei voller Durchplastizierung nicht ausbeulen.

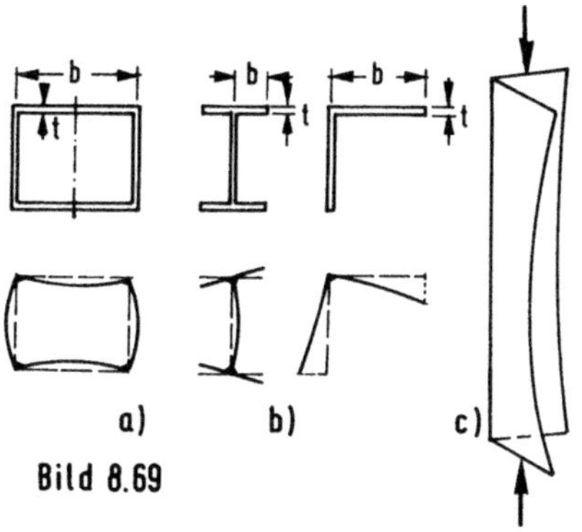

Bild 8.69

Bezüglich des lokalen Ausbeulverhaltens lassen sich drei Querschnittstypen unterscheiden (B.8.69):

a) Der Querschnitt besteht ausschließlich aus plattenförmigen Elementen, die entlang aller Längsränder unverschieblich gelagert sind, z.B. Druckstäbe aus Rechteckhohlprofilen oder kastenförmige Stützen. Bei zentrischer Belastung wird jene Wandung zuerst beulen, die die geringste Beultragfähigkeit aufweist. Sie wird dabei von den anderen Wandungen vermöge der Einspannung entlang der Ränder gestützt. Da letztere selbst unter Druck stehen, ggf. nahe der Beulgrenze, ist die Einspannwirkung i.allg. nicht groß. Bei einer gleichförmig gedrückten Stütze mit dünnwandigem Quadratquerschnitt und gleichen Wanddicken, stellt sich eine gegenseitige Stützung nicht ein. - Wegen der unverschieblichen Lagerung der Blechwandungen entlang der Kanten ist bei Überschreiten der Beulgrenze eine relativ hohe überkritische Tragfähigkeit mit Verlagerung der Spannungen zu den Kantenbereichen vorhanden; das setzt indes große Schlankheiten b/t der Seitenwände voraus, wie sie bei geschweißten Kastenstützen durchaus gelegentlich auftreten.
b) Ein Teil der Elemente, aus denen sich der Querschnitt streifenförmig zusammensetzt, ist beidseitig, der andere nur einseitig unverschieblich gelagert (B.8.69b). Das I-Profil ist hierfür ein typisches Beispiel, auch das [- und ⅃-Profil; die Beulspannung der frei abstehenden Flansche liegt i.allg. deutlich niedriger als die Beulspannung der Stege. Bei Walzprofilen sind die Flansche dicker als die Stege ausgebildet, auch wird deren Beulspannung durch die Einspannung in die Stege angehoben. Die überkritische Tragfähigkeit der Flansche ist vergleichsweise gering. B.8.70 zeigt ein I-Profil; die einzelnen Elemente sind isoliert abgetrennt.
c) Alle Elemente sind einseitig unverschieblich gelagert und einseitig frei. Haben die

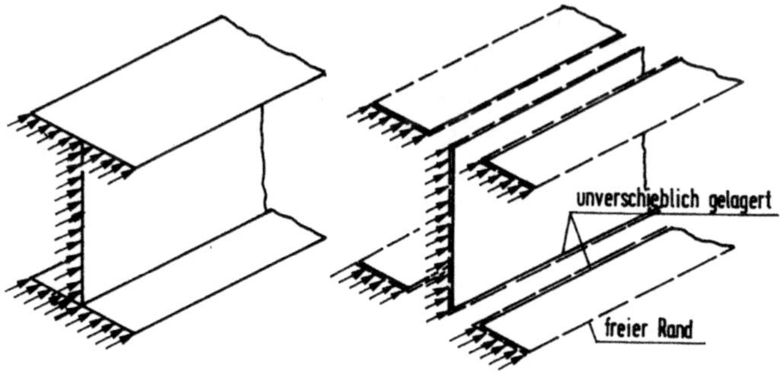

Bild 8.70

einzelnen Elemente dieselbe Breite und Dicke, wie bei L - und +-Profilen, tritt eine gegenseitige Stützung nicht ein. Die einzelnen Teile beulen über die ganze Länge des Druck- bzw. Biegegliedes mit einer Halbwelle aus (B.8.69c); die überkritische Tragreserve ist nahezu Null. Die unterschiedlichen Tragweisen und -reserven sind bei der Dimensionierung zu beachten. Auch wirkt sich der Einfluß äußerer und innerer Imperfektionen unterschiedlich aus und existiert eine Interaktion mit der globalen Grenzlast des Druck- bzw. Biegegliedes. - Bei kastenförmigen Querschnitten wird der Einfluß von Vorbeulen und Eigenspannungen durch das überkritische Tragvermögen (über-)kompensiert, bei Querschnittformen gemäß B.8.69b und c ist das nicht der Fall. Bei diesen Profilen sind an den freien Kanten (sowohl bei gewalzter wie geschweißter Fertigung) relativ hohe Druckeigenspannungen vorhanden (vgl. Abschnitt 2.3.2). An brenngeschnittenen Rändern sind Zugeigenspannungen vorhanden; sie wirken stabilisierend (B.8.71).

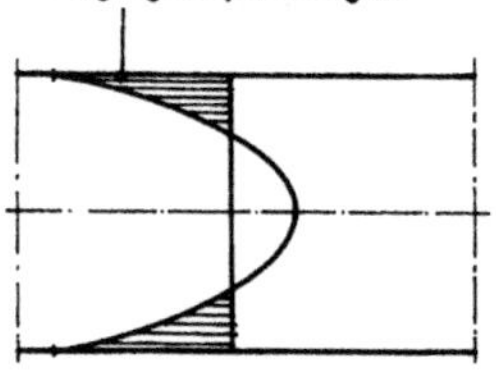

Bild 8.71

Offensichtlich ist die Problemstellung recht komplex.

8.3.10.2 Formeln zur Schlankheitsbegrenzung

B.8.72 gibt die Beulwerte k und Halbwellenlängen der fünf möglichen Lagerungsformen langer, gleichförmig gedrückter Plattenstreifen an (vgl. Abschnitt 8.3.2.3); für Plattenstreifen mit veränderlicher Spannungsverteilung können die k-Werte aus T.8.4 entnommen werden.

Eine Abschätzung der lokalen Beulgefahr gewinnt man, wenn die Beulspannung des vorgelegten Elementes mit der Knickspannung eines Vergleichsstabes der Schlankheit λ_V gleichgesetzt wird:

$$\frac{\pi^2 E}{\lambda_V^2} = k\frac{\pi^2 E}{12(1-\mu^2)(b/t)^2} \longrightarrow \lambda_V = \frac{12(1-\mu^2)}{\sqrt{k}}\left(\frac{b}{t}\right) = \frac{3{,}30}{\sqrt{k}}\left(\frac{b}{t}\right) \tag{8.359}$$

(b/t) hat die Bedeutung eines Schlankheitsmaßes. Für λ_V kann aus den Knickspannungslinien (deren Auswahl sich nach den zu erwartenden Eigenspannungen richtet) die zulässige Druckspannung entnommen werden. Es ist dann nachzuweisen, daß die vorhandene unter der zulässigen Spannung liegt. Diese Vorgehensweise liegt auf der sicheren Seite, weil hierbei unterstellt wird, daß lokales Beulen immer bei einer Spannung eintritt, die unter der Fließgrenze liegt. Nun sind aber einerseits bei dünnwandigen Teilen erhebliche überkritische Tragreserven vorhanden, die in einer Knickspannungskurve nicht erfaßt sind, andererseits ist von dickwandigen Teilen aus Versuchen bekannt (beispielsweise bei Flanschen von Walzprofilen), daß sie voll durchplastizieren können, ohne daß ein Versagen eintritt (anderenfalls wäre das Traglastverfahren nicht zulässig). Empfehlenswerter ist es, den Beulnachweis gemäß Abschnitt 8.3.9.3 unter Zugrundelegung der Beulspannungskurve zu führen. Nach der DASt-Ri 012 gelten alle dünnwandigen Teile (auch von Steifen) als rechteckige Beulfelder. Da hierbei aber auch keine überkritischen Tragfähigkeiten berücksichtigt werden, ist dieses elasto-statische Vorgehen eher konservativ und zudem für lokale Beulnachweise der Traglasttheorie nicht geeignet.

Nr.		k	Halbwellenlänge	b/t
1	b	4	b	0,60λ
2		6,97	0,668·b	0,80λ
3		5,40	0,800·b	0,70λ
4		1,28	1,680·b	0,34λ
5		0,425	a	0,20λ
	a	$\mu = 0{,}30$		

Bild 8.72

Eine gewisse Schwierigkeit besteht bei der Anwendung von G. 8.359 darin, den zutreffenden k-Wert vorzugeben, wenn die gegenseitige Stützung unterschiedlich hoch beanspruchter Elemente berücksichtigt werden soll; Abschnitt 8.3.10.3 enthält hierzu Hinweise. Mit den k-Werten gemäß B.8.72 (isolierte Betrachtungsweise) liegt man auf der sicheren Seite.

Eine weitere Abschätzung der lokalen Beulgefahr läßt sich dadurch gewinnen, daß ideal-elastisches / ideal-plastisches Werkstoffverhalten und damit die Gültigkeit der linearen Beultheorie bis zum Erreichen der Fließgrenze unterstellt und aus der Gleichsetzung von σ_{Ki} und σ_F jenes Grenzverhältnis

$$\left(\frac{b}{t}\right)_F = \sqrt{\frac{k\pi^2 E}{12(1-\mu^2)\sigma_F}} = 0{,}951\cdot\sqrt{k}\sqrt{\frac{E}{\sigma_F}} \qquad (8.360)$$

bestimmt wird, bei dessen Einhaltung lokales Beulen auszuschließen ist. Für Baustahl und Aluminium lautet G.8.360:

$$\text{Stahl:} \quad \left(\frac{b}{t}\right)_F = 138\sqrt{\frac{k}{\sigma_F}} \qquad (8.361)$$

$$\text{Aluminium:} \quad \left(\frac{b}{t}\right)_F = 80\sqrt{\frac{k}{\sigma_{0,2}}} \qquad (8.362)$$

σ_F bzw. $\sigma_{0,2}$ sind in kN/cm^2 einzusetzen. Für St 370 und St 520 ist die Auswertung von G.8.361 in B.8.73 eingetragen. Es ist auch möglich, anstelle von σ_F die tatsächlich vorhandene Spannung (unter ν-fachen Lasten) einzusetzen, dann sind größere Schlankheiten zulässig. - In G.8.360 und damit in den Tabellenwerten des Bildes B.8.73 sind keine Sicherheiten gegenüber den das Tragvermögen reduzierenden äußeren und inneren Imperfektionen enthalten; eine gewisse Reduzierung der Schlankheitswerte ist erforderlich. Beispielsweise verlangen die EKS-Empfehlungen für steifenlose Vollwandträger die Einhaltung der Gurtschlankheit

$$\frac{b_G}{t_G} \leq 0{,}88\sqrt{\frac{E}{\sigma_F}} \qquad (8.363)$$

b_G ist die gesamte Gurtbreite. Bezogen auf die Gurthälften $b=b_G/2$ bedeutet diese Forderung:

$$\left(\frac{b}{t}\right) \leq 0{,}44\sqrt{\frac{E}{\sigma_F}}; \quad St370: 13; \quad St520: 11 \qquad (8.364)$$

Sie liegen gegenüber den in B.8.73 für Lagerungsfall 5 angeschriebenen Werten um den Faktor ≈ 1,4 niedriger, vgl. Abschnitt 8.3.11.2.2.

G.8.360/4 gilt nicht für eine volle Durchplastizierung, bei der jede Elastizität verloren geht! Für diesen Fall ist restriktiver zu verfahren, d.h. es sind geringere Schlankheiten einzuhalten. B.8.74 zeigt die beim Traglastverfahren in Fließgelenken (bei gleichzeitig hoher Normalkraft) einzuhaltenden Grenzwerte (DASt-Ri 008). Bezogen auf die Flanschhälften lauten deren Grenzschlankheiten:

$$St\,370: 8{,}5; \quad St520: 7 \qquad (8.365)$$

Für die Gurte eines Kastenträgers lauten die Grenzwerte, bezogen auf die Gurtbreite:

$$St\,370: 34 \quad St520: 28 \qquad (8.366)$$

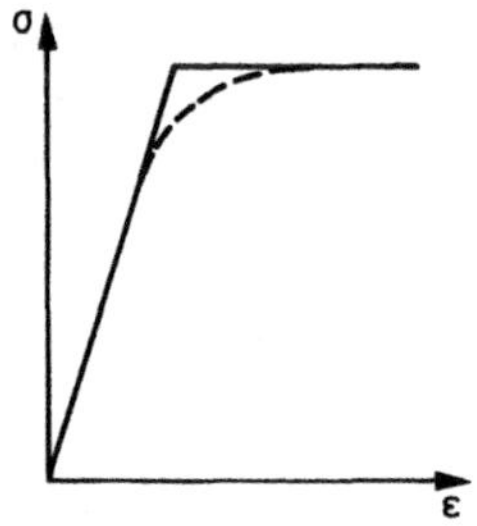

Nr	k	$(b/t)_F$	
		St 370	St 520
1	4	56,3	45,9
2	6,97	74,3	60,6
3	5,40	65,4	53,4
4	1,28	31,8	26,0
5	0,425	18,3	15,0

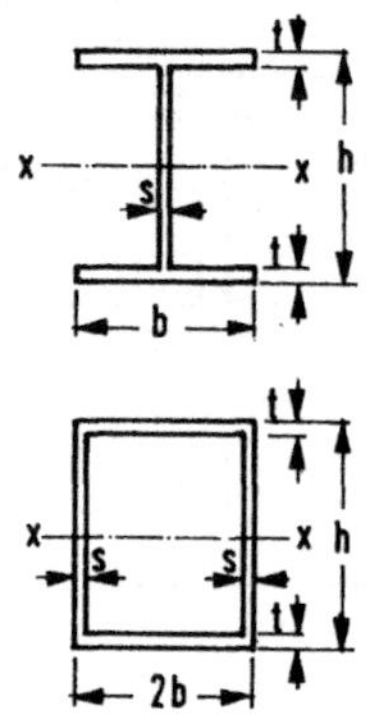

Flansch (b/t)	
St 370	St 520
17	14
Steg (h/s)	
St 370	St 520
43	35
für $\frac{N}{F \cdot \sigma_F} > 0,27$	

Bild 8.73 a) b) **Bild 8.74**

Für den Steg liegen die Werte wegen des hier vorhandenen Spannungswechsels höher: 43 und 35.
DIN 4114N enthält (b/t)-Werte für Stäbe ohne und mit Plastizierungen. Für erstere wird anstelle von G.8.360 die Formel

$$\left(\frac{b}{t}\right) = 0,665 \cdot \sqrt{k} \sqrt{\frac{k}{\sigma_F}} \qquad (8.367)$$

angegeben, das bedeutet eine 0,951/0,665=1,43-fache Sicherheit. Für Stäbe mit Plastizierung entsprechen die Werte in etwa der DASt-Ri 008; für Stegbereiche mit Spannungswechsel sind höhere Schlankheiten zugelassen.

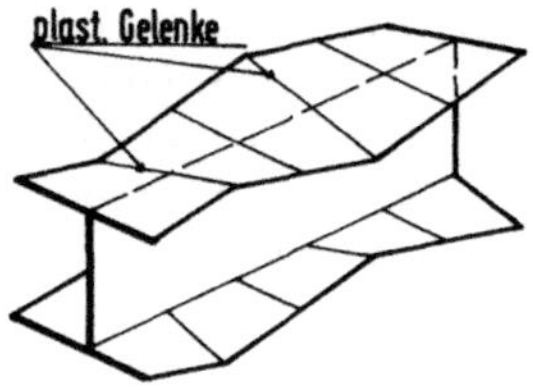

Bild 8.75

Theoretische und experimentelle Untersuchungen zum Beulen im voll-plastischen Bereich (d.h. bei Auftreten endlicher plastischer Stauchungen, wie in den Fließgelenken beim Traglastverfahren) liegen nur in geringer Zahl vor [8.109]. Hierbei wird die Beulgrenze vom Erreichen der Verfestigungsstauchgrenze abhängig gemacht. B.8.75 zeigt ein von KATO [8.138] verwendetes Tragmodell; für einen Baustahl der Güte St 370 wurde der Grenzwert für die frei abstehenden Flansch- bzw. Gurthälften zu 8,5 bis 10 gefunden, was gut mit G.8.365 übereinstimmt.
Wie erläutert, sind zwei Grenzwerte zu unterscheiden,
a) für Stäbe ohne und
b) für Stäbe mit Plastizierung:

a) Stäbe ohne Plastizierung: Es sind zwei Unterfälle zu unterscheiden:

1) Es wird so dimensioniert (d.h. es wird ein solches (b/t)-Verhältnis eingehalten), daß bei einer Berechnung nach der Elastizitätstheorie unter ν-fachen Lasten die Fließgrenze erreicht werden kann, ohne daß Beulen auftritt. Das ist bei Einhaltung von G.8.367 der Fall. Der Stab erleidet im Druckbereich vor Erreichen seiner elastostatischen Grenztragfähigkeit keine Steifigkeitseinbuße.
2) Es werden gegenüber 1) größere Schlankheiten zugelassen; die Elemente beulen aus, bevor die globale elasto-statische Grenzlast erreicht ist. Der Steifigkeitsverlust beeinflußt die Grenzlast und muß daher berücksichtigt werden.

DIN 4114A beinhaltet nur das Konzept 1), nach DIN 4114N sind beide Konzepte zugelassen. Konzept 2) war schon immer bei der Berechnung kaltgeformter Stahlbauteile Voraussetzung für einen wirtschaftlichen Einsatz dieser Bauweise [0.45].

b) Stäbe mit Plastizierung: Bei Einhaltung der hierfür vorgegebenen (b/t)-Verhältnisse kann der Querschnitt durchplastizieren, ohne daß die Profilteile dabei ausbeulen. Da die Stäbe an solchen Stellen keinerlei zusätzliche Steifigkeit haben, ist konstruktiv sicherzustellen, daß die Stäbe an den Fließgelenkstellen seitlich gestützt sind.

8.3.10.3 Berechnungskonzept nach BLEICH - DIN 4114A

Nach dem BLEICHschen Konzept wird verlangt, daß bei der konstruktiven Auslegung gewisse (b/t)-Grenzwerte, abhängig von der Querschnittsform und Stabschlankheit, nicht überschritten werden.
Hätte man es ausschließlich mit ideal-elastischem Material zu tun (sowohl global wie lokal), ließe sich das Grenzverhältnis aus der Gleichsetzung der EULERschen Knickspannung des Gesamtstabes (mit der Schlankheit λ)

$$\sigma_{Ki} = \frac{\pi^2 E}{\lambda^2} \tag{8.368}$$

mit der Beulspannung des lokal gefährdeten Elementes (z.B. G.8.329) berechnen:

$$\frac{b}{t} \leq \frac{\sqrt{k}\,\pi}{\sqrt{2(1-\mu^2)}}\sqrt{\frac{E}{\sigma_{Ki}}} \quad \text{oder} \quad \frac{b}{t} \leq \frac{\sqrt{k}\,\lambda}{\sqrt{12(1-\mu^2)}} = 0{,}303\sqrt{k}\cdot\lambda \tag{8.369}$$

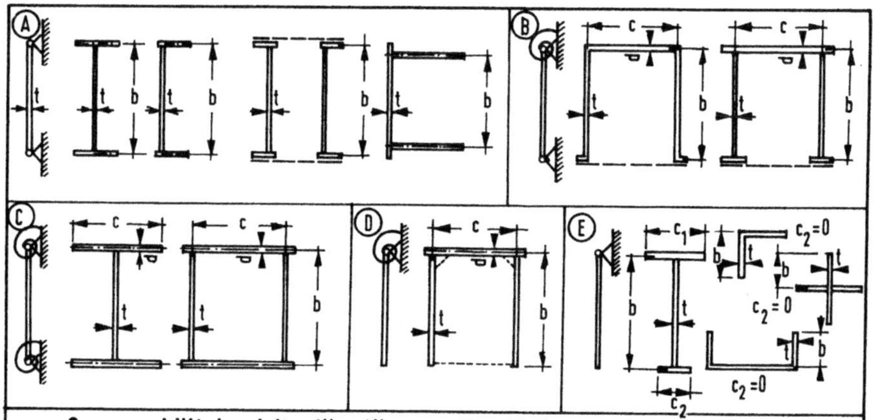

Grenzverhältnis b/t für dünnwandige Teile von Druckgliedern

Fall	λ	b/t	λ	b/t	Erläuterung:
A	≤ 75	≤ 45	>75	$\leq 0{,}6\lambda$	t: Dicke
B		$\leq 52{,}5 - 7{,}5\cdot\vartheta^2$		$\leq (0{,}7 - 0{,}1\vartheta^2)\lambda$	b: freie Breite
C		$\leq 60 - 15\cdot\vartheta^2$		$\leq (0{,}8 - 0{,}2\vartheta^2)\lambda$	$\vartheta = \frac{t\cdot c}{d\cdot b}$
D		$\leq 25{,}5 - [10{,}5 - 15(\frac{b}{a})^2]\vartheta^2$		$\leq \{0{,}34 - [0{,}14 - 0{,}2(\frac{b}{a})^2]\vartheta^2\}\lambda$	d,c: einspannende Platte
E		$\leq 15 + 30\sqrt{c_2/c_1}$		$\leq (0{,}2 + 0{,}4\sqrt{c_2/c_1})\lambda$	

Im Falle D bedeutet a: Abstand fallweise vorhandener Querschotte

Bild 8.76

Unterstellt man die Gültigkeit der ENGESSER-KÁRMÁN-SHANLEY-Theorie gleichermaßen für Knicken und Beulen (und dieselbe Querkontraktionszahl im elastischen und plastischen Bereich), bleibt Formel G.8.369 auch im plastischen Bereich zwischen σ_P und σ_F gültig. - Legt man in G.8.369 für k den Beulwert langer Plattenstreifen ($\alpha \to \infty$) zugrunde, findet man für die Lagerfälle Nr. 1 bis 5 die in B.8.72 angeschriebenen Grenzwerte:

$$0{,}60\lambda\,;\ 0{,}80\lambda\,;\ 0{,}70\lambda\,;\ 0{,}34\lambda\,;\ 0{,}20\lambda \tag{8.370}$$

(Sie gelten für μ=0,3.) - Für große Stabschlankheiten können die Werte als Anhalt dienen. Sie finden sich in DIN 4114A und DIN 4113 für große λ-Werte wieder. Unterstellt man

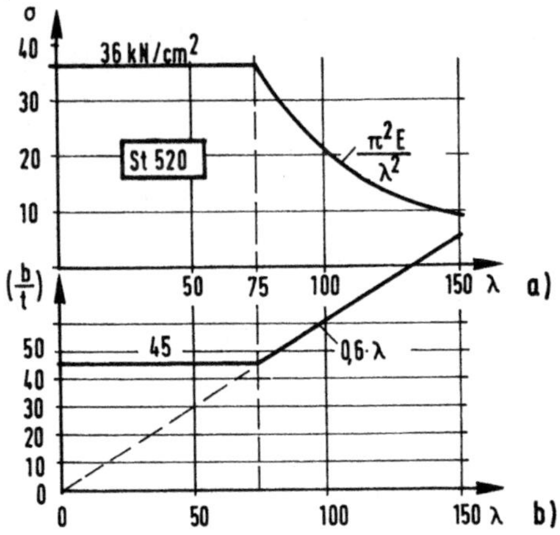

Bild 8.77

ideal-elastisches/ideal-plastisches Verhalten, gilt G.8.369 bis zum Erreichen der Fließgrenze σ_F. Bezugnehmend auf den höherfesteren Stahl St 520 mit σ_F=36 kN/cm^2 folgt die Gültigkeitsgrenze aus:

$$\lambda_F = \pi\sqrt{\frac{E}{\sigma_F}} \approx 75 \tag{8.371}$$

Für einen entlang beider Ränder gehaltenen Plattenstreifen (k=4,0) gilt unterhalb λ=75 der Grenzwert

$$\left(\frac{b}{t}\right)_F = 45 \tag{8.372}$$

und oberhalb:

$$\left(\frac{b}{t}\right) = 0{,}6\,\lambda \tag{8.373}$$

In B.8.77 ist die Verknüpfung der globalen Knickspannungslinie mit den Grenzwertformeln aufgezeigt. Offensichtlich bezieht sich die Schlankheitsgrenze in B.8.77 (DIN 4114A) auf St 520. Bei Anwendung auf St 370 liegt die Regelung auf der sicheren Seite.

In B.8.76 ist die gegenseitige Stützung der miteinander gekoppelten Querschnittselemente eingearbeitet. Eine besonders übersichtliche Lösung dieses Problems geht auf BLEICH [8.139/140] zurück.

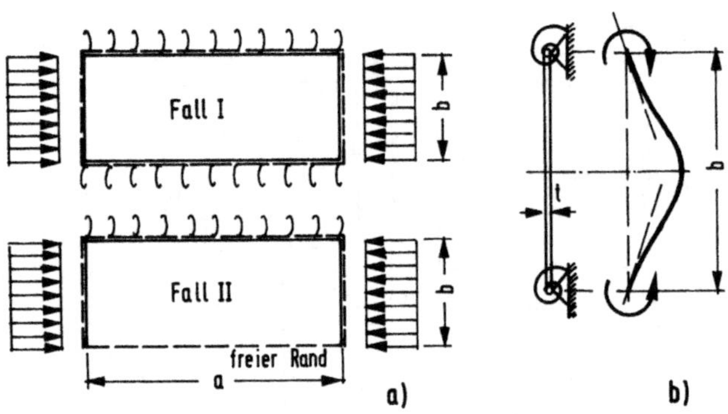

Bild 8.78

Für die in B.8.78 dargestellte beidseitig bzw. einseitig federelastisch gestützte Platte gelingt eine geschlossene Lösung, sofern die Druckspannung konstant verteilt ist; vgl. Abschnitt 8.3.2.3. Ist k_ψ die Drehfederkonstante in der Einheit kNm/m/1 , lautet die Momentenrandbedingung an den Längsrändern y=konst.:

$$M_y = -K[w^{\bullet\bullet} + \mu w'']_R = -K w_R^{\bullet\bullet} \overset{!}{=} k_\psi w_R^{\bullet} \tag{8.374}$$

Nach Umstellung lautet die Bedingung:

$$[w^{\bullet} + \frac{K}{k_\psi} w^{\bullet\bullet}]_R = 0 \tag{8.375}$$

Mit der dimensionsfreien Kennziffer

$$\gamma = \frac{2}{b} \cdot \frac{K}{k_\psi} \tag{8.376}$$

gilt:

$$[w^{\bullet} + \frac{b}{2}\gamma w^{\bullet\bullet}]_R = 0 \tag{8.377}$$

Grenzfälle:

$$\begin{aligned} k_\psi &= \infty \quad \text{(starre Einspannung)}: \ \gamma = 0 \\ k_\psi &= 0 \quad \text{(gelenkige Lagerung)}: \ \gamma = \infty \end{aligned} \tag{8.378}$$

Für die Fälle I und II in B.8.78a lauten die geschlossenen Lösungen für lange Plattenstreifen:

$$\sigma_{Ki} = k\,\frac{\pi^2 E}{12(1-\mu^2)}\left(\frac{t}{b}\right)^2 \tag{8.379}$$

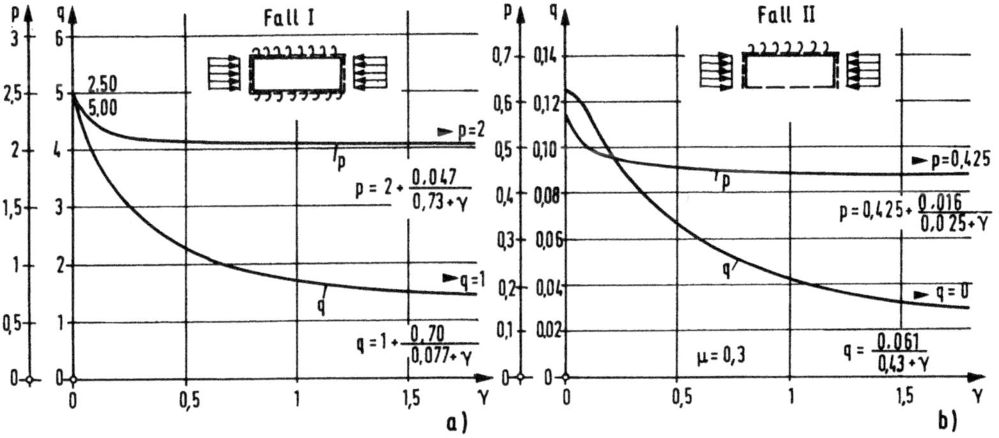

Bild 8.79 (n. BLEICH)

Dabei ist der Beulwert

$$k = p + 2\sqrt{q} \tag{8.380}$$

(über die Hilfsgrößen p und q) von der Randeinspannung (gemäß B.8.79) abhängig. - Wie LUNDQUIST/STOWELL [8.141/142] gezeigt haben, läßt sich mit Fall I auch der Fall ungleicher Federkonstanten ($\gamma_1 \neq \gamma_2$) lösen. Hierzu wird σ_{Ki1} für γ_1 und σ_{Ki2} für γ_2 berechnet und anschließend gemittelt:

$$\sigma_{Ki} = (\sigma_{Ki1} + \sigma_{Ki2})/2 \tag{8.381}$$

Es verbleibt nun noch das Problem, den Einspannfaktor γ für unterschiedliche Einspannverhältnisse (Profilformen) unter Berücksichtigung der auf die einspannenden Elemente wirkenden Druckspannungen zu bestimmen: In Längsrichtung stellen sich entlang der Verbindungskanten sinusförmige, mehrwellige Kontaktmomente ein. Die Berechnung der Randverdrehung für eine entsprechende Einheitsmomentenverteilung ergibt beispielsweise für einen kastenförmigen Querschnitt:

$$\gamma \approx 0{,}38\,\frac{t^3}{d^3}\,\frac{c}{b} \tag{8.382}$$

Um den abmindernden Einfluß der Druckspannungen auf die einspannenden Elemente zu erfassen, führt BLEICH den Reduktionsfaktor

$$\frac{1}{1 - t^2c^2/d^2b^2} = \frac{1}{1-\vartheta^2} \quad \text{mit } \vartheta = \frac{t \cdot c}{d \cdot b} \tag{8.383}$$

ein; damit lautet γ in dem hier betrachteten Beispiel:

$$\gamma = 0{,}38\,\frac{1}{1-\vartheta^2}\,\vartheta\left(\frac{t}{d}\right)^2 \qquad (\vartheta \leq 1) \tag{8.384}$$

Mit γ folgt aus B.8.79 p und q und hiermit über G.8.380 der Beulwert k. - Die in B.8.76 nach DIN 4114A zusammengestellten Verhältniswerte basieren auf einem etwas modifizierten Konzept von BIJLAARD [8.143/144], vgl. auch [8.145/147].

DIN 4114N verzichtet auf den gegenseitigen Stützeffekt und die formelmäßige Anbindung der (b/t)-Grenzwerte an die Stabschlankheit. Da daselbst indes (in G.8.367) anstelle von σ_F der tatsächliche Spannungswert angesetzt werden kann, der von der Tragfähigkeit des Stabes und damit von der Schlankheit abhängig ist, ist die Anbindung an die Stabschlankheit wieder gegeben. Eine formel- bzw. diagrammäßige Verknüpfung ist über die Bedingung

$$\frac{\sigma_{U,Stab}}{\nu_{U,Stab}} = \frac{\sigma_{K,Platte}}{\nu_{K,Platte}} \tag{8.385}$$

möglich. Hierin bedeutet die linke Seite die um den Sicherheitsfaktor reduzierte globale Grenzlast des imperfekten Druckstabes und die rechte Seite die um den Sicherheitsfaktor

reduzierte lokale Grenzlast der Querschnittswandung. Die Sicherheitsfaktoren sind verschieden groß, um das unterschiedliche Gewicht von Imperfektionen und überkritischen Tragreserven auf beiden Seiten einzufangen. $\sigma_{K,Platte}$ ist die Plattengrenzspannung (also die Beul-(Vergleichs-)Spannung der linearen Theorie ohne Zulassung einer Ausbeulung) gemäß der Beulspannungskurve; eine Querschnittsreduktion tritt nicht auf.
Für Druck- und Biegeglieder des konstruktiven Stahlbaues mit den relativ dicken Wandungen gewalzter oder geschweißter Querschnitte sollte diese Forderung Vorrang haben. Das bedeutet nach der DASt-Ri 012 die Einhaltung folgender Plattenschlankheitsgrade (vgl. G. 8.360):

$$\frac{b}{t} = 0{,}951\sqrt{k}\sqrt{\frac{E}{\sigma_F}}\cdot 0{,}7 \quad \text{für } \bar{\lambda}_K \leq 0{,}2$$
$$\frac{b}{t} = 0{,}951\sqrt{k}\sqrt{\frac{E}{\sigma_F}}\cdot(0{,}1\bar{\lambda}_K + 0{,}68) \quad \text{für } \bar{\lambda}_K > 0{,}2 \qquad \bar{\lambda}_K = \frac{\lambda_K}{\lambda_F},\ \lambda_K = \frac{s_K}{i},\ \lambda_F = \pi\sqrt{\frac{E}{\sigma_F}} \tag{8.386}$$

8.3.10.4 Berechnungskonzept nach WINTER

Im Stahlleichtbau ist man auf eine Ausschöpfung der überkritischen Tragfähigkeit aus wirtschaftlichen Gründen angewiesen. Wegen der Dünnwandigkeit beulen die Querschnittsteile frühzeitig im elastischen Bereich, die überkritischen Tragreserven sind beträchtlich. Für den Stahlleichtbau geht das Berechnungskonzept auf WINTER [8.148/151] zurück; hierzu wird auf das "Handbuch für die Berechnung kaltgeformter Stahlbauteile" und das dort zitierte Schrifttum verwiesen [0.45], vgl. auch [0.46].

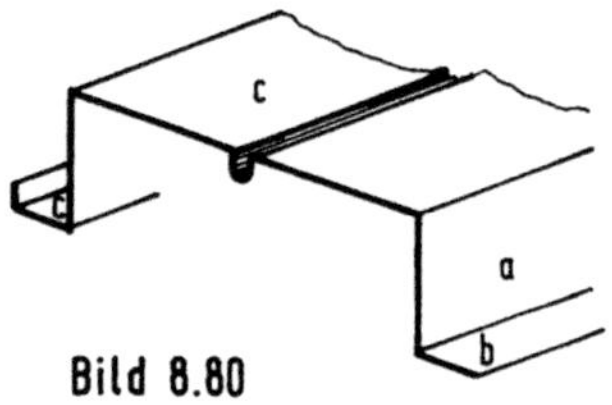

Bild 8.80

Es werden folgende Querschnittselemente unterschieden (B.8.80):

a) Versteifte Elemente; der Plattenstreifen ist entlang beider Längsränder unverschieblich gestützt.
b) Unversteifte Elemente; nur ein Plattenlängsrand ist unverschieblich, der andere ist frei.
c) Ausgesteifte Elemente; durch Randrippen (Lippen) oder sickenförmige Zwischenrippen wird eine Aussteifung bewirkt.

Neben theoretischen Untersuchungen bedurfte es umfangreicher Experimente, um für die Berechnung der Tragfähigkeit im ausgebeulten Zustand Formeln angeben zu können. Die Dimensionierungsanweisungen in [0.45] haben eine überwiegend experimentell-empirische Grundlage.

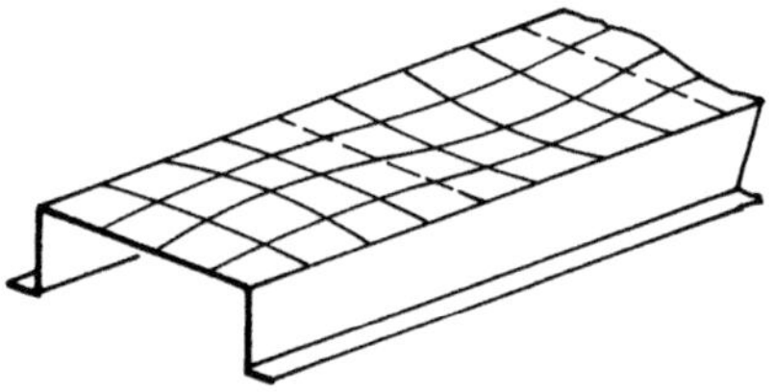
Bild 8.81

Versteifte Elemente sind gemäß Definition lange Plattenstreifen, die bei konstantem Druck mit etwa quadratischem Muster ausbeulen (B.8.81). Geht man von dem KÁRMÁNschen Ansatz

$$\sigma = \sqrt{\sigma_{Ki}\cdot\sigma_R} \tag{8.387}$$

aus (vgl. Abschnitt 8.3.8.3 und G.8.310), findet man für die wirksame Breite:

$$\frac{b_R}{t} = \frac{\pi}{\sqrt{3(1-\mu^2)}}\sqrt{\frac{E}{\sigma_R}} = 1{,}901\sqrt{\frac{E}{\sigma_R}};\quad \frac{b_R}{b} = \sqrt{\frac{\sigma_{Ki}}{\sigma_R}} \tag{8.388}$$

Die erste von WINTER durch Anpassung an Versuchswerte bestimmte Formel lautete (1946):

$$\frac{b_R}{t} = 1{,}901\sqrt{\frac{E}{\sigma_R}}\left(1 - 0{,}475\sqrt{\frac{E}{\sigma_R}}\cdot\frac{t}{b}\right),\quad \frac{b_R}{b} = \sqrt{\frac{\sigma_{Ki}}{\sigma_R}}\cdot\left(1 - 0{,}25\sqrt{\frac{\sigma_{Ki}}{\sigma_R}}\right) \tag{8.389}$$

Die Formel wurde später (1968) modifiziert:

$$\frac{b_R}{t} = 1{,}901\sqrt{\frac{E}{\sigma_R}}\left(1 - 0{,}415\sqrt{\frac{E}{\sigma_R}}\cdot\frac{t}{b}\right),\quad \frac{b_R}{b} = \sqrt{\frac{\sigma_{Ki}}{\sigma_R}}\cdot\left(1 - 0{,}22\sqrt{\frac{\sigma_{Ki}}{\sigma_R}}\right) \tag{8.390}$$

In diesen Formeln sind Imperfektionseinflüsse berücksichtigt, sodaß sie unmittelbar verwertet werden können. - Die Beziehung zwischen mittlerer Spannung σ und Randspannung σ_R folgt über

$$\sigma = \sigma_R \cdot \frac{b_R}{b} \qquad (8.391)$$

zu

$$\sigma = \left(1 - 0{,}22\sqrt{\frac{\sigma_{Ki}}{\sigma_R}}\right)\sqrt{\sigma_{Ki}\cdot\sigma_R} \qquad (8.392)$$

In B.8.82 ist die zu dieser Formel gehörende Kurve im bezogenen $\bar{\sigma}_U$-$\bar{\lambda}$-Diagramm eingetragen ($\sigma_R = \sigma_F \rightarrow \sigma = \sigma_U$). Der z.T. beträchtliche Abfall gegenüber dem KÁRMÁNschen Ansatz wird hieraus deutlich.

An dem in B.8.83a dargestellten Profil werden zwei Aufgabenstellungen bearbeitet:

a) Bestimmung der Grenzlast, b) Berechnung des Spannungszustandes für eine gegebene Belastung.

a) Bestimmung der Grenzlast für den Gurt. Zunächst wird die elasto-statische Beulspannung

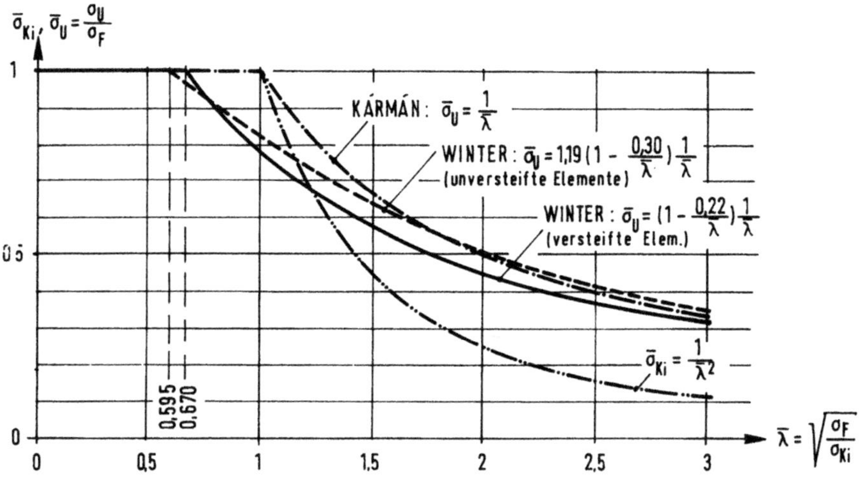

Bild 8.82

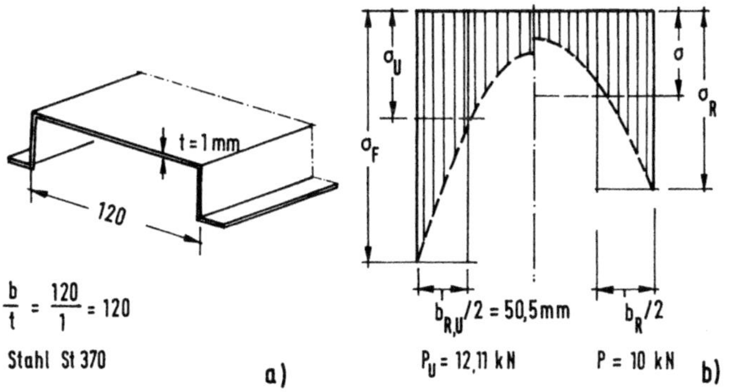

Bild 8.83

berechnet:

$$\sigma_{Ki} = 4\,\frac{\pi^2 E}{12(1-\mu^2)(b/t)^2}$$

$$= 4\,\frac{\pi^2 21\,000}{12(1-0{,}3^2)\cdot 120^2} = 5{,}72\ \text{kN/cm}^2$$

Die Grenztragfähigkeit ist erreicht, wenn das Element an den Längsrändern die Fließgrenze erreicht: $\sigma_R = \sigma_F = 24$ kN/cm^2. Die zugehörigen wirksamen Breiten werden nach G.8.388 und G.8.390 bestimmt: G.8.388 liefert:

$$\frac{b_R}{t} = 1{,}901\sqrt{\frac{21\,000}{24}} = 56{,}23 \longrightarrow b_R = 5{,}62\ \text{cm}$$

G.8.390 ergibt:

$$\frac{b_R}{t} = 56{,}23\left(1 - 0{,}415\sqrt{\frac{21\,000}{24}}\cdot\frac{1}{120}\right) = 50{,}48 \longrightarrow b_R = 5{,}05\ \text{cm}$$

Für den letzteren Wert berechnet sich die Grenzlast und (mittlere) Grenzspannung des Elementes zu:

$$P_U = 0{,}1 \cdot 5{,}05 \cdot 24 = 12{,}11\,\text{kN}; \quad \sigma_U = 12{,}11/0{,}1 \cdot 12 = 10{,}09\ \text{kN/cm}^2$$

Das ist gegenüber der Beulspannung der 1,76-fache Wert; vgl. B.8.83b (linkerseits).

Die Kraft auf das Element betrage 10 kN; die mittlere Spannung

$$\sigma = 10/0{,}1 \cdot 12 = 8{,}333\ \text{kN/cm}^2 > \sigma_{Ki}$$

liegt über der Beulspannung. Die Berechnung wird iterativ durchgeführt.

1. Schritt:

$$\sigma_R = 2 \cdot 8{,}333 - 7{,}59 = 9{,}076\ \text{kN/cm}^2$$

$$\frac{b_R}{b} = 1{,}901\sqrt{\frac{21000}{9{,}076}}\left(1 - 0{,}415\sqrt{\frac{21000}{9{,}076}} \cdot \frac{1}{120}\right) = 91{,}44(1 - 0{,}1664) = 76{,}23 \longrightarrow b_R = 7{,}62\,\text{cm} \longrightarrow$$

$$\sigma = 9{,}076 \cdot 7{,}623/12 = 5{,}766\ \text{kN/cm}^2$$

2. und 3. Schritt:

$$\sigma_R = 12\ \text{kN/cm}^2 \longrightarrow b_R = 6{,}802\,\text{cm} \longrightarrow \sigma = 6{,}80\ \text{kN/cm}^2$$

$$\sigma_R = 17\ \text{kN/cm}^2 \longrightarrow b_R = 5{,}869\ \text{cm} \longrightarrow \sigma = 8{,}31\ \text{kN/cm}^2 \approx 8{,}33\ \text{kN/cm}^2$$

B.8.83b (rechterseits) zeigt das Ergebnis der Rechnung.

Das Beispiel wird erweitert, indem angenommen wird, daß es sich bei dem Querschnitt gemäß B.8.83a um den Querschnitt eines Biegegliedes handelt; vgl. B.8.84a. Für den Grundquerschnitt werden zunächst Schwerachse und Trägheitsmoment berechnet: e=2,46 cm, J=4,865 cm^4. Wird das Tragmoment mit dem Erreichen der Fließspannung gleichgesetzt, ist Fließen im Zugflansch maßgebend

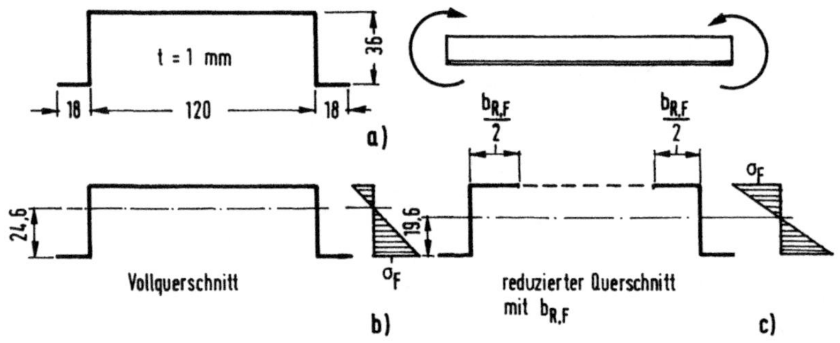

Bild 8.84

(B.8.84b):

$$M_F = \sigma_F W_z = 24\frac{4{,}865}{2{,}46} = 47{,}47\ \text{kNcm}$$

Die zugehörige Biegedruckspannung beträgt:

$$\sigma_d = \frac{47{,}47}{4{,}865}(3{,}6 - 2{,}46) = 11{,}12\ \text{kN/cm}^2$$

Dieser Wert liegt über der Beulspannung; es ist demnach eine Querschnittsreduktion vorzunehmen. Es wird $\sigma_R = \sigma_F$ angenommen und nunmehr für den reduzierten Querschnitt Schwerachse und Trägheitsmoment bestimmt, wobei $b_{R,F}$ von oben übernommen wird: e=1,96 cm, J=3,567cm^4. Die neutrale Achse hat einen verringerten Abstand vom Zugrand. Das Tragmoment folgt zu:

$$M_F = \sigma_F W_d = 24 \cdot \frac{3{,}567}{3{,}6 - 1{,}96} = 52{,}20\ \text{kN cm}$$

Dieses Moment kann indes nicht aufgenommen werden, da das zugehörige Moment am Zugrand die Fließgrenze überschreitet:

$$\sigma_z = \frac{52{,}20}{3{,}567} \cdot 1{,}96 = 28{,}68\ \text{kN/cm}^2 > \sigma_F$$

Hieraus wird deutlich, daß das Tragmoment nur interativ bestimmt werden kann, indem jener reduzierte Querschnitt mit $\sigma_R < \sigma_F$ bestimmt wird, für den die Spannungen in der Zug- und Druckfaser unter Berücksichtigung der wirksamen Breite mit der Lage der neutralen Faser korrespondieren und die Fließgrenze an der Zug- oder Druckseite gerade erreicht wird.

Im Falle unversteifter Elemente gilt nach WINTER:

$$\frac{b_R}{t} = 0{,}738\left(1 - 0{,}155\sqrt{\frac{E}{\sigma_R}}\cdot\frac{t}{b}\right),\quad \frac{b_R}{b} = 1{,}19\sqrt{\frac{\sigma_{Ki}}{\sigma_R}}\left(1 - 0{,}30\sqrt{\frac{\sigma_{Ki}}{\sigma_R}}\right) \tag{8.393}$$

$$\sigma = 1{,}19\left(1 - 0{,}30\sqrt{\frac{\sigma_{Ki}}{\sigma_R}}\right)\sqrt{\sigma_{Ki}\cdot\sigma_R} \tag{8.394}$$

Die $\bar{\sigma}$-$\bar{\lambda}$-Kurve ist in B.8.82 eingezeichnet. Es ist zu beachten, daß hierin bei der Berechnung von σ_{Ki} der Beulwert zu k=0,425 anzusetzen ist!

Für versteifte Elemente wird auf [0.45] verwiesen; daselbst sind Angaben über die Mindeststeifigkeit von Rand- und Zwischensteifen (Lippen, Sicken) enthalten.

Die Formeln in DIN 4114N erfassen auch ungleichförmige Spannungsverteilungen; sie basieren auf modifizierten Ansätzen.

8.3.11 Grenztragfähigkeit vollwandiger Träger

8.3.11.1 Anmerkungen zum unter- und überkritischen Tragverhalten

Vollwandträger stellen eine im Stahl- und Aluminiumbau verbreitete Bauweise dar. Durch die Schweißtechnik lassen sich beliebige Querschnittsformen realisieren. Für vorwiegend ruhend beanspruchte Träger des Hochbaues lassen sich aufgrund der bis dato vorliegenden experimentellen und theoretischen Untersuchungen Bemessungsanweisungen vertreten, die das überkritische Tragvermögen planmäßig ausschöpfen. In DIN 4114A und DASt-Ri 012 geschieht das indirekt durch die Vorschreibung relativ geringer erforderlicher Beulsicherheiten; bei einer Bemessung auf die reale Grenzlast ist eine höhere Sicherheit zu fordern, wobei diese auch die Treffsicherheit des verwendeten Traglastmodelles erfassen muß. Ein Nachweis unter ν=1,0-fachen Lasten ist zudem immer notwendig, um eine ausreichende Gebrauchsfähigkeit ohne Beulungen sicherzustellen.
Im folgenden werden Vollwandträger unter Biege-Schub-Beanspruchung betrachtet, wobei die Ausführungsformen 1) unausgesteifte und 2) ausgesteifte Träger, erstere mit starren und weichen Endsteifen, unterschieden werden.

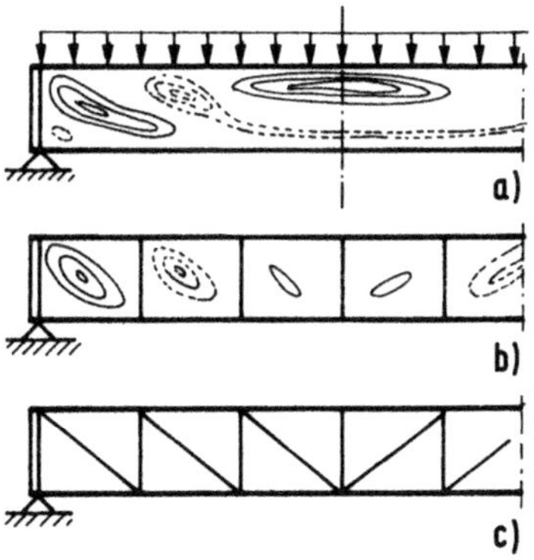

Bild 8.85

Wie Versuche und Schadensfälle zeigen, geht bei Überschreiten der kritischen Beulbelastung der Tragzustand mit geradlinigen Biegespannungen und parabelförmigen Schubspannungen im Steg (unterkritischer Zustand nach der technischen Biegetheorie ≙ BERNOULLI-Hypothese) in einen neuen Tragzustand über, bei dem sich Zugfelder ausbilden. B.8.85a/b zeigt in schematischer Form die überkritischen Beulmuster unausgesteifter und ausgesteifter Träger. Bei letzteren wird die Ausbildung der Zugfelder in Richtung der Teilfelddiagonalen besonders deutlich; die Tragweise entspricht einem Fachwerkträger; die Zugfelder stellen die Zugstreben dar und die Quersteifen die Pfosten. Bei einem unausgesteiften Träger ist die Fachwerkanalogie nur bedingt zu erkennen; hier entspricht die Tragform eher einem Träger mit einer parabelförmigen Unterspannung. Die Zugfelder klammern sich an die Steifen und Gurte an. Da die Zugfeldbeanspruchung an den Trägerenden am höchsten ist, hat die Steifigkeit der Auflagerpfosten großen Einfluß auf die Grenzlast der Träger und somit auch die Tragfähigkeit der Schweißnähte (oder allgemeiner der Verbindungsmittel), mit denen die Zugfelder "verankert" sind. (Die Idee eines stellvertretenden Fachwerkes wurde im Stahlbetonbau für die Schubbemessung der Stahleinlagen ebenfalls eingehend verfolgt.)
Der erste Hinweis zur Schubtragberechnung von Stegblechen geht auf RODE [8.152,1916] zurück, der als überkritisches Tragmodell ein Ständerfachwerk annahm, für dessen Zugdia-

gonalen eine Breite von 80t geschätzt wurde; der Querkraftanteil an der Beulgrenze der linearen Theorie wurde auch im überkritischen Bereich als nach wie vor voll wirksam angesetzt. Die neueren Theorien basieren im Grunde auf derselben Annahme (Abschnitt 8.3.11.3). Die Theorie wurde unter der Annahme biegeweicher Gurte 1969 von BASLER [8.153/157] wieder aufgegriffen und zwischenzeitlich von verschiedener Seite weiterentwickelt.
Für die Zwecke des Flugzeugbaues wurde die Zugfeldtheorie von WAGNER [8.158,1929] eingeführt, vgl. auch [0.43]. In der Luft- und Raumfahrt-Leichtbautechnik gehört die Ausschöpfung des überkritischen Tragvermögens seither zur allgemeinen Bemessungspraxis. Auf die Belange des konstruktiven Ingenieurbaues sind die diesbezüglichen Bemessungsregeln indes nicht unmittelbar übertragbar, denn im Flugkörperbau hat man es i.allg. mit sehr dünnen Blechhäuten zu tun. Ohne Ansatz der Zugfeldwirkung läßt sich eine solche Beplankung nicht dimensionieren. Die Beanspruchungen bleiben auch im überkritischen Stadium elastisch. Im konstruktiven Stahl- und Aluminiumbau sind die Plattenelemente der Träger (und Stützen) vergleichsweise wesentlich dicker und gedrungener. Wenn die Beulgrenze überschritten wird, liegen die Beanspruchungen in vielen Fällen nahe oder im plastischen Bereich (vgl. die Beulspannungskurve in B.8.66). Auch setzt die Grenzlastbemessung der Vollwandträger voraus, daß zur Verankerung der Zugfelder die Anschlußmittel (Schweißnähte) an die Steifen und Gurte sowie die mit der Umlagerung der Tragspannungen einhergehende (zusätzliche) überproportionale Beanspruchung der Gurte nachgewiesen bzw. berücksichtigt wird. Wie erwähnt, geht der Anstoß für die im Stahlbau entwickelten Bemessungsverfahren ausgesteifter Vollwandträger primär auf BASLER zurück. In der Folgezeit konnten insbesondere die Vorschläge von HÖGLUND für die Grenzlastbemessung unausgesteifter Vollwandträger überzeugen; sie haben in die europäischen Empfehlungen der EKS für die Berechnung steifenloser Stahlskelett-Tragwerke und dünnwandiger Vollwandträger ihren Niederschlag gefunden [8.159].
Die Bemessung auf Grenztragfähigkeit vollwandiger Träger befindet sich derzeit noch im Entwicklungs- und Forschungsstadium. Eine baupraktische Anwendung ist abzusehen, die Sicherheitsfrage ist noch zu klären.

8.3.11.2 Grenztragfähigkeit steifenloser Vollwandträger

8.3.11.2.1 Experimenteller Befund

Von den Versuchen zur Grenztragfähigkeit unausgesteifter Vollwandträger sind neben den Versuchen von BASLER, COOPER, NISHINO-OKUMURA, BERGFEIT-HÖVIK jene von HÖGLUND [8.160] besonders hervorzuheben. B.8.86 gibt einen exemplarischen Versuchsbefund wieder und zwar für einen geschweißten Vollwandträger der Schlankheit l/b=15, vgl. Bild a und b. Im Teilbild c ist die Last-Durchbiegungskurve eingezeichnet. $P_{Ki,\sigma}$ und $P_{Ki,\tau}$ sind die zu den kritischen Beulspannungen mit k_σ=23,9 und k_τ=5,34 gehörenden Lastintensitäten, also für alleinige Biegungs- bzw. Schubspannungsbeanspruchung und $\alpha=\infty$. Gegenüber diesen Marken liegt die Grenzlast um den Faktor 2,08 bzw. 2,86 höher. Bezieht man die Grenzlast auf die Beullast des biege- <u>und</u> schubbeanspruchten, am Obergurt querbelasteten Gesamtträgers, d.h. wird der reale Beulspannungszustand im Stegblech des Trägers rechnerisch erfaßt, folgt

$$P_{Ki,\sigma+\tau} = 23{,}4\,\mathrm{kN}$$

und damit der Grenzlastfaktor zu 1,39. Die Beulgrenze unausgesteifter Einfeldträger-Stegbleche läßt sich nach einer Untersuchung vor KERBACH [8.162] und einer im folgenden vorgeschlagenen Erweiterung berechnen; vgl. auch [8.163]: B.8.87 zeigt die Problemstellung; das Beulproblem wird zunächst in zwei Unterfälle gesplittet (B.8.88):

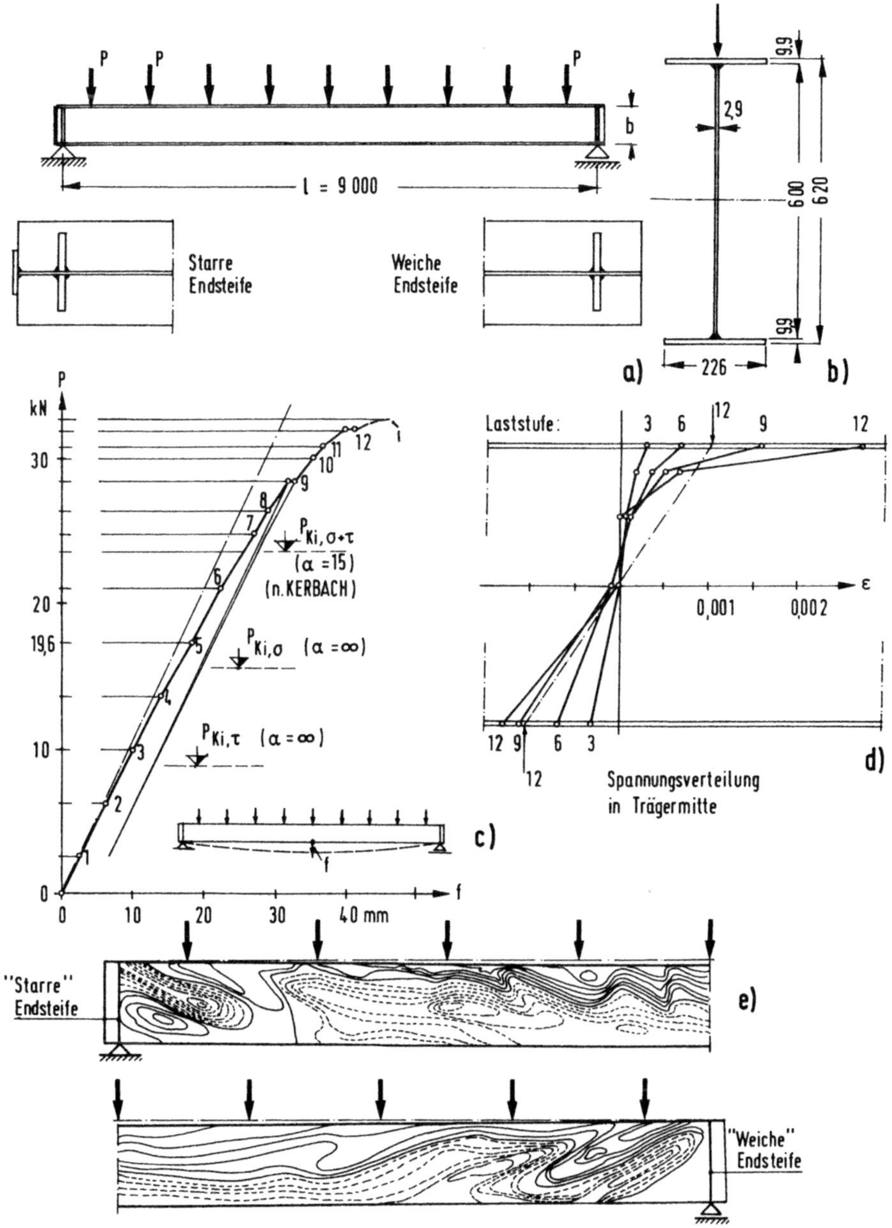

Bild 8.86 (nach HÖGLUND)

I: Über die Höhe des Stegbleches sind die Biegespannungen σ_x geradlinig verteilt, in Längsrichtung ist die Verteilung parabelförmig. Die Schubspannungsverteilung τ ist über die Höhe parabolisch und in Längsrichtung geradlinig. Diese Spannungsverteilung entspricht der technischen Biegelehre für Gleichlast.

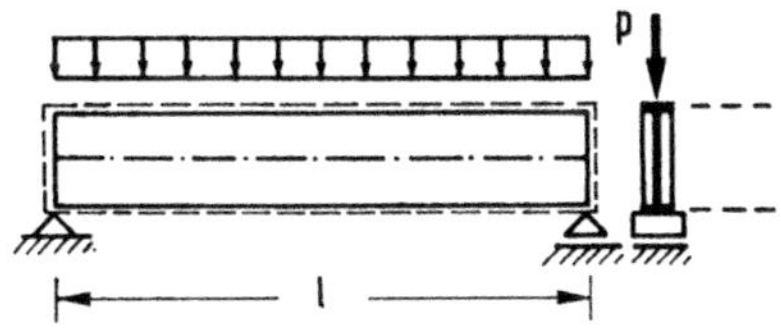

Bild 8.87

II: Über die Höhe werden geradlinig verteilte Spannungen σ_y angesetzt, die von p/t auf Null abnehmen.

Die Lösungen der linearen Beultheorie werden nach DUNKERLEY überlagert.
Für Fall I lautet die Lösung nach KERBACH:

$$\sigma_{xKi} = k_{\sigma_x} \cdot \sigma_e \; ; \quad k_{\sigma_x} = 35{,}88 + \frac{0{,}28}{\alpha} + \frac{5{,}88}{\alpha^2} + \frac{1{,}51}{\alpha^3} \tag{8.395}$$

Die Beulwertformel ist in B.8.88 ausgewertet; sie beruht auf einer mittels des Differenzenverfahrens durchgeführten Rechnung, wobei zwecks Vorgabe der Schubspannungsverteilung der in B.8.88 dargestellte Referenzquerschnitt angenommen wurde.

Für Fall II wird der Beulwert aus T.8.12 entnommen (PROTTE).

Überlagerung:

$$\nu_{Ki} = \frac{1}{\frac{\sigma_x}{\sigma_{xKi}} + \frac{\sigma_y}{\sigma_{yKi}}} \tag{8.396}$$

mit

$$\sigma_x \equiv \max\sigma_x \,, \quad \sigma_y \equiv \max\sigma_y = \frac{p}{t} \tag{8.397}$$

Beulvergleichsspannung:

$$\sigma_{VKi} = \nu_{Ki} \cdot \sqrt{\sigma_x^2 + \sigma_y^2 - \sigma_x \cdot \sigma_y} \tag{8.398}$$

Für den in B.8.86 gezeichneten Versuchsträger folgt:

$\sigma_e = 0{,}4318 \text{ kN/cm}^2$

$\alpha = 9000/600 = 15 \longrightarrow k_{\sigma_x} = 35{,}92$

$\sigma_{xKi} = 0{,}4319 \cdot 35{,}92 = 15{,}51 \text{ kN/cm}^2$

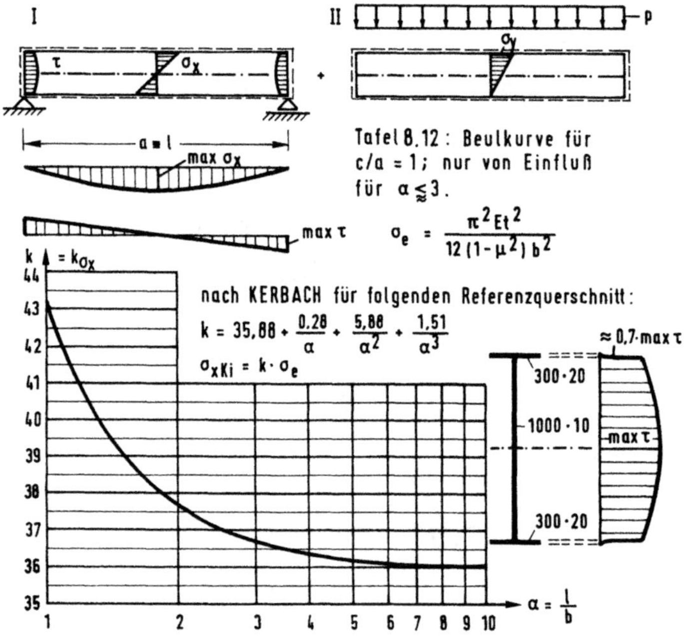

Bild 8.88

σ_y erweist sich ohne Einfluß auf ν_{Ki}. Mit dem vorstehenden Beulspannungswert ergibt sich die oben angeschriebene Lastintensität (23,4 kN).

B.8.86d zeigt die Biegespannungsverteilung des Versuchsträgers in Trägermitte. Hieraus erkennt man, daß sich nach Überschreiten der Beulgrenze ein Teil des Biegedruckbereiches oberhalb der Nullinie zunehmend der Mitwirkung entzieht. Die Spannungen sinken über einen gewissen Bereich auf Null ab. Es tritt eine Umlagerung der Biegedruckspannungen zu Lasten des Druckgurtes ein. Die Nullinie verändert ihre Lage nur geringfügig, die Biegezugspannungen bleiben geradlinig verteilt. Im Teilbild e ist die Ausbreitung der Stegblechbeulen im Grenzzustand dargestellt, jeweils nur für eine Trägerhälfte, einmal für eine "starre" und einmal für eine "weiche" Endsteife.

8.3.11.2.2 Biegetragfähigkeit

Die Tragfähigkeit wird durch drei Versagensarten begrenzt:

a) Lokales Beulen der Gurte (vgl. Abschnitt 8.3.10 und B.8.89a);

b) Lokales Beulen der Gurte in den Steg hinein; letzterer wirkt wie eine Bettung (B.8.89b);

c) Fließen der Gurte auf der Biegedruck- bzw. Biegezugseite. (Ausreichende Kippsicherheit wird in allen Fällen unterstellt.) Für diese Versagensarten wurden nachstehende Nachweisformen vorgeschlagen:

a) Um lokales Beulen zu verhindern ist nach [8.164] das Breite- zu Dickeverhältnis

$$\frac{b_G}{t_G} \leqslant 0{,}88 \sqrt{\frac{E}{\sigma_{F,G}}} \tag{8.399}$$

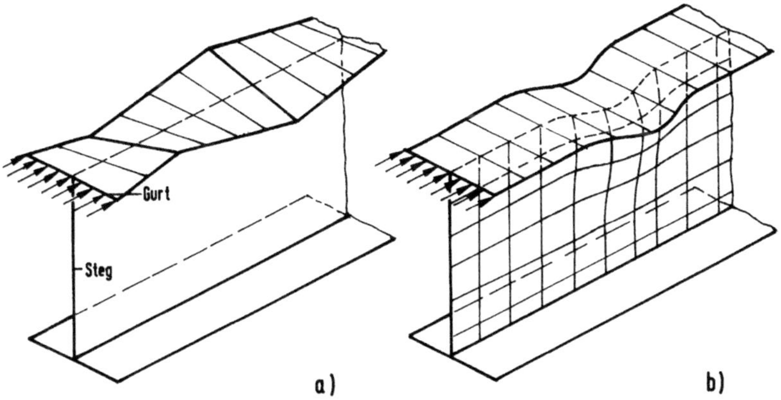

Bild 8.89

einzuhalten. Der Index G steht für Gurt. $\sigma_{F,G}$ ist die Fließgrenze der Gurtplatte. Rechnet man G.8.360 mit

$$b_G = 2b$$

und

$$k = 0{,}425$$

um, folgt:

$$\frac{b}{t} = 1{,}24\sqrt{\frac{E}{\sigma_F}} \qquad (8.400)$$

Wegen der an den Gurträndern vorhandenen Eigenspannungen wurde die Vorzahl 1,24 auf 0,88 abgemindert, Abminderungsfaktor: 0,71.

b) Bei dünnem Stegblech und dickem, kräftigen Druckgurt besteht die Gefahr, daß der Gurt als Knickstab in den Steg hineinknickt. Von BASLER und THÜRLIMANN wurde für das Breite- zu Dickeverhältnis des Steges die Formel

$$\frac{b}{t} \leq \sqrt{\frac{\pi^2}{24(1-\mu^2)}} \cdot \frac{E}{\sqrt{\sigma_{F,G}(\sigma_{F,G}+\sigma_{E,G})}}\sqrt{\frac{F_S}{F_G}} \qquad (8.401)$$

angegeben. F_S ist die Steg- und F_G die Gurtfläche. $\sigma_{E,G}$ steht für die Druckeigenspannungen an den Gurträndern; werden diese zu $0{,}5 \cdot \sigma_{F,G}$ und das Verhältnis F_S zu F_G zu 0,5 angesetzt, ergibt sich:

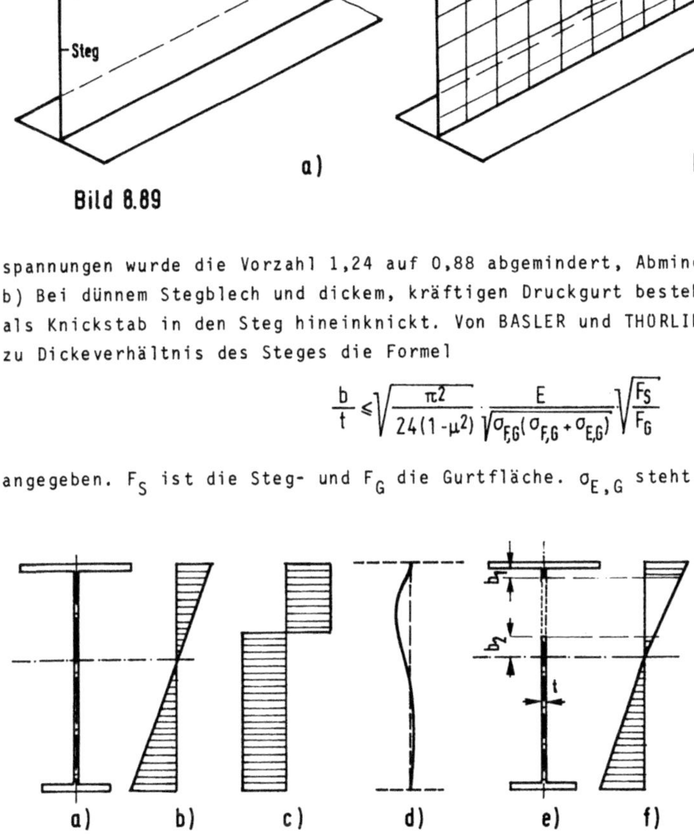

Bild 8.90

$$\frac{b}{t} \leq 0{,}39\frac{E}{\sigma_{F,G}} \approx 0{,}4\frac{E}{\sigma_{F,G}} \qquad (8.402)$$

c) Die in B.8.90a/b dargestellte elasto- bzw. plasto-statische Spannungsverteilung stellt sich in dünnwandigen Vollwandträgern nicht ein, wenn das Stegblech ausbeult (Teilbild d). BASLER und THÜRLIMANN haben vorgeschlagen, ein gegenüber dem elastischen Grenzmoment

$$M_F = W \cdot \sigma_F \qquad (8.403)$$

reduziertes Moment nach der halbempirischen Formel

$$\text{red}\,M_F = W\sigma_F[1 - 0{,}0005\frac{F_S}{F_G}(\frac{b}{t} - 6\sqrt{\frac{E}{\sigma_F}})] \qquad (8.404)$$

zu berechnen. W ist das Widerstandsmoment der Biegedruckseite. Statt des Faktors 6 wurde später 5,7 empfohlen. - Eine modifizierte Berechnung hat HÖGLUND vorgeschlagen (vgl.[8.160/1]). Hiernach ist ein Ersatzquerschnitt für den Vollwandträger gemäß B.8.90e anzusetzen, mit zwei unterschiedlichen wirksamen Bereichen:

$$b_1 = 0{,}76\,t\sqrt{\frac{E}{\sigma_F}}, \quad b_2 = 1{,}64\,t\sqrt{\frac{E}{\sigma_F}} \qquad (8.405)$$

Die Spannungen werden unter Beibehaltung der Spannungsnullinie berechnet. - Für doppeltsymmetrische Querschnitte lassen sich nachstehende Formeln für das effektive Trägheitsmoment J_e und Widerstandsmoment W_e unter Verwendung des Bezugswertes

$$\lambda_S = \frac{b}{t}\sqrt{\frac{\sigma_F}{E}} \tag{8.406}$$

berechnen:

$$\lambda_S \leq 4{,}8 \qquad J_e = J_x = F_G\frac{b^2}{2}\left(1+\frac{F_S}{6F_G}\right) \tag{8.407}$$

$$W_e = W_x = J_x/(b/2) \tag{8.408}$$

$$\lambda_S > 4{,}8 \qquad J_e = \left[1 - 0{,}08\,\frac{F_S}{F_G}\left(1-\frac{4{,}8}{\lambda_S}\right)\right]J_x \tag{8.409}$$

$$W_e = \left[1 - 0{,}15\,\frac{F_S}{F_G}\left(1-\frac{4{,}8}{\lambda_S}\right)\right]W_x \tag{8.410}$$

Biegedruckspannungen:

$$\sigma = M/W_e \tag{8.411}$$

λ_S hat die Bedeutung eines Steg-Schlankheitsmaßes. λ_S=4,8 bedeutet z.B. für St 370:

$$\frac{b}{t} = 4{,}8\sqrt{\frac{E}{\sigma_F}} \longrightarrow \frac{b}{t} = 4{,}8\sqrt{\frac{21\,000}{24}} = 142 \tag{8.412}$$

Für einfach-symmetrische Vollwandträger werden zunächst die Schwerachse für den Vollquerschnitt bestimmt und anschließend die wirksamen Breiten b_1 und b_2 gemäß G.8.405 berechnet und J_e und W_e ermittelt.
Wenn sich die Randdruckspannungen unter ν-facher Belastung kleiner als die Fließgrenze ergeben (was i.allg. der Fall sein wird), kann anstelle σ_F in den Formeln G.8.404/405 die vorhandene Randdruckspannung eingesetzt werden, das bedingt dann ein iteratives Vorgehen.

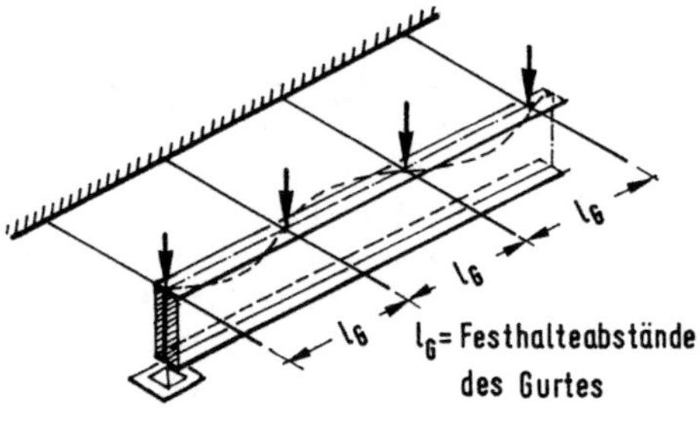

Bild 8.91

Die Ausschöpfung der Biegetragfähigkeit setzt eine ausreichende Knicktragfähigkeit des gedrückten Gurtes (quer zur Stegebene) voraus. Die EKS-Empfehlungen schreiben die Berechnung der idealen Knickspannung

$$\sigma_{Ki} = \frac{M_{Ki}}{W_e} = \frac{P_{Ki}b}{W_e} = \frac{\pi^2 E J_G}{l_G^2}\,\frac{b}{W_e} = \frac{\pi^2 E t_G b_G^3 b}{12\, l_G^2 W_e} = \pi^2\frac{E F_G}{12\, W_e}\left(\frac{b_G}{l_G}\right)^2 \tag{8.413}$$

vor, vgl. B.8.91. Für σ_{Ki} ist $\bar{\lambda}$ und hierfür die Knickspannung $\sigma_U=\sigma_K$ zu bestimmen (Abschnitt 7.15.3; DIN 4114N).

8.3.11.2.3 Schubtragfähigkeit

Die Schubtragfähigkeit wurde aus Grenzlastversuchen bestimmt, daneben wurden verschiedene Fachwerkmodelle studiert.
B.8.92 gibt Versuchsergebnisse wieder, sie sind über λ_S gemäß G.8.406 aufgetragen.
Die Umrechnung auf

$$\bar{\lambda}_\tau = \sqrt{\frac{\tau_F}{\tau_{Ki}}} \tag{8.414}$$

wird mit $\tau_{Ki} = 5{,}34\sigma_e$ zu

$$\lambda_S = \frac{b}{t}\sqrt{\frac{\sigma_F}{E}} = 2{,}892\,\bar{\lambda}_\tau \quad \text{bzw.} \quad \bar{\lambda}_\tau = 0{,}3458\,\lambda_S \tag{8.415}$$

bewerkstelligt. Bei den Versuchen hat sich gezeigt, daß die Ausbildung der Endsteifen großen Einfluß auf die Höhe der Tragschubsspannungen hat. In den EKS-Empfehlungen wurden die in B.8.92 eingezeichneten Grenzspannungskurven angegeben, die durchgehend unter den Versuchswerten liegen.

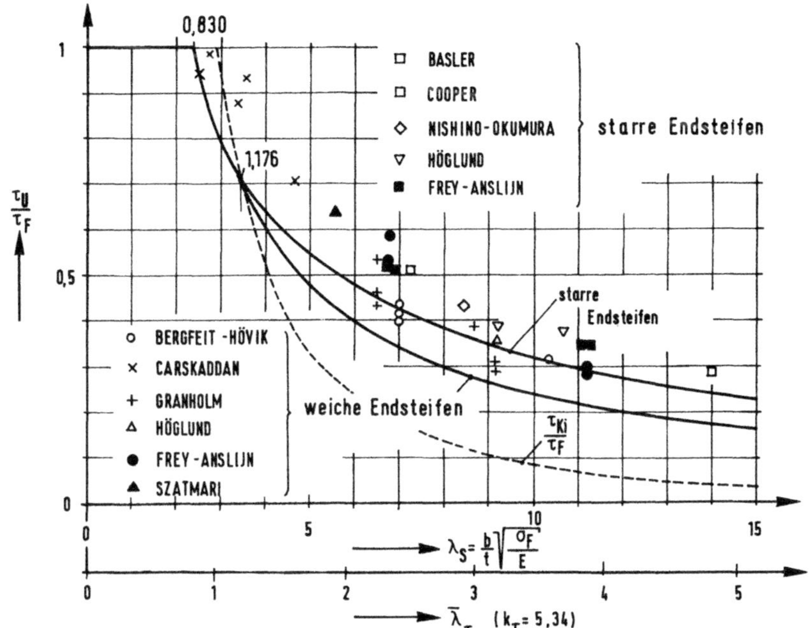

Bild 8.92

Bezüglich Bestimmung der Grenztragfähigkeit bei gleichzeitigem Auftreten von Biege- und Schubbeanspruchungen und bei über den Obergurt eingetragenen Einzelkräften (Stegquetschen, Stegbeulen), wird auf [8.164] verwiesen. Daselbst sind auch Anweisungen zur Bemessung und Ausbildung der Auflagersteifen enthalten.

8.3.11.3 Grenztragfähigkeit ausgesteifter Vollwandträger

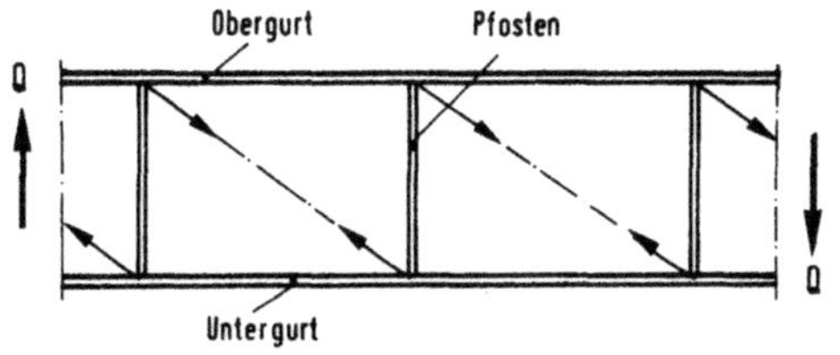

Bild 8.93

Die Biegetragfähigkeit ist gegenüber steifenlosen Vollwandträgern unverändert; der Unterschied zu diesen besteht im wesentlichen in der Schubtragfähigkeit, weil die Quersteifen Bestandteil des überkritischen Tragmodelles sind. - Wie im Abschnitt 8.3.11.1 erläutert, stellt sich bei Überschreiten der Beulgrenze eine in der Zugdiagonalen gestreckte Beule ein. Bei weiterer Laststeigerung bildet sich ein Zugfeld aus. Auf diesem Umstand beruht eine erhebliche zusätzliche, überkritische Schubtragfähigkeit. Von WAGNER wurde für die Belange des Flugzeugleichtbaues die Zugfeldtheorie frühzeitig eingeführt. Die unmittelbare Übertragung dieser Theorie auf den Stahlbau ist nicht möglich. Im Flugzeugbau wird mit dünnen Blechhäuten konstruiert, deren ideal-elastische Beultragfähigkeit wird durch die Zugfeldwirkung um bis das hundertfache gesteigert. Bei den dickwandigen Stegblechen des Stahlbaues ist die Reserve wesentlich geringer. Hinzu kommt, daß bei der Ausbildung eines Zugfeldes in einem dicken Stegblech erhebliche Zusatzbeanspruchungen in den Gurten und Pfosten (Quersteifen) auftreten.

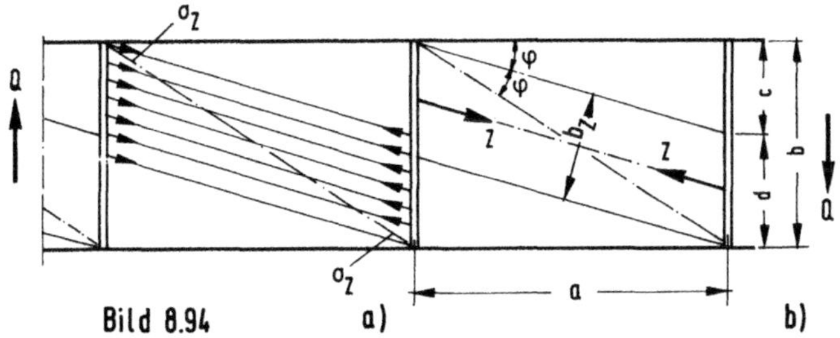

Bild 8.94

B.8.94 zeigt das BASLERsche Zugfeld. Aus der Neigung der Diagonalen des Stegbleches wird die Neigung φ des Zugfeldes bestimmt:

$$\tan 2\varphi = \frac{b}{a} \longrightarrow \varphi = \cdots \qquad (8.416)$$

Die Abmessungen des Zugfeldes lassen sich durch die geometrischen Größen c, d und b_Z beschreiben, b_Z ist die Breite des Zugfeldes (B.8.94b):

$$c = a\cdot\tan\varphi \;;\; d = b - a\cdot\tan\varphi \;;\; b_Z = d\cdot\cos\varphi = b\cdot\cos\varphi - a\sin\varphi \qquad (8.417)$$

Die Querkraft wird in Richtung der Zugfeldmittellinien, also unter dem Winkel φ, und in Richtung der Pfosten zerlegt. Beträgt die Zugfeldresultierende Z, so ist ihr die Querkraft

$$Q_Z = Z\cdot\sin\varphi \qquad (8.418)$$

zugeordnet. Mit der Zugfeldspannung σ_Z folgt:

$$Q_Z = \sigma_Z t\cdot b_Z\cdot\sin\varphi = \sigma_Z t(b\cdot\cos\varphi - a\cdot\sin\varphi)\cdot\sin\varphi = \sigma_Z tb(\cos\varphi - \frac{a}{b}\sin\varphi)\cdot\sin\varphi \qquad (8.419)$$

Ausgehend von der trigonometrischen Beziehung

$$\tan 2\varphi = \frac{2}{\mathrm{ctan}\varphi - \tan\varphi} = \frac{b}{a} \longrightarrow \left(\frac{a}{b}\right) = \frac{1}{2}(\mathrm{ctan}\varphi - \tan\varphi) \qquad (8.420)$$

ergibt sich:

$$Q_Z = \frac{\sigma_Z bt}{2}\tan\varphi \qquad (8.421)$$

Von BASLER wurde der hiervon abweichende Wert

$$Q_Z = \frac{\sigma_Z bt}{2}\sin\varphi \qquad (8.422)$$

angegeben, der für übliche Seitenverhältnisse α gegenüber G.8.421 um das 1,5- bis 2-fache zu groß ist. G.8.421 führt zu Grenzlasten (wenn $\sigma_Z = \sigma_F$ gesetzt wird), die im Vergleich zu Versuchsergebnissen zu niedrig liegen. Neue Tragmodelle wurden entworfen und an experimentellen Resultaten geprüft. In [0.52] wurden die bislang vorgeschlagenen Modelle zusammengestellt (vgl. auch [8.165/168] und das dort zitierte Schrifttum), sie sind u.a. mit den Namen HERZOG, PORTER/ROCKEY/EVANS, BERGFELT, STEINHARDT/VALTINAT, OSTAPENKO/CHERN, KOMATSU, SKALOUD/ROCKEY, HÖGLUND, FUJII/FUKUMOTO/NISHINO/OKUMURA, DUBAS verbunden.

Beispielsweise unterstellt DUBAS [8.169] biegesteife Gurte und setzt die Querkraft im überkritischen Grenzzustand aus drei Anteilen zusammen:

$$Q = Q_\tau + Q_Z = Q_\tau + Q_{KZ} + Q_{GZ} \qquad (8.423)$$

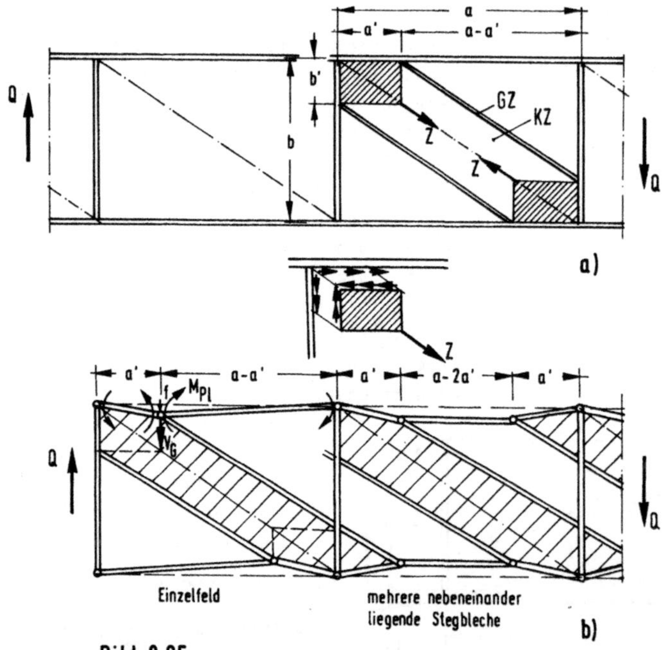

Bild 8.95

Hierin bedeuten:

Q_τ: Querkraft, die bei Erreichen der Beulgrenze nach der linearen Beultheorie aufgenommen werden kann. Dieser Anteil wird als von den Ausbeulungen im überkritischen Tragzustand unbeeinflußt angesetzt.

Q_{KZ}: Querkraft, die von einem Zugfeldstreifen zwischen fiktiven Knotenblechen in den Blechecken (vgl. B.8.95a) unter Ausnutzung eines voll ausgebildeten Fließzustandes auf die benachbarten Gurte bzw. Pfosten übertragen werden kann. Der Index K kennzeichnet diese "Knotenblech-Zugfeldwirkung".

Q_{GZ}: Querkraft, die von Zugsträngen (GZ) beidseitig des Zugfeldes (KZ) vermittelst

der Gurtbiegung aufgenommen werden kann.
Für dieses hypothetische Modell wird der in B.8.95b skizzierte plastische Grenzzustand angenommen. Wegen Einzelheiten und Vergleich der rechnerischen Grenzlasten mit Ergebnissen aus Großversuchen wird auf [8.169] verwiesen.
Die Grenztragfähigkeitstheorie ist, wie oben erläutert, weit entwickelt und durch Versuche überprüft. Mit einer Verwertung für baupraktische Bemessungszwecke kann in absehbarer Zeit gerechnet werden, der Anwendungsbereich wird dabei auf einfache Vollwandträgerformen beschränkt sein. Inwieweit durch modifizierte und differenzierte Sicherheitsregelungen unter Beibehaltung des Nachweiskonzeptes nach der linearen Beultheorie den überkritischen Tragreserven noch mehr als bisher Rechnung getragen werden kann, muß die Forschung klären. Im Zuge des derzeit laufenden, groß angelegten Plattenbeul-Forschungsprogramms des DASt unter Einbeziehung von Großbauteilversuchen an ausgesteiften Platten, sind vertiefte Einsichten sowie neue Nachweis- und Sicherheitskonzepte zu erwarten.

8.4 Beulen zylinder-, kugel- und torusförmiger Schalen und Schalenelemente

8.4.1 Anmerkungen zu baupraktischen Aufgabenstellungen

Zylinderschalen haben eine abwickelbare Mantelfläche (wie Kegelschalen); sie kommen daher einer einfachen Fertigung entgegen und sind deshalb eine bevorzugte Konstruktionsform. Nicht abwickelbare Schalen in Kugel-, Torus-, Hyperboloid- und anderen Formen werden seltener gebaut (Kessel-, Behälter- und Reaktorbau, Bau von Kuppeln und anderen Dachformen, Bau von hyperbolischen Kühltürmen). Im Beul- und Tragverhalten weisen abwickelbare und nicht abwickelbare Schalen markante Unterschiede auf. - Trotz großer Anstrengungen und Fortschritte in der Forschung kann die Lösung der Schalenbeulprobleme (insbesondere im Hinblick auf die vielen Sonderfragen; z.B.: ausgesteifte Schalen, Schalenausschnitte, Krafteinleitungsbereiche usf.) noch als keinesfalls abgeschlossen gelten.

Die bei Zylinderschalen auftretenden Beanspruchungszustände und Ausführungsformen sind mannigfaltig. B.8.96 zeigt die vier Grundfälle:
I: Manteldruck: p_y (normaltreuer Radialdruck);
II: Achsialdruck: p_x.
Eine Kombination aus beiden Fällen liegt bei Behältern unter äußerem Überdruck oder innerem Unterdruck vor (B.8.97a). Beträgt dieser Druck p, ist:

$$p_y = p \quad \text{und} \quad p_x = p\frac{r^2\pi}{2r\pi} = \frac{pr}{2} \qquad (8.424)$$

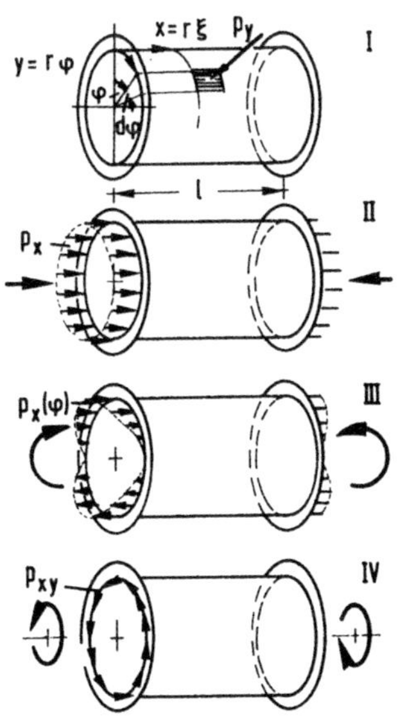

Bild 8.96

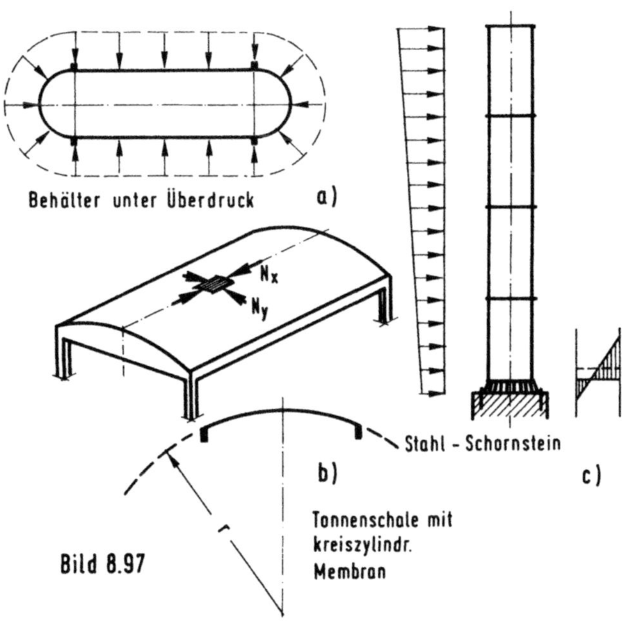

Bild 8.97

Das Beulproblem für diese Belastung hat im Behälter-, Silo-, Rohrleitungs- und Reaktorbau sowie in der Meerestechnik große praktische Bedeutung. Ein weiteres Beispiel sind zylindrische Tonnenschalen, die auf örtliches Beulen unter Membrankräften in Längs- und Umfangsrichtung nachzuweisen sind, vgl. B.8.97b.

III: Achsiale, gegengleiche Biegedruck- und Biegezugspannungen. Solche Beanspruchungen treten beispielsweise in Stahlschornsteinen, abgespannten Masten in Rohrbauweise und in ähnlichen Strukturen auf, wobei sich i.allg. ein mehr oder weniger großer achsialer Druck überlagert (B.8.97c).

IV: Schubspannungen infolge Torsion. Neben dem Fall p_{xy}=konst. tritt in Verbindung mit Biegung (Fall III) der Fall variabler Schubspannungen in den Mantelblechen von Biegeträgern in Form frei tragender Rohrkonstruktionen auf: Rohrbrücken, Rohrleitungen, liegende Behälter, Tankfahrzeuge (B.8.98). Auch bei der Biegung von Kamin- und Mastrohren treten solche Schubspannungen auf. - Weiters hat der Beulnachweis bei oberirdischen Tankbauwerken große Bedeutung (vgl. DIN 4119), u.a. in den Staudruckbereichen bei Windbelastung.

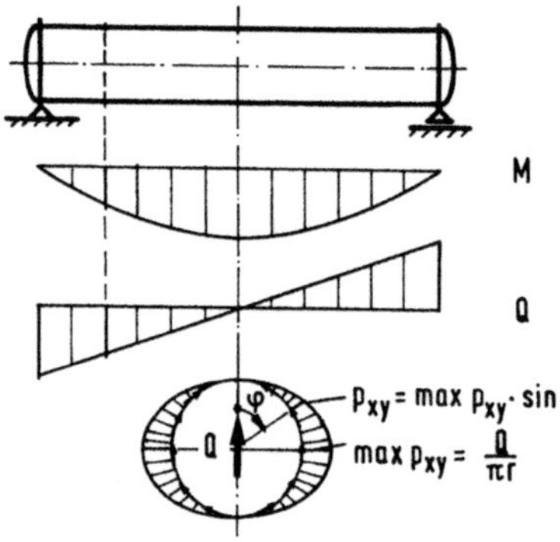

Bild 8.98

Neben der geschlossenen Schale trifft man gelegentlich auf Teilschalen, z.B. in Form der oben erwähnten Tonnenschalen oder als Bestandteile von (durch Ring- und Längssteifen verstärkte) Vollschalen und Beplankungen. Außer isotropen Schalen haben auch anisotrope Schalenstrukturen und solche in Sandwich-Bauweise praktische Bedeutung. - Schließlich treten besondere Beulprobleme in konzentrierten Krafteinleitungsbereichen, im Umfeld von Löchern (Fuchsöffnungen, Einstiegluken) und in anderen Störzonen auf.

Mit Ausnahme der vorgenannten Sonderprobleme lassen sich mit Hilfe der in B.8.96 zusammengestellten Grundfälle I, II und IV eine Reihe wichtiger baupraktischer Aufgaben lösen: Wenn die (Membran-) Druckkräfte variabel sind (wie z.B. in allen mit Biegung verbundenen Beanspruchungszuständen), wird der Beulnachweis auf die maximalen örtlichen Spannungen abgestellt. Diese Nachweisform liegt auf der sicheren Seite, weil die geringer beanspruchten Nachbarbereiche, insbesondere wenn sie unter Zug stehen, stabilisierend wirken. Diese stützende Wirkung ist indes nicht allzu hoch einzuschätzen, da sich immer mehrere, über dem Umfang und in Längsrichtung verteilte Beulen einstellen; die über dem Umfang vorhandenen Spannungen und die Randbedingungen haben nur einen geringen Einfluß auf das Entstehen lokaler Beulen und deren Ausbreitung auf größere Bereiche. Schalenbeulen ist eine weitgehend lokale Versagensform und wird daher überwiegend von den lokalen Beanspruchungen und den lokalen Imperfektionen (Vorbeulen mit achsialer Welligkeit, Ovalisierungen, Eigenspannungen in Schweißnahtbereichen) bestimmt.

Für Schalen mit nicht abwickelbaren Mantelflächen gelten die Anmerkungen analog. Beulerscheinungen werden hier ebenfalls vorrangig von den lokalen Beanspruchungen (i.allg. allseitiger Druck) ausgelöst. Die Imperfektionssensivität ist von der Schalenform abhängig.

8.4.2 Lineare Beultheorie kreiszylindrischer Schalen

Die Beulgleichungen lassen sich durch Linearisierung der im Abschnitt 8.2 angegebenen allgemeinen Gleichungen als Sonderfall

$$r_x = \infty , \quad r_y = r = \text{konst} \quad (r_y^{\bullet} = 0) \tag{8.425}$$

herleiten. B.8.99a zeigt die Geometrie und B.8.99b die äußeren Lasteinwirkungen (vgl. mit B.8.2 und B.8.96). Im Grundzustand betragen die Schnittkräfte:

$$N_{x0} = -p_x , \quad N_{y0} = -p_y r , \quad N_{xy0} = p_{xy} \tag{8.426}$$

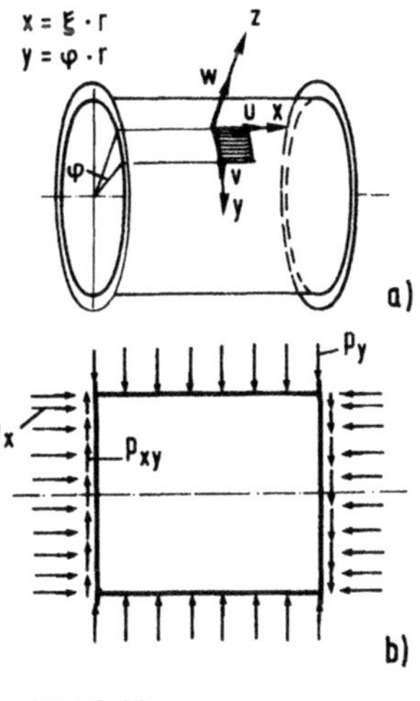

Bild 8.99

p_x und p_{xy} sind Linienlasten, p_y ist eine Flächenlast.

8.4.2.1 Beulgleichungen w, Φ

In G.8.100/101 werden die in $\bar{w}$ nichtlinearen Glieder unterdrückt. Unter Berücksichtigung von G.8.426 folgt:

$$K\Delta\Delta\bar{w} + \frac{t}{r}\bar{\Phi}'' - N_x\bar{w}'' - N_y\bar{w}^{\bullet\bullet} - 2N_{xy}\bar{w}'^{\bullet} = 0$$
$$\frac{1}{E}\Delta\Delta\bar{\Phi} - \frac{1}{r}\bar{w}'' = 0 \qquad (8.427)$$

(Auf die besondere Kennzeichnung der Beulverformungen ($\bar{w}$,$\bar{\Phi}$) und des Grundzustandes (0) wird im folgenden verzichtet.) w ist die radiale Beulausbiegung und Φ die Spannungsfunktion, die die beim Ausbeulen geweckten, infinitesimalen Spannungsänderungen beschreibt; vgl. G.8.55/57. t ist die Wanddicke und K die Biegesteifigkeit der Wandung (G.8.33).

Es erweist sich als zweckmäßig, auf dimensionsfreie Koordinaten überzugehen; dazu wird neu vereinbart:

$$\xi = \frac{x}{r}, \quad \varphi = \frac{y}{r} \qquad (8.428)$$

$$(\ )' = \frac{\partial(\ )}{\partial\xi}; \quad (\ )^{\bullet} = \frac{\partial(\ )}{\partial\varphi} \qquad (8.429)$$

Die Differentiationssymbole sind damit wie folgt zu überführen:

$$(\ )' = \frac{\partial(\ )}{\partial x} = \frac{\partial(\ )}{\partial(\frac{x}{r})r} \blacktriangleright \frac{(\ )'}{r}; \qquad (\ )^{\bullet} \blacktriangleright \frac{(\ )^{\bullet}}{r} \qquad (8.430)$$

Hiermit lauten die Beulgleichungen G.8.427:

$$K\Delta\Delta w + tr\Phi'' - N_x r^2 w'' - N_y r^2 w^{\bullet\bullet} - 2N_{xy} r^2 w'^{\bullet} = 0$$
$$\frac{1}{E}\Delta\Delta\Phi - r w'' = 0 \qquad (8.431)$$

8.4.2.2 Beulgleichungen u, v, w

Die linearisierten Verzerrungs-Verschiebungsgleichungen in der Mittelebene und in der Ebene z lauten (vgl. G.8.8/12/21-23):

$$\varepsilon_x = u'; \quad \varepsilon_y = v^{\bullet} + \frac{w}{r}; \quad \gamma_{xy} = v' + u^{\bullet} \qquad (8.432)$$

$$\varepsilon_{xz} = u' - zw''; \quad \varepsilon_{yz} = v^{\bullet} + \frac{w}{r} - z(w^{\bullet\bullet} + \frac{w}{r^2}); \quad \gamma_{xyz} = u^{\bullet} + v' - z(\frac{u^{\bullet}}{r} - \frac{v'}{r} + 2w'^{\bullet}) \qquad (8.433)$$

Für das Elastizitätsgesetz der Längskräfte und Momente folgt:

$$N_x = D[u' + \mu(v^{\bullet} + \frac{w}{r})]; \quad N_y = D[v^{\bullet} + \frac{w}{r} + \mu u']; \quad N_{xy} = N_{yx} = D\frac{1-\mu}{2}(u^{\bullet} + v') \qquad (8.434)$$

$$M_x = K(w'' + \mu w^{\bullet\bullet}); \quad M_y = K(w^{\bullet\bullet} + \mu w''); \quad M_{xy} = M_{yx} = K(1-\mu)w'^{\bullet} \qquad (8.435)$$

Die Gleichgewichtsgleichungen (G.8.43/8.48) lauten:

$$N_x' + N_{yx}^{\bullet} = 0; \quad N_y^{\bullet} + N_{xy}' = 0; \quad Q_x' + Q_y^{\bullet} - N_x w'' - 2N_{xy}w'^{\bullet} - N_y(w^{\bullet\bullet} - \frac{1}{r}) + p_y = 0 \qquad (8.436)$$

$$M_x' + M_{yx}^{\bullet} - Q_x = 0; \quad M_y^{\bullet} + M_{xy}' - Q_y = 0; \quad N_{xy} - N_{yx} = 0 \qquad (8.437)$$

Im gebeulten Zustand setzt sich N_x aus N_{x0} (Grundzustand) und $\delta N_{x0} \equiv \bar{N}_x$ (Änderung des Grundzustandes) zusammen. Wird G.8.426 berücksichtigt und für die Änderungen der Längskräfte (und Momente) N_x, ... geschrieben,

$$\delta N_{x0} \equiv \bar{N}_x \blacktriangleright N_x$$

ergibt sich aus der Verknüpfung der Momentengleichgewichtsgleichungen mit der dritten Komponentengleichgewichtsgleichung:

$$M_x'' + 2M_{xy}'^{\bullet} + M_y^{\bullet\bullet} - N_x w'' - 2N_{xy}w'^{\bullet} - N_y\left(w^{\bullet\bullet} - \frac{1}{r}\right) + p_x w'' + p_y r w^{\bullet\bullet} - 2p_{xy}w'^{\bullet} = 0 \qquad (8.438)$$

Nunmehr werden wieder die dimensionslosen Koordinaten G.8.428 eingeführt und G.8.430 beachtet:

$$M_x'' + 2M_{xy}'^{\bullet} + M_y^{\bullet\bullet} - N_x w'' - N_y(w^{\bullet\bullet} - r) - 2N_{xy}w'^{\bullet} + p_x w'' + p_y r w^{\bullet\bullet} - 2p_{xy}w'^{\bullet} = 0 \qquad (8.439)$$

Im vierten, fünften und sechsten Term sind die Produkte $N\cdot w$ von höherer Ordnung klein, denn N steht, wie zuvor erläutert, für die Änderung der Längskräfte und w für die Ausbiegung beim Ausbeulen. Die Glieder werden daher unterdrückt. Zusammengefaßt lauten damit die Komponentengleichungen:

$$N_x' + N_{yx}^{\bullet} = 0;\quad N_y^{\bullet} + N_{xy}' = 0 \qquad (8.440)$$

$$M_x'' + 2M_{xy}'^{\bullet} + M_y^{\bullet\bullet} + N_y r + p_x w'' + p_y r w^{\bullet\bullet} - 2p_{xy}w'^{\bullet} = 0 \qquad (8.441)$$

Diese approximativen Gleichgewichtsgleichungen gehen auf DONNEL [8.170] zurück. Das Elastizitätsgesetz G.8.434/5 wird hierin eingesetzt (und wieder G.8.430 beachtet):

$$u'' + \mu(v'^{\bullet} + w') + \frac{1-\mu}{2}(u^{\bullet\bullet} + v'^{\bullet}) = 0 \qquad (8.442)$$

$$\frac{1-\mu}{2}(u'^{\bullet} + v'') + v^{\bullet\bullet} + w^{\bullet} + \mu u'^{\bullet} = 0 \qquad (8.443)$$

$$\frac{K}{r^2}\cdot\Delta\Delta w + r\cdot N_y + p_x w'' + p_y r w^{\bullet\bullet} - 2p_{xy}w'^{\bullet} = 0 \qquad (8.444)$$

N_y ist gemäß G.8.434b Funktion von u, v, w. Das vorstehende Differentialgleichungssystem ist in u, v, w gekoppelt; es kann zur Lösung von Beulproblemen herangezogen werden. u, v, w sind Funktionen von:

$$x = \xi\cdot r \quad \text{und} \quad y = \varphi\cdot r$$

Eine Entkopplung des Differentialgleichungssystems ist möglich. Mit Hilfe der Differentialoperatoren

$$L_1(\;) = (\;)'' + \frac{1-\mu}{2}(\;)^{\bullet\bullet};\quad L_2(\;) = (\;)'^{\bullet} + \frac{1-\mu}{2}(\;)'^{\bullet} = \frac{1+\mu}{2}(\;)'^{\bullet};\quad L_3(\;) = \frac{1-\mu}{2}(\;)'' + (\;)^{\bullet\bullet} \qquad (8.445)$$

lassen sich die ersten beiden Gleichungen zu

$$L_1(u) + L_2(v) + \mu w' = 0;\qquad L_2(u) + L_3(v) + w^{\bullet} = 0 \qquad (8.446)$$

umschreiben. Auf die erste Gleichungen wird L_3 und auf die zweite L_2 angewendet:

$$L_3L_1(u) + L_3L_2(v) + \mu\frac{1-\mu}{2}w''' + \mu w'^{\bullet\bullet} = 0 \qquad (8.447)$$

$$L_2L_2(u) + L_2L_3(v) + \mu w'^{\bullet\bullet} + \frac{1-\mu}{2}w'^{\bullet\bullet} = 0 \qquad (8.448)$$

Die Gleichungen werden subtrahiert, dabei heben sich jeweils die zweiten Glieder auf, d.h., v ist eliminiert:

$$L_3L_1(u) - L_2^2(u) + \frac{1-\mu}{2}(\mu w''' - w'^{\bullet\bullet}) = 0 \qquad (8.449)$$

Man bestätigt nach kurzer Rechnung:

$$L_3L_1(u) - L_2^2(u) \equiv (L_3L_1 - L_2^2)(u) = \frac{1-\mu}{2}\cdot\Delta\Delta u \qquad (8.450)$$

G.8.449 verkürzt sich damit zu:

$$\Delta\Delta u + \mu w''' - w'^{\bullet\bullet} = 0 \qquad (8.451)$$

Analog findet man:

$$\Delta\Delta v + (2+\mu)w''^{\bullet} + w^{\bullet\bullet\bullet} = 0 \qquad (8.452)$$

Diese beiden Gleichungen treten an die Stelle von G.8.442/3. Ihre Verknüpfung mit der dritten Komponentengleichungen G.8.444 gelingt dadurch, daß der Δ-Operator zunächst auf

$$N_y = \frac{D}{r}(v^{\bullet} + w + \mu u') \tag{8.453}$$

zweifach angewendet wird; anschließend werden G.8.451/2 eingesetzt:

$$\Delta\Delta N_y = \frac{D}{r}(\Delta\Delta v^{\bullet} + \Delta\Delta w + \mu\Delta\Delta u')$$

$$= \frac{D}{r}[-(2+\mu)w''^{\bullet\bullet} - w^{\bullet\bullet\bullet\bullet} + \Delta\Delta w - \mu^2 w'''' + \mu w''^{\bullet\bullet}]$$

$$= \frac{D}{r}(1-\mu^2)w'''' \tag{8.454}$$

Die zweifache Anwendung von Δ auf G.8.444 und die Berücksichtigung der vorstehenden Gleichung ergibt schließlich:

$$\frac{K}{r^2}\Delta\Delta\Delta\Delta w + D(1-\mu^2)w'''' - p_x\Delta\Delta w'' + p_y r\Delta\Delta w^{\bullet\bullet} - 2p_{xy}\Delta\Delta w'^{\bullet} = 0 \tag{8.455}$$

Diese Gleichung vereinigt im Rahmen der vereinbarten Linearisierungen und Näherungen (nach DONNEL) das Elastizitätsgesetz der isotropen Kreiszylinderschale mit den Gleichgewichtsgleichungen im ausgebeulten Zustand. Die Gleichung ist dem gekoppelten Differentialgleichungssystem G.8.442/4 gleichwertig.
Neben der hier dargelegten Näherungstheorie lassen sich verschärfte Theorien entwickeln, die auf die DONNELschen Approximationen verzichten; sie sind mit den Namen FLÜGGE, PFLÜGER u.a. [8.170,0.6,0.16] verbunden. Die Differentialgleichungen differieren in unterschiedlichen Gliedern; deren Einfluß auf die Lösungen der linearen Theorie ist untergeordnet (auf eine Ausnahme wird im Abschnitt 8.4.2.4 eingegangen).

8.4.2.3 Lösung für Achsialdruck

Im Grundzustand beträgt die Längskraft in achsialer Richtung:

$$N_{x0} = -\sigma_x t = -p \tag{8.456}$$

Ring- und Schubkräfte sind Null. Gesucht ist die Beulspannung σ_{Ki}. Es wird eine gelenkige Randlagerung unterstellt; durch Ringsteifen (Spante, Binder) werden in Radial- und Umfangsrichtung Verschiebungen verhindert. In Längsrichtung ist keine Stützung vorhanden. Die Lösung kann von den Grundgleichungssystemen G.8.431 oder G.8.442/444 ausgehen.
G.8.431 lautet:

$$K\Delta\Delta w + tr\Phi'' + pr^2 w'' = 0 \tag{8.457}$$

$$\frac{1}{E}\Delta\Delta\Phi - rw'' = 0 \tag{8.458}$$

Für w wird der Lösungsansatz

$$w = W_{mn}\sin\lambda\xi\cdot\cos n\varphi \tag{8.459}$$

gewählt; hierin bedeutet:

$$\lambda = \frac{m\pi r}{l} \tag{8.460}$$

m und n sind ganzzahlig. m ist die Anzahl der Halbwellen in Längsrichtung (m=1,2,3...), n ist die Anzahl der vollen Wellen über dem Umfang (n=1,2,3...). ξ ist die bezogene Längskoordinate und φ der Umfangswinkel in Bogenmaß:

$$\xi = \frac{x}{r}, \quad \varphi = \frac{y}{r} \tag{8.461}$$

Mit G.8.459 wird die oben erläuterte Verformungsrandbedingung (normal zur Mantelfläche) befriedigt. Mittels der E-Gesetze für die Momente bestätigt man $M_x = M_y = 0$ und $M_{xy} \neq 0$. Über die Verschiebungskomponenten u und v kann nicht verfügt werden. Für die Spannungsfunktion Φ wird ein entsprechender Ansatz gewählt:

$$\Phi = C\cdot\sin\lambda\xi\cdot\cos n\varphi \tag{8.462}$$

Werden G.8.459 und G.8.462 in G.8.458 eingesetzt, findet man für den Freiwert C:

$$C = -E\cdot W_{mn} r\cdot\frac{\lambda^2}{(\lambda^2 + n^2)^2} \tag{8.463}$$

Für die Normal- und Schubkräfte, die beim Beulen ausgelöst werden, folgt gemäß G.8.57:

$$N_x = t\ddot{\Phi}^{\bullet\bullet} = -Ctn^2\sin\lambda\xi\cdot\cos n\varphi;\; N_y = t\Phi'' = -Ct\lambda^2\sin\lambda\xi\cdot\cos n\varphi;\; N_{xy} = -t\Phi'^{\bullet} = +Ct\lambda n\cdot\cos\lambda\xi\cdot\sin n\varphi \qquad (8.464)$$

Hieraus erkennt man, daß N_x und N_y an den Rändern Null sind; N_{xy} ist verschieden von Null. Mittels der Formeln für die Verschiebungen der Mittelebene (vgl. T.8.1) bestätigt man außerdem $u \neq 0$ und $v=0$.
Werden G.8.459 und G.8.462 unter Beachtung von G.8.463 in G.8.457 eingeführt, folgt nach kurzer Rechnung:

$$p_{Ki} = \frac{(\lambda^2+n^2)^2}{\lambda^2}\cdot\frac{K}{r^2} + \frac{\lambda^2}{(\lambda^2+n^2)^2}(1-\mu^2)D\;;\quad D = \frac{Et}{1-\mu^2},\quad K = \frac{Et^3}{12(1-\mu^2)} \qquad (8.465)$$

K ist die Biege- und D die Dehnsteifigkeit der Schale; vgl. G.8.33.
Wird für λ der Ausdruck G.8.460 eingesetzt, gilt:

$$p_{Ki} = \frac{K\pi^2}{l^2}\left[\frac{(m^2+\bar{n}^2)^2}{m^2} + \frac{1}{\frac{(m^2+\bar{n}^2)^2}{m^2}}\cdot\frac{12}{\pi^4}\cdot Z^2\right]\;;\quad \bar{n} = \frac{nl}{\pi r} \qquad (8.466)$$

Z steht hierin für

$$Z = \sqrt{1-\mu^2}\cdot\frac{l^2}{rt} \qquad (8.467)$$

Dieser Parameter ist dimensionsfrei (BATDORF-Parameter [8.173]). Jeder Kombination m,n ist eine bestimmte Beullast zugeordnet. Um die maßgebende zu finden, wird G.8.466 nach $\frac{(m^2+\bar{n}^2)^2}{m^2}$ differenziert und Null gesetzt, d.h. G.8.466 wird minimiert:

$$\left[\frac{(m^2+\bar{n}^2)^2}{m^2}\right]^2 = \frac{12}{\pi^4}Z^2 \qquad (8.468)$$

In G.8.466 eingesetzt, folgt (Lösung nach LORENZ/TIMOSHENKO/SOUTHWELL [8.174,1.11,8.175]):

$$(\min)\,p_{Ki} = \frac{Et}{\sqrt{3(1-\mu^2)}}\cdot\frac{t}{r}\;;\qquad \sigma_{Ki} = \frac{p_{Ki}}{t} = \frac{E}{\sqrt{3(1-\mu^2)}}\cdot\frac{t}{r} \qquad (8.469)$$

Für die Querkontraktionszahl $\mu=0{,}3$ beträgt die Beulspannung:

$$\sigma_{Ki} = 0{,}605\cdot E\,\frac{t}{r} \qquad (8.470)$$

Dasselbe Ergebnis erhält man, wenn G.8.466 nach m bzw. $\bar{n}$ minimiert wird; d.h., die Lösung G.8.466/469 gilt gleichermaßen für Beulformen, die achsial- wie nichtachsial-symmetrisch (schachbrettartig) sind. Die zu G.8.468/470 gehörenden Beulformen sind demnach unbestimmt. Im Falle einer achsial-symmetrischen Form ist n=0 und die Beulenlänge l_m in Längsrichtung folgt aus G.8.468 bei Umstellung von G.8.459 gemäß

$$w = W_{mn}\sin\lambda\xi\cdot\cos n\varphi = W_{mn}\sin\pi\left(\frac{x}{l_m}\right)\cdot\cos\pi\left(\frac{y}{l_n}\right),\quad l_m = \frac{l}{m},\; l_n = \frac{\pi r}{n} \qquad (8.459a)$$

zu:

$$l_m = \frac{l}{m} = \pi\sqrt[4]{\frac{r^2t^2}{12(1-\mu^2)}} \approx 1{,}72\cdot\sqrt{rt}\quad (\mu=0{,}3) \qquad (8.471)$$

Beispiel: r=100cm, t=1cm : l_m=17,2cm. Beulenlänge = Halbwellenlänge.
Bei mehr als ca. zwei bis drei Halbwellen in Längsrichtung ist eine Beeinflussung der Beulspannungen durch die Randlagerungen nicht zu erwarten. Formel G.8.469 gilt in diesem Falle auch für nicht-gelenkige Lagerungen. - Je kürzer eine Schale ist, d.h. je kleiner das Verhältnis l/r ist, umso geringer ist die Beulenzahl m. Im Grenzfall einer sehr geringen Länge geht der Krümmungseinfluß verloren; maßgebend wird die Knickspannung des (stabförmigen) Plattenstreifens (m=1):

$$\sigma_{Ki} = \frac{\pi^2}{12}\cdot\frac{E}{(1-\mu^2)}\left(\frac{t}{l}\right)^2;\quad p_{Ki} = \sigma_{Ki}\cdot t;\quad P_{Ki} = p_{Ki}\cdot 2\pi r \qquad (8.472)$$

Im Falle einer sehr langen zylindrischen Schale wird die Knickspannungen des rohrförmigen Stabes maßgebend. Für einen dünnwandigen Rohrquerschnitt beträgt das Trägheitsmoment:

$$J = \pi r^3 t$$

Hiermit folgt die Knickspannung zu:

$$\sigma_{Ki} = \frac{\pi^2}{2} E \cdot \left(\frac{r}{l}\right)^2; \qquad p_{Ki} = \sigma_{Ki} t; \quad P_{Ki} = p_{Ki} 2\pi r \tag{8.473}$$

Wie oben erläutert, kann die Beulspannung auch aus dem gekoppelten Differentialgleichungssystem G.8.442/444 hergeleitet werden oder, gleichwertig, aus G.8.455. Für u,v,w wird der Ansatz

$$u = U_{mn} \cos\lambda\xi \cos n\varphi, \quad v = V_{mn} \sin\lambda\xi \sin n\varphi, \quad w = W_{mn} \sin\lambda\xi \cos n\varphi \tag{8.474}$$

gewählt. Die oben erläuterten Randbedingungen

$$v = 0, \quad w = 0, \quad N_x = 0, \quad M_x = 0 \tag{8.475}$$

werden erfüllt. (G.8.455 ist in Längsrichtung von achter Ordnung; dem stehen entlang der Ränder $\xi=0$ und $\xi=l/r$: 2x4=8 Randbedingungen gegenüber.)
Das Differentialgleichungssystem wird von dem Verformungsansatz für jeden Wert von ξ und φ befriedigt, was man bei Beachtung von

$$N_y = \frac{D}{r}(v^{\cdot} + w + \mu u') = \frac{D}{r}(nV_{mn} + W_{mn} - \mu\lambda U_{mn}) \sin\lambda\xi \cdot \cos n\varphi \tag{8.476}$$

durch Einsetzen bestätigt:

U_{mn}	V_{mn}	W_{mn}	
$\lambda^2 + \frac{1-\mu}{2} n^2$	$-\frac{1+\mu}{2}\lambda n$	$-\mu\lambda$	$=0$
$-\frac{1+\mu}{2}\lambda n$	$n^2 + \frac{1-\mu}{2}\lambda^2$	n	$=0$
$-\mu\lambda$	n	$k(\lambda^2+n^2)^2 + 1 - \frac{p_x}{D}\lambda^2 - \frac{p_y r}{D} n^2$	$=0$

(8.477)

(In dieses Gleichungssystem ist p_y (Manteldruck) eingearbeitet, vgl. Abschnitt 8.4.2.4.)
k steht für:

$$k = \frac{K}{Dr^2} = \frac{t^2}{12r^2} \tag{8.478}$$

Das Gleichungssystem ist linear und symmetrisch; das Indifferenzkriterium Det=0 liefert die Beulgleichung:

$$\frac{K}{r^2}(\lambda^2+n^2)^4 + D(1-\mu^2)\lambda^4 - p_x\lambda^2(\lambda^2+n^2)^2 - p_y r n^2(\lambda^2+n^2)^2 = 0 \tag{8.479}$$

Wird von G.8.455 ausgegangen, erhält man das identische Ergebnis. - Für vorgegebene Verhältnisse Achsial- zu Manteldruck (vice versa) kann aus G.8.479 die Beulsicherheit berechnet werden. Dabei ist jene Kombination m,n maßgebend, die den kleinsten Wert ergibt. - Im Falle Längszug ist $+p_x$ und im Falle Innendruck ist $+p_y$ zu setzen.

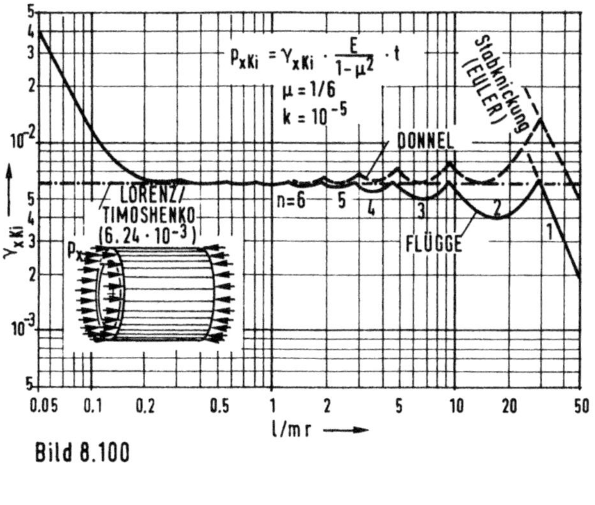

Bild 8.100

Für alleinigen Achsialdruck folgt aus G.8.479 wieder die Beulformel G.8.465; sie lautet bei Bezug auf die Dehnsteifigkeit (vgl. G.8.465):

$$\gamma_{xKi} = \frac{p_{xKi}}{D} = \frac{P_{xKi}}{2\pi r \cdot D} = (1-\mu^2)\frac{\lambda^2}{(\lambda^2+n^2)^2} + k\frac{(\lambda^2+n^2)^2}{\lambda^2} \tag{8.480}$$

Für den speziellen Parameter $k=10^{-5}$ zeigt B.8.100 das Ergebnis (gestrichelte Girlandenkurve), die Minima liegen auf einer horizontalen Geraden; diese ist der Grapf von G.8.469:

$$\min \gamma_{xKi} = \frac{\min p_{xKi}}{D} = 2\sqrt{1-\mu^2}\sqrt{k} \tag{8.481}$$

Die ausgezogene Girlandenkurve zeigt die strenge Lösung nach FLÜGGE [8.171] mit der Beulbedingung:

$$c_1 + c_2\, k = c\,\frac{p_{xKi}}{D} \tag{8.482}$$

$$\begin{aligned} c_1 &= (1-\mu^2)\lambda^4; \\ c_2 &= (\lambda^2+n^2)^4 - 2[\mu\lambda^6 + 3\lambda^4 n^2 + (4-\mu)\lambda^2 n^4 + n^6] + 2(2-\mu)\lambda^2 n^2 + n^4 \\ c &= \lambda^2(\lambda^2+n^2)^2 + \lambda^2 n^2 \end{aligned} \tag{8.483}$$

In B.8.101 ist die FLÜGGEsche Beulbedingung ausgewertet und zwar für $\mu=0{,}3$. γ_{Ki} ist hierin (im Gegensatz zu B.8.100) über l/r aufgetragen; dabei ist der Bereich $k=10^{-7}$ bis 10^{-4} erfaßt. Aus dem Diagramm geht hervor, daß die (längenunabhängige) Beulformel G.8.469 für den erfaßten k-Bereich innerhalb der Grenzen

$$0{,}3 \leq \frac{l}{r} \leq 6 \tag{8.484}$$

eine brauchbare Näherung darstellt. I.a. wird daher auch nur auf diese Formel Bezug genommen. Für baupraktische Zwecke darf indes mit dieser Formel nicht unmittelbar gerechnet werden, da wegen der hohen Imperfektionsanfälligkeit real nur sehr viel geringere Beulgrenzlasten erreicht werden.

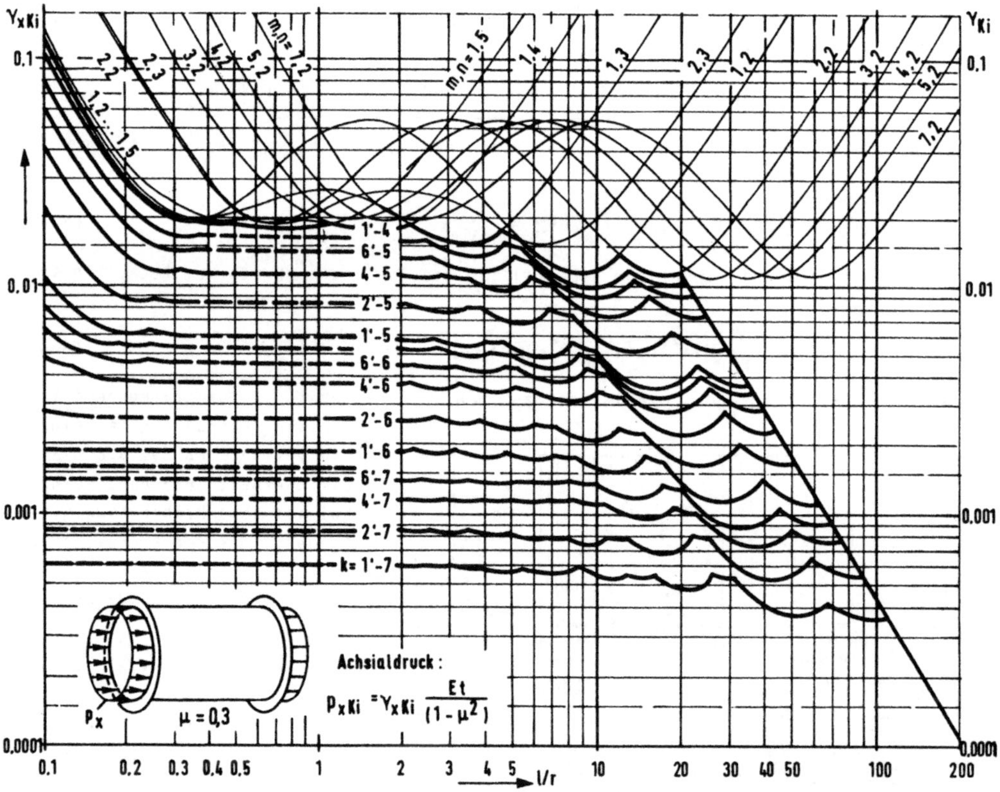

Bild 8.101

8.4.2.4 Lösung für Radial- (Mantel-) und Behälterdruck

Die Umfangskraft beträgt:

$$N_{y0} = -pr \tag{8.485}$$

Die Beulgleichungen G.8.431 lauten:

$$K\Delta\Delta w + tr\Phi'' + pr^3 w^{\bullet\bullet} = 0$$
$$\frac{1}{E}\Delta\Delta\Phi - rw'' = 0 \tag{8.486}$$

Die Lösungsansätze G.8.459/462 ergeben die Beullast zu:

$$p_{Ki} = \frac{(\lambda^2 + n^2)^2}{n^2} \cdot \frac{K}{r^3} + \frac{\lambda^4}{n^2(\lambda^2 + n^2)^2}(1-\mu^2)\frac{D}{r}; \qquad \lambda = \frac{m\pi r}{l} \tag{8.487}$$

Bei Bezug auf den BATFORT-Parameter (G.8.467) folgt:

$$p_{Ki} = \frac{K\pi^2}{l^2 r}\left[\frac{(m^2 + \bar{n}^2)^2}{\bar{n}^2} + \frac{m^4}{\bar{n}^2(m^2 + \bar{n}^2)^2} \cdot \frac{12}{\pi^4} Z^2\right]; \quad \bar{n} = \frac{nl}{\pi r} \tag{8.488}$$

m=1 ergibt in allen Fällen den kleinsten Beulwert und ist somit maßgebend. Die Schale beult daher immer nur mit einer Halbwelle in Längsrichtung aus. - Wird die Rechnung von den Grundgleichungen für u,v,w, d.h. von G.8.442/444 aus entwickelt, findet man wieder das mit G.8.487/488 identische Ergebnis, das, analog zu G.8.480, auch in der bezogenen Form

$$\gamma_{yKi} = \frac{p_{yKi} \cdot r}{D} = \frac{N_{yKi}}{D} = (1-\mu^2)\frac{\lambda^4}{n^2(\lambda^2 + n^2)^2} + k\frac{(\lambda^2 + n^2)^2}{n^2} \tag{8.489}$$

angeschrieben werden kann. Für den Parameter $k=10^{-5}$ zeigt B.8.102 die Auswertung dieser Formel (gestrichelter Kurvenzug): Die Beulspannungen sinken mit wachsender Zylinderlänge. - Die strengere Lösung nach FLÜGGE [8.171] gewinnt man aus der Beulgleichung:

$$c_1 + c_2 k = c\frac{p_{yKi} \cdot r}{D} \tag{8.490}$$

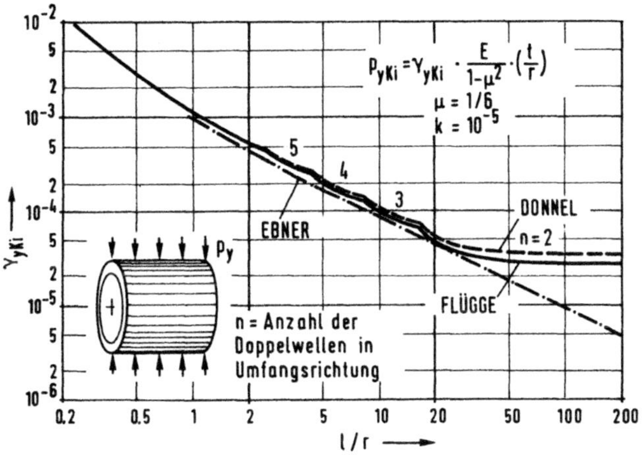

Bild 8.102

Für c_1 und c_2 gilt G.8.483 unverändert; c steht für:

$$c = n^2(\lambda^2 + n^2)^2 - n^2(3\lambda^2 + n^2) \tag{8.491}$$

B.8.102 zeigt die zugehörige Beulkurve. In B.8.103 ist die FLÜGGEsche Beulbedingung für μ=0,3 ausgewertet.
Für lange Schalen ist die DONNELsche Lösung unbrauchbar; für $l \gg r$ folgt aus G.8.487:

$$p_{yKi} = n^2\frac{EJ}{(1-\mu^2)r^3} \qquad J = \frac{1 \cdot t^3}{12} \tag{8.492}$$

Maßgebend ist n=2, demnach ergibt sich die Vorzahl 4. Anstelle von n^2 müßte $n^2-1=3$ stehen, denn eine lange Rohrschale verhält sich wie ein umfangsgedrückter Kreisring unter normaltreuer Radiallast, vgl. Abschnitt 6.9.5.1.
Für den baupraktisch wichtigen Bereich

$$1 \leq \frac{l}{r} \leq 10 \tag{8.493}$$

läßt sich aus G.8.489 durch Minimierung nach n die Näherungsformel

$$(\min)\, p_{yKi} = \frac{2\pi}{3\sqrt{6}} \cdot \frac{E}{(1-\mu^2)^{3/4}}\left(\frac{r}{l}\right)\left(\frac{t}{r}\right)^{5/2} \tag{8.494}$$

herleiten (EBNER [8.176]); hat nämlich die Länge der Schale die Größenordnung gleich/

größer Zylinderdurchmesser, kann bei ausreichender Dünnwandigkeit λ^2 gegen n^2 vernachlässigt werden:

$$\gamma_{Ki} = (1-\mu^2)\frac{\lambda^4}{n^6} + kn^2 \tag{8.495}$$

Die Minimierung nach n^2 ergibt:

$$n^2 = \lambda\sqrt[4]{\frac{3(1-\mu^2)}{k}} = 7{,}52\,\frac{r}{l}\sqrt{\frac{r}{t}} \tag{8.496}$$

Das liefert G.8.494. Für μ=0,3 lautet die Vorzahl dieser Gleichung:

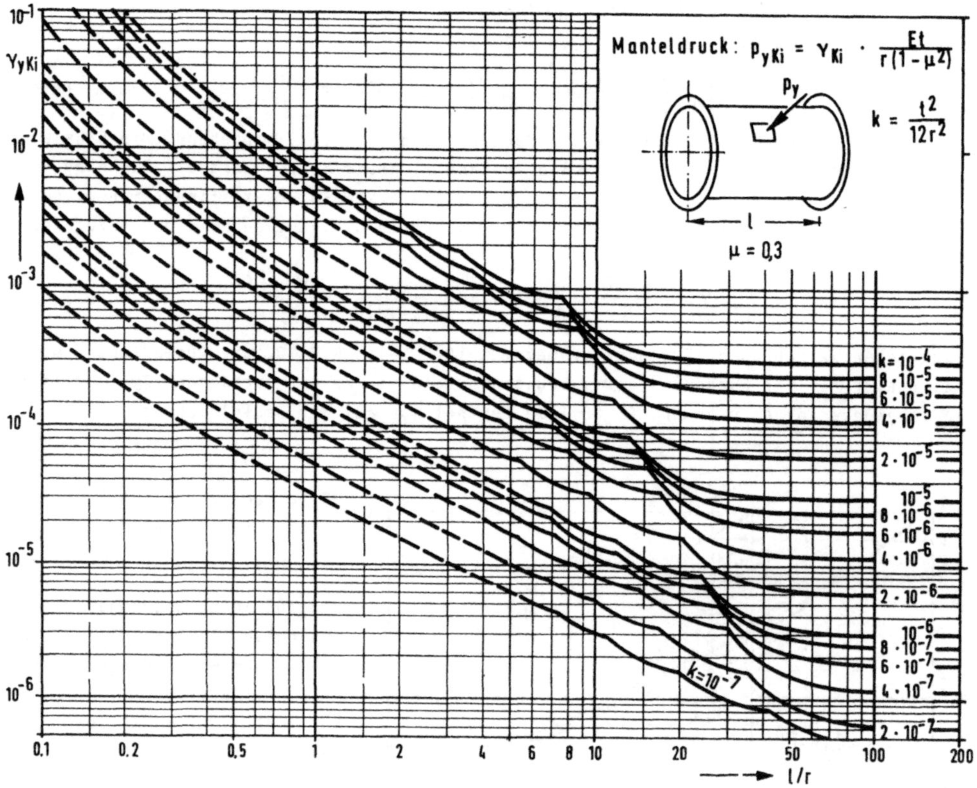

Bild 8.103

$$\frac{2\pi}{3\sqrt{6}}\cdot\frac{1}{(1-\mu^2)^{3/4}} = 0{,}918 \approx 0{,}92 \tag{8.497}$$

Um die Güte der Näherungsformel zu zeigen, wird sie auf die bezogene Darstellung

$$\gamma_{yKi} = \frac{p_{yKi}\cdot r}{D} = \frac{2\pi\cdot 12^{3/4}}{3\sqrt{6}}(1-\mu^2)^{1/4}\cdot\left(\frac{r}{l}\right)k^{3/4}; \qquad \mu = 0{,}3:\ \gamma_{yKi} = 0{,}835\left(\frac{r}{l}\right)\left(\frac{t}{r}\right)^{3/2} \tag{8.498}$$

umgeformt und für $k=10^{-5}$ ausgewertet. B.8.102 zeigt das Ergebnis. Offensichtlich liegt der hiernach berechnete Beulwert immer auf der sicheren Seite.

Für den unter allseitigem äußeren Überdruck oder innerem Unterdruck stehende Behälter (Behälterdruck, hydrostatischer Druck p) folgt p_{Ki} (bei Beachtung von G.8.424) aus:

$$\gamma_{Ki} = \frac{p_{Ki}\cdot r}{D} = 2\cdot\frac{(1-\mu^2)\lambda^4 + k(\lambda^2+n^2)^4}{(\lambda^2+n^2)^2\cdot(\lambda^2+2n^2)}\ ; \quad \lambda = \frac{\pi r}{l} \tag{8.499}$$

Die Formel wird auf die gleiche Weise gewonnen wie für Achsial- bzw. Manteldruck allein. - Maßgebend ist immer m=1. Da sich im Rahmen der linearen Theorie die DONNELsche Näherung innerhalb der durch G.8.484 bzw. 8.493 umschriebenen Bereiche für Achsial- bzw. Manteldruck als brauchbar erwiesen hat, kann das auch von G.8.499 erwartet werden.
Von MISES [8.177] wurde bereits 1914 folgende Formel angegeben:

$$\gamma_{Ki} = \frac{p_{Ki} r}{D} = \frac{(1-\mu^2)\lambda^4}{(n^2-1)(\lambda^2+n^2)^2} + k\left[\frac{(n^2-1)(n^2-\lambda^2) + \lambda^2(2n^2-(1+\mu))}{n^2-\lambda^2}\right] \quad (8.500)$$

Mit bestimmten Einschränkungen läßt sich aus dieser Formel für $\mu=0{,}3$ die von der Wellenzahl freie Formel von WINDENBURG/TRILLING [8.178]

$$p_{Ki} = \frac{2{,}60 \cdot E\left(\frac{t}{2r}\right)^{5/2}}{\frac{l}{2r} - 0{,}45\left(\frac{t}{2r}\right)^{1/2}} \quad \text{bzw.} \quad \gamma_{Ki} = \frac{1{,}183\left(\frac{t}{2r}\right)^{3/2}}{\frac{l}{2r} - 0{,}45\left(\frac{t}{2r}\right)^{1/2}} \quad (8.501)$$

herleiten; wird der zweite Nennerterm vernachlässigt, ergibt sich G.8.494/498.
Die FLÜGGEsche Beulgleichung lautet [8.171]:

$$c_1 + c_2 k = c_3 \cdot \frac{p_x}{D} + c_4 \cdot \frac{p_y \cdot r}{D} \; ; \; p = p_{Ki}$$

Für p_x und p_y ist G.8.424 einzusetzen. c_1 und c_2 sind in G.8.483 erklärt, c_3 ist mit c in G.8.483 und c_4 mit c in G.8.491 identisch. In B.8.104 ist die Beulbedingung ausgewertet. Der Vergleich mit B.8.103 verdeutlicht, daß bei Schalen mit l/r etwa gleich / größer

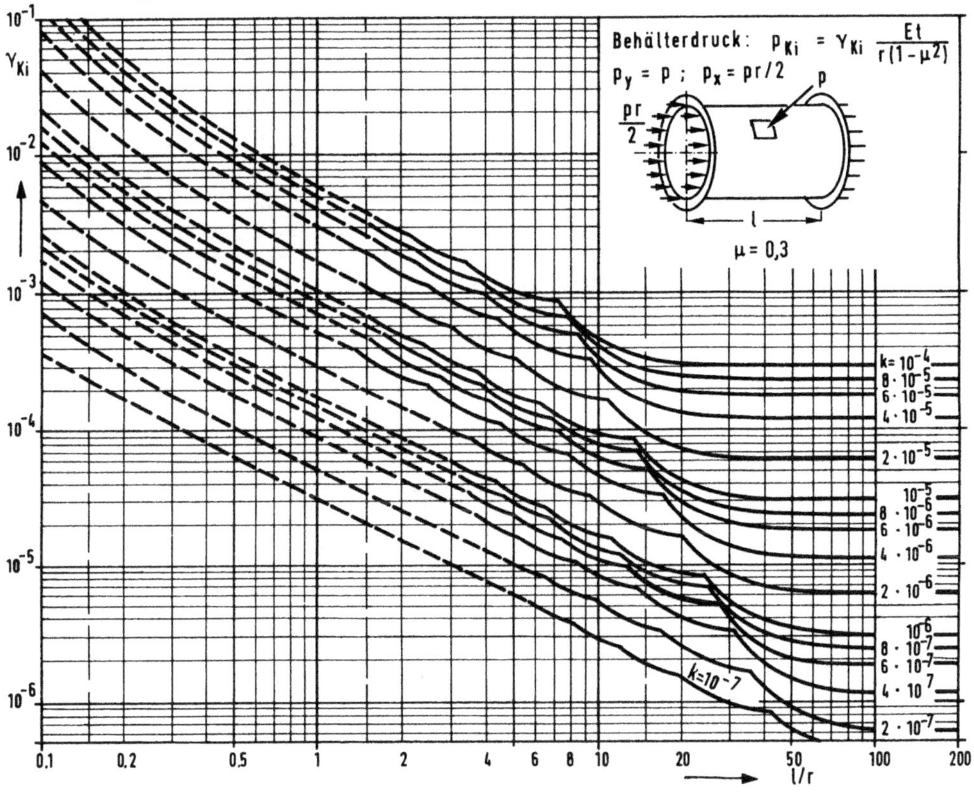

Bild 8.104

1 die Beulgrenze praktisch allein vom Manteldruck bestimmt wird; daher ist G.8.494 auch für die Beulberechnung bei Behälterdruck anwendbar und unter dieser Prämisse auch hergeleitet worden.

8.4.2.5 Lösung für Schub

Es wird die zylindrische Vollschale unter konstanter Schubkraft $N_{xy}=p_{xy}$ untersucht. Beträgt das Torsionsmoment M_D, folgt die Schubkraft aus der BREDTschen Formel zu:

$$p_{xy} = M_D / 2\pi r^2 \qquad (8.502)$$

Die Beulgleichungen G.8.431 lauten für diesen Lastfall:

$$\begin{aligned} &K\Delta\Delta w + tr\cdot\Phi'' - 2p_{xy}r^2 w'^{\bullet} = 0 \\ &\frac{1}{E}\Delta\Delta\Phi - r w'' = 0 \end{aligned} \qquad (8.503)$$

Die Beulverformungen sind spiralartig orientiert; einem solchen Beulmuster wird durch den Ansatz

$$w = W_{mn}\sin(\lambda\xi - n\varphi) \qquad (8.504)$$

genügt. Mit einem entsprechenden Ansatz für Φ findet man nach analoger Rechnung wie in den beiden vorangegangenen Abschnitten:

$$p_{xyKi} = \frac{(\lambda^2+n^2)^2}{2\lambda n}\cdot\frac{K}{r^2} + \frac{\lambda^3}{2n(\lambda^2+n^2)^2}(1-\mu^2)D \quad ; \quad \lambda = \frac{m\pi r}{l} \qquad (8.505)$$

Wird λ eingesetzt, ergibt sich:

$$p_{xyKi} = K\cdot\frac{\pi^2}{l^2}\left[\frac{(m^2+\bar{n}^2)^2}{2m\bar{n}} + \frac{m^3}{2\bar{n}(m^2+\bar{n}^2)^2}\cdot\frac{12}{\pi^4}\cdot Z^2\right] \quad ; \quad \bar{n} = \frac{nl}{\pi r} \qquad (8.506)$$

Z ist wieder der in G.8.467 erklärte BATDORF-Parameter. - Der Ansatz G.8.504 genügt zwar der Periodizitätsbedingung über dem Umfang der Vollschale und dem Differentialgleichungssystem, jedoch keiner technisch realisierbaren Randbedingung. Das bestätigt man sofort, wenn man (wie im Abschnitt 8.4.2.3 gezeigt) die zugehörigen Verformungen und Schnittgrößen bestimmt, die beim Ausbeulen geweckt werden. Die Lösung ist somit nur für Zylinder ausreichender Länge gültig, deren Randbedingungen auf das Beulverhalten im Mittelbereich der Schale keinen Einfluß haben. Die Einschränkung ist indes unwesentlich, weil obige Lösung stets auf der sicheren Seite liegt. - Im Falle langer Zylinder kann man zeigen, daß zu n=2 (zwei Umfangswellen) die niedrigsten Beulwerte gehören; bei ausreichender Dünnwandigkeit kann zudem λ^2 gegen $n^2=4$ unterdrückt werden. Damit folgt aus G.8.505:

$$p_{xyKi} = \frac{4K}{\lambda\cdot r^2} + \frac{\lambda^3(1-\mu^2)D}{64} \qquad (8.507)$$

Die Minimierung dieses Ausdruckes nach λ ergibt

$$\lambda^4 = \frac{256}{3(1-\mu^2)}\cdot\frac{K}{r^2 D} \qquad (8.508)$$

und damit folgt für G.8.507:

$$(\min)\,p_{xyKi} = \sqrt{\frac{2}{27}}\cdot\frac{Et}{(1-\mu^2)^{3/4}}\left(\frac{t}{r}\right)^{3/2} \qquad (8.509)$$

Für $\mu=0{,}3$ lautet die Vorzahl:

$$\sqrt{\frac{2}{27}}\cdot\frac{1}{(1-\mu^2)^{3/4}} = \frac{0{,}272}{0{,}9317} = 0{,}292 \qquad (8.510)$$

G.8.509 geht auf DONNEL [8.179] zurück. Basierend auf der strengeren Theorie von FLÜGGE [8.171] findet man für die Vorzahl von G.8.509:

$$\frac{1}{3\sqrt{2}} = 0{,}236 \qquad (8.511)$$

Im Falle kurzer Schalen werden höhere Beulwerte erreicht; von KROMM [8.180] wurde für diesen Bereich die Formel

$$p_{xyKi} = 4{,}39\frac{E}{1-\mu^2}\left(\frac{t}{l}\right)^2\cdot\sqrt{1+0{,}0257(1-\mu^2)^{3/4}\left(\frac{l}{\sqrt{rt}}\right)^3} = 0{,}703\frac{E}{(1-\mu^2)^{5/8}}\cdot\sqrt{\frac{t}{b}}\cdot\left(\frac{t}{r}\right)^{\frac{3}{4}}\cdot\sqrt{1+\frac{38{,}9}{(1-\mu^2)^{3/4}}\left(\frac{\sqrt{rt}}{b}\right)^3} \qquad (8.512)$$

abgeleitet. - Bei sehr kurzen Schalen wirkt sich der Krümmungseinfluß nicht mehr aus, die Wandung beult wie ein Plattenstreifen:

$$p_{xyKi} = 5{,}35 \cdot \frac{\pi^2 E}{12(1-\mu^2)}\left(\frac{t}{l}\right)^2 \tag{8.513}$$

Es läßt sich zeigen, daß der Ansatz

$$u = U_{mn}\cos(\lambda\xi - n\varphi), \quad v = V_{mn}\cos(\lambda\xi - n\varphi), \quad w = W_{mn}\sin(\lambda\xi - n\varphi) \tag{8.514}$$

das Differentialgleichungssystem G.8.442/4 erfüllt und wieder auf die identische Lösung G.8.505 führt; vgl. auch [8.181].

8.4.3 Lineare Beultheorie kugelförmiger Schalen

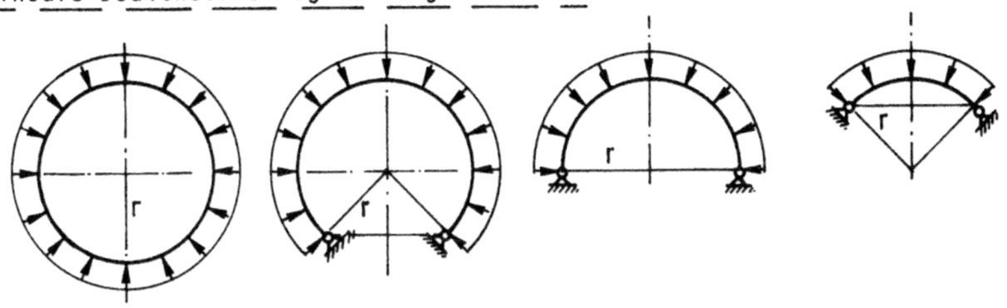

Bild 8.105

Es werden Kugelschalen unter konstantem Manteldruck p behandelt, vgl. B.8.105. Für $r_x = r_y = r =$ konstant lauten die linearisierten Beulgleichungen G.8.100/101

$$\begin{aligned} K\Delta\Delta\bar{w} + \frac{t}{r}\cdot\Delta\bar{\Phi} + p\frac{r}{2}\cdot\Delta\bar{w} &= 0 \\ \frac{1}{E}\Delta\Delta\bar{\Phi} - \frac{1}{r}\cdot\Delta\bar{w} &= 0 \end{aligned} \tag{8.515}$$

denn es ist:

$$N_x = N_y = -p\frac{r}{2}; \quad N_{xy} = 0 \tag{8.516}$$

(Auf die besondere Kennung der Beulgrößen wird im folgenden verzichtet.) Es werden die auf r bezogenen Koordinaten

$$\xi = \frac{x}{r} \quad \text{und} \quad \varphi = \frac{y}{r} \tag{8.517}$$

eingeführt und die Ableitung nach diesen Koordinaten mit $(\;)'$ bzw. $(\;)^{\cdot}$ abgekürzt. Die Beulgleichungen lauten damit:

$$\begin{aligned} K\Delta\Delta w + tr\Delta\Phi + \frac{p}{2}r^3\Delta w &= 0 \\ \frac{1}{E}\Delta\Delta\Phi - r\cdot\Delta w &= 0 \end{aligned} \tag{8.518}$$

Die Gleichungen lassen sich entkoppeln:

$$K\cdot\Delta\Delta\Delta w + Etr^2\Delta w + \frac{p}{2}r^3\Delta\Delta w = 0 \tag{8.519}$$

Für die Beulverformung wird der Ansatz

$$w = W_{mn}\cdot\sin m\xi\cdot\sin n\varphi \tag{8.520}$$

gewählt. Dieser Ansatz erfüllt die Grundgleichung G.8.519 für jeden Wert von ξ und φ; es ergibt sich:

$$p_{Ki} = \frac{2}{r^3}\left[K(m^2+n^2) + \frac{Etr^2}{(m^2+n^2)}\right] = \frac{E}{\sqrt{3(1-\mu^2)}}\left(\frac{t}{r}\right)^2\cdot\left[\frac{(m^2+n^2)}{2\sqrt{3(1-\mu^2)}}\frac{t}{r} + \frac{2\sqrt{3(1-\mu^2)}}{(m^2+n^2)}\left(\frac{r}{t}\right)\right] \tag{8.521}$$

Um die minimale Beullast zu finden, wird p_{Ki} nach (m^2+n^2) abgeleitet und Null gesetzt:

$$(m^2+n^2) = \sqrt{\frac{Etr^2}{K}} = 2\sqrt{3(1-\mu^2)}\cdot\frac{r}{t} \tag{8.522}$$

Wird dieses Ergebnis in G.8.521 eingesetzt, findet man:

$$(\min)\,p_{Ki} = \frac{2E}{\sqrt{3(1-\mu^2)}}\left(\frac{t}{r}\right)^2 \tag{8.523}$$

Wird G.8.521 nach m bzw. n minimiert, ergibt sich dasselbe Ergebnis. Geht man von einer gegenüber der DONNELL-Approximation strengeren Version der linearen Theorie aus, folgt [8.182]:

$$(\min)\, p_{Ki} = \frac{2Et}{r(1-\mu^2)}\left[\sqrt{\frac{1-\mu^2}{3}}\left(\frac{t}{r}\right) - \frac{\mu}{6}\left(\frac{t}{r}\right)^2\right] = \frac{2E}{\sqrt{3(1-\mu^2)}}\left(\frac{t}{r}\right)^2\left[1-\frac{\mu}{\sqrt{12(1-\mu^2)}}\left(\frac{t}{r}\right)\right] \tag{8.524}$$

Wählt man z.B. $\mu=0,3$ und $t/r=1/100$, ergibt sich für den zweiten Klammerterm der rechts stehenden Formelversion: $0,001 \ll 1$. Hieraus wird deutlich, daß die euklidische Theorie für dünnwandige (flache) Schalen im Rahmen der linearen Theorie ausreichend genaue Ergebnisse liefert.

Die Beulformel G.8.523 geht auf ZOELLY [8.183] und SCHWERIN [8.184] zurück. Sie wurde hier ohne Rücksicht auf die Randbedingungen abgeleitet; sie gilt für lokales Beulen, die Beulwellen erstrecken sich nicht bis zu den Rändern. Um einen Anhalt über die Größe der Beulen zu erhalten, wird der Verformungsansatz G.8.520 umformuliert:

$$w = W_{mn}\sin m\frac{x}{r}\cdot\sin n\frac{y}{r} = W_{mn}\sin\pi\frac{x}{l_m}\cdot\sin\pi\frac{y}{l_n} \tag{8.525}$$

l_m und l_n sind die Beulhalbwellenlängen:

$$l_m = \frac{\pi}{m}r;\quad l_n = \frac{\pi}{n}r \tag{8.526}$$

Unter der Vorgabe gleich langer Wellenlängen folgt über G.8.522:

$$\frac{l_m}{r} = \frac{l_n}{r} = \frac{l}{r} = \frac{\pi}{\sqrt[4]{3(1-\mu^2)}}\sqrt{\frac{t}{r}} \tag{8.527}$$

Wählt man beispielsweise $\mu=0,3$ und $r/t=100$ liefert die Formel:

$$\frac{l}{r} = 2.444\sqrt{\frac{t}{r}} = 0.244 \tag{8.528}$$

Die Schale ist innerhalb der Beulwelle flach; das ist die Berechtigung für die Anwendung der im Abschnitt 8.2 hergeleiteten Theorie, die nur für dünnwandige, flache Schalen gilt. Mittels G.8.527 läßt sich abschätzen, ob sich die Randbedingungen auf die Beullast auswirken können; im Rahmen der linearen Theorie liegt G.8.523 stets auf der sicheren Seite.

8.4.4 Lineare Beultheorie torusförmiger Schalen

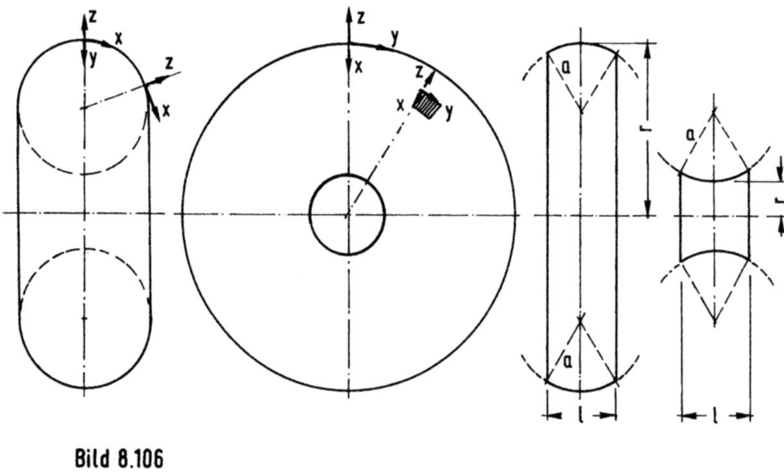

Bild 8.106

B.8.106 zeigt eine Torus-Schale und Elemente hieraus. Gemäß der im Bild vereinbarten Koordinaten gilt:

r_x : konstant $= a$

r_y : variabel $= r$

Da r_y variabel ist, läßt sich mit elementaren Mitteln das Beulproblem von geschlossenen Torusschalen und torusförmigen Schalenelementen nicht lösen. Die linearisierten Beulgleichungen G.8.98/99 enthalten nämlich in r veränderliche Koeffizienten:

$$\begin{aligned} &K\Delta\Delta\bar{w} + \frac{t}{a}\bar{\Phi}^{\bullet\bullet} + \frac{t}{r}\bar{\Phi}'' - N_x\bar{w}'' - N_y\bar{w}^{\bullet\bullet} - 2N_{xy}\bar{w}'^{\bullet} = 0 \\ &\frac{1}{E}\Delta\Delta\bar{\Phi} - \left[\left(\frac{\bar{w}}{r}\right)'' + \frac{\bar{w}^{\bullet\bullet}}{a}\right] = 0 \end{aligned} \tag{8.529}$$

Für schmale Torussegmente ist eine Näherungslösung möglich, die den Einfluß einer positiven bzw. negativen Flächenkrümmung erkennen läßt. Die zylindrische Schale ist als Sonderfall enthalten. Für das betrachtete Segment wird in der Beulgleichung näherungsweise r_y=r=konst. gesetzt. Hierauf bezogen werden die Koordinaten ξ und φ eingeführt:

$$r_y = r = \text{konstant}; \quad \xi = \frac{x}{r}, \quad \varphi = \frac{y}{r} \tag{8.530}$$

Die Ableitungen nach ξ und φ werden mit $(\ )'$ bzw. $(\ )^{\bullet}$ abgekürzt. Dann lauten die Beulgleichungen:

$$K\Delta\Delta\bar{w} + tr\left(\bar{\Phi}'' + \frac{r}{a}\cdot\bar{\Phi}^{\bullet\bullet}\right) - N_x r^2 \bar{w}'' - N_y r^2 \bar{w}^{\bullet\bullet} - 2N_{xy} r^2 \bar{w}'^{\bullet} = 0$$

$$\frac{1}{E}\Delta\Delta\bar{\Phi} - \left(\bar{w}'' + \frac{r}{a}\bar{w}^{\bullet\bullet}\right) = 0 \tag{8.531}$$

(Auf die Kennzeichnung der Beulgrößen wird im folgenden wieder verzichtet.)

Es wird die Herleitung der Beullösung für Manteldruck gezeigt und im Sinne der zuvor erläuterten Näherung

$$N_x \approx 0; \quad N_y \approx -pr; \quad N_{xy} = 0 \tag{8.532}$$

gesetzt. - Wie bei der Kreiszylinderschale wird für w der Ansatz

Beulen torusförmiger Schalenelemente nach STEIN und McELMAN

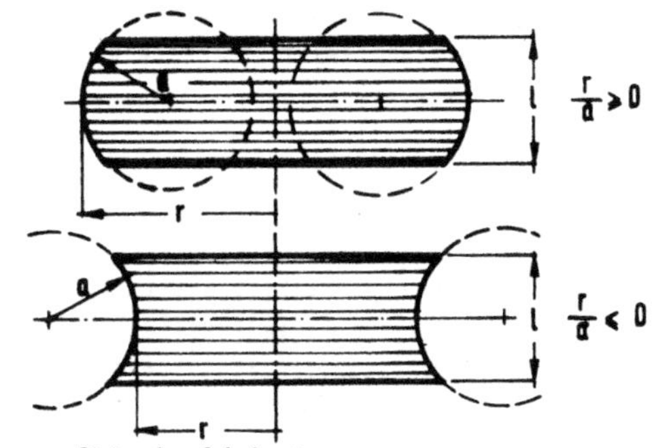

Dicke der Schale: t

$$p_{Ki} = \gamma_{Ki}\cdot\frac{K\pi^2}{l^2 r}$$

$$K = \frac{Et^3}{12(1-\mu^2)}; \quad \gamma_{Ki}: \text{Diagramme}$$

$$Z = \sqrt{1-\mu^2}\cdot\frac{l^2}{rt}$$

Entlang der Ränder unverschiebliche Lagerung quer zur Schalenfläche: "NAVIERsche Randbedingungen"

(1): Äußerer Manteldruck p

(2): Äußerer Behälterdruck

Die Diagramme gelten für $\mu = \frac{1}{3}$

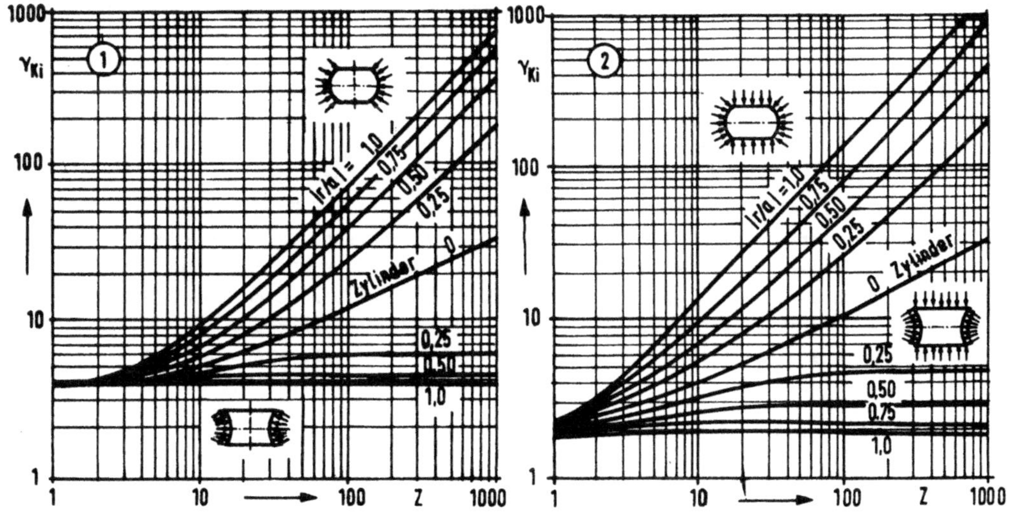

Bild 8.107

$$w = W_{mn} \sin\lambda\xi \cdot \cos n\varphi \; ; \qquad \lambda = \frac{m\pi r}{l} \tag{8.533}$$

gewählt. l ist hierin die Breite des Segmentes. Mit dem entsprechenden Ansatz für Φ

$$\Phi = C \sin\lambda\xi \cdot \cos n\varphi \tag{8.534}$$

folgt aus der zweiten Gleichung G.8.531:

$$C = - E W_{mn} r \frac{\lambda^2 + (r/a) n^2}{(\lambda^2 + n^2)^2} \tag{8.535}$$

Bildet man die Ableitungen von Φ, erkennt man, daß die beim Beulen ausgelösten Längskraftänderungen an den Rändern ($x/l = \pm 1/2$) Null sind, nicht dagegen die sekundären Schubkräfte (vgl. hierzu auch Abschnitt 8.4.2.3/4):

$$N_{xy} = C t \lambda n \cos\lambda\xi \cdot \sin n\varphi \tag{8.536}$$

Wird G.8.535 in die erste Beulgleichung eingeführt, folgt nach kurzer Zwischenrechnung:

$$p_{Ki} = \frac{K\pi^2}{l^2 r} \left[\frac{(m^2 + \bar{n}^2)^2}{\bar{n}^2} + \frac{(m^2 + (r/a)\bar{n}^2)^2}{\bar{n}^2 (m^2 + \bar{n}^2)^2} \cdot \frac{12}{\pi^4} Z^2 \right] \tag{8.537}$$

mit

$$\bar{n} = \frac{n l}{\pi r} ; \qquad Z = \sqrt{1 - \mu^2} \cdot \frac{l^2}{r t} \tag{8.538}$$

Für vorgegebene Abmessungen sind m und n solange zu variieren, bis sich min p_{Ki} ergibt. Die Gesamtheit dieser Minimalwerte läßt sich über dem BATDORF-Parameter Z durch eine geglättete Kurve darstellen; vgl. B.8.107 [8.185]. - Für andere Lastfälle verläuft die Rechnung entsprechend [8.185/187].

8.4.5 Diskrepanzen zwischen Theorie und Experiment

Schon frühzeitig wurde erkannt, daß die in Versuchen bestimmten Grenzlasten druckbeanspruchter Schalen deutlich unter den (nach der linearen Beultheorie) ermittelten theoretischen Werten liegen. Diesem Umstand wurde zunächst durch übergroße Sicherheitsbeiwerte begegnet. Als Ursache für die Diskrepanzen wurde der Einfluß der Imperfektionen erkannt. Von diesen wirken sich die geometrischen Abweichungen von der Sollform in gravierender Weise aus, wobei lokale Vorbeulen wie auch globale Unrundungen gemeint sind. Innere Imperfektionen treten hinzu, von diesen insbesondere die Schrumpfeigenspannungen in Ringnähten, die bei Großausführungen (Silos) Beulungen hervorgerufen haben [8.188/9]. Auch entstehen überall dort, wo die Querverformungen an Rändern (oder entlang Ringsteifen) im Zuge der Lastzunahme behindert werden, Vorkrümmungen, die wie Imperfektionen wirken; deren Einfluß wird indes i.allg. durch die Randeinspannungseffekte kompensiert. Imperfektionen sind zufallsbedingt; die Herstellungsart (manuell / maschinell) bestimmt das Genauigkeitsniveau, auch können während der Nutzungsdauer durch Beschädigungen Vorbeulen entstehen. - Schalenform (abwickelbar / nicht abwickelbar) und Beanspruchungsart kennzeichnen die Imperfektions-Sensitivität. Bei Kreiszylinderschalen unter Achsialdruck ist sie am ausgeprägtesten, hier wurden in ungünstigen Fällen nur 10% der theoretischen Beultragfähigkeit im Versuch realisiert.-Um das Tragverhalten aufzuzeigen, wird ein quadratisches Schalenelement unter Längsdruck untersucht und zwar wird das überkritische Tragverhalten berechnet. Die Lösung für die quadratische Platte gemäß Abschnitt 8.3.8.5 wird auf die Schale erweitert. Grundlage ist das nichtlineare Differentialgleichungssystem

$$\frac{K}{t} \cdot \Delta\Delta w - [\Phi''(w + w_0)^{\bullet\bullet} + \Phi^{\bullet\bullet}(w + w_0)'' - 2\Phi'^{\bullet}(w + w_0)'^{\bullet}] + \Phi'' \frac{1}{r} = 0 \tag{8.539}$$

$$\frac{1}{E} \Delta\Delta\Phi - \frac{w''}{r} + w'' w^{\bullet\bullet} - w'^{\bullet 2} + w'' w_0^{\bullet\bullet} - 2 w'^{\bullet} \cdot w_0'^{\bullet} + w^{\bullet\bullet} w_0'' = 0 \tag{8.540}$$

In diesen Gleichungen wird die Verformung w (im Gegensatz zu T.8.1) von der vorverformten Lage aus gemessen; vgl. B.8.64 und die Anmerkungen im Abschnitt 8.2.7, letzter Absatz.

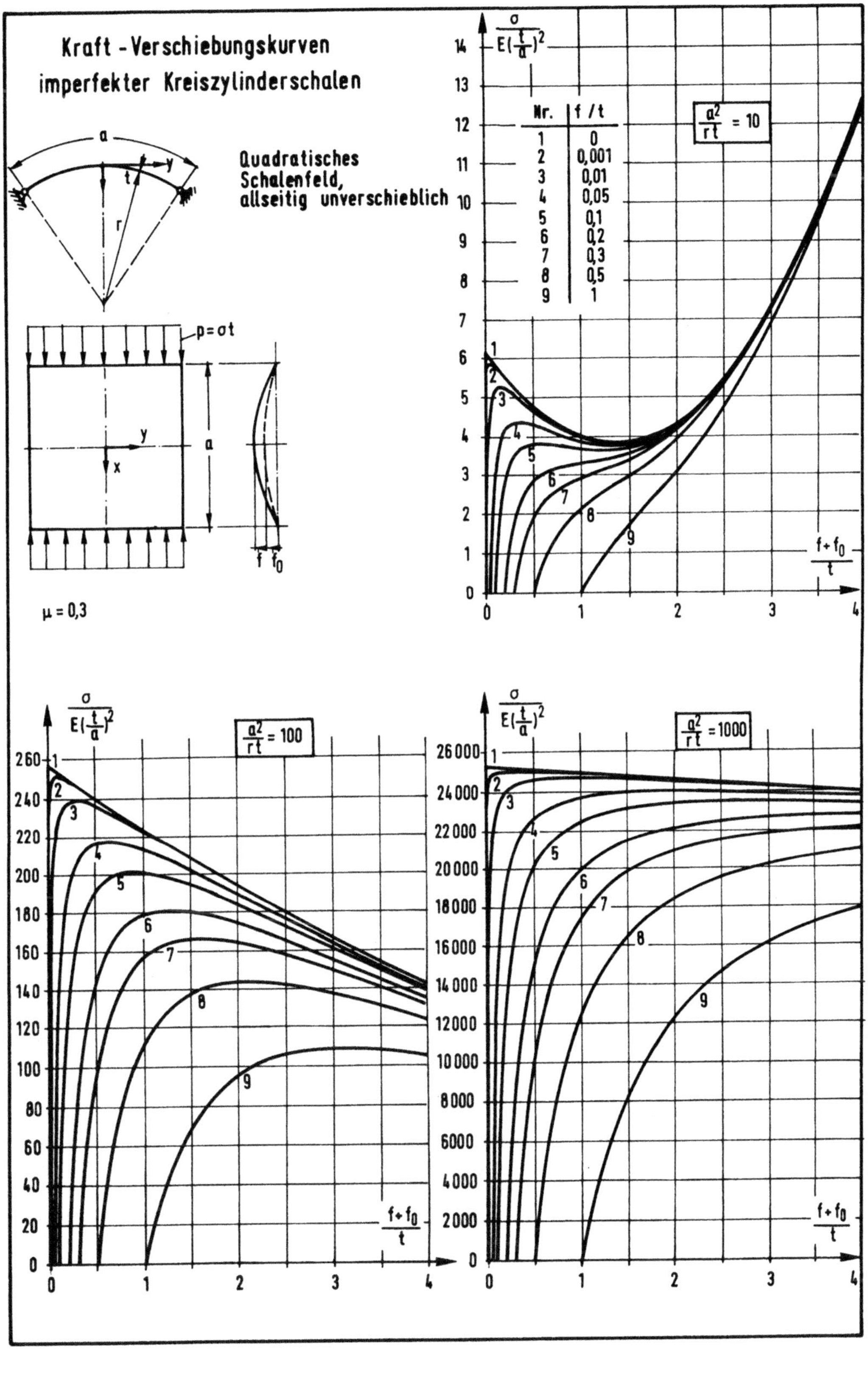

Nr.	f / t
1	0
2	0,001
3	0,01
4	0,05
5	0,1
6	0,2
7	0,3
8	0,5
9	1

Für w_0 und w werden die Ansätze G.8.313 bzw. G.8.316 gewählt; sie lassen sich auch für das anstehende Problem als randbedingungskonform bestätigen. In analoger Erweiterung zu Abschnitt 8.3.8.5 ergibt sich σ als Funktion von f (vice versa) zu:

$$\sigma = E\left(\frac{t}{a}\right)^2\left\{\frac{\pi^2}{3(1-\mu^2)} + \frac{\pi^2}{8}\left[\left(\frac{f}{t}\right)^2 + 3\frac{f}{t}\cdot\frac{f_0}{t} + 2\left(\frac{f_0}{t}\right)^2\right] + \frac{1}{4\pi^2}\left(\frac{a^2}{rt}\right)^2 + \frac{4}{\pi^2}\left(\frac{a^2}{rt}\right)\left(\frac{5}{6}\frac{f}{t} + \frac{f_0}{t}\right)\right\}\frac{f}{f+f_0} \qquad (8.541)$$

Auf T.8.14 sind für drei frei gewählte Parameter

$$\frac{a^2}{rt} = 10,\ 100,\ 1000,$$

die σ-f-Kurven (in bezogener Form) aufgetragen; vgl. auch B.8.65. Die bezogenen Vorverformungspfeile f_0/t variieren zwischen 0 bis 1. Werden a und t festgehalten, sind den vorstehenden Parametern ansteigende Krümmungen zugeordnet; entsprechend steigen die Verzweigungsspannungen an ($f_0=0$). Der zugehörige Gleichgewichtszustand ist indes labil: Die Schale schlägt durch. Bei geringen Vorverformungen liegt ein Divergenzproblem vor, bei größeren ein Spannungsproblem; vgl. auch B.1.75.
Mit der vorstehenden Lösung ist das Dilemma aufgezeigt, das der Schalen-Beultheorie anhaftet und das es so schwierig macht, für die Praxis verläßliche Bemessungsgrundlagen aufzubereiten. Eine adäquate Lösung kann nur auf probabilitischer Grundlage gelingen: Für eine ausreichend große Grundgesamtheit wären Größe und Muster der geometrischen Imperfektionen an ausgeführten Strukturen zu vermessen und statistisch auszuwerten. Hiervon ausgehend wäre -basierend auf der geometrisch-nichtlinearen Theorie großer Verformungen- eine probabilistische Theorie zu entwickeln. Eine "Abminderung" in den plastischen Bereich hinein wäre darüberhinaus erforderlich. Das Ergebnis wären Fraktilen unterschiedlicher Grenzlastwahrscheinlichkeiten. Derartige Untersuchungen stehen mangels verfügbarer Meßwerte an Großausführungen noch aus. Für die Aufbereitung baupraktischer Nachweisformen bleibt daher derzeit nichts anderes übrig, als die an Versuchskörpern gefundenen Grenzlastwerte auf Großausführungen zu übertragen und den Sicherheitsfaktor in Abhängigkeit vom gut- oder bösartigen Verhalten des Problems zu wählen. Dieser Weg wurde bei der im Jahre 1980 eingeführten DASt-Ri 013 (Richtlinie für die Bemessung stabilitätsgefährdeter Schalen aus Stahl) beschritten, die u.a. auf den Arbeiten von BORNSCHEUER [8.189], ESSLINGER, SCHULZ und SAAL beruht.

Das Schrifttum zur Schalentheorie ist außerordentlich umfangreich. Auf eine vertiefte Darlegung muß hier verzichtet werden. Auf folgende Monographien wird besonders hingewiesen: PFLÜGER [0.6], KOLLAR/DULACSKA [0.13], BRUSH/ALMROTH [0.26], JOHNSTON [0.27], WOLMIR [0.42], BAKER/KOVALEVSKY/RISH [8.190], ESSLINGER/GEIER [8.191/2]; in diesen Büchern ist das Schrifttum ausführlich dokumentiert; vgl. auch die Übersichtsbeiträge [8.193/6] und die EKS-Empfehlungen [8.197].

8.4.6 Baupraktische Nachweisformen

8.4.6.1 Vorbemerkungen

Wie erläutert, kann die praktische Bemessung stabilitätsgefährdeter Schalen und Schalenelemente auf die nach der linearen Theorie berechneten Beullasten nicht abgestellt werden; die lineare Theorie ist allenfalls in der Lage, den Einfluß der Randbedingungen aufzuzeigen und damit z.B. Abgrenzungskriterien für kurze, mittellange und lange Kreiszylinderschalen zu liefern. - Den Verzweigungslasten der perfekten Schalen sind keine indifferenten Nachbarlagen (wie bei Knickstäben und Kippträgern) und schon gar keine stabilen (wie bei umfangsgelagerten Platten) zugeordnet (vgl. B.8.108): Die Schalen schlagen bei kraftschlüssiger Belastung (Gewichtsbelastung) in einen stark zusammengedrückten Zustand durch, bei verformungsschlüssiger Belastung sinkt die Tragfähigkeit schlagartig ab, es wird eine Nach-

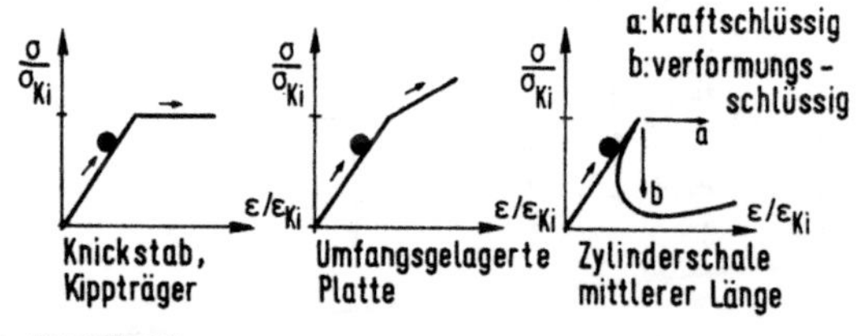

Bild 8.108

beulkurve durchlaufen [8.198]. Es stellen sich rautenförmige Beulen ein, deren überwiegender Anteil nach innen gerichtet ist, die Umfangszahl ist nur ca. halb so groß wie es die lineare Theorie vorhersagt. - Das Nachbeulverhalten wurde eingehend untersucht und durch Einbeziehung immer größerer FOURIER-Gliederzahlen für das Nachbeulmuster zugeschärft. Für die achsial beanspruchte Kreiszylinderschale hat es Jahrzehnte bedurft, bis das in B.8.109 skizzierte Nachbeuldiagramm von ALMROTH (1963) [8.199] berechnet werden konnte: DONNEL (1934), KÁRMÁN/TSIEN (1941), LEGGET/JONES (1942), MICHELSEN (1948), KEMPER (1953). Für andere Lastarten und Schalenformen gilt ähnliches. Nach neueren Untersuchungen von KRÄTZIG/WITTEK/FRITZ [8.200/202] kann das Nachbeul-Lastniveau aus einer Theorie der quasi-verzerrungsfreien Verformungen bestimmt werden. Eine verzerrungsfreie Formänderung ist eine solche, bei der in der Schale keine Membrankräfte geweckt werden [8.203], vgl. auch [8.204]. - Die Abstellung der Bemessung auf die Nachbeullast würde zwar auf der sicheren Seite liegen (und wurde in den 60er Jahren erwogen), sie ist indes zu unwirtschaftlich. Brauchbarere Grenzwerte wären die Divergenzlasten der imperfekten Schale, die zwischen den Verzweigungs- und Nachbeullasten liegen (vgl. B.8.1 rechts). Auch diese wurden theoretisch für unterschiedliche Vorbeulmuster berechnet, z.B. von DONNEL/WAN, THIELEMANN/DREYER u.v.a. In Abhängigkeit vom Muster und insbesondere vom Verhältnis Vorbeulamplitude zu Wanddicke ergeben sich unterschiedliche Grenzlasten; je größer dieses Verhältnis ist, umso größer ist die Abminderung gegenüber der Verzweigungslast und zwar unterschiedlich in Abhängigkeit von der Imperfektions-Sensitivität des jeweiligen Schalen- und Lasttyps (KOITERS Sensitivitätstheorie). Auch dieser (deterministische) Weg konnte offensichtlich keine brauchbaren Bemessungslasten liefern. Immerhin hat die mit so großem Einsatz betriebene Schalenbeulen-Forschung die Versagensmechanismen aufdecken und die großen Streuungen bei den Beulversuchen erklären können. - Die praktischen Bemessungskonzepte werden an den Versuchswerten dieser Beulversuche orientiert, indem eine untere Fraktile des Streubereiches vereinbart wird. Die Zahl der Beulversuche ist sehr groß; leider stehen nahezu ausnahmslos Experimente an Modellschalen zur Verfügung und das aus unterschiedlichsten Materialien und mit unterschiedlichsten Versuchsbedingungen.

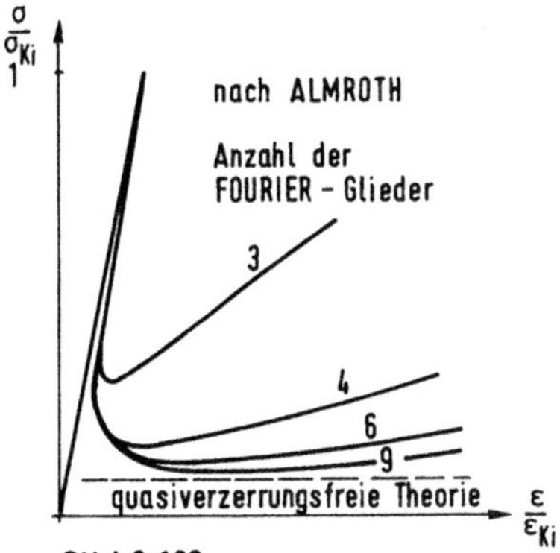

Bild 8.109

Nur einige Baubestimmungen enthalten derzeit (in der Bundesrepublik Deutschland, 1979) Rechenanweisungen für Beulnachweise: DIN 4119 (Tankbauwerke), DIN 4133 (Stahlschornsteine), DIN 11622/4 (Gärfutterbehälter), DIN 15018/1 (Krane); in den genannten Normen wird ν_H=1,7 und ν_{HZ}=1,5 verlangt. In DIN 1045 ist für Stahlbetonschalen ν=5,0 vorgeschrieben. - Es ist ein bedeutender Fortschritt, daß mit der 1980 eingeführten DASt-Ri 013 für den Stahlbau eine Richtlinie für den einheitlichen Nachweis beulgefährdeter Schalen zur Verfügung steht; die Richtlinie regelt zunächst nur den Nachweis unversteifter Schalen; sie berücksichtigt die EKS-Empfehlungen [8.197] und schreibt sie teilweise fort. Wegen des großen Imperfektionseinflusses gelten die Regeln nur innerhalb einer definierten Güteklasse, gekennzeichnet durch die Einhaltung eines bestimmten Vorbeulmaßes t_V. Die Vorschreibung ist konsequent, deren Überprüfung dürfte indes im Zuge der bauaufsichtlichen Nachweispflicht mit Schwierigkeiten verbunden sein. Ggf. wird man den produzierenden Firmen ein Befähigungstestat für die Einhaltung des vorgeschriebenen Gütemaßes ausstellen (analog wie beim Befähigungsnachweis für das Schweißen nach DIN 4100). Ein Nachweis im Einzelfalle ist unpraktikabel und auch im Hinblick auf das hohe Fertigungsniveau der Stahlbauanstalten unangemessen. Wie in B.8.110a/c dargestellt, beträgt die Meßlänge l_M für Bereiche außerhalb von Schweißnähten

$$50\,\text{cm} \leq l_M = 4\sqrt{rt} \leq 200\,\text{cm} \qquad (8.542)$$

und im Bereich von Ringnähten:

$$l_M = 4\sqrt{rt} \leq 50\,\text{cm} \qquad (8.543)$$

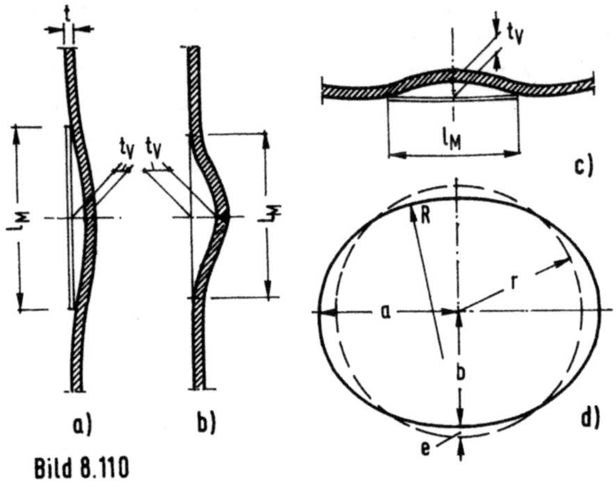

Bild 8.110

Verlangt wird:

$$\text{Vorbeultiefe}: \; t_V \leq 0{,}01\, l_M \qquad (8.544)$$

Vorbeulen sind dann besonders gefährlich, wenn sie nach innen gerichtet sind und Form und Abmessung mit denen des Nachbeulmusters übereinstimmen. Im Falle des achsial gedrückten Zylinders beträgt die Vorbeullänge nach der linearen Theorie ca. $1{,}7\sqrt{rt}$ (vgl. G.8.471), die Beule des Nachbeulmusters ist etwa doppelt so groß, das erklärt G.8.542/3. Im Vergleich zu den kurzwelligen Vorbeulen haben globale Unrundungen (Ovalisierungen) nur eine geringe Bedeutung; hierzu folgende Abschätzung: Wird ein Kreis mit dem Umfang $U=2\pi r$ in eine Ellipse gleichen Umfangs mit den Halbmessern a und b verformt (vgl. B. 8.110d) und ist e das Unrundmaß, findet man für den größeren Krümmungsradius R die Formel:

$$\frac{R}{r} = \frac{1}{(1-\frac{e}{r})}\cdot\frac{1}{81}\cdot\left[5 + 7\frac{e}{r} + 4\sqrt{1+\frac{e}{r} - 2\left(\frac{e}{r}\right)^2}\,\right]^2 \qquad (8.545)$$

Um diese Formel abzuleiten, wird der Ellipsenumfang mit dem Kreisumfang gleichgesetzt:

$$U \approx \pi\left[\frac{3}{2}(a+b) - \sqrt{ab}\,\right], \quad b = r - e, \quad R = a^2/b \qquad (8.546)$$

Für e/r=0,01; 0,02; 0,03 findet man R/r=1,03030; 1,06122; 1,0928. Hiermit kann die Abminderung der Beullast auf der abgeplatteten Seite abgeschätzt werden. - Unterschiedliche Fundamentsetzungen und Winkelschrumpfungen in Ringnähten sind gefährliche Imperfektionen. Auch können Randstörungen, Spannungskonzentrationen und Öffnungen als Imperfektionen gedeutet werden.

Die Nachweisformen der DASt-Ri 013 orientieren sich an den Verzweigungsspannungen der linearen Theorie; diese werden um unterschiedliche α-Faktoren reduziert. Die α-Werte erfassen die form- und lastfallabhängigen Imperfektionsabminderungen: $\sigma_U=\alpha\cdot\sigma_{Ki}$. Sofern σ_U aus dem elastischen Bereich herausfällt, wird die Grenzspannung nach einer empirischen Formel bestimmt. - Ähnliche Konzepte wurden auch von anderer Seite entwickelt, vgl. z.B. [8.190]. Ein ausführlicher Kommentar zur DASt-Ri 013, der insbesondere das Sicherheitskonzept erläutert, wäre wünschenswert.

8.4.6.2 Kreiszylinderschalen unter Achsialdruck und Biegedruck

Dieser Fall hat die größte praktische Bedeutung; er ist wegen der hohen Imperfektionsempfindlichkeit der gefährlichste. Die Nachweisformen hängen von der bezogenen Länge ab. Kurze Schalen sind solche, bei denen die Randbedingungen die Grenzlasten beeinflussen, lange Schalen sind solche, bei denen eine Interaktion Beulung / Knickung eintritt. Dazwischen liegen die mittellangen Schalen. Die Abgrenzungskriterien lauten nach der DASt-Ri 013:

$$\text{kurze Schalen}: \; \frac{l}{r} < \frac{8}{\sqrt{r/t}}, \quad \text{lange Schalen}: \; \frac{l}{r} > 0{,}50\sqrt{\frac{r}{t}} \qquad (8.547)$$

Kreiszylinderschalen <u>mittlerer</u> Länge (vgl.G.8.469/470):

$$\sigma_{Ki} \equiv \sigma_{xKi} = 0{,}605\, E\frac{t}{r}, \quad \alpha = \frac{0{,}52}{\sqrt{1+\frac{1}{100}\frac{r}{t}}}, \quad \sigma_U = \alpha\cdot\sigma_{Ki} \quad \text{(elastischer Bereich)} \qquad (8.548)$$

$$\text{im Falle } \alpha\sigma_{Ki} > 0{,}4\,\sigma_F: \; \sigma_U = \left[1 + 0{,}434\left(0{,}2 - \sqrt{\frac{\sigma_F}{\alpha\,\sigma_{Ki}}}\right)\right]\sigma_F \quad \text{(plastischer Bereich)} \qquad (8.549)$$

Kreiszylinder <u>kurzer</u> Länge sind wie Plattenstreifen, d.h. plattenförmige Stäbe mit der Dicke t, unter Berücksichtigung der Randbedingungen (Knicklänge) nachzuweisen. Bei Kreiszylindern großer Länge handelt es sich um Schalenrohre mit stabförmiger Erstreckung. Neben dem Knicknachweis für das ganze Rohr ist ein ergänzender Beulnachweis in Abhängigkeit von den Randbedingungen zu führen; diese sind:

RB 2	starre Einspannung	(C4: clamped edges)
RB 3	gelenkige Lagerung	(S3: simply supported)
RB 4	freies Ende	(F: free edges)

Das Abgrenzungskriterium zu langen Schalen (G.8.547) wurde so vereinbart, daß hierbei das Beulmuster RB 2 der linearen Theorie von n=3 auf n=2 Umfangswellen übergeht.- Für Biegedruckbereiche darf nach der DASt-Ri 013 mit $1{,}2\cdot\alpha\cdot\sigma_{Ki}$ (anstelle G.8.548) gerechnet werden, d.h. es ist ein genereller Erhöhungsfaktor $\alpha_B=1{,}2$ zugelassen. - Bei Druck und Biegung setzt sich die Spannung aus $\sigma=\sigma_N+\sigma_M\cdot\cos\varphi$ zusammen; demgemäß empfiehlt es sich, anstelle des Pauschalwertes $\alpha_B=1{,}2$ mit

$$\alpha_B = \frac{\sigma_N + \sigma_M}{\sigma_N + 0{,}83\sigma_M}\alpha \leq 1{,}2 \qquad (8.550)$$

zu rechnen.

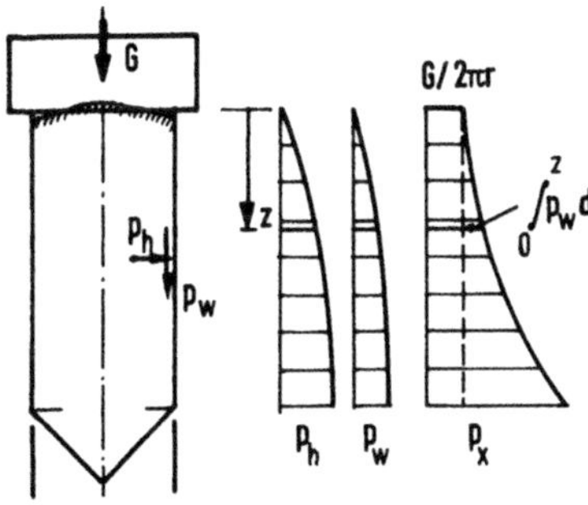

Bild 8.111

Bei Innendruck (z.B. stehende Fluid- und Silobehälter, B.8.111) bewirkt die Ringzugspannung eine Versteifung der Behälterwandung; sofern sie immer wirksam ist, kann nach der EKS-Empfehlung [8.197] mit

$$\alpha = \alpha_0 + (1-\alpha_0)\frac{\rho}{\rho+0{,}007}\ ;\ \rho = \frac{p_h}{E}\cdot\frac{r}{t}\sqrt{\frac{r}{t}} \qquad (8.551)$$

gerechnet werden. α_0 ist mit α nach G.8.548 identisch; p_h ist der Innendruck.

Liegende Flüssigkeitsbehälter wurden in [8.206] untersucht.

Neben der Beulformel G.8.548 waren in den zurückliegenden Jahrzehnten andere im Gebrauch:

DIN 15018/1 (Krane): $\alpha=0{,}33$ (hiermit sollten Herstellungsungenauigkeiten bis zur Größe t/2 berücksichtigt sein). DIN 4133 (Schornsteine aus Stahl):

$$\alpha = \frac{1}{0{,}605(2+5\,e/t)} \quad \text{mit} \quad \frac{e}{t} = \frac{10[\text{mm}]}{t} + \frac{1}{100}\cdot\frac{r}{t} \geq 1 \qquad (8.552)$$

Setzt man zum Vergleich mit der neuen Regelung e/t gemäß G.8.544 an, folgt:

$$\frac{e}{t} = \frac{t_v}{t} = \frac{0{,}01\cdot l_M}{t} = \frac{0{,}01}{t}4\sqrt{rt} = 0{,}04\sqrt{\frac{r}{t}} \longrightarrow \alpha = \frac{1}{1{,}210+0{,}1210\sqrt{r/t}} \qquad (8.553)$$

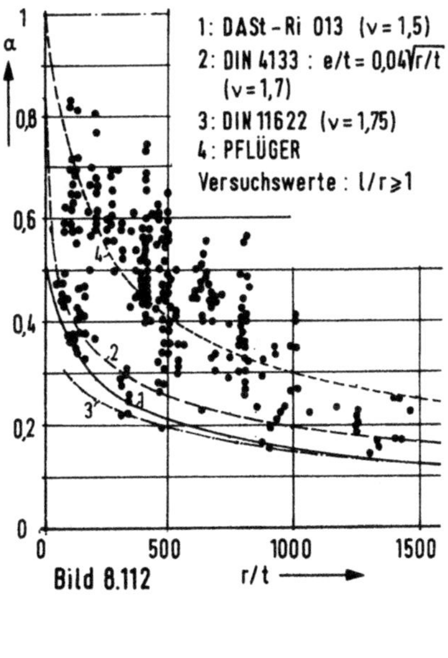

Bild 8.112

In B.8.112 sind die α-Werte nach G.8.548 und G.8.553 gegenübergestellt. Außerdem ist die von PFLÜGER [8.205] angegebene Formel für die Durchschlaglast aufgenommen:

$$\alpha = \frac{1}{\sqrt{1+\frac{1}{100}\left(\frac{r}{t}\right)}} \qquad (8.554)$$

Für den Bereich des Leichtbaues wurden folgende Formeln vorgeschlagen: 1: WAGNER/BALLERSTEDT (1936); 2:WEINGARTEN/MORGAN/SEIDE,NASA (1960):

$$1:\ \alpha = 0{,}2+0{,}83\frac{t}{r}\left(\frac{r}{l}\right)^2\ ;\ 2:\ \alpha = 1-0{,}9\left(1-e^{-\frac{1}{16}\sqrt{\frac{r}{t}}}\right) \qquad (8.555)$$

Die Formeln liefern höhere Werte, was auf der höheren Fertigungsgenauigkeit von Luftfahrtkonstruktionen beruht; auch sind sie an höheren Schalenschlankheiten r/t orientiert.

Für die Abminderung im plastischen Bereich existieren auch diverse Vorschläge. In DIN 4119A und DIN 4133A war wie beim Plattenbeulen abzumindern.

In zylindrischen Rohrschalen (Stahlschornsteinen, Rohrmasten) sind i.a. Öffnungen unumgänglich und das vielfach in Bereichen mit höchster Beanspruchung (Fuchsöffnungen, Einstiegluken). Derartige Wanddurchbrüche stellen extreme Imperfektionen dar, der Spannungszustand wird stark geändert. Ohne Aussteifungen beult die Schale vorzeitig, die Scheitel biegen sich nach innen, die Kämpfer nach außen; die Öffnungsform ist praktisch ohne Einfluß, maßgebend ist das Verhältnis a/r [8.207/208]; bis zu Öffnungsweiten (Löchern) $a/\sqrt{rt}$ =0,5 bleibt die Beulgrenzlast praktisch unbeeinflußt, darüberhinaus setzt ein starker Abfall ein. Scharfkantige Ausschnitte sind ungünstig, Ausrundungsradien $\approx a/3$ sind empfehlenswert (B.8.113). Eingeschweißte Rahmen und Ringe (einschließlich Fuchsrohranteile) sind wenig wirksam (Teilbild b). Bei kleinen Öffnungen sind aufgeschweißte Pflaster (Randkragen) günstiger; größere Öffnungen erfordern Steifen in Richtung der Zylindererzeugenden;

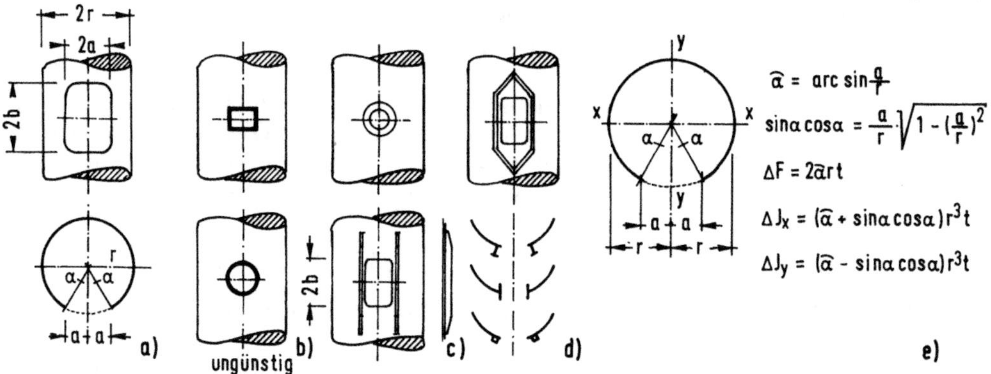

Bild 8.113

sie müssen ausreichend vorgebunden werden (ca. 1,5 bis 2a); vgl. Teilbild c. Zusammengeführte Steifen ergaben in Versuchen hohe Tragfähigkeiten [8.209], die Steifen können offen oder geschlossen sein (B.8.113d). - Es ist anzustreben, daß im Bereich der Schwächung durch die Steifen Querschnittsfläche und Trägheitsmoment des ausfallenden Wandteiles mindestens ersetzt werden und die Lage der Schwerachse in Annäherung erhalten bleibt. Die Steifen sind auf Knicken aus der Mantelebene nachzuweisen, $s_K \approx 2(a+b)$; die Außermittigkeit der Druckkraft in den Steifen ist zu berücksichtigen.

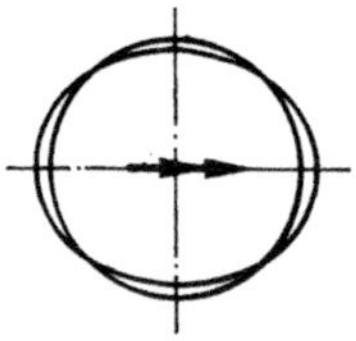

Bild 8.114

Bei langen, unausgesteiften Rohrschalen stellt sich eine Doppelwelle als Beulform ein (B.8.114), vgl. B.8.100/101. Durch diesen Abplattungseffekt (BRAZIER-Effekt) sinkt die Knicklast, vice versa; innerhalb des abgeplatteten Bereiches fällt die Beule ein. Die Regelung in der DASt-Ri 013 beruht u.a. auf einer Untersuchung von SAAL/KAHMER /HEIM [8.210]. Stahlschornsteine sind gemäß G.8.547 praktisch immer langen Schalen zuzuordnen, wenn ihre Mündungshöhe h mit der Länge l gleichgesetzt wird ($l \approx 2\cdot h/2$). Bei abgestuften Wanddicken ist zweckmäßig

$$\text{mittl. } t = \frac{1}{h}\sum_m t_i \cdot h_i \qquad (8.556)$$

zu bilden, um das Abgrenzungskriterium zu prüfen. Bei Stahlschornsteinen liegt l/r in vielen Fällen im Bereich 60 bis 80. Es empfiehlt sich immer, Ringsteifen einzubauen, dann können die Nachweise für mittelschlanke Schalen geführt werden (G.8.548/9); der Ringsteifenabstand sollte höchstens 15·r (DIN4133A:10r) betragen; das Kriterium G.8.547 ist nach M.d.V. zu eng gefaßt.

8.4.6.3 Kreiszylinderschalen unter Mantel- und Behälterdruck

In den Versuchen zeigt sich eine bessere Obereinstimmung mit der Theorie als bei Längsdruck [8.211]; ein Abminderungsfaktor 0,7 wird allgemein angesetzt, so auch in der DASt-Ri 013. Als Referenzspannung für σ_{Ki} kann bei beidseitiger gelenkiger Lagerung von G.8.494/8 ausgegangen werden, sofern es sich um Kreiszylinder mittlerer Länge handelt:

$$\frac{20}{\sqrt{r/t}} \leq \frac{l}{r} \leq 1{,}63\,c\sqrt{r/t} \qquad (8.557)$$

Andere Randbedingungen lassen sich durch einen Faktor erfassen:

$$\sigma_{Ki} \equiv \sigma_{yKi} = c\frac{0{,}855}{\sqrt[4]{(1-\mu^2)^3}}E\left(\frac{r}{l}\right)\left(\frac{t}{r}\right)^{3/2}, \quad \sigma_{Ki} = c\cdot 0{,}92\,E\left(\frac{r}{l}\right)\left(\frac{t}{r}\right)^{3/2} \quad (\mu = 0{,}3) \qquad (8.558)$$

Diese Lösung geht auf RESINGER und GREINER [8.212/213] zurück.-Bei Ringsteifenanordnung führt ein Wandbeulen zwischen den Steifen noch nicht zum Versagen, es tritt eine Umlagerung ein. Ist l der Steifenabstand, berechnet sich die Beullast gemäß G.6.472/477 (normaltreue Belastung) zu:

$$p_{Ki}\cdot l = \frac{3(EJ_S)}{r\cdot r_S^2}; \; r_S: \text{Radius der Steife; wirksame Breite } b_R = 1{,}55\sqrt{rt} \leq l \qquad (8.559)$$

Vgl. auch [8.197] und [8.214/215/216].

8.4.6.4 Kreiszylinderschalen unter Torsions- und Schubbelastung

Versuche und Theorie stimmen leidlich überein; die Imperfektionsabminderung wurde zu 0,6 bis 0,8 vorgeschlagen, in der DASt-Ri 013 ist 0,65 vorgeschrieben.

8.4.6.5 Kreiszylinderschalen unter kombinierter Beanspruchung

Theoretisch und experimentell ist dieser Beanspruchungszustand noch nicht sehr eingehend untersucht [8.217]; man wählt daher eine (auf der sicheren Seite liegende) Plausibilitäts-Interaktion; vgl. hierzu auch Abschnitt 8.3.4.

8.4.6.6 Nichtkreisförmige Zylinderschalen und Kegelschalen

Bei nichtkreisförmigen Zylinderschalen (dieser Fall kann z.B. bei Tonnenschalen vorliegen [6.140]), wird innerhalb des beulgefährdeten Bereiches ein lokaler Krümmungskreiszylinder einbeschrieben. Ähnlich kann bei Kegelschalen verfahren werden: $r_{Zylinder} = r_{Kegel}/\cos\chi$; χ: halber Spitzenwinkel.

8.4.6.7 Kugelschalen

Kugelschalen sind in hohem Maße imperfektionsanfällig. Schalen mit größerem Öffnungswinkel beginnen von den Rändern her zu beulen, die Behinderung der Membranverformungen wirkt im Sinne eines Imperfektionseinflusses. Wichtig ist eine weitgehend unverschiebliche Kämpferlagerung. - Als Referenzspannung dient G.8.523, modifiziert für unterschiedliche Randbedingungen.

Bezüglich versteifter Schalen vgl. DIN 4119 und [0.27].

8.4.6.8 Schalen mit positivem und negativem Krümmungsmaß

Im Abschnitt 8.4.4 wurde am Beispiel äquatorialer Toruselemente der große Einfluß des Krümmungsmaßes auf die Beullasten aufgezeigt; vgl. hierzu auch [8.218]. Von WURM [8.219] und insbesondere von MUNGAN [8.220] wurden Dimensionierungshilfen angegeben.

8.4.6.9 Hyperbolische Kühlturmschalen

Basierend auf der intensiven Beulforschung für Kühlerschalen durch ZERNA/KRÄTZIG und Mitarbeitern konnten abgesicherte Nachweisformate entwickelt werden [8.221/222].

Anhang

Anhang I Einführung in die Variationsrechnung

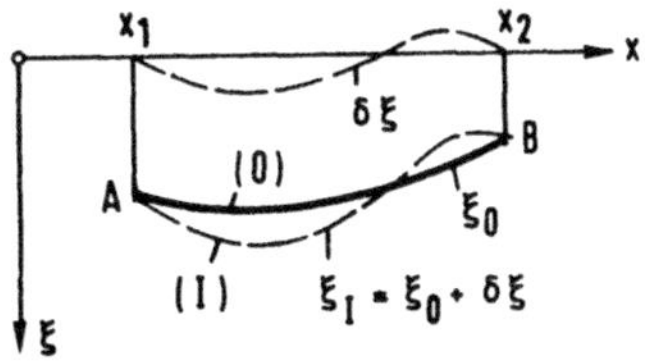

Bild I.1

Ein physikalischer Tatbestand werde durch den Funktionstyp

$$F = F(\xi, \xi'; x) \tag{I.1}$$

mathematisch beschrieben. Die Lösung $\xi = \xi(x)$ des Problems sei dadurch gekennzeichnet, daß das Integral über das Funktional F zwischen den festen Grenzen x_1, x_2 einen Extremalwert, z.B. ein Minimum, annimmt:

$$J = \int_{x_1}^{x_2} F(\xi, \xi'; x)\,dx = \text{Extremum!} \tag{I.2}$$

Die Lösung derartiger Problemstellungen fällt in das Gebiet der Variationsrechnung [1.19-1.22, I.1].

Die zur Lösung von G.I.2 zur Konkurrenz zugelassenen Lösungen sind i.allg. einer oder mehreren Nebenbedingungen unterworfen, so soll im folgenden angenommen werden, daß die gesuchte Lösungskurve $\xi = \xi(x)$ durch die Punkte A (ξ_1, x_1) und B (ξ_2, x_2) verläuft, vgl. B.I.1. Die im Bild eingezeichnete Kurve $\xi_0 = \xi_0(x)$ sei die gesuchte Extremale. Wird ihr eine beliebige Kurve $\varepsilon \cdot \alpha(x)$ überlagert, wobei $\alpha(x)$ die Eigenschaft haben soll, für $x = x_1$ und $x = x_2$ zu verschwinden, muß das Integral J, genommen über die Kurve $\xi_I(x) = \xi_0(x) + \varepsilon \cdot \alpha(x)$, einen größeren Wert als für die Kurve $\xi_0(x)$ haben, wenn das Integral über ξ_0 ein Minimum hat oder einen kleineren Wert, wenn das Integral über ξ_0 ein Maximum hat. $\xi_I(x) = \xi_0(x) + \varepsilon \cdot \alpha(x)$ mit dem freien Parameter ε stellt geometrisch eine Kurvenschar dar, in welche die Extremale mit dem Parameter $\varepsilon = 0$ eingebettet ist. Setzt man diese Kurvenschar in G.I.2 ein, wird J eine Funktion von ε:

$$J(\varepsilon) = \int_{x_1}^{x_2} F(\xi, \xi'; x)\,dx = \text{Extremum!} \tag{I.3}$$

Hierin sind jetzt:

$$\xi \equiv \xi_I = \xi_0 + \varepsilon \cdot \alpha \qquad \xi' \equiv \xi_I' = \xi_0' + \varepsilon \cdot \alpha' \tag{I.4}$$

$J(\varepsilon)$ wird in eine TAYLOR-Reihe entwickelt, wobei ξ und α als feste, vorgegebene Funktionen und ε als veränderlicher Parameter aufgefaßt werden. $J(\varepsilon)$ wird nach ε entwickelt:

$$J_I = J(0 + \varepsilon) = J_0 + \varepsilon \frac{dJ_0}{d\varepsilon} + \frac{\varepsilon^2}{2!} \cdot \frac{d^2 J_0}{d\varepsilon^2} + \ldots \tag{I.5}$$

Wird in dieser Reihe

$$\delta J_0 = \varepsilon \cdot \frac{dJ_0}{d\varepsilon}, \quad \delta^2 J_0 = \varepsilon^2 \frac{d^2 J_0}{d\varepsilon^2}, \ldots \tag{I.6}$$

geschrieben und nennt man die Terme erste, zweite, ... Variation von J_0, so muß als notwendige Bedingung für ein Extremum von J_0 gefordert werden, daß die erste Variation von J_0 verschwindet: Da $J(\varepsilon)$ voraussetzungsgemäß die Eigenschaft hat, für $\varepsilon = 0$ ein Extremum anzunehmen, muß ihre Ableitung nach ε (für $\varepsilon = 0$) Null sein. Da die Integrationsgrenzen fest sind, darf die Differentiation unter dem Integral durchgeführt werden. – Bevor die Bedingung $\delta J_0 = 0$ weiter entwickelt wird, soll bewiesen werden, daß das Variationssymbol δ und das Differentiationssymbol d gegenseitig vertauschbar sind. In dem Ansatz

$$\xi_I = \xi_0(x) + \varepsilon \cdot \alpha(x) \tag{I.7}$$

wird üblicherweise $\varepsilon \cdot \alpha(x)$ gleich $\delta\xi = \delta\xi(x)$ gesetzt und diese kleine Zusatzfunktion als

Variationsrechnung - EULER'sche Gleichungen

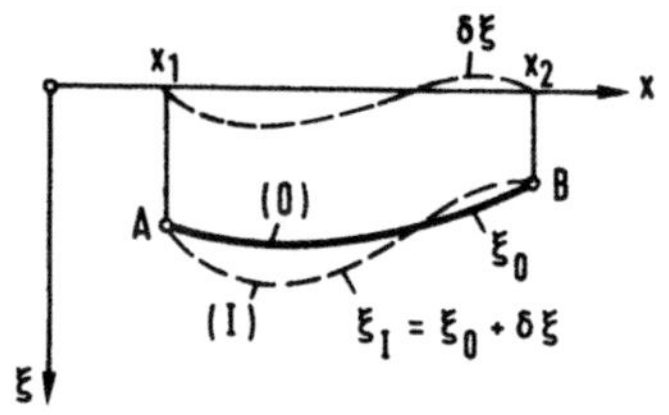

Eine physikalische Aussage werde durch das Funktional

$$F = F(\xi, \xi'; x)$$

mathematisch beschrieben. Hierin ist $\xi = \xi(x)$ die gesuchte Funktion, die der Extremalbedingung

$$J = \int_{x_1}^{x_2} F(\xi, \xi'; x)\,dx = \text{Extremum!} \quad \begin{matrix}\text{Minimum}\\ (\text{Maximum})\end{matrix}$$

genügen soll. ξ nennt man Extremale und ist in

$$J = (\xi + \delta\xi) = J(\xi) + \delta J(\xi) + \frac{1}{2!}\delta^2 J(\xi) + \frac{1}{3!}\delta^3 J(\xi) + \ldots$$

eingebettet. J = Extremum! ist gleichwertig mit der Bedingung, daß die erste Variation δJ Null ist. Die partielle Integration von δJ liefert die EULER'schen Gleichungen.

1. Variation einfacher Integrale (unabhänige Variable: x); $\partial(\;)/\partial x = (\;)'$

1.1. Die Grundfunktion F enthält eine abhängige Funktion von x: $\xi(x)$

$$\delta J = \delta \int_{x_1}^{x_2} F(\xi, \xi'; x)\,dx = 0: \qquad \frac{\partial F}{\partial \xi} - \left(\frac{\partial F}{\partial \xi'}\right)' = 0$$

$$\delta J = \delta \int_{x_1}^{x_2} F(\xi, \xi', \xi''; x)\,dx = 0: \qquad \frac{\partial F}{\partial \xi} - \left(\frac{\partial F}{\partial \xi'}\right)' + \left(\frac{\partial F}{\partial \xi''}\right)'' = 0; \quad \frac{\partial F}{\partial \eta} - \left(\frac{\partial F}{\partial \eta'}\right)' + \left(\frac{\partial F}{\partial \eta''}\right)'' = 0$$

1.2. Die Grundfunktion F enthält zwei abhängige Funktionen von x: $\xi(x)$, $\eta(x)$

$$\delta J = \delta \int_{x_1}^{x_2} F(\xi, \xi', \eta, \eta'; x)\,dx = 0: \qquad \frac{\partial F}{\partial \xi} - \left(\frac{\partial F}{\partial \xi'}\right)' = 0; \quad \frac{\partial F}{\partial \eta} - \left(\frac{\partial F}{\partial \eta'}\right)' = 0$$

$$\delta J = \delta \int_{x_1}^{x_2} F(\xi, \xi', \xi'', \eta, \eta', \eta''; x)\,dx = 0: \qquad \frac{\partial F}{\partial \xi} - \left(\frac{\partial F}{\partial \xi'}\right)' + \left(\frac{\partial F}{\partial \xi''}\right)'' = 0; \quad \frac{\partial F}{\partial \eta} - \left(\frac{\partial F}{\partial \eta'}\right)' + \left(\frac{\partial F}{\partial \eta''}\right)'' = 0$$

Enthält die Grundfunktion F dritte und/oder höhere Ableitungen einer oder mehrerer unbekannter Funktionen von x, sind die Gleichungen analog zu erweitern; z.B.:

$$\delta J = \delta \int_{x_1}^{x_2} F(\xi, \xi', \xi'', \ldots, \xi^{(n)}; x)\,dx = 0: \qquad \frac{\partial F}{\partial \xi} - \left(\frac{\partial F}{\partial \xi'}\right)' + \left(\frac{\partial F}{\partial \xi''}\right)'' - \left(\frac{\partial F}{\partial \xi'''}\right)''' + \ldots + (-1)^n \cdot \left(\frac{\partial F}{\partial \xi^{(n)}}\right)^{(n)} = 0$$

2. Variation zweifacher Integrale (unabhängige Variable: x,y); $\partial(\;)/\partial x = (\;)'$, $\partial(\;)/\partial y = (\;)^{\cdot}$

2.1. Die Grundfunktion enthält eine Funktion von x,y: $\xi(x,y)$

$$\delta J = \delta \int_{x_1}^{x_2}\int_{y_1}^{y_2} F(\xi, \xi', \dot\xi; x,y)\,dx\,dy = 0: \qquad \frac{\partial F}{\partial \xi} - \left(\frac{\partial F}{\partial \xi'}\right)' - \left(\frac{\partial F}{\partial \dot\xi}\right)^{\cdot} = 0$$

$$\delta J = \delta \int_{x_1}^{x_2}\int_{y_1}^{y_2} F(\xi, \xi', \dot\xi, \xi'', \dot\xi', \ddot\xi; x,y)\,dx\,dy = 0: \qquad \frac{\partial F}{\partial \xi} - \left(\frac{\partial F}{\partial \xi'}\right)' - \left(\frac{\partial F}{\partial \dot\xi}\right)^{\cdot} + \left(\frac{\partial F}{\partial \xi''}\right)'' - \left(\frac{\partial F}{\partial \dot\xi'}\right)^{\cdot\prime} + \left(\frac{\partial F}{\partial \ddot\xi}\right)^{\cdot\cdot} = 0$$

2.2. Die Grundfunktion enthält zwei Funktionen von x,y: $\xi(x,y)$, $\eta(x,y)$

$$\delta J = \delta \int_{x_1}^{x_2}\int_{y_1}^{y_2} F(\xi, \xi', \dot\xi, \eta, \eta', \dot\eta; x,y)\,dx\,dy = 0: \qquad \frac{\partial F}{\partial \xi} - \left(\frac{\partial F}{\partial \xi'}\right)' - \left(\frac{\partial F}{\partial \dot\xi}\right)^{\cdot} = 0$$

$$\frac{\partial F}{\partial \eta} - \left(\frac{\partial F}{\partial \eta'}\right)' - \left(\frac{\partial F}{\partial \dot\eta}\right)^{\cdot} = 0$$

$$\delta J = \delta \int_{x_1}^{x_2}\int_{y_1}^{y_2} F(\xi, \xi', \dot\xi, \xi'', \dot\xi', \ddot\xi, \eta, \eta', \dot\eta, \eta'', \dot\eta', \ddot\eta; x,y) = 0:$$

$$\frac{\partial F}{\partial \xi} - \left(\frac{\partial F}{\partial \xi'}\right)' - \left(\frac{\partial F}{\partial \dot\xi}\right)^{\cdot} + \left(\frac{\partial F}{\partial \xi''}\right)'' + \left(\frac{\partial F}{\partial \dot\xi'}\right)^{\cdot\prime} + \left(\frac{\partial F}{\partial \ddot\xi}\right)^{\cdot\cdot} = 0$$

$$\frac{\partial F}{\partial \eta} - \left(\frac{\partial F}{\partial \eta'}\right)' - \left(\frac{\partial F}{\partial \dot\eta}\right)^{\cdot} + \left(\frac{\partial F}{\partial \eta''}\right)'' + \left(\frac{\partial F}{\partial \dot\eta'}\right)^{\cdot\prime} + \left(\frac{\partial F}{\partial \ddot\eta}\right)^{\cdot\cdot} = 0$$

Variation von ξ bezeichnet. Dabei ist aber zu beachten, daß $\delta\xi$ mit ξ an sich nichts zu tun hat und eine bis auf die Randbedingungen willkürliche Funktion ist. Die Änderungen, die die anderen mit ξ in einem funktionalen Zusammenhang stehenden Größen, z.B. $\xi', \xi'', \dots$ erfahren, werden ebenfalls durch Vorsetzen des Variationssymbols gekennzeichnet, beispielsweise ändert sich ξ um

$$\delta\xi' = \delta\left(\frac{d\xi}{dx}\right)$$

Wird $\xi_I = \xi_0 + \delta\xi$ nach x differenziert, folgt $\xi_I' = \xi_0' + (\delta\xi)'$. Das zweite Glied ist die bei der Variation eintretende Änderung von ξ', folglich gilt:

$$\delta\frac{d\xi}{dx} = \frac{d}{dx}\delta\xi \tag{I.8}$$

Damit ist die oben erwähnte Austauschbarkeit gezeigt. Entsprechend erweitert, gilt:

$$\delta\,\frac{d^2\xi}{dx^2} = \frac{d^2}{dx^2}\delta\xi \quad \text{d.h.:} \quad \delta\xi'' = (\delta\xi)'' \quad \text{usf.} \tag{I.9}$$

Die erste Variation von $J(\varepsilon)$ wird entwickelt und Null gesetzt:

$$\begin{aligned}\delta J &= \varepsilon\frac{dJ}{d\varepsilon} = \varepsilon\frac{dJ(\xi,\xi';x)}{d\varepsilon} = \frac{\varepsilon}{d\varepsilon}\left(\frac{\partial J}{\partial\xi}d\xi + \frac{\partial J}{\partial\xi'}d\xi'\right) = \varepsilon\left(\frac{\partial J}{\partial\xi}\frac{d\xi}{d\varepsilon} + \frac{\partial J}{\partial\xi'}\frac{d\xi'}{d\varepsilon}\right)\\ &= \int_{x_1}^{x_2}\left(\frac{\partial F}{\partial\xi}\varepsilon\frac{d\xi}{d\varepsilon} + \frac{\partial F}{\partial\xi'}\varepsilon\frac{d\xi'}{d\varepsilon}\right)dx = \int_{x_1}^{x_2}\left(\frac{\partial F}{\partial\xi}\,\delta\xi + \frac{\partial F}{\partial\xi'}\delta\xi'\right)dx = 0\end{aligned} \tag{I.10}$$

Nach partieller Integration des zweiten Gliedes folgt:

$$\delta J = \frac{\partial F}{\partial\xi'}\delta\xi\,\Big|_{x_1}^{x_2} + \int_{x_1}^{x_2}\left[\frac{\partial F}{\partial\xi} - \frac{d}{dx}\left(\frac{\partial F}{\partial\xi'}\right)\right]\delta\xi\,dx = 0 \tag{I.11}$$

Unter der Voraussetzung

$$\delta\xi(x_1) = 0, \quad \delta\xi(x_2) = 0, \tag{I.12}$$

(die Voraussetzung wurde oben für $\alpha(x)$ gefordert), ist die Bedingung $\delta J=0$ mit

$$[F]_\xi = \frac{d}{dx}\left(\frac{\partial F}{\partial\xi'}\right) - \frac{\partial F}{\partial\xi} = 0 \tag{I.13}$$

identisch, denn G.I.11 soll für jede beliebige Wahl von $\delta\xi$ Null sein. G.I.13 ist eine gewöhnliche Differentialgleichung zweiter Ordnung und wird EULERsche Gleichung genannt. – Die Wurzel dieser Differentialgleichung liefert die gesuchte Extremale, also die Lösung des anfänglich formulierten Extremalproblems G.I.2.
Die zu erweiterten Extremalproblemen, z.B. zu

$$J = \int_{x_1}^{x_2} F(\xi,\xi',\xi'';x)\,dx = \text{Extremum !}$$

gehörenden EULERschen Gleichungen werden analog hergeleitet, die wichtigsten sind auf T.I.1 zusammengefaßt.

Anhang II.1 Querschnittswerte der elasto-statischen Biegetheorie (Flächenmomente)

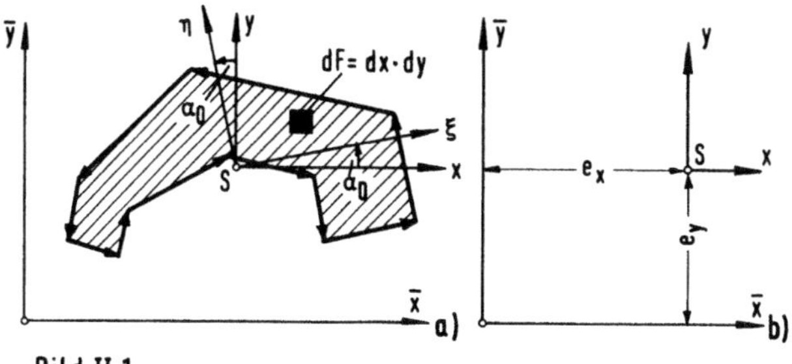

Bild II.1

Die in der elasto-statischen Biegetheorie verwendeten Querschnittswerte, bezogen auf ein beliebiges rechtwinkliges (kartesisches) Koordinatensystem $\bar{x}$, $\bar{y}$, sind durch die G.II.1 bis 4 definiert, vgl. B.II.1a. Die Integrale verstehen sich als Flächenintegrale über alle Elemente dF. Die Statischen Momente und das Zentrifugalmoment sind vorzeichenbehaftet, die Trägheitsmomente sind positiv-definit.

Querschnittsfläche: $F = \int dF \quad [m^2]$ (II.1)

Statische Momente: $S_{\bar{x}} = \int \bar{y}\, dF; \; S_{\bar{y}} = \int \bar{x}\, dF \quad [m^3]$ (Flächenmomente I.Ordn.) (II.2)

Trägheitsmomente: $J_{\bar{x}} = \int \bar{y}^2 dF; \; J_{\bar{y}} = \int \bar{x}^2 dF \quad [m^4]$ (II.3)

(Flächenmomente 2.Ordn.)

Zentrifugalmoment: $J_{\bar{x}\bar{y}} = \int \bar{x}\bar{y}\, dF \quad [m^4]$ (II.4)

Die Lage des Schwerpunktes folgt aus:

$$e_x = S_{\bar{y}} / F; \; e_y = S_{\bar{x}}/F \tag{II.5}$$

Bezogen auf das in den Schwerpunkt S transformierte Koordinatensystem x, y (Schwerachsenkreuz) gelten die Definitionen G.II.1 bis 4 unverändert, $\bar{x} \to x$, $\bar{y} \to y$. $S_x=0$ und $S_y=0$ sind die Bedingungsgleichungen für die Schwerpunktslage:

$$S_x = \int y\, dF = \int (\bar{y} - e_y) dF = S_{\bar{y}} - e_x F = 0 \longrightarrow \text{G.II.5} \tag{II.6}$$

Die Umrechnungsformeln für die Flächenmomente 2.Ordnung vom Koordinatensystem $\bar{x}$, $\bar{y}$ auf das Koordinatensystem x, y folgen aus G.II.3 und 4, wenn $\bar{x}$ durch $x+e_x$ und $\bar{y}$ durch $y+e_y$ ersetzt wird (Satz von STEINER):

$$J_x = J_{\bar{x}} - F \cdot e_y^2; \quad J_y = J_{\bar{y}} - F \cdot e_x^2; \quad J_{xy} = J_{\bar{x}\bar{y}} - F \cdot e_x \cdot e_y \tag{II.7}$$

Definition des polaren Trägheitsmomentes:

$$J_p = \int (x^2 + y^2) dF = J_x + J_y \quad [m^4] \tag{II.8}$$

Zum Zwecke der Unterscheidung hiervon werden J_x, J_y, J_{xy} achsial genannt.

Sind die Querschnittswerte J_x, J_y, J_{xy} für das Schwerachsenkreuz x, y bekannt, berechnen sich die Werte $J_{\tilde{x}}$, $J_{\tilde{y}}$, $J_{\tilde{x}\tilde{y}}$ für ein um den Winkel α gedrehtes Achsenkreuz nach Einsetzen von

$$\tilde{x} = x \cdot \cos\alpha + y \cdot \sin\alpha; \; \tilde{y} = -x \cdot \sin\alpha + y \cdot \cos\alpha \tag{II.9}$$

in G.II.7 aus:

$$J_{\tilde{x}} = J_x \cos^2\alpha + J_y \sin^2\alpha - J_{xy} \sin 2\alpha; \quad J_{\tilde{y}} = J_y \cos^2\alpha + J_x \sin^2\alpha + J_{xy} \sin 2\alpha \tag{II.10}$$

$$J_{\tilde{x}\tilde{y}} = J_{xy} \cos 2\alpha + \frac{1}{2}(J_x - J_y) \sin 2\alpha \tag{II.11}$$

Die Hauptachsen ξ, η sind durch $J_{xy}=0$ gekennzeichnet. Der zugeordnete Winkel α_0 folgt aus G.II.11:

$$\tan 2\alpha_0 = \frac{-2J_{xy}}{J_y - J_x} \tag{II.12}$$

Wird α_0 in die Transformationsformeln G.II.10 eingesetzt, ergeben sich die Hauptträgheitsmomente zu:

$$\begin{aligned} J_\xi &= J_{max} = \frac{1}{2}(J_x + J_y) + \frac{1}{2} \cdot \sqrt{(J_x - J_y)^2 + 4 J_{xy}^2} \\ J_\eta &= J_{min} = \frac{1}{2}(J_x + J_y) - \frac{1}{2} \cdot \sqrt{(J_x - J_y)^2 + 4 J_{xy}^2} \end{aligned} \tag{II.13}$$

Um eine eindeutige Zuordnung der ξ-Maximumachse und η-Minimumachse vornehmen zu können, ist es zweckmäßig, den Absolutwert von G.II.12 zu bestimmen und hierfür den zwischen 0 und $\pi/2$ liegenden Hauptwert von α_0 zu ermitteln. Die Lage der Hauptachsen läßt sich dann in einfacher Weise aufgrund der Fallunterscheidungen gemäß B.II.2 festlegen.

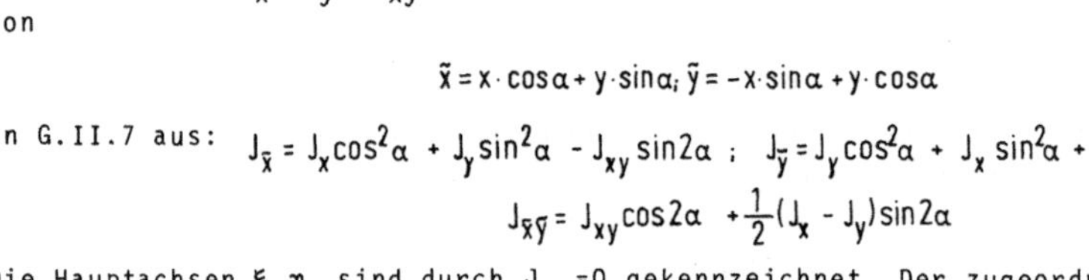

Bild II.2

Bezüglich der zeichnerischen Bestimmung der Hauptachsen (Verfahren von LAND) wird auf die Standardliteratur verwiesen.

Die Momente 2. Ordnung werden auch in der Form $J=F\cdot i^2$ geschrieben, wobei i entweder der achsiale oder polare Trägheitsradius ist:

$$J_x = F\cdot i_x^2,\ J_y = F\cdot i_y^2;\ J_\xi = F\cdot i_\xi^2,\ J_\eta = F\cdot i_\eta^2;\ J_p = F\cdot i_p^2 \qquad (II.14)$$

In der Theorie des Biegedrillknickens und Kippens werden die (vorzeichenbehafteten) Querschnittswerte

$$r_x = \frac{1}{J_x}\cdot\int y(x^2+y^2)\,dF,\quad r_y = \frac{1}{J_y}\cdot\int x(x^2+y^2)\,dF \qquad (II.15)$$

benötigt. Die Definitionsformeln beziehen sich auf das Schwerachsenkreuz. Wird die Berechnung zunächst für das frei gewählte Koordinatensystem $\bar{x}$, $\bar{y}$ durchgeführt, d.h. $r_{\bar{x}}$ und $r_{\bar{y}}$ bestimmt, findet man r_x und r_y vermittelst der Umrechnungsformeln:

$$\begin{aligned} r_x\cdot J_x &= r_{\bar{x}}\cdot J_{\bar{x}} - e_y[3J_{\bar{x}} + J_{\bar{y}} - 2e_y^2F] - e_x[2J_{\bar{x}\bar{y}} - 2e_xe_yF] \\ r_y\cdot J_y &= r_{\bar{y}}\cdot J_{\bar{y}} - e_x[3J_{\bar{y}} + J_{\bar{x}} - 2e_x^2F] - e_y[2J_{\bar{x}\bar{y}} - 2e_ye_xF] \end{aligned} \qquad (II.16)$$

Die Formeln werden analog zu G.II.7 hergeleitet. - Transformationsformeln für eine Drehung des Schwerachsenkreuzes ergeben sich durch Einsetzen von G.II.9 in die Definitionsbeziehungen G.II.15.

Sind für einen irgendwie strukturierten Querschnitt die Querschnittswerte zu berechnen, kann in unterschiedlicher Weise vorgegangen werden:

a) Der Querschnitt wird in einzelne Flächenelemente mit rechteckiger, dreieckiger oder kreisförmiger Struktur zerlegt. Für diese werden zunächst innerhalb eines frei gewählten Koordinatensystems $\bar{x}$, $\bar{y}$ die Schwerpunkts- bzw. Kreismittelpunktskoordinaten bestimmt. Für die Teilelemente werden deren Flächenmomente, bezogen auf die Eigenschwerachsen berechnet. Bei den Teilflächen mit kreisförmiger Berandung sind dazu zunächst die auf die Kreismittelpunkte bezogenen Momente auf deren Schwerpunkte gemäß G.II.7 umzurechnen, letztere sind vorab zu bestimmen. Auf den Tafeln II.1 und 2 sind alle erforderlichen Formeln zusammengestellt.
Nach Bestimmung des Schwerpunktes für den gesamten Querschnitt werden, auf diesen bezogen, die Momente berechnet und evtl. die Hauptachsen mit den zugehörigen Hauptträgheitsmomenten ermittelt. Die Berechnungen werden zweckmäßig tabellarisch durchgeführt.

b) Für dickwandige Querschnitte lassen sich numerische Integrationsformeln herleiten [II.2-II.4], vgl. T.II.3. Die Querschnitte werden durch eine geschlossene polygonale Linie, beginnend bei dem Anfangspunkt 0 und endend mit n=0 im Gegenuhrzeigersinn umfahren, derart, daß immer linkerhand die Fläche liegt, B.II.3. Bezogen auf das frei gewählte Koordinatensystem $\bar{x}$, $\bar{y}$ werden die Koordinaten $\bar{x}_i$, $\bar{y}_i$ aller Eckpunkte bestimmt und nunmehr die Querschnittswerte mittels der Summenformeln der T.II.3 berechnet. Anschließend werden die Werte wieder auf den Schwerpunkt des Gesamtquerschnittes

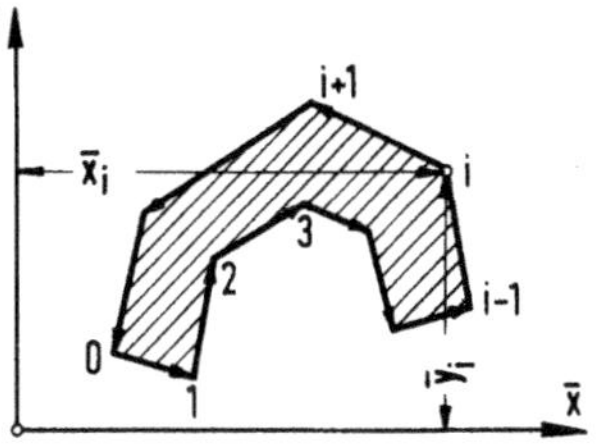

Bild II.3

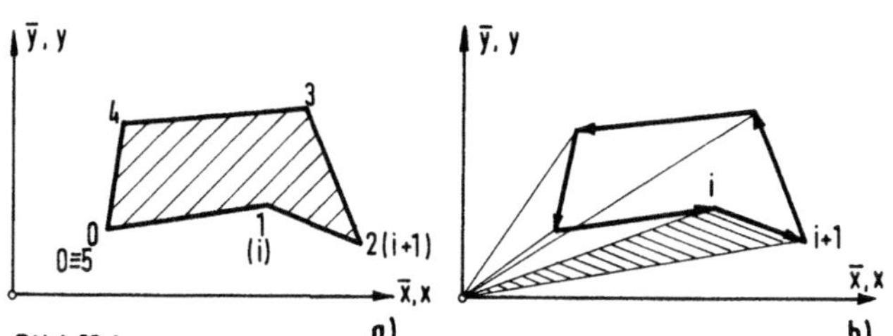

Bild II.4 a) b)

Ermittlung von F, S_x, S_y, e_x, e_y, J_x, J_y, J_{xy} zusammengesetzter Querschnitte

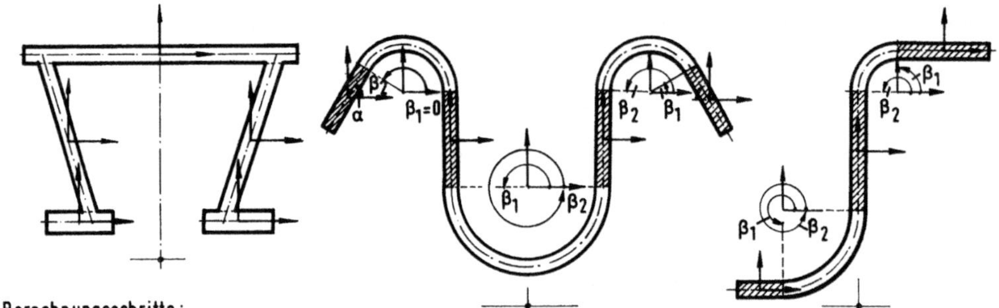

Berechnungsschritte:

1. Bestimmung der Schwerpunkt-Koordinaten der geradlinig begrenzten und der Kreismittelpunkts-Koordinaten der kreisförmig begrenzten Teilflächen für ein frei gewähltes Koordinatensystem.
2. Ermittlung der Querschnittswerte für die Teilflächen; bei den geradlinig begrenzten Teilflächen unter Bezug auf deren Schwerpunkt und bei den kreisförmig begrenzten Teilflächen unter Bezug auf deren Kreismittelpunkt.
3. Berechnung der Querschnittswerte für den zusammengesetzten Querschnitt, nachdem dessen Schwerpunkt bestimmt wurde.

Flächenmomente verschiedenartiger Teilflächen:

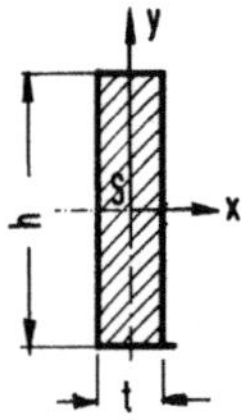

$$F = t\cdot h$$
$$J_x = \frac{th^3}{12}$$
$$J_y = \frac{ht^3}{12}$$
$$J_{xy} = 0$$

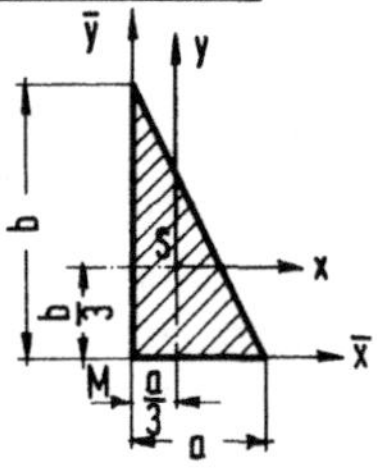

$$F = \frac{ab}{2}$$
$$J_x = \frac{ab^3}{36}, \quad J_{\bar{x}} = \frac{ab^3}{12}$$
$$J_y = \frac{ba^3}{36}, \quad J_{\bar{y}} = \frac{ba^3}{12}$$
$$J_{xy} = \pm\frac{a^2b^2}{36}, \quad J_{\bar{x}\bar{y}} = \pm\frac{a^2b^2}{12}$$

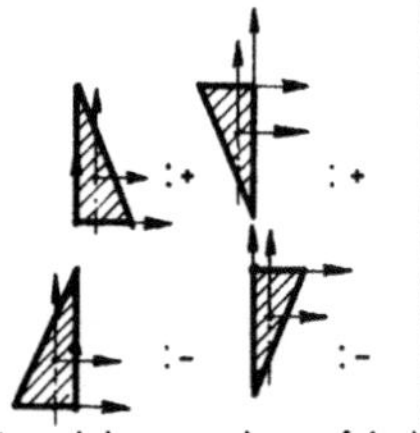

(Vorzeichen von J_{xy} und $J_{\bar{x}\bar{y}}$)

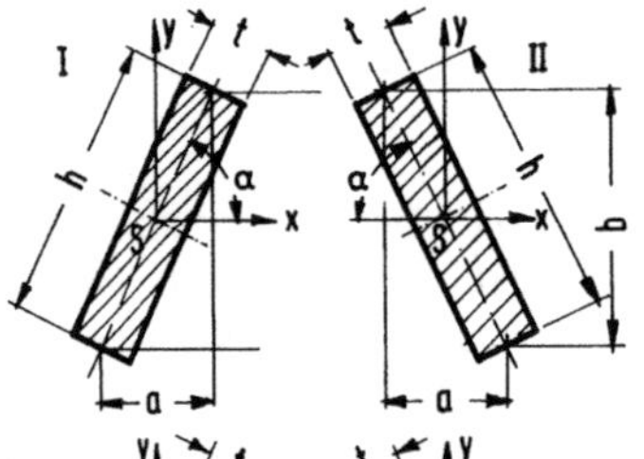

$$F = t\cdot h$$
$$J_x = \frac{th^3}{12}\cdot\sin^2\alpha + \frac{ht^3}{12}\cdot\cos^2\alpha = \frac{t}{12}\cdot\left(\frac{h^2b^2 + t^2a^2}{h}\right)$$
$$J_y = \frac{th^3}{12}\cdot\cos^2\alpha + \frac{ht^3}{12}\cdot\sin^2\alpha = \frac{t}{12}\cdot\left(\frac{h^2a^2 + t^2b^2}{h}\right)$$
$$J_{xy} = \pm\left(\frac{th^3}{12} - \frac{ht^3}{12}\right)\cdot\sin\alpha\cos\alpha = \pm\frac{t}{12}\cdot\frac{ab}{h}\cdot(h^2 - t^2)$$

(+: Lage I; -: Lage II)

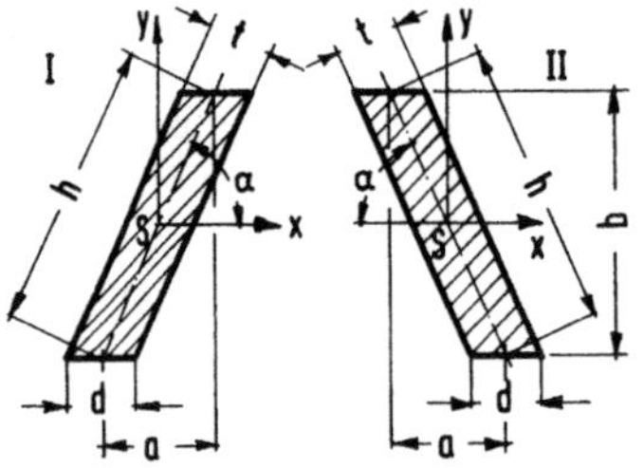

$$F = d\cdot b$$
$$J_x = \frac{db^3}{12}$$
$$J_y = \frac{bd^3}{12}\cdot\left(1 + \frac{a^2}{d^2}\right)$$
$$J_{xy} = \pm\frac{a^2b^2}{6}$$
$$d = \frac{t}{\sin\alpha}$$

(+: Lage I; -: Lage II)

Sonderfall: Dünnwandige Querschnitte

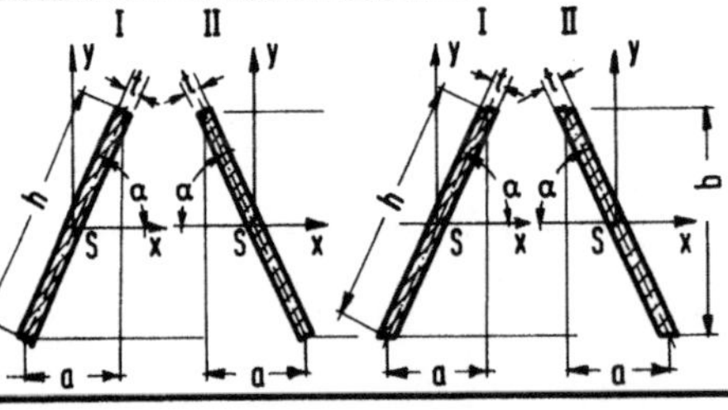

$$F = t\cdot h$$
$$J_x \approx \frac{t}{12}h^3\cdot\sin^2\alpha = \frac{t}{12}hb^2$$
$$J_y \approx \frac{t}{12}h^3\cdot\cos^2\alpha = \frac{t}{12}ha^2$$
$$J_{xy} \approx \pm\frac{t}{12}h^3\cdot\sin\alpha\cos\alpha = \pm\frac{t}{12}hab$$

(+: Lage I; -: Lage II)

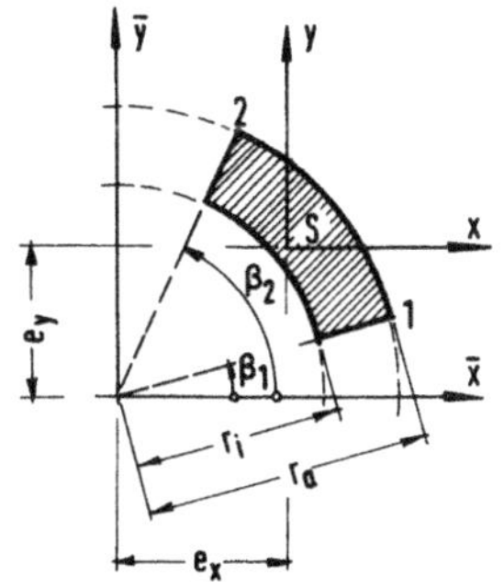

$$F = \frac{1}{2}(r_a^2 - r_i^2)\cdot(\beta_2 - \beta_1) \qquad (\beta \text{ in Bogenmaß})$$

$$S_{\bar{x}} = -\frac{1}{3}(r_a^3 - r_i^3)\cdot(\cos\beta_2 - \cos\beta_1)$$

$$S_{\bar{y}} = +\frac{1}{3}(r_a^3 - r_i^3)\cdot(\sin\beta_2 - \sin\beta_1)$$

$$e_y = \frac{S_{\bar{x}}}{F}\ ; \quad e_x = \frac{S_{\bar{y}}}{F}$$

$$J_{\bar{x}} = \frac{1}{8}(r_a^4 - r_i^4)\cdot[(\beta_2 - \beta_1) - (\sin\beta_2\cdot\cos\beta_2 - \sin\beta_1\cdot\cos\beta_1)]$$

$$J_{\bar{y}} = \frac{1}{8}(r_a^4 - r_i^4)\cdot[(\beta_2 - \beta_1) + (\sin\beta_2\cdot\cos\beta_2 - \sin\beta_1\cdot\cos\beta_1)]$$

$$J_{\bar{x}\bar{y}} = \frac{1}{8}(r_a^4 - r_i^4)\cdot(\sin^2\beta_2 - \sin^2\beta_1)$$

<u>Sonderfall:</u>

<u>Dünnwandige Querschnitte:</u>

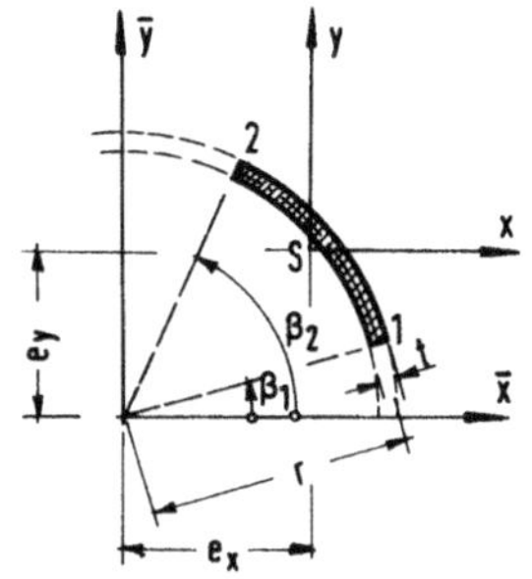

$$F = tr\cdot(\beta_2 - \beta_1)$$

$$S_{\bar{x}} = -tr^2\cdot(\cos\beta_2 - \cos\beta_1)$$

$$S_{\bar{y}} = tr^2\cdot(\sin\beta_2 - \sin\beta_1)$$

$$e_y = \frac{S_{\bar{x}}}{F}\ ; \quad e_x = \frac{S_{\bar{y}}}{F}$$

$$J_{\bar{x}} = \frac{tr^3}{2}\cdot[(\beta_2 - \beta_1) - (\sin\beta_2\cdot\cos\beta_2 - \sin\beta_1\cdot\cos\beta_1)]$$

$$J_{\bar{y}} = \frac{tr^3}{2}\cdot[(\beta_2 - \beta_1) + (\sin\beta_2\cdot\cos\beta_2 - \sin\beta_1\cdot\cos\beta_1)]$$

$$J_{\bar{x}\bar{y}} = \frac{tr^3}{2}\cdot(\sin^2\beta_2 - \sin^2\beta_1)$$

$S_{\bar{x}}$, $S_{\bar{y}}$, e_y, e_x und $J_{\bar{x}\bar{y}}$ ergeben sich vorzeichenrichtig, wenn β_1 und β_2 entgegen dem Uhrzeigersinn von der $\bar{x}$ - Achse aus gemessen werden. β_1 kennzeichnet immer den nächstgelegenen Schnitt 1, β_2 den entfernten Schnitt 2.

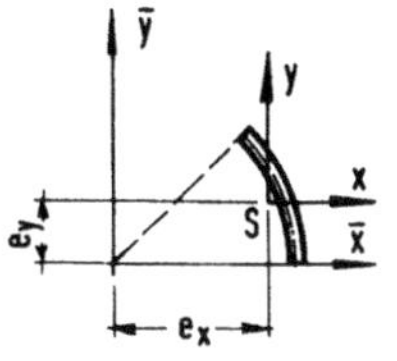

$$F \approx tr\ \frac{\pi}{4}$$

$$S_{\bar{x}} \approx tr^2\cdot\left(1 - \frac{\sqrt{2}}{2}\right); \quad e_y \approx \frac{2}{\pi}\cdot(2 - \sqrt{2})\cdot r$$

$$S_{\bar{y}} \approx tr^3\ .\ \frac{\sqrt{2}}{2}\ ; \quad e_x \approx \frac{2}{\pi}\ \sqrt{2}\cdot r$$

$$J_{\bar{x}} \approx \frac{tr^3}{8}\cdot(\pi - 2); \quad J_{\bar{y}} \approx \frac{tr^3}{8}\cdot(\pi + 2); \quad J_{\bar{x}\bar{y}} \approx \frac{tr^3}{4}$$

$$J_x = tr^3\left[\frac{\pi}{8} - \frac{1}{4} - \frac{2}{\pi}(2 - \sqrt{2})\right]$$

$$J_y = tr^3\left[\frac{\pi}{8} + \frac{1}{4} - \frac{2}{\pi}\right]$$

$$J_{xy} = tr^3\left[\frac{1}{4} - \frac{\sqrt{2}}{\pi}(2 - \sqrt{2})\right]$$

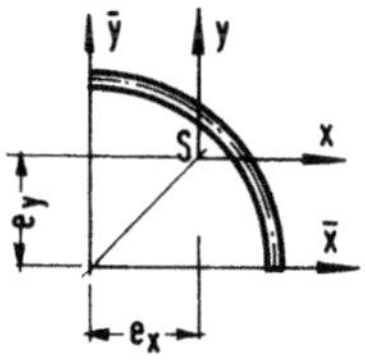

$$F \approx tr\cdot\frac{\pi}{2}$$

$$S_{\bar{x}} \approx S_{\bar{y}} \approx tr^2; \quad e_y \approx e_x = \frac{2}{\pi}\cdot r$$

$$J_{\bar{x}} \approx J_{\bar{y}} \approx tr^3\cdot\frac{\pi}{4}\ ; \quad J_{\bar{x}\bar{y}} \approx \frac{tr^3}{2}$$

$$J_x = J_y = tr^3\cdot\left(\frac{\pi}{4} - \frac{2}{\pi}\right)$$

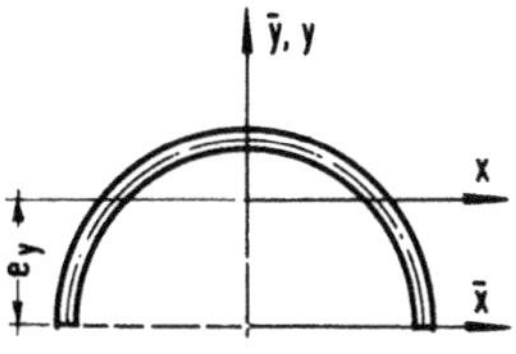

$$F \approx tr\pi$$

$$S_{\bar{x}} \approx tr^2\cdot 2\ ; \quad e_{\bar{y}} \approx \frac{2}{\pi}\cdot r$$

$$J_{\bar{x}} \approx tr^3\cdot\frac{\pi}{2}\ , \quad J_{\bar{y}} \approx tr^3\cdot\frac{\pi}{2}$$

$$J_{\bar{x}\bar{y}} = 0$$

$$J_x = tr^3\cdot\left(\frac{\pi}{2} - \frac{4}{\pi}\right)$$

$$J_y = tr^3\cdot\frac{\pi}{2}$$

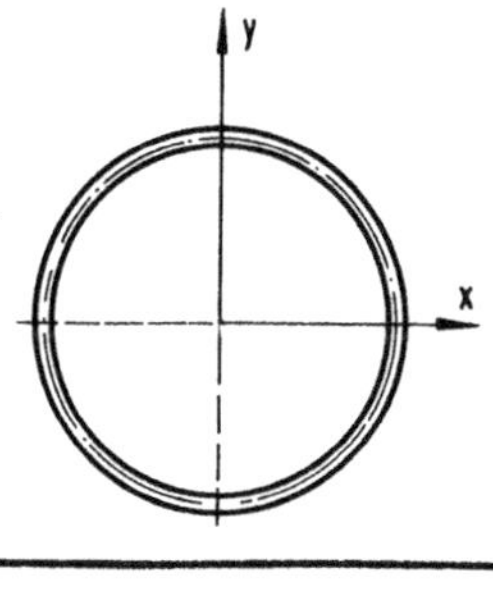

$$F = tr\cdot 2\pi$$

$$S_x = S_y = 0$$

$$J_x = J_y = tr^3\pi$$

$$J_{xy} = 0$$

Integrationsformeln für dickwandige, polygonal begrenzte Querschnitte

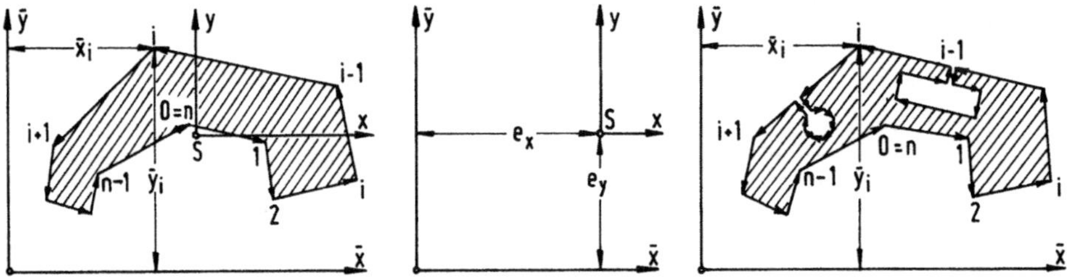

Berechnungsschritte: In einem frei gewählten Koordinatensystem $\bar{x}, \bar{y}$ werden die Koordinaten $\bar{x}_i$, $\bar{y}_i$ aller Eckpunkte von $i = 1$ bis $i = n$ vorzeichengerecht festgelegt. Die Randkurve ist ein geschlossener Polygonzug; Anfangspunkt 0 und Endpunkt n fallen zusammen. Ein mehrfach zusammenhängender Querschnitt (rechtes Bild) wird aufgeschnitten gedacht und damit auf einen einfach zusammenhängenden Bereich zurückgeführt.

$F = \frac{1}{2} \cdot \sum (\bar{x}_i \cdot \bar{y}_{i+1} - \bar{x}_{i+1} \cdot \bar{y}_i)$ (alle Summen erstrecken sich von $i = 1$ bis $i = n$)

$S_{\bar{x}} = \frac{1}{6} \cdot \sum [(\bar{x}_i \cdot \bar{y}_{i+1} - \bar{x}_{i+1} \cdot \bar{y}_i) \cdot (\bar{y}_i + \bar{y}_{i+1})]$, $S_{\bar{y}} = \frac{1}{6} \sum [(\bar{x}_i \cdot \bar{y}_{i+1} - \bar{x}_{i+1} \cdot \bar{y}_i) \cdot (\bar{x}_i + \bar{x}_{i+1})]$

$e_x = S_{\bar{y}} / F$, $e_y = S_{\bar{x}} / F$.

<u>Variante I</u>: Berechnung von $J_{\bar{x}}$, $J_{\bar{y}}$ und $J_{\bar{x}\bar{y}}$ mit anschließender Transformation

$J_{\bar{x}} = \frac{1}{12} \cdot \sum \{(\bar{x}_i \cdot \bar{y}_{i+1} - \bar{x}_{i+1} \cdot \bar{y}_i) [(\bar{y}_i + \bar{y}_{i+1})^2 - \bar{y}_i \cdot \bar{y}_{i+1}]\}$, $J_{\bar{y}} = \frac{1}{12} \sum \{(\bar{x}_i \cdot \bar{y}_{i+1} - \bar{x}_{i+1} \cdot \bar{y}_i) [(\bar{x}_i + \bar{x}_{i+1})^2 - \bar{x}_i \cdot \bar{x}_{i+1}]\}$

$J_{\bar{x}\bar{y}} = \frac{1}{12} \cdot \sum \{(\bar{x}_i \cdot \bar{y}_{i+1} - \bar{x}_{i+1} \cdot \bar{y}_i) [(\bar{x}_i + \bar{x}_{i+1})(\bar{y}_i + \bar{y}_{i+1}) - \frac{1}{2} \cdot (\bar{x}_i \cdot \bar{y}_{i+1} + \bar{x}_{i+1} \cdot \bar{y}_i)]\}$

$J_x = J_{\bar{x}} - F \cdot e_y^2$, $J_y = J_{\bar{y}} - F \cdot e_x^2$; $J_{xy} = J_{\bar{x}\bar{y}} - F \cdot e_x \cdot e_y$

<u>Variante II</u>: Transformation des Koordinatensystems $\bar{x}, \bar{y}$ auf den Schwerpunkt: x, y

$x = \bar{x} - e_x$, $y = \bar{y} - e_y$;

$J_x = \frac{1}{12} \cdot \sum \{(x_i \cdot y_{i+1} - x_{i+1} \cdot y_i) [(y_i + y_{i+1})^2 - y_i \cdot y_{i+1}]\}$, $J_y = \frac{1}{12} \sum \{(x_i \cdot y_{i+1} - x_{i+1} \cdot y_i) [(x_i + x_{i+1})^2 - x_i \cdot x_{i+1}]\}$

$J_{xy} = \frac{1}{12} \cdot \sum \{(x_i \cdot y_{i+1} - x_{i+1} \cdot y_i) [(x_i + x_{i+1})(y_i + y_{i+1}) - \frac{1}{2} \cdot (x_i \cdot y_{i+1} + x_{i+1} \cdot y_i)]\}$

Nachdem J_x, J_y und J_{xy} (entweder nach Variante I oder II) berechnet sind, werden erforderlichenfalls die Hauptachsen und Hauptträgheitsmomente berechnet.

Querschnittsstrecken: $r_x = \frac{1}{J_x} \cdot \int_F y (x^2 + y^2) \, dF$, $r_y = \frac{1}{J_y} \cdot \int_F x (x^2 + y^2) \, dF$

Bezogen auf das Schwerachsenkreuz:

$$
\begin{aligned}
r_x \cdot J_x = \sum \{ & \frac{1}{20} [(x_i \cdot y_{i+1}^2 + 2 \cdot x_{i+1}^3) \, y_{i+1}^2 - (x_{i+1} \cdot y_i^2 + 2 \cdot x_i^3) \, y_i^2 + \\
& + (y_i \cdot y_{i+1}^3 + y_i^2 \cdot y_{i+1}^2 + y_i^3 \cdot y_{i+1}) \cdot (x_i - x_{i+1})] + \\
& + \frac{1}{60} [y_i^2 (6 x_i^2 + 3 \cdot x_i \cdot x_{i+1} + x_{i+1}^2) + y_i \cdot y_{i+1} (3 \cdot x_i^2 + 4 \cdot x_i \cdot x_{i+1} + 3 \cdot x_{i+1}^2) + \\
& + y_{i+1}^2 (x_i^2 + 3 \cdot x_i \cdot x_{i+1} + 6 \cdot x_{i+1}^2)] \cdot (x_i - x_{i+1}) \}
\end{aligned}
$$

Für $r_y \cdot J_y$ gilt dieselbe Formel, lediglich sind x und y gegeneinander auszutauschen. Auch kann die Formel auf irgendein Koordinatensystem $\bar{x}, \bar{y}$ angewendet werden (Variante I): $r_{\bar{x}} \cdot J_{\bar{x}}$ bzw. $r_{\bar{y}} \cdot J_{\bar{y}}$; Umrechnung auf das Schwerachsenkreuz x, y:

$$r_x \cdot J_x = r_{\bar{x}} \cdot J_{\bar{x}} - e_y \cdot [3 J_{\bar{x}} + J_{\bar{y}} - 2 e_y^2 F] - e_x \cdot [2 J_{\bar{x}\bar{y}} - 2 e_x e_y F]$$

$$r_y \cdot J_y = r_{\bar{y}} \cdot J_{\bar{y}} - e_x \cdot [3 J_{\bar{y}} + J_{\bar{x}} - 2 e_x^2 F] - e_y \cdot [2 J_{\bar{x}\bar{y}} - 2 e_x e_y F]$$

Integrationsformeln für dünnwandige, polygonale Querschnitte

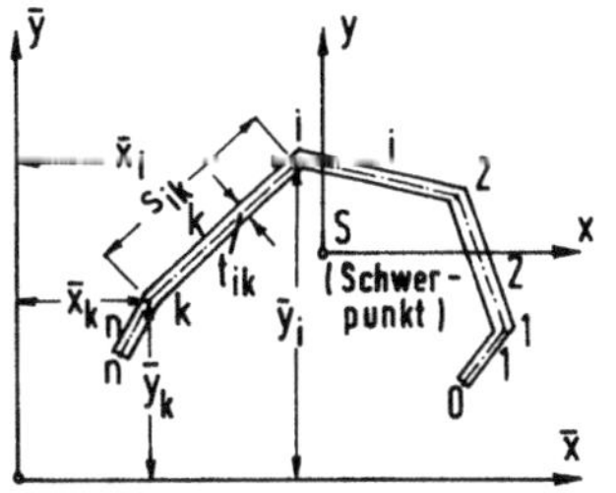

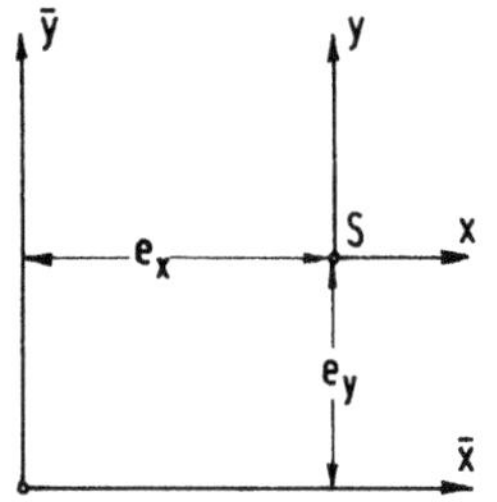

Berechnungsschritte:

1. In einem frei gewählten Koordinatensystem $\bar{x}, \bar{y}$ werden die Koordinaten $\bar{x}_i, \bar{y}_i$ aller Eckpunkte von $i = 0$ bis $i = n$ vorzeichengerecht festgelegt sowie die Wanddicken t_{ik} und Längen s_{ik} der einzelnen Teilflächenelemente ik bestimmt.

2. Nach Berechnung von $S_{\bar{x}}$ und $S_{\bar{y}}$ Ermittlung der Schwerpunktlage; hierauf wird das Koordinatensystem zweckmäßig transformiert (Variante II).

Berechnungsformeln (die Summen Σ erstrecken sich über alle n Teilelemente)

$F = \Sigma\, \Delta F_{ik}$; $\Delta F_{ik} = t_{ik} \cdot s_{ik}$ (Fläche des Teilelementes ik); $s_{ik} = \sqrt{(\bar{y}_i - \bar{y}_k)^2 + (\bar{x}_i - \bar{x}_k)^2}$

$S_{\bar{x}} = \frac{1}{2} \cdot \Sigma\, \Delta F_{ik} \cdot (\bar{y}_i + \bar{y}_k)$, $\quad S_{\bar{y}} = \frac{1}{2} \cdot \Sigma\, \Delta F_{ik} \cdot (\bar{x}_i + \bar{x}_k)$; $\quad e_x = S_{\bar{y}} / F$, $e_y = S_{\bar{x}} / F$.

Variante I: Berechnung von $J_{\bar{x}}$, $J_{\bar{y}}$ und $J_{\bar{x}\bar{y}}$ mit anschließender Transformation

$$J_{\bar{x}} = \frac{1}{3} \cdot \Sigma\, \Delta F_{ik} \cdot (\bar{y}_i^2 + \bar{y}_i \bar{y}_k + \bar{y}_k^2), \qquad J_{\bar{y}} = \frac{1}{3}\, \Sigma\, \Delta F_{ik} (\bar{x}_i^2 + \bar{x}_i \bar{x}_k + \bar{x}_k^2);$$

$$J_{\bar{x}\bar{y}} = \frac{1}{6} \cdot \Sigma\, \Delta F_{ik} \cdot [\,2(\bar{x}_i \bar{y}_i + \bar{x}_k \bar{y}_k) + \bar{x}_i \bar{y}_k + \bar{x}_k \bar{y}_i\,].$$

$$J_x = J_{\bar{x}} - F \cdot e_y^2, \qquad J_y = J_{\bar{y}} - F \cdot e_x^2; \qquad J_{xy} = J_{\bar{x}\bar{y}} - F \cdot e_x e_y.$$

Variante II: Transformation des Koordinatensystems $\bar{x}, \bar{y}$ auf den Schwerpunkt: x, y

$x = \bar{x} - e_x$, $\quad y = \bar{y} - e_y$;

$$J_x = \frac{1}{3} \cdot \Sigma\, \Delta F_{ik} \cdot (y_i^2 + y_i y_k + y_k^2), \qquad J_y = \frac{1}{3}\, \Sigma\, \Delta F_{ik} \cdot (x_i^2 + x_i x_k + x_k^2);$$

$$J_{xy} = \frac{1}{6} \cdot \Sigma\, \Delta F_{ik} \cdot [\,2(x_i y_i + x_k y_k) + x_i y_k + x_k y_i\,].$$

Nachdem J_x, J_y und J_{xy} (entweder nach Variante I oder II) berechnet sind, werden erforderlichenfalls die Hauptachsen und Hauptträgheitsmomente berechnet.

$$r_x J_x = \frac{1}{12} \cdot \Sigma\, \Delta F_{ik} \{(y_i + y_k) \cdot [\,3(y_i^2 + y_k^2) + (x_i + x_k)^2\,] + 2(y_i \cdot x_i^2 + y_k \cdot x_k^2)\},$$

$$r_y J_y = \frac{1}{12} \cdot \Sigma\, \Delta F_{ik} \{(x_i + x_k) \cdot [\,3(x_i^2 + x_k^2) + (y_i + y_k)^2\,] + 2(x_i \cdot y_i^2 + x_k \cdot y_k^2)\},$$

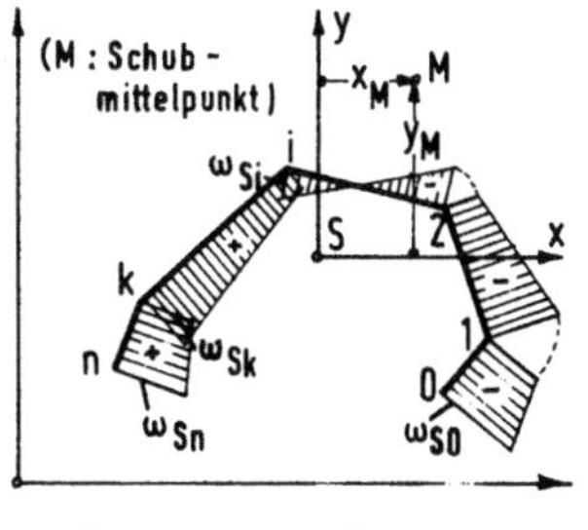

3. Vorzeichengerechte Festlegung der Wölbordinaten ω_{Si} (Einheitsverwölbungen) aller Eckpunkte von $i = 0$ bis $i = n$, bezogen auf den Schwerpunkt S.

$$R_{Sx} = -\frac{1}{6} \cdot \Sigma\, \Delta F_{ik} \cdot [\,2(y_i \cdot \omega_{Si} + y_k \cdot \omega_{Sk}) + y_i\, \omega_{Sk} + y_k \cdot \omega_{Si}\,],$$

$$R_{Sy} = -\frac{1}{6} \cdot \Sigma\, \Delta F_{ik} \cdot [\,2(x_i\, \omega_{Si} + x_k \cdot \omega_{Sk}) + x_i\, \omega_{Sk} + x_k \cdot \omega_{Si}\,].$$

$$y_M = \frac{R_{Sy} \cdot J_x - R_{Sx} \cdot J_{xy}}{J_x J_y - J_{xy}^2}, \qquad x_M = \frac{-R_{Sx} \cdot J_y + R_{Sy} \cdot J_{xy}}{J_x J_y - J_{xy}^2}$$

(Sonderfall: x, y sind Hauptachsen: $y_M = \frac{R_{Sy}}{J_y}$, $x_M = -\frac{R_{Sx}}{J_x}$)

$$C_S = \frac{1}{3} \cdot \Sigma\, \Delta F_{ik} \cdot (\omega_{Si}^2 + \omega_{Si} \cdot \omega_{Sk} + \omega_{Sk}^2).$$

$C_M = C_S + x_M \cdot R_{Sx} - y_M \cdot R_{Sy}$ (Sonderfall: x, y sind Hauptachsen: $C_M = C_S - x_M^2 \cdot J_x - y_M^2 \cdot J_y$).

Ist ω_M selbst bekannt, kann gerechnet werden: $C_M = \frac{1}{3} \cdot \Sigma\, \Delta F_{ik} \cdot (\omega_{Mi}^2 + \omega_{Mi} \omega_{Mk} + \omega_{Mk}^2)$.

Alle angeschriebenen Formeln gelten auch für beliebig geschlossene Querschnitte; ω_S bzw. ω_M müssen hierfür vorher berechnet sein (statisch unbestimmte Aufgabe).

Tafel II.5

$$r_x = \frac{1}{J_x} \cdot \int_F y\,(x^2+y^2)\,dF \;; \qquad r_y = \frac{1}{J_y} \cdot \int_F x\,(x^2+y^2)\,dF$$

(KINDEM'sche Querschnittsstrecke)

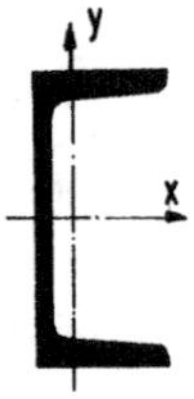

Profil	[	r_y cm	[	r_y cm
	30×15	1.28	160	9.37
	30	0.67	180	11.07
	40×20	1.76	200	12.95
	40	1.04	220	14.32
	50×25	2.29	240	16.23
	50	1.53	260	17.72
	60×30	3.03	280	19.26
	70	3.25	300	20.50
	80	3.43	320	24.31
	100	4.62	350	29.83
	120	6.48	380	24.30
	140	7.78	400	34.29

Profil	T	r_x cm
	20	0.34
	25	0.45
	30	0.57
	35	0.63
	40	0.70
	45	0.83
	50	0.95
	60	1.10
	70	1.30
	80	1.53
	90	1.73
	100	1.87
	120	2.27
	140	2.77

Profil	TB	r_x cm
	30	-0.33
	35	-0.34
	40	-0.42
	50	-0.49
	60	-0.59

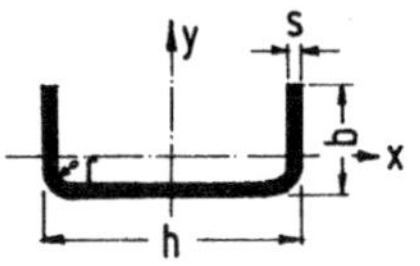

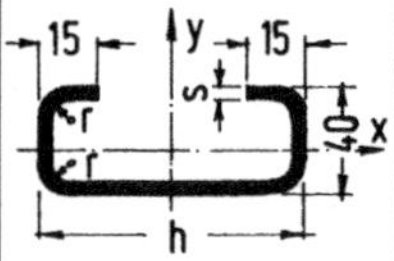

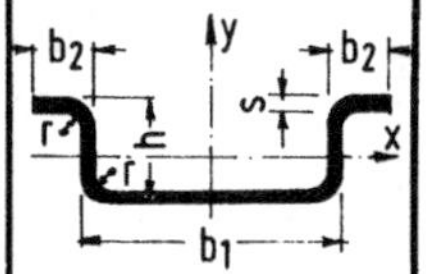

(Alle Querschnittsmaße in mm)

h	b	s	r	r_x cm
25	25	1.5	1.5	0.75
30	30	1.5	1.5	0.92
		2	2	0.89
		3	3	0.85
	60	4	4	0.43
40	20	2	2	2.15
		3	3	2.11
		4	4	2.07
	30	1.5	1.5	1.56
		2	2	1.53
		3	3	1.48
	40	2	2	1.23
		3	3	1.17
46	36	3	3	1.67
	45	3	3	1.40
50	30	2	2	2.31
		3	3	2.28
	40	2	2	1.84
		3	3	1.80
		4	4	1.75
	50	2	2	1.56
		4	4	1.45
		5	7.5	1.40
54	45	4	4	1.84
60	30	2	2	3.25
		3	3	3.22
	40	2	2	2.57
		3	3	2.53
	50	2	2	2.17
		3	3	2.12
		5	7.5	2.03
62	45	4	4	2.39
70	40	2	2	3.40
		3	3	3.37
		4	4	3.33
	50	2	2	2.85

h	b	s	r	r_x cm
70	50	3	3	2.81
		4	4	2.76
		5	7.5	2.75
78	50	4	4	3.39
80	40	3	3	4.32
		4	4	4.29
		5	7.5	4.34
	50	2	2	3.63
		3	3	3.59
		4	4	3.55
		5	7.5	3.56
	60	4	4	3.06
		6	9	3.00
81	55	5	7.5	3.35
86	50	4	4	4.07
90	50	3	3	4.46
		4	4	4.43
		5	7.5	4.45
	60	4	4	3.81
		5	7.5	3.80
97	55	5	7.5	4.72
100	50	3	3	5.42
		4	4	5.39
		5	7.5	5.44
		6	9	5.43
	60	4	4	4.63
		5	7.5	4.64
	80	6	9	3.61
		7	10.5	3.57
107	55	5	7.5	5.69
110	55	4	4	5.95
		5	7.5	5.99
120	30	2	2	12.17
	60	3	3	6.52
		4	4	6.50
		5	7.5	6.54

h	b	s	r	r_x cm
120	60	6	9	6.53
133	60	6.5	9.75	7.95
140	60	4	4	8.67
		5	7.5	8.76
		6	9	8.76
145	60	6.5	9.75	9.38
150	100	6	9	6.42
		7	10.5	6.39
160	70	7	10.5	9.83
		8	12	9.83
174	70	7	10.5	11.54
180	70	7	10.5	12.31
		8	12	12.33
200	100	6	9	10.93
		7	10.5	10.92
		8	12	10.91
220	100	6	9	13.05
		7	10.5	13.05
		8	12	13.06
250	100	6	9	16.59
		7	10.5	16.61
		8	12	16.63
300	100	7	10.5	23.49
		8	12	23.55

h	b	s = r	r_x cm
60	40	2	1.33
		2.25	1.33
		2.5	1.34
		3	1.36
80	40	2	2.69
		2.25	2.70
		2.5	2.72
		3	2.75
100	40	2	4.42
		2.25	4.46
		2.5	4.49
		3	4.55
120	40	2	6.58
		2.25	6.63
		2.5	6.69
		3	6.77
140	40	2	9.14
		2.25	9.20
		2.5	9.27
		3	9.40
160	40	2	12.11
		2.25	12.19
		2.5	12.29
		3	12.47
180	40	2	15.50
		2.25	15.61
		2.5	15.73
		3	15.96
200	40	2.25	19.37
		2.5	19.60
		3	19.89
220	40	2.5	23.90
		2.75	24.08
		3	24.26

h	b_1	b_2	s	r	r_x cm
25	40	15	1.5	1.5	2.29
			2	2	2.32
30	30	15	1.5	1.5	1.13
			2	2	1.46
40	25	15	1.5	1.5	0.52
			2	2	0.51
			2.5	2.5	0.51
			3	3	0.51
	40	15	2	2	1.34
			3	3	1.34
50	50	15	2	2	1.59
			3	3	1.59
60	40	15	2.5	2.5	0.84
	54	15	2	2	1.54
	57	25	3.5	3.5	1.89
80	40	20	3	3	0.56
	85	15	3	3	2.77
100	50	25	3	3	0.71
			4	4	0.74
	60	25	3	3	1.12
			4	4	1.14
			5	7.5	1.13
	100	15	3	3	3.10
			4	4	3.13
			5	7.5	3.15
150	80	25	4	4	1.40
			5	7.5	1.37
	100	25	5	7.5	2.19
			6	9	2.18
			7	10.5	2.17
	110	25	5	7.5	2.64
		25	6	9	2.63
		25	7	10.5	2.62
		30	5	7.5	2.62
		30	6	9	2.62
		30	7	10.5	2.61

mit Hilfe der Formeln G.II.5 und 6 umgerechnet. Die Berechnung setzt einen Computer voraus.
Die auf T.II.3 zusammengestellten Formeln lassen sich am anschaulichsten dadurch herleiten, daß der Querschnitt aus Dreiecken aufgebaut wird, deren eine Ecke in allen Fällen mit dem Ursprung des Koordinatensystems $\bar{x}$, $\bar{y}$ zusammenfällt, vgl.B.II.4.
Die beiden anderen Eckpunkte haben die Koordinaten: $\bar{x}_i$, $\bar{y}_i$ und $\bar{x}_{i+1}$, $\bar{y}_{i+1}$. Für ein solches Dreieck werden die Berechnungsformeln der einzelnen Querschnittswerte abgeleitet und anschließend summiert. Aus mathematischer Sicht handelt es sich bei der Integration um die Anwendung des GAUSSschen Integralsatzes.
Auf die Summationsformel für den r-Wert auf T.II.3 gemäß G.II.15 wird hingewiesen. Hiermit wurden die auf T.II.5 angegebenen r-Werte für [-, T- und Abkantprofile berechnet. Die Ausrundungen wurden dabei durch eine Polygonallinie angenähert, siehe B.II.5 und vgl. auch [II.1].

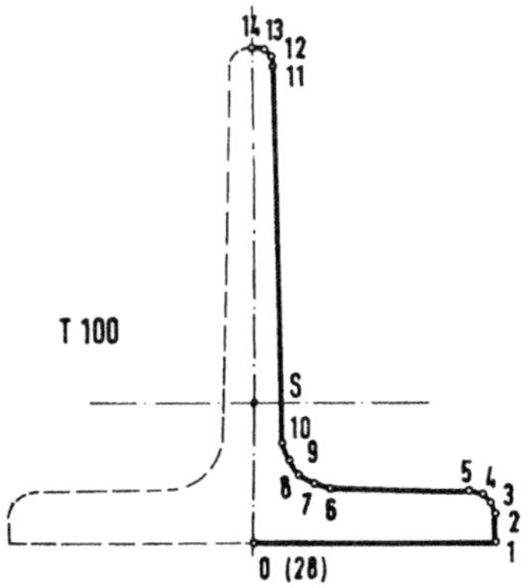

Bild II.5

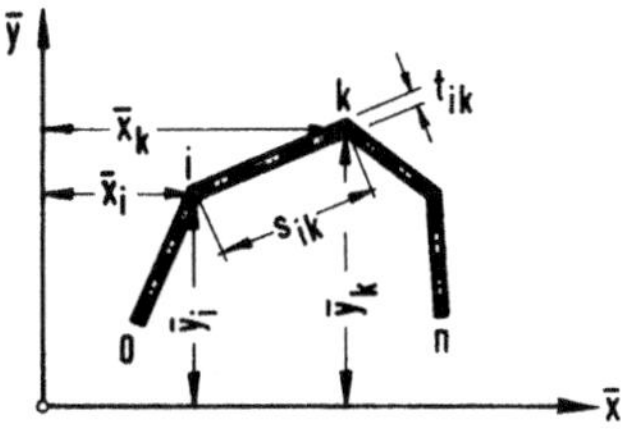

Bild II.6

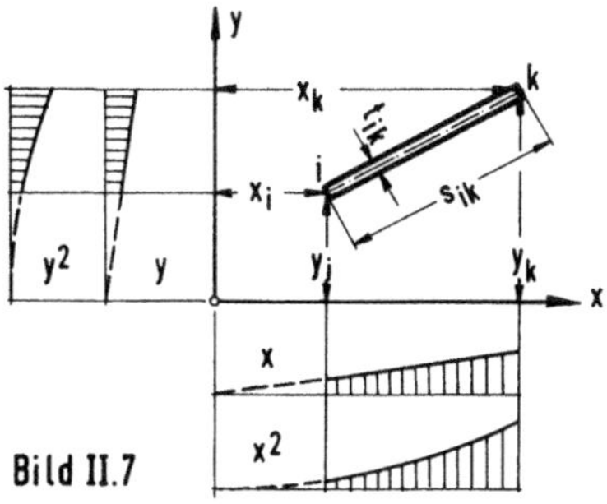

Bild II.7

c) Für dünnwandige Querschnitte lassen sich vereinfachte Integrationsformeln ableiten. Hierzu werden zunächst die Eckpunktskoordinaten $\bar{x}_i$, $\bar{y}_i$ der polygonalen Mittellinie sowie die Wanddicken t_{ik} und Längen s_{ik} aller dünnwandigen Elemente ik bestimmt, B.II.6. Mittels der auf T.II.4 angegebenen Integrationsformeln werden die gesuchten Querschnittwerte berechnet und auf das Schwerachsensystem des Gesamtquerschnittes transformiert. Auch diese Berechnungsform ist für Computerberechnungen sehr geeignet. Die Formeln können auf zweifache Weise abgeleitet werden, entweder wird die Gerade zwischen den Punkten i und k durch die Endpunktskoordinaten ausgedrückt und hierüber gemäß den Definitionsgleichungen G.II.1 bis 4 und G.II.15 integriert oder es werden die Integrationen mit Hilfe der in der Baustatik bekannten δ_{ik}-Tafeln bewerkstelligt, vgl. B.II.7

Anhang II.2 Querschnittswerte der elasto-statischen Torsionstheorie

II.2.1 Anmerkungen zur Torsionstheorie

Die elasto-statische Torsionstheorie stabförmiger Strukturen wird im Schrifttum ausführlich behandelt [0.11, 0.12, II.5-II.15] , in neueren Arbeiten wurde der Einfluß der sekundären Schubverzerrungen und der Einfluß von Querdeformationen dünnwandiger Querschnitte geklärt [II.16-II.22]. Abgesehen von Sonderproblemen des Stahlleichtbaues können diese Einflüsse bei baupraktischen Nachweisen unberücksichtigt bleiben, insbesondere dann, wenn durch konstruktive Maßnahmen die Einhaltung der Querschnittsform

Querschnittswerte der elastostatischen Torsionstheorie (1)

Torsionsträgheitsmoment J_D (Torsionswiderstand, Drillwiderstand)

a) Dickwandige Querschnitte: Näherungsformel (SAINT-VENANT) $J_D \approx \frac{F^4}{40\,J_P}$

$J_D = J_P - J_W$ ist unabhängig von der Drillachse; $J_P = J_x + J_y$: polares Trägheitsmoment, J_W kennzeichnet die Minderung infolge Querschnittsverwölbung, J_D berechnet sich aus der strengen Lösung der Grundgleichung der SAINT-VENANT'schen Torsionstheorie oder wird aufgrund des Seifenhautgleichnisses experimentell bestimmt.

Form	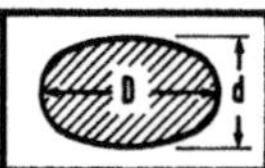						
J_D	$\frac{\pi}{16} \cdot \frac{D^3 d^3}{D^2 + d^2}$	$\frac{\pi}{32} \cdot d^4 = 0{,}0982 d^4$	$\frac{\pi}{32}(d_a^4 - d_i^4)$	$0{,}1079 \cdot d^4$	$0{,}1154 \cdot d^4$	$0{,}1407 \cdot d^4$	$0{,}02165 \cdot d^4$

Rechteckquerschnitt $J_D = \alpha \cdot \frac{db^3}{3}$

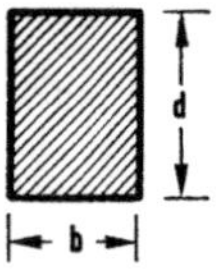

d/b	α	d/b	α
1	0,422	3	0,790
1,25	0,515	5	0,874
1,5	0,588	10	0,937
2	0,686	∞	1

$\alpha \approx 1 - 0{,}630\,m + 0{,}052\,m^5$ (FLÜGGE)

$\alpha \approx 1 - 0{,}627\,m\,(\tanh n + \frac{1}{3^5}\tanh 3n + \frac{1}{5^5}\tanh 5n \ldots)$ (TÖLKE)

$m = \frac{b}{d}\,,\quad n = \frac{\pi d}{2b}\quad (d > b)$

b) Dünnwandige, offene Querschnitte: (J_D aus Summe von n dünnwandigen Rechtecken)

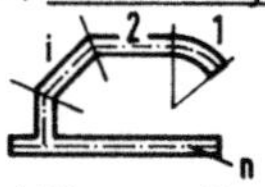

$J_D = \frac{1}{3} \cdot \sum_n s_i t_i^3$; Walzprofile: $J_D = \eta\,\frac{1}{3} \cdot \sum_n s_i t_i^3$

(Kalt-, Schweißprofile)

	I	IPB	IPE	[	⊥	L	L
η	1,22	1,16	1,33	1,06	1,12	1,03	1

c) Dünnwandige, geschlossene Querschnitte, einzellig:

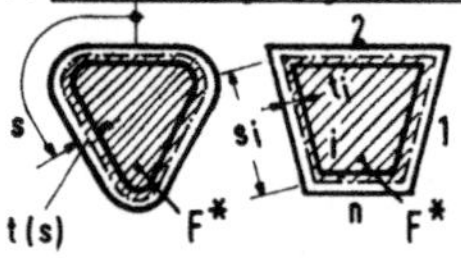

$J_D = \frac{4F^{*2}}{\oint \frac{ds}{t(s)}} = \frac{4F^{*2}}{\sum_n \frac{si}{ti}}$ (BREDT'sche Formel)

$J_D = \frac{\pi}{4} t d^3$

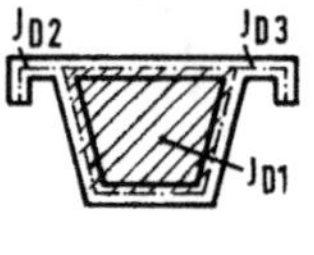

$J_D = \Sigma\,J_{Dj}$

Bei mehrzelligen Querschnitten folgt $J_D = \frac{2}{G\,i\,\vartheta'} \sum_m T_k F_k^*$ nach Bestimmung der m statischunbestimmten Schubflüsse T_k: siehe Schrifttum.

d) Genietete und geschweißte Querschnitte. Nietung, Schraubung: Wegen Reib- und Nietschlupf: J_D aus Summe der Einzelquerschnitte.- Schweißung, HV-Schraubung: J_D für einzelligen Querschnitt + Einzelquerschnitte.

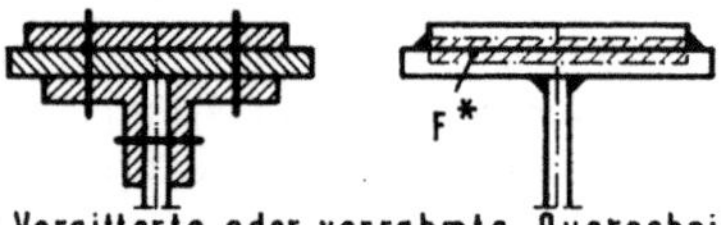

e) Vergitterte oder verrahmte Querschnittsbereiche: Berechnung eines ideellen Bleches mit der Ersatzdicke t_E

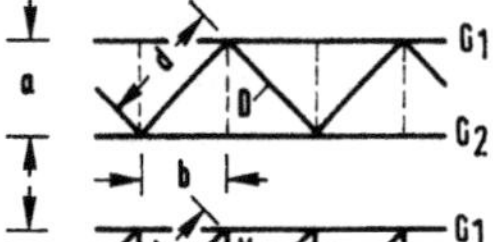

$t_E = \frac{E}{G} \cdot \frac{ab}{\frac{d^3}{F_D} + \frac{b^3}{3}\left(\frac{1}{F_{G1}} + \frac{1}{F_{G2}}\right)}$

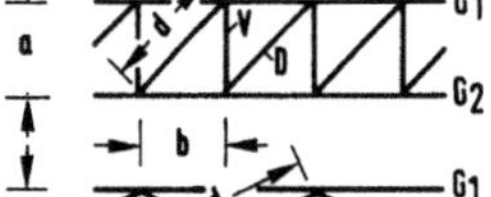

$t_E = \frac{E}{G} \cdot \frac{ab}{\frac{d^3}{F_D} + \frac{a^3}{F_V} + \frac{b^3}{12} \cdot \left(\frac{1}{F_{G1}} + \frac{1}{F_{G2}}\right)}$

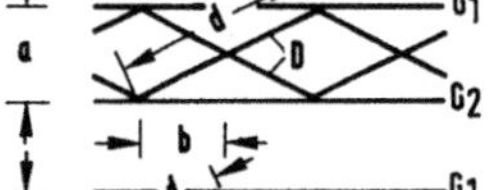

$t_E = \frac{E}{G} \cdot \frac{ab}{\frac{d^3}{2F_D} + \frac{b^3}{12}\left(\frac{1}{F_{G1}} + \frac{1}{F_{G2}}\right)}$

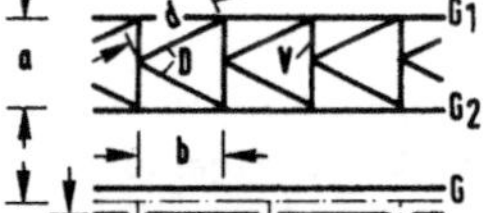

$t_E = \frac{E}{G} \cdot \frac{ab}{\frac{2d^3}{F_D} + \frac{a^3}{4F_V} + \frac{b^3}{12}\left(\frac{1}{F_{G1}} + \frac{1}{F_{G2}}\right)}$

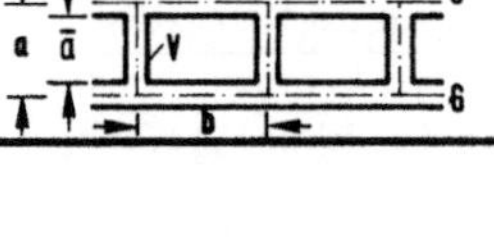

$t_E = \frac{E}{G} \cdot \frac{1}{\frac{b\bar{a}^3}{12\,a\,J_V} + \frac{ab^2}{24\,J_G}}$

F_D: Querschnittsfläche einer Diagonalstrebe D

F_V: Querschnittsfläche einer Vertikalstrebe V

F_G: Querschnittsfläche eines Gurtstabes G_1 bzw. G_2

Quelle: HOYER u. HOHAUS

Querschnittswerte der elastostatischen Torsionstheorie (2)

Wölbfunktion ω (Wölbordinate; Einheitsverwölbung)

Es werden unterschieden:

a) Wölbfreie Querschnitte: 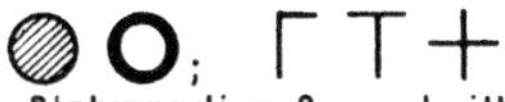 (dünnwandig);

b) Quasi - wölbfreie Querschnitte: Dickwandige Querschnitte und ein - oder mehrzellige Hohlquerschnitte. Eine Verwölbung $w = \omega\vartheta'$ tritt zwar auf, doch ist sie so gering, daß ihre Behinderung keinen nennenswerten Steifigkeitszuwachs bedingt (Massivbau; Holzbau);

c) Nichtwölbfreie Querschnitte: Alle offenen oder gemischt offen - geschlossenen dünnwandigen Querschnitte (Stahlbau, Leichtbau).

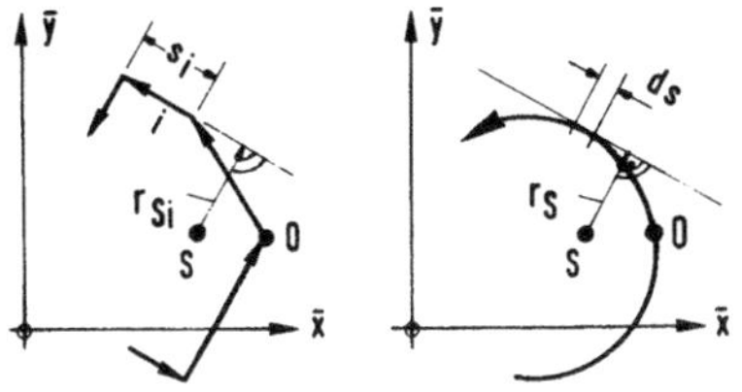

Definition von ω_S (bezogen auf den Schwerpunkt S).

Offener, dünnwandiger Querschnitt:

$$\omega_S = +\bar{\omega}_S + \omega_{S0}\,; \quad \bar{\omega}_S = \oint_S r_S\, ds \quad \text{(Grundverwölbung)}$$

Integrationskonstante: $\omega_{S0} = -\frac{1}{F}\cdot\int_F \bar{\omega}_S\, dF\,; \quad dF = t\cdot ds$

Der Integrationsnullpunkt ist frei gestellt. Er liegt zweckmäßig auf einer Symmetrieachse.

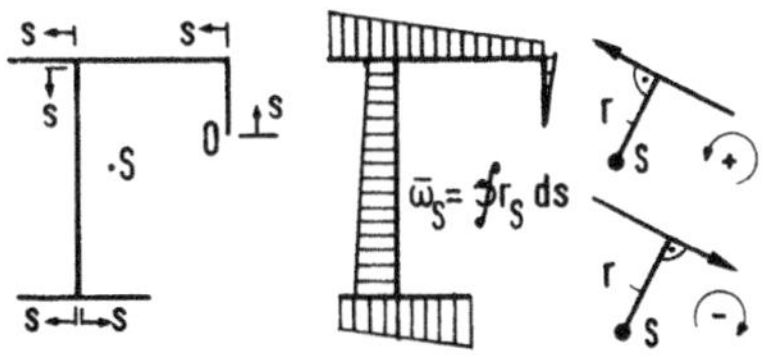

Bei der Bildung des Umlaufintegrales $\oint_S r_S\, ds$ ist der Richtungssinn zu beachten: Im Integrationsnullpunkt wird eine "Quelle" gedacht. Der sich hierdurch ergebende Drehsinn bestimmt das Vorzeichen.

Für m - zellige (geschlossene) und gemischt geschlossen-offene Querschnitte läßt sich die Wölbfunktion erst nach Berechnung der statisch unbestimmten Schubflüsse berechnen: siehe Schrifttum.

Die obenstehenden Definitionen gelten für andere Bezugspunkte (statt S) unverändert.

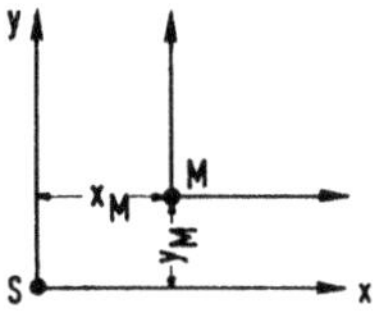

Koordinaten des Schubmittelpunktes M (x_M, y_M):

$$x_M = \frac{-R_{Sx}\, J_y + R_{Sy}\, J_{xy}}{J_x\, J_y - J_{xy}^2}\,; \qquad y_M = \frac{R_{Sy}\, J_x - R_{Sx}\, J_{xy}}{J_x\, J_y - J_{xy}^2}\,;$$

Sonderfall: x, y sind Hauptachsen: $x_M = -\frac{R_{Sx}}{J_x}$, $y_M = \frac{R_{Sy}}{J_y}$

$R_{Sx} = -\int_F \omega_S\, y\, dF\,; \quad R_{Sy} = -\int_F \omega_S\, x\, dF$ (Wölbmomente)

Definition des Wölbwiderstandes C_S (gilt unverändert für andere Bezugspunkte)

$$C_S = \int_F \omega_S^2\, dF = \int_F \bar{\omega}_S^2\, dF - \frac{1}{F}\cdot\left(\int_F \bar{\omega}_S\, dF\right)^2$$

Wölbwiderstand C_A in Abhängigkeit vom Wölbwiderstand C_S:

$$C_A = C_S + x_A^2\, J_x - 2\, x_A\, y_A\, J_{xy} + y_A^2\, J_y + 2\, x_A\, R_{Sx} - 2\, y_A R_{Sy}$$

Für eine Drehung um M ist der Wölbwiderstand am geringsten:

$$C_{min} = C_M = C_S + x_M R_{Sx} - y_M R_{Sy} \quad \left(= \int_F \omega_M^2\, dF \right)$$

Sonderfall: x und y sind Hauptachsen: $C_M = C_S - x_M^2 J_x - y_M^2\, J_y$

Integrationsformeln für dünnwandige Polyonalquerschnitte:

$$R_{Sx} = -\sum \frac{t_{ik}\cdot s_{ik}}{6}\cdot\left[\, 2\,(y_i\cdot\omega_{Si} + y_k\cdot\omega_{Sk}) + y_i\cdot\omega_{Sk} + y_k\cdot\omega_{Si}\right]$$

$$C = \sum \frac{t_{ik}\cdot s_{ik}}{3}\cdot(\omega_i^2 + \omega_i\,\omega_k + \omega_k^2)$$

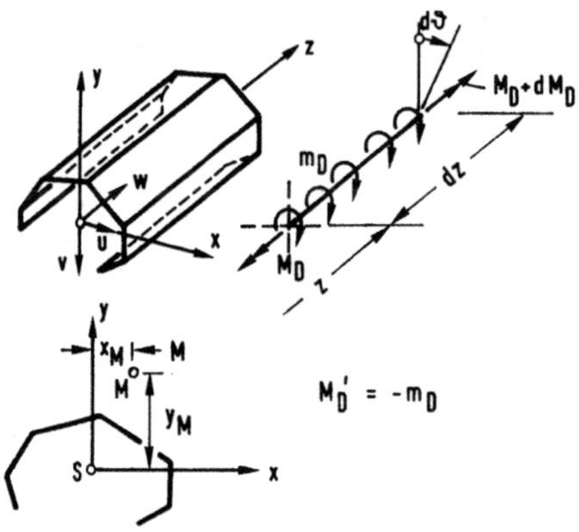

Bild II.8

sichergestellt ist, das gilt vorrangig für Krafteinleitungsbereiche.

B.II.8 zeigt ein Stabelement mit dünnwandigem offenen Querschnitt (Definitionsfigur). Unter der bei Baukonstruktionen immer sichergestellten Voraussetzung kleiner Biege- und Torsionsverformungen lassen sich die zugehörigen Beanspruchungen entkoppeln. Die Biegung wird auf die Schwerachse S und die Torsion auf die Schubmittelpunktsachse M bezogen. Letztere ist mit der Drillruheachse der freien Drillung identisch. Wie in B.II.9 dargestellt, erfährt ein Querschnitt infolge Achsialkraft und zweiachsiger Biegung Verwölbungen w aus der Querschnittsachse heraus. Infolge Torsion stellen sich weitere Verwölbungen ein; sie sind wie die Biegeverwölbungen über dem Querschnitt veränderlich, sind also eine Funktion der Querschnittskoordinaten x, y bzw. der Umlaufkoordinate s. Jener Verwölbungszustand, der zur Verwindung $\vartheta'=1$ gehört, heißt Einheitsverwölbungszustand ω. Man nennt ω auch Wölbfunktion oder Wölbordinate.

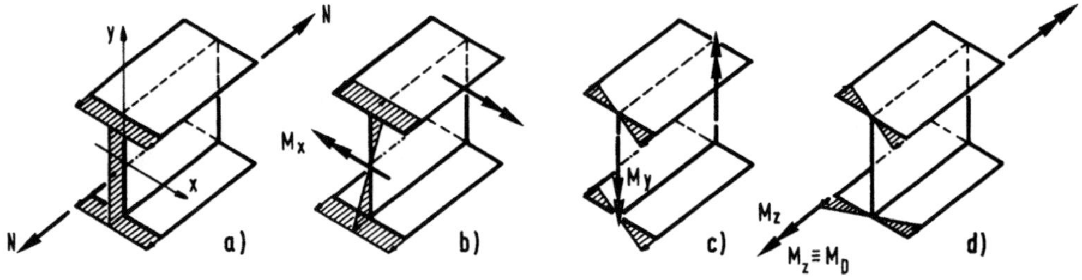

Bild II.9

Gemäß Definition gilt:

$$w = \omega\,\vartheta' \tag{II.17}$$

Auf den Tafeln II.6 und 7 sind die Formeln zur Berechnung der Querschnittswerte der elasto-statischen Torsionstheorie zusammengestellt.
Für die Biegedrillknick- und Kippnachweise von Trägern mit dünnwandigen offenen Querschnitten werden folgende Querschnittswerte benötigt: Drillwiderstand J_D, Koordinaten des Schubmittelpunktes x_M, y_M, Wölbwiderstand C_M bei freier Drillung um M und C_A bei gebundener Drillung um A.
In Ergänzung zu T.II.6 und 7 wird auf folgendes hingewiesen:

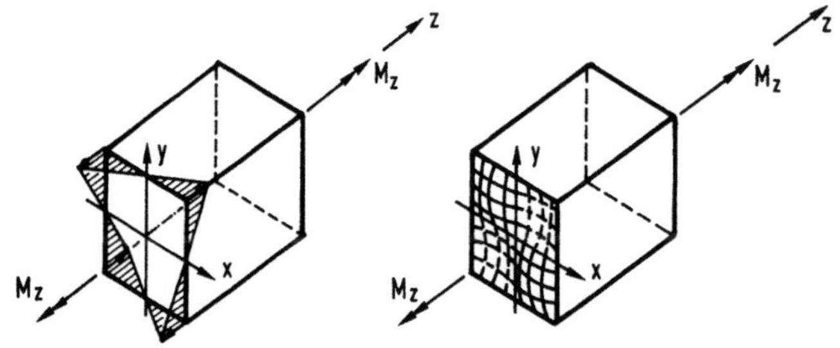

Bild II.10

a) Stäbe mit dünnwandig-geschlossenen und vollwandigen Querschnitten (B.II.10) erleiden wie Stäbe mit offenen Querschnitten Verwölbungen, sie sind indes eine Größenordnung kleiner, sodaß sich deren Be- bzw. Verhinderung nur geringfügig steifigkeitserhöhend auswirkt. Kreis- und Kreisringquer-

schnitte sind wölbfrei.
Kennzeichnende Größe für die mit einer Wölbbe- bzw.-verhinderung einhergehende Steifigkeitssteigerung ist die Wölbsteifigkeit EC_M. Sie tritt neben die Drillsteifigkeit GJ_D. Für den relativen Einfluß zueinander gilt folgende Wertung:

	Drillsteifigkeit GJ_D	Wölbsteifigkeit EC_M
Vollwandige und geschlossene Querschnitte:	groß	klein
Offene, dünnwandige Querschnitte:	klein	groß

b) Bei Problemen des Biegedrillknickens und Kippens von Druckstäben und Trägern mit dünnwandigen, offenen Querschnitten läßt sich der Stabilitätsnachweis nur bei Berücksichtigung der Wölbsteifigkeit wirtschaftlich führen.

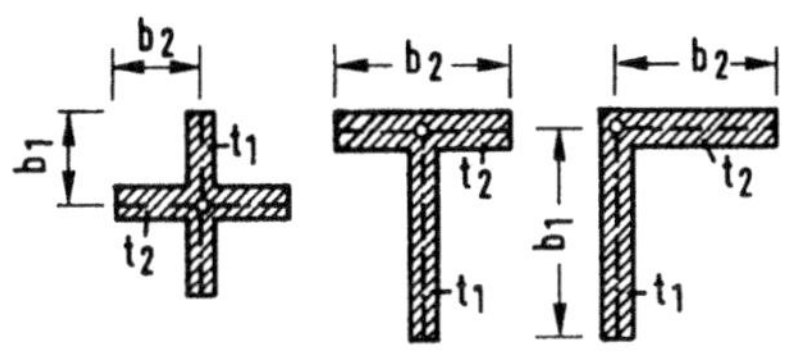

Bild II.11

Dünnwandige Querschnitte mit +, T und Γ-Form erleiden bei einer Drillung keine Verwölbung. Im Schnittpunkt der Wandungen liegt der Schubmittelpunkt M. Da keine Verwölbungen auftreten, ist auch der Wölbwiderstand Null. Die erreichbaren Biegedrillknick- und Kipplasten sind daher gering. Geht man von einer verschärften Theorie aus und weisen die Querschnitte eine gewisse Dickwandigkeit auf, wie in B.II.11 dargestellt, lassen sich (geringe) Wölbwiderstände angeben:

+ - Querschnitte: $$C_M = \frac{1}{1-\mu^2} \cdot \frac{b_1^3 t_1^3 + b_2^3 t_2^3}{18} \qquad (II.18)$$

T- und Γ-Querschnitte: $$C_M = \frac{1}{1-\mu^2} \cdot \frac{b_1^3 t_1^3 + b_2^3 t_2^3}{36} \qquad (II.19)$$

c) Für den Rechteckquerschnitt gilt nach WLASSOW (vgl. B.II.12a):

$$C_M \approx \frac{b^3 d^3}{144} \qquad (II.20)$$

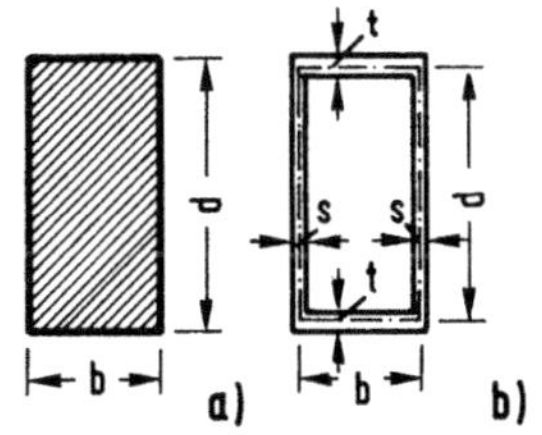

Bild II.12

Bei rechteckähnlichen, vollwandigen Querschnitten berechnet man sich zweckmäßig ein flächengleiches Ersatzrechteck gleicher Höhe und bestimmt hierfür nach G.II.20 den Wölbwiderstand.
Anstelle der in T.II.6 angegebenen Formel für den Drillwiderstand J_D von Rechteckquerschnitten kann auch mit Formel

$$J_D = db^3/3 - 0{,}21 b^4 \qquad (II.21)$$

gerechnet werden, die für schmale Rechtecke in $db^3/3$ übergeht.

d) Für dünnwandige, geschlossene Querschnitte ist der Wölbwiderstand ebenfalls vergleichsweise gering. Die Verzerrungen infolge der sekundären Schubspannungen wirken sich zudem mindernd auf C_M aus. Für doppeltsymmetrische Kastenquerschnitte, wie in B.II.12b abgebildet, gilt:

Nach WLASSOW [0.11]: $$C_M \approx \frac{b^2 d^2}{24} (b \cdot t + d \cdot s) \qquad (II.22)$$

Nach HEILIG [II.16]: $$C_M \approx \frac{b^2 d^2}{24} (b \cdot t + d \cdot s) \left(\frac{b \cdot s - d \cdot t}{b \cdot s + d \cdot t}\right)^2 \qquad (II.23)$$

In G.II.23 ist der sekundäre Schubverzerrungseinfluß berücksichtigt.
Beispiel: b=20 cm, t=2 cm, d=60 cm, s=1 cm. Die Rechnung liefert: G.II.22:

$C_M=6\cdot10^6\,cm^6$, G.II.23: $C_M=0{,}510\cdot6\cdot10^6\,cm^6$. Der Unterschied ist offensichtlich beträchtlich, allerdings ist -wie oben dargelegt- der Beitrag der Wölbsteifigkeit auf die Höhe der Verzweigungslasten der Biegedrillknick- und Kippprobleme im Vergleich zur Drillsteifigkeit gering, sodaß der Unterschied insgesamt belanglos ist. Der Drillwiderstand für dünnwandige, doppeltsymmetrische Kastenquerschnitte berechnet sich aus

$$J_D=\frac{2d^2b^2ts}{bs+dt} \qquad \text{(II.24)}$$

Für das Beispiel findet man $J_D= 41143\ cm^4$.

e) Tafel II.6 enthält die wichtigsten Formeln für den ST.VENANTschen Drillwiderstand J_D und Tafel II.7 für die Bestimmung der Einheitsverwölbung ω sowie die Berechnung des Wölbwiderstandes C_M. Bei einer praktischen Berechnung wird zweckmäßig zunächst die auf den Schwerpunkt S bezogene Einheitsverwölbung ω_S bestimmt und hieraus die Lage des Schubmittelpunktes M und anschließend C_S berechnet, dann wird C_M bestimmt.

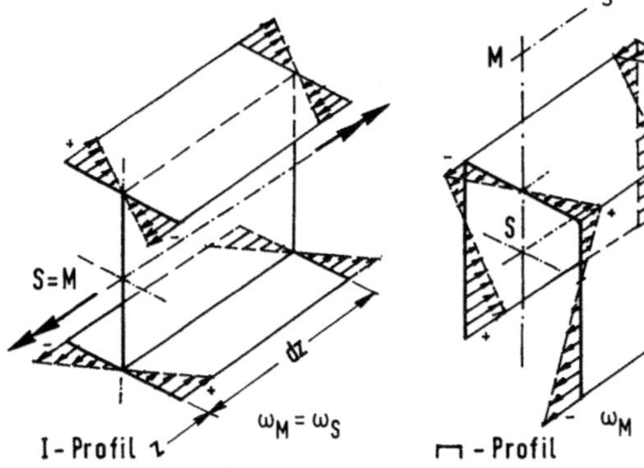

Bild II.13

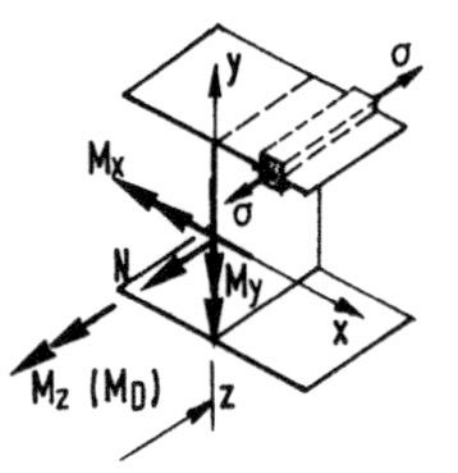

Bild II.14

B.II.13 zeigt den qualitativen Verlauf der ω_M-Verwölbungen für ein I- und ein ⊓-Profil.

Wird die Verwölbung behindert, entstehen in Bereichen positiver Einheitsverwölbungen negative Wölblängsspannungen und umgekehrt. Unter kombinierter Beanspruchung berechnen sich die Spannungen für die in B.II.14 eingetragenen Schnittgrößendefinitionen im Querschnittspunkt x, y zu:

$$\sigma=\frac{N}{F}-\frac{M_x}{J_x}y+\frac{M_y}{J_y}x+\sigma_\omega \qquad \text{(II.25)}$$

mit

$$\sigma_\omega=E\vartheta''\omega \qquad \text{(II.26)}$$

f) Die Wölbkrafttorsion dünnwandiger Stäbe mit offenen Querschnitten wird von der Differentialgleichung

$$EC\vartheta''''-GJ_D\vartheta''=m_D \qquad \text{(II.27)}$$

beherrscht, vgl. hierzu auch B.II.8. Ist $\vartheta(z)$ aus dieser Differentialgleichung unter Berücksichtigung der Rand- und Obergangsbedingungen bestimmt, folgen die elastostatischen Größen der Wölbkrafttorsion für dünnwandige offene Querschnitte zu:

$$\begin{array}{lll}
\text{Verwölbung} & : & w=\omega\vartheta' \\
\text{Primäres Torsionsmoment} & : & M_{DP}=GJ\vartheta' \quad (M_{D1}) \\
\text{Torsionsschubspannungen} & : & \tau_P=M_{DP}\cdot t/J_D=G\vartheta'\cdot t \quad (\tau_1) \\
\text{Bimoment} & : & M_\omega=-EC\vartheta'' \\
\text{Wölblängsspannungen} & : & \sigma_\omega=-M_\omega\cdot\omega/C=E\vartheta''\omega \quad (\sigma_2) \\
\text{Sekundäres Torsionsmoment} & : & M_{DS}=-EC\cdot\vartheta''' \quad (M_{D2}) \\
\text{Wölbschubspannungen} & : & \tau_\omega=M_{DS}\cdot S_\omega/tC \quad (\tau_2);\quad S_\omega=\oint_{s_l}^{s_r}\omega\,t\,ds
\end{array} \qquad \text{(II.28)}$$

Diese Formeln gelten für jede Drillachse. ω, C und S_ω sind dann dieser Drillachse zugeordnet. Bei freier Drillung ist die Schubmittelpunktsachse die Drillruheachse.

g) Bei geschlossenen oder gemischt-offenen-geschlossenen Querschnitten liegt ein statisch unbestimmtes Problem vor. Erst nach Bestimmung der Schubflüsse in den einzelnen Zellen, können die Querschnittswerte berechnet werden.

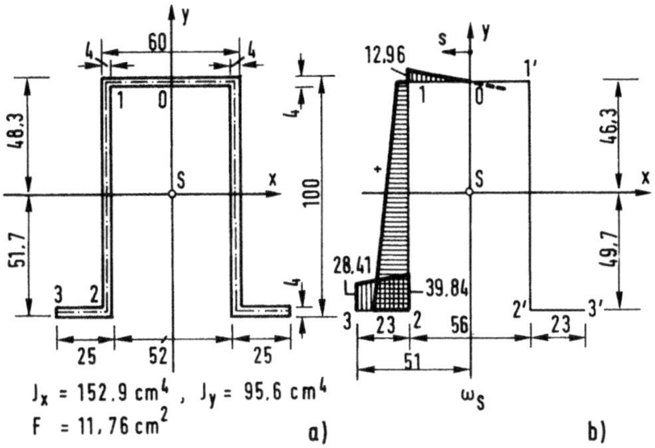

Bild II.15

II.2.2 Beispiele

1. Beispiel: ∏-Querschnitt

Gesucht sind die Querschnittswerte für eine Biegedrillknickuntersuchung. Im Falle zentrischer Belastung werden Drill- und Wölbwiderstand (J_D und C_M) und im Falle exzentrischer Belastung zusätzlich r_x benötigt.

Für die Berechnung der Einheitsverwölbungen wird der Ursprung der Umlaufkoordinate s auf die Symmetrieachse gelegt: Punkt 0 (B.II.15).

Bezogen auf den Schwerpunkt S werden die Normalenabstände $r_S(s)$ bestimmt und die Grundverwölbung $\bar{\omega}_S(s)$ für die Eckpunkte berechnet:

$$0-1: \; r_S = 4{,}63\,\text{cm}: \; \bar{\omega}_{S1} = 4{,}63\cdot 2{,}8 = 12{,}96\,\text{cm}^2$$
$$1-2: \; r_S = 2{,}80\,\text{cm}: \; \bar{\omega}_{S2} = 12{,}96 + 2{,}80\cdot 9{,}6 = 39{,}84\,\text{cm}^2$$
$$2-3: \; r_S = 4{,}97\,\text{cm}: \; \bar{\omega}_{S3} = 39{,}84 - 4{,}97\cdot 2{,}3 = 28{,}41\,\text{cm}^2$$

Für die rechte Seite ist der Verlauf antimetrisch, damit ist: $\omega_{S0} = 0 \longrightarrow \omega_S = \bar{\omega}_S$

Gemäß T.II.7 folgen Wölbmoment, Schubmittelpunktsabstand und C_S zu:

$$R_{Sy} = -2\frac{1}{6}\Big\{2{,}8\cdot 0{,}4[2\cdot(0 + 12{,}96\cdot(-2{,}8)) + 0 + 0]$$
$$+9{,}6\cdot 0{,}4[2\cdot(12{,}96(-2{,}8) + 39{,}84(-2{,}8)) + 12{,}96(-2{,}8) + 39{,}84(-2{,}8)]$$
$$+2{,}3\cdot 0{,}4[2\cdot(39{,}84(-2{,}8) + 28{,}41(-5{,}1)) + 39{,}84(-5{,}1) + 28{,}41(-2{,}8)]\Big\} = 839{,}5\,\text{cm}^5$$

$$y_M = \frac{R_{Sy}}{J_y} = \frac{839{,}5}{95{,}6} = \underline{8{,}78\,\text{cm}} \quad (\text{x und y sind Hauptachsen})$$

$$C_S = 2\frac{1}{3}[2{,}8\cdot 0{,}4(0 + 0 + 12{,}96^2) + 9{,}6\cdot 0{,}4(12{,}96^2 + 12{,}96\cdot 39{,}84 + 39{,}84^2)$$
$$+ 2{,}3\cdot 0{,}4(39{,}84^2 + 39{,}84\cdot 28{,}41 + 28{,}41^2)] = 8\,096\,\text{cm}^6$$

Der Wölbwiderstand für eine Drillung um M berechnet sich gemäß T.II.7 zu:

$$C_M = 8\,096 - 8{,}78^2\cdot 95{,}6 = \underline{726\,\text{cm}^6}$$

Drillwiderstand (T.II.6):

$$J_D = 1{,}06\cdot 2\frac{1}{3}(2{,}8\cdot 0{,}4^3 + 9{,}6\cdot 0{,}4^3 + 2{,}3\cdot 0{,}4^3) = 1{,}06\cdot 0{,}627 = \underline{0{,}665\,\text{cm}^4}$$

Die Summationsformel für r_x auf T.II.4 ergibt: $r_x = -1{,}22$ cm.

2. Beispiel: Offener und gemisch-offen-geschlossener Querschnitt

B.II.16a/b zeigt zwei Querschnitte, die nahezu flächengleich sind; Gurtbreite und Trägerhöhe sind identisch. Gesucht ist der Unterschied in den Kipplasten für eine Trägerlänge l=10m.

Für T r ä g e r (A) findet man:

$$J_y = 2670{,}8\ cm^4,\ J_D = 123{,}3\ cm^4$$

$$C_M = 1\,802\,666\ cm^6$$

Für T r ä g e r (B) wird zunächst der Schubfluß in der Zelle des oberen Gurtes berechnet, hierfür wird der in B.II.16c skizzierte Ersatzquerschnitt gewählt. Die Berechnungsformel für den Schubfluß T lautet:

$$\frac{T}{G\vartheta'}\oint\frac{ds}{t(s)} + 2F^* = 0 \qquad \text{(II.29)}$$

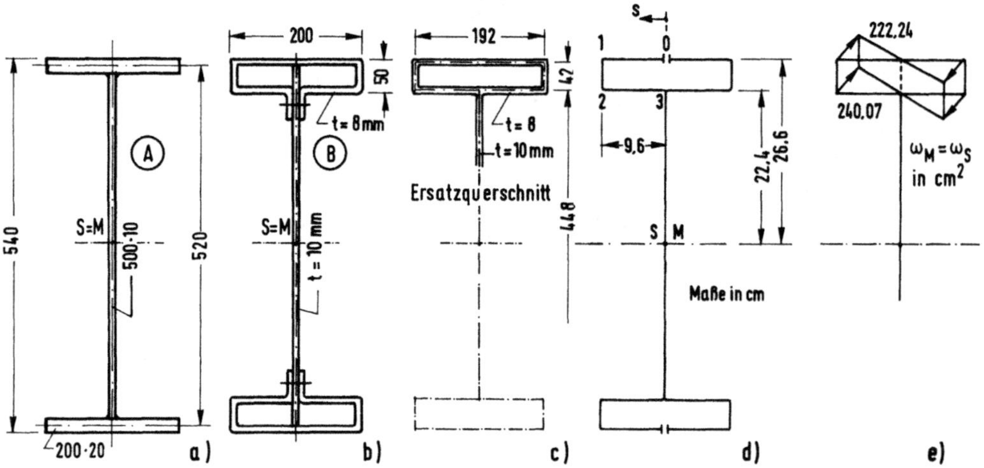

Bild II.16

F^* ist die von der Wandmittellinie eingeschlossene Fläche.

$$F^* = 19{,}2 \cdot 4{,}2 = 80{,}64 cm^2$$

$$\oint\frac{ds}{t} = 2\left[\frac{19{,}2}{0{,}8} + \frac{4{,}2}{0{,}8}\right] = 58{,}50\ [1]$$

G.II.29 wird nach $T/G\vartheta'$ aufgelöst:

$$\frac{T}{G\vartheta'} = -\frac{2 \cdot 80{,}64}{58{,}50} = -2{,}76\ cm$$

Die Einheitsverwölbung folgt aus:

$$\omega_M = \oint r_M\, ds + \omega_{M0} + \frac{T}{G\vartheta'}\oint\frac{ds}{t}$$

Der Ursprung der Umlaufkoordinate s wird auf die Symmetrieachse gelegt: Punkt 0 in B.II.16d. ω_{M0} ist Null.

$$0:\ \omega_M = 0$$

$$1:\ \omega_M = 9{,}6 \cdot 26{,}6 - 2{,}76 \cdot 9{,}6/0{,}8 = 222{,}24 cm$$

$$2:\ \omega_M = 222{,}24 + 4{,}2 \cdot 9{,}6 - 2{,}76 \cdot 4{,}2/0{,}8 = 248{,}07\ cm$$

$$3:\ \omega_M = 248{,}07 - 9{,}6 \cdot 22{,}4 - 2{,}76 \cdot 9{,}6/0{,}8 = 0$$

Bei der Berechnung des Drillwiderstandes ist der Beitrag aus der Ober- und Untergurtzelle aufzusummieren:

$$J_D = J_{D\,offen} + J_{D\,geschlossen}:\quad J_{Do} = \underline{34{,}35 cm^4},\quad J_{Dg} = -2 \cdot \frac{T}{G\vartheta'}F^* = 2 \cdot 2 \cdot 2{,}76 \cdot 80{,}64 = \underline{889{,}27 cm^4}$$

$$J_D = 34{,}35 + 889{,}27 = \underline{923{,}62\ cm^4}$$

Wölbwiderstand (Summationsformel nach T.II.7):

$$C_M = 2 \cdot 2 \cdot \frac{1}{3}[0{,}8 \cdot 9{,}6 \cdot 222{,}24^2 + 0{,}8 \cdot 4{,}2(222{,}24^2 + 222{,}24 \cdot 248{,}07 + 248{,}07^2) + 0{,}8 \cdot 9{,}6 \cdot 248{,}07^2] = \underline{1879\,875 cm^6}$$

Die Kipplast eines Einfeldträgers mit Lastangriff im Schwerpunkt kann aus der Gleichung

$$q_{Ki}^2 - \frac{8\pi^2 EJ_y}{k_3 \cdot l^6}\left(\frac{\pi^2}{l^2}EC_M + GJ_D\right) = 0$$

berechnet werden, vgl. Abschnitt 7.16.1 (B.7.81). Die Auswertung ergibt:

$$\text{Träger A}: \; q_{Ki} = 24{,}97 \text{ kN/m}$$
$$\text{Träger B}: \; q_{Ki} = 62{,}22 \text{ kN/m}$$

Die hohe Drillsteifigkeit der Gurte wirkt sich demnach merklich aus. Wird im Falle des Trägerquerschnittes B der Wölbwiderstand C_M auf die Hälfte reduziert, um den Schubverzerrungseinfluß infolge der sekundären Schubspannungen zu berücksichtigen, ergibt sich:

$$q_{Ki} = 61{,}45 \text{ kN/m}$$

Wird C_M ganz vernachlässigt, folgt:

$$q_{Ki} = 60{,}64 \text{ kN/m}$$

Aus dem Beispiel können folgende Schlüsse gezogen werden:

Trägerquerschnitt A : Die Erfassung von J_D und C_M ist für die Berechnung der Kipplasten (und Biegedrillknicklasten) unbedingt notwendig, anderenfalls läßt sich der Stabilitätsnachweis nicht wirtschaftlich führen.

Trägerquerschnitt B : Auf die Berücksichtigung des Wölbwiderstandes C_M kann wegen des dominierenden Beitrages der Drillsteifigkeit ganz verzichtet werden. Die Drillsteifigkeit kann bei einzelligen Querschnitten aus

$$J_D = 4 \cdot \frac{F^{*2}}{\oint \frac{ds}{t(s)}} \qquad \text{(II.31)}$$

berechnet werden (2. BREDTsche Formel). Im vorliegenden Beispiel ergibt die Formel:

$$J_D = 2 \cdot 4 \frac{80{,}64^2}{58{,}50} = 2 \cdot 444{,}64 = 889{,}27 \text{cm}^4$$

Mit dem Faktor 2 wird der Beitrag aus den beiden (einzelligen) Gurtquerschnitten erfaßt. - Bei Trägerquerschnitten vom Typ B ist es besonders wichtig, die Querschnittstreue konstruktiv sicherzustellen.

III.1 Drehfederkonstante für symmetrische und antimetrische Riegelverformungen

Treten in einem symmetrischen System (symmetrisch bezüglich Geometrie, Steifigkeit und Druckkraftverteilung) symmetrische oder antimetrische Verformungen auf, so läßt sich das Verzweigungsproblem in vielen Fällen auf ein Ersatzsystem oder einen Ersatzstab reduzieren, wobei die Riegeleinspannung durch eine Drehfeder ersetzt wird.

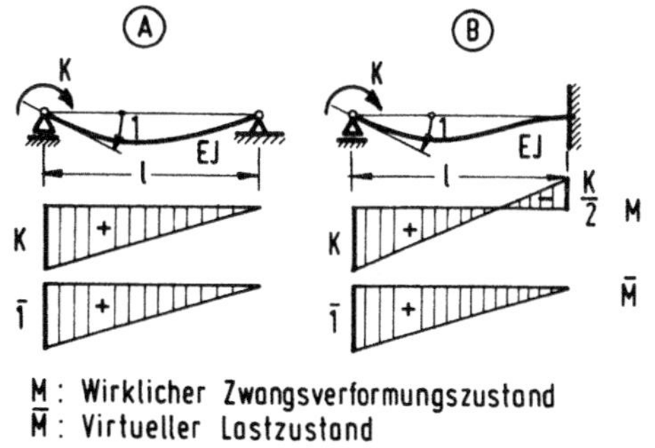

Bild III.1

Als Drehfeder K ist jenes Moment definiert, das eine Stabenddrehung der Einheit Eins bewirkt. Die Berechnung geht zweckmäßig vom Arbeitssatz aus:

$$\delta = \int_l M\bar{M}\frac{ds}{EJ} + \int_l N\bar{N}\frac{ds}{EF} + \int_l Q\bar{Q}\frac{ds}{GF_G} \overset{!}{=} 1 \longrightarrow K \qquad \text{(III.1)}$$

Beispielsweise ergibt sich in den Fällen A und B des B.III.1 mit Hilfe der δ_{ik}-Tafeln infolge der Biegeverformung:

$$\text{(A)} \quad \delta = \frac{1}{3} \cdot K \cdot 1 \frac{l}{EJ} \overset{!}{=} 1 \longrightarrow K = \frac{3EJ}{l} \qquad \text{(III.2)}$$

$$\text{(B)} \quad \delta = \frac{1}{6} \cdot \left(2K - \frac{K}{2}\right) \cdot 1 \frac{l}{EJ} \overset{!}{=} 1 \longrightarrow K = \frac{4EJ}{l} \qquad \text{(III.3)}$$

Die Momentenfläche M des virtuellen Lastzustandes wird bei statisch-unbestimmten Systemen zweckmäßig unter Verwendung des Reduktionssatzes am statisch-bestimmten Grundsystem ermittelt. Die Federzahlen mehrerer Stäbe, die zu einer Gesamtfeder zusammengesetzt werden, können addiert werden. K ist der elastischen Formänderungsarbeit, die bei der gedachten Zwangsverdrehung $\varphi = 1$ gespeichert wird, direkt proportional.

Ein unverschieblicher Rahmen knickt symmetrisch aus, weil hierzu im Riegel eine geringere

Drehfederkonstante K von Rahmenriegeln (1)

1. Symmetrisches Ausknicken unverschieblicher symmetrischer Rahmen

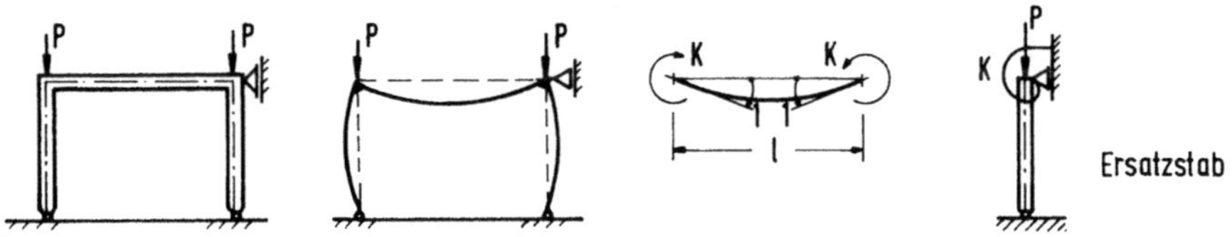

①

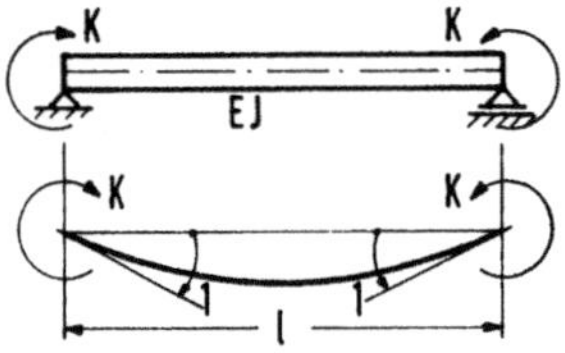

$$K_1 = \frac{2EJ}{l}$$

②

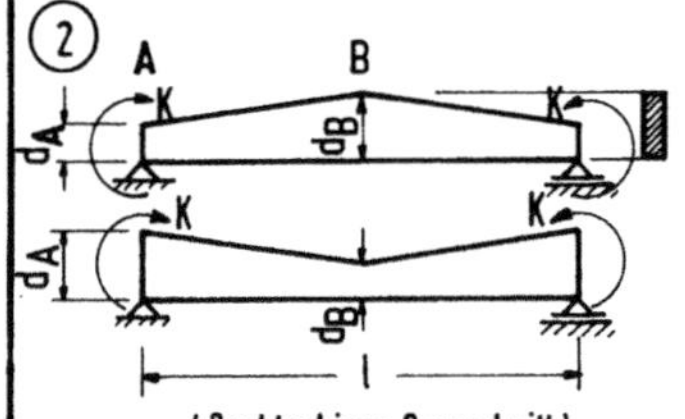

(Rechteckiger Querschnitt)

$$K_2 = \frac{EJ_A}{l} \cdot \frac{4\left(\frac{d_B}{d_A}\right)^2}{1 + \frac{d_B}{d_A}}$$

$$= \frac{EJ_A}{l} \cdot \varkappa$$

Der Formfaktor $\varkappa$ kann dem unten stehenden Diagramm entnommen werden.

③

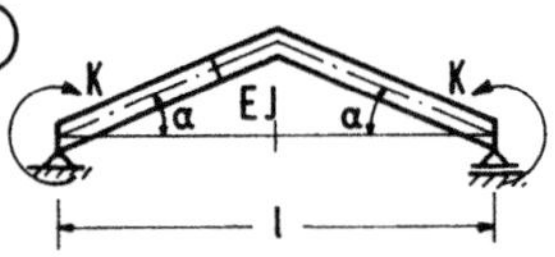

$$K_3 = \frac{2EJ}{l} \cdot \cos\alpha$$

④

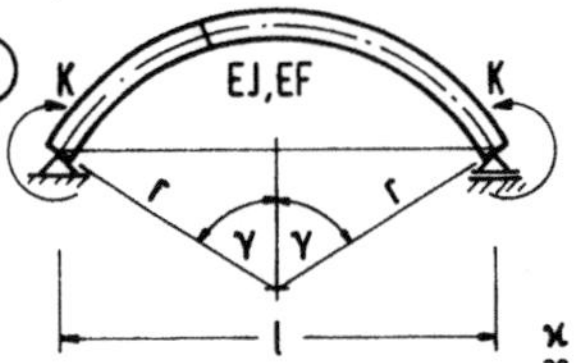

$$K_4 = \frac{EJ}{r} \cdot \frac{1}{\gamma} = \frac{EJ}{l} \cdot \frac{2\sin\gamma}{\gamma}$$

Normalkrafteinfluß auf Verdrehung und Verschiebung Null.

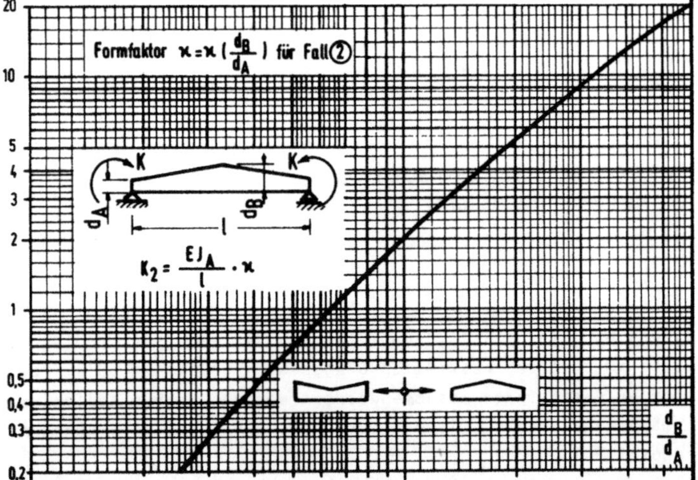

Drehfederkonstante K von Rahmenriegeln (2)

2. Antimetrisches Ausknicken verschieblicher symmetrischer Rahmen

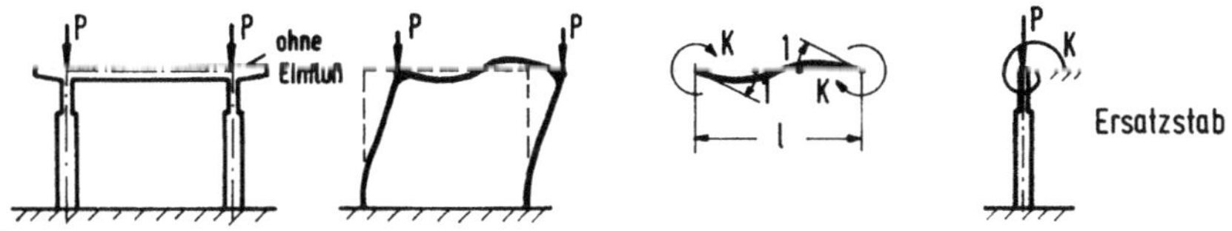

(1)

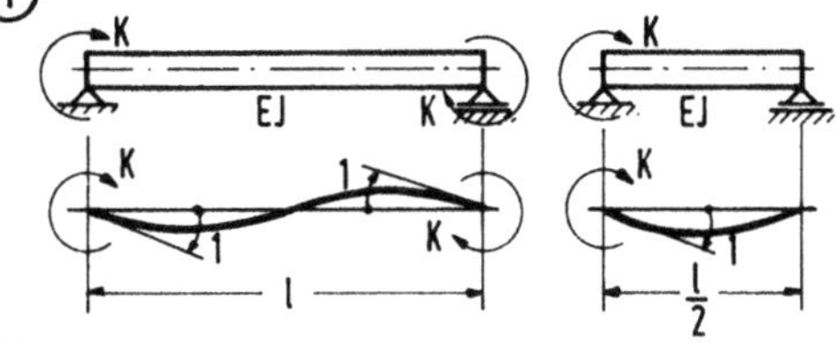

$$K_1 = \frac{6\,EJ}{l}$$

(2)

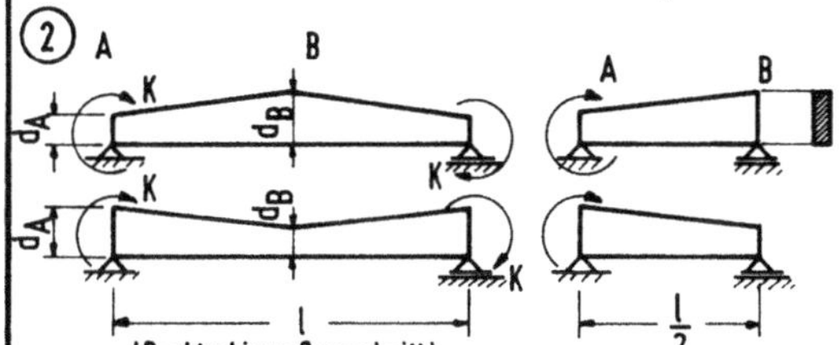

(Rechteckiger Querschnitt)

$$K_2 = \frac{EJ_A}{l} \cdot \frac{2\left(1-\frac{d_B}{d_A}\right)^3}{\ln\left(\frac{d_A}{d_B}\right) - \frac{3}{2} + 2\left(\frac{d_B}{d_A}\right) - \frac{1}{2}\left(\frac{d_B}{d_A}\right)^2}$$

$$= \frac{EJ_A}{l} \cdot \varkappa$$

Der Formfaktor $\varkappa$ kann dem unten stehenden Diagramm entnommen werden.

(3)

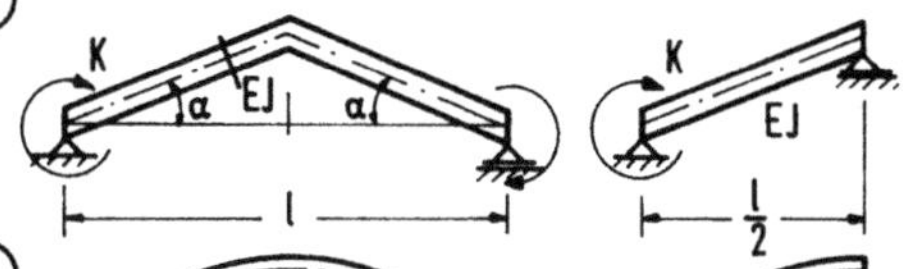

$$K_3 = \frac{6\,EJ}{l} \cdot \cos\alpha$$

(4)

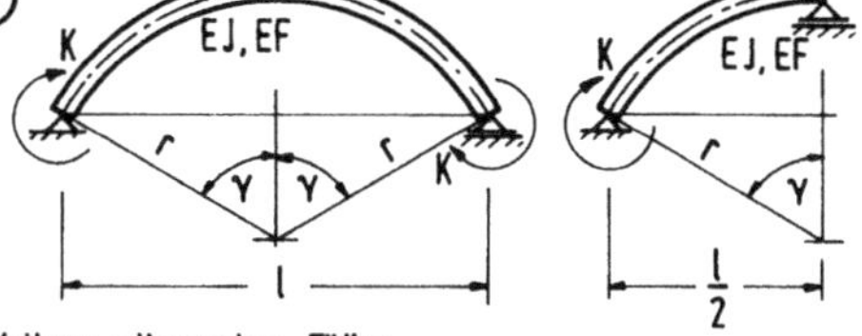

$$K_4 = \frac{EJ}{l} \cdot \frac{1}{2\,\frac{r}{l}\,(\sin\gamma\cos\gamma - \gamma)\left[\left(\frac{r}{l}\right)^2 + \frac{EJ}{l^2\,EF}\right]}$$

Dehnstarr: $EF = \infty$: $K_4 = \frac{EJ}{l} \cdot \frac{1}{2\left(\frac{r}{l}\right)^3 (\sin\gamma\cos\gamma - \gamma)}$

Weitere allgemeine Fälle:

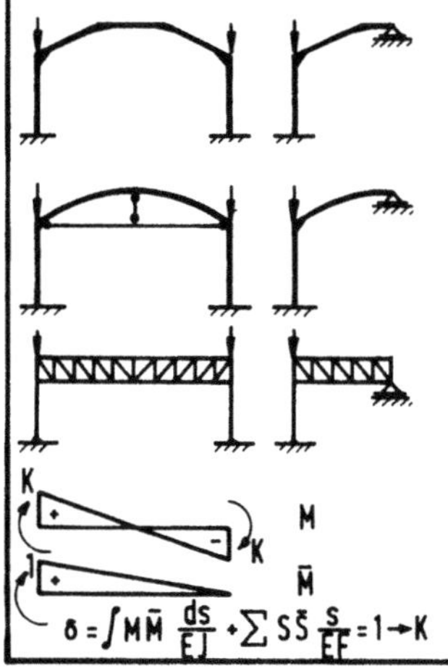

$$\delta = \int M\bar{M}\,\frac{ds}{EJ} + \sum S\bar{S}\,\frac{s}{EF} = 1 \rightarrow K$$

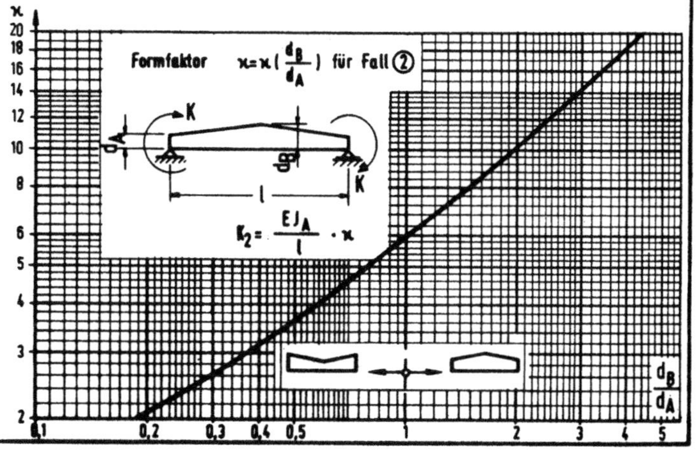

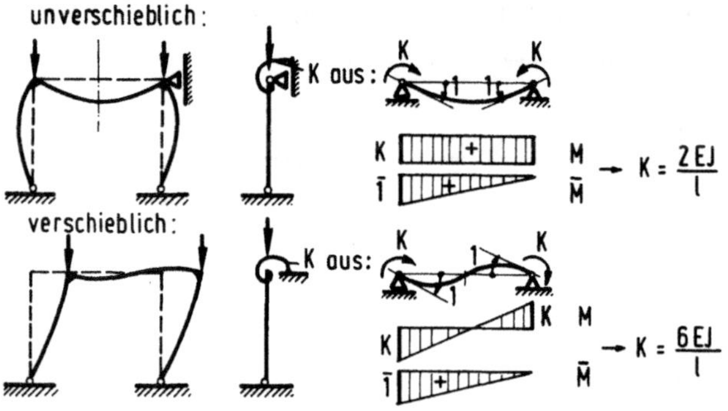

Bild III.2

Formänderungsarbeit benötigt wird als bei antimetrischer Verformung, jeweils bezogen auf denselben Drehwinkel im Stützpunkt.

Da bei einem zweistieligen Rahmen zwei Stiele durch den Riegel gehalten werden, sind aus dem Riegel zwei Drehfedern aufzubauen, vgl. B.III.2. Den Tafeln III.1 und 2 können die Berechnungsformeln für unterschiedliche Riegelformen entnommen werden. Bei geraden Stäben können die Drehfederkonstanten auch unter Verwendung der Grundformeln des Verformungsgrößenverfahrens bestimmt werden; sie lauten (vgl. Abschnitt 3.4.8.1):

$$M_{ab} = A\varphi_a + B\varphi_b - \frac{A+B}{l}\psi_{ab}$$
$$M_{ba} = A\varphi_b + B\varphi_a - \frac{A+B}{l}\psi_{ab} \qquad \text{(III.4)}$$

Mit $\psi_{ab}=0$ und $\varphi_a=\varphi_b=1$ ergibt sich z.B. für den antimetrischen Fall:

$$M_{ab} = M_{ba} = (A+B)\varphi \longrightarrow K = A+B = (A'+B')\frac{EJ}{l} \qquad \text{(III.5)}$$

Im Fall D=0:

$$K = (4+2)\frac{EJ}{l} = 6\frac{EJ}{l} \qquad \text{(III.6)}$$

Bei ausgefachten (schubweichen) Riegeln ist die Drehfedersteifigkeit entweder nach Berechnung der Stabkräfte aus $\delta = \Sigma S\bar{S}\cdot s/EF$ zu bestimmen, vgl. hierzu auch T.III.2 unten, oder sie ist wie folgt abzuschätzen (siehe B.III.3): Bei antimetrischer Riegelverformung berechnet sich die gegengleiche Stabendverdrehung aus G.III.1 zu:

$$\varphi = \int_0^l \frac{M\bar{M}}{EJ}\,ds + \int_0^l \frac{Q\bar{Q}}{GF_G}\,ds = \frac{Kl}{6EJ} + \frac{2K}{l\cdot GF_G} = 1 \qquad \text{(III.7)}$$

Hieraus folgt:

$$K = 6\cdot\frac{EJ_{red}}{l} \text{ mit } EJ_{red} = \frac{EJ}{1+\varkappa\frac{EJ}{l^2\cdot GF_G}}; \quad \varkappa = 12 \qquad \text{(III.8)}$$

Bei symmetrischer Verformung und Knickung ist $\varkappa=0$. EJ ist in G.III.8 die Biegesteifigkeit der Gurtungen des Trägers aus den Gurtanteilen allein.

Läßt sich der Anschluß der Riegel an die Stiele konstruktiv nicht starr verwirklichen, insbesondere bedingt durch die Nachgiebigkeit der Verbindungsmittel, ist zunächst die Drehfederkonstante K_A des Anschlusses zu berechnen oder abzuschätzen, vgl. B.III.4. Hierzu ist jenes Moment K_A zu bestimmen, das eine Verdrehung um den Winkel 1 zwischen Anschlußebene und Riegel bewirkt. Die Drehfederkonstante für die Rahmenberechnung folgt dann beispielsweise aus G.III.1 für antimetrische Beanspruchung

$$\frac{1}{3}\cdot K\cdot\bar{1}\,\frac{l}{EJ} + \frac{K}{K_A} = 1 \qquad \text{(III.9)}$$

zu:

$$K = \frac{3EJ}{l}\cdot\frac{1}{1+\frac{3EJ}{K_A l}} \qquad \text{(III.10)}$$

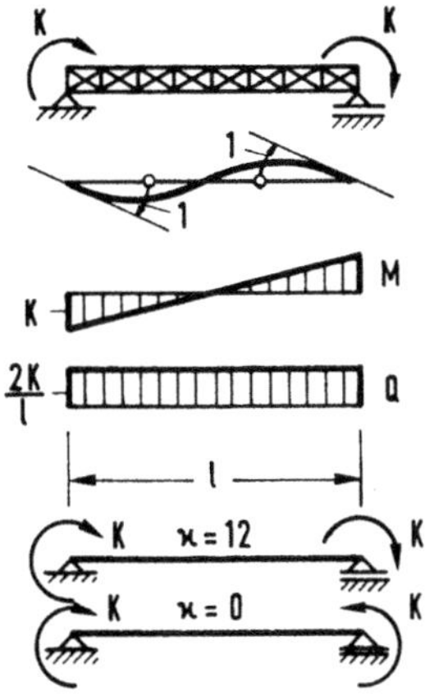

Bild III.3

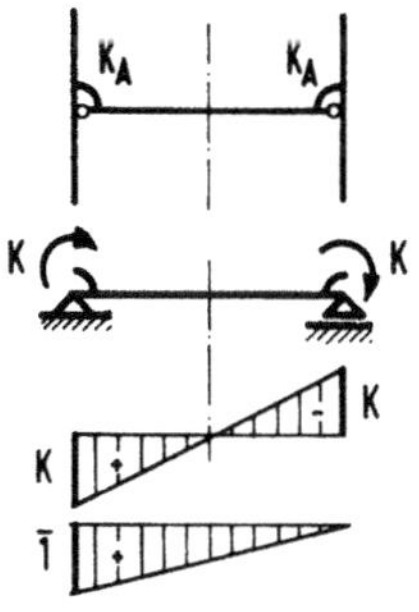

Bild III.4

Für den Stahlbau wurden Anschlußkonstruktionen entwickelt, bei denen unter Verwendung vorgespannter Schrauben auf Aussteifungsrippen und -vouten in den Rahmenecken verzichtet werden kann: Steifenlose Stahlskelett-Tragwerke [III.1]. B.III.5a zeigt derartige Ausführungsformen. Infolge der Nachgiebigkeit der Anschlußflansche und Stirnplatten läßt sich nur eine nachgiebige Verbindung realisieren. Dieser Umstand wirkt sich auf die Stabilität des Tragwerkes aus. Als Alternative zu G.III.10 wird am Ende der Riegel eine begrenzte Stablänge s mit der reduzierten Vergleichssteifigkeit J_V eingeführt. Für diese liegen Anhaltswerte vor, die aus Versuchen bestimmt wurden, vgl. auch [III.2].

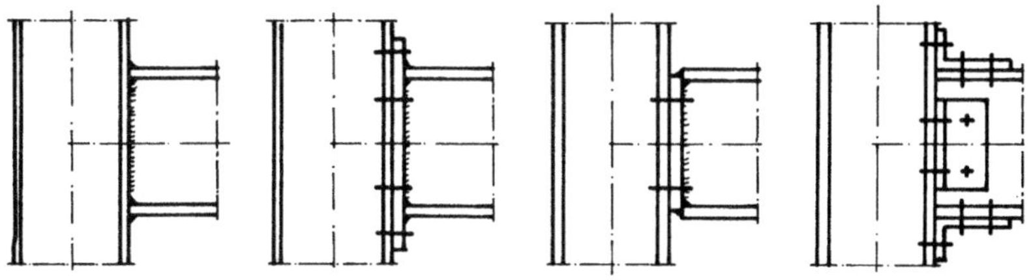

Als Rahmenecke unbrauchbar

a)

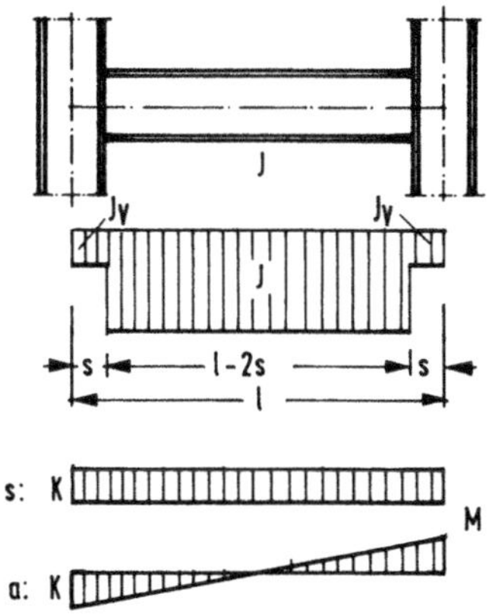

Drehfederkonstanten:

Symmetrische Riegelverformung:

$$K = \frac{2EJ}{l} \cdot \frac{1}{1 - 2\cdot\left(1 - \frac{J}{J_V}\right)\cdot\frac{s}{l}}$$

Antimetrische Riegelverformung:

$$K = \frac{6EJ}{l} \cdot \frac{1}{\left(1 - 2\frac{s}{l}\right)^3 + 6\cdot\left[1 - 2\frac{s}{l} + \frac{4}{3}\left(\frac{s}{l}\right)^2\right]\cdot\frac{J}{J_V}\cdot\frac{s}{l}}$$

b)

Bild III.5

B.III.5b enthält explizite Formeln für die Drehfederkonstanten bei symmetrischer und antimetrischer Verformung.

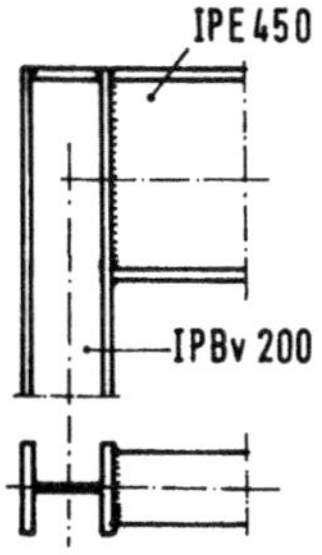

$l = 9200$ mm, $s \approx 100$ mm

IPE450 : $J = 33740\ cm^4$

$J_V = 0075 \cdot t_{cw} \cdot h_c \cdot h_b^2$
$= 0075 \cdot 1{,}5 \cdot 20 \cdot 45^2 = 4556\ cm^4$

Knieverbindung

Bild III.6

Als Beispiel wird, basierend auf [II.23], der Einfluß der Nachgiebigkeit für die in B.III.6 dargestellte Rahmenecke untersucht. J/J_V beträgt 7,405. Man findet:

a) symmetrische Verformung:

EJ = konst: $K = 2\frac{7{,}0854 \cdot 10^8}{920} = 1{,}540 \cdot 10^6$ kNcm

EJ = variabel: $K = 1{,}540 \cdot 10^6 \frac{1}{1 - 2(1 - 7{,}405) \cdot 10/920} = 0{,}861 \cdot 1{,}540 \cdot 10^6 = 1{,}326 \cdot 10^6$ kNcm

b) antimetrische Verformung:

EJ = konst: $K = 6\frac{7{,}0854 \cdot 10^8}{920} = 4{,}621 \cdot 10^6$ kNcm

EJ = variabel: $K = 4{,}621 \cdot 10^6 \cdot \frac{1}{(1 - 2\frac{10}{920})^3 + 6[1 - 2\frac{10}{920} + \frac{4}{3}(\frac{10}{920})^2] \cdot 7{,}405\frac{10}{920}}$

$= 0{,}710 \cdot 4{,}621 \cdot 10^6 = 3{,}278 \cdot 10^6$ kNcm

Somit wirkt sich die Nachgiebigkeit bei symmetrischer Verformung in einer Reduzierung auf 86% und bei antimetrischer Verformung in einer Reduzierung auf 71% aus. Je größer das Verhältnis s/l ist, umso größer ist die Reduzierung. Die Abminderungsfaktoren können auch dann verwertet werden, wenn die Beanspruchung nur näherungsweise symmetrisch bzw. antimetrisch ist.
Wird im vorliegenden Beispiel noch eine Druckkraft von 400 kN eingerechnet, findet man für den antimetrischen Fall: EJ=konst.: $K=4{,}584 \cdot 10^6$ kNcm, EJ=variabel: $K=0{,}479 \cdot 10^6$ kNcm. Die Schwächung an den Riegelenden wirkt sich offenbar stark aus. Eine solche Einrechnung ist indes nicht notwendig, da es sich bei den geschwächten Stabendbereichen nicht um reale sondern fiktive Stabelemente handelt, die keinem Verformungseffekt unterliegen.–
Bei den Berechnungen ist darauf zu achten, für welchen Zustand die Vergleichsträgheitsmomente J_V, ob für den Gebrauchs-, elastischen oder plastischen Grenzzustand, angegeben sind. Insgesamt liegen noch keine umfangreichen Erfahrungen mit rippenlosen Rahmenknoten vor.
Verrippte Anschlüsse mit überstehenden Stirnplatten und voller Vorspannung der HV-Schrauben erreichen praktisch eine volle Einspannwirkung. Eine gewisse Reduzierung der Riegelsteifigkeit um 5 bis 10% erscheint dennoch angebracht.

Anhang III.2 Drehfederkonstante K bodenelastischer Fundamenteinspannungen

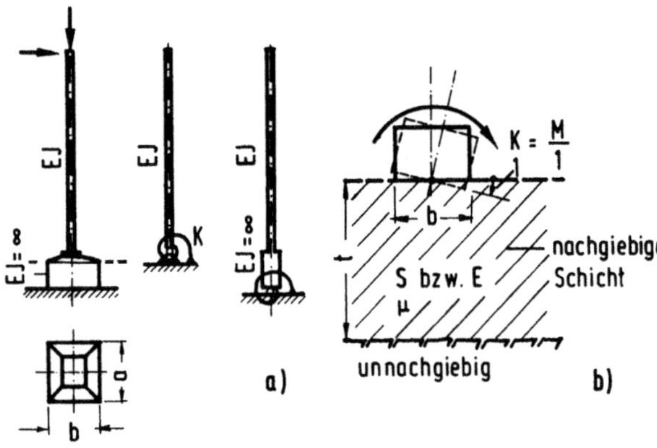

Bild III.7

Einspannungen von Stützen und Rahmenstielen in Fundamente, die auf gewachsenem oder aufgeschüttetem und verdichtetem Boden gegründet werden, sind immer mehr oder weniger drehelastisch. Für die Stabilität der Konstruktionen kann sich dieser Umstand als recht bedeutend erweisen, insbesondere bei frei auskragenden Strukturen wie Hochhauskerne, Brückenpfeiler u.a.
Die elastische Einspannung kann durch eine Drehfeder ersetzt werden, vgl. B.III.7a. Die Drehfederkonstante K wird aus den Fundamentabmessungen und Bodenkennwerten berechnet. K ist jenes Moment, das am Fundament eine Verkantung $\varphi=1$ bewirkt und wird nach den Regeln der Bodenmechanik bestimmt. Als Baugrundmodell dient der in der Tiefe t begrenzte elastische Halbraum mit den Kennwerten: Steifezahl S bzw. Elastizitätsmodul E und Querkontraktions-

zahl μ (B.III.7b). Zwischen S und E besteht die Beziehung:

$$E = \frac{1-\mu-2\mu^2}{1-\mu} S \qquad \text{(III.11)}$$

S ist mit E_s nach DIN 4019 [III.3] identisch. Die Steifezahl S wird im Kompressionsversuch an Bohrproben bestimmt. Da mit wachsender Tiefe t der zusammendrückbaren Schicht die Setzungsdifferenzen schnell einem Grenzwert zustreben, wirkt sich der Einfluß von t auf die Verkantung nur bis zu Tiefen t ~ 3b aus, hierin ist b die Erstreckung des Fundamentes in der Verkantungsebene, siehe B.III.7b. Nach [III.4] berechnet sich die Drehfederkonstante K eines Rechteckfundamentes zu:

$$K = ab^2 \cdot \frac{E}{i \cdot k} \qquad \text{(III.12)}$$

Die Rechengrößen i und k sind von den Quotienten t/b und μ bzw. vom Seitenverhältnis b/a abhängig. G.III.12 ist durch Kombination der von WÜNSCH und MATL angegebenen Beziehungen entwickelt worden und befindet sich in prinzipieller Übereinstimmung mit DIN 4019, Bl.2 [III.3] , in Ergänzung zu [III.4] wird auch auf [III.5, III.6] und das allgemeine Schrifttum zur Bodenmechanik verwiesen. Die Werte i und k können aus den Diagrammen des B.III.8a abgegriffen werden, in B.III.8b sind Anhalte für die Steifeziffer S aufgelistet. In Zweifelsfällen sind Baugrundsondierungen erforderlich, vorrangig bei geschichteten Bodenverhältnissen. Bezüglich der Berechnung von K für Pfahlgründungen wird auf das spezielle Schrifttum verwiesen.

Für starre und schlaffe kreisförmige Lastflächen sind die Lösungen für einen in der Tiefe unbegrenzten elastischen Halbraum bekannt [III.7]:

Starre Kreisplatte: $$K = \frac{4}{3} \cdot \frac{E}{(1-\mu^2)} r^3; \quad \left(\frac{4}{3} = 1{,}333\right) \qquad \text{(III.13)}$$

Schlaffe Kreisplatte: $$K = \frac{3\pi^2}{16} \cdot \frac{E}{(1-\mu^2)} r^3; \quad \left(\frac{3\pi^2}{16} \approx 1{,}85\right) \qquad \text{(III.14)}$$

r ist der Radius der Kreisfläche. Mit G.III.13 kann überprüft werden, ob es zulässig ist, die Drehfederkonstante eines Kreisfundamentes dadurch zu berechnen, daß der Kreis durch ein flächengleiches Quadrat ersetzt wird:

$$K = b^3 \cdot \frac{E}{i \cdot k} \quad \text{mit} \quad b = \sqrt{\pi} \cdot r \qquad \text{(III.15)}$$

Für die Prüfung wird $i_\infty = 4{,}64$ für $\mu = 0{,}3$, k=0,76 (a/b=1) gewählt. Hiermit liefert G.III.12/15:

$$K = \frac{\sqrt{\pi} \cdot \pi \cdot E}{4{,}64 \cdot 0{,}76} r^3 = 1{,}579 \cdot E \cdot r^3$$

Im Falle des starren Kreisfundamentes ergibt G.III.13 für $\mu = 0{,}3$:

$$K = \frac{4}{3} \cdot \frac{E}{(1-0{,}3^2)} r^3 = 1{,}465 \cdot E r^3$$

Die Ersatzrechnung ist somit möglich; die in B.III.8 zusammengestellten Anhalte sind somit auch für Kreisfundamente verwertbar.

Für die Kreisringplatte ist nach Wissen des Verfassers nur die Lösung für die schlaffe Lastfläche bekannt, sie lautet [III.8]:

$$K = \frac{3\pi^2}{16} \cdot \frac{E}{(1-\mu^2)} \cdot \frac{r_a^3}{f(\rho)}; \quad \rho = \frac{r_i}{r_a} \qquad \text{(III.16)}$$

mit

$$f(\rho) = \frac{1}{1-\rho^4}\left[1 - \frac{3\pi}{16} \cdot \rho^4 \left(1 + \frac{1}{4}\rho^2 + \frac{15}{128}\rho^4 + \frac{35}{512}\rho^6 + \dots\right)\right] \qquad \text{(III.17)}$$

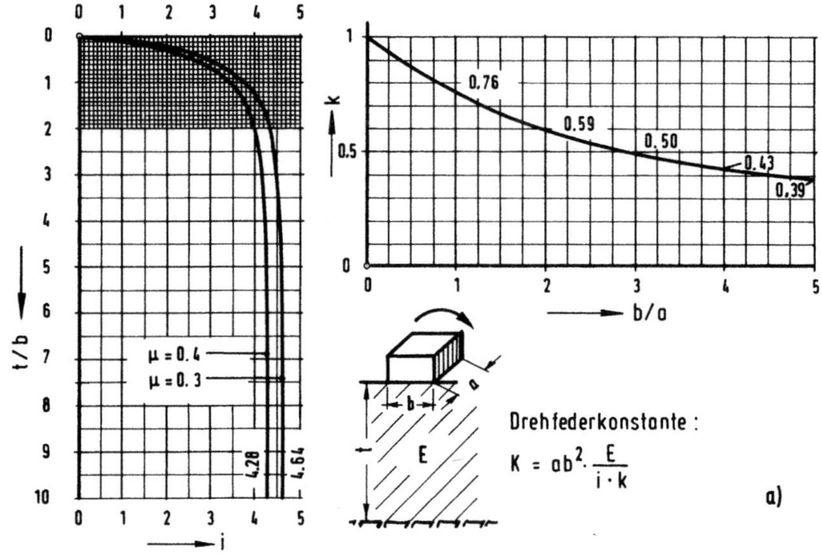

	Bodenart	Lagerung	Steifezahl S N/cm²	μ
nicht bindig	Fels		10^7 - 10^5	≈0.3
	Schotter scharfkantig		30 000 - 15 000	
	Kies	dicht	40 000 - 20 000	
		mittel	20 000 - 10 000	
		locker	10 000 - 5 000	
	Kiessand	mitteldicht	20 000 - 10 000	
	Sand, scharfkörnig	dicht	30 000 - 20 000	
		mittel	20 000 - 8 000	
		locker	8 000 - 4 000	
	Sand, rundkörnig	dicht	20 000 - 8 000	
		mittel	10 000 - 5 000	
		locker	5000 - 1000	
bindig	Geschiebemergel	fest	10 000 - 1000	≈0.4
	Lehm	halbfest	5000 - 500	
		weich	800 - 500	
	Ton	halbfest	2000 - 500	
		steif	800 - 300	
		weich	300 - 150	
	Löß		2000 - 1000	
	Schluff		1000 - 300	

Elastizitätsmodul:

$$E = \frac{1-\mu-2\mu^2}{1-\mu} \cdot S$$

$\mu = 0.3$: $E = 0.7428\,S$

$\mu = 0.4$: $E = 0.4666 \cdot S$

b)

Bild III.8

Für die Umrechnung auf eine s t a r r e Kreisringplatte dürfte es zulässig sein, die K-Zahl gemäß G.III.16 im Verhältnis 1,333/1,85=0,72 zu reduzieren, wie sie für die volle Kreisplatte gilt, vgl. G.III.13 und 14.

Die vorangegangenen Abschätzungen setzen voraus, daß keine klaffenden Fugen auftreten.

Da das Verformungsverhalten des Bodens nichtlinear ist, sind die Vorgaben konstanter S- bzw. E-Ziffern im Sinne einer Linearisierung zu begreifen. Wenn Grenzlastberechnungen nach Th.II.Ordn. für ν-fache Gebrauchslasten angestellt werden, ist folgerichtig darauf zu achten, daß die Bodenkennwerte für eine hiermit korrespondierende Baubelastung festgelegt werden.
Schließlich wird Abschn.6 der DIN 4019 (Schwerpunktsverlagerung und Stabilität) zitiert: Infolge der Schiefstellung des Grundkörpers treten zusätzliche Momente auf, die besonders bei hochliegendem Schwerpunkt des Bauwerkes und hochliegendem Angriffspunkt

der lotrechten Auflast eine weitere Schiefstellung zur Folge haben. Die Rechnung ist daher in solchen Fällen solange zu wiederholen, bis nachgewiesen ist, daß die Schiefstellung einem zulässigen Endwert zustrebt. Anderenfalls ist das Bauwerk nicht stabil. Dieser Nachweis ersetzt nicht eine ggf. durchzuführende Grundbruchuntersuchung.

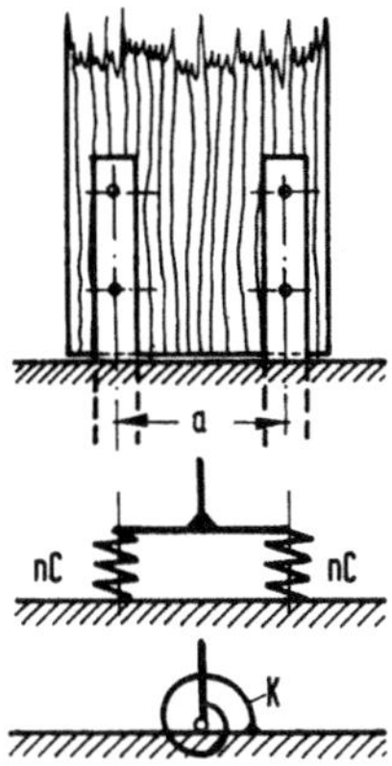

Bild III.9

Neben der elastischen Einspannung des Fundamentes im Baugrund ist die elastische Einspannung der Stützen und Stiele auf dem Fundament zu unterscheiden. Bei Stahlstützen mit fachgerechter Ausbildung der Fußkonstruktion kann man i.allg. von einer starren Einspannung ausgehen. Dennoch kann es angezeigt sein, über eine Verformungsberechnung der Fußtraverse und Anker den Einspannungsgrad zu überprüfen.

Bei Holzstützen erreicht man mit Bolzen allein keine ausreichende biegesteife Einspannung. Auch ergibt die Verwendung von Dübeln nur eine elastische Einspannung. Im Vergleich zu der Nachgiebigkeit der Dübel sind die Nachgiebigkeiten der Stahllaschen und des Fundamentes untergeordnet und können vernachlässigt werden. Die Größe der Dübelverformungen hängt vom Verschiebemodul C ab (DIN 1052 Tab. 3). Ist n die Anzahl der Dübel pro Laschenpaar, betragen die Federwerte für die Druck- und Zugseite je n·C und die Drehfederkonstante folgt aus:

$$\varphi = \frac{\delta}{a/2} = \frac{K}{a} \cdot \frac{1}{(nC)} \cdot \frac{1}{a/2} = \frac{2K}{nCa^2} = 1 \longrightarrow K = (nC) \cdot \frac{a^2}{2} \qquad \text{(III.18)}$$

Für andere Anschlußarten ist analog zu rechnen.

Anhang IV.1 Grundfunktionen A', B' und C' des Verformungsgrößenverfahrens Th.II.Ordn.

Die im Abschnitt 3.4.8.1 für das Verformungsgrößenverfahren Th.II.Ordn. abgeleiteten Stabkennzahlen A', B' und C' sind auf T.IV.1 als Funktion von $\varepsilon = l \cdot \sqrt{\frac{D}{EJ}}$ von $\varepsilon = 0$ bis $\varepsilon = 4{,}00$ tabuliert. Auf die Tabulierung in [IV.1, 0.14], auch für Zugbeanspruchung, wird hingewiesen.

Anhang IV.2 Verformungen und Schnittgrößen druckbeanspruchter Biegestäbe

IV.2.1 Funktionen f_1 bis f_{12}

Für die Berechnung der Verformungen und Schnittgrößen druckbeanspruchter Biegestäbe für die Lastfälle

Endmoment, Gleichlast und Dreieckslast

können die Funktionentafeln IV.2 bis 7 verwendet werden. Auf diesen Tafeln sind die in B.IV.1 definierten Funktionen f_1 bis f_{12} als Funktion von ε für die Zehntelpunkte der Stäbe tabuliert. In B.IV.3 sind die Funktionen für $\varepsilon = 0$ (Th.I.Ordn.) aufgelistet.

Bei Spannungsberechnungen Th.II.Ordn. ist ε i.allg. kleiner Zwei, nur in Ausnahmefällen werden höhere Werte erreicht, sodaß der tabulierte Bereich bis $\varepsilon = 2{,}5$ praktisch immer ausreicht. Bei kleinen ε-Werten wird man zur Vermeidung von Interpolationen die Funktionenwerte für den nächsthöheren ε-Wert entnehmen.

$$f_1 = 2\zeta - 3\zeta^2 + \zeta^3 \qquad f_5 = \zeta - 2\zeta^3 + \zeta^4 \qquad f_9 = \frac{2}{15} \cdot (7\zeta - 10\zeta^3 + 3\zeta^5)$$

$$f_2 = \frac{1}{6} \cdot (2 - 6\zeta + 3\zeta^2) \qquad f_6 = \frac{1}{3} \cdot (1 - 6\zeta^2 + 4\zeta^3) \qquad f_{10} = \frac{2}{45} \cdot (7 - 30\zeta^2 + 15\zeta^4)$$

$$f_3 = 1 - \zeta \qquad f_7 = 4 \cdot \zeta(1 - \zeta) \qquad f_{11} = \frac{3\sqrt{3}}{2} \cdot (\zeta - \zeta^3)$$

$$f_4 = -1 \qquad f_8 = 1 - 2\zeta \qquad f_{12} = \frac{1}{2} \cdot (1 - 3\zeta^2)$$

Bild IV.2 Theorie I. Ordnung

		Theorie II. Ordnung
$\zeta = \frac{z}{l}$ 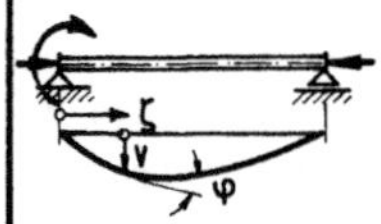	$v(\zeta) = \frac{Ml^2}{6EJ} \cdot f_1$ $\varphi(\zeta) = \frac{Ml}{EJ} \cdot f_2$ $M(\zeta) = M \cdot f_3$ $Q(\zeta) = \frac{M}{l} \cdot f_4$	$f_1 = \frac{6}{\varepsilon^2} \cdot [\cos\varepsilon\zeta - \frac{\cos\varepsilon}{\sin\varepsilon} \cdot \sin\varepsilon\zeta - 1 + \zeta]$ $f_2 = \frac{1}{\varepsilon} \cdot [-\sin\varepsilon\zeta - \frac{\cos\varepsilon}{\sin\varepsilon} \cdot \cos\varepsilon\zeta + \frac{1}{\varepsilon}]$ $f_3 = \cos\varepsilon\zeta - \frac{\cos\varepsilon}{\sin\varepsilon} \cdot \sin\varepsilon\zeta$ $f_4 = \varepsilon \cdot [-\sin\varepsilon\zeta - \frac{\cos\varepsilon}{\sin\varepsilon} \cdot \cos\varepsilon\zeta]$
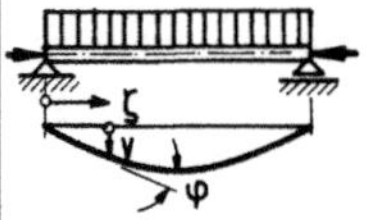	$v(\zeta) = \frac{p_0 l^4}{24 \cdot EJ} \cdot f_5$ $\varphi(\zeta) = \frac{p_0 l^3}{8EJ} \cdot f_6$ $M(\zeta) = \frac{p_0 l^2}{8} \cdot f_7$ $Q(\zeta) = \frac{p_0 l}{2} \cdot f_8$	$f_5 = \frac{24}{\varepsilon^4} \cdot [\cos\varepsilon\zeta + \frac{1-\cos\varepsilon}{\sin\varepsilon} \cdot \sin\varepsilon\zeta - 1 - \frac{\varepsilon^2}{2} \cdot (1-\zeta) \cdot \zeta]$ $f_6 = \frac{8}{\varepsilon^3} \cdot [-\sin\varepsilon\zeta + \frac{1-\cos\varepsilon}{\sin\varepsilon} \cdot \cos\varepsilon\zeta - \frac{\varepsilon}{2} \cdot (1-2\zeta)]$ $f_7 = \frac{8}{\varepsilon^2} \cdot [\cos\varepsilon\zeta + \frac{1-\cos\varepsilon}{\sin\varepsilon} \cdot \sin\varepsilon\zeta - 1]$ $f_8 = \frac{2}{\varepsilon} \cdot [-\sin\varepsilon\zeta + \frac{1-\cos\varepsilon}{\sin\varepsilon} \cdot \cos\varepsilon\zeta]$
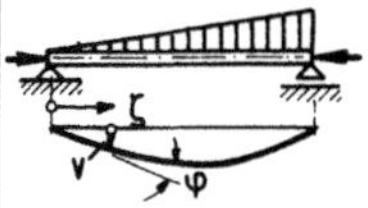	$v(\zeta) = \frac{p_1 l^4}{48 \cdot EJ} \cdot f_9$ $\varphi(\zeta) = \frac{p_1 l^3}{16 \cdot EJ} \cdot f_{10}$ $M(\zeta) = \frac{p_1 l^2}{9\sqrt{3}} \cdot f_{11}$ $Q(\zeta) = \frac{p_1 l}{3} \cdot f_{12}$	$f_9 = \frac{48}{\varepsilon^4} \cdot [\frac{1}{\sin\varepsilon} \cdot \sin\varepsilon\zeta - \zeta - \frac{\varepsilon^2}{6} \cdot (1-\zeta^2)\zeta]$ $f_{10} = \frac{16}{\varepsilon^3} \cdot [\frac{1}{\sin\varepsilon} \cdot \cos\varepsilon\zeta - \frac{1}{\varepsilon} - \frac{\varepsilon}{6} \cdot (1-3\zeta^2)]$ $f_{11} = \frac{9\sqrt{3}}{\varepsilon^2} \cdot [\frac{1}{\sin\varepsilon} \cdot \sin\varepsilon\zeta - \zeta]$ $f_{12} = \frac{3}{\varepsilon} \cdot [\frac{1}{\sin\varepsilon} \cdot \cos\varepsilon\zeta - \frac{1}{\varepsilon}]$

Bild IV.1

IV.2.2 Beispiel

Um die Verwendung der Tafeln IV.2 bis 7 zu zeigen, werden die Formänderungen und Schnittgrößen im unteren Feld eines abgespannten Mastes berechnet. B.IV.3 zeigt das System. Die trapezförmige Belastung des unteren Feldes ist im B.IV.4 ausgewiesen. Mittels des Verformungsgrößenverfahrens ergeben sich die im Bild angeschriebenen Stabendwerte: Verschiebung des oberen, federelastisch gestützten Auflagers: 0,327 m, Stützmoment an dieser Stelle: 11,24 kNm. Druckkraft im Stiel:

$$\varepsilon = 37,20 \cdot \sqrt{\frac{3600}{1,651 \cdot 10^6}} = 1,737 \approx 1,75$$

Die gesuchten Größen resultieren aus vier Anteilen: Schrägstellung der Mastachse, Randmoment, Gleichlast 1,142 kN/m und Dreieckslast 0,090 kN/m.

Schrägstellung: $\varphi(\zeta) = \psi = 0,327/37,2 = 0,00879$ = konst.-Festhaltekraft:

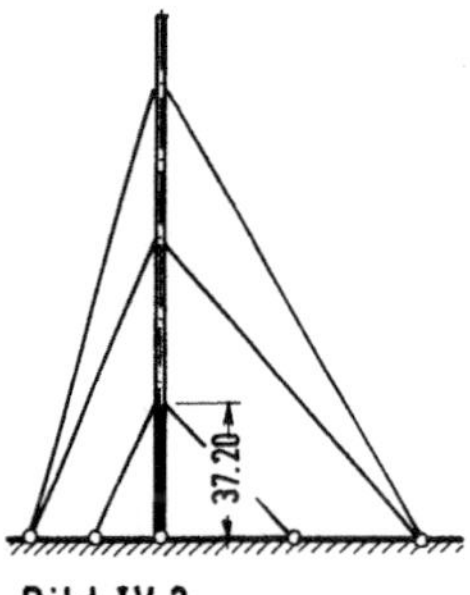

Bild IV.3

$F = 3600 \cdot 0,00879 = 31,64$ kN. Transversalkraft: $T = -F = -D \cdot \psi$. Querkraft und Biegungsmoment sind Null. Durchbiegung in den Viertelspunkten: 0,0818; 0,1635; 0,2454 m.

Die Lastfälle Randmoment, Gleichlast und Dreieckslast werden tabellarisch berechnet und anschließend überlagert. Beispielsweise ist bei der Berechnung des Biegungsmomentes wie folgt zu verfahren:

Randmoment: $M(\zeta) = -11,24 \cdot f_3$

Gleichlast: $M(\zeta) = \frac{+1,142 \cdot 37,20^2}{8} f_7 = 197,5 \cdot f_7$

Dreieckslast: $M(\zeta) = \frac{+0,090 \cdot 37,20^2}{9\sqrt{3}} f_{11} = 7,99 \cdot f_{11}$

Biegungsmoment

ε		ζ	f_3	f_7	f_{11}				Schrägst	Σ
ε = 1.75	4	1	1.0000	0	0	+11.24	0	0	0	+ 11.24
	3	0.75	0.9788	1.0651	0.9108	+11.00	+210.35	7.27	0	+228.62
	2	0.50	0.7800	1.4630	1.4254	+ 8.77	+288.94	11.37	0	+309.08
	1	0.25	0.4289	1.0651	1.1646	+ 4.82	+210.35	9.29	0	+224.46
	0	0	0	0	0	0	0	0	0	0

für ζ = 0.25 und 0.75 geradlinig interpoliert

kNm

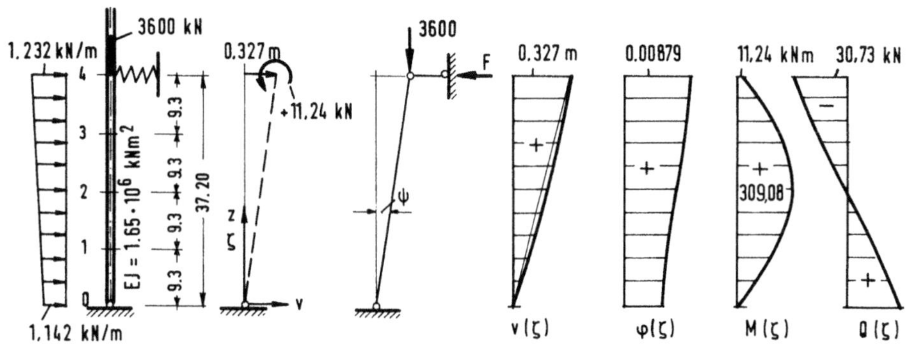

Bild IV.4

In B.IV.4 (oben) sind die einzelnen Anteile ausgewiesen und aufsummiert. Die Graphen der Größen v,φ,M und Q sind im unteren Bildteil dargestellt.

Tafel IV.1

Verformungsgrößenverfahren Theorie II. Ordnung

(Grundfunktionen)

$\varepsilon = l \cdot \sqrt{\frac{D}{EJ}}$ $A = \frac{EJ}{l} \cdot A'$; $A' = \frac{EJ}{l} \cdot \frac{\varepsilon(\sin\varepsilon - \varepsilon \cdot \cos\varepsilon)}{2(1-\cos\varepsilon) - \varepsilon \cdot \sin\varepsilon}$ $B = \frac{EJ}{l} \cdot B'$; $B' = \frac{EJ}{l} \cdot \frac{\varepsilon(\varepsilon - \sin\varepsilon)}{2(1-\cos\varepsilon) - \varepsilon \cdot \sin\varepsilon}$ $C = \frac{A^2 - B^2}{A} = \frac{EJ}{l} \cdot C'$; $C' = \frac{EJ}{l} \cdot \frac{\varepsilon^2 \sin\varepsilon}{\sin\varepsilon - \varepsilon\cos\varepsilon}$ $\left(\varepsilon = 0:\ A' = 4,\ B' = 2,\ C' = 3\right)$

ε	A'	B'	C'	sin ε	cos ε
0.025	4.0000	2.0001	2.9999	0.0250	0.9997
0.050	3.9997	2.0001	2.9995	0.0500	0.9988
0.075	3.9993	2.0002	2.9989	0.0749	0.9972
0.100	3.9987	2.0003	2.9980	0.0998	0.9950
0.125	3.9979	2.0005	2.9969	0.1247	0.9922
0.150	3.9970	2.0008	2.9955	0.1494	0.9888
0.175	3.9959	2.0010	2.9939	0.1741	0.9847
0.200	3.9947	2.0013	2.9920	0.1987	0.9801
0.225	3.9932	2.0017	2.9899	0.2231	0.9748
0.250	3.9917	2.0021	2.9875	0.2474	0.9689
0.275	3.9899	2.0025	2.9848	0.2715	0.9624
0.300	3.9880	2.0030	2.9820	0.2955	0.9553
0.325	3.9859	2.0035	2.9788	0.3193	0.9477
0.350	3.9836	2.0041	2.9754	0.3429	0.9394
0.375	3.9812	2.0047	2.9718	0.3663	0.9305
0.400	3.9786	2.0054	2.9679	0.3894	0.9211
0.425	3.9759	2.0061	2.9637	0.4123	0.9110
0.450	3.9729	2.0068	2.9593	0.4350	0.9004
0.475	3.9698	2.0076	2.9546	0.4573	0.8893
0.500	3.9666	2.0084	2.9496	0.4794	0.8776
0.525	3.9631	2.0093	2.9444	0.5012	0.8653
0.550	3.9595	2.0102	2.9390	0.5227	0.8525
0.575	3.9557	2.0111	2.9332	0.5438	0.8392
0.600	3.9518	2.0121	2.9272	0.5646	0.8253
0.625	3.9476	2.0132	2.9210	0.5851	0.8110
0.650	3.9434	2.0143	2.9145	0.6052	0.7961
0.675	3.9389	2.0154	2.9077	0.6249	0.7807
0.700	3.9342	2.0166	2.9006	0.6442	0.7648
0.725	3.9294	2.0178	2.8933	0.6631	0.7485
0.750	3.9244	2.0191	2.8856	0.6816	0.7317
0.775	3.9193	2.0204	2.8778	0.6997	0.7144
0.800	3.9139	2.0218	2.8696	0.7174	0.6967
0.825	3.9084	2.0232	2.8611	0.7345	0.6786
0.850	3.9027	2.0246	2.8524	0.7513	0.6600
0.875	3.8969	2.0261	2.8434	0.7675	0.6410
0.900	3.8908	2.0277	2.8341	0.7833	0.6216
0.925	3.8846	2.0293	2.8245	0.7986	0.6018
0.950	3.8782	2.0309	2.8147	0.8134	0.5817
0.975	3.8716	2.0326	2.8045	0.8277	0.5612
1.000	3.8649	2.0344	2.7940	0.8415	0.5403

ε	A'	B'	C'	sin ε	cos ε
1.025	3.8579	2.0362	2.7833	0.8547	0.5191
1.050	3.8508	2.0380	2.7722	0.8674	0.4976
1.075	3.8435	2.0399	2.7608	0.8796	0.4757
1.100	3.8360	2.0419	2.7492	0.8912	0.4536
1.125	3.8284	2.0439	2.7372	0.9023	0.4312
1.150	3.8205	2.0460	2.7249	0.9128	0.4085
1.175	3.8125	2.0481	2.7123	0.9227	0.3855
1.200	3.8043	2.0502	2.6993	0.9320	0.3624
1.225	3.7959	2.0524	2.6861	0.9408	0.3389
1.250	3.7873	2.0547	2.6725	0.9490	0.3153
1.275	3.7785	2.0570	2.6586	0.9566	0.2915
1.300	3.7695	2.0594	2.6443	0.9636	0.2675
1.325	3.7603	2.0619	2.6298	0.9699	0.2433
1.350	3.7510	2.0644	2.6148	0.9757	0.2190
1.375	3.7414	2.0669	2.5996	0.9809	0.1945
1.400	3.7317	2.0695	2.5839	0.9854	0.1700
1.425	3.7217	2.0722	2.5680	0.9894	0.1453
1.450	3.7116	2.0749	2.5516	0.9927	0.1205
1.475	3.7012	2.0777	2.5349	0.9954	0.0956
1.500	3.6907	2.0806	2.5178	0.9975	0.0707
1.525	3.6800	2.0835	2.5004	0.9990	0.0458
1.550	3.6690	2.0865	2.4825	0.9998	0.0208
1.575	3.6579	2.0895	2.4643	1.0000	-0.0042
1.600	3.6466	2.0926	2.4457	0.9996	-0.0292
1.625	3.6350	2.0958	2.4267	0.9985	-0.0542
1.650	3.6233	2.0990	2.4072	0.9969	-0.0791
1.675	3.6113	2.1023	2.3874	0.9946	-0.1040
1.700	3.5991	2.1057	2.3672	0.9917	-0.1288
1.725	3.5867	2.1092	2.3465	0.9881	-0.1536
1.750	3.5741	2.1127	2.3253	0.9840	-0.1782
1.775	3.5613	2.1163	2.3038	0.9792	-0.2028
1.800	3.5483	2.1199	2.2818	0.9738	-0.2272
1.825	3.5351	2.1236	2.2593	0.9679	-0.2515
1.850	3.5216	2.1275	2.2364	0.9613	-0.2756
1.875	3.5079	2.1313	2.2130	0.9541	-0.2995
1.900	3.4940	2.1353	2.1891	0.9463	-0.3233
1.925	3.4799	2.1393	2.1647	0.9379	-0.3468
1.950	3.4655	2.1434	2.1398	0.9290	-0.3702
1.975	3.4509	2.1476	2.1144	0.9194	-0.3933
2.000	3.4361	2.1519	2.0884	0.9093	-0.4161

ε	A'	B'	C'	sin ε	cos ε
2.025	3.4211	2.1563	2.0620	0.8986	-0.4387
2.050	3.4058	2.1607	2.0349	0.8874	-0.4611
2.075	3.3903	2.1653	2.0074	0.8756	-0.4831
2.100	3.3745	2.1699	1.9792	0.8632	-0.5048
2.125	3.3585	2.1746	1.9504	0.8503	-0.5263
2.150	3.3422	2.1794	1.9211	0.8369	-0.5474
2.175	3.3258	2.1843	1.8911	0.8230	-0.5681
2.200	3.3090	2.1893	1.8606	0.8085	-0.5885
2.225	3.2920	2.1944	1.8293	0.7935	-0.6085
2.250	3.2748	2.1996	1.7974	0.7781	-0.6282
2.275	3.2573	2.2048	1.7649	0.7621	-0.6474
2.300	3.2395	2.2102	1.7316	0.7457	-0.6663
2.325	3.2215	2.2157	1.6976	0.7288	-0.6847
2.350	3.2032	2.2213	1.6629	0.7115	-0.7027
2.375	3.1847	2.2270	1.6274	0.5937	-0.7203
2.400	3.1659	2.2328	1.5911	0.6755	-0.7374
2.425	3.1468	2.2387	1.5541	0.6568	-0.7540
2.450	3.1274	2.2447	1.5162	0.6378	-0.7702
2.475	3.1078	2.2509	1.4775	0.6183	-0.7859
2.500	3.0878	2.2572	1.4379	0.5985	-0.8011
2.525	3.0676	2.2635	1.3974	0.5783	-0.8159
2.550	3.0471	2.2701	1.3560	0.5577	-0.8301
2.575	3.0263	2.2767	1.3136	0.5368	-0.8437
2.600	3.0052	2.2834	1.2702	0.5155	-0.8569
2.625	2.9839	2.2903	1.2258	0.4939	-0.8695
2.650	2.9622	2.2974	1.1804	0.4720	-0.8816
2.675	2.9402	2.3045	1.1339	0.4498	-0.8931
2.700	2.9178	2.3118	1.0862	0.4274	-0.9041
2.725	2.8952	2.3193	1.0373	0.4046	-0.9145
2.750	2.8723	2.3258	0.9873	0.3817	-0.9243
2.775	2.8490	2.3346	0.9360	0.3584	-0.9336
2.800	2.8254	2.3425	0.8833	0.3350	-0.9422
2.825	2.8015	2.3505	0.8293	0.3113	-0.9503
2.850	2.7772	2.3587	0.7739	0.2875	-0.9578
2.875	2.7526	2.3671	0.7170	0.2634	-0.9647
2.900	2.7276	2.3756	0.6585	0.2392	-0.9710
2.925	2.7023	2.3843	0.5986	0.2149	-0.9766
2.950	2.6766	2.3932	0.5369	0.1904	-0.9817
2.975	2.6506	2.4022	0.4735	0.1658	-0.9862
3.000	2.6242	2.4115	0.4082	0.1411	-0.9900

ε	A'	B'	C'	sin ε	cos ε
3.025	2.5974	2.4209	0.3411	0.1153	-0.9932
3.050	2.5703	2.4305	0.2720	0.0915	-0.9958
3.075	2.5427	2.4403	0.2007	0.0665	-0.9978
3.100	2.5148	2.4503	0.1273	0.0416	-0.9991
3.125	2.4864	2.4605	0.0516	0.0166	-0.9999
3.150	2.4577	2.4709	-0.0266	-0.0084	-1.0000
3.175	2.4285	2.4816	-0.1072	-0.0334	-0.9994
3.200	2.3999	2.4924	-0.1906	-0.0584	-0.9983
3.225	2.3689	2.5035	-0.2768	-0.0833	-0.9965
3.250	2.3385	2.5148	-0.3660	-0.1082	-0.9941
3.275	2.3076	2.5254	-0.4583	-0.1330	-0.9911
3.300	2.2763	2.5382	-0.5540	-0.1577	-0.9875
3.325	2.2445	2.5503	-0.6532	-0.1824	-0.9832
3.350	2.2122	2.5626	-0.7552	-0.2069	-0.9784
3.375	2.1795	2.5752	-0.8632	-0.2313	-0.9729
3.400	2.1463	2.5880	-0.9744	-0.2555	-0.9668
3.425	2.1126	2.6012	-1.0902	-0.2796	-0.9601
3.450	2.0783	2.6146	-1.2109	-0.3035	-0.9528
3.475	2.0436	2.6283	-1.3367	-0.3273	-0.9449
3.500	2.0083	2.6424	-1.4682	-0.3508	-0.9365
3.525	1.9725	2.6567	-1.6056	-0.3741	-0.9274
3.550	1.9362	2.6714	-1.7495	-0.3971	-0.9178
3.575	1.8993	2.6864	-1.9003	-0.4200	-0.9075
3.600	1.8618	2.7017	-2.0587	-0.4425	-0.8968
3.625	1.8238	2.7174	-2.2252	-0.4648	-0.8854
3.650	1.7851	2.7335	-2.4005	-0.4868	-0.8735
3.675	1.7459	2.7499	-2.5855	-0.5085	-0.8611
3.700	1.7060	2.7668	-2.7811	-0.5298	-0.8481
3.725	1.6655	2.7840	-2.9882	-0.5509	-0.8346
3.750	1.6243	2.8016	-3.2079	-0.5716	-0.8206
3.775	1.5825	2.8197	-3.4417	-0.5919	-0.8059
3.800	1.5400	2.8382	-3.5988	-0.6119	-0.7910
3.825	1.4967	2.8571	-3.9572	-0.6314	-0.7754
3.850	1.4528	2.8765	-4.2427	-0.6506	-0.7594
3.875	1.4081	2.8964	-4.5496	-0.6694	-0.7429
3.900	1.3627	2.9168	-4.8806	-0.6878	-0.7259
3.925	1.3165	2.9377	-5.2388	-0.7057	-0.7085
3.950	1.2695	2.9592	-5.5289	-0.7232	-0.6987
3.975	1.2217	2.9812	-6.0526	-0.7402	-0.6724
4.000	1.1731	3.0037	-6.5179	-0.7568	-0.6536

f_1

ε \ ζ	0	0.1	0.2	0.3	0.4	0.5	0.6	0.7	0.8	0.9	1
0.00	0.0	0.1710	0.2880	0.3570	0.3840	0.3750	0.3360	0.2730	0.1920	0.0990	0.0
0.05	0.0	0.1710	0.2881	0.3571	0.3841	0.3751	0.3361	0.2731	0.1921	0.0990	0.0
0.10	0.0	0.1711	0.2882	0.3573	0.3844	0.3754	0.3364	0.2733	0.1922	0.0991	0.0
0.15	0.0	0.1713	0.2885	0.3577	0.3849	0.3759	0.3368	0.2737	0.1925	0.0993	0.0
0.20	0.0	0.1715	0.2890	0.3583	0.3855	0.3766	0.3375	0.2742	0.1929	0.0995	0.0
0.25	0.0	0.1718	0.2895	0.3591	0.3864	0.3775	0.3383	0.2749	0.1934	0.0997	0.0
0.30	0.0	0.1722	0.2902	0.3600	0.3874	0.3785	0.3393	0.2758	0.1940	0.1000	0.0
0.35	0.0	0.1726	0.2910	0.3611	0.3887	0.3798	0.3405	0.2768	0.1947	0.1004	0.0
0.40	0.0	0.1731	0.2920	0.3623	0.3902	0.3814	0.3419	0.2780	0.1956	0.1009	0.0
0.45	0.0	0.1737	0.2930	0.3638	0.3918	0.3831	0.3436	0.2793	0.1966	0.1014	0.0
0.50	0.0	0.1743	0.2942	0.3654	0.3937	0.3850	0.3454	0.2809	0.1977	0.1020	0.0
0.55	0.0	0.1751	0.2956	0.3673	0.3958	0.3872	0.3474	0.2826	0.1989	0.1026	0.0
0.60	0.0	0.1759	0.2971	0.3693	0.3982	0.3896	0.3497	0.2845	0.2002	0.1033	0.0
0.65	0.0	0.1767	0.2987	0.3715	0.4007	0.3922	0.3521	0.2865	0.2017	0.1041	0.0
0.70	0.0	0.1777	0.3005	0.3739	0.4035	0.3951	0.3548	0.2888	0.2034	0.1049	0.0
0.75	0.0	0.1787	0.3025	0.3766	0.4066	0.3983	0.3578	0.2913	0.2052	0.1059	0.0
0.80	0.0	0.1799	0.3046	0.3795	0.4099	0.4017	0.3610	0.2940	0.2071	0.1069	0.0
0.85	0.0	0.1811	0.3069	0.3826	0.4135	0.4055	0.3645	0.2969	0.2092	0.1080	0.0
0.90	0.0	0.1824	0.3094	0.3860	0.4174	0.4095	0.3683	0.3001	0.2115	0.1092	0.0
0.95	0.0	0.1839	0.3121	0.3896	0.4216	0.4138	0.3723	0.3035	0.2139	0.1105	0.0
1.00	0.0	0.1854	0.3150	0.3935	0.4261	0.4185	0.3767	0.3072	0.2166	0.1118	0.0
1.05	0.0	0.1871	0.3181	0.3977	0.4310	0.4235	0.3814	0.3111	0.2194	0.1133	0.0
1.10	0.0	0.1888	0.3214	0.4022	0.4362	0.4289	0.3865	0.3154	0.2225	0.1149	0.0
1.15	0.0	0.1907	0.3250	0.4071	0.4418	0.4347	0.3919	0.3199	0.2258	0.1167	0.0
1.20	0.0	0.1928	0.3289	0.4122	0.4478	0.4409	0.3977	0.3248	0.2293	0.1185	0.0
1.25	0.0	0.1950	0.3330	0.4178	0.4542	0.4476	0.4040	0.3301	0.2331	0.1205	0.0
1.30	0.0	0.1973	0.3374	0.4238	0.4611	0.4547	0.4107	0.3357	0.2372	0.1226	0.0
1.35	0.0	0.1998	0.3421	0.4302	0.4685	0.4624	0.4179	0.3418	0.2415	0.1249	0.0
1.40	0.0	0.2025	0.3471	0.4370	0.4764	0.4706	0.4256	0.3483	0.2462	0.1274	0.0
1.45	0.0	0.2054	0.3525	0.4444	0.4850	0.4794	0.4339	0.3553	0.2513	0.1300	0.0
1.50	0.0	0.2085	0.3583	0.4523	0.4941	0.4889	0.4428	0.3628	0.2567	0.1328	0.0
1.55	0.0	0.2118	0.3646	0.4608	0.5040	0.4991	0.4524	0.3709	0.2625	0.1359	0.0
1.60	0.0	0.2153	0.3713	0.4699	0.5145	0.5101	0.4628	0.3796	0.2688	0.1392	0.0
1.65	0.0	0.2192	0.3785	0.4797	0.5260	0.5220	0.4739	0.3890	0.2756	0.1427	0.0
1.70	0.0	0.2233	0.3863	0.4903	0.5383	0.5348	0.4860	0.3992	0.2830	0.1466	0.0
1.75	0.0	0.2278	0.3948	0.5018	0.5516	0.5486	0.4990	0.4102	0.2909	0.1507	0.0
1.80	0.0	0.2326	0.4039	0.5142	0.5660	0.5636	0.5131	0.4221	0.2995	0.1553	0.0
1.85	0.0	0.2378	0.4137	0.5276	0.5816	0.5799	0.5285	0.4351	0.3089	0.1602	0.0
1.90	0.0	0.2435	0.4245	0.5423	0.5987	0.5976	0.5452	0.4492	0.3191	0.1655	0.0
1.95	0.0	0.2497	0.4362	0.5582	0.6172	0.6170	0.5634	0.4646	0.3302	0.1713	0.0
2.00	0.0	0.2565	0.4489	0.5756	0.6375	0.6381	0.5834	0.4814	0.3424	0.1777	0.0
2.05	0.0	0.2639	0.4629	0.5947	0.6598	0.6613	0.6053	0.5000	0.3558	0.1848	0.0
2.10	0.0	0.2720	0.4783	0.6158	0.6843	0.6869	0.6294	0.5204	0.3706	0.1925	0.0
2.15	0.0	0.2810	0.4953	0.6390	0.7114	0.7152	0.6562	0.5430	0.3870	0.2011	0.0
2.20	0.0	0.2910	0.5142	0.6648	0.7415	0.7467	0.6859	0.5682	0.4052	0.2106	0.0
2.25	0.0	0.3021	0.5352	0.6936	0.7751	0.7818	0.7191	0.5963	0.4255	0.2213	0.0
2.30	0.0	0.3146	0.5588	0.7259	0.8129	0.8212	0.7564	0.6279	0.4484	0.2333	0.0
2.35	0.0	0.3286	0.5855	0.7623	0.8555	0.8658	0.7986	0.6636	0.4743	0.2469	0.0
2.40	0.0	0.3446	0.6157	0.8038	0.9040	0.9165	0.8467	0.7044	0.5038	0.2624	0.0
2.45	0.0	0.3629	0.6504	0.8513	0.9596	0.9748	0.9018	0.7512	0.5377	0.2802	0.0
2.50	0.0	0.3841	0.6906	0.9064	1.0241	1.0423	0.9658	0.8054	0.5770	0.3009	0.0

f_2

ε \ ζ	0	0.1	0.2	0.3	0.4	0.5	0.6	0.7	0.8	0.9	1
0.00	0.3333	0.2383	0.1533	0.0783	0.0133	-0.0417	-0.0867	-0.1217	-0.1467	-0.1617	-0.1667
0.05	0.3334	0.2384	0.1534	0.0784	0.0133	-0.0417	-0.0867	-0.1217	-0.1467	-0.1617	-0.1667
0.10	0.3336	0.2385	0.1535	0.0784	0.0134	-0.0417	-0.0867	-0.1218	-0.1468	-0.1619	-0.1669
0.15	0.3338	0.2388	0.1537	0.0786	0.0134	-0.0417	-0.0868	-0.1219	-0.1470	-0.1621	-0.1671
0.20	0.3342	0.2392	0.1540	0.0788	0.0135	-0.0417	-0.0870	-0.1222	-0.1473	-0.1624	-0.1674
0.25	0.3347	0.2396	0.1544	0.0790	0.0137	-0.0417	-0.0871	-0.1224	-0.1477	-0.1628	-0.1679
0.30	0.3354	0.2402	0.1549	0.0794	0.0138	-0.0418	-0.0873	-0.1228	-0.1481	-0.1634	-0.1684
0.35	0.3361	0.2409	0.1554	0.0797	0.0140	-0.0418	-0.0876	-0.1232	-0.1487	-0.1640	-0.1691
0.40	0.3369	0.2417	0.1561	0.0802	0.0142	-0.0419	-0.0878	-0.1237	-0.1493	-0.1647	-0.1698
0.45	0.3379	0.2426	0.1568	0.0807	0.0144	-0.0419	-0.0881	-0.1242	-0.1500	-0.1655	-0.1707
0.50	0.3390	0.2436	0.1576	0.0813	0.0147	-0.0420	-0.0885	-0.1248	-0.1508	-0.1664	-0.1717
0.55	0.3403	0.2448	0.1586	0.0819	0.0150	-0.0420	-0.0889	-0.1255	-0.1517	-0.1675	-0.1727
0.60	0.3416	0.2461	0.1596	0.0826	0.0153	-0.0421	-0.0893	-0.1263	-0.1527	-0.1686	-0.1739
0.65	0.3431	0.2475	0.1608	0.0834	0.0156	-0.0422	-0.0898	-0.1271	-0.1538	-0.1699	-0.1753
0.70	0.3448	0.2490	0.1620	0.0842	0.0160	-0.0423	-0.0904	-0.1280	-0.1550	-0.1713	-0.1767
0.75	0.3465	0.2507	0.1634	0.0851	0.0164	-0.0424	-0.0909	-0.1290	-0.1563	-0.1728	-0.1783
0.80	0.3485	0.2525	0.1648	0.0861	0.0169	-0.0425	-0.0916	-0.1301	-0.1578	-0.1744	-0.1800
0.85	0.3506	0.2544	0.1664	0.0872	0.0174	-0.0426	-0.0922	-0.1312	-0.1593	-0.1762	-0.1819
0.90	0.3528	0.2565	0.1682	0.0884	0.0179	-0.0427	-0.0930	-0.1325	-0.1610	-0.1781	-0.1839
0.95	0.3553	0.2588	0.1700	0.0897	0.0185	-0.0428	-0.0937	-0.1339	-0.1628	-0.1802	-0.1861
1.00	0.3579	0.2613	0.1720	0.0911	0.0192	-0.0429	-0.0946	-0.1353	-0.1647	-0.1825	-0.1884
1.05	0.3607	0.2639	0.1742	0.0925	0.0199	-0.0430	-0.0955	-0.1369	-0.1668	-0.1849	-0.1909
1.10	0.3637	0.2667	0.1765	0.0941	0.0206	-0.0432	-0.0965	-0.1386	-0.1690	-0.1875	-0.1936
1.15	0.3670	0.2698	0.1790	0.0958	0.0214	-0.0433	-0.0975	-0.1404	-0.1714	-0.1902	-0.1965
1.20	0.3705	0.2730	0.1817	0.0977	0.0223	-0.0435	-0.0986	-0.1423	-0.1740	-0.1932	-0.1997
1.25	0.3742	0.2765	0.1845	0.0996	0.0232	-0.0436	-0.0998	-0.1444	-0.1768	-0.1964	-0.2030
1.30	0.3782	0.2802	0.1876	0.1017	0.0242	-0.0438	-0.1011	-0.1467	-0.1798	-0.1999	-0.2066
1.35	0.3824	0.2842	0.1909	0.1040	0.0252	-0.0440	-0.1025	-0.1491	-0.1830	-0.2036	-0.2105
1.40	0.3870	0.2885	0.1944	0.1065	0.0264	-0.0442	-0.1039	-0.1516	-0.1864	-0.2075	-0.2146
1.45	0.3919	0.2931	0.1982	0.1091	0.0277	-0.0444	-0.1055	-0.1544	-0.1901	-0.2118	-0.2191
1.50	0.3972	0.2981	0.2023	0.1119	0.0290	-0.0446	-0.1072	-0.1574	-0.1940	-0.2164	-0.2239
1.55	0.4028	0.3034	0.2066	0.1149	0.0305	-0.0448	-0.1090	-0.1606	-0.1983	-0.2213	-0.2291
1.60	0.4089	0.3091	0.2114	0.1182	0.0320	-0.0450	-0.1109	-0.1640	-0.2029	-0.2267	-0.2346
1.65	0.4154	0.3152	0.2164	0.1217	0.0337	-0.0452	-0.1130	-0.1677	-0.2079	-0.2324	-0.2407
1.70	0.4224	0.3218	0.2219	0.1256	0.0356	-0.0455	-0.1152	-0.1717	-0.2132	-0.2386	-0.2472
1.75	0.4300	0.3290	0.2278	0.1297	0.0376	-0.0457	-0.1176	-0.1760	-0.2190	-0.2453	-0.2542
1.80	0.4383	0.3367	0.2342	0.1342	0.0398	-0.0460	-0.1202	-0.1807	-0.2253	-0.2526	-0.2618
1.85	0.4472	0.3451	0.2412	0.1391	0.0421	-0.0462	-0.1231	-0.1857	-0.2321	-0.2605	-0.2701
1.90	0.4568	0.3542	0.2488	0.1444	0.0447	-0.0465	-0.1261	-0.1912	-0.2395	-0.2692	-0.2792
1.95	0.4673	0.3641	0.2570	0.1502	0.0476	-0.0468	-0.1295	-0.1973	-0.2476	-0.2786	-0.2891
2.00	0.4788	0.3749	0.2661	0.1565	0.0507	-0.0471	-0.1331	-0.2038	-0.2565	-0.2889	-0.2999
2.05	0.4914	0.3868	0.2760	0.1635	0.0542	-0.0474	-0.1371	-0.2110	-0.2662	-0.3003	-0.3118
2.10	0.5053	0.3999	0.2869	0.1712	0.0581	-0.0477	-0.1414	-0.2190	-0.2769	-0.3128	-0.3249
2.15	0.5205	0.4143	0.2989	0.1798	0.0623	-0.0481	-0.1463	-0.2278	-0.2888	-0.3266	-0.3394
2.20	0.5375	0.4303	0.3124	0.1893	0.0671	-0.0484	-0.1516	-0.2375	-0.3020	-0.3420	-0.3556
2.25	0.5564	0.4481	0.3273	0.1999	0.0724	-0.0488	-0.1575	-0.2484	-0.3168	-0.3593	-0.3737
2.30	0.5775	0.4682	0.3441	0.2119	0.0785	-0.0491	-0.1642	-0.2606	-0.3334	-0.3787	-0.3940
2.35	0.6014	0.4907	0.3631	0.2254	0.0853	-0.0495	-0.1717	-0.2744	-0.3522	-0.4006	-0.4170
2.40	0.6285	0.5164	0.3847	0.2408	0.0932	-0.0499	-0.1802	-0.2901	-0.3735	-0.4256	-0.4432
2.45	0.6595	0.5458	0.4094	0.2586	0.1022	-0.0503	-0.1899	-0.3082	-0.3981	-0.4543	-0.4734
2.50	0.6955	0.5799	0.4381	0.2791	0.1127	-0.0508	-0.2011	-0.3290	-0.4265	-0.4876	-0.5084

f_3

ε \ ζ	0	0.1	0.2	0.3	0.4	0.5	0.6	0.7	0.8	0.9	1
0.0	1.0000	0.9000	0.8000	0.7000	0.5000	0.5000	0.4000	0.3000	0.2000	0.1000	0.0
0.05	1.0000	0.9001	0.8001	0.7001	0.6002	0.5002	0.4001	0.3001	0.2001	0.1000	0.0
0.10	1.0000	0.9003	0.8005	0.7006	0.6006	0.5006	0.4006	0.3005	0.2003	0.1002	0.0
0.15	1.0000	0.9006	0.8011	0.7013	0.6014	0.5014	0.4013	0.3010	0.2007	0.1004	0.0
0.20	1.0000	0.9011	0.8019	0.7024	0.6026	0.5025	0.4022	0.3018	0.2013	0.1007	0.0
0.25	1.0000	0.9018	0.8030	0.7037	0.6040	0.5039	0.4035	0.3029	0.2020	0.1010	0.0
0.30	1.0000	0.9026	0.8044	0.7054	0.6058	0.5057	0.4051	0.3041	0.2029	0.1015	0.0
0.35	1.0000	0.9035	0.8059	0.7074	0.6079	0.5078	0.4070	0.3057	0.2040	0.1021	0.0
0.40	1.0000	0.9046	0.8078	0.7097	0.6104	0.5102	0.4091	0.3074	0.2052	0.1027	0.0
0.45	1.0000	0.9059	0.8099	0.7123	0.6132	0.5129	0.4116	0.3094	0.2066	0.1034	0.0
0.50	1.0000	0.9073	0.8123	0.7152	0.6164	0.5160	0.4144	0.3117	0.2082	0.1042	0.0
0.55	1.0000	0.9088	0.8149	0.7185	0.6200	0.5195	0.4175	0.3142	0.2100	0.1052	0.0
0.60	1.0000	0.9106	0.8178	0.7222	0.6239	0.5234	0.4210	0.3171	0.2120	0.1062	0.0
0.65	1.0000	0.9124	0.8210	0.7262	0.6282	0.5276	0.4248	0.3202	0.2142	0.1073	0.0
0.70	1.0000	0.9145	0.8245	0.7305	0.6330	0.5323	0.4290	0.3236	0.2166	0.1086	0.0
0.75	1.0000	0.9168	0.8284	0.7353	0.6381	0.5373	0.4335	0.3273	0.2192	0.1099	0.0
0.80	1.0000	0.9192	0.8325	0.7405	0.6437	0.5429	0.4385	0.3314	0.2221	0.1114	0.0
0.85	1.0000	0.9218	0.8370	0.7461	0.6498	0.5488	0.4439	0.3358	0.2252	0.1130	0.0
0.90	1.0000	0.9246	0.8418	0.7521	0.6563	0.5553	0.4497	0.3405	0.2286	0.1147	0.0
0.95	1.0000	0.9277	0.8469	0.7586	0.6634	0.5622	0.4560	0.3457	0.2322	0.1166	0.0
1.00	1.0000	0.9309	0.8525	0.7656	0.6710	0.5697	0.4628	0.3512	0.2361	0.1186	0.0
1.05	1.0000	0.9344	0.8585	0.7731	0.6792	0.5778	0.4701	0.3572	0.2403	0.1208	0.0
1.10	1.0000	0.9381	0.8648	0.7811	0.6880	0.5865	0.4779	0.3636	0.2449	0.1232	0.0
1.15	1.0000	0.9420	0.8716	0.7897	0.6974	0.5958	0.4864	0.3705	0.2498	0.1257	0.0
1.20	1.0000	0.9463	0.8789	0.7989	0.7075	0.6058	0.4955	0.3780	0.2550	0.1284	0.0
1.25	1.0000	0.9508	0.8867	0.8088	0.7183	0.6166	0.5052	0.3860	0.2607	0.1314	0.0
1.30	1.0000	0.9556	0.8950	0.8194	0.7299	0.6281	0.5157	0.3946	0.2668	0.1345	0.0
1.35	1.0000	0.9607	0.9039	0.8307	0.7423	0.6404	0.5269	0.4038	0.2734	0.1379	0.0
1.40	1.0000	0.9661	0.9134	0.8428	0.7556	0.6537	0.5390	0.4138	0.2804	0.1416	0.0
1.45	1.0000	0.9720	0.9235	0.8557	0.7699	0.6680	0.5520	0.4245	0.2881	0.1456	0.0
1.50	1.0000	0.9782	0.9344	0.8696	0.7853	0.6834	0.5661	0.4361	0.2963	0.1498	0.0
1.55	1.0000	0.9848	0.9460	0.8845	0.8018	0.6999	0.5812	0.4485	0.3051	0.1544	0.0
1.60	1.0000	0.9919	0.9584	0.9005	0.8195	0.7177	0.5975	0.4620	0.3147	0.1594	0.0
1.65	1.0000	0.9995	0.9718	0.9177	0.8387	0.7369	0.6150	0.4765	0.3251	0.1648	0.0
1.70	1.0000	1.0076	0.9861	0.9362	0.8593	0.7576	0.6341	0.4923	0.3363	0.1706	0.0
1.75	1.0000	1.0163	1.0015	0.9561	0.8815	0.7800	0.6547	0.5094	0.3485	0.1769	0.0
1.80	1.0000	1.0256	1.0181	0.9777	0.9056	0.8044	0.6771	0.5279	0.3617	0.1838	0.0
1.85	1.0000	1.0357	1.0360	1.0010	0.9318	0.8308	0.7015	0.5482	0.3762	0.1914	0.0
1.90	1.0000	1.0465	1.0554	1.0263	0.9602	0.8596	0.7280	0.5703	0.3920	0.1996	0.0
1.95	1.0000	1.0583	1.0764	1.0538	0.9912	0.8910	0.7571	0.5944	0.4093	0.2086	0.0
2.00	1.0000	1.0710	1.0993	1.0837	1.0250	0.9254	0.7889	0.6210	0.4283	0.2185	0.0
2.05	1.0000	1.0848	1.1242	1.1166	1.0621	0.9632	0.8240	0.6502	0.4492	0.2294	0.0
2.10	1.0000	1.0999	1.1516	1.1526	1.1030	1.0049	0.8626	0.6825	0.4724	0.2415	0.0
2.15	1.0000	1.1165	1.1816	1.1923	1.1481	1.0510	0.9055	0.7184	0.4981	0.2549	0.0
2.20	1.0000	1.1347	1.2148	1.2363	1.1982	1.1023	0.9533	0.7583	0.5268	0.2699	0.0
2.25	1.0000	1.1549	1.2516	1.2852	1.2540	1.1596	1.0068	0.8031	0.5590	0.2867	0.0
2.30	1.0000	1.1774	1.2927	1.3400	1.3167	1.2240	1.0669	0.8536	0.5953	0.3057	0.0
2.35	1.0000	1.2025	1.3389	1.4017	1.3874	1.2969	1.1351	0.9108	0.6365	0.3273	0.0
2.40	1.0000	1.2308	1.3911	1.4716	1.4678	1.3799	1.2128	0.9762	0.6836	0.3519	0.0
2.45	1.0000	1.2631	1.4507	1.5517	1.5600	1.4752	1.3022	1.0515	0.7379	0.3803	0.0
2.50	1.0000	1.3001	1.5194	1.6442	1.6667	1.5857	1.4060	1.1390	0.8011	0.4134	0.0

f_4

ε \ ζ	0	0.1	0.2	0.3	0.4	0.5	0.6	0.7	0.8	0.9	1
0.0	-1.0000	-1.0000	-1.0000	-1.0000	-1.0000	-1.0000	-1.0000	-1.0000	-1.0000	-1.0000	-1.0000
0.05	-0.9992	-0.9994	-0.9996	-0.9998	-1.0000	-1.0001	-1.0002	-1.0003	-1.0004	-1.0004	-1.0004
0.10	-0.9967	-0.9976	-0.9985	-0.9992	-0.9999	-1.0004	-1.0009	-1.0012	-1.0015	-1.0016	-1.0017
0.15	-0.9925	-0.9946	-0.9965	-0.9982	-0.9997	-1.0009	-1.0020	-1.0027	-1.0033	-1.0036	-1.0038
0.20	-0.9866	-0.9904	-0.9938	-0.9968	-0.9995	-1.0017	-1.0035	-1.0049	-1.0059	-1.0065	-1.0067
0.25	-0.9791	-0.9850	-0.9904	-0.9951	-0.9991	-1.0026	-1.0054	-1.0077	-1.0092	-1.0102	-1.0105
0.30	-0.9698	-0.9784	-0.9861	-0.9929	-0.9988	-1.0038	-1.0079	-1.0111	-1.0133	-1.0147	-1.0152
0.35	-0.9588	-0.9705	-0.9810	-0.9902	-0.9983	-1.0051	-1.0107	-1.0151	-1.0182	-1.0201	-1.0207
0.40	-0.9461	-0.9613	-0.9750	-0.9872	-0.9977	-1.0067	-1.0141	-1.0198	-1.0239	-1.0264	-1.0272
0.45	-0.9316	-0.9509	-0.9682	-0.9837	-0.9971	-1.0085	-1.0178	-1.0252	-1.0304	-1.0335	-1.0346
0.50	-0.9152	-0.9391	-0.9606	-0.9797	-0.9963	-1.0105	-1.0221	-1.0312	-1.0377	-1.0415	-1.0429
0.55	-0.8971	-0.9260	-0.9520	-0.9752	-0.9955	-1.0127	-1.0259	-1.0380	-1.0459	-1.0507	-1.0523
0.60	-0.8770	-0.9114	-0.9425	-0.9703	-0.9945	-1.0152	-1.0322	-1.0455	-1.0550	-1.0607	-1.0626
0.65	-0.8550	-0.8954	-0.9321	-0.9648	-0.9934	-1.0178	-1.0380	-1.0537	-1.0650	-1.0718	-1.0740
0.70	-0.8311	-0.8780	-0.9206	-0.9587	-0.9922	-1.0207	-1.0443	-1.0627	-1.0760	-1.0839	-1.0866
0.75	-0.8051	-0.8590	-0.9081	-0.9521	-0.9908	-1.0233	-1.0511	-1.0726	-1.0879	-1.0972	-1.1003
0.80	-0.7770	-0.8384	-0.8945	-0.9449	-0.9892	-1.0272	-1.0586	-1.0832	-1.1010	-1.1116	-1.1152
0.85	-0.7467	-0.8162	-0.8797	-0.9370	-0.9874	-1.0308	-1.0666	-1.0948	-1.1151	-1.1273	-1.1314
0.90	-0.7142	-0.7922	-0.8638	-0.9284	-0.9855	-1.0346	-1.0753	-1.1073	-1.1304	-1.1443	-1.1489
0.95	-0.6794	-0.7664	-0.8465	-0.9191	-0.9833	-1.0386	-1.0846	-1.1208	-1.1469	-1.1626	-1.1679
1.00	-0.6421	-0.7387	-0.8280	-0.9089	-0.9808	-1.0429	-1.0946	-1.1353	-1.1647	-1.1825	-1.1884
1.05	-0.6023	-0.7090	-0.8080	-0.8980	-0.9781	-1.0475	-1.1053	-1.1509	-1.1839	-1.2038	-1.2105
1.10	-0.5599	-0.6772	-0.7864	-0.8861	-0.9751	-1.0523	-1.1167	-1.1677	-1.2045	-1.2268	-1.2343
1.15	-0.5147	-0.6432	-0.7633	-0.8733	-0.9717	-1.0573	-1.1289	-1.1857	-1.2267	-1.2516	-1.2599
1.20	-0.4665	-0.6068	-0.7384	-0.8594	-0.9679	-1.0626	-1.1420	-1.2050	-1.2506	-1.2782	-1.2875
1.25	-0.4153	-0.5679	-0.7117	-0.8443	-0.9638	-1.0682	-1.1559	-1.2257	-1.2762	-1.3069	-1.3172
1.30	-0.3609	-0.5264	-0.6830	-0.8280	-0.9591	-1.0740	-1.1708	-1.2479	-1.3038	-1.3378	-1.3492
1.35	-0.3030	-0.4820	-0.6521	-0.8104	-0.9540	-1.0802	-1.1867	-1.2717	-1.3335	-1.3710	-1.3836
1.40	-0.2415	-0.4345	-0.6190	-0.7913	-0.9482	-1.0866	-1.2037	-1.2972	-1.3653	-1.4068	-1.4207
1.45	-0.1760	-0.3837	-0.5833	-0.7707	-0.9419	-1.0933	-1.2218	-1.3246	-1.3997	-1.4453	-1.4606
1.50	-0.1064	-0.3293	-0.5449	-0.7482	-0.9348	-1.1003	-1.2411	-1.3541	-1.4366	-1.4869	-1.5038
1.55	-0.0322	-0.2711	-0.5035	-0.7239	-0.9268	-1.1076	-1.2618	-1.3857	-1.4764	-1.5317	-1.5503
1.60	0.0467	-0.2098	-0.4589	-0.6974	-0.9130	-1.1152	-1.2839	-1.4198	-1.5194	-1.5802	-1.6007
1.65	0.1310	-0.1418	-0.4108	-0.6685	-0.9082	-1.1231	-1.3076	-1.4565	-1.5659	-1.6327	-1.6552
1.70	0.2209	-0.0599	-0.3587	-0.6371	-0.8972	-1.1314	-1.3330	-1.4961	-1.5162	-1.6896	-1.7143
1.75	0.3170	0.0075	-0.3023	-0.6028	-0.8849	-1.1400	-1.3603	-1.5390	-1.6707	-1.7513	-1.7785
1.80	0.4199	0.0909	-0.2411	-0.5653	-0.8712	-1.1489	-1.3896	-1.5853	-1.7299	-1.8185	-1.8483
1.85	0.5304	0.1810	-0.1745	-0.5241	-0.8558	-1.1582	-1.4212	-1.6357	-1.7943	-1.8917	-1.9245
1.90	0.6491	0.2786	-0.1019	-0.4788	-0.8385	-1.1679	-1.4553	-1.6904	-1.8646	-1.9717	-2.0078
1.95	0.7771	0.3845	-0.0227	-0.4289	-0.8190	-1.1780	-1.4923	-1.7501	-1.9415	-2.0593	-2.0991
2.00	0.9153	0.4997	0.0642	-0.3738	-0.7970	-1.1884	-1.5324	-1.8153	-2.0259	-2.1557	-2.1995
2.05	1.0652	0.6255	0.1597	-0.3129	-0.7722	-1.1992	-1.5761	-1.8869	-2.1187	-2.2618	-2.3102
2.10	1.2282	0.7634	0.2551	-0.2448	-0.7440	-1.2105	-1.6238	-1.9658	-2.2213	-2.3793	-2.4328
2.15	1.4062	0.9151	0.3819	-0.1589	-0.7119	-1.2222	-1.5751	-2.0529	-2.3351	-2.5099	-2.5690
2.20	1.6014	1.0827	0.5118	-0.0838	-0.6753	-1.2343	-1.7338	-2.1496	-2.4619	-2.6555	-2.7211
2.25	1.8165	1.2688	0.6570	0.0122	-0.6333	-1.2469	-1.7975	-2.2576	-2.6039	-2.8189	-2.8918
2.30	2.0550	1.4766	0.8203	0.1299	-0.5849	-1.2599	-1.8685	-2.3788	-2.7637	-3.0031	-3.0843
2.35	2.3211	1.7101	1.0051	0.2449	-0.5288	-1.2735	-1.9481	-2.5156	-2.9449	-3.2122	-3.3030
2.40	2.6200	1.9745	1.2157	0.3872	-0.4634	-1.2875	-2.0378	-2.6713	-3.1516	-3.4513	-3.5531
2.45	2.9589	2.2753	1.4577	0.5520	-0.3866	-1.3021	-2.1398	-2.8498	-3.3895	-3.7268	-3.8415
2.50	3.3466	2.6241	1.7384	0.7446	-0.2955	-1.3172	-2.2570	-3.0565	-3.6659	-4.0474	-4.1773

f_5

ε \ ζ	0	0.1	0.2	0.3	0.4	0.5	0.6	0.7	0.8	0.9	1
0.0	0.0	0.0981	0.1856	0.2541	0.2976	0.3125	0.2976	0.2541	0.1856	0.0981	0.0
0.05	0.0	0.0981	0.1856	0.2542	0.2978	0.3127	0.2978	0.2542	0.1856	0.0981	0.0
0.10	0.0	0.0982	0.1858	0.2544	0.2979	0.3128	0.2979	0.2544	0.1858	0.0982	0.0
0.15	0.0	0.0983	0.1860	0.2547	0.2983	0.3132	0.2983	0.2547	0.1860	0.0983	0.0
0.20	0.0	0.0985	0.1864	0.2551	0.2988	0.3138	0.2988	0.2551	0.1864	0.0985	0.0
0.25	0.0	0.0987	0.1868	0.2557	0.2995	0.3145	0.2995	0.2557	0.1868	0.0987	0.0
0.30	0.0	0.0990	0.1873	0.2564	0.3003	0.3154	0.3003	0.2564	0.1873	0.0990	0.0
0.35	0.0	0.0993	0.1879	0.2573	0.3013	0.3164	0.3013	0.2573	0.1879	0.0993	0.0
0.40	0.0	0.0997	0.1886	0.2583	0.3025	0.3177	0.3025	0.2583	0.1886	0.0997	0.0
0.45	0.0	0.1001	0.1895	0.2594	0.3038	0.3191	0.3038	0.2594	0.1895	0.1001	0.0
0.50	0.0	0.1006	0.1904	0.2607	0.3054	0.3206	0.3054	0.2607	0.1904	0.1006	0.0
0.55	0.0	0.1012	0.1914	0.2621	0.3070	0.3224	0.3070	0.2621	0.1914	0.1012	0.0
0.60	0.0	0.1018	0.1926	0.2637	0.3089	0.3244	0.3089	0.2637	0.1926	0.1018	0.0
0.65	0.0	0.1024	0.1939	0.2655	0.3109	0.3265	0.3109	0.2655	0.1939	0.1024	0.0
0.70	0.0	0.1032	0.1952	0.2674	0.3132	0.3289	0.3132	0.2674	0.1952	0.1032	0.0
0.75	0.0	0.1040	0.1968	0.2694	0.3156	0.3315	0.3156	0.2694	0.1968	0.1040	0.0
0.80	0.0	0.1048	0.1984	0.2717	0.3183	0.3342	0.3183	0.2717	0.1984	0.1048	0.0
0.85	0.0	0.1058	0.2002	0.2741	0.3212	0.3373	0.3212	0.2741	0.2002	0.1058	0.0
0.90	0.0	0.1068	0.2021	0.2768	0.3243	0.3405	0.3243	0.2768	0.2021	0.1068	0.0
0.95	0.0	0.1079	0.2042	0.2796	0.3276	0.3441	0.3276	0.2796	0.2042	0.1079	0.0
1.00	0.0	0.1090	0.2064	0.2827	0.3312	0.3479	0.3312	0.2827	0.2064	0.1090	0.0
1.05	0.0	0.1103	0.2088	0.2860	0.3351	0.3519	0.3351	0.2860	0.2088	0.1103	0.0
1.10	0.0	0.1117	0.2114	0.2896	0.3393	0.3563	0.3393	0.2896	0.2114	0.1117	0.0
1.15	0.0	0.1131	0.2141	0.2934	0.3438	0.3610	0.3438	0.2934	0.2141	0.1131	0.0
1.20	0.0	0.1147	0.2171	0.2975	0.3486	0.3661	0.3486	0.2975	0.2171	0.1147	0.0
1.25	0.0	0.1164	0.2203	0.3018	0.3537	0.3715	0.3537	0.3018	0.2203	0.1164	0.0
1.30	0.0	0.1181	0.2237	0.3065	0.3592	0.3773	0.3592	0.3065	0.2237	0.1181	0.0
1.35	0.0	0.1201	0.2274	0.3116	0.3652	0.3835	0.3652	0.3116	0.2274	0.1201	0.0
1.40	0.0	0.1221	0.2313	0.3170	0.3715	0.3902	0.3715	0.3170	0.2313	0.1221	0.0
1.45	0.0	0.1244	0.2355	0.3228	0.3783	0.3974	0.3783	0.3228	0.2355	0.1244	0.0
1.50	0.0	0.1268	0.2401	0.3291	0.3857	0.4051	0.3857	0.3291	0.2401	0.1268	0.0
1.55	0.0	0.1293	0.2450	0.3358	0.3936	0.4134	0.3936	0.3358	0.2450	0.1293	0.0
1.60	0.0	0.1321	0.2502	0.3430	0.4021	0.4223	0.4021	0.3430	0.2502	0.1321	0.0
1.65	0.0	0.1351	0.2559	0.3508	0.4112	0.4320	0.4112	0.3508	0.2559	0.1351	0.0
1.70	0.0	0.1383	0.2620	0.3592	0.4211	0.4424	0.4211	0.3592	0.2620	0.1383	0.0
1.75	0.0	0.1418	0.2686	0.3683	0.4318	0.4536	0.4318	0.3683	0.2686	0.1418	0.0
1.80	0.0	0.1455	0.2758	0.3781	0.4434	0.4658	0.4434	0.3781	0.2758	0.1455	0.0
1.85	0.0	0.1496	0.2835	0.3888	0.4560	0.4790	0.4560	0.3888	0.2835	0.1496	0.0
1.90	0.0	0.1541	0.2920	0.4005	0.4696	0.4934	0.4696	0.4005	0.2920	0.1541	0.0
1.95	0.0	0.1589	0.3012	0.4132	0.4846	0.5091	0.4846	0.4132	0.3012	0.1589	0.0
2.00	0.0	0.1642	0.3113	0.4271	0.5009	0.5262	0.5009	0.4271	0.3113	0.1642	0.0
2.05	0.0	0.1700	0.3224	0.4423	0.5188	0.5451	0.5188	0.4423	0.3224	0.1700	0.0
2.10	0.0	0.1765	0.3346	0.4591	0.5386	0.5658	0.5386	0.4591	0.3346	0.1765	0.0
2.15	0.0	0.1836	0.3481	0.4777	0.5604	0.5888	0.5604	0.4777	0.3481	0.1836	0.0
2.20	0.0	0.1914	0.3631	0.4983	0.5847	0.6143	0.5847	0.4983	0.3631	0.1914	0.0
2.25	0.0	0.2003	0.3799	0.5214	0.6118	0.6428	0.6118	0.5214	0.3799	0.2003	0.0
2.30	0.0	0.2101	0.3987	0.5473	0.6422	0.6748	0.6422	0.5473	0.3987	0.2101	0.0
2.35	0.0	0.2213	0.4199	0.5765	0.6766	0.7109	0.6766	0.5765	0.4199	0.2213	0.0
2.40	0.0	0.2340	0.4441	0.6098	0.7157	0.7521	0.7157	0.6098	0.4441	0.2340	0.0
2.45	0.0	0.2486	0.4719	0.6481	0.7606	0.7993	0.7606	0.6481	0.4719	0.2486	0.0
2.50	0.0	0.2656	0.5041	0.6924	0.8127	0.8541	0.8127	0.6924	0.5041	0.2656	0.0

f_6

ε \ ζ	0	0.1	0.2	0.3	0.4	0.5	0.6	0.7	0.8	0.9	1
0.0	0.3333	0.3147	0.2640	0.1893	0.0987	0.0	-0.0987	-0.1893	-0.2640	-0.3147	-0.3333
0.05	0.3334	0.3147	0.2641	0.1894	0.0987	0.0	-0.0987	-0.1894	-0.2641	-0.3147	-0.3334
0.10	0.3337	0.3150	0.2643	0.1895	0.0988	0.0	-0.0988	-0.1895	-0.2643	-0.3150	-0.3337
0.15	0.3341	0.3154	0.2646	0.1898	0.0989	0.0	-0.0989	-0.1898	-0.2646	-0.3154	-0.3341
0.20	0.3347	0.3159	0.2651	0.1901	0.0991	0.0	-0.0991	-0.1901	-0.2651	-0.3159	-0.3347
0.25	0.3354	0.3167	0.2657	0.1906	0.0993	0.0	-0.0993	-0.1906	-0.2657	-0.3167	-0.3354
0.30	0.3364	0.3175	0.2664	0.1911	0.0996	0.0	-0.0996	-0.1911	-0.2664	-0.3175	-0.3364
0.35	0.3375	0.3186	0.2673	0.1918	0.0999	0.0	-0.0999	-0.1918	-0.2673	-0.3186	-0.3375
0.40	0.3388	0.3198	0.2684	0.1925	0.1003	0.0	-0.1003	-0.1925	-0.2684	-0.3198	-0.3388
0.45	0.3402	0.3212	0.2696	0.1934	0.1008	0.0	-0.1008	-0.1934	-0.2696	-0.3212	-0.3402
0.50	0.3419	0.3228	0.2709	0.1943	0.1013	0.0	-0.1013	-0.1943	-0.2709	-0.3228	-0.3419
0.55	0.3437	0.3246	0.2724	0.1954	0.1019	0.0	-0.1019	-0.1954	-0.2724	-0.3246	-0.3437
0.60	0.3458	0.3265	0.2741	0.1966	0.1025	0.0	-0.1025	-0.1966	-0.2741	-0.3265	-0.3458
0.65	0.3480	0.3287	0.2759	0.1980	0.1032	0.0	-0.1032	-0.1980	-0.2759	-0.3287	-0.3480
0.70	0.3505	0.3310	0.2779	0.1994	0.1040	0.0	-0.1040	-0.1994	-0.2779	-0.3310	-0.3505
0.75	0.3532	0.3336	0.2801	0.2010	0.1048	0.0	-0.1048	-0.2010	-0.2801	-0.3336	-0.3532
0.80	0.3561	0.3363	0.2824	0.2027	0.1057	0.0	-0.1057	-0.2027	-0.2824	-0.3363	-0.3561
0.85	0.3593	0.3394	0.2850	0.2046	0.1067	0.0	-0.1067	-0.2046	-0.2850	-0.3394	-0.3593
0.90	0.3627	0.3426	0.2877	0.2066	0.1077	0.0	-0.1077	-0.2066	-0.2877	-0.3426	-0.3627
0.95	0.3664	0.3461	0.2907	0.2087	0.1089	0.0	-0.1089	-0.2087	-0.2907	-0.3461	-0.3664
1.00	0.3704	0.3499	0.2939	0.2111	0.1101	0.0	-0.1101	-0.2111	-0.2939	-0.3499	-0.3704
1.05	0.3747	0.3540	0.2974	0.2136	0.1114	0.0	-0.1114	-0.2136	-0.2974	-0.3540	-0.3747
1.10	0.3793	0.3584	0.3011	0.2163	0.1128	0.0	-0.1128	-0.2163	-0.3011	-0.3584	-0.3793
1.15	0.3842	0.3630	0.3051	0.2192	0.1143	0.0	-0.1143	-0.2192	-0.3051	-0.3630	-0.3842
1.20	0.3895	0.3681	0.3094	0.2223	0.1160	0.0	-0.1160	-0.2223	-0.3094	-0.3681	-0.3895
1.25	0.3952	0.3735	0.3140	0.2256	0.1177	0.0	-0.1177	-0.2256	-0.3140	-0.3735	-0.3952
1.30	0.4013	0.3793	0.3189	0.2292	0.1195	0.0	-0.1196	-0.2292	-0.3189	-0.3793	-0.4013
1.35	0.4078	0.3855	0.3242	0.2330	0.1216	0.0	-0.1216	-0.2330	-0.3242	-0.3855	-0.4078
1.40	0.4148	0.3921	0.3298	0.2371	0.1238	0.0	-0.1238	-0.2371	-0.3298	-0.3921	-0.4148
1.45	0.4224	0.3993	0.3359	0.2415	0.1261	0.0	-0.1261	-0.2415	-0.3359	-0.3993	-0.4224
1.50	0.4305	0.4070	0.3424	0.2463	0.1286	0.0	-0.1286	-0.2463	-0.3424	-0.4070	-0.4305
1.55	0.4391	0.4153	0.3495	0.2514	0.1312	0.0	-0.1312	-0.2514	-0.3495	-0.4153	-0.4391
1.60	0.4485	0.4242	0.3570	0.2568	0.1341	0.0	-0.1341	-0.2568	-0.3570	-0.4242	-0.4485
1.65	0.4586	0.4338	0.3652	0.2628	0.1372	0.0	-0.1372	-0.2628	-0.3652	-0.4338	-0.4586
1.70	0.4695	0.4441	0.3740	0.2692	0.1406	0.0	-0.1406	-0.2692	-0.3740	-0.4441	-0.4695
1.75	0.4813	0.4553	0.3835	0.2761	0.1442	0.0	-0.1442	-0.2761	-0.3835	-0.4553	-0.4813
1.80	0.4940	0.4674	0.3938	0.2836	0.1482	0.0	-0.1482	-0.2836	-0.3938	-0.4674	-0.4940
1.85	0.5079	0.4806	0.4050	0.2917	0.1524	0.0	-0.1524	-0.2917	-0.4050	-0.4806	-0.5079
1.90	0.5230	0.4950	0.4172	0.3005	0.1571	0.0	-0.1571	-0.3005	-0.4172	-0.4950	-0.5230
1.95	0.5394	0.5106	0.4305	0.3102	0.1622	0.0	-0.1622	-0.3102	-0.4305	-0.5106	-0.5394
2.00	0.5574	0.5277	0.4450	0.3207	0.1677	0.0	-0.1677	-0.3207	-0.4450	-0.5277	-0.5574
2.05	0.5772	0.5465	0.4610	0.3323	0.1738	0.0	-0.1738	-0.3323	-0.4610	-0.5465	-0.5772
2.10	0.5989	0.5672	0.4786	0.3451	0.1805	0.0	-0.1805	-0.3451	-0.4786	-0.5672	-0.5989
2.15	0.6230	0.5990	0.4981	0.3592	0.1879	0.0	-0.1879	-0.3592	-0.4981	-0.5990	-0.6230
2.20	0.6497	0.6155	0.5197	0.3749	0.1962	0.0	-0.1962	-0.3749	-0.5197	-0.6155	-0.6497
2.25	0.6796	0.6438	0.5438	0.3925	0.2054	0.0	-0.2054	-0.3925	-0.5438	-0.6438	-0.6796
2.30	0.7131	0.6757	0.5709	0.4121	0.2157	0.0	-0.2157	-0.4121	-0.5709	-0.6757	-0.7131
2.35	0.7510	0.7117	0.6015	0.4344	0.2274	0.0	-0.2274	-0.4344	-0.6015	-0.7117	-0.7510
2.40	0.7941	0.7527	0.6364	0.4597	0.2407	0.0	-0.2407	-0.4597	-0.6364	-0.7527	-0.7941
2.45	0.8436	0.7998	0.6764	0.4888	0.2560	0.0	-0.2560	-0.4888	-0.6764	-0.7998	-0.8436
2.50	0.9009	0.8543	0.7228	0.5225	0.2737	0.0	-0.2737	-0.5225	-0.7228	-0.8543	-0.9009

f_7

ε \ ζ	0	0.1	0.2	0.3	0.4	0.5	0.6	0.7	0.8	0.9	1
0.0	0.0	0.3600	0.6400	0.8400	0.9600	1.0000	0.9600	0.8400	0.6400	0.3600	0.0
0.05	0.0	0.3601	0.6402	0.8402	0.9602	1.0003	0.9602	0.8402	0.6402	0.3601	0.0
0.10	0.0	0.3603	0.6406	0.8408	0.9610	1.0010	0.9610	0.8408	0.6406	0.3603	0.0
0.15	0.0	0.3607	0.6414	0.8419	0.9622	1.0023	0.9622	0.8419	0.6414	0.3607	0.0
0.20	0.0	0.3613	0.6425	0.8434	0.9640	1.0042	0.9640	0.8434	0.6425	0.3613	0.0
0.25	0.0	0.3621	0.6439	0.8453	0.9662	1.0066	0.9662	0.8453	0.6439	0.3621	0.0
0.30	0.0	0.3630	0.6456	0.8477	0.9690	1.0095	0.9690	0.8477	0.6456	0.3630	0.0
0.35	0.0	0.3641	0.6477	0.8505	0.9723	1.0129	0.9723	0.8505	0.6477	0.3641	0.0
0.40	0.0	0.3653	0.6501	0.8538	0.9761	1.0169	0.9761	0.8538	0.6501	0.3653	0.0
0.45	0.0	0.3668	0.6528	0.8575	0.9805	1.0215	0.9805	0.8575	0.6528	0.3668	0.0
0.50	0.0	0.3684	0.6559	0.8617	0.9854	1.0257	0.9854	0.8617	0.6559	0.3684	0.0
0.55	0.0	0.3702	0.6593	0.8664	0.9910	1.0325	0.9910	0.8664	0.6593	0.3702	0.0
0.60	0.0	0.3722	0.6631	0.8715	0.9971	1.0389	0.9971	0.8716	0.6631	0.3722	0.0
0.65	0.0	0.3744	0.6673	0.8774	1.0038	1.0460	1.0038	0.8774	0.6673	0.3744	0.0
0.70	0.0	0.3769	0.6719	0.8837	1.0112	1.0537	1.0112	0.8837	0.6719	0.3769	0.0
0.75	0.0	0.3795	0.6769	0.8905	1.0192	1.0621	1.0192	0.8905	0.6769	0.3795	0.0
0.80	0.0	0.3824	0.6823	0.8980	1.0279	1.0713	1.0279	0.8980	0.6823	0.3824	0.0
0.85	0.0	0.3855	0.6882	0.9060	1.0373	1.0812	1.0373	0.9060	0.6882	0.3855	0.0
0.90	0.0	0.3888	0.6945	0.9147	1.0476	1.0919	1.0476	0.9147	0.6946	0.3888	0.0
0.95	0.0	0.3925	0.7014	0.9241	1.0586	1.1035	1.0586	0.9241	0.7014	0.3925	0.0
1.00	0.0	0.3963	0.7088	0.9342	1.0704	1.1160	1.0704	0.9342	0.7088	0.3963	0.0
1.05	0.0	0.4005	0.7167	0.9451	1.0832	1.1293	1.0832	0.9451	0.7167	0.4005	0.0
1.10	0.0	0.4050	0.7253	0.9568	1.0968	1.1437	1.0968	0.9568	0.7253	0.4050	0.0
1.15	0.0	0.4099	0.7344	0.9693	1.1115	1.1592	1.1115	0.9693	0.7344	0.4099	0.0
1.20	0.0	0.4150	0.7442	0.9828	1.1273	1.1757	1.1273	0.9828	0.7442	0.4150	0.0
1.25	0.0	0.4206	0.7547	0.9972	1.1442	1.1935	1.1442	0.9972	0.7547	0.4206	0.0
1.30	0.0	0.4266	0.7660	1.0127	1.1624	1.2125	1.1624	1.0127	0.7660	0.4266	0.0
1.35	0.0	0.4329	0.7781	1.0293	1.1818	1.2330	1.1818	1.0293	0.7781	0.4329	0.0
1.40	0.0	0.4398	0.7911	1.0471	1.2027	1.2549	1.2027	1.0471	0.7911	0.4398	0.0
1.45	0.0	0.4472	0.8051	1.0662	1.2252	1.2785	1.2252	1.0662	0.8051	0.4472	0.0
1.50	0.0	0.4551	0.8201	1.0868	1.2493	1.3038	1.2493	1.0868	0.8201	0.4551	0.0
1.55	0.0	0.4636	0.8362	1.1089	1.2752	1.3311	1.2752	1.1089	0.8362	0.4636	0.0
1.60	0.0	0.4727	0.8535	1.1327	1.3031	1.3604	1.3031	1.1327	0.8535	0.4727	0.0
1.65	0.0	0.4826	0.8722	1.1583	1.3332	1.3920	1.3332	1.1583	0.8722	0.4826	0.0
1.70	0.0	0.4932	0.8924	1.1860	1.3657	1.4261	1.3657	1.1860	0.8924	0.4932	0.0
1.75	0.0	0.5047	0.9142	1.2160	1.4008	1.4630	1.4008	1.2160	0.9142	0.5047	0.0
1.80	0.0	0.5172	0.9378	1.2484	1.4389	1.5030	1.4389	1.2484	0.9378	0.5172	0.0
1.85	0.0	0.5307	0.9635	1.2836	1.4802	1.5464	1.4802	1.2836	0.9635	0.5307	0.0
1.90	0.0	0.5454	0.9914	1.3219	1.5251	1.5937	1.5251	1.3219	0.9914	0.5454	0.0
1.95	0.0	0.5614	1.0218	1.3637	1.5742	1.6452	1.5742	1.3637	1.0218	0.5614	0.0
2.00	0.0	0.5790	1.0551	1.4094	1.6278	1.7016	1.6278	1.4094	1.0551	0.5790	0.0
2.05	0.0	0.5982	1.0916	1.4596	1.6868	1.7636	1.6868	1.4596	1.0916	0.5982	0.0
2.10	0.0	0.6194	1.1319	1.5149	1.7517	1.8318	1.7517	1.5149	1.1319	0.6194	0.0
2.15	0.0	0.6428	1.1764	1.5761	1.8235	1.9072	1.8235	1.5761	1.1764	0.6428	0.0
2.20	0.0	0.6689	1.2258	1.6440	1.9033	1.9911	1.9033	1.6440	1.2258	0.6689	0.0
2.25	0.0	0.6979	1.2810	1.7199	1.9923	2.0847	1.9923	1.7199	1.2810	0.6979	0.0
2.30	0.0	0.7306	1.3430	1.8050	2.0924	2.1899	2.0924	1.8050	1.3430	0.7306	0.0
2.35	0.0	0.7674	1.4130	1.9013	2.2055	2.3087	2.2055	1.9013	1.4130	0.7674	0.0
2.40	0.0	0.8094	1.4927	2.0109	2.3342	2.4440	2.3342	2.0109	1.4927	0.8094	0.0
2.45	0.0	0.8575	1.5842	2.1367	2.4819	2.5993	2.4819	2.1367	1.5842	0.8575	0.0
2.50	0.0	0.9133	1.6902	2.2824	2.6531	2.7793	2.6531	2.2824	1.6902	0.9133	0.0

f_8

ε \ ζ	0	0.1	0.2	0.3	0.4	0.5	0.6	0.7	0.8	0.9	1
0.0	1.0000	0.8000	0.6000	0.4000	0.2000	0.0	-0.2000	-0.4000	-0.6000	-0.8000	-1.0000
0.05	1.0002	0.8002	0.6002	0.4001	0.2001	0.0	-0.2001	-0.4001	-0.6002	-0.8002	-1.0002
0.10	1.0008	0.8008	0.6007	0.4005	0.2002	0.0	-0.2002	-0.4005	-0.6007	-0.8008	-1.0008
0.15	1.0019	0.8018	0.6015	0.4011	0.2006	0.0	-0.2006	-0.4011	-0.6015	-0.8018	-1.0019
0.20	1.0033	0.8032	0.6027	0.4019	0.2010	0.0	-0.2010	-0.4019	-0.6027	-0.8032	-1.0033
0.25	1.0052	0.8049	0.6042	0.4030	0.2016	0.0	-0.2016	-0.4030	-0.6042	-0.8049	-1.0052
0.30	1.0076	0.8071	0.6060	0.4043	0.2022	0.0	-0.2022	-0.4043	-0.6060	-0.8071	-1.0076
0.35	1.0103	0.8098	0.6082	0.4059	0.2031	0.0	-0.2031	-0.4059	-0.6082	-0.8098	-1.0103
0.40	1.0136	0.8128	0.6107	0.4077	0.2040	0.0	-0.2040	-0.4077	-0.6107	-0.8128	-1.0136
0.45	1.0172	0.8163	0.6136	0.4098	0.2051	0.0	-0.2051	-0.4098	-0.6136	-0.8163	-1.0172
0.50	1.0214	0.8202	0.6169	0.4121	0.2063	0.0	-0.2063	-0.4121	-0.6169	-0.8202	-1.0214
0.55	1.0260	0.8245	0.6206	0.4148	0.2077	0.0	-0.2077	-0.4148	-0.6206	-0.8245	-1.0260
0.60	1.0311	0.8294	0.6247	0.4177	0.2092	0.0	-0.2092	-0.4177	-0.6247	-0.8294	-1.0311
0.65	1.0368	0.8347	0.6291	0.4209	0.2109	0.0	-0.2109	-0.4209	-0.6291	-0.8347	-1.0368
0.70	1.0429	0.8405	0.6340	0.4244	0.2127	0.0	-0.2127	-0.4244	-0.6340	-0.8405	-1.0429
0.75	1.0497	0.8469	0.6394	0.4283	0.2147	0.0	-0.2147	-0.4283	-0.6394	-0.8469	-1.0497
0.80	1.0570	0.8538	0.6452	0.4324	0.2169	0.0	-0.2169	-0.4324	-0.6452	-0.8538	-1.0570
0.85	1.0649	0.8613	0.6515	0.4369	0.2193	0.0	-0.2193	-0.4369	-0.6515	-0.8613	-1.0649
0.90	1.0735	0.8694	0.6583	0.4418	0.2218	0.0	-0.2218	-0.4418	-0.6583	-0.8694	-1.0735
0.95	1.0827	0.8781	0.6656	0.4471	0.2246	0.0	-0.2246	-0.4471	-0.6656	-0.8781	-1.0827
1.00	1.0926	0.8875	0.6735	0.4528	0.2275	0.0	-0.2275	-0.4528	-0.6735	-0.8875	-1.0926
1.05	1.1033	0.8976	0.6820	0.4589	0.2307	0.0	-0.2307	-0.4589	-0.6820	-0.8976	-1.1033
1.10	1.1147	0.9084	0.6911	0.4654	0.2341	0.0	-0.2341	-0.4654	-0.6911	-0.9084	-1.1147
1.15	1.1270	0.9200	0.7009	0.4725	0.2378	0.0	-0.2378	-0.4725	-0.7009	-0.9200	-1.1270
1.20	1.1402	0.9325	0.7114	0.4800	0.2417	0.0	-0.2417	-0.4800	-0.7114	-0.9325	-1.1402
1.25	1.1544	0.9459	0.7226	0.4881	0.2460	0.0	-0.2460	-0.4881	-0.7226	-0.9459	-1.1544
1.30	1.1695	0.9602	0.7347	0.4968	0.2505	0.0	-0.2505	-0.4968	-0.7347	-0.9602	-1.1695
1.35	1.1858	0.9756	0.7477	0.5062	0.2554	0.0	-0.2554	-0.5062	-0.7477	-0.9756	-1.1858
1.40	1.2033	0.9921	0.7616	0.5162	0.2606	0.0	-0.2606	-0.5162	-0.7616	-0.9921	-1.2033
1.45	1.2220	1.0099	0.7766	0.5269	0.2663	0.0	-0.2663	-0.5269	-0.7766	-1.0099	-1.2220
1.50	1.2421	1.0289	0.7926	0.5385	0.2723	0.0	-0.2723	-0.5385	-0.7926	-1.0289	-1.2421
1.55	1.2638	1.0494	0.8099	0.5510	0.2788	0.0	-0.2788	-0.5510	-0.8099	-1.0494	-1.2638
1.60	1.2870	1.0715	0.8285	0.5644	0.2858	0.0	-0.2858	-0.5644	-0.8285	-1.0715	-1.2870
1.65	1.3121	1.0952	0.8486	0.5788	0.2934	0.0	-0.2934	-0.5788	-0.8486	-1.0952	-1.3121
1.70	1.3392	1.1209	0.8702	0.5945	0.3016	0.0	-0.3016	-0.5945	-0.8702	-1.1209	-1.3392
1.75	1.3685	1.1486	0.8936	0.6114	0.3104	0.0	-0.3104	-0.6114	-0.8936	-1.1486	-1.3685
1.80	1.4002	1.1786	0.9190	0.6297	0.3200	0.0	-0.3200	-0.6297	-0.9190	-1.1786	-1.4002
1.85	1.4346	1.2112	0.9466	0.6496	0.3304	0.0	-0.3304	-0.6496	-0.9466	-1.2112	-1.4346
1.90	1.4720	1.2467	0.9765	0.6712	0.3418	0.0	-0.3418	-0.6712	-0.9765	-1.2467	-1.4720
1.95	1.5128	1.2854	1.0092	0.6949	0.3541	0.0	-0.3541	-0.6949	-1.0092	-1.2854	-1.5128
2.00	1.5574	1.3277	1.0450	0.7207	0.3677	0.0	-0.3677	-0.7207	-1.0450	-1.3277	-1.5574
2.05	1.6064	1.3741	1.0844	0.7492	0.3826	0.0	-0.3826	-0.7492	-1.0844	-1.3741	-1.6064
2.10	1.6603	1.4253	1.1277	0.7805	0.3990	0.0	-0.3990	-0.7805	-1.1277	-1.4253	-1.6603
2.15	1.7199	1.4819	1.1756	0.8151	0.4172	0.0	-0.4172	-0.8151	-1.1756	-1.4819	-1.7199
2.20	1.7861	1.5447	1.2288	0.8537	0.4374	0.0	-0.4374	-0.8537	-1.2288	-1.5447	-1.7861
2.25	1.8601	1.6149	1.2883	0.8967	0.4599	0.0	-0.4599	-0.8967	-1.2883	-1.6149	-1.8601
2.30	1.9430	1.6936	1.3559	0.9451	0.4853	0.0	-0.4853	-0.9451	-1.3559	-1.6936	-1.9430
2.35	2.0368	1.7826	1.4305	0.9997	0.5140	0.0	-0.5140	-0.9997	-1.4305	-1.7826	-2.0368
2.40	2.1435	1.8839	1.5164	1.0620	0.5467	0.0	-0.5467	-1.0620	-1.5164	-1.8839	-2.1435
2.45	2.2659	2.0002	1.6151	1.1335	0.5842	0.0	-0.5842	-1.1335	-1.6151	-2.0002	-2.2659
2.50	2.4077	2.1349	1.7294	1.2163	0.6277	0.0	-0.6277	-1.2163	-1.7294	-2.1349	-2.4077

f_9

ε \ ζ	0	0.1	0.2	0.3	0.4	0.5	0.6	0.7	0.8	0.9	1
0.0	0.0	0.0920	0.1761	0.2450	0.2921	0.3125	0.3031	0.2632	0.1951	0.1042	0.0
0.05	0.0	0.0920	0.1762	0.2451	0.2922	0.3126	0.3032	0.2633	0.1951	0.1042	0.0
0.10	0.0	0.0921	0.1763	0.2452	0.2924	0.3128	0.3034	0.2635	0.1953	0.1043	0.0
0.15	0.0	0.0922	0.1765	0.2455	0.2928	0.3132	0.3038	0.2638	0.1955	0.1044	0.0
0.20	0.0	0.0924	0.1769	0.2460	0.2933	0.3138	0.3043	0.2643	0.1958	0.1046	0.0
0.25	0.0	0.0926	0.1773	0.2466	0.2940	0.3145	0.3050	0.2649	0.1963	0.1048	0.0
0.30	0.0	0.0929	0.1778	0.2473	0.2948	0.3154	0.3059	0.2656	0.1968	0.1051	0.0
0.35	0.0	0.0932	0.1784	0.2481	0.2958	0.3164	0.3069	0.2664	0.1974	0.1054	0.0
0.40	0.0	0.0936	0.1791	0.2491	0.2970	0.3177	0.3080	0.2674	0.1982	0.1058	0.0
0.45	0.0	0.0940	0.1799	0.2502	0.2983	0.3191	0.3094	0.2686	0.1990	0.1063	0.0
0.50	0.0	0.0945	0.1809	0.2515	0.2998	0.3206	0.3109	0.2699	0.1999	0.1068	0.0
0.55	0.0	0.0950	0.1819	0.2529	0.3015	0.3224	0.3126	0.2713	0.2010	0.1073	0.0
0.60	0.0	0.0956	0.1830	0.2545	0.3033	0.3244	0.3144	0.2729	0.2021	0.1079	0.0
0.65	0.0	0.0963	0.1843	0.2562	0.3054	0.3265	0.3165	0.2747	0.2034	0.1086	0.0
0.70	0.0	0.0970	0.1856	0.2581	0.3076	0.3289	0.3188	0.2766	0.2048	0.1093	0.0
0.75	0.0	0.0978	0.1871	0.2602	0.3100	0.3315	0.3212	0.2787	0.2064	0.1101	0.0
0.80	0.0	0.0986	0.1888	0.2624	0.3127	0.3342	0.3239	0.2810	0.2080	0.1110	0.0
0.85	0.0	0.0996	0.1905	0.2648	0.3155	0.3373	0.3268	0.2635	0.2098	0.1120	0.0
0.90	0.0	0.1006	0.1924	0.2675	0.3186	0.3405	0.3299	0.2861	0.2118	0.1130	0.0
0.95	0.0	0.1016	0.1945	0.2703	0.3220	0.3441	0.3333	0.2890	0.2139	0.1141	0.0
1.00	0.0	0.1028	0.1967	0.2733	0.3256	0.3479	0.3369	0.2921	0.2161	0.1153	0.0
1.05	0.0	0.1040	0.1991	0.2766	0.3294	0.3519	0.3408	0.2954	0.2185	0.1166	0.0
1.10	0.0	0.1054	0.2016	0.2801	0.3336	0.3563	0.3450	0.2990	0.2211	0.1179	0.0
1.15	0.0	0.1068	0.2044	0.2939	0.3381	0.3610	0.3495	0.3028	0.2239	0.1194	0.0
1.20	0.0	0.1084	0.2073	0.2880	0.3428	0.3661	0.3543	0.3069	0.2269	0.1210	0.0
1.25	0.0	0.1100	0.2104	0.2923	0.3480	0.3715	0.3594	0.3114	0.2302	0.1227	0.0
1.30	0.0	0.1118	0.2138	0.2970	0.3535	0.3773	0.3650	0.3161	0.2336	0.1245	0.0
1.35	0.0	0.1137	0.2175	0.3020	0.3594	0.3835	0.3709	0.3212	0.2373	0.1265	0.0
1.40	0.0	0.1157	0.2214	0.3074	0.3657	0.3902	0.3773	0.3266	0.2413	0.1285	0.0
1.45	0.0	0.1179	0.2255	0.3132	0.3725	0.3974	0.3842	0.3325	0.2455	0.1308	0.0
1.50	0.0	0.1203	0.2300	0.3194	0.3798	0.4051	0.3915	0.3387	0.2501	0.1332	0.0
1.55	0.0	0.1228	0.2349	0.3260	0.3877	0.4134	0.3994	0.3455	0.2550	0.1358	0.0
1.60	0.0	0.1256	0.2401	0.3332	0.3962	0.4223	0.4080	0.3528	0.2603	0.1386	0.0
1.65	0.0	0.1285	0.2457	0.3410	0.4053	0.4320	0.4172	0.3606	0.2660	0.1416	0.0
1.70	0.0	0.1317	0.2518	0.3493	0.4152	0.4424	0.4271	0.3691	0.2722	0.1448	0.0
1.75	0.0	0.1352	0.2583	0.3584	0.4258	0.4536	0.4378	0.3782	0.2789	0.1483	0.0
1.80	0.0	0.1389	0.2655	0.3682	0.4374	0.4658	0.4494	0.3881	0.2861	0.1521	0.0
1.85	0.0	0.1430	0.2732	0.3788	0.4499	0.4790	0.4620	0.3989	0.2939	0.1563	0.0
1.90	0.0	0.1474	0.2816	0.3904	0.4636	0.4934	0.4757	0.4105	0.3024	0.1607	0.0
1.95	0.0	0.1522	0.2908	0.4031	0.4784	0.5091	0.4907	0.4233	0.3117	0.1656	0.0
2.00	0.0	0.1575	0.3008	0.4169	0.4947	0.5262	0.5070	0.4372	0.3218	0.1710	0.0
2.05	0.0	0.1632	0.3118	0.4321	0.5126	0.5451	0.5250	0.4526	0.3330	0.1768	0.0
2.10	0.0	0.1696	0.3240	0.4488	0.5323	0.5658	0.5448	0.4694	0.3453	0.1833	0.0
2.15	0.0	0.1767	0.3374	0.4673	0.5541	0.5888	0.5667	0.4881	0.3588	0.1904	0.0
2.20	0.0	0.1845	0.3523	0.4879	0.5784	0.6143	0.5910	0.5088	0.3739	0.1984	0.0
2.25	0.0	0.1933	0.3690	0.5109	0.6054	0.6428	0.6181	0.5319	0.3907	0.2072	0.0
2.30	0.0	0.2031	0.3878	0.5367	0.6358	0.6748	0.6486	0.5578	0.4096	0.2171	0.0
2.35	0.0	0.2143	0.4089	0.5659	0.6701	0.7109	0.6830	0.5872	0.4309	0.2284	0.0
2.40	0.0	0.2270	0.4331	0.5991	0.7092	0.7521	0.7222	0.6206	0.4552	0.2411	0.0
2.45	0.0	0.2415	0.4607	0.6373	0.7541	0.7993	0.7672	0.6589	0.4831	0.2558	0.0
2.50	0.0	0.2584	0.4929	0.6815	0.8061	0.8541	0.8193	0.7032	0.5153	0.2728	0.0

f_{10}

ε \ ζ	0	0.1	0.2	0.3	0.4	0.5	0.6	0.7	0.8	0.9	1
0.0	0.3111	0.2978	0.2588	0.1965	0.1148	0.0194	-0.0825	-0.1822	-0.2692	-0.3315	-0.3556
0.05	0.3112	0.2979	0.2590	0.1965	0.1149	0.0194	-0.0825	-0.1822	-0.2692	-0.3316	-0.3556
0.10	0.3114	0.2982	0.2591	0.1967	0.1149	0.0194	-0.0826	-0.1824	-0.2694	-0.3318	-0.3559
0.15	0.3119	0.2985	0.2594	0.1970	0.1151	0.0195	-0.0827	-0.1826	-0.2698	-0.3322	-0.3563
0.20	0.3124	0.2991	0.2599	0.1973	0.1153	0.0195	-0.0829	-0.1829	-0.2702	-0.3328	-0.3569
0.25	0.3132	0.2998	0.2605	0.1977	0.1155	0.0195	-0.0831	-0.1834	-0.2709	-0.3335	-0.3577
0.30	0.3141	0.3007	0.2613	0.1983	0.1158	0.0195	-0.0834	-0.1839	-0.2716	-0.3344	-0.3586
0.35	0.3152	0.3017	0.2622	0.1990	0.1162	0.0195	-0.0837	-0.1846	-0.2725	-0.3355	-0.3598
0.40	0.3164	0.3029	0.2632	0.1997	0.1166	0.0195	-0.0841	-0.1853	-0.2736	-0.3367	-0.3611
0.45	0.3179	0.3043	0.2644	0.2006	0.1170	0.0195	-0.0845	-0.1862	-0.2748	-0.3381	-0.3626
0.50	0.3195	0.3059	0.2657	0.2016	0.1176	0.0196	-0.0850	-0.1871	-0.2761	-0.3397	-0.3642
0.55	0.3214	0.3076	0.2672	0.2027	0.1182	0.0196	-0.0856	-0.1882	-0.2776	-0.3415	-0.3661
0.60	0.3234	0.3095	0.2688	0.2039	0.1188	0.0196	-0.0862	-0.1894	-0.2793	-0.3435	-0.3682
0.65	0.3256	0.3116	0.2707	0.2052	0.1195	0.0197	-0.0868	-0.1907	-0.2811	-0.3457	-0.3705
0.70	0.3280	0.3140	0.2726	0.2067	0.1203	0.0197	-0.0876	-0.1921	-0.2831	-0.3480	-0.3730
0.75	0.3307	0.3165	0.2748	0.2083	0.1212	0.0197	-0.0884	-0.1937	-0.2853	-0.3506	-0.3757
0.80	0.3336	0.3193	0.2772	0.2100	0.1221	0.0198	-0.0892	-0.1954	-0.2877	-0.3534	-0.3787
0.85	0.3367	0.3222	0.2797	0.2119	0.1231	0.0198	-0.0902	-0.1973	-0.2902	-0.3565	-0.3819
0.90	0.3401	0.3255	0.2825	0.2139	0.1242	0.0199	-0.0912	-0.1992	-0.2930	-0.3598	-0.3854
0.95	0.3437	0.3289	0.2854	0.2161	0.1254	0.0199	-0.0923	-0.2014	-0.2960	-0.3633	-0.3892
1.00	0.3477	0.3327	0.2886	0.2184	0.1267	0.0200	-0.0935	-0.2037	-0.2993	-0.3672	-0.3932
1.05	0.3519	0.3367	0.2921	0.2209	0.1280	0.0200	-0.0947	-0.2062	-0.3027	-0.3713	-0.3975
1.10	0.3564	0.3410	0.2958	0.2236	0.1295	0.0201	-0.0961	-0.2089	-0.3065	-0.3757	-0.4022
1.15	0.3613	0.3456	0.2997	0.2266	0.1311	0.0201	-0.0976	-0.2117	-0.3105	-0.3804	-0.4072
1.20	0.3665	0.3506	0.3040	0.2297	0.1328	0.0202	-0.0992	-0.2148	-0.3148	-0.3855	-0.4125
1.25	0.3721	0.3560	0.3086	0.2330	0.1346	0.0203	-0.1008	-0.2181	-0.3194	-0.3910	-0.4183
1.30	0.3781	0.3617	0.3135	0.2366	0.1365	0.0203	-0.1027	-0.2217	-0.3243	-0.3968	-0.4244
1.35	0.3846	0.3678	0.3187	0.2405	0.1386	0.0204	-0.1046	-0.2255	-0.3296	-0.4031	-0.4311
1.40	0.3915	0.3744	0.3244	0.2446	0.1408	0.0205	-0.1067	-0.2296	-0.3353	-0.4098	-0.4381
1.45	0.3990	0.3815	0.3304	0.2491	0.1432	0.0206	-0.1090	-0.2340	-0.3414	-0.4171	-0.4458
1.50	0.4070	0.3892	0.3369	0.2538	0.1457	0.0207	-0.1114	-0.2387	-0.3480	-0.4248	-0.4539
1.55	0.4156	0.3974	0.3439	0.2590	0.1485	0.0208	-0.1140	-0.2438	-0.3550	-0.4332	-0.4627
1.60	0.4248	0.4062	0.3515	0.2645	0.1515	0.0208	-0.1168	-0.2492	-0.3626	-0.4421	-0.4722
1.65	0.4348	0.4157	0.3596	0.2704	0.1546	0.0209	-0.1198	-0.2551	-0.3708	-0.4518	-0.4824
1.70	0.4456	0.4260	0.3684	0.2769	0.1581	0.0210	-0.1231	-0.2615	-0.3796	-0.4623	-0.4934
1.75	0.4573	0.4371	0.3779	0.2838	0.1618	0.0211	-0.1267	-0.2683	-0.3892	-0.4735	-0.5053
1.80	0.4700	0.4491	0.3881	0.2913	0.1658	0.0213	-0.1305	-0.2758	-0.3995	-0.4858	-0.5181
1.85	0.4837	0.4622	0.3993	0.2995	0.1702	0.0214	-0.1347	-0.2839	-0.4108	-0.4990	-0.5321
1.90	0.4986	0.4764	0.4114	0.3084	0.1749	0.0215	-0.1392	-0.2927	-0.4230	-0.5135	-0.5473
1.95	0.5150	0.4920	0.4247	0.3181	0.1801	0.0216	-0.1442	-0.3023	-0.4363	-0.5292	-0.5639
2.00	0.5328	0.5090	0.4392	0.3287	0.1857	0.0217	-0.1497	-0.3128	-0.4509	-0.5464	-0.5820
2.05	0.5524	0.5277	0.4551	0.3403	0.1919	0.0219	-0.1556	-0.3244	-0.4669	-0.5653	-0.6019
2.10	0.5741	0.5482	0.4727	0.3531	0.1988	0.0220	-0.1622	-0.3371	-0.4845	-0.5861	-0.6238
2.15	0.5980	0.5710	0.4921	0.3673	0.2063	0.0221	-0.1696	-0.3512	-0.5040	-0.6091	-0.6480
2.20	0.6246	0.5963	0.5137	0.3830	0.2147	0.0223	-0.1777	-0.3668	-0.5257	-0.6346	-0.6748
2.25	0.6543	0.6246	0.5378	0.4006	0.2240	0.0224	-0.1868	-0.3843	-0.5499	-0.6631	-0.7048
2.30	0.6876	0.6563	0.5648	0.4203	0.2345	0.0226	-0.1970	-0.4039	-0.5770	-0.6951	-0.7385
2.35	0.7253	0.6922	0.5954	0.4426	0.2463	0.0227	-0.2086	-0.4261	-0.6077	-0.7313	-0.7766
2.40	0.7683	0.7331	0.6302	0.4680	0.2597	0.0229	-0.2217	-0.4514	-0.6426	-0.7724	-0.8199
2.45	0.8176	0.7800	0.6702	0.4971	0.2752	0.0231	-0.2369	-0.4804	-0.6827	-0.8196	-0.8695
2.50	0.8748	0.8344	0.7165	0.5309	0.2930	0.0233	-0.2544	-0.5140	-0.7291	-0.8743	-0.9270

Tafel IV.7

f_{11}

ε \ ζ	0	0.1	0.2	0.3	0.4	0.5	0.6	0.7	0.8	0.9	1
0.0	0.0	0.2572	0.4988	0.7093	0.8732	0.9743	0.9977	0.9275	0.7482	0.4443	0.0
0.05	0.0	0.2573	0.4999	0.7095	0.8732	0.9745	0.9979	0.9277	0.7484	0.4444	0.0
0.10	0.0	0.2575	0.4994	0.7101	0.8739	0.9753	0.9986	0.9284	0.7489	0.4446	0.0
0.15	0.0	0.2579	0.5001	0.7111	0.8751	0.9766	0.9999	0.9294	0.7497	0.4450	0.0
0.20	0.0	0.2584	0.5011	0.7125	0.8768	0.9784	1.0016	0.9309	0.7508	0.4456	0.0
0.25	0.0	0.2591	0.5024	0.7143	0.8789	0.9807	1.0039	0.9329	0.7522	0.4464	0.0
0.30	0.0	0.2599	0.5040	0.7165	0.8816	0.9835	1.0066	0.9353	0.7540	0.4473	0.0
0.35	0.0	0.2609	0.5059	0.7191	0.8847	0.9869	1.0099	0.9381	0.7561	0.4485	0.0
0.40	0.0	0.2621	0.5081	0.7222	0.8884	0.9908	1.0137	0.9414	0.7585	0.4498	0.0
0.45	0.0	0.2634	0.5107	0.7257	0.8926	0.9953	1.0180	0.9452	0.7613	0.4513	0.0
0.50	0.0	0.2649	0.5135	0.7297	0.8973	1.0003	1.0229	0.9494	0.7645	0.4529	0.0
0.55	0.0	0.2665	0.5167	0.7341	0.9026	1.0060	1.0284	0.9542	0.7680	0.4548	0.0
0.60	0.0	0.2684	0.5202	0.7390	0.9084	1.0122	1.0344	0.9594	0.7719	0.4569	0.0
0.65	0.0	0.2704	0.5241	0.7444	0.9149	1.0191	1.0411	0.9652	0.7762	0.4592	0.0
0.70	0.0	0.2726	0.5284	0.7503	0.9219	1.0266	1.0484	0.9715	0.7808	0.4617	0.0
0.75	0.0	0.2751	0.5330	0.7568	0.9296	1.0348	1.0563	0.9784	0.7859	0.4644	0.0
0.80	0.0	0.2777	0.5381	0.7638	0.9379	1.0437	1.0650	0.9859	0.7915	0.4673	0.0
0.85	0.0	0.2806	0.5435	0.7714	0.9470	1.0534	1.0743	0.9940	0.7975	0.4705	0.0
0.90	0.0	0.2837	0.5495	0.7796	0.9568	1.0639	1.0844	1.0028	0.8040	0.4740	0.0
0.95	0.0	0.2870	0.5558	0.7885	0.9673	1.0751	1.0953	1.0122	0.8109	0.4777	0.0
1.00	0.0	0.2906	0.5627	0.7980	0.9787	1.0872	1.1071	1.0224	0.8184	0.4817	0.0
1.05	0.0	0.2945	0.5701	0.8083	0.9909	1.1003	1.1197	1.0333	0.8265	0.4860	0.0
1.10	0.0	0.2986	0.5781	0.8194	1.0040	1.1143	1.1332	1.0458	0.8351	0.4906	0.0
1.15	0.0	0.3031	0.5866	0.8312	1.0181	1.1293	1.1477	1.0576	0.8444	0.4956	0.0
1.20	0.0	0.3079	0.5958	0.8440	1.0333	1.1455	1.1633	1.0711	0.8544	0.5009	0.0
1.25	0.0	0.3130	0.6056	0.8576	1.0495	1.1628	1.1801	1.0855	0.8650	0.5065	0.0
1.30	0.0	0.3186	0.6162	0.8723	1.0670	1.1814	1.1980	1.1010	0.8765	0.5126	0.0
1.35	0.0	0.3245	0.6275	0.8880	1.0857	1.2013	1.2172	1.1176	0.8887	0.5191	0.0
1.40	0.0	0.3309	0.6397	0.9049	1.1057	1.2227	1.2378	1.1354	0.9018	0.5261	0.0
1.45	0.0	0.3377	0.6528	0.9231	1.1273	1.2456	1.2600	1.1545	0.9159	0.5336	0.0
1.50	0.0	0.3451	0.6669	0.9426	1.1505	1.2703	1.2838	1.1750	0.9310	0.5416	0.0
1.55	0.0	0.3531	0.6821	0.9637	1.1754	1.2968	1.3093	1.1971	0.9472	0.5502	0.0
1.60	0.0	0.3616	0.6984	0.9863	1.2023	1.3254	1.3368	1.2208	0.9647	0.5595	0.0
1.65	0.0	0.3709	0.7161	1.0107	1.2313	1.3562	1.3665	1.2463	0.9835	0.5695	0.0
1.70	0.0	0.3808	0.7351	1.0371	1.2626	1.3894	1.3985	1.2739	1.0037	0.5802	0.0
1.75	0.0	0.3916	0.7558	1.0657	1.2965	1.4254	1.4331	1.3037	1.0256	0.5918	0.0
1.80	0.0	0.4034	0.7781	1.0967	1.3332	1.4644	1.4705	1.3359	1.0493	0.6044	0.0
1.85	0.0	0.4161	0.8025	1.1303	1.3730	1.5067	1.5112	1.3708	1.0749	0.6179	0.0
1.90	0.0	0.4300	0.8289	1.1670	1.4164	1.5527	1.5554	1.4088	1.1028	0.6327	0.0
1.95	0.0	0.4451	0.8579	1.2070	1.4638	1.6029	1.6036	1.4502	1.1332	0.6488	0.0
2.00	0.0	0.4618	0.8896	1.2508	1.5156	1.6579	1.6563	1.4955	1.1663	0.6664	0.0
2.05	0.0	0.4800	0.9244	1.2990	1.5726	1.7182	1.7142	1.5452	1.2027	0.6856	0.0
2.10	0.0	0.5002	0.9628	1.3521	1.6354	1.7847	1.7779	1.5998	1.2427	0.7068	0.0
2.15	0.0	0.5225	1.0053	1.4109	1.7048	1.8582	1.8483	1.6602	1.2869	0.7301	0.0
2.20	0.0	0.5473	1.0526	1.4762	1.7820	1.9399	1.9266	1.7272	1.3359	0.7561	0.0
2.25	0.0	0.5750	1.1055	1.5493	1.8683	2.0311	2.0139	1.8020	1.3906	0.7849	0.0
2.30	0.0	0.6062	1.1650	1.6313	1.9652	2.1335	2.1119	1.8859	1.4519	0.8173	0.0
2.35	0.0	0.6415	1.2322	1.7242	2.0748	2.2493	2.2226	1.9806	1.5211	0.8538	0.0
2.40	0.0	0.6818	1.3089	1.8300	2.1997	2.3812	2.3486	2.0883	1.5997	0.8953	0.0
2.45	0.0	0.7280	1.3970	1.9515	2.3430	2.5325	2.4932	2.2119	1.6899	0.9429	0.0
2.50	0.0	0.7816	1.4992	2.0925	2.5092	2.7078	2.6606	2.3549	1.7942	0.9979	0.0

f_{12}

ε \ ζ	0	0.1	0.2	0.3	0.4	0.5	0.6	0.7	0.8	0.9	1
0.0	0.5000	0.4850	0.4400	0.3650	0.2600	0.1250	-0.0400	-0.2350	-0.4600	-0.7150	-1.0000
0.05	0.5001	0.4851	0.4401	0.3651	0.2601	0.1250	-0.0400	-0.2351	-0.4601	-0.7152	-1.0002
0.10	0.5006	0.4856	0.4405	0.3654	0.2602	0.1250	-0.0402	-0.2353	-0.4605	-0.7156	-1.0007
0.15	0.5013	0.4863	0.4411	0.3658	0.2605	0.1251	-0.0403	-0.2358	-0.4611	-0.7164	-1.0015
0.20	0.5023	0.4872	0.4419	0.3665	0.2609	0.1251	-0.0406	-0.2364	-0.4620	-0.7175	-1.0027
0.25	0.5037	0.4885	0.4431	0.3673	0.2614	0.1252	-0.0410	-0.2371	-0.4632	-0.7189	-1.0042
0.30	0.5053	0.4901	0.4444	0.3683	0.2620	0.1253	-0.0414	-0.2381	-0.4646	-0.7206	-1.0061
0.35	0.5072	0.4919	0.4460	0.3696	0.2627	0.1254	-0.0419	-0.2392	-0.4663	-0.7227	-1.0083
0.40	0.5095	0.4941	0.4479	0.3710	0.2635	0.1256	-0.0425	-0.2406	-0.4682	-0.7251	-1.0108
0.45	0.5121	0.4966	0.4500	0.3726	0.2644	0.1257	-0.0432	-0.2421	-0.4704	-0.7278	-1.0138
0.50	0.5150	0.4993	0.4525	0.3744	0.2655	0.1259	-0.0440	-0.2438	-0.4729	-0.7309	-1.0171
0.55	0.5182	0.5024	0.4552	0.3765	0.2667	0.1261	-0.0449	-0.2457	-0.4757	-0.7344	-1.0208
0.60	0.5218	0.5059	0.4581	0.3788	0.2680	0.1263	-0.0458	-0.2478	-0.4789	-0.7382	-1.0249
0.65	0.5258	0.5097	0.4614	0.3813	0.2695	0.1266	-0.0469	-0.2501	-0.4823	-0.7424	-1.0294
0.70	0.5301	0.5138	0.4650	0.3840	0.2711	0.1268	-0.0480	-0.2527	-0.4860	-0.7470	-1.0343
0.75	0.5349	0.5184	0.4690	0.3870	0.2728	0.1271	-0.0493	-0.2554	-0.4901	-0.7520	-1.0396
0.80	0.5400	0.5233	0.4733	0.3902	0.2747	0.1274	-0.0507	-0.2584	-0.4945	-0.7574	-1.0454
0.85	0.5456	0.5287	0.4779	0.3937	0.2767	0.1277	-0.0522	-0.2617	-0.4993	-0.7633	-1.0517
0.90	0.5517	0.5344	0.4829	0.3975	0.2789	0.1280	-0.0538	-0.2653	-0.5045	-0.7696	-1.0585
0.95	0.5582	0.5407	0.4883	0.4016	0.2812	0.1284	-0.0556	-0.2691	-0.5101	-0.7765	-1.0659
1.00	0.5652	0.5474	0.4941	0.4060	0.2838	0.1287	-0.0575	-0.2732	-0.5161	-0.7838	-1.0737
1.05	0.5727	0.5546	0.5004	0.4107	0.2865	0.1291	-0.0596	-0.2776	-0.5226	-0.7918	-1.0822
1.10	0.5809	0.5624	0.5071	0.4157	0.2894	0.1296	-0.0618	-0.2824	-0.5295	-0.8002	-1.0912
1.15	0.5896	0.5707	0.5143	0.4212	0.2925	0.1300	-0.0642	-0.2875	-0.5370	-0.8093	-1.1010
1.20	0.5990	0.5797	0.5221	0.4270	0.2958	0.1305	-0.0668	-0.2930	-0.5450	-0.8191	-1.1114
1.25	0.6090	0.5893	0.5304	0.4333	0.2994	0.1309	-0.0695	-0.2989	-0.5536	-0.8295	-1.1225
1.30	0.6198	0.5996	0.5393	0.4400	0.3033	0.1314	-0.0725	-0.3052	-0.5628	-0.8407	-1.1345
1.35	0.6314	0.6107	0.5489	0.4472	0.3074	0.1320	-0.0757	-0.3121	-0.5726	-0.8527	-1.1473
1.40	0.6439	0.6226	0.5592	0.4549	0.3117	0.1325	-0.0792	-0.3194	-0.5832	-0.8656	-1.1610
1.45	0.6573	0.6354	0.5703	0.4632	0.3164	0.1331	-0.0830	-0.3272	-0.5946	-0.9794	-1.1757
1.50	0.6717	0.6492	0.5821	0.4721	0.3215	0.1337	-0.0870	-0.3357	-0.6068	-0.8942	-1.1915
1.55	0.6872	0.6640	0.5949	0.4817	0.3269	0.1344	-0.0914	-0.3448	-0.6199	-0.9101	-1.2084
1.60	0.7039	0.6800	0.6087	0.4919	0.3327	0.1350	-0.0961	-0.3546	-0.6341	-0.9272	-1.2266
1.65	0.7220	0.6972	0.6236	0.5030	0.3389	0.1357	-0.1012	-0.3652	-0.6493	-0.9456	-1.2462
1.70	0.7415	0.7158	0.6396	0.5150	0.3457	0.1364	-0.1067	-0.3767	-0.6657	-0.9655	-1.2673
1.75	0.7626	0.7360	0.6570	0.5280	0.3529	0.1371	-0.1127	-0.3891	-0.6835	-0.9869	-1.2901
1.80	0.7855	0.7578	0.6758	0.5420	0.3607	0.1379	-0.1193	-0.4025	-0.7027	-1.0101	-1.3148
1.85	0.8104	0.7816	0.6962	0.5572	0.3692	0.1387	-0.1264	-0.4172	-0.7236	-1.0352	-1.3415
1.90	0.8375	0.8075	0.7185	0.5737	0.3784	0.1395	-0.1342	-0.4331	-0.7463	-1.0625	-1.3704
1.95	0.8672	0.8358	0.7428	0.5919	0.3884	0.1404	-0.1428	-0.4505	-0.7711	-1.0923	-1.4020
2.00	0.8996	0.8667	0.7694	0.6115	0.3993	0.1413	-0.1522	-0.4696	-0.7982	-1.1248	-1.4365
2.05	0.9353	0.9008	0.7986	0.6331	0.4112	0.1422	-0.1626	-0.4906	-0.8279	-1.1604	-1.4742
2.10	0.9747	0.9383	0.8308	0.6570	0.4243	0.1432	-0.1742	-0.5137	-0.8606	-1.1996	-1.5158
2.15	1.0183	0.9799	0.8665	0.6833	0.4388	0.1442	-0.1870	-0.5394	-0.8968	-1.2429	-1.5616
2.20	1.0668	1.0261	0.9061	0.7126	0.4548	0.1452	-0.2013	-0.5679	-0.9371	-1.2909	-1.6124
2.25	1.1210	1.0778	0.9504	0.7453	0.4726	0.1463	-0.2173	-0.5998	-0.9819	-1.3444	-1.6691
2.30	1.1820	1.1360	1.0002	0.7819	0.4926	0.1474	-0.2354	-0.6357	-1.0323	-1.4045	-1.7325
2.35	1.2511	1.2017	1.0565	0.8233	0.5150	0.1485	-0.2560	-0.6763	-1.0892	-1.4722	-1.8041
2.40	1.3297	1.2767	1.1296	0.8704	0.5405	0.1497	-0.2795	-0.7225	-1.1540	-1.5492	-1.8854
2.45	1.4202	1.3628	1.1943	0.9245	0.5697	0.1510	-0.3066	-0.7757	-1.2283	-1.6374	-1.9786
2.50	1.5251	1.4628	1.2796	0.9871	0.6034	0.1523	-0.3382	-0.8374	-1.3144	-1.7396	-2.0864

Literaturverzeichnis

MONOGRAPHIEN

0.1 Ellwitz,E.:Die Lehre von der Knickfestigkeit. Hannover:Gebr.Jänecke 1918
0.2 Zimmermann,H.:Lehre vom Knicken auf neuer Grundlage. Berlin:W.Ernst u.Sohn 1930
0.3 Mayer,R.:Die Knickfestigkeit. Berlin:J.Springer 1921
0.4 Ratzersdorfer,J.:Die Knickfestigkeit von Stäben und Stabwerken. Wien:J.Springer 1936
0.5 Hartmann,F.:Knickung, Kippung, Beulung. Leipzig,Wien:F.Deuticke 1937
0.6 Pflüger,A.:Stabilitätsprobleme der Elastostatik,3.Aufl. Berlin:Springer 1975
0.7 Bürgermeister,G.,Steup,H.u.Kretzschmer,H.:Stabilitätstheorie,Bd.1,3.Aufl.,Bd.2. Berlin:Akademie-Verlag 1966/1963
0.8 Kollbrunner,C.F.u.Meister,M.:Knicken, Biegedrillknicken, Kippen,2.Aufl. Berlin:Springer 1961
0.9 Kollbrunner,C.F.u.Meister,M.:Ausbeulen. Berlin:Springer 1958
0.10 Leipholz,H.:Stabilitätsprobleme. Stuttgart:B.G.Teubner 1968
0.11 Wlassow,W.S.:Dünnwandige elastische Stäbe,Bd.1u.2. Berlin:VEB-Verlag für Bauwesen 1964/1965
0.12 Roik,K.-H.,Carl,J.u.Lindner,J.:Biegetorsionsprobleme gerader dünnwandiger Stäbe. Berlin:W.Ernst u.Sohn 1972
0.13 Kollâr,D.u.Dulâcska,E.:Schalenbeulung. Düsseldorf:Werner-Verlag 1975
0.14 Schaber,E.:Stabilität ebener Stabtragwerke nach der Th.II.Ordn.,Teil 1u.2. Wien:Springer 1974
0.15 Schuller,R.:Spannungs- und Stabilitätsberechnung von Rahmentragwerken. Berlin:W.Ernst u.Sohn 1974
0.16 Timoshenko,S.u.Gere,J.:Theory of elastic stability,2.ed. New York:McGraw-Hill 1961
0.17 Bleich,F.:Buckling strength of metal structures. New York:McGraw-Hill 1952
0.18 Gerard,G.:Introduction to structural stability theory. New York:McGraw-Hill 1962
0.19 Cox,L.H.:Buckling of plates and shells. Oxford:Pergamon Press 1963
0.20 Ziegler,H.:Principles of structural stability, 2nd.ed. Basel:Birkhäuser 1977
0.21 Leipholz,H.:Stability theory. New York:Academic Press 1970
0.22 Thompson,J.a.Hunt,G.:A general theory of elastic stability. London:J.Wiley 1973
0.23 Britvec,S.J.:The stability of elastic systems. New York:Pergamon Press 1973
0.24 Dym,C.L.:Stability theory and its applications to structural mechanics. Leyden:Noordhoff Int.Publ. 1974
0.25 Chajes,A.:Principles of structural stability theory. Englewood Cliffs:Prentice Hall 1974
0.26 Brush,D.O.a.Almroth,B.O.:Buckling of bars, plates and shells. New York: McGraw-Hill 1975
0.27 Johnston,B.G.(Ed.):Guide to stability design criteria for metal structures,3.ed. New York:J.Wiley 1976
0.28 Chen,W.F.a.Atsuta,T.:Theory of beam-columns,Vol.1:In-plane behavior and design,Vol.2: Space behavior and design. New York:McGraw-Hill 1976/1977
0.29 Schleicher,F.:Stabilitätsfälle, in:Taschenbuch für Bauingenieure,Bd.1 (S.964-1015). Berlin:Springer 1955
0.30 Jungbluth,O.:Stabilitätsuntersuchungen im Stahlbau, in:Stahlbau-Handbuch,Bd.1,2.Aufl. (S.352-385). Köln:Stahlbau-Verlag 1961
0.31 Bürgermeister,G.u.Steup,H.:Stabilitätsfälle im Bauwesen, in:Ingenieur-Taschenbuch Bauwesen,Bd.II,Teil 1 (S.139-238). Leipzig:Edition 1968
0.32 L'Hermite,R.:Flambage et stabilité,Teil 1 bis 3. Paris:Editions Eyrolles 1974/1976
0.33 Stüssi,F.:Baustatik I,4.Aufl. Basel:Birkhäuser 1970
0.34 Tölke,F.:Baustatik. Heidelberg:Carl Winter Uni-Verlag 1957
0.35 Teichmann,A.: Statik der Baukonstruktionen;Sammlung Göschen Nr.122. Berlin:W.d.Gruyter-Verlag 1958
0.36 Sattler,K.:Lehrbuch der Statik,2.Bd.,Teil B:Stabilität und Schwingungen. Berlin:Springer 1975
0.37 Szabo,I.:Höhere Technische Mechanik,5.Aufl. Berlin:Springer 1972
0.38 Herberg,W.u.Dimitrov,N.:Festigkeitslehre,Bd.I;Sammlung Göschen Nr.1145/1145a. Berlin: W.d.Gruyter-Verlag 1971
0.39 Föppl,A.u.Föppl,L.:Drang und Zwang,Bd.1u.2,3.Aufl. Berlin:Springer 1953
0.40 Biezeno,C.B.u.Grammel,R.:Technische Dynamik,Bd.1,2.Aufl. Berlin:Springer 1953
0.41 Marguerre,K.(Hrg.):Neuere Festigkeitsprobleme des Ingenieurs. Berlin:Springer 1950
0.42 Wolmir,A.S.:Biegsame Platten und Schalen. Berlin:VEB-Verlag 1963
0.43 Schapitz,E.:Festigkeitslehre für den Leichtbau,2.Aufl. Düsseldorf:VDI-Verlag 1963
0.44 Czerwenka,G.u.Schnell,W.:Einführung in die Rechenmethoden des Leichtbaues,Bd.I.u.II. Mannheim:Bibliographisches Institut 1967
0.45 Eidamshaus,P.,Gladischefski,H.u.Leśniak,Z.K.:Handbuch für die Berechnung kaltgeformter Stahlbauteile,Bd.Iu.II. Düsseldorf:Verlag Stahleisen 1976
0.46 Winterfeld,R.:Konstruieren mit Stahlleichtprofilen. Leipzig:VEB-Verlag für Grundstoffindustrie 1974
0.47 Steinhardt,O.u.Hawranek,A.:Theorie und Berechnung der Stahlbrücken. Berlin:Springer 1958

0.48 Stüssi,F.u.Dubas,P.:Grundlagen des Stahlbaues,2.Aufl. Berlin:Springer 1971
0.49 Wickert,G.u.Schmausser,G.:Stahlwasserbau. Berlin:Springer 1971
0.50 Roik,K.-H.:Vorlesungen über Stahlbau. Berlin:W.Ernst u.Sohn 1979
0.51 Gaylord,E.H.a.Gaylord,C.N.:Design of steel structures,2.ed. New York:McGraw-Hill 1972
0.52 EKS:Second international colloquium on stability, Introductory Report. Europäische Konvention der Stahlbau-Verbände: Paris 1976
0.53 EKS:Second international colloquium on stability of steel structures, Preliminary Report. Europäische Konvention der Stahlbau-Verbände: Liège 1977
0.54 Neal,B.G.:Die Verfahren der plastischen Berechnung biegesteifer Stabtragwerke. Berlin:Springer 1958
0.55 Reckling,K.-A.:Plastizitätstheorie und ihre Anwendung auf Festigkeitsprobleme. Berlin:Springer 1967
0.56 Roik,K.-H.u.Lindner,J.:Einführung in die Berechnung nach dem Traglastverfahren. Köln:Stahlbau-Verlag 1972
0.57 Kordina,K.u.Quast,U.:Bemessung von schlanken Bauteilen - Knicksicherheitsnachweis, in:Betonkalender,Teil 1 (S.977-1088). Berlin:W.Ernst u.Sohn 1979
0.58 Franz,G.:Konstruktionslehre des Stahlbetonbaues,Bd.1,3.Aufl. Berlin:Springer 1970
0.59 Leonhardt,F.u.Mönning,E.:Vorlesungen über Massivbau,Teil 1u.2,2.Aufl. Berlin:Springer 1973/75
0.60 Rüsch,H.:Stahlbeton - Spannbeton,Bd.1. Düsseldorf:Werner-Verlag 1972
0.61 Lohse,G.:Stabilitätsberechnungen im Stahlbetonbau. Düsseldorf:Werner-Verlag 1976
0.62 Lohse,G.:Knicken und Spannungsberechnung nach Th.II.Ordn. Düsseldorf:Werner-Verlag 1979
0.63 Federhofer-Girkmann-Festschrift (Beiträge zur angewandten Mechanik). Wien:F.Deuticke-Verlag 1950
0.64 Klöppel-Festschrift (Beiträge aus Statik und Stahlbau). Köln:Stahlbau-Verlag 1961
0.65 Beer-Sattler-Festschrift (Stahlbau und Baustatik). Wien:Springer 1965
0.66 Steinhardt-Festschrift (Theorie und Berechnung von Tragwerken). Berlin:Springer 1974
0.67 Zerna-Festschrift (Konstruktiver Ingenieurbau in Forschung und Praxis). Düsseldorf: Werner-Verlag 1976
0.68 Pflüger-Festschrift. TU Hannover, Lehrstuhl und Institut für Statik:Selbstverlag 1977
0.69 Kordina-Festschrift (Forschungsbeiträge für die Baupraxis). Berlin:W.Ernst u.Sohn 1979
0.70 Leipholz,H.(Ed.):Instability of continous systems (Symposium 1969). Berlin:Springer 1971
0.71 Budianski,B.(Ed.):Buckling of structures (Symposium Camb.1974). Berlin:Springer 1976
0.72 Richards,T.H.a.Stanley,P.(Ed.):Stability problems in engineering structures and components. Barking:Appl.Science Publishers 1979

1 GRUNDLAGEN DER ELASTO-STATISCHEN STABILITÄTSTHEORIE

1.1 Young,T.:A course of lectures on natural philosophy and the mechanical arts. London: J.Johnson 1807
1.2 Bauschinger,J.:Über neuere Arbeiten im mechanisch-technischen Laboratorium der Technischen Hochschule München. Centralblatt der Bauverw.VI(1886),S.351-354
1.3 Föppl,A.:Vorlesungen über Techn.Mechanik,Bd.III. Leipzig,B.G.Teubner 1897 (S.369-374)
1.4 Kayser,H.:Auf Biegung beanspruchte Druckstäbe. Eisenbau 1 (1910),S.445-447
1.5 Müller-Breslau,H.:Über exzentrisch gedrückte Stäbe und über Knickfestigkeit. Eisenbau 1 (1911),S.339-343,S.443-455 u.S.475-487
1.6 Hawranek,R.u.Petersen,C.:Sicherheit gedrückter Stahlstützen unter Berücksichtigung der statistischen Verteilung von E-Modul, Fließgrenze, Eigenspannung, Querschnittsfläche.Ber. zur Sicherheitstheorie. München:TU-SFB 96 1975
1.7 Hawranek,R.:Optimierung von Sicherheitsnachweisen mit besonderem Bezug auf den Tragfähigkeitsnachweis von Stützen aus Formstab. Diss.TU München 1978
1.8 Dischinger,F.:Untersuchungen über die Knicksicherheit, die elastische Verformung und das Kriechen des Betons bei Bogenbrücken. Bauingenieur 18 (1937),S.487-520,S.539-552 u.S.596-621;vgl. auch 20(1939),S.53-63,S.286-294,S.426-437u.S.563-572
1.9 Dimitrov,N.S.u.Raff,B.:Durchbiegung bei Stäben, Platten und Schalen unter geordneten Außermittigkeiten. Bauingenieur 52(1977),S.97-103;vgl. auch:Nichtlineare Baustatik, Forschungsbericht Nr.2 des Inst.f.Tragkonstr.,Uni Stuttgart 1979
1.10 Strigl,G.:Die Berücksichtigung der Imperfektionen beim Traglastnachweis gedrückter Konstruktionen. Stahlbau 47(1978),S.294-302
1.11 Timoshenko,S.:Einige Stabilitätsprobleme der Elastizitätstheorie. ZAMP 58(1910), S.337-385
1.12 Mises,R.v.:Über die Stabilitätsprobleme der Elastizitätstheorie. ZAMM 3(1923),S.406-422
1.13 Reissner,H.:Energiekriterium der Knicksicherheit. ZAMM 5(1925),S.475-478
1.14 Biezeno,C.B.u.Hencky,H.:On the general theory of elastic stability.Proc.Acad.Sci. Amsterdam 31(1928),S.569-578
1.15 Trefftz,E.:Zur Theorie der Stabilität des elastischen Gleichgewichts. ZAMM 12(1938), S.160-165
1.16 Marguerre,K.:Über die Behandlung der Stabilitätsprobleme mit Hilfe der energetischen Methode. ZAMM 18(1938),S.57-73,vgl.auch:Jb.Dt.Versuchsanstalt für Luftfahrt (1938), S.252-262
1.17 Schleussner,A.:Das Prinzip der virtuellen Verrückungen und die Variationsprinzipien der Elastizitätstheorie. Stahlbau 11(1938),S.185-192
1.18 Wegner,U.:Ein Beitrag zu den Stabilitätskriterien der Elastizitätstheorie. Ing.-Archiv 28(1959),S.357-359
1.19 Washizu,K.:Variational methods in elasticity and plasticity,2.ed. Oxford:Pergamon Press 1975
1.20 Michlin,S.G.:Variationsmethoden der mathematischen Physik. Berlin:Akademie-Verlag 1962
1.21 Lanczos,C.:The variational principles of mechanics, 2.ed. Toronto:University of Toronto Press 1964

1.22 Leipholz,H.:Die direkten Methoden der Variationsrechnung und Eigenwertprobleme der Technik. Karlsruhe:Verlag G.Braun 1975
1.23 Schreier,G.:Anwendungen der Arbeitsgleichungen bei der Lösung von Aufgaben II.Ordnung und Eigenschwingungsaufgaben, in [0.66],S.216-244
1.24 Dimitrov,N.:Ermittlung konstanter Ersatzträgheitsmomente für Druckstäbe mit veränderlichem Querschnitt. Bauingenieur 28(1953),S.208-211
1.25 Engelhardt,H.:Die einheitliche Behandlung der Stabknickung mit Berücksichtigung des Stabeigengewichts in den EULER-Fällen 1 bis 4 als Eigenwertproblem. Stahlbau 23(1954), S.80-84
1.26 Flügge,W.:Festigkeitslehre. Berlin:Springer 1967
1.27 Ruge,P.:Variation mit vorgezogener Kollokation beim Eigenwertproblem. Ing.-Archiv 44 (1975),S.161-176
1.28 Radulović,B.:Anwendung der Fourierschen Reihen zur Lösung von einigen Knickproblemen der Druckstäbe. Bauingenieur 52(1977),S.377-385
1.29 Ziegler,H.:Ein nichtkonservatives Stabilitätsproblem. ZAMM 31(1951),S.265-275,vgl. auch ZAMP 1(1950),S.189-195 und 2(1951),S.265-289
1.30 Ziegler,H.:Knickung gerader Stäbe unter Torsion. ZAMP 3(1952),S.96-116
1.31 Ziegler,H.:Die Stabilitätskriterien der Elastomechanik. Ing.-Archiv 20(1952),S.49-56
1.32 Petersen,C.:Aerodynamische und seismische Einflüsse auf die Schwingungen insbesondere schlanker Bauwerke. Fortschr.-Ber.VDI-Z,Reihe 11,Nr.11. Düsseldorf:VDI-Verlag 1971
1.33 Meskouris,K.:Elektronische Schwingungsberechnung ebener Rahmentragwerke mit Materialdämpfung. Diss.TU München 1978
1.34 Petersen,C.:Abgespannte Maste und Schornsteine, Statik und Dynamik. Berlin:W.Ernst u.Sohn 1970
1.35 Koloušek,V.:Berechnungen der schwingenden Stockwerkrahmen nach der Deformationsmethode. Stahlbau 16(1943),S.5-6u.11-13;vgl.auch Polz,K.:Der Stockwerkrahmen mit unverschieblichen und verschieblichen Knoten und dynamischer harmonischer Belastung. Bautechnik 34(1957),S.290-297u.35(1958),S.50-58; Grundmann,H.:Die Berechnung von Eigenfrequenzen mit Hilfe eines Momentenausgleichsverfahrens. Bauingenieur 47(1972), S.171-175
1.36 Beck,M.:Die Knicklast des einseitig eingespannten,tangential gedrückten Stabes. ZAMP 3(1952),S.225-228
1.37 Pflüger,A.:Zur Stabilität des tangential gedrückten Stabes. ZAMM 35(1955),S.191
1.38 König,H.:Die Knickkraft beim einseitig eingespannten Stab unter nichtrichtungstreuer Krafteinwirkung. Stahlbau 29(1960),S.150-154
1.39 Leipholz,H.:Anwendung des Galerkinschen Verfahrens auf nicht-konservative Stabilitätsprobleme des elastischen Stabes. ZAMP 13(1962),S.359-372
1.40 Leipholz,H.:Über das statische Kriterium bei nichtkonservativen Stabilitätsproblemen der Elastomechanik. Ing.-Archiv 32(1963),S.214-220
1.41 Leipholz,H.:Über die Konvergenz des Galerkinschen Verfahrens bei nichtselbstadjungierten und nichtkonservativen Eigenwertproblemen. ZAMP 14(1963),S.70-79
1.42 Leipholz,H.:Über ein Kriterium für die Gültigkeit der statischen Methode zur Bestimmung der Knicklast von elastischen Stäben unter nichtkonservativer Belastung. Ing.-Archiv 32(1963),S.286-296
1.43 Leipholz,H.:Über den Einfluß der Dämpfung bei nichtkonservativen Stabilitätsproblemen elastischer Stäbe. Ing.-Archiv 33(1964),S.308-321
1.44 Leipholz,H.:Über den Einfluß eines Parameters auf die Stabilitätskriterien von nichtkonservativen Problemen der Elastomechanik. Ing.-Archiv 34(1965),S.256-263
1.45 Leipholz,H.:Über die Konvergenz des Galerkinschen Verfahrens bei nichtkonservativen Platten und schlanken elastischen Stäben. Ing.-Archiv 34(1965),S.290-303
1.46 Leipholz,H.:Über eine Befreiung der Ansatzfunktionen des Ritzschen und Galerkinschen Verfahrens von den Randbedingungen. Ing.-Archiv 36(1967),S.251-261
1.47 Leipholz,H.a.Madau,O.:On the solution of the stability problem of elastic rods subjected to uniformly distributed, tangential follower forces. Ing.-Archiv 44(1975), S.347-357
1.48 Leipholz,H.:On the application of the energy method to the stability problem of nonconservative autonomous and nonautonomous systems. Acta mechanica 28(1977),S.113-138
1.49 Bolotin,V.V.:Nonconservative problems of the theory of elastic stability. Oxford: Pergamon Press 1963
1.50 Kordas,Z.a.Zyczkowski,M.:On the loss of stability of a rod under a super-tangential force. Archiwum Mechaniki Stosowanej 15(1963),S.7-30
1.51 Herrmann,G.a.Bungay,R.W.:On the stability of elastic systems subjected to nonconservative forces. J.Appl.Mech. 31(1964),S.435-440
1.52 Levinson,M.:Application of the Galerkin and Ritz methods to nonconservative problems of elastic stability. ZAMP 17(1966),S.431-442
1.53 Herrmann,G.:Stability of equilibrium of elastic systems subjected to nonconservative forces. Appl.Mech.Rev.20(1967),S.103-108
1.54 Ingerle,K.:Die Verwendung des statischen Stabilitätskriteriums für Probleme der Elastostatik bei Fehlen nichttrivialer Gleichgewichtslagen. Forsch.Ing.-Wesen 35 (1969),S.196-197
1.55 Hauger,W.:Die Knicklasten elastischer Stäbe unter gleichmäßig verteilten und linear veränderlichen, tangentialen Druckkräften. Ing.-Archiv 35(1966),S.221-229
1.56 Chang,A.:Über die Stabilität elastisch gestützter Träger unter nichtkonservativer Belastung. Stahlbau 37(1968),S.308-314
1.57 Petersen,C.:Einige weitere Lösungen nichtkonservativer Knickprobleme. Stahlbau 41 (1972),S.198-203
1.58 Protte,W.:Zur Knicksicherheitsberechnung bei nichtkonservativer Belastung. Techn.Mitt. Krupp,Forsch.-Ber.32(1974),S.19-40
1.59 Hauger,W.u.Leonhard,M.:Untersuchung der Genauigkeit des Galerkinschen Verfahrens anhand exakter Knicklasten elastischer Stäbe unter nichtkonservativer Belastung. Stahlbau 47(1978),S.169-174

1.60 Ramm,W.:Beitrag zum Problem der seitlichen Stabilität von gedrückten Gurten. Stahlbau 42(1973),S.120-122
1.61 Rosemeier,G.E.:Energetische Lösung eines nichtkonservativen Stabilitätsproblems. Stahlbau 45(1976),S.54-57
1.62 Rosemeier,G.E.:Über die Bedeutung des erweiterten Hamiltonschen Prinzips bei instationären nichtkonservativen Problemen. Bautechnik 53(1976),S.202-203
1.64 Mettler,E.:Biegeschwingungen eines Stabes unter pulsierender Achsiallast. Mitt. Forsch.-Anst.GHH-Konzern 8(1940),S.1-15;vgl.auch Ing.-Archiv 23(1955),S.354-364
1.65 Klotter,K.:Stabilisierung und Labilisierung durch Schwingungen. Forsch.Ing.-Wesen 12 (1941),S.209-225
1.66 Mettler,E.:Eine Theorie der Stabilität der elastischen Bewegung. Ing.-Archiv 16(1947/48),S.135-146
1.67 Weidenhammer,F.:Der eingespannte, achsial pulsierend belastete Stab als Stabilitätsproblem. Ing.-Archiv 19(1951),S.162-191;vgl.auch ZAMM 32(1952),S.154-156; Ing.-Archiv 24(1956),S.53-68u.ZAMM 36(1956),S.235-238
1.68 Bolotin,W.W.:Kinetische Stabilität elastischer Systeme. Berlin:VEB Deutscher Verlag der Wissenschaften 1961
1.69 Simon,G.:Die Auswirkungen einer statischen oder pulsierenden, achsial oder exzentrisch angreifenden Belastung auf das Verhalten und die Bemessung von Rechteckplatten und anderen schwingungsfähigen Systemen. Diss.TH Darmstadt 1967
1.70 Grundmann,H.:Zur dynamischen Stabilität des schwach gekrümmten, zylindrischen Schalenfeldes. Ing.-Archiv 39(1970),S.261-272
1.71 Popescu,N.D.:Die dynamische Stabilität kreisförmiger, der Wirkung periodisch veränderlicher Kräfte ausgesetzten Platten. Forsch.Ing.-Wesen 36(1970),S.148-159
1.72 Tso,W.K.:Parametric torsional stability of a bar under axial excitation. J.Appl.Mech. 35(1968),S.13-19
1.73 Grundmann,H.:Der Einfluß der Baustoffdämpfung auf das Stabilitätsproblem des gelenkig gelagerten Stabes unter pulsierender Achsiallast. Stahlbau 45(1976),S.46-54
1.74 Schmidt,G.:Parameter erregter Schwingungen. Berlin:VEB Deutscher Verlag der Wissenschaften 1975
1.75 Ulbricht,H.:Eine Untersuchung über die kinetische Stabilität abgestagter Schiffsmasten. Schiffbauforschung 4(1965),S.126-130
1.76 Zimmermann,H.:Lehre vom Knicken auf neuer Grundlage. Berlin:W.Ernst u.Sohn 1930
1.77 Chwalla,E.:Eine Grenze elastischer Stabilität unter exzentrischem Druck. ZAMM 10 (1930),S.415-417
1.78 Chwalla,E.:Über das Ausknicken symmetrischer Bogenträger unter symmetrisch verteilten Belastungen. Stahlbau 10(1937),S.121-123,S.138-142u.S.208
1.79 Girkmann,K.:Traglasten gedrückter und zugleich querbelasteter Stäbe und Platten. Stahlbau 15(1942),S.17-18u.S.57-61
1.80 Tang,M.C.:Der Zimmermannstab. Stahlbau 35(1966),S.176-179
1.81 Klöppel,K.u.Lie,K.H.:Das hinreichende Kriterium für den Verzweigungspunkt des elastischen Gleichgewichts. Stahlbau 16(1943),S.17-21
1.82 Chwalla,E.:Die Stabilität lotrecht belasteter Rechteckrahmen. Bauingenieur 19(1938), S.69-75
1.83 Schineis,M.:Die Stabilität des Dreigelenk-Rechteckrahmens bei Riegelbelastung. Bautechnik 37(1960),S.453-462
1.84 Chwalla,E.:Über die Behandlung der Stabilitätsfragen in den deutschen und österreichischen Stahlbaunormen. Stahlbau 22(1953),S.73-80
1.85 Klöppel,K.:Über zulässige Spannungen im Stahlbau;Veröff.DStV,Heft 6. Köln:Stahlbau-Verlag 1958
1.86 Da-Deppo,D.A.u.Schmidt,R.:Sidesway buckling of deep circular arches under a concentrated load. J.Appl.Mech. 36(1969),S.325-327
1.87 Euler,L.:De curris elasticis. Lausanne und Genf 1974; deutsch in Ostwalds Klassiker der exakten Wissenschaften,Nr.175. Leipzig:Akad.Verl.-Ges.1910
1.88 Saalschütz,L.:Der belastete Stab unter Einwirkung einer seitlichen Kraft. Leipzig: B.G.Teubner 1880
1.89 Schleussner,A.:Strenge Theorie der Knickung und Biegung. Leipzig:B.G.Teubner 1939
1.90 Frisch-Fay,R.:Flexible bars. London:Butterworth 1962
1.91 Szabo,I.:Geschichte der mechanischen Prinzipien und ihre wichtigsten Anwendungen. Basel:Birkhäuser 1977
1.92 Chwalla,E.:Über die Probleme und Lösungen der Stabilitätstheorie im Stahlbau. Stahlbau 12(1939),S.1-6
1.93 Engesser,F.:Die Knickfestigkeit gerader Stäbe. Zentralbl.der Bauverwaltung 11(1891), S.483-486
1.94 Rühl,D.:Berechnung gegliederter Knickstäbe. Berlin:VDI-Verlag 1932
1.95 Amstutz,E.: Die Knicklast gegliederter Stäbe. Schweiz.Bauztg.118(1941),S.97-101
1.96 Stojek,D.:Zur Schubverformung im Biegebalken. ZAMM 44(1964),S.393-396
1.97 Klöppel,D.u.Uhlmann,W.:Versuchsmäßige und rechnerische Bestimmung der Traglasten mehrteiliger Rahmenstäbe unter Verwendung elektronischer Rechenautomaten. Stahlbau 34 (1965),S.161-170,S.199-214u.S.231-242
1.98 Klöppel,K.u.Ramm,W.:Versuche und Berechnungen zur Bestimmung der Traglast mehrteiliger Gitterstäbe unter außermittiger Belastung. Stahlbau 37(1968),S.164-176u. S.236-249
1.99 Möhler,K.:Tragkraft und Querkraft von ein- und mehrteiligen Holzdruckstäben nach Versuch und Rechnung. Diss.TH Karlsruhe 1942

1.100 Ljungberg,K.:Berechnung der Knickbelastung von Gitterwerkskonstruktionen. Eisenbau 11(1920),S.322-330u.13(1922),S.100-105
1.101 Mises,R.v.u.Ratzersdorfer,J.:Die Knicksicherheit von Rahmentragwerken. ZAMM 6(1926), S.181-199
1.102 Finzi,L.:Centrally compressed built-up members; in: [0.52],S.119-124
1.103 Meier,H.:Aufgaben und Probleme des Eisenbahnoberbaues, in:Jahrbuch des Eisenbahnwesens,Folge 18(1967),S.17-35
1.104 Labra,J.J.:An axially stressed railroad track on an elastic continuum subjected to a moving load. Acta mechanica 22(1975),S.113-129
1.105 Troger,H.:Ein Beitrag zum Durchschlagen einfacher Strukturen. Acta mechanica 23(1975), S.179-191
1.106 Biezeno,C.B.:Über die Bestimmung der Durchschlagkraft einer schwach gekrümmten kreisförmigen Platte. ZAMM 15(1935),S.10-22
1.107 Herber,K.-H.:Bemessung von Rippenkuppeln und Rippenschalen für Tankdächer. Stahlbau 25(1956),S.216-225 u.27(1958),S.237-296 - Klöppel,K.u.Roos,O.:Beitrag zum Durchschlagproblem dünnwandiger versteifter und unversteifter Kugelschalen für voll- und halbseitige Belastung. Stahlbau 25(1956),S.49-60;vgl.auch DIN 4119
1.108 Kovari,K.:Räumliche Verzweigungsprobleme des dünnen elastischen Stabes mit endlichen Verformungen. Ing.-Archiv 37(1969),S.393-416
1.109 Kovari,K.u.Sayir,M.:Das Umstülpen des dünnen vorgespannten Kreisrings unter Torsionsbelastung. Ing.-Archiv 41(1972),S.73-88
1.110 Koiter,W.T.:Elastic stability and post buckling behavior, in:Langer,E.R.(Ed.):Nonlinear problems. Wisconsin:University Press 1963
1.111 Tatsa,E.,Tene,Y.a.Baruch,M.:Remarks on the application of Koiters general postbuckling theory. Acta mechanica 22(1975),S.153-162
1.112 Stein,E.u.Kessel,M.K.:Numerische Methoden und deren Konvergenz zur statischen Berechnung geometrisch nichtlinearer Stabwerke im unter- und überkritischen Bereich. Ing.-Archiv 46(1977),S.323-335
1.113 Kerr,A.D.:On the adjacent equilibrium method in the stability theory of conservative elastic continuum. Int.J.Non-Linear Mech.12(1977),S.269-283
1.114 Vielsack,P.:Der Einfluß der Vorverformungen auf die Stabilität schlanker elastischer Stäbe. Ing.-Archiv 43(1974),S.371-380
1.115 Vielsack,P.:Lineare Stabilitätstheorie elastischer Stäbe nach der zweiten Näherung. Ing.-Archiv 44(1975),S.143-152
1.116 Vielsack,P.:Der gebogene und gedrückte Stab, ein Beispiel zur Berücksichtigung des Grundverformungszustandes elastischer Systeme. Acta mechanica 25(1976),S.95-104
1.117 Vielsack,P.:Eine allgemeine Theorie der Stabilität von Gleichgewichtszuständen bei Stäben. Ing.-Archiv 45(1976),S.115-129
1.118 Vielsack,P.:Das Problem des gedrückten und tordierten Stabes aus der Sicht der Theorie zweiter Ordnung und der Theorie nach der zweiten Näherung. Stahlbau 46(1977), S.146-148
1.119 Petersen,C.:Zur Sicherheit von Traglufthallen. Bauingenieur 50(1975),S.117-123
1.120 Grundbautaschenbuch,Bd.I,3.Aufl. Berlin:W.Ernst u.Sohn 1980

2 GRUNDLAGEN DER PLASTO-STATISCHEN STABILITÄTSTHEORIE

2.1 Stahl und Eisen - Gütenormen. DIN-Taschenbuch 4,24.Aufl. Berlin:Beuth-Verlag 1975
2.2 Taschenbuch der Stahl-Eisen-Werkstoffblätter,2.Aufl. Düsseldorf:Verlag Stahleisen 1977
2.3 DIN 17000, Allgemeine Baustähle, Gütevorschriften(Dez.1979)
2.4 DASt-Ri 007, Richtlinien für die Lieferung, Verarbeitung und Anwendung wetterfester Baustähle, Febr.1970
2.5 DASt-Ri 011, Hochfeste schweißgeeignete Feinkornbaustähle StE 460 und StE 690, Anwendung für Stahlbauten, Febr.1979
2.6 Adrian,A.u.Degenkolbe,J.:Feinkornbaustähle für geschweißte Konstruktionen,Merkblatt 365. Düsseldorf:Beratungsstelle für Stahlverwendung 1972
2.7 Beiträge zur Normung, Hochfeste Baustähle und Stabilität von Stahlbauteilen, DASt-Berichtsheft 7. Köln:Stahlbau-Verlag 1979
2.8 Zulassungsbescheid:Nichtrostende Stähle. Institut für Bautechnik Berlin 1979
2.9 Schmidt,W.:Kennzeichnende mechanische Eigenschaften austenitischer 18Cr-8-Ni-Stähle im Vergleich mit den Massenbaustählen. Stahlbau 42(1973),S.43-51
2.10 Aluminium-Taschenbuch,13.Aufl. Düsseldorf:Aluminium-Verlag 1974
2.11 Stüssi,F.:Tragwerke aus Aluminium. Berlin:Springer 1955
2.12 Steinhardt,O.:Aluminium im konstruktiven Ingenieurbau. Aluminium 47(1971),S.131-139 u.S.254-261
2.13 Kosteas,D.,Steidl,G.u.Strippelmann,W.-D.:Geschweißte Aluminium-Konstruktionen. Braunschweig:Vieweg 1978
2.14 Sowa,W.:Untersuchungen zur Knickung von Druckstäben aus Material mit beliebiger Werkstoffkennlinie. Aluminium 47(1971),S.140-145
2.15 Klöppel,K.u.Bärsch,W.:Ein Beitrag zur Bemessung von Druckstäben aus Aluminium. Aluminium 47(1973),S.690-699
2.16 Klöppel,K.u.Bärsch,W.:Versuche zum Kapitel "Stabilitätsfälle" der Neufassung von DIN 4113. Aluminium 49(1973),S.690-699
2.17 Weinhold,J.:Tragspannungen von Druckbiegestäben aus Aluminium. Aluminium 34(1958), S.143-151;vgl.auch 29(1953),S.248-254
2.18 Hug,B.:Der ausmittig gedrückte und querbelastete, ein- und mehrteilige Holzdruckstab. Diss.TH Karlsruhe 1971
2.19 Glos,P.:Zur Bestimmung von Festigkeitsverhalten von Brettschichtholz bei Druckbeanspruchung aus Werkstoff- und Einwirkungskenngrößen. Diss.TU München 1978
2.20 Oberbach,K.:Kunststoff-Kennwerte für Konstrukteure. München:Hanser 1975

2.21 Zulassung von Kunststoff-Bauteilen. Düsseldorf:VDI-Verlag 1975
2.22 Belastungsgrenzen von Kunststoff-Bauteilen. Düsseldorf:VDI-Verlag 1975
2.23 Roskothen,H.-J.:Untersuchungen zur Dimensionierung von Bauteilen aus Kunststoffen (Stabilitätsprobleme). VDI-Z 117(1975),S.1205-1215
2.24 Massonnet,Ch.:Buckling behaviour of imperfect elastic and linearly viscoelastic structures. Int.J.Solids Structures 10(1974),S.755-784
2.25 Stamm,K.u.Witte,H.:Sandwichkonstruktionen. Wien:Springer 1974
2.26 Klöppel,K.:Zur Weiterentwicklung der Eigenspannungsforschung. Fachbuchreihe Schweißtechnik,Bd.20. Düsseldorf:Deutscher Verlag für Schweißtechnik 1960
2.27 Peiter,A.:Eigenspannungen I.Art. Düsseldorf:M.Triltsch Verlag 1966
2.28 Klassen,G.:Ein Beitrag zur Ermittlung der Spannungsverteilung an unter Last geschweißten Stahlbauteilen. Diss.TU München 1977
2.29 Siebert,D.:Beitrag zur Frage der Eigenspannungen in warmgewalzten Breitflanschträgern. Diss.TU Hannover 1973
2.30 Herzog,M.:Die Größe der Eigenspannungen in Walz- und Schweißprofilen nach Messungen. Stahlbau 46(1977),S.283-287
2.31 Schulz,G.:Geometrical and cross-sectional properties of steel structures; centrally compressed simple members, in:[0.52],S.19-97
2.32 Engesser,F.:Über zusammengesetzte Druck- und Biegungsfestigkeit schmiedeeiserner Stäbe. VDI-Z 34(1890),S.731-736
2.33 Engesser,F.:Über Knickfragen. Schweiz.Bauztg.26(1895),S.24-26
2.34 Kármán,Th.v.:Die Knickfestigkeit gerader Stäbe. Phys.Z.9(1908),S.136-140
2.35 Kármán,Th.v.:Untersuchungen über Knickfestigkeit. Forsch.-Arb.Ing.-Wesen Nr.81. Berlin:VDI-Verlag 1910
2.36 Shanley,F.R.:Inelastic column theory. J.Aeron.Sci 13(1946),S.678u.14(1947),S.261-268
2.37 Schleicher,F.:Über die Grundlagen der Plastizitätstheorie und des plastischen Knickens. Abh.Stahlbau Heft 10(S.188-232). Bremen-Horn:W.Dorn 1951
2.38 Pflüger,A.:Zur plastischen Knickung gerader Stäbe. Ing.-Archiv 20(1952),S.291-301
2.39 Huber,A.W.a.Beedle,L.S.:Residual stress and the compressive strength of steel. Welding.J.33(1954),Nr.12 Research Suppl.S.589-614
2.40 Thürlimann,B.:Der Einfluß von Eigenspannungen auf das Knicken von Stahlstützen. Schweiz.Archiv angew.Wiss.u.Technik 23(1957),S.338-404
2.41 Hänsch,H.:Einfluß von Schweißeigenspannungen auf die Traglast mittig gedrückter Hohlstäbe mit doppeltsymmetrischem Kastenquerschnitt. Diss.TH Magdeburg 1966
2.42 Tetmajer,L.v.:Die Gesetze der Knickungs- und zusammengesetzten Druckfestigkeit der technisch wichtigsten Baustoffe,3.Aufl. Wien:F.Deuticke 1903
2.43 Mecklenbeck,A.:Die Eulersche Knickformel in den neuen Preußischen Ministeriellen Bestimmungen von 1910. Eisenbau 1(1910),S.436-443
2.44 Foerster,M.:Die Gründe des Einsturzes des großen Gasbehälters am Grasbrook zu Hamburg vom 7.Dez.1909. Eisenbau 2(1911),S.178-182
2.45 Engesser,F.:Über Knickfestigkeit und Knicksicherheit. Eisenbau 2(1911),S.385-392
2.46 Müller-Breslau,H.:Über Knickfestigkeit und einseitig gedrückte Stäbe. Eisenbau 4 (1913),S.35-41
2.47 Fischmann,A.u.Weirich,B.:Die Frage der Knickung und ihre planmäßige Lösung durch den Versuch. Eisenbau 7(1916),S.255-286
2.48 Moericke,D.:Die Knickfrage und die Preußischen Hochbaubestimmungen. Bauingenieur 3 (1922),S.617-622
2.49 Rein,W.:Versuche zur Ermittlung der Knickspannung; Ber.des Ausschusses für Versuche in Stahlbau,H.4. Berlin:Springer 1930
2.50 Müller,R.:Traglastberechnung von statisch unbestimmt gelagerten, geschweißten Aluminium-Druckstäben mit einfach-symmetrischen Querschnitten. Diss.Uni Karlsruhe 1977
2.51 Gehler,W.:Erläuterungen zu den Stahlbetonbestimmungen,6.Aufl. Berlin:W.Ernst u. Sohn 1950
2.52 Pucher,A.:Lehrbuch des Stahlbetonbaues,3.Aufl. Wien:Springer 1961
2.53 Rühl,D.:Die Frage der Knickung und zulässigen Beanspruchung für Holz bei Hochbauten und der neue DIN-Entwurf. Bauingenieur 3(1922),S.147-148
2.54 Fonrobert,F.:Grundzüge des Holzbaues im Hochbau,5.Aufl. Berlin:W.Ernst u.Sohn 1948
2.55 Möhler,K.:Die neuen Bemessungsvorschriften für hölzerne Druckglieder. Holzzentralblatt 92(1966),S.655-657; vgl.auch Erl.zu DIN 1052
2.56 Pischl,R.:Beitrag zur Knickspannungslinie des planmäßig mittig gedrückten Holzstabes nach DIN 1052,Bl1. Bautechnik 55(1978),S.397-404
2.57 Ylinen,A.:Über die Festigkeit von gedrückten Holzstäben. Abh.IVBH 26(1966),S.611-626
2.58 Krohn,R.:Knickfestigkeit. Bautechnik 1(1923),S.230-250
2.59 Rŏs,M.u.Brunner,J.:Die Knicksicherheit von an beiden Enden gelenkig gelagerten Stäben aus Konstruktionsstahl. Zürich:Mitt.TKVSB 1921u.1926
2.60 Rŏs,M.u.Brunner,J.:Die Knickfestigkeit von an beiden Enden gelenkig gelagerten Stäben aus Konstruktionsstahl. Verh.Zweit.Kongr.Techn.Mech.Zürich 1926; vgl.auch EMPA-Bericht Nr.13, Zürich:Eidg.Mat.Prüf.Anst.1926
2.61 Rŏs,M.:Bemessung zentrisch und exzentrisch gedrückter Stäbe aus Stahl. Wien:Springer 1928
2.62 Chwalla,E.:Die Theorie des außermittig gedrückten Stabes aus Baustahl. Stahlbau 7 (1934),S.161-165,S.173-176u.S.180-184
2.63 Chwalla,E.:Tragvermögen gedrückter Baustahlstäbe mit krummer Achse und zusätzlicher Querbelastung. Stahlbau 8(1935),S.43-46u.S.53-56
2.64 Chwalla,E.:Der Einfluß der Querschnittsform auf das Tragvermögen außermittig gedrückter Baustahlstäbe. Stahlbau 8(1935),S.193-197u.S.204-207
2.65 Chwalla,E.:Außermittig gedrückte Baustahlstäbe mit elastisch eingespannten Enden und verschieden großen Angriffshebeln. Stahlbau 10(1937),S.49-52u.S.57-60
2.66 Jezek,K.:Näherungsberechnung der Traglast exzentrisch gedrückter Stahlstäbe. Stahlbau 8(1935),S.89-96

2.67 Jezek,K.:Die Tragfähigkeit des gleichmäßig querbelasteten Druckstabes aus einem ideal-plastischen Stahl. Stahlbau 8(1935),S.33-38
2.68 Jezek,K.:Die Tragfähigkeit axial gedrückter und auf Biegung beanspruchter Stahlstäbe. Stahlbau 9(1936),S.12-14,S.22-24u.S.39-40
2.69 Jezek,K.:Die Festigkeit von Druckstäben aus Stahl. Wien:Springer 1937
2.70 Fritsche,J.:Näherungsverfahren zur Berechnung der Tragfähigkeit außermittig gedrückter Stäbe aus Baustahl. Stahlbau 8(1935),S.137-141
2.71 Fritsche,J.:Der Einfluß der Querschnittsform auf die Tragfähigkeit außermittig gedrückter Stahlstützen. Stahlbau 9(1936),S.90-96
2.72 Fritsche,J.:Der Einfluß einer Ungleichartigkeit der Fehlerhebel auf die Tragfähigkeit außermittig gedrückter Stahlstützen. Stahlbau 9(1936),S.188-190
2.73 Fritsche,J.:Bemerkungen zu DIN E4114. Stahlbau 14(1941),S.37-40u.S.96
2.74 Grüning,G.:Knickversuche mit außermittig gedrückten Stahlstützen. Stahlbau 9(1936), S.17-21u.S.119
2.75 Kollbrunner,C.F.:Zentrischer und exzentrischer Druck von an beiden Enden gelenkig gelagerten Rechteckstäben aus Avional M und Baustahl. Stahlbau 11(1938),S.25-30, S.39-40u.S.46-48
2.76 Bilek,H.-U.:Die Berücksichtigung des nichtlinearen Krümmungsausdruckes bei der Berechnung von Traglasten und Gleichgewichtslasten idealelastischer-idealplastischer Stäbe mit Rechteckquerschnitt. Diss.Uni Stuttgart 1973
2.77 Plastic design of multi-story frames. Conf.Lehigh University. Bethlehem 1968
2.78 Chen,W.F.a.Atsuta,T.:Theory of beam-columns,Vol.1:In-plane behavior and design. New York:McGraw-Hill 1976
2.79 Shen,M.-K.a.Thierauf,G.:Elastisch-plastische Biegung mit Normalkraft. Bauingenieur 46(1971),S.342-344
2.80 Marincek,M.:Die Tragfähigkeit metallischer Druckstäbe, in [0.65],S.74-99
2.81 Horne,M.R.a.Merchant,W.:The stability of frames. London:Pergamon Press 1965
2.82 Klöppel,K.u.Goder,W.:Die neuen -Zahlen für Rohrquerschnitte. Stahlbau 28(1959), S.205-212, vgl.auch 29(1960),S.117-118
2.83 Klöppel,K.:Zur Einführung der neuen Stabilitätsvorschriften. Abh. Stahlbau Heft 12 (S.84-143). Bremen-Horn:W.Dorn 1952
2.84 Klöppel,K.u.Uhlmann,W.:Die Knickzahlen für Druckstäbe aus Walzprofilen mit I-Querschnitt. Stahlbau 40(1971),S.103-111u.S.41(1972),S.128; vgl.auch Bautechnik 37(1960), S.271-276
2.85 Fischer,M.:Kritische Betrachtung über die zulässigen Druckspannungen in einigen deutschen Stahlbau-Vorschriften. Bauingenieur 44(1969),S.296-300
2.86 Hänig,C.-H.:Einige Ergebnisse der Analyse ausländischer Stabilitätsvorschriften. Baupl.-Bautechnik 25(1971),S.66-69
2.88 Klöppel,K.u.Winkelmann,E.:Experimentelle und theoretische Untersuchungen über die Traglast von zweiachsig außermittig gedrückten Stahlstäben. Stahlbau 31(1962), S.33-47,S.78-87u.S.109-119; vgl.auch Diss.TH Darmstadt
2.89 Lindner,J.:Der Einfluß von Eigenspannungen auf die Traglast von I-Trägern. Stahlbau 43(1974),S.39-45,S.86-91u.S.307-313
2.90 Huber,A.W.:Residual stresses in wide flange beams and columns. Report 220A.25 Fritz Eng.Laboratory Lehigh University 1956
2.91 Galambos,T.u.Ketter,R.L.:Columns and combined bending and thrust. ASCE J.Eng.Mech. Div 85(1959),EM2,S.1-30
2.92 Beedle,L.S.a.Tall,L.:Basic column strength. ASCE J.Struct.Div.86(1960),ST7,S.139-173
2.93 Adams,P.F.,Lay,M.G.a.Galambos,T.:Experiments on high strength steel members. Report 297.8 Fritz Eng.Laboratory Lehigh University 1964
2.94 Galambos,T.:Strength of round steel columns. ASCE J.Struct.Div.91(1965),ST1,S.121-140
2.95 Battermann,R.H.a.Johnston,B.G.:Behavior and maximum strength of metal columns. ASCE J.Struct.Div.93(1967),ST2,S.205-230
2.96 Sfintesco,D.u.a.:Fondement, experimental des courbes européennes de flambement. Constr.métallique 7(1970),S.5-63
2.97 Beer,H.:Beitrag zur Stabilitätsuntersuchung von Stabwerken mit Imperfektionen. Abh.IVBH 26(1966),S.43-60
2.98 Beer,H.u.Schulz,G.:Die Traglast des außermittig gedrückten Stabes mit Imperfektionen. VDI-Z 111(1969),S.1537-1541,S.1683-1687u.S.1767-1772
2.99 International Colloquium on column strength, Paris 1972. Ber.d.Arbeitskommissionen der IVBH,Bd.23. Zürich:IVBH 1975
2.100 Schulz,G.:Die Traglastberechnung von planmäßig mittig belasteten Druckstäben aus Baustahl unter Berücksichtigung von geometrischen und strukturellen Imperfektionen. Diss.TH Graz 1968; vgl.auch Stahlbau 40(1971),S.111-118
2.101 Recommendations for steel constructions,Vol.1u.2,ECCS-EG-76-1E. Paris:Europ.Konv. d.Stahlbauverbände 1976; EKS-Manual on stability of steel structures,2.Aufl. Paris: Europ.Konv.d.Stahlbauverbände 1976
2.102 Lindner,J.:Näherungen für die Europäischen Knickspannungskurven. Bautechnik 55(1978), S.344-347
2.103 Maquoi,R.u.Rondal,J.:Analytische Formulierung der neuen Europäischen Knickspannungslinien. ACIER-STAHL-STEEL 43(1978),S.23-28
2.104 Petersen,C.:Der wahrscheinlichkeitstheoretische Aspekt der Bauwerkssicherheit im Stahlbau; in:Beiträge zum Tragverhalten und zur Sicherheit von Stahlkonstruktionen. Ber.aus Forsch.u.Entw.,H.4. Köln:Stahlbau-Verlag 1977
2.105 Hawranek,R.u.Petersen,C.:Sicherheit gedrückter Stahlstützen unter Berücksichtigung der statistischen Verteilung von E-Modul, Fließgrenze, Eigenspannung, Querschnittsfläche. Ber.zur Sicherheitstheorie. München:TU-SFB 96 1975
2.106 Hawranek,R.:Optimierung von Sicherheitsnachweisen mit besonderem Bezug auf den Tragsicherheitsnachweis von Stützen aus Formstahl. Diss.TU München 1978
2.107 Habel,A.:Berechnung der Tragfähigkeit von Eisenbetonsäulen auf n-freier Grundlage. Beton und Eisen 38(1939),S.221-223u.S.248-255; vgl.auch 39(1940),S.117-124

2.108 Habel,A.:Die Tragfähigkeit der ausmittig gedrückten Stahlbetonsäulen. Beton- und Stahlbetonbau 48(1953),S.182-190; vgl.auch 46(1951),S.6-10
2.109 Jäger,K.:Festigkeitsnachweis im Stahlbetonbau. Wien:Manz 1948
2.110 Jäger,K.:Das Traglastverfahren im Stahlbetonbau,4.Aufl. Wien:Manz 1976
2.111 Jäger,K.:Bemessung schlanker Stahlbetonstützen auf ausmittigen Druck. Beton- und Stahlbetonbau 50(1955),S.75-79
2.112 Kordina,K.:Stabilitätsuntersuchungen an Beton- und Stahlbetonsäulen. Diss.TH München 1957
2.113 Kordina,K.:Knicksicherheitsnachweis ausmittig belasteter Druckglieder. Beton- und Stahlbetonbau 59(1964),S.181-189
2.114 Kordina,K.:Die Grundlagen des Knicksicherheitsnachweises im Stahlbetonbau,in: Vorträge Betontag 1967. Wiesbaden:Deutscher Beton-Verein 1967
2.115 Schwarz,H.u.Kasparek,K.-H.:Ein Beitrag zur Klärung des Tragverhaltens exzentrisch beanspruchter Stahlbetonstützen. Bauingenieur 42(1967),S.84-90
2.116 Dimel,E.:Knicksicherheitsnachweis für ausmittig belastete Stahlbetondruckglieder. Beton- und Stahlbetonbau 62(1967),S.68-74u.S.93-98
2.117 Quast,U.:Näherungsweise Berechnung der Traglasten ausmittig belasteter Stahlbetondruckglieder. Beton- und Stahlbetonbau 62(1967),S.118-121
2.118 Windels,R.:Knicksicherheit rechteckiger Stahlbetonsäulen mit symmetrischer Bewehrung unter ausmittiger Last. Beton- und Stahlbetonbau 62(1967),S.133-139
2.119 Mehmel,A.,Schwarz,H.,Kasparek,K.-H.u.Makovi,J.:Rechnerische und experimentelle Untersuchungen zum Tragverhalten ausmittig beanspruchter Stahlbetondruckglieder mit Rechteckquerschnitte. Ber.Dt.Aussch.f.Stahlbeton,Heft 204. Berlin:W.Ernst u.Sohn 1969
2.120 Schwarz,H.u.Rogendorfer,H.:Stabilitätsnachweis für Stahlbetontragwerke. Beton- und Stahlbetonbau 64(1969),S.191-198
2.121 Kordina,K.u.Quast,U.:Bemessungsverfahren für knickgefährdete Stahlbetondruckglieder. Mitt.d.Lehrstuhls für Stahlbeton und Massivbau, TU Braunschweig 1969
2.122 Quast,U.:Geeignete Vereinfachungen für die Lösung des Traglastproblems der ausmittig gedrückten, prismatischen Stahlbetonstütze mit Rechteckquerschnitt. Diss.TU Braunschweig 1970
2.123 Quast,U.:Traglastnachweis für Stahlbetonstützen nach der Theorie II.Ordnung mit Hilfe einer vereinfachten Momenten-Krümmungsbeziehung. Beton- und Stahlbetonbau 65 (1970),S.265-271
2.124 Vaessen,F.:Ein einfaches Verfahren zum Nachweis der Knicksicherheit ausmittig gedrückter Stahlbetonglieder. Beton- und Stahlbetonbau 65(1970),S.144-147
2.125 Luley,R.:Ein Weg zum Stabilitäts- und Bruchsicherheitsnachweis am Beispiel der ausmittig gedrückten Stütze mit Kreisquerschnitt. Beton- und Stahlbetonbau 65(1970), S.289-294
2.126 Aas-Jakobsen,K.:Design of slender reinforced concrete frames. Ber.Nr.48 Inst.f. Baustatik ETH Zürich. Basel:Birkhäuser 1973
2.127 Warner,R.F.:Tragfähigkeit und Sicherheit von Stahlbetonstützen unter ein- und zweiachsiger Kurzzeit- und Dauerbelastung. Ber.Dt.Aussch.f.Stahlbeton,Heft 236. Berlin: W.Ernst u.Sohn 1974
2.128 Rafla,K.:Praktisches Verfahren zur Bemessung schlanker Stahlbetonstützen mit Rechteckquerschnitt bei schiefer Biegung mit Achsdruck. Bauingenieur 49(1974),S.429-436
2.129 Menn,C.:Bruchsicherheitsnachweis für Druckglieder. Schweiz.Bauztg.93(1975),S.571-578
2.130 Galgoul,N.S.:Beitrag zur Bemessung von schlanken Stahlbetonstützen für schiefe Biegung mit Achsdruck unter Kurzzeit- und Dauerbelastung. Diss.TU München 1978
2.131 Grasser,E.,Kordina,K.u.Quast,U.:Bemessung von Beton- und Stahlbetonbauteilen. Ber. Dt.Aussch.f.Stahlbeton, Heft 220,2.Aufl. Berlin:W.Ernst u.Sohn 1979
2.132 Kordina,K.u.Quast,U.:Bemessung von schlanken Bauteilen - Knicksicherheitsnachweis, in:Betonkalender,Teil 1. Berlin:W.Ernst u.Sohn 1979
2.133 Yu,W.-W.:Cold-formed steel structures. New York:McGraw-Hill 1973
2.134 Nijhof,H.:Methode zum Berechnen von Kaltprofilen. ACIER-STAHL-STEEL 37(1972),S.78-83 u.S.194-198
2.135 Klöppel,K.u.Schardt,R.:Versuche mit kaltgereckten Stählen. Stahlbau 30(1961),S.193-202
2.136 Klöppel,K.u.Goder,W.:Traglastversuche mit ausbetonierten Stahlrohren und Aufstellung einer Bemessungsformel. Stahlbau 26(1957),S.1-10u.S.44-50; vgl.auch 39(1970),S.91-94
2.137 Roik,K.,Bergmann,R.,Bode,H.u.Wagenknecht,G.:Tragfähigkeit von ausbetonierten Hohlprofilstützen aus Baustahl. Techn.Wiss.Mitt.75-4. Uni Bochum:Inst.f.Konstr.Ing.-Bau 1975
2.138 Roik,K.u.Wagenknecht,G.:Ermittlung der Grenztragfähigkeit von ausbetonierten Hohlprofilen aus Baustahl. Bauingenieur 51(1976),S.183-188
2.139 Roik,K.,Bergmann,R.,Bode,H.u.Wagenknecht,G.:Tragfähigkeit von einbetonierten Stahlstützen. Techn.Wiss.Mitt.76-4. Uni Bochum:Inst.f.Konstr.Ing.-Bau 1976
2.140 Roik,K.u.Wagenknecht,G.:Ermittlung der Grenztragfähigkeit von einbetonierten, doppeltsymmetrischen Stahlprofilstützen aus Baustahl. Bauingenieur 52(1977),S.89-96
2.141 Boll,K.u.Vogel,U.:Die Stahlkernstütze und ihre Bewehrung. Bautechnik 46(1969),S.253-262u.S.303-309
2.142 Krapfenbauer,R.:Die Verwendung von Kernblockstützen beim Neubau des Allg. Krankenhauses in Wien. Bauingenieur 51(1976),S.307-310
2.143 Odqvist,F.u.Hult,J.:Kriechfestigkeit metallischer Werkstoffe. Berlin:Springer 1962
2.144 Hult,J.:Creep in engineering structures. Masachusetts:Blaisdell Publ.Co.1966
2.145 Hoff,N.J.:Approximate analysis of structures in the presence of moderately large creep deformations. Quart.Appl.Math.12(1954),S.49-55
2.146 Hoff,N.J.:Buckling and stability. J.Roy.Aeron.Soc.58(1954),S.30-52
2.147 Hoff,N.J.:A survey of the theories of creep buckling. Proc.Third US Nat.Congr.Appl. Mech.1958,S.29-49
2.148 Hoff,N.J.(Ed.):Colloquium on creep in structures. Berlin:Springer 1962

2.149 Kempner,J.:Viscoelastic buckling,in: Handbook of Engineering Mechanics. New York: McGraw-Hill 1962
2.150 Flügge,W.:Visco elasticity,2nd.Ed. Berlin:Springer 1975
2.151 Bargmann,H.:Kriechknicken bei veränderlicher Achsiallast. Ing.-Archiv 41(1971), S.1-11
2.152 Menges,G.u.Taprogge,R.:Kunststoff-Konstruktionen.Rechenbeispiele (VDI-Taschenbuch T38). Düsseldorf:VDI-Verlag 1973
2.153 Rüsch,H.u.Jungwirth,D.:Stahlbeton Spannbeton,Bd.2,Berücksichtigung der Einflüsse von Kriechen und Schwinden auf das Verhalten der Tragwerke. Düsseldorf:Werner-Verlag 1976
2.154 Bastgen,K.J.:Übersicht über die Verfahren zur Berechnung des Relaxationsverhaltens des Betons aus dem Kriechverhalten des Betons. Beton- und Stahlbetonbau 72(1977), S.179-185
2.155 Schäfer,H.:Ein Beitrag zum Einfluß der Kriechverformungen und der Spannungsrelaxation auf die Tragfähigkeit von Stahlbetondruckgliedern. Diss.TH Darmstadt 1970
2.156 Kordina,K.u.Warner,R.F.:Langzeitversuche an Stahlbetonstützen; über den Einfluß des Kriechens auf die Ausbiegung schlanker Stahlbetonstützen. Ber.Dt.Aussch.f. Stahlbeton,Heft 250. Berlin:W.Ernst u.Sohn 1975
2.157 Maier,A.:Ein verbessertes Verfahren zur Berücksichtigung des Kriecheinflusses auf die Traglast knickgefährdeter Stahlbetondruckglieder. Diss.TU München 1978
2.158 Knublauch,E.,Rudolphi,R.u.Stanke,J.:Theoretische Ermittlung der Feuerwiderstandsdauer von Stahlstützen und Vergleich mit Versuchen. Stahlbau 43(1974),S.175-182 u.249-254
2.159 Beyer,R.,Klingmüller,O.u.Thierauf,G.:Der Feuerwiderstand stählerner Rahmentragwerke. Ansätze zur Berechnung des Brandlastfalles,in: Nutzungsgerechtes Bauen,S.217-223. Zürich:IVBH 1975
2.160 Beyer,R.:Der Feuerwiderstand von Tragwerken aus Baustahl. Berechnung mit Hilfe des Traglastverfahrens. Stahlbau 46(1977),S.361-364
2.161 Kasting,H.:Einfluß hoher Betriebs-Temperaturen auf Knickstäbe. Stahlbau 48(1979), S.317-318

3 ELASTO-STATISCHE BERECHNUNG VON STAB- UND RAHMENTRAGWERKEN

3.1 Engesser,F.:Über die Berechnung auf Knickfestigkeit beanspruchter Stäbe aus Schweiß- und Gußeisen. Z.Österr.Ing.-u.Archt.-Ver.45(1893),S.506-508; vgl.auch:61(1909),S.544-548
3.2 Vianello,L.:Graphische Untersuchung der Knickfestigkeit gerader Stäbe. Z.Ver.Dt.Ing. 42(1898),S.1436-1443
3.3 Dimitrov,N.S.:Die Einflußlinie der Theorie II.Ordnung und praktische Formeln. Bauingenieur 28(1953),S.19-22;vgl.auch VDI-Z.109(1967),S.52-55
3.4 Dimitrov,N.S.:Beiträge zur Verformungstheorie. Diss.TH Karlsruhe 1949
3.5 Schreier,G.:Beiträge zur Anwendung von baustatischen Methoden auf Probleme der Verformungstheorie. Diss.TH Karlsruhe 1961
3.6 Pohl,K.:Näherungslösungen für besondere Fälle von Knickbelastung. Stahlbau 6(1933), S.137-143
3.7 Hoyden,A.u.Wilkesmann,F.W.:Die numerische Behandlung der Rahmenknickung nach einem statisch gedeuteten Verfahren der schrittweisen Näherungen. Bauingenieur 28(1953), S.75-80
3.8 Bürgermeister,F.u.Steup,H.:Zur iterativen Lösung von Problemen der Verformungstheorie, Stahlbau 26(1957),S.183-187
3.9 Hangan,M.:Die Bestimmung der Säulenknicklänge bei Stockwerkrahmen durch schrittweise Näherung. Bautechnik 35(1958),S.303-308
3.10 Protte,W.u.Riegel,E.:Verlauf der VIANELLO-Iteration bei betragsgleichen und betragsnahen Eigenwerten. Techn.Mitt.Krupp-Forsch.-Ber.28(1970),S.209-210
3.11 Schuller,R.:Spannungs- und Stabilitätsberechnung von Rahmentragwerken. Berlin:W.Ernst u.Sohn 1974
3.12 Schleussner,R.:Zur Konvergenz des Engesser-Vianello-Verfahrens. Leipzig:B.G.Teubner 1938
3.13 Trefftz,E.:Allgemeine Theorie der Knickung des geraden Stabes. ZAMM 3(1923),S.272-275;vgl.auch 10(1930),S.594-599
3.14 Blumenthal,O.:Über die Knickung eines Balkens durch Längskräfte. ZAMM 17(1937),S.232-244
3.15 Weinhold,J.:Über Kipplasten eines geraden Stabes, der gegen Querschnittsdrehung elastisch gestützt ist.Diss.TH Brünn 1933;vgl.auch ZAMM 14(1934),S.379-381
3.16 Kraus,L.:Integralgleichungen gerader Kippträger mit dünnwandigen, offenen und quasiwölbfreien Profilen. Ing.-Archiv 29(1960),S.187-198;vgl.auch 26(1958),S.1-19
3.17 Flügge,W.:Festigkeitslehre. Berlin:Springer 1967
3.18 Puwein,M.G.:Die Knickfestigkeit des Stockwerkrahmens. Stahlbau 9(1936),S.201-203, 10(1937),S.7-8 u.11(1938),S.118-120
3.19 Sahmel,P.:Näherungsweise Berechnung der Knicklängen von Stockwerkrahmen, Stahlbau 24 (1955),S.89-94 u.25(1956),S.132
3.20 Sahmel,P.:Näherungsweise Berechnung von Knickstäben mit veränderlicher Normalkraft. Stahlbau 25(1956),S.194-199
3.21 Sahmel,P.:Einfache baustatische Methode zur näherungsweisen Ermittlung der Knicklängen von Rahmentragwerken. Bautechnik 48(1971),S.206-212
3.22 Freihart,G.u.J.:Näherungsweise Ermittlung der Knickhöhe von verschieblichen Rahmenstielen. Bautechnik 45(1968),S.235-240;vgl.auch 48(1971),S.69-70
3.23 Sattler,K.:Das "Durchbiegungsverfahren" zur Lösung von Stabilitätsproblemen. Bautechnik 30(1953),S.288-294 u.S.326-331
3.24 Raboldt,K.:Zur Knickuntersuchung von poltreu belasteten und verwandten Systemen mit dem Durchbiegungsverfahren. Wiss.Z.Weimar 21(1974),S.37-42 u.Bauplanung/Bautechnik 28(1974),S.298-299

3.25 Günther,H.:Einige Formeln zur Berechnung von Ersatzstablängen für den Knicknachweis. Bautechnik 50(1973),S.304-311
3.26 Günther,H.:Ersatzstablängen beidseitig elastisch eingespannter Knickstäbe. Bautechnik 55(1978),S.207-211
3.27 Cassens,J.:Genäherte Berechnung verschieblicher Rahmen nach Theorie II.Ordnung, -Werte. Bautechnik 49(1972),S.374-379;vgl.auch 42(1965),S.192-201
3.28 Penelis,G.:Die Knickung räumlicher einstöckiger Rahmenträger. Bauingenieur 43(1968), S.250-254
3.29 Penelis,G.:Die Knickung räumlicher mehrstöckiger Rahmenträger. Bauingenieur 46(1971), S.393-399
3.30 Schnell,W.:Berechnung der Stabilität mehrfeldriger Stäbe mit Hilfe von Matrizen. ZAMM 35(1955),S.269-284
3.31 Falk,S.:Die Knickformeln für den Stab mit n Teilstücken konstanter Biegesteifigkeit. Ing.Archiv 24(1956),S.85-91
3.32 Falk,S.:Die Berechnung offener Rahmentragwerke nach dem Reduktionsverfahren. Ing.-Archiv 26(1950),S.61-80;vgl.auch S.96-109
3.33 Borgwardt,F.:Die Knickbiegung des mehrfeldrigen geraden Balkens mit feldweise konstanten Kenngrößen. Abh.Braunschw.Wiss.Ges.12(1960)
3.34 Falk,S.:Über die Knickbiegung von Durchlaufträgern. Koll.ü.Anwendungen der Math. i.d.Ing.-Wiss.1960
3.35 Pestel,E.u.Leckie,F.A.:Matrix Methods in Elastomechanics. New York:McGraw-Hill 1963
3.36 Kersten,R.:Das Reduktionsverfahren der Baustatik. Berlin:Springer 1962
3.37 Uhrig,R.:Elastostatik und -kinetik in Matrizenschreibweise. Berlin:Springer 1973
3.38 Chwalla,E.:Die neuen Hilfstafeln zur Berechnung von Spannungsproblemen der Theorie II.Ordnung und von Knickproblemen. Bauingenieur 34(1959),S.128-137,S.240-245 u. S.299-309
3.39 N.N.: Hilfstafeln zur Berechnung von Spannungsproblemen der Theorie II.Ordnung und von Knickproblemen. Köln:Stahlbau-Verlag 1959
3.40 Resinger,F.u.Mücke,E.:Zahlentafeln zur Berechnung von Stabproblemen der Theorie II. Ordnung. Graz:Merkur-Verlag 1970
3.41 Rubin,H.:Berechnung der Maximalwerte von Moment und Querkraft nach Theorie II.Ordnung bei linearer und konstanter Streckenlast. Bauingenieur 53(1978),S.97-107
3.42 Chwalla,E.u.Jokisch,F.:Über das Knickproblem des Stockwerkrahmens. Stahlbau 14(1941), S.33-37 u.S.47-51
3.43 Bleich,F.:Die Theorie der nachgiebigen Tragsysteme. Der Eisenbau 7(1916),S.147-157 u.S.183-189
3.44 Bleich,F.:Die Knickfestigkeit elastischer Stabverbindungen. Der Eisenbau 10(1919), S.27-37,S.71-83,S.117-123 u.S.163-172 u.13(1922),S.34-39 u.S.124-129
3.45 Ratzersdorfer,J.:Berechnung axial und gleichförmig querbelasteter Träger. Z.Österr. Ing.u.Arch.Verein 71(1919),S.393-395,S.401-403,S.409-411 u.S.420-422
3.46 Ratzersdorfer,J.:Durchgehende Balken mit beliebig vielen Öffnungen bei Beanspruchung durch längs- und querwirkende Kräfte. Eisenbau 10(1919),S.93-109
3.47 Ostenfeld,A.:Die Deformationsmethode. Berlin:Verlag von Julius Springer 1926
3.48 Mann,L.:Theorie der Rahmentragwerke auf neuer Grundlage. Berlin:Verlag von Julius Springer 1927
3.49 Andelfinger,J.:Das erweiterte Kraftgrößenverfahren zur Berechnung von Stabilitätsproblemen ebener Tragsysteme. Stahlbau 33(1964),S.138-147
3.50 Hess,G.:Systematische Darstellung des Kraftgrößenverfahrens bei der Berechnung von Tragwerken mit unbekannten Stabdrehwinkeln nach Theorie II.Ordnung. Bautechnik 52 (1975),S.258-262
3.51 Kollbrunner,C.F.u.Haueter,O.:Dreimomentengleichung des kontinuierlichen Druckstabes mit Querbelastung. Zürich:Leemann-Verlag 1953
3.52 Klöppel,K.u.Friemann,H.:Übersicht über Berechnungsverfahren für Theorie II.Ordnung. Stahlbau 33(1964),S.270-277
3.53 Jungbluth,O.:Der mehrfeldrige, elastisch gestützte querbelastete Druckstab und seine Anwendung auf die Berechnung mehrfach abgespannter Maste. Diss.TH Darmstadt 1953
3.54 Resinger,F.u.Steiner,H.:Näherungslösung von statischen Problemen der Theorie II. Ordnung und der Wölbkrafttorsion mit Hilfe der Deformationsmethode. Österr.Ing. Zeitschrift 2(1959),S.172-178
3.55 Resinger,F.:Beitrag zur Lösung von Stabwerksproblemen der Theorie II.Ordnung. Stahlbau 28(1959),S.75-78
3.56 Klöppel,K.u.Goder,W.:Näherungsweise Berechnung der Biegemomente nach Spannungstheorie II.Ordnung zur Bemessung außermittig gedrückter Stäbe nach DIN 4114, Ri 10,2. Stahlbau 26(1957),S.188-191
3.57 Goder,W.:Beitrag zur praktischen Berechnung von Rahmentragwerken nach der Stabilitätsvorschrift DIN 4114. Stahlbau 28(1959),S.265-274 u.S.304-311
3.58 Klöppel,K.u.Ebel,H.:Beitrag zur Berechnung von Stockwerkrahmen auf Stabilität und nach der Spannungstheorie II.Ordnung. Stahlbau 31(1962),S.1-7
3.59 Schaber,E.:Beitrag zur Stabilitätsberechnung ebener Stockwerke. Köln:Stahlbau-Verlag 1960
3.60 Habel,A.:Die Knicklänge der Rahmenstiele aus Stahlbeton. Beton- und Stahlbetonbau 53 (1958),S.273-275;vgl.auch 51(1956),S.155-159
3.61 Habel,A.:Knickberechnung freistehender Stahlbetonrahmen. Beton- und Stahlbetonbau 54 (1959),S.25-31 u.55(1960),S.225-230
3.62 Augustin,D.:Zur Berechnung der Knicklänge des durch Einzellasten beanspruchten Stockwerkrahmens. Stahlbau 30(1961),S.150-151;vgl.auch Diss.TH München 1961
3.63 Augustin,D.:Zur Knicklängenberechnung mehrgeschossiger Kragstützen. Beton- und Stahlbetonbau 64(1969),S.266-270
3.64 Augustin,D.:Berechnung der Knicklänge von Stahlbeton-Stockwerkrahmen. Beton- und Stahlbetonbau 66(1971),S.180-182

3.65 Mühlhaus,M.:Knickung von Säulenreihen und Rahmengruppen, VDI-Z.103(1961),S.1764-1769 u.105(1963),S.1262-1264;vgl.auch Diss.TH München 1961
3.66 Rosman,R.:Beitrag zur Berechnung von Stockwerkrahmen nach der Spannungstheorie II. u.III.Ordnung mit Hilfe des stellvertretenden Kragträgers. Bautechnik 39(1962), S.275-279
3.67 Fey,T.:Vereinfachte Berechnung von Rahmensystemen des Stahlbetonbaues nach der Theorie II.Ordnung. Bauingenieur 41(1966),S.231-238;vgl.auch 42(1967),S.199-200
3.68 Livesley,R.K.a.Chandler,D.B.:Stability functions for structural frames works. Manchester:University Press 1956
3.69 Scheer,J.:Zur Netzgleichung des auf Theorie II.Ordnung erweiterten Formänderungsverfahrens. Stahlbau 35(1966),S.211-216
3.70 Klement,R.:Knickuntersuchung von Rahmentragwerken nach DIN 4114,Ri.10.2 mit Hilfe des Ausgleichsverfahrens von KANI. Stahlbau 26(1957),S.372-380
3.71 Bergther,H.:Tragsicherheitsnachweis für Stockwerkrahmen nach dem Momentenausgleichsverfahren. Bauplanung-Bautechnik 12(1958),S.165-168
3.72 Schineis,M.:Momentenausgleichsverfahren. Berlin:Verlag W.Ernst u.Sohn 1968
3.73 Zurmühl,R.:Matrizen und ihre technischen Anwendungen, 4. neubearbeitete Auflage. Berlin,Heidelberg,New York:Springer 1964
3.74 Zurmühl,R.:Praktische Mathematik für Ingenieure und Physiker, 5. neubearbeitete Auflage. Berlin,Heidelberg,New York:Springer 1965
3.75 Przemieniecki,J.S.:Theory of Matrix Structural Analysis. New York:McGraw-Hill 1968
3.76 Chobot,K.:Matrizenrechnung in der Baumechanik. Wien,New York:Springer 1970
3.77 Zienkiewicz,O.C.:The finite element method in enineering Science. London:McGraw-Hill 1971
3.78 Meek,J.L.:Matrix structural analysis. London,New York:McGraw-Hill 1971
3.79 Gerstle,K.H.:Basic structural analysis. New Jersey:Engelwood Cliffs,Prentice Hall 1974

4 PLASTO-STATISCHE BERECHNUNG VON STAB- UND RAHMENTRAGWERKEN

4.1 Protte,W.u.Riegel,E.:Zur Anwendung spezieller Verfahren der Matrizen-Eigenwerttheorie auf die Knicksicherheitsberechnung nach Vianello. Techn.Mitt.Krupp-Forsch.-Ber.30(1972),S.73-88
4.2 Klöppel,K.u.Uhlmann,W.:Die Berechnung der Traglast beliebig gelagerter Einfeldrahmen mit beliebiger Querschnittsform unter Berücksichtigung der plastischen Zonen in Stablängsrichtung mit Hilfe elektronischer Rechenautomaten. Stahlbau 37(1968), S.65-71
4.3 Wagemann,C.-H.:Iterative Ermittlung der Traglast eines axial gedrückten Durchlaufträgers aus Baustahl. Diss.TH Darmstadt.Gekürzte Fassung in:Stahlbau 37(1968), S.44-49,S.83-88 u.S.352
4.4 Wagemann,C.-H.:Beitrag zur Theorie der Iterationsverfahren für die nichtlineare Berechnung statisch belasteter Tragwerke am Beispiel ebener Bögen. Habilitationsschrift TU Berlin 1970.Kurzfassung in:Stahlbau 41(1972),S.59-61
4.5 Wissmann,W.:Beitrag zur elektronischen Berechnung allgemeiner Stabwerke der Bautechnik. Diss.TH Stuttgart 1967
4.6 Bubenheim,H.-J.:Ein Beitrag zur Berechnung von Rahmensystemen mit nichtlinear elastischem Werkstoffgesetz. Diss.TH Darmstadt 1969
4.7 Burth,K.:Traglasten und Stabilität ebener Rahmentragwerke bei Berücksichtigung von großen Verschiebungen und Schnittlastenumlagerungen. Diss.TU Berlin 1969
4.8 Glock,D.:Beitrag zur Berechnung von ebenen beliebig gekrümmten und biegesteifen Stabzügen unter Berücksichtigung großer elastischer und plastischer Verformungen. Diss.TH Darmstadt 1971
4.9 Bamm.D.:Näherungsweise Berücksichtigung der Schubspannung bei der Ermittlung der Traglast gerader dünnwandiger offener Profile. Diss.TU Berlin 1974
4.10 Thierauf,G.:Minimalprinzipien der Plastizitätstheorie und ihre Anwendung bei der Berechnung von Rahmentragwerken und Scheiben. Mitt.Nr.5,Lehrstuhl und Institut für Stahlbau,TU München 1972
4.11 Thierauf,G.:Elastisch-plastische Formänderung biegesteifer Tragwerke nach der Spannungstheorie II.Ordnung. Ing.-Archiv 42(1973),S.285-295
4.12 Thierauf,G.:Traglastberechnung und -bemessung von Stockwerkrahmen mit Hilfe der linearen Programmierung. Stahlbau 44(1975),S.19-26
4.13 Pape,G.u.Thierauf,G.:Computerorientierte Bemessung von Tragwerken. Konstr.Ing.Bau-Berichte Heft 28,S.5-27. Essen:Vulkan-Verlag Dr.W.Classen 1977
4.14 Hartmann,B.:Traglastermittlung ebener Stabwerke. In:Konst.Ing.Bau-Berichte Heft 28, S.28-62. Essen:Vulkan-Verlag Dr.W.Classen 1977
4.15 Horne,M.R.a.Merchant,W.:The stability of frames. London:Pergamon Press 1965
4.16 Korn,A.u.Galambos,T.V.:Behavior of elastic-plastic frames. J.of Struc.Div.ASCE 94 (1968),ST 5,S.1119-1142
4.17 Hodge,P.G.:Plastic analysis of structures. New York:McGraw-Hill 1959
4.18 Duddeck,H.:Traglasttheorie der Stabwerke. Beton-Kalender 1972,T.II. Berlin:W.Ernst u.Sohn 1972
4.19 Duddeck,H.(Hrsg.):Seminar Traglastverfahren 2.Aufl., Braunschweig 1973. Inst.f. Statik TU Braunschweig Ber.73-6
4.20 Vogel,U.:Über die Traglast biegesteifer Stahltragwerke. Stahlbau 32(1963),S.106-113
4.21 Vogel,U.:Über die Anwendung des Traglastverfahrens im Stahlbau. Stahlbau 38(1969), S.329-338
4.22 Horne,M.R.:The plastic theory of bending of mild steel beams with particular reference to the effect of shear forces. Proc.Roy.Soc.A.207(1951),S.216-228
4.23 Heyman,J.a.Dutton,V.L.:Plastic design of plate girders with instiffened webs. Welding and Metall Fabrications 22(1959),S.265-271

4.24 Drucker,D.C.:The effect of shear on the plastic bending of beams. J.Appl.Mech.23 (1956),S.509-514
4.25 Hodge,P.G.:Interaktion curves for shear and bending of plastic beams. J.Appl.Mech. 24(1957),S.453-456
4.26 Klöppel,K.u.Yamada,M.:Fließpolyeder des Rechteck- und T-Querschnittes unter der Wirkung von Biegemoment, Normalkraft und Querkraft. Stahlbau 27(1958),S.284-290
4.27 Windels,R.:Traglasten von Balkenquerschnitten bei Angriff von Biegemoment, Längs- und Querkraft. Stahlbau 39(1970),S.10-16
4.28 Windels,R.:Der Querkrafteinfluß bei plastischer Balkenbiegung. Stahlbau 43(1974), S.82-85
4.29 Reckling,K.-A.:Beitrag zum Traglastverfahren; speziell für die Balkenbiegung mit Querkräften. Stahlbau 44(1975),S.358-361
4.30 Vogel,V.:Zur Berechnung von durchlaufenden Stahlpfetten in geneigten Dächern nach dem Traglastverfahren. Stahlbau 35(1966),S.302-308
4.31 Roik,K.,Wagenknecht,G.:Traglastdiagramme zur Bemessung von Druckstäben mit doppeltsymmetrischem Querschnitt aus Baustahl. Konstr.Ing.Bau,Berichte H.26(1976)
4.32 Rubin,H.:Interaktionsbeziehungen zwischen Biegemoment, Querkraft und Normalkraft für einfachsymmetrische I- und Kastenquerschnitte bei Biegung um die starke und für doppeltsymmetrische I- und Kastenquerschnitte bei Biegung um die schwache Achse. Stahlbau 47(1978),S.76-85,S.145-151 u.S.174-181
4.33 Bäcklund,J.u.Akesson,D.:Plastisches SAINT-VENANTsches Torsionswiderstandsmoment offener Walzprofile. Stahlbau 41(1972),S.302-306
4.34 Bode,H.:Beitrag zur Berechnung und Konstruktion von Sandwichplatten; in:Inst.f. Konst.Ing.Bau,Ruhr-Universität Bochum.Techn.-Wiss.Mitt.Nr.74-10
4.35 Oxford,J.:Über die Begrenzung der Traglast eines statisch unbestimmten biegesteifen Stabwerkes aus Baustahl durch das Instabilwerden des Gleichgewichts. Stahlbau 30 (1961),S.33-46;Diss.TH Darmstadt 1960;vgl.auch Stahlbau 32(1963),S.42-45 u.37(1968), S.250-255
4.36 Jennings,A.a.Majid,K.:An elastic-plastic analysis by computer for framed structures loaded up to collapse. Struct.Engineer 43(1965),S.407-412
4.37 Vogel,U.:Die Traglastberechnung stählerner Rahmentragwerke nach der Plastizitätstheorie II.Ordnung. Forschungshefte aus dem Gebiet des Stahlbaues,H.15. Köln:Stahlbau-Verlag 1965
4.38 Vogel,U.:Methoden und Kriterien für eine wirtschaftliche Bemessung von Stahlrahmen bei Anwendung des Traglastverfahrens, in:Theorie und Berechnung-O.Steinhardt-Festschrift. Berlin:Springer 1974,S.262-278
4.39 Rubin,H.:Das Q_Δ-Verfahren zur vereinfachten Berechnung verschieblicher Rahmensysteme nach dem Traglastverfahren der Theorie II.Ordnung. Bauingenieur 48(1973),S.275-285
4.40 Rubin,H.:Kriterium zur Beurteilung der Lage der plastischen Grenzlast auf der Lastverformungskurve mit Hilfe des Q_Δ-Verfahrens. Bauingenieur 49(1974),S.139-141
4.41 Henning,A.:Traglastberechnung ebener Rahmen -Theorie II.Ordnung und Interaktion. Inst.f.Statik TU Braunschweig,Bericht Nr.75-2 Braunschweig 1975;vgl.Stahlbau 45(1976), S.347-351
4.42 Oxfort,J.:Anwendung des gemischten Kraft- und Weggrößenverfahrens der Theorie II. Ordnung zur vollständigen Berechnung beliebiger biegesteifer Stahlstabwerke bis zur Traglast und plastischen Grenzlast. Stahlbau 47(1978),S.139-145
4.43 Uhlmann,W.:Ausgewählte Rahmenformeln für das Traglastverfahren. Berlin:W.Ernst u. Sohn 1979
4.44 Massonnet,C.:Die europäischen Empfehlungen (EKS) für die plastische Bemessung von Stahltragwerken. ACIER-STAHL-STEEL 32(1976),S.146-156
4.45 Pelikan,W.u.Vogel,U.:Die Tragfähigkeit von Stahlstützen in Geschoßbauten mit Betondecken. Stahlbau 33(1964),S.161-168
4.46 Vogel,U.u.Zimmermann,W.:Traglastversuche an angespannten Geschoßstützen mit I-Querschnitt bei Biegung um beide Hauptachsen. Abh.IVBH 28-I(1968),S.163-173;vgl.auch Bautechnik 47(1970),S.261-268
4.47 Dimitrov,N.u.Schutte,A.:Beitrag zur Tragfähigkeit von Stahlstützen in Geschoßbauten mit Betondecken. Bauingenieur 48(1973),S.338-340
4.48 Strating,J.u.a.:Beam-Columns, in [0.49],S.209-226 u. Massonnet,C.:Stability of frames, in [0.49],S.229-252
4.49 Schineis,M.:Stabilitätsnachweise an Rahmen. FHS München 1978 (Selbstverlag)
4.50 Vogel,U.:Stabilitätsnachweise von Stützen und Stabwerken nach der künftigen DIN 4114. Vortrag Stahlbautag Düsseldorf 1978
4.51 Cassens,J.:Theorie II.Ordnung im Holzbau. Bautechnik 51(1974),S.244-248
4.52 Dimitrov,N.S.:Die nichtlineare Theorie im Holzbau. Bauingenieur 51(1976),S.205-210
4.53 Pischl,R.:Zur Theorie II.Ordnung im Holzbau. Bauingenieur 54(1979),S.255-260
4.54 Janko,B.:Zum Trag- und Verformungsverhalten ebener Stockwerkrahmen aus Stahlbeton. Diss.TU Braunschweig 1972;vgl.auch Bautechnik 51(1974),S.344-351
4.55 Hees,G.:Beitrag zur Berechnung von Stahlbetontragwerken nach der Theorie II.Ordnung. Beton- und Stahlbetonbau 71(1976),S.89-92 u.72(1977),S.311-312
4.56 Ambos,G.u.Jung,J.:Biegemomente nach Theorie II.Ordnung für die Bemessung von Fundamenten einseitig eingespannter Stahlbetonstützen mit symmetrisch bewehrtem Rechteckquerschnitt. Bautechnik 55(1978),S.54-57
4.57 Quast,U.:Verfahrensgerechte Berücksichtigung des Kriechens bei programmgesteuerter Berechnung schlanker Stahlbetonstäbe. Bauingenieur 53(1978),S.41-42
4.58 Werner,H.:Rechnerorientierte Nachweise an schlanken Massivbauwerken. Beton- und Stahlbetonbau 73(1978),S.263-268
4.59 Kordina,K.u.Quast,U.:Nachweis der Knicksicherheit, in:Bemessung von Beton- und Stahlbetonbauteilen;DAfStb,Heft 220,2.Aufl. Berlin:W.Ernst u.Sohn 1979
4.60 Fey,F.:Vereinfachte Berechnung von Rahmensystemen des Stahlbetonbaues nach Theorie II.Ordnung. Bauingenieur 41(1966),S.231-238

5 AUSGEWÄHLTE STAB- UND RAHMENSYSTEME

5.1 Sievers,H.:Über einige Knickfragen im Stahlbau. Stahlbau 16(1943),S.22,S.30-34, S.42-44,S.52-54u.S.84
5.2 Petersen,C.:Knicklängen biegesteifer Stabtragwerke. Bautechnik 48(1971),S.387-392 u.49(1972),S.14-20
5.3 Schmid,E.,Kuhn,R.u.Lurtz,A.:Stabilitätsfälle im Skelettbau. Bautechnik 55(1978), S.42-48
5.4 Sahmel,P.:Näherungsweise Berechnung von Knickstäben mit veränderlicher Normalkraft. Stahlbau 25(1956),S.194-199
5.5 Usinger,P.:Beiträge zur Knicktheorie. Eisenbau 9(1918),S.169-183u.S.200-208
5.6 Borros,P.:Verallgemeinerte Grundformeln der EULERschen Knickfälle, Stahlbau 7(1934), S.10-13
5.7 Ljungberg,K.:Beitrag zur Berechnung auf Knickung beanspruchter Rahmengebilde. Eisenbau 11(1920),S.243-251
5.8 Puwein,M.G.:Die Knickfestigkeit des Stockwerkrahmens. Stahlbau 9(1936),S.201-203, 10(1937),S.7-8u.11(1938),S.118-120
5.9 Enneper,P.:Die Stabilität von Rahmenträgern. Bauingenieur 26(1951),S.300-306
5.10 Isenburg,W.:Beitrag zum Stabilitätsnachweis von Druckgliedern mit biegesteifen Querriegeln. Bautechnik 44(1967),S.339-344
5.11 Bültmann,W.:Die Stabilität des Dreigelenkrechteckrahmens. Stahlbau 14(1941),S.3-10 u.S.24-27u.15(1942),S.24
5.12 Schmidt,G.:Knickuntersuchung von Rahmenstielen. Stahlbau 15(1942),S.45-47
5.13 Schmidt,G.:Die Stabilität des Zweigelenkrahmens mit ungleichen Stielen. Stahlbau 17 (1944),S.69-70
5.14 Zöphel,J.:Knicklängenbeiwerte von Stielen unsymmetrischer Rechteckrahmen. Bauingenieur 47(1972),S.52-55
5.15 Hain,H.u.Stern,J.:Zur Knickstabilität des symmetrischen Trapezrahmens mit horizontal elastisch gestütztem Riegel. Bauingenieur 39(1964),S.277-279
5.16 Schineis,M.:Lehrumdrucke der FHS München (nichtveröffentlicht), München 1965
5.17 Habel,A.:Die Knicklängen elastisch eingespannter Kranbahnstützen. Beton- und Stahlbetonbau 63(1968),S.226-227
5.18 Eibl,J.:Knicklänge der Kragstütze mit sprunghaft veränderlichem Trägheitsmoment. Beton- und Stahlbetonbau 63(1968),S.132-134
5.19 Schutte,A.:Kragstützen mit veränderlicher Druckkraft und veränderlichem Querschnitt, Beitrag zur direkten Bemessung nach Theorie II.Ordnung. Bautechnik 54(1977),S.113-118
5.20 Sievers,H.:Die Knickfestigkeit elastisch eingespannter Stäbe. Stahlbau 13(1940), S.48-52u.S.61-63
5.21 Heckenroth,H.:Knickung von zwei sich gegenseitig abstützenden Stäben. Stahlbau 23 (1954),S.242-245
5.22 Heimeshoff,B.u.Krabbe,E.:Zur statischen Berechnung des Kehlbalkendaches mit verschieblichen Kehlbalken. Bautechnik 46(1969),S.197-210
5.23 Heimeshoff,B.:Zur statischen Berechnung des Kehlbalkendaches mit unverschieblichen Kehlbalken. Bautechnik 46(1969),S.197-210
5.24 Meurer,R.:Tabellen zur Berechnung und Bemessung von Kehlbalkendächern. Bautechnik 41(1964),S.235-238
5.25 Stoy,K.-H.:Tabellenwerte zur Berechnung von Kehlbalkendächern. Bautechnik 41(1964), S.238-244
5.26 Thomsen,P.:Beitrag zur Berechnung von Dreieckrahmen mit angehobenem Zugband (Kehlbalkendächer). Bauingenieur 42(1967),S.262-263
5.27 Halász,R.v.,Cziesielski,E.,Lindner,J.u.Slomski,W.:Bemessungstafeln für hölzerne Dachkonstruktionen. Berlin:W.Ernst u.Sohn 1972
5.28 Zöphel,J.:Knicklängen von Zwei-Feld-Druckstäben. Bautechnik 47(1970),S.233-238
5.29 Bauer,F.:Zur Bestimmung der Knicklast einer Stützenreihe. Bauingenieur 39(1964), S.19-22
5.30 Hangan,M.:Beitrag zur Frage der Knickberechnung von Kranbahnstützen. Bautechnik 42 (1965),S.386-388
5.31 Haker,H.:Zur Bestimmung der Knicklasten gekoppelter Stützen. Bauplanung-Bautechnik 28(1974),S.552-555
5.32 Opladen,K.:Rahmenformeln. Bau und Bauindustrie 20(1967),S.22-24,73-76u.180-182
5.33 Beck,H.u.König,G.:Haltekräfte im Skelettbau. Beton- und Stahlbetonbau 62(1967),S.7-15u.S.37-42. - König,G.:Ein Beitrag zur Berechnung aussteifender Bauteile von Skelettbauten. Diss.TH Darmstadt 1966
5.34 Lohse,G.:Beitrag zur Berechnung von elastisch eingespannten, schlanken Bauteilen als Gebäudeaussteifung. Beton- und Stahlbetonbau 65(1970),S.294-297
5.35 Keintzel,E.:Haltekräfte unter Berücksichtigung von Fundamentdrehungen und Rahmensteifigkeiten. Beton- und Stahlbetonbau 66(1971),S.277-278
5.36 Rosman,R.:Knicklasten von Hochbauten und Schnittkräfte nach Theorie II.Ordnung unter Berücksichtigung der Verformungen der Grundkörperunterlage. Beton- und Stahlbetonbau 69(1974),S.117-122
5.37 Hoenig,K.:Die Knicksicherheit der Halbrahmen in den Endfeldern der Druckgurtverbände von Brückentragwerken. Bautechnik 20(1942),S.176-180
5.38 Dabrowski,R.:Knicksicherheit des Portalrahmens bei eintretender Richtungsänderung im Kraftangriff. Bauingenieur 35(1960),S.178-182
5.39 Klöppel,K.,Esslinger,M.u.Kollmeier,H.:Die Berechnung eingespannter und fest mit dem Kabel verbundener Hängebrückenpylonen bei Beanspruchung in Brückenlängsrichtung. Stahlbau 34(1965),S.358-361
5.40 Hertwig,A.u.Pohl,K.:Die Stabilität der Brückenendrahmen. Stahlbau 9(1936),S.129-131
5.41 Beer,H.:Stabilitätsberechnung der geknickten, mittleren Portale von durchlaufenden Fachwerkbrücken mit Rhombenausfachung. Stahlbau 17(1944),S.23-25

5.42 Shen,M.-K.:Über den Einfluß der Lastangriffshöhe auf den Knickwert des EULERschen Stabes. Bauingenieur 37(1962),S.428
5.43 Willers,J.A.:Das Knicken schwerer Gestänge. ZAMM 21(1941),S.43-51
5.44 Engelhardt,H.:Die einheitliche Behandlung der Stabknickung mit Berücksichtigung des Stabeigengewichts. Stahlbau 23(1954),S.80-84
5.45 Bültmann,W.:Die Knickfestigkeit des geraden Stabes mit veränderlicher Druckkraft. Stahlbau 17(1944),S.49-50
5.46 Bültmann,W.:Die Knickfestigkeit des geraden Stabes mit veränderlicher Druckkraft bei elastischer Einspannung. Stahlbau 20(1951),S.50-52
5.47 Reinitzhuber,F.:Näherungsformeln für das Knicken von Stäben mit linear veränderlicher Längskraft. Abh.IVBH 13(1953),S.301-319
5.48 Falk,S.:Knicken gerader Stäbe unter Eigengewicht. Ing.-Archiv 43(1974),S.110-117
5.49 Gere,M.u.Carter,W.:Critical buckling load for tapered columns. Proc.ASCE,Jour.of Struct.Div.88(1962),S.1-11
5.50 Kayser,H.:Knickwiderstand von Druckstäben mit veränderlichem Querschnitt. Eisenbau 1(1910),S.451-457u.7(1916),S.1-8
5.51 Tölke,F.:Über die Bemessung von Druckstäben mit veränderlichem Querschnitt. Bauingenieur 11(1930),S.500-506
5.52 Lockschin,A.:Über die Knickung eines doppelwandigen Druckstabes mit parabolisch veränderlicher Querschnittshöhe. ZAMM 10(1930),S.160-166
5.53 Dimitrov,N.:Ermittlung konstanter Ersatz-Trägheitsmomente für Druckstäbe mit veränderlichen Querschnitten. Bauingenieur 28(1953),S.208-211
5.54 Deutsch,E.:Einfache Berechnung der Knicklast gerader Stäbe mit beliebig veränderlichem Trägheitsmomentenverlauf. Stahlbau 22(1953),S.224-226
5.55 Falk,S.:Die Knickformeln für den Stab mit Teilstücken konstanter Biegesteifigkeit. Ing.-Archiv 24(1950),S.85-91
5.56 Kollbrunner,C.F.,Milosavljević,S.u.Hajdin,N.:Knickdiagramme für Stäbe mit sprungweise veränderlichem Trägheitsmoment. Zürich:Leemann-Verlag 1960
5.57 Fadle,J.:Eine Anwendung der Methode der Problemumkehrung auf die Knickung des geraden Stabes mit veränderlichem Querschnitt. Ing.-Archiv 32(1963),S.373-387
5.58 Stolle,H.-W.:Gleichmäßig elastisch gebettete Tragwerke unter Quer- und Axialbelastung. Habil.-Arbeit Uni Rostock 1960
5.59 Stolle,H.-W.:Elastisch gebettete Träger und Rahmen unter Quer- und Axialbelastung. Bautechnik 39(1962),S.20-29
5.60 Maier,K.:Das Verfahren der Übertragungsmatrizen für kontinuierlich gebettete Druckstäbe. Dipl.-Arbeit Lehrstuhl f.Stahlbau TU München 1976 (unveröffentlicht)
5.61 Engesser,F.:Zusatzkräfte und Nebenspannungen.Bd.II. Berlin:Springer 1893
5.62 Engesser,F.:Sicherung offener Brücken gegen Ausknicken. Zbl.Bauverwaltung 4(1884), S.145-149
5.63 Engesser,F.:Versuche und Untersuchungen über den Knickwiderstand des seitlich gestützten Stabes. Eisenbau 9(1918),S.28-34
5.64 Zimmermann,H.:Die Knickfestigkeit der Druckgurte offener Brücken. Berlin:W.Ernst u. Sohn 1910
5.65 Chwalla,E.:Die Stabilität eines elastisch gebetteten Druckstabes. ZAMM 7(1927), S.276-284;vgl.auch:Bauingenieur 10(1929),S.443-448
5.66 Schweda,F.:Die Bemessung des Endquerrahmens offener Brücken. Bauingenieur 9(1928), S.535-537
5.67 Cornelius,W.:Zur Berechnung der Druckgurte und Querrahmen von Trogbrücken. Bautechnik 24(1947),S.25-29;vgl.auch Stahlbau 17(1944),S.91-93u.S.97-100
5.68 Hetényi,M.:Beams on elastic foundation,2.ed. Ann Arbor:University of Michigan Press 1967
5.69 Freud,A.:Die Knicksicherheit gekreuzter Fachwerkstäbe. Eisenbau 11(1920),S.285-290
5.70 Wansleben,F.:Beitrag zur Berechnung von Konsolstreben. Eisenbau 12(1921),S.322-326
5.71 Melan,E.:Zur Berechnung von Flachmasten auf Knickung aus der Tragwandebene. Elektrotechn.Zeitschrift 55(1934),S.318-319
5.72 Müller,E.:Knicken eines Bockes aus seiner Ebene heraus. Bautechnik 32(1955),S.301-303
5.73 Melan,E.:Die Berechnung von Flachmasten unter Berücksichtigung der Knickgefahr senkrecht zur Kraftebene. Elektrotechn.Zeitschrift 42(1921),S.1187-1188
5.75 Fillunger,P.:Über die EULERschen Knickbedingungen für Stäbe mit Schneidenlagerung. ZAMM 6(1926),S.294-308
5.76 Ratzersdorfer,J.:Die Knickfestigkeit von Stäben und Stabwerken(S.246). Wien:J.Springer 1936
5.77 Ziegler,H.:Die Knickung des schief gelagerten Stabes. Schweiz.Bauztg.66(1948),S.87-89
5.78 Ziegler,H.:Die Knickung des verwundenen Stabes. Schweiz.Bauztg.66(1948),S.463-465
5.79 Hui,E.:Knickung verwundener Stäbe unter Druck. Österr.Ing.-Archiv 9(1955),S.288-319
5.80 Fischer,W.:Knickung verwundener und versetzter Knickstäbe. Stahlbau 39(1970),S.51-54 (Diss.TH Karlsruhe 1968)
5.81 Leipholz,H.:Knickung verwundener Stäbe unter Druck,einer konservativen, kontinuierlichen und gleichmäßig verteilten Belastung. Ing.-Archiv 29(1960),S.262-279
5.82 Nixdorff,K.:Neuere Ergebnisse zur Knickung verwundener Stäbe. Ing.-Archiv 36(1967), S.126-134 (Diss.TH Karlsruhe 1967)
5.83 Nixdorff,K.:Zur Knickung verwundener Stäbe bei zusammengesetzter Belastung. Ing.-Archiv 37(1968),S.92-98
5.84 Bass,D.u.Nixdorff,K.:Die Knickung verwundener Stäbe als technisches Beispiel der Schäferschen Theorie zweiparametriger Eigenwertprobleme. Ing.-Archiv 37(1968),S.149-155
5.85 Bürklin,H.,Schmieg,H.u.Vielsack,P.:Zur Anwendung der Störungsrechnung auf lineare Eigenwertprobleme der Stabstatik. Ing.-Archiv 46(1977),S.271-280
5.86 Nicolai,E.L.:Über die Stabilität des zu einer Schraubenlinie gebogenen und gedrillten Stabes. ZAMM 6(1926),S.30-43

5.87 Link,H.:Über den geraden Druckstab in Flüssigkeit. Ing.-Archiv 31(1962),S.149-167 u.S.452
5.88 Lücking,G.:Untersuchung von Knickstäben unter Flüssigkeitsdruck. Diss.TH Aachen 1951
5.89 Link,H.:Über den geraden Knickstab mit begrenzter Durchbiegung. Ing.-Archiv 22(1954), S.237-250
5.90 Hapel,K.-H.:Festigkeitsberechnung an langen Drilling-Riser zur Erdölexploration. Stahlbau 45(1976),S.161-170

6 AUSGEWÄHLTE BAUKONSTRUKTIONEN

6.1 Likar,O.:Die konischen Stäbe, ihre Elastizitätsgleichungen und Verformungen. Bautechnik 41(1964),S.348-350
6.2 Likar,O.:Über das Knicken der Stäbe mit keilförmigem Profil. Bautechnik 44(1967), S.100-106
6.3 Likar,O.:Verformungsmomente und Knicklasten hoher konischer Türme. Beton- und Stahlbetonbau 63(1968),S.125-132u.S.160-165
6.4 Likar,O.:Knicklast am schmalen Fuß eingespannter, am Kopf beweglicher, konischer Stäbe. Beton- und Stahlbetonbau 64(1969),S.220-221
6.5 Likar,O.:Kritische Eigengewichtslasten am Fuß eingespannter keilförmiger Stäbe von konstanter Breite. Beton- und Stahlbetonbau 66(1971),S.128-131
6.6 Glück,J.:The buckling load of an elastically supported contilerered column with continuously varying cross section and distributed axial load. Ing.Archiv 42(1973), S.355-359
6.7 Mladenov,K.:On the stability of a bar loaded by parabolically distributed axial loading. Stahlbau 48(1979),S.78-81
6.9 Luchner,H.:Stabilitätsberechnung hoher Brückenpfeiler am Beispiel der Siegtalbrücke Eiserfeld. Beton- und Stahlbetonbau 62(1967),S.32-37
6.10 Topaloff,B.:Berechnung schlanker Betonstützen mit veränderlichem Querschnitt nach Theorie II.Ordnung. Beton- und Stahlbetonbau 65(1970),S.63-65
6.11 Baldauf,H.: Betrachtungen zum Entwurf hoher Pfeiler nach Theorie II.Ordnung und Traglastverfahren. Bauingenieur 46(1971),S.98-102
6.12 Werner,H.:Rechnerorientierte Nachweise an schlanken Massivbauwerken. Beton- und Stahlbetonbau 73(1978),S.263-268
6.13 Zies,K.-W.:Stabilität von Stützen mit Rollenlagern. Beton- und Stahlbetonbau 65 (1970),S.297-299
6.14 Rieckmann,H.-P.:Einfluß der Lagerkonstruktion auf die Knicklänge von Pfeilern. Straße Brücke Tunnel 22(1970),S.36-42u.S.270-272
6.15 Rieckmann,H.-P.:Berechnung der Knicklängen einer gekoppelten Stützenreihe. Straße Brücke Tunnel 23(1971)
6.16 Eggert,H.,Grote,J.u.Kauschke,W.:Lager im Bauwesen,Bd.I. Berlin:W.Ernst u.Sohn 1974; vgl. insbesondere den Beitrag von Rieckmann,H.-P.:Einfluß der Lager auf die Stabilität der Bauwerke,S.82-87
6.17 Liermann,K.:Das Trag- und Verformungsverhalten von Stahlbetonbrückenpfeilern mit Rollenlagern, DAfSt Heft 226. Berlin:W.Ernst u.Sohn 1976
6.18 Beck,H.: Ein neues Berechnungsverfahren für gegliederte Scheiben, dargestellt am Beispiel des Vierendeelträgers. Bauingenieur 31(1956),S.436-443
6.19 Beck,H.:Ein Beitrag zur Berechnung regelmäßig gegliederter Scheiben. Ing.-Archiv 26(1958),S.343-357
6.20 Rosman,R.:Beitrag zur statischen Berechnung waagrecht belasteter Querwände bei Hochbauten. Bauingenieur 35(1960),S.133-136
6.21 Mann,W.:Die Berechnung regelmäßiger Windrahmen in geschlossener Form mit Hilfe von Differenzengleichungen. Bauingenieur 36(1961),S.108-113
6.22 Rosman,R.:Beitrag zur statischen Berechnung waagerecht belasteter Querwände bei Hochbauten. Bauingenieur 37(1962),S.24-26u.S.303-308
6.23 Rosman,R.:Systeme aus durchbrochenen Wänden und Stockwerkrahmen. Bautechnik 41 (1964),S.51-54
6.24 Rosman,R.:Die statische Berechnung von Hochhauswänden mit Öffnungsreihen. Bauingenieur-Praxis,Heft 65. Berlin:W.Ernst u.Sohn 1965;(Zahlentafeln:Heft 66)
6.25 Rosman,R.:Statik und Dynamik der Scheibensysteme des Hochbaues. Berlin:Springer 1968
6.26 Rosman,R.:Faltwerke als aussteifende Systeme bei Hochbauten. Bauingenieur 42(1967), S.55-66u.44(1969),S.397-406
6.27 Rosman,R.:Untersuchung von Hochhäusern mit Tragsystem aus einem mittigen Kern und raumabschließenden Stockwerkrahmen. Beton- und Stahlbetonbau 64(1969),S.284-291
6.28 Stiller,M.:Verteilung der Horizontalkräfte auf die aussteifenden Scheibensysteme von Hochhäusern. Beton- und Stahlbetonbau 60(1965),S.42-45
6.29 Hoeland,G.:Beitrag zur Berechnung wandartiger Scheiben. Beton- und Stahlbetonbau 64(1969),S.124-126
6.30 Avram,C.,Anastasecu,D.,Mirsu,O.u.Munteau,J.:Untersuchungen zur Berechnung und zum Verhalten der aus Rahmen und Scheiben gebildeten Stahlbetontragwerke für Hochhäuser unter Horizontallasten. Beton- und Stahlbetonbau 65(1970),S.148-153
6.31 Horăcek,E.:Räumliche Scheibensysteme mit Öffnungsreihen bei Hochbauten. Bauingenieur 45(1970),S.447-452,46(1971),S.400-404u.49(1974),S.77-83
6.32 Cakiroglu,A.u.Cetmeli,E.:Zur Berechnung von durchbrochenen tragenden Wänden mit mehreren Öffnungsreihen unter horizontalen Lasten. Beton- und Stahlbetonbau 69 (1974),S.143-148u.S.255-261
6.33 Keintzel,E.:Vereinfachte Berechnung von Wandscheibenbauten unter Berücksichtigung plastischer Riegelverformungen. Beton- und Stahlbetonbau 70(1975),S.143-146
6.34 Rosman,R.:Rahmentragwerke mit geschoßhohen Wandriegeln. Bautechnik 55(1977),S.154-166
6.35 Rosman,R.:Mechanik der Tragwerke auf Stützen gelagerter Wandscheiben. Bauingenieur 52(1977),S.443-449

6.36 König,G.:Hochhäuser aus Stahlbeton,in:Betonkalender 1975,Teil II,S.746-939. Berlin: W.Ernst u.Sohn 1975
6.37 Paschen,H.:Das Bauen mit Beton-, Stahlbeton- und Spannbetonfertigbauteilen,in: Betonkalender 1975,Teil II,S.575-744. Berlin:W.Ernst u.Sohn 1975
6.38 Internationaler Hochhausbericht. Wiesbaden:Bauverlag 1975;vgl.insbesondere:Beck,H. u.Zilch,K.:Stabilität,S.262-280
6.39 Deutsche Konferenz Hochhäuser (Vorber.). Wiesbaden:Bauverlag 1975
6.40 Fey,J.:Vereinfachte Berechnung von Rahmensystemen des Skelettbaues nach der Theorie II.Ordnung. Bauingenieur 41(1966),S.231-238
6.41 Beck,H.u.König,G.:Haltekräfte im Skelettbau. Beton- und Stahlbetonbau 62(1967),S. 7-15u.S.37-42;vgl.auch:König,G.:Diss.TH Darmstadt 1966
6.42 Beck,H.,König,G.u.Reeh,H.:Kenngrößen zur Beurteilung der Torsionssteifigkeit von Hochhäusern. Beton- und Stahlbetonbau 63(1968),S.268-277; vgl.auch Reeh,H.:Diss.TH Darmstadt 1970
6.43 Beck,H.u.Schäfer,H.G.:Die Berechnung von Hochhäusern durch Zusammenfassung aller aussteifenden Bauteile zu einem Balken. Bauingenieur 44(1969),S.80-87;vgl.auch Schäfer,H.G.:Diss.TH Darmstadt 1969
6.44 Imhoff,L.:Ein Beitrag zur Berechnung aussteifender Bauteile von Hochhäusern unter Berücksichtigung des Stahlbeton-Werkstoffverhaltens. Diss.TH Darmstadt 1970
6.45 Schrefler,B.:Zur Berechnung aussteifender Systeme allgemeiner Art von Hochhäusern. Beton- und Stahlbetonbau 66(1971),S.213-219
6.46 Keintzel,E.:Haltekräfte unter Berücksichtigung von Fundamentdrehungen und Rahmensteifigkeiten. Beton- und Stahlbetonbau 66(1971),S.277-278
6.47 Rosman,R.:Knicklasten von Hochbauten und Schnittkräfte nach Theorie II.Ordnung unter Berücksichtigung der Verformungen der Grundkörperunterlage. Beton- und Stahlbetonbau 69(1974),S.117-122
6.48 Schiefner,R.:Beiträge zur baumechanischen Analysis von Aussteifungssystemen des Hochbaues. Diss.TH Dresden 1975
6.49 Brandt,B.,Schäfer,H.G.u.Reeh,H.:Zum Stabilitätsnachweis von Hochhäusern. Beton- und Stahlbetonbau 70(1975),S.211-223
6.50 Brandt,B.:Zur Beurteilung der Gebäudestabilität nach DIN 1045. Beton- und Stahlbetonbau 71(1976),S.177u.178
6.51 Brandt,B.:Zur Berechnung der haltenden Bauteile von Hochhäusern. Mitteilungen aus dem Institut für Massivbau der TH Darmstadt,H.18. Berlin:W.Ernst u.Sohn 1976
6.52 Reeh,H.:Terrassen-Bürogebäude in Sulzbach am Taunus. Beton- und Stahlbetonbau 71 (1976),H.10,S.233-237
6.53 Fajfar,P.:Numerisches Verfahren zur statischen, dynamischen und Stabilitätsberechnung von Hochhäusern.Bautechnik 55(1977),S.37-42
6.54 Link,J.u.Steinfurth,R.:Zum Stabilitätsnachweis von Hängehochhäusern. Beton- und Stahlbetonbau 72(1977),S.43-48
6.55 Brandt,B.u.Schwing,H.:Kriterien zur Vernachlässigung des Windnachweises für Gebäude mit Wänden aus Ortbeton, Fertigteilen und Mauerwerk. Beton- und Stahlbetonbau 72 (1977),S.53-59
6.56 Ambos,G.:Zur wirklichkeitsnahen Berechnung aussteifender Bauteile von Hochhäusern. Diss.TH Darmstadt 1977
6.58 Augustin,D.:Vorschlag für die Stabilitätsuntersuchung einer Stahlbetonwand mit Aussteifungspfeilern. Beton- und Stahlbetonbau 72(1973),S.72-74
6.59 Graf,O.:Versuche mit Schraubenverbindungen.Ber.DASt,H.16. Berlin:Springer 1951-Schmidt,W.:Schlupfverhalten von Stößen mit hochfesten Schrauben. Bauingenieur 31 (1956),S.352-355 - Steinhardt,O.u.Möhler,K.:Versuche zur Anwendung vorgespannter Schrauben im Stahlbau,Teil I-III. Köln:Stahlbau-Verlag 1958/62
6.60 Möhler,K.:Erläuterungen zu DIN 1052. Karlsruhe:Bruderverlag 1971
6.61 Nather,A.:Schubsteifigkeit,in:Probleme des Traggerüstbaues,S.87-103.VDI-Berichte 245. Düsseldorf:VDI-Verlag 1975
6.62 Pauli,M.-L.:Einfluß der Dehnsteifigkeit auf die Stabilität schlanker Hochbaukonstruktionen. Dipl.-Arbeit Lehrstuhl für Stahlbau, TU München 1977(unveröffentlicht)
6.65 Coppel,Th.,Coulon,J.J.u.Hohnholz,E.:Stahlrohrgerüste. Wiesbaden:Bauverlag 1969
6.66 Brand,E.R.:Falsework and access scaffoeds in tubular steel. New York:McGraw-Hill 1975
6.67 Schomburg,W.:Haltekräfte von Gerüsten. Stahlbau 33(1964),S.191-192
6.68 Klöppel,K.u.Schubert,J.:Nichtlinear wirksame Drehfeder-Kupplungen in Stahlrohrgerüsten. Stahlbau 34(1965),S.321-329
6.69 Eibl,J.:Erläuterung der Ergänzenden Bestimmungen zu DIN 4420. Mitt.Inst.f.Bautechnik 5(1974),S.97-100
6.70 Scheer,J.u.Ullrich,U.:Zum Abschnitt 4.10 der Ergänzenden Bestimmungen für Traggerüste (Fassung September 1973) nach DIN 4420(1952). Mitt.Inst.f.Bautechnik 5(1974),S.100-101
6.71 Ullrich,U.:Beispiel für die Güte von üblichen Näherungen für die Berechnung von Traggerüstjochen;in:Probleme des Traggerüstbaues. VDI-Bericht 245. Düsseldorf:VDI-Verlag 1975
6.72 Schubert,J.:Stabilitätsprobleme schubweicher Gerüste unter Berücksichtigung der Lagerungsbedingungen;in:Probleme des Traggerüstbaues. VDI-Bericht 245. Düsseldorf: VDI-Verlag 1975
6.73 Scheer,J.u.Peil,U.:Zum Tragverhalten von Lehrgerüst-Rahmenstützen bei unterschiedlichen Senkungen ihrer Stielfüße. Bauingenieur 53(1978),S.343-347
6.74 Fleischhaker,W.:Stabilität von Stützenjochen. Straße Brücke Tunnel 26(1974),S.98-102
6.75 Möhler,K.u.Schelling,W.:Zur Bemessung von Knickverbänden und Knickaussteifungen im Holzbau. Bauingenieur 43(1968),S.43-48,188,272u.431
6.76 Beck,H.u.Schneider,K.H.:Die aussteifende Wirkung aufgenagelter Bretterschalungen bei gedrückten Gurten. Bauingenieur 44(1969),S.22-27
6.77 Gerold,W.:Zur Frage der Beanspruchung von stabilisierenden Verbänden und Trägern. Stahlbau 32(1963),S.278-281

6.78 Zietz,W.:Aussteifung von Fußgängerbrücken aus Holz. Bautechnik 55(1978),S.145-147
6.79 Zietz,W.:Räumliche Wirkung von Windverbänden bei Dreigelenkrahmen. Bautechnik 55 (1978),S.169-171
6.80 Zietz,W.:Abschätzung der Endverbandbelastung aus dem Lastfall "vertikale Last" bei Holzbrücken mit oben liegender Gehbahn. Bautechnik 55(1978),S.404-406
6.81 Merkblatt 203 der Beratungsstelle für Stahlverwendung:Stahltrapezbleche für Dach und Wand. 4.Aufl.(1977)
6.82 Steinhardt,O.u.Einsfeld,U.:Trapezblechscheiben im Stahlhochbau - Wirkungsweise und Berechnung. Bautechnik 47(1970),S.331-335
6.83 Fischer,M.:Überdachung der Haupttribüne des Stuttgarter Neckarstadions. Stahlbau 43 (1974),S.97-106
6.84 Eggert,H.u.Kanning,W.:Feinblech aus Stahl für ebene Dächer. Bauingenieur 54(1979), S.165-175
6.85 Baehre,R.:Besonderheit des Tragverhaltens dünnwandiger Stahlprofilbleche. Beratungsstelle für Stahlverwendung, Düsseldorf 1977
6.86 Fischer,M.:Zum Tragverhalten und Einsatz von Trapezprofilblechscheiben. Berichte aus Forschung und Entwicklung,Bericht Heft 4,S.17-25. Köln:Stahlbau-Verlag 1977
6.87 Klöppel,K.,Obenauer,P.W.u.Protte,W.:Zum Beulproblem profilierter Bleche. Stahlbau 30(1961),S.328-332
6.88 Schardt,R.:Eine Erweiterung der technischen Biegelehre für die Berechnung biegesteifer prismatischer Faltwerke. Stahlbau 35(1966),S.161-171u.S.384
6.89 Strehl,C.:Berechnung regelmäßig periodisch aufgebauter Faltwerksquerschnitte unter Schubbelastung am Beispiel des Trapezbleches. Diss.TH Darmstadt 1976
6.90 Schardt,R.u.Strehl,C.:Theoretische Grundlagen für die Bestimmung der Schubsteifigkeit von Trapezblechen - Vergleich mit anderen Berechnungsansätzen und Versuchsergebnissen. Stahlbau 45(1976),S.97-108
6.91 Eggert,H.,Kanning,W.u.Wiedemann,L.:Zulassungsbedürftige Baustoffe, Bauteile und Bauarten-Fortsetzungsreihe-Metallbau,Lager,Verbundbau. Mitt.Inst.f.Bautechnik 5(1976), S.131-134
6.92 Eggert,H.,Krüger,F.u.Manleitner,S.:Allgemeine bauaufsichtliche Zulassungen für Deckenkonstruktionen. Bundesbaublatt 1977,S.219-226
6.93 Crisinel,M.:Scheibenwirkung von Decken-,Dach-und Fassadenprofilblechen (Überblick über die Berechnungsmethoden,Beispiele). Zürich, Schweizerische Zentralstelle für Stahlbau 1975
6.94 European recommendations for the stressed skin design of steel structures, Veröffentlichung Nr.19,ECCS-XV I-77-1E,März 1977
6.95 Großberndt,H.u.Kniese,A.:Untersuchungen über Querkraft- und Zugkraftbeanspruchungen sowie Folgerungen über kombinierte Beanspruchungen von Schraubenverbindungen bei Stahlprofil-Konstruktionen. Stahlbau 44(1975),S.289-300u.S.344-351
6.96 Heisse,D.:Aussteifende Wirkung genagelter Brettscheiben. Bautechnik 45(1968),S.260-262
6.97 Möhler,K.:Erläuterungen zu DIN 1052. Karlsruhe:Bruder-Verlag 1971
6.98 Heckeroth,H.:Über die aussteifende Wirkung einlagiger genagelter Brettscheiben. Bautechnik 46(1969),S.401-405
6.100 Bamm,D.:Zur Frage der Bemessung von Druckgurtverbänden von Rüstbindern. Mitt.Inst. f.Bautechnik 7(1976),S.1-2
6.101 Mises,R.v.u.Ratzersdorfer,J.:Die Knicksicherheit von Fachwerken. ZAMM 5(1925),S.218-235
6.102 Borkmann,K.:Kurventafeln für den Stabilitätsnachweis ebener Stabgruppen. Luftfahrtforschung 14(1937),S.86-92
6.103 Sattler,K.:Das Verfahren von Slavin zur Untersuchung der Stabilität ganzer Fachwerksysteme. Bautechnik 30(1953),S.222-232
6.104 Resinger,F.:Zur Stabilität von torsionssteifen Fachwerkfüllstäben, insbesondere aus Rundstahl. Stahlbau 34(1963),S.18-22
6.105 Gsell,G.:Betrachtungen zur Knicklänge von Fachwerkstäben. Köln:Stahlbau-Verlag 1969
6.106 Sattler,K.:Lehrbuch der Statik,2.Bd.:Höhere Berechnungsverfahren,Teil B:Stabilität und Schwingungen. Berlin:Springer 1975
6.107 Meissnest,H.:Beitrag zur Berechnung der Traglast von Fachwerkträgern. Diss.TH Stuttgart 1968
6.108 Girkmann,K.u.Königshofer,E.:Die Hochspannungsfreileitung. Wien:Springer 1952
6.109 Rieger,H.u.Fischer,R.:Der Freileitungsbau,2.Aufl. Berlin:Springer 1975
6.110 Föppl,L.:Über das Ausknicken von Gittermasten, insbesondere hohen Funktürmen. ZAMM 13(1933),S.1-10
6.111 Gutkowski,W.:The stability of lattice struts. ZAMM 43(1963),S.284-286
6.112 Carpena,A.u.a.:Angles in lattice transmission towers, in:EKS Second international colloquium on stability, Introductory Report [0.52]
6.113 Ramm,W.:Beitrag zum Stabilitätsnachweis für gekreuzte Fachwerkstäbe für Knicken rechtwinklig zur Fachwerkebene. Stahlbau 48(1979),S.165-168
6.114 Schineis,M.u.Petersen,C.:Kippen freier Fachwerkträger unter Berücksichtigung biege- und torsionssteifer Füllstäbe; Lösung mittels des Galerkin-Verfahrens. Bautechnik 52 (1975),S.289-296
6.115 Dubas,P.:Zuschrift zu [6.114], Bautechnik 53(1976),S.251-252
6.116 Klöppel,K.,Friemann,H.u.Reuschling,D.:Beitrag zur Berechnung der Stabilität beliebig gelagerter zweigurtiger Fachwerkträger und Vollwandträger mit Querschnittsverformung gegen Ausweichen aus der Tragwerksebene. Heft 8,Veröffentl.d.Inst.f.Statik und Stahlbau der TH Darmstadt 1969
6.117 Bleich,F.:Theorie und Berechnung eiserner Brücken. Berlin:Springer 1924
6.118 Schibler,W.:Das Tragvermögen der Druckgurte offener Fachwerkbrücken mit parallelen Gurtungen. Mitt.Inst.f.Baustatik ETH Zürich Nr. 19. Zürich:Leemann 1946
6.119 Klöppel,K.u.Ebel,H.:Beitrag zur Trogbrückenuntersuchung pfostenloser Strebenfachwerke. Stahlbau 32(1963),S.225-233

6.120 Klöppel,K.u.Möll,R.:Stabilitätsberechnung von Trogbrücken mit pfostenlosen Fachwerkhauptträgern. Stahlbau 36(1967),S.236-244
6.121 Hilbers,F.-J.:Tafeln zur näherungsweisen Bestimmung der Knicklast von Trogbrücken mit pfostenlosen Fachwerkhauptträgern. Stahlbau 46(1977),S.103-113
6.122 Kriso,K.:Knickberechnung mehrfeldriger, in Feldgrenzen beliebig gestützter Druckstäbe. Abh.IVBH 6(1940/41),S.139-176;vgl.auch Stahlbau 14(1941),S.117-122u.15(1942), S.5-8
6.123 Cornelius,W.:Zur Berechnung der Druckgurte und Querrahmen von Trogbrücken. Bautechnik 24(1948),S.25-29;vgl.auch Stahlbau 17(1944),S.91-93u.S.97-100 (Diss.TH Darmstadt 1943)
6.124 Hawranek,A.u.Steinhardt,O.:Theorie und Berechnung der Stahlbrücken. Berlin:Springer 1958
6.125 Haupt,W.u.Kleinschmidt,H.-J.:Die Alleestraßenbrücke in Wanne-Eickel;erste Ausführung einer Mittelträgerbrücke. Stahlbau 24(1955),S.1-7
6.126 Schmidt,G.:Über die Knicksicherheit des Obergurtes einer Mittelträgerbrücke. Bautechnik 26(1949),S.10-13
6.127 Stier,W.,Hafke,B.,Spelzhaus,H.u.Wohlers,G.:Die neue Eisenbahnbrücke über die Süderelbe als Beispiel einer Fachwerkmittelträgerbrücke. Stahlbau 46(1977),S.1-12
6.128 Schock,H.J.:Untersuchungen zur Tragfähigkeit von seilverspannten Druckstäben durch geometrisch nichtlineare Berechnung mit finiten Stabelementen. Stahlbau 47(1978), S.183-187
6.129 Belenja,E.J.:Vorgespannte Metallkonstruktionen. Berlin:VEB-Verlag für Bauwesen 1966
6.130 Ferjencik,P.u.Tochacek,M.:Die Vorspannung im Stahlbau. Berlin:W.Ernst u.Sohn 1975
6.131 Köppl,J.:Das Sicherheitsproblem bei vorgespannten Stahlkonstruktionen. Dipl.-Arbeit Lehrstuhl für Stahlbau,TU München 1975 (unveröffentlicht)
6.132 Karpinski,J.:Eine neue Möglichkeit der Vergrößerung der Knicklast eines zentrisch belasteten Stabes. Abhl.IVBH XI(1951),S.291-302
6.133 Czitary,E.:Knickung vorgespannter Stäbe. Österr.Bauzeitschrift 12(1957),S.14-18
6.134 Chu,K.-H.a.Berge,S.:Analysis and design of struts with tension ties.Proc.ASCE,Jour.of Struct.Div.89(1963),ST1,S.127-163
6.135 Mauch,H.a.Felton,L.:Optimum design of columns supported by tension ties. Proc.ASCE 93(1967),ST 3,S.201-220
6.136 Petersen,C.:Abgespannte Maste und Schornsteine;Bauing.-Praxis,Heft 76. Berlin:W. Ernst u.Sohn 1970
6.137 Ernst,H.-J.:Der E-Modul von Seilen unter Berücksichtigung des Durchhanges. Bauingenieur 40(1965),S.52-55
6.138 Scheer,J.u.Ullrich,U.:Zur Berechnung abgespannter Maste. Bauingenieur 53(1978), S.43-50
6.139 Schrefler,B.:Besondere Probleme bei der Bemessung von mehrfeldrigen Hängebrücken zur Überführung von Rohrleitungen. Stahlbau 47(1978),S.22-29
6.140 Petersen,C.:Beitrag zur praktischen Berechnung zylindrischer Tonnenschalen mit veränderlichem Krümmungsradius. Diss.TH München 1966
6.141 Weyrauch,J.J.:Die elastischen Bogenträger,3.Aufl. München:Ackermann-Verlag 1911
6.142 Fritz,B.:Theorie und Berechnung vollwandiger Bogenträger,2.Aufl. Berlin:Julius Springer 1950
6.143 Strassner,A.:Neuere Methoden zur Statik der Rahmentragwerke und der elastischen Bogenträger,Bd.2,4.Aufl. Berlin:W.Ernst u.Sohn 1938
6.144 Fritsche,J.:Massivbrücken (Brückenbau,2.Bd.,Hrsg.:E.Melan). Wien:F.Deuticke 1948
6.145 Hawranek,A.u.Steinhardt,O.:Theorie und Berechnung der Stahlbrücken (S.295-312). Berlin:Springer 1958
6.146 Stüssi,F.:Baustatik II (S.231-240). Basel:Birkhäuser 1954
6.147 Swida,W.:Statik der Bogen und Gewölbe. Karlsruhe:C.F.Müller 1954
6.148 Rakowski,G.u.Solecki,R.:Gekrümmte Stäbe. Düsseldorf:Werner-Verlag 1968
6.149 Grams,R.:Das Drehwinkelverfahren für Rahmen mit gekrümmten Riegeln. Beton- und Stahlbetonbau 47(1952),S.30-35
6.150 Lusser,E.:Zur Berechnung von Zweigelenkbögen mit veränderlichem Trägheitsmoment. Bautechnik 32(1955),S.128-131
6.151 Worch,G.:Die Berechnung der Formänderung gekrümmter ebener Stäbe. Bautechnik 32 (1955),S.189-194
6.152 Naruoka,M.u.Kojima,H.:Eine Untersuchung von Bogensystemen mit der Deformationsmethode. Bauingenieur 38(1963),S.431-434
6.153 Cakiroglu,A.u.Cetmeli,E.:Zur Berechnung der statisch unbestimmten Systeme mit veränderlichen Trägheitsmomenten nach dem Kraftgrößenverfahren. Bautechnik 41(1964), S.273-282
6.154 Weber,W.:Strenge Berechnung einiger Zustandsgrößen eines parabolisch gekrümmten Zweigelenkbogens unter vorgegebenen Belastungen. Bautechnik 42(1965),S.418-429
6.155 Thadani,B.N.:Die Berechnung durchlaufender Bogenträger und mehrfeldriger Rahmen mittels Übertragungsmatrizen. Bautechnik 42(1965),S.242-245
6.157 Barta,J.:Sätze über die Stabilität des Gleichgewichtszustandes eines eingespannten dünnen elastischen Bogenträgers. Ing.-Archiv 31(1962),S.343-370
6.158 Wunderlich,W.u.Beverungen,G.:Geometrisch nichtlineare Theorie und Berechnung eben gekrümmter Stäbe. Bauingenieur 52(1977),S.225-237
6.159 Hammel,J.:Der Kreisbogenträger mit Querschnittsverwölbung. Stahlbau 47(1978), S.367-370
6.160 Dischinger,F.:Untersuchungen über die Knicksicherheit, die elastische Verformung und das Kriechen des Betons bei Bogenbrücken. Bauingenieur 18(1937),S.487-520, S.539-552,S.595-621;vgl.auch 20(1939),S.290-294
6.161 Melan,J.:Theorie der eisernen Bogenbrücken und der Hängebrücken,in:Der Brückenbau, II.Teil Handbuch d.Ing.-Wissenschaften,4.Aufl. Leipzig:W.Engelmann 1925
6.162 Stüssi,F.:Aktuelle baustatische Probleme der Konstruktionspraxis. Schweiz.Bauzeitung 106(1935),S.119-122u.S.132-136

6.163 Stüssi,F.u.Amstutz,E.:Verbesserte Formänderungstheorie verankerter Hängebrücken und Stabbogen. Schweiz.Bauzeitung 116(1940),S.1-5u.S.35
6.164 Asplund,S.O.:Deflection theory of arches. Trans.ASCE 128,II(1963),S.307-341
6.165 Faltus,F.:Beitrag zur Berechnung von Zweigelenkbögen nach Theorie II.Ordnung. Stahlbau 28(1959),S.10-13
6.166 Roos,E.:Spannungstheorie II.Ordnung und Durchschlagbelastung für den kreisförmig gekrümmten Zweigelenkbogen. Stahlbau 30(1961),S.65-74 (Diss.TH Darmstadt 1959)
6.167 Roos,E.:Die Anwendung einer Reduktionsmethode auf die Berechnung von Bogentragwerken nach der Spannungstheorie II.Ordnung. Stahlbau 34(1966),S.1-6
6.168 Austin,W.J.:In-plane bending and buckling of arches.Proc.ASCE, Jour.of Struc.Div. 97(1971),S.1575-1592
6.169 Hirsch,E.G.u.Popow,E.P.:Analysis of arches by finite differences. Proc.ASCE, Jour. of Struct.Div.81(1955),S.1-17
6.170 Rowe,R.S.:Amplification of stress in flexible steel arches. Trans.ASCE 119(1954), S.910-925
6.171 Wagner,W.:Überschlägliche Ermittlung der Spannungserhöhung für stählerne Bogen nach Theorie II.Ordnung. Stahlbau 25(1956),S.43-46
6.172 Mayer,R.:Über Elastizität und Stabilität des offenen und geschlossenen Kreisringes. Diss.TH Karlsruhe 1912
6.173 Chwalla,E.:Die Tragfähigkeit stählerner Dreigelenkbogen. Stahlbau 8(1935),S.121 -125
6.174 Chwalla,E.u.Kollbrunner,C.F.:Über das Ausknicken symmetrischer Bogenträger unter symmetrisch verteilten Belastungen. Stahlbau 10(1937),S.121-123 u.S.138-142
6.175 Woinowsky-Krieger,S.:Über die Stabilität des Kreisbogenträgers mit Zwischengelenken. Stahlbau 10(1937),S.185-188
6.176 Chwalla,E.u.Kollbrunner,C.F.:Beiträge zum Knickproblem des Bogenträgers und des Rahmens. Stahlbau 11(1938),S.73-78,S.81-86u.S.94-96
6.177 Chwalla,E.u.Jokisch,F.:Über das Ausknicken statisch unbestimmt gelagerter Kreisbogenträger von veränderlichem Querschnitt. Stahlbau 14(1941),S.73-78
6.178 Kollbrunner,C.F.:Versuche über die Knicksicherheit und die Grundschwingungszahl vollwandiger Dreigelenkbogen. Schweiz.Bauzeitung 120(1942),S.113-115
6.179 Schnell,W.:Stabilität des Kreisbogenträgers unter Eigengewicht. Stahlbau 45(1976), H.5,S.136-138
6.180 Lockschin,A.:Über die Knickung eines gekrümmten Stabes. ZAMM 16(1936),S.49-55
6.181 Fritsche,J.:Zur Berechnung der Knickbelastung von Bogenträgern. Bautechnik 3(1925), S.465-467u.S.483-485
6.182 Kasarnowsky,S.:Beitrag zur Theorie weitgespannter Brückenbogen mit Kämpfergelenken. Stahlbau 4(1931),S.61-63
6.183 Gaber,E.:Über die Knicksicherheit vollwandiger Bogen. Bautechnik 12(1934),S.646-651
6.184 Fuchsteiner,W.:Beitrag zur Knicksteifigkeit des Dreigelenkbogens. Stahlbau 8(1935), S.118-120
6.185 Busch,B.:Knicksicherheit vollwandiger Bögen. Bauingenieur 18(1937),S.812-814
6.186 Deutsch,E.:Das Knicken von Bogenträgern bei unsymmetrischer Belastung. Bauingenieur 21(1940),S.353-360
6.187 Lindenberger,H.:Tragfähigkeit von Stahlbögen. Stahlbau 28(1959),S.336-342
6.188 Swida,W.:Die Berechnung von stählernen Bögen unter Berücksichtigung der Tragfähigkeitsreserve im elastisch-plastischen Zustand. Stahlbau 19(1950),S.17-20u.S.29-31
6.189 Harries,H.:Traglasten stählerner Zweigelenkbögen mit ausgebreiteten Fließzonen. Stahlbau 39(1970),S.170-177u.S.248-252 (Diss.TH Darmstadt 1968)
6.190 Tietze,U.:Knicken des Parabelbogens bei Berücksichtigung des Einflusses der Schrägstellung von Ständern und Hängern. Dipl.-Arbeit Lehrstuhl für Stahlbau, TU München 1973 (unveröffentlicht)
6.191 Stüssi,F.:Der Formänderungseinfluß beim versteiften Stabbogen. Schweiz.Bauzeitung 108(1936),S.57-59
6.192 Fritz,B.:Über das elastische Zusammenwirken von Fahrbahnrost und Bogenträger. Stahlbau 17(1944),S.71-77;vgl.auch Diss.TH Karlsruhe 1933
6.193 Wästlund,G.:Stability problems of compressed steel members and arch bridges. Proc.ASCE,Jour.of Struct.Div.86(1960),S.47-71
6.194 Schibler,W.:Ebenes Knicken von Zweigelenkbogen unter Berücksichtigung des Aufbaues. Schweiz.Bauzeitung 66(1948),S.482-485
6.195 Schibler,W.:Knicken von Trapezrahmen mit Seitenöffnungen. Schweiz.Bauzeitung 82 (1964),S.325-327
6.197 Mayer-Mita,R.:Die Knicksicherheit in sich versteifter Hängebrücken sowie des Zwei- und Dreigelenkbogens. Eisenbau 4(1913),S.423-428
6.198 Pflüger,A.:Ausknicken des Parabelbogens mit Versteifungsträger. Stahlbau 20(1951), S.117-120
6.199 Eibl,J.:Zur Stabilitätsfrage des Zweigelenkbogens mit biegeweichem Zugband und schlaffen Hängestangen.Heft 3,Inst.f.Massivbau,TU Braunschweig 1963
6.200 Kovaks,J.:Allgemeines Knicken des mit Hängestangen und Balken versteiften Parabelbogens. Diss.Uni Stuttgart 1973
6.201 Link,H.:Beitrag zum Knickproblem des elastisch gebetteten Kreisbogenträgers. Stahlbau 32(1963),S.199-203
6.202 Link,H.:Zur Stabilität des elastisch gebetteten Kreisbogenträgers bei tangential gerichteten Bettungskräften. Stahlbau 33(1964),S.147-152
6.203 Rabcewicz,L.v.:Die neue österreichische Tunnelbauweise. Entstehung,Ausführung und Erfahrungen; Sattler,K.:Statische Wirkungsweise und Bemessung. Bauingenieur 40 (1965),S.289-301
6.204 Duddeck,H.:Zu den Berechnungsmethoden und zur Sicherheit von Tunnelbauten. Bauingenieur 47(1972),S.43-52

6.205 N.N.:Empfehlungen zur Berechnung von schildvorgetriebenen Tunneln (1973) Bautechnik 50(1973),S.253-257. Empfehlungen zur Berechnung und Konstruktion von Tunnelbauten. Bautechnik 51(1974),S.277-280
6.206 Schmitt,G.-P.:Der Erddruck auf nachgiebige Tunnelauskleidungen. Straße Brücke Tunnel 27(1975),S.225-233
6.207 Schulze,H.u.Duddeck,H.:Spannungen in schildvorgetriebenen Tunneln. Beton- und Stahlbetonbau 59(1964),S.169-175
6.208 Windels,R.:Spannungstheorie II.Ordnung für den teilweise gebetteten Kreisring. Bautechnik 40(1966),S.265-274
6.209 Sonntag,G.:Stabilität des elastisch gebetteten Rohrs unter Außendruck. Forsch. Ing.-Wes.32(1966),S.189-193;vgl.auch:Felsmechanik und Ingenieurgeologie IV/3(1966), S.242-267
6.210 Sonntag,G.:Ähnlichkeitsmechanik längsgewellter Rohre in nachgiebiger Bettung. Bauingenieur 43(1968),S.240-244
6.211 Sonntag,G.:Einfluß von Abweichungen von idealen Lastannahmen auf die Standfestigkeit dünnwandiger gebetteter Rohre. Bautechnik 46(1961),S.278-285
6.212 Fleck,H.u.Sonntag,G.:Statische Berechnung gebetteter Hohlraumauskleidungen mit einem ortsveränderlichen, last- und verformungsabhängigen Bettungsmodul nach der Methode der Finiten Elemente. Bautechnik 54(1977),S.149-156
6.213 Fleck,H.u.Sonntag,G.:Ermittlung der Biegung von Hohlraumaussteifungen (Auskleidung) aus den Krümmungsänderungen der Ausbruchkontur. Bauingenieur 53(1978),S.471-478
6.214 Feder,G.:Über das Knickverhalten von Stollenauskleidungen in Fels- und Lockerböden. Felsmechanik und Ingenieurgeologie.Suppl.I(1970),S.43-57
6.215 Feder,G.:Beulsicherheit von erdverlegten Rohren und Tunnelauskleidungen unter Außendruckbelastung. Straße Brücke Tunnel 23(1971),S.29-38
6.216 Hain,H.:Zur Stabilität elastisch gebetteter Kreisringe und Kreiszylinderschalen. Mitt.d.Inst.f.Statik der TU Hannover,Nr.12(1968)
6.217 Hain,H.u.Horst,H.:Spannungstheorie I.und II.Ordnung für beliebige Tunnelquerschnitte unter Berücksichtigung der einseitigen Bettungswirkung des Bodens. Straße Brücke Tunnel 22(1970),S.85-94
6.218 Hain,H.:Stabilität von im Boden eingebetteten Tunnelrohren mit kreisförmigem Querschnitt. Straße Brücke Tunnel 22(1970),S.154-159u.S.206-209
6.219 Hain,H.u.Horst,H.:Gültigkeitsgrenzen der Theorie II.Ordnung bei der Berechnung kreisförmiger Tunnelquerschnitte. Straße Brücke Tunnel 23(1971),S.64-68
6.220 Hain,H.u.Horst,H.:Zur Frage der radialen und tangentialen Bettung schildvorgetriebener Tunnel. Straße Brücke Tunnel 26(1974),S.12-20
6.221 Hain,H.u.Falter,B.:Stabilität von biegesteifen oder durch Gelenke geschwächten und auf der Außenseite elastisch gebetteten Kreisringen unter konstantem Außendruck. Straße Brücke Tunnel 27(1975),S.98-105
6.222 Falter,B.:Berechnung freier und einseitig elastisch gebetteter Kreisbögen und Kreisringe unter Außendruck mit großen Verschiebungen und Verdrehungen. Diss.TH Hannover 1975
6.223 Hain,H.u.Falter,B.:Zum Stabilitätsproblem des starr oder elastisch gebetteten Kreisringes infolge gleichmäßiger Temperaturerhöhung,in [0.64]
6.224 Amstutz,E.:Das Einbeulen von Schacht- und Stollenpanzerungen. Schweiz.Bauzeitung 68(1950),S.102-104
6.225 Amstutz,E.:Das Einbeulen von Schacht- und Stollenpanzerungen. Schweiz.Bauzeitung 87(1969),S.544-549
6.226 Juillard,H.:Knickprobleme an geraden Stäben, Kreisbogensegmenten und Zylindern. Schweiz.Bauzeitung 70(1952),S.451-454,S.468-472,S.487-489u.S.722
6.227 Link,H.:Über den Kreisringträger mit begrenzter Verformung bei überkritischem Außendruck. Ing.-Archiv 23(1955),S.36-50
6.228 Windels,R.:Kreisring im elastischen Kontinuum. Bauingenieur 42(1967),S.429-439u. 43(1968),S.471
6.229 Wissmann,W.:Zur statischen Berechnung beliebig geformter Stollen- und Tunnelauskleidungen mit Hilfe von Stabwerkprogrammen. Bauingenieur 43(1968),S.1-8
6.230 Kämmel,G.:Der Einfluß der Längsdehnung auf die elastische Stabilität geschlossener Kreisringe. Acta Mechanica 4(1967),S.34-42
6.231 Klöppel,K.u.Glock,D.:Theoretische und experimentelle Untersuchungen zu den Traglastproblemen biegeweicher, in die Erde eingebetteter Rohre. Veröff.d.Inst.f. Statik und Stahl d.TH Darmstadt Heft 10/1970
6.232 Glock,D.:Beitrag für Berechnung von ebenen, beliebig gekrümmten und biegesteifen Stabzügen unter Berücksichtigung großer elastischer und plastischer Verformungen. Diss.TH Darmstadt 1977
6.233 Kienberger,H.:Über das Verformungsverhalten von biegeweichen, im Boden eingebetteten Wellrohren mit geringer Überschüttung. Diss.TH Graz 1965
6.234 Glock,D.:Überkritisches Verhalten eines starr ummantelten Kreisrohres bei Wasserdruck von außen und Temperaturdehnung. Stahlbau 46(1977),S.212-217
6.235 Hsu Lo u.a.:A buckling problem of a circular ring. Proc.of the 4th US Nat.Congress of Applied Mechanics (ASME) (1962),S.691-695
6.236 Hsu,P.T.,Elkon,J.a.Pian,T.H.H.:Note on the instability of circular rings confined to a rigid boundary. Jour.Appl.Mech.31(1964),S.559-562
6.237 Zagustin,E.A.a.Herrmann,G.:Stability of an elastic ring in a rigid cavity. Jour. Appl.Mech.34(1967),S.263-270
6.238 Chicurel,R.:Shrink buckling of thin circular rings. Jour.Appl.Mech.35(1968),S.608-610
6.239 Sonntag,G.u.Fleck,H.:Zum Bettungsmodul bei Tunnelauskleidungen. Ing.-Archiv 45(1976), S.269-273
6.240 Sonntag,G.:Bemerkungen zur Frage der Biegebeanspruchung und des Beulens dünnwandiger Tunnelauskleidungen in nachgiebiger Bettung; Gedanken zu Berechnungsmethoden im Vergleich zu Modellversuchen im kohäsionslosen Schüttgut. Bautechnik 44(1967),S.297-304

6.241 Fleck,H.u.Sonntag,G.:Vergleich von Modellversuchen für Tunnelauskleidungen im kohäsionslosen Kontinuum mit Berechnungsverfahren. Straße Brücke Tunnel 26(1974), S.91-98u.S.118-122 (Diss.TU München 1973)
6.243 Stolle,H.-W.:Elastisch gebettete Träger und Rahmen unter Quer- und Axialbelastung. Bautechnik 39(1962),S.20-24
6.244 Lesser,M.:Berechnung von Tunnel- und Stollenauskleidungen nach Theorie II.Ordnung unter Berücksichtigung eines Teilausfalls der Bettung und Plastizierung. Dipl.-Arbeit,Lehrstuhl f.Baustatik,TU München 1976(unveröffentlicht)
6.245 Östlund,L.:Lateral stability of bridge arches braced with transverse bars. Acta Polytechnica 84. Göteborg:Elanders Boktryckeri 1954
6.246 Stüssi,F.:Kippen und Querschwingungen von Bogenträgern. Abh.IVBH 7(1943/44),S.327-343
6.247 Hencky,H.:Kippsicherheit und Achterbildung an geschlossenen Kreisringen. ZAMM 1 (1921),S.451-455;vgl.auch 2(1922),S.231
6.248 Nicolai,E.L.:Stabilitätsprobleme der Elastizitätstheorie. ZAMM 3(1923),S.228-229
6.249 Timoshenko,S.:Kippsicherheit des gedrückten Stabes mit kreisförmiger Mittellinie. ZAMM 3(1923),S.358-362
6.250 Federhofer,K.:Über die Querknickung gleichmäßig gedrückter Kreisringe. Eisenbau 12 (1921),S.289-296
6.251 Federhofer,K.:Kippsicherheit des kreisförmig gekrümmten Trägers mit einfach-symmetrischem, dünnwandigem und offenem Querschnitt bei gleichmäßiger Radialbelastung. Österr.Ing.-Archiv 4(1950),S.27-44
6.252 Ostenfeld,A.:Seitensteifigkeit offener massiver Bogenbrücken. Schweiz.Bauzeitung 77 (1921),S.175-178
6.253 Mayer,R.:Die seitliche Knicksicherheit halboffener Bogenbrücken bei Fehlen einer elastischen Querstützung. Proc.Int.Congress f.Appl.Mechanics, Zürich 1926
6.254 Schmidt,E.O.:Die Kippsicherheit der Bögen. EMPA-Berich 99.Vierte Ergänzung 1943-1945,Zürich 1945
6.255 Weihermüller,H.:Zur Berechnung der Kipplast von Bogenträgern. Diss.TH Darmstadt 1959
6.256 Stein,P.:Die Anwendung des Durchbiegungsverfahrens zur Ermittlung der kritischen Last von Bogenträgern beim Ausweichen senkrecht zu ihrer Ebene unter Berücksichtigung von biegeweichen Hängern. Bauingenieur 36(1961),S.175-183
6.257 Hartwig,H.-J.:Die Kaiserleibrücke. Stahlbau 34(1956),S.1-6
6.258 Namita,Y.:Die Theorie II.Ordnung von krummen Stäben und ihre Anwendung auf das Kipp-Problem des Bogenträgers.Trans.of ISCE 155(1968),S.32-41
6.259 Kollar,L.u.Jvânyi,G.:Kippen und Biegedrillknicken von Schalenbogen mit Hilfe der Energiemethode. Bautechnik-Archiv 19. Berlin:W.Ernst u.Sohn 1966
6.260 Protte,W.:Plastisches Kippen von Bögen mit Rechteckquerschnitt. Techn.Mitt.Krupp, Forsch.-Ber.27(1969),S.1-9

7 BIEGEDRILLKNICKEN UND KIPPEN - KIPPBIEGUNG THEORIE II. ORDNUNG

7.1 Prandl,L.:Kipperscheinungen. Diss. TU München 1899
7.2 Michell,A.:Elastic stability of long beams under transverse forces. Phil.Magazine 48 (1899),S.298-303
7.3 Timoshenko,S.:Einige Stabilitätsprobleme der Elastizitätstheorie. ZAMP 58(1910), S.337-385
7.4 Nylander,H.:Torsional and lateral buckling of eccentrically compressed I- and T-columns. Kungl.Tekn.Högskolans Handlingar Nr.28. Stockholm 1949
7.5 Kindem,S.E.:Biegung, Drehung und Knickung gerader Stäbe mit offenem Profil im elastischen Bereich. Trondheim:Tapirs Forlag 1949
7.6 Chwalla,E.:Die Kippstabilität gerader Träger mit doppelt-symmetrischem I-Querschnitt. Forsch.-Hefte Stahlbau,H.2. Berlin:Springer 1939
7.7 Chwalla,E.:Kippung von Trägern mit einfach-symmetrischen dünnwandigen und offenen Querschnitten. Sitzungsberichte der Akademie der Wissenschaften Wien, 11a,Bd.153 (1944),S.47-60
7.8 Chwalla,E.:Über die Kippstabilität querbelasteter Druckstäbe mit einfach-symmetrischem Profil,in [0.63]
7.9 Wagner,H.:Verdrehung und Knickung von offenen Profilen. Festschrift 25 Jahre TH Danzig. Danzig:Verlag A.W.Kafermann 1929
7.10 Wagner,H.u.Pretschner,W.:Verdrehung und Knickung von offenen Profilen. Luftfahrtforschung 11(1934),S.174-180
7.11 Kappus,R.:Biegedrillknicken zentrisch gedrückter Stäbe mit offenem Profil im elastischen Bereich. Luftfahrt-Forschung 14(1937),S.444-457;vgl.auch Jahrbuch der Deutschen Luftfahrtforschung 1937,S.200-204
7.12 Kappus,R.:Zentrisches und exzentrisches Drehknicken von Stäben mit offenem Profil. Stahlbau 22(1953),S.6-12
7.13 Chwalla,E.:Einige Ergebnisse der Theorie des außermittig gedrückten Stabes mit dünnwandigem, offenem Querschnitt. Forsch.Hefte Stahlbau,H.6,S.12-21. Berlin: Springer 1943
7.14 Chwalla,E.:Über die Behandlung der Stabilitätsfragen in den deutschen und österreichischen Stahlbaunormen. Stahlbau 22(1953),S.73-80
7.15 Klöppel,K.:Zur Einführung der neuen Stabilitätsvorschriften DIN 4114,Abh.aus dem Stahlbau,H.12. Bremen-Horn:W.Dorn 1952
7.16 Argyris,J.H.u.Radaj,D.:Steifigkeitsmatrizen dünnwandiger Stäbe und Stabsysteme. Ing.-Archiv 40(1971),S.198-210
7.17 Nishino,F.,Kasemet,C.a.Lee,S.L.:Variational formulation of stability problems for thin-walled members. Ing.-Archiv 43(1973),S.58-68
7.18 Wagenknecht,G.:Beitrag zur Berechnung von Systemen aus geraden dünnwandigen Stäben mit offenem veränderlichen Querschnitt nach Spannungstheorie II.Ordnung.Techn.Wiss. Mitt. Nr.74-8.Konstr.Ing.Bau Uni Bochum 1974,vgl.auch Stahlbau 44(1975),S.217-219

7.19 Trompler,M.:Beitrag zur statischen und dynamischen Berechnung räumlicher Tragwerke. Diss.TU Graz 1978
7.20 Dabrowski,R.:Zum Problem der gleichzeitigen Biegung und Torsion dünnwandiger Balken. Stahlbau 29(1960),S.104-111
7.21 Dabrowski,R.:Dünnwandige Stäbe unter zweiachsigem Druck. Stahlbau 26(1961),S.360-365
7.22 Klöppel,K.,Möll,R.u.Wagner,G.:Ein Beitrag zur Bestimmung der Kippstabilität von gedrückten Durchlaufträgern. Stahlbau 31(1962),S.353-360
7.23 Klöppel,K.u.Möll.R.:Das räumliche Stabilitätsproblem beliebig gelagerter Stabzüge mit doppelt- und einfachsymmetrischem Querschnitt unter feldweise konstanter Momenten- und Normalkraftbelastung. Stahlbau 32(1963),S.289-296u.S.336.342
7.24 Dreher,W.:Ein Beitrag zur Berechnung des auf Biegung und Torsion beanspruchten Balkens mit I-Querschnitt. Diss.TH Stuttgart 1963
7.25 Steinbach,W.:Die Theorie II.Ordnung für den räumlich belasteten Stab mit dünnwandigem, offenem Querschnitt, in [0.65],S.292-335
7.26 Steinbach,W.:Zum Tragsicherheitsnachweis des auf Druck und Biegung beanspruchten Stabes. Bauingenieur 42(1967),S.439-444
7.27 Möll,R.:Kippen von querbelasteten und gedrückten Durchlaufträgern mit I-Querschnitt als Stabilitätsproblem und als Spannungsproblem II.Ordnung behandelt. Diss.TH Darmstadt 1966. Gekürzte Fassung in:Stahlbau 36(1967),S.69-77u.S.184-190
7.28 Rabolt,K.:Beitrag zur Spannungstheorie II.Ordnung des geraden Stabes unter beliebiger richtungstreuer Belastung. Diss.TU Dresden 1967
7.29 Loos,W.,Goeben,H.E.u.Franke,H.W.:Zur praktischen Kippberechnung von I-Trägern, belastet durch Endmomente, Streckenlast und Axiallast. Abh.IVBH 27(1967),S.61-72
7.30 Asplund,S.O.:Lateral buckling of beams without axial loads. Abh.IVBH 28-I(1968),S.17-26
7.31 Reuschling,D.:Beitrag zur Berechnung mehrfeldriger, beliebig gelagerter dünnwandiger Stäbe mit einfach- oder unsymmetrischem offenem Querschnitt unter Normalkraft- und Querbelastung als Verzweigungsproblem oder Spannungsproblem II.Ordnung nach dem Übertragungsmatrizenverfahren. Diss.TH Darmstadt 1969
7.32 Klöppel,K.u.Unger,B.:Kippen von Durchlaufträgern bei seitlich und gegen Verdrehen elastisch gelagertem Obergurt. Stahlbau 38(1969),S.203-207
7.33 Carl,J.:Näherungslösung des nichtlinearen Biegetorsionsproblems für dünnwandige Stäbe mit offenem Profil. Diss.TU Berlin 1969
7.34 Unger,B.:Elastisches Kippen von beliebig gelagerten und aufgehängten Durchlaufträgern mit einfachsymmetrischen, in Trägerachse veränderlichem Querschnitt und einer Abwandlung des Reduktionsverfahrens als Lösungsmethode. Diss.TH Darmstadt 1969; Stahlbau 39(1970),S.135-142u.S.181-185
7.35 Hildenbrand,P.:Vergleich zweier Wege zur Ermittlung der Kippstabilität gerader, gabelgelagerter Einfeldträger mit doppeltsymmetrischem I-Querschnitt nach der Energiemethode. Stahlbau 40(1971),S.18-23
7.36 Lindner,J.:Gebundene Kippung beim Einfeldträger mit Kragarm. Stahlbau 41(1972), S.216-218
7.37 Collatz,L.:Eigenwertaufgaben mit technischen Anwendungen. Leipzig:Akademische Verlagsanstalt Geest u.Portig 1963
7.38 Steinbach,W.:Beitrag zur Kipp-Stabilität von Kragträgern. Diss.TU Berlin 1961; Bauingenieur 33(1958),S.414-419
7.39 Mucha,A.:Das Biegedrillknickproblem des Kragträgers. Bauingenieur 47(1972),S.200-203
7.40 Schröder,H.:Kippen des Kragträgers bei gleichzeitig auftretender Längskraft. Bauplanung-Bautechnik 28(1974),S.92-93
7.41 Brocks,W.:Ein numerisches Verfahren zur Lösung gewöhnlicher linearer Differentialgleichungen 4.Ordnung mit veränderlichen Koeffizienten. Stahlbau 42(1973),S.172-176
7.42 Staller,A.:Ein numerisches Lösungsverfahren für das Differentialgleichungssystem des Biegetorsionsproblems nach der Theorie II.Ordnung. Bauingenieur 54(1979),S.103-110
7.43 Kreuzinger,H.:Methode der schrittweisen Näherung zur Berechnung von Kipp-Problemen Bautechnik 51(1974),S.311-314
7.44 Scheer,J.:Zum Problem der Gesamtstabilität von einfach-symmetrischen I-Trägern. Diss.TH Darmstadt 1958;Stahlbau 28(1959),S.113-126u.S.165-171
7.45 Protte,W.:Ein Beitrag zum Problem der Gesamtstabilität querausgesteifter Träger im Kippbereich. Diss.TH Darmstadt 1960; Stahlbau 30(1961),S.103-113
7.46 Jungbluth,O.:Typisierte Fertigteile im Stahlbau. Stahlbau 33(1964),S.129-138
7.47 Kreuzinger,H.:Der Einfluß der Querverformung auf die Berechnung gerader, dünnwandiger Stäbe. Stahlbau 43(1974),S.46-52
7.48 Schmied,R.:Die Gesamtstabilität von zweiachsig außermittig gedrückten dünnwandigen I-Stäben unter Berücksichtigung der Querschnittsverformung nach der nichtlinearen Plattentheorie. Diss.TH Darmstadt 1966; Stahlbau 36(1967),S.1-12u.S.50-60
7.49 Klöppel,K.,Möll,R.u.Schmied,R.:Untersuchungen an geschweißten Leichtbauträgern mit kastenförmigen Flanschen aus kaltverfestigtem Stahl der Güte St 37. Stahlbau 38(1969), S.97-106u.S.176-182
7.50 Ebel,H.:Beitrag zur Stabilitätsberechnung ebener Flächentragwerke mit Hilfe der Methode der finiten Elemente. Diss.TH Darmstadt 1967
7.51 Johnson,C.P.,a.Will,K.M.:Beam buckling by finite element procedure. Proc.ASCE,Journ. Struct.Div.100(1974),S.669-685
7.52 Henkel,F.O.:Ein Beitrag zum plastischen Kippen von I-Trägern mit Hilfe der Finite-Element-Methode. Diss.TH Darmstadt 1977
7.53 Ebel,H.u.Henkel,F.-O.:Zum Einfluß örtlicher Plastizierungen auf die Kipplasten von I-förmigen Trägern. Stahlbau 48(1979),S.39-44
7.54 Fischer,M.:Das Kipp-Problem querbelasteter exzentrisch durch Normalkraft beanspruchter I-Träger bei Verzicht auf die Voraussetzung der Querschnittstreue. Diss.TH Stuttgart 1966;Stahlbau 36(1967),S.77-86

7.55 Fischer,M.:Ermittlung der EULERschen Differentialgleichung und der Randbedingungen der zum Gesamtstabilitätsproblem eines I-Trägers gehörenden Variationsaufgabe. Stahlbau 36(1967),S.341-344
7.56 Fischer,M.:Ein Beitrag zum Gesamtstabilitätsproblem von I-Trägern bei gebundener Drehachse. Stahlbau 38(1969),S.55-62
7.57 Steinbach,W.:Biegedrillknicken außermittig gedrückter Stäbe bei unterschiedlicher Lagerung der Stabenden. Bauingenieur 38(1963),S.353-355
7.58 Klöppel,K.u.Schardt,R.:Beitrag zur praktischen Ermittlung der Vergleichsschlankheit λ_{vi} von mittig gedrückten Stäben mit einfach-symmetrischem, offenem, dünnwandigen Querschnitt. Stahlbau 27(1958),S.35-42u.S.262-270
7.59 Klöppel,K.u.Okur,H.:Die Vergleichsschlankheit λ_{vi} von mittig gedrückten ⊓ und ◻ Profilen. Stahlbau 39(1970),S.61-63u.S.160
7.60 Schardt,R.:Die genaue Ermittlung der Biegedrillknicklasten mehrfeldriger mittig gedrückter Stäbe mit einfach-symmetrischem offenem dünnwandigen Querschnitt nach dem Formänderungsverfahren. Stahlbau 31(1962),S.257-270
7.61 Sievers,H.:Die Stabilität drehfedernd gestützter Druckstäbe. Bauingenieur 26(1951), S.38-41;vgl.auch Stahlbau 25(1956),S.80-88
7.62 Djubek,J.:Die Stabilität eines dünnwandigen abwechselnd in zwei Ebenen gestützten Stabes. Stahlbau 29(1960),S.218-220
7.63 Krapfenbauer,R.:Näherungsformel für das Biegedrillknicken von Stäben mit I- und T-Querschnitten. Österr.Ing.Zeitschrift 7(1964),S.52-57
7.64 Krapfenbauer,R.:Probleme des Biegedrillknickens bei veränderlicher Längskraft. Österr.Ing.Zeitschrift 9(1966),S.334-339
7.65 Klöppel,K.u.Lacher,G.:Traglastversuche und Biegedrillknickuntersuchung an Dachbindern aus dünnwandigen, abgekanteten Profilen. Stahlbau 35(1967),S.197-208
7.66 Schels,N.:Ermittlung der Zwischenwerte des Beiwertes für die Wölbbehinderung nach DIN 4114. Dipl.-Arbeit am Lehrstuhl für Stahlbau,TU München 1977(unveröffentlicht)
7.67 Hertel,H.:Die Drillkopplung, ein neues Verfahren des Leichtbaues zur Ermittlung steifer Körper. Konstruktion 10(1958),S.381-394;vgl.auch:Leichtbau. Berlin:Springer 1960
7.68 Witte,H.:Der Einfluß der Drillkopplung auf das Biegedrillknicken und die Kippstabilität von Trägern mit doppelt-symmetrischem Querschnitt. Stahlbau 29(1960),S.21-23
7.69 Hernelind,K.,Höglund,T.u.Nylander,H.:Stalpelare i husbyggnader (schwed.). Stockholm:Svensk Byggtjänst 1974
7.70 Gest,J.:Ausgewählte Beiträge zum Biegedrillknicken und Kippen. Dipl.-Arbeit am Lehrstuhl für Stahlbau,HSBw München 1977(unveröffentlicht)
7.71 Meissner,J.:Einige Auswertungsergebnisse der Kipptheorie einfach-symmetrischer Balkenträger. Diss.TH Brünn 1943; Stahlbau 24(1955),S.110-113u.S.192
7.72 Schleusner,A.Kippsicherheit eines gleichmäßig belasteten Trägers mit linear veränderlicher Höhe. Stahlbau 22(1953),S.55-56
7.73 Hildenbrand,P.:Die Kippstabilität auf Biegung beanspruchter einfach- oder doppeltsymmetrischer eingespannter oder gabelgelagerter Träger mit linear veränderlicher Querschnittshöhe. Diss.Uni Stuttgart 1970
7.74 Nethercot,D.A.:Lateral buckling of tapered beams. IVBH-Abh.33-II(1973),S.173-192
7.75 Mucha,A.:Kippen gabelgelagerter Träger von linear veränderlicher Höhe. Bautechnik 50(1973),S.278-286
7.76 Rafla,K.:Näherungsverfahren zur Berechnung der Kipplasten von Trägern mit in Längsrichtung beliebig veränderlichem Querschnitt. Bautechnik 52(1975),S.269-275
7.77 Cywinski,Z.:Torsion des dünnwandigen Stabes mit veränderlichem, einfach-symmetrischem, offenem Querschnitt. Stahlbau 33(1964),S.301-307
7.78 Cywinski,Z.:Zum Torsionsproblem des dünnwandigen geraden Stabes mit veränderlichem Querschnitt. Stahlbau 36(1967),S.317-318
7.79 Fischer,M.:Das Stabilitätsproblem des in Höhe des oberen Flansches wirklichkeitsnah belasteten I-Trägers. Stahlbau 39(1970),S.267-275
7.80 Fischer,M.:Das Stabilitätsproblem des in Höhe des oberen Flansches wirklichkeitsnah belasteten Trägers. Stahlbau 42(1973),S.129-138
7.81 Pelikan,W.:Versuche zur Ermittlung der Kippsicherheit von Stahlpfetten mit Welleternit-Eindeckung. Bauingenieur 40(1965),S.55-59
7.82 Pelikan,W.:Traglastversuche mit kontinuierlichen Pfetten und Welleterniteindeckung. Bauingenieur 41(1966),S.440-444
7.83 Oxfort,J.u.Hildebrandt,P.:Traglastversuche an durchlaufenden Pfetten mit Leichtbetonplatten als Dacheindeckung. Bauingenieur 46(1971),S.131-135
7.84 Oxfort,J.u.Hildebrandt,P.:Traglastversuch an durchlaufenden U-Pfetten mit Aluminium-Trapezblechen als Dacheindeckung. Bauingenieur 46(1971),S.338-342;vgl.auch Bauingenieur 48(1973),S.331-334
7.85 Klöppel,K.u.Unger,B.:Ein Beitrag zur Frage der Bemessung von stählernen Pfetten unter Berücksichtigung des versteifenden Einflusses einer Welleternit-Eindeckung. Stahlbau 42(1973),S.37-42
7.86 Nethercot,D.A.a.Trahair,N.S.:Design of diaphragm-braced I-beams. Proc.ASCE,Journ. Struct.Div.101(1975),S.2045-2061
7.87 Vogel,U.:Zur Kippstabilität durchlaufender Stahlpfetten. Stahlbau 39(1970),S.76-82
7.88 Vogel,U.:Der Einfluß der Dachdeckung auf die Kippstabilität durchlaufender Pfetten aus Baustahl. 9.IVBH-Kongress Amsterdam(S.321-332),IVBH Zürich 1972
7.89 Vogel,U.:Die Kippstabilität von Durchlaufträgern mit dünnwandigem Z-Querschnitt bei Belastung in Richtung einer Querschnitts-Hauptebene. Bauingenieur 47(1972),S.423-429
7.90 Lindner,J.:Mindeststeifigkeit für den Kippsicherheitsnachweis beim Traglastverfahren. Bauingenieur 47(1972),S.238-240
7.91 Oxfort,J.:Zur Kippstabilisierung stählerner I-Dachpfetten mit Imperfektionen in geneigten Dächern bis zum Erreichen der plastischen Grenzlast durch die Biege- und Schubsteifigkeit der Dacheindeckung. Stahlbau 45(1976),S.307-311u.S.365-371

7.92 Oxfort,J.:Zum Stabilitätsverhalten von Trägern im Stahlhochbau;in:Berichte aus Forschung und Entwicklung,Heft 4,S.10-16. Köln:Stahlbau-Verlag 1977
7.93 Sochor,R.:Zur Kippstabilisierung von Pfetten und Riegeln durch leichte Umhüllungselemente. Bauingenieur 53(1978),S.331-336
7.94 Nethercot,D.A.:Buckling of laterally or torsionally restrained beams. Proc.ASCE, Journ.Eng.Mech.Div.99(1973),S.773-791
7.95 Mutton,B.,Trahair,N.S.:Stiffness requirements for lateral bracing. Proc.ASCE,Journ. Struct.Div.99(1973),S.2167-2182
7.96 Lindner,J.,Roik,K.-H.u.Stucke,W.:Zum Einfluß von Profilverformungen auf die Mindeststeifigkeit von Drehbettungen. Bautechnik 56(1979),S.99-104
7.97 Witte,H.:Ein Beitrag zum Kipp-Problem bei doppelt-symmetrischen Profilen mit besonderer Berücksichtigung des Stegblechbeulens (Gesamtstabilität). HOESCH-Berichte 1(1966),S.24-35
7.98 Hosch,H.:Problem der Gesamtstabilität von doppelt-symmetrischen I-Trägern im Kippbereich. Diss.TH Darmstadt 1967
7.99 Link,U.:Zur Berechnung einfach-symmetrischer I-Träger nach der Theorie II.Ordnung unter Berücksichtigung der Querschnittsverformung mit Hilfe hybrider finiter Elemente. Stahlbau 44(1975),S.140-146
7.100 Fischer,M.:Zum Kipp-Problem von kontinuierlich seitlich gestützten I-Trägern. Stahlbau 45(1976),S.120-124
7.101 Vogel,U.:Zur Berechnung von durchlaufenden Stahlpfetten in geneigten Dächern nach dem Traglastverfahren. Stahlbau 35(1966),S.302-308
7.102 Gerold,W.u.Vogel,U.:Traglast-Tabellen;Tabellen für die Bemessung durchlaufender I-Träger mit und ohne Normalkraft nach dem Traglastverfahren. Düsseldorf:Verlag Stahleisen 1974
7.103 Stamm,K.:Berechnung von Dachpfetten und Wandriegeln aus dünnwandigen Kaltprofilen mit -Querschnitt. Stahlbau 48(1979),S.102-110
7.104 Csonka,P.:Standsicherheit des an zwei Punkten aufgehängten Rechteckbalkens. Bauplanung-Bautechnik 8(1954),S.290-293u.10(1956),S.355-360
7.105 Klang,H.:Einfluß der Elastizität der Aufhängevorrichtung auf die Kippstabilität des an zwei Punkten aufgehängten Trägers. Beton- und Stahlbetonbau 60(1965),S.271-273
7.106 Rafla,K.:Beitrag zur Frage der Kippstabilität aufgehängter Balken. Diss.TU Braunschweig 1968
7.107 Unger,B.:Ein Beitrag zur Berechnung von aufgehängten Kranbahnträgern nach Theorie II.Ordnung. Stahlbau 41(1972),S.306-311u.S.378-382
7.108 Lacher,G.:Montage von 57m weit gespannten Vollwanddachbindern-Kippstabilität bei schrägen Seilaufhängungen. Stahlbau 42(1973),S.247-250
7.109 Kaschke,B.:Der kippgefährdete Träger unter nichtrichtungstreuer Belastung. Stahlbau 30(1961),S.182-190
7.110 Chwalla,E.:Über das Auskippen zweistäbiger Rahmen. Stahlbau 11(1938),S.161-167
7.111 Esslinger,M.:Kippen von Rahmenecken mit Rechteckquerschnitt. Stahlbau 23(1954), S.53-60
7.112 Klöppel,K.u.Protte,W.:Ein Beitrag zum Kipp-Problem des kreisförmig gekrümmten Stabes. Stahlbau 30(1961),S.1-15u.:Ein Beitrag zum Kipp-Problem von Rahmenecken. Stahlbau 30(1961),S.169-182u.S.224
7.113 Klöppel,K.u.Möll,R.:Die Instabilität des Zuggurtes gekrümmter I-Träger unter Berücksichtigung der Querschnittsverformung. Stahlbau 36(1967),S.129-139
7.114 Kraus,L.:Grundsätzliche Lösung des Problems der freien Kippung rechteckiger Rahmen mit doppelt-symmetrischen Querschnitten. Ing.-Archiv 30(1961),S.394-409
7.115 Roik,K.-H.,Broszio,K.-D.,Carl,J.,Hasse,G.,Lindner,J.u.Schmackpfeffer,H.:Entwurfshilfen für Hallenrahmen aus IPE-Profilen. Merkblatt 440,3.Aufl.,Beratungsstelle für Stahlverwendung,Düsseldorf 1976
7.116 Witte,H.:Die Kippstabilität querbelasteter Druckstäbe mit einfach-symmetrischem Querschnitt. Stahlbau 26(1957),S.380-381;vgl.auch Diss.TH Darmstadt 1959
7.117 Fischer,M.:Auswertungsergebnis der Kipptheorie für den durch eine Einzellast in Feldmitte und gleiche Stabendmomente belasteten einfach-symmetrischen Druckstab mit den Randbedingungen $\beta=\beta_0=0{,}5$. Stahlbau 34(1965),S.30-31
7.118 Mörchen,H.:Über die Genauigkeit der Kippsicherheitsberechnung für symmetrisch belastete Einfeldträger nach der Energiemethode. Stahlbau 34(1965),S.317-320
7.119 Müller,G.:Nomogramme für die Kippuntersuchung frei aufliegender I-Träger unter vertikaler Belastung,4.Aufl. Köln:Stahlbau-Verlag 1972
7.120 Papaspyrou,S.:Diagramme zur Kippuntersuchung auskragender I-Träger. Berlin:W.Ernst u.Sohn 1964
7.121 Raboldt,K.:Beitrag zur näherungsweisen Bestimmung des Verformungszustandes des geraden Stabes mit ideal-elastischem, ideal-plastischem Material unter beliebiger richtungstreuer Belastung. Habilitationsschrift TU Dresden 1970. Auszüge in: Wissenschaftliche Zeitschrift der Hochschule für Architektur und Bauwesen Weimar 17(1970),S.603-609u.18(1971),S.445-451
7.122 Lindner,J.:Näherungsweise Ermittlung der Traglasten von auf Biegung und Torsion beanspruchten I-Trägern. Diss.TU Berlin 1970; Auszug in:Bautechnik 48(1971),S.160-170
7.123 Lindner,J.:Der Einfluß von Eigenspannungen auf die Traglast von I-Trägern. Habilitationsschrift TU Berlin 1972; Auszug in:Stahlbau 43(1974),S.39-45u.S.86-91
7.124 Lindner,J.:Traglastkurven für I-Träger, die durch außermittige Querlasten beansprucht werden. Stahlbau 43(1974),S.307-313
7.125 Lindner,J.u.a.:Laterally supported and unsupported beams,in[0.52],S.127-143
7.126 Unger,B.:Einige Überlegungen zur Verbesserung des Kippnachweises von Durchlaufträgern im plastischen Bereich. Stahlbau 44(1975),S.249-251

7.127 Unger,B.:Einige Überlegungen zur Zuschärfung der Traglastberechnung von normalkraft-, biege- und torsionsbeanspruchten Trägern mit Hilfe der Spannungstheorie II.Ordnung. Stahlbau 44(1975),S.330-335u.S.367-373. Nachtrag in:Stahlbau 45(1976),S.187-189

7.128 Unger,B.:Ein Konzept zur Berechnung der Traglast von biegedrillknickgefährdeten Stäben. Stahlbau 11(1977),S.329-338

7.129 Roik,K.:Biegedrillknicken mittig gedrückter Stäbe mit offenem Profil im unelastischen Bereich. Stahlbau 25(1956),S.10-17u.S.32-35

7.130 Klöppel,K.u.Winkelmann,E.:Experimentelle und theoretische Untersuchungen über die Traglast von zweiachsig außermittig gedruckten Stahlstäben. Stahlbau 31(1962),S.33-47,S.78-87u.S.109-119

7.131 Laduch,U.:Beitrag zur Theorie der Biegedrillknickung außermittig gedrückter Stäbe mit offenem Querschnitt im elastisch-plastischen Bereich. Diss.TU Dresden 1968

7.132 Parkus,H.u.Tungl,E.:Der Einfluß von Eigenspannungen auf die Torsion dünnwandiger offener Profile;in[0.65],S.135-143

7.133 Klöppel,K.u.Bilstein,W.:Stark tordierte, eigenspannungsbehaftete Stäbe mit dünnwandigen, offenen, einfach-symmetrischen Querschnitten. Stahlbau 41(1972),S.135-142

7.134 Galambos,T.V.a.Ketter,R.L.:Columns under combined bending and thrust. Proc.ASCE, Journ.Eng.Mech.Div.85(1959),S.1-30

7.135 Lee,G.C.,Fine,D.S.a.Hastreiter,W.R.:Inelastic torsional buckling of H-columns. Proc. ASCE,Journ.Struct.Div.93(1967),S.295-307

7.136 Birnstiel,C.,Harstead,G.A.a.Leu,K.C.:Inelastic behaviour of H-columns under biaxial bending. New York:New York University,Nov.1967

7.137 Bamm,D.:Näherungsweise Berücksichtigung der Schubspannungen bei der Ermittlung von Traglasten gerader dünnwandiger offener Profile. Diss. TU Berlin 1974

7.138 Werner,G.:Experimentelle und theoretische Untersuchungen zur Ermittlung des Tragverhaltens biege- und verdrehbeanspruchter Stäbe mit I-Querschnitt. Diss.TU Stuttgart 1974

7.139 Warkenthin,W.:Kippuntersuchungen im plastischen Bereich. Bauplanung-Bautechnik 23 (1969),S.227-229

7.140 Warkenthin,W.:Kippsicherheitsnachweis von I-Trägern. Bauplanung-Bautechnik 24(1970), S.550-552

7.141 Warkenthin,W.:Beitrag zum plastischen Kippen von Trägern mit nichtformtreuem I-Querschnitt. IVBH-Abh.32-I(1972),S.199-218

7.142 Massey,C.:The lateral stability of steel I-beams in the plastic range. Civil Eng. Transactions-Inst.of Engineers Australia,Vol.CE 6(1964),S.119-124

7.143 Dibley,J.E.:Lateral-torsional buckling of I-sections in grade 55 steel. Proc.Inst. Civ.Engrs.43(1969),S.599-627

7.144 Klöppel,K.u.Unger,B.:Eine experimentelle Untersuchung des Kippverhaltens von Kragträgern im elastischen und plastischen Bereich im Hinblick auf eine Neufassung des Kippsicherheitsnachweises der DIN 4114. Stahlbau 40(1971),S.321-329u.S.375-383

7.145 Fukumoto,Y.a.Galambos,V.:Inelastic lateral torsional buckling of beam-columns. Proc.ASCE,Journ.Struct.Div.92(1966),S.41-61

7.146 Fukumoto,Y.:Lateral collapse of plate girders in bending.In:IABSE Colloquium on design of plate and box girders for ultimate strength,London. Report S.28/38. Zürich:International Association for Bridge and Structural Engineering 1971

7.147 Fukumoto,Y.,Fujiwara,M.a.Watanabe,N.:Inelastic lateral buckling tests in welded beams and girders (Orig.jap.). Proc.JSVE 189(1971),S.39-51

7.148 Trahair,N.S.a.Kitipornchai,S.:Buckling of inealstic I-beams under uniform moment. Proc.ASCE,Journ.Struct.Div.98(1972),S.2551-2566

7.149 Yoshida,H.a.Imoto,Y.:Inelastic lateral buckling of restrained beams. Proc.ASCE, Journ.Eng.Mech.Div.99(1973),S.343-366

7.150 Nethercot,D.A.:Buckling of welded beams and girders. IVBH-Abh.34-I(1974),S.106-121

7.151 Nethercot,D.A.:Inelastic buckling of steel beams under uniform moment. Struct.Eng. 53(1975),S.73-78

7.152 Kitipornchai,S.,a.Trahair,N.S.:Inelastic buckling of simply supported steel I-beams. Proc.ASCE,Journ.Struct.Div.101(1975),S.1333-1347

7.153 Kitipornchai,S.a.Trahair,N.S.:Buckling of inelastic I-beams under moment gradient. Proc.ASCE,Journ.Struct.Div.101(1975),S.991-1004

7.154 Yoshida,H.Nethercot,D.A.a.Trahair,N.S.:Analysis of lateral buckling of continuous beams. IVBH-Abh.P3(1977)

7.155 Vinnakota,S.:Spatial behaviour of rotationally and directionally restrained beam-columns. IVBH-Abh.34-II(1974),S.169-194

7.156 Herzog,M.:Das Kippmoment von Stahlträgern mit Imperfektionen und Eigenspannungen nach Versuchen. VDI-Z 117(1975),S.1215-1219

7.157 Lindner,J.u.Kurth,W.:Biegedrillknickversuche an querbelasteten Walzträgern. Bauingenieur 53(1978),S.373-377

7.158 Celigoj,C.:Die Anwendung des Ersatzbalkenverfahrens auf die nichtlineare Elastizitätstheorie der Wölbkrafttorsion. Mitt.d.Inst.f.Stahlbau,TU Wien 1977

7.159 Celigoj,C.:Der Einfluß von Vorverformungen und Eigenspannungen auf die Traglast von dünnwandigen, gabelgelagerten Trägern mit offenem Querschnitt. Bauingenieur 53 (1978),S.305-308

7.160 Celigoj,C.:Der Einfluß der Wölbbehinderung auf die Traglast von dünnwandigen, gelagerten Trägern mit offenem Querschnitt. Stahlbau 48(1979),S.26-28

7.161 Celigoj,C.:Die Traglast von dünnwandigen, gabelgelagerten Trägern mit offenem Querschnitt. Eine numerische Behandlung des Stabilitätsproblems ohne Verzweigung des Gleichgewichtes. Stahlbau 48(1979),S.69-79

7.162 Mehlhorn,G.:Ein Beitrag zum Kipp-Problem bei Stahlbeton- und Spannbetonträgern. Diss.TH Darmstadt 1970

7.163 Mehlhorn,G.u.Schwarz,P.:Ein Beitrag zur Bestimmung der Lage des Schubmittelpunktes. Bauingenieur 46(1971),S.6-10

7.164 Mehlhorn,G.:Näherungsverfahren zur Abschätzung der Kippstabilität vorgespannter Träger. Beton- und Stahlbetonbau 69(1974),S.7-12
7.165 Rafla,K.:Näherungsweise Berechnung der kritischen Kipplast von Stahlbetonbalken. Beton- und Stahlbetonbau 64(1969),S.183-187
7.166 Rafla,K.:Vereinfachter Kippsicherheitsnachweis profilierter Stahlbetonbinder. Bautechnik 50(1973),S.150-156
7.167 Rafla,K.:Hilfsdiagramme zur Vereinfachung der Kippuntersuchung von Stahlbetonbalken. Beton- und Stahlbetonbau 68(1973),S.43-47
7.168 Rafla,K.:Tragfähigkeit torsionsbeanspruchter Stahlbetonbalken. Bautechnik 51(1974), S.373-379
7.169 Frenzel,D.u.Rafla,K.:Kippversuche von zwei schlanken Spannbetonträgern. Beton- und Stahlbetonbau 71(1976),S.42-47u.72(1977),S.287-288
7.170 Jeltsch,W.:Ein einfaches Näherungsverfahren zum Nachweis der Kippsicherheit von Stahl-, Stahlbeton- und Spannbetonträgern. Diss.TH Graz 1971
7.171 Paschen,H.:Das Bauen mit Beton-, Stahlbeton- und Spannbetonfertigbauteilen,in: Betonkalender 1975/II(S.575-744). Berlin:W.Ernst u.Sohn 1975
7.172 Mann,W.:Kippnachweis und Kippaussteifung von schlanken Stahlbeton- und Spannbetonträgern. Beton- und Stahlbetonbau 71(1976),S.37-42
7.173 Brünninghoff,H.:Spannungen und Stabilität von quergestützten Brettschichtträgern. Diss.Uni Karlsruhe 1973
7.174 Pettersson,O.:Combined bending and torsion of simply supported beams of bisymmetrical cross section. Trans.Royal Inst.of Technology Stockholm Nr.29(1949);vgl.auch Bulletin Nr.10 Div.Building Statics,Inst.of Technology Stockholm 1952
7.175 Witte,H.:Ein Beitrag zur Kippberechnung von Trägern mit zweiachsiger Biegung nach der Spannungstheorie II.Ordnung. HOESCH-Berichte 1(1966),S.33-38
7.176 Hildenbrand,P.:Ein Beitrag zum Biege-Torsions-Problem dünnwandiger Balken mit beliebigem offenem Querschnitt nach Theorie II.Ordnung. Stahlbau 41(1972),S.171-181
7.177 Hülsdünker,A.:Kippsicherheitsnachweis bei I-Trägern unter Einbeziehung von Seitenbiegung und Torsion,2.Aufl. Düsseldorf:Werner-Verlag 1971
7.178 Staller,A.:Zur Beanspruchung stabilisierender Verbände im Stahlbau. Diss.TU München 1976;Stahlbau 48(1979),S.45-50
7.179 Schineis,M.:Zur Biegung und Torsion von [-Profilen nach Theorie II.Ordnung. Bauingenieur 47(1972),S.241-244
7.180 Tjakraatmadja,H.:Kippbiegung Theorie II.Ordnung von Kranbahnträgern mit einfachsymmetrischem Querschnitt. Diplom-Arbeit am Lehrstuhl für Stahlbau,TU München 1974 (unveröffentlicht)

8 BEULEN UND BEULBIEGUNG THEORIE II. ORDNUNG - EBENE UND GEKRÜMMTE FLÄCHENTRAGWERKE

8.1 Bryan,C.H.:On the stability of a plane plate under thrusts in its own plane, with application in the buckling of the sides of a ship. London Math.Society Proc.22(1891), S.54-67
8.2 Schnell,W.:Berechnung der Beulwerte längs- und querversteifter rechteckiger Platten unter Drucklast. ZAMM 36(1956),S.36-50
8.3 Scheer,J.:Zum Problem der Gesamtstabilität von einfach-symmetrischen I-Trägern. Stahlbau 28(1959),S.113-126u.S.165-171
8.4 Fuchs,F.:Berechnung der Beulwerte von Rechteckplatten unter Verwendung des Verfahrens der Übertragungsmatrizen. Diplom-Arbeit Lehrstuhl für Stahlbau,TU München 1969 (unveröffentlicht)
8.5 Timoshenko,S.:Über die Stabilität versteifter Platten. Eisenbau 12(1921),S.147-163
8.6 Klöppel,K.u.Scheer,J.:Beulwerte ausgesteifter Rechteckplatten,Bd.1. Berlin:W.Ernst u.Sohn 1960
8.7 Klöppel,K.u.Möller,J.:Beulwerte ausgesteifter Rechteckplatten,Bd.2. Berlin:W.Ernst u.Sohn 1968
8.8 Southwell,R.u.Skan,S.:On the stability under shearing forces of a flat elastic strip. Proc.Royal Soc.London A 105(1924),S.582-607
8.9 Moheit,W.:Schubbeulung rechteckiger Platten mit eingespannten Rändern. Stahlbau 13 (1940),S.39-44
8.10 Seydel,E.:Über das Ausbeulen von rechteckigen, isotropen oder orthogonal-anisotropen Platten bei Schubbelastung. Ing.-Archiv 4(1932),S.169-191
8.11 Cook,I.T.a.Rockey,K.C.:Shear buckling of rectangular plates with mixed boundary conditions. Aeronautical Quat.14(1963),S.349-356
8.12 Bergmann,S.u.Reißner,H.:Über die Knickung von rechteckigen Platten bei Schubbeanspruchung. Z.Flugtechn.u.Motorluftschiff 23(1932),S.6-12
8.13 Way,S.:Stability of rectangular plates under shear and bending forces. J.Appl.Mech. 2(1935),S.131-134
8.14 Iguschi,S.:Die Knickung der rechteckigen Platte durch Schubkräfte. Ing.-Archiv 9(1938), S.1-12
8.15 Rockey,K.C.a.Cook,I.T.:Shear buckling of orthogonally stiffened, infinitely long simply-suppurted plates - stiffeners having torsional and flexural rigidities. Aeronautical Quat.20(1969),S.75-87;vgl.auch 13(1962),S.212-222;15(1964),S.198-202u.16 (1965),S.92-96
8.16 Schwerin,E.:Über die Knicksicherheit ebener Bleche bei exzentrischer Randbelastung. ZAMM 3(1923),S.422-429
8.17 Chwalla,E.:Das allgemeine Stabilitätsproblem der gedrückten, durch Randwinkel verstärkten Platte. Ing.-Archiv 5(1934),S.54-65
8.18 Chwalla,E.:Die Bemessung des Stegbleches im Endfeld vollwandiger Träger. Bauingenieur 17(1936),S.81-90
8.19 Nölke,K.:Biegungsbeulung der Rechteckplatte mit eingespannten Längsrändern. Bauingenieur 17(1936),S.111u.Ing.-Archiv 8(1937),S.403-425

8.20 Nagel,H.:Stabilität gedrückter Rechteckplatten mit streifenweise konstanter Dicke. Diss.TH Hannover 1942
8.21 Wiedemann,J.:Druckbeulwerte von Stab- und Plattenprofilen mit quer zur Stabrichtung abgestufter Dicke bei gleich- und ungleichförmiger Spannungsverteilung. Fortschr.-Ber.VDI-Z.Reihe 1,Nr.10. Düsseldorf:VDI-Verlag 1967
8.22 Scheer,J.:Stabilität der dreiseitig gestützten, am freien Längsrand ausgesteiften Rechteckplatte. Stahlbau 37(1968),S.366-371
8.23 Klöppel,K.u.Schiedel,E.:Beulwerte der dreiseitig gelenkig gelagerten, am freien Rand versteiften Rechteckplatte mit beliebig verteilter Randspannung. Stahlbau 37(1968), S.372-379
8.24 Gallgher,R.H.a.Padlog,R.J.:Discrete element approach to structural instability analysis. AIAA 2(1963),S.1437-1439
8.25 Kapur,K.K.a.Hartz,B.J.:Stability of plates using finite element method. Proc.ASCE, Journ.Eng.Mech.Div.92(1966),S.177-195
8.26 Ebel,H.:Beitrag zur Stabilitätsberechnung ebener Flächentragwerke mit Hilfe der Methode der finiten Elemente. Diss.TH Darmstadt 1967
8.27 Schmidt,B.:Ein Finite-Element-Verfahren zur Berechnung vorverformter, ausgesteifter Rechteckplatten unter Berücksichtigung von geometrischen und Materialnichtlinearitäten. Diss.TU Berlin 1975
8.28 Harbord,R.u.Schröder,R.:Finite-Element-Methode zur Berechnung dünnwandiger Behälter. Stahlbau 46(1977),S.314-320u.S.383-388
8.29 Chwalla,E.:Beitrag zur Stabilitätstheorie des Stegbleches vollwandiger Träger. Stahlbau 9(1936),S.161-166
8.30 Scheer,J.:Der stabilisierende Einfluß von Zugspannungen auf die Beulung schubbeanspruchter, unausgesteifter Rechteckplatten. Stahlbau 31(1962),S.233-238
8.31 Warkenthin,W.:Zur Beurteilung der Beulsicherheit querbelasteter Stegblechfelder. Stahlbau 34(1965),S.28-29
8.32 Strigl,G.:Das nichtlineare Überlagerungsgesetz für die Lösungen von zusammengesetzten Stabilitätsproblemen mit Verzweigungspunkt. Stahlbau 24(1955),S.33-39u.S.51-61
8.33 Oxfort,J.K.:Zur Berechnung der Obergurte vollwandiger Kranbahnträger durch Torsionsmomente und durch Querkraftbiegung unter dem örtlichen Radlastangriff. Stahlbau 32 (1963),S.360-367
8.34 Rieve,J.:Die Spannungsverteilung zwischen Gurt und Stegblech unter der örtlichen Lasteinleitung beim I-Querschnitt. ZAMM 28(1948),S.210-217;vgl.auch Bautechnik-Archiv H.7. Berlin:W.Ernst u.Sohn 1953
8.35 Steinhardt,O.u.Schulz,U.:Zur örtlichen Stegbeanspruchung zentrisch belasteter Kranbahnträger bei Verwendung elastisch eingebetteter Kranschienen. Bauingenieur 44(1969), S.293-296
8.36 Maas,G.:Untersuchungen an schweren geschweißten Vollwandkranbahnträgern. Diss.TU München 1968
8.37 Vögele,H.G.:Eine Untersuchung der Stabilität und der Spannungen von Stegen einwandiger Kranbahnträger bei vertikalem Lastangriff am Obergurt zwischen zwei Quersteifen. Diss.Uni Stuttgart;vgl.auch Stahlbau 41(1972),S.225-231
8.38 Hoeland,G.:Ein Näherungsverfahren zur Bemessung hoher Kranträgerstege. Fördern und Heben 22(1972),S.896-898
8.39 Girkmann,K.:Stegblechbeulung unter örtlichem Lastangriff. Sitz.-Ber.Akad.d.Wiss.Wien, math.-naturwiss.Kl.,Abt.2a,145(1936),S.1-27
8.40 Wilkesmann,F.W.:Stegblechbeulung bei Längsrandbelastung. Stahlbau 29(1960),S.314-322
8.41 Elhence,V.P.:Das Ausbeulen rechteckiger Platten bei einseitiger örtlicher Randstreckenlast. Diss.Hochschule für Bauwesen Leipzig 1964
8.42 Rockey,K.G.a.Bagchi,D.K.:Buckling of plate girder webs under partical edge loading. Int.Journ.Mech.Sci.12(1970),S.61-76
8.43 Kahn,M.Z.,Johns,K.C.a.Hayman,B.:Buckling of plates with partically loaded edges. Proc.ASCE,Journ.Struc.Div.103(1977),S.547-558
8.44 Protte,W.:Zum Scheiben- und Beulproblem längsversteifter Stegblechfelder bei örtlicher Lasteintragung und bei Belastung aus Haupttragrichtung. Techn.Mitt.Krupp, Forsch.-Ber.33(1975),S.59-76;vgl.auch Stahlbau 45(1976),S.251-252
8.45 Klöppel,K.u.Wagemann,C.-H.:Beulen eines Bleches unter einseitiger Gleichstreckenlast. Stahlbau 33(1964),S.216-220
8.46 Klöppel,K.u.Reuschling,D.:Beulwerte von Rechteckplatten mit linear veränderlichen Normalspannungen an den Querrändern und konstanten Druckspannungen an den Längsrändern. Stahlbau 34(1965),S.346-349
8.47 Yoshizuka,J.a.Naruoka,M.:Buckling coefficient of simply supported rectangular plates under combined bending and compressive stresses in two perpendicular directions. Stahlbau 40(1971),S.217-221
8.48 Radulovič,B.:Beitrag zur Stabilität einer Rechteckplatte, die einer in beiden Richtungen über die Plattenebene linear veränderlichen Last unterworfen ist, bei NAVIERschen Randbedingungen. Stahlbau 42(1973),S.199-205u.S.384
8.49 Hoeland,G.:Beulwerte isotroper und orthotroper Platten bei zweiachsiger Beanspruchung mit Druck und Zug. Stahlbau 42(1973),S.283-286
8.50 Protte,W.:Zur Stegblechbeulung unter in zwei Richtungen linear veränderlichen Normalspannungen und in einer Richtung parabolisch veränderlichen Schubspannungen. Techn. Mitt.Krupp,Forsch.-Ber.32(1974),S.41-45
8.51 Scheer,J.,Nölke,H.u.Gentz,E.:Beulnachweis für Platten:DASt-Ri.012;Grundlagen-Erläuterungen-Beispiele. Köln:Stahlbau-Verlag 1979
8.52 Grag,C.S.,Kent,L.E.,Mitchell,W.A.a.Godfrey,G.B.:Steel designers manual,2.ed. London: Crosby Lockwood 1960
8.53 Bausemir,H.:Beuluntersuchung der Stegbleche in rechteckigen Rahmenecken. Diplom-Arbeit am Lehrstuhl für Stahlbau,TU München 1966(unveröffentlicht)
8.54 Protte,W.:Zur Beulung von Rahmenecken. Techn.Mitt.Krupp,Forsch.-Ber.35(1977),S.127-133

8.55 Burchard,W.:Beulspannungen der quadratischen Platte mit Schrägsteife unter Druck bzw. Schub. Ing.-Archiv 8(1937),S.332-349
8.56 Kromm,A.:Kritische Schubspannung rechteckiger Platten mit Diagonalaussteifungen. Stahlbau 21(1952),S.177-184
8.57 Protte,W.:Zum Beulproblem schräg ausgesteifter Rechteckplatten. Stahlbau 38(1969), S.19-22
8.58 Barbré,R.:Beulspannungen von Rechteckplatten mit Längssteifen bei gleichmäßiger Druckbeanspruchung. Bauingenieur 17(1936),S.268-273
8.59 Barbré,R.:Stabilität gleichmäßig gedrückter Rechteckplatten mit Längs- und Quersteifen. Ing.-Archiv 8(1937),S.117-150
8.60 Chwalla,E.u.Novak,A.:Theorie der einseitig angeordneten Stegblechsteife. Stahlbau 10 (1937),S.92-96
8.61 Fröhlich,H.:Stabilität der gleichmäßig gedrückten Rechteckplatte mit Steifenkreuz. Bauingenieur 18(1937),S.673-682
8.62 Hampl,M.:Ein Beitrag zur Stabilität des horizontal ausgesteiften Stegbleches. Stahlbau 10(1937),S.16u.S.22-23
8.63 Knipp,G.:Über die Stabilität der gleichmäßig gedrückten Rechteckplatte mit Steifenrost. Bauingenieur 22(1941),S.257-273
8.64 Stiffel,R.:Biegungsbeulung versteifter Rechteckplatten. Bauingenieur 22(1941),S.367 -381
8.65 Bornscheuer,F.W.:Beitrag zur Berechnung ebener gleichmäßig gedrückter Rechteckplatten, versteift durch eine Längssteife. Diss.TH Darmstadt 1944
8.66 Torre,C.:Zur Beulung versteifter Rechteckplatten bei veränderlicher Randbelastung. Österr.Ing.-Archiv 1(1947),S.137-148
8.67 Heilig,R.:Allgemeine Beulgleichungen des versteiften, rechteckigen Stegblechfeldes. Bauingenieur 27(1952),S.398-405
8.68 Sievers,H.u.Bornscheuer,E.:Über die Beulstabilität durchlaufender Platten mit drehsteifen Längssteifen. Stahlbau 22(1953),S.149-153
8.69 Klöppel,K.u.Scheer,J.:Das praktische Aufstellen von Beuldeterminanten für Rechteckplatten mit randparallelen Steifen bei NAVIERschen Randbedingungen. Stahlbau 25(1956), S.117-126;vgl.auch 25(1956),S.265-274u.26(1957),S.246-252
8.70 Börsch-Supan,W.:Berechnung von Beulwerten versteifter Platten auf Rechenautomaten. Stahlbau 28(1959),S.37-46
8.71 Barth,W.,Börsch-Supan,W.u.Scheer,J.:Beulsicherheit ausgesteifter Rechteckplatten bei zusammengesetzter Beanspruchung. Stahlbau 28(1959),S.68-74
8.72 Simon,G.:Die Berücksichtigung der Torsionssteifigkeit der Aussteifungen bei der Ermittlung der Beulwerte oder der Eigenfrequenzen von Rechteckplatten mit randparallelen Steifen bei NAVIERschen Randbedingungen. Stahlbau 29(1960),S.207-215
8.73 Klöppel,K.u.Möller,K.H.:Ein Beitrag zur Erhöhung der Beulwerte längsausgesteifter Rechteckplatten durch eine entsprechende Verteilung der Steifen. Stahlbau 34(1965), S.303-311
8.74 Protte,W.:Zum Beulproblem versteifter Bodenbleche von Kastenträgern. Techn.Mitt. Krupp,Forsch.-Ber.30(1972),S.115-133
8.75 Sedlacek,G.:Einzelfeldbeulnachweise für rippenversteifte Bleche. Techn.Mitt.Krupp, Forsch.-Ber.35(1977),S.135-144
8.76 Kutzelnigg,E.:Ein Beitrag zur Berechnung der Stabilitätsgrenze ausgesteifter Platten veränderlicher Dicke unter allgemeinen Spannungszuständen. Diss.TH Wien 1973
8.77 Radulović,B.:Über die Querversteifungen einer Rechteckplatte, die einer in beiden Richtungen über die Plattenebene linear veränderlichen Last unterworfen ist. Stahlbau 43(1974),S.120-124
8.78 Radulović,B.:Über die Längsversteifungen einer Rechteckplatte, die einer in beiden Richtungen über die Plattenebene linear veränderlichen Last unterworfen ist. Stahlbau 45(1976),S.230-237,46(1977),S.32
8.79 Radulović,B.:Einfluß aus der Torsionssteifigkeit der Aussteifungen zur Stabilität einer Rechteckplatte, die einer in beiden Richtungen über die Plattenebene linear veränderlichen Last unterworfen ist (lineare Theorie). Stahlbau 47(1978),S.212-216
8.80 Protte,W.:Zur kombinierten Gurt-Stegblech-Beulung (Gesamtstabilität) versteifter I- und Kasten-Träger unter Biegemomenten-, Normalkraft- und Querkraftbeanspruchung. Techn.Mitt.Krupp,Forsch.-Ber.36(1978),S.87-100
8.81 Kromm,A.:Zur Frage der Mindeststeifigkeiten von Plattenaussteifungen. Stahlbau 17 (1944),S.81-84
8.82 Chwalla,E.:Über die Biegungsbeulung der längsversteiften Platte und das Problem der Mindeststeifigkeit. Stahlbau 17(1944),S.84-88
8.83 Bornscheuer,F.W.:Mindeststeifigkeiten von Plattenaussteifungen bei berücksichtigter Verdrehsteifigkeit. M.A.N.-Forschungsheft (1952),S.97-111
8.84 Kármán,Th.v.:Festigkeitsprobleme im Maschinenbau,in:Encyklopädie der Mathematischen Wissenschaften IV,4,S.348. Leipzig:Teubner 1910
8.85 Schnadel,G.:Knickung von Schiffsplatten. Werft,Reederei,Hafen 6(1930),S.1-9
8.86 Kármán,Th.v.,Sechler,E.E.a.Donnel,L.H.:The strength of thin plates in compression. Trans.ASME 54(1932),S.53-57
8.87 Lahde,R.u.Wagner,H.:Versuche zur Ermittlung der mittragenden Breite von verbeulten Blechen. Luftfahrtforschung 13(1936),S.214-223
8.88 Marguerre,K.:Die mittragende Breite der gedrückten Platte. Luftfahrtforschung 14 (1937),S.121-128
8.89 Kromm,A.u.Marguerre,K.:Verhalten eines von Schub- und Druckkräften beanspruchten Plattenstreifens oberhalb der Beulgrenze. Luftfahrtforschung 14(1937),S.627-639
8.90 Reinitzhuber,F.:Beitrag zur Berechnung gedrückter, dünnwandiger Profile oberhalb der Beulgrenze. Luftfahrtforschung 19(1942),S.240-247
8.91 Schunck,T.E.:Die quadratische Platte bei Schubbelastung oberhalb der Beulgrenze. Ing.-Archiv 17(1949),S.119-128

8.92 Jombock,J.R.a.Clark,J.W.:Postbuckling behavior of flat plates. Proc.ASCE,Journ. Struc.Div.87(1961),S.17-34
8.93 Skaloud,M.:Design of webplates of steel girders with regard to the postbuckling behavior; approximate solution. Struct.Engineer 40(1962),S.279-284
8.94 Djubek,J.:Lösung des nichtlinearen Problems bei Wanddeformationen. Abh.IVBH 23 (1963),S.91-110
8.95 Djubek,J.:Deformation of rectangular slender webplates with boundary members flexible in the webplate plane. Aeronautical Quarterly 17(1966),S.371-394
8.96 Nölke,H.:Eine erste Näherung zum Verhalten von Gurtplatten mit freien Rändern nach dem Ausbeulen. Diss.TH Darmstadt 1966
8.97 Schmied,R.:Gesamtstabilität von zweiachsig außermittig gedrückten dünnwandigen I-Stäben unter Berücksichtigung der Querschnittsverformung nach der nichtlinearen Plattentheorie. Stahlbau 36(1967),S.1-12u.S.50-60
8.98 Steup,H.:Verbeulungs- und Eigenspannungseinflüsse bei der überkritischen Beulung von Platten. Abh.IVBH 29-I(1969),S.73-94
8.99 Klöppel,K.u.Unger,B.:Das Ausbeulen einer am freien versteiften, dreiseitig momentenfrei gelagerten Platte unter der Verwendung der nichtlinearen Beultheorie. Stahlbau 38(1969),S.289-299u.39(1970),S.115-123
8.100 Bilstein,W.:Anwendung der nichtlinearen Beultheorie auf vorverformte, mit diskreten Längssteifen verstärkte Rechteckplatten unter Längsbelastung. Stahlbau 43(1974),S. 193-201u.S.276-282
8.101 Bilstein,W.:Beitrag zur Berechnung vorverformter, mit diskreten Längssteifen ausgesteifter, ausschließlich in Längsrichtung belasteter Rechteckplatten nach der nichtlinearen Beultheorie. Stahlbau 43(1974),S.193-201u.S.276-282
8.102 Bilstein,W.:Überkritisches Tragverhalten nichtausgesteifter Platten. Heft 9,Lehrstuhl für Stahlbau,TU Hannover 1975
8.103 Rubin,H.:Das Tragverhalten längsversteifter, vorverformter Rechteckplatten unter Axialbelastung nach der nichtlinearen Beultheorie. Heft 1,Inst.f.Baustatik und Meßtechnik,Uni (TH) Karlsruhe 1976
8.104 Kröplin,B.-H.:Beulen ausgesteifter Blechfelder mit geometrischer und stofflicher Nichtlinearität. Diss.TU Braunschweig 1977
8.105 Kröplin,B.-H.u.Meier,F.:Zur Abschätzung der Traglast von axial gedrückten Platten mit Hilfe von Grenzlasten. Ber.78-30,Inst.f.Statik,TU Braunschweig 1978,S.33-42
8.106 Neuber,H.:Knicken von Stäben und Platten bei nichtlinear-elastischer und plastischer Verformung mit Berücksichtigung der Verfestigung. Stahlbau 34(1965),S.257-261
8.107 Reckling,K.A.:Beulversuche mit rechteckigen Platten im plastischen Werkstoffbereich. Stahlbau 37(1968),S.275-281
8.108 Pflüger,A.:Zur plastischen Beulung der Rechteckplatte. Ing.-Archiv 41(1972),S.258-269
8.109 Haajer,G.:Plate buckling in the strain hardening range. Proc.ASCE,Journ.Eng.Mech. Div.82(1957),S.1212/1-47
8.110 Ueda,Y.a.Tall,L.:Inelastic buckling with residual stress. Abh.IVBH 27(1967),S.211-254
8.111 Bemessung von Blech- und Kastenträgern im überkritischen Tragbereich. IVBH-Seminar London 1971. Ber.Arbeitskommission,Bd.11. Zürich:IVBH 1972
8.112 Steel box girder bridges. Proc.Int.Conf.London 1973. London:The Institution of Civil Eng.1973
8.113 Beiträge zum Beulproblem bei Kastenträgerbrücken. DASt-Berichtsheft 3. Köln:Stahlbau-Verlag 1975
8.114 Int.Conf. on Steel Plated Structures (1976); Croydon:Constrado 1978
8.115 Scheer,J.u.Nölke,H.:Traglastversuche an torsionsbelasteten, dünnwandigen Kastenträgermodellen. Bauingenieur 51(1976),S.381-386
8.116 Scheer,J.,Nölke,H.u.Böhm,M.:Traglastversuche an dünnwandigen Kastenträgermodellen mit Biegemomentenbeanspruchung. Bauingenieur 53(1978),S.379-386
8.117 Fischer,M.u.Harre,W.:Ermittlung der Traglastkurven von einachsig gedrückten Rechteckplatten aus Baustahl der Seitenverhältnisse $\alpha<1$ mit Hilfe von Versuchen. Stahlbau 47(1978),S.199-204u.S.239-247
8.118 Cooper,P.B.,Lew,H.S.a.Yen,B.T.:Welded constructional alloy steel plate girders. Proc.ASCE,Journ.Struct.Div.90(1964),S.1-36
8.119 D'Apice,M.A.,Fielding,D.J.a.Cooper,P.B.:Static tests on longitudinally stiffened plate girders. Bulletin No.117. New York:Weld.Research Council 1966
8.120 Barbré,R.,Schmidt,H.u.Küpper,H.:Stabilitätsversuche mit 14 stählernen Modellen längsversteifter Kastenträger-Bodenbleche. Ber.7106,3.Inst.f.Stahlbau,TU Braunschweig 1972
8.121 Murray,N.W.:The behaviour of thin stiffened steel plates. Abh.IVBH 33-I(1973), S.191-201
8.122 Murray,N.W.:Das Stabilitätsverhalten von axial belasteten, in der Längsrichtung ausgesteiften Platten im plastischen Bereich. Stahlbau 12(1973),S.372-379
8.123 Walker,A.C.a.Murray,N.W.:A plastic collapse mechanism for compressed plates. Abh. IVBH 35-I (1975),S.217-236
8.124 Andrä,W.:Beulversuche mit Bodenblechen von stählernen Hohlkasten. Bauingenieur 49 (1974),S.373-382
8.125 Schmidt,H.:Zum Tragverhalten axial gedrückter, geschweißter, längsversteifter Blechfelder. Heft 9, Lehrstuhl für Stahlbau,TU Hannover 1975
8.126 Protte,W.:Zum Beulproblem versteifter Bodenbleche von Kastenträgern. Techn.Mitt. Krupp,Forsch.-Ber.30(1972),S.115-133
8.127 Protte,W.:Zur Beulung versteifter Kastenträger mit symmetrischem Trapez-Querschnitt unter Biegemomenten-, Normalkraft- und Querkraftbeanspruchung. Techn.Mitt.Krupp, Forsch.-Ber.34(1976),S.57-79
8.128 Protte,W.:Zur Beulung nichtversteifter Kastenträger mit doppelt-symmetrischem Rechteckquerschnitt unter Torsion. Techn.Mitt.Krupp,Forsch.-Ber.35(1977),S.101-111

8.129 Crisfield,M.A.:Full-range analysis of steel plates and stiffened plating under unaxial compression. Proc.Inst.Civil Engrs.59(1975),S.595-624

8.130 Eggers,H.u.Kröplin,B.:Yielding of plates with hardening and large deformations. Journ.Num.Meth.Eng.12(1978),S.739-750

8.131 Klöppel,K.u.Bilstein,W.:Berechnungsgrundlagen für Kastenträgerbrücken in Großbritannien (Merrison-Bericht). Stahlbau 43(1974),S.298-304

8.132 Unger,B.:Zur Weiterentwicklung des Tragfähigkeitsnachweises beulgefährdeter Platten. Bauingenieur 52(1977),S.327-337

8.133 Nassar,G.:Das Ausbeulen dünnwandiger offener und geschlossener Profile bei einachsig außermittiger Druckbeanspruchung. Diss.TH Darmstadt 1962;vgl.auch Stahlbau 34(1965),S.311-316

8.134 Klöppel,K.,Schmied,R.u.Schubert,J.:Die Traglast mittig und außermittig gedrückter dünnwandiger Kastenträger unter Verwendung der nichtlinearen Beultheorie. Stahlbau 35(1966),S.321-337u.38(1969),S.9-19

8.135 Schubert,J.:Das Verhalten gedrückter dünnwandiger Stützen mit kastenförmigem Querschnitt im überkritischen Bereich. Heft 9,Lehrstuhl für Stahlbau,TU Hannover 1975

8.136 Scheer,J.u.Böhm,M.:Auswertung von Traglastversuchen an gedrückten Kastenstützen mit dünnwandigen, unausgesteiften Platten aus Stahl. Abh.IVBH P-13/48

8.137 Scheer,J.u.Gentz,E.:Erläuterungen zum Ergänzungserlaß zu DIN 4114. Mitt.IfB Berlin 5(1974),S.131-139

8.138 Kato,B.:Buckling strength of plates in the plastic range. Abh.IVBH 25(1965),S.127-141

8.139 Bleich,F.:Theorie und Berechnung der eisernen Brücken. Berlin:Springer 1924

8.140 Bleich,F.:Stabilität dünner Wände gedrückter Stäbe. Vorber.IVBH-Kongress, Paris 1932, S.107-128

8.141 Lundquist,E.E.a.Stowell,E.J.:Critical compressive stress for flat rectangular plates supported along all edges and elastically restrained. NACA Techn.Note 733(1942)

8.142 Stowell,E.Z.,Heimerl,G.J.,Libove,Ch.a.Lundquist,E.E.:Buckling stresses for flate plates and sections. Trans.ASCE 117(1952),S.545-560

8.143 Bijlaard,P.P.:Theory of the stability of thin plates. Abh.IVBH 6(1940/41),S.45-69

8.144 Bijlaard,P.P.:Some contributions to elastic and plastic stability. Abh.IVBH 8(1947), S.17-80

8.145 Hartmann,F.:Die Berechnung von T-Querschnitten auf Ausbeulen. Stahlbau 7(1934),S. 105-107

8.146 Ihlenburg,W.:Knicksicherheit der Randaussteifungen von ⊓ und ⌶-Stäben. Stahlbau 8 (1935),S.85-87u.S.201-203

8.147 Lay,M.G.:Flange local buckling in wide flange shapes. Proc.ASCE,Journ.Struct.Div.91 (1965),S.95-108

8.148 Winter,G.:Stress distribution in an equivalent width of flanges of wide, thin-walled steel beams. NACA Techn.Note No.784(1940)

8.149 Winter,G.:Strength of thin steel compression flanges. Trans.ASCE 112(1947),S.527-554

8.150 Winter,G.:Cold formed, light gage steel construction. Proc.ASCE,Journ.Struct.Div.85 (1959),S.151-173

8.151 Warren,K.W.a.Winter,G.:Effects of cold forming on ligth gage steel members. Proc. ASCE,Journ.Struct.Div.93(1967),S.433-450

8.152 Rode,H.H.:Beitrag zur Theorie der Knickerscheinungen. Eisenbau 7(1916),S.121-136, S.157-167,S.210-218,S.239-246u.S.295-299

8.153 Basler,K.,Yen,B.T.,Mueller,J.A.a.Thürlimann,B.:Web buckling tests on welded plate girders. Bulletin No.64. New York:Weld.Research Council 1960

8.154 Basler,K.u.Thürlimann,B.:Strength of plate girders in bending, Part II. Trans.ASCE 128(1963),S.655-682

8.155 Basler,K.:Strength of plate girders in shear, Part II. Trans.ASCE 128(1963),S.683-719

8.156 Basler,K.:Strength of plate under combined bending and shear, Part II. Trans.ASCE 128(1963),S.720-735

8.157 Basler,K.:Vollwandträger, Berechnung im überkritischen Bereich,2.Aufl. Zürich: Schweiz.Zentralstelle für Stahlbau 1973

8.158 Wagner,H.:Ebene Blechwandträger mit sehr dünnem Stegblech. Z.f.Flugtechnik und Motorluftschiffahrt 20(1929),S.200-207,S.227-233,S.256-262,S.279-284u.S.306-314

8.159 Reinitzhuber,F.(Hrg.):Steifenlose Stahlskelett-Tragwerke und dünnwandige Vollwandträger. Berlin:W.Ernst u.Sohn 1977

8.160 Höglund,T.:Livets Verkningssätt och Bärförmaga hos Tunnväggig I-Balk. Bulletin Nr. 93,Div.Building Statics and Struct.Eng.,Royal Inst.of Techn.,Stockholm 1971

8.161 Höglund,T.:Design of thin plate I-girders in shear and bending with special reference to web buckling. Bulletin Nr. 94, Div.Building Statics and Struct.Eng., Royal Inst.of Techn.,Stockholm 1973

8.162 Kerbach,F.:Beulwerte langer Platten unter Berücksichtigung veränderlicher Normal- und Schubspannungen. Baupl.-Bautechnik 25(1971),S.229-231

8.163 Kutzelnigg,E.:Beulwertdiagramme für Stegbleche ohne Zwischensteifen nach der linearen Beultheorie bei Berücksichtigung von in Trägerlängsrichtung veränderlichen Spannungen und der Torsionssteifigkeit der Gurte. Stahlbau 47(1978),S.329-338u.S.370-373

8.164 Johansson,B.:Dünnwandige I-Träger ohne Stegblechsteifen;in: [8.159]

8.165 Herzog,M.:Die Traglast versteifter, dünnwandiger Blechträger unter reiner Biegung nach Versuchen. Bauingenieur 48(1973),S.317-322

8.166 Herzog,M.:Die Traglast unversteifter und versteifter, dünnwandiger Blechträger unter reinem Schub und Schub mit Biegung nach Versuchen. Bauingenieur 49(1974), S.382-389

8.167 Herzog,M.:Die Traglast versteifter Kastenträger aus Baustahl. Bauingenieur 52(1977), S.57-61

8.168 Fukumoto,Y.a.Kubo,M.:Ultimate bending strength of plate girders with longitudinal stiffeners failed by lateral instability. Stahlbau 46(1977),S.365-371

8.169 Dubas,P.:Zur Erschöpfungslast schubbeanspruchter Stegbleche;in:[0.66],S.58-68

8.170 Donnel,L.H.:A new theory for the buckling of thin cylinders under axial compression and bending. Trans.ASME 56(1934),S.795-806;vgl.auch:Donnel,L.H.:Beams, plates and shells. New York:McGraw-Hill 1976
8.171 Flügge,W.:Die Stabilität der Kreiszylinderschale. Ing.-Archiv 3(1932),S.463-506; vgl.auch:Stresses in shells,2nd.ed. Berlin:Springer 1973
8.172 Deuker,E.-A.:Zur Stabilität der elastischen Schalen. ZAMM 23(1943),S.81-100
8.173 Batdorf,S.B.:A simplified method of elastic stability analysis for thin cylindrical shells. NACA-Report 874,1947
8.174 Lorenz,R.:Achsensymmetrische Verzerrungen in dünnwandigen Hohlzylindern. Z-VDI 52 (1908),S.1706-1713
8.175 Southwell,R.V.:On the collapse of tubes by external pressure. Phil.Mag.25(1913), S.687-698, 26(1914),S.502-512u.27(1915),S.67-77
8.176 Ebner,H.:Theoretische und experimentelle Untersuchung über das Einbeulen zylindrischer Tanks durch Unterdruck. Stahlbau 21(1952),S.153-159
8.177 Mises,R.v.:Der kritische Außendruck zylindrischer Rohre. Z-VDI 58(1914),S.750-755
8.178 Windenburg,D.F.u.Trilling,C.:Collapse by instability of thin cylindrical shells under external pressure. Trans.ASME 56(1934),S.819-825
8.179 Donnel,L.H.:Stability of thin-walled tubes under torsion. NACA-Report 479,1933
8.180 Kromm,A.:Knickfestigkeit gekrümmter Plattenstreifen und Schub- und Druckkräften. Jb.Deutsche Luftf.-Forschung 1940,S.1832-1840
8.181 Schwerin,E.:Die Torsionsstabilität des dünnwandigen Rohres. ZAMM 5(1925),S.235-243
8.182 Wlassow,W.S.:Allgemeine Schalentheorie und ihre Anwendung in der Technik. Berlin: Academic-Verlag 1958
8.183 Zoelly,R.:Über ein Knickproblem an der Kugelschale. Diss.TH Zürich 1915
8.184 Schwerin,E.:Zur Stabilität der dünnwandigen Hohlkugel unter gleichmäßigem Außendruck. ZAMM 2(1922),S.81-91
8.185 Stein,M.a.McElman,J.A.:Buckling of segments of toroidal shells. AIAA-Journ.3(1965), S.1704-1709
8.186 Hutchinson,J.W.:Initial post-buckling behavior of toroidal shell segments. Int. J.Solids Struct.3(1967),S.97-115
8.187 Sobel,L.H.a.Flügge,W.:Stability of toroidal shells under uniform external pressure. AIAA-Journ.5(1967),S.425-431
8.188 Bornscheuer,F.W.:Durch Schweißeigenspannungen an zylinderförmigen Konstruktionen ausgelöste Beulerscheinungen. Schweißen und Schneiden 9(1957),S.492-494
8.189 Bornscheuer,F.W.:Zur Berechnung und Konstruktion druckbeanspruchter Schalen aus Stahl;in:Berichte aus Forsch.u.Entw.,Heft 4. Köln:Stahlbau-Verlag 1977
8.190 Baker,E.H.,Kovalevsky,L.a.Rish,F.L.:Structural analysis of shells. New York:McGraw-Hill 1972
8.191 Esslinger,M.u.Geier,B.:Postbuckling behavior of structures. Wien:Springer 1975
8.192 Esslinger,M.(Hrg.):Schalenbeulentagung Darmstadt 1979. Braunschweig:DFVLR 1979
8.193 Budiansky,B.a.Hutchinson,J.W.:A survey of some buckling problems. AIAA-Journ.4(1966), S.1505-1510
8.194 Stein,M.:Recent advances in the investigation of shell buckling. AIAA-Journ.6(1968), S.2339-2346
8.195 Hoff,N.J.:Some recent studies on the buckling of thin shells. AIAA-Journ.7(1969), S.1057-1070
8.196 Hutchinson,J.W.a.Koiter,W.T.:Postbuckling theory - Review article. Appl.Mech.Rev. 23(1970),S.1353-1366
8.197 Vandepitte,D.u.a.:Buckling behavior of shells,in [0.52],S.275-297
8.198 Esslinger,M.,Hall,R.u.Klein,H.:Beulen und Nachbeulen dünnwandiger Schalen - Axiale Belastung. Film E 2191 des IWF,Göttingen 1975;vgl.auch Stahlbau 36(1967),S.365-371 u.39(1970),S.73-76
8.199 Almroth,D.O.:Postbuckling behavior of axially compressed circular cylinders. AIAA-Journ.1(1963),S.630-633
8.200 Fritz,H.,Krätzig,W.B.u.Wittek,U.:Stabilitätsgleichungen elastischer Flächentragwerke unter besonderer Berücksichtigung der Energieerhaltung. ZAMM 56(1976),S.409 421;vgl.auch [0.67]
8.201 Fritz,H.u.Wittek,U.:Die Bedeutung dehnungsloser Beulzustände bei der Stabilitätsberechnung von Schalen. Stahlbau 46(1977),S.40-45
8.202 Eckstein,U.,Krätzig,W.B.u.Wittek,U.:Wirklichkeitsnahe Grenzbeullasten von Rotationsschalen unterschiedlicher GAUSSscher Flächenkrümmung. Techn.-Wiss.Mitt.Nr.79-5. Bochum:Inst.Konstr.Ing.Bau 1979
8.203 Basar,Y.,Harnach,R.,Kollár,L.u.Rothert,H.:Das Problem der verzerrungsfreien Verbiegung in der Schalentheorie;KI-Berichte, Heft 20. Essen:Vulkan-Verlag 1974; vgl.auch Bautechnik 54(1977),S.190-195
8.204 Kirste,L.:Abwickelbare Verformung dünnwandiger Kreiszylinder. Österr.Ing.-Archiv 2 (1948),S.149-151
8.205 Pflüger,A.:Zur praktischen Berechnung der axial gedrückten Kreiszylinderschale. Stahlbau 32(1963),S.161-164
8.206 Stern,J.:Zur Stabilität zylindrischer Lagertanks. Bauingenieur 44(1969),S.283-288
8.207 Schulz,U.:Die Stabilität axial belasteter Zylinderschalen mit Mantelöffnungen. Bauingenieur 51(1976),S.387-396
8.208 Saal,H.:Der Einfluß von Ausschnitten auf die Beullasten von Kreiszylinderschalen. Stahlbau 45(1976),S.279-284
8.209 Bahke,E.:Tiefbohrmast in Rohrschalenbauweise. Stahlbau 25(1956),S.169-174u.S.199-203
8.210 Saal,H.,Kahmer,H.u.Hein,J.-C.:Experimentelle und theoretische Untersuchungen an beulgefährdeten langen Kreisrohren. Stahlbau 48(1979),S.353-359
8.211 Pflüger,A.:Zur praktischen Berechnung der Kreiszylinderschale unter Manteldruck. Stahlbau 35(1966),S.249-252
8.212 Greiner,R.:Ein baustatisches Lösungsverfahren zur Beulberechnung dünnwandiger Kreiszylinderschalen unter Manteldruck. Bauing.-Praxis Heft 17. Berlin:W.Ernst u.Sohn 1972

8.213 Resinger,F.u.Greiner,R.:Zum Beulverhalten von Kreiszylinderschalen mit abgestufter Wanddicke. Stahlbau 43(1974),S.182-187;vgl.auch 45(1976),S.10-15
8.214 Meincke,H.:Beuldruck und Spannungen von zylindrischen Behältern unter Außendruck. VDI-Z 104(1962),S.317-323;vgl.auch 106(1964),S.19-22
8.215 Czerwenka,G.:Untersuchungen von dünnen kurzen Zylindern, die durch Ring-Kleinstprofile enger und mittlerer Teilung verstärkt sind und unter Manteldruck stehen. Z.f.Flugwissenschaften 9(1961),S.163-190
8.216 Kerkhoff,H.u.Meier,F.:Berechnung der Beullasten von ringversteiften Zylindern mit abgesetzter Wandstärke,in:Schalenbeultagung 1975. Braunschweig:DFVLR 1975
8.217 Mungan,I.:Die Beulsicherheit von Kreiszylinderschalen unter Berücksichtigung verschiedener Hauptspannungsverhältnisse. Diss.TH München 1965
8.218 Panajotopoulos,G.u.Kokkinowrachos,K.:Untersuchung des Stabilitätsverhaltens von Torusschalen unter hydrostatischem Druck. Forsch.-Ber.NRW Nr.2870. Opladen:Westdeutscher Verlag 1979
8.219 Wurm,P.:Modellversuche zum Studium des Beulverhaltens doppelt positiv gekrümmter Schalen. Bauingenieur 50(1975),S.397-403
8.220 Mungan,I.:Schalenbeulung am Beispiel der Rotationsschalen. Stahlbau 49(1980),S. 41-45
8.221 Krätzig,W.B.,Mungan,I.u.a.:Kühltürme,in:Jahrbuch Bautechnik im Kraftwerksbau. Essen:Vulkan-Verlag 1976
8.222 Zerna,W.(Hrg.):Kühlturm-Symposium 1977. KI-Berichte,Heft 29/30. Essen:Vulkan-Verlag 1977;vgl.auch Beton- und Stahlbetonbau 73(1978),S.37-42u.S.66-72

ANHANG

I.1 Funk,P.:Variationsrechnung und ihre Anwendung in Physik und Technik. Berlin:Springer 1962
II.1 Opladen,K.:Zur praktischen Berechnung der Querschnittswerte r_x nach DIN 4114. Stahlbau 28(1959),S.54-55
II.2 Baumann,M.:Praktische Anwendung einer allgemeinen Integrationsmethode zur Bestimmung von Momenten. Stahlbau 10(1937),S.22-24
II.3 Flessner,H.:Ein Beitrag zur Ermittlung von Querschnittswerten mit Hilfe elektronischer Rechenanlagen. Bauingenieur 37(1962),S.142-149u.S.327
II.4 Hasselgruber,H.u.Fengler,K.-H.:Die Berechnung von Flächenmomenten mit Hilfe digitaler Rechenautomaten. Rheinstahl-Technik (1964),S.51-53;vgl.auch Schröter,H.-J.: Praktische Berechnung von Flächenmomenten. Stahlbau 33(1964),S.320
II.5 Weber,C.u.Günther,W.:Torsionstheorie. Braunschweig:Vieweg 1958
II.6 Sowa,W.:Beitrag zur rechnerischen und experimentellen Bestimmung des Schubmittelpunktes von dickwandigen, einfach-symmetrischen und einfach zusammenhängenden Querschnitten. Diss.TH Darmstadt 1965
II.7 Bornscheuer,F.W.:Systematische Darstellung des Biege- und Verdrehvorgangs unter besonderer Berücksichtigung der Wölbkrafttorsion. Stahlbau 21(1952),S.1-9,21(1952), S.225-232u.22(1953),S.32-44;vgl.auch Stahlbau 30(1961),S.81-82u.32(1963),S.384
II.8 Chwalla,E.:Einführung in die Baustatik.2.Aufl. Köln:Stahlbau-Verlag 1954
II.9 Klöppel,K.,Friemann,H.:Erweiterung des Formänderungsverfahrens auf die Theorie der Wölbkrafttorsion. Stahlbau 35(1966),S.365-372
II.10 Roth,R.u.Griesshaber,J.:Praktische Berechnung auf Biegung und Torsion beanspruchter Stäbe mit dünnwandigen Querschnitten. Leipzig:Teubner-Verlagsgesellschaft 1966
II.11 Kollbrunner,C.F.u.Basler,K.:Torsion. Berlin:Springer 1966
II.12 Kollbrunner,C.F.a.Basler,K.:Torsion on structures. Berlin:Springer 1969
II.13 Kollbrunner,C.F.u.Hajdin,N.:Dünnwandige Stäbe,Bd.1(1972),Bd.2(1975). Berlin:Springer 1972/75
II.14 Hoyer,W.u.Hohaus,A.:Torsionsprobleme des Stahlbaues,in:Handbuch für den Stahlbau, Bd.IV. Berlin:VEB-Verlag für Bauwesen 1974
II.15 Schrader,K.H.:Über die Flächenmomente dünnwandiger offener Profile und ein ALGOL-Programm zu ihrer numerischen Berechnung,in:Konstr.Ingenieurbau,Berichte Heft 13. Essen:Vulkan-Verlag 1972
II.16 Heilig,R.:Der Schubverformungseinfluß auf die Wölbkrafttorsion von Stäben mit offenem Profil. Stahlbau 30(1961),S.97-103;vgl.auch S.333-349
II.17 Grasse,W.:Wölbkrafttorsion dünnwandiger prismatischer Stäbe beliebigen Querschnitts. Ing.-Archiv 34(1965),S.330-338
II.18 Schade,D.:Zur Wölbkrafttorsion von Stäben mit dünnwandigem Querschnitt. Ing.-Archiv 38(1969),S.25-34
II.19 De Boer,R.:Der gerade Stab mit geschlossenem dünnwandigen Profil unter näherungsweiser Berücksichtigung der Schub- und Querschnittsdeformationen. Ing.-Archiv 39 (1970),S.53-62
II.20 Hapel,K.-H.:Zum Problem der Biegetorsion von dünnwandigen Stäben mit geschlossenen Profilen bei Berücksichtigung der Wölbschubverformungen. Stahlbau 41(1972),S.234-240u.S.272
II.21 Scheer,J.:Die Berücksichtigung der Stegverformungen bei der Wölbkrafttorsion von doppelt-symmetrischen I-Profilen. Stahlbau 24(1955),S.257-260
II.22 Roik,K.u.Sedlacek,G.:Theorie der Wölbkrafttorsion unter Berücksichtigung der sekundären Schubverformungen. Analogiebetrachtung zur Berechnung des querbelasteten Zugstabes. Stahlbau 35(1966),S.43-52
II.23 Sedlacek,G.:Systematische Darstellung des Biege- und Verdrehvorganges für prismatische Stäbe mit dünnwandigem Querschnitt unter Berücksichtigung der Profilverformung. Fortschr.-Ber.VDI-7,Reihe 4,Nr.8. Düsseldorf:VDI-Verlag 1968
III.1 Reinitzhuber,F.(Hrsg.):Steifenlose Stahlskelett-Tragwerke und dünnwandige Vollwandträger. Berlin:W.Ernst u.Sohn 1977

III.2 Schineis,M.:Biegestäbe mit Federgelenken bei Momentenausgleichsverfahren. Bauingenieur 42(1967),S.245-250

III.3 DIN 4019,Bl.2.Baugrund; Setzungsberechnungen bei schräg und bei außermittig wirkender Belastung (Verkantung)

III.4 Schineis,M.:Verkantung des Rechteckfundamentes bei Momentenbeanspruchung. Bautechnik 42(1965),S.58-64; und:Momentenausgleichs-Verfahren (S.77-84),Bauing.-Praxis Heft 10. Berlin:W.Ernst u.Sohn 1968

III.5 Opladen,K.:Unbehindert verschiebliche Rahmen (S.29-36). Düsseldorf:Werner-Verlag 1963

III.6 Schmid,E.,Kuhn,R.u.Lurtz,A.:Stabilitätsfälle im Skelettbau. Bautechnik 55(1978), S.42-43

III.7 Fischer,K.:Zur Schiefstellung einer starren Kreisplatte auf geschichteter Unterlage. Bauingenieur 35(1960),S.173-175

III.8 Fischer,K.:Zur Berechnung der Schiefstellung von Fundamenten in Form einer kreisförmigen Ringfläche bei ausmittiger Belastung. Bauingenieur 31(1956),S.342-344

Namenregister

ALMROTH 881
ANDELFINGER 220
AUSTIN 321

BAMM 554
BARBRE 821
BÄRSCH 81
BASLER 856,859,861
BATDORF 869
BAUSCHINGER 4,117
BECK 40
BECK 426,510,514,552
BEER 139
BERGMANN 153
BIJLAARD 840,851
BILEK 132
BLEICH 218,574,789,839,849
BODE 153
BOLOTIN 44
BORNSCHEUER 880
BRAND 510
BRYAN 786

CASSENS 179
CHEN/ABUSITA 125
COX 835
CROSS 218,252
CHWALLA 47,122,218,574,666, 682,745,826,840

DABROWSKI 752
DA-DEPPO/SCHMIDT 48
D'ALEMBERT 8
DISCHINGER 4,153,166,332, 616
DONNEL 866,874,881
DREHER 752
DUBAS 843,862
DUDDEK 650
DULEAU 117
DUTTON 303

EBEL 577
EBNER 835,871
ENGESSER 52,100,168,467,573
ERNST 596
ESSLINGER 744,880
EULER 50,100,117

FALTER 650
FEDER 650
FILLUNGER 483
FISCHER 740
FISCHER 486
FLECK 650
FLÜGGE 870
FÖPPL 4
FRITSCHE 132
FRITZ 616
FRITZ 881

GENTZ 816,842
GEROLD 543
GRUNDMANN 44
GSELL 558
GREINER 885

HABEL 145
HAIN 650,651
HAWRANEK 143
HEILIG 899
HEISSE 551
HENNING 305,318
HEES 220
HEYMAN 303
HILDENBRAND 742
HIRSCH 616
HODGKINSON 117
HÖGLUND 856,859
HORNE 131,303
HORST 650
HUI 486

ILJUSCHIN 840

JEZEK 122,133,145
JOKISCH 218
JOHNSON 117

KANI 218,254
KAPPUS 666
KÁRMÁN 100,117,830,835,881
KATO 848
KAYSER 4
KERBACH 858
KINDEM 666
KLÖPPEL 45,81,119,303,326, 577,744,804,827
KLOTTER 44
KOLLBRUNNER 789,806,839
KORDINA 145,148
KOITER 70,881
KÖNIG 40
KÖNIG 426,509,510,514
KRÄTZIG 881,885
KROHN 122
KROMM 826,874

LAHDE 835
LAMARLE 117
LEIPHOLZ 40,486
LIE 45
LIERMANN 506
LIKAR 489
LINDNER 743,748,750
LINK 487,644
LORENZ 869
LUDWIK 81
LÜCKING 487
LUNDQUIST 851

MAAS 812
MANN 218
MASSONNET 321,843
MARGUERRE 830,835
MARINCEK 127
MAYER 117
McELMAN 877
MECKLENBECK 130
MEISSNER 734
MEISTER 806
MELAN 481
METTLER 44
MICHELL 666
MISES,v. 69,873
MÖHLER 58
MÖLL 731,744
MÖLLER 804,827
MUCHA 735
MÜLLER 481
MÜLLER-BRESLAU 4
MUNGAN 885

NATHER 523
NIXDORF 486
NÖLKE 816,842,843
NYLANDER 666

OSTENFELD 218
OXFORT 317,742,743

PELIKAN 742
PERRY/ROBERTSON 4,131
PETTERSSON 752
PFLÜGER 40,104,640,883
POPOV 616
PRANDL 666
PROTTE 744,815,820
PUWEIN 174

QUAST 148

RABOLT 179,748
RAFLA 734
RAMBERG/OSGOOD 81
RANKINE 131
RATZERSDORFER 218,483
REEH 510
REISSNER 778
RESINGER 557,885
REUSCHLING 510
RIECKMANN 506
RODE 855
ROIK 153,749,843
ROS/BRUNNER 122
RUBIN 305

SAAL 880,884
SAHMEL 174
SATTLER 177,558
SCHÄFER 510
SCHARDT 682
SCHEER 245,538,541,596,804, 810,816,827,830,842
SCHELS 685
SCHIBLER 575,633,638
SCHINEIS 47,564
SCHNEIDER 552
SCHMIDT 44
SCHULZ 139
SCHULZ 880
SCHWEDA 574
SCHWERIN 876
SFINTESCO 139
SHANLEY 104
SHEN 125
SIMON 44
SONNTAG 650
SOUTHWELL 869
STEIN 877
STEINBACH 682,705
STEINHARDT 119,843
STOLLE 466
STOWELL 840,851
STREHL 285
STÜSSI 663

TETMAJER,v. 100,117
TIMOSHENKO 666,804,839,869
THIERAUF 125,303
THÜRLIMANN 859

ULLRICH 538,541,596
UNGER 679,734,742,748

VIANELLO 168
VIELSACK 70
VÖGELE 812
VOGEL 317,742

WAGNER 666,835,856
WEIDENHAMMER 44

WINDELS 303
WINDENBURG/TRILLING 873
WINTER 835,852
WITTE 746,752
WITTEK 881

WOLMIR 837
WLASSOW 899
WURM 885

YAMADA 303
YOUNG 4

ZERNA 885
ZIEGLER 33,40,483,486
ZIES 506
ZIMMERMANN 45,467,507
ZOELLY 876

Sachregister

abgespannte Druckstäbe 582
abgespannter Mast 261,593
Abtriebskraft 2,425,511,514
Achsialdruck (Beulen) 867
Aluminium 91,113,119,152,155
Antennenmast (-turm) 496
approximative Verfahren 174
Arbeitslinie 88
aufgeständerte Fahrbahn 630,658
ausgesteifte Beulfelder 820,861
aussteifende Systeme 509

Baustahl 88,113,118,154
Bemessungsquerkraft 60,540,553
Beulen 765
Beulnachweis (Platten) 839
Beulnachweis (Schalen) 880
Beulsteifen 790,820
Beulvergleichsspannung 806
Betonstahl 92
Beton 93,145
Bettungsausfall 651
Biegedrillknicken 665,680
Biegedrillknicknachweis 748
Bindebleche 60
Bodenkennwerte 910
Bogen 48,598
Bogenkippen 656
Bretterschalung 550
Brückenpfeiler 504

Chrom-Nickel-Stahl 91

Dachscheibe 548,742
Dehnungseinfluß 62,526
Differentialgleichungs-Verfahren 195
Divergenz 66,86,135,148
Drehfeder 337
drehfederelastische Bettung 459,520,524,677,706
Drehwinkelverfahren 218,235
Dreieckrahmen 401
Dreigelenkrahmen 47
Durchbiegungsverfahren 177
Druckgurte,elastisch gebettet 570,575,737,761
Druckstiele (gekoppelt) 406
DUNKERLEYsche Formel 38,439,496,537,737,745,808,829
dünnwandige Teile 845,858
Durchlaufträger 237
Durchschlagproblem 66

Eigenschwingung 35
Eigenspannungen 98,106
Eigenwertproblem 16
Einspannungsmoment 230
Einzelfeldbeulen 785,802
Elastika 50
elastische Bettung 8,570,677,706,737
elastisch gebettete Bogen 644
Elastizitätsgesetz 5,611,613,660,668,771
elasto-statische Grenzlast 15,128
Energiemethode 8,67,74,674,775
Ersatzstablänge 192
EULER-Fälle 192
EULERsche Gleichungen 6,10,54,675,778,887

Fachwerke 556
Fachwerkträger (Kippen) 172
Feinkornbaustahl 90,113,154
Flächenmomente 887
Fließgrenze 81,88
Flutlichtmast 500
Fließbedingung 303
Fundamenteinspannung 908

GALERKINsches Verfahren 17,22,426,443,492,525,688,714,725,793,802,839
GAUSSsches Krümmungsmaß 766
gebundene Drillachse 678,707,738
Gelenk-Stabbogen 632
Gerüste 533
Gerüstkupplungen 523
Gesamtschrittiteration 421,759
Gitterstäbe 56,60,519
Grenztragfähigkeit 86,117,121,132,147,298
Gußeisen 92,119

Hochbauten 509,515,519
Hochregallager 519,533
Holz 95,113,120,153,331
Homogenität 79

Imperfektionen 2,97
Integralgleichung 173
Interaktion (Beulfälle) 808,828
Isotropie 79

Katenoidbogen 629
Kehlbalkendach 397
kinetisches Stabilitätskriterium 33, 35
Kippen (Umkippen) 71
Kippen 665,709
Kippbiegung Th.II.Ordnung 752
Kippnachweis 748
Knicklängenfaktor 4,192,336,556
Knickmodul 102
Knickspannung 100,138,295
knickstabähnliches Verhalten 843
konische Stäbe 286,446,489
Koordinatenfunktion 14
konservatives Problem 22,33
Kraftgrößenverfahren 215,218
Kragmomente 231
Kragstütze 1,160,167,171,179,190,343,489
Kranbahnträger 752,758,815
Kreisbogen (-ring) 622
Kreiszylinderschalen 863
Kriechen 153,332,517
kritische Temperatur 65
Kreuzverband 475
Kugelschalen 875
Kunststoffe 96,153
Kupplungen 522

Labilitätszahl 512
Lagesicherheitsnachweis 71
Lagerkinematik 506
LANGERscher Balken 632,640

Magnesium 92
Manteldruck (Beulen) 873
Massivschornstein 498
Metazentrum 77
Mindeststeifigkeit 823,826
mitgehende Kräfte 40
Mittelträgerbrücke 570
M/N/Q-Interaktion 85,302
Momentenausgleichsverfahren 218
Momenten-Krümmungs-Funktion 83,120,145

Nachweispunkt 808
Nebenspannungen 565
Netzgleichung 244
nichtkonservative Kräfte 33,35,39

nichtrichtungstreue Kräfte 33,603,658

Parabelbogen 618,626
Pendelstütze (angekoppelt) 195,409
Plastizierungsmoduli 111
Polygonrahmen 247
potentielle Energie 8,12,674,775,821
Ponton 75
Portalrahmen 162,242,433,437,478
Proportionalitätsgrenze 80,89
pulsierende Längskräfte 43

Querschnittsfestigkeit 83,300
Querschnittsprofilierung 150

Rahmen 180,241,349,520
Rahmen (einhüftig) 345
Rahmen (zweistöckig) 184,374
Rahmenbinder 368
Rahmeneckbleche 817
Rahmenstäbe 59,347,519
Randbedingungen 11,677,780
RAYLEIGH-RITZ-Verfahren 17,24,713,737,801,802,821,832
Rechteckplatte 782
Rechteckrahmen 355
reduzierte Biegesteifigkeit 54
Rohrkupplungen 523,552
Rüstbinder 552

Schalenbeulen 766,863
Schlankheit 100,109,140,751,840
Schneidenlager (schief) 483
Schubfeld 549
Schubgleitung 52
Schubwandtheorie 509
schubweiche Stäbe 51,284,336,521,537
Schwimmstabilität 75,77
Seilcharakteristik 593
Shedrahmen 401
Sicherheit 15,97,106,109,116,141,328
Spannstahl 92
Spannungsfunktion 774
Sprengwerk 638
Stabbogen (versteifter) 640
Stabkennzahl 14,187
stabilisierender Verband 541
Stabilisierungsstütze 178,195,409,422,511
Stabilitätskriterien 16
Steifigkeitszahl K 249
Stahlbeton 93,113,119,145,331
Stahlschornstein 314,501,577,593
statische Herleitung 7,67,73,669,771
Steifen 790,820
steifenlose Träger 856
Steifigkeitsmatrix 264
Stockwerksrahmen 349
Strebenbock 480
Stützlinie 598,629
Symmetrieknicken 45

Teilschrittiteration 158
Temperaturänderung 64
Temperatureinfluß 153
Titan 92
Torsionstheorie 895
Torusschalen 876
Traggerüste 534
Traglastverfahren 300,310
Tragluftthallenbau 70
Transversalkraft 7,53,669,780
Trapezblechdeckung 548
Trapezrahmen 177,290,361,637
Trogbrücke 570,577
Tunnelauskleidungen 650
turmartige Konstruktionen 489

überkritischer Bereich 50,765,830,842,855
Übertragungsmatrizen 200,789

Variationsrechnung
veränderliche Biegesteifigkeit 450,734
veränderliche Druckkraft 439
Verbandsstäbe 56,475,519
Verbandsstabilität 395,521,762
Verfestigung 81,88,90
Verformungsgrößenverfahren 217,224,313,609,911
Vergitterung 60
Vergrößerungsfaktor 3,16,336,355,756
verspannte Druckstäbe 579,582
Verrahmung 60
Verwerfungsproblem 65
Verzweigungsproblem 29,60,779,838
verwundene Stabachse 483

warmfeste Stähle 154
wetterfeste Baustähle 90
wirksame Breite 820,834,844
Wölbfederung 684,687,747

Zweigelenkrahmen 164,181,183,259
Zweifeldträger 401
zweiteilige Stützen 377,389,395
Zugfeld 855,861

GPSR Compliance

The European Union's (EU) General Product Safety Regulation (GPSR) is a set of rules that requires consumer products to be safe and our obligations to ensure this.

If you have any concerns about our products, you can contact us on ProductSafety@springernature.com

In case Publisher is established outside the EU, the EU authorized representative is:

Springer Nature Customer Service Center GmbH
Europaplatz 3
69115 Heidelberg, Germany

Batch number: 10809584

Printed by Printforce, the Netherlands